CHOUSHUI XUNENG DIANZHAN GONGCHENG JISHU

抽水蓄能电站工程技术

中国水电顾问集团北京勘测设计研究院
邱彬如　刘连希　主编

中国电力出版社
CHINA ELECTRIC POWER PRESS

内容提要

本书是系统全面介绍抽水蓄能电站工程技术的专著。内容涵盖抽水蓄能电站建设规划、设计、施工、运营管理全过程，重点突出抽水蓄能电站的工程技术特点，总结归纳了该领域工程技术的新发展，着重介绍近十几年采用的新设计和施工技术，既有理论，又有工程实践。

本书适用于抽水蓄能电站设计、建设管理、科研、施工、制造等专业的技术人员，也可供相关专业高等院校师生阅读和参考。

图书在版编目（CIP）数据

抽水蓄能电站工程技术/邱彬如，刘连希主编. —北京：中国电力出版社，2008.10（2022.12 重印）

ISBN 978-7-5083-7838-1

Ⅰ. 抽… Ⅱ. ①邱…②刘… Ⅲ. 抽水蓄能水电站-工程技术 Ⅳ. TV743

中国版本图书馆 CIP 数据核字（2008）第 139413 号

中国电力出版社出版、发行

（北京市东城区北京站西街 19 号 100005 http://www.cepp.sgcc.com.cn）

三河市万龙印装有限公司印刷

各地新华书店经售

*

2008 年 10 月第一版 2022 年 12 月北京第三次印刷

880 毫米×1230 毫米 16 开本 48 印张 1505 千字

印数 3501—4000 册 定价 350.00 元

编 写 人 员 名 单

主　编　邱彬如　刘连希

副主编　李志谦　吕明治　江泽沐　李复生

<table>
<tr><th colspan="2">章 节 编 号</th><th>撰 写 人</th><th>统 稿 人</th></tr>
<tr><td colspan="2">第一章</td><td>邱彬如</td><td>刘连希</td></tr>
<tr><td colspan="2">第二章</td><td>王朝阳</td><td rowspan="5">李复生</td></tr>
<tr><td rowspan="2">第三章</td><td>3.1～3.3</td><td>马登清、靳亚东</td></tr>
<tr><td>3.4</td><td>麦达铭</td></tr>
<tr><td>第四章</td><td>4.1～4.2</td><td>金弈</td></tr>
<tr><td></td><td>4.3</td><td>何学铭、陈伟明</td></tr>
<tr><td rowspan="5">第五章</td><td>5.1～5.2</td><td>米应中</td><td rowspan="5">米应中
富宝鑫</td></tr>
<tr><td>5.3</td><td>宫海灵</td></tr>
<tr><td>5.4</td><td>贾煜星</td></tr>
<tr><td>5.5</td><td>王少川</td></tr>
<tr><td>5.6</td><td>高茂华</td></tr>
<tr><td rowspan="4">第六章</td><td>6.1</td><td>吕明治、王可</td><td rowspan="8">严旭东、吴奎、王敬武</td></tr>
<tr><td>6.2</td><td>王可</td></tr>
<tr><td>6.3</td><td>杨静</td></tr>
<tr><td>6.4</td><td>王志国</td></tr>
<tr><td rowspan="4">第七章</td><td>7.1</td><td>赵铁</td></tr>
<tr><td>7.2</td><td>吴吉才</td></tr>
<tr><td>7.3</td><td>沈安琪</td></tr>
<tr><td>7.4</td><td>吴吉才</td></tr>
<tr><td colspan="2">第八章</td><td>韩立</td><td>邱彬如</td></tr>
<tr><td rowspan="4">第九章</td><td>9.1</td><td>李振中、王文芳</td><td rowspan="3">严旭东、吴奎、王敬武</td></tr>
<tr><td>9.2</td><td>王建华</td></tr>
<tr><td>9.3</td><td>王志国</td></tr>
<tr><td>9.4</td><td>陈红、范国芳</td><td>吴全本</td></tr>
</table>

章节编号		撰写人	统稿人
第十章	10.1	杨静	严旭东、吴奎、王敬武
	10.2	王阳雪、周长兴	
	10.3	王阳雪、杨静	
	10.4	杜晓京	
第十一章	11.1～11.4	耿贵彪	
	11.5	齐俊修、周正新	
第十二章		苟东明	江泽沐、周益
第十三章	13.1～13.2	白之淳	江泽沐、万凤霞、姜树德、梁见诚
	13.3	姜树德、蒋一峰	
	13.4	姜树德	
第十四章	14.1	万凤霞	江泽沐、姜树德、白之淳、梁见诚
	14.2	姜树德、雷旭	
	14.3	蒋一峰	
	14.4	姜树德	
第十五章		易忠有	江泽沐
第十六章	16.1	郭清	卢兆钦、贾富生
	16.2	卢军民	
	16.3	代振峰	
	16.4	赵万青	
	16.5	吴朝月	
	16.6	范建章	
第十七章	17.1	杜秀惠	王淑清
	17.2～17.4	王朝阳	李复生
第十八章	18.1	周益、马登清、靳亚东、吴吉才、王志国	江泽沐、李复生、万凤霞
	18.2～18.5	周益、施瑠龄、姜树德	
第十九章	19.1～19.2	王朝阳	李复生
	19.3	吴吉才、王建华	严旭东
	19.4	苟东明、万凤霞、姜树德	江泽沐
第二十章		刘连希	邱彬如

序

由中国水电顾问集团北京勘测设计研究院（以下简称北京院）支持编写的《抽水蓄能电站工程技术》一书已脱稿，请我为之写序。我与两位主编是多年共事的老同志，当然应该勉为其难，但更主要的是觉得国内抽水蓄能相关专著甚少，而他们在努力补上这块“短板”，我觉得很有意义，所以当即应允。

北京院是国内最早从事抽水蓄能电站研究、设计的水电设计院。1968 年建成的我国第一座抽水蓄能电站——岗南和 1973 年第二个投产的密云抽水蓄能电站，就出自他们之手。之后北京院又参加了华北、东北、华东等多个省市区抽水蓄能电站的规划选点，和十多个大型抽水蓄能的规划设计，其中已建、在建的就有 7 座，占全国 17 座已建、在建大型抽水蓄能电站 40%，大概是目前国内从事抽水蓄能电站设计最多的设计院。在这些电站的建设中，他们除了负责规划设计，还参与了施工，机组调试，运行监测和设计回访的全过程。

本书二位主编是北京院的老总工、老院长，他们都直接参与并领导过北京院承担的各抽水蓄能电站的规划、设计并参与建设的全过程，是我国抽水蓄能方面的专家。他们退休后仍孜孜不倦，热心抽水蓄能事业，热心学会工作，并努力笔耕，系统地介绍国内外抽水蓄能电站的情况、经验和新的发展，力求多做贡献。这种精神值得我学习。

本书各位编写者都是北京院从事抽水蓄能规划、设计多年的项目、技术负责人，日常工作繁忙，仍坚持写作，实属不易。

我国抽水蓄能电站于 20 世纪 60、70 年代起步，建了两座共 3.3 万 kW 的小型工程之后一停十多年，直到 80 年代末 90 年代初随着国家经济持续快速发展，西电东送步伐加快，核电建设的推进等，抽水蓄能才进入规模建设快速发展的阶段。到 90 年代末已建 9 座，装机规模 457.5 万 kW，年均增长 45 万 kW；2007 年末增加到 17 座，装机容量 894.5 万 kW，年均增长 54 万 kW。按计划现在已开工的项目到 2012 年均可完建，届时将有 28 座抽水蓄能电站，装机容量 2110.5 万 kW，年均增长约 243 万 kW。这样的发展速度，纵向看，即和自身比，不算慢；但若横向和国家的发展、环境及电源结构调整的需求比，仍然滞后，这明显地反映在抽水蓄能装机的比例依然很低。从抽水蓄能开始规模建设到 1998 年，十年左右时间抽水蓄能的比例由 0.02%增长到 1%。此后，大家做了很大努力，又花了 14 年的时间，修建、续建了惠州、西龙池、白莲河、天荒坪、广蓄二期等 16 座大型抽水蓄能电站和沙河、回龙、佛磨等 5 座中型工程，共 21 座 1900 多万千瓦，到 2012 年抽水蓄能的比例也只能达到 2%左右。可见抽水蓄能事业的发展任重道远，需要更多的人积极参与、持续推动，需要市场和机制的不断完善，现阶段更需要各级决策者的理解和支持。

本书全面介绍了我国抽水蓄能电站的发展过程，设计、施工、运行的原则和特点，已建电站的经验和技术创新的成果等，内容丰富，资料翔实，不仅可供业内设计、施工、运行、制造、科研的技术人员学习参考，对电力企业的管理人员和各级政府能源管理部门来说，也是目前他们了解中国抽水蓄能现状最新、最系统的参考资料。很希望分管水电、分管电网特别是分管规划、计划的同志能拨冗一阅。

本书在我国第一座抽水蓄能电站建成40周年之际出版，也是全体编撰人员对我国抽水蓄能事业的新贡献。感谢他们，也感谢所有支持本书编写出版的单位和同志们。

祝愿我国抽水蓄能事业能更好更快地发展！

何璟

2008年9月

前言

我国抽水蓄能电站建设起步较晚，第一台抽水蓄能机组1968年才在岗南水电站投入运行，至今达四十年。直到20世纪90年代后发展速度加快，十年间就有9座抽水蓄能电站相继投入运行，至2000年底抽水蓄能电站总装机容量已达5590MW。进入21世纪后发展更快，截至2007年底，有17座大、中型抽水蓄能电站投入运行，装机容量达到8945MW；另有11座抽水蓄能电站正在建设中，容量达到12760MW，我国是当今世界上发展速度、发展规模均居首位的国家。展望未来，抽水蓄能电站建设也必将迎来更加广阔的发展前景。

但是与我国抽水蓄能电站建设飞速发展的形势很不相称的是，国内系统论述抽水蓄能工程技术的专著屈指可数，由陆佑楣、潘家铮主编的1992年出版的《抽水蓄能电站》是第一部，也可说是唯一全面介绍抽水蓄能工程技术的综合性论著，距今已有十六年。由于当时我国大、中型抽水蓄能电站建设才起步，该书对抽水蓄能的基础知识和理论作了详细阐述，重点介绍了国外抽水蓄能电站建设的实践经验，成为我国抽水蓄能电站建设者的启蒙教材及主要参考书。随着近年抽水蓄能电站建设规模的迅速扩大，许多水电技术人员开始参与抽水蓄能电站建设，迫切希望能有一部综合论述抽水蓄能工程技术的专著，全面介绍近年抽水蓄能工程的新技术、新发展，尤其是我国抽水蓄能电站建设的实践经验。为此，我们尝试编写了两本书，2006年已出版的由邱彬如编著的《世界抽水蓄能电站新发展》（中国电力出版社）和本书。前者主要介绍国外抽水蓄能电站最新发展情况和采用的新技术，而本书则重点介绍我国抽水蓄能电站建设的实践经验。

中国水电顾问集团北京勘测设计研究院是我国最早从事抽水蓄能电站的建设者之一，在20世纪60年代就承担了我国最早的岗南和密云抽水蓄能电站的设计工作。20世纪80年代起进行了众多抽水蓄能电站的规划、设计、施工、机组调试、运行监测等工作。北京勘测设计研究院设计的十三陵、琅琊山、张河湾抽水蓄能电站已相继投入运行，我国水头最高的大型抽水蓄能电站——西龙池抽水蓄能电站也将在今年发电。我们在多年的工作中积累了许多经验，也有不少教训，希望通过本书的编著，将这些经验和教训与同行们分享。我国抽水蓄能电站的发展从来不是一帆风顺的，始终需要我们所有参与者的不懈努力，衷心希望通过本书为我国抽水蓄能建设事业的发展略尽绵薄之力。

本书编写遵循以下原则：①突出抽水蓄能电站专有的技术问题，对水电工程中共同的问题一般不作介绍；②以前已有详细阐述的有关抽水蓄能电站基本知识和理论不再重复；③以总结介绍我国抽水蓄能电站工程实践为主，对国外抽水蓄能电站工程中有特色，而我国尚无实践经验的实例作适当的介绍；④较全面地反映我国抽水蓄能电站工程实践经验，而不仅限于北京勘测设计研究院参与的工程实践；⑤不仅阐述抽水蓄能电站的设计，也重视总结抽水蓄能电站施工及运行中的经验和教训。

本书共分二十章，第一章简述我国抽水蓄能电站建设的发展历程；第二～四章介绍抽水蓄能电站的选址、工程规划和环境问题；第五章介绍抽水蓄能电站的工程地质勘测；第六～十一章分别介绍抽水蓄能电站枢纽布置、水工建筑物的设计及监测布置；第十二～十五章介绍抽水蓄能电站机电设备的设计及过渡过程计算；第十六章介绍抽水蓄能电站的施工；第十七章介绍抽水蓄能电站建设投资、资金筹措和经济评价方法；第十八章介绍抽水蓄能电站的初期蓄水与调试中需注意的问题；第十九章介绍抽水蓄能电站运行管理的特点，运行中暴露出的问题；第二十章介绍在抽水蓄能电站建设中成功采用的八个创新技术实例。

本书编写过程中，得到了全国各抽水蓄能电站建设单位、电网与发电厂、设计院、科研院校、制造厂家、施工单位等的大力支持，提供了丰富的资料，在此表示衷心感谢。书后虽列有参考文献，挂一漏万之处恐难避免，敬希见谅。

本书编写过程中得到北京勘测设计研究院领导及全体人员的关注和支持，本书不仅是编写者辛勤工作的成果，更是全院几代技术人员智慧的结晶，在此谨向大家表示感谢。陈建苏和韩立同志为本书的编辑作出了很多贡献，谨致谢意。

由于本书编写人员均为从事抽水蓄能电站建设多年、目前仍在一线工作的同志，大家工作繁忙，编写前后历时达三年之久；而本书涉及专业众多、篇幅较大，各章节之间难免有详略之别，不协调及重复等现象；更且抽水蓄能电站发展时日不长，对其认识仍在不断加深之中，受我们知识与水平所限，肯定有不妥之处，欢迎专家与读者予以指正。

邱彬如　刘连希

2008 年 8 月于北京

目录

第一章 我国抽水蓄能电站建设

第一节 发 展 历 史

世界上第一座抽水蓄能电站于1882年诞生在瑞士，至今已有一百多年的历史。但抽水蓄能电站较具规模的开发则始于20世纪50年代，年均增加装机容量不足300MW，1960年全世界抽水蓄能电站装机容量3420MW，仅占世界总装机容量的0.62%。20世纪60～80年代约30年间，是世界抽水蓄能电站建设蓬勃发展的时期。60年代年均增加1259MW，而70和80年代更各增加3051MW和4036MW，到1990年，全世界抽水蓄能电站装机容量增至86879MW，已占总装机容量的3.15 %。30年间抽水蓄能电站装机容量年均增长率都比世界总装机容量增长率高一倍左右，可谓抽水蓄能电站发展的黄金时期，但主要在欧美及日本等经济发达国家建设。进入90年代后，除日本仍在大规模建设抽水蓄能电站外，抽水蓄能电站装机容量位于世界前列的美国与西欧各国抽水蓄能电站建设速度明显减缓，美国在落基山抽水蓄能电站于1995年投入运行后没有再新建抽水蓄能电站。西欧除德国建了一座金谷抽水蓄能电站（2003年投入运行）外，英国、法国、意大利等许多国家至今未建一座抽水蓄能电站。虽然我国及韩国、印度等国抽水蓄能电站建设速度明显加快，但世界抽水蓄能电站装机容量占总装机容量的比例仍不升反降，到1998年时已减到3.03 %。明显反映出世界抽水蓄能电站建设重心已转移至亚洲，尤其是我国。

我国抽水蓄能电站建设起步较晚，第一台11MW抽水蓄能机组到1968年才在岗南水电站投入运行。但我国抽水蓄能电站建设发展速度很快，截至2007年底，有大大小小17座抽水蓄能电站投入运行，装机容量达到8945MW（见表1-1-1），已超过西欧各国，仅次于日本和美国，位居世界第三。我国抽水蓄能电站发展速度虽很快，但抽水蓄能电站装机容量占总装机容量的比例还很低，仅1.25%左右。另有11座抽水蓄能电站正在建设中，装机容量达到12760 MW（见表1-1-2）。当这批电站在2010年左右陆续投入运行后，我国抽水蓄能电站装机容量将达到21705MW，预计将超过德国和意大利，晋升至世界第三位（甚至超过美国，列世界第二位）。此外，还有一批抽水蓄能电站已在筹建中，或已列入建设规划，将陆续开工建设（见表1-1-3）。

表1-1-1　　我国已建成抽水蓄能电站（截至2007年底）

电站名称	所在地	电站类型	总装机容量（MW）	水头（m）	机组台数	单机容量（MW）	机组编号	投入可靠运行时间	投入商业运行时间
岗　南	河北省	混合式	11	64～28	1	11	1	1968年	
密　云	北京市	混合式	22	70	2	11	1	1973年	
							2	1975年	
潘家口	河北省	混合式	270	85	3	90	1	1991年7月11日	
							2	1992年	
							3	1992年	

续表

电站名称	所在地	电站类型	总装机容量（MW）	水头（m）	机组台数	单机容量（MW）	机组编号	投入可靠运行时间	投入商业运行时间
寸塘口	四川省	纯抽水蓄能	2	33.6～21	2	1	1	1992年11月	
广州一期	广东省	纯抽水蓄能	1200	535	4	300	1	1993年6月29日	1993年12月29日
							2	1993年9月9日	1994年2月4日
							3	1993年11月19日	1994年7月1日
							4	1994年3月12日	1994年12月1日
十三陵	北京市	纯抽水蓄能	800	450	4	200	1	1995年12月23日	
							2	1996年6月18日	
							3	1996年12月15日	
							4	1997年6月25日	
羊卓雍湖	西藏自治区	纯抽水蓄能	90	840	4	22.5	1	1997年6月25日	
							2	1997年7月12日	
							3	1997年8月1日	
							4	1997年9月12日	
溪口	浙江省	纯抽水蓄能	80	276	2	40	1	1997年12月	1998年3月2日
							2	1998年5月15日	1998年5月
天荒坪	浙江省	纯抽水蓄能	1800	560	6	300	1	1998年9月30日	
							2	1998年12月27日	
							4	1999年9月24日	
							5	1999年12月18日	
							3	2000年3月11日	
							6	2000年12月24日	
广州二期	广东省	纯抽水蓄能	1200	535	4	300	5	1999年4月6日	1999年12月16日
							6	1999年12月15日	2000年3月16日
							7	1999年12月	2000年3月16日
							8	2000年3月14日	2000年6月26日
响洪甸	安徽省	混合式	80	64	2	40		2000年6月24日	2001年6月23日
天堂	湖北省	纯抽水蓄能	70		2	35	1	2000年12月21日	2001年5月26日
						35	2	2001年2月	2001年5月26日
沙河	江苏省	纯抽水蓄能	100	121～93	2	50	1	2002年5月15日	2002年6月14日
						50	2	2002年6月29日	2002年7月30日
桐柏	浙江省	纯抽水蓄能	1200	244	4	300	1	2005年10月	
							2	2006年5月	
							3	2006年8月	
							4	2006年10月	
白山	吉林省	混合式	300	105.8	2	150	1	2005年11月26日	2006年12月15日
							2	2006年6月6日	
回龙	河南省	纯抽水蓄能	120	379	2	60		2005年12月8日	
泰安	山东省	纯抽水蓄能	1000	253	4	250	1	2006年5月20日	2006年7月12日
							2	2006年8月31日	2006年10月12日
							3	2006年10月31日	2007年6月29日
							4	2007年1月8日	2007年6月29日

续表

电站名称	所在地	电站类型	总装机容量（MW）	水头（m）	机组台数	单机容量（MW）	机组编号	投入可靠运行时间	投入商业运行时间
琅琊山	安徽省	纯抽水蓄能	600	126	4	150	1	2007年1月15日	
							2	2007年4月4日	
							4	2007年6月28日	
							3	2007年9月5日	

注 未含台湾省明湖（1000MW）和明潭（1620MW）抽水蓄能电站。

表1-1-2　　我国在建抽水蓄能电站（截至2007年底）

电站名称	所在地	总装机容量（MW）	机组台数	单机容量（MW）	额定水头（m）	计划开始发电日期
张河湾	河北省	1000	4	250	305	2008年3月
宜　兴	江苏省	1000	4	250	353	2008年3月
西龙池	山西省	1200	4	300	640	2008年8月
惠　州	广东省	2400	8	300	517.4	2008年9月
宝　泉	河南省	1200	4	300	510	2008年12月
黑麋峰	湖南省	1200	4	300	295	2008年12月
佛　磨	安徽省	160	2	80	54.2	2008年
白莲河	湖北省	1200	4	300	195	2009年
蒲石河	辽宁省	1200	4	300	308	2010年12月
响水涧	安徽省	1000	4	250	190	2011年10月
呼和浩特	内蒙古自治区	1200	4	300	513	2012年3月

表1-1-3　　我国部分拟建抽水蓄能电站

电站名称	所在地	装机容量（MW）	机组台数	单机容量（MW）
仙　游	福建省	1200	4	300
仙　居	浙江省	1500	4	375
洪　屏	江西省	1200	4	300
荒　沟	黑龙江省	1200	4	300
清　远	广东省	1280	4	320
文　登	山东省	1800	6	300
天　池	河南省	1200	4	300
东　江	湖南省	500		
丰　宁	河北省	1800	6	300
溧　阳	江苏省	1500	6	250
桓　仁	辽宁省	800	4	200
蟠　龙	重庆市	1200	4	300
天荒坪二期	浙江省	2100	6	350
清　原	辽宁省	1500	4	375
马　山	江苏省	700	2	350
深　圳	广东省	1200	4	300
徂徕山	山东省	1800	6	300
乌龙山	浙江省建德市	2400	8	300
伍员山	江苏省	1500		
宝泉二期	河南省	1200	4	300

续表

电站名称	所在地	装机容量（MW）	机组台数	单机容量（MW）
竹　海	江苏省宜兴市	1800	6	300
永　泰	福建省	1200	4	300
溧　阳	江苏省溧阳市	1500	6	250
敦　化	吉林省	1200	4	300
阳　江	广东省	2400	6	400
板桥峪	北京市	1000	4	250

我国抽水蓄能电站建设发展的过程并非一帆风顺，其发展历程大致上可分为三个阶段，如图 1-1-1 所示。

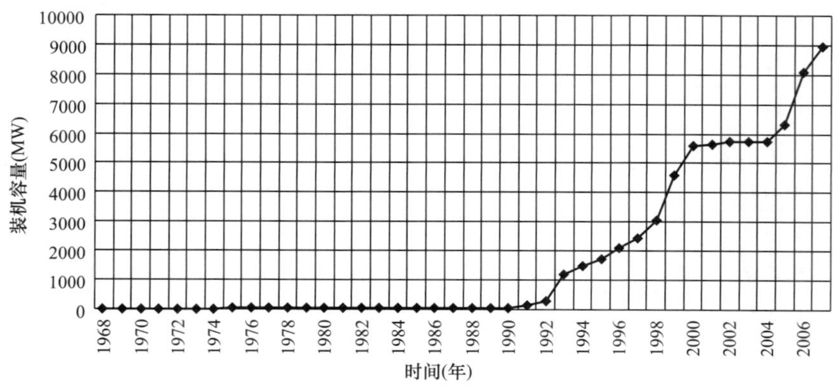

图 1-1-1　我国抽水蓄能电站发展历程

一、起步阶段

1960～1970 年代为第一阶段，可称为我国抽水蓄能电站建设的起步阶段。开始学习和引进国外抽水蓄能工程技术，在 1968 年和 1975 年分别建成岗南（1 台 11MW 抽水蓄能机组自日本富士电机厂引进）和密云（2 台 11MW 抽水蓄能机组由天津发电设备厂制造）两个小型抽水蓄能电站。除此之外，就没有再建设抽水蓄能电站，使我国抽水蓄能电站建设在刚起步后即进入第一个停滞期。分析其原因，主要是由于当时我国总体经济发展水平还不高，对抽水蓄能电站的需求尚不迫切；引进大型抽水蓄能机组需筹措的资金也有一定困难；再加上对抽水蓄能电站作用与效益等的认识还不足。

我国第一批大中型抽水蓄能电站，如华北地区的潘家口和十三陵抽水蓄能电站、华东地区的天荒坪抽水蓄能电站在 1974 年前后，几乎同时开展了建设抽水蓄能电站必要性的论证和工程勘测设计工作。因此，该阶段也是第一波抽水蓄能电站建设高潮的准备阶段。

二、第一波抽水蓄能电站建设高潮

20 世纪八九十年代可谓我国抽水蓄能电站建设的第二阶段。1978 年以后，我国实行改革开放政策，国民经济发展很快，近三十年来 GDP 平均增速达 9.8%，相应电力负荷迅速增大；人民生活水平普遍提高，家用电器迅速普及，电网的峰谷差愈来愈大。随着一大批电厂尤其燃煤电厂的建成发电，社会上缺电局面已由电量缺乏转为调峰容量缺乏；负荷低谷期高周波运行，负荷高峰期拉闸限电的做法也为用户所不满。以火电为主的华北、华东等电网的调峰供需矛盾日益突出，又受到地区水力资源的限制，可供开发的水电很少，且已基本开发完毕。电网缺少经济的调峰手段，因此修建抽水蓄能电站以解决火电为主电网的调峰问题逐步成为共识。加上 80 年代后期我国开始核电站建设，如广东的大亚湾核电站和华东的秦山核电站，也需要抽水蓄能电站以保证核电站的安全和经济运行，这一切促使我国抽水蓄能电站建设事业得以加快发展。

从 20 世纪 80 年代起，在华北、华东和广东等东部经济发展较快的地区，又是以火电为主的电网开始建设一批大中型抽水蓄能电站。河北省潘家口混合式抽水蓄能电站（270MW）首先在 1984 年开工建设，于1991年投入运行。而后，广东省广州一、二期（2400MW），北京市十三陵（800MW）和浙江省天荒坪（1800MW）等大型抽水蓄能电站相继开始建设，并在1993～2000年陆续建成投入运行。在20世纪90年代短短十年间就有9座不同规模的抽水蓄能电站相继投入运行，至2000年底抽水蓄能电站总装机容量已达5590MW（见表1－1－1），年均增加装机容量556MW。抽水蓄能电站装机容量从几乎为零飞跃至世界第五位，仅次于日本、美国、意大利和德国。但在全国总装机容量31932MW中的比重仅1.74%，远远落后于世界平均水平（1998年世界抽水蓄能电站装机容量比重平均为3.03%）。这个阶段是我国抽水蓄能电站建设的第一波高潮。

三、第二波抽水蓄能电站建设高潮

进入21世纪后为第三阶段，经过一段较短的停滞期后，抽水蓄能电站建设进入第二波高潮。新世纪之初，抽水蓄能电站曾出现短暂的低潮，在2001～2004年的4年间，仅有沙河抽水蓄能电站100MW机组投入运行。究其原因，一方面源于对我国经济发展形势的判断失误，在“九五”（1996～2000年）期间，一度认为电力供应已有富裕，有几年暂停了包括抽水蓄能电站在内的几乎所有新电站的建设；另一方面，还是对于抽水蓄能电站作用与效益，尤其是还贷能力等存在疑虑，因此，许多地区采取观望的态度，想等待第一批抽水蓄能电站运行后的效益与电价明确后再作决断。

跨入21世纪后，中国共产党第十六次全国代表大会提出到2020年GDP比2000年再翻两番的宏伟目标（2007年中国共产党第十七次全国人民代表大会更进一步提高为人均GDP翻两番），我国经济建设又进入一轮新的快速发展期。2003年人均GDP首次突破1000美元，2003～2007年连续五年GDP保持两位数的增速，平均达到10.6%。这次经济增长的特点是重化工业与高新技术产业共同迅猛发展，进入了新一轮以钢铁、有色金属和汽车制造等为主的重工业化时期。相应电力负荷也迅猛增加，2004年全国有26个省级电网拉闸限电，全国城市用户由于缺电原因造成的停电时间平均达到9小时25分钟。随着居民生活水平的提高，空调等家用电器普及化，电力负荷的峰谷差也不断扩大，2003年的酷暑，就使电力负荷屡创新高。第一批抽水蓄能电站投入运行后在电网中发挥了很好的作用，成为电网管理的有力工具，深受电网调度管理人员欢迎，使人们对抽水蓄能电站的作用和建设的必要性有了进一步的认识。截至2007年又有6座大中型抽水蓄能电站投入运行，到2007年底抽水蓄能电站装机容量达到8945MW。2005～2007年3年间年均增加抽水蓄能电站容量突破1000MW，达到1073MW，几乎为第一波高潮期的2倍。

我国抽水蓄能电站发展速度较快，从1991年的123MW增加到2007年的8945MW，16年间年均增长率达30.7%。这在进入重工业化和城市化的阶段是正常的，与日本在20世纪六七十年代经济高速发展期的发展速度相当。日本1961年抽水蓄能电站装机容量也是122MW，1978年达到10230MW，17年间年均增长率也达到29.8%。放在我国电力工业高速发展的背景下来看，这样的速度也不算高。2007年抽水蓄能电站占全国总装机容量71300MW的比重为1.25%，与2000年相比，不升反降（下降了0.5%左右）。

目前有11座抽水蓄能电站（12760MW）已开工建设，为已运行抽水蓄能电站装机容量的两倍多，在建规模已超过日本，列世界首位。这批抽水蓄能电站将集中在2008～2012年投入运行，届时，我国抽水蓄能电站总装机容量将达到21705MW。由于我国经济仍处于高速发展期，各地建设抽水蓄能电站的愿望很强烈，有一批抽水蓄能电站已完成前期勘测设计工作，开始筹建或列入建设规划，第二波抽水蓄能电站建设高潮很有可能延续较长时间。

四、发展的展望

（一）抽水蓄能电站将随着我国国民经济持续发展而不断发展

抽水蓄能电站的发展受诸多因素影响，它是经济发展达到一定水平的产物。从第二次世界大战后经济复苏期结束到1973年世界石油危机前，美国、日本及欧洲各国等经济发达国家经历了长达20余年的经济高速增长期，随着工业化时代的来临，电力负荷迅速增长；伴随着人民生活水平的提高，家用电器普及化，电力负荷的峰谷差也迅速增加，具有良好调峰填谷性能的抽水蓄能电站应运而生，得以迅速发展。20世纪60～70年代这20年间，世界抽水蓄能电站以年均14%的增长率高速发展，为世界总装机容量增长率的2倍。

十七大报告中提出2020年“全面建设小康社会”的奋斗目标，要求“人均GDP到2020年比2000年翻两番”。目前我国处在经济迅速发展、不断跃升的工业化与城市化的关键时期。工业化是社会财富积累快、能源资源消耗大的历史阶段。同时，我国人均国内生产总值在2006年已超过2000美元，标志着我国已进入中等低收入国家行列，经济和社会进入了一个新的发展阶段。社会经济各行业和人民生活对电力供应依赖程度显著提高，对电力供应质量即电网安全性也提出了更高的要求。上述两个方面的迅速发展导致了对电力需求的大幅攀升，从2000年我国进入重工业化时代后，电力弹性系数也开始超过1.0，估计2020年左右我国将基本实现工业化，在此之前电力工业将以不低于GDP增速的速度增长。目前我国人均装机容量约0.5kW，远低于发达国家平均2kW的水平，假定2020年人均装机容量仅翻一番，达到1.0kW，总装机容量也应达到1500GW左右。根据以前编制的“十一五”和2020年发展规划，预计2010年全社会用电量将达到3.8万亿kWh，“十一五”期间年均增长8.7%，相应发电装机容量达到860GW。2020年全社会用电量将达到6.1万kWh，年均增长4.9%，全国发电装机容量达到1250GW。从这几年电力工业发展现状和实现人均GDP翻两番的目标来看，上述规划装机容量突破的可能性很大。

抽水蓄能电站在我国的电源结构中应占有一席，其在电网中的合理比重，取决于电网负荷水平、负荷特性和电源组成等。对我国不同电网电源最优组合的研究成果表明，在以火电为主的电网中，抽水蓄能电站比重以8%～15%为优。日本基本按10%比例配置抽水蓄能电站容量。按上述2020年发展规划的总装机容量，并采用较低的比例（4%），到2020年抽水蓄能电站装机容量也应达到50GW。因此，2011～2020年10年间尚需增加抽水蓄能电站装机容量33GW，约为2001～2010年10年间的三倍，平均每年应增加3300MW，可见抽水蓄能电站发展空间很大。

（二）随着我国电力结构及用电结构的调整，对抽水蓄能电站的需求也将越来越大

十七大报告中提出要“加快转变经济发展方式，推动产业结构优化升级”，将其作为“关系国民经济全局紧迫而重大的战略任务”，“把建设资源节约型、环境友好型社会放在工业化、现代化发展战略的突出位置”。目前我国电力工业还存在电源结构不合理、电力生产能耗高、污染物排放大等突出问题。火电装机容量比重高达78%，火电机组每年消耗煤炭占全国煤炭产量的50%左右，二氧化硫排放量占到全国排放量的54%。电力发展面临的资源和环境压力越来越大，必须把电力工业发展转移到科学发展的轨道上来，实现全面、协调、可持续发展。为此，必须严格贯彻“以大型高效机组为重点优化发展煤电，在保护生态基础上有序开发水电，积极发展核电，……加快发展风能、太阳能、生物质能等可再生能源”的电力发展政策。

我国核电进入快速发展期，发展核电是我国调整能源结构、促进节能减排、应对全球气候变化的重要举措。《国家核电发展专题规划（2005～2020年）》确定的目标是2020年核电装机容量达到40GW。2007年核电装机容量为8.85GW，也即2007～2020年核电装机容量平均每年将增长12.3%，接近于总装机容量4.4%的年均增长率的三倍。核电机组的增加，使电网中调峰能力下降，低谷富裕电量却大增，配套建设兼具调峰填谷性能的抽水蓄能电站不仅是经济上的最优组合，更有利于保证核电站的安全。据大亚湾核电站配套建设广州抽水蓄能电站后的运行实践及理论分析，认为配置核电站装机容量40%～50%的抽水蓄能电站是较优的组合方案。若按40%计，至2020年，仅与核电站配套就可能需要16GW的抽水蓄能电站装机容量。

加快发展可再生能源已成为我国电力发展的重大决策，并制定了“强制上网、优先收购、政府定价、费用分摊”等扶助政策。2007年我国风电取得突破性发展，装机容量年增长94.4%，达4.03GW。《可再生能源中长期发展规划》明确到2020年风电装机容量将达30GW。今后13年内风电装机容量平均每年将增长16.7%。而风电是随机性、间歇性、季节性发电的电源，大比重的风电直接输入电网会对电网的安全稳定运行构成潜在的风险。抽水蓄能电站的快速反应、调节灵活、可调频调相、事故备用成本低等优点，将其与风电配套就构成理想的电源组合。目前关于抽水蓄能电站与风电最优比例的研究成果尚未见到，但随着作为可再生能源的风电装机容量的大量增加，将对抽水蓄能电站提出更多

的需求这是可以肯定的。

西电东送和全国联网工程是实现我国电力资源优化配置的重大战略举措，为避免全国联网后出现类似于美国、加拿大电网大面积停电事故和电网瓦解，抽水蓄能电站的快速反应、调频调相，尤其是黑启动功能等，作为电网的保安电源具有不可或缺的重要作用，这已为广州抽水蓄能电站等的运行实践所证明。

常规水电站也是优良的调峰和备用电源，作为可再生能源，世界各国几乎都首先开发水能资源，到20世纪五六十年代，经济发达国家水能资源的利用程度已相当高，可经济开发的水能资源已不多。此后，世界常规水电装机容量的比重开始呈下降趋势，从1950年约30％降到1998年的20％以下。常规水电装机容量的比重不断下降，正好为抽水蓄能电站的发展腾出了空间，形成20世纪60～80年代，长达30年的世界抽水蓄能电站高速增长期。

我国水电建设已进入黄金期，截至2007年，我国已实现水电装机容量1.45亿kW，占我国大陆水力资源技术可开发装机容量5.42亿kW的26.8％。预计2020年水电装机容量将达到3.28亿kW，达到技术可开发装机容量的60.6％。东部地区水力资源将基本开发完毕，中部地区水力资源开发程度也超过90％，西部地区水力资源开发程度将达到60.7％。之后，常规水电开发速度将大大放缓，开发重点将向金沙江、澜沧江和怒江上游等转移，西藏地区很可能成为我国水电建设的主战场。2030年水电装机容量将达到3.95亿kW，占我国大陆水力资源技术可开发装机容量的72.9％。之后，全国水电开发将集中于四川及西藏雅鲁藏布江干流，尤其是后者，水电及输电工程的技术难度均较大。

根据世界抽水蓄能电站发展的历史可以预见，在2020年，尤其是2030年以后，我国水力资源开发程度相应超过60％，甚至70％以后，必将为抽水蓄能电站建设腾出更大的发展空间。

此外，随着我国经济的持续发展和人民群众生活水平的日益提高，对电力系统的安全稳定和可靠性（如停电次数和停电时间等）、电网供电质量（如频率与电压的合格率等）的要求不断提高，对抽水蓄能电站的需求将从调峰填谷为主转向作为电力系统管理工具，主要承担电网的调频、调相、负荷跟踪和事故备用等功能，作为保证电网安全稳定运行和供电质量的有效手段之一。

综上所述，抽水蓄能电站建设符合落实中国共产党第十七次代表大会提出科学发展观，建设和谐社会的要求；符合建设资源节约型与环境友好型社会，促进可持续发展的要求；符合电力工业结构调整的要求。因此我国抽水蓄能电站建设具有广阔的发展前景，高速发展期可能会维持20年以上，其后仍会持续发展。

第二节 发 展 特 点

一、时间上：波浪式高速发展

我国抽水蓄能电站建设起步较晚，较具规模的建设才20年左右，但抽水蓄能电站装机容量已名列世界第三位，发展很快，这与中国改革开放30年来国民经济的高速发展相对应。但发展过程并非一帆风顺，而是波浪式的，有两个高速发展期，也有两个停滞期（见图1－1－1）。这种现象除了与国民经济发展进程等有关外，还与对抽水蓄能认识的不断加深有关。对抽水蓄能电站的作用、经济效益、经营模式及财务评价等问题的争论始终伴随着抽水蓄能的发展，对抽水蓄能电站认识的每一次跃升，就带来抽水蓄能电站建设的一次高潮。第一波建设高潮中兴建的十三陵和天荒坪等抽水蓄能电站从开始前期勘测设计至正式开工建设，都用了20年左右的时间，对建设的必要性等都经过了反复的论证才得以获准建设。在第一批抽水蓄能电站运行效益等得到验证，还贷问题解决后才得以掀起第二波建设高潮。

可以预见，随着厂网分开，电力市场化改革的进一步发展，对于抽水蓄能电站认识的争论还将继续。有意识、主动地因应变化的形势，深入研究解决抽水蓄能电站发展过程中出现的新问题，统一认识，对避免抽水蓄能电站发展过程中再出现大的起伏会有重要意义。

二、地区分布：从东部向中部，从火主电网向水电比重较大的电网发展

至2000年，我国只有五个省市建设了抽水蓄能电站，主要分布在经济最发达的东部地区，如华南的广东省、华东的浙江省，以及华北的河北省和北京市（西藏自治区的羊卓雍湖抽水蓄能电站是个特例）。进入第二个高潮期，东部地区加快了抽水蓄能电站建设步伐，浙江省已建成第三座抽水蓄能电站（桐柏抽水蓄能电站），总装机容量达到3080MW，成为我国已建抽水蓄能电站数量和装机容量最多的省份；广东已开工建设第二座2400MW的惠州抽水蓄能电站；安徽省已建和在建各两座抽水蓄能电站。此外，抽水蓄能电站分布范围已扩展到华东的江苏省和山东省、华北的山西省、东北的辽宁省和吉林省，以及中部的河南、湖北和湖南等省区。除福建省、江西省和黑龙江省外，我国东部和中部16个省市都已开始建设抽水蓄能电站。

第一批抽水蓄能电站都建在以火电为主的电网中，以及有核电站的地区。目前在建的第二批抽水蓄能电站仍主要建在以火电为主的电网中，但也开始扩展到水电比重较大的地区。例如，华中地区在2002年水电比重达31.8%，装机容量1820MW的三峡水电站也在该区。但该区水电站大多还承担防洪、航运、灌溉等综合利用任务，70%水电站调节能力较差，在丰水期需弃水调峰，电网汛期调峰问题突出。按全电力系统经济上最优原则分析，在2015年投入4000MW抽水蓄能电站是最优的配置。因此，装机同为1200MW的河南省宝泉、湖北省白莲河、湖南省黑糜峰三座抽水蓄能电站相继批准开工建设。

福建省电网目前是独立、以水电为主的电网，2000年底发电总装机容量10400MW，其中水电5300MW、火电5100MW，水、火电比例为51∶49。但水电站调节能力很低，具有年调节以上性能的水电装机容量仅占水电总装机容量的11.0%。针对水电比重大，丰水期、枯水期出力悬殊，汛期弃水调峰及枯水期电量不足的弱点，经研究建设适当的抽水蓄能电站是必要的、最经济的。1200MW的仙游抽水蓄能电站即将开工建设。西部地区的重庆、贵州、陕西等省市也已提出兴建抽水蓄能电站的要求。

三、规模：大中型并举，以大型为主

适合我国以大区划分电网的需要，作为事故备用电源及调峰填谷等需要，配置的抽水蓄能电站必须有一定的规模，因此，以大型抽水蓄能电站为主，89%装机容量在1000MW以上，尤以4×300MW电站为最多。

同时也建设了一些中型抽水蓄能电站，一方面为大型抽水蓄能电站建设积累经验，如安徽、湖北、江苏和河南等省都是先建成一座100MW左右的中型抽水蓄能电站，然后再建设大型抽水蓄能电站。另外，建设中型抽水蓄能电站既可调动多方面的积极性，又解决了不同层次电网调峰及电力系统安全需要。尤其是一些经济发达地区，地级市范围内有调峰的需求，也有筹集建设资金的能力，如浙江省宁波市和江苏省溧阳市就分别集资建设了溪口抽水蓄能电站（80MW）和沙河抽水蓄能电站（100MW）。

中型抽水蓄能电站建设也有利于抽水蓄能机组国产化的起步，安徽响洪甸（2×40MW）、湖北天堂（2×35MW）和河南回龙（2×60MW）等抽水蓄能电站机组就分别由我国东方、卡瓦纳杭发和哈尔滨电机厂制造，为我国抽水蓄能机组国产化提供了宝贵的经验。

四、机组技术水平：跨越式发展

我国抽水蓄能电站建设起步虽较晚，但利用后发优势，学习国外建设抽水蓄能电站的经验和教训，起点却较高。第一批建设的广州、十三陵和天荒坪抽水蓄能电站就采用高水头、高转速、大容量可逆式机组，最高扬程都在500～600m级，转速500r/min，单机容量250～300MW，已达到世界上先进的技术水平。即将在2008年投入运行的山西省西龙池抽水蓄能电站的机组单机容量300MW，转速500r/min，最高扬程更超过700m，达到705m，为世界第三高水头的单级混流可逆式水泵水轮机组。由于采用了世界最先进的抽水蓄能机组，使我国抽水蓄能电站机组效率与可靠性很快达到世界先进水平，在电力系统中发挥了很好的作用。

遗憾的是，由于我国缺乏制造抽水蓄能机组的技术基础，一开始起点就这么高，想由我国自己制造就有困难。因此，除了一些中型抽水蓄能电站的机组由国内厂家制造外，大型抽水蓄能机组全由国外引进。

五、机组国产化：步伐大大加快

目前我国抽水蓄能机组制造水平还较低，仅密云、响洪甸、天堂、回龙、白山五座中小型抽水蓄能机组以国内厂家为主制造，转轮采用国外厂家水力设计的模型，其中一些更直接从国外采购成品转轮。

大型抽水蓄能机组以往都依靠国外厂家供应。但在2004年8月20日，宝泉、惠州和白莲河三个抽水蓄能电站共16台300MW的机组通过统一招标和技贸结合的方式引进抽水蓄能机组的研发和设计技术。其后的黑麋峰、蒲石河等抽水蓄能电站机组更进一步以国内厂商为主制造，使抽水蓄能机组设备国产化的步伐大大加快，我国抽水蓄能机组制造技术水平可望迅速提高，必将促进我国抽水蓄能电站建设步伐。

六、土建技术水平：起点高

我国抽水蓄能电站建设起步虽较晚，但广泛学习了国外抽水蓄能电站建设的宝贵经验和教训。尤其是我国常规水电建设规模为世界最大，许多土建技术处于世界领先水平，积累的丰富经验直接应用于抽水蓄能电站建设，使建设的几座大型抽水蓄能电站土建技术已达到世界先进水平。例如，世界各国抽水蓄能电站上水库全库盆采用混凝土面板防护的工程实例很少，且并不成功，渗漏量均较大。而十三陵抽水蓄能电站上水库全库盆采用混凝土面板防护，防渗总面积17.40万m^2、面板缝总长2.129万m。由于应用了我国常规水电站建设中广泛采用、居于世界领先水平的混凝土面板堆石坝设计施工技术，建成后渗漏量很小，实测最大日渗漏量仅为总库容的0.028%，比国外类似混凝土面板防渗工程小一个数量级（如法国拉告施抽水蓄能电站为0.432%），已达到沥青混凝土面板防渗工程的水平。又如，桐柏抽水蓄能电站下水库混凝土面板堆石坝也很快引进了新疆榆树沟混凝土面板堆石坝的坝身溢流新技术。

在建设速度方面，广州抽水蓄能电站一期工程从地下厂房开挖至首台机组投产试运行历时49个月，总工期58个月，与世界先进水平相比也并不逊色。

七、枢纽布置：有所创新

我国自然条件有其特殊性，因此在抽水蓄能电站枢纽布置等方面也有所创新，发展了抽水蓄能技术。例如，我国北方地区河流泥沙较多，有的河流平均含沙量高达每立方米几十千克，而水泵水轮机对过机含沙量要求很高，高水头水泵水轮机只允许每立方米几十克，我国一些抽水蓄能电站在减少过机泥沙问题上采用了一些特殊措施。例如，西龙池抽水蓄能电站将下水库从含沙量很高的滹沱河移至小支沟上；呼和浩特抽水蓄能电站等在下水库上游设一道拦沙坝，另设排沙洞将泥沙排走，使下水库保持“一盆清水”。

八、运行管理：达到较高水平

(1) 值班人数。已建成的抽水蓄能电站在运行管理方面都达到较高水平，如广州抽水蓄能电站已经实现了厂房内部无人值班，在厂外建集控室，一个人值班。值班人员减到了0.5人/万kW，与国外先进水平相近。

(2) 可用率和机组启动成功率。由于抽水蓄能电站的主要作用是调峰填谷和事故备用，因此，可用率和机组启动成功率是考核抽水蓄能电站运行管理水平的两个重要标志。我国部分电站启动成功率和可用率统计见表1-2-1。

表1-2-1　部分抽水蓄能电站启动成功率和可用率统计

电站名称		十三陵	广州	天荒坪	天堂
启动次数（次/台·年）	发电工况	252	1074	545	2207
	抽水工况	175	789	260	1547
启动成功率（%）	发电工况	99.87	99.69	99.39	98.08
	抽水工况		98.76	99.1	94.58
等效可用率（%）		97.34	90.74	91.46	97.9
年运行小时数（h/台）	发电工况	1237	2294	1485	1525
	抽水工况	1013	2115	1659	1242

九、电站经营模式：做了多种有益尝试

由于人们对抽水蓄能电站作用有个认识过程，所以第一批建设的抽水蓄能电站，如广州、天荒坪、天堂等抽水蓄能电站建成后，都经历了扭亏为盈的过程。随着我国经济改革的深入、电力改革力度的加大和抽水蓄能电站的静态效益和动态效益逐步得到各方的认可，逐步探索出适合本地区特点的经营模式，并取得了一定经验。目前抽水蓄能电站经营模式各不相同，如潘家口、十三陵抽水蓄能电站的电网统一管理模式，由电网对电站进行调度的同时，也对电站的财务核算进行统一管理，按电站的成本、还贷付息、利润和税收等，由电网统一支付；广州、天荒坪等抽水蓄能电站为发电企业独立经营模式，但又有所不同，广州抽水蓄能电站采用按容量由电网租赁方式，天荒坪抽水蓄能电站则采用容量和电量两部制电价。这些都是有益的尝试，但还未能得出统一的结论，尤其是面临着厂网分开，电力市场化改革的新形势，必须对抽水蓄能电站经营模式进一步深入探讨。

第三节　发展面临的问题

我国抽水蓄能电站建设现正处于黄金时期，发展前景也很好；但是，也处于一个关键时刻，在电力体制改革后抽水蓄能电站建设又面临一些新问题，需要认真研究，取得共识，才能促使抽水蓄能电站建设更健康地发展。

一、抽水蓄能电站开发的主体

电力体制实行厂网分开改革后，抽水蓄能电站建设和管理面临的环境发生了很大的变化，为了规范抽水蓄能电站的建设和管理，促进抽水蓄能电站的健康有序发展，提高电力系统的安全性、经济性和可靠性，国家发展改革委以发改能源〔2004〕71号文（简称71号文），就抽水蓄能电站建设管理有关问题发出通知。考虑到抽水蓄能电站主要服务于电网，为了充分发挥其作用和效益，71号文明确"抽水蓄能电站原则上由电网经营企业建设和管理"，实际上已明确抽水蓄能电站的开发应以电网公司为主。由于抽水蓄能电站的特殊性，它不仅作为调峰填谷的电源，更重要的是作为电网的管理工具，担任事故备用、调频、调相等任务，服务于整个电网。因此，以电网公司为主进行开发是适宜的。但是否就以电网公司为唯一开发主体，尚需进一步探讨。

前已述及，2011～2020年平均每年需增加抽水蓄能电站装机容量3300MW，约为2001～2010年每年增加容量的三倍，可见抽水蓄能电站需要有更大的发展。由电网公司独家承担这样大规模的抽水蓄能电站建设任务是有相当难度的。

我国电力建设包括抽水蓄能电站建设的实践已证明，发挥多家办电的积极性比一家办电为优。进入21世纪以来，我国抽水蓄能电站建设之所以能遍地开花，形成第二波建设高潮，与发挥了多方面的积极性有关。已建抽水蓄能电站的投资主体少的有二三家，多的有五六家。不仅有各省市电力公司，也有核电公司、地方国有投资公司等，甚至一些民营企业也表示了投资的愿望。实践证明，这样不仅可更好地利用各方面的资金和人力资源，也有利于协调解决电站建设的外部环境问题。71号文明确抽水蓄能电站建设以电网公司为主，但并不排斥发电企业参与建设。本书认为，抽水蓄能电站的开发主体应以电网公司为主，多种投资主体并存为宜。除五大发电公司外，不妨更扩大范围，允许核电公司，甚至民营企业等都可投资建设抽水蓄能电站；条件适宜时，也可允许蓄能电站与其他电站联合运行。这样对抽水蓄能电站持续发展是有利的。

二、重视电价研究，制定公正、公平、合理的电价制度

在市场经济条件下，不论由何种投资主体建设抽水蓄能电站，必然要考虑投资的适当回报。没有一个合理的电价制度，不要说其他投资主体不愿意参与建设抽水蓄能电站，即使电网公司也不可能坚持抽水蓄能电站建设。

自从我国开始抽水蓄能电站建设以来，电价问题始终是大家关心，但又未能很好解决的关键问题之一。所谓电价实际上包括上网电价与销售电价两部分，应分别讨论。

（一）上网电价

厂网分开后，由电网经营企业建设和管理的抽水蓄能电站，由电网统一管理和核算，发改能源［2004］71号文明确允许将其建设和运行成本纳入电网运行费用统一核定。

由发电企业投资建设的抽水蓄能电站，发改能源［2004］71号文规定要作为独立电厂参与电力市场竞争。因为抽水蓄能电站除调峰填谷外，还承担调频、调相和紧急事故备用等动态功能。实际电网调度时，更多发挥抽水蓄能电站的动态功能，因为这正是抽水蓄能电站的长处，也是对电网整体最优的运行方式。经过多年的实践证明，由发电企业投资建设的抽水蓄能电站采用租赁制或电量和容量两部制上网电价是较合适的。

其实无论是电网经营企业建设还是由发电企业等建设，上网电价的核心问题是抽水蓄能电站由电网统一调度，其收入能保证其运行维修、还本付息并略有利润。

（二）销售电价

有关上网电价已逐渐形成共识，但抽水蓄能电站的上网电价是否应全部转化为销售电价的加价的问题至今还很少涉及，而此问题却是抽水蓄能电站电价讨论的症结所在。

抽水蓄能电站的效益，包括调峰填谷及事故备用、调频调相等辅助服务效益，这些服务是必不可少的，在抽水蓄能电站投入运行前也是需要的，只是由其他电站来承担，这部分费用已在原来电价中反映了。当然抽水蓄能电站的投入有利于提高电网供电质量与安全，更好地为电力用户服务，这部分增值服务的费用是可以计入销售电价的。但其主要效益体现在替代其他电源（火电厂或核电厂）和电网原来承担的任务上，例如，由于抽水蓄能电站投入运行后使火电厂或核电厂减少了事故备用容量和参与调峰的容量及次数，增加了发电量（包括抽水蓄能电站抽水耗电量），减少了煤耗等，因此，这些电站所获得的增量效益应返回一部分给抽水蓄能电站。

以广州抽水蓄能电站一期（简称广蓄一期）为例，广东核电投资公司（简称广核投）拥有1800MW的大亚湾核电站（简称广一核），由于广蓄一期投入运行后，使广一核参与调峰次数从1994年的25次降到1996年的1次。而广一核在正常方式下满载带基荷运行，使核电不作调峰运行，发电量增加，年均发电量超过合同电量21%；由于实现了稳定运行，还提高了核电站的安全性。因此，广核投支付了广蓄一期50%容量的一半租赁费（另外50%容量使用权由香港抽水蓄能发展公司购买）。

显然，抽水蓄能电站的上网电价不应全部转化为销售电价的加价，当前应重点研究抽水蓄能电站上网电价如何在其他发电厂、电网和用户之间合理分配。

三、抽水蓄能电站在电网中的合理比重和合理布局

（一）规模

抽水蓄能电站在本质上并非一种电源，而是电网管理工具之一，只能作为其他电源的一种补充，不是越多越好，抽水蓄能电站在电网中必然有一个合理的比重。也即要制定抽水蓄能电站的发展规划，明确对抽水蓄能电站的需求。

我国地域广阔，各地区、各省（区）电网所在地区经济发达程度不同，由此影响到负荷特性有较大差别；电源结构有较大差异，如水电、火电比重，有无核电、风电等；而各地抽水蓄能资源条件不同，抽水蓄能电站建设的经济性差别也较大。因此，对抽水蓄能电站的合理比重应当是因网而异，因时而异。

以往对以火电为主的电网抽水蓄能电站合理比重研究较多，对水电比重较大的电网抽水蓄能电站合理比重研究才开始，而对与核电、风电相配套的抽水蓄能电站合理比重问题几乎还未开始研究。

目前的电源结构优化分析主要考虑抽水蓄能电站调峰填谷的经济效益，对其动态效益反映不够。将来，抽水蓄能电站的动态效益很可能会成为确定抽水蓄能电站合理规模的主要因素。

（二）布局

以往大多以省网为主进行抽水蓄能电站规划，在目前全国联网和西电东送的背景下，有必要结合西电东送、西气东输、全国电网规划、核电与风电发展规划和各地区抽水蓄能资源点规划等，开展全国抽水蓄能电站合理布局的研究。例如，抽水蓄能电站一般设在负荷中心，但在电源输出端是否也有建设抽水蓄能电站的需求？这种全国性的抽水蓄能电站合理布局研究很难由一省一市来完成，必须由政府主管部门主持，统一进行。

四、抓紧抽水蓄能电站选点规划

明确了对抽水蓄能电站的需求之后，还需要掌握抽水蓄能电站的资源条件，以求得需求和供应的最优组合。抽水蓄能电站的规划选点很重要，它将基本决定抽水蓄能电站的经济性，在以后的勘测设计中能作的优化是有限的，必须十分重视抽水蓄能电站的规划选点工作。

(1) 目前抽水蓄能电站发展势头喜人，但抽水蓄能电站选点规划远远滞后。只有少数省市对本省市的抽水蓄能电站站址作了较全面的选点规划，大多数省市还没有抽水蓄能选点规划或做得很粗。此外，由于各地方政府上项目积极性很高，纷纷在各市县局部区域内选择抽水蓄能电站站点开展前期勘测设计工作，缺乏总体规划，容易遗漏真正优越的站址。因此，全面开展抽水蓄能选点规划已迫在眉睫，否则有可能延误抽水蓄能电站建设的发展，或造成资源不必要的浪费。

(2) 由于我国抽水蓄能电站建设历时不长，回顾早期完成的抽水蓄能选点规划，尚有不少可以改进之处。因此，即使已完成抽水蓄能选点规划的地区，也有必要根据我国抽水蓄能电站建设积累的经验教训，以新的认识对抽水蓄能选点规划进行复核和补充。

(3) 从某种意义上说，抽水蓄能选点规划工作较常规水电规划更复杂。首先，常规水电规划是沿着一条线进行，抽水蓄能选点规划受河川径流限制较少，是在面上进行，可选范围比较广，很容易有所疏漏；其次，影响抽水蓄能电站选址的因素较多，除地形地质、水文泥沙、淹没、环境等条件外，尚要考虑与负荷中心和抽水电源点的距离、网架结构、补水等条件；最后，抽水蓄能电站往往选在地形高差大、地势陡峻的地方，交通不便，现场勘察难度更大。要完成一个全面完整的抽水蓄能选点规划，需要投入较大的人力、资金，以及相当长的时间。

五、积极慎重推进抽水蓄能机组国产化

我国电力市场对抽水蓄能机组有很大的需求量，逐步实现抽水蓄能机组国产化是我国抽水蓄能事业发展的必由之路。通过“惠宝莲打捆招标”引进抽水蓄能机组设计制造关键技术，使我国抽水蓄能机组国产化的步伐大大加快。但抽水蓄能机组国产化的成功仍有漫长的路要走。对引进的技术需要消化；真正掌握设计技术，需要在电站实际运行中检验，不断改进；制造工艺、质量管理也需提高等，因此，抽水蓄能机组国产化应积极而慎重地推进。在我国外汇余额较大的情况下，对某些超高水头抽水蓄能机组仍宜进行国际招标采购。

六、抽水蓄能电站建设应更重视环境保护和移民安置

按科学发展观及建设和谐社会的要求，对环境保护提出更高要求，国务院最近又颁布了新的移民安置条例。环境保护与移民安置已成为抽水蓄能电站建设最重要的外部制约因素。虽然环境保护与移民对抽水蓄能电站的影响远比常规水电站的影响要小，但同样应引起高度重视。应及时转变思想观念，从站址选择开始，包括勘察设计、施工和运行等，均要重视环境保护与移民安置。

第四节　我国抽水蓄能电站简介

一、岗南抽水蓄能电站

1968年5月14日，我国第一台11MW抽水蓄能机组在岗南抽水蓄能电站投入运行。

岗南抽水蓄能电站处于水力资源缺乏的华北地区，华北电网是以火电为主的电网。1960年代华北电网就提出发展抽水蓄能电站的要求。1966年，岗南水电站所在的石家庄电网总装机容量167MW，除岗南水电站装机30MW（占总装机容量的18%左右）装机容量外，其余均为火电站。岗南水库为以农业灌溉为主的综合利用水库，“以水定电”，只在汛期和农业用水时才能发电，加装一台抽水蓄能机组后，岗南水电站由季节性电站变为可常年发电的水电站。

岗南抽水蓄能电站位于河北省石家庄附近的平山县，岗南水库总库容15.71亿m^3，下游已建有一个反调节水库，只需将堤坝加高2m，总库容达到350万m^3，即可满足抽水蓄能电站的需要。岗南水电站已安装2台15MW常规机组，抽水蓄能机组由日本富士电机厂引进。采用斜流可逆式水泵水轮机，立轴双转速发电电动机。抽水和发电额定容量分别为13MW和11MW，最大和最小扬程分别为59m和31m，当扬程大于47m时，转速为273r/min；扬程小于47m时，转速为250r/min。

据1991～1993年运行统计，抽水蓄能机组年均装机利用小时数达1407h，在电力系统调峰运行中发挥了有效作用。该机组自投产以来，运行较正常。

二、密云抽水蓄能电站

密云抽水蓄能电站位于北京市密云县的潮白河上，距北京市约100km。1960年建成的密云水库承担北京城市居民及工农业供水任务，原密云水电站装有4台18.7MW常规水电机组，按"以水定电"方式发电。密云抽水蓄能电站利用已建的密云水库作为上水库，下游兴建总库容503万m^3的下水库。厂房内安装了2台单机11MW的抽水蓄能机组。机组最大水头64m，最小水头28m。由于水头变幅大，采用可变极的双速发电电动机，转速分别为250r/min和273r/min；水泵水轮机采用可调节叶片角的斜流式转轮。机组由天津发电设备厂设计制造，为国产的第一台抽水蓄能机组。

2台机组分别于1973年11月和1974年12月投入运行。由于机组材料强度等问题，及设计经验不足，经过5年半运行，于1979年5月30日，2号机转轮叶片断裂，机组被迫停运。在1982年和1986年先后更换了两个转轮，以后只作发电运行。

在2台抽水蓄能机组正常运行的1974～1976年，密云水电站年均发电量1.8亿kWh，而在1961～1998年，年均发电量仅0.71亿kWh。可见，抽水蓄能机组使密云水电站解脱了"以水定电"的束缚，发挥了调峰填谷的作用。

虽然岗南抽水蓄能电站和密云抽水蓄能电站容量很小，但它们是我国抽水蓄能电站建设起步的标志。密云抽水蓄能电站机组尽管存在不足，却是我国抽水蓄能机组国产化的标志。

三、潘家口抽水蓄能电站

潘家口抽水蓄能电站位于河北省迁西县，距北京市约200km。为混合式抽水蓄能电站，原有常规水电机组150MW，增设抽水蓄能机组270MW。这是我国建设的第一个大型抽水蓄能电站。

电站利用滦河上已建的潘家口水库为上水库，水库总库容达29.3亿m^3，系供水为主兼发电、防洪和灌溉的综合利用工程。距主坝下游6km处新建28.5m高的碾压混凝土重力坝形成下水库，总库容1469万m^3。坝后式厂房内安装1台150MW常规机组，3台90MW的抽水蓄能机组。抽水蓄能机组最大水头85m，最小水头35.4m，由于水头变幅大，采用125r/min和142.5r/min的双转速发电电动机。

潘家口抽水蓄能电站原设计为装机容量3×60MW的常规水电站，1974年9月初步设计报告审查时，考虑到当时京津唐电网总装机容量2800MW，水电装机容量100MW，仅占总装机容量的3.6%。预测1985年最大负荷将达10000MW，最大峰谷差2800MW，缺调峰容量1610MW。华北电管局提出在潘家口水电站增设抽水蓄能机组，扩大装机容量，以缓解供电不足。因此，当潘家口水库于1975年10月开工建设，1981年4月1号常规水电机组（150MW）并网发电的同时，天津勘测设计院开展了增设抽水蓄能机组必要性的论证，1983年国家计委批准二期工程（3×90MW抽水蓄能机组）建设。二期工程于1984年开工，第一台抽水蓄能机组于1991年7月11日投入运行，3台抽水蓄能机组在1992年全部发电。

四、十三陵抽水蓄能电站

十三陵抽水蓄能电站位于北京市昌平区，距市中心约40km。为我国最早开展勘测设计工作的大型纯抽水蓄能电站，总装机容量800MW。

十三陵抽水蓄能电站利用已建的十三陵水库为下水库，总库容7977万m^3，主坝为黏土斜墙土石坝，最大坝高29m。上水库系人工挖填而成，总库容（按抽水蓄能电站惯例，以下均以正常蓄水位以下库容为总库容）445万m^3。全库盆用钢筋混凝土面板防渗，防渗面积17.6万m^2。主坝为钢筋混凝土面板堆石坝，最大坝高75m。引水系统采用一洞二机布置，高压管道均为压力钢管；尾水系统采用一机一洞布置；上、下游均设调压井。地下厂房内安装4×200MW单级混流可逆式水泵水轮机组，额定水头430m，额定转速500r/min。工程总投资37.3151亿元，单位容量投资4664元/kW。

京津唐电网属于以火电为主的电网，水电装机容量不足全网装机容量的5%，调峰困难。为切实保证首都北京市电网安全稳定、优质可靠供电，从20世纪70年代就开始论证建设抽水蓄能电站的必要性。北京勘测设计院在1974年完成的《北京地区抽水蓄能电站规划选点报告》中就推荐十三陵站址，1982年完成可行性研究报告，1986年完成初步设计报告。1987年8月上报项目建议书，作为华北电力集团实现北京市基本不拉闸限电的“9511”工程的重要组成部分，1988年2月国家计委批准十三陵抽水蓄能电站项目建议书。从规划选点至批准立项，历时长达14年。主要是在计划经济条件下，人们习惯于用拉闸限电作为最简单的调峰手段。为消除人们对抽水蓄能电站认识上的误解，对建设十三陵抽水蓄能电站的必要性和经济性做了大量论证工作，并向有关方面进行宣传解释；其次，由于对抽水蓄能电站认识不统一，给电站资金筹集也带来很大困难，最终由水利电力部与北京市在1987年9月2日签订集资协议（另外，还利用日本海外协力基金贷款130亿日元）；最后，由于十三陵抽水蓄能电站位于明十三陵附近，作为下水库的十三陵水库是1958年毛泽东等中央领导参加劳动建设的水库，地下厂房出口又是邓小平等同志植过树的中心绿化基地，每天观光旅游人数都在万人以上。当时北京市领导就提出“工程有价，环境无价”，前期设计中做了大量环境影响评价工作，从筹建开始，环境保护工作就作为主要工作来抓。

工程从1989年开始筹建，1991年7月11日开始主厂房开挖，1992年9月11日李鹏总理为电站主体工程全面开工奠基揭幕。1995年8月3日上水库开始蓄水，1995年12月23日首台机组发电，1997年6月28日4台机组全部建成。十三陵抽水蓄能电站是我国大型抽水蓄能电站中最早开始前期工作的，十三陵抽水蓄能电站从规划选点到全部建成发电长达24年，反映了我国抽水蓄能电站建设起步之艰辛。

潘家口和十三陵抽水蓄能电站投产以来为华北电网的调峰填谷、调频、调相、事故备用及保证首都政治用电等方面起到了显著的作用。例如：

（1）调频。京津唐电网在没有抽水蓄能电站时，主要依靠燃煤火电机组调频，频率合格率在98%左右。十三陵、潘家口抽水蓄能电站投入运行后，担任电网主要调频任务，电网频率合格率达到99.99%以上。

（2）事故备用。比较典型的例子：1999年3月12日～17日，北京出现连续十多天的大雾阴雨天气，使北京供电线路造成电网雾闪、线路闪络掉闸等事故不断出现，此时十三陵抽水蓄能电站快速反应，开机48次，发电1948万kWh，紧急启动成功率100%。

（3）保证首都政治用电。在重要节日和重大会议召开期间，十三陵抽水蓄能电站对于保证首都政治用电起到了重要作用。如在1997年迎接香港回归期间，在高峰负荷时，十三陵抽水蓄能电站两台机组作抽水工况运行，在电网中当作负荷使用。一旦电网出现事故，机组可在数秒钟内与电网解列，又在3min内启动带满负荷，使800MW装机容量可承担1200MW的事故备用容量，对保证电网安全发挥更大作用。

五、天荒坪抽水蓄能电站

天荒坪抽水蓄能电站位于浙江省安吉县，距杭州市57km。电站为纯抽水蓄能电站，总装机容量1800MW，为单一厂房内装机容量最大的抽水蓄能电站。

天荒坪抽水蓄能电站下水库位于太湖西苕溪支流大溪，总库容877万m^3，大坝为钢筋混凝土面板堆石坝，最大坝高95m。上水库为人工挖填库盆，总库容885万m^3，全库盆采用沥青混凝土面板防渗；主坝为沥青混凝土面板堆石坝，最大坝高72m。上、下水库之间的输水洞长为1428m，$L/H=2.55$。引水系统采用一洞三机布置，高压管道主管为钢筋混凝土衬砌；尾水系统采用一机一洞布置。地下厂房内安装6台300MW单级混流可逆式水泵水轮机组，额定水头560m，额定转速500r/min。

工程实际总投资62.18亿元，单位容量投资3454元/kW。由华东电力集团公司、上海申能、浙江省电力开发公司、江苏省国际能源投资公司、安徽省能源投资公司共同集资建设，出资比例分别为41.7%、25%、16.7%、11.1%、5.5%。另外，利用世界银行贷款3亿美元。电站由上海市和江苏、浙江、安徽省分配容量运行，作为华东电网调峰容量，并保障秦山一期核电站的安全稳定运行。电站由天荒坪抽水蓄能有限公司独立经营。

早在1974年华东电业管理局就组织开展抽水蓄能电站的规划选点工作，从开始的太湖地区逐步扩大到整个华东地区，直到1984年11月由华东勘测设计院上海分院完成了《华东电网抽水蓄能电站规划选点报告》，推荐浙江省天荒坪和安徽省响水涧两个站址。1986年6月完成可行性研究报告，1989年12月完成初步设计报告。1987年3月上报天荒坪抽水蓄能电站工程项目建议书，又历经4年半之久，国家计委才于1991年8月批准立项。从规划选点至批准立项，历时长达18年。期间除解决项目集资，落实国外贷款外，主要是解决对抽水蓄能电站的认识问题。反对者认为电力供应如此紧张，哪有多余电力去抽水；现在是缺电量不缺容量，"粗粮"都吃不饱，哪有条件吃"细粮"（指改善电能质量）；火电也可以担任电网的调峰，煤耗增加不多；抽水蓄能电站利用3kWh电换2kWh电不合算等。通过大量调查研究和分析论证，及反复、深入的论争，对建设抽水蓄能电站的认识才逐渐统一，天荒坪抽水蓄能电站最终获准建设。

华东电网是以火电为主的电网，1990年水电装机容量只占总装机容量的11%。当时华东电网中火电的综合调峰幅度已达30.8%；另外，秦山一期核电站（2×300MW）的开工建设，也需要足够调节能力的电站配套运行，寻找可靠的调峰措施已迫在眉睫。经过与燃煤电站和燃气轮机电站的比较，证明建设抽水蓄能电站最经济，不仅可调峰填谷，还可承担电力系统调频、调相、事故备用等任务。最终统一认识，不仅需要尽快建设天荒坪抽水蓄能电站，还要选择优越的抽水蓄能电站站址，再建设一批高水头大容量的抽水蓄能电站，以应急需。

电站准备工程于1992年6月开始，1994年3月开始主厂房施工。1997年10月6日上水库开始蓄水，1998年2月10日下水库开始蓄水。首台机组于1998年9月30日投入运行，2000年12月25日全部机组建成发电。

天荒坪抽水蓄能电站投入运行以来，为华东电网安全、稳定运行发挥了重要作用，例如：

（1）在供需矛盾突出的形势下，天荒坪抽水蓄能电站努力增发电量，满足系统需求。近几年来，华东电网严重缺电，天荒坪抽水蓄能电站采用二抽三发的运行方式，即通过增加下午腰荷发电和腰荷抽水等特殊手段，为缓解电网部分缺电状况，保证电网的安全、稳定运行作出了贡献，已成为电网调节的重要工具。例如，在2003年7～10月的腰荷时段新增发电量1937万kWh；在6～9月用电高峰期间，天荒坪抽水蓄能电站比计划多发电0.47亿kWh。

（2）为系统提供紧急事故备用。发挥机组容量大、启停快的特点，在华东电网事故处理中发挥了重要作用。以2003年为例，6台机组平均年运行时间3455h，占39.4%；停运时间971h，占11.1%；备用时间4334h，占49.5%。说明，即使在供电十分紧张的情况下，电网调度仍让天荒坪机组有一半时间作为系统的备用，以应付系统紧急事故备用和应急调频等要求。天荒坪抽水蓄能电站自1998年投产至2004年7月底，已为电网应急调频或事故备用38次。如2003年9月4日9点56分，吴泾二厂1号机组突然跳闸，上海出力瞬间急剧下跌，频率降至49.87Hz，由于当时上海负荷正不断攀升，因而引起输电线路的严重超载。天荒坪抽水蓄能电站及时开机顶负荷，避免了电网重演类似美加大停电的事故。

六、广州抽水蓄能电站

广州抽水蓄能电站位于广东省从化市，距广州市90km。电站为纯抽水蓄能电站，总装机容量2400MW，为世界规模最大的抽水蓄能电站。

电站上水库利用天然库盆，拦河筑坝成库，总库容2408万m^3。挡水坝为钢筋混凝土面板堆石坝，最大坝高68m。下水库位于流溪河二级支流上，总库容2342万m^3，挡水坝为碾压混凝土重力坝，最大坝高43.5m。引水与尾水系统均为一洞四机，并均设调压井，高压管道主管采用钢筋混凝土衬砌。一、二期地下厂房内各安装4台300MW单级混流可逆式水泵水轮机组，额定水头535m，额定转速500r/min。

一期工程实际总投资26.8亿元，单位容量投资2333元/kW。二期工程实际总投资约31亿元，单位容量投资2583元/kW。由广东省电力集团公司出资54%，广东核电投资公司和国家开发投资公司各出资 23%，成立广东抽水蓄能电站联营公司。一期工程外资利用法国政府贷款 2 亿美元，二期工程外资利用亚洲开发银行贷款 2 亿美元和融资 0.6 亿美元，用于引进机电设备。一期工程装机容量一半由广东核电集团和广东省电力集团联合租赁，另外出售一半容量使用权给香港抽水蓄能发展有限公司。二期工程全部装机容量由广东省电力集团租赁。

十一届三中全会后，广东经济发展较快，用电负荷迅速增长，峰谷差逐渐增大。例如 1985 年广东电网供电最高负荷 1976MW，电站装机容量 2204MW（其中水电 943MW，火电 1261MW），电网严重缺电。而可以承担调峰任务的待建大中型水电站点不多，调峰问题尤为突出。加上与香港合资的大亚湾核电站（2×900MW）已先行于 1987 年开工建设。为解决电网调峰填谷，提高核电站的经济性、核电站及电网的安全性，迫切需要建设抽水蓄能电站。

广东省水利电力勘测设计院在 1984 年 10 月完成广州附近抽水蓄能电站站址规划，1986 年 11 月完成可行性研究报告。由于 1987 年 1 月国务院领导核电小组会明确要求“与大亚湾核电站同步建设广州抽水蓄能电站”，因此，在 1987 年 1 月～1988 年 3 月完成初步设计报告的同时，国家计委在 1988 年 2 月即批准项目建议书。广东抽水蓄能电站联营公司随即于 1988 年 3 月 20 日正式成立。施工准备工程与主体工程施工平行、交叉进行。1988 年 7 月电站永久公路开工，主体工程中的“二洞一口”（即交通洞、排风洞及下库进/出水口工程）也于 1988 年 9 月开工。1989 年 5 月 25 日开始厂房顶拱开挖，1991 年 1 月 25 日上水库开始蓄水，1991 年 1 月 25 日下水库开始蓄水，第一台机组于 1993 年 6 月 29 日投入可靠性运行，一期工程 4 台机组于 1994 年全部建成发电。

二期工程（4×300MW）紧接着于 1994 年开工，1994 年 9 月 12 日开始厂房顶拱开挖，首台机组于 1999 年 4 月 6 日投入可靠性运行，二期工程 4 台机组于 2000 年全部建成发电。

由上可见，广州抽水蓄能电站前期勘测设计工作历时很短，施工时间也非常紧凑。从站址选择到工程开工不满 4 年，从初步设计完成到第一台机组发电也才 5 年多。这与广东省特殊条件有关，一方面广东省经济发展快，电网严重缺电，又缺乏调峰电源，有建设抽水蓄能电站的强烈需求；其次，恰逢大亚湾核电站开工建设，急需抽水蓄能电站与之配套；最后，又毗邻香港，能以较优价格出售部分容量使用权于香港，有助于解除财务上的顾虑。因此，广州抽水蓄能电站建设进程与十三陵、天荒坪抽水蓄能电站形成显明的对比。

广州抽水蓄能电站为广东电网和香港九龙电网服务，在系统中发挥了重要作用，例如：

(1) 使核电站实现不调峰稳定运行。大亚湾核电站 2 台 900MW 核电机组于 1994 年投入商业运行，广州抽水蓄能电站投入运行为核电创造了良好的运行环境，使核电不必参与调峰，实现稳定运行。1994～2000 年核电机组连年超计划出力运行，年均发电量达到 120.6 亿 kWh（近年甚至达到 145 亿 kWh），超过 2 台机组全年运行合同电量 100 亿 kWh 的 21%。

(2) 事故备用。广州抽水蓄能电站承担了广东电网的事故备用。据不完全统计，1995～2003 年 9 月，广州抽水蓄能电站为电网事故备用紧急启动共 161 次，平均每年紧急启动 17.9 次。如 2002 年 4 月 4 日 21 时 25 分天广直流双级闭锁甩 1300MW 负荷，系统频率降至 49.37Hz，事故前，广东抽水蓄能电站运行发电 380MW，事故后 5min 内增加了 740MW，即刻使系统频率得以恢复正常。

(3) 稳定电网电压。广州抽水蓄能电站 1994～1997 年 4 年间年均发出无功电量 54695Mvar·h；吸收无功电量 182320Mvar·h，为广东电网平衡无功、稳定电压起了较大的作用。

七、羊卓雍湖抽水蓄能电站

羊卓雍湖抽水蓄能电站位于西藏拉萨市贡嘎县，距拉萨市 86km，为混合式抽水蓄能电站，设常规水电机组 22.5MW，抽水蓄能机组 90MW。是世界上海拔最高的抽水蓄能电站。

电站利用高原封闭天然湖泊——羊卓雍湖作为上水库，常年储水量 150 亿 m^3，可利用库容 55 亿 m^3；下水库为雅鲁藏布江。为使电站的运行总体上不动用羊卓雍湖的水量，维护湖泊的生态平衡，而建设抽水蓄能电站，利用电网丰水期及低谷多余的电量从雅鲁藏布江抽水蓄于羊卓雍湖内，在枯水期和电网高峰负荷时引羊卓雍湖的水发电。

羊卓雍湖运行控制水位 4437m；引水系统采用一管五机布置，设调压井；地面厂房内安装 4 台

22.5MW 抽水蓄能机组，1 台 22.5MW 常规水力发电机组。由于上、下水库间天然落差高达 840m，抽水蓄能机组最大水头达 1020m，采用三机式机组，单吸六级离心泵＋三喷嘴冲击式水轮机＋发电电动机。水轮机额定水头 816m，额定转速 750r/min。

成都勘测设计院在 1970 年代就开始羊卓雍湖电站勘测设计工作，1985 年 8 月获准建设，1986 年 7 月因故停建。1989 年 8 月国家计委批准复工。工程于 1989 年 9 月筹建，1990 年 9 月 25 日正式开工，克服了高原缺氧、气侯恶劣、地质条件十分复杂等困难，首台机组于 1997 年 6 月 25 日正式投产。

八、溪口抽水蓄能电站

溪口抽水蓄能电站位于浙江省奉化市，距宁波市 34km。电站为纯抽水蓄能电站，总装机容量 80MW，是我国第一座由地方集资兴建的中型抽水蓄能电站。

电站上、下水库均利用天然库盆，拦河筑坝成库，挡水坝均为钢筋混凝土面板堆石坝。上、下水库总库容分别为 103 万 m^3 和 86 万 m^3，最大坝高分别为 48.5m 和 44.2m。引水系统采用一管二机布置，设调压井，尾水系统为单管单机。厂房为半地下竖井式，竖井内径 25.2m，厂房内安装 2 台 40MW 单级可逆式水泵水轮机组，额定水头 240m，额定转速 600r/min。

电站实际总投资 3.2964 亿元，单位容量投资 4120.5 元。由宁波市和下辖的 8 个县（市、区）供电部门集资，于 1993 年组成宁波溪口抽水蓄能电站有限公司，建设和管理溪口抽水蓄能电站。

宁波市人口 530 万，经济比较发达。随着改革开放的不断发展，用电需求迅速增长，特别是“八五”期间，平均年供电量以 13%左右速度递增。据 1990 年全口径统计，最大日峰谷差平均达到 46%，电力供需矛盾尤为突出，供电形势严峻。为了缓解宁波市用电负荷峰谷差的矛盾和尖峰不足，建设了溪口抽水蓄能电站，电站主要担任宁波地区的调峰填谷任务。

工程于 1993 年 6 月筹建，1994 年 2 月 1 日主体工程开工，上、下水库在 1997 年 5 月前后相继开始蓄水，第一台机组于 1997 年 12 月 12 日进入动态调试，1998 年 3 月 2 日正式投入商业运行。第二台机组于 1998 年 5 月 15 日投入商业运行。

溪口抽水蓄能电站投入运行后对宁波地区电网调峰填谷、应急备用、提高电能质量、改善电网负荷曲线等发挥了很好作用。2000 年电站每台机组平均运行 4012h，即有约 46%时间在运行。日装机利用小时数达 4.89h，比其他抽水蓄能电站高得多。机组参与地区负荷曲线的调整，开停机频繁，最高一天开停机 14 台次，使地区负荷考核曲线的合格率得到了提高。

溪口抽水蓄能电站与大型抽水蓄能电站相比较，有很多优点：①建设周期短；②处于负荷中心；③选址容易；④投资省、见效快；⑤地方积极性高；⑥生产运行灵活、在地区负荷调整中作用明显。

九、响洪甸抽水蓄能电站

响洪甸抽水蓄能电站位于安徽省金寨县，距合肥市 140km。电站为混合式抽水蓄能电站，原有常规水电机组 40MW，扩建抽水蓄能机组 80MW。

响洪甸抽水蓄能电站利用已建响洪甸多年调节水库做上水库。响洪甸水库位于淮河支流淠河西源上，总库容 26.32 亿 m^3，是一座以防洪、灌溉为主，兼有发电、水产和航运等效益的综合利用工程。拦河坝为混凝土重力拱坝，最大坝高 87.5m。在大坝下游 9km 处筑坝形成下水库，总库容 950 万 m^3，拦河坝为混凝土重力坝，最大坝高 16m。引水系统采用一管二机布置，设调压井，尾水系统为单管单机。新建地下厂房内安装 2 台 40/55MW 的混流可逆式机组。机组设计水头 45m，机组最大水头 63m，最小水头 27m，比值达 2.33。由于运行水头变幅大，为改善水泵水轮机运行性能，选用变极双速发电电动机，转速分别为 150r/min 和 166.7r/min。

安徽电网以火电为主，水电站装机容量比重仅为 7%左右，且峰谷差越来越大，迫切需要调峰电源。响洪甸抽水蓄能电站投入运行后，不仅可调峰填谷，较一般抽水蓄能电站具有更多的效益：

（1）原响洪甸水电站采用“以水定电”方式运行，不能调峰。抽水蓄能机组投入运行后，可使常规水电机组全年发电，并参与调峰。

（2）可利用灌溉引用水量大于常规水电机组引用流量的弃水发电，使水量利用率从 71.3%提高到 96.4%。

(3) 为上水库增加 200m/s^3 的泄水能力，对防洪及大坝安全有利。

实际工程总投资超过 5 亿元。电站原由安徽省能源集团有限公司、国投中型水电公司、安徽力源电力发展有限责任公司三方按 50%、30%、20%比例出资建设，2001 年 7 月 18 日经股权转让，改为由安徽省电力公司、安徽省能源集团有限公司分别出资 55%和 45%合资成立响洪甸蓄能发电有限责任公司负责建设，电站运行维护委托响洪甸水电厂进行管理。

响洪甸抽水蓄能机组由东方电机厂设计制造（转轮由奥地利 MEC 公司制造），它的研制成功标志着我国抽水蓄能机组国产化迈出了重要一步。

响洪甸抽水蓄能电站于 1985 年就开始规划选点，1986 年和 1990 年分别完成可行性研究和初步设计报告。1993 年国家计委批准立项，并开始准备工程施工，1994 年 12 月 16 日正式开工建设，合同规定第一台机组发电日期为 1998 年 9 月 31 日。实际施工进度为 1998 年 8 月 20 日地下厂房及辅助洞室完工，1999 年 2 月 8 日 2 号机安装完毕，1999 年 7 月 20 日下库大坝建成，1999 年 8 月 1 日下库进/出水口水下岩塞爆破完成。直到 2000 年 6 月才投入试运行，2001 年 6 月 23 日正式投入商业运行。由于资金、移民、设备制造、管理等多方面的原因使工期有所延长。

十、天堂抽水蓄能电站

天堂抽水蓄能电站位于湖北省黄冈市罗田县境内巴水支流天堂河上游，距黄冈市 145km。电站为混合式抽水蓄能电站，原天堂一级水电站装机容量 3.75MW，天堂二级水电站装机容量 4.45MW，扩建抽水蓄能电站装机容量 70MW，是华中地区第一座抽水蓄能电站。

天堂河上修建了五级梯级电站，天堂抽水蓄能电站利用已建天堂梯级电站中的一级电站水库作上水库，二级电站水库作下水库，上水库总库容 16200 万 m^3，拦河坝为黏土心墙土石坝，最大坝高 57m。下水库总库容 1083 万 m^3，拦河坝为混凝土砌块石双曲拱坝，最大坝高 40m。引水系统采用一管二机布置，半埋式地面厂房布置在原一级电站尾水河床右侧山脚，厂房内安装 2 台 35MW 单级混流可逆式水泵水轮发电机组，机组额定水头 43m，额定转速 157.9r/min。

机电设备采用进口与国产相结合方式制造。水轮机转轮、发电电动机定子线圈与转子磁极、计算机监控系统、励磁系统、变频启动系统、调速器电气部分以及部分自动化元件采用进口设备，其他机电设备采用国产设备。水泵水轮机与发电电动机，及其附属设备由中外合资原克瓦纳（杭州）发电设备有限公司总承包。

工程总投资为 3.18 亿元（不包括 220kV 输电线路 8000 万元），资本金由湖北省电力公司、湖北省电力开发公司、湖北黄冈东源电业（集团）有限公司、罗田县天堂电厂、湖北省投资公司和鄂州电力开发公司分别按 37.8%、31.4%、6.3%、11.9%、6.3%、6.3%比例分担。成立湖北天堂抽水蓄能有限公司，负责电站的建设和经营。

电站于 1995 年初开始规划设计，湖北省计委在 1996 年 3 月批复项目建议书，1998 年 8 月正式动工，两台机组分别于 2000 年 12 月和 2001 年 2 月投入试运行，2001 年 5 月正式投产发电。

天堂抽水蓄能电站投入运行一定程度上改善了湖北电网调峰困难的局面，同时也为华中地区建设大型抽水蓄能电站积累了经验。电站自投运后启动频繁，为系统调峰、填谷、事故备用起了一定作用。在 2004 年，2 台机组运行天数达 364 天，平均每台机组日启动 3.08 次，旋转备用占总运行时间 7.11%，停机事故备用 124 天，并作为湖北电网零启动电源点。

十一、沙河抽水蓄能电站

沙河抽水蓄能电站位于江苏省溧阳市，距南京市 120km。电站为纯抽水蓄能电站，总装机容量 100MW，是江苏省第一座抽水蓄能电站，也是江苏省第一座水电站（水库、水渠小机组除外）。

江苏省属于经济发达的省份，用电峰谷差较大，而江苏省电网是一个纯火电电网，调峰能力较差，开发抽水蓄能项目成为电网的当务之急，作为省内抽水蓄能的试点项目，沙河抽水蓄能电站率先上马。

电站地处风景秀丽的国家 4A 级旅游区——天目湖旅游度假区，利用已建沙河水库作为下水库，总库容 1.09 亿 m^3。在沙河水库东岸的龙features沟源兴建上水库，总库容 262.25 万 m^3。上水库主、副坝均采用钢筋混凝土面板堆石坝，主坝最大坝高 47m。引水系统为一管二机布置，尾水系统为单管单机布置。

厂房为半地下竖井式厂房，竖井内径 29m，内装 2 台 50MW 抽水蓄能机组，额定水头 97.70m，额定转速 300r/min。

工程竣工决算静态总投资 50090 万元，单位容量静态投资 5009 元/kW；总投资为 57948 万元（含 220kV 送出工程、宾馆及主机设备进口关税等），单位容量总投资 5795 元/kW。资本金由江苏省国际信托投资公司（现江苏省国信资产管理集团有限公司）、江苏省电力公司和溧阳市投资公司按 42.5%、37.5%、20%比例分担，并成立了江苏沙河抽水蓄能发电有限公司，负责电站的建设与运营。

沙河抽水蓄能电站于 1990 年开始前期设计工作，1994 年江苏省计委批准立项，1997 年 9 月成立江苏沙河抽水蓄能发电有限公司，开始筹建工作。工程于 1998 年 9 月 18 日正式开工，2000 年 11 月 20 日完成厂房主体工程，2001 年 1 月上库开始蓄水，2002 年 5 月 15 日和 6 月 29 日 2 台机组先后投入运行。

十二、桐柏抽水蓄能电站

桐柏抽水蓄能电站为浙江省第二座大型抽水蓄能电站，位于浙江省天台县，与杭州、宁波直线距离分别为 150km、94km。电站为纯抽水蓄能电站，总装机容量 1200MW。

上水库利用已建的桐柏水电站水库，经局部加固处理后改建而成，总库容 1231.63 万 m^3。现有主副坝为均质土坝，最大坝高 37.15m。下水库位于百丈溪中游，总库容 1289.73 万 m^3。挡水坝采用钢筋混凝土面板堆石坝，坝高 68.25m，采用混凝土面板堆石坝坝身溢洪道加右岸导流泄洪洞泄洪。

引水系统采用一洞二机布置，高压管道主管为钢筋混凝土衬砌；尾水系统采用一机一洞布置。地下厂房内装设 4 台 300MW 的立轴混流可逆式机组，额定水头 244m，额定转速 300r/min。

概算静态投资 34.3272 亿元，单位容量静态投资为 2861 元/kW，动态总投资 42.6043 亿元，单位容量总投资为 3550 元/kW，并利用世界银行贷款 2.24 亿美元。资本金由华东电网有限公司、浙江省电力公司、上海市电力公司、浙江电力开发公司、申能股份有限公司、天台水电综合开发公司六家公司分担，由华东电网有限公司控股，成立桐柏抽水蓄能发电有限公司作为项目法人。

桐柏抽水蓄能电站 1987 年开始纳入抽水蓄能电站规划选点，1990 年华东勘测设计院完成《浙江省抽水蓄能电站普查报告》，即将桐柏抽水蓄能电站列为百万千瓦级较优站址，1996 年 10 月完成《浙江省桐柏抽水蓄能电站可行性研究报告》，1999 年 5 月国家计委批准项目建议书。1998 年 2 月组建筹建处，2000 年 8 月成立桐柏抽水蓄能发电有限公司，并委托浙江省电力建设总公司负责建设管理，华电乌溪江水电厂负责初期运行维护。

2000 年 5 月开始主厂房顶拱施工支洞施工，2001 年 8 月开始主厂房顶拱开挖。上水库于 2005 年 5 月开始蓄水，第一台机组于 2005 年 12 月 20 日并网发电，2006 年 5 月 26 日投入商业运行。

十三、白山抽水蓄能电站

白山抽水蓄能电站位于吉林省东部山区桦甸市与靖宇县交界的第二松花江上游，距吉林市 200km。电站为混合式抽水蓄能电站，原白山水电站装机容量 1500MW，红石水电站装机容量 200MW，扩建抽水蓄能电站装机容量 300MW，是东北地区第一座抽水蓄能电站。

抽水蓄能电站利用已建的白山水库为上水库，红石水库为下水库。上水库总库容 59.21 亿 m^3，挡水坝为混凝土重力拱坝，最大坝高 149.5m。下水库总库容 2.28 亿 m^3，挡水坝为混凝土重力坝，最大坝高 46m。引水系统为一管二机布置，尾水系统为单管单机布置。地下厂房内安装 2 台 150MW 单级混流可逆式水泵水轮机组，额定水头 105.8m，额定转速 200r/min。机组由哈尔滨电机厂制造（第一台机组的转轮由日本日立公司制造）。

白山抽水蓄能电站工程属于技术改造项目，由东北电网有限公司投资建设。概算总投资 79969 万元，单位容量投资 2666 元/kW。

工程于 1999 年开始准备工程施工，当时设计安装 2 台水泵。因电力体制改革等原因停工近 3 年，于 2002 年 5 月复工，年底主体工程正式开工，复工后改为安装 2 台水泵水轮机。2002 年 11 月开始主厂房开挖，2 台机组分别于 2005 年 10 月和 2006 年 5 月投入运行。

十四、回龙抽水蓄能电站

回龙抽水蓄能电站位于河南省南阳市南召县，距南阳市直线距离70km。电站为纯抽水蓄能电站，总装机容量120MW，是河南省第一座抽水蓄能电站。

上水库总库容118.4万m^3，拦河坝为碾压混凝土重力坝，最大坝高54m。下水库位于白河支流黄鸭河支沟回龙沟上，总库容129万m^3，拦河坝为碾压混凝土重力坝，最大坝高53.3m。

引水与尾水系统均采用一洞二机布置，并设尾水调压室。深度459m的引水竖井在国内水电建设史上首次采用正井开挖，台车翻模技术进行混凝土衬砌。

地下式主厂房内安装2台60MW的单级可逆式水泵水轮机组，额定水头379m，额定转速750r/min，由哈尔滨电机厂制造（转轮由日立公司设计制造），开创了高水头高转速抽水蓄能机组国产化的先例。

工程总投资4.5122亿元，由河南省电力公司投资建设。电站主体工程于2001年6月6日开工建设，2台机组于2005年9月15日投入运行。回龙抽水蓄能电站可以基本解决南阳供电区调峰问题，并缓解河南电网的调峰压力。

十五、泰安抽水蓄能电站

泰安抽水蓄能电站位于山东省泰安市，距泰安市5km，距济南市约70km。电站为纯抽水蓄能电站，总装机容量1000MW，是山东省第一座抽水蓄能电站。

上水库位于泰山樱桃园沟内，总库容1127万m^3。库盆采用综合防渗方案，即对右岸横岭库岸采用混凝土面板防渗，库底采用复合土工膜防渗，左岸坝肩及右岸库尾采用帷幕防渗。挡水坝为钢筋混凝土面板堆石坝，最大坝高99.8m。下水库位于黄河支流大汶河水系的泮汶河上，利用已建成的大河水库加固改建而成，总库容2997万m^3。挡水坝为均质土坝，最大坝高22m。

引水与尾水系统均采用一洞二机布置，并设调压室，高压管道主管为钢筋混凝土衬砌。地下厂房内安装4台250MW混流可逆式机组，额定水头225m，额定转速300r/min。

山东电网是一个纯火电电网，99.8%为火电机组。泰安抽水蓄能电站的建设对优化电源结构将起重要作用。

电站工程概算静态总投资35.45亿元，单位容量静态投资3545元/kW，总投资43.26亿元，单位容量总投资4326元/kW。并利用日本国际协力银行贷款180亿日元。由山东电力集团公司、山东电力发电公司、泰安市基金投资担保经营有限公司三方按60%、35%、5%比例出资，成立山东泰山蓄能电站有限公司负责电站建设与运行。

泰安抽水蓄能电站于2000年2月23日准备工程开工，2001年8月开始主厂房顶拱开挖，2004年6月底下水库开始蓄水，2005年5月底上水库开始蓄水，2006年5月20日第一台机组投入试运行，2006年7月11日投入商业运行。

十六、琅琊山抽水蓄能电站

琅琊山抽水蓄能电站位于安徽省滁州市西南郊，距滁州市市区3km，距合肥市105km，距南京市50km。电站为纯抽水蓄能电站，总装机容量600MW，为安徽省第一座大型抽水蓄能电站。电站建成后主要承担安徽省电网的调峰填谷、调频、调相和紧急事故备用等任务。

上水库位于琅琊山主峰小丰山的西北侧，在三条冲沟交汇处筑坝形成上水库，总库容1744万m^3。上水库处于岩溶透水区，在查清水文地质条件后采用垂直防渗帷幕为主的局部防渗方案。下水库利用已建的城西水库，总库容4400万m^3。引水系统为一管一机布置，高压管道均为钢管；尾水系统为二机一管布置，并设尾水调压井。地下厂房内安装4台150MW抽水蓄能机组，额定水头126m，额定转速230.8r/min。在国内首次采用“两机一变”扩大单元接线，取消单独的主变压器洞。

电站工程概算动态总投资23.33亿元，单位容量总投资3888元/kW。由安徽省电力公司、安徽省能源集团有限公司、滁州市国有资产投资管理公司三方按55%、30%、15%比例出资，并利用奥地利政府出口信贷约1亿美元，成立华东琅琊山抽水蓄能有限责任公司负责电站建设与运行。

国家计委于1999年8月批准项目建议书，2001年7月准备工程开工，2002年7月主体工程开工，

2002 年 11 月开始厂房开挖，2005 年 7 月初上水库开始试蓄水，第一台机组计划于 2006 年 11 月 1 日发电，2007 年 11 月 1 日电站全部建成投产。

十七、张河湾抽水蓄能电站

张河湾抽水蓄能电站位于河北省石家庄市井陉县甘陶河干流上，距石家庄市公路里程 77km。电站为纯抽水蓄能电站，总装机容量 1000MW，为河北省第一座大型纯抽水蓄能电站。

上水库位于甘陶河左岸的老爷庙山顶，通过开挖和填筑堆石坝围库而成，总库容 770 万 m^3。由于上水库基础存在多层缓倾角软弱夹层，为避免渗水进入夹层，影响上水库坝基础稳定，全库盆采用半复式沥青混凝土面板防渗，防渗面积 33.7 万 m^2。主坝为沥青混凝土面板堆石坝，最大坝高 57m。

下水库利用未完建的张河湾水库将大坝加高续建而成，续建后的下水库是蓄能发电和灌溉并重的综合利用水库，总库容 8330 万 m^3。拦河坝为浆砌石重力坝，最大坝高 77.35m。由于甘陶河汛期来水含沙量较大，在下水库拦河坝上游布置拦沙坝，并利用拦沙坝右岸垭口扩挖成过流明渠，汛期直接将含沙水流导向拦河坝前，减轻电站进/出水口淤积和过机泥沙含量。

引水系统为一管二机布置，高压管道均为钢管，尾水系统为一管一机布置。地下厂房内安装 4 台 250MW 混流可逆式机组，额定水头 305m，额定转速 333.3r/min。

张河湾抽水蓄能电站所处冀南电网属纯火电电网，水电机组仅占系统装机容量的 1.5%，很需要抽水蓄能电站来改善电源结构。

该工程概算静态总投资为 37.0906 亿元，单位容量静态投资为 3709 元/kW，工程总投资为 41.1992 亿元，单位容量总投资为 4120 元/kW。由河北省电力公司和河北省建设投资公司按 55%、45%的比例出资建设，并利用亚洲开发银行贷款约 1.436 亿美元。

2003 年 7 月 1 日开始上水库开挖填筑工程，2003 年 12 月 6 日工程正式开工建设，2004 年 2 月 1 日开始地下厂房开挖，第一台机组于 2008 年 3 月发电。

十八、宜兴抽水蓄能电站

宜兴抽水蓄能电站位于江苏省宜兴市，距上海、南京、杭州分别为 190km、160km 和 160km。电站为纯抽水蓄能电站，总装机容量 1000MW。江苏省电网为纯火电电网，且连云港田湾核电站（2000MW）也于“九五”期间开工建设，急需建设宜兴抽水蓄能电站。

宜兴抽水蓄能电站上水库位于铜官山主峰北侧的沟源坳地，以半挖半填方式形成，总库容 530.7 万 m^3。采用全库盆钢筋混凝土面板防渗，主坝采用带混凝土挡墙的钢筋混凝土面板堆石坝，最大坝高 75m；副坝采用碾压混凝土重力坝，最大坝高 34.9m。

下水库利用原会坞水库挡水坝加高改建，并适当开挖扩展一部分库容形成，总库容 572.8 万 m^3。拦河坝为黏土心墙堆石坝，最大坝高 50.4m。下水库集水面积 1.87km^2，水量不足，另设有下水库补水工程。

引水和尾水系统均为一管二机布置，并设尾水调压井，高压管道均为钢管。地下厂房内安装 4 台 250MW 的单级混流可逆式水泵水轮机组，额定水头 363.0m，额定转速 375r/min。

工程概算静态总投资 41.93 亿元，单位容量静态投资 4193 元/kW，总投资 47.77 亿元，单位容量总投资 4777 元/kW。由江苏省电力公司、江苏省国际信托投资公司、国家电力公司华东公司及宜兴市资产经营公司四方合资建设，各方出资比例为 65%、20%、10%、5%，并利用世界银行贷款 1.54 亿美元。

江苏省抽水蓄能电站选址规划从 1970 年代以来进行了多次，主要围绕太湖和一些已建水库选点，1996 年 9 月江苏省电力工业局委托上海勘测设计研究院再一次进行的抽水蓄能电站选址规划中才选定宜兴抽水蓄能电站站址。1999 年 11 月下旬完成可行性研究报告，2002 年 4 月 17 日开始公路施工，2003 年 8 月 1 日开始厂房顶拱开挖，第一台机组计划于 2008 年发电。

十九、西龙池抽水蓄能电站

西龙池抽水蓄能电站位于山西省忻州地区五台县滹沱河，距太原市直线距离 100km。电站为纯抽水蓄能电站，总装机容量为 1200MW，是山西省第一座抽水蓄能电站。山西电网是一个以火电为主的电网，水电装机容量仅占5%左右，电源结构单一，调峰手段缺乏，急需建设抽水蓄能电站以改善电源结构。

上水库位于滹沱河左岸山顶，西闪虎沟沟脑部位，采用开挖筑坝成库，总库容 469 万 m^3。上水库灰岩岩溶发育，全库采用沥青混凝土面板防渗，总衬砌面积 21.57 万 m^2。气候严寒，最低气温为 −41.2℃，坝坡和库岸防渗层采用改性沥青，库盆底部采用普通沥青。主坝为沥青混凝土面板堆石坝，最大坝高 50m。

为避开了高含沙量滹沱河水对高水头机组的磨损，下水库建于滹沱河左岸的路子沟的沟口，总库容 494.2 万 m^3。下水库高出滹沱河河谷 150m，库岸基岩透水性较强，库底及坝基厚达 20～40m 的覆盖层渗透性更强，亦采用全库盆防渗衬砌。库岸岸坡采用钢筋混凝土面板防渗，衬砌面积 6.85 万 m^2；坝坡和库底均采用沥青混凝土面板防渗，衬砌面积 10.88 万 m^2。挡水坝为沥青混凝土面板堆石坝，最大坝高 97m，为世界之最。

引水系统为一管二机布置，高压管道均为钢管，尾水系统为一机一管布置。地下厂房内安装 4 台 300MW 竖轴单级混流可逆式水泵水轮机组，额定水头 640m，额定转速 500r/min，为世界第三高水头的单级可逆式水泵水轮机组。

工程概算静态总投资 43.84 亿元，单位容量静态投资为 3654 元/kW，总投资 50.13 亿元，单位容量总投资为 4178 元/kW。由山西省电力公司与山西省地方电力公司按 73：27 比例出资，并利用日本国际协力银行 232.41 亿日元贷款。成立西龙池抽水蓄能电站有限责任公司负责电站建设与运行。

1987 年 11 月北京勘测设计研究院完成的《华北地区抽水蓄能电站规划选点报告》就推荐在十三陵抽水蓄能电站之后，建设山西西龙池和河北张河湾等 4 个抽水蓄能电站。相继于 1994 年 9 月和 1999 年 3 月提出了《西龙池抽水蓄能电站预可行性研究报告》和《西龙池抽水蓄能电站可行性研究报告》，至 2000 年 4 月 25 日国家计委批准项目建议书，前后也经历了 14 个年头。除了工程本身及外部建设条件的复杂，使前期工作周期延长外，也花了大量时间用于论证工程建设的必要性与经济性。

筹建期工程于 2002 年 6 月 18 日开工建设、主体工程已于 2003 年 9 月开工，地下厂房于 2004 年 1 月 8 日开始开挖，2005 年 12 月 30 日开挖完毕，计划 2008 年 8 月第一台机组发电。

二十、惠州抽水蓄能电站

惠州抽水蓄能电站为广东省第二座抽水蓄能电站，位于广东省惠州市博罗县，距惠州 20km，深圳市 77km，广州 112km。电站为纯抽水蓄能电站，总装机容量 2400MW，将与广州抽水蓄能电站并列为我国规模最大的抽水蓄能电站。

上水库位于东江支流小金河上游，为一山顶盆地，总库容 3171 万 m^3，主坝为碾压混凝土重力坝，最大坝高 56.1m。下水库位于榕溪沥水上游，总库容 3191 万 m^3，主坝为碾压混凝土重力坝，最大坝高 61.17m。

引水和尾水系统均为一管四机布置，均设调压井；高压管道主管为钢筋混凝土衬砌。一、二期两座地下厂房内各安装 4 台 300MW 可逆式水泵水轮机组，额定水头 501m，额定转速 500r/min。

作为“惠宝莲打捆招标”的电站之一，电站主机设备由阿尔斯通公司总包，4 号机的水泵水轮机和发电电动机由东方电机股份有限公司分包。

工程概算静态总投资 70.56 亿元，单位容量静态投资 2940 元/kW；工程总投资 81.34 亿元，单位容量总投资 3389 元/kW。电站由广东蓄能发电有限公司独家投资建设，约 2/3 资本金由公司自筹，仍将采用容量租赁方式经营。

由于广东省经济快速发展，电力增长速度也比预期快。广州抽水蓄能电站二期全部机组投产后即充分发挥其容量效益，因此对兴建第二个抽水蓄能电站有强烈需求。广东省水利电力勘测设计研究院于 1997 年 12 月提出《广东省第二抽水蓄能电站选点规划报告》，推荐惠州抽水蓄能电站为首选站址。分别于 2000 年 3 月和 2002 年 6 月先后完成预可行性研究和可行性研究报告，国家发改委于 2002 年 11 月 12 日批准项目建议书。工程于 2003 年 8 月开始施工准备，2004 年 10 月主体工程开工，第一台机组计划于 2008 年投入运行。

二十一、宝泉抽水蓄能电站

宝泉抽水蓄能电站位于河南省辉县市峪河上，距郑州市直线距离约80km。电站为纯抽水蓄能电站，总装机容量1200MW。为河南省第一座大型抽水蓄能电站。河南电网位于华中电网北部，是以火电为主的电网。

宝泉抽水蓄能电站上水库位于峪河左岸的东沟内，总库容773.8万m^3。构成库岸的地层内裂隙、溶隙（孔、洞）发育，采用全库盆防渗，库坡采用沥青混凝土面板，库底采用4.5m厚黏土铺盖防渗。主坝为沥青混凝土面板堆石坝，最大坝高92.5m。在库尾建浆砌石副坝拦截库尾固体径流，最大坝高36.9m。

下水库利用已建的宝泉水库改建而成，总库容5509万m^3，拦河坝为浆砌石重力坝，加高至107m。

引水和尾水系统均为一管二机布置，高压管道主管为钢筋混凝土衬砌；尾水隧洞长831m，但不设尾水调压室。地下厂房内安装4台300MW的可逆式水泵水轮机组，额定水头500m，额定转速500r/min。

作为“惠宝莲打捆招标”的电站之一，电站主机设备由阿尔斯通公司总包，4号机的水泵水轮机和发电电动机由哈尔滨电机厂有限责任公司分包。

工程静态总投资为37.1亿元，单位容量静态投资3092元/kW，总投资为42.1亿元，单位容量总投资3508元/kW。由河南省电力公司、河南电力开发公司、新乡市和辉县市四方按70%、20%、5%、5%的比例出资建设。

国家计委于2001年4月18日批准了项目建议书，准备工程于2003年3月28日开工，地下厂房于2004年6月1日开始开挖，第一台机组计划于2008年投产发电。

二十二、佛磨抽水蓄能电站

佛磨抽水蓄能电站位于安徽省六安市。电站为混合式抽水蓄能电站，原磨子潭水电站装机容量20MW，佛子岭水电站装机容量31MW，扩建抽水蓄能电站装机容量160MW，是安徽省建设的第三座抽水蓄能电站。

抽水蓄能电站利用淮河支流淠河上已建的磨子潭水库作上水库，佛子岭水库作下水库（新建狮子崖小坝，当佛子岭水库水位低时可形成过渡下水库）。上水库有效库容1.37亿m^3，挡水坝为混凝土连拱坝，最大坝高82m。下水库有效库容3.75亿m^3，挡水坝为混凝土坝，最大坝高75m。过渡下水库有效库容1500万m^3，挡水坝初拟为碾压式石渣坝，最大坝高18m。引水系统为一管一机布置，尾水系统为一管二机布置，设尾水调压井。地下厂房内安装2台80MW单级混流可逆式水泵水轮机组，额定水头54.2m，额定转速125r/min。

工程总投资6.9亿元，单位容量总投资为4312.5元/kW。工程已于2004年开始施工，第一台机组计划于2008年投产发电。

二十三、白莲河抽水蓄能电站

白莲河抽水蓄能电站位于湖北省黄冈市罗田县境内，距武汉市、黄石市的公路里程分别为143km、63km。电站为纯抽水蓄能电站，总装机容量1200MW，为湖北省第一座大型抽水蓄能电站。

白莲河抽水蓄能电站所处的华中地区在国内为经济欠发达地区，但近年来国民经济发展较快，其经济增长率高于全国平均水平。华中电网虽然水电比重较大，但整体调节性能不高，白莲河抽水蓄能电站在电网中可替代火电必需容量，优化电网内水、火电运行方式，提高电网运行的经济性，是华中电网经济的调峰电源之一。电站的兴建有利于系统的电源结构优化和资源的合理配置。

上水库位于白莲河支流沈家河的支沟上，总库容2496万m^3，主坝为混凝土面板堆石坝，最大坝高59.4m。下水库利用已建成的白莲河水库，总库容8.52亿m^3，主坝为黏土心墙土石坝，最大坝高69m。

引水和尾水系统均为一管二机布置，并设引水调压井，高压管道主管为钢筋混凝土衬砌。地下厂房内安装4台300MW单级混流可逆式水泵水轮机组，额定水头195m，额定转速250r/min。

工程概算静态总投资35.35亿元，单位容量静态投资2946元/kW，总投资38.8亿元，单位容量总投资为 3233 元/kW。由华中电网有限公司与湖北省电力公司分别出资 80%、20%，组成湖北白莲河抽水蓄能电站有限责任公司，负责电站建设和运行。

作为“惠宝莲打捆招标”的电站之一，电站主机设备由阿尔斯通公司总包，4 号机的水泵水轮机和发电电动机分别由哈尔滨电机厂和东方电机公司分包。地下厂房于 2004 年 6 月开始开挖，第一台机组计划于 2008 年投入运行。

二十四、黑麋峰抽水蓄能电站

黑麋峰抽水蓄能电站位于湖南省长沙市望城县黑麋峰风景区，距长沙市区仅 25km，为纯抽水蓄能电站，总装机容量 1200MW，是湖南省第一座抽水蓄能电站。该电站能扭转湖南电网汛期调峰困难和负荷中心支撑电源缺乏、运行安全隐患较大的被动局面，是性能优良的调峰电源，而且具有调频、调相和紧急事故备用等效用。

上水库位于黑麋峰西侧坡麓的森林公园内，总库容 1146.5 万 m^3。上水库建筑物包括两座主坝和两座副坝。两座主坝均为混凝土面板堆石坝，最大坝高分别为 69.5m 和 59.5m。两座副坝中，副坝 2 为混凝土面板堆石坝，最大坝高 39.5m；副坝 1 为埋石混凝土重力坝，最大坝高 19.5m。

下水库位于黑麋峰风景区西北部的湖溪冲冲沟内，总库容 959.32 万 m^3。大坝为混凝土面板堆石坝，最大坝高 79.5m。

引水系统为一管二机布置，高压管道主管为钢筋混凝土衬砌，尾水系统为一机一洞布置。地下厂房内安装 4 台 300MW 单级混流可逆式水泵水轮机组，额定水头 295m，额定转速 300r/min。

工程静态总投资 31.21 亿元，单位容量静态投资 2601 元/kW。电站由湖南五凌水电开发有限公司投资建设。工程于 2005 年 4 月 8 日经国家发展改革委核准建设，输水发电系统和上、下水库工程相继于 2005 年 4 月 28 日及 5 月 8 日正式开工。上、下水库于 2007 年 8 月 1 日开始蓄水，第一台机组计划于 2009 年投入运行。

二十五、蒲石河抽水蓄能电站

蒲石河抽水蓄能电站位于辽宁省宽甸县境内，距丹东市约 60km。电站总装机容量 1200MW，是东北地区第一座大型纯抽水蓄能电站。

东北电网是以火电为主、水电为辅的电网，水电占全网总装机容量的 13.7%，并且水电装机比重呈逐年下降趋势，而电网对调峰电力的需求大幅度增加，电网调峰难度日益加大。辽宁红河沿核电站也已开工建设，因此需要蒲石河抽水蓄能电站承担调峰填谷、调频调相及系统紧急事故备用等任务。

电站上水库位于长甸镇东洋河村泉眼沟沟首，在沟口筑坝成库，总库容为 1351 万 m^3。大坝为钢筋混凝土面板堆石坝，最大坝高 76.5m。

下水库位于蒲石河干流下游，总库容为 2904 万 m^3。大坝为混凝土重力坝，最大坝高 34.1m。下水库多年平均含沙量为 0.587kg/m^3，为保证抽水蓄能电站所需库容，汛期需降低水位运行；为减少过机含沙量，在沙峰时需暂时停止从下水库抽水。

引水系统采用一管二机布置，压力管道主管采用钢筋混凝土衬砌；尾水系统为四机一洞布置，设有尾水调压井。地下厂房内布置四台单机容量为 300MW 的单级混流可逆式水泵水轮机组，额定水头 308m，额定转速 333.3r/min。

工程静态总投资 405367 万元，单位容量静态投资 3378 元/kW。工程于 2005 年 8 月 17 日经国家发展改革委核准建设，2006 年 8 月 1 日开始主厂房开挖，下水库于 2007 年 1 月 1 日开工，上水库于 2007 年 4 月 1 日开工，第一台机组计划于 2010 年 10 月投入运行。

二十六、响水涧抽水蓄能电站

响水涧抽水蓄能电站位于安徽省芜湖市，装机容量 1000MW，为安徽省最大的抽水蓄能电站。电站临近华东电网负荷中心，与芜湖市区、合肥、南京直线距离分别为 30km、130km、120km。作为华东电网调峰电源之一，电站将为优化华东电网电源结构，改善电网运行状况提供有力支撑。

上水库建于浮山东部的响水涧沟源坳地，总库容 1748 万 m^3，主、副坝均为混凝土面板堆石坝，主坝最大坝高 89.5m。下水库位于浮山东面的湖荡洼地，由围堤圈围而成，总库容 1435 万 m^3，均质土围堤最大堤高 21.5m。

引水与尾水系统均采用一洞一机布置，都不设调压井，高压管道采用钢管衬砌。地下厂房内安装 4 台 250MW 的单级混流可逆式水泵水轮机组，额定水头 190m，额定转速 250r/min。

工程动态投资约 38 亿元。早在 1984 年 11 月由华东勘测设计院上海分院完成的《华东电网抽水蓄能电站规划选点报告》，就推荐浙江省天荒坪和安徽省响水涧两个站址。上海勘测设计院于 1986 年开始前期勘察设计工作，于 1995 年 12 月编制完成可行性研究报告，1996 年经上级主管部门审查通过。限于当时的资金条件等，该电站一直未能开工建设。2004 年，该电站的建设被重新提上议事日程，2005 年完成了可行性研究复核报告，2006 年 9 月国家发改委核准了该项目的建设。电站准备工程于 2006 年 12 月 8 日开工建设，第一台机组计划于 2011 年 10 月底投产发电。

二十七、呼和浩特抽水蓄能电站

呼和浩特抽水蓄能电站位于内蒙古自治区呼和浩特市东北部的大青山区，距离呼和浩特市中心约 20km。电站为纯抽水蓄能电站，总装机容量 1200MW。为内蒙古自治区第一座抽水蓄能电站。

上水库位于大青山主峰料木山的东北侧，通过开挖和填筑堆石坝的方式围筑成库，总库容 678 万 m^3。全库盆采用钢筋混凝土面板防渗，防渗面积 24.6 万 m^2。大坝采用钢筋混凝土面板堆石坝，最大坝高 43m。

下水库位于哈拉沁沟，由拦河坝、拦沙坝围筑而成，总库容 717.1 万 m^3。哈拉沁沟年均含沙量达 24.8kg/m^3，为避免泥沙进入下水库，增设拦沙坝和泄洪排沙洞。拦河坝、拦沙坝均为碾压混凝土重力坝，最大坝高分别为 69.0m 和 57.0m。泄洪排沙洞布置在左岸，最大下泄流量 737m^3/s。

引水系统采用一管二机布置，设引水调压井，高压管道采用钢板衬砌，尾水系统采用一洞一机布置。地下厂房内安装 4 台单机容量为 300MW 的单级混流可逆式水泵水轮机组，额定水头 513m，转速 500r/min。

工程静态总投资 452000 万元，单位容量静态投资为 3767 元/kW，由内蒙古电力公司投资建设。20 世纪 80 年代初期，北京勘测设计研究院开始进行蒙西地区抽水蓄能电站的规划选点工作，1990 年提出《华北地区抽水蓄能电站规划选点综合报告》，1993 年 6 月提出《蒙西电网抽水蓄能电站规划补充报告》，推荐呼和浩特抽水蓄能电站为优先开发站址。1995 年 6 月提出了预可行性研究报告，但直到 2004 年 6 月预可行性研究报告（修改版）才获审查通过，2005 年 1 月国家发展改革委同意呼和浩特抽水蓄能电站开展前期工作。仅经过 14 个月，北京国电水利电力工程有限公司于 2005 年 8 月完成了可行性研究报告的编制，2006 年 8 月国家发改委核准项目建设。

2005 年 7 月 15 日开始公路等准备工程施工，交通洞于 2005 年 7 月 10 日开工。第一台机组计划于 2012 年投入运行。

第二章

抽水蓄能电站选址规划

第一节 站址选择程序与方法

一、概述

抽水蓄能电站与常规水电站在分布上有很大差别，常规水电站利用地形依靠水量发电，而抽水蓄能电站利用地形和循环水发电；河流水电规划是在一条河上沿一条线的规划，电站沿有一定流量的河道呈线分布，而抽水蓄能电站是在电网覆盖或距电网较近的面上选点，根据河流地形的变化，沿干沟或支沟呈面分布。因此，抽水蓄能电站选点规划工作量要比常规水电规划大得多，受现场查勘手段的限制，容易遗漏优良站址，因此选点规划查勘需要反复多次进行。选点规划的好坏直接关系到抽水蓄能电站的造价及在电网中作用与效益的发挥，必须引起重视。

抽水蓄能电站站址规划是抽水蓄能电站设计中的一个重要阶段，必须充分掌握有关情况和资料，包括地区经济和能源的现状和发展、电力系统的组成和需求、已建和待建的电源情况，以及地区的地形地貌、地质、水源、泥沙、环境等各方面的资料。在此基础上进行深入、细致和客观的分析研究，才能做好选点规划工作。

近二三十年来，我国在抽水蓄能电站选点规划方面做了大量的工作，也积累了丰富的经验，选出了很多优良的抽水蓄能电站站址，成为指导今后规划选点的宝贵财富。在总结多年经验的基础上，国家经济贸易委员会于2003年发布了（DL/T 5172—2003）《抽水蓄能电站选点规划编制规范》，进一步规范了今后的抽水蓄能电站选点规划工作。

二、站址选点规划范围和主要原则

（一）规划范围

一般选点范围为大区电网所覆盖的范围，有时为大电网中的局部区域。如省市或市县需要开发抽水蓄能电站，选点范围即为该省或市县的范围。特殊情况下，根据地区条件，选点范围可能是某一特定区域。目前全国有许多电网和省市、自治区，如华北、华东、东北、广东、华中电网，以及贵州、四川、重庆和新疆等，都进行了抽水蓄能电站选点与规划工作。

（二）主要原则

抽水蓄能电站既是电源又是负荷（或用户），是电力系统发展到一定阶段的必然产物，是现代化电力系统不可缺少的组成部分。因为抽水蓄能电站不能独立地生产电能，必须依附电力系统而工作，应将抽水蓄能电站的建设与电网和电力工业的发展联系起来分析研究。抽水蓄能电站的选点规划原则是：

（1）抽水蓄能电站发展规划应以电力系统发展需要为前提，必须与地区社会经济发展和电力发展规划保持一致，统筹进行。

（2）抽水蓄能电站站址规划应根据电力系统发展布局确定。抽水蓄能电站地理位置的选择和电站规模要因地制宜、点面结合、重点突出，做到大、中、小型兼顾，以适应不同地区、不同时期的电力系统发展需要。

（3）抽水蓄能电站的建设可能涉及其他综合利用部门，在站址规划乃至参数拟定等方面要处理好综合利用各部门之间的关系，要特别注意解决好淹没、移民搬迁、环境保护和水资源利用之间的关系，注意与地区河流水电规划或水利规划协调一致。

（4）抽水蓄能电站选点规划应遵循站址资源普查、站址初选、重点站址规划与近期工程选择分阶段由面到点逐步深入的工作原则，在地区站址资源普查的基础上，坚持众中选优。

（5）抽水蓄能电站站址的地形、地质条件与环境因素是影响其经济性的重要方面，应统筹兼顾、综合分析，选择最优站址。

三、选点规划作业程序

（一）站址普查

在抽水蓄能电站的选点与规划阶段，要重视工作程序，应遵循分阶段由面到点逐步深入的工作原则，坚持众中选优。由于抽水蓄能电站利用上、下水库的高差与少量的循环水量即可发电，不像常规水电那样依赖河川径流，因此抽水蓄能电站站址的可选范围较大。

熟读地形图是站址普查的关键。地形图是二维平面图，以等高线来表示地形的起伏。在地形图上查找蓄能电站站址，要求规划人员要有很强的立体感，能熟练运用与判别各种地形的标识，选择具有有利地形条件的抽水蓄能电站站址。

在地形图上，上、下两个水库均具有有利地形条件的站址资源是很多的。但影响抽水蓄能电站站址优劣的因素比较多，不同站址的建设条件可能差别很大，从而造成各站址的技术经济指标相差悬殊，这就需要进行广泛的调查，即在给定区域内做普查。通过普查，全面掌握给定区域内抽水蓄能资源状况，了解各个站址的建设条件，结合工程地形、地质、水源、泥沙、环境影响、枢纽布置与施工条件等诸多因素，进行综合分析。只有对大范围内的众多站址进行分析与比较，才能选出比较理想的站址，因此站址资源普查是十分重要的。

1．室内规划作业

（1）在规划范围内，首先收集有关地形图（如1：5万、1：1万地形图）、地质图（如1：20万、1：5万等）及地区气象水文资料。

（2）在地形图上，初选具有建设上、下水库的有利地形，具有较高水头条件的站址；结合地质资料，判断站址的区域地质与岩性条件。

（3）根据地区气象（降雨、蒸发等）、河流水文资料，初步了解站址处的水源条件和泥沙情况。

（4）测量上、下水库集水面积，初拟上、下水库的正常蓄水位、死水位，并初估库容、水头、装机容量与发电量等动能指标。提出上、下水库坝址及厂房、水道系统的初步布置，估计最大坝高、坝顶长度及水道系统长度等指标。

（5）绘制各站址地理位置示意图，编制各站址主要特性指标表，以利于对各站址的综合情况有初步了解，并作为现场查勘与调查的主要参考资料。

2．现场查勘与资料收集

（1）查勘组织与准备。在室内工作的基础上，对众多规划站址进行初步分析，选择若干条件较好的作为进一步现场查勘的站址。现场查勘主要是了解建设电站的基本条件及环境影响因素，增加对工程的感性认识。普查阶段的现场查勘，是第一次全面考察规划站址的建设条件，是决定某一站址能否作为进一步规划研究对象的关键，是选点规划的重要步骤。要求查勘人员专业齐全，地质、水能、水工、施工、水库移民、环境影响评价等专业人员一定要参加，有条件的亦可配备水文、测量、机电等专业人员。查勘前要向全体查勘人员介绍初选站址情况，各专业人员要确定本专业查勘中应收集的资料和需要解决的问题。

（2）现场查勘要点。现场查勘应抓住以下几个要点：①观察库区地形、地貌，了解主、副坝址位置及工程布置条件；②观察库区出露基岩岩性、风化及构造情况，了解库盆渗漏、边坡稳定及坝址地质条件；③观察输水系统沿线地形、地貌，了解输水系统、地下厂房及施工支洞布置条件；④观察流域径流汇集及泥沙情况，了解电站蓄水水源及拦排沙设施布置条件；⑤观察库区耕地及居民点分布情况，了解水库淹没损失及控制条件；⑥观察工程区地形、地貌，了解施工场地布置条件；⑦观察现有交通基础设施情况，了解工程区内、外交通条件；⑧了解工程区环境现状及主要环境影响问题。对于拟利用的已建水库，查勘时需着重了解以下问题：①观察库区地形、地貌，了解已建主、副坝址位置及工程现状，研究其扩建（或改建）的条件；②观察库边耕地及居民点分布情况，了解水库扩建增加的淹没损失及控制条件；③了解水库原有综合利用情况，研究如何协调抽水蓄能电站与其他用水部门的关系。

（3）调查收集有关基本资料。

1）了解站址或工作区附近的河流水文、气象站点布设情况，收集有关水文气象资料，包括降水、气温、径流、洪水、泥沙等资料。

2）收集区域地质资料及历史地震资料；初步了解拟定上、下水库库区及厂址的地形、地貌，地层岩性，地质构造及物理现象，如覆盖层厚度、基岩出露风化、断层裂隙发育、地下水位及泉水等情况；初步了解水道线路的工程地质及水文地质条件，所需天然建筑材料的质量、储量及运距；收集现场已有测量资料，了解地质勘探工作的条件；了解当地有关政策及要求，初步拟定砍伐树木、施工占地及青苗补偿的范围；了解现场工作、生活环境，为规划阶段实施地质勘察进行准备。

3）了解站址实际的地形、地貌等自然条件（包括上、下水库和水道线路等）；收集工作区内社会、经济、人口、环境和资源等的现状及规划资料；已建或规划水库的工程技术经济指标、运行资料和综合利用要求；各相关地区的社会经济统计资料和规划资料，电网及各分地区电网的现状和规划资料（包括电网电源组成、地理位置、负荷现状及预测、电源建设规划等）。

4）了解上、下水库库岸稳定条件，高边坡稳定问题及成库条件，电站进/出水口的地形、地质条件，分析厂道系统初步走势，了解沿程地形条件，上、下水库坝基覆盖、风化及构造情况；初步分析上、下水库坝址、厂址的可能布置方案。

5）了解站址的对外交通情况、施工及建筑材料等条件。以电站区域为中心，调查相邻交通枢纽城市及重要港口位置间的现有公路状况；到交通部门收集现有交通图，调查了解附近地区的公路发展规划。调查主要外来工程物资，如水泥、粉煤灰、钢筋钢材、木材、火工材料、油料等的供应产地及供应可行性；施工期生产和生活供水水源及水质情况，初选取水方式；电站建设期施工用电电源点，以及当地电网接线布置、容量和发展规划；当地电信部门的有线和移动通信系统现状及发展规划；天然建筑材料（石、砂、黏土等）的储量、范围、位置及开采条件等。

6）了解站址及附近地区的植被覆盖、水土流失、景观、景点、文物古迹、河流及水质状况、居民点，进行必要的摄像和拍照。重点明确是否有自然保护区、风景名胜区、水源地、文物古迹等敏感的环境保护目标，并明确抽水蓄能电站站址与环境敏感点的位置关系。收集站址所在地区近期的地方志、卫生志、卫生防疫年度总结报告、近期的统计年鉴、水土保持总结报告、规划站址下库所在河流近期各月水质监测资料，以及地方环保政策、法规、收费标准等资料。

7）了解工程区、淹没区范围土地类型、居民及专项设施分布情况；收集工程所在地的行政区划图、土地利用现状图、林相图、土地利用现状报告及土地管理条例、林地征用补偿规定；收集工程所在地经济统计年鉴，最新粮食、油料市场价格等资料；初步调查了解当地的环境容量及政府对移民安置的意向。

8）通过当地有关水资源行政管理、计划与建设等部门，调查了解地区水利水电工程建设情况，收集地区现行有关工程设计概（估）算编制办法、费用标准，以及与之配套的定额、补充规定、资金筹措等相关资料。

（二）规划站址初选

目前站址普查主要是采取地形图上查找与现场查勘相结合的工作方法，而在前期大多缺乏大比例尺的地形图，现场查勘也常受道路和交通条件的限制，可能会漏掉条件好的站址。因此站址普查工作需要反复、多次进行，才能比较好地查明某一地区抽水蓄能电站的站址资源。

根据现场查勘，对站址情况的进一步了解与收集的新资料，以及水库、生态环境等控制性因素，对站址的主要规划指标、枢纽布置方案进行修正与复核。根据站址的地理位置、地形、地质、水源、泥沙、水库淹没、环境影响、工程布置及施工条件等，对站址的建设条件做进一步分析，进行规划站址初步筛选，从中选出一批开发条件较好的站址作为该地区抽水蓄能电站开发的备选站址。通过对备选站址方案的综合分析比较，选择几个建设条件较好的站址作为重点规划站址，开展进一步的规划设计工作。

（三）重点站址规划及近期工程选择

对于选出的重点规划站址，应进行一定深度的地质勘察、地形测量工作，对电站的主要特征参数、水工建筑物布置、机组机型参数、工程建设征地与环境影响、工程施工组织等方面进行规划设计，估算主要工程量及工程投资，并进行初步的经济评价。在此基础上，选择拟近期开发建设的工程，供有关部门决策，开展下一阶段的前期设计工作。

1. 重点站址规划

此处简要说明抽水蓄能电站规划阶段几个主要专业的工作要点。

（1）工程地质。

1）工程地质勘察以地质测绘为主，并配合必要的物勘和轻型勘探，布置适量的钻孔。工程地质测绘地形图比例尺应不小于1：5000；坝址区工程地质测绘图为1：2000，坝址横剖面应进行实测。

2）应了解各规划站址的区域地质情况，包括地层岩性、地质构造、地形地貌、物理地质现象和水文地质条件，对各规划站址的区域构造稳定性做出初步评价。

3）提出各规划站址地震动参数值，地震基本烈度。了解库区的地层岩性、地质构造、岩体力学特性、风化深度、水文地质及水库周边垭口、单薄分水岭等地形地质条件。重点了解影响规划站址成立的不稳定边坡、固体径流来源，如滑坡、泥石流、坍岸和浸没等的分布范围，对库岸边坡稳定性做出初步评价。

4）了解库周的渗漏通道和地下水位，分析水库渗漏特性，对上、下水库的渗漏可能性及渗漏条件做出初步评价。

5）了解坝址处的地形、地貌、覆盖层特性、地层岩性、岩体风化卸荷深度和岩体渗透性、地质构造和断层发育情况、物理地质现象和坝址两岸岸坡稳定情况等。坝基中是否存在软弱夹层和分布情况；坝基中主要断层、缓倾角断层和断层破碎带的性状及其延伸情况；初步评价各规划坝址的工程地质条件。

6）应了解发电厂、水道系统工程地质情况，沿线的地形地貌特征；地层岩性、地质构造、断层分布及规模；进、出口地段覆盖层厚度、岩体的风化卸荷情况和山坡的稳定情况；沿线的水文地质情况和岩体力学性质；应重点了解厂房地面建筑物处覆盖层情况，以及岩体卸荷与风化深度、建基面附近的岩体特征及边坡稳定性；初步评价水道系统工程地质条件和地下厂房成洞条件及围岩稳定性，初步判断压力管道采用混凝土衬砌的可行性。

7）了解各规划站址附近天然建筑材料的储存情况，并应达到普查精度，为坝型拟定和施工规划提供依据。应对料场分布、储量、质量及开采运输条件做出初步评价。

（2）水文分析。

1）径流分析。根据各规划站址处的水文气象资料进行径流分析。对于纯抽水蓄能电站，当上水库集水面积很小，基本无径流入库时，可简化计算，或不做径流分析。当下水库为水源水库时，应收集相应的水文资料，按要求进行径流分析。对于水源不足的水库，还需提出设计枯水期各月径流量、蒸发量等数据。对于混合式抽水蓄能电站，需进行年径流分析，以供径流调节计算使用。

2）根据各规划站址处的实测洪水资料进行设计洪水分析，提出上、下水库控制断面设计洪水成果及施工洪水成果。对于集水面积很小的上水库，可简化计算。

3）泥沙分析。提出设计控制断面多年平均含沙量、多年平均输沙量及泥沙级配。

4）分析提出设计控制断面水位—流量关系曲线。

（3）水利动能。

1）拟定上、下水库正常蓄水位，应考虑水库地形、地质条件允许的水位高程及水库淹没和环境保护控制高程。拟定上、下水库死水位时，应考虑进/出水口布置要求。

2）拟定上、下水库特征水位，应考虑机组运行特性影响。机组工作水头的最大变化幅度为上、下水库工作深度之和，外加抽水及发电两种工况的水头损失。在规划阶段，电站最大水头与最小水头的比值一般按不超过1.20控制。

3）拟定电站装机容量与调节库容。电站的装机容量应考虑电网需求，分析抽水蓄能电站在电力系统负荷图上的工作位置，确定电站调节性能。电站的调节库容应满足电网的发电要求，与电站的装机规模协调。日调节抽水蓄能电站的发电调节库容一般按装机满发利用小时数5～6h考虑，周调节抽水蓄能电站一般可按10～12h考虑。另外，对于水资源紧缺地区，为保证电站的正常运行，还应考虑设置一定的水量损失备用库容。

4）额定水头初步可按电站平均水头的0.90～0.95取值，水头变幅大的取小值，水头变幅小的相应取大值。

（4）水工建筑物。

1）上、下水库布置。①坝型选择和库盆开挖。根据地形地质条件，尽量选用当地材料坝，并注意坝型对严寒条件的适应性。为减少工程投资和对环境的影响，结合正常蓄水位的选择，筑坝材料应尽可能利用库盆开挖料，做到挖填平衡、减少弃渣。②防渗设计。在地形地质和水文地质条件比较好时，可采取局部防渗方案，否则应采用全库盆防渗方案。建筑物和防渗设计的重点是关注单薄分水岭、垭口、断裂发育部位，提出防渗措施。③泄洪设计。根据地形地质条件、工程总体布置要求和拟定坝型，选择水库泄洪方式，确定泄洪建筑物布置和消能方式。从保证大坝安全考虑，当地材料坝一般要设溢洪道。在确定泄洪消能方案时，应考虑施工导流洞与放空排沙洞相结合的可行性。

2）输水系统和厂房布置。①上、下水库的进/出水口应因地制宜选择侧式和竖井式，一般采用侧式进水口。确定进水口高程时，应保证足够的淹没度，并防止泥沙进入。②当地形地质条件允许时，通常宜将厂房位置外靠，以减小通风洞长度，缩短施工工期，同时还可缩减单价较贵的电缆长度。厂房位置外靠时，应兼顾引水系统设置引水调压室的条件。③地形地质条件良好，围岩透水性较小，满足挪威准则时，高压管道宜考虑采用钢筋混凝土衬砌方案。通常邻近厂房的高压水道段和尾水隧洞段应采用钢板衬砌。④厂房位置要避开较大断层、节理裂隙发育区，布置在地质构造简单、岩体完整的地带，并与水道系统的水力特性相协调。根据厂址地质构造和主地应力方向，结合高压管道和尾水隧洞的布置，初步确定厂房纵轴线方位。

3）工程量计算。①按经验拟定坝坡，经调洪计算和经验类比确定坝顶高程。挖填平衡计算时应注意自然方和实方的关系，并估算土石比例。采用局部防渗时，对单薄分水岭、垭口、断裂发育部位等重点部位可采用工程类比计算帷幕灌浆等防渗工程量。②输水系统采用混凝土衬砌方案时，可按工程类比确定衬砌厚度，按经验含钢率估算钢筋量。采用钢板衬砌时，按围岩分担率计算钢材质量，其中靠近厂房的高压段应采用相对较小的围岩分担率。③厂房附属洞室可考虑采用不同的混凝土衬砌比例，并据此计算工程量。主厂房和主变压器室，可根据厂房尺寸计算开挖量。支护、混凝土和钢筋等应参考同类厂房，根据工程类比估算其工程量。

（5）机电。

1）根据电站特征水头及装机容量，初选水泵水轮机型式和台数。初拟水泵水轮机主要参数及外形尺寸，提出进水阀、调速器及起重桥机等辅助设备清单。

2）根据站址在电力系统中的位置，按照电网发展规划，初步提出电站接入系统的方案。

3）根据发电电动机组及主变压器台数、布置，初拟电气主接线，初选开关站型式，提出主要电气设备清单。

4）根据输水系统布置型式，初拟各类闸门型式、尺寸，初选启闭设备，提出金属结构主要设备清单。

（6）施工规划。

1）施工导流。上水库集水面积一般较小，洪水流量小，导流问题不突出，施工围堰相对较简单。下水库一般具有一定的集水面积，施工导流有一定的工程量，需要提出初步导流方案，估算相应的工程量。

2）主体工程施工。根据所选坝型及筑坝工程量，提出施工方法及主要施工设备。根据输水系统及地下厂房的布置型式，提出施工支洞布置、洞室开挖和衬砌方案、主要施工设备、出渣线路和出碴场地布置并估算相应临时工程量。

3）施工总布置。根据施工导流、施工支洞等临时工程布置及主体工程施工方案，初步安排各部分施工场地及施工区内部交通道路，估算相应的临时工程量。

4）施工总进度。根据各规划站址施工条件、临时及主体工程施工方案，提出工程筹建期进度、准备期进度、主体工程施工进度以及第一台机组投产工期和工程总工期。

（7）水库淹没处理。

1）抽水蓄能电站上、下水库一般淹没范围不大，本阶段的淹没实物指标调查工作，主要从地方政府收集有关人口、土地等社会经济资料，在此基础上，根据水库地形图计算和统计各项淹没指标。

2）与地方政府协商初拟移民安置去向，根据国家有关规定并参照同类电站水库淹没补偿项目及补偿单价，估算水库淹没处理投资。

（8）环境影响评价。

1）进行现场调查，收集有关资料，分析识别主要环境影响因素。

2）对主要环境影响因素进行定量或定性分析，说明其影响程度，作出初步评价。

3）对于不利的影响因素提出初步处理对策，估算相应环保工程和水土保持工程投资。

（9）工程投资估算。

根据水电工程设计概算编制办法和费用标准的规定、水电工程建筑工程概算定额、设备安装工程概算定额以及施工机械台时费定额，以及设计工程量、主要设备清单，按照当前物价水平估算建筑工程投资、机电设备及金属结构工程投资、施工辅助工程投资以及各项费用，提出工程总投资（含静态总投资、动态总投资及建设期分年投资）。

2. 近期工程选择

根据电网的需求，结合各规划站址的建设条件，通过技术经济比较，并考虑环境及社会条件，推荐近期开发工程。一般情况下选择一个站址作为近期工程。当一个站址的装机规模不能满足电力系统发展需要，或者由于前期工作需要，也可以选择2～3个站址作为近期工程，并提出开发顺序。

所选择的近期工程一般要具备下列基本条件：①站址位于负荷中心或接近负荷中心，交通相对方便；②电站的建设规模能比较好地满足电网的需求，具有可靠的抽水电源；③水库淹没损失少，征地移民、环境保护等无特殊的敏感问题，枢纽布置相对简单，具有较好的施工条件；④电站技术经济指标优越。

第二节　影响站址选择的主要因素分析

一、主要技术经济影响因素

（一）从投资经济性角度分析抽水蓄能电站选址

国外流行一种观点："站址选择决定一切"，认为抽水蓄能电站投资大小有70%～80%取决于站址的优选。因此，在抽水蓄能电站建设中对站址选择高度重视。下面从国内近年建设的11座大型抽水蓄能电站投资分析入手，从经济性的角度讨论抽水蓄能电站站址选择中需考虑的主要因素。

通常认为抽水蓄能电站的经济性与电站水头关系密切，一般认为水头较高的站址较有利，因为同样规模的抽水蓄能电站，水头高的电站所需上、下水库库容、水道直径和厂房尺寸都可小些。因此，以额定水头作为主要变量。为便于不同规模电站进行比较，均以单位容量投资作为考察对象。为便于比较，将各电站投资均按2005年下半年的价格水平予以调整。

1. 静态总投资

图 2－2－1 所示为 11 座抽水蓄能电站单位容量静态总投资，其中白莲河抽水蓄能电站最小为 3110 元/kW，宜兴抽水蓄能电站最大为 4550 元/kW，两者相差 1440 元/kW，后者为前者的 1.46 倍。说明优选站址的重要性。图 2－2－2 所示为单位容量静态总投资与额定水头的关系，从趋势线看，水头高时单位容量静态总投资不降反升。说明抽水蓄能电站单位容量静态总投资与额定水头的关系并不明显，还有一些更重要的因素影响着抽水蓄能电站的投资。

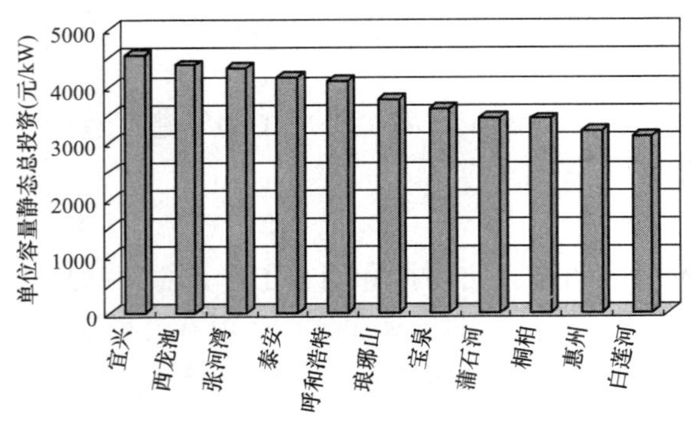

图 2－2－1　抽水蓄能电站单位容量静态总投资

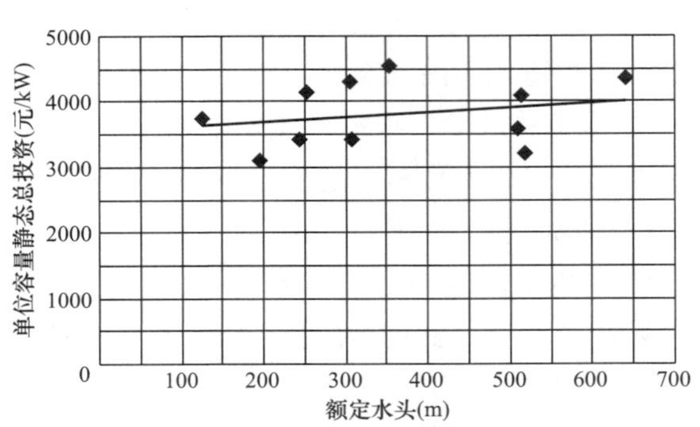

图 2－2－2　单位容量静态总投资与额定水头关系

2. 机电设备与建筑物

图 2－2－3 所示为单位容量机电投资与额定水头的关系，各工程单位容量机电投资平均约 1400 元/kW，上下变幅不超过 150 元/kW，最小的桐柏抽水蓄能电站为 1252 元/kW，最大的白莲河抽水蓄能电站为 1543 元/kW，两者相差仅 291 元/kW。可见机电投资主要取决于电站装机规模，与各个工程的自然条件关系不大。

单位容量机电投资与额定水头的关系也不明显。分析其原因，首先，水头变化主要影响主机设备，而电气设备的投资与水头高低无关，因此水头变化对总的机电投资影响较小。其次，随水头增加，机组尺寸减小，质量相应减轻，但制造难度有所增加，使单价提高，两者有所抵消。因此，在抽水蓄能电站站址选择中不必过多考虑机电投资的因素。

图 2－2－4 所示为单位容量建筑物投资与额定水头的关系，此处建筑物仅包括上水库、下水库、厂房、水道（含压力钢管）的投资，不包括交通和房屋建筑等其他建筑物的投资。由图 2－2－4 可见，各工程单位容量建筑物投资差别很大，最小的白莲河抽水蓄能电站仅 560 元/kW，而最大的宜兴抽水蓄能电站为 1814 元/kW，两者相差 1254 元/kW，后者为前者的三倍多。显然，各个电站站址自然条件的不同，导致各电站土建工程投资的差别，才是影响抽水蓄能电站静态总投资的主要因素。下面讨论各部位建筑物对投资的影响，找出站址选择中应考虑的主要影响因素。

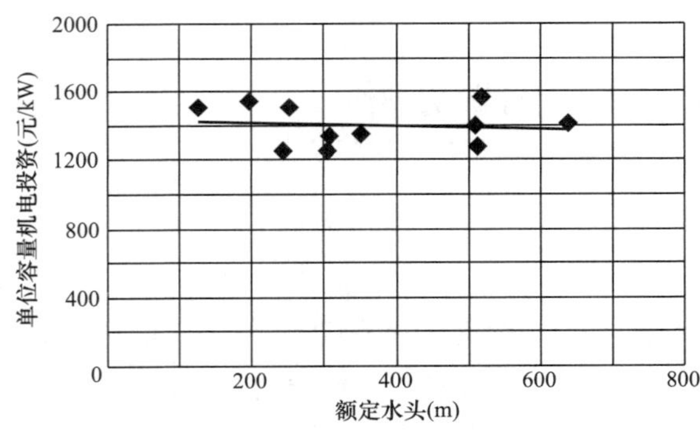

图 2－2－3　单位容量机电投资与额定水头关系

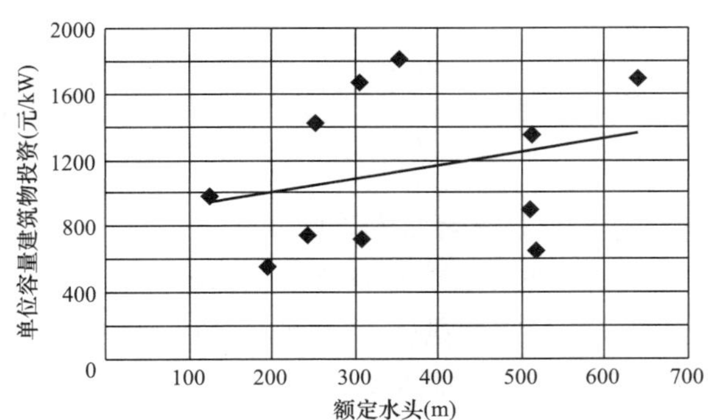

图 2－2－4　单位容量建筑物投资与额定水头关系

3. 上水库

图 2－2－5 所示为上水库单位容量投资与额定水头的关系，各电站上水库单位容量投资差别很大，如桐柏和白莲河抽水蓄能电站仅为 42 元/kW 和 49 元/kW，而张河湾和宜兴抽水蓄能电站为 959 元/

kW 和 942 元/kW，最大相差达 900 元/kW 以上。这是影响工程静态总投资差别的最大因素，因此，上水库应成为选址时考虑的重点。

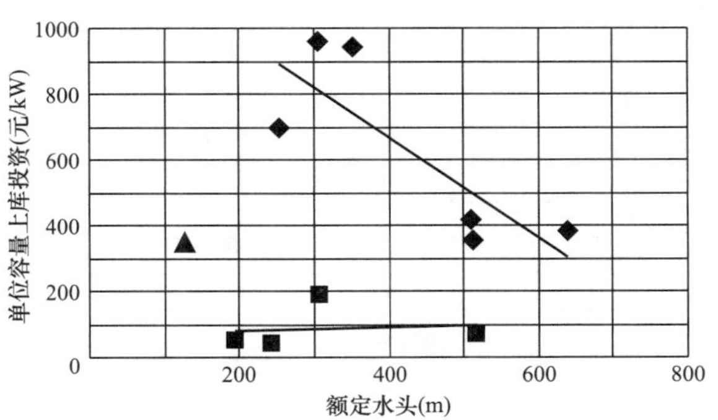

图 2－2－5　单位容量上水库投资与额定水头关系

◆—全库盆防渗；■—库盆局部帷幕防渗；▲—琅琊山

由图 2－2－5 可见，当不需要做全库盆防渗，只做局部帷幕灌浆防渗的情况下，上水库单位容量投资不超过 190 元/kW，与新建下水库投资相当。当然，一般上水库地形地质条件不如下水库，单位容量投资较下水库要稍高些。这种条件下，上水库单位容量投资与额定水头几乎不相关。

当需要做全库盆防渗时，上水库单位容量投资大大增加，如呼和浩特抽水蓄能电站的 356 元/kW、张河湾抽水蓄能电站的 959 元/kW。全库盆防渗面积与库容大小关系密切，在同等规模下，水头愈高，所需库容愈小，全库盆防渗面积相应就小。因此，对全库盆防渗的上水库来说，其单位容量投资与额定水头关系较密切。

全库盆防渗时衬砌型式影响不如水头影响大。西龙池抽水蓄能电站采用沥青混凝土衬砌，上水库单位容量投资为 385 元/kW（额定水头 640m）；呼和浩特抽水蓄能电站采用钢筋混凝土衬砌，上水库单位容量投资为 356 元/kW（额定水头 513m）；宝泉抽水蓄能电站采用库坡沥青混凝土衬砌＋库底黏土铺盖，上水库单位容量投资为 416 元/kW（额定水头 510m）；泰安抽水蓄能电站采用土工膜＋混凝土衬砌＋灌浆帷幕，上水库单位容量投资为 696 元/kW（额定水头 253m）。宝泉与呼和浩特抽水蓄能电站额定水头相当，宝泉电站库底采用黏土铺盖，单位容量投资并不省。泰安抽水蓄能电站采用土工膜等复合防渗，由于额定水头比其他电站低得多，单位容量投资反而高许多。

琅琊山抽水蓄能电站额定水头仅 126m，上水库防渗措施介于全库盆防渗与局部帷幕防渗之间，采用 2290m 长的灌浆帷幕＋库底局部黏土铺填＋溶洞混凝土回填，单位容量投资为 351 元/kW。

全库盆防渗的抽水蓄能电站上水库单位容量投资高，不只是因为增加了防渗衬砌的费用，还由于此类上水库通常天然库容较小，又要求库盆形状较规整，因此石方开挖量较大（见图 2－2－6）。若无天然库盆条件，还要靠筑坝围成水库时，上水库坝体填筑量也较大（见图 2－2－7）。如张河湾和宜兴抽水蓄能电站上水库单位容量投资分别为 959 元/kW 和 942 元/kW，不仅比不作全库盆防渗的工程高 700～800 元/kW，也比其他全库盆防渗的工程高得多。除了因为额定水头较低（分别为 305m 和 353m），相对需要较大库容，库盆防渗衬砌面积大之外；还由于上水库地形条件不利，需要靠大量开挖和填筑坝体取得库容。两者上水库单位容量石方明挖量分别为 8.13m³/kW 和 7.44m³/kW，坝体填筑工程量分别为 4.34m³/kW 和 2.34m³/kW，明显偏大较多。

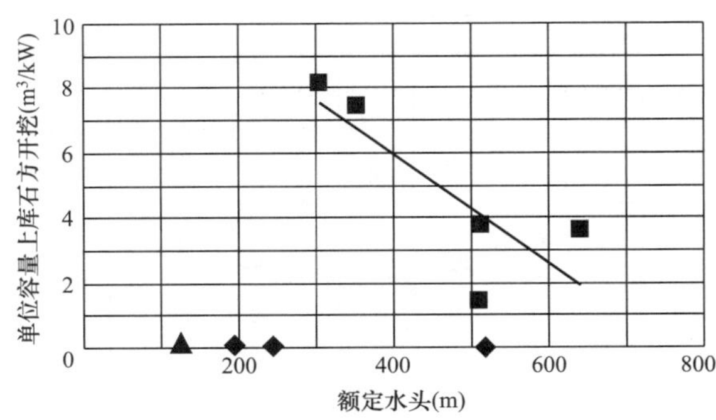

图 2－2－6　单位容量上水库石方明挖与额定水头关系

■—全库盆防渗；◆—库盆局部帷幕防渗；

▲—琅琊山；——线性（全库盆防渗）

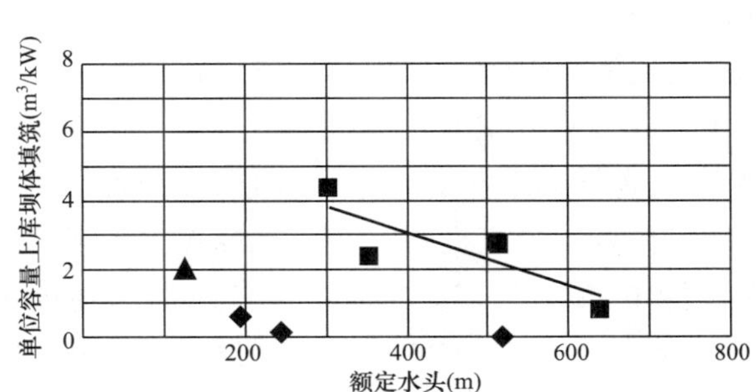

图2－2－7　单位容量上水库坝体填筑量与额定水头关系

■—全库盆防渗；◆—库盆局部帷幕防渗；

▲—琅琊山；——线性（全库盆防渗）

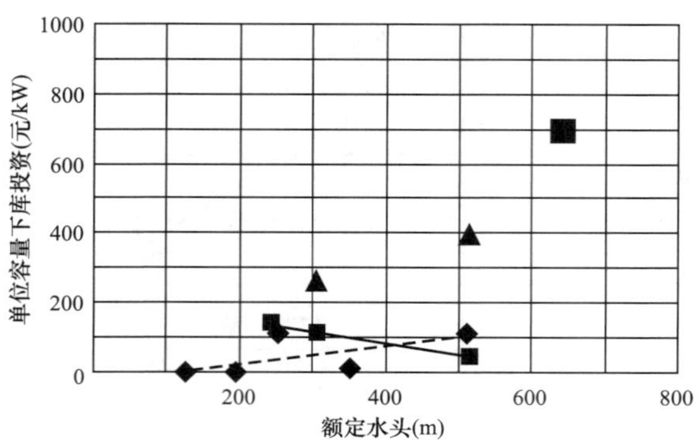

图 2－2－8　单位容量下水库投资与额定水头关系

◆—利用已建水库；■—新建水库；■—全库盆防渗；▲—设拦沙坝；— —线性（新建水库）；--- —线性（利用已建水库）

4. 下水库

图 2－2－8 所示为单位容量下水库投资与额定水头的关系，各电站下水库投资差别较大，如白莲河、琅琊山等抽水蓄能电站利用已有的下水库，投资很少。不计西龙池抽水蓄能电站，呼和浩特抽水蓄能电站单位容量下水库投资最大，为 398 元/kW，下水库单位容量投资可相差 400 元/kW 左右，对下水库的选址也应引起重视。

西龙池抽水蓄能电站是个特例，单位容量下水库投资比其他电站高得多，是下水库中唯一采用全库盆防渗的工程。由于该电站下水库所在的滹沱河含沙量很高，又限于当时单级可逆式水泵水轮机制造水平的限制，要求最高扬程不得超过 700m，不得不将下水库由滹沱河移至一条支沟中，坝体填筑量很大；又由于库盆处于灰岩及渗透性大的砂砾土覆盖层上，而采用全库盆防渗。

呼和浩特抽水蓄能电站新建下水库单位容量投资为 398 元/kW，而利用张河湾水库作为下水库的张河湾抽水蓄能电站单位容量下水库投资也达到 265 元/kW。这两个水库共同特点是下水库入库泥沙量大，不得不设置拦沙坝，并分别设泄洪排沙洞和排沙渠，使投资增加较多。其他电站单位容量下水库投资都小于 140 元/kW。说明，下水库选址的关键在于河流的泥沙条件，只要泥沙条件允许不设拦沙坝，其投资的影响就不大。

由图 2－2－8 还可见，利用已建水库与新建下水库的单位容量投资属于同一量级，无明显差别。因为，利用已建水库作下水库时往往要加高大坝，或对原大坝进行加固、对水库进行防渗处理；下水库作为综合利用水库时在水量分配（包括经济补偿）及水库调度上都需要协调。因此，利用已建水库并不一定带来经济上的优势，有时还会增加运行时的复杂性，选择站址时可不限于已建水库的周围，在更大范围内选择下水库库址。

从图 2－2－8 来看，新建下水库时，能反映出水头愈高，所需库容愈小的规律。而利用已建水库时，就不遵循此规律。

5. 水道

图 2－2－9 所示为单位容量水道投资与额定水头的关系，水道投资指水道土建投资和钢管投资之和，这样各工程比较时才能真实反映地质条件对高压管道衬砌型式的影响。各电站单位容量水道投资差别较大，投资最小的宝泉抽水蓄能电站为 199 元/kW，而投资最大的宜兴抽水蓄能电站为 574 元/kW，两者相差 375 元/kW。

从图 2－2－9 可见，单位容量水道投资可按高压管道采用钢管还是钢筋混凝土管分为两类，采用钢筋混凝土管的工程中，单位容量水道投资从 199 元/kW（宝泉抽水蓄能电站）到 396 元/kW（白莲河抽水蓄能电站）；而采用钢管的工程中，单位容量水道投资从 280 元/kW（张河湾抽水蓄能电站）到 574 元/kW（宜兴抽水蓄能电站）。从图 2－2－9 中两个趋势线来看，同样额定水头条件下，钢管单位容量水道投资要比钢筋混凝土管单位容量水道投资高 200 元/kW 以上。

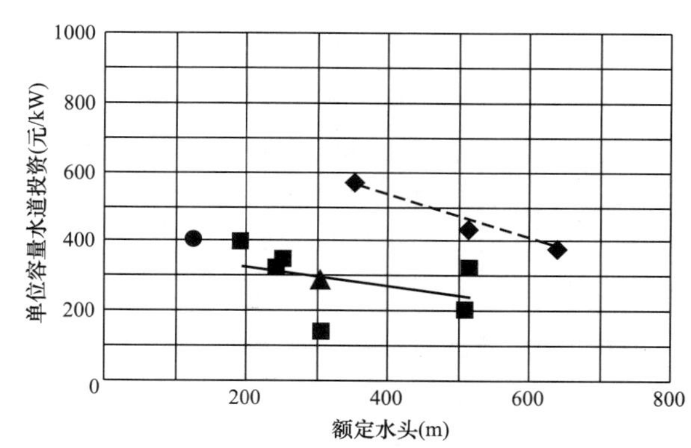

图 2－2－9　单位容量水道投资与额定水头关系

◆—钢管；■—钢筋混凝土管；▲—钢管（张河湾）；●—琅琊山；--- —线性（钢管）；— —线性（钢筋混凝土管）

张河湾抽水蓄能电站高压管道采用钢管，单位容量水道投资才 280 元/kW，与采用钢筋混凝土管的工程相当。这是因为水道投资不仅与水头有关，还与水道长度有关。张河湾抽水蓄能电站 L/H 仅 1.6 左右，是我国抽水蓄能电站中最小的，其高压管道也短，只能用竖井布置，因此它的单位容量水道投资较低。

琅琊山抽水蓄能电站水头较低，压力管道上半段采用钢筋混凝土管，下半段采用钢管。其单位容量水道投资似乎更接近于钢筋混凝土衬砌型式。

单位容量水道投资与额定水头的关系比较明显，尤其是采用钢管时。因为水头愈高，同等装机规模下水道过水流量就小，管径相应缩小，单位容量水道投资可减小。由图 2－2－9 看，衬砌类型与额定水头对单位容量水道投资影响属同一量级，衬砌类型影响似偏大些。

6. 厂房

图 2－2－10 所示为单位容量厂房投资与额定水头的关系，投资最小的白莲河抽水蓄能电站为 115 元/kW，惠州抽水蓄能电站为 116 元/kW，而投资最大的宜兴抽水蓄能电站为 289 元/kW，相差最多才 174 元/kW，可见各电站厂房投资差别不大，对电站静态总投资影响较小。单位容量厂房投资与额定水头的关系不密切，分析其原因，各电站均采用地下厂房，由于额定水头提高，机组尺寸减小，而使厂房开挖与混凝土量的减少在土建投资中所占比例很小。至于辅助洞室，如通风洞、交通洞和电缆洞等长度的不同，主要影响发电工期或电缆投资，对土建投资影响很有限。

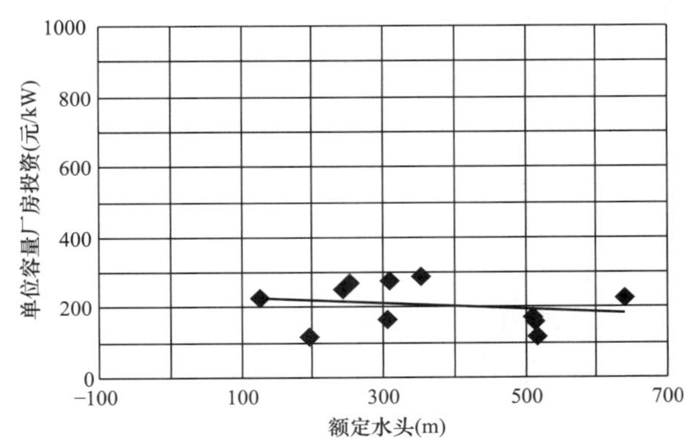

图 2－2－10　单位容量厂房投资与额定水头关系

7. 小结

综上所述，从降低投资的角度，抽水蓄能电站选址应注意以下几点：

(1) 上水库的选择对抽水蓄能电站的经济性影响最大，要将上水库的地质条件与地形条件同样重视。注意选择具有天然库盆，不需要靠大量开挖和填筑形成水库的地形条件。地质条件中尤其要关注库盆的渗漏特性，选择不需要全库盆防渗的上水库库址。

(2) 下水库的选择对抽水蓄能电站的经济性有相当影响，重点关注河流的泥沙条件。应选择含沙量低，不需要筑拦沙坝的下水库库址。是否选择已建水库作下水库对投资影响较小。

(3) 水道的选择对抽水蓄能电站的经济性也有一定影响，关键是高压管道衬砌型式的选择，即围岩的工程地质条件是否允许高压管道不用钢板衬砌。对于补水较困难的地区，围岩的渗漏性也会影响高压管道衬砌型式的选择。

(4) 厂房的条件对抽水蓄能电站的经济性影响较小，只要地质条件满足基本要求，选址时不必过多考虑。至于地下厂房辅助洞室，如通风洞、交通洞长度的不同，对投资影响较小，但直接影响发电工期，对电站动态经济性有影响，也需注意。

(5) 机电投资在抽水蓄能电站总投资中所占比例较大，但对站址选择时经济比较的影响较小，因为站址自然条件的不同引起的电站机电投资差别较小。但水泵水轮机，尤其是高水头水泵水轮机对过机泥沙含量非常苛刻的要求，如涉及到拦沙坝修建的必要性时，就会影响站址的经济性。此外，水泵水轮机组稳定性对上下水库水位变幅的要求，在站址选择时也需要注意。

(二) 其他影响抽水蓄能电站选址的主要技术因素

1. 水泵水轮机水头范围

抽水蓄能电站水头的大小是由上、下水库的地形条件决定的，单位水体所获得的势能通常以充分利用自然地形的高差来获得。一般情况下，抽水蓄能电站采用水头越高，相同出力所需的流量就越小，所需上、下水库库容就小，水道尺寸和厂房尺寸亦小。据已建电站统计，每降低 100m 水头，1kWh 电能所需水量将增大 65%以上，大致相当于每 2～3m^3 水换 1kWh 电。

从土建工程投资来看，水头越高越有利，但还要考虑水泵水轮机适应的水头范围。适应不同水头段的水泵水轮机型式见表2-2-1。

表2-2-1　　国外投运的各种类型抽水蓄能机组的最高水头范围

机　型	电　站	国　家	最高水头（m）		级数	机组铭牌出力（MW）	制造厂	投产年份
			水轮机	水泵				
单级可逆混流式	葛野川	日　本	728	778	1	412	1号，2号三菱 3号，4号东芝	1999
多级可逆混流式	埃多洛	意大利	1256	1290	5	125	Hyd，EW	1982
串联混流式	霍恩贝格	西　德	635	668	2	250	EW	1975
串联冲击式	圣菲拉诺	意大利	1438	1439	6	140	Hyd	1974

注　Hyd指意大利水利机械厂，EW指瑞士爱雪维斯公司。

目前多级混流式水泵水轮机，以意大利埃多洛抽水蓄能电站的5级水泵水轮机扬程最高，为1265m，单机容量为125MW。多级水泵水轮机不仅水泵工况不能调整机组入力，而且水轮机工况也不能调整机组出力，难以适应电网对抽水蓄能机组灵活性越来越高的要求，且机组投资较高，故20世纪90年代后已很少应用。两级可调节水泵水轮机可克服上述多级水泵水轮机的缺点，但技术较复杂，造价也较高。目前仅有法国阿尔斯通公司为韩国杨阳抽水蓄能电站制造的两级可调节水泵水轮机，最大水头817m，转速600r/min，最大单机出力270MW。

不同机组型式之间价格对比见表2-2-2。相比之下，单级混流可逆式水泵水轮机结构简单，调节方便，较为经济适用。

表2-2-2　　三种型式水泵水轮机价格比

机　型	单级可逆式混流水泵水轮机	两级可逆式混流水泵水轮机		多级串联式水泵水轮机
		固定导叶	可调导叶	
价格比	1	1.15	1.5	1.75

从运行的灵活性及经济性考虑，近代抽水蓄能电站多选用单级可逆混流式水泵水轮机，在该型机组适用的水头范围内，水头越高则越有利，因此优选水头范围300～800m。

2. 利用已建水库

在抽水蓄能电站选点规划时，对于利用已建水库作为抽水蓄能电站专用水库应做具体分析。在市场经济条件下，这里面存在一个产权问题，如处理协调不好，将来对抽水蓄能电站正常运行影响很大。特别是对于具有多种用途的综合利用要求的水库，要研究对水库原有功能的影响，同时要考虑水库能否适应抽水蓄能电站的运行特性要求及不同用途工程设计标准上的差异，需要考虑利弊得失，给予认真的研究，采取切实可行的措施加以解决。应调查研究采取一次性购买或在水库中设置蓄能专用库容并部分补偿相应的功能损失的可行性，作为站址规划方案选择的依据。在建的宝泉抽水蓄能电站即采取一次性补偿水库建设投资，其他用水部门以保证抽水蓄能电站正常运行为主的方式；张河湾抽水蓄能电站是采用在下水库设置抽水蓄能专用库容，以完建水库工程作为相应功能补偿投资；另外文登抽水蓄能电站设计中是采取在下游新建下水库，以尽量避开原有供水水库，这些都是模式可供参考。

3. 水源条件和泥沙

抽水蓄能电站必须要有可靠的水源，以保证初期充水以及补充运行期水量的蒸发和渗漏的损失。抽水蓄能电站循环损失水量较少，对水源量的要求相对较少。但在水资源相对缺乏的北方地区，在电站的规划设计中，水源问题可能比较突出。对于水源紧张的电站，应研究补水措施及可行的补水工程方案，以满足上、下水库首次充水要求及保证电站运行中损失水量的及时补充。

对入库泥沙含量应严格限制。水源泥沙太多，会淤积在库内，使本来就不是很大的有效库容进一步减少，且高泥沙含量的水流会对水轮机造成严重的磨损。一般地，水轮机磨损速度与含沙量成正比，与流速的三次方成正比。因此，对于高水头抽水蓄能电站，泥沙含量的要求更高。根据经验公式计算的结果表明，以大修周期 8 年为限，若水头为 300～500m，则平均泥沙含量应控制在 $10g/m^3$ 量级，库年淤积率为 0.4%～1%。为满足此要求，在多泥沙河流上，应采取必要的工程措施。如在下水库的上游修建拦沙坝，将澄清后的水源引入下水库，而洪水期通过泄洪洞将泥沙冲至水库下游。这必然影响下水库的经济性，站址选择时应尽量避免在多泥沙河流上建下水库。

二、站址选择的主要社会、环境影响等因素分析

(1) 注意研究电站选址中敏感性因素。对抽水蓄能电站选址中可能存在颠覆性的因素应给予高度重视，甚至可能出现“一票否决”的情形。如在自然保护区范围内；在水和环境因素十分敏感地域；在征地移民搬迁十分困难，并存在争议地域，以及利用以防洪为主的干流水库等。对于抽水蓄能电站的选址，一般应尽可能避开这些地域，或者采取工程措施能够克服其不利因素，并请相关主管部门出示认可文件。在已有的抽水蓄能电站规划选点中，碰到的蓄能电站站址在自然保护区的情况比较多。如果站址条件特别好，地区电网迫切需求，附近又难以找到可替代站址，应研究调整自然保护区的可能性与合理性。

(2) 电站地理位置因素影响。规划选点要考虑不同电网、不同时期的发展需要，选择不同规模、不同类型的抽水蓄能电站，要注意处理好大电网与小电网的关系，从整体上合理布局抽水蓄能电站站址。一般说来，抽水蓄能电站应接近电网的负荷中心，更好地发挥抽水蓄能电站优良的负荷调节功能与保安电源作用，使电网供电的灵活性与可靠性得到改善。由于站址资源条件的限制，有时离负荷中心地区比较远，可尽可能地选择离抽水电源和主要输电线路接近的站址，这样可以减少输电线路的投资和降低输电过程中发电、抽水用电的电能损耗，降低电能的生产成本。此外，抽水蓄能电站最好靠近主要交通道路及城市，这样有利于电站的建设施工及今后的运行管理。关于地理位置因素对抽水蓄能电站建设的影响，应将电站本身与输电系统建设统一考虑，通过不同方案的技术经济比较进行选择。

(3) 注意电力系统对抽水蓄能电站周调节性能的要求。目前我国大部分抽水蓄能电站都是日调节抽水蓄能电站，水库调节库容一般可满足满发 4～6h。该类电站由于库容小，水工建筑物规模较小，投资也相对少。随着电力市场发展和电源结构的多样化，日调节的抽水蓄能电站已不能很好地满足电网的负荷调节需要，对抽水蓄能电站提出了周调节的要求，如在建的惠州抽水蓄能电站就具有周调节性能。在选点规划中应注意到电网对周调节性能电站的需求变化，根据各个电站的自然地形特点，在可能的条件下将电站规划为周调节的抽水蓄能电站，设置尽可能大些的调节库容，对提高电站的容量价值与运行灵活性是有利的。建设周调节的抽水蓄能电站，要求较大的上、下水库调节库容，如果电站的地形缺乏建设具有较大库容水库的有利条件，势必会增加电站的投资，应对其工程建设的经济性进行深入研究。

(4) 注意混合式抽水蓄能电站的选点。混合式抽水蓄能电站优点是两种机组互相配合，充分利用天然来水，提高电站的调峰容量，将汛期的季节性的电能转化为电网的保证电能。据潘家口抽水蓄能电站计算，采用常蓄结合的运行方式，平均每年多发 10.7%的峰荷电量，常规机组设计枯水期的工作容量由零提高到 7.3 万 kW。混合式抽水蓄能电站多为中低水头的电站，有利于机组国产化。与纯抽水蓄能电站相比，混合式抽水蓄能电站工程投资相对较高。目前大多数的混合式抽水蓄能电站枢纽一般都担任防洪、灌溉、供水等综合利用任务，常规输电机组与抽水蓄能机组结合，大大提高了水库运行的灵活性与调峰性能，如果工程费用中考虑综合利用任务分摊，电站部分的经济性将明显改善，在电网电源优化中有很强的竞争能力，在选点规划中对这类电站的开发也应引起足够重视。

第三节　选点规划实例简介

下面以山东胶东地区抽水蓄能电站选点规划为例，重点介绍选点规划的程序、步骤及站址比选的原则与结论。

一、选点范围及原则

山东电网是一个纯火电电网，存在着电源结构单一、调峰能力不足等问题，建设一定规模的抽水蓄能电站解决电网调峰问题是完全必要的，也是经济的。

根据山东省的地形地质条件及水文气象特征，全省抽水蓄能电站资源主要分布在鲁中南和胶东地区。胶东地区包括青岛、烟台和威海等三座地级市，是山东省用电负荷中心之一。随着电网的发展，山东的核电建设已提到议事日程上，山东第一个核电厂选址在海阳市冷家庄，建设规模为 4 台 1000MW 级核电机组，一期工程装机容量 2000MW，已通过厂址审查。因此，该次抽水蓄能电站选点规划重点是在胶东地区，配合核电站建设，满足未来山东电网电力需求。

胶东地区抽水蓄能电站规划选点主要遵循以下原则：

(1) 尽量选择地形条件好、水头较高、距高比小的站址，降低土建工程量，提高电站经济性。

(2) 胶东地区属于水资源缺乏地区，要重视水源问题，加强对地区水文资料收集与分析，研究利用现有水库的可能性与合理性。

(3) 加强区域地质与站址工程地质分析，特别应重视对上水库的水文地质特性的分析。

(4) 尽量避开重要村镇和专用设施，减少水库淹没与建设占地损失，注重对环境的影响。

(5) 考虑负荷中心的位置及抽水电源的布局，做到大、中、小兼顾。

(6) 配合地区核电建设，选择规模适当的站址。

二、站址普查

根据胶东地区具体的地形地貌条件，先后利用 1∶5 万、1∶1 万地形图和山东省地质图（1∶50 万），选择岩性较好、地质构造较为有利的、适合建设抽水蓄能电站的有利地形。通过大量内业分析工作，选出 12 个条件相对较好的抽水蓄能电站资源点。针对这些资源点，从地形、地质、水源和综合利用要求，对外交通、淹没损失与环境影响，地理位置，装机规模等方面进行初步分析，经过筛选，对其中 8 个资源点进行了现场查勘，并进一步收集有关资料。

三、站址初选

通过现场查勘和初步的内业设计工作，对每个资源点自身的工程建设条件及外部影响因素进行全面分析比较。考虑站址的地理位置、装机容量、水源条件、发电水头、距高比、工程地质、水工及施工布置条件、对外交通、水库淹没及环境影响等因素，初选站址根据以下几方面条件确定。

(1) 选择地形地质条件较好，便于工程布置和施工安排，对外交通方便的站址；对于某些资源点较多的地区，剔除综合条件较差的资源点，选出具有代表性的条件较好的站址。

(2) 对于上、下水库控制流域面积较小，水源不足，周围又没有补水水源的站址不予考虑。

(3) 对可能淹没或影响乡、镇及以上人口密集区和重要设施的站址要慎重研究，开发条件一般的尽量放弃。

(4) 对自身开发条件比较优越的站址，客观反映其可能存在的环境影响问题。

通过再一次的现场查勘与进一步的分析比较，选出海阳、牟平、北邢家、文登、青岛等五个建设条件较好的站址作为初选站址。上述五个站址的基本情况见表 2-3-1。

表 2-3-1　胶东地区抽水蓄能电站初选站址基本情况

项　目		海阳	牟平	北邢家	文登	青岛
所在地区		烟台	烟台	烟台	威海	青岛
所在区市		海阳市	牟平区	龙口市	文登市	崂山区
上水库	水库名称	芝麻顶	东台崮	大飘山	泰礴顶	清水湾
	地质条件	较好	较好	好	好	好
	对外交通	较好	较差	较好	好	差
	水库淹没	林场	林场	果园	林地	林场
	环境影响	—	—	—	保护区	旅游区

续表

项目		海阳	牟平	北邢家	文登	青岛
下水库	水库名称	招虎山	东风	北邢家	柳林庄	泉心河
	流域面积（km^2）	11.29	8.2	64	17.93	12.08
	年均降水量（mm）	709.6	800	670	1102	1060.8
	年均径流量（万 m^3）	297	287	1250	815	658
	地质条件	好	较好	较好	好	好
	对外交通	好	好	好	好	好
	水库淹没	—	村庄	村庄	村庄	—
	环境影响	—	—	—	—	旅游区
	补水措施	需要	需要	—	需要	需要
	补水水源	供水管道	供水管道	—	昆嵛山水库	白云洞水库
装机容量（MW）		1000	1000	200	1400	1400
额定水头（m）		302	354	169	457	572
距高比		5.1	4.9	8.9	5.5	3.3

五个站址初步分析与比较意见如下：

(1) 海阳抽水蓄能电站装机容量 1000MW，额定水头 302m，规模适中。站址与规划中的海阳核电站同处一市，地理位置优越，抽水电量有保证。电站上、下水库对外交通便利，淹没损失和环境影响较小。站址自身水源条件较差，采取补水措施后，可以满足发电用水要求。电站上水库地形条件较差，库盆较小，库周山体单薄，垭口地形较多，断层、裂隙密集带发育，可能需要全面防渗。

(2) 牟平抽水蓄能电站装机容量 1000MW，额定水头 355m，规模适中。站址靠近烟台市和规划中的海阳核电站，地理位置较优，抽水电量有保证。上、下水库地形条件较好，对环境影响较小。电站上水库为林区，地质条件较为复杂，山高坡陡，交通不便。下水库扩建具有一定的淹没损失。特别是下水库坝址以上控制流域面积较小，多年平均入库水量仅 287 万 m^3，综合利用任务较重，虽有规划的城市供水管线从附近通过，但方案不落实。水源问题对工程建设有一定影响。

(3) 北邢家抽水蓄能电站下水库为已建中型水库，坝址以上控制流域面积较大，发电水量有保证。附近有龙口等大型电厂，抽水电量有保证。站址地形地质条件较好，工程布置相对简单，对外交通便利，对环境影响较小。由于电站下水库北邢家水库综合利用要求较高，受周围地形条件的限制，大坝加高的余地不大，影响了电站的装机规模。装机容量仅为 200MW，额定水头 169m，规模较小。下水库扩建，有一定的淹没损失。

(4) 文登抽水蓄能电站装机容量 1400MW，额定水头 457m，规模较大，水头较高。站址靠近威海市和规划中的海阳核电站，地理位置较优，抽水电量有保证。上、下水库地形地质条件较好，对外交通便利，通过上游的昆嵛山水库调蓄，下水库入库水量可以满足发电用水要求。电站下水库需新建，存在一定的淹没损失。工程区为昆嵛山自然保护区边缘，存在施工期环境保护问题。

(5) 青岛抽水蓄能电站装机容量 1400MW，额定水头 572m，规模较大，水头较高。站址靠近青岛市和规划中的海阳核电站，地理位置优越，抽水电量有保证。上、下水库地形地质条件较好，淹没损失较小。在特别枯水年里，站址下水库水量偏紧，采取水量保证措施后，可以满足发电用水要求。电站处在崂山旅游区内，上水库为林区，山高坡陡，交通不便。下水库周围旅游景点较多，施工环保问题比较突出，是制约电站建设的关键。

在胶东地区抽水蓄能电站五个初选站址中，海阳、牟平、文登和青岛等四个站址水头较高，装机容量较大，北邢家站址装机容量太小，不能满足系统要求。牟平站址的下水库综合利用任务较重，上水库地形地质条件较复杂，补水水源的条件也较差。因此，北邢家与牟平两个站址予以放弃。

对海阳、文登、青岛站址的水源条件、工程地质条件、水头与装机容量、工程布置与施工条件、淹没损失及工程投资等几个方面进行了综合分析，三个站址的建设条件相对较好。文登站址处于昆嵛山自然保护区的边缘，地区有关部门表示可以将站址调整到保护区之外，不存在环境上的制约。青岛站址水头高，地形地质条件较好，但地处著名的崂山风景区，外部环境较为复杂，存在着施工与旅游相互干扰问题。鉴于青岛站址本身的工程技术指标比较优越，应予进一步研究，仍将其列入重点站址开展前期工作。因此，推荐海阳、文登和青岛三个站址作为胶东地区抽水蓄能电站的重点规划站址，进一步开展规划设计工作。

四、重点站址规划及综合分析

针对海洋、文登、青岛三个站址，开展了相应的水文、地质、规划、水工、水库、环保、机电、施工、投资估算及经济评价等专业设计工作。根据影响工程的主要因素，进一步分析比较各个站址的差别，下面从规划、地质、水工、施工、投资与经济评价等方面对三个站址作进一步的归纳和比较，具体见表2-3-2。

表2-3-2　　　　胶东地区主要抽水蓄能电站情况比较

站　址	文　登	海　阳	青　岛
一、规划指标			
1. 地理位置	位于威海地区文登市晒字镇；距文登市25km，距核电一厂70km，距威海40km，距烟台50km，距青岛180km；处于主网架末端，输电线路投资增加	位于烟台地区海阳市东村镇；距海阳市9km，距核电一厂22km，距莱阳变电站60km，距烟台80km，距青岛110km	位于青岛市崂山区，崂山旅游风景区内，距青岛市25km，距核电一厂85km，距负荷中心最近
2. 水头规模	最大毛水头518m，额定水头465m，装机容量1800MW	最大毛水头350m，额定水头302m，装机容量1000MW	最大毛水头630m，额定水头566m，装机容量1800MW
3. 水源	年均径流量815万m^3，保证率75%和95%年径流量分别为445万m^3和195万m^3；初期蓄水需调整农业灌溉用水，正常运用水量基本可满足；遇特枯年份，可由昆嵛山水库补少量水	年均径流量297万m^3，保证率75%和95%年径流量分别为158万m^3和66.5万m^3；初期蓄水需采取补水措施，正常运用水量可满足	年均径流量658万m^3，保证率75%和95%年径流量分别为369万m^3和167万m^3；初期蓄水无问题，正常运用水量偏紧，可考虑补水措施
4. 水库淹没	用材林200亩，稀疏用材林131亩，经济林84亩，水浇地336亩，村庄一座，迁移370人，小水电160kW	用材林126亩，稀疏用材林128亩，灌木丛214亩，荒山170亩	风景林594亩，荒山31亩，淹没补偿投资1604万元
5. 环境影响	施工占地为3400亩，环保要求相对较低，外部环境相对简单	施工占地2750亩，总弃渣量355万m^3，环保要求相对较低	施工占地为3359亩，地处国家级风景名胜区、国家级森林公园和省级自然保护区，工程对自然植被影响较大，环保要求较高
6. 专业评价	青岛、海阳站址与负荷中心或核电一厂距离较近，文登站址相对较远。青岛、文登站址水头高，装机规模大，水源较丰富；海阳站址初期蓄水水量不足，需采取补水措施。青岛站址地处崂山风景区，环保要求高；文登站址淹没较大；海阳站址环保要求相对较低		
二、地质条件	三个站址岩性为花岗岩、石英二长岩、石英正长岩类岩体，条件较好。工程区未发现活动性断裂，区域稳定性较好，地震基本烈度6～7度，地震动峰值加速度0.05g～0.1g。三个站址上水库地形条件差别很大，文登与青岛地形条件较好，但存在不同程度的渗漏问题，需部分防渗处理；海阳地形条件较差，渗漏较严重，需全库防渗处理。且副坝基外坡较陡，卸荷裂隙发育，对副坝基稳定不利。三个站址输水系统及厂房围岩以Ⅱ类为主，但青岛洞线与近E-W向主要结构面夹角较小，海阳部分轴线与裂隙夹角较小，对其稳定有一定影响。三个站址下水库条件均较好，库区不存在渗漏、库岸稳定及浸没问题，仅存在少量淤积问题。海阳下水库右坝肩稍单薄，存在绕坝渗漏问题；青岛下水库坝肩卸荷裂隙发育，存在坝基、坝肩渗漏及少量块体稳定问题；文登下水库左坝肩稍单薄、右坝肩风化较强，存在绕坝渗漏问题。三个站址从地形地质条件相比较，文登与青岛相近，海阳相对较差		
三、工程布置与工程量	海阳站址上水库工程布置复杂，需采用混凝土面板对全库或大部分库区进行防渗处理，坝较高，工程量较大；下水库在原坝上加高，工程量小；水道系统较长。文登站址上水库工程布置较简单，仅作局部防渗处理，坝较高，工程量较大；下水库坝较低，工程量较小；水道系统较短。青岛站址上水库工程布置较简单，仅作局部防渗处理，坝较低；下水库坝较高，工程量较大；水道系统最短。三个站址单位容量工程量以青岛站址和文登站址较低，海阳较高。水道洞线与主要裂隙夹角均较小，对围岩稳定不利。从水工布置与工程量综合分析，青岛站址较好，文登站址次之，海阳站址较差		

续表

站　址	文　登	海　阳	青　岛
四、施工条件	从天然建筑材料料源来看，三个站址基本相同，只能采用采石场的花岗岩，无天然砂砾料料场；从对外交通条件来看，三个站址均可与省道、国道相接，但从施工交通要求上来讲，青岛站的施工交通对城市环境、旅游环境存在不利影响；从施工供电条件上看，海阳、文登两市电业公司都出函明确了来源和保证情况；对于施工供水，海阳和文登站址取水较便利，有保证，青岛站址现有泉心水库渗漏严重，枯水期取水困难，需进行防渗处理。三个站址施工导流方式相同，但以海阳站址工程量为最小。场内交通与施工场地布置以海阳和文登站址较为方便，青岛站址可资利用的平缓场地很小，施工布置困难，且施工与旅游干扰大。因海阳站址装机规模为1000MW，地下厂房工程量小，总工期短；文登、青岛站址装机规模为1800MW，地下厂房工程量大，总工期稍长。综上，海阳、文登站址施工条件较好，青岛站址相对较差		
五、经济指标			
1. 工程投资	静态总投资：51.19亿元 单位容量静态投资：2844元/kW	静态总投资：35.58亿元 单位容量静态投资：3558元/kW	静态总投资：52.95亿元 单位容量静态投资：2942元/kW
2. 经济评价指标	上网电价：0.8765元/kWh	上网电价：0.8841元/kWh 经营期的上网电价：0.5695元/kWh	上网电价：0.8765元/kWh
六、送出工程	以二回500kV线路接入莱阳500kV变电站，输电线路长230km，投资4.14亿元	以一回500kV线路接入莱阳500kV变电站，输电线路长60km，投资1.08亿元	以二回500kV线路接入崂山500kV变电站，输电线路长40km，投资0.72亿元

注　省略地质、水工、施工等子项的比较。

根据上述比较，站址选择综合分析如下：

（1）电网需求。山东电网目前是一个纯火电电网，存在着电源结构单一、调峰能力不足等问题。根据山东省的能源特点与国民经济发展对电力的需求，为解决能源不足，安排在胶东地区建设装机容量为4000MW的核电站，为了确保电网安全、稳定、经济运行，通过电网电源优化配置分析，在2015年以前投入装机容量3000MW左右的抽水蓄能电站是十分必要的，其中胶东地区安排1000MW左右的抽水蓄能电站较为合理。泰安一级抽水蓄能电站计划在2010年以前投产，2015年缺口仍达2000MW左右，应另选择优越站址，尽早开展前期勘测设计工作。本次参加比较的文登、青岛、海阳三个站址装机容量都在1000～1800MW，可以较好地满足山东电网未来对抽水蓄能电站的需求。

（2）工程建设条件。

1）文登站址上、下水库地形地质条件较好，下水库上游有昆嵛山水库，水源较丰富。工程区岩体裸露，易查明地质条件，施工条件也较好。文登站址存在的不利方面主要有两点：①修建下水库要迁移柳林庄村，对周围其他村庄也有一定影响，但由于迁移人口不多，县内安置难度不大；②电站处于电网主网架的末端，距负荷中心与电源中心相对较远，与海阳、青岛站址相比，输电线路增加约135km，相应投资增加约2.3亿元。

2）青岛站址水头最高，达570m，上、下水库地质条件好，允许装机容量大。与文登站址相比，距负荷中心与电源中心较近，所在地区经济与交通发达。存在的主要问题是工程建设对著名的崂山风景区的影响问题，尚须得到地方有关部门的同意。青岛站址水源相对偏紧，可采取补水工程措施解决。另外，上水库树木繁茂，植被较好，地形坡度大，施工条件较差，并给前期工作带来困难。

3）海阳站址规模适中，距海阳核电站最近，施工方便，淹没损失少，对环境影响小，工程的外部条件相对简单。电站的水头与文登、青岛两站址相比较要低，为150～280m，上水库周围山体较单薄，为减少水量渗漏，必须采用全面防渗处理，因此单位工程量指标要大些。海阳站址控制流域面积小，水源较紧张，但招虎山水库可以作为抽水蓄能电站的专用下水库，水量上应有保证，遇连续枯水年补水措施现实可行，水源问题不应成为工程建设的制约条件。另外，由于地形、地质、水源等条件的约束，装机规模受到限制。

（3）经济指标。从三个站址投资与经济评价指标来看，文登站址的单位容量静态投资为2828元/kW，青岛站址为2899元/kW，海阳站址为3511元/kW；文登站址的经济内部收益率为31.12%，青岛站址为29.80%，海阳站址为31.47%；文登站址的财务内部收益率为16.50%，青岛站址为16.18%，海阳站址为13.68%。显然，文登与青岛站址的经济指标较好，海阳站址由于地形地质等条件所限，水头较低，经济指标相对稍差，如与国内拟建同类电站相比，经济指标也还是比较好的。

五、站址选择结论与建议

综上所述，从山东电网的未来需求来看，除了鲁中地区负荷中心外，胶东地区是山东电网的另一个负荷中心，为配合胶东核电建设，应优化配置调峰电站建设布局，继泰安抽水蓄能电站之后，可考虑在胶东地区安排建设山东省第二座抽水蓄能电站。通过对三个站址的综合比较，主要结论意见如下：

（1）文登站址装机容量较大，有着较好的建设条件，适合山东电网近期对抽水蓄能电站的需求，该站址没有影响电站建设的制约因素，推荐文登抽水蓄能电站作为胶东地区第一个开发工程，立即开展预可行性研究工作。

（2）对海阳站址来说，由于地理位置十分优越，容量适中，外部条件简单，一次投资少，便于集资，特别是随海阳核电站配套建设，可更多地节省输电线路投资，与其他站址相比更具有利条件。建议尽早开展预可行性研究工作，争取在文登抽水蓄能电站之后或适时开发建设。

（3）青岛站址所处的国家级崂山风景名胜区在山东省乃至全国占有十分重要的地位，因此工程建设与环境保护矛盾比较突出。到目前为止，有关工程建设的环境许可问题尚未落实，环境许可已成为青岛站址能否成立的决定性因素。因此，建议有关部门积极落实该站址建设的外部条件，并开展相关的研究工作，为工程建设创造有利条件。

第三章

抽水蓄能电站工程规划

第一节　抽水蓄能电站的主要类型与工作特点

一、主要类型

（一）按照径流利用与机组构成划分

抽水蓄能电站一般可分为纯抽水蓄能电站和混合式抽水蓄能电站。

1. 纯抽水蓄能电站

纯抽水蓄能电站有两个基本特征：①下水库多为水源水库，上水库一般无天然径流或天然径流很小；②电站厂房内装设单一的抽水蓄能机组。纯抽水蓄能电站的上水库一般利用山地有利地形，如沟谷、洼地等通过筑坝、开挖等工程措施，形成一个人工水库。我国已建的十三陵、广州、天荒坪等抽水蓄能电站均是这种型式的上水库。

纯抽水蓄能电站的下水库，根据建设条件，有以下几种型式：

(1) 河道式下水库。根据电站发电用水对库容的要求，在河流上修建一定高度的大坝形成的专用下水库或利用已建水库作为下水库。但对于建在多泥沙河流上的下水库，由于水流中泥沙含量大，为减少泥沙对机组的磨损影响，必须设置相应的排沙设施，并制订相应的排沙运行方式，在下水库进/出水口的布置上也需要采取相应的防沙措施，如张河湾、呼和浩特等抽水蓄能电站的下水库便属于这种情况。在河道上修建下水库的另一种形式是在河道上、下游筑坝形成一个封闭式下水库，这样不仅可以解决河道泥沙的问题，也可解决抽水蓄能电站初期蓄水和正常运行期补水问题。这种形式的下水库一般适用于多泥沙且洪水比较小的河流，如在建的呼和浩特抽水蓄能电站的下水库就是在河道上、下游修建大坝，形成封闭式的下水库，在岸边山体内修建隧洞泄洪排沙。

(2) 河岸式下水库。在河岸上利用有利地形，通过筑坝、开挖形成的水库，这种型式的下水库对减少过机泥沙很有利，天然径流往往也较小，需要设置相应的引水或补水设施，满足电站初期发电用水要求，并补充电站在运行过程中因蒸发、渗漏所损失的水量，如在建的西龙池和响水涧抽水蓄能电站的下水库就是采用这种形式。

(3) 利用天然湖泊作为下水库。一般情况下，天然湖泊的水位变幅较小，泥沙问题不突出，并有充足的水量满足电站的运行要求，如拟建的无锡马山抽水蓄能电站计划利用太湖作为下水库。

2. 混合式抽水蓄能电站

结合常规水电站新建、改建或扩建，增设抽水蓄能机组，抽水蓄能电站上水库与常规水电站共用一个水库，这样的抽水蓄能电站称为混合式抽水蓄能电站。其显著的特点是：①上水库为水源水库，入库天然径流比较大；②厂房内装设有常规水电机组和抽水蓄能机组，常规水电机组一般是利用天然径流发电，抽水蓄能机组是抽水发电；③下水库利用已建水库，如白山、天堂等抽水蓄能电站，也可在下游新建一座专用下水库，如潘家口、响洪甸等抽水蓄能电站。

潘家口抽水蓄能电站的上水库是大型综合利用水库，由于受下游用水的限制，常规水电站的运行常处于“以水定电”的状态，电站发电调峰运行受到限制。改建成混合式蓄能电站后，常规水电机组与蓄能机组配合运行，很好地解决了综合利用水库供水与发电的矛盾，满足了电网调峰发电的要求，减少了汛期弃水。

另外，从电站的建筑型式上划分，如果将纯抽水蓄能电站与混合式抽水蓄能电站列入地面式抽水蓄能电站，还有一种称为地下式的抽水蓄能电站。从运行特点上看，这种电站应归类于纯抽水蓄能电站范畴。地下式抽水蓄能电站的下水库和厂房均位于地下，其主要优点是减少修建下水库对周围环境的影响。特别是在环境影响敏感区域，地下式抽水蓄能电站更具有优势。地下式抽水蓄能电站的下水库一般是利用废弃的矿井改建而成，特别是一些大型矿井，一般深达几百米，对修建地下式抽水蓄能电站比较有利。地下式抽水蓄能电站为抽水蓄能电站的建设提供了一种新的模式。目前世界上仅有美国希望山和萨米特两座地下式抽水蓄能电站取得了施工许可证，但由于种种原因，至今还未开工建设。

（二）按电站的调节性能划分

抽水蓄能电站的调节性能主要是以上水库库容的大小来判断。一般常采用上水库库容的装机满发利用小时数来衡量其调节能力的大小。

（1）日调节抽水蓄能电站。日调节抽水蓄能电站以一天作为一个调节周期，在负荷低谷时抽水运行，吸收系统内的低谷电量，在负荷高峰时放水发电，满足电网的调峰要求。根据电网的需求，抽水蓄能电站一天中完成一次或多次抽水、发电过程。日调节的抽水蓄能电站在电力系统中主要承担日负荷的调峰、填谷及备用任务，其装机满发利用小时数一般为4～6h。目前我国已建成的抽水蓄能电站大都是日调节电站。

（2）周调节抽水蓄能电站。周调节抽水蓄能电站以一周为一个运行周期，除每日仍按照系统负荷变化的需求进行抽水和发电运行外，在周末休息日负荷比较低的情况下，利用系统的多余电量延长抽水时间，储备更多的蓄能量，用以增加平时工作日调峰出力或延长担任调峰的时间。因此，周调节蓄能电站所需要的调节库容比较大，也具有更强的调节能力，其上水库的装机满发利用小时数一般为10h以上。在一些发达国家，因周末大部分工厂停止生产，这种抽水蓄能电站比较多。根据系统需求，广东的惠州周调节抽水蓄能电站目前正在建设中。广东阳江和河北丰宁也拟建设周调节抽水蓄能电站。

（3）季调节抽水蓄能电站。季调节抽水蓄能电站的运行方式主要是利用常规水电站在汛期多余的电量，如弃水调峰电量、后夜低谷电量抽水到上水库储存起来，在枯水期常规水电站出力不足时放水发电，承担电力系统的调峰任务。这种类型的蓄能电站所需要的上水库库容较大，同时其下水库也应具备充足的水源满足长时间的抽水要求。季调节的蓄能电站在进行季调节抽水、发电运行的同时，还可根据电力系统要求进行日调节抽水、发电运行，其调节能力更强，在电网中的作用更加重要。季调节的蓄能电站一般适用于水电比重大且水电站调节能力又相对比较差地区的电力系统。由于要求的上水库库容很大，工程的建设条件要求更高，与日、周调节的抽水蓄能电站相比，季调节抽水蓄能电站的单位投资指标相对更要大一些。目前我国还没有一座季调节的抽水蓄能电站，曾研究过利用葛洲坝或三峡水电站作为下水库，在两岸选择有利地形修建一座季调节抽水蓄能电站，以配合葛洲坝和三峡水电站的运行。鉴于条件复杂，影响因素众多，实施难度较大。

二、抽水蓄能电站工作特点

随着电力系统的不断发展与大型火电和核电机组的大量投入，抽水蓄能电站已成为电力系统电源结构中不可缺少的组成部分。抽水蓄能电站是通过能量转换，把电力系统中富余而廉价的低谷电能，转换成负荷高峰时的高质量电能，可在负荷高峰或紧急事故情况时，为电力系统提供急需的调峰或备用容量，为保证电力系统安全、稳定、经济运行起到重要作用。

（一）蓄能电站的运行特点

抽水蓄能电站的工作特点与常规水电站有很大的不同，其运行基本不受天然径流的影响。在电力系统负荷低谷时，蓄能机组在水泵工况运行，吸收电力系统内多余的电能，起到填谷作用；在电力系统用电高峰时，蓄能机组放水发电，为电力系统提供调峰容量。由于蓄能电站的这种电量转换作用和运行灵活性，成为电力系统有效的负荷调节电源。日调节的抽水蓄能电站与周调节的蓄能电站在电力系统中的工作位置与上、下水库的运行状态如图 3－1－1 和图 3－1－2 所示。

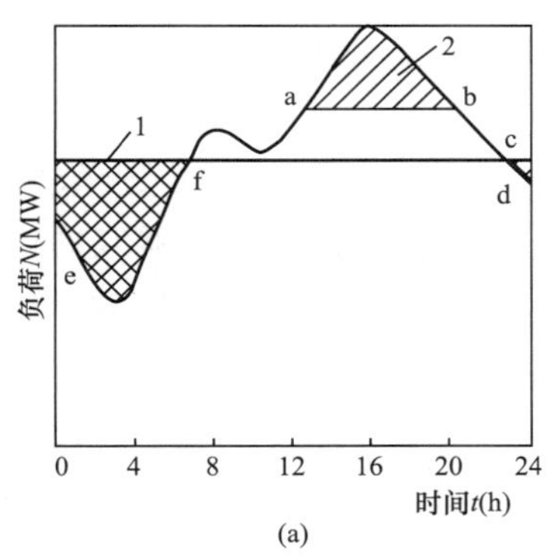

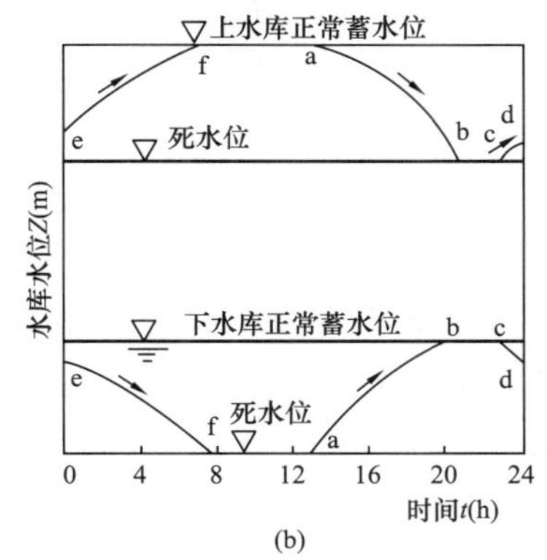

图 3－1－1　日调节抽水蓄能电站工作位置及上、下水库水位变化示意图

(a) 在负荷图上的工作位置；(b) 上、下水库的水位变化过程

1—夜间低谷负荷时的抽水蓄能；2—日间高峰负荷时放水发电

（二）抽水蓄能电站的循环效率

抽水蓄能电站既要抽水消耗电能，又要发电提供电能，其为电力系统提供的电能与抽水时所消耗的电能之比，称为综合循环效率。由于抽水蓄能电站在能量转换过程中存在着能量损失，抽水需要的电量要大于其发出的电量。抽水蓄能电站运行中，设计工况下的一次抽水、发电过程的循环效率与实际运行情况下的长时间、多次抽水与发电过程的平均循环效率会有所不同。由于电站运行受不同运行方式的影响，每次抽水、发电并非在典型的最优状态下运行，长时间运行情况下的平均循环效率一般要低于设计工况下的循环效率。因此，又将抽水蓄能电站的运行平均循环效率称为综合效率。

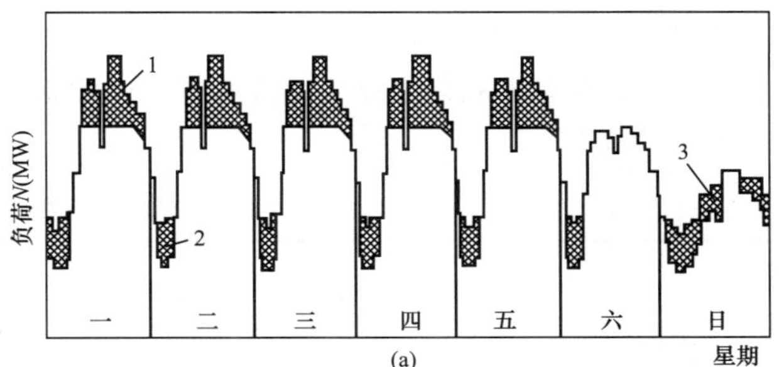

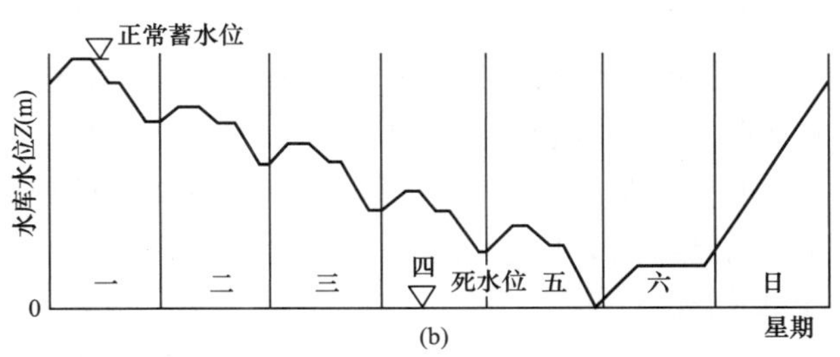

图 3－1－2　周调节抽水蓄能电站工作位置及上水库水位变化示意图

(a) 在日负荷图上的工作位置；(b) 上水库水位变化过程

1—高峰负荷时发电；2—平口夜间抽水；3—假日集中抽水

抽水蓄能电站的综合效率是衡量其技术经济特性的一个重要指标，电站综合效率在规划设计阶段可按下面的公式计算。设抽水蓄能电站蓄能库容为 V_s，发电平均水头为 H_T、抽水平均水头为 H_p，在一次循环过程中，抽水用电量 E_p 与发电量 E_T 可按下式计算

$$E_p = \frac{V_s H_p}{367.2\eta_p}$$

$$E_T = \frac{V_s H_T \eta_T}{367.2}$$

式中　367.2——单位换算系数；

η_p、η_T——抽水工况与发电工况的运行效率；

H_p、H_T——抽水工况与发电工况的平均运行水头。

根据抽水蓄能电站抽水工况和发电工况各主要工作部件的实际情况，可计算出抽水蓄能电站的综合效率，公式为

$$\eta = \frac{E_T}{E_p} = \frac{H_T}{H_p}\eta_T \eta_p$$

$$\eta_T = \eta_1 \eta_2 \eta_3 \eta_4$$

$$\eta_p = \eta_5\eta_6\eta_7\eta_8$$

式中　　　η——抽水蓄能电站综合效率；

η_1、η_2、η_3、η_4——分别为发电工况下抽水蓄能电站水道系统、水轮机、发电机和主变压器的工作效率；

η_5、η_6、η_7、η_8——分别为抽水工况下主变压器、电动机、水泵和水道系统的工作效率。

对采用可逆式机组的抽水蓄能电站，抽水工况与发电工况相比，主变压器双向运行的效率一般变化不大，常取 $\eta_4=\eta_5$。水道系统效率中考虑了拦污栅、进/出水口、调压井、闸阀及管段内的水头损失等，由于抽水工况下抽水功率变化较小，抽水引用流量一般小于发电引用流量，相应水头损失较小，故水道系统在抽水工况下的效率比发电工况下的效率要高些，即 $\eta_8>\eta_1$。由于两种工况下采用的功率因数 $\cos\varphi$ 不同，电动机工况的效率常比发电机工况的效率要高些，即 $\eta_6>\eta_3$。水泵和水轮机的效率是影响电站综合效率的主要因素，一般情况下，水泵工况效率高于水轮机工况效率，即 $\eta_7>\eta_2$。有时根据某些特定要求，也存在水轮机工况效率高于水泵工况效率的情况。

抽水蓄能电站的综合效率一般为 0.70～0.75，大型抽水蓄能电站的综合效率一般都在 0.75 左右。随着抽水蓄能机组设计制造及建设施工技术水平的不断提高，条件优越的大型抽水蓄能电站的综合效率已达到 0.78～0.80。

我国某大型抽水蓄能电站各主要部件的设计效率见表 3-1-1，根据这些数据算出的抽水蓄能电站综合效率达 0.75。

表 3-1-1　　某抽水蓄能电站各工作部件的运行效率

运行工况	抽　水　工　况				发　电　工　况				电站综合效率
工作部件	变压器	电动机	水泵	水道系统	水道系统	水轮机	发电机	变压器	
运行效率	0.995	0.980	0.916	0.979	0.972	0.907	0.978	0.995	0.750

表 3-1-1 中数据尚未考虑上水库的水量蒸发、渗漏损失及电站与电网之间输电损失的影响，因此电站实际运行的综合效率将比表中数据低些。当电站靠近负荷中心，上水库的防渗处理比较好，输电损失与水量损失对总效率的影响很小，在初步规划设计时，一般可忽略不计。当要求比较精确地确定电站综合效率时，应根据电站的工程布置特点、所采用的机组运转特性曲线及电站在电网中的运行方式计算确定。

抽水蓄能电站循环效率的大小，与其在电网中的运行方式也有很大的关系。如抽水蓄能电站在电网中经常承担调频、调相等任务，因为机组经常处于低效率区运行，相应耗水量就要大一些，且在调相中主要以发无功为主，发出的有功非常少，这样其循环效率就相应要低。如果抽水蓄能电站经常处于满负荷运行，其循环效率相应要高一些。

(三) 抽水蓄能电站运行工况转换特点

抽水蓄能电站在电网中主要承担调峰、填谷、调频、调相与事故备用任务，运行工况众多。一般情况下抽水蓄能电站工况转换所需时间如下：从静止到满负荷发电约 150s，从静止到满负荷抽水约 320s，从满负荷抽水到满负荷发电约 390s，从满负荷发电到满负荷抽水约 740s，从满负荷发电到静止约 140s，从满负荷抽水到静止约 240s。

由上可见，抽水蓄能电站在各种运行工况下的反应速度非常快，从静止到满负荷发电仅需要 150s，有的机组甚至可以达到 120s，如果采用手动控制的话，需要的时间更短。由于抽水蓄能电站运行的灵活性，可以适应系统在负荷高峰时迎峰爬坡的需要，从而避免因负荷急剧增加，系统出力增加较慢而使系统周波下降，影响供电质量和系统运行安全。抽水蓄能电站也是一种很好的旋转备用电源，同时还可以发出无功，对系统起调相作用。

(四) 抽水蓄能电站可提高水资源的利用率

对于混合式抽水蓄能电站，由于其上水库一般都有比较大的天然径流，在汛期水库来水量比较大时，为减少水库弃水，蓄能机组可以较长时间以发电工况运行，提高水资源的利用率。

第二节　建设抽水蓄能电站的必要性

抽水蓄能电站属于二次能源，通过不同时间的电量转换，成为一种专用的发电调节电源，同时又是电力消耗用户。根据我国《国民经济和社会发展第十一个五年规划纲要》，针对我国能源工业发展状况，提出了在新形势下的电力发展方针，即重点优化发展大型、高效、环保的火电机组，在保护生态基础上有序发展水电，积极推进核电建设，加强电网建设。结合水电开发，同时提出了“适当建设抽水蓄能电站”的指导原则。由于抽水蓄能电站的特殊性，其建设必须要结合地区电网的特点、资源条件、电源规划等，纳入电网统一规划与配置。因此，需要对建设抽水蓄能电站的必要性进行深入细致的分析论证。

一、电网负荷及运行特性

电力系统供电对象的类型是多样的，如工业、农业、商业、市政公用事业、电气化交通、居民生活以及服务业等，而各行业的用电时间和用电特性差别较大。通常用基荷、腰荷与峰荷来表示电网用电特性的变化及发电设备的工作位置。图3-2-1所示为电力系统典型的日负荷曲线图，一般用γ（日负荷率，为日平均负荷与最大负荷的比值）、β（日最小负荷率，为日最小负荷与最大负荷的比值）来表示其日负荷特性。γ值越小，表明日负荷越尖瘦，日负荷越不均衡；β值越小，表明日负荷变化越大，负荷的峰谷差越大。此外，还有周负荷特性曲线、年负荷特性曲线，用来表示一周中的负荷变化与一年中的负荷变化特点。

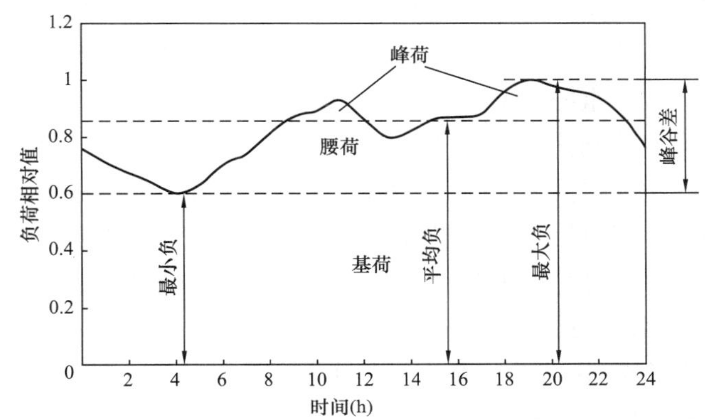

图3-2-1　电力系统典型日负荷曲线图

从用户的用电特性分析，工业负荷中的重工业、电气化交通用电等比较平稳，常构成负荷图的基荷部分；轻工业、第三产业及其他行业的用电，特别是居民生活用电，不仅在用电时间上相对比较集中，而且用电负荷变化也比较大，常构成电网的腰荷与峰荷部分。

由于电量的不可储存性，发电和用电是同时完成的，因此系统内发电设备的出力要随着系统用电情况随时进行调整。随着电力用户负荷的不断变化，为保证供电的安全、可靠与经济性，要求发电设备既要保证相应数量的开机容量，又能在运行特性上适应这种负荷变化的要求。

不同地区由于经济发展的不同，用电构成差别也比较大，从而使电网的供电特性差别较大，电网对调峰电源的需求也大不相同。一个电网是否需要建设抽水蓄能电站以及合理的建设规模，对电网负荷特性的分析及各类电源的运行特性分析是一项很重要的工作。因此，在论证电网建设抽水蓄能电站的必要性时，首先要收集电网历史统计资料，包括用电量和用电负荷的变化、供电范围内经济发展和各类用电部门用电需求方面的资料，在此基础上分析电网的负荷特性，预测不同时期电网负荷特性的变化，然后根据这些资料，结合电网的电源构成、机组运行特性及其他方面的因素，对电网建设抽水蓄能电站的必要性进行分析。

二、不同电网对抽水蓄能电站的需求分析

由于各地区资源的分布差别较大，造就了各地区电网不同的电源构成。如华北地区煤炭资源比较丰富，而水资源相对缺乏，因此电网内电源主要以火电机组为主，这类机组一般可占电网总装机容量的95%以上，常规水电机组容量很少。西南地区水力资源较丰富，电网内水电机组所占比重较大，一般水电机组容量可以占电网总装机容量的60%～70%，火电机组容量相对较少，一般仅占30%～40%。华东和华南地区水力资源和煤炭资源均比较缺乏，特别是煤炭资源绝大部分是来自我国西北地区，不仅运输距离远，而且由于运输能力的限制，发展火电机组也受到一定制约，因此该地区的电源发展，一个途径是建设核电机组；另一途径是“西电东送”，将我国西部丰富的水电资源，通过高压和超高压输电线路送往该地区。

不同地区的资源分布使地区电网内的机组构成差别非常大，从而使不同地区电网的调度运行方式也有较大的差别。由于各地区电网电源构成、电网调度运行方式的差别，对抽水蓄能电站的建设需求也各不相同。

(1) 火电为主的电网。由于火电机组增加和降低出力受到机组本身技术条件的限制，其调节性能不如水电机组灵活，对电网负荷变化的反应速度也较慢，给电网调度运行带来困难，不能很好满足电网运行要求，需要建设一定规模的调节性能好而运行灵活的调峰电源。然而这类电网所覆盖的地区一般水资源相对比较缺乏，建设常规水电站用于电网调峰的可能性不大。因此，对以火电为主的电网来说，建设抽水蓄能电站是解决电网调峰比较理想的途径。

(2) 具有核电机组的电网。我国东南部的广东、江苏和浙江等省，既缺少水力资源也缺乏煤炭资源，这些地区的电源建设除充分开发当地有限的水力资源外，就是调入煤炭发展火电。由于调入的煤炭来自我国的西北部和北部，煤炭调入成本较高，受运输条件的制约，有时还不能满足发电的需要，特别是在供电紧张时，发电用煤经常告急。鉴于此，这些地区近几年开始大力发展核电。核电可以有效解决地区用电的矛盾，但核电机组所用燃料具有高危险性，一旦发生核燃料泄漏事故，将对周边地区造成严重的后果，因此核电站的运行不能出现任何闪失，机组出力一般要求在平稳状态下运行，承担电网的基荷。而且核电机组单机容量较大，一台机组的容量可达 1000MW 甚至更大，一旦停机，将对其所在电网造成很大的冲击，严重时可能会造成整个电网的崩溃。这类电网也需要建设一定规模的抽水蓄能电站，除可以解决电网的调峰外，更重要的是作为核电站运行的保安电源。如广东省大亚湾核电站，机组单机容量为 900MW，投入运行以来，多次发生停机甩负荷事故，广东电网均是调用广州抽水蓄能电站机组以恢复电网正常运行。一般从核电机组甩负荷电网周波下降到电网周波恢复正常，仅需要 7min 左右。故对于核电机组容量占有一定比例的电网，建设蓄能电站作为电网的调峰电源和核电机组的保安和备用电源是必不可少的。

(3) 水电为主的电网。对于水电资源比较丰富的地区，系统内常规水电装机容量虽然比较大，如果调节性能好的水电站较少，没有足够大的调节库容，其调节性能会受到限制，丰、枯水期出力变化大。在汛期常规水电经常处于弃水调峰状态，而枯水期常由于出力不足，满足不了电网的调峰要求。在这种地区修建一定规模的抽水蓄能电站，不仅可弥补电网调峰容量的不足，增加系统运行的灵活性，也可使水力资源得到充分利用。如我国正在兴建的湖北省白莲河抽水蓄能电站和湖南省的黑糜峰抽水蓄能电站，通过深入地分析论证工作，表明在水电容量相对较大的地区，建设一定规模的抽水蓄能电站是合理的，也是经济的。

(4) 接受远距离送电的电网。这类电网所覆盖的范围一般均是能源相对缺乏，而经济比较发达、用电量较大的地区，当地的电源建设不能满足用电要求，需要从电力资源比较富余的地区远距离输电。如京津唐电网接受蒙西、山西地区的外送电力距离相对最近，但也有 500km 左右；华东、华中、广东等地区接受西南地区的送电距离均在 1500km 以上。由于送电距离较远，没有一定的送电规模，远距离送电是不经济的。线路较长，发生事故的几率相对比较大；送电规模较大，出现事故时对电网的影响也比较大。对于这类电网也需要建设一定规模的蓄能电站作为电网的保安电源，以保证电网运行的安全与可靠。

三、抽水蓄能电站在电网中的作用

抽水蓄能电站在电网中的作用主要体现在以下几个方面：

(1) 调峰发电。一个供电系统的负荷每时每刻都在变化。一般电网在发电设备容量和用电负荷基本平衡的情况下，每天都会出现两个用电高峰，即早高峰和晚高峰。电网负荷早高峰一般出现在上午 9：00～11：00，晚高峰一般出现在晚上 19：00～23：00。但随着季节的变化，早、晚负荷高峰出现的时间会稍有差别。电网用电高峰时负荷上升速率较快，而火电等电源不能满足负荷上升速率要求，需要抽水蓄能电站进行调峰发电，以缓解电网供电之不足。抽水蓄能电站承担电网调峰运行，可替代火电容量或降低火电机组的调峰深度，减少系统燃料消耗与运行费用，提高电网运行的可靠性与经济性。

(2) 抽水填谷。电网低谷负荷一般出现在后夜至凌晨，以及午间。在用电低谷时，电网内大量的富裕电能无法利用，而电能又不能储存，系统必须减少发电设备的出力，以保证电网内电能的供需平衡，同时也保证电网的供电安全和供电质量。对于以火电为主的电网，火电机组因受机组技术最小出力的限制，一般最小负荷可降低到机组额定容量的50%～70%，如降低的幅度超过机组技术最小出力，就容易造成机组灭火停机事故，这就是通常所说的火电机组压负荷调峰。对于以水电为主的电网，可停运部分水电机组。对于调节性能不好的水电站，特别是径流式水电站，就会造成大量的弃水。在电网负荷低谷有大量的富裕电能时，抽水蓄能电站可以进行抽水运行，此时蓄能电站变成用电户，利用电网低谷电量将下水库的水抽到上水库，以水作为载体将电网的富裕电能转化为势能，达到储存电能的目的，这样可减少火电机组压负荷调峰和水电站弃水调峰的问题，减少火电机组因压负荷运行所增加的煤耗。当以水电站作为抽水电源时，可减少电站弃水，增加电站效益，还可使火电机组的运行状态大大改善，减少火电机组事故率。

(3) 频率调整。由于电力系统中各用电对象的用电特性千差万别，系统的负荷每时每刻都在变化，即常说的负荷大波动与小波动现象。如电力机车的运行、一些加工机械的运行等，都是间断性工作，这些用电对象的工作都对系统的负荷产生影响。如果用电对象增加的负荷较大，系统内的发电设备一时不能满足时，由于供需不平衡就会使系统频率下降；如果系统用电对象减负荷较多，供大于需求时，系统频率就会上升。不论系统频率上升还是下降，都会对系统用户产生影响，严重时可使用电户设备受到损坏。因此，电力系统应根据系统的负荷变化，随时调整发电设备的出力以适应系统负荷变化，而使系统频率保持在规定的范围之内。我国规定，电力系统频率（也称周波）50Hz±0.2Hz为合格。以燃煤火电为主的电力系统，由于火电机组增、减负荷速度相对较慢，一般较难适应系统的负荷变化，特别是系统负荷急剧变化时（即出现大波动现象），以至系统的频率合格率较低。如华北电网，在20世纪80年代，系统频率合格率最低曾降到81%，一般也仅为95%～98%，主要原因就是调频手段不足。90年代后潘家口和十三陵抽水蓄能电站相继投入运行，系统频率合格率一般保持在99.99%。以下实例可进一步说明抽水蓄能电站在电网中承担调频任务所具有的作用：①京津唐电网在1997年6月24日14时34分，系统频率降至49.84Hz，当时十三陵抽水蓄能电站机组静止备用，运行人员迅速启动两台机组带满负荷，系统频率在4min内恢复正常；②1998年11月28日，华东电网500kV电网频率突然下降0.16Hz，天荒坪抽水蓄能电站1号机组迅即从水泵工况转为水泵调相工况运行，使500kV电网频率在2min内回升至49.96Hz。需要说明的是，由于受库容的限制，抽水蓄能电站解决系统负荷小波动的频率调节能力有限。调节性能好的蓄能电站，通过库容使用上的调整，可以短时间内承担这种调频运行方式。

(4) 无功调节（调相）。不论电力系统的电压升高或降低，对电力用户都会产生不利影响，严重时同样会使设备损坏或不能正常工作。抽水蓄能机组具有调相功能，可以吸收无功功率，也可以发出无功功率。这样可减少电力系统的无功补偿装置，从而减少系统的投资。1999年十三陵抽水蓄能电站1号、2号、3号和4号机组在抽水工况下调相运行小时数分别达到14.47、26.07、17.91h和20.34h，总调相时间达到78.79h。广州抽水蓄能电站一期建成初期调相运行的时间也比较多。1994年共发无功1.58亿kvar·h，吸收无功8128万kvar·h；1995年发出无功5774万kvar·h，吸收无功1.1亿kvar·h；1996年发出无功284万kvar·h，吸收无功4.92亿kvar·h；1997年发出无功20万kvar·h，吸收无功4600万kvar·h，为广东电网稳定电压起了较大的作用。

(5) 事故备用。电力系统的发电电源不仅要满足系统用电负荷的要求，同时还必须有一定数量的备用容量。根据电网容量大小及电源构成上的差别，设置备用容量的比例会有所不同。一般情况下，发电设备容量备用率为系统最大负荷的20%左右（包括负荷备用、事故备用和检修备用等）。大电网备用率可能要低一些，小电网可能要高一些。电力系统的备用容量一般分为紧急事故备用容量和一般事故备用容量。当由火电机组承担紧急事故备用容量时，机组以额定转速空转，处于旋转备用状态（称为热备用)，根据系统要求旋转备用容量随时可以带负荷运行；火电备用机组在其备用状态下称为冷备用，冷备用容量投入运行需要的时间相对较长。由火电机组来承担旋转备用容量，一部分容量经常处于空转状态，使机组煤耗上升，系统的燃料消耗增加。抽水蓄能机组同常规水电机组一样，启动迅速灵活，工况转换快，具有火电机组旋转备用功能，承担系统的备用是非常合适的。以往大量的研究成果表明，抽水蓄能电站承担电力系统备用容量，其经济效益显著。在抽水蓄能电站设计中，一般在上水库都留有一定的发电备用库容，当系统需要时可以利用上水库的库存水量，及时为系统提供备用发电。抽水蓄能电站在电力系统中承担备用所起到的作用是非常显著的，比较典型的例子有：

1）1996 年 6 月 7 日 10 时 30 分，京津唐电网沙岭子电厂 4 号机组掉闸，电网周波降为 49.93Hz，10 时 37 分 3 号机组又掉闸，电网周波降至 49.7Hz。十三陵蓄能电站 1 号机组和潘家口水电站 1 号蓄能机组紧急投入发电，使电网很快恢复正常。

2）2001 年 3 月 22 日 10 时 59 分，广东电网内的核电机组跳机，系统周波降低到 49.6Hz，广州抽水蓄能电站仅用 6min，就由 840MW 出力升至 2017MW，使系统周波恢复正常。

3）2002 年 7 月 16 日 9 时 53 分，华东电网北仑电厂跳闸，甩负荷 600MW；阳城电厂 5 号机组跳闸，甩负荷 230MW，周波降至 49.72HZ。天荒坪抽水蓄能电站超出力运行，出力达到 1934.2MW，使电网恢复正常。

（6）黑启动。电力系统在遇到特大事故时，会使整个系统处于瘫痪状态。2003 年 8 月 14 日，美国、加拿大发生大范围停电事故，停电范围超过 24 万 km^2，影响 5000 万居民，使国家遭受了巨大损失。火电机组在失去厂用电，又没有外部电源的情况下，一般是难以启动恢复正常运行的。而抽水蓄能电站即使没有外来电源，依靠电站上水库库存水量，机组可以发电工况启动，恢复厂用电，并向电网供电，这就是所谓的黑启动。北京十三陵抽水蓄能电站在 1999 年成功进行了黑启动试验。在电力系统瘫痪状态下，蓄能电站的黑启动功能可为系统中其他机组的启动创造条件，使系统尽快恢复正常。

（7）配合系统的特殊负荷需要。电力系统每年都要投产一定规模的发电电源，以满足用电负荷增长的需求。而新投产的火电或水电机组在投入正式运行之前都要进行一系列的调试工作，目前生产的火电机组单机容量已达到 1000MW，进行甩负荷试验时将对电力系统造成很大的冲击，严重时会导致系统瘫痪。抽水蓄能电站可配合新机组的甩负荷试验，即由抽水蓄能电站抽水运行作为试验机组的负荷，当其甩负荷时，蓄能机组可迅即停止抽水运行，以保持系统负荷平衡，从而保证电网正常运行。如广东大亚湾核电机组（单机容量为 900MW）和沙角 C 厂火电机组（单机容量为 600MW）的甩负荷试验，都由广州抽水蓄能电站配合进行。

（8）满足系统特殊供电要求。对于国家举行的一些重要活动，要求确保 100％的供电可靠性。火电机组为主的电网，即使其装机容量余度比较大，但应对电网突发性事故仍很困难。比较有效的办法就是利用抽水蓄能电站的特殊运行方式来解决。如 1997 年，为保证香港回归的直播，要求京津唐电网的供电不能出现任何事故，安排十三陵抽水蓄能电站 4 台机组中 2 台机组在抽水工况运行，当系统出现事故时，可将抽水工况运行的 2 台机组停止抽水并转成发电工况运行，这样十三陵抽水蓄能电站 800MW 的装机容量可发挥 1200MW 备用容量的作用。抽水蓄能电站这种特殊的运行方式及发挥的作用，是其他任何电源难以达到的。

四、抽水蓄能电站在电网中的效益

抽水蓄能电站在电网中的效益主要体现在两个方面，即静态效益和动态效益。

（一）静态效益

（1）容量效益。由于抽水蓄能电站运行的灵活性，不仅能够有效地担任系统的工作容量，还可承担电力系统的备用容量。抽水蓄能电站是优良的调峰电源，可以替代系统中部分火电机组的装机容量。由于抽水蓄能电站站址的选择受水资源条件的限制较小，容易找到具有良好的地形、地质条件和优越地理位置的站址，其工程造价一般要低于火电机组的造价。抽水蓄能电站与火电机组比较，其运行维护费用也低得多。当电力系统缺乏调峰电源时，建设抽水蓄能电站可为系统节省投资与运行费用。由于各电力系统在电源构成及机组运行特性方面有较大的差别，蓄能电站替代火电机组的容量，一般应通过对蓄能机组与火电机组的运行技术特性指标的分析与系统的电力电量平衡分析与计算来确定。在以火电为主的电力系统中，一般情况下蓄能电站替代火电机组容量系数在 1.1 左右。

(2) 电量效益。抽水蓄能电站在将系统低谷电量转换为高峰电量的过程中，虽然抽水所用的电量较发电量要大一些，但它是将廉价的低谷电能转换为质量高的高峰电能，从而获得了电量方面的效益。抽水蓄能电站在抽水工况运行过程中，提高了火电机组的利用率，使其基本保持在最优工况稳定运行，可减少火电机组因调峰运行所增加的燃料消耗量。另外，抽水蓄能电站在替代火电机组承担调峰发电过程中，可减少系统中火电机组的高耗能发电量，从而节约系统的燃料费，提高整个系统运行的经济效益。

(二) 动态效益

电力系统的用电负荷是不断变化的，系统中所有电力设备的运行必须适应并满足这种变化要求，随时保证系统有功功率与无功功率的平衡，维持系统频率与电压的稳定，才能保证系统的正常运行与供电可靠。与其他电站相比，抽水蓄能电站在承担系统的调峰、调频、调相、备用及黑启动等方面(也被称为辅助服务功能) 具有独特的服务优势。由于这种服务是适应系统的动态变化需求，由此产生的效益称之为动态效益。

抽水蓄能电站参与系统辅助服务所产生的动态效益是客观存在的，也是显而易见的。但由于我国抽水蓄能电站起步较晚，运行经验不足，因此抽水蓄能电站动态效益的定量计算目前还处于摸索与探讨阶段，有待进一步研究。国外有些电网虽然在抽水蓄能电站动态效益的计量上做了一些尝试，还不够成熟；相互之间差别也较大，尚未取得共识。

五、建设必要性论证

论证抽水蓄能电站建设的必要性，首先应根据电力系统设计水平年负荷特性及各类电源组成情况，分析系统运行各项实际需求，包括调峰、事故备用、负荷备用、调频和调相以及跟踪负荷变化等需求；然后分析系统已有发电设备能否满足运行要求，如不能满足时，应研究可能的电源组合方案，其中包括建设抽水蓄能电站的方案；再根据地区抽水蓄能电站规划与各类电源的技术经济特性，通过综合比较不同电源组合方案的技术、经济、环境和社会等因素，提出最优电源配置方案。当选定方案中包含拟建抽水蓄能电站时，说明电力系统中建设抽水蓄能电站是必要的。

(一) 电力系统调峰容量需求分析

1. 电网调峰需求

电网调峰需求取决于设计水平年电力力系统负荷最大峰谷差，一般可按下式计算

$$\Delta P_{max} = (1-\beta)P_{max}$$

式中 ΔP_{max}——最大峰谷差；

β——日最小负荷率；

P_{max}——日最大负荷。

电网实际运行中，有时最大峰谷差不一定出现在年最大负荷日，需要根据电网的负荷特性通过实际资料分析确定。

2. 系统备用需求

电力系统的备用容量包括负荷备用与事故备用容量。负荷备用需求取决于设计水平年电力系统负荷计划外增加负荷瞬时波动的大小，一般按系统最大负荷的 2%～5%估算。电力系统日负荷变化速率有时比较快，主要发生在负荷曲线陡坡部分。根据系统负荷变化要求，有时系统负荷变化达 100MW/min 以上，火电机组增加负荷速率一般为其额定出力的 (2%～3%) min，当各类电源的负荷变化要求不能适应电网负荷变化要求时，应考虑适当提高其负荷备用率。

电力系统事故备用容量一般按照系统最大负荷的 10%计算，事故热备用 (或旋转备用) 容量按事故备用容量的 50%估算。由于电力系统的大小不同，系统中的热备用容量一般不能小于系统中最大一

台机组的容量。

（二）电力系统调峰容量供需平衡分析

电力系统调峰容量平衡的主要目的是阐明电力系统调峰容量的余缺程度，论证建设调峰电源的必要性。电力系统调峰容量平衡首先根据电力系统的负荷特性以及预测的设计水平年的电力系统负荷，计算电力系统最大峰谷差；然后根据电力系统电源建设计划所确定的设计水平年电源组成及相应各类电源的调峰能力，计算各类电源的可调峰容量，从而求得设计水平年电力系统总调峰容量，与电力系统所需调峰容量进行比较，如果电力系统可能调峰容量小于系统所需调峰容量，则说明电力系统需要增加调峰电站容量。

电力系统的电源组合是比较复杂的，电源种类也比较多，各类机组的调峰性能千差万别，特别是规模较大的电力系统，只有对电力系统的各类机组组成以及调峰性能进行细致的研究，才能取得比较可靠的数据。

电力系统调峰容量平衡应满足下列基本要求：①各运行机组的开机容量之和应不小于日最大负荷与旋转备用容量之和；②各运行机组开机容量的技术最小之和应不大于日最低负荷。电力系统调峰容量平衡可按以下的步骤和方法进行。

1. 确定需要的调峰容量

电力系统设计水平年调峰容量需求为电力系统所有工作容量（有时也称为开机容量）所要承担的系统负荷最大变化幅度，包括日负荷峰谷差及旋转备用容量。可按下式计算

$$N_{TF} = \Delta P_{max} + P_{XU} + \Delta P_{bd}$$

$$P_{XU} = K_{XU} P_{max}$$

式中 N_{TF}——电力系统设计水平年计算月份调峰容量需求；

ΔP_{max}——电力系统设计水平年计算月份最大峰谷差；

P_{XU}——电力系统设计水平年旋转备用容量；

P_{max}——电力系统计算月份典型日最大负荷；

K_{XU}——电力系统设计水平年旋转备用率；

ΔP_{bd}——负荷波动。

负荷波动在调峰容量平衡中也可以不考虑。

2. 确定各类电源调峰能力

（1）常规水电站。具有日调节能力以上的常规水电站均能够承担系统调峰，所承担的调峰容量为

$$N_{SHF} = \alpha_{SH} N_{SHK}$$

式中 N_{SHF}——常规水电站调峰能力；

α_{SH}——常规水电站的调峰幅度，一般按100%计算，但如果水电站承担供水、航运等综合利用要求时，应考虑综合利用对水电站调峰能力的影响；

N_{SHK}——常规水电站的工作容量。

（2）抽水蓄能电站。抽水蓄能电站承担的调峰容量为

$$N_{SPF} = \alpha_{SP} N_{SPK}$$

式中 N_{SPF}——抽水蓄能电站调峰能力；

α_{SP}——抽水蓄能电站的调峰幅度，一般按200%计算；

N_{SPK}——抽水蓄能电站工作容量。

（3）燃煤火电站。燃煤火电站能够承担的调峰容量为

$$N_{HUF} = \alpha_{HU} N_{HUK}$$

式中 N_{HUF}——燃煤火电站调峰能力；

α_{HU}——燃煤火电站的调峰幅度，按火电机组技术最小出力来定，一般为20%～50%；

N_{HUK}——火电机组的工作容量。

（4）燃气轮机组。燃气轮机组的调峰能力可按下式计算

$$N_{RAF}=\alpha_{RA}N_{RAK}$$

式中 N_{RAF}——燃气轮机组的调峰能力；

α_{RA}——燃气轮机组的调峰幅度，一般按100%计算；

N_{RAK}——燃气轮机组的工作容量。

对于燃气联合循环机组，其所承担的调峰能力还要根据具体情况进行计算，该类机组的调峰幅度一般要较纯燃气轮机组要小。

3. 计算步骤

电力系统需要的调峰容量是由系统最大峰谷差和系统旋转备用确定的，调峰容量平衡计算步骤如下：

(1) 根据最高负荷及最小负荷率计算峰谷差。

(2) 根据系统负荷备用率计算负荷备用容量。

(3) 根据系统事故备用率计算系统的事故备用容量，并计算其中的热备用容量（一般为事故备用容量的50%）。

(4) 计算系统旋转备用容量，系统旋转备用容量为负荷备用容量和事故热备用容量之和。

(5) 计算系统需要的开机容量，等于系统最高负荷与所需旋转备用容量之和。

(6) 计算各类电源的开机容量，要考虑各类机组的检修容量和备用容量。

(7) 计算各类电源的调峰能力，各类电源的调峰能力等于其开机容量与相应的调峰幅度的乘积。

(8) 对各类电源的调峰能力之和与系统需要的调峰容量进行分析比较，得出系统调峰容量的余缺程度。

各类电源调峰能力不小于电力系统需要的调峰容量，说明系统各类电源的工作容量可以满足系统的调峰要求；如果各类电源的调峰能力小于系统需要的调峰容量，则说明系统内各类电源的调峰能力不能满足系统调峰需求，需要建设调峰电源。

(三) 电力系统调峰电源的优化配置分析

不同的调峰电源在电网中的调峰作用是不同的，而且参加调峰的经济性也有差别。如火电机组不论采用开停调峰还是压负荷变出力运行，均要增加火电机组的燃料消耗，影响电站运行的经济性。但火电机组由于受机组技术的限制，不允许出现大幅度升降负荷的情况。燃气轮机组适应系统负荷变化的能力较强，但运行成本较高（主要是燃料费）。核电机组考虑到运行的安全性，基本不参与电网的调峰运行。在不同地区，水电在电网中所占比重差别较大，水电站在电网中所起的调峰作用差别也较大。抽水蓄能电站的运行受水源条件的限制较少，运行也较灵活，在有条件的情况下，可在负荷中心附近建设，是电网比较理想的调峰电源。

但对于一个电力系统，建设什么类型的调峰电源，需要根据电力系统的电源构成，可能建设的调峰电源及其经济性等，通过方案比较来确定电力系统的调峰电源配置方案。

1. 调峰电源方案的拟定

根据以上分析，满足电力系统调峰及动态需求的电源类型较多，主要有以下几种：

(1) 调节能力比较好的火电机组。

(2) 燃气轮机组。

(3) 具有一定调节能力的常规水电机组。

(4) 抽水蓄能电站。

(5) 外区输送调峰电力。

2. 进行电力电量平衡分析

拟定不同的调峰电源组合方案，在同等程度满足电网运行需求的情况下，进行电力系统的电力电量平衡分析。在计算时，首先对各调峰电源组合方案中的各类机组安排合理的检修计划，然后对各类机组所承担系统的工作位置、工作容量与备用容量进行合理分配，充分发挥各类机组的运行特点与作用。通过电力电量平衡分析，可以计算各调峰方案各类机组的装机容量与相应的发电量指标，及燃料消耗（包括标煤和燃油的消耗量）。

3. 调峰电源方案技术经济比较与选择

根据各调峰方案的电力与电量平衡成果，计算各类机组的年运行费用及燃料费用，分析计算各类机组的投资、施工工期及分年度投资计划，据此构成各类调峰电源的费用流程。对于有从外区输送调峰电力的方案，费用计算中应包括相应的输电线路部分的投资与运行费。根据各调峰方案的费用流程，分析计算其费用现值。

根据所在电力系统具体情况，从电网中长期发展规划及电力市场空间、电网设计水平年的调峰需求和电网调峰电源结构的变化趋势等方面分析，结合各方案的经济比较（费用现值最小的原则），最终经技术、经济、环境和社会等综合比较选择系统最优的调峰电源组合方案。当选择的调峰电源组合方案中有抽水蓄能电站时，说明在该电力系统中建设抽水蓄能电站是必要的，也是经济的。

第三节　抽水蓄能电站主要参数的选择

一、主要特征参数与选择特点

（一）主要特征参数

抽水蓄能电站工程规划的参数有抽水蓄能电站上、下水库的正常蓄水位、死水位、调节库容、防洪水位等；电站装机容量、机组台数及额定水头；水道系统有引水隧洞、尾水隧洞、高压管道的管径等。其中，主要参数有正常蓄水位、死水位、装机容量、额定水头、输水道管径等，大都要经过多方案的技术经济比较来进行选择。

（二）抽水蓄能电站参数选择特点

1. 参数选择的主要原则

(1) 电站参数选择必须要结合站址的自然条件与建设条件，充分了解影响工程参数的有利因素、不利因素及限制条件，因地制宜地进行选择。

(2) 参数选择要考虑系统的需求、环境的许可，并与当前的设计、制造、施工技术水平相适应，应符合国家与地区的有关规划和相关政策的要求。

(3) 主要参数的选择应进行多方案的技术经济比较，比较的内容与深度尽可能一致，选择最优方案要进行技术、经济、环境与社会的综合分析。

2. 主要参数选择的特点

抽水蓄能电站主要参数之间既具有相对独立性，彼此之间又有联系，参数选择是一个有先有后、互为主次、先粗后精、逐步逼近的寻优过程。根据工程规模的大小、影响因素的多少及各自具有的特点，一般情况下其主要参数的选择应是分先后，分别进行选择。对于工程规模较小，影响因素较少，工程相对简单的抽水蓄能电站，其主要参数的选择也可以一起进行。下面结合大型纯抽水蓄能电站的主要参数选择，简要说明其参数选择的特点。

(1) 首先确定电站的装机容量。抽水蓄能电站装机容量的规模是抽水蓄能电站参数选择的核心。抽水蓄能电站与常规水电站的参数选择不同，常规水电站首先要确定正常蓄水位，然后根据坝址的径流确定电站的装机规模。而抽水蓄能电站，由于其装机规模不受径流的影响，主要取决于电力系统对抽水蓄能电站规模的需求和电站站址的地质地形条件，其发电循环用水量主要根据电站的装机规模和调峰发电时间来确定。因此，首先应该确定抽水蓄能电站的装机规模，其他参数均围绕确定的装机容量进行选择。

(2) 确定电站调峰发电时间。抽水蓄能电站调峰发电时间也是确定其所需调节库容的主要因素之一。在抽水蓄能电站规模确定之后，应根据抽水蓄能电站所在电力系统的负荷特性、电力系统对抽水蓄能电站调峰发电的要求，分析确定抽水蓄能电站的调峰发电时间。

(3) 确定电站的调节库容，并选择相应的上、下水库的正常蓄水位、死水位。抽水蓄能电站的调节库容主要取决于电力系统对抽水蓄能电站调峰发电的要求，如果系统要求抽水蓄能电站调峰发电的时间长，调节性能强，则抽水蓄能电站需要的库容就大，反之则小。另外库容的确定还要考虑抽水蓄能电站承担系统的备用要求。根据抽水蓄能电站需要的调节库容大小，结合地形条件，通过方案比较分析确定上、下水库的正常蓄水位与死水位，再根据电站的防洪标准，确定相应的防洪水位。

(4) 选择机组特征水头。分析计算抽水蓄能电站的最大、最小水头，比较选择机组的额定水头。

(5) 确定输水系统的经济管径。一般情况下，抽水蓄能电站水道系统相对比较长，随着不同地质条件的变化，输水系统所采用的衬砌型式有很大的差别，对电站的投资影响也比较大，需通过方案比较，确定输水系统各段的经济管径。

混合式抽水蓄能电站的水库一般建在河道干流上，天然径流较大，水库还可能有其他综合利用任务，因此在参数选择上考虑的因素相对要多一些。混合式抽水蓄能电站的主要参数选择与常规水电站基本相同。上水库作为水源水库，在选择水库的正常蓄水位、死水位后，先确定电站常规机组部分的装机规模，然后根据水库的库容、水头等分析确定电站蓄能机组部分的装机规模及相应的下水库特征参数。在此基础上，根据上、下水库的水位变幅与水头特性，选择抽水蓄能电站的机组机型参数。当上水库承担有向下游地区灌溉或供水的综合利用任务时，可以不考虑常规机组受“以水定电”的影响，根据电力系统要求，按调峰电站设计。考虑到目前建设的抽水蓄能电站大多是纯抽水蓄能电站，下面介绍纯抽水蓄能电站主要参数选择的要求与方法。

二、电站装机容量选择

(一) 需要的资料

1. 电力系统基本资料

抽水蓄能电站的主要参数选择需要的资料较多，涉及地区的社会经济、电力系统、电站建设条件等方面。抽水蓄能电站装机容量的选择与电力系统联系密切，下面重点介绍有关电力系统负荷与电源方面所需的主要资料。

(1) 电力负荷特性与需求预测资料。

1) 地区电网负荷特性。包括现状及远景预测的日负荷特性与周、年负荷特性。日负荷特性用不同水平年典型日负荷特性曲线来表示，就是不同季节或不同月份的典型日 24 小时系统用电负荷变化曲线。通常情况下，由于季节的变化，一个电力系统的典型日负荷曲线可分为春季、夏季、秋季、冬季四个典型；对于春、秋季用电负荷特点不明显的，也可采用冬、夏二条典型日负荷曲线。对于地区电网较小，年内用电负荷变化不大，甚至也可以采用一条典型日负荷曲线。对于周负荷变化明显的电力系统，应列出一周中 7 日的典型负荷曲线。年负荷特性用不同水平年的典型年负荷曲线表示，包括年内逐月最大发电负荷、平均负荷、最小负荷的典型曲线。

2) 地区电网负荷预测资料。供电地区电力需求预测成果，包括不同水平年系统的最大发电负荷、年发电量及相应的增长率等指标；如果涉及向外区域送电的地区，还需要收集不同水平年外送电力和电量的预测成果。

(2) 电源及电网建设规划资料。包括电力系统电网建设及各类电源的现状、发展规划资料。电力系统电源建设规划主要反映电力系统内，不同时期增加的电源建设项目以及电源类型、规模、新增加的电源机组的性能，电网架构、电压等级及输电范围等。

(3) 电源构成及运行特性资料。包括各类电源装机容量所占的比例、各类电源的特点以及机组的运行特性。在进行抽水蓄能电站装机容量选择时，需要详细收集下述电站在电网中的装机容量、今后的发展规模及运行特性等方面的资料。如火电机组的发电煤耗曲线，包括火电机组开、停机所耗用的燃料资料等；对于水电站来说，由于受天然径流影响，不同时间的电站的水头和出力变化大，还需要收集电站机组的预想出力过程与典型代表年（丰、平、枯水年）的出力过程资料。

1) 火电。火电机组一般分为供热机组、冷凝式机组、燃气机组、燃油机组和燃气轮机组，各类机组的造价及其运行特性也不尽相同。

a. 供热机组。在发电的同时还要承担工业、民用等供热任务。这类机组由于调峰性能较差，一般是在系统中的基荷运行，机组运行的热效率相对较高。

b. 燃煤冷凝式机组。也就是通常所说的常规燃煤火电机组。这类机组由于设计及所用的燃煤种类上的差别，其负荷变化幅度差别较大。目前，火电机组的技术最小出力一般可以达到其额定出力的50%～60%，性能好的新机组甚至可以达到其额定出力的30%～40%，调峰幅度比较大。但在实际运行中，由于机组制造、安装上的差别及所用煤质达不到设计要求等原因，一般情况下都难以达到设计指标。从国内燃煤火电机组的运行情况统计分析，经济调峰幅度一般在30%～40%。这类机组由于所用燃料为原煤，启动一次需要的时间长，且消耗大量的原煤和燃油，启动费用比较高，适于在基荷运行。

c. 燃气机组。这类机组所用的燃料为天然气，启动速度比较快，运行也比较灵活。由于所用燃料费用较高，运行成本相对较大，一般用于电网的调峰运行。

d. 燃油机组。这类机组所用燃油为工业重油，较燃煤机组启动要快，出力变幅也大，但同样存在燃料费用较高、发电成本高的问题。一般在系统中承担备用或调峰任务。根据目前我国的能源利用产业政策，属于限制发展的电源。

e. 燃气轮机组。这类机组所用燃料为轻柴油，燃料费用较燃油机组更高，每千瓦时的发电成本可以达到5元左右，因此这类机组在各电网中容量相对较少。但这类机组最大的特点是启动速度快、运行灵活，在电力系统中一般承担备用或调峰任务。

f. 联合循环机组。这类机组一般是燃气轮机组与常规的汽轮发电机组联合运行，主要是提高燃料的利用效率，降低运行成本。但在调峰性能方面，与单一的燃气轮机组比相差较大，其调峰性能主要取决于汽轮机组的调峰性能。这类机组一般不考虑按调峰机组运行。

2）水电。根据电站水库的调节性能分为径流式、日调节、周调节、年调节和多年调节水电站。水电站机组启动迅速，运行灵活，日调节以上的水电站可以担负系统的调峰、调频与备用任务。

3）核电。这类机组发电所用燃料为核能，是一种比较清洁的能源。核电机组单机容量大，运行比较稳定，但核电站建设投资较大，其安全性要求也高。主要承担系统的基荷发电。

4）风电。风力发电由于受自然因素的限制，设备利用小时数较低，一般在2000h左右。目前风力发电机组大部分需要进口，因此其造价相对较高。风力发电保证率较低，在电网内一般在基荷运行。

5）太阳能发电。太阳能发电同样受自然因素的限制，建设成本比较高，大规模开发利用难度较大。根据太阳能发电特点，在电网中也只能在基荷运行。

6）潮汐发电。潮汐发电在机组设备的设计制造方面不存在问题，但由于海水具有腐蚀性，对机组的制造材料要求较高；建设潮汐电站对地形也有一定要求，否则电站建设费用会很高，因此海洋潮汐能源的利用也受到限制。潮汐电站由于受大海涨潮和退潮的影响，其运行具有很强的规律性，与抽水蓄能电站的配合运行也是一个新的研究课题。

(4) 电网与电站相关经济资料。收集电网与各类电源的造价、运行费率、建设工期等资料，以及供电地区燃油、天然气、标准煤价、上网电价等资料。

2. 上、下水库地质、地形资料

抽水蓄能电站设计参数与其所在位置的地形有很大关系，因此在进行装机容量比较时，要详细收集抽水蓄能电站上、下水库的地形资料。一般情况下地形图比例尺应大于1∶10000。另外，上、下水库的建设与地质条件的关系也很密切，特别是上水库，如果地质条件差，可能需要全库盆衬砌，对电站的经济指标影响较大。

3. 工程区水文、气象资料

(1) 抽水蓄能电站发电所用水量是循环用水，一般发电用水量较少。电站在运行过程中，因上、下水库水面的蒸发，库盆及水道的渗漏等会损失一部分水量，每年需进行补充。对于水资源比较缺乏的地区，特别是北方干旱地区，如果天然径流不能满足抽水蓄能电站每年的补水要求，还必须要采取补水工程措施。因此，要收集所在地区的水文及水面蒸发资料。

(2) 在北方寒冷地区，计算蓄能电站发电水量时，要考虑冰冻所占用的水体。因此，需收集所在地区的气象资料。

(3) 抽水蓄能电站水头相对比较高，泥沙对机组的磨损影响大，因此应重视泥沙资料的收集，包括含沙量、输沙量、泥沙的颗粒级配和矿物组成等资料。

（二）装机容量比较方案拟定

首先应根据电网的需求与工程本身的自然条件，合理拟定蓄能电站装机容量比较方案。

1. 电力系统需求

对于一个特定的电力系统，抽水蓄能电站容量的需求是有一定限度的。根据以往研究成果与电网运行经验，在火电为主的电网，抽水蓄能电站容量一般宜为其总装机容量的10%～15%；在水电为主的电网，对抽水蓄能电站容量的需求相对要少一些。因此比较抽水蓄能电站装机容量方案时，必须要考虑电力系统对抽水蓄能电站的需求，拟定电站的装机规模通常不宜超过电力系统设计水平年的需求。

在设计实践中也存在这样的情况，当一个抽水蓄能电站站址自然条件比较好，按照本身的建设条件其规划装机容量可能比较大，就存在在电网近期能否有效利用的问题。当系统近期不能充分利用时，从合理利用站址资源出发，应研究分期进行开发的可行性。

2. 地形地质条件

水库库容与水头是影响抽水蓄能电站装机规模的主要因素。可利用的库容愈大、水头愈高，电站装机规模就愈大。由于地形条件的限制，上、下水库所能达到的库容受到一定制约，也就限制了抽水蓄能电站的装机规模。工程地质条件会影响水库水位的选择，也会影响装机规模。

3. 机组制造水平

在同样装机规模下，采用较大的单机容量，减少机组台数，通常可以减少机组设备及土建工程投资，但单机容量要考虑机组制造水平。目前我国建成的大型蓄能电站机组全部为进口机组，世界上蓄能机组最大单机容量在400～450MW。我国两大发电机组制造企业——哈尔滨电机厂和东方电机厂，正在与国外一些企业合作制造大型蓄能机组，单机容量为300MW。

为了便于电气设备的布置，一般机组台数选择偶数的为多。如天荒坪抽水蓄能电站采用6台300MW机组，广州与惠州抽水蓄能电站也采用8台300MW的机组。

4. 水源条件

抽水蓄能电站发电用水是循环式，所需水量较少。抽水蓄能电站用水主要是两部分：①电站建成初期，上、下水库需进行初期蓄水，这部分用水量比较集中，量相对大些，蓄水时间也有限制；②电站投入运行后，每年要对蒸发渗漏损失的水量进行补充。对于我国北方水资源较缺乏的地区，水源条件的满足程度在某种程度上也会限制抽水蓄能电站的装机容量。如山东省文登抽水蓄能电站，装机容量1800MW时，下水库所在河流的来水量要满足初期蓄水和运行期补水需要均有所欠缺，还必须采取其他补水措施，因此该电站装机容量不宜再增大。

影响电站装机规模的因素众多，根据上述主要影响因素，大致可以确定抽水蓄能电站可能的装机范围。在此基础上，拟定几个装机方案进行深入比较。

（三）方案经济比较与计算原则

1. 方案经济比较原则与方法

电站不同装机方案间的经济比较方法基本上可分两种：费用现值比较法和差额投资内部收益率法，其他一些方法大致都可归于以上两种方法中。

采用费用现值比较法进行多方案比较时，每一个装机方案在电力系统中的作用与效益应基本相同，即同等满足电力系统要求，其费用和效益的计算口径、范围、分析期应一致。抽水蓄能电站不同装机方案容量上的差别，应选择具有相应功能的其他电源容量予以补充。通过不同电源组合方案的费用计算，以费用现值最小的方案为优选方案。差额投资内部收益率法是以不同规模方案之间的差额投资（费用）与差额效益进行费用与效益的比较，计算各差额方案的内部收益率。当差额方案的内部收益率大于或等于基准收益率时，以投资大的方案有利。在实际应用中，对于一些大、中型的方案比较常采用费用现值比较法，一些小型工程多采用差额内部收益率比较法。

2. 替代电源选择与费用计算原则

在进行抽水蓄能电站不同装机方案的技术经济比较时，为使各比较方案在容量和电量方面同等满足电力系统的要求，采用某种替代电源以补充不同装机容量之间的容量和发电量差别，一般称之为补充容量和补充电量，也常称为替代容量与替代电量。

(1) 替代电源选择。一般选择相对比较经济，而且可能实现的电源方案作为替代电源（或补充电源），应根据不同地区的能源资源、电源构成状况选取不同的替代电源方案。根据抽水蓄能电站的运行特点和在电网中的作用，对于以火电为主的电力系统，一般常选择燃煤火电、燃气火电、燃油火电、燃气轮机等作为替代电源；对于水电比重较大的电力系统，除了选择上述几种火电外，也可以选择水电作为其替代电源方案。但由于每个水电站建设条件差异较大，难以选择较为合适的替代方案，一般情况下大都选择火电作为抽水蓄能电站替代方案。由于核电、风电、太阳能发电以及潮汐电站等电源的特殊性，一般不作为抽水蓄能电站的替代电源。通常应通过系统的电力电量平衡来确定替代电源方案的替代容量和替代电量，这种方法比较复杂，计算工作量相对要大一些，一般适用于规模较大的抽水蓄能电站方案比较。实际工作中，为减少计算工作量，常采用一些简化的方法。如选择燃煤火电机组作为抽水蓄能电站方案的替代电源方案时，以不同方案之间抽水蓄能电站容量和电量差值为基础，考虑到火电机组和抽水蓄能电站机组在厂用电、机组的检修时间、事故率等方面的差别，分别乘以一个扩大系数，作为相应的火电补充容量与电量指标。一般容量考虑1.1的扩大系数，电量考虑1.05的扩大系数。

(2) 替代电源费用计算。因抽水蓄能电站的替代电源常选择火电方案，下面主要介绍有关火电替代电源方案的费用计算原则。火电替代电源的费用包括两部分：建设电源的投资费用和运行期的运行费用。对于火电机组的投资，分为单位容量投资指标与分年度投资指标，可根据地区的不同类型火电机组建设统计资料分析确定。另外，抽水蓄能电站是一种清洁能源，为了使方案间具有可比性，在计算补充火电电源投资费用时，要考虑为减少火电机组污染物的排放所采取的措施需要的投资。对于火电机组方案年运行费，包括人工工资、福利费（包括福利费、住房公积金、养老保险金）、修理费、材料费、水费等费用指标，亦应根据地区不同火电机组的统计资料分析确定。如果统计资料缺乏，火电机组年运行费一般可取静态投资的4%～4.5%。关于火电机组年运行费中的燃料费，应按照替代火电机组的发电量、煤耗率以及地区标煤的价格来计算。替代火电的燃料消耗，可根据机组工作位置与出力过程，结合煤耗曲线计算确定；燃煤价格各地区差别很大，应收集当地的资料，分析确定标煤价格。

(3) 抽水蓄能电站费用计算。抽水蓄能电站的费用主要包括投资、运行费、抽水电费三部分。投资包括土建工程、机电设备和金属结构设备与安装、建设征地与环境保护、其他投资等，一般是根据电站各部分工程量，通过概算分析计算提出，包括建设期每年的投资费用（也称为投资流程）。抽水蓄能电站的年运行费用可以通过财务分析进行计算。根据统计分析，抽水蓄能电站年运行费用约为其静态投资的2%～2.5%。抽水蓄能电站的抽水电费按所用抽水电量与抽水电价确定。

（四）装机方案选择与综合分析

装机容量的最终确定应进行综合分析与评价，主要从以下几个方面来分析。

(1) 满足系统的需求。通过电力系统在设计水平年的调峰容量平衡和电力电量平衡，分析各装机方案满足系统需求程度，以判断电站合理的装机规模。有些电站的地形条件较好，装机规模本可以大些，但从系统的需求分析，不仅在电站设计水平年其容量得不到充分利用，而且在其后很长一段时间内都无法使其容量得到充分发挥。虽然装机规模大一些，工程的经济指标会好些，但由于建成后容量长期得不到充分利用，会造成资金积压，也不是合理的方案，应研究工程分期开发的合理性。

(2) 地形地质条件。在方案比较中要根据各方案的装机规模，分析工程的上、下水库地形地质条件对水库库容、电站水头、枢纽布置、施工条件等方面的有利与不利影响，并将此量化指标纳入方案比较中。

(3) 水库淹没处理及移民安置。抽水蓄能电站的水库淹没影响比常规水电站小许多，特别是纯抽水蓄能电站。抽水蓄能电站大多数建在山区，耕地被占用后，当地人赖以生存的资源没有了，涉及到移民安置的难度比较大，有时也会对电站的建设构成制约因素。因此，选择方案时应提出不同装机方案所引起的淹没补偿费用及移民安置方案，尽可能减少水库淹没的不利影响。

（4）环境影响。一般情况下抽水蓄能电站不同装机方案对环境影响程度相差不大，但也不排除一些特殊情况，特别是涉及到敏感目标或敏感区域，如文物古迹、自然保护区、饮用水源地、风景名胜区等，可能对方案选择有较大影响。

（5）水源条件。电站所在地水源条件应满足电站不同装机规模方案初期蓄水和每年的补水需求，而且要达到一定的保证程度（初期蓄水要达到75%以上，常年补水一般要求达到95%以上的保证率），因此要进行水量平衡计算。

（6）枢纽布置。在装机方案比较时，要结合地形、地质条件，提出各装机方案枢纽布置的优缺点、工程量及投资。

（7）经济指标及综合分析。方案的经济指标是一个综合评判指标，包括单位投资指标、经济评价指标等，经济指标的优劣是方案选择的主要依据之一，地质等技术条件的差别应尽可能反映在投资上。应选择单位容量投资、单位电量投资指标低，费用现值小，经济内部收益率高的方案。蓄能电站装机容量方案最终选择应进行综合分析。经济指标最优并非唯一判断标准，应综合分析技术、经济、环境和社会等因素，选择最优方案。

（五）工程案例分析

下面结合工程实例介绍蓄能电站装机规模的选择方法。某电网是一个以火电为主的电网，电网内火电机组占96%，常规水电机组仅占4%，为了缓解电网运行的困难，提高电网运行的可靠性和灵活性，拟建设一座抽水蓄能电站。拟建抽水蓄能电站的上、下水库均是专用水库，无其他综合利用任务。该电站建成后主要承担电网的调峰、调相、事故备用等任务。

1. 电力系统方面的资料

（1）负荷预测。首先收集电网电力发展规划资料，该规划资料通过电网历史用电构成和用电量变化情况的统计，分析各行业的发展和用电情况，提出预测的电网不同水平年的最大负荷和用电量，见表3-3-1。

表3-3-1　某电网不同水平年负荷及用电量预测成果

项　　目	2005年	2010年	2015年
最高发电负荷（MW）	9180	11440	14120
全社会用电量（亿kWh）	570.66	704.37	865.25

（2）负荷特性。通过电网电力发展规划对历年电网负荷特性及今后各行业用电特性的分析，预测电网设计水平年（2015年）的年负荷特性（见表3-3-2）和典型日负荷特性（见表3-3-3）。

表3-3-2　某电网2015年年负荷特性

月　　份	1	2	3	4	5	6	7	8	9	10	11	12
最大负荷相对值	0.940	0.920	0.900	0.910	0.900	0.890	0.880	0.880	0.900	0.940	0.980	1.000
平均负荷相对值	0.905	0.886	0.874	0.892	0.863	0.881	0.847	0.853	0.886	0.895	0.946	1.000
不均衡系数	0.913	0.913	0.910	0.918	0.899	0.917	0.892	0.897	0.934	0.903	0.916	0.948

表3-3-3　某电网2015年典型日负荷特性

项　　目	春季（3～5月）	夏季（6～8月）	冬季（9～来年2月）
γ	0.810	0.813	0.807
β	0.62	0.63	0.60

表 3-3-4 某电网电源建设规划 MW

项　　目	2010 年	2015 年
期末总装机容量	14270	17570
常规火电	9440	11540
供热机组	2650	2950
常规水电	980	1880
抽水蓄能	1200	1200

(3) 电源建设规划。根据电网目前各规划电源点前期工作进展情况和省内用电电力市场需求，规划 2001～2015 年新增装机容量约 6500MW，其中，火电机组容量 4200MW，常规水电机组 1100MW，抽水蓄能机组容量 1200MW，届时电网装机容量将达到 17570MW。电网电源建设规划情况见表 3-3-4。

2. 确定设计水平年

根据拟建抽水蓄能电站的计划建设进度，拟于 2010 年之前建成投产，按有关规范规定，可以选择工程建成后的 5～10 年做电站的设计水平年，据此确定该电站的设计水平年为 2015 年。

3. 拟定设计方案

根据电网的需求以及电站站址的地形条件，拟定 1000MW、1200MW 和 1400MW 三个装机方案进行比较。

4. 比选装机容量

(1) 电网的需求分析。到设计水平年 2015 年，如果无拟建的抽水蓄能电站，在设计枯水年，假设常规水电机组全部用于调峰（冬季），现有火电机组的平均调峰能力保证能够达到 30%，拟建火电机组的调峰幅度需要达到 48%；如遇丰水年，在夏季拟建的火电机组调峰幅度必须达到 55%，才能满足电力系统要求。若拟建的抽水蓄能电站（装机容量为 1200MW）投入运行，规划拟建的火电机组调峰幅度达到 20%左右就可满足系统调峰要求。若其装机容量为 1400MW，规划拟建的火电机组调峰幅度只要达到 16%即可。从电力电量平衡成果分析，当拟建的抽水蓄能电站装机容量为 1400MW 时，系统的煤耗比 1200MW 装机方案有所增加，系统空闲容量也比 1200MW 方案每月平均增加 2.1MW。从抽水蓄能电站在系统中所发挥的作用来看，在枯水年，当拟建的抽水蓄能电站装机容量为 1200MW 时，有 7 个月电站部分容量转为系统备用容量，最大备用容量为 93.1MW，占其容量的 7.7%。当装机容量为 1400MW 时，有 9 个月电站部分容量转为系统备用容量，最大备用容量为 201.2MW，占其容量的 14.4%。因此，从电网需求分析，抽水蓄能电站装机容量以 1200MW 为宜。

(2) 各方案经济指标分析。采用费用现值最小法对各装机容量方案进行分析。对于方案间的容量和电量差别，以火电机组作为替代方案予以补充。通过电力系统的电力电量平衡计算，确定各方案火电机组的替代容量和替代电量。与 1400MW 方案比较，1000MW 和 1200MW 方案需要补充火电机组容量分别为 415.2MW 和 205.1MW；与 1200MW 方案比较，1000MW 和 1400MW 方案系统标煤每年分别增加 0.32 万 t 和 0.78 万 t，燃料费用相应增加。补充火电机组按扩建机组的造价来计算，单位投资约为 3600 元/kW。火电机组的年运行费按其总投资的 4.5%计算。补充火电机组的建设期按 3 年计算，与拟建的抽水蓄能电站同时建成，同时发挥作用，从而保证各方案的比较基础一致。根据拟建抽水蓄能电站的施工进度安排，其全部机组投产时间在年中，因此补充火电建设期跨越 4 个年度，每年的投资按 20%、30%、30%、20%计算。各年度的投资比例和施工工期是初估数，也可收集火电机组比较详细的资料来分析确定各年度的投资比例。根据收集到的电网资料，平均标煤价格为 187.5 元/t。抽水蓄能电站的年运行费取静态总投资 2.5%。拟建抽水蓄能电站的投资根据各方案的工程量估算，三个方案分年度投资见表 3-3-5。各方案比较时的计算期取 30 年。主要是考虑 30 年后费用折现值已很小，对方案总费用现值影响较小；另外，设备使用年限一般为 30 年左右，如果选择更长的计算期，就要考虑设备的更新费用。各方案费用现值计算所采用的社会折现率为 8%。该计算参数一般是国家定期发布的，随着银行的存贷款利率的变化而变化，同时该参数在经济评价的规范中也有具体的规定，在实际计算中应根据具体情况进行选择。根据以上确定的参数，计算得出的各方案经济指标见表 3-3-6。从表 3-3-6 看到，1200MW 方案比 1000MW 方案每千瓦减少投资 333 元，而 1400MW 方案比 1200MW 方案，单位容量投资仅减少 141 元。从补充单位容量投资和单位电能投资比较，拟建的抽水蓄能电站装机规模由 1000MW 增加到 1200MW，增加单位容量投资为 2400 元/kW，增加单位电能投资为 1.46

元/kWh；而由1200MW增加到1400MW，增加单位容量投资为3110元/kW，增加单位电能投资为1.86元/kWh。较前者分别增加29.6%和27.4%，增幅较大。费用现值以1200MW方案最小，说明1200MW装机方案比较经济。

表3-3-5　　拟建的抽水蓄能电站各方案分年度投资流程

年　度	1	2	3	4	5	6	7	8	合　计
1000MW方案	38812	48756	85148	95619	81570	72776	20572		443252
1200MW方案	42717	50935	89528	99448	89260	78115	42041		492044
1400MW方案	25344	53920	78704	102780	104203	96714	68870	23708	554242

表3-3-6　　不同装机方案经济比较成果表

序号	目　项	单　位	装机容量方案		
			方案一	方案二	方案三
1	装机容量	台×MW	4×250	4×300	4×350
2	年发电量	亿kW·h	16.71	20.06	23.40
3	年发电小时	h	1671	1671	1671
4	年抽水用电量	亿kW·h	22.28	26.75	31.2
5	补充火电容量	MW	415.2	205.1	0
6	补充火电投资	万元	149472	73836	0
7	补充火电年运行费	万元	6726	3323	0
8	系统增加的煤耗	万t	0.32	0.00	0.78
9	增加的煤耗费用	万元	60	0	147
10	蓄能电站建设期	年	6.5	7	7.5
11	电站静态总投资	万元	443252	492044	554242
12	单位容量投资	元/kW	4433	4100	3959
13	单位电能投资	元/kW·h	2.65	2.45	2.37
14	蓄能电站投资差	万元		48792	62198
	容量差	MW		200	200
	电量差	亿kW·h		3.35	3.34
15	增加单位容量投资	元/kW		2440	3110
16	增加单位电能投资	元/kW·h		1.46	1.86
17	总费用现值	万元	504217	475605	477744

(3) 各方案还贷能力比较。1400MW方案比1200MW方案建设工期多半年，静态投资增加62198万元，这对电站的还本付息和上网电价将有较大的影响。1200MW方案还贷上网电价最低，比1000MW和1400MW方案分别低1.5%和9.3%，说明1200MW方案较优。

(4) 地形地质条件及枢纽布置分析。

1) 上水库。由于拟建电站上水库天然库盆较小，周围山体较单薄，1400MW方案比1200MW方案坝高增加3.5m，库盆边界需外扩7m，从而使1400MW方案加固处理的范围加大。

2) 下水库。下水库存在高陡边坡和深覆盖层问题。1400MW方案比1200MW方案的坝高增加5m，由于坝线位置受到限制，造成坝体下游堆石量增加较多；右岸坝基岩面倾向下游，大坝越高对坝体沿基岩面的抗滑稳定越不利。另外，工作水深的加大，对边坡的稳定及面板的稳定变形更不利。拟建电站1200MW方案坝高（123.5m）和工作水深（43.5m）都已处于国内外领先水平。因此，从安全考虑，该电站装机容量以1200MW方案为宜。

3) 输水系统。该工程高压管道和岔管为钢板衬砌，采用HT-80钢。1200MW方案中，钢管最大钢衬厚59mm，岔管最大厚度90mm，肋板为137mm。1400MW方案中，钢管最大钢衬厚63mm，岔管最大厚度98mm，肋板为142mm。从工程安全及钢衬施工难度考虑，装机规模小一些比较有利。

4）地下厂房系统。拟建电站的地下厂房围岩属软岩类，岩层基本水平，成洞相对比较困难，尤其是顶拱的稳定问题较为突出。1200MW方案厂房跨度为25.5m，在这种围岩中修建如此大跨度的电站厂房，已处于国内先进水平，而1400MW方案厂房跨度将达到27.0m。因此，从厂房的地质情况分析，装机规模小一些有利。

综上所述，从电网需要、经济比较和技术难易程度综合分析，选择装机规模为1200MW。

三、水库特征值选择

（一）确定上、下水库调节库容

在确定抽水蓄能电站装机规模的基础上，其上、下水库库容主要从以下几个方面来确定。

（1）电网对发电调节库容（或调节性能）的要求。

首先应根据蓄能电站所在电力系统的特性和运行要求，分析确定电力系统对抽水蓄能电站调节性能的要求。我国电力系统负荷变化比较突出的主要是一日内的负荷变化。早高峰一般出现在10：00～12：00，晚高峰一般出现在18：00～23：00，季节、地区不同，晚高峰出现的时间稍有差别。低谷负荷一般出现在夜间24：00到次日凌晨7：00。日调节抽水蓄能电站通常可以满足电网运行要求。周负荷的变化主要反映在周末，在我国还不是很突出。但在一些经济比较发达的地区如广东省已有需求显现，已开工建设具有周调节性能的惠州抽水蓄能电站。在抽水蓄能电站规划设计中，其发电调节库容常分为调峰发电库容与备用发电库容。在电站的实际运行中，两者并没有严格的划分。抽水蓄能电站承担系统的备用任务要求有相应的容量与库容（或水量）的保证，在调峰发电情况下，当机组有未利用容量及上水库有相应的库容时，电站才有可能承担系统的发电备用任务。抽水蓄能电站承担系统的备用容量多少应通过系统的电力电量平衡分析确定，对于大型骨干抽水蓄能电站的备用发电库容一般宜满足不小于1h的备用发电时间的需要，这样电网可以有一定时间来处理系统所发生的故障，启动其他备用机组。电网对抽水蓄能电站调节性能的要求，可通过系统的电力电量平衡与经济分析进行选择，通常用装机满发利用小时数表示。日调节的抽水蓄能电站满发利用小时数一般不应小于系统晚高峰需要的发电时间，同时还要考虑早高峰的需要。一般晚高峰持续4～5h，而且需要的调峰容量也比较大；早高峰持续时间3～4h，需要的调峰容量比较小，因此日调节调峰蓄能电站的调峰发电时间需要通过分析系统的负荷特性来确定，一般在4～6h选择。对于周调节的抽水蓄能电站，调峰发电时间相对比较长，一般都在10h以上，如广东省的惠州和阳江抽水蓄能电站，调峰发电时间均在14h左右。据此，可以确定抽水蓄能电站所需调节库容的大小。抽水蓄能电站的调节性能主要取决于上、下水库的建设条件和电力系统的需要，应通过不同调节库容方案的技术经济比较进行选择。

（2）水库水量损失及其他备用要求。抽水蓄能电站发电是循环用水，电站运行中蒸发与渗漏损失的水量较少。对于水资源比较丰富的地区，通过河道的径流可以得到补充。但在北方一些水资源比较缺乏的地区，特别是遇到连续枯水年份，河道径流将无法满足电站因水量损失需要的补水量，要在上、下水库中设置必要的水量损失备用库容（简称水损备用库容）。水损备用库容一般按照上、下水库相应设计保证率的枯水年（或枯水段）可供水量与需要的补水量的差值确定。在北方寒冷地区的抽水蓄能电站还需要考虑设置冰冻备用库容。此外，当上水库或下水库有其他综合利用要求时，还需要设置相应的综合利用水量备用库容。

（二）上、下水库特征水位选择

在确定电站装机容量的基础上，根据系统对电站上、下水库调节库容的要求，拟定几个不同的调节库容方案，结合上、下水库的库容特性，大致可以确定上、下水库相应的正常蓄水位与死水位比较方案。下面简要介绍纯抽水蓄能电站水库特征水位确定原则和方法。

1．选择上水库特征水位

（1）死水位。通过人工开挖、填筑形成的全封闭式水库，其死水位的选择要与上水库枢纽布置结合在一起考虑，根据上水库的地形地质条件，上水库进/出水口的布置型式和要求的淹没深度来确定。首先要根据上水库库盆的地形地质条件，对坝轴线位置进行优化，然后根据地形条件、水道系统的走向，确定进/出水口位置和布置型式；再根据进/出水口需要的淹没深度，以及电站运行期可能的泥沙淤积情况，确定上水库相应的死水位。为减少初期蓄水量，在满足枢纽布置的前提下，死库容尽可能选择小一些，某些抽水蓄能电站甚至用弃渣回填部分死库容。

(2) 正常蓄水位。在死水位确定后，根据抽水蓄能电站需要的调节库容（调峰发电库容、备用发电库容、水损与冰冻备用库容等），结合库盆开挖，考虑挖、填平衡，优化调整枢纽布置等因素，确定正常蓄水位。

(3) 其他特征水位。当上水库为一个全封闭的水库时，地表径流无法进入库内，在正常蓄水位确定后，还要考虑降雨对上水库安全的影响。通常根据电站相应的防洪标准，按照相应频率的24h降雨量来确定设计和校核水位。在有较大地表径流进入库内的条件下，要进行设计洪水分析，根据水库的防洪标准要求，确定相应的设计洪水位和校核洪水位。若天然洪水比较大时，应考虑设置相应的泄洪建筑物。

2. 选择下水库特征水位

抽水蓄能电站下水库一般为水源水库，水库在用途上有两种情况：①作为电站专用下水库；②除了电站的水量调节外，还要承担其他综合利用任务。

(1) 抽水蓄能电站专用下水库。

1) 死水位。利用河道建成的下水库，一般控制流域面积较大，入库的径流、洪水、泥沙的量也较大，其死水位选择要充分考虑泥沙淤积对进/出水口布置的影响，要保证电站正常运行不受泥沙影响。根据进/出水口的布置型式，泥沙淤积高程，以及要求的淹没水深，确定相应的死水位。

2) 正常蓄水位。河道型下水库正常蓄水位的确定要考虑泥沙淤积对调节库容的影响。此外，由于水库一般都比较大，还应考虑不同正常蓄水位的水库淹没影响。对于完全封闭式的蓄能电站专用下水库，确定其正常蓄水位和死水位的方法与上水库相同。

3) 防洪特征水位。根据水库的设计洪水成果，通过洪水调节计算来确定各防洪特征水位。洪水调节计算方法与常规水库洪水调节计算方法基本相同。水库校核洪水位的确定，通常要考虑最不利的组合情况，如上水库泄放发电流量遭遇下水库天然洪水，以合理确定相应的泄流规模，保证电站及下游居民的安全。

(2) 有综合利用要求的下水库。水库的综合利用一般是指防洪、发电、灌溉、供水等有关部门对水库库容的要求。有综合利用要求的下水库的规模一般比较大，其调节性能也比较好，特征水位有正常蓄水位、死水位、汛期限制水位、各防洪水位等。对于新建工程，设计中选择水库特征水位与确定常规水库特征水位的方法基本相同，但除了要满足综合利用要求外，还应考虑抽水蓄能电站专用调节库容对水库综合利用库容的影响，以及蓄能机组运行特性对水库水位变幅的要求。对于利用已建综合利用水库的情况，应复核水库特征参数是否满足电站的运行要求，提出相应的调整方案或改建措施。不管是新建或改建情况，特征水位选择应保证电站的正常运行。通常在水库死水位之上，要设置一个特征水位，即电站的发电保证水位，也是综合利用部门用水的限制水位。该水位与死水位之间的库容为电站的专用库容。在发电保证水位以下的水量只用于抽水蓄能电站发电运行。要根据入库径流特性、水库特性与综合利用各部门的用水要求，通过径流调节计算，确定正常蓄水位、死水位与综合利用调节库容。计算时要考虑抽水蓄能电站所需调节库容的影响，以及对水库水位变幅的要求。特征水位最终应通过不同方案的技术、经济、环境、社会因素综合比较确定。

(三) 案例分析

张河湾抽水蓄能电站下水库利用未完建的一座水库通过加高加固大坝形成。该水库建在一条河流的干流上，是以抽水蓄能发电、灌溉并重，兼有提供下游人畜用水，结合灌溉发电、滞洪、养殖和旅游的综合利用工程。上水库位于下水库左岸的山顶台地，通过开挖筑坝形成一个全封闭式上水库。通过电力系统需求分析与不同分案比较，确定该电站装机容量为1000MW。

1. 上水库特征参数的确定

(1) 确定调节库容。根据对张河湾抽水蓄能电站所在电力系统典型日负荷特性曲线的分析，其晚高峰约为3～4h，早高峰约为1～2h，而且相对比较小，综合分析后确定电站调峰发电时间按5h考虑。另外，由于上水库地形三面存在临空面，使上水库的布置受到限制，如果再考虑1h备用发电库容，上水库地形将无法满足。因此，并没有按照发电5h加备用发电1h来确定电站的调节库容，而是拟定了720万m^3、750万m^3和780万m^3三个调节库容方案进行综合比较。为了简化方案比较，上水库正常蓄水位和死水位均采用815m和784m，下水库正常蓄水位和死水位均采用488m和464m。由于各方案的库容不同，相应各方案的发电量也有差别，对于各方案之间的电量差别，采用火电作为替代方案予以补充，等效电量系数采用1.05。火电煤耗按调峰机组煤耗考虑，采用360g/kWh；标煤单价根据河北省电网的统计资料，采用240元/t。费用现值的折现率采用10%。各方案按同时建成考虑。上水库年维护费按其静态投资的2%计算，这是经验估算值，也可根据上水库的具体情况分项计算，但这样计算有时比较困难，也比较复杂。经济比较采用费用现值最小法。经济分析期采用30年。根据上述参数计算的各方案经济指标见表3-3-7。

表3-3-7　　上水库不同调节库容方案主要技术经济指标表

序号	项　目	单　位	方　案		
			1000MW	1200MW	1400MW
1	正常蓄水位	m	815	815	815
2	死水位	m	784	784	784
3	日调节库容	万m^3	722.7	752.7	782.7
4	日可发电量	万kWh	560.39	583.34	606.02
5	主要工程量：				
	土方明挖	万m^3	103.7	103.7	103.7
	石方明挖	万m^3	801.81	816.43	829.82
	坝体填筑堆石料	万m^3	653.40	575.58	868.82
	沥青混凝土	万m^3	27.91	28.64	29.26
	混凝土	万m^3	11.39	11.74	12.80
	钢筋	t	1912.5	1920.0	1926.9
6	总投资	万元	40625	41819	46578
7	补充电量	万kWh	47.91	23.81	0
8	补充电量费用	万元	4.14	2.06	
9	维护费	万元	812.5	836.38	931.56
10	费用现值	万元	25387	27850	33421
11	单位日电能投资	元/kWh	72.49	71.69	76.86
12	单位日调节库容投资	元/m^3	56.21	55.56	59.51
13	日发电量差	亿kWh	22.95	22.68	
14	总投资差	万元	1194		4759
15	补充单位日电能投资	元/kWh	52.03		209.83
16	补充单位日调节库容投资	元/m^3	39.8		158.63

调节库容选择：

1）从单位电能和单位调节库容指标分析，以1200MW方案（调节库容750万m^3）为最小，但与1000MW方案（调节库容720万m^3）差别不大，而1400MW方案（调节库容780万m^3）相对增加幅度大一些。因此，调节库容以1200MW方案较优，1000MW方案次之，1400MW方案较差。

2）从费用现值分析，1000MW方案费用现值最小，1200MW方案次之，1400MW方案最大。从经济分析来看，1000MW方案较优。

3）从上水库枢纽布置分析。上水库的西侧有一条沟切割较深，如果调节库容增加到750万m^3以上，坝脚将延伸至沟内，对工程影响较大。而720万m^3调节库容方案，经水量平衡计算，可以满足蓄能电站（装机容量为1000MW）调峰发电5h，仅是备用发电时间降为0.44h，基本可以满足电网的运行要求。但该方案大坝建设基本不受沟的影响，降低了施工难度，同时可缩短工期1～2年，从水工建筑物布置考虑，上水库调节库容采用720万 m^3 较适宜。

综合以上分析，确定上水库调节库容为720万 m^3。

（2）确定上水库正常蓄水位。上水库地形是一个台地，无天然库盆，通过挖、填修建而成。拟定了808m、810m、812m、815m四个正常蓄水位方案进行比较。各方案装机容量均采用1000MW，调节库容均为720万 m^3。根据枢纽布置及上水库的地形条件，结合下水库的消落深度（24m），确定上水库消落深度为31m。煤耗等参数均与调节库容方案比较时相同。

考虑抽水所用的是电网基荷电量，计算抽水费用时采用基荷火电机组的煤耗330g/kWh。此外，还考虑火电厂的厂用电率和线路损失率。火电厂装机容量和单机容量越小，厂用电越大，反之就要小一些；输电线路的电压越高，线路损失就越小，反之就要高一些。因此，选择厂用电和线路损失时，要收集电网的相关资料，一般采用电网的平均厂用电率和线路损失率。本案例厂用电率和线路损失率分别采用5%和6%。根据上述参数计算的不同正常蓄水位方案技术经济指标见表3-3-8。

表3-3-8　　不同正常蓄水位方案技术经济指标

序号	项　目	单　位	方案一	方案二	方案三	方案四
1	正常蓄水位	m	808	810	812	815
2	死水位	m	777	779	781	784
3	日调节库容	万 m^3	720	720	720	720
4	装机容量	MW	1000	1000	1000	1000
5	日可发电量	万 kWh	532.16	536.32	540.76	547.56
6	日抽水电量	万 kWh	700.21	705.68	711.53	720.47
7	主要工程量：					
	土石方明挖	万 m^3	1046.4	982.4	922.4	829.3
	其中：砂岩开挖量	万 m^3	500	443	390	308
	坝体堆石填筑	万 m^3	340	414	490	602
	沥青混凝土	万 m^3	13.3	12.9	12.5	11.8
	排水垫层	万 m^3	25.4	25.2	24.8	24.2
	混凝土	万 m^3	3.89	3.89	3.89	3.89
	钢筋	m	2375	2375	2375	2375
8	静态总投资	万元	48106	46932	48912	53038
9	补充发电量	万 kWh	16.17	11.80	7.15	0
10	补充发电量费用	万元	1.40	1.02	0.62	0
11	抽水电量差值	万 kWh	0	5.47	11.32	20.26
12	抽水增加的费用	万元	0	0.48	1.00	1.80
13	费用现值	万元	43291	42501	44404	48233
14	单位日调节库容投资	元/m^3	66.81	65.18	67.98	73.66
15	单位日电能投资	元/kWh	90.40	87.46	90.45	96.86
16	投资差	万元		−1174	1980	4126
17	日发电量差	万 kWh		4.16	4.44	6.8
18	补充单位发电量投资	元/kWh		−282.2	445.95	606.76

1）从工程量分析。随着水位抬高，开挖量减少而填筑量增加，用于堆筑坝体的砂岩开挖量也呈减少趋势。而四个方案页岩弃料差别不大。从坝体填筑所需的砂岩料来看，方案三、四分别缺少293万 m^3 和100万 m^3，缺少的填筑料还需要从其他料场采运，增加成本较多。方案一除页岩弃料外，砂岩弃料多达160万 m^3。方案二砂岩开挖量仅比坝体填筑所需砂岩多29万 m^3，基本上达到了挖

填平衡。

2）从投资分析。方案二总投资最低，比方案一、三和四分别减少投资 1174 万元、1980 万元和 6106 万元。

3）从经济指标分析。方案二费用现值最低。

4）从单位日电能投资与单位日调节库容投资分析，均以方案二最小，最经济。

根据以上分析，以方案二经济指标最优，且挖填基本平衡，因此确定上水库正常蓄水位为 810m，死水位为 779m。

（3）确定其他特征水位。其他特征水位主要包括死水位、设计洪水位和校核洪水位。由于上水库是通过开挖填筑形成的完全封闭的水库，因此其设计洪水位和校核洪水位根据上水库设计标准相应的降雨量来确定。按规范规定，上水库防洪标准为 100 年一遇设计，1000 年一遇校核。上水库库盆面积仅为 0.3km^2，计算上水库 100 年一遇 24h 洪量为 9.73 万 m^3（按降雨量计算），1000 年一遇 24h 洪量为 14.9 万 m^3（按降雨量计算）。上水库不设泄洪设施，不考虑发电情况下，所有降水量全部储存在库内，设计洪水位为 810.32m，校核洪水位为 810.5m，坝顶高程为 812m。当遇到超标准洪水时，需加强水情测报系统，采取提前放水发电措施降低上水库水位。上水库的死水位是根据上水库的地形条件、进/出水口布置以及需要的淹没水深来确定，一般可不进行方案比较。

2. 确定下水库特征参数

张河湾抽水蓄能电站下水库是一座综合利用水库，承担电站发电引水、下游灌溉及生活用水、养殖以及结合灌溉发电的综合利用任务。其正常蓄水位、死水位主要是按下游灌溉用水的要求，通过径流调节计算、经方案比较确定的，计算方法与常规水库基本一致。最后确定下水库死水位为 464m，正常蓄水位为 488m。

抽水蓄能电站需要发电调节库容 720 万 m^3。按计算的水库运行 50 年后的库容曲线，水库 464～470.5m 的库容为 717 万 m^3，基本满足电站所需，但考虑到在下水库电站进/出水口上游修建了一座拦沙坝，侵占了该水位之间的一部分库容，为留有余地，通过计算，确定下水库发电保证水位为 471m。在死水位 464～471m 之间，水库淤积 50 年后的库容有 772 万 m^3，可满足电站运行要求。

四、额定水头的选择

电站额定水头是衡量机组特性的一个重要参数，该参数对抽水蓄能电站在电网中的作用及机组的运行影响较大。

（一）选择原则

（1）尽可能满足电力系统运行对蓄能电站的容量要求，减少机组在正常的调峰发电运行中出力受阻程度。

（2）尽量保证蓄能机组在不同工况、不同水头情况下稳定运行，并使机组能够保持较高的运行效率。

（二）选择方法

在不同设计阶段，蓄能机组水轮机工况额定水头的选择方法有所区别。在规划与预可行性研究阶段，大多参考类似工程情况分析拟定额定水头；在可行性研究阶段，需要通过不同方案的技术经济比较来确定额定水头。

（1）利用经验公式分析拟定。根据 29 座电站的统计资料得出最大水头 H_{max}与最小水头 H_{min}之比及额定水头 H_r 与平均水头 H_{cp}之比的关系（见图 3－3－1）可以看出，其中 23 座电站 H_{max}/H_{min}比值变化在 1.06～1.27，H_r/H_{cp}比值变化在 0.99～1.04。众多抽水蓄能电站把额定水头选在这一范围，说明：①在电站设计中，注意控制最大水头和最小水头的变幅；②额定水头多选择靠近平均水头，额定水头的高限约高于平均水头 4%，低限约低于平均水头 1%；③额定水头选在平均水头附近对机组选择是有利的。在统计资料中，尚有 6 座电站落在上述范围之外。如日本的新丰根电站（图 3－3－1 点 2）H_{max}/H_{min}为 1.42，水头变幅过大，其 H_r/H_{cp}选在 1.01，接近平均水头。十三陵电站（图 3－3－1 点 18）、奥吉野电站（图 3－3－1 点 7）、德拉肯斯堡电站（图 3－3－1 点 23）、天荒坪电站（图 3－3－1 点

21)、巴斯康蒂电站（图 3－3－1 点 15）这 5 座电站 H_{max}/H_{min} 比值仍落在 1.06～1.27，水头变幅较小，但 H_r/H_{cp} 比值扩大到 0.99～0.92。选定的额定水头较平均水头低得较多，估计设计时是为了充分利用电站的调峰能力。据了解，这几座电站除天荒坪电站第一台机组低水头并网有问题，进行了特殊处理外，其他 5 座电站运行一直正常。

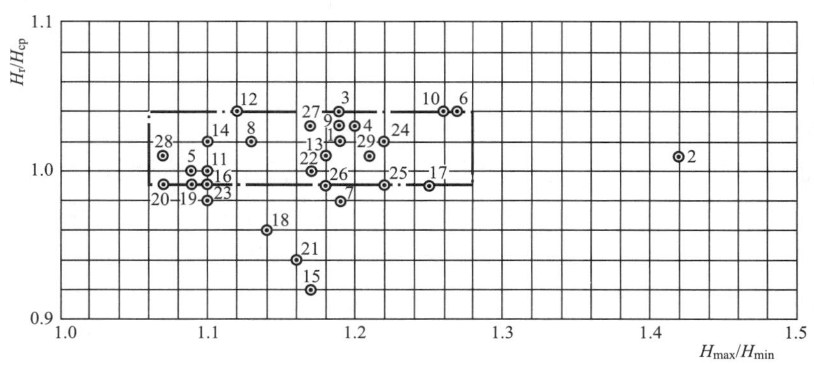

图 3－3－1　国内外抽水蓄能电站额定水头分布统计

1—喜撰山；2—新丰根；3—沼原；4—奥多多良木；5—大平；6—南原；7—奥吉野；8—奥清津；9—新高濑川；10—奥矢作一；11—本川；12—玉原；13—下乡；14—今市；15—巴斯康蒂；16—迪诺威克；17—腊孔山；18—十三陵；19—广蓄二期；20—广蓄一期；21—天荒坪；22—茶拉；23—德拉肯斯堡；24—海姆斯；25—卡宾溪；26—阿夸由；27—明潭；28—葛野川；29—巴吉纳巴斯塔

（2）通过方案技术经济比较确定。

1）比较方案。根据电站的水头特性，考虑机组运行的稳定性，拟定不同的额定水头比较方案及机组相应的匹配参数，进行技术与经济方面的分析与比较。

2）比较需要的资料。额定水头比较需要的资料主要有：

a. 水道系统的水头损失，分为发电工况的水头损失和抽水工况的水头损失两部分。

b. 水道系统的土石方工程量及衬砌工程量。

c. 发电量和抽水用电量。不同额定水头的水头损失不同，水量相同的情况下，其发电量和抽水用电量也不同，相应的效益就不同。各方案的发电量和抽水用电量，要根据蓄能机组在不同额定水头下的特性曲线，模拟其发电或抽水运行工况进行计算。

d. 机组的特征参数以及机组的造价等。特别是水头较低的抽水蓄能电站，水头变化对机组造价的影响相对来说较大。

e. 投资费用及分年度投资。额定水头不同，水道系统和水泵水轮机的投资会有变化，对其他建筑物的投资影响不大。对于低水头抽水蓄能电站，可能还会影响到电站厂房的投资。

f. 替代方案的基本资料。不同额定水头方案在发电量上稍有差别，为了使各方案具有同等效益，具有可比性，还必须对发电量比较少的方案予以补充，一般采用火电机组作为替代方案。因此，还必须收集替代火电机组和电力系统的相关资料，如火电机组的单位投资、发电煤耗、标煤单价、厂用电率、输电线损率等。

3）经济比较与方案选择。不同额定水头方案的经济比较一般采用费用现值最小法。额定水头的选择要从以下几个方面综合比较后确定：

a. 满足系统要求的调峰发电运行时间。不同的额定水头，机组的发电流量是不同的，因此电站满负荷运行的时间也有所不同。随着额定水头的提高，机组满发运行小时数不断减少、受阻运行时间越来越长，在一定程度上减弱了电站的调峰能力，也影响电站的效益。因此，额定水头的选择要考虑电站满足系统调峰发电要求的程度。每一方案的发电时间是根据各方案机组的运行特性曲线，通过模拟电站发电运行工况分析确定的。

b. 机组制造和稳定运行。额定水头的提高可改善水轮机工况效率，扩大稳定运行范围，对机组的稳定运行较为有利。在确定额定水头的过程中也可与制造厂家联系，征求厂家对电站额定水头选择的意见和建议。

c. 工程投资和经济性。对不同额定水头方案，机组转轮直径、额定转速、工作效率和设备投资均会有些变化。由于额定水头抬高减小了机组的过流量，水道系统的投资随额定水头的提高而减少。

五、输水系统经济管径选择

输水系统各段管径的优选通常称为经济管径选择，实际最经济的管径组合并不一定是最优的管径组合，还需要考虑电网需求、调节保证、机组运行稳定性、机组调节性能等因素，综合分析后才能确定。在此，仍按习惯称为经济管径选择。

（一）影响经济管径比较的因素

(1) 输水系统的变径次数。输水系统一般由引水隧洞、高压管道、（岔管）、尾水隧洞等几部分组成（见图 3-3-2）。由于引水隧洞和尾水隧洞承受的内水压力相对较小，一般采用混凝土衬砌，通常不论多长，均采用同一洞径。大型抽水蓄能电站装机容量大，高压管道管径大，水头又高，水头与高压管道直径的乘积 HD 值很大，如天荒坪抽水蓄能电站钢筋混凝土管最大 HD 值达到 4760m×m，给管道的制造和安装带来很大困难。西龙池抽水蓄能电站钢岔管最大 HD 值达到 3552m×m。HD 值越大，尤其是高压钢管及岔管制造难度就越大。为了减小 HD 值，宜将高压管道下部管径减小，为了维持水头损失不变，可将高压管道上部管径相应加大，这样布置，经济上是有利的。因此，高压管道，尤其是高压钢管通常宜经过数次变径，一般高压钢管变径次数在 2～4 次。

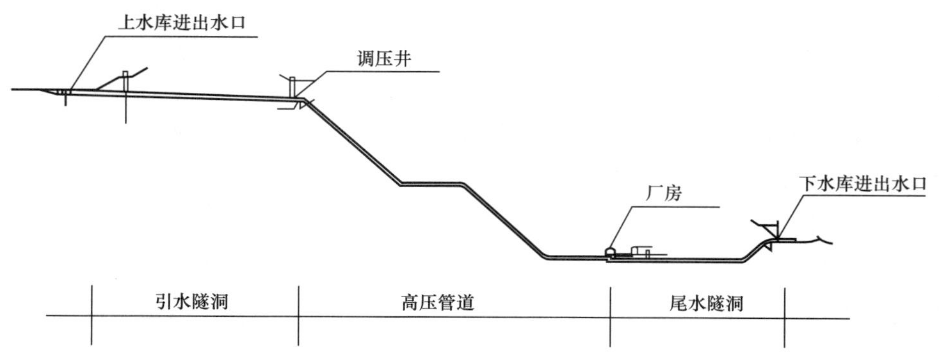

图 3-3-2　抽水蓄能电站水道系统示意图

(2) 高压管道的衬砌型式。目前高压管道采用的衬砌型式主要有两种：①钢筋混凝土衬砌，主要用于地质条件好的情况；②钢板衬砌，用于地质条件较差时。高水头大型抽水蓄能电站的钢板衬砌都采用高强钢，钢板衬砌的投资远高于钢筋混凝土衬砌，施工难度相对也大一些。因此，钢板衬砌高压管道通常比钢筋混凝土衬砌高压管道的管径要小，管径变化对投资的影响更大。

(3) 输水系统的水头损失。

(4) 输水系统的工程量与投资，包括输水系统土石方开挖量、衬砌工程量等，据此可计算相应的投资。

（二）经济管径比较方案的拟定

拟定输水系统经济管径的比较方案有以下几种方式：

(1) 根据输水系统的布置型式以及高压管道的变径情况，对水道系统各段拟定 3～5 个管径方案，然后交叉组合成数十个方案进行比较，从中选出最经济的组合方案。

(2) 根据输水系统的布置型式，以及管道经济流速的经验值，初步拟定各段管道的直径。在此基础上，从引水隧洞开始，从上至下，对每段管道分别拟定数个方案进行比较，从中选出该段的经济管径。如对引水隧洞洞径进行比较时，其他各段洞径均采用初步拟定的管径不变，在此基础上通过经济比较，选出引水隧洞的经济管径。然后进行下一段管道的管径选择，此时引水隧洞采用选定后的洞径，其他各段仍采用原初步拟定的洞径。依此类推，选定各段洞径，组合成为输水系统洞径方案。

(3) 结合电站输水系统布置特点，首先分析拟定高压管道管径比较方案，在此基础上拟定其余段管径，注意输水系统各段管径相互之间要匹配好，有利于输水系统水流条件的改善，同时也有利于施工。最终，选择3～5组输水系统布置方案进行比较，从中选出最优的布置方案。

在上述三种方案拟定方法中，方法（1）和（2）的比较方案多，工作量较大，最终选出的各段管径组合，经济上优，但有可能相邻两段管道直径相差太大，使输水系统的布置不很合理。方法（3）由于在方案拟定过程中已充分考虑了各段管径之间的匹配，选定的方案就将是输水系统最终的布置方案，方案比较的工作量相对较小。当然，若拟定方案不够合理，可能遗漏最经济的方案。在工作中，可根据输水系统的布置特点等具体情况，酌情选择上述三种经济管径方案拟定方法。

（三）经济管径的比较与选择

输水系统经济管径的比选，应在效益相同的原则下进行，经济比较一般采用费用现值最小法。最终选择的管径组合方案还需考虑以下因素，并进行综合分析：

(1) 首先要满足系统对抽水蓄能电站调峰发电的要求。因不同的输水系统管径组合方案，水头损失可能相差较大，导致机组发电用水量不同，相应的调峰发电时间不同，使机组满发时间也会有差别，所选择的方案应尽可能满足系统调峰发电的要求。

(2) 应重视水头损失对机组运行的影响。不同管径组合方案的水头损失相差有时较大，使机组运行水头变幅变化较大，有可能造成机组运行不稳定。如某蓄能电站的输水系统方案比较时，拟定了5个比较方案，5个方案的最大水头损失分别为10.51m、12.80m、15.42m、18.78m、23.54m，相应最大扬程与最小水头比值（H_{pmax}/H_{tmin}）如图3-3-3所示。从图3-3-3中看到，后三个方案已进入不稳定区域，均不能保证机组稳定运行。

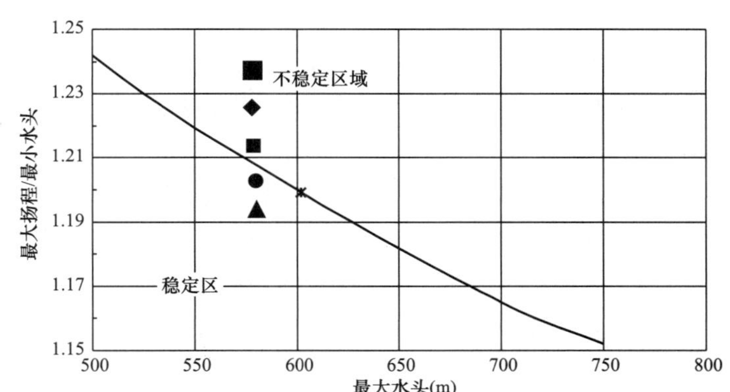

图3-3-3 不同经济管径最大扬程与最小水头比值曲线

▲—方案一；■—方案三；◆—方案四；

——稳定曲线；●—方案二；■—方案五

(3) 在输水系统经济管径确定后，还要通过过渡过程计算来验证选定方案是否满足调节保证要求，例如机组蜗壳最大压力升高和转速升高等是否满足要求。

(4) 在输水系统经济管径确定后，还要核算输水系统的惯性时间常数 T_w，以保证抽水蓄能电站具有优良的调节性能，使蓄能机组快速响应能力得以充分发挥。

第四节 泥沙分析与防沙措施

一、泥沙分析

抽水蓄能电站水头一般要高于常规水电站，而且泥沙过机是双向的，对过机含沙量的要求远高于常规高水头水电站。所以，抽水蓄能电站最好修建在无沙或少沙的河流上，应尽量避免在多、中沙河流上选址，当难以避免时，应对泥沙问题给予足够的重视，对入库泥沙含量加以控制。

抽水蓄能电站的水库泥沙问题主要是库容淤损（尤其是调节库容的淤损与电站进/出水口的淤积）及过机泥沙对机组过流部件的磨损、降低机组效率等问题，它将直接影响电站的发电效益及水泵水轮机的使用寿命。另外，泥沙淤积对回水的影响与淹没损失问题也应重视。为减少泥沙对机组的影响，除了在选址上要注意外，可通过工程措施、水机抗磨与合理的运用管理以及水土保持等措施加以解决。

抽水蓄能电站一般可分为纯抽水蓄能电站与混合式抽水蓄能电站。它们的泥沙问题、淤积计算方法大同小异，但入库泥沙稍有差别。纯抽水蓄能电站的水源水库多为下水库，而混合式抽水蓄能电站则一般为上水库。以下主要结合纯抽水蓄能电站出现的泥沙问题进行分析。

（一）入库水沙主要形式

纯抽水蓄能电站下水库的入库泥沙与水库类型有关：①河道库，即在河道修建挡水建筑物形成的水库，其入库水沙来自上游河道；②岸边库，即在岸边宽阔的地段围堤成库或河道附近的沟建坝成库，若来（库）水引自河道，其泥沙主要来自河道；③弯道库，即利用河湾上游与下游筑坝形成电站专用下水库，上坝挡水形成滞洪水库，岸边开明渠或泄洪排沙洞排泄上游洪水及泥沙。弯道库入库水沙来自河道，一般有两种方式：一种是初期蓄水与平常补水从河道（滞洪库）抽水时挟带进库的泥沙；另一种是由于上坝矮（高度较低），且导流泄洪排沙洞（或明渠）过流标准低，滞洪库壅水过高导致水沙翻越上坝进入电站专用下水库。

从河道引水尽量选取清水时段或少沙时段。必要时，应分析统计河道大于某含沙量的天数和不小于某流量的累计输沙量占年输沙量的百分数，以便拟定引水日期与历时，估计可能淤积的数量，尽量减少入库沙量。

混合式抽水蓄能电站的入库泥沙基本同纯抽水蓄能电站的河道库，但其还应计入从下水库抽水挟带来的泥沙。

（二）水源水库的泥沙淤积计算

入库泥沙受水库水位壅高的影响，流速减缓，水库发生淤积，淤损库容，增加水库淹没损失。

1. 水库淤积形态

水库淤积形态大体上可分五类：带状淤积、三角洲淤积、锥体淤积、楔形体（倒锥体）和锯齿状等。实际水库的纵向淤积形态既有单一形式，又有复合形式，在一定条件下淤积形态会发生转型。当水库淤积达到终极状况时，一般为锥体淤积形态。

水库淤积形态的形式是进库水沙条件与库区边界条件综合影响的结果，也与运用条件密切相关。同一水库在不同的运用条件下，可有不同的淤积形态。例如三门峡水库，在汛期运用为自然滞洪，由于来水来沙量大，库前运用水位低且变幅大，往往形成锥体淤积，但在汛期来水来沙量较大，且蓄洪运用，高水位运用持续时间较长，其淤积也会形成三角洲淤积；若淤积量大，三角洲推至坝前，也就转化为锥体淤积了。对于水库的纵向淤积形态的经验判别式可参看《泥沙设计手册》（涂启华，杨赉斐. 北京：中国水利水电出版社，2006）。这里介绍常用的两个经验判别式供参考应用。

清华大学水利系及西北水利科学研究所公式

$$K=\frac{V\times 10^{-4}}{W_S\cdot J_0} \tag{3-4-1}$$

式中 K——$K<2.2$ 为锥体淤积，$K>2.2$ 为三角洲或带状淤积；

V——时段平均库容，对长期的淤积而言，用总库容，m^3；

W_S——入库沙量，对长期的淤积而言，用多年平均入库沙量，m^3；

J_0——原河床比降，‱。

武汉水利电力学院陈文彪、谢葆玲分析了少沙河流 8 个水库的资料，提出判别式

$$\phi=\frac{H}{\Delta H}\left(\frac{W_S}{W}\right)^{1/2} \tag{3-4-2}$$

式中 ϕ——$\phi>0.04$ 为三角洲淤积，$\phi<0.04$ 为带状淤积；

ΔH——水库历年平均坝前水位变幅，m；

H——水库历年平均坝前水深，m；

W_S——多年平均年入库的悬移质输沙量，亿 m^3；

W——多年平均年入库水量，亿 m^3。

2. 计算方法

水库泥沙淤积计算方法的选择与水库的类型有关，见表 3-4-1。

表 3-4-1　　计算方法与水库类型关系

水库类型		计算方法	备　注
河道库		数学模型或形态法等	计算方法基本同常规电站水库，不同的是其计算还应考虑电站抽放水发电保证水位和水位日变幅对泥沙冲淤的影响以及计（估）算抽水蓄能电站进/出水口断面的含沙量、粒径和淤积高程，以便推（估）算过机泥沙与拟定抽水蓄能电站进/出水口的底坎高程
岸边库		沉沙池法	入库水沙引自河道，其淤积计算方法基本同一般的引水式水库，如沉沙池法、静（动）水沉降、水平淤积或带状淤积
弯道库	滞洪库	数学模型或形态法	电站专用下水库的上游坝将原河道水位壅高，形成滞洪水库，其泥沙冲淤计算方法基本同河道库，但还应考虑水库泄空冲刷的影响
	电站专用下水库	静（动）水沉降法（沉沙池法）	淤积形态宜据电站专用下水库的来沙方式与有无排沙设施（条件）和运用方式，按带状或水平淤积考虑

注　在水库淤积计算中，将淤积形态和泥沙冲淤计算结合进行，并考虑水库的边界条件和河相关系的要求。

水库泥沙淤积计算方法较多，如泥沙数学模型法、形态法、经验法、类比法、沉沙池法（含静水沉降法）等，这里着重介绍泥沙数学模型法——水库冲淤计算方法。

水库建成后，库区发生泥沙淤积和某些情况下的冲刷，是由于库区水流条件改变引起泥沙运行状况改变的结果，是水流与泥沙这两个因素在特定条件下相互作用的一种体现形式。因此，在进行冲淤计算时，应同时考虑水流与泥沙两个因素。基本计算方程式必须包括（浑水）水流连续方程（即水量平衡方程式）、泥沙连续方程式（即输沙平衡方程式）和挟沙水流运动方程式。水流连续方程式和挟沙水流运动方程式决定挟沙水流的水力条件，而泥沙连续方程式则决定相应水力条件下的冲淤变化。

浑水水流连续方程式

$$\frac{\partial}{\partial x}(uh)+\frac{\partial h}{\partial t}+\frac{\partial y}{\partial t}=0 \tag{3-4-3}$$

输沙平衡方程式

$$\frac{\partial}{\partial x}(u\cdot h\cdot s_{\mathrm{v}})+\frac{\partial}{\partial t}(h\cdot s_{\mathrm{v}})+m\frac{\partial y}{\partial t}=0 \tag{3-4-4}$$

挟沙水流运动方程式

$$J=\frac{Q^2}{K^2}+\frac{u}{g}\cdot\frac{\partial u}{\partial x}+\frac{1}{g}\cdot\frac{\partial u}{\partial t}+\frac{r_{\mathrm{s}}-r}{r_{\mathrm{h}}}\cdot\frac{h}{2}\cdot\frac{\partial s_{\mathrm{r}}}{\partial x}-\frac{[mr_{\mathrm{s}}+(1-m)r]}{gr_{\mathrm{h}}}\cdot\frac{u}{h}\cdot\frac{\partial y}{\partial t} \tag{3-4-5}$$

$$r_{\mathrm{h}}=s_{\mathrm{v}}r_{\mathrm{s}}+(1-s_{\mathrm{v}})r$$

$$\frac{Q^2}{K^2}=\frac{U^2}{c^2h}$$

式中　m——河床淤积泥沙的密实系数；

r_{h}——浑水密度；

r_{s}，r——泥沙干密度和水的密度；

s_{v}——含沙量（体积比）；

$\frac{Q^2}{K^2}$——水头损失项；

c——糙率系数。

其余符号如图 3-4-1 所示。

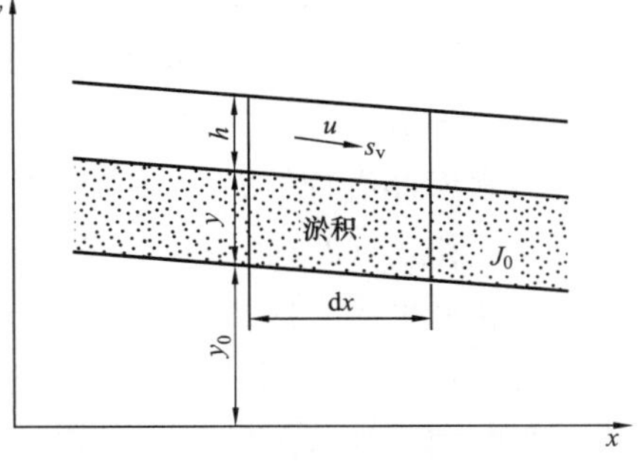

图 3-4-1　挟沙水流运动示意图

式（3-4-3）～（3-4-5）三个水库冲淤计算基本方程式构成一组非线性微分方程组。由方程组可知，仅三个方程式尚不足以解四个未知数 u、h、s_{v} 和 y，还需引入挟沙能力关系式。引入挟沙能力关系式（假定每个断面的含沙量与水流的挟沙能力相等）的方法称为平衡输沙法；引进非饱和输沙的含沙量变化关系式（每个断面的含沙量与水流挟沙能力不相等，河床发生冲淤变化系处于一种超饱和或次饱和冲刷状态）的方法称非饱和输沙法（不平衡输沙法）。

利用上述基本方程式进行冲淤计算，在数学上还存在困难。实际计算（含编制程序）时往往还得引入一些假定条件，对方程式作进一步的简化，应用近似积分的方法进行计算。

(1) 有限差法。利用本法进行水库淤积计算，需作如下假定：

1) 将不恒定流作为恒定流处理，把进口断面的实际流量过程线改为若干个不同流量级组成的梯级过程线。对每一个梯级来说，流量为常数，水流为恒定流。

$$\frac{\partial h}{\partial t}=0,\ \frac{\partial u}{\partial t}=0$$

2) 忽略式（3－4－5）中的右边第三、四、五项，即不考虑淤积或冲刷过程中断面平均流速发生变化所引起的时变惯性项 $(1/g)\ \partial u/\partial t$，不考虑含沙量沿程改变对水流动力条件产生的影响，不考虑淤积或冲刷对动量改变的影响，简化为

$$J=\frac{Q^2}{K^2}+\frac{u}{g}\cdot\frac{\partial u}{\partial x}=\frac{Q^2n^2}{B^2H^{10/3}}+\frac{\partial}{\partial x}\left(\frac{u^2}{2g}\right) \tag{3-4-6}$$

3) 假定水库在冲淤过程中水位不发生变化，在具体计算中要限制每个时段的冲淤量不能太大，式（3－4－3）简化为

$$\frac{\partial}{\partial x}(uh)=0\quad 或\quad 流量\ Q=常数$$

4) 不考虑水库中含沙量的因时变化，认为两断面间进、出沙量之差，仅转化为河床上淤积或冲刷的沙量。式（3－4－4）简化为

$$\frac{\partial G}{\partial L}+r_s'B\frac{\partial y}{\partial t}=0 \tag{3-4-7}$$

在作了上述基本假定以后，水库冲淤计算的基本方程式便简化成式（3－4－3）及式（3－4－7）。而且在导出基本方程式时所作河宽沿程不变的限制条件可以取消。但是，这两个方程式仍为偏微分方程组。采用有限差方法进行计算时，应改写成有限差形式，即

$$J=\frac{Q^2n^2}{B^2h^{10/3}}+\frac{1}{2g\Delta x}\left(\frac{Q^2}{B_2^2h_2^2}-\frac{Q^2}{B_1^2h_1^2}\right) \tag{3-4-8}$$

及

$$(G_1-G_2)\Delta t=r_s'\cdot\Delta x\cdot B\cdot\Delta y \tag{3-4-9}$$

或

$$(G_1-G_2)\Delta t=r_s'\cdot\Delta x\cdot\Delta\Omega \tag{3-4-10}$$

式中 Δx——计算河段长度；

Δt——计算时段时距；

Δy——计算河段平均河床淤积或冲刷厚度，正值为淤，负值为冲；

$\Delta\Omega$——计算河段平均河床淤积或冲刷横断面面积，正值为淤，负值为冲；

G_1、G_2——进、出口断面输沙率；

B、h——计算河段的平均河宽和平均水深；

B_1、h_1、B_2、h_2——进、出口断面的河宽和平均水深。

用于计算悬移质冲淤时，进、出口断面输沙率应为 $G=QS_{pj}$；用于计算推移质冲淤时，则为 $G=Bg_b$；当两者同时考虑时，则取其代数和。其中，S_{pj} 为悬移质平均含沙量，kg/m^3；g_b 为推移质单宽输沙率，kg/s·m。

进行水库冲淤计算时，将库区划分成若干河段，并将每一个流量梯级划分成若干时段，而联解式（3－4－8）和式（3－4－9）或式（3－4－10），即可求得水库淤积或冲刷的发展过程。

(2) 水库冲淤计算的非饱和输沙法。非饱和输沙计算方法（不平衡输沙法）的主要特点是，每一个断面的含沙量不一定刚好等于其水流挟沙，亦即不一定处于饱和输沙状态，同时还考虑了冲淤过程中悬移质级配和床沙级配的沿程变化。其计算基本方程如下：

1) 水流连续方程

$$Q=Bhv \tag{3-4-11}$$

式中 Q——流量；

B——河宽；

h、v——断面平均水深及流速。

2）水流运动方程

$$Y_1 = Y_2 + \frac{\Delta x \cdot n^2 Q^2}{B^2 h^{10/3}} + \frac{Q^2}{2g}\left(\frac{1}{B_2^2 h_2^2} - \frac{1}{B_1^2 h_1^2}\right) \qquad (3-4-12)$$

式中 Y_1、Y_2、B_1、B_2、h_1、h_2——进、出口断面的水位、河宽及平均水深；

n、B、h——计算河段的平均糙率、河宽、水深。

3）河床变形方程

$$(G_1 - G_2)\Delta t = r'_s \cdot \Delta x \cdot B \cdot \Delta y \qquad (3-4-13)$$

式中 G_1、G_2——进、出口断面输沙率；

Δt——计算时段时距；

r_s——泥沙干密度；

Δy——计算河段平均河床淤积或冲刷的厚度，正值为淤，负值为冲。

4）水流挟沙公式，一般选用张瑞瑾公式

$$S_* = K\left(\frac{u^2}{gR\omega}\right)^m \qquad (3-4-14)$$

式中 S_*——水流挟沙力；

K，m——系数和指数；

g——重力加速度；

R——水力半径；

ω——悬移质泥沙断面平均沉速。

5）一度恒定非均匀流平均含沙量沿程变化计算公式

$$S = S_* + (S_0 - S_{0*})e^{\frac{-\alpha\omega L}{q}} + (S_{0*} - S_*)\frac{q}{q\omega L}\left[1 - e^{-\frac{\alpha\omega L}{q}}\right] \qquad (3-4-15)$$

式中 S_0、S——进、出口断面含沙量；

q——单宽流量；

L——计算河段长度；

α——饱和系数，淤积时可取 0.25，冲刷时可取 1.0。

水库冲淤计算，采用非耦合解的输沙模式，即先解水流方程求出有关水力要素后，再解泥沙方程，推求河床冲淤变化，如此交替进行。

水库泥沙冲淤计算比较复杂、繁琐，一般采用电算程序进行。至于泥沙数学模型，可根据工程具体情况选择符合其河道特性的计算模型。目前用于抽水蓄能电站水库泥沙计算的数学模型一般有武汉水利电力大学的“一维恒定非均非饱和输沙模型”（SUSBED-2 准二维）及“河流与水库一维不平衡输沙数学模型及电算程序”（陈储军，等. 蒲石河抽水蓄能电站泥沙问题分析。抽水蓄能电站建设学术交流论文集，1996）。前者曾用于张河湾、板桥峪、天荒坪、仙居、仙游等抽水蓄能电站的水库泥沙冲淤计算。后者曾用于蒲石河抽水蓄能电站水库泥沙淤积计算，该模型由常规的河流水库淤积一维数学模型扩展增加了考虑抽放水工况下水库水力计算、过机泥沙统计分析，以及上水库的泥沙淤积估算等功能，不但可以计算下水库泥沙淤积，而且可以计算过机泥沙（包括不同含沙量过机历时及颗粒组成）和上水库的泥沙淤积。

3. 过机泥沙分析

抽水蓄能机组利用上、下水库之间的高程差，在谷荷时泥沙随水流从下水库抽蓄到上水库里，在停止抽放水的时段中，部分泥沙在上水库沉积，部分泥沙在峰荷放水发电时随水流回到下水库，水流（含泥沙）作双向运行。抽水蓄能电站的过机含沙量及泥沙粒径可通过泥沙物理模型试验、估算公式或工程类比等方法求得。

（1）过机含沙量分析。

1）估算公式。过机含沙量的多寡与水库淤积形态、淤积年限、抽水蓄能电站的运用方式与抽放历时以及入库水沙等因素有关。通过水库淤积计算，电站断面的含沙量、输沙率、流量一部分进入机组，另一部分出库。过机含沙量可由过机输沙率（$Q_{sg}=SQ$）与过机流量 Q 之比导出，过机含沙量的估算公式见式（3－4－16）。另外，也可采用宝泉抽水蓄能电站在设计中研究推导的公式，即式（3－4－17）估算过机含沙量。

$$S_{av}=\frac{\sum Q_{sg}}{\sum Q_g}=\frac{\sum Q_i S_i}{\sum Q_i} \qquad (3-4-16)$$

式中 Q_i——抽水流量，m^3/s；

S_i——含沙量，可取电站进/出水口断面的计算含沙量，kg/m^3。

或

$$S_c=(0.0004D_z^2+0.0003D_z+0.0559)S_r \qquad (3-4-17)$$

$$S_f=0.8678S_c$$

式中 S_c——抽水过机含沙量，kg/m^3；

S_f——发电过机含沙量，kg/m^3；

D_z——累计淤积厚度（自起始河床起算），估算时需要事先给出相应的预测值，m；

S_r——入库含沙量，kg/m^3。

过机含沙量按要求需提供年平均值。对于10年、30年、冲淤平衡等也要求提供多年平均值。其他过机含沙量估（计）算公式（方法）。

2）模型试验与工程类比。采用泥沙模型试验获取泥沙过机资料是最优方案，当条件不具备时，也可利用类似工程的实测泥沙成果或试验成果进行类比估算，以下介绍有关工程在设计阶段所做的泥沙试验及分析成果。

a. 张河湾抽水蓄能电站。张河湾抽水蓄能电站下水库修建在多沙的甘陶河上，入库沙量较大而入库水量较小，水沙年内分配很不均匀。汛期（6～9月）来水量占年水量65.33%，7、8两月来水量占年水量47.72%；来沙量集中在汛期，其中7、8两月来沙量占年沙量90.47%，而且是大水挟大沙。上水库位于电站附近山顶台坪上，无沙入库。该电站的水沙特性见表3－4－2。天津大学曾受托进行泥沙物理模型试验（水平比尺200，铅直比尺50，变率为4），通过试验给出的过机含沙量与粒径，见图3－4－2及表3－4－3。

表3－4－2　张河湾抽水蓄能电站水沙特性

名　称	正常蓄水位（m）	相应库容（万 m^3）	死水位（m）	相应库容（万 m^3）	回水长度（km）	年入库水量（万 m^3）	年入库沙量	
							悬沙（万 t）	含沙量（kg/m^3）
下水库	488	8237	464	1486.2	10.7	8587	95.3	11.1
上水库	810	785.4	779	65.4				

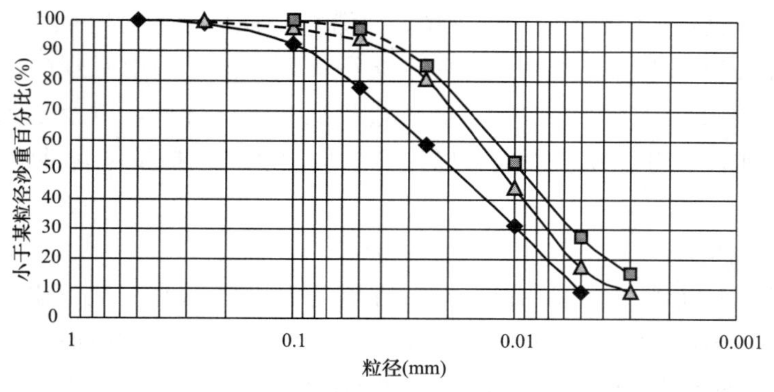

图3－4－2　张河湾抽水蓄能电站过机泥沙颗粒级配曲线

◆—进库；■—电站：入库流量 $Q=50m^3/s$；△—电站：入库流量 $Q=2070m^3/s$

表 3-4-3　　张河湾抽水蓄能电站过机组泥沙的特征值

年份	试验序号	Q_r (m^3/s)	S_r (kg/m^3)	S_g (kg/m^3)	D_{50} (mm)			过机组		备　注
					入库	过机组	过机/入库 (%)	大于 0.05mm 的百分数 (%)	大于 0.02mm 的百分数 (%)	
1963	12	2070	24.50	0.86	0.0205	0.0157	77	8	27	试验系列为 1960～1989 年
1973	53	50	38.17	0.16		0.0052	25	14	27	
1967	100	50	89.60	0.18		0.012	59	15	27	
1973	121	50	38.17	0.15		0.0019	44	8	28	

b. 板桥峪抽水蓄能电站。板桥峪抽水蓄能电站修建在中沙的白河干流上，入库水沙年内分配很不均匀，主要集中在汛期。汛期（6～9 月）来水量约占年水量 70%，来沙量约占年沙量 99%，而且是大水挟大沙。上水库位于白河右岸的板桥峪沟沟源，几乎无泥沙入库。该电站的特征值见表 3-4-4。中国水利水电科学研究院泥沙所曾受托进行泥沙物理模型试验（水平比尺 280，铅直比尺 70，变率为 4），通过试验给出的过机含沙量见表 3-4-5。

表 3-4-4　　板桥峪抽水蓄能电站特性

名　称	正常蓄水位 (m)	相应库容 (万 m^3)	死水位 (m)	相应库容 (万 m^3)	回水长度 (km)	入库水量 (万 m^3)	入库沙量	
							悬沙 (万 t)	含沙量 (kg/m^3)
下水库	242	3929	233	2087	16.5	44781	103.7	2.32
上水库	620	617.7	580	56.2				

表 3-4-5　　板桥峪抽水蓄能电站运行不同时段过机水流含沙量统计

时段 (年)	汛期平均 (kg/m^3)		年平均 (kg/m^3)	最大 (kg/m^3)	各级过机含沙量 (kg/m^3) 出现天数 (d)					
	6～9 月	7～8 月			0	0～0.1	0.1～0.5	0.5～1.0	1～2	>2
1～10	0.018	0.027	0.007	0.42	82.6	37.1	1.3	0	0	0
11～20	0.066	0.099	0.024	1.32	41.1	59.4	20.6	0.7	0.2	0
21～30	0.082	0.110	0.033	0.60	65.8	0	56	0	0	0
31～40	0.354	0.435	0.14	10.84	43.3	2.1	67.9	9.4	0.3	1
41～50	0.265	0.389	0.104	4.82	56.3	0	50.3	11.7	0	3.7
1～50	0.157	0.212	0.062	10.84	58.0	20	39	4	0	1

根据新建工程（电站）特性及入库水沙特点，选择相应的类比工程，通过入库水沙、库容等参数类比，估算出电站过机含沙量。

(2) 过机泥沙颗粒分析。水库运用初期，电站前淤沙高程较低，电站的进沙粒径相对较细，但随着水库运行年限的增长、泥沙淤积增加，进入电站的泥沙粒径有所变粗，见图 3-4-3 及表 3-4-6。此外，表 3-4-3 显示张河湾抽水蓄能电站过机泥沙粒径特征值可供参考。新建抽水蓄能电站，其过机泥沙粒径一般宜由泥沙物理模型试验给出，但当条件不具备时，也可根据相关工程试验成果类比。根据新建电站特性、水库形态及入库水沙特点，选择类比工程。并通过对类比工程的进库泥沙（颗粒）粒径与过机泥沙粒径的关系分析，类比新建工程的过机泥沙级配或粒径。

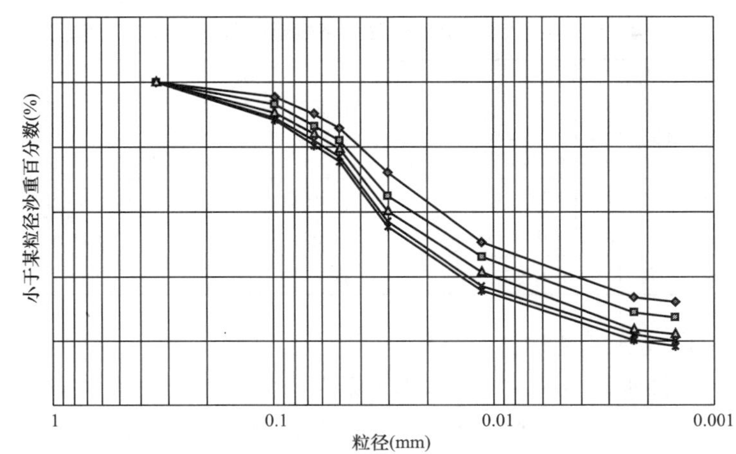

图 3-4-3　板桥峪抽水能电站过机泥沙颗粒级配曲线图

◆—1～10 年；■—11～20 年；▲—21～30 年；×—31～40 年；✱—41～50 年

表 3-4-6　　板桥峪抽水蓄能电站不同时期过机泥沙颗粒级配表

粒径（mm）	小于某粒之沙量百分数（%）				
	1～10 年	11～20 年	21～30 年	31～40 年	41～50 年
0.3398	100	100	100	100	100
0.0982	95.5	93.1	90.5	89	88.3
0.0649	90	86.5	84	81.9	80.5
0.0498	85.8	82	79.5	77	75.5
0.0302	72.2	65	60.2	57	55.4
0.0113	50.6	46.2	41.5	37.1	35.7
0.0023	33.6	28.8	23.5	22	20.2
0.0015	32.2	27.3	22.1	20	18.4
中数粒径（mm）	0.011	0.014	0.017	0.022	0.24
平均粒径（mm）	0.0281	0.0352	0.0417	0.0460	0.0482

（3）泥沙过机历时分析（各级含沙量过机天数分析）。进入下水库的水流泥沙，由于流速的减缓而沿程沉积，到达电站的进/出水口处的泥沙可能被电站抽水的水流挟带进入上水库，在上水库没来得及沉积的泥沙又随发电水流返回下水库，周而复始。统计张河湾、板桥峪抽水蓄能电站物理模型试验各级含沙量过机历时的成果见表 3-4-7 与表 3-4-8。同表录入相应入库水文站（或坝址附近水文站）各级含沙量出现的天数。根据新建工程（电站）特性及入库水沙特点，选择类比工程进行类比。具体做法是：根据类比工程的不同入库水流含沙量及其对应的过机水流含沙量，计算出入库水流含沙量与过机水流含沙量的比值，然后根据历年入库水沙资料，统计各级含沙量出现天数（或换算成无单位的万分率），进而用计算出的比值换算成各级含沙量过机天数。

表 3-4-7　　张河湾抽水蓄能电站各级含沙量入库过机历时表（多年平均）

S（kg/m³）			0.1	0.2	0.4	0.5	1.0	1.5	2.0	2.5	3.0	3.3	5	10	30	40	50
入库	T_r	(d)		5.54		40.7	33.9		27.2		23.7		20.0	14.5	10.1	6.8	3.4
		(‱)		1518		1115	929		745		649		548	397	277	186	93
垭口	T_j	(d)	1.08	0.32		0.2	0.13	0.10	0.07	0.07	0.05	0.05					
		(‱)	29.7	8.7		5.5	3.5	2.6	1.9	1.6	1.4	1.2					
	T_r/T_j			174		203	265		392		464						
过坝	T_g	(d)	30.4	23		16.3	11.6	9	6.7	6	5.2	4.8					
		(‱)															
	T_r/T_j			2.4		2.5	2.9		4.1		4.6						

表 3-4-8　　板桥峪抽水蓄能电站各级含沙量入库、过机历时表（50 年平均）

S（kg/m³）			0.1	0.2	0.4	0.5	0.6	0.8	1	2	4	5	6	8	10	20
入库	T_r	(d)	108.7	78.7	51.6		41	38.4	30.9	20.8	11.2		7.5	6	4.6	
		(‱)	2978.6	2156.7	1413.7		1122.2	954.5	847.7	569.3	306.9		204.4	164.4	126	
过坝	T_g	(d)	27	17.4		10.6			6.7	3.7		1.4				
		(‱)	739.7	476.7		290.4			183.6	101.4		38.4				
	T_r/T_j		4	4.5					4.6	5.6						

4. 上水库泥沙淤积估算

纯抽水蓄能电站的上水库多系在沟源修坝或山顶夷平面开挖与围堤成库，其坡面汇流很少，泥沙来源主要是电站抽水时从下水库挟带而来，通过电站的过机泥沙可通过物理模型试验确定或应用前述的泥沙过机分析方法估算。电站抽水至上水库，水流上冲、扩散，主流周围形成回流（见图 3-4-4），而且水流紊动，流速随水位上升而递减，导致泥沙在扩散中散布全库，在流速降低中落淤。由于流态复杂，流向具有不确定性，通常计算时不考虑流速因素，将上水库作为沉沙池处理。因此，上水库泥沙淤积计算法可采用静水沉降法（或动水沉降法），并应计及水位日变幅与抽水蓄能电站抽放（发电）水的影响。

（1）上水库来沙量与淤积量估算。上水库的来沙量与淤积量可通过泥沙模型试验确定或通过以下公式计算。

1）上水库年来沙量

$$W_{sy}=W_{sd}\cdot t=W\cdot S_g\cdot t \tag{3-4-18}$$

图 3-4-4　十三陵抽水蓄能电站上水库流态示意图

式中　W_{sy}、W_{sd}——年沙量与日沙量；

W——从下水库抽水到上水库的日水量，一般相当于上水库的调节库容；

S_g——过机含沙量；

t——年内泥沙过机历时。

2）上水库年淤积量

$$W_{syy}=W_{sy}(1-p)=W\cdot S_g\cdot t(1-p) \tag{3-4-19}$$

式中　p——过机泥沙颗粒级配中小于某粒径重量百分数，其确定详见算例。

（2）上水库泥沙淤积高程估算。假定上水库的泥沙淤积为水平淤积，则据 W_{syy} 查库容曲线便可得上水库的相应淤积高程。不同年限的淤积高程可按其累计淤积量查库容曲线而得。

5．计算实例

张河湾抽水蓄能电站下水库位于甘陶河上，年平均入库流量为 3.14m^3/s，悬移质年输沙量为 95.3 万 t，年平均含沙量为 11.1kg/m^3，正常蓄水位 488m，相应库容 8237 万 m^3；上水库位于电站附近山顶台坪上，正常蓄水位 810m，相应库容 785.39 万 m^3，水沙来自下水库。电站的运行一般每天抽水 7h，发电（放水）6h，抽水发电共 13h。

（1）下水库泥沙冲淤计算。采用武汉水利电力大学基于一维恒定非均匀饱和输沙模型编制的 SUSBED-2 程序进行泥沙冲淤计算，提交水库泥沙淤积纵断面（见图 3-4-5）、坝前与蓄能电站进/出水口的淤积高程及淤积后库容曲线（见图 3-4-6）等成果。

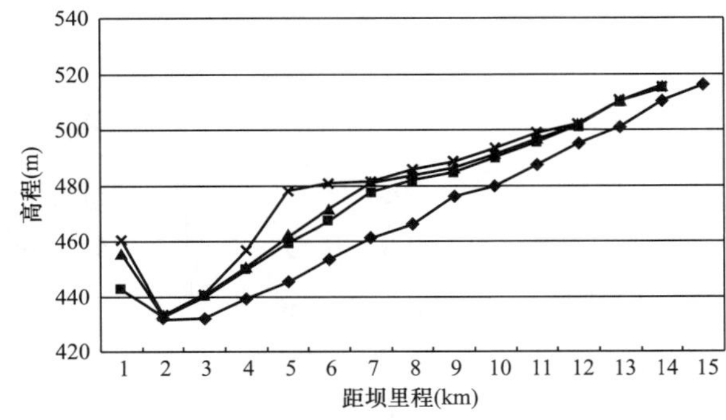

图 3-4-5　张河湾水库泥沙淤积纵断面图

◆—原始河床；■—淤积 10 年河床；▲—淤积 30 年河床；×—淤积 50 年河床

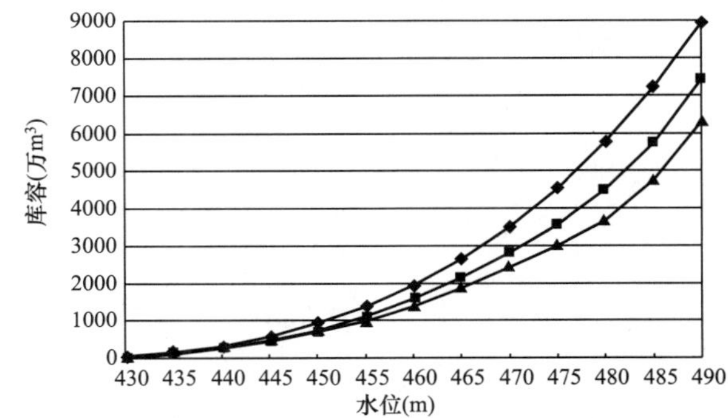

图 3-4-6　张河湾水库水位—库容关系曲线

◆—原始库容；■—淤积 30 年；▲—淤积 50 年

（2）过机泥沙含沙量及粒径。通过该电站的泥沙物理模型试验，得出过机含沙量与粒径，见图 3-4-2 及表 3-4-3。根据入库水沙及电站运行情况，参考表 3-4-3，过机含沙量采用 0.16kg/m^3；颗粒级曲线选用图 3-4-2 中的中线。

（3）上水库来沙量与淤积估算。上水库的泥沙来自下水库。从下水库抽水挟带到上水库的泥沙，经一段时间的沉淀，一部分粗颗粒泥沙淤积在库底，一部分细颗粒泥沙仍悬浮于水中随发电水流返回下水库。上水库的泥沙淤积采用静水沉降法估算。

1）年来沙量与年淤积计算。上水库年来沙量按式（3-4-18）计算。该电站过机含沙量 S_g 为 0.16kg/m³，日抽水量 W_c 为 720 万 m³，年泥沙过机历时为 62 天，经计算年来沙量为 71424t。上水库年可能淤积量按式（3-4-19），式中 p 按以下方法求得：

a. 落淤泥沙的最小粒径 d_{min}。抽水蓄能电站运行，每日抽水发电（放水）共 13h，则静水沉降历时（$t_j=t_d-t_c-t_f$）为 11h。设粒径 d 的泥沙在 11h 沉到库底，则沉降速度 $\omega=H/t_j$，H 为沉降水深，本例为 20m。经计算，泥沙沉降速度为 0.000505m/s。根据 ω=0.000505m/s 查《河流泥沙工程学》中表1-5“不同温度下泥沙粒径 d 与沉速 ω 的关系”，得相应颗粒粒径 0.0303mm（水温为 15℃），即为落淤泥沙的最小粒径 d_{min}。当 $d \geqslant d_{min}$，泥沙落淤；$d < d_{min}$，泥沙悬浮，并可能随发电水流通过水轮机返回下水库。

b. 泥沙落淤百分数（$1-p$）。由 d_{min}=0.0303mm 查过机泥沙颗粒级配曲线（见图 3-4-2）得相应的小于某一粒径沙重百分数 p 为 86%。按式（3-4-19）计算，上水库年淤积沙量约 1.0 万 t。若取泥沙干密度 γ_s 为 1t/m³，则上水库年淤积量为 1.0 万 m³。

2）泥沙淤积高程估算。根据年淤积量 W_{syy} 查库容曲线，便可得上水库首年泥沙淤积高程。其余不同年限的淤积高程按其累计淤积量查库容曲线而得。同理，该电站上水库泥沙淤积约 70 年才达死水位 779m 高程。

二、泥沙防治措施

抽水蓄能电站应采取相应的工程布置与工程措施、水机抗磨措施及合理的电站运行方式，以延长水库与水泵水轮机的寿命。从长远来看，加强水土保持工作也是一项重要的治理措施。

（一）工程布置与工程措施

选择电站进/出水口位置应远离泥沙淤积体推进方向的区域，而且应布置在不致因泥沙淤积而影响其使用寿命的区域，宜尽量靠近坝前（排沙漏斗影响区）。合理的防沙工程布置（措施）是减少过机泥沙、减轻水机磨损和上水库淤积的重要措施。工程布置可考虑在拦河坝设置泄洪排沙设施等，还应考虑采用如下工程措施：

（1）电站进/出水口前缘设挡沙坎，机组引用上层含沙量较低的水，适用于所有抽水蓄能电站的防沙。

（2）河道上设两道坝形成少沙或无沙区作为抽水蓄能电站专用下水库，上坝（即拦沙坝）壅水形成一般性水库或滞洪库，并通过隧洞或明渠泄洪排沙。呼和浩特与张河湾抽水蓄能电站下水库（见图 3-4-7、图 3-4-8）是该形式的典型。

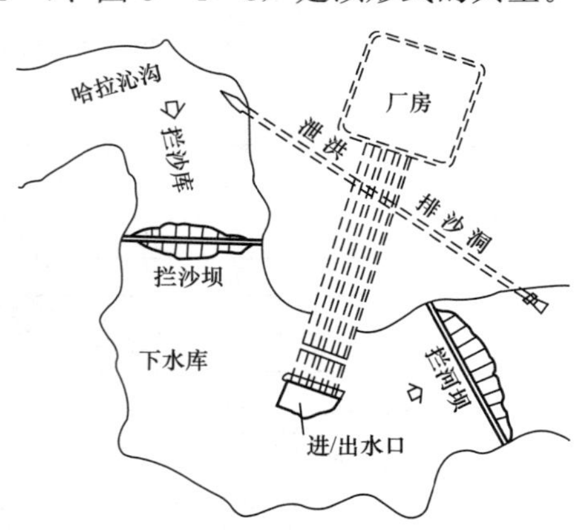

图 3-4-7　呼和浩特抽水蓄能电站下库平面布置

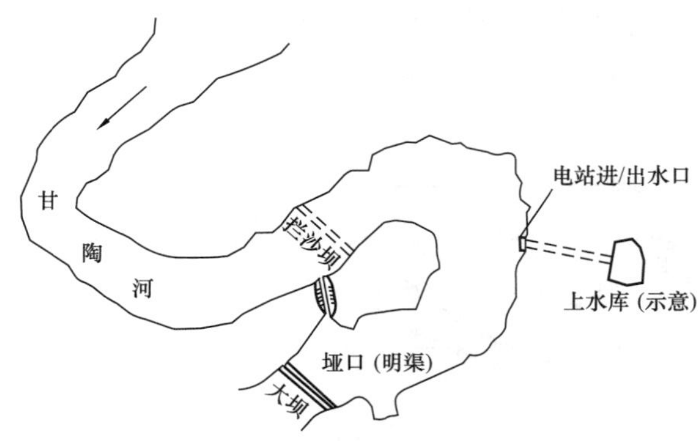

图 3-4-8　张河湾抽水蓄能电站下库平面布置

（3）从河道无坝取水，除在引水口设置防沙措施外，在引水道至下水库途中设置沉沙池，以减少入库泥沙。如西藏自治区羊卓雍湖抽水蓄能电站，从雅鲁藏布江取水，通过沉沙池使江水中粒径大于 0.01mm 的泥沙沉降 80%以上，从而减少过机泥沙及羊卓雍湖的泥沙淤积。表 3-4-9 列出我国部分纯抽水蓄能电站下水库泥沙情况及防沙排沙措施供参考。

（4）水机采取抗磨措施，以延长机组寿命。

1）合理选用机组机型，优化机组结构，选择较低的参数和合理的流道、结构形式。

2）选用抗磨性能较好的材料及表面保护方式，采用材料整铸、耐磨材料喷涂或涂敷防护材料，提高水轮机过流部件的抗磨性能。

表 3-4-9　　抽水蓄能电站下水库泥沙情况及处理措施

工　程　项　目	呼和浩特	西龙池	张河湾	板桥峪	蒲石河	宝泉	泰安一级	广州
多年平均径流量（亿 m^3）	0.229	4.0776	0.8587	—	7.48	1.011	0.1913	0.1716
多年平均悬移质沙量（万 t）	3.35	715	95.3	98.7	43.9	11.58	1.7	0.195
多年平均含沙量（kg/m^3）	7.9	17.53	11.1	2.21	0.587	1.14	0.889	0.114
6～9 月多年平均含沙量	—	30.12	16.91	—	—	—	—	—
实测最大含沙量（kg/m^3）	42	—	—	44.5	19.0	—	—	—
悬移质中值粒径（mm）	0.013	0.035	0.0205	0.025	0.062	0.033	0.0245	—
悬移质平均粒径（mm）	0.04	0.048	—	0.065	0.071	—	—	—
多年平均推移质沙量（万 t）	0.137	71.5	20.97	16.8	17.1	4.96	0.68	0.049
推移质中值粒径（mm）	2.6	—	2.8	27.0	61.0		0.58	—
额定水头（m）	513	624	305	345	—	—	220	—
额定转速（r/min）	500	500	333.3	375	—	500	300	—
泥沙中硬矿物质含量（%）	90	—	49	77	—	29	93	—
硬矿物质主要成分及形状	石英和长石 圆 12.7% 棱 78.5% 尖 8.8%	—	石英和长石 圆 80% 棱 15% 尖 5%	石英和长石 圆 31.2% 棱 68.8%	石英 52.1% 长石 24.7%	白云石 38% 石英 24% 方解石 20%	石英 35% 长石 58%	—
多年平均过机含沙量（kg/m^3）	0	0	0.15～0.18	0.007～0.14（年） 0.018～0.354（汛期）	0.006～0.038	0.08	0.0027	—
防沙排沙措施	设拦沙坝，形成电站专用下水库及滞洪水库（汛期滞洪，非汛期蓄水）加泄洪排沙洞	设岸边库，与原河道浑水分开。水库引泉水（清水）	设拦沙坝，堙口排沙明渠及拦河坝泄洪表孔、中孔、底孔和冲沙底孔	设拦沙潜坝，下水库进/出水口挡沙坎和沉沙池。当泥沙淤积与拦沙潜坝齐平，加高拦沙潜坝，增设泄洪排沙洞。蓄清排浑	设溢流坝，泄洪排沙闸，下水库进/出水口导流墙、挡沙坎和集渣坑。汛期库水位降至天然河道高程冲沙	设橡胶坝，开敞式溢流堰泄洪。7、8 月份橡胶坝不充水，非灌溉期（6 月中旬～9 月中旬）水库未达正常蓄水位时，电站不发电	设溢洪道、放水洞、下水库进/出水口挡沙坎	设溢洪道、下水库进/出水口挡沙坎

3）提高机组的制造质量与加工精度。

4）易磨损部件应便于拆卸和更换。检修中广泛应用近代新技术新工艺，并采用集中检修、机械化、自动化等提高检修部件质量。

（二）合理运行与管理

（1）合理运行、加强管理是减少水库泥沙淤积、过机泥沙浓度与降低过机泥沙粒径及减少水机磨损的有效措施。应采用合理的运行方式，尽量减缓淤积（三角洲或非典型三角洲）的推进速度，避免电站进/出水口泥沙的大量淤积，并在运行中注意以下问题：①提高管理水平，合理进行电力调度和负荷分配，使机组保持优良工况运行；②应尽量避免水泵在超低水位运行；③水、沙、电协调调度，洪峰沙峰期间应避沙峰运行，（必要时）短时间停机排沙（停机排沙是减少水库淤积与过机泥沙的有效途径，但是它影响电网的调度与发电效益，宜慎重选择）；④及时检修与定期检修相结合。

（2）泥沙观测。泥沙观测可为电站的合理运行提供基本资料和依据，同时掌握水库淤积状况（数量、部位、形态、组成）和过机泥沙（含沙量、粒径）状况，可为今后类似电站的设计借鉴。

1）观测项目。一般包括：①入库水沙测验，观测的项目为流量、含沙量、泥沙颗粒组成。②电站进/出水口及出库泥沙测验，观测的项目为抽水蓄能电站抽、放水过机含沙量和过机泥沙颗粒组成，电站进/出水口处含沙浓度分布；水库出库流量、含沙量和颗粒组成。③库区地形（冲淤）测量，测量泥沙淤积后的上、下水库库区地形（包括进/出水口处冲淤形态）、淤积物的颗粒组成与容重，绘制水位库容曲线。④必要时进行异重流运行测验，项目主要有水深、流速、含沙量、泥沙级配、水温、异重流厚度与宽度。

2）测验方法。入库水沙和出库泥沙观测，电站进/出水口及水库淤积的测验方法与精度见SL 339—2006《水库水文泥沙观测规范》。库区冲淤地形测验方法采用断面法，对库区布设的固定断面进行测量。淤积范围较小的上水库也可考虑采用地形法测量淤积。

3）测验频度。入库水沙，电站进/出水口及出库泥沙的测验频度应根据本工程的具体情况参照GB 50159—1992《河流悬移质泥沙测验规范》拟定。抽水蓄能电站运用初期过机泥沙及水库泥沙淤积相对较少，可适当减少测次，但后期须随其库容淤损增大而增加测次。水库淤积观测应于电站建成前（水库蓄水的当年）施测一次。下水库库区冲淤地形测验频度，一般宜每年施测一次，遇大水大沙年份则在洪水期前后适当增加测次；而上水库库区淤积地形测量频度，一般宜每五年至少施测一次。

（三）水土保持措施

水土保持措施是在水土流失区为防治水土流失，保护、改良和合理利用水土资源，改善生态环境所采用的工程措施、林草措施、农业技术措施和管理措施。实践证明，开展流域水土保持是减少流域产沙量和入库沙量、防止水库淤积的根本措施，也是减少过机泥沙与减轻水泵水轮机磨损的重要措施。汾河水库上游40多年以来采取水土保持措施，年均拦截入库泥沙400多万m^3，减沙率超过50%，达到了初步控制汾河水库淤积的目的。中小流域水土保持综合治理表明，蓄水保土缓洪效益显著。太平溪小流域地处三峡库首湖北省西部、长江西陵峡北岸，土地总面积26.14km^2，海拔高程80～1321m。流域出露地层为花岗岩、花岗片麻岩，经长期风化和成土作用发育成黄壤和黄棕土壤类型。通过10年的综合治理，流域森林覆盖率达72%，可减少径流量18.9%～25.75%，输沙模数较治理前减少81.2%，减少直接入河（江）泥沙45%～74.12%，可提高土壤田间持水量25.75%～33.9%，降低洪峰值22.6%，枯水补给河道能力提高7%。袁建平等人的试验结果（见表3-4-10）表明：小流域林草植被具有良好的减水减沙效益，随着林草植被覆盖度的增加，减流减沙效益逐渐提高，特别是当覆盖度达60%以后，林草植被的减流减沙效益更加明显，但减流效益远不如减沙效益显著。

表3-4-10　　不同覆盖度下林草措施减水减沙效益

覆盖度V（%）	100	85	70	60	40	20	0
减流效益（%）	80.78	59.75	46.27	24.77	17.53	16.51	0
减沙效益（%）	99.3	98.77	96.48	80.41	53.45	27.89	0

注　引自“不同治理度下小流域正态整体模型试验——林草措施对小流域径流泥沙的影响”（袁建平，等）。

第四章

抽水蓄能电站建设与环境

抽水蓄能电站建设与环境，主要指抽水蓄能电站建设和运行中涉及的自然环境、生态环境和社会环境，包括环境保护、水土保持和征地移民的有关内容。建设抽水蓄能电站，必然会产生环境影响，这些影响既有有利的环境影响——将带来环境效益，也有不利的环境影响——将带来环境损失。正确地分析、预测和评估抽水蓄能电站建设的环境影响，对不利的环境影响采取有效措施进行减免，是环境保护工作的主要内容。

第一节　抽水蓄能电站的环境保护

随着经济建设与环境的矛盾日益突出，我国的环境保护工作逐步得到重视和加强。抽水蓄能电站的环境保护工作基本是与我国的环境保护工作要求同步开展的。在20世纪80年代，我国第一批大型抽水蓄能电站，如广州、十三陵、天荒坪等电站先后完成了环境影响报告书，在90年代的施工建设过程中实施了环境保护措施，并且通过了环境保护竣工验收。

进入21世纪，随着以人为本，全面、协调、可持续发展的科学发展观的提出，抽水蓄能电站的建设与环境保护结合得更紧密，在不断受到敏感环境问题制约的同时，响水涧、呼和浩特等抽水蓄能电站，采取了更加切实可行的环保措施，使电站建设与环境更加和谐。

一、我国抽水蓄能电站环境保护的特点

(1) 具有较为显著的环境效益。抽水蓄能电站通过能量转移，可使低谷电能或剩余电能变为尖峰时高效的电能，可减少系统中火电装机，同时还能改变电力系统中火电机组的运行条件，使煤耗减少，并减少火电的有害气体排放量，环境效益较为显著。

(2) 淹没损失小，移民少。由于抽水蓄能电站多是利用已建的水库作为水源库，需新建水库时库容也较小。因此，相对于常规水电站，抽水蓄能电站的淹没损失小，移民少，移民带来的社会环境问题较小。

(3) 环境影响主要发生在施工期。由于抽水蓄能电站的上、下水库大多是利用支沟建设或利用已建的水库，因而新产生的大坝阻隔作用和运行的环境影响普遍不明显，环境影响主要发生在施工期。

(4) 主要的制约因素为水源地、自然保护区和风景名胜区。由于抽水蓄能电站建在有山有水、距离负荷中心近的地方，可能会存在与自然保护、景观旅游、水源地保护等的矛盾。这就需要进行充分论证协调，理清轻重缓急、近期利益和长远利益等多种关系。

(5) 环保措施较为落实。由于抽水蓄能电站距负荷中心较近，各方的监督和管理较严，环保措施较为落实。

(6) 景观建设和水土保持要求高，水土保持投资在环保措施中所占份额较大。抽水蓄能电站的水土保持和景观建设要综合考虑美化、景观、旅游等因素。水土保持投资占环境保护投资的份额较大。

总之，抽水蓄能电站总体上属于环境影响较小、清洁的能源建设项目。

二、不同阶段环境保护的主要内容

抽水蓄能电站的环境保护主要是协调工程建设、运行与环境的关系，实现和谐、可持续发展的目的。我国关于建设项目环境管理的制度主要包括环境影响评价制度和环境保护措施的“三同时制度”。环境影响评价制度对建设项目的前期工作进行管理，主要体现在环境影响报告书及其审批制度上；“三同时”制度是指“建设项目中防治污染的设施，必须与工程同时设计、同时施工、同时投产使用。防治污染的设施必须经原审批环境影响报告书的环境保护行政主管部门验收合格后，该建设项目方可投入生产或者使用”。不同阶段环境保护工作的内容有所侧重。

(1) 选点规划阶段。主要工作内容：对各规划站址的环境影响进行初步预测评价，分析不同站址的环境影响差异，从环境影响角度提出站址选择意见，对近期工程从环境角度初步分析其建设的可行性。关键的工作就是要在规划选点阶段明确环境敏感区域，如自然保护区、风景名胜区、水源保护区等，并尽量避开环境敏感区域，以免给以后各阶段的工作带来损失。

(2) 预可行性研究阶段。主要工作内容：查清主要环境影响因素，开展初步环境影响评价工作，估算环境保护（包括水土保持）措施的费用。关键的工作就是初步确定是否存在重大的环境制约问题，主要的环境影响及应采取的对策措施。

(3) 可行性研究阶段。建设单位委托具有环境影响评价证书的单位，编制环境影响报告书，由国家环境保护主管部门进行评估并审批。在必要情况下，还会开展一些专题环保科研工作。环境报告书对重点环境问题一定要研究清楚，并提出有效的环保措施，满足最新的环保要求。环境影响评价报告书的审批文件将作为项目核准的必要附件。在可行性研究阶段开展环境保护设计工作，成果作为可研报告的篇章，并将水土保持的设计成果作为环境保护的一部分纳入，编制环境保护措施概算。

(4) 招标设计阶段。开展环境保护和水土保持的招标设计，确定各个分标方案需开展的环境保护工作，将可行性研究阶段的环境保护措施分解到各个工程标中，编制标书中的环境保护条款并计算相应费用标的。如果有环保的专项标，需开展专项标的招标设计。

(5) 施工详图设计阶段。开展环境保护的施工详图设计。建设单位委托监理部门开展环境保护监理，委托监测部门开展环境监测。建设单位落实各项施工期环境保护措施。

(6) 竣工验收阶段。建设单位委托具有环境影响评价资质证书的单位编制环境保护验收调查报告，向审批该项目环境影响报告书的环境保护主管部门提出环境保护设施竣工验收申请。

(7) 运行期。运行管理部门应落实各项环境保护措施。

三、环境影响评价及环境保护措施

（一）环境影响评价

环境影响评价包括环境质量现状评价和环境影响预测评价。对抽水蓄能电站建设进行环境影响预测评价，一般分两种情况：①评价没有采取环保措施情况下对环境要素的影响，如对水土流失的影响；②预测采取环境保护措施后的环境影响，如对地表水的影响，一般是分析达标排放后对地表水的影响程度和范围。对预测结果应进行环境影响评价。

(1) 特殊性与普遍性。每一个具体工程的环境影响是不同环境要素影响的组合，由于工程所处环境不同，其环境影响的种类是不同的，环境保护的要求也不同，因而环境影响报告书编制和环境保护措施设计的难度亦不同。每个抽水蓄能电站所处的环境不同，遇到的环境问题总体上是不一样的，但又都是由一定类型的环境问题组合而成的，每一类型环境问题的基本规律是相同或相近的，解决措施也是相近的，可以由点代面，在一二个具体工程突破后，通过形成典型案例，进而普遍推广到每个工程中去。

(2) 有利性与不利性。抽水蓄能电站最普遍的有利环境影响是清洁能源效益，比较普遍的有利环境影响是改善基础设施和景观旅游效益，还有一些有利环境影响，包括提高防洪能力、增加灌溉面积、供水、养殖等，但不具有普遍性。抽水蓄能电站主要的不利环境影响包括对地表水、生态、景观、水土保持的影响，有些电站还会遇到对环境敏感区（自然保护区、风景名胜区、水源保护区）、重要的专项设施（如电视差转台、气象台、地震台）、地下水的影响，环境地质问题和环境风险，对原有水库运行产生的影响，对人群健康的影响等。环境影响评价应重视不利环境影响的研究，但也不能忽视有利环境影响的认识。研究不利环境的影响，无疑是环境影响评价的重点，是为了促进工程的经济、社会、环境协调发展，避免环境因素成为工程建设的制约因素。但如果不重视对环境效益的研究和宣传，将会给社会各界造成水电工程对环境有害无利的印象，这同样会对抽水蓄能电站的建设和水电行业的发展带来负面影响。

(3) 理论性与实践性。环境影响评价和环境保护措施是实践性很强的工作，需要通过不断地实践，总结、完善和提高的。主要的手段之一是环境监测，污染治理措施的效果可以通过环境监测立刻做出判断，生态保护措施效果的判断则较复杂，但是也能够通过生态监测、水土保持监测等进行评价。环境影响评价的正确与否，环境保护措施的效果如何，只能通过实践检验。环境影响评价报告书是主要技术文件，它的目的和重点应该是为环境管理决策和工程建设的环境保护实践提供依据，可以在评价中对一些重要的环境问题开展科研，但环境影响评价报告总体上不应是科研报告。当然，环境影响预测需要建立在扎实的理论基础上，在评价中应采用较为成熟的、得到广泛认可的预测模型和预测方法来进行，不宜采用太前沿性的探索性方法，应严格遵守环评导则和评价规范。总体而言，在环境领域，尤其在生态影响研究领域，还有很多基础理论需要研究，但并不影响工程的建设和相关环境保护措施的实施。

(二) 环境保护措施

为减免工程环境不利影响，环境保护措施是非常重要和关键的。环境保护措施选择正确与否，是决定工程环境保护效果的前提和关键。据不完全统计，目前抽水蓄能电站的环境保护（包括水土保持）投资占工程的投资比例仍偏低，一般为1.5%左右。

环境保护措施包括预防、减免、恢复、补偿、管理、科研、监测或替代、避让等对策措施。“三废一噪”等污染处理措施属减免措施，生态保护措施以恢复和补偿措施为主，预防、替代、避让等措施在规划选点、选址、选线等早期阶段用得较多，保护环境的效果可能更大一些。

四、生产废水、生活污水的处理措施

施工期生产废水、生活污水将对地表水水质产生不利影响，需采取措施进行处理。

(一) 基本思路

(1) 确定处理工艺。

生产废水、生活污水的处理措施设计一般要经过技术经济比较，其中最重要的内容之一是选择处理工艺，污水处理工艺是由污染物的种类、浓度、污水排放强度和环境保护要求来确定的。污染物的种类取决于施工工艺和材料，污水的排放强度、污染物的浓度则由施工工艺和施工强度来决定。选用清洁的生产工艺，可以起到减少污染的作用。抽水蓄能电站工程施工中，清洁生产工艺包括：在砂石料加工中，采用“干法”加工比“湿法”加工可大大减少废水的产生；采用“乳化炸药”或“水胶炸药”代替“胺梯炸药”，可避免三硝基甲苯（TNT）污染物质的产生。工程的环境保护要求由环境保护部门根据工程区所在的环境功能区划和敏感程度，结合相应的环保法规、规划和标准确定。对工程产生的废（污）水及污染源，需通过多方案技术经济论证提出处理措施。应选择技术先进、可靠、经济合理、便于实施、保护和改善环境效果好的措施；废（污）水排放要满足排放标准和水体环境功能的要求，再生利用要满足再生利用水水质标准；优化水污染物排放口及排放方式。

(2) 处理设施的选择。同一种处理工艺，可采用构筑物或设备，应通过技术经济比较确定。采用环保设备主要有以下优点：①节省占地，水电工程多位于峡谷中，施工用地较为紧张；②能够满足处理效果，国内环保厂家生产的设备已经过市场考验，是可以满足废（污）水处理要求的；③投资也可接受，尤其是处理规模在1000t/h以下的情况，采用设备与采用混凝土构筑物的成本相差不大，而且污水处理投资在工程总投资中的比例并不大；④污水处理设备可以在多个工程中重复使用，实质上节约了整个行业污水处理的费用。如果采用构筑物，在施工结束后还要销毁，也是一种浪费。

(3) 借鉴其他行业的成果。水电工程的废（污）水，在其他行业环保工作中也都遇到，并且都有成功处理的案例和可借鉴使用的环保设备。水电工程的废（污）水处理应借鉴国内环保行业和其他行业废（污）水处理的经验，与国内的环保厂家加强合作。

(二) 地下洞室生产废水的处理

作为抽水蓄能电站的主要生产废水之一，地下洞室生产废水的处理，首先是在十三陵抽水蓄能电站有效开展的，并在其他抽水蓄能电站有所发展。

1. 地下洞室生产废水独立处理措施

十三陵抽水蓄能电站的施工生活污水系统纳入了当地的排水系统，主要废水为地下厂房开挖废水。

(1) 生产废水的种类和浓度。1993 年 4～6 月，对十三陵抽水蓄能电站地下厂房生产废水的水质情况共进行了 56 次监测，详见表 4-1-1。

表 4-1-1　　十三陵抽水蓄能电站地下厂房开挖生产废水监测成果　　mg/l

项　目	TNT	石油类	SS	COD_{Cr}	BOD_5
范　围	0.42～5.57	0.29～18.6	337.4～9106	6.9～142	
平　均	2.16	5.86	2985	73.72	
排放标准	2.0	10	150	150	30

(2) 处理工艺。根据废水的特点和处理要求，应选择有效、可靠、实用、经济的废水处理工艺，十三陵抽水蓄能电站施工废水及污泥处理采用的工艺流程，如图 4-1-1 所示。在处理流程中，废水格栅采用条距为 15mm 的人工格栅，去除废水中的机械杂质，沉砂池用以去除直径大于 0.2mm 的砂粒。调节池有利于调节废水的水质、水量，储存时间为 3.6～2.4h。废水再经一级提升进入反应池，经加碱调整 pH 值，再投药反应，反应池设搅拌装置，以保障药剂与废水充分混合和有利于反应完成，达到后续处理的要求。废水经沉淀，可去除大部分反应生成物（一般污染物），过滤和活性炭吸附可进一步去除剩余的一般污染物，使处理后水的水质达到设计要求。沉淀装置产生污泥，过滤过程排水中也含有较浓的处理产物。由于污泥的含水率很高，需经浓缩才能进行脱水，脱水后的污泥外运，作进一步的处理和最终无害化处置。污泥处理过程中产生的水可返回沉淀系统，以保证不产生二次污染。

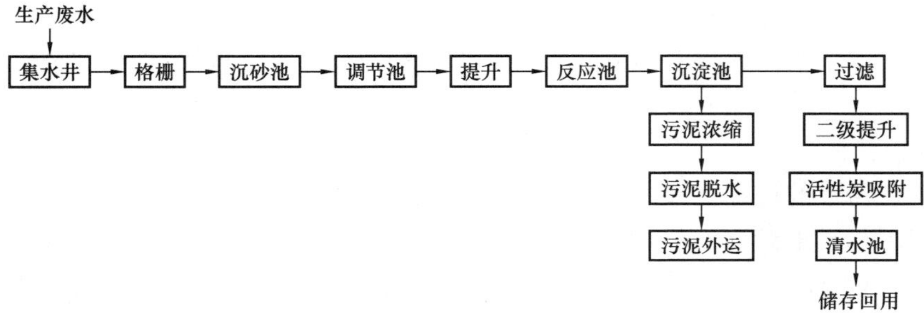

图 4-1-1　十三陵抽水蓄能电站地下洞室开挖生产废水处理工艺流程图

(3) 处理效果。监测数据表明：十三陵抽水蓄能电站地下洞室生产废水处理系统对污染物的去除效果较为理想，去除率均在 95%以上。尽管进水水质变化较大，但出水水质稳定，出水达标率为 100%，处理效果见表 4-1-2。

表 4-1-2　　十三陵抽水蓄能电站施工废水处理工程总去除效果

项　目	TNT	石油类	SS	COD
进水平均浓度 (mg/l)	2.16	5.86	2985	73.72
出水平均浓度 (mg/l)	0.06	0.08	未检出	2.97
平均去除率 (%)	97.22	98.63	100	95.97
排放标准	2.0	10	150	150

2. 施工废污水综合处理系统

(1) 环境保护要求。琅琊山抽水蓄能电站下水库利用已有的城西水库，该水库是滁州市的供水水库。在电站施工期，需确保施工期的生产废水、生活污水不排入城西水库，不污染水质。电站运行期严格控制石油类物质的排放，确保城西水库水质不受电站影响。为确保落实工程环境保护措施，该电站在国内较早地开展生产及生活污水处理系统工程专项招标设计，主要包括生产废水处理站、生活污水处理站及对外排水管道。

(2) 水质预测。琅琊山抽水蓄能电站施工期生产废水处理站主要处理地下厂房和尾水洞的开挖废水、混凝土养护水、渗漏水、灌浆废水。生产废水中的主要污染物质为三硝基甲苯、石油类、化学需氧量（COD_{Cr}）、pH 和悬浮物（SS）。其中石油类来源于开挖过程中开挖机械的漏油和交通洞内施工车辆的漏油，三硝基甲苯来源于炸药不完全爆炸及遗撒，化学需氧量是污水中石油类、二硝基甲苯、硫化物、亚硝酸盐、氨氮等还原性物质的体现，开挖和混凝土养护使生产废水中含有 pH 和悬浮物。预测污染源水质是确定处理工艺的关键。地下洞室的废水水质预测是很难的，因为它是开挖废水、混凝土养护水、地下水涌水混合而成的，单纯的开挖废水、混凝土养护水的水量和水质（pH、SS）较易确定，确定地下水涌水的水量难度较大，而三硝基甲苯、石油类、化学需氧量是溶在这些水中的，准确预测的难度也较大。地下洞室废水的水质是通过类比十三陵抽水蓄能电站的生产废水资料和施工强度来分析确定的。生活污水水质按南方中小城市生活污水水质考虑。

（3）处理工艺。针对地下洞室生产废水中的三硝基甲苯、石油类、化学需氧量、pH 和悬浮物，通过分析初沉池、气浮法、活性炭吸附、过滤、混凝沉淀、电絮凝法、混凝气浮的处理效果，并进行了“混凝沉淀＋电解＋过滤”工艺、“气浮＋过滤＋活性炭吸附”工艺和“混凝沉淀＋过滤”工艺等处理工艺的比较，确定以混凝、沉淀、过滤和活性炭吸附为主流程的废水处理工艺。在生产废水的几种污染物中，TNT 指标是控制性指标，要使其达到处理效果，现在较为成熟的工艺就是“絮凝＋沉淀＋过滤＋吸附”，并且可以使石油类、悬浮物和 COD_{Cr} 处理达标。生产废水处理工艺流程如图 4－1－1 所示。国内各环保厂家都有较为成熟的生活污水处理技术。根据污（废）水的来源、特性以及排放标准，结合运行期电站污（废）水处理需要，生活污水处理的工艺流程可采用：污（废）水汇集—格栅—曝气调节池—生物接触氧化池—二沉池—消毒—排放，如图 4－1－2 所示。为保证生活污水处理效果，粪便应预先经化粪池处理；食堂污水和机械设备停放场的含油废水预先通过除油器进行除油处理；含有固体污染物的废水预先进行固液分离，然后通过污（废）水管道集中送至生活污水处理站。生活污水处理可选用定型处理设备。经现场查勘，确定施工期生产废水、生活污水处理后排放至城西水库坝下市政排污口内。由于从污水泵站至城西水库坝下农灌渠距离有 2.7km 左右，且沿途有几个上坡，因此需采用压力管道，用水泵加压提升排放。生产废水从处理站起，经 1.4km 排污管在生活污水处理站内与生活污水处理站的排水管连接。

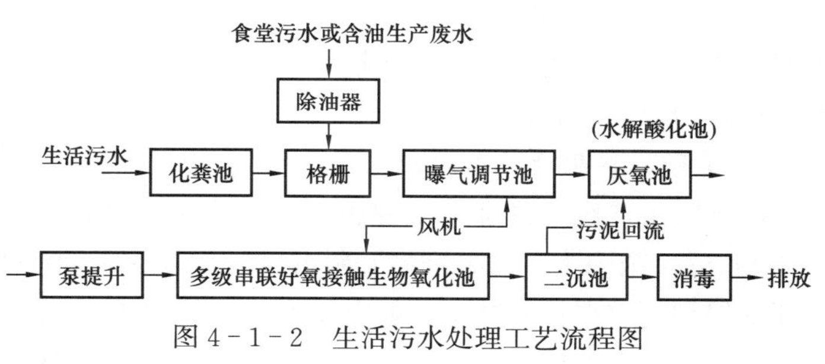

图 4－1－2　生活污水处理工艺流程图

（4）专项竣工验收。琅琊山抽水蓄能电站施工期生产及生活污水处理系统于 2003 年 7 月通过专项竣工验收，验收监测报告认为：生产及生活污水处理系统运行良好，处理结果满足排放要求。表 4－1－3 和表 4－1－4 所列分别为生产废水和生活污水处理后达到的效果。通过以上环保专项验收监测结果可以认为，预测结果基本满足了要求，对于控制污水的处理效果和处理范围起到了较好的作用；地下开挖废水中的悬浮物是较难预测的，但预测的精度还是很高的。由于施工尚未达到高峰期，生产废水中的石油类和 COD_{Cr} 还有提高的可能。由于施工中没有使用通常的岩石胺梯炸药，使地下开挖废水中不含 TNT，这也使实际的 COD_{Cr} 浓度与预测相比要偏低一些。地下洞室实际施工中，没有使用岩石胺锑炸药，而采用了水胶炸药，主要是出于安全考虑，因为岩石胺锑炸药产生的 CO 较多，地下洞室通风不好，容易产生安全事故。采用水胶炸药既安全又环保，不产生 TNT 等有毒物质。琅琊山抽水蓄能电站这方面的经验为此后国内在水源地等水环境敏感地区建设的工程所借鉴。

表 4－1－3　琅琊山抽水蓄能电站施工期生产废水处理效果　mg/l

污染物项目	TNT	pH	石油类	悬浮物	COD_{Cr}
预测平均值	8.2	9.5	17.2	2684	470
进水平均值	—	8.39～9.97	3.3	2721	85
处理后出水平均值	—	7.75～8.71	0.31	39.5	14.7
排放标准	2.0	6～9	10	150	150

表 4-1-4　　琅琊山抽水蓄能电站生活污水处理效果　　mg/l

污染物项目	COD_{Cr}	BOD_5	悬浮物
预测平均值	350	200	250
进水平均值	204	108.5	142
处理后出水平均值	25	4.8	25
排放标准	150	30	150

3. 污水处理零排放措施

板桥峪抽水蓄能电站下水库选址于白河干流上，距下游密云水库白河大坝约 45km。密云水库是北京市重要饮用水源地，根据饮用水水源保护的有关规定，禁止将未经处理的污水直接排入水体。在可行性研究阶段，该电站提出废水“零排放”的目标，设置完善的“雨污分流”排水系统，对施工期生产废水、生活污水收集、处理，达到排放标准后输送到专门建来用于储存达标水的大龙门沟水库，储水用于工程中循环使用，不向白河排放污水。

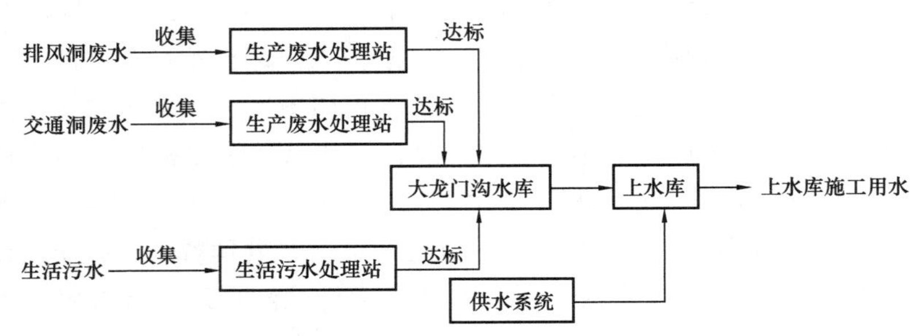

图 4-1-3　板桥峪抽水蓄能电站污水“零排放”工艺流程示意图

板桥峪抽水蓄能电站污水“零排放”工艺流程示意图如图 4-1-3 所示，生产废水和生活污水的处理工艺分别如图 4-1-1、图 4-1-2 所示。

采取有力的地表水环境保护措施，实现废水“零排放”，对减免该电站施工对当地水环境的影响，保护密云水库水质有着非常重要的作用，同时也为工程的环境影响报告书通过审批提供了重要保证。该工程目前尚未开工，“零排放”措施的效果还有待验证。

（三）砂石料生产废水的处理

砂石料生产废水是水电工程施工中的主要废水，特点是水量大，悬浮物含量高，可达到 20000～90000mg/l。国内水电站处理砂石料的常规设施为沉淀池等，但处理效果难以控制。对处于水源保护区等环境保护要求严格的抽水蓄能电站而言，从占地面积、处理效果、安装施工、污泥处理、操作运行、工艺、再利用等方面考虑，采用环保设备比采用传统的沉淀池具有优势。如考虑征地、场地平整、水资源费、减少供水规模设施费、设备的再利用等方面综合比较，砂石料生产废水处理采用环保设备的费用也可能比采用传统的沉淀池低。

DH 高效（旋流）污水净化器已成功应用于多种废水的治理之中。国内某环保所研制成功的 DH-MSQ 型含煤废水净化器可以处理悬浮物含量高达 30000～60000mg/l 的煤泥水，一次性处理后出水悬浮物为 10～50mg/l，化学需氧量<100mg/l。该设备在数十家煤炭洗选企业、煤矿、火电厂得到了较好的推广应用。

砂石骨料冲洗废水的水量、悬浮物浓度接近于煤炭行业的含煤废水，沉降性能优于含煤废水，完全可以采用 DH 高效（旋流）污水净化器的处理工艺。拟建的溧阳抽水蓄能电站已准备在砂石料生产废水的处理上选用该处理工艺。治理砂石骨料冲洗废水的工艺流程如图 4-1-4 所示。

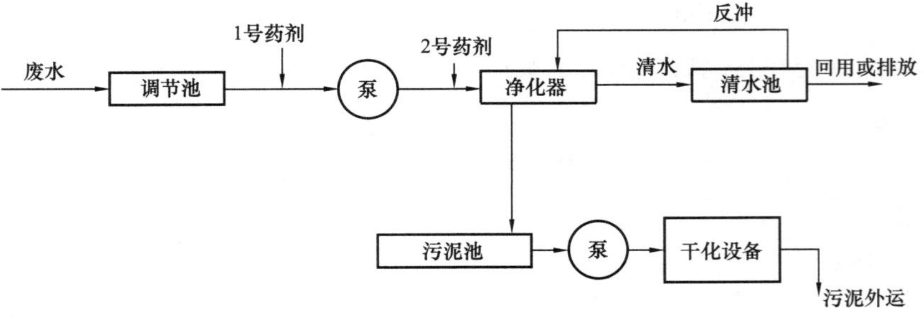

图 4-1-4　砂石骨料冲洗废水治理的工艺流程图

砂石骨料冲洗废水先进入调节池（调节池内可用曝气搅拌），经泵抽至净化器，同时利用负压原理，将药剂与废水一并吸入管道中初步混合，进入净化器（特殊废水可两点加药）。在净化器内经混凝反应、离心分离、重力分离、动态过滤及污泥浓缩等过程从净化器顶端排出净化后的净水，浓缩后的污泥从底部定时或连续排至污泥池，再用一台污泥泵抽至高频脱水筛脱水后外运。经过一段时间运行后，可开启反冲洗泵进行反冲洗。该产品取代了传统的搅拌混凝反应、沉淀、刮泥、提升、过滤、反冲、污泥浓缩等繁琐的工艺流程及构筑物体系。

（四）其他废水的处理

其他废水包括基坑开挖废水、灌浆废水、汽车保养厂机修废水、机械设备停放场冲洗废水、混凝土拌和废水等。

1. 基坑废水的处理

基坑废水包括坝基开挖和清基面、钻探灌浆、混凝土施工层面冲洗等废水，与围堰的渗水混合而成，废水量较大。根据国内外水利水电工程施工废水的监测资料分析，土石方开挖废水悬浮物含量为200～3000mg/l，pH值为6～8；钻探灌浆废水悬浮物含量为1000～8000mg/l，pH值为9～12；混凝土养护废水悬浮物含量为200～2000mg/l，pH值为9～12。

由上分析可见，坝基开挖和混凝土养护废水中主要超标指标为悬浮物、pH，其浓度较高，水质呈碱性，水量较大。在施工过程中，坝基开挖及混凝土养护废水都汇集在基坑内，与围堰渗水、自然降水混合后，污染物浓度有所降低，有些基坑废水已满足或接近满足《污水综合排放标准》。国内一些水电站基坑废水水质监测资料见表4-1-5。

基坑废水水质如超标（pH>9.0，悬浮物含量>70mg/l），可加混凝剂、助凝剂进行处理。pH>8.5时，混凝剂采用硫酸亚铁，助凝剂采用聚丙烯酰胺；pH≤8.5时，混凝剂采用硫酸铝，助凝剂采用聚丙烯酰胺。满足排放标准的基坑废水可以就近排放到河道。在环保要求高的情况下，需将基坑废水抽到专门的生产废水处理站中进行处理。

2. 灌浆废水的处理

琅琊山抽水蓄能电站帷幕灌浆废水中悬浮物含量为2000～3000mg/l，pH值为11～12，直接引入生产废水处理站进行处理。

3. 汽车保养厂生产废水的处理

施工期汽车保养厂产生的生产废水水量较少，根据汽车保养清洗工艺的不同，如用热水清洗，或用热水清洗完后再用冷水冲洗，产生的生产废水可分为碱性乳化含油废液和碱性乳化含油废水（见表4-1-6）。

表4-1-5　国内一些水电站基坑废水水质监测结果

工　　程	pH	悬浮物（mg/l）
铜街子水电站	9.7	76
江口水电站	11.51	17

表4-1-6　施工期汽车保养厂生产废水水质　mg/l

污染物项目	COD_{Cr}	石油类
碱性乳化含油废液	5000～50000	2000～50000
碱性乳化含油废水	1000～5000	300～1500

碱性乳化含油废液处理可采用“废液汇集—废液隔油池—处理槽—废水隔油池”工艺流程。碱性乳化含油废水处理可采用“废水汇集—废水隔油池—处理槽—回用或排放”工艺流程。汽车保养厂废水处理站的工艺流程如图4-1-5所示。国内已有环保公司较好地处理了汽车保养厂的生产废水。

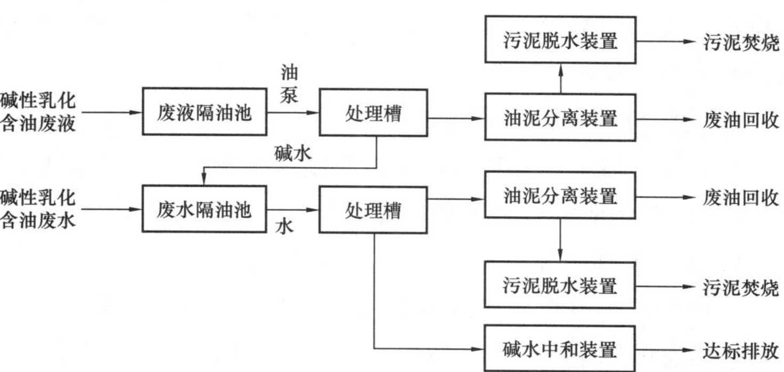

图4-1-5　汽车保养厂生产废水处理工艺流程图

4. 机械设备停放场冲洗废水的处理

机械设备停放场的冲洗废水水量一般较少，但较为集中，含量可参见表4-1-7。机械设备停放场的冲洗废水可与其他生产废水一起处理。

表 4-1-7　　车辆冲洗废水水质　　mg/l

污染物项目	COD_{Cr}	石油类	悬浮物
污染物浓度	200	12.2	1500

5. 混凝土拌和废水的处理

混凝土拌和废水的特点是水量较少，悬浮物含量为3000～5000mg/l，pH约为9～12。可采用“絮凝＋沉淀＋过滤”的处理工艺进行处理。国内也有相应处理设备的生产厂家。

6. 漏油废水的处理

蓄能机组漏油对地表水的影响，尤其是遇到水源地等敏感的环境保护目标时应引起充分关注，这是抽水蓄能电站在运行期可能存在的对水质影响的主要隐患。20世纪70年代蓄能机组的漏油主要部位是水轮机的轮叶和导叶、蝴蝶阀和调速器。目前，我国抽水蓄能电站的机组大多由国外厂家制造，其密封性能较好，石油类污染问题可能在机组检修时会出现。已通过环保竣工验收的十三陵等抽水蓄能电站，在竣工验收监测时地表水中未检出石油类指标。

《北京十三陵抽水蓄能电站环保设施竣工验收调查报告》认为：该电站机组由国外引进，在机组选型引进过程中，对设备的要求中已考虑不漏油的问题。机组运行的实际性能和实地考察，证明不漏油。国产主变压器及电气设备也已做到油不泄漏。主变压器室内有四台主变压器和两台厂用变压器，每台均隔离放置。每两台变压器设有事故油池一座。变压器绝缘油换油时，将油储存在油罐中，原量回收。部分操作阀件在检修中的泄漏油，通过管道集中至收油箱，然后集中进入主厂房下面的集油池。集油池与集水井紧邻。在集油池中进行油水分离，池中上层的油定期由漂浮泵抽出，回收处理后再次使用，下层的水靠集油池和集水井的水位差通过管道进入相邻的集水井内，到一定的水位后，水泵启动将水抽取至尾水调压井，排入下水库。该漏油处理设备运行正常。水环境监测未检出石油类指标，说明防废油污染设施的运行效果良好。十三陵抽水蓄能电站漏油处理工艺流程如图4-1-6所示。但抽水蓄能机组漏油的环境问题，还需在运行中进一步验证。

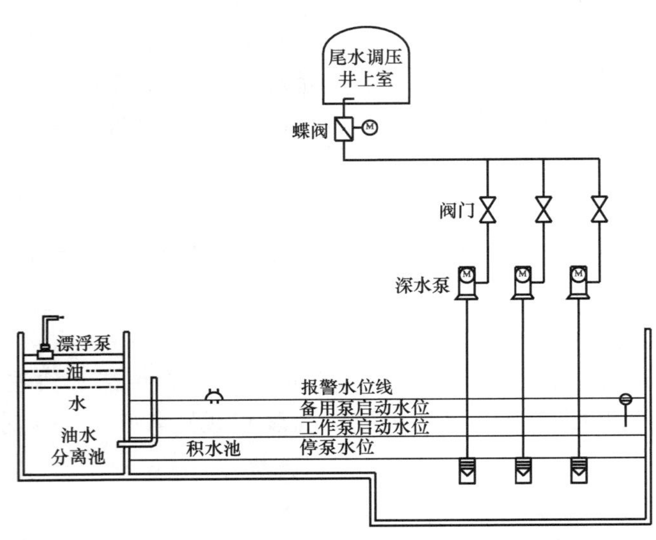

图4-1-6　十三陵抽水蓄能电站漏油处理工业流程示意图

对位于水源地等环保要求高的区域的抽水蓄能电站，在环保措施上应有更高要求，将油水分离池和集水井与石油类处理效果高的环保设备相联，对含油废水进行高效处理，处理后外排，不能排入水源地及水源保护区。

五、生态保护措施

生态保护措施内容较多，下面介绍几个具有抽水蓄能电站特点的生态保护措施。

（一）水生生态环境保护措施

1. 抽水蓄能电站对水生生态的影响

一般而言，由于抽水蓄能电站下水库库容较小，且大多利用已建好的常规水库作为下水库，因此对水生生态的影响较小。但对上、下库气温、水温相差较大的抽水蓄能电站的水生生态问题需引起重视。

1971年美国有人为了回答扩建一个抽水蓄能电站上水库可能对水生生物产生的影响问题，进行过一系列有趣的实验。他们建造了4个容量分别为600万加仑的试验性水池，为了模拟抽水蓄能电站水泵水轮机的运行，每分钟充、泄水两次，每次4200加仑，水池中养殖了各种经过精心挑选的经常出没于特拉华河托克岛区的观赏鱼。试验过程中，对鱼类在库水位正常和非正常波动之下的产卵、繁殖、死亡等情况一一进行了研究。在这个实验中发现，成年鱼在水位泄降后总会回来照料它们产卵的巢穴并能正常营建新巢穴，这说明鱼类能够适应一定水位波动的生活方式，并能在这种环境里顺利产卵和孵化。

美国密执安州立大学的水生和野生动物系曾对路丁顿抽水蓄能电站对生态的影响进行过深入研究，结论是，还不能看出抽水蓄能电站对生态有明显的不利影响。

2. 水生生态保护措施

美国1991年投入运行的巴德溪抽水蓄能电站，下水库建在杰开西湖上。该电站上水库建成后，下游的霍华河流量减少约一半，为维护霍华河中鲑鱼的生长环境，在水库岸边建一座最大流量 0.14m³/s 的多进水口泵站，设有几台潜水泵，可根据不同时段要求的水温和溶解氧决定取水深度，取水深度分别为 9m、27.4m 和 58m。

进厂公路原来是沿霍华河布置的，为减少对鲑鱼的干扰，改为沿上水库东北山脊通过。下水库杰开西湖上游的白水河是主要的鱼类资源区，该河还有急滩、深潭和瀑布，为保护其自然状态，将施工设施迁离该河两侧的保护区。

杰开西湖是深水湖泊，全年都保持低温且富有氧气，利于鲑鱼生长。为了防止巴德溪抽水蓄能电站夏季运行时表层暖水和深层低温水掺混，影响鲑鱼生长，经物理模型试验之后，在下水库进/出水口下游 488m 处建一道水下低坝，低坝顶部在杰开西湖满水位以下 13m。这样，当巴德溪抽水蓄能电站抽水时，只有杰开西湖的表层暖水被抽入；当电站放水发电时，上库较暖的水由于密度较低，越过低坝后也不会和下部密度高的低温水掺混，减少了夏季电站运行对鲑鱼栖息地的扰动。在保护鲑鱼生长环境的同时，表层较温暖的水又有利于鲈鱼、太阳鱼等鱼类的生长。

（二）下放生态用水的工程措施

在呼和浩特抽水蓄能电站设计中，采用了下放生态用水的工程措施。为确保电站工程初期蓄水和运行期补水时，不影响下游用水，在泄洪排沙洞闸门井的左侧设置一根 ϕ800mm 的旁通管，连通工作闸门的上、下游。在管中部安装两个直径 ϕ800mm 的电动蝶阀，互为备用，如图 4-1-7 所示。

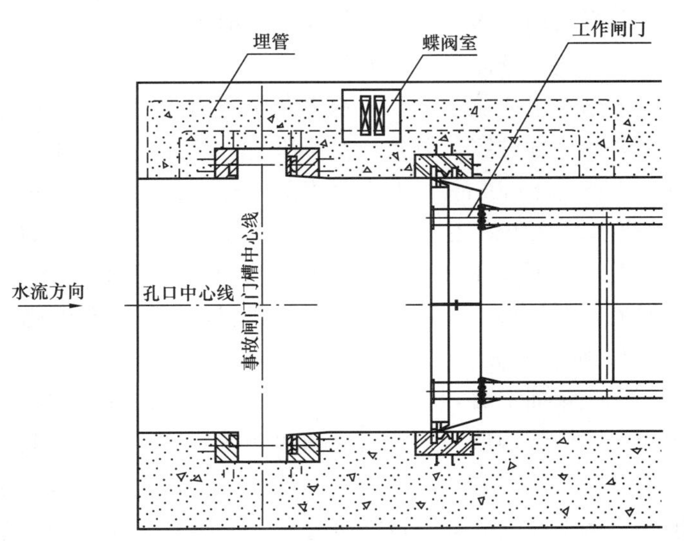

图 4-1-7　泄洪排沙洞泄放下游用水的方式示意图

蝶阀采用远方控制的方式，控制设备设在启闭机室内。通过埋管的最大下泄流量可达 5m³/s，满足下游灌溉和景观最大用水约 1m³/s 的需求。

（三）对自然保护区的调整与保护

抽水蓄能电站遇到自然保护区时，电站建设要与自然保护区规划相协调，或是抽水蓄能电站重新选址避开自然保护区，这种情况大多在规划选点阶段产生；或是经过论证，将自然保护区调整出项目建设区。

如呼和浩特抽水蓄能电站，1993年电站通过规划选点审查确定了站址；2003年工程区被批准为内蒙古自治区级自然保护区——大青山自然保护区，面积 2265.44km²。2004年7月，在呼和浩特抽水蓄能电站可行性研究工作前期，内蒙古自治区政府本着发展与保护并重的原则，将电站工程区调整出自然保护区范围，同时分别向东、西两个方向扩大了保护区的范围，扩大后的保护区面积达 4054.85km²，扩大比例达到 78.99%，且扩大部分的生境条件与原保护区基本相近，这对保护对象的保护是十分有利的。从生态学的角度看，在将工程区调整出保护区范围的同时，扩大保护区的总面积，且基本不改变保护区的结构和功能，又考虑了生态环境保护与经济发展的协调，在生态上是适宜的。

六、景观保护与建设措施

抽水蓄能电站在施工期可能会对景观产生不利影响，但投入运行后普遍会产生新的景点。在抽水蓄能电站的环境保护措施中，景观的保护措施也是非常重要的内容，可以增加新的景点，促进旅游和增加电站的知名度，它是和水土保持措施、绿化美化措施紧密联系的。广州抽水蓄能电站和浙江天荒坪抽水蓄能电站2004年均被国家旅游局命名为全国首批工业旅游示范点，十三陵抽水蓄能电站则更有代表意义。

（一）措施实例

北京十三陵抽水蓄能电站是国内最早全面开展环境保护工作的水电建设项目之一，它的景观建设和污染治理很有成效。该电站位于国家级风景名胜区内，目前电站的上水库和地下厂房已成为国家级旅游景点；电站的主要渣场——大峪沟渣场已建成为蟒山国家森林公园。2003年，十三陵抽水蓄能电站被评为“国家环境保护百佳工程”。

十三陵抽水蓄能电站距北京市约40km。在20世纪80年代规划十三陵风景区时，已将该电站纳入了风景区的规划。明十三陵是国家级文物保护单位，被评为世界上地面建筑群保留最完整的古代皇陵。十三陵水库属十三陵景区，驰名中外。根据北京市人民政府1985年批准的《北京市十三陵风景区总体规划》的要求，该风景区包括陵区和水库区两部分。

在十三陵抽水蓄能电站初步设计报告及补充报告中，充分体现了景观保护的设计内容，包括渣场治理、绿化美化及景观建设等。电站所处地区林木茂密，在施工布置中尽量减少施工用地及临时性设施，并将电站厂房、水道及开关站全部布置在地下，大大减少了工程对地表植被的破坏。

1. 天池景观

电站上水库位于十三陵水库左岸蟒山北坡上寺沟中，最大水面面积为15.93万m^2，是《十三陵风景区总体规划方案》风景点——天池。为了方便旅游及保护水质，环绕上水库铺设混凝土路面及防浪墙，周长达1630m。将上水库库盆周边的山坡、空地平整后种植草坪18000m^2，种植黄杨、侧柏等树木200余株。在山巅还建有北京最高的仿明古塔和彩绘长廊，登高远眺，可饱览青山秀水。

上水库不仅在水力发电中充当重要角色，还是美丽的人文景观——天池，池内碧波荡漾，岸边绿草如茵，每年都会吸引成百上千的野鸭，也不时有天鹅来此休憩。

2. 地下洞室景点建设

十三陵抽水蓄能电站地下厂房也是国家级旅游景点，它充分利用现代化大型抽水蓄能电厂独特的功能和建筑结构形式，在交通洞两侧安置了101个灯箱，为参观者设计了“地下千米电力科普长廊”。一路进去，仿佛走过百余年人们认识、使用电的历程。由于这里汇集了有关电力知识入门、电力工业概况、水力发电、抽水蓄能发电、十三陵蓄能电站等知识，该科普长廊还被科协评为“北京科普教育基地”。

3. 蟒山国家森林公园

十三陵抽水蓄能电站的主要渣场——大峪沟渣场堆渣量约70万m^3，已建成为蟒山国家森林公园，人工造林面积8000hm^2，是北京市面积最大的森林公园。公园内层峦叠嶂，郁郁葱葱，森林覆盖率达96%，有176个观赏树种。这里有北方最大的石雕大佛；由3666块条石铺就的登山台阶，其长度可称北京之最。

蟒山国家森林公园的建设是电站建设中因地制宜解决施工弃渣治理及绿化问题的典范，也是抽水蓄能电站景观建设的典范。挡碴建筑物外形设计为类似“城堡”和中国传统宫殿建筑下部形状（如地坛）；沿挡墙和护坡顶部边沿设置城墙垛口。在转角外设置传统亭台。此外形具有雄伟、壮观、庄严的特点，与整个十三陵风景区古建筑和仿古建筑协调。

多年来，蟒山国家森林公园一直是中央国家机关的义务植树基地，1983～1984年，邓小平、胡耀邦、万里等老一辈国家领导人先后两次到蟒山公园植树，亲手栽植的白皮松、油松，如今已经长得茁壮茂盛、青翠挺拔。2002年5月该公园被北京市园林局授予“北京市一级公园”，是人们休闲与旅游的重要场所。

七、环境风险防范措施

在一些环境敏感区域如水源地附近，建设抽水蓄能电站可能产生环境风险。如板桥峪抽水蓄能电站可行性研究设计中除采取工程废污水的“零排放”方案以外，并针对施工期用油、炸药的运输、储存，设计了严密的环境风险防范措施。

（一）运输风险防范措施

为减缓运油风险，特别是减免运油车在经过白河岸边的路段时发生事故，尽量降低对环境造成危害的概率，采取以下风险防范措施：运输人员应严格遵守易燃、易爆等危险货物运输的有关规定；运输人员应严格遵守国家和北京市有关水源保护区的规定；限制运输车辆通过白河岸边危险路段的行车速度，以不超过 30km/h 为宜；在危险路段的起始处竖有“风险路段，限速行驶”显著标志；运输时间应合理选择，遇大风、暴雨、沙尘暴、雪天等易出险的天气时禁止运输；运油车应配备手机等通信设备，且一次运输应有两辆以上运油车同行，以相互照应；运油车必须采用设置防渗、防溢、防漏设施的密闭性能优越的储油罐；在至电站下水库路段中 2 处共 900m 长靠近白河干流路段的路基上设置波形钢板护栏，避免车辆在此两处路段向白河干流方向翻车，溢油影响白河水质。

（二）溢油风险应急措施预案

（1）工程项目应急措施。工程项目应急措施是防治油类运输风险、早期事故治理、减免溢油污染风险的关键。工程项目应急措施应由工程项目建设单位负责组织实施。工程项目应急措施包括应急设备、器材，现场管理应急措施，现场监测措施，现场善后计划措施等。

1）应急设备、器材。为防治施工运输对白河地表水产生的石油类污染风险，电站筹建处必须在筹建期购买全套水面溢油回收设备，并做好设备操作使用人员的培训工作。水面溢油回收设备采用围油栏及其辅助设备，包括充气式围油栏、充吸气机、液压动力站、收油机、轻便储油罐、吸油毡。围油栏是在溢油防治中使用最为广泛的设备，具有良好的气密性、乘波性、稳定性和滞油性，可用于江河、湖泊等溢油的场合，以利防止水域污染扩散和便于溢油回收。为防止运油过程中产生火灾，电站筹建处还应为运油车配备消防器材。

2）现场管理应急措施。现场管理应急措施包括事故现场的组织、制度、分工、自救等方案的制订和训练。电站环境保护领导小组负责组织电站建设和运行过程中环境风险的治理。在筹建期，电站环境保护领导小组应组织制订项目预防风险的管理制度和技术措施，并加以落实，明确风险应急处理要求。制订风险的安全管理制度和事故应急治理预案。组织训练本单位的风险事故应急救援队伍，配备必要的防护、救援器材和设备，指定专人管理，并定期进行检查和维护保养，确保完好。明确项目应急处理的现场指挥机构及其相关系统，明确责任，并确保指挥到位和畅通。保证通信，及时上报和联系。为避免运油车在白河岸边的危险路段发生事故时对白河水体造成较大的污染，电站环境管理处在接到运输溢油事故报告后，应紧急出动，根据事发地点和事故情况，选择下游合适的地点拦截溢油，为增强拦截效果，应在两处地点拦截，先采用充气式围油栏拦截溢油，然后用收油机回收溢流，在水体含油量很小时，再用吸油毡吸取剩余的溢油，以尽量降低溢油可能造成的污染影响。

3）现场监测措施。为确保有效遏制灾害，有效救灾，需配备现场事故监测系统和设施，及时发现、了解灾难，并预测发展趋势。监测措施包括配备正常运行的事故监测报警系统，布置风险污染在线预警监测仪器，在线监测的目的是随时掌握风险性污染物排放情况，对超标的水体进行预警，防止对地表水造成污染。设置一套石油类物质在线监测仪（也可用于电站运行期在线监测），监测项目包括悬浮物和石油类物质，以《地表水环境质量标准》中的Ⅱ类标准值作为仪器报警临界值。在线监测仪器的监测数据传送到工程管理部门，仪器的报警系统与环境保护管理办公室相连接。

4）现场善后计划措施。对事故现场善后处理，需制订计划。善后计划包括清理事故处理后的现场、对事故现场作进一步的安全检查、分析事故原因、提出改进措施及总结、写出事故报告、报有关部门等。在风险事故发生后，实施善后计划中的措施。

（2）社会救援应急预案。如果发生溢油污染白河事故，工程建设部门在立即组织开展工程应急治理的同时，必须立即与当地环保部门联系，县环保局接到事故报告后，应立即组织到现场进行指挥和进行水质应急监测，并立即向市环保部门上报。环保部门到达现场后，事故的现场指挥由环保部门来负责。

（三）油库风险防范措施

储油库施工过程中，必须做好其周边的排水，确保储油库不受洪水威胁；做好周边山体的地质勘察与处理，确保储油库不受滑坡、坍塌等地质灾害的威胁。为确保储油库不产生漏油和发生火灾爆炸事故，从储油库的设计、施工、到运行管理均须严格按照有关规程规范操作。

（四）炸药库风险防范措施

炸药库的设计应由专业的设计部门承担，并严格遵循有关规程规范；库址的选择应避免受山洪、滑坡、泥石流等自然灾害的威胁；库房应制定有管理守则，由专人管理，且须严格遵循爆炸物管理的有关规定；须严格按照相关规定进行定期检查，消除事故隐患。

八、专项设施的防护与补偿

抽水蓄能电站的建设也对一些重要专项设施如电视差转台、气象台、地震台有影响，需要委托相关专业部门进行专项设施环境影响和保护措施的分析研究。

以呼和浩特抽水蓄能电站为例。内蒙古广播电影电视局706电视发射台（简称706台）是内蒙古广播电影电视局的直属发射台，位于电站上水库西南侧的大青山主峰料木山上，由于广播电视发射工作的重要性，委托专业部门开展了与706台有关的专题研究。

根据研究成果，电站工程上水库区施工对706台影响的防护可分为主动防护和被动防护。主动防护是对706台相关设施进行加固等；被动防护通过减少上水库区施工产生的负面效应来实现，重点是减小爆破振动效应。

（一）主动防护措施

（1）拆除重建706台第一级台地房屋，并加密封门窗；对第二级台地房屋进行加固、更换密封门窗，可起到防振、防尘、降噪的效果。

（2）建围墙，保证706台在施工期的安全，同时可起到一定的降噪、防尘、防飞石的效果。

（3）对电视发射塔、微波天线、室外卫星信号接收设备等进行加固，更换馈线等，购置通信设备、监测仪器仪表等，确保电站工程施工期706台的正常播出。

（4）对706台在上水库区的水泵房、光缆、接地网等进行赔偿，由其自行改建。

（5）提供卫生健康补贴、劳务补贴、意外保险等。

（二）上水库区施工被动防护

被动防护主要是通过优化爆破设计和控制爆破规模来实现。在上水库开挖爆破时，主要采用露天深孔梯段爆破和微差分段爆破技术，进行大面积岩石开挖。该技术是目前广泛采用的效率较高的爆破技术手段，只要精心设计，严格按照设计施工，加强施工组织管理，规范施工工艺，控制好炮孔深度、炮孔倾角、孔距、排距、炸药单耗、单孔装药量和单响最大药量，同时，采用毫秒微差爆破，预裂爆破或光面爆破，增加临空面、减小爆破夹制力等减振措施，就可以降低爆破振动，减小爆破振动对706台的影响。同时，爆破前应及时通知706台。上水库开挖边界距706台建筑周边最近距离200m，为保证706台建筑结构、发射台仪器设备的安全，控制被保护物的质点最大振速小于0.5cm/s，确定工程施工时距706台不同距离处的爆破规模，详见表4-1-8。

表4-1-8　　距706台周边不同距离处的最大单响控制药量

序号	距706台周边建筑的最短距离（m）	爆破最大单响药量（kg）	序号	距706台周边建筑的最短距离（m）	爆破最大单响药量（kg）
1	200	≤200	4	400	≤800
2	250	≤300	5	500	≤1200
3	300	≤500			

按照爆破施工区距706台周边建筑的不同距离，严格控制爆破最大单响药量，采用分段毫秒微差爆破，段间微差间隔大于50ms为宜。

（三）防护补偿协议

经多次沟通协商，本着互惠互利、合作共赢的原则，呼和浩特抽水蓄能发电有限责任公司（甲方）与内蒙古广播电影电视局（乙方）就电站工程建设与运行对706发射台影响一事达成补偿协议。

九、方案环境影响比选优化

在项目的早期设计阶段就应重视环境影响的分析，开展设计方案环境影响比选，尽可能避让开一些环境敏感目标，减少重大不利环境影响的产生，避免工程受到环境因素的制约。如拟建的江苏溧阳抽水蓄能电站，曾面临影响环境敏感保护目标问题，下水库是否建在集中式饮用水水源的沙河水库上。为此，在预可行性研究阶段，对下水库开发方式进行了三个方案的比选，详见表4-1-9。

表4-1-9　　溧阳抽水蓄能电站下水库方案环境比选优化措施表

项　目	方　案　一	方　案　二	方　案　三
开发方式	利用水库库尾外的阶地开挖成库，不占用水库水域范围	部分利用沙河水库，利用沙河水库尾叉进行筑坝围湖扩挖成库	全利用沙河水库，通过新建的明渠将沙河水库与下水库前池相连
对水质的影响	只要施工期废水不排入沙河水库，不会对沙河水库水体水质产生影响	运行期对沙河水库水体产生一定影响，施工期开挖对局部水域影响较大，甚至会影响水源地水质	运行期对沙河水库水体水质影响较大，施工期开挖对局部水域影响较大
对水生生物的影响	不会产生影响	因下库筑坝与沙河水库主体分开，不会影响水生生物	会改变水生生物生存环境，产生一定的影响
对水土流失的影响	土石方开挖约3000万m^3，开挖料与上库主坝填筑料结合用来修筑大坝，避免重新选择石料场而造成新的水土流失	土石方开挖约1500万m^3，需选择石料场，增加了新的水土流失	土石方开挖较少，需选择石料场增加新的水土流失
对景观的影响	不会对旅游度假区景观产生不利影响	对景观的不利影响比较小	水位日变幅较大，对景观带来大的长期不利影响，一些水上旅游设施也会受到很大的影响
比较结论	优	较好	劣

经综合比较，方案一对沙河水库影响小、开挖量大部分可作为上水库大坝填筑料，避免重新选择料场带来新的水土流失，不会对集中式饮用水水源保护区产生不利影响，故推荐方案一——下水库全开挖方案。

十、环境科研与实验

在必要的情况下，需开展环境科研与实验工作。1993年，张河湾抽水蓄能电站开展了沥青混凝土对水质影响的研究和实验工作。研究结果认为：由于沥青具有良好的防渗性、稳定性，基本不溶于水，其与水接触一般不会对水造成危害。沥青混凝土在加工过程中，会对大气及周围环境造成污染，主要污染物质是苯并（a）芘。

专题实验为室内静态模拟实验。实验用混凝土试块按照沥青混凝土面板防渗层配合比配置。实验用水采用新鲜蒸馏水，实验方式采用将混凝土试块悬于蒸馏水中静置浸泡，定期搅拌。实验期间及实验后每隔10d取样测量苯并（a）芘。实验结论：在本实验条件下，沥青混凝土中苯并（a）芘在水体中的释放量低于0.0025μg/l，满足GB 3838—1988《地面水环境质量标准》Ⅰ类水域对苯并（a）芘浓度的要求。

十一、环境监测和监理

环境监测应视工程环境影响敏感性而有所区别，如在水源地附近建设的工程，可采用在线环境监测的手段。采用胺梯炸药的工程，施工期要重视地表水中TNT和石油类的监测。运行期尤其是在水源保护区周边的工程，要重视对石油类物质的监测。环境监理工作是环境保护措施能够得到实施的最有效的手段之一，环境监理工作应全面推行。

第二节　抽水蓄能电站的水土保持

建设项目的水土保持是工程环境保护的重要组成部分。随着国家对建设项目环境保护管理工作的不断加强，对环境质量有重要影响的水土保持工作越来越得到重视。水土保持方案的审批已成为项目立项（核准）的必要程序，建设项目水土保持竣工验收报告及审批也已成为抽水蓄能电站竣工验收的必要程序与重要内容。

一、各阶段水土保持工作主要内容

(1) 选点规划。抽水蓄能电站选点规划阶段水土保持成果体现在环境影响中，主要工作内容包括对各规划站址的水土流失进行初步预测评价，比较不同站址的水土保持初步方案和投资。

(2) 预可行性研究阶段。预可行性研究阶段水土保持工作内容体现在预可行性研究环境影响中，主要内容包括项目区水土流失及其防治状况，水土流失影响与估测，水土流失防治总体要求、布局与初步方案，水土保持投资估算。

(3) 可行性研究阶段。建设单位委托具备水保方案编制资质的单位，编制水土保持方案大纲和水土保持方案报告书，由水利部水土保持监测中心或有资质的评估单位进行咨询或审查，由国家水土保持行政主管部门审批。该审批文件是项目核准的必要附件。

(4) 招标设计阶段。开展水土保持的招标设计，确定各个分标方案需开展的水土保持工作，将可行性研究阶段的水土保持措施分解到各个具体标中，编制标书中的水土保持条款并计算相应费用标的。如果有水土保持的专项标，需开展专项标的招标设计。

(5) 施工详图设计阶段。开展水土保持施工详图设计。建设单位委托水土保持监理工作和水土保持监测工作，落实各项施工期水土保持措施。

(6) 竣工验收阶段。建设单位会同水土保持方案编制单位编制水土保持设施竣工验收技术报告和水土保持方案实施工作总结报告，向审批本项目水土保持方案的主管部门提出水土保持设施验收申请。

二、水土保持措施

抽水蓄能电站的水土保持措施主要包括工程措施与植物措施，应综合考虑美化、景观、旅游等因素，还要结合上、下水库不同的气候、降雨等自然条件考虑不同的水土保持措施。

（一）结合美化、景观、旅游考虑水土保持措施

以国内抽水蓄能电站水土保持做得较早和较成功的十三陵抽水蓄能电站的水土保持工作为例，十三陵抽水蓄能电站的水土保持设施建设包括渣场的防护处理；施工公路两旁弃渣的防护处理；绿化恢复措施；蟒山国家森林公园，下水库电站进、出水口的绿化美化措施及上库的景点建设；滑坡、塌方的处理。

电站主体工程开挖石方 522.9 万 m^3，弃渣 265 万 m^3，上水库所弃石渣达 166 万 m^3，厂区所弃石渣 69.5 万 m^3。前者沿上寺沟堆放，后者主要堆放在大峪沟渣场、排风安全洞渣场及交通洞口渣场。上寺沟渣场为工程主要堆渣场，治理方案为对堆渣面修建混凝土砌块护坡进行坡面治理，修筑多道拦渣坝，并采用林草措施进行坡面水土保持。大峪沟渣场采用拦渣坝、挡渣墙等工程防护措施，并结合绿化美化、景观建设而进行旅游开发，建成了蟒山国家森林公园。蟒山公园的建设是水电站建设中因地制宜治理施工弃渣及绿化景观建设的典范（见图 4－2－1）。

电站建设共修建了 1～8 号施工道路，总长约 30km。1 号公路长度较长，又在山坡上开挖修筑，为了公路的安全和不致在下雨时产生水土流失，采取了必要的固渣措施，修筑了一些小型的固渣坝等，并在公路靠山体的一侧修筑护坡及挡墙；在排风洞通往进/出水口平台的公路两边坡，修筑挡渣坝；公路两旁绿化及景观措施为在各条公路平均 5m 的范围内，等间距种植树木；在挂渣的坡面上，又修筑了梯级台阶，运土植树，大大地扩大了植树面积；在公路靠山体一侧的坡脚种植攀缘植物，用以覆盖开挖的岩壁，树木主要品种有松树、柏树、槐树、槭树、黄栌等。

图 4-2-1　蟒山公园绿化景观

在工程建设过程中和竣工投产后，对绿化工作有较详细的计划和措施，共植树约 5 万株，完成绿化面积 30 多万平方米。绿化范围包括渣场、公路、施工营场地、管理办公区、外国专家公寓、上水库环库区及供水管线沿途等。对生活设施、办公建筑以植物措施进行小区绿化；对生产设施占地在工程措施配合下，进行植被恢复及土地开发利用；结合绿化，进行了美化及景观建设。

十三陵抽水蓄能电站的水土保持设施建设，达到了减少水土流失、实现环境优美和保证工程安全的治理目标，并且效益显著。渣场、施工公路弃渣的防护处理，滑坡、塌方的处理，有效地减少了新增水土流失；绿化恢复建设，具有明显的生态效益。十三陵抽水蓄能电站的水土保持设施建设产生的最为显著的效益为景观旅游效益。

（二）结合上、下水库不同自然条件，采用不同的水土保持措施

在北方地区，抽水蓄能电站的上、下水库之间的气候、降雨、土壤、植被、水土流失状况等自然条件有时相差较大，采用的水土保持措施中，尤其是植物措施应充分考虑到这些变化因素。

例如呼和浩特抽水蓄能电站，其上、下水库分别位于海拔 1900m 和 1300m 左右，其间高差约 600m，自然条件具有一定差异，其上、下水库库区主要自然条件对比见表 4-2-1。

表 4-2-1　　呼和浩特抽水蓄能电站上、下水库库区自然条件对比

序号	自然环境要素	内　容	上　水　库　区	下　水　库　区
1	海拔（m）		1900	1300
2	气温（℃）	多年平均气温	1.1	6.3
		平均最低气温	−21.0	−18.3
		极端最低气温	−41.8	−32.8
3	风（m/s）	多年平均风速	3.3	1.9
		最大风速	23.7	20.0
		相应风向	W	NNW
4	降水（mm）	多年平均降水量	428.2	424.0
5	土壤	土壤类型	灰色森林土	灰褐土
6	植被	植被类型	山顶草甸带	灌木草原＋落叶灌丛带和落叶灌丛＋常绿针叶林带
7	水土流失	流失类型	水蚀、风蚀	水蚀

按照“适地适树、适地适草”的原则，兼顾防护和绿化美化的要求，结合立地条件及植被特点，根据成活率、生长量和适应性的综合分析，选择了当地耐干旱、耐瘠薄，树形优美、枝叶茂密、萌蘖性强、生长迅速的优良乡土树种，进行水土保持植物措施建设，达到防治水土流失和改善生态环境的目的。

1. 永久占地的水土保持植物措施

永久占地区包括进场道路、厂址等永久建筑和周边设施，其生态恢复重点是做好植树种草、绿化美化工作。

（1）进场道路。在道路两侧可种植落叶松、油松、侧柏、虎榛或榆树等进行绿化。

（2）库区。在下水库库周种植树形美观、花繁叶茂的植物，如油松、榆树、茶条槭、蒙椴等乔木，以及冬青卫矛、小叶黄杨、黄刺玫、绣线菊、珍珠梅等灌木。草坪可选择草地早熟禾、黑麦草、羊茅等草种，以及适应当地气候的各种花卉如石竹、芍药、菊花等。

在上水库可种植如白杄、红皮云杉、华北落叶松等乔木；灌木种类可选择金露梅等；草皮可选择多年生黑麦草、草地早熟禾、高羊茅等。

2. 临时占地的水土保持植物措施

电站工程的临时占地占总占地面积的近1/2，临时占地的生态恢复可以显著削减蓄能电站建设对生态环境的不利影响。施工结束后，应督促施工单位及时拆除临时建筑物，清理和平整场地，对裸露的地面及时采取人工辅助措施恢复植被覆盖。

渣场和场内临时施工道路是人工形成的原生裸地，没有植被覆盖的地表不仅影响景观质量，也是导致新的水土流失的主要原因。在大多数情况下，没有植被覆盖的裸地不可能直接恢复为顶级植被，必须先利用先锋植物来尽快覆盖和稳定地表。

（1）渣场。在堆渣前，首先剥离表层土20～30cm，暂时堆放在渣场一侧，用塑料薄膜或草席覆盖防止雨水冲刷和风扬，以备堆渣完成后覆土造地或绿化之用。渣场覆土深度应不低于30cm。选择恢复植被的物种：在下水库区，可选择当地速生乔灌木树种如山杨、榆树、山杏等；在上水库区地方选用白杄、红皮云杉、华北落叶松、虎榛等耐寒旱的树种。在雨季来临之前，将采集种子直接播种或育苗移栽。当地草本植物种类丰富，可在渣场顶部和边坡撒播多年生黑麦草、草地早熟禾、高羊茅等草籽。

（2）临时道路。临时道路废弃后，路面由于车辆反复碾压，变得坚硬板结，大规模覆土植树种草费力费时，还有可能因取土对其他地方的环境造成新的破坏。因此建议先采用施工机械进行翻耕，然后种植或栽植灌草。可选择多年生草籽在临时公路路面撒播。必要时在公路两侧同时撒播油松、大果榆等耐旱耐瘠薄的树种。若道路两侧有森林覆盖或植物种类丰富，亦可利用天然更新进行恢复。

（3）施工营地。施工结束后由施工单位及时拆除地表建筑物，并将建筑物垃圾运至就近渣场集中堆放，结合渣场水土保持措施进行防护，临时占地经过场地平整后，清除杂物，采取翻土、覆土、绿化的方式恢复地表植被，改善其原有生态环境。绿化树种可参照渣场造林树种进行选择，在雨季来临之前或春秋季节，进行植苗造林，在营造乔灌木林同时可撒播多年生草籽。

第三节　抽水蓄能电站建设征地

一、抽水蓄能电站建设征地和移民安置工作的特点

抽水蓄能电站建设征地和移民安置工作与常规水电站相比，具有自身的一些特点：

（1）建设征地面积较小，移民人数少。抽水蓄能电站所需要的水库库容不大，大多修建在河流的支流上，这就使得电站建设征地面积较小，直接影响的移民人数也较少。

（2）建设征地组成不同。抽水蓄能电站需要有上水库和下水库，因此，电站建设征地的组成一定会有上水库和下水库两个区域的征地。同时部分抽水蓄能电站下水库多利用已建水库，因此在下水库征地中需考虑已建下水库的征地问题。

（3）建设征地一般以枢纽工程建设场地为主。建设征地一般分为水库淹没影响区和枢纽工程建设场地区，由于抽水蓄能电站水库面积一般都较小，因此建设征地多以建设场地为主，并在项目总征地面积中占较大比重。

（4）移民搬迁安置完成时间要求较早。大多抽水蓄能电站的上水库需全库施工，下水库多需提前

蓄水，因此在电站筹建期移民搬迁安置工作既已启动，并应在建设期之前搬迁安置完成。

(5) 建设征地区经济相对较发达。由于抽水蓄能电站站址多选择在电网负荷中心地区，即经济较发达的地区，这就给建设征地和移民安置工作带来一定难度。

建设征地和移民安置工作是一项政策性很强的社会工作，国家及有关部门颁布了很多相关的法律法规、政策规定等，应熟悉与了解相应的政策与方针，才能做好移民工作。

二、主要工作内容与技术要求

(一) 主要工作内容

(1) 确定建设征地范围。根据电站的上、下水库建设方案和选定（拟定）的水库蓄水位方案，确定水库淹没范围，根据地质专业对库区地质调查，确定水库蓄水可能引起的失稳区影响范围；根据施工总体布置规划方案，界定枢纽工程建设场地征地范围。

(2) 调查建设征地影响实物指标。依据建设征地范围和移民安置方案，对建设征地处理范围内的实物指标进行调查登记。

(3) 制订移民安置方案。收集建设征地涉及的以及当地政府选定的移民安置区所在的土地资源、水资源等资料，分析环境容量，制订合理的移民安置方案，同时对移民生产安置措施进行规划设计，对一定规模的移民新村、迁建的集镇等进行规划设计。

(4) 制订专项设施复（改）建方案。对建设征地影响的专项设施，如交通道路、通信线路、电力线路、广播线路等，结合地方发展规划和行业主管部门的意见，确定切实可行的复（改）建方案，对不能或不需要复建的，按一次性补偿处理。

(5) 提出库底清理技术要求和环境保护措施。针对抽水蓄能电站对水库运行及水质的特殊要求，提出进行库底清理时的技术要求；结合移民安置规划和专项设施复（改）建规划设计，为减轻或消除移民安置对环境造成的不利影响，以及保护移民生活环境，进行环境保护和水土保持措施设计。

(6) 计算建设征地和移民安置补偿费用。根据建设征地影响实物指标量、移民安置方案、专项设计复（改）建方案，经对当地物价资料进行充分分析，依据现行的建设征地政策，取与主体工程投资计算相同的价格水平年和有关费率，计算建设征地和移民安置补偿费用。

上述工作内容在不同的设计阶段工作深度也不相同。大中型水利水电工程建设征地补偿和移民安置条例规定，在可行性研究阶段，项目法人应编制移民安置规划大纲，按照审批权限报省级人民政府或者国务院移民管理机构审批。项目法人根据批准的移民安置规划大纲编制移民安置规划，按照审批权限报省级移民管理机构或者国务院移民管理机构审核。

(二) 技术要求

1. 建设征地影响范围的确定

抽水蓄能电站建设征地的影响范围一般分为水库淹没影响区和枢纽工程建设场地区。水库淹没影响区是指电站上、下水库的水库淹没区和因水库蓄水而产生的影响区；枢纽工程建设场地区是指为电站施工建设、运行、管理及电站主体工程所需占用的土地，一般根据用地时限分为永久占地和临时占地两部分。

水库淹没处理的设计洪水标准，根据淹没对象的重要性和耐淹程度，结合水库调节运用方式综合分析确定，主要淹没对象的设计洪水标准：①耕地（园地）的设计洪水标准为20%～50%；②其他土地的设计洪水标准为正常蓄水位；③农村居民点、一般城镇和一般工矿区的设计洪水标准为5%～10%；④中等城市、中等工矿区的设计洪水标准为2%～5%；⑤铁路、公路、电力、电信、水利设施、文物古迹等淹没对象的设计洪水标准按照相关行业技术标准的规定确定。

上水库大多是利用冲沟的沟首筑坝或平台开挖而成，淹没影响区绝大多数仅为水库库盆淹没区域，一般不需要考虑因水库蓄水而产生的如回水、浸没、滑坡等影响区域。对非人工开挖围筑的上水库，仍需按规范要求分析水库洪水回水及滑坡、塌岸等影响区。

下水库则根据下水库成库条件和形式不同，其水库淹没处理征地范围也不同：

(1) 在河道内修建拦河坝形成下水库的，如天荒坪、桐柏抽水蓄能电站等，水库淹没影响区包括水库经常淹没区和临时淹没区，同时根据库周地质调查结果分析确定因水库蓄水引起的不稳定区。

(2) 利用沟谷、河岸开挖、围筑形成下水库的，如西龙池抽水蓄能电站，利用滹沱河支流龙池沟开挖、拦沟围筑成下水库，下水库淹没区仅为围筑而成的封密区域。

(3) 设有拦沙库的下水库，如呼和浩特抽水蓄能电站下水库为封闭式水库，并以下水库上游侧挡水坝作拦沙坝，以其形成的水库拦截泥沙和作为电站下水库补水的蓄水水源，其下水库淹没影响范围为下水库拦河坝淹没影响区加上拦沙坝水库淹没影响区。

(4) 利用已建水库加高作为下水库，如张河湾、宝泉等抽水蓄能电站，下水库淹没处理范围是因修建蓄能电站提高水库水位而新增征地部分的面积。

(5) 利用已有水域而不增加水域面积的下水库，如利用城西水库为下水库的琅琊山抽水蓄能电站、利用太湖为下水库的江苏马山抽水蓄能电站，可不考虑下水库淹没处理征地范围。

枢纽工程建设场地的征地范围是根据工程永久性建筑物的布置及施工组织设计，依据施工总布置确定的。根据工程建设使用土地的顺次，一般将水库淹没影响区与枢纽工程建设场地区重叠部分计入建设场地区。因此，抽水蓄能电站上水库淹没区一般可计入建设场地区，下水库淹没区可视情况将部分或全部区域计入建设场地区。

2. 实物指标调查

实物指标是建设征地和移民安置规划设计的基础性资料。为做好实物指标调查工作，设计单位应在明确设计任务后编制实物指标调查细则，并就调查细则征求业主和项目所在地县级以上人民政府的意见。在实物指标调查工作过程中，应严格按照实物指标调查细则开展工作。调查结束后，应尽快整理汇总调查成果，并编制调查说明书，分析调查成果的精度。在可行性研究阶段，各调查基表应由设计单位调查人、地方政府代表、权属人签字认可，以县为单位汇总实物指标调查成果，经设计单位向县级人民政府汇报后，县级人民政府应出具关于实物指标调查成果的认可文件，作为设计依据。

根据大中型水利水电工程建设征地补偿和移民安置条例的规定，电站可行性研究阶段的实物调查工作，应当在工程占地和淹没区所在地的省级人民政府发布禁止在工程占地和淹没区新增建设项目和迁入人口的通告，并对实物调查工作作出安排后，方可开展。实物调查结果经调查者和被调查者签字认可并公示后，由有关地方人民政府签署意见。

3. 移民安置规划

抽水蓄能电站的移民安置规划设计与常规水电站的移民安置规划工作在工作程序、规划设计内容、设计深度等方面基本相同，但在编制移民安置规划时应特别注意以下几个问题：

(1) 规划水平年的确定。抽水蓄能电站建设征地大多以枢纽工程建设场地为主，移民安置规划水平年一般以枢纽工程建设所需的移民搬迁安置时间来确定，若水库淹没影响移民搬迁安置量较大时，可确定水库淹没移民搬迁安置的规划水平年。以西龙池抽水蓄能电站为例，电站建设征地影响移民主要集中在枢纽工程建设征地区，其中下水库施工区需在筹建期搬迁西河村562人。电站筹建期工程于2002年6月18日开工，主体工程已于2003年9月30日开工，而电站移民在2003年7月全部搬入新村，移民工作基本结束。

(2) 移民安置实施规划编制。大多情况下，抽水蓄能电站的上水库全库施工，下水库由于水源限制及初期蓄水发电要求需提前建成蓄水，加之电站建设征地的特点，在电站筹建期移民搬迁安置工作既已启动，并应在建设期前完成搬迁安置。因此，对有移民安置任务的抽水蓄能电站，应及早编制移民安置实施规划报告，用以指导移民安置工作。在上述西龙池抽水蓄能电站移民安置实施过程中，设计单位在2001年9月即已完成电站移民安置实施规划报告，为移民安置工作顺利实施创造了条件。

(3) 移民参与。抽水蓄能电站建设征地范围较小，移民量亦少。为了妥善安置移民、听取并尊重移民意见，在移民安置规划设计阶段，应充分采取移民参与的工作方式。移民参与主要体现在移民对外迁安置地点的选择、移民新村建设标准与建设管理模式、移民新村布局与房屋设计方案、土地资源配置方案等方面。

4．库底清理

库底清理是保证水库运行安全、保护库周及下游人群健康，同时为水库水域可能的开发利用创造条件。抽水蓄能电站的上、下水库大多是通过开挖、填筑形成新建水库，蓄水之前不需要清理库底，此类电站设计中可省略库底清理规划及设计工作。但对水库蓄水前仍需要进行库底清理的，清理规划、设计及清理工作，应予以高度重视。

除依据规程规范对上、下水库进行库底清理规划设计外，还应在当地卫生和环保部门指导下进行专门的防污染处理，确保水库水质。由于水库经常在正常蓄水位与死水位之间运行，建（构）筑物清理范围应含死水位以下；拆除库区内的建（构）筑物时，应尽可能将易漂浮物清运出库区，不得在库区堆存、焚烧；库区清理中，乔木、灌木、草均应清理，所产生出各类物质须运出库区处理；对有关方面提出的特殊清理要求，必须充分考虑抽水蓄能电站运行要求和水质要求。

三、工作组织与程序

《大中型水利水电建设征地补偿和移民安置条例》（国务院令第471号）实施后，对水电工程建设征地和移民安置规划设计工作的组织与程序作出了规定，抽水蓄能电站建设征地和移民安置规划设计应严格执行该条例。根据条例的规定，在电站可行性研究阶段，可将建设征地和移民安置规划设计工作大致划分为六个阶段，即实物指标调查准备、实物指标调查、移民安置规划大纲编制、实物指标补充调查、移民安置规划设计、可行性研究报告编制。各阶段的工作要求如下：

（1）实物指标调查准备阶段。电站业主（项目法人）委托符合资质要求的设计单位承担电站建设征地和移民安置规划设计工作。根据业主的委托，设计单位在初步调查了解电站建设征地和移民安置影响实物指标的类别、分布、性质等特点后，编制电站建设征地影响实物指标调查细则，并由业主报请省级人民政府或移民主管部门进行审查。为了满足省级人民政府下达建设征地范围内停建通告的要求，电站主体工程设计单位应编制电站上、下水库正常蓄水位选择专题报告及施工总体布置规划专题报告，由业主提交省级移民主管部门审查。在上述审查通过并准备好相关的材料后，由业主向省级人民政府提出建设征地调查工作申请，并组成实物指标调查工作组，准备开展工作。

（2）实物指标调查阶段。根据省级人民政府下达的建设征地范围及通告的调查起始时间，业主组织有关各方全面开展建设征地范围内的实物指标调查工作。调查工作由业主组织，设计单位技术负责，地方政府负责组织协调相关部门及乡、村、组各级机构参加调查工作。实物指标调查工作应严格遵守审查通过的调查细则的有关规定。调查的实物指标须调查人与被调查人签字认可，经设计单位汇总整理后，由县级人民政府实施公示。实物指标公示一般为三榜，每榜公示时间大多为七天，对公示过程中提出疑义的，由调查组与权属人进行复核，并按复核后的成果于下一榜中公示。地方人民政府应对公示后的实物指标出具意见文件。在实物指标调查阶段，业主应委托国土、林业勘察定界单位参加实物指标调查工作，与调查工作组共同划定土地、林地的地类及其界线，落实权属，完成土地、林业的外业调查工作。

（3）移民安置规划大纲编制阶段。由业主、设计单位、地方政府组成移民安置规划工作组，工作组由地方政府负责组织，设计单位技术负责，业主参与。地方政府在组织听取移民和移民安置区居民意见的基础上，提出初步的移民安置去向及移民安置意见与建议。设计单位根据移民区和外迁安置区的环境容量并结合移民安置意愿提出移民安置方案，地方政府负责分解落实。设计单位根据落实的移民安置方案及现行的水电工程建设征地和移民安置政策法规，提出移民安置任务、去向、标准和农村移民生产安置方式以及移民生活水平评价和搬迁后生活水平预测、水库移民后期扶持政策、征地线以外受影响范围的划定原则、移民安置规划编制原则等，并据此编制移民安置规划大纲。移民安置规划大纲编制完成后，由业主报请省级人民政府审批。

（4）实物指标补充调查阶段。按照移民安置规划大纲中审批的征地线以外影响范围划定原则及移民安置去向，对淹没线影响及搬迁人口的实物指标进行补充调查。补充调查工作与实物指标调查阶段工作相同。

（5）移民安置规划编制阶段。根据审批的移民安置规划大纲，由设计单位对移民安置规划方案进行深入的设计，对农村移民安置、城（集）镇迁建、工矿企业迁建、专项设施迁建或者复建、防护工程建设、水库水域开发利用、水库移民后期扶持措施、征地补偿和移民安置资金概（估）算等作出安排。对征地线以外受影响范围内的居民生产、生活困难，按照经济合理的原则，妥善处理。在此基础上，由设计单位编制完成移民安置规划。移民安置规划编制完成后，由业主报请省级移民安置机构或国务院移民管理机构审核。

（6）可行性研究报告编制阶段。根据审核的移民安置规划，电站主体工程设计单位编制完成电站可行性研究报告中建设征地和移民安置规划设计篇或专题报告。

四、当前移民安置工作中存在的主要问题

根据我国抽水蓄能电站建设实践，建设征地移民安置工作中不同程度地存在一些问题，有待共同探索，不断改进。

（1）省级移民管理机构不够健全，地方政府缺乏水电移民工作经验。目前，我国抽水蓄能电站建设主要集中在华北、华东、华中及东北地区。新的移民条例实施后，在移民安置规划和移民搬迁安置工作过程中，将会有大量的审核与验收工作需省级移民管理机构组织实施，而这些区域部分省市级移民管理机构不够健全，地方政府缺乏水电移民工作经验，对移民工作重要性认识仍有所不足。

（2）区域土地资源有限、开发程度高，难以实现有土安置。华北、华东及华中地区的土地资源有限，土地开发程度较高，随着国家林权政策的实施和严格的环境保护政策的执行，可供开发利用的荒山荒坡资源已越来越少。在国家减免农业税收转而给予农业生产补贴后，农民群众对土地的重视程度和依赖程度不断提高，通过调整村组间的承包土地来安置农村移民的困难已越来越大，使采用有土安置移民的方案变得越发困难。

（3）区域内各类建设征地补偿标准不一，水电站建设征地补偿标准相对较低。我国目前水电建设项目的建设征地和移民安置工作主要执行国务院1996年颁布的《大中型水利水电工程建设征地补偿和移民安置条例》。水电建设项目的建设征地补偿和移民安置工作明显有别于其他建设项目，且前期补偿、补助的标准与金额相对较低。对于同一区域的移民群众而言，要求给予相同的补偿，得到同等条件的安置，使抽水蓄能电站移民安置工作难度增加。

（4）业主与地方政府在移民工作上的协调性有待改进。移民工作是一项政策性、社会性极强的系统性工程。业主方参与移民安置管理工作的人员，对移民安置工作往往缺乏准确的认识和深入的了解，在与地方政府协调移民工作时，更多强调移民资金的使用与工程进度的要求，而忽视移民工作的艰巨性与不确定性，容易与地方政府在移民工作上发生分歧，而影响移民工作的正常开展。

第五章

工程地质勘察

第一节 抽水蓄能电站工程地质主要特点

抽水蓄能电站工程地质较常规水电站有一定的特殊性。除了常规水电站建设中遇到的工程地质问题外，抽水蓄能电站对工程地质及水文地质条件以及相应的工程地质勘察工作还有其自身的要求，主要有以下几个方面特点：

（1）抽水蓄能电站站址多数位于距中心城市数十公里范围以内。在电站的规划选点阶段，需要初步了解各规划站址的工程地质条件和存在的主要工程地质问题。工程地质条件是站址技术经济比选的主要因素之一，选择一个区域地质环境比较优越的站址，远离或避开区域性断裂，特别是避开活动性断裂；避开潜在震源区和地应力量级高的地质环境，对加快抽水蓄能电站施工进度和降低工程造价等均有重要意义。

（2）由于站址选择一般靠近中心城市，往往为旅游风景区，对环境地质有更严格的要求，如北京十三陵、山东泰安等抽水蓄能电站，要求电站建设成为一个新的风景区，不允许由于电站建设破坏当地的环境和旅游资源，更不能由此而引发地质灾害。

（3）抽水蓄能电站具有上、下两个相互关联的水库，两个水库之间的距高比应适宜、且高差比较集中，规划站址必须具备这样的地形条件。抽水蓄能电站对地形条件的特殊要求是区别于常规水电站的重要特征之一。

（4）抽水蓄能电站的上水库一般修建在山顶或沟源部位，地势比较高，要求其周边有较完整的岩体，有利于水库成库和筑坝。由于上水库库水是消耗电能从下水库提取的，水库渗漏实际上就是电能的损失，因此上水库防渗较常规水库有更严格的要求。抽水蓄能电站往往受站址地形条件的制约，有些上水库是通过库盆开挖、沟谷或垭口筑坝形成的。这种类型的上水库库盆开挖后的周边分水岭往往比较单薄，水库渗漏、库岸边坡稳定等问题比较突出。同时这类上水库可能优先考虑当地材料坝，首先考虑库盆岩石开挖区作为天然建材筑坝石料场，应注意研究库盆开挖石料作为筑坝料的可行性。上水库一般库容较小，水库运行周期短，一般 24h 内就完成一次抽水—发电的循环过程，库水位快速升降，变幅较大，使库岸边坡处于水位频繁变动的工作环境中。对于透水边坡，动水压力对边坡稳定影响很大。

（5）抽水蓄能电站的下水库要求具备满足电站运行的有效库容和水源条件，与常规水电站水库比较，下水库一般要求有效库容小些，可优先考虑利用已建水库或天然水域作为下水库的可行性，一般需要按抽水蓄能电站的要求复核或补充主要建筑物的地质勘察工作。修建在天然河流上的下水库对入库固体径流量的限制比较严格，一般不允许有较大体积的塌滑和泥石流进入库区。修建在多泥沙河流上的下水库往往还需要修建拦沙坝，以减少过机的含沙量。为减小固体径流量，下水库也可以修建在天然河流两岸的大型冲沟中，但这样的下水库往往存在水库渗漏和工程边坡稳定等工程地质问题。

（6）抽水蓄能电站的发电厂房一般较常规水电站布置高程低，厂房及水道系统多数为地下工程，要求上、下水库之间岩体有一定的完整性，具备修建大型地下洞室的工程地质条件。同时还需考虑上、下水库渗漏对地下工程的影响。

（7）为了减少土建工程量以降低工程造价，一般均选择上、下水库之间地形高差大的站址，水道系统水头高。同时，抽水蓄能电站的地下厂房多深埋于山体地下、水位之下，地下厂房、发电隧洞等地下建筑物的围岩与衬砌都将承受巨大的外水压力，这对洞室围岩和衬砌的安全稳定造成了较大的影响。在高水头地下水压力的作用下，洞室围岩应力状态有了较大的改变，地下洞室的地质条件也就更加复杂。因此，需要认真做好地下工程的水文地质勘察和地下水排水设计。巨大的内水压力是高水头压力管道的一个突出特点。为了降低压力管道的造价，越来越多的抽水蓄能电站工程希望利用围岩抗力和围岩的阻水能力，从而对高压管道段勘察精度及其围岩质量提出更高的要求。

（8）我国抽水蓄能电站资源在自然条件、地区分布上有一定的差异性。

1）在东北地区，资源点主要分布在小兴安岭、长白山、张广才岭等山区，其地形、地质特点是沟谷地形相对高差较大，山体自然边坡不甚陡峻，沟谷地形比较宽缓，多数地区有较大范围的花岗岩等岩浆岩分布，地震烈度一般小于6度。降水较多，地表植被好，森林茂密，沟谷内直至沟源部位多有数量不等的地表径流，地下水埋藏较浅，一般为数十米。因此在东北地区进行抽水蓄能电站资源点选择时，应在花岗岩地区优先考虑上水库周边地下分水岭较高的库坝址作为站址，立足于上水库不做全库盆防渗。

2）在华北地区，资源点主要分布在太行山、燕山、阴山山脉等山区，其地形地质条件复杂多样，比较干旱少雨，除了大型河流外，一般中小型冲沟内较少有常年地表径流，植被较少，基岩裸露较多，一般地下水埋深较大。因此在华北地区能找到上水库库盆防渗条件比较简单的站址较为困难，但可选择岩浆岩地区上水库周边山体较雄厚的站址，上水库可作局部防渗处理，减少工程造价。

3）在华东地区，资源点主要分布在中低山及丘陵区，相对高差较小，降水比较丰富，一般冲沟内均有常年地表径流，植被较好，对于岩层透水性弱的地区，地下水埋深较浅。因此在华东地区进行蓄能电站选址时，应优先考虑地形相对高差较大的站址。

基于上述的抽水蓄能电站诸多工程地质特点，受电站规划、地理条件和地形条件的制约，选定的站址仍然需要认真勘察研究其工程地质条件对工程建筑物布置的适应性，分析论证有关工程地质问题以及采取相应的工程处理方案或措施建议。

第二节　工程地质勘察内容概述

抽水蓄能电站的工程地质勘察需要按工程设计不同阶段逐步进行，各阶段勘察原则及主要内容概述如下。

一、规划选点阶段

规划选点设计阶段在抽水蓄能电站勘测设计过程中是一个非常重要的阶段，在这个阶段应该尽可能地收集有关区域地质和地震地质资料。在勘察场地，需要搜集和查证区域地层特征、地质构造格局、区域水文地质条件、地形条件和某些不良物理地质条件，以及对工程建设可能有影响的重大工程地质问题，如区域构造稳定性及地震，上、下水库渗漏，山体稳定，边坡稳定，严重滑坡和泥石流等不良地质现象等。还应进行天然建筑材料的普查工作，最终应通过地质测绘和编写勘察报告，对工程区做出定性的分析并给出初步结论。

为了取得有效的工程地质资料，在规划设计阶段缺少地质资料及勘察经费有限的情况下，应尽可能地进行地面地质工作和轻型勘探工作，以掌握地层岩性特征、软弱带的分布、山体与岸坡的稳定性等，不要漏掉重要的工程地质问题。

工程地质工作要密切配合抽水蓄能电站的规划，在多个站点的筛选过程中，依据收集到的地质资料和现场查勘、地质测绘，以及获得的工程地质及水文地质资料，对各个选点规划站址进行工程地质条件比选和工程地质问题分析，重点是站址的地震安全性以及对水库渗漏、库岸稳定、坝基稳定、地下洞室围岩稳定等影响较大的工程地质问题作出初步评价，对推荐近期开发的工程提出地质建议。如推荐的近期开发工程地质条件复杂，除工程地质测绘、必要的物探和轻型勘探外，尚应布置适量的重型勘探，如钻孔和平洞，以获取比较可靠的工程地质及水文地质资料，保证推荐站址工程地质条件的勘察精度。对各比较站址需进行天然建筑材料料场普查，并分析利用库盆开挖石料的可行性。

二、预可行性研究阶段

预可行性研究阶段的工程地质勘察工作通常在推荐的近期开发站址上进行，特殊情况除外。本阶段要求初步查明站址的工程地质条件，对那里的工程地质问题作出初步评价。

本阶段需要进行区域构造稳定研究，对工程场地的构造稳定性和地震安全性作出准确的评价。对工程区应进行 1：5000～1：2000 精度的地形图测量，并进行相应比例尺的工程地质测绘工作。

对于上、下水库，应重点查明水库的渗漏条件、库岸稳定条件和筑坝条件。应在水库周边分水岭垭口地段重点布置勘探钻孔或平洞、竖井，初步查明水库周边分水岭形态、是否存在渗漏通道、分水岭岩体的透水性。坝基和坝肩需布置钻孔和探洞，初步查明筑坝的工程地质条件。基岩钻孔均应作压水试验。本阶段应对水库的防渗方案提出初步地质意见和建议。

对于电站厂房和水道工程，通过地质测绘和必要的勘探，结合水工建筑物的布置要求，初步确定上、下库进/出水口位置和电站厂房位置，根据站址工程地质条件，研究在哪里修建厂房比较有利于围岩稳定和电站建设，对电站的开发方式（首部、中部、尾部）提出合理的工程地质意见和建议。在初拟发电厂房部位最好打一个深至厂房洞室底板以下的勘探试验钻孔，并研究厂房长勘探洞洞口、洞线的布置及其开挖，为下阶段的详细勘探作好准备。当厂房勘探洞较长，前期工作周期又较紧张时，可能需要在预可研阶段开始长平洞开挖。

本阶段应对天然建筑材料进行初查。当上、下水库库盆需要开挖扩大库容时，需初步研究库盆开挖石料作为当地材料坝筑坝堆石料的可行性。

三、可行性研究阶段

可行性研究阶段工程地质勘察是在预可行性研究阶段初步选定的站址上进行的。查明水库及建筑物区的工程地质条件，论证上、下水库的成库条件，比选坝址和坝线，选择发电厂房位置及其轴线方向，论证厂房、水道系统及上、下水库进/出水口围岩稳定性。对水库及建筑物存在的工程地质问题作出比较明确的结论。确定上、下水库的渗漏条件和水库防渗措施、边坡稳定条件及其加固措施、坝基和坝肩的稳定性及其工程处理措施。依据沿水道线路的长勘探洞以及厂房区钻探、岩石（体）试验等工程地质勘察成果，确定厂房位置和洞室长轴轴线方向，评价围岩稳定性和建议围岩支护型式。通过围岩工程地质特性勘察和钻孔高压水渗透试验等，研究确定高压管道和高压岔管围岩承担内水压力的能力，对水道系统的衬砌型式，如钢筋混凝土衬砌或钢管衬砌，提出工程地质意见和建议。

选择厂址时，应在不同的厂址上同时进行常规的勘察工作。如为了查明十三陵抽水蓄能电站厂区工程地质条件和水文地质条件，北京勘测设计研究院提出了 1：1000 到 1：2000 比例尺的综合工程地质图及相关地质资料，同时还采用了多种勘察测试手段，包括钻孔（3000m）、探洞（2000m）、探槽、探坑、竖井、地球物理勘探、井下彩色电视、钻孔间 CT 扫描、现场岩石力学试验、地应力测试、岩体变形观测等，以掌握岩石和构造特征、各种软弱带的规模和特性，以及水文地质条件。在取得的各项指标基础上，进行围岩的工程地质分类，为地下厂房选择一个工程地质条件较优的厂址。在工程地质勘察工作中，需要与设计密切合作，结合工程设计方案对勘察资料进行综合分析研究，以保证勘察工作的有效性。

可行性研究勘察主要包括以下内容：

（1）对站址地震基本烈度大于 7 度，上、下水库高差大，自然边坡坡度大，地质条件复杂的站址，必要时进行高山动力反应测试。

（2）查明上水库的工程地质条件。评价水库垂向和侧向渗漏条件，建议库盆防渗型式，评价防渗面板地基的不均匀变形问题；评价库盆内外边坡稳定性及建议加固措施；查明坝址工程地质条件，选择坝轴线，评价坝基、坝肩岩体稳定性及渗透性。

（3）查明电站厂房及水道系统的工程地质条件。对于地下厂房，通过开挖厂房长勘探洞等，对电站厂房洞室位置及其轴线方向、水道线路布置方案等进行工程地质条件比选；对地下厂房洞室群的围岩稳定性、压力隧洞围岩在高压力水头作用下的渗透稳定性等主要工程地质问题作出分析评价。

（4）查明下水库的工程地质条件。评价水库渗漏、库岸稳定、水库浸没等工程地质问题；查明拦河坝和拦沙坝坝址以及泄水建筑物的工程地质条件，选择坝轴线，评价坝基、坝肩及边坡岩体稳定性及渗透性。

（5）详查天然建筑材料。包括上、下水库库盆及地下洞室岩石开挖区作为筑坝石料的勘察和试验研究。

四、工程招标设计阶段

本阶段勘察工作主要是为了满足抽水蓄能电站工程招标标书编制而进行的。在可行性研究勘察成果的基础上，复核前期勘察的地质资料和结论，针对存在的专门性工程地质问题补充勘察工作。同时对场区公路等前期勘察未涉及到的场地地基进行勘察；进行地下厂房模型试验洞的位置选择、地质编录、观测断面确定及观测成果分析；配合岩锚梁的锚杆拉拔试验等工作；完成工程区观测网、监测网和监测断面等的布置和实施。

专门性工程地质问题勘察应在前期勘察成果的基础上，根据工程的具体情况确定。必要时应对下列问题进行复核性勘察：

（1）对于设置防渗面板的上水库，应复核水库边坡稳定性和防渗面板地基的不均匀变形问题，复核上库开挖料用作堆石坝筑坝料的数量和性状。

（2）对于做垂直防渗帷幕的上水库，应复核防渗帷幕的范围和深度是否满足水库防渗的要求。

（3）对于不做防渗处理的上水库，应复核水库的封闭条件。

（4）对于地下厂房洞室群，应复核围岩的稳定性及支护措施的适宜性。

（5）对于只作钢筋混凝土衬砌的高压管道及岔管，应复核围岩的变形稳定和承受高内水压力的渗漏量和渗透稳定性。

（6）配合招标书的编制，提供各分标工程和设计优化调整所需的工程地质资料。

五、施工详图设计阶段

施工详图设计阶段主要勘察目的是结合施工地质工作，检验前期勘察的地质资料与结论。以补充必要的勘探、物探、测试及试验等勘察手段，重点论证特殊性工程地质问题。该阶段工作主要包括下列内容：

（1）在施工过程中，发现上、下水库区前期勘察未揭示的渗漏通道，如透水性断裂、溶洞、风化带、卸荷带等，需要进一步查明并提出防渗处理措施建议。

（2）在上、下水库库盆开挖过程中，发现前期勘察未曾揭示的影响岸坡稳定的软弱结构面时，需要对岸坡岩体稳定性进行复核或补充勘察。

（3）在坝基和防渗面板地基开挖过程中，发现前期勘察未揭示的软弱岩体或泥化结构面时，应对地基稳定进行复核，并提出处理措施建议。

（4）在地下工程开挖过程中，发现影响围岩稳定的工程地质问题时，应及时分析研究加固措施。

（5）水库区开挖料用于筑坝时，如施工过程中发现地质条件与前期勘察有差异，应复核开挖筑坝料的质量、储量，必要时勘察第二料场。

本阶段勘察工作主要是通过对工程开挖面的地质调查、素描、摄影、录像等手段，编录所揭示的地质现象。对出现的专门性工程地质问题进行必要的取样试验和工程地质分析，提出工程处理措施。部分抽水蓄能电站主要地质勘察工作量汇总见表 5-2-1。

表 5-2-1　　部分抽水蓄能电站主要地质勘察工作量汇总

	西龙池			琅琊山			天荒坪		
专业	单位	工作内容	工作量	单位	工作内容	工作量	单位	工作内容	工作量
地质	km²	1：10000 工程地质测绘	52.47	km²	工程区 1：10000 工程地质测绘	42			
	km²	1：5000 工程地质测绘		km²	工程区 1：5000 工程地质测绘	31.39	km²	枢纽区 1：5000	6.5
	km²	1：2000 工程地质测绘	33.20			25.84	km²	建筑物区 1：2000	2.1
	km²	1：1000 工程地质测绘	9.35			6.76	km²	建筑物区 1：1000	2.41
	km²	1：500 工程地质测绘	1.02						
	km²	1：200 工程地质测绘	0.15						
	m	实测地质剖面	9250.0						
	m/条	实测地质剖面（水平距）	38248/52			2500			
勘探	m/孔	钻孔	8972.02/115	m/孔	钻孔	8777.87/127	m/孔	钻探	10446.73/186
	m/个	平洞	4942/44	m/个	平洞	1335.6/23	m/个	平洞、井	2685.95/40
	m/个	竖井	458/30	m/个	竖井	135.03			
	m³/个	探槽（坑）	39217.82/281	m/个	探槽（坑）	8040	m³/个	槽、坑探	22558.95
	段	压水	1267			1252			
物探	m/标点	地震浅层折射	26041/9236	m/孔	声波测井	3286/47	m/条	电法剖面	4422.5/11
	m/标点	地震浅层反射	2500/2321	m/孔	综合测井	11067/28	m/标点	地震穿透波	4196/6418
	m/标点	面波勘探	3352/1122	对/点	声波透视	80/2417	m/孔	综合测井	195.1/6
	对/标点	地震波透射层析成像 CT	6/2559	条/点	电磁波对穿 CT	9/2519			
	m/标点	平洞弹性波测试	3988/4348	m/对	电磁波跨孔对穿 CT	2000/20			
	m/标点	综合测井	5329/1725	m/洞	地震波测试（平洞）	1079/洞			
	m/标点	竖井弹性波测试	1412/2263	m/孔	地震波测试（钻孔）	210/孔			
	m/标点	薄层及岩组弹性波测试	168/865	km/条	喀期特调查地震剖面	3.2/7			
				km/条	喀期特调查 EH4 电法剖面	3.2/7			
试验	组	室内岩土物理力学试验	317			65	段	钻孔压（注）水	1651
	组	岩矿鉴定及化学分析	339			33	组	岩土室内物理力学性质	349
	组	大型野外现场试验	187			49	组	土的室内管涌	18
	组	水质分析	31			21	点/组	风化土现场载荷	6/2
	孔	地下水长期观测	28			20	组	岩/岩、岩/混凝土室内、现场抗剪断	9
	组	地应力测试	9			6	组	岩体静弹模	4
	组	渗水试验	4	孔	高压压水试验	2	组	地应力	12
	组	测年	55	次	示踪及连通试验	17	孔	地下厂房模型洞收敛	13
	点/组	回弹仪测试	1729/173			49	组	磨片鉴定、黏土矿物 X 光差热分析	262
	段	重Ⅱ动力触探试验	298						

第三节 上水库工程地质

上水库是抽水蓄能电站的重要组成部分，也是与常规水电站差别最大的部分。无论是纯抽水蓄能电站还是混合式抽水蓄能电站，都严格地要求上水库有良好的防渗条件和库坝区边坡稳定条件。抽水蓄能电站的上水库基本上是选择在山顶平台或高台地的沟谷部位，有些甚至是四面围坝成库（如张河湾抽水蓄能电站），水库渗漏以及坝基和边坡稳定的条件差异性很大，遇到不良地质现象的几率较多，比常规水电站水库的成库条件更为复杂。

一、上水库的地形条件

抽水蓄能电站的上水库地形地貌特征对站址选择和电站建设有重要的影响。电站的装机规模在很大程度上取决于上水库的蓄水位和有效库容。上水库一般包括以下几种地形地貌类型：

（1）沟谷或洼地容积和范围较大，天然地形条件能基本满足抽水蓄能电站对上水库有效库容的要求，仅在沟口筑坝就可以形成满足电站运行要求。这种类型的上水库，如果库周边分水岭比较雄厚，地下分水岭多数高于水库正常蓄水位，岩体透水性微弱，水库不需要进行全面防渗处理，则为比较理想的修建上水库地形。如我国广州抽水蓄能电站就是利用天然沟谷筑坝形成的上水库。

（2）沟谷或洼地容积和范围有限，需要开挖库区山体以满足抽水蓄能电站的有效库容。这类地貌形态的上水库可以考虑利用库盆开挖石料作为筑坝材料，最好能够做到挖填平衡，不必另设料场，又减少弃渣，是降低工程造价的有效办法，又有利于环境保护。这类上水库如果库周边分水岭比较雄厚，岩体透水性微弱，也可以考虑不作全库盆防渗。这类上水库还需注意开挖边坡的稳定性，如果作全库盆防渗面板，则库盆开挖边坡还可能受面板地基要求的限制。例如北京十三陵抽水蓄能电站，就是在沟谷的靠近源头部位，由于天然库容不够，利用库盆开挖石料筑坝形成上水库。

（3）山顶台坪地貌，没有或很少天然库容，基本上为完全的人工水库。这类上水库有一些缺点，如土石方开挖量和坝体填筑量较大，多数需要做全库盆防渗处理，投资较大，工期较长。这类水库往往坝体过长，坝基容易产生不均匀变形，对稳定不利。例如张河湾抽水蓄能电站就是利用山顶台坪通过开挖和三面筑坝，形成上水库。

二、上水库渗漏问题

抽水蓄能电站上水库防渗标准要求高，更需要工程技术人员予以高度重视。一般情况下，上水库的渗漏方式可分为库底垂直渗漏和库周边侧向（通过分水岭向邻谷）渗漏两种。根据水文地质条件及其水库渗漏问题的严重程度，一般可将上水库划分为三种类型：

（1）成库条件好，有一定量的天然径流入库。库岸周边地下分水岭一般高于水库正常蓄水位，而且岩体透水性微弱，只需要作简单的防渗处理即可形成上水库。

（2）成库条件中等，没有或仅有很少量天然径流入库。库岸周边有多于50%地段的地下分水岭高于水库正常蓄水位，岩体透水性较微弱，但存在透水构造带、喀斯特等地质缺陷，需要做局部或半库盆防渗处理（如琅琊山、泰安等抽水蓄能电站）。

（3）成库条件差，无天然径流入库。库岸周边多于50%地段的地下分水岭低于水库正常蓄水位，岩体透水性较强。需要对全库盆进行防渗处理（如十三陵、张河湾、天荒坪、西龙池、宜兴等抽水蓄能电站）。

根据工程经验，上水库的渗漏量大小往往受地形、地层岩性及地质构造影响，对于上述不同渗漏类型的上水库，可根据具体的工程地质和水文地质条件，采取全库盆防渗、半库盆防渗以及局部垂直或水平防渗等工程措施。

上水库的渗漏条件和防渗型式对电站地下厂房位置的选择有一定程度的影响。如果地下厂房位置靠近上水库，则必须查明上水库向地下厂房洞室的渗漏问题。特别是对于采取局部防渗的上水库，若上水库与厂房洞室之间岩体存在张性裂隙等透水结构面，形成水库和地下洞室之间的渗漏通道，则需要作特别的防渗处理，或使厂房地下洞室远离上水库，增大上水库向地下厂房洞室的渗径，减小或避免上水库向厂房地下洞室的渗漏量。

三、库岸边坡稳定问题

抽水蓄能电站上水库水位升降频繁，水位变幅带内边坡岩体动水压力变化条件复杂，容易造成边坡失稳；而上水库库容通常较小，因此库岸边坡稳定性较常规水电站水库边坡有更高的要求，边坡稳定问题是上水库重要的工程地质问题之一。

人工开挖的库盆容易造成边坡失稳，如十三陵抽水蓄能电站的上水库，由于存在缓倾向库盆内的泥化结构面，在库盆开挖施工过程中，泥化结构面暴露于边坡上，造成约一半范围的库岸边坡失稳，通过采取工程措施才使边坡达到稳定要求。对于全库盆防渗的上水库，库岸边坡作为防渗面板的地基，必须满足稳定要求。

上水库的库外边坡稳定问题也应引起足够的重视，因为上水库往往位于靠近山顶部位，一般库外边坡陡于库内边坡，若有缓倾向库外的软弱结构面发育，则库外边坡的稳定问题就必须引起高度的重视，并进行专门性的工程地质勘察。

四、坝址的工程地质问题

上水库由于较少或没有天然径流，所以筑坝条件较河流上的常规水电站要简单一些，而且坝高一般不大。但是，由于坝址所处地势较高，沟谷纵坡较陡，两坝肩山体往往比较单薄，构造相对发育，岩体风化强烈。

由于上水库库坝区地形条件不同，坝体可能是堵截沟谷或垭口，也可能是沿库岸围堤形成上水库。坝基的工程地质问题与常规水电站相似，主要是坝基岩体的抗滑稳定、力学强度、变形模量、渗透稳定、建基面的确定以及坝型对坝基的适宜性，天然建筑材料的种类、储量、质量等问题。

根据已有工程实例，上水库往往更适合修建当地材料坝。特别是对于需要开挖有效库容的上水库，通过挖填平衡，经济上也有利。上水库坝体填筑料由于受到库区料源的局限，有时石料成分较为复杂，因此在坝体填筑时需要根据石渣料的质量情况提出相应的工程措施。

五、防渗面板地基不均匀变形问题

上水库采用全面防渗时，应注意防渗层地基的勘察和处理。国内外的工程实例均提供了这方面的经验教训。对岩基内分布的破碎带、断层、软弱夹层、喀斯特溶洞以及变形特性有明显差别的地层应做适当加固或置换处理。美国西尼卡抽水蓄能电站，上水库围堤成库，沥青混凝土防渗层建于砂岩、砂页岩互层地基上，由于砂页岩地基的断层当初未作处理，防渗层曾经发生过严重的渗漏，后加以处理和修补。天荒坪抽水蓄能电站上水库，在第二次充水过程中，发现库底渗漏，检查发现东北侧库盆中部距进水口截水墙约40～60m处，沥青混凝土防渗面板上共有8条裂缝。根据沿裂缝开挖槽探揭示，在流纹质角砾熔岩岩基中，发育NNW和NNE向的陡倾角裂隙，全风化岩土体的渗透系数、变形模量及标贯承载力等指标十分离散。底板3～8号裂缝，其下均与基岩裂隙相连。工程修复中重点解决了地基不均一变形问题，并修复防渗层。德国的格莱姆斯抽水蓄能电站上水库，库底存在大面积的喀斯特空隙，为了防止防渗层开裂，对地基深挖2m，岩石经破碎、整平后碾压密实，其上修建防渗层衬砌，自1964年建成投运，工作正常。西龙池抽水蓄能电站上水库基岩为碳酸盐岩，岩层倾角平缓，其中第6层白云岩呈薄层状，分布于开挖后的库盆边坡上，厚度10m左右，风化强烈，岩体的变形模量非常低，约为其上下厚层灰岩变形模量的10%以下，岩体变形差异性大，工程施工中采取了置换措施。对于库底灰岩中的溶洞、溶蚀宽缝等，通过地质雷达探测，对埋深小于2m的洞、隙充填堆积物进行混凝土置换处理。通过上述措施，解决了上水库沥青混凝土防渗面板地基不均匀变形问题。十三陵抽水蓄能电站上水库采用钢筋混凝土面板防渗，库岸人工开挖边坡坡比1：1.5，基岩主要为安山岩。岩体中构造十分发育，全、强、弱、微风化岩体均有分布，特别是沿开挖边坡有宽度1～5m的断层带分布，以中缓倾角倾向坡内，此开挖边坡作为防渗面板地基。通过现场岩体原位变形试验，岩体的变形模量有数十至一百倍的差异，针对这种工程地质条件的面板地基，对大型断层带和全风化岩体采取深挖1～2m，然后回填素混凝土的办法，提高面板基础强度，保证地基的差异性变形在设计允许范围内。经过多年运行的考验，防渗面板未因地基不均匀变形而开裂。

六、上水库的主要工程地质问题勘察

上水库的工程地质勘察首先必须满足水电水利工程地质勘察规范的要求，另外应根据不同渗漏类

型的特点，有针对性地开展工程地质和水文地质勘察工作，并在勘察过程中根据发现的新问题，及时补充调整勘察项目。地质勘察工作应遵循分步实施、动态管理的原则。在工程招标及施工详图阶段，针对工程开挖后所揭示的地质条件，复核和修正前期勘察成果，并采取相应的工程处理措施。如出现前期未发现的工程地质问题，则必须进行专门的补充工程地质勘察工作。针对不同渗漏类型上水库的工程地质问题，突出重点地进行工程地质勘察。

（一）上水库渗漏问题勘察

上水库渗漏问题的工程地质勘察工作，应从抽水蓄能电站规划选点阶段就给予足够的重视，尽可能选择库周边地下分水岭较高、岩体透水性较弱、库盆防渗条件比较简单的场址作为上水库的站址。经过规划选点初步选定的上水库需要通过进一步的工程地质勘察，查明其渗漏型式，并建议工程防渗措施。在预可行性研究阶段，可将有限的勘察钻孔布置在库周边分水岭的垭口部位及其坝址地段，目的是初步查明上水库的渗漏条件和建坝条件，初步确定水库的防渗型式，为以后阶段的详细工程地质勘察打下基础。

上水库渗漏分为垂直渗漏和水平渗漏两种方式，渗漏通道也可分为两种：①构造、风化型渗漏（裂隙密集带、断层破碎带、强风化带等）；②喀斯特管道型渗漏。要弄清楚上水库的基本渗漏方式，首先需要进行地面地质测绘，通过水文地质的野外调查，可取得水库渗漏条件的定性分析资料，对渗漏条件作出分析评价。上水库渗漏问题勘察方法主要为地表地质测绘结合重型勘探（洞探、钻探）、水文地质试验、地下水长期观测及地球物理勘探等。工程区三维渗流场分析计算也是评价渗漏问题的有效和实用方法。

1. 构造型渗漏的工程地质勘察

构造型渗漏中的裂隙性渗漏多发生在单薄分水岭、垭口部位，从地形条件分析，这些部位处在正常蓄水位高程的山体厚度多比其他部位单薄，地下水渗径较短，加之地下水坡降较大，因此容易产生集中渗漏，如泰安抽水蓄能电站上水库。下面介绍泰安上水库工程地质勘察情况。

泰安上水库坝前500m库岸（横岭）段，北东向裂隙密集带横穿分水岭（横岭），具有典型的裂隙性渗漏特征；贯穿上水库库盆底部和坝基的F_1断层，其渗漏主要沿断层破碎带的走向产生，具有典型的断裂型渗漏特征。

上水库建于天然冲沟内，左岸山体雄厚，右岸山体单薄（见图5-3-1），坝前500m范围内在正常蓄水位410m时，局部山体宽度仅90m。岩性主要为太古界混合花岗岩。地下水为基岩裂隙水，在断层

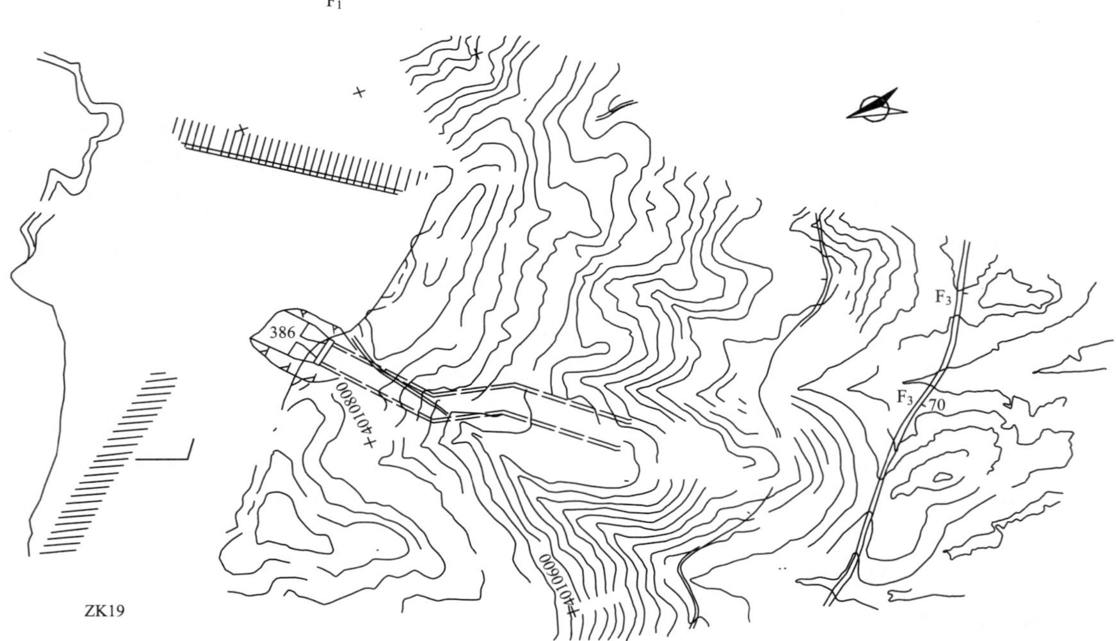

图5-3-1　泰安上水库及厂房区地质平面图

及裂隙密集带内储存和运移，受构造控制呈带状，带间水力联系较弱。工程区内未见地下水相对隔水岩体。岩体受 NEE、NE 向断层及裂隙密集带切割，呈条块状。规模较大的断层及裂隙密集带透水性较强，野外连通试验测得其渗透系数 K=6.0～6.5m/d；规模较小者，据探洞出水情况分析计算，其渗透系数 K=0.4m/d；而其间的岩体为微～弱透水，K≤0.05m/d。

上水库右岸山体（横岭）内 NEE、NE 向张扭性断层及裂隙密集带发育，切割深，基岩裂隙水赋存于构造带内，呈斜列带状或束状分布，带间岩体相对完整，水力联系微弱，地下水沿断层及裂隙密集带渗流。

上水库右岸山体内原存在一条较低的地下水分水岭，埋深 30～60m。分水岭下游侧厂房勘探平洞的开挖，打穿了具有相对隔水作用的岩脉 δπ7，平洞疏排了山体内的地下水，右岸坝前 500m 范围内的 6 个长观孔观测结果显示：右岸山脊的地下水位一般接近或低于上水库对应的沟底高程，原有的地下水分水岭已被完全破坏。上水库蓄水后，库水将沿山体内 NEE、NE 向断层及裂隙密集带发生渗漏，尤以坝前 500m 范围单薄山体为甚。

F_1 是上水库沿主沟发育的一条主要断层，通过坝基。断层带宽约 30～50m，带内侵入有闪长岩脉（δπ）及辉绿岩脉（Nπ），沿倾向可分为：断层带——由断层泥、糜棱岩、角砾岩组成，宽度 2～6m；断层破碎岩带——由块径 3～12cm 为主的碎裂岩组成，挤压紧密，宽度 27～48m；影响带——由块状裂隙岩体组成，上、下盘总宽约 20m（见图 5-3-2）。

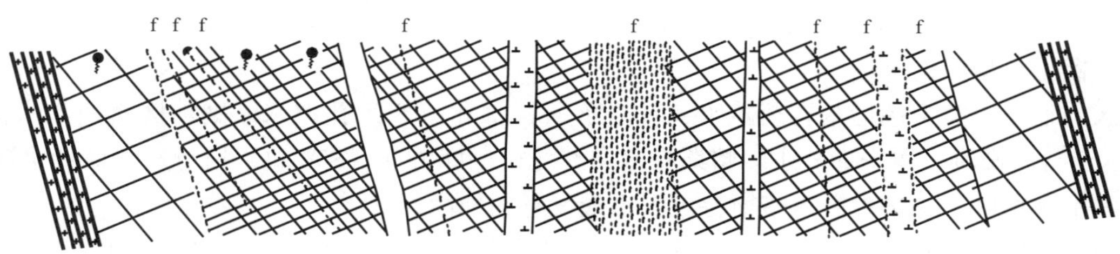

图 5-3-2　泰安平洞内 F_1 断裂结构分带与地下水关系图

①—断裂影响带；②—断裂碎裂岩带；③—断裂断层带；γ_m—混合花岗岩；Nπ—辉绿岩脉；δπ—闪长岩脉；f—小断层；—线状流水

对断层组成物质进行了物理力学性质、颗粒分析，黏土矿物化学成分分析，现场抗剪、变形试验及室内外渗透破坏试验。经研究认为，断层带本身透水性微弱，渗透系数 0.04m/d，可视为相对隔水岩体，但其影响带渗透系数达 1.08m/d，透水性较强，会产生渗漏。断层夹泥的破坏比降室内外试验值为 3.75～8.0，虽然断层泥含量较高，主要成分为亲水矿物蒙脱石、伊利石，但断层泥在较高围压下形成，天然密度高，渗透性差（$K=1\times10^{-5}\sim1\times10^{-8}$cm/s）。毛细水孔隙处于封闭状态，限制了夹泥的充分吸水饱和及地下水渗流的物理化学作用对夹泥成分的改造，断层泥可保持天然的物理状态和较高的力学强度，在高围压状态下，蓄水后断层带夹泥的物理力学指标恶化的可能性较小，因此产生渗透破坏的可能性不大。由于 F_1 断层带的透水性具有明显的各向异性，即沿垂直断层面方向具隔水性，而顺断层面方向仍具有较大的透水性，因此对 F_1 断层在坝基出露部位仍进行了防渗处理。

根据泰安抽水蓄能电站工程地质和水文地质特征，上水库右岸分水岭存在沿 NEE 向裂隙性的集中渗漏通道，及沿 F_1 断层走向的坝基渗漏。在查清渗漏问题的基础上，比较了全库盆防渗、半库盆防渗、分水岭垂直帷幕加库盆内斜向帷幕等防渗方案后，最终采取了右库盆半库防渗方案，即西库岸采用钢筋混凝土面板、库底填石碾压覆盖土工膜，东库岸沿 F_1 断层用锁边帷幕封闭，向库尾延伸与西库岸相接的防渗方式（见图 5-3-3）。

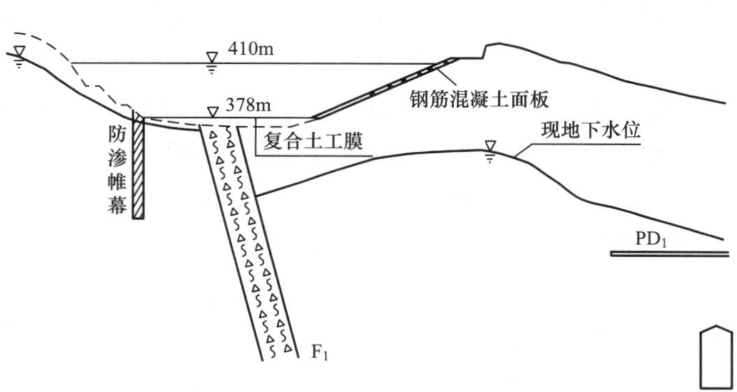

图 5-3-3　泰安防渗方式剖面示意图

2. 喀斯特管道型渗漏的工程地质研究

在喀斯特发育的碳酸盐岩地区修建上水库，在查明喀斯特水文地质条件的情况下，可根据上水库的喀斯特渗漏条件，选择水库的防渗型式。可以采取全库盆防渗，如西龙池蓄能电站上水库；也可以采取局部防渗，如琅琊山抽水蓄能电站上水库。以下介绍琅琊山抽水蓄能电站上水库喀斯特渗漏问题研究实例。

琅琊山为方圆 6～8km 的孤立山丘区，主峰小丰山高 317m。总体地形地貌为“五梁六沟”。六沟为龙华寺、大狼洼、小浪洼、双泉眼、棺材洼、蒋家洼。东南侧发育有龙华寺、大狼洼、小浪洼三条冲沟，在冲沟交汇处筑坝形成上水库，上水库西南岸山体雄厚（分水岭高程 220～250m），副坝处存在低矮垭口（157m）。

工程区主要有寒武系琅琊山组（$Ln^{1\sim2}$）薄层极薄层灰岩、车水桶组（$C^{1\sim3}$）中厚层灰岩及奥陶系（O_1S）中厚层灰岩，其中 C^2 及 O_1S 为易溶岩层，$Ln^{1\sim2}$ 为难溶岩层。

工程区位于紧密褶皱区，其间发育有①号向斜、②号背斜、③号向斜和④号背斜。轴线走向为 NE45°，岩层倾角大于 70°，挤压紧密。主坝坝基位于②号背斜琅琊山组地层内，副坝—龙华寺分水岭一线为③号向斜，为 C^2 沿向斜轴地层出露地带，喀斯特发育。受 NW－SE 挤压应力的作用，产生了一系列 NW 向张性断层，如 F_{15}、F_1 等。

该地区喀斯特属于丘岗平原喀斯特亚区河间地块喀斯特。车水桶组中段（C^2）厚层质纯灰岩岩石易受溶蚀，在副坝部位 F_1 上盘为喀斯特最发育区，分布有较大型地下洞穴、落水洞，而琅琊山组喀斯特不发育，偶见小型溶洞。

工程区的地下水类型包括基岩裂隙水、基岩喀斯特水和第四系孔隙水。副坝区喀斯特水向城西水库方向（NE 向）排泄，龙华寺分水岭喀斯特水向红花桥水库方向（SW 向）排泄。喀斯特水赋存在 C^2 地层中，其中副坝区、龙华寺区为喀斯特地下水最发育的地段。

鉴于地下喀斯特发育复杂，对其发育规律的研究采取了多种手段和方法，除常规的工程地质测绘外，还进行了钻探、洞探、物探（包括地质雷达、电磁波 CT、可控源大地电磁 EH4 测试等）及试验（连通性试验、示踪试验）等工作。

首先进行了详细的地质调查工作，尤其对地表及地下（掏挖后）各种单体喀斯特形态、组合形态、分布规律进行分析，以寻求喀斯特发育的规律。在上水库库区调查中发现，地表喀斯特呈条带状分布，因此将地表喀斯特划分成三个大区，第一区位于主坝下游侧的①号向斜核部，；第二区位于副坝至龙华寺一线的③号向斜核部；第三区位于库尾的大丰山倒转向斜核部。其中的二区又划分成三个亚区，分别为副坝区、库盆区、龙华寺区，其中副坝和龙华寺区构成上水库喀斯特渗漏的主要通道。副坝区地表溶洞群共发现溶洞、落水洞 93 个。地表及地下喀斯特主要顺层面和追踪 NW 向断裂面发育，喀斯特总体展布方向均为顺层向（NE—SW）。洞体狭长，多为缝隙式洞穴型，宽度一般为 1～2m，局部 3～5m。溶洞在高程约 120m 以下一般为黏土充填，少部分为土夹碎石或粗砂，其上部见有水体。

完成可行性研究之前，在龙华寺分水岭共布置了 7 个勘探钻孔，其中 ZK211 孔水位约为 160m，比水库正常蓄水位低 11.8m，致使沿龙华寺分水岭是否存在水库渗漏成为尚待查明的工程地质问题。其后围绕 ZK211 孔水位较低问题，对 ZK211 及其附近的 ZK27、ZK238 三孔进行了加深，并对整个分水岭开展了 5 斜 4 直共计 9 孔（ZK307～ZK315）的普查钻探工作，其间进行了电磁波 CT、EH4 等物探测试工作。从钻孔水位资料看，有 ZK211、ZK308、ZK313 等 8 个孔的水位低于上水库正常蓄水位，ZK211 孔附近发现了宽约 110m 的地下水凹槽（见图 5－3－4），因此进行了 f_{39} 断层以北地段喀斯特发育地层的防渗处理（简称龙华寺Ⅰ期）。EH4 测试成果同时表明，不但在 ZK211 附近存在低阻异常区，在 ZK214 附近（EL120m～EL20m 高程）也存在一个低阻异常区，便将 ZK214 孔由原来的 110m 加深到 210m。加深后，ZK214 的地下水位由原来的最小 187.5m 高程降为最小 171.28m，略低于水库正常蓄水位。据此又进行了龙华寺勘探洞（兼灌浆洞）Ⅱ期施工，勘探表明，喀斯特相对较发育，形式为溶洞和溶蚀裂隙。在龙华寺Ⅱ期探洞内共发现 15 个半充填溶洞，且二期的溶洞规模要比Ⅰ期大。溶蚀现象主要发育在 F_{11} 断层影响带以北。因此龙华寺 F_{11}～f_{39} 也需要进行防渗处理。

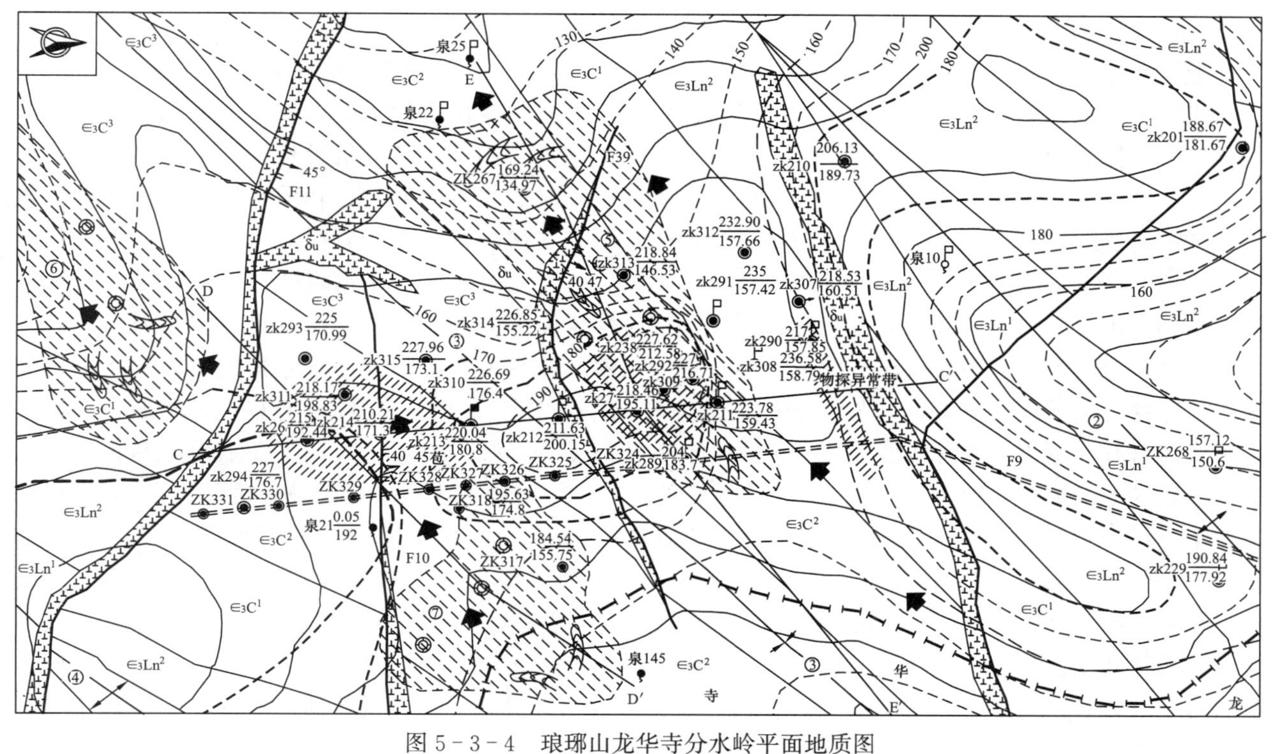

图 5-3-4 琅琊山龙华寺分水岭平面地质图

∈3C²—车水桶组中段厚层灰岩；③—向斜轴线；f39—断层及其编号；—地下水流向；

—勘探平洞兼灌浆洞；zk229 190.84/177.92—钻孔及其编号

针对上水库尤其是龙华寺分水岭可能存在库水外渗的问题，进行了长周期、大规模的综合观测，包括 ICP 多种示踪剂同步示踪、单孔稀释法、环境同位素、水质水化学分析方法和地下温度场等。这些方法的采用，对上水库的喀斯特渗漏分析大有裨益，尤其是同位素示踪试验，找到了龙华寺分水岭渗漏的直接证据，从 ZK211、ZK307 和 ZK308 投放的示踪剂，在库外泉 301 以及库外地下水地表汇集处均检测到。在小狼洼分水岭库内 ZK8 孔投放示踪剂，在库外泉 16 检测到，最大流速为 1.2m/h，比流速 v_i＝7.3m/d·m，其渗漏型式为溶隙流。

副坝区共进行了 29 个溶洞的连通试验，试验表明，喀斯特均具有良好的连通性，地表所发现的喀斯特洞穴在地下均相互连通，经过喀斯特洞穴汇集到一个或几个喀斯特管道集中排泄到库外，证明副坝区渗漏形式为喀斯特管道流。通过各期工程地质勘察工作和综合分析，得出琅琊山上水库渗漏型式：副坝、龙华寺分水岭二部位以喀斯特洞穴管道型渗漏为主；主坝坝基、进/出水口段、小狼洼分水岭以溶隙型渗漏为主；大狼洼山体雄厚、地下水位高于正常蓄水位，不存在渗漏问题；另外横穿上水库的十余条 NW 向断层，也不存在沿断裂向库外渗漏的可能性。据此提出了防渗处理方案：上水库沿小狼洼分水岭（底高程 120m）→副坝坝基（底高程 30m）→进/出水口（底高程穿过 F_{15} 断层）→主坝坝基（底高程趾板以下 40m）→韭菜洼分水岭（底高程 140m）→龙华寺分水岭（底高程 80m）形成的环绕半库的垂直防渗体系，并辅之喀斯特强烈发育区（副坝区）的溶洞回填、黏土铺盖等综合防渗处理措施。

由于喀斯特发育程度、规模的多变性及随机性的影响，加之帷幕灌浆的方式、方法所固有的局限性，蓄水期及运行期加强地下水位动态观测是非常重要的。琅琊山上水库监测网布置的原则为：①监测库水顺岩层走向的渗漏情况；②监测库水顺断裂构造的渗漏情况；③泉水观测，对比蓄水前后的泉水流量变化，找出可能渗漏的部位；④监测帷幕灌浆质量和效果。必要时进行补强处理，避免在帷幕范围内出现大的渗漏问题，确保电站正常运行。

根据对上水库建成蓄水后的库周边地下水位观测资料分析，认为水库蓄水对副坝、大狼洼、小狼洼、龙华寺分水岭的地下水位和泉水流量变化没有直接影响，大气降水仍是影响地下水位和泉水流量变化的主要因素。

3. 库岸边坡稳定问题勘察

上水库库岸边坡分内、外边坡，稳定问题包括两方面内容：自然边坡稳定和工程边坡稳定。

（1）上水库自然边坡稳定性。以冲洪积层、残坡积及风化带构成的土质边坡，受上水库水位升降频繁、变幅较大的影响，在动水情况下，岸坡内的动水压力作用下，破坏机理较为简单。勘察一般需要考虑岸坡的水下休止角、水下稳定坡角以及浸水对软弱层面强度的影响、孔隙水压力等，并对滑坡方量进行必要的计算，提出工程处理措施，如挖除、拦挡、护坡等。对于岩质边坡，动水压力对其影响较弱，但地下水的长期浸润作用对边坡稳定影响较大，尤其是水库正常蓄水位以下的边坡。库水浸润的长期作用会导致软弱结构面（尤其是泥化夹层、断层泥等）的物理力学指标进一步降低，易产生边坡失稳，对这类问题必须引起高度视。十三陵抽水蓄能电站上水库西外坡，原始地形为一条单薄分水岭，库盆开挖过程中被夷平。库盆外侧自然边坡为25°～35°，内坡以1∶1.5开挖后，酷似一座天然堤坝。库盆开挖过程中发现西坡岩体内有倾向库外的f_{207}、f_{212}等缓倾角断层分布，其泥化结构面构成了坡体滑移变形的潜在滑动面，存在发生变形破坏的可能性，可能发生滑动的边坡长度约为450m。对此进行了1∶500工程地质测绘，地勘竖井10个、总进尺375m，以及针对软化（泥化）结构面专门的试验研究，包括矿物鉴定、化学成分分析、抗剪强度、变形模量等。查明了结构面（f_{212}、f_{207}、$f_{\xi\pi}$、$f_{安/砾}$）的分布，通过室内外试验表明，断层泥的基本特性为：黏粒含量高，亲水性强，水稳性差，透水性弱，具片状结构，遇水极易泥（软）化，可塑性大，抗剪强度低。基于以上特性结合地质经验判断，给出力学参数$c=20\sim30$kPa、$\varphi=12°$，进行边坡稳定分析计算。综合分析认为，西外坡岩体存在浅层滑动（见图5-3-5）和深层滑动（见图5-3-6）的可能性。通过上述的工程地质勘察，选择了预应力锚索抗滑桩加固处理方案，从工程地质角度分析，预应力锚索与抗滑桩联合使用，对控制桩体的倾倒变形有良好的效果。

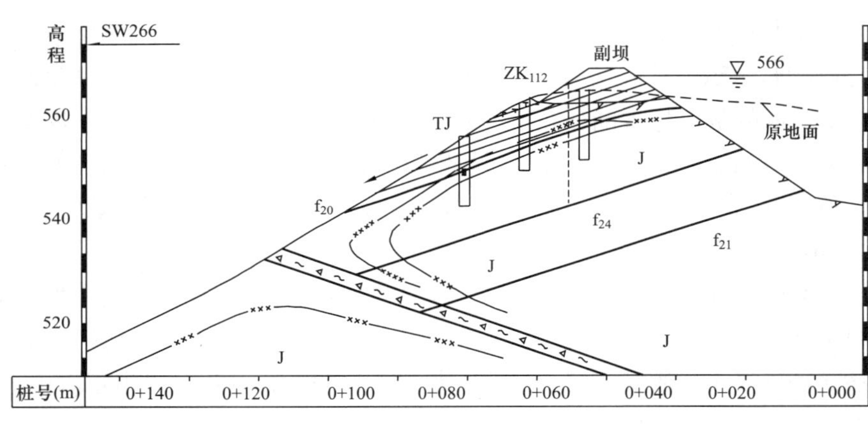

图5-3-5　浅层滑动示意图

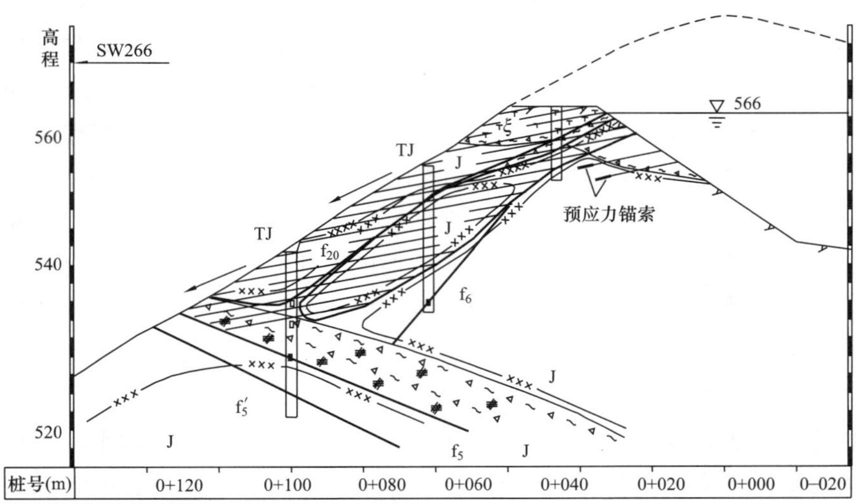

图5-3-6　深层滑动示意图

（2）上水库工程边坡稳定性。上水库工程边坡多形成于库盆开挖后的内边坡、进/出水口段的高陡边坡，这类边坡在自然状态下是稳定的（或不存在），只有在工程开挖后出现并可能对工程形成一定的危害。需要进行必要的工程地质勘察，了解地形地貌特征、地层岩性、地质构造尤其是软弱结构面、水文地质特征，对边坡稳定性进行分析，并尽可能及早提出工程处理措施。

西龙池电站上水库在库盆开挖过程中，第六层白云岩环库盆分布，上覆的岩体（第七层灰岩及第八层白云岩）厚度大于 25m。竖井及钻孔勘探表明，该层岩体风化比较严重，大部分呈全强风化状态，在力学特性上表现为全强风化的白云岩与其间夹杂的弱风化心石、上覆第七层灰岩及下伏第五层灰岩的变形模量差异很大，第六层全强风化白云岩变形模量试验值最低为 2～3MPa，最高也仅为 13MPa，与上覆、下伏的灰岩变形模量相差达 3500～500 倍。因此，存在库盆边坡变形稳定问题，变形量过大将导致面板拉裂，因此对该部位向内开挖 2m，用碎石水泥混合料进行置换处理。十三陵上水库库盆以 1∶1.5 的坡比大体积开挖，一般挖深约 10～15m 不等。库岸坡高 37m。由于岩体破碎结构松散，缓倾角断层泥软化结构面抗剪强度低（$\varphi=10°\sim12°$），且分布广泛，所以整个库盆长度（1135m）范围内，约有 75％的边坡岩体产生了大体积滑坡、塌滑、蠕动变形或潜在有可能发生滑动变形破坏的泥化结构面地段。北岸自然地形为近东西向山梁，在山梁南侧开挖构成库盆北岸岸坡和库盆边坡。库盆周缘为 1∶1.5 坡，库顶以上坡度为 1∶0.7～1∶1.5。在开挖过程中，北岸山体沿断层面产生滑坡体滑动位移。该滑坡体的体态随着库盆的开挖，有着不同的变化。在整个开挖过程中先后沿 f_{206} 断层形成Ⅰ～Ⅳ级滑坡。f_{206} 断层始终构成滑坡体的滑床。开挖成型后，留在库盆北岸和库缘的滑坡体，其东侧为 f_{206} 断层、西侧为 f_{214} 断层，北侧为山梁北坡自然地形处的砾岩与安山岩交界带（见图 5－3－7）。临空侧为库盆、滑床为 f_{206} 断层。滑坡体为顶宽 50～90m、长 100～150rn，深（厚）10～40m 的四面体，体积约 18 万 m^3。滑坡体大体上由以下三种物质组成：①表层残坡积土石和全强风化层；②弱～微风化安山岩；③断层破碎岩。为研究滑动面的抗剪强度，对断层面的泥取样作了室内试验。试验成果及反演计算表明，f_{206} 断层面的抗剪强度指标 $\varphi=10°\sim14°$，$c=10$kPa 接近于实际情况。由于环境条件的限制，滑坡体没有彻底根治，只是在滑坡体范围内改为 1∶1.5 的坡比削坡开挖，坡顶出现拉裂缝，以左行斜列贯通山梁延伸至北坡，总体方向为 NW330°～350°。裂缝张开宽度大多为 5～8cm，宽者达 10cm 以上。最终形成以 f_{206} 断层为滑床，西界为 f_{214} 断层带的大型滑坡体。对此滑坡的工程处理措施有滑坡顶部岩体卸载挖除；锚索加抗滑桩加固；坡面护理及排水，防止地表水下渗恶化滑坡体稳定性。另外，在开挖断面外侧周缘作排水沟防止地表水渗入滑坡体。

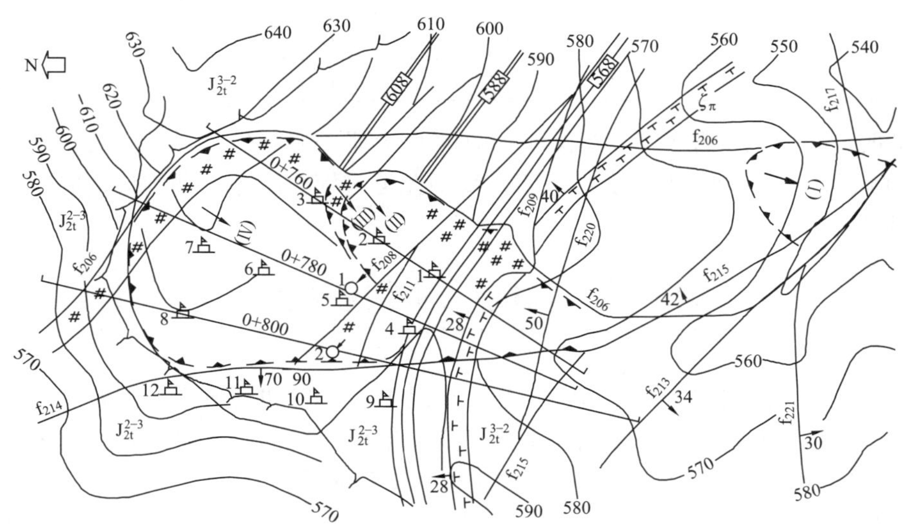

图 5－3－7　十三陵抽水蓄能电站上水库岸坡滑坡工程地质图

—砾岩与安山岩界线；—正长斑岩岩脉及产状；—断层产状及破碎带；—滑坡及滑坡级数；

—开挖轮廓线；—马道及高程；—测斜仪孔；—地表位移观测标点

4. 坝址工程地质问题勘察

与常规水电站水库相比，抽水蓄能电站上水库的坝址、坝线位置选择的范围一般较小。一种情况是在冲沟内选择坝址，这类坝线的位置，在冲沟上下游尚有一定的选择范围。如琅琊山上水库，前期勘察比选了两条坝线，其中，上坝线于琅琊山组难溶岩地层，下坝线位于车水桶组易溶岩地层内。两坝线距离约420m，经综合比较认为，虽然下坝线库容较大，但喀斯特坝基处理难度较大，工程费用高，因此选择了相对容易处理的上坝线。另一种情况，如张河湾上水库，有效库容为720万m^3，上水库为天然的台坪地形条件，需要挖方筑坝成库，由于山体四面临空，地形狭窄，因此坝线（环库长约1900m，环库总长约2800m）选择基本无调整余地，虽然存在构造断裂发育、风化较强、卸荷严重、存在众多软弱夹层等对坝基抗滑稳定不利的情况，只有靠采用工程处理措施，来保证坝体稳定。

5. 天然建筑材料勘察

天然建筑材料的工程地质勘察与常规水库类似，筑坝料的储量与质量均应满足相关规程规范的要求。在料源选择的时候，尤其是需要开挖库容填筑石渣料的上水库，首先应考虑库盆开挖料的利用问题，尽量做到挖填平衡，如挖方不够，就需要考虑其他料源，即首先考虑开挖死水位以上石渣料，以便增加有效库容，而且运距相对短，比较经济。西龙池、琅琊山等上水库就是采用这种做法。

上水库选择当地材料坝时，应研究利用全强风化石料筑坝的可能性，对全强风化料应增加必要的试验工作量，根据库盆开挖石料的具体情况设计坝体断面，而不是先确定坝坡，然后挑选优质石料，造成大量弃渣。如十三陵抽水蓄能电站上水库，面板堆石坝最大坝高75m，上游坝坡1∶1.5，下游坝坡1∶1.75，坝体分为主堆石区和次堆石区。库盆区开挖石料中，全、强、弱、微风化料均有分布。对开挖石料场沿平行坝轴线和垂直坝轴线两个方向进行勘察，并切制地质剖面图，剖面间距50m，据此进行石料场的工程地质分区，指导工程开挖和坝体填筑。勘察过程中对不同风化类型的石料进行取样试验，坝体填筑料石料试验成果见表5-3-1。

表5-3-1　　十三陵抽水蓄能电站上水库坝体填筑料石料试验成果

安山岩石料试样样品特征	体　积	孔隙度（%）	最大干容重（g/cm³）	最小干容重（g/cm³）	凝聚力c（MPa）	内摩擦角φ（°）	渗透系数K（cm/s）
全风化	2.71	27.4	1.97	1.47	0.08	30.3	1.9×10^{-4}
强风化	2.74	26.7	2.06	1.49	0.10	40.1	4.8×10^{-2}
全风化15%+弱风化85%	2.77	25.4	2.07	1.48	0.66	42.3	3.4×10^{-2}
全风化30%+弱风化70%	2.76	24.5	2.09	1.49	0.09	39.4	9.8×10^{-4}
弱风化	2.79	23.8	2.09	1.49	0.03	41	4.0×10^{-2}

试验成果证明，作为筑坝石渣料，在保证有70%以上坚硬岩石作为骨架石料的条件下，允许掺杂小于30%的全强风化石料。坝体监测资料证明，采用此类筑坝料除施工期坝体沉降量较大外，其他变形稳定性等均满足要求。

第四节　发电厂房系统工程地质

抽水蓄能电站发电厂房布置可分为地面厂房、半地下式厂房和地下厂房。地面厂房的工程地质与常规水电站相同，但抽水蓄能电站多采用地下式厂房或半地下式厂房，而在大型抽水蓄能电站中主要采用地下式厂房。因此以下侧重介绍地下厂房洞室群的工程地质。

厂房位置的选择对抽水蓄能电站的经济指标有较大的影响，地下厂房的施工往往处于电站施工总进度的关键线路上，工程地质条件优越的厂房位置对缩短施工工期及降低工程造价都有积极的意义。

一、地下厂房洞室群的工程地质条件

（一）地形条件

地表地形应比较完整，避开沟谷、起伏较大等负地形地带。洞顶及傍山侧向应有足够的山体厚度，

避免地形条件不良造成施工困难。地下厂房的埋深太浅或者过深都不利。

（二）地层岩性

岩石新鲜致密坚硬，岩体完整，各向同性的Ⅰ、Ⅱ类围岩无疑是开挖地下洞室群的理想条件。次之，应尽可能选择较坚硬的块状结构岩体，如厚层、中厚层沉积岩、岩浆岩及相应的变质岩。应尽量避开软弱岩（夹）层。

在喀斯特地区，应研究易溶岩和难溶岩的分布、喀斯特的发育规律、洞隙连通情况、地下水补给和排泄特征。一般中厚层易溶岩（除沿构造结构面和原生结构面有溶蚀夹泥外），洞室自稳条件较好，可满足地下洞室围岩稳定的要求。

（三）地质构造

依据地质构造发育规律，选择地质构造相对不发育或较简单、岩体完整性较好的区域。厂房区尽量避开区域性断裂或宽度数米至几十米的大断层破碎带、较大断裂的交汇带、中缓倾角断层和长大裂隙等。而一般的小型构造，对围岩的破坏程度相对较小，可在施工中采取处理措施保证围岩的稳定。

对于层状岩体，不论是何种倾角，都应尽量使顶拱位于厚层均质岩体内。当存在褶皱构造时，应尽量保持洞室轴线与岩层走向有较大的交角。洞室位置应首选褶皱构造两翼，一般不宜选在褶皱的核部，因两翼岩体完整性相对较好，有利于顶拱围岩稳定。

（四）水文地质

岩体透水率为微弱的透水岩体，厂房最好位于地下水位以上，但多数厂房洞室群地下水位较低。选择厂址时，应避开地下水活动强的部位，特别是地下水与地表径流相连通的情况。地下水活动会恶化洞室稳定条件，洞室开挖后，造成塌方、涌水等事故，对工程投资和施工工期造成较大影响。

对于地下水位较高的地下厂房厂址，需做好排水。常见的排水措施有洞排和孔排及两者结合，排水时不应产生渗透破坏。必要时可在地下厂房上游合适的位置设置防渗帷幕。

（五）地应力

地应力对地下工程围岩稳定有直接的影响，地应力太高容易产生岩爆和过大的位移变形。随着地应力值的增大，不同结构类型的岩体表现出不同的破坏失稳型式。

（1）完整结构岩体。

1）破坏机制由脆性向塑性转化。

2）破坏强度由低逐渐增高。

（2）碎裂结构岩体。

1）结构面起作用向结构面不起作用转化。

2）岩体结构力学效应由显著逐渐向消失转化。

3）结构体破坏机制由脆性向塑性转化。

4）破坏强度由低逐渐增高。

5）岩体力学介质由碎裂向连续介质转化。

（3）块裂结构岩体。

1）起伏结构面的破坏机制由爬坡滑动向剪断转化。

2）地应力的方向，水平最大主应力 σ_1 的方向与厂房轴线方向应保持较小的夹角。

判断一个蓄能电站站址区地应力高低的地质标志见表 5-4-1。

表 5-4-1　高地应力地区与低地应力地区的地质标志

高地应力地区	低地应力地区
1. 围岩产生岩爆、剥离 2. 收敛变形大 3. 软弱夹层挤出 4. 饼状岩心 5. 水下开挖无渗水 6. 开挖过程有瓦斯突出	1. 围岩松动、塌方、掉块 2. 围岩渗水 3. 节理面内有夹泥 4. 岩脉内岩块松动、强风化 5. 断层或裂隙面内有次生矿物呈晶族、孔洞等

（六）围岩工程地质分类

围岩初步分类：依据岩质类型和岩石结构类型或岩体完整程度等因素进行分类，适用于规划或预可研阶段。

围岩详细分类：在围岩初步分类的基础上，以控制围岩稳定的岩石强度、岩体完整性、结构面状态、地下水和结构面产状五项因素分值之和为判定依据，围岩强度与应力之比为限定判据进行分类（见表5－4－2），主要用于可行性研究和招标设计阶段。

表5－4－2　　地下洞室围岩工程地质分类

<table>
<tr><th>围岩类别</th><th>围岩稳定性</th><th>围岩总评分 T</th><th>围岩强度应力比 S</th><th>支护类型</th></tr>
<tr><td>Ⅰ</td><td>稳定。围岩可长期稳定，一般无不稳定块体</td><td>$T>85$</td><td>>4</td><td rowspan="2">不支护或局部锚杆或喷薄层混凝土。大跨度时，喷混凝土、系统锚杆加钢筋网</td></tr>
<tr><td>Ⅱ</td><td>基本稳定。围岩整体稳定，不会产生塑性变形，局部可能产生掉块</td><td>$85\geqslant T>65$</td><td>>4</td></tr>
<tr><td>Ⅲ</td><td>局部稳定性差。围岩强度不足，局部会产生塑性变形，不支护可能会产生塌方或变形破坏。完整的较软岩可能暂时稳定</td><td>$65\geqslant T>45$</td><td>>2</td><td>喷混凝土、系统锚杆加钢筋网。跨度为20～25m时，并浇筑混凝土衬砌</td></tr>
<tr><td>Ⅳ</td><td>不稳定。围岩自稳时间很短，规模较大的各种变形和破坏都可能发生</td><td>$45\geqslant T>25$</td><td>>2</td><td rowspan="2">喷混凝土、系统锚杆加钢筋网，并浇筑混凝土衬砌</td></tr>
<tr><td>Ⅴ</td><td>极不稳定。围岩不能自稳，变形破坏严重</td><td>$T\leqslant 25$</td><td></td></tr>
</table>

注　Ⅱ、Ⅲ、Ⅳ类围岩，当围岩强度应力比小于本表时，围岩类别宜相应降低一级。

通过围岩的工程地质分类，对地下厂房系统围岩整体稳定性进行综合分析评价。通过块体分析，确定结构面的不利组合，评价围岩局部稳定性；重点研究中、陡倾角结构面及其组合；分析顶拱、高边墙、端墙的稳定性，尤其是缓倾角结构面对洞室顶拱围岩稳定性的不利影响；对地下厂房系统各洞室、洞室各部位分别进行围岩分类，并对其稳定性分别作出评价。

西龙池抽水蓄能电站地下厂房区围岩为缓倾角层状岩体，厂房顶拱为薄层状灰岩、鲕状灰岩互层，边墙为粉砂岩、鲕状灰岩、薄层灰岩互层，底板为柱状灰岩、鲕状灰岩、薄层灰岩互层。进行围岩分类时，根据地下厂房围岩岩性不均一、岩层厚度变化较大、岩石力学性质差异较大、岩体结构复杂等特征，围绕层面构造和岩石强度评分的研究，引入综合强度的概念，即某一工程部位所有围岩饱和抗压强度的加权平均值，考虑不同岩性围岩的分担作用，按综合强度评分。采用《水利水电工程地下洞室围岩分类》标准、巴顿Q系统围岩分类和GB 50218—1994《工程岩体分级标准》三种方法进行围岩分类，结果有较好的一致性，较为客观地反映了厂房围岩的质量。

二、厂房位置及其轴线方向的选择

（一）选择地下厂房位置

地下厂房的位置既要满足水工建筑物布置的要求，又要充分利用优良的地质条件。选择厂房位置的基本原则是避免厂房、主变压器室等主要地下洞室与较大断裂构造交切，并尽量减少断裂构造对厂房上下游其他建筑物围岩的不利影响。通过厂房区长勘探平洞的工程地质分段和工程地质单元的划分，把厂房洞室群选在断裂发育程度相对最低，岩体完整程度较好的地质单元内。通过与具有可比性的少数地质单元的比较，最后选出代表性方案。

如西龙池抽水蓄能电站，厂房位置选择受工程区主干断裂F_{112}、F_{118}所控制，受两条主干断裂的影响，厂区发育有次一级的断层和张性断裂带（见图5－4－1），表现为张扭性，尤以张性断层带P5规模较大，对地下厂房位置的选择制约性较大。F_{112}位于厂房东侧，距左端墙8.0～25.0m；F_{118}位于厂房西侧，距厂房右端墙42.0～55.0m，在此构造单元内，通过若干方案比较，最后选在两条较大断层之间岩体相对完整、喀斯特发育较弱的相对隔水层地块内。F_{112}位于厂房东侧，距左端墙8.0～25.0m；F_{118}位于厂房西侧，距厂房右端墙42.0～55.0m。

十三陵抽水蓄能电站地下厂房位置的选择经历了一个复杂的过程，不同勘测设计阶段又有不同的侧重点。规划阶段实际上是选择站址地理位置；可行性阶段（原）在砾岩、灰岩、安山岩三个方案中

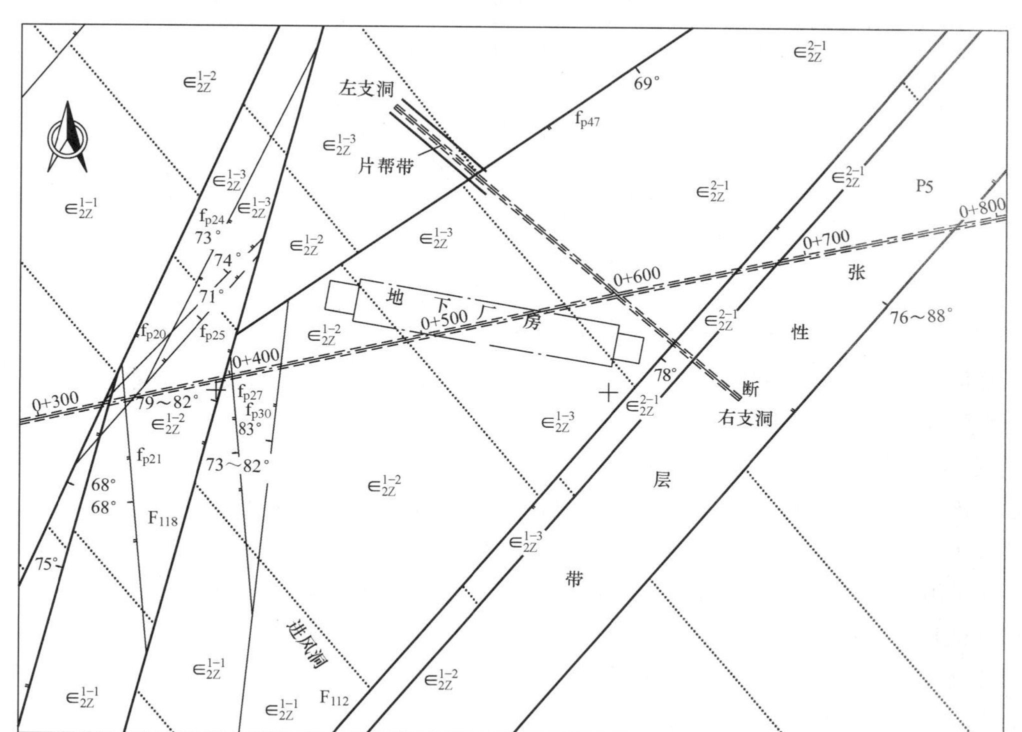

图 5-4-1　西龙池 717.5m 高程地下厂房位置图

比选，主要考虑岩性、构造发育程度、岩体完整性、水文地质条件、岩石强度等因素；初步设计阶段在确定的砾岩体内，又经过两次调整，主要考虑了控制性断层的影响和岩体的完整性因素；技施设计阶段（原）由于在开挖后对地质条件有新的认识，对厂房的具体位置再一次进行了调整。

选择地下厂房的位置是对各种工程地质因素综合比较的过程，是建立在查明建筑物区工程地质条件的基础上。选择时除应满足上述对地形地质条件的要求外，还应充分注意到厂房位置是否有向上下游、左右侧调整的空间，同时还要考虑水道系统对厂房位置的适应性。例如混凝土岔管对地应力及地质条件要求较高，有时会影响厂房位置的选择。

（二）选择地下厂房轴线方向

地下厂房轴线方向应在选定厂房位置的基础上，根据岩体结构、地应力状态及厂区建筑物布置的要求综合研究确定。原则上，在对地质结构面进行产状分组、规模分级、形状分类研究的基础上，厂房轴线方向应与断裂构造、岩层走向（含不整合面、破碎的岩浆岩接触面）垂直或大角度相交（一般应大于 35°），尽量避免与性状较差的断裂构造平行。

地下厂房轴线方向的选择受较多因素的影响，其中主要是受断裂构造的控制和影响，同时还要满足水工建筑物布置的要求。

（1）选择厂房轴线方向的应首先考虑避开厂房区具有控制性的较大断层，其次考虑与小断层、长大裂隙及岩层走向等保持相对较大的夹角，使结构面对厂房围岩稳定性的影响降低到最低程度。

（2）厂房轴线的方向应与厂房区地应力最大主应力（σ_m）方向保持相对较小的夹角，保证洞室群围岩内的二次应力较均匀分布，有利于围岩的稳定。但在考虑地应力的影响时，要注意其量级与相应的围岩强度的比值，一般当围岩强度应力比（R_b/σ_m）在 4～7 或大于 7 时，属于中等或低地应力量级，此时地应力对厂房围岩稳定性影响较小；当最大与最小水平地应力差值较小时，地应力对厂房轴线方向的选择不起控制性作用。

在已建抽水蓄能电站工程中，地应力最大主应力 σ_m 一般低于 20MPa，其围岩强度应力比（R_b/σ_m）多在 4～7 之间，因此多数抽水蓄能电站的地应力对厂房轴线方向的选择不起控制性作用。我国部分抽水蓄能电站的地下厂房轴线方向与地应力最大主应力方向的夹角统计见表 5-4-3。

表 5-4-3　　部分工程地下厂房轴线方向与地应力最大主应力之间的夹角

电站名称	最大主应力量级 σ_m（MPa）	围岩强度应力比（R_b/σ_m）	最大主应力方向（°）	地下厂房轴线方向（°）	最大主应力与厂房轴线夹角（°）	σ_m 对围岩稳定影响程度的评价
琅琊山	9.0～11.0	5.5～4.5	NE70～SE110	NW285	5～35	不起控制作用
西龙池	12.0	5.0	NE50	NW280	60	
张河湾	5.5～13.37	8.9～12.7	NE60～79	NE40	20～39	
泰安	12.0	11.6	NE70～80	NW320	70	
呼和浩特	16.0	7.79	NE50～60	NE15	35～45	

地下厂房洞室群的长轴方向应与地应力的最大主应力方向呈小角度相交。

三、地下厂房主要工程地质问题

（一）洞室围岩稳定问题

抽水蓄能电站的地下厂房规模较大，主、副厂房，主变压器室，交通洞，排风洞等地下建筑物纵横交错，组成大型地下洞室群，围岩稳定问题在洞室的不同部位和洞室的交叉口有着不同表现形式。

地下厂房的开挖改变了原始的渗流场，产生了地下水降落漏斗，使地下水渗透坡降变陡，动水压力加大，渗透破坏作用增强，造成原本可以自稳的岩体失稳，甚至会引起突水、突泥乃至较大的塌方等现象。因此必须重视地下水活动对洞室围岩稳定性的影响。

（1）顶拱。顶拱的破坏形式主要为掉块、塌方、冒顶等。顶拱的围岩稳定问题主要表现在地下厂房的成拱条件，这是厂房能否成立的关键问题之一。岩性、结构面的组合情况及其与顶拱关系是研究重点，特别是贯通性结构面和缓倾角结构面。其次，还需分析研究地应力及地下水的活动性。如西龙池抽水蓄能电站，根据厂房长勘探平洞资料分析，拟定的地下厂房系统避开了 F_{112}、F_{114}、F_{118} 断层和 P5 张性断裂带等规模较大的构造破碎带的影响，岩体相对较完整，洞室群整体稳定性较好。厂房顶拱岩体呈互层状，细层很薄、纹理发育、岩层平缓，加之 NE 向裂隙水活动影响，易于发生弯曲和折断，可能出现的主要破坏型式为塌顶和结构面组合的块体滑塌。顶拱开挖时，平缓层状岩体在顶拱形成类似平行叠合梁结构，其支点在两侧拱座，由于岩层层间结合力差，岩层在重力作用下向下弯曲（相当于向斜核部），首先是叠合梁中性面以下，即最下部一层岩层张裂，进而向中性面发展，而形成塌落体（见图 5-4-2）。此外还有裂隙组合形成的“人”字形楔体在顶拱出现，由于断层规模较小，对顶拱稳定影响不大。为防止产生大范围的岩体脱顶、弯曲和折断，采取在厂房顶拱中导洞开挖时及时完成对穿预应力锚索，辅以喷钢纤维混凝土和锚杆及时跟进，随机锁边预应力锚杆等措施，保证了顶拱开挖的顺利完成。

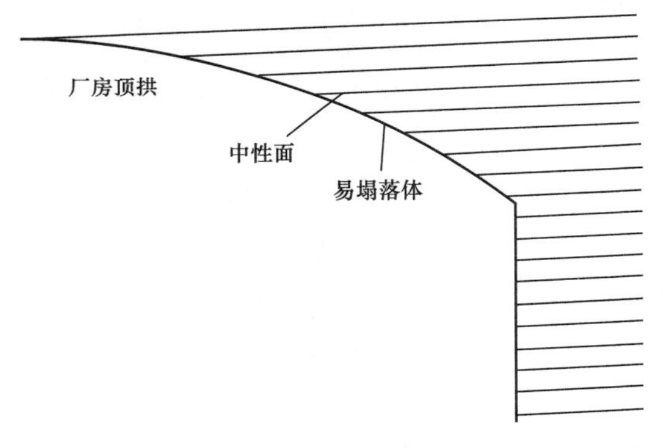

图 5-4-2　极薄层岩体形成类叠合梁示意图

（2）边墙。边墙破坏形式主要为滑出、板裂。影响边墙稳定性的因素是结构面与边墙的组合情况，尤其是贯通性的中～缓倾角结构面的组合，形成大小不等、形状各异的不稳定结构体。地下厂房的边墙与诸多隧洞相交，其交叉部位由于应力集中，常发生岩体卸荷与结构面切割共同作用，岩体稳定性较差。如十三陵抽水蓄能电站厂房及主变压器室均为大跨度高边墙地下洞室，尤其是厂房边墙高 40 余米，两洞室之间岩柱宽约 34m，并有多条小隧洞等与之相交。洞室开挖使围岩产生收敛变形，并在一定的范围内产生岩体内部位移，岩体受拉应力作用产生张裂隙。特别是围岩中发育一组与主厂房纵轴线小角度相交的（近 EW 向）陡倾角长大裂隙，使围岩形成条板状（或似条板状）地质结构体，产生高边墙的板裂破坏。厂房及主变压器室开挖基本结束时，在两洞室之间的交通洞和母线洞衬砌混凝土中，产生了与厂房边墙近于平行的张裂缝。尤以交通洞的裂缝最为严重（见图 5-4-3），有些裂缝贯穿整个断面。表明厂房和主变压器室之间岩柱体发生了很大程度的板裂化。针对上述情况，在系统锚喷支护的基础上，对厂房和主变压器室之间的岩柱体增加了较长的随机预应力锚索和6根对穿锚索（1200kN）。补强锚固处理后，经长时间观测，裂缝未见发展，厂房下游高边墙岩体变形已趋于稳定。

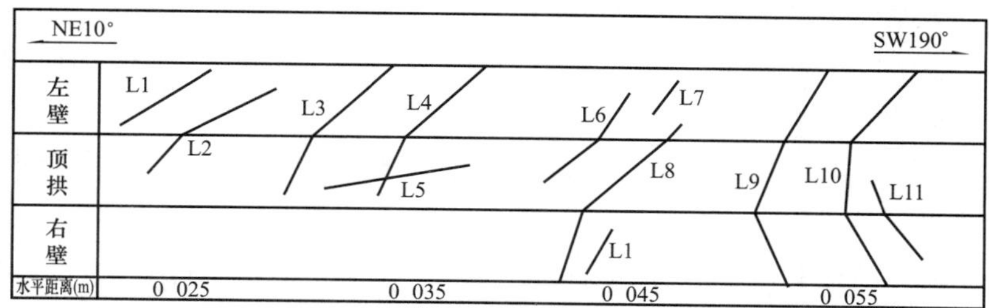

图5-4-3　十三陵抽水蓄能电站交通洞混凝土裂缝分布示意图

（3）端墙。地下厂房轴线方向都力求与构造结构面、原生结构面保持较大的夹角关系，因此端墙势必和上述结构面呈较小夹角，在开挖过程中极易产生板裂、倾倒等破坏。对此种情况应予以重视。

（二）围岩结构对岩壁吊车梁的适应性

岩壁吊车梁的原理是利用一定长度的注浆长锚杆，把钢筋混凝土梁固定在岩壁上。由于岩壁是主要的受力体，岩石本身的强度、构造发育情况、开挖后卸荷及开挖控制爆破的效果等都会影响岩壁的承载能力，所以岩壁的岩体质量和稳定性是岩壁吊车梁的关键因素之一。

目前，关于岩壁吊车梁的理论分析和设计方法还不完善，需结合岩壁吊车梁模型洞试验进行稳定性验算。如琅琊山抽水蓄能电站等开挖了试验模型洞。模型试验洞开挖施工工艺对其成型影响较大，试验洞壁围岩虽然是碎裂镶嵌结构，因在施工开挖过程中坚持放小炮，岩体成型较好，仅局部结构面作了必要的处理。

（三）地下厂房洞室涌水问题

地下厂房多位于地下水位以下，厂房开挖改变了原始的渗流场，形成大型的地下水降落漏斗，随着厂房的下挖，水力坡降增大，水流运动速度加快，地下水向地下厂房基坑集中。洞室涌水对地下厂房的影响有两个方面，①地下水对岩体的软化作用使岩石强度和结构面的抗剪强度降低，影响围岩的稳定性；②增加施工期排水难度，影响施工工期。工程实践证明，地下水对围岩稳定影响的大小不仅与地下水本身活动有关，而且与围岩岩质、岩体结构、岩体完整性有关。一般来说，地下水对坚硬的块状结构岩体影响较小，对碎裂结构和散体结构的岩体危害较大。故需查明地下水的埋藏条件、类型、活动特点及岩体的渗透性，并分析评价地下水涌水的可能性及最大和稳定涌水量，做好施工期排水。

若将地下厂房洞室作为地下集水廊道考虑，则其涌水量可按下式计算

$$Q=K\cdot B\cdot H(\pi/2+H/R)/(\lg R-\lg r_{w})$$

式中　Q——地下洞室涌水量，m^3/d；

K——岩体渗透系数，m/d；

H——洞体上方地下水作用水头，m；

R——影响半径，m；

B——集水廊道长度，m；

r_w——集水廊道半径，m。

四、地下厂房工程地质勘察

根据地下厂房的形式及勘查阶段的不同，勘察方法也有所不同。在规划阶段，以工程地质测绘为主，辅以物探及少量轻型勘探。预可行性研究阶段，地下洞室沿线应布置钻探，初步查明沿线地下水分布情况，对代表性方案和拟定的地下厂房，若条件允许，还应布置深孔至厂房底板以下，并进行岩体地应力等的综合测试。可行性研究阶段，对代表性方案，需要沿水道线方向布置长勘探平洞，平洞洞长要通过地下厂房至高压岔管部位，并在平洞中开挖厂房轴线方向支洞，查明地下厂房洞室群的工程地质条件，包括岩性分布、构造发育情况、岩石（体）的物理力学特性、岩体透水性、地应力、岩体的变形特征、岩石的放射性及有害气体等。应对围岩详细分类并评价其稳定性。

（一）厂房长探洞、轴线支洞的布置原则

（1）厂房勘探洞进口高程应高于初拟的厂房顶拱，勘探洞距离厂房洞室顶拱以上30～50m较为适

宜，高差过小会影响厂房顶拱稳定，高差过大会影响勘察精度。

(2) 厂房勘探洞的长度，在厂房位置尚未确定的情况下，宜沿水道系统轴线方向，达到厂房上游高压岔管部位为宜。

(3) 探洞的横断面尺寸在满足地质勘察要求的情况下，还应便于施工通行、排风设备布设，一般为2.5m×2.5m。

(4) 勘探洞口一般选择在下水库河水位或正常蓄水位以上、洞口边坡稳定条件好的地段。

(5) 厂房勘探洞的布置最好能结合水工建筑物的布置，使其在施工期被充分利用。

(6) 厂房轴线支洞长度需延伸至厂房端墙外一倍厂房高度的距离，洞径与主勘探洞相同。必要时，还需布置岔管支洞以了解岔管部位的岩体情况。

(二) 钻孔的布置原则

钻孔是地下厂房洞室群勘探的常用手段，厂房区钻孔多布置在地下厂房勘探洞内，视厂房区上覆岩体厚度，个别钻孔还可布置在地表。钻孔的深度应至厂房底板以下不少于厂房跨度的一半。钻孔结构应该满足孔内试验、测试的要求。地表钻孔与探洞内钻孔在高程上应衔接，便于对地应力测试成果的分析。

(三) 试验项目及试验点的布置

厂房勘探洞及钻孔内除揭示工程地质条件外，有时还要在其中进行试验测试工作，常见的有钻孔压水试验、地下水长期观测、现场变形试验、现场抗剪试验、洞壁弹性波测试、多种方法的地应力测试、高压压水试验、物探综合测井、钻孔间CT测试、井下电视等。必要时还应进行收敛变形等试验。

(1) 现场变形试验和现场抗剪试验应在厂房勘探洞内专门开挖的试验洞内进行，开挖试验洞须采用预裂控制爆破。试验点应具有代表性，尽量在各种类别的代表性岩体中均有试验点。

(2) 洞壁弹性波测试。在勘探洞洞壁连续测试，是评价岩体质量的重要指标。须注意的是，测试过程中，要尽量避免洞壁表面松动引起的波速误差。

(3) 地应力测试。需要根据测试方法和目的、要求的不同，在洞壁和钻孔中进行。测试点的分布应最大限度地反映出应力场的实际情况。

(4) 高压压水试验。多见于高水头电站工程钢筋混凝土岔管，目的是调查高水头内水压力下岩体的渗透特性，最大压力一般应大于高压管道内最大动水压力。该试验也可结合水压致裂法地应力测试同时进行。

五、半地下式厂房

半地下式厂房厂址受地形条件的制约，多为尾部开发方式，一般距下水库较近，所以厂房区库水倒灌渗漏问题较为突出。理想的地形地质条件是坡度适中，尽量避开高陡的自然边坡和地表水汇集区；竖井与下水库之间有较为宽厚的山体，岩石坚硬，岩层中没有或少见软弱岩（夹）层、强透水岩层及卡斯特渗漏通道，岩体较完整，岩体结构较紧密，厂区无断层交汇及向斜构造；厂房的后边坡尽量避开风化、卸荷强烈的高陡自然边坡，同时要注意岩层及主要断层、裂隙密集带的产状及其组合对输水隧洞、厂房竖井和上下游山坡开挖稳定性的影响。

(一) 半地下厂房主要工程地质问题

半地下式厂房的主要工程地质问题包括厂房周围工程边坡稳定、竖井围岩稳定、涌水等。

1. 边坡稳定问题

半地下厂房由于厂房面积较大，厂址多位于斜坡地形，不论是窑洞式厂房还是竖井式厂房，都存在开挖边坡稳定问题，属于一般性工程地质问题，多采用常规方法进行勘察、分析计算和评价。

2. 围岩稳定问题

半地下式厂房的井壁呈圆筒形，在形状上更有利于自身的稳定。其稳定问题与地下厂房围岩稳定有一定差异，竖井式结构不存在顶拱围岩稳定问题，主要问题是井壁和井壁开孔段的围岩稳定。

(1) 井壁围岩稳定。竖井围岩稳定与围岩岩质特性、岩体结构、地下水等相关。对沉积岩而言，对井壁稳定较为有利的是近水平的厚层、中厚层坚硬岩，不夹或少夹软弱岩（夹）层，地下水活动微弱。只存在构造结构面不利组合形成的棱体或块体，为潜在不稳定体；中等倾角岩层以最大倾角倾向井内一侧的岩体有滑出倾向，其余部分的井壁稳定条件一般较好；陡倾角岩层除构造结构面不利组合的块体和顺层掉块外，整体稳定性良好。处理措施多以随机锚杆为主，必要时挂网喷混凝土。

（2）井壁开口段围岩稳定。此种稳定问题有两种情况：隧洞轴线垂直岩层走向和平行岩层走向。第一种情况，隧洞轴线与岩层走向垂直或大角度相交。近水平岩层的隧洞洞壁，洞底部围岩稳定性好，但顶拱岩层受结构面或开挖影响，其连续性遭到破坏而发生脱落甚至塌方，开挖时应注意及时喷锚支护。对于陡倾角岩层与隧洞轴线垂直或大角度相交时，围岩稳定性较好，仅有局部结构体不稳定，但易于处理。第二种情况，隧洞轴线与岩层走向平行或小角度相交。洞壁围岩稳定性受岩层倾向倾角影响，一侧边墙稳定性相对较好，而另一侧边墙稳定性较差。顶拱受走向结构面切割易产生三角形棱体失稳，这种棱体常沿隧洞轴线呈条带状延伸，危害性较大，施工中多采用长锚杆喷混凝土处理，块体较大时有时采用锚索或预应力锚索加固。另外，井壁开洞时，在井、洞交汇处，由于应力集中，常发生岩体卸荷，与结构面切割共同作用，岩体稳定性较差，要注意及时锁口支护，必要时，可用预应力锚索加固。对块状结构岩浆岩而言，其岩性单一，岩石坚硬，各向同性较好。在对结构面进行产状分组、规模分级、形状分类研究的基础上进行围岩初步分类，再根据地下水活动状态及地应力的量级和方向，进一步进行详细围岩分类，为井壁围岩和井壁开洞段的洞体围岩整体稳定性及结构体稳定性综合分析评价提供地质资料，并提出相应的支护处理措施。就半地下竖井式厂房井壁开孔（洞）段围岩稳定性而言，岩浆岩比沉积岩地下洞室工程地质问题相对简单、稳定性好。

3. 半地下式厂房洞室涌水问题

半地下式厂房一般距下水库较近，当利用已建水库作下水库时，在厂房开挖过程中，会产生下水库库水回灌，随着竖井下挖，地下水水力坡降加大、渗流流速加大，渗透破坏也随之增强，严重影响井壁的稳定。因此，竖井开挖前，要查明厂房区的水文地质结构，划分水文地质单元，特别是厂房区与下水库之间的水文地质单元，调查下水库的补给、径流、排泄特点及岩体的透水性，分析估算最大和稳定涌水量。在初步判定稳定涌水量后，为设计提供水文地质参数，并提出防渗方案建议。防渗的原则一般为：在稳定涌水量不大的情况，一般在厂房竖井外围布置排水廊道，结合排水孔汇集到集水井；在稳定涌水量较大或地下水稳定涌水量存在增加的不确定因素时，宜采用防渗帷幕加排水的措施，防渗帷幕的深度及范围根据勘探资料确定。

（二）半地下厂房工程地质勘察

（1）厂房。半地下式厂房勘察的内容与地下厂房相似，主要是厂房外部边坡环境和厂房内部的岩体质量。在初步查明工程地质条件及问题的基础上，确定代表性厂址后，在厂房的纵剖面（沿水流方向）、横剖面（竖井排列方向）上布置钻孔，了解地层岩性及地质构造、岩石风化、卸荷程度，并进行水文地质试验，了解岩体的透水性。此外还需进行岩石（体）物理力学性质试验，确定厂房竖井以上地面建筑物建基面的承载力，提供相应的地质参数，提出基础处理措施的建议。综合分析边坡和厂房竖井的勘探资料，了解厂房竖井、边坡的地下水位，绘制水文地质剖面图，分析库水回灌的可能性。必要时，可在钻孔中进行抽水试验，取得渗透系数，为厂房竖井涌水量估算提供较可靠的资料，并确定防渗帷幕深度及范围。

（2）边坡。应在地质测绘的基础上，布置适量的钻探和洞探工作对潜在不稳定边坡进行勘察，深度以穿过假想的滑动面 10～20m 为宜。调查内容包括边坡的地层结构、岩性及分布、构造发育程度、地下水水位及活动情况等。试验项目的选择要根据边坡的类型确定，不论是土质边坡还是岩质边坡，均需要了解其基本的物理力学性质，提出适当的开挖坡比和加固处理措施。体积较大、对厂房有直接威胁的处于临界稳定状况的边坡，应进行变形观测。要避免或减少发生边坡失稳，应配合施工设计，研究开挖方式、开挖程序、排水措施、爆破方法、坡脚采空破坏和开挖坡高度与坡比。

（3）试验及测试。厂房内部的勘察、测试项目，可根据厂址所处的工程地质环境及地形地质条件有选择地进行。

第五节　水道系统工程地质

抽水蓄能电站水道系统的布置取决于站址地形地质条件及工程开发方式的要求。上、下水库位置一经选定，水道系统的布置范围就基本确定了。水道系统各建筑物的具体布置，则与上、下水库进/出水口位置、地下厂房位置和沿线山体的地形地质条件密切相关。水道系统工程地质勘察，就是要选择地形、地质条件较优的输水线路和查明水道系统沿线的工程地质条件和工程地质问题，为确定输水隧洞线路的布置方案和高压管道（竖井或斜井及下平段厂前高压岔管）的衬砌型式提供地质依据。高压岔管在水道系统中的布置，应根据地形、地下厂房布置及水力条件等因素确定。当高压管道采用钢筋混凝土衬砌时，围岩应满足以下条件：①地质条件良好，围岩以Ⅰ、Ⅱ类为主（也有少量Ⅲ类围岩采用钢筋混凝土衬砌的，但需作特别的工程处理），岔管位置处在地下厂房围岩开挖爆破影响范围以外；②高压管道上部、侧向具有足够能承受内水压力的岩体覆盖；③应确保岔管位置处围岩初始最小主应力大于该处管内设计水头压力的1.2～1.5倍。

抽水蓄能电站的主要特点之一就是压力管道承受较高的内水压力，一般在3～7MPa。压力管道围岩在高压水作用下的渗透稳定性，是水道系统隧洞采用钢筋混凝土衬砌时需要解决的重点工程地质问题之一。在我国北方缺水地区，水库补水水源缺乏，对压力管道渗漏量的控制是必须关注的问题。

一、水道系统建筑物组成及其对地形地质条件的要求

水道系统主要由以下建筑物组成：①上水库进/出水口及上平段低压隧洞（含闸门井、调压井）；②高压隧洞，包括上、下斜井及中平段，上、下竖井及中平段，当水头不高时（一般小于300m），一般不设中平段；③高压隧洞下平段（又称厂前平段），包括下平段主隧洞、岔管隧洞和高压支管隧洞；④尾水隧洞（低压隧洞）及下水库进/出水口，包括尾水闸门井、调压井（若设置时）、尾水平段、尾水上斜段、下水库进/出水口。水道系统各建筑物位置的初步选择一般是依据地形地质条件的宏观判断和适应枢纽布置的总体要求。

上、下水库进/出水口位置选择一般要求地面坡度大于40°，若坡度过缓，则开挖工程量较大。如选在陡壁下，应避开产生崩塌、岩体严重卸荷等不良地段。山体应较完整，沟谷不发育，避开地表径流汇水区。地质条件要求所处位置岩石新鲜、完整，岩层产状与断裂组合对洞口边坡稳定有利，尽量避开断层破碎带和交会带。下水库若利用已建工程，进/出水口位置选择还要考虑围堰的布置和施工条件。

上平段和尾水隧洞段均为低压洞室，要求山体较完整，隧洞洞顶及侧向有足够的山体厚度，具备成洞条件。过去一般的经验要求洞顶岩体厚度满足三倍洞径，但许多工程的实践证明，如岩体完整性好，施工方法得当，即使上覆岩体厚度不到三倍洞径，围岩也是稳定的。根据已有经验，低压隧洞最小上覆岩体厚度可以参照表5-5-1确定。

表5-5-1　　低压隧洞最小上覆岩体厚度

岩体完整性	上覆岩体最小厚度	岩体完整性	上覆岩体最小厚度
完整岩体	(1.0～1.5) B	破碎岩体	(2.0～3.0) B
裂隙发育的岩体	(1.5～2.0) B		

注　B为隧洞开挖洞径。

高压管道对地形地质条件的要求较低压隧洞有所不同，它对地形条件的要求不仅是上覆岩体的厚度，而且要考虑围岩对内水压力的承载能力。

二、水道系统线路选择的工程地质

水道系统线路的选择与电站站址的地形地质条件密切相关。从规划阶段开始及以后的各个阶段，都需要密切配合电站站址选择、厂房位置选择等开展地质勘察工作。

规划阶段，在充分收集初选站址已有地质资料的基础上，进行现场踏勘，不遗漏可能的站址。与此同时，初步选择相应的水道系统线路，并宏观了解各线路的工程地质条件，分析可能存在的主要工

程地质问题，初步论证对各开发方式的适应性，推荐近期工程站址的水道系统线路方案。

预可行性研究阶段，在规划选点推荐的近期工程站址上，对枢纽工程各组合开发方式进行比选，初步查明代表性枢纽方案水道系统工程地质条件和工程地质问题，并评价其对开发方案的适应性。

可行性研究阶段，是在预可行性研究阶段的基础上进行勘察，查明初步选定的水道系统沿线的工程地质条件，分析评价沿线隧洞围岩的稳定性及高压隧洞和岔管高压水渗透围岩稳定问题。

招标设计阶段的勘察是在可行性研究阶段已选定的水道系统线路上，对前期勘察未涉及到的隧洞系统建筑物和可行性研究勘察中需要进一步查明的工程地质问题进行补充性的勘察，完善可行性研究阶段的勘察成果，以满足工程招标标书文件对工程地质资料的要求。同时要复核钢筋混凝土衬砌的高压隧洞及岔管围岩的变形特征和承受内水高压的渗透稳定性。

随着上述各阶段工程地质勘察的逐步深入，站址区的工程地质条件愈加明朗和主要工程地质问题不断被揭露和查明，这时水道系统线路才基本确定下来。

需要说明的是，水道系统线路选择除遵循各个勘察阶段循序渐进的一般程序外，当水道系统线路处在不同岩石类别地区时，所研究的工程地质条件和关注的工程地质问题的侧重点也有所差别。当处在岩浆岩及相应的变质岩地区时，宜重点关注沿线有无大的构造破碎带及蚀变带发育；当处在沉积岩地区时，要重点关注岩层产状（特别是岩层倾角）、构造破碎带及喀斯特发育情况等。

西龙池抽水蓄能电站水道系统位于西河～耿家庄宽缓背斜的轴部附近，岩层基本水平，倾角3°～10°，工程区构造发育的主要方向为NE30°～NE60°，主要发育有4组裂隙，产状为：①NE5°～30°SE∠70°～80°；②NE30°～50°SE∠70°～88°；③NE50°～60°SE∠70°～89°；④NW330°～360°SW∠70°～85°。以第②组裂隙最为发育。综合考虑地形、地质、枢纽布置等条件，选取东线、直线和西线三个方案进行比较。

直线布置方案管线走向与站址区主要构造线走向基本平行，且岩层层面与陡倾的构造、裂隙和开挖临空面很容易形成不稳定块体，对围岩稳定非常不利。

西线方案在平面上沿山脊布置，在满足地形条件下，高压管道难以避开断层密集带。

东线方案高压管道走向与P5张性断裂带、F_{112}等构造夹角皆大于30°，与工程区发育的裂隙夹角较大，围岩稳定条件较好。选择东线方案布置。

可行性研究勘察中发现，厂区发育的宽达35m的P5张性断层带依据产状推测有可能向上部延伸到中平段或上斜井下部或下斜井上部，对水道系统布置影响很大。综合考虑认为，P5处在上斜井下部或下斜井上部是最不利的，置于中平段则影响降至最小。鉴于P5对水道系统布置的重要性，招标设计阶段在中平段专门布置了一条长400m的探洞，查明P5的延伸情况、规模，使高差近700m的水道系统地质勘察做到上、中、下三层立体有效控制，工程地质条件基本查明，从而使得水道系统总体布置更加适合地质条件。

三、水道系统主要工程地质问题

（一）进/出水口边坡及洞脸边坡的稳定问题

大多数抽水蓄能电站的上、下水库进/出水口采用侧式布置，需要对自然边坡进行工程开挖，存在工程边坡稳定性问题。工程建成后，进/出水口为双向水流，而且水位变化剧烈。这种水位频繁变化使进/出水口附近的岩体一时受浮托或受压，一时又卸荷受拉，特别是裂隙发育的岩体，节理裂隙中软弱结构面的强度将明显削弱，可能使岩体发生变形、位移乃至失稳。工程地质勘察工作要查明进/出水口处的地形地貌、地层岩性、岩体结构、岩体透水性、地质构造等。也有的工程进/出水口受地形等条件的制约，采用竖井式，如西龙池抽水蓄能电站，下水库位于上水库的西侧，进/出水口只能布置在上水库右岸，从库底高程计算，上覆山体厚度不足50m，且右岸西侧外坡为陡壁，山体单薄，若采用侧式进/出水口，高压管道上覆山体厚度不能满足要求；且引水洞将处于地质条件较差的O_{2s}^{2-2}软岩层中，故选择库底竖井式。竖井式进/出水口主要是井口和井壁的围岩稳定问题，因此，要求进/出水口应尽可能选择在库底岩体较完整的地段，且距挡水坝上游坡脚和库岸坡脚有一定的距离，防止水流对坡脚的淘刷破坏。

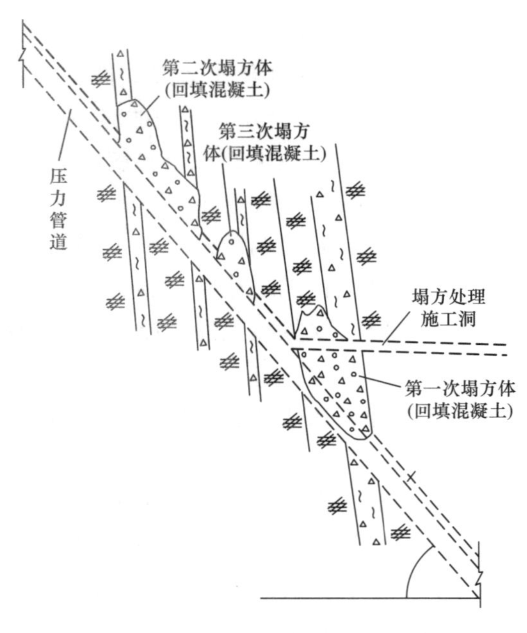

图 5-5-1　十三陵工程 F_{20} 塌方

（二）水道隧洞围岩稳定问题

水道系统一般采用地下隧洞的布置型式，国内外只有极少数工程采用地面管道引水的布置型式。水道系统的上平段、高压隧洞段和尾水洞段等地下隧洞遇断层破碎带、裂隙密集带、结构面的组合切割及地下水等因素时都有可能产生诸如塌方、掉块等围岩失稳问题，塌方严重时甚至会造成工期延误。相对而言，引水上平段和尾水洞段均为低压隧洞，对地形地质条件的要求相对较低，上覆和侧向山体厚度满足成洞要求即可。而高压隧洞段因承受的内、外水压力较大，且多采用竖井或斜井的布置方式。斜（竖）井隧洞长，施工难度大，围岩稳定问题特别是中、陡倾角断层破碎带倾向下游时稳定问题更加突出。如十三陵抽水蓄能电站 2 号高压斜井导井开挖时，揭露出 F_{20} 断层，由数条小规模断层组成，断层倾向下游，倾角 80°～90°，破碎带宽度约 100～120m，沿压力隧洞轴线斜距达 180～200m，加之沿断层破碎带的滞水，形成储水构造带，当导井挖穿该储水带后，产生突水、泥屑流和大体积塌方（见图 5-5-1）。

水道系统下平段的高压岔管水头最大，对围岩稳定要求更高，因此需查明其岩体质量、断裂构造、水文地质和地应力的量级及方向。这不仅关系到围岩稳定问题，同时还决定着岔管衬砌型式的选择。

（三）水道系统沿线地下水分布问题

地下水按含水层空隙性质不同，可分为孔隙水、裂隙水和喀斯特水。抽水蓄能电站地下工程涉及的地下水主要为裂隙水。裂隙水是指储存在基岩（沉积岩、岩浆岩、变质岩）裂隙中的地下水。岩体中裂隙是地下水运移、储存的场所。裂隙发育程度和力学性质影响并控制地下水的分布和富集。在裂隙尤其是张性裂隙发育的范围含水丰富，而在裂隙不发育的范围含水甚少。所以即使在同一构造单元或同一水文地质单元内，基岩的透水性和富水性可能也存在很大的差异，造成基岩地下水的不均一性。

由于构造裂隙的力学性质不同，其水文地质特性也有较大的差异。一般张性裂隙张开程度和连通性比较好，所以沿张性裂隙发育方向导水性强、地下水水力联系好，常成为地下水的主要径流带（或通道）。而压性或扭性裂隙多呈微张或闭合状，沿此方向裂隙导水性差，水力联系也差。所以基岩裂隙型地下水的导水性呈现出明显的各向异性。以上基岩裂隙水的特征经常出现在相距很近的钻孔中，主要表现为地下水位不统一，水量差异很大。在抽水蓄能电站水道系统勘探中就有类似的情况。

按裂隙水的埋藏分布特征，可将裂隙水分为面状裂隙水、层状裂隙水和脉状裂隙水。三种裂隙水在抽水蓄能电站地质勘察中常见或多见。

（1）面状裂隙水。主要分布于各类基岩的表层或表部卸荷、风化带中。其水量随岩性、地形的不同而发生变化，例如砂岩、页岩分布的地区，其中以砂岩为主的地段比以页岩为主的地段地下水量要多出几倍，而且越靠近河谷水量则逐渐增加。卸荷、风化带裂隙水分布的下限取决于卸荷、风化带的深度，由于各地区的岩石及卸荷风化程度不同，其卸荷风化带的下部界线差异甚大。

（2）脉状裂隙水。脉状裂隙水埋藏于构造断裂中，沿断裂带呈带状或脉状分布。其分布长度和深度远大于宽度，且有一定的方向性。脉状含水带可以切穿数个不同时代、不同岩性的地层，可通过不同的构造部位，致使含水带各部位地下水贫富不均以及埋藏深浅变化很大，因而同一含水带中地下水的分布具有不均匀性。断裂带通过脆性岩石时，通常是强含水带；断裂带通过塑性岩石时，则多形成微弱含水带或起隔水作用。脉状含水带地下水补给源较远，循环深度较大，水量、水位较稳定，一般具有统一的水面，自身形成一个统一的系统，它与周围岩石裂隙中的地下水有比较弱的水力联系。如在十三陵抽水蓄能电站地质勘察中，在 200 多米深的地方裂隙中还有次生泥充填，这说明岩体卸荷带的深度很大，地下水分布于卸荷带中，且受断裂脉状含水带的控制，呈明显的阶梯状展布

（见图 5-5-2）。从图 5-5-2 中可见，由上水库向下游，水道系统先遇到 F_3 断层，进入上水库外坡，沿水道系统再向下游，又遇到 F_{20} 断层。过了 F_{20} 之后又遇到东西向裂隙密集带组成的破碎带，再向下游，岩体才变好。地下厂房选择在较好的岩体中。水道系统沿线的地下水位并不是通常的随地形的高低平缓变化，地下水位线受构造控制是不连续的，在 F_3 断层上游侧上水库库底地下水位大约为 470～480m；过了 F_3 地下水位有一个跌落，降为 400～420m，F_3 是一个隔水断层；F_{20} 也是一个隔水断层，2 号压力管道在施工开挖时揭穿该断层时，发生突水、突泥现象，受其阻隔的地下水位降为 300m 左右；裂隙密集带下游侧的完整岩体有阻水作用，其中的地下水位降低为 120m 左右，与厂房部位的地下水位相当；地下厂房至下水库之间岩体中地下水位随地形变化比较平缓。可以看出地下厂房位于非卸荷岩体内，洞室围岩中地下水不丰富，有利于地下工程的施工和围岩稳定。十三陵抽水蓄能电站水道系统沿线的地下水是典型的构造、卸荷、风化带的脉状裂隙水。

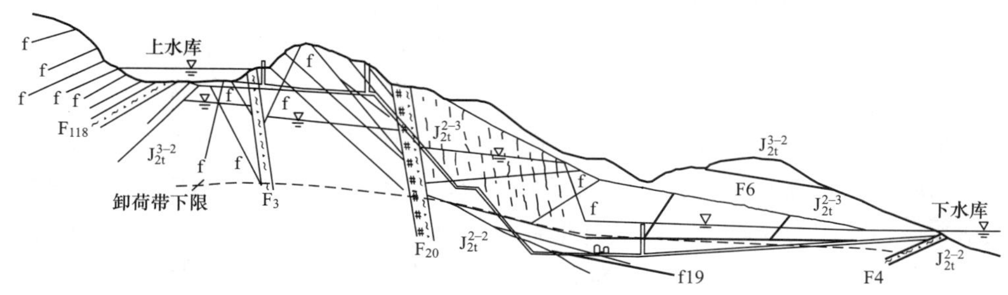

图 5-5-2　十三陵电站水道系统地质剖面图

（3）层状裂隙水。层状裂隙水为聚集于成岩裂隙和区域构造中的裂隙水，其埋藏和分布一般与岩层的分布一致，有一定的成层性。由于裂隙的交织构成地下水运动和储存的网状通道。层状裂隙水在不同的部位和不同的方向上，因裂隙的密度、张开程度和连通性有差异，其透水性和涌水水量仍有较大的差别，具有不均一的特点。层状裂隙水埋藏和分布受岩层产状的控制。如西龙池抽水蓄能电站水道系统位于西河—耿家庄宽缓背斜的核部，区域地下水经核部向西侧的向斜核部汇集。水道系统自上而下穿过奥陶系上、下马家沟组，亮甲山组，冶里组；寒武系凤山组、长山组、崮山组、张夏组地层。其中上、下马家沟组，冶里组，凤山组，崮山组为可溶岩和易溶岩，为相对含水层，而亮甲山组、长山组、张夏组为难溶岩和不溶岩，构成相对隔水层，喀斯特相对不发育。在相对隔水层顶板以上见有少量地下水，共有三层：①上部上、下马家沟组的层间地下水，水位在 1200m 左右；②中部冶里组、凤山组的层间地下水，水位在 930m 左右；③下部崮山组的层间地下水，其水位在 840m 左右。以上三个层间地下水受层间相对隔水层控制，彼此不相沟通。水道系统穿过上述上、中、下三层层间地下水及相对隔水层，而地下厂房则布置在最低的透水性很弱的张夏组岩层中。该层地下水构成工程区最低的地下水面，地下水位为 716～719m 左右（见图 5-5-3）。

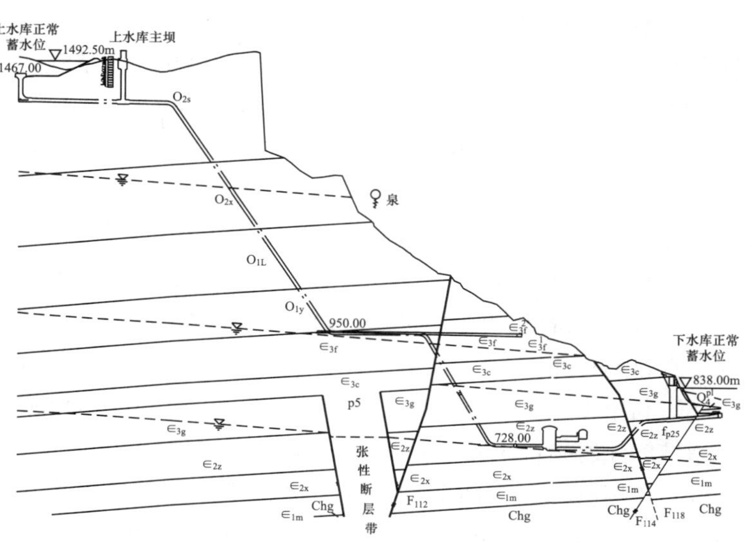

图 5-5-3　西龙池抽水蓄能电站水道系统地质剖面图

综合以上三类裂隙水的埋藏分布特征分析，水道系统隧洞开挖时，无疑要对三种裂隙水有不同程度、不同方式的击穿，这时隧洞中有的洞段（或局部）围岩将可能出现潮湿、渗水、滴水、线状流水乃至涌水的现象，同时可能也有一些洞段没有地下水。其中有地下水洞段围岩对于有压隧洞来说肯定是漏水的；而对于无地下水洞段围岩中的构造，其在天然状态下可能有阻水作用，但在隧洞高内水压力的作用下，也存在发生水力劈裂的可能性，需要通过现场高压压水试验加以验证。水道系统的下平段和岔管部位所承受的内水压力最大，若采用钢筋混凝土衬砌型式，则要求具有Ⅰ～Ⅱ类围岩的工程地质特性，并要求在下平段和岔管部位进行地应力测试和高压压水试验，预测最小主应力和围岩阻水构造在高压水作用下是否发生水力劈裂问题，为隧洞衬砌设计提供水文地质资料。

四、水道系统工程地质勘察

（一）勘察方法

在工程规划和预可行性研究阶段，水道系统的勘测工作主要结合区域地质和地形地貌条件作宏观的定性判断，以工程地质测绘为主，辅以少量的钻孔和平洞勘探工作，了解和初步查明各比较方案各建筑物的工程地质条件和主要工程地质问题。在可行性研究阶段，上、下水库库坝区的位置初步确定，水道系统上、下库进/出水口的位置也初步拟定，但沿线各建筑物的布置还要视地下厂房位置及其轴线方向进行组合方案的比较，针对主要水工建筑物开展勘察工作。勘察工作的布置应遵循以下原则：

（1）上、下水库的进/出水口应有钻孔和平洞控制，平洞深度宜穿过弱风化带，钻孔宜深入到建筑物底板以下一定深度。低压隧洞段（上平段及尾水洞段）可根据地形地质条件和上覆岩体厚度，布置适当的控制性钻孔，当隧洞与铁路、公路及其他建筑物立体交叉时，宜布置适当的勘探工作。下水库利用已建水库时，对其进/出水口围堰亦应布置适当的钻孔，查明围堰的工程地质条件及工程地质问题，对改、扩建工程进行专门性工程地质勘察。

（2）井式建筑物，如尾水闸门井、调压井、进/出水口闸门井，勘探以钻孔为主或竖井（必要时），其深度以低于所在位置隧洞底板 1.5 倍洞径为宜。

（3）利用地下厂房长探洞查明水道系统的工程地质问题。探洞长度宜达到高压岔管部位，其布置高程宜在厂房顶拱以上 30m 左右。

（4）高压隧洞或岔管段应布置深孔，选择有代表性的试验段，进行管道内水压力 1.2～1.5 倍的专门性高压水渗透试验，测试岩体的渗透性和劈裂压力值；进行山体地应力测试，了解地应力随深度的变化情况。在抽水蓄能电站工程质勘察中，深孔钻探是对地形高差大的水道系统进行勘探的有效手段之一。在大型抽水蓄能电站中，一般均进行深孔钻探。

1）天荒坪抽水蓄能电站地形高差约 700m，山坡陡峻，在水道系统范围内先后布置了 3 个深孔，最深达 400m，孔内还进行了高压水渗透试验和地应力测试等工作。

2）西龙池抽水蓄能电站地形高差约 700m，山坡陡峻，自上而下呈陡缓相间的台阶状，高压管道沿线地形为凸出的鼻梁状，勘探工作难度极大。尽管如此，可研勘察中为查明水道系统的地层岩性、地下水位、地应力状况等条件，分别在上水库闸门井、高压管道中平段布置了两个 300m 的深孔，从铅直方向全面揭示了水道系统沿线各岩层的岩性、风化、完整性、地下水状况及喀斯特发育程度等。

3）板桥峪抽水蓄能电站地形高差近 600m，高压管道拟采用首部开发竖井式，竖井深度达 500m。可行性研究阶段在初拟的竖井位置也进行了 500m 的深孔钻探及地应力测试等工作。总之，在高水头的大型抽水蓄能电站水道系统勘察中，应布置一定量的深孔，并利用深孔开展地应力测试、高压水渗透试验等工作。如施工条件许可，深孔宜布置在首部开发方式的竖井式高压管道处和中部、尾部开发方式的斜井式高压管道下部或岔管附近。深孔的数量不宜多，但技术质量要求高，应根据实际情况来确定。

（5）水道系统的勘探孔都应分段做压水试验，测试各岩层的透水性，并进行物探综合测井和必要的地下水长期观测。在中、缓倾角的沉积岩地区，必要时作分层地下水长观。

（6）利用水道系统的钻孔、平洞或竖井，取有代表性的岩样，进行室内岩石物理力学性质试验，在有条件的建筑物部位开展必要的现场岩体变形试验。

（7）招标阶段应对前期勘察成果进行必要的复核工作。在招标阶段或工程筹建期，对于高水头（高差一般大于 300m）的水道系统复式斜井或竖井布置方案，若存在遗留的工程地质问题时，有条件最好开挖中平段探洞。

（二）专门性工程地质问题的测试与试验

1. 地应力测试

地应力测试是水道系统工程地质勘察中必须开展的一项工作，西龙池、张河湾、琅琊山、泰安一级、天荒坪、宜兴等工程都结合深孔钻探开展了地应力测试。地应力测试的布置原则一般是位于拟定的岔管或下平段，但测试的方法和测试组数有差异。常见的测试方法有二维水压致裂法、三维水压致裂法、应力解除法、压磁法，还有孔径应力法、深孔三向法、声发射凯塞效应法等。不同的测试方法，测试结果存在一定的差异。

综合国内抽水蓄能电站工程，绝大部分采用了技术较成熟的水压致裂法，《抽水蓄能电站设计导则》中要求测试方法不宜少于两种，今后为了便于地应力测试方法选择的规范化，可考虑将水压致裂法作为一种资料性附录，同时辅以至少一种其他测试方法。

2. 高压水渗透试验

（1）针对钢筋混凝土衬砌设计的高压隧洞岩体高压水渗透试验，目前已初步取得以下经验：

1）高压水渗透作用尺寸效应不明显，因此可以用钻孔代替洞室进行试验。

2）钻孔试验段必须有足够长度。

3）试验压力必须高于电站运行水头压力。

4）进行循环加荷试验是必要的，以揭示岩体所能承受的最大压力，同时了解高压水对岩体的侵蚀性。

（2）通过高压水试验，可以重点取得以下基本参数和资料：

1）了解较完整岩体在高压水作用下的岩体渗透稳定临界劈裂压力。

2）了解裂隙岩体在高压水作用下裂隙扩张临界压力。

3）掌握岩体的高压透水率，以确定隧洞衬砌型式和是否需要对围岩进行灌浆并确定灌浆压力等。

4）了解岩体渗透稳定的极限水力坡降，为两条隧洞间距的确定以及隧洞至断裂带或临空面之间岩体的防渗处理等提供设计依据。

（3）岩体高压水渗透破坏机理浅析。

1）从工程实践和试验研究两方面的大量事实都已证明，地下隧洞岩体在高压水的作用下，存在一个使岩体产生大量渗漏或渗透破坏的极限水力坡降（i_0），当实际水力坡降（i）大于 i_0 时，岩体将发生大量渗漏甚至遭受渗透破坏。当 $i<i_0$ 时，隧洞围岩渗透是稳定的。

2）从岩体力学角度分析，隧洞围岩在内水压力作用下，在隧洞周边产生环向拉应力，当环向拉应力大于岩石抗拉强度与地应力值之和时，洞壁周边岩石将产生水力劈裂。而对于裂隙岩体，高压水直接进入洞壁裂隙中，只要内水压力高于围岩初始应力，裂隙就会发生扩张。这一点已得到钻孔高压压水试验的证实。

3）从地下水动力学的角度分析，高压水在有裂隙的岩体中运移时，总要受到岩体的阻力作用，使作用水头逐渐衰减。但岩体的阻力作用是有限的，当实际高压水渗透力大于岩体的这种阻力时，岩体就会产生大量漏水或渗透破坏。

4）岩体渗透破坏的结果主要表现为完整岩体劈裂、裂隙岩体中结构面扩张以及松散软弱物质的冲刷和冲蚀等。

3. 高压水渗透试验实例（以板桥峪抽水蓄能电站为例）

（1）工程地质概况。板桥峪抽水蓄能电站总装机容量 1000MW，可利用水头 387m。厂房及水道系统隧洞洞室埋深 450～500m。压力隧洞为竖井加平洞的布置方案，设计采用钢筋混凝土衬砌。工程区基岩为单一岩性的片麻状花岗岩，岩体较为完整。主要断层和裂隙的发育方向为 NEE 或 NWW 向，以张扭性陡倾角断裂为主。F_{142}断层分布于压力竖井下游侧，井壁～断层间距 20～100m。花岗岩体中构造裂隙比较稀疏，岩体结构以巨块状为主。工程区地应力测试成果见表 5－5－2。针对高压隧洞拟按钢筋混凝土衬砌方案设计，以及高倾角的 F_{142}断层对压力竖井高压水渗透的影响，在钻孔内进行地应力测试后，接着作了钻孔内高压压水试验。

表 5-5-2　　板桥峪工程区实测地应力成果表

地应力名称	实测应力值（MPa）	地应力方向（°）	倾角（°）
最大主应力 σ_1	11.79	NW292	22
中间主应力 σ_2	8.06	NE74	−64
最小主应力 σ_3	5.89	NE17	−11

注　表中"—"表示俯角。

（2）试验方法及技术要求。钻孔高压压水试验在高压隧洞段探洞内的 3 个钻孔中进行（单孔试验），共计 11 个试验段。试验段选取不同类型岩体，即完整岩体和裂隙岩体，裂隙岩体又细分为微小闭合裂隙和张性裂隙两种，试段长约 5m。试验压力一般为 5～10MPa，最大达 12.51MPa，压力梯级为 0.5～1.5MPa。为研究岩体高压水渗透的时间效应，试验采用快速、中速、慢速三种方法：每试验段快速历时 30～50min；中速历时 120～180min，慢速历时 240～480min，其中两个试段作了单一压力长时间压水试验。

（3）试验成果。钻孔高压压水试验成果统计见表 5-5-3。

表 5-5-3　　板桥峪工程岩体高压压水试验成果统计

试段岩体状况	试验方法	试段编号	试段孔深（m）	试验压力（MPa）	稳定流量（l/min）	透水率（Lu）	备　注
完整	快速	ZK_{29-2}	49.5～54.4	3.51	0	0	推断岩石破裂压力约为 10MPa，其极限渗透坡降为 18.18
				6.51	2.0	0.01	
				9.51	1.0	0.00	
	中速	ZK_{29-2}	49.5～54.4	4.51	0.6	0.02	
				8.51	1.0	0.02	
				12.51	15.0	0.22	
		ZK_{27-4}	99.6～14.5	5.0	0	0	分析岩石破裂压力大于 12MPa
				10.0	2.0	0.04	
				11.0	2.5	0.05	
				12.0	3.0	0.05	
	慢速	ZK_{27-3}	75.5～80.4	7.3	0.5	0.01	P—Q 曲线 $P=10.3$MPa 有明显拐点，说明岩体开始发生破裂
				9.8	1.5	0.03	
				10.26	4.5	0.08	
				11.26	6.0	0.10	
				12.26	8.5	0.14	
		ZK_{28-2}	61.3～66.2	5.62	2.0	0.07	试验中最大流量 7.6l/min
微小闭合裂隙	慢速	ZK_{29-1}	38.7～44.0	1.41～4.41	2.4～14.6	0.10～0.62	试验时间延长流量增大
	快速	ZK_{27-1}	29.1～34.0	3.31	0	0	岩体透水性弱
				6.31	2.0	0.06	
				9.31	5.0	0.11	
	中速	ZK_{27-2}	66.1～71.0	2.62	0	0	试验压力 9.62MPa 连续加压 20min，流量由 5.5 骤升为 15.4l/min，其极限渗透坡降为 13.55
				5.62	0.4	0.01	
				6.62	0.8	0.02	
				9.62	15.4	0.32	
张性裂隙	中速	ZK_{29-3}	69.8～75.1	1.71	11.2	1.22	有张性裂隙发育的岩体，渗流量与试验压力成正比
				2.71	15.0	1.03	
				3.71	18.0	0.91	
		ZK_{29-4}	92.1～97.5	1.42	10.8	1.42	
				1.92	12.6	1.23	
				2.42	17.0	1.31	
	慢速	ZK_{28-1}	34.5～39.4	3.86	15.0	0.79	与探洞内裂隙连通出水

(4) 试验成果分析。

1) 完整的Ⅰ～Ⅱ类围岩洞段。岩体破裂压力约为10MPa，围岩可以承受压力隧洞的内水压力，其高压渗透变形在弹性范围内，岩体透水率很小。

2) 裂隙发育的Ⅲ类围岩洞段。围岩在内水压力的作用下，渗漏量相对较大，个别有充填物的结构面容易产生冲蚀破坏，岩体渗水量会进一步增大。特别是压力竖井约320m高程以下段，与F_{142}断层之间岩柱体厚度为20～50m，实际水力坡降可能大于临界坡降，产生管道内水向F_{142}断层渗漏。因此需重点作好高压固结灌浆处理。

3) 断裂破碎带Ⅳ～Ⅴ类围岩（F_{142}等）洞段。F_{142}断层带结构较松散，破碎带宽度0.5～1.5m，影响带3～5m，从压力隧洞下平段切过。断层与竖井之间岩体中发育走向近EW向和NE30°～40°两组结构面。F_{142}断层及其影响洞段的围岩不能承受管道内水压力的作用，将产生较大的渗漏量以及渗透破坏和岩体变形破坏。所以对F_{142}断层带影响洞段的围岩应做好工程处理。

4. 岩体原位变形试验

抽水蓄能电站的高压隧洞和岔管在运行过程中都将承受较高的内水压力，如西龙池抽水蓄能电站压力管道最大内水压力达1015m，天荒坪和广州抽水蓄能站分别达到810m和704.5m。围岩分担内水压力的比例与围岩的质量密切相关。

评价隧洞围岩质量好坏的一个常用指标是岩体的变形模量，因此在水道系统可行性研究阶段的勘察中，应利用有关的勘探平洞，充分分析和认真设计试验洞的方向、尺寸及开挖方法等，确保与水道系统相关岩体的现场岩体变形试验取得可靠成果。试点的选择应包括各种主要岩性、不同完整程度的岩体。试验加压方向应考虑到岩体的各向异性，加压方向宜包括水平和垂直两种，以便测定岩体的各向异性参数。

5. 喀斯特高压隧洞地质雷达探测

对处于喀斯特地质环境中的水道系统隧洞，前期勘察一般因隧洞埋藏较深等客观条件制约，很难勘察清楚隧洞沿线围岩的喀斯特发育情况。施工期在隧洞衬砌前宜利用地质雷达对隧洞围岩的喀斯特发育情况进行探查，查明喀斯特发育的位置、规模、深度、地下水及充填物状况等，并对工程有影响的喀斯特现象进行一定量的钻探或开挖验证，为工程处理提供依据。

第六节　下水库工程地质

一、下水库对地形地质条件的一般要求

抽水蓄能电站下水库为电站运行提供水源，水库须具备满足电站运行的有效库容及损失水量的补充要求。优良的下水库应具备如下几方面的地形地质条件：

(1) 下水库的地形条件要符合蓄能电站水工建筑物布置的要求：①要与上水库之间水平距离较近，且上下水库有较大的落差；②满足电站有效库容要求，否则需人工开挖有效库容以弥补不足。如呼和浩特抽水蓄能电站下水库，由于拦河坝与拦沙坝之间有效库容不够，采取挖除河床覆盖层和左岸库岸的办法扩大有效库容。

(2) 下水库的水源要有保证，最好是沟谷的天然径流能够满足电站的补水要求，或者有技术上可行、经济上合理的补充水源和引水线路可供选择。

(3) 下水库自然封闭条件较好，不存在古河道、喀斯特溶洞或地下暗河、连通库内外的大型区域性张性断裂带、岩体强烈深厚风化带等水库渗漏通道。最好是周边地下分水岭高于水库正常蓄水位，则水库防渗问题就比较简单，对于坝两端及低矮垭口局部地段，可能地下水位较低，可作局部防渗处理。

(4) 下水库库岸边坡稳定性好，避免有活动性滑坡、泥石流、大型崩塌体等分布于库岸。特别是对于有工程开挖边坡的下水库库岸，边坡稳定问题应特别引起工程技术人员的注意。

(5) 下水库的上游河谷及其两岸大型冲沟内固体径流量大小，也是评价下水库自然条件优劣的主

要因素之一。不能有大型泥石流等对水库有效库容造成重大影响，对于泥砂含量较大的河流沟谷，可修建拦沙坝和泄洪排沙洞进行工程治理。

(6) 坝址处河谷较窄，河床覆盖层较浅，两岸基岩出露较好，无滑坡等重大不良物理地质现象，坝基、坝肩基岩不存在抗滑稳定和渗透稳定问题。对于局部的工程地质问题，可通过工程措施加以处理。

二、下水库的主要类型及其工程地质特点

根据国内外已建和在建的大型抽水蓄能电站站址的自然条件，下水库一般可划分为以下四种类型。

(1) 利用已有水库改建的下水库。通常要改变原水库的运行方式，需查明与电站设计相关的工程地质问题，并对改扩建工程进行专门的工程地质勘察。应注意收集已建水库的工程地质资料，充分论证原水库大坝的稳定性，重点查明改建工程建筑物的工程地质条件及存在的工程地质问题，如拦河坝的稳定、渗漏，溢洪道的适应性和水库的浸没、库岸稳定等问题。

(2) 在高山峡谷河川溪流上修建的下水库。有时具有坝高较高、库容较小，水位日变幅大的特点。例如，天荒坪抽水蓄能电站，下水库坝高 96m，水位变幅为 49.5m；日本的大河内抽水蓄能电站，下水库坝高 102m，水位变幅达 50m。该类下水库所在河谷流量一般随季节有较大的变化，有洪水携带大量泥沙入库，存在水库固体径流问题，需要设置拦沙坝。因此，对这类下水库不仅要查明拦河坝、拦沙坝、泄洪洞的工程地质条件，库岸边坡稳定条件等，也需要查明固体径流的物源状况。

(3) 在大型冲沟、山间盆地、山前平原等非河流地段修建的下水库。由于缺乏天然径流，一般需从相邻区域寻找水源引入。例如，西龙池抽水蓄能电站，下水库选择在滹沱河左岸的大龙池沟，高出河床 176m。沟内无永久性天然补给水源，需要从滹沱河段家庄泉群水源区取水引入下水库。在非河流地段修建的下水库，水库渗漏及高边坡稳定问题可能更加突出，有的支沟存在固体径流问题。有时需要进行全库盆的防渗处理，其库坝区勘察内容类似于上水库。还应查明水库放空洞、泄洪排沙工程等建筑物的工程地质条件。

(4) 利用湖泊、大海等天然水体作为下水库。例如美国的拉丁顿抽水蓄能电站，下水库是密执安湖；意大利的德里奥湖抽水蓄能电站，下水库是马季奥内湖；日本的冲绳抽水蓄能电站，下水库是日本冲绳岛的大海。利用天然水体作为下水库时，应查明其成因，论证在水位频繁变化影响下，可能诱发的地质灾害。查明电站进/出水口地段及围堰的工程地质条件，有时还需查明可能发生塌岸和泥石流的情况。

三、下水库成库条件

(一) 水库渗漏问题

对于上述不同类别型式的下水库，其渗漏条件不尽相同。对于第 (1) 类下水库，在不改变原水库运行条件（即不抬高原水库正常蓄水位）的情况下与第 (4) 类下水库一样，一般不易产生严重的水库渗漏问题。第 (2) 类下水库有一定的天然径流，当库岸的地下水位高于水库正常蓄水位时，也不存在水库渗漏问题。第 (3) 类下水库位于非河流地段，缺乏天然径流，地下水位可能低于水库正常蓄水位，水库渗漏问题比较严重，需重点勘察研究水库渗漏问题和防渗措施。

十三陵抽水蓄能电站利用原十三陵水库为下水库，其水源不足部分需从白河堡水库引水，电站运行时要求下水库的水位保持在 87m 高程以上。该水库位于燕山山脉向华北平原过渡地带，为一山间盆地，勘察资料表明，其左、右两岸及水库大坝均不存在渗漏问题，但库尾存在从大宫门古河道向库外渗漏的问题（见图 5-6-1）。

为保证电站运行时下水库所必需的水位，库尾防渗墙的设置深度是关键。如果将防渗墙打穿覆盖层（60m）置于基岩上，自然可解决渗漏问题，但造价高，施工难度大。通过钻孔、物探、水文地质综合勘察，查明了十三陵水库库盆内的冲积层具有明显的三元结构（见图 5-6-2），即上、下部均为砂砾石层（各厚约 20m），中部为黏土、粉质黏土层（厚 14～20m）。经抽水试验，三层的渗透系数分别为 100m/d、0.001m/d 和 40m/d。经过充分论证该黏土层在库盆内普遍存在且连续分布，可作为隔水层。针对大宫门古河道的渗漏问题，在库尾半壁山至蟒山之间设库尾堤坝下接地下防渗墙，与覆盖层中的黏土层相连接。

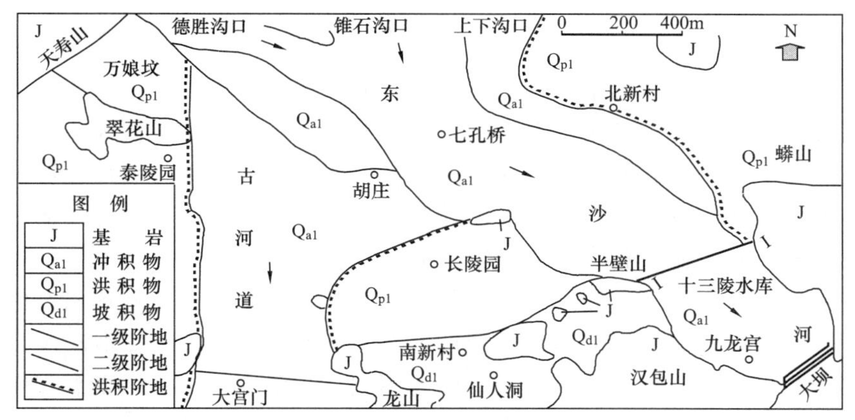

图 5-6-1　十三陵盆地地质图

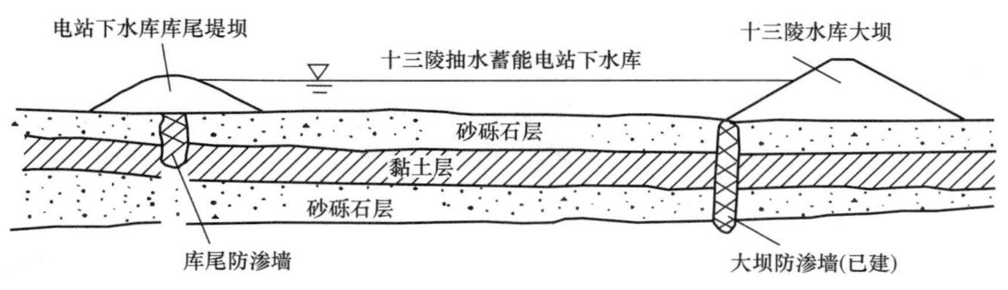

图 5-6-2　库尾防渗墙及黏土层利用示意图

（二）水库岸坡稳定问题

为了选取高水头、大落差的优越站址，抽水蓄能电站下水库往往选在高山峡谷地段、断陷盆地周边或两构造单元之间低洼地区，地质构造比较复杂。库岸边坡岩体受构造断裂切割，并在卸荷及风化的长期作用下，局部岩体可能产生失稳。因此，下水库高边坡岩体的稳定，成为抽水蓄能电站比较突出的工程地质问题之一。

张河湾抽水蓄能下水库进/出水口的后缘陡崖边坡，岩体在重力作下产生卸荷现象，主要表现为平行于岸坡的裂隙张开宽达数十厘米，向下延伸数米至十余米。通过弹性波测试，岩体纵波波速 v_P 值低于 2800m/s，属于强卸荷带，其水平深度达 20～40m，卸荷由边坡向山体内部逐渐减弱。卸荷岩体与下伏缓倾角结构面组合，形成潜在的不稳定危岩，对电站出线场和进/出水口建筑物安全构成潜在威胁。因此，工程施工初期，对危岩采取了开挖减载、锚固等处理措施。

（三）水库固体径流问题

一般来讲，抽水蓄能电站的上、下水库较常规水电站水库有效库容小，因此不允许有大量固体径流侵占有效库容。同时，高水头的抽水蓄能电站允许的过机泥沙含量很低。因此，防止固体径流的悬移质对水轮机产生磨蚀是抽水蓄能电站下水库的又一重要工程地质问题。

下水库产生固体径流的基本条件大致有三个：①下水库流域范围内有丰富的固体物源，主要是冲、洪积物，崩、坡积物，全、强风化带，大滑坡等松散堆积体；②流经区地势陡峻，沟谷纵向坡度较陡；③在水库流域区可能突发集中暴雨引起泥石流等地质灾害。

我国华北地处干旱、半干旱地区，植被稀少，水土流失较为严重；地壳经多次升降运动，在河谷两岸遗留多级松散介质堆积阶地；年降雨量集中，往往形成山洪暴发，造成泥石流等。在这些地区修建下水库，应对固体径流物源进行详细勘察，并采取有效的防护措施。

河北省张河湾抽水蓄能电站下水库位于甘陶河干流河曲部位，河流发源于山西高原，水土流失较为严重。水库沿岸遗留三级河流堆积阶地。年降雨量集中在 7、8 月份，来沙量占全年沙量的 90%。最大年沙量达 1100 万 t，为防止泥沙进入下水库进/出水口，在拦河坝上游 2.2km 处，设置了一座高 38.65m 的拦沙坝。同时，还利用右岸垭口扩挖成排沙明渠，使携带大量泥沙的洪水从泄水底孔排出下水库。

四、下水库筑坝条件

（一）坝基、坝肩稳定问题

抽水蓄能电站下水库坝基和坝肩稳定问题与常规水电站水库坝址相比没有本质的区别。土石坝的稳定问题在上水库中已有叙述，此处论述对于混凝土坝的稳定问题。对于混凝土坝，坝基抗滑稳定破坏形式可分为表层滑移、浅层滑移和深层滑移三种，主要取决于混凝土与岩体接触面的抗剪（断）强度、岩体中软弱结构面的抗剪强度和各结构面的性状、组合形式及其空间位置。而坝肩稳定的边界条件取决于岩体中的滑移面、切割面和临空面的组合体。

当坝基或坝肩存在有缓倾角的软弱结构面，并与陡倾角断裂组合，将构成潜在滑动体。如果在坝址下游遇到深沟槽、溢流冲刷坑或横河向易于变形的大断裂或软弱岩层时，混凝土坝存在抗滑稳定问题。缓倾角的软弱结构面对坝基和坝肩抗滑稳定极为不利，地质勘察中必须重点查明软弱夹层及软弱岩层、缓倾角断裂或层间错动带，蚀变带、古剥蚀面、风化夹层及不整合面等的分布范围、产状、厚度、物质组成和物理力学性质。根据缓倾角软弱结构面与陡倾角断裂面及临空面的组合关系，分析坝基（肩）可能产生的滑移形式，并提出安全处理措施。

（二）坝基及绕坝渗漏问题

不同类型的抽水蓄能电站下水库，其坝基及绕坝渗漏问题各有其特点。对于有足够水源的下水库，防渗要求相对较低；对于缺乏天然径流的下水库，特别是需要从异地引入水源的下水库，与上水库一样防渗要求很高，对库盆及坝肩均需进行全面防渗。

例如，张河湾抽水蓄能下水库坝址区为变质安山岩，透水性受风化作用及断裂构造影响较大。已建坝体与建基岩体接触部位透水率可达 6～13Lu，坝基弱风化岩体透水率一般为 1～5Lu，河床坝基透水率小于 1Lu 的相对隔水岩体埋深约 20～35m，存在坝基渗漏问题。

左坝肩岩体风化较强烈，断层较发育，岩石较破碎，上、下游侧均有冲沟切割，坝肩岩体较单薄，岩体透水性较强，透水率小于 1Lu 的相对隔水岩体埋深约 65～115m，透水率小于 3Lu 的相对隔水岩体埋深约 35～60m，经地下水位长期观测发现，左坝肩存在绕坝渗漏问题。

右岸坝肩有顺河向的 F_{305} 断层通过，其破碎带宽达 10m，沿断层带在地表形成对顶沟，通向库内外。右坝头至 F_{305} 之间地下水位低于正常蓄水位；透水率小于 1Lu 的相对隔水岩体埋深约 35～85m；透水率小于 3Lu 的相对隔水岩体埋深约 15～65m。存在坝肩渗漏问题。

对坝基及绕坝渗漏问题采用帷幕灌浆处理。对保证发电水位 471m 以下坝段帷幕深度按透水率 1Lu，高程 471m 以上两岸岩体按透水率 3Lu 来控制。河床坝基防渗帷幕最低高程为 385.5m，向两岸逐步抬升，左坝肩帷幕向山体内延伸 124m 左右，右岸帷幕穿过 F_{305} 断层至桩号 0～100.00m 处，基本上与地下水位及相对不透水岩体相接。建议运行过程中加强对坝基、坝肩渗流量进行监测。

（三）深厚覆盖层上建坝的工程地质问题

在覆盖层上建坝，地基必须有足够的承载力，不均匀沉降变形不得超过允许值，地基渗透稳定性等基本要求应予保证。

通过地质勘测，查明河床基岩面的埋深、起伏状况；查明覆盖层的成因、分层厚度、物质组成、颗粒成分及其物理力学性质；重点摸清软土层、失陷性黄土，以及可液化砂土层的厚度、分布和工程特性。选择均匀而密实的砂卵石层或硬土层作为优良的天然地基，避开深槽、陡坎部位，分析评价各种不良地基土对工程的影响，并提出切实可行的处理措施。

西龙池抽水蓄能电站下水库位于滹沱河左岸大龙池沟内，为大型洪积扇（见图 5-6-3）。沟口地形开阔、坡降相对较小，有利于崩坡积、洪积物的堆积，在经过长期的侵蚀堆积作用下，沉积了深厚的第四系洪积物及崩坡积物，厚度一般为 20～50m，最厚可达 100m（见图 5-6-4），并且分布范围较广。

下水库库盆及大坝若建基于基岩上，沟内覆盖层需全部挖除，开挖量达 418 万 m^3，而坝体要填筑 707 万 m^3，工程量浩大，工期较长。所以在覆盖层上建库筑坝减少工程量、缩短工期是技术关键，为此对覆盖层进行了综合勘探和大量的试验工作。

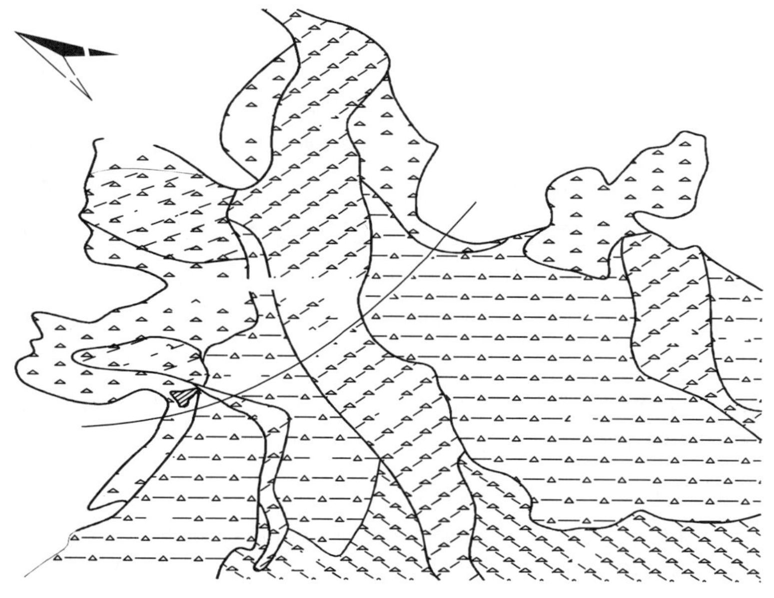

图 5－6－3　西龙池下水库区覆盖层分布示意图

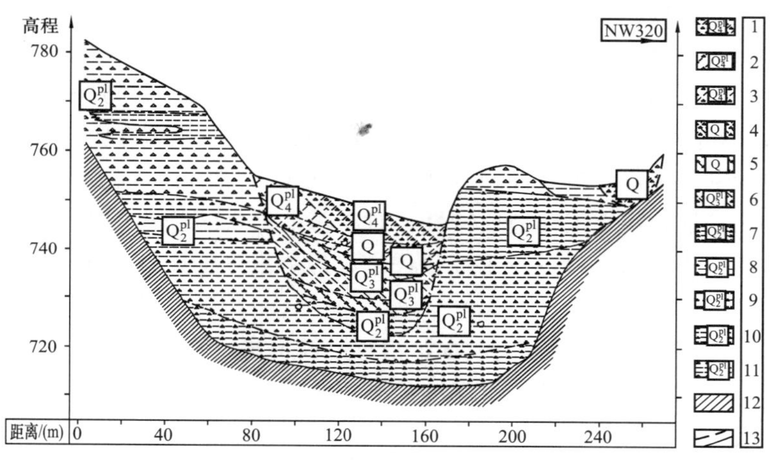

图 5－6－4　西龙池下水库坝轴线第四系剖面示意图

1—洪积碎石土；2—胶结较差的洪积碎石土；3—胶结中等的洪积碎石土；4—胶结较差的洪积碎石土；5—胶结中等的洪积碎石土；6—胶结较好的洪积碎石土；7—胶结中等的洪积碎石土；8—胶结较好的洪积碎石土；9—胶结较差的洪积碎石土；10—胶结中等的洪积碎石土，夹碎石；11—胶结较好的洪积碎石土；12—基岩；13—第四系岩性分界线

勘探结果表明：下水库沉积的大面积不同时代、不同成因的第四系覆盖层，以洪积物为主。主要由大块石、漂石、碎石土组成并夹有粉质土的透镜体。在三度空间上的分布极不连续、极不均匀，但结构较为密实，碎、块石层透镜体的颗粒间呈连续的紧密状接触，且有不同程度的石灰华胶结。深厚覆盖层中，早期洪积物的工程地质特征：颗粒级配、物理特性、弹性波特性、抗剪强度特性、承载特性、压缩变形特性、渗透特性和应力应变特性等，均优于一般河床沉积的砂砾石，与堆石坝堆石基本相当，可以满足百米堆石坝筑坝地基的稳定要求。因此，将表层洪积物清除后，可直接在覆盖层上填筑堆石坝。

五、下水库工程地质勘察

第（1）类下水库虽不需选择坝线、确定坝型，但也需要补充地质勘察。首先必须在收集已有水库工程地质资料的基础上，充分论证原水库及主要建筑物是否满足抽水蓄能电站的运行条件。重点查明：①原坝体的质量及坝基稳定问题；②坝基渗漏和绕坝渗漏问题；③水库水位抬高后库区的浸没问题；④在水位变幅大而频繁的情况下，库岸边坡稳定问题；⑤水库溢洪道的改扩建问题。然后确定改建或加固处理方案，并对改扩建工程进行专门的工程地质勘察。

例如，张河湾抽水蓄能电站，原水库拦河坝为浆砌石重力坝，坝顶高程466.65m，库容2300万m^3。经论证，水库要满足抽水蓄能发电用水并保证原水库的功能，必须加高大坝，增大库容。经调查，张河湾水库拦河坝已经过多次洪水考验，尤其是“96·8”洪水，入库洪峰流量达5010m^3/s，漫坝水深约5m，大坝安全无恙，说明其质量较好。此后又通过综合地质勘察（包括地质测绘、钻孔、平洞、竖井、物探、原位测试等），详细查明了新、老坝基的工程地质条件和主要工程地质问题，验证了在原坝体基础上续建加高是可行的，从而为设计及原坝体的施工质量提供了可靠的地质依据。

第（2）类下水库的地质勘察与常规水电站基本相同。该类下水库流域多属山区峡谷，可通过地质测绘，分区分段调查，对近坝区及建筑物附近可能产生滑坡和泥石流的部位，结合钻孔、平洞或竖井勘探、取样试验，必要时还应布置观测点进行动态监测。当需要修建拦沙坝时，对拦沙坝址应进行相应的地质勘察工作。

第（3）类下水库与上水库相类似，由于缺乏永久性天然径流，水库渗漏问题需要引起特别的关注，并且需对补水水源及其引水线路进行专门性地质勘察工作。

下水库的工程地质勘察工作必须严格遵循勘察程序，各个勘察阶段，逐步加深，采用综合勘探手段，由宏观到微观、循序渐进、逐步深入地围绕库区渗漏、边坡稳定、固体径流、坝基变形和抗滑稳定等主要工程地质问题开展工作。

西龙池抽水蓄能电站下水库在前期勘察中，围绕深厚覆盖层利用优化、库岸边坡稳定性分析、危岩和固体径流物源调查等进行了全面地质勘察工作。从预可行性研究到招标阶段期间，下水库主要完成的勘测工作量：1：10000～1：500不同比例尺的地质测绘；勘探钻孔44个，总进尺3283m；勘探平洞16条，总深度2141m；竖井14个，总深度222m；坑槽探12503m^3；物探测试2万个标准点；野外大型承载试验26组；野外大型剪切试验32组，室内动三轴试验8组及其他各种岩（土）物理力学性质试验。通过前期各阶段勘测工作，较全面地查明了库坝区覆盖层的分布范围、厚度、成因类型、物质组成、形成时代、结构特征和水文工程地质特性，对在覆盖层上筑坝建库可能存在的不良工程地质问题和对拟开挖的覆盖层作为筑坝材料进行了综合评价，为下水库的设计和施工提供了可靠而详实的地质资料。

第（4）类下水库一般渗漏问题不突出，水源相对比较丰富，不需筑坝，即便筑坝也只是很矮的堤坝。例如，英国迪诺威克抽水蓄能电站的下水库是利用莱恩贝利斯湖扩大而成，仅在莱恩贝利斯湖出口处筑一座4m高的堆石坝，有效库容为700万m^3。

天然湖泊周边及沿海一带，大多属剥蚀堆积型地貌，地势低矮，坡度平缓，难以找到抽水蓄能电站所具有的水头高、距高比小的站址。只有在内陆湖泊（构造断陷盆地）周边，或海湾附近的陡岸顶部有平整台面或洼地处，才有可能成为优良抽水蓄能电站的站址。这是在规划选址阶段就应该解决的问题。

对该类水库应重点查明进/出水口的工程地质条件。可通过地质测绘、物探雷达测试和轻型钻探等手段，查明电站进/出水口的水下地形、坡度，淤积厚度、岸坡松散堆积物的分布、岩体风化、卸荷程度、断裂构造发育情况，尤其是可能发生塌岸和泥石流等不良地质现象。

第六章

抽水蓄能电站布置

第一节 概 述

一、抽水蓄能电站类型

抽水蓄能电站按其上水库储存天然来水能量和抽水蓄能能量所占比重的不同可分为纯抽水蓄能电站和混合式抽水蓄能电站。

（一）纯抽水蓄能电站

我国所建的抽水蓄能电站大多数属于纯抽水蓄能电站。纯抽水蓄能电站要求有足够的库容来蓄存发电水量，上、下水库型式多样，在山区、江河梯级、湖泊甚至地下均可修建，不同型式上、下水库组合具有不同特点，构成了不同类型的抽水蓄能电站格局。由于不需要大量水源，纯抽水蓄能电站一般选择在靠近负荷中心或电源点处，以减少电站在送受电时输电线路的电能损失。

纯抽水蓄能电站主要利用上、下水库之间的自然高差开凿引水道引水获得水头，电站设计水头多在 200m 以上，由于机组吸出高度较大，故多采用地下厂房，如十三陵、广州、天荒坪、泰安、西龙池、张河湾等抽水蓄能电站。

纯抽水蓄能电站的典型实例如十三陵抽水蓄能电站，如图 6-1-1 和图 6-1-2 所示。该电站以十三陵水库为下水库，在距下水库 2120m 的山凹中修建上水库，在上、下水库之间的山体中开凿引水道，形成 480m 落差，装机容量 4×200MW。

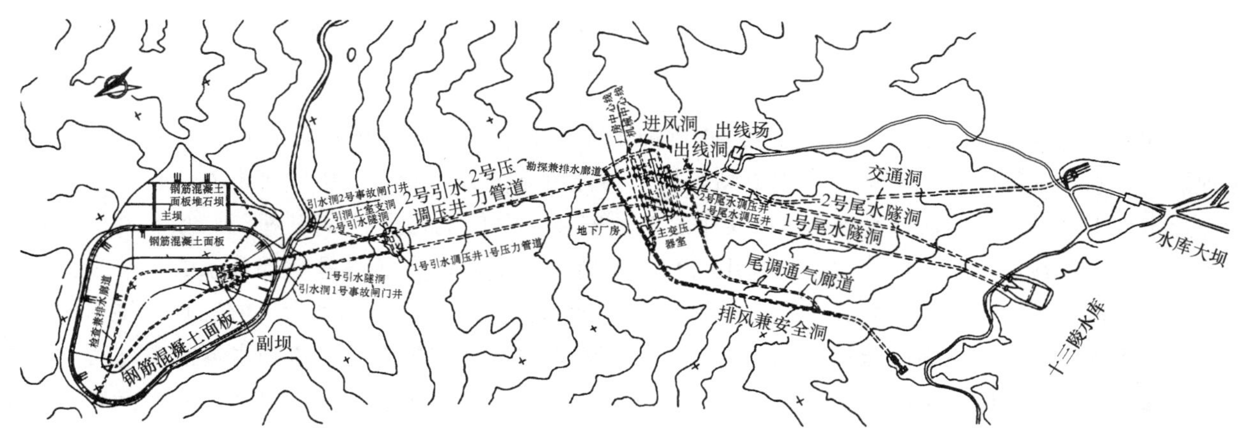

图 6-1-1 十三陵抽水蓄能电站枢纽平面布置图

（二）混合式抽水蓄能电站

混合式抽水蓄能电站一般上水库有较大天然入库径流，通常结合常规水电站新建、改建或扩建，加装抽水蓄能机组而成。我国早期的岗南、密云、潘家口等水电站，以及近期的响洪甸、白山等水电站就属于混合式抽水蓄能电站。它们的共同特点是上水库都是大中型综合利用水库，原来水电站的运

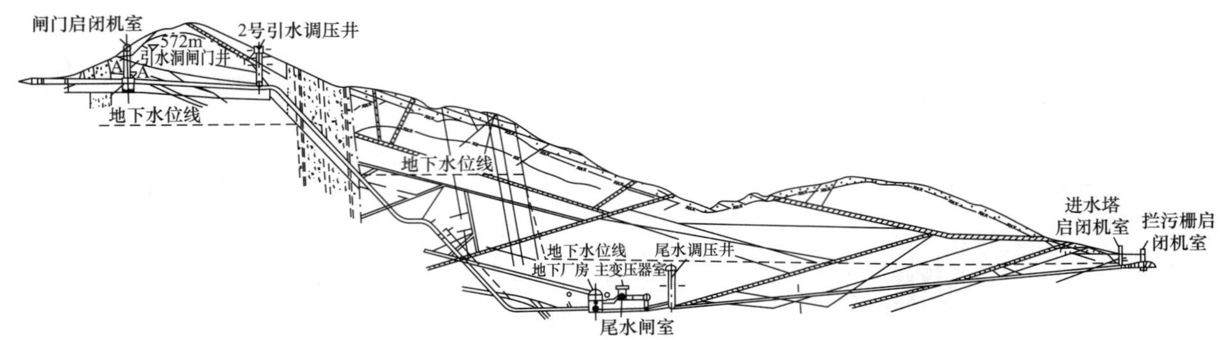

图 6-1-2　十三陵抽水蓄能电站剖面图

行方式多为“以水定电”，不能满足电力系统的调峰需要，增设抽水蓄能机组后，改变了电站的运行方式，既满足了综合利用部门的用水要求，又提高了电站的调峰能力。

国内混合式抽水蓄能电站大多利用已建水库，通过筑坝壅水方式来集中水头，新建、改建或扩建抽水蓄能机组，水头一般不高，从几十米到 100 多米。抽水蓄能机组和常规机组通常安装在一个厂房内，也可分开布置在两个厂房内。

如潘家口水利枢纽是在滦河干流上修建了上、下两座水库，并相应修建了两座水电站（见图 6-1-3）。上水库电站为混合式抽水蓄能电站，利用已建潘家口水库，其抽水发电利用的是坝体壅高的水头，额定水头为 85m。采用坝后式地面厂房，安装 3 台 90MW 抽水蓄能机组和一台 150MW 常规水轮发电机组，两种机组布置在同一厂房内，安装高程不同。下水库电站安装 2 台容量为 5MW 的贯流式机组。潘家口水电站采用抽水蓄能机组与常规机组混合开发方式，有如下优点：①可避免电站在枯水时段或不需要供水时出力受阻甚至停机，把季节性电站变为可靠的调峰电站；②常规机组与抽水蓄能机组互为补充，可增加尖峰电量，提高抽水蓄能机组的综合效率；③由于增设抽水蓄能机组，改善了电站在系统中的作用，经济效益及社会效益大幅度提高。

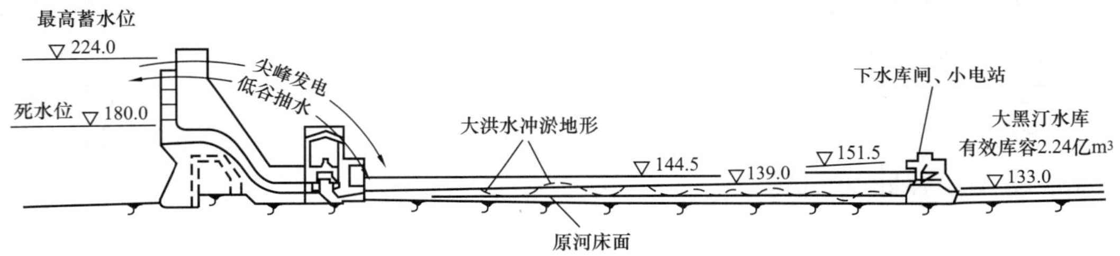

图 6-1-3　潘家口抽水蓄能电站示意图

又如响洪甸抽水蓄能电站，利用已建的响洪甸水库作上水库，在上水库大坝下游 8.8km 的河道上建坝形成下水库（见图 6-1-4）。常规电站和抽水蓄能电站分开布置。其中常规电站为已建工程，布置在上水库大坝的右岸，通过大坝壅水来集中水头，安装 4 台单机容量 10MW 机组；抽水蓄能电站为新建工程，布置在上水库大坝的左岸，利用河湾天然落差，裁弯取直获得另一部分水头。抽水蓄能电站采用尾部地下厂房布置，安装 2 台单机容量 40MW 抽水蓄能机组，引水洞为一洞二机，尾水洞为一机一洞。下水库的小电站为河床式电站，安装 1 台 5MW 的贯流式机组。扩建抽水蓄能电站有如下优点：①通过上、下水库的调蓄，在非灌溉期和灌溉用水量较小时，抽水蓄能机组抽水供蓄能和常规机组发电调峰，使原半年发电半年停产的常规机组变成全年发电的调峰容量；②由于常规和抽水蓄能机组联合运行发电的流量增大，使得灌溉放水全部用于发电，同时可利用汛期弃水发电；③电站为水库增加了泄水能力，避免泄洪隧洞为放灌溉水而频繁运行，有利于水库的防洪调度，改善了运行管理条件。

混合式抽水蓄能电站采用引水式开发的比较少见，法国大屋抽水蓄能电站是一个典型实例。该电站位于法国阿尔卑斯山的欧达尔河上，总装机容量 1800MW。其上、下水库均筑坝形成，上水库有天然径流，机组除按抽水蓄能方式运行外，还按常规水电站方式发电。电站总体布置是由一条 7.1km 长

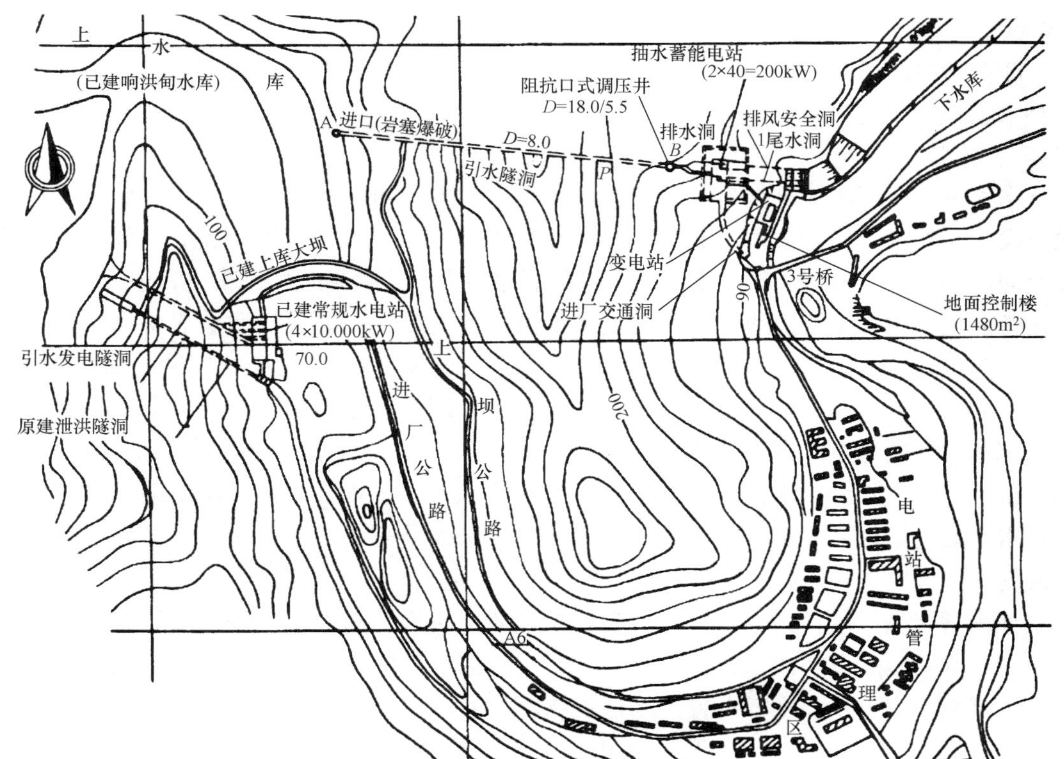

图 6-1-4　响洪甸抽水蓄能电站示意图

的引水隧洞，分成 3 条平行布置的高压管道，通过岔管连接 12 台机组，在同一地点不同高程设置了地面和地下两个厂房，分别安装 4 台 153MW 常规冲击式机组和 8 台 153MW 的 4 级可逆式水泵水轮机组。两个厂房高差约 70m，之间通过交通竖井连接。其中两条管道分别与地面厂房一台机组和地下厂房 3 台机组连接，另一条管道与地面厂房 2 台机组和地下厂房 2 台机组连接，枢纽布置复杂而紧凑。大屋抽水蓄能电站枢纽布置剖面如图 6-1-5、图 6-1-6 所示。

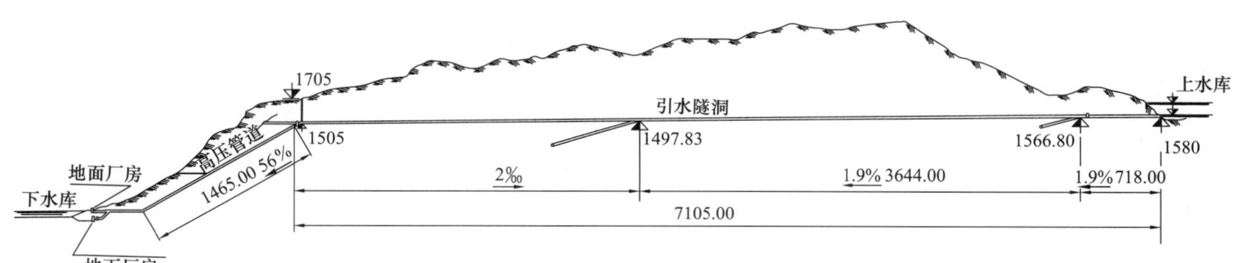

图 6-1-5　大屋抽水蓄能电站纵剖面图

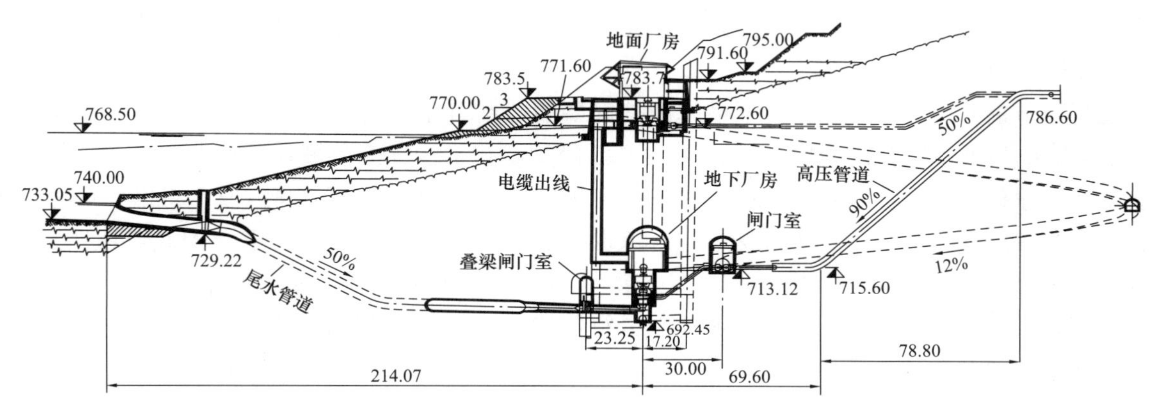

图 6-1-6　大屋抽水蓄能电站厂房纵剖面图

二、主体工程组成

抽水蓄能电站主体工程一般包括上水库、下水库、水道系统、电站厂房、变电站、出线场、拦排沙工程、补水工程、交通工程等。

1. 上、下水库

上、下水库一般由挡水建筑物和泄水建筑物组成，有防沙和检修要求的上、下水库还包括拦排沙设施和放空设施。抽水蓄能电站上、下水库泄水建筑物的布置，除应按常规水电站解决洪水对水工建筑物的安全问题外，还应分析天然洪水与发电流量遭遇的影响及所需泄水建筑物的布置。

纯抽水蓄能电站上水库无天然径流入库或集水面积较小时，一般不设泄洪建筑物，通过坝顶和库岸超高来满足防洪要求。如国内已建的十三陵、天荒坪抽水蓄能电站，在建的宜兴、张河湾、西龙池、白莲河、蒲石河、黑麋峰和呼和浩特抽水蓄能电站上水库都未设泄洪建筑物，坝顶和库顶的超高考虑了库内 24h 降雨洪量的储存。若上水库控制的集水面积较大，安全起见也可能需要设置泄水建筑物。如广州抽水蓄能电站上水库集水面积较大，有天然径流入库，设置了开敞式溢洪道。设置放空设施的如瑯玡山抽水蓄能电站，其上水库结合施工导流和放空水库的需要，在左岸靠近沟底部位的坝体下设置了放水底孔。

混合式抽水蓄能电站由于其落差一般由坝集中，故上水库的坝一般较高，库容较大，而下水库的坝通常较小。上水库一般设有泄水建筑物，如密云、潘家口、响洪甸等抽水蓄能水电站。若上水库的洪水宣泄至下水库，则下水库也需设置泄水建筑物，如潘家口抽水蓄能水电站下水库按 3 级建筑物设计，最大泄洪流量 28200m^3/s，为此设了 20 孔宽 12m、高 11.5m 的泄洪闸。作为一座专门为抽水蓄能电站建设的下水库，需要宣泄如此大的洪水流量，在世界上也罕见。

2. 水道系统及厂房系统

水道系统一般由上水库进/出水口、引水隧洞、引水调压室、高压管道、尾水调压室、尾水隧洞、下水库进/出水口等组成。上、下水库进/出水口型式以采用侧式为多，也有采用竖井式的，如西龙池上水库进/出水口。引水隧洞和尾水隧洞为有压隧洞，多采用混凝土衬砌。高压管道在立面布置上，有竖井、斜井以及竖井与斜井相结合等型式，在平面布置上可分为单管单机、一管二机和一管多机等型式。高压管道及岔管部分可采用钢板衬砌或钢筋混凝土衬砌（在厂房前一定范围内通常仍采用钢板衬砌），视水头高低、埋藏深度和围岩条件的好坏而定。调压室可设在厂房上游或下游，亦可能上、下游均设，视上、下游水道系统长度及调保计算成果而定。

厂房系统采用地下厂房为多，一般包括主厂房、副厂房、主变压器室、开关站及出线场，以及母线洞、出线洞、进厂交通洞、通风洞、排水廊道等附属洞室组成。主厂房、副厂房、主变压器室等常置于地下，开关站及出线场布置于地面或地下洞室内都有。

3. 拦排沙工程

在多泥沙河川上修建上、下水库时，其工程布置应因地制宜采取防沙和拦沙措施，以控制进/出水口前淤积和过机泥沙含量，改善机组的磨损条件。因此凡在多泥沙河流修建的抽水蓄能电站，必须对泥沙问题予以高度重视，根据泥沙具体条件，通过拦排沙或主汛期停机避沙运行等措施妥善解决泥沙入库和泥沙过机问题。

在建筑物布置上采用拦排沙等工程措施的抽水蓄能电站有张河湾、呼和浩特等抽水蓄能电站。张河湾抽水蓄能电站下水库在距主坝 1.8km 处设拦沙潜坝，在拦沙坝上游垭口处设明渠，汛期输水沙至主坝前排除。呼和浩特抽水蓄能电站下水库由拦河坝、拦沙坝和泄洪排沙洞组成，将下水库分隔成拦沙库和蓄能电站专用下水库，拦沙库及泄洪洞负责拦洪排沙，下水库专职发电，彻底解决泥沙问题。拟建的板桥峪抽水蓄能电站下水库在白河干流上，主坝采用混凝土拱坝，上游 2.7km 处设拦沙潜坝，一期坝顶高程 233m，汛期洪水翻越潜坝运行，二期视泥沙淤积情况加高拦沙潜坝至 244m，将导流洞改建成泄洪排沙洞，5 年一遇以下洪水通过泄洪排沙洞下泄拉沙，超过 5 年一遇洪水翻过拦沙坝下泄。

蒲石河抽水蓄能电站采用避沙运行方式。其下水库位于鸭绿江右岸支流蒲石河干流下游。汛期洪水时泥沙含量较大，实测最大含沙量 19.0kg/m³。多年平均含沙量为 0.587kg/m³，但平均每年只有 4 天平均含沙量大于 0.5kg/m³，最多一年也仅有 16 天。除较大洪水过程期间外，河流清澈，含沙量很小。根据蒲石河沙峰历时非常短的特点，为减少机组磨蚀，采取沙峰时暂时停止从下水库抽水的运用方式。为保证 50 年有效使用期上、下水库的有效库容，每一次洪水过程必须降低到死水位运行，洪水退后再蓄至正常蓄水位。

4. 补水工程

抽水蓄能电站所需水量应满足电站在上、下水库间循环用水的水量，以及水库和水道渗漏及蒸发水量损失，否则应修建必要的补水工程。如西龙池抽水蓄能电站上、下水库均为人工开挖填筑而成，无天然径流补给，下水库设有专门的补水设施。下水库补水水源为位于滹沱河内的段家庄泉水，经两级泵站提水至下水库，设计流量 0.23m³/s，总扬程 202m。又如呼和浩特抽水蓄能电站地处干旱地区，上水库完全由人工开挖填筑形成，没有天然径流；下水库位于哈拉沁沟，由于拦沙要求上游设有拦沙坝，和下游拦河坝组成完全封闭的下水库，哈拉沁沟地表天然径流也无法直接进入下水库。故设置补水设施，补水水源取自哈拉沁沟径流，通过拦沙坝内的埋管，将拦沙蓄水库中水以自流方式补给下水库。

5. 交通工程

抽水蓄能电站包含上、下两个有一定距离和高差的水库，还有一套复杂的地下洞室群，故连接上、下水库及电站各洞室之间的交通也是枢纽布置中不可缺少的部分。

三、工程总布置

工程总布置要将各单项水工建筑物，按照其功能统一协调，合理布置，组合成电站枢纽。应按照各勘测设计阶段要求的工作深度，力求在全面掌握水文气象、泥沙、地形、工程地质及水文地质、施工、环境等条件，以及满足电站运行要求的基础上，组合成若干个枢纽布置比较方案，通过技术、经济、环境和社会因素的综合比较，最终确定工程总布置。

（一）上、下水库库址优选和布置

有上、下两个水库是抽水蓄能电站区别于常规水电站最显著的特点之一。作为抽水蓄能电站存储水量的工程设施，上、下水库对抽水蓄能电站站址选择及枢纽布置格局有着举足轻重的影响。上、下水库的库址确定以后，水道系统和厂房系统建筑物布置范围也就基本确定了。其次，上、下水库布置的优劣对工程投资影响较大，据国内部分已建和在建抽水蓄能电站统计，上、下水库投资占枢纽建筑物投资的比例为 6%～35%，说明不同工程地形、地质等条件的差别可导致投资变幅达 29%，突显上、下水库选择对电站经济性的影响之大。因此，进行抽水蓄能电站工程总布置时，抓住上下水库自然条件和优化工程布置是最为关键的一环。

选择上、下水库位置时，要着眼于满足建造足够库容需求的地形条件、良好的库区工程地质和水文地质条件以及上、下水库之间的自然地形高差的利用等。

（二）电站开发方式比选及厂区建筑物布置

我国抽水蓄能电站多采用地下式或半地下式（竖井式）厂房，地面式厂房较少。半地下式厂房和地面式厂房多布置在水道系统的尾部，地下式厂房可布置在尾部，也可布置在首部和中部。地下式厂房的位置选择直接影响到厂房及水道系统的布置、施工工期和投资，因此选择何种布置方式非常重要。在满足工程总布置的前提下，地下式厂房位置的选择一般应以选定的机型、装机容量和机组台数为基础，根据地形地质条件，与上、下水库衔接的水流条件，综合考虑出线场位置、施工条件以及电站运行管理方面的要求，合理拟定首部、中部及尾部布置方案，进行技术经济综合比选来确定。考虑到高压电缆长度对工程造价的明显影响，出线场位置宜靠近主变压器和开关站。厂区地面各种建筑物和设施应选择地基及边坡稳定地段，且避开冲沟口等不利地形，否则应对山洪、泥石流等采取预防措施。

一般情况下各工程地下厂房系统单位容量投资差别不大，但地下厂房系统往往是控制整个电站建设工期的关键线路，因此，对影响发电工期的在关键线路上的通风洞或交通洞等辅助洞室的长度也要加以关注。

（三）输水系统布置

水道系统是连接上、下水库之间的水流通道，抽水蓄能电站输水系统设计要考虑不同于常规电站的双向水流的特点。在确定输水系统的布置时，应紧密结合工程地形地质、工程布置、施工、电站主要任务、运行等条件，经综合技术经济比较后确定。

在进行输水系统布置时，以往较注意缩短输水系统的长度，倾向于选择输水系统长度与额定水头比（L/H）较小的方案，认为投资会省。据国内部分已建和在建抽水蓄能电站统计，高压管道衬砌型式对输水系统的投资影响可能比 L/H 更大。以呼和浩特和惠州抽水蓄能电站为例，两者额定水头基本相同，分别为 521m 和 517.4m。惠州抽水蓄能电站输水系统长度为 4472m，几乎是呼和浩特抽水蓄能电站输水系统长度 2331m 的一倍。但呼和浩特抽水蓄能电站单位容量输水系统投资为 429 元/kW，是惠州抽水蓄能电站（321 元/kW）的 1.33 倍。主要原因就在于惠州抽水蓄能电站高压管道主管为钢筋混凝土衬砌，而呼和浩特抽水蓄能电站高压管道全部为钢衬，仅钢衬就需 214 元/kW。显然在输水系统线路选择与布置时对高压管道可否采用钢筋混凝土衬砌应重点关注。

（四）工程布置与自然环境关系

随着环境保护意识的提高，环境影响越来越成为工程布置中一个重要的影响因素。我国在建的响水涧抽水蓄能电站已开始自觉应用工程与环境和谐的新设计理念，对下水库设计方案做了大调整。调整水库体形，使现有水系不改变；提高下水库死水位，提高库底开挖高程，减少弃渣；调整弃土场位置，尽可能保留现有湿地等。德国金谷抽水蓄能电站下水库设上、下游两道坝，两坝之间为电站下水库，副坝上游为外库，设外库的目的一方面可以避免泥沙进入下水库，更主要的是考虑环境保护的需要，避免因抽水蓄能电站日循环运行使外库水位变幅过大过于频繁，而影响植被的生长。日本京极抽水蓄能电站宁可将上水库设在湿地范围外的山顶台地，增加挖填工程量和投资，也要保护湿地和珍稀动植物。

第二节　上、下水库布置

一、上、下水库工作特点

抽水蓄能电站为了完成其抽水—发电循环，必须要有上、下两个水库。由于抽水蓄能电站的水库担负的任务与常规水电站的水库有所不同，故有其不同的工作特点。

（一）水库水位变幅大而且升降频繁

水库水位变幅大而且升降频繁是抽水蓄能电站最显著的工作特点。一般来说，与装机容量相同的常规水电站相比，抽水蓄能电站的水库库容要小得多。混合式抽水蓄能电站通常上水库大、下水库小；而纯抽水蓄能电站则下水库大、上水库小，或者两个库容相当。抽水蓄能电站主要在电网中承担调峰填谷任务，发电或抽水的流量都很大，使得水库的水位变幅及变化速率快。水库水位日变幅 10～20m 是经常发生的，日变幅超过 30m 甚至 40m 也不罕见。水库水位变动速率较快，一般达 5～8m/h，有的水库甚至达到 8～10m/h，这样大的水位变动速率在常规水电站是不会发生的。如天荒坪抽水蓄能电站下水库最大工作水深 49.5m，其中日循环的水位变幅 43.5m，抽水时下水库水位降速为 8.85m/h；呼和浩特抽水蓄能电站上水库最大工作水深 37m，发电时水位降速为 7.5m/h，下水库最大工作水深 45m，抽水时水位降速为 8.9m/h。

抽水蓄能电站采用日调节的居多，根据电网的调度要求，选择单循环或双循环的运行方式，某些电站 24h 内甚至进行多次短历时的抽水和发电。如十三陵抽水蓄能电站库水位每天涨落 2～3 个循环。发电和抽水工况的频繁交替，导致库水位升降频繁。

（二）水库的防渗要求高

纯抽水蓄能电站上水库的库容一般不大，通过降雨、径流的补水量也不是很多，其水量主要靠水泵从下水库抽送上去，水量非常宝贵。水库因渗漏、蒸发等原因造成的水量损失，将增加充水和补水的费用，减少电站的发电量，降低电站的综合效率，因此上水库防渗要求很高。

抽水蓄能电站下水库库盆防渗要求一般低于上水库，但下水库储存足够的水量是电站维持运行的基本保障。若下水库渗漏量过大，或者下水库补水水源匮乏，则可能影响到电站的正常运行，此时下水库采用较高的防渗标准也是需要的。

抽水蓄能电站对水库有严格的防渗要求，水库的渗流控制设计应做到：保证坝体和岸坡稳定，力求渗水不恶化工程区天然的水文地质条件，不危及地下洞室及下游山坡的安全及正常运行；限制或消除库水位骤降在防渗体后产生的反向压力，不产生渗透破坏和集中渗漏；对电站循环效率无明显影响。但由于每个抽水蓄能电站本身的渗漏条件、补水条件等的不同，至今并无统一的防渗标准。

对于沥青混凝土全库防渗的水库，日本水利沥青工程设计基准要求日渗漏量不大于0.5‰的总库容，德国惯用的控制标准为日渗漏量不大于0.2‰的总库容。国内外已建成的上水库，无论选用沥青混凝土面板，还是钢筋混凝土面板防渗型式，只要工程质量好，日渗漏量可控制在不大于0.2‰～0.5‰的总库容范围内。表6-2-1为国内外部分无天然径流补给、全库防渗的上水库渗流控制工程实例。

表6-2-1　国内外部分上水库实际达到的渗流控制值

序号	工程名称	国　别	建成年份	防渗型式	总库容（万 m^3）	实测最大渗漏量（l/s）	日渗漏量占总库容比例（‰）	备　注
1	十三陵	中　国	1995	钢筋混凝土	445	14.16	0.28	冬季曾出现的最大值
2	瑞本勒特	德　国	1994	沥青混凝土	150	无滴水≈0.1	≪0.2	改建后
3	沼　原	日　本	1974	沥青混凝土	433.6	无滴水	≪0.2	
4	特洛夫山	爱尔兰	1973	沥青混凝土	230（有效库容）	6	0.23	

（三）需设置完善的排水系统

由于地下水或防渗结构局部裂缝引起漏水等原因，防渗护面后的坝体或库岸的浸润线可能较高。在库水位骤降时，浸润线不会很快随之降低，此时防渗护面受到的反向水压力可能使库岸及库底的防渗面板抬起而损坏。另外地下水位抬高和库水位的骤降常是促发库岸边坡失稳破坏的主要诱因，因此，抽水蓄能电站必须设置完善的排水系统。

抽水蓄能电站的排水系统设置与常规水电站是有区别的，常规水电站坝体防渗结构后面的垫层料要求半透水，压实后渗透系数宜为$1\times10^{-3}\sim1\times10^{-4}$cm/s，能够在防渗结构破坏情况下起辅助防渗作用；而抽水蓄能电站坝体或库盆防渗结构后面的垫层料要求能自由排水，压实后渗透系数宜为0.01～0.11cm/s。上、下水库排水系统设置须能适应水位频繁升降，消除或有效控制坝体、岸坡、库底、防渗面板下的孔隙水压力，确保建筑物的稳定。尤其是寒冷或严寒地区的水库，必须设置完善的排水系统降低地下水位，防止岸坡的冻胀破坏，保证防渗结构的安全。

（四）重视库水位较低时的流态

为了充分利用库容蓄能，抽水蓄能电站水库的死水位往往定得比较低，接近库底高程。由于上、下水库进/出水口均为双向水流。在接近死水位时电站仍有可能按全部出力运行，此时在进/出水口附近局部将出现较大的流速，这种现象在出流时比进流时更为严重，因为出流时从水道出来的水流流束不易充分扩散，其流速比进流时更大，一般可达2m/s，甚至更高。若库底材料的抗冲性能不佳，就容易发生冲刷。

进/出水口的水力条件不仅与进/出水口扩散段体型有关，还受来流和边界条件影响，与附近的地形或库盆形状密切相关。设计时应保证出流时水流均匀扩散，水头损失小；进流时各级水位下进/出水口附近不产生吸气漩涡和其他有害漩涡；进/出水口附近库内水流流态良好，无有害的回流或环流出现，水位波动小。为解决好这个问题，需要将进/出水口的布置与库底的防护结合起来一并考虑。首先是通过进/出水口的渐变扩散段降低流速，其次进/出水口附近往往也做得低于水库库底，形成一个“前池”，降低进/出水口前的流速。同时在进/出水口附近宜用抗冲材料加以保护。

二、上、下水库组合类型

抽水蓄能电站上、下水库是成对组合出现的，水库典型的组合型式有以下几类：

(1) 下水库利用已建水库或天然湖泊，上水库为人工水库。国内抽水蓄能电站中这类组合较多，如十三陵、张河湾、泰安、宜兴、白莲河等抽水蓄能电站。张河湾抽水蓄能电站下水库利用未完建的张河湾水库加高续建而成，上水库为人工水库，建在山顶，通过开挖筑坝围库形成。十三陵抽水蓄能电站下水库利用已建十三陵水库，上水库建在山顶上，为人工水库。充分利用已建水库、天然湖泊作为抽水蓄能电站的上水库或下水库，通常可以节约新建水库的费用，水源也有保证，对于环境的不利影响也较小，且在大多数情况下还能够节省工程投资，加快施工进度。如白莲河抽水蓄能电站，下水库利用已建的白莲河水库，地形地质条件也有利。但利用已建水库作为下水库时，须注意下水库作为抽水蓄能电站运行，可能涉及原水库综合利用任务的调整、运行调度、经济补偿、已有大坝等级的提高及加高加固措施、施工期对原水库运行的影响等问题，因此在进行工程布置时，一定要因地制宜，统筹考虑。

(2) 下水库为江河新建河道型水库或人工水库，上水库利用已建江河水库或天然湖泊。混合式抽水蓄能电站一般多采用这类组合，如岗南、潘家口、响洪甸等抽水蓄能电站。纯抽水蓄能电站中桐柏抽水蓄能电站的下水库为新建人工水库，上水库利用已建桐柏水库改建而成。

(3) 上、下水库均利用已建江河水库或天然湖泊。利用江河已建上下梯级电站水库增建抽水蓄能电站，一般利用水头不高，但水量容易保证，且由于不需要新建上、下水库，在一定程度上节省了投资。这类水库以天堂、白山、佛磨等混合式抽水蓄能电站为代表。天堂抽水蓄能电站利用已建天堂梯级电站中的一级电站水库作上水库，二级电站水库作下水库，工程布置中主要考虑原有水利工程的制约和抽水蓄能电站本身的要求，从水工角度讲是一个改建项目，需新建工程相对较少，不需要太大投入。佛磨抽水蓄能电站是利用在淮河支流上修建的佛子岭和磨子潭两相邻水库作上、下水库增建而成的(见图 6-2-1)。该电站下水库（佛子岭水库）的尾水末端水位较低不能满足抽水蓄能电站的要求，故在佛子岭水库尾水变动区狮子崖处建一座小闸坝，抬高抽水蓄能电站尾水位，形成一个过渡性水库，有效库容 1500 万 m^3。当超过一定水位后，则整个佛子岭水库可作为下水库，有效库容增加 10 倍以上，能满足周、季调节。为已建上、下梯级水电站增设混合式抽水蓄能电站走出了一条新路。西藏羊卓雍湖抽水蓄能电站为一个特例，它以羊卓雍湖作为上水库，直接利用雅鲁藏布江为下水库，不建挡水建筑物，但也可归于这类组合。

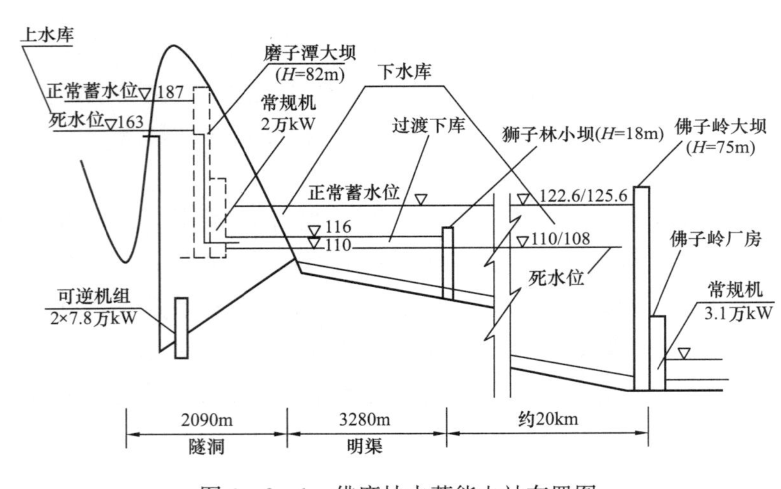

图 6-2-1 佛磨抽水蓄能电站布置图

(4) 上、下水库均为新建的专用人工水库。抽水蓄能电站中有很多是利用有利地形新建上、下水库，形成目标单一的专用水库，如广州、天荒坪、西龙池、惠州、呼和浩特等抽水蓄能电站，国内这种组合最多。西龙池抽水蓄能电站的上、下水库无天然径流补给，皆为新建人工水库。上水库位于沟脑部位，库周由 5 个山包、4 个垭口围成，水库内侧山体坡度较缓，沟底平坦，具备布置库盆的天然地形条件，库盆采用开挖筑坝形成。考虑当时机组制造水平及防泥沙要求，下水库不是直接布置在滹沱河上，而是采用岸边库，布置在滹沱河左岸龙池沟沟脑部位，高出滹沱河床约 180m，库区覆盖层深厚，冲沟发育，采用开挖、筑坝拦沟成水库。这种类型的水库组合，避开了利用已有水库时对原有水库的改扩建投入及复杂的综合利用矛盾，可以充分选择地形地质条件好的距离负荷中心近的站址。这种类型抽水蓄能电站近年发展较快，因为站址可选择余地较大，当上、下水库地形地质条件等有利时，投资并不一定比利用现有水库的抽水蓄能电站高。

国内已建及在建的抽水蓄能电站上、下水库组合实例见表6-2-2。

表6-2-2　　国内已建及在建抽水蓄能电站水库组合

序号	电站名称	建设地点	电站类型	装机容量(MW)	投入运行时间	上水库	下水库	组合类型
1	十三陵	北京	纯抽水蓄能	4×200	1997年	人工水库	十三陵水库	(1)
2	沙河	江苏	纯抽水蓄能	2×50	2001年	人工水库	沙河水库	(1)
3	泰安	山东	纯抽水蓄能	4×250	2006年	人工水库	大河水库改建	(1)
4	琅琊山	安徽	纯抽水蓄能	4×150	2006年	人工水库	城西水库	(1)
5	宜兴	江苏	纯抽水蓄能	4×250	2007年	人工水库	会坞水库	(1)
6	白莲河	湖北	纯抽水蓄能	4×300	在建	人工水库	白莲河水库	(1)
7	张河湾	河北	纯抽水蓄能	4×250	在建	人工水库	张河湾水库续建	(1)
8	宝泉	河南	纯抽水蓄能	4×300	在建	人工水库	宝泉水库	(1)
9	岗南	河北	混合式	1×11	1968年	岗南水库	人工水库	(2)
10	密云	北京	混合式	2×11	1973年	密云水库	人工水库	(2)
11	潘家口	河北	混合式	3×90	1992年	潘家口水库	人工水库	(2)
12	响洪甸	安徽	混合式	2×40	2000年	响洪甸水库	人工水库	(2)
13	桐柏	浙江	纯抽水蓄能	4×300	在建	桐柏水库改建	人工水库	(2)
14	羊卓雍湖	西藏	混合式	4×22.5	1997年	羊卓雍湖	雅鲁藏布江	(2)
15	天堂	湖北	混合式	2×35	2001年	天堂一级站水库	天堂二级站水库	(3)
16	白山	吉林	混合式	2×150	在建	白山水库	红石水库	(3)
17	佛磨	安徽	混合式	2×80	在建	磨子潭水库	佛子岭水库	(3)
18	西龙池	山西	纯抽水蓄能	4×300	在建	人工水库	人工水库	(4)
19	呼和浩特	内蒙古	纯抽水蓄能	4×300	在建	人工水库	人工水库	(4)
20	广州一期	广州	纯抽水蓄能	4×300	1993年	人工水库	人工水库	(4)
21	广州二期	广州	纯抽水蓄能	4×300	1999年	人工水库	人工水库	(4)
22	溪口	浙江	纯抽水蓄能	2×40	1997年	人工水库	人工水库	(4)
23	天荒坪	浙江	纯抽水蓄能	6×300	1998年	人工水库	人工水库	(4)
24	回龙	河南	纯抽水蓄能	2×60	2005年	人工水库	人工水库	(4)
25	黑麋峰	湖南	纯抽水蓄能	4×300	在建	人工水库	人工水库	(4)
26	蒲石河	辽宁	纯抽水蓄能	4×300	在建	人工水库	人工水库	(4)
27	惠州	广东	纯抽水蓄能	8×300	在建	人工水库	人工水库	(4)

三、上、下水库布置基本原则

上、下水库的布置要因地制宜，根据工程区的水文、气象、泥沙、地形、地质等自然条件，考虑建筑物组成、防渗要求、水位频繁升降、水库内外边坡稳定、施工条件、寒冷地区冰情对建筑物的影响、与环境的整体协调等因素，结合水道系统和厂房系统建筑物的布置及电站运行要求，经过枢纽方案的技术、经济、环境和社会综合比较，择优选取。上、下水库布置的基本原则如下：

(1) 上、下水库成对研究。通常情况下，利用已建水库作上水库或下水库，可节省投资，成为选择站址时优先考虑的方案。但上、下两个水库需形成必要的自然高差，具有一定的库容和防渗条件，因此必须成对加以研究。例如，张河湾抽水蓄能电站，下水库利用已建的张河湾水库，而上水库地形地质条件很差，需大量开挖填筑才能形成上水库，全库盆还需沥青混凝土防渗，因此单位容量静态投资高达4307元/kW；与利用已建会坞水库为下水库的宜兴抽水蓄能电站同为我国单位容量静态投资最高的抽水蓄能电站。故在工程设计的前期阶段，首先要对上、下水库是否利用已建水库、天然湖泊等作出明确规划，而且要将上下水库成对进行研究，并考虑整个枢纽布置的合理性，综合比较。

(2) 上水库防渗条件要好。上水库的防渗要求高是抽水蓄能电站特点之一，而上水库往往建于山顶或沟源部位，周边分水比较单薄、岩体渗透性较强，防渗工程量较大。水库的防渗范围根据地形地质条件确定，有全面防渗的，也有局部防渗的。新建水库是否需要全库防渗对工程投资影响很大。有时为了充分利用水头，将上水库布置于山顶沟脑上，似乎可以减少些库容，但地下水位比正常蓄水位低得多，岩石风化严重，节理裂隙发育，防渗工程量大增，甚至需全库盆防渗。水库按防渗型式一般可分为沥青混凝土面板、钢筋混凝土面板、黏土铺盖、帷幕灌浆、土工膜等单一型式防渗，或上述几种防渗型式的组合，全库防渗时以沥青混凝土面板和钢筋混凝土面板为多。水库防渗型式应根据地形、地质、气温、施工、材料等条件，考虑渗漏水对建筑物、库岸稳定的危害和对电站循环效率系数的影响，通过技术经济比较后综合选定。

（3）两水库间形成自然高差。要合理利用上、下两水库间自然地形条件，获得必要的落差。通常认为，最理想的是高山天然湖泊，或适宜筑坝的高山峡谷直接加以利用或改造成上水库。在满足机组制造要求的一定水头范围内，两水库间高差越大，利用水头越高，工程造价越低，电站效益越显著。如十三陵抽水蓄能电站以原十三陵水库为下水库，在其左岸山后的沟内兴建上水库，两水库间水平距离约 2km，集中天然落差 440m 以上；广州抽水蓄能电站上、下水库均利用天然库盆，两水库间水平距离约 3km，集中天然落差 500m 以上。两电站都是充分利用上、下水库间自然高差，而不是通过抬高坝体来获得水头，因此经济指标较好。

（4）有一定的库容和合理的水位变幅。与常规水电站需要大量的水源和较长期的调节性能不同，抽水蓄能电站的水量可以反复使用，只需少量的水源补充渗漏和蒸发损失，一般日调节抽水蓄能电站所需要库容相对较小。由于上水库一般没有天然径流或天然径流很小，为提高电站运行灵活性与可靠性，对有条件的水库尽可能预留大一些的备用库容，同时弥补因渗漏、蒸发而引起的水量损失。但库容也并非无限制地大，调节库容的确定需要考虑电网调峰的需要，也要顾及地形与地质条件，否则不仅会增加工程造价，还会增加工程处理的难度，甚至影响工程的安全。当天然库容不能满足需要时，应考虑利用开挖增加部分库容，而开挖石渣应尽量利用作堆石坝填筑料，做到挖填平衡。这样既可满足库容要求，又可节省投资，还有利于环境保护。当水头变幅过大时，将使抽水蓄能可逆式机组运行不稳定，运行效率急剧降低。故进行上、下水库布置时，应将其水位变幅控制在合理范围内。上、下水库水位变幅的确定还要考虑库水位频繁升降带来的库岸边坡及坝体的稳定问题，必要时需采取工程措施进行处理。

（5）注意拦排沙建筑物的布置。多泥沙河流上修建的下水库，需十分重视泥沙的防治。如果必须设拦排沙设施，从选址开始，下水库枢纽布置就要考虑拦排沙建筑物的位置。如呼和浩特抽水蓄能电站利用河弯作下水库，泄洪排沙洞既直又短，便于排沙和泄洪，又节省投资。

（6）重视渗漏对岸坡稳定的影响。抽水蓄能电站水库渗漏造成的危害比一般常规水电站要大，因其库水位变化急剧、频繁，水库渗漏将恶化原始水文地质条件，引起坝体和库坡失稳的可能性比常规水电站要大。故抽水蓄能电站水库的防渗，尤其是无天然径流的上水库防渗非常关键。在进行上、下水库布置时，应对水库的渗漏及由于渗漏对相邻建筑物的影响进行论证，分析水文地质条件及岩层和断裂带的透水性，以及形成库坝渗漏的主要途径及其渗漏量。当渗漏对岸坡稳定、地下洞室围岩稳定存在不利影响时，应采取相应的工程措施。如张河湾抽水蓄能电站上水库，由于基础存在多层缓倾角软弱夹层，夹层的饱和抗剪强度较低，是上水库基础稳定的控制条件，为避免渗水进入夹层，上水库采用了沥青混凝土衬砌全库盆防渗。宝泉抽水蓄能电站上水库为寒武系灰岩地层，属中等透水岩层，库区存在 5 条张性断层，均切穿上水库库盆，存在较为严重的渗漏问题，上水库采用了“黏土铺盖护底＋沥青混凝土面板护坡”的全面防渗措施。

（7）重视工程与环境的和谐。环境保护是我国的基本国策，随着社会的发展，人们生活水平的提高，工程建设中的环境保护问题越来越受到各方面的重视，其内涵也从工程建设造成各种污染的防治扩展到工程与环境和谐、实现可持续发展。因此首先在站址规划时就要特别注意环境保护方面的问题，避开自然保护区等环境敏感点。如呼和浩特抽水蓄能电站上水库位于大青山保护区，在前期设计阶段通过多方论证和协调，最后调整了保护区的范围，使得工程能够顺利建设。其次在枢纽布置时要贯彻工程与环境和谐的设计理念，尽量减少对环境的不利影响。

第三节 厂房系统布置

一、厂房型式

抽水蓄能电站厂房按电站开发方式、结构型式及布置的不同，分为地面式厂房（坝后、岸边）、半地下式厂房和地下式厂房。从表 6-3-1 中所列国内外近年修建的 37 座抽水蓄能电站可见，随着电站装机容量、额定水头、机组转速的不断提高，目前绝大多数抽水蓄能电站采用的是地下式厂房，现将不同结构型式的厂房简述如下。

表 6-3-1　　国内外部分抽水蓄能电站厂房参数表

编号	电站名称	国家	投入运行年代	装机容量（MW）	水头（m）	吸出高度（m）	调压室		水道与厂房夹角（°）		厂房位置	厂房型式
							上游	下游	上游	下游		
1	岗南	中国	1968年	1×11	47	−3.5	无	—	—	—	—	地面式
2	密云	中国	1973年	2×11	70	−3.5	无	—	—	—	—	地面式
3	奥吉野	日本	1978年	6×201	475	−69.93	有	无	90	—	尾部	地下式
4	玉原	日本	1982年	4×300	518	−65	有	无	约85	90	尾部	地下式
5	奇奥塔斯	意大利	1982年	8×148	1048	−49	有	有	90	90	尾部	地下式
6	蒙特齐克	法国	1982年	4×230	419.1	—	无	有	90	90	中部	地下式
7	明湖	中国台湾	1985年	4×250	309	—	有	无	90	90	尾部	地下式
8	巴斯康蒂	美国	1986年	6×380	329	−19.8	有	—	90	—	—	地面式
9	普列生扎诺	意大利	1987年	4×250	491	—	有	—	90	90	—	半地下式
10	今市	日本	1988年	3×350	524	−70	有	有	约70	约60	中偏尾	地下式
11	索拉里诺	意大利	1989年	4×125	495	—	—	—	—	—	—	地下式
12	潘家口	中国	1991年	3×90	85	−9.4	—	—	90	—	—	地面式
13	明潭	中国台湾	1992年	6×270	380	−81	有	无	90	90	尾部	地下式
14	十三陵	中国	1995年	4×200	430	−56	有	有	90	60	中部	地下式
15	落基山	美国	1995年	3×253.3	186.7	—	无	—	90	—	—	地面式
16	锡亚比舍	伊朗	1996年	4×250	505	—	有	无	—	—	尾部	地下式
17	羊卓雍湖	中国	1997年	4×22.5	816	—	有	—	90	90	—	地面式
18	溪口	中国	1997年	2×40	240	−23	有	无	65	90	—	半地下式
19	天荒坪	中国	1998年	6×300	526	−70	无	无	64	78.8	尾部	地下式
20	广州二期	中国	1999年	4×300	—	−67	有	有	65	90	中部	地下式
21	天堂	中国	2000年	2×35	43	−9	无	—	90	60	—	地面式
22	响洪甸	中国	2000年	2×40	45	−10	有	无	90	90	尾部	地下式
23	拉姆它昆	泰国	2000年	4×250	397	—	无	有	90	90	首部	地下式
24	沙河	中国	2002年	2×50	97.7	−27	无	无	约75	82	—	半地下式
25	金谷	德国	2003年	4×265	301.65	—	闸门井兼	无	—	—	偏尾部	地下式
26	桐柏	中国	2005年	4×300	244	−58	无	无	65	90	尾部	地下式
27	琅琊山	中国	2006年	4×150	126	−32	无	有	80	59	首部	地下式
28	泰安	中国	2006年	4×250	225	−53	无	有	65	90	首部	地下式
29	宜兴	中国	2007年	4×250	363	−60	闸门井兼	有	65	90	偏首部	地下式
30	神流川	日本	在建	6×470	653	−103	有	有	90	90	中部	地下式
31	惠州	中国	在建	8×300	501	−70	有	有	65	90	中偏下	地下式
32	葛野川	日本	在建	4×400	714	−98	有	有	90	90	中部	地下式
33	西龙池	中国	在建	4×300	640	−75	无	无	65	65	尾部	地下式
34	张河湾	中国	在建	4×250	305	−48	无	无	90	83	中部	地下式
35	白莲河	中国	在建	4×300	196	−50	有	无	90	90	尾部	地下式
36	宝泉	中国	在建	4×300	500	−70	无	无	45	90	中部	地下式
37	奥清津二期	日本	在建	2×300	470	−64.4	有	有	—	—	—	半地下式

（一）地面式厂房

抽水蓄能电站的地面式厂房一般修建在下水库岸边，与常规水电站厂房的不同之处在于下水库水位变幅大，淹没深度较大，机组安装高程较低，因此厂房开挖量较大，同时需要浇筑大量的混凝土以抗衡浮托力。另外，厂房外部围护结构位于水下，需要设置有效的防渗和排水措施，防止外水内渗。再者，由于上述原因，施工复杂。我国地面式厂房主要出现在中小型混合式抽水蓄能电站，如岗南、密云、羊卓雍湖、天堂（见图 6－3－1）等抽水蓄能电站，潘家口抽水蓄能电站为坝后式厂房。

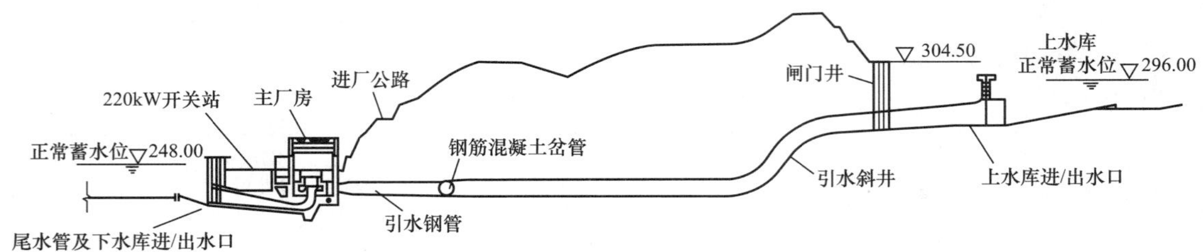

图 6－3－1　天堂抽水蓄能电站引水系统纵剖面图

（二）半地下式厂房

对于厂房布置在下水库附近的抽水蓄能电站，地形和地质构造适宜时，可以修建半地下槽式或竖井式抽水蓄能电站厂房。半地下槽式厂房是利用岩石表层开挖成圆形或槽形基坑加设顶板形成厂房，其内部可设桥式吊车，也可利用活动式顶板孔洞由外部吊车进行机组安装和检修，普林汉姆吉尔鲍电站即为该种型式。半地下竖井式厂房的地下部分是在岩石中开挖出来的圆形竖井，主机设备布置于竖井内，在竖井顶部修建地面厂房和变电站等，卡拉扬电站和路丁顿电站即为该种型式。在国外抽水蓄能电站的建设中，半地下式厂房应用较多，而国内目前建成的半地下式抽水蓄能电站厂房只有溪口（见图 6－3－2）和沙河抽水蓄能电站，装机规模也不大。

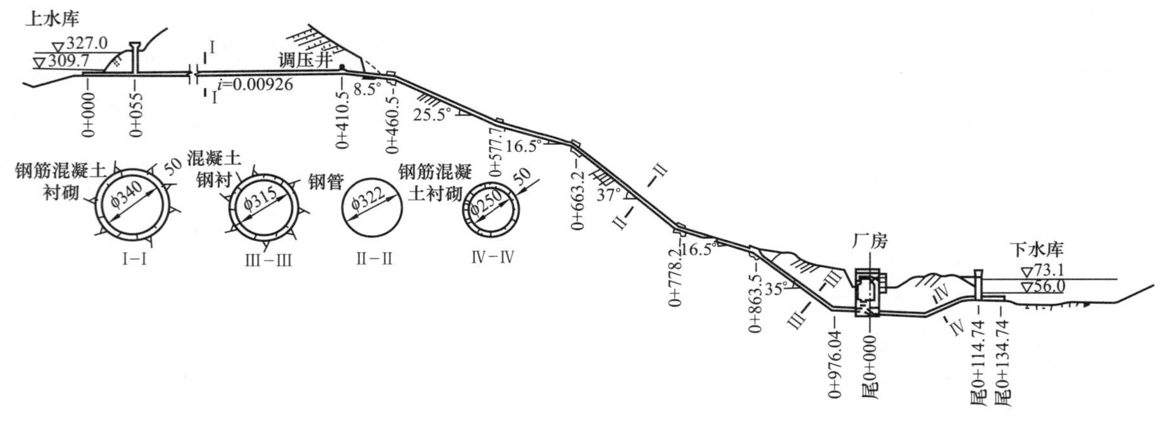

图 6－3－2　溪口抽水蓄能电站引水系统纵剖面图

（三）地下式厂房

随着抽水蓄能电站高水头、高转速、大容量机组的不断发展，纯抽水蓄能电站越来越多。除布置上的原因外，由于电站水头的增大，吸出高度绝对值很大（一般在－60～－70m，日本神流川抽水蓄能电站高达－104m），因而机组安装高程很低，为了克服上浮力及渗流对厂房的作用，且充分利用围岩特性，国内外近年建设的大型抽水蓄能电站大部分采用地下式厂房。

二、厂房位置选择

厂房位置选择通常根据工程总体布置、地形地质条件、结合高压管道及其他附属洞室的布置、机电设备运行的要求，以及施工条件和环境保护等因素，拟定几个方案，进技术、经济、环境、社会等综合比较后择优选定。

根据厂房在输水系统中的位置可分为尾部式、中部式、首部式三种布置型式。当厂房位置靠近下水库布置时称尾部式，其特点是压力引水道较长，常设有引水调压井，而尾水隧洞较短；当厂房位置靠近上水库布置时称首部式，它的压力引水道较短而尾水隧洞较长，常设有尾水调压井；当厂房布置在输水系统中部时称中部式，常同时设有引水和尾水调压井。

1. 尾部式

由于抽水蓄能电站进厂交通、出线系统多位于下水库附近，当输水系统尾部具有合适的地形、地质条件时，厂房宜优先选用尾部式布置。因为大型抽水蓄能电站，厂房及输水系统往往是控制工期的关键线路，采用尾部式地下厂房布置型式，减少通风洞、交通洞等长度，能很快进入地下洞室群开挖施工而缩短发电工期；高压电缆线路短，节省投资；便于运行管理。我国的呼和浩特、白莲河、西龙池等抽水蓄能电站皆采用尾部式地下厂房。

呼和浩特抽水蓄能电站输水系统和地下厂房布置在哈拉沁沟左岸，厂区岩性主要为斜长角闪岩和片麻状黑云母花岗岩，岩体较完整，以Ⅱ、Ⅲ类为主。上、下水库之间的水平距离 2050m，高差550m，距高比 3.8，地形条件相对较好。在选择厂房位置时，重点对中部式和尾部式地下厂房进行了比较（见表 6－3－2），尾部式地下厂房方案，地质条件较好，便于施工布置，工程投资少，最终选定尾部式地下厂房（见图 6－3－3 和图 6－3－4）。

表 6－3－2　　呼和浩特抽水蓄能电站厂房位置比较

位　置	中部式地下厂房	尾部式地下厂房	结　论
地质条件	厂房、主变压器室受规模较大的断层 f_{62}、f_{64}、f_6 及 J_9 裂隙密集带等断裂的切割，局部洞段围岩稳定性差。f_{6-3} 断层切过高压管道上斜段，f_{62} 断层切过高压支管和高压岔管的局部洞段，对高压水渗透有影响段长度约 30m	厂房、主变压器室受规模中等～较小的断裂切割，主要为Ⅱ～Ⅲ类围岩，局部岩体完整性差，透水性微弱。f_{62}、f_{57}、f_{6-3} 断层切过高压管道，对高压水渗透有影响段长度约 60m，尾水洞段断层较发育	尾部好
水工建筑物布置	引水系统采用一管二机布置方式，尾水系统采用一机二管布置方式，引水道正进/正出布置，设引水、尾水调压室，高压管道采用地下埋藏式斜井布置，出线采用平洞加竖井方案，较尾部方案出线洞长增加 134m，增加电梯一部，同时增加长 1200m 的交通公路一条	引水系统采用一管二机布置方式，尾水系统采用一机一管布置方式，引水道正进/正出布置，设引水调压室，高压管道采用地下埋藏式斜井布置，出线采用平洞加竖井方案	尾部好
机电布置	SF_6 管道母线较尾部长 402m	—	尾部好
施工布置	施工支洞较长，设置两个调压室，增加施工干扰	因尾水隧洞及附属洞室短，具备较快进洞施工高压管道和尾水斜洞的条件	尾部好
工程投资	比尾部方案投资多 3088 万元	—	尾部好

2. 中部式

当输水系统尾部工程地质条件不佳或洞室群顶部岩体厚度不满足要求，而中部有合适的地形地质条件时，厂房可选用中部式布置。我国的十三陵、广州、惠州及张河湾、宝泉等抽水蓄能电站均采用中部式地下厂房。

张河湾抽水蓄能电站上、下水库进/出水口之间水平距离约 570m 左右，额定水头 305m，距高比为1.87，指标较优越。根据地形、地质条件和枢纽布置要求，进行了首部、中部和尾部地下厂房方案比较。首部厂房方案，高压管道长度较短，厂房上游边墙距高压管道竖井仅 80m，经分析厂房受到两条断层破碎带和三条断层影响，岩体完整性差，属Ⅲ类，对厂房洞室的稳定不利，此方案尾水洞长约350m，需要设置尾水调压室和尾水闸门，工程布置复杂；中部厂房方案，厂房距高压竖井中心 240m，厂房处围岩较完整，以Ⅱ类围岩为主，尾水洞长度约 180m，不需要设置调压室，工程布置较简单；尾部厂房方案，地形条件只能布置半地下竖井式厂房，厂房附属洞室及尾水洞较短，运行条件好，但厂房距下水库较近，岸坡岩石较破碎，张开裂隙发育，防渗难度大；厂房竖井存在高边坡稳定问题；加之厂房上部陡崖存在裂隙带，对厂房运行安全不利。经综合比较，推荐中部式厂房布置方案。

宝泉抽水蓄能电站地下厂房位于花岗片麻岩、黑云母斜长片麻岩内，岩体稳定单一，构造、节理不发育，上、下水库间水平距离约 1970m，相对高差约 528m，距高比约为 3.73。由于地质条件优越，采用首部式、中部式和尾部式开发方式均是可行的，但从地形上看，电站出线方向只能位于下水库附近，所以以引水道长度不设调压室为限，使厂房位置尽量下移，重点对中部式和尾部式布置方案进行综合比较，见表6－3－3，最终推荐中部式地下厂房方案（见图6－3－5和图6－3－6）。这种布置型式压力引水道长度适中，水头损失较小，机组调节性能较好，施工工期较为合理。在厂房位置选择时，当地质条件及水力学调保计算满足要求，中部式地下厂房上下游都可不设调压室时，这种布置型式具有一定的优势，如宝泉抽水蓄能电站。但引水调压室、尾水调压室的设置与否并不应成为采用中部式布置方案的控制因素，因为抽水蓄能电站建成后，往往要成为电网调度的有效管理工具，设计中不宜仅为了节省投资而取消调压室，给机组开停机设置繁琐的程序，降低抽水蓄能电站调度灵活的优点。

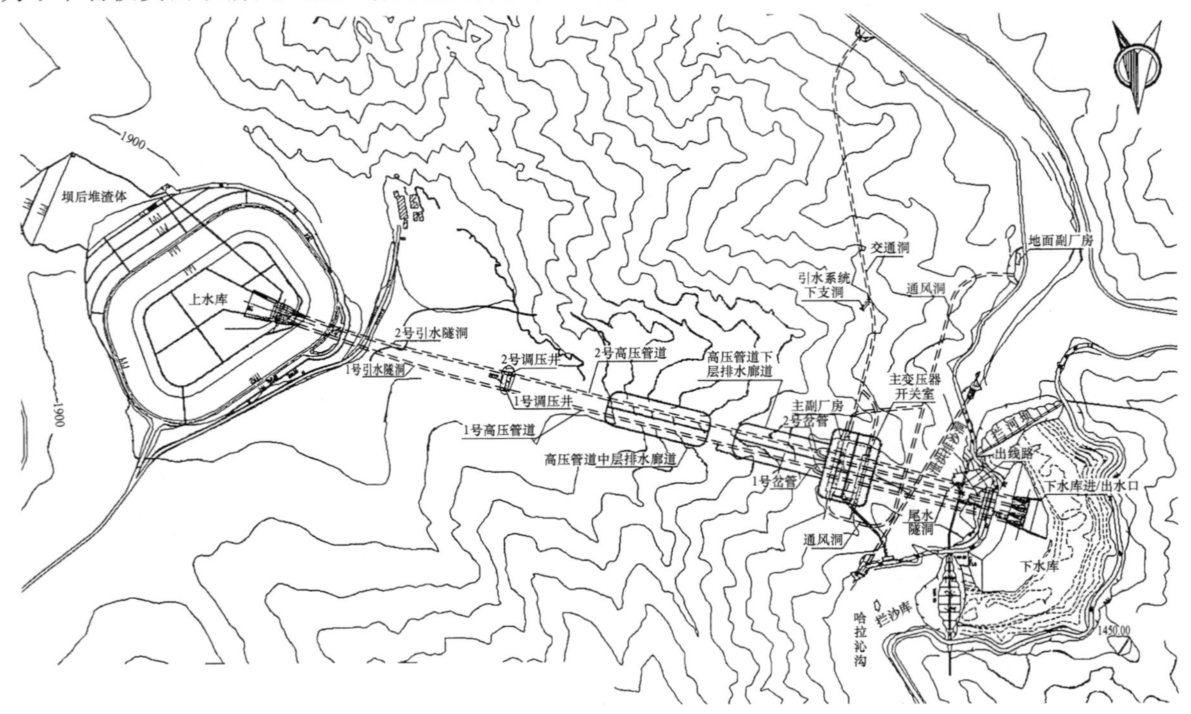

图6－3－3　呼和浩特抽水蓄能电站枢纽总平面布置图

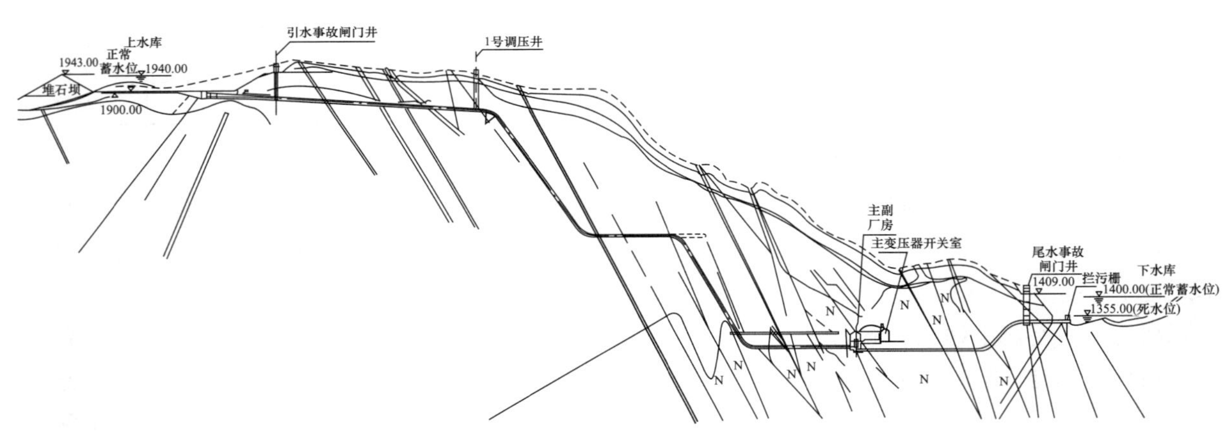

图6－3－4　呼和浩特抽水蓄能电站输水系统纵剖面图

表6－3－3　宝泉抽水蓄能电站厂房位置比较

位　置	中部式地下厂房	尾部式地下厂房	结　论
布置条件	引水隧洞、尾水隧洞及岔管均采用钢筋混凝土衬砌，未设引水、尾水调压室，引水道采用斜井，引水管斜向进厂	引水隧洞、尾水隧洞及岔管均采用钢筋混凝土衬砌，设引水调压室	中部式好
地质条件	岩石新鲜、完整，没有断层通过，仅有4组主要节理，走向分别为NW40°～50°，SE0°～20°，NW70°～80°，SW270°～290°，均为陡倾角，其与厂房轴线方向NW39°的夹角均较大，厂址为Ⅰ类围岩	尾部厂房受断层的影响，处于两个断层区f_{39}～f_{44}、f_{31}～f_{38}的中间，厂房轴线与4组节理的夹角（走向为275°～315°、315°～330°、170°～190°、30°～60°）较中部方案小	中部式好

续表

位　　置	中部式地下厂房	尾部式地下厂房	结　　论
地下水条件	在地质探洞内观察，中部厂房位置渗水很少	在地质探洞内观察，尾部厂房位置沿断层及节理有明显地下水渗出，水量较大	中部式好
运行条件	主变压器室到开关站距离较远，高压电缆斜洞长433m，需另设2号交通洞和竖井与之连接	主变压器室到开关站距离仅为100m的平洞加102m的竖井，运行管理相对方便	尾部式好

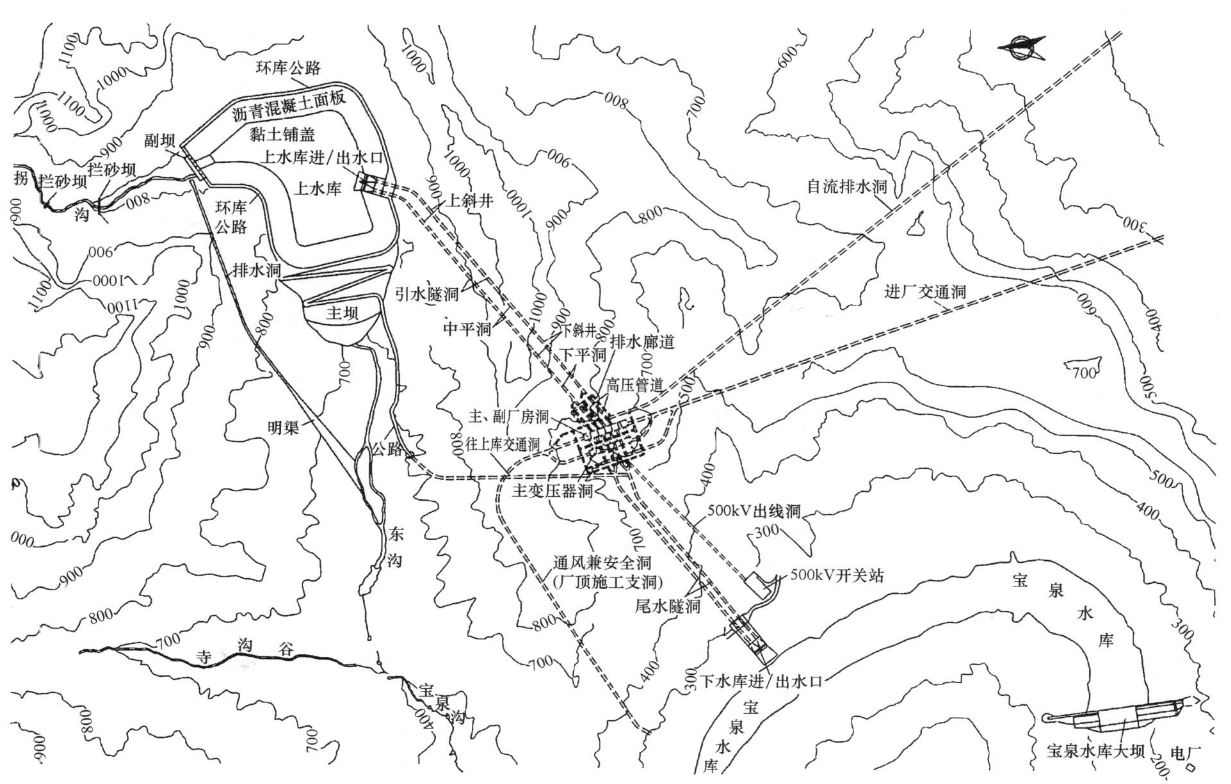

图6-3-5　宝泉抽水蓄能电站枢纽总平面布置图

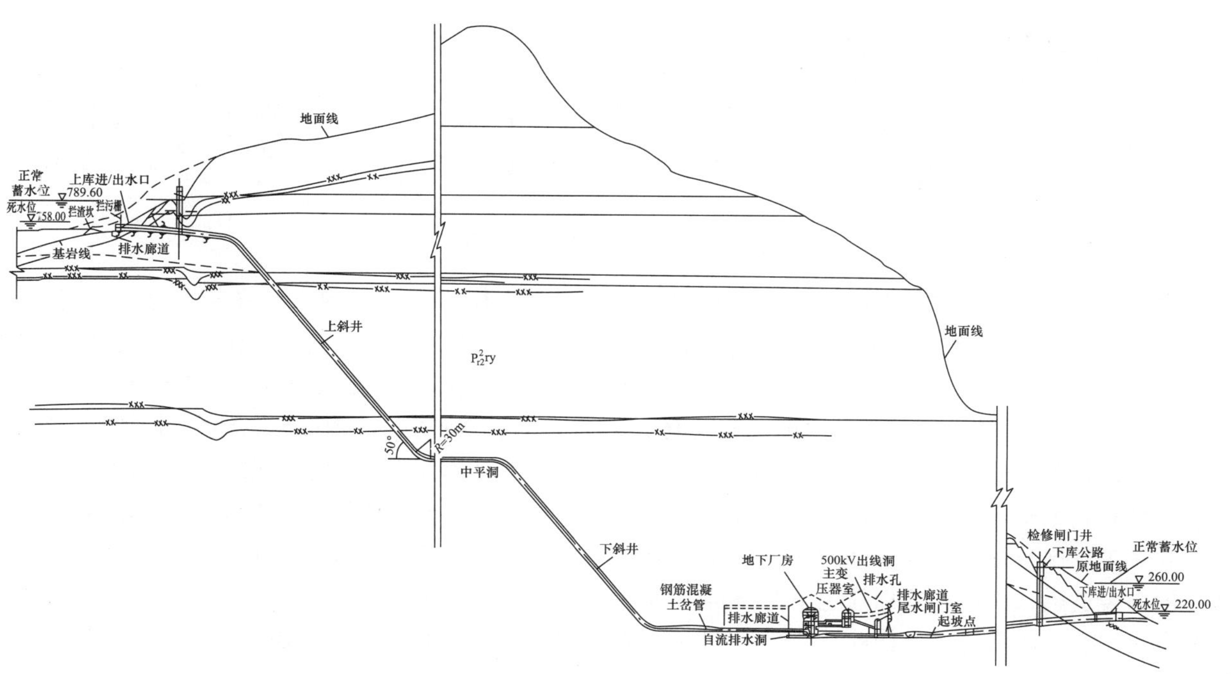

图6-3-6　宝泉抽水蓄能电站输水系统纵剖面图

3. 首部式

当尾部式和中部式厂房布置有困难，而首部式地下厂房经地质勘探工作（通常需做长勘探洞）证实，引水道首部地形、地质条件较为优越，可较好地布置主厂房和其他附属洞室；具有布置对外交通，如交通洞、通风洞、出线洞等的有利地形条件，不致因厂房位置在首部而过多增加这些洞室的长度而影响总工期；上水库渗漏不致过多恶化地下厂房周围的水文地质条件或者厂房具有可靠的防、排水措施。在具备上述条件的情况下，可参与开发方式的综合比较。我国泰安（见图 6-3-7 和图 6-3-8）、琅琊山、蒲石河等抽水蓄能电站皆采用首部式开发方式。

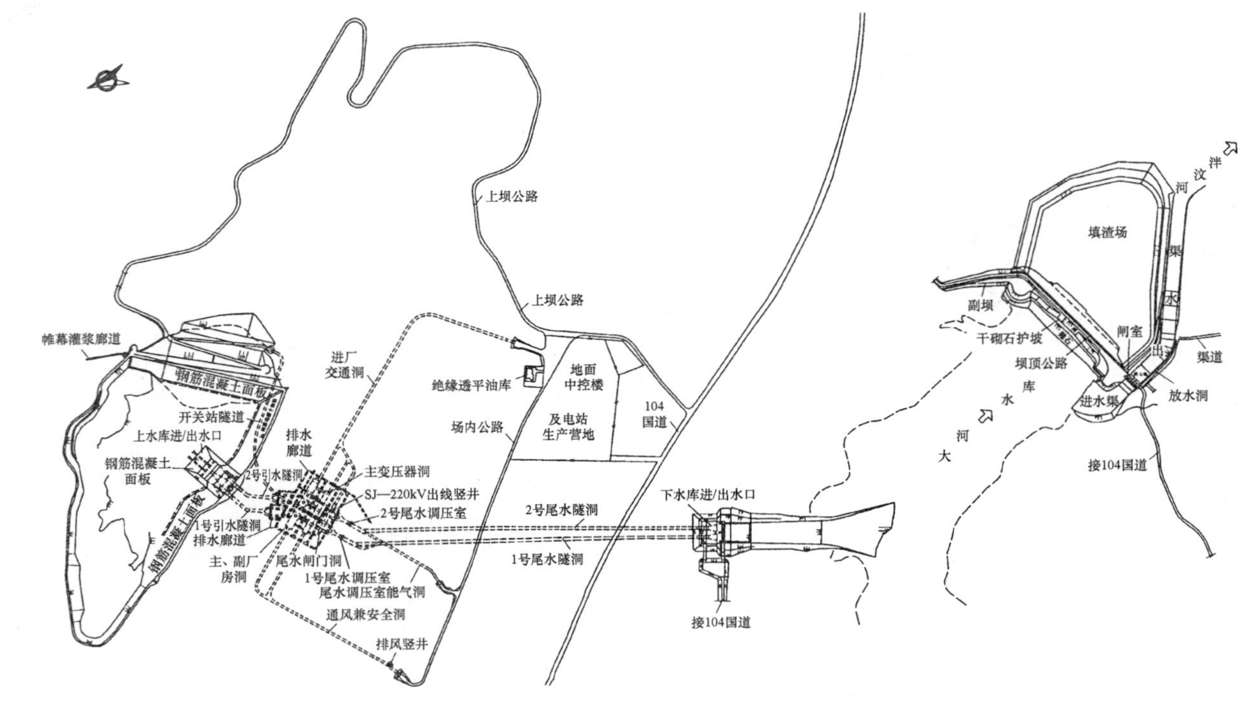

图 6-3-7　泰安抽水蓄能电站枢纽总平面布置图

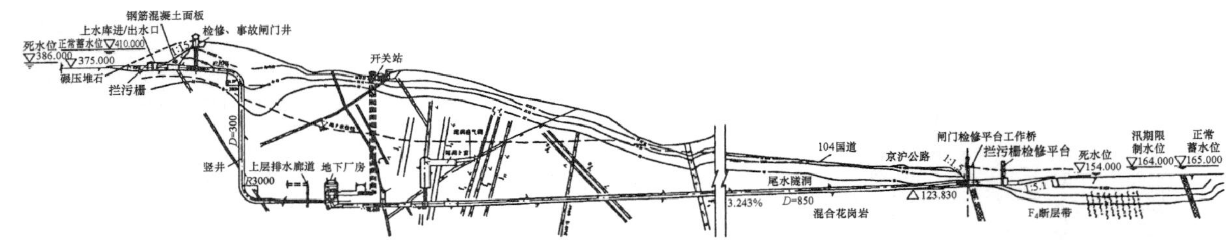

图 6-3-8　泰安抽水蓄能电站输水系统纵剖面图

泰安抽水蓄能电站输水系统和地下厂房深埋于上水库右岸横岭山体内，沿线岩性为混合花岗岩，岩石坚硬，岩体较完整，以Ⅱ、Ⅲ类为主。上、下水库之间的相对高差约 230m 左右，水平距离约 2000m，距高比 8.7，由于地形条件限制，输水系统中后段沿线山体覆盖层较薄，且尾部有 104 国道、京沪公路和 F_4 区域性大断层通过，难于布置地下厂房。而首部围岩条件较优越，经分析研究选择首部地下厂房。这种布置型式，由于上水库进/出水口与引水岔管的水平距离较短（仅约 200m），只能采用引水竖井布置型式，使管道较长；另外由于地下厂房距上水库较近，地下水位高于厂房顶拱，特别是引水系统工程区存在较强透水性的北东向裂隙密集带和断层破碎带，上水库蓄水后有可能成为向厂房渗漏的主要通道，因此必须加强地下洞室群的防渗、排水和围岩支护措施（对于岩溶发育的地层和上水库不采用全库防渗时更应如此）。除对上水库横岭进行全封闭防渗处理外，还在地下厂房四周设有三层排水廊道，形成系统的灌浆帷幕和排水幕。

三、厂房平面位置及纵轴线方向选择

（一）地下厂房平面位置选择

地下厂房平面位置应尽量选择地质条件较优、洞室围岩稳定较有利的区域，例如尽可能避开规模较大的断层和节理密集带，及地下水丰富的地区；兼顾枢纽布置的协调。

十三陵抽水蓄能电站地下厂房位于十三陵下水库左岸山体内，地下厂房处于单一的复成分砾岩岩体内，厂房顶拱以上岩体厚度220～255m。十三陵厂区地应力低，主要以自重应力为主，其对主厂房位置的选择不起控制作用，而影响地下厂房位置的主要因素是厂区断裂构造的分布。在初步设计阶段中，根据平洞、钻孔勘探及岩石物理力学参数资料，在厂房区附近，西侧为 F_4 断层（即灰岩与砾岩之间的不整合接触带），东侧为 F_{42} 断层，北侧为 f_2 断裂带，这几条断层控制了厂房位置选择的边界，厂房即在这几条断层之间选择，厂房纵轴线方向为SW265°。随着厂房顶拱中导洞的开挖，对原选定厂址地质情况的逐步揭露，发现原设计方案的厂房西段发育有较大的 f_1、f_3、f_9 等断层，岩体破碎，渗水严重，边墙顶拱大约50%以上为Ⅳ、Ⅴ类围岩，属不稳定岩体，为此将厂房位置进行调整。

经过多种方案的分析比选，选出B方案（原初步设计厂房轴线东移120m）和C方案（原初步设计厂房轴线东移135m、南移30m，轴线沿顺时针偏转15°），见表6-3-4。从表中看出，B方案顶拱基本避开了几条NE向大断层的影响。但有近厂轴向缓倾角断层 f_{20} 在顶拱切过，影响顶拱西部50m的稳定，边墙有 f_{16}～f_{19} 断层带及 f_{20} 切过，部分地段边墙稳定性较差，但此方案主变压器室基本无大断层通过，稳定性较好。C方案地下厂房基本避开了西端较大断层带，厂房纵轴线与NE向的主要大断层保持了较大的夹角（70°左右）。顶拱段除在东部30m有 f_{30} 通过稳定性较差外，其余均在Ⅱ类围岩中，稳定性良好。边墙除北边墙有 f_{20} 通过外，无其他大断层通过。经综合分析，C方案地质条件最好，1992年十三陵工程地下厂房按此方案开挖完毕，整个施工过程较顺利。

表6-3-4　十三陵抽水蓄能电站地下厂房各布置方案工程地质条件综合比较

部位	项目		方案A：原初步设计方案，轴线SW265°	方案B：东移120m方案，轴线SW265°	方案C：东移135m，南移30m，轴线沿顺时针旋转15°（SW280°）	优选
地下厂房	断层	总条数	>11	12	11	C
		北东组大断裂带	过 f_1、f_3、f_9、f_{16}、f_{19} 断裂带	过 f_{16}、f_{19} 断裂带	过 f_{30} 断层	C
		近轴向断层	过 f_1、f_{18}、f_{20} 断层	过 f_{20} 断层	过 f_{20} 断层	C
	顶拱	北东组大断裂带	过 f_1、f_3、f_9、f_{16}、f_{19} 断裂带	基本无	过 f_{30} 断层	B
		近轴向断层	过 f_{18}、f_{20} 断层	过 f_{20} 断层	无	C
		围岩分类	Ⅳ～Ⅴ类围岩占53%，其余为Ⅲ类	Ⅳ类围岩占30%，其余为Ⅱ类，少数Ⅲ类	Ⅳ～Ⅴ类围岩占15%，其余为Ⅱ类	C
	边墙	北东组大断裂带	过 f_1、f_3、f_9、f_{16}、f_{19} 断裂带	过 f_{16}、f_{19} 断裂带	无	C
		近轴向断层	过 f_1、f_{18} 断层	过 f_{20} 断层	过 f_{20} 断层	C
		围岩分类	Ⅳ～Ⅴ类围岩超过50%，其余为Ⅲ类	Ⅳ、Ⅴ类围岩占10%，Ⅲ类40%，Ⅱ类50%	大部分为Ⅱ类围岩，Ⅳ、Ⅴ类占10%	C
	围岩稳定性评价		边墙顶拱50%以上，洞段均属不稳定岩体	顶拱30%、边墙40%洞段为稳定性差岩体	顶拱20%洞段不稳定，边墙稳定性好	C
主变压器室	切割大断裂		过 f_{16}、f_{19} 断裂带，过 f_{20} 断层	东端被 f_{30} 切一角	过 f_{30} 断层	B
	围岩分类		Ⅳ～Ⅴ类围岩占35%，Ⅲ类40%，Ⅱ类25%	Ⅳ～Ⅴ类围岩占10%，其余为Ⅱ类	Ⅳ～Ⅴ类围岩占20%，其余为Ⅱ类	B
	围岩稳定性评价		35%洞段为不稳定岩体，稳定性差	东端顶拱稳定性差，其余较好	洞室中段稳定性差，其余较好	B
方案比较			很差	一般	较好	C

（二）地下厂房轴线方向选择

地下厂房轴线方向是在选定厂房位置的基础上，根据地质构造、地应力场及枢纽布置等方面因素综合研究确定。

一般情况下地下厂房主洞室纵轴线走向，宜与围岩主要构造薄弱面（断层、节理、裂隙、层面等）呈较大交角，同时兼顾次要构造弱面的影响；宜与最大主应力水平投影方向呈较小夹角（例如 10°～30°）。当地质构造与地应力难以兼顾时，应区分主次。一般当地应力与岩体抗压强度比值较小时，应以地质构造为主；当厂房埋深大，或处于高地应力区时，地应力对厂房位置选择的影响就会加大，甚至成为控制因素。

上述原则应根据工程条件具体分析，例如，一般情况洞室端墙的围岩稳定较边墙的围岩稳定有利，岩层层面走向宜与厂房主洞室纵轴线走向呈较大交角，但当遇到陡倾角薄层岩层时，这样可能对端墙的围岩稳定非常不利，需兼顾洞室边墙及端墙的围岩稳定；当水平最大与最小地应力差值较小时，无论地应力大小，其对主洞室纵轴线走向选择的影响都很小；在地形和地质条件允许的情况下，厂房位置和轴线宜尽可能满足水道线路布置要求，尽量缩短水道线路。如果地形、地质条件不能满足厂房布置要求，则以厂房位置选择为主。由于水道线路一般较长，厂房位置及纵轴线的局部调整对水道走向影响较小，也可采用水道与厂房斜交来调整。

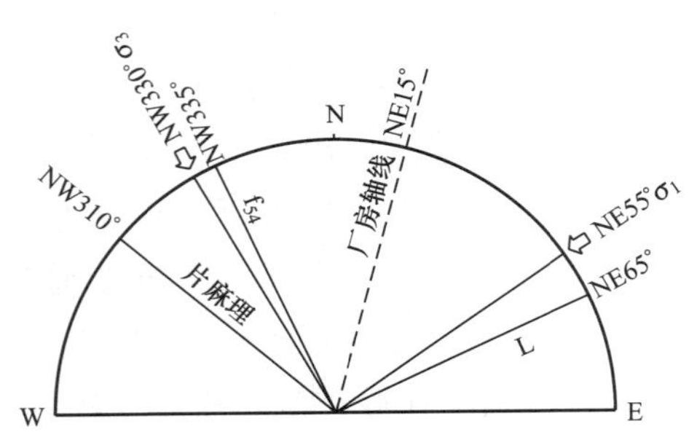

图 6-3-9　厂房轴线与地应力、节理、片麻理的关系

呼和浩特抽水蓄能电站地下厂房区基岩为侵入岩，主要有花岗岩和角闪岩两种岩性，二者主要以混熔接触，均为块状岩体。地下厂房轴线考虑地质条件，结合水工布置上的要求，选定 NE15°（见图6-3-9）理由如下：

（1）从水工布置考虑厂房轴线以大致 NE15°平行山坡的走向布置为好，这样厂房轴线与水道轴线近正交，水道系统布置比较顺畅。

（2）厂房轴线方向选择应考虑与 NW 向小断层、NE 向长大裂隙两组主要构造断裂面以及片麻理发育方向（NW310°）保持相对较大的夹角，使其对厂房稳定性的影响降至最低。NE15°轴线基本为两组结构面走向的角平分线。

（3）厂房区地应力最大主压应力方向为 NE50°～60°，厂房轴线应与其保持相对较小的夹角，但考虑地应力量级属中等，对厂房轴线方向选择不起控制性作用。NE15°轴线与 σ_1 方向夹角约 40°。

四、洞室群布置的其他要求

（1）洞室埋藏深度。地下厂房的埋藏深度主要受工程地质条件和机组安装高程的限制。从岩体特性分析，厂房埋藏越深，岩体风化程度越轻，对地下洞室的稳定越有利。但埋藏很深并不能排除地质构造对岩体稳定的影响。从受力条件分析，若大跨度地下厂房顶部岩体太薄，顶部构造弱面切割使顶拱成洞条件较差。但也并不是越深越好，埋藏过深的地下厂房，地应力很大，施工中易发生应力集中剪压破坏或岩爆现象。我国水电站厂房设计规范中要求主洞室顶部岩体厚度不宜小于洞室开挖宽度的 2 倍。印度设计手册建议，岩石覆盖厚度为宽度的 2～3 倍，且不少于 10m。而挪威工程经验认为：在坚硬岩石地区，厂房宽度为 20m 时，在理论最大破碎区以上，有 5m 以上完好的岩层即可。

（2）洞室间距选择。地下厂房洞室群各洞室之间的岩体应保持足够的厚度，其厚度应根据地质条件、洞室规模及施工方法等因素综合分析确定，一般不宜小于相邻洞室的平均开挖宽度的 1～1.5 倍。上、下层洞室之间岩石厚度，不宜小于小洞室开挖宽度的 1～2 倍。

第四节　输 水 系 统 布 置

抽水蓄能电站，尤其是高水头抽水蓄能电站，输水系统以埋藏式布置方式为主。

一、输水系统线路的选择

输水系统线路选择是否合理，对电站的经济性、安全稳定运行影响比较大。在进行输水系统线路选择时，应综合考虑地形、地质、水力特性、枢纽总体布置、施工、运行等因素。输水系统线路理论上应选择线路较短的直线，但要注意不利工程地质和水文地质条件的影响，如避开地下水丰富地区，与主要地质结构面成大角度相交，压力管道上覆岩石要有足够的厚度，在高应力区，还应考虑地应力的影响等。对于上、下水库相距较远，即输水系统距高比较大，需设置调压井时，线路选择时应兼顾调压井的位置。尤其对于高水头、大 *PD* 值的高压钢管，设置调压井、减少高压钢管的长度往往是经济的，有时甚至对枢纽布置方案有较大的影响。综合考虑上述因素后，实际上多数工程输水系统在平面上多呈折线布置。以下以西龙池抽水蓄能电站输水系统线路比选为例说明选择线路时应注意的问题。

西龙池抽水蓄能电站输水系统位于西河～耿家庄宽缓背斜的轴部附近，岩层基本水平，倾角 3°～10°，工程区构造发育的主要方向为 NE30°～60°，主要发育有 4 组裂隙，产状为：①NE5°～30°、SE∠70°～80°；②NE30°～50°、SE∠70°～88°；③NE50°～60°、SE∠70°～89°；④NW330°～360°、SE∠70°～85°。以第②组裂隙最为发育。综合考虑地形、地质、枢纽布置等条件，可供选择线路有 3 条，即东线、直线和西线三个方案，如图 6-4-1 所示。

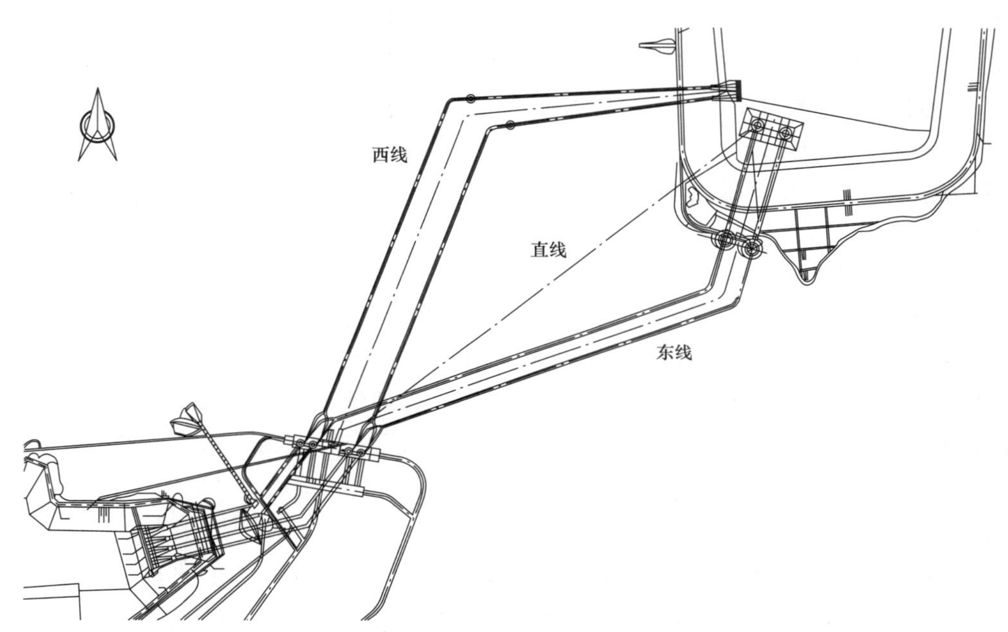

图 6-4-1 西龙池抽水蓄能电站输水系统线路方案选择示意图

由于上、下水库在平面上呈 NE54°左右方向展布，采用线路最短的直线布置方案时，管线走向为 NE50°左右，与站址区主要构造线走向、区内最为发育的第 2 组主要裂隙基本平行或成 10°～20°的小角度相交，且岩层层面与陡倾的构造、裂隙和开挖临空面很容易形成不稳定块体，对围岩稳定非常不利。所以直线方案不可取。

西线方案在平面上沿山脊布置，输水系统走向从 NE85°折向 NE26°。高压管道部分位于断层密集带中，断层走向为 NE20°～40°、倾角 70°～80°，在满足地形条件下，高压管道难于避开这些断层。在平面和立面上都与高压管道基本平行或成小角度相交，且高压管道与工程区发育的第①和第②组主要裂隙基本平行，围岩稳定问题比较突出。输水系统的惯性时间常数 T_w=2.0s 左右，可不设置调压井，但增加了高压管道长度，高压管道 *PD* 值高达 3500m^2 以上。这种高水头、大 *PD* 值的高压管道造价比较高，经过综合比较后，发现设置上游调压井方案比不设调压井方案经济，因此以设置调压井方案与东线方案进行综合技术经济比较。

东线方案线路走向从 NE15.5°折向 NE70°。高压管道部分走向 NE70°与 P_5 张性断裂带、F_{112} 等构造夹角皆大于 30°，与工程区发育的裂隙夹角也较大，围岩稳定条件较好。输水系统 T_w=2.0s 左右，不需设置调压井。经综合比较后，东线方案投资虽与西线方案相当，但围岩稳定条件比较好，工程布置简单，最终采用东线方案线路布置。施工过程中，输水系统围岩稳定条件较好，基本没有出现围岩失稳情况。

二、供水方式选择

电站供水方式可分为一管一机、一管二机和一管四（或三）机三种方式。

一管一机供水布置方式结构简单，运行方式灵活。当一条管道损坏或检修时，只需一台机组停止工作，其他机组可照常运行。此种供水方式水道系统土建工程量较大，因而造价较高。一管一机供水方式多适用于电站引用流量较大，水头较低，高压管道长度较短的首部布置方案，如琅琊山、响水涧等抽水蓄能电站。

一管四（或三）机供水布置方式，一般投资较省，但当主管损坏或检修时，电站全部机组将停机，运行不够灵活。这种供水布置方式主管 PD 值往往较大，多适用于地质条件好，采用钢筋混凝土衬砌的电站，如广州、天荒坪、惠州等抽水蓄能电站。

一管二机供水布置方式优缺点均介于上述两者之间，适用范围较广，钢筋混凝土或钢板衬砌压力管道都有应用。采用这种布置方式的抽水蓄能电站最多，如十三陵、桐柏、张河湾、西龙池、宝泉、蒲石河等抽水蓄能电站。

西龙池抽水蓄能电站设计水头 640m，根据电站地质条件，高压管道需采用钢板衬砌。在保证电能损失基本相等基础上，对一管四机、一管二机、一管一机三种方案进行比较。

一管四机方案的投资最少，但管径大，水道系统最大 $PD=5300m^2$，钢管最大厚度达 83mm（HT－80)，已超过世界最高水平，加工制造和现场安装都很困难，技术可行性比较差。另外，电站运行灵活性差，也不利于提前发电。

一管一机方案管径小，钢管最大厚度为 44mm，制造、安装容易，且不设岔管，运行灵活，但工程量大，工程造价高。

一管两机方案最大 $PD=3552m^2$，钢衬厚度为 40～60mm。类比国外工程，如日本的今市和蛇尾川电站的最大钢衬厚度都已达到 62～64mm。所以无论从制造加工、现场安装条件来说，一管两机方案在技术上是可行的；较一管一机方案投资省；运行灵活性适中。因此，选择一管两机方案。

由于高压管道承受内水压力较高，相邻两管间宜保持合理的间距，或采取相应的对策措施。避免出现当一条管运行另一条管施工或放空时，钢筋混凝土衬砌压力管道出现水力劈裂，钢板衬砌压力管道出现外压失稳。

三、高压管道立面布置

输水系统中引水隧洞与尾水洞在立面布置上变化范围较小，高压管道的布置是重点，其占水道系统投资比例大，且布置型式较多，尤其是衬砌型式对投资影响较大。地下高压管道立面布置型式有竖井、斜井及竖井与斜井结合的布置方式。主要应根据地形、地质及施工条件，经技术经济综合比较后确定。

高压钢管采用斜井布置较多，因为钢管受岩石覆盖厚度的限制较少，而钢管造价很高，斜井布置钢管总长度较短，尤其是造价最高的下平段长度最短，对减少投资有利。此外，斜井布置水头损失较小，对调节保证也有利。斜井的坡度应根据水道系统布置要求、工程地质条件、施工条件综合考虑确定。为便于利用重力溜渣，斜井的坡度为 42°～53°，以 48°～51°居多。当斜井较长时，如果地形、地质条件允许，可设置中平段以减少下平段长度，也可增加工作面，加快施工进度。如西龙池抽水蓄能电站钢管斜井段高差达 682m，就增设中平段（见图 6－4－2)。同时，将陡倾向下游的 P_5 张性断裂带从中平段通过，改善斜管段围岩稳定条件。当然，由于设置中平段增加了两个弯段的水头损失，但对于水头较高的抽水蓄能电站来讲，这点水头损失是非常有限的，对电站综合效率影响非常小。在首部厂房等情况，进/出水口与厂房水平距离较近，不便于布置斜井时，钢管也有采用竖井布置的，如张河湾抽水蓄能电站。

钢筋混凝土衬砌采用竖井布置方式较多，因为钢筋混凝土衬砌对围岩覆盖厚度及质量要求较高，竖井布置较易满足要求；其次，竖井施工通常也比斜井容易。竖井布置方式高压管道总长较斜井布置要长，尤其是压力最高的下平段较长。由于钢筋混凝土衬砌主要靠围岩承担内水压力，内水压力的高低对混凝

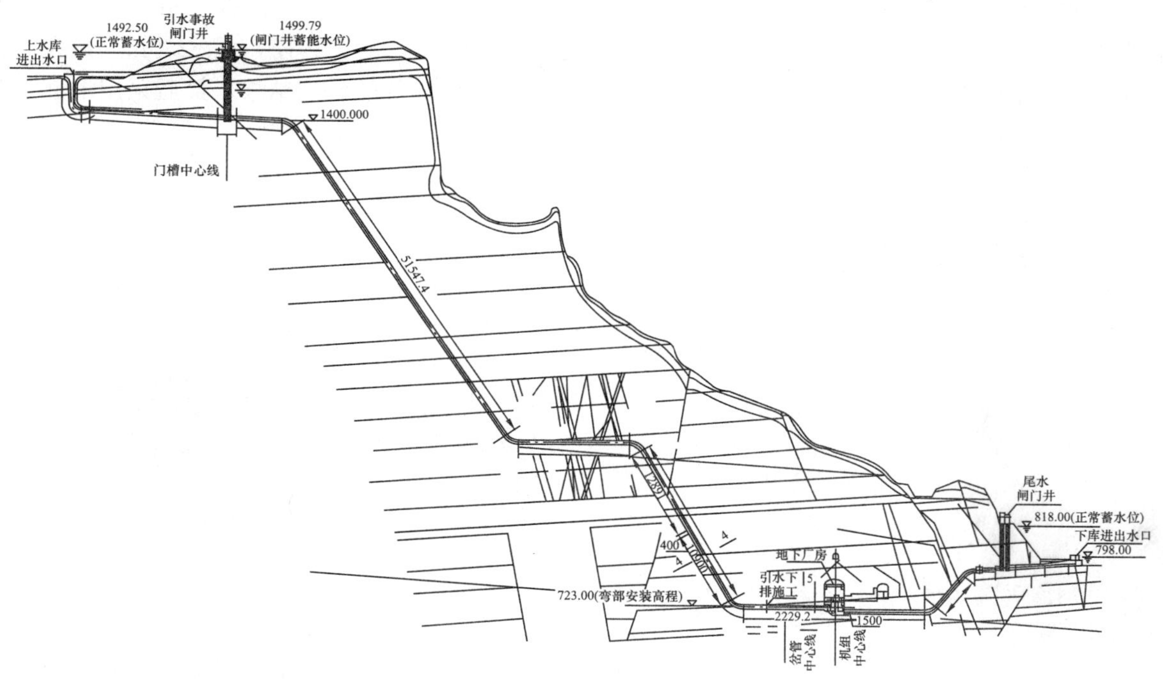

图 6-4-2　西龙池抽水蓄能电站输水系统纵剖面图

土衬砌经济指标影响不像钢板衬砌那么大，这种布置方式往往比钢衬斜井式经济。如英国的迪诺威克抽水蓄能电站高压管道为钢筋混凝土衬砌，就采用直径 10m、高 443m 的竖井（见图 6-4-3）。我国回龙抽水蓄能电站钢筋混凝土衬砌竖井直径 3.5m、高 381m。

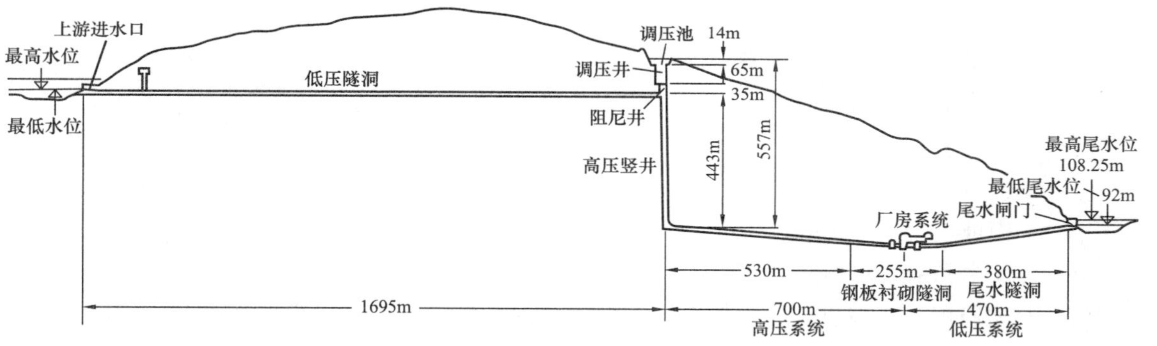

图 6-4-3　迪诺威克抽水蓄能电站水道纵剖面示意图

美国有些抽水蓄能电站，如落基山抽水蓄能电站，不设上平段，从上水库竖井式进/出水口就接直径 10.7m、高 172.8m 的钢筋混凝土竖井，直至下平段（见图 6-4-4）。

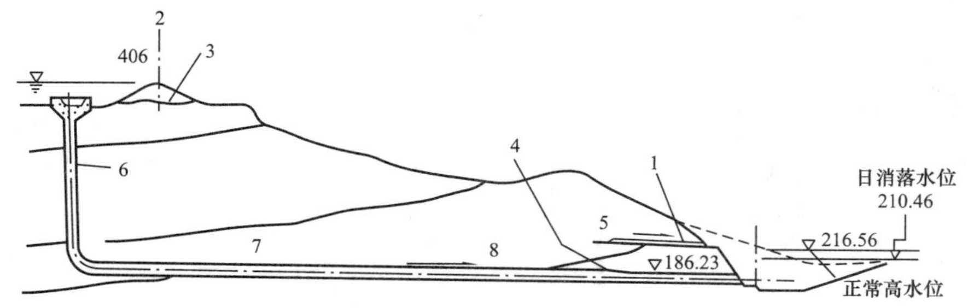

图 6-4-4　落基山抽水蓄能电站水道系统纵剖面示意图

1—勘探排水洞；2—上游水库土石坝；3—原地面线；4—钢板衬砌压力钢管；
5—2%坡度；6—混凝土衬砌竖井；7—混凝土衬砌隧洞；8—1.5%坡度

高压管道的立面布置应因地制宜地选择最优方案。如日本的奥美浓抽水蓄能电站高压管道采用竖井和斜井结合的布置方式（见图 6－4－5）。高压管道全部为钢衬，钢管直径 6.1～2.0m，最大设计水头 770m。最初的方案是全长斜井布置，但根据对工程布置及渗漏等的研究结果，最后采用上部竖井下部斜井的布置，使围岩分担内压的范围扩大，以达到经济的目的。

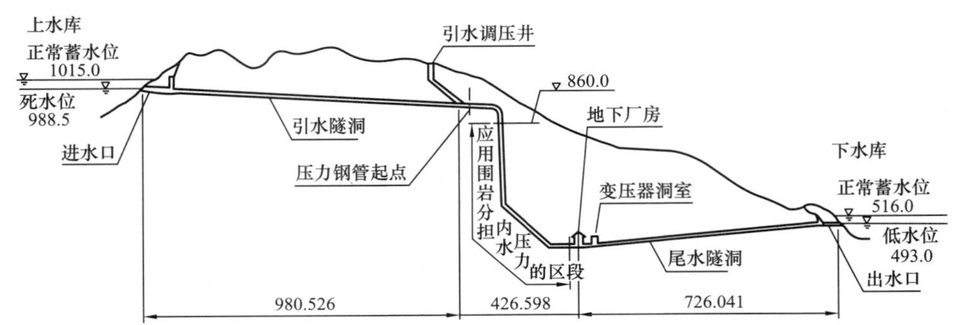

图 6－4－5　奥美浓抽水蓄能电站水道纵剖面示意图

（一）钢筋混凝土管

1. 岩石覆盖厚度

抽水蓄能电站往往容易选择地质条件较好的站址，因此高压管道采用钢筋混凝土衬砌的较多。钢筋混凝土衬砌高压管道对岩石覆盖厚度有严格的要求，必须满足应力条件，即高压管道沿线各点的最大静水压力应小于围岩的最小主压应力，以免发生水力劈裂。初步布置时可根据挪威准则或雪山准则作初步判断。

（1）挪威准则（见图 6－4－6）。

$$C_{RM}=\frac{Fh_s\gamma_w}{\gamma_R\cos\beta}$$

式中　C_{RM}——计算点至岩面最短距离；

h_s——内水静水压力水头；

γ_w——水的容重；

γ_R——岩石容重；

β——山坡坡角；

F——安全系数，可取 1.3～1.5。

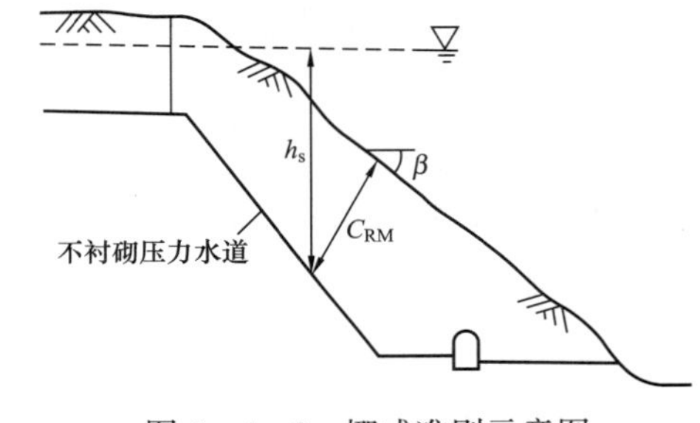

图 6－4－6　挪威准则示意图

C_{RM}为完整岩石的覆盖厚度，覆盖层厚度不计算在内。当水道系统线路位于山脊，两侧发育有较深冲沟时，考虑到应力释放因素，在应用挪威准则时应去除凸出的山梁，对地形等高线适当修正。修正方法可参见图 6－4－7。

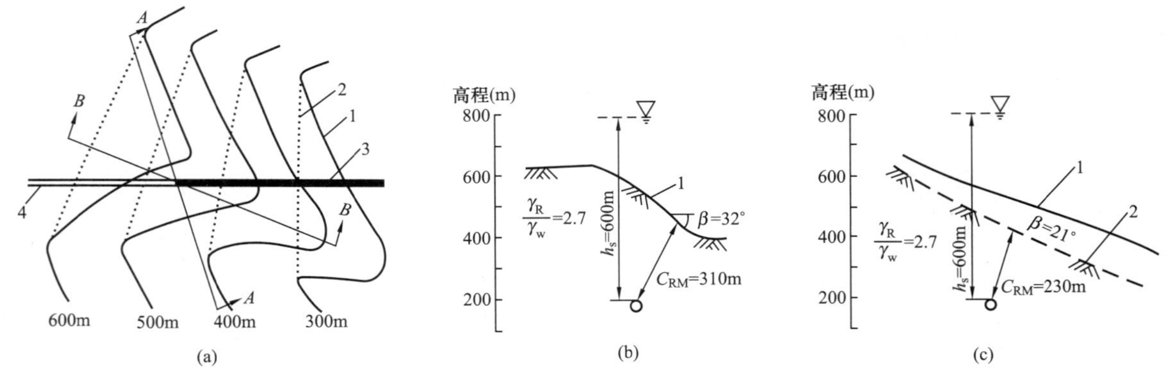

图 6－4－7　地形修正示意图

（a）平面图；（b）$A-A$ 剖面图；（c）$B-B$ 剖面图

1—实际等高线和地面线；2—修改后的等高线和地面线；3—钢衬段；4—不衬砌段

（2）雪山准则（见图 6－4－8）。雪山准则是澳大利亚雪山工程公司建议的准则，覆盖层厚度应满足图 6－4－8 的规定。

$$C_{RV}=\frac{h_s\gamma_w}{\gamma_R}$$

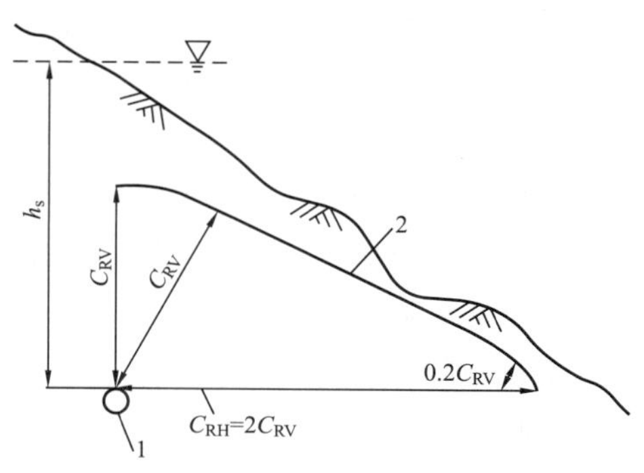

图 6－4－8 雪山准则示意图

1—不衬砌压力水道；2—最小岩石覆盖面；C_{RV}—垂直方向覆盖厚；C_{RH}—水平方向覆盖厚

（3）应力条件。挪威准则或雪山准则是建立在工程经验基础上的，只能供初步判断。随着设计阶段深入，应根据地形地质条件、地应力测试成果，进行地应力场回归分析，按应力条件最终确定垂直和侧向最小覆盖层厚度。

（4）渗漏条件

混凝土衬砌除满足应力条件外，还应同时满足渗漏条件，即输水系统渗漏量应在经济允许范围内，同时渗水不会严重恶化围岩水文地质条件，危及工程安全。在水资源缺乏地区，尤其是高水头抽水蓄能电站更应关注此条件。

2. 厂房前钢衬段长度

为避免钢筋混凝土衬砌高压管道渗水影响地下厂房围岩稳定，靠近厂房部位的高压管道，即使岩石覆盖厚度满足要求，也要采用钢板衬砌。确定钢衬段起始点位置应考虑的主要因素有：不满足应力条件的部位；地下厂房围岩塑性区边界；控制由混凝土衬砌末端内水外渗至厂房的水力梯度。表 6－4－1 列举国内外若干抽水蓄能电站的统计资料，从中反映各工程采用水力梯度控制值各不相同，显然，这与围岩的地质条件和工程经验有关。

表 6－4－1　国内外采用钢筋混凝土衬砌高压管道钢衬长度统计

电站	装机容量（MW）	设计水头 H（m）	岔管最大静水头 H_{max}（m）	钢衬支管长度 L（m）	水力梯度 $I=H_{max}/L$	围岩地质
迪诺威克	6×300	542	601	164	3.66	板岩
科威尔达	4×300	465		257	1.69*	片麻岩
赫尔姆斯	3×350	531	577	152	3.8	花岗岩
巴斯康蒂	6×350	390		326	1.2*	砂页岩
巴德溪	4×309	365		122	2.99*	片麻岩
落基山	3×280	213	246	143	1.72	灰岩
天荒坪	6×300	610	680	258	2.64	凝灰岩
广蓄一期	4×300	535	611	150	4.07	花岗岩
广蓄二期	4×300	535	611	150	4.07	花岗岩

＊ 采用的水力梯度是设计水头值，水力梯度偏小。

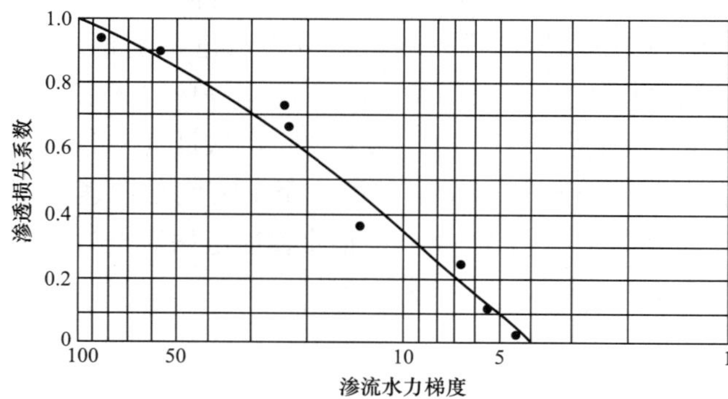

图 6－4－9 广蓄二期渗流水力梯度与渗透损失系数关系曲线

根据对广州二期抽水蓄能电站高压管道围岩中埋设渗压计监测资料的分析（见图 6－4－9），当渗流水力梯度小于 5 时，渗透压力几乎损失殆尽，基本不会对地下厂房造成影响。根据广州抽水蓄能电站的经验，控制水力梯度在 4.0 左右，从运行情况验证是合适的。

（二）钢管

当混凝土衬砌高压管道岩石覆盖厚度不满足应力条件要求的部位应采用钢板衬砌。钢板衬砌对围岩覆盖厚度要求相对较低。根据 DL/T 5141—2001《水电站压力钢管设计规范》有关规定，当考虑围岩与钢衬联合作用时，岩石覆盖厚度应不小于6倍开挖半径，同时覆盖厚度还应满足围岩分担内水压力的上抬准则。若不考虑围岩分担内水压力，岩石覆盖厚度要求还可降低，如图6-4-2所示。

（三）设置调压井的初步判断

抽水蓄能电站是否需要设置调压井及设置条件应结合抽水蓄能电站的特点，以下从调节保证和调节性能两方面的初步分析，抽水蓄能电站调压井的设置条件应较常规水电站更严格。

1. 从调节保证角度分析

在初步判断是否需要设置上游调压井时，可以根据导叶关闭时间 T_s 和高压管道中水锤压力允许值来近似判断。一般常规水电站水头低于200m，高压管道水锤类型是末相水锤，其简化公式为

$$h_m=\frac{2\sigma}{2-\sigma}$$

$$\sigma=\frac{\sum LV}{gH_0T_s}$$

式中 h_m——末项水锤压力相对值。

通过上式可确定惯性时间常数 T_w 为

$$T_w=\frac{\sum LV}{gH_0}=\frac{2T_sh_m}{2+h_m}$$

抽水蓄能电站最高水锤压力一般是由水轮机甩负荷工况控制，过渡过程计算与常规电站没有本质区别。从经济条件考虑，抽水蓄能电站的水头宜在400～600m，对于高水头电站，水道系统水锤类型往往是第一相水锤，其简化公式为

$$h_1=\frac{2\sigma}{1+\mu\tau_0-\sigma}$$

$$\mu=\frac{aV}{2gH_0}$$

式中 h_1——第一相水锤压力相对值；

τ_0——导叶的起始相对开度；

a——水锤波波速。

通过上式可确定惯性时间常数 T_w 为

$$T_w=\frac{\sum LV}{gH_0}=\frac{h_1(1+\mu\tau_0)T_s}{2+h_1}$$

当 $\mu\tau_0<1$ 时，水锤压力为第一相水锤；当 $\mu\tau_0>1$ 时，水锤压力为末相水锤；当 $\mu\tau_0=1$ 时第一相水锤压力与末相水锤压力相等。设导叶关闭时间相同，若要控制水锤压力相同，不同水锤类型所要求的水道系统惯性时间常数 T_w 并不相同，第一相水锤要求的 T_w 要比末相水锤要求的 T_w 小。也就是说，为控制水锤压力升高，蓄能电站设置调压井的条件要比常规电站严格得多。

2. 从抽水蓄能电站调节性能分析

为更好地完成调峰、调频、调相及事故备用等任务，希望抽水蓄能电站对电网负荷变化有优良的快违响应能力。抽水蓄能电站快速响应能力除取决于机组和控制设备参数，也与水道系统布置有关，在前期设计中就应予以关注。目前对于抽水蓄能电站调节性能要求仍按DL/T 5058—1996《水电站调压井规范》中水道系统的惯性时间常数 T_w 和机组加速时间常数 T_a 的关系来判断，从日本和我国大型抽水蓄能电站的统计可以看出，抽水蓄能电站仅满足调速性能较好是不够的，至少需满足调速性能良好的要求。对快速响应能力有更高要求时，T_a/T_w 最好大于5。即，为满足抽水蓄能电站对电站快速响应能力的更高要求，抽水蓄能电站设置调压井的条件要比常规水电站严格得多。

第七章

上、下水库

第一节　上、下水库设计

抽水蓄能电站上、下水库具有水位变幅大，而且升降频繁、水库防渗要求高、进/出水口为双向水流等特点。水库防渗型式的选择、防渗结构后部的排水系统设计、水库内外边坡的稳定分析等与常规水电站存在着明显的区别，下面按水库类型的不同逐一加以阐述。

一、利用江河上的已建水库

抽水蓄能电站进行枢纽布置时，往往优先考虑利用已建水库作为电站的下（上）水库，或同时利用两个已建水库作为电站的上、下水库。如潘家口、响洪甸、桐柏等抽水蓄能电站利用已建水库作上水库，而新建一个下水库；十三陵、泰安、张河湾、宝泉等抽水蓄能电站利用已建水库作下水库，而在附近高处利用有利地形筑坝新建一个上水库；天堂、白山等抽水蓄能电站则利用两个已建水库分别作上、下水库。

利用已建水库作抽水蓄能电站水库，既有很多有利的条件可以利用，同时也受到已有条件的制约，涉及原水库综合利用任务的调整、运行调度方式的改变、经济赔偿、施工期对原下水库运行的影响等。抽水蓄能电站通常所需调节库容较小，但装机容量较大，其库坝设计标准一般要高于已建库坝。设计时要因地制宜，妥善解决抽水蓄能电站与已建水库工程设计标准、质量和综合利用等方面存在的矛盾。

首先应根据抽水蓄能电站的装机容量和运行要求，在已建水库总库容中划出抽水蓄能电站发电所需的调节库容；然后按照《水电枢纽工程等级划分及设计安全标准》的规定，确定抽水蓄能电站相应的工程等别、建筑物级别、洪水和抗震设计标准，以此为依据复核原有水工建筑物顶部高程、结构整体稳定、泄洪能力、边坡抗滑稳定等的安全性；复核已建水库的渗漏指标。再针对已建水库存在的问题采取相应的处理措施，如进行库盆防渗、扩宽，建筑物加高、加固、改建、扩建等。

十三陵抽水蓄能电站下水库利用1958年建成的十三陵水库，坝址以上集水面积约223km^2，多年平均年径流量1880万m^3，需要解决库尾大宫门古河道渗漏通道问题和连续枯水年蒸发渗漏的补水问题。采用从白河堡水库引水补给和库尾堵漏相结合的工程措施，并在距大坝上游2.8km处的库尾设堤挡水，在平、丰水年堤淹没于库水位以下，枯水年堤起到挡库水外流的作用，保证了十三陵水库作为抽水蓄能电站下水库的库容要求。

响洪甸抽水蓄能电站利用响洪甸水库作为上水库。响洪甸水库承担为淮河干流蓄洪调峰及淠河的防洪任务，是以防洪、灌溉为主兼有发电效益的综合型水库，水库控制流域面积1400km^2，库容26.32亿m^3，灌溉面积44万hm^2，最大灌溉用水量为300m^3/s。原常规水电机组按灌溉要求用水量发电，4台10MW机组最大发电过流量仅100m^3/s，每年为满足灌溉用水不经水轮机的泄水量达到2.8亿m^3。为此在下游河道筑坝形成下水库，安装2台40MW抽水蓄能机组，改建为混合式抽水蓄能电站（见图6-1-4）。

宜兴抽水蓄能电站下水库利用已建的会坞水库。会坞水库为地方灌溉用小水库，均质土坝，坝高15m。作为抽水蓄能电站下水库需加高29m，将坝改为黏土心墙堆石坝，原土坝作为下游堆石体的一部分，但对坝体下游排水起阻水作用，将会抬高坝体浸润线，为此在坝体上开挖两道排水通道，下部回填透水性良好的堆石料进行处理。

泰安抽水蓄能电站下水库利用1960年建成的大河水库，坝址控制流域面积84.53km²，多年平均年径流量1913万m³。主坝高22m，长460m；副坝高13m，长313m，为均质土坝。该水库原为地方灌溉、防洪水库，改建为蓄能电站下水库后，正常蓄水位需抬高1m，坝体相应加高加宽，且将溢洪道重新改建。

桐柏抽水蓄能电站上水库利用已建的桐柏电站水库，原主坝、副坝为均质土坝，最大坝高37.15m，上游坝坡1∶2～1∶3，下游坝坡1∶2～1∶2.5。均质土坝可以继续使用，但原有上游坝坡不能满足建筑物级别提高后的稳定要求，采用在原上游坡加反滤层和过渡层，再在其上填筑石料的加固方法，加固后的上游坝坡为1∶3.2～1∶4，主坝下游坝坡下部放缓到1∶2.6。已建自由溢流式溢洪道改建为有闸门控制的溢洪道。

张河湾抽水蓄能电站下水库利用已有的张河湾水库续建加高而成。原尚未完建的张河湾水库拦河坝是浆砌石重力坝，原设计坝顶高程496.65m，坝顶长度425m。1980年停建时只达到466.65m高程，顶宽24.6m，坝顶长300m，最大坝高54m，上游坡1∶0.1，下游坡1∶0.7，坝体下部为120号水泥砂浆砌块石，上部为100号水泥砂浆砌块石，石料为坚固的石英砂岩。续建的拦河坝正常运用洪水标准不变，非常运用洪水标准提高到1000年一遇，采用浆砌石混凝土重力坝，沿原坝轴线加高，坝顶高程490m，顶宽12.53m，坝顶长430m，最大坝高77.35m，正常蓄水位488m，死水位464m。张河湾水库续建前后拦河坝上游立视和典型横剖面如图7-1-1所示。

实践表明，利用已建水库作抽水蓄能电站上（下）水库的水库均存在各自的问题，应针对具体问题加以解决。一般应分析研究：①确定抽水蓄能电站的工程等别、洪水标准；②对已建水库库容及枯水年的水量分配进行重新规划，一般需增设抽水蓄能电站的调节库容和调整特征水位；③确定补水方案；④各建筑物的安全复核和加固；⑤管理体制及有关费用的分摊等，应建立制度保证在枯水年份不破坏抽水蓄能电站正常的运行条件。

二、利用天然湖泊

天然湖泊也可用作抽水蓄能电站的上（下）水库，如我国西藏羊卓雍湖抽水蓄能电站上水库利用羊卓雍湖；美国路丁顿抽水蓄能电站下水库利用密执安湖，赫尔姆斯抽水蓄能电站上、下水库均利用湖泊；意大利德里奥湖和法达多抽水蓄能电站也利用天然湖泊作上、下水库。一般说来，湖泊水位变化对抽水蓄能电站运行有着直接影响，应重点研究水位的变化规律，合理拟定抽水蓄能电站的正常运用水位。

考虑到生态环境，利用天然湖泊作为抽水蓄能电站的水库，设计时要注意尽量不消耗湖泊的水量，上、下水库间的水量交换不会引起湖泊水质的不利变化。另外，由于天然封闭的湖水一般富含多种元素，要注意某些元素对钢材、机组的腐蚀作用。

羊卓雍湖抽水蓄能电站上水库利用的羊卓雍湖，为天然高原封闭湖泊，水量来自流域降水和冰川，流域面积6100km²，湖面面积620km²，一般水深30m，最深处达60m，储水量约150亿m³，可利用库容55亿m³，多年平均年入湖径流量9.54亿m³。经调查，近百年来湖水位保持在4440m左右，湖水位年际变幅4.28m，年内变幅仅1.23m，处于相对稳定状态。水量消耗主要是自然蒸发，二者趋于平衡。湖水中硫酸根离子、氯离子对钢材的腐蚀性较强，给电站的运行管理、维护检修增加不少困难。

羊卓雍湖抽水蓄能电站下水库为雅鲁藏布江，不设拦河坝，也可归入此类型。雅鲁藏布江水量丰沛，在电站厂址区最枯流量100m³/s，江水位经常保持在3597m左右，江水面变幅仅3.7m。雅鲁藏布江下水库抽水枢纽由引渠、前池、低扬程泵房和沉沙池组成，低扬程泵房布置在距江边取水口10m远的台地上。羊卓雍湖抽水蓄能电站枢纽布置如图7-1-2所示。

三、新建人工水库

新建人工水库一般有两类：①直接利用天然河道作为库盆，筑闸坝形成的天然河道型水库；②利用自然地形主要通过开挖围坝形成的人工水库。

天然河道型水库经常用于常规水电站扩建为混合式抽水蓄能电站的下水库，如密云、潘家口、响洪甸等抽水蓄能电站。其建筑物设置应考虑该河段任务，有些承担防洪任务，有些承担向下游供水任务，有些可能上述任务均兼顾。一般情况所需闸坝不高、库容不大，应注意河道地质条件，拟定合理的防渗措施。

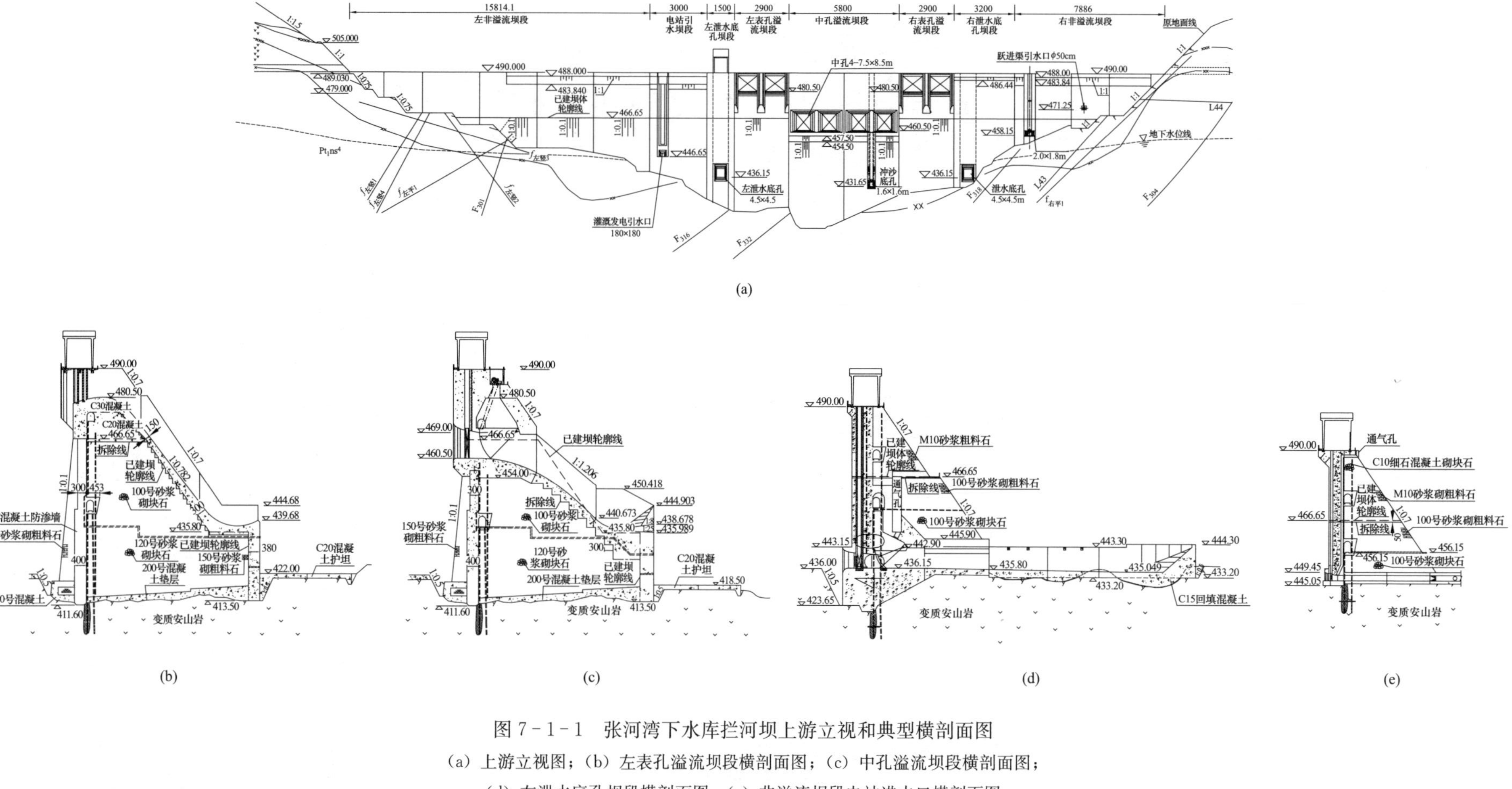

图 7-1-1 张河湾下水库拦河坝上游立视和典型横剖面图

（a）上游立视图；（b）左表孔溢流坝段横剖面图；（c）中孔溢流坝段横剖面图；（d）左泄水底孔坝段横剖面图；（e）非溢流坝段电站进水口横剖面图

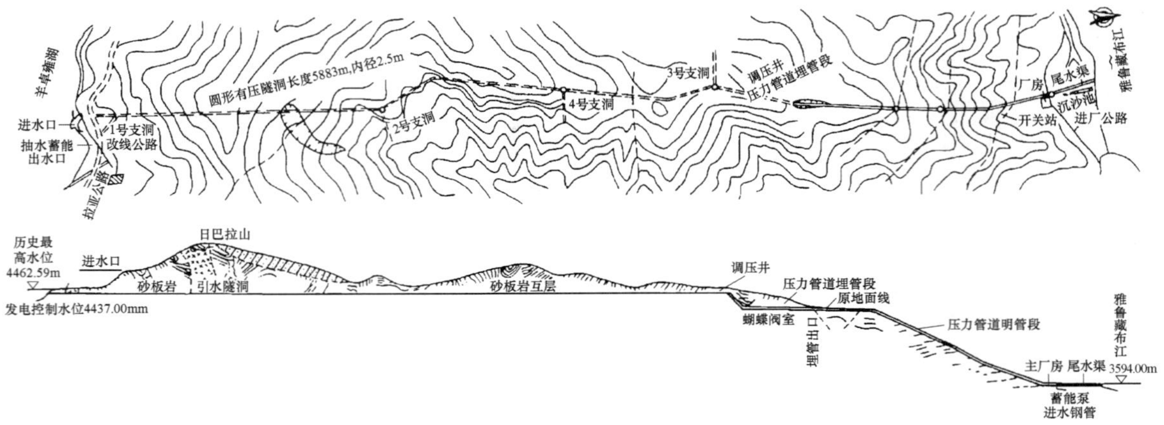

图 7－1－2　羊卓雍湖抽水蓄能电站枢纽布置图

密云混合式抽水蓄能电站上水库为位于北京市东北部潮白河的密云水库，该水库主要承担北京市城市居民及工农业用水，4 台单机容量 18.7MW 的常规水力发电机组只有在需要供水时才能发电。为了使电站能够按京津唐电网调峰要求运行，在下游河道建成总库容 503 万 m^3 的下水库，电站安装 2 台单机容量 11MW 的抽水蓄能机组，这样便可在下游不需供水时也能发电。

响洪甸抽水蓄能电站在已建的响洪甸水库拦河坝下游建设混凝土重力坝，最大坝高 16m，利用约 8.8km 的河槽形成 440 万 m^3 的下水库。其特点是水面窄，正常蓄水位时水面宽度一般为 200～300m；水深小，拦河坝前库水最大深度约 10m，越向上游水深越小，低水位运行时，出水口下游因原河道的过水断面不满足发电和抽水进出水流的要求，采用扩大断面开挖明渠以连接水库深水区的处理措施。

利用自然地形新建人工水库，一般水库集水面积较小，无足够天然径流汇入。如十三陵和张河湾抽水蓄能电站的上水库均建在山顶上，西龙池抽水蓄能电站上、下水库分别建在沟脑部位和沟内。西龙池抽水蓄能电站枢纽布置如图 7－1－3 所示。

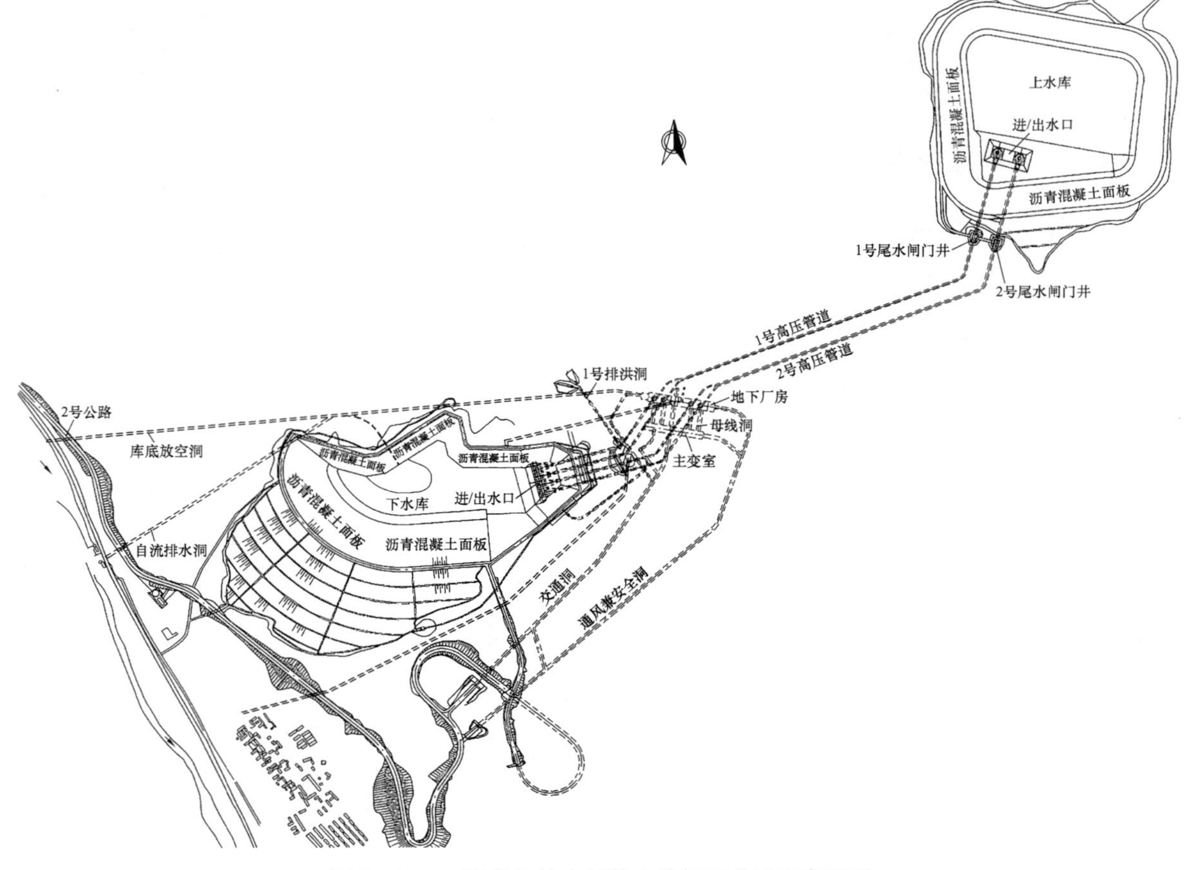

图 7－1－3　西龙池抽水蓄能电站枢纽总平面布置图

由于人工水库主要通过开挖围坝形成，其设计与常规水电站有所区别，包括坝体和库盆部分。根据已建工程的经验，选择库盆防渗型式是关键，直接影响电站综合效率和投资。挡水建筑物结构设计中常会遇到利用库盆和地下洞室等的开挖料筑坝，在较陡的沟谷纵坡地基上建坝等诸多问题，以下分别予以讨论。

（一）库盆防渗型式

抽水蓄能电站除了坝本身防渗以外，库区防渗同样重要。水库渗漏将恶化山体原始水文地质条件，应核算水库内外边坡及坝基的稳定性，论证水库渗漏对相邻建筑物的影响，并采取相应的工程措施。对库岸的单薄分水岭、垭口、断裂发育段应做重点分析。

张河湾抽水蓄能电站上水库由于基础存在多层缓倾角软弱夹层，夹层的饱和抗剪强度较低，是堆石坝基础稳定的控制条件，为避免渗水进入夹层，采用沥青混凝土复式断面全库防渗。

宝泉抽水蓄能电站上水库为寒武系灰岩地层，属中等透水岩层，库区存在 5 条张性断层，均切穿库盆，存在较严重的渗漏问题，采用黏土铺盖护底、沥青混凝土面板护坡的全库防渗措施。

1. 防渗范围确定

（1）上水库有足够的天然径流或上水库虽然没有天然径流（或者天然径流量很小），但水库建在高山环抱的山谷地带，最高库水位远低于库周山岭的地下水位时，库盆可不设防渗措施。广州抽水蓄能电站上水库流域面积约 $5km^2$，只有 $0.2m^3/s$ 的天然径流，经调查水库在正常蓄水位以下无向库外大量渗漏之虑，故库区未设防渗措施。意大利埃多洛抽水蓄能电站上水库阿维奥湖库周均为高山，全库未设防渗措施，经多年运行证明不向库外渗漏。日本神流川抽水蓄能电站上、下水库都建在高山环抱的山谷地带，最高库水位远低于库周山岭的地下水位，库盆没有采取专门的防渗措施。

（2）当绝大部分库盆能满足最高库水位远低于库周山岭的地下水位时，可只对库区采取局部防渗措施。如泰安、琅琊山等抽水蓄能电站上水库都采用了这种防渗处理方式。琅琊山抽水蓄能电站上水库左岸龙华寺和大狼洼山体雄厚，存在高于正常蓄水位的地下分水岭，库底地下水埋藏很浅，岩体完整不透水，库水不会由库底排向库外。小狼洼地下分水岭低于正常蓄水位，存在库水外渗的裂隙型渗漏。副坝至龙华寺一线车水桶组地层岩溶较为发育，其中副坝垭口地段的岩溶发育尤为强烈，共发现不同规模的地表溶洞 102 个，并有规模较大的地下洞穴型溶洞，在 120m 高程以下均为黏土、土石混合物充填，120m 高程以上为半充填或无充填。上水库的渗漏以岩溶管道型渗漏为主，防渗范围包括：①帷幕线从龙华寺沟头地下水位高于库水位的部位起，经钢筋混凝土面板堆石主坝趾板、上水库进/出水口、混凝土重力副坝，至小狼洼沟首地表出露的具有阻水作用的岩脉墙止，幕底伸入相对不透水层以下或岩溶不发育的岩层内；②对副坝坝基及 90m、115m 和 140m 高程灌浆洞防渗线上开挖揭露的溶洞进行掏挖并回填混凝土；③副坝至 F_1 断层之间岩溶强烈发育的车水桶组灰岩地层，对出露的溶坑、溶槽及溶洞掏挖封堵后，在水平辅助防渗区内铺填黏土以封闭地表岩体裂隙。琅琊山抽水蓄能电站在岩溶发育区修建局部防渗的上水库属国内首次，蓄水后渗漏较小，防渗措施是成功的。

（3）当库周山岭的地下水位较低，库盆基岩透水率较大时，须对全库进行防渗处理。如西龙池、张河湾、宜兴和宝泉等抽水蓄能电站上水库均采用全库盆防渗型式。

2. 防渗型式选择

水库防渗可选用沥青混凝土、钢筋混凝土、土工膜、黏土铺盖、岩体帷幕灌浆等型式，或采取综合性防渗型式。应根据地形、地质、气温、施工、材料等条件，通过技术经济比较后选用。

（1）沥青混凝土面板衬砌防渗。沥青混凝土的优越性主要表现在：具有黏弹性和应力松弛性质，适应基础不均匀变形能力强；防渗性能好，渗透系数小于 $1\times10^{-8}cm/s$；不存在结构缝之类的薄弱环节，自愈能力强；出现裂缝后，维修方便简单，易于快速修补。西欧各国从 20 世纪 30 年代开始将沥青混凝土技术用于水工建筑物。该项技术近几十年来在材料、设备、施工工艺、质量控制等方面得到很大发展，成为一门实用成熟技术，尤其在抽水蓄能电站上水库全库盆防渗工程中得到广泛应用。

（2）钢筋混凝土面板衬砌防渗。钢筋混凝土面板属于刚性结构，适应地基不均匀变形能力差，用于抽水蓄能电站上水库全库盆防渗时，需采取减少地基不均匀性及调整面板分缝位置来减少同一面板的沉陷差等措施；其次，受温度、干缩等影响容易产生裂缝。面板分块多，需设置较多永久缝，缝易形成渗漏通道，其渗漏量一般较沥青混凝土面板大，尤其是早期建设的钢筋混凝土面板甚至高一个数量级，有的钢筋混凝土面板最终改成沥青混凝土面板。如德国1955年修建的瑞本勒特抽水蓄能电站上水库，坝面及库岸采用素混凝土面板防渗，面板裂缝和接缝都漏水，最大渗漏量达37l/s，经几次修复效果仍不理想，1993年彻底改建为全库沥青混凝土面板防渗。钢筋混凝土面板堆石坝填筑和面板的施工，我国已有成熟的施工技术。由于振动碾薄层碾压使堆石密实而变形减少，以及随着面板混凝土性能的改进、接缝止水结构和材料的日趋完善，钢筋混凝土面板的渗漏量大为减少。因此，在十三陵、宜兴和呼和浩特抽水蓄能电站上水库均采用了全库钢筋混凝土面板防渗。

(3) 黏土铺盖全库防渗。利用高山或台地上沉积的黏性土作为库盆防渗料，在有这种地形、地质条件下是较好的防渗方案。俄国扎戈尔和法国大屋抽水蓄能电站库盆均采用天然冰碛土防渗，美国路丁顿抽水蓄能电站上水库以黏土铺盖防渗。黏土铺盖设计与常规水电站软基铺盖设计基本相同，结合抽水蓄能电站水库水位骤降的特点，设计中要注意：①黏土防渗层应满足防渗和渗透稳定要求；②防渗黏土层的下游侧设置自由排水反滤层，改善防渗层后的反向压力；③按照实际反向动水压力作用设计稳定边坡；④在黏土防渗层表面设计防冲、防冻、防干裂保护层。扎戈尔抽水蓄能电站上水库利用冰碛土挖填围坝，围坝第一期工程总长约5km，总库容2987万m^3，正常蓄水位266.5m，死水位257.5m，工作深度9m，形成狭长碟形的上水库。坝基设置砂砾混合料水平排水设施。由于缺乏反滤层级配料，上游护坡采用20cm厚钢筋混凝土板，每隔40m设一条温度沉降缝，分块尺寸约6m×10m，主要起防冲刷作用，缝间设2.5cm厚防腐板，运行期破坏较多。为防止迎水面护坡板在反向水压作用下浮起，采用80～100cm深的整体钢筋混凝土齿墙稳定护坡。采用1∶3.5边坡，并在护坡内设减压排水设施。

(4) 综合性防渗措施。同一水库采用两种或两种以上的防渗材料形成综合性防渗措施，针对具体工程和不同渗漏通道，给予合理的处理，在技术上可行。在选择综合性防渗方案时应进行全面的分析对比，对不同材料的施工设备，施工干扰对工期的影响，在防渗体系中不同材料接合部的防渗可靠性等进行仔细研究，合理选择衬护防渗方案。我国泰安抽水蓄能电站上水库采用“钢筋混凝土＋土工膜”，宝泉抽水蓄能电站上水库采用“沥青混凝土＋黏土铺盖”的型式。国内外抽水蓄能电站采用综合性防渗型式的工程实例见表7-1-1。

表7-1-1　　国内外抽水蓄能电站库盆综合性防渗工程实例

序号	电站名称	水库防渗型式
1	宝泉	上水库全库盆防渗，库岸采用沥青混凝土面板防渗，库底黏土铺盖防渗
2	西龙池	下水库全库盆防渗，库岸钢筋混凝土面板和沥青混凝土面板防渗，库底沥青混凝土面板防渗
3	琅琊山	上水库局部防渗，在库岸渗漏段加设局部灌浆帷幕，防渗线上溶洞掏挖并回填混凝土，副坝区库底水平黏土铺填辅助防渗
4	泰安	上水库局部防渗，右岸钢筋混凝土面板和大坝面板相接，库底土工膜水平防渗，左半库盆与库底设垂直防渗帷幕
5	瑞本勒特（德国）	上水库全库防渗，1991年改建前，库岸和坝坡采用混凝土面板防渗，库底面采用三层玻璃纤维沥青油毡防渗。改建后全库采用沥青混凝土衬砌（厚8cm）

此外，日本冲绳本岛海水抽水蓄能电站还采用过防水性能好的乙烯丙稀聚丁二烯单体（EPDM）橡胶板衬砌防渗。

从国内外工程实践来看，抽水蓄能电站上水库全库防渗采用沥青混凝土面板的居多，绝大多数是成功的。钢筋混凝土面板早期应用效果不好，十三陵抽水蓄能电站开创了成功的先例，关键是作好接缝的止水，减少地基不均匀沉陷和防止混凝土温度裂缝。在库盆地质条件差、地基变形较大时，沥青混凝土面板更具有优越性，但对于地基变形较小的库盆，钢筋混凝土面板防渗方案也是可行的。

3. 防渗层下地基处理

抽水蓄能电站采用库盆全面防渗时，应注意防渗层下地基的处理，对库盆岩基内分布的破碎带、断层、软弱夹层、喀斯特溶洞及变形特性有明显差别的地层应做适当处理，以减少地基的不均匀沉陷，避免防渗层破坏产生集中渗漏。不能认为沥青混凝土是柔性材料而忽视基础的不均匀沉陷问题，国内外的工程实例均提供了这方面的经验教训。

天荒坪抽水蓄能电站上水库，在第二次充水过程中，发现库底渗漏，检查发现东北侧库盆中部距进/出水口截水墙约 40～60m，沥青混凝土底板上共有 8 条裂缝。从沿裂缝开挖的槽探看，流纹质角砾熔凝灰岩发育 NNW 和 NNE 向的陡倾角裂隙，全风化岩（土）体的渗漏性和变模、标贯等指标十分离散。底板贯穿性的 3～8 号裂缝，其下均与基岩裂隙相连，因此修复中重点解决地基的不均匀问题，并修复防渗层。

美国塞尼卡抽水蓄能电站上水库围坝成库，沥青混凝土防渗层建基在夹有若干页岩薄层的平卧砂岩上，砂岩垂直节理张开，有些宽达 10m，部分被松散的易冲蚀砂充填。覆盖层厚度约 0.6～6m，由下伏砂岩风化产生的粉质土等构成。1969 年 4 月首次蓄水至水深约 9m 时，观测到 0.71m^3/s 的渗流量。将水库放空后发现坝基覆盖层沉陷，造成库底沥青混凝土面板开裂，渗水引起覆盖层管涌，细颗粒被带入砂岩的张开节理中。面板下出现大量的空穴和沟槽，最大者约 30m 长、2.4m 宽，造成沥青混凝土面板断裂，并掉入空穴中。进行了大范围的基础处理，包括挖除底板下全部覆盖层，填充岩基中宽的节理裂隙，以及铺设级配良好的反滤料，并修补面板。

德国格莱姆斯抽水蓄能电站上水库库底存在大面积的喀斯特溶隙，为了防止沥青混凝土衬砌开裂，对地基深挖 2m，岩石经破碎、整平后碾压密实，其上修建沥青混凝土衬砌。自 1964 年建成投运，工作正常，其不透水性和地基处理的有效性得到验证。

4. 渗流计算

为掌握工程初始渗流场和施工期、运行期以及检修期的渗流情况，使提出的渗流控制设计方案满足各种运行条件的要求，宜根据地形、工程地质及水文地质的勘探资料，进行工程区三维渗流计算。受基本资料可靠性和计算手段的限制，建议对渗流场作不同介质渗透系数的敏感性分析，通过对建筑物安全和电站综合效率影响的分析，确定适宜的工程措施。

(1) 初始渗流场计算重点在于按照渗流逸出边界、主要断裂构造、岩体和岩溶渗透性等，确定工程区渗流场合理的边界、分区，利用钻孔压水试验及地下水位观测成果，反演分析确定各分区和各种介质的渗透主方向与渗透参数。

(2) 施工期渗流场计算是在初始渗流场计算基础上，研究施工开挖过程中水道系统和地下厂房区的地下渗流场的变化，计算地下洞室的渗流量。

(3) 运行期渗流场计算应按照电站变化的补排关系，计算水库蓄水情况下不同防渗型式各部位的渗流量，用于水库的防渗设计；分析水道系统蓄水运用期等工况下沿水道系统的外水压力及渗透稳定，便于水道系统的渗流稳定分析与结构设计；研究地下厂区不同排水方案下的渗流场、渗透流量等，以指导地下厂房洞室的排水设计与围岩稳定分析。

(4) 检修期渗流场计算应按电站水道系统可能发生的放空及再次充水条件，研究山体的渗流场变化，提出水道系统的渗流量、钢管的外水压力和充放水控制措施等。

(5) 不均质地层的渗流场分析，其计算参数的确定和所取得的计算成果都难以准确，有条件时可利用施工阶段实测渗流数据加以验证或进行反演分析。在工程应用中，应考虑有关因素适当留有裕度。

(6) 受沟谷地形条件限制，土石坝坝体渗流具有明显的三维性，在填坝料源缺乏或利用风化软岩等分区筑坝时，应对三维渗流的影响进行估算，核定筑坝材料分区边界和排水措施。

(二) 主要坝型和坝线

1. 以堆石坝为主要坝型

抽水蓄能电站水库坝型应根据库容、水文、气象、地形地质、当地材料、抗震设计标准、泄洪、施工、运行等情况，经技术经济综合比较后选定。

结合水库地形地质条件，直接利用库盆开挖的土石料填筑当地材料坝，是当今抽水蓄能电站采用坝型的一种趋势。为扩大调节库容、改善进/出水口水流流态、满足全库防渗衬砌平顺等要求，库盆往往需进行大量开挖。再加上地下洞室开挖，弃渣量常达数百万立方米，考虑经济性及环境保护的需要，从挖填平衡原则选择当地材料坝为宜。我国的抽水蓄能电站上水库坝型尤以混凝土面板堆石坝为多，如广州、十三陵、溪口、琅琊山、泰安、宜兴、呼和浩特等抽水蓄能电站。国外则以黏土心墙堆石坝和沥青混凝土面板堆石坝为多。下水库流域面积相对较大，相应泄洪规模也大，选择混凝土坝的多些。此外，混凝土坝占库容也小些。广州、惠州、蒲石河、呼和浩特等抽水蓄能电站下水库都选择混凝土重力坝。

2. 坝线选择

抽水蓄能电站水库坝线选择与常规水电站相似，条件允许时，坝线尽量选择直线。当受坝基地形地质条件限制，或为满足调节库容需要，可选择折线或外鼓曲线。前者如琅琊山抽水蓄能电站上水库，坝轴线由三段折线组成，从左岸到右岸各段长分别为 25.06m、345.26m、294.68m（见图 7-1-4）。后者如英国迪诺威克抽水蓄能电站上水库，为得到尽量大的库容，将沥青混凝土面板堆石坝坝轴线设计成如图 7-1-5 所示的曲线。

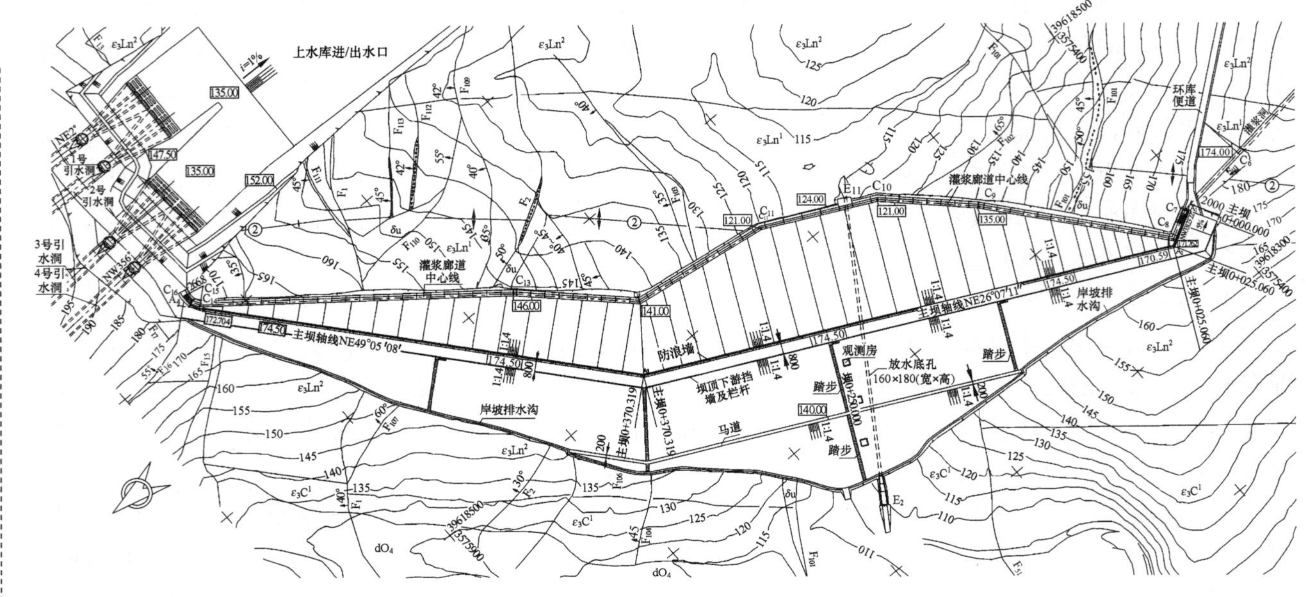

图 7-1-4　琅琊山抽水蓄能电站上水库钢筋混凝土面板堆石坝平面布置图

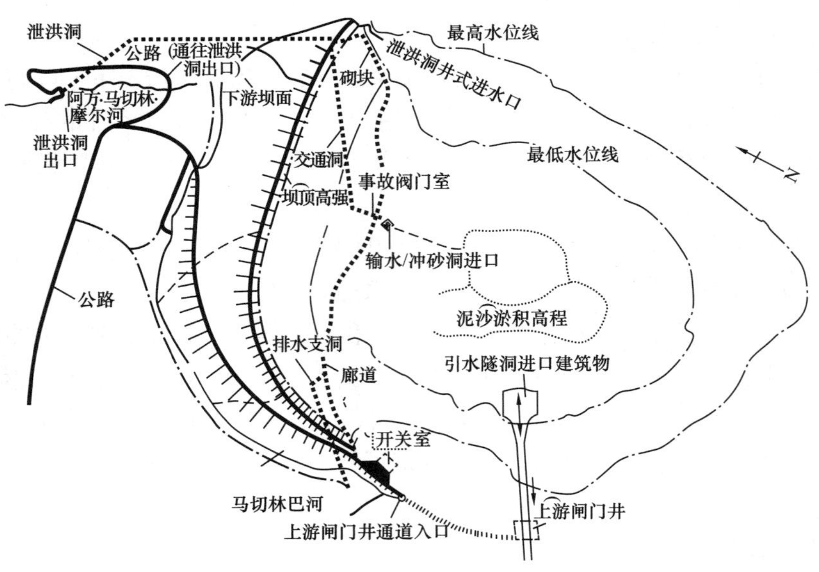

图 7-1-5　英国迪诺威克上水库沥青混凝土面板堆石坝平面布置图

在高山顶的台坪修建上水库，多通过开挖筑坝围成水库。受台地面积和地形条件限制，坝址距陡崖边缘过近时，应根据地层岩性、岩体结构、风化卸荷带等，确定坝脚与山体陡崖的安全距离。图 7-1-6

所示为张河湾抽水蓄能电站上水库平面布置图，坝轴线随地形而变化。

全库防渗的水库，为改善防渗护面的受力条件，满足沥青混凝土衬砌分条碾压或混凝土衬砌分缝构造要求，库岸宜平顺，在转弯处宜以一定曲率的扇形面或圆弧面平顺连接。为减少钢筋混凝土面板无轨滑模施工和沥青混凝土面板沥青摊铺的难度，曲率半径一般要求不小于 30m。面板转弯处均采用圆弧面连接，张河湾抽水蓄能电站沥青混凝土衬砌上水库库（坝）顶中心线圆弧半径 56～185m（见图 7－1－6）。

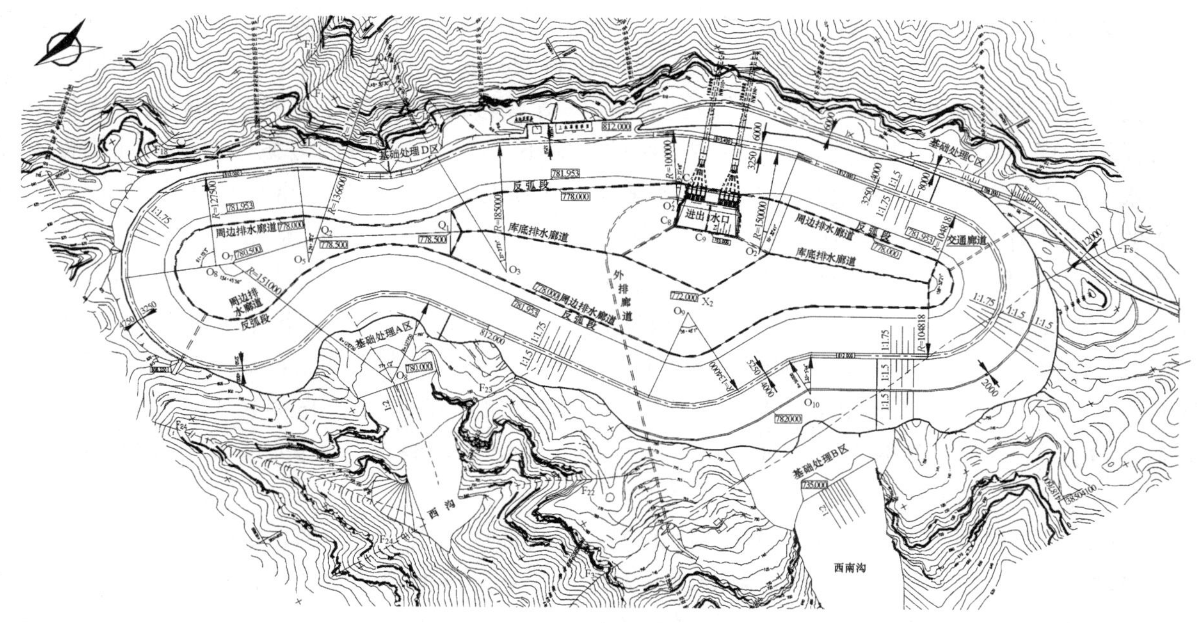

图 7－1－6　张河湾抽水蓄能电站上水库平面布置图

（三）陡倾地基处理

在陡倾沟谷地基上建坝是抽水蓄能电站上水库建坝的特点之一，具有普遍性。在斜坡地基上筑土石坝，尤其当地基存在软弱结构面时，对坝体稳定和变形控制均不利，应对坝体、坝基的稳定性做专门分析论证。通常应将坝基开挖成台阶状，并着重试验和分析以下内容：①进行堆石料本身、堆石料沿倾斜地基接触面及地基下存在的软弱结构面的抗剪强度试验，分析堆石坝坝坡、坝体沿建基面和沿地基内缓倾角软弱夹层的深层抗滑稳定，通常地基下软弱结构面是控制因素；②分段研究土石坝施工期和蓄水期坝体稳定及变形，分析坝体变形对上游防渗面板的影响；③必要时对堆石坝体进行变形离心模型试验，复核对坝体整体稳定性和变形的影响。十三陵和宜兴抽水蓄能电站上水库的堆石坝均修筑在斜坡地基上，极具代表性。

十三陵抽水蓄能电站上水库主坝是国内第一座在斜坡地基上填筑的混凝土面板堆石坝，坝基为倾向下游 1∶4 的斜坡，岩层为强风化安山岩，坝轴线处最大坝高 75m，坝顶与坝趾的高差 118m，于 1993 年 9 月填筑完成，1995 年 8 月开始分段蓄水，坝基监测数据稳定，运行正常。

宜兴抽水蓄能电站上水库主坝坝基面向下游倾角在 20°以上，局部超过 30°。岩层为石英砂岩夹泥质粉沙岩和粉沙质泥岩，层面产状向下游缓倾，倾角 10°～15°。坝轴线处最大坝高 75m，在面板坝下游贴坡堆石体中部平行于坝轴线建一座最大高度达 45.9m 的混凝土重力挡墙。坝轴线至下游挡墙轴线的水平距离为 135.5m，挡墙墙趾至坝顶最大高差达 138.2m。堆石料主要为砂岩夹泥岩，泥岩含量相对较多（其布置和设计研究的主要内容见本书第二十章第二节）。

（四）坝料分区

抽水蓄能电站水库库容一般通过库盆开挖和坝体围填获得，为减小占地，扩大库容，强调要充分利用库盆和地下工程的开挖料作为坝体填筑料，尽量做到挖填基本平衡。堆石坝设计时，不是先设定坝体断面再去查勘坝料，而是根据可利用的开挖石料来确定坝体断面及坝料分区。十三陵抽水蓄能电站上水库混凝土面板堆石坝坝体方量 255 万 m^3，全部由库盆开挖料填筑，其中包括大量风化安山岩，为此，将下游综合坝坡放缓至 1∶1.8。神流川抽水蓄能电站上水库堆石坝三个采石料场，除了较小的一个料场位于正常蓄水位以上，其余两个都在库盆内，一个料场结合进/出水口的开挖，另一个料场位于进/出水口的对面，该处原河道较窄，开挖后还改善了进/出水口水流的流态。

在前期工作中应按照料场的规划，加强拟利用开挖料的试验研究。若对库盆料源的分布质量与数量未查清楚，会给施工带来预料不到的变化，影响工程进度。从堆石坝工程建设实践，实际建成的坝体断面分区和填筑料品质与前期设计往往有较大差别。

设计要贯彻“尽量利用库盆开挖料填筑坝体”的思想，即“以料定坝坡”。即使软弱、风化严重的岩石也尽量用作上坝料，宁可放缓坝坡，要按开挖料的数量和质量来进行坝的断面和填筑分区设计。过去片面追求坝体断面最小而采用较陡的坝坡，对坝料提出很高的要求，弃库盆开挖料不用，另找石料场，现在逐渐认识到坝体填筑方量最小的方案不一定是最经济的方案，对保护环境也不利。日本抽水蓄能电站的坝坡往往较缓，有时还将弃渣堆在坝趾，既可作为压重，对坝稳定有利，又减少弃渣的运距。神流川抽水蓄能电站上水库黏土心墙堆石坝，坝高 136m，心墙黏土料中掺入库区 3 个料场废弃的 C_L 级风化岩，反滤层用 C_L 级石料和崩积土，部分弃渣直接堆放在坝趾，堆渣高度达 35m。京极抽水蓄能电站上水库沥青混凝土面板堆石坝，坝高 22.6m，上、下游坝坡均为 1∶2.5，上水库库盆开挖弃渣近 400 万 m^3，为坝体填筑量的 3.2 倍，全部堆放在坝背面，弃渣场顶面高程仅比坝顶低 5.4m，下游坡为 1∶3。德国金谷抽水蓄能电站上水库仅挖弃 60cm 厚的腐殖土，库盆开挖 588 万 m^3，满足填筑 557 万 m^3 的需要，达到挖填平衡，弃料很少，在坝料选择和基础要求方面也给人们很多启发。

施工组织设计时要处理好开挖和填筑之间的关系，统筹规划堆、弃渣场，根据开挖料和开采料的品质，安排采、供、弃渣规划，根据材料的性质安排用于不同的部位；考虑开挖料储存、回采运输条件，协调挖填进度、创造直接上坝条件，尽量避免坝料的二次倒运和污染。规划过程中要考虑勘探方法及精度、施工开采条件的制约和运输损耗等因素，选择合适的土石方利用率，对采用的坝料设计指标和坝体分区适当留有余地。

库盆开挖料利用过程中经常遇到按照开挖顺序所获得石料质量与填筑顺序要求获得的石料质量不相符的问题，填筑需要好料的部位，恰恰挖出的料多为强风化料或是软岩。设计应及时跟踪堆石坝料场开采和料源情况、坝料碾压试验成果及坝体填筑进度，不断优化堆石坝坝坡及坝体分区设计。

利用风化岩、软岩筑坝的技术与常规水电站建坝技术相同，应遵循相应设计规范的规定。软岩堆石料在压实和受力过程中将有明显的颗粒破碎和细化的过程，应以压实后的级配所反映的力学性质为依据进行复核。抽水蓄能电站堆石坝一般都将软岩用于下游堆石区浸润线以上部分。

十三陵抽水蓄能电站上水库，钢筋混凝土面板堆石坝全部采用库盆开挖料填筑，下游堆石Ⅰ区用了大量风化安山岩料，饱和抗压强度的最小值为 11MPa，其断面如图 7-1-7 所示。

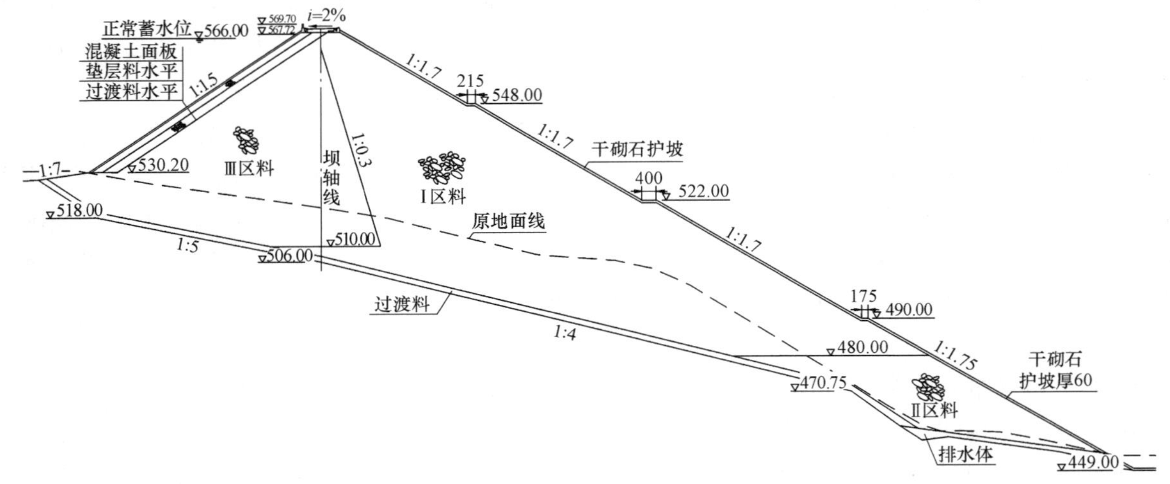

图 7-1-7　十三陵上水库主坝填筑分区典型断面图

琅琊山抽水蓄能电站上水库主坝为钢筋混凝土面板堆石坝，在库内石料场、上水库引水明渠和下水库出口明渠开挖料不足的情况下，下游3C堆石区利用了级配偏细的地下洞渣料，其断面如图7-1-8所示。

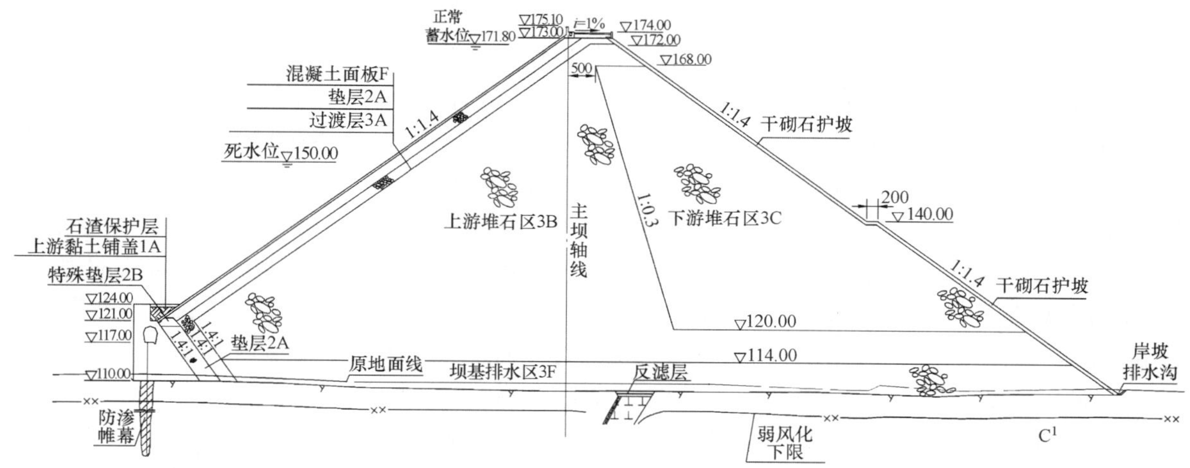

图7-1-8　琅琊山上水库主坝填筑分区典型断面图

宜兴抽水蓄能电站上水库坝体堆石料源为上水库库盆开挖的五通组石英岩状砂岩夹粉砂质泥岩和茅山组岩屑石英砂岩夹粉砂质泥岩。其中泥岩夹在砂岩中呈薄层状，难以分离，在坝料中含量控制为10%～15%。弱风化五通组石英岩状砂岩干抗压强度187MPa，饱和抗压强度83MPa，软化系数0.44。弱风化茅山组岩屑石英砂岩干抗压强度142MPa，饱和抗压强度54MPa，软化系数0.41，仍属硬岩。弱风化粉砂质泥岩干抗压强度86MPa，饱和抗压强度22MPa，软化系数0.35，属软岩，但试验表明不具浸水崩解性。

（五）排水设计

水库水位的频繁快速升降，容易形成骤降工况，使防渗层后形成反向水压力，易造成防渗层破坏。因此，抽水蓄能电站水库排水设计比常规水电站更为重要，上、下水库排水系统设置须能适应水位频繁升降，消除或有效控制坝体、岸坡、库底、防渗面板下的孔隙水压力，确保建筑物的稳定和安全。国内外抽水蓄能电站上、下水库设计，特别是全面防渗的水库一般都设置了十分完备的排水系统。

上、下水库应根据工程的具体条件，在不同部位设置相应的排水设施。排水设施包括坝体和坝基排水、岸坡排水、库底排水及检查排水廊道等。排水系统的设计排水能力应根据地质、地形条件和水工布置进行估算，应计入通过防渗层的各项渗漏量和不通过防渗层的周围山体地下涌水量。渗流量和涌水量应通过分析计算确定。考虑到地下涌水分析的难度及资料的可靠程度，开挖施工中应作好现场测试工作，为设计或补充完善设计提供可靠的资料。

排水系统各汇流断面的排水能力应按汇流叠加量计算。排水一般应不使防渗面板产生具有反向压力的自由流动，其排水料渗透系数为$1\times10^{-1}\sim1\times10^{-2}$cm/s，通过计算确定排水纵坡、排水层厚度及排水管的数量和布置等。为避免面板渗漏在库水位骤降时在面板后产生反向渗压及冬季冻胀破坏，面板下应设置能自由排水的垫层，渗透系数大于1×10^{-2}cm/s。对地下涌水引入排水系统的暗沟和管路，应设置透水性大且级配良好的反滤料过渡。排水系统泄水量的安全系数，应考虑地形、地质、渗漏量分析的可靠性程度和排水淤堵的影响等确定，建议采用2.0以上。对全库盆防渗的水库，应设平铺排水、检查廊道，为便于检查渗漏通道位置，排水宜分区设置，集中排出。

库岸防渗面板下的排水料一般采用碎石垫层或无砂混凝土。无砂混凝土垫层对混凝土面板的约束作用较强，可能导致面板裂缝，只在岸坡较陡时采用；而碎石垫层能更好地满足混凝土防渗护面变形协调的要求，在抽水蓄能电站中得到普遍应用。

十三陵抽水蓄能电站上水库采用全库钢筋混凝土面板防渗，库（坝）内坡1∶1.5，坝基填筑厚度不小于2m的过渡料，小于5mm的颗粒含量不大于20%，渗透系数大于1×10^{-3}cm/s。利用坝体上游厚1.66m的垫层作为坝坡面板下的排水层，其中小于5mm的颗粒含量为10%～20%，小于0.1mm的颗粒含量不大于5%；岩坡面板下的排水层采用厚0.3m的无砂混凝土；库底面板下部采用厚0.5m的碎石排水垫层。排水料的渗透系数均大于1×10^{-2}cm/s。在库底周边设总长约1600m的排水兼检查廊道，在东南侧主坝下游和西北部库顶各设一个进出口。为增加排水能力，在库底周边还布设一周塑料排水花管，并在碎石垫层底部设排水管，均直接与排水廊道相接。排水布置见图7-2-6。

宜兴抽水蓄能电站上水库采用全库钢筋混凝土面板防渗，库坡1∶1.4，坝内坡1∶1.3，将库盆排水系统与坝排水系统完全分开，分主坝、副坝、库盆三区：①主坝坝坡面板下设厚1.22m的垫层排水；在坝基填筑厚4m的过渡料；沟底排水层区小于25mm的细颗粒含量控制在10%内；大坝和岸坡接触面设排水沟；沿主坝轴线建基面设置一条坝基排水廊道；在坝轴线上游40m至重力挡墙轴线间布置5条平行于坝轴线的坝基排水洞，位于380～310m高程之间，并设总长3293m垂直于坝轴线的坝基排水支洞。②副坝共设4条不同高程的排水廊道和排水洞。③库岸和库底防渗面板下分别有多孔混凝土排水层和碎石排水层。库底按常规设置网状排水系统。并在西库岸至南库岸山体内布置一道半环形、长约610m的环库库岸排水平洞，渗水经西库岸底部排水平洞排出库外。

天荒坪抽水蓄能电站上水库采用沥青混凝土面板防渗，西侧全强风化岩（土）库坡1∶2.4，其余部位库坡1∶2，排水系统由以下部分组成：①坝坡、岸坡及库底均铺设排水垫层料，要求碾压后排水垫层料表面的变形模量大于35MPa，渗透系数$\geqslant5\times10^{-2}$cm/s，并喷洒乳化沥青。岸坡全强风化岩（土）基础部位排水垫层料厚60cm，下铺30～50cm反滤料；岩基排水垫层料厚90cm。库底岩基排水垫层料厚60cm，土基或土石料回填部位排水垫层料厚40cm，下铺20cm厚的反滤料。②库底排水垫层料下设直径20cm、间距25m的复合PVC/REP排水管，将水汇入排水廊道、排水交通洞。

（六）岸坡设计

抽水蓄能电站库水位变化急剧、频繁，在水位快速下降时可能引起坍岸和影响电站运行和水库库容，应采取相应的工程措施。例如，蒲石河抽水蓄能电站上水库部分岸坡上部为0.8～2.0m的壤土夹碎块石，下部为厚0.8～3.2m的花岗岩风化砂，易崩解。为防止库水位骤降导致岸坡土石下滑，对水位变动区的库岸进行全面清理，并采用干砌石护坡加以保护。

（七）泄水建筑物设计

当水库集水面积较大，暴雨形成洪峰流量较大时，上、下水库都应设置泄水建筑物，如溢洪道、泄洪洞、放空洞（孔）等。国内外部分抽水蓄能电站上水库设置泄洪建筑物的工程实例见表7-1-2。

表7-1-2　抽水蓄能电站上水库泄洪建筑物工程实例

序号	电站名称	集水面积（km^2）	设计洪峰流量（m^3/s）	校核洪峰流量（m^3/s）	下泄流量（m^3/s）	泄洪建筑物
1	广州一期	5			259	侧槽式陡坡溢洪道
2	宝泉	6.0	246（$P=1\%$）	366（$P=0.1\%$）	175.9（$P=1\%$） 277.6（$P=0.1\%$）	侧槽式溢洪道
3	琅琊山	1.97	73（$P=1\%$）	127（$P=0.05\%$）	6.91（$P=1\%$） 6.92（$P=0.05\%$）	主坝底部设放水底孔，进口采用内径0.6m钢管
4	泰安	1.432	97.3（$P=0.5\%$）	208（$P=0.1\%$）	17.86（$P=0.5\%$） 17.89（$P=0.1\%$）	放空洞（兼导流、泄洪），进口采用内径1m钢管
5	桐柏	6.7	150（$P=0.5\%$）	208（$P=0.1\%$）		闸门控制溢洪道2孔，每孔净宽6m
6	惠州	5.22	174（$P=0.2\%$）	211（$P=0.02\%$）	129.61（$P=0.2\%$）	主坝中间设开敞溢洪道3孔，每孔宽10m；底部设放水底孔，进口采用内径1.4m钢管
7	迪诺威克（英国）	0.8			5	泄洪洞
8	普列森扎诺（意大利）	3.9	164		84	溢洪道3孔，每孔净宽15m

续表

序号	电站名称	集水面积 (km^2)	设计洪峰流量 (m^3/s)	校核洪峰流量 (m^3/s)	下泄流量 (m^3/s)	泄洪建筑物
9	大屋（法国）	50			50	底孔泄洪洞和溢洪道
10	蒙特齐克（法国）	16			67	溢洪道，泄量 $40m^3/s$；泄水底孔采用内径 1.5m 钢管，泄量 $27m^3/s$
11	新高濑川（日本）	131			1400	开敞式溢洪道 1 孔，宽 15m
12	奥吉野（日本）				238.7	溢洪道泄量 $230m^3/s$，排水道泄量 $8.7m^3/s$
13	本川（日本）	2.35			307	左岸溢洪道，泄量 $230m^3/s$；左右岸各设一输水洞，最大泄量 $77m^3/s$
14	葛野川（日本）	6.7			332.22	侧槽式溢洪道泄量 $300m^3/s$，泄流设备泄量 $30m^3/s$，分层取水设施泄量 $2m^3/s$，左岸迂回水道泄量 $0.22m^3/s$
15	神流川（日本）	6.2			280.44	侧槽式溢洪道泄量 $280m^3/s$，排雨水分流水道泄量 $0.44m^3/s$（相当于旬平均流量）
16	小丸川（日本）	1.7			113	侧槽式溢洪道
17	夏赫比谢（伊朗）				250	泄洪洞泄量 $80m^3/s$，内径 2.95m；溢洪道泄量 $170m^3/s$
18	锡亚比舍（伊朗）				170	侧槽式溢洪道 1 孔宽 7m

相当多的人工开挖和填筑相结合形成的上、下水库，集水面积小，暴雨形成的洪量也不大，可在库顶的超高中加以解决，而不设专门的泄洪建筑物。国内已建的十三陵、天荒坪抽水蓄能电站，在建的宜兴、张河湾、西龙池、白莲河、蒲石河、黑麋峰和呼和浩特抽水蓄能电站上水库都未设泄洪建筑物，库顶的超高中考虑了储存 24h 降雨洪量。

考虑到电站运行中可能发生过量抽水，造成上水库超蓄情况，一旦水位过高而漫坝，就会危及堤坝的安全。DL/T 5208—2005《抽水蓄能电站设计导则》规定：对于抽水蓄能电站运行工况可能造成上水库超蓄的问题，应在电站机电控制设计中解决。一般设冗余的水位信号器和通信通道加强水库的水位监测。国外有设置水工建筑物来辅助解决水库超蓄的例子，美国巴斯康蒂、塞尼卡和落基山抽水蓄能电站除了机组安装水位限制开关外，在上水库均布置自溃式非常溢洪道以避免土石坝漫顶。巴斯康蒂抽水蓄能电站非常溢洪道自溃坝高 3m，长 1013.6m，坝顶高程 1013.6m，当水库水位达到 1012.8m 高程时，水流通过一个 15cm 直径的波纹钢管进入自溃坝内，引起坝体冲刷垮塌而溢流，自溃坝上游侧设置叠梁门，用于溢流后封闭缺口。塞尼卡抽水蓄能电站投运后非常溢洪道只用过一次。

针对抽水蓄能电站的洪水特点，在下水库泄洪建筑物设计中，尚应分析天然洪水与电站发电流量遭遇的影响，并采取相应措施，以免下游出现“人造洪峰”。

桐柏抽水蓄能电站 4 台机组满发流量约 $570m^3/s$，大于下水库坝址 1000 年一遇洪峰流量，而下水库库容有限，调蓄洪水能力较弱。不仅在坝体右岸设置开敞式溢洪道，还在死水位以下设置一泄放洞，其主要任务是在洪水到来时随时将入库洪水排至下游使之不侵占有效库容，最大限度使水库下泄洪水不超过天然洪水。

(八) 补（充）水和放空设施

水源条件是抽水蓄能电站选址应考虑的因素之一，特别是位于干旱地区的抽水蓄能电站，对水源问题应进行专题研究，必要时应设置补水设施。

1. 补水水源

上、下水库设计应尽量利用自然条件，修建引水工程将其他溪流的径流集中使用。桐柏抽水蓄能电站上水库直接集水面积6.7km^2，跨流域引水后，流域面积增加到60.9km^2，多年平均年径流量可达到5390万m^3。黑麋峰抽水蓄能电站上水库集水面积1.12km^2，从湖溪冲水库引水后流域面积扩大为11.2km^2。美国落基山抽水蓄能电站下水库流域面积仅12.2km^2，为弥补水量不足，不是在主水库增加备用库容，而是建5座坝，形成两座辅助水库来调节补水量，具体布置如图7-1-9所示，这样可使水头尽可能增加，同样的库容可发出更多的电量。

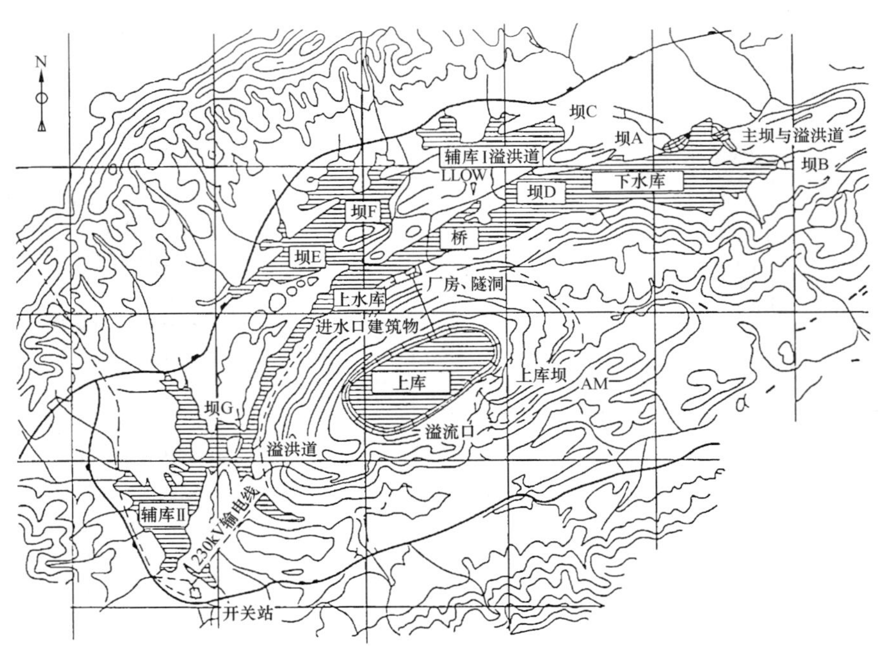

图7-1-9　美国落基山抽水蓄能电站枢纽平面图

在特殊地形条件下，一个抽水蓄能电站可不止一个上水库或下水库。意大利奇奥塔斯和洛维娜两个上水库、两条引水系统、同一地下厂房、共用尾水系统和一个皮阿斯特拉下水库。奇奥塔斯上水库—下水库抽水蓄能电站，安装8台单机容量148MW四级可逆式机组，洛维娜上水库—下水库抽水蓄能电站，安装1台单机容量134MW的三机式机组，9台机组处于同一厂房内，前者较后者水头高400m，既节约投资，又方便运行。在阿尔卑斯山地区类似的工程实例较多，其经验可以借鉴。

抽水蓄能电站上水库应充分利用有利地形和溪流，收集天然径流，以补充蒸发、渗漏损失。琅琊山上水库采用局部防渗，山坡雨水靠设在库顶公路靠山侧的排水沟收集，经沉沙池沉淀后通过公路路面下埋管汇入上水库。

抽水蓄能电站上水库从下水库补水的费用很高，应尽可能将可利用的水源。琅琊山上水库靠设在库顶公路靠山侧的排水沟收集雨水，经沉沙池沉淀后通过公路路面下埋管汇入上水库。在水源匮乏地区，为节约能源，还可考虑将上水库渗漏水集中回收。

2. 补（充）水设施布置

抽水蓄能电站上水库一般先建成，便于收集天然径流和雨量以满足死库容和发电调试的要求，当蓄水时间较短，收集水量不能满足初次充水需要时，应考虑从下水库供给。如天荒坪、十三陵、西龙池等抽水蓄能电站利用临时的施工供水系统向上水库初期充水。琅琊山抽水蓄能电站第一台机组调试发电之前所需的上水库水量利用施工供水系统完成，余下的水量在机组调试时由机组抽到上水库。水库一般存在放空检修后的回蓄水问题，为避免重复建设，初期充水的水源和充蓄设施宜加以保留。

西龙池抽水蓄能电站上、下水库均为人工开挖填筑而成，无天然径流补给。由于滹沱河水含沙量很高，下水库补水水源采用滹沱河河床内的段家庄泉水，经两级泵站提水至下水库，设计流量 0.23 m^3/s，总扬程 202m；上水库初期蓄水利用施工期供水系统，取水点在清水河坪上勘探洞中的泉水，流量为 0.1m^3/s，经六级泵站提水至上水库，总扬程 860m。

宜兴抽水蓄能电站补水水源取自与团氿乃至太湖相连通的潢潼河，补水工程包括一级补水泵站、二级补水泵站、输水管线和蓄水池等设施。一级补水泵站设计流量 0.42m^3/s；二级补水泵站设计流量 0.28m^3/s，运行期最高总扬程 42.95m，最低总扬程 16.15m；输水管线总长约 3150m，管道内径 0.6m；蓄水池距二级补水泵站 6m，总容量 2746m^3。

呼和浩特抽水蓄能电站上水库完全由人工开挖填筑形成，没有天然径流；下水库位于哈拉沁沟，由拦沙坝和拦河坝组成完全封闭的下水库，哈拉沁沟地表天然径流也无法直接进入下水库。补水水源取自哈拉沁水库，拦沙库水通过拦沙坝内埋管以自流方式补给下水库。

3. 放空设施

根据国内外已建抽水蓄能电站运行的经验，为修复遭受破坏的水工建筑物，可能需要将水库放空。例如天荒坪抽水蓄能电站上水库为沥青混凝土裂缝修补的需要，曾 5 次放空水库。另外多沙河流上的下水库，泥沙的长期淤积可能侵占过多的有效库容或淤堵电站进/出水口，也需要放水排沙。因此每个工程应根据泥沙条件和建筑物检修要求，考虑是否在上、下水库设置放空和回蓄充水设施。

上、下水库要尽量避免同时放空，以免增加回蓄的水量及补水时间。上水库死水位至进/出水口之间的库容，一般可通过机组向下水库放水。上水库进/出水口底板高程以下的库容，可通过放水孔（洞）来完成。当此部分库容较小时，也可用水泵排水。

琅琊山抽水蓄能电站上水库灰岩中岩溶发育，为便于运行期查找和处理渗漏点，在堆石主坝下部设置放水底孔来放空上水库，并承担宣泄大于 20 年一遇洪水的任务。泰安上水库设置的放空洞兼顾施工导流和汛期泄洪。惠州抽水蓄能电站上、下水库大坝均设有放水底孔，可用来预泄大于调节库容的多余水量，保证一般情况下不制造人工洪水，避免与下游小型水库调度上的矛盾。美国巴斯康蒂抽水蓄能电站上水库在施工导流洞内布置一条泄水管，用来向下游供水，必要时还可用来放空上水库进/出水口底板高程以下的库容。

对于补水困难的抽水蓄能电站，如有计划对上水库进行放空检查，可在下水库内预留足够库容，存储上水库死库容的水量。

（九）其他应注意的问题

1. 防沙减淤设施

多泥沙河流上的抽水蓄能电站水库，要从枢纽布置、防沙及冲沙建筑物设计、机组设备制造质量、电站运行方式等方面应因地制宜采取综合防沙措施。

张河湾抽水蓄能电站下水库利用河湾地形，在距主坝 1.8km 设拦沙潜坝，在拦沙坝上游垭口设排沙明渠，汛期输水沙至主坝前通过排沙孔排走，如图 7－1－10 所示。呼和浩特抽水蓄能电站下水库所在的哈拉沁沟内多年平均含沙量达 7.9kg/m^3，设拦沙坝将下水库分隔成拦沙蓄水库和电站专用下水库，拦沙坝及泄洪排沙洞负责拦洪排沙，含沙水流不进入电站下水库。西龙池下水库原在滹沱河上，滹沱河多年平均含沙量达 17.5kg/m^3，将下水库移至其支沟——龙池沟内，与原河道浑水彻底隔开。

2. 建筑物抗冰冻措施

对于寒冷和严寒地区的日调节抽水蓄能电站，由于水位升降，冬天每天就可能经历一次冻融循环，年冻融循环次数比常规水电站多，冻融破坏的威胁大大增加。因此，对寒冷和严寒地区的抽水蓄能电站，应分析气温与水库冰冻的变化规律，预测水库的冰情，从工程布置、电站运行方式、结构型式和材料性能、施工工艺方面采取如下抗冰冻综合措施。

（1）机组调度遵守冬季运行规定。影响寒冷地区抽水蓄能电站水库冰冻的因素有气温、风向、风速、库水温度、水流流态及机组运行调度等。除机组运行调度外，其他自然因素不是人力所能左右的。冬季运行观测资料表明，一般抽水蓄能电站冬季每天有一定数量机组投入运行，每天往复水

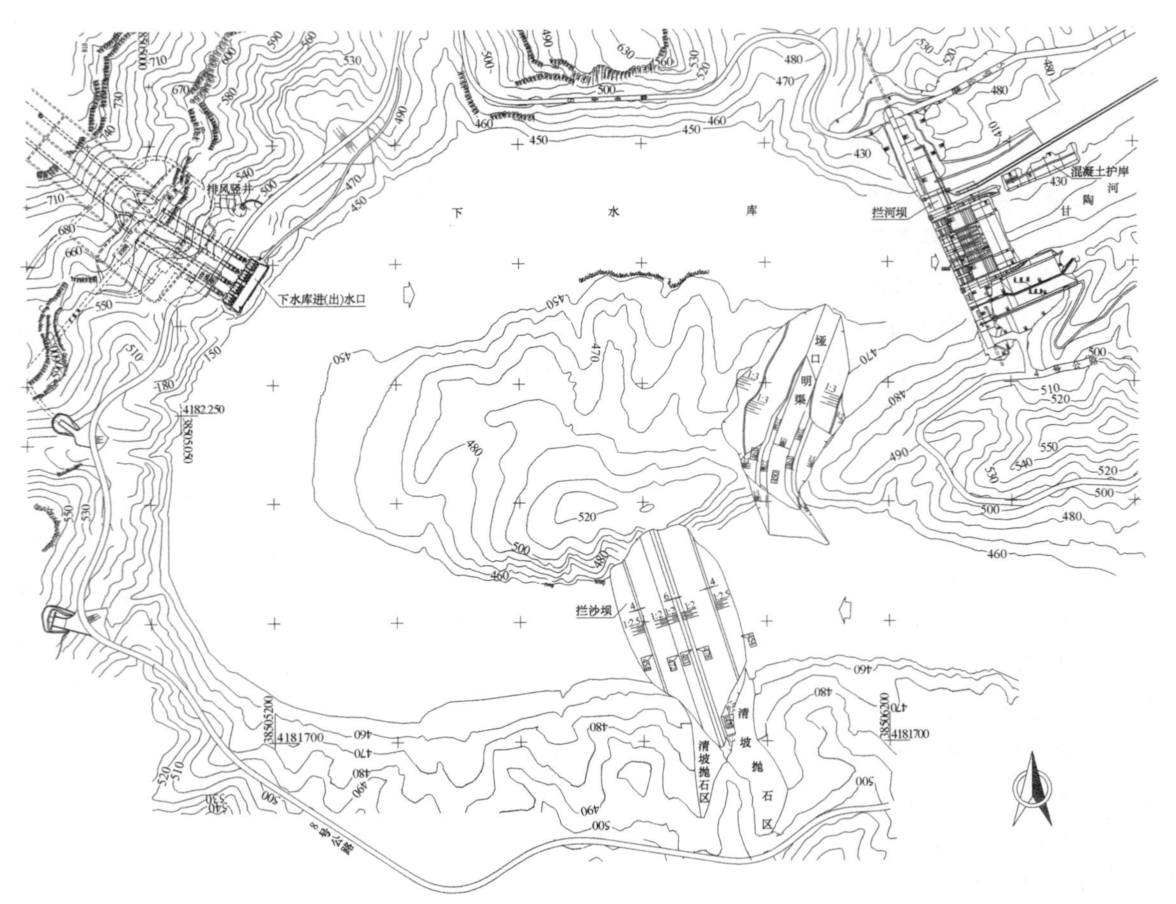

图 7-1-10 张河湾抽水蓄能电站下水库平面布置图

流运动不中断，是阻止冰盖形成或减薄冰盖厚度最为经济和有效的措施。十三陵抽水蓄能电站在1995年12月24日～1996年2月8日机组消缺期间，上水库水位长时间保持不动，库面全部封冻，冰盖最大厚度达50cm。只要保证至少有一台机组每天抽水、发电2个循环，即夜间至次日凌晨抽水6～7h，次日上午发电4～5h，下午抽水2～3h，前夜发电4～5h，每天共运行16～20h，上水库就不会形成冰盖。这与前苏联基辅抽水蓄能电站冬季运行经验一致，另外基辅抽水蓄能电站比较过电站每日单循环及双循环运行方式，双循环运行方式减少了上水库引水渠中冰的厚度。

(2) 水库库形设计利于减轻冰情。抽水蓄能电站上、下水库进/出水口均为双向水流，研究表明，在一定的低温条件和运行方式下，水流紊动作用使进/出水口附近存在一个不结冰或冰盖厚度减薄的区域。十三陵抽水蓄能电站观测资料表明，上水库正常蓄水位对应的库面面积为15.8万m^2，没有冰盖出现。下水库进/出水口前形成不结冰区面积有20.4万m^2，相当于下水库库面面积的7.9%。基辅抽水蓄能电站上水库库中冰盖与岸坡分开，随水位起落，冰盖厚度约0.5m左右；引水渠及岸坡处流速增加，且沿长度和宽度方向流速分布不同，冰的冻结和融解程度不同，使沿上水库长度和宽度方向冰盖厚度分布不均，靠近引水渠及岸坡处，厚度减薄。故在进行库盆形状设计时，应尽量使水流的紊动范围能波及到整个库面，对减轻冰情有利。具有深式（或较深式）进水口的大中型水电站很少受到冰块堵塞，但要注意冰花下潜的可能性，国内外的大量冰花下潜临界流速观测成果都比较接近，大约为0.6～0.7m/s。因此，抽水蓄能电站的进/出水口布置时还要考虑防冰花下潜的需要。

(3) 建筑物混凝土及表面采用抗冰冻措施。影响混凝土冻融破坏的因素较多，要改变气温、冻结的速度、冻融的循环次数、湿润条件、日照状况等外部条件很困难，重点应着眼于混凝土内部条件的改善，主要包括混凝土的含气量、气泡性质（气泡的平均直径和间距系数）、混凝土配合比、水灰比、用水量、水泥、骨料品种和其他原材料的性质等。在同等自然条件下，抽水蓄能电站混凝土抗冻标号应高于常规水电站混凝土抗冻标号。可考虑在混凝土表面设置辅助防渗材料或保温保湿材料，以提高混凝土防渗性能，提高混凝土表层温度，减少干缩，减少裂缝的产生和控制裂缝发展的规模，从而减轻冻融破坏。如已建的查龙水电站钢筋混凝土面板表面涂刷黑色的防水涂料 WPC－3；柯柯亚水库挡水坝素混凝土面板表面 1982 年建成时涂刷黑色的聚氯乙烯胶泥，2004 年改为聚氨酯防水涂料；山口水电站面板表面贴 1cm 厚黑色橡胶板；温泉堡水库全断面碾压拱坝上游面铺设土工膜；石门子水电站拱坝坝面喷涂聚氨酯硬质泡沫；龙首水电站全断面碾压拱坝上游面涂抹防渗涂料并设 15cm 厚泡沫板。

3. 上水库地震作用放大效应

抽水蓄能电站上水库地势高，库周常有陡峭的临空面甚至多面临空，水库高悬于山顶，当发生强烈地震时是否安全，尤其是当内、外岸坡和坝基存在不利稳定的因素时结果如何，迄今为止国内外没有可供分析的工程实例。

大型的抽水蓄能电站，在工程区地震烈度 7 度以上，上、下水库高差大于 400m，上水库内外岸坡陡峻，库周山体单薄，上水库大坝及岸坡地质条件复杂并存在稳定问题的情况下，宜进行高山动力反应测试，研究动参数的放大值，以便为上水库建筑物抗震设计提供依据。从西龙池、板桥峪、张河湾、呼和浩特抽水蓄能电站的高山动力反应测试来看，上、下水库的相对高差为 287～685m 时，基岩水平峰值加速度水平分量放大比例可达到 1.74～2.2。说明，山体振动时，地形高差对地面运动有强烈的放大作用。因此在高山顶部建上水库时，应根据地形条件、沟谷及悬崖临空面的分布、岩性及断裂构造产状等条件，分析地震作用放大效应。

第二节 钢筋混凝土面板衬砌防渗

我国抽水蓄能电站上、下水库采用混凝土面板衬砌防渗的工程较多，按衬砌防渗的范围可划分为全库及库区局部（如坝坡）防渗两种类型。无论何种类型的衬砌，其运行状况、受力、结构型式及在设计中考虑的因素基本相同。国内、外已建和在建的抽水蓄能电站采用混凝土面板衬砌防渗的部分工程实例见表 7－2－1，从表可知，自 20 世纪 90 年代以来，随着十三陵抽水蓄能电站上水库采用混凝土面板全库防渗工程成功建成和正常运行，越来越多的抽水蓄能电站选用混凝土面板衬砌作为上、下水库的防渗设施。混凝土面板衬砌防渗技术具有防渗可靠、施工简单、施工工艺和质量控制技术成熟、采用常规机械设备施工、经济上有利等优点。

表 7－2－1　国内外抽水蓄能电站水库混凝土面板衬砌防渗的工程实例

序号	工程名称	所在地（国家）	总库容/调节库容（万 m³）	消落水深（m）	衬砌部位	面板厚度（m）	衬砌防渗面积（m²）	投入运行年份	备注
1	拉告施上水库	（法国）	—/200	38	全库	0.3（等厚）	100000	1975	
2	十三陵上水库	北京	445/422	35	全库	0.3（等厚）	175000	1995	
3	宜兴上水库	江苏	530.7/507.3	41.9	全库	0.3（等厚）	223000	2008	
4	呼和浩特上水库	内蒙古	666.37/629	37	全库	0.3（等厚）	242400	在建	
5	瑞本勒特上水库	（德国）	—/150	15.4	坝、库坡	0.2（等厚）		1955	库底采用沥青混凝土防渗，库坡面板运行 25 年后采用沥青混凝土修复
6	卡宾克里克上水库	（美国）	200/168	27	坝坡	顶：0.3 底：0.455		1966	

第七章　上、下水库

续表

序号	工程名称	所在地（国家）	总库容/调节库容（万 m^3）	消落水深（m）	衬砌部位	面板厚度（m）	衬砌防渗面积（m^2）	投入运行年份	备　注
7	广州上水库	广东	2575/2×850	19.8	坝坡	0.3+0.003H 最大 0.5		1993	一期、二期的调节库容均为 850 万 m^3
8	溪口上水库	浙江	103/77	13.92	坝坡	0.3（等厚）	6000	1997	
9	溪口下水库	浙江	86.1/77	17.1	坝坡	0.3（等厚）	11085	1997	
10	天荒坪下水库	浙江	859.56/802.08	49.5	坝坡	0.3+0.0024Δh	20800	1998	
11	沙河上水库	江苏	262.27/236.2	16	主坝、东副坝、坝坡	主坝：0.3+0.003H 最大 0.433；东副坝：0.3（等厚）	主坝 27160 东副坝 6760	2002	
12	桐柏下水库	浙江	1289.73/—	31.17	坝坡	顶：0.3 底：0.5	39010	2005	
13	泰安上水库	山东	1147/890	24	坝、库坡	0.3（等厚）	46000	2006	
14	琅琊山上水库	安徽	1804/1238	21.8	坝坡	0.4（等厚）	30970	2007	
15	西龙池下水库	山西	494.2/421.5	40	岩坡区库坡	0.4（等厚）	67200	2008	岩坡区坡比为 1∶0.75，面板与库底周圈排水廊道连接
16	白莲河上水库	湖北	2496/1663	17	坝坡			在建	
17	黑麋峰上水库	湖南	996.5/843.87	23.5	坝坡	0.4（等厚）		在建	
18	黑麋峰下水库	湖南	959.32/843.76	38.7	坝坡	0.4（等厚）		在建	
19	蒲石河上水库	辽宁	1256/1029	32	坝坡			在建	
20	响水涧上水库	安徽	1748/1282	32	坝坡	0.3+0.0035H		在建	

一、抽水蓄能电站对混凝土面板衬砌的特殊要求

抽水蓄能电站水库的运行条件有别于常规水电站水库，尤其是高水头、大容量、库容较小的日调节纯抽水蓄能电站水库，其区别更为明显，对混凝土面板衬砌有一些特殊要求。

（1）抽水蓄能电站水库水位升降频繁、涨落速度快（最大可达 7～9m/h），水位消落深度大（一般为 20～35m，最大可达 45～50m），混凝土面板衬砌需满足以下两个方面的要求：

1）稳定安全。如果渗水不能及时地排除，将在面板后形成反向水压力，而面板为薄板结构，当库水位急速降落时，容易造成面板在反向水压力的作用下浮起或破坏。因此，必须在面板后设置完善、可靠的排水设施，及时排除渗漏水，消除面板后反向水压力，以确保衬砌结构的稳定安全。

2）抗冻、耐久性。由于抽水蓄能电站水库水位每天至少有一个涨落循环，混凝土面板衬砌受外界气温变化的影响较大，特别是位于寒冷和严寒地区的抽水蓄能电站水库，面板衬砌经受冻融循环的次数比常规面板坝要多很多，衬砌抗冻性往往成为其结构设计控制性因素之一。因此，要求抽水蓄能电站水库的混凝土面板衬砌有足够的抗冻性和耐久性，以适应外界气温变化对其的不利

影响。

(2) 抽水蓄能电站水库，特别是上水库，一般都没有天然径流或天然径流很小，因渗漏、蒸发等原因造成水库水量的损失，将减少电站的发电量和增加补水的费用，降低电站的综合效率，因此，对水库的防渗要求较高。尤其是采用全库盆混凝土面板衬砌防渗面积较大的工程，在混凝土面板防渗及止水系统设计和施工方面，更应做到精心设计、精心施工，减少漏水量。

(3) 抽水蓄能电站上水库常布置于山顶台地或沟脑，地下水位往往较低、岩体透水性强，需要全库衬砌防渗。岩体因岩性或风化程度不同、受断裂构造影响等，库盆地基在库水作用下将产生不均匀变形，而混凝土面板衬砌为刚性结构，其适应地基不均匀变形的能力较差，这就要求根据开挖揭示的地基条件对混凝土面板进行合理的分缝，以适应基础的不均匀变形；或采取有效的基础处理措施，减少地基的不均匀变形，避免混凝土面板结构因基础不均匀沉降而破坏。

二、混凝土面板衬砌结构型式

抽水蓄能电站上、下水库仅在坝坡区设置混凝土面板衬砌防渗的衬砌结构与常规混凝土面板坝基本相同，即在坝坡碎石垫层上设置混凝土面板，并设置趾板与基础连接，在趾板上进行基础固结和帷幕灌浆，形成整个坝体防渗体系，唯一的区别在于抽水蓄能电站水库要求混凝土面板下垫层的排水能力更高，当水库水位骤降时能保证混凝土面板衬砌结构安全运行。

采用全库盆混凝土面板衬砌防渗的抽水蓄能电站水库工程，其混凝土面板衬砌本身就能形成十分完整的防渗体系而不需要设置趾板，库（坝）坡面板与库底面板之间通常采用连接板衔接。连接板主要起过渡衔接作用，其型式如图 7-2-1 所示。

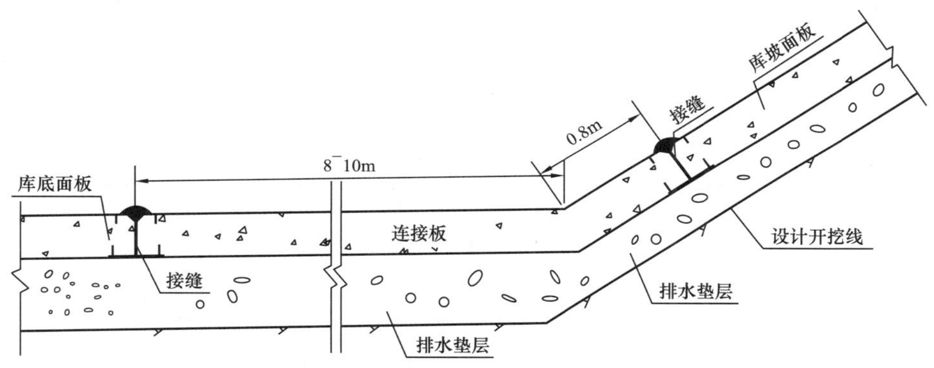

图 7-2-1　连接板的结构型式

库（坝）坡面板在垫层摩阻力作用下能维持自身的稳定，连接板基本不受坡面混凝土面板传来的推力，因此，连接板可以坐落于堆石填筑体或排水垫层上。若将连接板置于基岩上，即与常规混凝土面板坝趾板的结构型式基本相同，但应在坡脚处混凝土趾板下设置排水管，以排除库（坝）坡混凝土面板的渗水。采用这种结构型式的排水系统设计比较复杂，且排水不够顺畅。为了给库（坝）坡面板滑模施工提供一个起始工作面，连接板顺库（坝）坡面上翘一定距离，通常 80cm 左右，形成折线断面。连接板的宽度可与库（坝）坡面板一致，这样可减少面板止水的“丁”字接头数量，库底部分板长度为 10m 左右。已建成的十三陵抽水蓄能电站上水库混凝土面板即采用此种连接板，经多年监测，运行正常。

混凝土面板下必须设置排水垫层，及时将面板渗漏水排出。抽水蓄能电站水库全库防渗的混凝土面板衬砌通常采用混凝土面板防渗层—排水垫层—基础岩体（或坝体堆石体）的结构型式。

排水垫层的厚度根据排水能力要求计算确定，并应满足施工最小厚度要求。坝坡区与库底区排水垫层应优先选用级配碎石填筑，级配设计时应充分考虑其渗透性，严格控制粒径小于 0.075mm 和小于 5mm 细颗粒含量。一般要求粒径小于 0.075mm 的颗粒含量不大于 5%，小于 5mm 的颗粒含量控制在 20%的范围，使排水垫层的渗透系数大于 1×10^{-2}cm/s。

如果库岸坡开挖坡度缓于 1∶1.7，也可考虑选用级配碎石填筑。但开挖坡度陡于 1∶1.7 时，一般采用无砂混凝土排水垫层。无砂混凝土是一种具有多孔的、强透水的混凝土材料，该材料具有一定的强度，可在较陡的斜坡上采用无轨滑模施工，施工工艺简单，通过合理的配比设计，其渗透系数可大于 1×10^{-2}cm/s，是一种比较理想的排水垫层材料，十三陵上水库、西龙池下水库以及宜兴上水库等工程岩坡区面板排水中都采用无砂混凝土作为排水层。无砂混凝土排水垫层对面板的约束作用较强，易引起面板开裂，需加强防裂措施。

三、混凝土面板

（一）面板混凝土性能

混凝土防渗面板应具有足够的强度、抗渗性、抗冻性、较好的抗裂性和耐久性。抽水蓄能电站水库的混凝土防渗面板运行条件较常规水电工程面板坝的面板混凝土恶劣，因此对面板混凝土性能的要求应适当提高。

(1) 强度等级。一般情况下，混凝土抗压强度决定其抗拉强度，而抗拉强度高的混凝土，其抗裂性和耐久性也较好，因此，抽水蓄能电站水库混凝土面板的强度等级不宜低于 C25，以满足抗裂和耐久性方面的要求。

(2) 抗渗等级。应根据面板的作用水头大小确定，由于混凝土面板厚度较薄，承受的水力梯度大，其抗渗等级不宜低于 W8。

(3) 抗冻性。由于严酷的运行条件，抽水蓄能电站面板混凝土的抗冻性要求较高，有些寒冷及严寒地区工程面板混凝土的抗冻等级要求达到 F300～F400 以上。

(4) 抗裂性。混凝土的抗拉强度和极限拉伸率是面板抗裂的关键性指标，提高混凝土自身的抗裂能力，对防止或减少面板裂缝有十分重要的作用。目前国内混凝土面板坝规范对面板混凝土的抗裂指标没有明确的规定和要求，根据已建混凝土面板坝工程的经验，专家建议面板混凝土的抗裂指标应达到表 7-2-2 中的值。

表 7-2-2　面板混凝土的抗裂性指标

序号	坝高（m）	混凝土极限拉伸率（$\times10^{-4}$）	序号	坝高（m）	混凝土极限拉伸率（$\times10^{-4}$）
1	<50	≥0.75	3	>100	≥1.0
2	50～100	≥0.85			

（二）混凝土面板厚度

混凝土面板厚度可根据作用于其上的水头大小确定，面板承受的水力梯度一般不超过 200；考虑施工条件以及便于在其内布置钢筋和止水的结构要求，面板的最小厚度应不小于 30cm。对于采用全库防渗的混凝土面板，为方便施工，最大作用水头在 60m 以下时，一般可以采用 30～40cm 的等厚面板。对于作用水头较大的工程，混凝土面板厚度可按与常规面板坝设计相同的公式确定

$$t = 0.3 + \alpha H \tag{7-2-1}$$

式中　t——混凝土面板厚度，m；

α——系数，一般为 0.002～0.0035；

H——计算断面到面板顶部的垂直距离，m。

（三）混凝土面板分缝

混凝土面板为刚性结构，需分缝以适应干缩、温度应力和基础不均匀沉降变形，避免有害裂缝的产生。对于采用混凝土面板全库防渗的抽水蓄能电站水库工程，一般库（坝）高度都不超过 80m，库（坝）坡混凝土面板可以不设水平缝，仅设置垂直缝。库（坝）坡面板及库底面板与连接板之间、填筑区边缘以及面板与进/出水口建筑物接缝处设置周边缝。库底面板也应结合地基基础条件进行合理的分缝；对仅有坝坡采用混凝土面板防渗的工程，分缝设计可参照常规混凝土面板坝的分缝原则。

混凝土面板的分缝尺寸应综合考虑施工条件、温度应力和基础约束、基础介质和基础变形等因素

后确定，库（坝）坡受压区的面板一般垂直缝间距为12～18m；受拉区适当减小，一般为受压区面板宽度的1/2～2/3。库底混凝土面板分缝宽度可与库（坝）坡混凝土面板宽度相同，长度为20～30m。十三陵抽水蓄能电站上水库库（坝）坡面板垂直缝间距为16m，在主坝两岸受拉区减少到8～10m，在主、副坝填筑区边界以及进/出水口边缘等变形较大部位设置周边缝，库盆混凝土面板的分缝如图7-2-2所示。

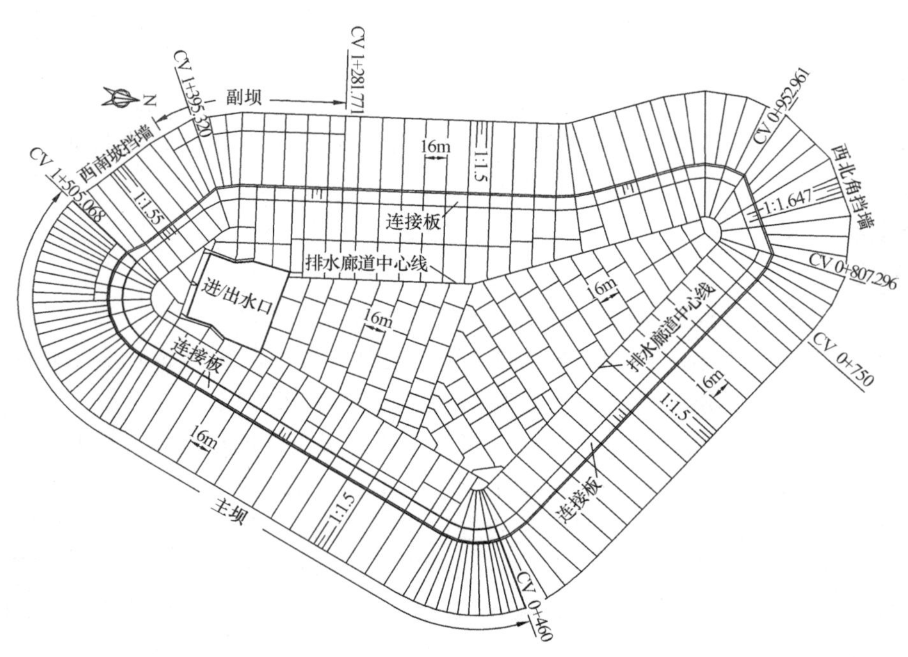

图7-2-2　十三陵抽水蓄能电站上水库混凝土面板分缝图

对于采用全库混凝土面板防渗的工程，一般其防渗面积和接缝止水的工程量均较大，如十三陵和呼和浩特抽水蓄能电站的上水库，其混凝土面板防渗面积分别为17.5万m^2和24.24万m^2，各种结构缝总长分别约2.13万m和2.9万m。已建工程的运行经验表明，接缝止水是混凝土面板防渗体系的薄弱环节，即使做到精心设计、精心施工，也难免存在一些质量缺陷，造成渗漏。因此，分缝设计时，在满足温度应力及基础变形的条件下，尽量使分缝尺寸大一些，这样可减少接缝止水的长度，不仅能减小接缝止水的施工难度和造价，也可提高整个面板防渗体系的可靠性。

（四）混凝土面板配筋

混凝土面板是传力结构，根据国内外面板坝应力应变的观测资料，除面板顶端和周边缝附近存在小面积、随时间消失的微小拉应变外，大部分面板处于双向受压状态，最大应变值约400×10^{-6}，而在逐渐加荷（长期荷载）情况下，混凝土允许的压应变为3000×10^{-6}左右，面板混凝土通常不会被压坏。面板在法向水压力作用下，由于基础不均匀沉陷，将产生拉应力。此外，混凝土散热降温、干缩以及外界温度变化均有可能使面板出现裂缝，面板配筋的目的是起限裂作用。

抽水蓄能电站水库混凝土面板配筋原则基本与常规混凝土面板坝工程相同，均在面板中部采用单层双向配置钢筋。由于抽水蓄能电站水库的混凝土防渗面板运行条件比较严酷，建议其配筋率应比常规面板坝面板的配筋率有适当的提高，受拉区面板单向配筋率宜为0.45%～0.5%，受压区面板单向配筋率宜为0.35%～0.4%。

（五）混凝土面板衬砌的施工和养护

抽水蓄能电站水库库（坝）坡混凝土面板的施工与常规面板坝工程基本相同，均可采用无轨滑模进行。对于采用全库防渗的抽水蓄能电站水库，考虑库顶公路连接顺畅，库岸边坡一般采用圆弧连接，存在曲面段混凝土面板施工的问题。库坡曲面段混凝土面板可按3块共面的面板为一组，布置成上宽下窄的梯形面，将曲面段裁弯取直，便于滑模在同一个平面内平行移动。无轨滑模可采用长度可调的可变折叠滑模，其基本结构与直线段滑模相同，一般由6m长的基本模板和若干块1m长的短模板组装而成。滑模滑升过程中，随着仓面的变宽，以1m长模板为单位逐步加宽仓内模板，同时向外调节该端钢丝绳的牵引位置。滑模滑升时，滑模与已浇混凝土板的搭接长度应控制适当，搭接太少，容易掉下仓面而造成事故；搭接超过30cm，滑模被抬高，造成新浇混凝土覆盖已浇面板，形成错台，给表面止水施工带来困难。

浇筑面板混凝土时，应严格控制混凝土入仓塌落度和滑升速度，仓面塌落度宜控制在4～7cm以内，滑升速度控制在1.5～2.0m/h以内，滑模一次最大行程宜小于30cm。混凝土面板浇筑脱模后，应立即进行养护，一般要求流水养护，直到水库蓄水。

另外，库坡上无砂混凝土排水垫层也可采用无轨滑模进行施工，施工方法基本与混凝土面板相同，但在振捣时，应选用小功率的振捣器或用人工插捣，防止浆液下沉而堵塞无砂混凝土孔隙，使排水垫层的排水作用失效。

四、混凝土面板止水

（一）止水构造型式

仅在坝坡区采用混凝土面板衬砌防渗的抽水蓄能电站水库，其面板止水构造型式可参照常规面板坝混凝土面板止水构造进行设计。全库防渗的抽水蓄能电站水库混凝土面板止水构造型式与常规面板坝的型式略有区别，但仍可划分为周边缝、受压缝、受拉缝等结构型式。

(1) 周边缝。由于周边缝位于填筑区、进/出水口等其他建筑物的边缘，其变形通常是三维的，即沿垂直缝面方向张开、沿板厚方向沉降及沿缝面方向剪切。周边缝的构造设计是以估计的周边缝变形量为基础，结合地形条件和已建类似工程的经验进行，以满足大变形和复杂变形条件下的止水要求。根据工程的重要性，周边缝可设两道或三道止水。设两道止水的构造型式一般为“底部铜止水片＋顶部柔性填料表层止水”。设三道止水时，在面板中部增设PVC止水片或橡胶止水带。如果面板厚度较薄，无法保证止水周围混凝土的浇筑质量时，应将周边缝附近面板作局部加厚处理，如十三陵抽水蓄能电站上库主坝区周边缝，由于30cm厚混凝土面板内设置三道止水，中层止水与底部止水的间距较小，现场工艺试验表明，振捣不实，存在蜂窝、麻面现象，无法保证止水的效果。正式施工时将周边缝处面板加厚至50cm，并在5m范围内渐变至30cm。周边缝表层止水柔性填料的截面积应根据周边缝在蓄水后可能张开的宽度进行设计，一般要求做成弧形凸体，凸体的截面积应不小于缝面张开后缝面的横截面积，以保证周边缝的止水效果。

(2) 受拉缝。受拉缝布置在坝肩及库坡曲面段。由于采用混凝土面板全库防渗的抽水蓄能电站水库的作用水头一般不超过40～50m，可采用“底部铜止水＋顶部柔性填料表层止水”的构造型式，其表层止水柔性填料的截面积也应根据受拉缝在蓄水后可能拉开的宽度进行设计，一般要求做成弧形凸体，凸体的截面积应不小于缝面拉开后缝面的横截面积。

(3) 受压缝。坝体中部、库岸开挖区及库底混凝土面板的接缝均为受压缝，可采用“底部铜止水＋顶部柔性填料的表层止水”的构造型式。由于受压缝一般没有大的变形，表层止水柔性填料不需做成弧形凸体，通常与面板齐平。

（二）铜止水

由于紫铜带具有良好的耐蚀性和延展性，强度较低，易于加工成型，常用作水工建筑物的止水材料。按标准试件试验，其主要力学指标：熔点强度200～300MPa，硬度（布氏）HB＝300～400MPa，弹性模量E＝(1.1～1.2)×10^5MPa，泊松比ν＝0.31～0.34，剪切模量G＝300～400MPa，延伸率S＝30％～50％。

混凝土面板衬砌的底部止水铜片，厚度一般选用1～1.2mm，主要有D、F和W三种形式，通常使用铜卷材，根据设计形状和尺寸在现场用专用机械压制成形。D形适用于趾板结构缝，F形适用于面板与趾板间的周边缝，而面板之间结构缝的底部止水均使用W形铜止水。铜止水片的形状和尺寸可参照图7-2-3，图中的d_{max}为面板混凝土骨料的最大粒径，面板混凝土通常采用二级配，其d_{max}一般为40mm。铜止水片鼻端顶部空腔内应放置实心橡胶棒或尼龙棒，以维持其体形，并用泡沫塑料将空腔塞满，防止在浇筑过程中砂浆进入，使空腔处不能自由变形。

铜止水片的连接一般采用对缝焊或搭接焊，焊接工艺应采用黄铜焊条气焊。对缝焊接时，应采用单面双层焊道焊缝，必要时可在焊接后再增焊与止水片形状相同的贴片，对称焊接在接缝两侧的止水片上，贴片宽度不小于 60mm。搭接焊接应采用双面焊接，搭接长度不小于 20mm。有关试验研究表明，铜止水的焊缝对止水效果有较大的影响，特别是面板接缝产生变形的情况下，将大大降低其止水效果。为解决铜止水片焊缝多、焊缝质量不易保证而成众多薄弱环节的问题，国内外目前均采用铜卷材，在现场用专用挤压成型机加工，就地长条安放，以大大减少焊缝量。

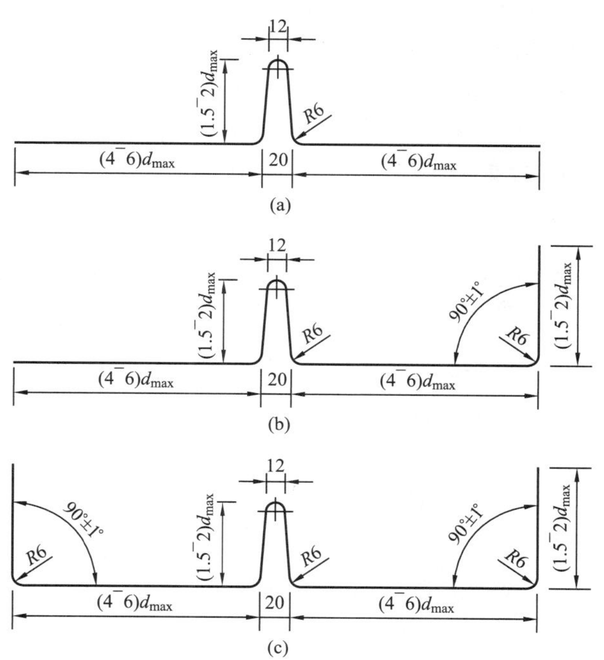

图 7-2-3　铜止水片大样图

(a) D 形止水片；(b) F 形止水片；(c) W 形止水片

无论是常规混凝土面板坝工程，还是全库防渗的抽水蓄能电站水库工程，铜止水片均存在数量不等的 T 形或“十”字接头，要求适应各块混凝土面板在各个方向的变形。以往工程中对铜止水片的“十”字和 T 形接头通常的处理办法是把一条 W 形铜止水的侧翼切开，与另一条搭接焊接，同时把另一条 W 形止水铜片的中腹堵死，这样就限制了另一个方向的拉伸和错动变形，当面板在两个方向上都存在较大位移时，止水铜片将在另一方向发生拉伸或剪切破坏。通过大量的工艺试验，十三陵抽水蓄能电站上水库混凝土面板铜止水的 T 形和“十”字形接头采用工厂整体冲压成型，如图 7-2-4 所示。该项技术是采用多套模具将比铜止水片厚 0.2～0.3mm 的铜板经多次反复冲压和退火处理，冲压成设计所需的“十”字形和 T 形接头形状。经测厚、探伤测试，变形较大的鼻子、翼缘部位虽超深拉伸达60～100mm，其厚度仍满足要求，无裂纹、孔洞等缺陷。对加工件取样进行硬度、拉伸及杯突试验，各项指标与加工前母材的指标基本一致。由于应用该项技术生产的铜止水能适应接缝的三向变形，避免了以往采用焊接加工可能造成的质量缺陷，止水效果好，目前已在琅琊山抽水蓄能电站上水库主坝、洪家渡、水布垭等工程中得到了推广应用。图 7-2-5所示为琅琊山抽水蓄能电站上水库主坝混凝土面板铜止水 T 形整体接头照片，其左上角是采用焊接工艺加工的 T 形接头，与整体冲压成形加工的 T 形接头相比，其外观质量明显较差。

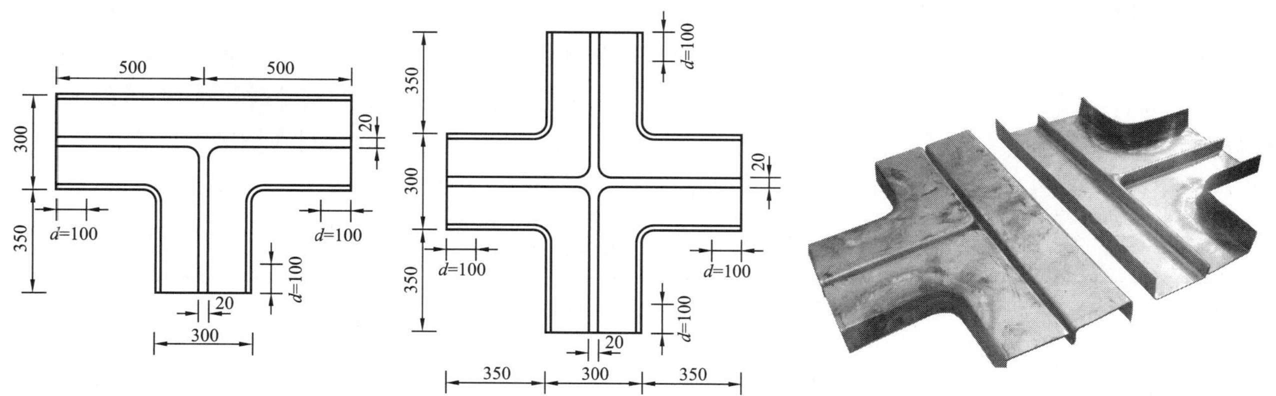

图 7-2-4　十三陵抽水蓄能电站上水库铜止水 T 形和“十”字形整体冲压接头

图 7-2-5　铜止水 T 形整体冲压成型接头

（三）橡胶止水带和 PVC 止水带

橡胶和 PVC 止水带是弹性材料，具有较大的拉伸变形性能和良好的止水效果，是水工建筑物结构缝常用的止水材料，在混凝土面板坝工程中一般用作周边缝等的中部止水。橡胶和 PVC 止水带的厚度一般为6～8mm，宽度一般为250～370mm，可根据作用水头和接缝张开值大小选用。当作用水头及接缝张开值大时，应选用厚度及宽度较大的止水带。

用于混凝土面板衬砌接缝的PVC止水带的性能应满足如下要求：拉伸强度大于14MPa，断裂伸长率大于300%，邵尔硬度大于65°，脆性温度低于－37.2℃。严寒地区的混凝土面板接缝止水一般不宜采用PVC止水带。用于混凝土面板衬砌接缝的橡胶止水带，其性能应满足表7－2－3的要求。

表7－2－3　　橡胶止水带的物理性能

序号	项目			B	J
1	硬度（邵尔A）			60°±5°	60°±5°
2	拉伸强度（MPa）			≥15	≥10
3	扯断延伸率（%）			≥380	≥300
4	压缩永久变形（%）	70℃、24h		≤35	≤35
		28℃、168h		≤20	≤20
5	撕裂强度（kN/m）			≥30	≥25
6	脆性温度（℃）			≤－45	≤－40
7	热空气老化	70℃、168h	硬度（邵尔A）	≤+8°	
			拉伸强度（MPa）	≥12	
			扯断延伸率（%）	≥300	
		100℃、168h	硬度（邵尔A）		≤+8°
			拉伸强度（MPa）		≥9
			扯断延伸率（%）		≥250
8	臭氧老化 5×10^7：20%、48h			2级	0级
9	橡胶与金属黏合			断在弹性体内	

注　1. 橡胶与金属黏合项仅适用于带有钢边的止水带。

2. 若有其他的特殊需要时，可由供需双方协议适当增加检测项目，如根据用户需求酌情考核霉菌试验，其防霉性能应等于或高于2级。

3. B表示适应于变形缝用止水带，J表示适用于有特殊耐老化要求的接缝止水带。

（四）嵌缝柔性止水材料

随着混凝土面板坝的发展，国内外对嵌缝止水材料进行了大量试验研究，先后开发了几种性能优良的嵌缝止水材料。国外研制了Igas嵌缝止水材料，并制定了嵌缝止水材料性能标准，即Igas性能技术标准。国内开发的面板嵌缝止水材料有水科院的GB系列止水材料和BS止水材料、华东院的SR止水材料和南科院的P_{u-1}、P_{u-2}止水材料，其中GB和SR嵌缝柔性止水系列材料在国内混凝土面板坝工程中应用较广泛。以上几种嵌缝止水的技术性能指标见表7－2－4和表7－2－5。

表7－2－4　　嵌缝止水材料技术性能指标表

试验项目	试验条件	Igas性能技术指标	GB_{4-1}材料实测数据	GB_{4-5}材料实测数据	BS材料实测数据	P_{u-1}材料实测数据	P_{u-2}材料实测数据
耐化学浸蚀	水	≤+1.7%	+1.4%	+1.3%	+0.59%	+21.3%	+3.1%
	$Ca(OH)_2$饱和溶液	≤+2.1%	+1.6%	+1.7%	+1.06%	+21.4%	
	10%浓度NaCl溶液	≤+1.3%	+1.0%	+1.0%	+0.28%	+16.1%	
	5%浓度Na_2SO_4溶液	≤+0.5%	+0.3%	+0.4%	+0.23%		
	1%浓度NaOH溶液	≤+1.9%	+1.6%	+1.6%	+0.59%		
	海水	≤+1.7%	+1.6%	+1.5%			

续表

试验项目	试验条件		Igas性能技术指标	GB_{4-1}材料实测数据	GB_{4-5}材料实测数据	BS材料实测数据	P_{u-1}材料实测数据	P_{u-2}材料实测数据
断裂强度、伸长率	常温	断裂强度（MPa） 断裂伸长率（%）		0.129 800	0.233 800		0.34 1090	0.31 300
	−10℃	断裂强度（MPa） 断裂伸长率（%）	155			155		
	−15℃	断裂强度（MPa） 断裂伸长率（%）	145	0.76 800	1.23 600	145		
	−30℃	断裂强度（MPa） 断裂伸长率（%）		2.19 600	3.84 600			
比重	20℃		1.35～1.4	1.21	1.22		1.25	1.27
抗渗	0.981MPa水压，48h		不渗漏		不渗漏	不渗漏	不渗漏	不渗漏
冻融	冻融温度−18～5℃，循环速度10～12次/d，81次循环后		材料不开裂，混凝土黏结面不开裂	材料不开裂，混凝土黏结面不开裂		材料不开裂，混凝土黏结面不开裂	材料不开裂，混凝土黏结面不开裂	100次伸长率和及拉伸强度不变，不开裂
耐高温流淌	60℃，75°倾角，48h		0	不流淌	0	0	<2mm（垂直悬挂24h）	0（垂直悬挂24h）
针入度	按石油沥青试验方法，1/10mm		55～70	—	55	63		
耐久性	自然天气中老化一年		表面光泽消失，稍变硬，呈现可见微裂缝	表面光泽消失，硬度不变	表面光泽消失，硬度不变	表面光泽消失，稍变硬，呈现可见微裂缝	浸水6个月拉伸强度为0.16MPa，伸长率不变	
与混凝土黏结	使用黏合剂					黏结面不开裂	黏结面不开裂	黏结面不开裂，材料本身断裂
与流态混凝土黏结			不黏	黏接				
颜色			黑	可根据需要着色		黑	黑	黑

注 1. 耐化学浸蚀试验一项中，所列数据是试件溶液中浸泡五个月后试件增重变化率。

2. 空格表示没有要求，或没测试。

表7-2-5　SR产品技术参数

编号	性能	项目	方　　法	SR	Igas
1	塑性	回弹性	10mm×10mm×20mm试件压缩50%变形的回弹率	<5%	<5%
		施工度	25℃水浴　施工度值	55～70	50～70
		延伸率	10mm×10mm×20mm材料拉伸率	>500%	<500%
2	温适性	耐热性	材料嵌在10mm×25mm×100mm槽内，45°倾斜，80℃，10h，流淌值	<2	<2
		脆化温度	0.5铁片制10mm×10mm×1mm样片，干冰-酒精溶液中对折，无裂纹	−45℃	−30℃
		冻融试验	−45～30℃，50次循环，−45℃对折	不开裂	
3	耐老化性	抗渗性	小于5mm厚材料，0.2～0.23MPa水压，8h	不渗漏	不渗漏
		加速水解	25%NaOH浸30天施工度、延伸值	不变	
		耐紫外光	2537A波长光照30天，30～35℃，施工度、延伸值	不变	
4	黏接性	自黏性	在空气和水中材料自搭线，或团性	优	优
		与砂浆黏接	配套SR底胶砂浆八字模黏接，25℃	0.80	
		材料强度	砂浆八字模试块间嵌10mm×10mm×20mm材料，拉断试验	材料断，黏接好	
5	其他	密度	称量法	1.35	1.4
		挥发率	80℃，40h的失重率	<1%	

五、混凝土面板渗水量估算和排水设计

(一) 设置排水的必要性

国内外已建面板坝工程的混凝土面板均存在不同程度的裂缝，抽水蓄能电站水库的混凝土面板也不例外，加之接缝止水结构的施工不能保证百分之百的可靠和其他因素的影响，混凝土面板均有不同程度的漏水。如果混凝土面板的渗水不能及时排除，当水库水位急速降落时，将在其后形成反向水压力，而导致破坏。

以 30cm 厚的库底面板为例，面板自重 $W=2.4\times0.3=0.72\text{t/m}^2$，当其后渗漏水水位降落速度比库水位慢时，只要高出库水位 0.72m 以上，库底面板将在渗水反压力作用下浮起，危及水库防渗结构的安全。因此，作好面板后的排水设计，是保证抽水蓄能电站水库安全运行的重要环节之一。

(二) 排水设计准则及面板渗水量估算

抽水蓄能电站混凝土面板的排水设计准则是面板后排水垫层的排水能力必须大于面板渗水量。

通过库底混凝土面板的渗漏量可按达西定律进行估算，其计算公式为

$$Q = K\frac{H}{\delta}A \tag{7-2-2}$$

式中 Q——通过混凝土面板的渗漏量，m^3/s；

K——混凝土面板的综合渗透系数，m/s；

H——作用水头，m；

δ——混凝土面板厚度，m；

A——混凝土面板防渗面积，m^2。

若库（坝）坡采用变厚度面板，面板厚度一般可用公式 $\delta=\delta_0+\alpha h$ 表示，则沿库（坡）坡单宽 m 的混凝土面板渗水量可用以下公式计算

$$q = \frac{K}{\sin\beta}\int_0^H \frac{h-z}{\delta_0+\alpha h}\mathrm{d}h \tag{7-2-3}$$

式中 q——通过库（坝）坡单宽米混凝土面板的渗漏量，m^3/s；

K——混凝土面板的综合渗透系数，m/s；

H——库（坝）坡上作用的最大水头，m；

δ_0——库水位处的混凝土面板厚度，m；

h——计算高程与面板顶部高程之差，m；

z——面板顶部高程与水库水位之差，m；

α——面板变厚比例系数；

β——库（坝）坡与水平面的夹角。

当采用等厚混凝土面板时，式（7－2－3）可简化为

$$q = K\frac{H^2}{2\delta\sin\beta} \tag{7-2-4}$$

对于完好的混凝土试块，其渗透系数可达 $A\times10^{-9}\sim A\times10^{-10}$ cm/s 量级。工程经验表明，由于混凝土面板都不同程度地存在着细小的裂缝，接缝止水也有渗漏，面板的实际综合渗透系数比混凝土本身的渗透系数大得多。《第十六届国际大坝会议论文集》中"估算通过堆石坝上游混凝土面板的渗漏"一文据混凝土面板坝实测渗漏量，反算出混凝土面板的综合渗透系数在 $6.8\times10^{-7}\sim2.27\times10^{-6}$ cm/s（可能包括坝基的渗漏）；根据 1996～2000 年十三陵抽水蓄能电站上水库混凝土面板渗漏量实测值反算出其综合渗透系数在 $3.61\times10^{-8}\sim9.09\times10^{-8}$ cm/s，并随蓄水时间的增长有逐渐减小的趋势。因此，在进行抽水蓄能电站的排水设计时，建议混凝土面板的综合渗透系数取 $1\times10^{-6}\sim1\times10^{-7}$ cm/s。

(三) 排水设计

排水设计应根据混凝土面板估算的渗漏量进行排水计算，最终确定排水系统的布置和设计。

根据达西定律，保证混凝土面板后不产生反向压力，通过单宽 m 排水垫层的渗漏排水流量可按下

式计算：

$$q_p = KDJ = KD\sin\beta \tag{7-2-5}$$

式中 q_p——通过斜坡单宽米排水垫层的渗漏排水量，m^3/s；

K——排水垫层的渗透系数，m/s；

D——排水垫层厚度，m；

J——通过排水垫层的水力坡降；

β——排水垫层底坡面与水平面的夹角。

对于坝坡上的混凝土面板渗水可通过其后的垫层区排泄，并通过坝基排水层排向库外。排水层的厚度一般由施工碾压条件决定，水平宽度一般为 2～3m，当混凝土面板的综合渗透系数为 1×10^{-6}～1×10^{-7}cm/s 时，只要垫层料的渗透系数不小于 1×10^{-3}cm/s 即能满足上述排水准则的要求，但应留有一定的裕度，建议垫层渗透系数仍按不小于 1×10^{-2}cm/s 控制。

应在面板后设置级配碎石或无砂混凝土排水层，将库盆内的面板渗水排向库底，并在库底设置排水管网及排水廊道，收集整个库盆的渗水，集中排向库外。为减少库盆开挖和垫层回填工程量以节省工程投资，一般要求排水垫层材料具有较大的渗透系数，以减少其厚度。库坡排水层的厚度，除按排水准则进行设计外，还应满足施工的要求，当采用无砂混凝土时，应不小于 30cm；而采用级配碎石时，也应满足水平碾压及斜坡碾压时的施工最小宽度和厚度要求。如十三陵上水库库坡无砂混凝土排水层的厚度为 30cm，泰安上水库库坡级配碎石排水垫层的厚度为 80cm。根据已建工程的经验，只要选择的无砂混凝土配合比合适或控制好级配碎石中小于 5mm 细颗粒以及小于 0.075mm 料的含量，排水垫层的渗透系数一般均可大于 1×10^{-2}cm/s，其设计渗透系数可取 1×10^{-2}cm/s。

为便于库底排水顺畅，一般将库底开挖成倾向廊道的斜坡面，并设置级配碎石排水垫层，厚度 50cm 左右。如库底排水垫层的排水能力通过计算分析不能满足排水准则的要求，可在排水垫层内增设排水管网系统。排水管网采用排水花管或无砂混凝土透水管，间距为 20～30m，并与排水廊道连通，将渗水排入廊道内，集中排向库外。如十三陵电站上水库库盆共分为 8 个排水区域，主、副坝上游为水平宽度为 3m 的碎石排水垫层，岩坡区库坡设置厚度为 30cm 的无砂混凝土排水垫层，库底设置 50cm 的碎石排水垫层，并在排水垫层内设置内径 15cm 的硬质塑料花管，间距 20～30m，将面板渗水直接排入库底排水廊道内，再集中排向主坝下游排水沟，库区排水系统布置如图 7-2-6 所示。

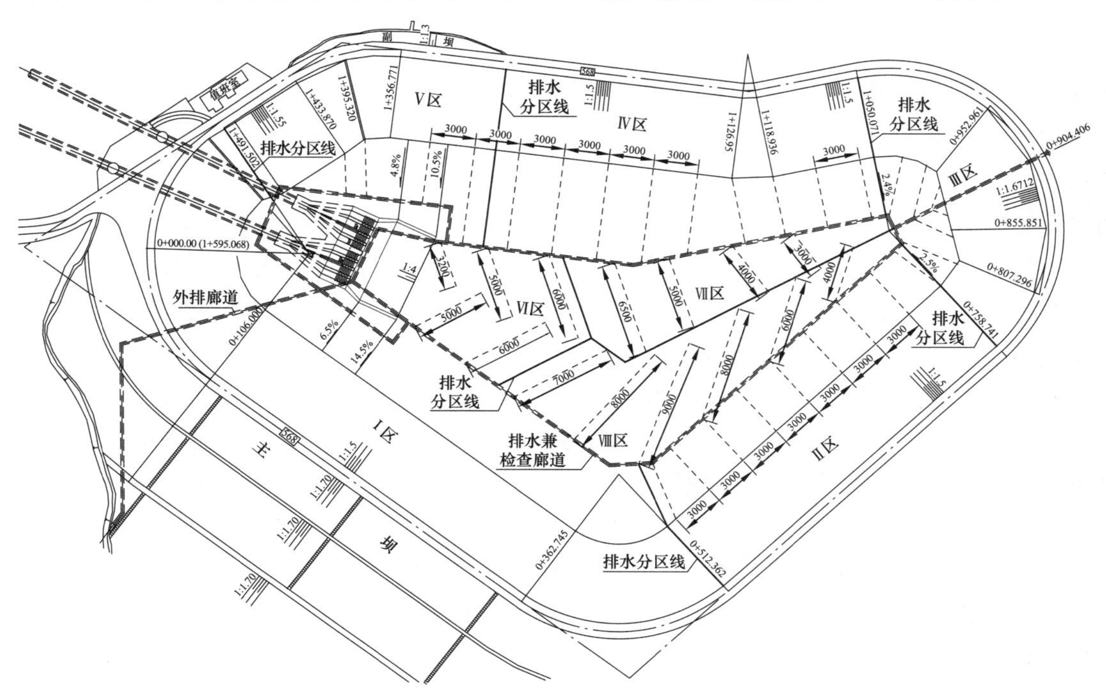

图 7-2-6　十三陵抽水蓄能电站上水库排水布置图

（四）渗漏控制

抽水蓄能电站水库渗漏量的控制，目前还没有一个统一的标准，但应遵循以下原则进行渗漏控制设计：①力求不恶化工程区的天然水文地质条件，以免对库坡稳定、水道系统及地下厂房的安全造成较严重的影响；②限制或消除防渗面板后产生的反向压力，当库水位骤降时保证防渗面板的安全；③对电站循环效率系数不造成明显的影响。几座已建成混凝土面板全库防渗的工程实例见表7－2－6，国外早期建设的工程，由于当时混凝土面板技术的限制，渗漏量均较大。20世纪90年代建设的十三陵电站上水库，混凝土面板防渗很成功，其日渗漏量基本可控制在不大于0.5‰的总库容范围以内。

表7－2－6　部分混凝土面板防渗实际达到的渗流控制值

序号	工程名称	所在国	建成年份	上水库总库容（万 m^3）	实测最大渗漏量（l/s）	日渗漏量占总库容的比例（‰）	备　注
1	瑞本勒特	德　国	1955	150	37	2.13	未改建前
2	拉 告 施	法　国	1975	200	100	4.32	
3	十 三 陵	中　国	1995	445	14.16	0.28	冬季曾出现的最大值

六、防裂技术措施及裂缝处理

（一）裂缝机理及特点

混凝土面板裂缝可分为两类：①结构性裂缝，是由于坝体（基础）不均匀变形（沉降）而引起，一般裂缝宽度较大，且绝大多数为贯穿性裂缝；②收缩裂缝，是由于混凝土自身因素（配料特性及配合比等）、施工因素（浇筑工艺，浇筑季节，温、湿度变化及养护措施等）而造成干燥收缩和降温冷缩，并受到底部垫层的约束，当由此诱发的拉应力超过面板混凝土的抗拉强度或拉应变超过混凝土的极限拉伸值时，就产生收缩裂缝。

目前，混凝土面板堆石坝面板结构性裂缝主要在200m级的高坝上容易产生，如187m高的阿瓜密尔和178m的天生桥一级面板坝，都曾因坝体不均匀变形而产生结构性裂缝，而在坝高100m以下的面板坝工程中还比较少见。对于抽水蓄能电站工程的上、下水库，其坝高一般在100m以内，如按正常的设计和施工，坝坡面板产生结构性裂缝的可能性较少，但对于全库盆采用混凝土面板衬砌防渗的工程，往往由于岩性和风化程度等不同，如基础处理不当，可能产生结构性裂缝。如十三陵电站上水库库盆西北角的SR45号面板，其基础上部为岩基、下部为边坡加固处理回填的150号混凝土，第一次放空检查时在混凝土和基岩的接触边界上发现了一条结构性贯穿裂缝，缝宽0.75mm，长6.6m。

抽水蓄能电站混凝土面板堆石坝与常规混凝土面板堆石坝的面板裂缝特征和分布规律等基本相同，主要表现为收缩裂缝。从大量已建常规混凝土面板堆石坝工程中所见，面板收缩裂缝的形态基本上是水平向分布和发展，缝宽随温度、湿度变化，一般在混凝土浇筑后不久出现，并在越冬后有所发展，多数为缝宽小于0.2～0.3mm的浅表微细裂缝，但也有贯穿性裂缝。对于全库盆防渗的抽水蓄能电站水库，由于严酷的运行条件和岩石库坡的约束较强，出现的面板收缩裂缝往往比常规混凝土面板堆石坝工程要严重得多，但裂缝开展的特点和规律仍与常规面板坝工程相同。如十三陵电站上水库蓄水前的混凝土面板检查发现，大于0.2mm裂缝136条，总长1194m；小于0.2mm的裂缝总长2775m。裂缝主要有以下特点：

（1）基本为水平向开展，大多数为浅面细微收缩裂缝，并未贯穿整个面板。

（2）大多分布于库（坝）坡面板上，库底面板和连接板由于尺寸较小，基本没有出现裂缝。

（3）由于基础约束和侧向约束作用不同，岩坡区的库坡面板裂缝多于坝坡区，曲面段多于直线段。同为岩坡区的面板，由于西坡在面板垫层下设置“二布六涂”柔性防渗层，裂缝比北坡和西南坡少。

（4）库（坝）坡跳仓浇筑的面板裂缝少或没有，夹仓浇筑的面板裂缝相对较多。

（5）养护时间短和在防裂不利的季节浇筑的混凝土面板细微裂缝较多，个别板块甚至出现了龟裂现象。

面板收缩性裂缝一般不会严重影响水库的渗漏量，也不至于引起坝体或垫层发生渗透变形问题，但将对面板混凝土的耐久性造成一定影响，加剧混凝土的渗透溶蚀、冻融破坏、钢筋锈蚀等过程，严重的可能导致整个防渗体系失效，影响工程正常运行。因此，抽水蓄能电站的混凝土面板尤其要重视抗裂研究，采取必要的防裂措施。

（二）防裂技术措施

1. 防止面板结构性裂缝的措施

面板结构性裂缝主要由基础不均匀变形引起。对预计不均匀变形较大的部位，应与面板分缝结合起来统筹考虑，必要时对基础进行控制开挖及置换，使填筑体与岩基边界线规则，并设置面板结构缝，以适应其不均匀变形。

2. 减少面板收缩裂缝的措施

大量的试验研究和工程实践经验表明，可以采取一系列改善混凝土性能和工程技术的措施避免或减少面板收缩裂缝。针对面板混凝土开裂机理，防裂技术措施主要包括两个方面：①增强混凝土自身的抗裂能力，如优选混凝土原材料和配合比、掺加各种外加剂和掺合料，达到高强低弹、减小干缩，减少水泥用量和用水量以降低混凝土水化热和温升，采用纤维混凝土和高性能混凝土，铺设限裂钢筋等；②减小环境因素对混凝土的破坏力，如选择适宜的浇筑时机、适当的温控措施、及时进行保温保湿养护、采用补偿收缩混凝土减小收缩应力，减小基础垫层的约束等。

（1）优选混凝土原材料和配合比。优选混凝土原材料和配合比的主要目的是减小混凝土干缩变形，提高混凝土的抗拉强度和极限拉伸率等抗裂性指标。面板混凝土所用水泥应选择低发热量、自身体积变化为微膨胀型或非收缩型的，骨料应选择线膨胀系数小的，以减小混凝土的自身收缩。掺粉煤灰可以改善面板混凝土施工和易性、减少水泥用量，从而减小用水量和水化热，减少浇筑初期温度裂缝发生的可能性。但掺加粉煤灰后面板混凝土的初期抗拉强度有所降低，其初期抗裂能力减弱，更有可能形成早期裂缝。试验表明：掺加适量的粉煤灰不会使混凝土早期强度降低太多，混凝土质量较好，可提高其抗裂能力。掺高效减水剂可减少用水量20%以上，增加混凝土的密实性，减少温度及干缩裂缝。掺引气剂可在混凝土中引发大量微小气泡，提高混凝土的抗渗性、抗冻性和耐久性。一般情况下，各种外加剂可以复合使用，以提高面板混凝土的抗裂能力。掺加微膨胀剂（或称防裂剂）可以利用微膨胀性补偿混凝土的收缩，减少收缩应力，避免产生收缩裂缝。曾在混凝土面板堆石坝工程中使用过的主要有VF－Ⅱ、UEA、MgO等品种。如浙江珊溪水库混凝土面板堆石坝通过优选面板混凝土配合比，掺加VF－Ⅱ防裂剂8%，其早期膨胀量大，90天干缩值小，膨胀量随着龄期的增长而增大，可以与混凝土收缩基本同步，对混凝土收缩进行应变补偿。目前，对微膨胀剂的使用仍有不同的意见。在混凝土中掺加适量的高分子材料纤维，可以抑制早期裂缝的形成和发展，降低混凝土的弹性模量，提高混凝土的极限拉伸率、抗冻等级，改善抗渗性和耐久性。如琅琊山电站上水库面板混凝土中掺加0.9kg/m^3的聚丙烯腈纤维（长度为12mm），混凝土28天的极限拉伸率提高约18%。目前市场上生产厂家较多，主要有聚丙烯、聚丙烯腈等纤维品种可供选择，纤维长度6～19mm。此外，还有一些工程，如湖北小溪口，在面板混凝土中掺加增强密实剂（WHDF）以改善面板混凝土的抗裂性能，新疆榆树沟、卡浪古尔等工程在面板混凝土中掺入30%～40%的高活性磨细矿渣和高效减水剂，配制成高性能混凝土，以提高面板混凝土抗裂性能。这些工程投入运行后，混凝土面板裂缝都很少，可供抽水蓄能电站混凝土面板防渗工程抗裂设计时借鉴。

（2）减小基础约束。减少基础的约束作用是解决面板温度应力问题最有效的措施之一。如十三陵电站上水库，在岩坡区西坡和北坡面板后的无砂混凝土垫层下分别设置基础防渗层（两布六涂，布为无纺布，涂指喷涂氯丁胶乳沥青，无纺布的作用是提高整体涂层韧性，增加涂层厚度）和减小约束层（三涂），以减小基础约束。从运行情况看，设置三涂约束层的北坡区面板比没有设置涂层的岩坡区面板出现的裂缝少，设置柔性基础层的西坡区面板裂缝更少。基础防渗层所用的氯丁胶乳沥青为JL－90A厚浆型，分六次喷涂，用料量 6kg/m²。选用二层 80g/m² 规格以涤纶棉为主的化纤无纺布，要求平直无褶，幅宽 1.3m，搭接长 5～15cm，二层铺布纵缝间错茬 30～50cm，横缝间错茬 100cm。结构采用二布六涂的型式，即一次喷涂底料，二次喷料铺布，三次纯喷料，四次喷料铺布，五次纯喷料，六次喷料撒砂。每次喷涂前，检查前次喷涂料是否破乳，待破乳后方可再次喷涂，如图 7-2-7 所示。泰安抽水蓄能电站上水库库盆西侧岩坡区改用 80cm 厚的碎石排水垫层，通过加水碾压，在 1∶1.5 库坡上铺筑成功，是减小基础对混凝土面板约束的有效技术措施，其成功经验已在建设中的呼和浩特抽水蓄能电站上水库工程中推广应用。

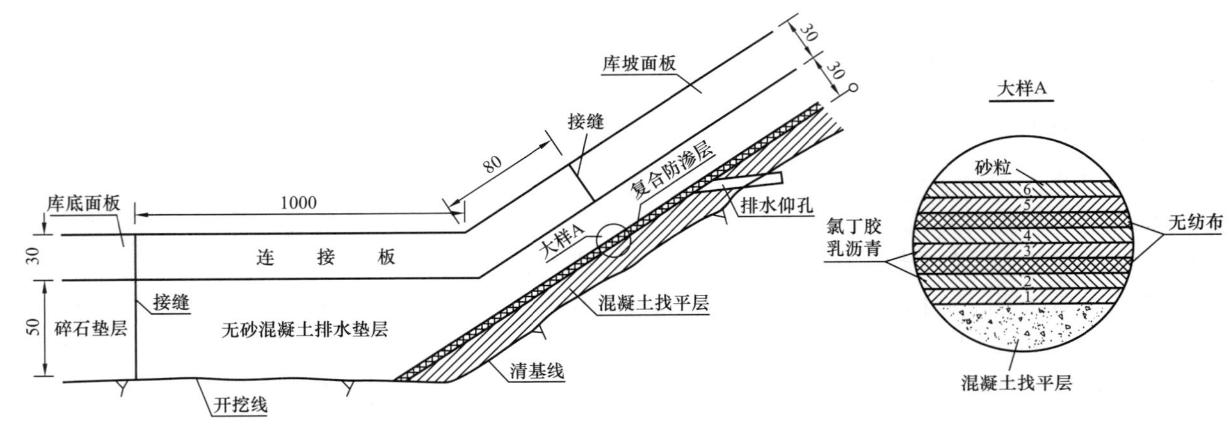

图 7-2-7　十三陵抽水蓄能电站上水库基础防渗以及减小约束层结构图

(3) 选择适宜的时段浇筑。实践表明，混凝土面板选择春秋温度较低、湿度较大的时机浇筑，可有效地减少裂缝的产生。对于采用全库混凝土面板衬砌的抽水蓄能电站水库工程，往往因其防渗面积大，施工工期较长，必要时应增加滑模数量和面板混凝土的拌和能力或与工程其他部位混凝土施工错开，以保证面板混凝土的浇筑尽量安排在适宜的时段进行。

(4) 温控措施。虽然面板为薄板结构，散热容易，但在降温时也容易产生细微的温度裂缝，这些温度裂缝进一步发展，即可形成较大、较长的面板裂缝。因此，应采取适当的温控措施，如减少水泥用量，降低混凝土的入仓温度等，以减小混凝土的最高温度，减小降温时的温度应力，避免或减少面板早期温度裂缝。

(5) 保温、保湿养护。由于混凝土在硬化过程中初期抗拉强度较低，受混凝土干缩、温度应力的作用，极易产生早期收缩和温度裂缝。因此，应加强混凝土面板的养护措施，使面板表面始终保持湿润状态，以减少混凝土干缩；并对面板混凝土进行保温，避免寒潮来临时产生温度裂缝。

此外，有的工程由于设置面板表层止水，需要干燥作业面，往往忽视了对混凝土面板的养护，而使其产生较为严重的裂缝。如琅琊山电站上水库主坝面板于 2005 年 3 月开始浇筑，到 5 月 18 日除右坝头 44 号面板外，其余的 43 块全部浇筑完成，初期养护工作做得较好，面板没有出现裂缝。6～7 月进行表层止水施工时，养护工作受到削弱，2005 年 8 月 12 日首先在两块面板发现有裂缝产生，至 2005 年 12 月 4 日，共 19 块面板出现 60 条裂缝，裂缝总长 899m，宽度为 0.05～0.25mm，经钻孔取芯检查和超声波无损检测（随机抽测了 24 条裂缝），除一条深度为 116mm 外，其余均属贯穿性裂缝。因此，应特别重视面板表层止水施工时的养护工作，除表层止水施工部位接缝两侧条带揭开，采用加热、机械风干措施使缝面干燥，以利于表层止水施工外，其余部位的面板均应保持正常的养护工作，直至水库蓄水。

（三）裂缝处理

处理面板裂缝前，应对裂缝进行测量、统计和分类，一般按是否贯穿及裂缝宽度分为如下三种类型：①贯穿性裂缝，是指贯穿整个混凝土面板厚度的裂缝，一般缝宽大于 0.5mm 的裂缝可认为是贯穿性裂缝；②缝宽小于 0.2mm 或 0.3mm 的裂缝，主要为表浅、细微的收缩裂缝；③缝宽在上述两者之间的非贯穿性裂缝。应针对裂缝的不同类型，采用相应的处理措施，常用的处理措施有：

（1）对缝宽小于 0.2mm 或 0.3mm 的裂缝，一般仅作表面处理，直接在表面粘贴柔性材料（GB 或 SR）防渗盖片或复合止水带，有的工程涂刷增韧环氧涂料。如十三陵电站上水库面板对缝宽小于 0.2mm 的裂缝采用聚氨酯进行表面涂抹处理，直观检查表明，涂膜与混凝土之间黏结牢固，封闭严密，无起鼓、脱落、开裂翘边等缺陷存在。经放空检查，裂缝表面处理效果很好，未见有聚氨酯脱开或剥蚀等现象出现。

（2）对缝宽大于 0.2mm 或 0.3mm、小于 0.5mm 的非贯穿性裂缝，首先对裂缝进行化学灌浆，然后进行表面处理。化灌材料可采用环氧类弹性灌浆材料，要求可灌性好，其性能一般应满足如下要求：抗压强度＞40MPa、抗拉强度＞5MPa、抗折强度＞7MPa、黏结强度＞2MPa。

（3）对贯穿性裂缝以及缝宽大于 0.5mm 裂缝，首先进行化灌，然后沿缝凿槽，嵌填柔性填料（GB 或 SR），最后进行缝面封闭处理。有的工程对缝宽小于 0.5mm 的贯穿性裂缝不做沿缝凿槽、嵌填柔性填料处理，仅进行化灌和缝面封闭处理。

由于抽水蓄能电站水库的运行条件十分严酷，裂缝对混凝土面板冻融破坏、耐久性影响较大，对处理裂缝的要求应更为严格。因此建议对抽水蓄能电站混凝土面板的裂缝，不论其大小，均应进行逐条分类处理。裂缝处理的时机一般应选择在裂缝张开最大时进行，以保证处理后的裂缝不会因为冬季低温时再度张开和发展。工程经验表明，面板裂缝经处理后，渗漏量大都较小，防渗效果良好。

七、寒冷地区混凝土面板的抗冻措施

（一）概述

目前，国内外在寒冷地区已成功兴建了一批混凝土面板堆石坝工程，其面板混凝土的抗冻设计指标一般为 F250～F350，个别工程在混凝土面板设置了特殊的防冻涂层。已有七八座工程投运达 20～30 年，其中美国加州的考尔赖特抽水蓄能电站已运行了 50 年。据有关资料，这些工程的混凝土面板运行良好，详见表 7-2-7。

（二）抗冻指标的确定

抽水蓄能电站水库水位每天一般存在 1～2 次水位升降循环，混凝土面板经受的冻融循环次数比常规水电站高得多，特别是寒冷和严寒地区抽水蓄能电站工程，抗冻等级往往是面板混凝土配合比设计的控制性指标，按现行 DL/T 5082—1998《水工建筑物抗冰冻设计规范》和 DL/T 5057—1996《水工混凝土结构设计规范》确定的混凝土抗冻等级偏低。因此，在抽水蓄能电站水库混凝土面板抗冻设计时，宜对水库所在地冬季日平均气温低于 0℃及低于－3℃的天数、冬季的负积温等资料进行统计分析，预测电站冬季运行时上、下水库冰冻情况，以及每年冬季混凝土面板可能的冻融循环次数，以最终确定面板混凝土的抗冻等级。

交通部一航局科研所同南京水利科学研究院根据多年的试验研究，总结出混凝土抗冻能力的估算公式。我国港工混凝土抗冻指标基本上是依据这种方法确定的，抽水蓄能电站水库面板混凝土的抗冻等级也可参考，其公式为

$$F=\frac{NM}{S} \qquad (7-2-6)$$

式中 F——混凝土抗冻等级；

N——混凝土使用年限，年；

M——混凝土一年中遭受的天然冻融循环次数；

S——室内一次冻融循环相当于天然条件下的冻融循环次数。

由于室内外的条件、试件大小及测量方法等的不同，有学者提出了不同的 S 值。前苏联 B.Г. 斯克拉姆塔耶夫提出室内冻融循环 1～2 次，约与大气中一年内的冻融效果相当；美国韦赛依认为室内 1 次冻融循环约等于 40～50 次天然冻融循环作用；而 C.B. 谢斯托扑洛夫则主张室内 1 次冻融循环约相当于 10～15 次天然冻融循环。交通部一航局科研所通过调查后认为，混凝土的抗冻等级越高，使用年限越长，则 S 值越大，其调查观测推算的结果见表 7-2-8。

表 7-2-7 寒冷地区已建钢筋混凝土面板坝工程实例

工程名称	地区	最大坝高（m）	坝顶高程（m）	自然条件	面板厚度（m）	各向含筋率（%）	混凝土			水泥		水灰比	混凝土坍落度（cm）	外加剂	垫层料渗透系数（cm/s）	运行情况	完工日期（年）	备注
							强度	抗冻	抗渗	等级	种类							
关门山	中国辽宁	58.5	380	最低气温−37.9℃，最冷月均气温−14.3℃，结冰期由11月至次年3月，库冰0.75m，河心冰厚1.67m	$0.3+0.003H$	0.4	$R_{28}250$	D250	S8	525	大坝水泥	0.5	3~5	松香热聚合物 0.1‰，木钙 0.25%	$>1\times10^{-2}$（实测）	供水工程。经冬季运行，未发现任何冰冻破坏现象	1988	
小干沟	中国青海	55	3260	最低气温−33.6℃，年均气温4℃	0.3~0.5	0.56	$R_{28}300$	D250	S8	525	大坝水泥	0.4	5~7	引气剂0.07‰，减水剂1%	1×10^{-2}~1×10^{-3}	设碎石排水，面板运行正常	1990	
查龙	中国西藏	38.4	4388	最低气温−41.2℃，最冷月均气温−13.8℃，年均气温−1.9℃，结冰期由10月至次年4月，结冰厚度约1.0m	0.4（等厚）	0.45	$R_{28}300$	D350	S8	525	普通硅酸盐	0.4	5~7	引气剂，含气量4%左右	1×10^{-2}~1×10^{-3}	发电工程。面板无剥蚀现象	1995	面板涂黑色改性沥青材料
十三陵	中国北京	75	568	最低气温−19.6℃。最冷月均气温−4.1℃	0.3（等厚）	0.52	$R_{28}250$	D300	S8	525	普通硅酸盐	0.44	5~7	引气剂，含气量5%~6.5%		抽水蓄能上池，面板运行正常	1995	
柯柯亚	中国新疆	41.5	1029	最低气温−32℃，库冰厚0.8m	0.3（等厚）	素混凝土	$R_{28}200$	D200	S8	525		<0.55				经历−27~−30℃严寒，库面结冰厚80cm，水面与面板间保持1~3cm不冻结	1982	面板涂刷2~3mm黑色聚氯乙烯胶泥
丰宁一级	中国河北	39.8	1054.5	最低气温−35.8℃，最冷月均气温−18.1℃，年均气温1.3℃，结冰期由10月至次年4月，最大河心冰厚1.0m	0.3（等厚）	0.5	C25	F300	W8	525	硅酸盐		5~7		$\approx1\times10^{-3}$	经冬季运行，情况良好	2002	
奥塔迪斯2号	加拿大北部	55	90	年均气温1.6℃，冬季最低−38℃，昼夜最大温差28℃	$0.3+0.003H$	0.5岸边0.45	$R_{28}275$ $R_{28}240$ 水下						5~8	引气剂，含气量4%~7%		发电工程。面板无剥蚀现象。也未发现裂缝和漏水	1978	
卡宾溪	美国落基山区	76	3660	最高气温26.7℃，最低气温−40℃，冬季岸冰3.7m，中部冰厚1.2m	$0.3+0.002H$	0.6						0.47				抽水蓄能上库，面板轻微擦伤，未发现冰压力破坏，也没有其他冻害	1967	
考尔赖特	美国加州	98	2500	冰冻期6个月，年均气温12.2℃，冬季最低气温−40℃，库水位变化频繁，库冰厚度不大	$0.3+0.0067H$	0.5										抽水蓄能上库。抛填式混凝土堆石坝。面板未发生轻微擦伤、冻融破坏或冰压力破坏	1958	

续表

工程名称	地区	最大坝高（m）	坝顶高程（m）	自然条件	面板厚度（m）	各向含筋率（%）	混凝土			水泥		水灰比	混凝土坍落度（cm）	外加剂	垫层料渗透系数（cm/s）	运行情况	完工日期（年）	备注
							强度	抗冻	抗渗	等级	种类							
格里拉斯	哥伦比亚安第斯山区	127	300	冬季最低气温−20℃	0.3+0.0037H	0.4										供水工程。砾石填筑面板坝。运行多年，情况良好，未发现冻破坏	1978	
泰洛湖（恐怖湖）	美国阿拉斯加	59	381	最低气温−36℃，封冻期9月中至次年4月中，该地区雪厚13m	0.3+0.003H	0.4										发电工程。运行性能良好，没有发生面板开裂或其他冰冻破坏情况	1985	
新国库	美国加州	150		最低气温−30℃	0.3+0.0067H	0.92										面板运行正常	1966	
依鲁罗	秘鲁	49	4065	海拔高程高，昼夜温差25℃	0.4（等厚）	0.5							4.3±0.2	引气剂，含气量4%～7%				
新芳草地	美国加州	79		冬季最低气温−30℃	0.3+0.003H	0.4										抽水蓄能上库。运行正常	1989	
黑泉	中国青海	123.5	2894.5	最低气温−33.1℃，年均气温2.8℃	0.3～0.66	纵0.4 横0.3	C30	F250	W8			0.4	4～6		1×10^{-3}～1×10^{-4}		1999	
白杨河	中国新疆	37	1712	年均气温5～6℃，最大冻土深1.8m	0.3+0.003H	0.5	C20	F300	W6			0.55	<3		1×10^{-3}～1×10^{-4}		1991	
山口	中国新疆	40.5	627	最低气温−44.8℃，年均气温4.2℃，冰厚0.6～1.3m	0.3（等厚）	纵0.4 横0.34	C25	F300	W8	525	普通硅酸盐	0.35～0.4		含气量4%～6%				面板贴1cm黑色橡胶板
吉林台一级	中国新疆	157	1425.8	最低气温−39.9℃，最大冻土深0.82m，封冻期12月上旬至次年3月下旬	0.3+0.0033H	纵0.5 横0.4	C30	F300	W12	525	普通硅酸盐	<0.45	3～7	0.9kg/m³聚丙烯纤维			2006	
乌鲁瓦提	中国新疆	133	1965.8		0.3+0.003H	纵0.5 横河床0.4 坝肩0.5	R_{28}250	D250	S12	425	硅酸盐						2002	
卡浪吉尔	中国新疆	61.5	1007.5		0.3（等厚）	纵0.43 横0.34	C30	F300	W10								2002	
小山	中国吉林	86.3	685.3	严寒	0.3+0.003068H	纵0.45 横0.37	C30	F300	W8	525	硅酸盐	0.39					1997	水位变化区
莲花	中国黑龙江	271.8	225.8	最低气温−45.2℃，年均气温3.2℃	0.3+0.003H	纵0.5 横0.4	C30	F300	W8	525	硅酸盐			含气量4%～6%			1997	水位变化区

表 7-2-8　混凝土使用年限与室内外冻融循环次数的关系

推算基础	混凝土抗冻等级	天津新港		大连湾	
		使用年限（年）	室内冻融次数：天然冻融次数	使用年限（年）	室内冻融次数：天然冻融次数
换算值	F100	4	1∶4	2	1∶2
	F200	14	1∶8	10	1∶6
	F300	32	1∶12	27	1∶8
	F400		1∶16	37	1∶11

注　1. 人工冻融试验方法按海水浸没冻 4h，融 4h。

2. 使用年限指该建筑物自建成至必须进行第一次大修的总年限。

采用上述方法对我国北方两座抽水蓄能电站面板混凝土抗冻性进行分析，如工程设计年限按 50 年、冻融循环按 1～1.5 次/天计，面板混凝土的抗冻等级要求将达到 F400 以上，高于现行规范对面板混凝土的抗冻指标要求，详见表 7-2-9。

表 7-2-9　我国北方地区抽水蓄能电站面板混凝土要求的抗冻性分析

项目	单位	十三陵上水库	呼和浩特上水库	备注
最冷月平均气温	℃	-4.1	-15.7	
所属地区		寒冷地区	严寒地区	
极端最低气温	℃	-19.6	-41.8	
年日平均气温低于 0℃的平均天数	天	93		十三陵上水库数据：按昌平站 1955～1980 年气象资料与上水库专用气象站相关资料统计分析
年日平均气温低于 -3℃的平均天数	天	62	140	
日平均水位涨落次数	次	1.5	1	
年平均冻融循环次数	次	139.5	140	
设计基准期	年	50	50	
设计基准期内冻融循环总次数	次	6975	7000	
室内一次冻融与天然冻融次数之比		18	18	考虑海水破坏能力比淡水大，故在淡水中之比值可略大于海水中的测试值
按式（7-2-6）换算需要的室内抗冻次数	次	388	389	如 1 天按 2 个冻融循环考虑，则十三陵将达到 517 次，呼和浩特将达 778 次
按现行 DL/T 5057、DL/T 5082 规范确定的抗冻指标		F300	F300	
设计最终选用抗冻指标		F300	F350	综合考虑建设期间能达到的技术及施工水平、经济合理性等因素确定

值得注意的是，由于室内一次冻融与天然冻融次数之比值目前还缺乏在抽水蓄能电站水库淡水中的测试资料，按上述方法分析计算面板混凝土的抗冻指标，可作为确定面板混凝土抗冻等级的重要参考，还应综合考虑按规范要求、工程建设期间能达到的技术及施工水平、经济性等因素，进行综合分析、评判后最终确定。

（三）冻融破坏机理及主要影响因素

冻融破坏机理是由于混凝土内超出水化反应所需的剩余水分挥发等作用而形成混凝土内部毛细孔，当温度降到 0℃时，进入毛细孔内的水开始结冰，体积膨胀而产生冻胀作用，导致混凝土强度和弹性模量降低以及产生表层剥蚀等破坏，影响混凝土的耐久性。

混凝土内部毛细孔的数量、孔径及空间分布是混凝土冻融破坏的内因，可以在混凝土配合比设计时控制水灰比、掺加引气剂等，减少混凝土内毛细孔的数量和孔径，改变其空间分布状态，从而提高混凝土的抗冻性。水进入毛细孔和温度降到冰点是混凝土冻融破坏的外因。对于某一工程而言，除非采取专门的保温措施，温度能否降到 0℃主要取决于工程所在地的气象条件。另一方面，可采取一些表面封闭措施，阻止或减少水进入混凝土内的毛细孔，减轻面板混凝土的冻融破坏。

综上所述，面板混凝土的防冻融破坏措施主要为优选混凝土的配合比以及采取一些防水、保温措施。

（四）防冻融破坏的措施

1. 优选混凝土配合比

（1）优选原材料。水泥品种及质量、骨料的品质及其抗冻性对混凝土的抗冻性影响较大，对于抗冻要求高的抽水蓄能电站面板混凝土，所用水泥应选择普通硅酸盐水泥和纯熟料硅酸盐水泥，骨料应选择坚固性和抗冻性高的砂石骨料。

（2）减小水灰比。减小水灰比可减少混凝土超出水化反应所需的剩余水分及毛细孔隙，提高混凝土的密实性，有效提高混凝土的抗冻性。一般情况下，水灰比越小，其抗冻性越高。DL/T 5016—1999《混凝土面板堆石坝设计规范》要求寒冷及严寒地区的面板混凝土的水灰比小于 0.45。我国北方寒冷和严寒地区的面板混凝土一般采用 0.4～0.45，有的工程为提高面板混凝土抗冻性能，采用更低的水灰比，如查龙水电站采用 0.35、莲花水电站采用 0.338。

（3）掺外加剂。掺加高效减水剂可有效减少用水量和减小水灰比，改善混凝土的和易性，提高混凝土的抗冻性。大量的试验表明，掺加引气剂是提高面板混凝土抗冻性最为有效的技术措施之一。混凝土拌和物的含气量一般应控制在 4%～7%，且要求产生的气泡多而细小，并分布均匀。对于抗冻性要求较高的工程，含气量应取上限值。

（4）掺粉煤灰。掺加优质粉煤灰以替代部分砂，也可以改善混凝土拌和物的和易性，从而减少用水量和水灰比，提高面板混凝土的抗冻性能。

（5）掺纤维。如前所述，在面板混凝土内掺加化学纤维或钢纤维，不但可以提高混凝土的抗裂性，同时也使混凝土的抗冻性能得到改善。如洪家渡等工程的面板采用聚丙烯纤维，水布垭、琅琊山等工程的面板采用聚丙烯腈纤维，龙首二级等工程的面板采用钢纤维。这些工程的试验资料均表明，掺加纤维对面板混凝土抗冻性能有不同程度的提高。

2. 增设表层防水、保温材料

在混凝土面板表面增设防水、保温涂层，防止库水进入混凝土的毛细孔内而产生冻胀作用，对避免或减少混凝土的冻融破坏十分有效，国内已有多个工程采取这项措施，实践表明防冻效果较好。如西藏查龙水电站在面板表面涂黑色改性沥青防水层、新疆柯柯亚水电站在面板表面涂刷 2～3mm 的聚乙烯胶泥防水层、山口水电站在面板表面设置 1cm 厚的黑色橡胶板防水层，经多年的运行，面板无剥蚀、冻融破坏，其中柯柯亚水电站设涂层后，冻冰与面板之间保持 1～3cm 的不冻结缝隙。另外，黑色涂料有利于吸收阳光的热量，对混凝土面板还起保温的作用。

八、混凝土面板衬砌的基础处理

采用混凝土面板全库防渗的抽水蓄能电站水库工程，一般都存在着基础介质不均一的问题，其基础介质有填筑体、库坡及库底基岩、断层破碎带及软弱带等；同为基岩地基，由于岩性及风化程度不同，其变形模量也存在差异。在库水压力的作用下，这种地基介质的不均匀性必将导致地基的不均匀变形。混凝土面板衬砌为刚性结构，过大的不均匀变形将使面板出现结构性的贯穿裂缝，导致大量渗漏，危及工程安全。

基础处理应结合混凝土面板分缝统筹考虑，在填筑体与岩石基础边界、规模较大的断层、软弱破碎带边缘适当进行控制开挖，使边界线尽量规则，并回填垫层料；在边界处混凝土面板相应设置沉降、变形缝，以适应基础不均匀变形。对于基岩内的小断层，可采用挖槽做混凝土塞的措施处理。

十三陵抽水蓄能电站上水库为减小主、副坝坝坡区交界线部位面板的不均匀变形，对两坝头的岸坡采取控制开挖措施：桩号垂直 0＋460～0＋370 及 0－090～0＋000 范围内区域分别为主坝左、右坝肩控制开挖区，其中桩号垂直 0－090～0－060 以及 0＋460～0＋420 范围为过渡区，开挖厚度由 1.087m 渐变至 6.664m（见图 7－2－8）；为使副坝与库坡面板规则接缝，副坝 557.9m 高程以上副坝基上游面坝基开挖成规则形状，如图 7－2－9 所示。主、副坝坝肩控制开挖后采用垫层料或过渡料回填，使面板变形为由小到大均匀过渡，保证相临面板的相对位移控制在允许范围内。

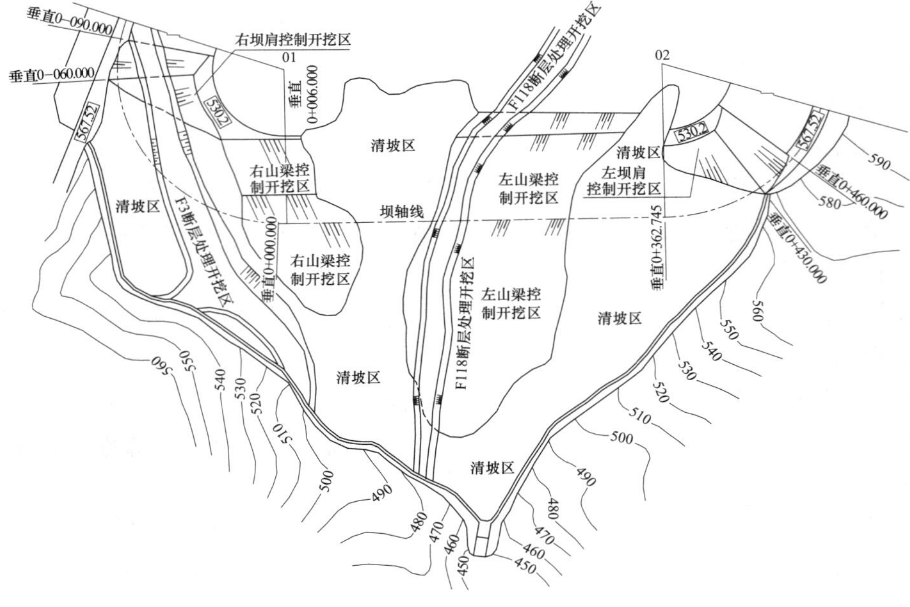

图 7-2-8　十三陵抽水蓄能电站上水库主坝两坝肩控制开挖图

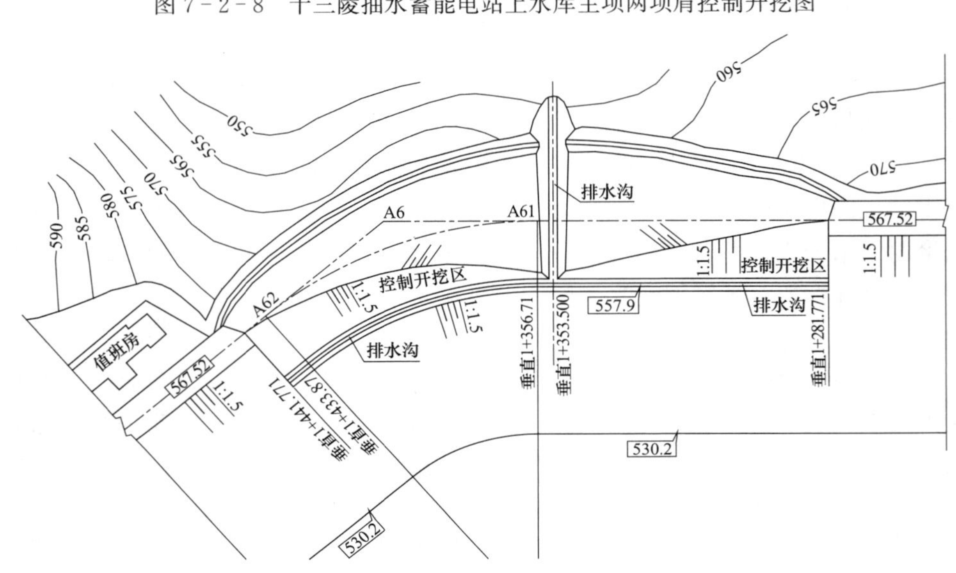

图 7-2-9　十三陵抽水蓄能电站上水库副坝基及两坝肩控制开挖图

第三节　沥青混凝土面板衬砌防渗

沥青混凝土面板因其防渗性能好、适应基础变形能力较强、施工及维修简单、能抵抗酸碱侵蚀等特点，在国内外抽水蓄能电站得到广泛应用。据不完全统计，世界已建成的沥青混凝土防渗面板工程达 300 多项，我国已建成的沥青混凝土面板防渗工程有 34 个，但在抽水蓄能工程中还只有天荒坪抽水蓄能电站上水库一个，其防渗面积达 28.5 万 m^2。在建的抽水蓄能电站中采用沥青混凝土面板防渗的有张河湾抽水蓄能电站上水库，沥青混凝土面板防渗面积 33.7 万 m^2；西龙池抽水蓄能电站上水库及下水库（库底及坝坡），沥青混凝土防渗面积分别为 22.46 和 11.25 万 m^2，下水库最大坝高 97m（未计基础覆盖层厚度）；宝泉抽水蓄能电站上水库（库坡及坝坡），沥青混凝土面板防渗面积 16.6 万 m^2。20 世纪 80 年代后国内外部分抽水蓄能电站沥青混凝土衬砌防渗工程实例见表 7-3-1。

一、沥青混凝土面板布置与结构型式

（一）沥青混凝土面板布置

我国抽水蓄能电站采用全库沥青混凝土面板防渗的工程有天荒坪、张河湾和西龙池抽水蓄能电站的上水库，各电站上水库布置图分别如图 7-3-1、图 7-1-6 和图 7-3-2 所示。也有采用沥青混凝

表 7-3-1　20 世纪 80 年代后部分抽水蓄能电站沥青混凝土衬砌防渗工程实例

序号	项　目	国家	完成年份	库容（万 m^3）	坝高（m）	坝顶宽（m）	坝坡上（下）游	工作水深（m）	面板面积（万 m^2）	面板总厚度（cm）
1	蒙特济克	法国	1982	2000	30～57	7～8		12		S：14
2	埃多洛	意大利	1983	133.4			1∶25（1∶2）	12.8		S：16；B：相似
3	迪诺威克	英国	1983	700	69		1∶2（1∶2）	34		S：＞14
4	普列生扎诺*	意大利	1987	600	20	5.0	1∶2（1∶1.5）	8.55		S：18；B：18
5	盐原	日本	1994	1190（760）	90.5	10	1∶2.0（1∶2.0）	23	3.7	37
6	金谷上库下库	德国	2001	1500	26	5.0	1∶1.6（1∶1.6）	24.70	S：19.1；B：40.7 S：19.1；B：40.7	简式断面： 复式断面：35.0
7	拉姆它昆	泰国	2001	990（960）	50	10	1∶2.0（1∶2.5）	40	S：18.5；B：16.6	S：25；B：17
8	小丸川	日本	2005	620（560）	65.5	15	1∶2.5（1∶2.0）	28.0	S：19；B：11	S：30；B：28
9	京极	日本	2006	440（412）	22.6	15	1∶2.5（1∶2.5）	45	S：15.6；B：2.08	S：36.2；B：36.2
10	天荒坪	中国	1997	885	45	10	S：1∶2.0～1∶2.4； B：18	42.2	28.5	S：20；B：18
11	西龙池上水库、下水库	中国	2007 2008	468.97 494.2	55 97	10 10	1∶2（1∶1.75） 1∶2（1∶1.75）	25 40	S：11.39；B：10.18 S：6.845；B：4.035	S：20；B：20 S：20；B：20
12	张河湾	中国	2007	770	57	8	1∶1.75（1∶1.5）	31	S：20；B：13.7	S：26.2；B：28.2
13	宝泉	中国	2007	730	94	10	1∶1.7（1∶1.5）	31.6	S：16.6	简式断面

注　表中项目名称一栏内，除注明为下水库外，其余均是上水库。“*”表示有效库容；“S”表示库（坝）坡；“B”表示库底。

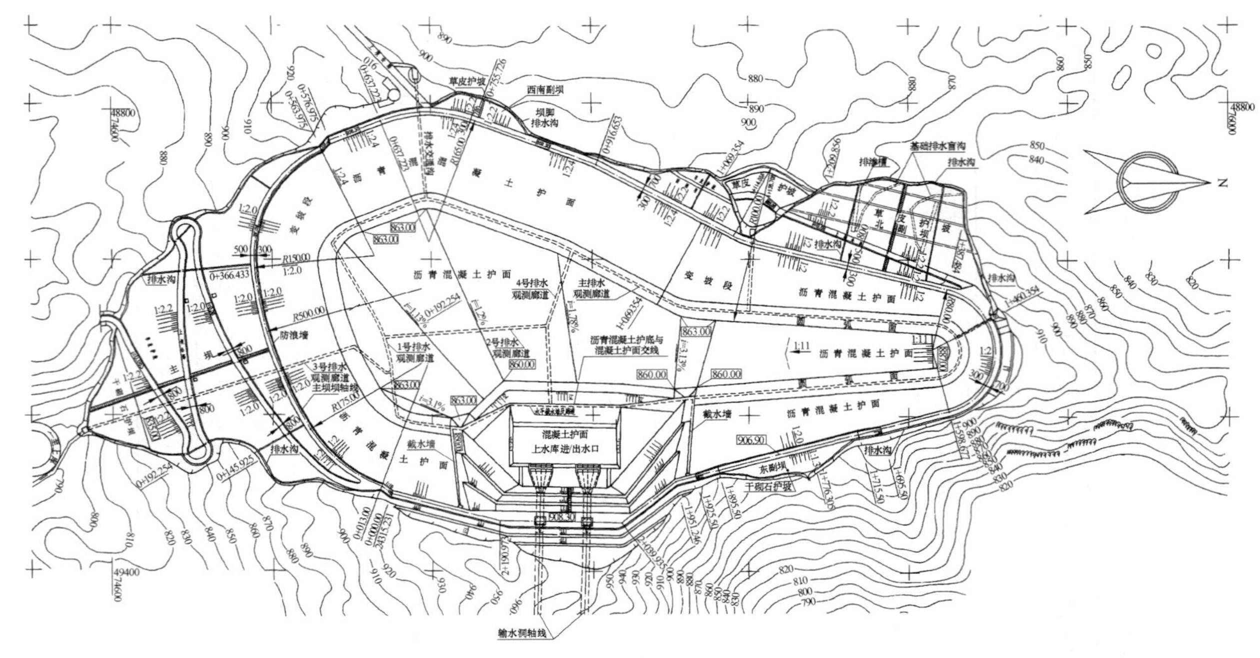

图 7-3-1　天荒坪抽水蓄能电站上水库布置图

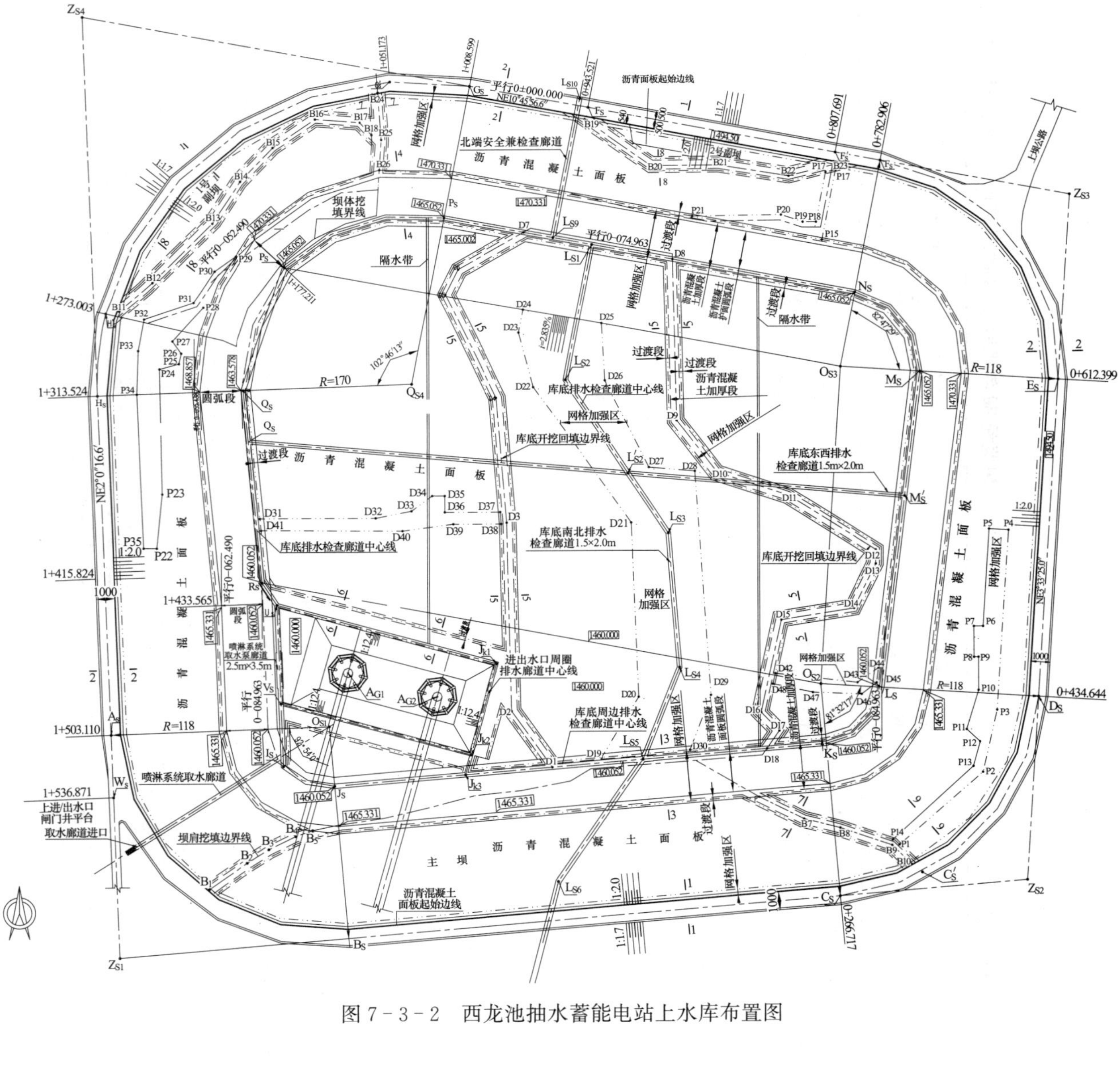

图 7-3-2　西龙池抽水蓄能电站上水库布置图

土面板与钢筋混凝土面板或其他防渗结构混合防渗的布置型式，由于沥青混凝土斜坡施工需有较缓的坡度，出于地形条件及高边坡稳定的需要，西龙池抽水蓄能电站下水库库底与坝坡（1∶2）采用沥青混凝土面板，库岸（1∶0.75）采用混凝土面板防渗（见图7－3－3）。宝泉抽水蓄能电站上水库库岸和坝坡坡度为1∶1.7，采用沥青混凝土面板防渗，库底利用黏土铺盖防渗（见图7－3－4）。沥青混凝土和其他衬砌型式通常均通过混凝土趾板廊道结构连接。

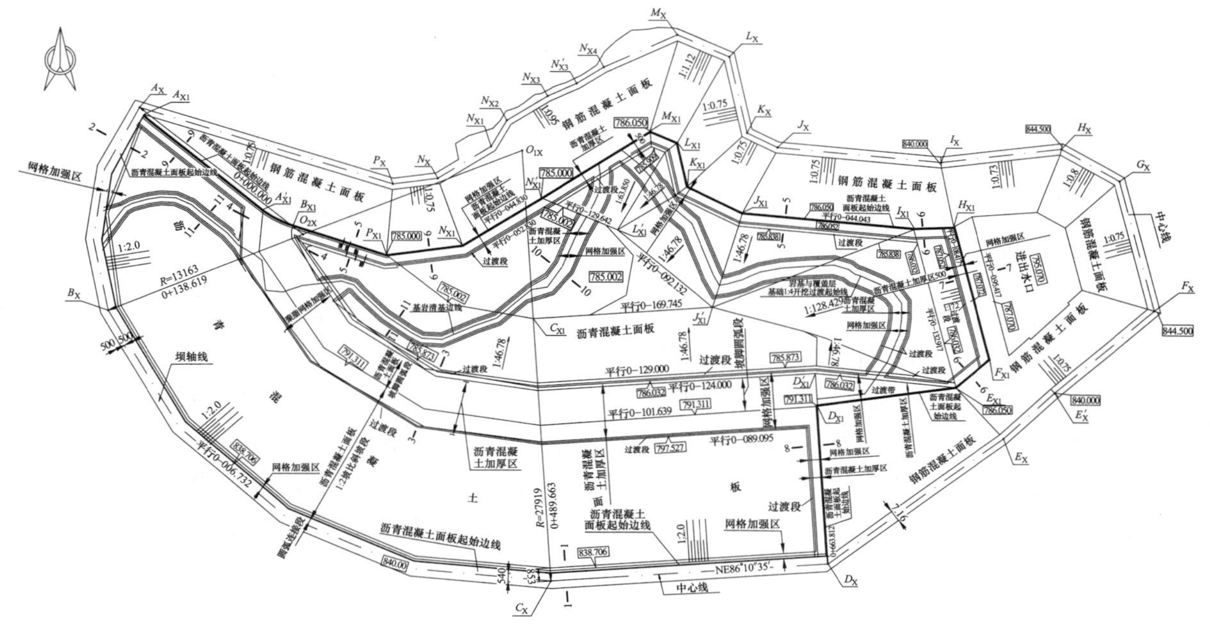

图7－3－3　西龙池抽水蓄能电站下水库布置图

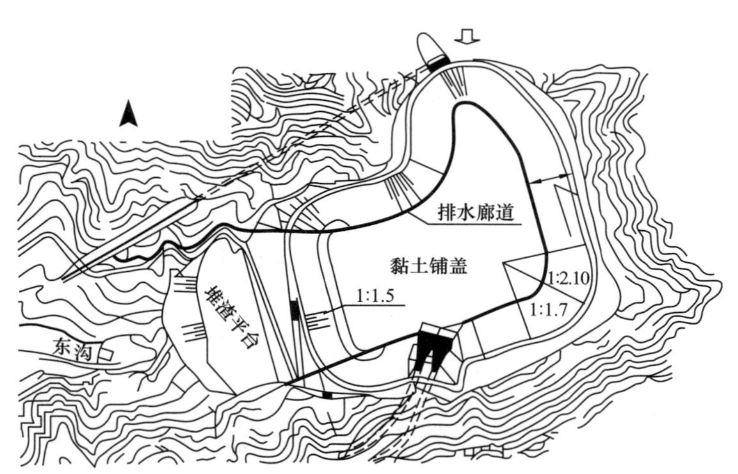

图7－3－4　宝泉抽水蓄能电站上水库布置图

(二) 沥青混凝土面板结构型式

沥青混凝土防渗面板的典型断面结构型式可分为复式结构和简式结构。在实际工程中，还采用了一种简化的复式结构型式。选择哪种结构型式主要根据工程的地形、地质、气象及承受水头等条件，必须保证防渗结构的安全性。随着碾压机械设备的发展，除高地震区或渗漏对建筑物安全有重大影响的工程外，目前有从复式结构向简式结构发展的趋势。不论何种沥青混凝土结构型式及其下部为何种基础，面板下部的垫层均采用调整变形和排水效果都较好的碎石排水垫层。

(1) 复式结构。沥青混凝土防渗面板典型的复式结构型式从外至内由封闭层、上防渗层、排水层、下防渗层、整平胶结层组成。图7－3－5所示为日本正在建设的两个抽水蓄能电站采用的复式结构沥青混凝土面板，其整平胶结层的材料略有差别，京极抽水蓄能电站整平胶结层采用的是水工泡沫沥青混合物。

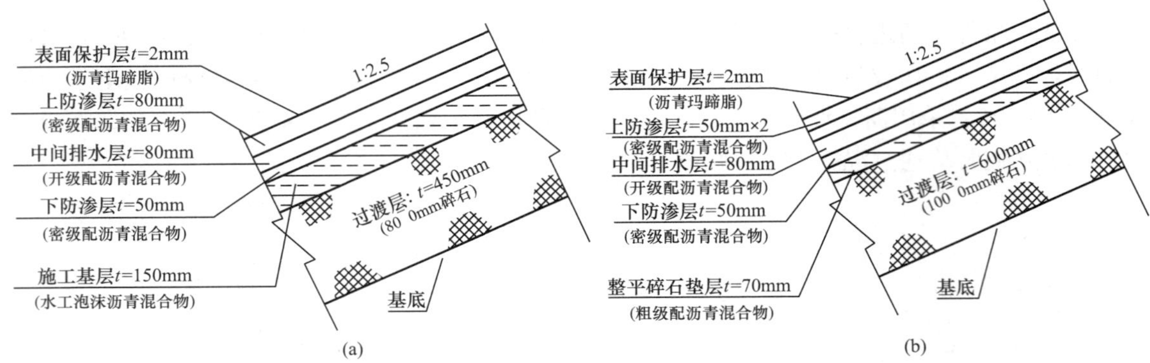

图 7-3-5　京极和小丸川抽水蓄能电站库坡复式沥青混凝土面板结构图

(a) 京极工程；(b) 小丸川工程

(2) 简式结构。沥青混凝土防渗面板典型的简式结构型式由封闭层、防渗层、整平胶结层组成。图 7-3-6 所示为西龙池抽水蓄能电站上水库沥青混凝土面板简式结构图，其库底和坡面衬砌结构型式相同，但使用的沥青原材料有所区别，库底为普通沥青，库坡考虑抗冻需要，采用改性沥青。

(3) 简化的复式结构。简化的复式结构由封闭层、防渗层、排水层、整平胶结防渗层组成。与复式结构不同之处，是将整平胶结层与下防渗层合并，其渗透系数介于两者之间，例如日本小丸川抽水蓄能电站要求其渗透系数为 1×10^{-4} cm/s，我国张河湾抽水蓄能电站渗透系数为 1×10^{-5} cm/s，如图 7-3-7 和图 7-3-8 所示。

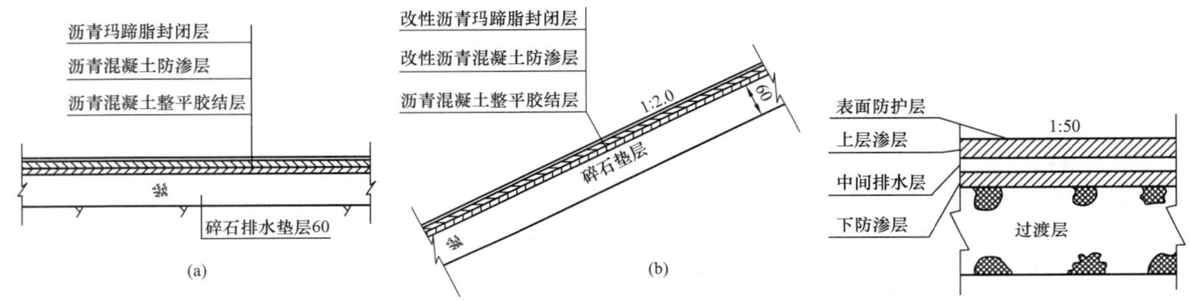

图 7-3-6　西龙池抽水蓄能电站上水库简式沥青混凝土面板结构图

(a) 库底；(b) 岸坡

图 7-3-7　小丸川抽水蓄能电站库底沥青混凝土面板简化复式结构图

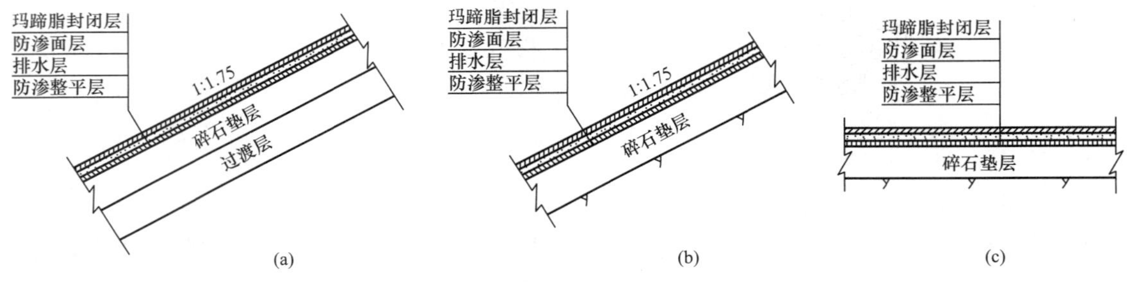

图 7-3-8　张河湾抽水蓄能电站简化复式沥青混凝土面板结构图

(a) 坝坡；(b) 库岸；(c) 库底

二、沥青混凝土面板结构

(一) 面板坡度

(1) 坝体、库岸面板坡度。考虑施工方便和蓄水后结构受力条件较好，抽水蓄能电站沥青混凝土面板上游坡通常采用单一坡度。SLJ 01—1988《土石坝沥青混凝土面板和心墙设计准则》规定："沥青混凝土面板的坡度，除满足填筑体自身稳定外，宜不陡于 1∶1.7"，主要是考虑摊铺碾压机械和施工人员行走，以及碎石垫层施工质量需要而设定的。图 7－3－9 所示为国内外沥青混凝土面板堆石坝坝高与面板坡度关系的统计。可见在统计的坝高范围内，面板坡度与坝高无关。面板坡度集中在 1∶1.7、1∶1.75、1∶2、1∶2.5，后两种坡度是由坝体自身稳定需要所定，沥青混凝土面板常用的坡度为1∶1.7 或 1∶1.75。近年建成的德国金谷抽水蓄能电站上水库沥青混凝土面板坡度为 1∶1.6。现代沥青混凝土面板自身稳定性可以通过调整配合比来改善，专用施工设备也已大量生产，对边坡坡度的要求已有所降低。但高稳定性的沥青混凝土通常会损害柔性指标或增加费用，因此，对具体的，应通过技术经济比较确定其库、坝边坡坡度。

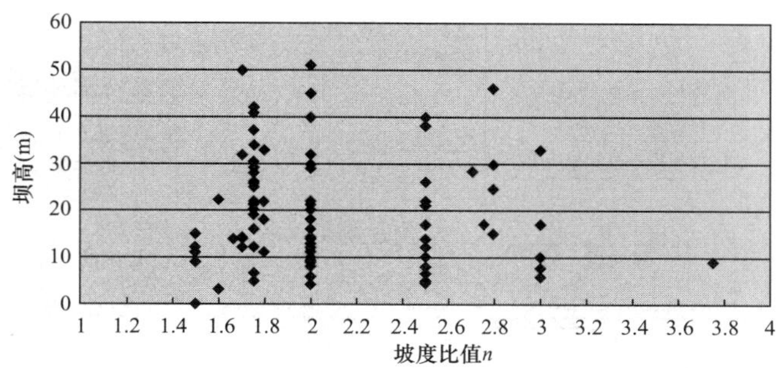

图 7－3－9　国内外沥青混凝土面板堆石坝上游坡坡度统计图

（2）库底面板坡度。一般抽水蓄能电站库底面板的坡度需考虑：

1）满足水库排水的需要，保证能够将库水放空，不滞水。

2）满足碎石排水垫层的排水要求。

3）满足沥青混凝土面板机械化施工的要求，根据工程经验，沥青混凝土摊铺机自行行驶的坡度不应超过 12%。

（二）沥青混凝土面板厚度

（1）总厚度。西龙池等工程根据水库水头确定防渗层厚度（同时以允许渗漏量和耐久性所需厚度复核），根据排水需要确定排水层厚度，采用工程经验类比确定整平胶结层厚度和封闭层的厚度，然后确定沥青混凝土的总厚度。

（2）上防渗层厚度。上防渗层指简式沥青混凝土面板的防渗层或复式沥青混凝土面板的上防渗层。

1）满足水力梯度所需厚度。水泥混凝土面板的水力梯度通常为 100～200，而沥青混凝土防渗层的水力梯度通常为 300～600 有时甚至达到 800，可见沥青混凝土防渗层能承受很高的水力梯度。在充分压实的条件下，沥青混凝土防渗层的孔隙率一般为 2%～4%，当孔隙率小于 3%时，渗透系数通常小于 1×10^{-8}cm/s。因此，沥青混凝土防渗层的厚度可较薄。德国施特拉堡公司（专门从事沥青混凝土施工的国际专业公司）有一个简单的估算防渗层厚度的计算公式：厚度 $h=C+H/25$（h 的单位为 cm），其中最小厚度 C 为 6～7cm，H 为面板承受的水头（m）。即使 $H=100$m，按此式计算 $h=10$～11cm。对抽水蓄能电站来说，尤其是位于严寒地区的工程，因其日水位变幅大，气温低，运行条件较为恶劣，宜适当增加防渗层厚度。

2）允许渗漏量所需厚度。允许渗漏量目前仍没有统一标准，因此上防渗层厚度设计主要是需满足水力梯度所需厚度和参考同类工程而定。

3）耐久性所需厚度。我国目前尚无这方面的标准。日本水利沥青工程设计基准规定，耐久性所需厚度应大于 6cm。此外，需考虑现场施工条件，若施工层较薄，因其散热快，难以有效压实，可能引起摊铺碾压质量问题，故一般要求其最小厚度应有 6～7cm 。考虑条带之间接头部位施工质量，碾压面板的一次摊铺碾压厚度应在 5～10cm。还应从施工进度和经济等方面综合考虑，确定防渗面板的厚度。

（3）排水层厚度。SLJ 01—1988 规定，沥青混凝土面板复式结构排水层厚度由防渗面层的渗水量作为排水层的排水量来确定，排水安全系数 F_s 一般可取 1.3 左右。

（4）封闭层厚度。沥青玛蹄脂封闭层的厚度一般不大于 2mm，用量为 2.5～3.5kg/m^2，用喷洒或涂刷。过去有些工程使用沥青刮板施工封闭层，施工精度不高，局部会形成厚层，当外界气温高时出现流淌现象。考虑到提高防渗层抗老化和冬季起到保温作用，封闭层厚度也不宜太薄。在寒冷地区沥青混凝土防渗工程，封闭层的厚度以 2mm 为宜，必要时可以采用稠度较大的改性沥青或掺入纤维、加喷淋系统等措施来防止其流淌。

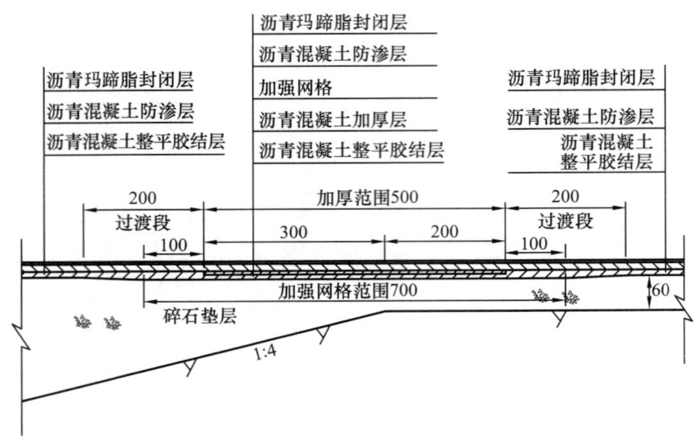

图7－3－10　西龙池抽水蓄能电站上水库沥青混凝土加厚层结构图

（三）加厚层

在沥青混凝土防渗面板弯曲部位、面板与混凝土结构连接处、基础不均匀变形部位，拉应变都较大。为了提高这些部位面板的抗变形能力，通常在这些部位的一定范围内增加5cm厚的沥青混凝土加厚层，并在加厚层与防渗层之间增设聚酯网格。图7－3－10所示为西龙池抽水蓄能电站上水库沥青混凝土加厚层结构。

（四）排水垫层

在沥青混凝土面板与填筑体或基础之间需设置级配碎石或卵砾石的排水垫层（以下简称为垫层），其设计原则除考虑整平、支承、排水、粒径过渡、防冻胀外，还有一项非常重要的作用，即调整基础不均匀变形。因此，除对其模量、平整度及渗透性等提出要求外，对厚度也有要求。

1．变形模量指标

垫层的承载能力，主要考虑沥青混凝土面板变形和受力条件，同时还需满足施工设备行走的最低要求，一般以变形模量指标控制。考虑沥青混凝土碾压设备行走和面板压实需要，施工单位要求垫层模量最好在100～120MPa，最小不宜低于50MPa。但天荒坪抽水蓄能电站上水库建于软基上，库底垫层的变形模量较低，最终控制为不小于35MPa。西龙池和张河湾抽水蓄能电站上水库，库盆均为岩石基础，库底垫层的最小变形模量均在50MPa以上，堆石坝坝坡上的垫层最小变形模量在40MPa以上。

2．平整度指标

为满足上下层粒径的过渡要求，并为沥青面板整平胶结层提供一个良好的基础，一般工程对碎石垫层凹凸度的要求为：3m直尺范围内最低点与最高点的高差不超过3～4cm。

3．渗透性指标及排水设计

沥青混凝土简式结构面板下垫层排水能力需大于沥青混凝土面板的渗水量，以保证面板的安全运行。碎石垫层排水能力的计算与本章第二节混凝土面板下排水垫层排水量计算公式相同。库盆沥青混凝土复式结构面板下垫层排水能力按排泄基础内地下渗水考虑。碎石垫层要做好反滤与集中排水，级配也要符合反滤及渗透稳定性要求。

为了解和及时控制面板渗漏，排水垫层内通常设置隔水带，将渗水进行有效的分区；同时为加快排水，在库底排水垫层内设置排水管网，图7－3－11所示为西龙池上水库库底排水系统布置图。

4．厚度

一般碎石或卵砾石垫层的最大粒径不超过80mm，小于5mm粒径含量在30%～50%，小于0.075mm粒径含量不超过8%。

沥青混凝土下卧垫层的厚度除满足排水要求外，还应考虑减少基础不均匀沉陷对沥青混凝土面板的影响。中等高度土石坝的垫层厚度一般不小于50cm（垂直坡面），高坝、易产生基础不均匀沉陷及一些重要的工程可适当加厚。有资料指出：当土质基础的变形模量低于20MPa或相邻基础变形模量相差2倍以上时应加大垫层厚度。西龙池抽水蓄能电站下水库库底大部分基础为碎石土覆盖层，变形模量约为18～130MPa，局部存在土质透镜体和架空层，为适应基础不均匀沉陷，将垫层厚度加大至100cm与200cm，并进行置换和过渡处理。垫层厚度还应综合考虑施工方法和冻结深度等因素后确定。

（五）基础开挖要求

抽水蓄能电站多建于沟谷中，地质条件复杂，软硬基础都有，厚度与变形模量均存在较大差异，易造成地基不均匀沉陷，进而可能引起沥青混凝土面板由于应变过大而开裂。根据试验可知，一般常温下防渗面板沥青混凝土的允许应变在0.5%左右，寒冷地区冬季沥青混凝土的允许应变更可能降至

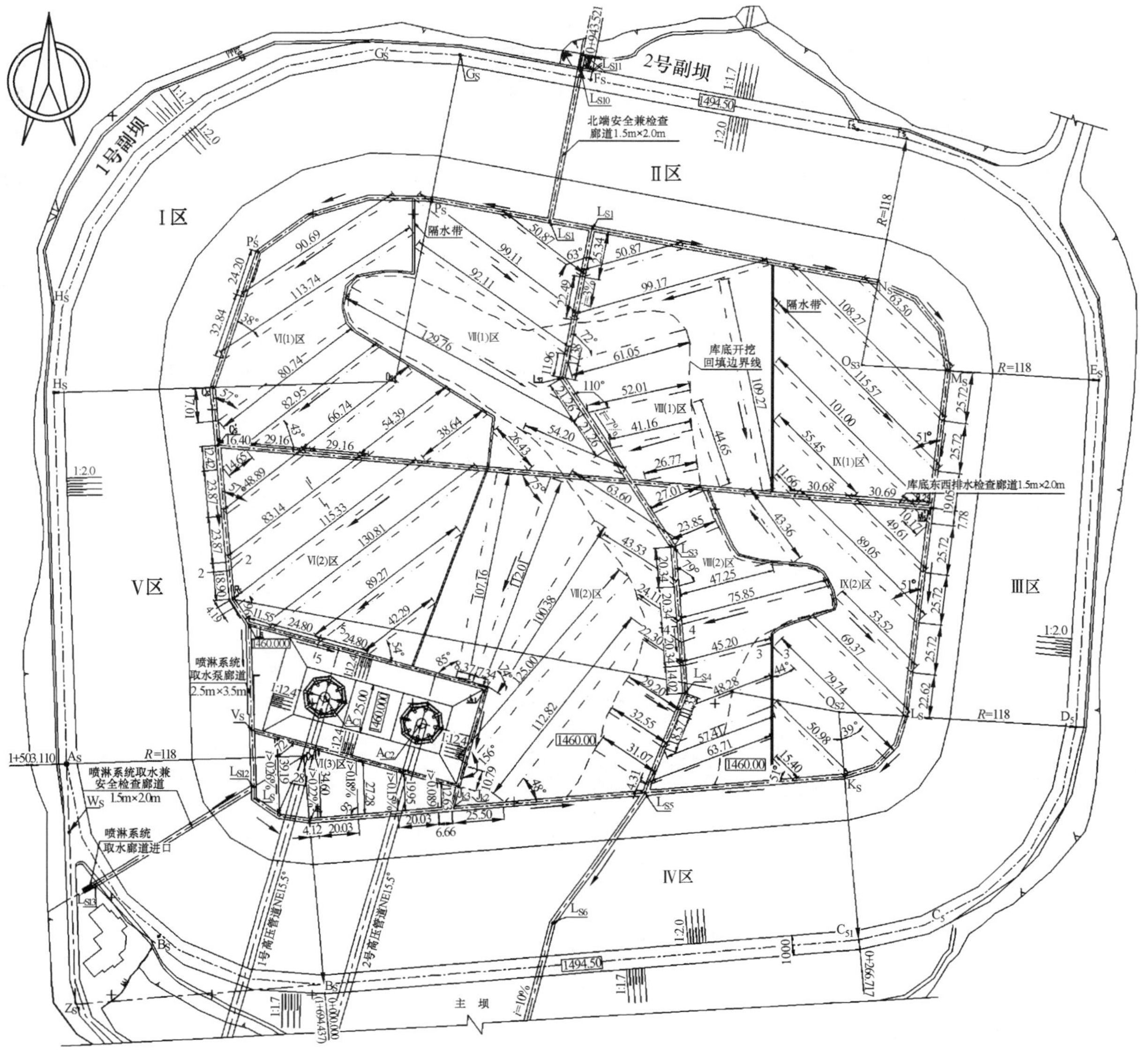

图 7-3-11　西龙池上水库库底排水系统布置图

0.1%或更小。为消除或缓解由于基础变形模量差异较大，引起面板开裂，需对沥青混凝土面板基础面的开挖提出控制要求。

西龙池抽水蓄能电站下水库坝下的基础存在深厚覆盖层及基岩陡坎，分析覆盖层各分区的工程特性及其对防渗面板安全的影响程度后，确定基础开挖原则：除按一般堆石坝基础面要求开挖外，对库底面板下软硬基础分界处，即基岩与覆盖层分界处或基岩与碎石回填区衔接处，采用放缓基岩开挖坡比和加大碎石排水垫层厚度的过渡处理措施，要求开挖面坡比小于 1：4，同时将岩基部位垫层厚度加大至 100cm，覆盖层上部垫层厚度加大至 200cm；对基岩陡坎部位，采用加大开挖范围或贴补置换高弹模材料进行过渡，如图 7-3-12 所示。

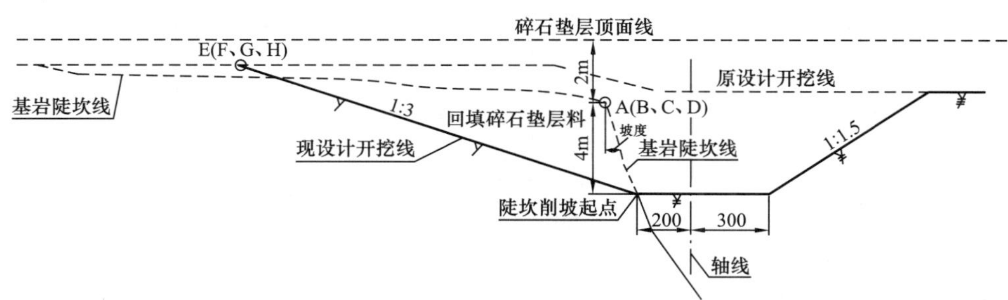

图 7-3-12　西龙池下水库库底陡坎基岩与覆盖层交界部位基础处理图

（六）沥青混凝土与混凝土刚性建筑物的连接型式

抽水蓄能电站沥青混凝土面板与防浪墙、进/出水口周圈廊道、库底廊道、周边廊道等的连接均属于沥青混凝土面板与混凝土刚性结构的连接。该处是抽水蓄能电站沥青混凝土面板渗漏主要发生的部位。对连接型式应重点研究，并确保施工质量。

刚性的混凝土建筑物，大部分坐落在基岩上，基本不发生沉陷变形，而相邻的填筑体都有较大的变形。接头型式要能适应此沉陷差，而不产生渗漏。目前常用滑动式接头，其次还有转动式接头、柔性扩大式接头（改进的滑移式接头）。

一般工程为解决滑动接头部位沥青混凝土面板被拉裂的问题：①加厚邻近刚性建筑物部位的上防渗层；②在防渗层和整平层中间加设沥青砂浆或沥青橡胶，形状为三角形，即柔性扩大式接头。另外，国外有的工程在接头处还设有可伸缩的止水带。部分沥青混凝土面板与廊道接头剖面图如图 7-3-13～图 7-3-16 所示。

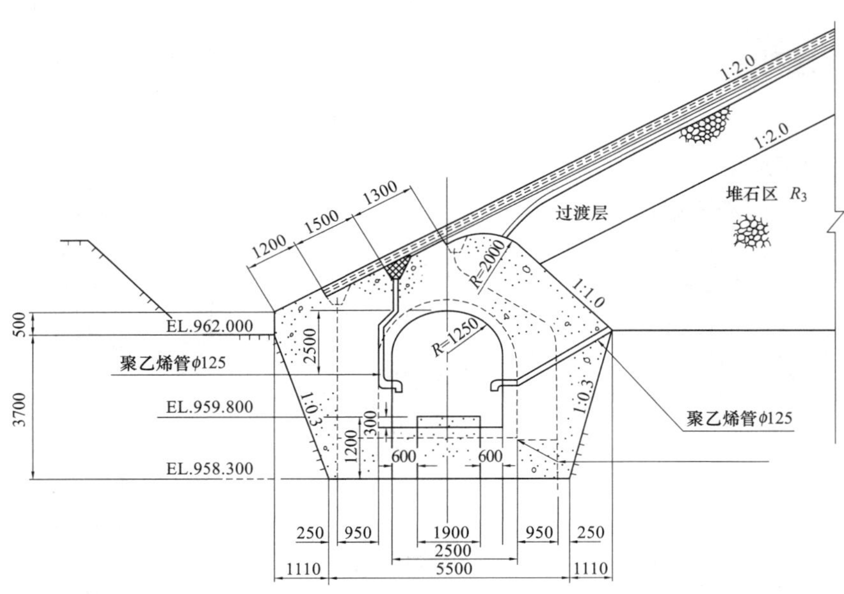

图 7-3-13　日本盐原抽水蓄能电站上库八汐坝趾板复式断面接头图

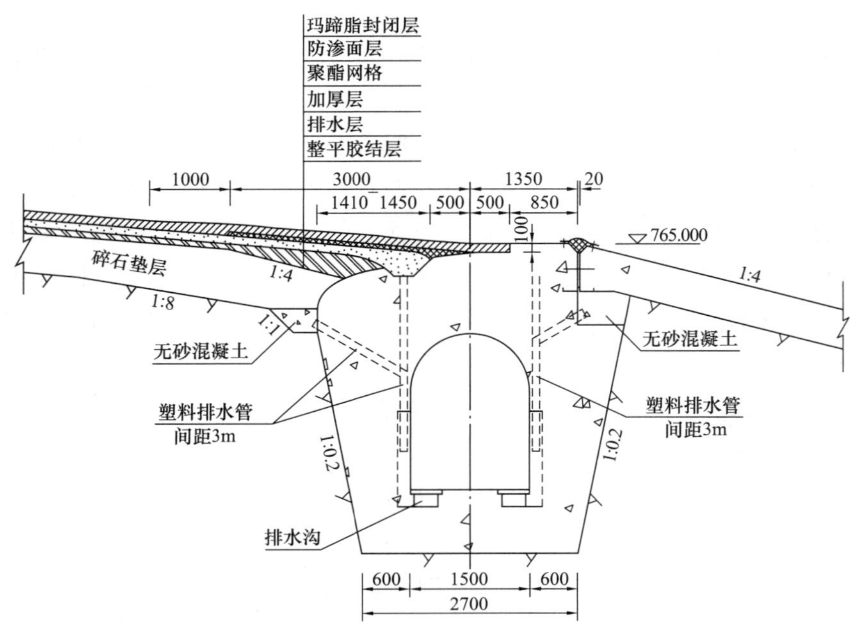

图 7-3-14　张河湾抽水蓄能电站上水库简化复式面板与进/出水口前沿廊道接头图

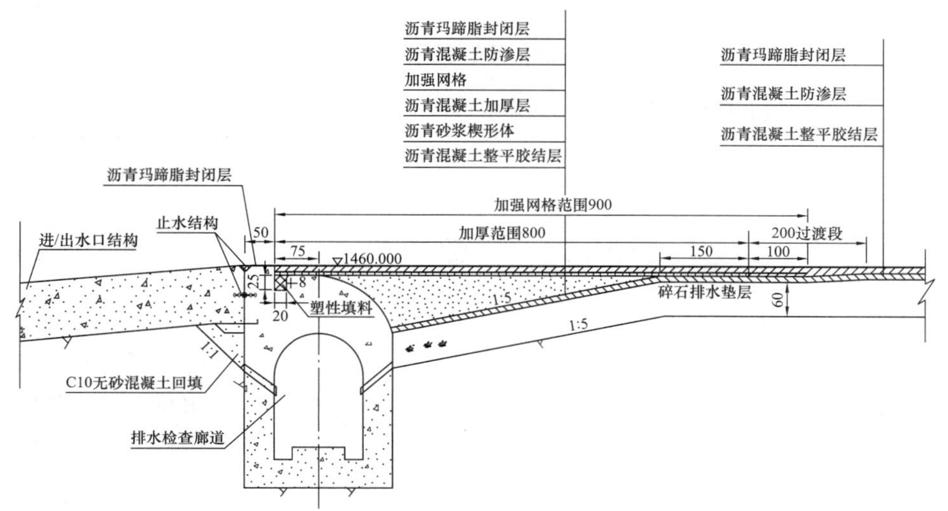

图 7-3-15　西龙池抽水蓄能电站上库沥青混凝土简式面板与廊道接头图

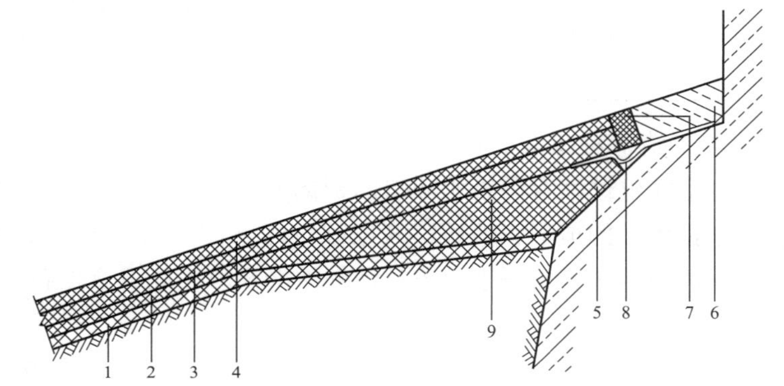

图 7-3-16　国外某工程设有可伸缩止水带的沥青混凝土与混凝土接头图

1—基础层；2—防渗层；3—加强织物；4—保护层；5—涂抹黏结层；6—混凝土保护层；7—接缝灌浆；8—可伸缩元件；9—沥青混凝土楔块

沥青混凝土面板与刚性建筑物接头采用的黏接材料也有多种，国外多采用 Igas、沥青马蹄脂等。从天荒坪抽水蓄能电站上库使用情况看，因现场施工温度高，Igas 易流淌，使接头黏接涂层变薄，未能起到滑动的作用。沥青马蹄脂在高温和斜坡上施工也易于流淌，其黏接厚度不易保证。张河湾、西龙池、宝泉抽水蓄能电站均改用北京水利水电科学院结构材料研究所开发研制的 BGB 材料（橡胶类材料，约 6mm 厚）加乳化沥青或 SK 专用黏接剂。从室内试验和现场施工情况看，该黏接剂黏接和适应变形的性能较好，但长期使用效果还有待观察。实际上，无论采用何种型式的接头或何种黏接材料，其接头适应基础变形的能力终究是有限的。因此，最关键的问题是提高刚性建筑物附近填筑体的压实度，最大限度地降低其与刚性建筑物的沉陷差，以减少接头部位沥青混凝土面板的应变量。

（七）不同坡向面板的曲面连接

因受地形限制，抽水蓄能电站库盆的库坡由多个平面和曲面组成，为便于坡面、底面沥青混凝土面板的机械施工铺筑，尽量减少人工摊铺的面积，一般曲面均采用正扇形曲面和反弧形曲面。从已建工程看，立面反弧段曲率半径有 15m、25m、30m 等。通过有限元计算分析可知，全库防渗的抽水蓄能电站的防渗面板受水荷载后，一般面板最大应变均发生在面板平面或立面圆弧连接段。因此，扩大反弧半径可降低沥青混凝土面板的最大应变，如天荒坪抽水蓄能电站上水库库坡原设计立面反弧半径为 30m，后调整为 50m；西龙池抽水蓄能电站上水库西北坡，原设计平面弧段转弯半径为 118m，后调整为 170m。因此，曲面的最小曲率半径设计应考虑面板应力应变的要求和摊铺机摊铺的需要。

三、沥青混凝土性能要求与材料选择

沥青混凝土材料的选择是沥青混凝土面板设计的重要内容，也是关键之一。为此，首先需明确沥青混凝土面板各层的作用，根据各自要发挥的作用，提出相应的性能要求，然后选择能满足性能要求的合适材料。例如，上防渗层的作用是防止水库渗漏，要求其有良好的防渗性。要防渗性好，除材料渗透系数小之外，还要求不能出现裂缝：①变形适应性要好，当地基不均匀变形时不会出现结构性裂缝；②低温抗裂性要好，在寒冷地区不会冻裂。上防渗层在面板的上部，在高温下斜坡面板易软化而变形，故对耐流淌性也提出要求。至于耐久性则是对任何结构普遍应有的要求。表7-3-2列出了抽水蓄能电站沥青混凝土防渗面板及垫层的作用和性能要求。

表7-3-2　　抽水蓄能电站沥青混凝土防渗面板及垫层的作用和性能要求

名称	材　料	各层的作用	性能要求
封闭层	沥青马蹄脂	封闭防渗层表面缺陷，减少空气、水、紫外线引起防渗层的老化，起到保护防渗层的作用 防止防渗层因冰雪滑落而磨损	防渗性、变形适应性、耐流淌性、低温抗裂性、耐久性、耐磨性
上防渗层	密级配沥青混凝土	防止水库渗漏	防渗性、变形适应性、耐流淌性、低温抗裂性、耐久性
排水层	开级配沥青混凝土	搜集上防渗层的渗水，将渗水导入排水廊道排走	渗透性、浸水稳定性、耐久性
下防渗层	密级配沥青混凝土	防止坝体或地基的渗水	防渗性、变形适应性、耐久性
整平胶结层	粗级配沥青混凝土	越冬时保护垫层；作为防渗面层施工的基础；减少下防渗层厚度的偏差	变形性能、耐久性
垫层	级配碎石	作为整平胶结层施工的基础；确保坝体至面板结构的连续性；调整基础不均匀变形；排除坝体或地基的渗水	渗透性、变形性能、耐久性

（一）沥青混凝土面板性能要求

抽水蓄能电站沥青混凝土防渗面板的性能要求是根据建筑物的功能和所处的环境来决定的，各个工程应根据各自的地形、地质、气象等自然条件，结合枢纽布置、水库运行要求等，因地制宜地对沥青混凝土面板结构各层分别提出具体的性能要求。以下重点叙述上防渗层的性能要求。

1. 抗渗性

水库渗漏直接威胁水工建筑物的安全，可能引起库岸滑坡、坝基或水库基础的深层抗滑稳定等问题。对于无径流的抽水蓄能电站上水库，其渗漏损失也是直接的电能损失。因此，要求沥青混凝土面板应具有良好的抗渗性能。

（1）水库允许渗漏量。每个水库允许渗漏量应结合水库的具体条件通过技术经济比较确定，水头高的电站，抽水到上水库的费用高，对上水库防渗要求就应提高。目前关于抽水蓄能电站水库允许渗漏量还没有统一的标准。日本水利沥青混凝土工程设计规范规定日渗漏量不超过总库容的1/2000；在沥青混凝土防渗面板工程施工中，一般承包商承诺的渗漏量标准为不大于0.1l/(1000m^2·s)，但这与下卧层的情况密切相关。

天荒坪抽水蓄能电站上水库蓄水运行近10年，其稳定的渗漏量为5～6l/s，日渗漏量相当于水库总库容的1/17000，且其中相当一部分水还是库底泉眼渗水及进/出水口侧的山体渗水。国外沥青混凝土面板工程的实测渗水量都很小。我国目前正在修订的沥青混凝土面板和心墙设计规范，从抽水蓄能电站上水库水源宝贵考虑，拟规定一般情况下日渗漏量应不大于总库容的1/5000。

（2）沥青混凝土的抗渗性指标。

沥青混凝土的抗渗性指标为渗透系数，但渗透系数与孔隙率相关。渗透系数是通过渗透试验测得，孔隙率是通过表观密度和理论密度计算得到。渗透试验耗时比较长，且试验结果离散性较大。一般国外工程对沥青混凝土的防渗性能指标均按单一的孔隙率来控制，我国目前是按渗透系数和孔隙率双重控制。沥青混凝土各层的作用不同，对抗渗性有不同要求。防渗层沥青混凝土，一般要求孔隙率不大于3%，渗透系数不大于1×10^{-8}cm/s。现场检验和室内试验表明，密级配沥青混凝土防渗层，当沥青含量为6%～8%，且碾压后的孔隙率小于3%，其渗透系数均可达到1×10^{-8}cm/s以下。排水层沥青混凝土采用开级配，即级配不连续的骨料，并减少沥青用量至3%～4%，碾压后的孔隙率≥15%，其渗透系数一般可达1×10^{-1}～1×10^{-2}cm/s量级或更大。简式结构整平胶结层的沥青含量一般为4%～5%，碾压后的孔隙率为10%～15%，渗透系数可达1×10^{-3}～1×10^{-4}cm/s。简化复式结构整平胶结防渗层的沥青用量在5%～7%，碾压后的孔隙率在4%～5%，渗透系数在$1\times10^{-5}\sim1\times10^{-8}$cm/s。

2. 变形适应性

由于抽水蓄能电站上水库多建于沟谷或山顶部位，地形起伏大，库盆中开挖和填筑的接触带长、面积大；地质条件复杂，岩石风化强烈、多断层破碎带、基础软弱风化带可能相间出现，其基础变形模量高低差别悬殊；堆石坝体往往使用软岩及风化岩石，变形模量低，与基岩接触带在水荷载作用下沉陷差较大。为保证水荷载作用下基础不均匀沉陷不会引起面板裂缝，要求沥青混凝土面板具有良好的变形适应性。

（1）变形适应性指标的选择。

1）圆盘柔性试验。目前，西方国家大都仅采用 Van Asbeck 圆盘柔性试验来评价沥青混凝土面板变形性能。该试验一般要求试件在发生1/10的挠度变形条件下仍不透水。图7-3-17所示为圆盘试验设备及试件示意图。圆盘试件中心的应变由下列公式计算

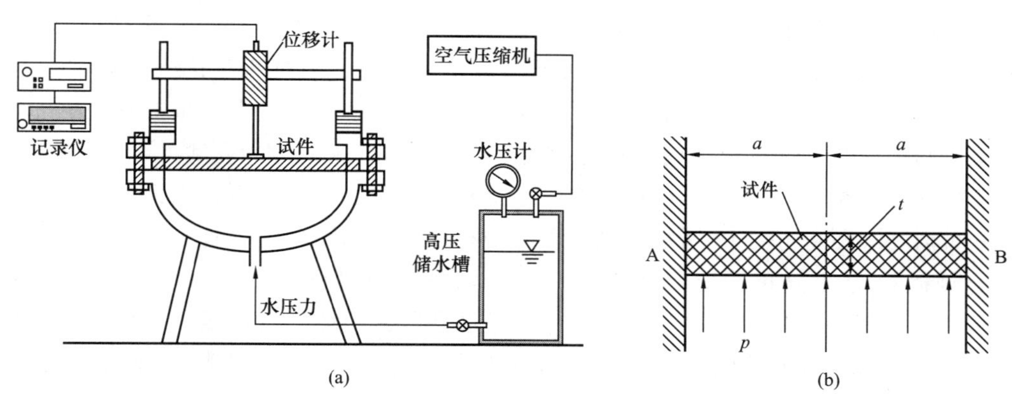

图7-3-17 圆盘试验设备及试件示意图

（a）圆盘试验设备图；（b）试件示意图

$$\sigma_t=\frac{3p}{8t^2}[(1+\nu)a^2-(1+3\nu)r^2]$$

$$\sigma_r=\frac{3p}{8t^2}[(1+\nu)a^2-(3+\nu)r^2]$$

$$\varepsilon_t=\frac{1}{E}(\sigma_t-\nu\sigma_t)$$

$$\varepsilon_r=\frac{1}{E}(\sigma_r-\nu\sigma_t)$$

$$w=\frac{3(1-\nu^2)p}{16Et^3}(a^2-r^2)^2$$

$$\delta=w(r=0)=\frac{3(1-\nu^2)p}{16Et^3}a^4$$

$$\varepsilon_t(r=0)=\varepsilon_r(r=0)=\frac{2\delta t}{a^2}$$

式中 σ_t，ε_t——板环向应力、周边变形；

σ_r，ε_r——径向应力、径向变形；

p——均布荷载；

E——弹性系数；

ν——泊松比；

t——板厚度；

a——板半径；

w——半径r处的变形；

δ——板的最大变形。

圆盘柔性试验评价方法很难与工程设计的技术指标要求建立联系，所有工程，不论规模大小、地形地质条件差别，都采用同一指标，显然不够合理。

2）应变指标。北京国电水利电力工程有限公司（简称北京国电公司）公司与清华大学对西龙池抽水蓄能电站沥青混凝土面板的计算分析表明，采用不同的面板应力——应变计算模型和面板材料参数对抽水蓄能电站面板挠度和面板顺坡向应变计算结果影响不大，但对面板的应力分布有较大影响。说明面板的应力除与坝体堆石料的变形特性有关外，还取决于面板本身所采用的计算模型及其参数。鉴于沥青混凝土的力学性能不仅与温度和应变速率相关，还有流变特性，目前沥青混凝土面板的应力计算还缺乏可靠而简便的方法，致使材料的强度指标（应力）还难以成为评价面板安全性的可靠依据。故我国和日本等国家均采用应变指标来控制沥青混凝土的配合比设计和评价面板的安全性。而对于蓄能电站水工沥青混凝土的力学性能研究，一般采用小梁弯曲试验和直接拉伸试验测取沥青混凝土极限应变，作为沥青混凝土适应基础变形能力的基本力学指标。

（2）变形适应性控制指标的确定。为确定沥青混凝土面板的极限应变指标，应进行沥青混凝土防渗结构的有限元分析，求得最大拉应变，考虑一定安全系数后就可提出对沥青混凝土极限应变的要求。

1）弯曲和拉伸极限应变。根据有限元分析，抽水蓄能电站沥青混凝土面板的受力状态可分为弯曲受拉和轴向受拉两种状态，选取极限应变指标时也应有所区别。西龙池下水库位于深厚覆盖层上，大坝与库盆均采用沥青混凝土面板防渗，图 7－3－18 所示为沥青混凝土面板在水荷载作用下沿板厚方向轴向拉应变分布情况。图 7－3－19 所示为当覆盖层中存在土质透镜体时沥青混凝土面板在水荷载作用下沿板厚方向轴向拉应变分布情况，反映基础不均匀沉降下沥青混凝土面板的受力变形状态。由图 7－3－18 可见，一般均匀基础条件下，无论是库底水平段、坝坡倾斜直线段顺坡向应变基本处于均匀受力状态，即使反弧段面板顺坡向应变也基本处于均匀受拉状态；最大拉应变出现在反弧段中部。图 7－3－19 反映出反弧段面板顺坡向应变仍基本处于均匀受拉状态。因此，反弧段的沥青混凝土设计应以单向拉伸应变为控制。由图 7－3－19 可见，在土质透镜体及其附近，局部库底沥青混凝土面板沿厚度方向所受的拉应变不同，即出现偏心受拉或偏心受压状态。因此，库底或库岸存在不均于基础时，其沥青混凝土设计应以弯曲拉应变为控制。

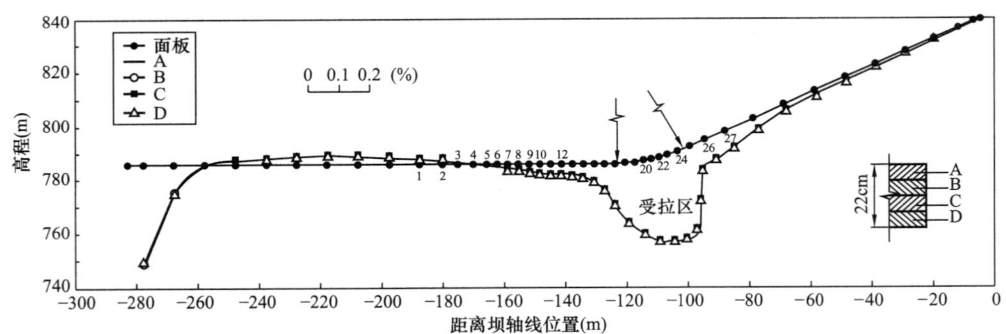

图 7－3－18　西龙池下水库反弧段面板沿厚度顺坡向应变分布图（%）

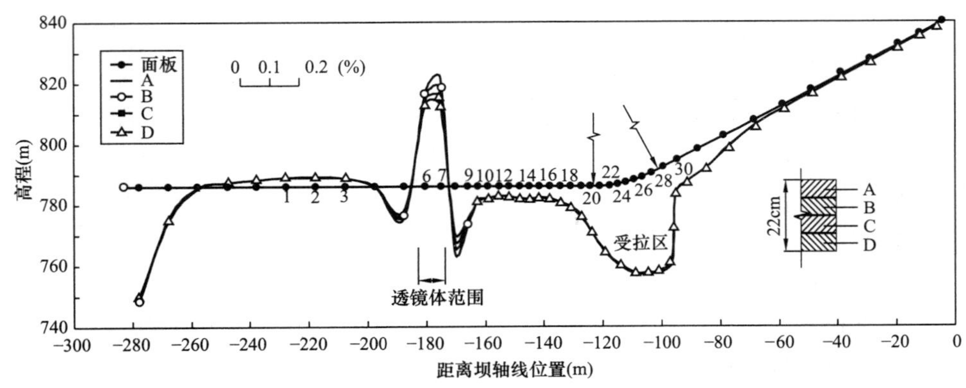

图 7－3－19　西龙池下水库库底有土质透镜体时面板沿厚度顺坡向应变分布图（%）

2）应变和变形。图 7-3-20 显示西龙池下水库主坝坝踵位于基岩情况下沥青混凝土面板挠度和顺坡向应变变化情况，面板因蓄水产生的挠度在坝坡中偏下部位最大，而坝踵附近受岩石基础约束，面板挠度很小。而顺坡向应变与挠度的分布并不对应，挠度最大处，挠度较均匀，拉应变很小；而近坝踵处，面板挠度很小，但挠度变化大，出现最大拉应变。说明挠度（变形）不能作为沥青混凝土面板破坏的指标，应以拉应变为面板破坏的控制指标。

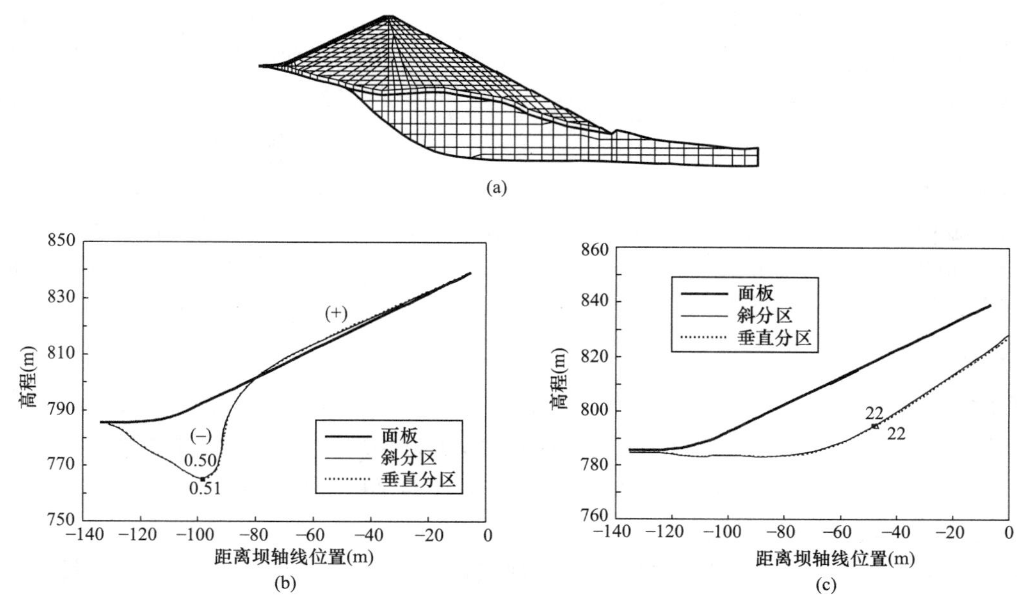

图 7-3-20　西龙池下水库主堆石坝沥青混凝土面板的变形与应变

（a）西龙池下水库主堆石坝横剖面计算简图；（b）蓄水时面板挠度分布图；（c）蓄水时面板应变分布图

3. 低温抗裂性

冬季沥青混凝土面板易因温度降低而开裂，这在我国北方地区已建成的工程中不乏先例，如北京的半城子水库沥青混凝土面板开裂相当严重。抽水蓄能电站水库水位每天一般存在 1～2 次升降循环，面板经受的温降速率与频次比常规水电站高得多，故蓄能电站沥青混凝土面板设计中更应高度重视低温开裂问题。

影响沥青混凝土面板产生低温开裂的因素很多，如极端最低气温、降温速度、低温的持续时间、沥青品种、材料的配合比、施工质量等。根据我国道路沥青混凝土研究成果，可用四个指标来反映沥青混合料的低温抗裂性能，即冻断温度、冻断应力、转折点温度和曲线斜率。其中，①转折点温度，该指标得出的结果与沥青混合料实际性能相差较大；②曲线斜率不能反映混合料的实际使用性能，故均不宜作为评价指标；③冻断温度能反映混合料的低温抗裂性能，其受沥青品种影响很大，受级配类型影响较小，说明，要提高沥青混合料的低温抗裂性必须选择低温性能好的沥青；④冻断应力能一定程度地反映混合料的低温抗裂性能，但它不能单独作为评价指标，而应与冻断温度结合起来分析。冻断应力受级配影响很大，孔隙率大小直接决定了冻断应力的大小。根据上述结论，西龙池和张河湾抽水蓄能电站沥青混凝土面板均以冻断温度作为评价沥青混凝土低温抗裂性的控制指标。同时还考虑了面板各层的设计温度的确定、室内试验与实际工程条件的差别、试验方法的差别（试验为一维问题，而面板为二维问题）等因素，故在确定冻断温度时还应留有一定的余度。

由于沥青混凝土为感温性材料，防渗面板又为多层结构，面板各层的温度会随库水位变动以及日照条件等而变化，因此设计时不能直接把外界最低气温作为设计温度。日本北海道地区的京极抽水蓄能电站沥青混凝土面板设计中首次考虑面板热传导特性来确定面板各层的设计温度。北京国电公司在十三陵和西龙池抽水蓄能电站沥青混凝土设计中，也采用变温度场计算和粘弹性无限嵌固板应力分析方法进行了沥青混凝土面板的低温抗裂计算分析。西龙池上水库根据当地最低温度时的日温度变化记录及试验所得的沥青混

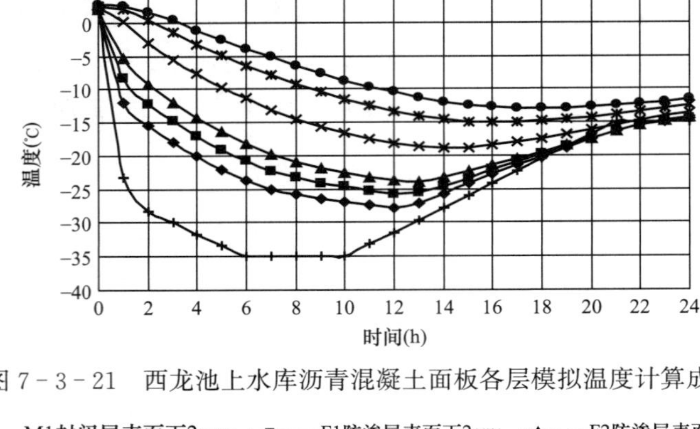

图 7-3-21　西龙池上水库沥青混凝土面板各层模拟温度计算成果

—M1封闭层表面下2mm; —F1防渗层表面下2cm; —F2防渗层表面下4cm;
—F3防渗层表面下10cm; —Z1整平胶结层表面下6cm;
—Z2整平胶结层表面下10cm; —Q1外界气温

凝土热工参数，计算出沥青混凝土面板各层温度的变化示于图 7-3-21。由图 7-3-21 可见，冬季防渗层表面最低温度将比外界最低气温高 7℃左右，各层温度出现有规律的时滞，最低温度的作用时间也较短。说明封闭层沥青玛蹄脂除有保护表面的功能外，还有保温效果。故对封闭层也应提出冻断温度指标，以防其在低温下开裂、脱落。日本京极抽水蓄能电站冬季最低气温－25℃，计算防渗层最低温度－18℃，确定设计温度－20℃。与西龙池抽水蓄能电站计算成果相近。

4. 抗流淌性

抽水蓄能电站的上、下水库水位变幅大，且频繁。当水位降落时，暴露在空气中的沥青混凝土面板受到日光暴晒，由于沥青混凝土吸热性强，我国大部分地区暴露在阳光直射之下沥青混凝土表面温度可达 60～70℃，有可能使建在斜坡上的沥青混凝土面板的某些部位产生流动变形，起拱等破坏，因此要求面板具有高气温时不流淌的能力。

热稳定试验采用的设计温度是根据夏季气温与倾斜沥青混凝土面板表面因太阳辐射热的升高值推算出来的，一般可达 1.6～1.8 倍的极端最高气温。

沥青混凝土的高温稳定性采用斜坡流淌试验来判别。斜坡流淌试验基本思路都是经过长时间的恒温，如 48h，看试件的流淌值是否稳定，以此作为沥青混凝土高温稳定性的评定标准。但各国斜坡流淌试验方法尚不统一，我国 SLJ 01—1988《土石坝沥青混凝土面板和心墙设计准则》规定防渗层斜坡流淌值不大于 0.8mm，但没有规定相应的测试方法。因此，各工程采用的斜坡流淌标准值应与其检测方法相对应。已建抽水蓄能电站防渗层斜坡流淌控制指标及相应测试方法见表 7-3-3。

表 7-3-3　　抽水蓄能电站防渗层斜坡流淌控制指标

工程名称	配合比编号	级配指数 r 和细骨料率	矿粉用量 <0.074mm（%）	沥青用量（%）占沥青混凝土	斜坡流淌值（1/10mm）	说明
日本沼原上库	ND-1	≤2.5mm 颗粒含量占 62.5%～55%	12.7	8.5	10	沥青 8.6%，试件 D=10cm，h=6.4cm，1∶1.5，60℃，2h 后流淌值不变
	ND-2		10.4	8.5	12	
	ND-3		7.8	8.5	24	
泰国拉姆它昆上库			10	7.2	1.4	1 小时后收敛
天荒坪上库		≤2mm 颗粒含量占 52%	15	6.8	1∶2，70℃，<50	试验为 20cm×20cm 的方块（Van Asbeck 方法）
					1∶2，60℃，<15	
西龙池上库	改性沥青	≤2.36mm 颗粒含量占 52%（43.9%）	11.5（6.9）	7.5	1∶2，70℃，<0.8mm	马歇尔试件
					1∶2，70℃，<2mm	试验为 20cm×20cm 的方块（Van Asbeck 方法）
张河湾上库		≤2mm 颗粒含量占 52%		8	1∶2，70℃，<0.8mm	马歇尔试件
					1∶2，70℃，<2mm	试验为 20cm×20cm 的方块（Van Asbeck 方法）

事实上，沥青混凝土面板终碾温度不低于90℃，在烈日下施工的沥青混凝土的温度远高于试件60℃或70℃的温度。应该说，如果配合比试验时热稳定性有问题，在施工时就应该流淌了。因此，目前工程实践中，沥青混凝土马歇尔试件斜坡流淌值指标的检测多作为沥青混合料的室内配合比检测控制指标，但不作为碾压后面板现场检测的控制指标。有资料证明现场芯样试验测试的斜坡流淌值，一般均比马歇尔试件采用同种方法的斜坡流淌值要大，如西龙池工程上水库改性沥青混凝土防渗层的马歇尔试件斜坡流淌值小于0.8mm，但现场芯样的斜坡流淌值均大于此值，约在2mm左右。

抽水蓄能电站沥青混凝土防渗面板的热稳定要求和柔性、低温抗裂性要求是一对矛盾体。后者希望沥青含量高些，而前者要求沥青含量低些。因而，斜坡流淌值指标是沥青混凝土配合比设计中沥青用量上限的重要控制因素。

5. 抗水剥落稳定能力

沥青混凝土防渗面板长期浸泡在水中，由于水的作用易使沥青和骨料分离和老化。因此要求骨料和面板混合料应有好的抗水剥落稳定能力。评价沥青混凝土的水稳定性指标包括水稳定系数、残留稳定度。水稳定性指标工程实例见表7-3-4。

6. 施工特性

反映沥青混凝土施工性能的指标是和易性和可压实性，施工性能一般与混合料的沥青含量、配合比、施工温度等有关。沥青混凝土对温度敏感性很强，天气、施工条件的变化会直接影响到沥青混凝土的性能。因此，设计时需考虑面板结构形式力求简单，以满足现代化设备施工的要求；同时应考虑各结构层的控制指标便于现场控制，并在现有试验手段下有较高的准确性。

7. 抗老化性能

沥青混凝土在施工和运行过程中，由于沥青的老化，使沥青混凝土强度或变形性能降低，导致结构破坏。抽水蓄能电站因水位降落频繁、承受水压重复荷载，且面板长年受冻融作用，防渗要求高，故要求面板抗老化能力更强。因此，许多工程进行了冻融试验、重复弯曲试验等，研究其耐久性。此外有的工程，如日本的八汐坝还在坝址附近，按照与坝体相同的坡度、方向和高程，布置了沥青混凝土试件，暴露10年，确认对气象作用的耐久性。

日本沼原水库采用全库盆沥青混凝土面板防渗，运行30年期间曾数次放空水库进行全面检查，其结果表明：表面保护层受紫外线、氧和水的作用老化，即使外部环境影响小的低高程部位的表面保护层，也同样发生了老化现象。但面板本体未见老化现象，面板完全不渗水。说明表面保护层对保护面板起着重要作用，封闭层的抗老化性能非常重要。

因此，建议对沥青混凝土防渗层、尤其是其封闭层根据气象条件进行耐久性研究。冻融试验应通过施工性试验和暴露试验进行综合评价，确定沥青混凝土及其玛蹄脂保护层所用的配比。

8. 沥青混凝土面板各结构层技术指标汇总

综合上述要求，对抽水蓄能电站沥青混凝土防渗层及其他各层的性能要求可归纳如下：

(1) 防渗层。防渗层的沥青混凝土，一般要求孔隙率不大于3%；渗透系数不大于1×10^{-8}cm/s；水稳定系数不小于0.85；斜坡流淌值不大于0.8mm；低温不开裂，并满足设计提出的强度和柔性要求。粗骨料最大粒径可取铺筑层厚的1/3～1/5。抽水蓄能电站沥青混凝土防渗层的技术要求汇总见表7-3-4。

(2) 排水层。排水层的沥青混凝土，要求渗透系数不小于1×10^{-1}cm/s；孔隙率在20%～30%；热稳定系数不大于4.5。抽水蓄能电站排水层沥青混凝土的技术要求汇总见表7-3-5。

(3) 整平胶结层。整平胶结层的沥青混凝土，一般要求渗透系数在1×10^{-3}～1×10^{-4}cm/s；孔隙率在10%～15%；热稳定系数不大于4.5。粗骨料最大粒径可取铺筑层的1/2～1/3。抽水蓄能电站整平胶结层沥青混凝土的技术要求汇总见表7-3-6。

(4) 封闭层。封闭层应与防渗面层黏结牢固，高温（70℃）不流淌，低温（-25℃）不脆裂不卷边，并易于涂刷或喷洒，涂刷量为2.5～3.5kg/m^2。抽水蓄能电站沥青混凝土封闭层面板的技术要求汇总见表7-3-7。

表 7-3-4　抽水蓄能电站沥青混凝土面板防渗层技术指标汇总

序号	项目		单位	西龙池（沥青含量 7.5%）		张河湾上水库（沥青含量 7.5%）	天荒坪上水库（沥青含量 6.9%）	宝泉上水库（沥青含量 7.5%）
				上水库斜坡及反弧段	上水库库底 下水库全部			
1	毛体积密度（表干法）		g/cm³	＞2.35	＞2.35	＞2.30		
2	孔 隙 率		%	≤3.0	≤3.0	≤3.0	≤3.0	
3	渗透系数		cm/s	$\leq 1\times10^{-8}$	$\leq 1\times10^{-8}$	$\leq 1\times10^{-8}$	$\leq 1\times10^{-8}$	
4	斜坡流淌值	1∶2（1∶1.75），70℃，48h	mm	≤0.8	≤0.8	（≤2.0）	≤0.8	
		1：2，70℃， 1：2，60℃，		≤5.0 ≤1.5	≤5.0 ≤1.5		≤5.0 ≤1.5	
5	马歇尔稳定度（60℃）		N	＞5000	＞5000			
6	马歇尔流值		1/100cm	≥80	≥80	水稳定性≥90		
7	柔性挠度（圆盘试验）	25℃	%	≥10（不漏水）	≥10（不漏水）	≥10（不漏水）	≥10（不漏水）	
		5℃		≥2.5（不漏水）	≥2.5（不漏水）	≥2.5（不漏水 2℃）	（≥2.5 不漏水）	
8	弯曲应变	2℃（5℃） 试验速率 0.5mm/min	%	≥3	≥2.25	≥2.0	—	
9	拉伸应变	2℃ 应变速率 0.34mm/min	%	≥1.5	≥1.0	≥0.8		
10	冻断温度		℃	低于−38	低于−35	低于−35		
11	膨　胀		%	＜1.0	＜1.0	＜1.0		

表 7-3-5　　抽水蓄能电站排水层沥青混凝土技术指标汇总

序　号	项　　目	单　位	张河湾上水库	拉姆它昆上水库
1	密度（体积法）	g/cm³	>1.90	2.148*
2	孔隙率	%	≥16.0	15.919*
3	渗透系数	cm/s	≥1×10⁻¹	4.88×10⁻²以下*
4	热稳定系数		≤4.5	马歇尔流值 3.15*
5	沥青含量	%	4.0	4.0*

*　数值为施工配合比试验结果。

表 7-3-6　　抽水蓄能电站整平胶结层及整平胶结防渗层沥青混凝土技术指标汇总

序号	项　　目	单位	西龙池上下水库（整平胶结层）	张河湾上水库（整平胶结防渗层）	拉姆它昆上水库*（整平胶结防渗层）
1	毛体积密度	g/cm³	>2.1	>2.20（表干法）	2.385
2	孔隙率	%	10～14	≤5.0	4.92
3	渗透系数	cm/s	5×10⁻³～1×10⁻⁴	≤5×10⁻⁵	5.24×10⁻⁵
4	斜坡流淌值 1∶2（1∶1.75），70℃，48h	mm	≤5（马歇尔试件），≤1.5（Van Asbeck）	≤1.5	马歇尔流值 3.08
5	水稳定性	%	≥85（孔隙率约 14%）	≥85（孔隙率约 6%）	
	热稳定性		≤4.5		
6	沥青含量	%	4	5	5

注　斜坡流淌试验采用马歇尔试件。* 表示数值为施工配合比试验结果。

表 7-3-7　　抽水蓄能电站沥青混凝土面板封闭层技术指标汇总

序号	项　　目	单位	西龙池上水库	张河湾上水库	天荒坪上水库
1	密度	g/cm³	>2.1	>2.1	
2	软化点	℃	≥90	≥90	
3	冻裂温度	℃	≤−40	≤−40	
4	斜坡流淌值	mm	≤0.6	≤0.6	
5	黏结力				
6	配合比（沥青/掺料）	%	库底普通沥青：30∶70 斜坡改性沥青：30∶70	库底普通沥青：30∶70 斜坡改性沥青：30∶70	库底 B80：30∶70 斜坡 B45：30∶70

（二）沥青混凝土材料选择

明确了沥青混凝土面板各结构分层对沥青混凝土性能要求及具体控制指标后，就要努力去选择合适的材料和配合比。但由于性能要求的多样性，且有些性能要求对材料要求是有矛盾的。例如，增加沥青混合料的沥青用量，抗渗性、柔性和耐久性都会提高，但对斜坡稳定不利。又如，经过仔细调整骨料级配，可使混合料黏结力增大，但其施工性能不一定良好。因此，要找到满足所有性能要求的材料难度很大，有时几乎是不可能的，必须综合分析，予以协调平衡。

其次，由于水工沥青混凝土在我国应用相对较少，对沥青混凝土性能、影响沥青混凝土性能的主要因素、各种材料与沥青混凝土性能之间的关系、甚至是试验方法和设备等研究得都很不够。没有完善科学的理论来指导实践，几乎每个工程都在探索。因此，目前沥青混凝土工程还是建立在经验的基础上。

第三，影响沥青混凝土性能最主要的材料是沥青，而沥青是一种由碳氢化合物及非金属衍生物组成的非常复杂的材料，其分子量变化范围为500～25000，就可以差到50倍。不同地域，甚至同一地域不同时间生产的沥青，其成分和性能都有差别。另外，沥青混凝土的性能受温度、加荷速率、历时等影响，要充分了解掌握它的规律难度也很大。

总之，沥青混凝土结构还处于经验设计阶段，这里介绍材料的选择也只能是简略和定性的，每个工程都需要去试验、去探索。

对沥青混凝土性能影响最大的材料是沥青：

(1) 抗渗性。沥青混凝土面板的渗透系数取决于沥青用量、骨料的级配、压实的程度等。

(2) 变形适应性。沥青混凝土适应变形的能力与沥青品质、沥青含量、混合料的配合比、温度、变形速度、应力量级、施工等因素有关。沥青针入度、延度等指标是沥青影响沥青混凝土适应变形的能力最关键的指标。延度的本质是沥青的流变性，是试件在特定温度条件，外力作用时变形性能的指标，它较客观地反映了材料的变形能力和抗裂性能。由于抽水蓄能电站常建于复杂的地质条件和恶劣的环境气温下，因此对延度的要求一般高于公路沥青混凝土和常规水电站沥青混凝土。表7-3-8中各工程均对沥青原材料的高、低温延度进行了严格的规定。

(3) 低温抗裂性。评价沥青的低温抗裂性能指标有沥青的针入度、延度、脆点。根据公路沥青及沥青混凝土研究经验，对沥青标号（一般用针入度代表）的选择，应考虑气候分区：南方温暖地区针入度可适当低些，如选80～60；寒冷地区针入度可高些，如用90～70；严寒地区针入度可提高到100。我国华北地区的西龙池和张河湾抽水蓄能电站，对沥青低温延度控制指标规定为4℃的延度不小于10cm，拉伸速度为5cm/min，薄膜烘箱后不低于8cm。西龙池工程在进行了大量的低温冻断试验后得出结论：冻断温度这项指标与沥青含量关系不大，主要与沥青品质有关。一般沥青拌制的混凝土，其室内试验冻断温度最低约在－33℃左右；低温性能较好的，如克拉玛依80号沥青的室内试验冻断温度约在－33～－38℃。根据公路工程经验，非改性沥青混凝土的适应工作温度范围约在70～90℃（见表7-3-9采用美国SHRP沥青路用性能规范试验的7种国产沥青性质表）。由于西龙池上水库极端最低温度为－34.5℃，考虑太阳辐射热后面板的最高温度约为70℃，其工作温度已经超过了一般沥青的工作温度范围，最低温度也低于普通沥青的冻断温度，故其上水库库盆部位采用了掺加聚合物的改性沥青混凝土。改性沥青是由改性剂与普通沥青热混合后形成的沥青复合产品，目前直接添加到沥青中的改性剂基本采用聚合物材料，一般分为三类：①橡胶类，多采用苯乙烯含量为30%的适合在寒冷条件下使用的丁苯橡胶（SBR）；②树脂类，多采用聚乙烯（PE）、乙烯—醋酸乙烯共聚物（EVA）等热塑性树脂；③热塑性橡胶类，多采用苯乙烯—丁二烯—苯乙烯嵌段共聚物（SBS）。我国公路改性沥青路面施工技术规范中选择了SBS、SBR、PE、EVA四种改性剂，并提出了相应的指标规定。在选择和使用改性沥青时，需特别注意改性沥青的相容性和稳定性。改性沥青的相容性指聚合物能否充分分散在沥青中，相容性好才能真正发挥改性作用。改性沥青的稳定性有两个含义：①物理稳定性，即在热储存过程中聚合物颗粒与沥青相不发生分离或离析；②化学稳定性，即在热储存过程中随时间的增加，改性沥青性能不能有明显的变化。改性沥青的相容性和稳定性，都需要通过基质沥青和聚合物间配伍性试验，及加入适当的助剂实现。前苏联比较寒冷地区采用的水工改性沥青混凝土面板，主要是丁苯橡胶（SBR）类，适应温度达到－50℃。西龙池上水库沥青混凝土面板在试验初期也曾进行过SBR类产品的试验，但因为其分散性不好，而最终推荐使用了SBS类聚合物改性沥青。到目前为止，国际上还没有一个通用的改性沥青标准。美国和加拿大评价改性沥青时基本采用了SHRP技术要求，并附加了弹性恢复和稳定性（或称离析）试验的标准。其他国家基本沿用原沥青标准体系，再附加一些聚合物的性能指标，如弹性恢复、黏度、韧性等要求。我国还没有改性沥青标准，JTJ 036《公路改性沥青路面施工技术规范》中提出了聚合物改性沥青技术要求。我国西龙池抽水蓄能电站在上水库防渗层改性沥青混凝土设计时，参考JTJ 036规范并根据本工程的防渗、变形、气象条件，对其中一些参数进行了修改，提出的技术要求见表7-3-9。

表 7-3-8　抽水蓄能电站沥青混凝土防渗面板沥青技术指标

序号	检验项目		单位	张河湾上水库			天荒坪上水库		蛇尾川上水库		西龙池上水库	
				防渗层	排水层	整平胶结层	防渗层	整平胶结层	防渗层	整平胶结层	防渗层 1	防渗层 2
1	针入度（25℃）100g，5s		1/10mm	70～90	70～90	70～90	70～100	70～100	60～80	60～80	≥80	≥80
2	软化点（环球法）		℃	45～52	45～52	45～52	45～49	45～49	44～52	44～52	≥50	45～52
3	延度	15℃（5cm/min）	cm	≥150	≥150	≥150	≥150		≥100		≥150	≥150
		4℃（1cm/min） 7℃（1cm/min）	cm	≥15	≥15	≥15	≥10		$PI=-0.88$		≥40	≥10
4	脆点		℃	<−10	<−10	<−10	<−10	<−10			<−20	<−10
5	含蜡量（裂解蒸馏法）		%	≤2.0	≤2.0	≤2.0	≤2	≤2			≤2	≤2.0
6	密度（25℃）		g/cm³	≥1.0	≥1.0	≥1.0	≥1.0	≥1.0	>1.0	>1.0		
7	溶解度（三氯乙烯）		%	≥99	≥99	≥99	≥99	≥99	≥99	≥99	≥99	≥99
8	含灰量（质量百分比）		%	≤0.5	≤0.5	≤0.5	≤0.5	≤0.5			≤0.5	≤0.5
9	闪点		℃	>230	>230	>230	>230	>230	>260	>260	>230	>230
10	加热后的特性（薄膜烘箱试验 163℃，5h）	质量损失	%	≤1.0	≤1.0	≤1.0	≤1.5	≤1.5			≤1.0	
11		软化点升高	℃	≤5	≤5	≤5	≤5	≤5			≤5	≤5
12		针入度比	%	≥65	≥65	≥65	≥70	≥70			≥55	≥68
13		脆点	℃	≤−8	≤−8	≤−8	≤−8	≤−8	<0.6	<0.6	≤−18	<0.6
14		延度 15℃（5cm/min） 25℃（5cm/min）	cm	≥100	≥100	≥100	≥100 ≥100				≥150 （实测 94）	≥150
		延度 4℃（1cm/min） 7℃（1cm/min）	cm	≥8	≥8	≥2	≥2 （实测为 6）				≥25	≥7

注　表中西龙池工程防渗层 1 为改性沥青，防渗层 2 为普通沥青。防渗层 2 改性沥青的 25℃弹性恢复≥60%，离析要求≤2.5℃，135℃运动黏度≤3Pa·s。

表 7-3-9　　采用美国 SHRP 沥青路用性能规范试验的沥青性质

沥 青 品 种	KLM	HXL	LHE	LAL	MMN	SJS	SLI
SHRP 沥青使用性能等级	PG64-28	PG64-28	PG52-28	PG64-22	PG58-22	PG52-22	PG52-22
最高路面设计温度（℃）	64	64	52	64	58	52	52
最低路面设计温度（℃）	−28	−28	−28	−22	−22	−22	−22
适用的温度范围（℃）	92	92	86	86	86	74	74

(4) 抗流淌性。影响沥青混凝土高温变形稳定能力的沥青技术指标主要是沥青的软化点，抽水蓄能电站沥青混凝土面板在斜坡上抗流淌性要求沥青有较高的软化点，对于 90～70 号沥青，其软化点宜不低于 47℃。若软化点低，为满足热稳定要求，在沥青混凝土的配合比中，势必减少沥青用量，这样将影响沥青混凝土的抗渗性、低温抗裂性能和适应基础变形的能力。提出软化点的严格要求，也是对沥青温度敏感性的严格控制。国内外已建沥青混凝土防渗面板沥青的软化点一般在 47～50℃，改性沥青的软化点可更高些，如我国西龙池抽水蓄能电站上水库使用的改性沥青的软化点大于 70℃。有的工程为了寻求防渗面板有好的适应基础变形的性能，加大了沥青用量，为解决面板的热稳定问题，往往在其混合料中掺加人造纤维或矿物纤维。西龙池抽水蓄能工程室内研究成果表明：沥青混凝土中掺入 0.3 %左右的纤维，可改善沥青混凝土的高温稳定性能，但掺量过大，会影响沥青混凝土的柔性。封闭层沥青马蹄脂中掺入了 7 %～8 %的海泡石矿物纤维以提高其热稳定性。我国水工沥青混凝土对使用纤维还没有统一的标准，(JTG F40—2004)《公路沥青路面施工技术规范》对木质素纤维提出了质量技术要求可作参考，另外也可参考美国各州公路与运输工作者协会标准（AASHTO）对木质素纤维和矿物纤维的技术要求。为解决面板的热稳定问题，有的工程还采用浅色涂层以减少太阳辐射热，如我国近年完工的河南南谷洞沥青混凝土面板修复加固工程，采用白色涂层封闭层，初步运用表明效果良好；另外，也有工程在夏季采用物理降温的措施，以降低面板表面温度，如天荒坪工程上水库，在其库周设置了约 2000 个雾化喷嘴，作用明显。

(5) 耐久性。沥青混凝土抗老化性能指标与沥青品质、施工工艺有关。评价沥青的耐老化性能指标有：薄膜加热试验（普通沥青）、旋转薄膜加热试验（改性沥青）、蒸发损失试验（普通沥青）、旋转蒸发损失试验（改性沥青），试验前后的品质损失、针入度比、软化点升高、脆点、延度等。由于原油及其加工工艺的不同，沥青质量有很大差别。劣质沥青老化速度快，优质沥青老化速度慢。

(6) 骨料性质。沥青混凝土的矿料作为沥青混凝土的主要组成部分，对沥青混凝土的性质有着重要影响。研究防渗面板沥青混凝土骨料的性质一般包括级配、形状、表面特性、硬度、耐久性、热稳定性、沥青吸收性及黏附性等。这些性质中，骨料和沥青的黏附性，在沥青混凝土防渗面板中显得尤为重要。黏附性取决于骨料的性质和沥青的性质，碱性骨料通常比酸性骨料黏附性好。表 7-3-10 所列为交通部“八五”国家科技攻关专题矿料黏附性试验成果，从表中可看出石灰岩和沥青的黏附性最好。为增加沥青混凝土骨料的抗剥离性能，有的工程采用掺加消石灰或普通硅酸岩水泥的措施。据日本沼原抽水蓄能电站室内研究成果，消石灰中的氧化钙含量应大于 65%，掺量应控制在 5%以下，如果掺量过大，会使沥青混凝土的柔性变差。另外，骨料的吸水率越小越好。因为，施工期间或竣工后，由于封闭在骨料内的水气膨胀，面板沥青混凝土会出现鼓包现象，从而导致面板在外载作用下开裂漏水。因此，对骨料的黏附性如有疑问时，必须进行试验论证。由于沥青混凝土面板所受外载条件、使用年限和修复难度均较公路沥青混凝土大或困难，因此，对所选骨料的强度及耐久性均应进行试验论证。

表 7-3-10　　交通部“八五”国家科技攻关专题矿料黏附性试验成果

试验方法	石料品种	沥 青 产 地						
		欢喜岭	克拉玛依	辽河	单家寺	茂名	兰炼	胜利
水煮法等级（级）	花岗岩	2	2	4	1	2	3	1
	片麻岩	2	3	5	2	4	5	3
	石灰岩	5	5	5	5	5	5	5

续表

试验方法	石料品种	沥青产地						
		欢喜岭	克拉玛依	辽河	单家寺	茂名	兰炼	胜利
水浸法剥落率（%）	花岗岩	55	50	65	60	55	65	70
	片麻岩	20	15	20	20	35	45	70
	石灰岩	5	5	5	5	15	10	15

注 JTJ 052 T 0616—1993 规范要求水煮法等级≥4 级。

（三）沥青混凝土配合比设计

国内水工沥青混凝土的配合比设计多年来仍沿用半经验的方法进行，一般都是先根据工程各沥青混凝土结构层的使用要求，参考类似工程的配合比，大致选定配合比参数，然后再进行级配设计和沥青混凝土性能试验。确定配合比的原则为：所选配合比应满足沥青混凝土各项设计技术指标要求，并应有良好的施工性能。

沥青混凝土的矿料粒径分级与常规混凝土的矿料粒径分级有所区别。沥青混凝土面板采用的矿料包括骨料、填料。骨料又以 2.36mm（方孔筛）为界线，分为粗骨料、细骨料（即称砂），粗骨料的最大粒径根据面板的功能需要及配合比试验情况确定，一般为 13～25mm。填料由小于 0.074mm 的颗粒组成。

对于矿料的技术要求，SLJ 01—1988《土石坝沥青混凝土面板和心墙设计准则》和 SD 220—1987《土石坝碾压式沥青混凝土防渗墙施工规范》作出了比较详细的规定。

1. 级配设计

变化材料的组成比例可得到密级配、开级配、沥青砂浆、沥青马蹄脂等。骨料的级配可按级配指数法选定，也可按经验或已建工程的经验选用。级配指数法为计算矿料筛孔为 d_i 的筛上总通过率 P_i（质量百分数），即

$$P_i = P_{0.074} + (100 - P_{0.074})\frac{(d_i)^r - 0.074^r}{D^r - 0.074^r} \qquad (7-3-1)$$

式中 D——骨料的最大粒径，对于防渗层可取 10～15mm，排水层宜不大于 25mm，整平胶结层宜不大于 20mm；

$P_{0.074}$——可用矿粉用量，是在 0.074mm 筛孔筛上的总通过率（%）；矿粉用量占沥青混凝土总重的比例：防渗层为 10%～15%，排水层为 3%～7%，整平胶结层为 4%～9%；

r——级配指数，一般可取 0.25～0.4；

d_i——筛孔尺寸，以往我国水电工程多采用圆孔筛的筛孔尺寸进行矿料级配的设计，近年来由于国际工程及国内其他行业的试验标准多用方孔筛，工程实践中粉碎加工设备和拌合设备所使用的筛具尺寸也多为方孔，因此建议选用方孔筛，mm。

国家电力公司科技项目《沥青混凝土防渗技术及其施工技术》中介绍了北京国电公司通过试验得出的配合比参数 r、$P_{0.074}$、B（沥青含量）对沥青混凝土基本性能指标的影响，初步规律如下：

(1) 级配指数 r 和矿粉用量 $P_{0.074}$ 一定时，随沥青用量 B 增加，表观密度、孔隙率和渗透系数减小；斜坡流淌值和马歇尔稳定度试验中的流值增大；马歇尔稳定度则呈山峰状变化，在某一沥青用量时出现最大值。

(2) 沥青用量 B 和矿粉用量 $P_{0.074}$ 一定时，随级配指数 r 增大，表观密度增大而孔隙率、渗透系数减小；斜坡流淌值和马歇尔稳定度试验中的流值增大。

(3) 沥青用量 B 和级配指数 r 一定时，随矿粉用量 $P_{0.074}$ 增大，孔隙率和渗透系数增大，斜坡流淌值和马歇尔稳定度试验中的流值也增大，但斜坡流淌值和马歇尔稳定度试验中的流值变化中有一转折点，即 $P_{0.074}$ 小于此值，斜坡流淌值和流值变化较小，而 $P_{0.074}$ 大于此值，斜坡流淌值和流值迅速增大。

根据经验，防渗层沥青混凝土的骨料级配应尽可能采用连续级配，这样可使骨料能较好的结合而孔隙较少；骨料的最大粒径，从碾压作业方面考虑，应不大于铺设层厚的 1/3；最佳沥青用量主要根据孔隙率和流值来确定，即沥青用量变化时，孔隙率和流值变化小而稳定。

2. 配合比性能试验

一般配合比的性能试验划分为两个阶段，即初步配合比（基本性能）试验和配合比功能验证试验。抽水蓄能电站的沥青混凝土，特别是防渗层沥青混凝土，首先要进行初步配合比试验，以满足其基本性能要求，如抗渗性能、高温抗斜坡流淌性能、抗低温性能（冻断试验）和水稳定性能等。最终选定配合比时，还需进行功能验证试验，包括对变形的适应性、弯曲（拉伸）试验、压缩试验和剪切试验、抗渗性、坡面稳定性及其他试验等。试验方法过去主要参照公路有关试验规程和国外相关试验规程，目前我国水工沥青混凝土相关试验规程已经编写完成，正在研讨审批过程中。

第四节 其他防渗型式

抽水蓄能电站库盆除主要选用钢筋混凝土面板和沥青混凝土面板衬砌防渗型式外，黏土铺盖、土工膜衬砌以及垂直帷幕等防渗型式也常被采用，用于库盆局部区域的防渗处理。

一、黏土铺盖防渗

黏土料具有渗透系数小和自愈性好的优点，常用作土石坝的坝体防渗材料，当工程区附近有足够黏土料源时，也常用于抽水蓄能电站水库的库底铺盖。河南宝泉抽水蓄能电站上水库库区内发育有7条较大的断层，其中5条为张性断层，从库区中部延伸至坝下，渗漏问题严重，如不做防渗处理，估算上水库总的渗漏量将达3万～5万 m^3/d。采用沥青混凝土护坡、黏土护底防渗方案，库底黏土铺盖厚为5m，并在黏土铺盖下做好反滤，以防止黏土铺盖破坏，其布置如图7－3－4所示，防渗结构如图7－4－1、图7－4－2所示。安徽琅琊山抽水蓄能电站上水库副坝上游库区内岩溶发育，分布有溶洞、落水洞102个，防止岩溶渗漏采用以掏挖回填混凝土和帷幕灌浆为主的处理措施，并采用黏土铺盖辅助防渗，以延长渗径，减轻副坝基防渗帷幕的压力，取得了较好的防渗效果。

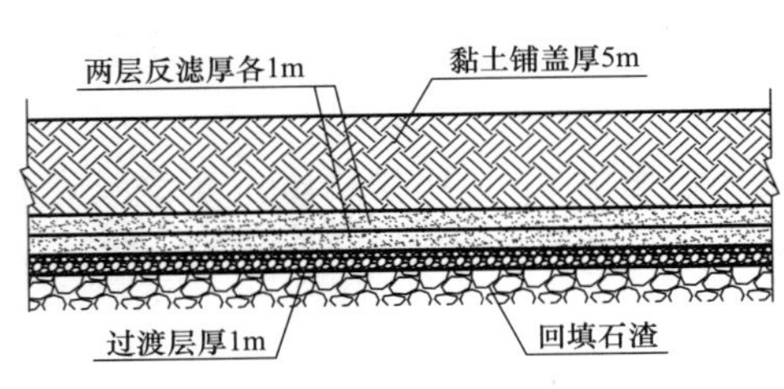

图7－4－1 宝泉抽水蓄能电站上水库库底黏土铺盖结构图

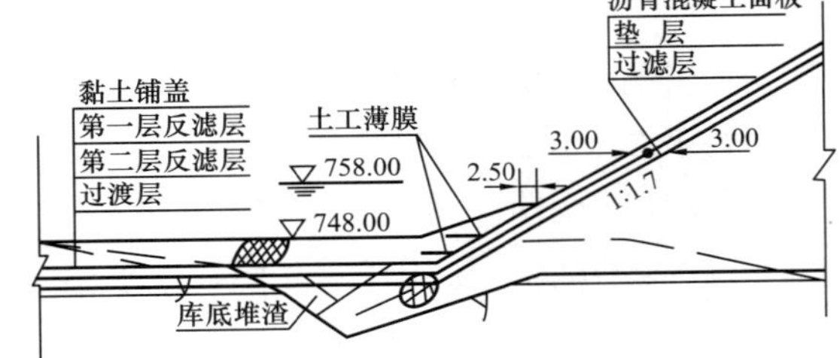

图7－4－2 宝泉抽水蓄能电站上水库库底黏土铺盖与库坡防渗体接头结构图

黏土铺盖的厚度由通过铺盖本身的水力比降确定，其水力比降应小于铺盖黏土料的允许水力比降。虽然黏性土料室内管涌试验的水力破坏比降很大，但考虑到填土的不均匀性，实践中采用的允许水力比降都较小。对于良好压实的填土，其允许水力比降一般取值范围为：轻壤土3～4，壤土4～6，黏土5～10。

铺盖的范围应超过透水层的范围，周边应与相对不透水层或库区其他防渗结构可靠连接，防止绕渗。另外，铺盖与透水层之间应按反滤原则设计，采取反滤措施防止铺盖粘土料颗粒在水力作用下被带走，而产生塌陷破坏。

由于抽水蓄能电站水库水位在运行过程中降落速度快，如果铺盖下透水层的渗透系数不够大，铺盖下反向孔隙水压力不能及时得到消散，黏土铺盖也会在反向孔隙水压力作用下被击穿而发生破坏，而失去防渗作用。因此，设计时应对基础透水层的排水能力进行估算，不能满足要求时，应在基础内设置排水设施，将渗漏水及时排出，以保证黏土铺盖的整体性和有效性。如宝泉抽水蓄能电站上水库在黏土铺盖下过渡层内设置排水管，将渗漏水排入库底排水廊道内，再集中排出库外。

二、土工膜衬砌防渗

土工膜具有渗透系数小、适应基础变形能力强、施工速度快以及造价低的优点，近年来在低水头水利堤坝防渗工程中得到了推广应用，如甘肃夹山子水库，全库盆采用PE土工膜防渗，面积65万m^2，最大承压水头38.5m，PE膜的规格为厚度0.3～0.5mm单膜，该水库1995年建成，从运行情况看，防渗效果很好，基本无渗漏。由于抽水蓄能电站水库具有其特殊的运行要求和工作条件，采用土工膜衬砌防渗的工程实例还较少，目前，仅在日本今市抽水蓄能电站上水库和我国泰安抽水蓄能电站上水库库盆防渗中得到应用。今市抽水蓄能电站上水库是在相对比较平坦的库底部位采用土工膜衬砌防渗，最大作用水头达40m，土工膜材料选用PVC土工膜，而在较陡的斜坡部位采用混凝土或橡胶—沥青混合材料防渗，库底土工膜的铺设面积19.5万m^2，膜厚1.5mm，工程于1990年蓄水，蓄水后，对渗漏、地下水及基础沉降进行了监测，没有发现异常现象，运行状况良好。我国泰安抽水蓄能电站上水库位于泰山西麓樱桃沟，水库右岸横岭裂隙密集带发育，顺沟发育一条60～70m宽的F_1大断层，为解决库水通过裂隙密集带和F_1断层的渗漏问题，采用钢筋混凝土面板和土工膜综合防渗方案，即坝体上游面和右岸岸坡采用钢筋混凝土面板防渗，库底采用土工膜防渗，土工膜面积为17.7万m^2，承压作用水头为36m，水库蓄水后其防渗效果较好。有关泰安抽水蓄能电站上水库采用土工膜防渗衬砌防渗的详细情况见本书第二十章第六节。

（一）选材

市场上的土工膜品种和生产厂家较多，各种厚度规格也较为齐全，可供选择的范围较大。按使用的原材料划分主要有聚丙烯膜（PP）、聚乙烯膜（PE）、高密度聚乙烯膜（HDPE）、聚酯膜（PET）、聚酰胺膜（PA）和聚氯乙烯膜（PVC）等，但在水利工程中应用较多的主要为聚乙烯膜（PE）、高密度聚乙烯膜（HDPE）和聚氯乙烯膜（PVC），其渗透系数均可达$1\times10^{-11}\sim1\times10^{-12}$cm/s量级。由于各厂家同一类产品的性能差别较大，在选材时应综合考虑其温度适应指标、可焊接性、耐久性和抗老化能力、耐环境应力开裂能力、抗刺破能力、施工性能以及实际工程应用情况等因素，慎重选择。土工膜应用过程中按其功用要求应进行必要的试验，其试验测试项目参见表7-4-1。表7-4-1所列的土工膜的各项控制指标均需通过特定的仪器和试验方法予以确定，详细内容可见SL/T 235—1999《土工合成材料测试规程》。

表7-4-1　　土工膜的试验测试项目

项目		特性	土工膜品种	
			单膜	复合土工膜
设计要求	抗拉强度	宽条样强度	√	√
	张力模量	宽条样模量	√	√
	接缝强度	宽条样	√	√
	鼓破强度	水力鼓破强度	√	√
	张力徐变	徐变	√	√
	土工薄膜（织物）摩擦	摩擦角	√	√
	抗渗强度	大尺寸抗渗	√	√
	织物平面透水性	平面渗透系数		√
施工要求	抗拉强度	抽样强度	√	√
	接缝强度	抽样强度	√	√
	顶破强度	圆球顶破	√	√
	穿刺强度	锥杆穿刺	√	√
	撕裂强度	梯形撕裂	√	√
	耐磨性	往复磨损		√
耐久性要求	紫外线稳定性	抗紫外线	√	√
	低温脆性	设计要求的负温	√	√
	土的相容性	化学	√	√
		微生物	√	√
		干—湿	√	√
		冻—融	√	√

土工膜材料的施工性能和耐久性往往关系到土工膜衬砌防渗工程的成败，是选材的关键之一。泰安抽水蓄能电站上水库土工膜防渗衬砌从材料性能、施工工艺、应用经验三个方面采用加权评分的方法选择材料（详见本书第二十章），是一种较为科学选材方法，可供借鉴和参考。

（二）衬砌结构型式

由于土工膜的抗刺破能力较差，应防止被基础中带尖锐棱角的碎石刺破。为此，除要求在铺设过程中做到精心施工、加强保护外，还应在土工膜防渗层结构设计和选材时，将这个弱点作为一个关键性因素加以考虑。除选择抗拉、抗刺破性能好的土工膜材料外，还应增设必要的保护措施，例如设置保护层，利用无纺土工织物抗刺破能力强和抗拉强度高的优点，一般将土工膜与无纺土工织物一起使用，或在工厂将无纺土工织物与土工膜复合，形成复合土工膜。此外，应对铺膜基础进行平整，对含有砾石和碎石的地基，应设置垫层，必要时还应设置过渡层。垫层、过渡层以及基础土层间要按反滤原则进行细心设计，防止渗水将膜下细颗粒带走而导致土工膜破坏。为防止老化，土工膜表面一般都要设置保护层。因此，土工膜衬砌防渗层一般采用如下的结构型式：基础＋过渡层＋垫层＋无纺土工织物＋土工膜＋无纺土工织物＋表面保护层，有些工程针对其具体条件，对防渗层的结构型式略有简化。泰安抽水蓄能电站上水库库底土工膜衬砌防渗层采用的结构型式详见本书第二十章。

（三）接缝处理

土工膜衬砌防渗的接缝处理包括膜—膜之间、膜与周围建筑物之间的接缝处理。膜—膜之间的接缝处理方式主要有黏接和焊接两种方式，焊接接缝质量可靠，国内已研发出专用设备，并已制定了严格的质量检测措施，已经在国内大多数工程中广泛应用。土工膜的焊接接缝一般采用双道焊缝，以便于进行真空检测，确保焊接的可靠性。土工膜与周边建筑物的接缝也有两种型式，第一种较为简单，直接将土工膜埋入现浇混凝土结构或黏土层中，这种型式虽然简单，但在混凝土浇筑过程中容易造成土工膜的破坏，一旦发生破坏，修补困难；且土工膜与混凝土接触不好会造成绕渗，可靠性和接缝防渗效果较差。第二种采用机械锚固型式，泰安抽水蓄能电站上水库土工膜与周边廊道和连接板混凝土之间的接缝就采用这种型式，其细部结构采用两道止水，一道是土工膜与混凝土通过机械锚固压紧止水，二道是以柔性材料辅助防渗措施周边连接止水。

（四）土工膜衬砌耐久性问题

由于土工膜的原料为高分子聚合物，存在易老化的弱点，因而耐久性问题，即使用年限多长，始终是人们使用土工合成材料时所顾虑的首要问题。经过国内外大量的工程实践和测试分析，土工膜的耐久性与温度、日照时数以及太阳辐射量密切相关，一般情况下温度越高力学性能衰减就越快，反之，就越慢；埋在土内或在水下，在有较好覆盖保护下的土工膜其老化速度将缓慢得多。

对于设置保护层的土工膜及土工合成材料，通过室内、外试验和跟踪工程实例长达 14 年的观测结果，建立土工膜耐久性的理论模型，推算出当保护层厚 40cm 以上时，土工膜及土工合成材料至少有 50 年的使用期；若保护严密，初始强度达 500N/5cm 以上，则其使用年限可达 100 年以上。

水对紫外线辐射有一定的吸收和散射作用，有关研究人员在游泳池清水内对紫外线辐射的衰减规律进行了测试，水深 2m 以下，紫外线辐射强度即衰减到零，测试结果见表 7－4－2。因此，在抽水蓄能电站水库库底使用的土工膜基本不受紫外线辐射的影响，在加保护的情况下，土工膜的使用年限会更长。

表 7－4－2　　游泳池内清水对紫外辐射强度的影响

水深（m）	2001 年 12 月 26 日测试		2002 年 4 月 9 日测试	
	平均辐射强度（μW/cm²）	辐射残余率（%）	平均辐射强度（μW/cm²）	辐射残余率（%）
0.00	410.24	100.00	945.65	100.00
−0.25			220.39	23.31
−0.30	124.10	30.25		
−0.50			53.06	5.61

续表

水深（m）	2001年12月26日测试		2002年4月9日测试	
	平均辐射强度（$\mu W/cm^2$）	辐射残余率（%）	平均辐射强度（$\mu W/cm^2$）	辐射残余率（%）
−0.60	52.45	12.79		
−0.75			42.17	4.46
−1.00			5.44	0.58
−1.05	16.33	3.98		
−1.25			0.00	0.00
−1.55	3.33	0.81		
−2.00	0.00	0		

目前，采用土工膜衬砌防渗工程的运行时间都较短，最长的也只有10～20年。而影响土工膜耐久性的因素较多且复杂，土工膜衬砌的耐久性还有待实际工程长期运行的检验。

三、灌浆帷幕防渗

灌浆帷幕是最常采用的岩基防渗处理措施，当抽水蓄能电站水库不做全库盆防渗衬砌时，与常规水利水电工程一样，其坝基渗漏和绕坝渗漏防渗处理也常设置灌浆帷幕，其设计、施工及主要技术要求等与常规水利水电工程工程基本相同，在此不再赘述，本节将重点讨论抽水蓄能电站上、下水库库岸防渗处理问题。

许多抽水蓄能电站上、下水库的成库条件较好，库岸大部分地段山体雄厚，地下水位分水岭高于水库正常蓄水位，或库岸大部分地段为相对不透水岩体，仅在局部单薄分水岭、断裂构造、裂隙密集带和岩溶等地段，岩体透水性较强、具有集中渗漏带等情况，而存在库岸局部渗漏问题，需采用灌浆帷幕进行库岸局部防渗处理，工程实例见表7-4-3。

表7-4-3　　采用灌浆帷幕进行库岸局部防渗处理的工程实例

工程名称	帷幕防渗标准	排数，排距（m）	孔距（m）	帷幕深度（m）	灌浆孔总长（万m）	帷幕防渗面积（万m^2）	建成年份	备注
沙河上水库	≤1Lu						2002	F_{11}和f_{71}断层、北库岸及主、副坝两端设灌浆帷幕，北库岸垭口加截水墙
琅琊山上水库	≤1Lu	2～3排 1.5～0.75	2.5	32～140	12.49	15.49	2005	副坝垭口—龙华寺一带车水桶组灰岩地层岩溶发育，为岩溶渗漏，一般为双排孔，副坝垭口岩溶特别发育部位为三排孔。琅琊山组地层岩溶不甚发育，为裂隙型渗漏，布置主、副双排孔
泰安上水库	≤3Lu	2排 1.5	3.0	20～60			2005	混凝土面板堆石坝趾板及土工膜周边廊道的锁边帷幕
白莲河上水库							（在建）	低缓分水岭及垭口处设灌浆帷幕及防渗墙，共长813m
蒲石河上水库	≤3Lu	1排	2.0	30～40			（在建）	库盆基本不防渗，仅左坝肩延伸200m，右坝肩延伸150m设灌浆帷幕
呼和浩特下水库	≤1Lu	1排	2.0	40～60	3.59	4.59	（在建）	左岸全部及右岸单薄分水岭303m范围设灌浆帷幕
清远上水库	≤3Lu	1排	1.5		1.96		（可研）	除北库岸外，其余库岸几乎都设灌浆帷幕及防渗墙，库岸帷幕线长1590m，主、副坝基帷幕线长1215m

续表

工程名称	帷幕防渗标准	排数，排距（m）	孔距（m）	帷幕深度（m）	灌浆孔总长（万 m）	帷幕防渗面积（万 m^2）	建成年份	备注
深圳上水库	≤3Lu	1 排	2.0				（可研）	库周约 2500m 范围（约占库周总长的 82%）设灌浆帷幕及防渗墙
板桥峪上水库	≤1Lu	1/2 排	2.0	40～80	3.18		（可研）	东岸 1 号垭口和西岸 2 号垭口由于小断层、裂隙密集带发育，存在库岸局部渗漏问题，帷幕一般为 1 排，遇断层、裂隙密集带等强透水部位增加到 2 排

帷幕的防渗标准一般通过库区渗漏量估算、电站综合效益影响分析，并考虑电站的水源情况等诸多因素，经多方案的技术经济比较后确定。对于防渗要求高、水源缺乏和渗漏对电站综合效益影响大的抽水蓄能电站水库，宜采用较高的帷幕防渗标准，例如 1Lu，甚至更高。由于抽水蓄能电站水库的水量十分宝贵，建议一般情况帷幕防渗标准以 3Lu 为宜。

值得一提的是，水库库岸渗漏不仅造成水库水量的损失，降低电站的综合效益，往往会因水库蓄水造成库岸山体水文地质条件的改变而导致库岸边坡稳定问题，因此，在设置防渗帷幕进行防渗处理的同时，还应考虑在帷幕后设置排水，以降低库岸山体的地下水位，以保证库岸边坡的稳定，如板桥峪抽水蓄能电站上水库西岸边坡山体单薄，外侧边坡较陡，为减少水库渗水对边坡稳定的影响，在帷幕后设置总长约 500m 的排水洞，并可通过排水洞的开挖进行一步查清库岸的工程地质条件，反馈调整帷幕的设计。

第八章

进/出水口和水道水力学

第一节　进/出水口水力设计

抽水蓄能电站具有发电、抽水两种运行工况，进/出水口水流呈双向流动。例如，对于下库进/出水口而言，发电时为出流，抽水时为进流，而对上库进/出水口则相反。

抽水蓄能电站的进/出水口通常有侧式（见图 8－1－1）和竖井式（见图 8－1－2）两种，以侧式进/出水口应用较多。侧式进/出水口通常设置在水库岸边；竖井式进/出水口设于水库内。

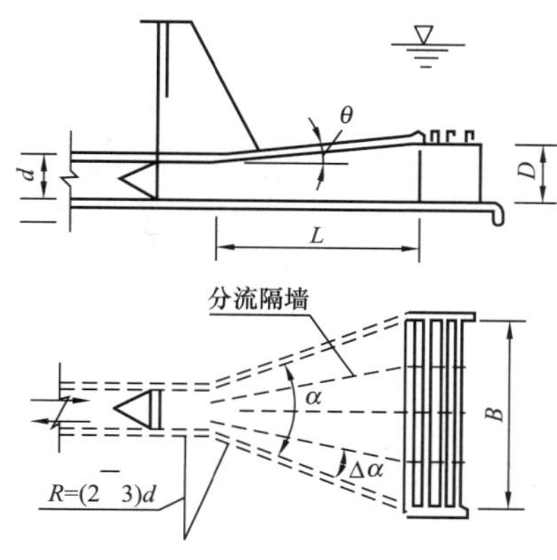

图 8－1－1　侧式进/出水口

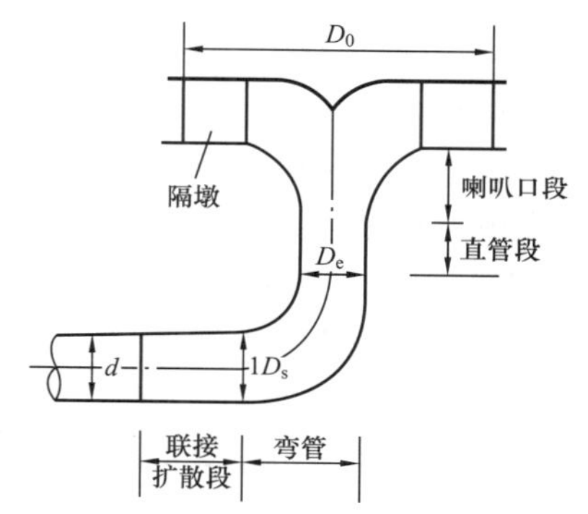

图 8－1－2　竖井式进/出水口

进/出水口水流的主要特点是，在出流时要把具有 4～6m/s 的隧洞来流，通过扩散段的调整，使出流的均匀性满足拦污栅的过流要求；在进流时，适应库水位变幅较大的运行特点，不产生有害的漩涡，力求水头损失小。

我国在抽水蓄能电站进/出水口水力设计方面，结合工程建设，积累了丰富的经验；而随着流体力学数值模拟技术的应用，又从理论层面上把这一领域的设计研究向前推进。

一、侧式进/出水口

（一）水头损失系数计算

侧式进/出水口由扩散段及其末端的拦污栅和防涡梁组成，如图 8－1－3 所示。在扩散段内由分流隔墙分成几孔流道，其孔数视工程规模和扩散段的平面扩张角而异。从流体运动的角度来说，侧式进/出水口属渐扩管（出流）或渐缩管（进流）。对于给定的进/出水口的水头损失大小而言，则是出流——渐扩流动时大于进流——渐缩流动时。上库进/出水口的抽水工况与下库进/出水口的发电工况，都属渐扩管出流流动，对于确定进/出水口体型和水头损失大小起关键作用的是

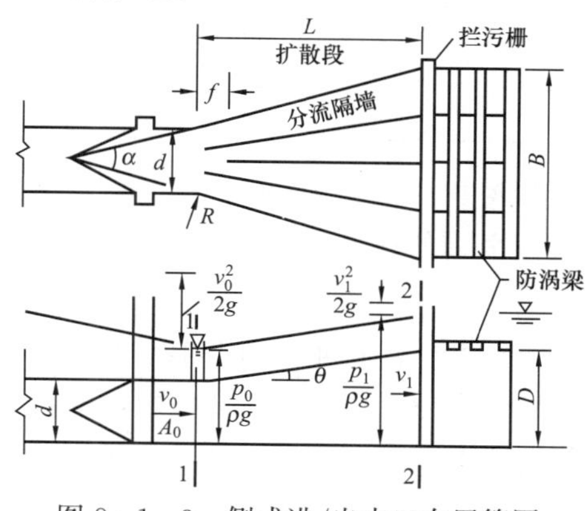

图 8－1－3　侧式进/出水口布置简图

这种出流流动。

如图 8-1-3 所示的布置，列断面 1-1 和 2-2 间的能量方程：

$$\frac{p_0}{\rho g}+\frac{v_0^2}{2g}=\frac{p_1}{\rho g}+\frac{\alpha v_1^2}{2g}+h_f \qquad (8-1-1)$$

式中 $p_0/\rho g$，$p_1/\rho g$——分别为断面 1-1 和 2-2 的压力；

α——动能系数；

h_f——$h_f=\zeta_g v_0^2/2g$；

ζ_g——阻力系数，也称水头损失系数。

根据图 8-1-3 可得

$$A_0=d^2,\ A_1=B\times D$$

且按连续方程可得

$$v_1^2=v_0^2\left(\frac{A_0}{A_1}\right)^2$$

于是可得

$$\frac{\dfrac{p_1}{\rho g}-\dfrac{p_0}{\rho g}}{v_0^2/2g}=\left(1-\frac{A_0^2}{A_1^2}-\zeta_g\right)=\eta_g \qquad (8-1-2)$$

式中 η_g——静压恢复系数。

从式（8-1-2）可得

$$\zeta_g=1-\frac{A_0^2}{A_1^2}-\eta_g \qquad (8-1-3)$$

当 $A_0/A_1=1$ 时，有 $\zeta_g=-\eta_g$，即为等断面管道均匀流动的情况。上述推导中均假设断面流速分布系数 $\alpha=1.0$。从式（8-1-3）不难看出，$\zeta_g=f(A_0^2/A_1^2,\ \eta_g)$，而 A_0/A_1 事实上隐含着扩散段长度 L，顶板（或包括底板）扩张角 θ，以及 d/D、d/B 等因素，当然也应包括扩散段内分流隔墙所形成的阻力因素。ζ_g 值通常由模型试验确定，表 8-1-1 为现有文献中常见的一些工程进/出水口的 ζ_g 值。表 8-1-2 所列为近年来国内有关工程的 ζ_g 值。

表 8-1-1　若干抽水蓄能电站进/出水口 ζ_g 值

库　别	电站名称	水头损失系数 ζ_g		备　注
		进　流	出　流	
上水库	戴维斯	0.3	0.8	
	北田山	0.6	0.4	包括 91m 隧洞和 55°的弯段
	卡姆洛	0.235	0.36	
	广州	0.19	0.39	
下水库	迪诺威克	0.23	0.45	
	大平	0.19	0.19	
	卡姆洛	0.155	0.22	
	广州	0.2	0.39	

由表 8-1-1 和表 8-1-2 可见，ζ_g 值差别很大，以出流工况而论，最大者达 0.8，最小者 0.19，个别的进、出流的 ζ_g 值接近甚至相等，十分可疑。导致 ζ_g 值明显差异的原因有以下几个方面。

（1）计算 ζ_g 所取断面位置不同，如图 8-1-3 所示。作为进/出水口的局部水头损失计算，在列能量方程时应为 1-1 和 2-2 断面，或者 2-2 断面位于进/出水口之后的水库中才是。但在实验中有不少是包括从来流隧洞末端—圆变方渐变段，以及门槽、闸门井段、闸门井后的直段等处的水头损失，有的工程甚至有二道门槽。

表 8-1-2 国内部分抽水蓄能电站进/出水口有关参数

名称	管道布置参数					拦污栅		扩散段布置					调整段长度(m)	损失系数		口门断面 v_{max}/v_{av}	孔道流量分布不均性	防涡梁
	布置	底坡(%)	直径(m)	单机流量(m^3/s)	平均流速 v_{av}(m/s)	尺寸(m)	过栅流速(m/s)	水平扩张角	长度(m)	顶板扩张角	流道	隔墙首部布置		出流	进流			根数、梁高、间隔(m)
西龙池下水库	一洞一机	8.55	4.3	54.18	3.73	3-4.5×6.5	0.617	26.12°	25.0	5.03°	2隔墙3孔	0.35∶0.3∶0.35	10.0	0.33	0.23	1.3～1.58	12%	3根,1.5,1.2
板桥峪上水库	一洞四机	10	9.3	80.93 4台323.73	4.77	4-7×15	0.77	30.5°	40.0	8.11°	3隔墙4孔	中隔墙延长两孔4流道	0	0.341	0.199	1.45～1.93	4%～8%	5根,2.0,1.2
宜兴下水库	一洞二机	4.3	7.2	80.78 2台161.56	3.97	4-4.5×10.8	0.83	34.6°	30.0	6.83°	3隔墙4孔	中隔墙缩短0.65B	0	0.43	0.15	1.31～2.01	12.6%	3根,2.0,1.4
十三陵下水库	一洞二机	0	5.2	53.8 2台107.6	5.06	4-4.5×6.67	0.896	34.0°	36.1	6.54°	3隔墙4孔	三隔墙齐平	10	0.33	0.26	1.5	2.3%	3根,2.0,1.3
沙河上水库	一洞二机	8.0	6.5	120.2	3.62	4-4×9.75	0.771	27.87°	27.0	6.86°	3隔墙4孔	三隔墙齐平	0	0.419	0.184	1.2～1.57	32%	3根,2.0,1.3
宜兴上水库	一洞二机	10	6.0	80.78 2台161.56	5.72	4-5×9	0.898	36.68°	29.0	5.71°	3隔墙4孔	中隔墙墙短0.5B	0	0.476	0.184	1.22～2.01	36%	3根,2.0,1.3
天荒坪上水库	一洞一机	9	7.0	67.4 3台202.2	5.25	4-5×10	1.01	39.8°	28.7	5.97°	3隔墙4孔	中隔墙缩短	0	0.33	0.25	1.9	8.8%	3根,1.5,1.3
天荒坪下水库	一洞三机	0前有弯道	4.4	67.4	4.43	2-4.8×7	1.0	21.93°	17.4	8.5°	1隔墙2孔	隔墙略后退	0	0.43	0.31	3.17		3根
荒沟下水库	一洞二机	0	7.5	87.9 4×87.9	3.98	4-5.5×10	0.8	32.65°	35.0	2.02°	3隔墙4孔	中隔墙缩短	0	0.43	0.32	1.14～1.5	11%～15%	7根,1.5,1.0
蒲石河上水库	一洞四机	0	11.0	460.0	4.84	4-7.5×16	0.96	34.36°	39.4	7.23°	3隔墙4孔	中隔墙延长两孔4流道	0	0.67	0.21	2.34～2.38	234%～242%	5根,1.0,1.0
宝泉上水库	一洞二机	0	6.5	70 2×70	4.22	4-5.0×8.5	0.82	34.38°	41.0	2.86°	3隔墙4孔	中隔墙缩短	11.0	0.33	0.21	1.8	27.0%	2根,2.0,1.0

(2) 扩散段内各孔流道分流量不均匀对 ζ_g 的影响最为明显，为了阐明各孔道分流量不均匀对 ζ_g 值大小的影响，收集了若干工程试验资料见表 8-1-3，经论证，这些进/出水口都无负流速出现。由表 8-1-3可见相邻的中孔与边孔（或反之）的过流量之比 K 是影响 ζ_g 值的主要因素，可初步归纳为：$K<1.1$，$\zeta_g=0.34\sim0.36$；$K=1.1\sim1.3$，$\zeta_g=0.42\sim0.44$；$K\geqslant2$ 时，ζ_g 达 0.5 以上。由此可以提出一个对孔道间分流效果的判别标准，即 $K<1.1$ 便可认为是良好的侧式进/出水口布置，其 $\zeta_g=0.34\sim0.36$。一般情况下，进/出水口 ζ_g 达到 0.4 左右可认为是合宜的。

表 8-1-3　流量不均匀系数 K 与 ζ_g 的关系

编　号	ζ_g	K	θ (°)	备　注
1	0.34～0.35	1.06	4.01	十三陵上水库进/出水口试验
2	0.33～0.36	—	4.74	十三陵下水库进/出水口试验
3	0.43	1.13	2.02	荒沟下水库进/出水口试验
4	0.44	1.14	5	响洪甸下水库进/出水口试验
5	0.42	1.31	2.3	沙河上水库进/出水口试验
6	0.44	1.31	6.1	琅琊山上水库进/出水口试验
7	0.55	1.95	2.3	沙河上水库进/出水口原方案试验
8	0.67	2.38	7.23	蒲石河上水库进/出水口试验

(3) 此外，还有试验中测量精度和模型比尺等方面的影响。

(二) 扩散段体型设计

1. 扩散段长度

设置扩散段旨在使隧洞来流经扩散调整至末端口门处的流速分布达到拦污栅的水力设计要求。理论上扩散段是水平和竖向都扩张的一个空间结构，如图 8-1-4 所示。从工程设计角度来说，一个良好的扩散段，在出流时应使拦污栅口门断面的流速分布较均匀、无负流速，且水头损失小。影响扩散段水流的因素有水平和垂直扩张角、分流隔墙以及进、出流的边界条件等。根据国内外 29 个工程资料统计表明，有 20 个工程集中在 $L/d=4\sim5$ 的范围内，占总数的 2/3 多，与之相对应的 $A_1/A_0=4\sim5.5$。设 $v_0=5$m/s，而过栅流速为 1.0m/s，其 L/d 大约就是 4～5.5。而少数 L/d 大者，说明过栅流速取值偏小。

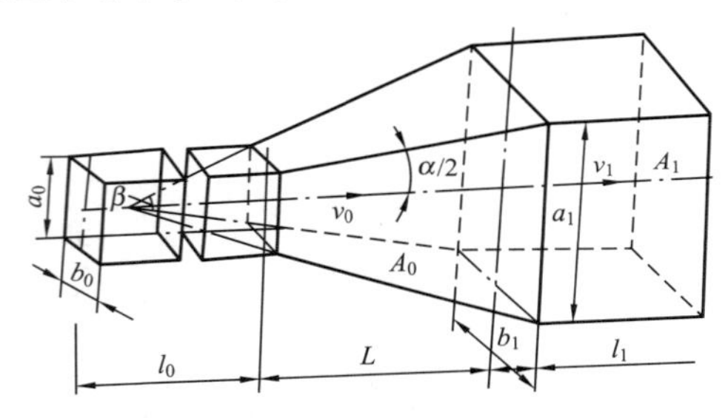

图 8-1-4　矩形截面渐扩管

2. 顶板扩张角 θ 的选择

从水流运动特性来看，扩散段内的流动属于有压缓流的扩散阻力问题，且就图 8-1-1 所示的工程布置而论，显然与图 8-1-4 所示的矩形断面渐扩管的流动相类似，是一个三维的扩散流动。图 8-1-4中扩张角 $\alpha/2$ 相当于图 8-1-1 中的 θ。根据研究[4]，在雷诺数 $Re>4\times10^5$ 时，矩形渐扩管最佳特性为 $\alpha=10°\sim6°$（相当于图 8-1-1 中的 $\theta=5°\sim3°$），$\zeta_g=0.28\sim0.18$，$A_1/A_0=4$，$L/d=5.7\sim9.4$。“最佳特性”的物理含义是：“为了将管道的小截面过渡到大截面（流体的动能转化为压力能）而且做到尽量减小全压损失，安装平顺扩散的管道一渐扩管。在渐扩管中，当扩张角小于一定值时，随着截面面积的增大其平均流速降低。相对于小（初始）截面上速度的渐扩管的总阻力系数，要比相同长度、横截面等于渐扩管初始截面的等截面的阻力系数小”。对实际抽水蓄能电站进/出水口而言，由于受工程布置条件制约，扩散段很难符合上述“最佳特性”要求，特别是分流隔墙的存在会导致水头损失增加，阻力系数要较之为大是必然的。这样，抽水蓄能电站侧式进/出水口的水力设计研究，是在满足工程布置要求和具有分流隔墙条件下，优化给出具有较小阻力系数的扩散段体型。

表 8-1-4 为根据《抽水蓄能电站进/出水口水力设计》[1] 一文计算出的扩散段顶板扩张角 θ 及有关参数。由该表可见，除个别工程之外，大多数工程其 $2°\leqslant\theta<6°$；而表 8-1-2 的资料表明，如果除去中隔墙延长将扩散段一分为二的几个工程，其余大多为 $2°<\theta<7°$。上述资料表明，一般情况下 θ 在 3°～5°范围内选择是可取的。

表 8-1-4　日本若干工程进/出水口有关参数

编　号	1	2	3	4	5	6	7	8	9	10	11
θ (°)	5.77	5.71	5.14	2.99	0	1.22	9.01	2.73	3.33	3.64	2.94
过栅流速（m/s）	0.92	0.9	0.78	0.83	1.3	0.89	0.64	0.9	0.96	0.7	1.11
水平扩张角 α (°)	45	32	37	32	30	42	25	33	37	28	30
v_{max}/v_{av}	2.93	2.8	3.33	2.79	2.46	2.02	3.13	3.4	1.6	3.14	2.25

胡去劣的研究[2]表明，隧洞来流底坡的大小对进/出水口顶板扩张角的选择是有影响的。试验时依托工程的隧洞底坡 $i=0.0433$（相当于 2.48°）顶板扩张角 $\theta=6.83°$，两者相差 $\Delta\theta=4.4°$）水流在顶部没有产生分离。据此分析得出不出现分离的临界扩散角 $\theta_k=5.1°\sim4.1°$。这个值是合理的，与上述分析相一致。

3. 平面扩张角 α 的合理选择

通常认为扩散段内每孔流道的最大扩张角（$\Delta\alpha$）以不超过 10°为宜。此乃来自无分流隔墙的平面有压扩散段的试验成果。对于实际工程的进/出水口而言，分流隔墙的起点位于来流对称处，而扩散段长度 L/d 约为 4～5，在水流不致发生分离的范围之内，况且有隔墙的导流作用，因此，每孔流道的扩张角 $\Delta\alpha$ 大于 10°应是允许的。图 8-1-5 所示为日本部分工程进/出水口每孔流道扩张角的资料。该图所示的 18 个点据中，单孔流道的扩张角 $\Delta\alpha\geqslant10°$的有 12 个，占 63%，最大者为 15°；$\Delta\alpha\geqslant11°$的有 5 个点，占 26.3%。由此可以认为，$\Delta\alpha$ 的选择范围可适当放宽到 $10\leqslant\Delta\alpha<12°$。

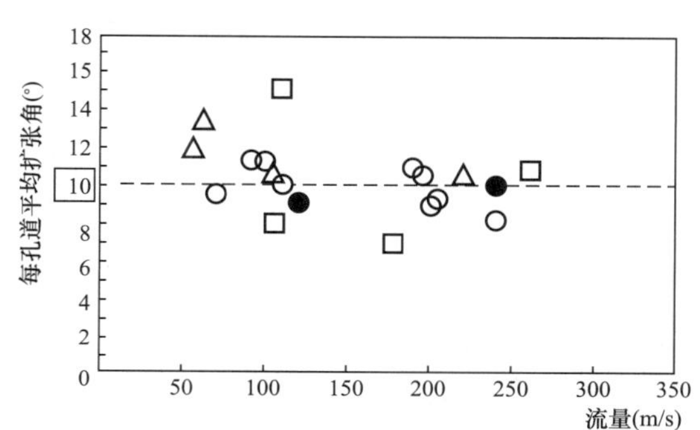

图 8-1-5　扩散段水平扩张角成果综合图

●—原设计；○—4 孔道；△—3 孔道；□—2 孔道

日本神流川抽水蓄能电站上库进/出水口修改设计方案的 $\Delta\alpha=11.25°$，实验表明水流没有产生分离。由于采用 $\Delta\alpha=11.25°$，4 孔流道的扩散段的水平扩张角达 45°，扩散段长度由原来的 44.5m 缩短至 22.9m，节省了工程量。事实上，由于分流隔墙的存在约束了扩散水流，有利于防止水流产生分离；虽然加大了局部阻力，但缩短了扩散段长度，减小了水流的沿程损失，两者相抵，总的水头损失变化不大。

4. 分流隔墙的布置

分流隔墙的布置是否得当是影响阻力系数大小和流速分布均匀性的关键因素。除应适当选择隔墙头部形状和合理的竖向扩散角度外，更在于分流隔墙在首部的合理布置。扩散段起始断面常与来流管道尺寸相同，通常宽度不大，三道或二道隔墙只能在这样窄的范围内布置，既要避免过分拥挤，又要起到有效均匀分流作用。

(1) 扩散段内分流隔墙的数目，以每孔流道的分割扩张角 $10°\leqslant\Delta\alpha<12°$为宜。

(2) 分流隔墙头部形状以尖型或渐缩式小圆头为宜。这是适应减少水头损失和避免在首部布置上过于拥挤所需要的。此外，在扩散段起始处两侧边墙连接处须修圆，如图 8-1-1 所示。

(3) 分流隔墙在扩散段首部的合理配置，受来流条件，特别是流速分布影响，而流速分布与布置条

[1] 福原华一，电力土木（日），1979。

[2] 《抽水蓄能电站进/出水口优化布置试验研究》，南京水利科学研究院，2001。

件（如有无弯道、底坡、断面变化、门槽等）和边界层发展有关，这正是难以做到使流量在各孔流道达到均匀分配的根源。根据现有的研究成果，对于二隔墙三孔道的布置，中间孔道宽应占30%，两边孔道占70%；对于常见的三隔墙四孔流道的布置，宜采用中间两孔占总宽的44%，两边孔占56%为宜，或者说单一中间孔道宽度 b_c 与相邻边孔宽 b_s 之比 $b_c/b_s \approx 0.785$。可作为初拟尺寸的参考依据。应当指出，上述流道间的宽度比是就隔墙首部间的距离而言，由于隔墙有一定厚度，且在平面上收缩布置，实际的流道间最小间距可能在首部后的某一位置。注意调整这一间距对改善各流道间的流量比例会更有利。其次，三个隔墙在首部的布置，可能有两种情况：

1）当上游隧洞直径大（如10m左右或更大）那么通常从扩散段前检修门（或事故检修门）的尺寸考虑，可将闸门分为两孔，这样闸孔中墩自然延长到扩散段内将其一分为二。若中墩两侧孔道仍需加设隔墙，就成为单个隔墙的布置问题。

2）对于常见的扩散段内三隔墙四流道布置，沙河进/出水口试验中就隔墙在首部七种布置方案的对比试验结果认为，中间隔墙在首部适当后退形成凹型布置最优，见图8－1－6中的方案七。中间隔墙缩短的程度 $f/d \approx 0.5$（见图8－1－3）。

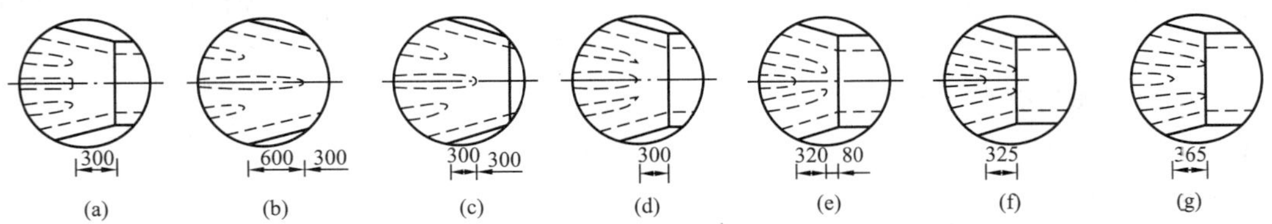

图8－1－6　沙河电站各试验方案分流墩形状与布置图（cm）

（a）方案一；（b）方案二；（c）方案三；（d）方案四；（e）方案五；（f）方案六；（g）方案七

这种布置的特点是，避免三隔墙齐平于首部形成拥挤，不利分流，并使局部水头损失加大。呈凹形布置有利于各孔道分流量均匀。当然，其前提是中、边孔在入口处的宽度比例必须适当。

（三）过栅流速及口门流速分布

图8－1－7所示为日本部分工程进/出水口拦污栅进流流速的统计资料。在18个数据中超过1m/s的有3个，最大者新高濑川为1.7m/s，其次今市为1.3m/s，其余皆小于1.0m/s，最小者为0.4m/s。新高濑川进/出水口曾进行模型试验，工程运行后没有旋涡等问题发生。

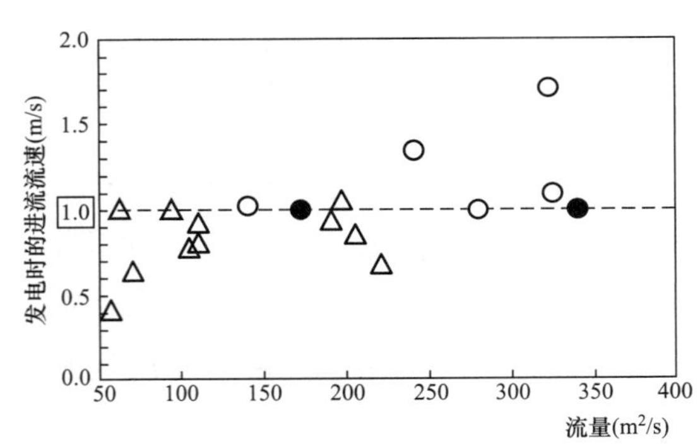

图8－1－7　进流流速成果综合图

●—神流川工程设计；○—东京电力公司工程；△—其他工程

从表8－1－2所示的国内部分工程资料来看，过栅流速全部小于1.0m/s，且小于0.8m/s的占近一半。我国进水口设计规范建议过栅流速取0.8～1.2m/s，可见目前的设计取值似偏小。

拦污栅水力设计主要是考虑过栅水头损失和振动两方面的问题。拦污栅局部损失系数

$$\zeta = \beta\left(\frac{d}{b}\right)^{4/3}\sin\alpha \qquad (8-1-4)$$

式中　b——栅条间距；

d——栅条宽度；

α——拦污栅倾角；

β——栅条形状系数（前后方形为2.42，半圆形为1.67，流线形为0.76）。

设过栅流速为1.0m/s，相应的流速水头为0.05m，设若 $\alpha=90°$，当 $d/b=0.1$ 时，方形栅条 $\zeta=0.113$，水头损失 $h_f=0.006$m；即使取 $d/b=0.5$ 时，$\zeta=0.96$，$h_f=0.048$m。可见在正常情况下，过栅水头损失可不计。

拦污栅的水头损失只有在栅上挂污堵塞时才体现出来，而这又是个很难定量估算的问题，故而才会有栅前后按几米的水压差来设计的经验数据，栅前后的水压差表征水头损失。有些抽水蓄能电站的上、下水库为人工开挖围筑而成，相对于天然河道来说，污物来源要少得多，因此，有的工程不设拦污栅，而仅设置了与叠梁闸门共用的栅槽。从这个意义上来说，对污物来源少的抽水蓄能电站进/出水口，适当提高过栅流速是可取的。日本神流川电站上水库进/出水口的过栅流速从原设计的 0.74m/s 提高到 1.43m/s，试验得到的 v_{max}=4.3m/s。该电站已建成投运，显示了抽水蓄能电站拦污栅设计的新趋势。

拦污栅口门断面最大流速与平均流速之比 v_{max}/v_{av} 的控制问题是蓄能电站进/出水口与常规水电站进水口在水力特性上最明显的区别之处。表 8-1-4 中列出了日本 11 个工程进/出水口的资料，其 v_{max}/v_{av} 的平均值为 2.714，大于 2.5 的占 2/3。表 8-1-2 所列国内部分工程的资料，其 v_{max}/v_{av} 最大者为 3.17，最小者为 1.22。

现有文献中对 v_{max}/v_{av} 的要求并不一致，有 1.5，2.0，2.25，2.5 等不同的取值。其中 2.25 为 Sell 1971 年提出。有学者提出，拦污栅的设计流速，应考虑流速分布不均匀性，建议取 2.5m/s。按过栅平均流速 1m/s 计为 2.5 倍。

v_{max}/v_{av} 的物理意义是表征过栅水流的集中程度，以及由此而产生的对拦污栅的局部冲击问题。图 8-1-8 所示为荒沟抽水蓄能电站进/出水口两个流道口门处三条垂线的流速分布，以及将口门划分为四个象限的出流量所占的百分比。由图 8-1-8 可见，在同一个扩散段内，相邻两孔流道水流分布的均匀程度不同，第 2 孔道的主流明显从口门上方流出，显示出流动的复杂性。日本奥清津抽水蓄能电站 1978 年投运后第 7 年、第 10 年、第 12 年相继三次检查拦污栅，发现有不同程度的损坏，运行 15 年后进行更换。拦污栅受损伤情况的分布如图 8-1-9 所示。检查发现，拦污栅受损伤部位与水工模型试验所呈现的主流流速分布状况（见图 8-1-10）大体相符。

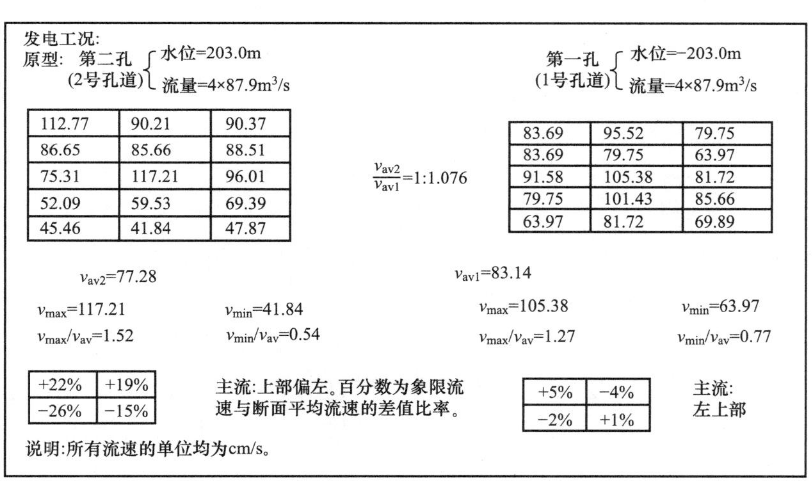

图 8-1-8　荒沟电站进/出水口口门流速分布

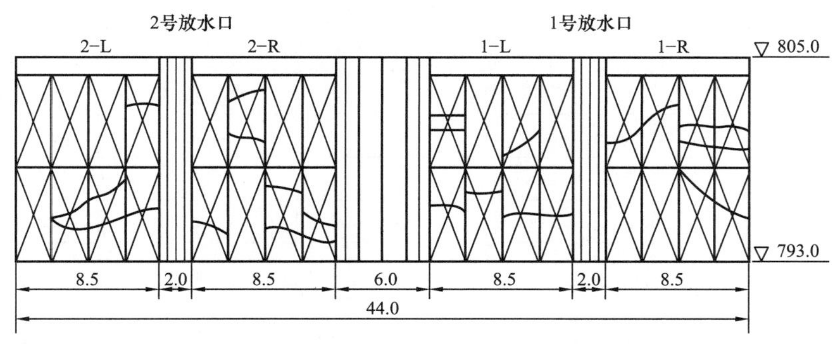

图 8-1-9　拦污栅检查结果

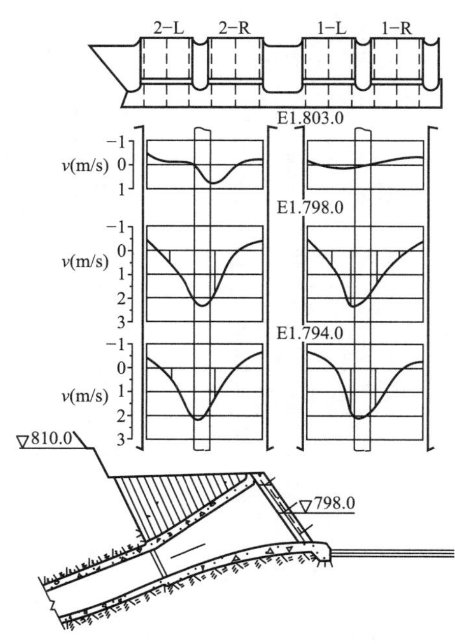

图 8-1-10　水工模型试验的流速分布

奥清津抽水蓄能电站进/出水口水工模型试验得到的v_{max}≈2.4m/s，修复更换拦污栅时，拦污栅按v_{max}=4.5m/s设计，为模型实测最大值的1.9倍。可见，就拦污栅设计而论，v_{max}/v_{av}取值还包含拦污栅抗振设计的安全储备问题，包括需考虑进/出水口水流往复运动，引起金属结构的疲劳，及锈蚀、试验误差等因素。于是问题归结为满足拦污栅抗振安全要求条件下设计流速的选择问题。

天荒坪抽水蓄能电站下水库进/出水口拦污栅按v_{max}=3.07m/s进行抗振设计，日本奥清津抽水蓄能电站拦污栅修复更换按4.5m/s设计，日本神流川抽水蓄能电站拦污栅按5m/s设计。参照前述分析，建议抽水蓄能电站进/出水口拦污栅设计流速可在2.5～5m/s范围选用，视工程规模、布置条件（如来流隧洞是否有弯道、隧洞底坡的大小、扩散段顶板扩张角、拦污栅尺寸）等合理选用。

（四）进/出水口防涡

由于抽水蓄能电站发电、抽水工况转换频繁，水库水位变幅大，如何避免发生有害的漩涡，是研究进/出水口水力设计颇受关注的问题之一。

尽管人们对漩涡有不同的分类标准，但串通吸气漩涡是有害的，且必须防止，是人们的共识。但由于影响漩涡发生、发展的因素很多，诸如进/出水口前来流方向和流速分布、环流强度、体型尺寸，库岸地形及进/出水口与相邻建筑物的形状、孔口淹没深度等等；且由于模型试验存在缩尺影响，使得通过试验做出准确预报的可能性大为降低。正是由于问题复杂性和不确定性，迄今孔口淹没深度的确定尚只能依靠经验公式进行估算。

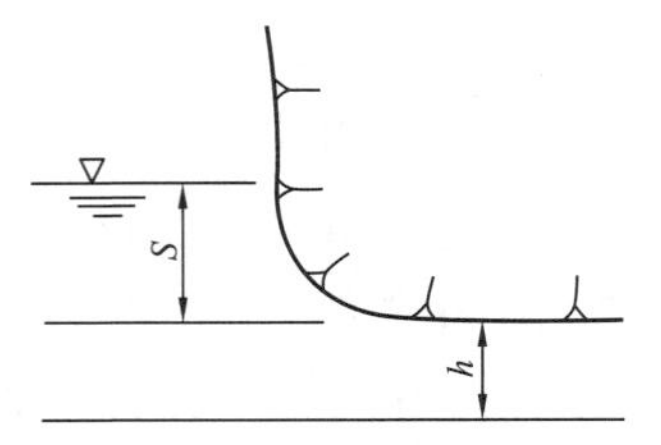

图8-1-11　进水口淹没深度示意图

防止串通吸气漩涡的最小淹没深度，以戈登公式的应用较为普遍，如图8-1-11所示。

$$S = Kvh^{1/2} \quad (8-1-5)$$

可化为

$$S/h = 3.13KF_r \quad (8-1-6)$$

式中　F_r——$F_r = v/\sqrt{gh}$；

K——与进水口几何形状有关的系数（进水口设计良好和水流对称时取0.55，边界复杂和侧向进流时取0.73）。

因此，式（8-1-6）可表示为

$$S/h = (1.7 \sim 2.3)F_r \quad (8-1-7)$$

为分析方便，设取$S/h = 2F_r$。根据对国内外22个进/出水口的资料分析，得出F_r的范围为0.51～0.56，取平均值0.54，则S/h=1.08，这可用来粗估S值。

出于电站运行安全可靠的考虑，通常在进/出水口上方设防涡设施。从防涡有效性来说，以设置能随库水位浮动的格栅式浮排为最佳，但由于结构稍嫌复杂，加之易受漂浮物的影响，所以通常采用防涡梁。迄今对防涡梁的根数、间距及高度的研究并不充分，表8-1-5所列为日本11个工程进/出水口防涡梁的资料，国内部分工程资料见表8-1-2。

表8-1-5　　日本11个工程进/出水口防涡梁资料

编　号		1	2	3	4	5	6	7	8	9	10	11
隧洞流速（m/s）		5.84	5.81	5.59	6.24	4.95	6.14	5.84	3.91	5.59	5.55	4.95
过栅流速（m/s）		0.92	0.9	0.78	0.83	1.3	0.89	0.64	0.9	0.96	0.7	1.11
防涡梁	高（m）	2.0	1.0	1.5	1.0	1.5	1.5	无	1.0	1.5	1.0	1.5
	宽（m）	1.0	0.8	1.0	0.8	1.2	1.0		0.8	1.0	0.8	1.2
	间距（m）	1.0	0.4	1.0	0.6	0.8	0.8		0.4	0.8	0.5	0.8
	根数	2	5	6	6	4	2		5	4	5	3

由表8-1-5和表8-1-2可见，梁高1～2m不等，国内工程以2m者居多；梁宽0.8～1.2m，变化不大，但梁的间距从0.4～1.4m不等，国内工程以1～1.4m为多。而梁的根数相差更大，最少

者2根，多者6根或7根。考虑到漩涡在进/出水口上方是游移的，根数太少例如2根其效果值得怀疑。因为一旦产生串通吸气漩涡很容易从防涡梁前方潜入。其次，防涡梁的间距若偏大，漩涡有可能从梁间潜入；间距若缩小，漩涡有可能从梁前方潜入。至于梁高应该说主要是结构自身强度的需要。

综上可以认为，防涡梁的数目应不少于3根，宜选用4～5根，流量大的进/出水口宜选用根数多；防涡梁的间距以0.5～1.2m为宜，梁高以不小于1.0m为宜。当然，最终设计应以模型试验为准，梁在结构上必须满足设计要求。

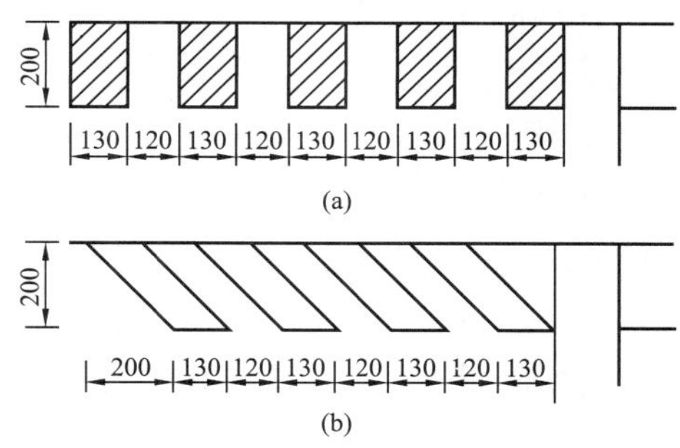

图8-1-12 防涡梁布置示意图
(a) 矩形；(b) 平行四边形

此外，防涡梁有矩形和平行四边形两种型式，如图8-1-12所示。张东的研究[1]认为，采用矩形防涡梁，增加对漩涡的干扰，使之频繁消失，但很快又重新形成漩涡。采用平行四边形防涡梁，断面形状（倾角45°）顺应水流方向，使进水口水流更加顺畅，同时增大了对进口上方水流的阻力，可有效抑制强漩涡发生，防涡效果更好。

（五）进/出水口水工布置设计中应注意的几个问题

(1) 当进/出水口前来流隧洞有弯段时，消除弯道水流对扩散段流速分布不均匀性的影响十分值得关注。来流弯道水流对有压扩散段内流速分布和各孔道流量分配的影响不容忽视，尤其当垂直弯道后隧洞有一定底坡呈仰角出流时。解决问题途径有：①在弯道与扩散段间尽可能布置适当长度的直洞段，使流速分布得到调整；②尽量减小来流隧洞的底坡，避免大角度的仰角出流；③扩散段内中间的分流隔墙应从起始处后退约0.5D布置，以避免扩散段入口处水流拥挤；④渐变段不宜采用平面收缩式布置，宜采用与洞径相同的等宽、等高布置。当来流隧洞有水平弯道时，主要靠调整扩散段起始处分流隔墙的间距，使各孔道的分流量尽量均匀。图8-1-13所示为神流川下库进/出水口的试验成果。该进/出水口前有一半径R=300m的水平弯道，原设计按常规的分流隔墙间距布置，各孔道流量分配很不均匀；按水平弯道横向流速分布状况调整分流隔墙的间距后，使孔道流量分配均匀性得到明显改善。

(2) 在扩散段末接一段水平顶板整流段的布置是值得推荐的（见图8-1-14）。平顶整流段的作用在于适当减小扩散段长度，即在顶板水流尚未产生分离之前就使之进入起梳整作用的平直段，在该段内不存在扩散段内的压力递增现象，从而起到消除局部负流速，达到平顺水流调整流速分布的目的。事实上也等于减小了有效扩张角，使得真实的扩张角，即点A和点C之间连线的扩张角，小于AB间的θ值。整流段长度宜取扩散段长度的0.4倍左右，即l/L=0.4（见图8-1-14）。

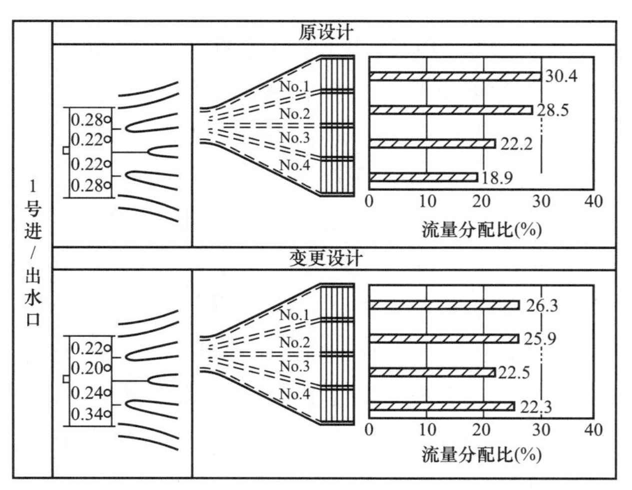

图8-1-13 神流川电站下库进/出水口孔道流量分配

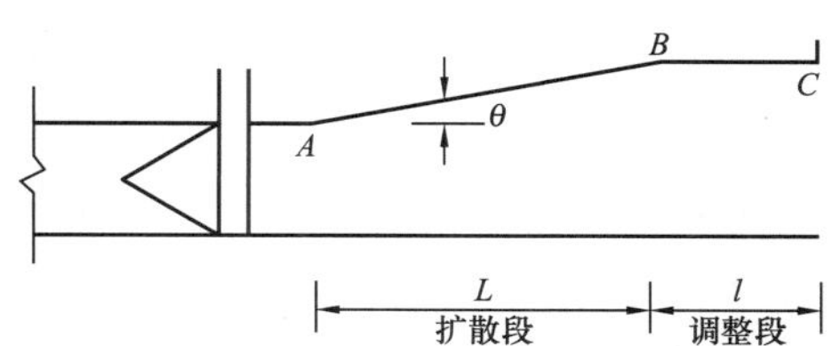

图8-1-14 带整流段的侧式进/出水口

[1] 《抽水蓄能电站进（出）水口水力学问题研究》，中国水利科学研究院，2003。

（3）当进/出水口前的来流管道底坡较陡（尤其是坡比大于1：10）时，其对扩散段末口门断面流速分布的影响，特别是口门顶部可能出现负流速问题，值得重视和研究。这是因为水流在扩散段内受边界约束呈有压扩散流动，一个适宜的顶板扩张角使顶部不产生负流速。当水流至扩散段末端口门处顶部突然失去约束，这时口门上部流线突然由受边界约束的有压流改变成受重力作用的明渠流动，出流底坡越大（陡），变成明流后水体所受重力在倾斜底板方向的分量越大，这个分力阻止水流沿原有边界继续有效扩散，导致原本受边界约束的来流上部流线失去约束后开始坦化，向下受底板的制约则坦化程度越来越小，加之口门处的突然扩散作用，可能是造成有压扩散段末端口门处顶部易出现负流速的主要原因。显然，若来流为水平管道出流，那么只要顶板扩张角适当，在口门处流线坦化和突然扩散的影响要比大坡度的倾斜出流弱得多，从而不易产生负流速。

（4）进/出水口扩散段可以做成平顶。侧式进/出水的扩散段，通常多布置成顶部（单向）扩张式，也有采用顶、底板双向扩张式布置，目的在于通过扩散段纵、横向的扩张，在一定长度后布置拦污栅处流速有所降低。日本神流川抽水蓄能电站下水库进/出水口优化设计的研究成果见表8-1-6。通过试验研究和计算分析，提高了过栅设计流速（即扩散段末端断面流速），使1号进/出水口的长度缩短了24%，扩散段末端宽度减少了22%。而顶板都是水平的，即扩散段高度均为8.2m（1号）。这种修改布置的特点是把一个三维的扩散段简化成二维结构，工程布置得以简化。从水头损失的角度来说不会带来什么明显影响，只是拦污栅设计为满足抗振安全系数的要求，将栅条刚结支承的间距由原设计的525mm，缩小至350mm。

表8-1-6　日本神流川抽水蓄能电站进/出水口扩散段有关参数

进/出水口编号	隧洞直径（m）	原设计扩散段				修改采用扩散段			
		L（m）	B（m）	D（m）	v_{out}/v_{in}	L（m）	B（m）	D（m）	v_{out}/v_{in}
1号	8.2	47	43.6	8.2	1.0/0.75	35.5	33.8	8.2	1.34/0.94
2号	6.1	32.5	29	6.1	1.1/0.78	25.5	23.8	6.1	1.44/1.02

注　L为扩散段长度；B为扩散段末端宽度；D为扩散段末端高度；v_{out}、v_{in}分别为扩散段末端断面的出流和进流流速。

二、竖井式进/出水口

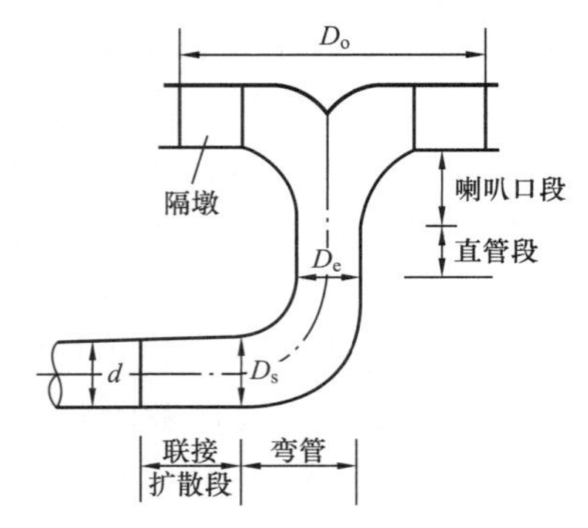

图8-1-15　竖井式进/出水口

竖井式进/出水口由压力管道与弯管起始断面间的联接扩散段、弯管段、喇叭口段、顶盖、分流隔墩及拦污栅等组成，如图8-1-15所示。这种进/出水口的进、出流均呈有压缓流流动。为防止进流时出现有害漩涡，在顶部通常设置直径为D_o的顶盖。D_o的尺寸依流量、压力管道直径、过栅流速等条件，经综合比较确定。

竖井式进/出水口的水力设计在于解决好在出流工况下，来自弯管垂直向上的水流主流向上直冲顶盖，然后折向四周布置的孔口流出；另有部分水体沿喇叭口向四周扩散，遇喇叭口处边界条件的改变，局部产生水流与边界分离。流经弯管的水流作为来流条件，受弯道水流离心力的影响，主流偏向弯管凹侧（外侧），流速分布不均匀，欲将其调整得均匀，则需要相当长的竖井直管段，在实际工程中常难以做到，于是便形成平面上的偏流，即出流流量集中由部分孔口流出，其余孔口出流量较少；另一方面，在出流孔口的垂线流速分布上，呈现上部流速大，底部出现负流速。其结果不仅增大了实际过栅流速和水头损失，并导致库内流态紊乱，水面波动剧烈，库底若有泥沙也可能随负流速带入竖井内。图8-1-16所示为某抽水蓄能电站单圆弧（内径相等）弯管竖井式进/出水口出流时的流速分布，由图可见，由于来流出现偏流导致各孔出流量很不均匀，顶部最大点流速相当于断面平均流速的6.5倍，同时下部出现负流速。为此，首先力求使各孔口出流量分布比较均匀，就必须克服竖井向上水流流速分布的不均匀性。

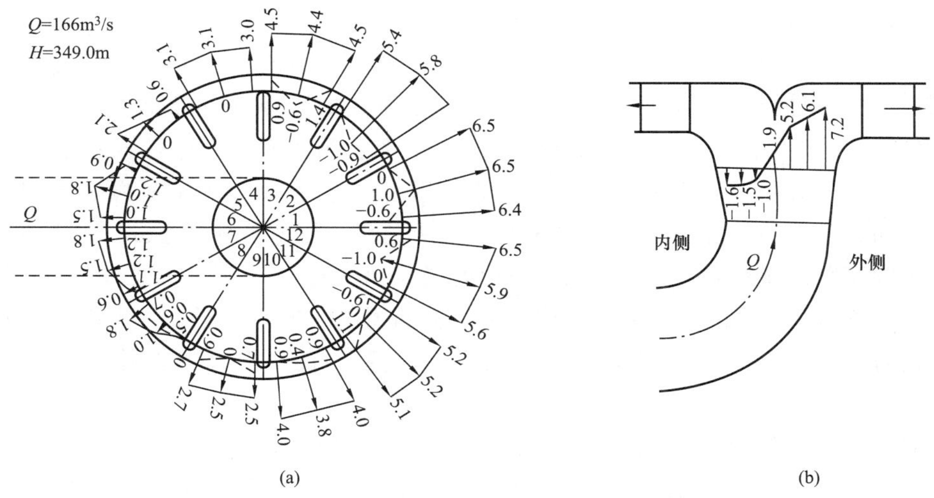

图 8－1－16　单圆弧弯管竖井式进/出水口出流时流速分布

(a) 各孔口出流平面流速分布；(b) 喇叭口竖向流速分布

—— —表流速；－－－－底流速

弯管末端断面流速分布的调整，可通过设置导水板，在适当部位加设局部贴角调整流向等措施来实现，考虑到工程应用，以改变弯管体型，即将常见的单圆弧（等内径）弯管改成肘型弯管为宜，参见图 8－1－15 和图 8－1－19。这一布置的特点是：

（1）在来流压力管道 d 与弯管起始断面 D_s 间设置锥形连接段，其长度大于或等于 D_s。该段的半扩散角可在 3°～7°选用。这种布置旨在降低弯道进口流速，削弱弯道段水流离心力的强度。例如，当半扩散角为 7°时，直径为 D_s 处的平均流速可较压力管道的平均流速降低约 40％。

（2）肘型弯管其末端直径 $D_e \geqslant d$，且有断面面积比 $A_e/A_s=0.6\sim0.7$，$v_e \leqslant 5\text{m/s}$（或相应的弗劳德数 $F_r=v_e/\sqrt{gD_e}\leqslant 0.6$）。水流在肘管内先扩散后收缩，对弯管末端的流速分布均匀化会有良好的效果。

（3）弯管末与喇叭口之间宜设适当长度的直管段，用以调整水流，其上部的喇叭口段与之呈渐扩式或平顺连接；当无直管段或直管段甚短时，则从弯管末端（或附近）逐渐扩张成喇叭口段，直至所需高程；喇叭口可采用椭圆曲线或其他曲线。

西龙池抽水蓄能电站上库竖井式进/出水口设计时，进行了物理模型和数学模型研究。图 8－1－17 为

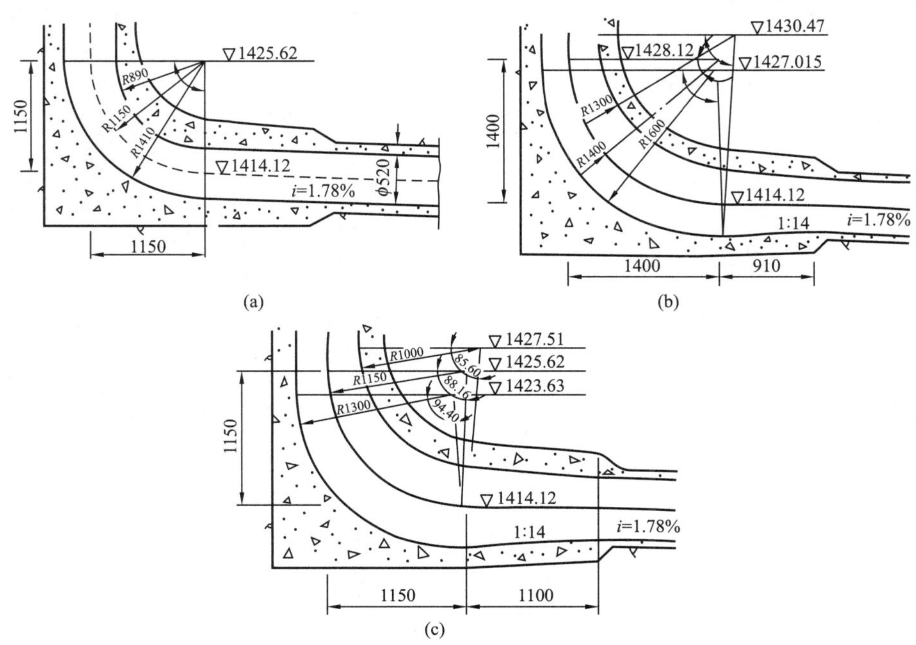

图 8－1－17　西龙池电站上库竖井式进/出水口三种弯管段体型图

(a) 等直径弯管；(b) 弯管Ⅰ；(c) 弯管Ⅱ

三种弯道体型图，其中图 8－1－17（a）所示为单圆弧（等直径）弯管，即 $A_e/A_s=1.0$；图 8－1－17（b）所示弯管Ⅰ为 $A_e/A_s=0.64$，图 8－1－17（c）所示弯管Ⅱ为 $A_e/A_s=0.59$。试验得到的出流时的进/出水口损失系数，弯管Ⅰ布置为 0.53（其中弯管部分为 0.21），弯管Ⅱ布置为 0.64（其中弯管部分为 0.31）。进流时前者为 0.51（其中弯管部分为 0.36），后者为 0.53（其中弯管部分为 0.39），各孔口流量分配较均匀。分析表明，就出流而论，单就弯管以上的进/出水口来看，两者的损失系数分别为 0.32（弯管Ⅰ）和 0.33（弯管Ⅱ），两者几近相同，主要差别在于弯管损失系数，前者为 0.21，后者为 0.31。弯管Ⅱ布置其弯管部分损失系数的增大，恰好说明 $A_e/A_s=0.59$ 的肘型弯管使该处水头损失加大，显示出通过弯道的水流扩散、掺混后才使得流速分布得到了有效调整。从各孔口出流流量分布来看，弯管Ⅰ布置为 6.9%～20.3%（平均应为每孔占 12.5%），而弯管Ⅱ布置则为 9.4%～15.2%，改善十分明显。

应用二维 $K—\varepsilon$ 模型对三种弯管体型布置的进/出水口的计算结果如图 8－1－18 所示。由图可见，其中图 8－1－18（a）所示为单圆弧（等直径）弯管，流经弯道的水流在凸侧已出现分离，至喇叭口上部流速分布仍未调整好；图 8－1－18（b）所示弯管Ⅰ的弯道处流速分布状况虽较单圆弧弯管有所改进，但均匀性仍稍差，故而有前述各孔出流量不均匀的结果。而图 8－1－18（c）中 $A_e/A_s=0.59$ 的弯管Ⅱ布置，在弯管末端其流速分布就比较均匀，至喇叭口处各孔出流流量分配已达 9.4%～15.2%。

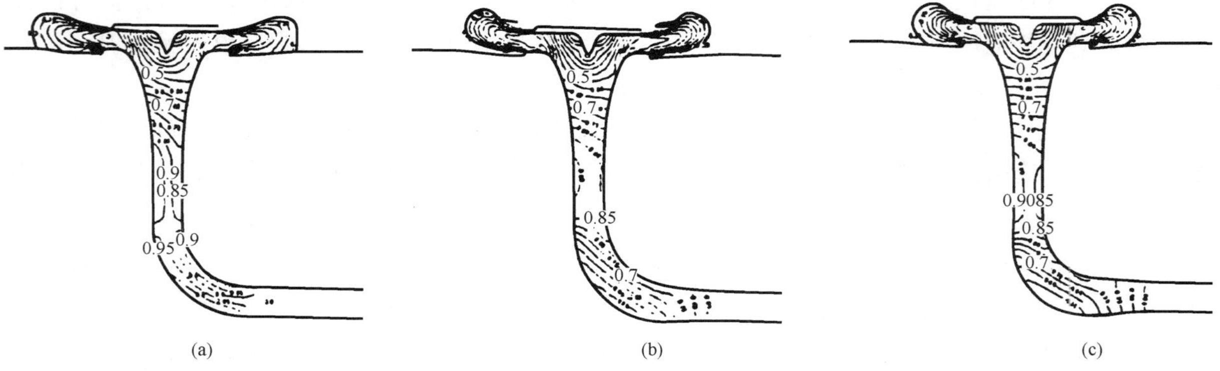

图 8－1－18　三种弯管布置出流流速等值线图

（a）等直径弯管；（b）弯管Ⅰ；（c）弯管Ⅱ

图 8－1－19 所示为碧敬寺抽水蓄能电站竖井式进/出水口水工模型试验所得到的最优方案布置，其中 $A_e/A_s=0.57$。试验表明，在该布置条件下，各孔出流分配基本均匀，且无负流速出现。

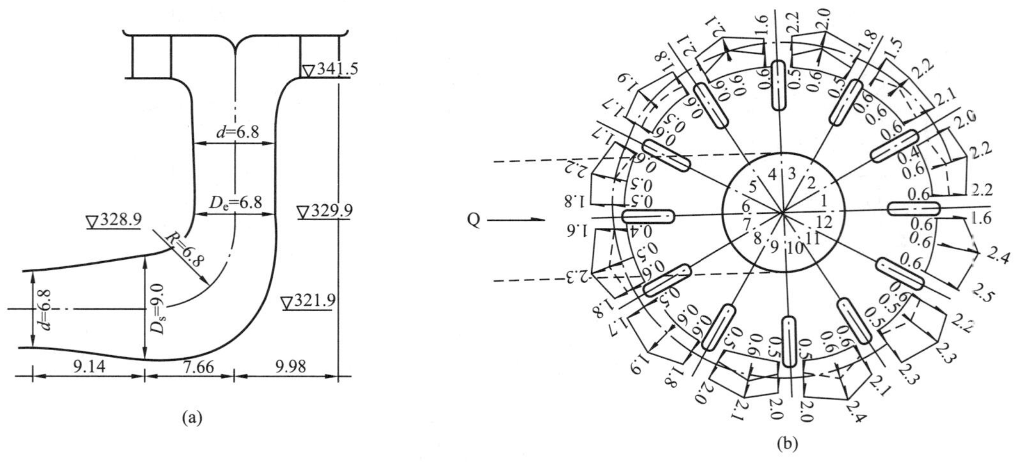

图 8－1－19　碧敬寺电站竖井式进/出水口模型试验成果图

（a）剖面体型图；（b）出流流速分布图

－－－－底流速；—— —表流速

总之，我国在竖井式进/出水口水力设计方面的研究成果不多，在按上述成果初拟的基础上，合理的设计体型需通过水工模型试验确定。

三、数值模拟在进/出水口水力设计的应用

近年来，计算流体力学在抽水蓄能电站进/出水口的水力设计中得到了应用。数值计算采用不可压缩流体的 Navies - Stokes 方程（动量守恒），导出时间平均的雷诺方程、连续方程为基本方程，紊流模型采用标准 K—ε 模型。

二维雷诺方程的张量形式为

动量方程
$$\frac{\partial \overline{U}_j}{\partial t}+\overline{U}_j\frac{\partial \overline{U}_i}{\partial X_j}=X_i-\frac{1}{\rho}\frac{\partial \overline{p}}{\partial X_j}+\nu\frac{\partial^2 U_i}{\partial X_i x_j}-\frac{\partial U'_i U'_j}{\partial X_j} \tag{8-1-8}$$

连续方程
$$\frac{\partial U_i}{\partial x_i}=0 \quad (i, j=1, 2) \tag{8-1-9}$$

式中 $\overline{U}_1$，$\overline{U}_2$——分别表示时均流速的水平和垂直分量；

$\overline{U}'_1$，$\overline{U}'_2$——相应的脉动流速分量；

$\overline{p}$——时均压强；

ν——水的运动黏性系数。

为求解方程组，设雷诺应力与平均速度梯度成正比，即

$$-U'_i U'=\nu_t\left(\frac{\partial U_i}{\partial X_j}+\frac{\partial U_j}{\partial U_j}\right)-\frac{2}{3}k\delta_y \tag{8-1-10}$$
$$\nu_t=C_\mu k^2/\varepsilon$$

式中 ν_t——紊动黏性系数；

δ_y——克罗内克尔符号；

ε——紊动耗散率。

k 和 ε 的输运方程为

k 方程
$$\frac{\partial k}{\partial t}+\overline{U}_i\frac{\partial k}{\partial x_j}=\frac{\partial}{\partial x_j}\left[\left(C_k\frac{k^2}{\varepsilon}+\nu\right)\frac{\partial k}{\partial x_j}\right]-U'_i U'_j\frac{\partial U_i}{\partial X_j}-\varepsilon \tag{8-1-11}$$

ε 方程
$$\frac{\partial \varepsilon}{\partial t}+\overline{U}_i\frac{\partial k}{\partial x_j}=\frac{\partial}{\partial x_j}\left[\left(C_\varepsilon\frac{k^2}{\varepsilon}+\nu\right)\frac{\partial \varepsilon}{\partial x_j}\right]-C_{\varepsilon 1}\frac{\varepsilon}{k}U'_i U'_j\frac{\partial \overline{U}_i}{\partial x_j}-C_{\varepsilon 2}\frac{\varepsilon^2}{k} \tag{8-1-12}$$

k—ε 模型包含 5 个经验常数即 C_μ、C_k、C_ε、$C_{\varepsilon 1}$ 和 $C_{\varepsilon 2}$。计算方法采用 VOF（Volume of Fluid）法。该方法是在固定网格下求解不可压缩、黏性、瞬变和具有自由面流动的一种数值方法。适用于两种或多种互不穿透流体间界面的跟踪计算。

《神流川抽水蓄能电站缩短下库进/出水口总长度的研究》一文介绍了用数值模拟对神流川下库进/出水口的计算结果。主要研究在来流为水平弯道布置的条件下，调整有压扩散段首部分流隔墙的布置间距，使各孔道出流量分配达到较均匀的目的。图 8 - 1 - 20 所示为计算与模型试验的结果对比。

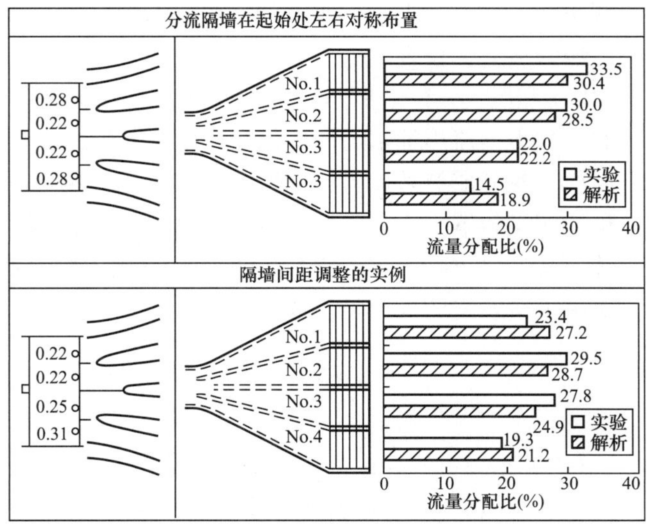

图 8 - 1 - 20 神流川抽水蓄能电站不同隔墙布置时实验与计算的比较

《西龙池抽水蓄能电站招标阶段上水库进/出水口数值模拟》（天津大学建工学院水力学所，2003）一文介绍了用数值模拟对西龙池电站上水库竖井式进/出水口的计算结果。该计算首先用二维 K—ε 模型计算了弯道体型对流场的影响（见图 8 -1 - 18），再以此为输入条件，用三维 k—ε 模型计算了喇叭口段的流场，给出孔口的流速分布和流量分配比。图 8 - 1 - 21 所示为计算与实测结果的比较。

综上可见，数值模拟计算用于进/出水口的水力设计已取得有益的成果，尽管是复杂的三维计算，但计算成果可供不同布置体型方案的比较和优化，可对最终体型的确定提供有力的支持。可以认为，采用数值模拟和模型试验相结合的方法是解决好进/出水口水力设计的有效途径。

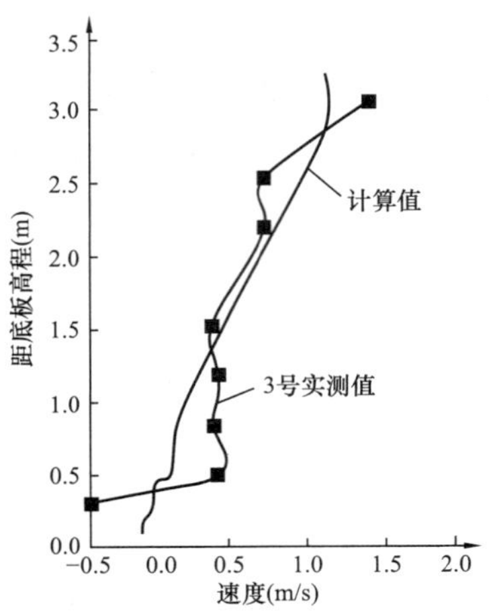

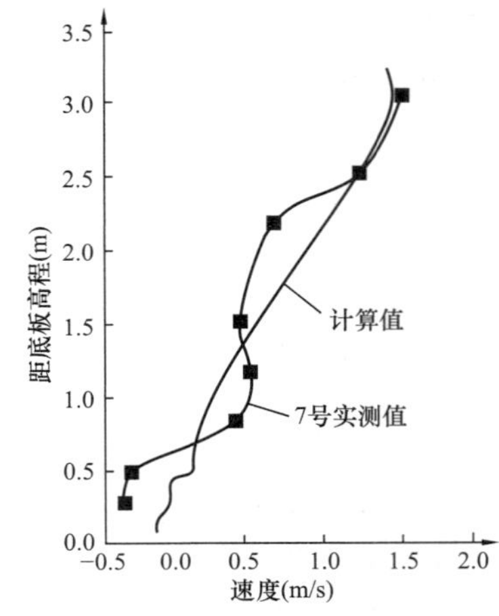

图 8-1-21　西龙池电站竖井式进/出水口出水流速分布计算与实测比较

第二节　水道系统水力设计

水道系统水力设计包括水道过水断面的合理选择、各项水头损失的计算、水锤压力计算、调压室（引调或尾调）的型式选择和水力计算、水道运行工况的确定，以及水道系统初期充水和放空设计等。

电站开发方式不同，水道系统的布置和水力设计的内容会有不同的特点。首部开发的抽水蓄能电站，上水库进/出水口后的低压引水道较短，可不设上调压室。但有时为避免引水道沿线出现内水压力过低，可根据需要将检修（或事故）闸门井断面适当扩大兼作上游调压室。对于中部、尾部开发的抽水蓄能电站，上游调压室型式的选择在引水系统布置设计中占有重要地位，对于高水头蓄能电站，尽管通常不存在“托马稳定”问题，但由于抽水蓄能电站的上水库水位变幅常较大，调压室所需高度较大，且管路系统在非恒定流过程中所需补充水量较多，调压室所需体积相应较大。因此，通常选用阻抗式调压室，或兼有上、下水室的调压室布置。

高压管道通常设置岔管，就岔管布置而言，通常可归纳为对称 Y 形布置和非对称卜形布置，如图 8-2-1 和图 8-2-2 所示。对称 Y 形岔管多用于一洞两机布置，但也有经两次分岔后用于一洞四机布置的。日本神流川抽水蓄能电站，1 号水道在引水调压室段分岔成 2 条高压管道，以 48°的倾角向下至厂房前又各分成 2 条支管，向四台机组供水，两者均采用对称 Y 形岔管。非对称卜形岔管常用于一管三机或四机布置方式。岔管处水流流态复杂，但属高压力、低流速状态下的紊动掺混，设计时在于合理选择体型以求减少水头损失，不存在空化问题。此外，抽水蓄能电站工况转换频繁，开停机次数多，要求水道系统的水力特性与之相适应。

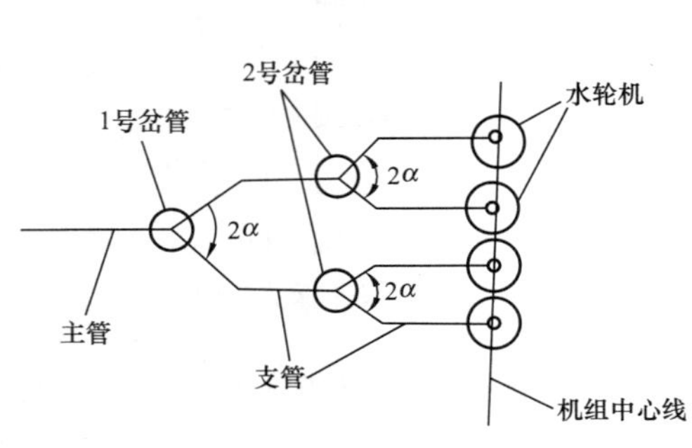

图 8-2-1　对称 Y 形布置

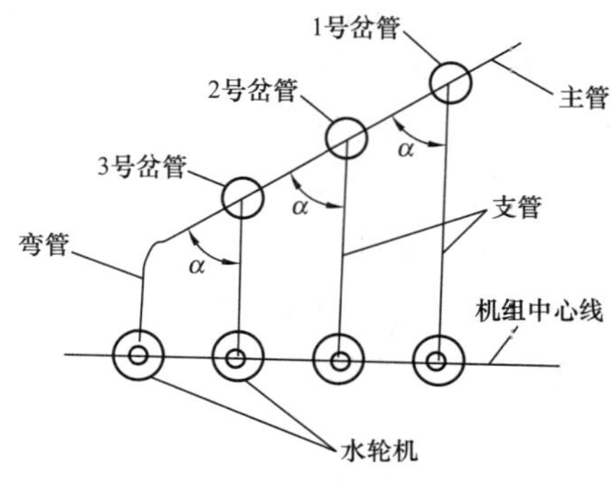

图 8-2-2　非对称卜形布置

岔管体型设计应使其在发电和抽水两种工况下，即双向水流条件下具有良好的流态、较小的水头损失，同时，也应使岔管在结构上合理，应力分布均匀。岔管应尽量采用对称布置，尤其高水头大 PD 值的钢岔管。当总体布置上采用对称布置有困难时，可通过变锥局部调整主、支管管轴方向，将岔管布置成对称形式，通过弯管或渐变锥管与主支管连接。

抽水蓄能电站水道系统的水力计算方法与常规电站相同，不予赘述。本节仅就抽水蓄能电站工程设计中具有特色的问题，结合国内外最新研究成果加以阐述。

一、岔管水头损失系数计算

（一）通用方法

表征岔管三通水流的参数主要是分岔角 α、支主管断面比、流量比、流速比、岔尖局部体型，以及水流的双向流动等。流经三通分岔的水流发生转弯、局部分离漩涡、收缩、扩散等紊动掺混冲击导致全压损失。水流在掺混过程中不同速度的质点间发生动量交换，促使流速场逐渐趋于均匀。

根据动量原理，在分流情况下，岔管水头损失系数的通用表达式为

$$K_2 = A'\left[1+(v_2/v_m)^2 - 2\frac{v_2}{v_m}\cos\alpha\right] - K_2(v_2/v_m)^2 \tag{8-2-1}$$

且有

$$K_2 = \Delta P_i / v_m^2 / 2g \tag{8-2-2}$$

式中 ΔP_i——所研究的两断面间的管段流体阻力的全压力总损失，即所求的总的水头损失 h_f 值；

v_m——来流主管的断面平均流速；

v_2——支管的断面平均流速；

α——分岔角（见图 8-2-3）；

A'——系数。

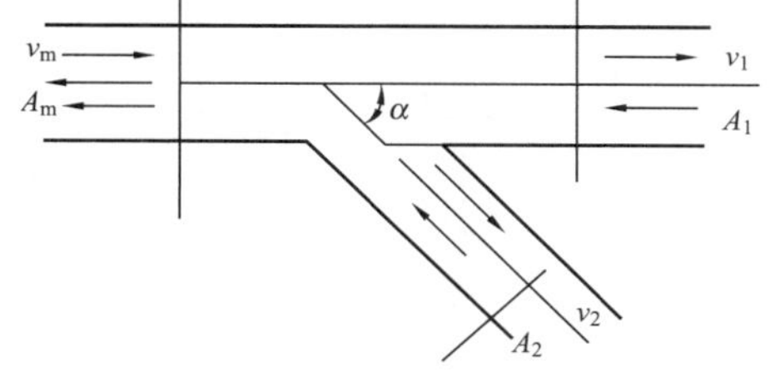

图 8-2-3 岔管流动示意图

关于岔管和三通的通用性水力试验成果，以 Thoma（1931）、Gardol（1957）和 Willamson（1973）这三个成果比较系统全面，具有代表性。图 8-2-4 所示为三个成果的比较，可见 K_2—Q_2/Q_m 的变化趋势一致，只是数值上略有差异，估计是试验条件的差异和试验误差所致。Thoma 和 Gardol 的成果为手册和规范所引用。Willamson 的成果为美国垦务局 1992 年设计标准所推荐。根据韩立的研究❶，经岔管试验资料验证，认为 Willamson 的成果与试验资料符合良好，且应用便利。图 8-2-5 所示为分流时

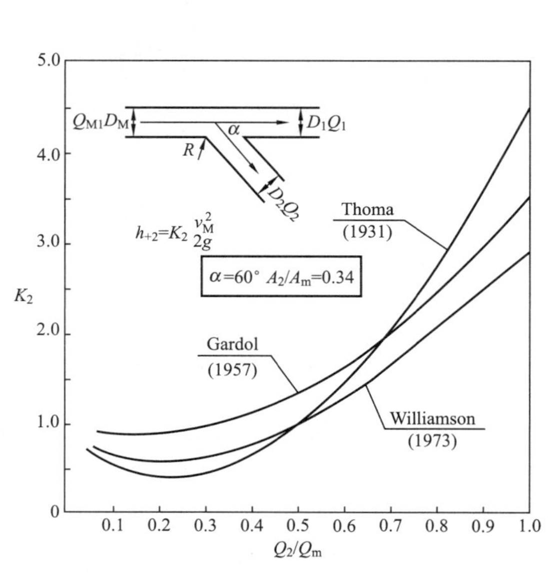

图 8-2-4 三个试验成果比较

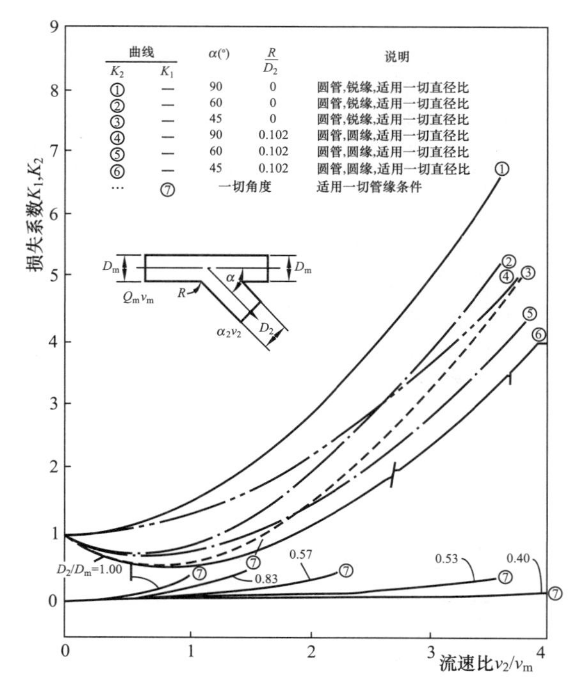

图 8-2-5 分流时水头损失系数

❶ 《抽水蓄能电站岔管水力设计问题》，水利水电勘测设计，2000。

的 $K_2 \sim v_2/v_m$ 的关系曲线。图 8-2-6、图 8-2-7 和图 8-2-8 所示为合流时的 K_2 与 v_2/v_m 关系曲线。图 8-2-5 曲线⑦可用于计算分流时直线贯通支管的过境损失系数 K_1（$K_1 = \Delta P_1/v^2m/2g$，参见图8-2-1），而合流时则利用图 8-2-9。

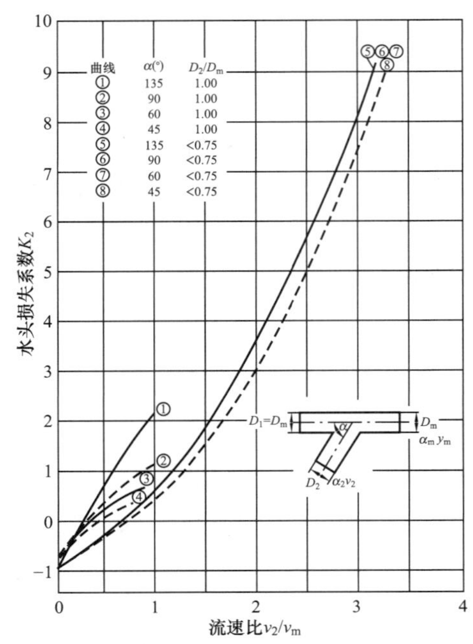

图 8-2-6 合流时水头损失系数（圆管，锐缘）

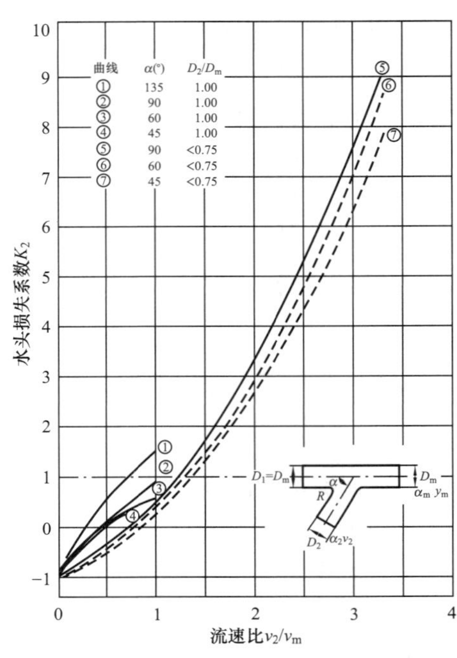

图 8-2-7 合流时水头损失系数（圆管，圆缘）

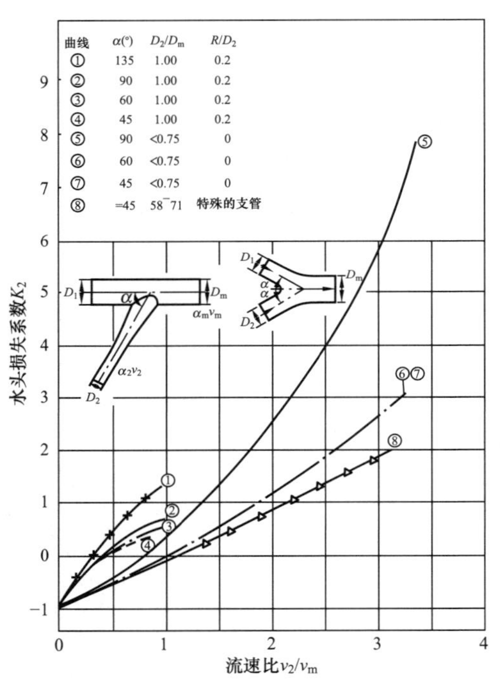

图 8-2-8 合流时水头损失系数（圆锥状支管）

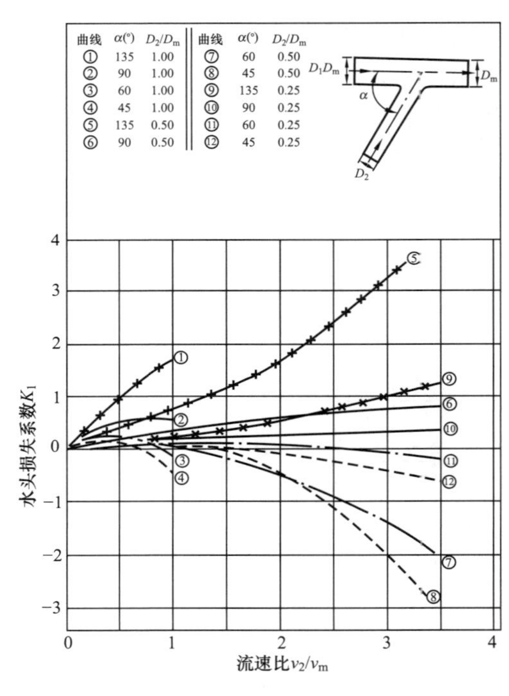

图 8-2-9 合流时水头损失系数（圆管，锐缘和圆缘）

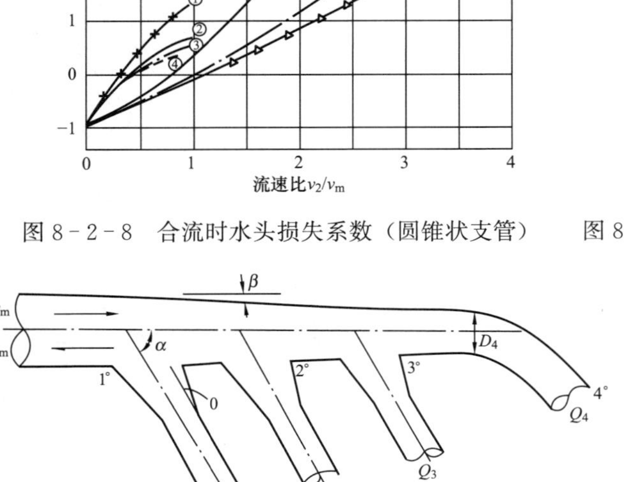

图 8-2-10 一管多机岔管示意图

非对称岔管支管与主管连接处常采用具有不同角度的锥形过渡段（见图 8-2-10）。美国垦务局设计标准《输水系统》第 11 章水力设计总则指出，采用锥形过渡段岔管其水头损失约相当于普通直接圆筒型连接的 1/3，而连接处拐角修图，也是减少分离使水流更加稳定的有效措施。若两者同时采用当然效果最佳。

按照常规锥管段的扩散（或收缩）角应小于 7°。《抽水蓄能电站岔管水力设计问题》一文根据国内的工程试验资料，给出锥角修正系数 K 与半锥角 θ 的经验关系式为

$$K = 1 - 0.09\theta \tag{8-2-3}$$

$$K = \frac{K_{2,\theta}}{K_{2,0}}$$

式中 $K_{2,\theta}$——半锥角为 θ 角时的 K_2 值；

$K_{2,0}$——$\theta=0°$时的 K_2 值。

式（8-2-3）表明，半锥角 θ 每增加 1°，水头损失系数（与 $\theta=0°$时比较）减少约 9%。《抽水蓄能电站岔管水力设计问题》文中给出了用 Willason 图表与式（8-2-3）相结合对试验资料的验证结果，认为是满意的，见表 8-2-1～表 8-2-3。

表 8-2-1　　广蓄一期岔管试验与计算成果对比

组别及工况 \ 岔管号及锥管角		4 号	3 号	2 号	备　注
		$\theta=7°$	$\theta=7°$	$\theta=7°$	
B-1 发电工况	$K_{2,T}$	0.504	0.7	2.26	分流（简图：4号、3号、2号、1号，$\alpha=60°$）
	$K_{2,C}$	0.50	0.8	1.54	
B-1 抽水工况	$K_{2,T}$	0.59	1.51	2.35	简图同上，合流
	$K_{2,C}$	0.59	1.10	2.50	

注　分岔角 $\alpha=60°$，主管 $D_0=8.5$m，支管 $D_2=3.5$m；$K_{2,T}$、$K_{2,C}$分别为试验和计算的岔管损失系数。

表 8-2-2　　广蓄一期岔管试验与计算成果对比

组别及工况 \ 岔管号及锥管角		4 号	3 号	2 号	备　注
		$\theta=0°$	$\theta=0°$	$\theta=0°$	
A-1 发电工况	$K_{2,T}$	1.12	1.38	1.14	（简图：4号、3号、2号、1号，60°，2.05°）
	$K_{2,C}$	1.2	1.15	0.95	
A-1 抽水工况	$K_{2,T}$	0.95	1.12	1.56	简图同上，合流
	$K_{2,C}$	1.5	1.3	1.0	

注　分岔角 $\alpha=60°$，主管直径由 $D_0=8.0$m，在 62.845m 内渐缩至 $D=D_2=3.5$m，单侧收缩角 2.05°。

表 8-2-3　　板桥峪岔管试验与计算成果对比

组别及工况 \ 岔管号及锥管角		1 号	2 号	3 号	备　注
		$\theta=6.49°$	$\theta=6.67°$	$\theta=3.42°$	
发电	$K_{2,T}$	1.16	0.64	0.82	（简图：D_2=3.5，4号，3号，2号，1号，1.96°，60°，D_0=8.0）
	$K_{2,C}$	1.0	0.48	0.69	
抽水	$K_{2,T}$	0.426	0.69	0.82	
	$K_{2,C}$	0.60	0.69	0.82	

（二）一管多机布置时主管断面沿程变化

对于非对称岔管，即常见的一管多机布置，欲获得均匀分流且又不增加主管横断面积，主管断面

积应沿流向（指分流）适当收缩，构成沿程变截面布置，如图 8-2-10 所示。这是因为这种布置的水流特点是主管沿程为变量流，当分流时为沿程减量流，合流时为沿程增量流。设若主管沿程流速保持不变即 v_m 为常数，那么对于图 8-2-10 所示的 4 台机的布置，根据连续方程便可得出 $D_4=D_m/2$，便可确定出主管断面沿程变化率（图 8-2-10 中的收缩角 β）。实际工程中还可依结构要求对 β 角作适当调整，但原则上应使主管沿程流速不形成明显（或过大）的加速或减速。

（三）支、主管分流比损失系数的变化关系

分流比是指通过支管的流量（Q_i，$i=1$，2）与主管流量 Q_m 之比，即分流比 $n=Q_i/Q_m$。大量的试验研究表明，在分流时，损失系数与 n 的关系为一上凹曲线，并且在 $n=0.5$ 附近损失系数出现最小值；而合流时为一单调增加的上凸曲线，并且当分流比较小时损失系数为负值，这是因为两支管分流量相差较大时，分流量大的一侧支管水流流速高，会对分流量小的一侧支管的水流起到加速作用所致。

（四）岔管水流数值模拟计算

采用流体数值模拟对岔管水流进行计算，可取得良好的结果。图 8-2-11 所示为日本水门铁管协会研究组（《高压钢岔管的流体数值模拟》，水门铁管，NO.206）提供的内加强月牙肋岔管（$\alpha=60°$）的计算与水力模型试验的对比成果。图 8-2-12 和图 8-2-13 所示为北京国电公司（《内加强月牙肋岔管技术研究报告》，2004）所提供的成果。值得注意的是，当两支管对称分流时（$n=0.5$），损失系数为 0.1 左右；而山口哲（《奥多多良木电站扩建工程压力钢管施工报告》，水门铁管，NO.201）所提供的外加强三梁岔管的 K_2 值，在 $n=0.5$ 时仅为 0.075。这些值远小于通常在手册中给出的 $K_2=0.5\sim0.75$。因此，对于重要的工程应根据所设计的体型通过水工模型试验或流体数值模拟计算确定其 $K_2\sim n$ 的关系。

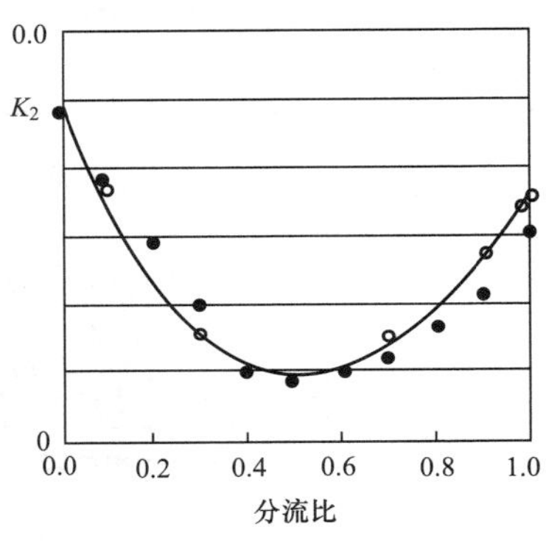

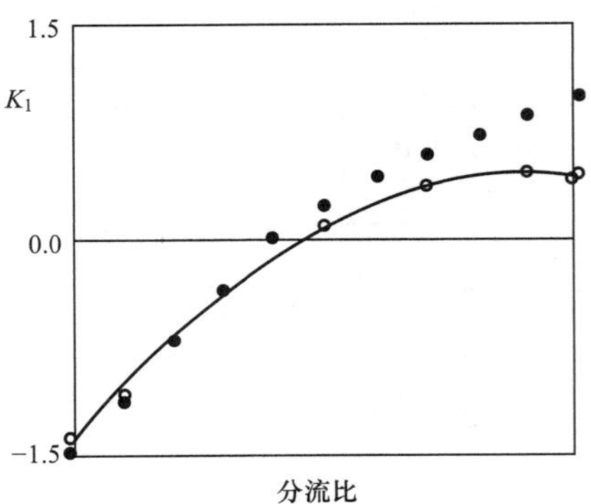

图 8-2-11　计算与试验成果比较

○—支管（计算）；●—支管（试验）

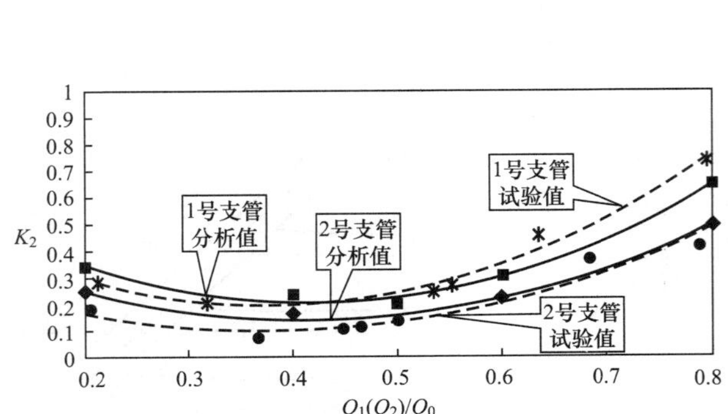

图 8-2-12　发电工况分流比与水头损失系数关系曲线

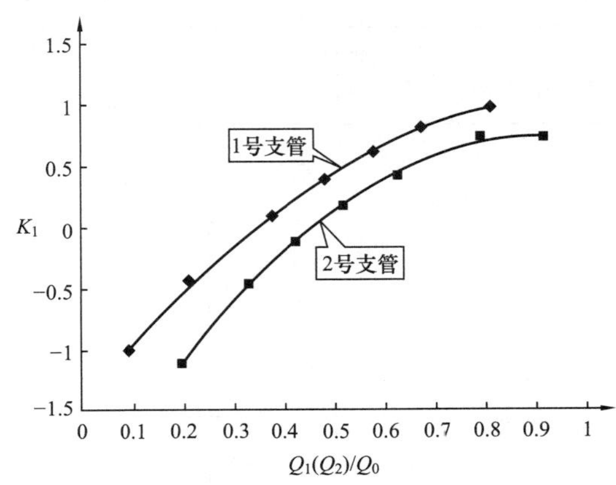

图 8-2-13　抽水工况分流比与水头损失的关系曲线

二、钢岔管水力设计

钢岔管的结构型式有三梁岔管、月牙肋岔管、球形岔管、无梁岔管和贴边岔管等。工程中应用最多的是月牙肋岔管。如图 8－2－14 和图 8－2－15 所示，内加强月牙肋岔管的结构特点是，主管为扩大的渐变圆锥，支管为渐变收缩圆锥，主支管公切于一个假想球，两支锥相贯的不平衡力由月牙形加强肋承担。下面就月牙肋岔管水力设计有关问题加以阐述。

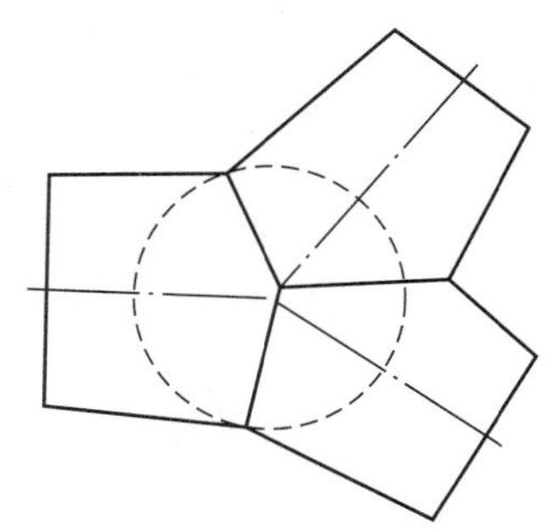

图 8－2－14　内加强月牙肋岔管示意图

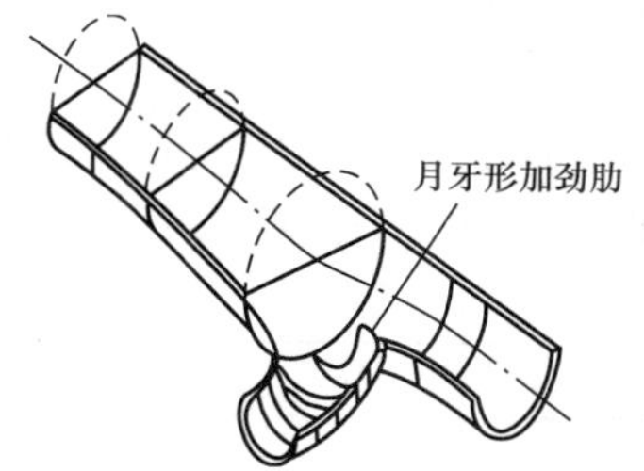

图 8－2－15　月牙形加劲肋岔管

（一）分岔角的合理选择

如图 8－2－14 所示，分岔角 α 是岔管重要体形参数之一。从理论上讲，分岔角越小水流流态越好且能量损失也越小，但两支锥相贯的面积增加，使肋板处不平衡力也随之增大，造成肋板宽度和厚度的增加，从而给岔管的结构设计、制作安装造成困难；而且，因肋板宽度和厚度的增加，使水流流线弯曲，产生涡流和死水区增大，对岔管水头损失也会产生不利的影响。分岔角越大水流易与管壁脱离，形成涡流和死水区，使能量损失相应增大，但两支管相贯的面积较小，肋板处不平衡力较小，使肋板宽度和厚度减小，岔管的结构设计、制作安装相对容易。并且因肋板宽度的减少，使涡流和死水区减少，对减少岔管水头损有利。因此，内加强月牙肋岔管分岔角的选择应综合考虑水力特性和结构特性的影响。

北京国电公司（《内加强月牙肋岔管技术研究报告》，2004）通过 α＝55°、75°、90°三种角度的比较，给出岔管损失系数与分岔角的关系如图 8－2－16 所示。可以看到，当 $\alpha \geqslant 75°$后，损失系数明显增大。日本葛野川抽水蓄能电站的岔管研究也得出类似的关系，如图 8－2－17 所示。

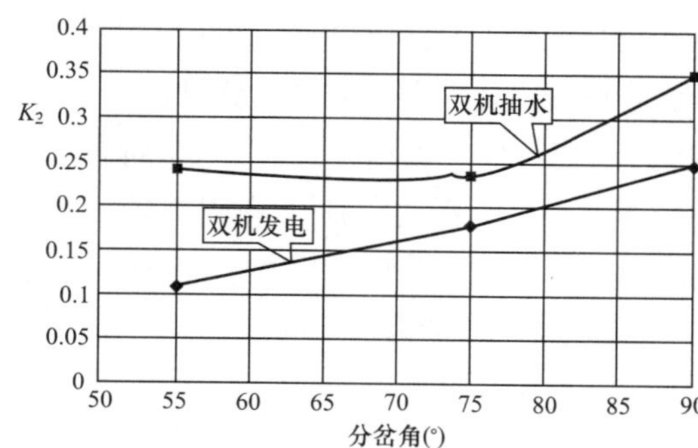

图 8－2－16　岔管分岔角与水头损失系数关系图

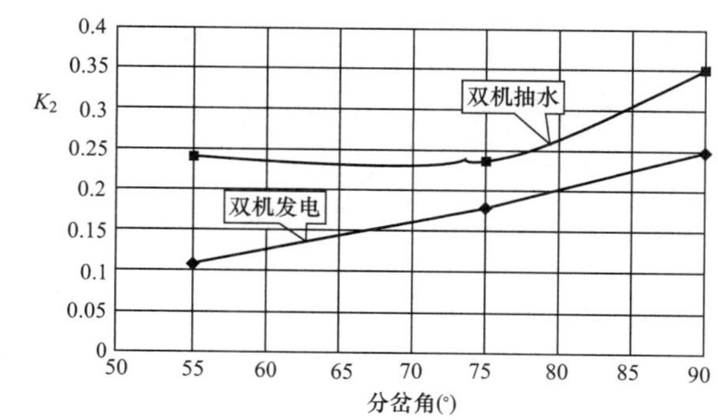

图 8－2－17　葛野川抽水蓄能电站岔管分岔角与水头损失系数关系图

由此可见，从岔管水头损失大小的角度来看，分岔角宜在 60°～80°间选用。西龙池抽水蓄能电站为 75°，葛野川抽水蓄能电站为 60°，小丸川抽水蓄能电站为 70°，本川抽水蓄能电站为 78.96°。

（二）岔管扩大率的选择

扩大率是指内加强月牙肋岔管公切球直径与主管直径比值。扩大率和锥角是确定岔管体形的重要参数，这两个参数是相互制约和影响的。

为减少岔管的水头损失，通常采用加大岔管中心处的断面面积而降低流速，以减小因分流、合流引起的水头损失。但在岔管分岔角和长度不变时，扩大率增加，虽可降低岔管中心处断面的平均流速，减少岔管合流和分流的水头损失，但若管身扩大率过大，则主、支锥锥顶角过大，使流线易与管壁脱离而产生涡流，使水头损失反而急剧增加。因此，存在一个较优的扩大率。

日本本川电站岔管采用对称内加强月牙肋岔管，主管内径6m，两支管直径均为4.3m，分岔角为78.96°。水力模型试验比尺为1∶3。为研究扩大率对岔管水力特性的影响，在保持岔管总长度不变条件下，对采用变锥体形（见图8-2-14），即管身有折角岔管，扩大率分别为115%、120%、125%三种体形方案进行试验。试验结果如图8-2-18和图8-2-19所示。由图8-2-18可见，发电工况随扩大率增大，岔管水头损失系数总体上呈增加的趋势，尤其是双机同时发电工况；扩大率115%和120%两方案水头损失系数相差不大。从图8-2-19可以看出，抽水工况扩大率115%时水头损失较小，在双机同时抽水工况三个方案水头损失相差不大。

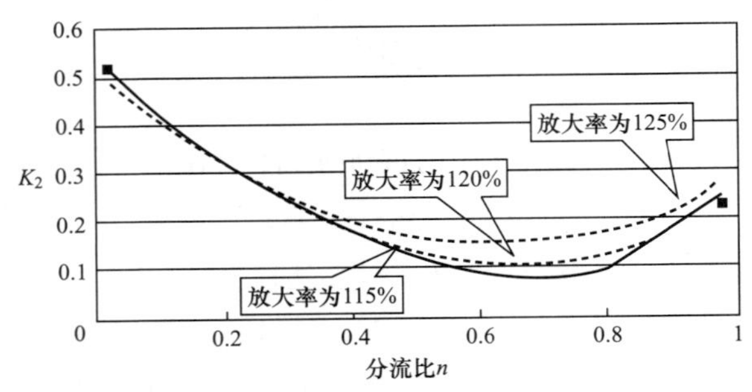

图8-2-18　本川电站岔管发电工况分流比与水头损失系数关系曲线

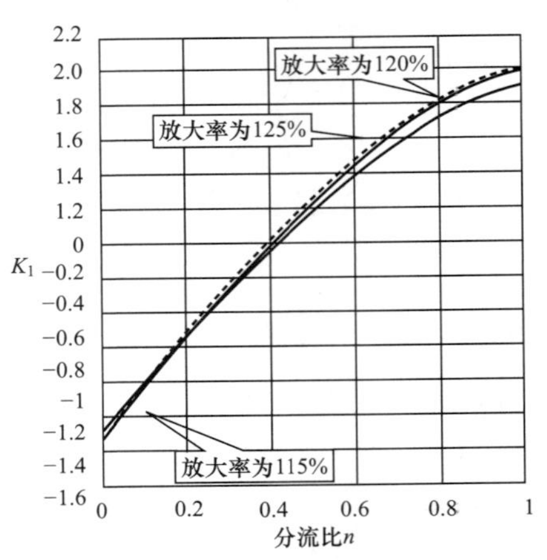

图8-2-19　本川电站岔管抽水工况分流比与水头损失系数关系曲线

由上可见，扩大率宜在115%～120%间选择。表8-2-4所列为部分工程的扩大率资料。

表8-2-4　**部分工程内月牙肋岔管的扩大率**

工程名称	今市	盐原	葛野川	奥矢作（Ⅰ）	本川	西龙池	十三陵	宜兴
扩大率	1.2	1.144	1.15	1.15	1.15	1.17	1.12	1.121

（三）肋宽比对岔管损失系数的影响

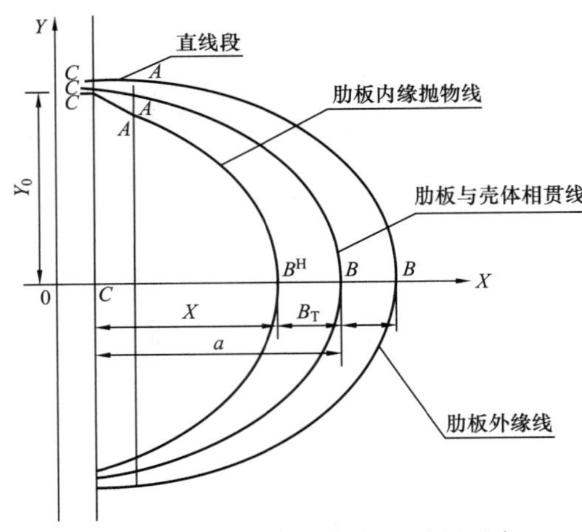

图8-2-20　岔管内部加强肋板示意

肋宽比β是指肋板腰部断面宽度B_T和肋板与岔管壳体相贯线水平投影长度a之比，各符号意义详见图8-2-20。肋宽比大，则肋板宽度大，肋板对水流影响相对较大；肋宽比小，则肋板宽度小，肋板对水流影响相对较小。从水力条件看，加强肋应尽可能平行主管水流布置，并按流量分配比例分割主管面积，以减少加强肋对水流的阻力，改善流态。

北京国电公司的研究给出不同分岔角情况下，肋宽比对岔管水力特性的影响。以岔角75°者为例，在双机发电工况下（见图8-2-21），当肋宽比$\beta<0.2$时，岔管水头损失系数K_2随肋宽比β的增加而增大；当$\beta>0.2$时，岔管水头损失系数K_2随肋宽比β的增加有减少趋势。双机抽水运行时，当肋宽比$\beta<0.25$左右，水头损失系数K_2随肋宽比β的增加而减少；当$\beta>0.25$时，岔管水头损失系数K_2随肋宽比β的增加而增大。单机发电工况（见图8-2-22），岔管水头损失系数K_2随肋宽比β的增加而呈单调递增趋势；单机抽水工况，当$\beta<0.3$时，岔管水头损失系数K_2随肋宽比β的增加而减少，当$\beta>0.3$时，岔管水头损失系数K_2随肋宽比β的增加而增大。

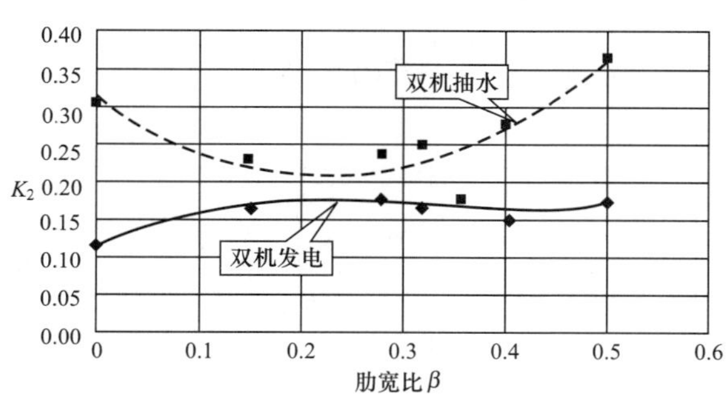

图 8-2-21　75°对称岔管 2 号支管双机运行时肋宽比与水头损失关系

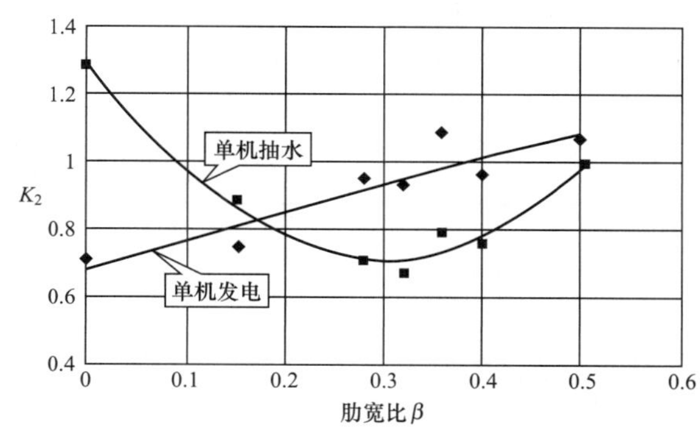

图 8-2-22　75°对称岔管 2 号支管单机运行时肋宽比与水头损失关系

从岔管结构特性分析，肋宽比β宜在 0.2～0.5 范围。对于对称布置的岔管，肋宽比在 0.2～0.5 范围变化时，对双机发电工况岔管水头损失影响并不大。单机发电工况，由于引用流量较小，水头损失绝对值并不大。抽水工况，不论单机还是双机抽水，只有当肋板宽度比较适中，即β=0.25～0.35 时，肋板才具有较好导流作用，岔管的水头损失才最小。因此，在岔管结构允许前提下，肋宽比控制在 0.25～0.35 是比较合适的。

（四）岔管纵向体型的优化

受岔管扩大率和主支管变径的影响，岔管前后的底板高程不在一个平面上（参见图 8-2-15）。由此带来的是电站停水后岔管处会有积水，给检查维修带来不便。图 8-2-23 所示为日本小丸川抽水蓄能电站月牙肋岔管上下对弥与管底水平两种体型的比较，水头损失的比较结果见表 8-2-5。由该表可见，管底为水平的岔管，其水头损失系数较对称布置略大，但就水头损失的绝对值而言，两者相差为厘米级。这样小的差异对高水头蓄能电站发电量的影响几可忽略不计。广州抽水蓄能电站二期工程钢筋混凝土岔管也将主、支管底部布置在同一高程上（主、支管轴线不同高程）。

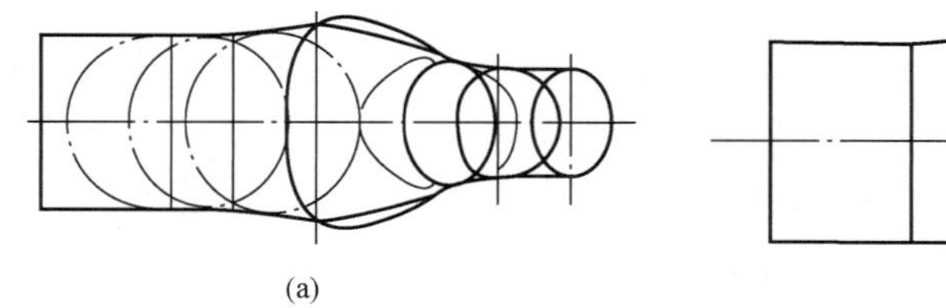
(a)

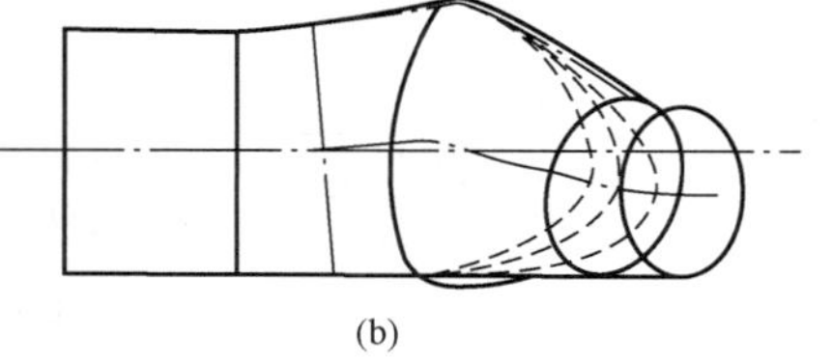
(b)

图 8-2-23　小丸川电站月牙肋岔管两种体型比较

（a）内加强式（上下对称）；（b）内加强式（管底水平）

表 8-2-5　　小丸川电站月牙肋岔管水头损失比较

项目			发电工况				抽水工况			
			2 台机运行		1 台运行		2 台机运行		1 台机运行	
			损失系数	损失水头	损失系数	损失水头	损失系数	损失水头	损失系数	损失水头
条件	主管流量	Q（m^3/s）	111.0		55.5		88.4		44.2	
	主管动水压力	H_v（m）	4.402		1.081		2.792		0.698	
情况 1	上下对称	内加肋	0.063	0.278	0.247	0.271	0.087	0.241	0.468	0.331
情况 2		内外部加肋	0.065	0.288	0.375	0.413	0.104	0.286	0.524	0.361
情况 3	管底水平	内加肋	0.072	0.318	0.22	0.242	0.086	0.24	0.444	0.331
情况 4		内外部加肋	0.079	0.349	0.336	0.369	0.103	0.285	0.428	0.299

二、阻抗式调压室的水力设计

（一）阻抗式调压室水力设计的基本要求和流况

阻抗式调压室在抽水蓄能电站工程中应用较多，国内外部分抽水蓄能电站的实例见表 8-2-6。

表 8-2-6　　国内外部分抽分蓄能电站阻抗式调压室有关参数

工程名称	引用流量 Q_p (m^3/s)	水头 Z (m)	隧洞			阻抗孔		调压室大井		备注
			长度 L (m)	洞径 d_0 (m)	断面积 A_0 (m^2)	直径 d_s (m)	面积 S (m^2)	直径 D_r (m^2)	高度 T (m)	
明湖	380.0	361.5	2380.6	7.0	38.47	3.2	8.04	12.0	86.0	
埃多拉	96.0	1265.6	8125.6	5.4	22.89	2.9	6.6	18.0	105.0	
新高濑川	644.0	230.0	2622.0	6.9	37.40	4.0	12.56	15.0	98.0	
奥清津（Ⅱ）	154.0	470.0	697.08	5.7	25.5	3.5	9.62	13.0	73.3	
惠州	280.0	557.0	1478.0	8.5	56.72	5.3	22.1	16.0	188.0	
琅琊山	230.0	147.0	900.0	8.8	60.8	槽孔 5.93	27.6	17.24	67.0	闸门室
广蓄（Ⅰ）	273.0	535.0	798.67	9.0	63.59	6.3	31.16	18.0	60.0	
十三陵	107.6	481.0	390.86	5.2	21.23	3.7	10.75	7.0	84.6	引调
十三陵	107.6	481.0	839.9	5.2	21.23	3.7	10.75	8.0	72.3	尾调
西龙池	108.36	695.0	190.0	5.2	21.23	槽孔 3.85	11.66	5.9	85.9	闸门室
神流川	340.0	653.0	2444.83	8.2	52.78	4.6	16.61	17.0	104.4	引调
神流川	340.0	653.065 3.0	2474.85	6.1	29.21	3.3	8.55	12.0	102.95	尾调
宜兴	80.78	393.0	1663.0	7.2	40.7	6.0	28.26	10.0	94.0	连接管式
大朝山	1042.5	85.63	1282.83	15.0	176.6	槽孔 9.44	70.06	方型 43.7	42.93	常规电站

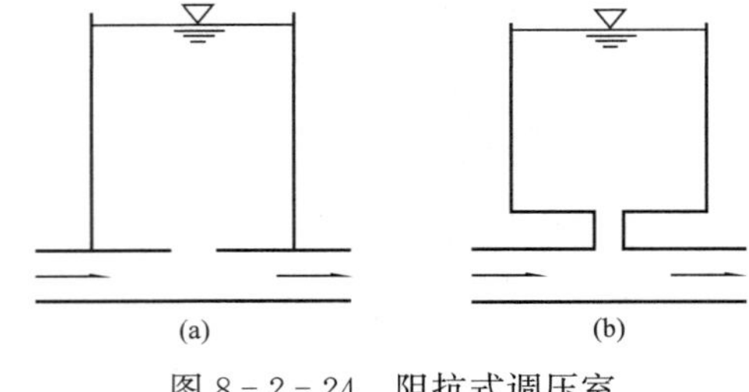

图 8-2-24　阻抗式调压室

(a) 隔板孔口；(b) 连接（阻抗）管式

阻抗孔型式通常有隔板孔口和连接（阻抗）管式两种，如图 8-2-24 所示。工程应用以隔板孔口式为多。对于具有长尾水洞的抽水蓄能电站，由于机组安装高程低，有时在尾水调压室底部设置适当高度的连接管与尾水隧洞相接，用以提高调压室底板高程，减少调压室的工程量。

阻抗式调压室设计中的重要问题是选择合理的阻抗孔尺寸，使其具有合适的损失系数，以满足下列基本要求：

(1) 调压室内的最高、最低涌波都在适宜的范围之内，压力管道传来的水锤波在调压室处有稳定充分的反射。调压室处压力管道的水压力，任何时候均不大于调压室出现最高涌波时的水压力，也不低于最低涌波水位时的水压力。

(2) 设置调压室不应显著影响压力水管末端的水锤压力。

(3) 尽可能地抑制调压室的波动幅度，并加速其衰减。

(4) 调压室最高涌波水位的安全超高不宜小于 1.0m。上游调压室最低涌波水位与调压室处压力引水道顶部之间的安全高度不应小于 2～3m，或有压隧洞全线洞顶处的最小压力，在最不利的运行条件下，不宜小于 2m，并且，调压室底板应留有不小于 1.0m 的安全水深。对于下游调压室最低涌波水位与尾水管出口顶部之间的安全高度应不小于 1.0m。

抽水蓄能电站有发电和抽水两种工况，调压室在水力过渡过程中可归纳为 12 种水流状况，见表 8-2-7。表中流况 (1) 和 (7) 为机组稳定运行，压力管道水流只有通过阻抗孔的过境水头损失。流况 (2)、(8)、(3)、(9) 为水流全部流入和流出调压室的情况。流况 (4)、(10)、(5)、(11) 为调压室水位上升和下降时的情况。而流况 (6) 和 (12) 则为上下游合流和分流的状况。欲求得各种工况下的水头损失系数，可通过局部水工模型试验，或利用有关研究成果通过计算求得。

表 8-2-7　　调压室可能出现的水流状况

工况＼流向	发电方向	抽水方向
机组稳定运行	(1)	(7)
水流全部流入调压室	(2)	(8)
水流全部流出调压室	(3)	(9)
调压室水位上升	(4)	(10)
调压室水位下降	(5)	(11)
上下游合流、分流	(6)	(12)

注　$i=1$，2，表示支洞上的断面，当无支洞时 $i=1$，即为 1-1 断面。

（二）阻抗孔水头损失计算

水流通过阻抗孔的水头损失 h_c 的表达式为

$$h_c=\frac{1}{2g}\left(\frac{Q}{\varphi S}\right)^2 \tag{8-2-4}$$

式中　Q——通过阻抗孔的流量，相当于表 8-2-7 中（2）和（8）两种流况；

S——阻抗孔的面积；

φ——水流全部流入阻抗调压室时的流量系数，可用 φ_{in} 表示。

经用满足上述基本要求的有关工程的阻抗孔的试验资料，绘出 φ_{in}—d_s/D_T 的关系如图 8-2-25 所示，图中绘有突然扩大水头损失的理论关系曲线，可见 d_s/D_T 是主要变量。一般建议取 $\varphi=0.6\sim0.85$ 是合理的。图 8-2-25 可供初选 φ_{in} 时的参考。但应指出，对于全部流出调压室的流况，由于流经阻抗孔（管）为较高流速的射流，流入隧洞后受隧洞底板（在较短的距离之内）的约束形成洞内水平轴漩滚的水流，压力场发生变化，通常会出现 $\varphi_{out}>\varphi_{in}$ 的结果。对于较

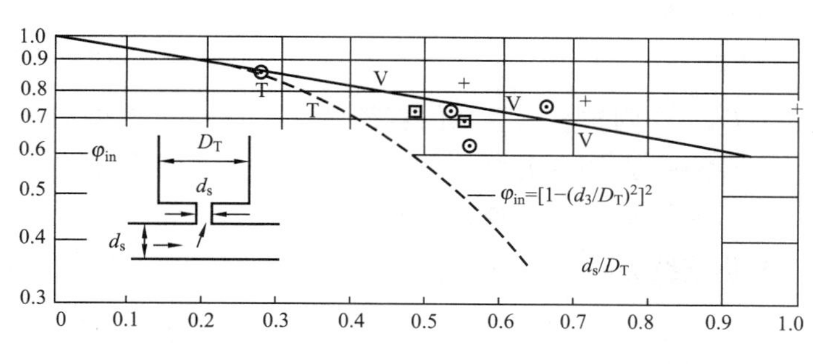

图 8-2-25　阻抗孔 φ_{in}—d_s/D_T 的关系

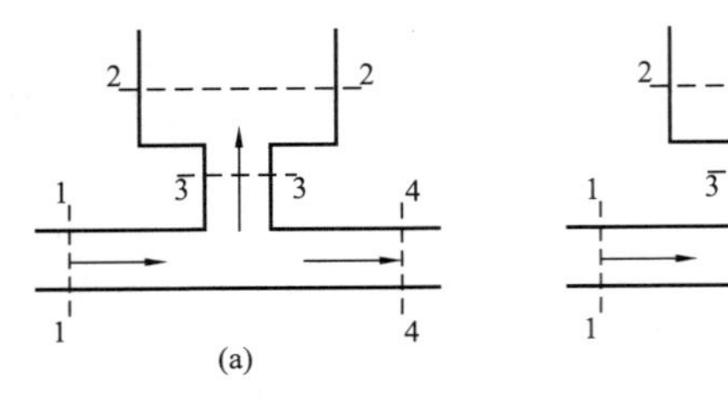

图 8-2-26　调压室典型流态示意图
(a) 水流流进调压室；(b) 水流流出调压室

为典型（不带岔管的）的布置，$\varphi_{out}/\varphi_{in}$ 为 1.2 左右。φ 受边界条件影响明显，较为复杂的布置其 φ_{out} 宜通过试验确定。

图 8-2-26 所示为调压室典型流态示意图。事实上，调压室水流流动可视为 90°岔管的流动。当水流流进调压室时，部分水流经主洞转 90°进入阻抗孔（管），同时，另一部分水流继续向下游形成流经阻抗孔的过境水头损失；反之亦然，显示了与经典水力学物理图案的区别。但可认为阻抗孔水头损失 h_c 是由 T 形岔管的水头损失 h_b，断面急骤变化（突扩和突缩）的局部损失 h_s，以及阻抗孔（管）的摩阻损失（h_f）三部分组成，即

$$h_c = \eta(h_b + h_s) + h_f \tag{8-2-5}$$

式中　η——修正系数，表示所论流动与经典水力学物理图案差异带来的影响。

摩阻损失 h_f 可用满宁公式计算，对于隔板式阻抗孔或短连接管式布置，可以忽略不计。

按照 Gtardel 的研究，分流（水流进入调压室）时断面 1-1 至 3-3 间的水头损失为

$$h_{b13} = H_1 - H_3 = K_{13} v_1^2/2g \tag{8-2-6}$$

式中　H_1，H_3——分别为断面 1-1 和 3-3 处的总水头；

v_1——断面 1-1 的平均流速。

水头损失系数 K_{13} 为

$$K_{13} = 0.95(1-q_{31})^2 + q_{31}^2\left[1.3\cot\frac{(180-\theta)}{2} - 0.3 + \left(\frac{0.4-0.1A_r}{A_r^2}\right)\right.$$
$$\left.\times\left(1-0.9\sqrt{\frac{r}{A_r}}\right)\right] + 0.4q_{31}(1-q_{31})\left(1+\frac{1}{A_r}\right)\cot\frac{(180-\theta)}{2} \tag{8-2-7}$$

$$q_{31} = Q_3/Q_1$$
$$A_r = A_3/A_1$$

式中　q_{31}——分流时的流量比；

Q_1——隧洞中的总流量；

Q_3——流入调压室的流量；

θ——两分流支管（阻抗孔与其下隧洞）轴线之间的夹角，对所研究的布置（见图 8-2-26）$\theta=90°$；

A_r——阻抗孔（管）与输水隧洞的面积比；

A_3，A_1——分别表示断面 3-3 和 1-1 的断面面积；

r——支管（阻抗孔）与干管联接处的修圆半径。

水流经阻抗孔（管）断面 3-3 至大井属突然扩大，水头损失为

$$H_{s32} = H_3 - H_2 = K_{32} v_3^2/2g \tag{8-2-8}$$

损失系数为

$$K_{32} = [1-(D_3/D_2)^2]^2 \tag{8-2-9}$$

式中　D_3——阻抗孔（管）的直径（见图 8-2-25 中的 d_s）；

D_2——调压室大井直径（见图 8-2-25 中的 D_T）；

v_3——阻抗孔（管）的平均流速。

根据连续方程可有 $v_3 = Q_3/A_3 = q_{31}A_1v_1/A_3$，这里 $q_{31} = Q_3/Q_1$，$Q_1 = A_1v_1$，于是有

$$h_{13} = h_{b13} + h_{s32} = K_{12}v_1^2/2g = [K_{13} + K_{32}q_{31}^2(A_1/A_3)^2]v_1^2/2g \tag{8-2-10}$$

按式（8-2-5）还应乘上修正系数 η。

同理，对于水流流出调压室的合流工况［见图 8－2－26（b）］，则断面 3－3 和 4－4 间的水头损失为

$$h_{b34}=H_3-H_4=K_{34}v_4^2/2g \tag{8-2-11}$$

而水流由调压室大井经阻抗孔（管）流出时，断面 2－2 和 3－3 间突然缩小的局部水头损失为

$$H_{s32}=K_{23}v_4^2/2g \tag{8-2-12}$$

合流时断面 3－3 和 4－4 间的水头损失系数为

$$K_{34}=-0.92(1-q_{34})^2-q_{34}^2\left[(1.2-\sqrt{r})\left(\frac{\cos\theta}{A_r}-1\right)+0.8\left(1-\frac{1}{A_r^2}\right)-\frac{(1-A_r)\cos\theta}{A_r}\right]+(2-A_r)q_{34}(1-q_{34}) \tag{8-2-13}$$

$$q_{34}=Q_3/Q_4$$

有压管道突然扩大和缩小的局部损失系数可按图 8－2－27 查取。

根据日本奥清津第二抽水蓄能电站的研究（《奥清津第二抽水蓄能电站调压室和水锤压力研究》，电力土木，NO.265，1996)，分流和合流两种情况下的修正系数 η 可用图 8－2－28 查取。该图是以 $\psi=(D_s/D_T)^2$，即阻抗孔面积与调压室大井面积之比为参数，以阻抗孔（管）的长度 l 与 d_s 之比为变量的。根据图 8－2－25，通常 d_s/D_T 在 0.3～0.7 范围，其 ψ 为 0.1～0.5，对于出流情况，其 η 为 1.15 左右，而合流时为 1.12 左右。根据试验研究和原型观测，表明上述方法的计算结果令人满意。

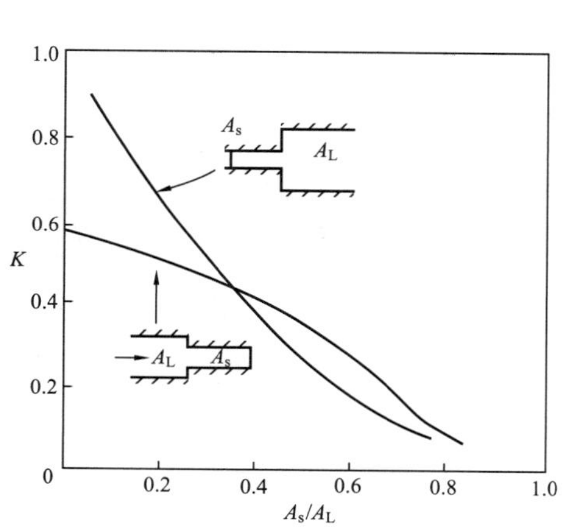

图 8－2－27　管道突然扩大和缩小局部水头损失系数

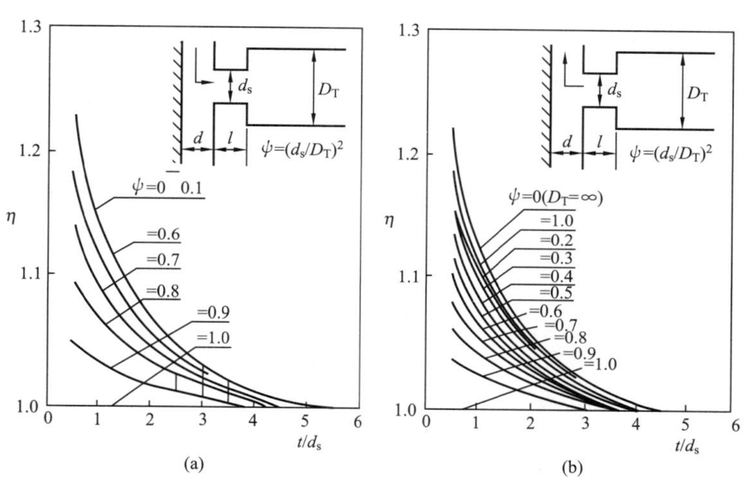

图 8－2－28　水头损失修正系数

(a) 水流进入调压室；(b) 水流从调压室流出

（三）阻抗式调压室主要特征尺度的相关关系

如前所述，设计阻抗式调压室应满足四项基本要求。根据相似理论，满足这些要求的调压室主要尺度，即阻抗孔直径 D_s 和相应的面积 S，大井直径 D_T，以及隧洞断面积 A_0 之间应存在相互协调的关系。用所收集的满足上述要求的工程资料，点绘 S/A_0—D_T/d_s 的关系如图 8－2－29 所示，可作为设计时初拟尺寸的参考。该图显示不同工程资料的点据规律性尚好，可供初拟尺寸时参考。

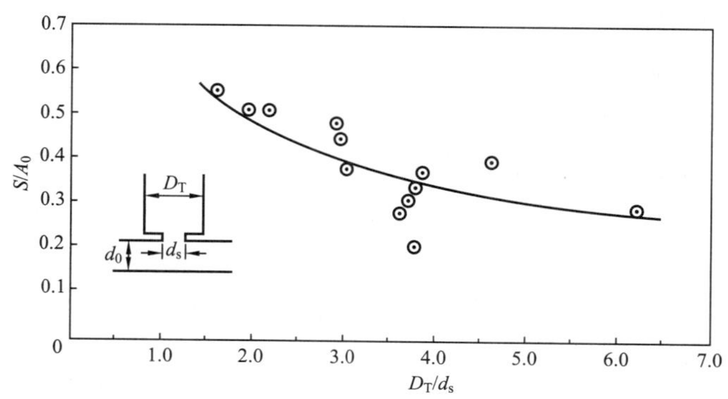

图 8－2－29　S/A_0—D_T/d_s 关系

第九章

水道系统

第一节 输水道

一、进/出水口

(一) 进/出水口的主要特点和基本要求

1. 抽水蓄能电站进/出水口的主要特点

(1) 在发电、抽水两种工况下，抽水蓄能电站进/出水口内水流方向相反，具有双向过流的特点。要求出流时水流扩散均匀，进流时无有害漩涡产生。

(2) 抽水蓄能电站隧洞流速多在3.5～5.5m/s，拦污栅断面流速一般在1.0m/s左右，需通过扩散段进行流速转换。为缩短扩散段长度，需设置多个分流墩以形成多个过流孔道。

(3) 抽水蓄能电站水库的水位变幅一般较大，进/出水口的作用水头、水下固体边界条件变化较大。

(4) 闸门井在水力过渡工况下可能出现涌浪，闸门检修平台需高于坝顶高程；闸门井在一定条件下可兼作调压井。

(5) 进/出水口可拦截泥沙和污物。

2. 抽水蓄能电站进/出水口的基本要求

(1) 进流时无有害漩涡产生。

(2) 出流时水流扩散均匀，不会导致拦污栅共振破坏。

(3) 出流时水流扩散均匀，水流不会对库岸产生冲刷。

(4) 水头损失较小。

(二) 进/出水口的主要型式

1. 侧式进/出水口

侧式进/出水口一般布置在库岸边，使水道相对较短，但对坝体施工可能有一定干扰；闸门、隧洞结构所受内水压力较低；水流沿接近水平方向流动，进流一般比较平顺，出流时受扩散角度的限制，流速不易降低，易发生流速分布不均甚至出现顶、底部负流速，但出流流速分布较易调整；扩散段长度不宜太长、拦污栅断面不可能太大，从而过栅流速相对较高，防涡设计要求较高；水流流向变化小，水头损失一般较小。

侧式进/出水口按扩散段的位置又可分为地面式、地下式和半地下式。国内采用侧式进/出水口较多，以张河湾抽水蓄能电站上水库进/出水口为例，其布置如图9-1-1所示。

2. 竖井式进/出水口

竖井式进/出水口一般布置在上库靠近库中央处，离库岸较远，对坝体施工基本无干扰，但引水隧洞长度相对增长；闸门、隧洞结构所受内水压力较高；进流一般也比较平顺，出流流速分布受竖井段高度、弯段型式影响，易出现偏流与底部负流速，流速分布不易调整均匀，对减少拦污栅振动较不利；水流沿四周进出，过水断面大，平均流速小，防涡要求较易满足；水流流向变化大，水头损失一般较大。选择足够的竖井高度、合理的弯段型式，避免弯段产生偏流或脱离、消除过栅底部负流速并使过栅流速较为均匀，是这种型式进/出水口设计的关键。国内采用竖井式进/出水口较少，以西龙池抽水蓄能电站上水库进/出水口为例，其布置如图 9-1-2 所示。

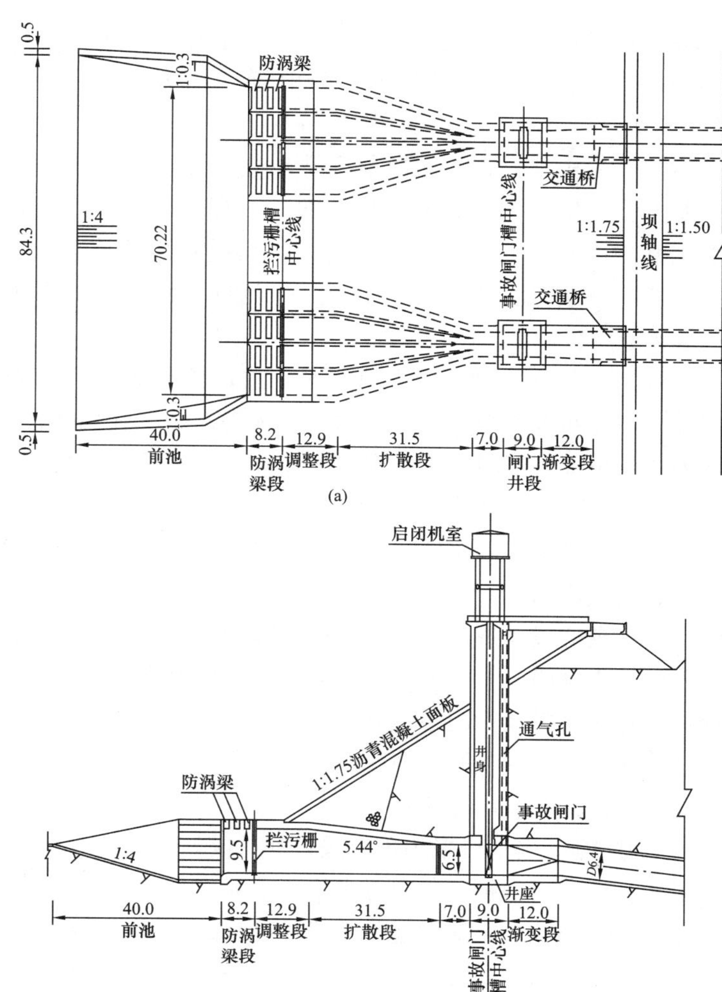

图 9-1-1 张河湾抽水蓄能电站上水库侧式进/出水口

(a) 平面布置图；(b) 纵剖面图

(三) 进/出水口的组成

1. 侧式进/出水口的组成

明渠段：布置在进/出水口的最前端，用于改善进/出水流条件，使水流顺畅地流入、流出。

拦砂坎与进/出水口前池：拦砂坎顶高程一般应高于设计淤砂高程，以防泥砂进入输水道内。进/出水口一般设有前池，用于沉砂及便于施工期排水等。

防涡梁段：侧式进/出水口大多设置防涡梁，以防止进流时产生的吸气漩涡进入隧洞内。

调整段：位于防涡梁段与扩散段之间，顶板平行底板，有助于消除顶面负流速。

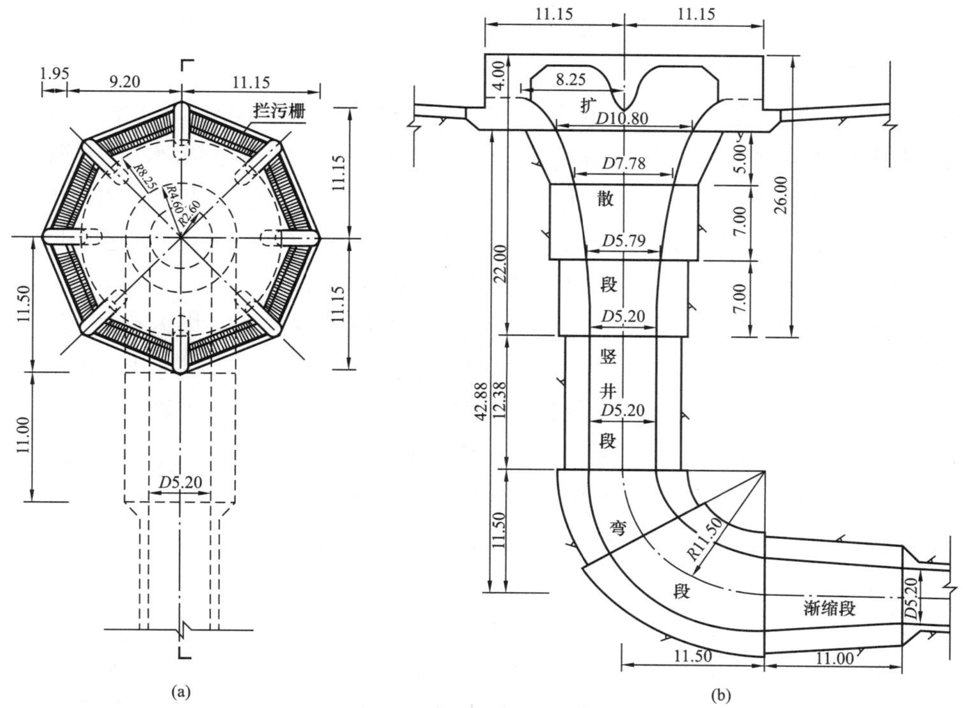

图 9-1-2 西龙池抽水蓄能电站上水库竖井式进/出水口

(a) 平面图；(b) 纵剖面图

扩散段：扩散段体型是侧式进/出水口水力设计的关键。进流时，流速逐渐增大；出流时，流速逐渐减小。扩散段内常布置多个分流墩，增大水平扩散角，降低流速，并避免水流脱离固体边界。

拦污栅启闭机架：在扩散段最大孔口处，多设有拦污栅。抽水蓄能电站的上库，大多没有天然来流，基本无污物，常不设或设较矮的拦污栅启闭机架，拦污栅的检修可结合上库的检修进行。抽水蓄能电站的下水库，有污物来源时，必须设置启闭机架及其平台；无污物来源时，可不设或设较矮的拦污栅启闭机架。拦污栅一般有垂直启闭及倾斜启闭两种方式，启闭机架的布置也随之有所不同。

闸门段：进/出水口的重要组成部分，内设检修闸门、事故闸门、通气孔。该段通常布置成进水塔或闸门井，当其布置在地面上时，称为进水塔；布置在山体内时，称为闸门井。其断面形状有圆形与矩形两种，仅设事故闸门时可采用圆形断面；事故闸门、检修闸门均设时多采用矩形。除考虑布置需要外，还应考虑围岩的地质条件。

闸门启闭机排架及启闭机房：在进水塔或闸门井顶部，设置启闭机排架及启闭机房，形成操作平台，放置卷扬式启闭机，并作为工作场所。

渐变段：渐变段是进/出水口与输水隧洞的联接段，其长度一般为隧洞直径的1.5～2.0倍。

隧洞段：当闸门段与扩散段相距较远时，设置隧洞段。

交通桥：进水塔及库内拦污栅启闭机架与坝体间设置交通桥。

上述建筑物中的调整段、渐变段、隧洞段、交通桥、排架等，应根据具体布置确定是否设置。

2. 竖井式进/出水口的组成

国内竖井式进/出水口采用盖板式，其组成如下：

扩散段：该段由盖板、径向分流墩、底板、喇叭口组成。根据流量的大小，用径向分流墩在圆周方向分成4～12个孔口。该段是竖井式进/出水口设计关键之一。

竖井段：是扩散段与弯段间的联接段，一般应有适当高度。

弯段：将缓倾角的输入水道与竖井段相联接，该段也是竖井式进/出水口设计关键之一。

盖板式竖井进/出水口的其他组成部分还有：隧洞段、闸门段、渐变段、闸门启闭机排架及启闭机房。这些建筑物与侧式进/出水口完全相同。

开敞式竖井进/出水口除无扩散段的盖板外，其余与盖板式组成相同。其顶部也可设成格栅，如法国雷文抽水蓄能电站的竖井式进/出水口。

竖井式进/出水口宜加盖板，尽量避免采用开敞式。开敞式竖井进/出水口比侧式与盖板式竖井进/出水口的漩涡问题要严重得多，即使淹没深度较大时，多数开敞式竖井进/出水口仍存在吸气漩涡。美国金祖抽水蓄能电站竖井式进/出水口，采用开敞式时，当淹没水深较低，模型中出现吸气漩涡；在其顶部设置一个直径30m的顶盖后，漩涡即消失。我国碧敬寺抽水蓄能电站竖井式进/出水口的水工模型试验中，进行了有无盖板的试验，有盖板比无盖板的防涡效果好得多。

塔式竖井进/出水口主要是在竖井式进/出水扩散段之上设置闸门塔，塔内设有圆筒形闸门、启闭机。闸门塔通过交通桥与库岸（或大坝）连接。闸门塔布置在扩散段之上的主要原因是：弯段直接与倾角较大的引水道相接，竖井段一般较深，闸门段不便于设在引水道上，否则闸门井深度较大（约在百米以上）。如卢森堡维安登抽水蓄能电站，引水道倾角为25.65°；爱尔兰特罗夫山抽水蓄能电站，引水道倾角为28°；前联邦德国的新考琴沃克抽水蓄能电站，引水道倾角为23°，如图9-1-3所示。塔式竖井进/出水口主要组成为闸门塔、扩散段、竖井段、弯段、交通桥。

（四）进/出水口的布置

1. 位置选择

选择进/出水口位置，主要是选择进/出口段与闸门段的位置。选择的一般原则是：

(1) 进/出水口位置选择应服从并服务于枢纽及水道系统的布置，以使水道系统布置顺畅、线路短、地质条件好等。

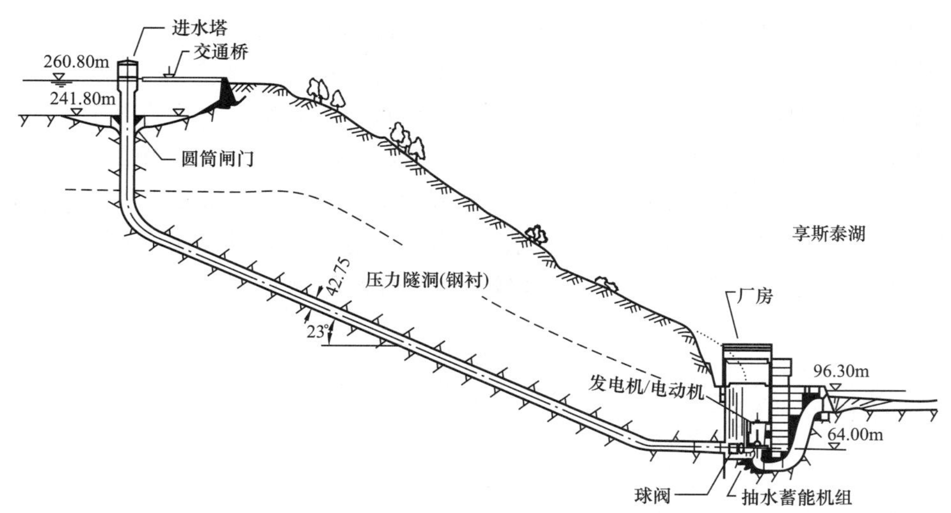

图 9-1-3 新考琴沃克电站塔式竖井进/出水口

(2) 进/出水口区应选在地形适宜、地质条件较好的地段，保证基岩有足够的承载能力、较易进洞及成洞、开挖边坡稳定或易于处理、开挖量小。

(3) 进/出水流条件好。流态受固体边界影响较大，位置应选在流态不受或少受地形（或其他建筑物）干扰的地方。进/出水口前固体边界宜对称。

(4) 经济合理。必要时应进行技术经济比较。

(5) 施工条件好，与其他建筑物相互干扰少。

2. 方案选择

进/出水口布置方案选择，一般包括如下内容：

(1) 进/出水口型式比选。根据库形、地形、地质、建筑物布置、进/出水流条件等因素，若侧式、井式均适于布置，应经比较择优选择进/出水口型式。张河湾抽水蓄能电站上库进/出水口经比较采用侧式进/出水口，理由见表 9-1-1。西龙池抽水蓄能电站上库，若采用侧式进/出水口，进/出水口和隧洞位于软岩岩层中，其中软弱夹层发育；需穿过坝基，易引起坝体不均匀沉陷，不利于防渗面板安全和隧洞围岩稳定；隧洞上覆岩体厚度较小，有 70m 长的隧洞段不能满足上覆岩体厚度要求。因而采用竖井式进/出水口，进/出水口和隧洞上覆岩体较厚，位于较好岩层中，对坝体无影响，隧洞围岩稳定。

表 9-1-1　　张河湾抽水蓄能电站上库进/出水口型式比较

序号	侧式	井式
1	离岸边近，与坝体施工干扰较大	离岸边远，与坝体施工干扰较小
2	上覆岩体厚度较小，受卸荷岩体影响	上覆岩体厚度大，避开了严重卸荷岩体
3	闸门作用水头小，技术上易于解决	闸门作用水头大，技术要求高
4	出流时流速分布易于均匀，水头损失小	出流时流速分布不易均匀，水头损失大
5	引水洞段较短、闸门井较低、工程量较少，土建投资小；设备投资小	引水洞段较长、闸门井较高、工程量增加，土建投资大；设备投资大

(2) 闸门段型式比选。闸门段主要有三种典型布置方式，即塔式（闸门段垂直布置在地面上）、竖井式（闸门段布置在地下）、岸坡式（闸门段倾斜布置在岩坡上）。呼和浩特抽水蓄能电站下库进/出水口，根据结构（包括金属结构）抗冰防冻、结构抗震、运行管理、工程投资的比较，闸门段采用竖井式。

(3) 事故门布置方式比选。国内尾水事故门主要有下述布置方式：尾水事故门独设一室，位于尾水隧洞靠近厂房的平段上；尾水事故门（及检修闸门）布置在尾水隧洞末端，靠近进/出水口处。十三陵、广州、天荒坪、宝泉等多数抽水蓄能电站，在厂房下游侧设尾水闸门室，有利于尾水洞出事故时保护厂房安全，也可缩短机组检修时放空尾水管的时间。当尾水洞长度较短时或地质条件较差时，也可将尾水事故门及检修闸门布置在尾水隧洞末端闸门井内，如张河湾、桐柏、西龙池、黑糜峰和呼和浩特等抽水蓄能电站闸门井内。响水洞抽水蓄能电站仅在尾水出口处设事故闸门。

（4）闸门段兼作调压井的比选。目前国内引水调压井的布置有两种方式：引水调压井单独设置在上弯段上游，或利用闸门段（井）兼作调压井。西龙池抽水蓄能电站引水系统上平段较短，将闸门井兼作调压井，在闸门井上部设一地面调压上室，如图9-1-4所示。抽水蓄能电站水道系统闸门段即使不兼作调压井，在水力过渡工况下闸门井内均有不同程度的涌浪。当扩散段布置在库内，闸门段布置在库岸山体内时，二者距离较长，涌浪高度更高。水力过渡过程计算时应模拟闸门井，以取得闸门井涌浪值。部分抽水蓄能电站闸门段的涌浪高度及栅槽与门槽距离。

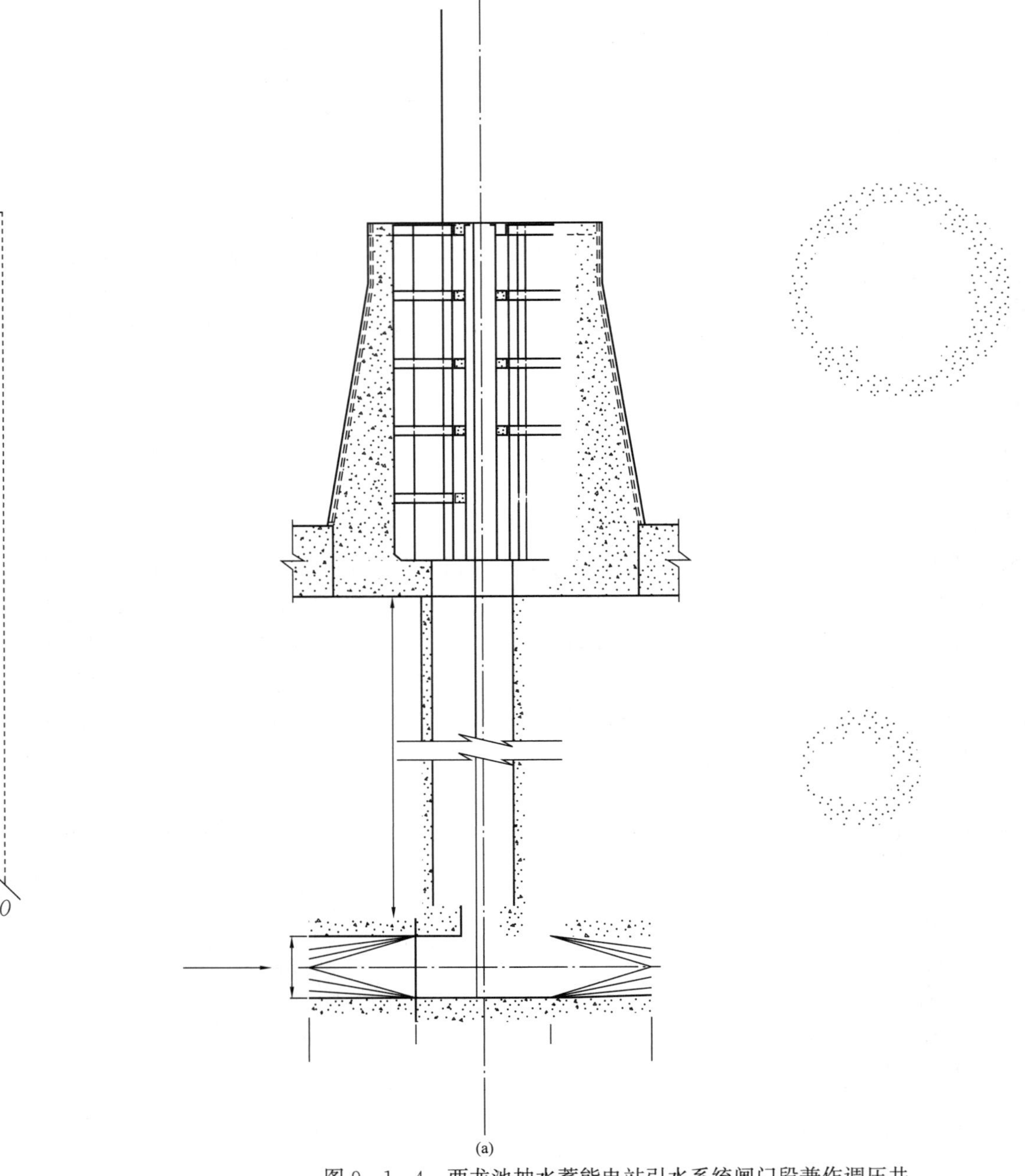

图9-1-4　西龙池抽水蓄能电站引水系统闸门段兼作调压井

(a) 纵剖面图；(b) $A-A$ 剖面图；(c) $B-B$ 剖面图

（5）大洞径引水（或尾水）系统的闸门井布置。当采用一管多机时，引、尾水隧洞的洞径均较大，为便于布置，一般将闸门井一分为二，井内中间隔墙兼作分流墩。广州抽水蓄能电站及蒲石河抽水蓄能电站的引、尾水隧洞的洞径分别达9m、11.5m，均采用一洞两闸的布置方式。

（6）隧洞段衬砌。隧洞段多采用钢筋混凝土衬砌。十三陵抽水蓄能电站上库进/出水口隧洞段地质条件差，为防内水外渗采用钢板衬砌。

表 9-1-2　　部分抽水蓄能电站闸门段的涌浪高度及栅槽与门槽距离

序号	工程名称		涌浪高度（m）	栅槽与门槽距离（m）	备　注
1	琅琊山	上水库	2.9	46.2	
		下水库	1.43	57.5	
2	张河湾	上水库	2.0	55.9	
		下水库	5.24	36.6	采用事故闸门槽
3	西龙池	上水库	7.29	210.3	竖井式，闸门井兼作调压井
		下水库	3.47	93.0	采用事故闸门槽
4	呼和浩特	上水库	4.11	153.0	
		下水库	8.97	97.7	采用事故闸门槽
5	泰　安	上水库	4.4	约 81.3	
		下水库	3.8	约 71.2	

注　涌浪高度为涌浪高程与正常蓄水位之差。

(7) 侧式进/出水口扩散段的布置。

1) 进/出水口扩散段倾斜与水平两种布置方式的选择。扩散段一般采用水平或近于水平布置（坡度≤10%）。张河湾抽水蓄能电站下水库进/出水口，受库岸地形、泥沙淤积高程、机组安装高程、以及尾水隧洞较短的限制，进/出水口底坡采用 19°。

2) 扩散段布置在地面、地下还是半地下。由于进/出水口扩散段一般长度、宽度均较大，宜布置为地面式，有利于进洞段围岩稳定，便于施工，进度也较快。当受条件限制时，可采用地下式、半地下式，如张河湾抽水蓄能电站，下水库进/出水口因库岸地形陡，利用现有水库，岩埂式围堰内范围狭小的限制采用地下式；上库进/出水口因受库形狭窄的限制采用半地面半地下式。

(8) 竖井式进/出水口布置方式。分为盖板式、开敞式、塔式三种。目前国内仅西龙池抽水蓄能电站上水库采用了盖板式竖井进/出水口。

3. 确定进/出水口底板高程

影响进/出水口底板高程确定的主要因素有：

(1) 水库死水位。由水库特征水位选择确定。

(2) 淹没深度。该深度由进/出水口的防涡设计确定。

(3) 扩散段最大孔口高度。该高度由进/出水口的扩散段水力设计确定。

(4) 闸门井（或塔）内最低涌浪水位。最低涌浪水位通过水力过渡过程计算确定。

(5) 弯段最小内水压力应满足不小于 2m 水头的要求。这个控制点一般出现在引水或尾水隧洞的上弯段。

(6) 淤沙高程。进/出水口底板高程宜高于淤沙高程，否则应设拦沙坎。

4. 确定拦沙坎顶部与前池底部高程

拦沙坎顶高程一般高于淤沙高程 1.5m 以上。如十三陵和张河湾抽水蓄能电站下水库进/出水口拦沙坎顶高程分别比淤沙高程高 1.5m、3.5m。

前池或引渠底部高程一般低于进/出水口底板高程 1.0～2.0m。如十三陵上水库进/出水口为 2.0m；琅琊山上、下水库进/出水口引渠分别为 1.0m、1.5m；张河湾上水库进/出水口为 1.5m。

(五) 拟定体型尺寸

1. 拟定扩散段体型尺寸的经验公式

进/出水口设计时，隧洞直径已经拟定。根据国内抽水蓄能电站 27 个进/出水口的资料，采用回归分析方法，求得隧洞直径与扩散段结构尺寸之间的经验公式如下：

(1) 扩散段孔口高度

$$H = 0.608 + 1.374D \qquad (9-1-1)$$

相关系数　$r=0.971$

式中　H——扩散段孔口高度，m；

D——隧洞直径，m。

（2）扩散段孔口面积

$$A = 17.305 + 3.92D^2 \quad (9-1-2)$$

相关系数　$r=0.956$

式中　A——扩散段孔口面积（不包括分流墩断面积），m^2；

D——隧洞直径，m。

（3）扩散段长度

$$L = 3.58 + 4.289D \quad (9-1-3)$$

相关系数　$r=0.902$

式中　L——扩散段长度（不包括调整段），m；

D——隧洞直径，m。

（4）孔口宽度

$$B_j = A/H \quad (9-1-4)$$

$$b_j = B_j/n \quad (9-1-5)$$

$$B_z = B_j + (n-1)b$$

式中　B_j——孔口的总净宽，m；

b_j——单孔净宽，m；

b——每个隔墩的宽度，m；

B_z——孔口的总宽，包括隔墩宽，m；

n——过流孔道数（一管一机布置时一般为3个，一管二机布置时一般为4个）。

（5）纵向扩散角

$$\alpha = \arctan[(H-D)/L] \quad (9-1-6)$$

式中　α——纵向扩散角（°）。

（6）水平扩散角

$$\beta = 2\arctan[(B_z-D)/2L] \quad (9-1-7)$$

式中　β——纵向扩散角（°）；

D——扩散前矩形段的宽度，即隧洞直径或闸门井井座宽度，m。

2. 进/出水口体形尺寸工程实例

表9-1-3和表9-1-4所列分别为日本和我国抽水蓄能电站侧式进/出水口体形尺寸的工程实例。

表9-1-3　日本抽水蓄能电站侧式进/出水口工程实例

电站		隧洞	扩散段				防涡梁段				D/d	L/d
		d（m）	L（m）	D（m）	$N\times B$（m）	θ（°）	h（m）	b（m）	s（m）	n		
上水库	大平	5.2	20.8	7.3	4×4.5	45	2.0	1.0	1.0	2	1.4	4
	玉原	5.5	22	9（7.7）	4×4.25	32	1.0	0.8	0.4	5	1.6（1.4）	4
	奥矢作（Ⅰ）	7.3	30	10	3×10	37	1.5	1.0	1.0	6	1.4	4.1
	南原	7.2	44	11.5（9.5）	3×10.8	32	1.0	0.8	0.6	6	1.6（1.3）	6.1
	本川	6	20	6	3×6	30	1.5	1.2	0.8	4	1.0	3.3
	第二沼泽	7.2	37.5	8	4×8.75	42	1.5	1.0	0.8	3	1.1	5.2
下水库	大平	5.2	35.3	10.8	2×9	25	无				2.1	6.8
	玉原	6.7	21	7.7（6）	3×6.67	33	1.0	0.8	0.4	5	1.2（0.9）	3.1
	奥矢作（Ⅱ）	7.3	29.2	9	6×4.5	37	1.5	1.0	0.8	4	1.23	4
	南原	5.4	33	8.7（7.5）	3×6.9	28	1.0	0.8	0.5	5	1.6（1.4）	6.1
	本川	6	19.5	7	3×6	30	1.5	1.2	0.8	3	1.17	3.3

表 9-1-4　　我国抽水蓄能电站侧式进/出水口工程实例

电站		隧洞	扩散段						调整段	防涡梁段				H/d	L/d
		d (m)	L (m)	H (m)	$N\times B$ (m)	θ (°)	α_1 (°)	α_2 (°)	l (m)	h (m)	b (m)	s (m)	n		
上水库进/出水口	十三陵	5.2	25.84	7.4	4×4.2	34	4.87	0	10.0	2.0	1.2	1.3	3	1.423	4.969
	广蓄一期	9.0	53.9	13	4×7.5	34.4		0	—	2.5	1.8	1.4	3	1.444	6
	广蓄二期	9.0	43.45	13	4×7.5	34.4		0	—	2.5	1.8	1.4	3	1.444	4.83
	天荒坪	7.0	36	10	4×5.0	34.88	6.29	0	—	1.5	1.0	1.2	3	1.429	
	张河湾	6.5	31.5	9.5	4×5.0	33.06	5.44	0	12.4	2.0	1.3	1.2	3	1.462	4.846
	泰安	7.5	38.4	15.5	4×6.5	34.13	4.8	3.0	12.35				3	2.067	5.12
	宝泉	6.5	30	8.5	4×5	34.38	2.86	0	11.0	2.0	1.5		2	1.308	4.615
	蒲石河	11.5	51.11	16	4×7.5	26.03	5.03	0	—	1.0	0.5	1.5	5	1.391	4.444
	桐柏	9.0	36.4	13.5	4×5.5	28.8	7	0	—	1.5	1.2	1.0	5	1.5	4.044
	呼和浩特	6.2	32	9.0	4×4.7	29.42	5	0	13.0	2.0	1.2	1.3	3	1.452	5.16
	琅琊山	6.0	25	9.0	3×6.0	29.99	6.28	0*	—	1.5	1.1	1.0	3	1.5	4.667
	明潭（台）	7.5	68	12.75			3.37	1.05	—					1.7	
下水库进/出水口	十三陵	5.2	27	7.06	4×4.5	34	6.54	0	10	2.0	1.2	1.3	3	1.358	5.192
	广蓄一期	9.0	53.9	13	4×7.5	34.4		0	—	2.5	1.8	1.4	3	1.444	
	广蓄二期	9.0	43.45	13	4×7.5	34.4		0	—	2.5	1.8	1.4	3	1.444	4.83
	天荒坪	4.4	25	7	2×4.8	21.1	8.5	0	—	1.5	1.0	1.1	3	1.591	
	张河湾	5.0	25.0	7.5	3×4.2	23.72	5.71	0*	—	2.0	1.3	1.2	3	1.5	5.0
	泰安	7.5	38.4	15.5	4×6.5	34.13	4.8	3.0	12.35					2.067	5.12
	宝泉	6.5	36.14	9.0	4×5.0	27.91	2.8	0	7.0	2.0	1.5		2	1.385	5.56
	蒲石河	11.5	51.11	16.0	4×7.5	26.03	5.03	0	—	1.0	0.5	1.5	5	1.217	4.765
	桐柏	7.0	28.5	10.5	3×5.0	23.4	7	0	—	1.2	1.0	0.9	4	1.5	4.071
	呼和浩特	5.0	25	7.0	3×4.0	22.18	4.57	0	7.7	2.0	1.2	1.3	3	1.4	5.0
	琅琊山	8.1	32	10.5	4×6.0	35.36	4.09	0	—	2.0	1.6	1.4	3	1.296	3.951
	西龙池	4.3	25	6.5	3×4.5	26.12	5.03	0	10	1.5	1.0	1.2	3	1.512	5.814

注　表中数据相应各工程设计阶段有所不同。d 为隧洞直径；L 为扩散段长度；H 为拦污栅扩散段孔口高；N 为水流孔道数；B 为扩散段拦污栅处孔口宽；θ 为水平扩散角；α_1 为顶板纵向扩散角；α_2 为底板纵向扩散角（0 表示底板水平，0* 表示底板虽不是水平，但不扩散）；l 为调整段长度；n、h、b、s 分别为防涡梁的根数、高、宽、间距。

(1) 过栅平均流速。部分国家的抽水蓄能电站进/出水口过栅平均流速可见表 9-1-5。从表可以看出，过栅平均流速控制在 0.8～1.2m/s 为宜。

表 9-1-5　过栅平均流速

国　名	中　国	日　本	前苏联	美　国
过栅流速（m/s）	0.8～1.0	0.9～1.2	0.7～0.8	1.2～3.0

(2) 纵向扩散角。国内进/出水口纵向扩散多采用顶板单侧扩散，扩散角范围为 3°～7°；泰安抽水蓄能电站采用双侧扩散，扩散角分别为 4.8°（顶）、3.0°（底）。扩散段顶部易出现负流速。为消除顶部负流速，十三陵抽水蓄能电站在扩散段末段设置调整段，其长度为扩散段长度的 0.4 倍，效果很好。日本大平电站在底板上加一小坎来消除顶部负流速，张河湾抽水蓄能电站调整扩散段底板过流体型消除顶部负流速。

(3) 进/出水口与隧洞段的纵坡。若进/水口前隧洞段有一定纵坡，而进/出水口扩散段底板仍为水平时，会出现底部流速小甚至出现负流速的现象。从水力角度考虑，进/水口底板与隧洞段的坡度差宜小于 5%。张河湾抽水蓄能电站坡度差为 10%，扩散段中孔底部出现负流速；呼和浩特抽水蓄能电站坡度差为 6.06%，出现底部流速减小的现象，特别是中孔底部。综合可知，进/出水口与隧洞段坡度相同时，顶部易出现负流速；二者坡度差较大时，底部易出现负流速。由此推论，扩散段顶底部与隧洞的扩张角都要控制，不宜太大。但进/出水口与隧洞段底部有适当的坡度差可能是有利的，可以均化进/出水口的流速分布，建议坡度差可选用 3%～5%。

(4) 平面扩散角。福原华一统计日本抽水蓄能电站 11 个侧式进/出水口的资料表明：一般分成 2～4 孔，总扩散角为 25°～45°，扩散段长度（3.1～6.8）d（d 为管道直径），见表 9-1-3。据我国抽水蓄能电站侧式进/出水口的统计，一般分成 3～4 孔，总扩散角为 27°～35°，扩散段长度为（4～5.2）d，见表 9-1-4。

3. 日本神流川抽水蓄能电站上水库进/出水口的优化

神流川抽水蓄能电站上水库进/出水口，通过水工模型试验，将设计平均过栅流速由 1.0m/s 提高到 1.7m/s。根据发电时不产生吸气旋涡的要求，原设计平均过栅流速采用 1.0m/s，进行扩散段的设计。1 号、2 号进/出水口原设计体形参数见表 9-1-6。

表 9-1-6　神流川抽水蓄能电站上水库进/出水口原设计体形参数

项目	扩散段长度（m）	口门宽度（m）	口门高度（m）	孔道数（个）	水平扩散角（°）	防涡梁尺寸			
						长（m）	根数（个）	梁高（m）	梁间距（m）
1 号	44.5	42.6	12.2	4	39.6	10.7	5	1.5	0.8
2 号	24.0	23.6	12.0	4	35.8	10.6	5	1.5	0.8

以 1 号进/出水口为例，试验比较了平均过栅流速分别为 1.7m/s、1.5m/s、1.3m/s，及加大 1.5 倍的流速（2.55m/s、2.25m/s、1.95m/s）；5 根防涡梁间距分别为 0.8m、0.6m、0.5m、0.4m，4 根防涡梁间距分别为 0.6m、0.5m、0.4m 等各种布置形式。试验表明，发电工况，当设 5 根防涡梁，梁间距 0.5m，进水流速达到 1.7m/s 时，只出现无水面凹陷的游移旋涡；当设 4 根防涡梁，梁间距 0.4m，进水流速达到 1.5m/s 时，出现无水面凹陷的游动旋涡。从降低造价的观点出发，选用流速 1.7m/s 更经济。

抽水工况试验表明，平均流速 1.7m/s 时水平扩散角达 45°，未见水流分离和回流出现，扩散基本均匀；水头损失与原设计大体一致；利用数值分析技术，使出口流速分布更均匀，不恶化拦污栅振动条件。优化后的 1 号、2 号进/出水口设计体形参数见表 9-1-7。

表 9-1-7　神流川抽水蓄能电站上水库进/出水口优化后设计体形参数

项目	扩散段长度（m）	口门宽度（m）	口门高度（m）	孔道数（个）	水平扩散角（°）	防涡梁尺寸			
						长（m）	根数（个）	梁高（m）	梁间距（m）
1 号	22.9	28.5	9.9	4	44.9	8.95	5	1.0	0.5
2 号	15.4	20.0	7.7	4	45.0	7.4	4	1.0	0.5

该电站将设计平均过栅流速由1.0m/s提高到1.7m/s，孔道平均扩散角由小于10°提高到11.25°，进流流态和出流分布均能满足要求，节约了投资，值得借鉴。

（六）进水塔的稳定验算

进水塔视具体情况进行整体稳定分析，内容包括抗滑稳定验算、抗倾覆稳定验算、塔基应力计算。塔基应力计算时，塔基面承受的最大垂直正应力应小于塔基容许压应力；最小垂直正应力应大于零。抗滑稳定验算方法可参照DL 5108—1999《混凝土重力坝设计规范》的规定执行；抗倾覆稳定验算、塔基应力计算方法参照SL 285—2003《水利水电工程进水口设计规范》的规定执行。

（七）进/出水口结构计算

(1) 侧式进/出水口扩散段、调整段。扩散段、调整段为多孔箱形闭合框架结构，内力计算方法较多。可假定地基反力，按箱形闭合框架进行结构计算；假定底板以上框架固定在底板上、先计算上部框架，底板按弹性地基梁计算；或采用弹性地基上框架结构计算。随着计算技术的提高，目前多采用SUPER、ANSYS有限元法计算。配筋计算采用DL/T 5057—1996《水工混凝土结构设计规范》。裂缝计算时，地面结构按DL/T 5057—1996的计算方法，地下结构按DL/T 5195—2004的计算方法（下同）。在检修工况，全库防渗时可假定水库死水位为地下水位。

(2) 竖井式进/出水口扩散段。竖井式进/出水口的扩散段由墩体、盖板、底板、喇叭口组成。墩体、盖板、底板常布置为一个整体结构，如西龙池上库竖井式进/出水口扩散段，采用ANSYS有限元法进行结构计算。计算时应考虑盖板顶、底水头差。

(3) 闸门井井身与闸门塔塔身。闸门井井身采用圆形结构时，结构、配筋计算可参照DL/T 5195—2004《水工隧洞设计规范》、SL 279—2002《水工隧洞设计规范》的规定执行；矩形结构的井身，可利用对称性采用结构力学法计算，或采用SUPER、ANSYS有限元法计算。进水塔塔身一般四周无约束，按闭合框架结构计算。计算外水压力时，外水荷载考虑折减系数，参照DL 5077—1997《水工建筑物荷载设计规范》附录C采用。

(4) 闸门井井座与闸门塔塔座。闸门井井座可采用变位法或角变位移法计算杆端内力；用初参数法或铁摩辛柯公式计算边墙、底板任一点内力。进水塔塔座按框架结构，采用结构力学方法计算内力，或采用SUPER、ANSYS有限元法计算。

(5) 拦污栅排架与闸门启闭机排架。排架按结构力学方法计算内力，也可按现有工民建计算程序进行计算。

二、输水隧洞

（一）输水隧洞的布置

输水隧洞是抽水蓄能电站水道系统的重要组成部分，一般可分为引水隧洞、高压隧洞（高压管道）、尾水隧洞。本节只介绍引水隧洞和尾水隧洞。

DL/T 5195—2004《水工隧洞设计规范》条文说明中指出："高、低压界限大都采用80～100m，本标准规定采用100m。"引水隧洞、尾水隧洞一般为低压隧洞。但随着抽水蓄能电站向大容量、高水头方向发展，机组吸出高度增大，安装高程很低，出现抽水蓄能电站尾水隧洞最大静水头超过100m的工程实例，如呼和浩特抽水蓄能电站为127m、天荒坪抽水蓄能电站为126m、西龙池抽水蓄能电站为122m。深圳抽水蓄能电站引水隧洞最大静水头达128.8m，惠州抽水蓄能电站引水隧洞最大静水头更高达172m。

抽水蓄能电站隧洞洞线布置在枢纽布置中统一考虑。洞线平面上力求平顺且较短，但由于地质、地形条件限制，往往布置成折线，如西龙池尾水隧洞平面转折角达40°26′，1号、2号尾水隧洞将平面弯段与斜井下弯段结合布置成空间弯管。

引水、尾水隧洞的纵向坡度根据布置需要确定，满足洞顶围岩覆盖厚度、洞顶最小压力、施工机械性能、地质条件等要求，如上弯段的高程（洞顶压力不小于2m）、闸门井或进/出水口底板高程（闸门井最低涌浪高于隧洞顶2～3m、进/出水口淹没深度满足要求）、机组安装高程、地下洞室布置等。隧洞纵向坡度统计见表9-1-8，从表中可以看出，除斜井外，引水、尾水隧洞的坡度多小于10%。

表 9-1-8　　抽水蓄能电站隧洞纵向坡度统计

序号	工程名称	引水隧洞（%）	尾水隧洞（%）	备注
1	十三陵	1号8.48，2号9.53	1号6.19，2号5.86	已建
2	琅琊山	6.0	1号3.13，2号3.03	已建
3	广州一期	6.116	事故门下游233m，0/5.766	已建
4	泰安	10	3.24/8（连接进/出水口段）	已建
5	天荒坪	—	下平0，斜井60°，上平0	已建
6	桐柏	10	下平0.5，斜井50°，上平0	已建
7	张河湾	10.0	下平0，斜井19°	在建
8	西龙池	1号6.091，2号5.733	下平0，斜井50°，上平8.55	在建
9	宝泉	10	9.5	在建
10	宜兴	10	3.31	在建

尾水隧洞近厂房段，受地下洞室群影响，多采用水平布置，如天荒坪、张河湾、西龙池等抽水蓄能电站。无地下洞室群限制时可布置有纵向坡度，如沙河、响洪甸等抽水蓄能电站。当厂房采用首、中部布置时，尾水隧洞的坡度相对较缓；当厂房采用尾部方式布置时，高水头大容量蓄能机组由于吸出高度深、尾水隧洞长度相对较短，常采用斜井布置，如西龙池（230～329m—闸门井上游）、呼和浩特（366m—闸门井上游）、天荒坪（245～249m）、桐柏（370m）等抽水蓄能电站。尾水隧洞设置斜井段时，为满足尾水隧洞上弯段洞顶最小压力要求，斜井段往往需要靠近尾水闸门井布置。尾水隧洞上弯段距事故闸门槽中心线的距离，呼和浩特抽水蓄能电站为18.3m、桐柏抽水蓄能电站20m、响水涧抽水蓄能电站约24m、西龙池抽水蓄能电站为38.6m～46.8m、白莲河抽水蓄能电站约73m。

（二）引水、尾水隧洞的衬砌型式

国内外抽水蓄能电站隧洞的衬砌一般有混凝土衬砌、钢筋混凝土衬砌、预应力混凝土衬砌、钢板衬砌等。衬砌型式的确定，需根据工程地质及水文地质条件、内水压力大小、施工条件、对其他建筑物的影响、工程造价综合分析确定。抽水蓄能电站引水、尾水隧洞大多数采用钢筋混凝土衬砌。

1. 钢板衬砌

当遇到如下情况时，引水、尾水隧洞可采用全部或局部钢板衬砌。

(1) 围岩地质条件差，防止渗漏恶化地质条件，影响上水库安全。十三陵抽水蓄能电站，在上库进/出水口～引水闸门井间的隧洞段，位于上水库岸坡下，受断层切割，围岩属Ⅳ类。为防止引水隧洞内水外渗对上库岸坡、混凝土面板产生不利影响，减少内水外渗水量，采用钢板衬砌。宜兴抽水蓄能电站，岩体较破碎完整性差，围岩多属Ⅳ类。进/出水口伸入库内，为避免在内水作用下围岩渗漏及渗透稳定问题，引水隧洞全部采用钢衬。

(2) 围岩地质条件差，地下水位低，为减少渗漏量。西龙池抽水蓄能电站上、下水库均为人工库，无天然径流补给，且下水库为悬库，高于河床180m左右，补水费用较高，同时地下水位埋藏较深，引水隧洞、尾水隧洞为$Ⅲ_b$类围岩，引水隧洞岩溶较发育、尾水隧洞构造较发育，围岩渗漏条件好，为减少外渗水量，采用钢板衬砌。又如日本奥清津抽水蓄能电站引水隧洞，由于地下水位低于隧洞高程，且围岩破碎，为减少渗漏量，大部分采用钢衬。

(3) 围岩地质条件差，内水压力大，为减少渗漏量。呼和浩特抽水蓄能电站尾水隧洞，洞径5m，最大静水压力127m，计及水击压力时最大内水压力190m。对尾水隧洞而言，静水压力、内水压力均较大。靠近厂房洞段断层规模较小，岩石新鲜较完整，围岩以Ⅱ、Ⅲ类为主；中部洞段有规模较大断层切割，围岩为Ⅲ、Ⅳ～Ⅴ类，间隔分布，围岩透水条件好。这两个洞段选用钢板衬砌，以适应围岩地质条件差、内水压力大的要求，减少外渗水量。

(4) 防止渗漏影响厂房安全。抽水蓄能电站地下厂房埋深较大，防渗要求高。尾水隧洞起始段与主厂房、母线洞、主变压器室、尾水事故闸室（若有）距离较近。为防止渗水威胁洞室安全，尾水隧洞均在厂房下游一定范围内采用钢板衬砌。如十三陵抽水蓄能电站，自尾水管～尾水调压井的尾水支管全部采用钢板衬砌；琅琊山抽水抽水蓄能电站，3号和4号尾水支管在尾水管下游30m范围内采用钢板衬砌、1号和2号尾水支管全部采用钢板衬砌（考虑了渗水对岩脉的不利影响）；张河湾抽水蓄能电站尾水隧洞，自尾水管～厂房下游排水廊道采用钢板衬砌，钢衬范围与厂房排水廊道排水孔幕一起，构成对地下洞室的防渗网；天荒坪抽水蓄能电站尾水隧洞，尾水管出口～尾水闸门洞下游14m采用钢衬，长约96m。因此，为防止内水外渗危及厂房洞室群安全，主厂房下游一定范围内的尾水隧洞应采用钢衬。DL/T 5208—2005《抽水蓄能电站设计导则》第8.3.7条中规定，钢筋混凝土高压隧洞与地下厂房间的钢管段长度，不宜小于最大作用水头的1/4～1/5。引水高压岔管一般位于Ⅰ、Ⅱ类围岩中，高压岔管～厂房间地质条件好；尾水洞地质条件一般不如高压岔管处的地质条件，参照导则规定，尾水钢衬末段距地下厂房的距离，建议不宜小于最大作用水头的1/2；同时，尾水钢衬末段距主变室、事故闸室等洞室距离建议不小于20m。尾水钢衬范围，最终应根据地下洞室群的布置、地质条件、内水压力等因素综合考虑确定，既防止渗漏影响厂房安全，也避免出现水力劈裂。部分抽水蓄能电站尾水洞钢衬长度统计见表9-1-9。

表9-1-9　　部分抽水蓄能电站尾水洞钢衬长度统计

序　号	工程名称	尾水洞静水头（m）	厂房下游钢衬长度（m）
1	广蓄一期	85.09	75.5
2	十三陵	65.35	116～127
3	张河湾	78.9	72
4	琅琊山	45.4	30/101～113
5	桐柏	72.85	40～60
6	泰安	72.4	60
7	迪诺威克（英国）	—	69
8	本川（日本）	—	100

（5）地质条件差，防止渗水影响山体稳定。为防止隧洞渗水降低山体构造面的岩体物理力学参数，不利于山坡稳定，采用钢板衬砌，防止内水外渗。如十三陵抽水蓄能电站，在引水调压井上游60m范围内采用钢衬；又如伊朗锡亚比舍抽水蓄能电站引水隧洞，在地质条件较差的部位采用钢板衬砌，以防隧洞漏水引起锡亚比舍村附近发生大规模滑坡。

2. 其他特殊衬砌

国外抽水蓄能电站引水隧洞有采用素混凝土衬砌的，也有采用玻璃纤维强化塑料（FRP）管的。

（1）素混凝土衬砌。英国迪诺威克抽水蓄能电站，引水隧洞直径10.5m，尾水隧洞直径8.25m，均采用混凝土衬砌。为减小外水压力，隧洞内布置系统排水孔。伊朗锡亚比舍抽水蓄能电站引水隧洞，直径5.7m，衬砌厚50cm。除断层和软弱岩层外，均采用素混凝土衬砌，只配构造钢筋。隧洞周边进行高压固结灌浆，灌浆孔深2.5m。

（2）玻璃纤维强化塑料（FRP）管。日本冲绳海水抽水蓄能电站采用FRP管。这种材料的管道具有优良的抗海水腐蚀性，比带涂层的钢管更难附着海洋生物。FRP管外回填粉煤灰水泥浆。这种回填料流动性好、不易离析、不需要振捣。该电站尾水隧洞采用钢筋混凝土衬砌，但钢筋涂以环氧树脂防腐蚀。

（三）引水、尾水隧洞的断面形状与尺寸

1. 隧洞断面形状

抽水蓄能电站的引水、尾水隧洞为有压隧洞，目前国内这类隧洞的断面形状均采用圆形断面。当洞径较小，或为施工方便、安装钢管、埋设管路的需要，隧洞的开挖形状可采用底板水平的马蹄形断面。如张河湾抽水蓄能电站尾水隧洞，内径为5m，衬砌（回填）混凝土厚0.5m，为便于埋设机组技术供水与排水管道、安装钢管，开挖形状采用底板水平宽度为4.6m的马蹄形断面。混凝土衬砌（或回填）厚度，一般采用0.5～0.6m。地质条件较差时，可适当加厚。

2. 隧洞断面尺寸的拟定

抽水蓄能电站的输水系统，管线长，各段设计水头相差大，为达到经济合理的目的，一般采用不同管径组合，即变径。国内引水隧洞、尾水隧洞一般采用单一管径；尾水支管可采用与尾水隧洞流速相等的方式确定管径。

(1) 工程类比初拟洞径。选择管径，实质上是选择管内流速。工程类比法即参考国内外类似工程，初拟经济流速，根据设计引用流量确定洞径。抽水蓄能电站水头一般比常规电站高，经济流速比同等规模常规电站要大，且衬砌型式对经济流速的影响较大。统计表明，混凝土及钢筋混凝土衬砌的隧洞，引水、尾水隧洞经济流速为3～5m/s，高压隧洞经济流速为4～7m/s；钢管道经济流速更大，一般在5～11m/s。表9-1-10是国内外部分抽水蓄能电站引水隧洞、尾水隧洞的流速统计表，从表中可以看出，引水隧洞的流速多在4.5～5.5m/s，平均值约为5.0m/s；尾水隧洞的流速多在3.5～5.3m/s，平均值约为4.4m/s；同一工程，尾水隧洞的流速一般小于等于引水隧洞的流速。抽水蓄能电站输水系统的流速，与调节保证计算和机组运行稳定要求有关。有时为满足调节保证（如蜗壳最大压力、尾水管最小压力）、机组快速响应、机组运行稳定等要求，需要增大洞径，以降低流速。

表9-1-10　　部分抽水蓄能电站隧洞流速统计

序号	国家	工程名称	机组设计水头(m)	单机最大引用流量(m^3/s)	引水隧洞 洞径(m)/流速(m/s)	尾水隧洞 洞径(m)/流速(m/s)	备注
1	中国	广蓄一期	535	72.88	8.5/5.14	9.0/4.58	已建
2	中国	天荒坪	532	66.42	7.0/5.178	4.4/4.37	已建
3	中国	桐柏	239	135.3	9.0/4.56	7.0/3.77	已建
4	中国	泰安	220	132.2	8.5/4.659	8.5/4.659	已建
5	中国	十三陵	430	53.8	5.2/5.06	5.2/5.06	已建
6	中国	张河湾	305	96.97	—	5.0/4.94	在建
7	中国	西龙池	624	55.88	4.7/6.44	4.3/3.85	在建
8	中国	宝泉	500	70.89	6.5/4.273	4.5/4.45	在建
9	中国	呼和浩特	521	66.5	6.2/4.45	5.0/3.42	在建
10	中国	明湖	316.5	95	7/4.937	5.5/3.999	已建
11	英国	迪诺威克	517.9	65	10.5/4.5	8.25/2.43	已建
12	美国	巴斯康蒂	356.5	132	8.6/4.54		已建
13	美国	腊孔山	286	131	11/5.5	10.6/5.94	已建
14	日本	新高濑川	229	161	8.0/6.446	6.4/5	已建
15	日本	奥吉野	505	48	5.3/6.53	3.1/6.36	已建
16	日本	沼原	478	57.5	6.3/5.53		已建
17	日本	本川	528.4	70	6.0/4.95	6.0/4.95	已建
18	日本	奥矢第一	161	78	7.3/5.591	7.3/5.591	已建
19	法国	蒙特齐克	416.6	62.8		8.5/4.427	已建

(2) 水头损失百分率。抽水蓄能电站的输水系统中，高压管道承受的内水压力较大，单位长度投资较大；引水、尾水隧洞承受的内水压力较小，单位长度投资较小。因此，在满足过渡过程要求的情况下，在相同的水头损失时，可适当提高高压管道的流速，降低引水、尾水隧洞的流速，以降低工程造价，获得最经济的管径组合。由于抽水蓄能电站的设计水头较高，管线较长，其水头损失可能比常规电站大。美国土木工程学会《土木工程导则》第五卷指出：对一个引用水头为300m的抽水蓄能电站，水头损失达12～15m是可以接受的，即水头损失百分率可达4%～5%。国内若干抽水蓄能电站的水头

损失百分率统计见表 9－1－11，从表中可以看出，水头损失百分率多在 3%以下。因此，初拟管径时，可控制水头损失百分率在 3%以下。

表 9－1－11　　我国抽水蓄能电站发电工况设计水头损失百分率统计

工程名称	十三陵	天荒坪	呼和浩特	响水涧	张河湾	桐柏	宝泉	西龙池	泰安	蒲石河
水头损失率（%）	4.05	2.0	2.38	2.52	2.78	1.88	2.55	3.3	4.29	2.44

（四）引水、尾水隧洞的结构计算

（1）引水、尾水隧洞采用钢筋混凝土衬砌时，结构、配筋、裂缝宽度计算按 DL/T 5195—2004《水工隧洞设计规范》的规定执行。必要时可采用有限元法计算。

（2）引水、尾水隧洞采用钢板衬砌时，结构计算按 DL/T 5141—2001《水电站压力钢管设计规范》的规定执行。

我国部分抽水蓄能电站引水与尾水隧洞配筋情况见表 9－1－12。

表 9－1－12　　我国部分抽水蓄能电站引水与尾水隧洞的配筋

工程名称	引水隧洞				尾水隧洞			
	管径（m）	衬厚（m）	静水头（m）	配筋	管径（m）	衬厚（m）	静水头（m）	配筋
十 三 陵	5.2	0.6	71	双 ϕ25@20	5.2	0.5	72	ϕ16@20
琅 琊 山	6.0	0.5	40	双 ϕ22@20	8.8	0.6	44	双 ϕ25@20
张 河 湾	—	—	—	—	5.0	0.5	69	双 ϕ16@20
广蓄一期	9.0	0.4	76	ϕ20@20	9.0	0.4	7	ϕ20@20

三、调压井

（一）调压井的设置

抽水蓄能电站主要任务是在电网中承担调峰、填谷、调频、调相及事备用等任务，这需要电站对电网负荷变化具有迅速响应的能力。水泵水轮机组转速调节的稳定性主要受到水道系统的布置、流速、机组特性等的影响。根据性能要求，在水道上设置调压井，以减小水击压力的传播，达到改善机组运行状况和快速响应能力的目的。

调压井根据其位置的不同分为引水调压井和尾水调压井。抽水蓄能电站是否设置引水调压井，除满足调节保证要求（水锤压力升高和转速上升等）外，主要考虑电力系统对电站调节性能的要求。后者仍引用常规水电站的判别方法，即通过计算压力水道中水流惯性时间常数 T_w 和机组加速时间常数 T_a，按 DL/T 5058—1996《水电站调压室设计规范》中的方法来判断。

通过对日本和我国部分大型抽水蓄能电站的统计（见图 9－1－5）可以看出，抽水蓄能电站对电站

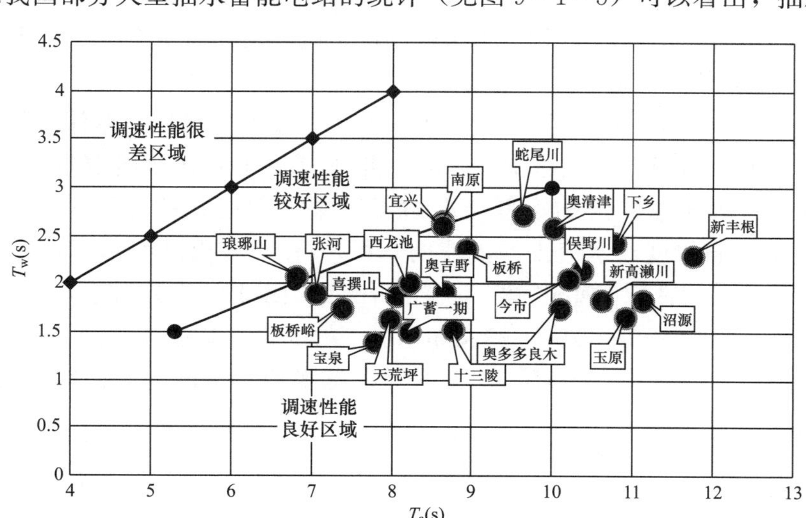

图 9－1－5　T_w、T_a 与调速性能关系图

调节性能要求比常规水电站更严格。由于对抽水蓄能电站在电网负荷变化时的快速响应能力有较高要求，蓄能电站至少要满足“调速性能好”的要求。由图 9-1-5 可以看出，抽水蓄能电站的 T_w 值在 1.5～2.5s，调速性能要求高的抽水蓄能电站，T_w 大都小于 2s，且 $T_a/T_w>5$。美国《水电工程规划设计土木工程导则》第五卷同样指出，对抽水蓄能电站调节稳定性来讲，$T_m/T_w=5$ 是下限，要想获得良好的调节能力，T_m/T_w 的比值应为 8$\left(T_m=\dfrac{WR^2n^2}{1.6\times10^6\times HP}\right.$，为机组加速时间常数$\left.\right)$。

英国迪诺威克抽水蓄能电站，不设引水调压井时，其 T_w 在 2s 左右，但为了取得更好的快速响应能力，仍增设引水调压井，使 T_w 减少到 1.5s。该电站以反应迅速著称，能在 10s 内使机组由空转增荷到 1300MW，或 15s 内达到最大出力 1800MW，也能在 90s 内从水泵满载抽水转换到满载发电。这种快速响应对电力系统的应急是十分重要的，如不设置引水调压井是难以实现的。

T_w、T_a/T_w 取值根据电站在电力系统比重分析确定，若电站占电力系统比重较小的，则可不受以上条件限制。如天堂抽水蓄能电站（2×35MW），$T_w=3.3$s、$T_a/T_w=2.55$，但不设调压井，主要考虑若设调压井增加的投资占整个土建工程投资的 12%，明显不经济；且其装机容量占电力系统的比重仅为 0.8%，通过过渡过程计算，取消调压井是可行的。目前该电站运行正常。

DL/T 5058—1996《水电站调压室设计规范》中给出了是否需要设置尾水调压井的判定条件，即以尾水管内不产生液柱分离为控制条件，其必要性可按下式作初步判断

$$L_w>\frac{5T_s}{v_{w0}}\left(8-\frac{\nabla}{900}-\frac{v_{wj}^2}{2g}-H_s\right)$$

式中 L_w——压力尾水道的长度，m；

T_s——水轮机导叶关闭时间，s；

v_{w0}——稳定运行时压力尾水道中的流速，m/s；

v_{wj}——水轮机转轮后尾水管入口处的流速，m/s；

H_s——机组吸出高度，m；

∇——机组安装高程，m。

水轮机导叶关闭时间 T_s 为水轮机甩负荷时水轮机全部进流的等效关闭时间，即水轮机甩负荷瞬间流量急剧变化（减少）相对的水轮机全部流量关闭的等效时间，非实际的导叶关闭时间。对导叶折线关闭规律的，为第一段关闭的延长线，一般为 6～10s。

最终通过过渡过程计算，当机组丢弃全负荷时要满足尾水管内的最大真空度不宜大于 8m 水柱的要求，高海拔地区应作高程修正。

DL/T 5050—1996 规定的尾水管内的最大真空度不宜大于 8m 水柱为一般水电站经验值的平均值。根据日本对水柱分离的过渡过程模型试验的研究结论，即使水泵—水轮机的出口压力大于水的汽化压力，准水柱分离仍会出现。因此，在设计高水头电站尾水隧洞时，应留有适当的余度，特别是取消尾水调压井时更应作仔细研究。

随着抽水蓄能电站的不断发展，电站水头越来越高、吸出高度越来越深，使得厂房埋深很大，尾水调压井工程量很大。为降低工程造价，日本近年来开展了长尾水隧洞取消调压井可能性的研究。表9-1-12 所列为长尾水隧洞抽水蓄能电站不设尾水调压井的工程实例，表中 $T_{ws}=L_V/[g(-H_s)]$（L_V 为尾水隧洞长度和水流平均流速的乘积，H_s 为吸出高度），T_{ws}值大表明水泵水轮机尾水管中水柱分离的可能性高。这些电站 T_{ws}在 4～5.9，因此可认为水泵水轮机甩负荷时尾水管不出现水柱分离的判别条件是 $T_{ws}\leqslant6$s，建议如果 $T_{ws}>4$s 就需要进行详细研究。日本日立公司根据日本抽水蓄能电站实践经验提出了判别是否需要设尾水调压井的经验曲线（见图 9-1-6），与上述判别条件相似。

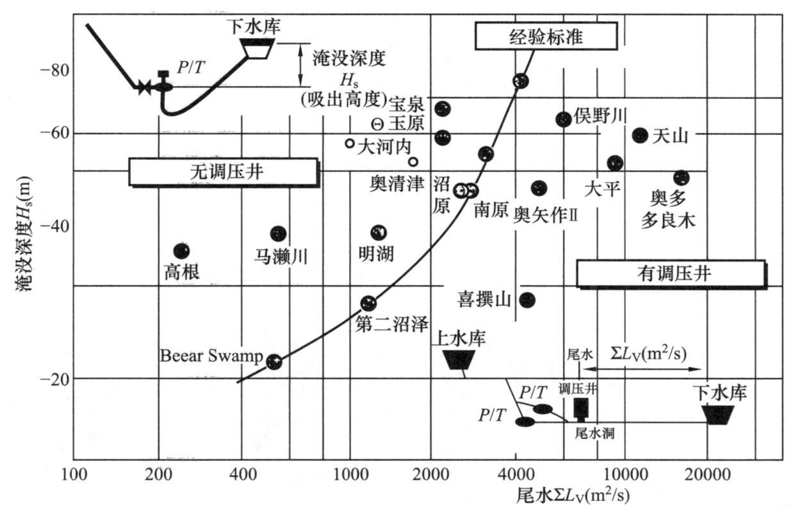

图 9-1-6 判别不设尾水调压井的经验曲线

河南宝泉抽水蓄能电站，尾水隧洞长约 830m。对尾水管内不发生液柱分离条件的初步判别，当尾水隧洞直径为 7m 时，可以满足不设尾水调压井条件。经过输水系统及机组大波动过渡过程计算、尾水隧洞直径变化对尾水管进口最小水击压力的影响分析验证，最终确定取尾水隧洞直径 8m，不设尾水调压井，可以满足机组稳定运行的要求。由表 9-1-13 可知，其 $T_{ws}=3.3s<4s$，由图 9-1-6 可以看出，宝泉抽水蓄能电站位于可以不设尾水调压井的区域。

表 9-1-13　长尾水隧洞抽水蓄能电站实例

电　站	最大流量 Q (m³/s)	隧洞长度 L (m)	隧洞平均直径 D (m)	L_V (m²/s)	吸出高度 H_s (m)	T_{ws} (s)
沼　原	57.5	498	3.7	2650	−46	5.87
新丰根	393	341	9.3	1980	−36	5.62
新高濑川	161	315	6.4	1640	−31	5.44
奥清津	132	402	5.2	2490	−53	4.79
宝　泉	140.5	830	8	2274	−70	3.31
西龙池	93.02	423	4.3	2710	−75	3.68
呼和浩特	67	452	5	1542	−75	2.1
黑麋峰	118	452	6	1886	−50	3.85

为避免水轮机气蚀，近年来蓄能电站的吸出高度 H_s 有加大的趋势，这对取消尾水调压井较有利。但取消尾水调压井后仍应核算电站的调节性能，使取消尾调后电站仍具有良好的快速响应能力，满足电力系统灵活运行的要求。

（二）调压井的布置

引水调压井位于厂房上游的引水道上，并应尽量靠近厂房，以减小水击波向引水隧洞的传播，其位置根据压力管道布置、地形、地质条件及水力过渡过程计算结果分析确定。除气垫式调压井外，受地形条件限制，引水调压井一般布置于压力管道上弯段上游地形较高处。这种布置方式应用最多，如十三陵抽水蓄能电站（图 6-1-2）。为尽量靠近厂房，又受地形、地质条件限制，惠州抽水蓄能电站引调布置在中平段末端（见图 9-1-7），使调压井高度达 182m。

因抽水蓄能电站水头较高，其引水调压井大都埋于地下，根据地形地址条件、上覆岩体的厚度，确定其上室是露天开敞还是埋于地下。若地形高度不满足要求或地质条件较差，可由底部隧洞引出连接洞将竖井引至地形或地质条件较好的区域。如法国的拉高斯，日本的本川、奥吉野（见图 9-1-8）等抽水蓄能电站。

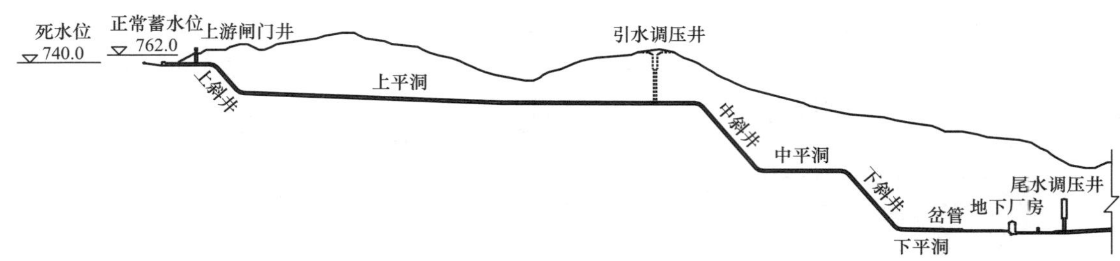

图 9-1-7　惠州抽水蓄能电站引水系统示意图

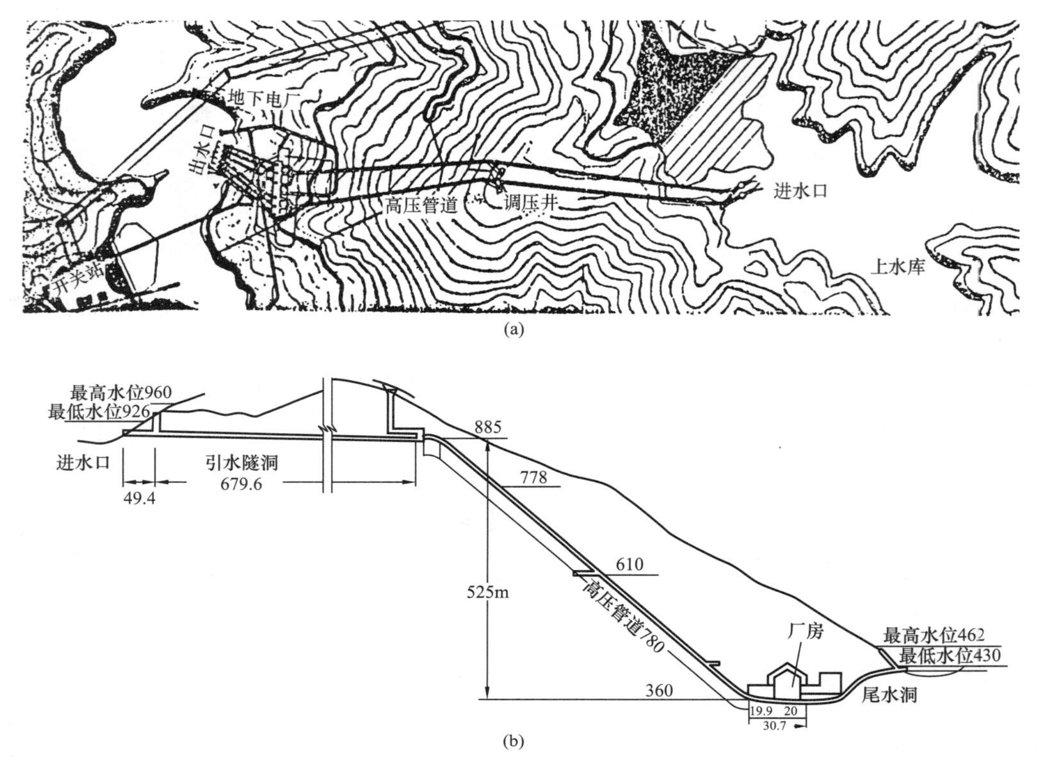

图 9-1-8　日本奥吉野抽水蓄能电站

(a) 平面布置图；(b) 水道纵剖面图

尾水调压井的位置均靠近水轮机，以防止在丢弃负荷时产生过大的负水击。设置尾水调压井的电站尾水隧洞一般均较长，为节省投资尾水隧洞大都是一洞两机或多机的布置方式。同样，为减少工程量，节省投资，尾水调压井大都设置在尾水岔管下游的尾水隧洞主洞上，这种调压井布置的结构形式也相对简单，广州、十三陵、泰安、宜兴、惠州等抽水蓄能电站均采用这种布置。为减少调压井竖井施工对尾水隧洞等施工的干扰，加快施工进度，可采用水平连接管将竖井引至旁侧，避开主管，如惠州抽水蓄能电站引、尾水调压井（见图 9-1-9）。尾水调压井也可设在尾水岔管处，结构相对集中，节省工程量，如十三陵抽水蓄能电站的尾水调压井（见图 6-1-1）。琅琊山抽水蓄能电站的尾水调压井（见图 9-1-10）、日本大平抽水蓄能电站

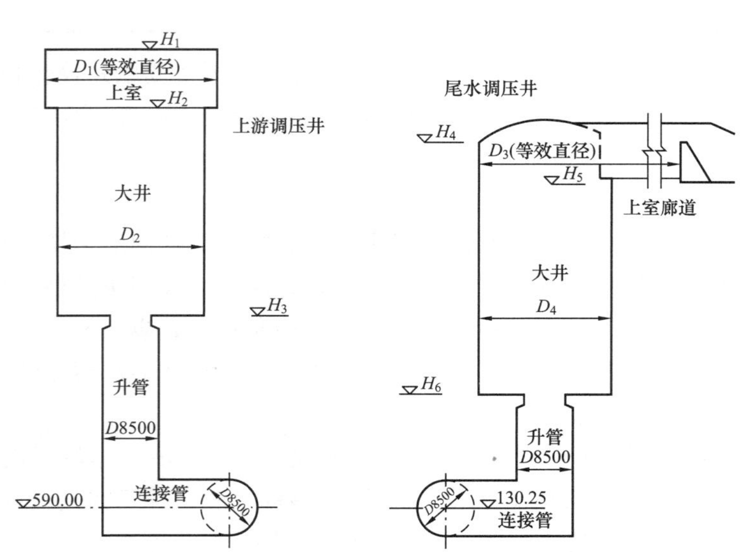

图 9-1-9　惠州抽水蓄能电站引、尾水调压井布置图

的尾水调压井均是设在两条尾水支洞交汇处，且井内布置尾水事故闸门。日本的今市抽水蓄能电站尾水调压井，布置在三条尾水支洞的交汇处。

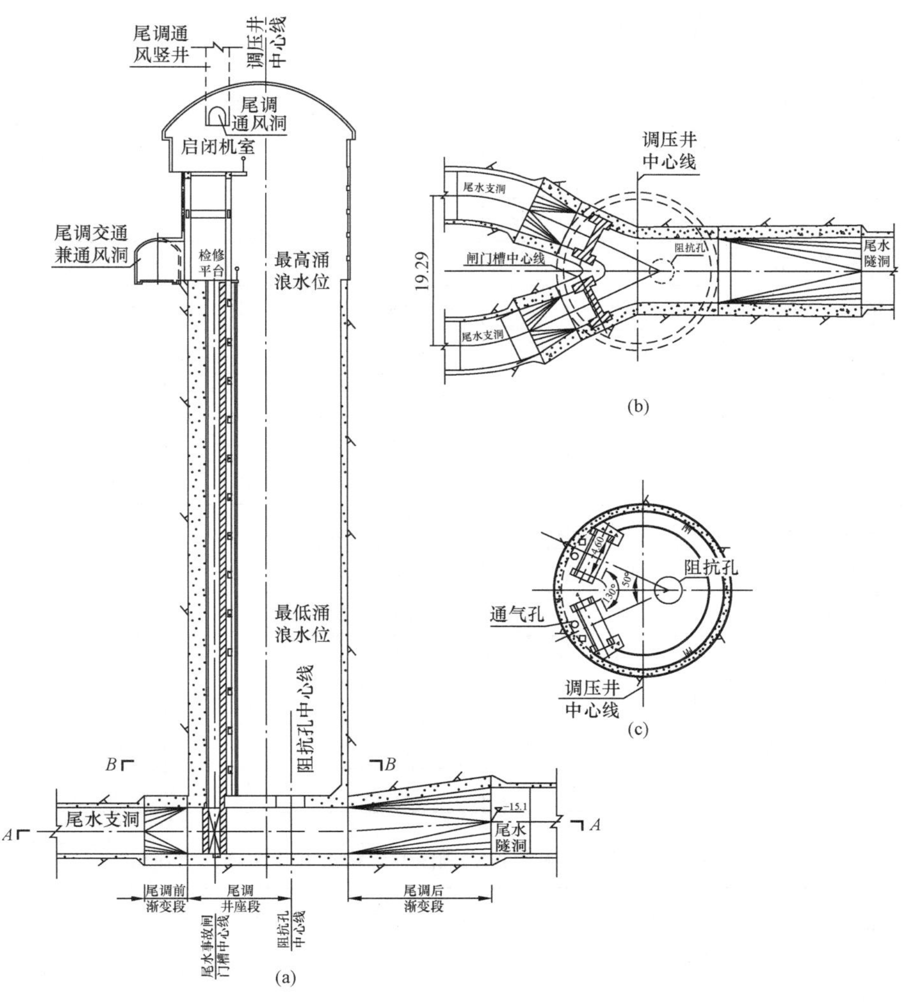

图 9-1-10　琅琊山抽水蓄能电站尾水调压井布置图

(a) 纵剖面图；(b) $A-A$ 剖面图；(c) $B-B$ 剖面图

因尾水调压井上室根据地形、地质条件可设置为圆形竖井或城门洞形的长洞。由于尾水调压井大多为地下洞室，有通气的要求，为节省开挖量，尾调上室大多布置为城门洞形式的长廊与通风洞相接。下室多为圆形或近似圆形断面的长洞。尾调通风洞可以由地面公路接专门设置的交通兼通风洞，也可由地下厂房附属洞室（如主厂房通风兼安全洞）分出支洞，到达尾调顶部。

个别电站虽然未布设专门的调压井结构物，但是利用水道系统上的闸门井或加高引水竖井至地面起到调节水击压力的作用。如西龙池抽水蓄能电站的引水闸门井（图 9-1-4），将上部结构扩大，以满足甩负荷时井内水位上升的要求；桐柏抽水蓄能电站引水道及尾水道均未设调压井，利用上、下水库闸门井兼作调压井；宜兴抽水蓄能电站的上库事故检修闸门井兼调压室功能；回龙抽水蓄能电站利用引水竖井顶部施工导井扩挖后作为调压井。

（三）调压井的型式

抽水蓄能电站调压井的结构形式有差动式、阻抗式等，随着蓄能电站的不断发展，采用阻抗式调压井结构的越来越多，而差动式调压井已很少用。因阻抗式调压井结构简单，且阻抗也可以有效地削减调压井内的水位波动振幅，从而减小调压井的高度，减少工程量及投资。

由表 9-1-14 可以看出，日本抽水蓄能电站中差动式调压井只在早期工程中应用，目前大多采用阻抗式或阻抗加水室式调压井。我国高水头大容量抽水蓄能电站，无论是引调还是尾调，也都是阻抗式或阻抗加水室式调压井，见表 9-1-15。

表 9-1-14　　日本抽水蓄能电站调压井结构形式统计

电站名称	结构形式	建成年代	台数	单机容量（MW）	设计水头（m）	最大扬程（m）	引用流量（m^3/s）
喜撰山尾调	带上室阻抗式	1970	2	233	219	230	248
新丰根引调	带上、下室阻抗式	1972	5	225	203	245	645
沼原引调	带上、下室阻抗式	1973	3	225	517	528	172.5
奥多多良木引调、尾调	阻抗式	1974	4	303	416	423.9	376
大平尾调	差动式	1975	2	250	490	545	124
南原引调	阻抗式	1976	2	310	294	340	254
奥清津引调	带上、下室阻抗式	1978	4	250	470	512	260
第二沼泽引调	阻抗式	1981	2	230	214	214	250
奥矢作第一引调	阻抗式	1981	3	105	161	182	234
奥矢作第二引调	阻抗式	1981	3	260	414.5	441	234
新高濑川引调	阻抗式	1981	4	320	229	264	644
本川引调、尾调	带上、下室阻抗式	1982	2	300	528	567	140
玉原引调	带下室阻抗式	1982	4	300	518	549	276
俣野川引调	阻抗式	1986	4	300	489	569	300
天山引调	差动式	1986	2	300	511	604	140
下乡引调	阻抗式	1988	4	250	387	415	314
奥美浓引调	阻抗式	1993	6	300	485.75	520	250
蛇尾川引调	阻抗式	1994	3	300	338	362	324

表 9-1-15　　我国部分抽水蓄能电站阻抗式调压井结构形式及主要尺寸统计

工程名称	建成年代	台数	单机容量（MW）	设计水头（m）	引用流量（m^3/s）	隧洞主管直径（m）	阻抗孔直径（m）	大井直径（m）	阻抗/隧洞面积比	大井/隧洞面积比	备注
十三陵引调	1997	4	200	430	107.6	5.2	3.7	7	0.51	1.8	带上、下室
十三陵尾调						5.2	3.7	8	0.51	2.4	带上室
广蓄一期引调	1994	4	300	496.02	274.92	8.5	6.3	14	0.55	2.7	带上室、升管
广蓄一期尾调						8.0	4.0	14	0.25	3.1	带上室、升管
泰安尾调	2006	4	250	225	263.8	8.5	5	17	0.35	4.0	带上室、升管
琅琊山尾调	2007	4	150	126	271.8	8.8	5.93 槽孔	16.2	0.45	3.4	内设事故门
惠州引调	在建	8	300	517.4	264.8	8.5	5.3	16	0.39	3.5	带上室、升管
惠州尾调						8.5	5.3	16	0.39	3.5	带上室、升管
宜兴尾调	在建	4	250	363	157	7.2	4.6	10	0.41	1.9	带上室、升管
白莲河引调	在建	4	300	195	352.2	9	5	22	0.31	6.0	
蒲石河尾调	在建	4	300	308	222.66	11.5	7.5	20	0.43	3.0	
呼和浩特引调	在建	4	300	513	134	6.2	4.2	9	0.46	2.1	带上室

调压井阻抗孔的大小应能满足在任何工况下，调压井内水位波动都能稳定，并且衰减迅速的要求；且底部隧洞的压力，在任何时候均不大于调压井出现最高涌浪水位的压力，同时也不低于最低涌浪水位的压力，据此确定阻抗孔尺寸。

阻抗孔直径 D_s 和相应的面积 S，与大井直径 D_T 和隧洞断面积 A_0 之间的关系如图 8-2-29 所示，可作为设计时初拟尺寸的参考。部分抽水蓄能电站调压井阻抗孔直径汇总见表 9-1-14，根据国内外已建蓄能电站的经验，阻抗孔面积大约为隧洞面积的 25%～50%。

初拟阻抗孔尺寸，可按DL/T 5058—1996附录B中图B3初步判断其大小并进行调整，最终的调压井的体形及尺寸应通过水力学模型试验验证。

阻抗孔可以是在调压井大井底板隧洞顶部直接开孔，也可以由升管连接大井。十三陵引、尾调均为在底板直接开孔形成阻抗孔。若最低涌浪水位距隧洞顶部距离较高，宜采用升管连接底部隧洞和大井，以减少调压井的开挖量及支护量。

我国抽水蓄能电站调压井大都是阻抗式，如十三陵、广州、惠州、宜兴、泰安、呼和浩特等抽水蓄能电站。根据水道布置及水力特性的要求，可增加上室和（或）下室。如十三陵、泰安、宜兴等抽水蓄能电站的尾水调压井，广州抽水蓄能电站的引调、惠州抽水蓄能电站的引调及尾调均为带上室的阻抗式。带上、下室的调压井结构，需要通过工程量比较确定设置上、下室还是增加大井面积。十三陵抽水蓄能电站引水调压井（见图9-1-11）及日本的沼原、新丰根、今市、玉原等抽水蓄能电站的引水调压井均为阻抗带上、下室的形式。

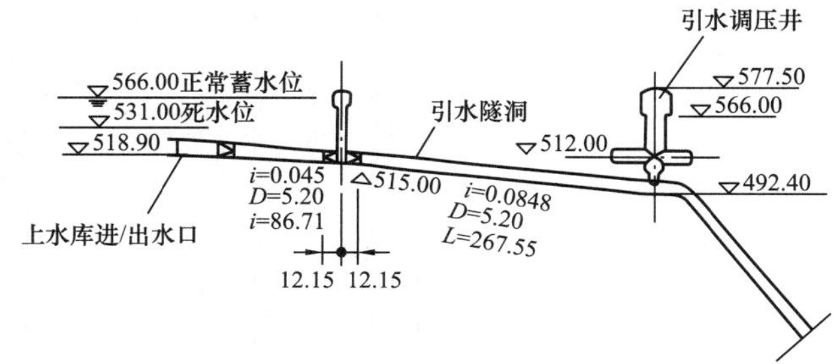

图9-1-11　十三陵抽水蓄能电站引水调压井

（四）钢板护衬调压井

调压井大都采用钢筋混凝土衬砌形式，也有采用钢结构形式的，如十三陵抽水蓄能电站引水调压井原设计为钢筋混凝土衬砌，后因周围岩石地质条件较差，为防止混凝土衬砌开裂内水外渗引起围岩的不稳定，考虑工程永久的安全，在施工阶段改为钢板衬砌（见图9-1-12）。我国台湾明湖抽水蓄能电站2号引水调压井、日本奥清津第二电站引调及下乡电站引调同样也为钢板衬护结构。

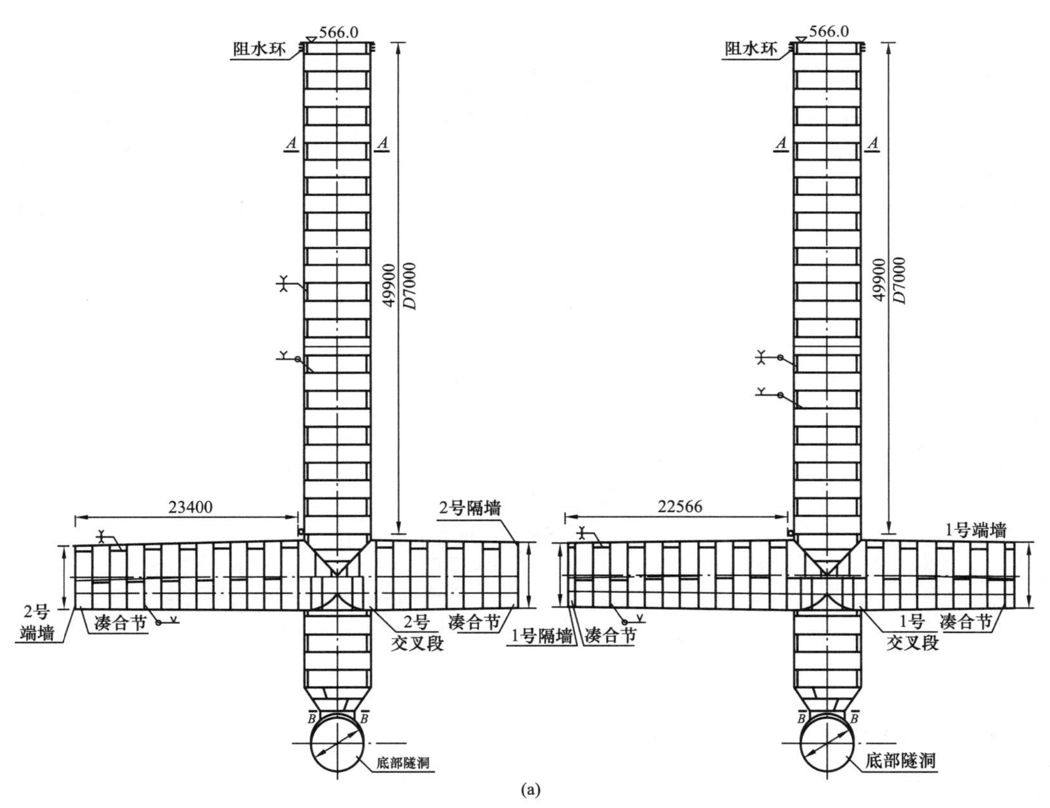

图9-1-12　十三陵抽水蓄能电站引水调压井装配图（一）

(a) 钢衬装配图

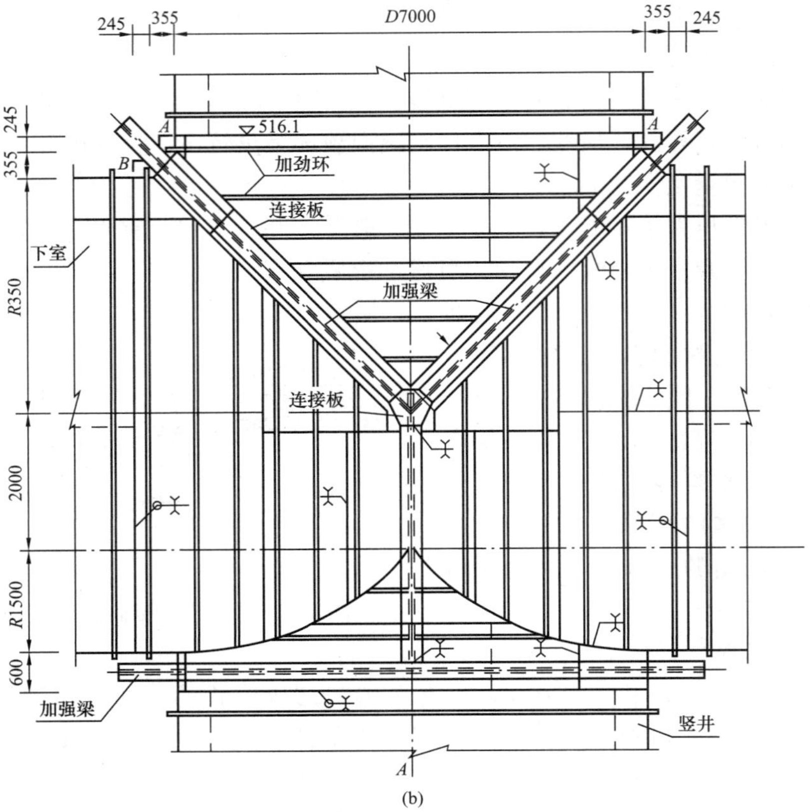

图 9-1-12　十三陵抽水蓄能电站引水调压井装配图（二）

（b）交叉段钢衬装配图

（五）气垫式调压室

气垫式调压室适合埋藏深、围岩承载力高且渗透性小的场合（见图 9-1-13）。这种形式在挪威应用最早也最多，我国抽水蓄能电站曾作过探讨但还没有采用的。气垫式调压室的主要要求是所处位置的最小地应力大于气垫室内最大气压，否则，就可能发生劈裂、漏气，使气垫室失去作用不能工作。气垫室位置的正常地下水位应高于最高室内气压所相应的水头位置，以使气垫室内的气体很少外漏。

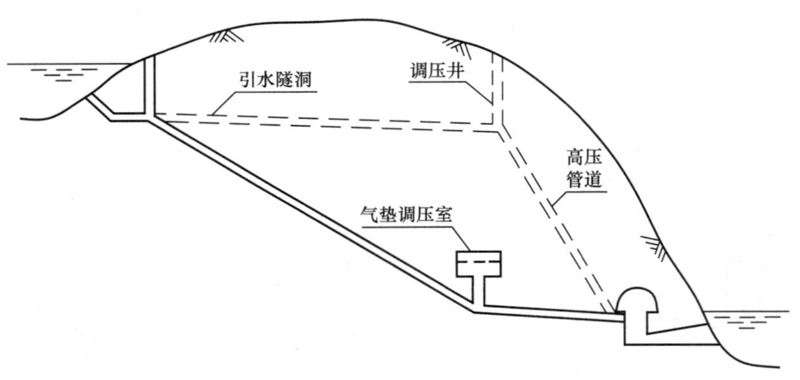

图 9-1-13　气垫式调压室布置图

气垫式调压室的主要优点是经济，省掉了常规调压室下部很长的斜井或竖井及常规布置调压室常有的山坡明挖。在较好的地质条件下，气垫式调压室也可以采取不衬砌，由围岩承担全部内压力，节省工程量及造价，且缩短了工期。

气垫式调压室布置上比较自由，可以在任何地方选择比较有利的地区和方向布置。可以安设在离厂房较近的地方，对水击波的反射比较有利，因此减少水击压力，增加调压稳定性，这对电站的运行是有利的。气垫式调压室对地质条件要求较高，因此地质勘探工作要求高。

气垫式调压室的缺点是体积比常规调压室大，洞挖量多。在停机检修后重新充水时要用空气压缩机向室内充气，由于充气量较大，一般需要 3～4 天或者更多，会影响发电。

气垫式调压室维护、检修工作较少，运行可靠，只要不漏水漏气，一般不需要维修。

（六）水力学计算

抽水蓄能电站调压井的水力计算与常规电站调压井相同，均需要进行设置条件判断及稳定断面、水头损失、涌浪等的计算，主要的不同之处是增加了水泵工况。涌浪的计算方法可以是图解法、规范查表法及应用水泵水轮机特性曲线进行水力过渡过程分析计算。根据计算结果调整水道布置，确定最终的调压井结构尺寸。

为了保证电站在电网中的快速响应能力及可靠性，过渡过程计算工况的选择很关键，应考虑各种可能的不利工况进行计算。不同电站因水道系统布置不同、调压井形式不同、机组特性不同，最不利工况也不尽相同。

如琅琊山抽水蓄能电站考虑了可能存在超出力 130%，张河湾抽水蓄能电站考虑了可能存在超出力 110%的工况。据此两台机进行了超出力发电甩全负荷、导叶正常关闭工况计算，该工况控制了蜗壳进口处的最大压力升高、机组最大转速、引水闸门井的顶部高程，也控制了尾水管进口最小压力水头。

四、尾水事故闸门室

抽水蓄能电站的机组吸出高度大，安装高程很低，下水库水位变幅大，厂房埋深大。厂房内各种引水管路多连接在尾水管，为防止管路故障时水淹厂房，抽水蓄能电站均在尾水系统设置事故闸门，其布置主要考虑厂房的安全性和经济性。

（一）尾水事故闸门的布置

1. 国内采用的多机一洞布置

当电站采用首部或中部开发方式时，尾水隧洞较长，往往采用多机一洞布置，设置尾水岔管和尾水调压井，此时应在尾水支管的适当位置布置一道尾水事故闸门。

国内抽水蓄能电站尾水事故闸门多布置在厂房主洞室群与尾水调压室之间的尾水支管上，专设一座尾水闸门室。其优点是离厂房位置较近，启门和闭门迅速，有利于保护厂房安全；闸门及其启闭设备与其他建筑物和设备没有干扰；水流平顺，闸门不受涌波直接冲击。其缺点是土建工程量大，闸门顶盖始终承受较大的内水压力，密封性要求高。我国十三陵、广州（一期和二期）、泰安、宜兴、惠州（一期和二期）均采用这种布置方式。图 9－1－14 所示为宜兴抽水蓄能电站尾水闸门室布置示意图。

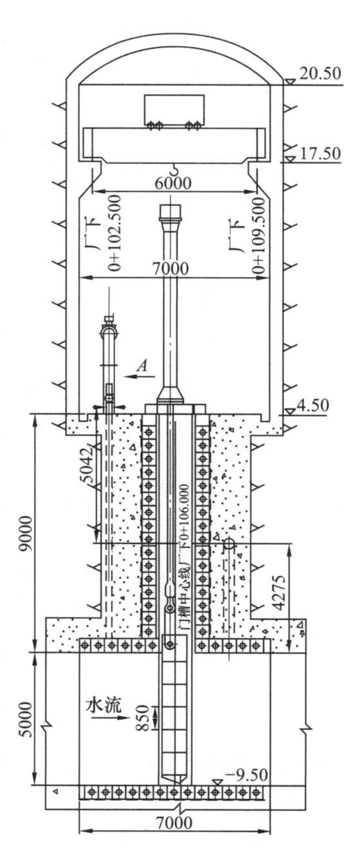

图 9－1－14　宜兴抽水蓄能电站尾水闸门室布置示意图

国内也有将尾水事故闸门布置在尾水调压井内的。如琅琊山抽水蓄能电站，尾水调压井布置在尾水支管与尾水隧洞的交叉处（即尾水岔管处），事故闸门布置在尾水调压井上游井身侧的尾水支管末段，闸门锁定在调压井最高涌浪以上，其布置方式如图 9－1－10 所示。这种布置的优点是土建工程量小，闸门不受涌波直接冲击。缺点是启闭机安装高程与闸门锁定高程高，启门和闭门的时间较长，交通线路较长。

尾水隧洞采用多机一洞布置时，除了在尾水闸门室设置的尾水事故闸门外，还应在下水库进/出水口设置一道检修闸门，以便将尾水隧洞与下水库隔开，为尾水隧洞和尾水事故闸门的检修创造条件。检修闸门布置在闸门井或闸门塔内。

2. 国外采用的多机一洞布置

国外多机一洞尾水事故闸门布置的位置型式较多。综合起来有下述五种型式，前二种与我国情况相同，后三种我国目前没有采用的工程实例，列出供参考。

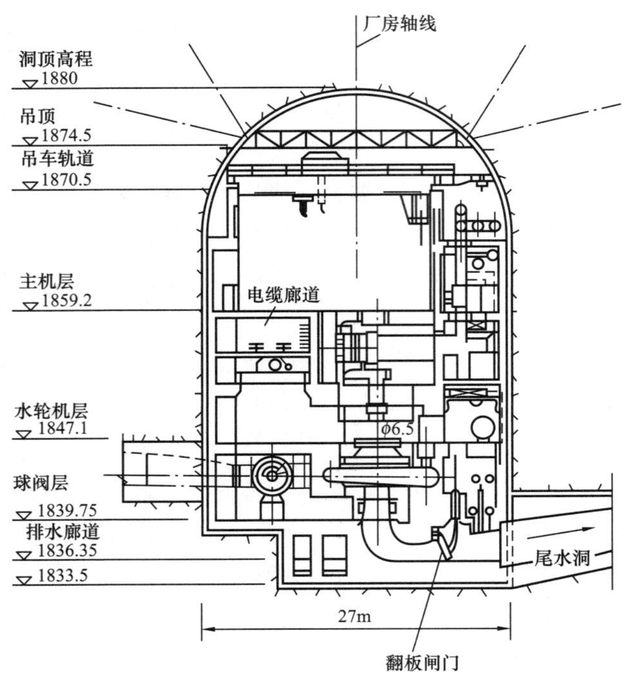

图 9-1-15 伊朗锡亚比舍抽水蓄能电站尾水闸门布置示意图

（1）布置在专设的尾水闸室中。如日本的葛野川与神流川、泰国的拉姆它昆等抽水蓄能电站。这几个电站由于不设主变压器室，尾水闸室中心线距机组中心线的距离较近，葛野川为51m、神流川为50.7m、拉姆它昆仅为34.5m。

（2）布置在尾水调压井内。如美国的腊孔山、日本的小丸川等抽水蓄能电站。

（3）布置在厂房尾水管内。如法国的蒙特齐克、意大利的达洛罗、爱尔兰的特罗夫山、德国的金谷、伊朗的锡亚比舍（见图 9-1-15）等抽水蓄能电站均在尾水管内设翻板闸门。其优点是启门和闭门迅速，机组事故或检修时排、充水量最少，操作管理方便。其缺点是厂房内布置闸门及启闭设备需要场地，厂房跨度增加，下部结构布置复杂。

（4）布置在主变压器洞正下方并与主变压器洞相通。如日本的新丰根（见图 9-1-16）、卢森堡的维安登等抽水蓄能电站。其优点是启门和闭门迅速，机组事故或检修时排、充水量较少。其缺点是闸门和主变压器交错布置，运行管理略显不便，在主变压器室下增加闸门井后，洞室开挖高度增加。

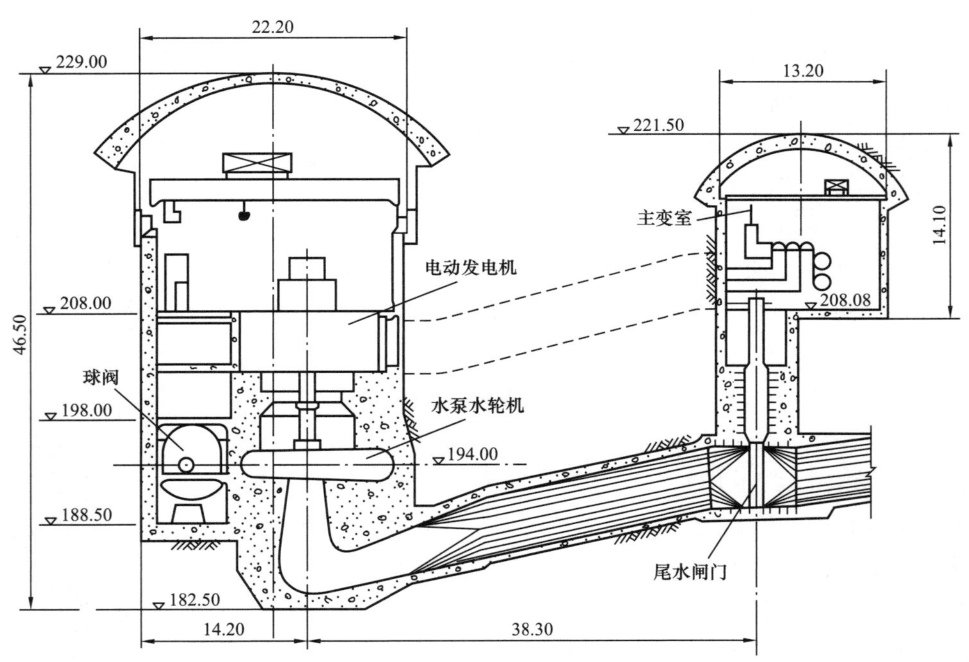

图 9-1-16 日本新丰根抽水蓄能电站尾水闸门布置示意图

（5）布置在母线洞下方，单设一室。如日本的今市、意大利的奇奥塔斯（见图 9-1-17）等抽水蓄能电站。其优点是启门和闭门迅速，机组事故或检修时排、充水量较少，单独布置运行方便。缺点是闸门单设一室工程量较大，与母线洞间岩体较单薄。

3. 一机一洞布置

当电站采用尾部开发方式时，尾水隧洞较短，采用一机一洞布置，一般将尾水事故闸门与检修闸门一并设置在下库进/出水口闸门井或闸门塔中，以节省投资。如张河湾（尾水隧洞长约 167m）、响水

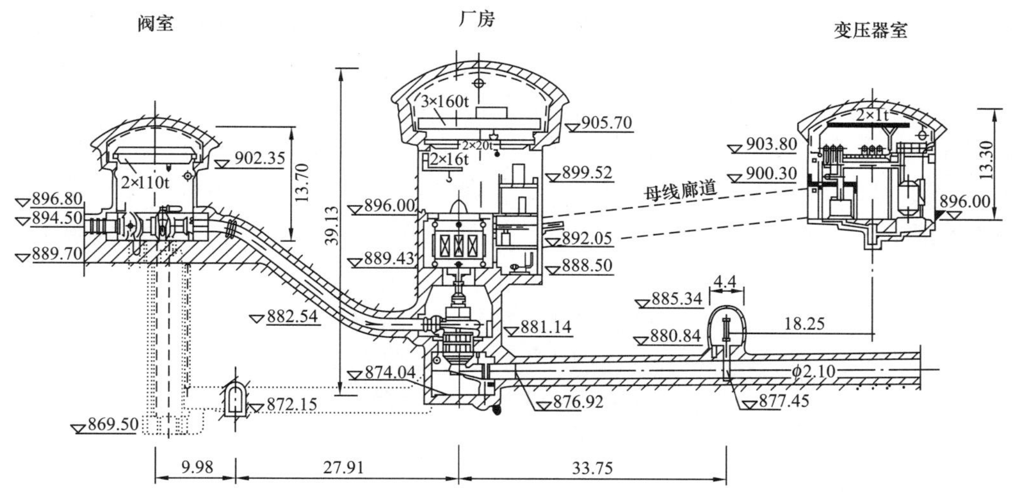

图 9-1-17　意大利奇奥塔斯抽水蓄能电站尾水闸门布置示意图

洞（尾水隧洞长约 320m）、西龙池（尾水隧洞长约 362m）、呼和浩特（尾水隧洞长约 470m）等抽水蓄能电站，均采用这种布置方式。

电站采用尾部开发方式时，国内也有在厂房下游专设事故闸室的实例，如天荒坪抽水蓄能电站（尾水隧洞长约 247m）。

（二）尾水事故闸门布置方式选择工程实例

呼和浩特抽水蓄能电站尾水隧洞长约 470m，尾水事故闸门布置方式选择简述如下：①方案一，布置在主变压器洞下游，设尾水事故闸门室；②方案二，布置在下水库进/出水口，设尾水事故闸门井。

对上述两种布置方式比较如下：

（1）水工建筑物布置。方案一，洞室开挖量较大，支护处理量相对较大，需布置排水系统；方案二，混凝土和钢筋用量增大，需设四个事故闸门启闭机室。

（2）闸门及启闭机布置。

1）方案一，闸门可立即关闭；可确保闸门不承受上游高水头压力，安全可靠。但闸门井顶盖耐高压及密封性要求高；设备精度要求严；维护检修较困难；设备运行不受冬季气温影响。

2）方案二，检修周期较短，操作较简单，运行维护方便；精度要求易达到。但事故时闭门时间较长；为确保闸门不承受上游高水头压力，启闭机与机组需电气闭锁；需避免自动闭门；设备运行受冬季气温影响较大。

（3）厂房安全性分析（防水淹厂房）。两方案均满足地下厂房安全要求。但事故时，方案一比方案二的厂房进水量少、排水时间短、检修排水系统设备容量小。

（4）机电设备检修排水系统。机组检修时，方案一比方案二充排水量较少，排水泵容量较小，充排水时间短，排水管路短。电气设备：方案二多设二面控制盘。

（5）施工布置二者均可行。

（6）投资。方案一投资较大。

综合比较表明，两个事故闸门布置方案均可行，都能满足电站安全运行需要。方案二投资少、闸门和启闭机制作安装技术难度相对较低、事故闸门检修周期短且方便，因此选择方案二。

（三）尾水事故闸门室的布置型式

布置在尾水事故闸室的闸门为高压闸阀式平板闸门，采用液压启闭机启闭，闸门室顶部设检修桥机。

尾水事故闸室均采用城门洞型。支护型式有两种，即钢筋混凝土与喷锚支护。十三陵、宜兴抽水蓄能电站由于地质条件较差，采用钢筋混凝土支护；其他如广州、惠州、蒲石河等抽水蓄能电站采用喷锚支护。

桥机大梁的结构型式有三种：十三陵、宜兴等抽水蓄能电站的大梁均与边墙钢筋混凝土连为一体；广州一期抽水蓄能电站采用柱结构架设；广州二期等抽水蓄能电站采用岩壁吊车梁，此时岩壁吊车梁以上的闸室宽度加大，如广州二期抽水蓄能电站顶拱净宽为 6.2m。

十三陵抽水蓄能电站尾水事故闸室的底板高程与厂房发电机层高程相同，闸门井较高，工程量较大，利用厂房交通洞作为尾水事故闸室的交通洞，交通较方便。广州抽水蓄能电站尾水事故闸室的底板高程与机组安装高程相当（一期高出 1.6m，二期低 0.5m），闸门井较低，工程量较小，事故闸室交通洞与引水系统下平段施工支洞（从厂房交通洞引出）相接，交通洞较长。图 9-1-18 所示为广州抽水蓄能电站（二期）尾水闸门室布置示意图。尾水事故闸室应注意通风、排水、安全疏散通道的布置。国内部分抽水蓄能电站尾水事故闸室结构尺寸见表 9-1-16。

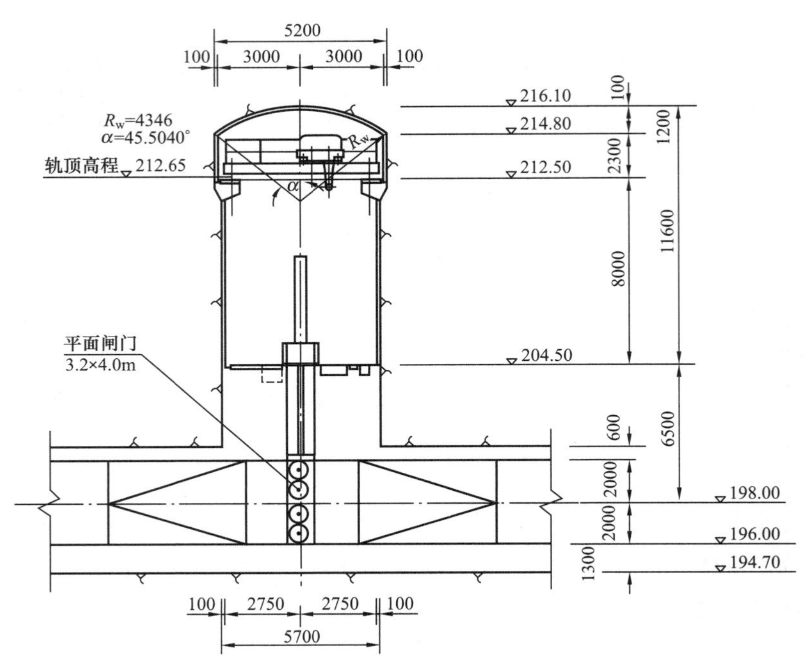

图 9-1-18　广州抽水蓄能电站（二期）尾水闸门室布置示意图

表 9-1-16　　部分抽水蓄能电站尾水事故闸室尺寸

工程名称	闸门孔口尺寸（m）（宽×高）	闸门井		闸室尺寸（m）（长×宽×高）	备注
		隧洞顶～油压泵层高（m）	油压泵层～闸室底板（m）		
十三陵	2.9×3.7	4.6	9.7	111.3×8×13.3	已建
广州Ⅰ	3.2×4.0	4.5	0	81.2×6.2×11.4	已建
广州Ⅱ	3.2×4.0	4.5	0	79.1×5.7×11.6	已建
宜　兴	4.0×5.0	9	0	—×7×17.5	在建
惠　州	—×4.0	—	0	84.5×5.7×12.8	在建
蒲石河	—×5.0	6.7	11.0	—×10.5×18.4	在建

第二节　高压管道结构

目前用于抽水蓄能电站高压管道的结构型式主要有钢筋混凝土衬砌、钢板衬砌、预应力钢筋混凝土衬砌、钢纤维混凝土衬砌。

钢筋混凝土衬砌：根据其功用的不同分为承受结构荷载的混凝土结构和仅起平滑衬砌表面减少水头损失的衬护结构，前一种结构为常规的混凝土结构，后一种是用于高压管道的透水混凝土结构。

钢板衬砌：钢板作为主要的承力结构，对于地下埋藏式钢管，其外围回填混凝土仅起传力作用。

预应力钢筋混凝土衬砌：在混凝土结构中施加预应力的钢筋混凝土结构，根据预应力施加方式的不同又分为压浆预应力混凝土结构和机械张拉预应力混凝土结构。

钢纤维混凝土衬砌：用于钢筋混凝土衬砌结构中，水头不高，需要较好防渗能力的特殊地段。

钢板钢筋混凝土复合衬砌：钢板和钢筋混凝土联合受力的复合结构，在内水压力作用下，钢板除了承受一定的荷载外，主要是防止内水外渗；钢筋混凝土在内水压力的作用下，承担部分内水压力，全部的外水压力全部由钢筋混凝土承担。

各种衬砌型式的适用条件主要从地形地质条件、水头、经济性、施工难度等方面予以考虑，本节重点介绍抽水蓄能电站高压管道中应用最广泛的钢筋混凝土衬砌和钢板衬砌。

一、钢筋混凝土衬砌

钢筋混凝土衬砌的作用：①使管道表面平整，减少糙率；②承受围岩压力，或与围岩共同承受外水、内水压力及其他荷载；③为高压固结灌浆提供有效灌浆塞的位置；④减少内水外渗。

（一）计算方法

若高压管道围岩的岩石质量好，衬砌开裂后，内水外渗不致危及围岩及相邻建筑物的安全时，可假定围岩承受绝大部分的内水压力，其数值可通过有限元分析或变形协调条件推导的公式求得。钢筋的作用主要是限制混凝土裂缝开展宽度，同时只承受部分的内水压力，即按限裂设计。通常采用的计算方法为结构力学法和有限元分析。

1. 地下钢筋混凝土高压管道结构分析

用结构力学法考虑高压管道混凝土衬砌开裂的计算方法：

（1）在Ⅰ、Ⅱ类围岩的高压管道，直径 D 小于 6m 时，只按内水压力作用的衬砌静力计算公式计算钢筋面积，钢筋面积 S 不得小于衬砌最小配筋率。计算出钢筋应力 σ_{gi}后，再按 SDJ 20—1978 复核混凝土裂缝开展宽度。

（2）在Ⅰ、Ⅱ类围岩的高压管道，直径 D 大于 6m 或通过Ⅲ、Ⅳ类围岩的高压管道，计算内水压力作用下钢筋截面积和其他荷载作用下钢筋截面积，最后叠加。其值不得小于衬砌结构的最小配筋率。校核钢筋应力，根据应力复核混凝土衬砌裂缝开裂宽度。

（3）用变形协调及弹性力学公式，结合钢筋混凝土限裂计算，确定钢筋面积。

2. 用有限元法进行高压管道结构分析

对于通过断层的高压管道，用结构力学法或弹性力学法都无法模拟断层的位置及产状规模，只能将管周的围岩类别降低，当作全部为断层区相应的Ⅳ类或Ⅲ类围岩进行计算。这样的假设与实际情况出入较大，计算结果配筋量过大，且不一定能满足水工钢筋混凝土结构限裂要求。用有限元模型可以模拟断层的位置及产状、规模、断层围岩及衬砌的物理力学性质、钢筋数量、围岩加固情况等因素对结构的影响。

有限元模型模拟高压管道可分为二维有限元及三维有限元模型。二维有限元模型采用平面应变单元模拟衬砌围岩及断层；三维有限元模型用厚壳等参单元模拟衬砌，8 结点等参单元模拟围岩及断层。用杆单元模拟钢筋、岩石锚杆等。平面有限元计算网格如图 9-2-1、图 9-2-2 所示。

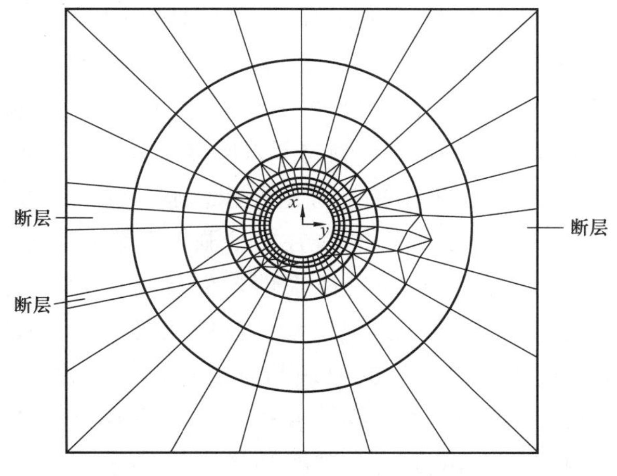

图 9-2-1　有限元计算模型 1

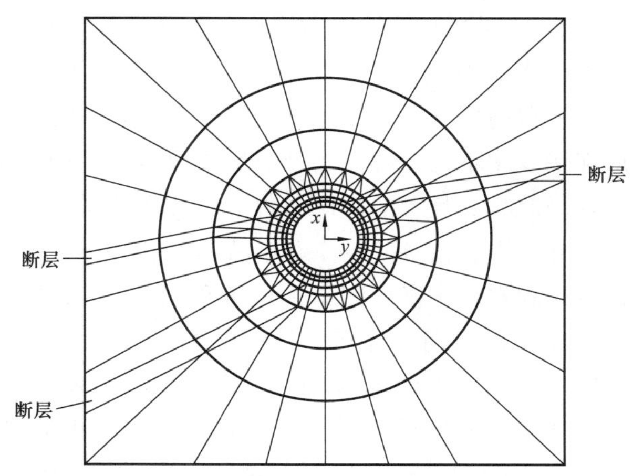

图 9-2-2　有限元计算模型 2

二维有限元模型的计算结果与三维相比较通常偏于安全。一般情况下，高压管道穿越断层的结构计算是高压管道结构分析的难点，用二维有限元模型进行高压管道穿越断层区域的内水压力作用下的结构分析步骤如下：

(1) 将管道开挖后实测的断层位置（或由地质钻孔等方法确定的断层位置）投影到横断面上，形成包括围岩、断层、混凝土衬砌、钢筋等单元的有限元网格。上述网格除钢筋用杆单元外，其余均用平面应变单元。

(2) 将内水压力按面力处理作用在混凝土衬砌内表面，求出混凝土衬砌单元的主拉应力值。

(3) 如果衬砌单元的主拉应力值大于混凝土的极限抗拉强度，则认为混凝土已开裂。

(4) 用各向异性材料单元输入混凝土开裂的单元，其中与裂缝垂直方向的混凝土弹模取一较小的值，计算出在内水压力作用下钢筋单元应力及围岩应力值。

(5) 用最大的钢筋单元应力值计算裂缝开展宽度，此缝宽应在允许值内，否则加大配筋重算。

(6) 计算围岩的地应力（通过模型边界加荷的办法实现，此时混凝土衬砌应输入一个很小弹模，以视无地应力作用在衬砌上）。

(7) 地应力与内水压力在围岩所引起的应力叠加，如果叠加后仍为压应力，则内水压力不会产生围岩的水力致裂现象。

3. 工程实例

(1) 广州抽水蓄能电站高压管道设计。

1) 广州抽水蓄能电站一期（简称广蓄一期）工程高压隧洞的结构设计，开始是采用传统的结构力学法进行计算，计算得到的结果是：随着水压力的加大，在满足限裂不大于 0.2mm 的条件下，在Ⅳ类围岩中的衬砌配筋量非常大。当洞内水压力为 636m 水头时，环向配筋量高达 1056cm²/m，即使把混凝土衬砌厚度由 60cm 加厚到 80cm，断面配筋量仍达 807cm²/m，无法在实际工程中实现。而采用平面有限元法进行结构设计，计算得到裂缝宽度为 0.159～0.49mm，大部分超过限裂值；尤其对有大断层通过的Ⅳ类围岩高压隧洞洞段，必须局部加大衬砌厚度设置双层钢筋方能满足限裂要求。为此，提出了以下设计原则：①Ⅰ、Ⅱ类围岩按结构力学法中的限裂计算进行设计，Ⅲ类围岩除少数洞段外，基本上是按结构力学法进行设计；②对Ⅳ类围岩，在有断层蚀变带通过的地段，利用各向异性材料的平面有限元法进行设计；③对Ⅳ类围岩的其他洞段，则利用平面有限元计算成果类比选用。对裂缝值超过 0.2mm 的洞段，如断层蚀变带洞段，加大混凝土衬砌厚度或配置双层钢筋时会给滑模施工带来一定困难，也影响施工进度。考虑高压隧洞的内水压力将由混凝土和通过固结灌浆后的围岩共同承担，经高压灌浆后围岩弹模提高等因素，将断层蚀变带洞段由双层钢筋改为单层钢筋。广蓄一期工程于 1993 年投入运行，经过近 8 年的运行及 3 次放空的检验，整个引水系统运行良好。通过高压隧洞埋设的钢筋计实测得到的最大钢筋应力为 52MPa，大部分钢筋应力小于 40MPa，远小于计算的钢筋和混凝土应力。实践说明，高压隧洞的结构设计按透水衬砌原理设计是合理的。

2) 广州抽水蓄能电站二期（简称广蓄二期）高压隧洞的最大静水头为 610m，考虑水锤压力后，最大设计水头为 725m，混凝土衬砌隧洞洞径为 8.0～8.5m，衬砌厚度为 60cm，采用 300 号混凝土。广蓄二期工程高压隧洞位于地下 80～550m 深的燕山三期中粗粒黑云母花岗岩中，整个高压隧洞沿线山体地形起伏变化不大。隧洞大部分覆盖厚度与对应内水压力之比为 0.8～0.85，侧向围岩厚度远大于垂直厚度，因此具有足够的埋深条件，岩体重力能够承受全部内水压力，满足抗抬理论要求。整个高压隧洞Ⅰ、Ⅱ类围岩占 83.2%，Ⅲ、Ⅳ围岩占 16.8%。两条较大的断层 F_{145}、F_2 分别在中平洞、下平洞通过，地下裂隙水较丰富。广蓄一期工程高压隧洞的设计考虑了衬砌的开裂即其透水性，但仅是一种尝试性质。广蓄二期工程高压隧洞的地形、地质条件以及引水系统布置、隧洞尺寸、运行条件等与广蓄一期工程引水系统非常相似。广蓄二期工程高压隧洞采用透水衬砌隧洞的原理和方法进行结构设计。所谓透水衬砌隧洞，其前提是：混凝土衬砌的渗透系数比围岩的渗透系数大或相当。考虑在高水头作用下，衬砌必然开裂，内水外渗形成围岩渗流场，其内水压力由混凝土衬砌和经过固结灌浆的围岩共同承担，并把作用在隧洞衬砌上的内水压力全部按渗透体积力考虑。广蓄二期工程高压隧洞采用非均质、任意主渗方向的三维各向异性渗流有限元模型，模拟大直径、高内压的钢筋混凝土衬砌隧洞，通过应力场和渗流场的耦合计算出混凝土衬砌及钢筋应力，确定混凝土开裂后的裂缝开展宽度范围。内水压力取静水头 610m，外水头边界按一期工程 8、9 点渗压计的读数 121m 和 256m 作用在模型相应高程的位置上，地质条件按Ⅱ、Ⅲ类围岩考虑，并根据由室内试验获得的渗透系数随应力大小而变化的关系式，即考虑应力场对渗流场的影响，经过渗流场和应力场的耦合计算得到以下结果：①在内水压力作用下，得到渗透压力等势线。当把内水压力全部按渗透体积力考虑，无水锤作用时，计算得到的钢筋应力远小于将内水压力作为面力处理时的钢筋应力。根据这一计算得到的钢筋应力（见表9－2－1），按《水工钢筋混凝土结构设计规范》计算混凝土裂缝宽度，均满足设计要求的限裂宽度。②在外水压力作用下计算得到的混凝土衬砌及钢筋应力见表 9－2－2，混凝土应力远小于其抗压强度。

表 9－2－1　　广蓄二期工程高压隧洞按渗透体积力计算的钢筋及混凝土应力　　MPa

围岩类别	混凝土切向拉应力	混凝土径向压应力	钢筋应力
Ⅱ	0.014	－1.24	98.4
Ⅲ	0.02	－1.58	131.2

表 9－2－2　　广蓄二期工程高压隧洞外水压力作用下混凝土和钢筋应力　　MPa

序　　号	围岩类别	混　凝　土		钢　　筋	
		最大压应力	最大拉应力	最大压应力	最大拉应力
1	Ⅱ	－2.61	0.12	－33.9	2.6
2	Ⅱ	－4.38	0.28	－59.7	5.58
3	Ⅱ	－14.0	—	－102.2	—
4	Ⅱ	－3.24	0.3	－26.4	—
5	Ⅲ	－9.5	—	－71.4	—

3）边界元法高压透水衬砌隧洞分析。针对广蓄二期工程高压隧洞 F_2 断层洞段的复杂性，采用三维边界元建立包括混凝土开裂后各向异性材料单元、钢筋单元、围岩及断层单元模拟上述洞段，采用了英国 BEASY 程序进行计算。边界元法计算的渗流场势值及渗流量比有限元法计算值小约 3%，最大钢筋应力比有限元法计算值小约 17%。原因是边界元法的固体力学模型钢筋单元与混凝土共面，能模拟钢筋与混凝土的粘结作用，而有限元法模型是用钢筋杆件单元连结混凝土单元的环向内侧结点，故钢筋应力要大些。广蓄二期工程高压隧洞衬砌的配筋采用了高压透水衬砌的计算成果，与广蓄一期工程相同工作条件的洞段相比，环向钢筋大幅度削减，如承受最大水头的下平洞，由 ϕ32@10 减至 ϕ25@12.5，纵向钢筋基本上按构造配筋（ϕ16@20）配置，并全部采用了单层钢筋。

（2）天荒坪抽水蓄能电站高压管道设计。天荒坪抽水蓄能电站高压管道所在部位Ⅰ、Ⅱ类围岩占80%以上，岩石最小覆盖比约为 0.5，采用钢筋混凝土薄衬砌，设计厚度为 50～60cm。配筋按限裂要求计算确定。输水隧洞圆形断面部分按《水工隧洞设计规范》单筋混凝土允许开裂计算配筋量，按限裂 0.2mm 校核。斜井的倾角为 58°，钢筋混凝土衬砌本身就是透水衬砌，不设贯穿衬砌的减压孔。斜井衬砌在高程 510m 施工支洞以上厚为 0.4m，构造配筋（后因施工原因改为衬厚 0.5m），高程 510m 施工支洞以下厚 0.60m，也按构造配筋，但应核算裂缝宽度是否超过 0.2mm，如超过，则按限裂设计加大配筋量。限裂计算时不考虑水锤压力。天荒坪抽水蓄能电站高压管道的上平段及上弯段配置 ϕ25@20 的环向钢筋和 ϕ16@30 的纵向钢筋，斜井配置 ϕ25@20 和 ϕ28@20 的环向钢筋及 ϕ22@25 的纵向钢筋。整个斜井衬砌不分结构缝，对滑模施工有利。

（3）泰安抽水蓄能电站高压管道设计。泰安抽水蓄能电站高压管道为竖井式布置，由上平段、竖井、下平段组成。1 号引水隧洞总长 358.5m，2 号引水隧洞总长 354.9m，1 号、2 号竖井高度分别为 259m、262m。衬砌厚度为 60cm。混凝土性能指标：260.4m 高程以上 C25W8F50，260.4m 高程以下 C25W10F50。根据隧洞的实际运行条件和实践经验，泰安高压管道衬砌计算方法，根据隧洞承受内水压力分两段进行计算，静水压力小于150m段按面力理论进行计算，即按SL 279—2002《水工隧洞设计规范》附录B公式计算配筋；大于150m水头段按体力法公式进行计算，并按正常使用极限状态计算裂缝宽度。最终采用的衬砌配筋：260.4m高程以上环向ϕ25@20纵向ϕ22@20，260.4m高程以下环向ϕ25@15纵向ϕ22@20，钢筋净保护层厚度为8cm。

（二）工程措施

1. 开挖、支护

为保证围岩具有较好的完整性，开挖采用光面爆破技术，减少由于爆破引起的围岩松动圈的深度。通过断层段，应采取埋设岩石锚杆等有效支护措施。

2. 灌浆

为保证混凝土和围岩联合受力，对于平洞段钢筋混凝土衬砌的顶部，必须回填灌浆。回填灌浆的范围，一般在顶拱中心角90°～120°以内，其目的在于填补顶拱由于混凝土浇筑不密实而留下的空隙。故其灌浆孔深均以打穿混凝土遇到空腔为准，若无空腔时则伸入岩石5cm以上。

对于承受高水头作用的高压管道，一般情况下应进行固结灌浆。高压固结灌浆，除了起到加固围岩、防止高压水沿节理裂隙渗流的作用外，作用在混凝土衬砌的有效预压应力，将钢筋应力限制在一定的范围内，使在内水压力作用下的混凝土衬砌的裂缝开展宽度得到控制。

此外，对高压管道围岩应力释放区的高压固结灌浆，将使管道围岩的地应力得到调整，起到加强围岩与混凝土衬砌的联合作用。高压灌浆产生的对混凝土衬砌及灌浆区围岩的预压应力作用、以及有利的地应力调整，增加了高压管道的安全度。

对穿越断层的高压管道，更应做好对管道周围断层区域的固结灌浆，以提高该区域围岩的整体性及抗渗性。固结灌浆是加固穿越断层区域的高压管道的主要工程措施，增大混凝土衬砌厚度及增加配筋量与固结灌浆相比为次要工程措施。十三陵抽水蓄能电站运行十年后例行放空检查发现，引水隧洞共有13条裂缝，裂缝宽度均小于0.2mm；而1号尾水隧洞存在75条裂缝，其中有19条裂缝的宽度大于0.2mm，最大裂缝宽度为0.8mm左右，且大部分裂缝为贯穿性裂缝，2号尾水隧洞普查长度为875m，共发现环向裂缝38条，纵向裂缝80条，裂缝总长度约1200m。环向裂缝长626.12m，宽度在0.2～0.8mm，大部分宽度在0.5mm左右；宽度大于0.2mm的纵向裂缝共47条，总长为337.08m，裂缝深度较深，部分已贯穿衬砌。引水隧洞和尾水隧洞同为钢筋混凝土衬砌，二者承受的内水压力均在0.6MPa左右，引水隧洞的围岩以$Ⅲ_b$和Ⅳ类为主，尾水隧洞围岩以Ⅱ、$Ⅲ_a$为主，尾水隧洞岩石条件好于引水隧洞，两条洞段均进行了固结灌浆，引水隧洞的固结灌浆压力为1.0～1.4MPa，尾水隧洞为0.5MPa，由此可见提高固结灌浆压力对于限制裂缝具有明显的效果。

对高水头、大洞径的高压管道的固结灌浆，一般宜分两步，即浅孔低压固结灌浆及深孔高压固结灌浆。浅孔低压固结灌浆的目的有三点：①处理混凝土与岩石之间的接触缝隙，使之接触紧密；②加固因爆破而产生的岩石松动圈；③为深孔高压固结灌浆提供较为坚固的塞位。其压力为1～2MPa，孔深2～3m（包括混凝土衬砌厚）。浅孔固结灌浆，排间、排内不分序，但应从底拱孔先开灌。宜将本区段孔全部钻好才开灌，以利于排气及浆液扩散。灌浆过程中如发生串浆现象则不堵塞串浆孔，而把主灌孔移至串浆孔施灌，若多孔串浆则联灌。深孔高压灌浆，按排间分序，排内分序，即分奇数孔及偶数孔，从底拱灌至顶拱。最大灌浆压力宜等于或略大于高压管道静水头。通常根据高压管道承受的内水压力、围岩的最小主应力和围岩类别综合确定固结灌浆的最大压力。

随着对高压隧洞设计施工经验的积累和原型观测的分析，对于完整性好，渗透系数小的Ⅰ、Ⅱ类围岩洞段，灌浆孔的深度有减小趋势。广蓄二期高压隧洞的灌浆有水泥灌浆和化学灌浆两种，水泥灌浆借鉴一期工程的经验，根据Ⅰ、Ⅱ类围岩吸浆量少、爆破松动圈小的实际情况，把入岩孔深调整为2.5m，排距3m；Ⅲ、Ⅳ类围岩孔深为5m，排距3m。化学灌浆仅在下平洞大断层F_2处有渗水的洞段进行。

国内抽水蓄能电站钢筋混凝土高压管道固结灌浆主要参数见表9-2-3。天荒坪抽水蓄能电站钢筋混凝土高压管道固结灌浆压力分布如图9-2-3所示。

表 9-2-3　　国内抽水蓄能电站钢筋混凝土高压管道固结灌浆压力

序号	电站名称	管道最大设计水头（m）	静水头（m）	最大灌浆压力（MPa）
1	广蓄一期	725	610	6.1
2	广蓄二期	725	610	6.5
3	天荒坪	870	680	9.0
4	泰　安	400	309	5.0
5	惠　州	750	627	7.5
6	宝　泉	800	640	8.0

3. 防渗与排水

钢筋混凝土衬砌高压管道的防渗与排水设计，应根据管道沿线围岩的工程地质、水文地质、设计条件，采用堵（如衬砌、灌浆）、截（设置防渗帷幕）、排（排水廊道、排水孔）等综合措施，以改善衬砌结构和围岩的工作条件。

对于混凝土衬砌段，防渗主要靠围岩和衬砌外的高压深孔固结灌浆，由于这种结构形式属于透水衬砌，通常不设降低外水压力的排水措施，而是考虑管道的放空需要在不同的施工支洞位置布置有放空用的排水设施；而对于混凝土衬砌的支洞封堵部位通常要考虑堵的措施，即支洞封堵部位不仅要满足稳定要求，尚需进行接触灌浆，堵头的长度要满足最小水力梯度的要求。

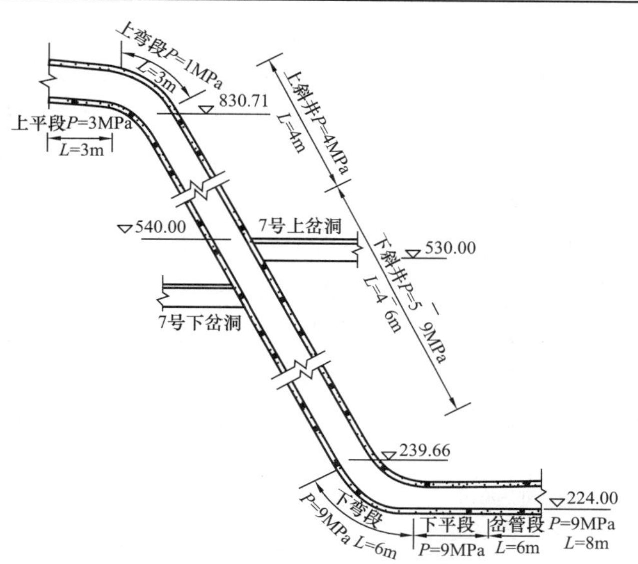

图 9-2-3　天荒坪电站高压管道固结灌浆压力分布图
P—灌浆压力；L—钻孔深度

截水措施，通常用于钢板衬砌与混凝土衬砌相连接部位，在钢板衬砌的起始管节上布置 3 道帷幕灌浆孔，帷幕的有效宽度约为 3～4m，主要目的是阻止内水外渗，减小钢衬外水压力，避免钢板衬砌段管道的破坏。排水措施，主要是对钢筋混凝土衬砌段与厂房之间的钢板衬砌段而言，钢筋混凝土衬砌在高水头的长期作用下，内水外渗形成一个稳定的渗流场，在钢板衬砌段会形成较高的外水压力，直接威胁钢板衬砌段的稳定，为了有效地降低外水压力，一般是在钢板衬砌段的上方布置排水洞，并在排水洞内布置排水孔，排水孔布置的范围为全部的钢板衬砌段。同时在钢管外侧布置紧贴管壁的直接排水系统，通过管路将直接作用在钢管外壁的渗水排入厂房集水系统。但应注意围岩可承受的水力梯度，防止高压水内水外渗。在排水洞和排水孔布置时，一定要注意和主洞的距离，防止因水力梯度较大而形成水力劈裂，导致渗透破坏。

二、压力钢管

（一）设计原则及假定

对于露天钢管，钢管所有的荷载全部由钢管承担，而对于地下埋藏式压力钢管，则根据围岩覆盖厚度的不同，考虑围岩分担部分内水压力。通常埋藏式压力钢管均考虑钢板、混凝土和围岩联合受力，共同承担内水压力；而外水压力则考虑由钢板全部承担。

（二）计算方法

当覆盖岩层厚度满足规范要求时，可根据围岩物理力学指标，容许围岩承担部分内水压力。计算方法按 DL/T 5141—2001《水电站压力钢管设计规范》附录 B 的结构分析方法进行计算。

（1）对于埋藏式压力钢管计算应考虑的荷载有内水压力和外压。

（2）荷载组合。管内满水时：内水压力；管内无水时：外压。

（3）应考虑的应力主要有环向应力、轴向应力。

（4）设计条件。管内满水时，以各向应力不超过材料的抗力限值 σ_R 或容许应力 $[\sigma]$ 为基本条件，对于异型管需验算合成应力。合成应力可用下式计算

$$\sigma_g = \sqrt{\sigma_1^2 + \sigma_2^2 - \sigma_1\sigma_2 + 3\tau^2}$$

式中 σ_g——合成应力；

σ_1——环向应力（拉为正）；

σ_2——轴向应力（拉为正）；

τ——垂直于轴向的剪应力。

管内无水时，光面管在 2 倍外压作用下；加劲管在 1.8 倍外压作用下，管壁不得发生失稳现象。

（5）钢管承受内水压应力分析。

1）计算方法。当覆盖岩层厚度满足 DL/T 5141—2001 附录（二）第二条要求时，可根据围岩物理力学指标，容许围岩承担部分内水压力。由于围岩的未知因素很多，或者存在局部不良地质条件，难以确保符合理论计算状态，设计时宜限制围岩对内水压力的分担率，一般原则是“即使围岩实际未分担内水压力，由内水压力引起的钢材管应力也不能超过钢材的屈服点”，即所谓的“明管控制准则”。对处于厂房围岩松弛区内和施工支洞影响范围内的钢管，应降低围岩分担率限值，或取为零。应力分析一般应遵照 DL/T 5141—2001 附录（二）执行，也可参考其附录 A。当管径较大，围岩很不均匀时，宜辅以有限单元法分析。由于岩体并不是各向同性的完全弹性体，而且，通常都呈现塑性变形、蠕变等非线性性状。此外，在钢管与混凝土衬砌间因管内通水降温、混凝土收缩、岩体及混凝土塑性变形以及施工因素等产生的间隙。如何在计算中反映这些因素，则是围岩分担内水压理论处理中的重要问题。表 9-2-4 例举了一些具有代表性的处理技巧（见图 9-2-4），由表 9-2-4 可见，各家的基本设想并无多大差别，均是基于厚壁圆筒变形相容原理，只是对各层变形计算时考虑的因素有所不同。在进行内水压力作用下的应力分析时，应注意围岩的弹性模量及塑性变形系数和缝隙值的选取。为了有效且安全地利用围岩分担内水压力，必须充分掌握围岩物理力学特性（尤其是弹性模量和塑性变形系数），对于大型压力管道除应进行必要的地质勘探外，还应进行原位试验。试验的方法有平板载荷试验、平洞压水试验、洞内弹性波探测和孔内载荷试验等，前两项是主要试验手段，但他们的试验结果得到的围岩特性值仅能反映其试验位置特性，为了使其与管道沿线地质条件相对应，则还应根据情况在不同位置选择进行其他试验和现场地质调查，以便掌握全面情况。

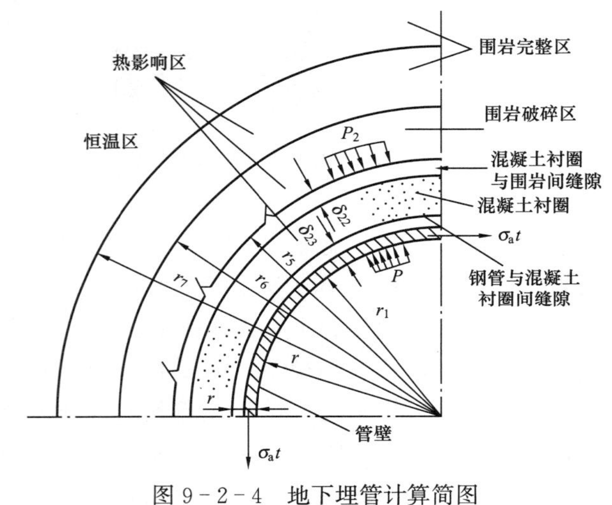

图 9-2-4 地下埋管计算简图

表 9-2-4 荷载传递计算技巧示例

创意者	钢衬、混凝土和围岩系统的变形量				
	钢衬	混凝土	已扰动的围岩	原状围岩	环状间隙
Gumen，Chu（1948）	$\frac{P_sR_s^2}{t_sE_s}$	作为原状围岩看待	作为原状围岩看待	$\frac{P_1R_1}{E_R}(1+v_R)$	不考虑
Vaughun（1956）	$\frac{P_sR_s^2}{t_sE_s}$	$\frac{P_1R_1}{E_c}\ln\frac{R_2}{R_1}$	$\frac{P_1R_1}{E_R}\ln\frac{R_x}{R_2}$，建议取 $R_x=3R_2$	$\frac{P_1R_1}{E_R}(1+v_R)E_R$ 考虑塑性变形	需做温度分析
Patterson，Clinch，Mccaig（1957）	$\frac{P_sR_s^2}{t_sE_s}$	$\frac{P_1}{E_c}\frac{R_2^2-R_1^2}{2R_2}$	$\frac{P_1R_1}{E_R}\frac{R_x^2-R_2^2}{2R_xR_2}$，建议取 $R_x=3R_2$	$\frac{P_1R_1}{E_R}(1+v_R)$	$0.0003R_s$
Moody（1959）	$\frac{P_sR_s^2}{t_sE_s}$	$\frac{(P_1+P_2)(R_2-R_1)}{2E_c}$	作为原状围岩看待	$\frac{P_1R_1}{E_R}(1+v_R)$	考虑但未给出公式
Lauffer，Seeber（1961）	$\frac{P_sR_s^2}{t_sE_s}(1-v_s^2)$	作为原状围岩看待	作为原状围岩看待	$\frac{P_1R_1}{E_R}(1+v_R)$	$0.0003R_s$

续表

创意者	钢衬、混凝土和围岩系统的变形量				
	钢衬＝混凝土＋已扰动的围岩＋原状围岩＋环状间隙				
Ramos，Abrams（1969）	$\frac{P_sR_s^2}{t_sE_s}$	作为已扰动的围岩看待	$\frac{P_1R_1}{E_R}\ln\frac{R_x}{R_1}$，建议取 $R_x=3R_2$	$\frac{P_1R_1}{E_R}(1+v_R)$	$0.0002R_s$
Kruse（1970）	$\frac{P_sR_s^2}{t_sE_s}(1-v_s^2)$	$\frac{P_1R_1}{E_c}\ln\frac{R_2}{R_1}$	$\frac{P_1R_1}{E_R}\ln\frac{R_x}{R_2}$ 建议取 $R_x<3R_2$	$\frac{P_1R_1}{E_R}(1+v_R)$	$0.0001R_s$
Jacobsen（1977）	$\frac{P_sR_s^2}{t_sE_s}(1-v_s^2)$	作为已扰动的围岩看待	$\frac{P_1R_1}{E_R}\ln\frac{R_x}{R_1}$ 建议取 $R_x=5R_2$	$\frac{P_1R_1}{E_R}(1+v_R)$	$0.0005R_s$
U.S. Army Corps of Enginneer（1978）	$\frac{P_sR_s^2}{t_sE_s}(1-v_s^2)$	$\frac{P_1t_c}{E_c}(1-v_s^2)$	作为原状围岩看待	$\frac{P_1R_1}{E_R}(1+v_R)$	不考虑
东正久（1966）	$\frac{P_sR_s^2}{t_sE_s}$	$\frac{P_1R_1}{E_c}\ln\frac{R_2}{R_1}$ 考虑塑性变形	作为原状围岩看待	$\frac{P_1R_1}{E_R}(1+v_R)$ 考虑塑性变形	$\alpha\cdot\Delta T\cdot R_s$

2）围岩参数。至于在设计中如何应用试验成果，则是一个集经验、经济、安全于一体的综合性问题。根据日本文献统计，在11座钢管道中，其围岩弹性模量（部分为变形模量），有8个工程以平板荷载试验的结果为计算依据。而对所得试验值的评价，以最小值或以下值作为设计值的有5个工程，取平均值与最小值之间的有3个工程，按不同部位取最小值或平均值的有1个工程，取比该部位更差的围岩等级处的试验平均值的有2个工程。所有数据均考虑了安全系数，纵观这11座钢管设计采用的弹性模量值，最大者仅为7.5GPa，可见设计者的安全意识。关于塑性变形系数，尽管这些工程试验结果差别较大，但大多采用0.5，地质条件差的采用1.0（由平板载荷试验直接求变形模量的四个工程除外）。十三陵抽水蓄能电站压力管道，选择了两个具有代表性的典型地段，进行原位缩尺模型水压试验，此前，在该部位还进行了平板载荷试验。受具体条件限制，本管道未进行其他辅助试验，管道沿线参数是依地质现场调查结果类比而选用。试验成果与设计取值见表9-2-5。

表9-2-5　十三陵抽水蓄能电站钢管围岩物理特性试验成果及设计取值　**GPa**

试验洞编号		Ⅰ	Ⅱ
位　置		电站厂房上游探洞内	压力管道中部支洞内
岩　性		侏罗系安山岩（块状构造）	复成分砾岩（f_2 张裂带内，平行设置）
围岩类别		$Ⅲ_a$	$Ⅲ_b$、Ⅳ、Ⅴ
弹性模量（GPa）	测试结果	平板载荷试验 31.7	平板载荷试验 8.6～16.7 破碎带 0.4～0.65
		平硐水压试验 14.4～18.2	平硐水压试验 3～8.9
	设计取值	6	$Ⅲ_b$ 5；Ⅳ 2；Ⅴ 0
塑性变形系数	测试结果	平板载荷试验 0.36	平板载荷试验 0.458～0.6 破碎带 1.24
		平硐水压试验（塑性变形很小）	平硐水压试验 0.49～0.52
	设计取值	0.5	0.5

3）初始缝隙。①通水降温缝隙。原则上应取安装时钢管温度与通水后的最低水温之差。但前者与地温、混凝土水化热温升及施工期洞内通风情况有关，难于准确确定。在日本大多估计通水温降为15～20℃。十三陵抽水蓄能电站钢管设计系按多年平均气温与最低水温之差，近似选用了15℃。实测温差表明，此值偏小，适宜数值尚待进一步分析研究。但对于埋置深度很大的钢管，无疑还须考虑到地温梯度。②施工缝隙。因施工不良而造成的缝隙，其数值因施工方法、施工质量和施工部位而异。十三陵抽水蓄能电站钢管原位模型水压试验，测得充水前钢管与混凝土间的缝隙值，中部和底部为

0～0.1mm，顶部为0.265mm。混凝土与围岩间的缝隙平均值为0.19mm。为此在计算中取等代温降10℃作为施工缝隙值（0.23～0.32mm）。上述两项合计为等代温降25℃（缝隙值0.57～0.78mm）。实际上，由于十三陵抽水蓄能电站钢管外侧系采用添加UEA膨胀剂的混凝土回填，因此施工缝隙值很小，据充水期原型观测显示，多数测点钢管与混凝土间隙为0，少数顶部或底部间隙达0.5mm左右，最大值为0.54mm，说明设计综合取值尚偏于安全。实际施工中，由于混凝土自身的收缩和混凝土施工措施不当等原因，在水平段钢管的底部会存在局部的脱空，通常都是通过接触灌浆处理。即使采用接触灌浆，仍然有局部脱空存在，致使管壁外围存在不均匀缝隙，在结构设计中需予以考虑。

（6）抗外压稳定分析。埋藏式压力钢管的抗外压稳定分析主要包括计算公式选取、设计外压值确定、排水措施等几个方面。关于计算公式，我国《水电站压力钢管设计规范》已有明确推荐，且在其编写说明中对选取理由做了详述，不再赘述。现仅就其他问题叙述如下：作用于压力钢管的外压，有山体渗透水压力、施工时的流态混凝土压力和灌浆压力。钢管必须能承受这些因素引起的可能最大外压。浇筑混凝土时，所造成的外压与浇筑速度有关，对大*HD*钢管而言，因受运输条件的限制，其速度不可能很快（十三陵抽水蓄能电站钢管外层混凝土浇筑速度约为15m/d）。即使按10m段长的液态混凝土计，其形成的压力也只有0.2MPa左右。钢板与混凝土间的接触灌浆一般多采用0.1～0.2MPa。混凝土与围岩间空隙的回填灌浆压力一般取0.5MPa左右。为了强化与改善开挖松驰区及围岩性状而进行的固结灌浆压力，则需视设计者的意图及具体条件确定，可达1～2MPa。但从日本11座考虑围岩分担的大*HD*钢管来看，其中7座未做固结灌浆，1座局部做，3座进行了固结灌浆，而在实际设计中并未考虑其改善围岩弹性模量的效果。由上可见，对大*HD*钢管而言，除特殊情况外，控制外压稳定的主要因素是山体渗透水压力。确定山体渗透水压力数值，是较复杂的问题，因为天然地下水位与工程区的地形、地质、水文地质及气象条件密切相关，还常随着季节而变化。修建水库和水道可能使地下水位抬高；开挖隧洞和排水洞、设置排水系统又会降低地下水位，影响因素很多，难以定量分析，因而，只有因地制宜，近似确定。国内外工程设计外压取值实例见表9-2-6。

表9-2-6　　设计外水压力取值实例

<table>
<tr><th colspan="2">设计外水压力取值</th><th>工　程　实　例</th><th>主　要　思　路</th></tr>
<tr><td colspan="2">采用钢管中心至上水库蓄水位的水头</td><td>日本　喜撰山（管壁排水）
日本　读书第二
日本　池原上段钢管</td><td>管段距水库近；
沿管壁外侧发生轴向渗流的可能性</td></tr>
<tr><td colspan="2" rowspan="2">采用相当于管顶覆盖厚度的水头</td><td>加拿大　Kemano
加拿大　Bersimis
法国　Roselend La Bathee
日本　奥吉野（无排水）
日本　奥多多良木（无排水）</td><td>地下水位抬升的极限</td></tr>
<tr><td>日本　玉原（管壁排水和岩壁排水）
日本　奥矢作第二（管壁排水和岩壁排水）</td><td>长期使用排水设施可能恶化</td></tr>
<tr><td rowspan="2">采用比例折减管顶覆盖厚度的水头</td><td>50%</td><td>日本　沼原（岩壁排水）
中国　十三陵（岩壁排水和排水洞）</td><td>考虑排水效果
即使排水失效，地下水位达到地面，管壁抗外压稳定安全系数仍大于1</td></tr>
<tr><td>30%</td><td>日本　今市（岩壁排水和管壁排水）
日本　新高濑川（管壁排水和岩壁排水）</td><td>考虑排水效果
采用电模拟发测定</td></tr>
<tr><td rowspan="2">全管采用固定外压值</td><td>0.5MPa</td><td>卢森堡　Vianden</td><td>试验洞实测最大值为14.7N/cm²</td></tr>
<tr><td>0.4MPa</td><td>日本　下乡（岩壁排水和排水洞）
日本　新丰根（管壁排水）</td><td>考虑排水效果</td></tr>
<tr><td colspan="2">采用等于50%内水压力的外压</td><td>秘鲁　Huinco</td><td>考虑排水系统作用</td></tr>
<tr><td colspan="2">不专门考虑外水压力</td><td>巴西　Cubatao（原计划设管壁排水）</td><td>实际无排水，而增厚钢衬</td></tr>
<tr><td colspan="2">采用勘测期推测地下水位</td><td>我国的一些引水式电站</td><td>管道距水库较远，渗水不会引起地下水位上抬</td></tr>
</table>

日本喜撰山抽水蓄能电站有两条压力管道，一条设置管外排水管，一条不设，采用孔隙水压力计测定渗透水压力，测定值见表 9-2-7。该管道围岩紧密，进行了回填灌浆和接触灌浆，实测的孔隙水压力与该处的管内静水头相比是较小的。

表 9-2-7　日本喜撰山抽水蓄能电站实测孔隙水压力　kgf/cm²

测　点		①	②	③	④	平均	管内静水压
1号管	A		0.96		0.71	0.84	21.0
	C	1.30		0.84	0.72	0.95	21.4
	D	1.31	0.07	0.41	0.79	0.64	22.1
	E	0.01	0.21	0.44	1.16	0.46	22.4
	B		1.02		0.04	0.53	22.7
2号管		1.23	1.42	1.11	1.12	1.22	22.0

注　1号管设排水管，2号管没有设排水管；测点①、④在上45°位置，②、③在下45°位置；1kgf=9.80665N。

日本读书第二电站，在管外埋设孔隙水压力计，大约在一年后，测定最大外水头不超过 4.5m，而按库水位设计的外水头为 94m。

瑞士 Newdatz 电站，进行地下水位观测，运行四年后，在三叠纪地层部分地下水位恢复到修建管道前的状态。

澳大利亚 Tumut1、Tumut2 电站，运行五年后测得地下水位均大大低于修建前水位。

十三陵抽水蓄能电站压力管道，运行十年后实测地下水位大大低于原始地下水位。

由上可见，实测地下水位结果极不一致，难以定量分析。设计者只能采用偏于安全的数值，并拟定可靠的排水措施，以利提高钢管的抗外压稳定安全裕度。

广蓄一期钢衬段外水压力取值：厂内明管段按一个大气压作为设计外压，尾水钢支管和引水钢支管的埋管段均按洞顶覆盖岩层厚度折减 20%作为外水压力。

天荒坪抽水蓄能电站压力钢管外水压力按地下水位线至排水廊道折减 0.3 计、排水廊道至钢管顶部按全水头计算。抗外压安全系数为 2.0。采用计算外水压力=地下外水压力$+\Delta P$，ΔP 为钢管内外允许气压差，取值为 0.1MPa。

泰安抽水蓄能电站外水压力取值采用下述三种情况的最大值作为设计值：施工期外水压力、运行期外水压力、检修期外水压力。考虑检修期一洞检修另一洞运行的情况下，检修侧钢衬的外压或者两洞同时放空检修情况下的瞬时外压，以及在钢衬上方设置排水廊道后山体外压折减等因素，设计外水压力值取 116.21m 水头。

琅琊山抽水蓄能电站压力钢管外水取值：根据三维渗流场计算分析结果，结合实际地形地质条件和水文地质条件，及排水洞的布置分部位确定外水压力。

需要注意的是，钢板衬砌是不透水的，混凝土毕竟是透水性材料，只是渗透系数小而已。水工隧洞设计规范中关于外水压力的折减系数，不适用于钢管衬砌。钢管外水压力折减系数的选用主要与排水措施相匹配。

（三）工程措施

1. 灌浆

埋藏式压力钢管的灌浆，包括回填灌浆、接触灌浆和固结灌浆三项。前两项的目的是将浆液灌入围岩和混凝土之间的空隙及钢管与混凝土之间的空腔，使结构与围岩形成整体，可靠地将内水压力传递给围岩。而固结灌浆的目的是将浆液灌入围岩松弛区和裂隙，以改善围岩性状。

(1) 回填灌浆。回填灌浆一般只在压力管道平段实施。而在斜井和竖井中，较容易将混凝土回填密实，所以无此必要。回填灌浆的施工方法，有预留灌浆孔和外设纵向管路系统灌注两种。我国以往多采用预留灌浆孔法，但因此法存在后期封堵困难和占用直线工期等问题，尤其在高强钢板上开设灌浆孔，封堵时还会产生焊接裂纹，更是一个新增的疑难问题。纵向管路系统灌注法，可以避免上述问题，但对灌浆效果尚缺乏直接的检查手段，只能依靠严格的施工管理来保证，这是此法的不足之处。十三陵抽水蓄能电站钢管中、下平段均为高强钢板，采用了纵向管路灌浆系统。“系统”以混凝土浇筑段为单元，每个单元一般分为三个小区，各设 ϕ40mm 灌浆管和排气回浆管一套，管路平行布置于洞的上部，出口选择相对最高点。灌注以逐区后退的方式进行，灌浆压力为 0.4MPa，以回浆管口冒浆后，延续灌浆 5min 为结束条件，经过端面检查和少量原型观测，说明灌浆的质量和效果是好的。应当指明的是，本钢管回填灌浆浆液中也掺入了 UEA 膨胀剂，掺量为胶凝剂总量的 10%。

(2) 接触灌浆。接触灌浆的目的是充填钢管与混凝土之间的缝隙。问题是缝隙并非均匀分布，脱空位置难以预料，无法预先设置灌浆孔，而需临时开孔（一个进浆，一个排气），就更加大了封堵的困难。何况，经敲击检查呈鼓声的区域，钻孔后有时也灌不进浆液，反而增加了安全隐患。因此，应慎重考虑接触灌浆的取舍。当采用焊接性能良好，延伸率较高的钢板时，可以考虑设置接触灌浆孔；对于焊接裂纹敏感性较高的钢板，应考虑采用管外预设管路进行灌浆。日本 11 座电站埋藏式压力钢管中就有 10 座未进行接触灌浆。十三陵抽水蓄能电站钢管因采用膨胀混凝土回填，也省略了这一工序，效果良好。

(3) 固结灌浆。固结灌浆的目的是加固岩体，提高围岩分担率和抗渗性。从日本实测资料看，实施固结灌浆效果是明显的。今市抽水蓄能电站在岩面喷混凝土后进行低压（0.3～0.5MPa）固结灌浆，灌浆后变形模量为灌浆前的 1.5 倍。喜撰山抽水蓄能电站，采取在回填混凝土后用预留灌浆孔灌注的方法实施，经通水时量测，在进行接触灌浆和固结灌浆的部位，围岩分担率为 0.63～0.74；而只进行接触灌浆的部位，围岩分担率为 0.56～0.67。木曽抽水蓄能电站经高压灌浆（0.5～1 倍设计内水压）后，围岩的弹性模量由 4GPa 提高到 10GPa，由此可见固结灌浆的效果。尽管有这些实例，但日本在实际设计中并未对固结灌浆改善围岩的效果加以考虑，而只是作为一种安全裕度。另据上述日本 11 座埋藏式压力钢管资料统计，其中也只有 4 座做了固结灌浆，其余 7 座未做。主要是考虑高强钢灌浆孔的封堵、费用和工期比较以及围岩弹性模量取值的相对准确程度等。同理，十三陵抽水蓄能电站压力钢管也未进行固结灌浆。

2. 排水措施

埋藏式压力钢管考虑围岩分担部分内水压力后，钢衬厚度减薄，管壁厚度有可能受控于抗外压稳定，尤其是高强钢板又不允许设加劲环，因此设置排水措施，减小作用于钢管上的外水压力成为最有效的措施。至于排水效果，则要结合实际充分考虑岩体渗流的特点以进行分析。排水的设计除借鉴已建工程实例外，还宜进行有排水的渗流场分析。

压力钢管降低外水压力的排水措施通常分为直接排水系统和间接排水系统。直接排水系统是指在钢管外壁布置的排水措施，间接排水措施是指在距钢管一定距离为降低钢管外地下水位而布置的排水洞或排水孔等措施。直接排水系统布置在钢管外壁，直接将钢管外侧的渗水排出，对降低钢管外水压力最有效，但由于施工、混凝土岩石的含钙物质析出等造成堵塞可能使排水失效，又不易修复，通常只将其作为安全储备。间接排水利用已有的施工支洞或开设专用的排水洞，在洞壁布置排水孔以达到降低钢管周围地下水位的目的，是目前普遍采用的钢管外排水措施。下面介绍几个工程排水布置实例。

(1) 十三陵抽水蓄能电站压力钢管排水系统。十三陵抽水蓄能电站压力管道沿线地质条件复杂，采用了管道岩壁排水系统和排水洞综合排水措施（见图 9-2-5）。排水洞主要是利用勘探洞和施工支洞改建而成，共有四条，其中：两条处于厂房顶部高程，控制下平段地下水位；一条处于管道中部高程，在其末端还布设了三个深 30m 的排水钻孔，方向平行于上斜段轴线，因此这一排水洞向上控制了上斜下段，向下控制了下斜段地下水位；最上一层排水洞位于上斜段中部，可控制上斜段范围地下水位。岩壁排水系统，系沿钢管洞底两侧，各埋设 DN159 排水主管一条，岩壁排水钻孔设于岩壁中下部，排距 5m，孔深 1.5m，孔径 ϕ38～ϕ45mm，由插入钻孔的 ϕ32mm 硬质聚乙烯管与主管相连，深入孔内的花管用无纺布包裹作为反滤层。此系统以中平段为界，分为两个独立单元，上部集水排入中部排水洞，下部集水排入厂房排水沟。根据十三陵水道系统上、中、下三层排水洞排水流量统计，1999～2004 年监测排水流量有逐年减少的趋势，可能与华北地区连续旱年有关。1 号、2 号高压管道下平段直接排水流量见监测成果表明：压力管道所设排水措施仍能起到较好的作用。从本工程投产至今的观测以及中支洞开挖后所揭示的地下水位变化情况均表明，十三陵管道排水系统的作用是明显的，参见表 9-2-8 和表 9-2-9。

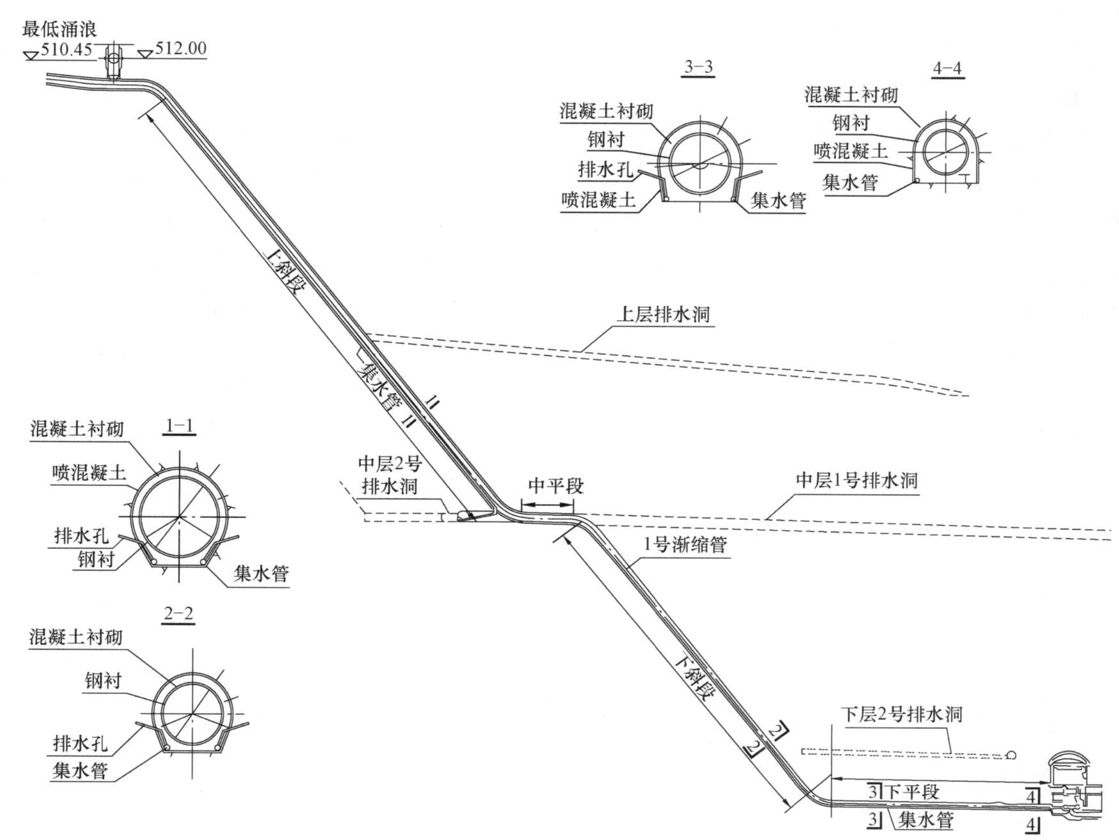

图 9-2-5　十三陵抽水蓄能电站压力钢管排水系统布置图

表 9-2-8　　十三陵抽水蓄能电站水道系统排水流量实测统计　　l/min

观测时间	中支洞 214.5m（高程）2 号水道观测部位流量		下层排水洞 60m 高程			上层排水洞 300～330m 高程
	1 号	2 号	1 号	2 号	3 号	
1999 年	3.6～0.75	30～21	2.0～1.0	15.0～7.2	13.2～7.2	9.0～0
2000 年	1.0～0.36	27.6～15.6	1.2～0.4	9.0～4.3	10.2～4.2	16.0～0
2001 年	0.75～0.32	21.6～15.6	0.8～0.16	5.4～3.66	4.56～2.76	8.4～0
2002 年	0.42～0.17	20.4～13.2	0.16～0.07	4.14～2.64	3.0～1.8	2.9～0
2003 年	0.25～0.095	16.8～12.6	0.085～0.04	3.66～3.0	1.92～1.2	～0
2004 年	0.14～0.09	15.0～12.0	0.06～0.04	3.66～0.47	1.68～0.2	3.9～0
2005 年	0.8～1.14	15.9～12.9	0.03～0.08	3.3～1.56	1.2～0.5	4.8～0
平均	1.04～0.37	21.0～14.7	0.63～0.25	6.31～3.26	5.11～2.55	7.5～0

表 9-2-9　　十三陵抽水蓄能电站 1 号、2 号高压钢管下平段排水流量

日期	1999 年 6 月～1999 年 12 月	2000 年 1 月～2000 年 12 月	2002 年 1 月～2002 年 12 月	2002 年 1 月～2002 年 12 月	2003 年	2004 年
流量（l/min）	822～318	564～132	558～222	486～180	停测	停测

(2) 天荒坪抽水蓄能电站高压钢管的排水系统。天荒坪抽水蓄能电站下平段高压钢管的排水共布置了二套系统，第一套系统由设在钢管上方约 35m 处的排水廊道和排水孔组成，主要为截断岔管和斜井混凝土衬砌段向高压钢管段的渗水，降低钢管区岩体的地下水位；另一套系统布置在高压钢管壁外表面，排除钢衬和混凝土接触面上渗水。

1) 排水廊道。在高压钢管起始端至厂房上游墙壁之间，共布置了 A1、A2、A3 和 A4 四条横向排水廊道，B1、B2 和 B3 三条纵向排水廊道（见图 9－2－6），开挖断面一般为 3.0m×3.2m（宽×高），城门洞型，除 A4 廊道外，其余廊道高程为 257.7～261.7m，覆盖着整个高压钢管布置范围。在排水廊道 A1 布置朝向岔管方向仰角 5°，@6.0m，孔深 30～40m 的排水孔。在 A1 排水廊道和 B1、B2 和 B3 排水廊道上游段，布置了@6.0m 向下、与法线交角成 20°，钻入高压钢管布置平面以下约 10m 的排水孔。此外，在 A1 排水廊道顶部的高压渗透试验洞布置朝向岔管方向，仰角为 65°，孔深 10m 的排水孔和向下钻通 A1 排水洞的排水孔，二者组成排水帷幕。这些排水措施都是为了降低岔管区和高压钢管区岩体的地下水位，减少渗入厂房的渗水。A3 廊道底板排水孔钻通 A4 排水廊道，A4 排水廊道的底板排水孔伸入厂房底部，组成一道排水帷幕，以拦截流入厂房的渗水，所有廊道渗水均通过竖井排入自流排水廊道。在施工中，A1 廊道向下游排水孔改为向下与法线成 8°，2000 年 2 月因个别孔渗水较大，予以全部封堵。B1、B2 和 B3 排水廊道上游段排水孔改为垂直向下。

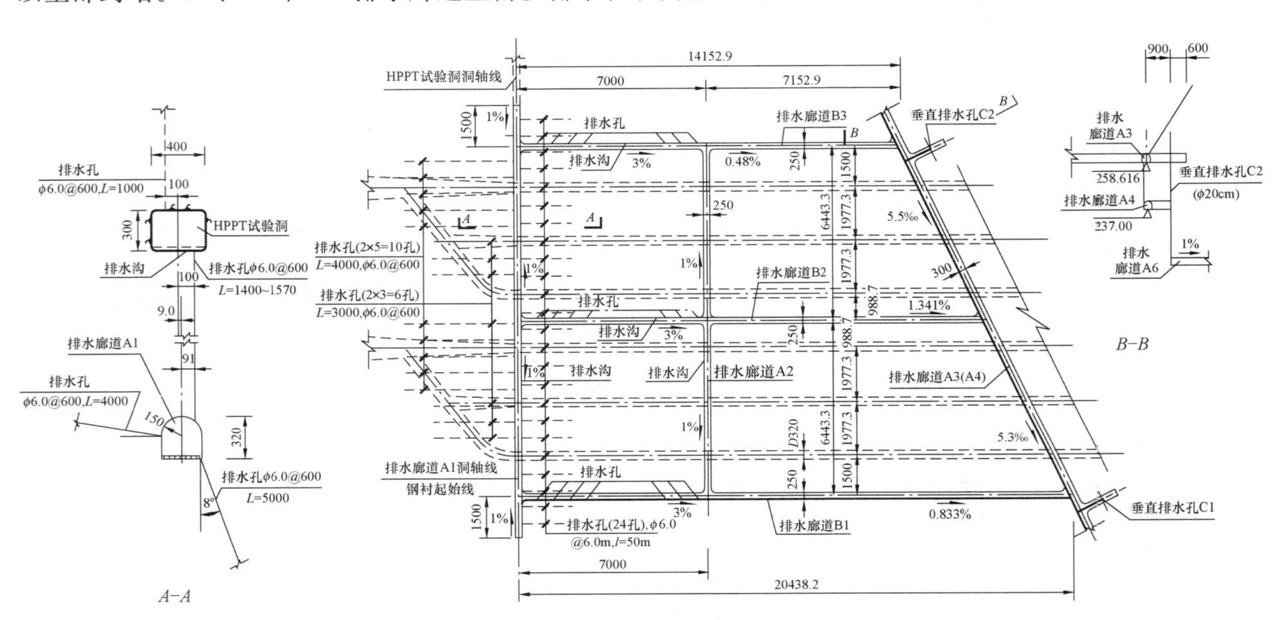

图 9－2－6　天荒坪电站压力钢管排水布置

2) 高压钢管管壁外排水系统。每条高压钢管均设置管壁外排水系统：沿高压钢管走向设四根外排水管，分别位于高压钢管横断面的 45°、135°、225°和 315°，每隔 6.0m 设一个排水孔。四根管壁外排水管均通向厂内自流排水洞。HT80 高压钢管段则采取 U 形环向排水槽，间距为 6.0m，在高压钢管四角的 U 形槽处用纵向排水管连通并通向自流排水洞。

(3) 葛野川抽水蓄能电站高压钢管的排水系统。日本葛野川抽水蓄能电站压力钢管设置了两套排水系统：岩体与混凝土间的间接排水系统和钢管与混凝土之间的直接排水系统，两套排水系统互为备用。直接排水系统包括每单位管段（上斜段为 6m，中平段为 9m，下斜段为 12m）设置的环向排水管和 4 条纵向排水管。间接排水系统布置如图 9－2－7 所示。

(四) HT80 高强钢在抽水蓄能电站压力钢管的应用

1. HT80 高强钢在压力钢管的应用

随着我国抽水蓄能电站压力钢管向高水头大 PD 值发展的趋势，高强度钢板得到了广泛的应用。已建的十三陵、天荒坪，在建的张河湾、西龙池、呼和浩特、宝泉等抽水蓄能电站均采用了抗拉强度为 800MPa 级（HT80）的钢板（见表 9－2－10）。

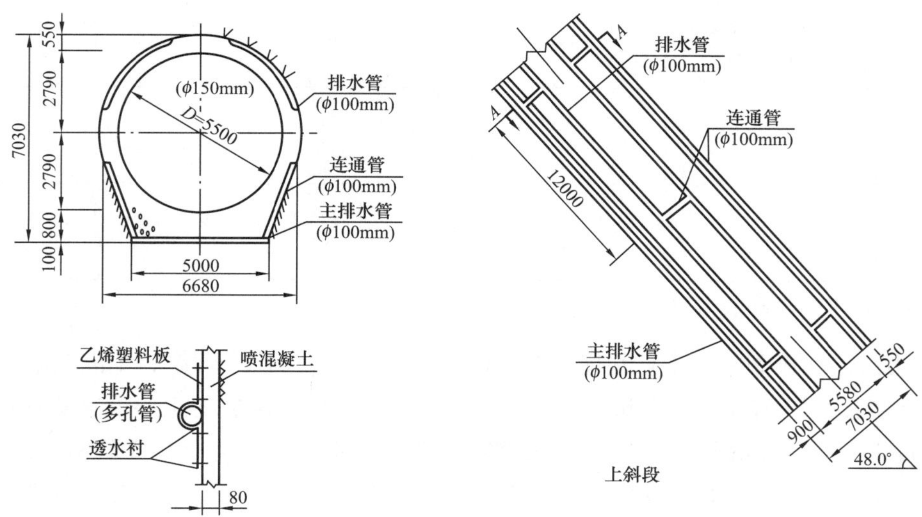

图 9-2-7 葛野川电站钢管排水系统结构

表 9-2-10　　800MPa 级钢板在抽水蓄能电站压力钢管的使用情况

工 程 名 称	钢　　种	最大厚度（mm）	项 目 状 况
十三陵	SHY685NS-F	52	已建
天荒坪	SUMITEN780	42	已建
西龙池	SUMITEN780	60	在建
张河湾	S690QL1/SHY695NS-F	44/44	在建
宝　泉	WH80Q	48	在建

由于日本钢板具有良好的使用业绩，在高水头压力钢管上使用较多。随着技术的引进，张河湾抽水蓄能电站采用欧洲钢板。随着我国冶金技术水平的逐步提高，宝泉抽水蓄能电站采用我国舞阳钢铁有限责任公司生产的 WH80Q 钢板。

通常，钢材的强度愈高、厚度愈大，其制造和焊接时出现的问题也就越多。诸如焊接裂纹、熔合区脆化、消除应力退火的负作用、焊接区的疲劳强度以及开孔禁忌等问题，应予高度重视。

（1）焊接裂纹。高强度钢焊接时特别成为问题的是焊接裂纹和下面将谈到的熔合区脆化。当存在焊接裂纹时，会增大结构物脆性破坏的可能性。因此，采用不引起焊接裂纹的工艺和适用钢种，是非常重要的。

1）焊接热影响区裂纹。形成焊接热影响区裂纹的具体因素有钢材的化学成分、熔敷金属中的氢及结构物的约束等项。在已知这些因素的具体数值情况下，关键的问题是如何预热才能防止裂纹的发生。

日本住友钢铁公司以数百种斜 Y 形坡口开裂试验的结果为依据，引出含有上述有关参数在内的裂纹敏感性系数 P_c，P_c 值与防止裂纹发生的预热温度 T（℃）的关系式为

$$P_c = P_{CM} + t/600 + H/60\ (\%) \tag{9-2-1}$$

$$T = 1440P_c - 392 \tag{9-2-2}$$

式中　P_{CM}——焊接裂纹敏感性系数；

t——试件的厚度，mm；

H——熔敷金属的扩散氢含量，$cm^3/100g$。

此外，还给出了结构物的裂纹敏感性系数 P_W（%）与局部预热温度的关系，可供参考。

$$P_W = P_{CM} + H/60 + K/40000 \tag{9-2-3}$$

式中　K——结构物的拘束度，约在 $500 \sim 3300 kgf/mm^2$。

针对具体材料的预热温度实例见表 9-2-11。应当注意到，过度的预热不仅加重了焊工的疲劳程度，而且还会扩大热影响区的范围，使性能发生不利的变化，因而要针对不同的焊接条件，选择合适的预热温度。

表 9-2-11　　预热温度实例

材料	熔敷金属的含氢量（cm^3/100g）	拘束度	t=25mm	t=38mm	t=50mm
HT490（P_{CM}=0.23%）	4.0	中（$K=40t$） 小（$K=10t$）	0～60℃ 不预热	85～110℃ 0～50℃	120～140℃ 40～70℃
HT780（P_{CM}=0.29%）	1.7	中（$K=40t$） 小（$K=10t$）	70～110℃ 25～70℃	125～150℃ 70～100℃	150～170℃ 90～110℃

注　加热宽度 20cm，平均温升速度 0.2℃/s。

2）层状撕裂。层状撕裂易发生在板厚方向受较大的焊接应变的 T 形接头和角接头。裂纹发生在焊接区的下方，在焊接热影响区的外侧和母材区也能见到。发生层状撕裂的主要原因是板厚方向的延性、焊缝构造和焊接工艺等方面的问题。防止层状撕裂的措施主要是采用部分熔深的对称双面焊、选择适宜的坡口角度、使用较低强度的焊接材料等。当然，对材料的特性也应注意，它与板厚方向收缩率 Φ_z 有关，视接头种类之不同，要求为 10%～25%，参见图 9-2-8 和表 9-2-12。

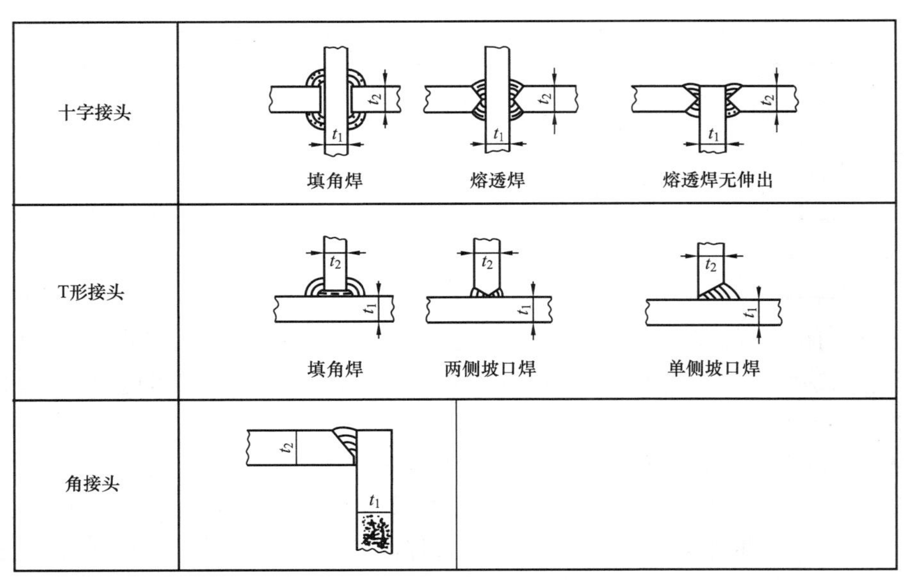

图 9-2-8　容易发生层状撕裂的接头示例

t_1—可能发生层状撕裂的钢板的厚度；t_2—安装在其上的钢板的厚度

表 9-2-12　　各种接头防止层状撕裂所需 Φ_z 值的标准（WES 3008—1990）

接头种类		Φ_z（板厚方向断面收缩率）
十字接头	填角焊	15%
	熔透焊	15%（$R_f \leqslant 40t_2$）
	熔透焊无伸出	25%（$40t_2 < R_f \leqslant 70t_2$）
		25%*
T 形接头	填角焊	10%
	两侧坡口焊	15%
	单侧坡口焊	25%
角接头		10%（$t_1 \leqslant 25$）
		20%（$t_1 > 25$）

注　气割端面上见到深 2mm 以下的微小裂纹情况除外；R_f 为接头的拘束度。

3）熔敷金属的横向裂纹。熔敷金属的横向裂纹不一定出现在表面，因此要给予注意。对横向裂纹发生有较大影响的因素有熔敷金属的强度、扩散氢含量，以及预热温度、线能量等。为防止横向裂纹的发生，要注意选择与母材相匹配的焊接材料并控制其吸湿条件。据日本经验，当熔敷金属的扩散氢含量为 $2cm^3/100g$，熔敷金属的强度为 800MPa，焊接线能量为 35～50kJ/cm 时，采用预热温度 100℃就可防止横向裂纹的发生。

（2）焊接熔合区脆化。一般把高强钢焊接时因热影响区毗邻熔合线的区域发生的脆化现象称为焊接熔合区脆化。这一区域被加热到熔点，它是由加热奥氏体（γ）高温区的物质所构成。这种物质具有极其粗大的晶粒，随着晶粒的粗大化和晶内组织中上贝氏体的出现，其缺口韧性明显降低。上述焊接熔合区的材质恶化就更加助长本已存在于焊接结构物上的脆性破坏可能性（焊接区的变形、残余应力及其他应力集中等因素）。为了防止熔合区的脆化，需要限制焊接线能量。HT80 钢在焊接线能量大于 35kJ/cm 以后，临界转变温度显著提高。而 HT60 钢则受线能量影响较小，可见对于 HT80 钢更需严格控制线能量。日本神户制钢所对十三陵抽水蓄能电站压力钢管用 SHY685NS 钢板的焊接推荐线能量为小于 40kJ/cm。

（3）应力消除退火（SR 处理）。对于调质钢，不能进行高于钢的回火温度的应力消除退火。而如果降低退火温度、延长其保持时间进行退火，则视钢种之不同，不仅会降低焊接区的强度，还会出现由回火脆化和二次析出所造成的冲击性能恶化现象，不仅达不到应力消除退火的目的，反而使焊接区性能恶化。因此，对可否进行应力消除退火及其条件的选定，应十分慎重。十三陵抽水蓄能电站月牙肋内加强钢岔管，最大 $HD=2880m^2$，管壳厚度为 62mm，使用 SHY685NS－F 钢板；肋板厚度为 124mm，为 SUMITEN780Z 钢板，肋板与壳间焊接条件复杂，拘束度大，对外招标时招标人提出了消除应力要求，但德国和日本的投标商均未响应。日本投标商指出，在严格焊接工艺和管理的条件下，勿需进行消除残余应力的热处理（SR），仍可保证焊接质量，且在日本，同样条件下均不进行 SR 处理。该岔管最终由日本三菱重工神户造船厂承造，不进行 SR 处理。但安排了水压试验，以验证设计及明确钢板和焊接接头的可靠性，同时也可起到消除某种残余应力的作用。目前，张河湾、西龙池抽水蓄能电站的岔管均未进行 SR 处理。

（4）焊接区的疲劳强度。对焊接结构而言，疲劳破坏是一种常见的破坏形式。影响焊接区疲劳强度的是焊缝加强区的应力集中、焊接残余应力、热影响区的材质变化、焊接金属的组织与强度以及焊接缺陷等综合因素。试验表明，随着钢材强度的提高，其应力集中敏感系数也增大，而且高强度钢在疲劳时的缺口敏感性要比低碳钢大（见图 9－2－9），对于低碳钢即使应力集中系数达到 3，疲劳强度的降低率也只有 2；但 800MPa 级钢，应力集中系数和疲劳强度降低率则达到了相等的程度。因此，在采用高强钢时，应注意疲劳破坏问题。对抽水蓄能电站而言，由于机组运行工况转换多，造成钢管中的压力变化、水流方向变化引起的推力变化以及水泵工况下压力脉动等，与常规水电站相比，使压力钢管处于更苛刻的疲劳条件下。但是，考虑到压力钢管设计时所采用的水锤压力出现的概率极小；在工况转换时，通过合理运行操作，可以减轻水锤压力；在钢管制造时又能严格控制焊接工艺，防止缺陷发生，那么使用 HT80 高强钢，其焊接区疲劳是没有什么问题的。日本沼原（HT70 钢）和大平（HT80 钢）两抽水蓄能电站所做焊接接头疲劳试验证实了这一论点。由于现已披露的此类资料很少，故对于抽水蓄能电站焊接钢管的疲劳问题尚待进一步探讨。

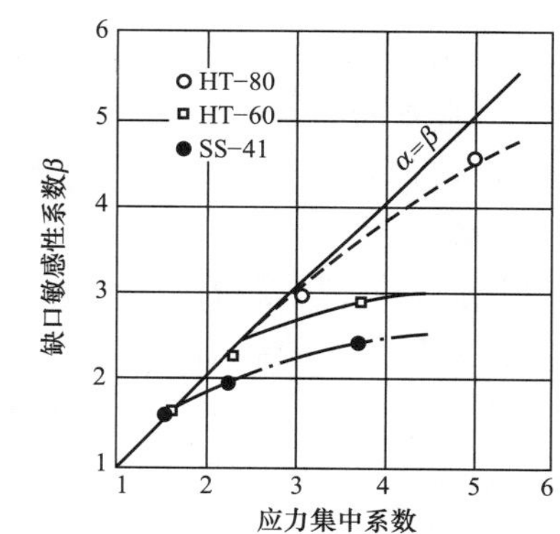

图 9－2－9　应力集中系数与缺口敏感性系数

（5）高强钢管管壁开孔问题。以往为地下埋管外侧灌浆的需要，往往在管壁上开灌浆孔，灌浆后再焊死堵塞。而对于高强钢而言，这种方式是不可取的，因为它将成为结构破坏的根源。从前述的影响焊接裂纹发生的三种因素来看，可作如下分析：1）一般灌浆孔直径约在 70mm，其封堵焊缝的长度较短，故冷却速度快，外侧湿混凝土更加大了冷却速度，因而会使材质变硬、变脆。此外，封闭短焊缝的拘束也大。2）预热和焊接温度的上升会使外侧混凝土开裂和渗水气化，并从液态的熔敷金属中冲出。

无限供给的水蒸气，使焊接处于极高的水蒸气分压环境中，大大提高了熔敷金属中的扩散性含氢量。这些情况对于裂纹敏感性系数偏高的钢材都是极不利的。试以 SM570 钢种为例，设定预热温度为 100℃(高于此值将发生气化，而气化又将夺走热量)，拘束度取为 $K=70t$（t 为板厚），P_{CM}取为规范标准值，熔敷金属的含氢量设为 6cm³/100g，应用式（9－2－3）计算 P_W，以 P_W 替 P_C 代入式（9－2－2），得知，对于 SM570 钢板，其不产生裂纹的最大使用厚度仅为 25mm（见图 9－2－10）。而从日本采用 SM570 钢并设置灌浆孔的奥矢作、新高濑、天山三座电站压力钢管的实例来看，它们设置灌浆孔段的最大管壁厚度依次为 23、19、16mm，预热温度 65～70℃。在焊死堵头后，用渗液探伤检查，发现焊接部位有 10％～15％出现表面裂纹，后经核查发现，其熔敷金属含氢量大于 6cm³/100g。由上可见，当采用 SM570 钢，特别是 SHY685 钢制造地下埋管时，不应开设灌浆孔，而应改为管外管路灌浆系统进行回填灌浆。

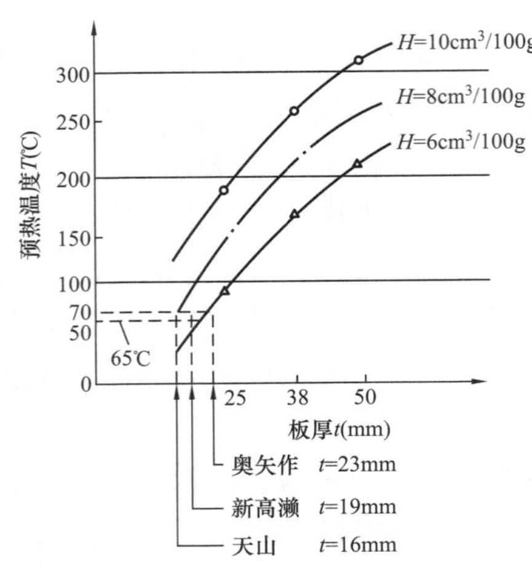

图 9－2－10　预热温度与板厚和熔敷金属含氢量的关系
H—熔敷金属含氢量；
t—SM570Q 材料上设置灌浆孔实例最大板厚

（6）800MPa 级钢板焊接工艺参数。涉及高强钢使用的问题尚多，但通过十三陵、西龙池和张河湾等抽水蓄能电站压力管道的制造与安装，说明只要严格控制焊接工艺，高强调质钢并非难以制御。800MPa 级钢板焊接工艺参数参见表 9－2－13。

表 9－2－13　　800MPa 级钢板焊接工艺参数

<table>
<tr><th rowspan="2">焊接方法</th><th rowspan="2">板厚（mm）</th><th rowspan="2">预热温度（℃）</th><th rowspan="2">层间温度（℃）</th><th colspan="2">线能量（kJ/cm）</th><th rowspan="2">后　　热</th></tr>
<tr><th>F，H，OH</th><th>V</th></tr>
<tr><td rowspan="2">手工电弧焊</td><td>t≤50</td><td>125</td><td>125～200</td><td rowspan="2">≤25</td><td rowspan="2">≤40</td><td rowspan="2">160℃×2h</td></tr>
<tr><td>t>50</td><td>125</td><td>125～200</td></tr>
<tr><td rowspan="2">埋弧自动焊</td><td>t≤50</td><td>125</td><td>125～200</td><td rowspan="2">≤40</td><td rowspan="2">—</td><td rowspan="2">160℃×2h</td></tr>
<tr><td>t>50</td><td>125</td><td>125～200</td></tr>
</table>

注　F，H，OH，V 表示不同的焊接姿势，F：俯焊；H：平焊；OH：仰焊；V：立焊。

2．工程实例——西龙池抽水蓄能电站压力钢管

西龙池抽水蓄能电站压力钢管是我国目前水头最高、PD 值最大、使用 800MPa 高强钢板最多的工程，其布置如图 9－2－11 所示。高压管道均采用钢板衬砌，钢板外回填 C15 微膨胀混凝土，厚 60cm。

压力钢管部分最大设计内水压力为 10.15MPa。压力钢管的结构设计考虑钢板、混凝土和围岩联合承受内水压力，限制围岩对内水压力的分担率不大于 45％；施工支洞与压力钢管交叉部位、断层及其影响带、厂房塑性区等部位不考虑围岩分担，但采用埋管允许应力；设置进人孔部位、厂房开挖边线 15m 范围内按露天明管设计。高程 1203.395m 以上采用 510MPa 级的 SUMTEN510－TMC 钢板，厚度为 16～34mm；高程 961.386m 以上采用 610MPa 级的 SUMTEN610－TMC 钢板，厚度为 24～38mm；从中平段以下全部采用 800MPa 级的 SUMTEN780 钢板，厚度为 36～60mm。

设计外水压力取值参考渗流场计算分析成果，并结合西龙池水道系统地下水的分布特点，参考类似工程确定。外水压力全部由钢板承担。根据外水压力的不同，上斜段 SUMTEN510－TMC 钢板衬砌段设有加劲环，加劲环高 150mm，厚 24mm，间距 1m。

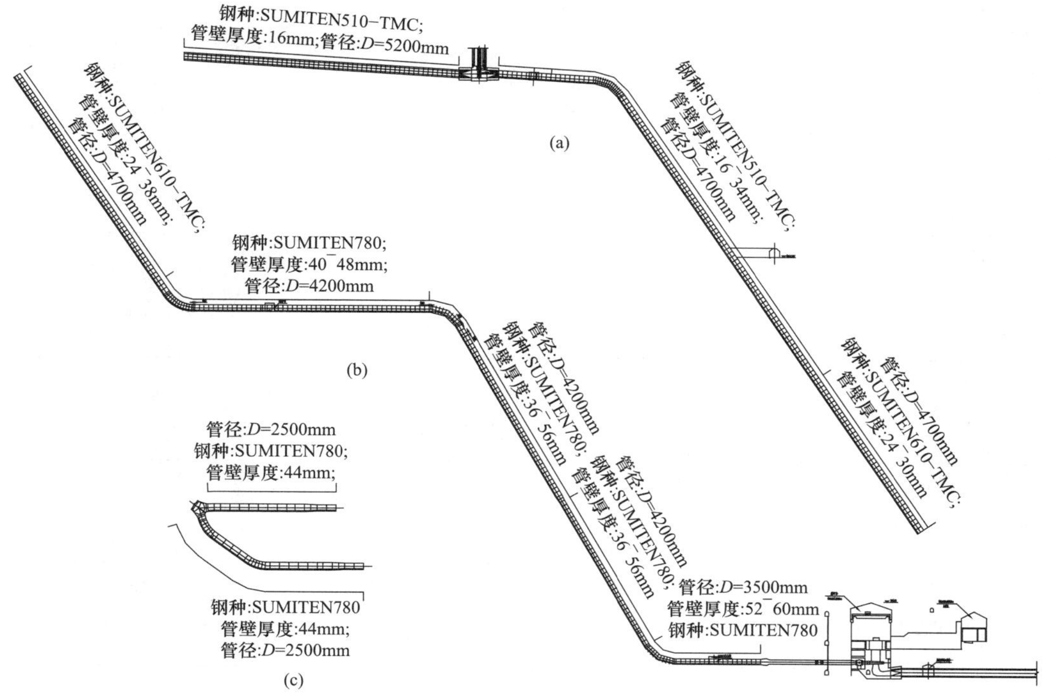

图 9-2-11　西龙池蓄能电站 1 号压力钢管布置图

(a) 1 号压力钢管上段上面；(b) 1 号压力钢管下段立面；(c) 1 号、2 号高压支管平面

引水钢管钢板总用量为 9715t，其中 SUMTEN510-TMC 钢板用量为 2610t，SUMTEN610-TMC 钢板用量为 1903t，SUMTEN780 钢板用量为 5201t。现场手工焊焊接工艺参数采用预热温度 100～150℃，层间温度控制在 160～180℃，焊接线能量在 21～36kJ/cm，后热温度多数在 158～186℃，保温时间 1h 左右。

（五）HT100 高强钢的应用

随着高水头大容量抽水蓄能电站的发展，压力钢管采用钢板的级别也在逐步提高，HT100 钢板已开始应用。最早采用此级别钢板的电站是瑞士的克罗森—狄克桑斯水电站，采用的钢种为 S890QL 和 SUMITEN950。日本最早采用 HT100 钢板的是神流川抽水蓄能电站，而后是小丸川抽水蓄能电站。神流川电站 *HD* 值已达 4238m^2，采用 HT100 钢板的最大厚度为 62mm；小丸川电站高压管道最大设计内水压力高达 1050m（10.3MPa），采用 HT100 钢板的最大厚度为 66mm。

1. 钢材性能

HT100 高强钢除了保证其必须的高强性能外，结合水电站压力钢管的实际使用条件，要求钢材具有良好的韧性和优异的焊接性能。基于此，对钢材本身提出以下要求：①0℃温度下，焊缝不应发生脆性断裂；②0℃温度下，脆性断裂应当停止于母材金属。同时要求 HT100 钢材焊接性能和 HT80 基本相似。

规定的 HT100 的性能如下：钢板的化学成分规定见表 9-2-14，钢板的力学性质规定见表 9-2-15，焊缝的力学性质规定见表 9-2-16。

表 9-2-14　　钢板的化学成分　　%

板厚 t（mm）	C	P	S	C_{eq}（1）	P_{CM}（2）
$t \leqslant 50$	≤0.14	≤0.010	≤0.005	≤0.59	≤0.29
$50 < t \leqslant 100$				≤0.62	≤0.33
$100 < t \leqslant 200$				≤0.71	≤0.36

注　碳当量 C_{eq} 与焊接裂纹敏感性系数 P_{CM} 分别由下式计算

$C_{eq} = C + Mn/6 + Si/24 + Ni/40 + Cr/5 + Mo/4 + V/14$

$P_{CM} = C + Si/30 + Mn/20 + Cu/20 + Ni/60 + Cr/20 + M0/15 + V/10 + 5B$

表 9-2-15　　钢板的力学性质

板厚 t（mm）	$t \leqslant 50$	$50 < t \leqslant 75$	$75 < t \leqslant 100$	$100 < t \leqslant 200$
0.2%屈服强度（N/mm²）	885 以上		865 以上	
拉伸强度（N/mm²）	950～1130			930～1110
延伸率*（%）	12 以上			
厚度方向的拉延值（%）	25 以上			
断裂面临界温度	−55℃以上	−60℃以下		
吸收能	$T=-55$℃	$T=-60$℃		
	47J 以上			

* 采用 JIS No. 4 试样。

表 9-2-16　　焊缝的力学性质

板厚 t（mm）	$t \leqslant 100$	$100 < t \leqslant 200$
拉伸强度（N/mm²）	950 以上	930 以上
断裂面临界温度	−10℃以下	−15℃以下
吸收能	$T=-10$℃	$T=-15$℃
	47J 以上	

2. 焊接施工规程

与一般的软钢相比，高强度钢材由于添加了各种合金元素和进行了淬火回火等热处理，具有较高的强度和优异的韧性。另一方面，焊接的热循环对缺口敏感性的影响较大，为在焊接时不损害钢材的特性，施工上有若干限制。施工时如不能满足这些条件，就会随着焊接裂纹形成和韧性等降低，经受焊接残余应力的影响，有产生脆性破坏的可能性。因此，在使用高强度钢材的压力钢管施工时，除以下基本条件外，尚应充分考虑焊接方法的细节，确保焊缝质量良好。对于 HT100 钢焊接施工法应从适应作业环境的方法中选择，通过焊接工艺评定确定。一般需进行如下试验：①焊接性确认试验，包括 Y 形坡口焊接裂纹试验、U 形坡口焊接裂纹试验、多层焊接裂纹试验（埋弧焊）。②焊缝性能试验，包括焊缝拉伸试验、焊缝侧弯曲试验、焊缝却贝夏比冲击试验、焊缝硬度试验。

焊接材料应是适合母材材质、焊接方法及施工条件，且经焊接施工法试验确认合格的材料。焊接应由经技能确认的焊接技术员进行。

预热温度、焊道间温度及后热条件应考虑钢的化学成分、焊接材料、焊接热量、焊接方法和作业环境等加以确定（见表 9-2-17）。

表 9-2-17　　预热温度和焊道间温度

焊接方法	板厚 t（mm）	预热温度（℃）	焊道间温度（℃）
被覆弧焊	$t \leqslant 50$	100 以上	100～230
	$50 < t \leqslant 200$	125 以上	125～230
埋弧焊	$t \leqslant 50$	100 以上	100～230
	$50 < t \leqslant 200$	125 以上	125～230
MAG 焊	$t \leqslant 50$	80 以上	80～230
	$50 < t \leqslant 200$	100 以上	100～230
TIG 焊	$t \leqslant 50$	80 以上	80～230
	$50 < t \leqslant 200$	100 以上	100～230

焊缝的平均焊接输入热量和各焊道的最大输入热量应考虑焊接材料、焊接方法和作业环境加以确定（见表 9-2-18）。

表 9-2-18　　焊接输入热量

各焊道的最大输入热量	平均焊接输入热量
50000J/cm 以下	45000J/cm 以下

对于HT100钢从防止脆性破坏看，对焊接区进行应力消除退火（焊后热处理），与SHY 685NS－F的情况一样，改善效果不大，而在焊缝缝边有产生焊后热处理裂纹的危险，因此规定原则上不进行。此外，原则上也不进行应力消除退火处理。

第三节 岔　　管

一、岔管的类型

岔管是一管多机供水布置方式的重要组成部分，根据所采用材料不同，可分为钢筋混凝土岔管和钢岔管。

抽水蓄能电站站址选择的制约因素相对较少，容易选择地质条件适宜的站址。而钢筋混凝土岔管充分利用围岩的承载能力，内水压力主要由围岩承担，是一种较经济的衬砌型式，故采用钢筋混凝土岔管的抽水蓄能电站较多，如广州、天荒坪、惠州等抽水蓄能电站。国内抽水蓄能电站大型钢筋混凝土岔管见表9－3－1。由于主要依靠围岩承担内水压力，地质条件好时，钢筋混凝土岔管最大*PD*值可达6000m^2左右。惠州抽水蓄能电站，岔管主管直径为8.0m，设计内水压力水头770m，*PD*值已达6160m^2。从一定意义上讲钢筋混凝土岔管实际上是一种平整衬砌，但是对围岩条件要求较高。

表9－3－1　　国内抽水蓄能电站大型钢筋混凝土岔管

电　站	岔管型式	分岔角（°）	设计水头（m）	主管管径（m）	支管管径（m）	*PD*（m^2）	衬砌厚度（cm）	配筋	灌浆压力（MPa）
惠　州	卜形	60	770	8	3.5	6160	60		
广　州	卜形	60	725	8	3.5	5800	60	ϕ36@17	6.5
天荒坪	卜形	60	800	7	3.2	5600	60	ϕ32@15	9
宝　泉	卜形	55	800	6.5	4.5		60		6.3
蒲石河	卜形	60	470	8.1	5	3807	60		
桐　柏	卜形	53	405	9	5.5	3645		ϕ28@20	5.2

当围岩地质条件较差、覆盖层不足，不适合采用钢筋混凝土岔管时，往往采用钢岔管。钢岔管从结构型式上可分为球形岔管、三梁岔管、贴边岔管、无梁岔管、内加强月牙肋岔管等。分析国内外已建抽水蓄能电站钢岔管（表9－3－2），大型抽水蓄能电站采用的钢岔管型式主要是三梁岔管、球形岔管和内加强月牙肋岔管。此三种型式岔管体形示意如图9－3－1～图9－3－3所示，优缺点见表9－3－3。

表9－3－2　　国内外抽水蓄能电站大型钢岔管

电　站	岔管型式	*PD*（m^2）	设计内压*H*（m）	假想球径（m）	主管径（m）	支管径（m）	分岔角（°）	钢材	岔管壁厚（mm）	主管壁厚（mm）	肋板厚（mm）
葛野川	E－W	4720	1180	4.6	4.0	2.85	60	SHY685NS	92	89，80	
神流川	E－W	4238	986		4.3	3	60	HT100	75		
今　市	E－W	4565	830	6.6	5.5	4.5 3.2	74	HT80	100	57，77	200
奥美浓	E－W	4235	770	6.6	5.5	2.8		HT80	88	63	175
茶依拉	E－W	4047	1065		3.8			HT80	93		
奥吉野	球	3582	833	7.0	4.3	2.7		HT80	46，78	50	325
俣野川	Y球	3465	825	5.05	4.2	3.0		HT80	83	59	
玉　原	球	3431	817		4.2	2.9	90	HT80	70，80	58	310
小丸川	E－W	3424	878		3.9	2.7	70	HT100			
奥矢作第二	球	3322	604		5.5	3.2		HT80	67	56	
蛇尾川	E－W	3212	584	1.15	5.5	4.8	80	HT80	78	62	
奥多多良木	球	3048	622	6.8	4.9	3.45	90	SM58Q	50	47	

续表

电　站	岔管型式	PD（m^2）	设计内压 H（m）	假想球径（m）	主管径（m）	支管径（m）	分岔角（°）	钢材	岔管壁厚（mm）	主管壁厚（mm）	肋板厚（mm）
大河内	Y	3040	608		5.0	3.54	70				
奥清津	球	2620	655	6.2	4.0	3.1		HT80	45	45	
下　乡	E－W	2559	609		4.2	2.9	64	SM58Q	80	49	150
本　川	E－W	2096	446	5.7	4.7	3.5	90	HT60	65，55，70	65	140
第二沼泽	三梁	2009	335		6.0	4.2	90	SM58Q	48	48	
奥矢作第一	E－W	1781	274	7.8	6.5	5.2		SM58Q	60	50	125
沼　源	球	819	130	9.6	6.3	3.6	60	SM58Q		18	
天　山	球			6.2	5.5	4.0	90	SM41C	20，30	20	
西龙池	E－W	3552	1015	4.1	3.5	2.5	75	SHY685NS	56	50	
宜　兴	E－W	3120	650	5.44	4.8	3.4	70	P500M	60		100
张河湾	E－W	2704	520	5.8	5.2	3.6	70	SHY685NS	52	48	120
十三陵	E－W	2599	684	4.2	3.8	2.7	74	HT80	62	50	124
鲁布格	E－W	1962	426.6	5.48	4.6	3.2	60	A517	42		90

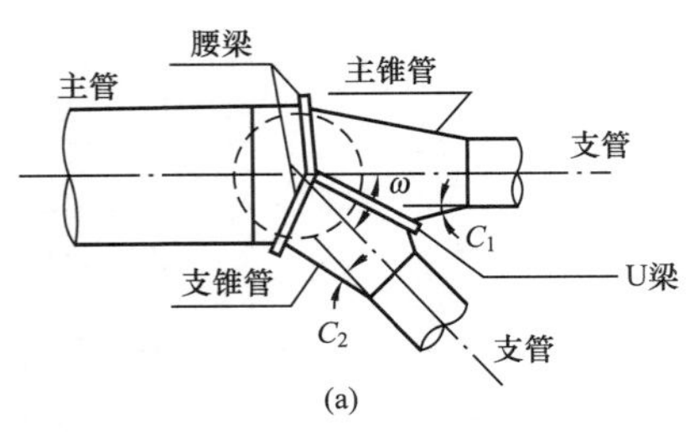

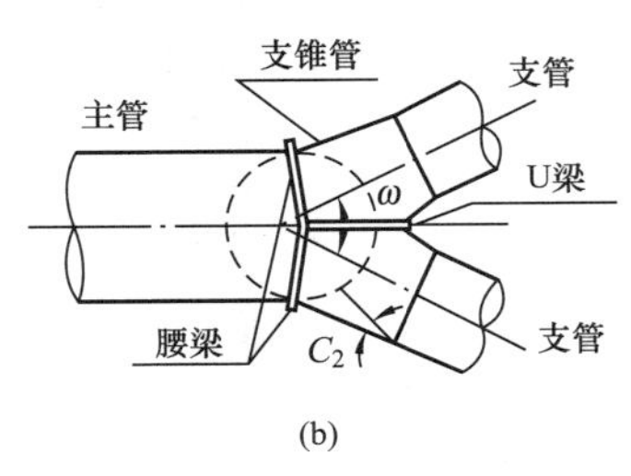

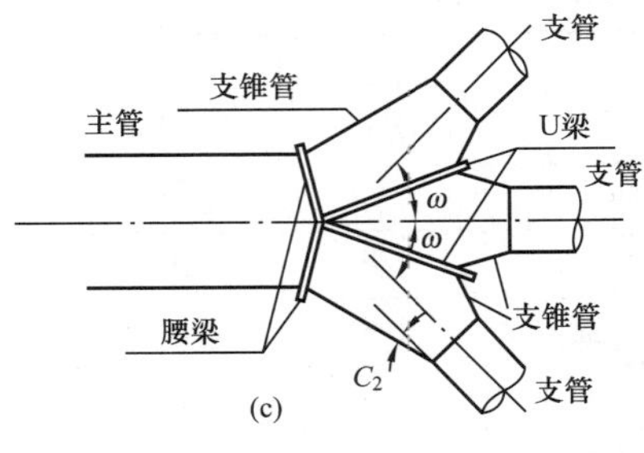

图 9－3－1　三梁岔管示意图

（a）非对称 Y 形；（b）Y 形；（c）三岔形

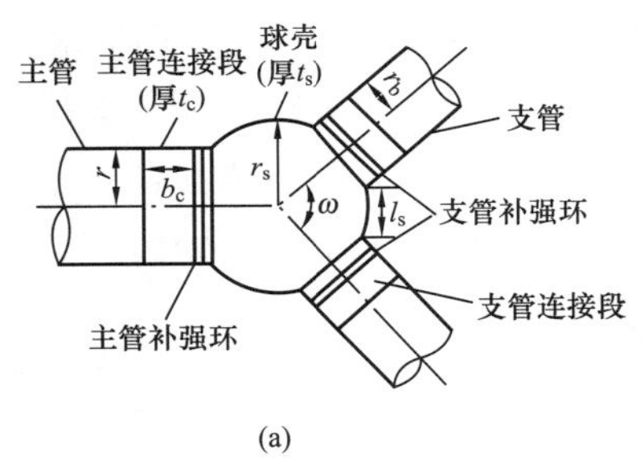

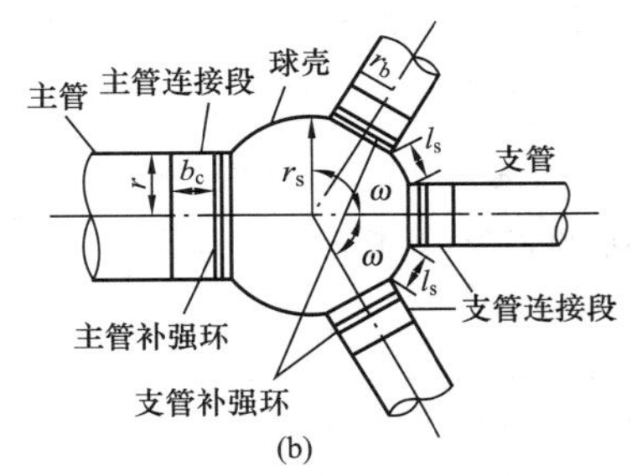

图 9－3－2　球型岔管示意图

（a）Y 形；（b）三岔形

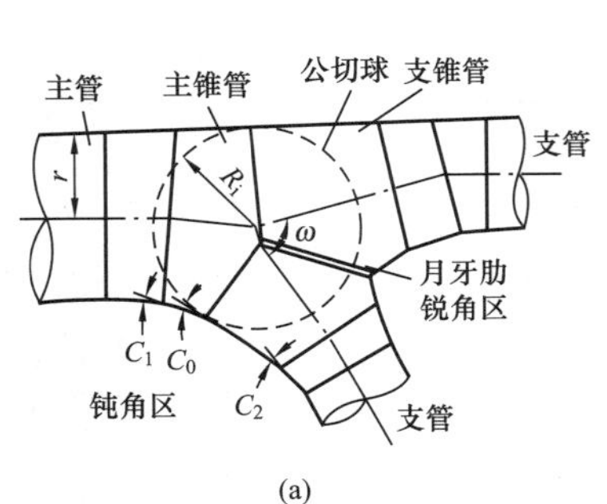

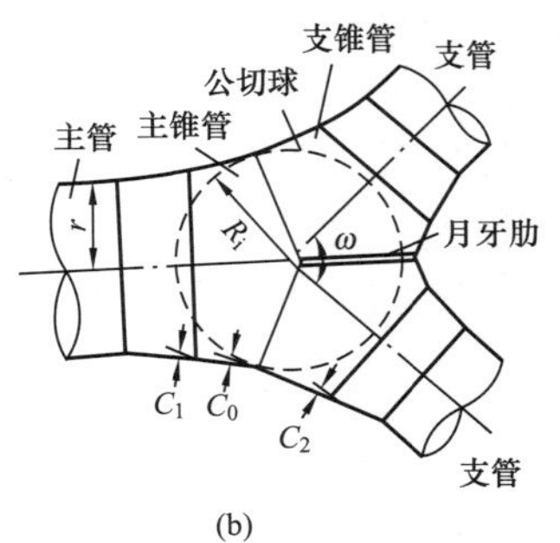

图 9－3－3　内加强月牙肋型岔管示意图

（a）非对称 Y 形；（b）Y 形

表 9-3-3　　钢岔管型式比较

项　　目	三梁式岔管	球形岔管	内加强月牙肋岔管
加强形式	外部加强（U形梁、圆环梁）	外部加强（加强环）	内部加强（月牙肋）
结构设计考虑的方法	超静定	超静定	静定
非对称分岔的适应性	困难	容易	比较容易
应力分布	分布不匀，局部应力偏大	分布均匀，较理想，但补强环附近易出现二次应力	分布比较均匀
水流条件	一般比较良好，但主管与支管连接处有涡流，对于非对称性较强的岔管，侧向支管的水头损失较大	由于过流断面急剧扩大，流况不好，但采用合适的整流板，其流况可与三梁式岔管相近	流态良好，尤其对非对称情况，流态比其他型式更好，水头损失也小
制作、运输、安装	容易	较困难	容易
外径尺寸	1.3～1.6D	1.3～1.6D	1.1～1.3D
经济性	一般	一般	经济

注　D为主管直径。

（一）钢筋混凝土岔管

钢筋混凝土岔管，围岩除要满足应力条件外，必要时还应满足渗漏条件。应力条件是指岔管部位最小主压应力不小于岔管设计静水压力。应力条件是避免围岩发生水力劈裂、保证岔管安全稳定运行的必要条件。渗漏条件是指岔管部位的渗漏量应控制在经济允许范围内，同时渗水不会对岔管及其相邻建筑物安全运行造成危害。当水源较紧张、电站水头较高时，补水有困难且代价较高时，就需要考虑渗漏条件。

1. 钢筋混凝土岔管布置

(1) 岔管位置的选择。钢筋混凝土岔管可行的必要条件是满足应力条件和渗漏条件，对围岩地形、地质、水文地质等条件要求较高。要想满足应力条件和渗漏条件，钢筋混凝土岔管埋藏一般较深，地质勘探工作量往往较大，在取得较全面地质、水文地质资料的基础上，结合枢纽总布置，合理选择岔管位置。使岔管部位有足够的上覆岩体厚度，满足应力条件，围岩岩体坚硬、完整，且有较小渗透性，同时渗水不对围岩地质条件选成不利影响。对于大 PD 值岔管，由于岔管承受很高的内水压力，钢筋混凝土岔管位置对地质条件的要求比地下厂房还高。如广州抽水蓄能电站厂房位置选择时，优先满足高压岔管的要求。

(2) 岔管布置。抽水蓄能电站输水系统岔管存在正反向水流，即分流与合流，岔管的布置和体形设计要综合考虑机组不同运行工况组合情况下的水力学条件。选择流态好、局部水头损失相对较小的方案，同时还应考虑结构合理、施工运行方便等因素。岔管平面布置可采用对称Y形和卜形，当输水系统采用一管多机供水方式时，钢筋混凝土岔管采用卜形布置为多。当输水系统采用多管多机供水方式时，主管间距除满足结构要求外，还应考虑有合理水力梯度。避免当一条洞运行另一条洞施工，或一条洞运行另一条洞放空时，高压水从一条洞向另一条洞渗透，出现水力劈裂。在立面布置上，岔管主管与支管轴线可布置在同一平面内，上、下对称布置，体形简单，便于设计与施工，但不利于检修时洞内排水，需设置专用的排水管阀系统，广州抽水蓄能电站一期岔管就采用了这种布置型式，如图 9-3-4 (a) 所示。岔管主管与支管轴线也可不布置在同一平面内，而将主、支管底部布置在同一高程，形成立面体形不对称的平底岔管，广州二期、惠州、天荒坪等抽水蓄能电站岔管皆采用此种布置方式，详见图 9-4。平底岔管可自流进行检修排水，不仅可省去专门用于检修排水的管阀系统，而且能缩短排水时间，增加检修的有效工时。但是，平底岔管体形相对复杂，施工模板、布筋相对也复杂些。

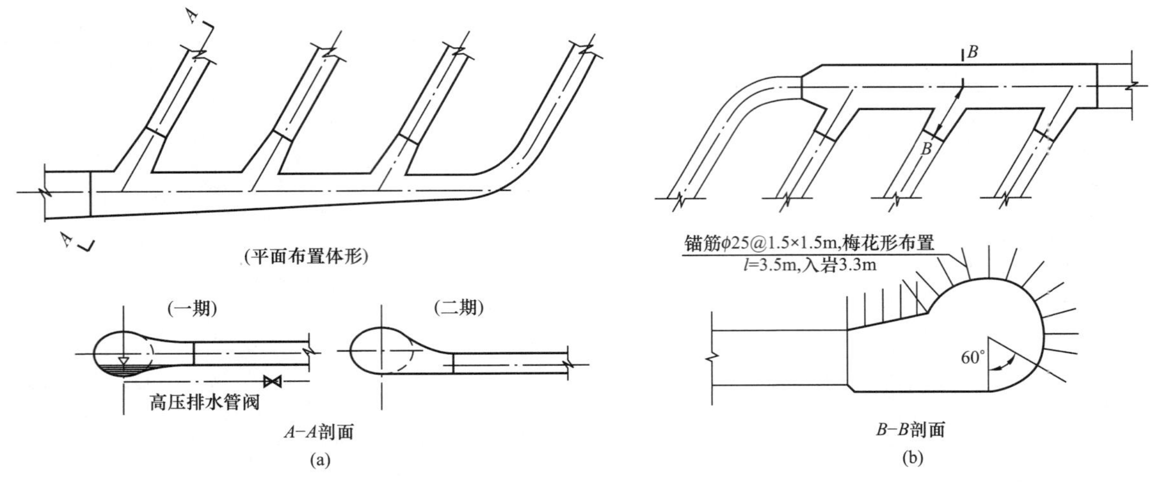

图 9-3-4　钢筋混凝土岔管体形示意图

(a) 广州电站一、二期钢筋混凝土岔管体形示意图；(b) 惠州电站钢筋混凝土岔管体形示意图

(3) 钢筋混凝土岔管结构设计。

1) 结构计算方法。采用钢筋混凝土岔管的首要条件是满足应力条件，以免产生水力劈裂。在对岔管进行结构分析前，应在地应力测试基础上，对岔管位置围岩地应力场进行分析，复核围岩最小主压应力是否大于岔管的设计静水压力，如果不满足应力条件，应对岔管位置进行调整。钢筋混凝土岔管承受内水压力的结构计算可近似按多层厚壁圆筒来分析，在内水压力作用下，假定混凝土衬砌已开裂，开裂后只沿径向产生压缩变形，传递径向压应力，同时假定围岩与混凝土均满足线性变形规律。通过变形协调条件，可确定围岩、钢筋、混凝土内水压力的分担比例。围岩分担内水压力 P_r 可按下式近似计算（见图 9-3-5）

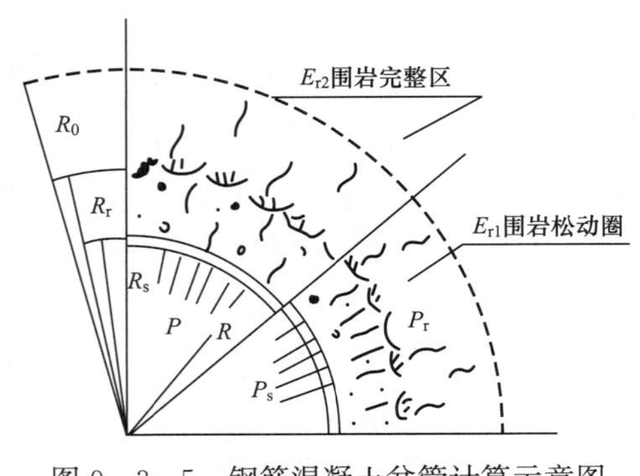

图 9-3-5　钢筋混凝土岔管计算示意图

$$P_r = P\cdot R_s\frac{\dfrac{R}{A_s\cdot E_s}-\dfrac{1}{E_c}\ln\left(\dfrac{R_r}{R_s}\right)}{\dfrac{R_rR_s}{A_sE_s}-\dfrac{R_r}{E_c}\ln\left(\dfrac{R_r}{R_s}\right)+\dfrac{R_r}{E_{r1}}\ln\left(\dfrac{R_0}{R_s}\right)+\dfrac{R_r}{E_{r2}}(1+\mu)}$$

式中　P——内水压力，MPa；

P_r——围岩分担的内水压力，MPa；

R——衬砌内半径，m；

R_s——受力钢盘半径，m；

R_0——围岩松动圈半径，m；

A_s——每米长度管道配筋面积，m^2；

E_c——混凝土弹性模量，MPa；

E_{r2}——完整围岩的弹性模量，MPa；

E_{r1}——松动围岩的弹性模量，MPa；

μ——围岩的泊松比。

2) 混凝土裂缝宽度计算。考虑钢筋混凝土耐久性，钢筋混凝土岔管一般采取限裂设计，高压钢筋混凝土岔管裂缝开展宽度可按美国钢筋混凝土建筑规范 ACI（NO. 224R-86）计算

$$W_{max} = 0.0145 f_s (d_c A)^{1/3} \times 10^{-3}$$

$$d_c = 0.05 + \phi/2$$

$$A = 2 d_c S$$

式中 W_{max}——混凝土最大裂缝开展宽度，m；

f_s——钢筋应力，MPa；

ϕ——钢筋直径，m；

S——钢筋间距，m。

配筋面积可据此公式按限裂要求确定。当不满足混凝土裂缝宽度要求时，可通过高压灌浆使钢筋混凝土岔管产生预压应力来减少混凝土分担的内水压力。

3）有限元分析。岔管是典型的空间结构，按厚壁圆筒方法计算只能是一种近似的模拟。目前，大多数抽水蓄能电站采用有限元进行钢筋混凝土岔管结构分析，但有关计算模型及材料参数的选取还有待完善。

4）灌浆压力。由于钢筋混凝土岔管按限裂设计，混凝土衬砌应视为不承受切向拉应力只传递径向压应力的混凝土垫层。为减少高压内水外渗对地下厂房、下游山坡及引水钢支管的不利影响，进行高压灌浆是必要的。同时也可以提高围岩承载能力，减少混凝土裂缝宽度。天荒坪抽水蓄能电站钢筋混凝土岔管灌浆压力采用最大静水压力的1.5倍，广州抽水蓄能电站钢筋混凝土岔管灌浆压力则采用1倍最大静水压力。

5）抗外压结构分析。钢筋混凝土岔管抗外压结构分析至今尚尚没有比较成熟的方法，基本还处于经验设计阶段。

a. 外水压力。钢筋混凝土岔管按限裂设计，将产生内水外渗。外水压力不仅与地下水位有关，还与内水外渗有关。如广蓄一期电站岔管，外水压力设计水头假定是按地下水位控制，考虑0.5折减系数。但是，运行监测发现外水压力与地下水位无明显的联系，反而与隧洞充水、放空时的内水压力的变化相关，只是有所滞后。广蓄二期岔管外水压力设计水头假定按内水外渗条件控制，以内水放空时可能出现的外压大于内压的压差作为外水压力的设计水头，并在放空过程中把握内水放空速度，严格控制压差不超过假定值。

b. 抗外压失稳计算模型。按传统的设计方法，假定外水压力完全由混凝土衬砌承受，这种假定过于安全，衬砌厚度需较大。广蓄一期岔管的设计，按美国哈扎公司的经验，假定一倍衬砌厚度的围岩与衬砌共同承受均布的外压。在三维有限元分析时，则将紧靠衬砌的围岩单元弹模降低（取为围岩弹模的1/50），以此来近似模拟衬砌与围岩不完全结合的影响。究竟围岩在外压作用下能发挥多大作用目前还无定论，英国的迪诺威克电站岔管，假定以灌浆深度范围内的围岩与衬砌一起承受外压。国内若干抽水蓄能电站大型钢筋混凝土岔管结构参数可参见表9-3-1。

（二）钢岔管

1. 岔管布置

岔管布置应根据地形、地质条件、厂房及输水系统布置、岔管水力条件、经济等因素综合考虑确定。岔管主支管中心线一般应位于同一平面内，以便岔管的体形设计。岔管典型布置可归结为以下三种方式：①卜形布置，即支管均位于主管中心线的同一侧，如图9-3-6所示；②对称Y形布置，如图9-3-7所示；③三岔布置，即一根主管分岔成三根支管，如图9-3-8所示。

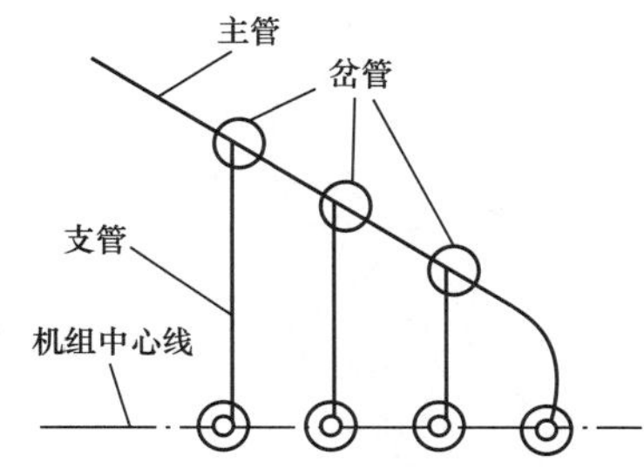

图9-3-6 卜形布置示意图

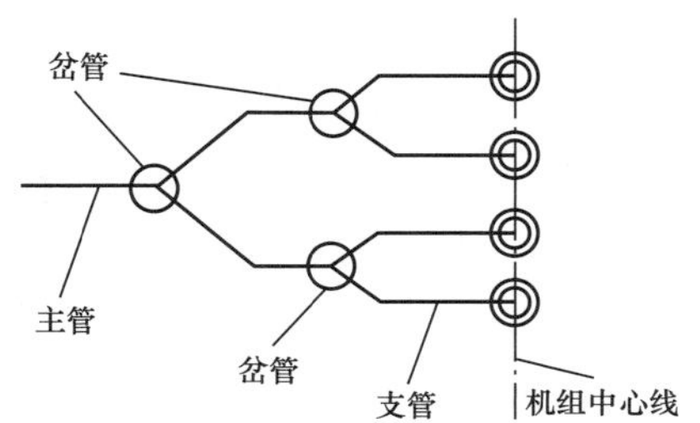

图9-3-7 Y形布置示意图

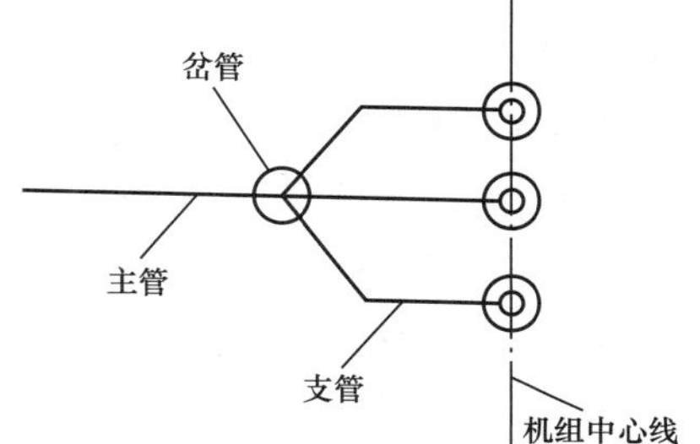

图9-3-8 三岔形布置示意图

抽水蓄能电站设计水头较高，岔管 PD 值一般较大，由于内加强月牙肋岔管具有受力明确合理、设计方便、水流流态好、水头损失小、结构可靠、制作安装容易、几何尺寸较小等特点，在国内外大中型抽水蓄能电站地下埋管中得到广泛的应用（见表 9－3－2）。本节重点讨论内加强月牙肋岔管。

岔管应尽量采用对称布置，使岔管具有较好的受力条件和水力特性。对于中低水头 PD 值不大的岔管，不对称布置除使壳体和肋板厚度有所增大、钢材用量有所增加外，不会带来其他影响。然而，对高水头大 PD 值岔管则不然，不对称布置，使肋板和钝角区产生较大侧向弯曲，应力分布不均匀，难以充分发挥材料强度，造成壳体及肋板厚度较大，使本来制造、安装难度就很大的岔管制安更加困难。如果从总体布置上岔管采用对称布置比较困难，可以通过变锥局部调整主、支管轴线方向，将岔管布置成对称形式，通过弯管或渐变锥管与主支管连接。根据 Ruus 对岔管水头损失研究成果及日本本川电站试验成果可知，岔管与弯管结合布置的水头损失增加很少，小于岔管与弯管两者水头损失之和。另外由增加弯管产生的损失与电站水头之比是非常小的，对电能影响可以忽略不计。而从结构方面看，却较大程度地改善了受力条件，壳体和肋板厚度大大减薄。不仅节约了工程量，且给施工制造带来了方便，增加了技术可行性。

图 9－3－9　西龙池抽水蓄能电站输水系统平面布置示意图

例如西龙池抽水蓄能电站，从输水系统总体布置来看（见图 9－3－9），岔管采用非对称 Y 形是比较顺畅的，相应岔管体形如图 9－3－10 所示。主管直径为 3.5m，两支管直径为 2.5m，岔管两支管轴线夹角为 50°，为减少岔管不对称性，在主锥前通过两节圆锥过渡，将分岔角增大到 72°。岔管设计内水压力为 10.15MPa，$PD＝3552.5m^2$，为我国最大。明管状态下主锥最大壁厚需 82mm，肋板最大厚度需 180mm。钝角区内侧环向应力为 348.6MPa，外侧为 198.9MPa，肋板最大截面处内侧左边正应力为 277.1MPa，右边为 367.5MPa，均存在很大的侧向弯曲。优化为对称 Y 形布置后（见图 9－3－11），基本不存在侧向弯曲，而水头损失增加非常有限。使主锥最大壁厚减少到 68mm，肋板最大厚度减少到 150mm。

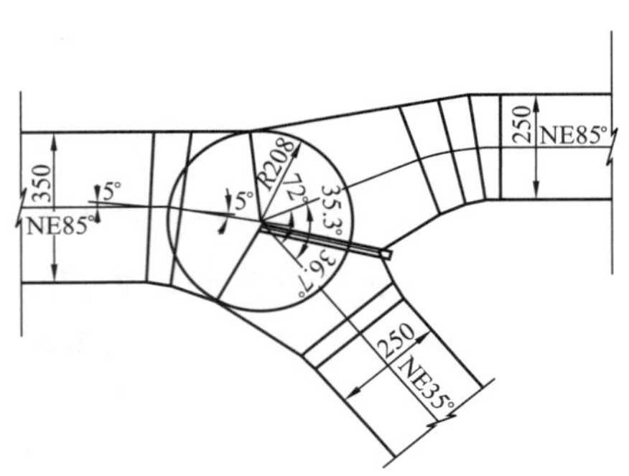

图 9－3－10　西龙池抽水蓄能电站不对称岔管方案

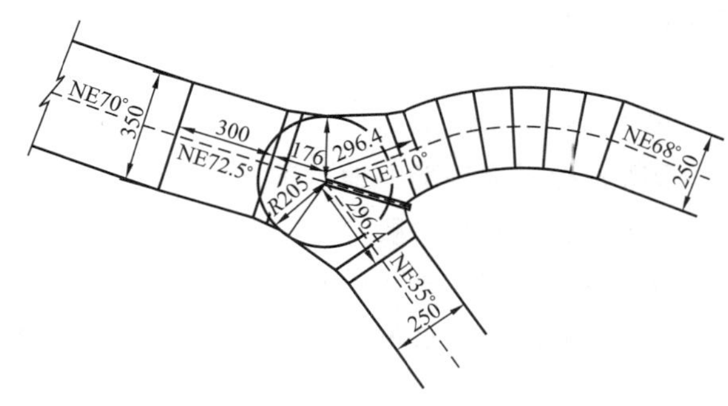

图 9－3－11　西龙池抽水蓄能电站对称岔管布置方案

日本今市抽水蓄能电站输水系统采用一管三机供水方式，主管内径为 5.5m，支管内径分别为 4.5m 和 3.2m，设计内水压力为 8.4MPa，PD 值达到 $4565m^2$。尽管两支管管径不同，为避免过大侧向弯曲，仍采用对称 Y 形岔管，如图 9－3－12 所示。由于两支管夹角 60°比较小，在主锥前通过不对称圆锥过渡，使分岔角达到 74°。支岔锥通过两个圆锥段过渡，与直径 3.2m 的支管相连接。

图 9－3－12　今市抽水蓄能电站岔管示意图

2. 岔管结构分析

(1) 内加强月牙肋岔管受力特点。内加强月牙肋岔管主管为扩大渐变的圆锥，支管为收缩渐变的圆锥，主、支锥公切于一假想球，两支锥相贯的不平衡力由月牙形加强肋承担。内加强月牙肋岔管肋板刚度较小，可随管壳产生一些变形，所以管壳次应力较小，大部分呈膜应力状态。管壳厚度主要由折角点应力集中控制。折角点应力可由该点环向应力（膜应力）PR/t 乘以该处的应力集中系数所得，应力集中系数如图 9-3-13（DL/T 5141—2001）所示。对于大型岔管，应通过三维有限元结构分析确定管壳厚度。由图 9-3-12 可见有两种不同折角，一是 A 点，一是 B 点，分别令其为 β_0、β_i，则该两点不同的形状系数 K_0、K_i 为

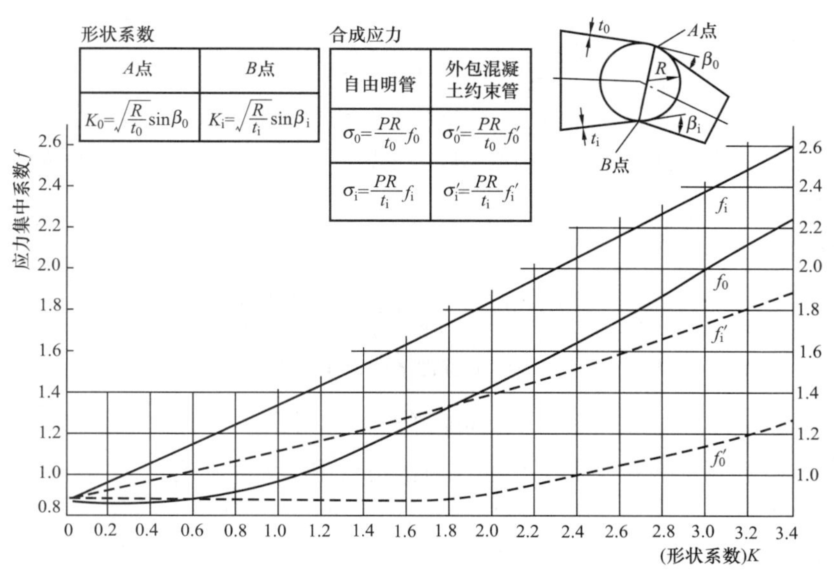

图 9-3-13　应力集中系数

$$K_0=\sqrt{\frac{R}{t_0}}\sin\beta_0$$

$$K_l=\sqrt{\frac{R}{t_i}}\sin\beta_i$$

式中　R——公切球半径；

t_0，t_i——分别为 A、B 两点的板厚。

根据 K_0、K_i 可从图 9-3-13 中查出应力集中系数 f_0、f_i 或 f_0'、f_i'。f_0、f_i 适用岔管轴向能自由伸缩情况，f_0'、f_i'适用于岔管受轴向约束情况。

月牙肋宽度按以下原则确定：确定作用于两条支管相贯线上合力的大小和方向，合力的作用线垂直月牙肋的断面，并令其通过断面的中心，使月牙肋各个截面处于轴心受拉状态。肋板宽度可用解析法计算也可采用作图法求解。为说明内加强月牙肋岔管的受力特点，以下介绍解析法求解肋板宽度的方法。

解析法确定肋板宽度是基于对称圆筒形岔管，水压试验工况下，忽略肋板对壳体的约束，假定管壁在破口处，仍维持膜应力状态，并将此力传至肋板上，使肋板各截面的形心与两支管传递合力的作用点重合的假设下确定的。在进行肋板应力计算时，不考虑管壁的影响。计算简图如图 9-3-14 所示。

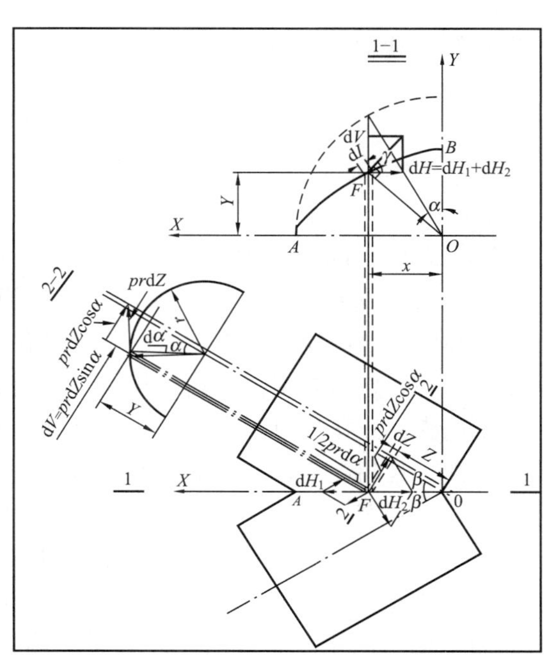

图 9-3-14　对称圆柱形岔管计算简图

作用在肋板任一截面上的垂直方向分力 V 为

$$V = pr^2\cot\beta\sin^2\alpha$$

水平分力 H 为

$$H = pr^2\cos\beta\sin\alpha\cos\alpha$$

作用在肋板上任一截面上合力 R 为

$$R = \sqrt{V^2 + H^2} = pr^2\cot\beta\sin\alpha\sqrt{\sin^2\beta + \cos^2\beta\sin^2\alpha}$$

合力 R 与水平分力夹角 γ 为

$$\tan\gamma = V/H = \tan\alpha/\sin\beta = X/Y$$

$$\gamma = \angle BOF(1-1\text{剖面中})$$

合力 R 方向总是和连接坐标原点 O 与合力作用点 F 的直线垂直。在肋板最大截面处水平分力 $H_{\pi/2}=0$。即剪力为0。

合力作用点距原点 O 的距离 I 为

$$I = r\sin\beta\frac{1 + 2/3\cot\beta\sin^2\alpha}{\sqrt{\sin^2\beta + \cos^2\beta\sin^2\alpha}}$$

最大肋宽处（$\alpha=\pi/2$），合力作用点距坐标原点 O 的距离为

$$I_{\pi/2} = r\sin\beta(1 + 2/3\cot^2\beta)$$

岔管最大肋宽 B 以肋板最大截面形心与其合力作用点重合为原则确定。

$$B = 2\left(\frac{r}{\sin\alpha} - I_{\pi/2}\right) = \frac{2}{3}r\cos\beta \cdot \cot\beta$$

肋板最大宽度处，水平分力 $H=0$，月牙肋厚度 S 可由下式求得：

$$S = V/(B\sigma_R)$$

式中　σ_R——材料抗力。

月牙肋应力按与管壳应力相等原则确定时，月牙肋厚度按下式确定

$$S = \frac{t\sqrt{3}}{\cos\beta}$$

式中　t——管壳厚度。

当支锥为圆锥时，应采用下述方法对上式进行修正

$$S'' = K\frac{t\sqrt{3}}{\cos\beta}$$

式中　K——圆锥形支管的修正系数，当 $\varepsilon=0$（圆筒形）时，$K=1.0$；当 $\varepsilon\geqslant10°$时，$K=0.95$；当 $\varepsilon<10°$时，K 可用直线内插（ε 为支锥的半锥顶角）。

(2) 内加强月牙肋岔管体形优化。

1) 应力控制标准。根据内加强月牙肋岔管受力特点，可分为管壳部位的膜应力、局部膜应力、峰值应力和加强肋的应力。依据岔管不同部位应力是否有自限能力和自限程度的不同，来区分应力的控制要求。膜应力是根据与内水压力平衡确定的，不具有自限性；局部膜应力是在内水压力作用下，因不同壳体连接处母线的不连续，为满足变形协调关系产生的膜应力，局部膜应力具有一定的自限性，即一旦超载时，材料将产生少量的局部塑性变形，缓解产生边缘应力的连续条件；峰值应力是由于母线折角部位为满足变形协调所产生的局部膜应力与弯曲应力的迭加结果，峰值应力有很大的自限性；加强肋的应力为一次弯曲应力，不允许发生屈服应变。对于内加强月牙肋岔管而言，母线转折引起的应力集中，包含了局部膜应力，这种具有一定自限能力的应力分量既不同于膜应力，也不同于包含弯曲应力分量的峰值应力。比较 ASME 锅炉及压力容器规范Ⅷ—2 对应力控制的标准，对膜应力、局部膜应力和峰值应力的不同限制值，在岔管设计时应对局部膜应力给予特别的关注。

2）岔管体形设计。岔管体形设计应根据《水电站压力钢管设计规范》DL/T 5141—2001推荐的结构力学方法，以及类比已建工程，初步拟定岔管体形。对于大型岔管还应进行三维有限元结分析，进一步优化岔管体形。岔管体形优化应以岔管重量最小为目标，调整体形参数，使管壳折角点应力分布尽可能均匀。图9－3－15及表9－3－4为西龙池抽水蓄能电站岔管明管状态下的最终优化体形和有限元计算成果。经充分的体形优化后，管壳折角点局部膜应力分布比较均匀，最大与最小应力相差不足16%。

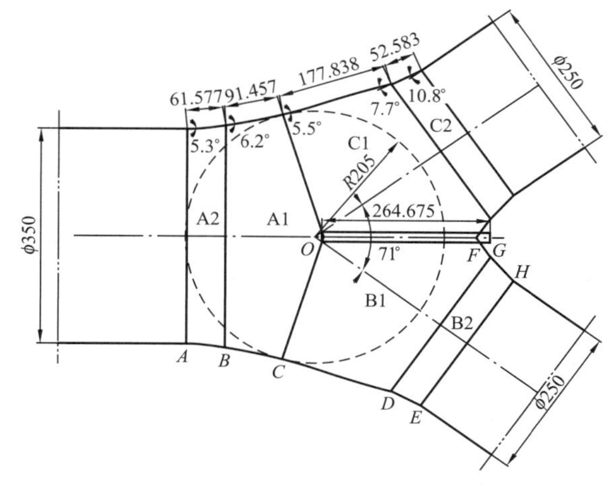

图9－3－15　西龙池抽水蓄能电站岔管明管状态下最优体形

表9－3－4　西龙池抽水蓄能电站岔管体形优化成果——管壳上各母线转折处应力

应　力	管壳局部环向应力（MPa）									
	A左	A右	B左	B右	C左	C右	D左	D右	E左	E右
管外壁应力	277.6	296.6	322.9	323.6	362.1	360.4	309.1	350.0	352.0	373.8
局部薄膜应力	336.0	346.2	370.0	370.3	388.7	390.6	341.2	358.9	349.1	363.6
管内壁应力	396.6	398.0	419.2	419.0	417.0	422.4	375.3	369.4	347.0	354.0

（3）埋藏式岔管围岩分担内水压力设计。国内外埋藏式岔管几乎都按明管设计，围岩分担内水压力仅作为一种安全储备，这不仅是由于岔管距厂房较近，按明管设计较安全，更主要是没有一种适当的设计理论、方法，以及成功的经验。对于大*PD*岔管考虑围岩分担内水压力，减小钢板厚度的意义不仅仅在于节约钢材用量，更重要的是降低岔管制安难度。以往有些工程也不同程度地考虑围岩分担内水压力的潜力，如渔子溪一级电站三梁岔管，设计考虑岔管位置围岩地质条件较好，假定围岩分担15%～30%的内水压力，这一经验被纳入《水电站压力钢管设计规范（试行）》（SD 144—1985），通过提高10%～30%允许应力的方法来间接地反映围岩分担内水压力的作用。在岔管的实际运行状态下，内水压力是通过变形协调实现围岩与钢岔管共同分担的。通过湖南的花木桥电站三梁岔管，西洱河二级电站的无梁岔管，十三陵抽水蓄能电站内加强月牙肋岔管，日本的奥美浓、奥矢作第一抽水蓄能电站内加强月牙肋岔管等原型观测资料分析发现岔管应力并不高，比明岔管状态有限元计算及水压试验的应力水平低得多，证明围岩分担内水压力的作用明显。在20世纪80年代末，日本奥美浓抽水蓄能电站首先尝试按围岩分担内水压力设计岔管，其内加强月牙肋岔管最大*PD*值4108.5m^2，主管内径5.5m，由于是首次尝试，缺乏经验，设计时1号岔管围岩分担率限制在15%以下。而原型观测结果表明，围岩分担率远大于15%。西龙池抽水蓄能电站岔管*PD*值达3552.5m^2，远超过国内已建工程规模，在世界上也位于前列（见表9－3－2），如按明管设计，管壳和肋板厚度较厚，使岔管制造、安装难度加大。为此，开展了考虑围岩分担内水压力的研究。

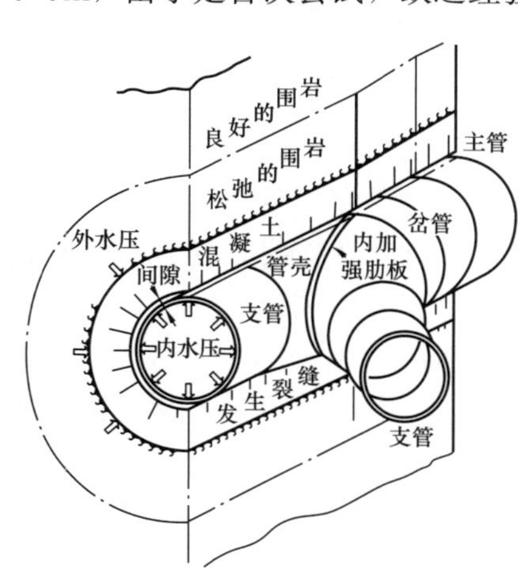

图9－3－16　岔管考虑围岩分担内水压力的概念图

1）岔管围岩分担内水压力的基本概念。埋藏式钢管的变位是均匀的，围岩分担内水压力的设计，可按无限域轴对称多重组合圆筒问题进行。然而，埋藏式岔管则不同，考虑围岩分担内水压力时（见图9－3－16），存在如下问题：

①在内水压力作用下，在岔管各部位产生的变形，是不均匀的；②加强肋板约束了管壳的变位；③存在局部二次应力；④在接近厂房的情况下，不能将围岩视作无限体。因此，对于岔管，尚没有像圆管那样明确的理论进行围岩分担内水压力设计的实例。在埋藏式岔管实际运行中，围岩与岔管联合受力主要体现在两方面：①在内水压力作

用下，和地下埋藏式圆管一样，围岩分担部分内水压力，减少钢岔管所承担的荷载；②由于岔管结构变形是不均匀的，受到围岩的约束作用，限制了岔管变位，使其变形均匀化，消减岔管折角点的峰值应力，使岔管应力分布均匀化，便于材料强度的充分发挥。从西龙池抽水蓄能电站岔管不同围岩弹性抗力系数和缝隙值的分析成果（见表 9-3-5）可以看出，岔管折角点峰值应力及局部膜应力的消减率基本为平均围岩分担率的两倍，管壳折角点局部膜应力和应力峰值消减程度远大于岔管的平均围岩分担率。

表 9-3-5　西龙池抽水蓄能电站埋藏式岔管管壳折角点应力消减与平均围岩分担率分析

方　案	K=10MPa/cm Δ=0.1cm	K=10MPa/cm Δ=0.2cm	K=5MPa/cm Δ=0.1cm	K=5MPa/cm Δ=0.2cm	K=10MPa/cm 水平 Δ=0.1cm 垂直 Δ=0.2cm
岔管折角点应力峰值消减率	54.3%	37.6%	44.1%	31.4%	38.8%
岔管折角点局部膜应力消减率	50.0%	32%	39.2%	25.4%	36.8%
平均围岩分担率	29.82%	14.33%	21.14%	10.94%	18.77%

注　岔管折角点应力峰值消减率=(明管折角点应力峰值－埋藏式岔管折角点应力峰值)/明管折角点应力峰值

岔管折角点局部膜应力消减率=(明管折角点局部应力－埋藏式岔管折角点局部应力)/明管折角点局部膜应力

2）围岩分担内水压力规律。埋藏式岔管的应力分布和明岔管相比有很大的不同，因围岩的约束作用，使得岔管的各部分应力均匀化且数值也明显降低。埋藏式岔管应力分布均匀化主要体现在以下两方面：首先是管壳内外壁折角点局部膜应力和峰值应力在空间上分布趋于均匀；其次是岔管内、外壁应力差减小，即管壳弯曲应力减小，使管壳更接近膜应力状态。埋藏式岔管的应力状态对体形参数改变远不如明岔管敏感。在明岔管条件下较优的体形，在埋藏管状态下不一定最优，对于埋藏式岔管结构的优化工作应在埋藏式条件下进行。通过西龙池抽水蓄能电站岔管的敏感性分析可知（见表 9-3-5），围岩弹性抗力系数对埋藏式岔管应力状态的影响呈非线性关系，当围岩弹性抗力小于100MPa/cm时，围岩参数对岔管围岩分担内水压力作用的影响非常明显，而当围岩弹性抗力大于10MPa/cm后，围岩参数对岔管围岩分担作用的影响不大，分析成果如图 9-3-17 所示。其次，缝隙大小对埋藏式岔管应力状态的影响十分敏感，岔管应力随缝隙值的增大而增大，当缝隙值大于 0.3cm 时，岔管受力状态接近明管状态，分析成果如图 9-3-18 所示。在埋藏式岔管的施工过程中，控制好开挖、回填混凝土、顶拱回填灌浆及底板接触灌浆各工序的施工质量，严格控制缝隙不超过设计值对埋藏式岔管的安全是非常重要的。

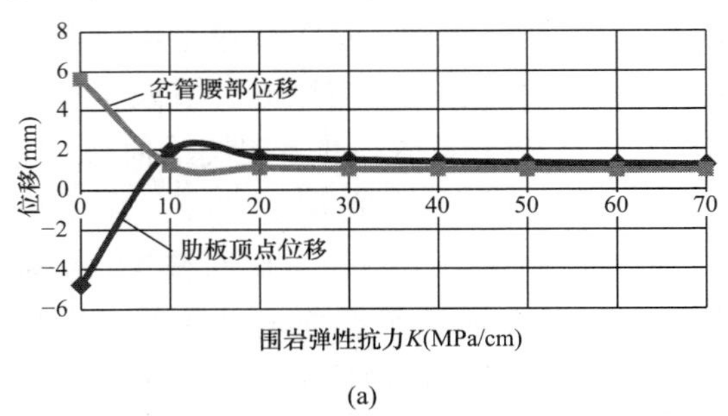

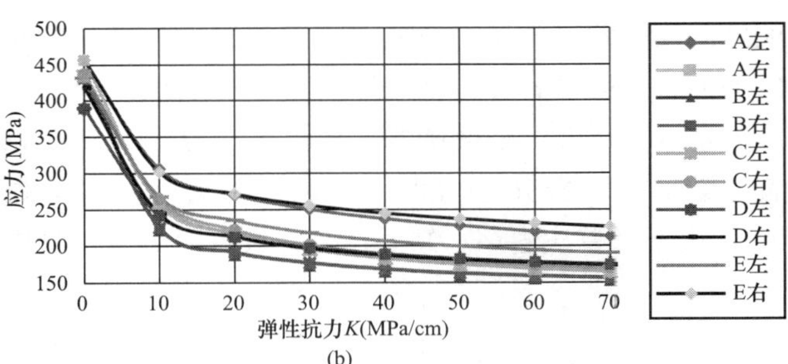

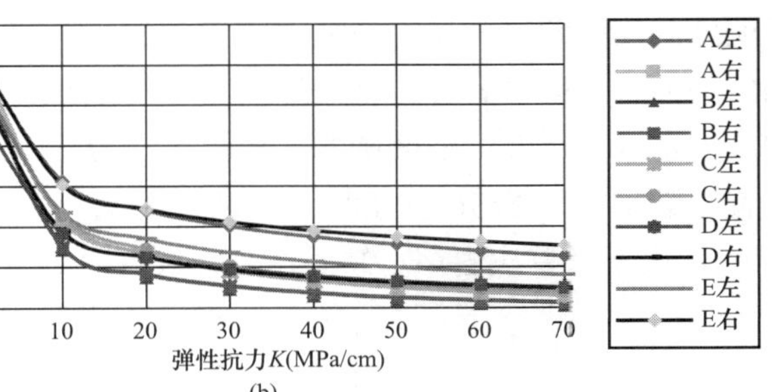

图 9-3-17　西龙池电站岔管变位、局部膜应力与围岩弹性抗力关系曲线

（a）岔管变位与围岩抗力关系；（b）管壳母线折角点局部环向应力与围岩弹性抗力关系曲线

C点局部膜应力与缝隙值的关系曲线(K=10MPa/cm)

图 9-3-18　K=10MPa/cm 时，C 点局部膜应力与缝隙值的关系曲线

（4）埋藏式岔管设计原则。在埋藏式岔管围岩参数选择时，应考虑洞室开挖过程中爆破松动圈的影响；岔管缝隙取值可参照地下埋管的原则确定，但考虑到岔管的体形复杂，母线折角点回填混凝土质量不易保证，在进行回填和接触灌浆，采取减少施工缝隙措施后，缝隙取值应比与岔管公切球相同直径埋管缝隙值大些；考虑岔管外围回填混凝土施工特点，西龙池抽水蓄能电站岔管设计缝隙值水平方向为 0.1cm，垂直方向为 0.2cm。通过现场模型试验测试成果分析，模型岔管外围总缝隙

平均值为 3.0×$10^{-4}R_0$（R_0 为岔管公切球半径），考虑到岔管实际运行过程中，缝隙值受水温、围岩蠕变等因素的影响，西龙池岔管缝隙取值是合适的，也是偏于安全的。同时，要求以明管准则校核岔管钢板厚度。所谓明管准则就是：即使不考虑围岩分担内水压力作用，岔管最大峰值应力也不超过材料的屈服强度。

（5）埋藏式岔管现场结构模型试验。西龙池抽水蓄能电站埋藏式岔管为国内第一个采用围岩分担内水压力的设计，为验证设计的合理性及准确选择设计基本参数，模拟现场施工条件、施工工艺，进行了1：2.5的现场结构模型试验。试验布置图及照片如图 9－3－19 所示。为确定埋藏式岔管的受力特点、岔管与围岩联合作用的效果，分别进行明管和埋管状态下的打压试验。试验观测项目主要有内水压力及水温、管壁应力和应变、岔管变形、缝隙值、混凝土应变及温度、回填混凝土微膨胀效果、各部分压力传递、压力与进水量。本次试验十分成功，试验与有限元分析成果具有很好的一致性。试验成果如图 9－3－20～图9－3－23 所示，图中 *CD*、*CO* 是指岔管主支锥腰线部位和主支锥相贯线部位（见图 9－3－15）。西龙池抽水蓄能电站岔管按传统的明管设计，采用 800MPa 级钢板制造，管壳最大厚度仍需 68mm，肋板需 150mm。考虑围岩与岔管联合作用后，岔管管壳最大厚度可减少至 56mm，肋板减少至 120mm，大大降低了制作安装难度，有利于工程的安全；岔管重量可减少 22%，节约了工程投资。

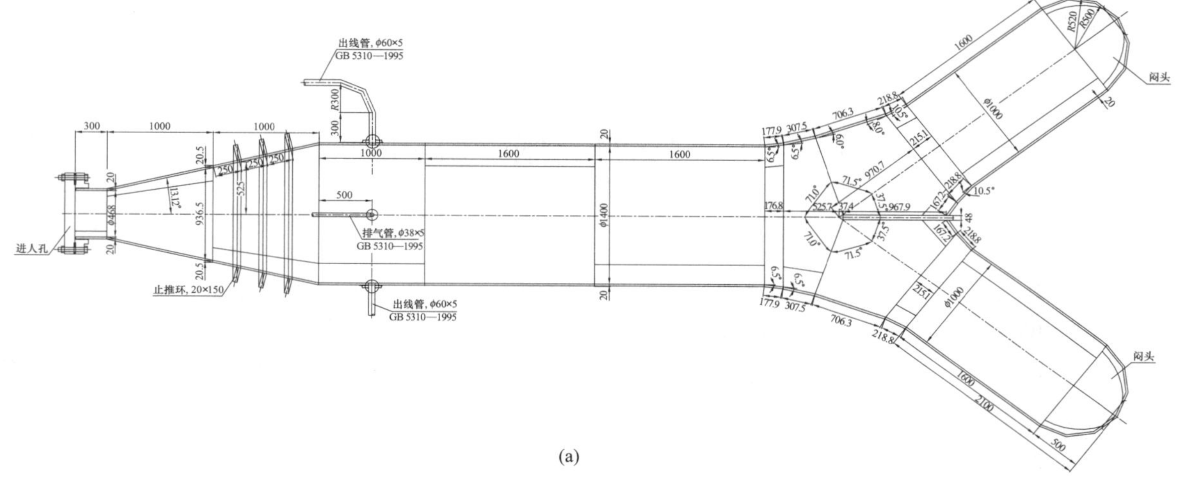

(a)

(b)

(c)

图 9－3－19 西龙池电站岔管现场结构模型试验构造示意图及照片

（a）岔管现场结构模型试验构造示意图；（b）模型岔管安装就位后全貌；

（c）模型岔管腰线附近测缝计、钢板计、应变片安装安成后

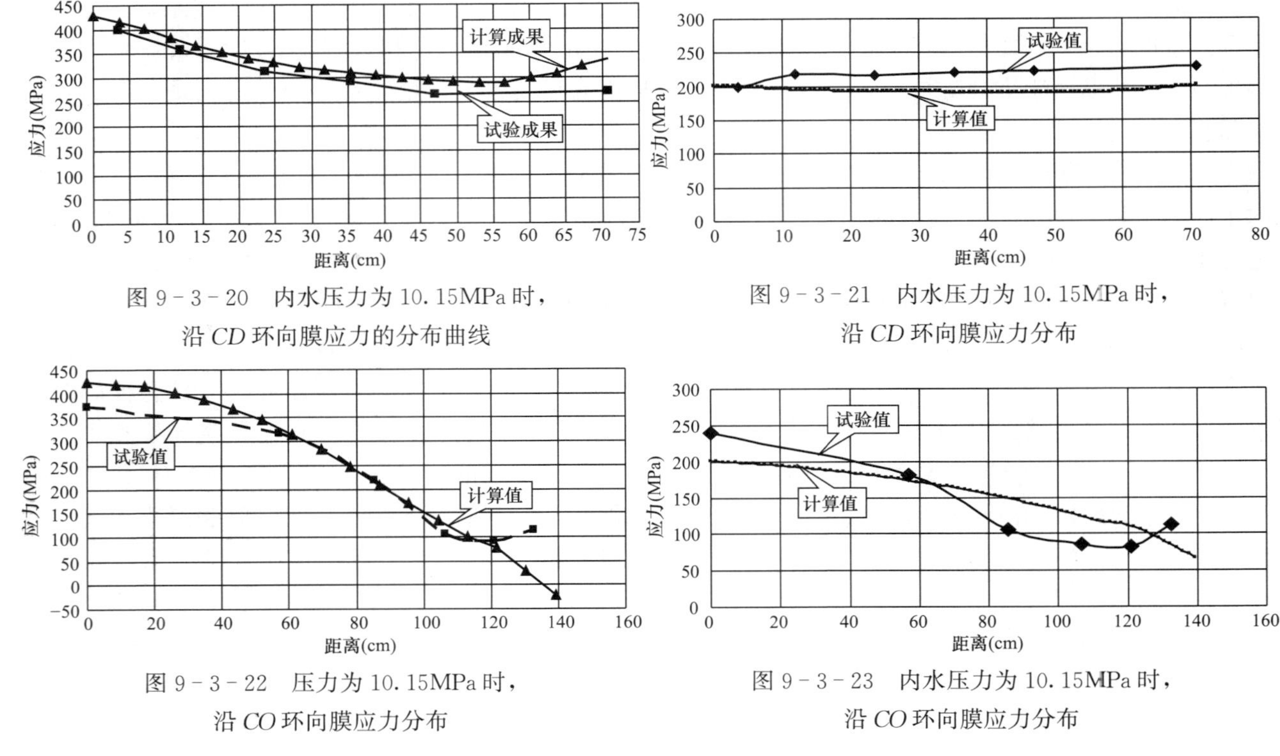

图 9-3-20　内水压力为 10.15MPa 时，沿 *CD* 环向膜应力的分布曲线

图 9-3-21　内水压力为 10.15MPa 时，沿 *CD* 环向膜应力分布

图 9-3-22　压力为 10.15MPa 时，沿 *CO* 环向膜应力分布

图 9-3-23　内水压力为 10.15MPa 时，沿 *CO* 环向膜应力分布

第四节　拦污栅、闸门和启闭机

一、抽水蓄能电站拦污栅、闸门和启闭机的特点

与常规水电站相比，抽水蓄能电站中拦污栅、闸门和启闭机的布置有相同之处，又有其特殊要求。相同之处是这些金属结构设备设置在电站引水、尾水建筑物之中，其功能主要是为了保护引水道、尾水道、厂房和机组的安全运行，便于设备的检修维护。特殊要求是由抽水蓄能电站枢纽布置和运行工况所决定的，主要有以下几点：

（1）抽水蓄能电站上、下水库的水位高差大，厂房多位于山体内，采用地下布置，机组受吸出高度限制，安装高程很低。抽水蓄能电站的这种枢纽布置特点带来的最突出问题就是如何保证厂房免受水淹的威胁。因此，要求上、下水库进/出水口和机组尾水管等部位的闸门及其启闭机安全可靠度高，而且启闭机的电控系统应能与全厂计算机监控系统联网，一旦计算机监控系统检测到某部位出现事故，启闭机应立即投运，实现远方自动操作闸门关闭孔口，截断上水库或下水库的来水，避免事故扩大。

（2）抽水蓄能电站存在发电和抽水两种运行工况，引水道和尾水道存在双向水流。这种运行工况对拦污栅、闸门和启闭机来说，带来如下两方面的问题：

1）布置在上、下水库进/出水口处的拦污栅存在双向过流。在发电工况下的上水库进出水口拦污栅和抽水工况下的下水库进/出水口拦污栅处于进流运行状态，进流运行状态与常规水电站进水口拦污栅的运行状态相似。关键问题是在发电工况下，下水库进/出水口拦污栅和抽水工况下的上水库进/出水口拦污栅处于出流运行状态，由于上、下水库进/出水口建筑物受到水道水流条件、扩散段体型（扩散角、长度、断面等变化）、出水口条件（岸边地形、孔口尺寸、水位变幅）以及工程费用等诸多因素的影响和限制，要想实现水流在出流工况下扩散均匀并不容易。因此，对于设置在上、下水库进/出水口前沿处的拦污栅来说，应着重分析和研究出流工况下的水流分布状态及其影响，并采用必要的措施防止拦污栅产生有害振动。

2）上水库进/出水口事故闸门和机组尾水事故闸门自动坠落。上水库进/出水口事故闸门虽然从布置和功能方面来看，与常规电站进水口事故闸门（快速闸门）基本相同，但由于存在抽水工况，防止闸门自动坠落的问题尤其重要。对于常规电站来说，进水口事故闸门（快速闸门）自由坠落（事故情况）时有发生，其结果仅是造成停机，不会产生灾难性事故。而抽水蓄能电站抽水工况下，万一上水库进/出水口事故闸门发生自动坠落，封堵孔口，则机组和高压管道将承受额外的高压。如果这种事故未能很快得到有效处理，可能造成事故闸门被压垮，或者高压管道爆裂，或者机组遭受破坏，甚至水淹厂房。机组尾水设置的事故闸门，与常规电站的尾水检修闸门相比，无论是布置型式还是功能要求均有较大的差别。设置尾水事故闸门的目的是当尾水管内连接的技术供排水管路和阀门发生爆裂事故时，能够及时动水闭门，截断下水库来水，防止水淹厂房。为此，事故闸门平时悬挂在孔口上方处于时刻待命的工作状态。事故闸门的这种布置和工况要求带来的另外一个问题就是防止闸门在发电工况状态下自动坠落。万一机组在发电工况下，事故闸门自动坠落，封堵了尾水管出口，或者闸门遭受破坏，或者厂房内设置的各种技术供、排水管路、阀门发生爆裂，或者机组顶盖遭受破坏，造成“抬机”事故，如果事故得不到及时和有效处理，水淹厂房这种灾难性事故难以避免。由此看来，上水库进/出水口事故闸门和机组尾水事故闸门是保证厂房安全的重要保护设备，必须要安全可靠。

二、上、下水库进/出水口拦污栅及其启闭机

（一）拦污栅设置的一般原则

同常规水电站一样，为保证机组的正常运行，应结合工程布置和上、下水库污物源实际情况，研究和确定在上、下水库进/出水口设置拦污栅的必要性和设置方式。

（1）上水库或下水库为人工开挖而成，且无天然来流，无污物源，也无高坡滚石和泥石流等不安全因素的存在，可以考虑不设拦污栅。

（2）上水库或下水库虽然符合上述条件，但由于它们处于旅游景点，为拦截非自然污物，仍设置一道拦污栅，但可考虑不设置专用的永久启闭、清污设备，必要时可采用临时起吊设备起吊拦污栅进行维修。十三陵和天荒坪抽水蓄能电站上水库，西龙池抽水蓄能电站上、下水库等均采用此种做法。

（3）利用天然河道或湖泊修建的上、下水库，其进/出水口均设置拦污栅，并结合水工建筑物的布置和根据拦污栅的清污及本身的检修维护要求，合理配置专用的永久起吊设备和备用拦污栅。由于抽水蓄能电站的抽水和发电工况转换时，水流流向相反，对拦污栅本体有自动清污的作用，故少见设置专用的永久清污设施。

（二）拦污栅的运行工况及破坏实例

抽水蓄能电站进/出水口的拦污栅存在双向过流工况，而且过栅局部流速较大，尤其是出流工况下很难实现扩散均匀，当某孔拦污栅，或者某扇拦污栅的局部遭受较大流速冲击时，就会在栅叶梁格和栅条尾部出现交替漩涡脱落，由漩涡脱离而产生横向推力和顺向曳引力，使构件乃至整扇栅叶产生流激振动，当这种交变的漩涡脱落的扰动频率（或称卡门涡列频率）与拦污栅栅叶及栅条的自振频率相近时，就会导致整扇栅叶或其部分构件（如栅条）发生共振，最终造成栅条乃至拦污栅疲劳破坏。

抽水蓄能电站建设初期，由于对此问题认识不足，曾出现过一些电站拦污栅遭受破坏的事例：

（1）1979 年 Behring 介绍了美国 8 座蓄能电站拦污栅事故的情况（当时美国有 15 座抽水蓄能电站），见表 9-4-1。8 座电站当中有 7 座的拦污栅布置在尾水管后面，只有一座是布置在上水库进/出水口部位。一般地面式厂房拦污栅直接布置在尾水管后，拦污栅破坏都发生在尾水管出口下部的外侧，并集中在机组旋转方向出流的一边。

表 9-4-1　美国几座抽水蓄能电站拦污栅振动破坏实例

工程代号	位　置	破　坏　情　况	破　坏　原　因
1	尾水拦污栅	栅条下落不明，破坏集中于底部、尾水管外犄角外	振动及制栅材料金属特性不良
2	尾水拦污栅	整扇拦污栅被冲走，先是泄水道混凝土中的锚固螺栓被拔出，荷载转移到支承柱上，柱破坏，最后栅叶被冲走	振动
3	尾水拦污栅	1 号机组拦污栅：严重破坏，整扇拦污栅一分为二； 2 号机组拦污栅：导桩靴下落不明； 3 号机组拦污栅：地脚螺栓松动	振动

续表

工程代号	位　　置	破　坏　情　况	破　坏　原　因
4	尾水拦污栅	1号机组拦污栅36根栅条下落不明； 2号机组拦污栅：垂直槽形导轨梁严重磨损，整扇栅叶出现垂向振动	垂向振型基频与干扰频率非常接近，因共振而引起干扰频率与栅叶顺流向四阶频率非常接近
5	尾水拦污栅	栅条丢失、断裂	
6	上水库拦污栅	1号机组拦污栅：栅条下落不明； 2号机组拦污栅：栅条丢失，断裂	振动
7	尾水拦污栅	栅条断裂，丢失	振动
8	尾水拦污栅	栅条断裂，丢失	振动与焊接不良

（2）日本奥清津抽水蓄能电站下水库拦污栅的破坏状况。该电站1978年投运，相隔7年、10年、12年相继三次检查拦污栅，发现有不同程度的损坏，运行15年后进行更换。该工程下水库进/出水口分成四孔，拦污栅孔口尺寸为8.5m×12m。拦污栅间距用间隔环固定，用带螺母的螺杆紧固。其损伤情况大体有三种：①间隔环脱落、损伤；②螺杆、螺母损伤；③U形螺栓损伤。1号进/出水口拦污栅的螺杆、螺母松动，主要集中在中墩的左侧部，与间隔环的损伤处一致。2号进/出水口拦污栅螺杆、螺母的松动，虽在中墩两侧较显著，但间隔环未见脱落。检查发现，拦污栅受损伤部位与水工模型试验所呈现的主流流速分布状况基本对应（详见图8－1－9和图8－1－10），认为拦污栅的损伤是由于发电时水流在进/出水口扩散不充分，扩散不均匀水流的主流近乎射流状态直接冲击拦污栅而造成的。

（3）美国史密斯山抽水蓄能电站上水库进/出水口拦污栅的破坏状况。该电站上水库进/出水口拦污栅的栅条大部分脱落，栅叶也偏离孔口而压坏。究其原因，流速过大（实测高压管道的流速为4.5m/s，局部过栅最大流速为5.5～6m/s），栅条断面单薄（原栅条厚9.52mm，宽76.2mm），栅叶刚度较差。后期将原来的固定式拦污栅改为流线形的活动式拦污栅，增设起吊设备，并限定抽水前先将拦污栅提出孔口，以避免水流冲击。

（4）日本新成羽川抽水蓄能电站下水库进/出水口拦污栅的破坏状况。该电站下水库进/出水口拦污栅孔口尺寸5.22m×19.6m，原设计栅条厚度为9mm，宽度100mm，最大过栅流速按3～4m/s考虑。运行后发现，栅条在焊接处及焊缝邻近部位出现龟裂、错位、断裂等情况达60处，测得这些破坏部位的最大流速，当水轮机出力为1/4全出力时高达8m/s，当水轮机出力为全出力时也达5m/s。

上述实例表明，上、下水库进/出水口拦污栅遭受损坏的原因是流激振动所致。其激励源主要有两个：①栅条尾部交替出现的漩涡脱落所产生的干扰频率，这个干扰频率随着过栅流速的增加而增大，导致栅条不稳定的诱发振动；②水轮机工况运行下产生的不稳定波动的干扰频率，属外致激励的范畴。前者在大多数进/出水口都有可能出现，其破坏形式主要是栅条疲劳损伤，栅叶整体共振的可能性不大，因为局部高流速水股作用面积不大，流速绝对值不高，所产生的激励能量一般不致使整个栅叶产生强烈共振。至今尚未见到这方面的实例报道，奥清津抽水蓄能电站的原型观测也说明了这一道理。而后者对于地面式厂房尾水拦污栅较常见，由于拦污栅位于机组尾水管末端，出机组的水流未经过一定距离的流道调整，仍处于紊流状态下过栅，流激振动对栅体损坏的可能性极大。

以上拦污栅破坏事例大都发生在栅条焊接处及焊缝邻近部位，究其原因，可能由于材质不佳，焊接质量不好，存在焊接咬边及残余应力与变形等现象，当拦污栅产生共振时，加快了材料的疲劳损坏，促使焊缝及焊接热影响区裂缝的形成、发展和断裂。因此，应使用具有耐低温、冲击韧性和焊接性能良好的钢材作为拦污栅的材料，并确保焊接质量。

由此可见，抽水蓄能电站拦污栅的设计，不仅有与常规电站相类似的地方，要满足其强度和刚度的要求，更重要的还要考虑因不良水流而引起的流激振动，把防止发生振动作为拦污栅设计的控制条件，并在拦污栅的材质、工艺、结构型式及布置上采取相应措施，以满足双向过流工况的要求。

（三）拦污栅的流激振动分析

1. 干扰频率的确定

拦污栅流激振动是典型的水弹性（流固耦合）问题，属钝体绕流类，是一种非恒定流动，它与过

栅水流、栅体结构及其耦合特性密切相关，其典型流动特征是钝体后存在脱体漩涡—卡门涡列，可用斯特罗哈数来描述

$$S_h = \frac{fD}{v} \tag{9-4-1}$$

式中 S_h——斯特罗哈数；

f——脱体漩涡的干扰频率；

D——栅条厚；

v——过栅流速。

斯特罗哈数与栅条的形状及排列状况有关，图 9-4-1 所示为不同形状栅条的 S_h 值。中国水利科学研究院《抽水蓄能电站拦污栅流激振动试验研究》的成果为：前后缘为半圆形的 $S_h=0.27$，但当栅条的长宽比大于 10 时为 0.19；矩形前后缘长宽比大于 4 时，$S_h=0.19\sim0.20$；长宽比为 4 时，$S_h=0.14\sim0.16$。如图 9-4-2 所示的前后有倒角接近流线型 E8、F8、G8 形状栅条的 S_h 分别为 0.35、0.33、0.30。该研究推荐采用 E8、F8、G8 型栅条。在实际工程设计时，虽然将栅条的双向迎水面设计为近似流线形，对提高拦污栅的抗振性能有一定好处，特别是能够明显降低拦污栅的局部水流阻力，但是栅条的制造加工非常麻烦，数量又多，需要花费可观的制造费用。因此，已建工程栅条大多采用矩形断面。

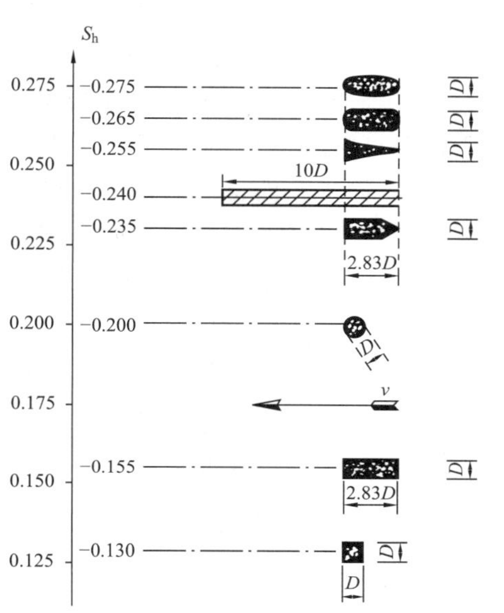

图 9-4-1　同形状栅条的斯特罗哈数

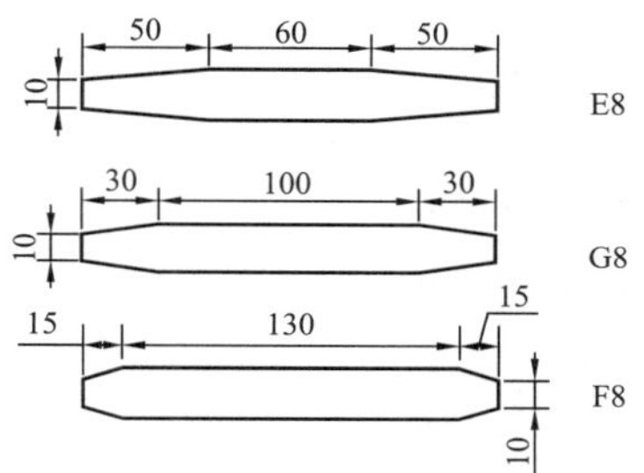

图 9-4-2　流线形栅条的断面尺寸

过栅流速一般应选实测最大栅前流速，无实测资料时可取平均过栅流速的 2.25～2.5 倍。由于原型实测资料很少，一般多为模型试验资料，考虑到试验和实际的偏差，设计计算采用的过栅流速宜将试验值乘以一定的系数。如十三陵抽水蓄能电站下水库拦污栅试验最大过栅流速为 1.78m/s，平均过栅流速为 1.28m/s，v_{max}/v_{ar}为 1.5，拦污栅设计过栅流速取 4.5m/s；西龙池抽水蓄能电站上水库进/出水口，2 台机组抽水时，最大正向流速为 2.32m/s，正向流速平均值为 0.35～1.21m/s，拦污栅振动计算时取最大正向流速的 2 倍，$v=4.64$m/s 进行计算；日本神流川抽水蓄能电站平均过栅流速 1.7m/s，最大过栅流速为 4.3m/s，v_{max}/v_{ar}为 2.52，拦污栅的设计过栅流速取 5m/s；日本奥清津抽水蓄能电站下库进/出水口拦污栅更换后，设计过栅流速取 5m/s，为最大流速 2.4m/s 的 2.1 倍。

应用时，根据选定的栅条形状确定 S_h 值和设计过栅流速，按式（9-4-1）可求得干扰频率 f。

对来自水泵水轮机尾水管出流波动的干扰频率，及其对拦污栅的作用，迄今研究成果较少。建议的干扰频率表达式为

$$f_{t,p} = nN_p \tag{9-4-2}$$

式中 n——机组转数；

N_p——转轮叶片数。

根据 Bathcont 的试验资料，在模型拦污栅上所测到的水流压力脉动具有 100、355Hz 和 860Hz 三个频率高峰，分别相当于转速频率的 6、21 倍和 51 倍，前两者可能是 7 个转轮叶片和 20 个导叶叶片引

起的，后者应为某一谐波。因此，当尾水拦污栅距机组较近时，又没有条件获得可靠的真机模型试验资料的条件下，设计时应参考已建工程经验，采取合理有效的结构措施。

2. 自振频率计算

对于单根栅条弯曲振动的固有频率，可按下式估算

$$f_n = \frac{\alpha}{2\pi}\left(\frac{EJg}{WL^3}\right)^{1/2} \tag{9-4-3}$$

式中 α——固端系数；

E——弹性模量；

J——栅条横截面的惯性矩；

g——重力加速度；

W——栅条在水中的有效重量；

L——栅条横向支承的间距。

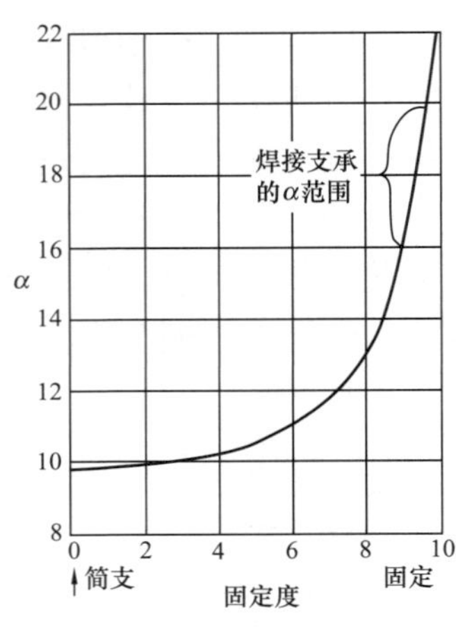

图 9-4-3 固端系数 α

用式（9-4-3）求 f_n 时，应合理选择符合端部约束条件的 α 值和尽可能准确地确定 W 值。两端简支时 α 为 9.87；两端固定 α 为 22.0；一端固定，一端自由时 α 为 3.516。图 9-4-3 给出了 α 与端部约束的关系，图中示出了焊接支承的 α 取值范围。但实际上，栅条的支承条件往往既非固定，又非完全简支；而且栅条是作为整体栅叶中的一个构件，其自振特性必然会与单独状况下有所不同，例如天荒坪抽水蓄能电站，在栅叶整体结构中测得栅条 $f_n=113$Hz（刚性支承），而单根栅条时 $f_n=265$Hz。

再者就是栅条在水中振动时流体附加质量的计算问题，有不少学者作过探讨，但直到目前为止，人们还只能利用附加质量系数进行估算。在拦污栅振动问题中，常用下式计算有效质量

$$W = V\left(\rho + \frac{B}{d}\rho_w\right) \tag{9-4-4}$$

$$V = LA$$

式中 ρ——栅条材料密度；

ρ_w——水的密度；

A——栅条横截面面积；

B——栅条有效间距，一般取栅条净间距和 0.7 倍栅条沿水流方向宽度之中的较小者。

式（9-4-4）是一个相当近似的公式，有待深入分析。

整扇栅叶自振特性可按三维有限元动力模型进行计算。水科院对拦污栅水弹性流激振动问题进行了深入研究，将拦污栅作为整体结构，考虑栅条与联系件之间的动力耦联、和水体的耦联影响。并且认为，式（9-4-3）计算整扇栅叶自振特性误差较大。根据需要且有条件时，对自振频率进行有限元动力分析或流固耦合计算是可取的；但对单根栅条估算固有频率采用式（9-4-3）也是可以的。这一问题，尚有待今后取得更多原型观测资料后进一步研究解决。

3. 共振问题

拦污栅周围的流体运动是三维非恒定流动，流场中既有大尺度的脱体漩涡，又有小尺度的湍流运动，流动结构复杂。栅条共振不仅取决于拦污栅处的流速，而且还取决于横梁（作为栅条的支承）的间距、栅条之间的连接方式、栅条形状以及栅条间距等。

从工程应用上来看，以下各点可供应用参考：

（1）当栅条间距与栅条宽度之比大于 4 时，栅条间无干扰。通常栅条宽 20mm 左右，间距在 100mm 以上，可以满足这个条件，故可按单根栅条的振动进行分析。

（2）图 9-4-4 所示为两种栅条的振动特性曲线。纵坐标 A/d 为表征栅条振动大小的无量纲参数，其中 A 为栅条位移的均方根，d 为栅条厚度；横坐标 $\frac{v}{fd}$ 表征不同栅条的振动响应，其中 v 为来流平均

流速，f_n 为栅条在静水中的自振频率。图中的 S8 表示栅条前后缘为方型，对 20mm 厚的栅条，其长度为 160mm，长宽比为 8；而 E8 表示宽 20mm 的栅条，长 160mm，其前后缘有 1∶10 的倒角（见图 9－4－2）。试验表明，随着倒角长度的增加，栅条在高流速区的振动值逐渐减小，当倒角达到 1∶10（E8），其响应曲线与方型（S8）栅条基本一致。并且认为，栅条前缘形状是影响栅条振动强弱的最主要因素，半圆形前缘的栅条振动最大，方型和流线型（倒角）前缘的振动相对较小，且越接近流线型（E8），其振动越小。

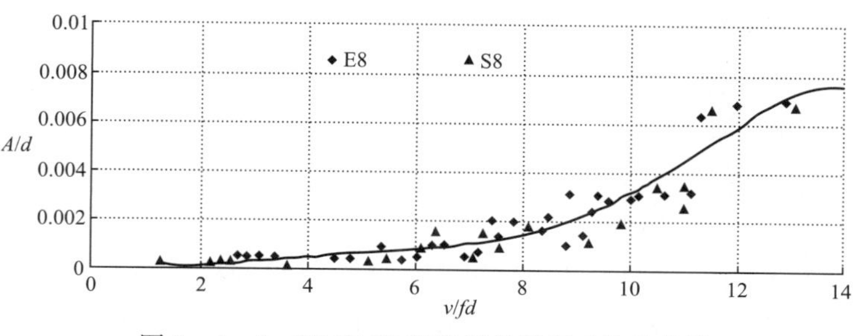

图 9－4－4　E8 和 S8 两种栅条的振动特性曲线

(3) 当栅条长宽比大于 7 时，振动较小。

(4) 从抗振设计的角度来说，应使栅条或整扇栅叶的自振频率远离干扰频率，以避免构件出现破坏性共振。日本闸门钢管技术规范认为当 f_n/f 等于 1.538～0.847 时为共振区，为了避开这个共振区，可加大栅格的自振频率 f_n，使得 $f_n/f \geqslant 1.67$。考虑到斯特罗哈数及其他数值的精度，设计上通常采用 $S_h=0.2$，$f_n/f \geqslant 2.5$。应该注意到，这一设计方法是指导设计的一种理论原则，从工程实践中反馈回来的有说服力的信息不多，原型观测数据不足，从这个意义来说，还有待补充和完善。

(三) 拦污栅支承和结构型式

为了增强抽水蓄能电站拦污栅抗振性能，需关注拦污栅的支承和结构型式。

1. 拦污栅的支承型式

在国外，有些抽水蓄能电站设置固定式拦污栅，用地脚螺栓将栅叶固定在栅槽内，提高了拦污栅抗振性能。但对于利用天然河流或湖泊修建而成的上、下水库，并且无放空条件时，拦污栅采用此形式存在维修困难，清污不利，出现事故后更难修补等问题。有些电站设置活动式拦污栅，如史密斯山等抽水蓄能电站，在发电时提起下水库拦污栅，抽水时则提起上水库拦污栅，以防止拦污栅振动而遭到破坏，这样操作运行比较复杂，只适用于中小型工程。

天荒坪抽水蓄能电站拦污栅流激振动试验和计算分析结果表明，栅叶整体结构顺水流向的最低频率 f_n，刚性支承为 50Hz，橡胶垫支承为 38.5Hz。表明拦污栅支承条件对栅叶整体结构的自振频率有一定影响，支承愈强，整体结构的基频值愈大。从抗振考虑，拦污栅采用刚性支承为宜。

十三陵抽水蓄能电站在初设时曾设想将栅槽采用一种 V 形栅槽，配以多支点的 V 形支承滑块式拦污栅、移动式启闭机，期望起到既固定又活动的目的。在施工设计时，发现拦污栅的启闭力很难确定，或者大得惊人；若在零配合状态下，滑块和栅槽的制造、安装精度要求相当高，不仅造价高，而且难以实现。最终设计采用螺旋顶紧方案，即在栅叶边柱及侧面设螺旋顶紧装置，安装时，将栅叶与栅槽顶紧，拦污栅运行时可以达到相对固定的状态，需要检修时松开螺旋顶紧装置，使拦污栅能顺利提出孔口。这样的装置实现了拦污栅结构既固定又可活动的目标，电站运行 10 多年来，未有拦污栅振动损坏的报告。但这种方案仍存在一定的局限性，十三陵抽水蓄能电站的上水库为人造库盆，其建筑物本身需要维修，具有放空时段，拦污栅的维护可以与上水库的维护安排在同时段进行。但下水库为常年有水的水库，无放空机会，拦污栅的维修需提出检修平台，因此拆卸螺旋顶紧装置需要水下作业，极为困难。因此，对于上、下水库有放空检修机会，污物不多的工程，采用螺旋顶紧装置方案才是合理可行的，建设费用也较低。

天堂抽水蓄能电站下水库拦污栅也设置了正向和侧向双向顶紧装置，用机械方法把栅体固定在栅槽内，但同时在拦污栅的下游侧设置了一道检修闸门。关闭检修闸门，可实现拦污栅无水条件下的维修。拦污栅于 2000 年 8 月投入运行，经原型观察，未见异常振动和声响。这种设计方案适用于小型抽水蓄能电站拦污栅，但大、中型抽水蓄能电站拦污栅数量较多，而且孔口尺寸较大，在拦污栅前设置检修闸门，工程投资较大。

琅琊山抽水蓄能电站拦污栅采用楔形槽塑料合金滑块的支承形式，以求达到既能紧固拦污栅，必要时又能将其提起的目的。塑料合金采用 MGE 材料，该材料对不锈钢设计最大静摩螺旋顶紧装置系数 0.08～0.10，抗压强度 85MPa，弹性模量 256MPa，线膨胀系数 $8\times10^{-5}\sim10\times10^{-5}$（1/K），吸水率仅为 0.03%。利用该材料低吸水率（免除吸水后产生膨胀带来的困扰）和低摩擦系数的特点，合适的弹性模量，设计时通过控制其压缩量，计算出拦污栅的起吊力，保证起吊力在可控范围内。经过有限元分析，采用 MGE 材料，拦污栅栅体结构顺水流方向基频约 26.8Hz；采用刚性支承时基频约 30.2Hz；采用橡胶支承时基频约 18.2Hz。MGE 材料比橡胶支承的栅体自振频率有明显改进，而比刚性支承降低不多，可见，采用 MGE 材料在降低摩阻力的同时亦有利于增强拦污栅的抗振性能。拦污栅设计最大压缩量为 2.5mm，为保证压缩量，栅槽的安装精度比常规栅槽要求稍高，且拦污栅滑块下加设调整垫片。

2. 拦污栅结构型式

活动式拦污栅栅叶结构型式与常规水电站的拦污栅基本一样，主要由主梁、边柱、栅条、横向支承等组成。但也有与常规拦污栅不同之处，即为了适应双向水流的工况，降低水流阻力，提高抗振动性能，拦污栅主梁双向迎水面设计为近似流线形；实际工程中，栅条一般采用矩形截面；栅条的厚度根据抗振计算和强度计算而定，并应考虑锈蚀厚度适当加厚；栅条宽厚比宜大于 7。

我国拦污栅栅条一般采用焊接式结构，图 9-4-5 所示为拦污栅的主梁、边柱、栅条和横向支承的布置简图。日本拦污栅栅条型式采用螺杆串连式（见图 9-4-6）和扁钢焊接固定的扁钢焊接式两种（见图 9-4-7）。1985 年左右，奥清津等电站螺杆串连式拦污栅受损之后，出于抑制振动破坏的考虑，目前多采用扁钢焊接式结构。这种结构尚无有关受损伤的报道。拦污栅整体的刚度较螺杆串连式为大，是扁钢焊接式的优点。

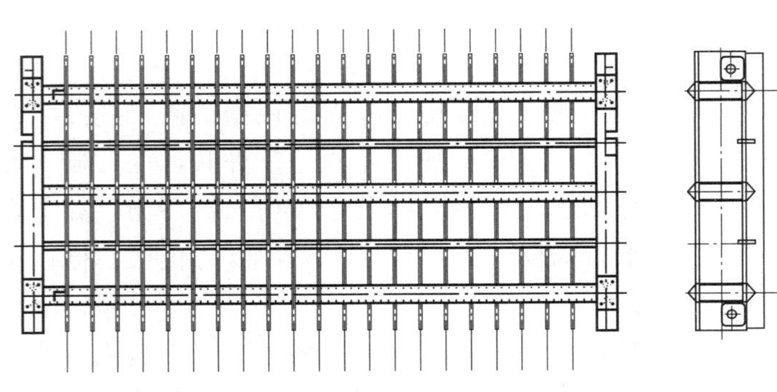

图 9-4-5　拦污栅结构简图

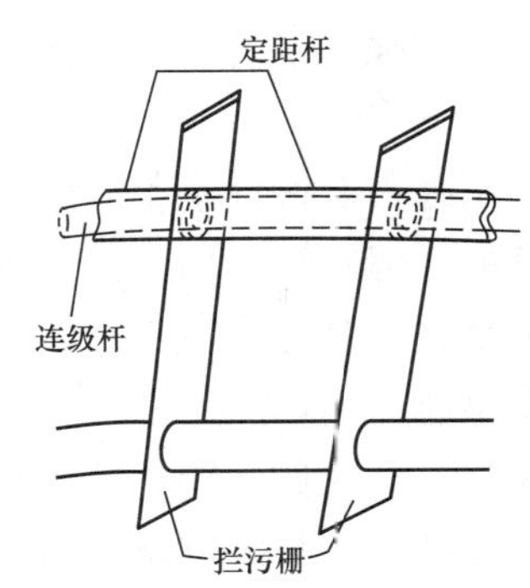

图 9-4-6　螺杆串连式示意图

竖井式进/出水口一般设置固定式拦污栅。固定拦污栅的主要部分由埋于混凝土中的主梁和可拆卸的栅片单元结构组成。西龙池抽水蓄能电站上水竖井式进/出水口位于主坝右岸坝肩前方的水库底部，淹没于死水位之下，八个孔口辐射形分布，孔顶有 1m 厚的八角形盖板，孔口倾斜，斜度 1∶0.3，呈梯形。该电站上水库为人工开挖填筑而成，具有放空时段，故设置固定式拦污栅（见图 9-4-8）。拦污栅设在倾斜孔口上，在孔口的上、中、下部位埋设三根固定式横梁，横梁之间设置可拆卸的栅片单元构件，栅片单元构件均采用不锈钢钢板、栅片用螺栓与横梁连接。

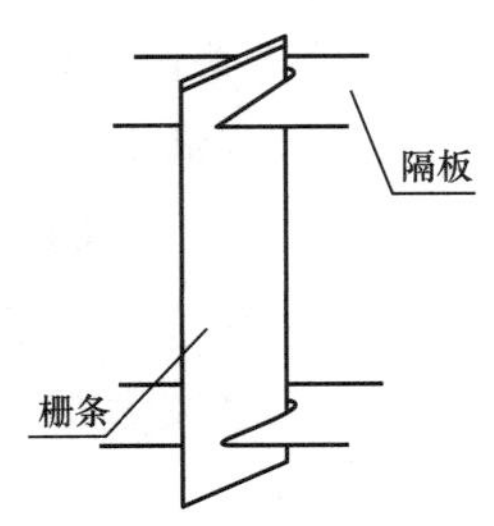

图 9-4-7　扁钢焊接式拦污栅形状示意图

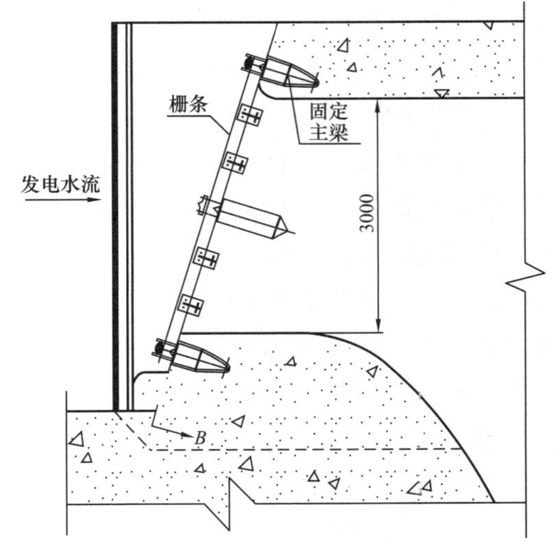

图 9-4-8　西龙池电站上水库进/出水口

（四）启闭机

拦污栅的启吊设备应结合拦污栅在上、下水库建筑物中的布置而定。当拦污栅布置在库中，且无需设置高排架检修平台，拦污栅的检修时段可与水库的维护时段结合的工程，其拦污栅一般可采用临时启吊设备吊运。当拦污栅布置在岸边或者需要设置专用的高排架检修平台的工程，其拦污栅一般采用移动式启闭机来启吊，例如，采用台车式启闭机或门式启闭机。用于起吊拦污栅的启闭设备无特殊要求。

三、上水库进/出水口闸门及启闭机

（一）上水库进/出水口闸门及启闭机的布置

抽水蓄能电站上水库至机组间所设置的闸门是根据机组、引水隧洞及高压管道的安全保护和检修要求而确定的。抽水蓄能电站机组上游侧一般都设置工作阀，无需闸门保护，只存在工作阀本身检修的问题。引水隧洞和高压管道是否需要设闸门，视地质条件、衬护型式、施工质量及维修条件等而定。若引水隧洞和高压管道（埋管）无快速保护要求，可不设快速闸门，一般均在上水库进/出水口之后的上平段设置一道平面事故闸门；若高压管道采用明管 ，应设置一道快速闸门和一道检修闸门；若引水隧洞和高压管道的地质条件良好，衬护可靠，施工质量得以保证，确保无事故存在，也可仅设置一道检修闸门。设置事故闸门与设置检修闸门相比，闸门本身工程量相差甚微，只是要相应增加闸门的启闭力，启闭机的规模有所加大，但提高了电站运行的安全可靠性，通常是合理的。国内抽水蓄能电站除天荒坪电站上水库进/出水口处设置快速闸门外，其他各电站均在上水库进/出水口处设置一道平面事故闸门。

国外抽水蓄能电站也有设置两道闸门或不设置闸门的实例，如英国的克鲁昌坝后式电站，进/出水口布置了一道快速门与一道检修门；英国迪诺维克电站、德国金谷电站上水库进/出水口设置了一道事故闸门和一道检修闸门；法国的雷文、日本的沼原和奥矢作电站，进口未设闸门；日本的太平、玉原、奥清津等电站，虽然高压管道还有一段明管，也未设闸门以保护，由此反映出对高压钢管安全可靠性的认可。另外，不设置闸门的抽水蓄能电站，其机组工作阀门、引水隧洞及高压管道的检修应能与上水库放空维护同时段进行，而且上水库和引水隧洞的充水设施应另行设置。

上水库进/出水口通常有侧式和竖井式两种，侧式进/出水口的闸门通常设置在扩散段与引水隧洞结合处的上平段部位，采用平面闸门。闸门的结构形式与启闭机的布置与常规水电站基本相同。不同的是由于水道较长，闸门井水位的波动较大，闸门停挂的位置和闸门检修平台的设置高程应该考虑涌浪的影响。有的电站为了更有效地保护水道和厂房，对闸门的闭门时间提出具体要求，同时要求通过计算机监控能够在远方自动进行动水闭门操作。为了防止闸门井内产生的涌浪冲击闸门，造成闸门自动降落，平时将闸门悬挂在涌浪水位以上是一种好办法，启闭机宜采用高扬程固定卷扬式启闭机。

竖井式进/出水口的闸门有的设置在进/出水口处，如德国霍恩堡电站上水库竖井式进/出水口，设置圆筒形快速闸门，由多吊点液压启闭机启闭；法国雷文电站上水库竖井式进/出水口周围也设置检修闸门门槽。国内西龙池电站上水库进/出水口闸门设置在竖井下游侧的引水隧洞上平段处，采用平面事故闸门，与侧式进/出水口闸门布置相同。采用这种布置可避免圆筒形闸门带来的许多麻烦，但与圆筒形闸门相比，设计水头比较高，所需的启闭机持住力较大，工作扬程较高。

对于有两条或两条以上引水隧洞的抽水蓄能电站，考虑到事故闸门门槽、进/出水口扩散段至事故闸门井段的水工建筑物出现事故，检修时段较长的情况下，为避免长时间放空上水库，减少发电损失，可以将进/出水口拦污栅栅槽设计为可以放入检修叠梁闸门的门槽形式，一旦某条引水隧洞上述部位发生事故需要放置叠梁闸门挡水维修，另外几条还可以在一定条件下运行。这种布置应根据抽水蓄能电站在电网系统中的作用而定，如十三陵、张河湾、琅琊山等电站的上水库进/出水口拦污栅栅槽均设置成闸门门槽形式。

（二）防止上水库进/出水口事故闸门自动坠落

上水库进/出水口事故闸门，平时无论是将闸门悬挂在孔口上方，还是悬挂在闸门井中最高涌浪水位以上，一旦出现事故，均要求尽快动水闭门，防止事故扩大。这种工况需要特别注意防止闸门自动坠落。避免闸门自动坠落的措施如下：

（1）闸门设置自动锁定装置。抽水蓄能电站事故闸门均需受电站计算机监控系统监控，并且实现远方自动闭门，因此其锁定装置应能够达到自动操作且锁定装置的电控系统必须纳入到启闭机的电控系统中去，而且应相互联锁。十三陵电站上水库进/出水口事故闸门增设了这种锁定装置。

（2）加强启闭机锁定和制动装置的可靠性。上水库进/出水口处所设置的事故闸门一般都采用平面闸门，启闭机采用固定卷扬式为多，也有少数工程采用液压启闭机的。

1）采用固定卷扬式启闭机启闭时，应设置两套可靠的制动器，一套为工作制动器，另一套为安全制动器。工作制动器的制动力矩是根据闸门动水闭门时的持住力确定的，而安全制动器的制动力矩可以仅按照悬挂闸门的自重来确定。

2）采用液压启闭机启闭时，应设置两套油泵电动机组，其中一套作为备用。另外，液压启闭机还应设置可靠的、精度满足要求的闸门开度检测装置和闸门全开/全关位置行程开关。当闸门因油缸密封泄漏由上极限位置下降到某一规定位置时，液压系统应能自动投入运行，将闸门提升回复到全开位置；若自动回升失败，闸门继续下降，则液压系统将投入备用油泵电动机组提升闸门，同时在远方控制室及现地控制柜发出声光报警信号；若闸门继续下降，在远方控制室及现地控制柜均发出声光报警报信号，并将信号引至计算机监控系统，使机组紧急停机，避免事故发生。

（3）加强启闭机电气控制系统操作的可靠性。启闭机的电气控制系统除按上述设置声光报警信号外，还应在闸门的远方控制室设置避免误操作的装置，如操作时给出提示信息，发出报警信号等。

（三）启闭机

上水库进/出水口事故闸门的启闭时间无特殊要求时，一般采用高扬程固定卷扬式启闭机。对于上水库进/出水口需设置快速闸门的工程，其启闭机采用液压启闭机加拉杆，即闸门通过拉杆与液压启闭机下吊头连接，被悬挂在孔口上方。采用这种布置型式可实现闸门在数分钟内快速关闭孔口。但由于机组运行工况转换频繁所引起的水位波动，容易引起闸门的摆动，闸门和拉杆的吊耳及吊轴有可能由于疲劳而遭受破坏，造成落门事故。同时多节拉杆装拆麻烦，闸门检修工作量大，操作周期长，所以此种布置方式很少采用。

高扬程固定卷扬式启闭机有以下几个特点：

（1）卷扬装置。启闭机扬程一般均在 40m 以上，因此其卷扬装置的钢丝绳在卷筒上采用自由多层缠绕（多在 3 层以上），层间过渡处应设置导升垫环，钢丝绳绕入或绕出卷筒时钢丝绳偏离卷筒轴垂直平面的角度应不大于 2°（DL/T 5167—2002《水电水利工程启闭机设计规范》建议），以避免钢丝绳返回时跳槽，但此角度也不能过小，避免钢丝绳的返回分力过小而产生叠绕。根据以往工程经验，钢丝绳返回偏角控制在 0.6°～1.6°比较合适。要控制好返回偏角，则卷筒的带绳槽部分长度就不宜过长。为了实现折线式卷筒多层缠绕过程中钢丝绳排列整齐，在双联卷筒的中部和两端还应设置与各个缠绕层的槽底直径相适应的过渡挡环，从而实现钢丝绳的顺利爬升。虽然加工折线绳槽技术比螺旋线绳槽复杂，但是国内很多专业水工机械厂都具备这种加工能力，技术比较成熟。西龙池电站上水库进/出水口 3200kN 固定卷扬式启闭机应用折线绳槽技术最高缠绕层数已达 5 层。

（2）安全保护装置。

1）载荷显示及超载保护装置。启闭机应设置载荷显示及超载保护装置，该装置应具有载荷显示、声光报警、超载控制等功能。当起升荷载达到额定值的 90%时，荷重仪应发出预警信号；达到额定值的 105%时，应具有红灯警报显示及蜂鸣音响报警，并自动切断电气控制回路，启闭机停止运行以避免事故。

2）高度显示装置。启闭机应设置起升高度显示装置，该装置应具有全扬程显示和预定位置限制等功能。需要强调的是，高度显示装置中的检测元件应保证在断电情况下不丢失数据信号，来电后仍能显示原有闸门开度，因此该检测元件宜采用进口的高精度绝对型编码器。起升高度显示装置的显示仪应采用数据通信方式与电站计算机监控系统进行传递，接口应满足现场总成的连接要求，如有必要，应提供通信协议转换器。

3）位置限制开关。如前所述，启闭机除应设置上、下极限位置和充水阀充水开度位置限制开关外，同时还应具有至少两个位置开度预置功能，即闸门产生自动降落（出现事故情况）的报警位置和自动停止机组运行位置的控制开关。高度显示装置及位置限制开关一般均为定型产品，通常将这两种功能合二为一做成一套产品，这样布置比较简单，结构紧凑。设计时除了确定产品型号外，还应提出具体的产品定货技术要求，特别应提出开度的预制位置和数量。

4）制动器。启闭机应分别设置一套工作制动器和一套安全制动器。工作制动器一般采用柱面结构型式，此种型式多采用GB 6333中的电力液压块式制动器。该种制动器具有结构简单，易于布置，安全可靠，价格便宜等优点，但该种制动器只能设置在减速器输入端。安全制动器一般多设置在卷筒的尾端，采用盘式制动器，这种设置避开了减速器等机械传动系统的不安全因素，其安全可靠度更高，但价格较贵。安全制动器也可采用柱面结构型式，设置位置可在减速器输入端另一侧，这主要取决于电站的规模和进水口事故闸门的重要程度。张河湾、西龙池、琅琊山等抽水蓄能电站进水口事故闸门启闭机的工作和安全制动器均采用柱面结构型式，设置在减速器输入端的两侧，而宝泉、宜兴等抽水蓄能电站启闭机的工作制动器采用柱面结构型式，安全制动器采用盘式制动器设置在卷筒的尾端。而桐柏抽水蓄能电站则是工作和安全制动器均采用了盘式制动器，工作制动器设置在减速器输入端，而安全制动器设置在卷筒尾端。工作和安全制动器的上闸和松闸设有时间差。

5）电气控制。电气控制应按现地和远方两种控制方式设置，现地控制柜应设有“现地/远方”切换开关，“现地”位置时，由现地控制柜手动或自动控制闸门的升、降、停；“远方”位置时，则接受计算机监控系统的闭门控制信号，实现远方自动闭门控制。

四、尾水闸门及启闭机

抽水蓄能电站机组安装高程很低，特别是地下厂房的洞室群位于最低处，不仅厂房周围的地下水向厂房渗漏，需要可靠的排水措施，更需要重视的是一旦机组或者技术供水系统设备出现事故，如何防止下水库水倒灌厂房。尾水闸门的性质及运行要求应根据厂房的布置及排水设备的设置情况而定。

2000年国内某抽水蓄能电站曾因为技术供水系统的阀门（D=350mm）爆裂，出现过水淹厂房的事故，而恰恰该电站尾水闸门为静水启闭的检修闸门，不能动水关闭到底坎，造成了事故的扩大。设置事故闸门与设置静水启闭的检修闸门相比，主要在于启闭机的规模略大一些，而增加一些投资。所以国内抽水蓄能电站尾水闸门几乎都采用能够动水闭门的事故闸门。该尾水事故闸门的作用是机组检修时挡下水库来水，当机组、供水系统设备及尾水水道出现事故时，动水下门截断下水库的水源，达到保护机组、避免水淹厂房等恶性事故的发生。

（一）尾水闸门的布置

尾水事故闸门的布置根据尾水道的长短不同而异，通常有四种位置，即布置在尾水管出口、尾水支洞中部适当位置、尾水调压室（井）内和尾水隧洞出口。前三种主要适用于长尾水系统（通常指尾水系统中设有调压室），两机或多机共用一条长尾水隧洞的工程中，尾水事故闸门一般都设置在尾水管出口或尾水支洞中部，也有将其设置在尾水调压室（井）内的，另外在尾水隧洞出口再设置一道检修闸门，为检修尾水建筑物和尾水事故闸门时挡水之用。后一种主要用于短尾水系统，每台机组设置单独的尾水隧洞通至下水库，在尾水隧洞出口处设置一道事故闸门，若通过技术论证有必要也可在事故闸门的下水库侧设置一道检修闸门，为事故闸门检修时挡水之用。

国内外部分抽水蓄能电站尾水闸门的布置位置情况参见表9-4-2、表9-4-3。另外可参见本章第一节相关内容。

表9-4-2　　国内部分抽水蓄能电站尾水事故闸门布置位置统计

电站名称	厂房型式	尾水事故闸门位置				投入运行时间
		尾水管出口	尾水支洞中	尾水调压室（井）内	尾水洞出口	
广蓄一期	地下、中部布置		*			1993年6月
十三陵	地下、中部布置		*			1995年12月
天荒坪	地下、尾部布置		*			1998年9月

续表

电站名称	厂房型式	尾水事故闸门位置				投入运行时间
		尾水管出口	尾水支洞中	尾水调压室（井）内	尾水洞出口	
广蓄二期	地下、中部布置		*			1999年4月
天　　堂	地面、尾部布置	*				2000年12月
桐　　柏	地下、尾部布置		*			2005年12月
泰　　安	地下、中部布置		*			2006年5月
琅 琊 山	地下、中部布置			*		2007年1月
张 河 湾	地下、尾部布置				*	在建
宜　　兴	地下、中部布置		*			在建
宝　　泉	地下、中部布置		*			在建
西 龙 池	地下、尾部布置				*	在建
呼和浩特	地下、尾部布置				*	在建

表 9-4-3　　国外部分抽水蓄能电站尾水闸门布置位置统计

电站名称	厂房型式	尾水事故闸门位置				投入运行时间
		尾水管出口	尾水支洞中	尾水调压（室）井内	尾水洞出口	
普列森扎诺（意大利）	井式半地下、尾部布置				*	1990
埃多洛（意大利）	地下、尾部布置		*			1983
法达多（意大利）	地　　下		*			1972
圣菲拉诺（意大利）	地　　下		*			1973
索拉里诺（意大利）	地　　下		*			1989
新高濑川（日本）	地下、尾部布置				*	1979
奥美浓（日本）	地下、中部布置		*			1995
沼原（日本）	地下、尾部布置				*	1973
奥吉野（日本）	地下、尾部布置				*	1978
本川（日本）	地下、中部布置		*			1982
奥清津Ⅱ（日本）	地下、中部布置				*	1996
葛野川（日本）	地下、中部布置		*			1999年12月
新丰根（日本）	地　　下		*			1972
玉原（日本）	地　　下		*			1982
大平（日本）	地下、中部布置			*		1975
喜撰山（日本）	地　　下			*		1970
今市（日本）	地下、中部布置		*			1988
神流川（日本）	地下、中部布置		*			2006
小丸川（日本）	地下、中部布置			*		2007
京极（日本）	地下、中部布置			*		在建
腊孔山（美国）	地下、中部布置			*		1979
巴斯康蒂（美国）	地面封闭、尾部布置	*				1986
赫尔姆斯（美国）	地　　下		*			1984
北田山（美国）	地　　下			*		1973
落基山（美国）	地 面 式	*				1995
迪诺维克（英国）	地下、尾部布置		*			1982
可鲁昌（英国）	地　　下			*		1966
蒙特齐克（法国）	地下、中部布置	*				1982

续表

电站名称	厂房型式	尾水事故闸门位置				投入运行时间
		尾水管出口	尾水支洞中	尾水调压（室）井内	尾水洞出口	
大屋（法国）	地下、尾部布置		*			1985
上比索特（法国）	地　　下		*			1987
伦克豪森（德国）	井式半地下、尾部布置	*				1969
萨欣根（德国）	地下、中部布置	*				1967
金谷（德国）	地　　下	*翻板闸门		*		2003
沽三桥（比利时）	地　　下	*				1979
维昂登（卢森堡）	地　　下		*			1963
罗东德Ⅱ（奥地利）	井式半地下、尾部布置				*	1976
拉莫拉（西班牙）	地下、尾部布置		*			
锡亚比舍（伊朗）	地下中部	*翻板闸门				1996
拉姆它昆（泰国）	地下中部		*			2000

注　1. 有关资料中尾水闸门的布置位置比较明确，但其工作性质除特别说明外不太清楚，故在此仅表示闸门设置的位置。

2. 地下厂房尾水管出口或尾水支洞中大部分设置高压闸阀式闸门，由油压启闭机操作，一般在尾水洞出口再设一道检修闸门。

3. 表内的“尾水洞出口”栏专指尾水系统为一机一洞的单元式布置。

（1）尾水闸门布置在厂房内尾水管出口处。采用这种布置，当机组及技术供水系统设备出现偶然性事故，厂房面临水淹时，可立即关闭闸门，截断下水库来水，防止水淹厂房；当机组检修时，也可关闭这道闸门，减少机组检修时的排水量以及闸门平压提升时的充水量。但是，这种布置需要在厂房内为闸门及其启闭机提供必要的位置，增加了地下厂房结构的复杂性；因门槽距机组出水口很近，对机组效率有一定影响；由于该种布置多数采用高压闸阀闸门，对闸门腰箱顶盖不仅要求耐高压而且要求密封严格，维修相当麻烦。采用这种布置的有法国蒙特齐克、比利时沽三桥、日本奥清津等抽水蓄能电站。1996年投入运行的伊朗锡亚比舍抽水蓄能电站尾水闸门布置在尾水管出口，采用的是翻板式检修闸门。其地下厂房设有自流排水洞，该闸门只是在机组检修时，挡下水库水，厂房的安全是有保障的，闸门的设置值得借鉴。

（2）尾水闸门布置在厂房下游的主变室下部或单独的闸室。采用这种布置，基本上与（1）类同，但简化了厂房下部结构，也不必占用厂房空间，在尾水支洞处设置的闸门门槽，比在尾水管出口设置的闸门门槽距离机组较远，对机组效率的影响相对小一些。另外，这种布置经短距离廊道可通主变室及厂房发电机层平台，设备运输等条件也得以改善。但是，这种布置同样要求闸门腰箱顶盖具有耐高压和良好的密封性能，维修工作也比较麻烦。当机组台数较多时，尾水闸门布置在主变压器室或主变压器洞下部专用闸室会增加开挖量，对围岩稳定不利。如果主变压器室下部闸室不贯通，闸门及启闭机所用检修起吊设备很难共用，造成检修起吊设备的浪费。另外，可能造成尾水闸门与机电设备相互干扰，对运行管理不利。因此，大多数工程都采用在主变压器室下游侧单独布置一个贯通的尾水闸门室，以此来消除与主变压器室同室布置所带来的弊端。采用单独布置一个贯通的尾水闸门室的国内外工程实例较多，如日本的神流川、泰国的拉姆它昆等电站，国内十三陵、广州、宜兴、泰安、宝泉（见图9-4-9）等电站。

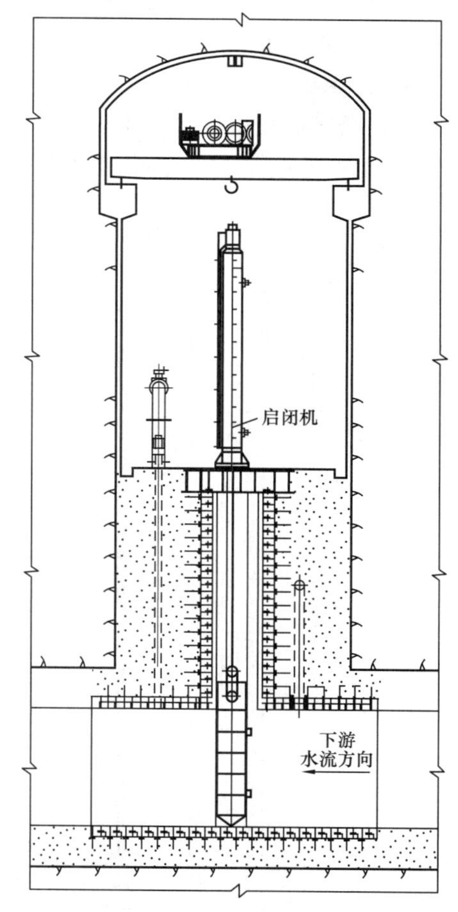

图9-4-9　宝泉抽水蓄能电站尾水事故闸门布置

(3) 尾水闸门布置在尾水调压室（井）内。采用这种布置方式，虽然不需要单独开挖尾水闸门室（井），土建工程投资节省一些，设备运输维修也比较方便；但却增加了调压室（井）本身结构的复杂性；由于尾水闸门距离机组较远，机组检修时需要排除的水量也较大。尤其要注意，由于调压室（井）水位波动较大，闸门的停放位置和稳定问题需要重视。如果技术措施不当，闸门因涌浪影响有可能漂浮或自动坠落。日本某电站尾水调压井内的闸门，就曾出现闸门浮起和充水阀螺栓被剪断的事故；我国福建龙亭电站，也发生过闸门浮起以致影响正常运行的情况。究其原因主要是尾水调压室（井）涌浪水位一般比正常尾水位高较多，启闭机的安装平台高程需高于最高涌浪水位，这就加大了启闭机与孔口之间的高差。若想在较短时间内关闭孔口，以往只能依靠拉杆将闸门停放在孔口上方，尽量减少闸门与底坎的距离，以满足快速闭门的要求。这样，闸门的门体处于调压室（井）的水体中，难免遭受涌浪冲击。国外工程采用这种布置形式实例有法国的克鲁昌、日本的大平、美国的腊孔山等抽水蓄能电站。有些电站标明是检修闸门，有些则未标明，可能是闸门自重能够动水闭门、静水启门而无快速要求的事故闸门。随着固定卷扬式启闭机技术的发展，高扬程启闭机已普遍使用，最高启闭扬程已达 100 多米。另外，启闭机的控制技术发展很快，电气变频调速和机械调速的技术已趋于成熟，这就为设置在调压室（井）内的闸门停放在最高涌浪水面以上，并能在规定的时间内快速闭门挡水成为可能。国内琅琊山抽水蓄能电站尾水闸门就设置在调压室（井）中（见图 9－4－10），启闭机为高扬程固定卷扬式启闭机（H=75m），机械传动系统采用安全可靠、技术性能优良并且免维护的星轮减速器实现变速运行，在孔口范围以上仅为闸门自重荷载工况下进行快速闭门运行；当闸门进入孔口范围内，载荷逐渐增大的工况下进行慢速运行。全行程闭门时间为 15min，满足厂房免遭水淹的时间要求。

(4) 尾水闸门布置在尾水隧洞出口（下水库进/出水口）处。对于无尾水调压室（井）的短尾水系统工程，尾水管与下水库进/出水口的距离较短，将尾水闸门布置在下水库进/出水口处的闸门井内，这样水工建筑物结构简单，闸门及启闭机的运输、安装和维护检修都较方便，只要能够满足事故工况下闭门时间的要求，这种布置无疑是比较经济的。国内张河湾电站尾水事故闸门的闭门时间是在假定事故（如D=300mm 管道爆裂）的前提下，根据厂房允许淹没的进水量（即厂房未设置机电设备的地层空间容水量）及排水设备的额定排水量，并结合闸门布置位置和尾水闸门至厂房之间水道中的允许淹没高程以上水体因素计算出为 15min。尾水事故闸门设在下水库进/出水口闸门井内（见图 9－4－11），平时闸门由固定卷扬

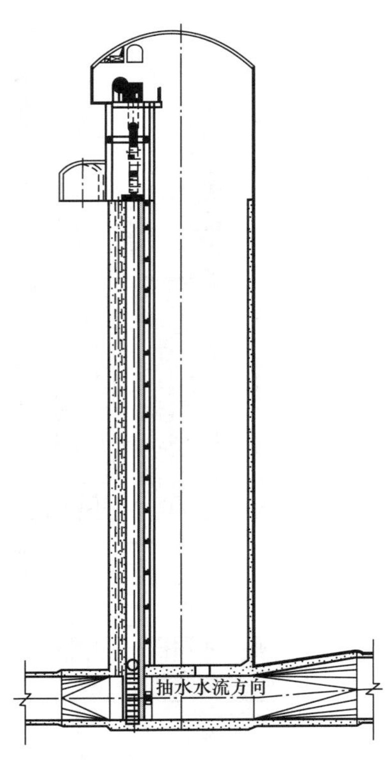

图 9－4－10　琅琊山抽水蓄能电站尾水事故闸门布置

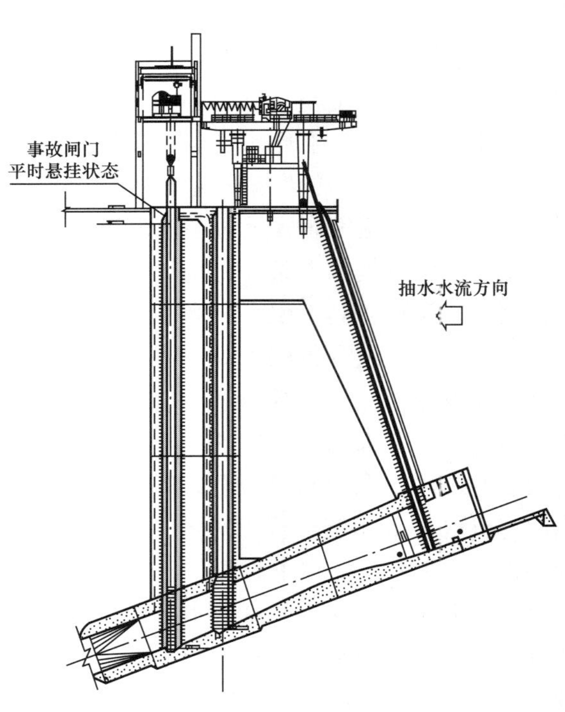

图 9－4－11　张河湾抽水蓄能电站尾水事故闸门布置

式启闭机悬吊在闸门井上部，闸门底缘位于下水库正常水位以上。当出现事故时，可在启闭机室现地操作，也可在中控室通过计算机监控自动闭门。固定卷扬式启闭机采用双速电机，闭门速度最高可达5m/min，最低闭门速度2.5m/min，能满足15min闭门要求。为了给该事故闸门提供检修的条件，在它的下游侧设置一道检修闸门。

（二）尾水闸门结构

布置在尾水调压室（井）或下水库进/出水口闸门井内的尾水闸门及门槽结构形式与常规电站的事故闸门及门槽相同，闸门的设计水头一般按下水库正常蓄水位确定。

布置在机组尾水管出口、尾水支洞中的尾水闸门，通常采用高压闸阀的结构型式。由于抽水蓄能电站长尾水系统一般都设置有尾水调压室（井），当机组台数较多时，往往采用二台机（或二台以上）共用一个调压室（井）；这就有可能出现当一台机组检修，尾水闸门挡水时，另一台（或多台）机组正在运行时出现增负荷或甩负荷等情况，这时尾水闸门及门槽壳体、腰箱顶盖（液压启闭机基座）将承受较大的水击作用。另外，平时闸门悬吊在腰箱中时，受机组运行产生的涡流冲击和压力脉动的影响，可能会产生振动。卢森堡维昂登抽水蓄能电站尾水事故闸门采用油压启闭机操作，设计时为减少启闭力，采用了平面滚轮闸门，运行后不久观察到闸门有严重的垂直振动和横向振动，滚轮遭到破坏，闸门吊杆（因启闭机安装高程偏高，吊杆偏长）因振动疲劳而破坏，致使闸门坠落。

因此，对这类闸门应注意：

（1）合理选择闸门结构型式。若采用橡胶水封（软止水）的高压闸阀式闸门，其门槽尺寸较大，对水流的影响相对大。另外，当门体悬吊在腰箱位置时，应考虑机组运行时产生的涡流冲击和压力脉动的影响，避免门体产生有害振动。采用硬止水的高压闸阀式闸门，门槽尺寸相对较小，该区域产生气蚀和振动的危险性较之软止水的要好一些。故宜选用坚固耐用，维修周期较长的硬止水高压闸阀式闸门。应合理选择闸门形状及底缘型式，通气一定要充分。对于采用硬止水的高压闸阀式闸门来说，应考虑选用自润滑材料的可能性，以尽量减少作为止水的滑道与轨道之间的摩阻力。对于门体结构的材料，应选用冲击韧性高，热脆性、冷脆性低的细晶粒的钢板；焊接前焊件要预热，避免形成裂纹；机加工前要消除内应力，以保证结构尺寸的稳定性。

（2）腰箱顶盖应确保安全可靠。油压启闭机工作平稳，可以实现无级调速，而且有抑振作用，更易实现现地控制和远方自动控制，无疑是一种较好的机型。但由于启闭机安装高程低于下水库正常尾水位和调压井室（井）最低涌浪水位较多，因此，对高压闸阀式闸门的腰箱顶盖（液压启闭机底座）要求能够耐高压而且密封性能良好，确保安全可靠。

（3）防止门槽壳体在外水压作用下失稳变形。高压闸阀式闸门的门槽为一个封闭的壳体，安装高程与机组的蜗壳相当。因此，设计时应考虑在放空状态门槽壳体在外水压作用下防止失稳的问题。一般情况下，外水压采用与机组蜗壳相同的数据进行稳定核算。

（4）在设计闸门时，要考虑该闸门万一承受上水库侧的水压力时应能够自动泄压。虽然在操作规程和电气控制设计中均考虑了该闸门在启闭过程中和挡水状态时机组的工作阀均应处于关闭状态，避免上水库的水压作用在该闸门上。但是万一工作阀出现不能关闭到位等事故，致使该闸门直接承受来自上水库的水压力，就有可能造成闸门破坏，或者厂房中的技术供水系统管路和阀门遭受破坏。因此，设计时应考虑必要的自动泄压措施，如广州抽水蓄能电站一期和二期工程中的尾水闸门采用的是高压闸阀式闸门，在门体中设置了一种类似拍门的泄压装置，即当厂房侧的水压力大于下水库侧水压力时，该装置自动打开，消除厂房侧过高水压力。十三陵抽水蓄能电站尾水事故闸门也是采用高压闸阀式闸门，自动泄压措施相对比较简单，即将门体上部反向支承滑块表面与门槽反轨表面之间的间隙设计为5mm，控制门体上部出现过大的移动，以保护油压启闭机活塞杆产生过大的弯曲，而将门体的下部反向支承滑块表面与门槽反轨表面之间的间隙设计为15mm，当门体承受来自上水库的水压力时，使门体的下部朝下水库侧移动15mm，而门体的上水库侧水封与水封座板间至少出现10mm以上的间隙可以泄压。

（5）在闸门上水库侧流道顶板处设通气管或自动充、排气阀，在门槽腰箱顶盖上设自动排气阀。

为保证止水的严密，高压闸阀式闸门及门槽壳体的制造安装精度要求较常规闸门高，最好能整体制造，受运输安装条件的限制，其孔口尺寸不宜过大。如2.9m×3.3m（宽×高）的十三陵抽水蓄能电站尾水闸门，及广州抽水蓄能电站一期尾水闸门，均为整体制造运输。但小孔口尺寸限制水道系统设计，近来，宝泉、宜兴等抽水蓄能电站尾水闸门孔口尺寸已有所突破，宝泉尾水闸门孔口尺寸3.6m×4.4m（设计水头达145m），宜兴尾水闸门孔口尺寸4m×5m，均分成二节制造，运至工地后用螺栓拼接成整体。为了保证闸门制造和安装精度要求，设计图样中应对结构件制造及组装的允许偏差作出严格的规定。由于高压闸阀式闸门门叶所用钢板较厚，焊缝较密，焊接热量集中，制造时应严格执行成熟的焊接工艺，焊接后采用整体退火消除内应力等措施，以确保质量。如日本的葛野川抽水蓄能电站的尾水闸门孔口尺寸3.3m×4.2m，设计水压力达1.67MPa，也分成二节制造，现场螺栓连接，设计、制造、安装均执行严格的质量控制措施，闸门的整体质量很好。

随着国内闸门水封材料和支承材料的不断改进，抗老化、低摩擦、高承载能力的新材料不断出现。加之金属结构设备制造水平的不断提高，高压闸阀式闸门的孔口尺寸、设计水头和产品质量可以达到更高水平。

（三）启闭机

尾水事故闸门启闭机的型式主要取决于尾水事故闸门的布置方案。对于厂房设置有自流排水洞的工程，一般不存在水淹厂房的危险，尾水闸门可采用检修闸门，其启闭机可采用普通固定卷扬式启闭机。

1. 布置在尾水调压室（井）内和尾水隧洞出口的启闭机

布置在尾水调压室（井）内和尾水隧洞出口的事故闸门一般采用高扬程固定卷扬式启闭机，其卷扬装置和安全保护装置与前述上水库进/出水口事故闸门的卷扬式启闭机基本相同。但由于布置在尾水调压室（井）和尾水隧洞出口的事故闸门闭门时间要求较短，一般约在10～15min，如果采用单一速度的启闭机，将造成电动机规模很大，机械传动系统的规模也很大，很不经济。如果启闭机采用变速运行，即在孔口以上扬程范围仅为闸门自重（轻负荷）工况下快速闭门，而当闸门降落至孔口范围内，负荷逐渐增大至最大持住力（额定负荷）工况下慢速闭门，并满足规定的闭门时间，电动机的功率将会减小很多，启闭机的规模也会大大减小。因此，启闭机采用变速闭门运行是一种技术可行和经济合理的技术方案。国内在建的抽水蓄能电站安装的高扬程固定卷扬式启闭机在闭门速度方面采用了如下几种变速方案：

（1）变频调速方案。即通过变频器改变电动机电源频率实现对电动机进行无级变速的控制，从而达到调整启闭机运行速度的目的。由于这种控制方式需要变频器等控制设备，技术比较复杂，目前大功率的变频器主要依靠进口，所以成本较高。另外，这种电气控制装置对工作环境要求较高，不宜用于尾水调压室（井）这类较潮湿的环境中。桐柏电站上下水库进/出水口事故闸门3200kN/1600kN固定卷扬式启闭机采用恒功率变频调速方案，启闭速度为2.234～5.21m/min。

（2）星轮调速器方案。即通过一种星轮调速器改变启闭机机械传动系统的传动比，进而改变卷扬装置的转速达到调整启闭机运行速度的目的。整个传动系统简单，传动效率高，承载能力强，传动平稳、噪声低。星轮调速器本身采用了可预期寿命设计，使用寿命长、降低维修量，在预期寿命内，可达到免维修的效果，适用于尾水调压室（井）这类潮湿的环境条件。琅琊山电站尾水事故闸门布置在尾水调压室内，采用2500kN高扬程固定卷扬式启闭机启闭，其最大扬程为75m，闭门总时间要求小于15min。选用的是星轮调速器封闭传动方案，闭门速度采用快速为6.68m/min，慢速为1.6m/min。快速闭门扬程为66m，慢速闭门扬程为7m，闭门总时间满足了工程要求。目前该启闭机已投入运行，情况良好。

（3）双速电动机调速方案。即通过改变电动机磁极的倍数而改变电动机转速。目前电动机磁极倍数多为双倍，故采用双速电动机较多。这种调速方案最为简单，仅配备双速电动机即可，造价最便宜，但调速范围有限，适用于中等扬程的启闭机。张河湾电站尾水隧洞出口事故闸门要求在15min之内关闭，其固定卷扬式启闭机采用的是双速电动机，闭门速度最高可达5m/min，最低为2.5m/min。

2. 布置在尾水管出口、尾水支洞中部的启闭机

布置在尾水管出口或尾水支洞适当位置的闸门常采用高压闸阀式，启闭机采用液压启闭机。液压启闭机的容量是根据关闭闸门时闸门的持住力确定的。十三陵、广蓄一期和二期、泰安、宝泉、宜兴等抽水蓄能电站均采用该种方案。液压启闭机型式及布置等与上述相关要求基本相同，另外在电气控制方面主要要求如下：

(1) 自动回升及紧急停机控制。当闸门因液压启闭机中的密封和管接头等泄漏由全开位置下降达预定值时，液压系统自动投入运行，将闸门提升回复到全开位置，同时在远方控制室及现地控制柜均发出声光报警信号；若闸门继续下降至预定的紧急停止机组运行位置时，除在远方控制室及现地控制柜均发出声光报警报信号外，由电站计算机监控系统判断并下达紧急停机指令，避免酿成重大事故。

(2) 与机组工作阀电气控制系统闭锁。为了避免尾水闸门承受来自上水库的水压，液压启闭机的电气控制回路须与机组工作阀电气控制回路之间进行操作闭锁，并应能实现下述功能：

1) 只有当机组工作阀全关后，尾水闸门才能操作。

2) 只有当尾水闸门全开后，机组工作阀才能操作。

3) 当尾水闸门非正常降落时，机组工作阀必须能立即提前先于尾水闸门关闭。

上述操作闭锁，除由PLC软件实现以外，还应通过电气硬布线实现。

(3) 启闭机除了能在现地控制柜上进行自动/分步控制外，现地控制柜上还应留有启、闭状态、闸门开度、油压过高、油压过低、油位过高、油位过低、油温过高、滤油器堵塞、控制设备故障、电源故障等远方控制所需信号的开关量、模拟量输出接口，以及机组工作阀全开、全关状态信号的输入接口。

五、拦污栅、闸门及启闭机冬季运行的防护

为保证位于严寒地区的抽水蓄能电站在冬季正常运行，对于上、下水库进/出水口拦污栅、闸门及启闭机等设备，除了应结合当地环境条件按照规定选择有关零部件的材质外，还应根据设备的工作条件、在水工建筑物中的位置及冬季运行工况等具体情况，采取必要的防冰冻和保温措施。

(1) 上、下水库进/出水口拦污栅。根据国内在严寒地区已建的常规水电站多年运行的情况表明，大型水电站深式进水口拦污栅，不会被冰凌、冰块堵塞。有一定库容的中小型水电站，只要拦污栅在最低运行水位以下2～3m，也不会被冰凌、冰块堵塞。抽水蓄能电站上、下水库进/出水口拦污栅一般都位于最低运行水位以下，因此一般不用考虑防冰冻措施。

(2) 上、下水库进/出水口闸门及启闭机。抽水蓄能电站的上、下水库进/出水口闸门井，根据岸坡地形，有的布置在山体内；有的布置在上、下水库中，四周均被水包围。由于抽水蓄能电站按照电网要求调度，冬季每天也会有一定数量机组投运，存在往返水流。实践证明寒冷地区抽水蓄能电站按照冬季运行规定运行，利用电站往复水流运动，是阻止上、下水库冰盖形成或减薄冰盖厚度最为经济和有效的措施。位于低纬度高海拔地区，布置在山体内的闸门井，只需对其顶部采取一定的保温措施，便能保证闸门正常运行。对于布置在上、下水库中的闸门井，可考虑以下几种防冰冻的技术措施：

1) 循环热油法。该方法为利用低压油泵使热油在门槽埋件冰盖范围内循环，以达到防冻目的。考虑到混凝土耐热强度，油温以不超过60℃为宜。这种方法的优点是安全可靠，热效率高，并便于闸门运行的集中控制或自动控制。缺点是需增设专用的油泵和油箱设备，增加了油管安装的工程量。

2) 新的防冻材料。沙茨赫尼西水电站在溢流渠壁的混凝土表面和钢闸门挡水面上贴一层含硅的有机化合物和某些导电掺合料（金属、金属盐、炭黑、石墨）组成的一种混合物。这是一种低温半导体材料，当通以15V电压时，温度能升高至60～70℃，该电站在冬季−22℃温度下仍未结冰。

3) 对冬季需要运行的启闭机采用封闭的启闭机室，室内采用取暖措施，所有窗户采用双层玻璃密封，门和窗户的外面可采用挂棉帘等保温措施。如果闸门室连同启闭机室一起采用保温措施，闸门井顶部水面保持不结冰，这就保证闸门冬季正常运行。但应注意设置通气的进/出口，并应在通气进/出口设置能自动双向开启的门，以便满足流道和门槽补、排气的要求。

第十章 抽水蓄能电站厂房

第一节 厂区和厂房布置

一、厂区枢纽建筑物

抽水蓄能电站绝大多数采用的是地下厂房，其地下洞室群的布置及厂区建筑物的组成基本上同常规水电站，布置时主要考虑适应地形、地质条件，满足机电设备布置和使用功能，保证工程安全可靠、管理和维护方便，同时考虑经济合理性。

地下厂房厂区枢纽建筑物主要由主机间、安装间（场）、副厂房、主变压器室、开关站以及附属洞室如交通洞、通风洞、出线洞、排风洞、排水洞等组成，地下洞室群空间纵横交错，规模庞大，图 10－1－1 所示为西龙池抽水蓄能电站地下厂房各洞室立体效果图。

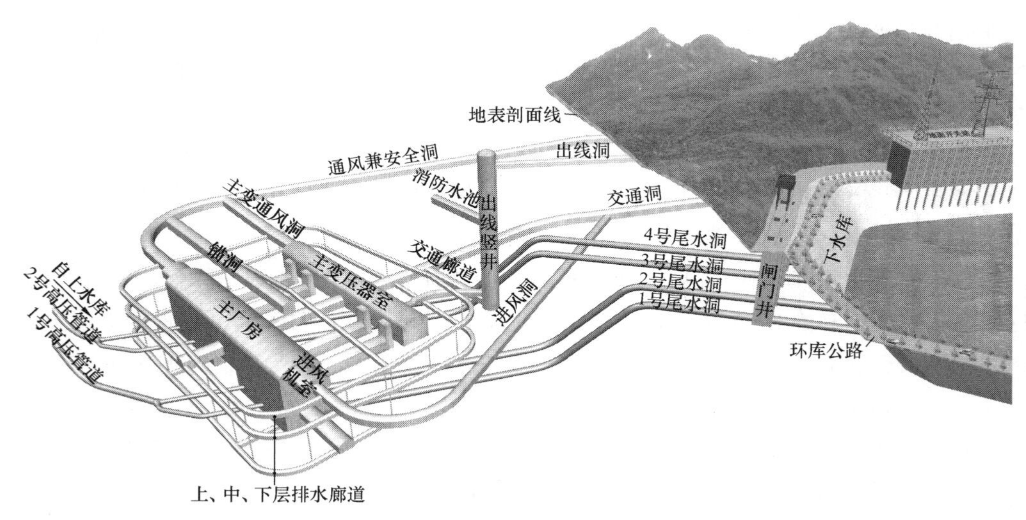

图 10－1－1 西龙池抽水蓄能电站地下洞室三维效果图

二、厂区枢纽布置

水电站厂房是抽水蓄能电站的心脏，厂区枢纽布置实际上是围绕电站厂房为中心展开的。厂区布置的主要任务就是要充分利用厂区的地形、地质条件，并考虑施工条件，合理布置地下厂房各洞室之间的相对位置、纵轴线方向、与输水管道之间的关系；充分考虑地下厂房洞室群围岩稳定条件，合理选择各洞室之间的距离。如果有调压室，应注意研究主厂房、主变压器室、调压室三者之间的关系。不但要考虑洞室的稳定，而且要研究施工程序和工期。地下厂房附属洞室是厂房重要的辅助建筑物，虽然规模不大，但不可忽视，如通风洞和交通洞施工位于施工总进度的关键线路上，直接影响发电工期。在设计时应考虑施工通道与永久交通的综合利用，考虑地下和地面之间附属通道的关系等。

抽水蓄能电站地下洞室根据工程装机规模、设备布置、运行管理、工程投资等因素大多采用一座厂房的布置，此种布置型式适用于机组台数不多（通常不超过 4 台）的情况，具有厂房长度短、土建工程量省、机电设备投资少及运行管理方便等特点。如果由于工程建设规模大，机组台数多，地下厂房长度过长，且具备分期建设的地形、地质条件，也可采用两个地下厂房分期开发的方式，可避免施工安装相互干扰，简化通风和消防设施的布置。此种布置形式适用于工程投资较大的电站，可减少前期一次性投资过大的压力。在枢纽布置上还可以较为灵活地根据地质条件调整建筑物的位置，如我国惠州抽水蓄能电站8台机组分设两座厂房，每座厂房两端分别设安装间和副厂房，共用一条交通洞，各设一条通风洞，各设一条高压电缆洞，开关站合并布置等，其厂区枢纽布置如图10-1-2所示。这种8台机组共用一个开关站的布置方式比分设两个开关站节约了土建工程量、少占地，少开公路；部分电器设备可互为共用，如可少设一套载流设备及通信设备，两厂无需架设联络线路，采用GIS设备即可过渡等。其他还有广州（8×300MW）抽水蓄能电站、日本神流川抽水蓄能电站（6×470MW）等。

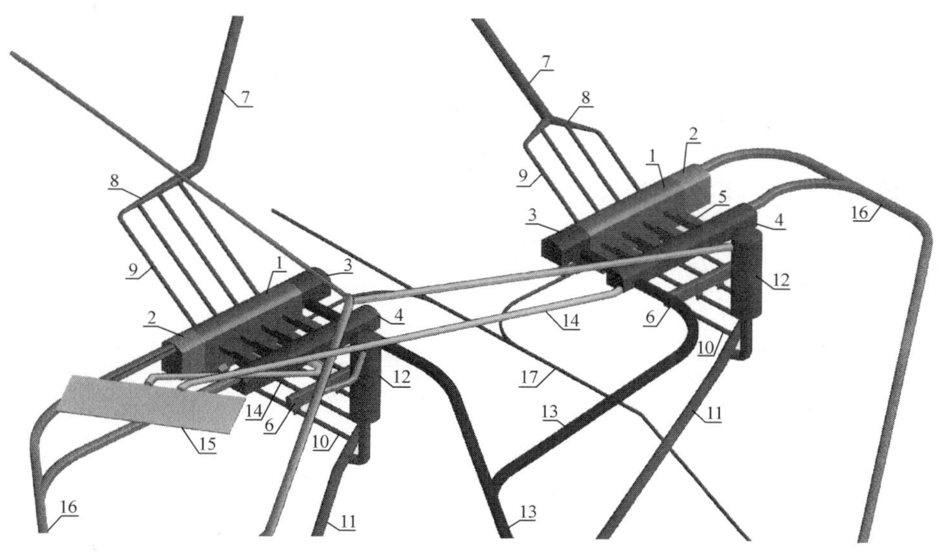

图10-1-2　惠州抽水蓄能电站厂区枢纽布置

1—主厂房；2—副厂房；3—安装场；4—主变压器室；5—母线洞；6—尾水闸门廊道；7—高压管道；8—高压岔管；9—支管；10—尾水管洞；11—尾水隧洞；12—尾水调压井；13—交通洞；14—高压电缆洞；15—地面开关站；16—通风洞；17—自流排水洞

抽水蓄能电站地下厂区枢纽并不需要将全部建筑物都布置在地下，这样不但工期长、投资高，而且地下的生产运行条件也往往较地面差。根据发电机组、主变压器和开关站之间的相对位置来划分，可以将主变压器和开关站布置在地面，也可以将两者布置在地下，或者将主变压器布置在地下，而将开关站布置在地面。以下讨论各种布置的特点。

（一）地下主洞室群布置

抽水蓄能电站地下厂房区主要有四大洞室：主厂房、主变压器室、尾水闸门室和尾水调压室，地下开关站通常和主变压器室合为一个洞室。地下厂房布置要优先考虑这些主要洞室的位置选择，即根据厂区地形、地质条件，研究确定主要洞室合适的位置及它们的组合。

对于尾部式电站及部分中部式电站没有尾水调压室；尾水闸门室可以布置在厂房下游，也可布置在下水库进/出水口处；主变压器室通常布置在主厂房下游单独洞室内，也有和主厂房同在一个洞室。根据四大洞室的布置，主要可分为四类：一室式、两室式、三室式和四室式。

主厂房、主变压器室、尾闸室、调压室分别布置在四个相对独立的洞室内，就构成四室式布置。首部与中部式厂房中，这类布置最常见，如广州、十三陵、泰安、宜兴、惠州、蒲石河等抽水蓄能电站。

三室式布置主要见于没有尾水调压室的尾部式电站及部分中部式电站，主厂房、主变压器室、尾闸室三个洞室并列布置，如天荒坪、白莲河、宝泉（见图10-1-3）等抽水蓄能电站。日本流行将主厂房和主变压器室合于一个洞室，因此，主厂房（主变压器室）、尾闸室、调压室并列的三室式布置在首部与中部式厂房中较为常见，如葛野川、神流川等抽水蓄能电站。

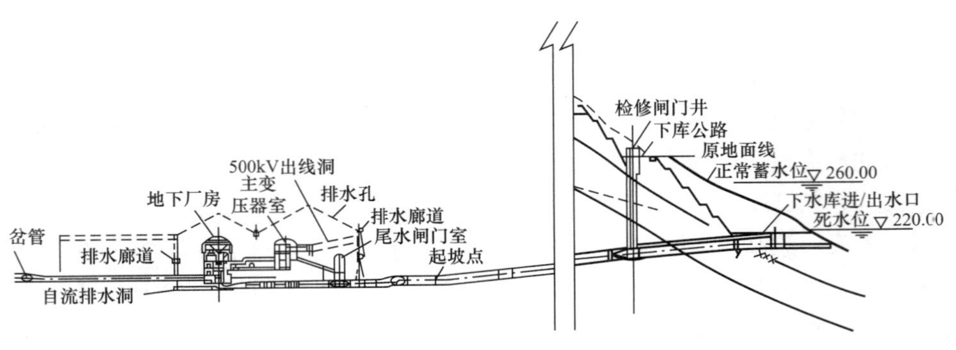

图 10-1-3 宝泉抽水蓄能电站引水系统剖面图（三室式）

二室式电站，较常见于尾水洞较短的尾部式电站，没有尾水调压室，尾水闸门室布置在下水库进/出水口处，厂区只有主厂房和主变压器室两个洞室，如西龙池（见图 10-1-1）、呼和浩特、张河湾（见图 10-1-4）等抽水蓄能电站。另一种二室式布置也见于不需设尾水调压室的尾部式电站，机组和主变压器共用一个洞室，而与之平行的另一洞室内布置尾水闸门，如日本的下乡等抽水蓄能电站。或将机组与主变压器合于一室，尾水闸门置于尾水调压室内，如我国琅琊山（见图 10-1-5）、日本下乡等抽水蓄能电站。

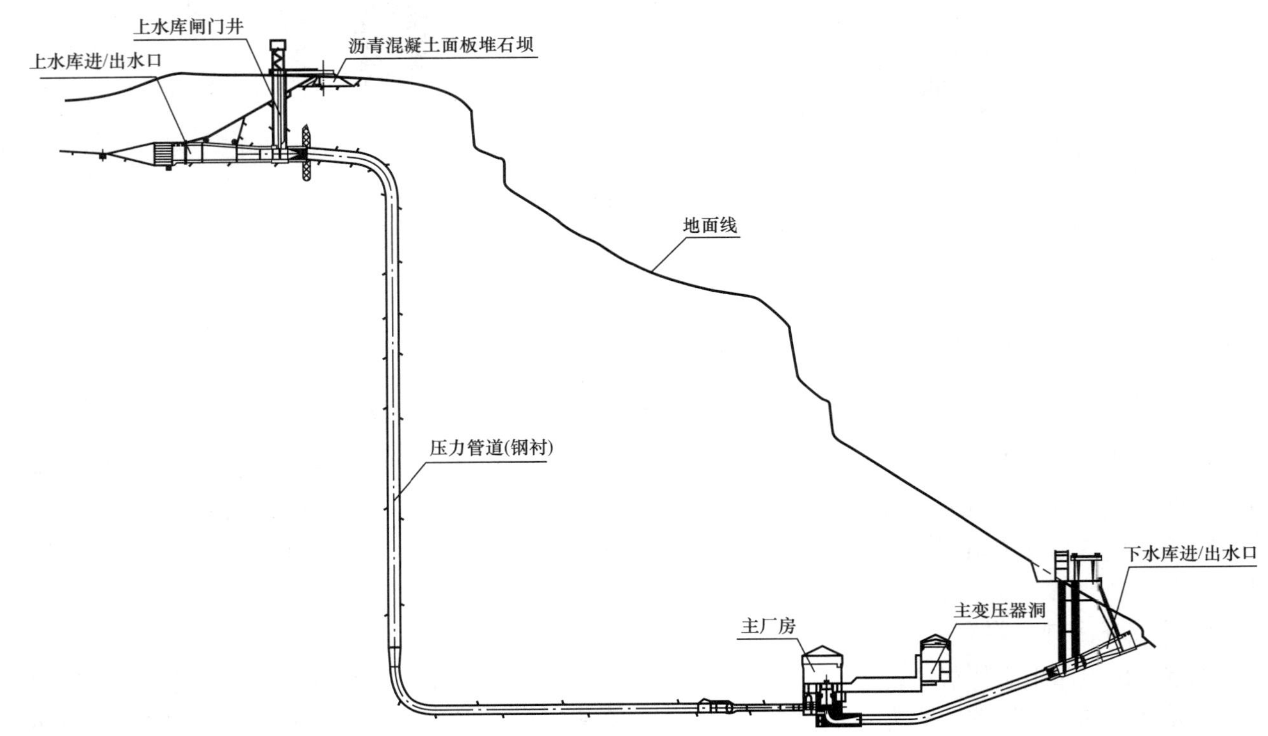

图 10-1-4 张河湾抽水蓄能电站引水系统剖面图（两室式）

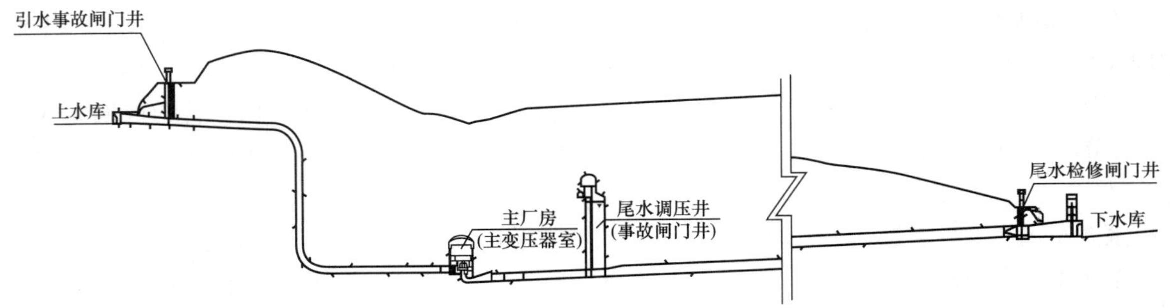

图 10-1-5 琅琊山抽水蓄能电站引水系统剖面图（两室式）

一室式电站较常见于尾水洞较短的尾部式电站，没有尾水调压室，尾水闸门室布置在下水库进/出水口处，而将发电机组、主变压器布置在一起，如日本的盐原、大河内（见图 10－1－6）等抽水蓄能电站。

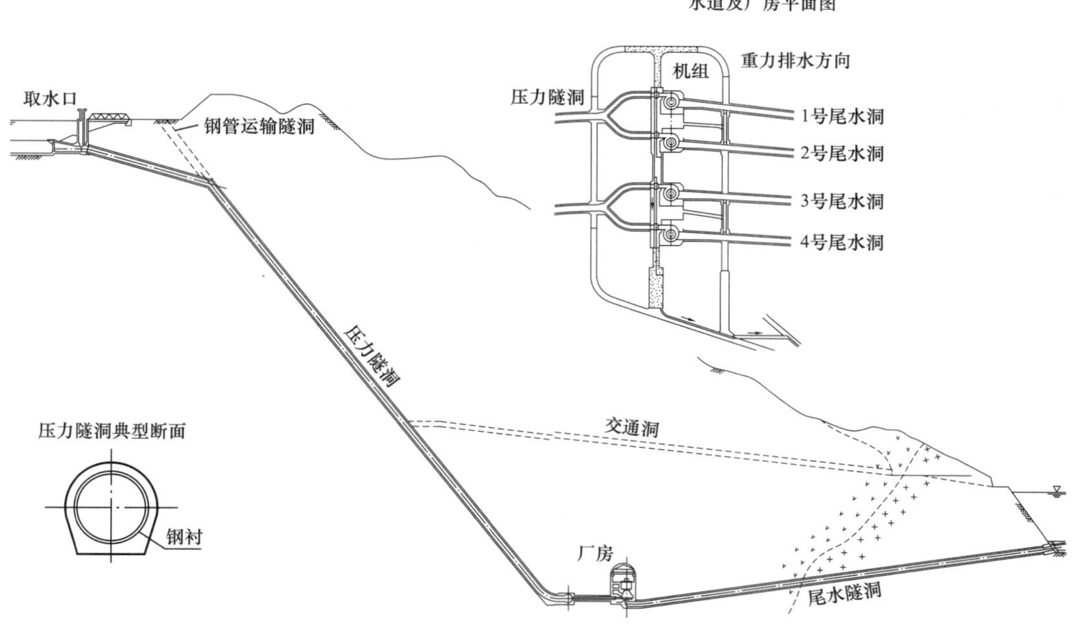

图 10－1－6　大河内抽水蓄能电站引水系统剖面图（一室式）

主厂房、主变压器室和尾水调压室（尾水闸门室较小，影响也较小）几大洞室依次平行排列，这不仅是机电设备和运行管理上的需要，也符合结构优化的原则，主变洞因高度较小，将其布置在中间，可以增加洞室之间岩柱的稳定。

主厂房、主变压器洞与尾水调压室三大洞室之间的距离，主要是根据地质条件、洞室规模及施工方法等因素综合分析确定，应有利于围岩稳定和满足机电设备布置要求。地下厂房洞室群位置一般均选择地质条件较好、岩体强度高的地方。国内的抽水蓄能电站，其主厂房跨度大于 20m 的，洞室之间岩柱厚度与洞室的平均开挖跨度的比值大多为 1.5～2.0（见图 10－1－7）。在地下工程布置中，主厂房与主变室之间距离过小，虽然可缩短母线洞长度，但对厂房的围岩稳定不利；如果距离过大，虽然对厂房围岩稳定有利，而且可方便机电和通风附属设备布置，但增加了母线洞和母线长度，相应增加工程投资。因此进行三大洞室布置时，需进行必要的三维有限元围岩稳定分析和技术经济比较，最后确定合理的洞室间距。

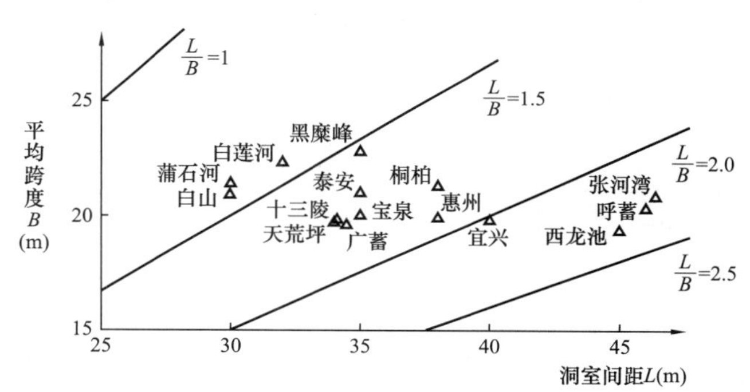

图 10－1－7　地下洞室之间岩柱厚度与平均开挖跨度关系图

我国抽水蓄能电站主要洞室布置及尺寸见表 10－1－1。

（二）主变压器布置

主变压器靠近发电机布置，可以缩短发电机至主变压器间母线的长度，减少电能损耗，降低土建工程量，因此大多数抽水蓄能电站将主变压器布置在地下。为便于运输、安装和检修，主变压器室的底板高程一般与安装场地面同高，有利于主变压器进入安装场检修。主变压器布置在地面的工程较少，国内仅有响洪甸、溪口和沙河三个中型抽水蓄能电站，这里主要对布置在地下的主变压器室与主厂房的相对位置进行讨论。

（1）主变压器布置在单独洞室内。当地质条件和地下洞室群无特殊要求时，可优先考虑采用主变压器室布置在厂房下游侧，并与主厂房平行布置的方案。这种布置每台机组的低压母线均较短，电缆联系

表 10-1-1　国内抽水蓄能电站主要洞室布置及尺寸

编号	电站名称	电站类型	装机容量(MW)	主要洞室位置及控制尺寸							
				主厂房	开挖尺寸	主变压器室	开挖尺寸	球阀室	开挖尺寸	尾闸室	开关站
1	响洪甸	混合式	2×40	地下式	69m×21m×48.2m	地面		无	—	无	地面开关站
2	白莲河	纯蓄能	4×300	地下式	146.7m×21.85m×50.9m	主厂房下游	134.4m×19.7m×19.43m	有	106.4m×10.9m×28.2m	主变压器室下游	地面户内 GIS
3	呼和浩特	纯蓄能	4×300	地下式	152m×23.5m×50m	主厂房下游	121m×17m×33.5m	无	—	无	地下主变压器室内
4	天荒坪	纯蓄能	6×300	地下式	200m×21m×46m	主厂房下游	166m×17m×21m	无	—	主变压器室下游	地面户内 GIS
5	白山	混合式	2×150	地下式	95m×21.7m×50.6m	主厂房下游	65.1m×20m×15m	无	—	无	地面
6	西龙池	纯蓄能	4×300	地下式	164.5m×22.25m×49m	主厂房下游	130.9m×16.4m×17.5m	无	—	无	地面户内 GIS
7	黑麋峰	纯蓄能	4×300	地下式	136m×25.5m×57.2m	主厂房下游	131m×20m×19.5m	无	—	无	地面户内 GIS
8	桐柏	纯蓄能	4×300	地下式	182.7m×24.5m×53m	主厂房下游	144.15m×18m×21.45m	无	—	无	地面户内 GIS
9	张河湾	纯蓄能	4×250	地下式	151.6m×23.8m×50m	主厂房下游	117.39m×17.8m×28.8m	无	—	无	地下主变压器室内
10	宝泉	纯蓄能	4×300	地下式	147m×22m×47.3m	主厂房下游	134m×18m×19.8m	无	—	主变压器室下游	地面户内 GIS
11	广蓄一期	纯蓄能	4×300	地下式	146.5m×21m×44.5m	主厂房下游	138m×17m×27.4m	无	—	主变压器室下游	地下主变压器室内
12	广蓄二期	纯蓄能	4×300	地下式	146.5m×21m×47.6m	主厂房下游	138m×17m×17.6m	无	—	主变压器室下游	地面户内 GIS
13	十三陵	纯蓄能	4×200	地下式	145m×23m×46.6m	主厂房下游	136m×16.5m×25.7m	无	—	主变压器室下游	地下主变压器室内
14	惠州	纯蓄能	8×300	地下式	154.5m×21.5m×48.25m	主厂房下游	131.5m×18.15m×18.95m	无	—	主变压器室下游	地面户内 GIS
15	宜兴	纯蓄能	4×250	地下式	155.3m×22m×52.4m	主厂房下游	134.65m×17.5m×20.7m	无	—	主变压器室下游	地面户内 GIS
16	泰安	纯蓄能	4×250	地下式	180m×24.5m×51.3m	主厂房下游	164m×17.5m×18.4m	无	—	主变压器室下游	地面户内 GIS
17	琅琊山	纯蓄能	4×150	地下式	156.7m×21.5m×46.17m	主厂房端部	24.1m×21.05m×20.07m	无	—	与尾调结合	地面户外 GIS
18	蒲石河	纯蓄能	4×300	地下式	161.8m×22.7m×54.1m	主厂房下游	131.45m×20m×23.7m	无	—	主变压器室下游	地面户内 GIS
19	溪口	纯蓄能	2×40	半地下	竖井内径 25.2m，高度 31.5m	地面		无	—	无	地面
20	沙河	纯蓄能	2×50	半地下	竖井内径 29m，高度 40.5m	地面		无	—	无	地面

方便，主变压器、母线都有专门的单独洞室，设备布置清晰，防火、防爆易满足要求。此布置型式在国内外的抽水蓄能电站实例中最为常见，如西龙池、惠州、张河湾、宝泉等抽水蓄能电站。将主变压器室布置在主厂房下游侧，主要有以下优点：首先，主变压器室底板与下部尾水管洞之间岩体厚度比主变压器室设在厂房上游侧时，主变压器室底板与高压管道之间岩体厚度要大，一般约 15～18m，且尾水管洞内水压力较高压管道也低得多，岩体的稳定和安全易于得到保证。其次，从厂区整体布置分析，主变压器室布置在厂房下游侧有利于进厂交通洞和主变压器运输洞的布置，也有利于机组母线出线布置，避免主变压器室布置在厂房上游侧时，母线与厂房上游侧蝶阀吊运的干扰。再者，下游主变压器室方案对出线洞布置较为有利，当厂房上部地形条件是倾向厂房下游方向时，可缩短出线洞的长度，且有利于地面开关站和出线场的布置。

(2) 主变压器布置在主机间两端或一端。当地质条件较差、机组台数一般不多于四台时，可采用分裂式变压器，将主变压器布置在主机间两端或一端，我国的琅琊山抽水蓄能电站就采用此种布置形式。琅琊山地下洞室群地质条件较差，以Ⅲ类围岩为主，受断裂构造等影响，布置两条平行的洞室有困难，对围岩稳定不利。通过优化地下洞室群布置和电气主接线等机电设备的布置，采用“两机一变”的接线方式，将主变压器布置在主厂房两端（见图 10-1-8）。具体布置如下：地下厂房内自右至左依次布置 1 号主变压器室、1 号和 2 号主机间、安装场、3 号和 4 号主机间和 2 号主变压器室，主机间和安装场开挖尺寸为 132.56m×21.5m×46.17m（长×宽×高），1 号、2 号主变压器室开挖尺寸均为 12.05m×21.5m×20.17m。该种布置方式在国内抽水蓄能电站还是第一次采用，此布置减少了专门的主变压器洞和母线洞且变压器紧靠主机间，机电设备布置相对比较集中。其缺点是主厂房洞室需加长，出线布置复杂，特别是母线需在发电机层敷设，影响该层辅助设备的布置，对机组安装检修时吊装设备会有一定的干扰，由于主变压器与机组只一墙之隔，对变压器的防爆要求高。此种布置形式在日本较为常见，如葛野川、神流川一期等抽水蓄能电站。采用主变压器布置在主机间一端布置形式的有西德瓦尔德克Ⅱ级、日本今市（见图 10-1-9）等抽水蓄能电站。如果机组台数较多，主厂房本身较长，则离主变压器越远的机组，其母线就越长，此布置方案并不一定有利。

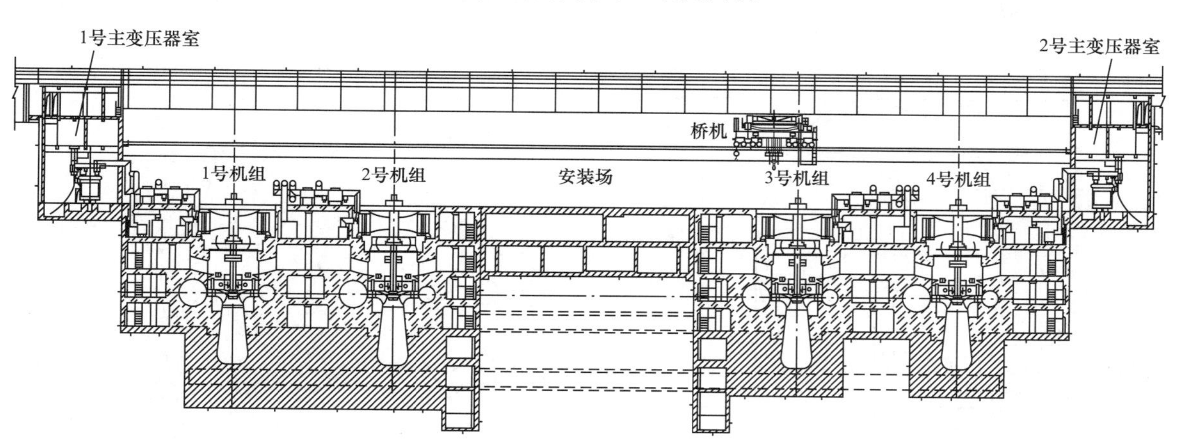

图 10-1-8 琅琊山抽水蓄能电站厂房纵剖面图

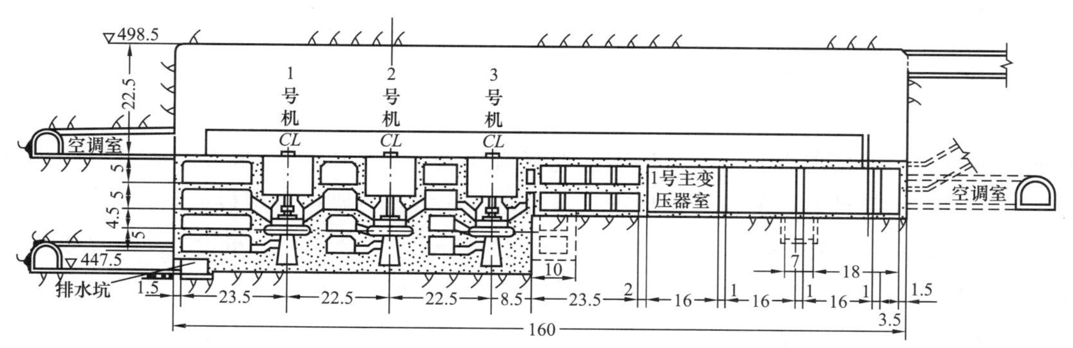

图 10-1-9 今市抽水蓄能电站厂房纵剖面图

（3）主变压器与主机间布置在同一跨度的洞室内。为了机电设备维护检修方便、运行安全可靠，厂房布置时采取水力机械与发电机设备分开布置的原则，同时为避免母线洞（或电缆洞）与压力管道的干扰，发电机的引出母线多从厂房下游侧引出，所以布置在主厂房内的主变压器大多也布置在厂房下游侧。波兰勃拉布卡—扎尔抽水蓄能电站就采用这种布置方式（见图 10－1－10），其厂房开挖断面 120m×27m×40m（长×宽×高），厂内安装 4 台容量 125MW 的蓄能机组。该电站设计水头 420m，引用流量 $35m^3/s$。

为保证大跨度地下厂房围岩的稳定，厂房横剖面采用椭圆形，厂房平面两端部布置成圆弧形。厂房顶部及边墙采用导洞跳槽施工开挖，并紧跟开挖工作面喷锚支护，最后再浇筑 80cm 厚的钢筋混凝土衬砌。这种布置方式，主机和主变压器对应，布置集中紧凑，运行维护方便，并且可以利用主厂房的吊车组装和检修主变压器。但是增加了主厂房的跨度，因此对主厂房的地质条件要求较高，另外，施工工作面狭小，工程量集中，土建和机电安装存在一定的施工干扰，高压母线布置在发电机层时，对机组安装检修时吊装设备会有一定的干扰，同时增加了主变的防火防爆要求。这种布置型式在我国目前还没有应用的实例。

（三）开关站布置

开关站的布置与枢纽的整体布置相关，其型式选择取决于地形地质条件、电气设备选型和布置等，可布置在地下，也可布置在地面上。

1. 开关站布置在地面

当地表有合适的平台或较缓地形时，可采用地面开敞式开关站或地面 GIS 组合式开关站。采用开敞式开关站，其占用面积大，边坡开挖处理工程量相对较大，户外高压开关设备故障率相对高一些，所需运行维护费用比采用 GIS 布置方案高，可靠性反而比采用 GIS 低，但由于电气设备可采用常规设备，所以投资较省。早期建设的抽水蓄能电站地下厂房开关站大多采用地面开敞式。如响洪甸抽水蓄能电站（见图 10－1－11），在控制楼与出水口之间布置 220kV 的户外式主变压器和开关站，总平面尺寸（长×宽）为 50m×37m，地面高程 75.50m，开关站内主要布置两台高压开关设备，设有一回 220kV 出线。

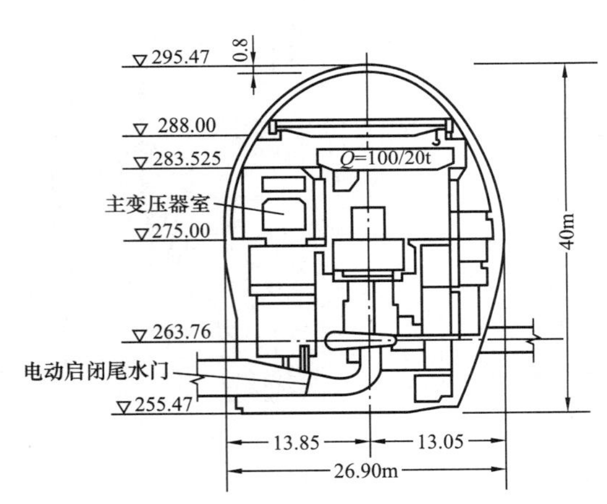

图 10－1－10　勃拉布卡—扎尔电站地下厂房横剖面

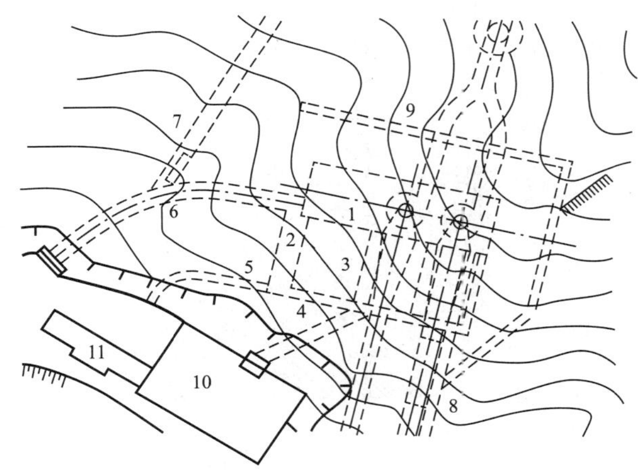

图 10－1－11　响洪甸抽水蓄能电站户外式主变压器和开关站

1—主厂房；2—副厂房；3—母线洞；4—母线廊道；5—电缆洞；6—进厂交通洞；7—施工支洞；8—通风洞；9—排水廊道；10—升压开关站；11—控制楼

GIS 地面组合式开关站占用面积小，边坡开挖处理工程量相对较小，由于目前 SF_6 封闭式组合电器的质量整体较好且可靠性高，设备投运后维护量较小，所需运行维护费用也相对较低，但电气设备投资较地面开敞式开关站高。国内抽水蓄能电站大多采用户内 GIS 组合式开关布置方式（见表 10－1－1）。琅琊山抽水蓄能电站（见图 10－1－12），其开关站布置在地面，根据电站所处地的自然环境，采用户外 GIS 组合式开关，这种布置省去了地面建筑物及桥机，同时开关站面积仅为 36.65m×26m，较户内 GIS 相对要小，节省投资。

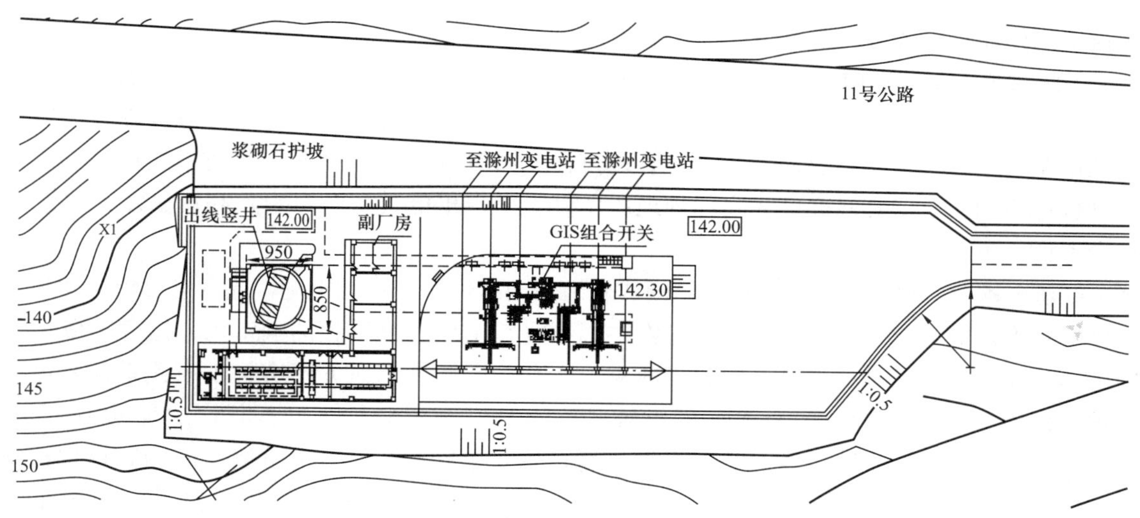

图 10-1-12　琅琊山抽水蓄能电站地面GIS开关站布置

总之，开关站布置在地面，与地下工程施工干扰少，可以减少洞挖，对地下洞室的围岩稳定有利，而且能加快施工进度、节省投资，但其距离主变压器远，布置不紧凑，运行管理及检查维修有些不便。

2. 开关站布置在地下

当地表没有合适的场地布置开关站，或出线距离较远及地面开关站受滚石、崩塌等不利自然条件的威胁时，可将开关站布置在地下。特别是近年来随着 SF_6 全封闭组合电器（GIS）和高压电缆制造技术的发展，使开关站场地和高度大为缩小，弥补了开关站布置在地下的缺陷。地下式开关站大多数将GIS开关站布置在主变压器室的上层，与主变压器室同宽，为方便电缆敷设，在两层之间设有电缆层。此种布置方式紧凑、检修维护方便，可减少从变压器到开关站高压电缆或高压母线的长度，从而节省机电设备投资，但同时该种布置方式增加了地下洞室群的规模，不利于围岩的稳定，增加土建工程投资。如呼和浩特抽水蓄能电站（见图 10-1-13），由于受上水库附近电视差转台和地震台限制，若选取地面式开关站，其出线洞总长度比地下开关站方案要长 536m，导致出线洞的土建开挖量及高压电缆的投资明显增大，最终采用地下GIS组合式开关站。

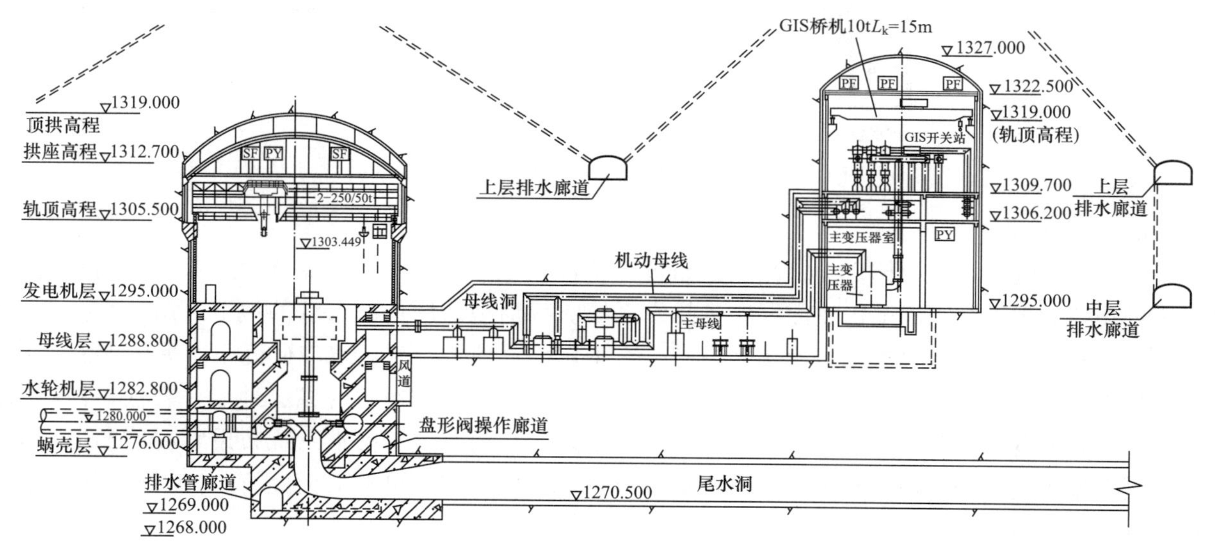

图 10-1-13　呼和浩特抽水蓄能电站地下主变压器开关站布置

（四）主阀布置

主阀的型式有蝴蝶阀、球形阀等，其主要作用是当电站水道系统采用一管多机布置时，当某台机组出现严重漏水或需要检修时，可利用支管上的主阀对其进行关闭；另外当机组或机电设备发生意外事故时，为防止机组出现飞逸转速，则需启用主阀，迅速切断输水管道水流。抽水蓄能电站大部分都是高水头电站，而且绝大多数采用一管多机布置型式，基本上都采用机组前支管上装设主阀的安全措施。主阀常用的布置方式有与主厂房同室及单独洞室两种型式。

(1) 主阀布置在主洞室内。随着阀体制造水平和安装质量的不断提高，国内外水电站运行情况表明，主阀事故率很低。因此将主阀布置在主厂房内成为最流行的布置型式。此种布置方式可以利用主厂房内的吊车对主阀进行安装及检修，运行管理方便，布置紧凑，但可能因此而增加厂房的宽度，吊车的跨度也有所加大，这要根据厂区实际的地质条件、厂内机电设备的布置、高压引水道进厂方向等因素综合考虑。

(2) 主阀布置在单独洞室内。为避免主阀或管道爆裂对厂房的不利影响，或者当机组尺寸较大，使主厂房跨度较大，而地质条件又不利时，可将主阀布置在主厂房外单独的洞室内。这种布置型式在抽水蓄能电站建设的早期较多见。如英国迪诺威克抽水蓄能电站，其地下厂房位于寒武系板岩地层构成的背斜内，褶曲和断层发育，主要洞室的纵轴基本上垂直于背斜轴走向，其厂房尺寸为 179.2m×23.5m×51.3m（长×宽×高）。为减小主厂房跨度，主阀布置在主厂房上游侧专门的廊道中，廊道尺寸为 147m×8.1m×18.6m（长×宽×高），其中布置 6 台直径为 2.5m 的主阀，专门设有桥式起重机或电动葫芦，供安装和检修之需，主阀室内还需要布置交通和通风系统，为排除事故时的水流还需设置排水洞等排水措施，因此布置上比较复杂，且增加不少投资（见图 10-1-14）。国内采用这种布置方式的电站有白莲河和羊卓雍湖抽水蓄能电站。

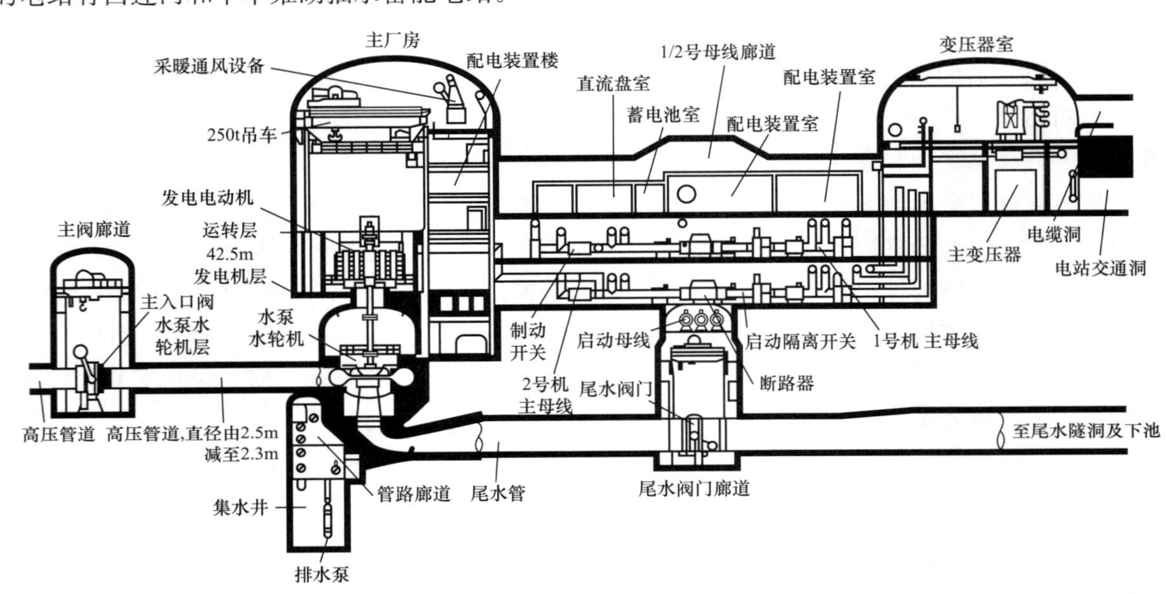

图 10-1-14 迪诺威克抽水蓄能电站厂房横剖面

（五）排水系统布置

地下厂房系统深埋于山体之中，无论是布置在首部、中部或尾部，难免有地下水通过结构面、裂隙及溶蚀裂隙向地下洞室渗漏，故需要布置排水系统。特别是采用首部布置的地下厂房，直接受上水库渗水的影响，必须采取可靠的防渗排水措施。对于尾部式地下厂房，也应研究下水库渗漏对厂房的影响。地下洞室群所处围岩渗流条件很复杂，厂区排水系统的最佳布置应结合地层、岩性、构造的渗透特点、必要的现场监测成果有针对性设置，避免主观的均匀布置。排水系统布设宜在前期工作的基础上，结合施工期开挖出现的新情况，进行动态设计，使排水系统更有效而经济。地下洞室排水系统一般包括厂前（后）截水、厂区排水及厂内排水三部分。

1. 厂前（后）截水

为防止渗流进入厂房洞室而影响围岩稳定和机电设备正常运行，相邻于厂房上游的高压管道段应采用钢板衬砌，由于钢板衬砌抵抗外水压力的能力有限，国内外钢管屈曲破坏事故屡见不鲜，如 1985 年美国 Bath County 抽水蓄能电站的压力钢管发生了屈曲破坏。要减小因钢筋混凝土衬砌高压管道内水外渗对地下厂房围岩稳定的不利影响，规范要求厂房前应设置一定的长度的钢板衬砌段，并在钢管首部进行环向高压帷幕灌浆和设阻水环。此外，在钢管上部应设排水洞，如西龙池、张河湾、宜兴、泰安等抽水蓄能电站。

2. 厂区排水

厂区排水系统一般由纵横向两层或三层布置的排水廊道组成（见图 10－1－15），为有效排除发电机层以下厂房上游壁的渗水，最好能在高压钢管以下设一层排水廊道。考虑到地下水渗漏通道情况复杂，排水廊道距离厂房不宜太远，但又要减少对厂房应力场的影响，一般距离为 15～20m。为了增强排水效果，除局部围岩破碎等不稳定地段需衬砌外，排水廊道均不衬砌，并且还采取在洞内打深浅排水孔、在上下层廊道之间设排水孔幕、上层排水廊道向厂房顶拱方向打倾斜排水孔等措施，形成封闭性排水体系。排水孔的方向和倾角应根据导水构造产状及其组合情况在现场确定，应以穿越最多结构面为基本原则。

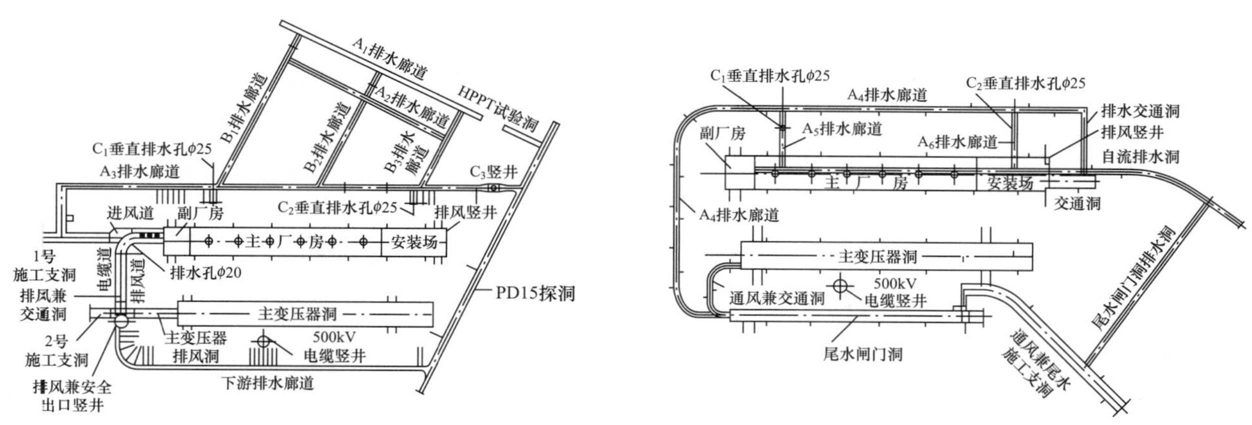

图 10－1－15　天荒坪抽水蓄能电站厂区上、下层排水系统布置图

3. 厂内排水

由于地下洞室围岩渗漏水规律性较差，为减少厂房洞室顶拱和边墙在施工期和运行期的渗水、滴水现象发生，有必要设置厂内排水系统。一般在洞室周边按一定的孔距、孔向布设 4～6m 深的浅排水孔，用来降低地下水渗透压力，并采用纵横交错的排水明、暗槽或排水明、暗管等方式将水引走，排水管多采用多孔塑料花管。由于在厂房岩石边墙上打排水孔的措施常常出现排水效果不理想的情况，还需要根据现场情况设置一定量的随机排水孔。近些年，人们尝试将系统排水孔改为随机排水孔，如广州抽水蓄能电站二期厂房。为保证运行期间机电设备的安全和运行的稳定性，西龙池、张河湾等工程采用裂隙渗漏水堵缝、引排等措施也取得了较好的排水效果。另外，厂内设置防潮隔墙也很重要，当边墙发生渗水时，不会直接影响设备运行和厂内美观，并且还可以利用防潮隔墙与岩壁之间的空腔布置风道。

厂房区域的渗漏水、检修排水、事故排水，最终均需通过排水设施将水排至地表。目前厂房排水方式通常采用水泵排水或利用自流排水洞自流排水。由于地下厂房埋藏较深，受地形条件限制和投资因素影响，以往工程采用泵送排水方式的较多。但近来在地形条件许可的前提下，采用自流排水的电站愈来愈多，如惠州抽水蓄能电站采用自流排水洞，洞长 $L=4406$m，但其排水能力（最大排水流量 8.78m^3/s）较泵排方案（最大排水流量为 1.44m^3/s）大得多，使电站运行安全可靠度大大提高；另外，自流排水洞如果提前施工，可作为地下洞室群施工期自流排水系统，大大节约施工期排水费用。国内采用此种排水方式的还有宝泉、天荒坪、西龙池等抽水蓄能电站，拟建的清远抽水蓄能电站自流排水洞更长达 4790m。

（六）附属洞室布置

地下厂房除了主厂房、主变压器室、调压室等主洞室外，还需根据交通、出线、通风等要求，布置若干附属洞室（见表 10－1－2），其空间纵横交错，使地下厂房系统形成一组洞室群。从岩石力学角度来看，地下洞室群削弱了岩体的完整性，对洞室围岩的稳定造成不利影响，因此应本着洞室长度尽可能短、一条洞肩负多项功能、尽量利用前期勘测探洞和施工支洞等原则进行合理布置。

表 10-1-2　　国内抽水蓄能电站附属洞室尺寸

编号	电站名称	装机容量（MW）	主要附属洞室长度（m）			
			交通洞	通风洞	出线电缆洞	自流排水洞
1	白莲河	4×300	751	（与交通洞合）		
2	呼和浩特	4×300	1116	1012	327	—
3	天荒坪	6×300	695.7			1624
4	白山	2×150	665	120	190	—
5	西龙池	4×300	772	1027.6	604	1220
6	黑麋峰	4×300	996.5	240		（有）
7	桐柏	4×300	570.5	337.9	338.65	（有）
8	张河湾	4×250	888.5	715.7	88.4	
9	宝泉	4×300	1970.5	1215	756.7	2295
10	广蓄一期	4×300	1663	1097	423	
11	广蓄二期	4×300	1289	1027	486	
12	十三陵	4×200	1033	788	405.8	
13	惠州	8×300	1805	1832	673	4406
14	宜兴	4×250	1628.2	1358.2	667.6	（上层自流排水）
15	泰安	4×250	1019	831	243	
16	琅琊山	4×150	758.9	602.2	154	
17	蒲石河	4×300	1013	929.2	393	
18	仙游	4×300	1050	998	328	

当地下厂房垂直方向距地表较深、水平方向距地表较远时，为安全起见，地下主厂房应有 2 条通道通至地表。由于水平运输通道较垂直的竖井或斜井运输效率高，对运行有利，因此在厂区布置时，运输通道应尽可能采用水平通道，其断面尺寸应满足大件运输及两辆车同时通行的要求，纵向坡度应满足施工和永久运行需要，交通洞纵坡以不大于 8%为宜，最好小于 6%。各个附属洞室宜从不同的高程进入主厂房，为主厂房开挖创造比较多的工作面，对施工和运行期的通风也有利。

根据主变压器、开关站、出线场之间的位置，为便于巡视和及时处理事故，出线系统可采用出线竖井、出线竖井加平洞、出线斜井等布置方式。其断面尺寸应满足敷设电缆或管道母线、通风及交通（楼梯、电梯）等方面的要求。当出线场水平方向距离地下洞室较远，而高差又不是很大时，宜采用出线斜井，此种布置土建工程量小、敷设电缆及管道母线长度短，但斜井坡度不宜太陡，以方便检修维护人员的进出。当出线场位于地下洞室顶部附近的地表时，宜采用出线竖井或出线竖井加平洞方式。根据《水电站机电设计手册》的建议，当主厂房与地面出线场之间的高差超过 250m 时应设置电梯。出线竖井通常采用圆形断面，主要考虑其围岩受力条件好，便于施工，但敷设电缆或管道母线的难度稍大。

由于地下洞室埋深较大，进入厂房、主变压器室的通道不能设置太多，通常设置交通洞、通风洞等用于施工期和永久交通。一般情况下，洞室较长，而地下洞室群布置错综复杂，空气形成对流条件差，自然通风效果不佳，因此大多采用机械通风方式（机械进排风，机械进风、自然排风，自然进风、机械排风）。通风系统的布置应使各作业区温度、湿度适宜，气流组织恰当，没有死角涡流区，风速均匀等。通风、排风系统应各自独立，主厂房与主变压器室通风、排风系统应各成体系。由于主洞（主厂房、主变压器室、调压室）洞室大，需分多层开挖，施工时间长达 1.5～2.5 年，考虑地下厂房在设备投运初期的运行条件对通风的要求，并结合地下洞室群施工期的通风、排烟及永久通风问题，可在主洞顶拱增设通风竖井等通风手段。

附属洞室的洞口位置应结合枢纽整体布置、施工条件、洞口建筑物位置（如开关站、副厂房）等，选择在山体较厚、地形坡度较陡、无不良地质情况（如滑坡、崩塌等）的地段，以便于安全进洞。

（七）地下洞室群的综合利用

因地下厂房是从山体中开挖出来的地下空间，其布局合理性直接关系着地下洞室围岩的稳定性和支护型式的选择，以及工程量和工程造价。因此，厂内主要机电设备应紧凑布置，在满足机电、通风、结构等方面要求的前提下，应争取充分利用地下厂房空间，尽量作到一洞多用。如响洪甸抽水蓄能电站地下厂房施工期的两个主要出渣洞，在运行期一个作为电站的主要交通通道，即进厂交通洞，另一个则作为地下厂房通风的进风口，即通风洞；前期工程勘探平硐在运行期则作为事故排烟洞；引水主洞施工期的交通运输洞，在运行期间则布置了透平油库和施工支洞的渗漏集水井及其引排设施。另外利用副厂房、母线洞、母线廊道、电缆洞和出线洞等顶拱作排风道。西龙池抽水蓄能电站（装机容量4×300MW）排水廊道除作为拦截地下水、降低厂房周边地下水位外，还兼作地下洞室通风、防火、事故排烟、观测电缆走线通道的作用，另外还便于厂房边墙对穿预应力锚索的锚固端施工，增加了支护的可靠性。总之，厂区布置应力求做到布局合理，运行管理方便。

三、厂房布置

厂房布置应根据机电设备的布置、设备的安装检修及运行，并结合水工结构的布置要求，统筹考虑。抽水蓄能电站多采用地下式厂房、立轴单级可逆混流式机组。由于水泵水轮机组转速高、双向运转、启动运行频繁、需要专门启动设施、过渡过程复杂等特点，其厂房布置与常规水电站厂房有较显著的差别，如机组安装高程较低，防水防渗要求高，集水井及水泵容量较大，防火、防淹难度大，电气辅助设备较多等。本节主要讨论由于抽水蓄能电站的特殊运行工况要求，对地下厂房布置的影响。

（一）主机间布置

1. 主洞室断面形状的选择

地下厂房轮廓体形和尺寸主要根据地质条件、厂内布置以及围岩的应力状态，并考虑施工方法统筹确定。但由于地下水电站厂房的工程地质条件不同，机电设备及布置方式较多，即使是同样机组型号的地下厂房，其轮廓尺寸及体形也各异。大型抽水蓄能电站主厂房大部分采用城门洞形或曲线形，其中曲线体形包括马蹄形、椭圆形和卵形等断面形状，其优点是周边应力分布均匀，特别在软弱岩层和地质构造较复杂的岩体中采用这种断面较多，如日本葛野川和神流川（见图10-1-16）抽水蓄能电站地下厂房，为解决高地应力条件下地下厂房围岩稳定问题，厂房横剖面采用卵形。国内多采用城门洞形，其优点是断面受力条件较好，松弛区范围小，施工开挖方便，空间利用充分，其缺点是拱座部位存在一定的应力集中现象，并且高而平直的边墙稳定性较差，需采取较多的支护措施。

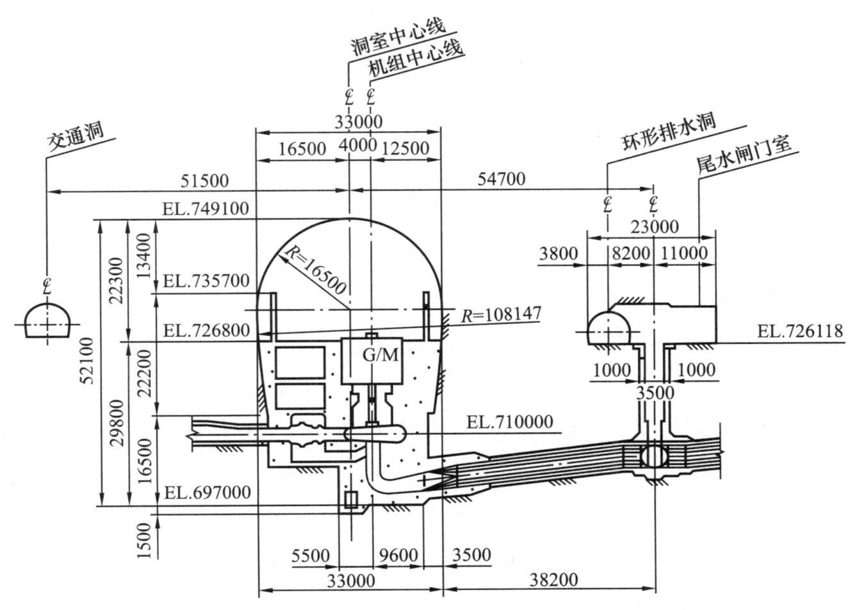

图10-1-16　神流川抽水蓄能电站厂房横剖面图

2. 主洞室控制尺寸的选择

地下厂房轮廓尺寸主要包括厂房高度、宽度和机组段长度。抽水蓄能电站地下厂房控制尺寸的确定原则与常规电站相差不大，但抽水蓄能电站特殊的运行工况要求对厂房控制尺寸的选择会产生一定的影响。如水泵水轮机的淹没深度往往很大，对厂房的总高度影响虽然不大，但由于地下厂房埋深加大，使得交通、通风、出线等附属洞室的工程量增加。其次，抽水蓄能电站厂房的最大宽度一般由水轮机层决定，主要控制尺寸是水泵水轮机尺寸、机墩厚度和机墩外的运行通道和消防通道宽度（一般为1～1.5m），再加上布置调速器、油压设备、推力外循环等设备所需的宽度。但当蝶阀或球阀布置于主洞室内，或采用岩壁吊车梁作为吊车的支承结构时，厂房的跨度选择会受影响。

根据转速的不同，使得机组段长度受蜗壳平面尺寸或定子尺寸控制。当电站水头不是太高，机组引用流量较大时，主厂房机组段长度主要受蜗壳平面尺寸、蜗壳外包混凝土厚度、机电设备布置、交通等因素控制。对抽水蓄能电站的金属蜗壳，如采用充水加压浇筑蜗壳外围混凝土，还需考虑安装和拆卸闷头和充水加压设备所需要的空间。对水头高的抽水蓄能电站，单机引用流量小的时候，机组段长度由定子尺寸或发电机层机组周围电气设备布置、交通、混凝土结构厚度等因素决定。

3. 机组拆卸方式对厂房布置的影响

转轮检修拆卸方式有上、中、下拆三种方式（见图10－1－17）。广蓄一期为下拆，广蓄二期和天荒坪抽水蓄能电站为中拆，十三陵抽水蓄能电站采用的是上拆。就水工结构而言，采用上拆方式对厂内的布置和结构比较有利，机墩、尾水管外包混凝土结构完整。中、下拆方式优点是节省检修时间（2～3周），缺点是对机墩或尾水管外包混凝土结构削弱较大，厂房整体刚度降低，不利于结构稳定，同时为将转轮吊至安装场，需在水轮机层和发电机层楼板上留有吊物孔，并在机墩或尾水管处留出通道，从而加大了机组间距以及厂房总长度，增加工程量和投资。下拆和上拆一样不需要中间轴，轴系简化，并可采用半伞式和顶盖上推力轴承布置。下拆的尾水管局部为明管，对减振和抗噪不利。

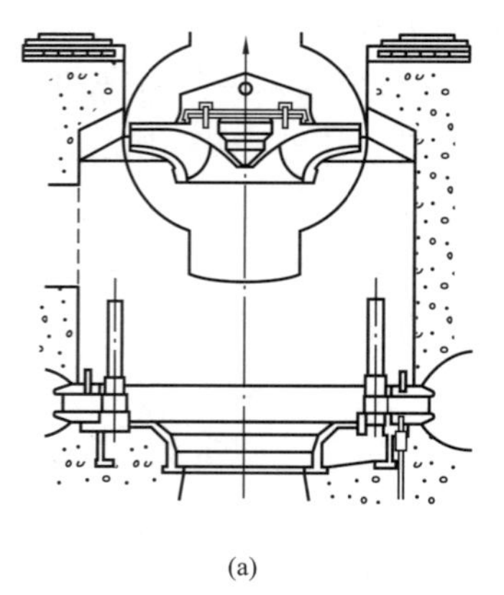
(a)

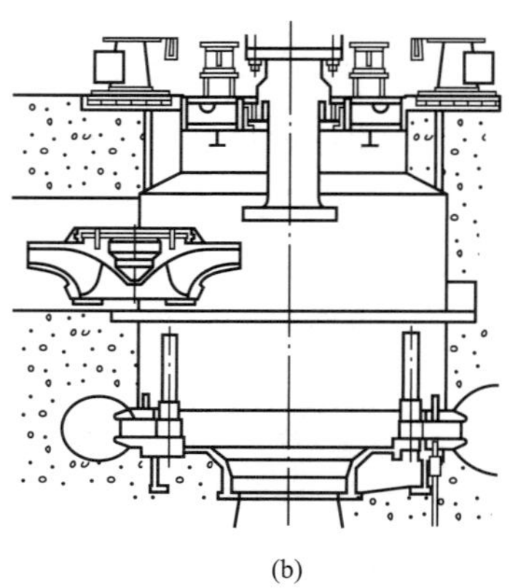
(b)

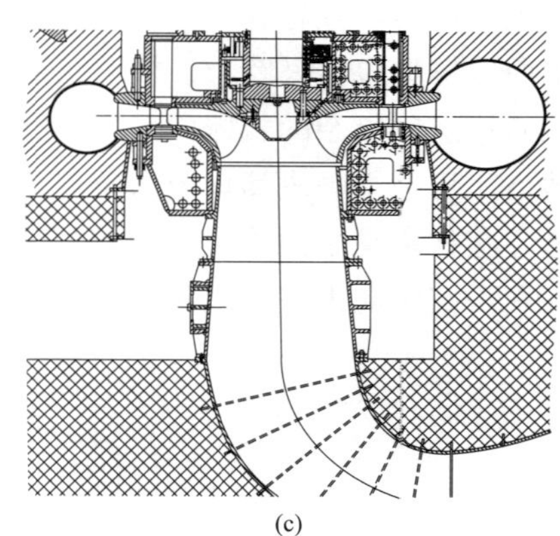
(c)

图10－1－17 水泵水轮机转轮拆卸方式

(a) 上拆；(b) 中拆；(c) 下拆

4. 可逆式机组启动方式对厂房布置的影响

采用静态变频器（SFC）启动为主，背靠背启动为辅已成为蓄能机组水泵工况启动的主导方式，为布置变频启动设备如输入输出开关、输入输出变压器、控制柜、整流柜、逆变柜、直流电抗器及SFC冷却水系统等，需要相应增加厂房的面积，参见表10－1－3和图10－1－18。而我国早期建成的大型抽水蓄能电厂，为了缓解因SFC启动而产生的谐波问题，还曾装设过谐波滤波器，为此要占用更大的空间，如广州和十三陵抽水蓄能电站的滤波器就分别占用面积70m^{2}和112m^2（见图10－1－19）。同时为布置电机启动回路其他设备，如换向开关（PRT）、起动隔离开关等，还需要加大厂房的尺寸。张河湾抽水蓄能电站此两开关布置在母线洞，使母线洞加长，需增加启动母线，导致母线洞加高。

表 10-1-3　　国内抽水蓄能电站启动设备布置情况

电站名称	十三陵	琅琊山	张河湾	西龙池
装机容量（MW）	4×200	4×150	4×250	4×300
机组启动方式	变频启动为主，背靠背启动为辅	变频启动为主，背靠背启动为辅	变频启动为主，背靠背启动为辅	变频启动为主，背靠背启动为辅
变频启动设备的布置	整流器、逆变器布置于主变压器室端部副厂房56.5高程，占地面积148m²；交流、直流电抗器室布置于主变压器室端部副厂房52.4高程，占地面积260m²；谐波滤波器室布置于主变压器室端部副厂房56.5高程，占地面积112m²	输入输出开关、控制柜、整流柜、逆变柜布置于安装场下副厂房－2.2高程，占用面积133m²；输入输出变压器布置于安装场下副厂房－6.6高程，占用面积47m²；限流电抗器布置于主机间母线层1号、4号机端部，占用面积约2×30m²	输入输出开关、控制柜、整流柜、逆变柜布置于主变压器附属用房436.7高程，占用面积255m²；输入输出变压器布置于主变压器附属用房430.7高程，占用面积110m²；限流电抗器布置于主变压器附属用房436.7高程，占用面积约2×65m²	输入输出开关、控制柜、整流柜、逆变柜布置于主变压器室748.5高程，占用面积150m²；输入输出变压器布置于主变压器室738.0高程，占用面积110m²；限流电抗器布置于主变室744.25高程，占用面积约60m²
换向开关布置	布置于每条母线洞35.95高程，占地面积约4×16m²	布置于发电机层2.5高程每台机组旁，占地面积约4×20m²	布置于每条母线洞425.1高程，占地面积约4×20m²	布置于每条母线洞731.7高程，占地面积约4×20m²

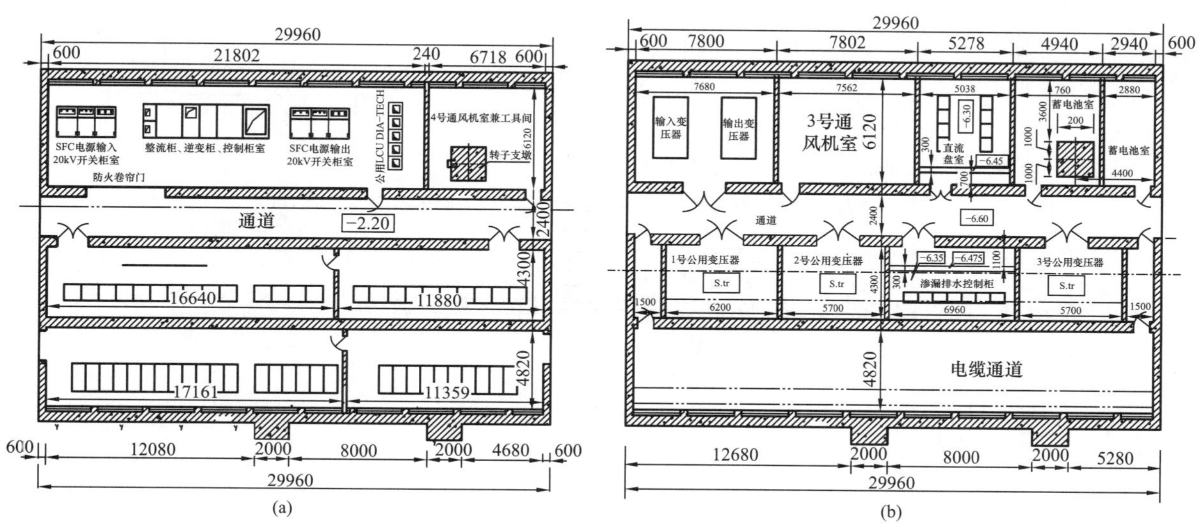

(a)　　(b)

图 10-1-18　琅琊山抽水蓄能电站 SFC 启动设备布置图

(a) 母线层（▽−2.20m）；(b) 水轮机层（▽−6.60m）

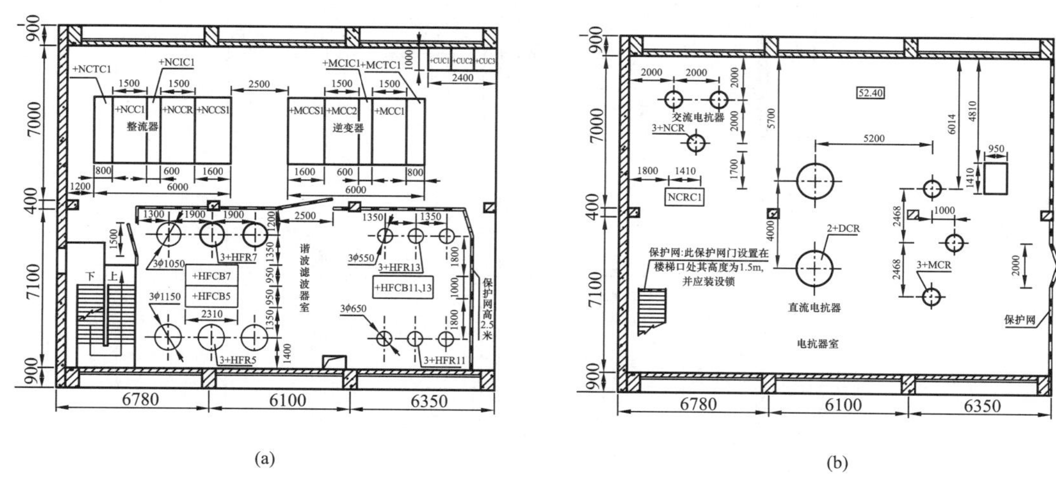

(a)　　(b)

图 10-1-19　十三陵抽水蓄能电站 SFC 启动设备布置图

(a) ▽56.50m；(b) ▽52.90m

5. 可逆式水泵水轮机对厂房布置的影响

混流式水泵水轮机的转轮，特别是高水头蓄能电站的转轮，其外型十分扁平，进口直径与出口直径的比率约为 1.4∶1～2.0∶1，而导叶高度仅为转轮进口直径的 10%以下。相对于同水头的常规混流式水轮机转轮其进口直径大 1.3～1.4 倍，因此机坑直径较常规混流式水轮机机坑直径略大。另外由于顶盖和底环在泵工况下要承受很大的水压力，同时为了降低厂房高度，部分蓄能机组的推力轴承和水轮机导轴承都支承在顶盖上，因而要求顶盖和底环具有很大的刚度和强度，以使变形和应力减至最小。因此，这两部件大多采用箱形结构，其厚度可达到导叶高度的 4～5 倍。

6. 其他辅助设备对厂房布置的影响

蓄能机组的吸出高度较大，机组安装高程可在尾水位以下达 70～80m，也就是在电站所有管道和阀门经常处于 0.7～0.8MPa 以上的压力作用下，任何破裂都有可能造成厂房淹没，其损失将不可估量。所以除选用足够强度的管道和阀件，装设足够容量的排水泵之外，条件允许时，集水井的容积宜留有裕度，如能布置自流排水洞则更好。

由于蓄能机组启动频繁、工况转换多、控制复杂等，使得电气辅助设备较多。如蓄电池室、低压供水设备、空气压缩机的容量和数量等均有所增加，导致附属面积增加约 20%～30%。另外因空压机振动荷载和噪音较大，对厂房结构有一定的不利影响，建议尽量将空压机室布置于基岩上，如琅琊山高压空气压缩机室布置于施工支洞内，占用面积 60m²（见图 10－1－20），西龙池高低压空气压缩机室布置于副厂房底层，占用面积 240m²（见图 10－1－21）。

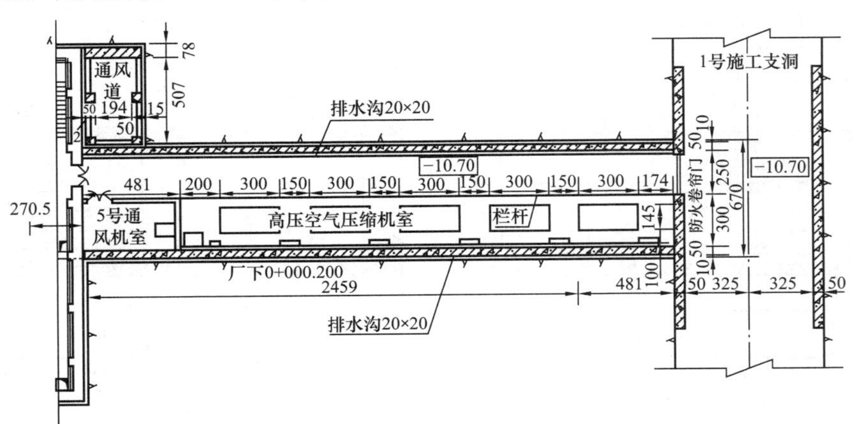

图 10－1－20　琅琊山抽水蓄能电站空压机室布置图

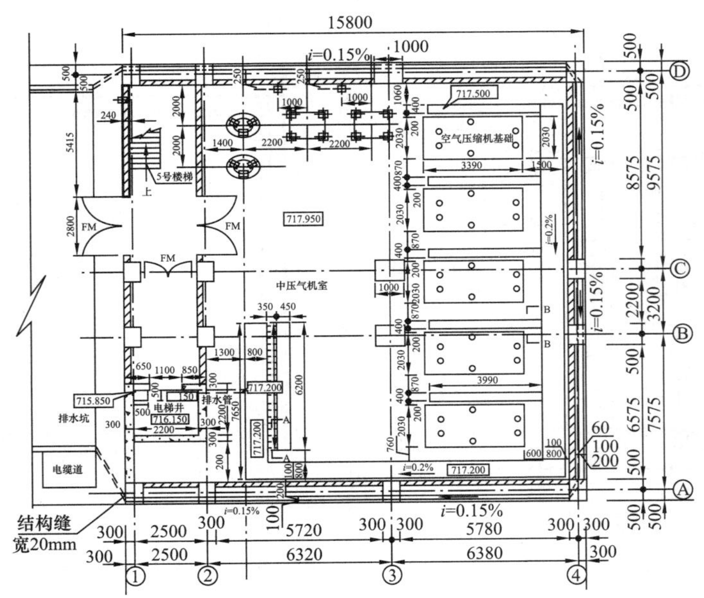

图 10－1－21　西龙池抽水蓄能电站空压机室布置图

7. 厂房抗振结构对布置的影响

地下厂房的结构布置应与厂房机电设备布置结合在一起进行，除考虑常规地下厂房在结构方面的要求外，还由于抽水蓄能电站过渡过程复杂；高水头机组的体积相对较小，吸收振动的能力较差；机组流道内的水流流速高，撞击过流部件的动量大，导致厂房结构的振动较严重。由于主阀布置在厂房上游侧，通常可采用蜗壳外包混凝土靠厂房下游侧布置，使混凝土与岩壁紧密接触，将振动能量传给围岩，充分利用围岩的巨大刚度。如我国的天荒坪，日本的奥吉野、葛野川、神流川等抽水蓄能电站均是采用这种布置型式。厂房土建结构采用高刚度设计，是日本高水头抽水蓄能电站常采用的方法，如神流川抽水蓄能电站厂房各层楼板厚 1m，风罩厚 2.5m，机墩厚 4.5m，两个机组段间不分缝，中间设两个 2m×2m 的混凝土柱。蜗壳外包混凝土最小厚度约 3.5m，蜗壳外不设弹性垫层，浇混凝土时不打压等，这种布置简单合理，是结构抗振的有效措施。广蓄二期电站借鉴广蓄一期电站厂房刚度较小，振动较大的经验教训，为减小厂房支承结构的振动，采用了以下措施：①一台机组一个结构缝；②发电机层、中间层、水泵水轮机层、蜗壳层楼板厚度分别增加为 0.6m、0.5m、0.6m、1m，梁柱截面均相应增大；③上下游边墙改用混凝土墙，紧贴岩壁浇筑，墙厚分别为 0.85m 和 1m；④转轮拆卸孔周边加强等。从运行的情况来看，厂房结构的振动明显减小。

（二）安装场（间）布置

安装场（间）是进厂设备卸货及安装、检修机组大件的地方，其面积除根据安装工位的要求确定外，还要考虑施工总进度及安装程序要求，应充分考虑业主对项目进度要求所带来的变化。通常安装场（间）长度为机组段长度的 1.5～2 倍，采用与主机间相邻的布置形式。其地面与发电层采用同高程，为了与主厂房共用吊车，其跨度应与主厂房相同。安装场（间）通常设置在主机间一端或布置在主机间中部，有对外交通直接进入。

当地质条件不利时，往往将安装场设在主机间中部，可保留安装场下部的部分岩体，对厂房高边墙有一定支撑作用，减小高边墙的连续长度，对围岩稳定有利。但下部岩体开挖时，将形成两个基坑，对施工出渣有些影响。日本葛野川等许多抽水蓄能电站、泰国拉姆它昆抽水蓄能电站（见图 10-1-22），国内的西龙池、十三陵、琅琊山等抽水蓄能电站均采用此布置型式。

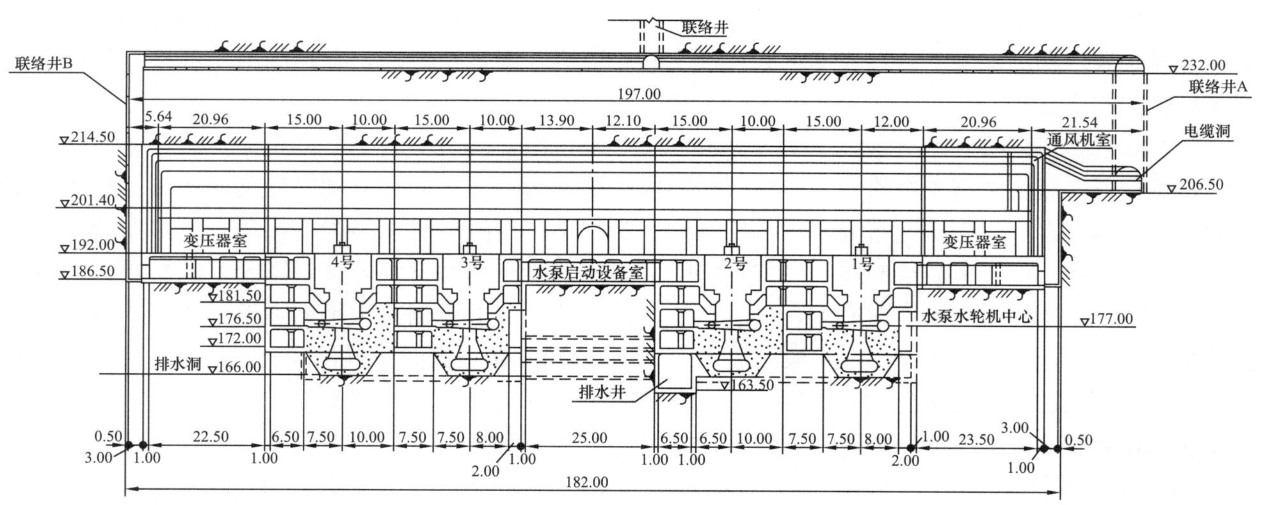

图 10-1-22　泰国拉姆它昆抽水蓄能电站厂房纵剖面

若安装场设在主机间一端，则布置紧凑，施工安装期间场地利用率较高，且一般情况下纵轴线方向较中部安装场方案短，工程量稍小；另外，进厂交通可采用端部进入，能避免从上、下游进厂对高边墙造成的不利影响，但安装首台机组时，吊运距离及临时交通线路长，我国大多数抽水蓄能电站采用此布置型式。

安装场下部不设副厂房，可以提前施工形成安装场（间）地面平台，进行机组安装，有利于施工期安装场的边墙稳定。另外，安装机组荷载较大（通常可达 10～20kN/m^2），使安装场下部结构受力复杂，还可能遇到混凝土龄期不够就需安装大件而提前承载，导致混凝土开裂。下部副厂房还有排水、通风不畅等问题。尤其是安装场设在主机间中部时，安装场下部不设副厂房可更好发挥对边墙的支撑作用。建议，有条件时大型电站地下厂房尽量避免安装场下布置其他副厂房结构。

另外由于发电工期的要求，离安装场最近的一台机组在施工期经常作为设备组装的临时场地，施工期荷载较大，为结构安全起见，建议在设计时要充分考虑机组安装进度要求，布置好机电设备组装摆放工位，适当加大安装场的尺寸。

（三）副厂房布置

副厂房是各种辅助设备布置和运行人员工作的场所，由生产副厂房和办公用副厂房组成。布置原则是运行管理方便和最大限度地利用一切可以利用的空间，尽量减少不必要的房间面积，以节省投资。

根据《水电站厂房设计规范》中规定的“集中与分散相结合，地面与地下相结合，尽量减少地下洞室”的原则，可以采用将其全部布置在地面或全部布置在地下的方式，也可以一部分布置在地面，一部分布置在地下。当由于地形陡峻，水平方向的洞口及主厂房顶部地表没有合适的场地布置副厂房，或地面副厂房受滚石、崩塌等影响，处理工程量较大时，一般将生产副厂房布置在地下紧靠主机间的洞室内，这样运行管理方便，自动化水平要求不高；当开关站布置在地面时，也可将生产副厂房布置在地面，这样通风、采光、办公条件等均较好，地表与地下施工干扰少，可以减少洞挖，加快施工进度。由于地下副厂房受主机间机组运行的影响，其结构振动是不可避免的，尤其是副厂房内的中控室、电气试验室及办公用副厂房，是电站运行值班人员的主要工作与活动场所，振动的有害影响较大。大型抽水蓄能电站地下厂房大多数将中控室、电气试验室及办公用副厂房等对噪音、振动较敏感的房间布置在地面副厂房内；地下副厂房内主要布置电气设备和临时操作间，形成无人值班（或少人值守）的地下厂房，对副厂房的振动控制标准也可适当降低。

副厂房的布置应“以人为本”，综合考虑机电设备布置、通风、卫生等要求，合理布置各房间及电梯、卫生间等。根据设备的摆放情况，生产副厂房楼面的均布活荷载通常为4～10kN/m^2，有的房间需要做设备基础，以承受设备运行过程中的动力荷载，有的房间根据机电盘柜的布置，板上需设连续的孔洞，因此副厂房的布置应在保证结构安全的前提下，满足电站生产需要。对承受荷载较大，且设备有动力作用的房间应尽量布置在副厂房底层，使荷载直接传递至基岩上，如高压空气压缩机室、油罐室等；其次楼盖肋型结构的梁格布置尽量布置成等距，房间布置时应尽量与柱网结构布置相协调，若有困难时，则房间的隔墙下需布置支承梁；板上开孔应避开梁、柱结构，有孔洞削弱的楼板周围需要有相应的加强措施等。

（四）厂内交通布置

厂内交通布置主要指主机间、安装场、副厂房各层之间的水平向交通和竖向交通布置。抽水蓄能电站由于大部分在厂房上游侧布置有球阀或蝶阀，为减小厂房机组支承结构的振动，厂房布置通常采用机组中心线尽可能往下游靠的布置型式，将蜗壳外围混凝土紧贴下游岩壁，因此水轮机层以上各层在厂房上、下游侧布置有水平向通道，以下各层往往只有厂房上游侧设水平向通道，通道的宽度应满足设备安装、运行、维护的需要，一般不应小于1.5m。同时在主机间布置楼梯，以做竖向交通，从发电机层经母线层、水轮机层到达蜗壳层，通过楼梯还可至蜗壳进人门、尾水管进人门等处。发电机层至水轮机层楼梯由于平时使用频繁，所以坡度要缓，宽度不宜太窄，要考虑便于检修人员携带一些轻便工具上下，净宽至少1.2m以上。从运行的角度出发，大中型抽水蓄能电站最好每个机组段设一个楼梯，楼梯布置尽量相同；副厂房的楼梯可按一般民用建筑考虑，若副厂房高度超过25m，需设置电梯，以方便运行人员管理。另外注意要留有通往吊车梁以及吊顶的通道等。总之厂房的交通布置是否合理，直接影响到运行的方便与否，应尽量考虑得周到一些。

第二节　地下洞室群围岩稳定

抽水蓄能电站厂道系统通常布置在地下岩体内，洞室群交错，围岩稳定成为关键技术问题之一。随着抽水蓄能电站建设和岩体力学研究水平的发展，洞室围岩变形破坏机理逐渐被工程设计人员掌握，日益完善的围岩分类方法和三维有限元数值计算手段为洞室的开挖支护设计提供了理论依据，围岩监测技术也使信息化施工成为可能，使支护设计更加合理、安全、经济。

一、地下洞室围岩稳定影响因素

地下洞室开挖后，改变了原来天然岩体中的应力平衡状态。在初始应力场的作用下，洞周围岩应力重新分布，围岩向洞内变形，甚至出现失稳破坏形态。地下洞室稳定性主要由围岩的应力、变形大小决定，而围岩的应力、变形主要受自然地质因素和工程因素的制约。

（一）影响围岩稳定的自然地质因素

影响围岩稳定的自然地质因素主要包括岩性与岩体结构特征、结构面性质和空间组合、岩体的物理力学性质、围岩的初始应力场、地下水状况等。

（1）岩体结构特征。岩体并不全是各向同性均质的连续介质，而是有节理、裂隙、软弱夹层和断层破碎带等结构面切割的地质体。常见的岩体结构类型主要有块状结构、层状结构、碎裂结构和松散结构。岩体结构类型不同，表现为地下洞室围岩变形的发展过程和破坏特征也不相同。表 10-2-1 所列为常见的岩体结构类型及其基本特征。

表 10-2-1　岩体结构类型及其基本特征

岩体结构		地质类型	基本特征	破坏机制	变形过程	稳定性评价
类型	亚类					
块状结构	整体	巨厚层及完整岩体，节理稀少	均一连续体	岩爆，劈裂	瞬时能量释放	良好
	块状	厚层及块状岩体，节理一般发育	均一裂隙体	块体塌滑，开裂	与岩爆同时发生，或因爆破被逐块松动，突然塌方	良好
	裂隙块状	中厚层及块状岩体，节理交叉切割，裂隙发育	均一裂隙体或多裂隙块体	块体塌滑	突然发生，与爆破松动有关	较好
层状结构	互层	软弱相间的砂页岩、灰页岩等互层岩体	强各向异性岩体	顺层滑移，岩层弯曲	稳定变形一周至三个月，失稳变形数日至数十日	一般
	间（夹）层	硬层间夹软层	各向异性岩体及夹层体	顺层滑动，塌落	稳定变形数日至十余日，有时长达一个月	一般
	薄层	薄层及片状岩体，如片岩，千枚岩等	横向各向同性体	顺层滑动，表层弯曲，剥裂	稳定变形及发展变形十天至一个月	一般
	软层	均一软弱沉积岩体，如页岩、黏土岩等	横向各向同性体	塑性变形及剪切破坏	变形阶段长达数月或更长	较差
碎裂结构	镶嵌	均一坚硬岩体的压碎带、劈理带、破碎岩体	均一碎块体	松动崩塌	稳定变形及发展变形阶段很短，一般数日	较差
	碎裂	均一岩体的破碎岩，裂隙张开，有夹泥	弱各项异性碎块夹泥体	松动崩塌、塑性变形和剪切破坏	变形阶段长达三个月至半年	差
	层间碎裂	层状岩体的破碎岩，层面及裂隙张开、有夹泥	各向异性层状夹泥体	松动塌方，塑性变形，剪切破坏	变形阶段长达三个月至半年	差
松散结构	松散	岩体破碎成大小不等碎块，岩屑和团组	均一散粒体（似连续）	松动剪切破坏	变形阶段长达一个月至三个月	很差
	松软	由岩块、泥团、岩屑、岩粉及碎块组成的岩体	均一软弱体（似连续）	塑性变形、剪切破坏（膨胀）	变形阶段长达三个月至一年以上	很差

（2）地应力。地应力是岩体在天然条件下赋存的内应力，又称为天然应力、初始应力。地应力场与

岩体自重、构造运动、成岩作用和温度等有关。当在岩体中开挖洞室后，岩体中原有的地应力平衡状态遭到破坏，经过应力调整，在围岩中形成新的应力场，称为二次应力场。在岩体结构及其力学性质一定的条件下，地应力状态常是决定地下洞室围岩稳定性的重要因素。

(3) 地下水。地下洞室在施工过程和运行期间遇到的塌方和破坏事故，往往与地下水活动有关。当在地下水位以下或有裂隙水的情况下开挖时，形成的地下洞室将成为地下水的排泄通道。地下水沿裂隙面渗出的过程中，围岩受到动水压力作用，并降低了岩体及结构面的力学性能，易在不利的地质结构，如断层、风化破碎带等部位引起塌方。

(二) 影响围岩稳定的人为因素

主要包括洞室群布置、洞室轴线方位、洞室形状和大小；施工中采用的开挖方法、步序；支护结构的类型、时机等。

天然条件下，岩体处于平衡状态，只有在开挖洞室后，破坏了这种平衡状态，才有可能出现洞室围岩的变形和破坏现象。因此，开挖洞室的工程活动是引起围岩变形、破坏的直接原因。一般需注意以下工程因素的影响：

(1) 上覆岩体厚度。洞室顶部以上的岩体厚度或傍山洞室靠边坡一侧的岩体厚度，应根据岩体完整性程度、风化程度、地应力大小、地下水活动情况、洞室规模及施工条件等因素综合分析确定。主洞室顶部岩体厚度不宜小于洞室开挖宽度的2倍。

(2) 洞室轴线方向。在满足枢纽总布置要求的前提下，洞室纵轴线宜与岩层层面走向、主要构造断裂面及软弱带的走向保持较大夹角，并宜与最大水平主地应力方向保持较小夹角。

(3) 洞室断面形状及尺寸。洞室断面形状不同引起围岩松弛的程度也不同，选择围岩应力分布比较均匀的洞形，可以避免过大的应力集中，如卵形（见图 10-1-16)、马蹄形。洞室断面尺寸对围岩稳定也有一定影响，高度、跨度大的洞室，在围岩中引起应力变化和出现变形的范围也较大。

(4) 洞室间距与布置。适当的洞室间距，可以使相邻洞室间的塑性区不连通，避免变形破坏。因此各洞室之间的岩体应保持足够的厚度，应根据地质条件、洞室规模及施工方法等因素综合分析确定厚度，不宜小于相邻洞室平均开挖宽度的1～1.5倍，上、下洞室间岩石厚度不宜小于小洞室开挖宽度的1～2倍。在复杂地质条件的围岩中，为改善洞室围岩稳定状态，安装间宜位于主机间中部。

(5) 开挖步序。大型地下洞室大多采用分步开挖程序，实践证明，分步开挖过程中，洞室断面不断扩大，作业面沿洞轴线方向不断向前推进，在形成洞室过程中，围岩中的应力不断调整并出现相应的变形，不同的开挖步序，围岩中的应力与变形也不同。

(6) 支护结构型式。不同的支护结构型式提供给围岩的支护抗力不同，对围岩变形的控制程度不同。需根据围岩和地下水状况、围岩分类、结构面性质和发育情况，并考虑支护结构型式的适应性、经济性、施工可能性等，综合确定支护结构型式。

(7) 支护时机。现代支护结构原理的基本观点是充分发挥围岩自承载能力，支护应适时。支护过早，支护结构就要承受很大的形变压力，将是不经济的；支护过迟，围岩会过度松弛而导致失稳，将是不安全的。一般说来，围岩稳定性较好时可以在开挖完一段时间之后再做支护，围岩稳定性较差时，为防止塌滑，在开挖前后应及时支护。

二、地下厂房开挖分层与步序

抽水蓄能电站地下厂房洞室规模较大，并且主变压器洞一般平行布置在厂房下游，离主厂房较近，两洞室之间又有母线洞相连，形成复杂的大型洞室群。洞室群的开挖分层、开挖步序对洞室群围岩稳定有较大影响。

(一) 开挖分层

地下厂房需依据围岩物理力学指标、岩体分类等地质条件，通过工程类比或三维有限元计算，分析不同开挖分层及分层高度对洞室围岩稳定的影响，结合施工布置需要，综合确定开挖分层。目前国内抽水蓄能电站地下厂房开挖跨度一般为20～25m，高度为50m左右，长度超过百米，由于洞室规模大，均采用分层分步钻爆法开挖，通常分6～7层进行开挖，层高一般为7～9m。对于复杂地质条件下的地下厂房，宜减少层高增加层数，日本地下厂房开挖层高一般控制在3m左右。

洞室开挖分层主要考虑三个因素：首先，洞室开挖分层要满足洞室围岩稳定的要求，合理确定开挖高度。地下厂房因分层多次爆破，使地应力多次释放，对洞室围岩稳定影响较大。在厂房中下部开挖时，上部边墙已积累一定变形，如果开挖层高较高，临空面突增较大，会造成边墙应力集中，围岩变形过大，甚至发生失稳破坏。所以要通过工程类比、围岩稳定分析，合理选择开挖层高。其次，要考虑施工通道的布置。通常厂房顶拱开挖利用通风洞作为施工、出渣通道，中部开挖利用交通洞进行施工，下部开挖利用引水或尾水洞与施工支洞相连作为施工通道。所以开挖分层高度要考虑这些施工通道的布置高程，各开挖层底板应能与施工通道底板平顺相接。另外，要考虑施工机械的作业要求。每层开挖后，要进行该层的出渣、支护施工和下一层的预裂爆破，开挖分层高度应满足多臂液压凿岩台车等施工机械的作业要求。综上所述，在厂房开挖前，需根据工程地质条件、施工通道布置、施工机械选择，类比相似工程，初拟开挖分层，进行围岩稳定三维有限元计算分析，根据计算的围岩变形和应力变化值，确定开挖分层高度。

（二）开挖步序

为了减轻对围岩的扰动，控制围岩变形，避免失稳破坏，必须合理确定洞室开挖步序。

（1）厂房洞室顶拱开挖。大跨度洞室顶拱开挖可采用中导洞先行开挖，两侧跟进扩挖的施工方案，如琅琊山、西龙池、桐柏等电站厂房；也可以采用两侧导洞先进，后拆中间岩柱方案，如宜兴电站厂房。同时，开挖步序与厂房顶拱支护方案应相匹配。根据数值分析和工程经验，采用边导洞开挖方案，在两侧导洞开挖完后，中间岩柱因应力过分集中，在爆破岩柱时会引起拱顶的变形突增，厂房顶拱的破坏区、围岩应力扰动和洞周位移比采用中导洞开挖方案大。图10-2-1所示为琅琊山抽水蓄能电站厂房顶拱开挖步序。

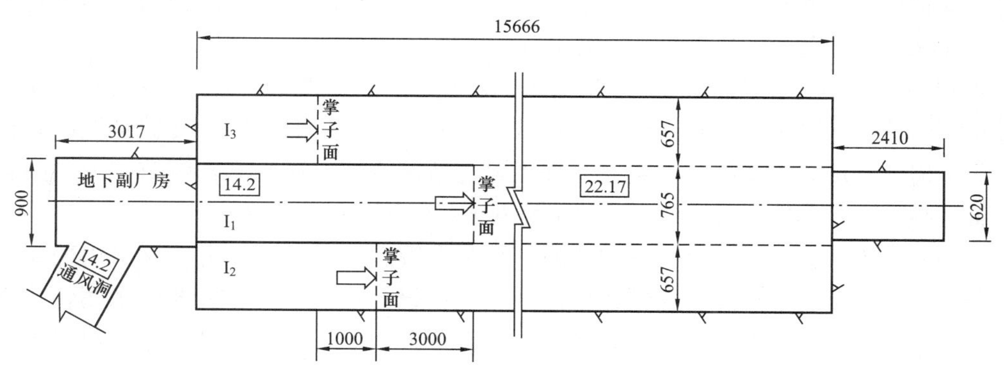

图10-2-1　琅琊山抽水蓄能电站厂房顶拱开挖步序

（2）相邻平行洞室错时开挖。主厂房与主变压器洞相互平行时，若两洞室同时开挖，围岩向两个临空面同时释放能量，洞室中间岩柱的塑性区易贯通，形成裂缝。因此，两平行洞室宜错时开挖，即相邻洞室同高程岩体宜错开开挖时间，先开挖完成一个洞室某高程岩体，支护后再开挖另一洞室相应高程岩体。

（3）交叉洞室开挖。对于交叉洞室，一般先开挖小洞室，释放一部分应力，并做好锁口支护，再进行大洞室该部位开挖，这样可以减小大洞室边墙的围岩变形，利于稳定。

（4）大型地下厂房洞室立体开挖。对于大型地下厂房洞室，为加快施工进度，有的工程采取立体开挖，即同时对厂房上部和下部岩体进行开挖，预留中部岩体最后进行爆破拆除。但该种开挖方式在拆除中部岩体时，使边墙短时间内失去中间支撑，迅快形成高边墙，围岩变位突增，对边墙围岩稳定不利。因此需结合工程地质条件、围岩稳定分析和工程措施等进行充分论证后，方可采用立体开挖。

由于各工程的地质条件与建筑物布置不同，洞室群的开挖应结合工程具体情况具体分析。图10-2-2所示为张河湾抽水蓄能电站地下厂房与主变压器洞开挖步序图。

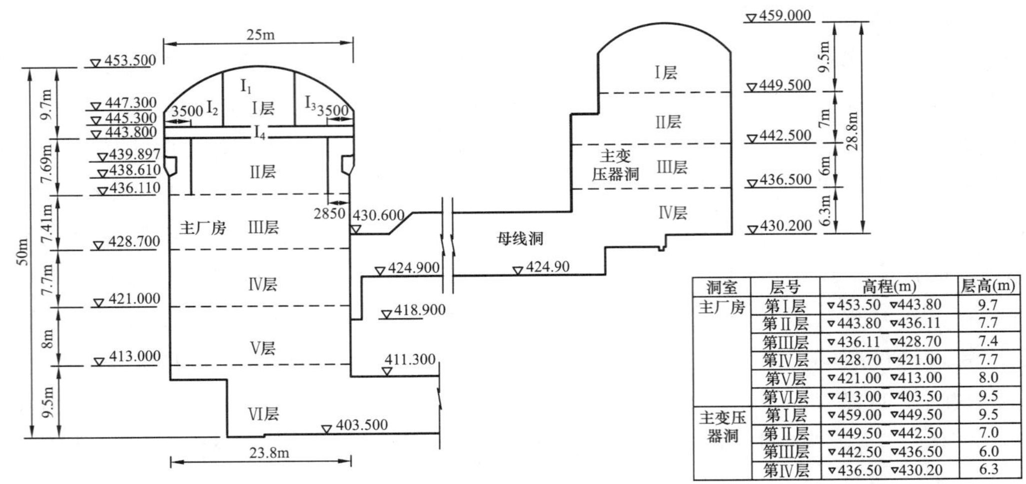

洞室	层号	高程(m)	层高(m)
主厂房	第Ⅰ层	▿453.50 ▿443.80	9.7
	第Ⅱ层	▿443.80 ▿436.11	7.7
	第Ⅲ层	▿436.11 ▿428.70	7.4
	第Ⅳ层	▿428.70 ▿421.00	7.7
	第Ⅴ层	▿421.00 ▿413.00	8.0
	第Ⅵ层	▿413.00 ▿403.50	9.5
主变压器洞	第Ⅰ层	▿459.00 ▿449.50	9.5
	第Ⅱ层	▿449.50 ▿442.50	7.0
	第Ⅲ层	▿442.50 ▿436.50	6.0
	第Ⅳ层	▿436.50 ▿430.20	6.3

图 10-2-2　张河湾抽水蓄能电站厂房洞室群开挖分层及施工步序

三、地下洞室支护设计

（一）支护设计理论

地下工程支护理论的发展至今已有百余年的历史，大致可分为三个发展阶段：

（1）20 世纪 20 年代以前，主要是古典的压力理论阶段。这类理论认为，作用在支护结构上的压力是其上覆岩层的重量 γH（γ 是岩层容重，H 是埋深），其代表有海姆（A. Haim）、朗肯（W. J. M. Rankine）和金尼克（A. H. Дииик）理论。

（2）20 世纪 20～50 年代，主要是松散体塌落拱理论阶段。这类理论认为，当地下工程埋藏深度较大时，作用在支护结构上的压力不是上覆岩层重量，而只是围岩塌落拱内的松动岩体重量，其代表有泰沙基（K. Terzaghi）和普氏（M. M. Лротдъяконов）理论。

（3）20 世纪 50 年代前后发展起来支护与围岩共同起作用的现代支护理论。这种理论认为岩体不仅会对支护结构产生荷载，同时它本身又是一种承载体，围岩是承载的主体，支护是加固和稳定围岩的手段，支护与围岩共同承载维持洞室稳定。允许围岩有适度变形，通过支护调节，控制围岩不出现有害松动，以最大限度地发挥围岩自承能力，使工程安全、经济和施工方便。

充分发挥围岩自承载能力是现代支护理论的一个基本观点。当前国际上广泛采用的新奥地利隧道设计施工方法，就是基于支护与围岩共同作用的现代支护设计理论。一方面要求采用快速支护、紧跟作业面支护、预先支护等手段限制围岩进入松动，以保持围岩的自承力；另一方面却要求采用分次支护、柔性支护等手段允许围岩进入一定程度的塑性，以充分发挥围岩的自承载能力。

（二）支护结构类型

支护结构的作用在于保持洞室断面的使用净空，防止岩质变差，承受可能出现的各种荷载，保证结构安全。有些支护还要求向围岩提供足够的抗力，维持围岩的稳定。按支护的作用机理，目前采用的支护结构类型大致可归纳为三类，见表 10-2-2。

表 10-2-2　　支护结构类型

分　类	说　明
柔性支护结构	柔性支护结构既能及时地进行支护，限制围岩过大变形而出现的松动，又允许围岩出现一定的变形，同时还能根据围岩的变化情况及时调整参数。锚喷支护是一种主要的柔性支护类型，目前在工程中广泛应用
刚性支护结构	刚性支护结构通常具有足够大的刚性和断面尺寸，一般用来承受强大的松动地压。刚性支护通常采用现浇混凝土衬砌，和围岩保持紧密接触，提供支护抗力
复合式支护结构	复合式支护结构是柔性支护与刚性支护的组合支护结构，初期支护一般采用锚喷支护，然后再现浇混凝土衬砌。复合式支护结构中的初期支护和最终支护一般都是承载结构

地下洞室应根据围岩地质条件、洞室断面形式和大小及施工方法，通过工程类比和围岩稳定分析选择合适的支护形式。应优先采用喷混凝土、钢筋网、锚杆、锚索等一种或几种组合而成的柔性支护。

当单独使用柔性支护难以满足围岩稳定要求时，宜采用柔性支护与钢筋混凝土衬砌组合的复合式支护。Ⅳ～Ⅴ类围岩宜采用钢筋混凝土衬砌形式的刚性支护或复合式支护。

（三）支护设计流程

支护设计是一个动态过程。随着计算、监测及施工管理水平的提高，大型地下洞室逐渐采用信息化开挖支护设计思路，按照“地质勘察—设计—施工—监测—反馈—调整支护参数—施工”的设计流程，根据各设计阶段对围岩特性的了解深度及施工中观测的情况，及时修正支护设计，使支护方案更加适合地质条件，更合理、更经济。图 10-2-3 所示为地下厂房洞室开挖支护设计流程。

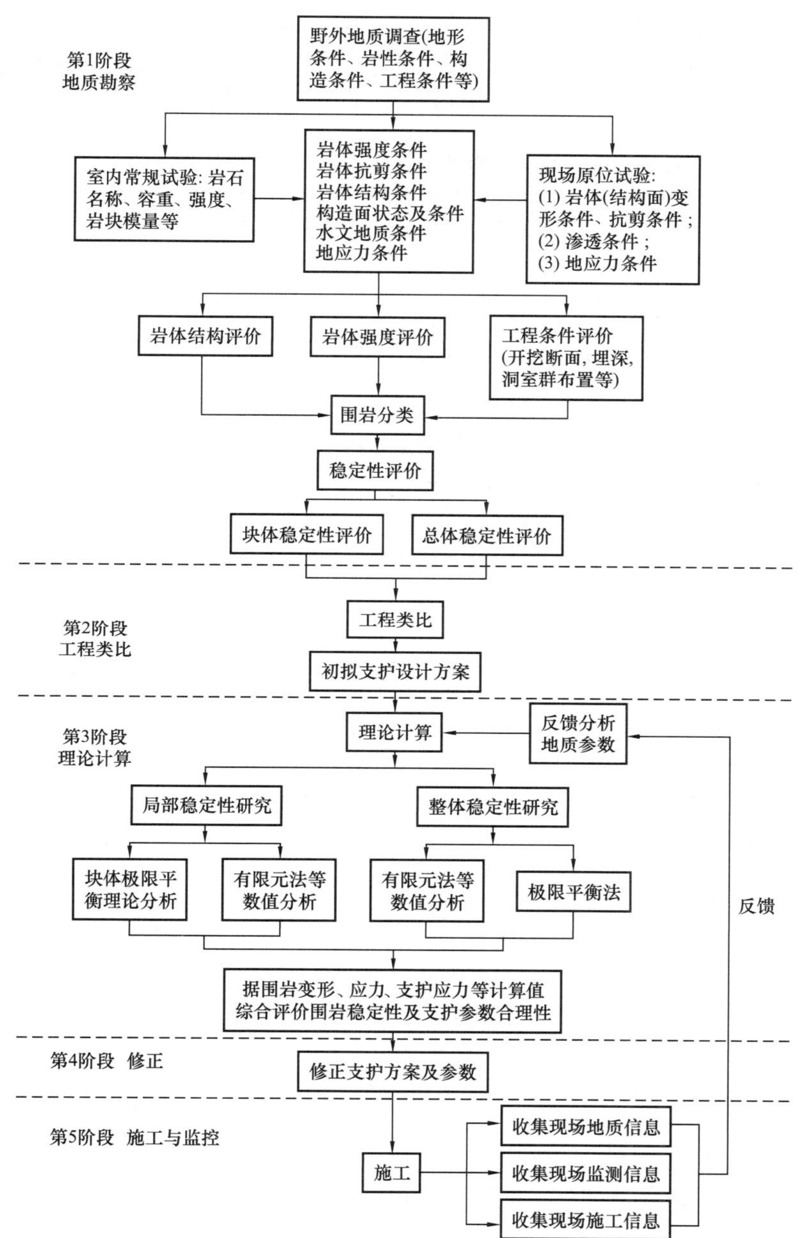

图 10-2-3　地下洞室支护设计流程

（四）支护设计方法

随着岩石力学的发展，近年来围岩稳定分析和支护设计方法取得很大进展。但由于自然岩体的复杂性，所以目前支护设计仍然是按半经验半理论的方法进行设计，基本方法主要有两种：以经验为依据的工程类比法和以计算为依据的理论分析法。至今地下工程支护结构设计还是以工程类比法为主，辅以理论分析法。近年来，由于监测技术、计算技术和岩石力学的互相渗透，以监测为手段的信息化设计法也有了很大发展。

1. 工程类比法

工程类比法通常有直接类比法和间接类比法两种。直接类比法一般是以围岩的岩体强度和岩体完整性、地下水影响程度、洞室埋深、地应力、洞室形状与尺寸、施工方法等为参照因素，将设计的工程与上述条件类似的已建工程进行对比，由此初步确定锚喷支护的类型与参数。间接类比法一般是根据现行锚喷支护技术规范、围岩分类法，按其围岩分类及推荐的支护参数表，确定拟建工程的支护类型和参数。各锚喷支护设计规范推荐的支护参数表是基于大量锚喷工程的实践，以工程实例为依据，并经过综合分析，主要按围岩类别与洞跨给出相应支护类型与参数。

在Ⅲ～Ⅳ类围岩中修建跨度大于20m的洞室，现行规范未提出相应的锚喷支护参数建议值，而抽水蓄能电站地下厂房跨度通常大于20m，如修建在Ⅲ～Ⅳ类围岩中，主要采用直接类比法。表10-2-3所列为国内一些抽水蓄能电站地下厂房洞室支护设计参数。

表10-2-3　　国内部分抽水蓄能电站地下厂房洞室支护设计参数

工程名称		张河湾抽水蓄能电站		琅琊山抽水蓄能		西龙池抽水蓄能	
装机容量（MW）		4×250		4×150		4×300	
垂直埋深（m）		100～170		150		300	
最大地应力 σ_1（MPa）		5.50～13.37		9～11		6.0～12.0	
水平主地应力方向		NE60°～79°		NE70°～SE110°		NE50°～60°	
主要节理裂隙或岩层产状		节理裂隙 NW345°～NE10°		岩层 NE45°～50°/NW∠80°～85°		岩层 NW290°～340°/NE∠4°～10°	
岩性		主要为变质安山岩，厂区主要断层有 f_{p30}、f_{p33} 两条断层带，带宽0.10～0.80m，充填石英脉，有锈蚀，局部最宽达1.5m		主要为薄层夹中厚层灰岩，局部有燕山期侵入花岗闪长斑岩蚀变带，宽约3～15m，横贯厂房上、下游边墙，并在顶拱、底板局部出露		厂房顶拱及边墙围岩为张夏组（∈2z）互层状成生的似极薄层—薄层状灰岩、中厚层—厚层鲕状灰岩与似极薄层—薄层状紫红色钙质石英粉砂岩，底板为互层状的薄层状灰岩、中厚层—厚层鲕状灰岩与厚层泥质柱状灰岩，均呈微风化至新鲜状态	
岩体	围岩分类	Ⅱ类为主		Ⅲ类为主，局部Ⅳ～Ⅴ类		Ⅲa-Ⅲc类	
	E（GPa）/C（MPa）/C'（MPa）	平行28，垂直20/0/0.70		平行5～6，垂直6～8/0.75/0.9		平行7～15，垂直3～10/0/4～10	
	σ_a/ϕ(°)/ϕ'(°)	210/43		50～60/40/40～43		70～100/35～42	
主体洞室尺寸	主体洞室	主厂房	主变压器室	主厂房	主变压器室	主厂房	主变压器室
	跨度 B（m）	25/23.8	17.8	21.5/23.1	21.5	23.5/22.25	16.4
	高度 H（m）	50.8	28.80	46.17	20.07	49	17.5
	长度（m）	151.55	117.39	132.6	2×12.03	149.3	130.9
	相邻洞室净距 L（m）	46.15		主厂房、主变压器室布置在同一洞室		44.5	
	L/B_{max}	1.82	1.94	—		1.91	2.74
	L/H_{max}	0.90	0.91	—		0.92	2.57
	洞室型式（f、R）	圆拱直墙（1∶4，15.7m）		圆拱直墙（1∶4，14.445m）		圆拱直墙（1∶4，15m）	
厂房纵轴线方位角		NE40°		NW285°		NW280°	
引水洞方式/直径 D(m)/Q(m³)/v(m³/s)		双机单管，D=6.4、Q=95.12、v=5.91		单机单管，D=6.0、Q=135.9、v=4.81		双机单管，D=5.2、Q=54.18、v=5.102	
尾水洞方式/直径 D（m）		一机一洞，马蹄形/D=5m		两机一洞，圆形/D=10.4m		一机一洞，马蹄形	
支护参数 喷混凝土	顶拱	C20，15cm（ϕ8@20）	C20，15cm（ϕ8@20）	C20，18cm（ϕ8@20）	C20，18cm（ϕ8@20）	喷钢纤维混凝土，20cm	喷钢纤维混凝土，15cm
	边墙	C20，15cm（ϕ8@20）	C20，15cm（ϕ8@20）	C20，18cm（ϕ8@20）	C20，18cm（ϕ8@20）	C20，20cm（ϕ8@20）	C20，15cm（ϕ8@20）

续表

工程名称			张河湾抽水蓄能电站		琅琊山抽水蓄能		西龙池抽水蓄能	
支护参数	锚杆	顶拱	ϕ25L4/6m@1.5m	ϕ25L3/5m@1.5m	ϕ25L5/7m@1.5m	ϕ25L5/7m@1.5m	预应力树脂锚杆 ϕ28L4.8/7.2m @1.5m	树脂锚杆 ϕ28L5/7m @1.5m
		边墙	上游 ϕ25L5/7 @1.5 下游 ϕ25L4/6 @1.5	上游 ϕ25L4/6 @1.5 下游 ϕ25L3/5 @1.5	ϕ25L5/7@1.5	ϕ25L5/7@1.5	ϕ28L7/9m@1.5m	砂浆锚杆 ϕ28L5/7m@1.5m
	锚索	顶拱	T1600L20～25		T600～1000L20	T600～1000L20	T1600～2000L20	T1600，L15
		边墙			T1000L15～20	T1000L15～20	T1600～2000L20	
最大位移	计算（mm）	顶拱	8.3	1.8	4.5	未进行计算	16.9	16.6
		边墙	上游：9.6 下游：9.6	上游：3.5 下游：4.2	上游：29.3 下游：32.7	未进行计算	上游：58.1 下游：73.7	上游 19.1 下游：30.0
	实测（mm）	顶拱	3.48	1.72	3.58	无	17.81	8.59
		边墙	上游：5.31 下游：7.3	上游：1.54 下游：1.62	上游：7.84 下游：11.24	无	6.63	2.91
拉损范围	计算（m）	顶拱	1～4 局部 8.5	1～2	6～7	未进行计算	1～2	1
		边墙	上游：6～7 局部 15 下游：6～7 局部 16	上游：3～6 下游：3～4	7～9	未进行计算	4～8	1～3
计算模型			三维非线性弹塑性有限元		三维非线性弹塑性有限元		三维非线性弹塑性有限元	

2. 理论分析法

地下洞室围岩稳定分析涉及两方面计算内容，即洞室整体围岩稳定分析和局部不稳定岩体稳定分析。

（1）洞室整体围岩稳定分析。对于大型地下洞室，需通过数学建模，建立一个整体的洞室模型，模拟地下洞室开挖、支护过程中的岩体力学状态，为判断地下洞室系统支护设计合理性提供依据。弹塑性力学、流变学及岩石力学等现代力学和计算机技术的发展，较好地解决了支护结构计算中数学和力学上的困难，使理论分析设计法有了很大进展。近年来，国内外迅速发展起来有限元法、边界元法及离散元法等数值解法，建立了可模拟围岩弹塑性、黏弹塑性及岩体节理面等的大型计算程序。这些理论都是以支护与围岩共同作用为前提的，比较符合地下工程的力学原理。其中有限单元法是一种发展最快的数值方法，已经成为分析地下工程围岩稳定和支护结构强度计算的有力工具。有限元法作为一种广泛应用的数值解法，其计算的准确性与精度是不用怀疑的，然而应用于地下工程中，计算结果往往与实际有一定差距，因而目前工程界认为，用有限元法计算锚喷支护，在定性上是可以信赖的，但在定量上只能作为设计的参考依据。一般来说，有限元法获得的围岩稳定计算成果的可靠性，取决于下述 6 个因素：

1）岩体力学参数取值的可靠性和准确度。由于围岩地质因素非常复杂，计算参数选择往往有很强的综合性。

2）围岩力学模型选用的正确性。计算时应根据围岩性质选用合适的力学模型，通常坚硬完整围岩可采用弹性力学模型计算，软弱围岩、高地应力围岩宜采用弹塑性力学模型计算，有流变性质的围岩宜采用黏弹塑性力学模型计算。

3）有限元的正确划分和非线形计算的收敛情况。由于单元类型选择和网格划分对计算精度、储存量大小及运算时间均有影响，因而需根据工程实际需要，尽量选择合适的单元类型、大小、形状和疏密程度。

4）计算范围选取的合理性。在岩体中开挖洞室，应力重分布的范围是有限的，实际和理论分析表明，对于地下洞室开挖后的应力应变，仅在洞室周围距洞室中心点 3～5 倍洞室开挖跨度（或高度）的范围内存在影响，所以有限元计算边界一般确定为3～5倍开挖跨度。

5）边界条件和初始应力模拟的准确性。计算时，需对计算边界的位移条件和初始地应力进行模拟，模拟的仿真性、准确性对计算成果有一定影响。

6）支护的模拟。各种支护型式的正确模拟，支护与岩体的关系，尤其是支护对岩体力学性能的改善作用的模拟，还是正在探讨的课题。

同时，由于开挖及支护将会导致一定范围内围岩应力状态发生变化，形成新的平衡状态，因而计算分析围岩稳定和支护受力状态，必须模拟岩体卸荷过程、开挖施工步骤和支护过程。另外，对于抽水蓄能电站地下厂房一般轴线很长，当地质条件变化不大时，通常可视作平面应变问题，进行二维有限元计算，分析开挖步序、支护结构与围岩稳定的敏感性，提出推荐支护参数再进行三维有限元计算，可使计算工作量大大减少。如何根据有限元计算结果合理判断围岩的稳定性也是当前尚未解决的一个问题，目前采用的判断围岩稳定性方法有如下三种：①超载系数法：将外荷载乘以系数K值，并逐步增大K值进行反复计算，直到计算不能收敛为止，即认为围岩失稳，K值为安全系数。②材料安全储备法：将材料的主要强度特征值，如C、φ乘以系数K值，逐步降低K值进行反复计算，直到计算不能收敛为止，即认为围岩失稳，$1/K$就是安全度。③经验类比法：将计算得到的洞壁位移值或塑性区范围与按类似工程经验所得的围岩失稳时的允许位移值或允许塑性区大小进行对比，由此确定围岩稳定性的安全度。

（2）局部不稳定岩体稳定分析。抽水蓄能电站地下厂房、大多数地质条件较好，围岩为坚硬岩体，主厂房与主变洞等洞室为大跨度高边墙，岩体沿节理、裂隙等构造面的滑动往往是主要破坏形式。需采用块体极限平衡理论分析岩体构造弱面的抗滑稳定性。块体理论假定岩石为不连续介质，块体是指由各类结构面和临空面切割形成的岩体，根据块体与临空面的组合关系可分为无限块体和有限块体，其中有限块体又可分为不可动块体与可动块体两种类型。在可动块体中，有的块体在工程作用力和自重作用下，即使滑动面上的抗剪强度为零仍能保持稳定性；而有的块体在工程作用力与自重作用下，当滑动面上的抗剪强度小于某一值时可能失稳，一旦滑面上的抗剪强度不足以抵抗滑动力时，必然形成失稳的块体。块体理论中将这类块体称之为关键块体，工程研究主要内容就是研究洞室开挖临空面上的关键块体的分布、规模、滑动方式及提供锚固的设计参数等。

3. 信息化设计法

信息化设计法是新近发展起来的一种以现场监测为手段的信息化设计施工技术。原理主要是通过现场监测获得关于稳定性和支护系统工作状态的数据，然后根据监测数据，通过反分析运算和预测分析，对支护设计作出修正，使之符合实际情况，在满足围岩稳定的安全前提下使支护更加合理化。这一过程可称为信息化设计或监控设计。信息化设计是将勘测、设计、监测、施工管理溶于一体的综合系统工程，设计并非在施工之前已经完成，而是要在施工过程中根据监测信息不断修正、完善，使设计过程与施工过程紧密结合为一个过程。

信息化设计通常包含两个阶段：初始设计阶段和修正设计阶段。初始设计一般应用前面述及的工程类比法和理论计算方法进行。修正设计则应根据现场监测所得数据，进行反分析而得到修正的设计参数，应用于施工。

信息化设计内容包括现场监测、信息传递与处理、监测数据反馈分析三个方面。

（1）现场监测包括选择监测项目、监测手段、监测方法及测点布置等内容。通过监测取得地下洞室开挖过程中岩体变位、围岩松动范围、锚杆和预应力锚索应力、地下水压力等信息，这是信息化设计的基础。为了使分析能反映现场施工的实际情况，还必须收集相关的地质和施工信息，如岩性、地质构造、开挖体形、每次放炮进尺、炮孔布置等。日本大河内抽水蓄能电站在监测现场地质条件时，除表示岩层、地质构造外，还用3m×3m的网络将各个点的巴顿Q值表示在厂房三维图中，并根据施工过程中收集的信息，不断补充和修正地质信息。

（2）信息传输与处理。大量数据的处理、反分析和预测分析都需要在尽可能短的时间内完成，才能及时调整支护布置，同时又不影响施工的正常进行，因此，要将现场收集的各项监测信息快速传递给设计和施工管理部门。现场量测数据是随时间和空间变化的，具有时间效应和空间效应，所以要及时地利用变化曲线关系图，绘制监测数据随时间的变化规律，或者绘制监测数据与距离之间的关系曲线，便于进行分析。

（3）监测数据反馈分析。一般有定性反馈与定量反馈。①定性反馈是根据人们的经验以及理论上的推理所获得的一些准则，直接通过监测数据与这些准则的比较而反馈于设计与施工。工程实践中，首先要根据经验和计算成果建立洞室安全控制标准，再将监测值与管理标准值进行对比，评价围岩的安全性，决定是否需要调整支护布置。②定量反馈作为阶段性监测管理，地下洞室每层开挖完成后，要利用监测数据进行反分析。根据反分析得到的岩体及地质构造的特性、地应力等成果再进行正分析。据此对以后各层开挖时围岩的稳定性做出预测，包括失稳区的位置、大小及其破坏形式，并计算需要的支护抗力，与原设计值进行比较，判断是否需要对支护方案及施工程序等作出必要的调整，有时还需对管理标准做出相应的修改。图 10-2-4 所示为地下洞室分层开挖支护位移反分析及围岩稳定分析流程图。有关地下洞室信息化设计的详细讨论见第十一章，不再赘述。

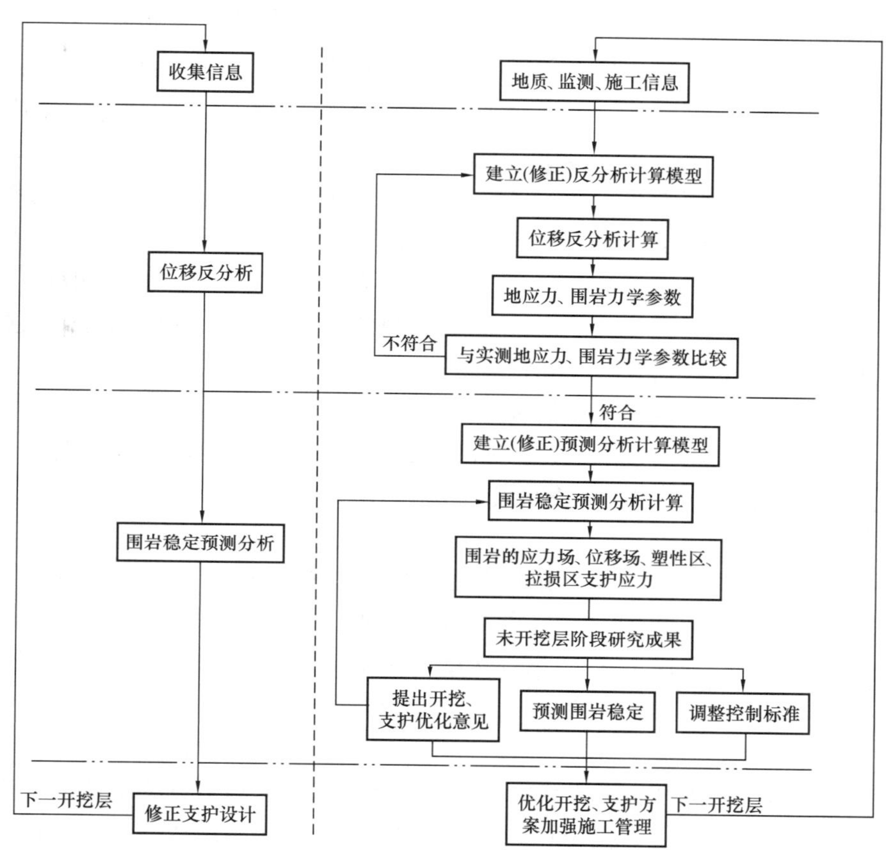

图 10-2-4　地下厂房分层开挖支护位移反分析及围岩稳定分析流程图

目前，抽水蓄能电站地下洞室的信息化支护设计迅速发展，我国尚处于起步阶段。我国近年进行的抽水蓄能电站地下洞室支护设计，十分重视利用围岩稳定监测资料指导设计和施工，但是反分析成果尚不能恰当、及时地指导设计和施工。由于信息化设计需要有较完备的测试仪器和大量的监测工作，并且反馈理论和反馈计算方法还不完善，监测数据的分析和反馈计算成果的判断，仍然依赖于人们的经验，所以信息化设计还有待于不断发展和完善。

综上所述，根据地下工程的特点和当前的技术水平，现代支护原理主张凭借现场监控测试手段，指导设计和施工，并由此确定最佳的支护结构型式、参数和最佳的施工方法与施工时机。因此，地下洞室开挖支护设计要综合采用工程类比法、理论分析法、信息化设计等方法。首先，采用工程类比法确定支护型式，初步拟定支护参数；再根据工程实际情况，选择合适的理论模型进行洞室围岩稳定性分析，验算初拟的支护参数是否合理；施工开挖过程中在现场进行必要而有效的现场监测，根据监测资料和现场的地质详查结果、施工信息进行必要的反分析，修正计算模型中采用的地质参数，并依据反分析结果进行后续开挖稳定性预测，调整支护参数以适合现场实际情况。

（五）特殊部位局部加强支护设计

(1) 交叉洞口的加强支护。洞室交叉口的受力状态是十分恶劣的，一般有如下问题：由于交叉口临空面多，在开挖过程中，超挖较严重，甚至出现塌块；由于交叉口应力高度集中，在未及时进行锁口处理的情况下，会出现岩壁崩裂。根据工程经验，交叉洞口需采取加强支护措施。通常在交叉洞室开挖轮廓线以外40～60cm范围，按1m间距，设1～2排锁口锚杆后再进行开挖；如果围岩较破碎，交叉口一般采用钢筋混凝土衬砌；对于与厂房等大型洞室交叉的小洞室，在岔口处永久支护形式通常采用刚性支护与锚喷支护结合的复合式支护。在位于厂房边墙的母线洞等洞室的施工中，一般应优先开挖母线洞等小洞室，并适时进行锁口支护；在不具备优先开挖小洞室的条件时，开挖小洞室前除要做好锁口锚杆支护外，开挖时应严格控制周边孔的装药量，以减少对围岩的影响；在母线洞等洞室距岩锚梁底部较近时，为减少母线洞开挖对岩锚梁的影响，先开挖进入母线洞进口数米后，再进行岩锚梁的混凝土浇筑。

(2) 断层处理。在地下洞室开挖过程中遇到比较发育的断层或裂隙密集带时，为确保施工及运行安全，除重视临时支护时机外，在永久支护施工时，需进行重点加固。首先将断层内淤泥等清除干净，当夹泥较深时，宜清除一定深度，后用喷混凝土回填，并加密钢筋网；然后利用较密而长的砂浆锚杆或预应力锚杆将断层上、下盘岩体尽量连接在一起，以防止沿断层面的相对位移。图10-2-5所示为地下洞室断层处理措施示意图。

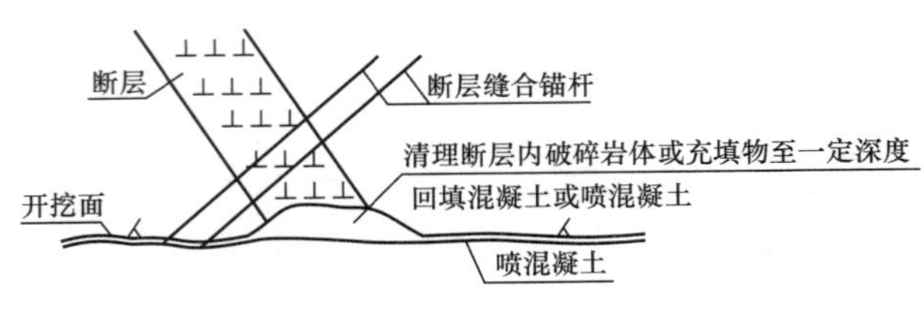

图10-2-5 断层处理示意图

四、特殊地质条件下的锚喷支护设计实例

（一）水平薄层围岩中地下厂房洞室顶拱的支护设计

本节以西龙池抽水蓄能电站地下厂房顶拱围岩稳定及开挖支护措施研究为实例，介绍在水平薄层围岩地质条件下大跨度地下厂房顶拱锚喷支护设计研究思路、方法和技术路线。

1. 工程地质条件

西龙池抽水蓄能电站地下厂房洞室群位于靠近下水库的山体中，厂房上覆岩体厚度165～330m。厂房系统主要洞室为主副厂房、主变压器室，两洞平行布置，主厂房开挖尺寸149.3m×23.5m×49m；主变压器室开挖尺寸130.9m×16.4m×17.5m，净距为44.5m，轴线方向NW280°。主厂房采用岩壁吊车梁形式。

地下厂房洞室群位于寒武系张夏组、崮山组下段的岩层中，依据岩性不同又分为若干小层。鲕状灰岩为厚层状结构，泥质柱状灰岩为块状结构，泥质条带状灰岩、钙质石英粉砂岩等均为似极薄层～薄层状结构，构造发育部位为层状碎裂结构或散体结构。围岩岩体结构以互层状和薄层状结构为主，岩层产状NW290°～340°NE∠4°～10°。因岩层产状平缓，且层间结合力弱，对顶拱的稳定很不利。在开挖2m×2m勘探平洞时，就出现过顶拱塌落现象。

洞室系统位于F_{112}和F_{118}断层之间相对较完整的岩体内，受上述两组断裂的影响，厂区次一级的断层、张性断层带较为发育，洞室围岩以Ⅲb～Ⅲa类为主。厂区属中等地应力场，最大水平地应力12MPa，岩体饱和抗压强度为40～60MPa，强度与应力比值仅3.3～5。垂直层面方向变形模量为6～10GPa，平行层面方向变形模量为9～15GPa。岩层间轴向抗拉强度较低，一般为0.1～0.4MPa，个别试样在岩样加工或水中浸泡时即沿纹理破裂，抗拉强度趋近于0。

2. 支护设计

厂房顶拱位于水平薄层岩层中，因岩层间结合力较差，洞室顶拱开挖后在竖向地应力的作用下，出现的主要破坏型式为沿层间脱落、塌顶和结构面组合的块体滑塌。因此，在水平薄层围岩中建造大跨度地下厂房顶拱稳定是设计的关键，顶拱的支护方案、支护时机是研究的主要课题。

根据新奥法原理和水平薄层状围岩的破坏形式，首先在布置上顶拱曲线采用三心圆，减小拱座部位的应力集中。其次对顶拱采取主动支护措施，防止围岩层间脱开，充分发挥围岩自身的支撑作用。厂房顶拱支护方案：①利用顶拱以上28.5m处的地质探洞，在顶拱开挖前扩挖成5m×5m的锚洞，完成顶拱中部3排2000kN对穿锚索孔的施工，在中导洞开挖过程中，及时安装完成2000kN对穿锚索；顶拱另外4排1600kN内锚锚索在厂房顶拱扩挖时及时安装；排距均为4.5m。根据监测资料对穿锚索应力基本趋于稳定。②系统预应力锚杆，规格$\phi32$，长度4.8m和7.2m，间、排距1.5m。③顶拱喷20cm厚钢纤维混凝土。据开挖揭露的地质情况及监测资料，局部范围内设置了混凝土钢筋肋拱、随机锚索、随机锚杆等加强支护措施（见图10-2-6）。

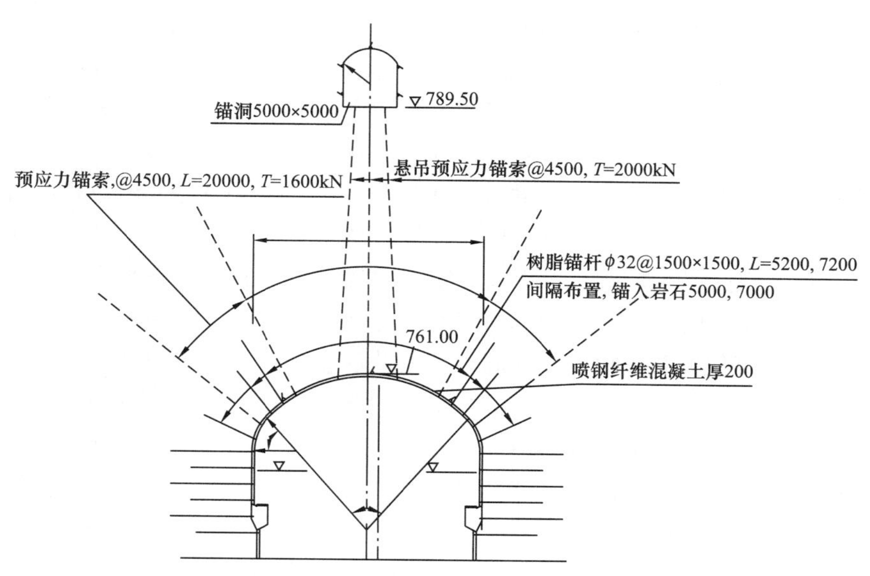

图10-2-6 西龙池地下厂房顶拱支护设计图

3. 顶拱开挖方案

水平薄层状围岩中，顶拱的开挖方案至关重要，通过三维仿真模拟分析，较差的地质条件采用中导洞方案优于边导洞方案；对穿锚索施工也需要采用中导洞开挖方案。顶拱预埋监测资料证明了该方案的合理性。

东风电站顶拱开挖的实际监测，也说明较差地质条件下宜采用中导洞方案。东风水电站厂房顶拱层开挖高度为8.8m，宽为21.7m。原设计主厂房及主变洞顶拱均采用两侧导洞开挖，后开挖中间岩柱，但在主变洞顶拱开挖过程中发现，两侧导洞开挖完后，中间岩柱应力过分集中，已达屈服极限，不仅不能达到支撑围岩作用，反而在爆破岩柱时引起拱顶的变形突增（下沉达3.42mm）。另一方面双侧导洞开挖后扩挖中部时，顶拱轮廓线与两边已成的轮廓线衔接部位的三角体造孔困难，易形成超欠挖明显变化的轮廓，影响光面爆破的质量，又因壁面岩石局部产生应力集中，发生掉块影响施工安全。大型施工机械在导洞内无足够回旋余地。因此，在主厂房顶拱开挖时，改为中导洞掘进，后分边扩挖，这样在中导洞开挖时可适当加大导洞尺寸，使之满足施工机械的操作空间要求，而两侧扩挖时，施工速度可以加快，光面爆破质量也易于保证。此外，因围岩条件较差，目前日本地下厂房顶拱一般均采用中导洞施工方案。

4. 安装场位置的确定

厂区围岩以Ⅲb～Ⅲa类为主，最大水平主应力为12MPa，其与围岩饱和抗压强度之比仅为1∶3.33～1∶5。为此，对厂房安装场位置进行了分析论证。

据工程经验，在类似工程地质条件下，安装场一般位于厂房中间，主要是有利于洞室围岩稳定。如日本的葛野川、神流川、奥吉野、奥多多良木、大河内、新高濑川等抽水蓄能电站，泰国的拉姆它昆，南非的德拉肯斯堡、我国的十三陵和明潭（台湾）等抽水蓄能电站类似地质条件的地下厂房，为利于围岩稳定，安装场均位于厂房中部。

理论分析证明安装场位于厂房中部可有效改善厂房围岩的应力、变位、松弛区范围等条件。根据工程经验，安装场位于中部可减少边墙变位10%～20%。根据计算分析，西龙池抽水蓄能电站安装场位于中部，使边墙拉损区、塑性区有明显改善，局部塑性区可减小10m左右，变位可减少约9%～11%。实际开挖证实安装场位于中部有效地改善了洞室围岩稳定状态。

5. 监测成果

(1) 监测断面布置。为反映洞室开挖过程中围岩变位的实际情况，顶拱除布置了包含预埋多点位移计（利用锚洞在厂房顶拱开挖前完成仪器安装）的4个系统监测断面外，在厂左段围岩相对较差的部位，增加了5个多点位移计监测断面，厂右预埋多点位移计断面间距约20m，厂左预埋多点位移计断面间距约10m。借助于排水廊道，边墙也设置了预埋的监测仪器。

(2) 顶拱变形特点。2005年12月24日主厂房开挖工作基本完成，当时厂房顶拱预埋多点位移计最大累计变形值为16.27mm（测点M6－1－1，位于厂左0+064.00）。主厂房顶拱厂右0+053.00～厂左0+040.00变形值范围6.58～10.03mm，厂左0+040.00～厂左0+077.50变形值范围12.45～16.27mm，变形规律与地质条件相适应。根据统计，中导洞开挖结束后观测到的位移值占到目前累积位移的39%；扩挖一侧顶拱时观测到的位移值占到目前累积位移的11%；扩挖另一侧顶拱到首层开挖结束观测到的位移值占到目前累积位移的37%；首层开挖结束后观测到的位移值占到目前累积位移的87%；随着厂房下部的开挖，顶拱无明显的回弹；后期开挖位移值占到累积位移的13%。目前顶拱变位趋于稳定。

(3) 开挖进尺与围岩变位关系。根据中导洞预埋的监测仪器，当开挖掌子面尚未到达监测断面时，该断面就已经发生变位，约占总变位的15%～20%，如图10－2－7所示。当监测断面距开挖掌子面约2.5～3倍洞跨时（中导洞开挖跨度约9m多），围岩变位趋于稳定，监测断面的变形基本不再受以后开挖进尺的影响。根据模型试验洞资料分析，如对洞顶施加预应力，则可以使得最大变形减小16%左右；更重要的作用是预应力锚索改变了模型洞的空间效应，使围岩特别是洞顶围岩稳定的时间提前。

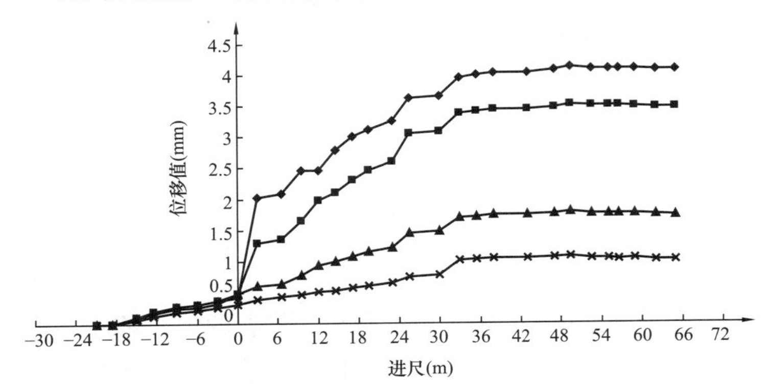

图10－2－7　开挖进尺与围岩变位关系

—◆—MA－11－1；—■—MA－11－2；—▲—MA－11－3；—×—MA－11－4

6. 支护时机

根据弹塑性理论分析，地下洞室顶拱开挖后由于初始应力场的作用，顶拱发生向下的变位，在岩石尚未破坏前，随变位的增加，维持洞室稳定所需支护力逐渐减小。如果支护太刚则不能充分发挥围岩自身的承载作用，如果支护太柔则会导致围岩松散，失去承载能力，而导致支护结构承受荷载明显增加。

根据水平薄层状围岩的特点，主张尽早采取支护措施，主要是防止岩石层间脱开。设计要求在中导洞开挖时系统锚杆、首层喷钢纤维混凝土与开挖掌子面的距离控制在10m范围内；锚索安装与开挖掌子面的距离控制在30m范围内；开挖采用中导洞领进，导洞开挖领先两侧扩挖的距离应小于30m。

由于施工设备等影响，实际施工中导洞开挖时，锚杆支护、首层喷混凝土滞后于开挖掌子面30m以上，锚索安装滞后于开挖掌子面50m以上；在中导洞开挖、系统锚杆、首层喷混凝土、锚索等支护完成后依次扩挖上、下游侧顶拱，两侧锚杆支护、首层喷混凝土、锚索基本能按照设计要求跟进；最后完成全拱喷混凝土至设计厚度。

7. 支护参数的动态控制

(1) 变位控制。在开挖支护过程中，尝试采用设计→施工→监测→反分析计算预测→调整设计→指导施工这样的设计施工程序。即根据工程的围岩特点和理论分析成果，对顶拱开挖过程中的允许变位最大值分级提出控制要求。根据监测成果，在每一层开挖后均进行了围岩稳定的正反分析，并对下层的开挖变位、应力等进行了预测。监测资料表明：洞室的变位在设计控制范围内。

(2) 局部滑塌处理。洞室开挖后，局部由于支护不及时、层间结合力比较弱，水平层状岩体在顶拱形成类平行迭合梁结构，岩层在重力作用下下弯。首先，最下部一层岩层张裂，进而向中性面发展，而形成塌落体，根据这一规律，现场及时采用锁边预应力锚杆及/或局部锚索加固。

（二）地下厂房大范围Ⅳ～Ⅴ类岩体支护措施

本节以安徽琅琊山抽水蓄能电站地下厂房蚀变闪长玢岩岩脉段的支护设计为实例，介绍大范围Ⅳ～Ⅴ类岩体大跨度地下洞室的支护设计思路和方法。

1. 工程地质条件

琅琊山抽水蓄能电站地下厂房洞室布置在靠近上水库的山体内，开挖尺寸为156.66m×21.5m×46.17m（长×宽×高），上覆岩体厚度约150m。由于地质条件较差，为利于围岩稳定，对洞室群布置进行了优化。取消了主变洞，将主变压器布置在厂房两端，缩小了洞室群规模，并将安装场布置在厂房中部，缩短了连续高边墙的长度。厂区洞室群布置三维效果图如图10-2-8所示。

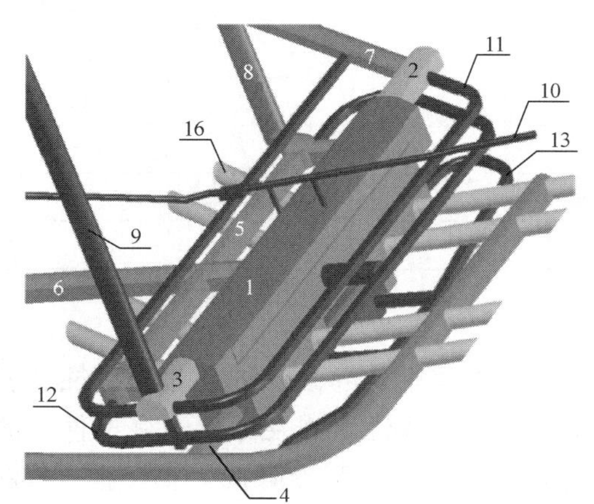

序号	洞室名称	洞室尺寸（长×宽×高，m）
1	主厂房	156.66×21.5(23.1)×46.17
2	1号副厂房	30.07×9.00×7.87
3	2号副厂房	14.80×8.20×7.97
4	高压空压机室	31.05×6.70×4.80
5	主变运输洞	188.60×5.20×6.50
6	交通洞	758.87×8.0×7.5(6.5)
7	通风洞	602.19×7.5×5.5
8	出线竖井	D=7.0，H=140.10
9	排风竖井	D=7.0，H=172.34
10	事故排烟洞	277.879×1.60×1.80
11	上层排水廊道	485.8×2.50×3.00
12	中层排水廊道	351.7×2.50×3.00
13	下层排水廊道	270.9×2.50×3.00

图10-2-8　地下厂房洞室群布置三维效果图

地下厂房洞室位于陡倾角层状结构的Ⅲ类围岩、局部Ⅳ～Ⅴ类围岩内。厂区地层岩性主要为薄层夹中厚层灰岩，局部有燕山期侵入的花岗闪长斑岩蚀变带。岩层产状为NE45°～50°/NW∠80°～85°。岩体饱和抗压强度为15～45MPa。垂直层面方向变形模量为5～6GPa，平行层面方向变形模量为6～8GPa。地下水类型为基岩裂隙水，岩体属极微透水性。厂区地应力最大主应力值为9.0～11.0MPa，方向NE70°～SE110°近水平，最小主应力值为3.5～5.0MPa，方向接近于竖直。厂房纵轴线方向为NW285°，与岩层走向夹角约60°，与地应力最大主应力方向夹角约为15°。厂区主要发育NW、NWW及NE向三组裂隙，各组裂隙相互切割，岩体呈碎裂结构。

地下厂房开挖后，在1、2号机组段揭露出发育极不规律的花岗闪长斑岩蚀变带（见图10-2-9和图10-2-10），整体上顺层侵入，呈NE向展布，宽约3～15m，横贯厂房上、下游边墙，并在顶拱、底板局部及1、2号尾水管洞均有较大范围出露。蚀变岩内裂隙较发育，结构面大多有方解石膜，部分充填已严重蚀变的岩石碎屑，裂隙面遇水后凝聚力下降。蚀变岩遇水或受潮后有不同程度的膨胀、崩解、泥化，蚀变程度很不均一。蚀变程度不同的蚀变岩，力学指标有较大差异，见表10-2-4。

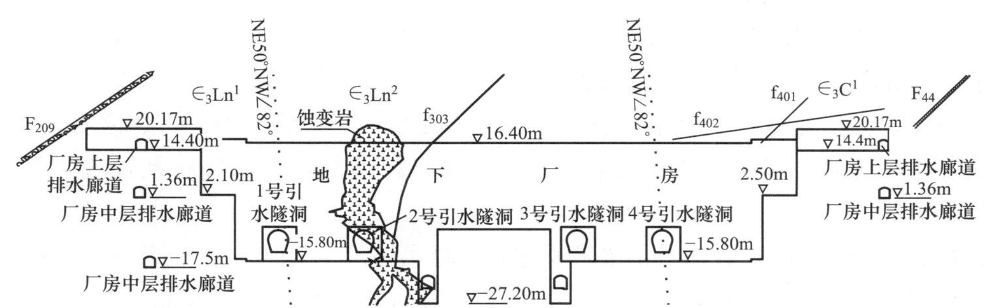

图10-2-9　琅琊山抽水蓄能电站厂房洞室上游边墙地质剖面图

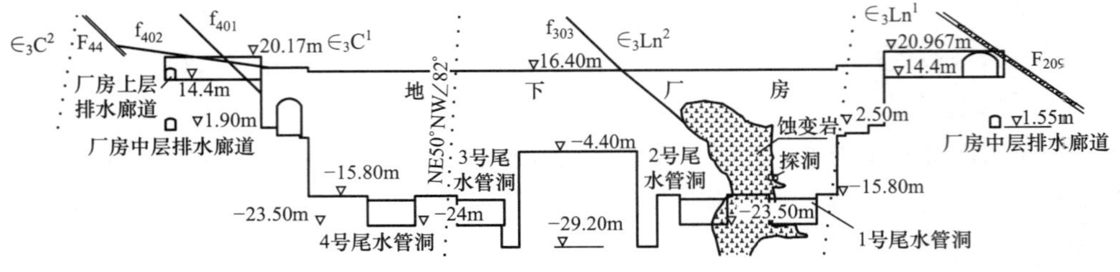

图 10-2-10　琅琊山抽水蓄能电站厂房洞室下游边墙地质剖面图

表 10-2-4　　　　蚀变岩物理力学参数值

项　　目	单位	轻微蚀变	中等蚀变	严重蚀变
天然含水率	%	2.54	2.85	3.14
饱和含水率	%	1.62	2.34	4.45
孔隙率	%	4.08	6.55	10.25
膨胀力（体积不变）	kPa	11～18	18～28	28～38
软化系数	—	0.7～0.8	0.7	0.4
抗压强度	MPa	50～60	30～40	10～20
弹性模量	GPa	8～10	4	1
变形模量	GPa	6～8	1	0.5

2. 蚀变岩段支护设计

埋藏在山体中的蚀变岩在天然应力状态下是稳定的，施工过程中外界条件的变化导致蚀变岩承载能力降低。因此处理蚀变岩的重要原则是“采取工程措施，充分发挥蚀变岩在原始干燥条件下的自承载能力”。蚀变岩所含的蒙脱石、高岭石等矿物受潮、吸水膨胀后表现出强度降低、易膨胀、崩解、泥化的特性，会发生变形破坏，因此开挖扰动后要及时喷混凝土封闭开挖面，做好蚀变岩范围内防、排水工作，减少蚀变岩与空气、水接触。另外，地下洞室开挖后，初始应力状态从三维向二维转变，岩层内储存的变形能将使蚀变岩产生变形破坏，因此需通过工程措施保持蚀变岩处于与开挖前相近的应力约束状态，如采用预应力锚索、锚杆锚固顶拱钢筋肋、边墙混凝土等，主动约束蚀变岩变形，减小其应力释放。

琅琊山抽水蓄能电站地下厂房蚀变岩支护设计及工程措施研究按照“勘察→设计→施工→监测→反馈→优化设计”的动态研究思路，伴随着工程实践，不断深入认识、不断完善设计方案。首先通过一系列勘探试验工作查清蚀变岩的工程地质特性，掌握蚀变岩变形破坏的力学机制和控制因素，有针对性地确定蚀变岩支护及处理原则；再根据建筑物各部位结构稳定、承载能力要求，综合考虑施工方法、施工工期等因素，拟定支护方案、结构措施、支护时机，开展相关的计算分析论证工作，合理确定工程措施；在实施过程中，加强围岩监测，进行位移反分析和围岩稳定预测分析，对工程措施进行不断优化。在维持厂房洞室开挖尺寸以及吊车梁承载结构不变的条件下，对 1、2 号机组段蚀变岩段的顶拱、吊车梁基础、边墙、厂房与尾水管交叉口、基础等部位进行了特殊处理。

(1) 顶拱处理。厂房上游侧约 1/3 拱周范围内有蚀变岩出露，导致顶拱围岩自承载能力降低，难以形成稳定的岩石承载拱，因此对厂房顶拱采取“喷钢纤维结合钢筋肋拱、锚索”的处理方案，约束顶拱变形，并利用钢筋肋拱的拱效应，使上游蚀变岩与下游灰岩联合形成承载拱圈。具体支护参数为：顶拱喷射 35～55cm 变厚度喷钢纤维混凝土，布置 $\phi28$ 的砂浆锚杆，并在上游蚀变岩出露部位增设 2～3排预应力锚索，间距 1.5m 设置两层 $\phi28$ 钢筋肋拱，钢筋肋拱通过锚杆及预应力锚索进行锚固，如图 10-2-11 所示。

(2) 岩壁吊车梁基础处理。岩壁吊车梁是通过岩台悬吊锚杆、梁体与岩石接触面的摩擦力将吊车荷载传到岩壁，利用稳定围岩的承载能力承受吊车荷载。而蚀变岩强度低，易软化，不宜作为岩壁吊车梁基础，通过对岩壁吊车梁基础进行置换、锚固处理，形成与岩壁吊车梁设计假定相仿的稳定基础，满足岩壁吊车梁的承载要求。具体处理方案为：将吊车梁基座局部扩挖成岩台，及时进行锚喷支护，再浇筑基座混凝土，待混凝土达到70%强度后，进行对穿和内锚式锚索施工，最后浇筑吊车梁混凝土，如图10－2－12所示。

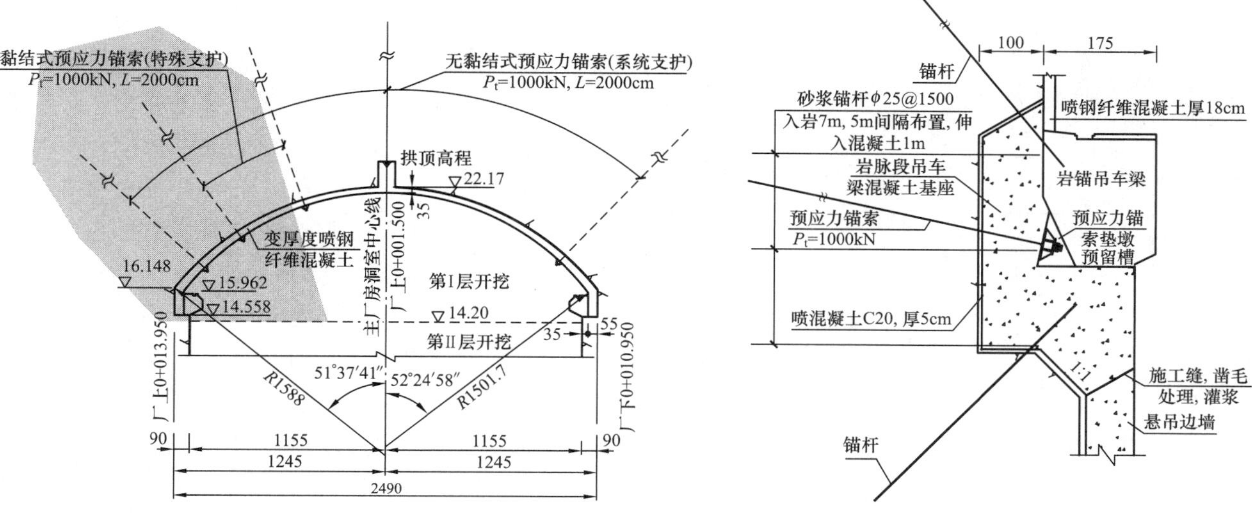

图10－2－11　蚀变岩顶拱处理、钢筋肋拱示意图

图10－2－12　蚀变岩段岩壁吊车梁基础处理

（3）边墙采用“悬吊法”施工，临时支护与永久结构相结合。琅琊山电站地下厂房边墙高32.2m，分六层开挖，为了在开挖后及时对蚀变岩进行封闭，并保持天然状态下围岩互相挤压的三维约束状态。施工时从上到下逐层开挖逐层采用钢筋混凝土锚板置换蚀变岩，用锚杆（索）锚固悬空混凝土板，限制围岩变形，抵抗蚀变岩膨胀力。该墙在运行期作为厂房边墙，支撑楼板，实现临时支护与永久结构相结合，减少了蚀变岩处理对工期的影响。具体方案为：蚀变岩段边墙扩挖30cm，将混凝土墙厚度由原设计的60cm厚调整为90cm厚，施工期作为蚀变岩段置换锚板，每开挖一层布置1～2排预应力锚索锚固混凝土板。施工时从上到下逐层开挖逐层置换，为保证上、下开挖层混凝土板结合紧密，施工缝向下倾斜，预留灌浆管，后期进行灌浆处理，并在各层楼板高程预留楼板插筋，后期与楼板混凝土连接，作为厂房结构边墙，如图10－2－13所示。

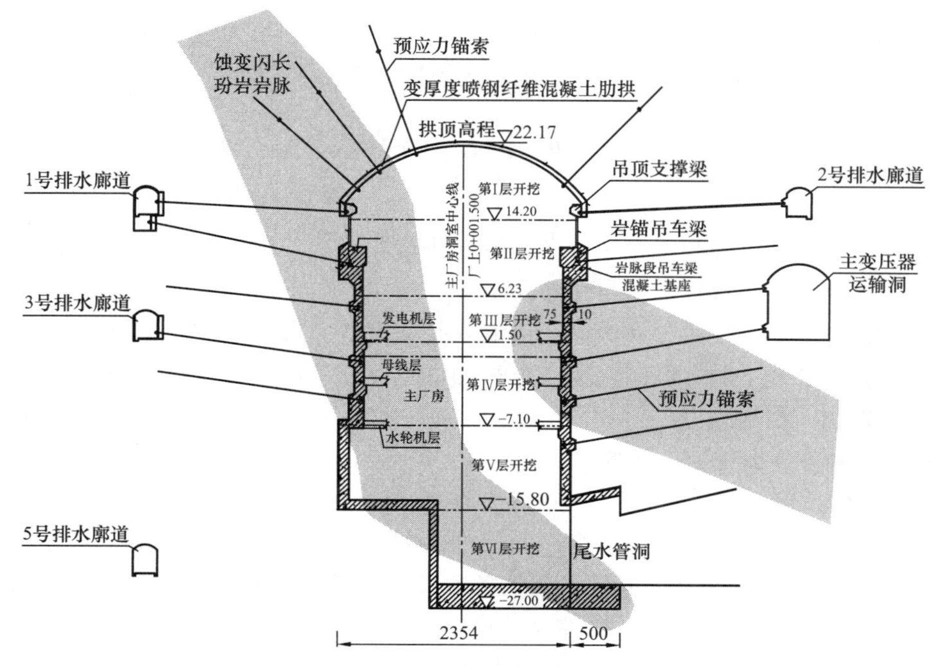

图10－2－13　蚀变岩边墙、底板处理

(4) 采取立体支护，提前处理尾水管与厂房边墙的交叉段。该交叉口位于底板高程，应在第六层进行开挖。考虑到尾水管洞开挖断面宽度约 13m，1 号、2 号尾水管洞之间的岩柱厚约 9m，并全部为蚀变岩，如果主厂房开挖后再挖尾水洞，下游边墙蚀变岩将失去双向约束，极易发生塑性破坏。因此，在厂房第五层开挖前，对该交叉口进行了专门处理：在下游边墙下游 5m 范围内，将 1 号、2 号尾水管支洞底板和中部蚀变岩岩体进行混凝土置换，顶拱改用圆弧形钢筋混凝土顶拱衬砌，一侧支撑在 1 号、2 号尾水管之间的混凝土中墩，另一侧支撑在灰岩拱座上，如图 10－2－14所示。当厂房进行第五层开挖时，厂内蚀变岩曾发生塌方，落入第六层出渣洞，但经过提前支护处理的厂房下游边墙与尾水管交叉段完好无损。

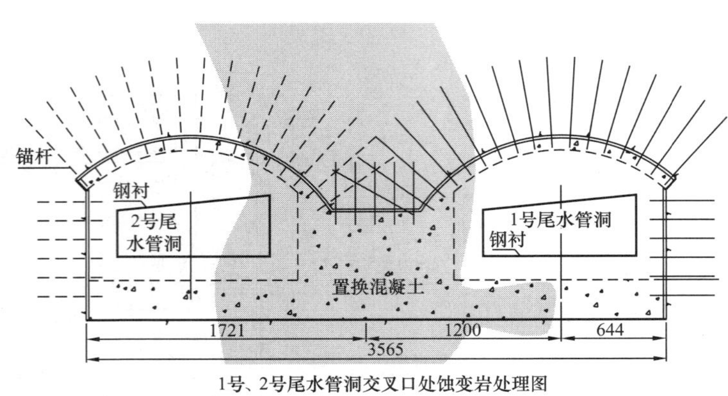

图 10－2－14　尾水管交叉口处理图

(5) 基础蚀变岩处理，采用箱形结构增强基础刚度，适应灰岩与蚀变岩两种岩性基础。抽水蓄能电站可逆式机组运行工况复杂，对机组的安装精度、厂房基础变形控制要求很高。本工程厂房 1 号、2 号机组段基础岩性不均一，灰岩与蚀变岩相间，基础处理难度大。为避免灰岩与蚀变岩不同岩性基础产生不均匀沉降，影响 1 号、2 号机组运行的稳定性，用混凝土置换两尾水管之间的半岛型岩体（全部为蚀变岩），采用混凝土底板、尾水管外包混凝土和蝶阀层楼板联合形成整体箱型结构，并且 1 号、2 号机组段不设结构缝，提高基础整体刚度，共同承受厂房上部荷载。施工时，基础开挖完毕后，先及时浇筑 30cm 厚素混凝土封闭蚀变岩，再分层浇筑混凝土底板。

3. 监测成果

地下厂房洞室在蚀变岩段设置了一个监测断面。监测资料表明：①地下厂房洞室开挖完成时，蚀变岩段顶拱最大变形为 3.58mm，上游边墙最大变形为 7.84mm，下游边墙最大变形为 11.24mm。②至电站 1 号机组投入商业运行时，蚀变岩段顶拱最大变形为 4.41mm，上游边墙最大变形为 9.86mm，下游边墙最大变形为 13.53mm。顶拱及边墙位移，锚索、锚杆应力均在控制标准内，并趋于稳定。③岩锚吊车梁经过桥机超载试验和吊运转子的检验，悬吊锚杆应力和围岩变形均较小，满足要求。④1 号、2 号机组投入运行后，蚀变岩处理基础处最大钢筋应力为 110MPa，最大位移 0.048mm，小于计算允许值，说明厂房基础的处理是成功的，能够满足机电设备运行的要求。

第三节　地下厂房结构设计

抽水蓄能电站地下厂房结构布置需综合考虑洞室围岩稳定、厂房内部布置、机电设备形式、电站投产运行等要求，根据各工程特点因地制宜进行设计。

地下厂房结构设计主要包括两方面内容：地下洞室群围岩稳定分析及支护设计和厂房内部结构设计。本章第二节已讲述了地下洞室群围岩稳定分析和支护设计，本节重点叙述安装立轴可逆式机组的抽水蓄能电站地下厂房内部结构设计。

一、地下厂房结构设计内容与设计原则

（一）设计内容与方法

地下厂房结构设计首先要进行结构布置，再对各构件进行结构计算分析。进行结构布置设计时，先参考已建成的类似厂房，初选结构形式，初估各构件的尺寸，并针对工程具体设计条件进行调整，然后根据结构计算的成果对结构布置、构件尺寸进行修改，使最终确定的厂房结构满足强度、变形、裂缝、刚度等要求。厂房结构的一般构件可只作静力计算；但对直接承受设备振动荷载的构件，如发电机支撑结构等，还应进行动力计算。一般结构可按结构力学法计算，对于复杂结构，除用结构力学

法简化计算外，宜采用有限元法进行模拟计算分析，必要时可用结构模型试验验证。

（二）设计原则

地下厂房内部结构大多是现浇钢筋混凝土结构，应以 GB 50199—1994《水利水电工程结构可靠度设计统一标准》、SD 335《水电站厂房设计规范》、DL/T 5208—2005《抽水蓄能电站设计导则》、DL 5057—1996《水工钢筋混凝土结构设计规范》等现行技术规范为依据，按概率极限状态设计原则进行设计。

根据承载能力极限状态及正常使用极限状态的要求，厂房所有结构构件均应进行承载能力计算；对需要抗震设防的结构，尚应进行结构的抗震承载能力计算。对使用上需要控制变形的结构构件，如吊车梁、厂房构架等，应进行变形验算。

二、地下厂房结构布置

抽水蓄能电站地下厂房与常规水电站地下厂房相比，其结构布置有较多相似之处，但是，抽水蓄能机组安装及运行方式的特殊性（如双向转动、频繁启动等）使其厂房结构布置与常规水电站又有所差异。

（一）结构布置需要考虑的因素

地下厂房结构布置应与厂房布置相结合，统筹考虑各种设计条件和要求，进行综合设计。一般来说，厂房结构布置需考虑的因素是：

（1）工程地质条件。在地下厂房结构布置初期，首先要根据工程地质条件，确定地下厂房开挖断面型式、支护形式、吊车梁形式以及基础处理形式。地下厂房采用的开挖断面通常有马蹄形、椭圆形、卵形、直墙曲拱等形式；支护有柔性、刚性或复合式等形式；吊车梁可采用柱式支撑或岩锚式（无柱），这些结构形式的选择主要依据工程地质条件。在较好的地质条件下（Ⅲ类以上围岩），地下厂房多选择直墙曲拱断面、锚喷支护和岩锚吊车梁，利于厂房内部空间利用和结构布置。在较差的地质条件下，为满足围岩稳定要求，多选用曲线型断面、复合式衬砌和柱式吊车梁，其中钢筋混凝土衬砌可兼做厂房楼板支撑结构。另外，受地质条件控制，厂房基础形式也有所不同。

（2）发电电动机型式。立式发电电动机的竖向支承是靠推力轴承将力传到机架上，根据推力轴承的位置和导轴承的多少，立式机组可分为悬式和伞式两种结构型式。国内抽水蓄能电站中，广州、天荒坪电站采用悬式，十三陵、琅琊山电站采用半伞式（见图 10-3-1）。由于发电电动机型式的不同，对

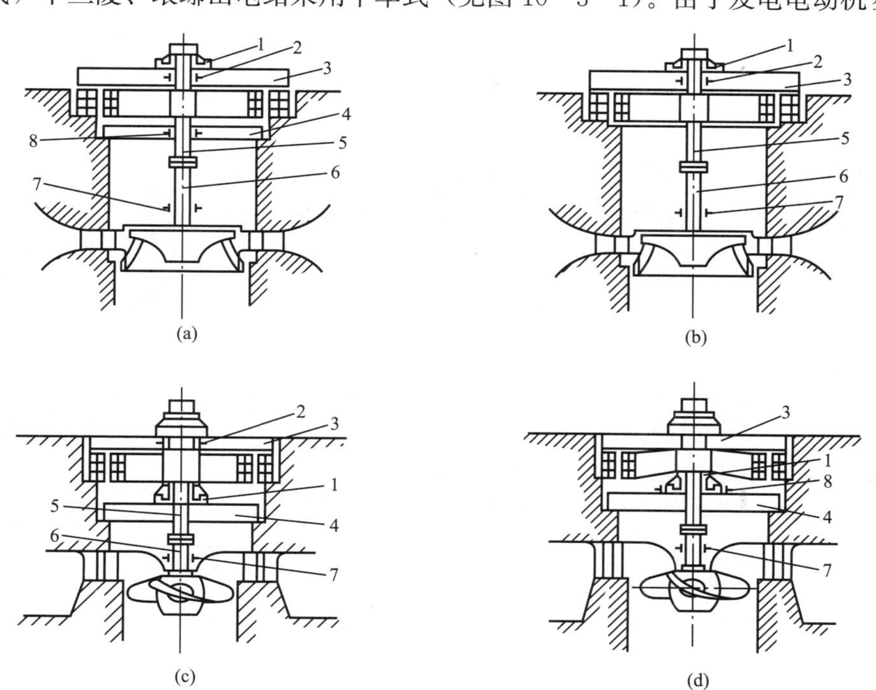

图 10-3-1 立式水轮发电机组安装结构形式

（a）三导悬式；（b）二导悬式；（c）二导半伞式；（d）二导全伞式

1—发电机推力轴承；2—发电机上导轴承；3—发电机上机架；4—发电机下机架；

5—发电机转轴；6—水轮机转轴；7—水轮机导轴承；8—发电机下导轴承

厂房高度、支撑结构型式、强度、刚度要求也不同，在进行结构布置与设计时要结合机组设备特点，确定合理的布置和构造，保证机组安全运行。

(3) 水泵水轮机转轮拆卸方式。抽水蓄能立式机组转轮有上拆、中拆、下拆三种拆卸方式，随着拆卸方式的不同，厂房结构布置、埋件的安装顺序与混凝土浇筑步骤也有所不同。转轮下拆方式要求底环与部分尾水锥管是可拆卸的，不埋入混凝土（见图 10－3－2），在厂房尾水锥管下应布设下拆廊道，并且根据各电站的具体布置确定是否需要设置吊转轮的吊物孔，广蓄一期电站采用下拆方式。转轮中拆方式要求尾水管和底环均埋入混凝土，机组设一段中间轴可以拆卸，在水轮机层机墩侧向开孔（见图 10－3－3），但机墩上开孔尺寸较大，如广蓄二期电站厂房机墩侧向开孔为 6.0m×2.3m（宽×高），天荒坪电站机墩侧向开孔为 5.9m×2.4m，对结构刚度、强度有所削弱，需采取结构加强措施。上拆方式与常规水电站相同，应用也较普遍，十三陵、潘家口、响洪甸抽水蓄能电站均采用上拆方式。厂房结构应按机组转轮拆卸方式做出相应布置。

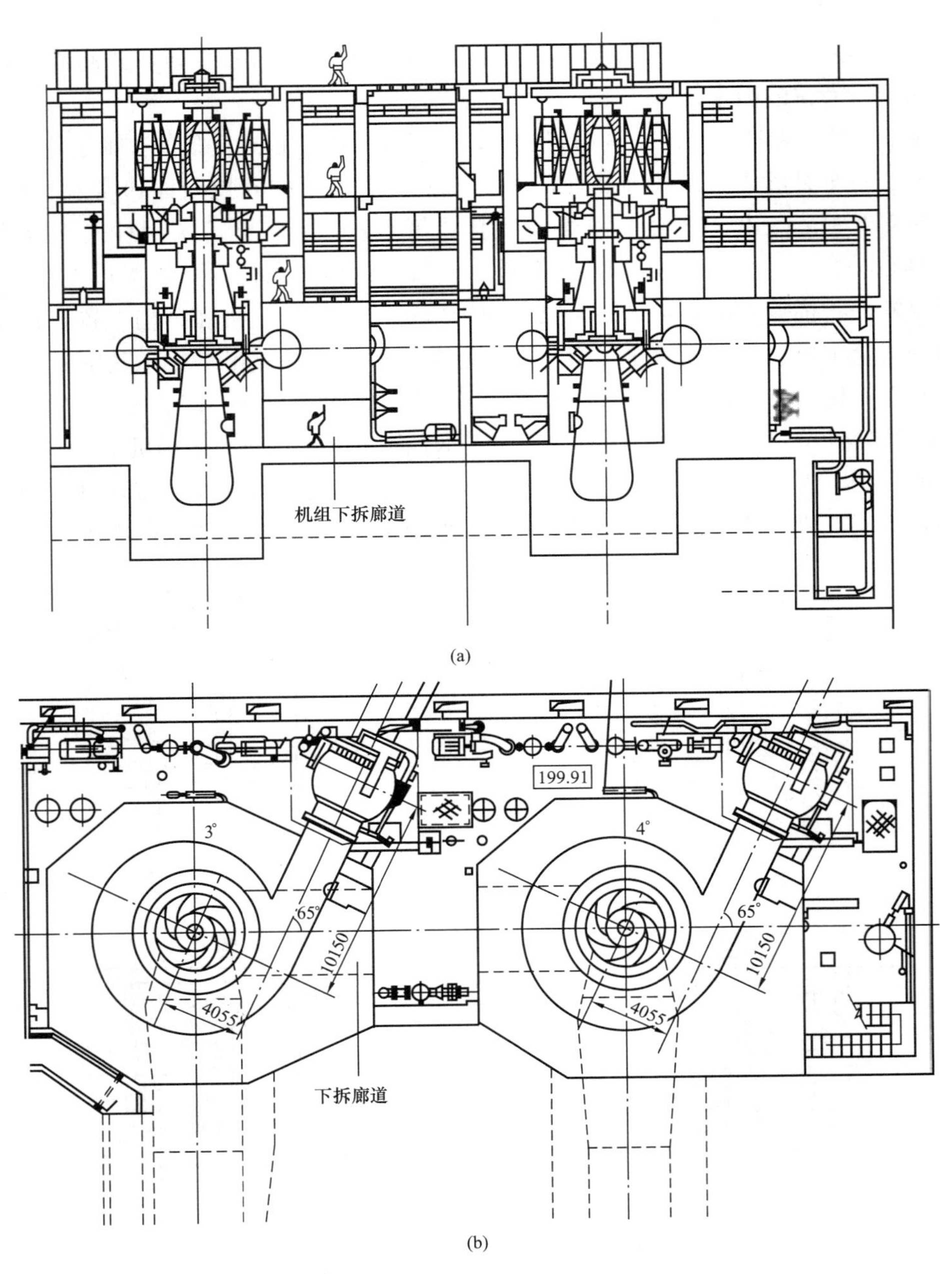

图 10－3－2　下拆机组厂房布置图

(a) 下拆机组厂房纵剖面；(b) 下拆机组厂房蜗壳层平面

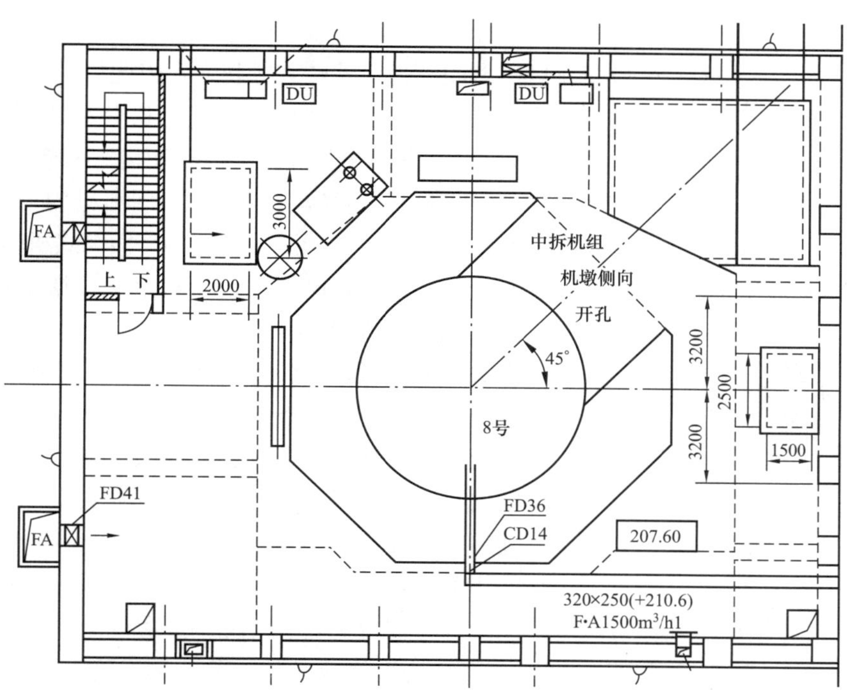

图 10-3-3 中拆机组机墩侧向开孔布置图

(4) 设备安装、检修条件。根据机电、通风等设备布置、安装、检修、吊运要求，厂房结构需相应布置设备基础、吊物孔、电缆孔或通风孔等，并且根据机组的安装步序，合理确定厂房一、二期混凝土结构分界线以及结构之间的连接方式。

(5) 地下洞室排水防潮要求。地下厂房结构布置时，要根据设备运行湿度要求、洞室围岩渗漏水和机组渗漏水的排放要求，结合厂房布置、通风除湿设备、排水泵选型，设置相应的排水沟、集水井、防潮墙等设施。

(6) 厂房防火防爆要求。地下厂房应根据《水利水电工程设计防火规范》要求进行消防设计，同时应根据防火分区的需要进行结构布置，设置防火墙、防火门、孔洞防火盖板等，并对主变室等特殊设备房间设置防爆墙。

(7) 电站投产顺序要求。抽水蓄能电站机组投产发电顺序确定后，应根据施工进度、机电设备安装要求，进行地下厂房结构布置，合理确定安装场等结构尺寸、机组段之间结构连接方式以及附属建筑物的结构形式等，以减小后续投产机组的施工对已投产机组运行的影响。

(8) 电站运行时环境保护及人体保健要求。抽水蓄能电站地下厂房运行时，振动与噪声应控制在《水电站厂房设计规范》和《水利水电工程劳动安全与工业卫生设计规范》规定的标准内。根据此要求，要合理确定结构形式、结构尺寸、结构连接方式、结构与围岩的约束条件、以及厂房各层、主副厂房之间的隔音措施等。

(二) 地下厂房结构组成

地下厂房内部结构可以细分为吊车支撑结构、机组支撑结构（风罩、机墩）、板梁柱（或墙）结构、蜗壳、尾水管及基础结构，当地质条件较差时，还有钢筋混凝土衬砌结构。

(1) 吊车支撑结构。地下厂房吊车梁是机电安装所用起重设备的承载结构，我国早期的地下厂房吊车梁多采用梁柱式，随着对围岩自承载能力认识的提高和工程开挖技术的进步，岩锚吊车梁在工程中被大量使用。岩锚吊车梁是利用锚杆的抗拉拔力和地下厂房边壁岩体与壁座的摩擦力，将钢筋混凝土吊车梁锚固在地下厂房边壁完整的岩体上，使得吊车梁与地下厂房边壁岩体形成一个牢固的整体。它的最大优点是不必设柱，可减少厂房跨度 2～3m 以上，并且在开挖厂房下部及浇注混凝土作业时都能用吊车起吊，加快施工进度，具有受力情况好，结构构造简单，减少工程量等一系列优点。

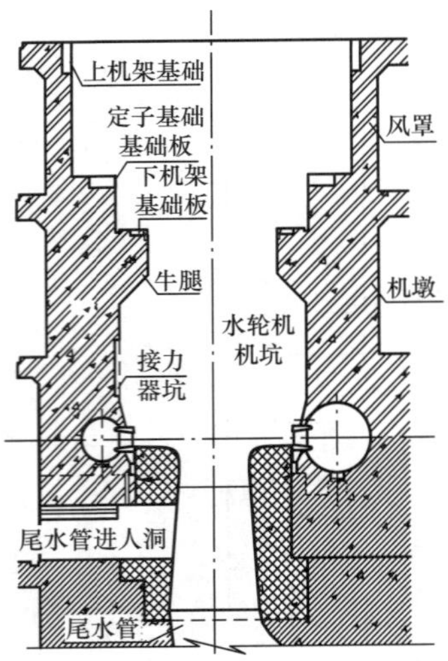

(2) 机组支撑结构。抽水蓄能机组具有双向转动、启停频繁，转速高、启停瞬间冲击荷载较大等特点，因此机组支撑多采用圆筒式结构。风罩与机墩内部为圆形的水轮发电机井，外部呈圆形或八角形，由于水轮机顶盖一般分瓣吊装，下机架基础处内径一般受转轮吊装直径控制，下机架基础以下内径常大于下机架基础处内径，使得下机架基础形成连续环形牛腿结构（见图 10－3－4）。圆筒式机墩、风罩的优点是受压及受扭性能均较好，刚性大，一般为少筋混凝土，用钢较省。其缺点是水轮发电机井内狭小，水轮机的安装、检修、维护较为不便。在进行高水头、大容量、高转速可逆式机组的厂房设计中，对厂房支撑结构的抗振性能、机墩基础切向和径向刚度应给予足够的重视。支撑结构承受机组、楼板等传来的较大荷载（包括水力、机械和电磁等方面产生的振动荷载），同时，机墩又与各楼层、风罩、蜗壳及尾水管等相互连接成整体，成为复杂的空间组合结构，在机组运行的各工况下，结构应满足规定的安全要求。

图 10－3－4　机组支撑结构示意图

(3) 楼板及其支撑结构。抽水蓄能电站地下厂房楼板主要有现浇钢筋混凝土肋形结构和现浇钢筋混凝土无梁板结构两种形式。各层楼板与机组支撑结构现浇成整体结构，因此选择楼板结构形式不仅要考虑结构强度要求，更要重点考虑整体结构抗振减振的要求。最早广州蓄能电站一期厂房采用现浇钢筋混凝土肋形结构，楼板较薄，运行后振感较强。广州蓄能电站二期厂房设计时增加了楼板厚度。天荒坪、惠州、宝泉等抽水蓄能电站厂房均采用中厚板的现浇钢筋混凝土肋形结构。日本的抽水蓄能电站以及国内的十三陵、琅琊山、张河湾、西龙池等抽水蓄能电站地下厂房则采用无梁厚板结构，楼板厚度一般为 0.75～1m，在机组段之间、孔洞周边设置加强暗梁，暗梁高度与楼板厚度相同，提高了厂房结构的整体刚度。无梁厚板结构还具有减少模板、便于施工、方便管路和电缆沿板底敷设、加大楼层净空等优点。厂房楼板已较少采用薄板肋形结构，普遍采用无梁厚板结构或中厚板肋形结构。楼板的支撑结构主要是框架柱。出于结构整体抗振考虑，抽水蓄能电站厂房在上游侧和下游侧，结构柱之间多设置钢筋混凝土墙与各层楼板刚性连接，有些工程还将围岩支护锚杆外伸至混凝土边墙内，利于将厂房振动向围岩内弥散，提高厂房整体结构抗振性能。

(4) 蜗壳外围混凝土。大型水轮机金属蜗壳埋置方式有三种：①设置弹性垫层；②不设弹性垫层，充水预压浇筑蜗壳外围混凝土；③不设弹性垫层，不加预压浇筑蜗壳外围混凝土。充水预压是在蜗壳内加一定预压水头下浇筑蜗壳外围混凝土，其优点在于：机组运行时，钢蜗壳能贴紧外围混凝土，使座环、蜗壳与大体积混凝土结合较好，增加了机组的刚性，也增加了其抗疲劳性能，并可依靠外围混凝土减少蜗壳及座环的扭转变形，抑制或减小机组的振动，有利于机组稳定性。高水头、大容量抽水蓄能电站从抗振考虑，广泛采用充水预压浇筑蜗壳外围混凝土方式。

(5) 尾水管外围混凝土。尾水管结构一般分成三个部分：锥管段、肘管段、扩散段。大型抽水蓄能电站尾水管一般采用钢衬。外围混凝土结构厂房以内部分位于一期混凝土范围内，即厂房结构的最下部，承受厂房的绝大部分荷载和水压荷载，并起厂房基础作用。尾水管外围混凝土厂房以外部分，一般在扩散段内，与尾水洞相连。

(6) 基础。根据地勘成果和试验资料，地下厂房需要选择合适的基础结构形式满足承载力、变形控制、防渗等要求，目前普遍采用筏板基础。当厂房地基发育有软弱结构面、断层破碎带或地基为易风化、泥化的岩石时，应采取专门的处理措施使结构基础满足电站运行要求，并有效防止在地下水长期作用下地基岩石性质恶化。

(三) 地下厂房结构构造

1. 永久性结构缝设置

抽水蓄能电站地下厂房结构的混凝土尺寸较大，结构形式比较复杂，荷载大小不一。当机组台数较多时，需沿厂房长度方向（纵向）设置永久性的伸缩－沉降缝以适应温度变化、混凝土收缩和厂房坐落在软弱岩基或断层上时的不均匀沉降，将厂房分成若干结构独立的区段。

机组段永久变形缝的间距，主要取决于地基特性、机组容量、结构形式、气候条件、施工程序、温度控制措施等情况，宜为20～30m，经论证后可放宽到40～50m。由于结构形式和荷载的差别，在建基面高程上有突变、两者结构或应力情况差异较大的部位均需设置沉降缝，如主机间与安装场、主机间与副厂房之间，以避免两个不同性质的建筑物因地基应力相差太大而引起裂缝。当厂房处于软岩的情况下，为了避免基础不均匀沉陷而需加强厂房的整体性，一般在主机间不设永久伸缩缝。

伸缩—沉降缝布置除了要考虑结构平面尺寸、地基及荷载等因素，还要结合结构形式、厂房布置、厂房结构动力特性来综合确定。对于板梁结构，多采用一机一缝的分缝形式（见图10-3-5），即每个机组段是个独立结构，在缝两侧一般布置双柱，广州、天荒坪抽水蓄能电站厂房即采用此种形式，这种分缝形式可以避免相邻机组段的振动传递。

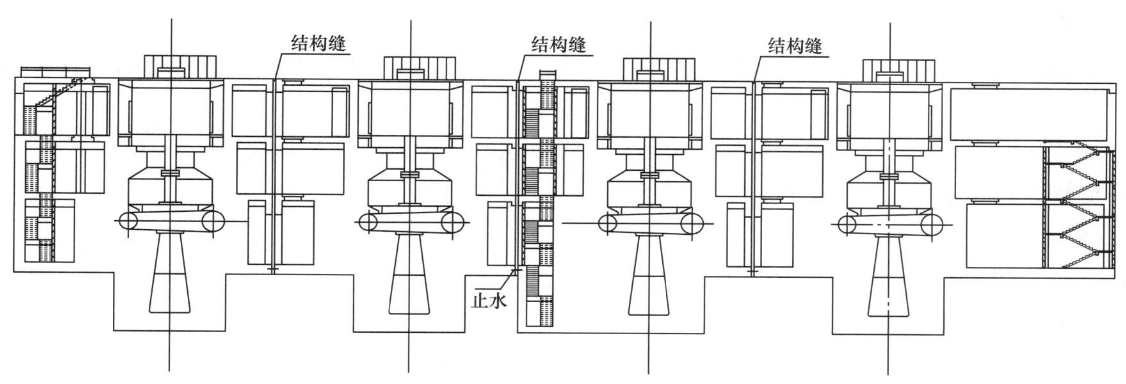

图10-3-5　一机一缝厂房布置图

对于厚板结构，采用一机一缝和两机一缝的均有，两机一缝结构即两个机组段作为一个整体结构（见图10-3-6），国内的十三陵及日本的下乡、玉原等抽水蓄能电站均采用此种形式。另外，当采用两台或者两台以上机组共用一台变压器，并且主变压器室布置在厂房两侧或者中间时，为减少一些机电设备布置及封闭母线安装的跨缝处理，分缝设置应慎重考虑，但采用两机一缝结构具备一定优势，日本葛野川、神流川等抽水蓄能电站均属此类。

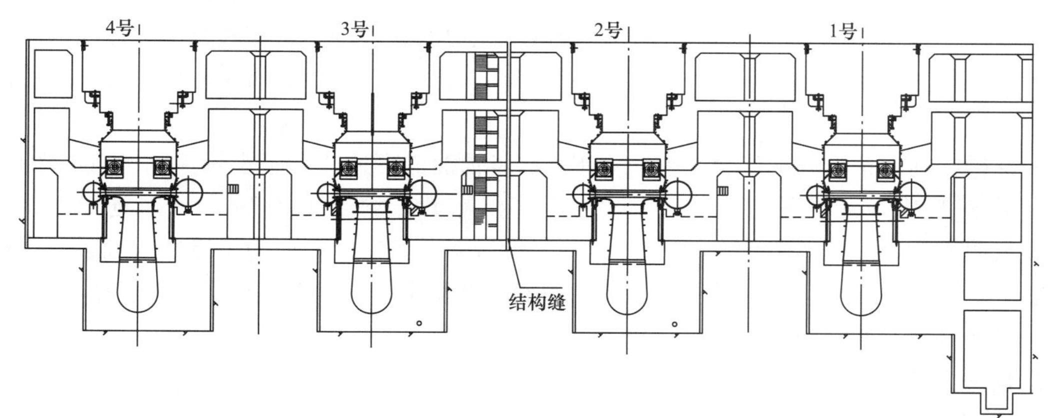

图10-3-6　两机一缝厂房布置图

厂房的永久伸缩—沉降缝应做成贯通式，即由基础底面起，缝一直通至厂房顶，当采用岩锚吊车梁时，一般通至发电机层顶面。为切断相邻结构段的振动传递途径，永久缝一般还需按隔振缝设计。缝宽一般取2cm，缝间填充隔振材料，通常使用2cm厚沥青杉板或闭孔泡沫板作为填充材料。

2. 一、二期混凝土划分

由于机电设备安装的要求，厂房混凝土一般都要分两期浇筑，一、二期混凝土的划分应由工程具体情况确定。在一般情况下，为了满足机组安装和埋件的要求而需留作二期浇筑的混凝土有尾水管直锥段外围混凝土、蜗壳外围混凝土、机墩、风罩以及与之相连的部分、楼层板梁、厂房边墙以及结构柱等；其余如尾水管肘管段、厂房底板等属一期混凝土，可先行浇筑。

在划分一、二期混凝土时应满足以下几点要求：

(1) 机电设备埋件的需要和设备安装的要求，例如蜗壳的周边应留有安装净空。

(2) 二期混凝土的形状和尺寸除满足埋件和安装的需要外，还要兼顾二期混凝土结构的整体性及其与一期混凝土的整体结合等。

3. 浇筑分层分块

浇筑分层分块大小和施工缝位置的决定，要考虑结构形式、尺寸，结合施工程序、进度以及减少温度收缩应力的要求等因素，主要原则如下：

(1) 混凝土的分层分块应使施工程序方便合理，有利于减少混凝土温度应力和干缩应力。

(2) 浇筑分层分块形成的施工缝不能影响结构受力条件和整体性的要求，避免在结构应力较大的地方分缝。浇筑块的几何形状要避免锐角和薄片。

(3) 各浇筑层的施工缝应符合错缝的原则，避免上、下层垂直缝贯通，影响结构的整体性和不透水性。

(4) 蜗壳及尾水管外围混凝土几何形状复杂，埋件比较集中，所以浇筑块高度不宜超过 3～4m，并且为避免使蜗壳、尾水管移位或侧倾，应均匀对称下料。

4. 止水

地下厂房存在围岩渗漏水，凡是与围岩直接接触的混凝土结构，如厂房边墙、底板等，其永久性伸缩缝或临时施工缝，均应设置可靠的止水。

(四) 结构布置实例

各工程具有不同的设计条件，因此结构布置形式各不相同，很难标准化或定型。本节介绍二种典型的结构布置形式的工程实例。

(1) 西龙池抽水蓄能电站位于山西省五台县境内，总装机容量为 1200MW，安装 4 台 300MW 竖轴单级混流可逆式水泵水轮机和发电电动机组。电站额定发电水头 640m。工程等别为一等，规模属大(1) 型。主厂房开挖尺寸（长×宽×高）149.3m×22.25m(吊车梁以上 23.5m)×49m。主变压器室平行布置在主厂房下游，开挖尺寸为（长×宽×高）130.9m×16.4m×17.5m。

地下厂房内呈“一”字形布置，自右至左依次为 1～2 号机组段、安装场、3～4 号机组段、副厂房。机组段为“一机一缝”，发电机层以下由现浇混凝土厚板、混凝土边墙和机组大体积混凝土支撑结构组成，发电机层以上为岩壁吊车梁、结构柱系统。图 10－3－7 所示为西龙池抽水蓄能电站厂房横剖面图。

(2) 浙江桐柏抽水蓄能电站装设 4 台 300MW 的竖轴混流可逆式水泵水轮机和发电电动机组。主、副厂房洞室内安装场、机组段、副厂房呈“一”字形布置，洞长 182.7m，下部宽 24.5m，上部宽 25.9m，最大洞高 56m。主厂房总长 110.3m。厂房设岩壁吊车梁。楼面为中厚度板加设梁形式，上下游设立结构柱。机组段之间设立永久性结构缝。主变压器室平行布置在主厂房下游。图 10－3－8 所示为桐柏抽水蓄能电站厂房横剖面图。

三、结构静力设计

(一) 一般要求

(1) 厂房各部位混凝土除满足强度要求外，还应根据所处环境、使用条件、地区气侯等具体情况分别提出抗渗等耐久性要求。

(2) 对直接承受动荷载作用的结构，在进行静力计算时应考虑动力系数，其动力作用只考虑传至直接承受动力荷载的结构，其他结构计算时可不考虑。

(3) 地下结构的震害比地面结构轻，因此，《水工建筑物抗震设计规范》规定：对设计烈度为 9 度的地下结构或设计烈度为 8 度的Ⅰ级地下结构，应验算建筑物和围岩的抗震强度和稳定性。

(4) 抽水蓄能电站厂房结构复杂，机组运行工况较多，结构设计宜建立厂房整体结构三维有限元模型，进行静力计算，并根据应力计算结果选配钢筋。

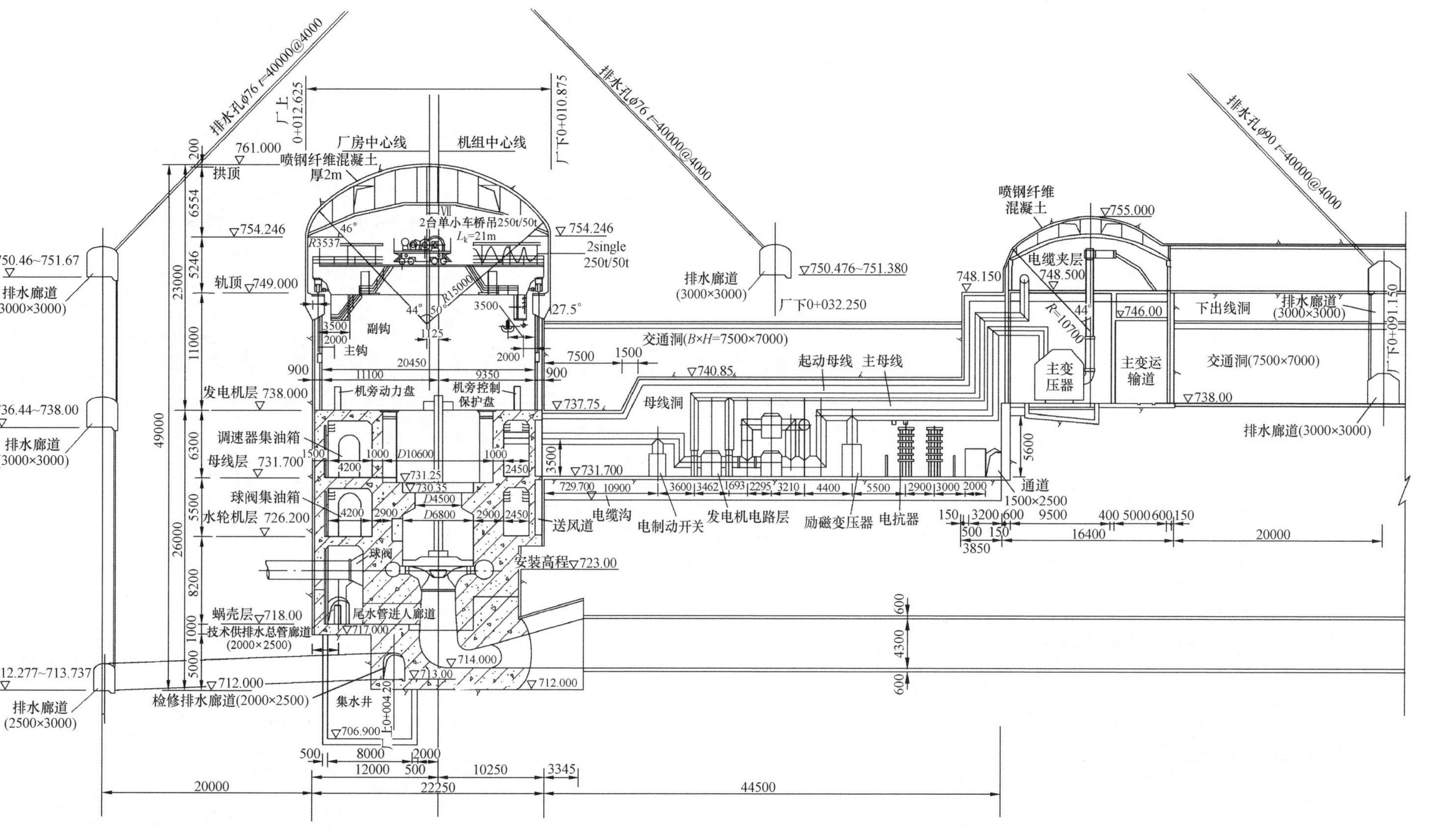

图 10-3-7 西龙池抽水蓄能电站厂房横剖面图

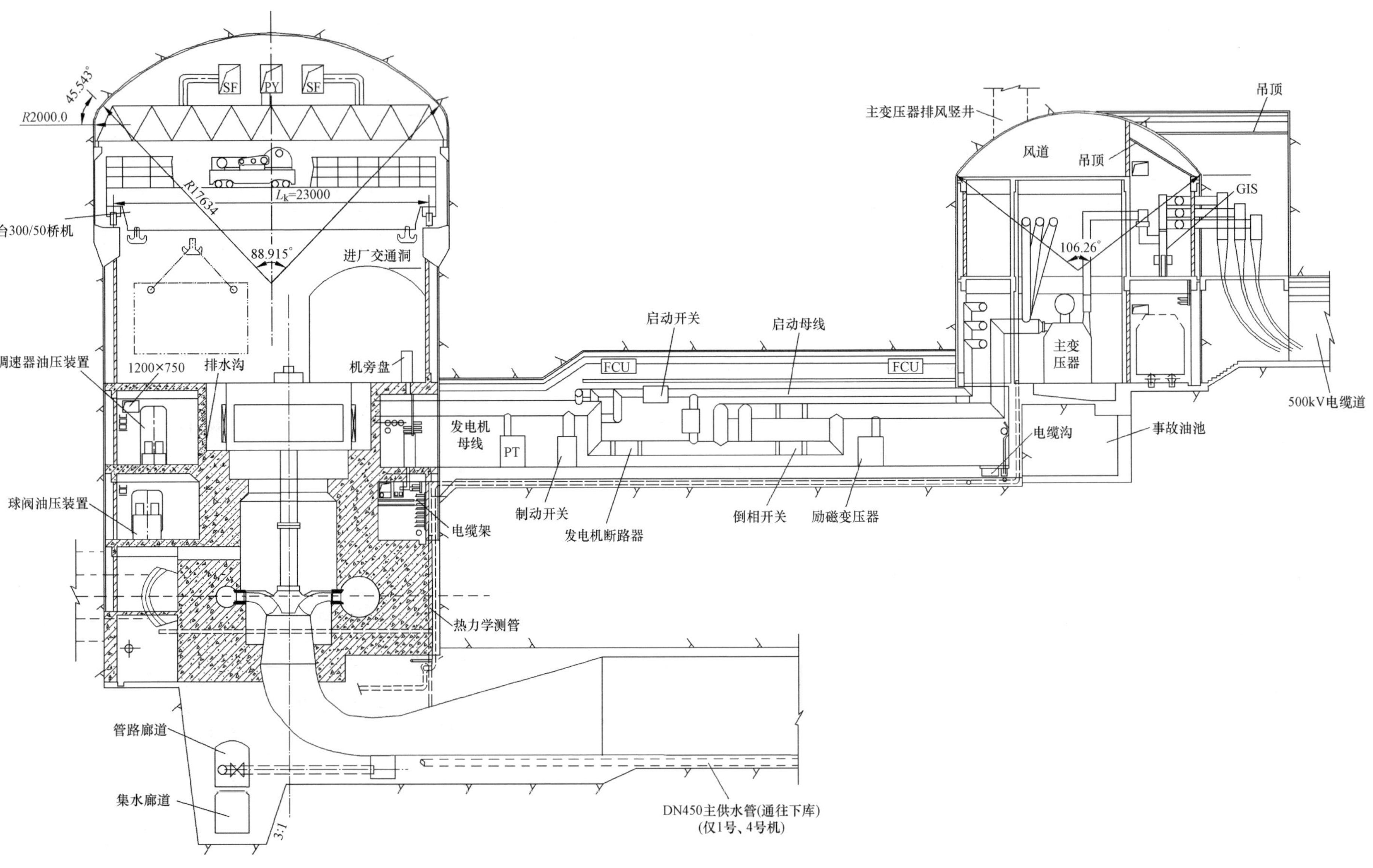

图 10-3-8 桐柏抽水蓄能电站厂房横剖面图

（二）岩壁吊车梁设计

岩壁吊车梁是一种既经济又安全的新型吊车支撑结构，已被广泛应用于抽水蓄能电站地下厂房。岩壁吊车梁是利用锚杆的抗拉拔力和混凝土与岩壁的摩擦力，将钢筋混凝土吊车梁锚固在地下厂房边墙的稳定岩体上，充分利用围岩的承载能力，使钢筋混凝土吊车梁与地下厂房边墙岩体形成一个承载结构。因此，岩壁吊车梁必须建筑在边墙围岩稳定的基础上，多用于Ⅲ类以上较好围岩，要求岩体饱和抗压强度大于30MPa，变形模量宜大于8GPa，摩擦系数 $\tan\varphi$ 不小于1。

岩壁吊车梁设计内容主要包括体型设计、锚固设计和配筋设计。体形设计与锚固设计具有较强的关联性，首先要依据经验初拟几组体型参数和锚杆倾角，然后进行锚固计算，分析锚杆应力对体型参数、锚杆倾角变化的敏感性，确定吊车梁体型和锚杆倾角，使计算的锚杆应力满足要求，再确定锚杆直径、长度和间距等，最后进行配筋设计。

1. 设计状况及荷载组合

岩壁吊车梁承受的外力主要包括吊车竖向轮压、水平横向刹车力、吊车梁与钢轨自重、吊车梁上部结构传递的荷载等，还要计算洞室开挖边墙变形对吊车梁产生的作用。为了便于用静力法计算，通常不计吊车梁下排锚杆加固力、围岩与吊车梁的黏结力。

持久设计状况，一般选取标准设计断面、起吊设计最大件时的可变作用；短暂设计状况选取标准设计断面、吊车超载试验时的可变作用；偶然设计状况选取超挖或岩台角变化时的开挖断面、吊车超载试验时的可变作用。

2. 体形设计

岩壁吊车梁的基本断面如图10-3-9所示，基本尺寸包括梁体顶面宽度 b，梁体高度 h，岩壁角 β，梁体底面倾角 β_1 等。根据已建工程经验，吊车梁体形设计需考虑的因素见表10-3-1。

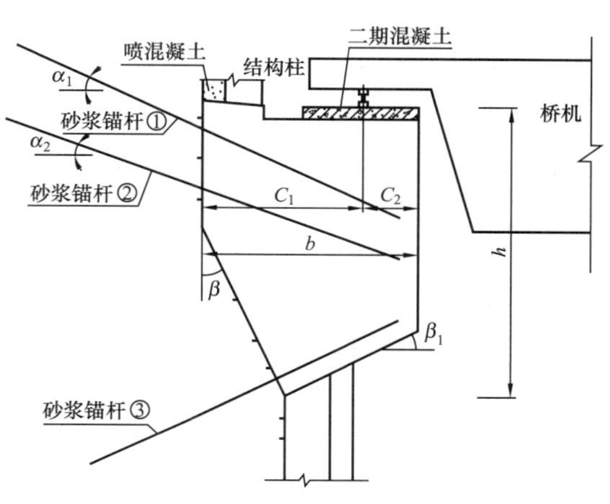

图10-3-9 岩壁吊车梁基本断面图

表10-3-1 **吊车梁体形设计考虑因素**

项目	设计考虑因素及工程经验
梁体顶面宽度 b	梁体顶面宽度主要由两部分组成： （1）轨道中心线到洞室边墙开挖面的距离 C_1，包括吊车梁以上岩壁喷混凝土厚度、吊车梁上部构造柱宽度（或防潮隔墙内空间净宽与防潮墙厚度）、桥机端部至梁上构造柱（或防潮墙）的最小距离（必要时应考虑人行道的宽度）、桥机端部至轨道中心线的最小距离等。 （2）轨道中心线至吊车梁外边缘的最小距离 C_2，一般取30～50cm；根据资料统计，梁体顶面宽度多为1.6m～2.1m
梁体高度 h	为满足抗剪要求，并避免在梁体内配置过多水平箍筋及弯起钢筋，宜满足SL/T 191—1996《水工混凝土结构设计规范》式（10.8.3）要求
岩壁角 β	（1）岩壁角 β 对锚杆应力影响较大，应综合考虑岩层、主要构造及节理裂隙的影响，在确保岩台面开挖成形保证率不低于80%的情况下，一般为20°～30° （2）β 等于90°时，是岩台式吊车梁，吊车梁将力直接传递到岩石壁上，此种形式吊车梁需要增加厂房宽度，并且90°台座较难成形，较少采用
梁体底面倾角 β_1	在吊车荷载作用下，为使梁体具备足够的抗剪强度，梁体底面倾角 β_1 不宜太大，多数工程采用22°～35°

3. 锚固设计

岩壁吊车梁主要由悬吊锚杆和梁底岩台将结构自重及桥机轮压荷载等传递到洞壁围岩，锚固设计就是确定悬吊锚杆的设计参数。已建工程采用不同设计方法，如刚体平衡法、力矢多边形法、有限元法、格栅梁法等，某些工程还采用模型试验研究其承载机理。但从总体上讲，目前岩壁吊车梁设计尚处于经验设计阶段，计算方法不能精确地分析其实际受力状况，计算理论有待于完善。

（1）锚杆参数。除锚杆直径由结构计算确定外，岩壁吊车梁其他锚杆参数主要包括锚杆倾角、锚杆间距和锚杆长度，设计时需考虑的因素见表10-3-2。国内部分抽水蓄能电站地下厂房岩壁吊车梁参数见表 10－3－3。图 10－3－10 所示为琅琊山抽水蓄能电站地下厂房岩壁吊车梁锚杆布置图。

表 10－3－2　　吊车梁锚杆参数设计考虑因素

项　　目	设计考虑因素及工程经验
锚杆倾角	（1）上排受拉锚杆的倾角一般取 15°～25°，下排受拉锚杆的倾角一般比上排锚杆的倾角小 5°～10°。 （2）锚杆倾角应结合地质条件通过多方案计算结果综合比较确定，锚杆倾角应与岩层层面（层状岩体）及比较发育的结构面有一定的交角。 （3）当吊车梁高度和岩壁角确定后，锚杆的拉力随锚杆倾角的增大而增大
锚杆间距	（1）为便于施工且改善岩锚梁锚杆锚固段围岩的受力条件，锚杆间距一般不小于 700mm。 （2）当一排锚杆不能满足要求时，可布置成两排，上、下排锚杆孔口的竖向距离一般为 250～400mm，上、下排锚杆间的孔间距离不宜小于 500mm，且应错开布置
锚杆长度	（1）目前国内多借鉴经验公式和工程经验确定锚杆长度，对一般大、中型工程的岩壁吊车梁，吊车梁锚杆锚入岩体长度常用 6～8m。 （2）SL 266—2001《水电站厂房设计规范》规定岩壁吊车梁的受拉锚杆入岩深度应穿过围岩爆破松弛区，锚入稳定岩体内的锚固长度可按计算和工程类比确定，并不小于该部位系统锚杆的深度

表 10－3－3　　国内抽水蓄能电站地下厂房岩壁吊车梁特性

工程名称	吊车吨位	岩锚梁结构（宽×高，m）	壁座角 β（°）	锚杆参数
广州	2×200t/50t/10t，1×30t/5t	1.6×2.3	20	上锚杆：ϕ36@0.7m、深 7.5m、倾角 25° 中锚杆：ϕ36@0.7m、深 7.5m、倾角 15° 下锚杆：ϕ32@0.7m、深 6m、倾角 20°
天荒坪	2×250t	1.95×2.4	22.5	上锚杆：ϕ36@0.75m、深 8m、倾角 27.5° 中锚杆：ϕ36@0.75m、深 8m、倾角 22.5° 下锚杆：ϕ32@0.75m、深 6m、倾角 26.565°
桐柏	2×300t	1.9×2.7	30	上锚杆：ϕ36@0.75m、深 10m、倾角 27.5° 中锚杆：ϕ36@0.75m、深 10m、倾角 22.5° 下锚杆：ϕ36@0.75m、深 6m、倾角 33.69°
泰安	2×250t/50t	1.8×2.6	27	上锚杆：ϕ36@0.7m、深 9.9m、倾角 27° 中锚杆：ϕ36@0.7m、深 9.8m、倾角 22° 下锚杆：ϕ32@0.7m、深 7.25m、倾角 28.6°
琅琊山	2×160t	1.75×2.42	25	上锚杆：ϕ36@0.75m、深 8m、倾角 25° 中锚杆：ϕ36@0.75m、深 8m、倾角 20° 下锚杆：ϕ28@0.75m、深 6m、倾角 26.57°
宜兴（在建）	2×250t/5t	1.95×2.5	27.2	上锚杆：ϕ36@0.7m、深 8m、倾角 27.5° 中锚杆：ϕ36@0.7m、深 8m、倾角 20° 下锚杆：ϕ36@0.7m、深 6m、倾角 33.69°
张河湾（在建）	2×250t/50t	1.65×2.42	25	上锚杆：ϕ36@0.75m、深 8m、倾角 25° 中锚杆：ϕ36@0.75m、深 8m、倾角 20° 下锚杆：ϕ28@0.75m、深 6m、倾角 35°

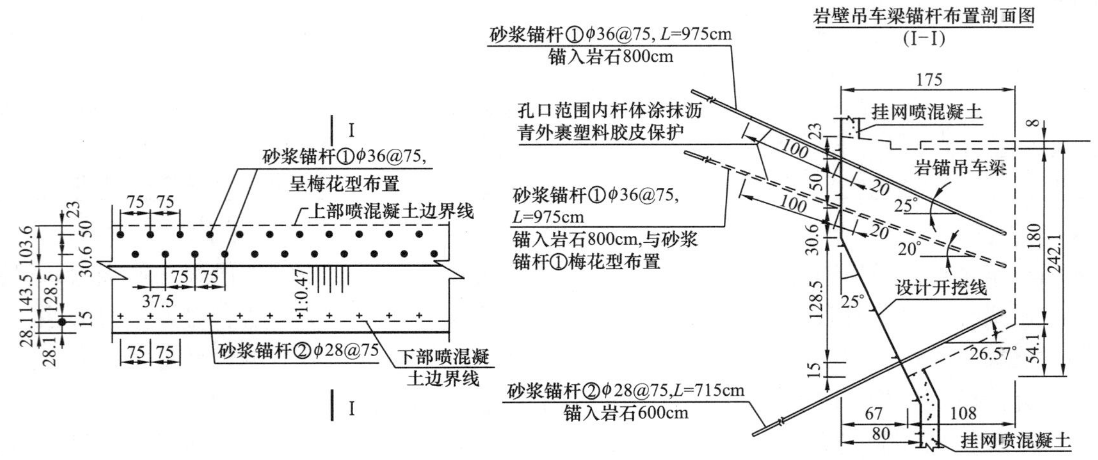

图 10－3－10　琅琊山抽水蓄能电站地下厂房岩壁吊车梁锚杆布置图（单位：cm）

（2）刚体极限平衡法计算悬吊锚杆应力。刚体极限平衡法是以受压锚杆与基座交点为原点，通过悬吊锚杆拉力、吊车轮压等外力对原点建立力矩平衡方程，计算所需的悬吊锚杆加固力。计算时选取单位梁长，不考虑吊车梁纵向影响，不计混凝土与围岩之间的黏结力，也不考虑悬吊锚杆的抗剪作用。表 10－3－4 所列为部分工程岩壁吊车梁现场载荷试验实测悬吊锚杆应力值。根据工程实测资料，岩壁吊车梁悬吊锚杆应力主要由两部分构成，第一部分为锚杆支护应力，是在洞室开挖过程中，边墙围岩变形和围岩应力释放使岩壁吊车梁悬吊锚杆产生支护应力，该部分应力与围岩地质构造、初始地应力场、洞室规模、吊车梁自重和开挖支护情况有关，是悬吊锚杆应力中的主要部分，即表 10－3－4 中的悬吊锚杆应力初始值。第二部分为吊车轮压产生的应力，是在吊车运行或起吊重物时，吊车荷载通过岩壁吊车梁使悬吊锚杆产生的拉应力，即表 10－3－4 中的吊车设计荷载下悬吊锚杆应力净增值，该部分应力一般不大，与锚杆支护应力比较，为次要部分。根据上述分析，岩壁吊车梁悬吊锚杆应力由两部分组成，而刚体极限平衡法仅能考虑其中第二部分吊车轮压产生的应力，且该部分计算值较实测值大许多，说明刚体极限平衡法尚不能确切反映岩壁吊车梁的实际受力状态。究其原因，刚体极限平衡法忽略了悬吊锚杆应力的主要部分——洞室开挖变形引起的锚杆支护应力，只计算了吊车轮压产生的锚杆拉力；此外，该方法的一些基本假定不尽合理，如不计混凝土与围岩之间的黏结力等，使悬吊锚杆拉力计算值相比实测值大很多。综上所述，刚体平衡法虽被广泛应用于岩壁吊车梁锚固设计，但该设计理论还需完善优化。只因该方法设计成果偏于保守，没有危及工程安全，在无更完善的设计方法之前仍被使用。

表 10－3－4　岩壁吊车梁的现场载荷试验实测悬吊锚杆应力值

工程项目	悬吊锚杆部位		悬吊锚杆应力初始值（MPa）	吊车设计荷载下悬吊锚杆应力测值（MPa）	吊车设计荷载下悬吊锚杆应力净增值（MPa）	说　明
琅琊山抽水蓄能电站	混凝土内	上排锚杆	31.67	32.39	0.72	厂左 0＋094.720 下游侧观测断面
		下排锚杆	24.79	24.73	－0.06	
	岩石内	上排锚杆	19.39	21.90	2.51	
		下排锚杆	53.47	53.42	－0.05	
张河湾抽水蓄能电站	混凝土内	上排锚杆	－0.62	－0.49	0.13	厂左 0＋002.000 上游侧观测断面
		下排锚杆	6.70	7.24	0.54	
	岩石内	上排锚杆	58.54	62.41	3.87	
		下排锚杆	33.54	35.98	2.44	

（3）三维有限元法。由于刚体极限平衡法计算理论的缺陷，以及计算技术的发展，越来越多的工程采用三维非线性有限元法数值模拟岩壁吊车梁的受力状态，对岩壁梁混凝土、受力锚杆及岩壁梁洞室一定范围的围岩（考虑主要结构面、初始应力场和洞室开挖的影响）进行三维整体有限元计算分析，求出锚杆内力（支护应力和吊车荷载引起的应力）、岩锚吊车梁混凝土和岩体（包括交界面）应力，并满足强度要求。同时还可依据梁体断面混凝土应力进行梁体配筋设计。这样，一方面可以考虑围岩的岩体情况、主要地质构造、初始地应力场、洞室的跨度、高度、模拟洞室的分期开挖、支护和运行加载情况。另一方面还可避免刚体平衡计算法中较难准确确定的每米长度设计轮压，以及难以考虑的岩锚吊车梁侧向刚度对计算的影响，可以较真实地模拟实际情况，并能确定梁体配筋设计。但目前有限元分析中假定吊车梁混凝土与围岩连成一体，计算的悬吊锚杆应力可能偏小。原型观测反映出因吊车梁混凝土温降和干缩、及施工等原因，某些工程吊车梁混凝土与围岩间存在缝隙，例如广蓄一期和二期测到最大缝隙分别为 0.8mm 和 0.9mm，东风水电站岩壁吊车梁承载试验时测得梁体与岩壁开裂裂缝最大增加 2mm。在有限元分析中如何反映梁体与岩壁间可能出现的缝隙，以确保岩壁吊车梁的安全，还有待研究。其次，原型观测和有限元分析都表明悬吊锚杆应力主要是洞室开挖变形引起的锚杆支护应力。但厂房中已布置有系统锚杆以保证厂房边墙的稳定，应探讨采取措施使悬吊锚杆不参与承担支护应力的合理性和可行性。

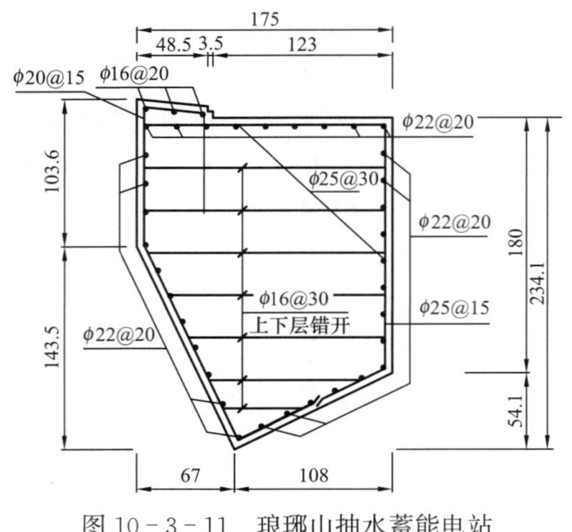

图 10-3-11　琅琊山抽水蓄能电站地下厂房岩壁吊车梁配筋图

4．配筋设计

岩壁吊车梁处于空间工作状态，其承受荷载的情况属于双向受弯、受剪同时又受扭的构件，受力非常复杂，宜采用三维有限元计算其在各种工况下的应力状况，也可将其简化成平面问题进行计算，横向配筋按壁式连续牛腿设计，纵向配筋近似简化为矩形截面的弹性地基梁作用于弹性地基（岩石边墙）上进行设计。图 10-3-11 所示为琅琊山抽水蓄能电站地下厂房岩壁吊车梁配筋图。

5．构造设计

（1）伸缩缝。为使岩壁吊车梁更好地适应围岩变形，避免因围岩过大的不均匀变形引起梁内混凝土及悬吊锚杆产生较大的次生应力，在地质条件差异较大处需设置伸缩缝。伸缩缝缝宽一般为 2cm，缝内充填聚氨酯泡沫塑料或闭孔泡沫板，并设一道橡胶止水。

（2）施工缝。为有效释放温度应力，岩壁吊车梁还应根据温控要求及施工浇筑能力设置临时施工缝，岩壁吊车梁混凝土浇筑段长度宜小于 12m，最大不宜超过 16m，施工时宜采用跳仓浇筑。为保证临时施工缝间剪力有效传递，除纵向钢筋跨缝连接外，缝面应凿毛处理，设置键槽（见图 10-3-12），槽深一般为 25cm，键槽面积约为梁体横截面的 25%，并设置接缝插筋。

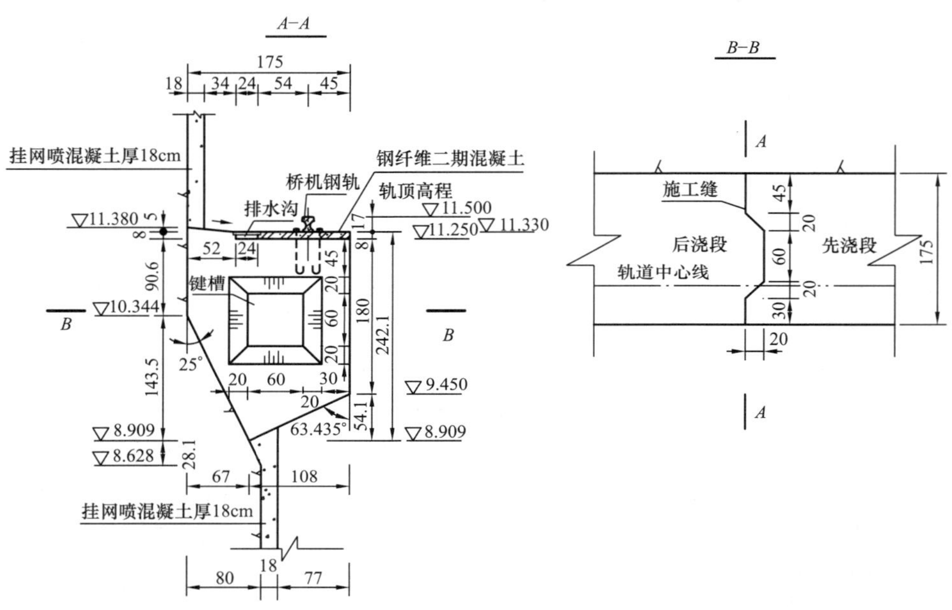

图 10-3-12　施工缝键槽体形详图

（3）温控措施。岩壁吊车梁混凝土一般采用二级配 C25 混凝土，水泥用量大，水化热高，为避免温度应力引起混凝土裂缝，宜掺加粉煤灰等掺合料，并采取温控措施，一般混凝土入仓温度控制在 18℃以下，效果较好。

（4）排水。为防止岩石渗水进入缝中使锚杆锈蚀，需在吊车梁顶沿长度方向设置排水沟，用于收集梁体以上的围岩渗漏水，并在梁体内预埋排水管将排水沟中的渗水引至下部排水沟。图 10-3-13 所示为琅琊山抽水蓄能电站岩壁吊车梁的排水构造详图。

（5）受拉锚杆交界面处理。受拉锚杆最大拉应变（力）发生在岩壁梁与岩壁交界面附近，沿锚杆向岩体内延伸，锚杆的拉应力迅速衰减。而交界面附近为围岩松动区，承载能力低，为了将受拉锚杆锚入稳定岩体，希望将锚杆的拉力尽量传到围岩深部，因此，工程中一般将第一、二排受拉锚杆在吊车交界面靠围岩一侧 1～2m 范围内涂抹沥青。

6. 特殊处理

（1）吊车梁过交通洞、母线洞口处理。工程中常遇到交通洞、母线洞正交厂房下游侧岩壁吊车梁，洞室开挖对岩壁围岩稳定有一定影响，并且当洞顶高程较高时，使岩壁不能承力。在工程设计中，一方面应尽量降低下部洞顶高程，使吊车梁底距洞顶有足够的岩体厚度；另一方面，应在开挖母线洞洞脸时，做好洞口周边的锁口支护，开挖时严格控制周边孔的装药量；最后，应充分利用交叉洞口锁口衬砌及厂房防潮构造柱对吊车梁起支承作用。

（2）施工偏差处理。岩壁超挖或岩壁角的减小，对岩壁吊车梁的安全影响较大，需要配置附加抗剪锚杆及加补岩台混凝土。施工中，应选择合理的爆破方法及参数，严格控制超挖，保证岩壁成形精度，减小锚杆孔位及倾角施工误差。

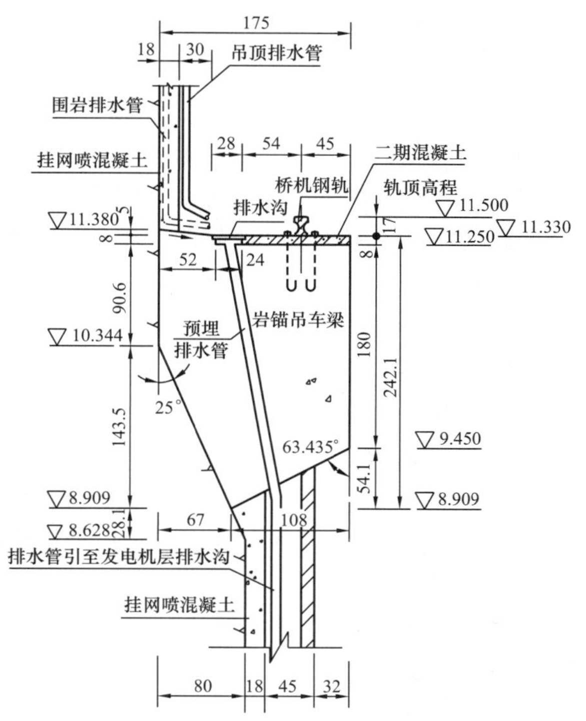

图 10-3-13 岩壁吊车梁的排水构造详图

（3）断层破碎带处理。岩壁吊车梁是在边墙稳定的前提下设计的，因此必须保证边墙岩体的稳定，当遇到不良地质条件情况，如断层、软弱破碎带或不稳定楔形体等，应采取相应的工程措施加固，以确保岩体作为岩壁吊车梁基础的可靠性。

7. 载荷试验

对于围岩较差、重要的或支撑大吨位桥机的岩壁吊车梁，应进行现场承载试验，检验其承载能力及工作状况。试验时可按照额定起重量的50%、75%、90%、100%、110%逐级加荷，在安装场还需进行125%的静荷超载试验。桥机在起吊每级荷载时，可分别行走至每一个观测断面、观测在上、下游侧极限位置和跨中进行起吊时，岩壁吊车梁锚杆应力、钢筋应力、混凝土应力应变、混凝土与岩壁间缝隙及压应力、岩壁位移等项目。

（三）尾水管外围混凝土结构静力设计

高水头大容量抽水蓄能电站的尾水管多采用钢衬，结构设计时可考虑钢衬与混凝土结构联合受力。由于尾水管体型复杂、内水压力较大，宜对其外围混凝土进行三维有限元计算。锥管段四周为大体积混凝土，一般按构造进行配筋。肘管段与扩散段厂内部分一般可简化为平面问题考虑，即沿水流方向分区切若干剖面，按平面框架，采用结构力学方法进行内力计算。扩散段厂房下游边墙以外部分（厂外），可按水工隧洞进行结构设计。

由于尾水管外围混凝土浇筑空间狭小，不利于振捣，并且受温降及混凝土干缩作用的影响，在尾水管外围混凝土顶部与围岩的接触面会出现空腔，应预埋回填灌浆管，在混凝土达到70%强度后进行回填灌浆。尾水管钢衬底面与混凝土间也易出现空腔，需在空洞部位钻孔进行接触灌浆。

（四）蜗壳外围混凝土结构静力设计

大型水轮机钢蜗壳外围混凝土结构形式通常有三种：①金属蜗壳与外围混凝土之间设有弹性垫层；②不设弹性垫层，充水预压浇筑蜗壳外围混凝土；③不设弹性垫层，不加预压浇筑蜗壳外围混凝土。抽水蓄能电站一般水头高、内水压力大，目前制造的钢蜗壳都是按承受全部设计内水压设计的。大多数日本抽水蓄能电站采用第③种蜗壳结构形式，钢蜗壳外围混凝土厚度大多在3m以上。我国抽水蓄能电站普遍采用第②种蜗壳结构形式，如广州、十三陵、天荒坪、泰安、琅琊山等抽水蓄能电站，此种结构形式可调整钢蜗壳和外围混凝土分担内水压力的比例，既可利用蜗壳外围混凝土对蜗壳的约束作用，减少厂房结构振动；又可尽量发挥钢蜗壳的承载能力，减少混凝土配筋，也利于优化蜗壳外围混凝土结构体形，从而方便厂房布置，减小地下洞室跨度，利于围岩稳定。

1. 充水预压蜗壳结构的工作原理

充水预压蜗壳，是对已经安装好的钢蜗壳施加一定水头的内水压力进行预压，使钢蜗壳发生弹性变形，并在此预压力下浇筑外围混凝土，待混凝土凝固后撤销钢蜗壳内部的水压力，钢蜗壳收缩，在钢蜗壳和外围钢筋混凝土之间形成一个间隙，通常称为保压间隙。机组运行时，内水压力由低至高，蜗壳及外围混凝土结构受力状态将经历钢蜗壳单独受力、钢蜗壳与混凝土联合受力、钢蜗壳与钢筋联合受力等不同阶段。①钢蜗壳单独受力阶段：当工作水头低于预压水头，蜗壳变形小于保压间隙，内水压力全部由钢蜗壳承担，外围混凝土不受力。②钢蜗壳与混凝土联合受力阶段：当内水压力继续升高，达到或超过预压水头时，蜗壳变形达到保压间隙，钢蜗壳与外围混凝土贴紧，由于钢蜗壳的刚度小于外围混凝土的刚度，超出预压值的内水压力大部分传给外围混凝土，外围混凝土处于弹性或开裂前的弹塑性阶段，进入弹塑性阶段时变形大幅增加。③钢蜗壳与钢筋联合受力阶段：当内水压进一步升高，在蜗壳混凝土应力超过混凝土的抗拉强度时，蜗壳外围混凝土开裂，开裂处混凝土不再承受拉力，内水压力由钢蜗壳和钢筋共同承担，钢蜗壳应力呈现一个跳跃阶段，将第二阶段由外围混凝土承担的内水压力大部分传递给钢蜗壳，此时内水压力由钢蜗壳和钢筋（大致）按面积比分担。

充水预压蜗壳结构是联合受力的钢衬钢筋混凝土结构，其工作原理要求钢衬在材料的弹性范围内工作，蜗壳外围混凝土在限裂条件下工作。

2. 充水预压压力设定原则

《水电站厂房设计规范》条文说明建议，充水预压压力控制在机组最大静水头的 0.5～0.8 倍。具体工程确定充水预压压力时建议考虑以下原则，既可发挥蜗壳外围混凝土的抗振作用，又可在保证结构安全可靠前提下，减少配筋量。

（1）抗振条件。要保证外围混凝土能嵌固约束钢蜗壳，有效吸收机组振动，则钢蜗壳与混凝土处于联合受力阶段最有利。首先，要求充水预压压力应小于蜗壳运行的最小静水压力水头（并有一定裕度，例如折减 0.8 左右），否则在最小压力水头运行时，钢蜗壳将处于单独受力阶段，外围混凝土就不能嵌固和约束蜗壳。其次，也不宜进入钢蜗壳与钢筋联合受力阶段，那时外围混凝土结构裂缝过多、过宽，刚度降低，对钢蜗壳的嵌固约束作用也会降低。即要求蜗壳设计总内水压力扣除由钢衬独立承担的预压水压力后，剩余水压力由钢衬和混凝土联合承担，其中由混凝土承担的那一部分水压力不宜过高，如能控制混凝土应力不大于混凝土抗拉强度最好。

（2）经济条件。由于蜗壳钢衬是按最大水头压力和明管条件设计的，所以选择预压压力时，应适当增加钢衬所分担的内水压力份额，而减少外围混凝土分担的内水压力，可以减少混凝土配筋。

广蓄一期工程蜗壳预压水头与最大静水头比例为 44.2%，现场检查发现混凝土有贯穿裂缝。广蓄二期工程此比例提高至 73.6%，增加了蜗壳钢衬承担的内水压力份额，减少了混凝土配筋，裂缝也有所减少。表 10-3-5 所列为国内几个抽水蓄能电站蜗壳充水预压的实例。

表 10-3-5　国内采用蜗壳充水预压的工程实例

工程名称	单机容量（MW）	蜗壳最大静水头 H_{max}（m）	蜗壳最小静水头 H_{min}（m）	预压水头 h（m）	h/H_{max}（%）	h/H_{min}（%）
广蓄一期	300	611	592	270	44.2	45.6
广蓄二期	300	611	592	450	73.6	76.0
十三陵	200	537	502	265	49.3	52.8
天荒坪	300	680	638	540	79.4	84.6
桐柏	300	344	324	210	61.0	64.8
琅琊山	150	181.8	160	85	46.8	53.1
张河湾	250	394	363	200	50.8	55.1
西龙池	300	769.5	744	539	70.0	72.4

3. 荷载分析

钢蜗壳与外围钢筋混凝土组成的蜗壳结构，是一种复合材料结构，一个非对称形状特殊的结构，不仅承受具有一定变幅的静水压力和动水压力，还要承受水轮发电机组等固定设备的重量和检修时存在的活荷载、结构自重、机墩及风罩传来的荷载、水轮机层地面活荷载等，其中内水压力仍为其主要荷载。抽水蓄能电站地下厂房内的蜗壳外围混凝土静力计算，可不计算外水压力和温度作用。金属蜗壳采用充水预压浇筑混凝土，超过预压水头之后的水压力由外围混凝土分担的比例需要通过模型试验或有限元计算确定，目前还缺乏实测资料。

4. 结构计算与配筋

蜗壳外围混凝土为一空间受力结构，内力计算常用平面框架、环形板筒和有限元等基本方法。随着计算技术的发展，工程设计更多采用有限元或边界元法进行结构计算，但平面框架法仍是设计人员常用的一种简化的设计方法，沿蜗壳中心线径向切取若干单位宽度的截面，按平面“Γ”形框架进行内力计算。所取的截面一般为0°、90°、180°包角线等处，“Γ”形框架横梁（顶板）可假定为铰支于水轮机座环上，立柱（侧墙）的底端可假定为固定于大体积混凝土顶面。图10－3－14所示为某抽水蓄能电站蜗壳外围混凝土平面图及结构计算简图。按平面框架法的内力计算结果，水平横梁按受弯构件配筋，立柱按偏心受压构件配筋，水平向和蜗向按构造配筋。

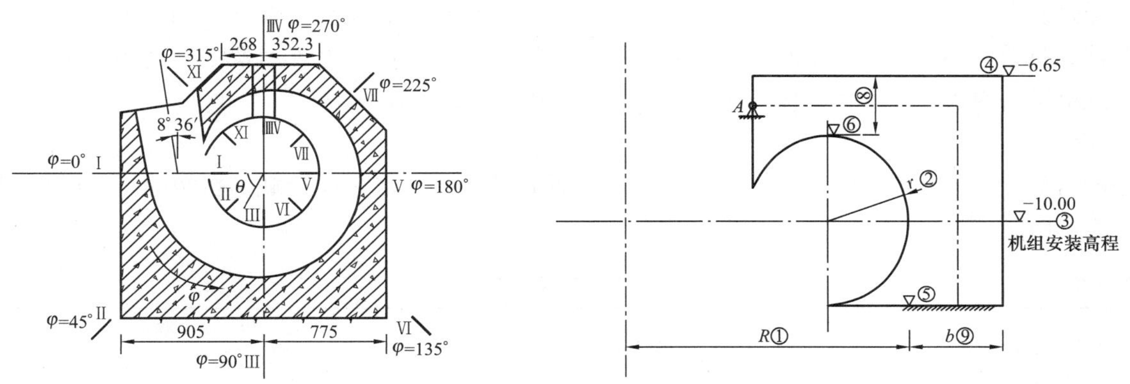

图10－3－14　蜗壳外围混凝土平面图及结构计算简图

目前抽水蓄能电站蜗壳外围混凝土大都按照“抗裂”原则，采用线弹性方法计算混凝土内应力，再按拉应力图形进行配筋，这种设计方法导致钢筋用量过多，同时也没有阻止结构的局部开裂，如广州、天荒坪、十三陵抽水蓄能电站的蜗壳外围混凝土在进口段均有裂缝产生。由于混凝土开裂前钢筋应力较低，开裂后则不宜按拉应力图形配筋。同时抽水蓄能电站的钢蜗壳已按明管承受全水头设计，蜗壳外围混凝土的作用主要为了限制钢蜗壳的振动、作为上部结构的基础，以及保护钢蜗壳等，蜗壳混凝土的配筋可按限裂设计，并在裂缝宽度较大的外围混凝土外侧适当加强配筋。表10－3－6所列为部分抽水蓄能电站蜗壳外围混凝土体形及配筋参数，图10－3－15所示为通常采用的蜗壳外围混凝土配筋示意图。

表10－3－6　　抽水蓄能电站蜗壳外围混凝土体形及配筋参数

工程名称	外轮廓尺寸（纵×横，cm）	外围混凝土最小厚度（cm）	外围混凝土高度（cm）	混凝土强度等级	外围混凝土配筋（mm）		蜗壳外围配筋（mm）	
					竖直方向	水平方向	环向	蜗向
十三陵	1300×1260	186	630	C25	外层 ϕ30@200 内层 ϕ25@200	外层 ϕ22@300 内层 ϕ22@200	外层 ϕ30@143 内层 ϕ30@143	外层 ϕ25@200 内层 ϕ25@200
琅琊山	1680×1520	145	820	C25	外层 ϕ28@150 内层 ϕ28@150	外层 ϕ25@200 内层 ϕ25@200	外、中、内层 均为 ϕ32@150	外、中、内层 均为 ϕ25@200
张河湾	1520×1540	169	750	C25	外层 ϕ28@170 内层 ϕ28@170	外层 ϕ25@200 内层 ϕ25@200	外、中、内层 均为 ϕ36@150	外、中、内层 均为 ϕ25@200
西龙池	1600×1575	153	820	C25	外层 ϕ32@200 中层 ϕ25@200 内层 ϕ25@200	外层 ϕ28@200 中层 ϕ25@200 内层 ϕ25@200	外层 ϕ32@150 中层 ϕ36@150 内层 ϕ36@150	外、中、内层 均为 ϕ25@200

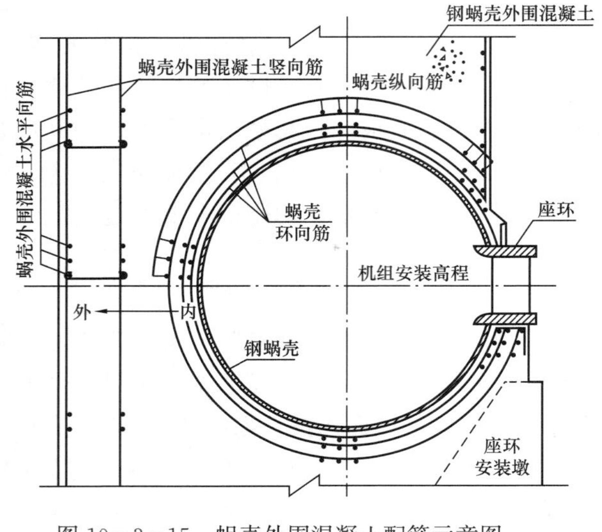

图 10－3－15　蜗壳外围混凝土配筋示意图

5．蜗壳与尾水锥管阴角部位的灌浆设计

从蜗壳下圆部最低高程至座环底部高程的阴角部位的空间较狭小，难以浇捣密实。需在该部位混凝土中预埋灌浆管路，在混凝土达到70%设计强度之后，进行灌浆。

灌浆管路埋设主要有三种方式：①沿蜗壳蜗向均布多根灌浆管，每根灌浆管一端位于蜗壳顶板附近，一端伸入阴角部位座环高程附近，灌浆时，沿蜗向逐根进浆，相邻灌浆管兼作排气管；②在阴角处靠近钢蜗壳下表面，分别沿蜗向布设两套环向灌浆管路，灌浆主管上设支管；③利用机组厂家在座环底板上的预留孔进行灌浆，由于该孔对座环结构有一定影响，灌浆完成后还要进行封孔补强处理，因此灌浆孔数量较少，一般与前述灌浆方式结合使用。

（五）机墩结构静力设计

机墩是发电机组的支承结构，承受着机组传来的巨大荷载，必须具有足够的强度、刚度、稳定性和耐久性。机墩结构形式应根据发电机形式、机组特性及厂房结构布置等因素综合选择，工程中多采用圆筒式机墩，因为其刚度大、抗扭和抗震性能好，施工也较为方便。

1．荷载

一般情况下，机墩承受的作用有垂直静荷载、垂直动荷载、水平动荷载、扭矩等，机墩作用效应组合见表 10－3－7。

表 10－3－7　机墩作用效应组合

设计状况	极限状态	作用效应组合	计算情况	作用名称			
				垂直静荷	垂直动荷	水平动荷	扭矩
持久状况	承载能力极限状态	基本组合	静止工况	√			
			正常运行	√	√	√	√
偶然状况		偶然组合	飞逸	√	√	√	
			两相短路	√	√	√	√
			机械制动	√	√	√	√
			运行遭遇地震	√	√	√	√
			三相短路	√	√	√	√
			二相同步失败	√	√	√	√
			三相同步失败	√	√	√	√
			甩负荷	√	√	√	
			半数磁极短路	√	√	√	
			启动	√	√	√	
持久状况	正常使用极限状态	短期	正常运行	√	√	√	√

注　作用效应偶然组合涉及多种工况，可选择有代表性的工况作为设计工况。

作用在机墩上的荷载，其大小、部位与发电机的支承方式、结构及传力方式有关。悬式发电机的静荷和动荷均通过上部的推力轴承传至上机架，再通过定子传给机墩。伞式发电机的静荷通过定子传给机墩，动荷则由下机架传到机墩；推力轴承安装在水轮机顶盖上的伞式发电机，机墩只承受静荷，而动荷通过水轮机顶盖传至水轮机固定导叶座环。

在机墩结构设计时，发电机厂家将提供机组作用在定子基础、下机架基础、上机架基础的荷载数值、方向及荷载产生原因，不同型式机组以及不同的生产厂家所考虑的荷载产生因素也有所不同，此处分别列举一个欧洲厂家和一个日本厂家的荷载资料。

表 10－3－8 所列为奥地利 VATECH HYDRO 公司制造的琅琊山抽水蓄能电站发电机组传递至机墩的荷载，表中荷载符号意义如图 10－3－16 所示。该机组为半伞式机组，额定出力 154MW，额定水头 126m，额定转速 230.8r/min，转轮直径 4.62m。该电站上机架没有支撑在风罩上，而是支撑在发电机定子上，由定子传至定子基础（机墩）。表 10－3－9 所列为各基础点的荷载形成原因，图 10－3－17 所示为机墩各层基础板布置及荷载示意图。

表 10－3－8　琅琊山抽水蓄能电站机墩机组基础荷载

荷载 工况	定子基础				下机架基础			
	V_1 静　动	H_1 静　动	M_1 静　动	T_1 静　动	V_2 静　动	H_2 静　动	M_2 静　动	T_2 静　动
静止	+0.0 +2038.8 +0.0	+0.0 +0.0 +0.0	+0.0 +0.0 +0.0	+0.0 +0.0 +0.0	+0.0 +4435.5 +0.0	+0.0 +0.0 +0.0	+0.0 +0.0 +0.0	+0.0 +0.0 +0.0
满负荷运行	+0.0 +2038.8 +0.0	−70.6 −74.6 +70.6	+205.6 +192.5 −208.2	+0.0 +6234.4 +0.0	+0.0 +6535.5 +0.0	+176.4 +168.9 −178.0	+255.8 +244.9 −258.1	+0.0 +0.0 +0.0
甩负荷运行	+0.0 +2038.8 +0.0	−51.4 +20.0 +51.3	+273.5 +523.0 −273.7	+0.0 +0.0 +0.0	+0.0 +7535.5 +0.0	+212.5 +320.7 −212.6	+308.1 +465.0 −308.3	+0.0 +0.0 +0.0
两相短路	+0.0 +2038.8 +0.0	−70.6 −74.6 +70.6	+205.6 +192.5 −208.2	+52742 +0.0 −52742	+0.0 +6535.5 +0.0	+176.4 +168.9 −178.0	+255.8 +244.9 −258.1	+0.0 +0.0 +0.0
半数磁极短路	+0.0 +2038.8 +0.0	−946.3 +20.0 +945.1	+2075.1 +523.0 −2083.8	+0.0 +0.0 +0.0	+0.0 +7535.5 +0.0	+1983.0 +320.7 −1987.0	+0.0 +0.0 +0.0	+0.0 +2038.8 +0.0
机械制动	+0.0 +2038.8 +0.0	+1.1 +0.0 −1.1	+3.2 +0.0 −3.2	+0.0 +0.0 +0.0	+0.0 +4435.5 +0.0	+1.3 +0.0 −1.3	+1.9 +0.0 +1.9	+0.0 +301.8 +0.0
地震荷载作用	+203.9 +2038.8 −203.9	+553.0 −74.6 −552.9	+1498.0 +192.5 −1498.8	+0.0 +6234.4 +0.0	+443.5 +6535.5 −443.5	+176.4 +168.9 −178.0	+255.8 +244.9 −258.1	+0.0 +0.0 +0.0

注　荷载符号表示意义如图 10－3－16 所示。

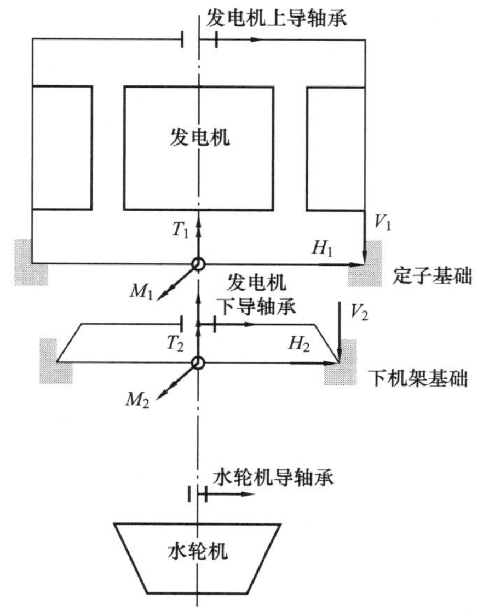

轴承及各基础面合力（箭头所指方向为正）：

导轴承荷载（kN）。

基础竖直向荷载（kN）：

V_1——定子基础面竖直向荷载；

V_2——下机架基础面竖直向荷载。

基础水平向荷载（kN）：

H_1——定子基础面水平向荷载；

H_2——下机架基础面水平向荷载。

绕水平轴的弯矩（kN，顺时针为正）：

M_1——定子基础面弯矩；

M_2——下机架基础面弯矩。

绕竖直轴扭矩（kN）：

T_1——定子基础面弯矩；

T_2——下机架基础面弯矩。

图 10－3－16　琅琊山抽水蓄能电站机墩机组基础荷载示意图

导轴承 1—发电机上导轴承；导轴承 2—发电机下导轴承；导轴承 3—水轮机导轴承

表 10-3-9　琅琊山抽水蓄能电站机墩各层基础板荷载产生原因

工况	荷载情况	定子基础	下机架基础
静止	定子和上机架重量	F_1（静）	
	水轮发电机转动部分及下机架重量		F_2（静）
满负荷运行	定子和上机架重量	F_1（静）	
	静不平衡磁性力 径向水推力	F_1（静）、F_3（静）、F_5（静）	F_2（静）、F_4（静）、F_6（静）
	水轮发电机转动部分及下机架重量		F_2（静）
	水轮机轴向推力		F_2（静）
	运行工况额定扭矩	F_3（静）	
	摩擦力	F_5（静）	F_6（静）
	动不平衡磁性力 不平衡机械力 动径向水推力	F_1（动）、F_3（动）、F_5（动）	F_2（动）、F_4（动）、F_6（动）
甩负荷运行	定子和上机架重量	F_1（静）	
	静不平衡磁性力 径向水推力	F_1（静）、F_3（静）、F_5（静）	F_2（静）、F_4（静）、F_6（静）
	水轮发电机转动部分及下机架重量		F_2（静）
	水轮机轴向推力		F_2（静）
	摩擦力	F_5（静）	F_6（静）
	动不平衡磁性力 不平衡机械力	F_1（动）、F_3（动）、F_5（动）	F_2（动）、F_4（动）、F_6（动）
两相短路	定子和上机架重量	F_1（静）	
	静不平衡磁性力 径向水推力	F_1（静）、F_3（静）、F_5（静）	F_2（静）、F_4（静）、F_6（静）
	水轮发电机转动部分及下机架重量		F_2（静）
	水轮机轴向推力		F_2（静）
	摩擦力	F_5（静）	F_6（静）
	动不平衡磁性力 不平衡机械力 动径向水推力	F_1（动）、F_3（动）、F_5（动）	F_2（动）、F_4（动）、F_6（动）
	瞬时扭矩	F_3（动）	
半数磁极短路	定子和上机架重量	F_1（静）	
	径向水推力	F_1（静）、F_3（静）	F_2（静）、F_4（静）
	水轮发电机转动部分及下机架重量		F_2（静）
	水轮机轴向推力		F_2（静）
	不平衡机械力	F_1（动）	
机械制动	定子和上机架重量	F_1（静）	
	水轮发电机转动部分及下机架重量		F_2（静）
	刹车力		F_4（静）
	摩擦力	F_5（静）	F_6（静）
	不平衡机械力	F_1（动）	
地震荷载	定子和上机架重量	F_1（静）	
	静不平衡磁性力 径向水推力	F_1（静）、F_3（静）	F_2（静）、F_4（静）、F_6（静）
	水轮发电机转动部分及下机架重量		F_2（静）
	水轮机轴向推力		F_2（静）
	运行工况额定扭矩	F_3（静）	
	摩擦力	F_5（静）	F_6（静）
	动不平衡磁性力 不平衡机械力 动径向水推力 水平向地震力	F_1（动）、F_3（动）、F_5（动）	F_2（动）、F_4（动）、F_6（动）
	竖直向地震力	F_1（动）	F_2（动）

注　荷载符号表示意义如图 10-3-17 所示。

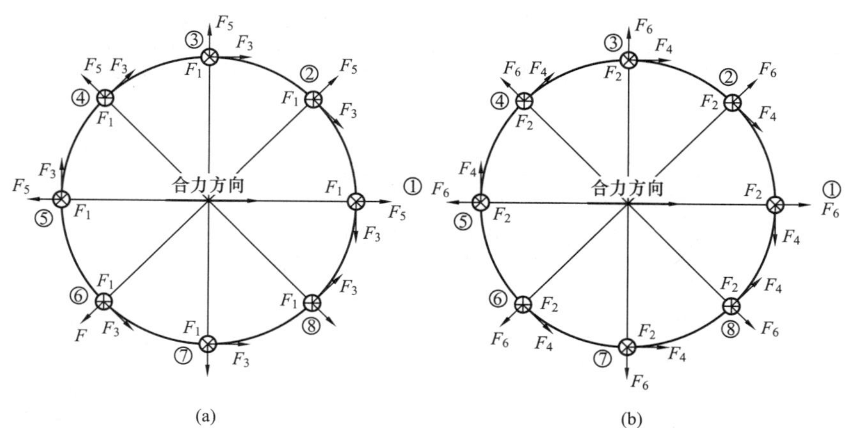

图 10-3-17　琅琊山抽水蓄能电站机墩各层基础板布置及荷载示意图

（a）定子基础板布置及荷载示意图；（b）下机架基础板布置及荷载示意图

表 10-3-10 列举了日本 Voith Fuji 公司制造的张河湾抽水蓄能电站发电机组传递至机墩的荷载，表中荷载符号意义如图 10-3-18 所示。表 10-3-11 所列为各基础点的荷载构成。该机组为半伞式机组，额定出力 268MW，额定水头 305m，机组额定转速 333r/min，转轮直径 4.6m。

表 10-3-10　　**张河湾抽水蓄能电站机墩机组基础荷载**

工　　况	定子基础		下机架基础			上机架基础	
	V_1	H_1	T_1	V_2	H_2	T_2	H_3
静止	静：3102	热：558	0	静：4890	热：7860	0	静：1920 热：7260
满负荷运行	静：3102	振动：±456 热：558	动：±2100	静：456 动：+6312	动：±102 振动：±324 热：7860	动：±72	静：1920 动：±30 振动：±252 热：7260
甩负荷运行	静：3102	振动：±456 热：558	动：±2100	静：456 动：+10572	动：±480 振动：±426 热：7860	0	静：1920 动：±132 振动：±330 热：7260
单相短路引起的扭矩			冲击：±17550				
半数磁极短路		冲击：±1200			冲击：±678		冲击：±528
推力轴承破坏引起的扭矩						动：±696	
地震荷载	动：±312	动：±540		动：±492	动：±498		动：±405

注　1. 总的地震荷载＝地震荷载＋正常运行条件下的最大荷载。
　　2. 荷载符号表示意义如图 10-3-18 所示。

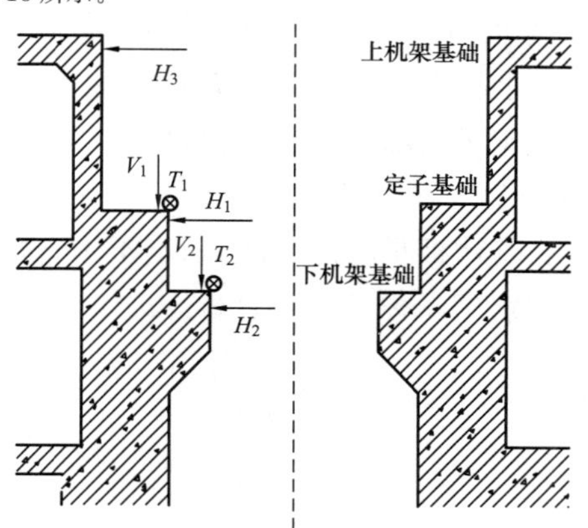

图 10-3-18　张河湾抽水蓄能电站机墩机组基础荷载示意图

表 10-3-11　　张河湾抽水蓄能电站机墩各层基础荷载产生原因

工　况	荷　载　情　况	定子基础总荷载	下机架基础总荷载	上机架基础总荷载
静止	发电机定子重量	V_1（静荷载）	—	—
	水轮发电机转动部分及下机架重量	—	V_2（静荷载）	—
	上机架预加荷载	—	—	H_3（静荷载）
	热膨胀（发生在机组停止运行后）	H_1（静荷载）	H_2（静荷载）	H_3（静荷载）
满负荷运行	发电机定子重量	V_1（静荷载）	—	—
	下机架重量	—	V_2（静荷载）	—
	水推力及水轮发电机转动部分重量	—	V_2（动荷载）	—
	热膨胀	H_1（静荷载）	H_2（静荷载）	H_3（静荷载）
	上机架预加荷载			H_3（静荷载）
	径向水推力	—	H_2（动荷载）	H_3（动荷载）
	不平衡机械力	—	H_2（振动荷载）	H_3（振动荷载）
	不平衡磁性力	H_1（振动荷载）	H_2（振动荷载）	H_3（振动荷载）
	最大荷载作用下的扭矩	T_1（动荷载）	—	—
	刹车扭矩	—	T_2（动荷载）	—
甩负荷运行	发电机定子重量	V_1（静荷载）	—	—
	下机架荷载	—	V_2（静荷载）	—
	水推力	—	V_2（动荷载）	—
	热膨胀力	H_1（静荷载）	H_2（静荷载）	H_3（静荷载）
	上机架预加荷载			H_3（静荷载）
	径向推力	—	H_2（动荷载）	H_3（动荷载）
	不平衡机械力	—	H_2（动荷载）	H_3（动荷载）
	不平衡磁性力	H_1（动荷载）	H_2（动荷载）	H_3（动荷载）
	最大荷载作用下的扭矩	T_1（动荷载）	—	—
单相短路引起的扭矩		T_1（冲击荷载）	—	—
半数磁极短路		H_1（冲击荷载）	H_2（冲击荷载）	H_3（冲击荷载）
推力轴承破坏引起的扭矩		—	T_2（冲击荷载）	—
地震荷载		V_1（动荷）、H_1（动荷）	V_2（动荷）、H_2（动荷）	H_3（动荷）

注　荷载符号表示意义如图 10-3-18 所示。

2. 机墩应力三维有限元法计算

由于机墩结构与荷载的复杂性常采用有限单元法进行分析，建立机墩、风罩、楼板、边墙整体结构计算模型，模拟围岩及蜗壳大体积混凝土对结构的约束，计算结构位移和应力，三维有限元更能确切反映结构整体性和特殊部位的应力集中。可通过切取截面的方式表示各部位各剖面应力分布情况，如机墩定子基础面、下机架基础面、上机架基础面、机墩进人廊道高程面等剖面。图 10-3-19 所示为某抽水蓄能电站机墩正常运行状况下定子基础截面水平剖面的应力分布。

3. 按结构力学方法复核机墩应力

一般把机墩看作是上端自由（忽略楼板刚度），底端固定于水轮机层大块体混凝土的圆筒结构。静力复核计算首先要判别机墩类型，判别高、矮机墩类型的公式如下：

$$\beta = \sqrt[4]{\frac{3(1-\mu^2)}{r_0^2 h^2}} \tag{10-3-1}$$

式中　μ——混凝土泊桑比；

r_0——机墩平均半径；

h——圆筒壁厚。

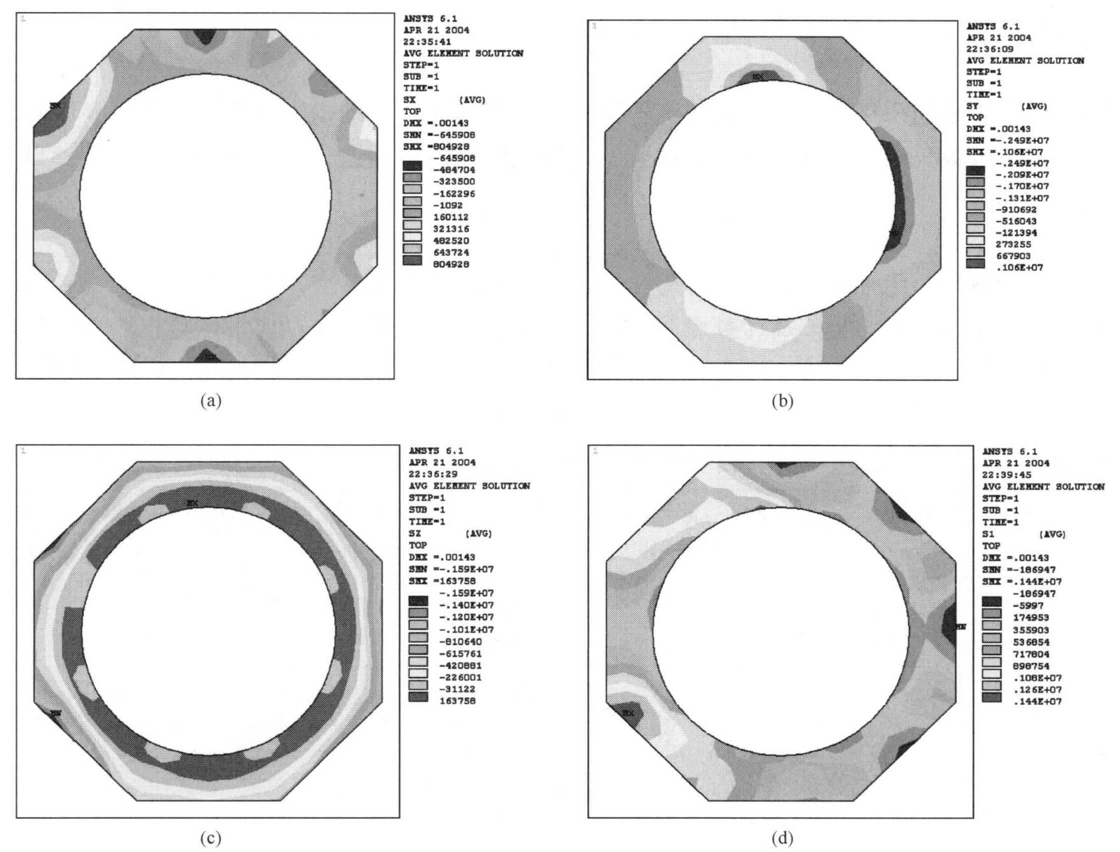

(a) (b) (c) (d)

图 10－3－19　定子基础面应力分布图

(a) 径向正应力分布图；(b) 环向正应力分布图；(c) 竖向正应力分布图；(d) 最大主应力分布图

当机墩较矮，即筒身高度 $L \leqslant \pi/\beta$ 时，可近似地按下端固定，上端自由的单宽截条受弯压构件计算，即将所有的垂直荷载和弯矩转化为对底部截面中心的弯矩和轴向力；当机墩较高，筒壁相对较薄，即筒身高度 $L \geqslant \pi/\beta$ 时，可近似地按无限长薄壁圆筒计算，即将全部垂直荷载转化为顶部中心的单位周长弯矩和轴力。图 10－3－20 所示为机墩结构计算简图。

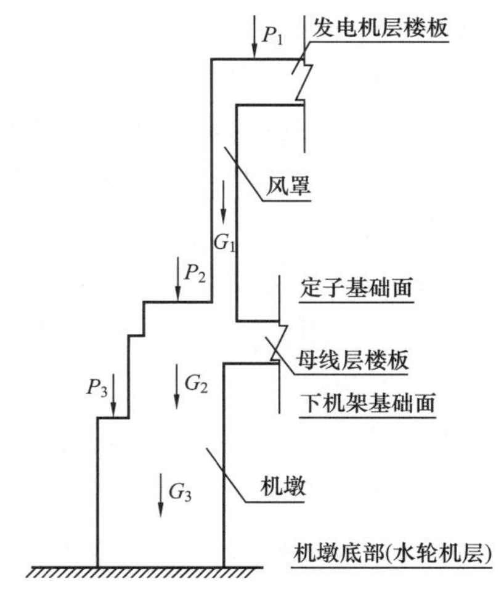

图 10－3－20　机墩结构计算简图

在进行静力计算时，作用于机墩的楼板荷载、风罩自重及机组荷载可假定均布在机墩顶部，并换算成相当圆筒中心圆周的荷载。静力计算中机墩承受的动荷载需乘以动力系数。

机墩所受荷载很多，结构体型复杂，静力计算需分别进行正应力及径、切向剪应力计算。机墩正应力可沿圆筒中心周长截取单位宽度按偏心受压柱计算。剪应力需分别计算扭矩作用产生的剪应力、水平离心力引起的剪应力和扭矩振幅引起的剪应力。机墩由于布置的需要，往往在筒壁上开孔或开槽，因此还需验算孔口应力。

有的电站在机墩处设有较大的接力器坑，对机墩结构有所削弱，削弱后断面体形近似于牛腿，可按壁式连续牛腿进行计算。

4. 定子、下机架基础计算

某些抽水蓄能机组采用风冷却方式，在定子基础处会布置较多的通风孔，开孔破坏了定子基础沿环向的整体性，所以这种定子基础可看成是一个个独立的支墩，它们沿环向作对称布置，其高度、水平截面形状由发电机尺寸和受力大小决定。静力计算时需考虑的竖向荷载一般包括风罩传来的荷载、混凝土自重、设备自重等，水平荷载包括正常扭矩产生的切向水平力、三相短路扭矩产生的切向水平力、正常运转时质量偏心产生的径向水平离心力、由正常到飞逸转速瞬间质量偏心引起的切向和径向水平力、发电机转子半数磁极短路时引起的径向水平切向力等。计算内容主要包括正应力、切向及径向劈裂力。

某些抽水蓄能机组采用水冷却方式，定子及下机架基础为整体结构，混凝土浇筑时预留安装槽或螺栓孔，待机组安装完成后再回填无收缩混凝土，形成整体结构。这种定子基础及下机架基础，需复核局部承压能力。

5. 配筋

机墩结构应满足机组在正常运行、短路及飞逸时的强度和刚度要求。计算中应仔细分析其体型与荷载的特点，一般按结构力学方法计算成果配筋，再根据三维有限元计算成果调整布筋并加强应力集中部位的结构强度，经工程类比，最终确定机墩配筋，同时应根据工程实际情况配置必要的构造钢筋。表 10-3-12 所列为部分抽水蓄能电站机墩体形及配筋参数。

表 10-3-12　　抽水蓄能电站机墩体形及配筋参数

工程项目	外轮廓尺寸（cm）	内轮廓尺寸（cm）	最小厚度（cm）	高度（cm）	混凝土强度等级	外侧钢筋（mm）		内侧钢筋（mm）	
						竖直向	水平向	竖直向	水平向
十三陵	圆形 ϕ1120	ϕ552.5 最小 ϕ390	接力器坑拐角 130	527	C25	外层 ϕ30@200 内层 ϕ30@200	外层 ϕ25@300 内层 ϕ25@300	ϕ30@200	ϕ25@300
琅琊山	正八边形内切圆 ϕ1200	ϕ700 最小 ϕ660	接力器坑拐角 55	474	C25	外层 ϕ28@200 内层 ϕ28@200	外层 ϕ28@200 内层 ϕ28@200	外层 ϕ28@200 内层 ϕ28@200	外层 ϕ28@200 内层 ϕ28@200
张河湾	八边形 1310×1260	ϕ710 最小 ϕ490	接力器坑处 243	658	C25	外层 ϕ32@200 内层 ϕ28@200	外层 ϕ25@200 内层 ϕ25@200	ϕ32@200	ϕ25@200
西龙池	平面马蹄型 ϕ1260	ϕ680 最小 ϕ450	接力器坑处 190	505	C25	外层 ϕ28@200 内层 ϕ28@200	外层 ϕ28@200 内层 ϕ28@200	外层 ϕ28@200 内层 ϕ28@200	外层 ϕ28@200 内层 ϕ28@200

（六）风罩结构静力设计

发电机风罩一般为钢筋混凝土薄壁圆筒结构，若圆筒半径与圆筒壁厚之比大于 10，并且高度较大时，可假定按有限长薄壁圆筒公式计算。当开孔较多且尺寸较大，破坏圆筒整体性时，则可取单宽竖条，与发电机层楼板一起，按“Γ”形框架计算，但环向要适当加强。

1. 荷载及荷载组合

风罩承受的荷载主要有自重、发电机层楼板传来的荷载、发电机上机架千斤顶水平推力、温度作用等。温度作用包括均匀温升（温降）和内外温差两部分。某些抽水蓄能电站的发电机上机架支承在定子上，其荷载不作用在风罩上，计算时可不考虑上机架千斤顶推力。有的发电机上机架千斤顶支承在发电机层楼板上，在计算风罩内力时，千斤顶推力应予以折减。

2. 结构计算及配筋

风罩下部与机墩大体积混凝土相连，顶部与发电机层楼板整体浇筑，计算中假定风罩底部为固端，顶部视为铰接。内力计算按整体圆筒进行，配筋计算取单宽进行。图 10-3-21 所示为风罩结构计算简图。

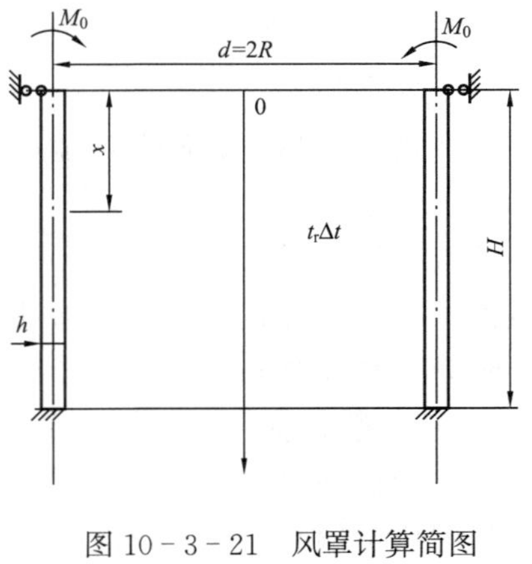

风罩内力计算主要包括竖向弯矩、环向弯矩、水平法向切力和环向轴力。风罩的配筋包括竖向与环向两个方向，竖向配筋计算沿周长取单宽竖条按受压构件计算，风罩环向配筋计算沿风罩高度方向截取单宽 1m 高的圆筒，按偏心受压构件进行配筋计算。另外还需进行截面剪力复核与裂缝开展宽度验算。表 10-3-13 所列为部分抽水蓄能电站风罩体形及配筋参数。风罩圆筒上的较小开孔应按构造要求配置附加钢筋，较大开孔处应参考剪力墙的开孔构造措施在孔周配置暗框架，当风罩圆筒外轮廓为正八边形时，在角点部位宜按结构柱进行配筋。

图 10-3-21　风罩计算简图

表 10-3-13　　抽水蓄能电站风罩体形及配筋参数

工程项目	外轮廓尺寸（cm）	内轮廓尺寸（cm）	最小厚度（cm）	高度（cm）	混凝土强度等级	外侧钢筋（mm）		内侧钢筋（mm）	
						纵向	环向	纵向	环向
十三陵	圆形 ϕ1120	ϕ920	100	350	C25	ϕ28@200	ϕ22@200	双层 ϕ28@200	双层 ϕ22@200
琅琊山	正八边形内切圆 ϕ1250	ϕ1150	50	356	C25	外层 ϕ28@150 内层 ϕ22@150	外层 ϕ25@200 内层 ϕ22@200	外层 ϕ28@150 内层 ϕ22@150	外层 ϕ25@200 内层 ϕ22@200
张河湾	圆形 ϕ1260	ϕ1060	100	402	C25	ϕ28@200	ϕ25@200	ϕ28@200	ϕ25@200
西龙池	圆形 ϕ1260	ϕ1060	100	575	C25	外层 ϕ28@150 内层 ϕ22@150	外层 ϕ28@150 内层 ϕ22@150	外层 ϕ28@150 内层 ϕ22@150	外层 ϕ28@150 内层 ϕ22@150

（七）楼面及边墙（柱）结构静力设计

主厂房楼面主要有发电机层、母线层、水轮机层、蜗壳（或称蝶阀、球阀）层，有些电站根据设备布置和减振需要，在发电机层与母线层之间或机组安装高程附近设置夹层。主厂房楼面具有荷载大、孔洞多、结构布置不规则等特点，内力计算较一般肋形结构复杂。国内已建抽水蓄能电站楼面主要结构形式有两种：中厚度板梁结构及厚板暗梁结构。中厚度板梁的楼面结构形式可按照肋形结构进行静力设计，厚板暗梁的楼面结构形式可按照无梁楼盖进行静力设计。

主厂房结构柱及边墙，作为楼面支撑结构，可与楼面梁、风罩、机墩组合成平面框架进行内力计算和配筋设计。

四、结构动力设计

（一）振动产生的主要原因

水电站厂房振动问题十分复杂，原因众多，彼此交织。根据水泵水轮机与发电电动机同轴联接和水泵水轮机以水为原动力的特点，振动的原因一般来说主要由水力、机械和电磁三个方面引起，其中最主要的、也是最难以解决的是水力振动。

（1）水力振动。引起水力振动的原因通常有：①水力不平衡力，如在低负荷运行时，水泵水轮机水流条件极为不利，形成水流脱流以及不对称的水流作用力矩等。②转轮入口（水泵工况为出口）处压力脉动，如在水泵工况下小流量区，转轮进口产生回流，使转轮叶片与进口水流产生撞击等。③尾水管压力脉动，主要是低频涡带，同时存在中频和高频成分。④卡门涡，当叶片出口边形状不好时，水流就会在后形成卡门涡。⑤水泵水轮机转轮与顶盖之间间隙较长，使得转轮在旋转过程中产生倾斜，导致水体引起主轴的摆动或振动。十三陵抽水蓄能电站为防止这种振动发生，在顶盖上开有补气孔，并且在顶盖与尾水管之间安装有平衡管。⑥压力管道中污物的存在使得球阀密封操作系统损坏，由此引起管道内的水压振荡。十三陵抽水蓄能电站为防止这种振动发生，在球阀密封环的压力水源上装有两套过滤器，定期切换与检查以保证水源的清洁。

（2）机械振动。机械振动主要是由于水泵水轮机和发电电动机的结构不良或制造、安装质量较差造成的。如机组轴线不正，导轴承安装缺陷、推力轴承缺陷、发电电动机转子和水泵水轮机转轮质量不平衡、机组转动部分与静止部分摩擦等，都会造成机组的振动。机械振动与负荷的关系不大，水轮机在空载低速下运行时，也常产生振动。由电动发电机转子质量不平衡所引起的振动与负荷无关，但振动将随着转速的增加而加大。

（3）电磁振动。电磁振动主要是由于电动发电机设计不合理或制造、安装质量不良所产生的电磁力造成的。电磁振动按照振动频率的不同，可分为转频振动和极频振动。转频振动的振动频率等于转速频率和它的整数倍，产生转频振动的原因有转子横截面不圆、转子和定子不同心、转子动静力不平衡等，这些都会产生不均衡磁拉力，引起机组的振动和摆动。产生极频振动的主要原因是：定子不圆、机座合缝不好、定子并联支路内环流产生的磁势、负序电流引起的反转磁势等。抽水蓄能机组主要振源频率特性参见表 10-3-14。

表 10-3-14　　抽水蓄能机组主要振源频率特性

振动形式	振　　源	频率计算公式	备　　注
水力振动	尾水管内低频压力脉动 （小流量和高转速区出现）	$f=0.1f_n$	f_n——转频
	尾水管内典型低频涡带	$f=(0.25\sim0.4)f_n$	
	尾水管内接近转频的涡带	$f=(0.8\sim1.2)f_n$	
	尾水管内中频率压力脉动	$f=(1.8\sim3.6)f_n$	
	尾水管内高频率压力脉动	$f=(3.6\sim6)f_n$	
	蜗壳中的不均匀流场	$f=Z_r \cdot f_n \cdot k$	f_n——转频； Z_r——转轮叶片数； k——1，2，3…
	导叶后的不均匀流场	$f=Z_g \cdot f_n$	f_n——转频； Z_g——导叶数
	卡门涡	$F=C\omega/D$	C——系数，0.18～0.2； ω——叶片出口边缘的相对流速； D——叶片出口边缘的厚度
机械振动	转频	$f=f_n$	f_n——转频或飞逸转频
	倍频	$f=k \cdot f_n$	f_n——转频或飞逸转频； k——1，2，3…
电磁振动	转频振动	$f=k \cdot f_n$	f_n——转频或飞逸转频； k——1，2，3…
	倍频振动	$f=50k$	k——1，2，3…

（二）振动控制标准

目前关于水电站厂房振动控制标准，国内外尚无统一的规定。通常主要从振动对建筑物结构、仪器设备及人体影响三方面加以评估。

1. 按结构承载要求建立振动控制标准

在（SD 335—1989）《水电站厂房设计规范》中，对机墩的频率和振幅提出的控制标准为：

（1）机墩共振校核。机墩自振频率与强迫振动频率之差与自振频率之比值应大于 20%～30%，或强迫振动频率与自振频率之差和机墩强迫振动频率之比值应大于 20%～30%，以防共振（上述标准针对转速小于 500r/min 的机组，天荒坪电站机组转速大于 500r/min，取比值大于 50%，提高了标准）。

（2）机墩强迫振动的振幅应满足：垂直振幅长期组合不大于 0.1mm，短期组合不大于 0.15mm，水平横向与扭转振幅之和长期组合不大于 0.15mm，短期组合不大 0.2mm。

2. 按仪器设备要求建立振动控制标准

振动对布置在楼板上的仪器设备的影响，目前尚无可遵循的水电站厂房结构振动允许值和定量评价准则。GB 50040《动力机械基础设计规范》中规定了动力机械基础允许振动速度的下限为 5mm/s。对于低转速电机基础的动力计算，在转速低于 500r/min 时，基础顶面以振动线位移 0.16mm 作为控制限值，这一标准基本与水电站厂房设计规范对机墩的规定一致，可参考使用。

3. 按劳动安全与工业卫生要求建立振动控制标准

目前水电行业对人体保健尚无明确的振动控制标准。对于长期有人操作的工作场所，如副厂房的振动，一般参照 DL 5061—1996《水利水电工程劳动安全与工业卫生设计规范》，根据振动对人体的影响，控制振动的加速度和噪音。而对于无人值班，少人值守的动力车间，如主厂房，一般可适当降低标准。国内有设计单位也曾参照 GB/T 13442《人体全身振动暴露的舒适性降低界限和评价准则》、GB/T 13441《人体全身振动环境的测量规范》、ISO 2631《关于人体承受全身振动的评价指南》等，按人体保健要求提出振动控制标准进行了尝试。

GB/T 13442 中指出，根据人体对振动反映的三种不同感觉界限，分为暴露、疲劳—熟练程度降低和舒适性降低。其中舒适性降低界限（以加速度均方根值表示），与振动频率（或 1/3 倍频带的中心频率）、暴露时间和振动作用方向有关，如图 10－3－22 和图 10－3－23 所示，a_z 表示竖向舒适性降低界限，a_x、a_y 表示水平向舒适性降低界限。由图可见，在人体的最敏感频率范围，加速度均方根界限最低，对于竖向振动，其频率范围为 4～8Hz；对于水平向振动，其频率范围为 1～2Hz。ISO 2631/1 推荐，在舒适性降低界限的基础上，将加速度乘以 3.15（或加速度级加 10dB），作为疲劳—熟练程度降低界限；将舒适性降低界限的加速度限值乘以 6.3（或加速度级加 16dB）作为暴露界限。

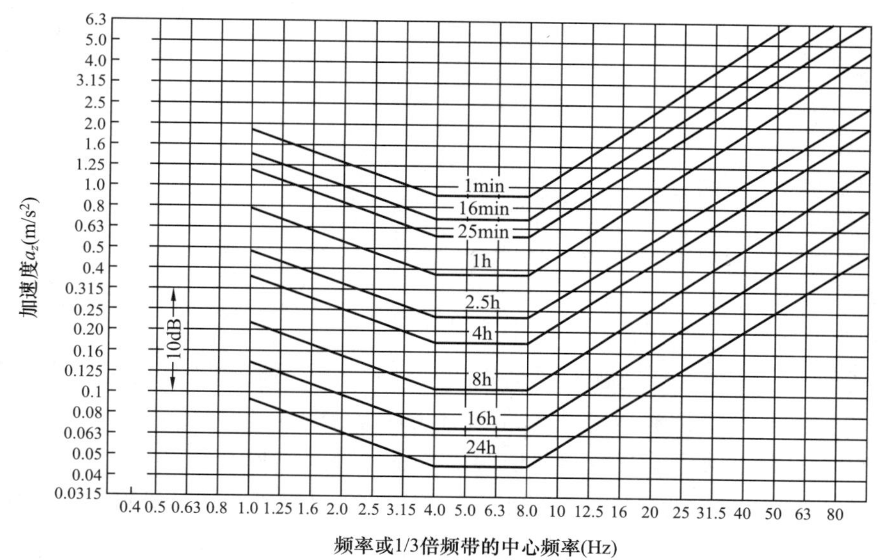

图 10－3－22　舒适性降低界限的竖向（a_z）加速度限制值

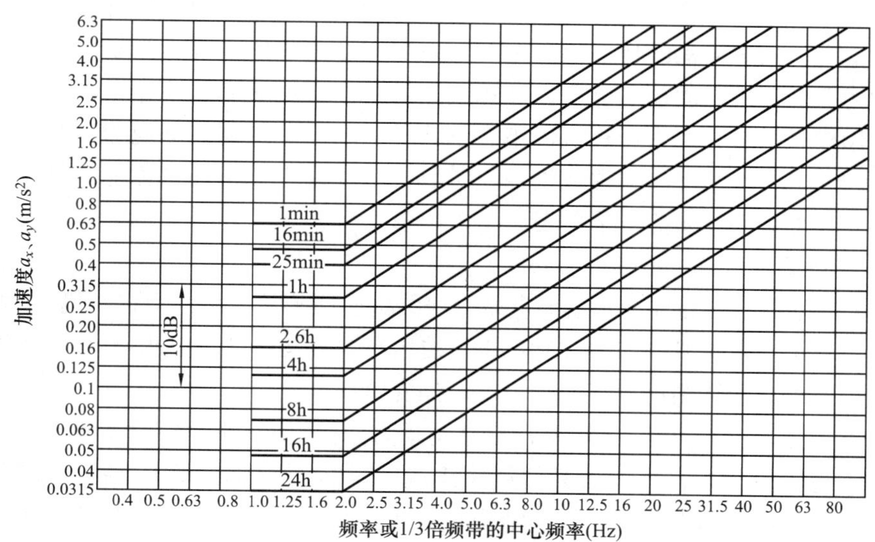

图 10－3－23　舒适性降低界限的水平向（a_x、a_y）加速度限制值

（横坐标为频率，竖坐标为加速度均方根值，以暴露时间为参数）

由于水电站厂房的振源涉及机械、电气和水力因素，单频振动很少发生，而随机振动和宽带发生较多。根据 GB/T 13442 在宽带或随机频谱振动情况下，可采用计权方法，即采用加权因子（按振动作用方向的不同，将倍频带加速度均方值竖向换算到频率为 4～8Hz，水平向换算到频率为 1～2Hz）来考虑振动的相互影响，对均方加速度（m/s^2）或振动级（dB）进行限值。

4. 电站厂房结构振动控制标准实例

根据厂房结构和设备的实际情况以及运行的实际状态，各设计单位在抽水蓄能电站地下厂房设计中拟定了不同的振动控制标准。如天荒坪抽水蓄能电站按正常运行（按 8h 工作考虑）和飞逸期（按 16min、25min 考虑）的振动界限（以竖向均方加速度表示）作为评价依据；桐柏抽水蓄能电站按正常运行（按 8h 工作考虑）和飞逸期的振动界限（以竖向、水平向均方加速度表示）作为评价依据，见表 10-3-15。

表 10-3-15　　厂房振动控制评估标准实例

评估项目	天荒坪	桐柏	张河湾	西龙池
最低自振频率	不小于 18Hz	不小于 10.1Hz	不小于 12Hz	—
最大垂直位移（mm）	0.1	0.1	0.1（长期组合） 0.15（短期组合）	0.1（长期组合） 0.15（短期组合）
最大水平位移（mm）	0.15	0.15	0.15（长期组合） 0.2（短期组合）	0.15（长期组合） 0.2（短期组合）
运行期均方加速度（mm/s^2）	z 轴 101.59	z 轴 98.00 x，y 轴 70.8	—	—
飞逸期均方加速度（mm/s^2）	z 轴 952.38（16min）、 z 轴 571.43（25min）	z 轴 310.00 x，y 轴 223.9	—	—

（三）结构动力设计

1. 结构动力计算方法

目前，国内外对厂房结构振动问题主要是研究水电站主厂房振动及其向副厂房的振动传递，结构计算主要采用理论分析和数值计算等方法。理论分析法是采用拟静力法处理动力计算问题，对风罩、机墩和蜗壳外围钢筋混凝土结构采取沿圆周切取单位宽度而对结构进行动力计算。主要假定机墩的振动为单自由度体系，在计算动力系数和自振频率中假定无阻尼作用，在计算振幅时假定为有阻尼作用，（SL 266—2001）《水电站厂房设计规范》附录中也推荐采用此法。蜗壳、机墩、风罩和楼板梁等是一个空间结构，取其中某一结构按平面进行分析，所得结果显然难以反映实际情况。随着计算机的迅速发展，采用三维有限元数值计算对厂房进行动力分析得到广泛应用。用数值计算的方法研究结构振动问题，就是用数值方法求解结构的特征值问题和瞬态场问题，具体来说就是求解结构的自振频率和振型以及结构在动力荷载作用下的动态反应。计算整体结构的自振频率是建立在多自由度无阻尼振动体系上的，通常采用模态求解方法。计算机墩组合结构的响应（动位移和动应力）是建立在多自由度有阻尼振动体系上的，通常采用拟静力法或谐响应求解方法。国内几座抽水蓄能电站厂房三维有限元动力计算情况、主要计算结果及实测成果见表 10-3-16。

2. 结构动力特性影响因素分析

表 10-3-16 基本涵盖了目前抽水蓄能电站厂房结构遇到的常用结构型式，包括两机一缝和一机一缝，上、中、下三种水泵水轮机拆卸方式所对应的结构布置方案，常规梁板柱和连续边墙厚板结构等。据此，可对主厂房机组支承结构动力特性影响因素分析如下：

(1) 计算模型。表 10-3-16 中各电站厂房结构动力分析先后采用过三种计算模型：①考虑部分下部大体积混凝土，包括风罩、机墩、板梁柱结构系统，至蜗壳外围混凝土下部；②考虑整个机组段，包括风罩、机墩、板梁柱、蜗壳外围混凝土结构系统等，高度从发电机层到尾水管底部；③除考虑模型二的整个机组段混凝土外，还考虑了外围的部分围岩。根据马震岳、董毓新的研究（《水电站机组及厂房振动的研究与治理》，中国水利水电出版社）及国内几座电站厂房的动力计算结果来看，第一种模型计算高度较小，结构自振频率最高，如广州抽水蓄能电站二期、天荒坪抽水蓄能电站 1 号机组段的两层结构模型，结构计算自振基频大于 30Hz；第二种整体结构模型接近于实际结构，如十三陵、张河湾、西龙池电站方案二、琅琊山电站方案二等，其结构计算自振基频范围约在 12～20Hz。通过十三陵抽水蓄能电站实测结果与计算结果的对比分析，说明忽略厂房上部结构，直接建立厂房下部结构模型（从发电机层楼板至尾水管底板）是合理的，比较符合实际；第三种计算模型把围岩当作厂房结构的一部分参与计算，由于岩石的弹性模量相对于混凝土结构较低，弹性作用突出，使厂房自振频率降低，如西龙池电站方案一和琅琊山电站方案一的结构计算自振基频均小于 10Hz，计算结果表现出混凝土支承结构对围岩的相对振动，采用该种模型计算还有待于进一步研究。

表 10-3-16　　国内抽水蓄能电站厂房三维有限元动力计算情况和主要成果

电　站		广蓄一期	天　荒　坪		十三陵	张河湾	西龙池	琅琊山
装机容量（MW）		4×300	6×300		4×200	4×250	4×300	4×150
转速（r/min）	额定	500	500		500	333.3	500	230.8
	飞逸	720	720		725	535	725	355
额定水头（m）			526		430	305	640	136
计算采用程序		—	Super SAP/93		SAP-5	ANSYS	ANSYS	ANSYS
计算模型	选取范围	一个机组段	一个机组段（4号）	一个机组段（1号）	一个机组段（1号）	两个机组段（1号、2号）	一个机组段（4号）	两个机组段（3号、4号）
		蜗壳层200.8m至发电机层219.05m高程	蜗壳层以上	机墩底部以上	尾水管底板至发电机层	尾水管▽403.10m高程至发电机层▽430.70m高程	尾水管▽712.00m高程至发电机层▽738.00m	尾水管▽−24.00m高程至发电机层▽2.50m高程
	边界处理	方案一：各层楼板在上、下游侧为三向固定约束，左右两侧考虑上、下游向（z向）约束； 方案二：各层楼板在上、下游侧纵向和横向（x向和z向）为固定约束，竖向（y向）为自由，左右两侧考虑上下游向（z向）约束	①厂房楼板和上、下游岩体连结处有y向位移约束；②厂房楼板和上、下游岩体连结处有x向黏结力；③蜗壳底部为x、y、z三方向约束；④蜗壳和机墩与下游基岩连结处有y向位移约束	①厂房及楼板和上、下游岩层连结处有水平链杆支承；②机墩底部为固结；③立柱部位简化为z向垂直链杆	底部20.3m为固定边界，左侧边x方向固定约束，对称边界	上、下游侧，各层楼板与边墙之间为刚性连接。发电机层至蜗壳层底板范围内边墙与围岩之间考虑为弹性支撑，蜗壳层底板以下的所有结构与围岩之间均按刚性连接处理，尾水管端部的混凝土结构按刚性连接处理	方案一：厂房上、下游侧及尾水管底板以下各取2倍厂房宽度左右的围岩，各层楼板和边墙间为固结； 方案二：混凝土底板底面固定，各层楼板和边墙间为固结，考虑上下游侧围岩的弹性影响	方案一：厂房上、下游侧及尾水管底板（▽−24.00）以下各取3倍厂房宽度（约65m）左右的围岩； 方案二：底部固定约束，上、下游边墙考虑横向弹性支撑，右端墙▽−7.1m以上自由边界，以下为弹性支撑，左端墙▽−0.1m以上自由边界，以下为弹性支撑
计算内容	刚度	√				√	√	√
	强度	√	√		√	√	√	√
	共振	√	√		√	√	√	√
	反应	√	√		√	√	√	√

续表

电站		广蓄二期	天荒坪		十三陵	张河湾	西龙池	琅琊山
机墩组合结构计算频率（Hz）	一阶	32.29/31.49	21.584	34.14	11.39	18.37	9.46/16.39	9.68/16.78
	二阶	37.51/33.38	25.022	41.79	14.55	18.40	9.94/16.52	9.83/19.37
	三阶	41.45/37.08	26.331	46.71	15.32	18.44	10.29/16.74	10.36/20.75
	四阶	47.42/37.85	28.573	47.39	22.90	18.48	10.38/17.00	10.96/22.90
	五阶	49.29/41.44	29.093	48.86	25.02	18.71	10.53/17.71	11.24/23.49
主要振源计算频率（Hz）	额定转速	8.33	8.33		8.33	5.555	8.33	3.85
	飞逸转速	12.0	12.0		12.08	8.92	12.5	6
	转轮叶片数及频率	9	9		7	9	7	7
		74.97	74.97		58.31	50	58.33	26.95
	活动导叶数及频率	24	24		16	24	20	24
		199.92	199.92		133.28	133.32	166.67	92.4
最大计算振动位移（mm）	机墩竖向	0.143/0.150				0.0439		0.0494
	机墩水平+扭转	0.050/0.052				0.0965		0.0409
	楼板	0.08/0.08			竖向：0.0015 x：0.0017 y：0.0032	竖向：0.0428		竖向：0.0126
	其他	0.149/0.158	0.012/0.011					
最大加速度（mm/s²）			70.5					
实测自振频率（Hz）			23.89（4号机）		12.3（2号机）			
实测激振力频率（Hz）		75、150、225	74.97、216、1.2		117.5、4、8、2.5			
实测位移（mm）					竖向：0.014～0.058 x：0.019～0.059 y：0.018～0.056			

注 表中机墩组合结构计算频率“/”两端数字分别表示边界条件不同的方案一、方案二的计算频率。

(2) 边界条件。计算结果表明，边界约束条件不同，对厂房结构频率、振型，及位移、加速度等动力响应都存在着根本性的影响，且较为类似（见表 10－3－17、表 10－3－18）。边界约束越强，厂房的刚度越大，结构自振频率越高，相应的振型也更表现为厂房结构的局部振动（主要是楼板），楼板和筒体结构动力响应相应较小。相反，如果结构的边界约束减弱，则厂房的刚度减小，结构自振频率降低，就会使楼板和筒体结构的动力响应在某些方向增大，甚至成倍增长。同样边界条件对楼板的局部振动频率也有较大的影响，其规律与整体结构相同。所以合理的边界模拟方法对正确地反映结构的自振特性和动力响应有重要影响。

表 10－3－17　主厂房结构上拆方案不同边界条件的自振频率　Hz

阶　　数	1	2	3	4	5	6	7	8	9	10
楼板全截面与牛腿之间完全固结在一起	14.55	15.41	18.18	21.54	22.53	23.54	24.63	25.52	27.44	28.41
楼板底部与牛腿完全固结在一起	12.48	13.40	16.14	18.27	20.09	21.33	21.72	22.85	23.52	24.44
在楼板的全截面上，牛腿约束了楼板的上下游方向位移	6.55	14.59	15.38	16.04	18.08	19.40	21.51	22.47	23.66	25.37
牛腿约束了楼板底部的上下游方向位移	6.50	12.34	13.37	14.76	16.43	18.13	19.08	20.16	21.55	22.18

表 10－3－18　主厂房上拆方案不同边界条件下的位移、加速度最大值

约 束 条 件	响应部位	位移最大值（$\times10^{-6}$m）				加速度最大值（m/s^2）			
		总位移	左右方向	上下游方向	竖向	加速度合成	左右方向	上下游方向	竖向
楼板底部与牛腿完全固结在一起	楼板	12.1	9.5	4.0	11.1	0.033	0.026	0.011	0.030
	机墩	3.7	3.5	0.6	2.2	0.010	0.010	0.002	0.006
牛腿约束了楼板底部的上下游方向位移	楼板	85.9	70.6	16.5	51.8	0.235	0.193	0.045	0.142
	机墩	33.1	30.5	1.2	15.5	0.090	0.084	0.004	0.042

(3) 机组段不同连接方式。比较两机一缝和一机一缝模型可以发现，两种模型的各阶自振频率基本相同，且两者的振型均以楼板振型为主。说明无论两机一缝还是一机一缝，都不改变楼板与机墩刚度相差较大的客观情况。比较两机一缝和一机一缝模型对应结点的位移值和加速度值可以发现，虽然一机一缝模型楼板的位移、加速度合成值略小于两机一缝模型，但两种模型楼板的动力响应量值相当且在同一数量级。但是一机一缝模型机墩的最大位移、最大加速度均大于两机一缝模型对应的最大位移、最大加速度，且量值大 5～10 倍（见表 10－3－19），说明机组段之间不分缝时机墩的刚度比机组之间分缝时的刚度大，即通过楼板，一台机组的机墩帮助另一台机组的机墩承受了一部分荷载，因此机组间采用不分缝的形式有助于提高机墩的刚度。当楼板采用厚板、且边墙采用连续混凝土墙的结构形式时，两机一缝结构形式机墩的刚度提高更明显。

表 10－3－19　两机一缝与一机一缝机墩位移、加速度最大值

模　型	响应部位	位移最大值（$\times10^{-6}$m）				加速度最大值（m/s^2）			
		总位移	左右方向	上下游方向	竖向	加速度合成	左右方向	上下游方向	竖向
一机一缝	楼板	12.1	9.5	4.0	11.1	0.033	0.026	0.011	0.030
	机墩	3.7	3.5	0.6	2.2	0.010	0.010	0.002	0.006
两机一缝	楼板	15.6	1.5	3.8	15.5	0.043	0.004	0.010	0.043
	机墩	0.6	0.4	0.2	0.5	0.002	0.001	—	0.001

注　约束条件为楼板底部与牛腿完全固结在一起。

(4) 水轮机转轮拆卸方式。在结构边界条件、机组段连接方式、楼板结构形式等相同的前提下，上、中、下拆方案对厂房结构自振频率和共振复核的影响不显著，上拆结构的厂房自振频率仅比中拆、下拆略高，且三种方案楼板部分的振型都较相似。这是由于楼板与主结构刚度相差较大，楼板的振型位移有相对独立性，在主结构上开孔，虽然对主结构刚度有一定影响，但并不改变主结构刚度远大于楼板刚度这个局面。但上、中、下拆方案对厂房结构动力响应的影响是十分明显的（见表 10－3－20），对于厂房振感最为强烈的楼板而言，其竖向位移、竖向加速度远大于机墩，且中拆方案楼板的竖向位移、竖向加速度比上、下拆方案大一倍。

表 10-3-20　　机组不同拆卸方案的位移、加速度最大值

模型	响应部位	位移最大值（$\times10^{-6}$m）				加速度最大值（m/s^2）			
		总位移	左右方向	上下游方向	竖向	加速度合成	左右方向	上下游方向	竖向
上拆方案	楼板	12.1	9.5	4.0	11.1	0.033	0.026	0.011	0.030
	机墩	3.7	3.5	0.6	2.2	0.010	0.010	0.002	0.006
中拆方案	楼板	24.9	4.2	8.5	24.4	0.068	0.011	0.023	0.067
	机墩								
下拆方案	楼板	12.6	10.1	4.2	11.4	0.035	0.028	0.012	0.031
	机墩	4.0	3.9	0.6	2.1	0.011	0.011	0.002	0.006

注　约束条件为楼板底部与牛腿完全固结在一起，一机一缝结构。

（5）楼板结构形式。为了进行合理比较，板梁结构与厚板结构楼板的比较是在静力荷载下具有相同刚度的前提下进行。由表 10-3-21 可以看出，在相同边界约束条件下，厚板结构的频率略高于板梁结构的频率，这对于避频是有利的。因此，在抽水蓄能电站的厂房设计中采用厚板结构是合理的，孔洞边可采用暗梁加强的方式。

表 10-3-21　　厚板结构和板梁结构方案的结构自振频率　　Hz

阶　数	1	2	3	4	5	6	7	8	9	10
厚板结构	12.48	13.40	16.14	18.27	20.09	21.33	21.72	22.85	23.52	24.44
板梁结构	10.280	11.126	14.251	14.808	16.002	16.721	17.043	17.435	17.624	17.951

注　约束条件为楼板底部与牛腿完全固结在一起。

3. 结构动力优化方向

主厂房混凝土结构振动的消减一般有两条途径：①改变结构的自振频率，从而避开与机组振源的共振区，降低动力放大系数；②增加结构的刚度，提高其抗振强度，降低振动幅度，控制其在允许范围内。据此，结构优化及抗振措施研究的基本思路是：改变厂房楼板的自由振动频率，避开共振区；增加结构的阻尼，吸收振动能量，消减振动幅值。

（1）充分利用围岩的刚度加强边界约束。抽水蓄能电站的地下厂房，无论从整体动力特性或是楼板等局部构件的振动方面分析，边界约束条件越强，对厂房结构越有利。因此充分利用周围岩体的巨大刚度，增加混凝土结构与围岩的连接，把振动力引向岩体而消弭，是抽水蓄能电站厂房动力优化设计的最重要原则之一。工程中可采用的措施是在与围岩接触的墙、楼板、柱范围内增设锚筋，或在楼板、柱范围内将围岩局部槽挖，槽挖范围内回填混凝土。如广蓄二期厂房为了增强主厂房整体结构的刚度和改善抗振特性，要求混凝土边墙紧贴岩壁浇筑，并在上、下游岩壁各高程的楼板厚度范围内各增设两排联接锚杆；天荒坪电站采取上下游柱与岩壁黏结，梁柱断面加大，增加水平支承等，以加强混凝土边墙或柱与岩壁的联接和边界约束。另外为充分利用围岩的巨大刚度，天荒坪电站采用蜗壳外包混凝土下游侧靠墙布置，取消管道廊道，管路采用埋设的方式，引至水轮机层，且在中间层设 2.4m 的厚板，由此将振荡力传给围岩。利用围岩和混凝土的质量，提供巨大的动力刚度，限制和吸纳机组振动，是改善厂房结构抗振性能简单而有效的措施。

（2）机组段的分缝形式的选择。机组段采用一机一缝或两机一缝的结构形式均有成功的工程实例，究竟采用何种形式或何种形式更优，需要结合工程实际情况综合比较确定。一机一缝的布置型式结构受力明确，动力分析简单，在抽水蓄能电站运行工况复杂，启停频繁的情况下，避开了机组之间相互影响和两个机组段结构物之间产生的相互作用。当主厂房结构采用普通梁板结构、上下游周边采用柱作为竖向支撑时，即使采用两机一缝，相邻机墩组合结构间的刚度增强作用较有限，因此建议每个机组段独立，使结构受力状态和边界条件较为明确。两机一缝的布置型式多用于主变压器室布置在主厂房两端的一字型布置，避免电气设备跨缝问题，施工方便，利于电缆桥架的布置，国内外也普遍采用。

主厂房结构采用厚板，且边墙采用连续混凝土墙的结构形式时，采用两机一缝较一机一缝的厂房结构刚度有明显提高，对抗振有利，可考虑采用两机一缝的结构布置方式。

(3) 水轮机转轮拆卸方式的选择。机组转轮的拆卸方式一般是由机组设备供应厂家确定，土建结构针对其进行不同的结构设计。国内抽水蓄能电站中，各种拆卸方式均有采用。上、中、下三种拆卸方式对结构的影响，主要表现为结构开孔部位和大小不同。从结构静力学考虑，可以通过对拆卸孔洞周边局部加强的方式来改善孔洞周边应力集中及孔顶中部位移偏大的现象，完全可以解决结构的承载能力问题。从结构动力学考虑，在结构边界条件、机组段连接方式、楼板结构形式等相同的前提下，上、中、下拆方案对结构自振频率的影响不大，但不同开孔方式对厂房结构动力响应的影响是明显的，从"直接作用看模态，间接作用看响应"的抗振设计原则来说，采用上拆方式对厂房结构抗振是有利的。

(4) 楼板结构形式的选择。通过楼板结构型式和边界约束条件对厂房整体抗振性能的研究，可见楼板采用梁板结构或单一厚板结构各有利弊。对于板梁结构的厂房，楼板设梁、柱对组合结构的自振频率影响较大，因为楼板布置梁柱后相对于无梁楼板（薄板）增加了刚度，抑止了楼板的低频振动，对提高结构的自振频率非常有效。但增大梁柱截面尺寸，对改善机墩组合结构的动力特性意义不大，因为振源通过机墩传来，增大梁柱截面尺寸对增加机墩整体刚度作用不明显，关键还是增加约束条件，因此梁、柱截面的设计以适宜为原则。厂房各层楼板采用厚板结构不仅有利于施工，方便电缆的敷设，而且在静力荷载下具有与板梁结构相同刚度的前提下，其频率略高于板梁结构的频率，这对提高机墩组合结构的整体刚度、防止共振的发生是有效的，在抽水蓄能电站的厂房设计中采用厚板结构是合理的。目前在主机间的结构设计中有采用厚板的趋势，建议厚板与边墙之间增强联结，即厚板与边墙一起浇筑，使它们形成整体。但设计中采用多厚的楼板合适还值得研究，在满足刚度要求的前提下，减薄楼板厚度可以增加有效空间，且减小竖直支承结构的尺寸。经过初步分析计算，楼板厚度采用75～80cm为宜。

(四) 机墩刚度复核

机组制造厂家往往对机墩组合结构各主要基础部位的刚度有一定的要求，水工混凝土结构必须满足其要求，以保证机组设备的安全稳定运行。刚度的定义是指使结构发生单位位移时所施加的力，机墩结构的刚度包括水平刚度、竖向刚度和环向刚度等，由于机墩结构多为大体积混凝土结构，且电动发电机主要基础部位采用环形结构支承，其竖向刚度和环向刚度均较大，因此一般不作为重点分析，而水平向刚度相对较薄弱，对机墩组合结构整体刚度影响较大，因此一般均作为重点分析的对象。对机组机墩组合结构刚度的复核，通常采用两种方法，一种是采用国际上惯用的动力超载法进行"拟静力"动力影响初步判断，另一种则是通过三维有限元方法进行动力刚度或静力刚度的详细计算分析。

1. 组合结构刚度初步判断

由于动荷载的作用是随机的，因此在初步判断机墩组合结构刚度时，可根据所拟定的组合结构体形尺寸，采用动力超载法进行"拟静力"动力影响初步判断，即按下列经验公式进行判断

$$m_F \geqslant 5 \times m \tag{10-3-2}$$

$$N_e \geqslant 1.2 \times Z_r \times N_0 \tag{10-3-3}$$

$$m = m_W + m_{sp} + m_r + 1/2 m_{sh}$$

式中 m_F——机墩组合结构混凝土基础的质量，$MN \cdot s^2/m$；

m——振荡体质量；

m_W——蜗壳内转动水体质量；

m_{sp}——蜗壳质量；

m_r——水轮机转轮质量；

m_{sh}——水轮机大轴质量；

Z_r——转轮叶片数；

N_0——机组转速；

N_e——机墩组合结构混凝土基础的自振频率。

N_e 可按下式估算

$$N_e = \frac{60}{2\pi}\sqrt{\frac{C}{m}} \quad (\text{min}^{-1}) \tag{10-3-4}$$

$$C = \frac{E_{dync} \times A_{sp}}{2 \times d} \tag{10-3-5}$$

式中 C——基础弹簧系数，MN/m；

E_{dync}——混凝土的动弹模；

A_{sp}——蜗壳的水平投影面积，m^2；

d——承担蜗壳内水压的外围混凝土厚度，m。

当满足式（10－3－2）时，说明结构基础整体质量满足要求。当满足式（10－3－3）时，说明结构满足抗振要求。

以广蓄二期工程为例，按照上述公式进行计算，得出如下结果

$m_F = 4.193\text{MN}\cdot s^2/\text{m} > 5 \times m = 5 \times 0.4811 = 2.4005\text{MN}\cdot s^2/\text{m}$

$N_e = 6455\text{min}^{-1} > 1.2 \times Z_r \times N_0 = 1.2 \times 9 \times 500 = 5400\text{min}^{-1}$（额定转速时）$< 1.2 \times Z_r \times N_0 = 1.2 \times 9 \times 725 = 7830\text{min}^{-1}$（飞逸转速时）

$Z_r \times N_0 = 9 \times 725 = 6525\text{min}^{-1}$

初步判断结果表明，机墩有较高刚度，共振复核也满足要求，但在飞逸转速下共振频率错开度不足20%，尚需进一步研究论证。

2. 三维有限元计算

由于式（10－3－2）～式（10－3－5）为初步估算的经验公式，对于高水头、大容量、高转速、双向运转的抽水蓄能机组，其机墩组合结构的刚度问题，还必须通过三维有限元方法进行校核。如张河湾抽水蓄能电站机墩组合结构，机电厂家要求上机架水平刚度为6.867MN/mm，下机架水平刚度为25MN/mm，即分别在6.867MN、25MN水平力作用下，上机架和下机架的最大水平位移不超过1mm。采用三维有限元复核刚度如下：张河湾抽水蓄能电站上机架基础和下机架基础均有6个基础板，支承由发电机上机架和下机架传来的机组荷载。考虑到作用荷载的分布不平衡、荷载偏心及荷载向量可旋转等因素，假设6个基础板只有4个承受水平荷载，其中2个基础板各承担1/3荷载，另外2个基础板各承担1/6荷载，因此当荷载向量水平旋转一周时，便有工况Ⅰ～工况Ⅵ6种荷载工况组合。不同荷载工况基础荷载作用如图10－3－24所示。静力刚度计算采用拟静力法，动力刚度计算采用谐响应法，计算结果见表10－3－22。

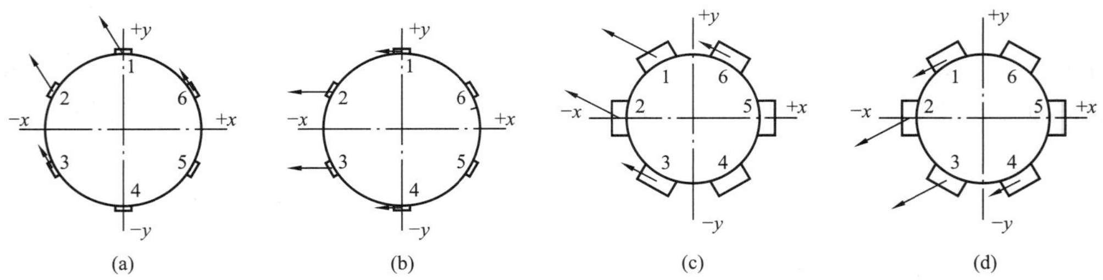

图10－3－24 不同荷载工况上、下机架基础荷载作用情况图

（a）上机架工况Ⅰ；（b）上机架工况Ⅱ；（c）下机架工况Ⅰ；（d）下机架工况Ⅱ

表10－3－22 不同荷载工况下上机架、下机架基础沿力的作用方向最大位移 mm

项　次	频率（Hz）	工况Ⅰ	工况Ⅱ	工况Ⅲ	工况Ⅳ	工况Ⅴ	工况Ⅵ
上机架基础	0（静力）	0.284	0.435	0.251	0.240	0.248	0.322
	5.555（转频）	0.230	0.352	0.205	0.199	0.197	0.260
	8.92（飞逸频）	0.236	0.364	0.210	0.203	0.203	0.266
	27（共振频）	0.372	0.925	0.356	0.291	0.599	0.477
	50（电磁频）	0.331	0.269	0.292	0.184	0.155	0.167

续表

项　　次	频率（Hz）	工况Ⅰ	工况Ⅱ	工况Ⅲ	工况Ⅳ	工况Ⅴ	工况Ⅵ
下机架基础	0（静力）	0.854	0.849	0.791	0.806	0.846	0.827
	5.555（转频）	0.665	0.660	0.617	0.626	0.657	0.643
	8.92（飞逸频）	0.673	0.669	0.621	0.633	0.665	0.648
	26（共振频）	1.000	0.717	0.730	0.701	0.991	0.782
	50（电磁频）	0.360	0.413	0.408	0.429	0.420	0.444

计算结果表明：

(1) 各工况下上机架基础、下机架基础水平刚度均能满足要求。

(2) 厂房对机组轴系统的支承约束作用，实际上是在动态运行中产生的，是动刚度的概念。当上、下机架激励荷载频率分别出现共振频率时，动态刚度低于静态刚度（动态位移大于静态位移），但当上、下机架激励荷载频率为转频、飞逸转速频率或电磁振动频率时，动态刚度明显高于静态刚度（动态位移小于静态位移）。因此，建议在机墩结构刚强度设计中，应考虑动态效应。

(3) 上、下机架基础在考虑简谐荷载的频率为转频、飞逸转速频率、共振频率的情况下，其最大位移结果与静力刚度计算结果的趋势是一致的，但当简谐荷载的频率为电磁振动频率时，其最大值发生的工况产生了一定的变化，说明动态刚度与荷载频率存在相关性。

(4) 支承结构刚度的复核表明，厂房并非轴对称结构，其纵向刚度小于横向刚度，除结构形式和尺寸的因素外，上、下游方向围岩的支撑作用也不可忽视。

（五）对厂房结构振动研究的探讨

抽水蓄能电站由于水泵水轮机组转速高、双向运转、启停运行频繁等特点，因机组摆动或水力脉动而导致的厂房支承结构振动问题较为复杂。虽然目前国内外对其已做了大量的研究工作，但仍有一些问题值得探讨和研究。

(1) 计算模型的选取。对于抽水蓄能电站，受地形条件和机组安装高程的限制，绝大多数为地下厂房。地下厂房模拟中地基范围的选取问题（即周围围岩的选取范围）对计算结果有一定的影响。对于静力问题地基选取的越大，越有利于得到正确结果，但对于动力问题，如果地基选取太大，则地基的振动会影响厂房结构自身的振动分析（如计算出的厂房楼板动位移偏大），且由于厂房混凝土结构的刚度较大，与将岩石作用简化成弹性连杆或不考虑岩石的计算情况比较，所得到的振型额外出现了许多厂房的整体振型，类似于船体在海洋中的晃动。虽然机组运行时所产生的振源不大可能引起这些整体振动，但它也属于地下式厂房可能发生的一种振动型式，当有其他振源产生（比如地震）时，有可能激起此种型式的振动，因此也不能忽略这些频率。

(2) 荷载的施加。对一个具体的工程来讲，哪一种荷载是引起厂房振动最主要的原因，要具体分析。目前的分析都集中在解决机组本身的问题，而对于土建结构工程师所关心的，在现有大型机组普遍存在水力振动的情况下，如何描述机组水力激振力的特性并将其表达为厂房振动的动荷载施加在混凝土结构上，目前水电站厂房设计规范中还没有具体考虑，国内在有限元计算中考虑水力振动荷载的尝试也很少，故其影响还有待研究。另外，模拟尾水管涡带压力脉动也是厂房结构抗振设计的难点，目前尚无定论。

(3) 频率分析。机械力荷载、电磁力荷载的频率较明确，但水力脉动荷载的频率却十分复杂多变，尤其是水力脉动荷载不仅有高、中、低各种频率的成份，而且是随运行情况和工况改变而变化的，所以不可能去找到最佳的结构固有频率来适应多变的荷载频率。但可以发现，三种荷载的共同特点是机组的转频都起到重要作用，所以结构基频避开机组转频这一传统的做法仍然是最有效的频率设计方法。

第四节　抽水蓄能电站的地面厂房和半地下式厂房

一、地面厂房

抽水蓄能电站的地面厂房一般修建在下水库岸边，与常规水电站厂房的不同之处在于机组安装高程较低，淹没深度较大，因此增加了厂房的开挖量，同时需要浇筑大量的混凝土，以抗衡浮托力。另外，厂房围墙位于水下，需要设置有效的防渗和排水结构，防止外水内渗。

在欧美国家，抽水蓄能电站采用地面厂房的工程很多，规模较大。如美国的巴斯康蒂电站（装机容量 2280MW），采用地面厂房，最大淹没深度 60.7m；美国的路丁顿电站（装机容量 1658MW）、布龙赫姆—吉保电站（装机容量 1200MW）、费尔菲尔德电站（装机容量 568MW）则采用半露天式地面厂房。前苏联的凯夏尔电站，安装 8 台 200MW 的机组，最大淹没深度 36.3m。我国大中型抽水蓄能电站中采用地面厂房的工程不多，只有羊卓雍湖（4×22.5MW）和天堂（2×35MW）抽水蓄能电站，规模不大。现以美国的巴斯康蒂抽水蓄能电站为例，说明抽水蓄能电站地面厂房的特点。

巴斯康蒂电站位于美国的弗吉尼亚州，地面厂房内安装 6 台 380MW 机组，总装机容量为 2280MW，1985 年开始运行。

1. 地面厂房的布置和结构

巴斯康蒂电站地面厂房布置如图 10-4-1 所示。由于机组安装高程的要求，厂房全部位于下水库最高运行水位以下，四周为混凝土结构。安装场、进厂公路和开关站设在与厂顶齐平的地面。厂顶高出下水库最高运行水位 1.5m，不设天窗，形成畅通无阻的厂顶区，便于厂内设备的运输以及尾水闸门、开关站的安装和检修。

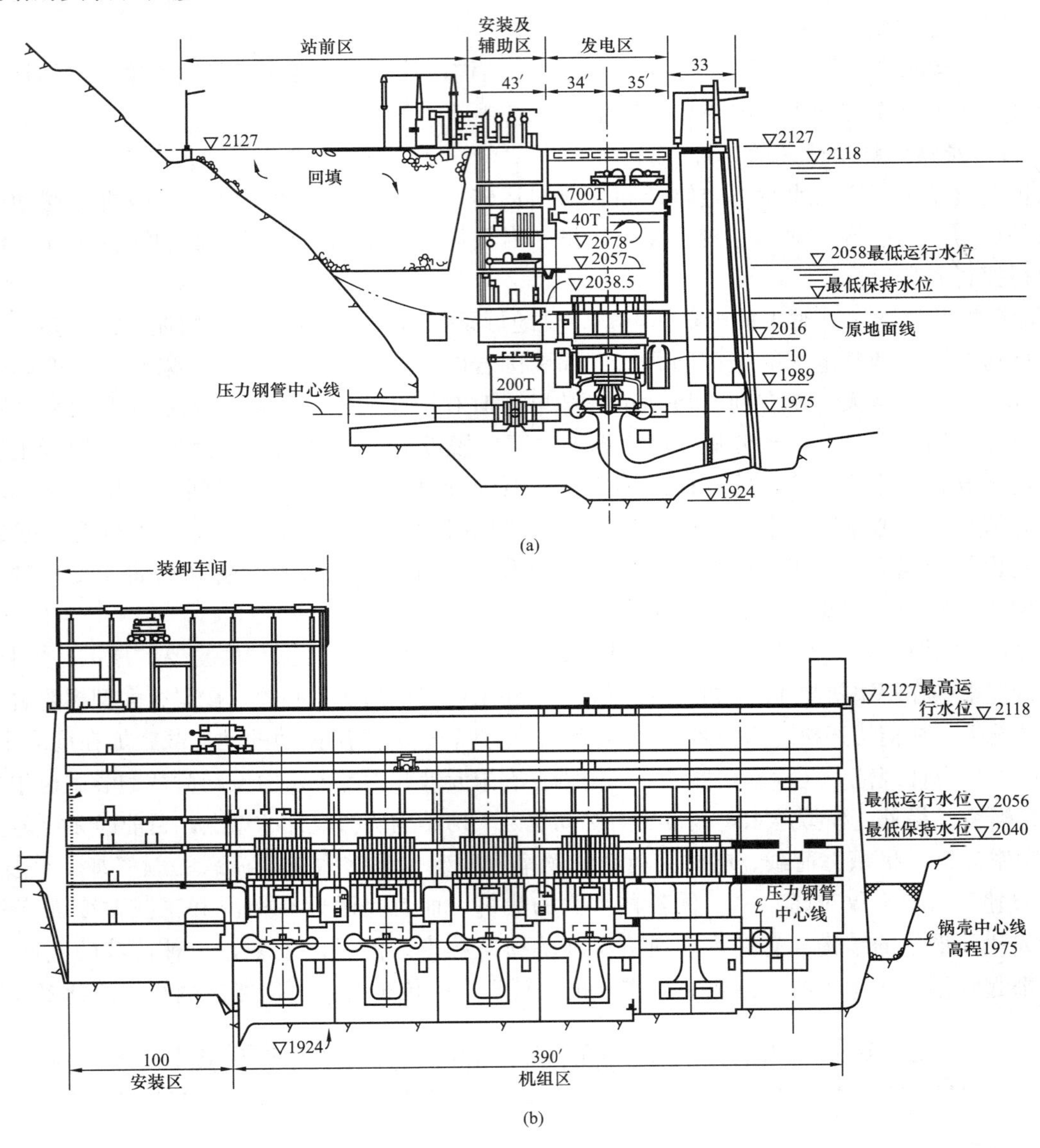

图 10-4-1　巴斯康蒂抽水蓄能电站厂房布置图

(a) 纵剖；(b) 横剖

2. 抗浮和防渗设施

由于巴斯康蒂电站机组安装高程较低，淹没深度较大，形成深开挖和高厂房，地面厂房需要足够的重量来抗衡浮力，抗浮是设计的关键问题，要求厂房抗浮稳定的安全系数不小于1.25，厂房建筑共浇筑约50万m^3混凝土才满足了抗浮要求。同时，厂房内部的支撑结构也需要加强，在发电机层和母线层，楼板厚度为1.5m，用以支撑边墙，承受下游静水压力。

厂房周围与水体接触的混凝土结构要求有可靠的防渗设施，才能保证厂内干燥，具有良好的运行环境。该电站采用以下防渗措施：

（1）空心墙。将混凝土块、砖或预制板砌在迎水外墙的内侧，两墙之间留10～15cm的间隙，间隙底部设排水沟。

（2）排水暗沟。在最低高程的基础板和廊道底板设置排水暗沟，防止渗水通过基础板和底板渗出。

（3）抗裂设计。厂房外部的钢筋混凝土结构，要控制其变形和裂缝宽度。

二、半地下式厂房

（一）半地下式厂房的布置特点和适用范围

1. 布置特点

对于厂房布置在下水库附近的抽水蓄能电站，由于淹没深度较大不适宜修建地面厂房时，可选择半地下式厂房。半地下式厂房介于地面厂房和地下厂房之间，由地面和地下两部分组成。地面部分与常规的地面厂房相同，一般有安装场、副厂房、变电站等。地下部分或在岩石中开挖而成，或在软岩中开挖后回填而成，一般将主机及必须的附属设备布置在地下。

2. 结构形式

抽水蓄能电站的半地下式厂房分为竖井式和沟槽式两种。竖井式厂房的地下部分是在岩石中开挖出来的圆形竖井，主机设备布置于竖井内，在竖井顶部修建地面厂房和变电站等。沟槽式厂房与竖井式厂房的布置形式相近，不同之处在于沟槽式厂房的地下部分是明挖的圆形或槽形基坑，基坑四周设置混凝土结构，而后回填至基坑顶部高程。如果基岩出露高程低于厂顶，则形成竖井式和沟槽式相结合的组合式结构。

与沟槽式厂房相比，竖井式厂房的开挖量小，井壁衬砌可直接锚固到四周的围岩上，衬砌厚度可减薄，因此更加经济。

3. 适用范围

半地下式厂房适用于各种地基条件。在岩石条件较好的厂址，可修建竖井式厂房。竖井式厂房多为单井或双井，每个井内最多布置两台机组。对低水头、多台机组且基础为软基的电站，可选择沟槽式厂房。如果淹没较深，基岩出露高程不足时，可选择竖井式和沟槽式相结合的组合式结构。

与地下厂房相比较，半地下式厂房的优点在于内外交通便利，通风条件优越，可大大减少地下洞挖的工程量，经济合理。与地面厂房相比较，适用于更大的淹没深度，四周的岩石和回填可有效地抵御上浮力的作用。但是，由于半地下式厂房竖井内空间狭小，淹没深度较大，因此存在噪声、防潮、防渗和排水等问题，需在设计和施工中很好地解决。

（二）国内外半地下式厂房的建设

国内外抽水蓄能电站部分采用半地下式厂房的工程特性见表10－4－1，从表中可知，在国外抽水蓄能电站的建设中，应用半地下式厂房的较多，前南斯拉夫特什尔达勃抽水蓄能电站装机规模最大达6×200MW，澳大利亚维文霍爱抽水蓄能电站厂房竖井最深达95m。国内仅有溪口和沙河两个抽水蓄能电站，装机规模也不大。

表10－4－1　　国内外抽水蓄能电站半地下式厂房的工程特性表

电站名称	国　家	设计水头（m）	装机容量（MW）	井数（个）	竖井外径（m）	竖井深（m）	投产年份
黑又川Ⅱ级	日　本	80	1×19＝19	1			1964
朗浩逊	西　德	272	2×70＝140	1	29	40	1968

电站名称	国　家	设计水头（m）	装机容量（MW）	井数（个）	竖井外径（m）	竖井深（m）	投产年份
维安旦Ⅱ级	卢森堡	292	1×215=215	1	23	40	1973
佛尔斯	英　国	185	2×150=300	2	21	50	1974
朗盖勃洛采里廷	西　德	315	2×80=160	1	38×35	40	1976
罗丹德Ⅱ级	奥地利	357	1×270=270	1	22	50	1977
兹优尔尼克	前南斯拉夫	355	1×100=100	1	17	65	
特什尔达勃	前南斯拉夫	380	6×200=1200	6	25	76	
什依拉	法　国	261	2×250=500	2	22	70	1979
斯津勃拉斯	南　非	286	4×45=180	2	20	46	1980
柯泰依	奥地利	440	3×115=345	22	30	80	1980
卡拉扬	菲律宾	286	2×150=300	2	38×35	40	1982
维文霍爱	澳大利亚	117	2×250=500	2	15	95	1984
姆台洛	波　兰	262	3×250=750	3	25	63	1986
溪口	中　国	276	2×40=80	1	27.1	31.5	1997
沙河	中　国	123	2×50=100	1	31	38	2002

1. 溪口抽水蓄能电站

溪口电站是国内建设的第一座半地下圆形竖井式厂房，最大开挖深度为31.5m，开挖直径为27.2m，安装两台40MW的机组，厂房布置如图10-4-2所示。

地面以下厂房为圆形竖井结构，竖井围岩属Ⅱ类，为灰紫色砾岩，中等强度，断裂构造不发育。井壁为混凝土衬砌，厚度1.0m，并进行了水平方向的固结灌浆。沿井壁环向分布了五层排水孔，通过三条竖管将围岩渗漏水排至厂房底部的集水井。

竖井内直径为25.2m，分为四层：球阀层、水轮机层、发电机下层和发电机层。球阀层主要布置球阀、检修排水系统、蜗壳人孔通道等，底部为集水井。水轮机层安装有工业技术供水系统等。中间层布置调速器、油压系统及电制动装置等。发电机层布置机旁盘柜，距主厂房地面高差为15.3m。

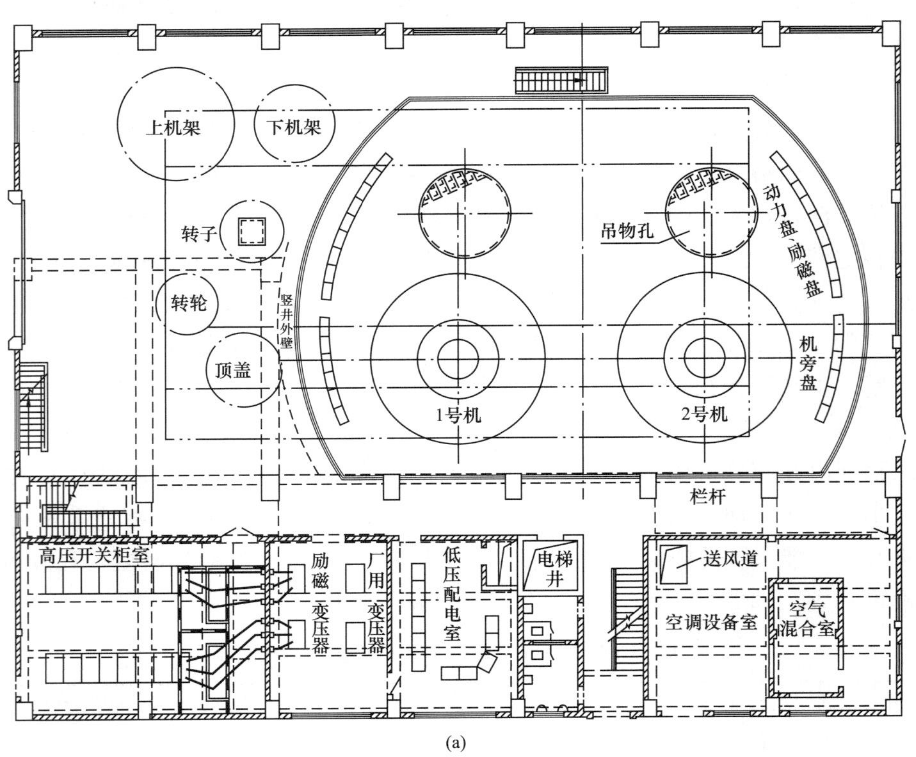

图10-4-2　溪口电站厂房布置图（一）

(a) 安装层平面图

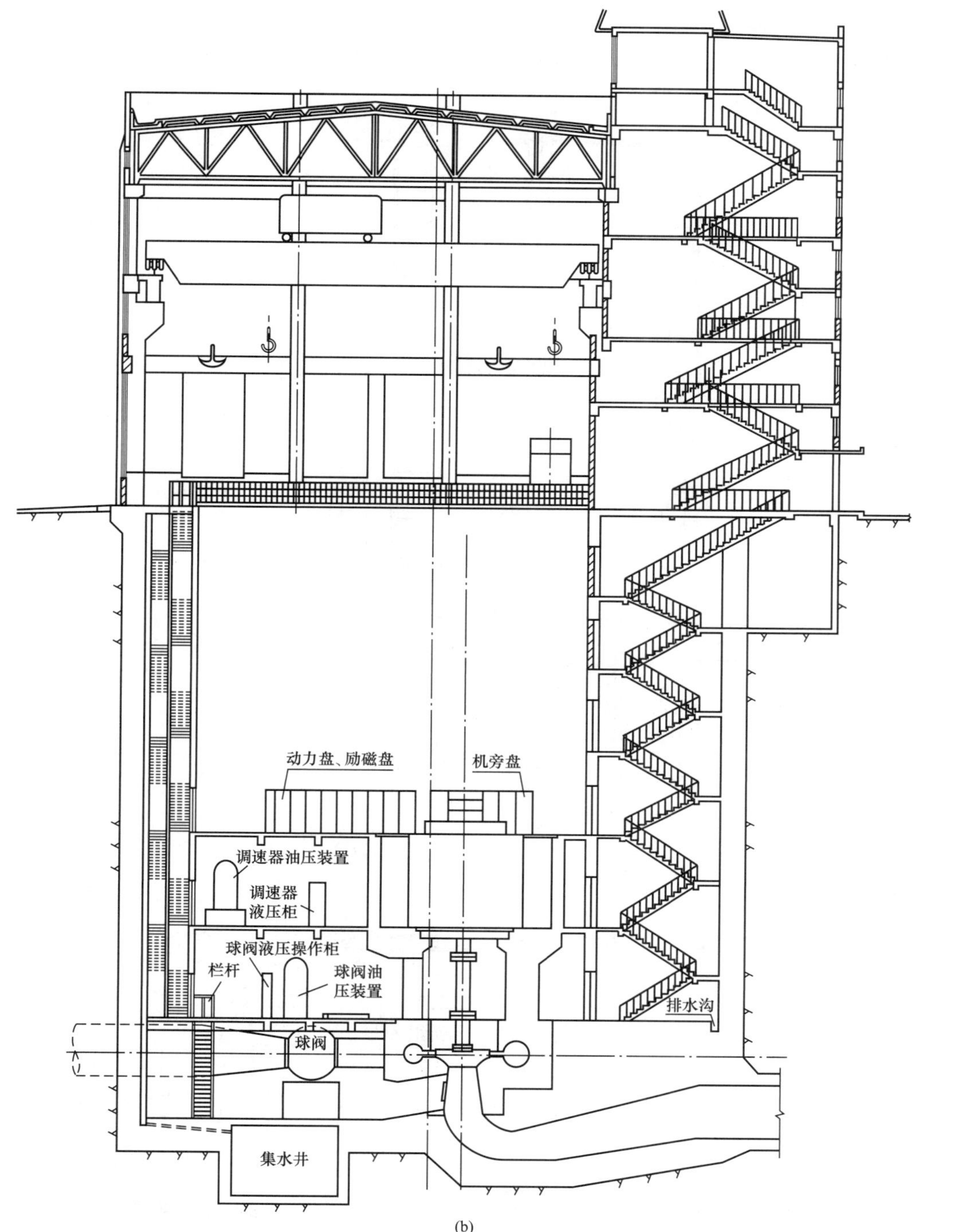

(b)

图 10-4-2 溪口电站厂房布置图（二）

(b) 横剖面图

为有效的排除聚集在竖井内的热量和潮湿，井内通风采用机械制冷分层季节性空调方式，基本为直流式系统运行，副厂房采用机械排风系统。

地面以上厂房为长方形，宽 21.7m，长 42.8m，高 16.9m。安装场长 12m，布置在厂房的一端，与进厂公路相通。副厂房布置在厂房的下游侧，宽 9.6m。110kV 升压开关站布置在副厂房的右侧，宽 28.6m，长 53.5m，建筑面积 168.5m^2，站内布置 2 台 50MVA 升压变压器以及 SF_6 断路器、隔离开关、互感器等。

当两台机组同时运行时，球阀层和水泵水轮机层噪声分别达 90.2dB 和 93.1dB，中间层和发电机层噪声也达 86.6dB 和 83.9dB，在封闭的竖井机房内产生很强的混响。虽在井壁贴吸音板，水车室、尾水进人门、电梯间等处设隔音门、消声器，噪声仍较高。

2. 沙河抽水蓄能电站

沙河蓄能电站半地下式厂房是国内规模最大的，地下部分为竖井式，安装两台 50MW 的机组，厂房布置如图 10－4－3 所示。

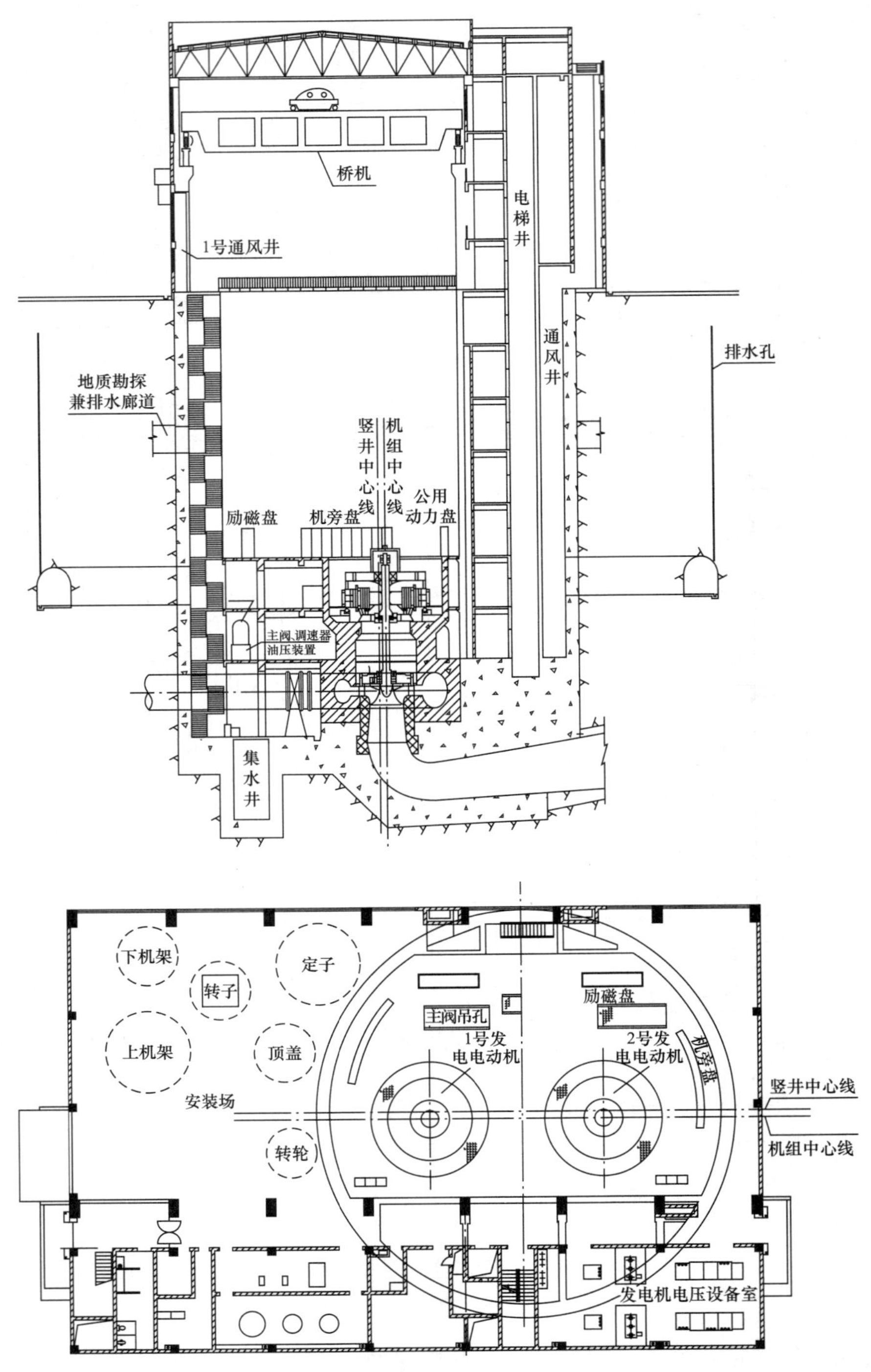

图 10－4－3　沙河电站厂房布置图

地面以下竖井位于熔结凝灰岩内，圆筒形结构，内径 29m，竖井总高 38m。井壁采用喷锚支护和混凝土衬砌相结合的复合支护结构，混凝土衬砌厚度 1m。竖井内主厂房共四层：蜗壳层、水泵水轮机层、中间层和发电机层。机墩、风罩采用圆筒形结构，水泵水轮机层以下为大体积混凝土。竖井上游侧设有通风井及楼梯，下游侧为副厂房、电缆井、通风井、电梯井及楼梯。为防止竖井周围岩体的地下水渗入竖井内，在竖井外侧 8m 处布置一个环向排水廊道，并设置排水孔，形成排水幕，以阻止地下水渗入竖井。地下水通过排水孔进入排水廊道，最终汇入厂房底部的渗漏集水井。竖井内不设防潮墙，井壁表面布置铝塑穿孔板，与井壁间设置隔水吸音垫层。并安装了通风和空调系统，并在蜗壳层和水泵水轮机层各设一台除湿机。

电站地面以上厂房采用框架结构，布置有安装场和副厂房，屋面采用钢桁架、预制钢筋混凝土屋面板。安装场布置在竖井北侧，与进厂公路相连。副厂房位于下游侧，布置有中控室、通信室、透平油库、发电机电压开关设备、静止变频装置、高压开关柜、低压开关柜等。变电站紧靠地面副厂房布置，设有2台主变压器、一回220kV出线。

3. 卡拉扬抽水蓄能电站

菲律宾的卡拉扬抽水蓄能电站是菲律宾的第一座抽水蓄能电站，一期工程装有两台150MW的机组。根据电站的地形、地质及机组安装高程的要求，比较了地下式厂房和半露天竖井式厂房两种厂房布置方案，由于地下式厂房的设备、土建投资分别比半露天竖井式厂房多6.6%和100%，因此采用半露天竖井式厂房。

厂房竖井断面为椭圆形，长短轴（净空尺寸）分别为36m和31m，竖井深42.5m，上部穿过具有高度渗透性的冲积层，下部则处在岩石层中。厂房布置如图10-4-4所示。

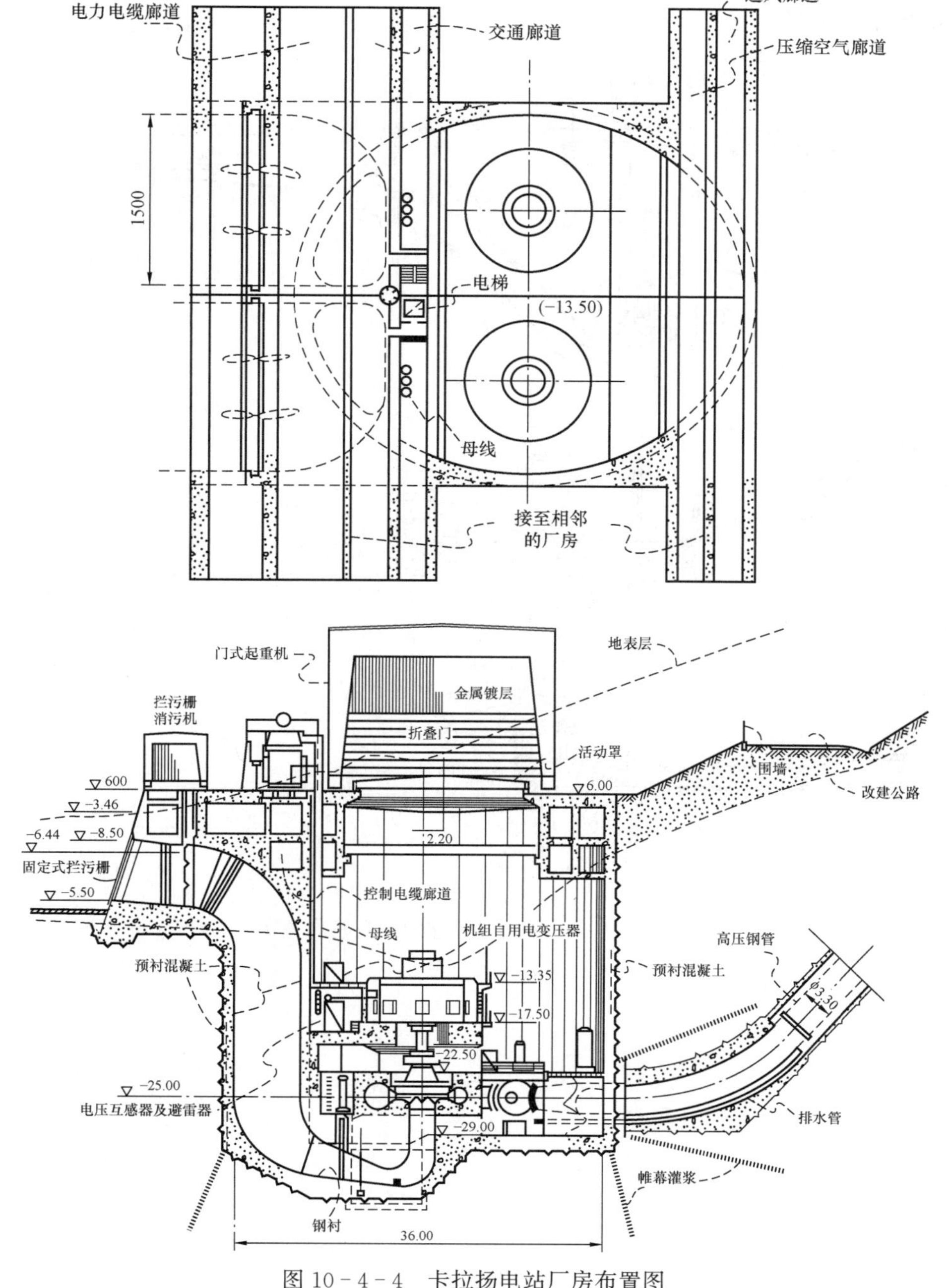

图10-4-4　卡拉扬电站厂房布置图

第十章　抽水蓄能电站厂房

厂房顶部位于地面，设有轻质屋顶，墙内侧衬有铝板。230kV 的开关站建在主厂房竖井北约 100m 处的室外，副厂房建在主厂房与开关站之间，控制楼设在开关站与尾水渠之间，楼内设有控制室、变电站的辅助电气设备以及所有管理办公室。

从厂房底层至地面一共分为九层，各层间交通靠电梯和楼梯联络。最底层是全厂检修排水、渗漏排水泵房；第二层为球阀层；第三层为水轮机层，上游侧布置球阀油压装置和机组调速器，下游侧布置发电机推力轴承外循环系统；第四层为发电机下层，下游侧布置发电机引出线路电气设备；第五层为发电机层，主要布置电站厂用变压器和发电机引出线设备；第六层为临时中控室；第七、八层为电缆层；第九层为地面层，布置主变压器和安装间。

4. 罗丹德Ⅱ级电站

奥地利的罗丹德Ⅱ级电站建于 1977 年，厂房地下部分为圆筒形结构，外径 22m，安装一台 270MW 的机组，厂房布置如图 10-4-5 所示。由于机组安装要求，厂房总高 50m，但几乎一半位于覆盖层内，因此采用了竖井式和沟槽式相结合的组合式半地下厂房。位于基岩内的为竖井结构，高于基岩部分的厂房仍为圆筒形，四周围墙为 80cm 的混凝土结构，井壁为 75cm 的混凝土衬砌，围墙与衬砌之间设置 5mm 厚的钢板防渗。

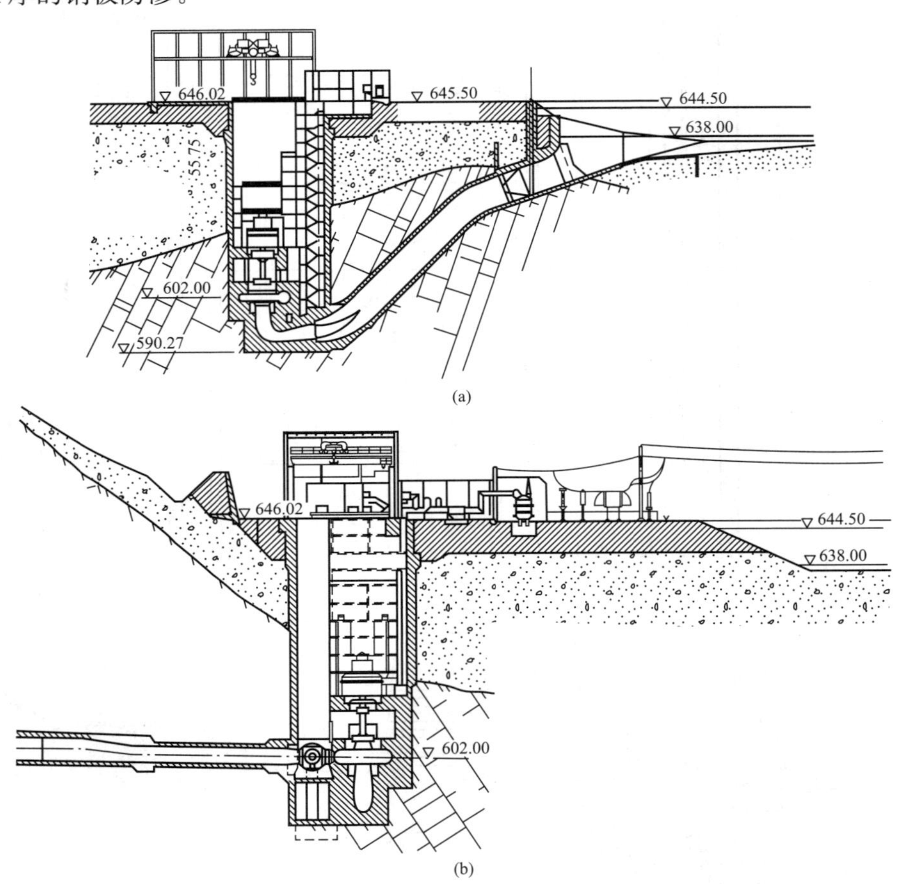

图 10-4-5　罗丹德Ⅱ级电站厂房布置图

第十一章 枢纽建筑物工程安全监测

第一节 枢纽建筑物监测目的、原则及应具备的资料

一、监测目的

抽水蓄能电站工程监测的目的与常规水电站基本一致，均以安全监测为主，同时指导施工和为设计提供监测信息，是为施工期、运行初期和正常运行期工程建筑物的工作性态进行适时的动态监控，保证不同工况和时期各建筑物均处于正常工作状态。一般情况下，抽水蓄能电站工程监测的目的包括：

（1）提供用于为控制各种不利情况下工程性态的评价，以及在施工期、运行初期和正常运行期对工程安全进行连续评估所需的数据资料，及时掌握和提供其物理量定量的变化信息和工程建筑物及地质体的工作状态。

（2）验证与调整工程设计，在施工期随施工过程所取得监测资料，有助于工程设计的验证与调整，通过工程原型实测数据与理论计算及试验预计的工程特性指标的对比分析，便于掌握工程设计的合理程度及供设计修改，同时提供反分析、敏感性分析所需的重要依据，如坝体填筑控制指标、地下围岩支护参数、边坡加固及降水工程措施的调整等。

（3）促进工程技术进步，实测数据是一定边界条件下工程建筑物工作性态的综合反映，因此，可通过类似或同类工程实测数据的反分析与理论研究，进一步完善和促进工程技术进步，为设计和施工积累准确的技术资料及经验，使工程建设更趋于经济、合理。

（4）评价工程的安全性，指导施工及改进施工技术，对可能危及工程安全的初期或发展过程中的险情及未来性态作出预测、预报，以便及时采取相应的工程安全措施。

（5）动态监控工程运行期的工作性态，指导工程运行管理与维护，保证工程经济、安全运行。

二、监测原则

（1）紧密结合工程的特点和关键性技术问题，有针对性地选择监测项目和工程部位，随施工进程进行监测，通过代表性监测及辅助监测设施，系统、全面、及时地监控工程的工作状况。

（2）各监测设施的布置应密切结合工程具体条件，既能较全面地反映工程的运行状态，满足规范规定、施工和运行期不同侧重监测需要的项目及功能，又具有针对性，监测重点突出、目的明确，应统筹安排合理布置相关监测项目，宜选择地质、结构受力条件复杂或具有代表性的部位设置监测断面，使重点部位的监测项目能够相互校核与验证。

（3）监测项目应根据工程建筑物级别、重要性、设计计算、模型试验成果及温度控制等方面的要求确定。一般在Ⅰ、Ⅱ等抽水蓄能电站主要建筑物设置监测项目。对于不良工程地质和水文地质条件，采用新材料、新结构、新的设计理论（和方法）或新工艺以及工程建设中需要加以监控或验证的建筑物，均宜设置相应的监测项目。

（4）各监测仪器设施的选择，要考虑可靠、耐久、经济、实用，技术性能满足具体工程需要，应具有先进性和便于实现自动化监测。所采用的监测方式、方法应是技术成熟、便于操作的。采用监测

自动化系统的同时，宜具备人工测读条件。

（5）应保证在恶劣气候、环境条件下仍能进行必要项目的观测，必要时可设置专门的监测设施，如观测站（房）、观测廊道、施工及观测便道等。

（6）监测仪器设施的安装及数据资料的提供应保证其时效性，满足在不同工程阶段和工况下均能够获得必要的监测成果，以满足各种工程需求。

（7）工程监测应严格按规程规范和设计要求进行，相关监测项目力求同时观测，以便于观测数据资料的对比、统计分析与相互验证。应针对不同阶段的目的要求，突出观测及资料分析的重点，对于观测发现的异常应立即复测，做到观测连续、数据可靠，能够准确反映工程的工作性态，并及时整理分析与上报。

（8）仪器监测应与巡视检查相结合。监测仪器设置力求简捷、经济、实用、针对性强，为工程的安全运行发挥作用。

三、监测应具备的资料

（一）上、下水库

抽水蓄能电站上、下水库工程安全监测，应掌握拟建工程的水文气象、地质条件、建筑物设计资料等，要求具备的资料见表11－1－1。

表11－1－1　　上、下水库工程监测所需资料

序　　号	类　　别	需具备资料
1	水文气象	① 气象特征； ② 暴雨特征； ③ 洪水特性； ④ 施工洪水； ⑤ 水情自动测报系统等
2	地质条件	① 区域地质与地震； ② 坝基、库岸及库底岩性； ③ 地质构造； ④ 水文地质； ⑤ 岩体物理力学性能指标； ⑥ 地质平面、剖面图； ⑦ 岩体类别； ⑧ 工程地质与水文地质试验资料等
3	工程设计及施工资料	① 工程规模、等级及枢纽布置和必要的结构图； ② 与其他分部工程关系（如进/出水口、闸门井及放空建筑物）； ③ 坝体（包括混凝土面板）及坝基应力变形分析； ④ 坝体及库岸边坡稳定计算分析； ⑤ 坝体及坝基渗流计算分析； ⑥ 坝体温度场计算分析； ⑦ 泄洪消能计算； ⑧ 结构计算； ⑨ 各试验研究、筑坝料设计及水工模型试验成果； ⑩ 施工组织设计等

（二）水道、厂房系统

水道、厂房系统地下洞室工程监测，首先应掌握工程地质条件、建筑物设计资料等，要求具备的资料见表11－1－2。

表11－1－2　　水道、厂房系统工程监测所需资料

序　　号	类　　别	需具备资料
1	工程地质条件	① 地层岩性； ② 岩体结构与构造性状、部位、规模； ③ 岩体物理力学性质及波速指标； ④ 地质剖面图、平切图； ⑤ 测区三维地质图像； ⑥ 地应力数据及方向； ⑦ 地下水及涌水； ⑧ 围岩类别等

续表

序　号	类　别	需具备资料
2	工程及施工设计资料	① 水道、厂房系统布置及必要的结构图； ② 地下洞室形状及规模； ③ 与其他分部工程关系（如立体交叉位置、距离）； ④ 支护设计参数； ⑤ 围岩变形与稳定分析； ⑥ 渗流计算； ⑦ 结构计算； ⑧ 水力学计算； ⑨ 施工组织设计（包括洞室开挖程序、爆破参数等）

需要指出的是：

（1）在监测设计和仪器安装埋设之前，应熟悉上述资料，以便结合各工程特点及其监测目的要求，按规范规定和上述原则设置必要的监测项目，确定监测部位及与测点间的相关关系；安装埋设监测仪器过程中，应依据工程具体情况（如钻孔揭露地质构造、位置，地下水出露等），做出是否调整安装埋设的建议等。

（2）在监测数据资料分析成果发布期间，尤其在监测数据出现突变时，必须结合建筑物的工况、相关地质条件、施工信息（如开挖程序、爆破参数等）、环境量等进行综合分析。同时，还应特别注意对相邻建筑物、洞室施工等各边界条件及影响信息的收集，才能综合各相关因素取得符合工程实际、真实可靠地反映工程建筑物工作性态、有价值的分析成果（应避免仅提供测值数据或流于报平安的形式）。

第二节　上、下水库工程安全监测

抽水蓄能电站上水库工程一般是采用挖填建坝围库，大多为面板堆石坝，其天然条件使得坝体可能具有坝基深覆盖层、坝基为倾向下游的斜坡面和劣质料筑坝等特点，并根据库区水文和工程地质条件而采用全库或局部防渗型式。下水库工程多数利用天然河流建坝成库，或利用已建水库。当不宜在天然河床修建下水库时，亦有如同上水库型式直接修建下水库，自天然河流引水至库内，该方式修建的下水库其坝型、布置、防渗和排水结构型式等一般视地形、地质条件而定，与上水库类同，其工程特点、关键技术问题及相应的监测设施与上水库相似。

根据上、下水库的运行特点，不仅需要监控渗流的渗透压力及渗透破坏，还应加强上、下水库渗流量监测。渗流量是综合表征水库防渗结构工作性态的重要指标，宜结合结构排水分区监测渗流量。在北方寒冷地区修建的上、下水库，其冰冻影响与巡视检查均为工程安全的特殊监测项目。此外，需更重视上水库山体地形条件的地震放大效应，对上水库工程建筑物和库区进行强震监测。

作为大坝工程监控物理量值动态定量分析基础的变形、应力应变和渗流监测具有互为关联的整体性。一般将上、下水库工程变形、渗流作为重点必测项目，结构应力、应变为辅测项目，再有针对性地设置专项监测及环境量监测等。监测仪器的布设应达到在整体上监控工程实际运行状况的目的，形成系统完整的安全监测系统。其监测项目主要包括建筑物和库岸边坡的表面变形、内部变形、应力、应变、渗流、地震强震及环境量监测等。

一、表面变形监测

监测水工建筑物表面的变形，需在建筑物周边设置稳定的基准点和相对稳定工作基点，在建筑物及边坡表面设置测点。随测绘技术发展，水工建筑物表面变形监测有四种方法：①人工测量；②利用全站仪的测点目标自动搜寻测量功能，在基准点固定设置全站仪，对测点目标进行自动测量，即全站仪自动化（或半自动）监测；③采用全球卫星定位技术，通过高精度短边静态定位测量，在基准点和测点固定设置（或移动搬站）GPS 接收机，对测点目标进行自动（或移动搬站）测量，建立 GPS 自动化监测；④上述三种测量方式除全站仪与 GPS 两种自动化监测系统组合之外的其他测量形式。

对于采用非全库防渗型式的水库，其监测与常规电站大坝工程基本一致，大多具备设置变形监测网的地形、地质条件，相对较易实施，宜采用人工测量或全站仪自动化监测系统对坝体和库岸边坡表面测点进行监测。

对于采用混凝土面板全库防渗的上、下水库工程，需对坝体和库岸边坡周边进行表面变形监测。设置满足规范规定和监测使用条件要求的变形监测网一般难度较大，可采用人工与全站仪自动测量相结合，或全球卫星定位系统监测方式。

1. 人工测量监测

库区地形、地质环境具备设置变形监测网的条件，监测网能够覆盖布置表面变形测点的观测，保证现场观测条件满足规范规定的精度要求时，可采用此方法，如十三陵、天荒坪、宜兴等抽水蓄能电站。十三陵抽水蓄能电站上水库表面变形监测（见图 11－2－1）建立三角测量和水准测量的Ⅰ等控制网，共设置平面基准网点 4 个，水准基准点 1 组（3 个水准点），平面网工作基点 4 个，水准网工作基点 2 个。平面基准网点 TN1、TN2 和水准基准点组均设置在距库区 1km 以外的主坝下游岸坡稳定岩体上，工作基点可利用基准点进行校测，且基准点亦作为工作基点使用。对于坝体下游坡面及库顶设置的表面变形测点，其水平位移采用边、角交会法进行监测，竖向位移采用精密水准法进行监测。由于地形条件限制，部分测点的竖向位移无法采用精密水准测量方法进行监测，为保证监测精度，对库岸边坡、库内面板表面测点及坝体下游坡面、库顶部分测点采用了三维边角交会法进行监测，取得了较好的效果。

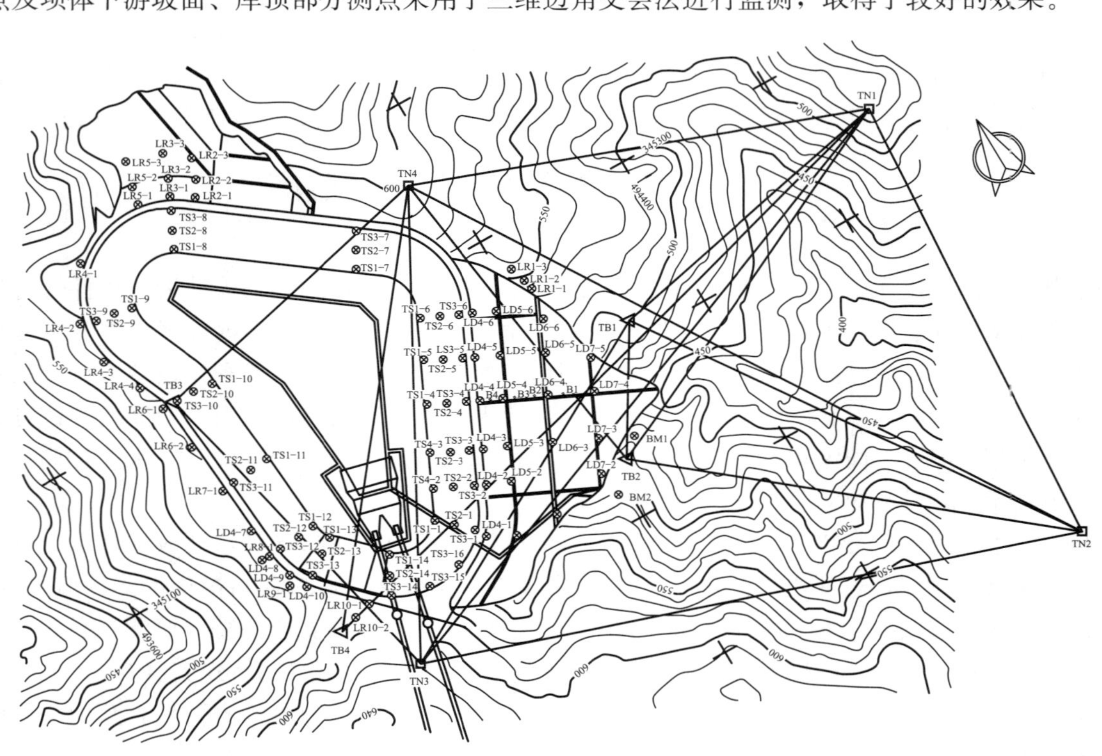

图 11－2－1　十三陵抽水蓄能电站上水库表面变形监测布置图

TN—基准点；TB—工作基点；BM—水准工作基点

2. 全站仪自动（或半自动）测量监测

对坝体测点相对集中区域宜采用全站仪自动监测，对于库周其他测点需辅以人工半自动测量监测。全站仪自动监测应设置两个固定基准点或工作基点。

在西龙池抽水蓄能电站下水库表面变形监测中，由于那里地形、地质条件复杂，坝基为深厚覆盖层，库岸边坡高陡且有危岩分布，其表面变形是重要监测内容之一。按规范规定和工程安全监测的需要设置表面变形测点，覆盖范围广，数量多，位置分散，部分测点位于难于攀登的边坡和危岩表面。因工作基点和测点之间距离远、高差大，观测条件差，且受气候和人为因素等影响，采用全人工测量方式难以取得准确可靠的观测数据。综合以上因素，采用全站仪自动与人工半自动相结合的监测方案，监测布置如图 11－2－2 所示。

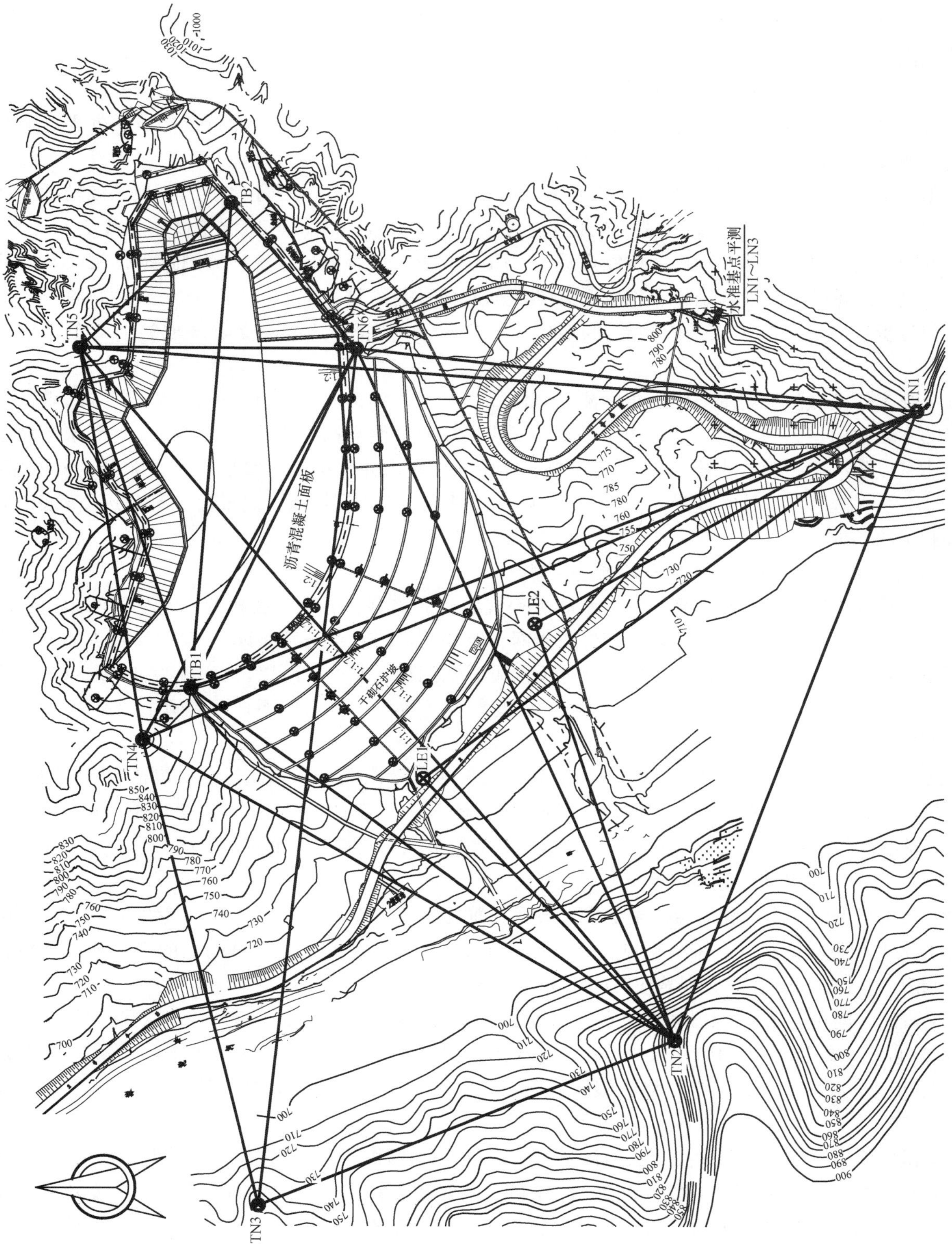

图 11-2-2　西龙池抽水蓄能电站下水库表面变形监测布置图

TN—基准点，TB—工作基点，LE—校核基点，LN—水准基准点

该系统的全自动三维边角交会监测利用两个基准点（TN1、TN2）作为控制测站，将具有自动观测功能的全站仪固定安置在控制测站上。可按设定的测点观测方案，实施自动观测、外业观测数据的动态检核与传输、观测数据的计算处理，整个自动观测过程无需人工干预，并可实施远程控制。同时，为提高监测精度及成果的可靠性，利用校准基点坐标信息，在保证控制点点位坐标不发生变化或其坐标变化量能够被完全掌控的前提下，对校准基点和测点同时实时观测，以校准基点的坐标和高程变化作为校准依据，实施对测点坐标、高程监测成果的必要修正，这种自校准的数据处理方式，对解决监测点相对分散，且测点距固定测站测距较长的不利条件具有针对性。半自动三维监测与上述全自动方式相类似，只是由于受地形条件等制约而采用流动搬站方式进行观测，不考虑自校准数据处理，节省了数据传输及全站仪供电系统。

利用全站仪的目标自动识别系统即 ATR 方式进行测量，由于其望远镜不需要人工聚焦或精确照准目标，测量的速度明显加快，较常规方式测量速度平均提高 1 倍以上，其监测精度不依赖于有经验、高水平的测量员，可对坝体及坝肩部位测点进行 24h 全天候连续观测。其变形监测自动化机载及后处理软件，具有原始数据、处理结果、精度信息等数据的储存与管理功能，可供调用与查询，对数据进行检验与分析，加快了监测成果的信息化反馈，提高了工作效率，从而能够较好地达到安全监测的目的。

该系统工作基点网的观测采用边角网测量方法，以基准点作为固定基准，按经典平差方法获得工作基点的平面坐标，为满足测点全自动及半自动三维监测对控制点高程精度的要求，按一等水准测量获取工作基点的准确高程。水准基准点设置在下水库靠左岸山体水准基点平洞内，平洞分内外两室，内室设置 2 个水准基点，外室设置 1 个水准基点，水准基准点平行洞轴线直线布置，作为下水库表面变形高程测量的基准。

3. 全球卫星定位系统（GPS）自动测量监测

对于库周地质条件差、地形平坦的上水库工程表面变形监测，由于无法找到稳定有利的制高控制位置，采用上述方法有时难以建立表面变形监测网。但其良好的对空条件保证了 GPS 接收机能够收集到高质量的观测数据，同时在距上水库一定范围内可以找到稳定基准，所以，宜采用 GPS 进行自动测量监测，一般无需辅以人工测量监测方式。全球卫星定位系统自动测量监测宜设置两个固定 GPS 接收机的控制基准点。

GPS 表面变形监测是建立在其高精度短边静态定位测量基础上的，其设备主要包括 GPS 接收机、数据传输通信系统、中央控制装置硬件、数据采集处理分析及信息管理软件。主要有以下特点：

（1）基准点与测点之间无需地表通视。可直接建立基准点与测点之间的变形监测关系，无需再设置其间的工作基点，使得基准点和测点位置的选择更加灵活。

（2）测量精度高。根据隔河岩混凝土重力拱坝表面变形监测成果，其 2h GPS（双频）观测数据解算测点的水平和竖向位移（三维）精度优于±1.5mm；6h GPS 观测数据解算测点的水平和竖向位移（三维）精度优于±1.0mm，数据响应时间小于 10min。

（3）观测时间短。采用 GPS 系统进行测点的变形监测，对于全自动固定测点，多数测点系统反应时间为 1h 以内（即从每台 GPS 接收机传输数据开始，到处理、分析、变形显示为止），所测变形测点的观测时间同步，其测点的三维位移能够同步测出。对于人工搬站测点，多数测点约 1.5h 可得出变形量。

（4）操作简便、自动化程度高。GPS 测量可实现自动化监测。对于固定测点，安装 GPS 接收机后实现表面变形的自动监测；对于搬站测点，测量员的主要任务只是在测点强制对中基座上安置并开关仪器，而其他观测工作如卫星的捕获、跟踪观测、记录、计算分析和统计等均由仪器软、硬件设备自动完成，并可减小人为测量的误差。

（5）全天候作业。常规测量方式所用的仪器设备是基于几何光学原理工作，故不能在黑夜、雨、雾、雪、大风等气象条件下正常观测，而 GPS 测量则基本不受外界气候条件的影响，可在任何时间进行连续观测。

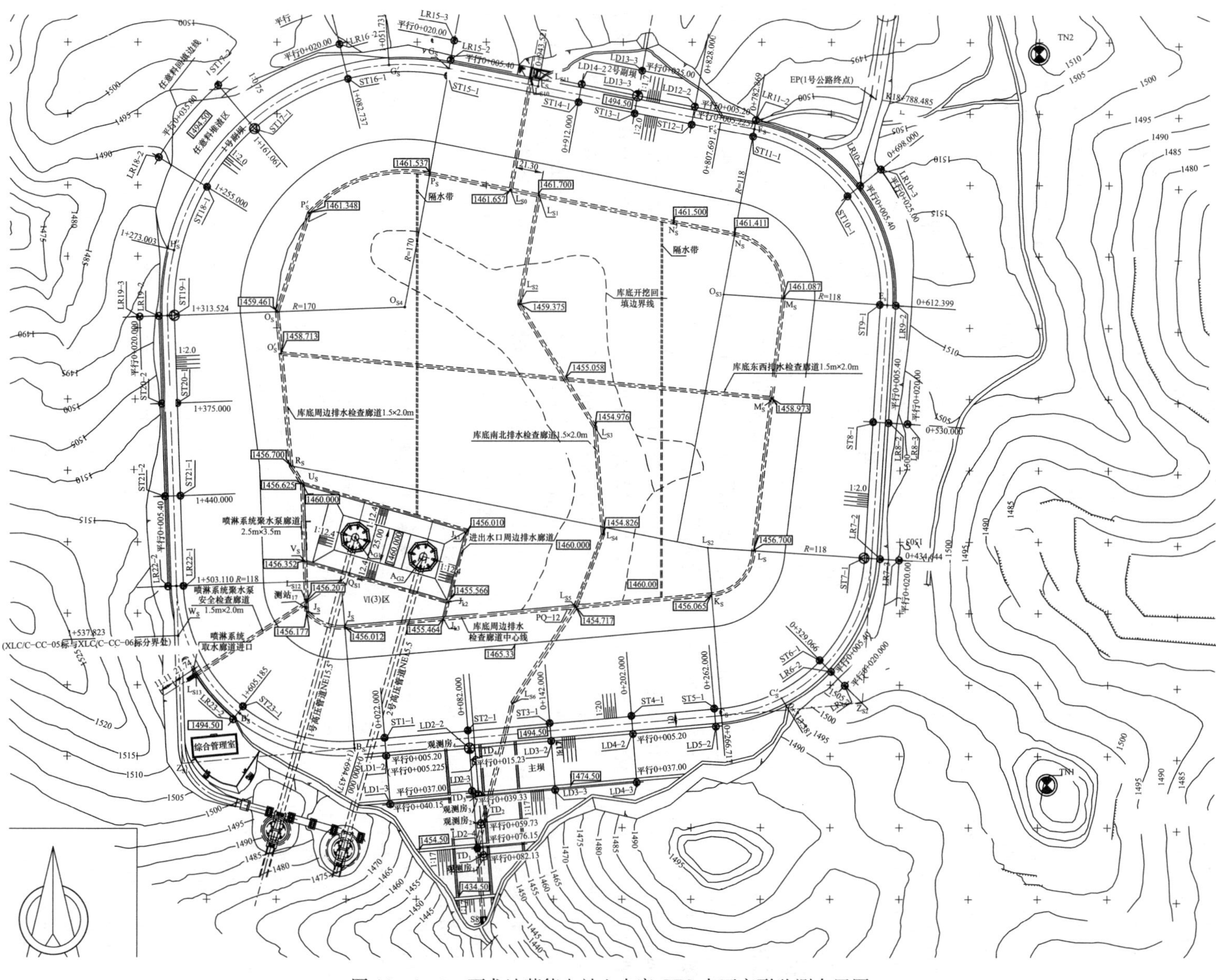

图 11-2-3 西龙池蓄能电站上水库 GPS 表面变形监测布置图

TN—基准点

（6）虽然GPS表面变形监测的基准点与测点之间无需地表通视，但基准点和测点与卫星之间的信号传输受地形条件及建筑物结构体形等影响，使得各测点GPS天线所能接收到的卫星信号的数量不等。测点接收卫星数量多、分布均匀（PDOP－几何强度因子）、解算时间合理，则监测精度高，反之监测误差增大，甚至不能满足工程安全监测的需要。对于基准点和重要的固定GPS接收机的测点，原则上接收机天线高度仰角15°以上范围内宜无地形及构筑物遮挡，其他如搬站测点的监测，其测点周围的边界条件可适当放宽，而通过观测解算时间的适当延长来满足监测精度要求。

（7）全球卫星定位系统（GPS）表面变形监测工程建设投资相对较大，监测运行管理费用低，可减低劳动强度及提高效率。

张河湾抽水蓄能电站上水库地形、地质条件复杂，按常规测量监测方式，其基准点和工作基点只能设置在重力卸荷带和库区变形影响区域，造成监测工程表面变形困难；并由于坝体和库岸的弯段较多，难以满足通视和测点最终的监测精度要求，其后的工程监测管理也极为不便。为此，采用全球定位系统对上水库工程表面变形进行监测。

西龙池抽水蓄能电站上水库位于工程区最高点，采用开挖筑坝成库，库区地形开阔，地质条件较差。GPS表面变形监测布置如图11－2－3所示。在上水库东南岸和东北岸岩坡上设置2个基准点（TN1、TN2），距坝体和库岸均有一定的距离，观测使用条件好，GPS接收机天线高度仰角8°以上范围内无遮挡。每个基准点均设置坚固稳定的混凝土观测墩，墩顶设置不锈钢强制对中装置，固定安装GPS接收机（天线）进行全天候连续监测，并设有GPS天线保护罩等。上水库工程共设置表面变形测点63个，其中在坝体和库岸变形重点监控部位共设置5个连续运行监测点（LD2－2、LD13－2、ST7－1、ST17－1、ST19－1），均位于库顶部位，亦设置观测墩固定安装GPS接收机进行全天候连续不间断监测。其余测点利用3台GPS接收机进行人工定期搬站监测。

对于全天候不间断监测的2个基准点和5个连续运行测点，其数据经传输光纤引至上水库监测室内，观测数据的采集、传输、处理分析等工作，均在无人值守的情况下完成。基准点及连续运行测点上的GPS接收机工作时，在监测室内即可掌握每台GPS接收机的工作状况并进行各种参数的设置，如截止高度角、采样间隔等。伪距、载波相位等观测值和广播星历信息均自动存储在接收机的内存中，并可按在监测室设置的时间间隔自动将上述数据传回进行处理。同时，一旦出现异常情况，将实时提供报警信息。对于其余间断性定期监测测点采集的数据，存入数据库中进行处理分析。上水库表面变形监测基准点和表面变形测点观测时间与精度的关系见表11－2－1。

表11－2－1　西龙池抽水蓄能电站上水库基准点与典型表面变形测点精度表

点类型	点名	1h解算			2h解算			4h解算			6h解算		
		南北向（mm）	东西向（mm）	垂直（mm）	南北向（mm）	东西向（mm）	垂直（mm）	南北向（mm）	东西向（mm）	垂直（mm）	南北向（mm）	东西向（mm）	垂直（mm）
基准点	TN1	0.8	1.1	2.3	0.5	0.7	1.7	0.5	0.5	1.5	0.5	0.5	1.3
	TN2	0.9	1.2	2.3	0.7	0.9	1.8	0.6	0.6	1.2	0.6	0.5	1.4
坝顶	LD2－2	0.5	0.4	1.4	0.5	0.3	1.0						
	D13－2	0.6	0.5	0.9	0.5	0.2	0.7						
下游坝坡及马道	LD4－3	0.4	0.8	2.0	0.2	0.6	3.3						
	LD2－4	1.4	2.0	3.0	0.9	1.6	0.5						
	LD1－3	0.6	0.3	1.9	0.3	0.3	1.7						
坝坡面观测房	TD1	1.7	1.7	3.2	0.8	0.8	2.2	0.9	0.7	1.8	0.5	0.6	1.9
	TD3	1.4	1.5	2.9	1.5	1.5	2.6	1.7	1.2	2.9			
库顶以上边坡	LR7－3	0.5	0.5	0.7	0.2	0.2	0.7						
库顶边坡坡脚	LR8－2	0.4	0.6	4.0	0.1	0.7	1.3						
	LR21－2	0.7	2.7	3.8	0.7	1.0	0.4						

续表

点类型	点名	1h解算			2h解算			4h解算			6h解算		
		南北向(mm)	东西向(mm)	垂直(mm)	南北向(mm)	东西向(mm)	垂直(mm)	南北向(mm)	东西向(mm)	垂直(mm)	南北向(mm)	东西向(mm)	垂直(mm)
库顶防浪墙	LD17－2	0.4	0.5	1.9	0.2	0.4	1.9						
	ST8－1	0.7	0.6	2.1	0.7	0.7	2.2						
	ST21－1	0.5	0.6	1.0	0.4	0.3	0.4						
	T19－1	0.6	0.4	1.0	0.4	0.2	0.3						
	ST7－1	0.9	0.7	1.9	0.4	0.5	1.3	0.2	0.3	1.0	0.2	0.3	0.8

应重视抽水蓄能电站上、下水库库岸边坡的变形与稳定监测，尤应注意在施工期尽早建立基准控制网点监测墩，为了在完建投入使用前有一定的自身变形稳定期，也便于施工期为坝体内部变形监测提供其绝对位移计算的表面监测基准。

二、内部变形监测

上、下水库工程内部变形监测主要包括坝体及坝基、库岸边坡变形监测。

1. 坝体及坝基变形监测

坝体内部位移监测宜采用水管式沉降仪和引张线式水平位移计，一般成组布置联合构成水平垂直位移计，在坝体内部分层布置，尽量使测点在同一垂线上，以便计算其间的压缩变形模量。该方式的优点是可将位移测点置于坝轴线上游侧，并直至面板基础垫层。缺点是随坝体填筑进行安装埋设，在一定层厚条件下将丢失部分观测位移；其测点绝对位移需通过表面变形控制网测得观测房的位移来求取，因此，测点的观测精度受控于表面变形的观测精度。同时，为监测整个施工碾压过程中，坝体及坝基随堆石体填筑的位移，宜结合水平垂直位移计在坝顶下游侧靠坝顶位置设置沉降、测斜管，尤其适用于软基筑坝，其测管自坝基直至坝顶。原则上在坝基垫层填筑前钻孔安装测管，并随坝体填筑进行测管的接长连接和观测。由于测管深入基岩一定深度，其观测和位移计算均始于坝基，可采用沉降仪和测斜仪直接进行坝体及坝基的绝对位移监测。该方式的优点是随坝体填筑过程可以完整地观测施工期直至永久运行坝体及坝基的位移变形；缺点是无法监测坝体上游主堆石区的位移变形，并存在一定施工干扰，测管周围级配料人工填筑施工较复杂，如何保证测量管及管外沉降板与管周围坝体填筑料同步位移，安装埋设质量是该监测方式的关键。

以当前国内外面板堆石坝的筑坝技术水平，一般坝体沉降量为坝高的0.5%～1.0%，蓄水期的坝顶沉降量约为坝高的0.1%。抽水蓄能电站上水库大坝大多利用开挖料筑坝，其坝体沉降量有可能超出上述范围，如十三陵上水库主坝采用库盆开挖的软岩劣质料筑坝（主要用于次堆石区），1995年8月上水库蓄水前，坝体沉降量相当于坝高的1.13%，1995年8月3日开始充水，于1997年6月12日上水库蓄水至正常高水位，至2000年底的坝体沉降量为坝高的1.26%。一般当每年的沉降量小于0.02%H（坝高），可认为坝体沉降结束，通常是在施工完成加全荷载之后的24～30个月。西龙池电站下水库深厚覆盖层软基筑坝坝体内部变形监测布置如图11－2－4所示。

对于坝基为倾向下游的斜坡面，需进行坝体沿坝基面的相对位移监测，一般采用大量程位移计监测，应至少选择坝体最大横断面在岩基与坝基过渡层之间设置测点，沿上、下游方向构成监测断面，每断面不应少于三个测点。对于V形山谷坝体左、右岸边坡陡峻的高坝，坝体变形使得靠两岸部位堆石体沿坝轴线方向和竖向的剪切位移较大，此类工程宜进行坝体沿岸坡基岩面的相对位移监测，其监测方式与坝基斜坡面相同，一般在岸坡设置监测断面，其测点沿高程布置。

2. 库岸边坡变形监测

库岸边坡的变形与稳定监测，除在边坡表面设置测点外，并布置多点位移计和测斜仪等，同时结合边坡加固处理措施，相应进行锚索锚固力、锚杆应力及抗滑桩结构受力监测，并辅以测压管地下水监测等。多点位移计和测斜仪需保证其最深锚点和测斜管底均深入潜在滑裂面以下一定深度，多点位移计直接观测沿仪器轴向的位移及速率，测斜仪可观测边坡的主滑方向、滑裂面位置及变形速率，可

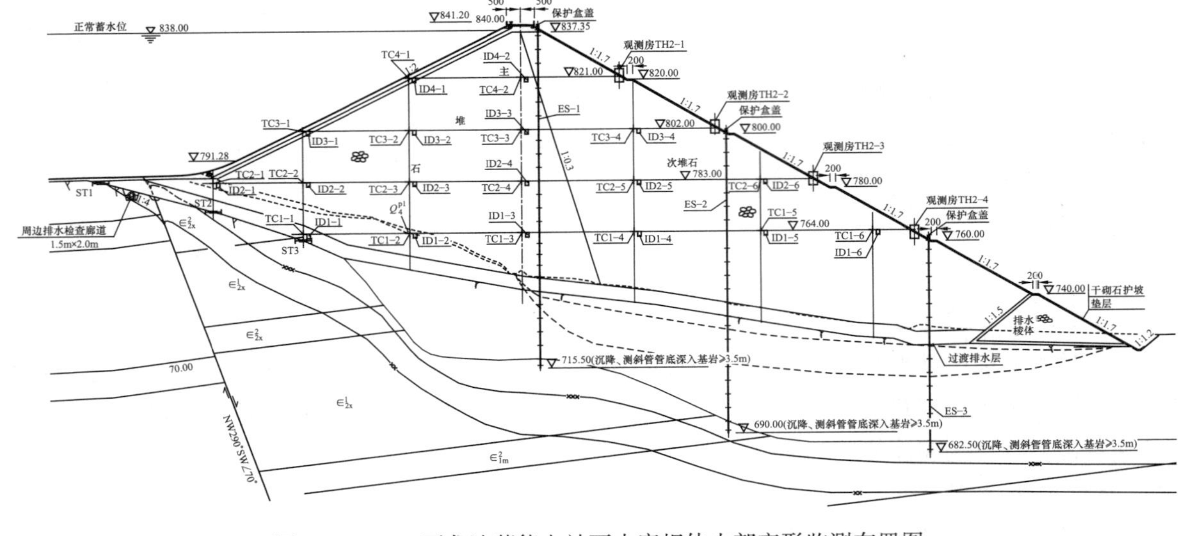

图 11-2-4　西龙池蓄能电站下水库坝体内部变形监测布置图

TC—沉降测点；ID—水平位移测点；ES—沉降、测斜管；ST—位移计

选择活动和固定测斜仪两种监测方式。活动式测斜仪沿管长自管底进行人工监测，测值受重复性和人为因素的影响，设置多个测斜管工程费用低；固定测斜仪沿管长设置测点，其测点间距一般不宜超过5m，测斜仪固定安装在测斜管内，外部环境及人为影响小，可进行连续和实现自动化监测，设置多个测斜管工程费用相对较高。因此，应根据工程不同条件选择适当的监测方式。

对于直接危及工程安全运行的重点边坡、边坡后缘拉裂缝的库岸边坡，或有成形探洞可利用时，宜考虑采用铟钢丝位移计、滑动测微计及在裂缝两侧设置锚点其间安装位移计等方式进行位移监测。铟钢丝位移计可在探洞内对潜在滑裂面位移进行直接监测，滑动测微计方式的优点是监测精度高、敏感性强；在已有拉裂缝之间设置位移计是较直观、简便地监测库岸边坡变形的方式之一。

三、面板变形监测

面板变形包括钢筋混凝土面板挠曲变形、面板与其下垫层料之间的脱空及面板接缝位移。对于沥青混凝土面板，鉴于其材料特性及适应变形能力等一般难以直接进行变形监测，但需加强面板基础的位移变形监测。

（1）面板挠曲变形监测。钢筋混凝土面板的挠曲变形宜采用单点式电平仪、倾斜仪、倾角计等，并结合坝体内部靠面板基础的水平、竖向位移计测点监测。工程经验表明，采用面板下测斜管活动测斜仪的方式，由于活动测斜仪在测斜管内的沿程观测误差、温度及人为误差等影响，少见取得准确、完整、可靠的监测结果。面板挠曲变形监测一般沿坡向在面板表面间隔设置测点，通过其在面板产生的角位移进行监测。

（2）面板脱空变形监测。选择坝体面板最大板块等部位，在面板混凝土与垫层料之间沿坡向布置测点，采用大量程位移计进行面板脱空位移监测。

（3）面板接缝位移监测。钢筋混凝土面板坝面板接缝位移监测与常规水电站相同，不再赘述。对于采用钢筋混凝土面板进行全库防渗的库岸和库底，采用单向测缝计监测面板接缝的位移，必要时可采用两向测缝计监测库底面板接缝的位移，其布置取决于库底面板分缝及基础地质条件等。钢筋混凝土面板全库防渗的库底面板与电站进/出水口结构周边连接板受力条件复杂，需加强监测其接缝位移，一般沿进/出水口结构与连接板接缝周边设置单向测缝计。

四、渗流监测

1. 坝体及坝基渗流

为监测坝体及坝基渗流及可能形成浸润线的分布情况，沿坝基沟底上、下游方向布置孔隙水压力计，考虑坝体和坝基渗流监测的重要性和永久性要求，一般需设置2～3个监测断面，如只设置一个监测断面，则不宜少于5个测点。

抽水蓄能电站采用全、强风化等劣质料填筑次堆石区时，应注意在次堆石区坝基过渡层基面沿上、下游方向断面上至少设置3个测点，监测坝体及坝基渗流的水面线是否低于坝基过渡层顶面。

对于高坝或覆盖层软基筑坝，尽可能在坝顶下游侧沿横断面设置测压管进行监测，管底均应深入坝基覆盖层以下基岩。

为监测趾板帷幕灌浆的防渗效果，了解周边缝附近面板下的渗透压力分布情况，宜在周边缝三向测缝计相对应的面板下垫层料底部安装孔隙水压力计，并结合缝间位移变形，监测其相应部位渗透压力和周边缝止水结构的防渗效果。

2. 库岸边坡渗流监测

上、下水库全库防渗或局部防渗工程，库水和地表水下渗在一定程度上将改变库区的水文地质条件，其岩体内的水环境是上水库安全监测的重要内容之一。需在库顶下游侧设置测压管，其进水管段应深入死水位以及库底高程以下，以监测库岸边坡岩体渗流和地下水分布。

3. 面板基础渗流监测

对于全库混凝土面板防渗工程，应结合基础地质条件、结构受力复杂部位、不同区域基岩的渗透性能，以及库底开挖和回填体形等，选择代表性断面和可能的集水部位，在库盆面板下垫层基础面上相应设置孔隙水压力计，监测库坡和库底面板基础的渗透压力和分布，以及面板的防渗效果。

当上、下水库采用分布式光纤监测面板温度时，应尽可能利用同一条光缆，采用加温改变渗流温度环境的方式，同时监测面板集中渗流；或在面板基础独立布设光缆监测面板的渗流。

对于库底面板与电站进/出水口结构周边连接部位，应结合接缝位移监测沿接触周边在面板垫层基础设置测点，采用孔隙水压力计进行渗透压力监测。

4. 渗流量监测

渗流量是综合表征挡水建筑物及基础防渗工作性态的重要指标。全库混凝土面板防渗工程渗流量监测，包括坝体下游坡脚汇集渗流引渠和库底排水检查廊道、排水沟等。首先需在坝体下游坡脚引渠和排水检查廊道出口、排水沟内设置量水堰，监测坝体及坝基、库岸和库底面板渗流汇集的总渗漏量。同时，为有利于面板下碎石垫层排水及检查不同区域面板的渗漏情况，在岩坡和库底面板下利用混凝土隔墙根据库盆结构体型进行排水分区处理，在库底排水检查廊道各排水分区汇集渗流排水沟末端，分别设置量水堰，监测不同区域面板渗流的汇集渗流量。

五、应力、应变及温度监测

坝体应力、应变及温度监测主要包括土压力、混凝土面板应力应变及面板温度。

（1）土压力监测。随着筑坝技术的发展，一般无需监测坝体堆石体内的土压力。接触土压力是指堆石体与混凝土、岩面或圬工建筑物接触面上的土压力，接触土压力监测测点应沿刚性界面布置，一般按土压力分布，在最大土压力、受力情况复杂、地质条件差或结构薄弱等部位设置监测点。

（2）混凝土面板应力、应变监测。混凝土面板应力、应变监测与常规水电站相同，不再赘述。面板温度采用埋入式温度计监测，测点应结合库水位运行特点布置。亦可采用分布式光纤测温技术监测面板温度，该方式的优点是随埋入光缆路径进行沿程监测，其测量仪对光纤温度的取样间隔可小于1.0m，并可连续监测，使获取的温度信息密度大为增加。抽水蓄能电站库水位升降频繁，面板温度与大气温度、库水位、水温等密切相关，地处北方寒冷地区的电站存在冬季库水结冰问题，加强面板温度监测，有利于分析研究钢筋混凝土面板防渗结构在库水位升降变幅范围内的冻融，尤其是全库面板防渗工程可采用光纤测温方式监测面板温度。分布式光纤测温的缺点是当光缆需跨跃钢筋混凝土或沥青混凝土面板不同板块或不连续摊铺条块时，为保证敷设光缆空间定位的现场测绘和测量仪沿程定位的现场施工复杂，施工干扰较大，与常规温度计监测方式比较工程费用较高。

六、地震强震监测

由于高山地震动力反应影响，应加强上水库坝体和库岸边坡的地震强震监测，采用工程数字地震仪自动测记其地震动力加速度变化的瞬间过程。

地震仪拾震器的测点应布置在坝体最大断面、坝顶、下游坡面及坡脚部位，上、下游方向构成监测断面。一般将坝顶测点设置在坝体下游侧靠坝顶位置，坡面测点宜结合马道布置，坡脚测点（自由场）置于稳定基岩上，以便与坝体和库岸边坡测点进行对比分析。库岸边坡测点应结合库周地形、地质条件及地震危害对主体建筑物安全的影响程度等，有针对性地布置，可置于库顶部位或库顶以上边坡顶部。地震强震接收记录仪等宜直接固定安装在上水库监测室内。

工程地震强震监测测点一般采用空间三分向拾震器。对于工程规模较小的坝体监测，或震动位移及破坏方式明确的建筑物测点，亦有仅设置水平单分向拾震器的工程实例。

七、环境量监测

抽水蓄能电站环境量监测主要包括库水位、气温、水温、风速、风向及降雨等。对于库水位监测，应采取水尺与电测水位计相结合的方式，以利于作为建筑物工作边界条件的库水位与其他仪器观测同步。

第三节　水道系统工程安全监测

抽水蓄能电站水道系统上、下水库进/出水口，引水隧洞，尾水隧洞及调压井的安全监测内容与常规水电站类同，不再赘述，本节重点介绍有抽水蓄能电站特点的监测项目。

一、施工期围岩稳定监测

水道系统**施工期**围岩变形与稳定监测包括内空收敛、内部位移及支护结构的监测，测点应紧跟开挖掌子面安装并观测。选择代表性部位设置监测断面，并根据现场情况设置随机监测点。

二、压力管道衬砌结构监测

1. 钢筋混凝土衬砌结构监测

钢筋混凝土衬砌结构的监测断面宜结合围岩监测一同设置，根据具体的围岩地质条件、支护结构和地下水环境，采用钢筋应力计、测缝计及孔隙水压力计，对衬砌结构钢筋应力、衬砌与围岩接缝位移和衬砌围岩部位的渗透压力进行监测，必要时进行混凝土应力、应变监测。其测点宜按轴对称布置，测缝计测点宜设置在顶拱位置，以利于监测顶部混凝土浇筑与回填灌浆的施工质量；孔隙水压力计监测内水外渗及衬砌结构外部水环境的影响与变化。钢筋混凝土衬砌结构典型断面监测布置如图 11－3－1 所示。

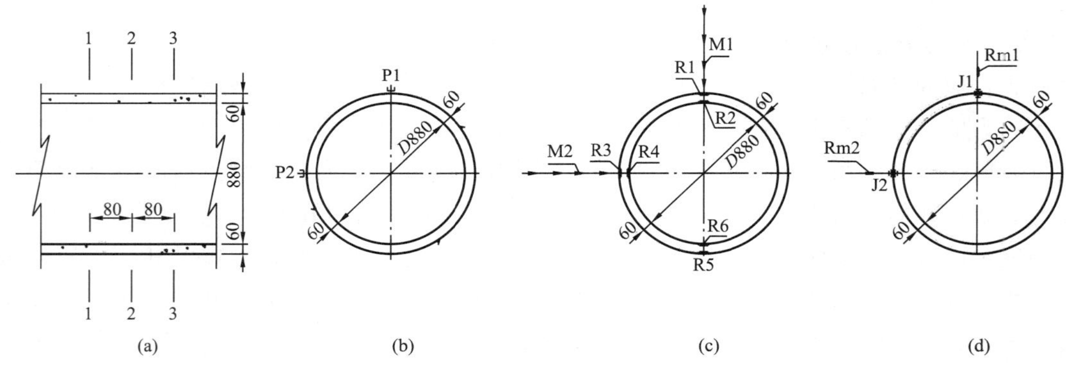

图 11－3－1　钢筋混凝土衬砌典型断面监测布置图

(a) 水道中心线纵剖面；(b) 剖面 1－1；(c) 剖面 2－2；(d) 剖面 3－3

R—钢筋应力计；J—测缝计；P—孔隙水压力计；M—多点位移计；Rm—锚杆应力计

2. 混凝土环锚衬砌结构监测

对于混凝土环锚衬砌结构，除监测衬砌结构应力应变、衬砌与围岩接缝位移及渗透压力外，一般需进行预应力锚索钢绞线的应力应变分布监测，采用钢索计设置测点。因预应力锚索是对钢绞线环形两端进行张紧锚固，相临锚束体锚固点交错，其测点布置需考虑相对锚固点的轴对称性，以及相邻群锚效应的影响，其典型断面监测布置如图 11－3－2 所示。

3. 钢衬结构监测

对于抽水蓄能电站水道系统压力管道钢衬结构，需布置钢板计、测缝计、压应力计和孔隙水压力计，分别监测钢衬钢板应力、钢衬与回填混凝土、回填混凝土与围岩之间的缝隙值、回填混凝土与围岩接触压应力、钢衬外水压力及排水效果。应选取有代表性的监测断面，关键观测项目应有冗余布置，以便于对比分析与验证。钢板计、测缝计和压应力测点宜按轴对称布置，钢板计宜进行环向与洞轴向钢板应力监测；测缝计宜在顶拱回填混凝土与围岩间、底部钢衬与回填混凝土之间设置测点；压应力计测点一般设置在围岩表面，可直接监测并定量分析围岩分担的内水压力，并可为施工期回填灌浆质量评判提供定量依据；孔隙水压力计需在近围岩表面，以及钢衬与回填混凝土接触位置设置测点，但需注意采取必要的措施保证不被回填混凝土和灌浆施工所阻塞。回填混凝土环向和径向应变监测值不易直接换算混凝土应力，可在代表性部位适当设置。西龙池抽水蓄能电站压力管道钢衬结构典型断面监测布置如图 11-3-3 所示。

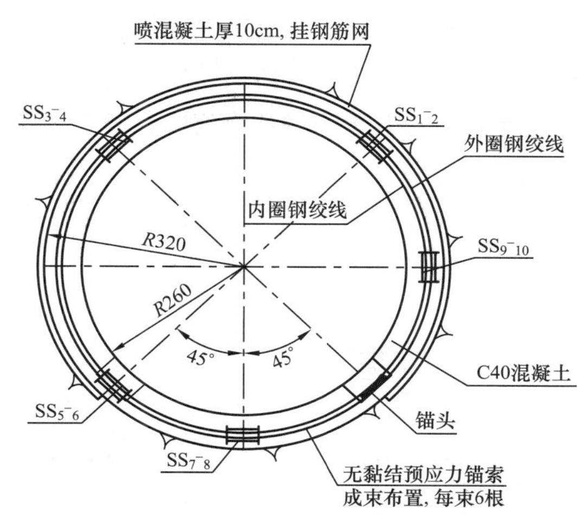

图 11-3-2 混凝土环锚衬砌锚索应力监测布置图

SS—钢索计

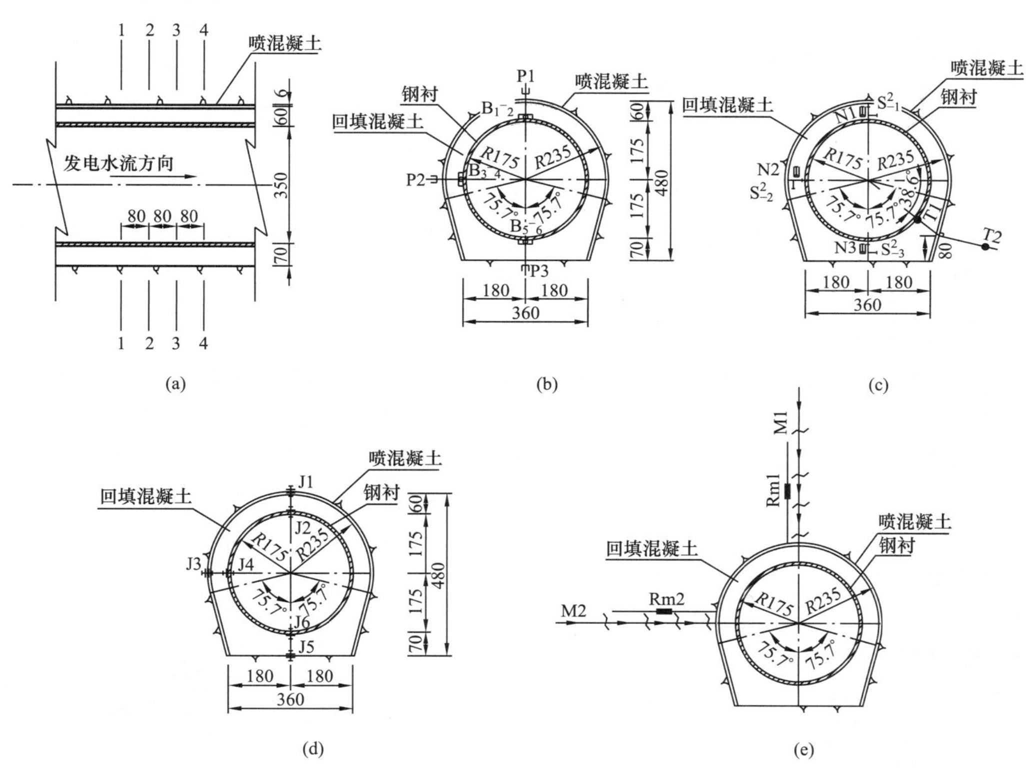

图 11-3-3 西龙池抽水蓄能电站压力管道钢衬典型断面监测布置图

(a) 水道中心线纵剖面；(b) 剖面 1-1；(c) 剖面 2-2；(d) 剖面 3-3；(e) 剖面 4-4

B—钢板计；J—测缝计；P—孔隙水压力计；M—多点位移计；Rm—锚杆应力计；

S^2—二向应变计；N—无应力计；T—温度计

三、岔管衬砌结构监测

岔管结构主要有钢岔管和钢筋混凝土岔管两种型式。对于钢筋混凝土岔管应根据结构计算，主要进行钢筋混凝土衬砌结构应力应变、衬砌与围岩接缝位移及渗透压力监测；对于钢岔管，需重点进行钢衬钢板应力、缝隙值、围岩压应力和外水压力监测，相应进行回填混凝土环向和径向应变监测。

对于钢岔管应根据结构计算，按岔管段结构整体考虑设置监测断面。钢板计重点布置在主支管、相贯线、腰线折角点及肋板，可根据需要设置轴向和环向钢板计；测缝计及应变计测点按主支管、相贯线设置断面进行集中监测；压应力计测点宜在对应岔管腰线及顶底部围岩表面设置测点；孔隙水压力计测点的设置原则与上述钢衬结构相同。西龙池抽水蓄能电站高压钢岔管监测布置如图 11-3-4 所示。

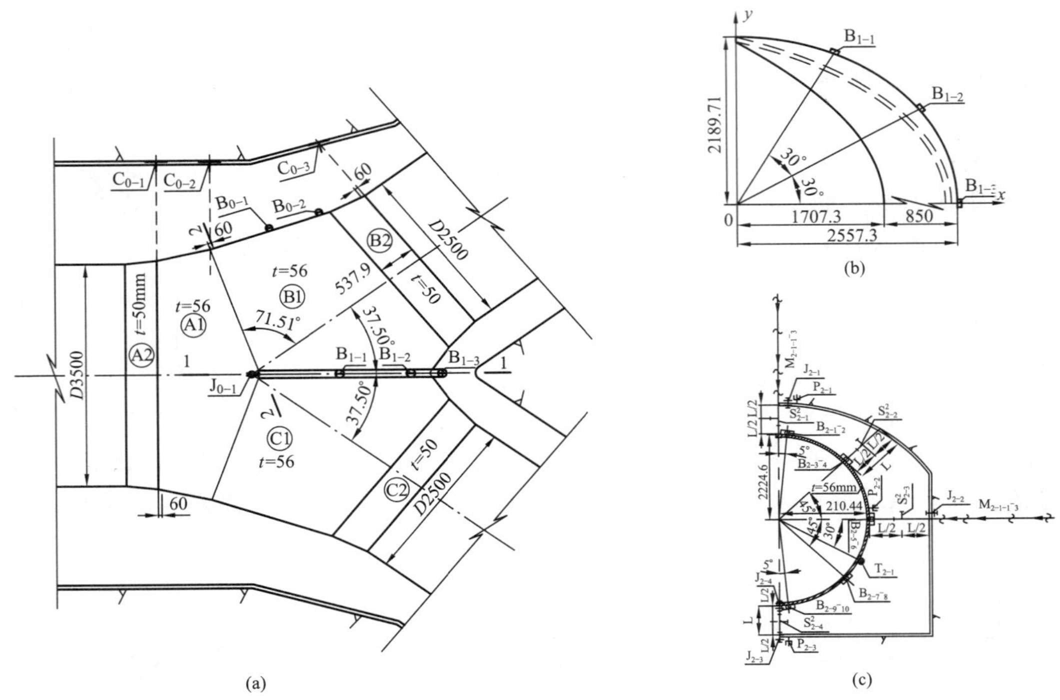

图 11-3-4 西龙池抽水蓄能电站高压钢岔管监测布置图

(a) 岔管监测平面布置图；(b) 剖面 1-1 肋板；(c) 剖面 2-2

B—钢板计；J—测缝计；P—孔隙水压力计；M—多点位移计；S²—二向应变计；C—压应力计；T—温度计

四、调压井结构监测

对于调压井结构，重点监测其阻抗孔部位及底部结构应力应变。需监测调压井涌浪水位，必要时可进行调压井下部结构的涌浪水压力监测。琅琊山抽水蓄能电站调压井结构监测布置如图 11-3-5 所示。对于塔式调压井结构，地面以上除必要的静力结构监测外，需沿高程设置振动测点监测其结构动力反应，

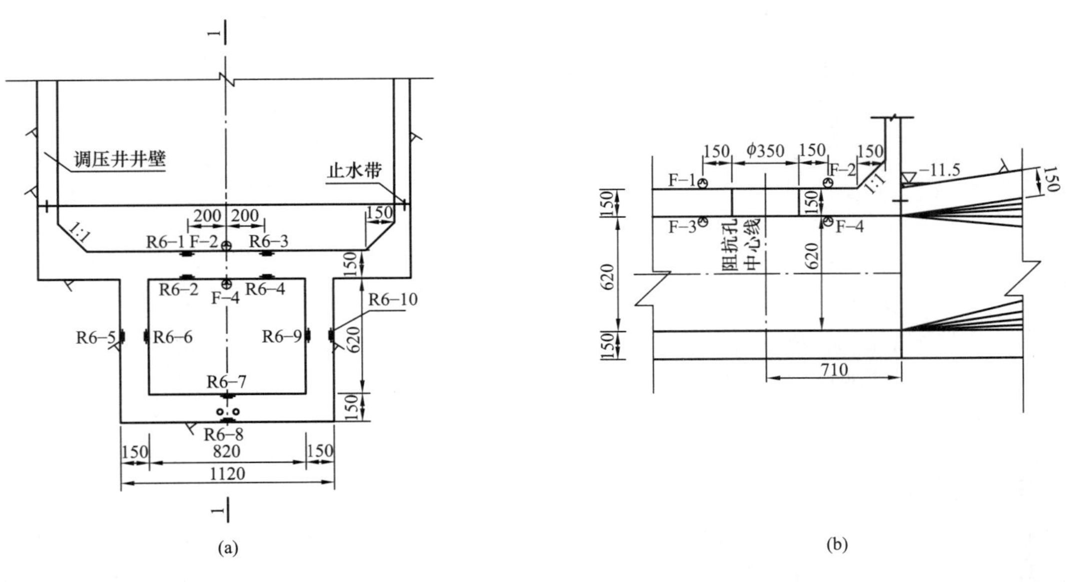

图 11-3-5 琅琊山抽水蓄能电站调压井底部结构监测布置图

(a) 监测平面布置图；(b) 剖面 1-1

R—钢筋应力计；F—水压力计（底座）

并宜在近调压井地面、顶部和塔身结构表面设置不少于 3 个三分向测点。同时，可根据需要沿高程在结构表面设置倾角计测点，进行塔身的倾斜监测。

五、进/出水口水力学监测

对于抽水蓄能电站上、下水库的进/出水口，无论侧式或竖井式，在其过水断面适当位置沿高程设置毕托管式差压流速仪测点，监测抽水和发电两种工况双向水流运动情况下进/出水口部位的流速分布。对竖井式进/出水口，宜在竖井段靠喇叭口适当位置，设置超声波测流监测断面，监测流量和过水断面流速分布，并可同时在竖井弯段后设置监测断面，监测进/出水口段的水头损失。西龙池抽水蓄能电站上水库竖井式进/出水口水力学监测布置如图 11－3－6 所示。对于侧式进/出水口，亦可在渐变段后适当位置设置超声波测流断面，进行监测。

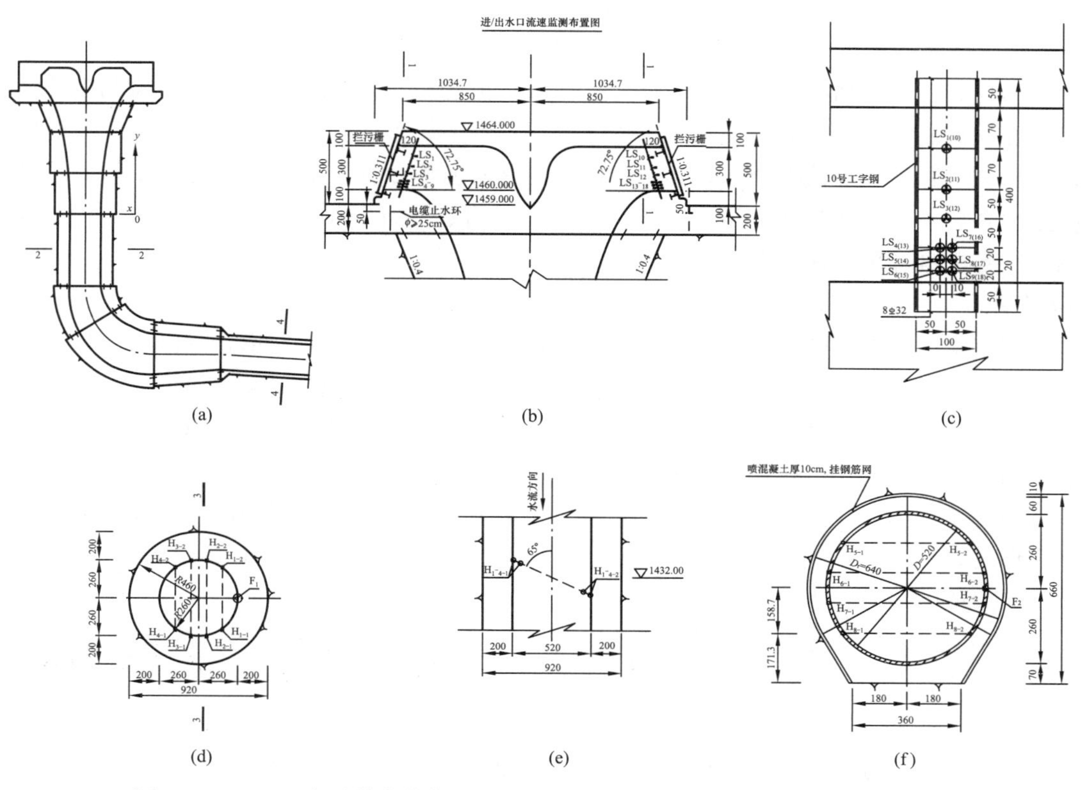

图 11－3－6　西龙池抽水蓄能电站上水库竖井式进/出水口水力学监测布置图

（a）进/出水口水力学监测剖面布置图；（b）进/出水口流速监测布置图；
（c）剖面 1－1；（d）剖面 2－2；（e）剖面 3－3；（f）剖面 4－4
LS—流速仪；H—超声波换能器；F—水压力计（底座）

第四节　地下厂房工程安全监测

国内外现代大型洞室群设计和施工方法中早已把监测措施纳入整体设计的一部分。在前期勘探工作取得资料的基础上，依据地下洞室群布置、地质条件、分析计算成果、监测目的、施工程序与方法等因素编制完成监测设计，其主要内容包括监测项目的确定、监测布置、方法及仪器选择、监测仪器的安设与量测频率等。

国内外地下洞室监测技术规范（或规定）中，一般把监测项目分为必测项目和选测项目，必测项目着眼从宏观地质现象、条件分析认识围岩的变化，其监测项目包括地质和支护状况的观察、围岩位移监测、支护措施工作状况监测，其中拱顶下沉量测是地下洞室围岩监测的核心。

对于洞室围岩监测需重视其时空关系和关键部位的监控，随洞室开挖与支护，其空间和支护结构随时间变化，所监测物理量均为某一特定边界条件下取得，为准确掌握围岩的变形过程及绝对或接近于绝对位移值，地下厂房围岩变形监测需要保证其在洞室空间分布和随时间变化的连续性，即通过随施工历时的全过程监测来准确掌握围岩的变形与稳定，以及支护结构的工作状况。

通常认为，对于围岩稳定性，应重点监测围岩地质条件差及局部不稳定块体；从反馈设计、评价支护参数合理性出发，则应在代表性地段设置监测断面；在特殊的工程部位（如洞口或洞室交叉处），应设置针对性监测断面。地下洞室围岩监测布置力求与地下洞室的理论分析成果和工程经验类比相结合，探索建立围岩稳定预测系统的功能。

地下厂房施工期和运行期监测，是一个系统监测的不同阶段，对于大部分监测项目并没有严格的界限，只是安全监测的侧重点和时段不同，因此，一般是作为一个整体并结合关键部位的监控进行系统化的统筹布置，其中施工期监测除已达到其目的而无需延续到运行期或被结构物覆盖无法观测外，大多均延续到运行期的安全监测。

一、围岩变形监测

地下厂房围岩变形包括内空收敛、内部位移和松动范围监测，尽可能设置集中监测断面。对于主、副厂房及主变压器室等大型洞室，应根据洞室围岩变形与稳定分析、开挖方式及步序、地质条件等，选择代表性部位设置主、辅监测断面，必要时可增设临时监测断面。监测断面应按工程需求合理布置，应注意时空关系，考虑表面与深部结合、重点与一般结合、局部与整体结合，使断面与测点能控制整个洞室围岩的各关键部位，保证洞室围岩的稳定与安全。

1. 收敛变形监测

在地下洞室围岩表面安装收敛测点，采用收敛计监测围岩内空收敛变形，是围岩变形常规、简便、直观、可靠的监测手段之一。地下厂房洞室应随开挖加强施工期监测，与内部变形比较，需同时结合辅助监测断面并根据地质条件等布置相对较多的监测断面，以满足施工期围岩安全监测的需要，收敛测点一般紧跟开挖掌子面进行安装并观测。由于主、副厂房及主变压器洞室较大，当挖至下层时常规收敛计现场观测难度增大，随着监测技术的发展，亦有在测点设置棱镜采用全站仪监测地下厂房围岩内空收敛变形的。

2. 内部变形监测

地下厂房洞室围岩内部变形一般采用多点位移计监测，在监测断面顶拱、拱座和上、下游岩壁沿不同高程设置测点，上、下游侧宜按等高程设置。

布置主、副厂房及主变压器室的主、辅监测断面测点时，应注意兼顾岩壁吊车梁部位的围岩位移监测，尤其是吊车梁与母线洞、交通洞、通风洞相交部位，及可能存在安全隐患或局部位移失稳的部位，宜结合辅助监测断面或设置专门、临时测点进行监测。一般在厂房及主变室两端墙中心线位置沿高程设置测点。当地应力较大，其围岩浅、深层劈裂主要由施工开挖地应力释放引起的工程，需注意设置位移测点监测的方向性。

地下厂房洞室围岩变形监测应随施工进展紧跟开挖掌子面安装并观测，以尽可能减小掌子面开挖至仪器安装前已丢失的围岩变形值。尽可能利用已有的厂房勘探洞、锚洞和排水洞等作为监测辅助洞室，通过辅助洞提前预埋多点位移计，以期随洞室开挖取得围岩完整的全位移及过程数据。在工程建设工序及工期安排上，对于锚洞及排水洞需提前施工，保证在洞室开挖至测点 2 倍洞宽以前预埋并观测。西龙池抽水蓄能电站地下厂房围岩监测布置如图 11－4－1 所示，尽可能利用辅助洞提前预埋了多个多点位移计。

3. 围岩松动范围监测

在主、副厂房宜结合主监测断面，采用钻孔声波法监测围岩爆破与松动范围，评价围岩的稳定性，为支护措施的优化提供依据。

二、围岩支护结构监测

（1）锚杆应力监测。洞室围岩采用系统锚杆和随机锚杆支护时，一般在主监测断面选择系统锚杆设置测点构成锚杆应力监测断面，宜对应多点位移计设置测点，并考虑随机锚杆监测。围岩锚杆应力监测的数量应根据实际需要确定，为监测锚杆应力分布，一根锚杆至少设置 3 个测点。

（2）锚索锚固力监测。通常在锚索外锚固端设置锚索测力计监测锚索锚固力，宜对应于围岩变形、锚杆应力监测的主监测断面布置测点，以便进行综合分析。对于重要部位的锚索，如利用厂顶锚洞设置的吊顶锚索，宜加密测点监测。

三、岩壁吊车梁监测

地下厂房岩壁吊车梁应沿上、下游方向设置监测断面，对锚杆应力、钢筋应力、壁座压应力、与岩壁接缝位移及相应围岩变形进行监测，其断面位置应考虑重点部位，如与母线洞交叉口处等。张河湾抽水蓄能电站地下厂房岩壁吊车梁监测布置如图 11－4－2 所示。

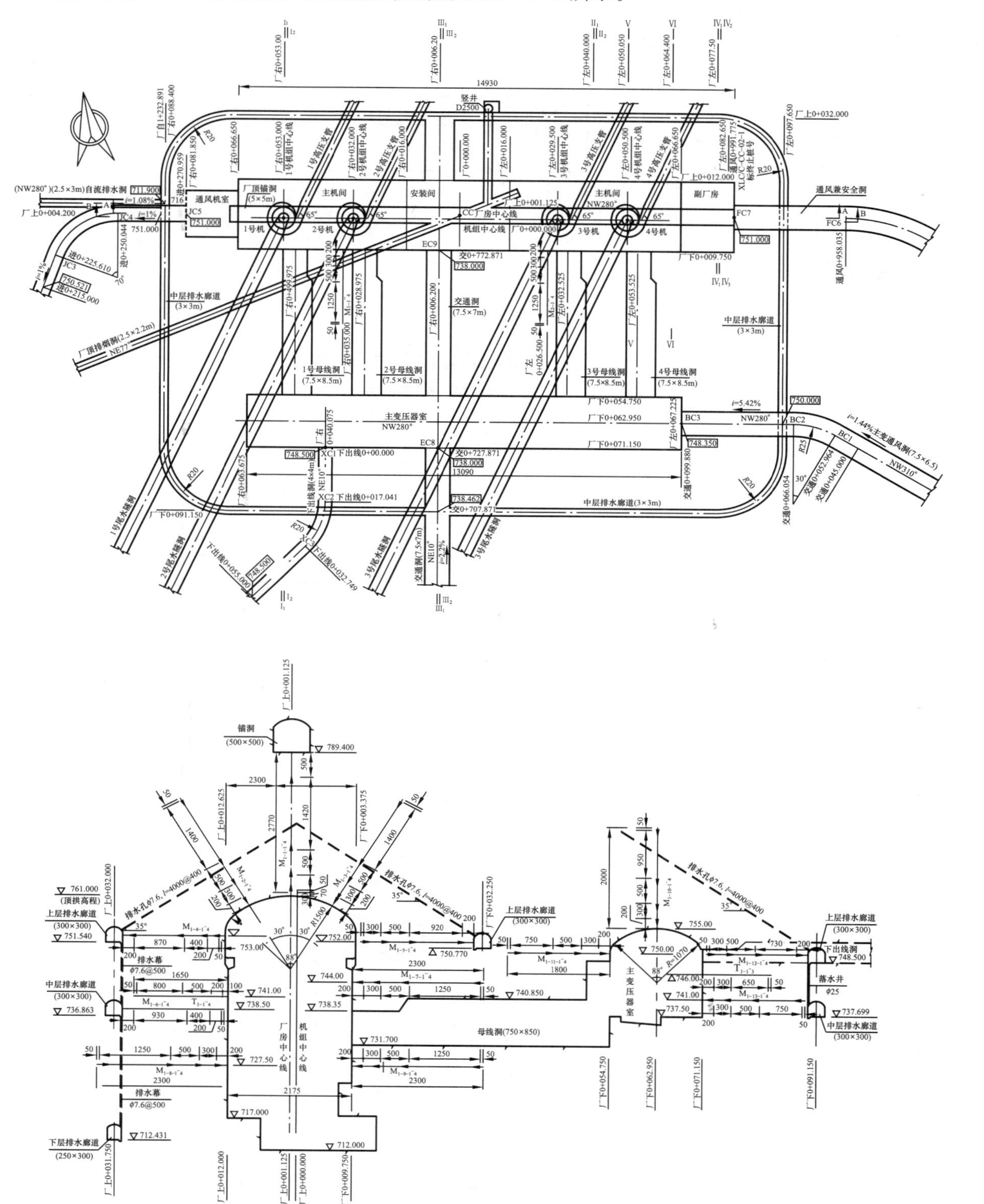

图 11－4－1　西龙池抽水蓄能电站地下厂房围岩监测布置图（一）

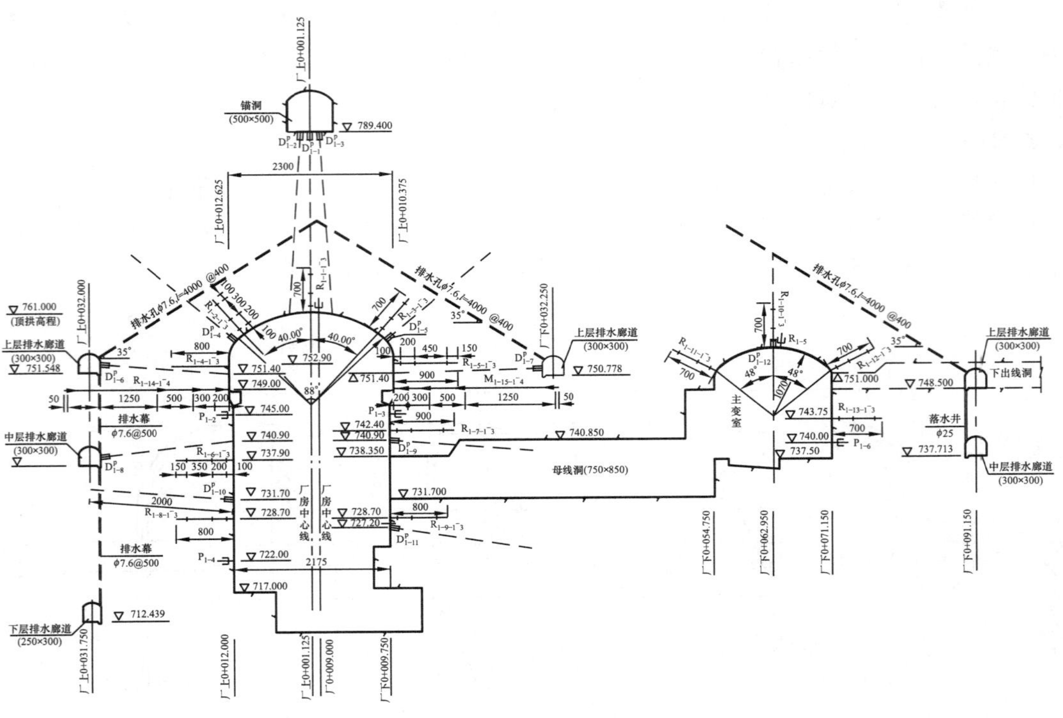

图 11-4-1　西龙池抽水蓄能电站地下厂房围岩监测布置图（二）

M—多点位移计；ID—收敛测点；R—锚杆应力计；D^P—锚索测力计；P—孔隙水压力计；T—温度计

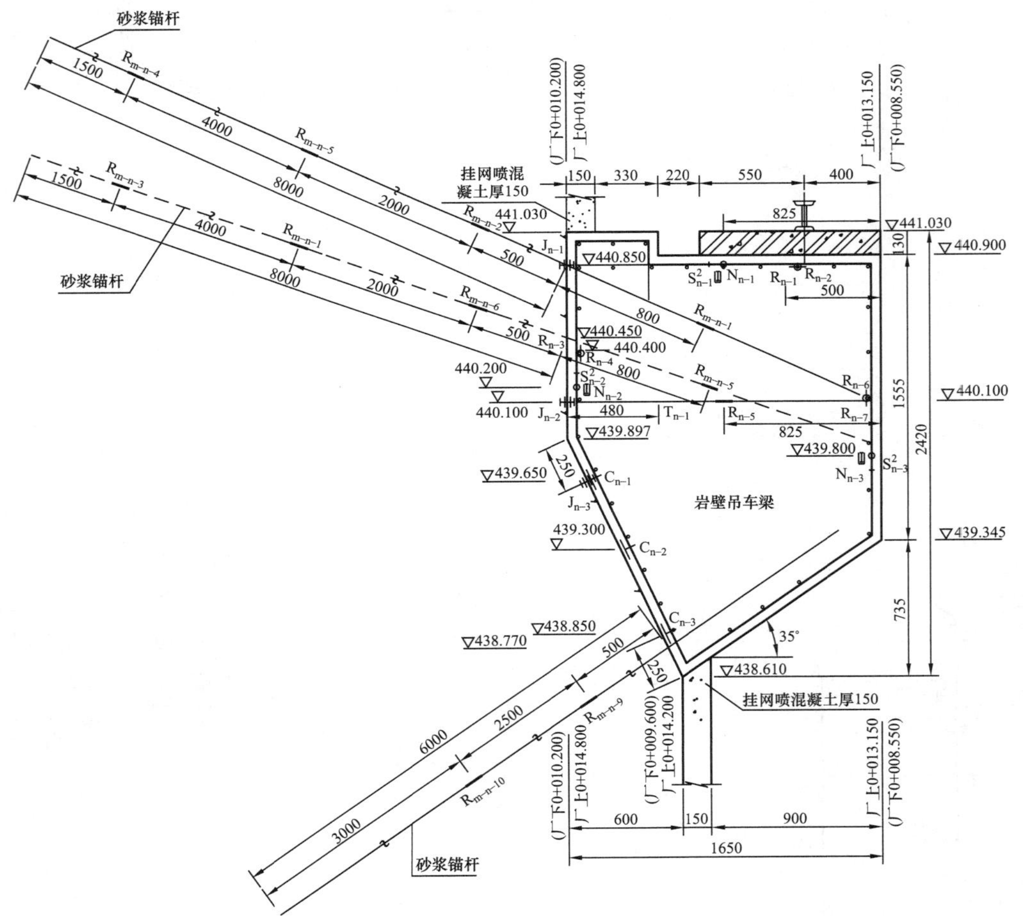

图 11-4-2　张河湾抽水蓄能电站地下厂房岩壁吊车梁监测布置图

Rm—锚杆应力计；R—钢筋应力计；J—测缝计；C—压应力计；S^2—二向应变计；N—无应力计

（1）锚杆应力监测。岩壁吊车梁每侧监测断面的上倾受拉锚杆和下倾受压锚杆采用锚杆应力计进行监测。对于上倾锚杆每根至少设置 3 个测点，下倾锚杆可适当减少。

（2）壁座压应力监测。通常在壁座设置板式压应力计测点监测岩壁吊车梁壁座的压应力。

（3）钢筋应力监测。岩壁吊车梁的钢筋应力采用钢筋应力计进行监测，宜在梁体纵向和环向筋上分别设置测点。

（4）混凝土应变监测。岩壁吊车梁混凝土应变在监测断面梁内设置应变计组和无应力计进行监测，宜设置二向应变计组，其方向分别与梁体纵、横向钢筋平行，并使其与监测钢筋在同一受力层内。混凝土应变监测的实用价值相对较小，当有必要进行该项监测时，只宜设置少量的测点。

（5）梁体与岩壁接缝位移监测。梁体与岩壁接缝位移采用测缝计进行监测，对竖向受拉缝应沿不同高程设置 2 个测点，并宜在壁座靠近竖向缝位置设置一个测点，以监测其梁体承载工作过程可能出现的缝间开合度。

对于Ⅲ类及以下围岩，由于围岩的内空收敛变形较大，在必要时可结合吊车梁承载试验进行梁体位移监测，一般采取在梁体上设置棱片作为测点，采用全站仪监测。

（6）围岩变形监测。为监测岩壁吊车梁部位围岩变形，在厂房围岩变形主、辅及临时监测断面上的围岩变形测点布置宜兼顾吊车梁部位，或另行设置多点位移计监测。

四、爆破振动监测

地下厂房洞室开挖施工期爆破振动监测，主要包括洞室分层开挖围岩振动影响和洞室开挖施工爆破对岩壁吊车梁的振动影响监测：①监控爆破不要引起围岩和岩壁吊车梁振动破坏；②为洞室开挖爆破参数的合理调整提供定量的依据。一般进行振动速度和振动位移监测，西龙池抽水蓄能电站地下厂房洞室开挖施工爆破围岩振动影响和岩壁吊车梁振动影响监测布置如图 11-4-3、图 11-4-4 所示。

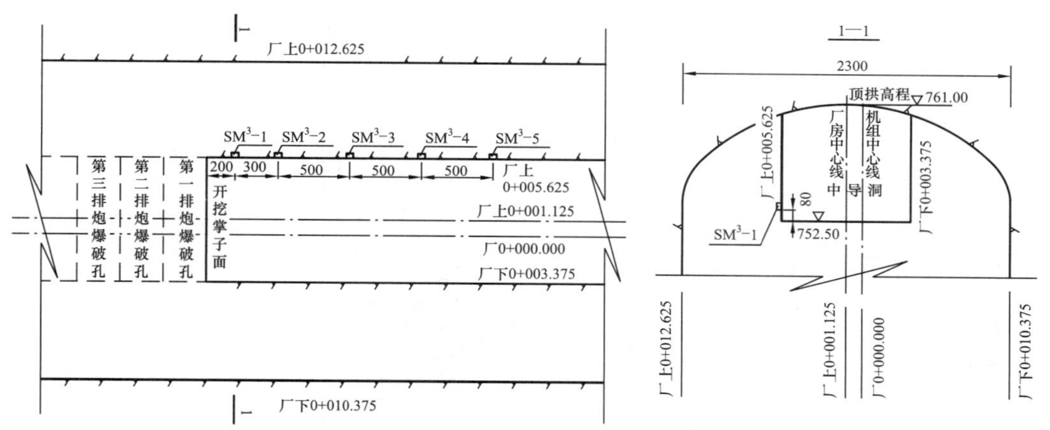

图 11-4-3　西龙池抽水蓄能电站地下厂房开挖爆破围岩振动监测布置图

SM³—三分向振动速度测点

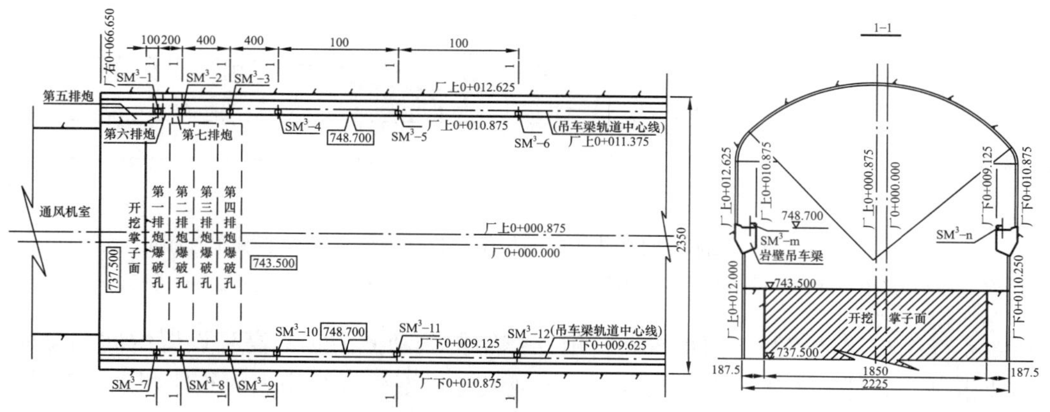

图 11-4-4　西龙池抽水蓄能电站地下厂房开挖爆破岩壁吊车梁振动监测布置图

SM³—三分向振动速度测点

五、渗流监测

地下厂房渗流监测主要包括围岩及基础渗透压力和渗流量，渗透压力采用孔隙水压力计、测压管监测，渗流量采用量水堰监测。

（1）渗透压力监测。围岩渗透压力的监测，宜根据厂房、主变压器洞布置、水文和工程地质条件及排水系统措施等，结合主、辅监测断面在洞室上、下游侧壁及机组结构基岩，分别设置孔隙水压力计，同时可在厂房和主变洞端墙岩壁设置测点。当地下厂房排水系统离开挖面较远时，可结合具体工程设施设置测压管测点。尤其对具有丰富地下水及高水头压力的地下厂房工程，应加强围岩渗透压力监测，有利于检查及检验防渗和排水系统的工作效能，保证施工期及运行期的厂房的安全。

（2）渗流量监测。地下厂房围岩和机组渗水的监测，应结合地下厂房排水系统布置及结构，如上、中、下层排水廊道及集水井的布置，尽可能按不同区域排水分区，分别在其渗流汇集排水沟内设置量水堰进行监测。在条件允许时宜分别设置量水堰进行围岩和机组渗水的监测。

六、厂房机组支撑结构监测

（1）机组支撑结构应力应变监测。对于厂房机组支撑结构，主要监测其钢筋应力。一般在尾水管底板、肘管上下游侧，蜗壳进口段、下游侧及厂房中心线方向蜗壳周围，厂房上、下游侧和中心线方向基墩内、风罩楼板结构等设置测点，必要时可设置少量混凝土应变计组及无应力计。对于高水头抽水蓄能电站机组，宜监测其蜗壳钢板应力，必要时监测蜗壳与外围混凝土的缝隙值。通常采用钢板应力计和测缝计监测。张河湾抽水蓄能电站厂房机组结构监测布置如图 11-4-5 所示。

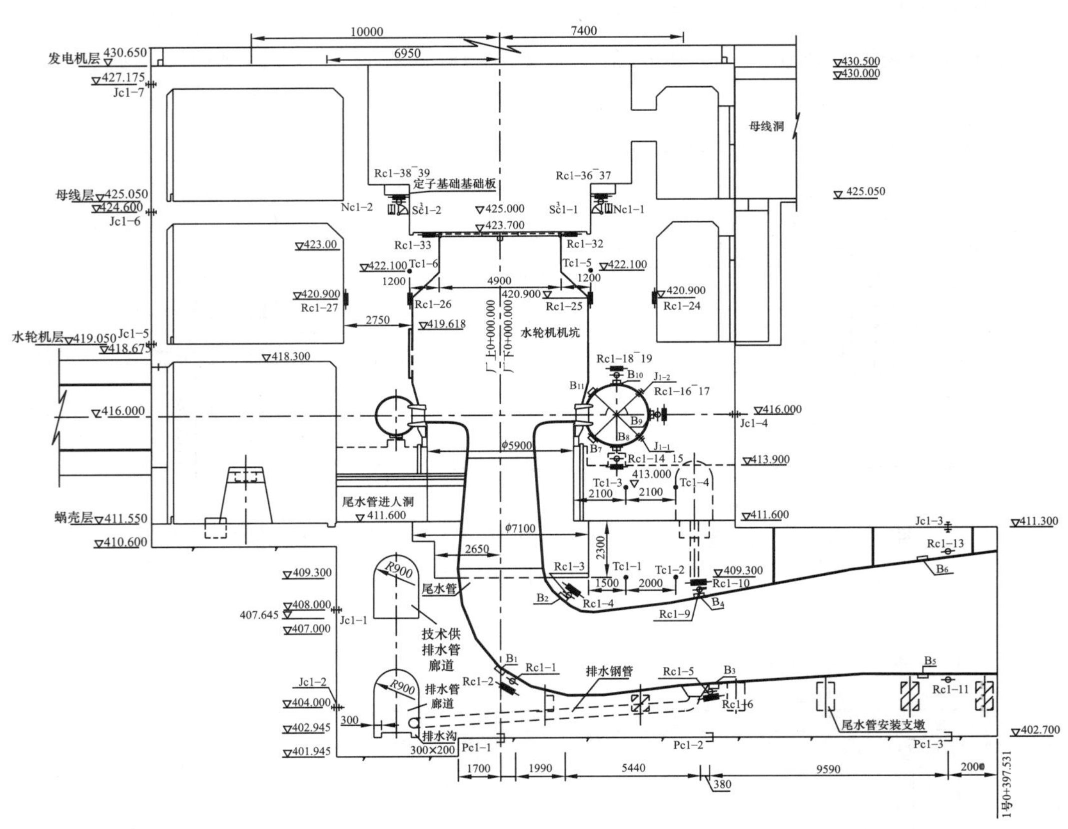

图 11-4-5　张河湾抽水蓄能电站机组结构中心线横剖面监测布置图

R—钢筋应力计；J—测缝计；B—钢板计；P—孔隙水压力计；S^3—三向应变计；N—无应力计

（2）机组支撑结构振动监测。抽水蓄能机组支撑结构振动监测宜沿高程设置空间三分向拾振器测点，可在靠机组结构底部、水轮机层、机墩、风罩或发电机层楼板结构表面布置测点，对其振动速度、位移、加速度及振幅、频率进行监测。西龙池抽水蓄能电站厂房机组结构振动监测布置如图 11-4-6 所示。同时为配合厂房结构振动监测及理论分析并作为其边界条件之一，应在厂房机组支撑结构与围岩接触缝间，沿上、下游侧壁及基础设置测缝计测点，并在机组段结构缝间沿高程设置测点，进行相应接缝位移监测。

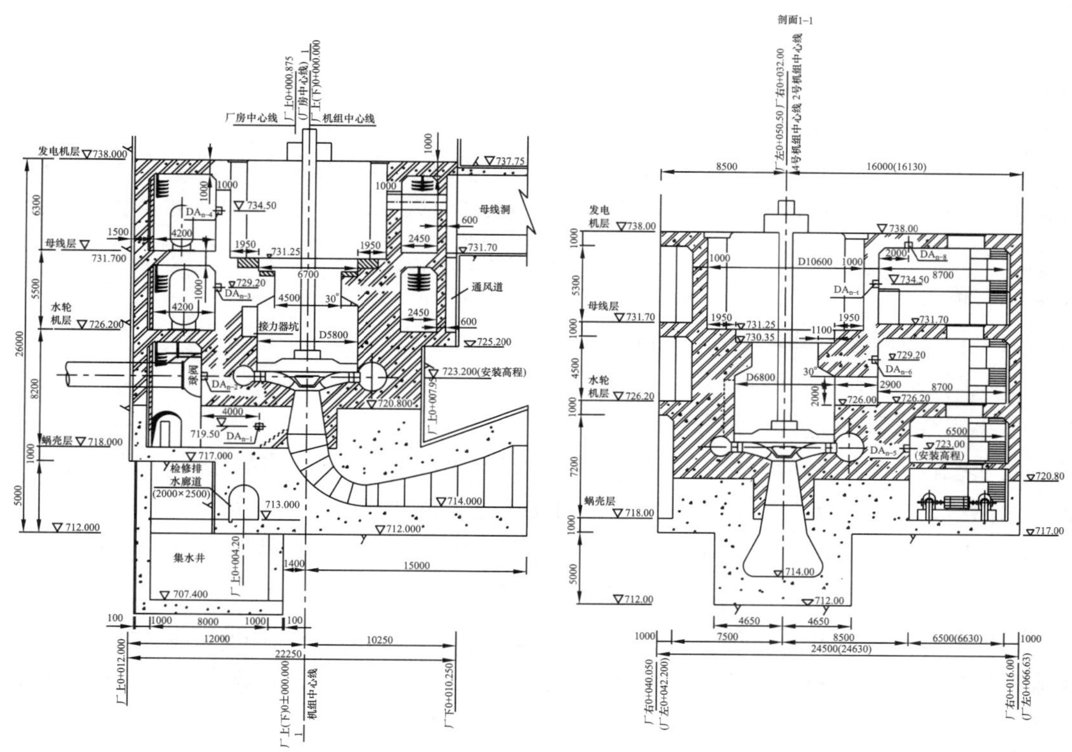

图 11-4-6 西龙池抽水蓄能电站厂房机组结构振动监测布置图

DA—三分向振动速度和加速度测点

第五节 地下洞室安全监测信息化管理

工程安全监测的最终目的是将监测信息实时地通报设计、施工及建设方，使工程有关的责任方及时掌握监测物理量定量的变化情况和工程建筑物及地质体的工作状况，使工程建设和运行处于受控状态。近来，工程安全监测已进入信息化管理时代，信息化管理的内容，主要包括数据采集、传输、存储、计算及图表绘制、智能判断、提出建议和意见。

本节主要以地下洞室围岩安全监测为例，阐述工程安全监测的信息化管理方法。

一、监测程序及监测资料的整理和数据处理

（一）地下洞室监测程序

地下洞室监测程序如图 11-5-1 所示。

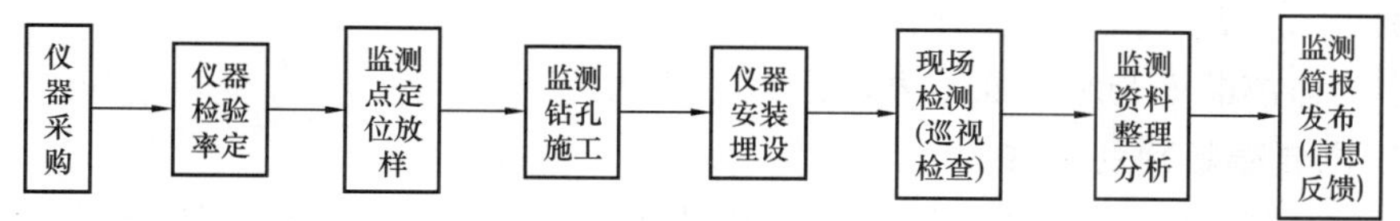

图 11-5-1 地下洞室监测程序图

（二）监测资料的整理和数据处理

现场监控量测的各类数据均应及时整理，并绘制时态曲线（例如位移—时间关系曲线，监测数据—距离关系曲线），以及时掌握监测数据的时间效应和空间效应。

由于各种可预见或不可预见的原因，如监测条件、测试人员等因素，现场监测所得的原始数据往往呈现一定离散性，使散点图上下波动，应用中必须进行数学处理，以某一函数式来表示，进而获得

能较准确反映实际情况的关系曲线，找出监测数据随时间或距离变化的规律性，并可推算出监测曲线的发展趋势，为监控设计和评价围岩稳定性提供信息。

数据处理的方法主要以数值计算中的回归分析，插值计算和拟合等方法为主。

1. 数据的回归分析

在多数地下洞室围岩监测项目中，所测数据大多数都是反映两个变量之间的关系，故在这类问题的回归分析中，通常包括一元线性回归和一元非线性回归两种情况。

（1）一元线性回归。由于许多非线性回归问题可以转换为一元线性回归问题，所以，一元线性回归是回归分析的基础。一元线性回归是研究被测物理量随时间呈线性变化的规律，其函数表达式为

$$y=a+bx$$

式中 x——时间，d；

y——速度（亦可为位移，mm），mm/d；

a、b——由实测资料确定的参数。

需要用最小二乘法原理进行回归分析。

（2）一元非线性回归。在地下洞室围岩监测项目中，两个变量之间多数呈非线性关系，如何选择出恰当类型的曲线，进行一元非线性回归分析，可按下述步骤进行：

1）选择能代表两变量 x 与 y 之间内在关系的函数类型。首先，主要从散点图的分布特征，变化特点，是否具有收敛性等进行选择；其次还要借鉴以往经验。

2）求出两变量 x 与 y 相关函数中的未知参数。欲求非线性函数关系中的未知参数，首先把非线性的函数关系变换成线性函数关系，然后按线性函数求出未知参数，再由参数变换式求得选定曲线函数的未知参数，而得到曲线函数回归方程。

3）经过剩余标准离差分析，若精度不够理想时，则可另选一种曲线函数按照上述步骤重新分析。

地下洞室监测数据回归分析常用的几种函数形式可参见《岩土工程试验监测手册》（林宗元，辽宁科学技术出版社，1994）。通常程序本身能在多种函数中，自动选择回归精度高的函数，绘出回归函数曲线。

2. 插值计算和试验数据拟合

由于监测时间是间断的，且时间间隔又不同，监测到的物理量是离散数据的集合。绘制连续的过程曲线时，需要对监测数据的中间值进行处理，可采用二次样条函数和贝赛尔函数来拟合中间值。

在进行插值和拟合时，在程序中普遍应用二次曲线拟合，保证各测点间的一阶导数连续。

3. 最终位移值的确定

最终位移值又称计算总位移值，计算方法有二倍时变位法和回归分析法。二倍时变位法适用于在初期监测中，即可确定收敛位移的计算总位移量；而回归分析法则要求至少应在 1.0～1.5 个月的连续测试之后进行。回归分析所用函数式见前述，此处仅介绍“二倍时变位法”计算公式，为

$$u=s_{\mathrm{i}}^{2}/(2s_{\mathrm{i}}-s_{\mathrm{k}})$$

式中 u——预测最终总收敛位移量；

s_{i}、s_{k}——分别为 L_{i}、L_{k} 时收敛位移值；

L_{i}、L_{k}——分别为监测断面与掌子面距离，且 $L_{\mathrm{k}}=2L_{\mathrm{i}}$。

二、地下洞室围岩稳定判别标准

地下洞室围岩稳定判别主要依据围岩位移值及其速率，此外，也有根据锚杆应力值大小评价围岩稳定性的。

（一）利用变形资料评价围岩与支护稳定的标准

目前，根据围岩变形资料评价围岩与支护稳定的方法有允许最大变形量评价法和位移速率变化评价法，这两种方法实质为单项指标评价法，此外，还有综合指标评价法。

1. 允许最大变形量围岩稳定标准

该方法认为围岩实际变形量超过或等于允许的最大变形量时，围岩处于破坏状态。所以在实际监

测时，若发现监测值接近最大变形量时，就应考虑采取加固措施或修改设计参数，以加强支护。

不少国家对地下洞室围岩的允许变形量作出了明确的规定。在我国，GB 50086—2001《锚杆喷射混凝土支护技术规范》对允许变形量的规定是以相对收敛量给出的（见表 11-5-1），在洞径已知情况下，即可换算出洞周允许最大收敛量。

表 11-5-1　隧洞周边允许位移相对值　%

埋深（m）	＜50	50～300	＞300
Ⅲ类围岩 Ⅳ类围岩 Ⅴ类围岩	0.10～0.30 0.15～0.50 0.20～0.80	0.20～0.50 0.40～1.20 0.60～1.60	0.40～1.20 0.80～2.00 1.00～3.00

注　1. 周边位移相对值系指两测点间实测位移累计值与两测点间距离之比，两测点间位移也称收敛值。
2. 脆性岩体取表中较小值，塑性岩体则取表中较大值。
3. 本表适用高跨比为 0.8～1.2 和下列跨度的隧洞：Ⅲ类围岩，不大于 20m；Ⅳ类围岩，不大于 15m；Ⅴ类围岩，不大于 10m。
4. Ⅰ、Ⅱ类围岩中进行量测的地下工程，以及Ⅲ、Ⅳ、Ⅴ类围岩中在表注范围之外的地下工程应根据实测数据的综合分析或工程类比方法确定允许值。

2. 根据变形速率评价围岩稳定标准

我国铁道部门对围岩的变形速率多数规定为不大于 0.1mm/d，少数为不大于 0.1～0.2mm/d。

美国某些工程对位移速率的规定：第一天的位移量应小于允许变形量的 1/5～1/4（约 2.54～3.18mm），第一周内平均每天的位移量应小于允许位移量的 1/20（约 0.63mm）。

日本隧道技术协会编制的《新奥法量测规则》中提出，遇到下列情况应采取相应措施：

（1）位移速率保持一定或处于加速状态时。

（2）根据平均位移速率推求的位移值超过允许值时。

（3）没有扩洞情况下，在单对数坐标系中的位移—时间关系图中出现拐点时。

3. 综合指标评价法及标准

随着人们对围岩及支护结构稳定性认识的深入，发现用单指标评价围岩及支护结构稳定性不够准确，而用综合指标评价法较为可靠。《锚杆喷射混凝土支护技术规范》对二次支护时间的确定及险情预报的规定，实质上都是采用多项指标综合评判的结果，如对险情预报的规定就同时考虑了收敛速度，喷射混凝土表面状况及相对收敛量等三项指标。

又如日本第二沼泽抽水蓄能电站地下厂房对围岩达破坏极限状态的规定是：最大位移量为 40mm，位移速度 0.4mm/d。

4. 根据围岩位移与时间关系曲线的类型与特征，判断其稳定性

典型的位移与时间关系曲线有四种类型，其特征如图 11-5-2 所示，图中的 a 线，表明岩体是稳定的；b 线表明岩体有可能失去稳定；c 线则说明岩体很快就会失去稳定；d 线表明岩体经过变形积累，最终失去稳定。当曲线属于 d、c 类型时，一定要及时发出险情预报，并应及时进行支护（或加强支护），支护后仍要定期监测。

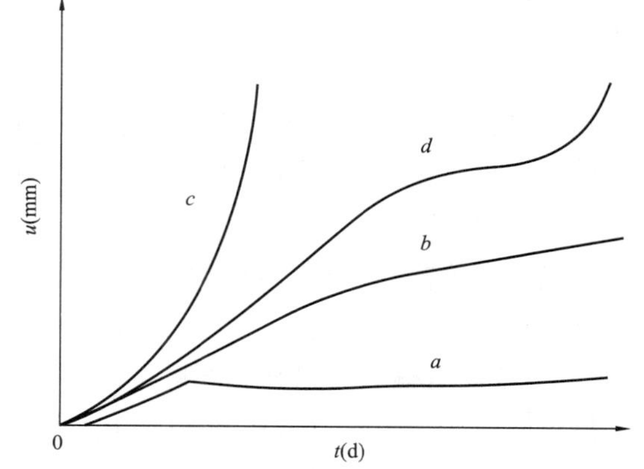

图 11-5-2　围岩位移与时间关系曲线类型

（二）依据锚杆应力值评价围岩稳定性

锚杆应力实测值是检验地下洞室围岩支护效果的主要依据之一。通常情况下，锚杆实测应力值应小于设计允许值，而设计值则略小于锚杆屈服强度。由于锚杆有较大的延性，故当锚杆应力值超过屈服强度时，其对应变形值一般超过 50mm。当锚杆实测应力值小于等于设计允许值时，围岩是稳定的，当实测应力值大于锚杆屈服强度时，应加强支护措施。我国尚无围岩稳定的锚杆应力判别标准，结合日本标准，建议围岩稳定的锚杆应力判别标准见表 11-5-2。

表 11-5-2　　围岩稳定锚杆应力判别标准

正常施工锚杆应力值	锚杆应力警戒值	最大锚杆应力允许值
锚杆应力设计值	锚杆应力屈服值	极限抗拉强度×90%

（三）大型地下厂房围岩稳定性判断的综合图法

由于抽水蓄能电站地下厂房高度通常都大于45m，因此需要分6～7层开挖。其开挖特点是：除需对每层沿水平方向向前推进之外，还需垂直向下（分层）推进。据此特点，经过分析研究，提出了围岩稳定性判断和预测的综合图法。

该法需将所依据的技术规范的围岩稳定判别标准、警戒线标准（最大允许位移值的70%），三维弹塑性有限元分层位移计算结果及现场实测位移值综合在一个坐标图内（随厂房开挖逐次完成）。然后，利用技术规范给定的允许值及警戒值作为稳定判别及预报标准，利用三维弹塑性有限元分层计算位移值及曲线特征来预测位移的发展趋势。若实测结果与曲线趋势相比发生异常，则分别从以下三个方面分析原因：地质条件是否发生变化；施工参数（如开挖厚度）是否发生变化；结构是否处在特殊部位（如母线洞与地下厂房立体交叉附近）。排除没有发生变化的因素，找出发生变化的因素，然后针对变化的因素，采取相应的措施。实践表明，这是个快速有效地判断和预测地下厂房围岩稳定性的方法。

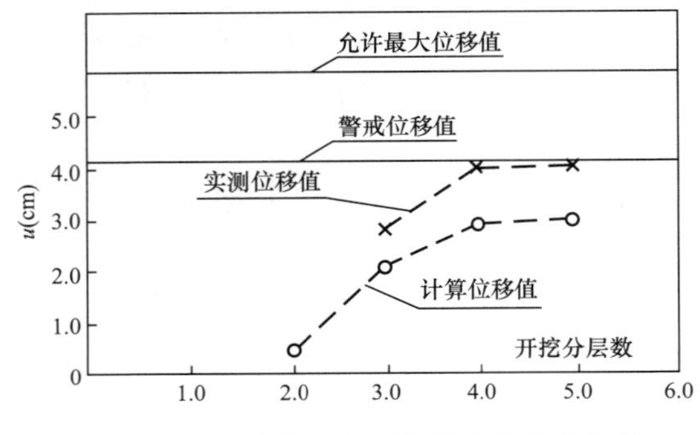

图 11-5-3　围岩稳定判断综合图法实测图

图11-5-3所示为十三陵抽水蓄能电站地下厂房0+33m桩号断面下游边墙47.5m高程处实测位移曲线和三维弹塑性有限元数值计算位移值综合对比图。从该图可知，实测位移值大于计算位移值。经分析，发现该部位施工参数改变较大。

三、地下洞室信息化设计施工管理系统

地下洞室信息化设计施工管理系统流程如图11-5-4所示。

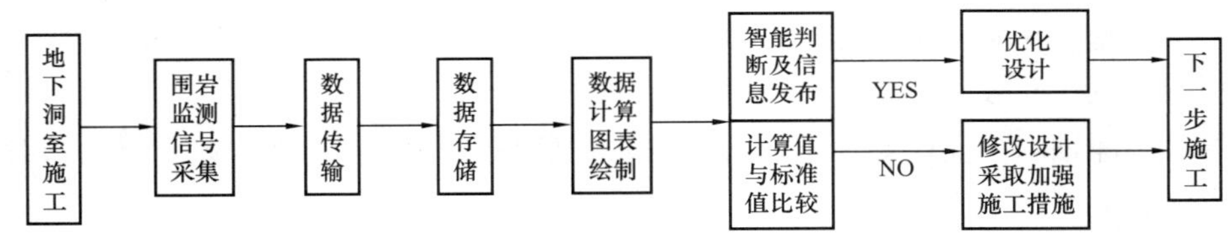

图 11-5-4　地下洞室信息化设计施工流程图

（一）数据采集

到目前为止，国内抽水蓄能电站地下洞室施工期围岩量测数据均由人工采集。日本的葛野川等抽水蓄能电站已实现了在线信息化设计施工管理系统。

（二）数据传输

监测数据传输方式与数据采集方式是相联系的。由于我国地下洞室施工期数据采集方式为人工的，因此其数据传输方式也是人工的；而日本的监测数据传输方式已采用了电话线或光纤。

（三）数据存储、数据计算及图表绘制

据了解，我国很多单位均已根据自己实际，开发了地下洞室围岩监测数据存储、数据计算及图表绘制专用软件，有的软件还具有智能判断功能。我单位开发研制的地下工程围岩观测数据处理软件（MDPS）就具有智能判断功能。

由于信号采集为人工的，因此，信号数据存储、数据计算及图表绘制一定要及时，若发现采集的信号异常，一定要重新采集信号（数据）并分析原因。数据存储时，不但要将信号数据及时存储，而且还应将相关的施工数据和地质信息及时存储，以便数据分析，及数据异常时查找原因。数据处理自动生成的图表，主要指监测物理量数据及各类时程曲线。

地下洞室围岩监测项目一般多达十多项，但用于围岩稳定评价的一般指围岩位移、位移速率、锚杆应力和预应力、锚索应力等信息，这几个项目是信息化设计施工的基础，也是建立管理标准的项目，因此，也应是围岩监测和处理的重点。

（四）智能判断

智能判断的实质是：各项实时监测的物理量与适合该地下洞室的管理标准的比较及进一步判断。因此，适合该地下洞室的管理标准的制定成为关键。如何将国家和行业的相关围岩稳定标准转化为具体工程管理标准，主要应依据工程具体地质条件、围岩类别、设计工程师经验及有限元数值计算结果综合确定。建议采用如下程序制定具体工程的管理标准：先依据国标的围岩稳定判别标准及该地下工程围岩类别、上覆岩体厚及有限元分析结果，确定工程不同类别围岩最大允许位移值标准（相当于日本管理标准 3），再将不同类别围岩的最大允许位移值乘以 70%作为警戒值（相当于日本管理标准 2），一旦围岩位移达到该值，就应暂停施工，分析原因，在确认不需修改管理标准情况下，应采取补强措施。

依据上述原则，十三陵抽水蓄能电站地下厂房围岩稳定判断标准见表 11－5－3。

表 11－5－3　　十三陵抽水蓄能电站地下厂房洞周相对收敛量控制标准　　%

围岩类别	警戒值	最大允许位移值	围岩类别	警戒值	最大允许位移值
Ⅲ	0.35	0.5	Ⅴ	1.04	1.6
Ⅳ	0.84	1.2			

依据抽水蓄能电站地下厂房需分层开挖的特点，此处提出的综合图法可对每个监测断面的每个监测点（主要指边墙监测点）进行实时控制，具体如图 11－5－3 所示。围岩稳定的锚杆应力判别标准见表 11－5－2。

日本许多抽水蓄能电站地下厂房围岩监测均建立了管理标准，将管理标准分成三个等级，并规定超过第一级标准时，施工仍继续进行，但要增加监测次数；超过第二级标准时，开挖要暂停，同时增加监测次数并实施补强措施；当达到第三级标准时，必须立即停止施工，迅速研究采取强有力的工程措施。如日本的大河内抽水蓄能电站地下厂房建立了围岩位移、位移速率、预应力锚索轴向力及塑性区范围等项目的施工管理标准（见表 11－5－4），但从该表尚看不出不同围岩类别管理标准的区别。

表 11－5－4　　大河内抽水蓄能电站厂房施工监控标准的确定

项目		标准 1	标准 2	标准 3	数据计算方法	监测频率
		根据分析结果推算最大值	处于标准 1 与 3 之间	与预应力锚杆或岩体破坏有关的值		
监测	岩石位移（mm）	10	20	30	位移计设置后洞壁面 10m 区间的相对位移	每天
		有限元分析的最大值	根据预应力锚杆轴向力进行反算	根据预应力锚杆轴向力进行反算		
	净空位移（mm）	20	40	60	用测量仪测量	
		岩石位移×2	岩石位移×2	岩石位移×2		
	预应力锚杆轴向力（t/根）	62	84	100	用预应力测力计测量	每天
		根据岩石位移进行反算	预应力锚杆的屈服强度	预应力锚杆的抗拉强度		
	位移速度（mm/d）	0.15	0.25	0.40	根据岩石位移计算但应除去爆破位移	每天
		已建电站工程的实况	已建电站工程的实况	已建电站工程的实况		
	塑性区范围（m）	3	5	6	根据监测值的反分析，算出最后阶段的塑性区	每一开挖台阶
		有限元分析的最大值	需要补强区	按不损害锚杆的长度		

续表

项目		标准1	标准2	标准3	数据计算方法	监测频率
		根据分析结果推算最大值	处于标准1与3之间	与预应力锚杆或岩体破坏有关的值		
措施	开　挖	按 计 划	暂　停	停　止		
	监　测	增加频率	增加频率	增加频率		
	补强措施	无	实　施	实　施		

（五）信息反馈及建议

当实测值（计算值）大于中国标准的警戒值（日本管理标准2）时，便应采取补强支护施工措施，这仅是动态设计施工中重要的一个方面；同样重要的另一个方面是，当实测值（计算值）小于此值时，应对该部位围岩支护参数进行优化。依据统计资料并考虑施工的实际情况，作者对优化设计具体建议如下：

（1）当锚杆应力发挥度不小于60%时，保持原支护参数，不宜优化。

（2）当锚杆应力发挥度为30%～60%时，应适度对支护参数进行优化。

（3）当锚杆应力发挥度小于30%时，应大力对支护参数进行优化。

（4）为有效实施动态设计施工，建议将支护分为两期，即初期支护和二期支护。

由于地下厂房围岩位移和锚杆应力随分层开挖而逐步增加，这便给支护参数优化带来施工上的困难，为此建议：

（1）加强顶拱中导洞（或边导洞）围岩监测，除地下厂房系统监测断面监测测点外，还应多布置一些收敛监测断面。

（2）在用有限元数值分析围岩和支护系统稳定性时，必须严格按分层开挖步骤进行仿真计算分析。

（3）加强对同类工程地下厂房围岩和支护系统参数，尤其对实际监测值进行统计分析，并进行工程类比。

有关监测信息的反分析及地下厂房信息化设计施工的有关内容可见本书第十章第四节。

四、地下厂房监测工程实例及监测成果在工程中的应用

（一）工程实例

为便于分析比较，现将若干抽水蓄能电站地下厂房围岩监测工程实例汇总于表11-5-5和表11-5-6。

从表11-5-5可知：

（1）地下厂房边墙围岩位移比顶拱围岩位移大。边墙围岩位移平均值变化范围为1.3～45.2mm；顶拱围岩位移平均值变化范围为0.5～44.9mm。但也有顶拱围岩位移大于边墙围岩位移的工程实例，如我国的西龙池和泰国的拉姆塔昆抽水蓄能电站地下厂房，西龙池地下厂房顶拱围岩位移平均值为5.8mm，边墙围岩位移平均值为2.3mm，顶拱围岩位移是边墙的2.5倍，这可能与厂房围岩为缓倾角薄层灰岩有关。这启示必须深入分析每个地下厂房围岩的变形规律、特点，才能对该地下厂房进行合理的支护设计。

（2）我国大陆地区地下厂房围岩位移比台湾地区和国外地下厂房围岩位移小。大陆地下厂房边墙围岩位移平均值变化范围为1.3～19.5mm，台湾地区和国外地下厂房边墙围岩位移平均值变化范围7.1～45.2mm。这主要取决于各工程的地质条件，但也可能与各工程围岩位移量测手段与方法不统一有关。

（3）地下厂房围岩位移大小，既与岩体力学参数（如变形模量、抗压强度），岩体结构、产状、环境条件（如地应力）等自然条件有关，同时还和地下厂房规模、开挖爆破施工方法、支护措施等人为因素有关，故围岩变形预估、支护参数设计应综合分析每个地下厂房的具体情况，并随施工进程动态地不断优化。

表 11-5-5

抽水蓄能电站地下厂房围岩位移监测结果综合

工程名称	围岩岩性	岩层产状	围岩类别	洞宽(m)	埋深(m)	地应力 σ_1(MPa)	岩体饱和抗压强度 R_w(MPa)	岩体变形模量 E_0(GPa)	顶拱位移(mm)			拱脚位移(mm)			边墙位移(mm)			端墙位移(mm)		
									最大	最小	平均	最大	最小	平均	最大	最小	平均	最大	最小	平均
十三陵(中国)	复成分砾岩	NE40°~45° SE∠20°~45°	Ⅱ~Ⅲ类为主	23.0	270.0	15.0	59.0	18.0	15.2	1.0	8.1	14.3	0.5	4.5	40.5	5.8	18.8			
宜兴(中国)	岩屑砂岩夹薄层泥质粉砂岩	N50°~70°W NW∠20°~28°	Ⅲ~Ⅳ类为主	22.0	277~377	8.1~16.0	27~56	7.0~5.0	17.2	2.1	5.3				37.6	4.6	12.2	21.2	7.3	13.7
泰安(中国)			Ⅱ类为主	25.0					1.3	0	0.5				17.1	0.4	8.2			
琅琊山(中国)	薄层条带灰岩、闪长岩脉中厚层条带灰岩互层	NE40°~45° NE∠80°~85°	Ⅲ~Ⅳ类为主	21.0	150	9.0~11.0	30~50	6.0~10	4.3	0.6	1.7	5.7	0.6	2.1	13.4	1.9	6.6	4.9	2.4	3.8
西龙池(中国)	鲕状灰岩、粉砂岩、薄层灰岩	NW∠330° NE∠5°~8°	Ⅲ为主	22.9	170~334	12.0	55~156	6~15	16.1	1.1	5.8	2.45	0.2	1.3	5.0	0.9	2.3	4.9	1.8	2.6
张河湾(中国)	变质安山岩	SN W∠50°	Ⅱ类为主	23.8	110~130	5.5~13.4	175	49.2~61.8	2.6	0.5	1.3	2.67	0.2	1.5	6.6	0.4	2.1			
广州(中国)	中粗粒黑云母花岗岩		Ⅰ、Ⅱ类为主	21.0	405	12.2		20.0	6.2	−0.7	1.6				8.6	0.1	1.3	40.1		
天荒坪(中国)	含砾流纹质熔凝灰岩		Ⅰ~Ⅱ类为主	21.0~22.4	160~200		120.5	10~30	7.3		2.8	17.4	1.2	9.60	28.9	5.3	19.5			
明潭(中国台湾地区)	砂岩、粉砂岩互层	NE39° SE∠35°		22.7	300	7.0	41~166	2.3~5.1	70.0	5.0	42.7				96.0	16.0	45.2			
葛野川(日本)	砂岩、泥岩混合层	EW N∠60°~80°	CH为主,CM~CL	34.0	520	14.5	36~250	4.1	24.0						56.0	12.0	32.0			
喜撰山(日本)	燧石、砂质黏土板岩、黏土板岩	N60°W SW∠60°~80°		25.6	250	2.5		2.0~7.0	16.0	2.0	9.5				44.0	7.0	24.5			
奥多多良木(日本)	流纹岩、石英斑岩、辉缘岩	NW20°~70° NE∠60°~80°	B~CH	24.9	200	10*		5~10	1.2	0.1	0.5				27.2	0.1	12.6			
今市(日本)	硅质砂岩、角砾岩、砂板岩互层	EW N∠50°	CH~B	33.5	400	12.3~16.0		18.0	29.0	0.9	6.3				43.1	1.1	11.4			
奥吉野(日本)	页岩、砂岩	NE80° NW∠40°	CH~CM	20.1	200	6.4*	3.8~12.9	13~20	17.0						22.0	1.0	7.1			
拉姆它昆(泰国)	粉砂岩、砂岩	L10°/∠10°		25.0			35~73	5.0~10.0	51.6	33.4	44.9				49.0	8.0	24.8			
瓦尔德克Ⅱ号(德国)	板岩、杂砂岩	SE110°~130° NE∠30°~40°		33.5					20.0	15.0	17.5				12.0	10.00	11.0			

表 11-5-6　　国内抽水蓄能电站地下厂房锚杆应力监测结果综合

项　目		十三陵	宜兴	西龙池	张河湾	泰安	琅琊山
顶拱锚杆应力（MPa）	最大值	139	179	219	133	14	59
	最小值	3	−6	4	6	1	12
	平均值	71	78	97	51	9	28
σ_{av}/σ_y（%）		23	25	31	16	3	9
边墙锚杆应力（MPa）	最大值	347	357	241	346	367	268
	最小值	3	11	9	27	4	4
	平均值	148	120	45	113	167	113
σ_{av}/σ_y（%）		58	39	15	36	54	36
观测锚杆数		22	30	46	34	20	45
>310MPa 锚杆数		1	2	0	2	3	0
>155MPa 锚杆数		10	8	7	5	6	10
>310MPa 数/总数（%）		5	7	0	6	15	0
>155MPa 数/总数（%）		45	27	15	15	30	22

从表 11-5-6 可知：

（1）地下厂房边墙锚杆应力普遍比顶拱大。边墙锚杆应力平均值为 45～167MPa，顶拱锚杆应力平均值为 9～97MPa。

（2）将实测锚杆应力与锚杆屈服强度的比值 σ_{av}/σ_y 称为工程锚杆应力发挥度（简称锚杆出力），顶拱锚杆应力发挥度平均为 3%～31%；边墙锚杆应力发挥度平均为 15%～58%，可见锚杆支护参数均有优化的余地，一些工程优化余地更大。

（3）测值大于 310MPa 的监测锚杆，虽然数量不多，仅占监测锚杆的 0～15%，平均约为 7%；但应引起重视，应分析原因并采取措施。

（4）任何工程的地下厂房围岩监测，均应分为一般部位和特殊部位，这两个部位的监测都同等重要，但侧重点不同。一般部位通常是优化支护参数、减少支护参数的部位；而特殊部位（如裂隙、节理密集带、断层带、不稳定块体组合部位、结构立体交叉部位）通常是围岩位移、锚杆、锚索应力较大部位，故应成为重点关注、加强支护的部位。

（二）监测成果在工程中的应用

（1）及时预报险情。依据监测成果，综合运用前述围岩稳定评判指标或依据围岩位移与时间关系曲线特点，可对围岩是否出现险情进行预报。十三陵抽水蓄能电站地下厂房在施工开挖期，依据上述准则，成功地对围岩稳定进行了 6 次险情预报，收到了很好的社会和经济效果。

（2）评价围岩稳定性。实践表明，监测简报在多数情况下是给出围岩稳定的评价。当围岩位移和速率是前述围岩稳定判断值的 70%以下时，均应认为围岩是稳定的。十三陵抽水蓄能电站地下厂房系统共发出监测简报 136 期，其中仅 6 期为险情预报，余皆为平安简报。

（3）合理确定后期支护的时机。采用两次支护的地下工程，后期支护的施工，应在同时达到下列三项标准时进行：

1）隧洞周边水平收敛速度小于 0.2mm/d；拱顶或底板垂直位移速度小于 0.1mm/d。

2）隧洞周边水平收敛速度，以及拱顶或底板垂直位移速度明显下降。

3）隧洞位移相对值已达到总相对位移值的 90%以上。

（4）调整施工方法，改变施工程序及支护时机。当预测围岩将可能失稳时，此时，除立即采取补强措施外，还应调整施工方法，改变施工程序和支护时机。必要时应立即停止开挖，进行施工处理。

（5）验证建筑物安全度。通过对各监测项目实测值和设计允许值综合对比分析，可验证建筑物安全度。如某工程围岩锚杆应力实测值为 150MPa，设计允许值为 270MPa，则其锚杆应力发挥度为 56%，表明设计安全余度较大。

（6）优化调整设计参数。经现场地质观察评定，认为在较大范围内围岩稳定性较好，同时实测位移时远小于预计值，而且稳定速度快，此时，可适当减小支护参数。反之，对可能出现失稳地段，则应增加支护参数。

第十二章

水泵水轮机

第一节　水泵水轮机型式与发展

一、水泵水轮机型式

抽水蓄能电站的关键设备是抽水蓄能机组，抽水蓄能机组可分为四机式、三机式和两机式等。

1. 四机式机组

最早使用的抽水蓄能机组由专用的抽水机组和发电机组组合而成，“水轮机＋发电机”与“水泵＋电动机”两套设备完全分开设置，其水道系统与输变电设备可根据不同情况共用或单独设置，这种结构型式的机组称为四机式机组，目前在综合用水系统中使用。在这种抽水蓄能电站中，水轮机和水泵两者可以采用任意型式和参数，水泵和水轮机可根据各自特点进行设计，使其效率最高，此外可以随时进行工况转换，分别检修或维护。但这种机组设置除土建费用增加外，机组和附属设备数量多、运行维护工作量大、成本高。

2. 三机式机组

由于电机本身具有可逆性，同一电机在电动机工况和发电机工况运行，都具有很高的运行效率，所以，由一台电机和具有同一根轴系的一台水轮机和一台水泵就构成典型的三机式机组。按布置方式，三机式机组分卧轴和竖轴两种型式。卧轴机组的发电电动机布置在水轮机和水泵之间，而立轴机组的水泵则安装在整个机组最下部。

大型三机式机组一般采用竖轴布置方式。水轮机和水泵可以布置在发电电动机的下方，水泵安装位置较水轮机低。也可以分开布置，水轮机设在发电电动机上方，水泵设在发电电动机下面。第一种布置方式机组转动部分的长度较长，水轮机和水泵轴之间刚性或用联轴器连接，水轮机工况运行时，联轴器分开，水泵停机，反之亦然。但由于联轴器的本身有能量损失，使机组的整体运行效率下降。如果是刚性联接，其中一台机械运行时，另一机械的过流部件应为无水状态，为此，还需借助压缩空气系统将尾水管中的水排出，其压气系统设置与运行均较为复杂。

三机式机组的综合效率比可逆式机组高，三机式机组的水轮机和水泵的通流部件，其水力设计和结构设计彼此无关，因此在相应工况下三机式机组的效率可以达到水轮机和水泵各自的较高水平。三机式机组的另外一个优点是启动非常方便和迅速，机组在水泵工况启动时，用本身的水轮机带动至同步转速，并网后水轮机通流部件排水，水轮机产生的力矩足以使水泵在进水阀关闭、泵室充水的情况下启动，而不必将水压出水泵通流部件，加速了水泵工况的启动过程，改善了电机工作条件。由于水泵可以做成多级式，使泵工况运行时能达到很高的扬程，而水轮机在不同的水头段可以采用不同的机型，因此，三机式机组理论上可以适用不同水头段的抽水蓄能电站。

随电站条件的不同，三机式机组可以采用混流式水轮机配两级或多级离心泵，或者用冲击式水轮机配多级泵。我国羊卓雍湖抽水蓄能电站装设的三机式机组就包括一台 3 喷嘴的冲击式水轮机（额定水头 816m，出力 23MW）和一台 6 级离心泵（最大流量 2.0m^3/s，功率 19MW）。因为机组是垂直排列的，故高度较大，羊卓雍湖电站机组的全部高度达23.4m。

当然，三机式机组的缺点同样明显。首先，三机式机组的总体设备造价要比单级可逆式机组高。其次，装有混流式水轮机的机组在水泵工况运行时，需要压缩空气来压低水轮机尾水管的水位，压水系统的投资与运行费用较高。另外，三机式机组会增加土建的投资。

3. 可逆式水泵水轮机

除冲击式水轮机外，其余水力机械都有可逆特性，当找出两种工况下都能保证较高效率运行的水力设计方法后，由电机（电动—发电机）＋可逆式水力机械（水泵—水轮机）组成的两机式机组得到广泛的应用，机组在一个方向旋转时发电，向另一方向旋转时抽水。这就构成了二机式机组，称为可逆式水泵水轮机。由于该种结构类型的机组具有机组尺寸小、结构简单、造价低、土建工程量小等优点，已成为现代抽水蓄能电站采用的主要机型，近期所投运的机组几乎都是两机式机组。但可逆式水泵水轮机的缺点也是明显的，虽然机组能在水泵和水轮机两种工况下运行，但为了兼顾两种工况运行的特点，两种运行工况下的效率均不能达到该工况下机组单独运行的效率水平。

可逆式水泵水轮机的工作水头范围与反击式水轮机的工作水头范围相一致，随着应用水头的不同，可以做成混流可逆式、斜流可逆式、轴流可逆式及贯流可逆式机组。

（1）混流式水泵水轮机。混流式水泵水轮机水流沿径向进入转轮，然后基本上沿轴向自转轮流出。转轮形状类似水泵，适用水头一般100～800m，超过800m水头时一般采用两只或两只以上转轮串联组成多级式。混流式水泵水轮机的结构简单，适用的水头范围广，因此是应用最多的机型。

（2）斜流式水泵水轮机。斜流式水泵水轮机水流流经转轮叶片时倾斜于轴线某一角度。适用水头30～140m，桨叶可调节，与混流式水泵水轮机相比平均效率高，可以调节水泵输水量，水泵起动力矩小。缺点是结构复杂，造价高，只适用于机组台数少和水头变幅大的抽水蓄能电站。

（3）贯流式水泵水轮机。贯流式水泵水轮机是流道呈直线状的卧轴水泵水轮机。适用水头3～20m，主要用于抽水蓄能型的潮汐电站，除要求机组具有单向发电、抽水功能外，有时还要求具有双向发电、双向抽水和双向泄水六种功能。

二、可逆式水泵水轮机技术的发展

近年来，抽水蓄能电站机组的设计与制造广泛运用了新技术和新设计理念，可逆式水泵水轮机技术取得较大发展。

（一）高水头化

随着技术的发展，单级混流可逆式水泵水轮机使用水头愈来愈高，目前单级可逆式机组的应用水头已超过常规水轮机。20世纪70年代以前，单级混流可逆式水泵水轮机最高扬程在400m以下。1973年，世界上水泵水轮机的最高扬程首次突破500m（日本沼原抽水蓄能电站，最大扬程528m），之后500m～300MW级的水泵水轮机不断制造出来。80年代初投运的巴吉纳·巴斯塔抽水蓄能电站水轮机工况最大发电水头达到600m，水泵工况最大扬程为621.3m。1994年投运的保加利亚茶拉抽水蓄能电站最大水头为677m，水轮机最大出力216MW，水泵工况最大扬程701m，转速600rpm。90年代后期至今，500m水头段机组应用较多，包括我国已经投运的十三陵、广州一期和二期、天荒坪等抽水蓄能电站的水头均属500m级，在建的宝泉、惠州和呼和浩特抽水蓄能电站水头也超过500m。在已建抽水蓄能电站中，日本葛野川抽水蓄能电站单级可逆式水泵水轮机运用水头最高，最大毛水头为751m，水泵工况最大扬程为778m，单机出力400MW，转速500r/min。国内单级可逆水泵水轮机水泵扬程最高的是西龙池抽水蓄能电站，水泵最高扬程达到703m，仅次于日本的葛野川、神流川（最大扬程728m）和小丸川（最大扬程714m）抽水蓄能电站，属世界第四高水头单级可逆水泵水轮机组。国内正在进行前期准备工作的广东阳江和浙江乌龙山抽水蓄能电站水泵工况最高扬程也将超过700m，都达到世界先进水平。

在单机容量相同的情况下，抽水蓄能电站利用水头越高，需要的流量越小，上水库、下水库和大坝等土建工程量减小，水道系统和厂房系统的尺寸相对较小，投资降低。对于相同容量的机组，水头越高，转轮直径就越小，例如单机容量同为300MW的水泵水轮机，500m水头段转轮直径只有300m

左右水头段的机组的60%左右。抛开机组设备制造难度因素，相应厂房系统尺寸和机组设备尺寸减少，电站总体投资降低。

在高水头、大容量、高转速水泵水轮机技术的发展上，日本厂商相对发展较早。如日本沼原抽水蓄能电站机组，由日立公司提供。巴吉纳·巴斯塔电站机组由东芝公司提供。茶拉电站机组由东芝公司提供。葛野川电站1号机组由日立公司提供，2号机组由三菱公司提供，3号、4号变速机组由东芝公司提供。我国西龙池抽水蓄能电站水泵水轮机由日立—东芝公司提供，发电电动机由东芝—三菱公司提供。

图12-1-1所示为单级水泵水轮机水头发展过程图，从中可以看出，随着时间的推移，单级水泵水轮机应用的水头呈上升趋势，但由于受到结构强度的限制，单级混流可逆式水泵水轮机水泵工况最大扬程800m已经达到应用的上限。

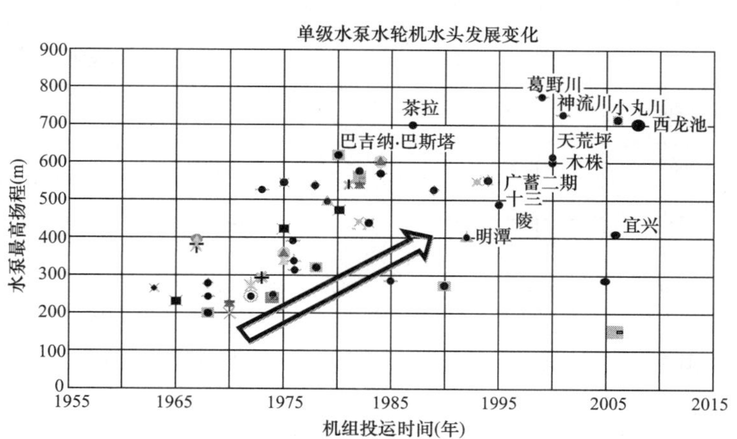

图12-1-1　水泵水轮机最高扬程的发展

当水头进一步提高时，需采用多级可逆式机组。20世纪70年代投运的法国柯希抽水蓄能电站，首次采用了五级可逆式水泵水轮机，最大发电水头为930m。1982年投运的意大利埃多罗蓄能电站的五级可逆式水泵水轮机，最大发电水头为1256m。

（二）高转速化

在电站运用水头不断提高的同时，水泵水轮机也在向高比转速方向发展。比转速是表征水轮机、水泵等水力机械的一个重要综合参数。和常规机组一样，水头越高比转速越小，混流可逆式水泵水轮机的比转速一般用水泵工况最低扬程的比转速 $n_{sp}=n\cdot Q_{max}^{0.5}\cdot H^{-0.75}$ 来表示。用比速系数 $K=n_{sp}\cdot H^{0.75}$ 来衡量比转速水平和水泵水轮机的设计制造水平。

水泵工况比速系数处于逐年提高的趋势（见图12-1-2和图12-1-3），20世纪60年代 K 值约在1500～2400；70年代设计制造的500m段水泵水轮机 K 值达2500～3200，其比转速在25（大平电站）～33（波罗莫卡扎尔电站）；而80年代设计制造的500m段水泵水轮机 K 值已达2900～3500（狄诺维克电站），80年代投产的巴吉纳·巴斯塔水泵水轮机，最大扬程达621.3m，仍采用70年代适用于500米段机组的比转速27，其 K 值为2990；保加利亚茶拉电站最高扬程为701m，其比转速为26.44，相当于

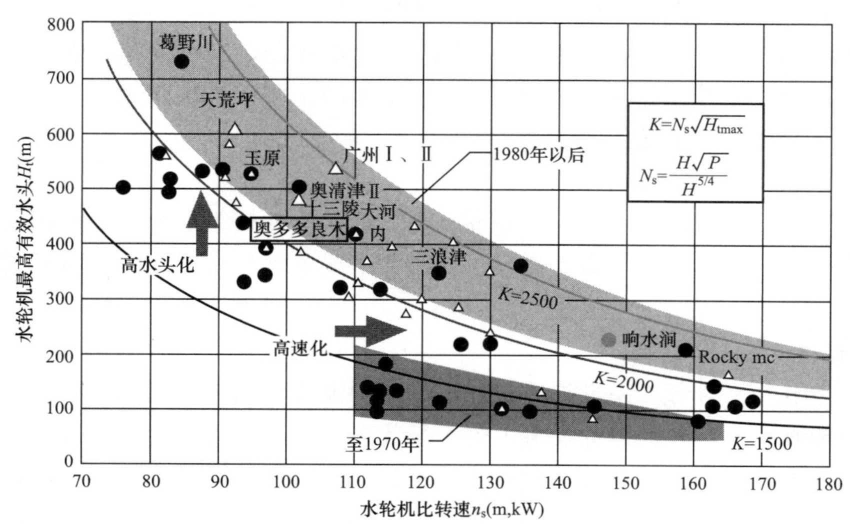

图12-1-2　水轮机工况比转速与水轮机有效水头发展

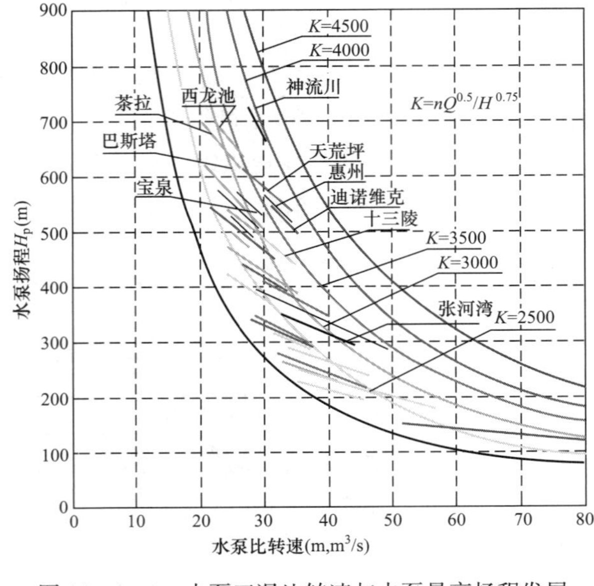

图 12-1-3　水泵工况比转速与水泵最高扬程发展

500m 段机组的比转速，其 K 值为 3260。十三陵电站蓄能机组比速系数 K 值为 3300，与其他 80 年代中后期投运的电站机组比速系数 K 水平相当。天荒坪电站蓄能机组比速系数 K 值为 3827，达到了较高的水平。而广州一期电站蓄能机组比速系数 K 值为 3874，接近预测的单机混流可逆式水泵水轮机组的比速系数 K 上限 $K=4000$，处于较高水平。西龙池电站比转速 $K=3395$，与茶拉电站相当。

（三）大容量化

在大规模电力系统中，希望建一些大容量的蓄能机组，以满足较大的调峰能力。与增加机组台数相比，增加单机容量可以降低电站机组设备造价，简化电站操作程序，减少厂房投资，其综合经济效益较好。自 20 世纪 70 年代以来，可逆混流式水泵水轮机单机容量有明显的增加趋势，50 年代最大出力仅为 90MW（美国海瓦西蓄能电站）；60 年代投运的汤姆逊电站为 220MW；70 年代投运的腊孔山电站为 400MW；80 年代投运的巴斯康蒂电站水轮机的最大出力 457MW（水头范围 323～390m），水泵最大入力 420MW。日本 1999 年投运的葛野川电站水泵工况最大入力 412MW。目前单机容量 300MW 级的单级可逆水泵水轮机，国外制造商有较为成熟的技术，随着蓄能机组国产化进程的推进，国内哈尔滨和东方两大发电设备制造企业与国外有经验的制造商已进行多个项目的合作，引进蓄能机组关键技术。我国目前正在进行前期工作的天荒坪二期、阳江和乌龙山等电站的单机容量均大于 300MW。

（四）高性能化

随着机组向高水头、高转速、大容量方向发展，机组强度、材料疲劳损害和振动噪音水平随之加大。为了从整体上实现机组的最优，目前各个成熟的生产商在机组设计中从蜗壳到尾水管所有流体设计都应用了流体分析技术（CFD），给出流道形状和计算条件后，在很短时间内就能得出压力和速度分布。可以针对蜗壳、座环（固定导叶）、活动导叶、转轮、尾水管进行全流道的解析。在实际设计中，通过反复流体解析可确定叶片和流道的形状、预测机组的效率、汽蚀水平。通过模型试验来修改和验证，达到高性能化。

在结构设计中，超高扬程水泵水轮机需要对主要部件进行三维 CAD 设计。例如，转轮固有振动频率的计算、座环与顶盖间密封部因启动停机引发间隙变化的预测、固定导叶的强度计算、分瓣结构顶盖法兰面的面压与开口的设计、主轴承部分水压引发变形的预测、进水阀应力与变形的解析等，同时实现了结构合理化与板厚等的最优化。

（五）高可靠性

除对机组进行模型试验以外，对于一些超高水头、高转速的机组，为测量机组在高速、高压条件下所使用的主要部件的性能，部分厂商还进行了实物大小或者缩小模型试验，验证其性能、强度可靠性及耐久性等。

1. 真实扬程试验

超高扬程时，加振模式和频率一旦与转轮的固有振动模式和水中固有振动频率相一致，就会引发共振，产生大的变动应力。转轮的累计损害中因运行状态下反复应力引发的损害最大，因此有必要让额定转速下加振频率与转轮在水中的固有振动频率远离，降低转轮的变动应力。但是，转轮在水中的振动受附加质量的影响是复杂的，日本在高水头电站采用真实落差、真实扬程模型进行了试验（见图 12-1-4）。

模型试验可以同时满足叶栅干涉、加振力、频率等流体力学特性的相似条件，以及水中振动物体的附加质量、水中共振这样的振动力学特性的相似条件。试验用的模型转轮用与实物相同的材质制造，实物与过流面、非过流面都完全相似，所以具有与模型比尺成比例的水中固有振动频率。

查明了转轮的共振频率，为避开影响水力性能的过流面，只要改变上冠、下环的刚性及转轮背压室的间隙就可以实现。包括启动、停机、甩负荷时的变动应力及反复出现的次数等均可测定，实施了综合性的疲劳强度评价，并确定转轮的容许缺陷尺寸。

2. 主轴密封装置

随着超高扬程化，密封水压和滑动速度也将增加，主轴密封装置的使用条件变得更恶劣。使用实物大小的试验装置（见图 12-1-5），可验证密封性能，以及在恶劣运行条件下的可靠性与耐久性。

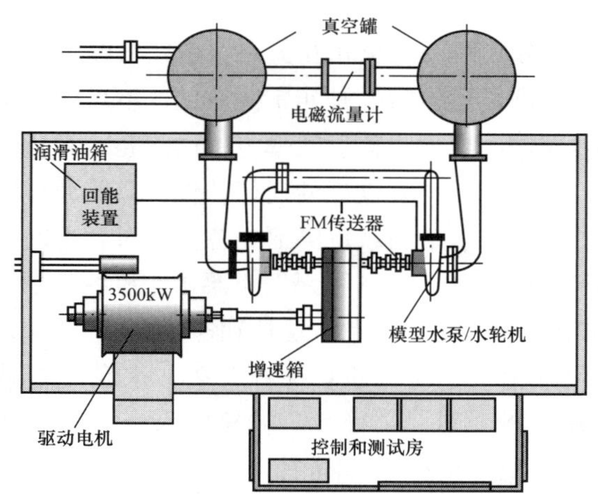

图 12-1-4 真实水头试验装置

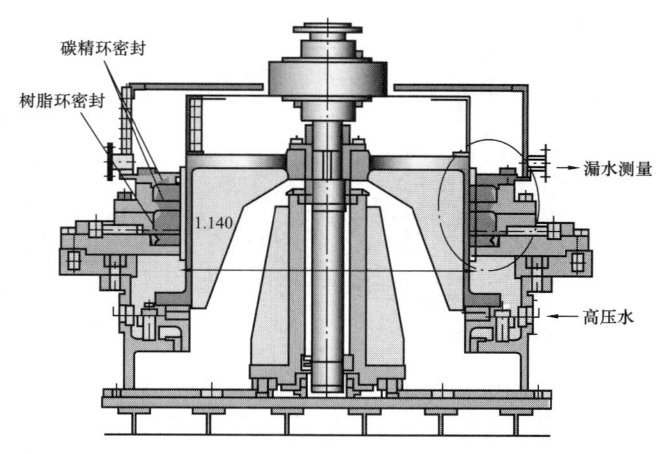

图 12-1-5 主轴密封试验

3. 调相漏气试验

当超高扬程水泵水轮机的吸出高度低于一100m，调相运行时尾水管内压入空气的压力将超过大气压的10倍以上。混入水中的气泡就会随之出现在尾水管下并产生二次回流，经过尾水管肘管逃逸到尾水渠中，从而形成漏气。一旦漏气量超过了空压机所能提供的补气量，就无法实现长时间调相运行。

对于各种各样的尾水管形状，可用气液双相流动解析计算水中的气泡动向，并进行漏气量的相对评价。可采用与实际吸出高度相当的空气压力驱动转轮，进行调相漏气模型试验，找出漏气少的尾水管体形（见图 12-1-6）。

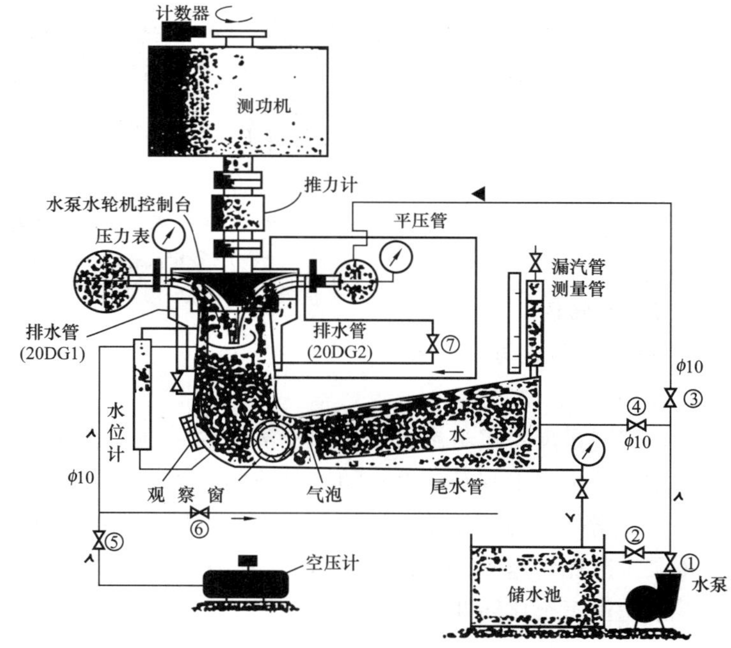

图 12-1-6 机组调相漏气量实验示意图

（六）变速机组

抽水蓄能机组通常按恒定的转速运行，当水头、流量在一定的范围内运行时，水泵水轮机有较高的运行效率，但如果水头、流量变化超出这个范围，机组性能则明显变差，为了解决这一问题，可采用变速发电电动机。变速发电电动机能使水泵水轮机转速在一定范围内连续变化，使水轮机和水泵在一个大的水头、流量变化范围内都具有较高的运行效率，以适应更宽的水头（扬程）变幅和功率范围。

变速蓄能机组优点很多，但造价比恒速蓄能机组要高。变频蓄能发电电动机价格约为恒速蓄能发电电动机价格的 1.65 倍。据伊林公司介绍，电机本身造价要高 1.65 倍，另外增加提供交流磁场励磁的环行换流器又将使造价增加约 45%，因此，一套变速蓄能发电电动机造价为恒速蓄能发电电动机的 2 倍左右。但随着电力电子技术的发展，变速蓄能机组价格会逐渐下降。

第二节　水泵水轮机工作特点及其主要参数

衡量水泵水轮机的性能指标和常规水轮机基本一样，包括功率、效率、空化性能和运行稳定性等主要参数。水泵水轮机因为有两种相反的运行工况，故同一转轮这些参数各有两套数值。

一、水泵水轮机工作特点

由于水泵水轮机在水泵工况和水轮机工况运行时使用同一转轮，两种工况相互关联，单独去改变水泵或水轮机工况的运行特性是非常困难的，不可能使水轮机和水泵同时在各自最优效率范围内运行。为了满足机组在两种工况均有良好的运行特性，只能通过参数选择，使其在水泵和水轮机工况各自相对合理的范围内运行。如图 12-2-1 所示，水泵水轮机在水泵工况和水轮机工况运行时，均无法达到各自的最优工况。

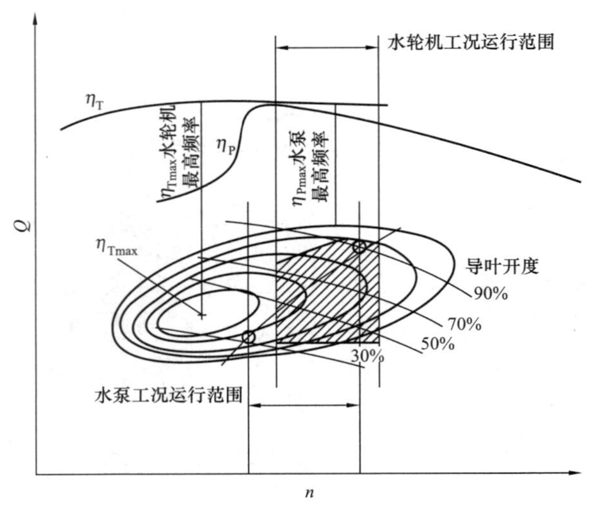

图 12-2-1　水泵工况和水轮机工况运行范围

水泵入力一定时，随着扬程升高，水泵流量减少，当流量减少到一定程度，转轮中水流流态会发生改变，由稳定流态［见图 12-2-2（a）］向非稳定流态转变［见图 12-2-2（b）］，转轮中产生二次回流，机组的振动与噪声随之增加。

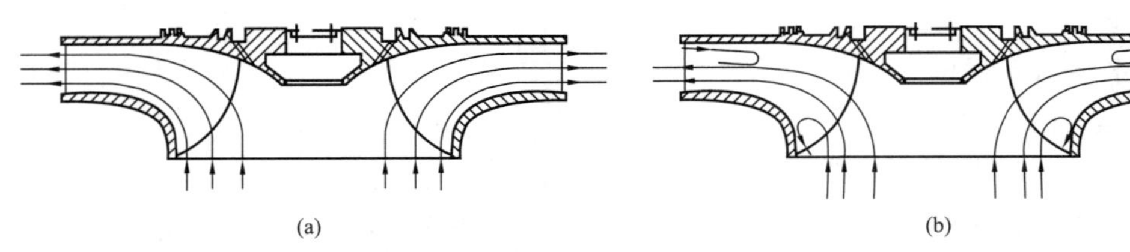

图 12-2-2　水泵工况下转轮中流态变化

（a）稳定流态；（b）非稳定流态

二、比转速

（一）比转速与比速系数

1. 比转速

比转速是反映机组参数水平和经济性的一项综合参数。在相同水头下，比转速的高低，反映了机组参数的技术水平和经济性。随着科技的进步，水泵水轮机比转速也逐步提高。但比转速的提高也受到许多因素的制约，如效率水平、空化性能和运行稳定性等。在水泵水轮机中，水轮机工况比转速 n_{st} 和水泵工况比转速 n_{sp} 分别定义如下。

水轮机工况比转速 n_{st} 为

$$n_{st}=n\cdot P^{0.5}/H_t^{1.25} \tag{12-2-1}$$

式中　n——机组额定转速，r/min；

H_t——水轮机工况额定水头，m；

P——水轮机工况额定输出功率，kW。

水泵工况比转速 n_{sp} 为

$$n_{sp}=n\cdot Q^{0.5}/H_p^{0.75} \tag{12-2-2}$$

式中　H_p——水泵工况最优效率点扬程，m；

Q——水泵工况最优效率点流量，m^3/s。

为避免使用单位不一致引起混乱，通常在水泵比转速 n_{sp} 后注明（m，m^3/s），在水轮机比转速 n_{st} 后注明（m，kW）。显然，括号内的单位是一种说明，而不是比转速的量纲。

应该指出，以上的比转速是水泵水轮机在水泵和水轮机两种工况下各自最优效率点的比转速值。而如前所述，两种工况的最高效率点并不发生在同一点上，所以在机组选型或机械设计中如决定使用单一转速的水泵水轮机，则不可能选到能同时满足两种工况均为最优的转速。因水泵工况高效率区较窄，效率变化急剧，一般应首先满足水泵工况运行要求，这样水轮机工况的运行范围就将在某种程度上偏离最优点。因此，对单转速的水泵水轮机来说，计算水轮机工况的比转速没有多大实际意义，只有在和其他机型方案进行比较时才有用处。

2. 比速系数

为了衡量机组的高速性，通常引入比速系数 K，且

$$K=n_{sp}\cdot H^{0.75}=n\cdot Q^{0.5} \tag{12-2-3}$$

式中 H——水泵工况扬程，m；

n——水泵工况转速，r/min；

Q——水泵工况流量，m^3/s。

（二）不同比转速水泵水轮机特性差异

1. 比转速和水头

图 12-1-3 所示为一些 200～800m 水头段的混流可逆式水泵水轮机水泵工况比转速 n_{sp} 与水泵扬程 H_p 的关系曲线。可以看出：①随着电站扬程（水头）提高，水泵工况比转速降低；②200～800m 水头段的混流可逆式水泵水轮机的比转速范围一般在 25～45；③随着技术发展，代表机组设计制造水平的 K 值在逐步提高。

随着比转速的提高，机组尺寸和土建工程量相应减少，工程造价降低。因此，近年来 500～600m 水头段混流可逆式水泵水轮机组的比转速 n_{sp} 有较明显的提高。20 世纪 80 年代后，比转速已从 26～28 提高到 30～36 的水平，其 K 值水平也相应提高。

2. 比转速和转轮尺寸的关系

高水头水泵水轮机转轮形状像个扁平的盘子，转轮进口（水轮机方向）高度较常规水轮机要小，随着水头（扬程）增大，比转速降低，转轮进口高度愈小，转轮将变得更加扁平，流道随之变得狭长。图 12-2-3 所示为水泵比转速和转轮进口高度/转轮直径的关系统计曲线，由图可见：①和常规水轮机相比，水泵水轮机转轮进口的高度要小；②随着比转速降低，这个比值将变得更小。

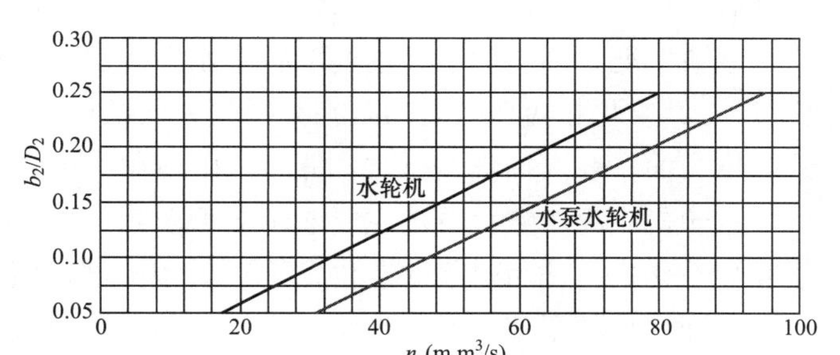

图 12-2-3　水泵比转和转轮进口高度/转轮直径的关系统计曲线

转轮进口高度的降低，不但使水力损失增加，而且不利于叶片铸造、焊接及打磨，使得保证叶型准确度、焊接质量及日后维修的难度都增加。已运行多年的日本沼原抽水蓄能电站水泵水轮机的最高扬程为 528m，比转速 $n_{sp}=27$，转轮直径 4.95m，转轮进口高度仅为 300mm。天荒坪抽水蓄能电站机组最高扬程为 605m，比转速 $n_{sp}=31.2$，转轮直径 4.08m，转轮进口高度降低到 262mm。西龙池蓄能电站机组最高扬程为 703m，比转速 $n_{sp}=27.1$，转轮直径 4.27m，转轮进口高度则降低到 284mm。通常认为，当转轮进口尺寸小于 240mm 时，转轮的制造会变得相当困难，因此，进行机组选择设计时，要充分考虑到转轮进口高度。

表 12-2-1 所列为国内部分蓄能电站的比转速、转轮进口高度与转轮直径。随着比转速降低，转轮进口高度随之下降。

表 12-2-1　　国内部分抽水蓄能电站水泵比转速和转轮进口高度与转轮直径

项　　目	琅琊山	泰安	张河湾	宜兴	十三陵	天荒坪	西龙池
比转速 n_{sp}（m，m^3/s）	56	51.3	36.3	34.3	33.05	31.2	27.1
转轮直径 D_2（mm）	4725	4530	4610	4380	3719	4080	4270
转轮进口高度 b_2（mm）	771	574	496	450	330	262	284
比值（b_2/D_2）	0.16	0.13	0.11	0.10	0.09	0.06	0.07

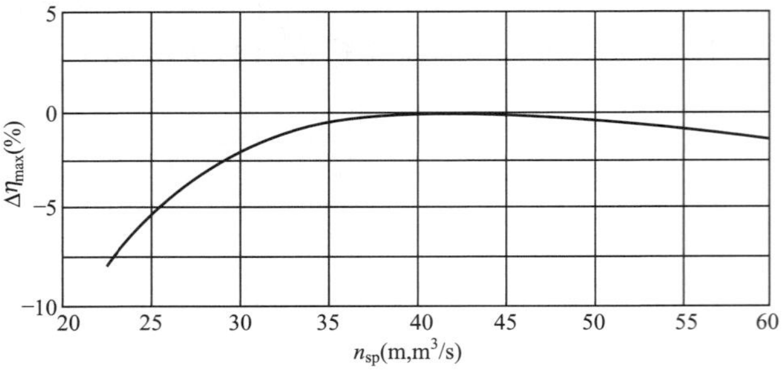

图 12-2-4　水泵水轮机比转速 n_{sp} 与最高效率变化的关系

3. 比转速对效率的影响

如上所述，随着比转速降低，流道内流速增高，水力损失将增大，同时转轮外侧摩擦损失和迷宫损失也随之增加，机组的总效率将要下降。图 12-2-4 所示为水泵水轮机比转速与最高效率变化的一般关系。当比转速 $n_{sp}=35\sim45$，可望获得较高的效率。高于和低于这个比转速，效率都将有所下降，当比转速降到 $n_{sp}=25$ 时，最高效率下降 5%左右。

因此，新的发展方向是在提高水泵水轮机应用水头的同时，通过改进设计来提高水泵水轮机的比转速，以求获得更好的性能。提高水泵水轮机的比转速的直接途径是提高其转速，但随着转速的提高，水泵水轮机的空化性能将恶化，为保证机组运行安全，需要有很大的淹没深度，机组参数选择中应进行综合考虑。

三、空化特性与吸出高度选择

水泵工况空化过程是水泵水轮机空化与空蚀的关键，是影响转轮设计和机组选型的重要因素。

（一）水泵水轮机空化的特点

水泵—水轮机与水轮机或水泵一样，空化主要有三个类型，即翼型空化、空腔空化、间隙空化。其中翼型空化主要由叶片背面的负压及叶片正、负大冲角引起；空腔空化通常发生在水轮机非设计工况下，由尾水管涡带中心地带的真空引起；间隙空化是由于水流通过较小的通道或间隙引起的局部流速增高，压力降低而引起。在通常的水流条件下，具有决定性影响的是翼型空化和空腔空化。

水泵工况下的空化系数主要取决于水泵工况进口以后翼型以及泵工况出口流道（如蜗壳、导水机构等）。其空化相对比较复杂，在高扬程和低扬程工况均出现空化，在低扬程运行时，低压区出现在叶片的压力面；在高扬程运行时，低压区出现在负压面。

水轮机工况的空化系数主要取于翼型及水轮机出口流道，如尾水管形状等。在水轮机工况下，由于翼型空化中由冲角引起的空化发生在翼型头部，而最低压力的空化主要发生在叶片负压面背面出水边处，即翼型的尾部，通常水轮机工况下的空化出现于低水头运行工况，压力下降区出现于水轮机进口靠下环侧。

两种工况机组空化特点如图 12-2-5 所示。

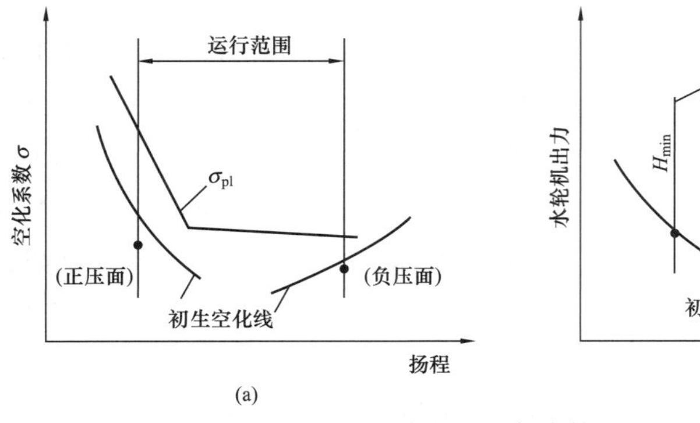

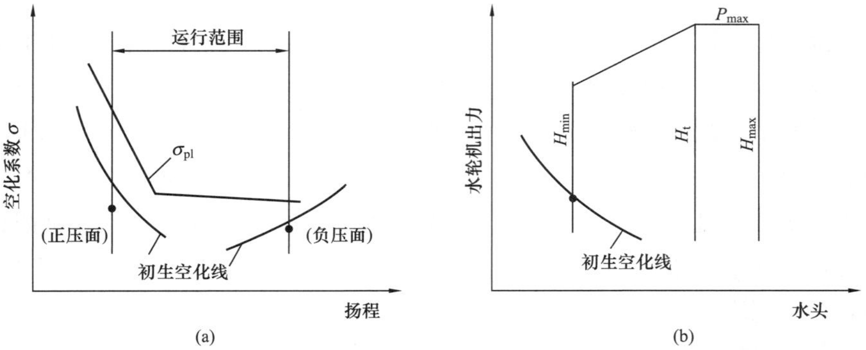

图 12-2-5　水泵工况与水轮机工况空化特点

（a）水泵运行工况；（b）水轮机运行工况

虽然水泵水轮机的空化在水泵和水轮机运行工况均可能发生，但水泵工况的空化要比水轮机工况严重得多，是影响机组选型与转轮叶片设计的重要因素，因此水泵水轮机的空化通常的情况下主要取决于水泵工况。

（二）水泵—水轮机空化系数的确定

水泵工况下，在下水库水面、泵入口处建立能量方程

$$Z_o+P_o/\rho+v_o^2/2g=Z_s+P_s/\rho+v_s^2/2g+\sum h_{os} \tag{12-2-4}$$

其中 Z_o，Z_s——分别为下水库水面及泵入口处至尾水管底板的高度；

v_o，v_s——分别为下水库水面及泵入口处的平均流速；

P_o，P_s——分别为下水库水面和泵入口处压力；

$\sum h_{os}$——下池液面至泵入口处的水力损失；

ρ——水密度。

假定水泵工况下 $P_o=P_a$，$v_o=0$，$Z_o-Z_s=H_s$，且$\sum_{hos}\approx 0$，则式（12-2-4）可变为

$$P_s/\rho+v_s^2/2g=P_a/\rho-H_s \tag{12-2-5}$$

有效空化余量（装置的空化余量）定义为水流自下水库经尾水管到达水泵进口处所余的高于汽化压力能头（P_a/ρ）的那部分能量——有效的净正吸入水头（Net Positive Suction Head，NPSH），则ΔH_s为

$$\Delta H_s=(P_s/\rho-P_a/\rho)+v_s^2/2g \tag{12-2-6}$$

式中 P_a——水流在运行工况温度下的汽化压力。

为确切地表示转轮的空化性能，引入空化系数σ（托马系数），为

$$\sigma=\Delta h_r/H \tag{12-2-7}$$

由式（12-2-7）可知空化系数σ是一个无量纲量，它仅与水泵—水轮机叶轮的几何形状、水流绕型的流态有关，即仅与水泵—水轮机的结构及工况有关，而与扬程无关，它确切地表现了某确定的水泵—水轮机在某确定工况下泵工况的空化性能。

直接计算Δh_r是非常困难的，通常引用一些经验数据，可以得到以下计算公式

$$\Delta h_r=\lambda_2(v_1^2/2g)+\lambda_1(W_1^2/2g) \tag{12-2-8}$$

式中 W_1——叶轮进口处相对流速；

v_1——叶轮进口处绝对流速；

λ_1——水流绕叶片头部引起的压降系数（叶栅空化系数），一般在无冲击入流情况下$\lambda_1=0.2\sim0.4$；

λ_2——绝对流速变化及水力损失引起的压降系数，通常$\lambda_2=1.0\sim1.4$。

对于水轮机工况：

$$\sigma=1/H(\lambda W_2^2/2g)+\eta_s(v_2^2/2g) \tag{12-2-9}$$

式中 W_2——水轮机出口处相对流速；

v_2——水轮机出口处绝对流速；

λ——叶栅空蚀系数，通常为0.05～0.15；

η_s——尾水管恢复系数，通常为0.6～0.7。

（三）空化系数的测定

水泵的空化实验通常在封闭的模型实验台上进行，在一定的转速下，对不同的扬程及流量工况，进行空化实验，试验中不断加大尾水箱中的真空度，即不断减少对应H_s，直至水泵叶片最低压力点的水流汽化，随着汽泡增多，将引起机组特性（效率、扬程、功率等）的改变，并据此选取相应的临界空化系数。

按IEC 60193—1999）《水泵水轮机模型验收国际规程》（第二版）的有关规定定义的临界空化系数σ_c取值为：能量工况点的效率水平线与效率急剧下降线的切线交点处的空化系数。但对效率下降的选择国内外尚未有统一规定，各公司根据自身实际经验自主确定，国内招标文件中一般定义临界空化系数为随着吸出高度的进一步减小，机组外特性（如效率、扬程、功率等）发生明显改变时的空化系数，

如将随着吸出高度减少，效率下降1%时的点作为一个控制点等。

初生空化系数σ_i的确定，采用闪频光源在水泵水轮机转轮的低压边叶片进口进行观测，当转轮叶片表面开始出现可见气泡时的空化系数称为初生空化系数σ_i。水泵工况观测仅适用于小于最优流量工况的叶片进口吸力面初生空化判定，大流量区的叶片进口压力面初生空化系数则采用噪声法进行，在目前的招标文件中，一般对模型的初生空化系数定义为随着吸出高度减小至少在转轮的两个叶片表面开始出现第一个可见汽泡时所对应的空化系数。

1. 比转速

转轮的空化系数与比转速成正比，随着比转速的增大，转轮的空化系数也增大。对于相同运行水头和功率的水泵水轮机来说，随着比转速的增加，水泵水轮机尺寸减少，转速增加。一般认为水力机械空蚀破坏程度与流速的6次方成正比，因此，当比转速提高到一定程度，水泵工况运行范围的确定不仅要考虑到两种工况下效率的变化，还要受到空化性能的限制。

图12-2-6所示为比转速与空化系数关系的统计，从图可以看出，随着比转速的提高，转轮空化性能变差。各统计关系在高比转速段差别较大，但在低比转速段一致性比较好。

2. 水头及其变幅

对于不同比转速的水泵水轮机，总的趋势是运行水头较高的水泵水轮机空蚀强度较大，一般认为空蚀强度与水头的3次方成正比。对于高水头的水泵水轮机，在空化系数选择时要求机组在整个运行水头范围内均不发生空化。电站吸出高度与水头、比转速系数之间的关系如图12-2-7所示。

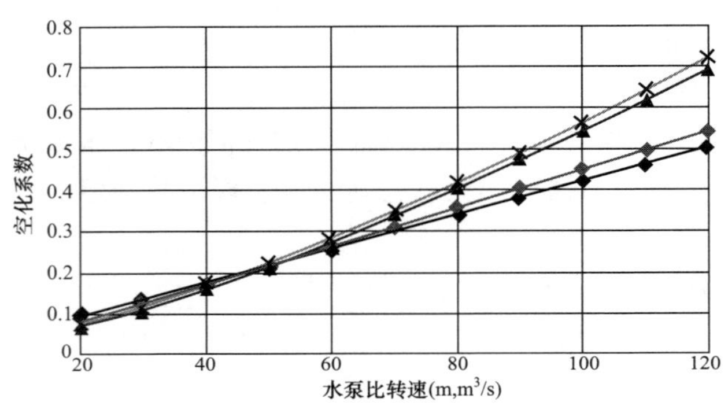

图12-2-6 比转速与空化系数的统计关系

—▲— 北京勘测设计院（1978～1985年）；—◆— 清华大学（1954～1984年）；—◆—（美）R. S. Stelzer；—×—（前苏联）斯捷潘诺夫

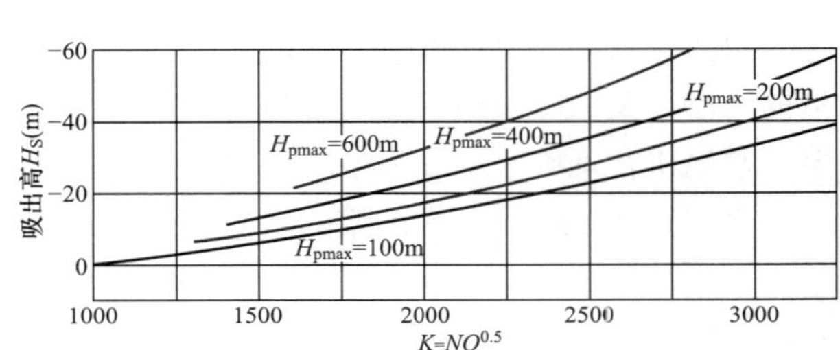

图12-2-7 电站吸出高度与电站水头、比转速系数K之间的关系

对于同一水泵水轮机，泵工况流量在偏离其最优运行点后，在叶片的正压面和负压面均可能产生空化，在最小流量和最大流量点较为严重。一般对于水头变幅较大的电站，空化系数相应较大。

（四）吸出高度选择

由前所述，由于水泵工况由最低负压引起的空化系数要高于水轮机工况，水泵工况比水轮机工况更容易发生空化，所以机组吸出高度主要取决于水泵工况的空化性能，吸出高度是以泵工况限制来计算的，通常情况下吸出高度只要在水泵工况下得到满足，水轮机工况下就没有问题，但对于高水头水泵水轮机，小流量的水轮机工况也有可能出现较大的空化系数。

一般采用以下公式计算吸出高度。

$$H_s = H_a - H_v - \sigma_{pl} \cdot H_p \tag{12-2-10}$$

式中 H_a——大气压力；

H_v——水的汽化压力；

H_p——水泵扬程；

σ_{pl}——电站空化系数。

由于水泵水轮机在上下库水位变化之中运行，在不同的水位下，实际运行水头所需要的吸出高度随水头变化而变化。为了保证在运行的大部分时间里，电站装置空化系数大于初生空化系数，应该计算在运行水头内的有效淹没深度。通常在最大水头和最小水头时出现淹没深度不够。我们知道空化系数随着比转速增大而增大，在电站参数选择中，高比转速机组在低水头工况下运行时，可以允许一定空化发生，因为由于水头低其空化破坏能力较小，但机组在这些工况的运行时间应该尽可能少。对于高水头抽水蓄能电站，吸出高度的选择应保证在整个运行水头段，机组不会发生空化，参数选择时还应该留有一定的裕度。

对于有较长尾水管的电站，在机组甩负荷时尾水管内形成负压，当该负压接近于绝对真空时就会产生水柱分离，这种水柱分离现象在日本一些抽水蓄能电站已经被观察到，因此在日本，选择 H_s 值时把避免发生水柱分离作为判断标准。除了计算外，日本厂商在预估水柱分离还主要考虑以下两个因素（见图 12-2-8）：

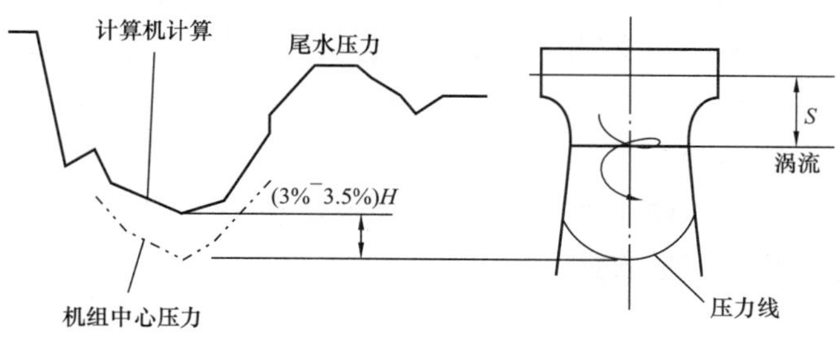

图 12-2-8　过渡过程仿真计算示意图

（1）过渡过程计算中未包括尾水管涡流引起压力降低，通过模型试验和现场试验发现涡流引起的压力降低约为（3%～3.5%）H（H 为过渡过程中尾水管出现最低压力时刻的机组运行水头）。因此在过渡过程计算结果中要加上涡流引起的尾水管压力降低值。

（2）水柱分离发生在转轮底部，因此在计算尾水管最低压力时还应考虑转轮中心到转轮叶片底部的高度 S。

在取得机组的模型特性曲线时，可以依据水泵工况真机与模型换算关系，求得与真机各工况点相对应的扬程与流量，根据模型转轮的 $NPSH-Q$ 计算出对应真机不同扬程下真机必须的 $NPSH$，如不能满足要求，则可降低导叶中心高程（机组安装高程），直至各扬程全部满足此要求为止，此时导叶的中心高程即为实际所需要的导叶中心高程。

对于一个具体电站项目，由于机组的吸出高度决定着机组安装高程以及厂房开挖深度，这些数据对于水工结构的影响至关重要，但目前项目建设过程中，机组招标和取得模型特性曲线的时间要晚于厂房开挖，时间上相互矛盾。因此，在实际的工程设计中，要求在没有具体模型特性曲线的情况下预估吸出高度值或电站装置空化系数，往往采用一些统计公式对电站吸出高度进行计算，并通过与相类似电站相比较，在电站可研阶段初步确定吸出高度。对于多泥沙电站，考虑到转轮空化和泥沙磨损的双重影响，吸出高度选择时应留有一定的余量。

四、水头特性

机组运行时输水道等存在水力损失，在毛水头相同的情况下，可逆式机组水泵工况扬程为

$$H_p = H_o + \sum h_p \tag{12-2-11}$$

水轮机工况净水头为

$$H_t = H_o - \sum h_t \tag{12-2-12}$$

式中　H_p——水泵扬程，m；

H_t——水轮机水头，m；

H_o——毛水头（扬程），m。

$\sum h_p$ 和 $\sum h_t$ 分别为水泵和水轮机两种工况输水道等的水力损失，由式（12-2-11）和式（12-2-12）可得

$$H_p = H_t + \sum (h_p + h_t) \tag{12-2-13}$$

此关系说明在相同毛水头条件下，水泵扬程比水轮机净水头大 $\sum(h_p + h_t)$。

五、水泵—水轮机的容量平衡

为了充分利用发电电动机的容量，在水泵水轮机参数选择时，应尽可能使发电工况的电机容量

(kVA) 与抽水工况的电机容量相等，包括以下两个方面。

1. 发电电动机容量平衡

发电电动机容量平衡，即

$$N_G/\cos\theta_G = N_M/\cos\theta_M \tag{12-2-14}$$

式中 N_M——抽水工况电机最大输入功率，kW；

N_G——发电工况电机额定输出功率，kW；

$\cos\theta_M$——抽水工况电机额定功率因素，一般取 0.85～0.9；

$\cos\theta_G$——发电工况电机额定功率因素，一般取 0.9～1.0。

2. 水轮机工况输出功率和水泵工况最大输入功率平衡

转轮的设计应使水轮机工况额定功率 N_{Tr} 与水泵工况最大输入功率 N_{Pmax} 按下式匹配，以满足发电电动机的容量的要求。

$$N_{Tr} = N_G/\eta_G \tag{12-2-15}$$

$$N_{pmax} = N_M \cdot \eta_M \tag{12-2-16}$$

式中 η_G——发电机额定工况效率，一般取 0.96～0.98；

η_M——最大输入功率时电动机效率，一般取 0.96～0.98；

N_{pmax}——水泵工况下水泵最大入力，kW；

N_{tr}——额定水头下的水轮机额定出力，kW。

式（12-2-14）～式（12-2-16）三式联解得

$$N_{Tr} = N_{pmax} \cdot (\cos\theta_G/\cos\theta_M \cdot \eta_M \cdot \eta_G) \tag{12-2-17}$$

式（12-2-17）就是水泵—水轮机工况额定出力与水泵工况最大入力之间的容量平衡公式。如果 $\cos\theta_G=1$，则

$$N_{tr} = (\cos\theta_G/\eta_M \cdot \eta_G) \cdot N_P \tag{12-2-18}$$

20 世纪 60 年代以前，由于转轮研究和设计不成熟等原因，一些机组容量不平衡。随着技术水平的提高，在无特殊原因下，一般均能近似地满足容量平衡。为了防止水泵工况下发电电动机过载，应留有安全裕量（一般取 0.95～0.97），即电动机额定容量应略大于水泵工况所需的最大容量。

六、力特性

在水泵水轮机设计和选择时，主要考虑三方面的力特性，即轴向水推力、径向水推力、导叶水力矩。

1. 轴向水推力

轴向水推力主要由转轮外侧高压面和低压面上存在的水压差所引起，除机组本身重量之外，影响轴向水推力大小的主要因素有：

(1) 转轮外缘和迷宫环上间隙大小、顶盖与转轮之间以及转轮与下环之间的间隙与形状。

(2) 机组运行工况：机组运行工况不同，转轮两侧水压力分布发生变化，引起轴向水推力也变化。

(3) 转轮上平衡孔的位置与布置等。

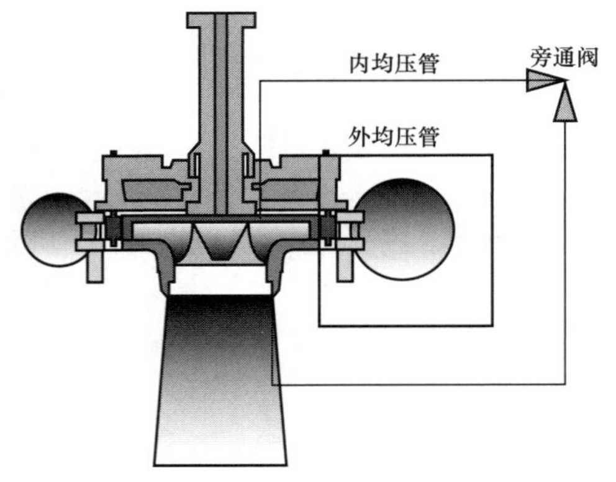

图 12-2-9 双平压管的设计

为了减少水泵水轮机在稳定工况及过渡过程中的轴向水推力，除仔细研究计算各部件的间隙与布置位置外，还应在转轮上设置机组平压管。一般情况下，机组只设外均压管，有些公司在机组结构设计中采用了两套均压管（见图 12-2-9），外均压管将转轮上冠外缘与转轮下环的空腔相连，内均压管将转轮上冠的内圈与尾水管的上部相连，外均压管可在不增加漏损的情况下显著降低水推力，而内均压管上设置调节阀以调节水推力的大小及主轴密封前的压力。

对于立式机组，正常情况下水推力向下，但部分工况中可

能出现向上的水推力。图 12－2－10 所示为日本大平电站现场轴向水推力试验结果，可见机组水泵工况启动排气造压过程中和水泵工况断电的过程中，会出现较大的向上水推力。但机组旋转部件的重量方向向下且大于向上的水推力，机组所受总的轴向力仍向下，没有出现抬机现象。

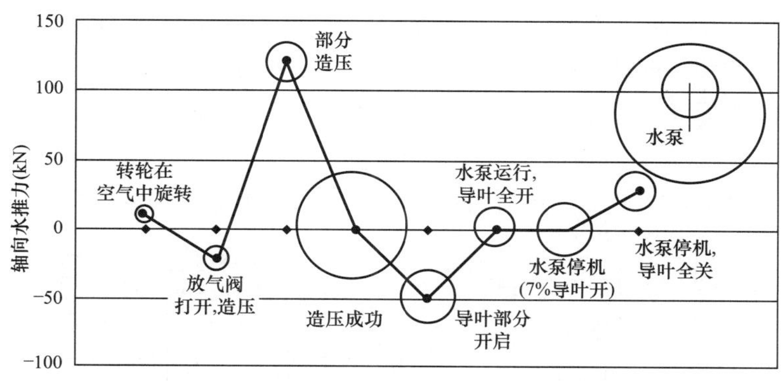

图 12－2－10　大平电站现场轴向水推力试验结果

2. 径向水推力

由于转轮周围的水压脉动、转轮止漏环间隙中的流量变化和作用在叶片上不均匀作用力等会导致产生径向水推力。水泵运行时，由于涡壳中压力分布比水轮机工况更加不均匀，而产生较大的径向水推力，此径向水推力随运行工况而改变大小，且有一定的随机性。试验表明，在水轮机运行工况中，水轮机空载和甩负荷过程中产生的径向力最大，水泵工况运行时机组压水启动过程和水泵断电工况径向力最大。

3. 导叶水力矩

导叶水力矩直接影响水泵水轮机的结构设计和操作控制系统的设计，其变化规律对机组的稳定性有一定的影响。

常规机的导叶设计，除要求满足水流条件外，还要求作用在导叶上的力矩最小和具有自关闭趋势。水泵水轮机是双向的，它要求在水轮机和水泵两种工况下，导叶的设计都能满足这些要求，且尽量使两种工况下的最大力矩相接近。模型验收时应根据这些要求来检查导叶力矩试验曲线。

常规机导叶力矩的自关闭趋势范围较大，水泵水轮机两种工况下的导叶自关闭趋势范围都较小，随着导叶开度增加，逐渐由自关闭趋势变为自开启趋势。

七、水泵水轮机运行稳定性

（一）水泵水轮机运行不稳定区域

水泵水轮机在正常运行工况下，希望将机组振动和噪声等指标控制在一定的范围之内，但在不同的水头运行范围，水泵水轮机特有的水力现象使机组出现一些无法避免的不稳定运行区域。

1. 水轮机工况中不稳定运行区

对于混流式水泵水轮机，在整个运行过程中不稳定区域和常规水轮机相似，一般出现在部分负荷（额定负荷 50％以下）工况、低水头工况和水轮机超出力工况。

（1）水轮机部分负荷运行工况。由于尾水管涡带作用引起低频压力脉动，机组噪声与振动增加。尾水管涡带与比转速与吸出高度有关，其频率范围一般按下式进行计算

$$f = n/(2 \sim 5) \tag{12-2-19}$$

式中　n——机组转速。

除了引起机组振动与噪声外，这个低频的压力脉动有时会引起机组出力的波动。在常规水电站中，减少尾水管涡带的有效手段就是进行尾水管补气，补气量随机组流量增加而增加，补气压力随着机组埋深的加大而增加。由于在蓄能电站中机组埋深很大，使机组补气相当困难。此时要求机组尽可能在 50％额定负荷以上运行或缩短在 50％额定负荷以下运行的时间。一般在招标文件中，常将在此负荷段的运行时间加以规定，作为转轮考核条件之一。

（2）水轮机工况低水头运行。如水泵水轮机有较宽的运行水头范围，转轮叶片进口边的高频压力脉动会使机组产生有害的振动与噪声。特别对于低比转速机组，水轮机工况低水头运行的不稳定和“S”形特点可能造成机组启动困难甚至无法并网，这一点在机组水力设计和模型验收过程中应引起高度重视。从国内几个高水头蓄能机组的模型验收来看，水轮机工况低水头运行时的“S”形特点都比较明显，一般采用加装小导叶等措施予以改善。

(3) 水轮机工况超出力运行。当水头高于额定水头时，加大导叶开度，可使机组超出力运行，机组压力脉动，振动和噪声水平上升。从水泵水轮机特性来看，随着机组运行水头提高，效率下降，当机组效率下降超过2%时，在模型试验中就应给予充分重视。

2. 水泵运行工况不稳定运行区

机组在水泵工况运行时，一般存在两个不稳定的运行工况：

(1) 高扬程工况。随着水泵扬程增加，抽水量减少，转轮中的流态由稳态变为紊态，导致二次回流产生。转轮叶片在水泵进口方向发生空化，效率下降，机组振动和噪声增加。在参数选择时，应该尽量避免机组在这个范围内运行，如果无法避免，就应该让机组在这个范围内运行的时间减少，同时，水泵工况最高扬程确定时，应该与二次回流发生点的扬程留出一定余量，这个余量一般不小于2%，此余量计算时应考虑电网频率变化对机组抽水量的影响（见图12-2-11）。

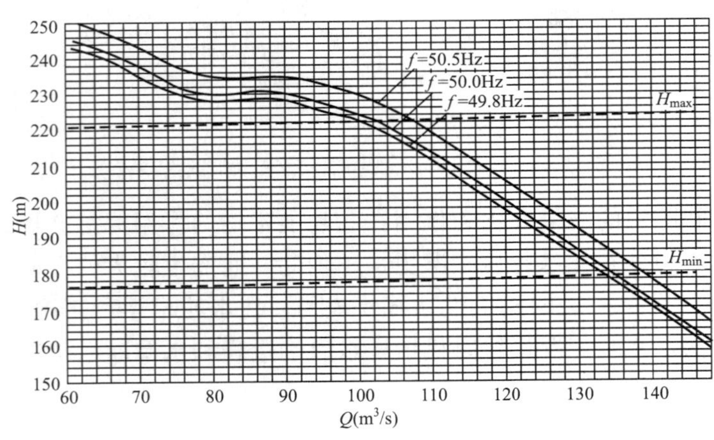

图12-2-11　电网频率变化对水泵特性的影响

(2) 极限低扬程工况。在这个工况运行，转轮叶片水泵工况进口正压面将产生汽蚀，机组的压力脉动、振动与噪声水平明显提高。通常情况下，可以通过调节进水阀开度或导叶开度来控制机组流量和入力、改善空化和机组脉动状况。此工况的运行情况在机组模型验收过程中应该充分重视，特别是在抽水蓄能电站上水库无天然来水，要求机组首次以水泵工况启动向上水库充水时，相应工况下的各项参数均应在模型试验中加以体现。

(二) 水头变幅对机组稳定性的影响

对于水泵水轮机选择，水头变幅同样是一个重要的参数，对单级混流可逆式水泵水轮机，当单机容量、机组转速等参数确定后，可用水泵最大扬程（H_{pmax}）和水轮机最小水头（H_{tmin}）之比值（H_{pmax}/H_{tmin}）来初步判断水泵水轮机是否稳定运行。如果电站的H_{pmax}/H_{tmin}比值大，就会出现有些工作点效率偏低较多。和常规水轮机一样，如水轮机工作点偏离最优工况区较多，则会引起机组振动、噪声增加等不稳定现象。

对于这个变化幅度的确定，一般有以下几种经验假定：

(1) 瑞士E.W公司建议最大水头变幅一般不宜超过1.2，最大不能超过1.4。

(2) 美国垦务局R.S.Stelzer建议的单转速水泵水轮机水泵工况扬程变幅见表12-2-2。

(3) DL/T 5208—2005《抽水蓄能电站设计导则》中建议单转速可逆式混流水泵水轮机水头变幅与水轮机工况比转速关系见表12-2-3。

表12-2-2　美国垦务局建议水头变幅

n_{sp} (m, m³/s)	<105	110～140	140～250	>250
H_{pmax}/H_{tmin}	1.16	1.28	1.5	1.85

表12-2-3　《抽水蓄能电站设计导则》建议水头变幅

n_{st} (m, kW)	<90	90～120	120～200	200～250
H_{max}/H_{min}	<1.10	≤1.2	≤1.35	≤1.45

国内外学者对水头变化与机组稳定之间的关系作过统计分析，提出机组水头变化范围与稳定运行区域的建议图（见图12-2-12），由图可见，随着电站水头增加，机组稳定所要求的水头变幅变小。虽然机组的稳定运行除水头变幅外，还有多方面的原因，但此曲线反映出一定的规律性，在电站设计与机组参数确定时，为保证机组有一个良好的运行工况，应尽可能减少机组的水头变幅。目前我国几个蓄能项目的水头变幅一般控制在1.2左右。

表12-2-4列出国内外部分400～600m水头段蓄能机组的水泵最高扬程和水轮机最小水头的比值。

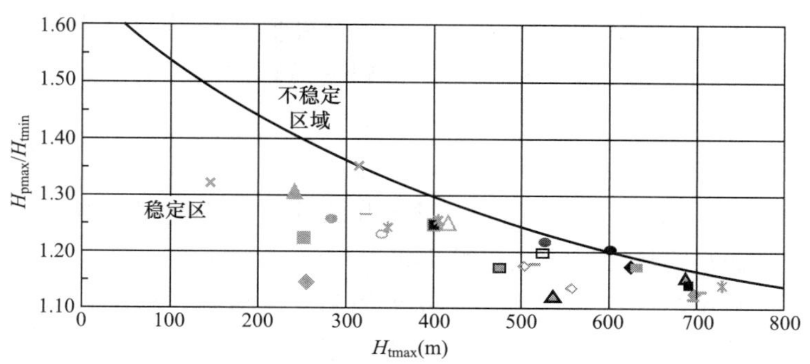

图 12-2-12　机组稳定性与水头变幅（H_{pmax}/H_{tmin}）关系

表 12-2-4　　国内外部分 450～600m 水头段蓄能机组的 H_{pmax}/H_{tmin}

电　站	单机容量（MW）	转速（r/min）	水头范围（m）	扬程范围（m）	H_{pmax}/H_{tmin}	设计阶段
十三陵	200	500	475/418	489/440	1.170	建成
广蓄一期	300	500	536/496	550/514	1.109	建成
天荒坪	300	500	607/512	615/532	1.201	建成
广蓄二期	300	500	536/494	553/514	1.119	建成
西龙池	300	500	687.7/611.6	703/634	1.149	在建
惠　州	300	500	554.3/501	566.12/514.25	1.130	在建
宝　泉	300	500	565/485	575/500	1.185	在建
呼和浩特	300	500	580/491	591/508	1.204	在建
茶　拉	200	600	676.8/578	701/613.4	1.213	建成
本　川	300	400	557.4/507.1	576/532.1	1.136	建成
今　市	350	428.6	539.5/492	573/528	1.165	建成
玉　原	300	428.6	524.3/467	559.2/505.1	1.197	建成
沼　原	250	375	500/422	528/458	1.251	建成
大　平	250	400	512/470	545/509	1.16	建成

（三）水泵水轮机的压力脉动

压力脉动是衡量水泵水轮机性能的一个重要指标。水轮机工况部分负荷时尾水管涡带引起压力脉动，水泵工况转轮出口和导叶进口之间因水流撞击也会产生压力脉动。一般在水轮机工况的部分负荷和超负荷区域，由于导叶开度减小或增大，转轮出口水流方向的改变，形成较大的旋涡，在尾水管产生涡带，导致压力脉动值上升；水泵工况的高扬程小流量和低扬程大流量时，转轮出口水流对导叶的撞击会加剧，并产生脱流，引起压力脉动的增大。

一般水泵水轮机选择高比转速时，压力脉动值会加大。导叶和转轮之间的压力脉动幅值则与比转速关系不太大，主要取决于转轮的水力设计和带负荷情况。

为了测量水压脉动，一般将压力传感器设在蜗壳进口、导叶与转轮间、顶盖、尾水管进口、锥管、肘管等处。

目前压力脉动基本分析采用时域分析和频谱分析。时域分析方法可以得到压力信号的平均值、最大最小值、峰峰值的平均值等。频谱分析方法可得到压力脉动的频率成分，分析哪些频率成分对压力脉动有主要影响，进而分析造成压力脉动的原因，并能进一步预测压力脉动对过流部件造成的疲劳损伤。

1. 水轮机工况压力脉动

在水轮机最优工况及其附近区域的压力脉动振幅最小，在导叶小开度低单位转速至大开度高单位转速之间存在有一个无涡区。在小开度高单位转速区由于水流角比转轮叶片进口角要小，使叶片头部压力面开始脱流，从而产生汽蚀造成水流不稳定。在大开度低单位转速区由于水流角偏向径向，使叶片头部负压面脱流而汽蚀，也造成水流不稳定。在达到飞逸转速附近时，水轮机效率急剧降低，转轮室内压力脉动急剧增加。

2. 水泵工况压力脉动

水泵工况压力脉动主要来源于转轮出口水流对导叶的冲撞和小流量下的进口回流。在最优工况及其附近区域运行时，冲撞最小，压力脉动振幅最小；如果流量增加，冲撞加大，导叶压力面产生脱流，压力脉动增大；如果流量减小，冲撞也加大，导叶吸力面产生脱流，压力脉动也增大；当流量减小到一定数值时，转轮进口处将发生回流，引起振动，这种振动传到出口与冲撞叠加一起，结果产生很大的振动。在模型试验中可以发现，导叶和转轮之间的压力脉动最大，蜗壳的压力脉动次之，尾水管内的压力脉动最小。

3. 模型与原型压力脉动不同的原因

一般在机组模型试验过程中，压力脉动的测定是一项重要内容，但由于模型和真机存在很多差别，到目前为止还没有一个公认合理的公式，能将模型压力脉动值较准确地换算为真机的压力脉动值。总结起来有以下原因造成了模型值与真机值之间的差别。

(1) 模型机尾水管水压脉动试验时的汽蚀系数条件与真机不同。模型机试验时的汽蚀系数是以水轮机中心为基准设定的，因此，模型机试验时的尾水管下部的汽蚀系数与真机情况会产生差异，造成蜗带形状不同于真机。

(2) 压力脉动会受到引水系统特性的影响，当真机蜗带脉动频率与引水系统（压力钢管）的振动频率相接近时，就会发生共振。这种现象在模型试验中是很难得到验证的，也是模型机与真机的测试值不同之处。

但从一些水泵水轮机模型试验和真机的测试情况来看，一般模型试验压力脉动严重的水泵水轮机，其真机也出现较高的压力脉动。对于具体工程，最终结果是要求真机水泵水轮机的稳定运行，所以对于压力脉动的检查建议以真机为准，但也不应放弃对于模型压力脉动的检查与验收。

为了确保电站水泵水轮机的压力脉动值满足可靠运行要求，宜在机组招标文件中规定压力脉动值的上限，并通过合同条款对供货商进行约束，要求制造厂控制压力脉动值，做到：①保持模型和原型严格的几何相似；②在模型试验过程中仔细测量压力脉动分布情况，并与机组和电站的固有频率进行共振分析。

(四) 水泵水轮机的“S”形特性

1.“S”形产生的原因

水泵水轮机在水轮机水头和导叶固定时，随着单位转速的增加，转轮对水流的阻滞作用增加，单位流量减小，在 $Q_{11}\sim n_{11}$ 曲线上形成一条向下弯曲的曲线。常规水轮机不同开度的 $Q_{11}\sim n_{11}$ 曲线与飞逸曲线（$M_{11}=0$）的交角较大，故常规水轮机在飞逸时容易保持稳定。而水泵水轮机不同开度的 $Q_{11}\sim n_{11}$ 与飞逸曲线（$M_{11}=0$）交角较小，等开度曲线急速向下弯曲，如图 12－2－13 所示。

在一定区域内，随着 n_{11} 的增大，水泵水轮机 Q_{11} 急速下降，部分区域和 n_{11} 方向几乎垂直，甚至向 n_{11} 方向减少，总的就形成了一个方向弯曲的“S”形，这样，对应同一条等开度线同时会出现 3 个不同的流量值，分别分布在水轮机工况、水轮机制动工况和反水泵工况，这样当机组在此区域运行时，一个小的 n_{11} 变化将可导致 Q_{11} 的大幅度变化。

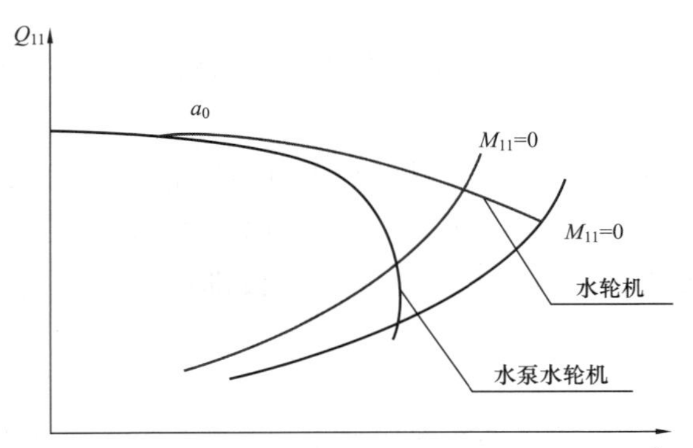

图 12－2－13　常规水轮机与水泵水轮机“S”形比较

同时，水泵水轮机不同导叶开度的 Q_{11}—n_{11} 曲线的“S”特性差别明显，如图 12－2－14 所示，导叶开度越大，“S”特性越明显，所以说不同水头下特性是不一样的。水头越低，n_{11} 越大，空载工况点向右移动，越靠近“S”区。在机组从零开度逐渐开到空载开度时，机组即处于该开度下的飞逸状态。当水头较高的时候由于 n_{11} 较小，空载点偏离“S”区比较远，机组能在规定的时间内顺利地并网，随着功率给定值的增加，导叶开度迅速增大，脱离“S”区域。而当水头较低时，机组空载开度较大，空载点离“S”区较近，机组有可能受到影响进入反水泵工况，从而导致机组在网频附近上下波动，并网困难，而一旦进入反水泵工况，机组将从电网吸有功反向打水，甚至出现水泵方向流量。这就是高水头（低比转速）机组在水轮机工况低水头区域运行时容易进入“S”区的原因。

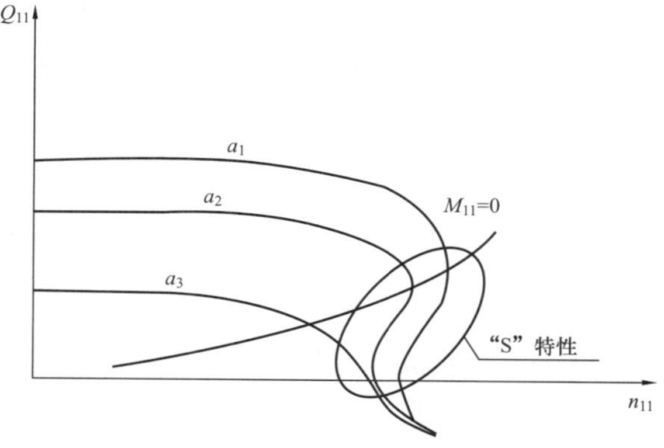

图 12-2-14　不同导叶开度“S”形特点

天荒坪水泵工况比转速 $n_{sp}=31$，相应的比转速系数 $K=3827$。在全特性曲线上有明显的“S”区，当电站水头为 520～600m 时，相应的导叶空载开度线明显呈“S”形。

2. “S”问题的解决措施

关于低水头空载不稳定问题，首先应在转轮的水力设计时给予充分重视，但往往这种优化对改善性能是有限的。对于运行期出现的不稳定现象，应针对电站机组的具体情况，采取改善措施。通常采取的措施主要有以下几种：

（1）调速器增加压力反馈回路。在调速器系统增加一个水压反馈回路，给调速器一个导叶相反的补偿指令。但当中频不稳定时，由于 PID 调速器的速动性能难以满足，加压力反馈回路无法解决问题。法国蒙特奇克机组在周波 52Hz 以下空载并网转速摆动均属低频范围，增设压力反馈以后空载并网和甩负荷转速均稳定。印度比拉电站机组在周波 52Hz（104%额定转速）以下，空载转速摆动约为 0.06Hz（低频），增加压力反馈有效。但当周波为 52.5Hz 时，空载转速摆动频率为 0.27Hz（0.27Hz 为中频，是导叶大开度时“S”区滞后作用引起的）实践表明对中频不稳定采用压力反馈无法解决，所以该电站在周波超过 52Hz 时采用球阀节流控制解决空载不稳定问题。

（2）进水阀节流控制。球阀局部开启，增加水道水力损失，改变水道的 H—Q 特性，加大导叶开度，使空载转速摆动趋于稳定。该方法在技术上是可行的，但球阀局部开启振动较大，过流表面出现空蚀可能性加大。

（3）导叶预开启。两个或多个对称的导叶比其余处于同步位置的导叶多开一定的角度以增加流量，其他同步导叶就可以开到一个较小的开度，使特性曲线在区域内的等开度形状有了一定改善，从而提高稳定性能。这是目前国内外比较流行的一种预开导叶方法（见图 12-2-15）。天荒坪机组解决低水

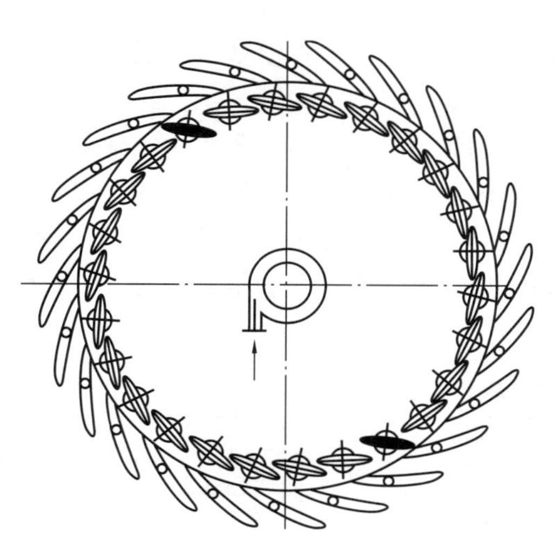

图 12-2-15　某电站增加的对称小导叶接力器

头机组并网问题就采用了该方法。通过真机试验证明 MGV 对改善低水头空载稳定性、解决无法并网的问题效果明显。但由于该方法预打开的导叶破坏了转轮室的水力平衡，在 MGV 投运期间机组的振动与噪声明显增加，机组的振动增加。除天荒坪外，还有琅琊山、张河湾电站也采用了导叶预开启的设计方案。

第三节　水泵水轮机模型验收

由于水泵水轮机是抽水蓄能电站中的关键设备，同时到目前为止没有一套成熟可用的转轮型谱，每个电站水力设计均需要单独进行水力设计。因此，水泵水轮机模型试验成为水泵水轮机生产过程中的一个重要环节，模型验收试验是水泵水轮机采购合同执行过程中的一项重要工作。这项工作不仅涉及水泵水轮机性能的验收、水泵水轮机设计和供货周期，还是抽水蓄能电站长期、稳定运行和效益的保障。

一、模型验收的主要项目

根据不同项目要求，对机组模型试验内容的关注点有所不同，但一般情况下，以下这些内容应该包含在试验范围之内。

（1）水轮机、水泵效率试验。

（2）水轮机出力、水泵入力试验。

（3）水轮机、水泵工况空化试验。

（4）飞逸特性试验。

（5）导叶水力矩测定。

（6）水轮机工况和水泵工况各测压点的压力脉动测定。

（7）四象限全特性试验。

（8）水推力及径向力试验。

（9）蜗壳差压、尾水管差压试验（用于水轮机工况和水泵工况流量测量，以及原型的指数试验）。

（10）水泵工况下水泵从零转速到 1.02 倍额定转速时的零流量扬程及输入功率测定。

（11）水泵工况异常低扬程试验。

二、对模型试验的一般要求

（一）试验标准

试验标准包括：IEC 60193—1999《水轮机、蓄能泵和水泵水轮机模型验收试验》、IEC 60609《水轮机、蓄能泵和水泵水轮机汽蚀损坏的评定》、GB/T 15613—1995《水轮机模型验收试验规程》。

（二）试验台综合误差

试验台的综合误差是根据各测量传感器的标定结果，通过计算得到的数值。目前招标文件一般要求为±0.3%，而将中标制造厂商提出的试验台综合误差作为合同保证值。在模型验收试验过程中，如果综合误差超过合同保证值，试验结果应视为无效，需要重新试验。

在 IEC 60193—1999 中含有“在进行效率罚款时，应将保证值与误差带上限相比较确定；在进行效率奖励时，应将保证值与误差带下限相比较确定”的条款。由于采用竞争性招标采购的方法，目前国内水泵水轮机采购合同中都没有关于效率超过保证值的奖励条款。一般规定效率违约罚款的计量以 0.1% 为单位，小于试验台的精度。为了避免在模型验收试验过程中双方产生误会和争议，应在水泵水轮机采购合同中给予明确的规定。一些模型试验台参数见表 12-3-1。

表 12-3-1　　一些模型试验台参数

模型	最大水头（m）	最大流量（m^3/s）	最大扬程（m）	最大流量（m^3/s）	转轮直径（mm）	功率（kW）	转速（r/min）	形式	流量率定	综合误差（%）
东芝 NO.1	80	1.0	150	0.8	200/400	600	2500	开/闭	称重法	0.3
日立 M-3	50	—	60	—	—	220	2500	闭	—	0.3
Voith 立轴	100	0.9	100	0.5	350/500	420	1750	开/闭	称重法	0.3

续表

模型	最大水头（m）	最大流量（m^3/s）	最大扬程（m）	最大流量（m^3/s）	转轮直径（mm）	功率（kW）	转速（r/min）	形式	流量率定	综合误差（%）
AlstomTP3	150	0.9	150	0.9	/500	360	2400	开/闭	称重法	0.17
Kvaerner	150	1.5	—	—	—	320	1900	开/闭	称重法	0.216
Sulzer	120	1	—	—	350/450	500	2500	开/闭	—	0.236
三菱	100	1.0	100	1.0	250/400	750	1800	开/闭	称重法	0.3

（三）试验台水头和试验水头

由于受试验台电机容量的限制，模型试验不会在试验台最大试验水头条件下进行。水轮机工况一般是定水头、变转速试验；而水泵工况一般是定转速、变扬程试验。应针对水轮机工况和水泵工况正常运行范围提出试验水头的要求，就目前试验台的水平而言，60m 左右的试验水头要求是比较合适的，而对于其他特性试验可以采用更低的试验水头。根据一些制造厂商的经验，当试验水头达到 40～60m 时，就可保证效率模拟达到足够的精度。

（四）模型水泵水轮机要求

模型水泵水轮机应与原型水泵水轮机全流道几何相似，即自伸缩节到尾水管出口的全部流道范围内相似。同时要求转轮止漏环间隙不得小于原型水泵水轮机的相似尺寸。模型水泵水轮机的尺寸偏差不得大于 IEC 有关规定的容许偏差的较小值。

混流式水泵水轮机转轮标称直径为水轮机出口直径。受试验台条件限制，模型转轮直径不能够任意增大。特别对于低比转速水泵水轮机，在具有同样出口直径的情况下，水泵水轮机转轮水轮机工况进口直径大于常规水轮机转轮进口直径。IEC 规定的模型转轮喉部直径（公称直径）不小于 250mm。

一般要求在模型水泵水轮机的适当位置设置观察装置，并采用透明材料加工水泵水轮机模型锥管，以便从外部和内窥镜观察转轮叶片出口的空化和尾水管涡带发生的情况并进行拍照和录像。

三、模型试验过程

（1）所有效率试验应在无空化和电站装置空化系数条件下进行。全部能量特性试验在整个运行水头范围内，从模型导水叶全关位置至最大位置（不小于 110%导叶开度），导叶开度间隔不大于模型最大导叶开度 5%的各种导叶开度条件下完成。

（2）水泵最大入力保证值试验应在水泵工况最小扬程条件下进行，并考虑系统频率变化的影响，计算结果应考虑模型与原型之间可能出现偏差的修正。

（3）按预计水泵水轮机全部运行范围可能出现的水头、尾水位、负荷变化情况进行空化试验。水泵工况还应在合同规定频率变化范围内进行空化试验。测出给定的每个不同运行条件相对应的临界空化系数、初生空化系数的空化曲线。电站装置在正常运行条件下空化系数应大于初生空化系数。对于初生空化的判断标准，应在合同中加以规定，一般以在 2 个叶片上出现可视气泡为准。

（4）飞逸转速试验应在整个运行水头范围和全部导叶开度范围内，和在电站装置空化系数下进行，以求得水泵水轮机飞逸特性。

（5）导叶水力矩应在蜗壳的不同象限内，总数不少于 4 个有代表性的导叶上，从 0→110%和 110%→0 开度范围内测定。试验时应在一个导叶脱离操作机构的情况下，测定该导叶和其相邻导叶的水力矩。

（6）压力脉动测定应在水泵水轮机全部运行扬程和水头范围，及入力、出力、流量范围内及电站装置汽蚀系数下进行，测定与水流不稳定或尾水管涡带有关的蜗壳、转轮与导叶之间、顶盖与转轮之间及尾水管压力脉动。由于模型与原型压力脉动测量之间存在的差异，模型试验的压力脉动测量评价一直是双方的争执焦点。根据现有的条件，在水泵水轮机采购合同中应明确，压力脉动以原型压力脉动测量为准。测量结果以混频或分频值为准，并在幅值中明确置信度标准（如为混频峰－峰值，97%置信度）。对于压力脉动测量位置应给予明确规定，测压孔布置应位于能测量压力脉动幅值最大的位置，脉动情况应用示波仪记录下来，并应在水泵水轮机模型特性曲线上标明等幅值压力脉动线。

（7）水推力测定应在各种工况运行范围内最不利工况下进行，对模型机径向和轴向水推力进行测定，以确定原型水泵水轮机最大水推力保证值。在大部分试验台上都可以进行水推力试验，但各个试验台所采用静压轴承和测量方法的不同，水推力的试验结果，尤其是径向水推力的试验结果会有比较大的差异。

(8) 模型水泵水轮机全特性试验应绘制导叶开度从零到5%导叶开度及在导叶开度10%～110%范围内每隔10%开度的四象限特性曲线。

(9) 针对上库首次充水情况，水泵水轮机拟在减小导叶开度的情况下进行水泵工况异常最低扬程试验，确定原型水泵水轮机水泵工况启动所允许的最低扬程，在此扬程下，水泵工况启动不会对机组产生有害振动。此试验应包括空化和压力脉动测量。

第四节　水泵水轮机初步选型

一、水泵水轮机的选型原则

抽水蓄能电站装机容量确定后，单机容量和机组台数的选择应考虑以下因素：

(1) 电力系统对电站在汛期和非汛期运行输出功率、机组运行方式和大修要求，以及单机容量占电网工作容量的比重。

(2) 电站枢纽布置条件，引水系统调节保证计算的限制参数。

(3) 上、下水库的调节特性，水头、流量特性与运行方式，河流及过机泥沙特性。

(4) 每天发电和抽水的小时数；如为周调节，一周内小时数的分配；两种工况必须达到的最高效率值和允许的最低值。

(5) 电站设计允许的最大淹没深度。

(6) 电站对外交通运输条件。

(7) 机组设备招标条件、行业技术发展水平和潜在制造商的制造能力。

在进行机型选择和参数计算时，要综合比较，合理地确定水泵水轮机的基本参数。应在分析研究上述因素的基础上，拟定不同的单机容量方案，经技术经济比较选定，一般情况下机组台数宜不少于两台。

二、机组型式和单机容量选择

(一) 机组型式选择

抽水蓄能电站的机型选择，应根据电站水头（扬程）、运行特点及设计制造水平等方面，经技术经济比较后确定，要求长期运行稳定，综合效率高。

如果电站的水轮机工况和水泵工况的运行参数相差很大或电站有专门要求，就应该考虑选用组合式水泵水轮机。如前所述，当水头(扬程) 高于800m时，单级水泵水轮机的效率已经显得低些，而且转轮的结构应力很大，机械制造也有一定困难，宜选用组合式机组（三机式）或多级式水泵水轮机；当水头(扬程) 为800～100m时，宜选用单级混流可逆式水泵水轮机；当水头(扬程) 为150～50m时，宜选择混流式水泵水轮机或斜流式水泵水轮机；当水头(扬程) 低于50m时，宜根据实际情况，通过技术经济比较选择混流式水泵水轮机、斜流式水泵水轮机、轴流式水泵水轮机或贯流式水泵水轮机。斜流式水泵水轮机的机械结构和运行维护复杂一些，但在工作水头变化幅度大的情况下其平均效率要比混流式水泵水轮机高。

对于纯抽水蓄能电站，多数应考虑使用可逆式水泵水轮机，而对于高水头或超高水头蓄能电站，应该比较单级或多级可逆式水泵水轮机。我国近期投运和在建的几个蓄能电站项目，水头范围在100～800m，都选择了单级混流可逆式水泵水轮机。

图12-4-1所示为法国阿尔斯通公司建议的各种水头范围可逆式水泵水轮机机型选择图，可供参考。

(二) 单机容量范围确定

目前国内已建和在建机组单机容量最大为300MW，国外单机容量最大已经达到了457MW，近年来单

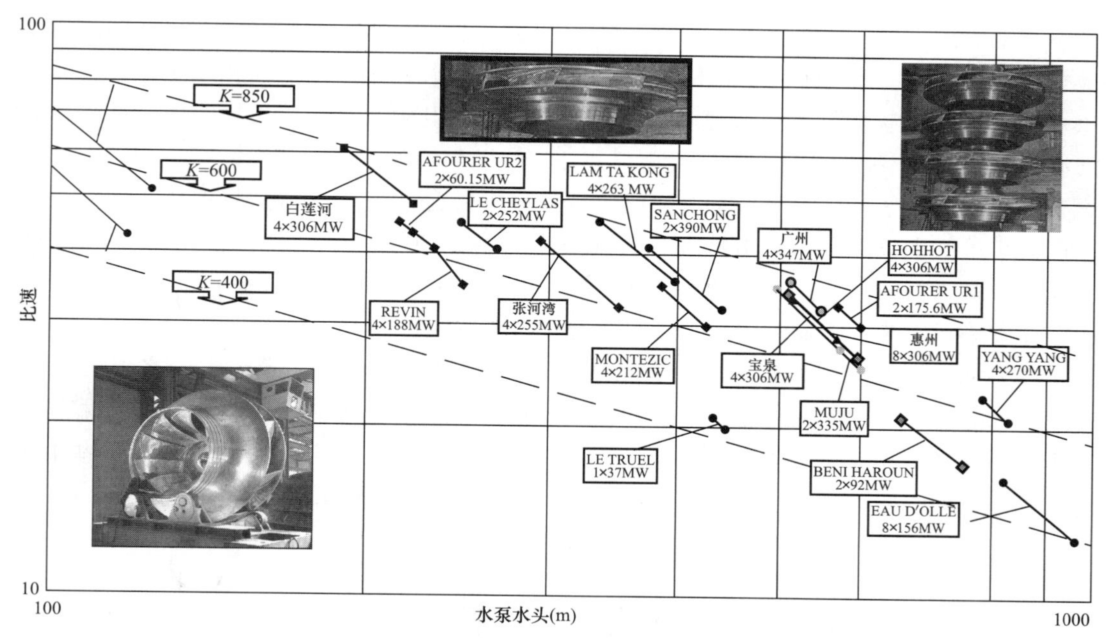

图 12-4-1　法国阿尔斯通公司建议的不同水头机型选择

机容量有进一步增大的趋势。随着自主开发和蓄能机组国产化进程的推进，主要机组设备正在逐步由国外转向国内生产，其生产制造周期和制造难度等因素在机组单机容量选择时应引起重视。

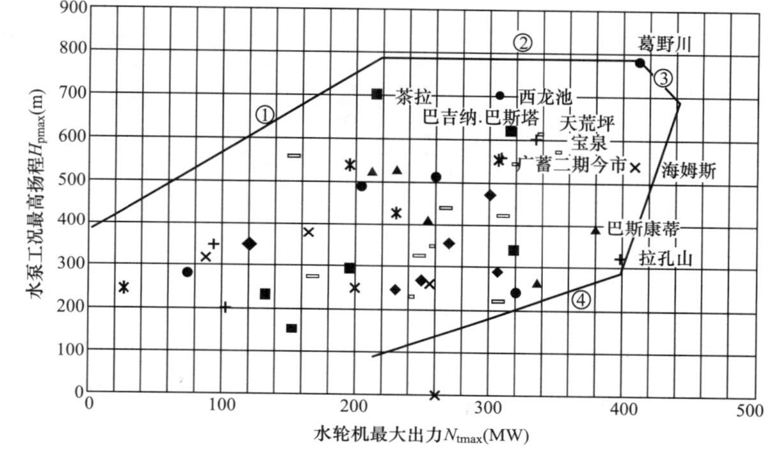

图 12-4-2　目前水泵水轮机单机容量制造界限

图 12-4-2 所示为国内外主要抽水蓄能电站水轮机最大出力和水泵工况最大扬程的统计分析，曲线范围代表了单机容量发展受到的技术限制。一般情况下单机容量应在图中限制线范围内选取，其中：

（1）限制线①为主要受到转速限制的曲线。

（2）限制线②为水头限制线。主要取决于机组结构强度和特性两方面，目前单级水泵水轮机的最大运用水头不超过 800m。

（3）限制线③为容量限制线，取决于发电电动机的强度和冷却条件。

（4）限制线④为转轮限制线，取决于转轮制造界限与运输界限，在水头降低和容量增加的同时，机组尺寸将增大，特别是转轮尺寸的增加，对于运输和制造都提出较高的要求。

（三）额定水头的选择

1. 目前额定水头选择现状

机组额定水头的确定要考虑抽水蓄能电站在电网中的作用和运行方式。额定水头的提高对电网运行的影响有两方面：①额定水头提高使机组的受阻容量增加，在水头降到额定水头以下时发不出满出力；②额定水头提高使机组部分负荷运行效率有所提高。如果机组大部分时间运行在部分负荷，则额定水头提高会使电站的综合效率提高，电站长期运行的动态经济效益将会有所提高。

抽水蓄能电站可逆式水泵—水轮机水轮机工况额定水头选择目前国内外尚缺统一的规定。在确定额定水头时，要综合考虑上下库水位与库容关系曲线、电力系统对电站担负的调峰与填谷容量和时间要求、电站和事故备用容量及时间要求、水量平衡以及机组运行稳定性等因素。有观点认为抽水蓄能电站的最小水头就是机组的额定水头，即机组在任何水头下都应发出满出力，但这种观点现在看来值得商榷。

蓄能机组额定水头选择与常规水轮机不同，特别是与低水头河床式电站相差更大。低水头河床式电站在洪水期泄洪时，电站发电水头大幅度下降，仍要求机组能发出保证出力。如以此要求蓄能电站的机组，则会造成机组参数极不合理。

日调节抽水蓄能电站，上、下水库水位在运行过程中总是在变化，目前日本将上水库处于最高水位，下水库处于最低水位，全部机组持续满负荷发电运行 1h 以上（一般取 1.2h 或 1.5h 不等）时的上、下水库水位作为基准水位。水轮机工况额定水头为上、下水库基准水位差再减去水道水头损失值。法国电力公司曾表示水轮机工况额定水头可按上下水库水体重心水头作为额定静水头来考虑。

统计国内外抽水蓄能电站的额定水头和最小水头之差与最大水头和最小水头之差的比值 $(H_t-H_{min})/(H_{max}-H_{min})$，此比值一般在 0.2～0.5 以上，最大者可达到 0.9。日本一般对机组稳定运行考虑较多，额定水头选择较高，此比值一般大于 0.5。图 12-4-3 所示为日本日立公司对一些电站额定水头的统计，可以看出，随着电站水头提高，水头变幅变小，额定水头越靠近高水头侧。

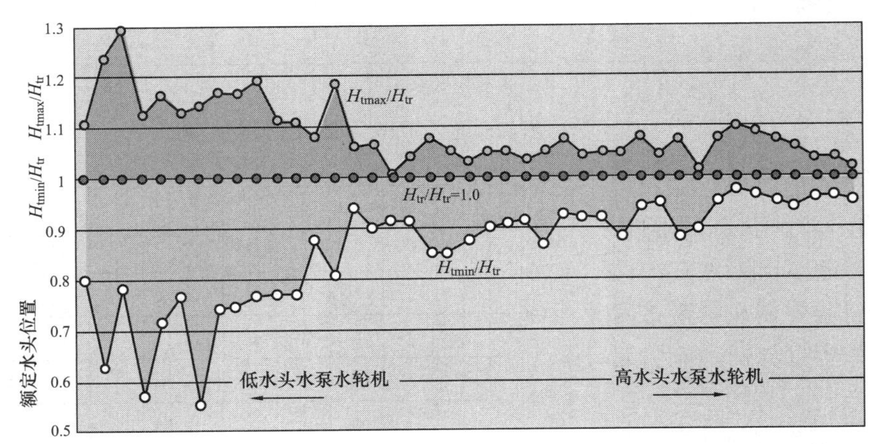

图 12-4-3　日本日立公司统计曲线

2. 额定水头选择对机组运行特性的影响

水泵水轮机的转轮特性首先由水泵工况确定，当机组的模型综合特性曲线确定后，额定水头的提高只是影响水轮机的工作点。在水轮机模型综合特性曲线上可以看出，随着额定水头的提高，水轮机运行范围中从额定水头到最小水头这一工作范围均向最高效率点方向偏移。如额定水头偏低，为保证发出额定出力，导叶开度相对较大，使水轮机工况远离最优区运行，效率显著下降。

额定水头提高会使水轮机受阻容量增加，以西龙池电站为例，根据制造厂家提供的转轮特性曲线分析，当水轮机额定水头为 624m 时，最小水头出力为 293MW，为机组额定出力的 95.87%；额定水头为 632m 时最小水头出力为 288.84MW，为机组额定出力的 94.36%；额定水头为 640m 时，最小水头出力为 281.61MW，为机组额定出力的 92%。但随着额定水头由 624m 提高到 632m 和 640m，水轮机额定水头效率分别提高了 0.6%和 1%，最小水头效率分别提高了 0.6%和 0.9%。

天荒坪电站，当额定水头选为 526m 时，机组效率只有 87.6%，与最高水头效率 92.2%相差 4.6%。如额定水头提高至 545m，额定水头的效率将为 89.9%，其经济效益是可观的。

由此可以看出，选择更高的额定水头，各个水头下的最优效率点向小出力方向偏移，也就是机组发部分出力时效率相对有所提高。

另一方面，机组稳定性问题的发生，大多数情况是由机组过流部件水流压力脉动而引起，这是水力机械产生振动的重要原因之一。在模型曲线可以看出，越是偏离最优设计工况，机组压力脉动幅值越大。当机组的额定水头提高时，机组在额定点发额定出力时导叶开度相对较小，转轮出口水流分布均匀，在最优单位转速时水流为法向出口，压力脉动最小。但如果水泵水轮机实际的运行水头比最优工况水头低，水轮机的单位转速比最优单位转速大，此时转轮出口有正的速度矩，会产生尾水管涡带。当水轮机在低水头工况运行时，导叶开度进一步减小，尾水管的压力脉动加大。提高水轮机的额定水头后，水轮机工作点向最优单位转速方向偏移，这可以降低水轮机在最小水头运行时尾水管振动大的危险性。所以从机组运行稳定性来看，在一定范围内提高额定水头对提高机组运行稳定性有好处。

国内一些公司通过对已建抽水蓄能电站统计，提出一个机组水头范围与稳定运行区域的建议图如图12-4-4所示。从国内建成投入运行的十三陵抽水蓄能电站的运行情况分析，上水库水位降低到死水位的几率非常小，水位大部分时间在平均水位至正常蓄水位之间变化。所以，提高额定水头引起的容量受阻情况在机组实际运行中并没有计算那么大。

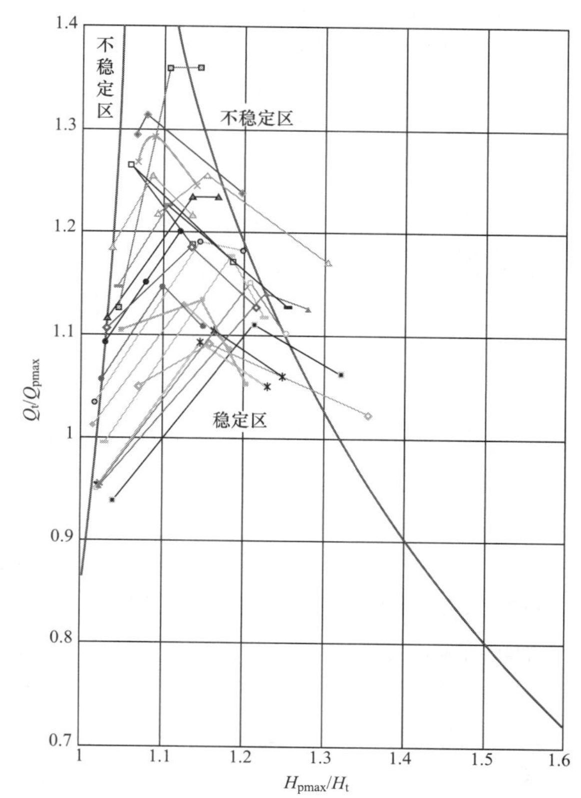

图 12-4-4　水泵水轮机稳定运行范围

三、主要特性参数选择

与常规水轮机不同，蓄能机转轮国内外制造商都还没有成形的型谱系列，对于不同电站机组选型，常规水轮机的设计方法在项目设计前期不能完全适应水泵水轮机设计。从目前国内几个电站前期工作的实际情况看，在完成招标设计以前，很难找到一个相似的机组模型特性曲线供参考。国内外水泵水轮机的初步选型设计广泛采用了统计方法，即根据已建类似电站参数和统计曲线，初步确定机组参数作为招标条件进行设备招标。招标定厂后，机组设备承包商再根据具体电站条件进行详细的水力设计，并通过机组的模型试验，最终完成转轮设计和机组结构设计。下面简要介绍在初步设计时机组主要参数的选择过程。

（一）设计基本假定及初始条件

1. 确定各特征参数

(1) 水头（扬程）。上、下水库水位是抽水蓄能电站主要设备选择的必需参数，根据上、下水库水位变化，可以确定电站的净水头（扬程）。用 H_z、H_t 和 H_p 分别代表毛水头、水轮机水头和水泵工况扬程（m）。

(2) 流量。用 Q_t 和 Q_p 分别代表水轮机和水泵工况流量（m^3/s）。

(3) 出力（入力）。用 N_t 和 N_p 分别代表水轮机出力和水泵工况入力（kW）。

(4) 效率。用 η_t 和 η_p 分别代表水轮机和水泵工况效率，η_G 表示电机效率。

在以上参数中用下标 max、min 和 r 区分最大、最小和额定等不同工况。

2. 流道损失

计算流道水头损失时，引进损失系统 K_Q，并用下式计算损失水头

$$h_f = K_Q Q^2 \tag{12-4-1}$$

式中　h_f——流道损失，m；

K_Q——流道损失系数。

3. 机组出力与入力基本计算

水轮机出力为

$$N_t = 9.81 Q_t H_t \eta_t \tag{12-4-2}$$

水泵入力为

$$N_p = 9.81 Q_p H_p / \eta_p \tag{12-4-3}$$

（二）没有机组特性情况下的估算（方法一）

1. 水轮机工况参数估算

(1) 发电机及水轮机效率初步拟定。参照已经运行的机组，初步拟定机组效率，目前发电电动机的

效率一般在 0.98 左右，水泵—水轮机水轮机工况效率在 0.890～0.91，在具体计算时，可以根据情况分别拟定在最大水头、额定水头和最小水头的效率，水泵工况效率可按 0.92 左右估算。

(2) 水轮机最大水头出力工况参数估算。如果系统没有超出力的要求，水轮机最大水头出力即为额定出力，即

$$N_{tmax}=N_{tr}=P_G/\eta_G \tag{12-4-4}$$

式中 P_G——机组出力，MW。

水轮机最大水头为

$$H_{tmax}=H_{zmax}-K_Q Q_{Htmax}^2 \tag{12-4-5}$$

水轮机最大水头流量为

$$Q_{Htmax}=N_{tmax}/(9.81\eta_t H_{tmax}) \tag{12-4-6}$$

由式（12-4-5）和式（12-4-6）可得水轮机工况最大水头和流量 H_{tmax}、Q_{Htmax}。

(3) 水轮机额定工况。由于水轮机额定出力 N_{htr} 额定水头 H_{tr} 已经确定，额定水头流量按下式进行计算

$$Q_{tr}=N_{tr}/(9.81\eta_t H_{tr} \tag{12-4-7}$$

(4) 水轮机最小水头最大出力工况。

水轮机最小水头为

$$H_{tmin}=H_{zmin}-K_t Q_{tmin}^2 \tag{12-4-8}$$

水轮机最小水头流量 Q_{Htmin} 是导叶全开时的流量。在初步计算阶段可按单位流量与额定点单位流量相等来估算，则有

$$Q_{tmin}=Q_{tr}(H_{tmin}/H_{tr})^{0.5} \tag{12-4-9}$$

水轮机最小水头最大出力为

$$N_{tmin}=9.81Q_{Htmin}H_{tmin}\eta_t \tag{12-4-10}$$

由以上两式通过计算可得水轮机工况最小水头和流量 H_{tmin}、Q_{Htmin}。

2. 水泵工况参数估算

(1) 水泵工况最大入力计算。按充分利用电机原则，发电机视在功率约等于电动机视在功率，并留有一定余量，目前一般按水泵工况电动机预留 3%～5%的裕量来考虑。

(2) 水泵最小扬程工况。一般情况下，水泵工况最大入力发生在水泵工况最低扬程时。以此入力作为水泵工况参数的基础，分别计算 Q_{Hpmin}、H_{pmin}。

$$Q_{pmin}=N_{pmin}\eta_p/(9.81H_{pmin}) \tag{12-4-11}$$

$$H_{pmin}=H_{zmin}+K_p Q_{pmin}^2 \tag{12-4-12}$$

3. 比转速估算与机组转速确定

(1) 水泵比转速。一般机组比转速采用表 12-4-1 中的公式进行初步估算，由于这些公式来源不同，加上统计时间不同，计算值相差较多，在实际选择时，可以初步选取这些公式计算结果的平均值，和相似电站参数水平进行比较后初定比转速。

表 12-4-1　水泵比转速常用计算公式

来　源	公　式
北京勘测设计院（1978～1985 年）	$n_{sp}=1714H_p^{-0.6565}$
清华大学（1954～1984 年）	$n_{sp}=(171-0.128\cdot H_p)/3.65(H_p>250\text{m})$
塞尔沃（1971～1977 年）	$n_{sp}=564.5\cdot H_p^{-0.48}$
深栖俊（1970 年）	$n_{sp}=4000/(H_p+30)+20$
东芝公司	$n_{sp}=3000\cdot H_p^{-0.75}$
东芝公司（最大）	$n_{sp}=4000\cdot H_p^{-0.75}$
富士公司（最大）	$n_{sp}=856\cdot H_p^{-0.5}$
R. s. stelzer（1977 年最大）	$n_{sp}=750\cdot H_p^{-0.5}$

在初步估算出水泵工况比转速后，按下式估算水泵工况比速系数 K_p。

$$K_p = n_{sp} H_{pmin}^{0.75} \tag{12-4-13}$$

计算出 K_p 值后，应与已建类似参数电站进行比较，当 K_p 值超过类似电站的最高水平时，应就参数的合理性和制造可行性仔细论证与分析。

(2) 水轮机比转速。同样，可以根据表 12-4-2 中的公式估算水轮机比转速，具体处理方式和水泵工况比转速相同。如前所述，水轮机的比转速计算实际意义不大，但可做为方案比选时的参考。

表 12-4-2　　水轮机比转速常用计算公式

来　源	公　式	来　源	公　式
北京勘测设计院（1978～1985 年）	$n_{st}=6860H_t^{-0.6874}$	塞尔沃（1971～1977 年）	$n_{st}=1825H_t^{-0.481}$
清华大学（1954～1984 年）	$n_{st}=148-0.0972H_t$	深栖俊	$n_{st}=20000/(H_t+20)+50$

水轮机工况比速系数 K_t 为

$$K_t = n_{st} H_t^{0.5} \tag{12-4-14}$$

(3) 机组转速。分别用水轮机工况和水泵工况计算出的比转速，根据以下公式确定同步转速范围：

$$n = n_{st} H_t^{1.25} / N_t^{0.5} \tag{12-4-15}$$

$$n = n_{sp} H_{pmin}^{0.75} / Q^{0.5} \tag{12-4-16}$$

根据式（12-4-15）和式（12-4-16）计算出的转速，选取同步转速。具体计算时，可选取不同同步转速进行方案比较，并进行水泵工况和水轮机工况下参数的计算。当确定一个同步转速 n 后，就可进行此转速下的水泵工况和水轮机工况比转速范围 n_{sp}、K_p，并再次与类似电站进行比较。在转速选择时同时考虑发电电动机的同步转速，磁极数必须满足

$$n = 120f/P \tag{12-4-17}$$

式中　f——频率（50Hz）；

　　P——磁对数。

4. 转轮直径

高压边（水泵工况出水边）直径为

$$D_1 = 84.6 \cdot K_{ulp} \cdot H_p^{0.5} / n \tag{12-4-18}$$

$$D_2 = D_1 \cdot (D_2/D_1) \tag{12-4-19}$$

K_{ulp}、D_2/D_1 的取值与 n_{sp} 有关，可参考图 12-4-5 进行选取。

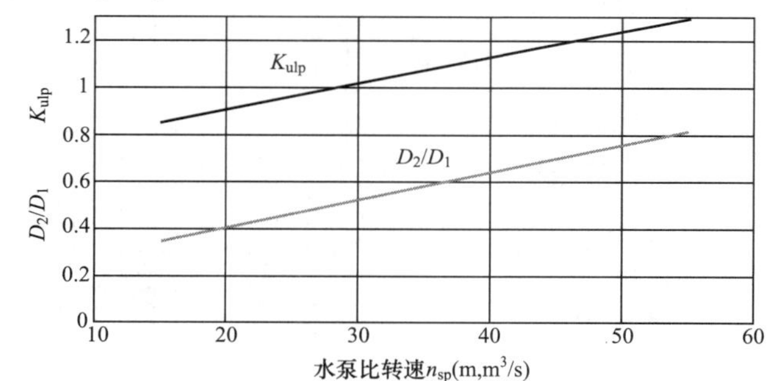

图 12-4-5　水泵比转速与 K_{ulp} D_2/D_1 的关系

5. 吸出高度选择

电站的吸出高度不仅影响机组的空化性能，还影响机组运行稳定性及过渡过程中尾水管最小压力等参数。而根据我国实际情况，机组设备的招标时间往往较土建施工晚，所以在机组招标前如何初步确定吸出高度，确定厂房位置和水道系统布置成为问题的关键。具体计算时，可参考表 12-4-3 的经验公式，并充分考虑尾水洞长度、水道系统布置等因素，并应留有裕量。

表 12-4-3　　常用空蚀系数和吸出高度计算公式

来　源	公　式
北京勘测设计院（1978～1985 年）	$\sigma_p=4.81\times10^{-3}\times n_{sp}^{0.971}$
清华大学（1954～1984 年）	$\sigma_p=-0.0325+0.00131\times3.65n_{sp}$
东芝公司	$10-(1+H_{pmax}/1200)\times K_p^{4/3}/10^3$
R. S. Stelzer	临界空蚀系数 $\sigma_p=1.17\times10^{-3}\times n_{sp}^{4/3}$
R. S. Stelzer	初生空蚀系数 $\sigma_p=1.37\times10^{-3}\times n_{sp}^{4/3}$
斯捷潘诺夫	$\sigma_p=1.21\times10^{-3}\times n_{sp}^{4/3}$

同样，由于表 12－4－3 中的公式来源不同，统计的时间不同，以上统计公式的计算差别还是比较大，一般情况下可根据计算的结果参考类似电站参数后初步确定，建议按以上公式计算结果取大值。

由于水泵水轮机在上、下水库之间工作，机组运行时其上、下水库水位处于不断变化之中。因此在不同运行工况下，吸出高度与工作水头间的关系也是变化的，对于水头（扬程）变幅范围较大的电站，水泵水轮机在低扬程大流量工况、高扬程大流量工况或高扬程小流量工况运行时，往往偏离最优运行工况较多，应留有足够的余量。同时还应利用现有相似电站模型试验空化系数，复核最高扬程和最小扬程下空化系数和吸出高度。

（三）没有机组特性情况下的估算（方法二）

在可行性研究阶段或无模型特性曲线时，也可参考下述方法快速估算单级单速混流式水泵水轮机的主要参数。从水轮机工况入手，即根据水轮机工况额定水头 H_{tr}，初步选取水轮机额定工况下的比转速 n_{st}，然后根据统计公式计算单位流量 Q_{11}、直径 D、单位转速 n_{11}、转速 n，并选取同步转速 n_o，当确定同步转速后，再重新计算水轮机额定工况比转速 n_{st}、单位流量 Q_{11}、直径 D_{11}、吸出高度 H_s 等。具体步骤如下：

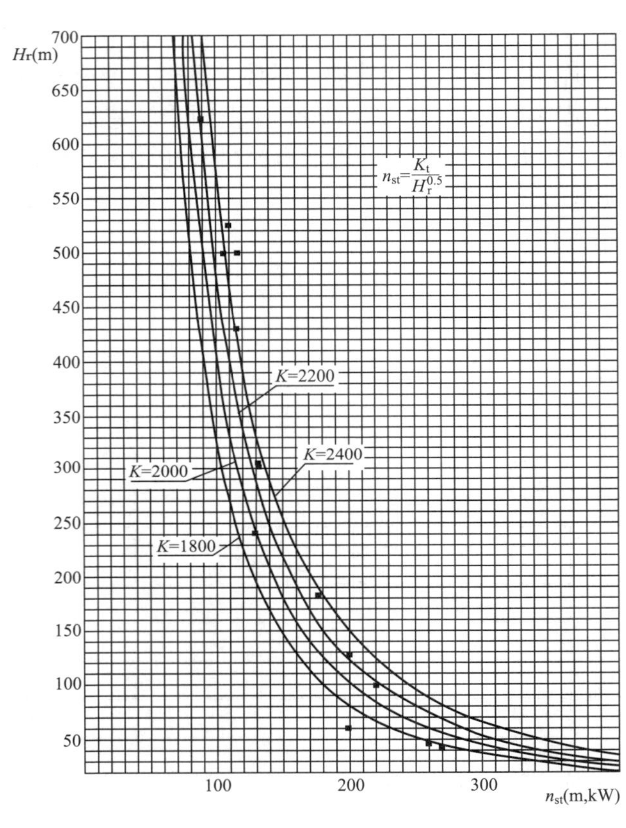

图 12－4－6　H_r—n_{st}关系曲线

（1）根据水轮机额定水头 H_r 查图 12－4－6 中的统计曲线，初步选取水轮机工况额定水头下的比转速 n_{st}。

水轮机比转速选择时，$H_{tr}\geqslant 400$m，可在 $K=2400$ 曲线上选取 n_{st}；400m$>H_{tr}\geqslant 100$m 时可在$K=2200$ 曲线上选取 n_{st}；$H_{tr}<100$m 时可在 $K=2000$ 或 $K=1800$ 曲线上选取 n_{st}。

（2）根据以下统计公式，初步计算单位流量 Q_{11}和转轮直径 D 为

$$Q_{11}=0.003n_{st}-0.15 \qquad (12-4-20)$$

$$D=[N_r/(8.82Q_{11}H_{tr}^{1.5})]^{0.5} \qquad (12-4-21)$$

式中　N_r(kW)，H_{tr}(m)——分别为水轮机额定功率和额定水头。

（3）根据以下统计公式，初步计算单位转速 n_{11}和选取同步转速 n 为

$$n_{11}=78.5+0.09187n_{st} \qquad (12-4-22)$$

$$n=n_{11}N_r^{0.5}/D \qquad (12-4-23)$$

根据计算的转速 n 选取同步转速 n_o，同步转速的选择原则同上，满足发电机极对数的要求，并可选取高一档和低一档的两个同步转速，然后进行方案比较。

（4）根据选取的同步转速 n 重新计算水轮机额定工况比转速 n_{st}。

（5）将 n_{st}代入式（12－4－20）重新计算 Q_{11}，将 Q_{11}代入式（12－4－21）计算转轮直径 D。

（6）电站吸出高度的选择。在快速估算时，电站吸出高度可按下式估算

$$H_s=9.5-(0.0017n_{st}^{0.955}-0.008)H_{tmax} \qquad (12-4-24)$$

考虑到计算的误差较大，应将估算值与类似电站的吸出高度比较和分析，并向有关厂家咨询，最终选取合理的吸出高度 H_s。

上述 n、n_{st}、D、H_s 即为初步计算的最终参数。

（四）主要结构尺寸选取

抽水蓄能电站混流式水泵水轮机机组主要尺寸可用下述统计公式求取，以供初步设计时决定厂房建筑物尺寸之用，蜗壳尺寸计算示意图如图 12-4-7 所示。

图 12-4-7　蜗壳尺寸计算示意图

1. 蜗壳尺寸计算

（1）蜗壳进口直径 D_s 为

$$D_s=(0.19+9.71\times10^{-3}\times n_{sp})D_1 \qquad (12-4-25)$$

或

$$D_s=[4Q_{tmax}/(\pi v_s)]^{0.5} \qquad (12-4-26)$$

式中　Q_{tmax}——水轮机工况最大流量；

v_s——蜗壳进口流速。

H 为与 Q_{tmax} 相应的水头：

1）当 $H\leqslant100$m 时，$v_s=0.092H$。

2）当 100m$<H\leqslant250$m 时，$v_s=-2.27\times10^{-4}\times H^2+0.12H-0.53$。

3）当 $H>250$m 时，$v_s=-1.5\times10^{-5}\times H^2+0.0192H+11.39$。

（2）蜗壳进口中心与机组中心距 R。

1）当 $n_{sp}>43$ 时，R 为

$$R=(0.84+0.00501n_{sp})\times D_1 \qquad (12-4-27)$$

2）当 $n_{sp}\leqslant43$ 时，R 为

$$R=1.054\times D_1 \qquad (12-4-28)$$

（3）蜗壳其他尺寸。可按表 12-4-4 中的公式估算。

2. 尾水管尺寸计算

如图 12-4-8 所示，尾水管尺寸可按表 12-4-5 中的公式估算。

表 12-4-4　　蜗壳尺寸计算表

位　　置	代号	计 算 公 式
蜗壳$+x$方向	A	$A=(0.972+9.87\times10^{-3}\times n_{sp})\ D_1$
蜗壳$-x$方向	B	$B=(0.94+6.26\times10^{-3}\times n_{sp})\ D_1$
蜗壳$+y$方向	C	$C=(0.948+3.76\times10^{-3}\times n_{sp})\ D_1$
蜗壳$-y$方向	D	$D=(0.964+8.14\times10^{-3}\times n_{sp})\ D_1$

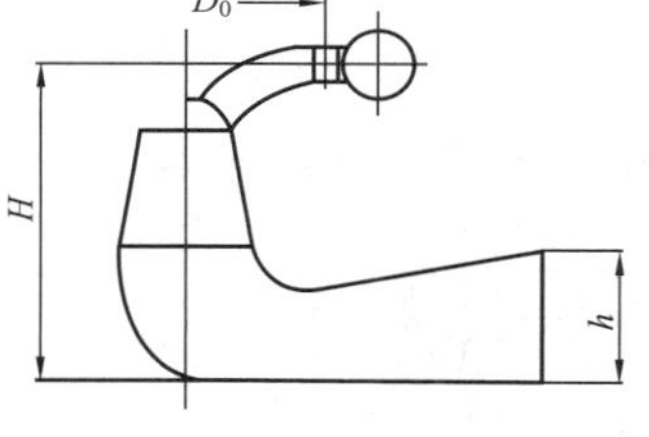

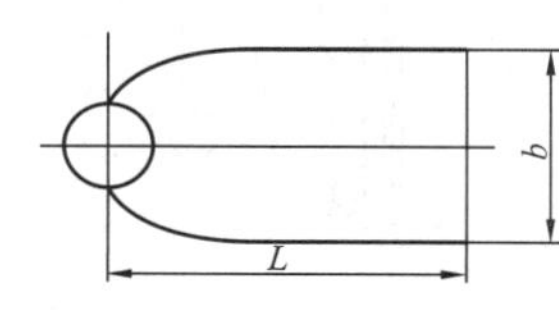

图 12-4-8　尾水管计算尺寸示意图

表 12-4-5　　尾水管尺寸计算表

位　　置	代　　号	计　算　公　式
导叶中心圆直径	D_0	$D_0=(1.11+1.91\times10^{-3}\times n_{sp})\ D_1$
安装高程至尾水管底板高	H	$H=(1.42+1.1\times10^{-2}\times n_{sp})\ D_1$
机组中心到尾出口	L	$L=(2.73+1.85\times10^{-2}\times n_{sp})\ D_1$
尾水管出口宽	b	$b=(-0.083+3.76\times10^{-2}\times n_{sp})\ D_1$
尾水管出口高	h	$h=(0.55+5.95\times10^{-3}\times n_{sp})\ D_1$

（五）初步选型计算说明

以上两种方法都是建立在对已建电站机组参数统计分析的基础上进行的，各个电站的具体情况千差万别，每一个统计公式都不能准确表达与电站有关的具体信息，但作为项目前期参数预估，进行厂房布置配合一般是能满足要求的。一旦合同生效模型试验完成后，应对模型曲线评估和分析。当模型验收试验合格后，可获得准确的模型曲线，应根据它进行复核计算（包括过渡过程计算等），检查转轮直径、转速、吸出高度、运行范围、效率等，必要时应与厂家协商，适当修改叶型，以获得最佳参数。

无论用什么方法进行计算，总体应遵循以下规则：

（1）参数水平不能太高，机组运行的稳定性应放在首位，特别是水头高、水头变幅较大或泥沙含量较多的电站，更应重点考虑。一般在项目前期就应和潜在的供货商进行技术交流，共同讨论参数的确定。

（2）吸出高度选择应留有一定的裕量，特别是长尾水道系统中，尾水管的水力损失应充分考虑。

（3）在最终确定制造厂后，应根据最终设计参数重新进行复核计算。

第五节　机组拆装方式和主要结构

一、机组的拆装方式

这里所指的拆装方法，主要是指转轮从机坑中吊出方式，一般有上拆、中拆和下拆三种方式可供选择。

上拆法：水泵水轮机顶盖、控制环、轴承和转轮等主要大部件均从发电电动机定子中吊出，对于大多数混流式机组而言，水泵水轮机顶盖直径一般比定子内径要小，这些部件检修中可以通过发电电动机定子内径中吊出。采用上拆方式的有十三陵、响洪甸、潘家口、琅琊山、张河湾、西龙池、泰安、宜兴、桐柏和呼和浩特等抽水蓄能电站。上拆方式水工设计较简单，但检修水轮机时需将发电转子吊出机坑，总体检修周期要长。但通过已运行的上拆电站调查，随着检修技术的提高，发电机转子吊出与重新安装所花费的时间占总体检修工期的比例并不是很大。

中拆法：水泵水轮机顶盖、转轮等重大部件通过水轮机机墩边壁开孔吊出，通常需要在水轮机和发电机之间设置中间轴。在使用水轮机坑的滑动式吊车拆除水导，轴封和导叶操作机构等部件，中间轴是首先被拆除的大部件，所有重量较大的部件都通过滑动推车向侧面送至厂房。采用中拆方式的有天荒坪、广蓄二期、溪口、惠州、宝泉等抽水蓄能电站。中拆机组示意图如图 12－5－1 所示。

下拆法：水轮机下部空间允许拆除并侧向移走尾水锥管，就可以方便地检查并在需要的时候修理转轮、导叶轴承等易损件，并在拆除底环后拆除和移走转轮，如广蓄一期是典型的下拆机组。下拆机组。下拆机组示意图如图 12－5－2 所示。

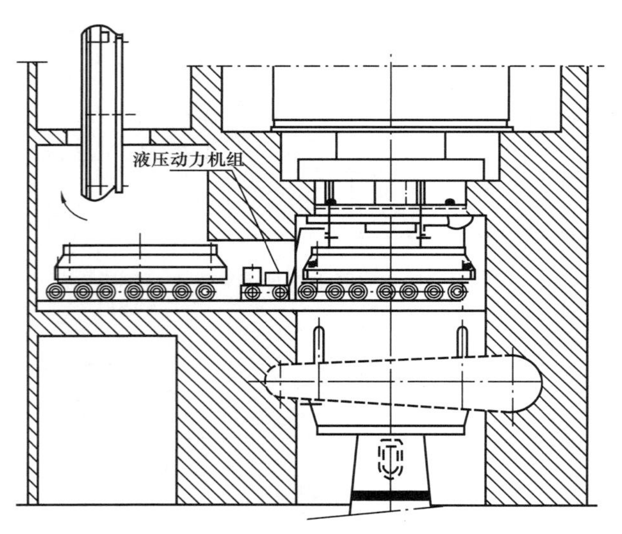

图 12－5－1　中拆机组示意图

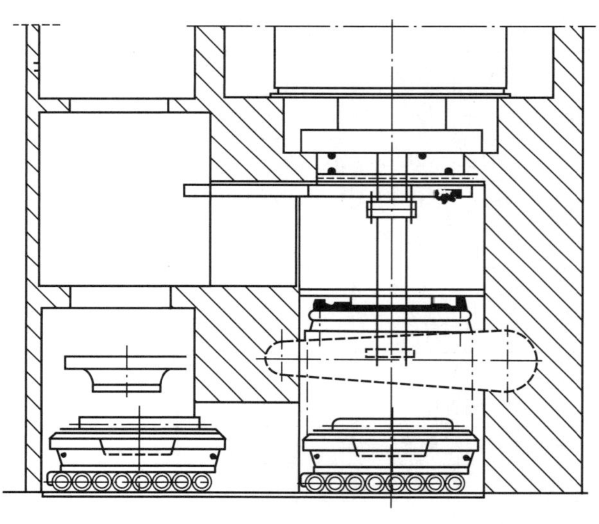
图 12－5－2　下拆机组示意图

中拆和下拆方式，转轮拆卸方便，适用于转轮检修周期较短的电站（如过机泥沙含量较多的电站）。中拆方式顶盖可以整体制造，强度和刚度好，但水工建筑物设计较复杂，需在水轮机机坑边留较大的运输孔，有中间轴，厂房高度增加；下拆方式水工建筑物设计复杂，由于尾水锥管周边没有混凝土，机组噪声和振动大。法国奈尔皮克水轮机制造厂工程师认为，下拆方案适应的水头宜为 550m 以下，最好不大于 500m。

有些电站采用联合拆除法，如韩国青松电站机组采用上下拆方式，不设置中间轴，由于运输条件的限制，顶盖和底环均分为两半。只考虑转轮及底环从下拆廊道拆出，主轴和顶盖只能通过上拆方式吊出。其主要目的是为了在不拆发电电动机的前提下对水泵水轮机转轮进行大修。各种不同拆装方式的比较见表 12－5－1。

表 12-5-1　　　　转轮拆装方式比较

比较内容		上拆方式	中拆方式	下拆方式
厂房尺寸	发电机与水轮机间尺寸	同	同	同
	水轮机间尺寸	小	中	小
	拆卸用吊物孔	—	与进水阀共用	单独开孔
	尾水管高度	小	小	高
拆卸方式	发电机是否需要拆卸	要	部分要	部分要
	主轴中心是否开孔	否	要	要
	转轮拆装时间	长	中	短
主要拆卸工具		主轴、转轮吊装工具，顶盖吊装工具	主轴吊装工具、中间轴吊装工具、顶盖吊装工具、转轮吊装工具、搬运用滑车（包括架设地面轨道，运控制环、顶盖及转轮）	主轴吊装工具、搬运用滑车（包括架设地面轨道，运尾水直管、底环及转轮）、底环架台、转轮架台

二、水泵水轮机主要结构

水泵水轮机主要结构部件基本和常规水轮机类似，包括转轮、主轴、顶盖、座环、泄流环、导轴承、主轴密封及尾水管等。这些部件结构主要要求如下。

（一）转轮

高水头水泵水轮机转轮形状随着水头增高而变得更加扁平，和盘子效应一样，这会引起转轮上下冠叶片的振动。东芝公司 1980 年通过真机测量发现这种振动效应比转轮叶片和导叶之间的振动还要明显。如果转轮设计不进行充分考虑，转轮自振频率太靠近水力激振频率，共振就可能发生从而导致转轮的疲劳损害。

转轮在水中固有频率为

$$f_{nw}=f_{na}\times R_f \qquad (12-5-1)$$

式中　f_{nw}——转轮在水中的振动频率；

f_{na}——转轮在空气中的振动频率；

R_f——水中与空气中固有频率的下降率，由经验数据得出（见图 12-5-3）。

水力激振频率为

$$f_r=n\times Z_g$$

式中　n——机组转速；

Z_g——导叶数。

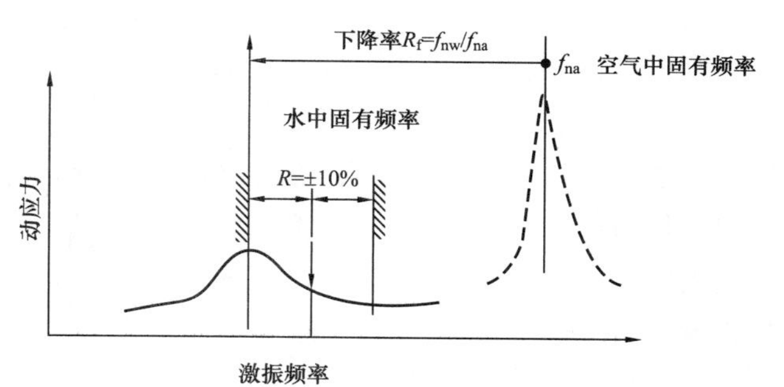

图 12-5-3　转轮固有频率确定

国外有的主机技术条件中规定水中固有频率 f_{nw} 与激振频率 f_r 之差应不小于 10%，即

$$R=|f_{nw}/f_r-1|>10\%。 \qquad (12-5-2)$$

转轮一般采用铸焊结构。要求材料有良好的抗空化及抗磨损性能，并要求材料应保证在机组检修期间常温下在机坑内武能完成转轮的补焊工作。由于泄水锥脱落的事件较多，对于双向旋转的水泵水轮机转轮要求泄水锥采用与转轮相同的材料，并直接焊接到转轮上。

由于水泵水轮机流道较常规水轮机要长，现场焊接和热处理难度大，在转轮设计时应充分考虑到电站大件运输条件，应能保证转轮能够整体运输，这一点在机组初步参数确定时应引起高度重视。

（二）主轴

主轴在结构上与常规水轮机并没有太多区别，要求主轴应具有足够的强度和刚度，能够承受在任何工况条件下可能产生的作用在主轴上的扭矩，轴向力和水平力。主轴长度设计应考虑主轴与转轮组装后，利用配套吊具能由厂内桥式起重机顺利地吊装。另外，如水泵水轮机和发电电动机分别由两个厂家制造，招标文件应明确水泵水轮机轴和发电电动机轴联接法兰的设计、制造负责方。如果条件允许，最好能在厂内进行两主轴的联轴试验，但如条件不具备，应要求两制造商采用相同的模板进行加工，以确保主轴在现场的连接。

（三）主轴密封

主轴密封分为工作密封和检修密封。检修密封布置在工作密封以下，以便在不排除尾水管内水的情况下拆卸和更换工作密封。主轴密封有静压式端面密封和径向式密封两种。静压式端面密封有密封副磨损量较小，漏水量较小，主轴上不需要设不锈钢衬套等优点，但在一些高速机组上出现过一些故障。径向式密封结构在日本的许多水泵水轮机上使用，其密封副磨损量要比静压式端面密封稍大，但密封块依靠外部弹簧的弹力，使密封块内表面紧贴在主轴的不锈钢衬套上，并可根据磨损量自动补偿以保持密封性能（见图 12-5-4）。

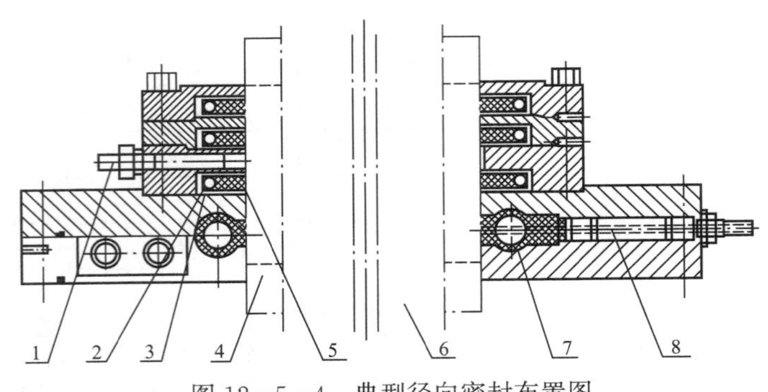

图 12-5-4　典型径向密封布置图

1—压力水管；2—弹簧；3—托块；4—主轴衬套；5—扇形密封块；6—主轴；7—检修密封；8—压力气管

（四）水导轴承

水导轴承瓦应采用受热变形小的优质锻钢制造，能够承受水泵水轮机运行中出现的最大径向作用力。水泵水轮机导轴承结构设计上应尽可能地靠近转轮，并且不拆导轴承就能维修和更换主轴密封部件；导轴承应允许主轴轴向移动。当水泵水轮机主轴与发电电动机轴解联后，应允许主轴沿轴线下移，转轮能坐放在泄流环上。

由于水泵水轮机埋深较常规水轮机大，采用尾水系统取水进行轴承冷却润滑时，冷却器的设计压力应充分考虑到系统的最大压力，此压力还应考虑到过渡过程中可能出现的瞬时最大压力上升。

（五）座环和蜗壳

对座环和蜗壳的结构要求与常规水轮机类似，如果条件允许，座环与蜗壳应在工厂一起焊接，尽可能减少运输的分瓣数。座环和蜗壳设计时，应充分考虑到混凝土浇筑、灌浆、排气孔等要求，保证蜗壳能够不与混凝土联合受力，而单独承受各种运行工况下可能发生的最大水压力与试验压力。

1. 保压浇筑混凝土

为检验蜗壳安装与焊接质量，保证座环和蜗壳在各种运行条件下能安全工作，在现场蜗壳安装完成后，一般需通过水压试验进行验证。水压试验压力为 1.5 倍最大工作压力，蜗壳、座环等部件结合面上应无任何漏水。压力试验时，由安装在座环内侧的专用的试验封堵环、蜗壳进口的试验闷头和蜗壳组成一个密闭的试压系统，利用高压泵向蜗壳充水，在规定的试验程序下进行压力试验（见图 12-5-5）。

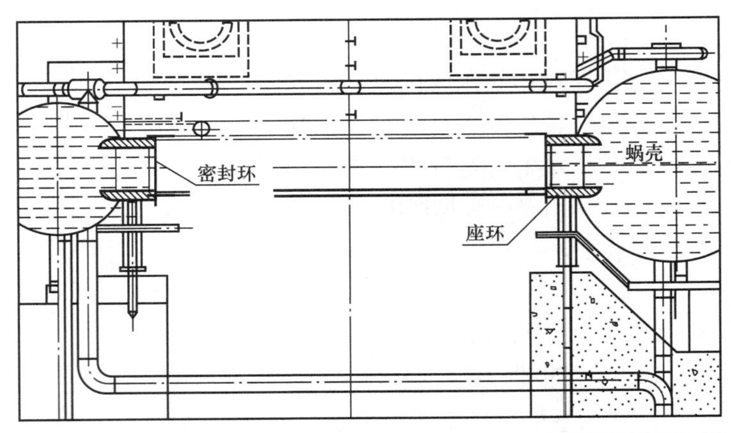

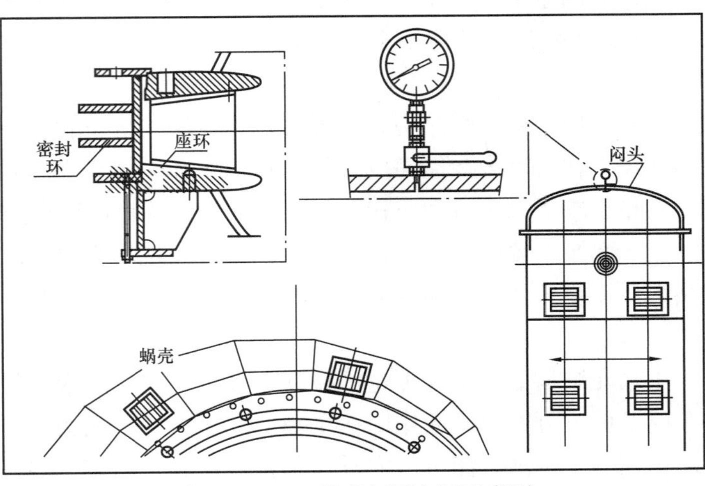

图 12-5-5　蜗壳打压布置示意图

蜗壳不设弹性垫层情况下，国内抽水蓄能电站采用蜗壳保压下浇筑混凝土，蜗壳内压力一般为蜗壳最大静水压力的50%。当电站有多台机组同时进行安装时，在机组订货时可订两套封堵装置，包括封堵环和蜗壳进口闷头，以保证安装进度要求。

2. 浮动式尾水锥管

KV公司生产的大多数中、高水头蓄能机组，都采用了自由浮动的尾水锥管，尾水锥管周围的混凝土中设一个壁龛形通道。底环和尾水管不埋入混凝土中。在尾水锥管上设一个伸缩节，它的作用在于拆卸尾水锥管并防止垂直荷载从水轮机传到下部结构。所以水轮机基础不支撑在尾水锥管或混凝土上。基础环按承受全部荷载设计，仅支撑在座环上。顶盖和基础环的所有垂直荷载将传到座环连接的法兰上。该公司提供的水轮机转轮的上、下迷宫环几乎处于同一直径上，这样作用在顶盖和底环的垂直分力是相等的，可以认为座环受力是平衡的。

采用不受约束的尾水锥管，其主要原因在于应用了等荷载原则。此种设计还有下列优点：

（1）如果混凝土结构中有了所需的孔洞，拆除尾水锥管对转轮进行检查和维修就有了方便的通道，为水轮机的下拆创造了条件。

（2）尾水锥管周围留出的空间允许进入对导叶密封和底环下导叶轴承进行维修。水轮机的设计最好还应允许在不拆卸顶盖、底环的情况下，也能对导叶轴承进行维修。

（3）允许对蜗壳和座环的焊接部位进行检查，这对承受由于频繁起停引起的疲劳应力的蜗壳来说是很重要的。

（4）水轮机尾水锥管和基础环周围的辅助管道不必埋入混凝土中。需要在充气条件下运行的水泵水轮机，需要一些额外连接，如进气管、尾水管水位控制设备、转轮密封供水管、转轮密封温度传感器和排水管等。通道的形成对这些设备和管道的安装与维护提供方便。

（六）顶盖

顶盖由钢板焊接制造，应具有足够的刚度和强度，能在各种工作条件下安全工作。顶盖上应均匀分布适当数量的减压孔和均压装置，以减小转轮与顶盖之间的水压力，减小轴向水推力。和常规水轮机不同的是顶盖上应设置适当数量的排气孔，以便水泵起动完成或调相完毕时能将转轮室中的空气排走，顶盖适当位置还应设水泵起动时的造压指示器。

上拆机组顶盖的分瓣数应与机坑高度一同考虑，和常规水轮机一样，顶盖不具备直接从水轮机机坑吊出条件时，水轮机坑设计应考虑分瓣顶盖吊运方式和空间，保证顶盖起吊、分拆、翻身和吊运的空间，当机坑高度对顶盖在机坑内组合有影响时，一般可以采两种方式：

（1）吊装方式1。其特点是先插入一半导叶，吊装一半顶盖，再将另一半顶盖吊入机坑并暂时放置于另一半顶盖之上，再装入另一半导叶，然后总体起吊顶盖进行组合。图12-5-6所示为方式1——分瓣顶盖的起吊程序示意图。

（2）吊装方式2。先将分瓣顶盖吊入机坑，顶盖组合后固定于机坑顶部，随后通过顶盖中心孔吊入导叶，再落下顶盖。无论采用何种方式进行吊装，机坑高度都应能满足顶盖的组装和整体起吊的要求，以及顶盖起吊后下部空间能满足导叶等部件安装的空间。

（七）底环和泄流环

和常规水轮机不同，为消除水泵水轮机在压水转动时形成的水环和振动，在泄流环和底环上要设置适当数量的导叶漏水排水管和接口（见图12-5-7）。实践证明，在机组下环排水时，排水管的振动相当大，甚至出现过排水阀被振裂的情况，所以在进行机组布置时应使阀门两端的管道尽可能短，并在安装时将管路和阀门可靠固定。

（八）导叶和导水机构

和常规水轮机一样，导叶和导水机构由活动导叶、导叶轴承、导叶操作控制机构、导叶最大开度限位装置、剪断销装置和防导叶自由转动装置组成。与常规水轮机不同的是，导叶过流表面型线应适合水轮机和水泵两工况的水流流态（见图12-5-8）。

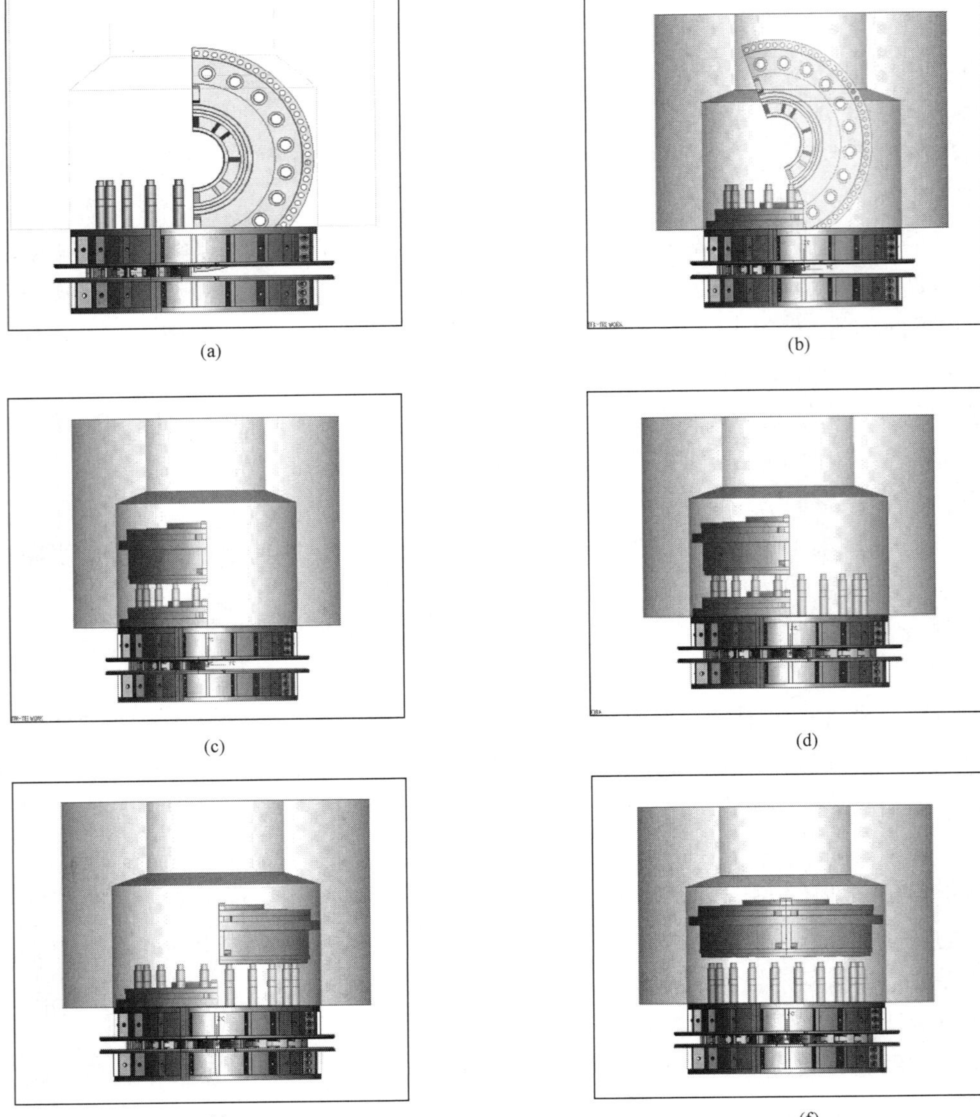

图 12-5-6　顶盖吊装示意图

(a) 第 1 步：装入一半导叶，吊装一半顶盖；(b) 第 2 步：吊入另一半顶盖；(c) 第 3 步：将一半顶盖放在另一半之上；(d) 第 4 步：装入另一半导叶；(e) 第 5 步：另一半顶盖移到导叶上；(f) 第 6 步：总体起吊顶盖组合

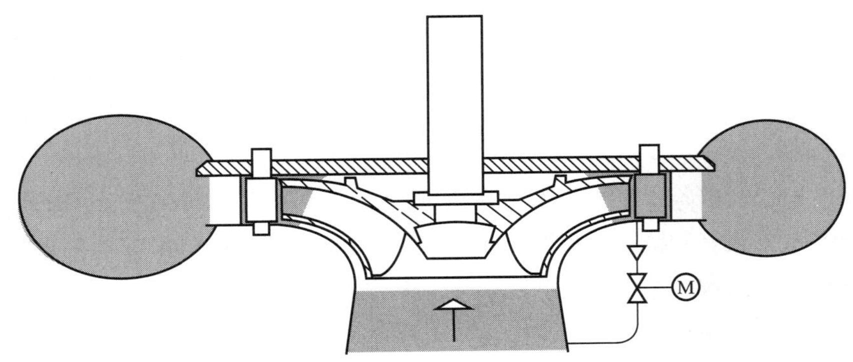

图 12-5-7　机组水环排水示意图

目前较普遍采用的小导叶接力器和单导叶接力器，在机组启动过程中，通过预先开启，能有效减少振动和提高并网速度（见图 12-5-9）。

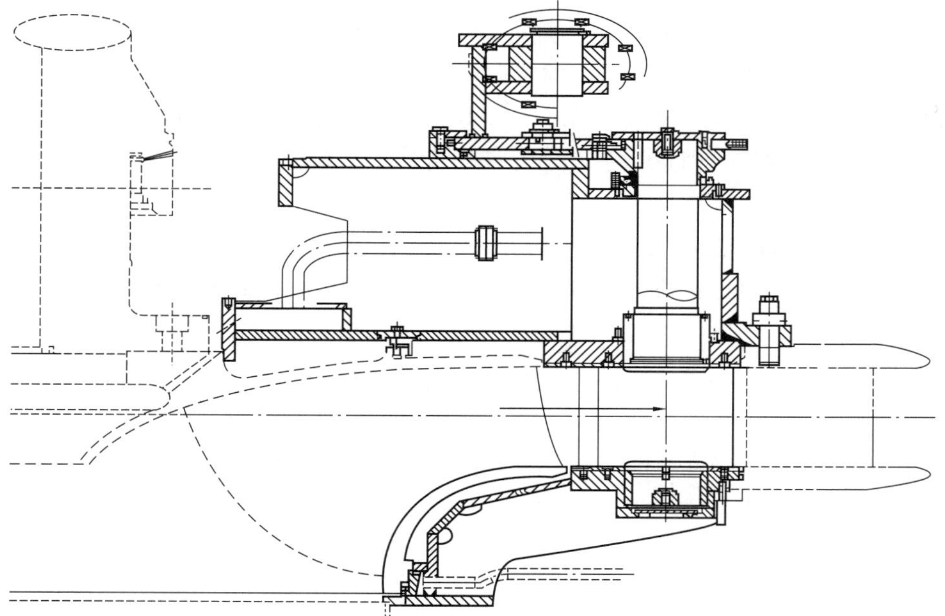

图 12-5-8　带控制环的导水机构示意图

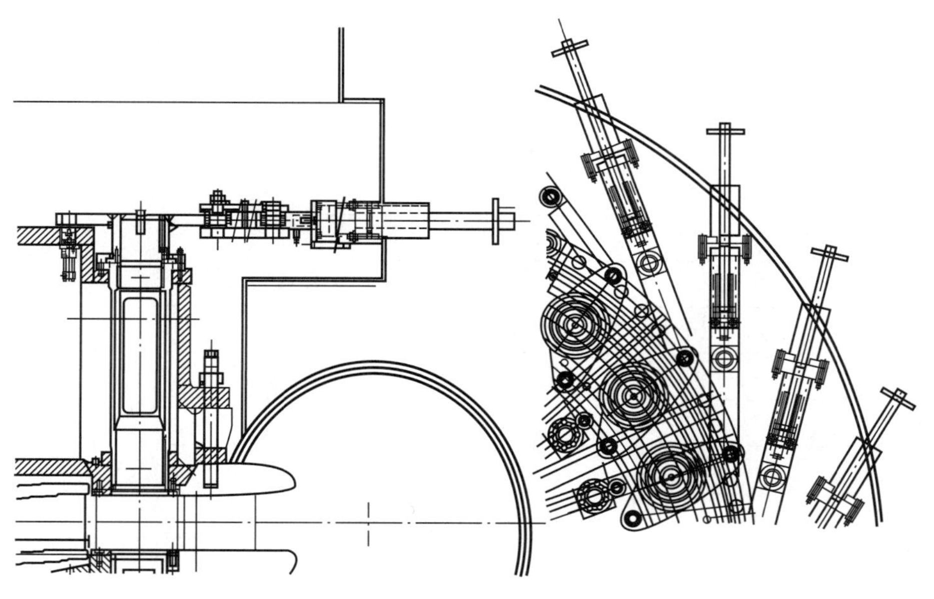

图 12-5-9　呼和浩特蓄能机组单导叶接力器

第六节　国内大型抽水蓄能电站机组

在我国，除第一批建设的抽水蓄能电站：广蓄一期和二期、十三陵、天荒坪抽水蓄能电站外，第二批抽水蓄能电站，如桐柏（4×250MW）、泰安（4×250MW），琅琊山（4×150MW）等到 2007 年底也已全部投入运行。张河湾（4×250MW）、宜兴（4×250MW）、西龙池（4×300MW）等电站也将投入运行。以上这些电站机组的主要设备均从国外引进。

从 2004 年开始，国内进行了惠州（8×300MW）、宝泉（4×300MW）和白莲河（4×300MW）三个大型抽水蓄能电站机组的统一招标，蓄能机组打捆统一国际招标是国家支持民族工业发展、促进我国抽水蓄能机组国产化的一项重大举措。通过由有资质的外商直接投标，国内有资质的厂家联合作为外商的技术转让受让方和合同设备的分包方，按招标文件规定的内容向外商报价的招标采购方式。中方厂家以“联合设计、参与开发、消化引进、合作制造”的方式，参加抽水蓄能机组分包设计和制造工作。最后法国阿尔斯通公司与国内东方电机厂和哈尔滨电机厂组成的联合体中标。在共同的技术方案下，中方公司在项目中承担一整台套机组的制造。

其后的黑麋峰（4×300MW）、蒲石河（4×300MW）、呼和浩特（4×300MW）抽水蓄能电站主要机组设备招标模式改为国内技术引进为主，国外技术合作，共同生产的模式，进一步推进了我国蓄能机组的国产化进程。

一、国内已经投运的蓄能电站机组

部分近期建成的抽水蓄能电站机组参数列于表 12-6-1，机组剖面图如图 12-6-1～图 12-6-3 所示。

表 12-6-1　部分投运电站的机组参数

电站名称	琅琊山	桐柏	泰安
装机（台数×容量，MW）	4×150	4×300	4×250
水轮机工况			
水头范围（m）	115.6/147	230.6/284	221/256（毛水头）
额定水头（m）	126	244	225
额定流量（m^3/s）	135.9	145	128.7
额定出力（MW）	153	306	255.1
转速（r/min）	230.8	300	300
飞逸转速（r/min，稳态/瞬态）	355/358	440/465	460/495
比转速（m，kW）	213.8	172	126.39
最优点效率（%）	93	93.81	93.85
水泵工况			
扬程范围（m）	124.6/152.8	237.5/288.3	223.58/259.60
最大流量（m^3/s）	122.5	119	112.36
最大输入功率（MW）	160.7	312	274
比转速（m，m^3/s）	56	54.2	51.30
吸出高度（m）	−32	−58	−64
最优点效率（%）	93.6	93.95	93.69
比速系数		3277	3081
几何参数			
转轮高压边尺寸（mm）	4725	4802	4616
转轮低压边尺寸（mm）	3336	3152	3058
转转进口边高度（mm）	771	602	574
叶片数（个）	7		9
导叶数（个）	24		22
主要制造厂	VA TACH	VA TACH	VOITH-FUJI

（1）琅琊山抽水蓄能电站机组剖面图（见图 12-6-1）。

（2）桐柏抽水蓄能电站机组剖面图（见图 12-6-2）。

（3）泰安抽水蓄能电站机组剖面图（见图 12-6-3）。

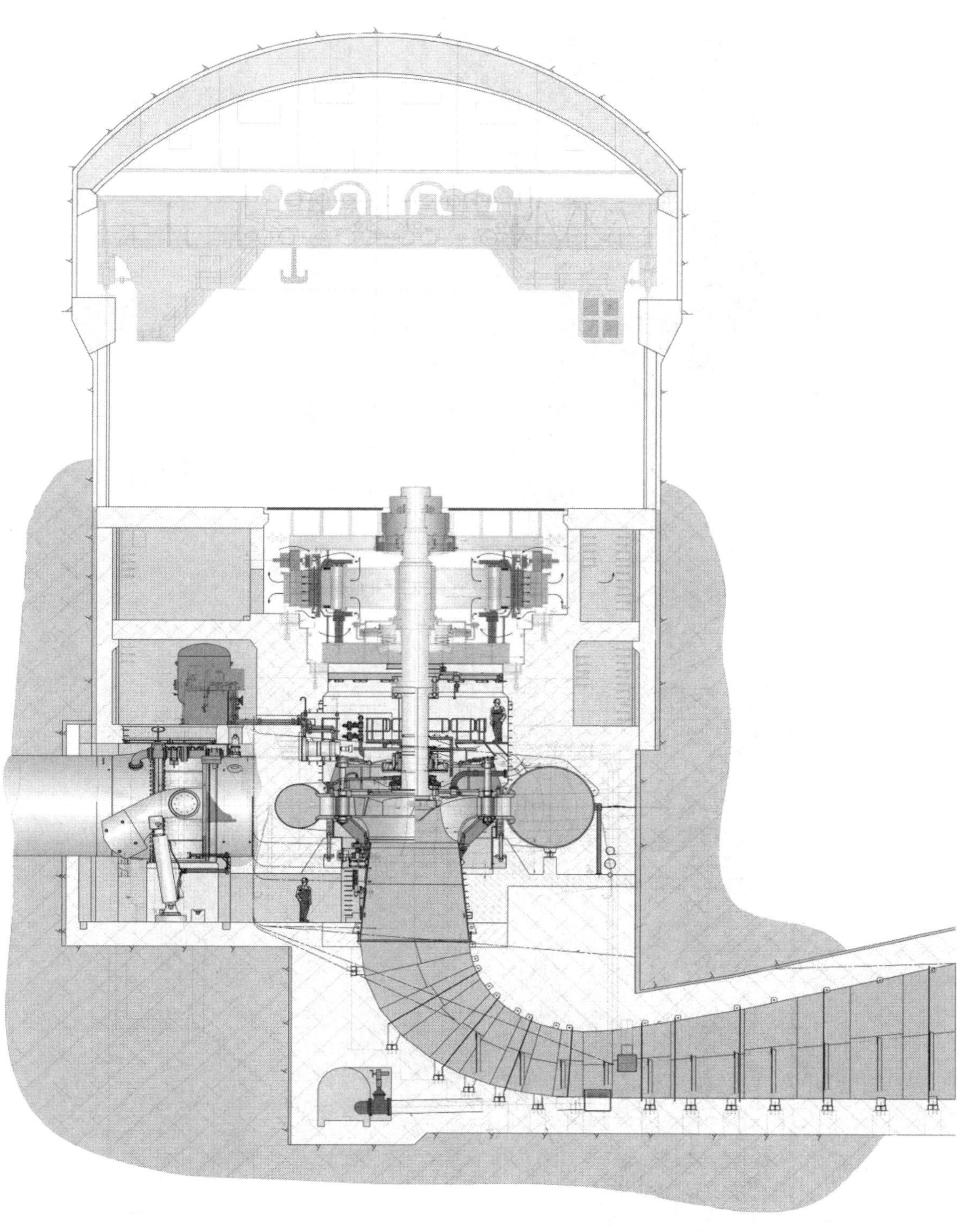

图 12-6-1 琅琊山抽水蓄能电站机组剖面图

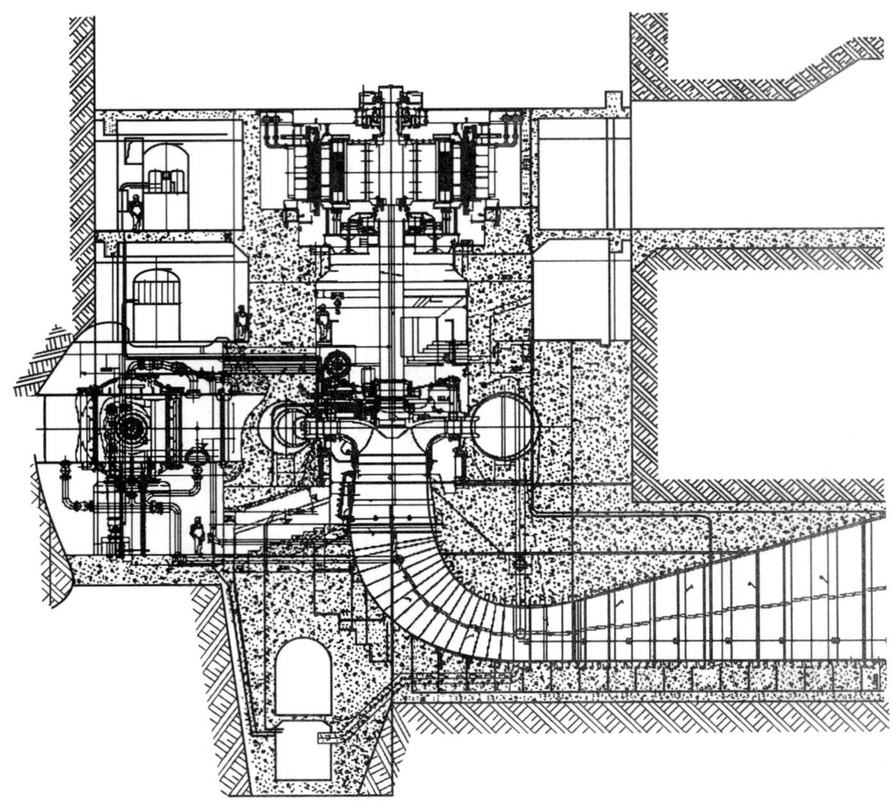

图 12-6-2　桐柏抽水蓄能电站机组剖面图

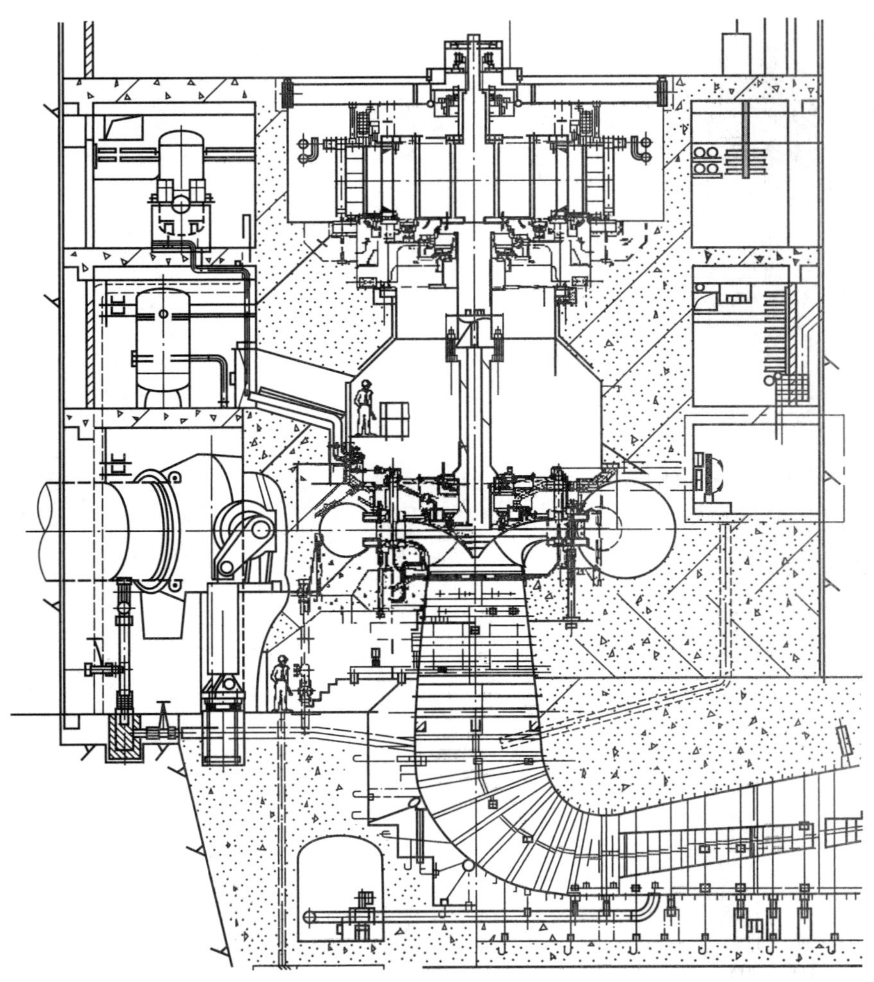

图 12-6-3　泰安抽水蓄能电站机组剖面图

二、国内目前正在建设的抽水蓄能电站

部分在建的抽水蓄能电站机组参数列于表 12-6-2，机组剖面图如图 12-6-4～图 12-6-6 所示。

表 12-6-2　　在建项目机组参数

电站名称	宜兴	张河湾	西龙池	惠州	宝泉	白莲河	呼和浩特
装机容量（台数×容量，MW）	4×250	4×250	4×300	4×300	4×300	4×300	4×300
水轮机工况							
水头范围（m）	344/407	341.76/282.79	687.7/611.6	496/554	500.8/566	178.3/213.7	580.4/491.8
额定水头（m）	363	305		517.4	510	195	521
额定出力（MW）	255，275（最大）	255	306	306	306	306	306
转速（r/min）	375	230.8	500	500	500	250	500
水泵工况							
扬程范围（m）	360/420	350.08/294.96	703/634	511/561.4	498/574	191/222.7	590.2/507.6
最大输入功率（MW）	275	267	304.6	330	315.4	325	320
比转速（m，m^3/s）		36.3	27.1	34.4	35.2	59.9	29.75
吸出高度（m）	−58	−48	−75	−70	−70	−50	−75

（1）宜兴抽水蓄能电站机组剖面图（见图 12-6-4）。

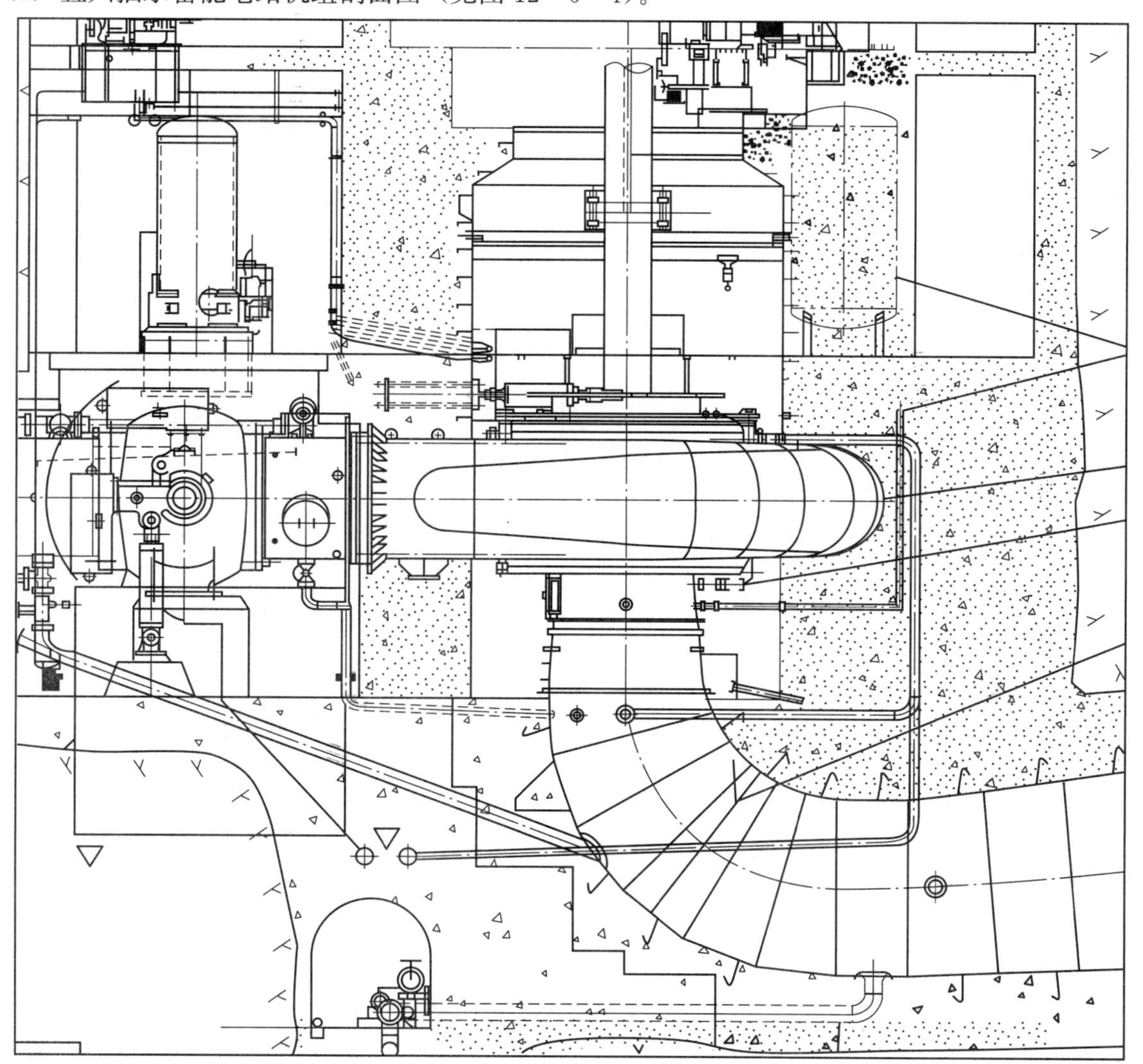

图 12-6-4　宜兴抽水蓄能电站机组剖面图

(2) 张河湾抽水蓄能电站机组剖面图（见图 12－6－5）。

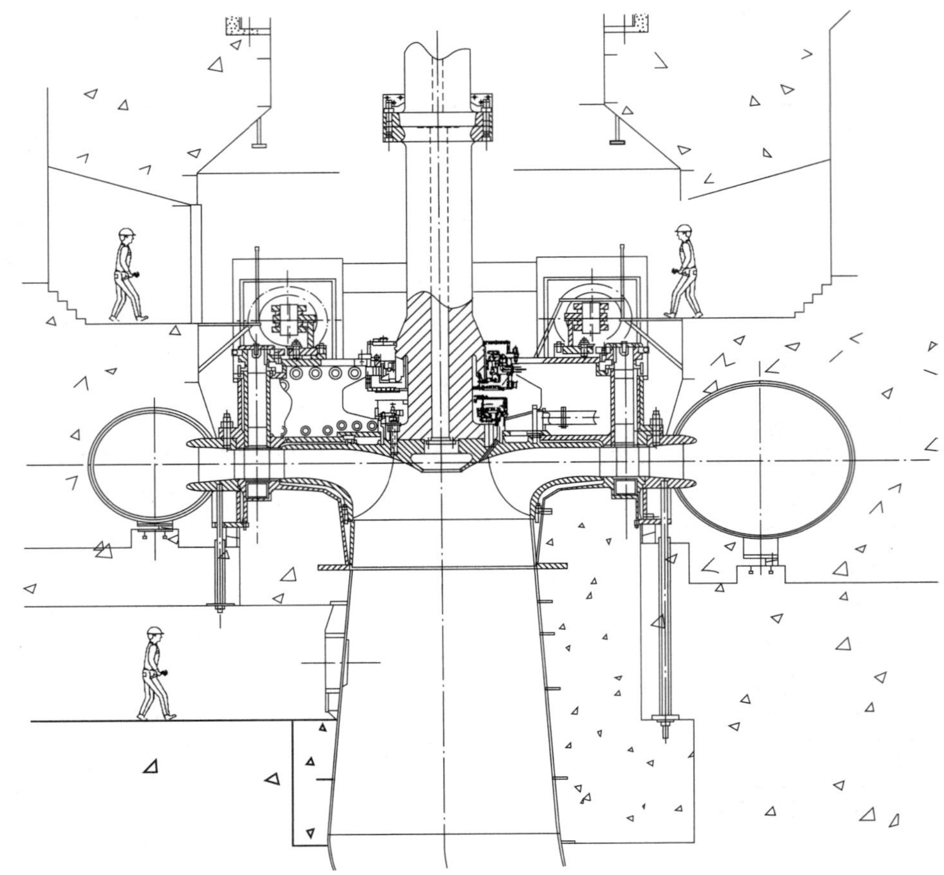

图 12－6－5　张河湾抽水蓄能电站水泵水轮机剖面图

(3) 西龙池抽水蓄能电站机组剖面图（见图 12－6－6）。

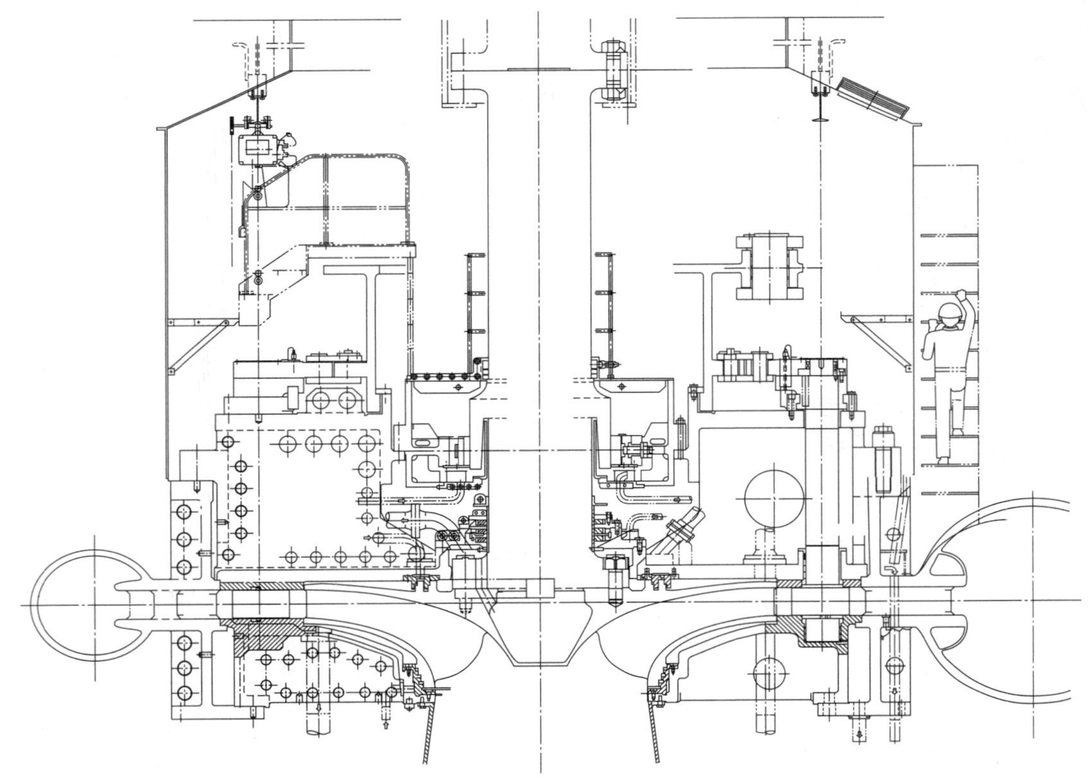

图 12－6－6　西龙池抽水蓄能电站水泵水轮机剖面图

第十三章

发电电动机

目前抽水蓄能电站采用的大容量发电电动机有转速恒定的和转速可调的两种类型。前一种类型发电电动机有功功率在电机处于发电工况时可调，处于电动工况时不可调。后一种，即可变速发电电动机是最近十几年开发的，已有葛野川等抽水蓄能电站采用。本章仅叙述转速恒定的发电电动机。

对发电电动机的选择，主要是考虑其在两种工况（发电和电动）运行的特点，以及两个方向旋转时的问题，其他问题与常规水轮发电机完全相同。

第一节 结构型式选择

一、悬式和半伞式的选择

悬式、半伞式和全伞式是立式水轮发电机组，也是立式水泵水轮机——发电电动机的三种结构形式。

全伞式机组结构只有下导轴承，机组高度比较低，由于负荷机架在转子下面，跨度也较小，从而减轻了定子和负荷机架的重量。此外，在吊转子时可不拆推力轴承，也是较悬式结构优越之处。但全伞式结构，因推力轴承尺寸大，导致轴承损耗比悬式大，更主要的是全伞式结构用在高速大容量机组时，存在运行稳定问题。与悬式比较，它更适于低转速大容量机组。国内外已建抽水蓄能电站的发电电动机转速几乎没有低于 200r/min 的，故而几乎没有采用全伞式结构的。

悬式机组结构的优点主要在于径向机械稳定性较好，轴承损耗较小，检修和维护方便。缺点是高度较全伞式的大，负荷机架跨度大、定子机座受力大，因而导致机组质量较大。悬式机组更适于高转速机组采用。国内外抽水蓄能电站 214.3r/min 以上的机组采用悬式结构的占 23%，而 600r/min 及以上机组大多采用悬式结构。

半伞式结构有两种，一种只有上导轴承，另一种上、下导轴承均有。后者较前者摆度小，径向机械稳定性好，但在高度上与悬式结构比较，优势不明显。半伞式结构设一个还是设两个导轴承，视上导和下导之间距离，与对临界转速和飞逸转速之比的要求等因素有关。

由于分段轴结构和抽屉式油冷却器的采用，半伞式结构机组吊转子时可不拆推力轴承，不吊转子检修推力轴承以及采用外循环冷却方式等便于维修的措施，使得这种结构适用范围不断扩展。国内外抽水蓄能电站，214.3r/min 以上的发电电动机组中有 72%是半伞式结构。机组转速 400～600r/min 的 34 个电站中有 22 个采用半伞式结构，只有 12 个采用悬式结构。可见在高转速大容量的发电电动机组中，半伞式结构得到日益广泛的应用。

对具体工程来说，发电电动机选择半伞式还是悬式结构，应结合机组的容量、转速、结构尺寸，综合考虑运行稳定性、检修维护方便程度、厂房高度、机组技术经济指标等多种因素经过技术经济比较后确定。此外，也可应用 $A=D_i/L_t\times n_H$（其中，D_i 为铁芯内径，L_t 为铁芯长度，n_H 为额定转速）值划分三种结构形式的适用范围作为分析时的参考。当 $A<0.025$ 时，多采用悬式结构；$A>0.025$ 时，采用半伞式结构；$A>0.05$ 时，采用全伞式结构。

图 13－1－1 和图 13－1－2 所示为悬式和半伞式发电电动机的典型结构。

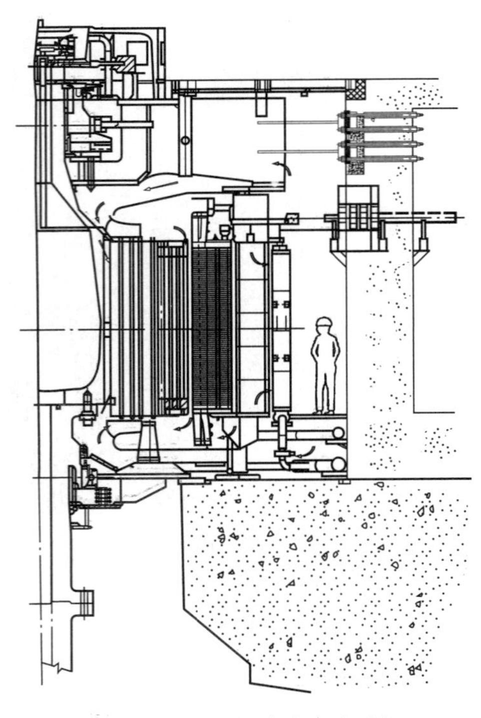

图 13－1－1　悬式发电电动机

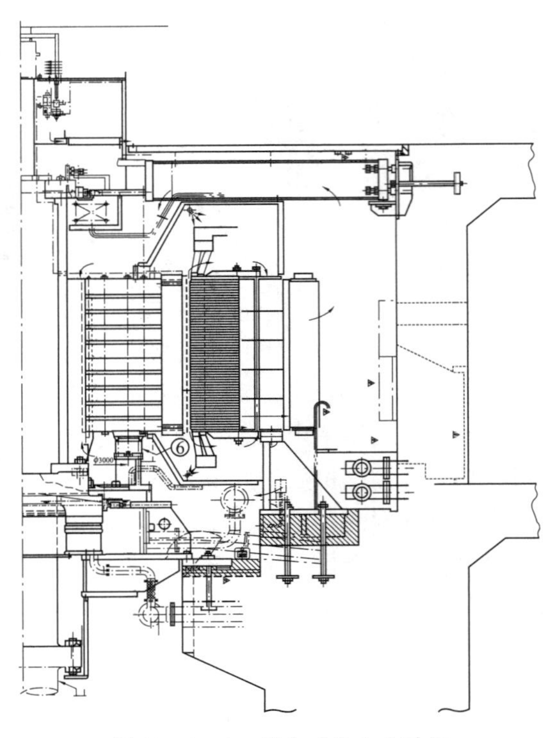

图 13－1－2　半伞式发电电动机

二、定子结构选择中的问题

（一）铁芯翘曲

使铁芯产生翘曲的力有三种，即机座对铁芯热膨胀产生反作用的径向力，转子对定子铁芯的磁拉力，以及分瓣定子铁芯合缝面由于安装拼合成整圆和铁芯热膨胀时受到的挤压力。在三种力作用下，当内部切向应力达到临界值后，铁芯冲片就会产生失稳现象，失稳后同时产生波浪形轴向变形，即所谓铁芯翘曲现象。这时会使铁芯发生强烈振动，磨损定子绕组绝缘，危及机组安全运行。

铁芯翘曲的主要原因和所采取的措施有以下几个方面。

1. 铁芯热膨胀

随着机组容量越作越大，定子铁芯直径也越来越大，铁芯和机座间温差产生的径向过盈量也大大增加，同时定子铁芯绝缘允许温升的提高又加剧了铁芯和机座间的温差，使热膨胀问题更加严重，特别是对低转速大容量机组。如直径 20m 的铁芯，温升 50℃时径向热膨胀量将达 11mm，铁芯和机座间温差如为 20℃时，半径方向的过盈量将达到 2mm 左右。这还是假定机座可自由膨胀情况下得到的，否则，过盈量更大，铁芯受到的径向力和内部切应力也更大。根据计算，若机座完全受到约束不能自由膨胀，即使铁芯压紧单位压力增加到 1MPa，铁芯仍然会发生翘曲。

为了减小热膨胀力，通常采取以下措施：

（1）减小定子机座支承铁芯结构的径向刚度，依靠支承结构的弹性变形减小机座对铁芯的反作用径向力，以适应铁芯热膨胀。如 BBC 公司和西门子公司在伊太普水电站 700MW 定子机座上采用沿径向倾斜的筋板结构。

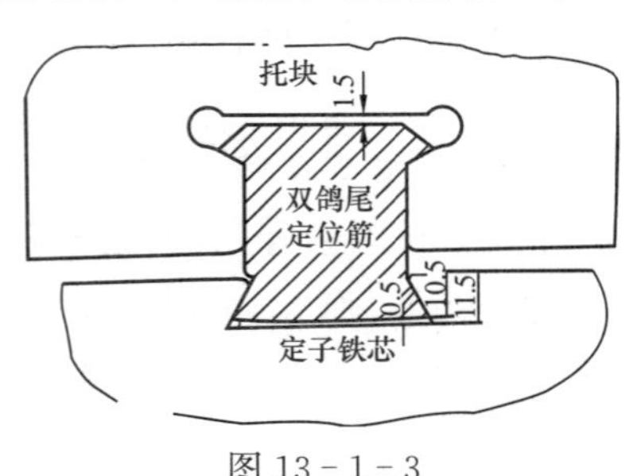

图 13－1－3

（2）增加定子铁芯径向膨胀的自由度，如国外广泛采用在托块与定位筋之间留有径向间隙，不焊，允许铁芯自由移动（见图 13－1－3）。

（3）采用无定子机座的径向和切向弹性梁结构，如西屋公司在大古力 600MW 机组上采用了这种结构。

（4）在机座和基础板之间以及机座和上机架支臂之间加径向销，不约束铁芯和机座的热膨胀。

一般来说，抽水蓄能电站的发电电动机组采用的转速较高，铁芯直径相对较小，铁芯热膨胀问题不像常规低速大容量机组那样突出，采用结构相对简单的第二种措施是比较合适的。

2. 定子铁芯的压紧程度

铁芯翘曲的临界应力

$$\sigma=584\ \sqrt{E\times h/L}\ (\mathrm{kgf/cm^2})$$

式中 h——铁芯冲片厚度，cm；

L——铁芯有效长度，cm；

E——铁芯轴向有效弹性模数，E 值大小和铁芯单位面积受到的压力有关，即和铁芯的压紧程度有关，$\mathrm{kgf/cm^2}$。

据计算，即使机座热膨胀不受约束，当铁芯单位面积受的压力下降到 $2\mathrm{kgf/cm^2}$ 时定子铁芯也会产生翘曲。因此，施加一定压力使铁芯压紧到一定程度，并在长期运行中维持这种压紧程度，是使铁芯不产生翘曲的必要措施之一。

3. 定子铁芯分瓣

分瓣定子铁芯在装配和运行时，合缝面受到的挤压力会助长翘曲的形成。采取定子在现场整圆装压下线也是防止铁芯翘曲的措施之一。

目前国内外一些厂家已经采用程序计算方法对定子铁芯的翘曲问题进行评估，如阿尔斯通公司采用 Buckling Safety Factor 计算方法利用 MECHDES 程序，计算呼和浩特抽水蓄能电站发电电动机机组热膨胀力，根据计算，铁芯中产生的切向拉应力为 10.3MPa，而铁芯的临界应力为 65MPa，安全系数等于 6.31，大于允许的安全系数 5，满足翘曲稳定性要求。

（二）防止铁芯松动和减少铁芯振动

影响铁芯压紧程度，产生铁芯松动，引起振动有以下多种因素：

（1）铁芯叠装时每层冲片错位。

（2）冲片两面绝缘漆在冷、热状态下的压缩。

（3）冲片毛刺。

（4）冲片厚度不均匀。

（5）冲片平面度。

（6）压紧螺栓、齿压板等铁芯夹紧件的结构、尺寸和材质等。

（7）设计压力。

（8）安装时加压过程。

（9）定子分瓣。

（10）磁振动，即由于分数槽绕组磁势次谐波引起的磁振动。

（11）长期运行时的冲击，包括启动、停机、振动、温度变化、负荷变化、并网、短路故障、工况转换等。

防止铁芯松动和减小铁芯振动的措施如下：

（1）尽量不采用定子分瓣结构。如前所述，定子铁芯分瓣会助长铁芯翘曲，同时，由于合缝处附近固定条件较差，受力后容易产生变形和振动，甚至损坏。近一二十年，低速大容量水轮发电机几乎都采用现场整圆叠压定子铁芯，虽然大多数抽水蓄能机组定子铁芯直径较小，但因转速高、振动大、启动频繁和工况转换多，也应采用现场整圆叠压的定子铁芯。国内已建和在建的抽水蓄能电站的机组除十三陵 200MW 机组外，定子铁芯都采用了现场整圆叠压结构。

（2）提高铁芯装压质量。铁芯装压紧度可用叠压系数 $k=l_{ef}/l_t$（l_{ef}为铁芯有效长度，l_t 为铁芯净长度）来衡量。叠压系数一般取 0.95。它与冲片厚度的不均匀性、冲片表面情况、毛刺情况、绝缘漆类型有关，也和压紧部件结构、压力大小、预压方法及次数等因素有关。通常采用以下方法保证铁芯压紧质量。

1）改进压紧方法。1MPa 铁芯装压压力已足以防止铁芯松动，但考虑到压装时还有摩擦力需要克服，运行时的绝缘漆老化收缩，使片间压力减小情况，在实际装压时，一般需将压力提高到 1.2～1.8MPa。

但压力不能过高，否则会使绝缘漆或冲片受损。铁芯越长，摩擦力越大，需要分段加压。具体机组分段高度和预压次数各厂家有所不同，用户应按厂家规定进行操作。无厂家规定时，表 13-1-1 所列数值可供参考。考虑到铁芯在运行中会产生松动，对铁芯，特别是长铁芯，应采用分段冷压，最终整体热压，并在铁损试验后热状态下再次压紧。另外，在预压和最后压紧时应用力矩扳手控制压紧力，以保证铁芯受力均匀。

表 13-1-1　预压次数和铁芯长度关系

铁芯长度 l（mm）	$l \leqslant 1000$	$1000 < l \leqslant 1600$	$1600 < l \leqslant 2200$	$2200 < l$
预压次数	1～2	2～3	3～4	4～5

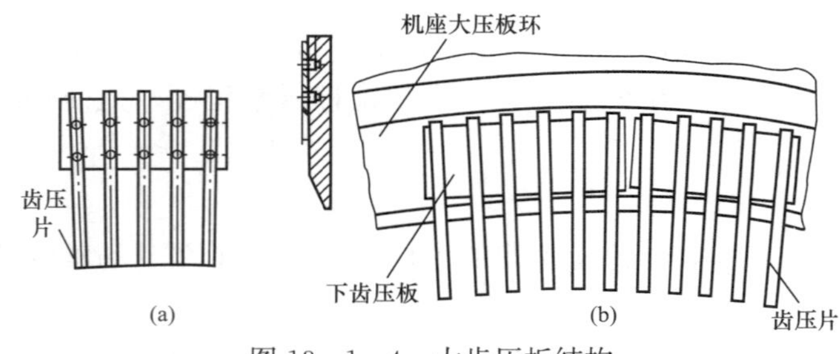

图 13-1-4　大齿压板结构
(a) 将齿压片铆在矩形钢板上，组成下齿压板；
(b) 将下齿压板搭焊于机座大压板环上

2）改进压紧部件结构。

a. 机座采用下端为大齿压板的结构。齿压板布置有两种结构，一种是上、下端均采用小齿压板结构；另一种是上端为小齿压板，下端为与机座一体的环形大压板结构（见图 13-1-4），下齿压板直接焊在机座大环形板上。后者刚度大，可提高铁芯叠压质量。但现场调平、打磨工作量大，对安装进度可能产生影响。

b. 采用穿芯螺栓。为了更好地压紧铁芯，使压力达到设计值，可采用穿芯螺栓或拉紧螺栓与穿芯螺栓相结合的办法（见图 13-1-5）。

c. 采用蝶形弹簧（见图 13-1-6）。在拉紧螺杆和穿芯螺栓上加装蝶形弹簧，利用碟形弹簧的压缩量和拉紧螺杆或穿芯螺杆的伸长量补偿铁芯收缩，从而保证铁芯在长期运行后不会松动。

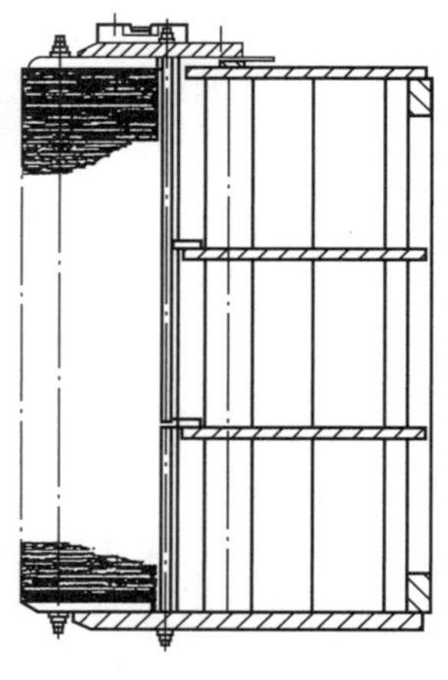

图 13-1-5　穿芯螺栓

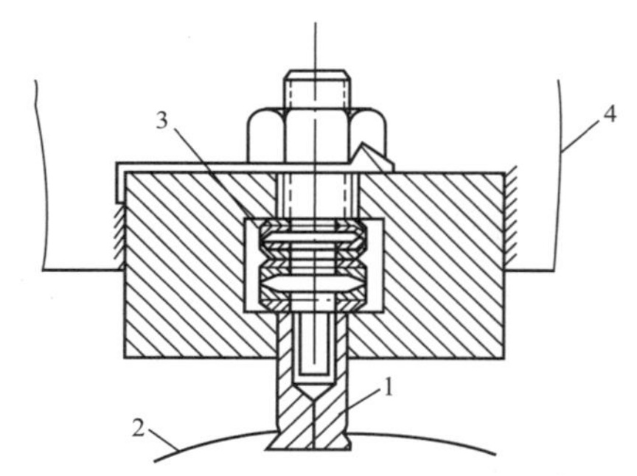

图 13-1-6　弹性铁芯结构
1—鸽尾筋；2—定子铁芯；3—蝶形弹簧；4—机座

d. 铁芯上、下两端采用黏结结构。为防止铁芯首、末段齿部的振动和增强刚度，国内厂家在首、末段采用 F 级环氧胶黏结结构。

（三）定子绕组结构

绕组的绝缘结构和性能、绕组的固定结构、绕组的电晕和电腐蚀，以及绕组的环流是定子绕组结构中的几个主要问题。

1. 绕组主绝缘体系

大中型水轮发电机和发电电动机定子线棒的主绝缘，国内大多采用多胶粉云母带连续缠绕多层，外包防晕结构，并加热模压固化一次成型，简称为多胶模压体系。该体系于 20 世纪 80 年代开发，经运行和不断改进，已广泛应用到天生桥、隔河岩、水口、五强溪、二滩、三峡等大型电站机组上。

国外阿尔斯通、西门子、ABB 等厂家采用的是少胶粉母带和 VPI 工艺，简称少胶 VPI 体系。国内有的厂家已引进该体系和设备，如东方电机厂。该厂介绍的两种体系结构和性能对比情况见表 13-1-2～

表 13-1-5。

表 13-1-2　　绝　缘　组　分

体　系	少胶 VPI 体系	多胶模压体系
云母含量（%）	59～65	42～46
树脂含量（%）	27～32	31～38
玻璃补强（%）	8.5～9	21～23

表 13-1-3　　电　气　性　能

体　系		少胶 VPI 体系	多胶模压体系
工作场强（kV/mm）		3	2.51
介质损耗（4kV，%）		0.6	1
介电常数	23℃	4.6	4.5
	155℃	5	
介质损耗增量（%）		≤0.02	0.25
绝缘电阻率（Ω·m）		$>1\times10^{14}$	
三倍电老化寿命（h）		>200	80
击穿场强（kV/mm）		30～40	20～28

表 13-1-4　　热　性　能

体　系		少胶 VPI 体系	多胶模压体系
耐热指数 *TI*（℃）	热失重法	163	157
	抗弯法	170	
导热系数（W/m·K）		0.265	0.22
玻璃化转变温度 T_g（℃）		130	86
热膨胀系数（$\times10^{-6}$）		8～10	10
热容（J/g℃）		0.88	

表 13-1-5　　机　械　性　能

体　系	少胶 VPI 体系	多胶模压体系
RT 弯曲强度（MPa）	297	271
RT 弯曲模量（MPa）	50900	70000
155℃弯曲强度（MPa）	94	76
RT 抗张强度（MPa）	295	277
155℃抗张强度（MPa）	183	

2. 绕组防晕

由于电晕会逐渐腐蚀电机的主绝缘，从而影响电机安全运行和寿命，因此需要采取防晕措施。随着单机容量的不断增大，伴随着额定电压不断提高，使得防晕问题日益突出。

（1）防晕结构的成型工艺。对多胶模压体系防晕结构的成型工艺，有涂刷型和一次成型两种。涂刷型工艺是在主绝缘固化成型后，在表面直接涂刷半导体防晕漆并在室温下固化成型。缺点是污染环境和有害操作人员身体健康。一次成型工艺，是在主绝缘固化成形前在主绝缘外包绕半导体防晕带，然后与主绝缘一起模压或浸渍固化成型。其优点是加工时间短，不污染环境，对操作人员健康危害小。缺点是如采用半固化型半导体防晕带，在固化成型过程中主绝缘的胶会浸入防晕层，改变防晕结构参数。两种结构国内各厂都有采用，但一次成型用的较多，而且也是发展方向。涂刷型工艺用于现场检修则更方便、灵活。对少胶 VPI 体系中的整浸线圈，只能采取一次成型工艺，而对非整浸的线圈可采用涂刷型或一次成型工艺。如西屋公司主绝缘为非整浸型少胶 VIP 体系，防晕结构成型工艺采用的就是涂刷型。

（2）对防晕结构的要求。

1）槽部。

a. 对防晕层材料，要求其具有合适、稳定的线性电阻值，阻值太大和太小都不好。太大，防晕层表面电位和电位梯度高，容易产生电晕和对铁芯放电；太小，则会使防晕层电流增大或铁芯短路，从而过热，危害铁芯和线圈。我国规定电阻值为 $1\times10^2\sim1\times10^5\Omega$，西屋公司规定为 $2\times10^2\sim1\times10^5\Omega$。

b. 防晕层和主绝缘的性能、参数互不影响，且有良好的相容性。

c. 防晕层应具有良好的渗透性，有利于胶浸入主绝缘和主绝缘中气体的排出。

d. 应与铁芯接触良好，尽量增加接触点和减小接触点之间的距离。为此，可在线棒和槽壁之间垫半导体层压板，在槽底垫半导体层压板或半导体浸渍涤纶毡等。这些措施对线棒还有机械固定作用。

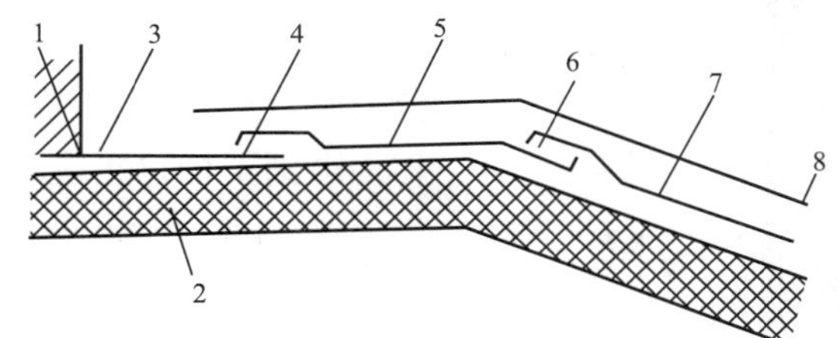

图 13-1-7　定子线圈端部防晕结构示意图

1—定子铁芯；2—定子线圈；3—低阻层；4—中低阻搭接层；5—中阻层；6—中高阻搭接层；7—离阻层；8—附加绝缘及覆盖漆

2）端部。

a. 应有效地均匀端部电场，在一定电压下不起晕和在耐压试验中不放电，不过热。为此，应采用多级防晕结构，包括槽部防晕层的延伸，即低阻层（见图 13-1-7）。

b. 防晕结构电阻率是非线性的，其各级参数和各级防晕层长度可通过计算程序或试验方法确定，表 13-1-6 可作参考。

表 13-1-6　防晕层特性参数

额定电压（kV）	防晕层	线性电阻率（Ω·cm）	非线性电阻系数（cm/kV）	防晕层长度（mm）
13.8	低电阻层	$1\times10^{3}\sim1\times10^{5}$	0	90
	中低阻搭接层			20
	中阻层	$1\times10^{7}\sim1\times10^{9}$	1.0～1.2	190
15.75	低电阻层	$1\times10^{3}\sim1\times10^{5}$	0	120～180
	中低阻搭接层			20
	中阻层	$1\times10^{7}\sim1\times10^{9}$	1.0～1.2	190
18	低阻层	$1\times10^{3}\sim1\times10^{5}$	0	130～180
	中低阻搭接层			20
	中阻层	$1\times10^{7}\sim1\times10^{9}$	1.0～1.2	250
20	低阻层	$1\times10^{3}\sim1\times10^{5}$	0	240～380
	中低阻搭接层			20
	中阻层	$1\times10^{6}\sim1\times10^{7}$	1.0～1.1	130
	中高阻搭接层			20
	高阻层	$1\times10^{8}\sim1\times10^{9}$	1.2～1.3	170

注　1. 采用一次成型工艺且使用半固化型半导体防晕带时，应考虑主绝缘和各级之间参数互相影响的问题。
2. 防晕层外还应有两层即附加绝缘和覆盖漆，其作用是利用二者介电常数比主绝缘低以降低附近空气中的场强，从而提高起晕电压。其次，二者的耐电晕、耐电弧和防晕性都好于半导体防晕层。另外，覆盖漆还可覆盖 SiC（调整非线性用）在场致发光下所产生的“青光”即“假电晕”现象。

3. 几种绕组固定结构

（1）槽部固定结构。

1）在槽楔下采用弹性波纹板进行径向固定。

2）在线棒表面涂半导体硅橡胶等适形材料，使线棒在槽内可适形固定。

3）在线棒和槽壁及槽底之间采用注入硅胶固定。

4）在线棒和槽之间加半导体槽衬。

5）层间采用涂半导体层的高强度层板进行轴向固定。

6）采用带斜楔的双槽楔。

采用上述（或其他）哪些固定结构，视不同厂家而定。但应要求固定结构能消除绕组在长期运行后出现松动和下沉现象。图 13-1-8 所示为典型固定结构之一。

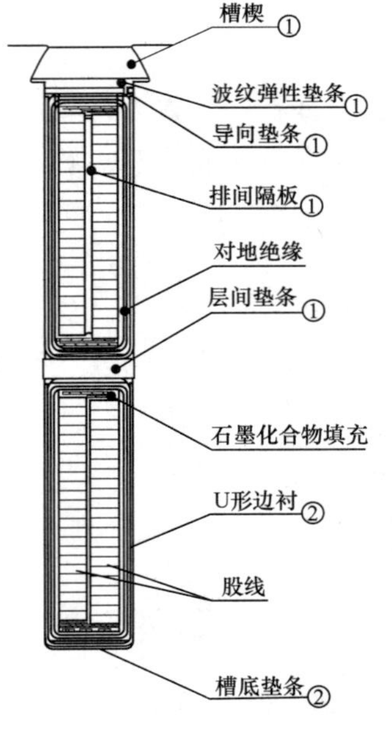

图 13-1-8　固定结构
①—环氧玻形纤维；②—石墨毡垫

（2）端部固定结构。采用绑扎带固定结构，绑扎带经涂环氧树脂固化。线圈端部用绑扎带绑扎在端箍上，在槽口处设热胀型槽口垫块和防止线圈下沉结构（由于振动和线圈自重产生的轴向力导致线圈下沉），在斜边处设热胀型斜边垫块。此外，在固定结构中，还采用涤沦毡或上胶涤沦毡等适形材料，垫在线圈和结构件之间。国外有的厂家采用内部充满玻璃丝的硅化胶管代替玻璃丝，绑扎后再注入树脂胶使胶管膨胀、固化后使其联成一体，取消了槽口垫块和斜边垫块。

4. 换位方法的改进

由于多股导线组成的定子线圈各股导线在槽高方向所占位置不同，它们与横向槽磁通交链情况不同，产生的感应电势也不同，出现股线间的电势差，通过端部连接以后产生了环流。采取罗贝耳换位（360°换位），可消除这些环流。但通常线圈在铁芯两端出槽口一段直线段不换位，由于这段股线与转子相对径向位置不变，各股线与定子端部横向及径向漏磁通交链不同，股线间有电势差，因而产生了环流。且漏磁场横向和径向分量在各股线中所产生的电势在回路是叠加的，因而股线间出现相当大的环流，引起股线附加铜损，以致股线过热，绝缘加速老化。而在槽部罗贝耳换位不能解决铁芯两端线圈各股线间的磁不平衡问题。有的厂家采用了以下换位方法，以消除这种环流。

（1）线圈在槽部采用小于360°的不完全换位。

（2）线圈在槽部和出槽口两端的直线部分都采用360°换位，即所谓加长换位。

（3）线圈在槽部采用360°加一段空换位。

三、转子结构选择中的问题

（一）转子支架型式

转子支架主要有四种形式：①中心体通过合缝板与几条支臂（工字形或盒形）相连接的辐射式结构。这种接构水平弯曲刚度小，磁轭浮动时在单边磁拉力和机械不平衡力作用下，可能使磁轭脱离中心，因此，采用这种结构必须进行热打键。②圆盘式结构，它的优点是水平刚度大，使得转子不易偏心，可不进行热打键，允许磁轭在运行中浮动。另外，通风损耗小也是其优点。③中心体和短支臂为一体铸造结构，如十三陵电站机组（见图13-1-9）。④轴和转子支架合为一体的瓶形轴结构，如惠州、宝泉、呼和浩特电站机组（见图13-1-10）。

转子支架结构型式应根据机组容量、转速、尺寸和运输条件，并接合机组受力计算结果来选择，不同转子支架结构适应受力的情况不同。如在支架刚度问题上，工字形支臂转子支架在轴向、径向、切向刚度上，比圆盘式支架都小，但不能说圆盘式结构就比支臂式的好，因为转子支架要求的径向刚度不是越大越好，而是适中，也就是说需要的是轴切向刚度大，径向刚度相对小一点的转子支架。因此采用哪种支架好，或者说哪种支架更合适，还要针对具体机组进行具体分析。比如，定性来说，对转速500r/min，300MW机组，采用短支臂整体铸造式结构可能比较合适。

（二）磁轭

1. 磁轭结构型式和材料

磁轭是转子主要受力部件，按飞逸转速下的计算应力不大于材料屈服应力的74%设计。

磁轭结构型式主要有叠片式和环板式两种（见图13-1-11）。前者需要采取结构措施保证其整体

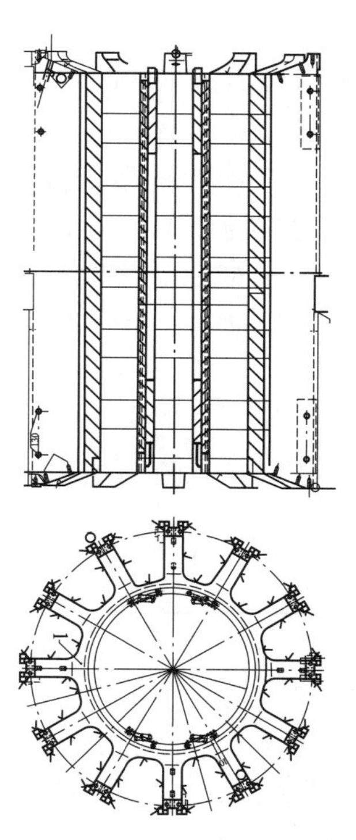
图13-1-9　中心体和短支臂一体铸造的转子支架

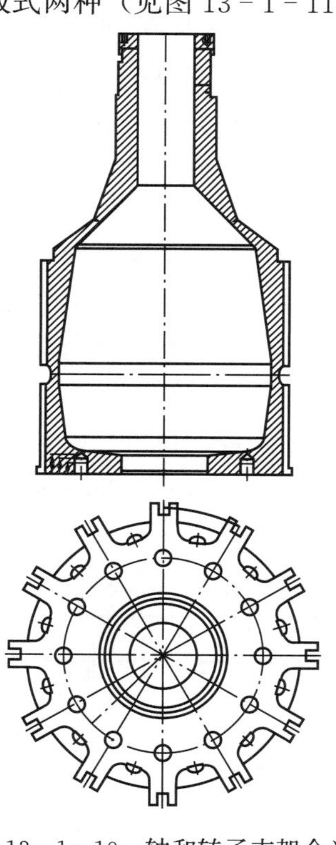
图13-1-10　轴和转子支架合为一体的瓶形轴转子支架

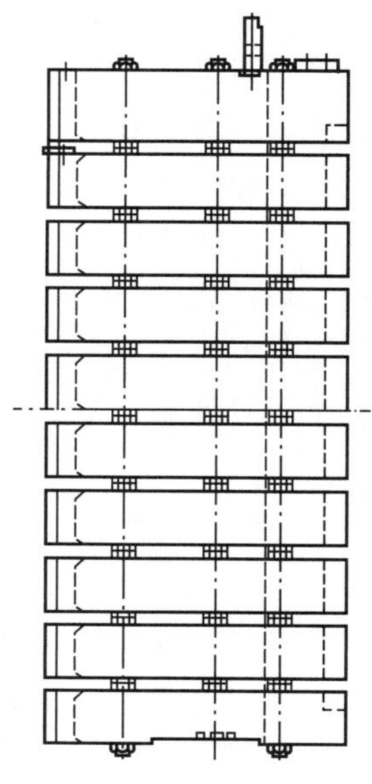
图13-1-11

性、同心性和圆度，且现场叠片工作量大；后者，正相反。另外，选择时还应考虑二者允许选用的最大周速值、磁极固定方式以及所用材料的屈服点。对此，表 13-1-7 可供参考。

表 13-1-7

结构型式	磁极固定方式	材料屈服点（MPa）	允许的最大圆周速度（m/s）
叠 片 式	T 尾或鸽尾	350～480	130～160
环 板 式	T 尾或鸽尾，梳齿结构	300～360	140～170

2. 扇形叠片磁轭装配结构的几个问题

（1）气隙监测器的应用。在中低速大容量机组上，由于采用高强度合金钢板，使磁轭的弹性变形增加，而定子铁芯内径则因热膨胀增大，转子和定子的径向变形将会使气隙发生变化，从而影响机组运行特性的变化，严重时甚至可能导致事故发生。因此，需要在中低速大容量机组上安装气隙监测器，而对高转速大容量的发电电动机，要视机组容量、转速、结构和尺寸等具体情况而定。

（2）磁轭叠片方式选择。磁轭的质量占发电电动机总质量的 20%～30%，选择不同的叠片方式对磁轭的质量、应力和拉紧螺杆的受力，磁轭的整体性都有直接的影响。另外，因为层间间隙的存在，使磁轭整体性变差，断面应力增大。而不同的叠片方式，应力的增大值是不同的，因此，在磁轭径向宽度已定情况下，叠片方式如果选择不当，有可能使磁轭的应力超过允许值，这时，就不得不将磁轭径向宽度尺寸加大（增大磁轭质量）或者改用高强度钢板（增加成本）。通常采用的叠片方式主要有以下四种型式：

1）层间按固定某一种错位极距的叠片方式。这种方式又分层间相错 1 个极距、1/2 个极距和 1+1/2 个极距三种。1/2 极距叠法，磁轭纵断面的平均拉应力较一个极距叠法小，但拉紧螺杆所受的剪应力却大一倍，因为每张冲片平均切应力仅由 1/2 个极距内的螺杆承受。冲片的拉应力与 1/2 极距叠法相同，但螺杆的剪应力减小了 1/3，片间接触面积增大了两倍，从而使磁轭整体性提高。

2）双向反复叠片方式。冲片先按一个方向错开一定极距叠片，叠几层后改向另一方向叠片。接缝先一个方向错位，几层以后改向另一个方向错位，这有助于提高磁轭的整体性。

3）变极距错位叠片方式。层间交替采用两种错开不同极距的叠片方式，借此减小应力，增大片间接触面积和增加磁轭整体性。变极距和双向反复叠片两种方式结合使用能获得最理想的效果。

4）复合冲片叠片方式。为了增加接缝处形成通风隙面积，改善机组通风，一些国外厂家采用几张冲片组合在一起叠的方式，这样，如果三张 3mm 一起叠，就可形成 9mm 的通风隙。

对具体机组的磁轭采用哪种叠片方式，要结合机组容量、转速、磁轭尺寸、磁轭片间切向力的承受方式、磁轭与转子支架的连接结构和分离转速等因素并根据计算结果而定。关于磁轭片间切向力的承受方式，目前，大多数厂家设计时，仍按由拉紧螺杆的剪应力承受计算，这要求拉紧螺杆的孔和螺杆配合紧密，为此，厂家应提供拉刀和预压拉杆，供安装时使用。但国外也有的厂家按拉紧螺杆不承受剪应力设计，螺杆和孔之间留有空隙，所以不需要拉孔和预压螺杆，但要求对磁轭压紧力高，螺杆强度高、直径小、数量多，磁轭的整体性完全依靠冲片间的摩擦力来保持。因此，叠片时需要选择合适的叠片方式，加大层间接触面积。

（三）磁轭与转子支架之间固定结构方式的选择

选择磁轭与转子支架之间的固定结构方式，也可以说是紧量选择或分离转速取值问题，对此，各国有不同的设计原则，见表 13-1-8。

表 13-1-8　分离转速取值

分离转速	等于分离转速时磁轭与转子支架分离情况	采用国家	备　注
1.4～1.5n_H	磁轭与支架开始完全分离	俄罗斯、日本、中国等	
≥1.0n_H		德国、美国、瑞士、中国等	
0	启动后磁轭即处于径向浮动	瑞典、日本、加拿大等	浮动式转子

采用浮动式转子，在结构上必须采取措施保持转子的同心性、整体性和圆度。浮动式转子的优点是可以在不吊出磁轭和磁极的情况下，吊出转子支架和轴，便于装拆半伞式机组的推力轴承，并且可

减小天车吨位和起吊高度，以及厂房高度。同时，由于不需要热打键，转子支架受力情况得到改善，安装工作量也大为减少。加拿大GE公司设计的美国大古力水电站600MW机组采用浮动式转子结构，由于在保持整体性、同心性和圆度上未采取相应措施和磁轭与磁极联结处采用了未限制磁轭冲片切向滑移的结构，结果发生了转子与定子相碰的重大事故。但不能因此否定浮动式转子的应用。大古力机组发生事故的根本原因，主要在于未满足采用浮动式转子的必要前提条件，即必须采取保证转子在运行时（包括正常和非正常运行以及飞逸时）的整体性、同心性和圆度。但低速大容量，特别是特大容量机组，要满足这个前提条件比较困难。而对高转速大容量机组，由于转子质量和直径较小，相对比较容易。因此，国外不少蓄能机组采用浮动式转子，国内天荒坪、西龙池、宜兴等抽水蓄能电站机组采用的也是浮动式转子。

（四）磁极绕组和阻尼组结构选择中的几个问题

1. 磁极固定方式

磁极一般采用T尾或鸽尾固定在磁轭上，根据容量和转速选择单尾或多尾。对强度要求很高的高速机组可采用极身和磁轭铸（锻）成一体，极靴和极身采用梳齿形配合结构，可承受较高离心力。

2. 磁极绕组结构

目前国内外厂家采用的绕组铜排有两种，一种是用矩形和五边形或七边形铜排，但五边形现已用的很少，因其绕制时会引起线圈内侧圆弧转角凸起，需打磨。七边形散热表面积比矩形大1.8～2倍，得到广泛应用。

绕组除绕制外也可由四根直铜排拼焊而成一匝，匝匝连接起来构成绕组，匝与匝之间有绝缘。可采用不等宽度的矩形铜排交错排列，形成有凸出线匝的磁极绕组以增大散热面积，如图13-1-12所示。

3. 磁极绕组固定

为了防止转子旋转时产生的离心力侧向分力导致线圈产生有害变形，对线圈需采取径向固定措施，常用的有撑块结构和围带结构。前者简单，后者比较复杂，但可在不吊出转子情况下吊出磁极，检查磁极线圈或定子线圈。

还有一种结构，就是采用向心式磁极，即极身采用宽度不等的磁极冲片，两个侧面是向心的，在离心力作用下线圈根本不产生侧向分力，从而取消了侧向固定结构如图13-1-13所示。

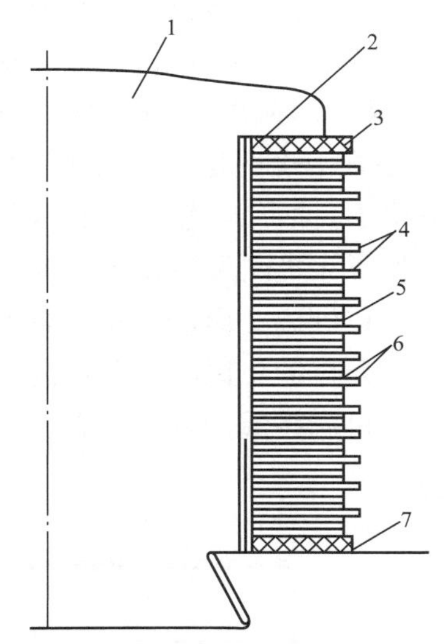

图13-1-12　有凸出线匝的磁极线圈

1—磁极铁芯；2—极身绝缘；3—上托板；4—凸出的线匝；5—一般线匝；6—匝间绝缘；7—下托板

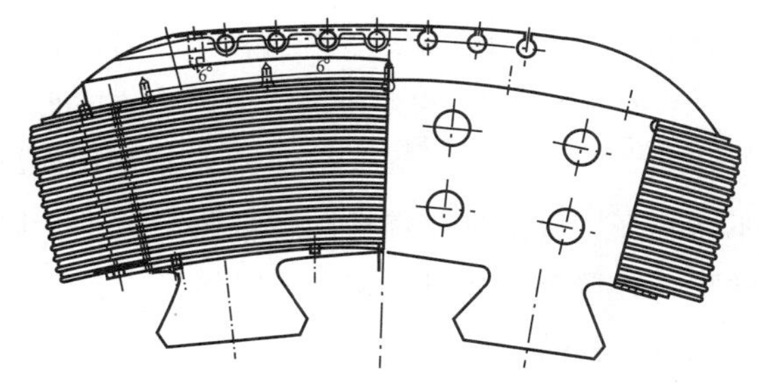
图13-1-13

4. 阻尼线圈固定结构

阻尼环固定方式有点三种，采用销钉固定在磁极压板上（见图13-1-14）和用磁极压板凸台固定（见图13-1-15）。可用$B=D_i n_r/2P$（其中，D_i为定子铁芯内径，mm；n_r为飞逸转速；$2P$为磁极数）大致确定采用哪种方式，$B<0.6\times10^9$时，阻尼环不需要加固；$0.6\times10^9<B<2.1\times10^9$时可采用销钉固定；$B>2.1\times10^9$时采用压板凸台固定。对高速机组，阻尼环伸出端可利用拉杆固定（见图13-1-16），具体机组采用哪种方式还要通过详细计算确定。

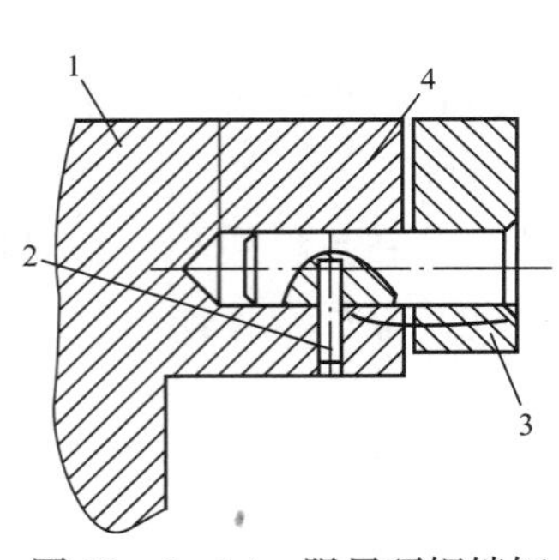

图 13-1-14　阻尼环钢销钉

1—钢销钉；2—固定销；3—阻尼环；4—磁极压板

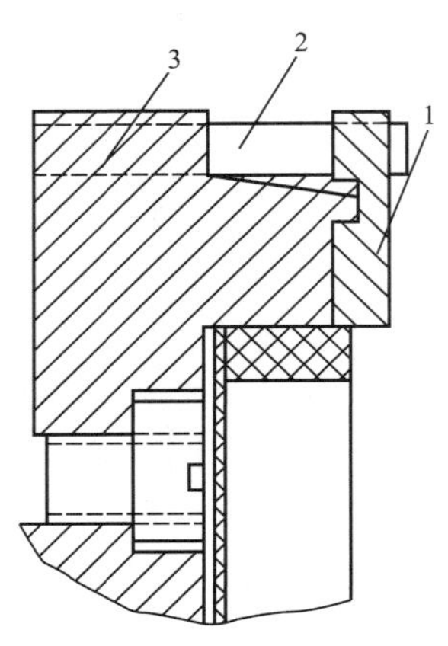

图 13-1-15　阻尼环用磁极压板凸台固定

1—阻尼环；2—阻尼条；3—磁极压板

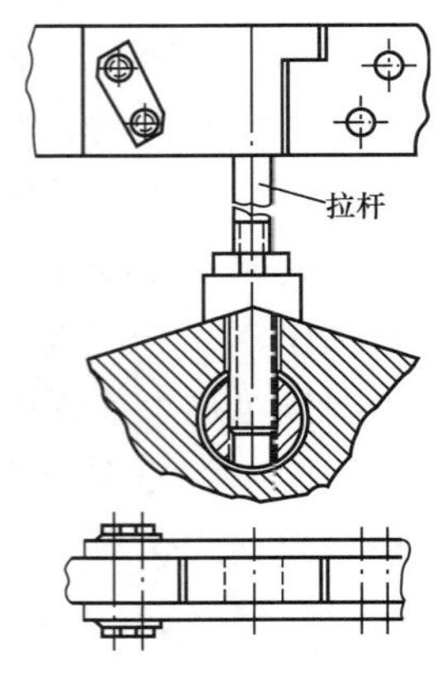

图 13-1-16　阻尼环拉杆结构

四、推力轴承

设计发电电动机的推力轴承时，主要考虑的问题有：

(1) 减小轴瓦的力变形和热变形对轴承性能和承载能力的影响。因为，轴承瓦垂直荷载产生的力变形和滑动摩擦引起的热变形，可能会超过油膜厚度，从而大大降低轴承性能。这对大容量、高转速推力轴承尤为重要。

(2) 瓦和瓦的支承结构应使机组在两个方向旋转时具有相同的特性，油膜均易形成，且在运行中保持油膜厚度和温度，并使每块瓦的受力均衡。

(3) 选择良好的油循环冷却方式，防止瓦过热和最高油膜温度超限，同时减少总的轴承损耗。

(一) 瓦的型式选择

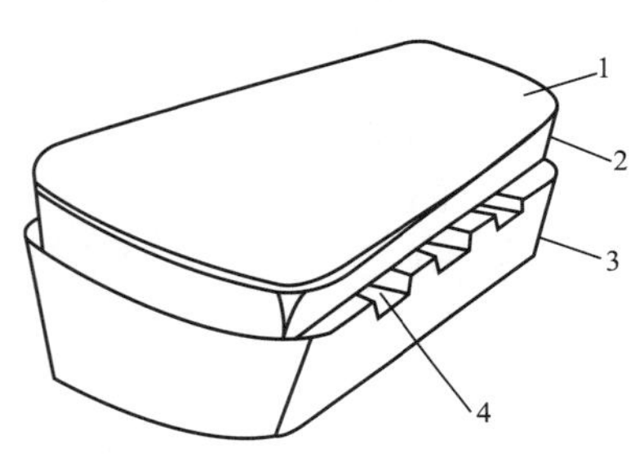

图 13-1-17　双层轴瓦

1—乌金瓦面；2—上层轴瓦；3—托瓦；4—冷却油槽

瓦的型式主要有两种，即巴氏钨金瓦和塑料瓦。钨金瓦常用的有普通瓦和双层瓦两种结构。普通瓦为 60～120mm 钢胚上加工出鸽尾槽，上面浇注巴氏合金而成；双层瓦采用 50mm 左右的推力瓦(薄瓦)和托瓦组成，薄瓦沿厚度方向温度变化小、热变形小，托瓦刚度大、机械变形小，双层瓦适用于瓦的尺寸较大，润滑参数较高的推力轴承。有的厂家在钢托瓦和薄瓦之间又增设了冷却沟(见图 13-1-17)，进一步减少了热变形和机械变形，因而提高了轴承承载能力，降低了轴承温升。与巴氏合金瓦相比，塑料瓦具有很多优点，如许用面压力和温度大，瓦温和损耗低，运行可靠性高；安装时，不需刮瓦，机组盘车容易；干摩擦系数小，启动阻力小，不需设高压油顶起装置等。塑料瓦在常规机组已得到广泛应用，在发电电动机上采用也仅是时间问题。

(二) 选择支撑结构

1. 刚性支撑

推力轴承由支柱螺钉支承，安装时各瓦面不易调到同一水平，各瓦受力也不易调匀，且调整工作量较大。在运行时，刚性支撑不能均衡各瓦的负荷。但这种支撑结构简单，适用于中小容量机组(见图 13-1-18)。

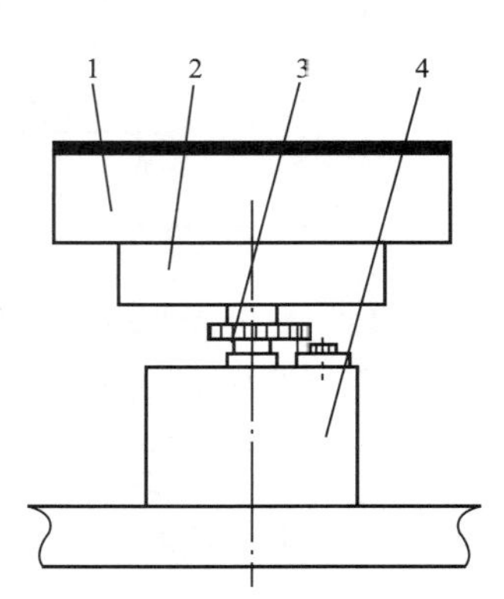

图 13-1-18　刚性支撑(在中小容量机组)

1—推力瓦；2—托盘；3—支柱；4—支柱座

随着调整轴瓦受力技术的改进和弹性推力头，增大托盘柔度，加强瓦的冷却等措施的采用，使刚性支撑结构也可应用到大容量机组上(图 13-1-19)。

常用的刚性支撑结构有支柱螺钉支撑、平衡块支撑、平衡梁支撑（见图 13－1－20）等型式。过去，国内和前苏联多采用单点支撑的球头支柱螺钉支撑结构，后来发展平衡块支撑和平衡梁支撑，利用杠杆原理传递不平衡力，使各瓦负荷达到均衡。但结构复杂，需现场调整和刮瓦，安装检修不方便。

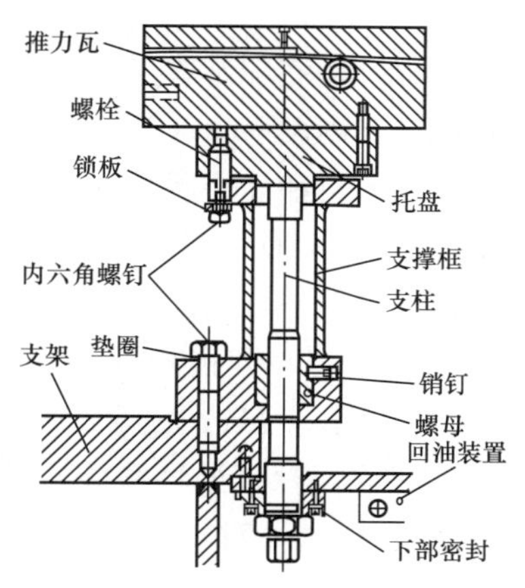

图 13－1－19　刚性支撑（在大容量机组）

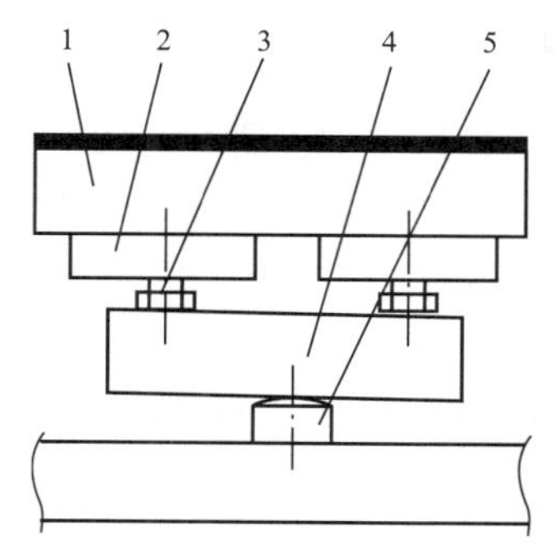

图 13－1－20　平衡梁支撑

1—推力瓦；2—托盘；3—支柱；4—平衡梁；5—平衡梁支柱

此外，单点支撑易使瓦产生机械变形，限制了瓦面积的增加，因而迫使设计者选择较大的平均面压（p）值，使最小油膜厚度减小，从而导致轴承运行可靠性降低。

2. 弹性支撑

弹性支撑可使各瓦受力自动均衡。同时结构简单，维护方便，不需要现场进行受力调整和刮瓦。常用的弹性支撑结构有弹性油箱支撑（见图 13－1－21）、弹性（橡胶）垫支撑（见图 13－1－22）、弹性圆盘支撑（见图 13－1－23）、弹簧簇支撑（见图 13－1－24）等。依支撑点和瓦的接触面积又分为点支撑和面支撑（包括局部面支撑）。面支撑结构对瓦的尺寸限制不大，因此，可使设计者选择较低的 p 值。但弹性圆盘支承等局部面支承，对瓦的长宽比有一定要求，一般为 0.7～1.0。这限制了它在巨型推力轴承上的使用（长宽比往往小于 0.7）。一般而言，如 $p \leqslant 4\text{MPa}$ 时，可选择弹簧簇等面支承结构。

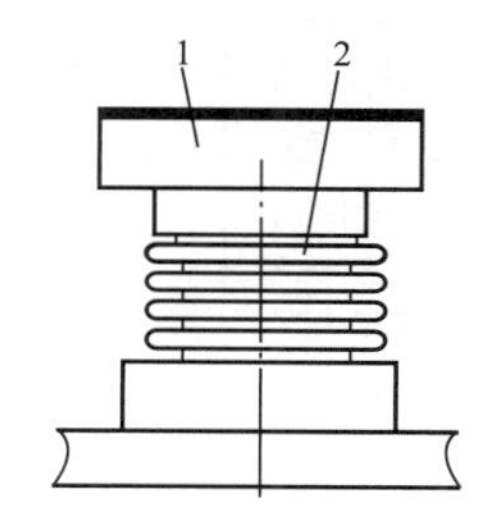

图 13－1－21　弹性油箱支撑

1—推力瓦；2—弹性油箱支撑

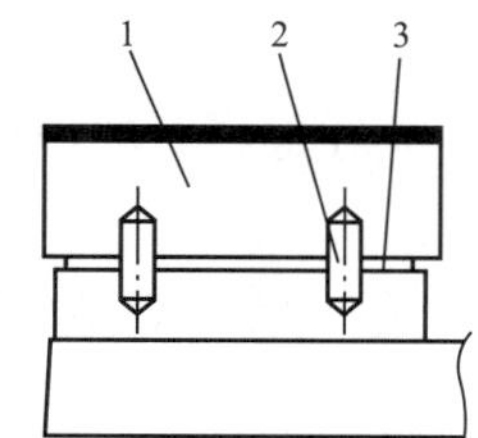

图 13－1－22　弹性橡胶垫支撑

1—推力瓦；2—定位销；3—弹性橡胶垫

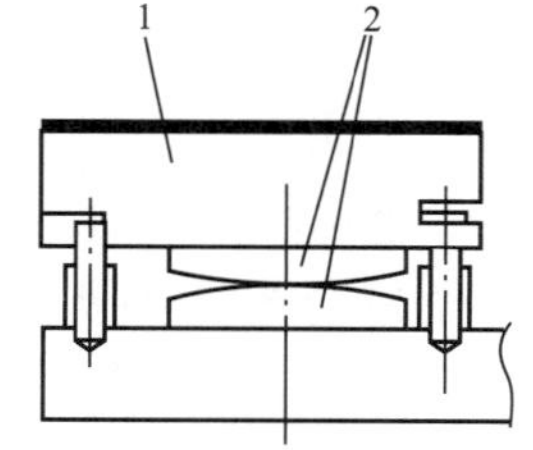

图 13－1－23　弹性圆盘支撑

1—推力瓦；2—弹性圆盘

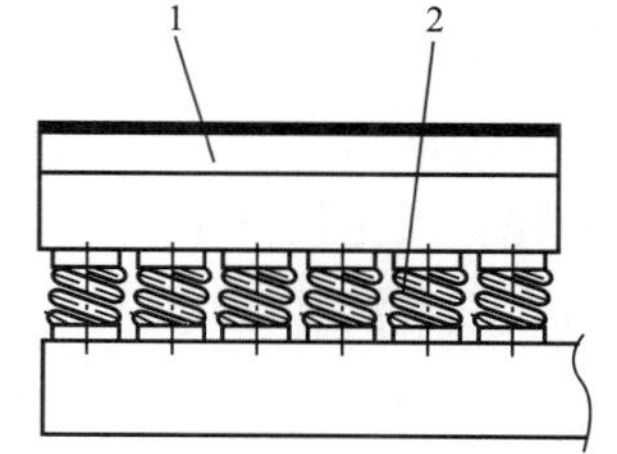

图 13－1－24　弹簧簇支撑

1—推力瓦；2—弹簧簇

3. 选择合适的轴承支撑结构

常规单向旋转发电机推力轴承，支承不位于瓦的几何中心，周向偏心率为 0.58～0.6 时，具有最佳承载能力，周向偏心率下降到 0.5 时，承载能力大大降低。而双向旋转的发电电动机，其支承结构需要支承在瓦的几何中心，即采用中心支承方式，虽然刚性支撑和弹性支撑均可用于中心支承，但性能和经济上差异较大。

进出油边油膜厚度比 h_1/h_2 是推力轴承运行的一个重要参数，比值大，意谓着轴承容易形成动压润滑的油楔，轴承承载能力大。不同的中心支承，此比值是不同的，不但刚性支撑和弹性支撑不同，即使同一类支撑（刚性支撑或弹性支撑）也不相同。如弹性支撑中的弹簧簇支撑，具有浮动偏心、瓦面变形自动适应等优点，该比值可达 2.0～2.6，较接近常规水轮发电机偏心支承推力轴承的最佳值 2.5～3.0。东方电机厂曾对此进行了研究和试验，并得出对于转速较高，负荷较大的蓄能机组，弹簧簇支撑是最佳选择的结论。目前，国内采用弹簧簇支撑的有十三陵、天荒坪、广蓄二期、西龙池等抽水蓄能电站。

（三）循环冷却方式的选择

水轮发电机推力轴承的循环冷却方式分为内循环和外循环两种，外循环的冷却器放在油槽外面，便于维修，适用于转速高，内部通道狭窄，难以维修的机组以及水质差的电站。内循环冷却器放在油槽内，结构紧凑，附件少，节省厂房布置空间。由于对循环冷却流体和传热的定量分析和计算还没有完全掌握，特别是对内循环，还有待进一步研究，而对外循环的研究，要相对简单一些，目前，计算已可满足轴承安全可靠运行的需要。因此，对转速较高的蓄能机组选择外循环方式，可靠性是有保证的。

外循环冷却方式按其动力不同又分为外加泵外循环（见图 13-1-25）和镜板泵外循环（见图 13-1-26）。前者，需外加油泵组，增加厂用电负荷和占用厂房布置空间。后者，由于经过在侧面加工出数个径向或后倾方向圆孔的镜板，起着离心泵作用，只要机组一启动，冷却循环系统即投入运行。不需要外加泵组，因而不需要厂用电，也节省了厂房布置空间。镜板泵外循环对转速较高的蓄能机组的推力轴承，是比较合适的一种循环冷却方式，也是设计者宜优先选择的方式。

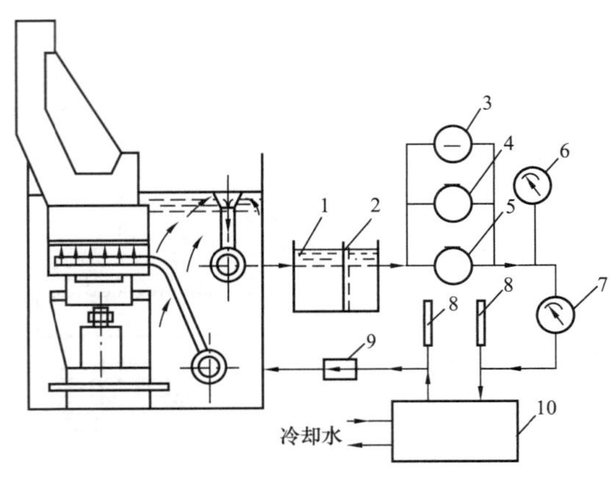

图 13-1-25　外加泵外循环冷却系统

1—回油槽；2—滤网；3—备用直流泵；4—备用交流泵；5—常用交流泵；6—压力表；7—示流继电器；8—温度计；9—单向阀；10—冷却器

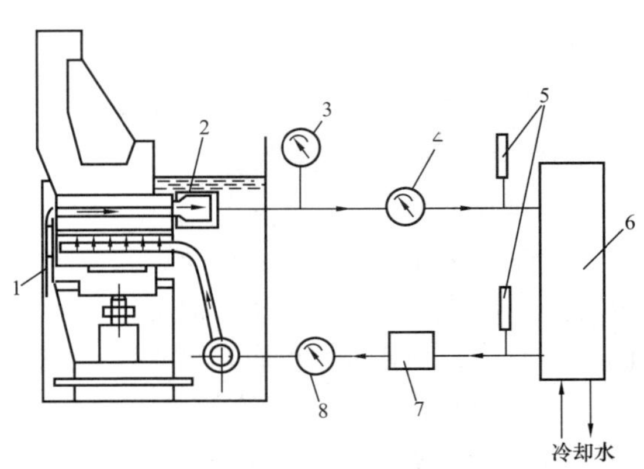

图 13-1-26　镜板泵外循环冷却系统

1—导流圈；2—集油槽；3—压力表；4—流量表；5—温度计；6—冷却器；7—滤油器；8—示流继电器

（四）关于轴承搅拌损耗

轴承搅拌损耗是由旋转部件对油的搅动和油槽内的油流对几何构件的摩擦和撞击所产生。与搅拌损耗产生的同时，油流搅动产生涡流，涡流又产生空穴，空穴吸入空气形成气泡。而油中混气不但增加了损耗，气泡浸入润滑表面，也降低了轴承承载能力。

对高速蓄能机组，搅拌损耗在推力轴承总损耗中所占比例较大，甚至超过润滑表面的摩擦损耗。研究表明搅拌损耗主要和周速及构件几何因素有关，构件结构形状改进以后，搅拌损耗可降低 40%左右。因此，搅拌损耗的研究和计算以及轴承周围的结构设计对轴承循环冷却，冷却器容量选择以及搅拌损耗的降低和轴承的安全可靠运行都是至关重要的。

表 13-1-9 列出了国内抽水蓄能电站机组容量 150～300MW，转速 200～500r/min 推力轴承的一些主要参数。

表 13-1-9　　国内抽水蓄能电站推力轴承主要参数

电站	容量（MVA）	转速（r/min）	负荷（t）	轴瓦外/内径（mm）	瓦数	单位压力（MPa）	周速（m/s）	支持结构型式	损耗/搅拌损耗（kW）	油膜厚度（mm）	循环冷却方式
琅琊山	167	230	945	2220/1200	9	4.2	44.8	弹性盘	376/121	0.05	自身泵外循环
十三陵	222	500	356	2580/1580	8	3.0	54.5	弹簧簇	851/77	0.091	外加泵外循环
张河湾	642	333.3	642	2400/1300	9	3.3	33.6	弹性盘	626/251	0.065	自身泵外循环

电站	容量（MVA）	转速（r/min）	负荷（t）	轴瓦外/内径（mm）	瓦数	单位压力（MPa）	周速（m/s）	支持结构型式	损耗/搅拌损耗（kW）	油膜厚度（mm）	循环冷却方式
天荒坪			601	1620/		4.2	42.4	弹簧簇	289/77	0.074	自身泵内循环
宜兴			651	1740/790		4.0	24.8	弹簧簇	230/54.7	0.07	自身泵内循环
西龙池	333	500	945	2220/1200	9	4.2	44.8	弹簧簇	1267/286	0.05	外加泵外循环
呼和浩特	333	500	660	2300/1070	6	2.8	42.5	支柱螺栓	626/251	0.065	外加泵外循环
白莲河	334	250	695	2700/1460	12	2.3	35.34	支柱螺栓	498/	0.07	自身泵外循环

五、通风冷却方式的选择

空冷方式，结构简单、运行可靠、安装和维修简单、成本低，是发电电动机优先选择的冷却方式。而随着通风冷却技术的发展、绝缘技术的进步、防止铁芯翘曲措施的完善，这种通风方式在发电机和发电电动机上得到了广泛应用。发电电动机一般采用双路磁轭径向通风方式，但对于高转速的发电电动机，由于转子支架尺寸较小、进风口尺寸受应力控制，要满足需要风量，存在一定困难。因此，有种观点认为双路磁轭径向通风方式不太适合高速机组，需采用外加电动风机的轴径向通风方式，如广蓄一期电站的机组。但有不少电站，如天荒坪、十三陵、张河湾、西龙池、奥美浓等抽水蓄能电站高速机组都成功采用了双路磁轭径向通风方式。其中有的在磁轭上、下两端增加了类似风扇的结构，如十三陵、琅琊山、呼和浩特等抽水蓄能电站；有的没有增加，如张河湾、西龙池等抽水蓄能电站（见图 13－1－27）。葛野川蓄能电站 475MVA、500r/min 发电电动机是目前采用无风扇双路径向通风的转速最高，容量最大的机组。

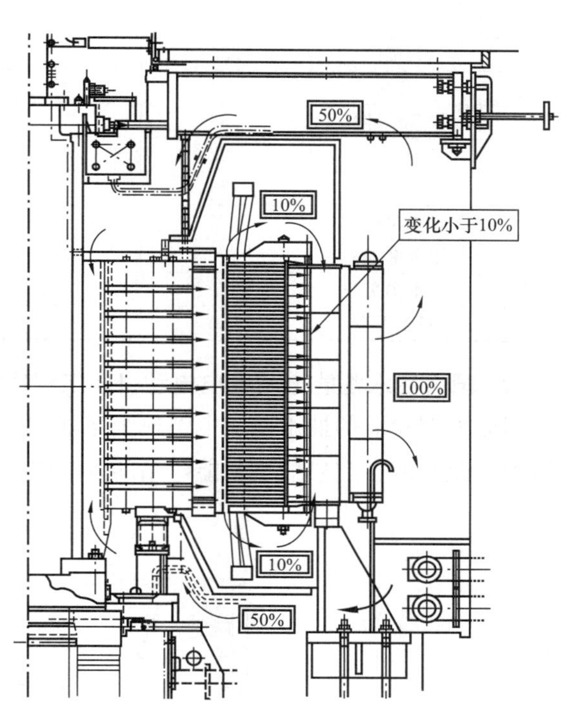

图 13－1－27　无风扇双路磁轭通风方式

随着通风冷却技术的改进和完善，绝缘及防止铁芯翘曲技术的进步和发展，发电电动机的冷却方式已不受每极容量的限制，而更注重对电压、支路数和槽电流的匹配、热流密度的分析计算，以及热负荷的控制。在进行电磁设计方案比较时，对定子绕组、铁芯和转子绕组等主要发热部件产生的损耗与其相应结构尺寸进行匹配计算和分析，使得单位体积损耗密度和热流密度值在表 13－1－10 所列范围内，从而使各部温升处在许可范围内。

表 13－1－10　体积损耗密度和热流密度

定子绕组体积损耗密度（W/cm^3）	定子铁芯体积损耗密度（W/cm^3）	转子绕组体积损耗密度（W/cm^3）	定子内圆铜损热流密度（W/cm^2）	定子绕组铜损热流密度（W/cm^2）	定子铁损热流密度（W/cm^2）	转子绕组铜损热流密度（W/cm^2）
0.15～0.45	0.025～0.04	0.09～0.136	0.5～0.77	0.08～0.15 0.233（GE） 0.07～1.25（俄电力工厂）	1.15～1.35	1.0～2.0 1.1～1.8（GE） 0.9～1.85（俄电力工厂）

除了满足电动机各部分温升要求外，良好的发电电动机冷却通风系统设计还应满足以下要求：

（1）安全可靠（无风扇等附件）。

（2）满足冷却需要的总风量并具有最小的风损耗。

（3）风量和风速，以及电机定子和转子的铁芯、绕组各部分温度的分布均匀。

（4）安装、维修简单容易。

通过模型试验，程序计算和分析，并经过不断改进以及大量真机检验的双路径向通风系统，基本可满足以上几点要求，如其中总风量计算值和实测值误差仅在8%以内。表13-1-11列出一些抽水蓄能电站发电电动机通风系统的情况。

表13-1-11　国内外一些抽水蓄能电站发电电动机通风冷却系统

序号	电站名称	额定容量（MVA）	额定转速（r/min）	风量计算值（m^3/min）	风量测量值（m^3/min）	冷却方式
1	西龙池	333	500	5500		无风扇双路磁轭径向
2	呼和浩特	333	500	8496		有风扇双路磁轭径向
3	惠州	333	500			有风扇双路磁轭径向
4	宝泉	333	500			
5	天荒坪	333	500	82.5	124	
6	宜兴		375	82.8		
7	广蓄一期	363	500			电动风扇双路径轴向
8	十三陵	222	500			有风扇双路磁轭径向
9	张河湾	278	333.3	3972		无风扇双路磁轭径向
10	日本葛野川	475	500	10880	10095	
11	日本奥多多良木	400	360	10800	11400	
12	日本奥美浓	279	514	7860	7570	
13	日本下乡	280	375	8800	9660	

六、国内抽水蓄能电站发电电动机组工程实例

部分近期建成的抽水蓄能电站机组剖面图如图12-6-1～图12-6-3所示。目前正在建设的宜兴、张河湾、西龙池、宝泉抽水蓄能电站的发电电动机剖面图如图13-1-28～图13-1-31所示。

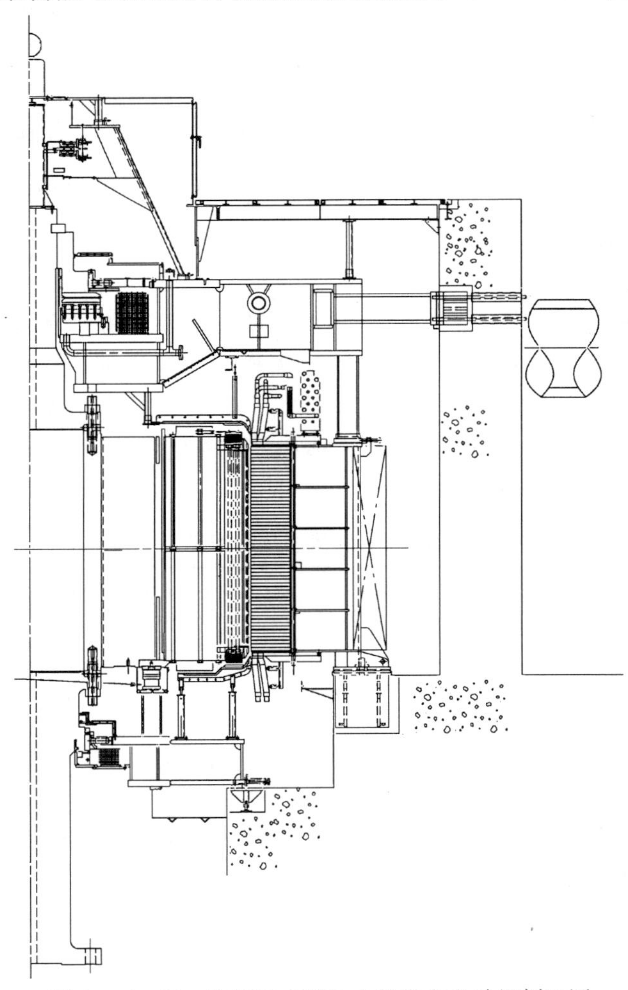

图13-1-28　宜兴抽水蓄能电站发电电动机剖面图

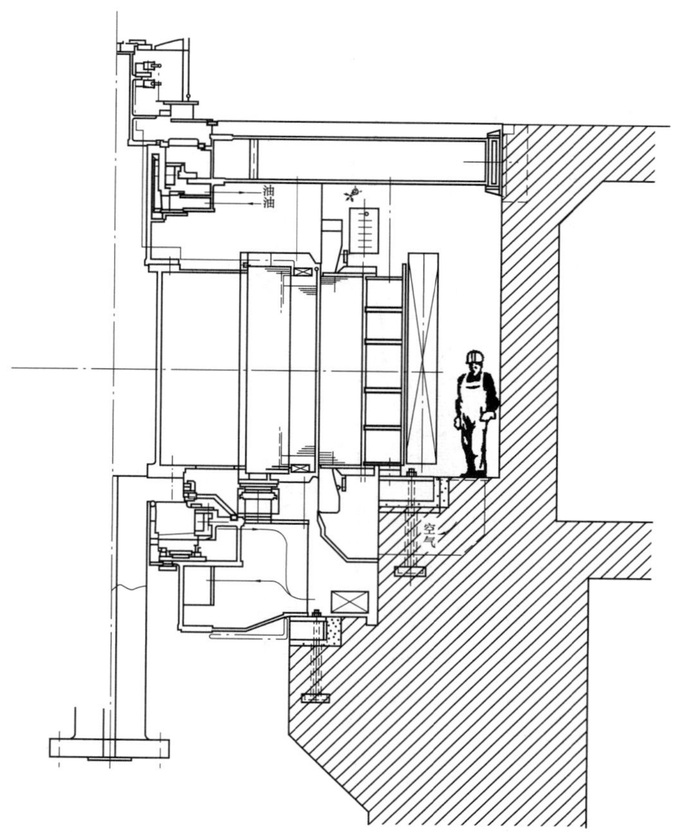

图 13－1－29　张河湾抽水蓄能电站发电电动机剖面图

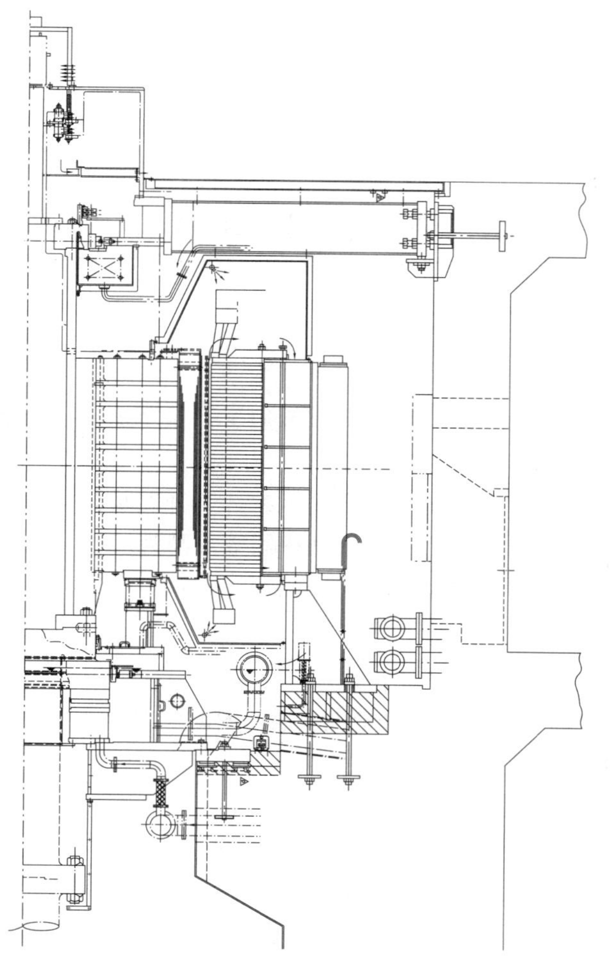

图 13－1－30　西龙池抽水蓄能电站发电电动机剖面图

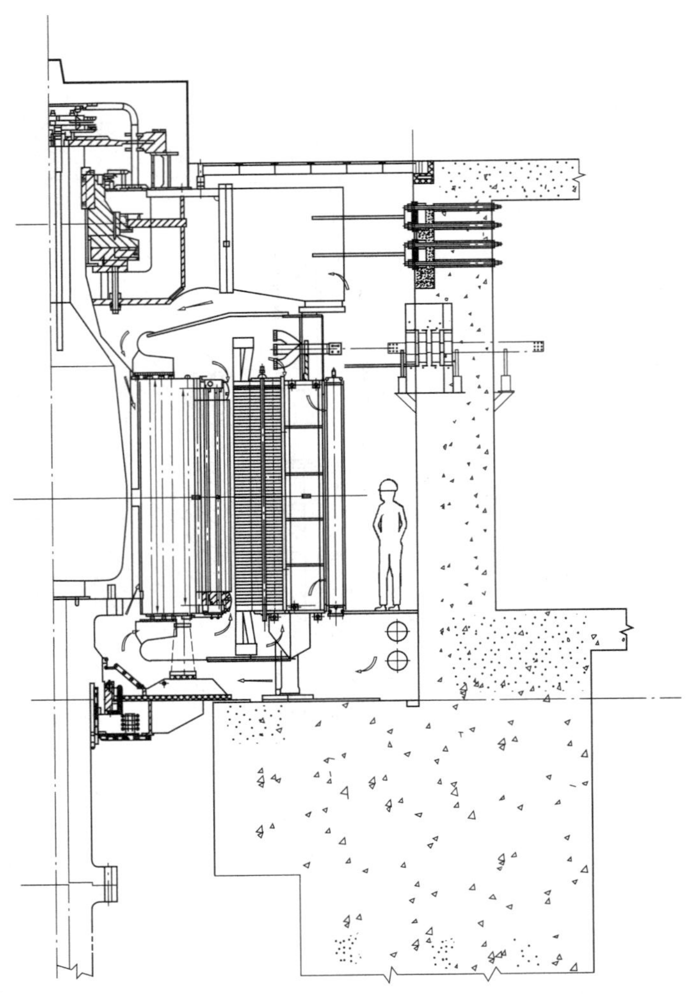

图 13-1-31　宝泉抽水蓄能电站发电电动机剖面图

第二节　主要参数选择

一、容量

（一）额定容量

发电电动机的额定容量以发电工况和电动工况的额定容量来表示，它表示两种工况下的机组额定输出/输入能力。

为了充分利用发电电动机的容量，在水泵水轮机参数选择时应遵守使水轮机工况出力和水泵工况入力尽量平衡的设计原则，即使 $S_{Gn}=S_{Mn}$。考虑功率因数，则为

$$P_{Gn}/\eta\cos\Phi_{Gn}=P_{Mn}/\eta\cos\Phi_{Mn}$$

式中　P_{Gn}——发电工况额定功率；

$\cos\Phi_{Gn}$——发电工况额定功率因数；

P_{Mn}——电动工况额定功率，即水泵水轮机水泵工况时的最大入力；

$\cos\Phi_{Mn}$——电动工况额定功率因数；

η——效率。

（二）最大容量

对于抽水蓄能电站，其上水库一般径流很小，不存在常规水电站弃水问题，无需提出“最大容量”的要求。“最大容量”的概念源于美国家标准 ANSI C50.33—1976 关于发电机的最大容量为额定容量115%的规定。当时，对于大容量机组还缺乏足够的设计和运行经验，额定运行时 B 级绝缘温升限制较

低（60K），存在一定裕度，为了避免电站弃水，企图利用温升裕度，在不增加或少增加机组造价前提下，增加机组容量。这样，同一台机组有两个容量，即额定容量和最大容量。但是，电机参数、性能、结构、尺寸都是基于额定值设计的，如效率、温升、绝缘寿命、机械应力、热应力、部件结构和尺寸、定子线棒及铜环引线截面、冷却方式等。在不同于额定值运行时，可能发生大小不同的变化，不仅是温升的变化，这自然也会引起机组造价的增加。实际上，设置最大容量，就是增大了额定容量。因此，如果确实需要最大容量，就应该增加单机的额定容量。提出所谓最大容量的要求，容易引起混淆。

（三）功率因数=1 的运行问题

为增加额定功率，满足系统调峰、调频或紧急情况需要，有关规程要求发电电动机应允许提高功率因数为 1 运行，以使电机有功功率等于视在功率。这样，在机组造价增加很少情况下，增加了系统运行的灵活性。

二、额定功率因数

发电工况和电动工况的额定功率因数的确定，主要考虑三个因素：系统的需要和对机组容量、价格以及对上述容量平衡原则的影响。选择时要遵循在满足系统需要的前提下，尽量提高电机额定功率因数的原则。

一般抽水蓄能电站距负荷中心相对较近，无论在发电工况还是电动工况时，系统都希望电站能提供更多的无功功率，但额定功率因数取得过低会增加发电电动机的价格。综合考虑，对大容量机组，可取 0.9～0.95；中等容量机组可取 0.85～0.9。

对电动工况额定功率因数的取值，在满足容量平衡的前提下，尽量和发电工况的额定功率因数取值相等或接近。但做到这点主要与水泵工况所需最大入力大小有关，即取决于水泵水轮机的设计。

在电站设计初期，系统在电动工况所需的无功可按包括三部分无功进行计算，即电站主变压器、送电线路和系统本身所需的无功。

三、额定电压

额定电压是一个综合性参数，对电机技术经济指标和发电机电压设备都有影响。对电机，有公式 $U_n \cdot a = 1.16P_n/I_s \times 10^3$（其中，$U_n$ 为额定电压，kV；a 为支路数；P_n 为额定功率；I_s 为槽电流）。一定容量的电机，可根据选定的槽电流 I_s 值求得 $U_n \cdot a$ 值。在电磁负荷取值合适的条件下，选择的额定电压越低，电机消耗的绝缘材料和有效材料越少，质量越小，价格也就越便宜。但电压降低可能导致电机铜环和引线以及发电机电压设备（断路器、换相开关、封闭母线等）价格的增加，甚至会出现选择困难的现象，使其成为额定电压选择的控制因素。因此，选择额定电压，应结合电动机和发电机电压设备具体情况，考虑各种因素，进行综合比较后才能确定。200MW 及以上的大容量、中高速发电电动机，采用的额定电压集中在 13.8～20kV，此取值范围可供选择时参考。

四、短路比、X_d、X_d'和 X_d''

（一）四个参数的影响和典型值范围

（1）四个参数的影响见表 13-2-1。

表 13-2-1　短路比、X_d、X_d'和 X_d''的影响

<table>
<tr><th>参数</th><th colspan="5">影响参数的主要因素</th><th>参数对运行的影响</th><th>备　注</th></tr>
<tr><td rowspan="3">短路比（SCR）</td><td colspan="5">（1）大→电负荷↓→机组尺寸↑或气隙长度（转子绕组安匝数）↑→机组造价↑
（2）NEMA-MG5.1—4.03：</td><td rowspan="3">（1）大→X_d↓→静态稳定极限或过载能力↑，电压变化率↓，充电容量↑
（2）小→X_d↑→静态稳定极限或过载能力↓，→电压变化率↑</td><td rowspan="3">$SCR = I_{f0}/I_{fk} \approx 1/X_d$</td></tr>
<tr><td>cosϕ</td><td>1.0</td><td>0.95</td><td>0.9</td><td>0.85</td></tr>
<tr><td>SCR</td><td>1.25</td><td>1.175</td><td>1.1</td><td>1.05</td></tr>
<tr><td>X_d</td><td colspan="5">由所要求的短路比确定，在电磁负荷已定情况下，其值主要决定于气隙长度 l，l↑-SCR↑-X_d↓</td><td>X_d↓→P_{max}↑，电压变化率↓，线路充电容量↑</td><td></td></tr>
</table>

续表

参数	影响参数的主要因素	参数对运行的影响	备　注
X'_d	在电磁负荷已定情况下其值主要决定于定子绕组和励磁绕组的漏抗	$X'_d\downarrow\rightarrow$动态稳定极限$\uparrow$	
X''_d，X''_q	X''_d，X''_q值决定于阻尼绕组的结构型式及定子绕组漏抗，改变较困难	（1）影响短路电流大小 （2）$X''_q/X''_d\downarrow\rightarrow$不对称短路时的过电压值$\downarrow$，阻尼作用$\uparrow$，承受不平衡负荷的能力$\uparrow$	

（2）参数典型值见表13－2－2。

表13－2－2　　参数典型值

参数	不饱和值	饱和值	参数	不饱和值	饱和值
X	0.7～1.3	0.63～1.2	X''_q	(1～1.1)X''_d	(1～1.1)X''_d
X'_d	0.23～0.45	0.2～0.39	*SCR*	0.9～1.3	
X''_d	0.15～0.35	0.15～0.32			

（二）参数选择

（1）参数选择的原则。若系统和电站对参数无限制要求，应根据机组本身的技术经济指标确定合理的参数值。有限制要求时，则应综合考虑系统和电站需要以及电机本身技术经济指标，并进行综合的技术经济比较后确定。

（2）对水轮发电机和发电电动机来说，*SCR*值一般为0.9～1.3。由于抽水蓄能电站距负荷中心较近，为降低电机造价，可选择比较小的*SCR*，如0.9～1.0。

（3）由于电机容量越来越大，电负荷值也越来越大，使得X'_d也变得很大，特别是水内冷电机，需采取措施尽量降低定子和转子漏抗，如采用浅槽、降低机身高度等。当然，随着系统容量的不断增加，对机组X'_d要求也在放松，适当大一些也可允许。X'_d的选择，主要取决于系统的要求。

（4）随着系统和电机单机容量的增大，以及目前输配电设备的限制，在电站设计中将提高电机和主变压器电抗作为限制短路电流的措施之一。这点，对抽水蓄能电站来说，更显得重要。因为，与常规水电站相比，抽水蓄能电站可能发生的最大短路电流是在抽水启动期间，短路电流要比常规水电站来得大，大的数值约等于一台机组所提供的短路电流。当电机容量很大时，有可能使设备选择发生困难。这时，需要对X''_d值提出限制要求。

（5）$X''_q/X''_d\approx1$时，可减小不对称短路时的过电压数值，一般为1～1.1，SL 321—2005和DL/T 730—2000规定“宜为1.0～1.3”。

第三节　发电电动机抽水工况启动方式

一、启动方式概述

对于多机式机组，由于抽水和发电的旋转方向一致，可以用水轮机或辅助的小水轮机将机组启动到同步转速，并入系统后，切换水路，使机组转为抽水工况运行。对于两机式的可逆机组，由于抽水和发电的旋转方向不同，必须采取另外的措施来启动机组。

在抽水蓄能技术发展的过程中，曾经和正在采用的可逆式机组启动方式主要有以下几种：全压启动、降压启动、同轴小电动机启动、变频启动装置启动、“背靠背”启动。其中前两种为异步启动方式，机组直接（全压），及经阻抗或变压器（半压）并入电网，转子的阻尼条相当于异步电动机的鼠笼条，机组作为异步电动机被驱动加速。转子转速接近于同步转速时，投入励磁，使机组拖入同步。这种方式适用于中小容量机组，如果机组容量大，则并网时对电网和机组自身的冲击都较大。

采用同轴小电动机启动方式时，专用于启动的小电动机与主机同轴连接，小电动机的电源来自厂用电。小电动机将机组拖到同步转速后，机组并网，断开小电动机的电源。这种方式适用于大容量机组，对机组无冲击，对电网影响小。但这种方式增加了机组总高度，影响轴系稳定，并有可能成为确定厂房高度的控制因素。正常运行时小电机随机组空转，降低机组的效率。此外，小电动机启动用的液态变阻器，增加了厂房布置的难度。这种方式过去在国外采用较多，但新建的蓄能电站已经较少采用，国内则从未使用过。

二、变频启动

（一）静态变频启动装置（SFC）简介

SFC 产品的构成原理大同小异。如前所述，如果机组容量大，则必须采取减少冲击的软启动方式，最常用的是采用 SFC 启动。SFC 的功能是将工频 50Hz 的输入电压，转化为频率在 0～50Hz 范围可调的输出电压。

机组在启动前，先要在转轮室内充入压缩空气排水，以减少启动过程中的阻力转矩。随着 SFC 输出频率的逐步上升，作为同步电动机的被驱动机组不断加速。待转速达到同步转速时，机组并入电网，断开与 SFC 之间的连接。然后撤除转轮室的压缩空气，注水造压，并依次打开进水阀和导水叶，开始抽水。

SFC 也可以用于机组的停机制动，此时 SFC 将机组储存的能量整流、逆变后送回电网。但这项功能在我国应用并不普遍，这是因为抽水蓄能电站的多台机组往往同时停机，用一台 SFC 轮流接到多台机组逆变停机会延长停机时间，同时也加重了 SFC 的工作负担。SFC 还可以用于发电机工况的启动，但为了简化工况转换和减轻 SFC 的工作负担，我国很少采用这种方式。

当电站的上水库没有天然径流，且首次充水不是由施工供水系统充到发电方向调试所需的水位，而是采用可逆机组抽水实现此目标时，就不能在调试初期利用上库的水调整机组发电机方向的动平衡。在这种情况下，为了弥补上述不足，SFC 应当具备两个方向启动机组的能力。SFC 采用可编程控制器进行控制，它的继电保护也可用软件集成在可编程控制器中。

（二）SFC 的分类

广义地讲，SFC 可以分为电压源和电流源型。电流源型中又可以分为负载换相式和可关断元件式。抽水蓄能电站的 SFC 属于负载换相式 SFC（Load Commutated Inverter，LCI），逆变器的换相依靠被拖动的同步电机的反电动势实现。抽水蓄能电站的 SFC 是一种短时工作制的设备，它只在水泵工况启动过程中运行，机组并网后它即退出。它的容量是按照招标时要求的工作和间歇时间来设计的。

按照整流器和逆变器的工作电压，SFC 可以分为高—高接线方案和高—低—高接线方案，如图 13－3－1 所示。

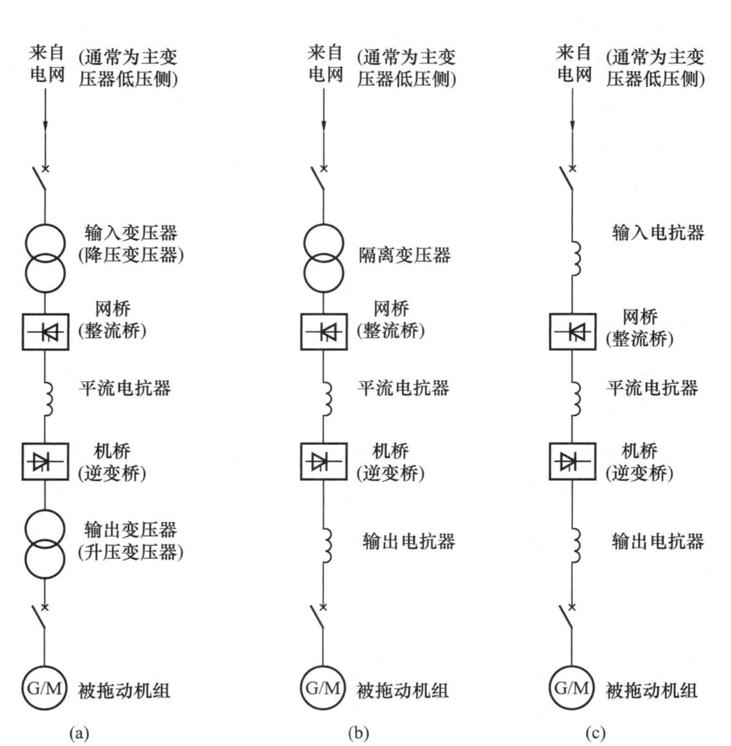

图 13－3－1　SFC 的各种接线方案

（a）高—低—高接线方案；（b）高—高接线方案（经隔离变压器输入）；（c）高—高接线方案（经电抗器输入）

图 13－3－1（a）所示的高—低—高接线方案的 SFC 的整流器经降压变压器接到来自电力系统的电源（多为主变压器的低压侧），整流器的输入交流电压低于其电源电压（大多数情况下是主变压器的低压侧电压，亦即机组端电压）。输出侧经升压变压器接到机组。这种接线方案的 SFC 的整流器和逆变器承受的阳极电压较低，需串联的晶闸管元件数量较少。

图 13－3－1（b）和（c）所示的高—高接线方案的 SFC 的整流器分别经变比为 1 的隔离变压器或电抗器接到其供电电源，

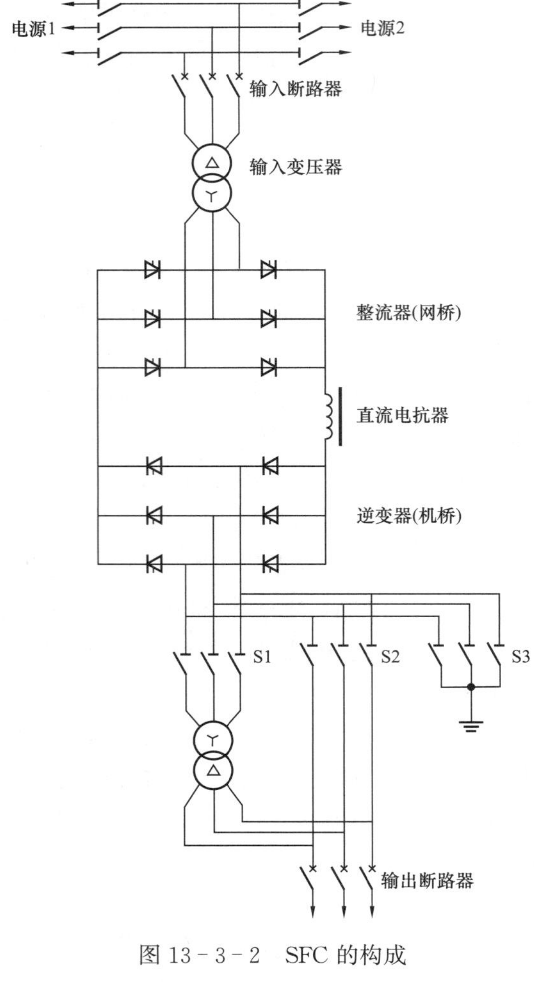

图 13－3－2　SFC 的构成

整流器的输入交流电压与机组端电压相同。输出侧不接变压器，而是经电抗器输出。高—高接线方案的整流器和逆变器晶闸管元件承受的阳极电压是发电机的额定电压，需串联较多的晶闸管元件。

（三）SFC 的构成

SFC 装置一般由输入变压器（或输入电抗器）、晶闸管整流器、平波电抗器、晶闸管逆变器、输出变压器（或输出电抗器）等组成，如图 13－3－2 所示。该图为当前采用较多的高—低—高接线方案。

（1）输入变压器。如果采用高—高接线方案，输入变压器是变比为 1 的隔离变压器。如果采用高—低—高接线方案，输入变压器为降压变压器。这台变压器是整流变压器，在一次侧与二次侧之间要设屏蔽层并接地，以减少整流器的谐波对电站和电力系统的干扰。输入变压器可以限制短路电流。如果输入变压器为降压变压器，将使来自系统的电压与整流器的工作电压相适配，减少各桥臂串联的晶闸管元件的数量。输入变压器接线组别多采用 Yd 或 Dy，以大幅度削弱整流器产生的 3 次及阶次为 3 的整数倍的谐波，并减弱其他阶次谐波对电站和电力系统的干扰。工程实践证明，设置输入变压器，对于抑制可能出现的谐波谐振有明显效果。网桥采用 12 脉冲方案时，则采用双二次绕组的输入变压器。这时变压器的接线组别应当是 Ddy，以配合 12 个桥臂的导通脉冲在 360°电空间的均匀分布。如果变压器容量较大（如 300MW 机组 SFC 的输入变压器容量 20MVA 左右），接近干式整流变压器当前制造能力的极限时，输入变压器多采用油浸式。当其容量较小时，也可采用干式变压器。

（2）输入电抗器。有的工程中，SFC 不设输入变压器，而是经由输入电抗器接到晶闸管整流器。输入电抗器可以限制可能发生的短路电流。这种接线属于高—高方案，整流器和逆变器的工作电压较高，且不能阻断 3 次及阶次为 3 的整数倍的谐波，也不利于减弱其他阶次谐波对电站和电力系统的干扰。

（3）晶闸管整流器。SFC 的晶闸管整流器也称为网桥，为一个或两个三相全控整流器，每个桥含 6 个桥臂，用于将来自电网的交流电流转换为直流电流。由于采用大功率晶闸管，不需要并联。根据网桥的工作电压和晶闸管的反向电压承受能力，每臂可能由几个晶闸管串联构成，也可能只有一个晶闸管。国外普遍采用一个三相全控整流桥器作为网桥，国内很多工程采用两个三相全控整流桥器串联的方式，可以进一步减少注入到电网的谐波含量。这种方案共有 12 个桥臂，相应的触发脉冲有 12 个，所以也称为 12 脉冲方案。每个晶闸管有其相关的门极触发单元，用电脉冲触发，信号来自 SFC 的控制器。控制器将电信号转化为光信号用光纤传输到各晶闸管，再经光电转换装置还原为电脉冲去触发晶闸管。这种方式保证了高电压功率元件与控制元件之间的隔离。晶闸管可以采用风/水冷却方式、水/水冷却方式或强迫风冷方式。采用风/水冷却方式时，晶闸管的热量由强迫循环的空气带走，空气的热量经冷却器即气水热交换器随冷却水排走。采用水/水冷却方式时，晶闸管的热量由强迫循环的去离子水（在本书中称为二次水）带走，去离子水由绝缘性能良好的塑料管路引至冷却器即水/水热交换器，热量随电站冷却水（在本书中称为一次水）排走。小容量的 SFC 可以采用强迫风冷方式，靠安装在整流器和逆变器柜顶的风机将热量排出。

（4）平流电抗器。作为电流源型的 SFC，电抗器是必不可少的，它是电流储能型设备，保证了

SFC 向负载提供稳定的电流。平流电抗器有空气芯和铁芯两种。空气芯电抗器采用自然风冷却或强迫风冷却，铁芯电抗器采用风冷却或水冷却。风冷却空气芯电抗器的体积较大，必须独立布置。采用水冷却的电抗器比较紧凑，可以安装在柜内，和 SFC 的整流柜、逆变柜等组装成一排，节省占地面积。装入柜内的电抗器的水冷却方式与晶闸管的水冷却方式相同，且与其组成统一的冷却系统。

（5）晶闸管逆变器。SFC 的晶闸管逆变器也称为机桥，为三相全控逆变器，每个桥含 6 个桥臂，用于将直流电流转换为频率可调的交流电流。构成、触发方式、冷却方式与整流器相似。

（6）输出变压器。输出变压器使逆变桥的工作电压与机组电压相适配，减少各桥臂串联的晶闸管元件的数量。SFC 是一个靠负载电压换相的电流源，确切地讲，输出变压器的功能是把机组电压降为与逆变器适配的工作电压，以保证逆变器的换相。输出变压器从 5Hz 开始就要投入运行，所以它必须能在低频条件下可靠运行。

（7）输出电抗器。输出电抗器可以限制可能出现的短路电流，与输出变压器方案相比，采用输出电抗器时各桥臂串联的晶闸管元件的数量较多。

（8）旁路开关。当被拖动机组转速低于额定转速的 10%时，由于电压和频率都很低，为了避免输出变压器运行在过低频率下，也为使机组得到较大的启动电流，通过旁路开关 S2 直接与发电电动机绕组相连，当机组转速大于额定转速的 10%后，旁路开关 S2 断开，S1 合上，输出变压器接入。

（9）控制器。SFC 控制系统的核心是其控制器。由处理单元、存储器单元和各种输入/输出插板构成。SFC 内有一个综合监测系统，用于保护内部元件和相连的外部设备。检测器和传感器不间断地监视着系统内的电流、电压以及冷却系统。检测到事故状态时，它将做出反应，包括立即或延时关断网桥和机桥，立即或延时跳闸和/(或）发出报警信号。各种事故通常是经由串行通信传送到全厂的计算机监控系统，但作为后备，还有以开关量方式输出的硬接线综合信号。软件的功能包括 SFC 的调节，即根据从 TA、TV 和许多外部设备输入的数据，直接获得或经过计算获得机组的信息，包括当前转速和转子位置等。根据这些信息计算出应采用的控制角的大小，以及应当导通的桥臂，从而控制机组的转速和转矩。控制命令最终转化为经由光缆向每个晶闸管输出的触发信号。软件的功能还包括操作各元件（例如旁路开关的投切）并监视各外部设备（例如发电机断路器 GCB）的状态，与各外部输入/输出（例如启停命令）接口，维修和查找事故、处理报警时显示特定的变量，并经硬接线和串行通信发送和接收信号与指令。SFC 的继电保护功能也用软件集成在控制器中，有的产品保护范围含输入/输出变压器，有的保护范围则只是从网桥到机桥。

（四）SFC 的运行原理

SFC 运行的关键是成功实现逆变，而逆变成功的关键是按照预订的顺序和时刻实现晶闸管的换相，即一个桥臂晶闸管关断、另一个桥臂晶闸管开通，使电流从前者转移到后者。

开通晶闸管必须同时具备两个条件：在阳极和阴极之间施加正向电压；在门极施加触发脉冲。

晶闸管一旦开通，门极就失去控制作用，即使触发脉冲已经撤除，只要正向电压存在，晶闸管就会继续导通。要关断晶闸管必须采取以下两条措施之一：在阳极和阴极之间施加反向电压；关断给晶闸管供电的电流源或电压源。

由于 SFC 逆变器的负载是同步电机，在转速高于 10%时（各工程取值略有差别，以 10%即 5Hz 者居多，为了叙述的方便，以下均采用 10%和 5Hz），可以利用同步电机的交流反电动势来关断逆变器中的晶闸管，实现自然换相即同步换相。

但是，在启动的初始阶段，当转速低于额定值的 10%时，电机的反电动势不足以关断逆变器中的晶闸管来换相，此时必须由 SFC 依次向电机定子各相绕组提供电流脉冲，实现所谓强制换相（即脉冲耦合换相）。

1. 转子位置的识别

无论采用哪种换相方式，控制系统都需要知道转子的位置，以便确定为使转子获得最大的转矩应该通电的定子绕组相别，从而确定应该导通的桥臂。以往采用感应型或光电型轴角传感器来测位，现

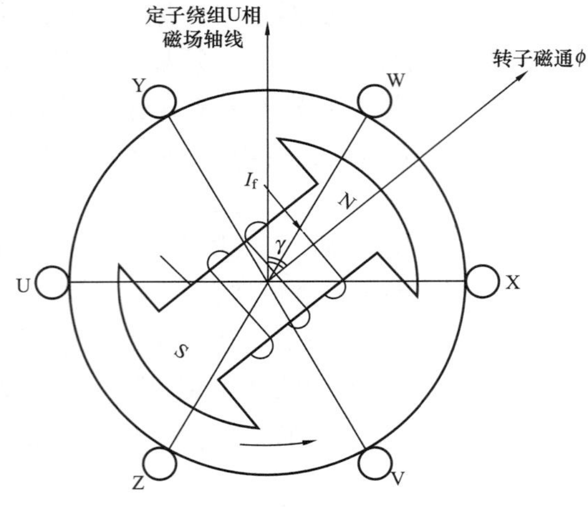

图 13-3-3　同步电机的 6 个扇形区

在主流厂家采用的是通过计算电机电压矢量来确定转子位置，省去了传感器。以下的分析中均以无传感器的方案为例。为了分析的方便，假定电机的极对数为 1，电角度与空间角度一致，网桥为一个三相全控桥。这个分析的结果很容易推广到多对极的电机和网桥为两个三相全控桥的情况。

（1）转子初始位置的识别。启动之初，转子处于静止状态，不能用定转子相对运动的机理来判断转子位置。但是在施加励磁电流的瞬间，电机定子三相绕组中会感应出电动势，利用这些电动势，可以推算出转子的位置。施加励磁电流时，定子三相绕组中因互感产生的磁通可以用下式表示，参见图 13-3-3。

$$\left.\begin{aligned}\Phi_U&=MI_f\cos\gamma\\ \Phi_V&=MI_f\cos(\gamma+120°)\\ \Phi_W&=MI_f\cos(\gamma-120°)\end{aligned}\right\}\tag{13-3-1}$$

式中　Φ_U、Φ_V、Φ_W——转子电流在定子三相绕组中产生的磁通；

M——定转子绕组之间的互感；

I_f——转子电流；

γ——转子轴线与 U 相轴线的夹角。

转子电流可表示为

$$I_f=\frac{U_f}{R_f}(1-e^{-\frac{R_f}{L_f}t})\tag{13-3-2}$$

式中　U_f——施加到转子绕组上的电压；

R_f、L_f——转子绕组的电阻和电感。

定子三相绕组中感应出的电动势可以表示为

$$\left.\begin{aligned}E_U&=-\frac{d\Phi_U}{dt}=-\frac{d}{dt}(MI_f\cos\gamma)=-M\frac{U_f}{R_f}\cos\gamma\frac{d}{dt}(1-e^{-\frac{R_f}{L_f}t})=-M\frac{U_f}{L_f}\cos\gamma e^{-\frac{R_f}{L_f}t}\\ E_V&=-\frac{d\Phi_V}{dt}=-M\frac{U_f}{L_f}\cos(\gamma+120°)e^{-\frac{R_f}{L_f}t}\\ E_W&=-\frac{d\Phi_W}{dt}=-M\frac{U_f}{L_f}\cos(\gamma-120°)e^{-\frac{R_f}{L_f}t}\end{aligned}\right\}\tag{13-3-3}$$

定子三相绕组感应电动势的最大值出现在转子绕组施加电压的初瞬间，即 t 为 0 时为

$$\left.\begin{aligned}E_{U0}&=-M\frac{U_f}{L_f}\cos\gamma=-k\cos\gamma\\ E_{V0}&=-M\frac{U_f}{L_f}\cos(\gamma+120°)=-k\cos(\gamma+120°)\\ E_{W0}&=-M\frac{U_f}{L_f}\cos(\gamma+120°)=-k\cos(\gamma-120°)\end{aligned}\right\}\tag{13-3-4}$$

式中　E_{U0}、E_{V0}、E_{W0}——定子三相绕组感应电动势的最大值；

k——系数，等于$\frac{MU_f}{L_f}$。

根据三角函数公式对式（13-3-4）进行求解，得

$$\left.\begin{aligned}\cos\gamma&=-\frac{1}{k}E_{U0}\\\sin\gamma&=\frac{E_{V0}-E_{W0}}{\sqrt{3k}}\\\tan\gamma&=\frac{E_{W0}-E_{V0}}{E_{U0}}\\\tan\gamma&=\frac{U_{W0}-U_{V0}}{U_{U0}}\\\gamma&=\arctan\frac{U_{W0}-U_{V0}}{U_{U0}}\end{aligned}\right\}\tag{13-3-5}$$

在定子绕组空载的情况下，E_{U0}、E_{V0}、E_{W0} 与 U_U、U_V、U_W 相等，而后者是可以测得的，所以 γ 很容易求得，从而可以确定转子初始位置。采用 $\tan\gamma$ 推算 γ，可以避免电机参数误差造成的影响。

转子的可能初始位置则有无限多个，但机桥可能的导通桥臂组合只有 6 种。所以，必须将转子的无限多个可能初始位置归并为 6 种，以适应对机桥控制要求。

将电机定子内的空间划分为 6 个 60°的扇形区，每个扇形区的轴线都是定子某相绕组磁场的轴线，如图 13-3-3 所示，转子必然处于六个扇形区之一。

转子绕组施加电流的瞬间，转子处于不同位置时（见图 13-3-4 的 A 行），相应的 γ 值的范围如图 13-3-4 的 B 行所示。反过来讲，可以从 B 行的结果反推出 A 行，即只要测得逆变器三相输出电压，算出 γ 角，便可推断出转子处于六个扇形区中的哪一个，实现了转子初始位置的识别。

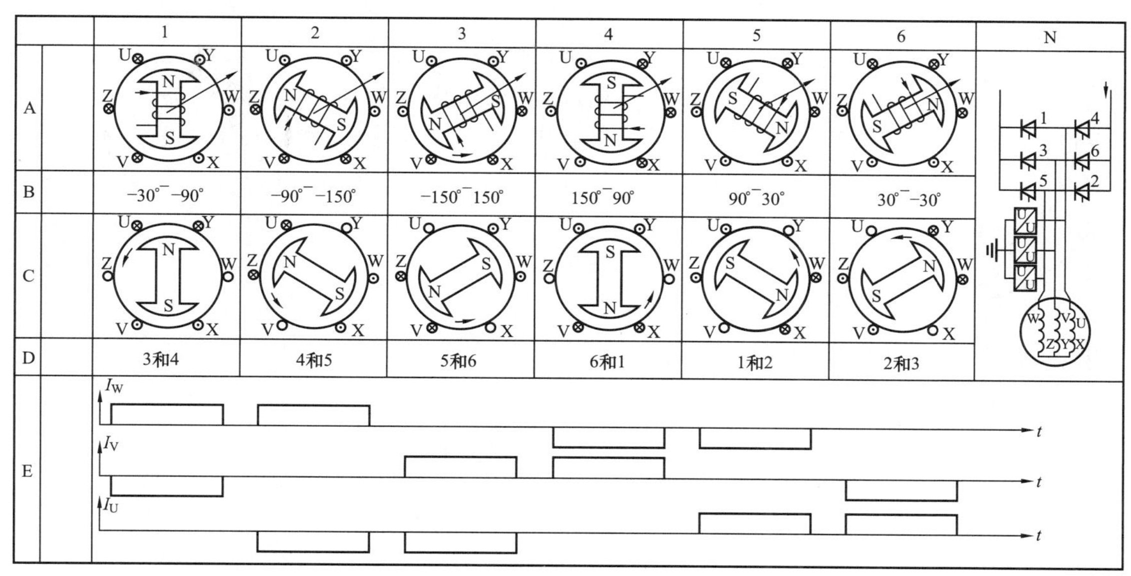

图 13-3-4　同步电机转子初始位置的确定及强制换相时各相的电流

（2）频率低于 1Hz 时转子位置的识别。转子开始转动，但频率低于 1Hz（即转子转速低于 2%额定值）时，定子各相绕组感应电动势的幅值很低，尚不能利用后面所述高转速时将要采用的积分法求得转子位置。这时采用的转子位置识别方法为估算法，具体原理如下。转子的运动公式为

$$J\frac{\mathrm{d}\omega}{\mathrm{d}t}=T_M-T_R\tag{13-3-6}$$

$$T_M=CI\Phi$$

式中　J——机组的转动惯量；

ω——转子角速度；

T_M——SFC 提供的驱动力矩；

T_R——机组的阻力矩；

C——常数；

I——定子电流，由 SFC 提供，选择合适的控制角，可以使其为常数；

Φ——转子磁通，由励磁系统提供的电流确定，在此转速范围内为常数，所以 T_M 在此转速范围内为常数。

转速从零到 2%额定值的范围内，可以近似认为 T_R 是常数。从而得

$$\frac{d\omega}{dt}=\frac{T_M-T_R}{J}=K \tag{13-3-7}$$

$$\omega=Kt \tag{13-3-8}$$

$$\omega=\frac{d\lambda}{dt}=Kt \tag{13-3-9}$$

$$\lambda=K\int t dt=\frac{1}{2}Kt^2+\lambda_0 \tag{13-3-10}$$

式中 K——常数；

λ——转子轴线与定子 U 相磁场轴线的夹角；

λ_0——此前算得的转子初始轴线与 U 相磁场轴线的夹角。

由此，可以估算出转子在转速低于 2%额定值时各时刻的位置。

(3) 频率高于 1Hz（即转子转速高于 2%额定值）时转子位置的识别。转速高于 2%额定值时，定子端电压的幅值已经足够大，可以利用更为精确的计算方法实现转子位置的识别。各相绕组端电压是由转子磁场运动产生的，其幅值与当时的转子空间位置直接相关，所以各相绕组端电压幅值的组合能够反映转子的位置。但利用三相坐标系直接推算转子位置并不方便，应当另辟蹊径。在介绍具体的计算方法之前，先回顾一下矢量分析方法中采用的电机两相静止坐标系，即 $\alpha-\beta$ 坐标系。这种坐标系的 α 轴与定子 U 相磁场轴线相重合，β 轴滞后于 α 轴 90°，如图 13-3-5 所示。

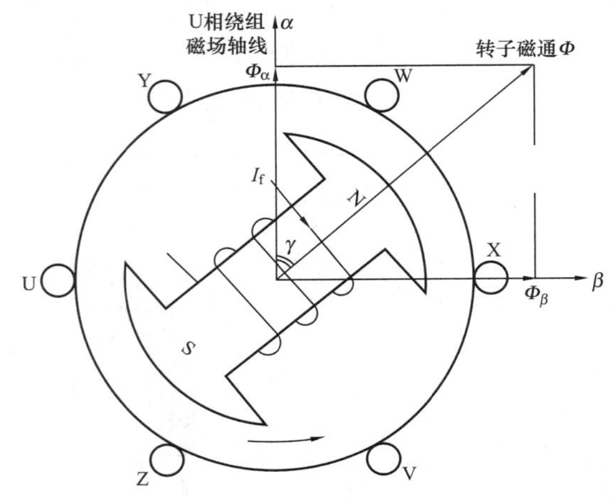

图 13-3-5　同步电机的 $\alpha-\beta$ 坐标系

从 UVW 坐标系转换到 $\alpha-\beta$ 坐标系的公式为

$$\begin{bmatrix}U_\alpha\\U_\beta\end{bmatrix}=\frac{2}{3}\begin{bmatrix}1 & -\frac{1}{2} & -\frac{1}{2}\\0 & \frac{\sqrt{3}}{2} & -\frac{\sqrt{3}}{2}\end{bmatrix}\begin{bmatrix}U_U\\U_V\\U_W\end{bmatrix} \tag{13-3-11}$$

$$\begin{bmatrix}I_\alpha\\I_\beta\end{bmatrix}=\frac{2}{3}\begin{bmatrix}1 & -\frac{1}{2} & -\frac{1}{2}\\0 & \frac{\sqrt{3}}{2} & -\frac{\sqrt{3}}{2}\end{bmatrix}\begin{bmatrix}I_U\\I_V\\I_W\end{bmatrix} \tag{13-3-12}$$

式中 U_U，U_V，U_W，I_U，I_V，I_W——分别为 U、V、W 三相坐标系中的电压、电流；

U_α、U_β、I_α 和 I_β——$\alpha-\beta$ 两相坐标系中的电压、电流。

在测得 U_U、U_V、U_W、I_U、I_V 和 I_W 后，通过变换，很容易获得 U_α、U_β、I_α 和 I_β。

根据 $U=E+IR+L\frac{dI}{dt}$ 的基本公式，可以从 U_α、U_β、I_α 和 I_β 以及同步电机的 R、L_α（α 等效绕组的自感）L_β（β 等效绕组的自感）、M（α 等效绕组与 β 等效绕组之间的互感）等参数，根据式（13-3-13）和式（13-3-14）求得 E_α 和 E_β。

$$E_\alpha=U_\alpha-I_\alpha R-L_\alpha\frac{dI_\alpha}{dt}-M\frac{dI_\beta}{dt} \tag{13-3-13}$$

$$E_\beta = U_\beta - I_\beta R - L_\beta \frac{\mathrm{d}I_\beta}{\mathrm{d}t} - M\frac{\mathrm{d}I_\alpha}{\mathrm{d}t} \tag{13-3-14}$$

根据 $E=-L\dfrac{\mathrm{d}\Phi}{\mathrm{d}t}$ 的基本关系，可以得

$$\Phi_\alpha = -\frac{1}{L}\int E_\alpha \mathrm{d}t \tag{13-3-15}$$

$$\Phi_\beta = -\frac{1}{L}\int E_\beta \mathrm{d}t \tag{13-3-16}$$

转子磁场的总磁通 Φ 为以上两项的矢量和，可由下式求得

$$\dot{\Phi} = \dot{\Phi}_\alpha + \dot{\Phi}_\beta \tag{13-3-17}$$

$$\tan\lambda = \frac{\Phi_\beta}{\Phi_\alpha} \tag{13-3-18}$$

$$\lambda = \arctan\frac{\Phi_\beta}{\Phi_\alpha} \tag{13-3-19}$$

在 $\alpha-\beta$ 坐标系中，λ 是 Φ 的方位角，即转子轴线与 α 轴或 U 相轴的夹角，转子位置从而可知（见图 13-3-4）。为了保证运算的实时性，上述运算主要是利用运算放大器等硬件完成的。

2. 换相

获得各个时刻的转子位置信号后，就可以根据此信号确定此刻应该导通的机桥桥臂，并发出相应的触发脉冲。转子位置必然处于 6 个扇区之一，可能的导通桥臂组合也有 6 种，这对于以下将要述及的两种换相方式是一样的。

（1）强制换相。前已述及，在启动的初始阶段，转速低于额定值的 10%时，电机的感应反电动势较低，电机绕组的电阻引起的电压降相对较大，施加到应关断的桥臂上的反向电压不能够关断晶闸管，换相无法自然完成。此时必须由 SFC 依次向各相绕组提供脉冲，实现所谓强制换相。

为此，控制器应当发出适当的导通脉冲，使晶闸管按预期顺序轮流导通。在从一种导通组合过渡到下一个导通组合时，首先将整流器变为逆变方式，使其直流电流减到零。此时逆变器因无电流供电，所有的晶闸管必然关断。控制器确认直流回路中电流为零后，重新开通整流器，并向下一轮中应当导通的晶闸管发出导通脉冲。导通脉冲的发出时刻是根据转子的当前位置确定的，确定的原则是使转子获得最大的转矩。图 13-3-4 的 C 行表示了针对所示转子位置，为获最大转矩，应通入电流的定子各相绕组。D 行列出了为获得 C 行所示的定子各相绕组电流，应当导通的逆变器桥臂。E 行则列出了各相电流的波形，电流的间断是整流器强制换相造成的。

不难看出，每个周期中，电路被关断 6 次，重新开通 6 次，定子电流和驱动转矩都是断续的。由于转子的惯性，在转矩为零期间，转子会继续转动，并逐步加速。

在转速低时，周期较长，电路的关断和重新开通所需要的转换时间在一个周期内所占比例不大，关断和重新开通得以顺利完成。随着转速的上升，周期变短，在一个周期内要完成 6 次转换就越来越困难。这种换相方式的频率上限约为 8Hz。实际上，在频率达到 5Hz 后，就采用自然换相了。

（2）自然换相。频率大于 5Hz 后，电机的反电动势已经能够使逆变器实现自然换相。导通桥臂的组合与自然换相相同，所以可以借用图 13-3-4 来说明。按照图中的 C 行和 D 行的关系确定的导通桥臂组合，可以使转子获得最大转矩。

图 13-3-6 说明了控制角为 150°时逆变自然换相的过程。为了便于说明原理，本图做了简化，未表示输出变压器。倘若计及输出变压器的影响，电机的输入电流与逆变器的输出电流之间应有 30°的相角差。

现举例说明自然换相的过程：在时刻 D 之前，桥臂 5 和 6 导通。桥臂 1 在时刻 D 收到触发命令而导通，桥臂 1 的导通使共阴极的电位与 U 点的电位相等，桥臂 5 阴极的电位从而也等同于 U 的电位。而桥臂 5 阳极的电位与 W 点相同。由波形图可以看出，此时 $U_U > U_W$ 所以桥臂 5 必然关断，导通组合变成了桥臂 1 和 6，换相完成。

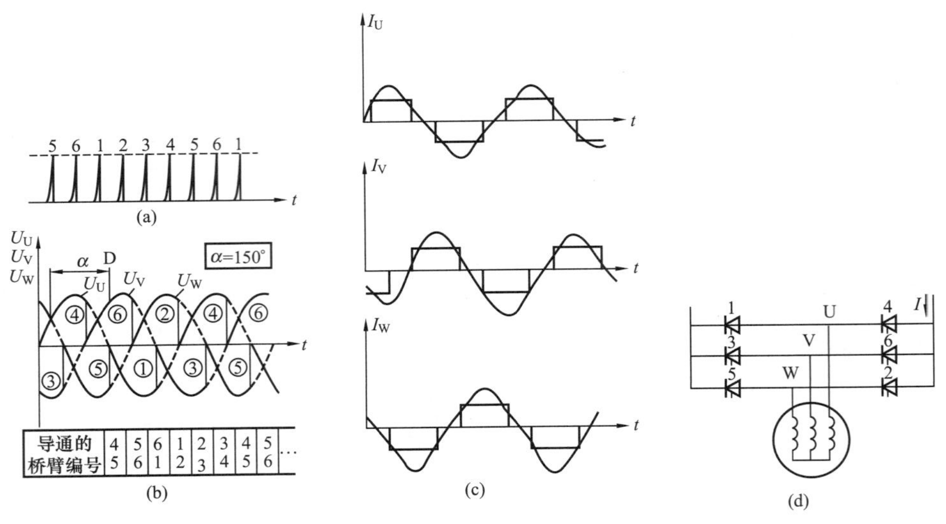

图 13-3-6　自然换相的实现

(a) 发往各桥臂的触发脉冲；(b) 电机端电压及 $\alpha=150°$ 备桥臂的导通顺序；
(c) SFC 输出至定子三相绕组的电流；(d) 逆变器的接线

从强制换相到自然换相的转换恰与输出变压器的接入时间吻合，即频率达到 5Hz 时。此刻将关闭网桥和机桥，断开 S1，合上 S2，重新开通两个晶闸管桥，以新的方式——自然换相实现逆变输出。

（五）SFC 启动过程简述

SFC 的控制方式可以是：由计算机监控系统（CSCS）远方自动控制，或通过 SFC 控制器上的按键手动控制。两种方式的选择由 SFC 控制器上的现地/远方选择按键实现。

只有 SFC 处于可用状态时，才能投入运行。SFC 可用的条件是：所有的柜门关闭锁好，所有的控制和动力电源可用并已投入，无报警、无事故。

以下以远方自动控制方式为例，介绍 SFC 的启动步骤。

1. 启动 SFC 辅助设备

(1) CSCS 的机组 LCU 合上被启动机组的被拖动隔离开关，做好主回路启动准备。

(2) CSCS 的启动用 LCU（或公用 LCU 或开关站）向 SFC 发出“SFC 辅助设备启动”的命令，SFC 将自动启动辅助设备，如冷却风机（风/水冷却）、冷却单元去离子水泵（水/水冷却）、整流器和逆变器风机或冷却水阀门。

(3) 辅助设备启动后，SFC 检测到输入/输出变压器风机正常、去离子水流和导电率正常（水/水冷却）、整流器和逆变器的空气温度正常（风/水冷却）后，将发出“SFC 辅助设备已启动”的信号传送至启动用 LCU。

2. SFC 进入准备状态

(1) 在“SFC 辅助设备已启动”后，SFC 向启动用 LCU 发出“投入一次冷却水”的命令，启动用 LCU 打开 SFC 外部的一次冷却水阀门，确保 SFC 有外部冷却水流。

(2) SFC 自动合上输入断路器。

(3) 当 SFC 输入断路器合闸后，SFC 发出“输入断路器已合上”、“SFC 已准备好”和“SFC 等待投入令”的信号给启动用 LCU。此时，SFC 进入“备用”状态。

(4) 如果此时启动用 LCU 未发出任何命令给 SFC，SFC 就会保持在“备用”状态。如果启动用 LCU 发出“SFC 投入”的命令给 SFC，那么 SFC 自动合上输出断路器。

(5) 当输出断路器合闸后，SFC 发出“输出断路器已合”信号给启动用 LCU。

(6) 启动用 LCU 向 SFC 发出“选择机组（1～n）”的信号，SFC 根据此信号来选定相应机组。

3．SFC 的启动

（1）选定机组后，SFC 将向相应的机组直接发出“启动励磁”的命令。

（2）机组的励磁系统向转子绕组施加励磁，电气轴开始建立。

（3）机组 LCU 向 SFC 发出“励磁已准备好”的反馈信号。

（4）启动用 LCU 根据实际转速给 SFC 发出“$f>5$Hz”或“$f<5$Hz”的信号。

（5）根据 $f<5$Hz 或 $f>5$Hz，SFC 将合上隔离开关 S2（将输出变旁路）或合上隔离开关 S1（将输出变接入）。由于启动实际从零转速开始，“$f<5$Hz”必然首先出现，因此隔离开关 S2 将闭合。

（6）转速设定为额定转速，SFC 开始调节，电流建立起来，机组开始旋转。SFC 以脉冲耦合即强制换相方式控制逆变器晶闸管。

（7）“SFC 已投入”的信号送到启动用 LCU。此信号在 SFC 输出电流的全过程中始终在发送。

（8）频率达到 5Hz 时，晶闸管桥被暂时闭锁，电流消失。隔离开关 S2 断开，隔离开关 S1 闭合。

（9）转速将继续上升，$f>5$Hz，SFC 解除脉冲闭锁，重新建立电流回路，SFC 以自然换相方式控制逆变器晶闸管，电机转速继续上升。

（10）励磁系统以恒励磁电流方式调节（大致等于额定空载励磁电流），定子电压与机组转速比例上升。

（11）当转速达到 90％额定值时，励磁切换为自动电压调节。

（12）当机组转速升到 95％额定转速时，SFC 将向启动用 LCU 发出“SFC 等待并网”的信号。

1）如果频率跟踪选择器在“退出”位置，SFC 将根据同步装置发出的“增速”和“减速”令来调节机组的转速。

2）如果频率跟踪选择器在“投入”位置，SFC 将其测得的电网频率作为频率基准值，并根据频率基准值来调节机组的转速。

（13）机组一旦满足同步条件，同步装置将会立即合上机组断路器，并发出“GCB 已合”信号至 SFC。

（14）SFC 接收到此信号后，立即将晶闸管桥闭锁，以防止在电网、电机和 SFC 之间形成环路。

（15）当 SFC 的电流为零时，SFC 立即自动断开输出断路器，解除电气轴。

（16）输出断路器断开以后，SFC 将向启动用 LCU 发出“输出断路器已断开”和“SFC 调节已停止”信号。

（17）SFC 自动重新回到备用状态，准备启动另外一台机组。如果没有机组可启动，SFC 将进入停止状态。

SFC 启动过程中参数的变化如图 13-3-7 所示。

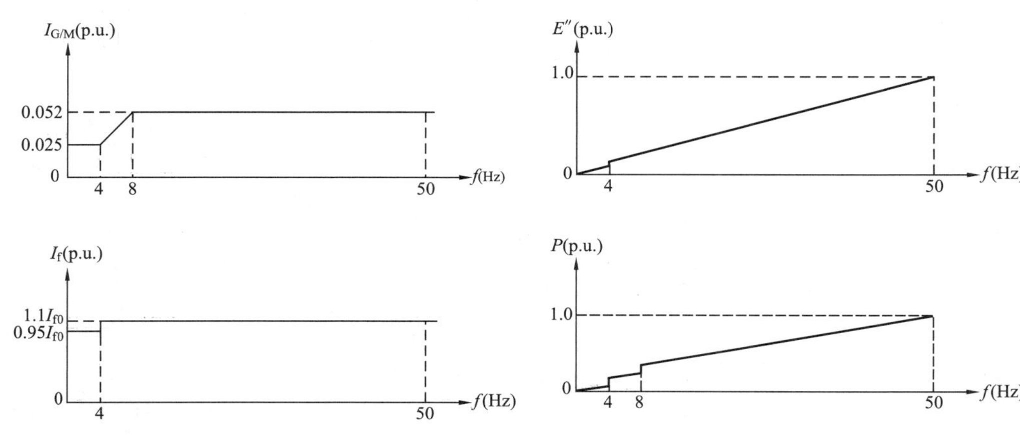

图 13-3-7　SFC 启动过程中参数变化

（六）SFC 的保护

SFC应当配备从输入变压器到输出变压器范围的保护，保护种类见表 13－3－1。保护配置情况如图 13－3－8 所示。

表 13－3－1　　SFC的保护种类

保护种类	代码	反映的故障	动作后果
输入变压器过电流	50T1	输入变压器的内部或外部故障	
低电压	27N	输入变压器的二次绕组电压过低	FI－PL，如果时间短于 3s，报警；长于 3s，跳断路器
网桥功率因数异常	55N	网桥功率因数异常	报警
网桥相位测量故障	78N	TR1 输出接地引起的网桥相位测量信号缺失或数值错误	FI－PL
网桥/机桥过电流	50NM	网桥/机桥的内部或外部故障	FI－PL，跳断路器
网桥过负荷	49	网桥过负荷	延时 FI－PL
网桥电流增长率越限	7N	短路引起的网桥/机桥电流增长率过高	FI－PL，跳断路器
网桥/机桥差动	87S	网桥/机桥范围内的故障	FI－PL
输入变压器差动	87T1	输入变压器内部故障	FI－PL，跳断路器
输入变压器瓦斯		输入变压器为油浸式时采用	FI－PL，跳断路器
接地故障	59G	回路接地	FI－PL，跳断路器
转子初始位置定位失败		三相电压之和超过定值（理论值为零）	FI－PL
机组过电压	59	磁场回路故障引起的机组过电压	FI－PL，跳断路器
机组过激磁/低激磁	24	各种原因造成的或低激磁过励磁	FI－PL
机组失磁	40	机组失磁	FI－PL，跳断路器
机组过速	12	转子过速	FI－PL
直流回路闭锁/解锁失败		强制换相方式下，不能关闭网桥或机桥，或不能解除对两个桥的闭锁	跳断路器
电动机启动失败转动	48	SFC 不能将机组从静止状态开始拖动	FI－PL
接触器吸合令未执行		水泵或风扇电动机的接触器未按照命令吸合	FI－PL
开关设备操作令未执行		输入/输出断路器、隔离开关 S1、S2 的断开、闭合命令未执行	FI－PL，跳断路器
转速实测值与给定值不一致		转速给定值未被执行	延时 FI－PL
开关设备状态矛盾		发电机断路器、输入/输出断路器、隔离开关 S1 和 S2 的断开状态信号和闭合状态信号同时出现	延时 FI－PL
过负荷	51T2	机组过负荷	延时 FI－PL
输出变压器过电流	50T2	输出变压器的内部或外部故障	FI－PL，跳断路器
机桥相位测量故障	78M	机桥输出接地引起的机桥相位测量信号缺失或数值错误	FI－PL
机桥功率因数异常	55M	机桥功率因数异常	报警
机桥输出电流增长率越限	7M	输出变压器或机组短路	FI－PL，跳断路器
输出变压器差动	87T2	输出变压器内部故障	FI－PL，跳断路器
低电压	27M	输出变压器的二次绕组电压过低	FI－PL，跳断路器
机组过电流	50M	机组短路	FI－PL，跳断路器
输出变压器瓦斯		输出变压器为油浸式时采用	FI－PL，跳断路器

表 13-3-11 中 FI-PL（Full Inverter-Pulse Locking）表示将整流桥改为逆变桥，将逆变桥的触发脉冲闭锁。这是关断两个晶闸管桥的最快速有效的手段，完成时间约需 7ms。在正常情况下，如果 FI-PL 和跳断路器命令同时发出，那么 FI-PL 命令总是先执行完毕。

（七）SFC 的容量估算

SFC 启动电机过程中，T_M 和 T_R 与转速的关系见式（13-3-6）和图 13-3-9。式（13-3-6）中的转动惯量 J 的计算式为

$$J=\frac{GD^2}{4g} \tag{13-3-20}$$

式中 GD^2——单位为 N·m²；

g——重力加速度，m/s²。

式（13-3-6）中的 ω 为机组的角速度，单位为 rad/s，与每分钟转数 n 的关系为

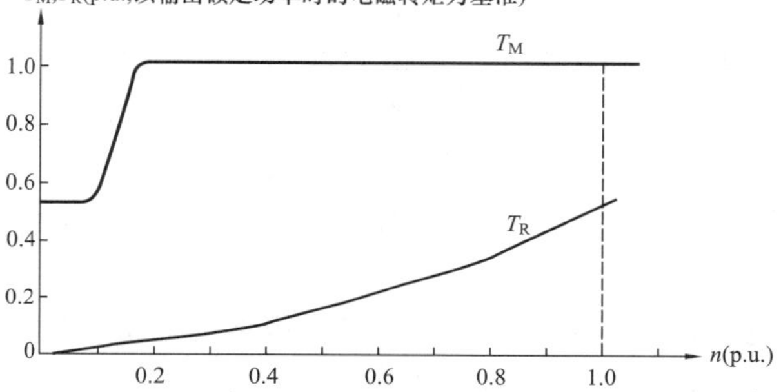

图 13-3-9　转矩随转速的变化曲线

T_M—SFC 的驱动转矩，N·m；T_R—机组的阻力转矩

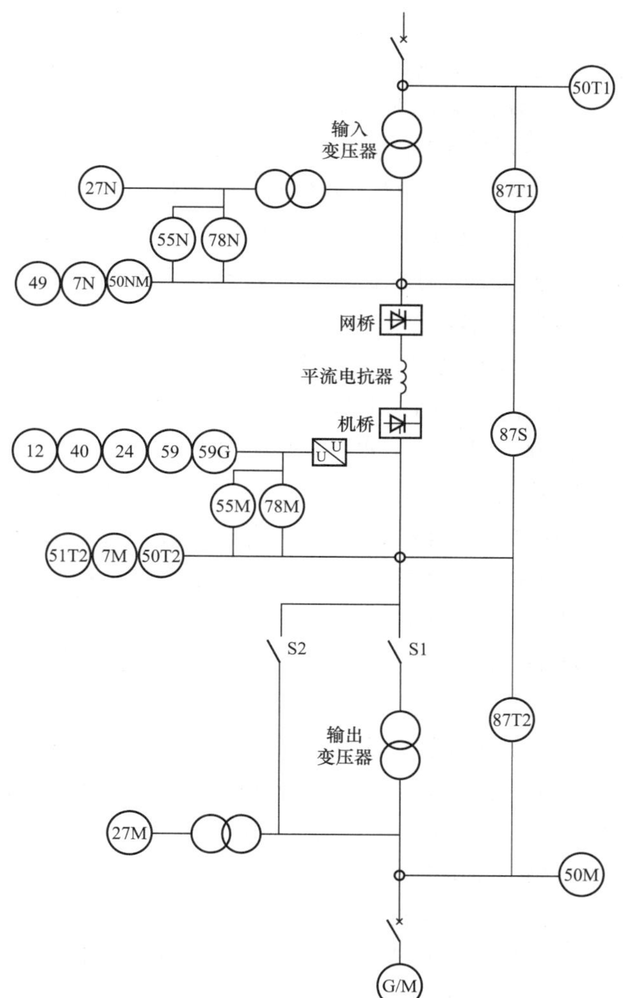

图 13-3-8　SFC 的保护配置

$$\omega=\frac{2\pi n}{60} \tag{13-3-21}$$

求解上述微分方程，得

$$\mathrm{d}t=\frac{1}{T_M-T_R}J\,\mathrm{d}\omega \tag{13-3-22}$$

$$t=\int_0^N\frac{1}{T_M-T_R}J\,\mathrm{d}\omega=\int_0^N\frac{1}{\frac{P_{SFC}-P_R}{\omega}}J\,\mathrm{d}\omega \tag{13-3-23}$$

$$P_{SFC}=T_M\omega$$

$$P_R=T_R\omega$$

式中 P_{SFC}——SFC 的容量，W；

P_R—— 机组启动过程中与阻力转矩相当的功率损耗，W。

某电站 P_R 与转速的关系见表 13-3-2。

表 13-3-2　功率损耗与转速的关系

功率损耗项目	功率损耗与转速的关系	功率损耗项目	功率损耗与转速的关系
转轮在空气中的阻力损耗	$P_1=\alpha n^3$	导轴承摩擦损耗	$P_4=\delta n^2$
发电电动机的空气阻力损耗	$P_2=\beta n^3$	电机空载铁损	$P_5=\varepsilon n^2+\kappa n$
推力轴承摩擦损耗	$P_3=\gamma n^{1.5}$	总损耗	$P_R=P_1+P_2+P_3+P_4+P_5$

可以看出，机组转速、飞轮力矩、额定容量和用户要求的启动时间及机组各部分损耗均会影响到SFC装置的容量选择。启动之前要利用压缩空气将转轮室的水压到尾水管中，使转轮与水脱离接触，以减少损耗，从而减少SFC的容量。一般说来，SFC装置的容量应满足在4.0～5.0min内将机组从静止状态加速到同步状态所需的最大功率要求。

P_R是转速的函数，方程的求解需借助专门的程序。P_{SFC}一般为机组容量（单位同为MW）的6%～10%。P_{SFC}与加速时间存在类似于反比例关系，增大P_{SFC}可以缩短加速时间，但P_{SFC}增大到一定程度时，缩短加速时间的效果不再显著。所以在电力系统对水泵启动时间没有过高要求的情况下，不必把SFC的容量选得太大。

（八）SFC的谐波问题及对策

SFC作为电网的非线性负荷，必然产生高次谐波，对厂用电造成一定的污染，对电力系统也有一些影响。但是，抽水蓄能电站的SFC是一种短时工作的设备，它对系统的污染和对厂用电的影响是短时的，不应该按照对连续运行的谐波源的限制条件来对它提出要求。近几年来，在招标工作中，因未能区分抽水蓄能电站与公共电网谐波分布的不同特点以及二者谐波限制标准的差异，对电能质量国家标准的理解不够全面，国内的蓄能电站在确定SFC的技术条件时，往往提出过于苛刻的要求，造成大部分国内蓄能电站的SFC均设置5、7、11、13、15、17次等高次谐波滤波器，不仅增加了成本，而且增加了地下洞室的开挖量。还有的电站采用12脉冲方案，虽然降低了谐波的影响，但增加了成本。

深入的研究已经证明，采用6脉冲方案、不设谐波滤波器的情况下，谐波的影响完全可以限制在允许的范围内。如果要进一步消除蓄能电站的谐波污染，关键是合理选择接线方式，只要接线合理（增大高压厂用变压器与SFC的电气距离、设置输入变压器或隔离变压器等），就不会对系统和厂用电造成影响，高次谐波滤波器可以不设。事实上，欧美和日本大量抽水蓄能电站都采用6脉冲方案，且不设滤波器，从来没有因此造成危害。

合理的谐波限制指标应当只针对SFC与电站厂用电的连接处提出，而且只提出该点的电压总畸变率THD。这是因为，不论是理论分析还是工程实践都证明，SFC对超高压公共系统（220kV及更高电压的系统）的污染从来就不会超标。唯一应当考察的是400V厂用电的谐波，但由于运行方式的多样性，400V厂用电的谐波很难准确计算。但有一点是清楚的，400V厂用电的谐波电压总畸变率肯定低于15.75kV（或18kV）处的谐波电压畸变率，这是因为在从谐波源向其他电压等级的网络传送时，谐波电压畸变率总是渐次降低的。如果15.75kV（或18kV）处的谐波电压畸变率不超标，那么400V厂用电的谐波电压畸变率肯定不会超标。国家标准对400V公用电网谐波电压限值见表13-3-3。

表13-3-3　国家标准对400V公用电网谐波电压限值（相电压）

电网标称电压（kV）		0.4
电压总谐波畸变率 *THD*（%）		5.0
各次谐波电压含有率（%）	奇次	4.0
	偶次	2.0

事实上，可以将上述指标作为对SFC与高压厂用变压器的连接处（15.75kV或18kV）的谐波电压畸变率限制指标。考虑到SFC谐波的短暂性，根据IEEE Std. 519 1992关于短时谐波的规定，必要时，可以将上述指标放宽50%。如果优化SFC和厂用电的接入方式，对抑制谐波的功效十分显著。图13-3-10所示为SFC和厂用高压变压器的几种接线方案。

分析表明，图13-3-10中方案（c）和（f）的谐波源距400V厂用电的电气距离最远，对于抑制谐波的功效最佳。但首台发电时，厂用电将完全依赖外来电源，运行会有一些不便。方案（e）的谐波源距400V厂用电的电气距离最近，对于抑制谐波最为不利，应慎重采用，必须采用时应考虑设置谐波滤波器。

需要指出的是，方案（a）、（b）抑制谐波的效果虽然不如方案（c）和（f），但也广泛采用，没有出现谐波引起的问题。方案（d）加大了谐波源距400V厂用电的电气距离，也解决了首台发电时的厂用电问题。

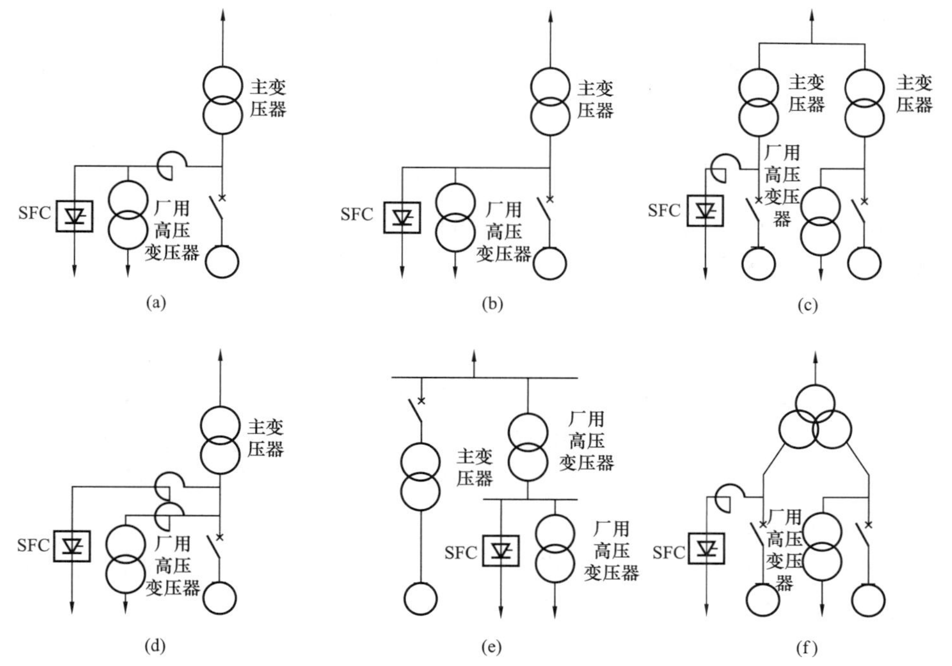

图 13－3－10　SFC 和厂用高压变压器的几种接线方案

(a) 共用电抗器接入；(b) 不经电抗器接入；(c) 分别接至不同的发电机—变压器组（联合单元）；(d) 分别经电抗器接入；(e) 从厂用高压变压器引接；(f) 分别接至不同的发电机—变压器组（扩大单元）

三、背靠背启动

（一）概述

背靠背启动方式也称为同步启动方式，是用一台机组作为发电机，提供频率逐渐升高的电流，另一台待启动机组作为电动机，利用前者输出的变频电流同步地逐渐加速到额定转速。启动母线设置在发电机电压侧的称为低压背靠背启动，设置在主变压器高压侧的称为高压背靠背启动。图 13－3－11 所示为这两种方式的基本接线。

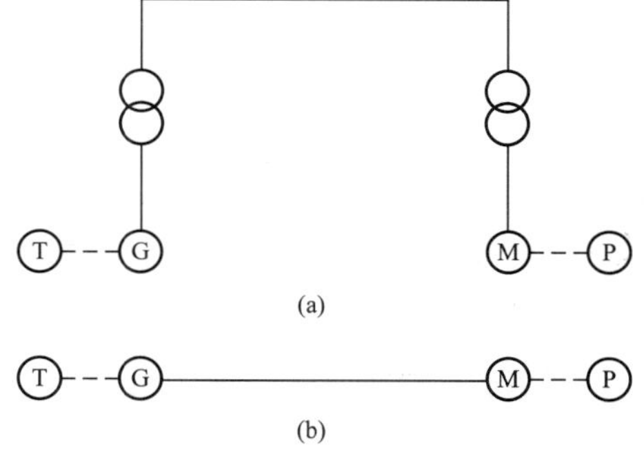

图 13－3－11　背靠背启动示意图

(a) 高压背靠背启动；(b) 低压背靠背启动
G—发电机；M—电动机；T—水轮机；P—水泵

背靠背启动的主要步骤如下：

(1) 打开作为发电机的机组的中性点隔离开关，以避免定子接地保护误动作。

(2) 将作为发电机的机组机端的拖动隔离开关合上，被拖动隔离开关打开。

(3) 将作为电动机的机组机端的被拖动隔离开关合上，拖动隔离开关打开。

(4) 合上作为发电机的机组的断路器，将两台机组连接起来。

(5) 给两台机组同时分别施加励磁，建立电气轴，并维持恒励磁电流。

(6) 逐渐打开作为发电机的机组的同轴水轮机的导叶，机组由水轮机驱动零起升速，另一台则作为同步电动机被发电机驱动零起升速。

(7) 达到同步转速后电动机并网，然后断开发电机与电动机的连接，解除电气轴。

以上这种方式会使电网在短时间内同时接到两台机组上。如果恰巧此时机组出口发生短路，由于两台电机和电网同时向短路点供电，短路电流将很大，但发生这种事故的概率很低。尽管如此，有的用户还是希望在并网之前断开驱动电源，相应的后续启动步骤与 SFC 启动的第二种方案类似。

我国的抽水蓄能机组多采用低压背靠背方式。为了减少启动过程中的阻力转矩，大都采用转轮室充气压水的方式。在转轮室压水的条件下，背靠背启动的功率仅为被启动机组额定功率的 6%～10%或略高（与规定的启动加速时间有关）。背靠背启动不需电网供给电源就可启动机组，对系统无扰动。

如果电站的所有机组都是可逆式抽水蓄能机组，那么采用背靠背方式启动时，总有一台机组无法启动。背靠背方式通常作为SFC启动的后备手段。国外有些抽水蓄能电站利用本电站或附近电站的常规发电机组实现背靠背启动，不设SFC，但这种方式在我国尚未采用过。

（二）影响背靠背方式启动的参数

背靠背方式的启动过程可以分为两个阶段，第一阶段为启动同步阶段，从启动机组的导叶开启到被启动机组与启动机组达到同步为止；第二阶段为同步加速阶段，即被启动机组与启动机组达到同步后直到被启动机组并网的阶段。

影响启动成败的因素主要有：

（1）两机的励磁电流及其比值。背靠背启动过程中，励磁电流的作用在于保持两台机的同步，励磁电流过小会导致转子磁场过弱，影响两机的同步。理论研究和工程实践都表明，背靠背方式启动过程中，如果两台机参数相同，两台机组的励磁电流宜设为接近额定空载励磁电流。各电站取值不尽相同，最佳的励磁电流应通过试验确定，大致为（0.9～1.3）I_{f0}（I_{f0}为机组的额定空载励磁电流）。通常启动机组的励磁电流略高于被启动机组的励磁电流。

（2）两台机组的加速转矩。研究表明，背靠背启动过程中两台机组的加速转矩相等，且和启动机组由水轮机输入的轴转矩与被启动机组的机械阻力转矩之差成正比。

$$T_{accg}=T_{accm}=\frac{1}{h+1}(T_{mg}-T_{resm}) \tag{13-3-24}$$

式中 T_{accg}，T_{accm}——分别为启动机组和被启动机组的加速转矩；

T_{mg}——启动机组水轮机输入的轴转矩；

T_{resm}——被启动机组的阻力转矩；

h——启动机组与被启动机组的转动惯量之比。

当两台机组参数相同时，式（13－3－24）变为

$$T_{accg}=T_{accm}=0.5(T_{mg}-T_{resm}) \tag{13-3-25}$$

T_{mg}与导叶开启速度和导叶开度有关。日本安昙和水殿两个抽水蓄能电站的导叶开启速度分别为0.25%/s和0.56%/s，导叶开度分别为25%和35%。广州抽水蓄能电站A厂的试验表明，导叶开启速度为1%/s～5%/s时，可以保证启动成功。

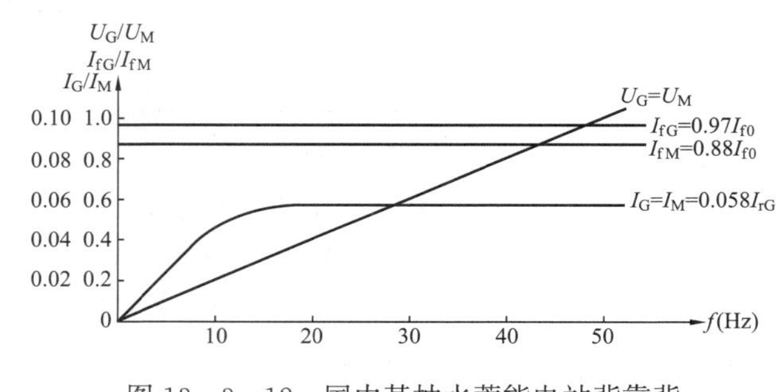

图13－3－12 国内某抽水蓄能电站背靠背启动过程中参数的变化

每个具体电站背靠背启动过程中的励磁电流以及导叶开启速度和导叶开度的最佳取值要通过试验确定。图13－3－12所示为国内某抽水蓄能电站背靠背启动过程中参数的变化。

（三）背靠背启动过程中的事故停机问题

背靠背启动过程中，如果两台机组内部或连接母线上发生了电气或机械事故，两台机组都应当灭磁、停机、跳闸。由于此时回路中只有启动机组的GCB闭合，跳闸也就专指跳启动机组的GCB。

GCB是按照额定频率50Hz设计的，其开断能力与50Hz相对应。背靠背启动过程中，回路电流的频率低于50Hz，此时开断GCB有可能造成GCB的损毁。为了解决这个问题，应当首先将两台机组灭磁，然后立即开断GCB。灭磁后的两台电机变为极弱励磁（转子铁芯的残磁励磁）的同步电机，甚至可以视之为异步电机，二机虽然仍连接在一起，但电流极小，开断GCB就没有危险了。

实现以上的过程的困难之处在于，如果事故发生在一台机组内，本机的继电保护或机械保护检测到了，可以按顺序先停机、灭磁，后跳闸；而另外一台机组的保护可能没检测到这个事故（尤其是机组机械事故，不易被其他机组检测到），也就无法按顺序先停机、灭磁、跳闸。此时，发生事故的机组应当将信息发到与其连接的另一台机组，使其按正确顺序完成事故停机。现有的继电保护装置不能承担此项任务，因为每台机组的继电保护只负责本机保护，不能指挥其他机组的事故停机过程。此外，

继电保护也不能检测机组的机械事故。

为了解决这个问题，专司启动的 LCU5 应当设一个软件模块实现相应的功能。如果背靠背启动过程中任意一台机组发生需要停机的电气或机械事故，本机的 LCU 应按顺序停机、灭磁，并将信息发给 LCU5，LCU5 事先知道哪两台机组正处在背靠背启动过程中，所以可将信息传送给与其连接的另一台机组的 LCU，使之也顺序先停机、灭磁。在确认两台机组都已灭磁后，启动机组的 LCU 发令跳开 GCB。由此可见，背靠背启动过程中的事故停机过程有别于正常运行时的停机，所以应当设专门的程序模块执行。如果启动过程中没有事故，启动过程完毕后，上述软件模块退出运行。

为了确保背靠背启动过程中 GCB 的安全，宜在 GCB 的跳闸回路中串联一个硬接点，该接点在频率高于 48Hz 时闭合。频率低于此值则断开，闭锁跳闸回路。

四、全站机组水泵工况启动时间计算❶

采用变频启动的抽水蓄能电站中，往往以背靠背启动方式为备用。紧急情况下，为了全站机组水泵工况快速启动，同时采用变频启动和背靠背启动，变频启动和背靠背启动过程及相应的时间见表 13-3-4，启动准备包括电气设备操作、转轮室压气、发电电动机起励，背靠背启动时还包括拖动发电机起励。高水头机组停机时球阀已经关闭，启动准备不包括球阀操作；加速是指机组转速自零增至额定转速的过程，同步并网过程只包括机组追踪系统频率和同步合闸的过程，不是从自动准同步装置投入开始；加载过程从发电电动机并网瞬间开始，包括排水充水，打水造压，开进口主阀和导水叶开启过程，这时机组已并入系统，从系统吸收有功功率，除最后一台机以外，其他机组水泵工况加载不占用启动时间。背靠背启动的拖动发电机，在前一台机组并网后必须制动停机，转速降至零后才能准备启动另一台机组，或被进行水泵工况启动。

表 13-3-4　机组启动时间

启动方式	变频启动	背靠背启动	启动方式	变频启动	背靠背启动
启动准备时间	t_1	t_5	加载时间	t_4	t_8
加速时间	t_2	t_6	发电机制动时间		t_9
同步并网时间	t_3	t_7			

图 13-3-13 所示为某抽水蓄能电站机组水泵工况启动时序图。图 13-3-13（a）所示为采用变频

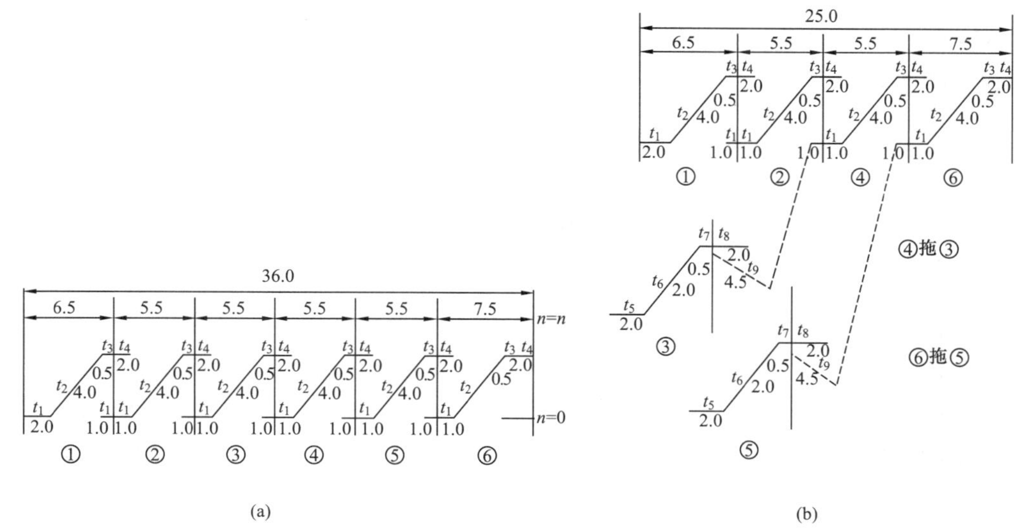

图 13-3-13　全站机组水泵工况启动时间

（a）变频装置逐台启动；（b）变频和背靠背混合启动

装置逐台启动，从第一台机组准备启动至最后一台机组满抽历时 36min；图 13-3-13（b）所示为变频

❶ 陈志鑫．抽水蓄能机组可控硅变频启动．水利水电工二次设计通信．1992（2）。

启动和背靠背启动同时使用的情况。由于受电站启动母线以及高压压气设备容量限制，只考虑一拖一的背靠背启动方式，只能同时启动两台机组。第三台机组必须在两台机组压气结束后才能开始压气，全部机组启动完毕历时25min，这是启动最快的组合方式，其他方式类推。

第四节　抽水蓄能机组的励磁系统

一、抽水蓄能机组励磁系统的特点

（一）抽水蓄能机组的运行方式与励磁控制

1. 抽水蓄能机组的运行方式

抽水蓄能机组作为可逆式同步电机，其工作特性可在以 $P-Q$ 为坐标的平面中予以表征，如图13-4-1所示。

机组作为发电机运行时，向系统输送有功功率，如果同时发出无功功率则电机运行在发电机滞相（$P-Q$ 平面的第Ⅰ象限）；机组作为发电机运行时，如果同时吸收无功功率，则电机运行在发电机进相（第Ⅱ象限）。机组作为电动机运行时，如果同时发出无功功率，机组运行在电动机滞柜（第Ⅳ象限）；机组作为电动机运行时，如果同时吸收无功功率，机组运行在电动机进相（第Ⅲ象限）。当系统需要调整功率因数与电网电压时，机组可作为同步调相机运行，向系统输出或吸收无功功率，同时吸收少量的有功功率，此时机组运行在 $P-Q$ 平面的Ⅰ、Ⅱ象限靠近 Q 轴的区域。不同工况下的功率流向见表13-4-1。

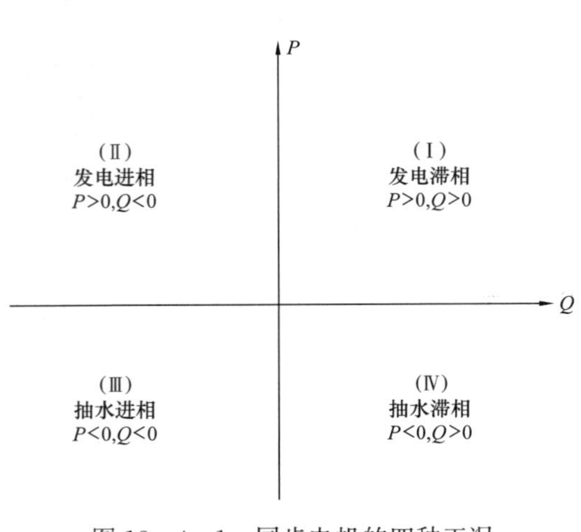

图13-4-1　同步电机的四种工况

表13-4-1　同步电机不同工况下的功率流向

励磁	滞相运行（过励）		进相运行（欠励）	
功率	有功功率	无功功率	有功功率	无功功率
同步发电机	发出	发出	发出	吸收
同步电动机	吸收		吸收	
同步调相机	少量吸收		吸收	

2. 励磁对抽水蓄能机组运行方式的影响

同步电机的功率表达式为

$$\left.\begin{aligned}P&=\sqrt{3}UI\cos\varphi=\frac{EU}{X_d}\sin\theta\\Q&=\sqrt{3}UI\sin\varphi\end{aligned}\right\}\qquad(13-4-1)$$

式中　E——同步电机空载电动势；

U——同步电机端电压；

I——定子电流；

θ——转子功率角；

X_d——纵轴同步电抗；

φ——功率因数角；

P——有功功率；

Q——无功功率。

抽水蓄能机组有功功率的方向是由水机的工作方式（作为水轮机还是水泵）决定的，有功功率的大小靠调速器调节；无功功率的大小与方向则靠励磁电流调节。同步电机的电动势 E 是励磁电流的函数，改变励磁电流，E 的幅值、E 与 U 的夹角 θ、功率因数 $\cos\varphi$ 都将发生相应的变化，可使同步电机处于“过励”和“欠励”状态。同步电机不同工况下的向量图如图13-4-2所示，图中忽略了 X_d 和

X_q 的差别，电流的方向遵从“发电机惯例”。

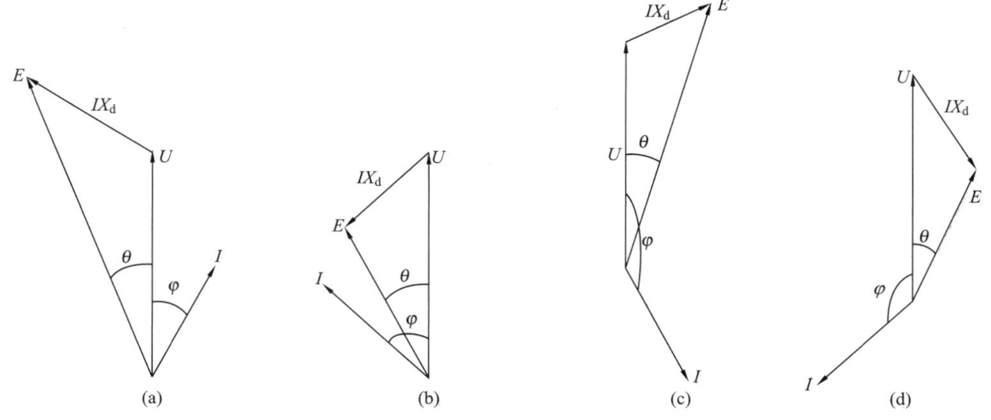

图 13-4-2　同步电机四种工况下的向量图

(a) 发电滞相 ($\theta>0$, $90°>\varphi>0°$); (b) 发电进相 ($\theta>0$, $0°>\varphi>-90°$);

(c) 抽水滞相 ($\theta<0$, $180°>\varphi>90°$); (d) 抽水进相 ($\theta<0$, $-90°>\varphi>-180°$)

3. 励磁调节器的基本运行方式

励磁调节器的基本运行方式有自动电压调节（AVR）和自动励磁电流调节（AER），后者也被称为“手动调节方式”。无功功率调节（AQR）和功率因数（PFR）调节作为附加调节方式，可以叠加在自动电压调节方式之上。

自动电压调节以发电机机端电压和其设定值的差值作为 PI（比例积分）调节器的输入，以脉冲输出控制整流柜的输出电流，从而保持机端电压为恒定值。自动励磁电流调节以发电机励磁电流与其设定值的差值作为 P（比例）调节器的输入，以保持励磁电流为恒定值的方式控制发电机的运行。

无功功率调节方式以发电机无功功率和其给定值的差值作为其输入，将此差值转化为 AVR 定值的增减命令，使其上升或下降，将无功功率保持在某一范围内。功率因数调节方式与之相似。无功功率控制方式和功率因数调节方式只有在机组并网后才可能起作用。

4. 各种调节方式的适用场合

机组作为发电机或调相机并网运行时，一般采用无功功率调节方式。这种情况下，电力系统对抽水蓄能电站的电压控制要求以高压母线电压给定值的方式下达，电站计算机监控系统的 AVC 功能将这些给定值转化为对每台机组的无功功率给定值，经 LCU 下达给励磁系统。

机组作为水泵运行时，受其水力机械特性的限制，总是处于满载状态，电动机的有功功率基本上不可调节。蓄能机组作为电动机时额定功率因数很高，无功功率可调范围很小，所以电动机运行时多采用恒功率因数调节方式。

机组采用静止变频器启动时，一般采用自动励磁电流调节方式，励磁电流略小于空载励磁电流。当机组电压升到接近额定值（90%的额定值）时，转为自动电压调节方式，满足同期条件后并网。机组采用背靠背启动时，两台机都采用自动励磁电流调节方式，励磁电流略小于空载励磁电流。当机组电压接近额定值（90%的额定值）时，转为自动电压调节方式，满足同期条件后并网。

机组的停机过程中电制动时，为保证短路的定子电流恒定，励磁调节采用自动励磁电流调节方式，将定子电流控制为等于或略小于额定电流。线路充电和黑启动时，电网不能提供励磁电源，励磁系统可以残压起励或借助电站蓄电池，以直流起励方式启动，励磁调节采用自动电压调节方式。

（二）抽水蓄能机组励磁系统主回路的选择

当前大中型水电机组大部分采用自并励静止励磁接线方式，如图 13-4-3 所示。励磁系统主要由励磁变压器，三相全控整流桥、磁场开关、灭磁设备以及励磁调节器等组成。

当抽水蓄能机组作为同步电动机启动时，不论采用何种拖动方式，从一开始就要向励磁系统施加励磁电流。如果采用常规自并励系统主回路接线方式，则无从获得励磁电源。为了解决这个问题，需要另设启动变压器（ST），从厂用电获得启动过程中所需的励磁电源。启动完成后，将交流电源切换到接在机端的励磁变压器侧供电。电制动过程中，启动变压器提供制动过程中所需的励磁电源。此方案需要增加启动变压器，两个交流回路要互相切换，接线及控制较为复杂，如图 13－4－4（a）所示。

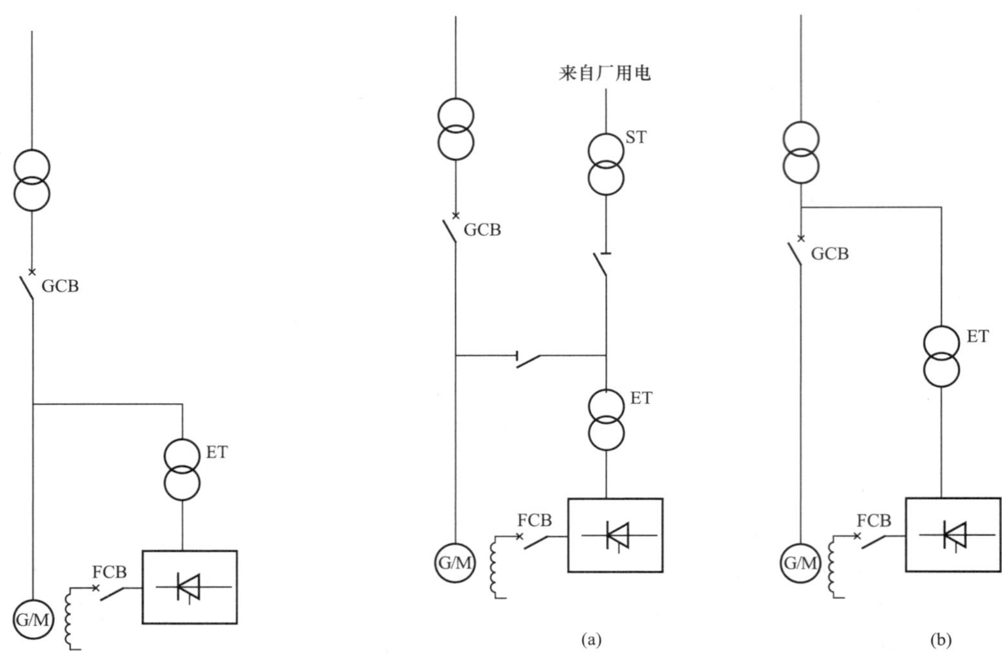

图 13－4－3　常规水轮机组的励磁系统接线

图 13－4－4　抽水蓄能机组的励磁系统接线
（a）方案一；（b）方案二

事实上，上述方案现在已很少采用。新建的抽水蓄能机组的励磁变压器大都接在发电机断路器的外侧，这样，机组从启动之初就可从系统侧获得励磁电源，如图 13－4－4（b）所示。这种方式无需设置额外的初始励磁回路和启动励磁回路设备。励磁系统根据开停机逻辑控制顺序指令采用恒励磁电流调节方式直接控制晶闸管整流桥的输出来实现发电电动机的起励、水泵工况下的同步启动和停机时的电气制动。这种主回路接线简单、设备少，启停和工况转换过程中不需切换励磁功率电源。这种励磁方式还有一个优点：在逆变灭磁过程中，由于晶闸管整流桥作为逆变桥时是负载换相式电流源，负载是电网，电网稳定的三相交流电压可以保证逆变过程顺利完成。其缺点是励磁系统的故障有可能影响到本机组以外设备的安全运行。例如，主接线采用联合单元方式时，励磁系统的故障可能导致相邻机组退出运行。但大型抽水蓄能机组机端都采用离相封闭式配电装置（包括励磁变压器），故障几率极小，而励磁变低压侧设备故障可通过在励磁变压器低压侧设备断路器将故障隔离，所以这个缺点并不严重。

在机组启动过程中尚未并入电网时，这种励磁方式实际上是他励；在机组正常并网运行时，励磁方式是自并励。

二、抽水蓄能机组的励磁系统实例——天荒坪抽水蓄能电站的励磁系统

（一）概述

天荒坪抽水蓄能电站装机容量为 6 台×300MW，蓄能机组采用的启动方式主要有静止变频器 SFC 和背靠背两种同步启动方式。其励磁系统主回路线如图 13－4－5 所示。

励磁系统主要参数如下：

（1）励磁变压器额定电压：18kV/0.510kV。

（2）额定励磁电压：233V。

（3）额定励磁电流：1764A。

（4）空载励磁电压：126V。

（5）空载励磁电充：953A。

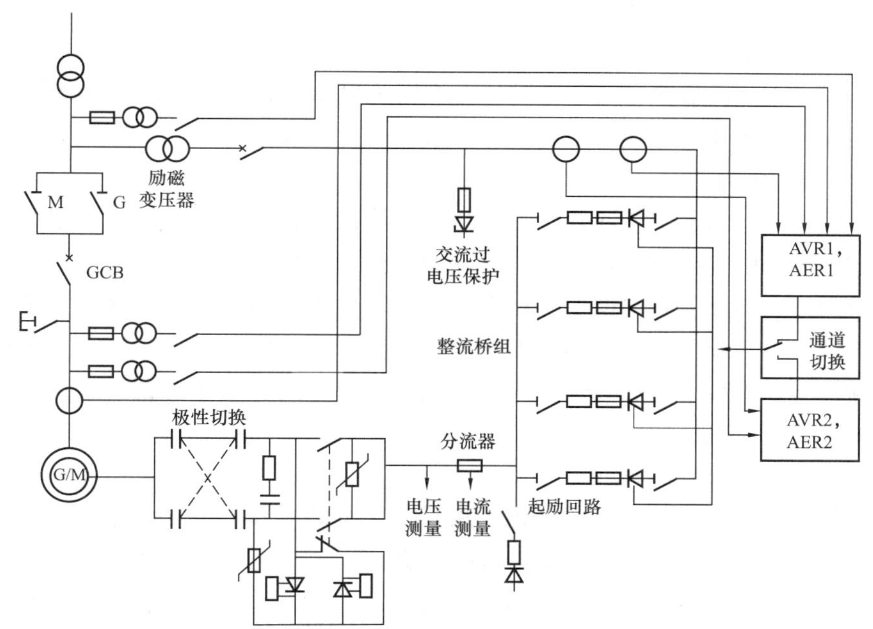

图 13-4-5　天荒坪抽水蓄能电站机组的励磁系统

（6）强励顶值电压：583V。

（7）强励顶值电流：3528A。

（8）强励时间：20s。

（二）励磁系统的组成

（1）励磁变压器。由三个环氧浇注的单相变压器构成，每个单相变压器分别安装于各自封闭的金属柜内。变压器额定容量 3×470kVA，变压比 18/0.51kV、H 级绝缘，采用自然冷却方式，允许温升为 80K。

（2）功率整流柜。晶闸管整流器由四柜并联构成，按三相全控桥接线。每个整流桥及其附件如快速熔断器、脉冲放大器、套管式均流铁芯、阻容吸收电路等设备安装于一个柜体中。每个整流桥由 6 个反向峰值电压为 2600V 的晶闸管元件构成，每柜可在 45℃环境温度下连续输出 1000A。在每个整流桥直流侧和交流侧均设有隔离开关，便于整流桥的投入和切除。即使一个整流桥退出运行，其余的三个整流桥仍能满足励磁系统的全负载运行。

（3）起励回路及灭磁装置。正常情况下励磁变高压侧有电源，起励电流可直接由整流器提供。当机组需黑启动时，起励电流经起励接触器取自电站直流 220V 系统，起励电流为 140A，起励时间 4s。当起励电流使机端电压升至 5%的发电机额定电压时，晶闸管整流器开始工作，使机组电压上升至额定值。在励磁电流达到 20%的空载励磁电流时，自动断开起励接触器，退出起励回路。由于抽水蓄能机组启停十分频繁，机组正常停机时先由整流器作逆变运行灭磁，然后直流接触器在无负载的情况下断开，从而提高直流接触器的寿命。在发生电气事故时，不宜实现逆变灭磁，灭磁由灭磁装置完成。灭磁装置由一个带主触头及辅助触头的直流接触器（CEX2000 型）和碳化硅非线性灭磁电阻构成。此直流接触器的最大开断电流为 18000A，最大开断电压为 1500V。非线性电阻允许流过的最大电流为 5000A，此时电阻两端的最大电压为 1100V，可吸收能量 4200kJ。当灭磁装置接到跳闸信号时，直流接触器立即断开励磁电源，同时其辅助触头将非线性电阻接入机组的转子回路，使转子回路快速灭磁。为了提高事故时灭磁的可靠性，此直流接触器装有双跳闸线圈。

（4）过电压保护装置。在整流器的交流侧和直流侧均装设了过电压保护。交流侧采用硒堆过电压限制器，以限制尖峰电压。直流侧过电压保护电路由两个极性相反的晶闸管元件并联构成跨接器，跨接器接通时将灭磁电阻接入。如果直流侧过电压值超过晶闸管触发模块的设定值 1500V，则相应的晶闸管元件导通将灭磁电阻接入转子绕组，抑制直流侧过电压。同时相应的监视继电器动作，如过电压在整定时间内仍不消失，保护装置将动作于机组跳闸、停机。

(5) 励磁调节器。励磁调节器采用双通道结构，两通道相互独立，每个通道由一套 GMR3 型数字式励磁调节控制构成，数字调节器可进行自动电压调节（AVR）和自动励磁电流调节（AER）。两个调节通道输出的晶闸管触发脉冲信号经公用的脉冲切换单元、脉冲监视单元和脉冲分配单元，将触发脉冲信号送至四个整流器功率柜。

(6) 励磁调节器软件。励磁调节器软件主要包括操作系统、调节器程序以及用于子处理器的子程序。其中运行于主处理器中的调节器程序逻辑可编程软件，采用功能模块语言编程，即利用操作系统所包含的按执行时间最优构成的软件模块进行编程。运行于子处理器中的子程序和运行主处理器中的操作系统则为硬件。操作系统负责输入和输出变换、调节器程序的协调以及调节器串行口的通信，并能提供一些自诊断功能，子程序用在各子处理器中处理相关时间要求非常快速的信息，如晶闸管触发角计算、形成触发脉冲、实测值计算等。

（三）不同运行工况下的励磁调节

天荒坪抽水蓄能机组设有发电、发电调相、水泵、水泵调相等工况。励磁系统除要具备一般常规励磁系统的功能外，还要满足机组水泵工况的同步启动、水泵工况运行和停机电制动的要求。

(1) 水泵工况同步启动。在 SFC 或背靠背启动过程中，励磁调节器运行于自动励磁电流调节方式（AER）。当水泵启动条件具备时（SFC 或背靠背启动方式已选定，励磁系统已为机组启动做好准备，机组转速低于 1%），通过电站监控系统或励磁现地控制界面发出“励磁投入”命令使磁场断路器闭合。励磁调节器按确定的设定值提供励磁电流，并保持此励磁电流值直至机组转速升到 90%的额定转速，然后自动将调节器从自动励磁电流调节方式切换到自动励磁电压调节方式，以准备同步并网。

(2) 水泵运行方式。抽水蓄能机组在电力系统中以水泵方式运行时，将使水泵机组尽可能保持在功率因数 $\cos\phi\approx1$ 的状态下运行。

(3) 停机电制动。电制动时，励磁系统工作于自动励磁电流调节方式。当电制动具备投励磁条件时（如励磁系统无事故和停止命令；机组电制动信号已发出；机组转速大于 1%，且小于 95%；发电电动机断路器处于断开位置等）通过电站监控系统或励磁柜现地控制面板发出“励磁投入”命令，使机组电制动短路开关和磁场断路器先后闭合，机组进入电制动状态。当机组转速小于 1%，电制动过程结束。当机组停止转动时，励磁系统通过内部的发电机电流监测，自动切除励磁电流。

综上所述可以看出，抽水蓄能机组的励磁系统主设备与常规机组的相同，但运行方式比常规机组复杂得多。

第十四章

抽水蓄能电站电气部分

第一节　电 气 主 接 线

一、概述

（一）抽水蓄能电站接入系统的特点

（1）为有利于电网的主环网安全运行和可靠性，不应有穿越功率通过。为充分发挥抽水蓄能电站在电网主环网中的特殊作用与效益，不承担近区负荷供电。在满足输送容量、系统稳定和可靠性要求的前提下，出线回路数应尽量减少，对于大型抽水蓄能电站出线电压为500kV时，采用1～2回；220kV时2回及以上。

（2）由于电力系统主网架已形成多层紧密的环网，抽水蓄能电站不接入主网架，而在主网架外以辐射方式接入系统。电站与电力系统连接的输电电压等级均采用一级，以辐射方式接入到电网主环网架上，可以保证主环网架安全运行和供电可靠，简化抽水蓄能电站高压侧接线，有利于节省电站投资。因此，抽水蓄能电站接入电网方式比起常规水电站接入电网方式要简化。

（二）抽水蓄能电站电气主接线的设计特点

（1）电气主接线设计对电站本身和电力系统的安全、可靠运行起着十分重要的作用，应根据电站单机容量和台数、出线电压和回路数、系统和电站对主接线可靠性及机组运行方式等的要求，并结合枢纽布置和开关站型式等，通过技术经济比较后确定。电气主接线在满足电网对电站运行安全、可靠、灵活要求的前提下应尽量简化，以节省设备投资和土建费用。

（2）电气主接线与机组的启动方式、同期方式、可逆式机组的换相开关的设置方式、厂用电源的引接方式等密切相关。与常规水电站相比，抽水蓄能电站的电气主接线既有一定的相似之处，又有其独特之处。故其接线形式既有简化的特点，又有复杂的一面。

（3）电气主接线设计与主变压器、配电装置等主要电气设备的容量、台数、型式的选择与布置，对电站主要机电设备的继电保护、监控系统设计，厂房布置、枢纽布置以及机电设备和土建投资、环境保护等都密切相关。因此，应重视电气主接线设计。

二、发电变压器组接线

（一）接线方式

与常规水电站一样，发电机—变压器组合接线方式通常有单元接线、联合单元接线和扩大单元接线三种形式。当前抽水蓄能电站发展趋势为水头高、单机容量大、埋深大，厂房和主变压器一般多布置在地下。根据电站运行特点，从接线可靠性、主变压器运输条件、低压侧引线连接方式、高压侧引线的布置复杂性、主变压器故障影响范围、运行灵活性、操作和维护量的大小等因素综合分析，三种发电机—变压器组合形式特点的比较见表14-1-1。是否采用联合单元或扩大单元，应视其在系统总装机容量所占比例以及其在系统调峰容量中所占比例的大小，经充分论证后确定。

表 14-1-1　　发电机—变压器组合方式比较

项　　目	单元接线	联合单元接线	扩大单元接线		
图　　示	见图 14-1-1	见图 14-1-2	见图 14-1-3		
变压器形式	三相双绕组	三相双绕组	三相 分裂式	单相 分裂式	组合三相 分裂式
单台变压器运输重量	易满足要求	易满足要求	难满足要求	易满足要求	易满足要求
主变压器低压侧引线布置	简单	简单	简单	复杂	简单
离相封母线长度，电能损耗	较短	较短	较短	较长	较短
主变压器高压侧引线布置	比较简单	复杂	简单	简单	简单
主变压器运行灵活性	灵活	比较灵活	不太灵活	不太灵活	不太灵活
主变压器故障对系统影响	主变压器故障或检修，停 1 台电动发电机	主变压器故障或检修，停 1 台电动发电机（短时停 2 台）	主变压器故障或检修，停 2 台电动发电机	主变压器故障或检修，停 2 台电动发电机	主变压器故障或检修，停 2 台电动发电机
对高压侧接线影响	较复杂	较简单	简单	简单	简单
投资	最高	较高	最低	较高	较低
计及故障电能损失年运行费	高	低	最低	较高	
设备布置	高、低压侧布置清晰简单	低压侧布置清晰简单，高压侧布置稍复杂	高、低压侧布置清晰简单	高压侧布置简单，低压侧母线布置较长	高、低压侧布置清晰简单
设备运输	公路与铁路运输均可，一般不受限制	公路与铁路运输均可	主变压器重量较重，运输可能困难	公路及铁路运输均可	公路及铁路运输均可

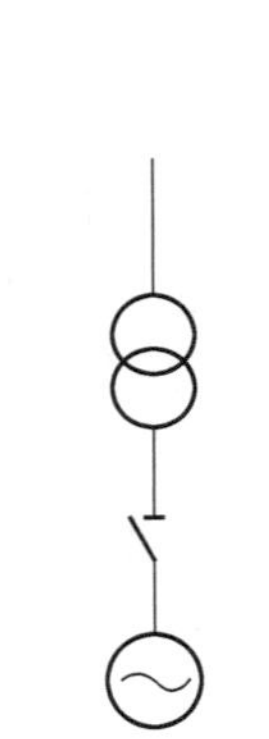

图 14-1-1　单元接线

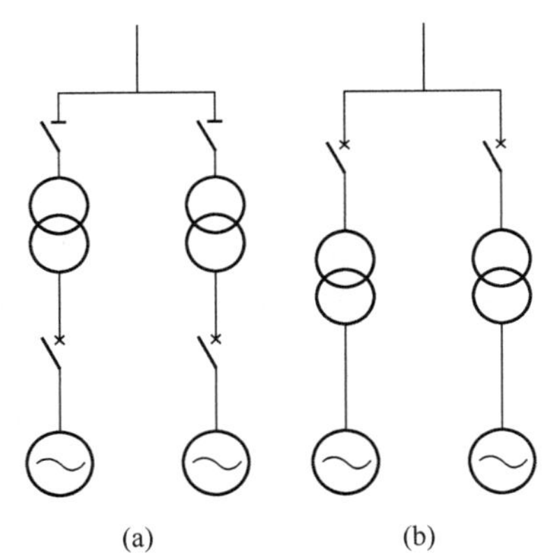

图 14-1-2　联合单元接线

（a）联合单元接线之一；（b）联合单元接线之二

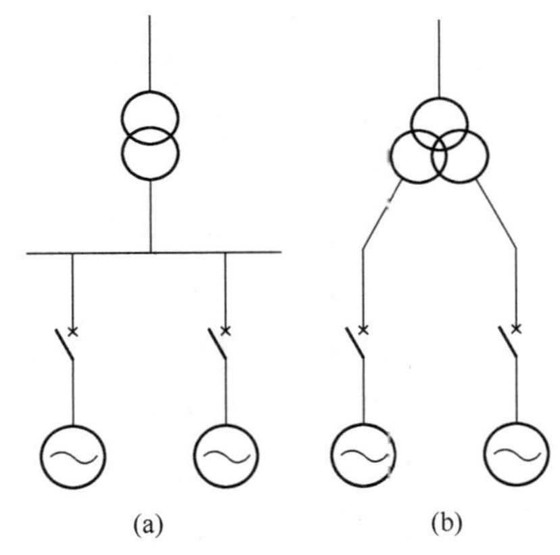

图 14-1-3　扩大单元接线

（a）扩大单元接线之一；（b）扩大单元接线之二

（二）主变压器型式对接线方式的影响

根据抽水蓄能电站在电网中的特殊作用和运行特点，发电机—变压器组合方式应该满足运行灵活可靠，投资和运行费低的要求，除单机容量、装机台数外，电站的出线电压、变压器不同型式的组合特点也是关键因素。当单机容量大而装机台数少（如 1～2 台）时，可考虑单元接线，其他情况应考虑联合单元接线或扩大单元接线。而扩大单元接线又常常受变压器型式制约，分为三相双绕组和双分裂、三分裂变压器几种方式。通常抽水蓄能电站距负荷中心近，其运输条件要好于大多数常规水电站，运输的极限重量和尺寸较宽松，质量一般在 200～220t。三相分裂式变压器运输重量和尺寸较大，单台容量大于 450MVA 的变压器运输困难，可采用单相分裂式变压器组和组合三相分裂式，但单相分裂式变压器的造价要高于三相式变压器，且低压侧接线布置复杂、运行不够灵活、操作复杂。

（三）应用实例

国内 200～300MW 的机组采用联合单元接线较多，如天荒坪（6×300MW）、广蓄一期和二期（8×300MW）、张河湾（4×250MW）、西龙池（4×300MW）、桐柏（4×300MW）、宜兴（4×250MW）、惠州（8×300MW）、宝泉（4×300MW）、白莲河（4×300MW）及呼和浩特（4×300MW）等抽水蓄能电站。

而国外，如美国、法国、意大利的大中型抽水蓄能电站，特别是日本的抽水蓄能电站，采用扩大单元接线的电站较多，不仅采用双分裂变压器，还有的采用三分裂式变压器。如日本的奥吉野（6×220MW）、奥多多良木（4×320MW）、俣野川（4×316MW）、大河内（4×350MW）、葛野川（4×460MW）、神流川（4×470MW），美国的巴斯康蒂（6×389MW）、路丁顿（6×325MW）、巴德溪（4×250MW，4 台机组接一台双分裂变压器），德国的赫恩伯格（4×290MVA）等抽水蓄能电站。

发电机变压器采用不同的接线各有优缺点，关键要结合系统和电站在电网中的作用和重要程度选取。按《电力系统调度管理规程》要求，考虑抽水蓄能电站的接线方式，即故障切断容量或瞬时切断故障，经恢复供电容量小于或与电网最大负荷的 3%容量相接近的方案，值得研究和探讨。

三、高压侧接线

（一）接线型式

抽水蓄能电站具有出线回路少、出线电压高、无穿越功率通过、无地区供电负荷要求、纯抽水蓄能电站机组全停时无弃水不会造成电能浪费等特点。因此，高压侧接线的要求应根据其在电网中的特殊作用和特点来选定。

主接线形式的选择还应考虑电站采用计算机监控和微机保护，无人值班（少人值守），以及环境保护、电站经济运行和管理体制的要求。我国大型抽水蓄能电站电气主接线设计的发展已经向简单化、适用化和多元化方向发展。

DL/T 5208—2004《抽水蓄能电站设计导则》有关条款规定："设计电气主接线时，应根据电站单机容量和台数，出线电压和回路数，系统和电站对主接线可靠性及机组运行方式的要求，并结合枢纽布置和开关站型式等，通过技术经济比较后确定。在满足可靠性要求的前提下，主接线应尽量简化。对出线电压 220kV 及以上并采用 GIS 的电站，其升高电压侧的接线，根据不同的可靠性要求，可采用变压器—线路组、单母线、桥形、角形等简单接线"。为了满足电站运行的安全性、经济性、灵活性，并节省投资与土建费用，抽水蓄能电站，特别是出线电压为 220～500kV 的大型电站的高压侧接线设计，在满足系统对电站接线可靠性要求的情况下，应尽可能简化。

（二）设计接线的原则

为保证抽水蓄能电站在电网中的特殊作用，快速向电网提供备用容量，满足各种不同运行工况要求，高压侧接线应以简单、灵活、方便、故障时切除的容量最少和瞬时故障经切换恢复的容量最大为原则。因此，在设计中应考虑以下特点：为减少元件误操作的机会，相对提高接线的可靠性；正常运行时断路器检修不中断线路的运行，接线中的断路器、隔离开关的倒闸操作次数尽量少；隔离开关仅作为隔离元件不作为操作元件。

（三）接线可靠性

高压侧接线方式应考虑可靠性的要求，其关键是对全停机事故和限制事故范围如何要求的问题。随着电力系统网架的扩大和可靠性的提高，大型抽水蓄能电站的出线电压为 500kV 超高压时，一般出线回路数为 1～2 回；出线电压为 220kV 时，一般为 2～3 回出线。出线回路数为 2～3 回时，有可能在任何故障下都不发生全站停电事故。而当出线 1 回进线 2 回时，在一元件故障或一元件检修与另一元件故障重叠时，就会切断电站的全部容量，经切换后可恢复电站 1/2 的容量。通过可靠性计算，全电站容量切断的情况十多年才会发生一次；1/2 电站容量切断的情况五年多才会发生一次。因此，从保证抽水蓄能电站高压侧接线可靠性要求看，简化高压侧接线能够满足向电网供电的要求。

（四）简化接线的必要性

简化高压侧接线，有利于电网对电站进行方便、灵活的调度，使正常操作和瞬时切断故障恢复供电方便可靠。电站的继电保护、二次控制接线简单，有利于电站实现无人或少人值守的高度自动化要求。另外，由于设备少、布置清晰、占地面积少，还可以节约设备投资和土建费用。

从对国内外大型抽水蓄能电站的电气主接线统计分析看出：当出线电压为超高压时，高压侧接线都比较简单。其接线形式主要有单母线、隔离开关分段单母线、角形接线（四角、五角）、桥形接线，个别还有采用变压器—线路组的，甚至还有直接出线的。但国外在20个世纪80年代前修建的一些抽水蓄能电站，由于受电气设备质量的影响，也有用接线复杂的双母线和一倍半方式的。

（五）应用实例

对于距负荷中心较近、输电线路较短的抽水蓄能电站，采用变压器—线路组接线是比较好的接线方式之一。这种接线最简单，从全厂停机概率和误操作方面考虑，其可靠性高；运行操作最简单方便；维护工作量少，运行成本最低。然而，这种接线也有其弊端，当任一断路器故障或检修时，此单元要全部停运。若系统或电站要求在任何情况下均不允许发生此情况时，这种接线就不适用。当然，这种运行要求通常是极少的。如日本的下乡（4×280MW）和奥清津（4×280MW、500kV 出线），美国的北田（4×270MW、345kV 出线）和巴德溪电站（4×250MW、500kV 出线），德国的赫恩伯格（4×290MVA、400kV 出线）等抽水蓄能电站（见图 14-1-4～图 14-1-8）。

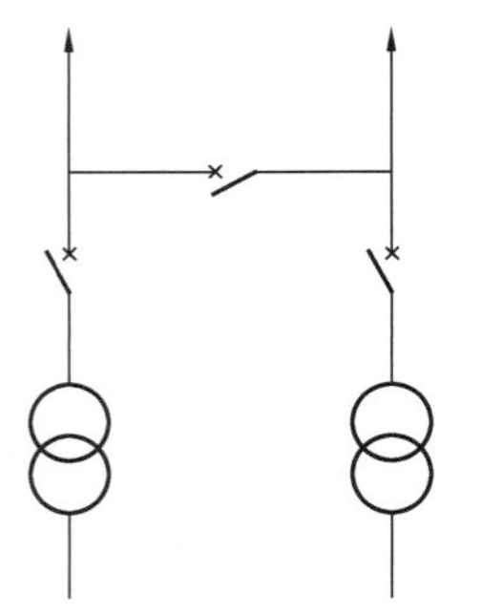

图 14-1-4　外桥形接线

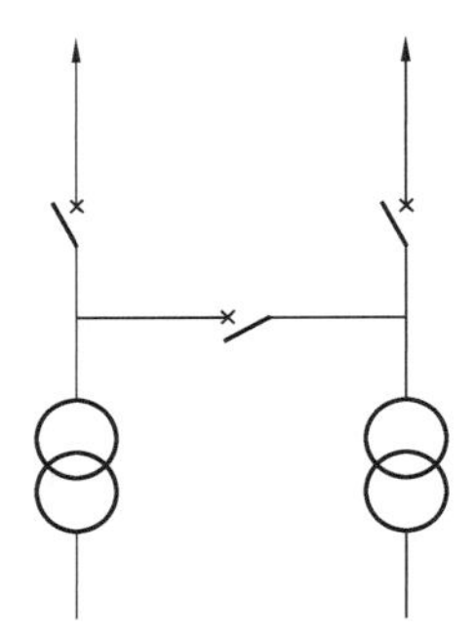

图 14-1-5　内桥形接线

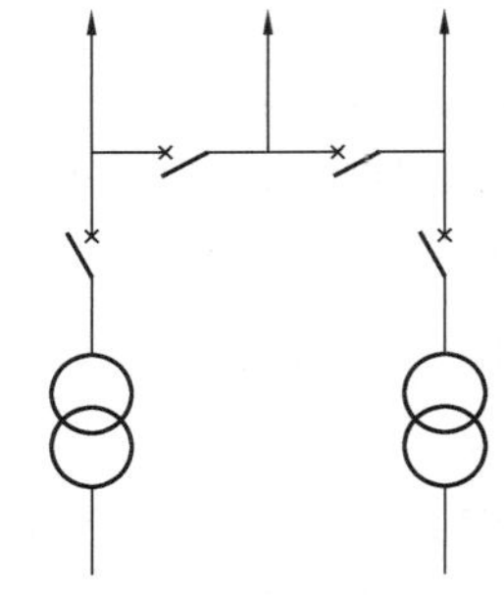

图 14-1-6　双外桥形接线

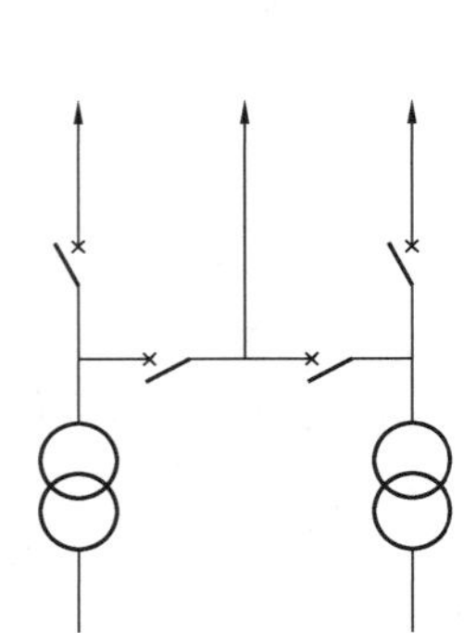

图 14-1-7　双内桥形接线

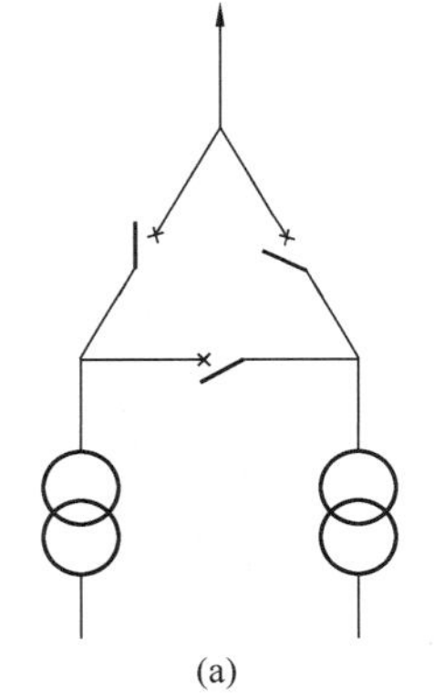

(a)

(b)

图 14-1-8　角形接线图

(a) 三角形接线；(b) 四角形接线

进出线回路数为 4 回时，角形和桥形接线都是较为常用的接线。角形接线方式任一断路器故障或检修时，均不影响全电站容量的送出。国内外都有大量的实例，如国内的广蓄一期和二期（8×300MW）、蒲石河（4×300MW）、明湖（4×265MW）；韩国的三浪津（2×295MW）；美国的巴斯康蒂（6×346MW）、赫尔姆斯（3×343MW）；日本的大河内（4×390MW）、奥多多良木（4×314MW）、奥吉野（6×214MW）等抽水蓄能电站。桥形接线方式的使用也非常广泛，如国内的桐柏（4×300MW）、宜兴（4×250MW）、琅琊山（4×150MW）、泰安（4×250MW）、宝泉（4×300MW）

等抽水蓄能电站。

进出线回路数为5回时，可以采用不完全单母线分段接线或五角形接线，如天荒坪抽水蓄能电站500kV侧回路为三进二出，电气主接线选用了不完全单母线三分段接线，任何元件故障都不会引起全厂停电。与单母线接线比较，该接线多1组断路器，设备投资较大；进、出线回路均装有断路器，进线二单元需并联操作2组断路器；继电保护配置较复杂。

随着国内各大电网系统的发展和装机容量的不断扩大，抽水蓄能电站所占系统容量的比例越来越低。对于总容量在1200MW及以下、输送电压等级为500kV、距负荷中心较近的电站，有些系统要求出线回路数为1回。对于1回超高压出线的抽水蓄能电站，当采用单母线时，为保证线路断路器检修不影响电站运行，也可采用带旁路隔离开关的措施，如国内的呼和浩特电站（4×300MW）采用带旁路隔离开关的不完全单母线，进线装断路器，出线不装断路器，直接出线。白莲河电站（4×300MW）采用单母线接线；蒲石河电站（4×300MW）采用三角形接线方式。

表14-1-2是对国内外已投运和在建的抽水蓄能电站出线回路数的不完全统计，从中可见2回及以下出线的抽水蓄能电站占75.7%，为大多数。

表14-1-2　　出线回路数统计

回　路　数	1	2	3	4	5	6
220kV	11	32	5	11	1	1
500kV	5	35	5	3		1
合计	17	67	10	14	1	2
比例（100%）	15.3%	60.4%	9.0%	12.6%	0.9%	1.8%

表14-1-3是对国内外抽水蓄能电站采用单元、扩大单元和联合单元接线情况的不完全统计，从中可见，220kV接线级出线电站，单元接线占大多数（80%）；而500kV接线级出线电站，单元接线和扩大单元所占比例相同。

表14-1-3　　发电机—变压器组合方式统计

发电机—变压器组合	220kV级	500kV级	发电机—变压器组合	220kV级	500kV级
单　　元	53	21	联合单元	1	9
扩大单元	14	21	合　　计	68	51

表14-1-4是对国内外已投运和在建的抽水蓄能电站主接线形式的不完全统计，从表中可见，较简单接线占多数（65%～70%），较复杂的双母、双母分段和3/2接线只占30%左右。

表14-1-4　　主接线形式统计

电　　压	直接出线	变压器—线路组	单母线	单母分段	桥形	角形	双母	双母分段	3/2接线
220kV级	8	2	25	8	2	2	14	1	3
500kV级	5	1	10	5	4	9	11	1	2
合　　计	13	3	35	13	6	11	25	2	5

综上所述，选择电气主接线组合方式时，在满足可靠性要求的前提下，应结合以下几点综合考虑后确定。

（1）单机容量和扩大单元容量占系统总装机容量和系统调峰容量的比例，调峰容量是指在设计水平年系统可提供的调峰容量，它包括水电（常规及蓄能）和火电机组。

（2）当电站机组台数较多（如4台以上），出线电压较高（如500kV以上），在满足电站可靠性要求的前提下，当减少开关站进线回路数可显著减少电站投资时，发电机—变压器组合方式宜优先采用联合单元或扩大单元（包括两机一变和三机一变），高压侧接线宜采用单母线、桥形、角形或直接出线（见图14-1-9～图14-1-18）。

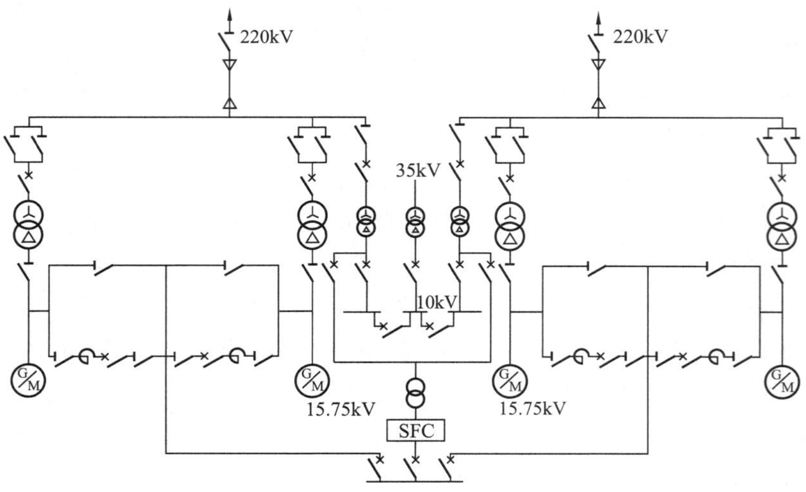

图 14-1-9　十三陵抽水蓄能电站主接线图

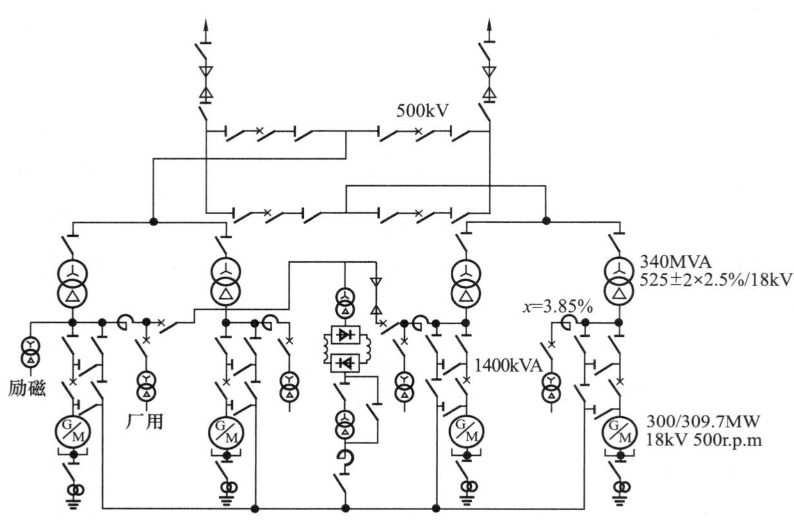

图 14-1-10　广蓄一期抽水蓄能电站主接线图

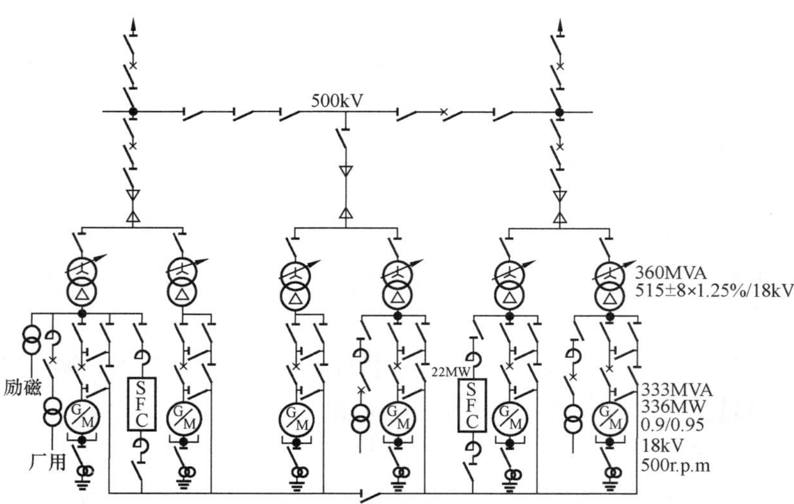

图 14-1-11　天荒坪抽水蓄能电站主接线图

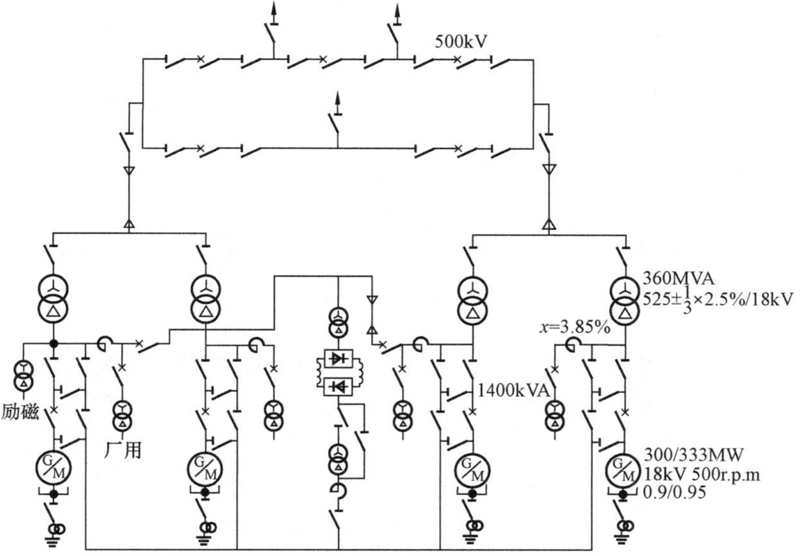

图 14-1-12　广蓄二期抽水蓄能电站主接线图

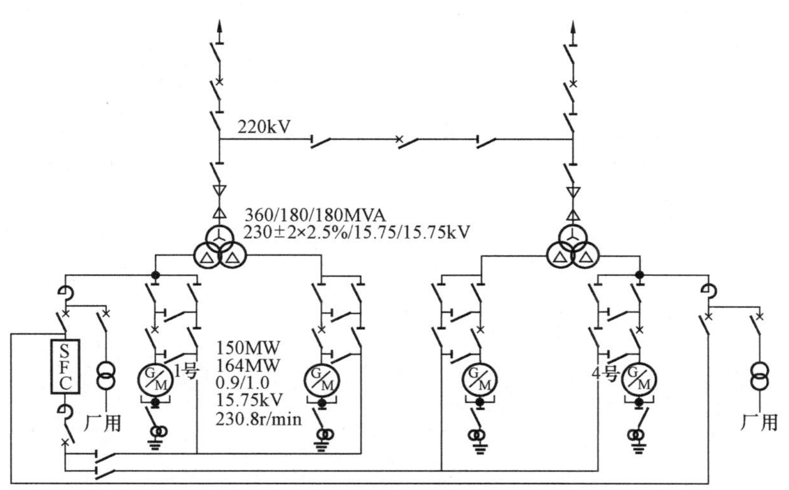

图 14-1-13　琅琊山抽水蓄能电站主接线图

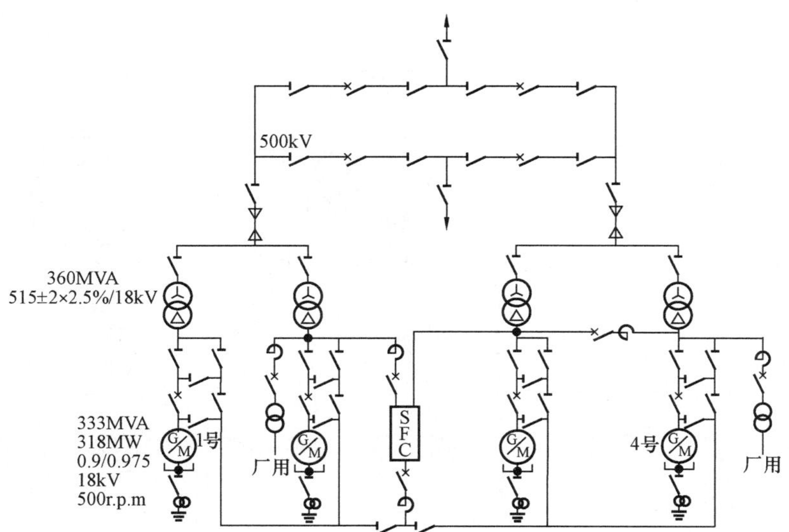

图 14-1-14　西龙池抽水蓄能电站主接线图

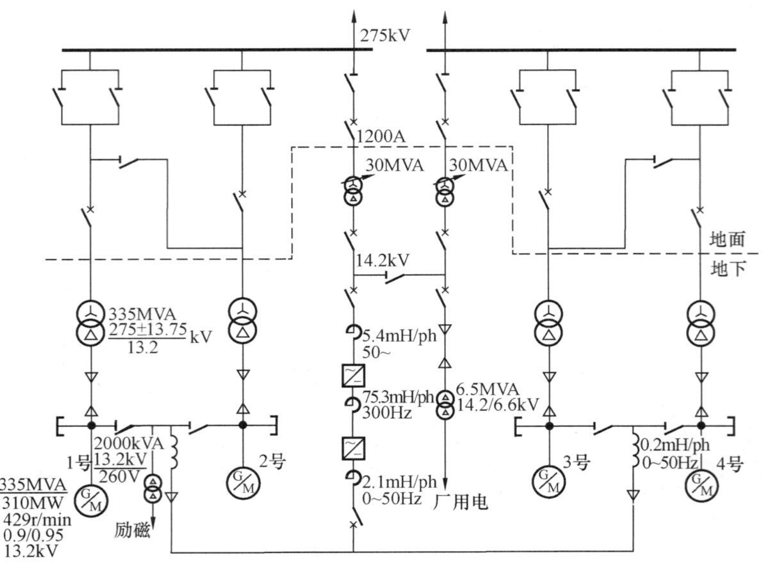

图 14-1-15 玉原抽水蓄能电站主接线图

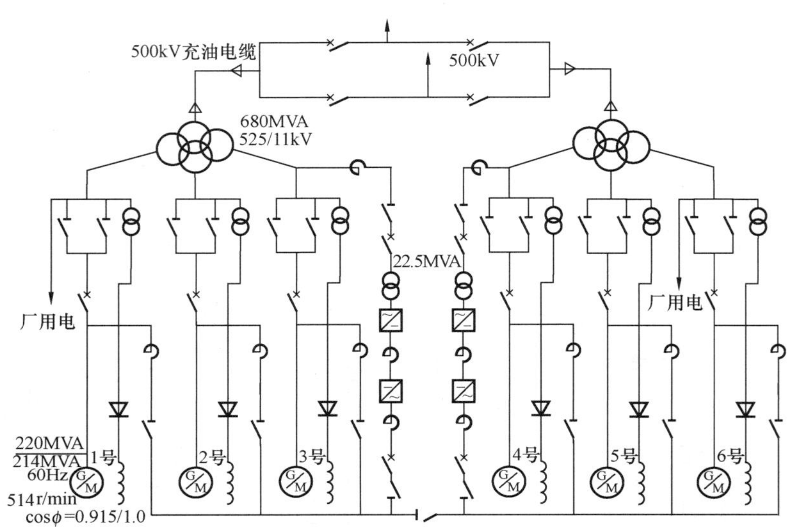

图 14-1-16 奥吉野抽水蓄能电站主接线图

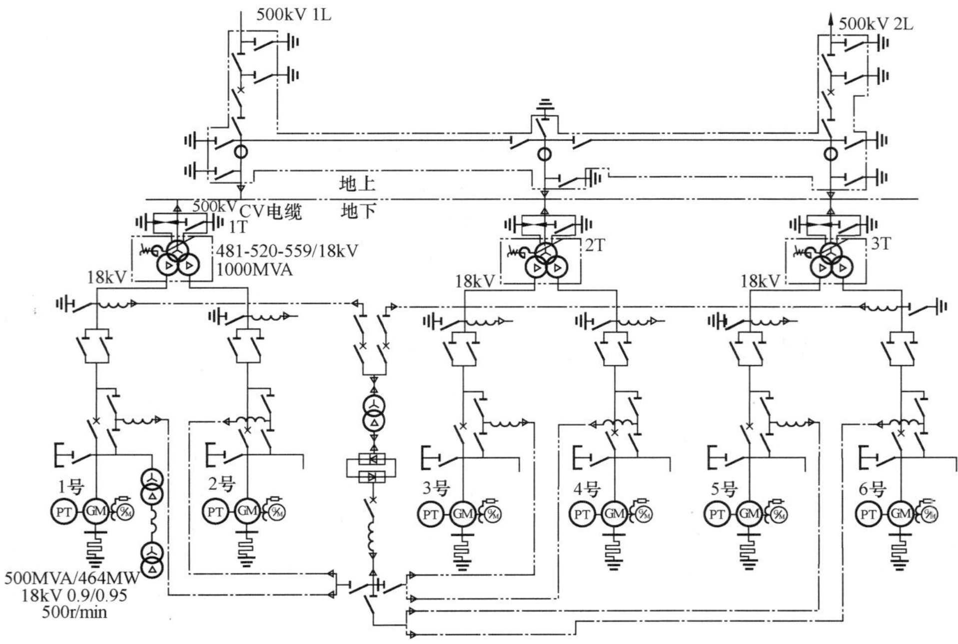

图 14-1-17 神流川抽水蓄能电站主接线图

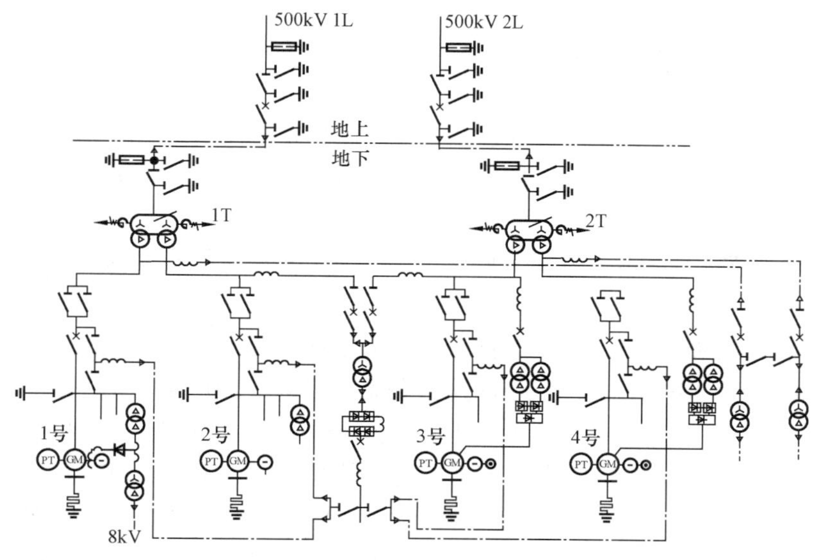

图 14-1-18　葛野川抽水蓄能电站主接线图

四、启动回路接线

（一）机组启动方式

抽水蓄能电站可逆式机组在抽水工况启动运行时，其启动方式和启动电源引接方式对电气主接线有直接影响。在工程设计中具体采用何种启动方式应视电站具体情况确定，它直接影响机组结构、厂房布置以及机电设备投资等，随着可控硅技术的发展，从20世纪90年代开始，变频启动装置占了主导地位。

机组启动电源的可靠性直接影响到电站启动成功率，故对电源引接方式提出了很高的要求，引接方式应连同厂用电源的引接方式及换相切换装置的设置，综合比选后确定。因此，抽水蓄能电站电气主接线比常规水电站复杂，这也是抽水蓄能电站电气主接线的特点之一。

（二）异步启动接线

异步启动方式启动时不会造成对电力系统冲击过大。这种启动接线最简单，若大容量机组启动，对系统冲击大，将影响系统稳定运行，故近些年来通常不再采用。

（三）同轴小电机启动接线

同轴小电机启动方式接线适合于任何容量的机组，但由于会降低机组总效率，同时增加主机高度，对机组稳定运行不利，目前已经不再采用这种启动方式。

（四）同步背靠背启动接线

同步背靠背启动方式适合于任何容量的机组，其接线方式是利用电站发电运行的机组为启动电源，通过启动母线和相应的开关设备，与被启动的机组在开机前电气上互相连接，拖动被启动的机组。对于纯抽水蓄能电站，同步启动方式接线的缺点是不能将最后一台机组启动作为水泵电动机运行。如果电站的所有机组都是可逆式抽水蓄能机组，那么采用背靠背方式启动时总有一台机组无法启动，因此，背靠背方式通常作为变频启动装置启动的后备手段。

（五）变频启动接线

变频启动接线方式是通过启动母线和相应的开关设备接至每台机的机端，与被启动的机组在电气上互相连接，以保证任一台机组启动和退出。变频启动方式要求设置专门的经隔离开关的启动母线，变频启动装置（SFC）国际上已有成熟的制造经验，国内正在开发且已有丰富的运行经验。接线方式如图 14-1-19 所示。

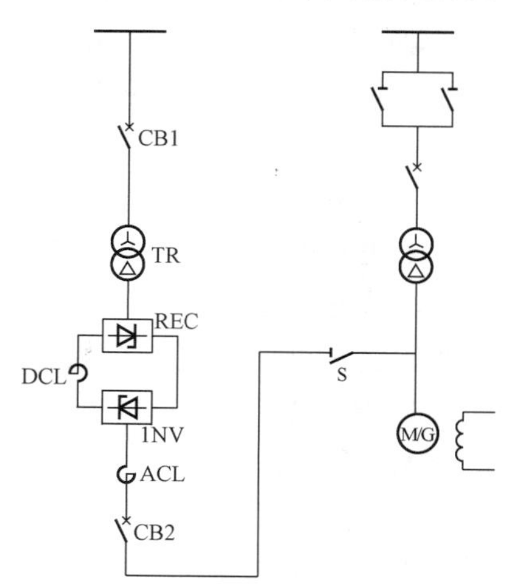

图 14-1-19　变频器启动接线图

值得注意的是采用变频装置启动时，机组启动过程中 SFC 要产生谐波，这种谐波对电网系统以及对电站内厂用电设备的影响究竟有多大，一直是设计探讨的焦点和研究课题。国内在 20 个世纪八九十年代修建的蓄能电站中纷纷设置谐波滤波器，21 世纪又广泛地采用 12 脉冲的 SFC，以减低谐波分量。电站内谐波电压最高的地方是 SFC 的电源连接点，如果高压厂用变压器连接于此而成为电站谐波源的公共连接点，则厂用电受 SFC 影响最大，即厂用电的电压畸变最严重。此时 SFC 的谐波电流大部分流入电网，另一部分流入厂用电系统。流入厂用电系统的谐波电流，将经两级厂用变压器（例如发电机机端电压/10kV 和 10/0.38kV 两级）降压，而形成厂用电 0.38kV 母线上的电压畸变。因此厂用电的电压总畸变率要比 SFC 连接点低，在最严重的情况，即厂用电系统空载，0.38kV 母线上的电压畸变达最大值，等于 SFC 连接处的畸变率。因此，抽水蓄能电站的电压总畸变率应由高压厂用变压器的连接点作为考核点。改变高压厂用变压器与 SFC 的连接关系，可以改善厂用电的电压畸变率。故在考虑引接方式时，建议 SFC 和厂用电引接在不同的机组上。

现国内大多数抽水蓄能电站采用的变频装置是传统的晶闸管，但由于其高次谐波的存在与浪涌电压的增加，对电网及电站电气设备产生一定的不良影响，而近几年发达国家中的变频驱动装置正逐步采用基于 IGBT、IGCT 等最新电力电子器件的变频装置，国内也已经开始研究，今后可以关注电子变频装置的应用。

（六）变频＋同步启动接线

为了电站机组启动灵活，有利于电网和机组稳定可靠运行，减少全电站机组对系统启动时间，大中型的抽水蓄能电站在主接线设计时普遍采用以可控硅变频启动方式为主，背靠背同步启动方式为辅的组合方式。

1. SFC 电源引自主变高压侧

当电站出线电压为 220kV 或以下时，机组启动电源结合厂用电源一并自高压侧引接，此时由于出线回路数多在 2 回及以上，当全厂机组停运时，从电网倒送电可靠性较高，比较经济，而且换相切换装置设置在高压侧，常规的 GIS 高压隔离开关设备可用于换相切换（2 组），易于设备布置。

2. SFC 电源引自主变低压侧

当电站出线电压为超高压时，为有利于高压侧和厂用电源可靠性要求，在低压侧换相切换装置靠主变侧引接机组启动电源，不因机—变单元检修或故障而影响变频启动装置工作，同时考虑由两个不同发—变单元引接电源，并能够自动切换，以保证其可靠性。

当电站采用在主变压器低压侧同步，变频装置输出电压等于电动发电机电压，启动母线设置于电动发电机电压侧。这样两种启动方式可以共用一条启动母线，简化接线及设备布置，降低启动回路设备投资。为提高母线设备运行灵活性，可将启动母线用隔离开关分为两段，每段对应两至三台机组，可以任意“一对一”同步启动。

因为同步背靠背启动是备用方式，电站投运后使用次数不多，且启动时需消耗上水库水量，为简化启动回路接线，也可采用“一对一”同步启动的接线。为此，需将两台机组在机端相连接，一台机组作为同步发电机由水轮机驱动，零起升速；另一台则作为同步电动机被发电机驱动，零起升速，直到达到同步转速后并网。

十三陵、广蓄一期和二期、天荒坪、潘家口、桐柏、宝泉、惠州、泰安和琅琊山等抽水蓄能电站，都是采用变频启动装置作为主要启动方式，运行上也积累了丰富的经验。采用变频启动不会增加机组高度，节省厂房开挖投资，正常运行无附加损耗，减少了设备年运行费。在设备投资方面，随着变频技术的发展和成熟，其价格越来越低。

3. 启动母线的设置

无论是选择同步启动、变频启动，还是同步＋变频启动方式，启动母线设置是必不可少的，这也是蓄能电站接线中一个独特的方面。对于机组容量较小（150MW 及以下）的电站，启动回路的连接可以采用单芯电力电缆；大容量的机组（150MW 以上）则需要采用离相封闭母线或共箱母线。

采用离相封闭母线是为了提高设备可靠性，因为当机组启动电流较大时，启动回路如采用电缆，则配置数量和终端数目太多，而电缆事故大多数发生在终端故障。

五、厂用电接线设计

由于抽水蓄能电站在电网中的特殊作用和运行特点是满足电网在任何时候、任何紧迫状态下都能及时启动和停止抽水蓄能机组运行的要求，确保地下厂房的安全。因此，要求抽水蓄能电站的厂用电源必须十分可靠并具有可靠的备用电源，这是抽水蓄能电站电气主接线的特点之一。国内外对抽水蓄能电站的厂用电电源的数量和引接方式、备用电源的设置方式都非常重视。

抽水蓄能电站厂用电与常规水电站相比，具有以下特点：

（1）厂用电负荷较大，厂用电源变压器容量占电站总装机容量的比例较常规水电站要大，一般高压厂用电源变压器的容量约占电站总装机容量的2%～2.5%。

（2）厂用电负荷率较高，除了辅助机械经常运行外，地下厂房通风、照明、排水等负荷也需长期运行，所以负荷率比常规水电高。

（3）对厂用电电源可靠性要求较高，特别是高水头抽水蓄能电站，由于厂房埋深大，厂房排水、通风空调、防火等的安全要求更高，所以对供电可靠性有更高的要求。

（一）厂用电工作电源

抽水蓄能电站的发电机—变压器组合形式一般采用联合单元接线或扩大单元接线，且主变压器低压侧均装设发电机断路器，这为厂用电工作电源首先考虑自主变压器低压侧引接奠定基础。为保证厂用电工作电源可靠性和灵活性，电站装机4～6台时，联合单元接线宜自每个联合单元两台主变压器的低压侧引出1回厂用电工作电源，最多可引接2～3回工作电源。当机组发电运行时，由电站内机组发电供厂用电；当机组全停时或抽水工况运行时，由电网倒送供厂用电。

（二）地区外来备用电源

大型抽水蓄能电站通常采用超高压电压接入电网，出线回路一般为1～2回。正常情况全厂机组全停机经常存在，此时，除从电网倒送厂用电外，还应该从负荷供电的地区电源引入厂内作为专用外来备用电源。尤其是只有1回出线的纯抽水蓄能电站，对此电源的可靠性要求更高，通常从地区较为可靠的35kV电网引接一专用外来电源。

（三）保安电源

保安电源一般可由柴油发电机、地方小水电或邻近的水电厂、逆变电源装置提供。在抽水蓄能电站中，事故保安电源容量选择应考虑以下负荷：

（1）机组发电工况起动时所必需的高压油减载装置、主轴密封。

（2）厂内渗漏排水泵、通风设备、事故照明等负荷。

（3）消防水泵、排烟机等消防用电负荷。

（4）其他影响机组及人身、设备、建筑物安全有关的负荷。

（四）黑启动电源

黑启动电源是电站所有交流厂用电源消失后，根据电网要求电站仍可独自紧急启动机组所需的备用电源，国外也称紧急备用电源。

混合式抽水蓄能电站由于有常规水电机组正常发电运行，不存在设置黑启动电源。对于纯抽水蓄能电站，考虑到其在电网中的特殊作用和地下厂房等特点，为满足黑启动的要求，黑启动电源是必不可少的备用电源，通常采用直流电机或应急电源装置，也有配置柴油发电机的，以保证厂用电源的可靠性。

（五）厂用电电压等级设置

由于高水头抽水蓄能电站机组水泵工况要求有足够的淹没深度，一般地下厂房的通风、空调、排水、照明、消防等方面的厂用负荷较地面厂房要大得多；加之抽水蓄能机组工况转换频繁，辅助机械设备需经常运行，使厂用电负荷率也较常规水电站高；抽水蓄能电站枢纽一般是由上、下水库，输水系统，地下厂房，地面开关站或出线场，地面副厂房等组成，使厂用电负荷分布更分散。因此，厂用电系统通常采用二级电压供电，即10kV（6.3kV）和0.4kV较合适。

（六）厂用电电源数量

根据《抽水蓄能设计导则》有关规定，大型抽水蓄能电站正常运行时，应有三个厂用电源。部分机组停运时至少应有两个厂用电源，全厂机组停运时，应有两个厂用电源。中型抽水蓄能电站正常运行时，应不少于两个厂用电源，部分机组停运时也应有两个厂用电源，全厂机组停运时应有一个厂用电源。

通常电站设有3～4组高压厂用变压器，另外再从地区35kV电网引接一外来电源，必要时还应配置1台柴油发电机组作为保安电源。正常情况下，各段母线分段运行，在各段之间均设有备用电源自动投入装置，以确保供电可靠性。

六、可靠性评价

抽水蓄能电站在不同的运行工况下既是电源又是负荷，由于其在电网中的特殊作用，为保证抽水蓄能电站能够向电网快速提供容量和满足各种不同运行工况要求，电站主接线应以简单、灵活、方便，故障时切除的最大容量不影响系统稳定运行和瞬时故障经切换恢复的容量最大为原则。

目前国内可靠性计算方法尚不统一，可靠性计算仍难以做出切实可行的结论，计算结果还不能完全用来判断主接线的可靠性，但还是可以对主接线进行横向对比。

（一）主接线可靠性评估要求及原则

抽水蓄能电站主接线可靠性要综合考虑发电和抽水两种运行工况以及电站的多种运行方式，将可靠性指标通过转移（受阻）电量的损失转化为经济性指标。

当电站为发电状态，由于故障而出力不足，不能满足调峰发电时，电站将转为电量受阻。电站在抽水状态，由于故障造成抽水入力不足，电站水能不足就无法按计划发电，同样也会带来损失。因此，在主接线可靠性分析中，既要考虑电站发电状态的停电损失，还要考虑抽水状态下的可靠性对发电状态的影响。所以，计及水能情况的发电和抽水状态的总损失电量期望值是反映主接线可靠性的主要指标，是对不同主接线方案进行比较的主要依据。

（二）可靠性计算

可靠性指标通过发电状态和抽水状态的总损失电量造成的损失转换为经济性指标。年电量损失费等于年总损失电量与每千瓦时电能损失费的乘积。对于每千瓦时电能的损失费，要考虑由于故障不能在调峰时按调度计划发电，发电量受阻引起的停电损失。另外一项经济指标是年运行费现值，因此，年总可比费用应等于年电量损失费、年设备可比投资折现值、年运行费折现值三项之和。年总可比费用可以综合反映主接线方案的可靠性和经济性，是主接线方案的综合经济指标，对所有的主接线方案，主要就是利用综合经济指标来加以比较选择。

年运行费中的电能损失费不仅要按规划动能经济计算出的发电上网电价和抽水电价计算，电价是一定的；而且也受投资方式和电力系统管理调度等方面的影响，电价是变化的。所以，电能损失费用的计算电价如何取值仍是值得探讨的课题。

在主接线方案比选中，对于年总可比费用相当的主接线方案，再通过其他可靠性指标以及连通性概率指标来进一步比较选取。最终根据可靠性、安全性和经济性综合考虑，确定方案。

七、主要设备配置和选择

（一）主变压器容量

抽水蓄能电站主变压器既是升压变压器又是降压变压器，在选择时应考虑以下几个方面：

(1) 在选择主变压器容量时，需计算主变压器所连接机组的发电工况容量和电动工况容量。对后一种工况，还要计及厂用电最大计算负荷和变频起动装置以及励磁变压器的负荷。如发电机设置最大容量，则应与机组的最大容量相匹配。

(2) 确定抽水蓄能电站电站接入系统主变压器调压范围时，尽管运行工况多变，电压波动较大，应充分考虑机组的调压能力，尽量避免在厂内选择有载调压变压器。因为主变压器多布置在环境条件恶劣的地下洞室内，且机组具备相当的调相和进相能力，其正常调压范围在±5%，如果有特殊要求，最大可达±(7.5%～10%)。因此，可以适当加大发电电动机组调压范围，主变压器选用无励磁调压方式；只有在采用机组调压方式仍不能满足系统电压水平要求时，才考虑采用带负荷调压分接开关。

(3) 抽水蓄能机组启停频繁，厂用电电源大多接在发电机与主变压器低压侧连接的主母线上，为保证厂用电源，主变压器经常不切除而轻载或空载运行，因此，应尽量降低变压器的空载损耗。

(4) 抽水蓄能电站厂房大多布置在地下，在选择变压器冷却器的供水压力时，要充分考虑到机组吸出高度大，埋设深度深的特点，选用能承受高水压的强迫油循环水冷却器；同时还应考虑到冷却器工作水压大于油压的特点，为防止水进入油中，需选用双层管式冷却器，油、水分腔，两腔间留有空隙，并设置泄漏自动报警装置。

(二) 同期断路器

蓄能电站同期开关的型式可以采用 SF_6 断路器、真空断路器，通常大容量机组采用 SF_6 型，中小容量机组可以采用 SF_6 或真空型。

同期断路器可设在主变压器的低压侧，也可以设置在高压侧。以前，220kV 出线的抽水蓄能电站有采用高压同期的，但随着大容量发电机断路器的开发和应用，目前断路器装设在变压器低压侧越来越多，即发电机出口断路器。

发电机断路器与一般的输配电高压断路器相比，主要的区别是在电网中所处的位置不同，保护对象不一样，在许多方面要满足发电机断路器的特殊要求。从额定值方面来看，断路器需要具有很大的额定短路电流开断和关合能力，需要具备很大的额定电流承受能力，额定值远远大于同级别的输配电断路器；从开断性能看，对断路器有开断非对称短路电流的要求，其直流分量衰减时间达 133ms；从机械操作性能看，由于蓄能机组每天都要启动数次，应具备频繁操作的要求；另外，还要求断路器具有较高的关合额定短路关合电流及开断失步电流等能力；从固有瞬态恢复电压方面看，因为发电机断路器的瞬态恢复电压由发电机和升压变压器参数决定，而不是由系统决定，所以其瞬态恢复电压上升率（*RRRV*）取决于发电机和变压器的容量等级，等级越高，*RRRV* 值越大，其数量级为 kV/μs。由此可见，发电机断路器在许多方面与输配电断路器不同。因此，选择 GCB 时应充分考虑直流分量。

选择断路器时，应特别注重短路电流直流分量开断特性和短路电流低频开断特性能否满足机组和系统参数要求，以及是否具备频繁操作的特性。断路器应能在正常运行和整个启动过程中发生故障时，可靠地开断短路电流。对开断直流分量的要求，不但要考虑正常运行发生故障时的直流分量，还应考虑对整个启动过程中发生故障时的直流分量大小的要求。

1. 发电机电压回路的特点

在事故状态下，发电机断路器担负着关合和切断失步电力系统和发生短路故障电力系统的任务，需要关合与开断最高可达 180°的失步故障电流或短路故障电流。在发电机电压回路中，发电机和变压器有很低的电阻和很高的电感/电阻比率（L/R），发电机回路的 L/R 比率高于配电回路几倍。L/R 比率的单位时间即直流时间常数，这个时间常数决定故障电流直流分量的衰减率，衰减率又决定断路器触头刚分点及其燃弧时间直到完全开断时的电流强度。GB 1984—2003《高压交流断路器》中规定的标准配电回路直流时间常数为 45ms，发电机回路直流时间常数可确定为 150ms；IEEE C37.013《基于平衡电流的交流高压发电机断路器》中规定的发电机回路直流时间常数为 133ms，时间常数与故障电流直流分量的百分数之间有一定的关系。在发电机回路中发生短路故障，将会产生一个具有长直流时间常数的大短路电流。所以，装于发电机与升压变压器之间的发电机断路器必须具备既能开断源自发电机的短路电流—发电机源短路电流，又能开断源自电力系统的短路电流—系统源短路电流；即具有关合额定短路开合电流的能力，该电流峰值为额定短路开断电流有效值的 2.74 倍。

(1) 系统源故障。当故障点位于发电机断路器的发电机一侧时，为系统故障。系统源的故障电流来自经过变压器的系统，且电流强度较高，直流时间常数的延长不仅使燃弧期间非对称电流强度增大，也使故障电流的电流零点间隔增长，从而引起开断过程的燃弧时间变长。

(2) 发电机源故障。当故障点位于发电机断路器的变压器一侧时，为发电机源故障。故障电流的强度一般是系统源故障的一半，但直流分量达到最高，在一些情况下可以达到交流分量的 1.1～1.35 倍。在故障电流第一个半波以后，发电机阻抗增加到较大的“瞬态”电抗值，短路电流的直流分量较大，电流的交流分量比直流分量衰减得更快，使电流完全转移到零轴线的一侧，造成第 1 个电流过零时间延迟，短路电流将在几个周波甚至更长时间后才出现电流零点的现象。

综上所知，无论发电机回路短路故障发生在何处，都会产生具有长时间常数的大短路电流，系统源故障使直流分量达 75%，发电机源故障时的直流分量可超过 100%。

2. 发电机断路器主要优势

（1）同期操作。发电机断路器为三相机械联动，相间分合闸不同期时间极小，并有足够的能力切断反相电流，非常适于同期时可靠、安全地操作。高压断路器一般为单相机械联动，超高压断路器每相还会是多断口，在同期操作时，可能会发生单相或两相拒动，从而危及发电机和变压器的运行安全，而且高压断路器切断反相同期电流的能力也有限。

（2）减少故障范围，增大保护的选择性。发电机断路器可以将发电机和主变压器区域分开，有利于分别设置保护系统，增大保护的选择性。在发电机内部发生故障时，由于提高了对故障的分辨能力，而能在最短时间内切除发电机，可阻止外部向发电机提供故障电流，缩小停机范围，避免事故扩大。当发电机外部发生故障时，快速断开 GCB 可避免发电机继续提供故障电流，并同时继续维持对厂用电和电站辅助设备的供电。主变压器高压侧的单相或两相短路故障（如单相接地、断路器非同期操作等）会使机组受到过大的机械和热应力，使机组振动，引起金属疲劳和机械损伤，特别是短路电流的负序分量将使发电机转子阻尼绕组在短时间内过热，烧坏转子，该不平衡故障电流在高压断路器断开后依然存在。发电机断路器一般可在 60～80ms 内切除并保护机组，若无断路器，发电机将持续提供不平衡故障电流，直至灭磁装置经约 5～20s 灭磁后才会消失，此持续时间已大大超过了发电机组的耐受时间，发电机将严重损伤。当主变压器本身故障时，如绝缘损坏、套管闪路、调压开关碳化、油受潮劣化等，故障电弧电流产生的油汽蒸发会引起变压器油箱内压力升高。该压力的升高与燃弧时间成正比，可能在短短的 130～150ms 内引起变压器油箱因压力过高而破裂或爆炸起火，而发电机断路器有利于及时断开发电机，限制故障电流，避免事故扩大。因此，不论是在发生操作故障或在系统震荡时，还是在发电机或变压器发生短路故障时，断路器都将提高保护的选择性和解决故障的快速性，从而提高机组运行的安全性和可靠性。

（3）延长机械寿命，降低故障率。抽水蓄能电站因调峰填谷、调频和工况转换，而频繁开停机，每天 3～4 次，一年可达 1000 多次。高压侧断路器的机械寿命较短，无故障操作次数一般在 5000 次，无故障持续运行年限较短，仅为 2.74～4.56 年。而发电机断路器是专为机组频繁操作开发的，其机械寿命较长，无故障操作次数可达 10000～20000 次。

（4）集成化装置，简化设计、利于布置。发电机断路器装置已具有多种功能的组合式电器，集成了断路器、隔离开关、接地开关、电压互感器、电流互感器、短路连接、保护电容器、避雷器监控保护等设备，组合方式还可以自由选择，安装在一个外壳内，体积小，可靠性高，利于布置，非常适合于布置在位置受限制的空间。

3. 发电机断路器的主要问题

（1）价格偏高。SF_6 断路器对制造工艺要求很高，加工成本高。从费用考虑，真空断路器可能比 SF_6 断路器更具有优势。发电机真空断路器用真空灭弧室，触头材料是影响真空灭弧室性能的一个重要因素，它除了具有优异的导电、导热和机械性能外，在开断大电流时更要具备良好的耐弧、抗熔焊和吸气性能。在选择真空断路器时，应注意了解真空灭弧室在大容量条件下能否满足开断直流分量要求及导流散热能力。

（2）截波过电压。截波电流所产生过电压的大小主要取决于断路器、系统分量及系统各参数。SF_6 自吹式发电机断路器的电流截波水平较低，一般不会产生截波过电压。但真空断路器，从目前各厂家提供的截流值来看，大约在 2～5A，极易产生截波过电压和重燃过电压，从而损坏发电机及其他电气设备，因此应采取措施限制载波过电压的陡度及幅值。在选择真空断路器时，除选用低截流水平的断路器外，一般应采用避雷器或氧化锌压敏电阻或阻容吸收装置来限制截波过电压。由于避雷器残压水平高，很难与发电机的绝缘配合，且只能限制过电压的幅值，欧美及日本研制成功了阻容吸收装置，目前国内也在大量使用该种装置。但现在使用的阻容吸收装置大多数适合于配电网络，而真正能用于发电机断路器的却很少。在选用阻容吸收装置时，应注意正确选择，不可滥用，否则不但起不到保护作用，还有可能引起阻容吸收装置损坏，导致更大的事故发生。

（三）换相开关

由于抽水蓄能电站发电工况和抽水工况发电电动机组的旋转方向相反，为保证机组在不同旋转方向电气回路上转换相序的要求，换相开关是可逆式蓄能机组工况转换必不可少的电气设备。该装置可装设在主变压器的高压侧，亦可装设在主变压器低压侧的发电电动机电压侧，不同的装设位置直接关系到机组的同期方式和厂用电源、机组启动电源的引接方式，这是抽水蓄能电站电气主接线的特点之一。

1. 换相开关型式

换相开关一般选用隔离开关或断路器，对于大型机组可采用五极或四极隔离开关，一般选用五极式。而对于中小机组的抽水蓄能电站，发电机回路设备选型遇到的主要问题是：额定电流和短路电流较大，布置场地受限，可供选择的合适定型产品少。在保证安全、可靠运行的前提下，设备选择还要考虑布置紧凑、引线最短，利于通风散热、防潮、抗凝霜以及防火等因素。而这种专用的中型容量的换相开关目前国内尚无生产，且国内外也没有该类的电流、电压等级下带电动操动机构的普通隔离开关。因此，当换相开关设置在发电机回路时，选用两个断路器的方案也是一个很好的选择，既可以换相、隔离，又可以达到同期的目的，断路器的寿命也可以延长一倍。如国内回龙抽水蓄能电站机组单机容量 60MW，选用两台真空断路器组合作为换相和同期开关，其断路器型号为 ZN63A-12，额定电压 12kV，额定电流 4000A，额定短路电流 63kA，分别安装在两面中置式高压开关柜中，通过电气回路实现闭锁。抽出断路器手车作为主回路明显断开点，以便回路设备检修和试验。

2. 低压侧换相

将换相开关设在主变压器低压侧，厂用电从主变压器低压侧换相开关外侧引接，使厂用电相序在机组工况转换时始终与电网相序保持一致。

当换相切换装置设在发电电动机电压侧时，有装设在发电机断路器靠发电电动机侧和靠主变压器侧之别。从保证发电机断路器完成背靠背同步启动成功后，将启动用的发电机退出和在启动过程中出故障时，由发电机断路器进行保护这点看虽然都一样，但是，装设在发电电动机侧尚需在主变压器低压侧另装设频繁操作的隔离开关，使得接线复杂，增加了设备和布置面积。因此，换相切换装置应设置在发电机断路器的靠主变压器侧。机组的同期方式亦在主变压器低压侧。厂用电源和机组启动电源均可由换相切换装置靠主变压器侧引接，这样厂用电系统无需经换相切换，而不受机组发电或抽水工况变化的影响，有利于提高厂用电源可靠性和节省厂用电设备投资，并且可利用专用的三相五极式换相开关设备。

换相切换装置装设在发电电动机电压侧后，不影响电站高压侧接线和布置，节省投资，方便厂用电源和机组启动电源的引接。因此，对于可逆式抽水蓄能机组采用超高压电压出线时，宜采用该种装设方式接线。

3. 高压侧换相

当换相开关装设在主变压器高压侧时，常与启动电源、厂用电电源的引接及同期方式结合考虑。由于换相切换装置的操作要与高压断路器配合进行，即操作前必须先跳开高压断路器，使得高压断路器频繁操作而增加了操作次数。这种装设方式，无论采用何种接线形式，都存在此问题，使得高压侧接线可靠性降低，并增加电站超高压出线设备投资和土建费用，只有当出线电压为 220kV 及以下时较为经济。目前，尚未有专用的高压和超高压电压换相开关，若采用普通的隔离开关，由于受机械寿命和操作性能限制，远不及上述的低压专用三相五极换相开关机械寿命高和准确可靠，故难以适应抽水蓄能机组运行的需要。

国内外蓄能电站运行实践证明，蓄能机组的换相及同期点设在低压侧或高压侧在技术上都是可行的。高压侧由于采用 SF_6 全封闭组合电器，设备尺寸明显缩小，采用高压侧换相及同期可大大简化母线洞内土建结构和电气设备布置。当高压侧电压为345kV及以下时，采用高压侧同期较为经济，高压侧电压为400kV及以上时，采用低压同期较为经济。十三陵抽水蓄能电站出线电压220kV，采用高压侧换相及同期方案。因此，对于电站出线电压220kV及以下的抽水蓄能电站，换相切换装置可装设在高压侧。

由于蓄能机组每天启停次数多，换相开关应满足频繁操作要求，机械操作次数至少不应低于10000次。

（四）电气制动开关

通常，抽水蓄能电站水头高，机组转速高，制动停机是频繁启停的蓄能机组所面对的关键问题。当机组与电网解列后，由于水力机组转动部件具有较大的转动惯量，在短时间内机组不能自主停下，如果机组长时间处于低速运转状态，对推力轴承极为不利。机械制动所产生的金属粉尘对发电机绕组的污染不仅构成了机组运行安全的一大隐患，更重要的是制动时间长。因此蓄能机组一般采用电气制动和机械制动联合方式，当机组转速降到额定转速的50%时投入电气制动，当转速降到5%左右时投入机械制动，直至机组停止。

电气制动开关在选择时应考虑到选型和参数的匹配：

（1）制动开关的选型。电气制动开关必须选型合适，否则影响机组的正常运行，甚至可能危及机组的安全。因为在停机开始时，发电机仍然按额定转速或略低于额定转速旋转，发电机定子有一定的残压，当短路开关合上时会产生跨越电弧冲击，出现残余短路电流，如采用常规的隔离开关，就可能导致触头损坏。因此，用作短路的隔离开关应配备抗电弧触头和辅助触头，否则就应该采用快速开关，或真空断路器或SF_6断路器。操动结构应选用三相机械联动的驱动方式。

（2）选择制动电流。电气制动的制动电流一般以定子额定电流为标准，但为了更好地获得电气制动效果，通过调整励磁电流可以增大定子制动电流，制动电流可以选定在1.1～1.3倍额定定子电流。开关的额定电流可以比制动电流略低一些，因为在发电和抽水工况下电气制动持续的过程都很短，只有几分钟。

（五）启动回路设备选择

选择启动回路设备时，除遵守一般设备选择规定外，还应考虑导体和设备的工作制（长期、反复短时）、变频启动和背靠背起动过程中可能发生的最大短路电流。背靠背启动时，应按背靠背启动时可能发生的最大短路电流计算。

在计算短路电流和选择设备校验条件过程中，整个电气主接线的正常接线方式不仅要考虑主回路还要考虑启动回路接线，应包括正常发电、抽水运行和起动三种工况下的短路故障。而启动工况指的是整个启动过程，即因考虑主启动方式也包括备用启动方式的整个过程中可能发生的最大短路电流。例如，抽水蓄能电站采用变频启动为主，同步启动为备用的情况下，最大短路电流发生在同步启动（背靠背）的并网至发电机断路器跳开的一段时间内，其电流数值包括机组和系统供给的短路电流之和，当机组和系统容量较大时，短路电流将可能达到非常大的数值。如计算出来的短路电流导致设备选择困难时，可采取限制短路电流的措施，如可在启动回路中设置限流电抗器，增加发电电动机直轴次瞬态电抗值以及采用无拖动并网方式等。

所谓无拖动并网，是指将被拖电机拖至略高或低于同步转速时，跳开主动机（发电机）断路器，使被拖动机（电动机）失去拖动，减速或靠惯性增速至同步转速时并网，完成启动过程。但有可能发生并网不成功，需要再次启动的情况。

启动回路设备额定参数应按短时发热计算，其时间除应考虑几台机组连续启动（有间隔或无间隔）外，还需考虑启动失败所增加的时间，失败次数视机组台数而定。

（六）配电装置

目前国内大中型抽水蓄能电站的高压配电装置几乎都采用GIS，国外工程大部分也采用GIS。GIS的运行可靠性高、维护工作量少、开关站占地面积少，而且适合于无人值班电站。虽然GIS价格高，一次设备投资大，但考虑到各种因素，综合费用并不比开敞式设备多，而且多数蓄能电站都位于风景名胜地区，GIS 占地面积少，场地开挖少，可尽量少影响或不影响地貌和旅游资源的开发；在地质条件比较复杂的站址，还可减少敞开式开关站场地开挖量大，形成高边坡而带来的风险。因此，大型抽水蓄能电站宜采用 GIS。

GIS 布置不仅要考虑到元件参数的选择，也要考虑到设备的安装、试验和维护，特别是试验所需要的空间。对于全地下式开关站，在布置时应尽可能地预留 GIS 试验用场地，特别是高度方向。因为待工程建设后期再要求扩挖洞室是非常困难的。若场地确实受到限制，可采用特殊试验变压器（加大容量 TV）进行绝缘耐压试验，也是解决上述问题的一种较好方法。

（七）电流互感器和电压互感器的配置

抽水蓄能电站电流互感器和电压互感器配置原则与常规水电站基本相同，唯一的区别是宜在五极换相开关的每相上配置电流互感器。另外，国内蓄能电站建设初期由于不能肯定 TA、TV 和所有继电保护的频率特性是否适于在低频工况下运行，所以在启动过程中将部分保护闭锁，当机组接近或达到同步转速时才投入运行。近年来，国外生产厂家大都能保证 TA、TV 和所有继电保护的频率特性适于在低频工况下运行。但若保证电流和电压互感器的精度要求，就要降低其容量，表 14-1-5 列出某生产厂家提供的电流互感器（TA）和电压互感器（TV）精度、容量及频率之间关系。随着微机保护在电力系统的广泛应用，由于微机保护的交流回路功耗较常规保护要小很多（极小），因此互感器负载能力的下降不会带来问题。只要采用微机继电保护，频率高于 10Hz 左右时所有保护都能正确动作；在频率低于 10Hz 以前，可以由一个低频特性更佳的过电流保护继电器（次同步过流保护）来保证机组的安全。故在选择互感器时不必再担心互感器能否适应低频特性问题。

表 14-1-5　TA、TV 的精度、容量及频率关系

互感器	50Hz		40Hz		30Hz		20Hz		10Hz		5Hz	
	精度	容量（VA）	精度	容量（VA）	精度	容量（VA）	精度	容量（VA）	精度	容量（VA）	精度	容量（VA）
TA1	5P20	30	5P20	24	5P20	18	5P20	12	5P20	6	5P20	3
TA2	0.5FS5	30	0.5FS5	25	0.5FS5	15	0.5FS5	10	0.5FS5	5	0.5FS5	2.5
TV1	3P/6P	50/50	3P/6P	40/40	3P/6P	30/30	3P/6P	20/20	3P/6P	10/10	3P/6P	5/5
TV2	0.5	50	0.5	40	0.5	30	0.5	20	0.5	10	0.5	5

第二节　抽水蓄能电站的计算机监控系统

一、抽水蓄能电站计算机监控系统的特点

从功能与结构来看，抽水蓄能电站的计算机监控系统是常规水电站的计算机监控系统的外延。二者既有许多相似之处，也有不少差别。以下扼要分析抽水蓄能电站的计算机监控系统有别于常规水电站的特点。

（1）被监控设备多。常规水电站的机电设备，例如闸门启闭机、水轮机、发电机、发电机断路器、高压开关设备、厂用电、励磁系统、调速器、继电保护、直流系统、油气水系统等，抽水蓄能电站都具备，但略有不同，例如抽水蓄能电站的机组是水泵水轮机和发电电动机。除此之外，抽水蓄能电站还有一些常规水电站没有的设备，例如静止变频启动器（SFC）、换相开关等。水头不特别高（小于 150m）的常规水电站通常不设进水阀（球阀和蝴蝶阀）。而抽水蓄能电站由于水头高等原因，都要装设进水阀，而且进水阀的启闭纳入开停机流程，机组停机时需关闭进水阀，以防导叶漏水。

（2）工况转换复杂。常规水电站的机组只有静止与发电两种工况，有的机组还有调相工况。如果不计停机方式的多样性（正常停机、电气事故停机、机械事故停机），其工况转换的种类最多只有 4 种。而抽水蓄能电站的稳定工况有 5 种之多，常用的工况转换约有 14 种。如果计及不同的抽水启动方式，工况转换的种类还要多。

(3) 输入、输出量大。由于被监控设备多、工况转换复杂，抽水蓄能电站计算机监控系统的输入、输出量比常规水电站增加很多。根据经验，模拟量测点约比常规水电站多50%，而开关量测点则约为常规电站的两倍多。

(4) 设备控制的横向联系多。常规水电站各机组的控制基本上是互不相关的，各机组的现地控制单元（LCU）之间没有什么信息交流。抽水蓄能电站则不然，背靠背启动过程中，拖动机组与被拖动机组之间需要互相采集对方的状态信息，这些信息是机组进行顺序操作的必要条件。在SFC启动过程中，机组LCU与SFC的LCU之间也需要进行大量的信息交换。早期的抽水蓄能电站曾经采用硬接线来实现LCU之间的信息交换。随着网络技术的成熟与广泛应用，当前LCU之间的信息交换主要经由网络实现。有些电站在LCU之间建立专用网络，用于交换背靠背启动和SFC启动过程中的信息。

(5) 地下厂房的安全性更突出。大多数抽水蓄能电站的厂房都建在地下，且埋深很大，厂房处于"头顶两盆水"的局面，所以监视地下厂房，避免其被水淹是一个十分重要的问题。通常在厂房最低处设置冗余的水位信号器，水位较高时，发出报警信号；水位过高时，停止所有机组的运行，并关闭上水库和尾水的事故闸门。上水库进水口大都设置事故闸门，长尾水系统在下游侧也要设置事故闸门。在水道系统发生事故时，应当快速落下事故闸门。尾水闸门与进水阀的控制之间需实现连锁，在进水阀开启的情况下不得关闭尾水闸门，尾水闸门关闭的情况下进水阀不得开启。

(6) 上、下水库的监视与控制要求高。我国的抽水蓄能电站大多数为日调节型，与常规水电站的水库相比，其上、下水库库容较小，连续的发电或抽水会使上、下水库的水位发生较大的变化。为了避免上、下水库溢出和水位过低，应当监视上、下水库的水位。为了提高可靠性，水位信号器及其通信通道应当冗余配置。为此，可以将一路水位信号经由LCU和网络传送，另一路经由硬接线（包括专用光缆）传送；闸门控制命令可以经由LCU传送。不论是硬接线还是网络，都要经过数百米的电缆或光缆传输。在有条件的情况下，应当设置从厂房到上、下水库的电缆沟作为电缆通道，以保证信息传递的可靠性。

(7) 被监控设备分布范围广。抽水蓄能电站的一般有上水库、下水库、地下厂房、开关站以及地面控制楼等区域，有条件时可以设置由不同路由构成的环网（或双环网）或星形网（或双星形网）结构形式的监控系统，以保证电站的安全运行。上、下水库等处的LCU距离远、采集量少，如果采用环网，为了不使其故障影响环网的可靠性，通常不将其作为环形拓扑的一个节点，而是从厂内的一台交换机采用星形方式连接到这些LCU。这些LCU的配置通常从简，甚至简化为远程I/O。

(8) 机组启停频繁，硬件可靠性要求高。抽水蓄能电站的"削峰填谷 "功能决定了机组启停必然频繁，每天工况变换达五六次，甚至更多。由于抽水工况比较复杂，一般抽水工况启动的成功率比发电工况要低，因此对计算机监控系统的可靠性要求更高。电厂级设备冗余配置，LCU级设备普遍采用双电源模块、双CPU、双通信模块的冗余方式。

(9) 应用软件功能的特殊性。高坝大库的常规水电站经济运行的主要功能之一是水库优化调度；径流式水电站的水库调节能力很小，只能带基荷，经济运行的主要功能是维持尽可能高的水头。抽水蓄能电站的上库一般很小，但水头较高，常达300m以上，但其水能利用率却不高，约为75 %，因此，抽水蓄能电站的经济调度等应用软件将包括许多新的内容，如降低抽水功耗，提高发电效率，在多台机组抽水的情况下，制定最优的抽水协调方式，以使抽水的总耗能量最小。根据经验，在各机组型号、额定水头和额定水泵扬程相同的情况下，采用等负荷发电和等抽水流量的方式是最经济的。

总之，抽水蓄能电站计算机监控系统与常规水电站的计算机监控系统一样，也应当实现数据采集与处理、安全监视、控制与调整、事件顺序记录、历史数据存储等通用功能。只是因为抽水蓄能电站在功能、水工设施、机电设备方面的特点，各项功能的具体内容比常规水电站要丰富很多。

二、抽水蓄能电站计算机监控系统当前的发展状况

(一) 交换式网络的应用

20世纪70年代以后，局域网（LAN）成为水电厂计算机监控系统网络的主要形式，以太网又在各

种局域网中逐渐成为主流。总线形网络是以太网的基本形态。连接在总线上的设备通过监测总线上传送的信息来检查发给自己的数据。当两个设备想在同一时间内发送数据时，以太网上将发生碰撞现象，但是使用一种载波侦听多重访问/碰撞监测（CSMA/CD）的协议可以将碰撞的负面影响降到最低。交换式以太网可以进一步减少碰撞，提高网络系统的带宽利用率，已经成为抽水蓄能电站与常规水电站计算机监控系统中的主流网络。

以太网本质上是一种总线网络，从其逻辑拓扑结构来看，是一条总线。但因其实际网络布线方式的不同，可以构成星形、总线形和环形等不同的物理拓扑结构。为了进一步提高网络的可靠性，可以采用双星形、双总线或双环网络结构实现网络冗余。星形以太网在物理上是星形的，但在逻辑上是总线形的，因为中央交换机背板的各端口之间的内部连接为总线方式。

与现已淘汰的令牌环形网不同，交换式环形以太网实质上是按照总线方式工作的，环路上设有逻辑断点，当主交换机检测网络为通时，逻辑断点自动断开；当主交换机检测网络为断时，逻辑断点自动愈合。由于交换式环形以太网的成本与交换式总线以太网相差无几，而可靠性却提高很多，所以宏观拓扑为总线形的交换式以太网实际上很少采用。实际采用的网络有时是多层次网络：环形网和星形网的结合或者是多级星形网络，多级星形网络又称为树形网络。

图 14-2-1～图 14-2-4 所示为抽水蓄能电站常用的四种网络拓扑，其中 S1、S2 等是交换机（switch），E1、E2 等是交换机所连接的智能设备（Intelligent Electronic Device，IED），只有图 14-2-1 和图 14-2-4 表示了部分交换机与相关设备的连接。表 14-2-1 对各种网络的优缺点进行了比较。

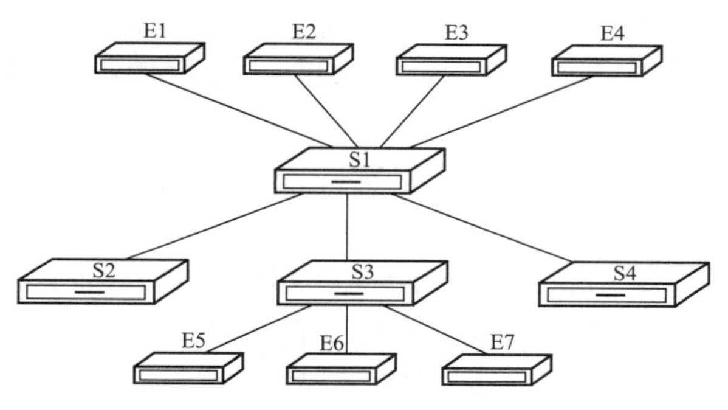

图 14-2-1　单星形网络

S1—电站级交换机；S2，S3，S4—LCU 交换机；E1，E2，E3，E4—电站级设备（各类工作站等）；E5，E6，E7—LCU 的控制器、触摸屏、调速器等（其他交换机所连接设备未示出）

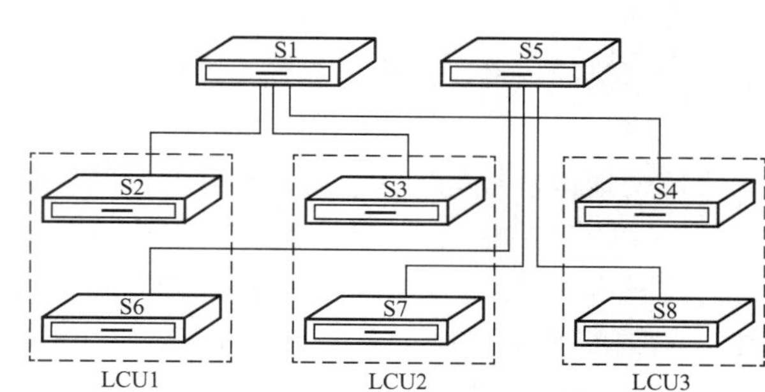

图 14-2-2　双星形网络

S1，S5—电站级交换机；S2，S3，S4，S6，S7，S8—LCU 交换机（交换机所连接设备未示出）

图 14-2-1（a）是单星形网络，S1 是星形网的中央交换机，而在 S3、E5、E6、E7 组成的星形网络中，S3 又是中央交换机，所以这个网络也可以看成是树形网络。图 14-2-4 是双环形网络，而 S1（S4）与 E1、E2、E3、E4 又构成了星形网络，所以这个网络也可以看成是混合网络。

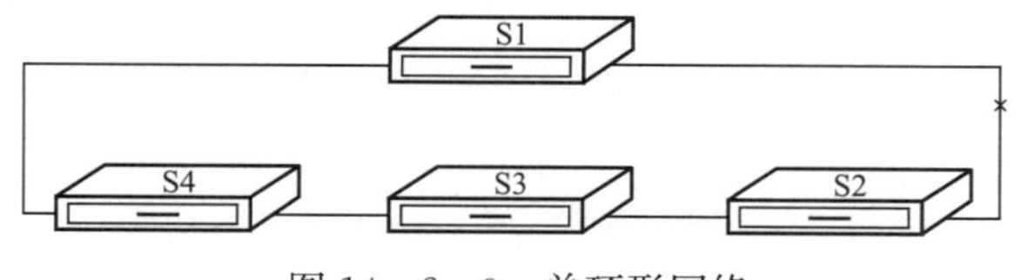

图 14-2-3　单环形网络

S1—电站级交换机；S2，S3，S4—LCU 交换机（交换机所连接设备未示出）

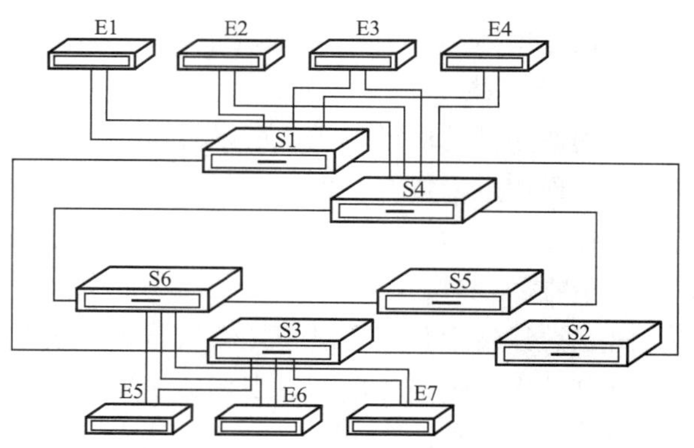

图 14-2-4　双环形网络

S1，S4—电站级交换机；S2，S3，S5，S6—LCU 交换机；E1，E2，E3，E4—电站级设备；E5，E6，E7—S2 所连接设备（其他交换机所连接设备未示出）

表 14-2-1　各种交换式以太网的优缺点

网络拓扑	单星形	双星形	单环形	双环形
拓扑图	见图 14-2-1	见图 14-2-2	见图 14-2-3	见图 14-2-4
优点	(1) 布线简单，管理方便。 (2) 直接通过背板交换，交换速度快	(1) 网络为冗余式，网络交换机、光纤（电缆）、网卡三处同时故障时，仍可保证通信不中断。 (2) 直接通过背板交换，交换速度快	环形拓扑保证了网络的冗余，光纤（电缆）出现一处断点时，网络自动切换为总线方式	网络冗余度高，网络交换机、两处光纤（电缆）、网卡四处同时故障时，仍可保证通信不中断
缺点	(1) 无冗余。 (2) 中央交换机风险集中，形成瓶颈	(1) 布线复杂，所有的网络设备、光纤（电缆）、网卡均为双份。 (2) 冗余靠软件实现，切换时间依赖于程序	(1) 冗余度较低，任一交换机的故障都导致与其相接设备的退出。 (2) 不相邻的交换机所接设备通信时需经由其他交换机，交换速度低于星形	(1) 布线较复杂，所有的网络设备、光纤（电缆）、网卡均为双份。 (2) 不相邻的交换机所接设备通信时需经由其他交换机，交换速度低于星形
成本	低	最高	最低	高

（二）现场总线及其他数据通信技术的应用

传统的水电厂计算机监控系统采集信息和输出命令主要采用并行方式。这种方式的缺点是需要大量的电缆，导致成本提高，安装、维护工作量增加。串行通信提供了解决这一问题的出路。串行通信可以在两个设备之间通过专用的传输线点对点地进行，也可以在多个设备之间通过公用的传输线进行，后一种情况的传输线被称为总线。现场总线则是处于分布式控制系统最底层的用于采集信息和输出命令的总线。

广义地讲，水电厂（包括抽水蓄能电站）中可能采用的数据通信技术有如下几种。

1. LCU 与单个被监控设备之间的串行通信

这种方式即点对点的串行通信。如果被监控设备（调速器、励磁和继电保护等辅助设备）是微机化的，那么就有可能利用各自的串行端口（例如 RS232 或 RS485 端口）实现它们与现地控制单元（LCU）之间的串行通信。但如果设备系由不同厂家提供，即使两端设备在物理层标准相司，实现通信协议的一致也需要做不少工作。

2. 远程 I/O

主流厂家生产的能够用作 LCU 的 PLC 或综合控制器，都可以配置远程 I/O 模块。这种方式可以看成是把现地控制单元（LCU）本体上的 I/O 模块移到了被监控设备的近旁，实现并行/串行转换，从而缩短了一对一连接的导线的长度。远程 I/O 与 LCU 本体之间采用监控设备的内部总线实现串行通信，传输速率高，且不存在协调困难。

3. 现场总线

采用通用型的现场总线，可以将监控设备与被监控设备都接在由现场总线组成的网络上，通过现场总线实现信息采集与控制、调节。这种方式最充分地利用了串行通信的优点，实现了彻底的分布，但被监控设备必须支持现场总线。对于微机化的调速、励磁、继电保护和油、气、水系统的控制设备，这一点不难做到。

现场总线技术是当今自动化领域技术发展的热点。随着控制技术、计算机技术、网络通信技术和信息处理技术的迅速发展，以现场总线为基础的全数字控制技术将逐步取代传统的控制系统，成为 21 世纪自动控制系统的主流。现场总线技术的发展与应用对实现面向设备的自动化系统起到巨大的推动作用，给传统的控制保护设备、开关电器、自动化元件带来了新的机遇和挑战。能与现场总线连接的智能化的控制保护设备、开关电器、自动化元件在今后将有广阔的发展前景。

按照 IEC 61158《测量和控制用数字数据通信》，现场总线的定义是："用于与工业控制或仪表设备（例如，但不限于，变送器、执行器和现地控制器）通信的数字式、串行、多点数据总线"。这个定义将现场总线的几个主要特征做了十分精确而简练的概括。根据这个定义，水电厂的现场总线应是监控设备与现场的被监控设备（例如各类变送器和阀门等执行机构以及调速器、励磁系统和继电保护等设备）之间的公共信息通道。如果说水电厂监控系统的骨干网络是由局域网（包括各种以太网）构成的话，那么现场总线则是置于局域网之下的最底层网络。

2007年颁布的IEC61158 Ed.4现场总线标准第4版规定了20种类型的现场总线。我国自主创新的基于实时以太网的现场总线EPA列在其中。Modbus的扩展版Modbus RPSS（以太网方式）也是其中之一。

事实上，我国已经把Modbus列为工业自动化国家标准（GB/Z 19582—2004《基于Modbus协议的工业自动化网络规范》）。Modbus的支持厂家多、成本低，它通过RS485连接，可连接32个站点，适用于传输距离不很远（不大于1200m），对通信速度要求不高（100kb/s，对应于1200m）的场合。考虑到Modbus主要用于传送公用设备和辅助设备的异常信号，极少传送与实时控制有关的信号，所以上述缺点影响不大，这就是Modbus在水电站，包括抽水蓄能电站，能够得到广泛应用的原因。

三、抽水蓄能电站计算机监控系统实例

（一）琅琊山抽水蓄能电站计算机监控系统

琅琊山抽水蓄能电站地下厂房内安装4台单机容量150MW的可逆式水泵水轮机/发电电动机。两台分裂变压器分别与四台机组组成扩大单元接线，将电压从15.75kV升至220kV，分裂变压器的高压侧用干式电缆经出线竖井引至地面敞开式开关站。220kV开关站采用内桥接线，以两回出线送至10km外的滁州变电站。机组、主变压器和计算机监控系统采用奥地利维奥公司的设备。该电站已于2006年发电。

1. 系统结构

监控系统的主干网络是环型光纤以太网，环上串接了8台交换机，其中2台连接电站级计算机和外围设备，6台分别连接六个现地控制单元（LCU）。各LCU的控制模块AK1703、AM1703、AMC1703（作为远程I/O）、触摸屏以及励磁装置、调速器和机组辅助设备（高压油系统、冷却水、进水阀和调速器油系统）的控制设备等设备均接于交换机上，如图14-2-5所示。

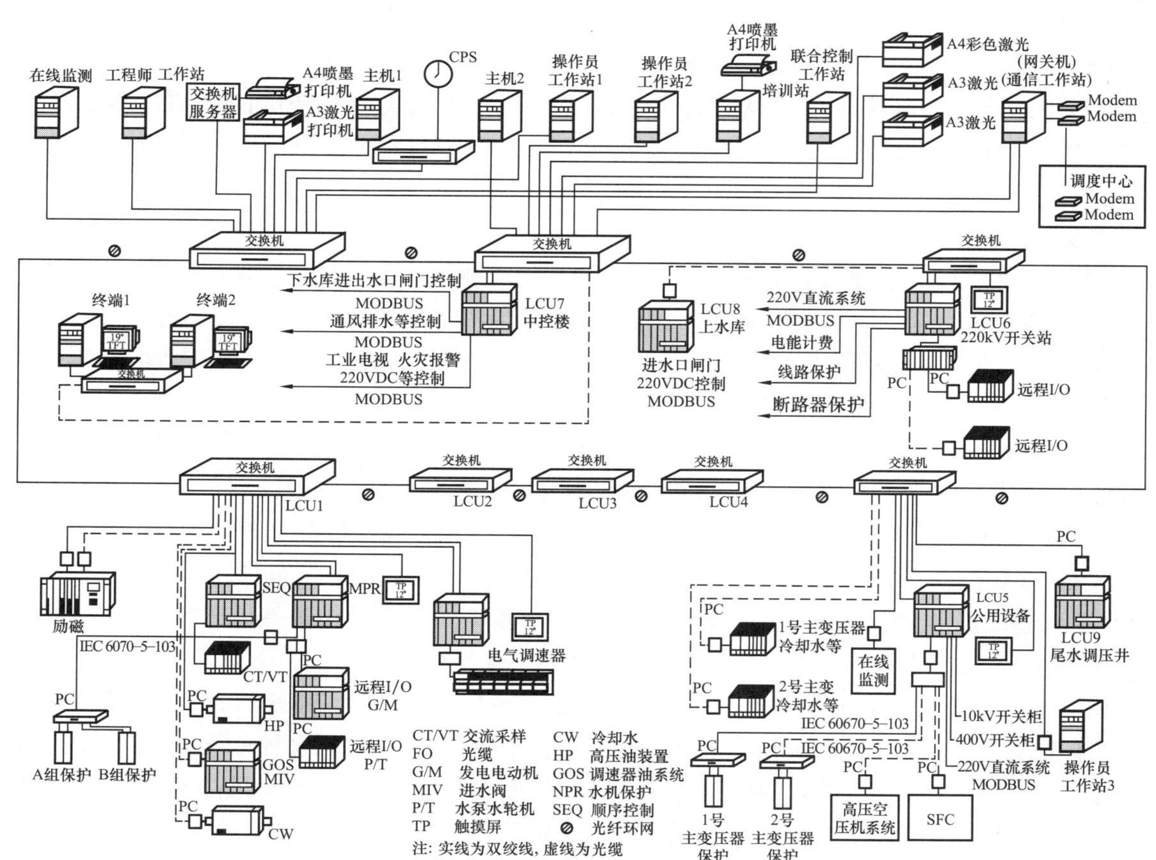

图14-2-5 琅琊山抽水蓄能电站计算机监控系统

2. 主要设备

(1) 网络设备。网络设备采用9台HIRSCHMANN公司的MICE系列交换机。

(2) 电厂级设备。电厂级设备包括11台适用于高速实时监控的计算机，其中2台电厂主计算机采用UNIX SOLARIX操作系统的SUN BLADE 1500工作站，3套PC机用于操作员工作站，一套PC机用于工程师工作站，一套PC机用于联合控制工作站，一套PC机用于通信工作站，一套PC机用于培训系统，两套PC机用于厂长终端，PC机均为DELL产品。此外，还有6台打印机，一套冗余的UPS电源装置，一套GPS时钟信号接收和授时装置。在综合楼厂长和总工程师办公室共设有一台交换机和2台仅具备监视功能的厂长终端，该交换机和主交换机直接相连。

(3) 现地控制级设备。LCU1～6各设一台交换机，6台交换机和2台主交换机相连形成主干环网；LCU7通过网络线直接与主交换机相连；LCU8通过光纤与LCU6的交换机相连；LCU9通过光纤与LCU5的交换机相连；地下厂房临时操作员工作站通过光纤与LCU5的交换机相连；各LCU则以现场总线和串行通信方式与现地被监控设备联接。机组现地控制单元（LCU1～4）布置在机旁，每个单元由四面盘组成，监视和控制对象除机组外，还包括励磁、调速、机组保护和油气水等系统。除了机组保护采用IEC 60870－5－103《远动设备和系统第5－103部分：传输协议—保护设备信息接口的配套标准》协议与LCU串行通信外，其余设备的通信是经过交换机完成的。

除以上四面盘外，在发电机层以下还布置了机组冷却水控制盘、水泵水轮机现地控制盘（用于调速器油泵控制以及与水泵水轮机相关的温度、流量和压力等信号的测量）和发电电动机现地控制盘（用于发电电动机相关的温度、流量、压力等信号的测量和辅助设备的控制），这些盘均通过交换机与机组LCU相连，属于机组LCU的一部分。

(4) 远程通信。为了实现与省调和网调的通信，在中控室设有专用通信AK模块，能够接入两个调度通信通道。一个是AK模块＋专用交换机＋路由器的专用数据网通道，规约为IEC 60870－5－104《远动设备和系统第5－104部分：传输协议—使用标准传输轮廓的IEC 60870－5－101所列标准的网络存取》；另一个是AK模块＋Modem的直达通道，规约为IEC 60870－5－101《远动设备和系统第5－101部分：传输协议—基本远动任务的配套标准》。

此外，电站今后将利用专用数据网通道通过TASE. 2规约实现与调度的通信。为此，中控室设置两个专用TASE. 2通信工作站，可以采用TASE. 2和IEC 60870－5－104规约实现与调度的通信。

3. 主要特点

(1) 系统整体性好。琅琊山电站的励磁、调速和机组辅助设备等均采用了维奥公司新研制的“海王星”（NEPTUN）通信模块，从数据通信的角度来看，它们都已集成到电站计算机监控系统之中，数据传输速率可达100Mb/s。这是因为励磁、调速、机组辅助设备均为同一家公司的产品，有条件采用相同的通信模块，为实现计算机监控系统与其他设备的高度集成创造了条件。

(2) 大量采用远程I/O和串行通信。除了上述的“海王星”通信方式外，琅琊山抽水蓄能电站还因地制宜地采用现场总线和其他串行通信方式实现数据通信，主要有如下几种：

1) Ax BUS总线。这是SAT 250/SAT 1703系统内部的总线，传输速率达4/16Mb/s。机组和220kV开关站LCU利用这种总线连接远程I/O。由于这种总线是监控系统范围内部的总线，不存在不同制造商的设备之间的通信协议协调问题，且传输速率较高。这类总线虽然有时也被称为现场总线，可是并不具有开放性。但在特定的应用场合，这一缺点不会给用户带来不便。

2) Modbus总线。Modbus总线是一种广泛采用的工业标准，许多其他公司的产品（例如厂用电盘柜、直流电源设备等）都支持Modbus总线，所以琅琊山电站中大量采用这种总线。全厂公用设备（低压空压机、排水泵、通风系统等）的控制装置由供货厂商组成网络，设一台微机作为上位机，5LCU以Modbus总线连接此上位机。LCU6～8也分别引出Modbus总线，连接各被监控设备，介质采用屏蔽双绞线。

3) IEC 60870－5－103协议。这是IEC制定的一种专用于保护设备的串行通信协议，琅琊山电站的机组保护、线路保护和母线保护均采用这种通信协议。LCU1～4 采用 60870－5－103 协议与机组保护设备串行连接；LCU5 采用该协议连接两台主变压器的保护设备；LCU6 采用该协议连接线路保护、母线保护、断路器保护等设备，介质均采用屏蔽双绞线。

(3) 操作命令和重要信号采用硬接线。操作命令和断路器、隔离开关的位置信号宜采用硬接线与 LCU 直接连接，或经过远程 I/O 连接，以保证操作和闭锁万无一失。琅琊山 220kV 开关站监控方案中，上述命令和信号全部通过远程 I/O 传送。实际上，断路器的操作命令必须通过断路器操作箱，不可能直接用串行方式发送。

（二）张河湾抽水蓄能电站

张河湾抽水蓄能电站是一座日调节的纯抽水蓄能电站，装设 4 套单机容量为 250MW 的立轴混流可逆式单级水泵水轮机和发电电动机组。电站建成后，以一回 500kV 出线接入河北南网。该电站采用以计算机监控系统为基础，按照“无人值班”方式设计，中控室和计算机室位于地下副厂房。运行稳定后拟迁于地面办公楼，办公楼与地下厂房距离约 3km。

该电站的计算机监控系统采用 ALSTOM 公司的 ALSPA P320，这是该公司为大中型发电厂开发的一种分层分布的监控系统。

1. 系统结构

监控系统的主干网络是贯通地下厂房的 100Mb/s 交换式双环型光纤以太网（控制网）和位于控制室及计算机室的不冗余交换式以太网（信息网）。电厂级的各工作站同时连接控制网和信息网，负责两层网络之间的信息转发。双环型以太网的每个环上串接了多台交换机，其中 9 台连接电站级计算机和外围设备，8 台分别连接 8 个现地控制单元（LCU）。各 LCU 的冗余控制模块 C80－75 分别接于两个环网上的两台交换机，如图 14－2－6 和图 14－2－7 所示。

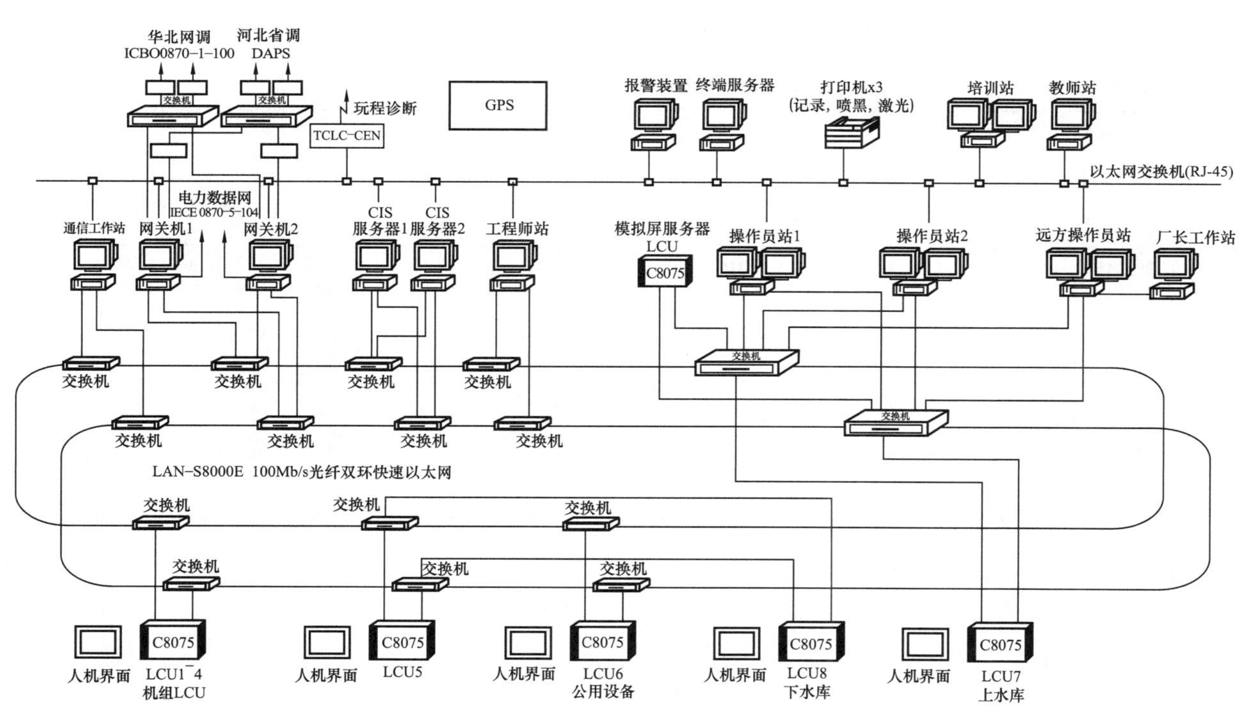

图 14－2－6　张河湾抽水蓄能电站计算机监控系统（总框图）

2. 主要设备

(1) 网络设备。网络交换机采用 Hirschmann 公司的卡规式交换机，可提供本地网络管理。每个 LCU 都配置互为冗余的网络交换机。在现地控制级，用于 I/O 采集的现场控制器 CE 2000 通过现场总线 F8000 连接至主控制器。两级网络的技术参数见表 14－2－2。

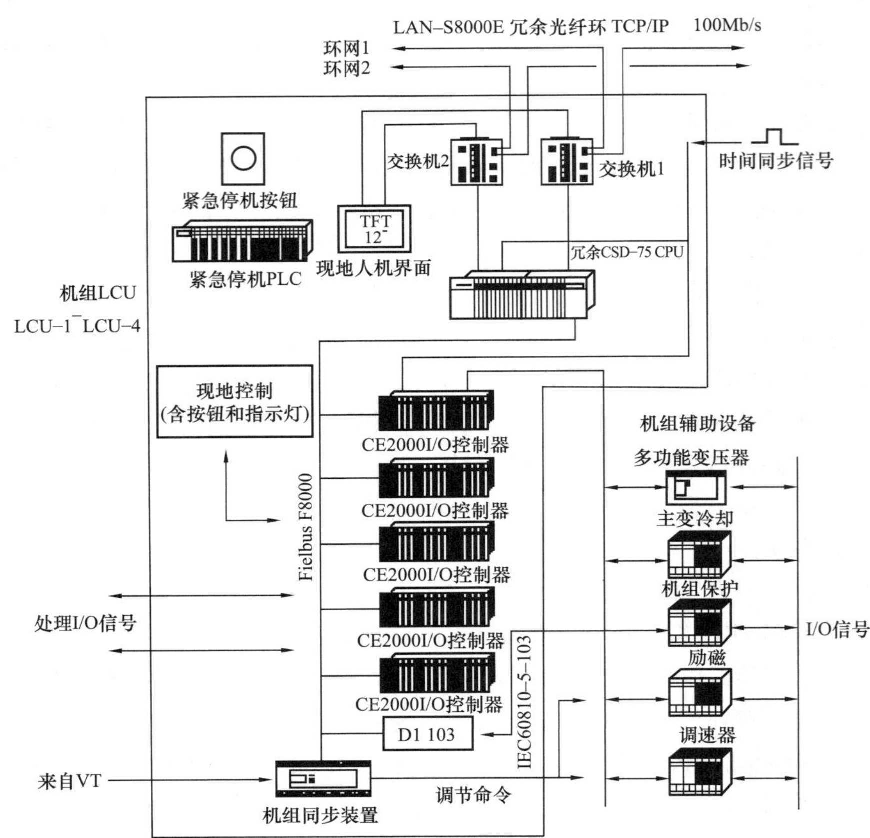

图 14-2-7 张河湾抽水蓄能电站计算机监控系统（机组 LCU 的内部连接）

表 14-2-2 **两级网络的技术参数**

网络名称	S8000-E	F8000
功　　能	全厂网络	现场总线
标　　准	以太网 ISO 8802.3	WorldFip IEC 61158 Ed.4
通信协议	以太网 UDP 和 TCP/IP	F8000
速　　率	10 或 100Mb/s	1Mb/s
介　　质	光纤环网	双绞线或光纤
最大长度	每个环 100km	双绞线 4km，光纤 7km
访问方式	通过采用交换机实现确定方式	确定方式，100%带宽可用
冗　　余	可行	可行

（2）主控级或 CENTRALOG 层。包括：

1）2 个 CIS 数据服务器（主计算机，Sun Blade 2000）。

2）2 个 CVS 操作员工作站（Sun Blade 2000）。

3）1 个 ControCAD 工程师工作站（Dell PC）。

4）1 套 C10 培训系统（Sun Blade 150），配有一个指导站（Dell PC）。

5）2 个与调度中心冗余通信的 CSS-G 网关和 1 个通信计算机（Dell PC）。

6）1 个 CRW 终端服务器（Dell PC）。

7）1 套打印设备。包括 1 个 A3 喷墨打印机（记录打印机）、1 个 A3 彩色喷墨打印机和 3 个 A3 幅面黑白激光打印机。

8）1 套模拟屏。

9）1 套语音电话报警系统（Dell PC）。

10）1 套 GPS 时钟同步系统（hopf 公司的 6870）。

11）1 台厂长工作站（Dell PC）。

12）1 台远方操作员工作站（Dell PC）。

13）1 套冗余的不间断电源（UPS，EXIDE Technologies 公司的 MS/S 15）。

根据电站的设备布置情况和对监控系统的要求，计算机监控系统采用开放分层分布式结构。整个网络分两层，全厂网络为双环形结构。操作网和控制网均为光纤构成的 100Mb/s 快速以太网，控制器与本地 CE2000 I/O 模件采用 F8000 总线。

（3）现地控制级设备。计算机监控系统共设置 9 台 LCU：

1）4 套冗余的现地控制系统 LCU1～4，每套对应一台发电电动机组。

2）1 套冗余的现地控制系统 LCU5，用于变频起动装置（SFC）、500kV GIS 和 500kV 线路，以及主变压器洞内的公用设备。

3）1 套冗余的现地控制系统 LCU6，用于全站站用及公用设备。

4）1 套冗余的现地控制系统 LCU7，用于上水库。

5）1 套冗余的现地控制系统 LCU8，用于下水库。

LCU 由控制器（C80－75）、网络交换机、I/O 模件、触摸屏以及电源模件等构成。控制器、网络交换机以及电源模件等均为冗余配置。机组 LCU 和和线路 LCU 上还设置了同步装置及交流采样装置（多功能变送器）等，如图 14－2－7 所示。各机组 LCU 还设置了专用于紧急事故停机的 PLC（C80－35），在发生水力机械事故且 LCU 的冗余控制器同时失效时，此专用 PLC 能保证机组安全停机。

（4）远程通信。计算机监控系统与华北电网调度中心和省调度中心都有接口要求，通信接口链路方案如图 14－2－6 所示。

3. 主要特点

（1）由于励磁、调速器、保护等来自不同的供货商，机组 LCU 与其他设备的通信主要经由 Modbus 和 IEC 60870－5－103 协议实现。

（2）采用分层分布式的多级网络结构，各级网络均采用国际标准，保证了系统的高度开放性。

（3）环形网络和主要设备均为冗余配置，提高了系统的可靠性和安全性。

（4）设置了专用于紧急事故停机的 PLC，在任何情况下都能保证机组安全停机。

（5）操作命令和重要信号采用硬接线。

（三）潘家口抽水蓄能电站

潘家口抽水蓄能电站为混合式抽水蓄能电站，装设三台单机容量 90MW 的混流式抽水蓄能机组（编号为 2、3、4），1 号机组为 150MW 的常规机组，是全国首座全套引进国外机电设备的中型抽水蓄能电站。全套监控设备系统由意大利 ABB 公司提供，于 1991 年投入运行。2000 年 10 月进行监控系统的国产化升级改造，改造后的系统采用了南瑞集团公司（国网南京自动化研究院）研制的 SSJ－3000 型计算机监控系统。该监控系统数据库采用网络型全分布数据库，数据共享。

1. 系统结构

监控系统采用分层分布式星形系统结构，分为电厂级和现地单元级两级，各分系统直接挂在以太网上，系统结构如图 14－2－8。电厂级设有 2 台带双显示器的主机兼操作员工作站，1 台工程师站，1 台通信处理计算机，1 台 On Call 管理计算机。同时电厂级配 3 台黑白激光网络打印机，用于打印各种运行管理报表。电厂级除进行电厂系统设备的监控外，还承担与华北网调和唐山地调的通信任务。现地单元级设 5 套 LCU，能够执行主控级命令或独立完成电厂机组、开关站、公用设备的监控任务。网络系统采用冗余双光纤以太网，由 2 台 CISCO 公司的 WS－C2924M－XL 型 10M/100Mb/s 网络交换机管理。系统结构具有可扩展性。“四遥”功能分别通过远动 RTU 直接与上位机通信和远动 RTU 经过公用 LCU 到上位机硬接线通信两种方式实现。

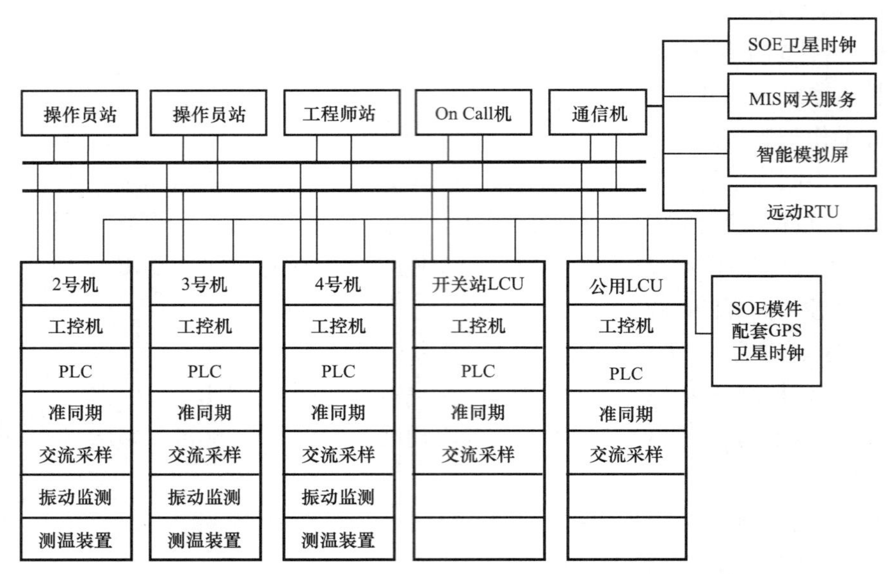

图 14-2-8　潘家口抽水蓄能电站监控系统结构图

2. 主要设备

(1) 网络设备。网络系统采用冗余双光纤以太网，由 2 台 CISCO 公司的 WS-C2924M-XL 型 10M/100Mb/s 网络交换机管理。

(2) 电厂级设备。电厂级设有 2 台带双显示器的主机兼操作员工作站，1 台工程师站，1 台通信处理计算机，1 台 On Call 管理计算机。同时电厂级配 3 台黑白激光网络打印机，用于打印各种运行管理报表。电厂级除进行电厂系统设备的监控外，还承担与华北网调和唐山地调的通信任务。

主机兼操作员工作站采用 2 台 COMPAQ 公司的 XP 1000、CPU 为 64 位 Alpha 21264 工作站，双机互为热备用，每台配 21″双显示器，作为电厂监控系统的主要人机接口；工程师工作站采用 1 台 COMPAQ 公司 XP 1000 型、CPU 为 64 位 Alpha 21264 工作站，主要用于系统维护和二次开发，必要时也可以作为操作员工作站的硬件后备；通信处理计算机采用 HP VL 400 PⅢ/800 微机，用于电厂级的 GPS 卫星时钟对时通信、智能模拟屏通信、网调通信和地调通信并作为 M1S 网关服务器接口。配置 Modem 卡，当系统出现故障时可进行远程诊断；On Call 管理计算机由 1 台 ICS PⅢ/800 工业控制机承担，配有电话语音卡，当生产系统出现故障时，可按事先设定的通知级别自动进行电话语音报警，也可自动启动寻呼系统，实现 On Call 功能。

人机接口采用南瑞集团公司自主开发的、面向过程控制、基于开放系统环境的 NARI ACCess（UNIX 环境）系统软件，该软件使用 UNIX 操作系统的接口标准，X Window/Motif 作为用户接口，TCP/IP 的网络协议作为网络通信接口规约，冗余网络支持程序选用 Client/Server 模式，是比较成熟且具有实际应用经验的监控系统软件。

(3) 现地控制级设备。现地控制级共设 5 套 LCU，3 套用于 3 台机组、1 套用于公用设备、1 套用于开关站。现地控制级 LCU 电源采用交/直流双供电电源插箱，工控机采用 CONTEC PⅢ 600 MHZ 一体化工控机，触摸屏采用 12.1″彩色液晶屏，I/O 部分采用施耐德公司生产的 Modicon TSX Quantum 可编程控制器。每台机组 LCU 上配套有 1 台 SJ-12C 双微机自动准同步装置，1 台数显温度巡检仪和 5 台数显温度保护装置，1 台交流采样装置，1 套机组振动监测保护装置。开关站 LCU 配套有 1 台 SJ-12C 双微机自动准同步装置，6 台交流采样装置。公用 LCU 配套 2 台交流采样装置。现地控制单元上的温度监控、交流采样、振动监测等装置均通过 RS232 口直接接入工控机进入以太网。

(4) 远程通信。在电厂级设有通信处理计算机，通过远动 RTU 实现与华北网调和唐山地调的通信。

3. 主要特点

(1) 采用分层分布式的网络结构，各个节点功能独立，数据库独立，把某一节点的故障对整个系统的影响降到最低，最大限度地提高了系统的效率。

(2) 保留原有的紧急事故停机常规控制回路，如果监控系统出现故障，能保证机组停机，安全性高，对电网的影响小。

(3) 由于开发商为国内企业，备品备件采购容易、维护成本低，且售后服务方便。

第三节 抽水蓄能机组的继电保护

一、概述

抽水蓄能机组在发电机工况下运行时与常规水电机组无异，所以常规水电机组设置的保护抽水蓄能机组也应当设置。但由于抽水蓄能机组还具有特有的运行方式，因此，还必须考虑由此对保护提出的特殊要求。这些特殊要求包括三类：

(1) 增加一些特殊保护，例如电动机工况的低功率保护、发电机工况的逆功率保护等。

(2) 解决换相带来的问题。有些保护是两种工况都需要的，但是由于抽水蓄能机组在发电运行和抽水运行时，机组的相序不同，必须采取措施使接入保护的电流相序始终保持正确。与此相关的保护有差动保护、失磁保护、失步保护、负序过电流保护等。

(3) 解决水泵工况启动过程的特殊问题。常规水电机组在启动过程中转速超过 90%甚至更高才开始起励，机组大部分时间处于无电流、低电压的状态，所以不必考虑机组启动过程中的电气保护。而抽水蓄能机组在水泵工况同步启动过程中，机组和连接母线都流过低于工频（又称为次同步）的电流，承受着低于工频的电压。机组在这个过程中应当投入必要的电气保护。

二、抽水蓄能机组的特殊保护

(1) 低功率保护。低功率保护仅在电动机工况投入，用来检测在电动机工况下失去电源或输入功率过低。保护作用于停机。低功率保护在启动过程中应当退出。

(2) 低频保护。电动机工况和调相工况投入，用来检测在上述两种工况下失去电源。它是电动机工况低功率保护的后备保护。如果系统有要求，可作用于低频减载，或将发电方向调相运行的机组转为发电；电动机方向运行的机组则宜作用于解列灭磁。低频保护在启动过程中应当退出。

(3) 逆功率保护。逆功率保护是一种原动机保护，常规水电机组中只有灯泡式和斜流式等低水头机组采用。因为这类机组在逆功率工况下，低流量的微观水锤作用会产生气蚀现象，导致导叶损伤。其他水电机组大都不设此保护。按规程，抽水蓄能机组应装此保护，理由是："在发电工况下有可能出现深度反水泵运行，从系统吸收有功功率。"但是实际上，只有在发电工况并网之前才可能出现反水泵工况，此时不可能从系统吸收有功功率。一旦并网，则不应再出现反水泵工况，否则，这台机组的制造和调试就是不合格的。所以抽水蓄能机组设置逆功率保护的理由并不比常规机组多。当然，按规程要求设置此保护也无坏处，可用于检测在发电机工况下误关闭进水阀或导叶造成机组从系统吸收有功功率的事故。逆功率保护仅在发电机工况投入，保护作用于解列和灭磁。

(4) 过励磁保护。过励磁保护不是抽水蓄能机组所特有，规程规定，常规发电机组容量为 300MW 及以上者，应当设过励磁保护。抽水蓄能机组电动机工况启动过程中运行在低频下，过励磁的可能性高于常规机组，所以设置这种保护的机组容量应当低于规程规定的容量，不必受 300MW 的限制。

(5) 主变压器过流保护。在电动机工况、调相工况、由系统倒送厂用电以及 SFC 启动机组时，主变压器均作为降压变压器运行，所以应装设三相过电流保护作为差动保护的后备保护，检测变压器内部及低压侧母线的故障。为这个保护加低电压或复合电压条件是不必要的，因为它的灵敏度很容易满足要求。如果这个过流保护不带方向，则需考虑与线路保护的配合，影响灵敏度和快速性。为解决此问题，宜采用方向过流保护，电流信号取自变压器高压侧，方向指向低压侧。这个保护并非抽水蓄能电站所特有，但抽水蓄能电站的主变作为降压变压器运行的机会比常规电站的主变要多。发电工况的主变压器过流保护由发电电动机的低压记忆过流保护兼任，不必单设。

（6）相序保护。相序保护是为了检测换相开关因故障或误操作导致电机的电压相序与旋转方向不一致。该保护在两种工况下分别检测机组的正序电压和负序电压，作用于解列和灭磁。

三、换相带来的问题及解决方法

（一）差动保护

通常发电电动机和主变压器要分别设置纵联差动保护作为电机和变压器的主保护。二者搭接段的位置有三种可能：在换相开关和电机之间、在换相开关和主变压器之间、在换相开关内。以下分析三种方式的特点。

1．两组差动保护的搭接段在发电机断路器和电机之间（见图 14－3－1）

（1）电机差动保护。这种方案对电机保护不存在换相问题。在作为电动机被启动的过程中，无论是背靠背启动还是 SFC 启动，机组的差动保护的两侧电流互感器都接在回路中，所以差动保护不必退出。同理，当背靠背启动过程中机组作为发电机运行时以及电制动过程中，差动保护也不必退出。这是这个方案的优点。

（2）主变压器差动保护。这种方案的主变压器差动保护跨越换相开关，所以必须考虑解决不同工况下的相序适配。原则上来讲，相序的适配可以用软件来实现，即两种工况共用一个差动保护硬件模块，根据换相开关的位置，改变三相电流的相序，使之与高压侧的电流相序一致。但是实际上，为了主保护的绝对可靠，很少采用这种做法。通常，两种工况的差动保护还是采用不同的硬件模块，根据换相开关的位置，将相应的模块投入运行。图 14－3－1 的 87TG 和 87TM 就是针对发电机工况和电动机工况分别设置的差动保护模块，二者之间的选择取决于换相开关的位置。

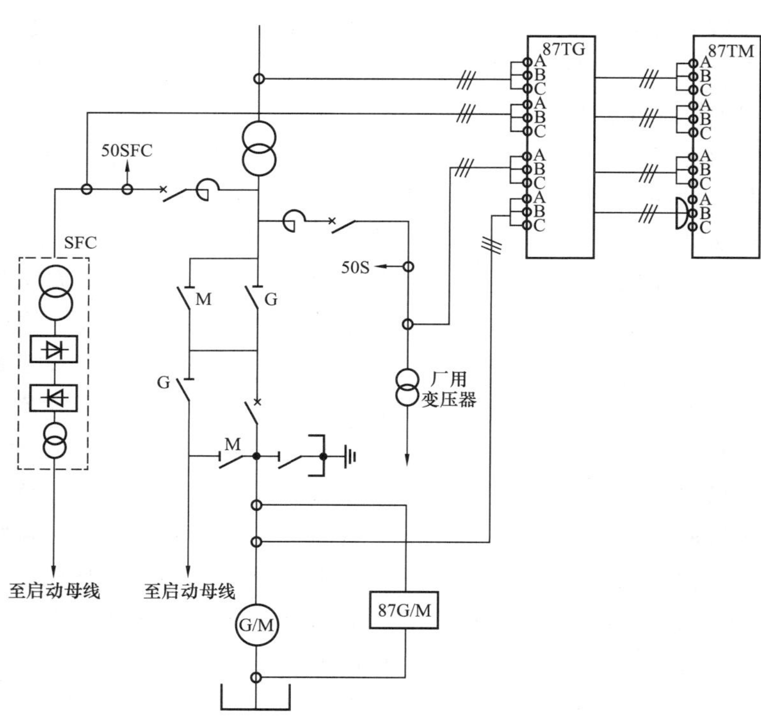

图 14－3－1　两组差动保护的搭接段在发电机断路器和电机之间

当发电机断路器断开，经由主变压器倒送厂用电或给 SFC 供电时，虽然变压器低压侧无电流，变压器差动保护仍然是平衡的，不会误动。如果此时主变压器低压绕组或低压侧母线发生相间短路，由于低压侧互感器的缺失，无法形成差动电流，保护降级为电流速断保护。考虑到变压器差动保护的动作整定值约为主变额定电流的 20%～30%，而低压侧短路时流过高压侧的电流约为主变额定电流的 7 倍，灵敏度足够大。所以，保护在上述工况下不必退出。

现在考虑一种特殊工况：一台主变压器给 SFC 供电启动机组，而被启动的正是它所对应的机组，例如 1 号主变压器给 SFC 供电启动 1 号机组；或者 1 号主变压器给 SFC 供电启动其他机组，而 1 号机组同时被其他机组背靠背启动。这两种情况下，主变压器差动保护的各支路在形式上是完整的，但主变压器低压侧（即机组出口）的电流互感器提供的电流对差动保护来说却是“虚假信息”，因为它跟其他支路的电流并无关联，不存在平衡关系。它的输入只是给差动保护增加了一个不平衡电流，其值约为变压器额定电流的 6%。这个不平衡电流若与保护原有的不平衡电流同向叠加，会影响保护的可靠性。如果保护的软件能够在这种情况下闭锁变压器低压侧互感器提供的电流，将是最理想的解决办法。否则，就要计及“虚假信息”造成的不平衡电流来校核保护的可靠性。在大多数情况下，这个不平衡电流是可以容忍的。

最后讨论一下电制动过程中，主变差动的行为。这种情况下，发电机断路器断开，不论主变压器是空载还是给 SFC 供电启动机组，也不管启动的机组是否与主变相对应，如果不计机组出口电流互感器提供的电流，主变压器差动保护的各支路电流是平衡的。此时机组出口电流互感器提供的电流是一个不平衡电流，其值约等于机组额定电流，这个电流足以使差动保护误动作。所以，这种接线方案下电制动过程中，主变压器差动必须退出。

2. 两组差动保护的搭接段在换相开关内（见图 14-3-2）

这种方案的电流互感器设在换相开关内，用于两组差动保护的电流是两种工况下所用互感器的电流。实际上，在发电工况下，只有与发电工况对应的那组互感器有电流通过，反之亦然，这就保证在任何稳态工况下，差动保护取的都是正确相序的电流。此方案用一套保护适用两种工况，避免了切换，这是它的优点。但这个方案也有一些缺陷：

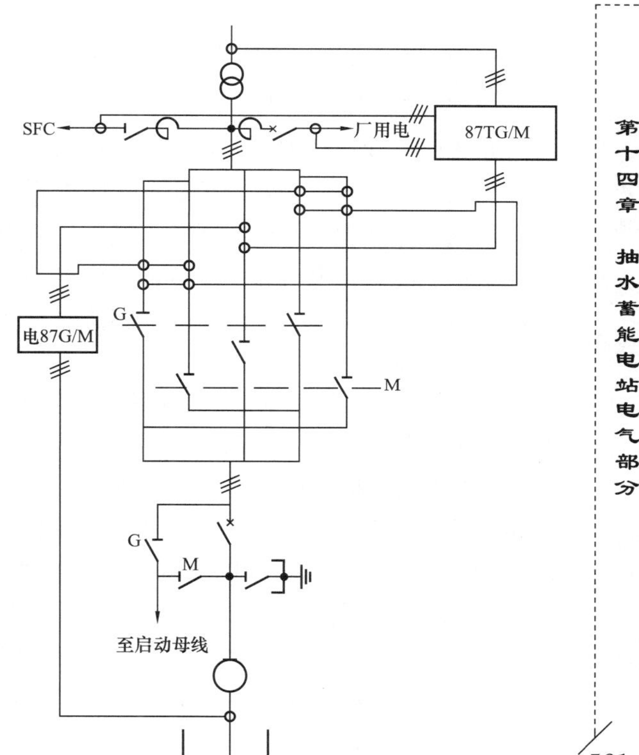

图 14-3-2　两组差动保护的搭接段在换相开关内

(1) 电机差动保护。以下工况机组的差动保护只有一侧电流互感器接在回路中：①机组作为电动机被启动的过程中；②背靠背启动过程中机组作为发电机运行；③电制动过程中。在①和②中，差动保护的可靠性会降低，动作的灵敏度也会降低。至于是否退出，需通过具体分析启动电流和差动保护动作整定值而确定。大多数情况下，启动电流为机组额定电流的 6%左右，而差动保护整定值为机组额定电流的 10%～30%，可靠系数大于 1.5，启动时保护不会误动。启动过程中发生短路时，差动保护只有单侧电流输入，相当于电流速断保护。机端短路时，流经保护的电流为 5 倍左右的机组额定电流，保护的灵敏度远大于 2。所以采用这种接线时，应当对差动保护的可靠性和灵敏度进行检验。仅针对①和②，大多数情况下，差动保护不必退出。对第③种情况，在电制动过程中，定子电流为额定电流，单边输入的额定电流导致差电流等于额定电流，差动保护必然动作。所以此方案下电制动过程中电机差动必须退出。

(2) 主变压器差动保护。当发电机断路器断开，经由主变压器倒送厂用电或给 SFC 供电时，现象和结论与方案 (1) 相同。

(3) 汲出电流问题。如果电流互感器采用 TPY 型，取两个互感器的电流和时会出现汲出效应，即发生短路时不流过电流的互感器成为通流互感器的负载而分流，减少了流入保护的电流，降低了保护的灵敏度。普通 P 级保护电流互感器的汲出效应很小，可以不计其影响。

3. 两组差动保护的搭接段在换相开关和主变压器之间（见图 14-3-3）

(1) 电机差动保护。机组作为电动机被启动、背靠背中机组作为发电机运行以及电制动过程中，会出现电机差动只有单侧电流的问题，分析和结论与两组差动保护的搭接段在换相开关内相同。

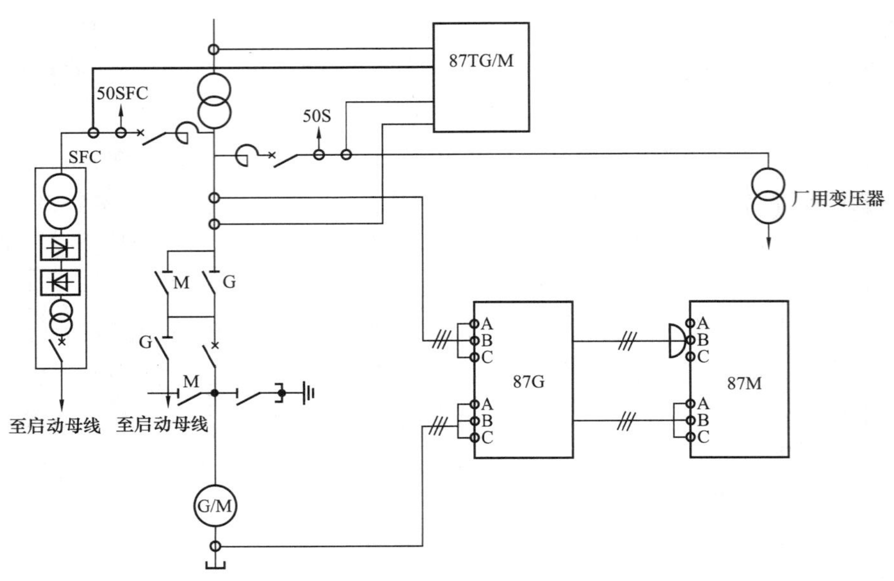

图 14-3-3　两组差动保护的搭接段在换相开关和主变压器之间

(2) 主变压器差动保护。这种方案的主变压器差动保护不存在换相问题。主变压器倒送厂用电或给SFC供电时，变压器差动的各支路都接入了，保护是完备的。

以上三种接线方式各有优缺点，应根据具体情况选用。每种方案都存在保护的投退或换相问题，以及校核可靠性和灵敏度等问题。在采用双重化冗余配置的情况下，不妨采用两种方案的组合，以保证在任何工况下，电机和变压器都至少有一套完整的主保护。不论采用何种接线，都应当避免切换电流互感器的二次回路，以免造成互感器的二次回路开路等严重事故。

(二) 其他保护问题

(1) 负序过电流（转子表层过负荷）保护。两种工况可以合用一套负序过电流保护，相序的切换由软件根据换相开关的位置完成。

(2) 失磁保护、失步保护。两种工况可以合用一套失磁保护，阻抗测量部分如果采用0°接线，则无换相问题，如果采用90°接线，则宜采用软件换相。

(3) 逆功率保护。逆功率保护只在发电机工况投入，不存在相序切换问题。

(4) 低功率保护。在电动机工况和两个转向的调相工况都需投入低功率保护，不同转向下可以合用继电器，且接线不变，只是根据换相开关的位置改变功率的正负号。

四、水泵工况启动过程的特殊问题

(一) 互感器和继电器的低频性能

要保证继电保护在低频条件下的正确运行，一方面互感器要能在低频下正确传变，另一方面继电器要能够在低频下正确采样。在模拟式继电器为主的年代，由于生产厂家不能保证各类继电保护的频率特性适于在低频工况下运行，所以不得不在启动过程中将大部分保护闭锁，而在机组接近同步转速时才投入运行。

近年来，由于普遍采用了数字式继电器，采样频率跟踪电流和电压的频率（例如，不论周期长短，每个周期总是采样16次），解决了低频下继电器的正确运行问题，各厂家大都能保证频率高于11Hz（或10Hz）时各保护的正确动作。根据用户的要求，各互感器生产厂大都能提供互感器在低频工况下的特性曲线或精度保证值。表14-1-5给出了一个厂家提供的互感器的精度和容量与频率的关系，由表可以看出，在保证精度的前提下，互感器的容量基本上随工作频率下降而成正比地下降。考虑到数字式继电器交流回路功耗极小，负载能力的下降不会带来问题。但这也提醒人们，互感器的容量选择应当留有余地，以保证在低频下还能有足够的容量。

(二) 启动和电制动过程中应当退出的保护

低功率保护、低频保护、失磁保护、失步保护等保护只有在正常运行时才应当投入，机组启动（包括机组作为电动机被拖动和作为发电机拖动其他机组）及电制动过程中需退出。详见表14-3-1和表14-3-2。

表 14-3-1　　电机各种保护的投退条件及动作后果

保护类别		代号	保护是否投入①							保护动作后果							
			发电机工况	发电机方向调相	背靠背启动作为发电机	作为电动机被 SFC 或背靠背启动过程中	电动机工况	电动机方向调相	电制动过程中②	跳发电机断路器	跳相邻断路器，停相邻机组	跳 SFC 输入、输出断路器，闭锁 SFC 的网桥、机桥③	灭磁	停机	发信号	已并网则启动相邻断路器失灵保护	发电方向调相机转发电
发电机差动保护		87G	√	√	④	—	—	—	②	√	—	—	√	√	√	√	—
电动机差动保护		87M	—	—	—	④	√	√	②	√	—	√	√	√	√	√	—
电机差动保护		87G/M	√	√	√	√	√	√	②	√	—	√	√	√	√	√	—
电机匝间短路保护		60G/M	√	√	√	√	√	√	√	√	—	√	√	√	√	√	—
电机低压记忆过流保护		51/27G/M	√	√	√	√	√	√	√	√	—	√	√	√	√	√	—
电机次同步过流保护⑤		51LF	—	—	√	√	—	—	—	√	—	√	√	√	√	—	—
电机定子过负荷保护	定时限	49G/M	√	√	√	√	√	√	√	—	—	—	—	—	√	—	—
	反时限		√	√	√	√	√	√	√	√	—	√	√	—	√	—	—
定子 95%接地保护		64G/M	√	√	√	√	√	√	√	√	—	√	√	√	√	√	—
定子 100%接地保护			√	√	√	√	√	√	⑥	√	—	√	√	√	√	√	—
电机负序过流保护	定时限	46G/M	√	√	√	√	√	√	√	—	—	—	—	—	√	—	—
	反时限		√	√	√	√	√	√	√	√	—	√	√	√	√	√	—
电机负序过流保护（含转子表层过热保护）		46G/M	√	√	√	√	√	√	√	√	—	√	√	√	√	√	—
发电机逆功率保护		32G	√	√	√	—	—	—	—	√	—	—	√	—	√	√	—
电动机低功率保护		37M	—	—	—	—	√	√	—	√	—	√	√	√	√	√	—
电机低频保护		81M	√	√	—	—	√	√	—	√	—	—	√	√	√	√	√
电机过励磁保护	低定值	24G	√	√	√	√	√	√	√	—	—	—	—	—	√	—	—
	高定值		√	√	√	√	√	√	√	√	—	√	√	—	√	√	—
电机过电压保护		59G/M	√	√	√	√	√	√	√	√	—	√	√	√	√	√	—

续表

保护类别		代号	保护是否投入①							保护动作后果								
			发电机工况	发电机方向调相	背靠背启动作为发电机	作为电动机被SFC或背靠背启动过程中	电动机工况	电动机方向调相	电制动过程中②	跳发电机断路器	跳相邻断路器，停相邻机组	跳SFC输入、输出断路器，闭锁SFC的网桥、机桥③	灭磁	停机	发信号	已并网则启动相邻断路器失灵保护	发电方向调相机转发电
电机电压相序保护		47G/M	√	√	√	√	√	√	√	√	—	√	√	√	√	—	—
电机失磁保护		40G/M	√	√	√	√	√	√	—	√	—	√	—	—	√	—	—
电机失步保护		78G/M	√	√	—	—	√	√	—	√	—	√	√	—	√	—	—
励磁绕组接地保护		64E	√	√	√	√	√	√	√	—	—	—	—	—	√	—	—
励磁绕组过负荷保护		49E	√	√	√	√	√	√	√	—	—	—	—	—	√	—	—
断路器失灵保护		50BF	√	√	—	—	√	√	—	√	√	—	√	√	√	√	—
轴电流保护	低定值	SC	√	√	√	√	√	√	√	—	—	—	—	—	√	—	—
	高定值		√	√	√	√	√	√	√	√	—	√	√	√	√	—	—

① 除了51LF外，其余保护只有在频率高于11Hz时，才有可能投入。

② 电制动过程中只有接线方式能保证差动保护两端电流都接入时，方可投入电机差动保护。

③ 只有机组处于被SFC启动过程中，才执行此项操作。

④ 启动过程中差动保护的投退需具体分析后确定。

⑤ 只有当机组频率为2～11Hz时，该保护才投入。

⑥ 低频信号注入原理的100%接地保护在电制动过程中应退出，三次谐波电压比较原理的保护可以投入。

表14-3-2　主变压器各种保护的投退条件及动作后果

保护类别	代号	保护是否投入					保护动作后果						
		发电机停机、主变压器带电	发电机工况及发电机方向调相	为SFC供电启动机组过程中	电动机工况及电动机方向调相	电制动	跳发电机断路器	跳相邻断路器，停相邻机组	跳SFC输入、输出断路器，闭锁SFC的网桥、机桥	灭磁	停机	发信号	启动相邻断路器失灵保护
主变压器差动保护	87TG	√	√	①	—	—	√	√	—	√	√	√	√
主变压器差动保护	87TM	—	—	①	√	—	√	√	—	√	√	√	√

续表

保护类别		代号	保护是否投入					保护动作后果						
			发电机停机、主变压器带电	发电机工况及发电机方向调相	为SFC供电启动机组过程中	电动机工况及电动机方向调相	电制动	跳发电机断路器	跳相邻断路器，停相邻机组	跳SFC输入、输出断路器，闭锁SFC的网桥、机桥	灭磁	停机	发信号	启动相邻断路器失灵保护
主变压器差动保护		87TG/M	√	√	√	√	√	√	√	—	√	√	√	√
主变压器零序电流保护		51N	√	√	√	√	√	√	√	—	√	√	√	√
主变压器低压侧过流保护		51T	√	√	√	√	√	√	√	—	√	√	√	√
主变压器低压侧接地保护		64T	√	√	√	√	√	√	√	—	—	—	√	—
主变压器过励磁保护	低定值	24T	√	√	√	√		—	—	—	—	—	√	—
	高定值		√	√	√	√		√	√	—	√	√	√	√
主变压器重瓦斯保护		80	√	√	√	√	√	√	√	—	√	√	√	—
主变压器轻瓦斯保护		71	√	√	√	√	√	—	—	—	—	—	√	—
主变压器压力释放保护			√	√	√	√	√	√	√	—	√	√	√	—
主变压器绕组温度过高	低定值		√	√	√	√		—	—	—	—	—	√	—
	高定值		√	√	√	√		√	√	—	—	—	√	—
主变压器油温过高			√	√	√	√	√	—	—	—	—	—	√	—
主变压器油位过低			√	√	√	√	√	—	—	—	—	—	√	—
励磁变压器电流速断保护		50E	√	√	√	√	√	√	√	—	√	√	√	√
励磁变压器过电流保护		51E	√	√	√	√	√	√	√	—	√	√	√	√
SFC过电流保护		51SFC	√	√	√	√	√	—	—	√	—	—	√	—

注 本表与图 14-3-1～14-3-3 对应。

① 启动过程中差动保护的投退需具体分析后确定。

五、抽水蓄能机组机电保护配置示例

图 14－3－4 所示为一个抽水蓄能机组机电保护配置的示例。随着主接线的不同和保护设备的差异，会有很多配置方案，该图给出了一个供参考的方案。图中未详列电机和变压器的后备保护和异常保护。

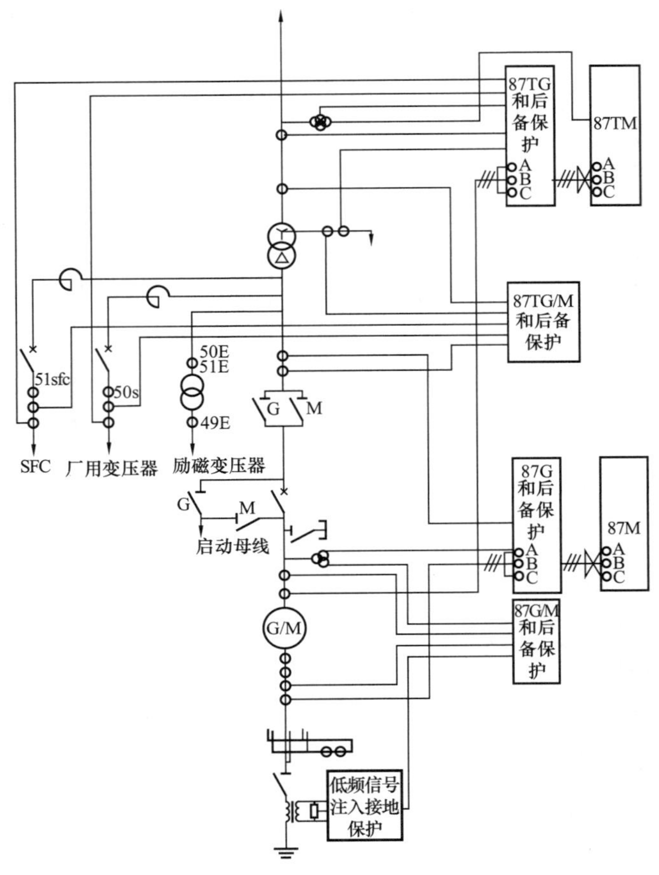

图 14－3－4　抽水蓄能机组机电保护配置示例

六、电机和主变压器各种保护的投退条件及动作后果

表 14－3－1 和表 14－3－2 分别列出了电机和主变压器各种保护的投退条件及动作后果，供参考。动作后果以 GB 14285—2006《继电保护和安全自动装置技术规程》和 DL/T 5177—2003《水力发电厂继电保护设计导则》为依据。应当指出的是，考虑到水电机组开机的灵活性，为了简化接线（或跳闸矩阵），大多数工程并不完全遵守这些规定，而是将规程规定只解列或只解列和灭磁的事故全都作用于解列、灭磁和停机。

第四节　抽水蓄能机组工况转换

一、抽水蓄能电站的电气接线和水力机械特点及其对工况转换的影响

（一）电气接线特点及其对工况转换的影响

1. 电气接线

图 14－4－1 所示为当前国内最常用的抽水蓄能机组电气接线。

2. 换相开关

抽水蓄能电站多采用五极换相开关，G 和 M 分别对应发电和抽水时应当合上的三极。发电、旋转备用、发电方向调相（简称发电调相）、黑启动、线路充电等工况下 G 所对应的三极闭合；抽水、抽水方向调相（简称抽水调相）等工况下 M 所对应的三极闭合。

励磁、调速器、继电保护都要随着换相开关位置的不同和其他因素改变运行方式，以适应不同工况的要求。

3. 拖动开关GD和被拖动开关MD

抽水蓄能电站都设有启动母线，当机组作为电动机被启动时，不论采用SFC还是背靠背方式，都应当合上MD，从启动母线引入启动电流。当机组达到额定转速、满足同期条件时，合上GCB，并立即断开SFC或拖动机的GCB，然后打开MD。

当机组作为背靠背方式的拖动机时，则应当合上GD，将启动电流经过启动母线输到被启动机组。当被启动机组并网后，立即断开GCB，然后打开GD。

4. 电制动

抽水蓄能机组启停频繁，为了使机组尽快回到可用状态，也为了减少机组内的粉尘污染，普遍采用电制动作为主要的停机制动方式。电制动的原理是利用机端短路的短路电流对转子造成的电磁制动转矩来加速停机过程。电制动的效果在高转速时十分显著，低转速时则效果较差，所以在转速降到5%左右时，退出电制动，投入机械制动。大多数情况下，所谓电制动实际上是混合制动。此外，如果电制动中途失败，必须转为机械制动。还应指出，只有在正常停机和机械事故停机时，才可以采用电制动。机组电气事故时，只能采用机械制动。

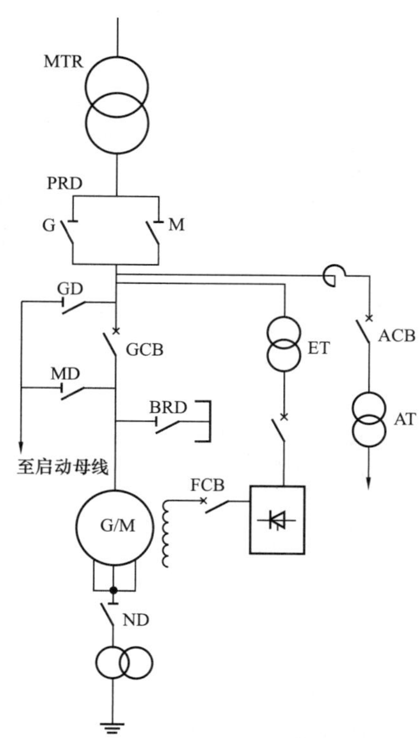

图14-4-1 抽水蓄能机组的电气接线

ND—中性点接地开关；BRD—停机电制动开关；GCB—发电机断路器；GD—在其他机组背靠背启动、本机组作为拖动机（发电机）时应合的开关，简称拖动开关；MD—本机组作为电动机启动（不论是背靠背启动方式还是SFC方式）时应合的开关，简称被拖动开关；ET—励磁变压器；FCB—磁场断路器；ACB—厂用变压器高压侧开关；AT—厂用高压器；PRD—换相开关；MTR—主变压器，高压侧通常为500kV或220kV

电制动停机的正常顺序如下：

（1）机组按正常停机或机械事故停机程序跳开GCB、灭磁、关闭导叶，转速逐渐下降。

（2）转速降到80%左右时，启动高压减载油泵。

（3）灭磁完成且转速降到50%左右时，合上BRD。

（4）BRD合上后，重新加励磁，按励磁电流方式调节，维持定子电流在额定值附近。

（5）转速降到5%左右时，启动机械制动，压缩空气顶起制动闸块。

（6）打开BRD。

（7）转速降到0时，解除机械制动。

5. 励磁

抽水蓄能机组励磁系统本身的主回路无异于常规机组，但功能远比常规机组的复杂。大多数常规机组的励磁变压器接在GCB的内侧，而抽水蓄能机组的励磁变压器多接在GCB的外侧，这对抽水工况的启动、电制动都十分方便。

（二）机组水力机械的特点及其对工况转换的影响

1. 机组的水力机械特点

此处仅就工况转换涉及的抽水蓄能机组水力机械特点做简单介绍。图14-4-2所示为机组中与工况转换有关的部分自动化元件。

2. 充气压水和注水排气

抽水蓄能机组必须配备转轮室充气压水阀DV1、补气阀DV2、排气阀AV。在充气压水时，关闭AV，打开DV1、DV2。在注水排气时则应关闭DV1、DV2，打开AV。水位检测元件LS则用于判断充气压水时水位是否足够低，使转轮与水脱离了接触；注水排气时判断水位是否足够高，使转轮室完全充满水，使水泵—水轮机能够正常运转。此外，还要设连通蜗壳和尾水管的平衡阀BV，将漏到蜗壳的空气排到尾水管，以减轻运转时转轮承受的下推力；设水环排放阀RV，将转轮周边的水环的水排到尾水管，以减少由于摩擦造成的发热。

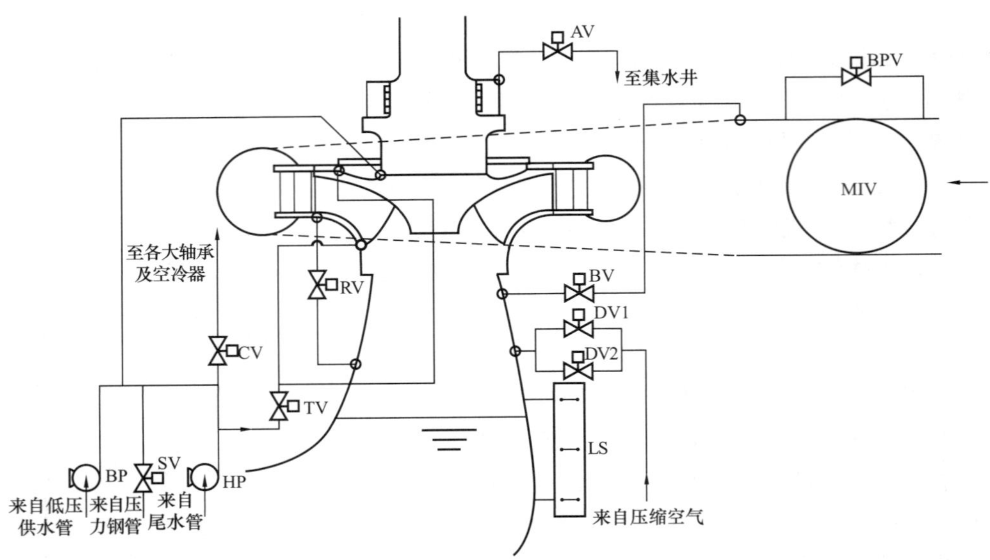

图 14-4-2 抽水蓄能机组的部分自动化元件

MIV—进水阀；BPV—进水阀的旁通阀；DV1—充气压水阀；DV2—充气补水阀；AV—注水时的排气阀；HP—冷却水泵；CV—冷却水总阀；SV—主轴密封阀；RV—水环排放阀；TV—转轮上下密封环冷却水阀；BV—连通蜗壳和尾水管的平衡阀；LS—水位检测装置

在注水排气时，关闭 DV1 和 DV2，打开 AV 后，尾水管水面上升，水接触到转轮下缘立即被轮叶刮起，转轮室很快充满水，转矩和转轮室的压力突然增加，轮叶也受到冲击。为了避免这种情况，有的工程在注水排气时还同时打开进水阀的旁通阀 BPV 甚至进水阀 MIV，使注水过程从上下游两个方向进行，这样不仅可以缓解注水过程的冲击，也可以缩短注水过程所需的时间。

以上设置都是为了适应抽水工况启动以及调相运行的需要。实际上，这不完全是抽水蓄能机组特有的要求，具有调相功能的常规水轮机组也应当有类似的配置。但考虑到很多常规水轮机组不具备调相功能，所以可以将其视为抽水蓄能机组水力机械的特点。

3. 非同步接力器和导叶

水泵水轮机要兼顾水泵和水轮机的效率，其特性既不同于常规水轮机，也不同于常规水泵。当其作为水轮机旋转达到额定转速时，工况会落入不稳定区，使机组无法平稳并网。为了解决这个问题，有的机组设立了可以独立于其他导叶而由独立接力器操作的一对导叶，称为非同步接力器和导叶。在发电工况开机时，首先只打开非同步导叶，由于只开一对导叶，机组的特性发生了变化，不再处于不稳定区，得以平稳并网。并网后，非同步导叶参与所有导叶的同步控制。

二、抽水蓄能机组各种工况的特征

抽水蓄能机组具有静止、静止过渡、发电、抽水、发电方向调相（简称发电调相）、抽水方向调相（简称抽水调相）、旋转备用、黑启动、线路充电等工况。其中静止、发电、抽水、发电方向调相、抽水方向调相五种为稳定工况，而抽水和抽水方向调相则是抽水蓄能机组特有的，如图 14-4-3 所示。

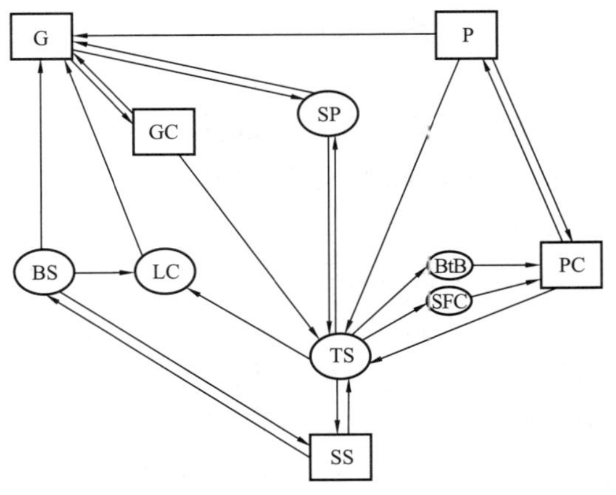

图 14-4-3 抽水蓄能机组的可能工况和工况转换

各种工况的主要特征如下：

（1）静止（SS）。静止工况下，机组在电气和水力方面都处于隔绝状态，所有辅助设备也都处于停止状态（见图 14-4-4）。

（2）静止过渡（TS）。静止过渡工况下，机组在电气和水力方面也处于隔绝状态，但部分辅助设备已经投入运行，例如主轴密封水已经开通，冷却水泵已启动。静止过渡是从静止到各种工况的过渡工况，也是从各种工况到静止的过渡工况。这一工况的设置使得很多转换过程可以经过此工况过渡，而不必回到完全的静止状态，这是因抽水蓄能机组工况转换的特殊性设置的工况（见图 14－4－5）。

（3）发电（G）如图 14－4－6 所示。

（4）发电方向调相（GC）如图 14－4－7 所示。

（5）抽水（P）如图 14－4－8 所示。

（6）抽水方向调相（PC）如图 14－4－9 所示。

（7）旋转备用（SP）如图 14－4－10 所示。

（8）黑启动（BS）如图 14－4－11 所示。

（9）线路充电（LC）如图 14－4－12 所示。

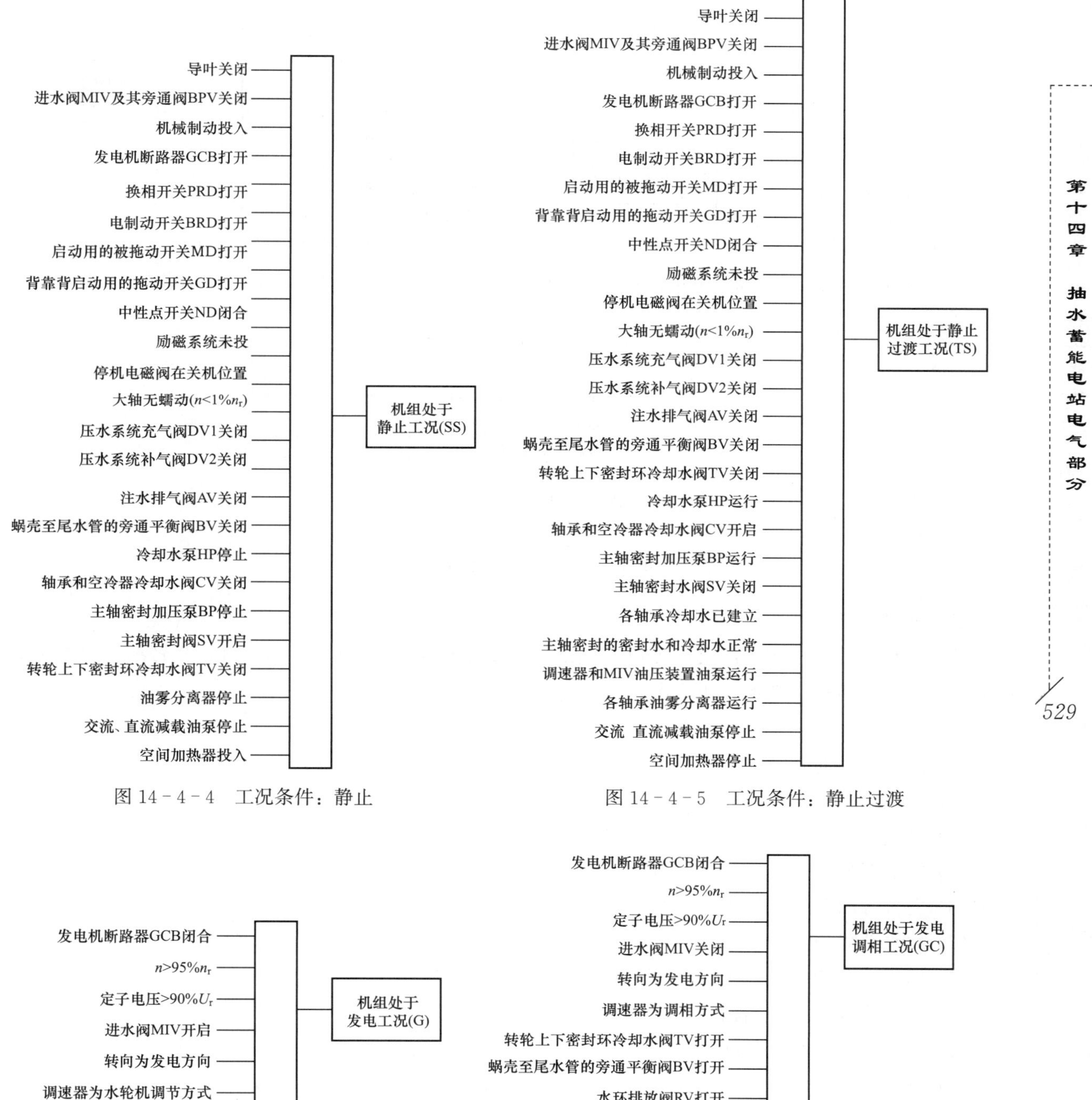

图 14－4－4　工况条件：静止

图 14－4－5　工况条件：静止过渡

图 14－4－6　工况条件：发电

图 14－4－7　工况条件：发电方向调相

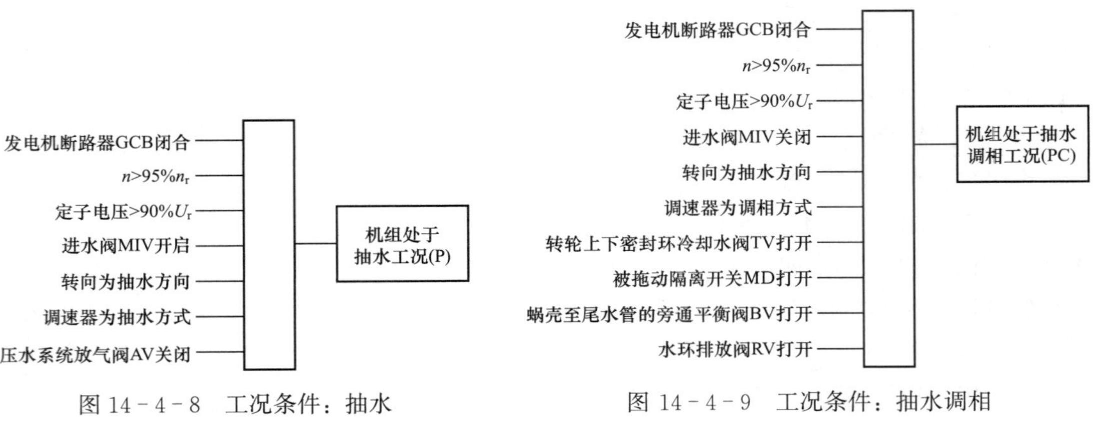

图 14－4－8　工况条件：抽水

图 14－4－9　工况条件：抽水调相

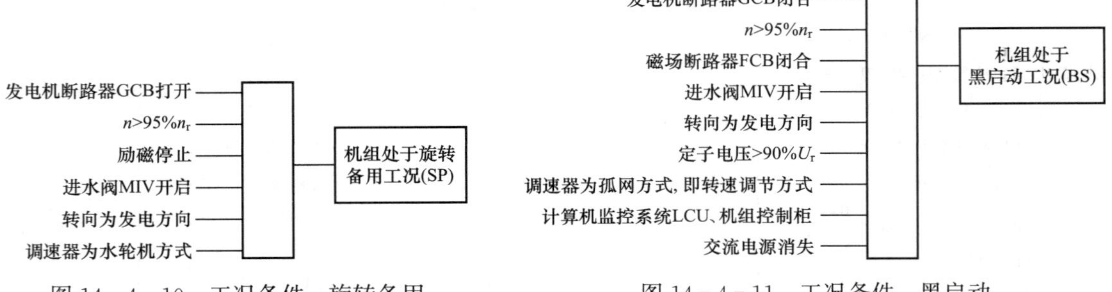

图 14－4－10　工况条件：旋转备用

图 14－4－11　工况条件：黑启动

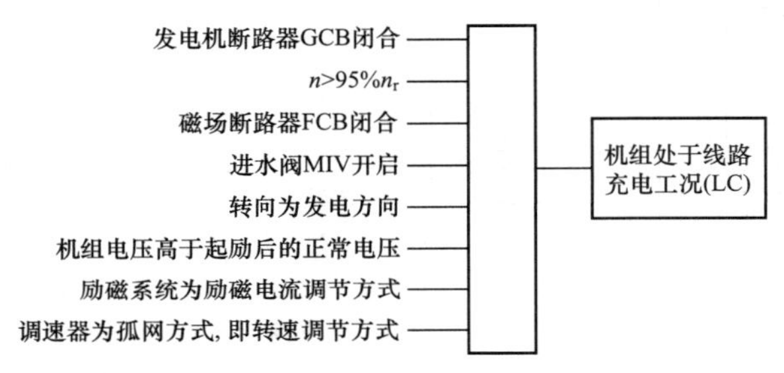

图 14－4－12　工况条件：线路充电

三、机组工况转换

理论上讲，五个稳态工况之间可以实现从任何一个到另外一个的转换。但有些转换是没有实际意义的。实际上用到的主要有以下几种：

（1）静止至发电。

（2）静止至发电方向调相。

（3）静止至抽水。

（4）静止至抽水方向调相。

（5）发电至静止。

（6）发电方向调相至静止。

（7）抽水至静止。

（8）抽水方向调相至静止。

（9）发电至发电方向调相。

（10）发电方向调相至发电。

（11）抽水至抽水方向调相。

（12）抽水方向调相至抽水。

（13）抽水至发电。

（14）发电至抽水。

实际操作时，只要选定期望达到的目标工况，计算机监控系统就会从机组的当前工况出发，自动选择操作程序，必要时经由 ST、SP 等过渡工况，在完成一系列的操作之后，最终到达目标工况。

黑启动和线路充电也可以选作目标工况，但它们不是稳定工况，最终必然转换为其他工况。

四、机组工况转换所需的时间

图 14－4－13 所示为十三陵抽水蓄能电站工况转换所需的时间，包括各主要分步操作所需的时间，例如导叶全开或全关分别需 30s，球阀全开或全关分别需 60s，同期并列约需 50s。其中球阀半开作为一个记时节点是因为球阀半开后即可以进行下一步操作，而球阀则继续打开，直到全开为止。表 14－4－1列出了几个抽水蓄能电站工况转换所需的时间。

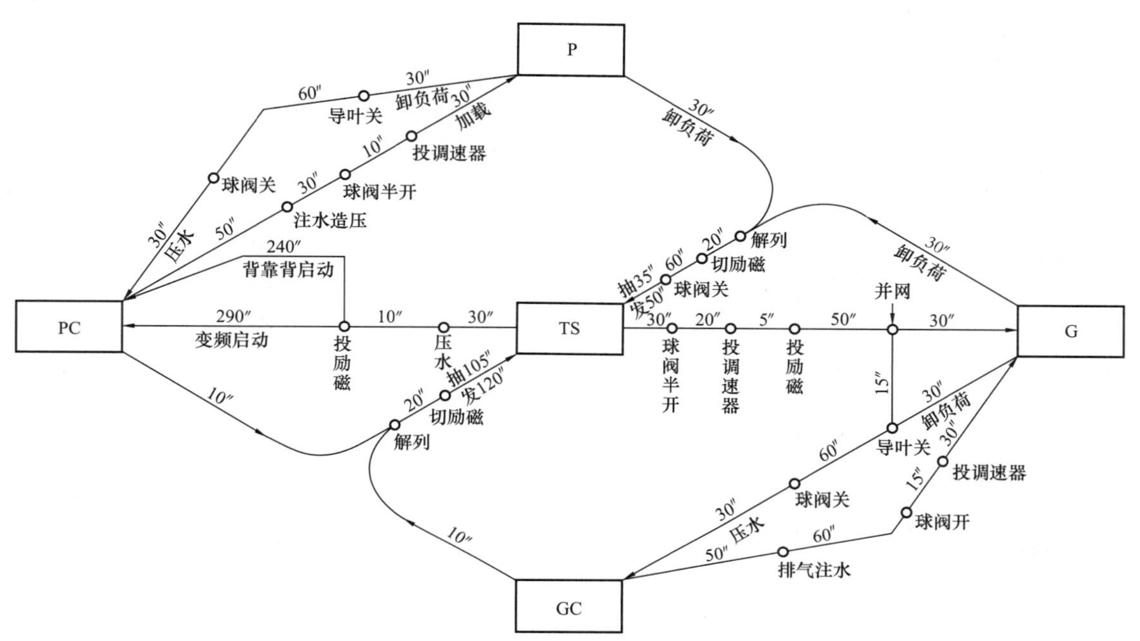

图 14－4－13　十三陵抽水蓄能电站机组工况转换所需时间

表 14－4－1　抽水蓄能电站机组工况转换所需时间　s

电站名称	茶伊拉（保）	迪诺威克（英）	广州一期	十三陵	张河湾	琅琊山	泰安
单机容量（MW）	216	300	300	200	250	150	250
设计水头（m）	701	517	500	430	305	126	225
转速（r/min）	600	500	500	500	333	231	300
启动方式	变频启动	变频启动	变频启动	变频启动	变频启动	变频启动	变频启动
静止→发电空载	180	90	95	105	120	120	120
发电空载→满发		10	25	30			
静止→抽水调相	320	540	340	330（变频启动） 280（背靠背启动）	460（变频启动） 360（背靠背启动）	390（变频启动） 360（背靠背启动）	340
抽水调相→满抽	140	80	120	120			120
静止→发电调相	220			210			
满发→发电调相	100		120	120			
满发→静止	220	370		160	240	240	
发电空载→静止		360	315				280
满发→满抽	600	1020		610（变频启动） 560（背靠背启动）			
发电调相→满发	160		420	155			

续表

电站名称		茶伊拉（保）	迪诺威克（英）	广州一期	十三陵	张河湾	琅琊山	泰安
发电调相→静止		220		420	150			
满抽→抽水调相		100		120	120			
满抽→静止		200	370	240	145	200	200	
抽水调相→静止		200		370	135			
满抽→满发	正常	660	480	360	280	360	360	480
	紧急	210	90	150		120	120	120

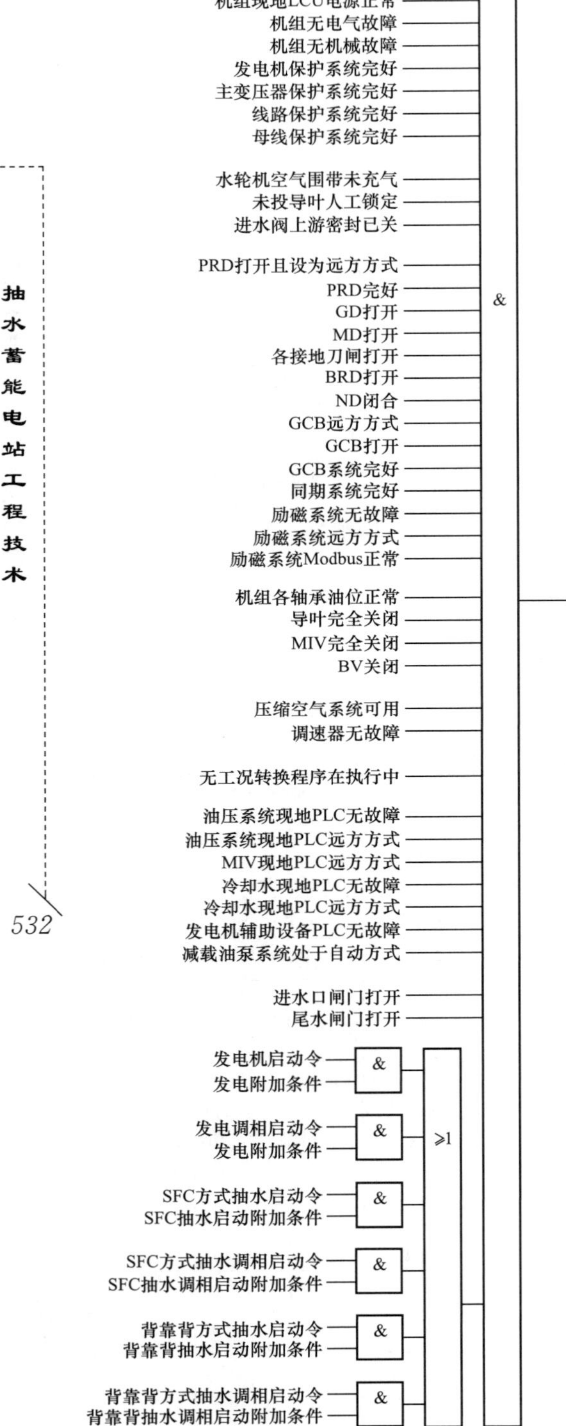

图 14-4-14　机组启动的准备条件

五、工况转换实例

以下的流程是以图 14-4-1 抽水电站机组电气接线和图 14-4-2 抽水蓄能机组配置为依据绘制的，在当前国内抽水蓄能电站中有一定的典型性。此外，转换流程按照导水机构设置非同步导叶来考虑。如果电气接线、导水机构设置、自动化元件配置与此不同，转换流程也会有差异。即使上述条件相同，不同工程实现的方式也会有许多差别。转换流程图是按照 IEC 60848《顺序功能表图用 GRAFCET 规范语言》和 IEC 61131－3《可编程控制器　编程语言》中规定的顺序功能图（SFC 或 GRAFCET）的规定绘制的。它既是对流程的描述手段，也是一种顺控的编程语言。

图 14-4-14 所示为机组启动的准备条件，图中的附加准备条件与期望实现的目标工况有关。

图 14-4-15 以 SFC 方式抽水启动的附加条件为例，列出了相关的附加条件。

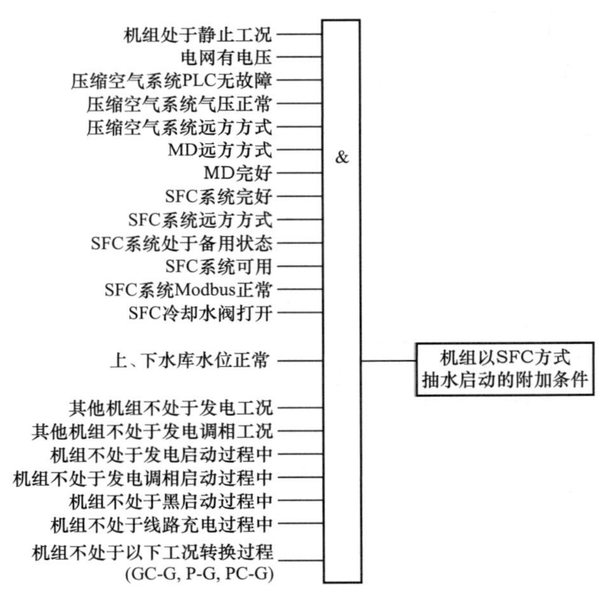

图 14-4-15　机组以 SFC 方式抽水启动的附加条件

图 14－4－16～图 14－4－26 所示为部分工况转换流程，其中大部分是抽水蓄能机组特有的，与常规水电机组相同的转换流程未尽列出。

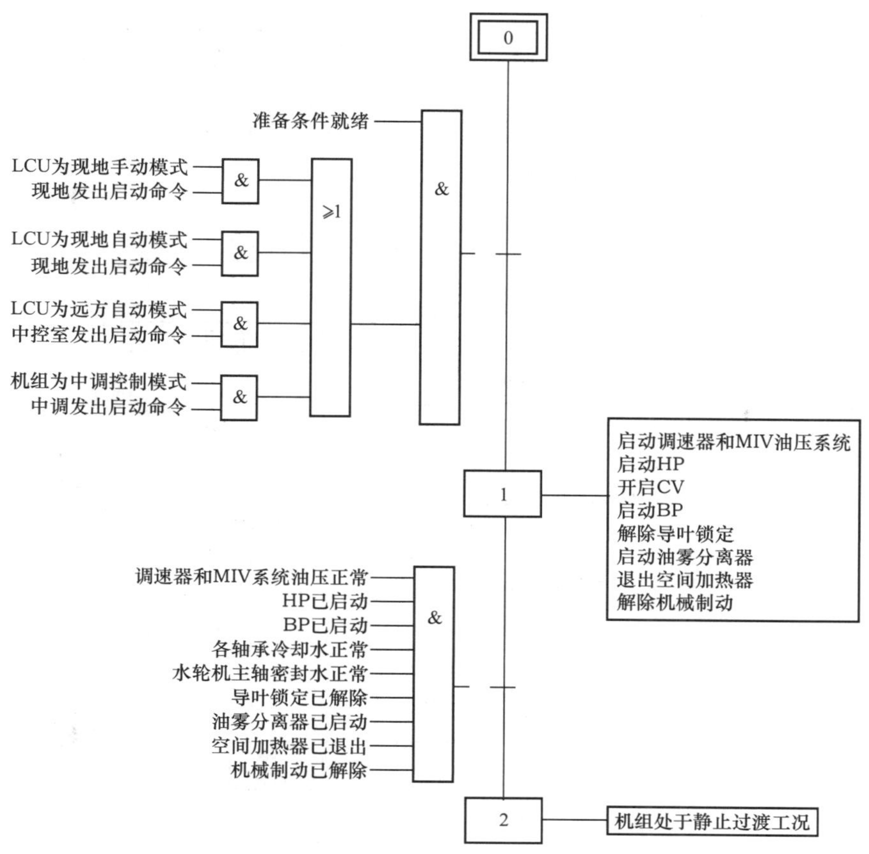

图 14－4－16　工况转换：机组从静止（SS）到静止过渡（TS）的转换流程

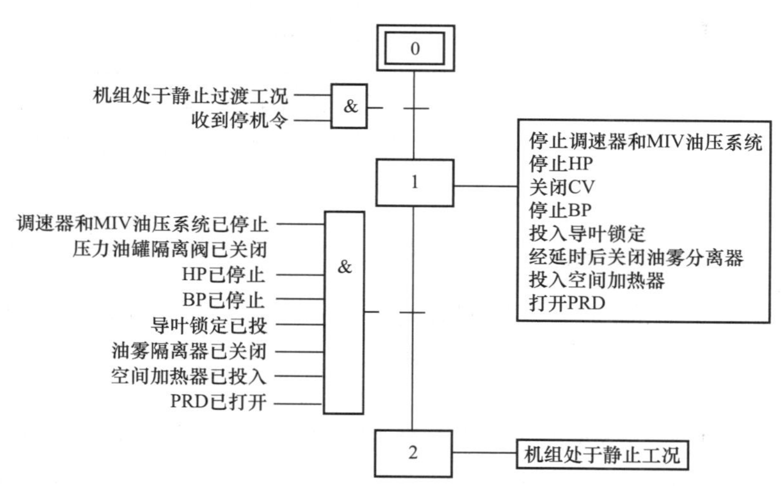

图 14－4－17　工况转换：机组从静止过渡（TS）到静止（SS）的转换流程

六、几点说明

（一）黑启动

黑启动指失去正常厂用电的情况下启动机组，以恢复电厂正常运行的过程。对于大型机组而言，启动过程中的油压减载对保证机组安全至关重要。为了使机组在失去厂用电的情况下仍能安全启动，国内的蓄能机组大多数都设置了直流油压减载泵，在机组黑启动过程中启动减载。机组一旦成功启动，厂用电即可恢复。机组可以从黑启动工况很快转入发电工况或线路充电工况。

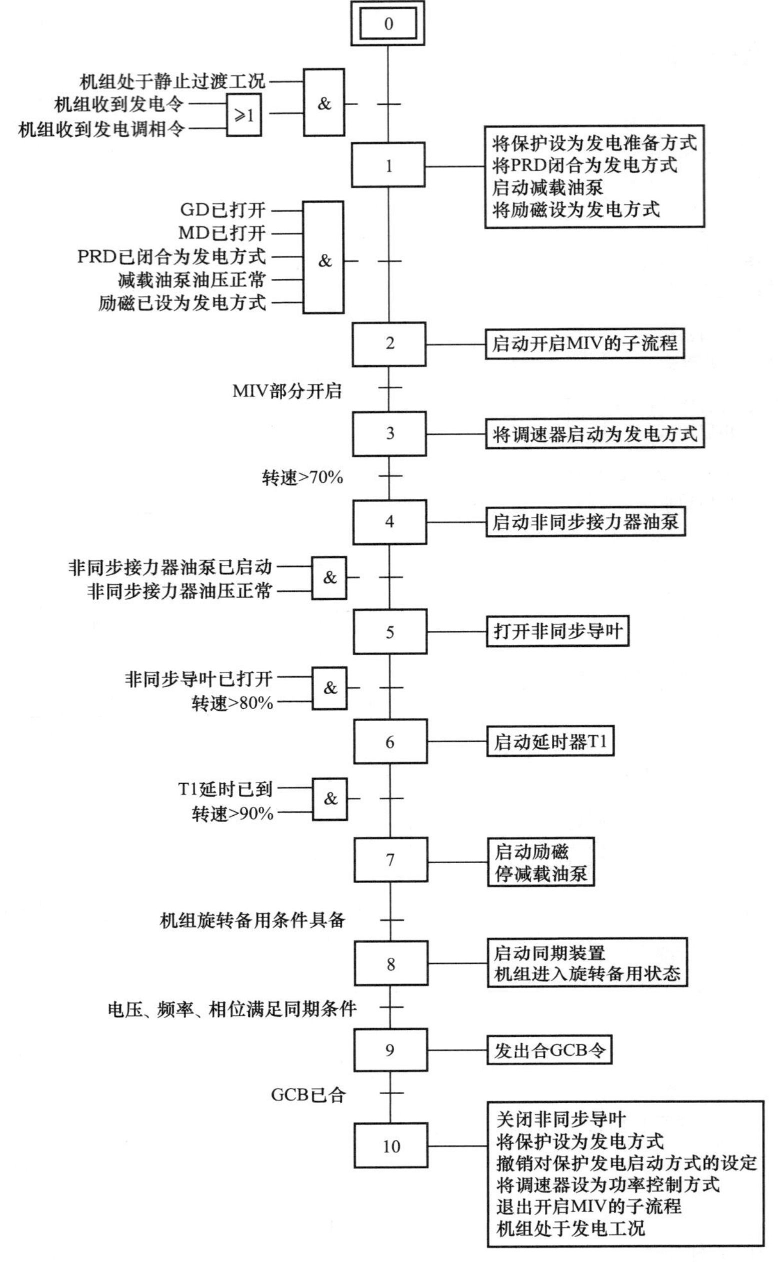

图 14-4-18　工况转换：机组从静止过渡（TS）到发电（G）的转换流程

黑启动有时被误解为抽水蓄能电厂特有的功能，实际上常规水电厂也可以实施这项功能。但我国很多常规水电厂不具备这项功能，所以在此加以描述。

（二）线路充电

新投产的线路、大修后的线路或排除故障后的线路在初次送电时，应根据调度的要求，对线路实现零起升压的充电，简称线路充电。线路充电也不是抽水蓄能电厂特有的功能，各种发电厂都应当能够实现线路充电。

（三）从抽水到发电的紧急转换

从抽水至发电的转换方式有两种，正常情况下是先回到静止过渡工况，然后再启动至发电工况。在紧急情况下，为了尽快给电力系统提供急需的电能，可以利用抽水至发电的紧急转换程序，使机组快速转换至发电工况。这个转换流程的特点是没有加机械制动或电制动使机组停止的过程。在抽水工况关导叶至最小开度跳开 GCB 后，转轮失去抽水方向的原动力。在导叶不完全关闭（机组还要开启非同步导叶）的情况下，来自压力钢管的水压将迫使机组制动减速，瞬间经过零转速后立即改变为水轮机转向，并加速到同步转速，并网发电。

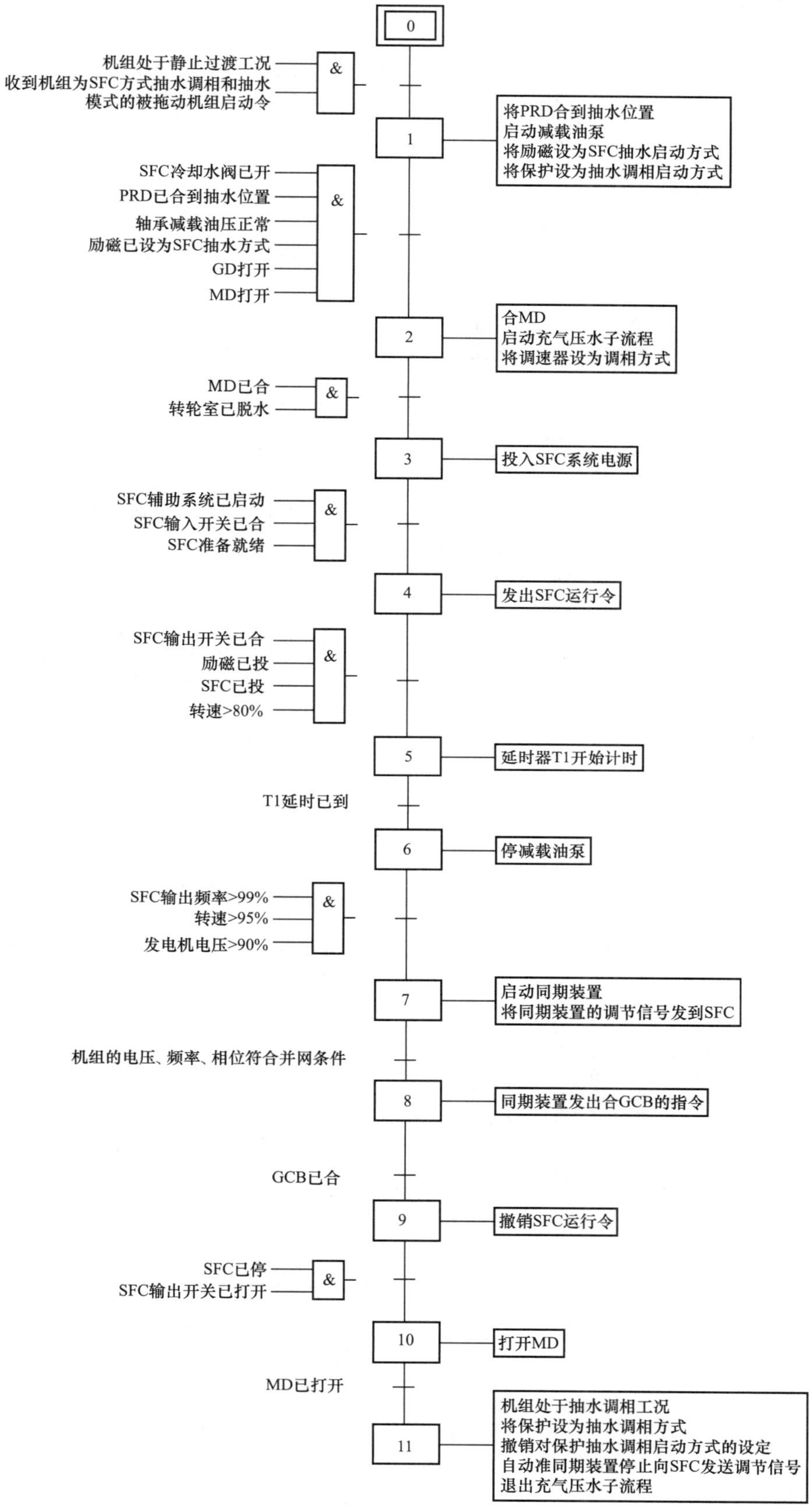

0

机组处于静止过渡工况
收到机组为SFC方式抽水调相和抽水模式的被拖动机组启动令
&

1

将PRD合到抽水位置
启动减载油泵
将励磁设为SFC抽水启动方式
将保护设为抽水调相启动方式

SFC冷却水阀已开
PRD已合到抽水位置
轴承减载油压正常
励磁已设为SFC抽水方式
GD打开
MD打开
&

2

合MD
启动充气压水子流程
将调速器设为调相方式

MD已合
转轮室已脱水
&

3

投入SFC系统电源

SFC辅助系统已启动
SFC输入开关已合
SFC准备就绪
&

4

发出SFC运行令

SFC输出开关已合
励磁已投
SFC已投
转速>80%
&

5

延时器T1开始计时

T1延时已到

6

停减载油泵

SFC输出频率>99%
转速>95%
发电机电压>90%
&

7

启动同期装置
将同期装置的调节信号发到SFC

机组的电压、频率、相位符合并网条件

8

同期装置发出合GCB的指令

GCB已合

9

撤销SFC运行令

SFC已停
SFC输出开关已打开
&

10

打开MD

MD已打开

11

机组处于抽水调相工况
将保护设为抽水调相方式
撤销对保护抽水调相启动方式的设定
自动准同期装置停止向SFC发送调节信号
退出充气压水子流程

图 14－4－19　工况转换：机组从静止过渡（TS）到 SFC 拖动为抽水调相（PC）的转换流程

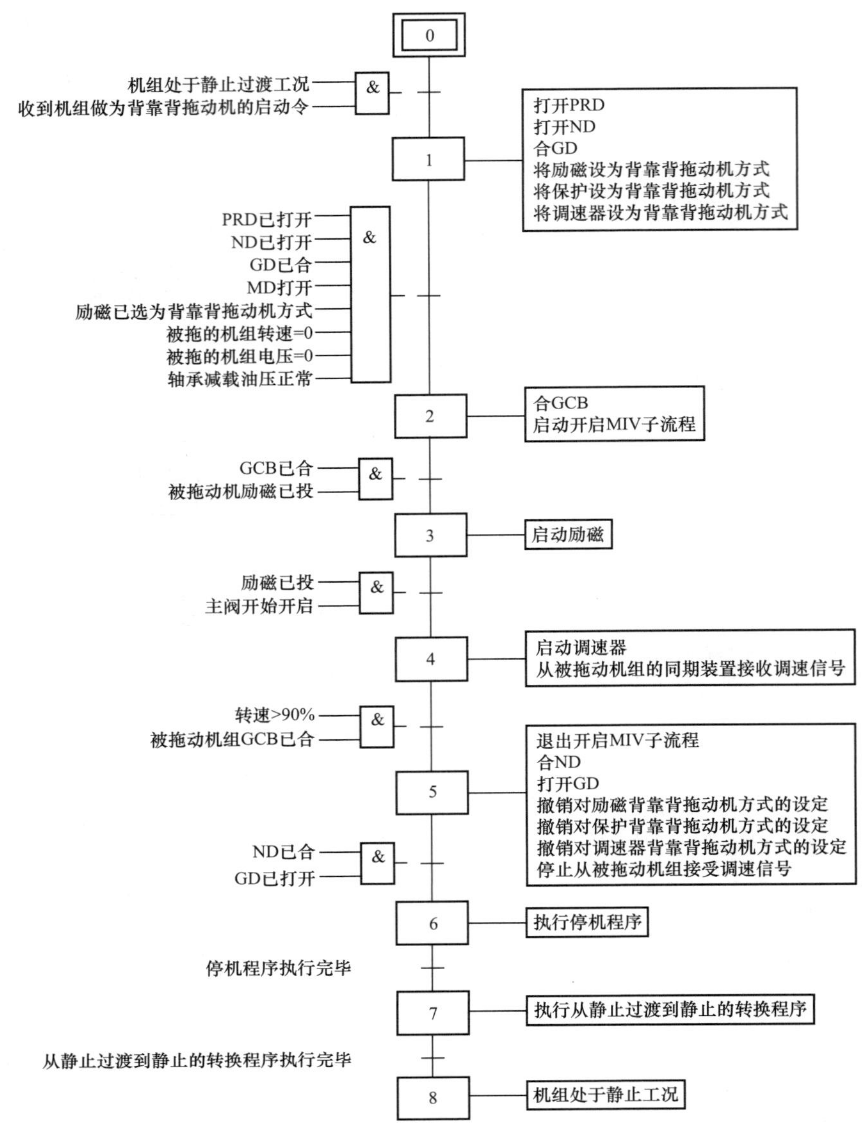

图 14-4-20　工况转换：机组从静止过渡（TS）到背靠背启动的拖动机，最后回到静止（SS）状态的转换流程

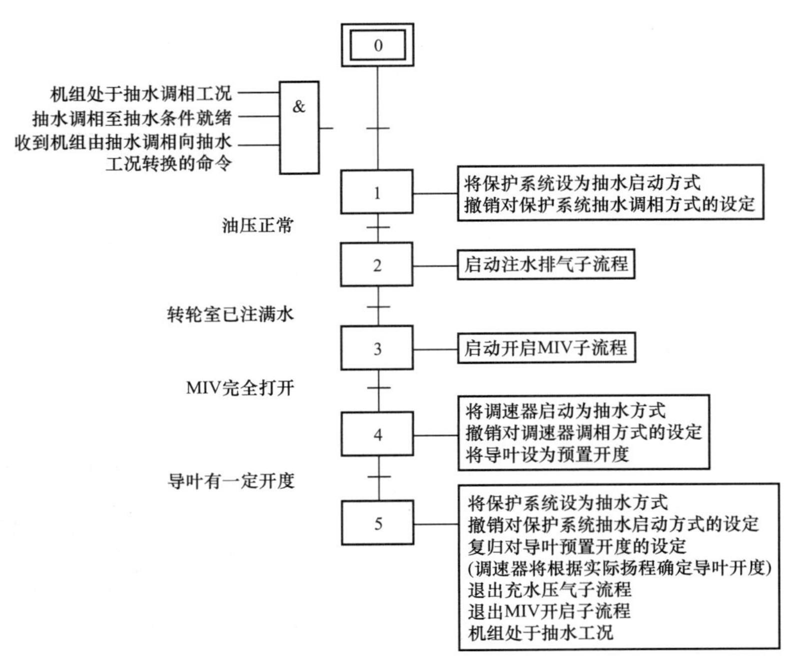

图 14-4-21　工况转换：机组从抽水调相工况（PC）到抽水工况（P）的转换流程

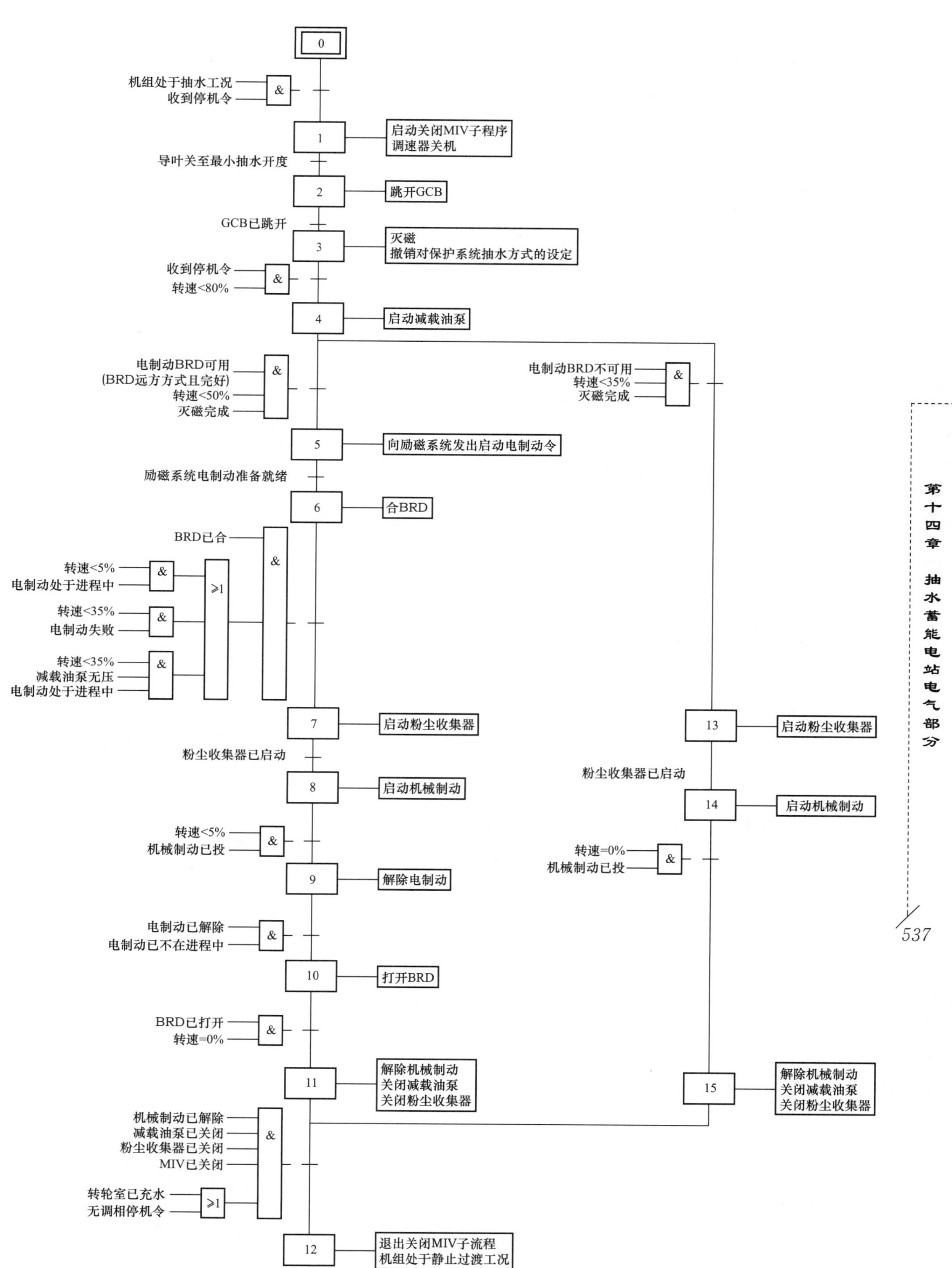

图 14－4－22　工况转换：机组从抽水（P）到静止过渡（TS）的正常停机制动流程

从抽水到发电的紧急转换过程中，机组主轴要承受很大的扭矩，发生很强烈的振动，所以这种转换实际上很少采用。

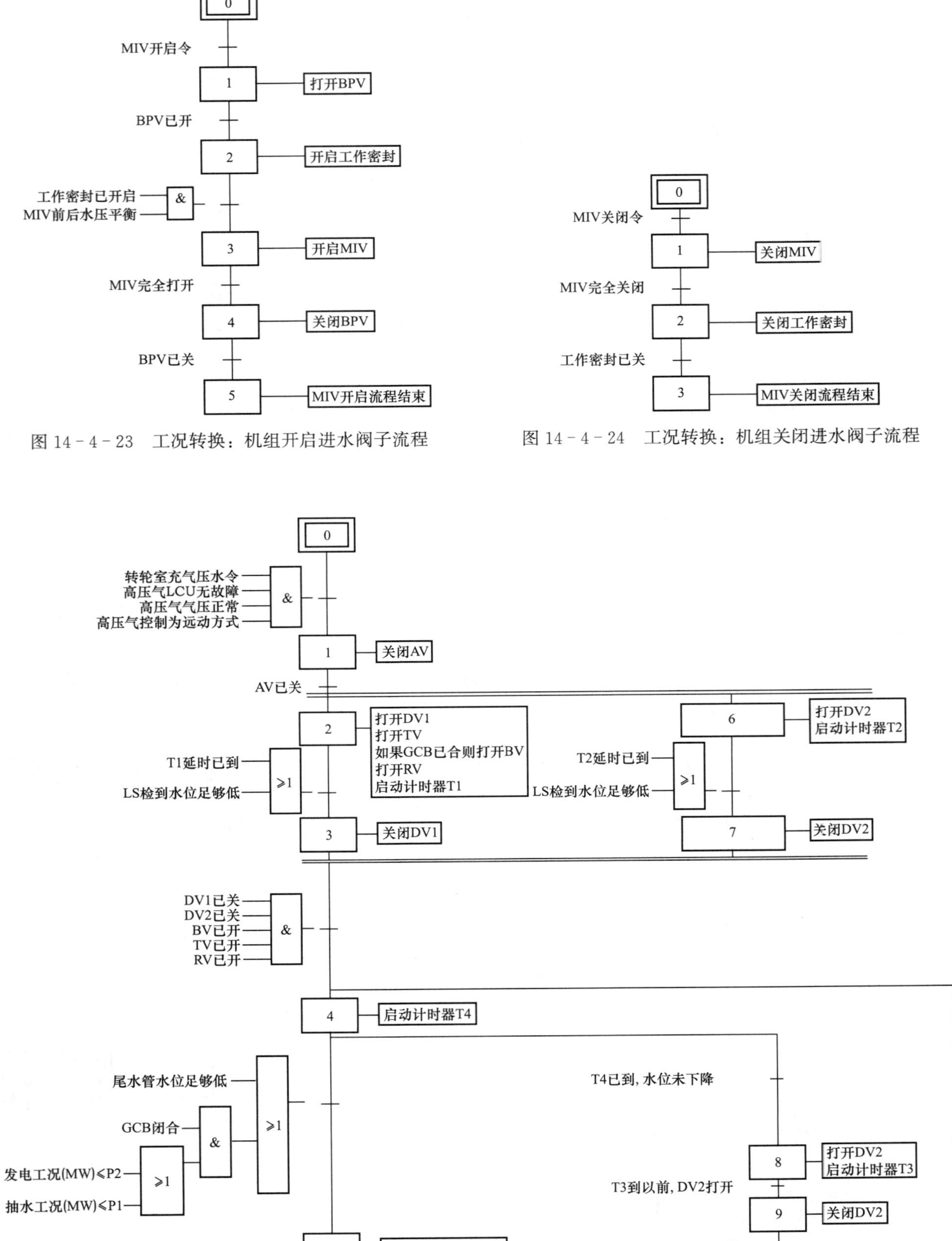

图 14－4－23　工况转换：机组开启进水阀子流程

图 14－4－24　工况转换：机组关闭进水阀子流程

图 14－4－25　工况转换：机组充气压水子流程

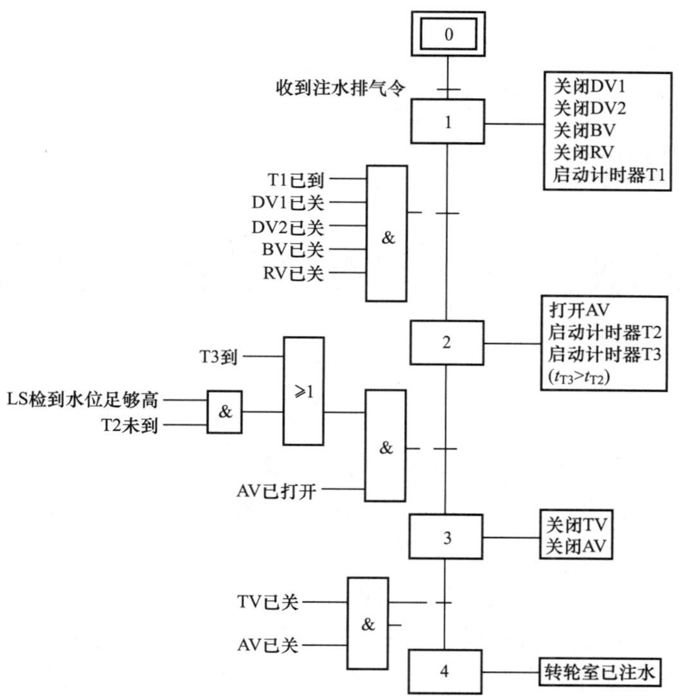

图 14-4-26　工况转换：机组注水排气子流程

第十五章 抽水蓄能电站水力过渡过程

抽水蓄能电站的过渡过程是关系到电站安全与运行稳定的关键因素之一，有时甚至对电站的装机规模、工程规模、枢纽布置以及机组主要参数的选择等起着决定性的影响。因此在抽水蓄能电站设计中，过渡过程计算与研究是一项十分重要的工作。

由于水泵水轮机组特性及输水系统较常规水电站复杂，且组合工况也较常规电站多很多，使得抽水蓄能电站的过渡过程较常规水电站要复杂得多，这也是抽水蓄能电站与常规水电站的最大区别之一。国内抽水蓄能电站的建设经过近二十年的发展，在机组制造以及机组水力性能的研究开发上均有了长足的进步，对抽水蓄能电站过渡过程的研究也越来越深入，并在国内十多座抽水蓄能电站的建设中得到了验证，也积累了较丰富的经验。

第一节 水泵水轮机全特性

一、水泵水轮机全特性曲线

抽水蓄能电站的水泵水轮机均设有活动导叶，通过导叶调节水轮机运行时的流量，故水泵水轮机的特性曲线一般为一组不同导叶开度下的全特性曲线，其区域的划分与水泵的全特性区域划分一样，只是习惯上以正常水轮机运行工况的各参数为正。同时抽水蓄能电站一般 H 也总是正值，即在实际工程中实用也就是 5 个工况区，即水轮机工况、水轮机制动工况、水泵工况、水泵制动工况、反水泵工况。

水泵水轮机全特性曲线表示方法通常采用 Q_{11}-n_{11} 和 M_{11}-n_{11} 来表示。图 15-1-1 和图 15-1-2 所示为某抽水蓄能电站的四象限特性曲线。

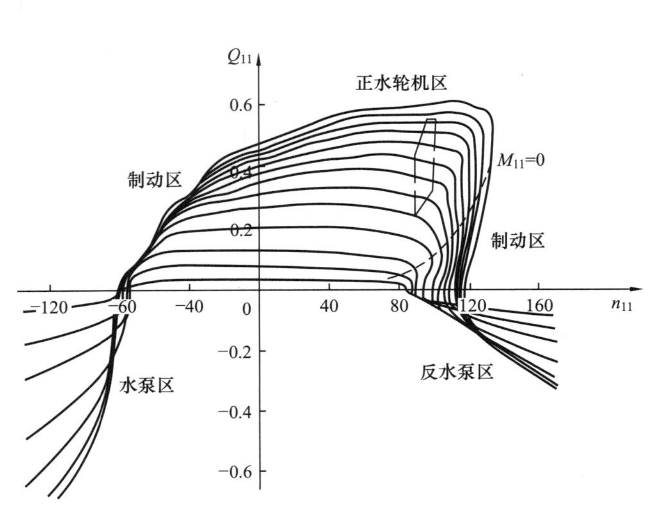

图 15-1-1 水泵水轮机流量特性曲线

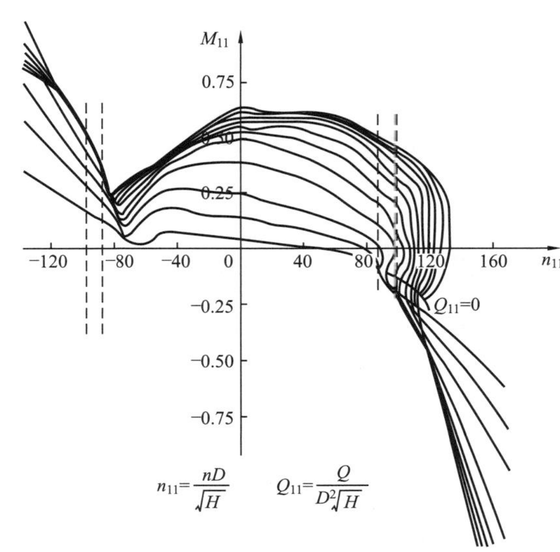

图 15-1-2 水泵水轮机力矩特性曲线

二、水泵水轮机特性曲线的特点

通过对不同水泵水轮机的全特性分析可以看出，水泵水轮机全特性有着下述的规律与特点：

（1）在水泵工况，大开度等导叶开度曲线汇集成一簇很窄的交叉曲线，说明在此区域水泵扬程与导叶开度的关系不大，开度的改变不会造成单位转速及单位力矩的很大的变化。当导叶开度较小区域时随着导叶开度的减小其流量曲线及力矩曲线则加速分叉，说明此时的导水机构可看作是节流装置，水头损失急剧增大，从而对水泵的力矩及流量产生较大的影响。在水泵实际运行中导叶开度将随着扬程的变化而沿各导叶开度特性曲线的外包络线变化，使得水力损失最小，也即使得水泵的效率在此工况最高。此外，随着单位转速的增大，也即水泵扬程的减小，水泵的流量及水力矩将快速增大，所以在水泵及电动机设计时应充分考虑此时水泵的力矩特性，电动机容量应根据可能的正常运行最低扬程工况进行设计，并留有一定的裕量；同时根据导叶小开度区域力矩分散的特性，在异常低扬程起动时（如初次向上水库异常低扬程充水时）可采取关小导叶开度来限制其水力矩，即限制水泵的入力在一定范围以内。

（2）水泵制动区力矩随单位转速的减小而逐渐增大，其中沿大导叶开度线要比小导叶开度线要明显得多；另外，各导叶开度线与单位转速坐标轴的交点集中，表明水泵水轮机水泵的零流量点与导叶开度关系不大，同时各导叶开度线的切线基本为正斜率，表明随着水泵工况反向流量的增大其制动水力矩不断增大，但水力矩的增速逐渐变缓，同时单位转速减小，转速减小的速度逐渐加快，这主要是机组转动部件及水体有着惯性力矩的抑制作用。由于在该区力矩随着单位转速的减小而增大，尤其是对低比转速的水泵水轮机在大导叶开度断电而导叶拒动时，水力矩有可能达到除正常水泵工况及反水泵工况外的最大值，故在机组设计时应对此过渡工况产生的水力矩进行详细计算；同时由于小导叶开度线较大导叶开度线平缓得多，因此建议在水泵断电时宜快速关闭导叶至小开度。

（3）水轮机工况区不同导叶开度线在小单位转速区较为平缓，并且向零力矩线（飞逸线）方向及向大导叶开度方向逐渐变得密集，并在大单位转速区变化快速加剧。一方面说明机组转速在小单位转速区域对流量的影响不大，流量主要由导叶开度来决定，并且在相同水头下，大开度区导叶开度对流量的影响要小于小开度区导叶开度对流量的影响。同时，不同导叶开度飞逸工况下的流量随开度的减小而减小，且减小的速度逐渐变缓，在小开度区不同导叶开度飞逸工况下的流量变化最小。另外一方面在大单位转速区流量变化剧烈，沿等导叶开度线单位流量及单位力矩快速下降，说明随着机组转速的上升，离心制动作用迅速加大，使得水轮机方向流量及力矩迅速减小。

（4）水轮机制动区不同导叶开度线变得密集，斜率大，基本上与单位转速坐标轴垂直，在比转速小的机组甚至出现明显的反弯现象，即“S”特征明显，此时等单位转速线与等导叶开度线有两个或两个以上的交点，即同一个转速下对应着多个不同流量的运行工况，从而在飞逸工况下出现不稳定现象，在多个工况间来回摆动。这是由于随着比转速的减小，转轮的流道变得长而窄，转轮内水体的离心力增大，随着转速的上升，当离心力产生的力矩接近和大于水力矩与机组阻力矩之和时，便产生制动力矩，转速开始下降，使得离心力矩减小，当水力矩大于离心力矩与机组阻力矩之和时，机组又开始加速，于是使机组的运行产生来回震荡。另外，“S”特征随着导叶开度增大而越来越明显，说明随着水头的降低，其空载飞逸越来越靠近或深入“S”区。

（5）反水泵区的等导叶开度线随着单位转速的增大出现交叉，导叶开度对机组的流量及力矩影响不大。反水泵区的流量不大，但随着流量的增加，机组的转速和力矩均快速增加，从而使扬程也快速增加。因此在事故情况下应尽量避免进入反水泵区太深（如甩负荷时快速关闭导叶，机组有可能进入反水泵工况区）。而对于“S”特征明显的低比转速机组，应对额定水头及最小水头工况下甩负荷导叶拒动时可能进入反水泵工况区而产生的力矩进行详细计算。

（6）不同比转速的水泵水轮机有着不同的特点，如图 15－1－3 及图 15－1－4 所示为比转速 $n_{st}=120$ 的混流式水泵水轮机四像限特性曲线，图 15－1－5 及图 15－1－6 所示为 $n_{st}=232$ 的斜流式水泵水轮机的四象限特性曲线。

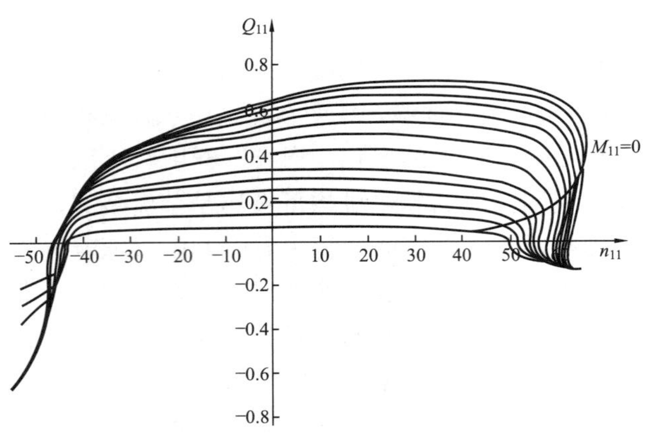

图 15-1-3　比转速 n_{st}=120 的混流式水泵水轮机流量特性曲线

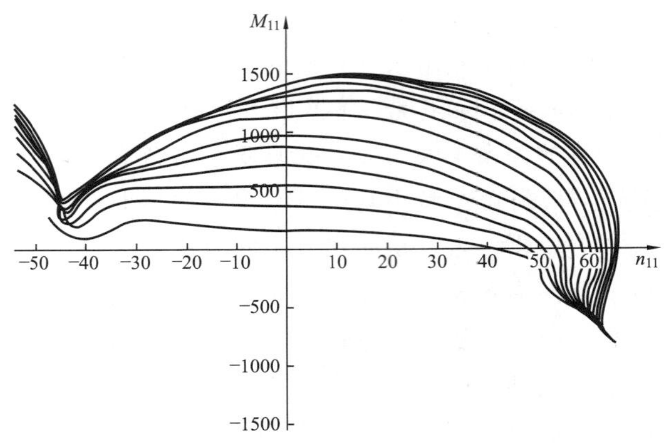

图 15-1-4　比转速 n_{st}=120 的混流式水泵水轮机力矩特性曲线

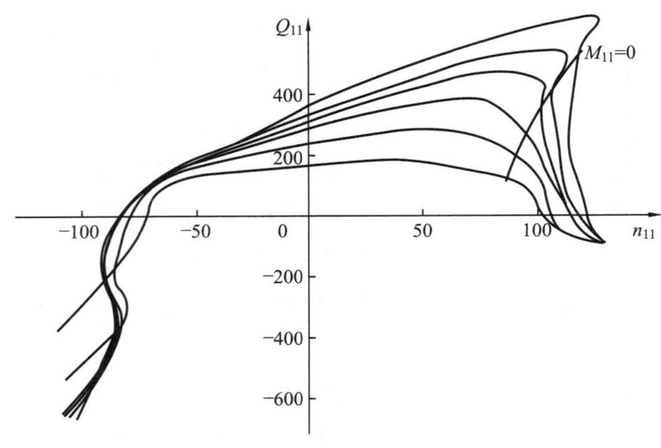

图 15-1-5　n_{st}=232 的斜流式水泵水轮机流量特性曲线

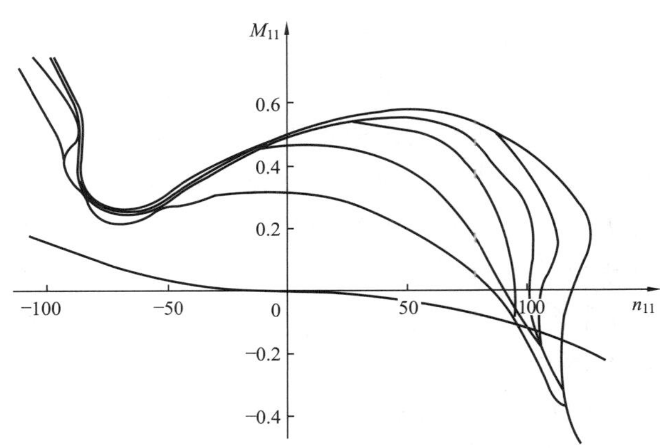

图 15-1-6　n_{st}=232 的斜流式水泵水轮机力矩特性曲线

综合上述两组曲线及其他各比转速的水泵水轮机特性曲线，不同比转速的水泵水轮机又有着不同的特点：

1）低比转速水泵水轮机“S”区明显；高比转速水泵水轮机“S”区不明显，有的甚至没有“S”区。

2）低比转速水泵水轮机大导叶开度线在正流量区的特性比高比转速水泵水轮机的大导叶开度线平缓。

3）随着比转速的增大，零力矩线（飞逸线）的斜率越来越大。

4）各比转速水泵水轮机流量特性在反水泵工况均较平缓，但高比转速机组的力矩特性较低比转速机组的变化要剧烈得多，也即在等单位转速变化的情况下高比转速机组的反水泵工况扬程变化比低比转速机组的要大得多。

（7）除此之外，水泵水轮机特性还有以下特点：

1）由于水泵水轮机在水轮机及水轮机制动工况的等导叶开度线所特有的形状，当转速超过额定转速不大，流量就开始减小，而在水轮机制动区域内的大部分开度线上，流量减小伴随着转速上升变缓，甚至使转速下降，故在机组甩负荷而导叶拒动时机组转速有可能经过快速上升—升速减慢—速度减小这个过程，在相同的条件下，水泵水轮机的飞逸转速也就大大低于常规水轮机的飞逸转速；

2）在水轮机工况甩负荷，由于转速上升产生的离心效应使流量减小，即使导叶拒动，压力水道系统及蜗壳内的压力也会发生明显上升。图 15-1-7 所示为某蓄能电站机组甩满负荷导叶延时关闭时测得的过渡过程曲线，可以明显地看出由于离心效应及导叶关闭所引起水道系统产生的两个不同的压力升高波，其中由转轮引起的制动效应产生的压力波的压力脉动较导叶关闭产生的压力脉动要大得多，也说明水泵水轮机甩负荷时的压力脉动比常规水轮机的压力脉动要大得多。

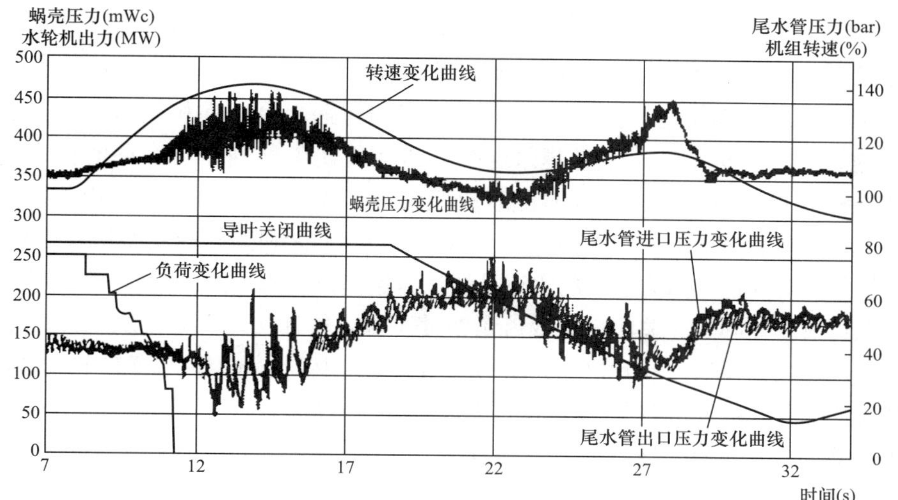

图 15-1-7　某抽水蓄能电站水轮机工况甩满负荷过程实测结果

第二节　水泵水轮机过渡过程

抽水蓄能电站的水道系统均较复杂，同时又要作水泵和水轮机两种工况运行，运行组合工况综合起来更多，再加上抽水蓄能机组的流量特性和力矩特性，故水泵水轮机过渡过程通常比常规水轮机过渡过程要复杂得多。

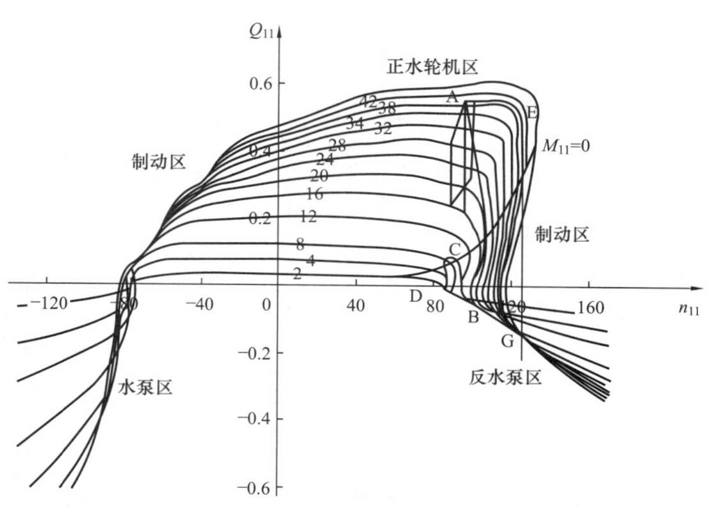

图 15-2-1　水轮机工况甩满负荷机组在四象限特性曲线中的运行轨迹

水泵水轮机正常运行时主要有水轮机工况、水泵工况、水轮机工况调相、水泵工况调相和旋转备用工况，各工况之间的互相转换以及机组在各工况下正常与事故停机等组合成 20 多个过渡过程工况。实际上抽水蓄能电站关注的主要有水轮机工况甩负荷、水泵工况断电等几种工况。

一、水轮机工况甩负荷过程

水轮机工况甩负荷过程通常出现在电网或机组发生故障导致机组紧急停机时，这时导叶关闭或拒动引起水道系统产生水锤现象。此时机组运行工况可能在水轮机工况区、水轮机制动工况区及反水泵工况区，其在流量特性曲线中的运行轨迹如图 15-2-1 所示，其中 A→B→C→D 为额定工况甩满负荷时导叶紧急关闭的运行轨迹，A→E→F→G 为相应导叶拒动时的运行轨迹，并在 E→G 之间沿等导叶开度线上产生振荡。

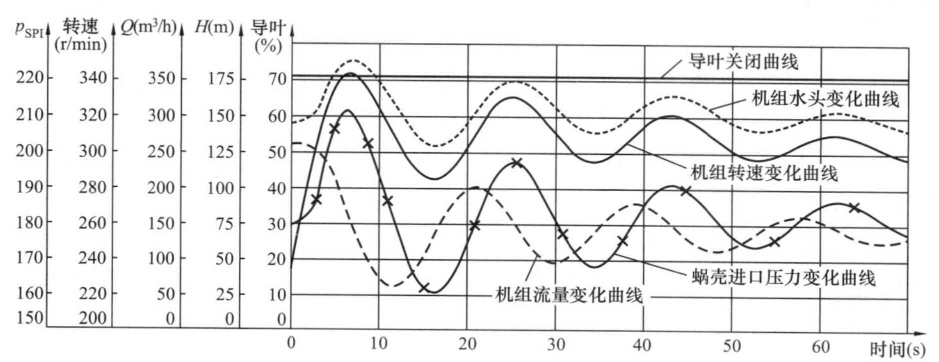

图 15-2-2　水轮机工况甩满负荷导叶拒动过渡过程曲线

图 15－2－2 所示为额定工况甩负荷导叶拒动过渡过程工况下各参数的变化过程线，图 15－2－3 所示为额定工况甩负荷导叶快速关闭过渡过程工况下各参数的变化过程线。由图 15－2－2 可以明显地看出，由于导叶拒动，机组转速快速上升，随着机组转速的快速上升，在机组转轮离心力的作用下、机组流量也随着快速下降，使机组转速上升越来越慢，进而使机组转速下降，此时由于转轮的制动作用引起的水锤压力在蜗壳进口达到最高，同时随着机组转速下降，转轮的制动作用随之减弱，流量开始增加，进而又引起机组转速上升，这样就进入一个压力、流量以及机组转速周而复始的变化循环。因此在设计时应充分重视包括蜗壳进口压力在内的水道系统压力振荡以及机组流道内的压力振荡。由图 15－2－3 可以看出，由于甩负荷后导叶迅速关闭，导致流量快速下降，转速快速上升，蜗壳进口压力也快速上升。需要特别指出的是，在甩负荷后因导叶快速关闭引起蜗壳压力上升的同时，由于转轮的离心制动作用也随着转速上升逐渐加强，并使蜗壳进口压力存在着明显的第二个峰值。该峰值可以理解为导叶关闭与转轮自有特性共同作用的结果，其大小与导叶关闭时间有密切关系。

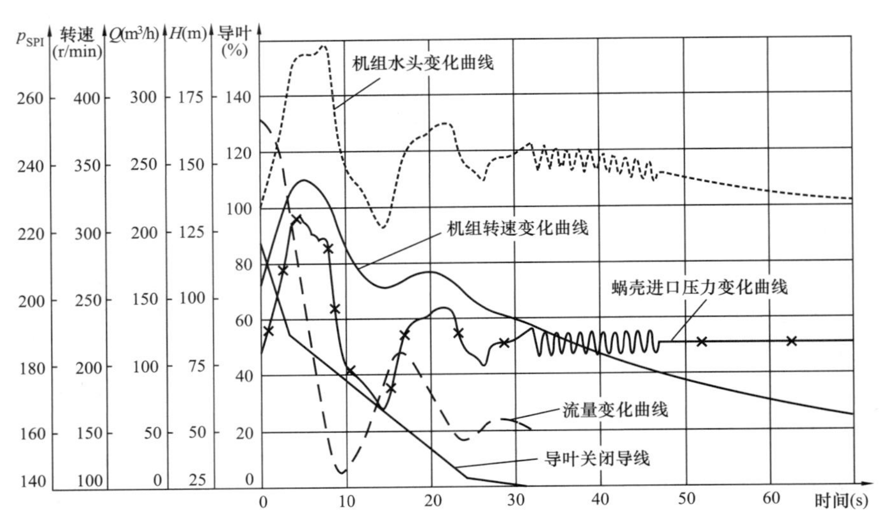

图 15－2－3 水轮机工况甩满负荷导叶快速关闭过渡过程曲线

图 15－2－4 所示为某蓄能电站水轮机工况甩满负荷时过渡过程实测记录。

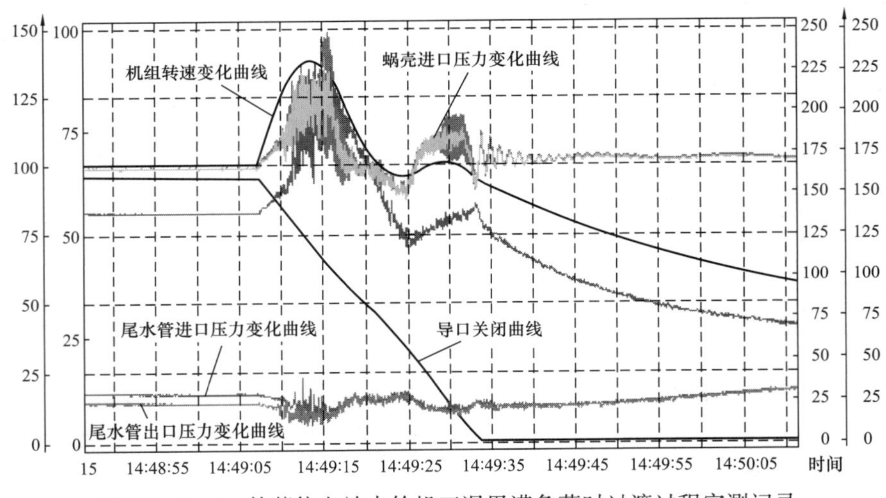

图 15－2－4 某蓄能电站水轮机工况甩满负荷时过渡过程实测记录

二、水泵工况断电

在水泵工况断电工况中，同样存在导叶紧急关闭或导叶拒动两种工况。根据机组的力矩特性及流量特性可知，随着导叶开度的减小，水力矩及流量将迅速减小，通常当机组在水泵工况发生断电时导叶开度可迅速关闭至一较小开度。图 15－2－5 所示为水泵工况断电后导叶快速关闭时机组流量、转速及蜗壳压力的变化，图 15－2－6 所示为该工况下流道各部位压力的变化，图 15－2－7 所示为某蓄能电站水泵断电过渡过程实测记录。水泵工况断电导叶快速关闭机组运行轨迹如图 15－2－8 中 A→B→C→O 所示。

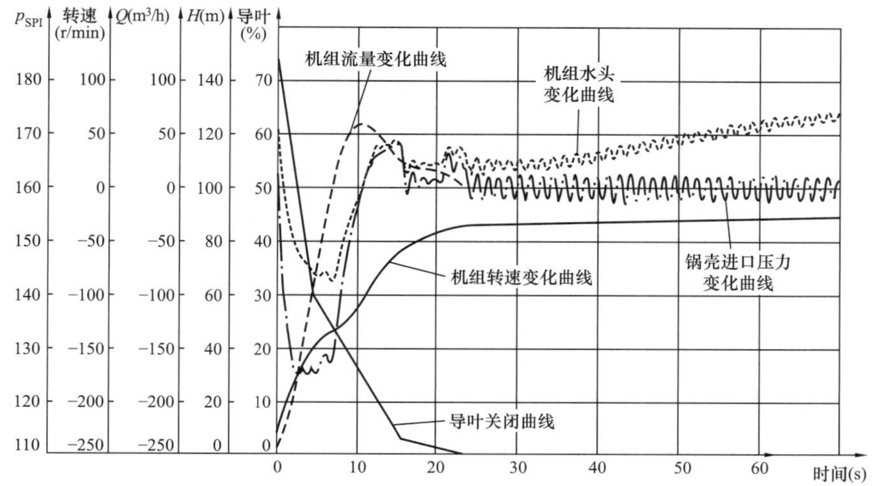

图 15-2-5　水泵断电后导叶快速关闭机组转速、流量及蜗壳压力的变化曲线

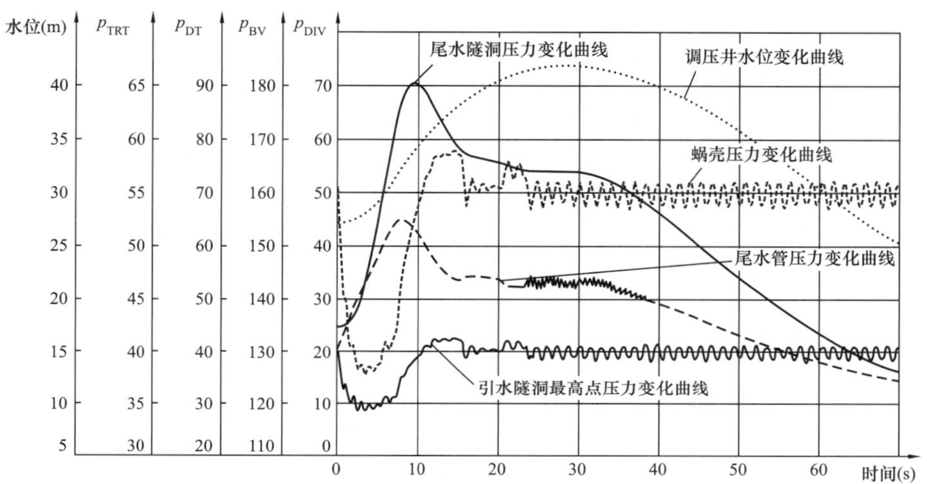

图 15-2-6　水泵断电后导叶快速关闭流道各部位压力变化曲线

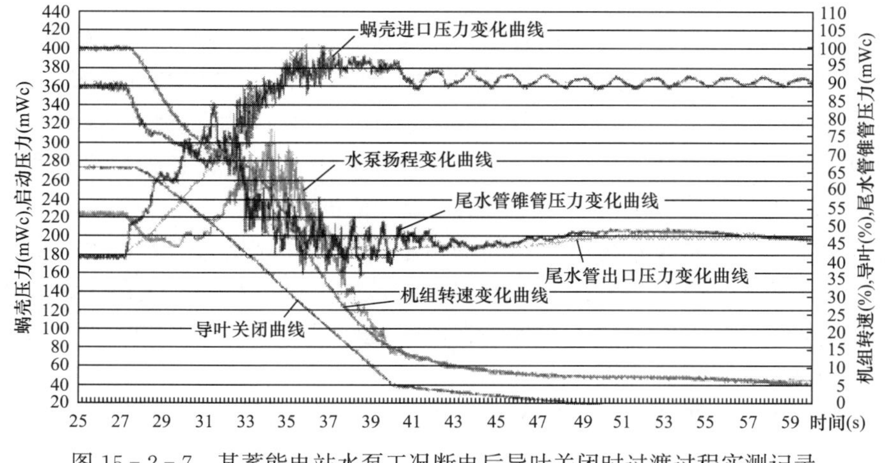

图 15-2-7　某蓄能电站水泵工况断电后导叶关闭时过渡过程实测记录

当水泵断电发生导叶拒动时，如图 15-2-9 所示，机组将由于失去动力矩很快减速并向反方向加速，机组水轮机方向流量快速增加，并沿着等导叶开度线经过制动区至水轮机区及水轮机制动区，并有可能在水轮机区与反水泵区间振荡，其运行轨迹如图 15-2-8 中的 A→E→F→G→H。在此过程中，机组的力矩将达到较高的数值，尤其对于低比转速水泵水轮机在低扬程大导叶开度断电时，有可能达到其正常运行范围内的最大水力矩，因此在机组强度设计时应根据该工况的有关数据进行复核；同时在水泵制动区内由于机组流量为水轮机方向，转速为水泵方向，将产生较大的压力脉动。

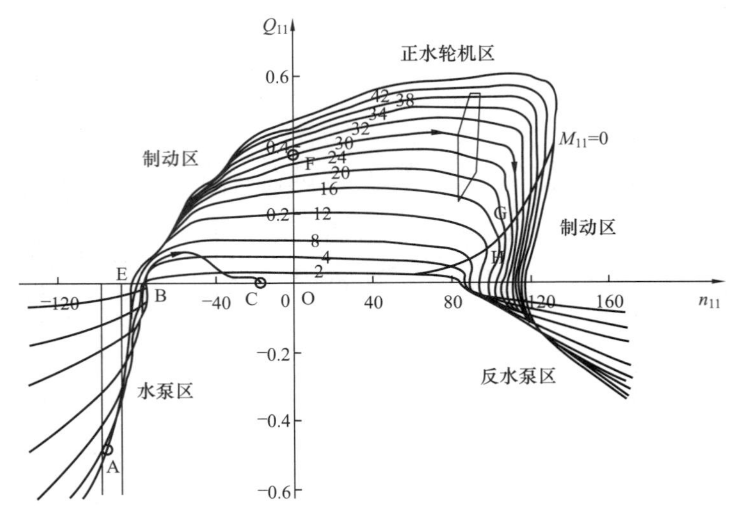

图 15-2-8　水泵工况断电后导叶快速关闭机组在四象限特性曲线中的运行轨迹

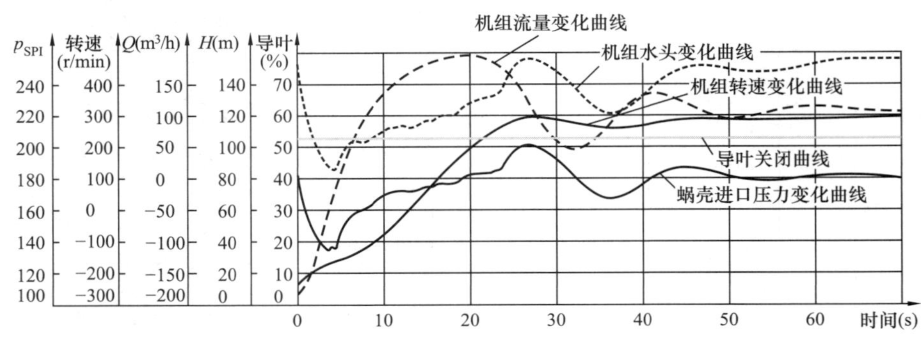

图 15-2-9　水泵工况断电后导叶拒动时过渡过程变化

第三节　水泵水轮机过渡过程控制标准

水泵水轮机过渡过程控制的目的是通过对电站过渡过程的研究与分析，预测机组及水道系统在过渡过程中的极值，如机组的最大转速上升、最大压力上升和下降、水道系统的最大压力上升和下降、调压井的最高及最低涌浪等，根据初步研究分析成果进而优化电站水道系统的设计甚至枢纽的布置方案、机组有关参数的选择以及导叶关闭规律，使电站水道系统及机组在各种过渡过程中的压力及转速满足规程规范要求，同时为电站安全稳定运行提供指导和依据。

根据机组的额定水头及电站在系统中担负的任务不同，不同电站水道系统的压力上升率保证值及机组转速上升率保证值的控制标准也有区别。对于抽水蓄能电站，我国采用的控制标准基本上与常规水轮机的控制标准相似，根据DL/T 5186《水力发电厂机电设计规范》及DL/T 5058《水电站调压室设计规范》，各控制值如下：

（1）机组甩负荷时蜗壳（贯流式机组导水叶前）最大压力升高率保证值，按以下不同情况选取：

1）额定水头小于20m时，宜为70％～100％。

2）额定水头在20～40m时，宜为70％～50％。

3）额定水头在40～100m时，宜为50％～30％。

4）额定水头在100～300m时，宜为30％～25％。

5）额定水头大于300m时，宜小于30％（可逆式蓄能机组）。

由于过渡过程中蜗壳进口的最高压力可能在最大水头甩满负荷工况发生，也可能在额定水头甩满负荷时发生，这样两个工况的压力上升率计算的蜗壳初始压力是不同的，反过来说单一的压力上升率是不能准确表达压力管道系统及蜗壳压力升高水平，应用起来不太方便，由此越来越多的工程在表述最高压力上升率时将初始压力换成一固定不变的基准压力，该基准压力等于上游正常蓄水位至机组安装高程间的水头差。

（2）机组甩负荷时的最大转速升高率保证值，按以下不同情况选取：

1）当机组容量占电力系统工作总容量的比重较大，或担负调频任务时，宜小于50%。

2）当机组容量占系统工作总容量的的比重不大，或不担负调频任务时，宜小于60%。

3）贯流式机组最大转速升高率宜小于65%。

（3）输水系统最低压力控制。当机组突增或突减负荷时，压力输水系统全线各断面最高点处的最小压力不应低于0.02MPa，不得出现负压脱流现象。甩负荷时，尾水管进口断面的最大真空保证值不应大于0.08MPa。

（4）调压室水位控制。抽水蓄能电站调压室最高涌波水位以上的安全超高不宜小于1m，上游调压室最低涌波水位与调压室处压力引水道顶部之间的安全高度应不小于2～3m，调压室底板应留有不小于1m的安全水深；下游调压室最低涌波水位与尾水管出口顶部之间的安全高度应不小于2～3m。除调压井外，上、下游闸门井在过渡过程中的最高、最低涌浪水位也应复核，其控制要求建议按调压井对应的控制要求。

（5）所有保证值应在计算值的基础上留有适当裕量。在各标准中没有规定各保证值在计算值的基础上留取裕量的大小。裕量的取值需要考虑因素较多，主要有压力脉动、过渡过程仿真计算的误差等。由于目前对真机还不能进行有关压力脉动的准确计算，不同的过渡过程仿真计算软件也有着不同的计算误差，由此目前国内外对上述裕量的取值也就没有统一的标准。日本有的厂家建议根据不同的控制指标给出不同的裕量值，如对蜗壳进口压力最大值应在计算值的基础上加上初始压力的7%后，再留压力上升值的10%作为压力脉动裕量；尾水管最低压力应减去初始压力的3.5%计算余量后，再留压力下降值的10%的压力脉动裕量；转速上升在计算的基础上留有转速上升值的5%作为裕量。而欧洲有的厂家建议蜗壳进口最高压力及尾水管最低压力应考虑压力上升值的10%作为安全裕量，再留压力上升值的7%作为压力脉动裕量。

近些年来随着国内蓄能电站不断投产，从机组过渡过程试验的情况来看，国内一些科研单位计算结果总体上与试验基本一致，图15-3-1所示为某蓄能电站一台机组甩满负荷时过渡过程实测记录与计算结果对比图，图15-3-2所示为某蓄能电站两台机组甩满负荷时其中的一台机组过渡过程实测记录与计算结果对比图，该电站对过渡过程不同导叶开度及不同工况进行了较为全面的测试，其中对蜗壳进口压力及转轮出口压力测试结果与计算结果对比见表15-3-1。

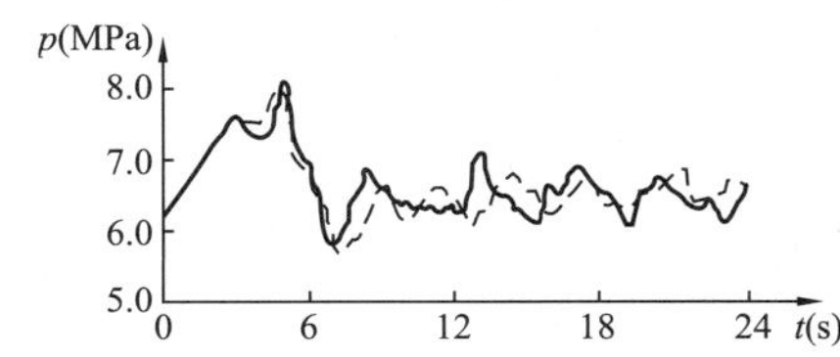

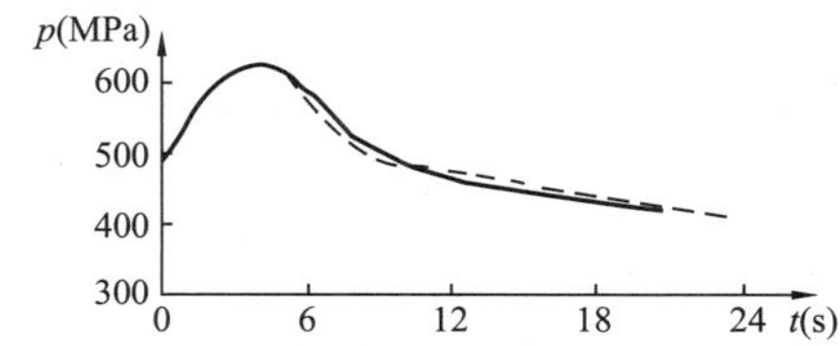

图15-3-1　某抽水蓄能电站一台机组甩满负荷仿真计算与实测对比图

---实测值；——计算值

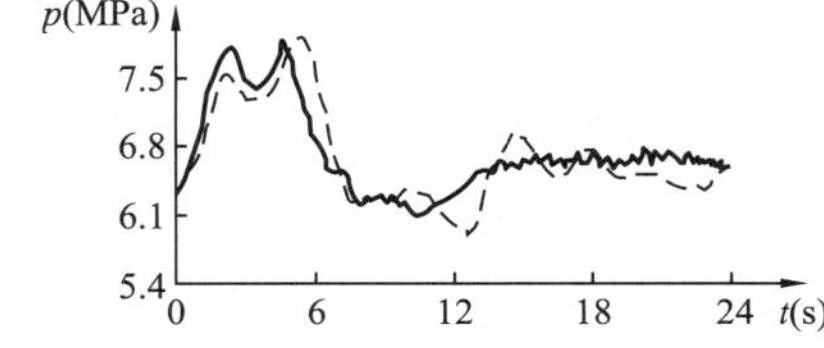

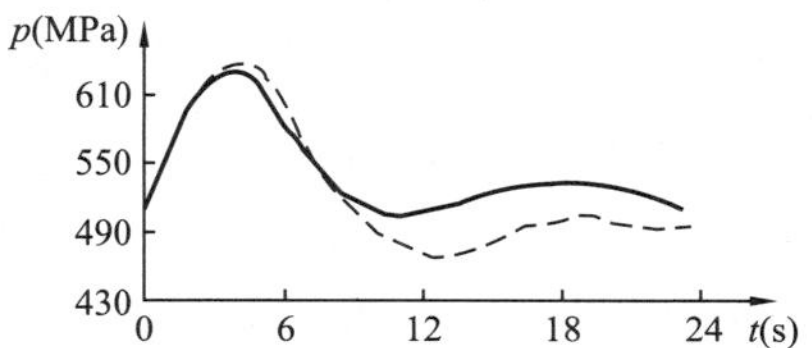

图15-3-2　某抽水蓄能电站两台机甩满负荷仿真计算与实测对比图

---实测值；——计算值

表 15-3-1　　某抽水蓄能电站过渡过程仿真计算与实测值对比表（部分工况）

工况	机组号	上库水位（m）	下库水位（m）	负荷（MW）	蜗壳进口最高压力			转轮出口最高压力			转速升高		
					计算值（m）	实测值（m）	误差	计算值（m）	实测值（m）	误差	计算值（%）	实测值（%）	误差
1	1	882.56	337.99	25	805.1	809	−0.48%	160.55	147.72	8.69%	21.7	25.1	−3.38%
2	1	883.98	338.58	20	743.88	756	−1.60%	148.94	147.85	0.74%	17.3	19.9	−2.60%
3	1	883.92	338.95	20	853.77	810.79	5.30%	181.7	171.37	6.00%	11	13.6	−2.60%
4	1	886.03	337.44	25	823.13	841.95	−2.22%	159.8	168.57	−5.20%	22.4	26.3	−3.88%
5	1	887.06	336.54	25	822.52	848.07	−3.01%	144.51	152.77	−5.41%	25.4	19.2	6.22%
6	1	890.02	337.36	25	810.4	834.76	−2.90%	144.7	147.66	−2.00%	17.2	19.2	−2.00%
7	1	890.02	333.76	30	828.29	856.53	−3.30%	126.65	148.4	−14.66%	24	26.4	−2.40%
8	1	889.1	336.9	30	808.47	826.67	−2.77%	136.66	135.11	1.15%	24.3	24.9	−0.56%
9	1	888.27	325.95	−30	736.21	681.28	8.10%	146.21	160.33	−8.81%	—	—	—
10	2	885.5	326.16	30	801.82	813.02	−1.38%	129.31	130.58	−0.97%	23.8	23.4	0.44%
11	2	885.67	325.8	22.5	761.93	746.54	2.06%	143.47	134.11	6.98%	15.8	16.5	−0.68%
12	2	885.81	325.52	22.5	761.65	746.64	2.01%	143.19	136.16	5.16%	15.3	16	−0.68%
13	2	886.09	325.27	16	737.13	738.1	−0.13%	140.27	128.88	8.84%	10.8	13.6	−2.76%
14	2	884.58	326.45	−32	750.09	694.72	14.45%	146.06	161.91	−9.79%	—	—	—
15	2	884.58	326.46	−31	750.09	729.45	2.83%	146.06	153.92	−5.11%	—	—	—
16	1	889.5	338.7	30	811.23	822.39	−1.36%	137.9	135.75	1.58%	23.4	25.5	−2.06%
17	2	895.5	324	30	806.28	820.22	−1.70%	121.7	127.51	−4.56%	22.8	0	22.80%
18	3	891.3	335.9	30	806.36	804.83	0.19%	135.37	141.02	−4.01%	22.5	24.2	−1.74%
19	4	890.6	337.4	30	809.9	831.83	−2.64%	137.29	139.95	−1.90%	23.3	24.9	−1.62%
20	5	891.7	322.7	30	795.41	792.23	0.40%	127.82	108.51	17.80%	21.4	22.2	−0.78%
21	5	889.8	325.5	30.5	806.55	785.43	2.69%	126.57	122.42	3.39%	23.4	24.6	−1.24%
22	5	889.6	325.7	29.4	798.23	793.26	0.63%	123.29	134.87	−8.59%	21.9	24	−2.12%
23	5	894.9	318.1	33	823.53	794.3	3.68%	119.96	118.1	1.57%	26.1	27.7	−1.56%
24	6	892.7	332.9	30	808.54	792.43	2.03%	132.87	133.09	−0.17%	22.7	23.4	−0.72%
25	6	884.2	330.7	30	786.58	785.61	0.12%	133.5	128.56	3.84%	22.4	24.5	−2.14%
26	1	884.11	320.4	25	807.59	824.53	−2.10%	117.26	126.66	−7.42%	19.8	—	—
	2				812.5	825.48	−1.57%	113.97	120.07	−5.91%	19.9	—	—
27	1	884.7	315.36	30	834.52	864.43	−3.58%	117.8	136.74	−13.85%	25.9	26.4	−0.54%
	2				836.76	851.51	−1.73%	117.21	128.97	−9.12%	25.9	25.9	0.04%
28	1	884.44	315.66	30	834.82	849.5	−1.72%	118.1	129.92	−9.10%	25.9	26.9	−0.96%
	2				837.02	842.98	−0.71%	117.51	124.7	−5.77%	25.9	24.3	1.64%
29	1	881.73	318.33	−30	786.61	704.49	11.66%	144.64	150.69	−4.01%	—	—	—
	2				757.5	695.37	8.93%	146.73	139.43	5.24%	—	—	—

注　上述误差是以实测值为基准计算的，为便于取计算误差，以下以计算值为基准。

根据上述图表，说明各电站仿真计算结果与现场试验基本吻合。从上述的统计结果来看，计算结果与真机试验结果略有偏差，其中蜗壳最大压力上升率计算值与试验值偏差除个别的超过10%外，平均偏差在压力计算值的3%左右；而尾水管进口最高压力上升值误差平均值在计算值的6%左右；机组转速上升计算值与真机试验值偏差在额定转速的3%左右。其他电站的一些计算与试验对比成果基本上也在上述范围，故建议在取计算误差裕量时，对蜗壳最高压力上升值取3%计算值，对尾水管压力上升或下降值取6%左右的计算值；转速上升则取额定转速的3%。

另外，在过渡过程中，无论是蜗壳中还是尾水管中，总是存在着较大的压力脉动。虽然国内很多学者及研究人员做过很多研究工作，至今也无法定量计算。真机的压力脉动测试由于现场测头及管路布置的困难往往也难取得全面、系统、准确的成果。因此，对压力脉动的分析大多是采用水泵水轮机模型试验中的压力脉动测值对真机的压力脉动进行预测与定性分析。图 15-3-3～图 15-3-7 所示为某抽水蓄能电站模型试验中过渡过程压力脉动试验结果。

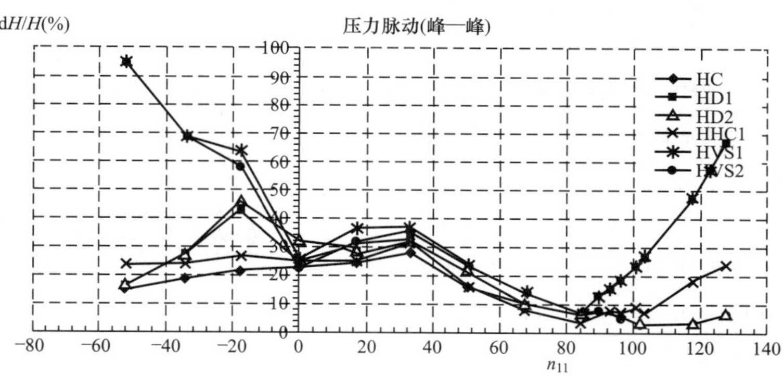

图 15-3-3　$\alpha=45°$水泵制动工况及水轮机工况压力脉动试验曲线

HC—蜗壳进口压力脉动；HD1，HD2—尾水管进口压力脉动；HHC1—转轮与顶盖间的压力脉动；HVS1、HVS2—转轮进口与活动导叶间压力脉动

通过一些水泵水轮机模型四象限压力脉动试验成果的分析，在水泵工况制动工况下压力脉动最大，但在水泵工况断电时压力上升较水轮机工况甩负荷时要小得多，因此考虑压力脉动裕量时主要考虑水轮机工况。在水轮机工况下，蜗壳进口的压力脉动峰-峰值基本在 10%～40%，尾水管的压力脉动在 5%～30%。值得注意的是，在计算的蜗壳压力上升、尾水管压力上升或下降值中，除由于导叶关闭导致压力变化作用外，有相当大的一部分是由于转轮本身离心制动特性作用的结果，后者又包括制动作用产生的水锤压力及压力脉动两部分。因此，在计算的基础上建议不直接将预测压力脉动值作为压力脉动裕量，而应根据不同电站的实际情况来选取压力脉动余量，这其中考虑的因素主要有导叶关闭规律及机组本身的特性（如导叶关闭的时机、关闭的时间和速度、机组制动作用特性等），如在图 15-1-7 中，分析第一波峰与第二波峰时的压力脉动余量取值应不一样。另外，考虑到过渡过程中压力脉动较大，且发生的时间很短，蜗壳实际能够承受的短时间压力为设计压力的 1.5 倍，因此建议取压力脉动单峰值的均方根值作为压力脉动裕量，即初始压力的 3.5%～14% 作为蜗壳的压力脉动裕量，其中对低水头水泵水轮机取大值，对高水头水泵水轮机取小值。对于尾水管最高压力及最低

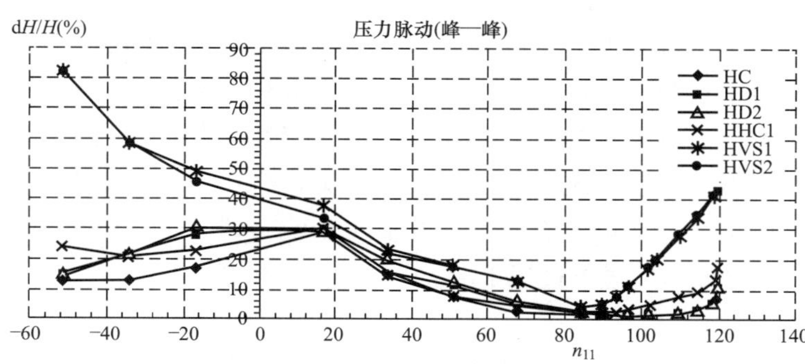

图 15-3-4　$\alpha=32°$水泵制动工况及水轮机工况压力脉动试验曲线

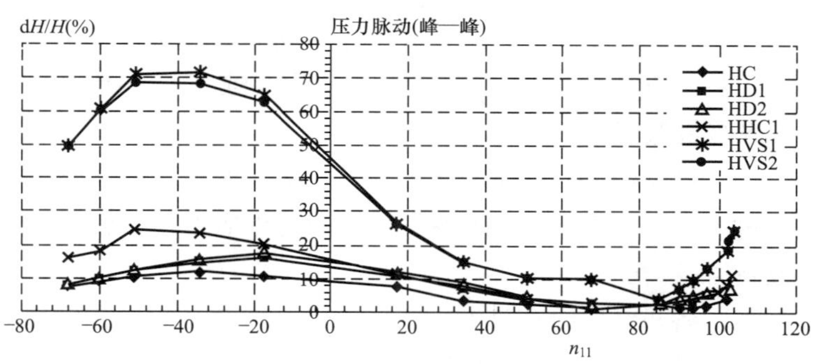

图 15-3-5　$\alpha=16°$水泵制动工况及水轮机工况压力脉动试验曲线

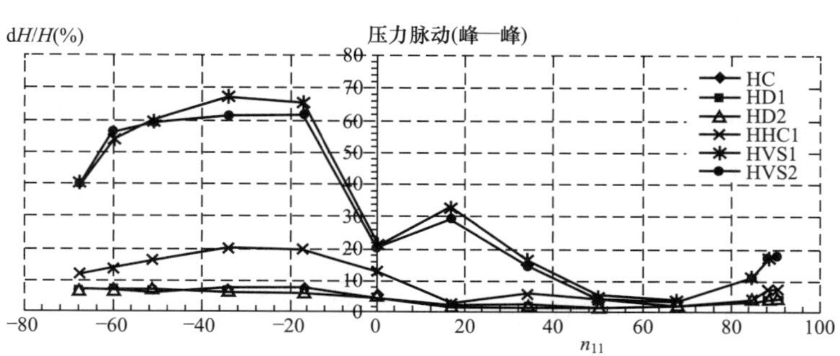

图 15-3-6　$\alpha=4°$水泵制动工况及水轮机工况压力脉动试验曲线

压力，其压力脉动值基本在 2%～30%，由于尾水管压力过低会出现水柱分离现象，可能对尾水管及机组造成很大的危险，故建议对尾水管压力升高取单峰值的均方根值作为压力脉动裕量，即考虑初始压力的 1.5%～20%作为压力脉动余量；而对于压力降低值则按压力初始压力的 2%～30%作为压力脉动余量。

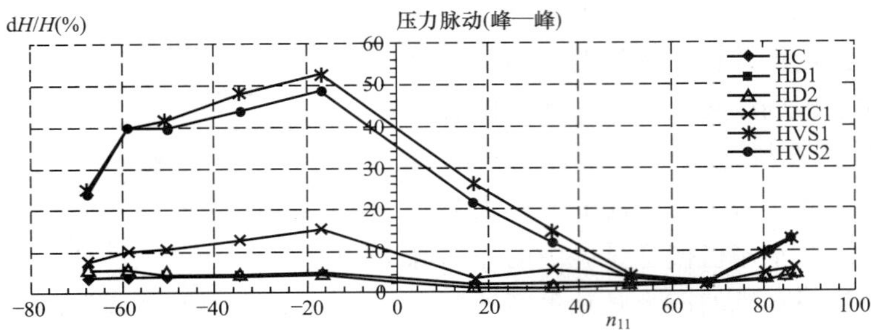

图 15-3-7　α=2°水泵制动工况及水轮机工况压力脉动试验曲线

第四节　水泵水轮机过渡过程计算工况

过渡过程控制的主要参数为蜗壳进口最大压力，尾水管最高及最低压力、机组最高转速上升率、水道系统最低压力、调压室最高及最低涌浪等参数。上述这些参数的控制主要是通过详细的过渡过程计算，调整水道系统布置，设计参数、调压室参数、调速器参数的优化，机组有关参数如转动惯量及机组安装高程的优化等来实现。对于抽水蓄能电站，根据水泵水轮机的空化特性，要求的吸出高度较大，一般采用地下式厂房；大多数抽水蓄能电站输水系统采用一管多机方案，这样抽水蓄能电站过渡过程计算的组合工况也相对较多。由于不同抽水蓄能电站有着不同的输水系统布置，不同电站的过渡过程计算工况也就不尽相同，以下仅列出一些典型的过渡过程工况。

1. 水轮机工况

T-1：最大水头工况多台水泵水轮机同时甩满负荷，各机组导叶同时关闭。本工况可能出现引水系统最大压力。

T-2：最大水头工况多台水泵水轮机同时甩满负荷，各机组导叶拒动。本工况可能出现机组最大转速上升。

T-3：最大水头工况多台水泵水轮机同时甩满负荷，机组导叶一关一拒（引水系统为一管两机方案）或二关一拒（引水系统为一管三机方案）或三关一拒（引水系统为一管四机方案）。本工况可能出现尾水系统最低压力。

T-4：各机组同时在最大水头启动，上水库最高水位运行，下水库最低水位运行，增至满负荷后，当流入引水调压井流量最大时各水轮机同时甩满负荷，各机组导叶同时关闭。本工况可能出现引水调压井最高涌浪。

T-5：各机组同时在最大水头启动，上水库最高水位运行，下水库最低水位运行，增至满负荷后，当流出下游调压井流量最大时各水轮机同时甩满负荷，各机组导叶同时关闭。本工况可能出现下游调压井最低涌浪。

T-6：额定水头工况多台水泵水轮机同时甩满负荷，各机组导叶同时关闭。本工况可能出现引水系统最高压力。

T-7：额定水头工况多台水泵水轮机同时甩满负荷，各机组导叶拒动。本工况可能出现机组最高转速上升及尾水管最低压力。

T-8：额定水头工况多台水泵水轮机同时甩满负荷，机组导叶一关一拒（引水系统为一管两机方案）或二关一拒（引水系统为一管三机方案）或三关一拒（引水系统为一管四机方案）。本工况可能出现机组最高转速上升及尾水管最低压力。

2. 水轮机小波动工况

T-13：各机组在最小水头发最大出力，负荷−10%阶跃变化，调速器投入。

T-14：各机组在最小水头发 50%额定出力，负荷−10%阶跃变化，调速器投入。

T-15：各机组在最小水头发 50%额定出力，负荷+10%阶跃变化，调速器投入。

T－16：各机组在最小水头接近空载运行，负荷－10%阶跃变化，调速器投入。

T－17：各机组在最小水头接近空载运行，负荷＋10%阶跃变化，调速器投入。

3．水泵工况

P－1：各机组最小扬程泵工况运行，上水库低水位，下水库高水位，各泵同时断电，机组导叶关闭。本工况可能出现蜗壳进口最低压力。

P－2：各机组最小扬程泵工况运行，上水库低水位，下水库高水位，各泵同时断电，各台泵导叶拒动。本工况可能出现尾水系统最高压力。

P－3：各泵同时启动，上水库低水位，下水库高水位，达到最大流量后，当流出上游调压井流量最大时各泵同时断电，各泵导叶拒动。本工况可能出现上游调压井最低涌浪。

P－4：各泵同时启动，上水库低水位，下水库高水位，达到最大流量后，在流入下游调压井流量最大时，各水泵同时断电，各机组导叶拒动。本工况可能出现下游调压井最高涌浪。

上述仅列出一些常规性的工况，各电站应根据实际可能运行的条件及组合工况进行增减、补充与细化。例如：

(1) 在过渡过程计算时，有时候蜗壳最大压力上升或转速上升并不一定是在最大水头工况或额定工况甩满负荷时出现，而是介于这两工况之间的某一个工况，应进行试算查看上述指标的变化趋势，进而确定产生极值的工况。

(2) 应仔细分析电站实际可能的运行工况，并对可能运行的其他工况进行复核计算，如电站投运初期由于蓄水条件限制使得水轮机额定工况运行时上库水位可能较正常运行时低（下库蓄水不足）等，由此建议对各工况应以极值水位工况进行复核。

(3) 近年来有些电站需采用泵工况首次起动向上库充水，此时需详细计算此工况断电时引水系统最小压力或允许的最大向上充水流量，以满足引水系统最低压力控制要求。

第五节　水轮机工况过渡过程仿真计算

水泵水轮机过渡过程计算一般采用计算机程序计算，国内不少高等院校及科研单位已开发出相当成熟的可逆式机组过渡过程计算软件包，并在国内抽水蓄能电站得到广泛的应用与验证，本节仅列出过渡过程仿真计算的数学模型及求解方法，包括单一管道的瞬变计算，异性管串联模型、上下游水压端边界条件、管道分叉点模型、管道与调压井连接处节点、转轮边界等。

一、单一特性管的瞬变计算数学模型

对于管道中的瞬变流（一维不定常流动），其连续方程为

$$L1=v\frac{\partial H}{\partial x}+\frac{\partial H}{\partial t}-v\sin\alpha+\frac{a^2}{g}\frac{\partial v}{\partial x}=0 \tag{15-5-1}$$

相应的运动方程为

$$L2=g\frac{\partial H}{\partial x}+v\frac{\partial v}{\partial x}+\frac{\partial v}{\partial t}+\frac{fv|v|}{2D}=0 \tag{15-5-2}$$

式中　H——沿程水头，m；

v——水流平均速度，m/s；

g——重力加速度；

f——达西—威斯巴哈摩擦系数；

α——管道中心线与水平线的夹角（对于水平管道，$\alpha=0$）；

D——管道直径，m；

a——水锤波速，m/s。

用特征线法可将上述方程转为如下差分方程

$$C^{+}：H_{Pi}=C_P-B_PQ_{Pi} \tag{15-5-3}$$

$$C^-: H_{Pi}=C_M+B_MQ_{Pi} \tag{15-5-4}$$

式中 C_P、B_P、C_M、B_M——时刻 $t-\Delta t$ 的已知量；

H_{Pi}、Q_{Pi}——时刻 t 的未知量。

$$C_P=H_{i-1}+BQ_{i-1} \quad B_P=B+R|Q_{i-1}| \tag{15-5-5}$$

$$C_M=H_{i+1}-BQ_{i+1} \quad B_M=B+R|Q_{i+1}| \tag{15-5-6}$$

式中 $B=\dfrac{a}{gA}$，$R=\dfrac{f\Delta x}{2gDA^2}$为常数；

H_{i-1}、Q_{i-1}、H_{i+1}、Q_{i+1}——分别为时刻 $t-\Delta t$ 的已知量；

下标 $i-1$、i、$i+1$——分别表示断面位置，分别为上游断面、计算断面和下游断面，如图15-5-1所示。

A——为管道面积；

$$\Delta t \leqslant \Delta x/a$$

Δx——为管道分段长度，满足库朗条件。

计算时可用上述方程先计算恒定流的情况，从而获得求解非恒定流所需的初始值。从第二时步开始，边界点（即管道端点）参数将影响内点计算，所以必须引入相应的边界条件方可按上述公式求取任一瞬间管道各节点上的 H、Q 值。

二、上水库进/出水口节点

图15-5-2所示为上水库进/出水口节点，在机组甩负荷时可认为水库水位不变，则根据式（15-5-4）及式（15-5-6），可得

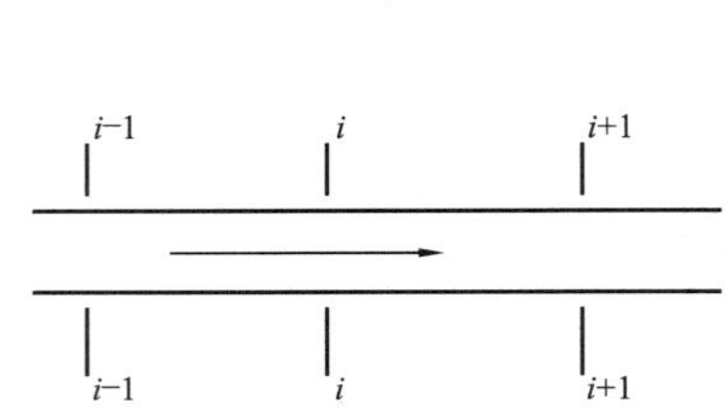

图15-5-1 有压管道特征网格节点

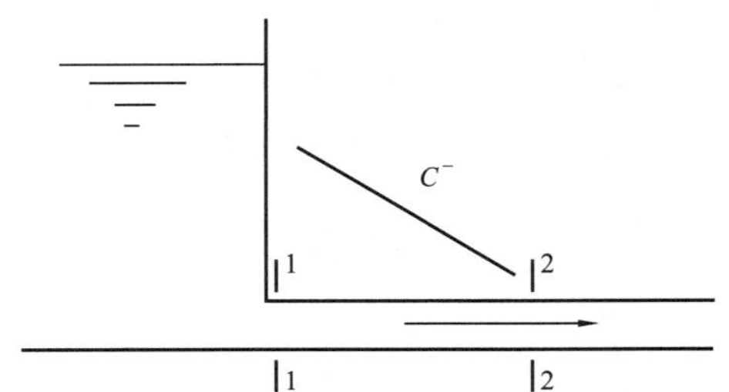

图15-5-2 上水库进/出水口节点

$$H_{P1}=C_{M1}+B_{M1}Q_{P1} \tag{15-5-7}$$

$$H_{P1}=H_u \tag{15-5-8}$$

由式（15-5-7）和式（15-5-8）可得

$$Q_{P1}=(H_{P1}-C_{M1})/B_{M1} \tag{15-5-9}$$

$$C_{M1}=H_2-BQ_2+RQ_2|Q_2| \tag{15-5-10}$$

$$B_{M1}=a/gA_1 \tag{15-5-11}$$

式中 H_u——上库水位。

三、下水库进/出水口节点

图15-5-3所示为下水库进/出水口节点，描述该节点各参数的控制方程为

$$H_{Pn}=C_{Pn}-B_{Pn}Q_{Pn} \tag{15-5-12}$$

$$H_{Pn}=H_d \tag{15-5-13}$$

$$Q_{Pn}=(C_{Pn}-H_{Pn})/B_{Pn}$$

$$B_{Pn}=a/gA_n$$

式中 H_d——下库水位。

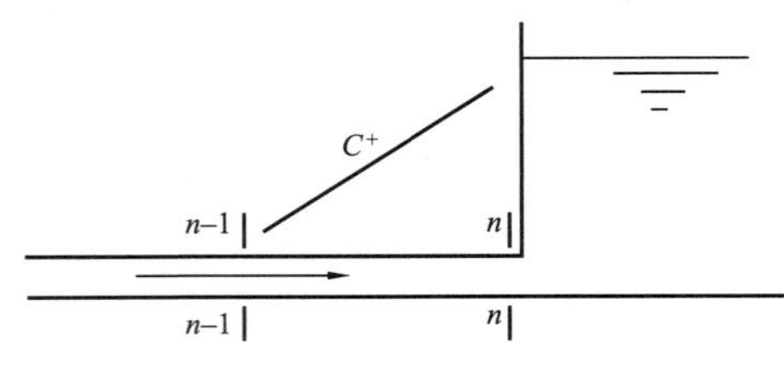

图15-5-3 下水库进/出水口节点

四、可逆式机组节点

(1) 全特性曲线处理。由于可逆式机组具有发电和抽水两种运行工况，为了避免计算中可能产生的多值问题，故采用Suter-form方法对全特性曲线进行处理。

$$WH(x,y)=\frac{y^2}{(n_{11}/n_{11r})^2+(Q_{11}/Q_{11r})^2}=\frac{h}{\alpha^2+q^2}y^2 \tag{15-5-14}$$

$$WM(x,y)=\frac{M_{11}+k_1}{M_{11r}}y=\left(\frac{m}{h}+\frac{k_1}{M_{11r}}\right)y \tag{15-5-15}$$

$$x=\arctan[(Q_{11}/Q_{11r}+k_2)/(n_{11}/n_{11r})]=\arctan[(q+k_2\sqrt{h})/\alpha],\ \alpha\geqslant 0$$

$$x=\pi+\arctan[(Q_{11}/Q_{11r}+k_2)/(n_{11}/n_{11r})]=\pi+\arctan[(q+k_2\sqrt{h})/\alpha],\ \alpha<0$$

式中 h、m、α、q——分别为水头、力矩、转速和流量的无量纲值；

n_{11}、Q_{11}、M_{11}——单位转速、单位流量和单位力矩；

n_{11r}、Q_{11r}、M_{11r}——额定工况下的单位转速、单位流量和单位力矩；

y——导叶相对开度；

k_1、k_2——系数，计算中取 $k_1=1.5$，$k_2=1.0$。

（2）转轮边界水头平衡方程。设转轮上、下边界节点编号为 1 和 2（见图 15-5-4），则结合特征线法可得转轮边界水头平衡方程为

$$h=\frac{C_{P1}-C_{M2}}{H_r}-\frac{(B_{P1}+B_{M2})Q_r}{H_r}q \tag{15-5-16}$$

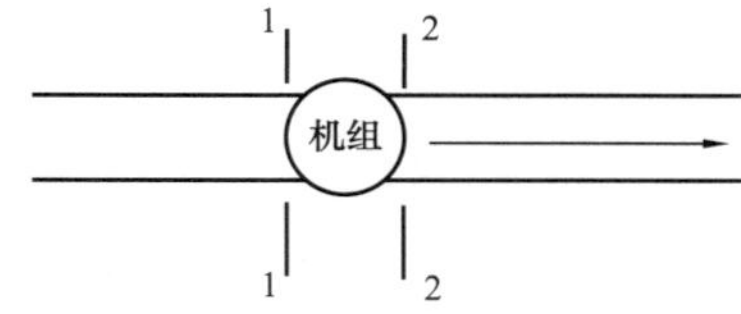

图 15-5-4 机组节点

式中 H_r，Q_r——额定工况转轮工作水头和流量。

（3）机组转动力矩平衡方程为

$$\alpha=\alpha_0+\Delta t\,\frac{(m+m_0)-(m_g+m_{g0})}{2T_a}$$

$$T_a=\frac{GD^2\,|n_r|}{374.7M_r} \tag{15-5-17}$$

式中 T_a——机组惯性时间常数；

GD^2——机组转动惯量；

n_r、M_r——额定工况机组转速和动力矩；

m_g——机组转动阻力矩无量纲值；

α_0、m_0、m_{g0}——分别为 α、m、m_g 的前一计算时步的值。

依据给定的导叶关闭规律 $y=y(t)$ 联列解式（15-5-14）～式(15-5-17)，即可求解各种工况的瞬态参数 h、m、α、q 等。

五、上、下游调压井节点

以阻抗式调压室为例（见图 15-5-5），描述该节点各参数的控制方程为

$$H_{P1}=C_{P1}-B_{P1}Q_{P1} \tag{15-5-18}$$

$$H_{P2}=C_{M2}+B_{M2}Q_{P2} \tag{15-5-19}$$

$$H_{P1}=H_{P2}=H_P \tag{15-5-20}$$

$$H_P=H_{PS}+R_S\,|Q_{PS}|\,Q_{PS} \tag{15-5-21}$$

$$H_{PS}=H_{PS0}+\frac{(Q_{PS}+Q_{PS0})\Delta t}{2A_S} \tag{15-5-22}$$

$$Q_{P1}=Q_{P2}+Q_{PS} \tag{15-5-23}$$

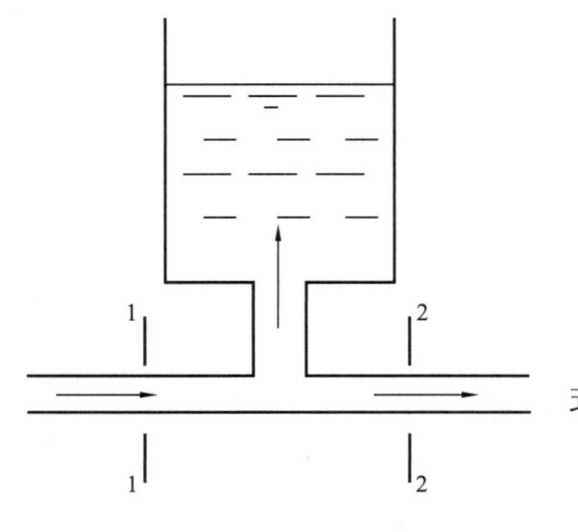

图 15-5-5 调压井节点

式中 H_{PS}——调压井水位；

Q_{PS}——流入调压井的流量，流出时为负；

R_S——调压井的阻抗损失系数；

A_S——调压井面积；

Δt——计算时步，各参数带下标“0”者为其前一时步的值。

六、调速器微分方程

在小波动稳定性分析时，除了传统的稳定性分析方法（特征分析法）以外，可采用基于特征线法并结合状态方程分析的联合算法，即机组采用状态方程描述其转速变化特性，并且引入状态方程描述的调速器

方程，可充分考虑其非线性流量特性和效率特性。因此，小波动计算分析的主要流程可概括为：

(1) 采用特征线法计算输水系统管道的水力瞬变，即计算出管道各断面的水头 H 和流量 Q；

(2) 依据采用状态方程描述的机组运动方程，计算机组转速变化的相对值 φ；

(3) 基于描述调速器的状态方程，计算机组导叶开度变化的相对值 y；

(4) 在已知机组 φ 和 y 的条件下，计算机组的过机流量和机组进出口压力水头；

(5) 重复上述过程，即可得机组的整个调节过渡过程。

在小波动稳定性分析中，时间步长 Δt 由特征线法的稳定性条件（库朗条件）确定。

采用并联 PID 型调速器模型，即：

$$\frac{\mathrm{d}y_1}{\mathrm{d}t}=-\frac{k_\mathrm{P}}{T_{y_1}}\varphi-\frac{1+k_\mathrm{P}b_\mathrm{p}}{T_{y_1}}y_1+\frac{1}{T_{y_1}}x_1+\frac{1}{T_{y_1}}x_\mathrm{D} \tag{15-5-24}$$

$$\frac{\mathrm{d}\mu}{\mathrm{d}t}=\frac{1}{T_y}y_1-\frac{1}{T_y}\mu \tag{15-5-25}$$

$$\frac{\mathrm{d}_{x_1}}{\mathrm{d}t}=-k_\mathrm{L}\varphi-k_\mathrm{L}b_\mathrm{p}y_1 \tag{15-5-26}$$

$$\frac{\mathrm{d}x_\mathrm{D}}{\mathrm{d}t}=-\frac{k_\mathrm{D}}{T_n}\frac{\mathrm{d}\varphi}{\mathrm{d}t}-\frac{k_\mathrm{D}b_\mathrm{p}}{T_nT_{y_1}}[-k_\mathrm{P}\varphi+x_1+x_\mathrm{D}-(1+k_\mathrm{P}b_\mathrm{p})y_1]-\frac{1}{T_n}x_\mathrm{D} \tag{15-5-27}$$

式中 φ，y_1，x_1，x_D，μ——均为相对值，φ 和 μ 分别为转速和开度的偏差相对值；

T_n——微分环节时间常数；

k_P、k_I、k_D——分别为比例常数、积分常数和微分常数；

T_y、T_{y_1}——为随动系统常数；

b_p——残留不平衡度。

第六节 改善调节保证参数的措施

调节保证计算是一个系统工程，影响的因素众多，主要包括水道系统的布置与设计参数的选择、导叶关闭规律的选择与优化、机组参数的选择、调压井的设置情况等，这些因素之间又互相影响。合理选择导叶关闭规律及机组参数可以一定程度上改善调节保证参数，但对抽水蓄能电站来说，一般引水系统及尾水系统均较长，再加上抽水蓄能电站运行组合工况众多，应充分重视水道系统的布置和参数的选择以及调压井的配置等对调节保证计算的影响。

一、水道系统布置及调压井的设置

根据 DL/T 5058《水电站调压室设计规范》，设置调压井应在调节保证计算和运行条件分析的基础上，考虑水电站在电力系统中的作用、地形、地质、压力水道布置等因素，进行技术经济比较后确定。

其中设置上游调压室的条件可按下式作初步判别

$$T_\mathrm{w}>[T_\mathrm{w}]$$

$$T_\mathrm{w}=\frac{\sum L_iv_i}{gH_\mathrm{p}}$$

式中 T_w——压力水道中水流惯性时间常数，s；

L_i——压力水道及蜗壳和尾水管（无下游调压室时应包括压力尾水道）各分段的长度，m；

v_i——各分段内相应的流速，m/s；

g——重力加速度，m/s^2；

H_p——设计水头，m；

$[T_\mathrm{w}]$——T_w 的允许值，一般取 2～4s。

$[T_\mathrm{w}]$ 的取值随电站在电力系统中的作用而异，当水电站作孤立运行，或机组容量在电力系统中所占的比重超过 50%时宜用小值，当比重小于 10%～20%时可取大值。

设置下游调压室的条件以尾水管内不产生液柱分离为前提，其必要性可按下式作初步判断

$$L_w > \frac{5T_s}{v_{w0}}\left[8 - \frac{\nabla}{900} - \frac{v_{wj}^2}{2g} - H_s\right]$$

式中　L_w——压力尾水道的长度，m；

T_s——水轮机导叶关闭时间，s；

v_{w0}——稳定运行时压力尾水道中的流速，m/s；

v_{wj}——水轮机转轮后尾水管入口处的流速，m/s；

H_s——吸出高度，m；

∇——机组安装高程，m。

最终通过调节保证计算，当机组丢弃全负荷时，尾水管内的最大真空度不宜大于 8m 水柱。在设置调压井时应结合过渡过程计算反复调整调压井的设计参数，如调压井的直径、孔口系数、有时甚至需调整调压室的位置。

二、优化导叶开启及关闭规律

通过优化导叶关闭规律来改善调节保证控制参数是最为经济的一种措施，对于抽水蓄能电站来说，由于机组本身具有的制动特性，选择导叶开启及关闭规律宜更多地根据机组特性来确定。

1. 水轮机工况导叶开启规律

在水轮机工况起动时，机组的空载开度主要取决于水头。对于低比转速水泵水轮机，由于“S”区的存在使机组在一定水头范围内空载不能稳定，越来越多的电站采取非同步导叶开启，如图15－6－1所示。当机组启动时，选择一对或两对导叶与其他导叶非同步开启，当机组达到一定转速后再单独开启该非同步导叶至与其他导叶大一些的开度，使得“S”区特性的连续性遭到破坏，从而使机组避免沿导叶开度线在水轮机工况与反水泵工况之间的振荡，待并网后这些非同步导叶再调整开度至与其他导叶一致。

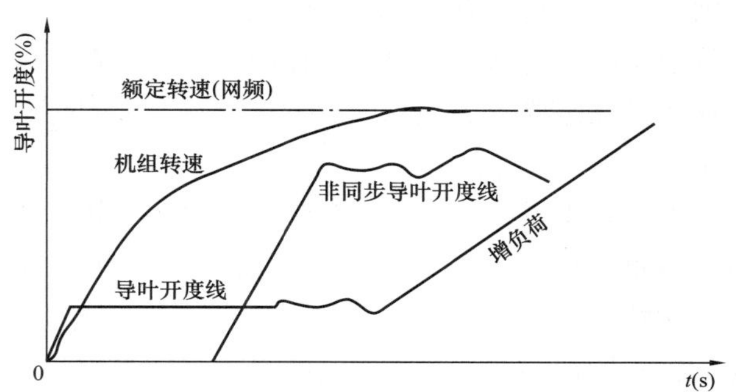

图 15－6－1　某抽水蓄能电站水轮机导叶开启曲线

对于高比转速或“S”区特性不明显的水泵水轮机在机组启动时，只需根据水头将导叶直接开至其对应空载开度或略大于空载开度即可。

2. 水轮机工况甩负荷关闭规律

在水轮机工况甩负荷时，尤其是对于低比转速水泵水轮机，即使此时导叶拒动，由于机组的制动作用而产生的压力上升也将达到相当高的数值，并附有较大的压力脉动（见图 15－1－7），由此在选择导叶关闭规律时宜充分重视导叶关闭与机组本身制动的联合作用。在图 15－6－2 中，基本每种导叶关闭规律产生的第一个压力波均有两个峰值，而从图 15－1－7 中则可以更加明显地看到由于机组本身制动作用及导叶关闭作用而产生的两个压力波峰。因此建议在进行过渡过程计算时宜先进行甩负荷导叶拒动工况的试算，再结合试算结果拟定导叶的关闭规律。

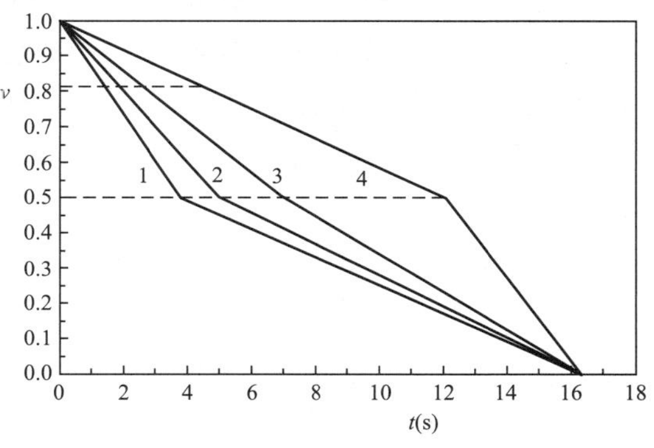

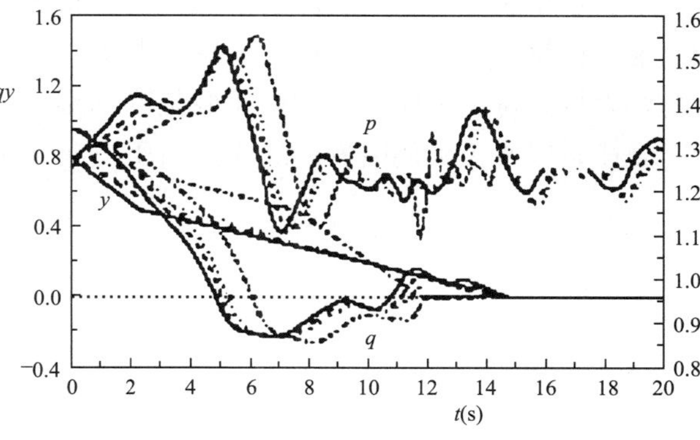

图 15－6－2　不同导叶关闭规律过渡过程变化曲线

3. 水泵工况断电导叶关闭规律

在水泵工况断电时，根据水泵特性，机组流量及力矩将快速向水轮机方向增大，尤其是低比转速水泵水轮机在低扬程大导叶开度下断电工况，如果导叶拒动将产生非常高的水力矩及压力脉动。因此在水泵工况断电时宜快速将导叶关至一较小开度，然后再慢速关闭导叶，以避免机组经过水泵制动区时产生不必要的高压力脉动及高力矩。当然，导叶第一段关闭速度还需注意保证引水系统低压部分管道的压力高于允许值。

4. 水泵工况起动

机组在水泵工况运行时，导叶开度基本失去调节负荷的能力，而是根据不同的水头采取最优开度，使水泵的损失最小，效率最高。在水泵启动时，经常是快速将导叶开至该水头下的最优开度，但是由水泵的力矩特性决定机组起动力矩非常大，尤其是低扬程部分。因此水泵的启动一般为“关阀”启动，即造压启动。而造压的压力固然应比所需的蜗壳水压高以防产生逆流冲击，同时由于水泵高扬程存在驼峰区，水泵造压压力应远离驼峰区并留有一定的裕量，该裕量一般不小于2%。

三、优化电站及机组的设计参数

过渡过程中机组转速上升及压力管道系统压力上升主要与机组关闭时间、压力管道特性、以及机组惯性时间常数等有关。加大管径或减短压力管道长度将使$\sum lv$减小，使压力上升值下降；或增加压力管道壁厚提高压力管道的设计压力，可使在相同$\sum lv$值的条件下相应减小导叶关闭时间T_s，使机组转速上升满足要求。当然上述各措施均要求增加投资，应根据电站的实际情况进行技术经济比较后确定。

如果尾水系统压力过低，除可设置尾水调压室及调整尾调设计参数外，还可加大尾水系统的管径、减短尾水系统的长度、或增大机组的吸出高度以确保尾水系统不发生水柱分离。由于抽水蓄能电站水泵空化特性要求吸出高度一般均较大，大多数抽水蓄能电站采用地下式厂房布置，故增加吸出高度引起的投资增加不多，加大电站的吸出高度也是抽水蓄能电站用来改善过渡过程中尾水压力过低的主要措施之一。

四、装设调压阀

在机组甩负荷时导叶紧急关闭将导致引水管道流量迅速减小，通过在蜗壳进口装设调压阀旁通管直接向下游泄流以补偿引水管道下泄流量，使引水管道流量变化减缓，可使引水系统水锤压力升高值减小。调压阀的运行方式主要有节水式和耗水式两种。节水式调压阀在机组正常运行时是关闭的，在机组甩负荷和紧急停机时动作；而耗水式调压阀是在正常运行时与导叶协联动作，相比节水式要浪费一部分水能。调压阀一般采用节水式。当采用调压阀时，一般压力升高允许值不高于同类水电站压力升高值的20%。

由于装设调压阀布置不太方便，控制也比较复杂，且国内外生产厂家的业绩基本为小型水电站，阀门运行时振动、噪声等均较大，故大中型抽水蓄能电站一般不采用装设调压阀来限制引水系统最高压力上升。

五、运行控制

对于引水系统一管多机及尾水系统一洞多机的抽水蓄能电站，合理的运行控制可避免一些极端工况的出现。如设置引水调压井或尾水调压井的电站，可以控制同一输水道的机组不在同一时刻起动或增负荷，以尽量避免可能引发的调压井最高涌浪或最低涌浪；或对一管多机的不同机组采取不同的导叶关闭规律，以避免可能引发的蜗壳最高压力上升或尾水管（洞）的最低压力。

第十六章

抽水蓄能电站工程施工

第一节　抽水蓄能电站工程建设管理

我国大型抽水蓄能电站建设始于20世纪80年代后期。此时，水电工程建设体制已经历了“鲁布革冲击波”，进入了市场竞争的运行管理机制。在新的建设管理模式演变和改革完善过程中，建设单位的中心作用和主导地位逐步形成，这在第一批抽水蓄能电站例如十三陵、广州和天荒坪工程的建设管理上均得以体现。因此，在以往大规模常规水电站建设所积累经验的基础之上，加上近十几年来引进的国外先进技术和管理经验，使我国抽水蓄能电站建设管理的起点较高。

抽水蓄能电站建设管理模式与国家经济管理体制和基本建设投资体制模式是密不可分的，从起步到目前大规模开发建设，不同阶段有其相应的特点，同一阶段的不同项目在建设管理模式上大同小异，但又各具特色。具体到各项目的施工组织模式，由于各工程枢纽组成和建筑物各部位的作用与特点基本相同，施工分标规划总体格局变化不大，但基于各项目建设单位在机构组成、规模、经验、习惯上的差别等，其分标组合和标段间接口等细微之处的处理上又有所不同。

一、工程建设管理模式

（一）大中型水电站建设管理模式的演变

我国水电建设管理体制改革始于1984年鲁布革水电站引水隧洞工程国际招标和石塘水电站工程国内招标。这两项工程的公开招标，初次引入了竞争机制，取得了很好的效益。在这之前，水电建设基本是由行政指令的办法确定施工单位，或由政府组建的项目管理机构组织工程建设，共同的特点都是由政府部门用行政的办法确定电站的建设单位，电站建成后移交电力管理部门运行。1984年以后，国内的大中型水电建设项目（除西藏地区外）全部实行了新的管理体制，即业主责任制、建设监理制、招标承包制三位一体的管理体制。2000年1月1日之后，《中华人民共和国招标投标法》开始施行，进一步规范了建设项目的招标投标活动。水电站的工程管理体制归纳起来大致有以下三种模式：

(1) 受上级主管部门委托组建建设单位，由建设单对工程进行管理和监督，施工企业按“五定”方案实行概算投资包干，建设单位只对工程实行投资、质量、进度等方面的管理和监督，不对工程总承包，如葛洲坝二期工程。

(2) 由业主单位对工程实行总包，并组建建设单位，具体负责组织工程建设，并直接承担工程监理。建设单位与业主在行政上是隶属关系，在经济上是合同关系，通过招标选择施工单位和设备制造单位。如二滩、水口、岩滩、漫湾、五强溪、李家峡、天生桥一级等工程。开展试点以设计院为主体的工程咨询公司，对工程实行建设总承包，并行使建设监理职能，如石塘水电站。

(3) 组建流域开发公司，负责流域规划、电站建设、生产经营，即实行规划设计、建设管理、生产经营全过程的管理。公司经济独立，自负盈亏，滚动发展，如乌江、清江、黄河上游水电开发公司等。由业主或组建的建设单位聘请监理单位，行使工程监理职能。监理单位行政上不属业主领导，与业主以合同明确相互关系，在经济上不承担风险。如已建的十三陵、广州、天荒坪和在建的琅琊山、张河湾、西龙池、桐柏、宜兴等大型抽水蓄能工程。

以上三种建设体制反映了建设管理体制不断深化改革的历史演变过程。鲁布革电站是由旧体制向新体制转变的第一次尝试。为我国基建工程实行招标承包和工程监理制积累了经验，闯出一条新路。在第二批进行改革的大型水电工程中，项目建设管理工作在鲁布革经验的基础上又前进了一步。业主实行投资总包、承担经济风险、具有还贷能力。由业主组建建设监理单位，对工程施工和设备采购全面实行招投标，并负责工程建设和监理。经过这一阶段，人们对新体制在思想上逐渐适应，业主与建设监理单位的关系更加密切，建设监理单位的中心作用和主导地位更加突出。因此这一阶段的工程在进度、质量及造价控制上都取得了较大的效果。广州蓄能工程又有所创新，不但对施工、设备采购实行招标，对建设监理单位也实行了招标，全部引进竞争机制。同时业主、建设单位和监理单位有明确的分工，建设单位负责整个工程的组织建设，着重创造好外部条件；监理单位负责具体的施工管理，即“三控制一协调”。由于分工明确，因而使新体制的生命力更加旺盛，工程建设也取得了更加辉煌的成绩。

（二）第一批抽水蓄能电站建设管理模式

我国第一批抽水蓄能电站中比较有代表性的十三陵、广州、天荒坪等大型抽水蓄能电站在建设管理上各探索出一套行之有效的制度，因而取得了工期短、质量好、投资省的效果，为我国抽水蓄能电站的建设管理和发展进行了有益的尝试，奠定了良好的基础。

1. 十三陵抽水蓄能电站

十三陵抽水蓄能电站是由北京市人民政府和原国家能源投资公司共同出资建设的。为推进电站建设的顺利进行，成立了有原能源部、国家能源投资公司、北京市人民政府各有关部门、电站所在地的地方政府、华北电管局等各方领导参加的电站建设领导小组。领导小组委托华北电管局组建现场管理机构——北京水电开发公司（原十三陵抽水蓄能电站筹建处）代表业主行使建设单位职能。

十三陵抽水蓄能电站主体工程施工按工程部位分别划分为上水库土建工程、上水库混凝土面板工程、压力管道土建工程、压力管道钢管安装工程（又分成上斜、下斜两个标）、地下厂房及尾水系统工程、下水库进出水口工程、机组安装工程、下水库混凝土防渗墙工程、南干渠补水渠加固工程等10个大标，分别由五个施工单位中标承包施工。施工监理划分为地下系统工程、地面工程、压力钢管制造安装工程和机电设备安装工程四部分，分别由四家不同的监理公司承担。由于诸多客观因素的影响，主体工程分标较多。这么多的施工、监理单位共处于一项工程之中，科学有效的协调是十分重要的。建设单位与各施工及监理单位之间均为合同关系，工程施工的过程也是各个合同单位执行各自合同的过程。在这中间不可避免地会出现诸多的矛盾，而解决矛盾及协调各单位之间关系自然就落在了建设单位身上。处理各单位之间的矛盾，涉及各方利益，但必须保证工程质量，服从于工程总进度。在工程建设初期，各项目场地相对分散，各工作面相互干扰较少，矛盾不很突出。当工程进入中、后期，各单位逐渐汇集到地下厂房及衔接部位，在机组进入安装阶段，外商设备制造与供货及机电设备安装便成为主厂房协调工作的重点。建设单位成为协调各工作面及单位工作的中心。

十三陵抽水蓄能电站建设单位适时地组建了几大协调组，处理随时发生的各类矛盾。①上水库工程协调组：负责处理压力管道与上水库施工现场矛盾。②厂房工程协调组：重点解决各施工单位之间现场工作的先、后、等、停、让、抢等事宜，一切以总进度为目标，局部利益服从总体利益，保证重点。③经济协调组：为不影响进度，小问题由监理核实施工方法及工程量，提出经济补偿初步意见，建设单位的合同管理部门直接解决。重大问题由建设单位总会计师、总经济师、计划处长等专业领导为主体成立的经济协调组，与监理、施工单位，以原合同条款为基础，根据实际情况协商解决。④工程季度总协调会。

2. 广州抽水蓄能电站

广州抽水蓄能电站由广东省电力集团公司、国家开发投资公司和广东核电投资公司三方集资兴建，组建广东抽水蓄能电站联营公司（简称广蓄联营公司）。1988 年 3 月联营公司成立，大胆打破过去建管分离的建设管理模式，实行建管合一的项目法人责任制。联营公司拥有包括联营三方出资建设的电站及其附属设施在内的全部财产的经营权（法人财产权），对电站筹划、融资、建设、运行、经营、还贷以及资产的保值增值全过程负责。公司实行董事会领导下的总经理负责制，电站建设经营重大问题由董事会决策，总经理对董事会全面负责，全权负责电站建设和经营。

实行项目法人责任制，项目法人承担的责任和拥有的权利，客观上决定了项目法人在项目建设过程中处于核心和主导地位。广蓄联营公司集建设和经营于一身，本着精简机构、提高效率、广泛利用社会力量的方针组建，按照“小筹建、大承包”的原则，公司机构不搞大而全、小而全。公司下设电厂，负责电站的运行管理。公司本部设有计划财务部、工程部、设备部及综合部等 4 个部门，分工负责电站建设和经营以及公司内部行政事务。在建设期，公司在工地设有派出机构——工地指挥部，负责处理移民征地、协调地方关系等工作。除电厂运行管理人员外，公司有正式职工 63 人。作为一个大型水电项目的建设和经营管理单位，广蓄联营公司的机构设置和人员数量是相当精简的。

实行建设监理制，依靠监理搞好工程管理。广蓄电站是水电建设最早实行建设监理制的项目之一。工程监理成建制聘请，通过招标选择监理单位，并与之签订监理合同。根据公司授权，工程监理常驻工地对工程施工质量、进度、安全实施全面的监督管理。工程监理不仅监理施工，也监理设计，工程设计图纸经监理审核后才能交付施工，监理还参与设计施工方案的优化。为使工程监理充分发挥作用，广蓄联营公司在监理合同授权范围内，对监理给予充分的信任和坚决的支持，并为监理提供一切必要的工作条件和后勤保障。

实施招标投标制，择优选择施工单位。工程施工单位是项目建设的直接实施者，成功地选择合适的施工单位，是项目建设取得良好效益的重要保证。广蓄电站在招投标过程中，不单纯以报价高低为取舍的依据，而是根据工程特点，施工单位的特长、经验及信誉、投标报价等，综合评价择优选择承包商，而且根据实际情况因地制宜地实施招标投标制。例如，一期主体工程未分标，全部工程由一家承包商负责施工。二期工程是在一期工程的基础上连续施工的，所以没有公开招标。

3. 天荒坪抽水蓄能电站

天荒坪抽水蓄能电站是按照国家关于鼓励多家办电、集资办电精神，由中国华东电力集团公司、申能股份有限公司、江苏省国际信托投资公司、浙江省电力开发公司、安徽省能源投资总公司等 5 家单位共同投资建设的。成立了天荒坪抽水蓄能电站董事会，投资各方共同参与。董事会在明确电站是经济实体，实行独立核算、自负盈亏，集资各方按投资比例拥有电站产权并分电、分利的前提下，把电站的建设、管理全部委托给了华东电力集团公司。华东电力集团公司受董事会委托作为业主代表，就该项目建设管理向董事会负责。

天荒坪抽水蓄能电站采用“多方投资，建管委托”的管理模式，实现了电站所有权与经营权相分离。华东电力集团公司于 1991 年 11 月正式成立了天荒坪抽水蓄能电站工程建设公司（简称天建公司）。天建公司受委派，在现场就电站的建设管理向华东电力集团公司负责。天建公司是按照“小公司，大监理”的方针，坚持精干、高效的原则组建的，建设管理人员最多时也仅有 70 人（包括部分电厂人员）。

全面实行监理制。所谓“小公司，大监理”就是把大量的现场控制、管理和协调工作以合同的方式委托给监理单位，由监理单位向业主单位负责。1993 年通过定向商议，选定了土建工程监理单位；机电安装部分则由天建公司自行组织监理。正是紧紧地依靠了监理单位，使该工程的进度、质量、投资始终得到有效控制。同时，工程结束后，亦不需要花很大的精力来安置有关人员。

实行招标承包制。首先认真抓好标书范围的划分、标书的编制和审查工作，这方面主要依靠设计单位。其次是内部分工，规定国际采购，主要以集团公司为主；土建与国内采购，主要由天建公司负责；合同执行全部由天建公司为主负责。为了做好招投标工作，对一些主要合同聘请了国内外专家做咨询和顾问。土建方面，国外请了美国哈札公司，国内请了水电水利规划设计总院（简称水规院）等；机电设备方面，国外请了 法国的 EDF 公司，国内请了水规院、水利水电科学研究院的专家和教授。通过全面实行招标承包，形成了竞争的环境，充分发挥了各参建单位的特长和优势，选取了较好的施工企业和设备供应商，并合理地控制了造价。

（三）第二批抽水蓄能电站建设管理模式及发展初探

我国第二批抽水蓄能电站建设管理模式基本继承了第一批抽水蓄能电站项目建设管理的成功经验，继续实行以项目法人责任制为中心，以建设监理制和招标承包制相配套的管理模式。项目法人即业主根据不同的投资模式，有着不同的组建模式，但基本都是重新组建（惠州抽水蓄能电站除外，仍然由广蓄联营公司作为项目法人）。这样一个新组建的公司要对目前已经较成熟的设计、监理和施工单位进行管理存在一定的风险。如何规避风险、提升项目管理水平，桐柏抽水蓄能电站在工程建设管理方面又有所创新。

桐柏抽水蓄能电站采用委托建设管理，形成了“小业主，大监理，委托建设管理”的建设模式，是水电建设采用这种模式的初次尝试。桐柏电站由华东电力集团公司、上海市电力公司、上海申能公司、浙江省电力公司、浙江省电力开发公司、天台水电综合开发公司6家合资建设。浙江省电力建设总公司桐柏抽水蓄能项目部是该项目的管理公司，负责建设项目的施工及设备招投标、生产准备、建设管理等。

桐柏抽水蓄能电站采用的委托建设管理与天荒坪抽水蓄能电站采用的“多方投资，建管委托”的管理模式是有差别的。委托建设管理后，建设管理企业——桐柏项目管理公司并未拥有电站产权及经营权，它只是工程建设中的一个代建单位，类似水电建设工程中的设计单位、施工单位和设备制造厂家。项目管理公司不提供图纸、机具和设备，也不进行具体的施工，而是以建设管理者的角色出现在工程建设中。业主将主要精力用于管理资金的运作和建成后的运行。

在桐柏项目中，业主主要负责获取项目批文和土地使用权；负责政策处理、项目审计和资金筹措；对主要合同如设计、监理、主要材料、设备供应商和施工承包商进行招标并签订合同，并负责对国际设备供应商的合同履行；完成电站安全鉴定、竣工验收和项目评估；进行生产准备和并网协议的签订；办理工程质量监督和工程保险；决策工程重大变更和索赔。项目管理公司按照合同授予的权限，履行业主签订的设计、监理、施工承包等合同，全面组织工程实施；负责项目管理的总体策划与控制，包括编制施工组织总设计，施工总平面布置的设计与控制；全面导入质量（ISO 9001）、职业健康安全（OSHMS）、环境管理（ISO 1400）“三合一”管理体系，确定质量、进度、投资、安全“四大控制”的目标。

相对监理来说，项目管理公司是工程建设现场管理的业主代表。监理和项目管理公司管理层面不同，管理角色不一样。监理管理的一切职责都没有改变。桐柏电站建设管理的实践表明，监理工作非但没有被委托建设管理的模式打乱，而是管理更加顺畅。由于项目管理单位技术的专业化和管理的系统化，对监理管理起到了极大的支持和督促作用。

广东惠州抽水蓄能电站的投资方与广州抽水蓄能电站相同，电站业主也是广蓄公司。广蓄公司负责电站的投资、建设、运行和经营管理；电站建成后，广蓄公司成立一个分支机构——惠蓄电厂，直接管理该电站运行。广蓄公司继利用广蓄一期滚动开发二期工程之后，又自筹惠州项目资本金的三分之二，使得广东抽水蓄能的滚动开发又向前迈进了一步，形成良性循环局面。

电力体制实行“厂网分开”改革后，抽水蓄能电站建设和管理面临的环境发生了很大的变化，国家发改委以发改能源［2004］71号文，就抽水蓄能电站建设管理有关问题发出通知。考虑到抽水蓄能电站主要服务于电网，为了充分发挥其作用和效益，明确“抽水蓄能电站原则上由电网经营企业建设和管理，具体规模、投资与建设条件由国务院投资主管部门严格审批，其建设和运行成本纳入电网运行费用统一核定。发电企业投资建设的抽水蓄能电站，要服从于电力发展规划，作为独立电厂参与电力市场竞争”。

国家电网公司于2005年3月组建了以建设和运营抽水蓄能电站为核心业务的国网新源控股有限公司，从2006年1月1日起将河北张河湾、山西西龙池、山东泰安、江苏宜兴、安徽琅琊山、东北蒲石河、湖北白莲河等7家抽水蓄能电站股权或出资权划转国网新源控股有限公司。其后，中国南方电网公司也组建了调峰调频发电公司，负责抽水蓄能电站的建设和运营。标志着我国抽水蓄能行业的发展开始步入规范化、专业化的发展轨道。

二、工程施工规划和分标模式

（一）施工规划

“施工规划”的概念是在我国水电建设管理体制改革后逐渐引入的，初始阶段一般只在国际招标工程项目上实行，如当时的二滩、小浪底等国际招标工程项目开始编制了我国最早的《施工规划报告》。国内同期建设的被称誉为水电工程“五朵金花”的水口、隔河岩、漫湾、广蓄、岩滩水电站，由于采用国内招标，均未编制完整的施工规划，但为了指导工程招投标和建设管理工作的开展，受业主委托，设计单位就工程分标方案、各标衔接关系及施工进度安排、施工分标分区规划布置等方面的问题分别进行了专题研究，基本上满足了业主对工程发包和合同管理工作的需要。由于业主逐渐认识到“施工规划”工作的实用性，目前在建及筹建的蓄能电站项目，基本都在招标设计阶段委托设计单位编制《施工规划报告》。《施工规划报告》成为业主单位组织工程项目实施、贯彻招标投标制、编制标底的主要依据和指导性文件。

施工规划的主要任务是在已经审批的可行性研究阶段施工组织设计的基础上，根据招标设计阶段基础技术资料和市场信息进一步落实选定的施工方案及相应的施工工期；根据业主单位对项目实施和合同管理的要求，对工程合同的组合与划分作出全面规划和详细安排，并从便于项目实施的角度，研究各工程合同的施工方案、施工工期、施工布置等以及相互间衔接关系。一个好的施工规划最关键的是要对整个工程的合同组合与划分方案即工程施工分标方案作出合理规划。

（二）施工分标规划方案

1. 工程筹建准备期施工分标规划

抽水蓄能电站工程建设通常按主体土建工程（含金属结构安装）施工、机电设备制造、金属结构制造、机电设备安装四个工程项目分别进行招标和组织实施。施工工期基本按照筹建期、准备期、主体工程施工期和工程完建期四个施工时段划分，但各阶段并非截然分开。在工程筹建准备期内由业主负责完成并提供给主体工程承包商使用的公用施工设施项目，如公路、施工供水、供电、通信、砂石料加工系统、水土保持挡护设施、施工营地等工程，一般根据实际情况全部或部分单独列标，提前组织施工。由于抽水蓄能电站上、下水库高差大，施工场地分散，其中连接上水库对外交通的公路也是上水库施工的必经之路，通常线路较长，是控制上水库施工的关键项目之一；上水库施工供水系统往往从下水库取水，有的工程为满足上水库初期蓄水要求，供水系统规模也比较大，若等主体工程承包商进场后再修建公路和供水系统，有可能会影响到主体工程工期，一般均单独列标，提前施工。砂石料加工系统可以单独列标，供应整个工程混凝土骨料，也可以包含在一个主体土建工程标内，供应本标及其他标段成品骨料。混凝土系统一般规模不大，通常含在相应的主体土建工程标内。施工供电一般由业主负责提供电网至工程区的35kV或110kV供电线路及场区施工中心变电站，并提供由中心变电站至各用电负荷点的10kV供电线路的终杆电源点，供各主体工程承包商接引。设计单位要对这些工程施工分标的数量、各标段工作范围和内容、规模、功能要求、边界条件经分析比较提出推荐意见，由业主给出决定性意见。

为了加快工程建设，缩短主体工程的施工期，对处于工程关键线路上且直接影响主体土建工程施工进度的项目，或是布置相对独立、施工难度较小、能为主体工程施工创造条件的项目，例如为施工关键线路工程地下厂房施工提供交通服务的通风兼安全洞（或厂房顶部施工支洞）、进厂交通洞、厂房上层排水廊道等；或下水库、水道系统等施工关键线路工程中的导流泄洪洞、高压管道施工支洞等工程项目，均可考虑单独列出，提前组织招标施工。

2. 主体土建及金属结构安装工程施工分标规划

依据抽水蓄能电站枢纽建筑物的组成和施工特点，主体土建工程一般分为上水库工程、地下系统工程（包括输水系统和地下厂房系统）、下水库工程三大部分，各部分相对独立，且有不同的施工特性，对承包商的资质和特长要求各有侧重，相互间干扰较小，每一部分均具有单独设标的条件。

对于有防渗要求的上、下水库中的防渗工程，分为全库防渗或局部防渗。根据地质、气象条件及枢纽布置特点的不同，全库盆防渗通常有钢筋混凝土或沥青混凝土衬砌两种形式。采用钢筋混凝土防渗面板的防渗工程常与水库开挖、填筑工程放在一个标段内；采用沥青混凝土防渗面板的防渗工程，由于工程施工难度大，技术要求高，国内缺乏成熟的施工经验和施工队伍，还可能涉及国外贷款的使用，已建和在建工程例如天荒坪、张河湾、西龙池、宝泉电站均单独设标，进行国际招标。国外如德国斯特拉堡（专门从事沥青混凝土施工的国际专业公司）、瑞典 WALO、日本大成公司等有这方面施工的业绩和经验。用于国际招标的范围仅限于组成沥青混凝土防渗面板各层的施工，包括整平胶结层、排水层、防渗层及封闭层。另外，因沥青混凝土施工混合料对沥青混凝土拌制和粗细骨料质量均有特殊要求，故沥青混凝土拌和与成品骨料精加工亦含在此标中。目前在建的项目，张河湾电站中标单位为日本大成公司和葛洲坝集团公司联营体；西龙池电站中标单位为日本大成公司，葛洲坝集团公司提供劳务。宝泉电站对投标人要求的组成方式是：国外有资质的公司与国内有资质的公司组成联营体；或国内有资质的公司作为总包，国外有资格的公司提供技术支持。中国水利水电科学研究院结构材料所以北京中水科工程总公司作为总包方，联合德国斯特拉堡公司作为技术支持方，最终中标。随着这些项目的陆续建成，国内施工队伍对沥青混凝土防渗面板施工技术的逐渐掌握，今后的趋势将以国内招标、选择国内施工队伍为主。由于沥青混凝土施工的专业性，是否可与水库开挖及填筑工程放在一个标段内尚有待具体分析。

地下系统因包含引水系统、地下厂房系统和尾水系统，工程规模大，又处于关键路线，且高差大、战线长、开挖与压力钢管安装跨专业，对承包商要求高，往往有两种组合模式：①地下系统全部包含在一个标段内，例如张河湾抽水蓄能电站；②引水系统土建及压力钢管安装分离出来组成一个标、地下厂房与尾水系统组成一个标段，例如西龙池抽水蓄能电站。也有个别工程例外，如泰安抽水蓄能电站尾水系统跨越铁路，为协调地方及行业关系，将尾水系统与下水库工程分在一个标段内，由铁路系统施工队伍施工；宜兴抽水蓄能电站，由于下水库工程规模相对较小，将尾水隧洞和尾水调压井划入下水库工程标，以减轻地下厂房（工程关键线路项目）标的施工压力，提高洞挖料的上坝率。因此，抽水蓄能电站主体土建工程最常见的分标方案有以下两种：

（1）方案一。上水库工程、引水系统土建及钢管安装工程、地下厂房及尾水系统工程、下水库工程。

（2）方案二。上水库工程、地下系统工程、下水库工程。

3. 机电设备安装工程施工分标规划

机电设备安装与地下厂房土建工程施工之间存在着大量的平行、交叉作业，放在一个标段里可以充分利用土建施工设施，合理地进行安排。但由于受机电设备采购进度的限制，机电设备安装标难以和厂房土建工程标同时发包。目前国内已建、在建大型抽水蓄能电站均将机电设备安装工程单独招标。但其中许多项目机电设备安装工程标的中标单位均为该工程的地下厂房土建施工队伍，例如广州、琅琊山、泰安、张河湾、宜兴等电站。这在一定程度上缓解了地下厂房系统土建与机电设备安装分标所带来的施工辅助工程重复建设、不同承包商间施工相互干扰、合同管理困难等弊端，减少了业主的协调工作量和协调风险。

机电设备安装工程标包括的主要项目有机组（包括水轮机、调速器、球阀、发电电动机、励磁、变频与起动回路设备）、厂内桥机、水机辅助设备、发电机电压设备、计算机监控系统和保护设备、电气设备（包括主变压器、500kV 电缆及管道母线、厂用电设备、直流设备）、动力及控制电缆、接地、照明设备安装以及调试和试运行。施工范围包括主、副厂房，主变压器室，母线洞，电缆出线竖井及廊道、开关站等部位。

4. 机电设备和金属结构制造工程施工分标规划

机电设备制造、金属结构制造工程专业性、独立性相对较强，一般均单独招标。以往，由于受机组制造技术能力的制约，大型抽水蓄能电站机电设备以进口设备为主，需国际采购的机电设备水泵水轮机及其附属设备、发电电动机及其附属设备和计算机监控系统设备三个部分之间接口协调工作量最大、最密切，一般分为一个标段；接口相对简单、技术相对独立的主变压器、GIS设备和高压电缆等可分为多个独立标段，以吸引国内外更多的投标商、选择技术经济指标好的设备厂商。

近几年，为推动抽水蓄能机组国产化进程，有关部门采取了一系列措施，例如惠州、宝泉、白莲河三个工程电站机电设备采用统一招标，通过技贸结合的方式引进国外先进技术，哈尔滨电机厂、东方电机厂和三个业主与中标的法国阿尔斯通公司签订了技术转让和设备采购合同，哈尔滨电机厂、东方电机厂分别负责各个电站第四台机组的整机制造。通过技术转让，两厂获得研发、设计、制造抽水蓄能机组所必需的全部技术。蒲石河、桓仁、深圳、呼和浩特、仙游和黑麋峰抽水蓄能电站作为抽水蓄能电站机组设备国产化后续工作的依托项目，机组设备将采用招标议标方式在哈尔滨电机厂和东方电机厂之间进行采购，实现抽水蓄能电站机组设备国产化目标。

抽水蓄能电站金属结构制造工程量不大，但涉及上水库、地下系统、下水库各个标段，为减轻土建各标施工压力，确保金属结构制造质量，一般按一个标段考虑单独招标。

5. 其他

为了充分发挥专业技术优势，如下一些项目通常也单独设标。

(1) 工程安全监测系统。工程的安全监测主要包括主体工程建筑物在施工期和运行期的变形、应力、应变、渗漏等监测。此项工作以往均含在各个主体土建标中，但根据十三陵等工程的经验，主体土建标承包人往往未能对施工期监测引起足够的重视，通常是业主花了大量的投资，却不能及时取得施工期的工程观测资料来指导施工。另外，由于施工中保护措施不得力，致使很多永久观测设备遭破坏，观测仪器完好率低，不能正常运行，达不到安全监测的目的。目前，行业主管部门还要求工程安全监测系统在可研阶段进行专项审查，工程竣工前进行专项验收。为保证监测设备埋设质量和观测数据的精度，工程安全监测可考虑单独设标，并由专业队伍完成。独立设标有利于监测系统的正常运行和保证监测资料的完整性，为工程施工安全、建筑物施工期的设计优化和运行期的安全监测提供可靠的反馈信息。同时，为下闸蓄水和竣工验收时的大坝安全鉴定工作，提供全面翔实的资料。不足之处是：与主体工程标之间有一定的施工干扰，将增加业主和监理人的协调工作量。因此，可考虑单独对安全监测工程招标，然后在相应的主体工程标中由业主指定分包人进行工程安全监测设施的施工。

(2) 厂房建筑装修工程。地下厂房装修包括主厂房（包括安装场）、副厂房、主变压器室、母线洞、出线竖井及出线廊道、交通洞、通风洞等部分。其中主厂房发电机层、副厂房中控室和计算机室是地下厂房的对外窗口，其装修标准高、施工专业性强，独立设标有利于择优选择专业施工队伍。但由于地下厂房装修多是在土建工程尚未完工、永久通风系统还未启动、机电设备安装正在进行、不具备装修条件的情况下开始施工的，装修、安装两个承包人在同一区域内施工，施工干扰大，同时也将增加业主和监理的协调工作量。

（三）标段与标段之间接口项目的分析

(1) 上水库进/出水口。上水库进/出水口位于上水库库盆内，主要包括土石方明挖、石方洞挖、混凝土浇筑等，设引水闸门井工程的，还包括闸门井开挖、渐变段洞挖、闸门井及启闭机架结构混凝土、闸门及启闭机金属结构安装等。其施工及主要道路布置均与上水库施工紧密相关，宜归入上水库工程标内。由于上水库开挖、填筑及防渗工程量一般较大，施工工期紧，往往是整个工程的关键线路之一，为避免引水隧洞、压力管道上平段及上弯段的施工与上水库施工相互干扰，上水库进/出水口一般不作为引水隧洞、高压管道上平段开挖施工、压力钢管安装运输的施工通道。通常另设高压管道上部施工支洞，作为引水隧洞和高压管道上平段的施工通道，必要时也作为上水库进/出水口闸门井的施工通道。

(2) 下水库进/出水口。下水库进/出水口位于下水库库盆内，同上水库进/出水口一样，以归入下水库工程标为宜。但有些工程因枢纽布置原因也有例外。例如张河湾电站，由于尾水隧洞斜坡段倾角为19°，不能满足斜井溜碴的要求，尾水隧洞的开挖无法利用尾水隧洞施工支洞出碴，需全断面自上而下掘进，利用下水库进/出水口作为施工通道。因此，其施工工序与尾水系统施工关系较密切，故将下水库进/出水口与尾水隧洞一起划入地下系统及拦排沙工程标。

(3) 地下厂房系统混凝土浇筑。地下厂房系统混凝土主要包括主厂房、副厂房、主变压器室、开关站、母线洞及主变运输洞等部位，其归属通常有两种方式：①全部列入负责厂房开挖的土建标，即按照工程施工专业性质分标，土建与安装施工单位各负其责，机电设备安装工程标只负责机电设备的安装、调试及试运行，例如十三陵抽水蓄能电站；②按照主厂房一、二期混凝土的界定（通常主厂房蜗壳层底板以下部分称为一期混凝土，蜗壳层底板至发电机层、发电机层以上构造柱及防潮墙部分称为厂房二期混凝土）将主厂房一期混凝土、副厂房、主变压器室、开关站、母线洞及主变压器运输洞等其他部位混凝土均列入地下厂房系统土建工程标，主厂房二期混凝土列入机电设备安装工程标，例如琅琊山、西龙池等工程。这两种分标方式的优点就是安装标不涉及混凝土或混凝土浇筑量很少，但均存在浇筑与安装分为两家造成两者之间不可避免的矛盾，施工质量及厂房施工进度难以控制，业主与监理的协调工作量较大，增加了合同管理的难度等问题。

张河湾、泰安、宜兴等工程将地下厂房系统混凝土按支护衬砌混凝土和结构混凝土分为两类，分别列入土建标和机电安装标，即将与机电设备安装联系较为紧密的结构混凝土划入安装标，其中尾水管（包括尾水肘管和锥管，下同）衬砌混凝土与尾水管安装划分在一个标内。这样分标，既有利于加快安装进度，施工质量也容易得到保证，虽然会增加机电安装标部分临时设施和临建费用，但总量不会很多。并由土建承包商供应商品混凝土，减少机电安装标在临时设施上的重复投入。

第二节 施 工 导 流

一、抽水蓄能电站工程施工导流特点

坝体施工导流是抽水蓄能电站施工导流的重点。新建水库坝体施工导流分两种情况，一种为在天然河道上筑坝形成水库，如天荒坪和惠州抽水蓄能电站下水库，这种坝体施工导流与常规水电站施工导流相似。一种为在天然山沟上筑坝修库，如大部分抽水蓄能电站的新建上水库，此时坝址处枯水期一般无径流，汛期视汇水面积有一定的流量，坝体施工一般需要导流，但导流规模较常规电站小，导流程序也相对简单。利用已建水库改扩建的水库一般是在原有坝体上加高加固，扩大库容形成。由于受已建水库的形式、材料、运行要求等各种因素的影响，坝体加高加固施工导流具体形式多种多样，但多利用已有水库的永久泄流设施控制库水位，以同时满足施工导流和原有水库的运行要求。利用天然湖泊作为水库时，一般无需修筑坝体，不存在坝体施工导流问题。

进/出水口底板通常比较低，其施工导流也是抽水蓄能电站施工导流研究的重要内容。对于在天然山沟上新建的水库，由于其径流较小，其进/出水口的施工导流规模一般较小；对于在天然河道上新建的水库，其进/出水口施工导流与常规水电站尾水出口施工导流相似；对于利用已建水库改扩建的上、下水库，进/出水口施工导流一般结合坝体改扩建施工导流综合考虑，采用水库排水设施降低库水位，并结合围堰或预留岩坎挡水进行进/出水口施工；对于利用天然湖泊作为下水库的，由于天然湖泊水位调节困难，可采用围堰或预留岩塞水下爆破施工等方案。

抽水蓄能电站的地下厂房位置一般较低，对于利用已建水库或天然湖泊作为下水库的抽水蓄能电站的地下厂房，在厂房和下水库之间的尾水通道贯通后，如下水库进/出水口及尾水系统施工通道等不做好防洪保护，在汛期可能会造成水流倒灌厂房的事故。因此地下厂房施工期的防洪度汛也是抽水蓄能电站施工导流的重点之一。

综上所述，抽水蓄能电站的施工导流一般需要考虑上、下两个水库的坝体施工导流，上、下两个进/出水口的施工导流，地下厂房系统的防洪度汛等。因不同抽水蓄能电站工程的具体枢纽布置和施工特点千差万别，其施工导流的特点、侧重点也各不相同，需要在工程的实际操作中具体考虑。国内部分抽水蓄能电站工程的施工导流特性详见表 16-2-1。

表 16-2-1　　国内部分抽水蓄能电站施工导流特性表

工程名称	设计阶段	库区集水面积（km^2）	导流标准	设计洪水流量（m^3/s）	暴雨洪量（万 m^3）	导流方式	导流建筑物尺寸	坝体度汛标准	进/出水口导流标准	进/出水口度汛标准
广蓄一期上水库	初设	—	10～3月 $P=10\%$	35.3	—	混凝土涵管泄流	土石围堰、最大堰高6.8m，涵管$\phi 2.5$m	全年 $P=2\%$	—	—
广蓄一期下水库	初设	—	10～3月 $P=10\%$	98.2	—	混凝土涵管泄流	土石围堰、最大堰高9.3m，涵管$\phi 4.0$m	全年 $P=2\%$	—	—
十三陵上水库	技施	0.163	—	—	—	—	—	—	—	—
十三陵下水库	技施		全年 $P=5\%$	—	—	围堰挡水	塑性混凝土心墙土石围堰	—	汛期采取措施调整库水位予以保证	
天荒坪上水库	初设	0.327	—	—	—	—	—	—	—	—
天荒坪下水库	初设	—	全年 $P=5\%$	317	—	围堰断流、隧洞导流	5.2m×5.2m（方圆形）土石围堰最大堰高11m	全年 $P=2\%$	—	—
桐柏上水库	可研	6.7	10～4月 $P=10\%$	3.4	—	原桐柏电站引水发电洞	洞径 1.5m 最大堰高17m	全年 $P=10\%$	—	全年 $P=10\%$
桐柏下水库	可研	21.41	全年 $P=10\%$	141	—	隧洞导流	5.3m×4.8m（城门洞型）最大堰高10.7m	全年 $P=2\%$	全年 $P=5\%$	全年 $P=1\%$
泰安上水库	招标	1.432	全年 $P=5\%$	46.5	—	隧洞导流	2.5m×3.3m（城门洞型）最大堰高19.5m	全年 $P=2\%$	全年 $P=2\%$	全年 $P=1\%$
泰安下水库	招标	84.53	10～5月 $P=5\%$	178.79	—	原溢洪道泄水	预留岩坎，黏土草包围堰高2m	全年 $P=2\%$	全年 $P=2\%$	全年 $P=1\%$
琅琊山上水库	招标	1.97	10～3月 $P=20\%$	1.7	24.4（24h，$P=10\%$）	放水底孔	1.6m×1.8m（城门洞型）重力式趾板、最大堰高14m	全年 $P=2\%$	全年 $P=2\%$	全年 $P=1\%$
琅琊山下水库	招标	168	城西水库汛后最高蓄水位	—	—	—	土石围堰最大堰高11.7m	—	—	全年 $P=1\%$
宜兴上水库	招标	0.21	全年 $P=5\%$	5.6	5.17（24h，$P=5\%$）	库岸排水沟，水泵抽排	—	全年 $P=0.5\%$	—	全年 $P=0.5\%$
宜兴下水库	招标	1.87	全年 $P=5\%$	43.5	40.2（24h，$P=5\%$）	泄水管	泄水管，$\phi 0.8$m	全年 $P=2\%$	—	全年 $P=2\%$
西龙池上水库	招标	0.232	—	—	—	—	—	—	—	—
西龙池下水库	招标	库盆0.195，库盆上游1.103	全年 $P=3.3\%$	35.6	—	库盆上游支沟利用永久泄洪洞	拦沙坝，2.0m×2.5m（泄洪洞）库盆利用排水廊道和放空洞	—	—	—

续表

工程名称	设计阶段	库区集水面积（km^2）	导流标准	设计洪水流量（m^3/s）	暴雨洪量（万 m^3）	导流方式	导流建筑物尺寸	坝体度汛标准	进/出水口导流标准	进/出水口度汛标准
张河湾上水库	招标	0.369	最大日降雨量	—	1.05	水泵抽排	—	—	—	—
张河湾下水库	招标	1834	10～6 月 $P=10\%$	111	—	泄水底孔	混凝土围堰（进/出水口挡水围堰）	全年 $P=2\%$	全年 $P=10\%$	全年 $P=2\%$
宝泉上水库	招标	0.48	全年 $P=10\%$	112	—	隧洞导流	5.2m×6.1m（城门洞型）	全年 $P=2\%$	—	全年 $P=1\%$
宝泉下水库	招标	538.4	全年 $P=2\%$	1870	—	利用原大坝灌溉洞，汛期溢流坝段泄洪	大坝灌溉洞，溢流坝段降低库水位进行进/出水口施工	全年 $P=5\%$	枯水期降低库水位施工	全年 $P=2\%$
惠州一期上水库	可研	5.22/（新、旧坝址区间集水面积 0.8km^2）	10～3 月 $P=10\%$	5.6	—	水泵抽排、放空底孔	—	全年 $P=2\%$	全年 $P=10\%$	降低原水库水位
惠州一期下水库	可研	11.29	9～3 月 $P=10\%$	105.9	—	隧洞导流	5.0m×4.0m（城门洞型）土石围堰最大堰高 10.7m	全年 $P=2\%$	全年 $P=10\%$	全年 $P=2\%$
蒲石河上水库	初设	1.12	全年 $P=20\%$	33.7	33.1（3d，$P=20\%$）	混凝土涵管	1.5m×1.5m（城门洞型）土石围堰、最大堰高 6m	—	全年 $P=20\%$	—
蒲石河下水库	初设	1141	全年 $P=10\%$	4390	—	分期导流	—	全年 $P=2\%$	全年 $P=10\%$	—
呼和浩特上水库	可研	0.42	全年 $P=5\%$	10.8	1.45（24h，$P=5\%$）	水泵抽排	—	全年 $P=2\%$	全年 $P=5\%$	全年 $P=2\%$
呼和浩特下水库	可研	区间集水面积 7.35km^2	全年 $P=10\%$区间流量加上游水库下泄最大流量	346.6	—	隧洞导流	7.0m×8.0m（城门洞型）土石围堰、最大堰高 18m		—	

二、天然山沟上筑坝修库施工导流

在天然山沟上筑坝修库，施工导流问题主要在坝体施工导流和度汛方面。其施工导流有如下特点：①无需截流，枯水期直接在干地上进行围堰和导流建筑物施工。②导流流量小，坝体填筑前库盆尚未封闭，此阶段一般可由原山沟泄流和基坑内机械抽排相结合导流，不需单设导流设施；坝体开始填筑后初期导流一般可采用全年围堰挡水，导流隧洞或导流明渠泄流；中后期导流可采用坝体挡水，导流隧洞或导流明渠泄流。③导流隧洞一般可与永久排水建筑物相结合。④库区汇水导流标准和流量一般依据库区集水面积和汇水范围内 3～20 年一遇连续 24h 暴雨量确定。下面结合工程实例介绍常用的施工导流和度汛方式。

（1）坝体挡水，坝前蓄水采用机械抽排泄流或排水廊道泄流。如张河湾电站上水库沥青混凝土面板堆石坝施工导流，在库盆封闭前，库内汇水由环库截水沟截集，机械抽排至坝体下游；后期坝体度汛利用坝底排水道及排水洞下泄库内汇水。又如宜兴电站上水库面板堆石坝施工导流，坝体填筑前由原沟底泄流，并在填筑前形成 427m 高程处（原沟底高程 420m）的环库截排水沟将 427m 高程以下坝体填筑期的上游来水排至下游；427m 高程以上坝体填筑期采用坝体挡水，库盆排水廊道和副坝下的临时交通洞排水度汛。后期库盆排水廊道的首部集水井封堵，库内汇水无下泄通道，滞留库内，采用机械抽排。

（2）初期上游围堰挡水，永久放空洞兼作导流隧洞泄流；后期坝体挡水，导流隧洞泄流度汛。琅琊山抽水蓄能电站上水库面板堆石坝施工时初期导流采用经加高的趾板兼作上游围堰，利用永久放空洞作导流洞下泄上游来水（趾板和永久放空洞施工时布置了临时子围堰和坝下涵管作导流系统）；后期坝体度汛采用坝体挡水，导流洞泄流。山东泰安抽水蓄能电站上水库面板堆石坝施工时初期导流采用上游土石围堰挡水，利用永久放空洞作导流洞下泄上游来水；后期坝体度汛采用坝体挡水，导流洞泄流。泰安工程由于后期库底需要进行大面积左工膜施工，又在库底防渗工程上游修筑二期草土围堰，堰前汇水通过二期修筑的导流明渠排至导流隧洞，下泄至坝体下游。

（3）利用库区永久防洪排沙系统，兼顾下水库坝体施工导流；库区内的汇水则由坝体挡水，机械抽排或库区排水廊道排至坝体下游。如西龙池抽水蓄能电站下水库，库尾有两条大的支沟，汇水面积（1.103km²）较大，汛期暴雨径流较大，并存在固体径流入库的可能。为此，在库尾两条支沟上修建永久拦沙坝拦挡库尾小流域洪水和固体径流，并通过左岸永久泄洪洞将洪水排至坝体下游的滹沱河（见图 16－2－1）。在进度安排上将上述永久防洪排沙系统适当提前，兼顾下水库坝体施工导流。库区范围内的汇水则由坝体挡水，前期采用机械抽排、后期采用右岸库底放空洞排至坝体下游。又如宝泉抽水蓄能电站上水库，在库尾也有一较大支沟，在库尾支沟上修建副坝挡库尾小流域洪水和固体径流，并通过右岸永久泄洪洞将洪水排至坝体下游。库区范围内的汇水则由坝体挡水，采用机械抽排或库区排水廊道排至坝体下游。

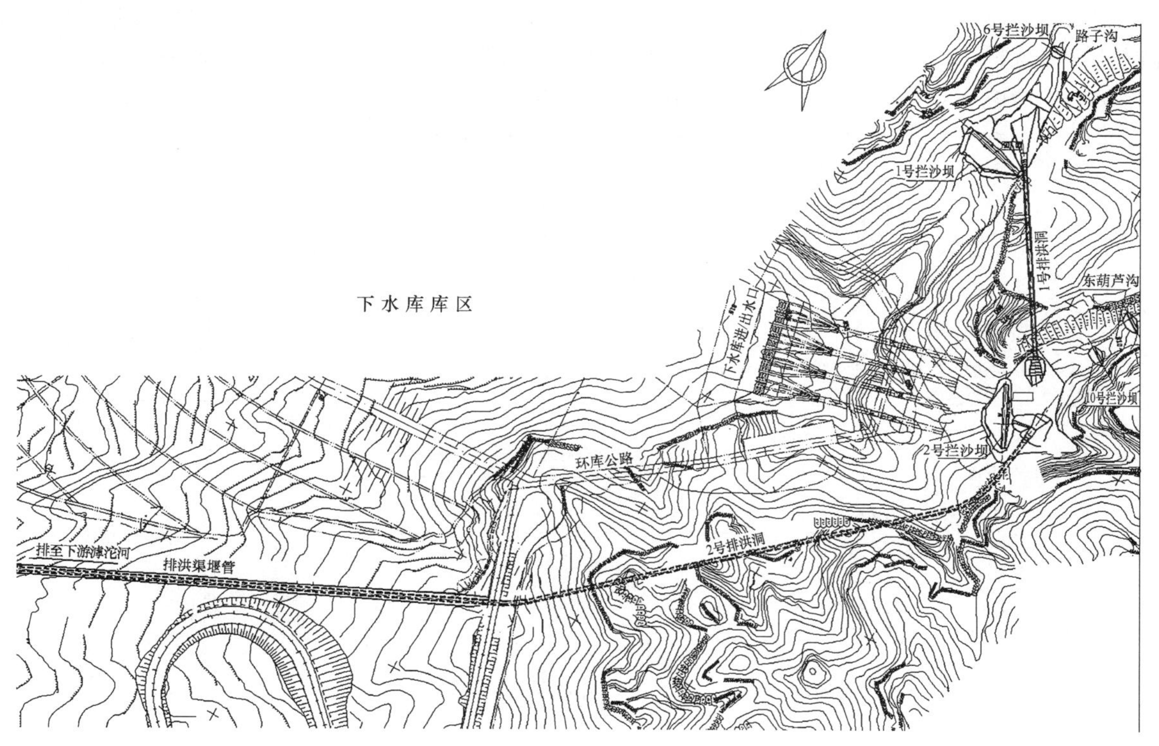

图 16－2－1　西龙池抽水蓄能电站下水库库区防洪系统总布置图

上述形式（1）不需修筑上游围堰，导流工程量小，对于流量和洪量较小的工程，如有条件宜尽量采用。但对于坝体缺口度汛，应注意缺口处水流流速的限制和缺口的防护；对于后期机械抽排，应注意抽排的费用和抽排与库内防渗面板的施工干扰问题。形式（2）需修筑上游围堰，导流工程量较大，对流量和洪量相对较大的工程可采用。形式（3）充分考虑与库区永久防洪排沙设施的结合，减少了导流工程量。

三、改扩建水库的施工导流

改扩建水库一般是利用已建水库，加高加固原有坝体，扩大库容形成。由于已建水库的形式、材料、运行要求、改建部位等各种因素的影响，坝体加高加固改建施工导流形式多种多样，但也有共性，即要充分利用已有水库的永久泄流设施来控制库水位，尽量减小施工导流工程量，减少施工导流难度，同时又要考虑原有水库的运行要求。以下介绍国内已建和在建的利用已建水库改扩建为抽水蓄能电站水库的施工导流布置与方式。

（一）张河湾抽水蓄能电站下水库坝体改建工程施工导流

张河湾抽水蓄能电站下水库利用尚未完建的原张河湾水库加高续建而成。原张河湾水库是一座以灌溉为主，兼作防洪的中型水库。1980 年停建时原水库的主要形象为：浆砌石重力坝最大坝高为 54.0m，泄水建筑物已建成一个冲沙底孔和两个泄水底孔，孔内的工作弧门和启闭机均已安装，且已正常运用多年，但进口检修闸门槽的埋件及二期混凝土尚未施工；大坝下游的消能工程亦未施工。续建大坝需加高 23.35m，共分 6 个坝段，分别为右岸非溢流坝段、左、右泄水底孔坝段、中孔溢流坝段、表孔溢流坝段、灌溉发电洞坝段、左岸非溢流坝段。由于张河湾下水库为当地生活、灌溉及本工程施工用水的唯一水源，因此，施工导流的原则是不放空水库，并且适当蓄水，维持工程已有效益，保证施工用水。坝体加高改建施工采用枯水期加高坝体、汛期停工的施工导流方式。具体是：Ⅰ枯由左泄水底孔泄流，在钢围堰保护下进行右泄水底孔和冲沙孔进口检修闸门槽施工；随后由已改建成的右泄水底孔泄流，在钢围堰保护下进行左泄水底孔和灌溉发电引水洞进口检修闸门槽施工；Ⅰ汛由已完成的两个泄水底孔和原坝顶联合泄流度汛。Ⅱ枯由左泄水底孔泄流，进行右底孔、中、表孔坝体增建消能设施的施工（下游设浆砌石纵向围堰和一期黏土心墙土石围堰）和中孔坝段缺口的拆除；Ⅱ汛由中孔缺口和泄洪底孔联合泄流度汛。Ⅲ枯由右泄水底孔泄流，进行左底孔坝体增建消能设施的施工（下游设浆砌石纵向围堰和二期黏土心墙土石围堰）和中孔坝段的加高改建；Ⅲ汛由已完成的中孔和泄水底孔联合泄流度汛。冲沙底孔和泄水底孔的进口检修闸门槽的埋件及二期混凝土恢复修建施工时采用沿进口贴壁下放临时钢板围堰挡水（临时钢板围堰布置见图 16-2-2），从施工和运行来看，钢板围堰下放施工比较顺利，挡水效果也比较好。对于库内闸门的改建工程，这种施工导流设计方案可供借鉴。

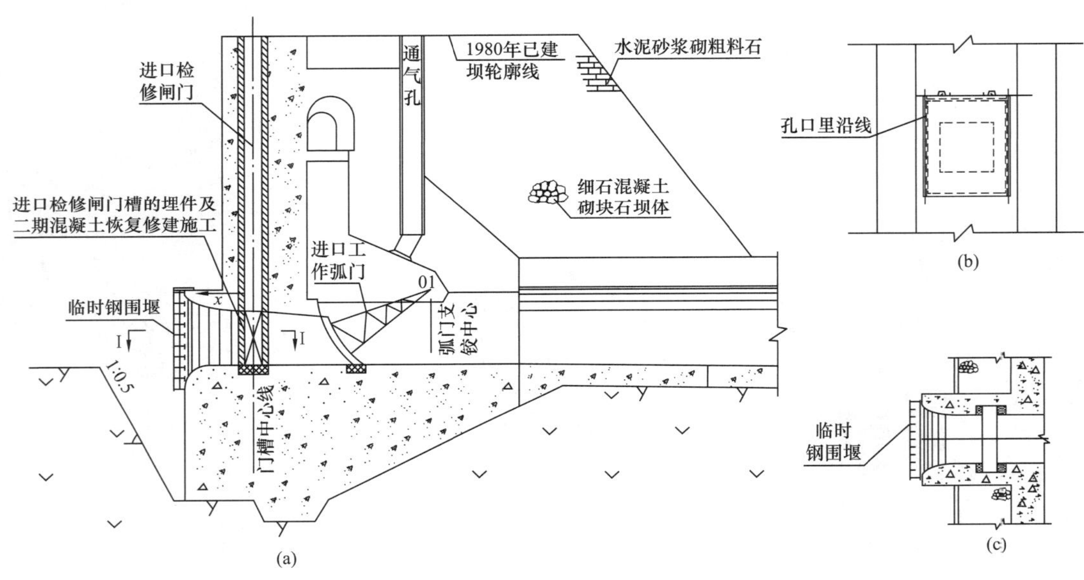

图 16-2-2　张河湾抽水蓄能电站下水库冲沙底孔钢围堰布置图

(a) 纵剖图；(b) 上游立视图；(c) Ⅰ-Ⅰ剖面

（二）宜兴抽水蓄能电站下水库改建工程施工导流

宜兴抽水蓄能电站下水库利用原会坞水库。原会坞水库由土坝（最大坝高约 22m）、溢洪道及灌溉取水涵管等组成。需将土坝加高改建为黏土心墙堆石坝（最大坝高 50.4m）。坝体加高改建工程施工导流分三个阶段：第一阶段利用会坞水库溢洪道、灌溉取水涵管及水泵将水库放空，在一个枯水期内完成上游围堰和永久泄水管施工；第二阶段利用已建永久泄水管泄流，上游围堰和会坞水库土坝全年挡水，进行坝体施工；第三阶段仍利用永久泄水涵管泄流，坝体已建部分挡水（按坝体临时挡水度汛标准考虑）。该工程下水库坝体加高加固工程施工导流利用会坞水库土坝作下游围堰，并将该土坝和上游围堰当作黏土心墙坝的一部分，节省了施工导流的工程量。

（三）宝泉抽水蓄能电站下水库改建工程施工导流

宝泉抽水蓄能电站下水库利用已建宝泉水库扩建而成。原宝泉水库由浆砌石重力坝（最大坝高91.1m）、左岸高低位两级灌溉洞组成。原浆砌石重力坝含挡水坝段和溢流坝段，均需加高改建，坝体迎水面加设混凝土防渗面板，左岸低位灌溉洞需要封堵。原坝顶高程以下的溢流坝段和混凝土面板改建施工期间，枯水期通过两级灌溉洞泄流限制水库蓄水位于施工作业面以下，以便改建施工（但低位灌溉洞底板高程以下面板混凝土施工没有施工导流，需进行水下混凝土防渗面板施工）；汛期溢流坝和混凝土面板改建工程停止施工，利用坝体挡水度汛，灌溉洞和溢流坝泄流。原坝顶高程以上部位浆砌石加高改建工程全年施工。

（四）惠州抽水蓄能电站上水库改建工程施工导流

惠州抽水蓄能电站上水库严格来说不属于坝体加高加固改建工程，但由于上水库利用原有两个水库扩大而成，且坝体施工导流也利用这两个水库的已有设施，因此也归入本节说明。上水库库盆由原范家田水库和东洞水库及两水库挡水土坝至主坝区间峡谷河段组成，两水库之间由ϕ800mm的涵管连通，范家田水库设有ϕ800mm发电放空涵管。上水库的改扩建需要新建一座主坝和四座副坝（在范家田水库库盆内，其中2号副坝为范家田水库溢洪道改建而成），其中1号、3号、4号副坝坝基高于范家田水库校核洪水位，均不存在施工导流问题。需要进行施工导流的主要有主坝、2号副坝（结合溢洪道改建工程）及上水库进/出水口工程。其导流方式和导流程序如下：首先降低范家田水库溢洪道顶高程，利用降低后的溢洪道泄流以降低范家田水库和东洞水库的水位，进行上库进/出水口和主坝的施工。由于主坝在范家田水库坝址和东洞水库坝址以下约500m，上述两库坝址以上来水虽可由降低后的溢洪道泄流至主坝坝址以外，但这两个坝址至主坝区间仍有汇水。主坝施工时，初期在坝址上游修建了黏土斜墙土石围堰拦挡区间汇水，由于汇水量较小，采用机械抽排方式排泄堰前汇水。待主坝坝内放水底孔完成，且坝体修筑高程高于围堰顶高程后，利用已建坝体挡水，相应上水库库容进行调洪，利用主坝放水底孔泄流，满足主坝和上水库进/出水口施工度汛。2号副坝施工待主坝放水底孔形成后进行，先将范家田水库大坝拆除，以降低库水位，并在枯水期利用放水底孔泄流；汛期2号副坝停止施工，利用放水底孔和2号副坝泄流度汛。

利用已建水库进行加高加固改扩建施工中，一定要结合已建水库和改建工程的特点，充分利用原有泄流设施进行施工导流布置，以减少导流工程量；同时还要考虑施工期不影响或尽量减小对原有水库运行要求的影响。

四、上、下水库进/出水口施工导流

由于汇水面积有限，且洪水历时较短，单次暴雨洪量较小，在天然山沟上新建水库的进/出水口施工导流的规模一般较小。这种施工导流一般与坝体施工统一考虑，导流方式相对简单，通常采用沿进/出水口周边修筑小型土石围堰挡水、截排水沟排水至库内，库内汇水通过机械抽排、坝体排水设施或坝体施工导流系统排至坝体下游。导流标准与流量的确定方法与坝体施工导流相同。

对于在天然河道上新建的水库，或利用已有水库或天然湖泊改扩建的水库，其进/出水口施工导流则需同时考虑两个方向的来水。上游来水一般采用预留岩坎或围堰挡水，明渠泄流的导流方式，导流方式相对简单。如琅琊山抽水蓄能电站下水库进/出水口施工时，在其上方设置了两道土石围堰将上方两条大沟内的径流经导流明渠排至下水库。如上游汇水面积较小，来水量不大，甚至不必布置导流建筑物，只需沿进/出水口枢纽开挖轮廓线以外设置截水沟将水引至沟底排向下游。下游来水的施工导流除天然河道上新建的水库，其进/出水口施工导流与常规地下式厂房的尾水明渠施工导流类似外，利用已建水库改扩建的水库，其进/出水口施工导流通常采用以下几种导流布置方式。

(1) 在进/出水口及尾水明渠开挖线以外的水库区内修建围堰挡水，进行进/出水口及尾水明渠工程施工。如十三陵电站下水库进/出水口施工，采用混凝土防渗墙与黏土心墙结合防渗的土石围堰挡全年洪水；琅琊山电站下水库进/出水口施工，采用粉质黏土围堰全年挡水，库水位不下降，堰后库区内的尾水明渠土方采用挖泥船进行水下开挖（见图16-2-3）；张河湾电站下水库进/出水口施工，采用重力式混凝土围堰全年挡水，由两个泄洪底孔泄流调节库水位。对运行时间较长的水库或天然湖泊，由于多年淤积，围堰基础可能存在淤泥等软弱滑动面，在设计中应引起足够的重视。

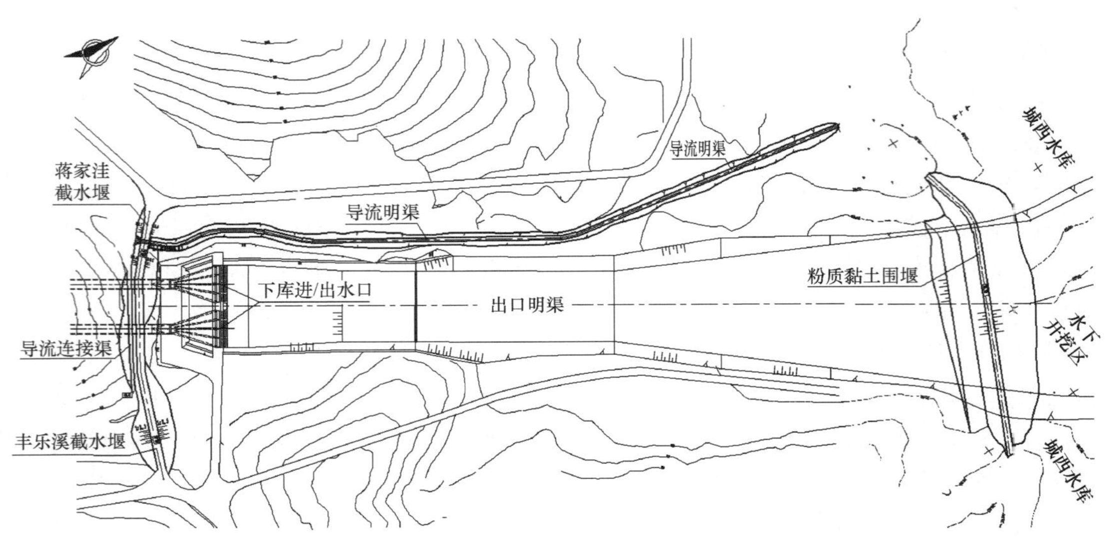

图 16-2-3　琅琊山抽水蓄能电站下水库进/出水口施工导流布置图

(2) 充分利用地形，采用预留岩坎、或预留岩坎与围堰相结合挡水，进行进/出水口工程施工，后期水下拆除预留岩坎，或降底库内水位拆除预留岩坎。如宜兴电站下水库进/出水口施工时由于原地形较高采用预留岩埂挡水；泰安电站下水库进/出水口施工，采用预留岩坎和土石围堰相结合的方式挡水，后期水下拆除围堰及预留的岩坎；我国台湾省的明湖电站上水库进/出水口施工时也利用地形较高的有利条件，采用预留岩埂挡水，渗水地段采用钢板桩并灌浆防渗处理，预留岩埂后库区内的尾水明渠土方采用挖泥船进行水下开挖。

(3) 利用原水库排泄设施将库水位降低，进行进/出水口工程施工。如宝泉电站下水库进/出水口底板高程位于正常蓄水位以下 37m，而原水库大坝加高改建中需利用原水库灌溉洞泄流限制水库蓄水位，进行混凝土面板施工。下水库进/出水口施工与混凝土面板施工同时进行，其施工导流统一考虑，利用灌溉洞将库水位降至工作面以下。

(4) 采用预留岩塞水下爆破进行进/出水口工程施工。如响洪甸电站上水库进/出水口施工，由于不允许将已建响洪甸水库放空至死水位以下，采用了水下岩塞爆破的方式形成上水库进/出水口。与传统的围堰法施工相比，大大节省了投资。对于改扩建水库，应尽量利用原水库永久排洪泄水设施降低库水位，并结合围堰、预留岩坎或两者相结合拦挡库水方式进行进/出水口施工。在方案经济比较时，应考虑水库泄水的经济损失。对于不允许降低库水位的已建水库或难以降低水位的天然湖泊，应对围堰挡水和水下岩塞爆破方案进行比较。由于进/出水口双向水流的特点，对岩塞、集碴坑等部位的设计要求较高，目前水下岩塞爆破方案在进/出水口施工中使用较少，有待进一步研究。

(5) 进/出水口采用新型结构型式和施工工艺，以缩短施工工期，减少对原有水库或电站的效益损失。如日本奥清津二期电站的下水库进/出水口位于一期电站的下水库内，由于进/出水口地形陡峭，无法布置围堰，二期电站进/水口的施工工期必须缩短，尽量减少对一期电站运行的影响。为此下水库进/出水口没有采用通常的钢筋混凝土结构型式，而是采用施工工期较短的钢模板型钢衬砌结构。钢模板型钢构件先在工厂造好，运抵现场组装成整体钢模板框架结构后回填混凝土，形成进/出水口结构。进/出水口施工期间水库水位降低 2 次，降水时段共计 4 个月，施工分为 4 个阶段：①进行水位降低以前的准备工作，包括开挖库水位以上的明挖土石方、闸门井和水平隧洞。②第 1 次水位降低持续 2 个月，完成了全部明挖、尾水隧洞开挖、安装临时挡水围堰、并浇筑完成进/出水口基础混凝土。③在临时挡水围堰保护下一期电站恢复运行，进行尾水隧洞混凝土衬砌和闸门室的施工。④第 2 次水位降低持续 2 个月，将工厂预制好的钢模板型钢构件，运抵现场后安放在基础混凝土上，用螺栓快速组装，8 天内组装完毕，混凝土回填分 3 次进行，形成进/出水口结构。

五、尾水隧洞及地下厂房施工期的防洪度汛

抽水蓄能电站的尾水隧洞和地下式厂房施工期一般不存在直接的施工导流问题，但由于其位置较低，对于利用已建水库或天然湖泊作为下水库的抽水蓄能电站，如下水库进/出水口及尾水系统施工通道不作好防洪保护，在汛期库内水流可能倒灌入尾水隧洞，影响尾水隧洞施工；尤其是在尾水隧洞贯通后，可能倒灌厂房，直接造成工期延长和设备损失，并危及人身和厂房安全。国内利用已建水库作为下水库的抽水蓄能电站尾水隧洞和地下厂房施工期的防洪度汛方式主要有以下几种。

（1）提高下水库进/出水口围堰的拦洪标准，利用下水库进/出水口围堰拦挡汛期洪水。这种方式下水库进/出水口施工进度安排比较灵活，但导流工程量较大。如泰安抽水蓄能电站下水库进/出水口围堰挡水标准采用50年一遇洪水，且在尾水系统全部贯通后利用已改建完成的下水库溢洪道下泄洪水，围堰汛期挡水标准又提高至百年一遇洪水。

（2）不提高下水库进/出水口围堰的拦洪标准，利用已完成的下水库进/出水口闸门挡水。这种方式导流工程量较小，但要求下水库进/出水口闸门必须在尾水系统全部贯通前安装完毕，并具备下闸挡水度汛条件，当汛期遇到超过下水库进/出水口围堰的挡水防洪标准的洪水时，关闭此闸门挡水度汛。如琅琊山抽水蓄能电站下水库进/出水口围堰挡水标准采用10年一遇洪水，厂房度汛防洪标准采用百年一遇洪水，在尾水隧洞贯通前将下水库进/出水口检修闸门安装完毕，汛期遇超标准洪水来临时，下闸挡水，保证处于关键线路上的地下厂房工程的施工进度和安全。

对于大型抽水蓄能电站来说，地下厂房一般处于控制施工总工期的关键线路上，工期保证度要求高，且其跨度较大，围岩稳定要求高，一旦防洪不当，损失较大。尾水隧洞和地下厂房施工期采取何种方式防洪度汛需要从进度、经济、风险、施工便利等多方面综合比较。当下水库进/出水口围堰挡水标准提高后导流工程量增加不多时，为方便施工，宜采用第一种方式。如果尾水系统工期比较宽松，或采取工程措施和合理安排进度（如前期在闸门后预留岩塞挡水，闸门安装完成后闸门挡水度汛，挖除岩塞），可以保证下水库进/出水口闸门能在尾水系统全部贯通前安装完毕，为节省围堰工程量，可采用第二种方式。无论采用何种方式，当尾水隧洞贯通、水流可流至厂房后，地下厂房系统的防洪度汛标准应至少提高至50～100年一遇洪水，这也符合国内目前大部分抽水蓄电站地下厂房施工导流度汛设防标准的现状。

需要注意的是，在研究地下厂房系统防洪度汛方案与防洪标准时，每一个可通至地下厂房系统的通道在其与地下厂房连通后，均应根据地下厂房的进展情况提高此通道进口的防洪度汛标准。

第三节　料场和渣场规划

一、料场规划

料场规划是抽水蓄能电站施工组织设计的重要内容之一。料场规划的任务是根据工程地形、地质、水文、气象等自然条件、枢纽布置中关于坝料及混凝土骨料的要求（品种、质量、数量）、施工组织设计中有关施工总平面布置和施工总进度及分期进度的要求，以及各料场勘查资料，分析研究并动态调配工程所需的各种料源的质量与数量，通过方案比较和优化选择，选定经济合适的料场，以达到充分利用当地材料、降低工程造价和保护生态环境之目的。

（一）料场规划原则和方法

（1）少占耕地，保护环境。料场规划要不占或少占农田，不拆迁或少拆迁现有生活、生产建筑物；多用上游淹没线以下的石料；减少弃料；做好料场及其附近的植被保护和水土保持。

（2）尽量将料场选在工程所在省、市、地区范围内，避免选择跨省界或跨地区料场。因为现在工程建设大多为企业行为，若选择跨省界或跨地区料场，则在征地、移民、环境保护等方面需与两省或两地区相关部门沟通协调，大大增加工作难度。如某抽水蓄能电站地处河北，岩石料场在山西，给料场开采带来诸多困难。

（3）工程有相当数量且满足质量要求的建筑物开挖料时，应优先考虑充分利用开挖料的可行性和合理性。抽水蓄能电站上、下水库一般都是开挖围填而成，若库盆范围内有可利用的合适开挖料，应优先规划，充分利用，可增大有效库容，降低工程造价，又减少弃渣对生态环境的影响。抽水蓄能电站需要混凝土总量一般不大，其水道和地下厂房洞室群的洞挖料由于埋深大，质量一般比地面开挖料要好，也应尽可能用作人工砂石骨料或坝体填筑料。目前国内抽水蓄能电站绝大多数都充分利用了库盆和地下系统开挖料，这也是抽水蓄能电站实现资源节约型、环境友好型设计理念的具体体现。十三陵抽水蓄能电站上水库库盆开挖后，因岩石风化严重，初期开挖的弱风化料较少，不能满足填筑的要求，为此在分析下游坝基地质条件和坝体稳定的基础上，并结合库盆防渗方案的改变，对坝体进行了合理分区优化，将坝体下游的弱风化堆石区的填筑高程由508m降至480m，减少初期填筑的弱风化料工程量，充分利用库盆开挖的强风化料筑坝，其填筑量达151万m^3，为主坝填筑总量267万m^3的56.6%，不仅使强风化料得到最大限度利用，而且使弱风化料也得到合理的使用，坝体填筑全部由库盆开挖料中解决，为当时国内混凝土面堆石坝采用风化料筑坝提供了先例。

（4）统筹安排，减少干扰。料场规划应尽量避免与主体建筑物发生干扰，应协调施工组织设计中总体布置的关系。由于料场一般噪声较大，灰尘较多，存在爆破飞石的可能，因此，料场规划要周密考虑料场作业对永久工程、施工设施、施工人员安全的影响。采石场与周围建筑物、交通干线、施工场地要有足够的安全距离。同时要统筹考虑各料场之间、开采和运输之间以及料场内的多工序作业之间的关系，尽量避免干扰。

（5）全面规划，统一布置。抽水蓄能电站面板堆石坝的坝体填筑需要大量主次堆石料、过渡料、垫层料、反滤料。除此之外，还有面板和趾板以及地下厂房、引水洞、尾水洞、溢洪道等建筑物和施工临时设施所需要的混凝土骨料。对工程各种用料和整个施工各阶段用料应统一考虑，全面安排，以保证不同建筑物在不同时段对不同用料的需要，避免相互争料、停工待料的现象。堆石坝筑坝材料通常要求"近料先用，远料后用"、"上游料用于上游坝体，下游料用于下游坝体"。也需考虑规划足够数量的近料场留待填筑高峰强度时使用，以便使堆石坝体在汛前达到安全度汛高程，这就要求在上坝强度低时先用远料，上坝强度高时用近料。尽量避免低料运输重载爬坡。堆石坝坝料质量要求宜适度，选择料场时，既要避开强风化层过厚和泥化夹层过高的料场，又不要追求岩石过硬的料场。二者都会影响爆破效果，降低开采速度。库盆开挖与坝体填筑应做好规划，保持挖填平衡。除了总量平衡，时间上也要协调，以减少二次倒运。

（6）对料场宜考虑多种方案组合，进行综合的技术经济比较后确定方案。广蓄电站二期砂石料料源选择了吕田河及新丰河天然砂砾料场、地下工程开挖碴料三大料源，距下水库进/出水口分别为17km、54km、4.5km。共比选五组料源方案。

1）方案Ⅰ：吕田河砂砾料加洞碴料的粗骨料。

2）方案Ⅱ：新丰河砂砾料加洞碴料的粗骨料。

3）方案Ⅲ：吕田河砂加洞碴料的粗骨料。

4）方案Ⅳ：新丰河砂加洞碴料的粗骨料。

5）方案Ⅴ：洞碴料轧制成砂、碎石骨料方案。

从以下几个方面进行了比较：①砂石料料源的储量和质量；②砂石料的开采运输条件；③砂石料筛分加工条件；④混凝土和易性、强度、耐久性和骨料的坚固性试验；⑤砂石料开采加工运输总投资；⑥征地和道路修建；⑦环境保护。经综合分析，优先采用方案Ⅰ。

（二）料场

抽水蓄能电站工程视工程建设需要可用的主要料场有：土料场、砂砾料场和岩石料场，或（及）利用建筑物开挖料，它们主要用于坝体或（及）围堰填筑、坝体、库底或（及）围堰防渗体、加工混凝土骨料、砌石及各种建筑物的回填等。

1. 土料场

主要用于土坝填筑，堆石坝、库底或（及）围堰防渗。土石坝防渗体土料，除一般采用冲积黏土外，还可采用一些特殊土料，如南方红土、湿陷性黄土、膨胀土、分散性黏土等，但要根据这些特殊土料的物理力学性能因地制宜地进行土料设计。

2. 砂砾料场

砂砾料主要用于填筑土石坝、围堰和加工混凝土骨料。按其产地位置的相对高低，可分为陆上料场、河滩料场和河心水下料场三类，通常多数为河滩和水下料场。

(1) 陆上砂砾料场。陆上料场一般覆盖层较厚，杂质含量较高，但开采不受河水的影响。

(2) 河滩砂砾料场。大部分的砂砾料场为河滩料场。地处河流上游的河滩料场，常因河道坡陡流急，粒径偏粗，含砂量偏低，料场储量少而分散。中、下游地区的河滩料场，粒径相对较细，常可找到大片集中的料场。河滩料场上部在枯水期出露，洪水期淹没，一部分砂砾经常位于河水位以下，表面覆盖相对较薄。如广蓄电站二期的吕田河天然砂砾料场。

(3) 水下料场。系指常年处于河水面以下的砂砾料场，有时与河滩料场连成一片。抽水蓄能电站一般利用较少。

3. 岩石料场

主要用于人工混凝土骨料制备、围堰和坝体填筑。岩石料场宜选距用户近、覆盖及风化层薄、岩层厚、储量丰富、便于开采、与施工干扰少的产地。抽水蓄能电站由于受地理位置的限制，利用岩石料场的较多，如张河湾青塧石料场用于加工整个工程的人工混凝土骨料；西龙池水泉湾石料场既用于加工混凝土骨料，又用于下水库堆石坝坝体填筑。

4. 建筑物开挖料的利用

库盆和地下系统开挖工程量大，其开挖石渣料如果质量符合要求，可优先考虑用作人工骨料的原石料或坝体填筑料。因此，凡是具备利用建筑物开挖料条件的工程，在料源规划时，建筑物开挖料渣应作为一个重要的料源优先考虑。十三陵、天荒坪、泰安、张河湾、西龙池等抽水蓄能电站上水库大坝填筑料全部利用库盆和坝基开挖料；西龙池抽水蓄能电站下水库大坝次堆石料利用库盆和坝基开挖料中可用料及洞挖料，主堆石料从料场开采石料；天荒坪抽水蓄能电站下水库大坝利用下水库溢洪道、进/出水口及开关站明挖石方和洞挖石方填筑坝体；琅琊山抽水蓄能电站上水库大坝利用库盆开挖料、工程明挖及洞挖料筑坝。部分抽水蓄能电站开挖料利用情况见表 16-3-1。

表 16-3-1　　抽水蓄能电站开挖料利用情况

工程名称	库盆及坝基土石方开挖（自然方）（万 m^3）	筑坝土石方来源（万 m^3）			坝体填筑（万 m^3）
		库盆开挖料（坝上方）	工程明挖及洞挖料（坝上方）	料场开挖料（坝上方）	
十三陵上水库	480	267			267
天荒坪上水库	457.8	392.6			392.6
天荒坪下水库			149		149
泰安上水库	475.77	386.65			386.65
琅琊山上水库	113.1	80.1	34.1		114.2
张河湾上水库	966.17	342.95			342.95
西龙池上水库	512.98	90.25			90.25
西龙池下水库	480.83	362.2		350.3	712.5

对于质量符合要求的开挖土料，同样可以用于工程，如土坝填筑、库底或围堰防渗等。如宝泉抽水蓄能电站利用上水库开挖土料进行库底防渗；响水涧工程利用下水库开挖土料填筑围堰及坝体。

(三) 料场的评价

料场的评价一般从储量、质量、级配、剥采比、开采运输条件等方面进行综合评价。

1. 储量

预可行性研究阶段，对料场进行初查，必要时进行详查，勘察储量不得少于设计需要量的 3.0 倍；选定料场的可采储量应大于设计需要量的 2.0 倍。

可行性研究阶段，对料场进行详查，勘察储量不得少于设计需要量的 2.0 倍；选定料场的可采储量应大于设计需要量的 1.5 倍；规划开采量按设计需要量的 1.25～1.5 倍选取。

招标和施工详图阶段，随着地质情况的进一步揭露，可能因料源的质量不能满足设计要求而出现料场储量不足的问题，因此在对料场储量进行评价时，一定是建立在料源质量符合规程规范和设计要求基础之上的。如十三陵抽水蓄能电站上水库堆石坝可行性研究阶段确定采用库盆开挖的弱微风化安山岩为主要筑坝材料，开工后发现全、强风化料比预计增加了一倍，可利用料不足。为了充分利用库盆开挖料筑坝，不用或少用备用料场开挖料，经过对坝体断面合理分区优化，充分利用库盆的强风化料筑坝，使坝体填筑料全部取自库盆开挖料，做到了经济合理地利用料源。

又如某抽水蓄能电站，由于料场前期勘探工作量不够，在开采料场过程中发现料场内部有一大断层通过，使有用料储量不足，不得不扩大料场范围，增加了征地和弃渣。

2. 质量

混凝土骨料料源质量应满足水工混凝土施工技术规范的要求。如某抽水蓄能电站，在可行性研究阶段曾考虑利用地下工程洞挖料作为混凝土骨料原石料，在招标阶段，经过进一步的地质勘探工作，断定岩体节理过于发育，岩石过于破碎，而且多处有岩脉夹层，不适合作混凝土骨料原石料，因此不得不另辟岩石料场。对骨料的碱活性尤其应引起重视。

又如某抽水蓄能电站，料场因勘探工作不深，在开采料场过程中发现料场内部岩石质地较差，给上水库筑坝施工带来一定的影响。因此在工程前期设计阶段料场的质量应引起足够的重视，勘探深度应符合规程规范对不同设计阶段的要求。

3. 级配

作为筑坝料和人工骨料料源的石料场，砂石级配一般可通过开挖爆破工艺和砂石加工工艺设计进行控制。天然砂砾料级配则应根据不同的用途通过加工工艺调整并进行经济对比分析评价。

招标和施工详图设计阶段应对拟开采的各料场中存在的遗留问题进行复查。当因设计、施工方案变更需要新辟料源和扩大料源时，应按详查级别进行勘察。

4. 剥采比

剥采比是表示一个料场无效层和有效层相对含量的指标。剥采比较高的料场是否有开采价值，应根据覆盖层上的农田、树木竹林、生活生产建筑物，以及征地、移民等赔偿费用，通过技术经济论证。

5. 开采运输条件

料场不仅储量、质量要满足不同阶段的规程规范和设计要求，而且要具备开采和运输条件。一些山势陡峻的料场，尽管有丰富的、满足质量要求的混凝土骨料原石料或上坝料，但因其不具备开采条件和运输条件，而无法用于混凝土骨料加工或筑坝。如某筑坝工程，预可行性研究阶段所选料场下面是一条重要的对外公路，对岸是一村庄，开采条件较差，施工干扰大，在可行性研究阶段不得不另辟料场。

各工程坝体填筑料加工费、填筑费用差别不大，坝体填筑单价的差别主要取决于开采运输费用的不同。因此开采运输条件，特别是运输条件往往成为料场选择的一个重要因素。

(四) 料场整治

在工程竣工后，应对料场取料区域的边坡和底面作必要的整治，不稳定的边坡应进行必要的处理，防止发生坍塌或形成泥石流，危及下游安全。还应对料场开挖后的场地进行整治、绿化或复耕，恢复原来的生态环境。

二、渣场规划

抽水蓄能电站工程大多距离负荷中心——大中城市较近，这些工程的生态环境保护和水土保持工作要求很高；而且渣场距开挖地点或使用地点的远近、高低直接影响工程造价，因此渣场规划对施工组织设计来说就显得尤其重要。

渣场根据渣料是否最终被利用分为转渣场和弃渣场。抽水蓄能电站工程开挖料经动态调配在施工期得以充分利用，一部分直接利用，一部分因开挖与开挖料使用进度不一致而要堆放转渣场，但仍有大量的开挖料无法利用要弃至弃渣场。转渣场要做好施工期临时防护；弃渣场要做好永久防护。

(一) 渣场规划原则

(1) 根据工程区地形地质、枢纽布置及施工总布置条件，渣场规划应按开挖地点本着先近后远、先低后高、就近分区的原则进行布置选择，以缩短出渣运距，降低工程造价，减少施工干扰。

（2）渣场尽量选择易于修筑出渣道路的山沟、坡地、荒滩；或在不影响坝体排水的前提下紧贴土石坝上、下游坡脚布置，尽量少占农田林地，尽可能降低对工程周边生态环境的破坏，防止新的水土流失及泥石流的产生。如日本神流川电站上水库采用黏土心墙堆石坝，在下游坝脚弃渣，堆渣高度达35m；在上游坝踵弃渣，堆渣高55m左右，仅比进/出水口底板高程低2.5m。

（3）充分利用开挖料平整和填筑平台，为工程建设提供施工场地或营地。工程竣工后应尽量覆盖土料、造地还田，或供城镇建设使用。如西龙池电站下闪虎沟渣场后期作为沥青混凝土拌和系统施工场地；十三陵电站堆放地下厂房与高压管道开挖料的大峪沟渣场经绿化已成为北京市蟒山国家森林公园的一部分。

（4）临时转渣场应选择在距开挖渣料使用地点附近，并具备较好的堆存和挖、装、运、回采条件。

（5）可以考虑在死库容较大的库盆内弃渣，但应以不影响发电、泄水建筑物正常泄洪、施工期导流和安全度汛为前提。

（6）下游沿河不宜布置转渣场、弃渣场，必须布置时应满足以下要求：不束窄河道行洪断面，不妨碍行洪畅通；不影响工程安全度汛；不影响河势稳定，不妨碍堤防安全。

（二）渣场治理措施

渣场治理要按环境保护和水土保持要求做好施工期和永久期的排水和防护工作。渣场治理措施包括工程措施和植物措施。

根据渣场容量、堆渣高度、使用期限、失事可能对下游造成的危害程度等选用适宜的工程防护设计标准与措施，确定各渣场建筑物等级、稳定安全系数等设计标准，做到既经济合理又安全可靠。

渣场防护工程主要包括拦渣坝、排水工程及坡面防护工程，工程措施设计要考虑与植物措施的结合，植物措施在环境保护篇章中已有叙述，本节重点介绍工程措施。

（1）严格控制堆渣程序，确定合理的边坡坡角。渣体的边坡坡角直接关系到渣体边坡的稳定及水土流失的防治，因此，弃渣期应严格按照渣场规划要求弃渣，杜绝因弃渣不当造成高陡边坡。确定合理的边坡坡角，充分利用渣料自身的稳定性，同时考虑施工机械在坡面上施工的需要，通常永久堆渣体边坡为1∶1.8～1∶2。另外，永久堆渣体坡面10～20m高差设置一条马道，马道宽度为2～5m。

（2）设置畅通的排水体系。通畅的排水体系对于渣场小流域范围内的水土流失防治和坝体稳定十分重要，在渣场周围的山坡上设置通畅的排洪渠、截排水沟；在渣体的马道上设置马道排水沟，并与四周的排洪渠相联接；在洪峰流量较大的渣场上游设置引水排洪设施，通过这些相互贯通的排水体系，保证各渣场小流域范围内设计洪水安全排出。排水渠道设计应依据水文资料，结合地形地质条件，选择合理的布置形式、形状、尺寸、纵坡、建筑材料，保证在设计洪水情况下排水渠道不冲不淤。另外在渣体下游的拦渣坝坝体内也设置畅通的排水设施，从而降低渣体内的浸润线，保证渣体稳定。渣体表层排水纵坡取1%左右，汇集渣体表面雨水，引至渣场周边排水渠道，再排至渣体下游。

（3）采取合理的护坡措施。合理的护坡措施有利于保证渣体稳定和减少水土流失，护坡工程采用工程措施和植物措施相结合的方法，除了在弃渣体堆置完毕后，渣体边坡坡面削坡开级，修建马道，部分渣体坡面设置铅丝笼压坡外，还应在渣体坡面及顶部覆盖表土，种植草皮、灌木或复耕。

（4）渣体坡脚设置拦渣坝。考虑坝址区的实际地质地形条件、渣场的使用期限、当地材料，可在渣体坡脚设置浆砌石坝或堆石拦渣坝。浆砌石坝与地基结合良好，整体稳定性高，可靠度、耐久性较佳，并且断面小，工程量小；堆石坝适应地基变形性好，透水性好，造价低，施工方便。

第四节　施工交通与总布置

一、施工交通运输

抽水蓄能电站工程多数位于中心城市边缘山区、风景旅游区附近，也有处于偏远山区，交通条件差异较大。同时抽水蓄能电站的自身特性决定了其永久和临建工程布置分散、高差大、点多面广；而且大型工程工程量大，建设周期较长，场内外运输任务比较复杂艰巨。正确选用施工交通运输方案、建设规模和技术标准、内外交通衔接方式、站场规模和设施以及管理维护工作形式等，对保证工程进度、保护环境、节约建设投资都具有十分重要的作用。

（一）施工对外交通

通常指施工工区与外部联系的主要交通线路，是从已建的国家或地方交通干线、铁路站场、港口码头运输物资设备至工地的交通运输线路。抽水蓄能电站施工对外交通一般结合永久对外交通分别延伸至场区内上水库、下水库和发电厂房等。要求运输能力能满足施工期物资的高峰运输特别是重大件的运输、安全可靠、中转环节少、运输损耗低和运输费用省的需要。

我国已基本形成了较完善的公路和铁路交通网络，给抽水蓄能电站建设提供了前所未有的外部交通条件，再也不必像以前建设水利水电工程一样要施工很长的对外交通专用线路。在实际运用中往往根据运输货物的不同常常选择公路、水运和铁路相结合的对外交通方式。

1．对外公路交通

由于公路建设速度快，技术要求较铁路低，而且对地形的适应性强，与当地公路网连接比较容易，建设投资省，其土建工程量大体只有铁路的30%～40%，且可与电站的准备工程同步进行，在主体工程开工之前投入使用，因此公路是抽水蓄能电站工程施工中最常采用的对外交通运输方式。尤其是延伸到场区的通往上水库、下水库和发电厂房的对外交通，国内的抽水蓄能电站无一例外地采用了公路运输。

公路运输虽然单价高，但仍以方便、灵活、中转次数少等优点正在逐渐取代铁路运输。由于我国道路标准不断提高，汽车运输的经济半径也在不断扩大，已从原先的50～100km提高到200km左右。如山西西龙池电站，水泥由生产厂家负责通过150多千米的公路直接运输至工地各土建承包商的仓库，避免了铁路（125km）运输中转的麻烦；而且业主还委托专业公司负责将引水系统所需的13000多吨国外制造的钢板从天津新港由公路运输至工地钢管加工厂（公路里程530km）。

抽水蓄能电站的对外公路等级一般按照（JTG B01—2003）《公路工程技术标准》规定的公路等级选取，一般为三级或四级公路，也有结合建成后发展旅游考虑选择较高等级路面宽度的，但不应超过二级公路标准。通往上水库、下水库和发电厂房的路段如兼有部分场内运输任务时，应选用GBJ 22—1987《厂矿道路设计规范》所规定的场内道路或露天矿山道路相应等级。几个抽水蓄能电站对外交通标准见表16-4-1。

表16-4-1　　抽水蓄能电站对外交通标准

项目	公路名称	道路标准	路基宽度（m）	路面宽度（m）	路面形式	桥涵荷载标准	安全护栏类型
十三陵	上水库公路	三级	8.5	7	混凝土	设计：汽—40 验算：汽—55 挂—100	钢护栏
西龙池	上水库公路	三级	7.5	6/7	混凝土	汽—20 挂—100	钢护栏
	下水库公路	三级	8/12	6.5/10	混凝土	汽—60	钢护栏
张河湾	上水库公路	三级	7.5	6	混凝土	汽—20 挂—100	钢护栏
	下水库公路	矿山二级	9/10.5	6.5/8	混凝土	汽—40	钢护栏
琅琊山	上水库公路	三级	8/12	6/8	混凝土	汽—20 挂—100	钢护栏
	下水库公路	三级	8/12	6/8	混凝土	汽—20 挂—100	钢护栏
	厂房公路	三级	7	8	混凝土		
呼和浩特	上水库公路	三级	9.5/12	8/10	混凝土	汽—60	钢护栏
	下水库公路	三级	9.5	8	混凝土	汽—40	垛式护栏
	厂房公路	三级	9.5	8	混凝土	汽—40	垛式护栏
响水涧	上下库连接公路	矿山三级	8.5/12.35	7/8.5	混凝土	汽—40 挂—250	钢护栏

对外公路选线应根据公路性质、地形地质条件、技术等级、筑路材料状况以及当地村镇建设和农业发展等综合考虑，应贯彻节约用地、保护水利设施和文物古迹、保护环境等方针，尽量避开城镇、减少干扰，当利用原有公路时应对其技术标准进行充分研究，必要时提出改善措施以满足施工期的运输要求。对外公路连接点，应选择在干线公路上，与国家公路、城市道路、车站、港口相衔接，具有适合修建对外公路的便利条件，并需征得公路主管部门的同意。

2. 对外铁路交通

采用准轨铁路也是抽水蓄能电站对外交通的方式之一。准轨铁路投资大、施工期长，工程竣工后利用率显著减低。抽水蓄能电站一般在中心城市附近，坝型多采用当地材料坝或高度较低的混凝土坝，外来物资运输量相对同等规模的常规水利水电工程较少。但准轨铁路具有运输能力大、保证性较强、运费较低的优点，适宜大宗、长距离货物运输。国内抽水蓄能电站工程建设尚没有选择新建铁路的，多采用已建国家和地方铁路及站场设施配合公路运输的对外交通方式。利用铁路运输有相对固定供应地点的远距离大宗货物和重大件物资，如钢材、沥青、大型施工机械、机电设备和成套机组设备等。

3. 对外水运

水运在各类运输中的承运能力最大、运费最廉，但由于抽水蓄能电站多数位于小河流上，受本身通航能力制约，及洪枯水冰凌等季节影响很大。一般北方工程对外交通不宜选择水运，南方工程在条件合适时内河航运可以作为辅助对外交通，如安徽琅琊山电站。

（二）施工场内交通

抽水蓄能电站施工场内交通是工程施工期间衔接施工对外交通，联系工地内部各工区之间的交通。包括为施工需要而布置的临时交通运输线路，如连通各施工区的下基坑道路、地下工程施工支洞，及联系当地材料料场、堆弃渣场、生产及生活区的临时交通，一般在工程竣工后废弃。场内永久交通线路如厂顶通风洞、进厂交通洞、环库过坝公路和出线场道路等从用途上也属施工场内交通范围。因此施工场内交通应尽量与永久设施相结合以节约工程投资。一般场内交通多属施工准备工程范畴。

根据不同用途设置的施工场内交通线通常有运料线、坝体施工线、开挖出渣线，对于在河流上新建下水库的工程还有过坝线、截流线和跨河建筑物，以及为解决各工区之间、生产、生活区间的人员交通和料物、设备的储存、中转、集散以及为工地消防、救护和物资材料小搬运等设置的场内交通线等。此外，为施工庞大的地下工程洞室群还需建设大量的地下施工通道，如引水隧洞上下部施工支洞、尾水隧洞系统施工支洞和地下厂房系统施工支洞等。

场内运输具有物料品种多、运输量大、车型多、运距短、运输效率低，物料流向明确、单向运输突出等特点，同时受施工进度控制，运输不平衡，对运输保证率要求较高。这就要求一方面线路应达到适当的技术标准，安全、可靠；另一方面运输强度应满足施工需要（正常施工时应满足年、月运输强度，截流抢险时应满足旬、日运输强度）。场内交通线路随工程施工的结束，大部分失去使用价值，具有较强的临时特性。所以当场内地形复杂时，其线型设计、纵坡设计的技术指标允许适当降低，且一条道路可根据使用任务分段采用不同的路宽和路面。在运输组织上，有时也允许不按正常规定执行，如少数重大件的运输可采用临时措施解决，但必须有相应的安全措施。

国内抽水蓄能电站均以公路运输为主，故本书重点介绍场内公路运输情况。公路线路布置无须宽阔平坦的地形，可以在地面横坡大于30°的情况下布置线路，爬坡能力高，容易进入施工现场，便于联系高差大、地形复杂的施工工点和场地；易于适应抽水蓄能电站所具有的工程布置狭窄、高差大、地形复杂、天然山坡陡峻的不利条件。同时公路运输可以达到较高的运输量，所以通常是抽水蓄能电站施工最适宜的一种运输方式。

由于抽水蓄能电站工程施工所用车辆多为重型机械和特殊车型，筑路标准常较一般公路高，场内主要施工公路常采用（GBJ 22—1987）中的露天矿山公路标准设计，路面根据要求采用混凝土、沥青混凝土或泥结碎（砾）石组成。为适应履带设备通行，场内临时交通公路倾向采用碎（砾）石路面或砂石路面，但路基根据车辆载重吨位，行车密度和车速等指标设计。目前我国抽水蓄能电站建设的工程用车也都朝大型化、柴油车发展，一般货车载重8～12t，工程车载重15～45t，若路况较差，不但车辆（尤其是轮胎）损耗严重，并将直接影响工程进度。在工程建设中，配备平路、压路、洒水等筑路机械加强维修养护很有必要，可以保证良好路况，提高运输能力，降低车耗和争取车辆的高出勤率。

为保证场内运输可靠、安全、快速，场内公路应按一定等级和标准修建，但是在某些特别困难的情况下，允许在个别路段采用超限标准。采用超限标准是以降低行车速度、增加行车困难、增加危险性、降低车辆寿命、减少装载量，有时阻碍交通或无法通行为代价的，因此应经反复论证后才予采用。一般在运输强度不大、视距良好的路段使用，且必须采取适当安全措施。生产干线、支线不宜采用超限标准。在采用超限标准时，最小平曲线半径约 10～15m，干、支线上最大纵坡 9%～12%，联络线、临时线最大纵坡可达 15%～20%。

西龙池电站场内交通也主要采用公路方式，共修建主要交通道路 33.75km，其中临时道路 22.53km，利用永久公路 11.22km。通行的工程车主要为自卸汽车，载重主要为 15t、20t，最大 32t；道路设计标准为矿Ⅱ、矿Ⅲ，路面宽度 6～10m、路基宽度 7～12m；永久公路路面采用混凝土型式，临时道路以级配碎石为主，接近工作面的开挖和填筑道路采用弃渣铺筑平整形成路面；桥涵设计荷载为汽—15～60。

张河湾电站共规划修建场内运输 17.46km，其中临时道路 10.46km。主要施工道路路面宽度 6～12m、路基宽度 7.5～14m，通往下水库小电站的永久道路路面宽度 4m、路基宽度 5m；永久公路和重载临时道路路面采用混凝土型式，其他临时道路为泥结碎石。

随着隧道施工技术的不断发展，修建公路隧道不再是困难的事情。越岭路线、地形陡峻的傍山路线及生态环境敏感地区均应比较隧道方案，合理选用隧道既可以大幅度降低公路造价，又可减少对环境的破坏。

公路隧道一般宜采用直线，当采用曲线时其曲线半径不宜小于不设超高、加宽的最小圆曲线半径，并应满足视距要求。抽水蓄能电站往往沟谷发育、地形高陡、场地狭窄，场内公路弯多坡急，全部修建直线隧道几率很小，即使采用大半径的曲线隧道有时困难也很大，不得不采用一些超限标准，但必须采取必要的安全措施。如西龙池电站下水库区 2 号公路技术标准为山岭重丘区Ⅲ级，路线在跨越小龙池沟左侧高程 800m 以上的高陡山坡（横坡 1∶0.5～1∶1.4）时采用一半径为 69.5m 的回头曲线隧道。该隧道总长 453.19m，纵坡 3.193%，隧道横断面设计为城门洞型，横断面净尺寸为 8.5m×7.5m（宽×高），洞内圆曲线半径 69.5m，前后各设置 30m 长的缓和曲线，总转角 217°23′18″，平曲线总长 293.69m。与明线方案比，可以避免在跨越山坡时开挖“三台线”所形成的高边坡治理和深厚覆盖层上修建高挡墙或曲线桥梁的困难及其施工干扰，可降低造价 800 多万元和节约工期 1 年多。此外明线方案上台线位于长陡纵坡尾部，本身又处于背阴面，开挖深路堑使冬季路面日照时间变得寥寥无几，冰雪危害严重；紧接上台线为高挡墙和桥梁，桥面和挡墙顶距地面的高度分别为 15m、20m，行车环境变化较大，行车风险加大，安全性相对不如隧道方案；隧道方案开挖弃渣减少、地面附着物少、不存在大面积开挖岩质边坡，有利于维护原始地表生态环境和水土保持，从而达到了工程建设和保护环境的和谐统一。

西龙池电站由于下水库区与弃渣场间隔的山梁外坡陡峻，不便沿山坡修筑公路，施工期间开凿一条专用隧道作为运输弃渣通道，通行车辆多为 32t、20t 开挖弃渣重型车辆，月运输强度约 60 万 t/月，最大小时单向交通量 90～110 辆。该洞进出口相距 1277.6m，总长 2191.47m，进口段采用和 2 号公路隧道结合设置，净断面 11.0m×(7.8～7.0)m（宽×高），满足通行 32t 自卸汽车的双车道要求；后段由于位于地质条件较差的薄层灰岩中而分岔为两条平行的单车道路面隧道，净断面 6.5m×6.0m。由于 2 号公路隧道存在 2 个洞口，上述布置使该隧道的进出口各有 2 个，改善了通风和散烟条件。路面采用混凝土型式，有利于减少扬尘、改善洞内环境、提高行车舒适度。自 2003 年 9 月开通以后，隧道运行良好，2003 年 12 月统计车流量为 1200 辆/月；除冬季由于洞口附近容易结冰而不能洒水，环境稍差；其他季节通过洒水降尘、利用自然通风，可以保持较好的行车条件。

（三）重大件运输

抽水蓄能电站重大件运输是外来物资运输的主要组成部分，是一项系统工程，涉及供电、电信、公路、铁路、桥梁、公安等部门，对技术性、协调性要求较高，运输程序复杂。它是决定场内外交通工程某些技术指标的重要因素，选择适当的运输方案和措施，对保证工程质量和降低工程造价具有显著的意义。

机组中的转轮必须整体运输、不能分瓣，大型变压器也只能整体运输，但可通过去油冲氮减轻重量。其他机组部件如顶盖、座环最好不分瓣，确实困难时也应尽量少分，顶盖最多分4瓣，座环可分2～3瓣。整体制造运输或减少分瓣数量对保证机组的运行质量、减少现场安装工程量和保证工期有很大好处，而且还可大幅度节约制造成本。如天荒坪电站机组招标时，为减小运输尺寸，顶盖拟采用分瓣制造，现场焊接的工艺。制造厂家通过详细调查运输线路，确定顶盖（直径达6.6m）可以实现整体运输，因此节约制造成本约100万元/台。

1. 重大件铁路运输

重大件采用铁路运输快捷便利、费用较低，但对货物尺寸的限制比较严格，应严格遵循《铁路超限货物运输规则》的有关规定。

为了确保铁路运输的行车安全，铁路部门规定：货物装车后在平直线路上的高度和宽度或行经在半径为300m的曲线路段时的计算宽度有任何部位超过机车车辆限界，则为超限货物。超限货物分为一级超限、二级超限和超级超限。超级超限的最大宽度尚无明确规定。具体能否通过铁路运输，由铁路局根据实际运行路段中建筑实际限界或能否采取必要措施进一步扩大限界情况而定。

我国铁路如沈丹线、京包线、广九线等有个别区段的限界比《超限货物运输规则》规定的限界小，还有个别路段的线路质量或桥梁强度较差，所以对通过该地段的车辆装载高度、宽度或重车总重另有特别限制。

我国铁路运输重大件设备，一般选用长大特种货车整车运输，主要有鱼腹型平车、凹型平车、落下孔车、双节平车、长大平车，还可根据特殊货物装载特性和铁路实际运行限界而临时专门加工特种车如针梁车、钳夹车等。

一级、二级超限以内的重大件设备，若不通过特定装载限界区段，可以直接通过铁路运输。设备控制尺寸属于超级超限但小于《超限货物运输规则》规定的建筑接近限界的重大件设备，一般可由发货站的铁路货运部门（或货运代理公司）根据生产厂家提供的供货图纸及承运协议，经线路分析，选择或加工专用的特种车辆通过铁路运输。对于大于《超限货物运输规则》规定的建筑接近限界的设备运输，需要在加工制造前向有关铁路特种货物运输部门进行专题的咨询，就能否通过铁路运输需进行专门的可行性论证。

重大件设备铁路运输除了应明确设备的运输参数（尺寸、重量）外，还需要确定超限货物的计算宽度，了解货物具体超限部位和超限程度，计算其重心位置及重车重心高度，合理选择运输车辆和装载加固方案。当重车重心高度（自轨面算起）超过2000mm时需配重降低重心高度或限速行驶。

铁路运输快捷便利，安全性相对较高，费用较低，但对物件尺寸的限制比较严格，运行调度受到一定限制。铁路运输比公路运输多一次装卸，对电站的物资运输转运站、装卸场地也有一定的要求。但从经济、安全上比较，铁路运输较公路运输有明显的优势。所以对于满足一、二级超限及小于铁路建筑接近限界的超级超限的远距离运输，一般应以铁路为主。对于整体体积较大、重量较大的设备也可考虑解体分瓣后通过铁路运输。

2. 重大件公路运输

公路超限运输应遵守交通部制定的［2000］2号部令《超限运输车辆行驶公路管理规定》。在公路上行驶的车辆的轴载质量应当符合《公路工程技术标准》的要求。但对有限定荷载要求的公路和桥梁，超限运输车辆不得行驶。

在公路上行驶的运输车辆，有下列情形之一即属于超限运输：

（1）车货总高度从地面算起4m以上。

（2）车货总长18m以上。

（3）车货总宽度2.5m以上。

（4）单车、半挂列车、全挂列车车货总质量40t以上，集装箱半挂列车车货总质量46t以上。

（5）车辆轴载质量在下列规定值以上：

1）单轴（每侧单轮胎）载质量6t。

2）单轴（每侧双轮胎）载质量10t。

3）双联轴（每侧单轮胎）载质量10t。

4）双联轴（每侧各一单轮胎、双轮胎）载质量14t。

5）双联轴（每侧双轮胎）载质量18t。

6）三联轴（每侧单轮胎）载质量12t。

7）三联轴（每侧双轮胎）载质量22t。

根据交通部交公路发［1995］1154号文件货物分级标准，将超限货物公路运输分四级，作为超限货物运输的条件和核算运费的依据，超限货物公路运输分类见表16-4-2。

表16-4-2　　超限货物公路运输分类表

设备等级	长度（m）	宽度（m）	高度（m）	重量（t）
一　级	$14\leqslant L<20$	$3.5\leqslant W<4.5$	$3.0\leqslant H<3.80$	$20\leqslant T<100$
二　级	$20\leqslant L<30$	$4.5\leqslant W<5.5$	$3.8\leqslant H<4.40$	$100\leqslant T<200$
三　级	$30\leqslant L<40$	$5.5\leqslant W<6.0$	$4.4\leqslant H<5.0$	$200\leqslant T<300$
四　级	$L\geqslant 40$	$W\geqslant 6.0$	$H\geqslant 5.0$	$T\geqslant 300$

用于公路重大件运输的国产拖车头、大型平板车已形成系列，拖车头功率从170～400马力，全挂车、半挂车载重20～500t。另外，国内大件运输企业从法国引进了具有国际先进技术水平的尼古拉斯大型平板挂车和威廉姆重型牵引车，载质量一般在100～600t；其中可自由组拼的模块式尼古拉斯38轴2纵列全液压平板挂车最大承载能力达950t。该系列车型已成功完成最重件600t，最长件83.3m，最宽件9.35m，最高件8.5m的重大件设备运输。目前国内抽水蓄能电站重大件设备运输多采用这类车型运输。

在公路上进行重大件运输，承运人应提前开展重大件运输的专题研究，通过勘查论证比选运输线路，提出合理可行的运输方案。承运人应根据具体情况在运输前15天～3个月，向途经公路沿线各省级公路管理机构提出书面申请，同时提供下列资料和证件：

（1）货物名称、重量、外廓尺寸及必要的总体轮廓图。

（2）运输车辆的厂牌型号、自载质量、轴载质量、轴距、轮数、轮胎单位压力、载货时总的外廓尺寸等有关资料。

（3）货物运输的起讫点、拟经过的路线和运输时间。

（4）车辆行驶证。

公路管理机构根据实际情况，对需经路线进行勘测，选定运输路线，计算公路、桥梁承载能力，制定通行与加固方案，与承运人签订有关协议并签发《超限运输车辆通行证》。公路管理机构进行的勘测、方案论证、加固、改造、护送等措施及修复损坏部分所需的费用，根据各省、市公路路产赔（补）偿标准，由承运人承担。

公路运输灵活，对设备尺寸的限制相对较小，但运输费用较高，影响因素比较多，尤其是公路沿线的桥涵、路基、路面状况及软（电力、通信线路）、硬件（铁路、公路立交）障碍等往往制约着重大件设备的运输。此外，高速公路一般限制重大件设备运输，高等级公路目前收费站较多，早期建设的国、省道上的桥梁标准普遍较低等均为制约因素。

对于不能分瓣、体积较大需整体运输的设备，其运输尺寸已经超过铁路实际建筑限界的重大件设备，一般直接采用公路运输至工地。

3. 运输实例

（1）十三陵抽水蓄能电站。该电站重大件运输尺寸及质量见表16-4-3。进口机电设备在天津新港到岸，到岸后对不同的大件采用不同的运输方式，较小的设备采用铁路运至昌平北站，然后再由运输车辆运至工地现场。对主变等大件设备则直接由公路运至工地。

表 16－4－3　　十三陵抽水蓄能电站重大件运输尺寸及质量

名　称	数量	尺寸（长×宽×高，m）	质量（t）	名　称	数量	尺寸（长×宽×高，m）	质量（t）
转轮	4	3.75×3.75×1.3	23.5	基坑里衬	4	5.3×2.6×2.6	5.0
主轴	4	4.4×1.5×1.5	27.0	分瓣定子	8	6.7×4.2×3.5	90
轴封	4	2.5×2.5×1.0	8.5	主阀	4	4.6×2.4×3.2	53.0
座环	4	8.5×4.5×1.8	30	主变压器	4	8.2×2.3×3.5	110
涡壳	4	4.8×2.4×2.3	12	钢岔管	2	6.1×5.1×4.75	43

主变等大件的运输方案：采用法国尼古拉斯拖车（具有全液压升降系统）。运输参数如下：全长33.9m、宽3m、正常运行高度4.5m，拖车自重47.5t，轴压11.25t，在宽度为10m、9m、7m的路面上行驶，要求最小转弯半径分别为11.8m、17.1m、26m，上坡坡度为4.3%、下坡坡度4.6%。由于受港口浮吊能力（最大100t）的限制，设备在港口的卸船用渤海石油公司的900t全旋转浮吊跨船进行卸船作业。

两个最宽件——钢岔管从日本进口，单件质量为43t，尺寸为610cm×510cm×475cm，运输路线是从天津新港到十三陵工地。运输时道路状况较差，还要穿过桥洞、涵洞，车辆只能在夜间运行，运输难度较大。特种车辆运输配备吊机与特种车辆同行，由公安交通管理局的车辆在运输车辆前面引道护航。由于桥洞和涵洞的高度限制，在穿行前，用吊机将大件设备从特种车上吊卸下来，利用供货商预先焊接在设备底座下的钢制滑板，通过车辆拖拽的方式使设备安全通过桥洞和涵洞，通过桥洞和涵洞后，再用吊机将设备吊装到特种车辆上继续前行。由于对大件货物接运的前期工作安排得充分和周密，整个路线运输只花了2个夜晚就完成。

（2）张河湾抽水蓄能电站。张河湾抽水蓄能电站重大件设备总质量约3000t。主体工程控制性重大件设备尺寸、数量、质量见表16－4－4。

表 16－4－4　　张河湾抽水蓄能电站主体工程重大件设备运输特性表

序号	名　称	尺寸（长×宽×高，m）	数量（台/套）	单件质量（t）	备　注
1	水轮机轴	ϕ1.8×4.5	4	40	
2	转轮	ϕ5.08×1.4	4	40	
3	顶盖	R3.25×3.4	8	40	解体分两瓣后尺寸
4	底环	R3.25×1.3	8	30	解体分两瓣后尺寸
5	钢岔管肋板 钢岔管A块 钢岔管B块 钢岔管C块	6.2×3.65×0.11 6.2×5.74×2.3 6.2×4.6×3.9 6.2×4.6×3.9	2 2 2 2	7.2 11.05 18.7 18.7	解体后大块尺寸
6	球阀	6.8×5.0×3.8	4	170	整体
7	蜗壳	11.5×6.5×3.0	4	80	解体分瓣后大瓣尺寸
8	主变压器	10.6×3.75×4.06	4	196	
9	主厂房桥机大梁	22.5×3.5×3.5	1	60	

注　第1～7项设备为进口设备，到岸港为天津港；第8、9项设备为国产设备。

该工程重大件设备运输最重件为主变压器，其运输时货物高度为4060mm，宽度为3750mm，单件重196t。一般铁路重大件运输车辆底板高度为960mm，凹型车一般在500～800 mm，但一些特种车辆如D36钳夹车，根据运输货物特点，采用直接钳夹方式，使货物底部距轨道高度最低可降到100mm，其高于轨面的高度尺寸可控制在一级超限高度4000～4950mm。宽度在距轨面高度3600mm以上，由线路中心起算的最大容许宽度为3400mm，在宽度方向上为上部超级超限，但与《超限货物运输规则》中采用的建筑接近限界相比，尚有一定富余，且运输所经过的铁路不在特定的区段内，本工程主变压器

（去油充氮）运输总体上属于超级超限，故采用铁路运输。

转轮直径为 5.08m，无论平放或立放，其宽度或高度方向上均超过铁路建筑接近限界，无法整体通过铁路运输，故采用公路运输。

最长件为主厂房桥机大梁，尺寸为 22.5m×3.5m×3.5m，可采用铁路 D22 型长大平车（长 25m，载质量 120t）运输。

最宽件为解体分两瓣后的蜗壳大瓣，运输控制尺寸为 11.5m×6.5m×3.0m，宽度方向超过国标规定的建筑接近限界，无法通过铁路运输。实际采用的运输方式是：座环/蜗壳在设备出厂前已经焊接为一体，分 2 瓣和 2 块凑合节公路运输到工地，组合后总质量为 102t。

钢岔管总体尺寸较大，只能采用解体分多片运输，解体后各大块尺寸宽度方向上仍远大于国标规定的直线建筑接近限界（理论上铁路运输的最大通过尺寸），不能通过铁路运输。因其重量较小，再进行解体，不但增加现场焊接工作量，而且对质量也有一定的影响，因此采用公路运输。其他大件从控制尺寸及设备重量上均可通过铁路运输。

（3）琅琊山抽水蓄能电站。该工程重大件设备共计 180 件，3882.784t，主要特征见表 16－4－5。

表 16－4－5　　　　琅琊山抽水蓄能电站主要重大件的设备表

序号	设备名称	数量	长×宽×高（cm）			单件质量（t）	总质量（t）	备注
1	转轮	4	500	500	245	47	188	水泵水轮机
2	水轮机主轴	4	480	200	200	34	136	
3	底环	4	620	620	160	31	124	
4	顶盖	4	650	650	180	63	252	
5	进水阀整体	4	560	520	250	75	300	
6	分裂变压器本体*	2	880	335	375	180	360	发电机
7	轴	4	715	195	210	53.5	214	
8	转子机架	4	580	580	245	41	164	
9	下机架*	7	710	710	220	39	273	
10	半个定子支架*	8	1020	535	315	24	192	
11	带蝶形边座环	4	930	470	230	33	132	
12	带蜗壳的座环	4	930	650	280	45.5	182	

注　表中带“*”的运输件分别为单件最长、最宽、最高和最重的设备。

本电站机组进口设备由外轮运至上海港后，根据设备重量、体积、外形尺寸和交货时间等具体情况，分别选择不同的方式进行运输。

分裂变压器本体由外轮运至上海港后，利用上海港大型浮吊卸下，再吊装至 210t 铁路 D2 型凹型平板车上，经铁路运输至滁州火车站货场。然后装上 QGZH 系列 2 纵列 11 轴线载重 245t 的全液压汽车平板车组，通过公路运输至电站工地现场。上述平板车组由 1 台 2 纵列 5 轴线、1 台 2 纵列 6 轴线活络单元车纵向联接部件组合成 2 纵列 11 轴线全挂车。该平板车采用网络单箱型主梁车架、液压全轮牵引转向或控制转向、双管路全轮制动。具有货台高度低，轮轴负荷均匀，转弯半径小，倒车方便等特点，并且货台高度可调节，在上下坡道和斜坡上行驶时可以调整车身，尽可能保证货台水平，避免在装载高重心货物时出现倾覆的危险。主牵引车选择德国产曼牌 MAN8×8 牵引车作为，该车牵引动力为 600 马力；另选用 1 台太脱拉 T815－2 牵引车作为辅助牵引车。

除了分裂变压器本体以外，其他进口设备的重量都在 75t 以内，但由于许多设备的体积较大，特别是超宽而不宜采取铁路运输方式。上海至工地公路全程所经桥梁有上百座，尤其是 312 国道和 104 国道桥梁使用年限较长，部分桥梁的承载力不足，难以得到公路部门的批准，即便允许通行，公路补偿和桥梁加固等费用也很高，其经济性较差。故采取内河船舶通过长江水路运输至南京扬子石化码头，用 600t 扒杆吊将设备从内河船舶上卸下直接装汽车平板车或再转舶至内河 200t 级以下的特种船舶上运至滁州码头后转汽车平板车通过公路运输至电站工地现场。

尾水管、尾水锥管、机坑里衬、下机架、定子支架和蜗壳、座环分别由宜昌的葛洲坝集团机电建设公司和三峡工地的中国水电第八工程局机械制造分局制造。因大部分设备尺寸超长、超宽，使得铁路运输和公路运输方式受限，而两个制造厂均紧邻长江，水路运输方便，因此，国内制造的设备主要采取水路转公路的方式进行运输。

二、施工总布置

施工总布置是对整个工程施工场地、施工交通、施工工厂设施等在施工期间的位置进行平面和立面上的总体布局安排。施工总布置应根据主体工程布置及其特性，结合施工条件和工程所在地区的社会、经济、自然因素，合理规划施工用地范围和施工场区划分、不同阶段各种施工设施的位置及其相互间的关系，遵循因地制宜、因时制宜、有利生产、方便生活、易于管理、安全可靠、节约用地、保护环境、经济合理等原则，解决好前后方、内外部、主体与临建工程、生活设施与生产设施以及上下库等的关系。

抽水蓄能电站上下库高差较大，联系上下水库的水道系统较长，施工总布置宜采用集中和分散相结合的形式，一般至少需要2～3个主要施工区集中设置临时生产和生活设施。其他零散设施可根据工程施工特性和工程量的大小沿场内交通道路布置。大多数抽水蓄能电站上水库工程土石方和混凝土工程量较大，一般可和引水系统闸门井、上平段施工共同集中设置一个施工区。下水库往往和地下厂房、尾水隧洞施工共用一个施工布置区，一般靠近下水库布置；当厂房采取首部开发方案且进厂交通洞口有足够的场地时也可靠近进厂交通洞口布置。西龙池电站施工布置主要分作上水库区、下水库区和刘家寨钢管加工厂三个区域，其施工总布置规划如图16-4-1所示。

抽水蓄能电站施工总布置在工程建设的不同阶段所承担的任务性质和侧重点是不同的，应该根据施工需要分阶段逐步形成，尽量做好前后衔接，实现前后期结合和重复利用场地，减少施工占地数量。

在工程准备阶段，参与施工的项目多且性质差异较大，参与的设计、施工、监理单位也较多，条件差、工期紧张。对于施工场地狭窄的抽水蓄能电站，各种临建设施和永久建筑物的布置关系紧密，如供水、供电管线往往沿场内交通道路路基布置，永久泄洪、排水沟渠可能要穿越道路路基、施工场地等，而此时永久建筑物的设计还未结束，应特别重视枢纽总布置与施工总布置各种建筑物之间的关系，否则将大大增加施工协调的难度，难免造成浪费或工期延误。

主体工程施工阶段，主体建筑物进入全面施工，施工总布置要承接前后期工程，照顾邻近建筑物，全面规划，统筹安排。工程分标施工时，施工总布置需适应分标规划的需要，尽量减少标与标之间的穿插和干扰。同时应遵循动态布置原则，充分考虑各标施工进度的衔接情况，研究同一施工场地分标交替利用的可能性。一般先以上、下水库土石方开挖和地下厂房洞挖、料场准备和砂石加工系统建设为主，逐步转入支护衬砌、基础处理、混凝土浇筑或坝体填筑及机电设备和金属结构安装的施工总布置。

工程完建阶段，主要应作好管理单位的厂区规划，随着主体工程施工强度降低，逐步退还施工占用场地，根据环境保护和水土保持要求和当地具体情况尽可能作好场地清理、退还占地或复耕、渣场和场地绿化美化、排水防护规划。

施工总布置主要包含以下内容：场内交通网络、施工临时生活设施与生产设施场地规划、土石方平衡和堆弃渣场规划布置等。场内交通要重视上、下水库等各工区之间的连接，各分工区间交通道路布置应做到合理、运输方便可靠、能适应整个工程分标管理、施工进度和工艺流程要求，尽量避免或减少物料的反向运输和二次倒运。施工临时生活设施与生产设施应合理确定施工公用设施项目及其规划布置，在满足各标进度需要和保证质量的情况下尽量共用、合用，以减少临建规模、节约用地，工程区附近若地方现有设施满足要求时可积极考虑利用，以减少现场临建规模。

在现场通常需设置物资材料仓库，储存容量可考虑施工条件、供应条件和运输条件确定，一般需满足高峰期10～30天的使用量。目前，国内抽水蓄能电站现场仓库的设置及其方式差异较大，主要与业主的工程管理体制有关。如琅琊山电站业主在现场集中设置了中心仓库，建筑面积4707m^2，是利用

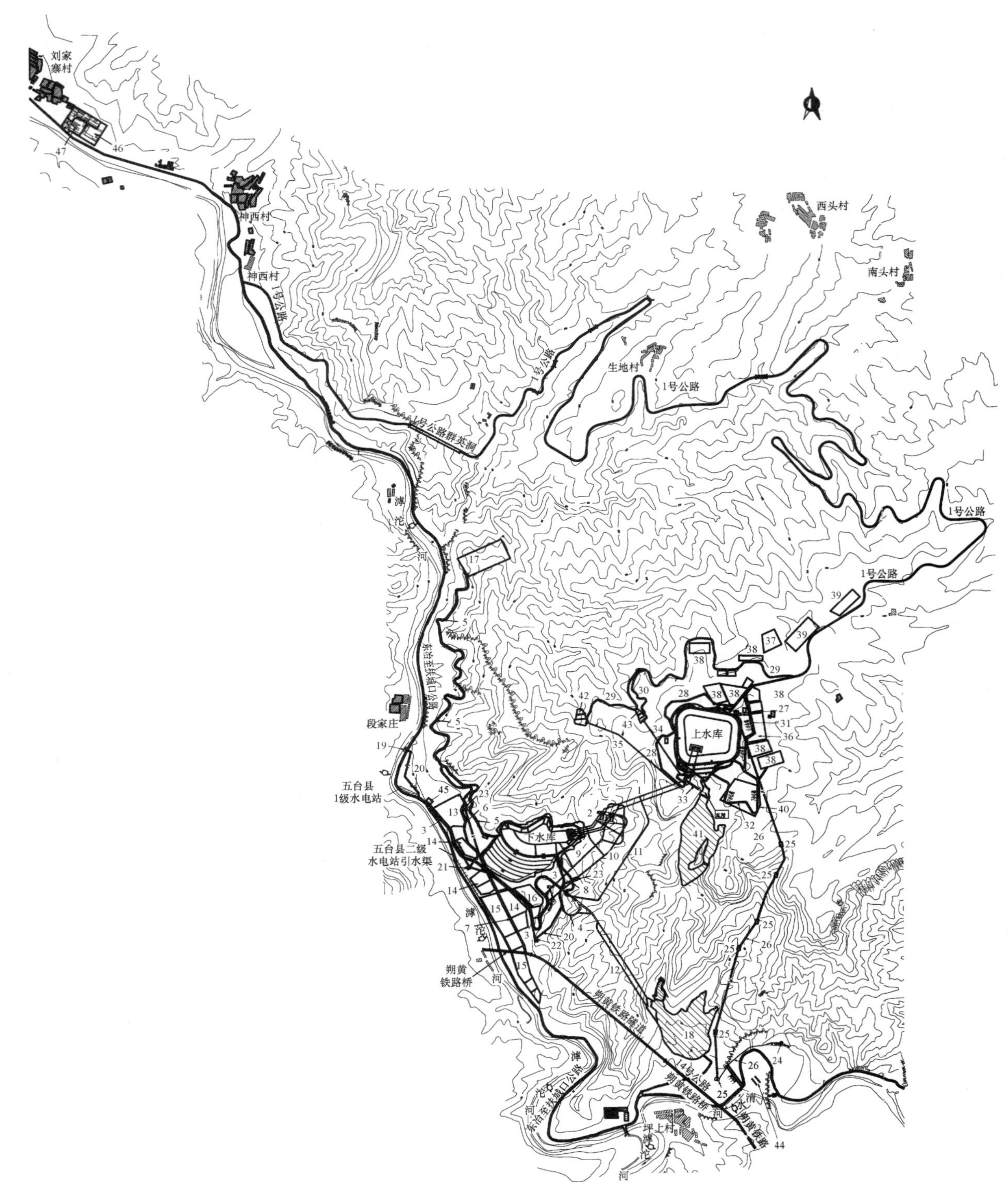

图 16-4-1　西龙池抽水蓄能电站施工总布置图

1—上水库；2—地下厂房；3—2 号公路；4—2 号公路隧道；5—9 号公路；6—10 号公路；7—11 号公路；8—13 号公路；9—进厂交通洞；10—厂顶通风洞；11—引水系统 2 号中支洞；12—施工运渣交通洞；13—下水库人工砂石加工厂；14—下水库施工场地；15—下水库区施工生活区；16—地下厂房施工场地；17—水泉湾石料场；18—下水库闪虎沟弃渣场；19—下水库施工供水取水点；20—下水库施工供水系统管线；21—下水库施工供水系统 1 级泵站；22—下水库施工供水系统 2 级泵站；23—下水库施工供水系统高位水池；24—上水库施工供水水源点（坪上勘探洞出水口）；25—上水库施工供水 1～6 级泵站；26—上水库施工供水管线；27—上水库施工供水系统高位水池；28—3 号公路；29—4 号公路；30—5 号公路；31—6 号公路；32—7 号公路；33—8 号公路；34—上支洞；35—引水系统 1 号中支洞；36—上水库碎石垫层料加工厂；37—上水库沥青混凝土加工系统；38—上水库区施工场地；39—上水库区施工生活区；40—上水库备用料场；41—上水库闪虎沟弃渣场；42—1 号中支洞口弃渣场；43—上支洞口弃渣场；44—炸药中心仓库；45—35kV 变电站；46—刘家寨钢管加工厂；47—引水系统施工生活区

规划的旅游度假设施（总建筑占地面积 11037m²）。西龙池电站业主在现场不设仓库设施，而是委托专业物资供应公司负责所需主材（水泥、钢筋、粉煤灰）的供应，由其在市场上采购或从厂家直接运输至施工承包商的临时仓库内，各施工承包商的仓库面积很小，仅有 3～7 天储存容量。对于炸药、雷管、导爆索等火工制品由业主负责在下水库区附近建造一炸药总库，委托地方民爆器材公司管理供应，其容量仅可满足全工程施工高峰期 5～7 天的使用。

随着我国水电工程建设体制的改变，工程建设采用招投标方式后，施工承包商进驻施工现场的人员均较精简，其办公生活设施仅有办公、会议、宿舍、食堂、厕所、洗浴、理发及少量文化体育设施，人均占用建筑面积指标约 8～12m²。据统计，西龙池电站各施工承包商的高峰施工人数和办公生活区建筑面积，人均占用建筑面积指标最大为 7.53m²，最小仅 5m²。

施工总布置场地应满足一定的防洪标准，对于场地狭窄、建筑物集中的区域，各类排水设施要给予足够重视。

环保对工程布置的要求越来越高，尤其是处于旅游风景区的抽水蓄能电站。如十三陵电站，为了不影响十三陵风景区的景观，上水库各种临时设施和道路布置在山侧，混凝土拌和系统、碎石筛分厂、综合加工厂、修钎站、空压站、油库、炸药库、停车场和前方办公值班房等与施工有紧密联系的必要设施布置在库盆东侧山坡 2 号公路、库盆南侧上坝公路旁，由于上库区场地狭窄，用于上水库施工的机电物资仓库、机械修配厂、汽车修配厂、后方生活营地等均布置在山下施工营地。西龙池电站下水库区地形狭窄陡峻，出渣道路、上坝道路和水泉湾石料场运输道路及库盆施工道路均尽可能采用隧洞方案。日本的神流川电站，为了不破坏地面自然景观，场内交通道路大量采用隧洞。对外交通道路从位于下水库左岸的进厂交通洞洞口跨过水库库尾，再沿下水库右岸经大坝右坝头直至下游与已有公路连接，长度超过 5km，大部分采用隧洞。同时为了少破坏地面植被，筑坝材料尽可能在库内淹没区开挖。库外料场和弃渣区均精心做了水土保持设施，重新种植当地的不同植物，以恢复原有的自然景观。

做好土石方平衡，尽量利用开挖料作为混凝土骨料或坝体填筑料可以降低工程造价、节约弃渣占地和减少工程建设对环境的不利影响。我国抽水蓄能电站利用开挖料尤其是洞挖料作为制备混凝土骨料的原石料的工程实例很多，如泰安电站利用地下厂房洞挖的花岗岩弃渣料；西龙池电站上水库全部利用库盆开挖料填筑坝体，下水库堆石坝次堆石区 340 万 m³ 全部利用库盆开挖的覆盖层和石方，利用弃方上坝的填筑单价仅 5 元/m³，而在石料场新开采方的上坝填筑单价约 27 元/m³。

堆弃渣场的位置选择应结合地形就近设置，尽量方便弃渣。上、下水库，地下厂房工程宜集中设置大容量的弃渣场，水道系统的施工支洞口可以就近设置零散的小型弃渣场。为满足环保、水保和排水要求，坡脚应设置拦渣坝，堆渣后应将渣体边坡修整为稳定坡比，表面应覆土、绿化或采取适当的护坡措施。对于修建在较大冲沟内的弃渣场，还需修建泄洪排水设施。

三、施工工厂设施

抽水蓄能电站的施工工厂设施主要包括砂石料加工系统、混凝土生产系统、机械修配系统和压缩空气、供电、供水和通讯系统，其规模应符合施工总进度和施工强度要求，建设标准应满足生产工艺流程、技术要求及有关安全规定，既要适应工程分标施工的要求，又能充分发挥其生产能力。

（一）*砂石料加工系统*

抽水蓄能电站砂石料加工主要指混凝土骨料制备，当上、下水库坝体填筑需要设置碎石垫层料时，还需轧制垫层料。加工系统的数量和位置应根据料源和水源分布情况确定，对产品质量、供应保证要求高的骨料加工系统一般宜布置一套，单独分标，其位置要兼顾上、下水库和发电厂房及其需要量的权重。

碎石垫层料的料源一般利用质量较好的库盆开挖料，其加工工艺简单，应随主体土建工程发包，每个工程标单独就近设厂制备。碎石垫层料常用粗碎、细碎两段破碎、开路生产的工艺。

抽水蓄能电站混凝土骨料采用人工骨料方案较多，当地下厂房系统开挖渣料满足质量要求时，尽量用作混凝土骨料的料源，并靠近堆渣场布置，如张河湾、泰安等电站。因混凝土骨料对级配要求严格，一般采用粗碎、中碎、细碎三段破碎、闭路生产的工艺制备粗骨料，制砂一般采用棒磨机湿法生产；粗碎多用颚式破碎机，也可采用轻型旋回式破碎机，中细碎可采用圆锥破碎机和反击式破碎机；碎石分级筛分设备采用圆振筛。也有工程采用干法制砂，如琅琊山电站采用立式冲击破碎机，由于出料石粉含量高，加设一台螺旋洗砂机对砂子进行湿法分级，细度模数仍超过3.0，又在机制砂中掺混一定比例的天然砂。抽水蓄能电站地下工程多，所需喷混凝土中的豆石和砂占有很大比例，成品料仓尤其是豆石和砂料仓应有较大的容量，以满足施工进度和成品脱水时间的要求。对于严寒地区冬季停产的系统，还需在停产前提前储存冬季施工所需的成品骨料。

水工沥青混凝土对骨料最大粒径、颗粒组成和级配的要求比水泥混凝土更为严格，其粒径较细，最大粒径不大于25mm，细骨料与粉料的用量约占矿料总量的50%；骨料分级严格，级配曲线圆滑，包络线范围极小，且需在2.5mm及0.074mm之间实现粉细料分级。要求经过加工的骨料具有粗糙的表面，粒形宜接近方圆形，针片状含量低（小于10%～20%）。由于沥青混凝土骨料较细，尤其是0.074mm级粉料须采用干法分级。水工沥青混凝土加工工艺设备选型与水泥混凝土区别较大，由反击式破碎机与立式冲击破碎机联合组成矿料破碎工艺应是有效的方式。这两种机型均具有冲击破碎和磨琢双重功能，破碎比大，破碎效率高，产品粒度好，粒级可直接调控，骨料结构破坏小，可明显降低针片状含量，其显著特点是适于生产粉细物料。对于细骨料分级，2.5mm以下可使用弧线筛、弛张筛、等厚筛及直线筛实现干法筛分，对0.074mm级物料的分级，则可使用分选机分选。

我国已建的天荒坪电站，在建的西龙池、张河湾电站均选择国外承包商施工沥青混凝土工程面板。由于我国水工沥青混凝土施工标准与国外不一致，国外承包商在实际工程中采用的均为美国、德国、日本等国标准。为便于责任划分，这些工程均将沥青混凝土面板施工，包括骨料制备、沥青混凝土拌和、铺筑等全部划归一个标，业主只负责提供小粒径的碎石半成品料和小于0.074mm的粉料。

天荒坪电站沥青混凝土由德国施特拉堡公司承包施工，业主向承包商供应的半成品石灰岩骨料粒径为0.074～5mm和5～20mm的人工砂石料、天然砂和水泥厂磨制的石灰石粉填料。承包商在现场配备二次破碎筛分系统。该系统由德国公司生产，可以筛分出六种不同粒径的骨料：0～2mm、2～5mm、5～8mm、8～11mm、11～16mm和大于16mm。大于16mm的骨料又返回筛分系统的粉碎机进行粉碎并重新筛分，这种锤式破碎机每小时可生产40t骨料。

西龙池电站沥青混凝土矿料也采用现场加工粗、细骨料，外购填料的方式。20～40mm的半成品石灰岩碎石料由下水库砂石加工系统供应。现场配备的矿料加工设备见表16-4-6，其中PL-850立式冲击式破碎机是主要破碎设备，PFW0808卧式复合式破碎机是辅助破碎设备，用于提高细骨料的产量。在筛分工艺上，两台筛分机筛网均选用钢丝圆振动筛，其中1号、2号筛分机分别配备了3层、2层筛网，筛网尺寸依次为19、16、10、5、2.5mm。整个矿料加工工艺为两级封闭式，加工系统设计生产能力为60t/h，实际生产能力可达到80t/h。

表16-4-6　西龙池电站沥青混凝土矿料加工主要设备表

设备名称	型号	数量（台）	电机功率（kW）	生产能力（t/h）
立式冲击式破碎机	PL-850	1	2×90	60～80
卧式复合式破碎机	PFW0808	1	75	35～50
振动筛分机	2YK1860	2	15	200～400

沥青混凝土矿料加工系统一般采用干法生产工艺，矿料加工中多余粉尘的去除、人工砂中矿粉含量的控制是矿料加工中非常关键的技术问题。西龙池工程曾经出现细骨料中逊径较大的问题，运行中对矿料加工系统进行了改造，加装了除尘设备，见表16-4-7。除尘设备采用“吹吸粉尘”的原理，即在2台筛分机筛网下部加装两组设备轴流通风机提供通风，锅炉引风机负责吸尘。粗碎机下筛子最下层筛网下粒径是0～10mm；细碎机下筛子最下层筛网下粒径是0～2.5mm，对0～10mm、0～2.5mm的混合矿料进行集中除尘。经两级“吹吸”设备的除尘后，细骨料的逊径值由23.1%降为11.8%。出于环保的需要，抽出来的灰尘及粉料混合物用管道集中排到专门的集尘水池中。

表 16-4-7　　西龙池电站沥青混凝土矿料加工除尘设备

设备名称	数量（台）	电机功率（kW）	使用部位	设备名称	数量（台）	电机功率（kW）	使用部位
1号轴流通风机	1	0.55	1号筛分机	2号轴流通风机	1	0.55	2号筛分机
1号锅炉引风机	1	15	1号筛分机	2号锅炉引风机	1	15	2号筛分机

（二）混凝土生产系统

由于布置分散，施工中所需混凝土的工点多、品种多，但其总量少、喷混凝土所占比例较大。随着招标投标制的建立，各种混凝土的拌和生产宜采用由各主体土建承包商自行建设混凝土生产系统、自行负责运行生产的方式。据统计，当上、下水库、地下厂房、引水系统工程分别设置混凝土生产系统时，采用生产能力为25～90m³/h的拌和站和小型拌和楼居多。过去搅拌机常选用自落式，近年来选择强制式的日渐增多，搅拌桶容量大小要根据骨料级配选取。对于一些位于风景旅游区或邻近城市等对环保要求特别严格的地区，也可采用集中设置拌和系统供应商品混凝土的模式。

（三）沥青混凝土生产系统

水工沥青混凝土生产系统由沥青、骨料、填料的储存、加热、供应、拌和、出料保温等系统组成，宜采用连续烘干、间歇计算和拌和的综合工艺。成套拌和设备的额定生产率是以拌制道路沥青混凝土为对象的，拌制水工沥青混凝土时，由于细料含量多、所需拌和时间较长、温度要求高、改换配合比需中止运转等原因，其实际生产率应折减25%～35%。厂址需符合的条件为：远离开挖爆破危险区、易爆易燃建筑物；不受洪水威胁，排水条件良好；靠近铺筑现场，沥青混凝土的运输时间不超过30min；位于生活区和作业区的下风向，距离不小于300m。

国内几个抽水蓄能电站施工沥青混凝土生产系统特性见表16-4-8。沥青混凝土拌和系统一般由冷料系统、干燥系统、沥青系统、粉料供给系统、拌和楼、成品料储存系统、除尘系统和控制室组成，示意图如图16-4-2所示。

表 16-4-8　　国内几个沥青混凝土生产系统特性

工程名称	设计生产能力（t/h）	设备型号	数量（台）	占地面积（m³）
天荒坪	220	MARINIM260	1	
西龙池	300	LB-3000（辽阳筑路机械厂）	1	18000
		LB-2000	1	
张河湾	210	LB3250（吉林公路机械厂）	1	16000
	140	新泻2400	1	

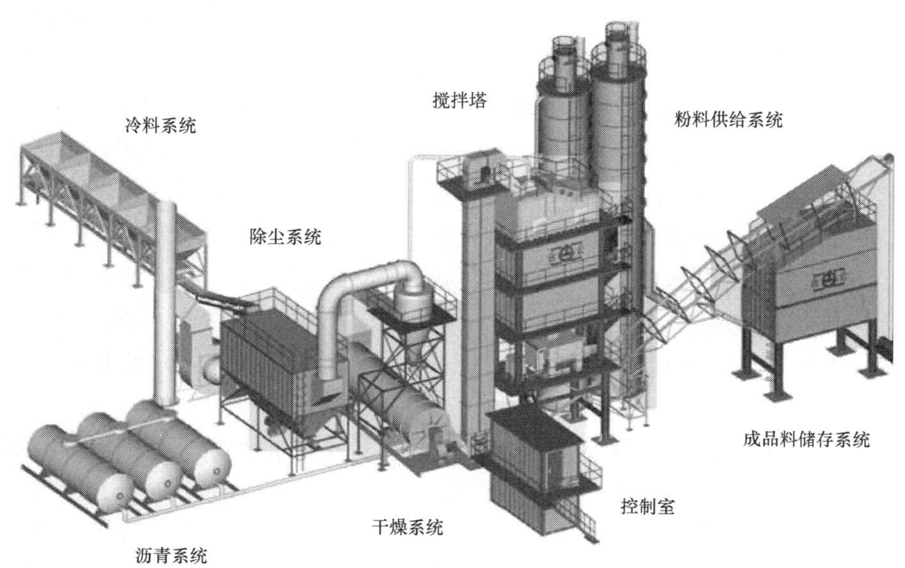

图16-4-2　沥青混凝土拌和系统组成示意图

西龙池电站沥青混合料拌和系统布置于前期形成的弃渣场平台上，由两套拌和楼组成，分别为LB-3000和LB-2000型，其设计生产能力为180t/h和120t/h，主要设施有沥青车间、柴油储罐、矿粉（纤维）仓库及沥青混合料拌和设备等。

该工程成品料堆场共分六个料仓，其中五个料仓堆放加工系统生产的五种级配的骨料，一个料仓堆放天然砂。整个成品料堆场堆放容积5000m^3，约7天的用量。

沥青车间内设有沥青储库和沥青脱水装置。沥青储库面积1000m^2，储存量为1500t。车间配备JRHY10型沥青熔化、脱水、加热联合装置，沥青脱水温度控制在120～140℃。熔化和脱水后的沥青用沥青泵和管道输送到具有加热功能的沥青储存罐待用，也可用管道泵送到拌和楼上。

柴油储罐布置在沥青车间旁，容量为2×60t。使用柴油泵将柴油输送至各用油点，柴油罐旁设有2个20m^{3}的沉淀池，以便处理废油渣。同时两个柴油罐旁设一个100m^{3}的消防砂仓。

在拌和系统旁搭设两个矿粉（纤维）仓库，专门用于储备拌和料中的矿粉和纤维。仓库占用面积为2×240m^2，采用钢管配扣件搭设，顶棚为钢化波瓦，侧墙用石棉瓦及帆布封堵，地面垫方木铺竹跳板隔离，以便防潮。

沥青混合料拌和设备为成套系统，其配套设施有配料仓、皮带输送机、烘干滚筒、热料提升机、振动筛、搅拌机、外加填料筒仓和供给系统、除尘器、中心控制室及混合料成品料罐等。

（四）施工供水系统

由于高差大，抽水蓄能电站上、下库供水系统泵站级数多，施工工作量大，施工难度较大，在前期准备工程中是一项重要的工作，通常由业主负责建设后提供主体承包商使用。上水库一般为非河床开挖填筑而成的人工水库，除降雨外，平常很少有天然补给水源，同时由于多数蓄能机组调试采用先发电工况后水泵工况的程序，故上水库供水系统除满足施工期生产生活需要外，还需满足水库初期充水需要，其规模常由水库初期充水控制。对于下水库等其他工程施工，可根据情况设置供水系统，当下水库设置永久补水设施时，临时性供水设施要尽量结合使用。

十三陵电站施工供水系统分为库水和地下水两个系统。其中库水供水系统自十三陵水库取水，供水量3000m^3/d，主要供应地下工程和上水库工程生产生活用水，从十三陵水库至上库施工区，高差560m，沿线建设六级泵站、七级水池，供水线路全长3880m。地下水供水系统主要供应厂区生活用水，供水量1000m^3/d，以一机井为水源，设一级泵站，供水线路长1390m。

西龙池电站共建设三套供水系统，即上水库施工区、下水库施工区及下水库砂石生产区供水工程。由于滹沱河水含沙量高，供水水源均采用地下水。上水库施工区供水工程以满足施工期上水库及水道系统施工用水和生活用水为主，同时兼顾向上库初期蓄水的任务，计算高峰用水量为266m^3/h，其中生活用水水量为24m^3/h；上水库初期充水水量为260m^3/h，系统设计供水能力以满足上水库施工期用水量要求而定。选择一勘探洞地下裂隙水作为上水库施工区水源点，高程660m，出水平均流量约0.12m^3/s，最小流量0.08m^3/s，满足水量要求。供水线路长5124m，总高差约855m，设6级泵站提升，水泵总扬程980m。下水库供水工程结合下水库永久补水设施设置，其总规模由施工期间用水量控制，计算用水量为643m^3/h，其中施工用水量为593m^3/h、生活用水50m^3/h。水源为距离坝址1.8km的段家庄泉群，该泉群泉水点在滹沱河段家庄河段内，分布较分散，单泉流量小，不利于收集集中，并且单一泉水点不能满足永久补水的要求，采取集泉的方式进行开采。经实测，段家庄泉群凤山组与崮山组岩层中地表出露泉水的总量分别为0.05m^3/s和0.222m^3/s（仅是可测泉点泉水流量），满足0.23m^3/s的供水规模的要求。下水库砂石生产供水工程用水量约140m^3/h，水源引自下水库供水工程。

（五）施工供电系统

西龙池抽水蓄能电站施工用电高峰负荷15500kW。考虑电站投产后厂用电电源亦需从中心变电站接引，因此该工程施工用电的中心变电站按永久变电站设计。变电站内安装两台12000/35三相双卷油浸变压器，电压35/10.5kV。自东冶变电站110～220kV变压器出线35kV两回至中心变电站，场内10kV出线10回接至各配电变电所，35kV和10kV均为户内配电装置。

张河湾电站施工用电采用双回路供电方案，供电线路从井陉县秀林110kV变电站和柿庄35kV变电站各出一回线，线路等级为 35kV，秀林和柿庄距工地直线距离分别为 24km、10km。35kV 施工中心变电站站点位置位于进厂交通洞洞口上游 800m 左右的 8 号公路旁，地面高程为 510m。站内安装两台主变压器，容量分别为 10MVA 和 5MVA，采用有载调压型，出线侧电压等级为 10kV，35kV 侧设备为户外布置式，10kV 侧设备为户内高压开关柜。10kV 场内配电线路共设置 12 个回路，其中 2 回备用，配置 15 个配电变电站。

第五节 主体工程施工

一、上、下水库施工

（一）库盆、坝基开挖和堆石坝填筑

1. 施工道路规划布置

由于抽水蓄能电站库盆、坝基开挖和坝体填筑施工区域相对较小，施工干扰较大，施工道路规划布置对保证库盆顺利施工影响较大。主要施工干道布置宜结合库盆及坝基开挖、坝体填筑等施工设备要求以及现场地形条件以及渣场位置进行。

开挖出渣施工主干道与主渣场相连，一般高差 30～60m 布置一条出渣施工干线，开挖区 10～20m 高差布置一条施工支线并与施工干道相连。开挖运输车辆一般为 12～32t 自卸汽车，施工道路纵坡一般不超过 9%，局部最大纵坡控制在 16%以内，最小转弯半径 15.0m。

坝体填筑施工道路布置结合开挖施工道路和料源规划情况进行。考虑到坝体填筑工程量大，填筑强度高，上坝道路坡度、宽度及高差将直接影响堆石坝的填筑速度，上坝道路在坝前、后两岸山坡按 10～15m 高差进行布置，在坝体各层填筑时，坝前、后上坝施工支路随坝体上升分层填筑升高，与坝面和坝后施工干道连通，并尽量通过坝后左、右岸施工干道形成循环道路，以保证坝料运输强度，加快坝体填筑进度。

对于全库防渗的封闭库盆的库底交通，一般可采用在坝坡或库岸坡上用石渣料填筑一条入库道路，库底施工完毕后予以拆除；或在库岸坡上开挖一条入库道路，库底施工完毕后用混凝土回填或留做永久入库检修道路；或结合地形条件开挖一条进入库底的施工支洞，库底施工完毕后予以封堵；或设置卷扬斜坡道进入库底。十三陵抽水蓄能电站上水库在岸坡上开挖一条坡度 10%，宽 4.5m 的斜坡道进入库底，库底钢筋混凝土面板施工完毕后，用混凝土回填该斜坡道；天荒坪、张河湾、西龙池抽水蓄能电站上水库的库底交通均采用在坝坡或库岸坡上用石渣料填筑一条坡度 10%的入库道路；西龙池抽水蓄能电站下水库的库底开挖和沥青混凝土面板施工通道采用库底施工支洞，避免了与坝体填筑道路的干扰，值得借鉴。

2. 土石方平衡调配规划

抽水蓄能电站上、下水库开挖与坝体填筑规划是施工中重要工作之一，要做好总量及时间上的平衡。坝体土石方填筑应尽量利用工程开挖渣料，减少弃渣量；在满足工程的施工总进度和库盆开挖工期的条件下，结合大坝填筑工期要求，根据坝体填筑强度及各部位不同石料的开采方量，按挖、填、弃各个环节统筹进行土石方平衡调配规划，以尽量提高库盆开挖利用料直接上坝率，减少中转上坝和可利用料开挖的损失，保证施工连续、均衡进行。一般按如下原则进行土石方平衡调配规划。

（1）满足大坝填筑各料区填筑料的要求。

（2）库盆开挖工期安排与大坝填筑进度要求相适应，以最大限度地利用库盆开挖料直接上坝填筑，降低中转上坝填筑量。

（3）库盆开挖施工中，依据大坝各料区对填筑料的不同要求，进行爆破和挖装，减少可利用料的损失。

（4）优化调配方向、运输路线、施工顺序，避免土石方运输出现流程紊乱现象，同时便于机具调配、机械化施工。

3. 库盆和坝基开挖施工

根据工程建筑物的组成、特点和分布，水库工程开挖分区分层进行，即库盆、堆石坝、进/出水口、库顶结构及环库和上坝公路，以及水库其他项目等施工区。

库盆土石方开挖在总体上遵循先土方后石方、分层自上而下的顺序进行施工。坝基开挖采用自上而下和自下而上相结合的程序施工。开挖主要以坝体填筑需要为前提进行，尽量满足低料低填、高料高填、减少二次倒渣量，提高直接上坝率，减少干扰坝体填筑为原则。

库盆开挖应优先进行进/出水口和坝基部位施工，为进/出水口土建工程和堆石坝填筑提供工作面。库盆土石方开挖应先剥离后开挖。

表层覆盖风化层剥离采用自上而下分层开挖，推土机顺地势由高到低集料，在山坡较陡的地方沿山坡横向集料，挖掘机或装载机装车的方法开挖。

对于库盆石方开挖，应先一般土石方再保护层和建基面，保护层和建基面开挖应先库岸后库底。一般石方开挖宜采用梯段微差挤压爆破，以满足上坝的填筑料块度需要，分层高度为3～15m，采用风钻、潜孔钻钻机或液压钻机钻孔，并根据分层高度及部位采用浅孔梯段爆破、深孔梯段爆破、边坡预裂爆破或光面爆破等爆破开挖方法。可根据库盆岩石特性、开挖梯段高度、坝体堆石料设计级配要求等，通过现场爆破试验拟定库盆石方开挖爆破参数。开挖石渣采用正铲、反铲或装载机装自卸汽车直接上坝或运至渣场。

对坝基和库底建基面宜采用预留保护层的开挖方法，对保护层用柔性垫层爆破法或水平预裂法进行钻爆开挖。对岸坡宜采用边坡预裂爆破或光面爆破的开挖方法，以减少超挖和对基础面的扰动破坏，保证基础面的平整度。

十三陵电站上库坝基开挖总量55万m^3，开挖后的坝基是一个倾向下游1∶4的斜坡面，其上、下游方向最大高差80m。因坝基开挖工期较长，施工时采取由低向高分期开挖，开挖与筑坝同时进行的方法，既保证了大坝填筑和坝基开挖的施工进度，同时避免了坝基的二次清理，还使坝基开挖料直接上坝，减少了二次倒运。施工时，坝基全风化料清理最低点距坝体填筑最高点水平向保持不少于10m的距离，保证了高处坝基清理的全风化料不混入坝体填筑面。

4. 坝体填筑施工

坝体开挖填筑规划应以坝体填筑施工为主线，开挖工程施工以满足坝体填筑需要为原则进行组织，尽可能提前进行坝体填筑施工，尽量减少坝料的二次倒运量，加快施工工期。坝体填筑施工按照由下游坝趾到上游采用全坝段平起的原则，依次进行上料、铺筑、洒水、碾压各工序施工。

按照坝体填筑各高程工作面的大小进行坝面作业区划分，各工序平行施工，流水作业。施工时，在各作业区之间划线作为标志，并保持坝面平起上升，避免产生超压或漏压等情况。上游垫层坡面削坡、坡面碾压及防护，下游干砌石砌筑等施工可穿插进行，以不影响主要工序施工为原则。

堆石区石料由自卸汽车运输至坝面，顺坝轴线方向采用混合法（后退法+进占法）卸料，推土机平料，摊铺层厚0.6～1.2m。坝料经人工洒水充分湿润后，10～25t自行式振动碾顺坝轴线方向采用进退错距法碾压。堆石料采取大面积铺料，以减少接缝，并根据坝面大小等情况，组织安排各工序施工，形成流水作业，实现连续高强度填筑施工。

垫层、过渡层与相邻5m范围内的堆石体平起填筑。垫层、过渡层的层厚一般为0.3～0.4m，按一层主堆石、二层过渡层和垫层平起作业。为了保证垫层料和过渡料的有效宽度，上料宜按先垫层料，再过渡料，最后堆石料的顺序进行。坝体每升高3.0～4.5m，用激光制导长臂反铲对其上、下游边坡进行修整，激光反铲削坡的控制底线为垫层坡面设计线以上8～10cm，剩下部分由人工进行精修坡。坡面每上升10～15m后，对上游坡面再进行二次精确削坡。在人工修整坡面完成后，先分区分片从坝的一侧向另一侧对垫层坡面进行洒水湿润，然后采用10t斜坡振动碾压实。国内部分已建抽水蓄能电站堆石坝主堆石碾压参数及试验结果见表16-5-1。

表 16-5-1　　　　　抽水蓄能电站堆石坝主堆石碾压参数及试验结果

工程名称	干密度（g/cm³）	孔隙率（%）	碾　压　参　数			
			层厚（cm）	碾重（t）	遍数	洒水量（%）
广州上水库	2.02	21.4	90	10	8	0
天荒坪下水库	2.10	19.6	80	10	8	0
十三陵上水库	2.27	19.3	80	13.5	8	10
琅琊山上水库	2.213	18.58	60	16	8	15
张河湾上水库	2.0～2.1	—	80	18	8	0
西龙池上水库	2.15	20.9	80	18	8	5
西龙池下水库	2.23	18	80	18	8	6
泰 安 上 水 库	2.15	17.9	80	20	8	15
宜 兴 上 水 库	2.10	20	80	18	8	10

（二）钢筋混凝土防渗面板施工

混凝土防渗面板采用滑模施工，对于坡度陡于 1∶1 的混凝土面板一般采用有轨滑模施工，对于坡度缓于 1∶1 的混凝土面板可采用无轨滑模施工。

混凝土面板施工前，先铺设砂浆垫层，然后，安装铜止水、安装侧模、绑扎钢筋，最后滑模就位，进行混凝土面板施工。砂浆垫层是铜止水的基础，其施工精度直接影响到侧模的精度，可用 5m 长型钢桁架作模板，骑分缝线铺筑砂浆垫层，保证砂浆垫层的平整度。铜止水采用铜止水成型机现场冷挤压成型，用铜卷材一次成型到所需长度。铜止水“十”字和“丁”字接头采用工厂退火模压成型制作，以减少现场焊缝，提高接缝焊接质量，避免由于过多焊缝质量缺陷出现的渗漏问题。铜止水安装后，应立即安装侧模，以免铜止水移位。钢筋采用人工现场绑扎。

无轨滑模一般由行走轮（架）、模板和抹面平台三部分组成。滑模的长度根据混凝土面板的分块宽度确定，为了适应混凝土面板不同宽度以及不规则混凝土面板的施工，可采用长度可调的折叠式滑模。折叠式滑模由一块主模板铰接若干块 1m 长的模板组成，滑模滑升过程中，随着仓面变宽，以 1m 长的模板为单位逐渐加宽仓内模板，同时卷扬机钢丝绳的牵引点也随之外移。

混凝土面板无轨滑模施工示意图如图 16-5-1 所示。

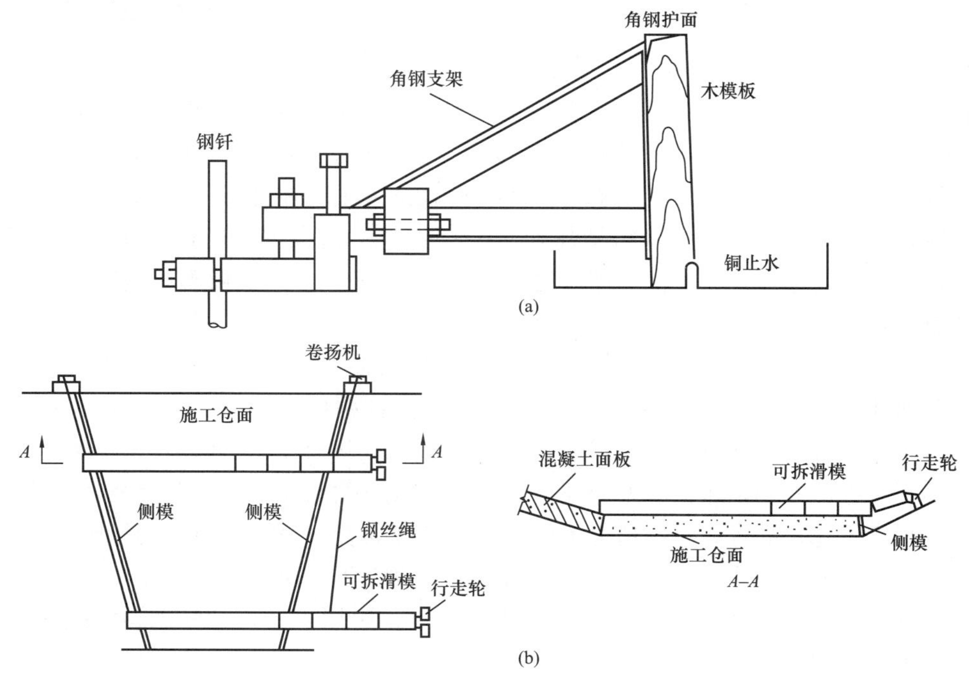

图 16-5-1　混凝土面板无轨滑模施工示意图

（a）侧模结构示意图；（b）可拆式滑模示意图

混凝土用搅拌运输车运至浇筑地点。库底采用吊车吊混凝土卧罐入仓，斜坡用溜槽溜送混凝土入仓。根据面板宽度选择溜槽数量，溜槽出口距仓面距离不应大于 2m。采用滑模连续浇筑，每次滑升距离应不大于 300mm，每次滑升间隔时间不应超过 30min，面板浇筑滑升平均速度宜为 1.5～2.5m/h。脱模后的混凝土表面应及时修整和压面，覆盖草袋或布毯，并洒水养护。在安装面板表层止水压板时，不应全部揭开养护布毯，压板安装完成后，应及时将布毯覆盖好。混凝土面板一般宜养护到水库蓄水。

十三陵电站上水库采用钢筋混凝土面板全库防渗，防渗面积 17.48 万 m^2，各种结构缝近 2.2 万 m。采用无轨滑模保证混凝土面板快速施工，混凝土面板浇筑自 1994 年 3 月 28 日起至 1995 年 6 月 10 日结束，历时 10 个月，平均月浇筑混凝土面板 1.7 万 m^2，最高月浇筑混凝土面板 2.82 万 m^2。

西龙池电站下水库库岸采用钢筋混凝土面板防渗，防渗面积 6.85 万 m^2，面板坡比 1：0.75，最大斜坡长 67.2m。采用无轨滑模施工，为克服混凝土的浮托力，在无轨滑模上增加了配重。

（三）沥青混凝土防渗面板施工

1. 沥青混凝土防渗面板下卧碎石垫层施工及基层处理

对库岸坡上碎石垫层施工可采用下列方法进行：

（1）卷扬机牵引小车斜坡送料。张河湾电站上库采用全库盆沥青混凝土防渗，库岸斜坡坡比为 1：1.75，斜坡长 70m，库岸斜坡面积约 19.7 万 m^2，斜坡碎石垫层厚度 35cm。采用斜坡送料车进行斜坡碎石垫层摊铺，在库底用装载机将碎石垫层料装入小车，由卷扬机牵引小车自下而上自动撒料，人工平整碎石垫层料，然后用卷扬机牵斜坡振动碾碾压。斜坡碎石垫层摊铺示意图如图 16-5-2 所示。

图 16-5-2　斜坡碎石垫层摊铺示意图

（2）推土机推运摊铺作业。天荒坪电站上库采用全库盆沥青混凝土防渗。库岸斜坡坡比为 1：2，斜坡长 77～115m，库岸斜坡面积约 11 万 m^2。斜坡碎石垫层厚度 90cm，采取分层铺设施工，每层铺设厚度 45cm。铺设作业分段一条一条地进行，每段宽度 12m 左右，推土机自环库公路上料堆取料，分层、分段、顺库岸斜坡面自上而下推运摊铺作业，下行推料进占摊铺，后退上行返回岸顶料堆取料，上下往复运作，直到铺设合格为止。铺层厚度最后超填 5～7cm，作为预留碾压沉降厚度。推土机往复进占摊铺，在垫层料上进退自如，没有产生明显的打滑现象，2 台推土机日完成铺设量 850m^3，月铺设量达到 2.2 万 m^3。上水库库岸斜坡垫层料（反滤料）全部由推土机摊铺完成，实现了机械化作业，加快了工程进度并保证了施工质量，取得了明显的经济效益，证明用推土机在 1：2 的斜坡上大面积铺设垫层料（反滤料）是可行的。沥青混凝土防渗面板是摊铺在已喷涂乳化沥青的下卧层上，在面板铺筑施工前，需对其基层进行处理，包括坡面修整，对土质边坡应喷洒除草剂，垫层表面喷涂乳化沥青等。乳化沥青最好是阳离子乳化沥青，特殊情况下可以使用稀释沥青。喷涂材料的用量随下卧层形式而异，应通过现场实验确定，以喷涂均匀，不遗留空白为原则，砌石下卧层一般为 0.5kg/m^2，无砂混凝土下卧层一般为 0.8kg/m^2，碎石下卧层一般为 1.5～2kg/m^2。下卧层表面喷涂乳化沥青或稀释沥青可选用人工涂刷和机械洒布两种方法。

2. 沥青混合料的拌制

在拌制沥青混合料前，需预先对拌和楼系统进行预热，要求拌和机内温度不低于 100℃。沥青混凝土拌和应按试验确定的工艺进行，先加入骨料、填料干拌15s，然后注入沥青拌和30～45s，拌和均匀，不出花白料。水工沥青混凝土一般较道路沥青混合料拌和时间增加10～15s。拌和好的沥青混合料卸入提升斗，并提升至混合料保温储罐储存。

3. 沥青混合料的运输

应合理选择由拌和系统到施工摊铺现场的沥青混合料的运输方式及设备，运输设备必须具有较好的保温效果，且便于混合料的装卸。运输能力应与拌和、铺筑和仓面具体情况的需要相适应。沥青混凝土现场摊铺采用摊铺机，摊铺机条带宽为3～5m。在岸坡上的摊铺由履带式工作站中的卷扬机牵引摊铺机进行。履带式工作站位于库顶，并可沿环库路移动。工作站具有转运沥青混凝土，牵引在斜坡上运行的喂料车、摊铺机和振动碾，以及水平移动摊铺机等三种功能。

4. 沥青混凝土面板施工

沥青混凝土防渗面板通常采用先库底后斜坡的施工程序。铺筑斜坡沥青混凝土面板，多采用从坡脚到坡顶一级铺设；当斜坡长度过长（不小于120m），或因导流、度汛需要，可采用二级铺设。采用二级铺设时，临时断面的坝顶宽度应根据斜坡牵引设备的布置及运输车辆的交通要求确定，一般不小于10～15m。

沥青混凝土防渗面板施工受气象因素影响较大，其受气象因素影响的停工标准见表16-5-2。多雾地区施工天数尚应考虑雾天影响。

表16-5-2　沥青混凝土防渗面板施工受气象因素影响的停工标准

日降雨量（mm）	日平均气温（℃）				
≤5	>5	<-5	-5～5	5～15	>15
正常施工	雨日停工	停工	防护施工	风速>四级停工，风速≤四级施工	照常施工

（1）沥青混凝土面板摊铺施工。库底沥青混凝土采用摊铺机摊铺、分条幅平行流水作业、前铺后盖法施工，条幅宽度可达4～6m。条幅铺设方向一方面取决于垫层的工作面条件，另一方面也要考虑铺设的条 幅尽可能长，以减少施工接缝。沥青混凝土运输、转料、喂料等工序同公路沥青混凝土路面摊铺类似。根据防渗面板的设计形式和结构尺寸，沥青混凝土面板摊铺通常采用环形或直线摊铺方式，即用桥式摊铺机或牵引式摊铺机施工。目前，国内外水电工程通常采用沿垂直坝轴线方向直线摊铺的方式，即沿最大坡度方向将沥青混凝土防渗面板分成若干条幅，采用斜坡摊铺机自下而上依次铺筑。为了减少施工接缝，提高面板的抗渗性和整体性，要尽量加大沥青混凝土面板的摊铺宽度。斜坡上沥青混凝土排水层和防渗层的摊铺与库底所采用的方法基本相同，使用的摊铺机、碾压机也一样，所不同的是斜坡上的机械均由坡顶的卷扬机牵引，条幅施工长度与斜坡长度一致。沥青混合料用自卸汽车运至坡顶，卸入卷扬门机的料斗中，经斜坡喂料机将料喂到斜坡摊铺机中，摊铺机自下而上铺筑，当铺到坡顶时，斜坡喂料机被提起，斜坡摊铺机也驶入卷扬门机中，然后三者一起移到下一条带继续施工。沥青混凝土面板摊铺施工示意图如图16-5-3所示。

图16-5-3　沥青混凝土面板摊铺施工示意图

（2）温度控制。沥青混凝土施工的一个重要特点是：温度对沥青混凝土防渗面板的施工质量影响很大，从混合料的制备、运输、摊铺至碾压完毕整个施工过程均有严格的温度要求，国内外几个工程各层沥青混凝土温度控制标准见表16-5-3。

表 16-5-3　　部分工程沥青混凝土温度控制标准

分层名称	温度控制指标（℃）								
	天荒坪		西龙池				张河湾		
	摊铺	碾压	摊铺	初碾	复碾	终碾	摊铺	初碾	二次碾
整平胶结层	140～180	120 以上	140～160	130～135	110～115	90～95	160 以上	140 以上	100 以上
排水层	140～180	120 以上					130 以上	100 以上	
防渗层	140～180	130 以上	普通：140～160 改性：150～170	普通：130～140 改性：140～150	110～130	60～95	160 以上	140 以上	100 以上
封闭层	190～210		170～180				190		

分层名称	温度控制指标（℃）						
	宝泉			小丸川			
	摊铺	初碾	终碾	摊铺	初碾	复碾	终碾
整平胶结层	150～180	130 以上	100 以上	130 以上	90 以上		55±10
排水层				130 以上	90 以上		55±10
防渗层	160～180	140 以上	100 以上	160 以上	140 以上	100±10	55±10
封闭层	200±10						

（3）沥青混凝土面板碾压施工。沥青混凝土摊铺后要及时碾压，碾压一般使用双钢轮振动碾。碾压时振动碾不能只在一幅条带上来回碾压数次，而应采用错位碾压方式，平面上从左到右或从右到左依次碾压，斜面上从下到上依次碾压，最后采用无振碾压一至二遍，这样保证沥青混凝土表面平整，而且无错台、轮辙现象。沥青混合料各层的碾压成形分为初压、复压、终压三个阶段：

1）初压主要为了增加沥青混合料的初始密度，起稳定作用。一般由中型双钢轮振动压路机（5～10t）完成，静压 2 遍，速度为 1～2km/h。紧跟摊铺机，保持高温碾压，一般初压温度在 130～140℃。

2）复压主要解决压实问题。开始复压温度应在 110～120℃，通过复压达到或超过规定的压实度及表面平整度。由中型双钢轮振动压路机完成。振动压路机采用高频率，低振幅振压 2 遍，速度为 1～3km/h，再由双钢轮压路机碾压 2～4 遍，速度为 1～3km/h。

3）终压主要解决平整度及压路机的轮迹问题。开始终压温度应在 100℃左右，通过终压达到或超过规定的表面平整度。碾压终了温度应不低于 70℃。采用小型双钢轮振动压路机（2～5t）静压 2 遍，速度 1～3km/h。少数不平整处增加 1 遍振压，以无明显轮迹为标准，并达要求的平整度。

4）防渗层的碾压遍数应比整平胶结层相应增加，一般振动碾压 3～4 遍，不振动碾压 4 遍，在保证满足规定的渗透系数和孔隙率的条件下，使其表面光滑。

5）二次碾压完成后，应确认开放端侧的接头坡角，当坡角陡于 45°时，应通过人工采用电动振动板将其矫正至 45°以下。

（4）沥青混凝土封闭层施工。封闭层的涂刷应薄层、均匀，填满防渗层表面孔隙。沥青玛蹄脂封闭层的施工应采用适合于斜坡施工的特制摊铺机，一般采用涂刷机涂刷或橡胶刮板涂刷的方法。沥青玛蹄脂出机口温度 180～200℃，作业气温要求在 10℃以上，涂刷温度约为 170℃以上。涂刷厚度以每层 1mm 左右为宜。

（5）防渗层接缝处理。施工接缝要求防渗层纵、横接缝与整平胶结层纵、横接缝至少错开 0.5m。施工缝的接缝形式有平接和搭接两种，采用大型摊铺机，由于其带有压边器和接缝加热器，因此多采用平接缝。在平接缝中又分斜面平接和垂直面平接两种。由于垂直面平接较斜面平接渗径短，对防渗不利，同时整体性差，故一般应采用斜面平接。防渗层条幅边缘施工接缝应采用 45°斜面平接。为使施工缝结合良好，对受灰尘污染的条幅边缘应清理干净，喷涂薄层乳化沥青。对温度低于 100℃的条幅边缘，摊铺下一条幅前，先将边缘切成 45°角，涂一层热沥青，然后在摊铺机上挂红外线加热器先将接缝面加热，加热温度控制在 100℃±10℃。防渗层接缝分为热缝和冷缝两种。热缝指混合料摊铺时，相邻条幅的混合料已经预压实到至少90%，但温度仍处于100℃以上适于碾压情况下的接缝。其处理方法为：用摊铺机将先铺层接缝处层面边缘切成45°角斜边，然后进行新条幅摊铺，接缝的两边应一起压实。冷缝指在一天工作结束时所形成的接缝，或是某些区域的边缘，需在日后摊铺所形成的接缝。在铺筑施工中，若由于某种原因造成已铺条幅的温度降到100℃以下，也按冷缝处理。冷缝一般采用前处理方法，也可采用后处理方法。前处理方法：靠近边缘10cm不碾压，接缝表面涂热沥青涂层，下条幅摊铺前将冷缝边缘加热至100℃以上，新条幅摊铺完毕后将冷缝进行碾压。后处理方法：新条幅摊铺前在旧条幅边缘45°斜面上直接涂热沥青涂层，然后直接摊铺新条幅，新条幅施工完毕后几天内在冷缝处用红外加热器加热10min，使加热深度不低于6.5cm，然后以小型加热振动夯压平。

(6）特殊部位施工。面板与刚性建筑物连接部位的施工：沥青混凝土面板存在与进/出水口混凝土、库顶防浪墙混凝土等连接部位接头施工问题。库顶防浪墙与防渗面板连接部位施工可留出一定宽度，防渗面板一直铺设到防浪墙底部，待面板铺筑完成后再浇筑防浪墙混凝土。进/出水口混凝土与沥青混凝土防渗面板接头，要先施工进/出水口混凝土，防渗面板施工时应先将混凝土表面凿毛并清理干净，待干燥后涂一层沥青漆（氧化沥青），嵌入塑性填料止水，最后铺设防渗层。采用1t振动碾或手扶振动夯夯实，对热缝进行重复碾压，搭接10～15cm，对冷缝应按相应施工方法处理。

加筋沥青混凝土就是掺入纤维或在胶结层与防渗层之间夹铺聚酯纤维布（网）的沥青混凝土，铺设加强网格前首先在加厚层或排水层上均匀地涂上一层乳化沥青，然后将网格铺开、拉平，网格搭接宽度应大于30cm；之后，再均匀地涂一层乳化沥青，待乳化沥青中的水分蒸发后，再摊铺其上的防渗层沥青混凝土。摊铺过程应特别注意保护施工面的干燥。当采用多层加强材料时，上下层应相互错开，错距不小于1/3幅宽。

5. 沥青混凝土面板施工质量控制

质量控制分为三个方面：①对半成品骨料、填料、天然砂、成品骨料、沥青等原材料进行定期、定量检测；②从现场获取已拌和的沥青混凝土，在实验室测量沥青混凝土中的沥青含量、骨料级配曲线、沥青混凝土比重、容重、孔隙率、渗透系数、马歇尔稳定性及流值；③现场检查，每3000m^{2}至少取1组芯样进行室内试验，同时还用抽真空仪和核子密度仪在现场进行无损检测。

6. 沥青混凝土面板主要施工设备

西龙池、张河湾抽水蓄能电站沥青混凝土面板主要施工设备见表16-5-4。

表16-5-4　　西龙池、张河湾抽水蓄能电站沥青混凝土主要施工设备

序号	设备名称	西龙池		张河湾	
		规格型号	数量	规格型号	数量
一	骨料及拌和系统				
1	骨料破碎加工厂	80t/h	1	ZNZ-60M	1
2	沥青混凝土拌和厂	LB3250	1	LB3250	1
3	沥青混凝土拌和厂	LB3250	1	LB3250	1
二	库坡摊铺牵引设备				
4	主绞车	22.4t，8t，3t卷扬机	2	TS-1062	2
5	振动碾绞车	3t卷扬机	2	TS-3073	2
6	斜坡沥青混凝土摊铺机	ABG（4.5m）	2	TITAN273	2
7	斜坡喂料车	4.5m^3	2	TS-3067	2
8	斜坡振动碾	SW330（2.95t）	4	SW250（1.7t）	2
9	斜坡振动碾			SW350（3.0t）	4
10	红外线加热器		4		4
11	简易式红外线加热器		4		8
三	库底摊铺设备				
12	沥青混凝土库底摊铺机	徐工集团RP951（3.0～10.0m）	2	TITAN423	2

续表

序号	设备名称	西龙池		张河湾	
		规格型号	数量	规格型号	数量
13	库底振动碾	SW330（2.95t）	4	BWS-28（2.8t）	2
14	库底振动碾	HS66ST（0.69t）	4	BWS-40（4.0t）	2
15	红外线加热器		4		4
16	简易式红外线加热器		4		4
四	其他设备				
17	接缝加热器	66000kcal/min	1	TS-2066	1
18	沥青玛蹄脂运输车		6		6
19	沥青玛蹄脂喷射机		1	TS-2070	1
20	玛蹄脂加热器		2		2
21	沥青脱桶机		2	GT8H	2
22	发电机	5kVA	4	SDMO	1
23	水车	$5m^3$	2	KC-FF117J	2
24	装载机	$3m^3$	2	966D	4
25	推土机	D85	1	D7G	1
26	发电机	150kVA	1	SDMO	1
27	自卸汽车	20t	10	CXZ19J	18
28	夯板	12kg（电动）	4		6
29	振动板	50～60kg	4		
30	照明车	1000W×2	4		
31	挖掘机	$1.2m^3$	1		

（四）复合土工膜防渗施工

泰安电站上水库右岸岸坡和坝面采用钢筋混凝土面板防渗，库底采用土工膜防渗。在堆石坝混凝土面板和右岸混凝土面板的底部设置连接板与库底土工膜相连接，在土工膜左边界和库尾边界，通过库底观测廊道与基岩相连接，沿库底观测廊道实施20～60m深的帷幕灌浆。土工膜防渗铺盖面积约15.4万m^2。

上水库复合土工膜铺设在库底碾压填筑石渣上，该防渗系统自下而上由支持层、复合土工膜、30cm厚粗砂上垫层、50cm厚石渣保护层等组成。其中支持层又包括10cm厚碎石找平层、500g/m^2涤纶针刺无纺土工布及30cm厚粗砂下垫层。复合土工膜铺设施工质量对上水库工程防渗质量影响较大，应从复合土工膜及土工布的采购、运输、储存、铺设、焊接缝、周边缝连接处理及质量检测等环节进行控制，确保铺设施工质量。

1. 铺设施工工艺试验

铺设施工前，应进行工艺试验，通过工艺试验确定施工设备、天气状况、环境温度、下垫层粗砂的含水量、焊接温度、行走速度等参数指标，并编制相应的铺设施工作业操作技术规程和质量管理办法，编制铺设施工进度计划。

2. 复合土工膜铺设施工

（1）下支持层施工。

1）碎石找平层施工。在库底回填石渣碾压检查验收合格后进行找平层施工，采用自卸汽车直接运料至工作面，人工摊铺并整平、3t轻型平碾碾压密实，使表面平整，保证土工布与其密贴并不损伤土工布。

2）土工布施工。碎石找平层施工完毕并经验收合格后，即可进行土工布的铺设施工，按照常规进行土工布铺设施工，保证铺设施工质量。

3）粗砂下垫层。在土工布铺设结束并经验收合格后进行粗砂下垫层施工，在工作面附近设约 $3m^3$ 粗砂集料箱，在土工布上铺设木板，用自卸汽车将粗砂运至粗砂集料箱中，用人力推车通过木板运料至工作面，人工摊铺，3t 轻型平碾碾压，并使表面平整等技术指标满足要求。

（2）复合土工膜铺设准备。

1）铺设前应做好分区铺设规划及备料工作，根据复合土工膜分区分块铺设施工情况，合理制定裁剪的尺寸与规格，并按设计要求预留足够余幅，一般不小于 1.5%，以便拼接和适应土石方填筑自然沉降、气温的变化等。复合土工膜焊接前，先对其外观质量进行检查，查看膜面是否有熔点、漏点，厂家接头是否牢固，面层土工布材质是否均匀，留边处是否平整无褶皱等，发现质量问题经处理合格后才准许投入使用。

2）复合土工膜施工工艺流程如图 16-5-4 所示。

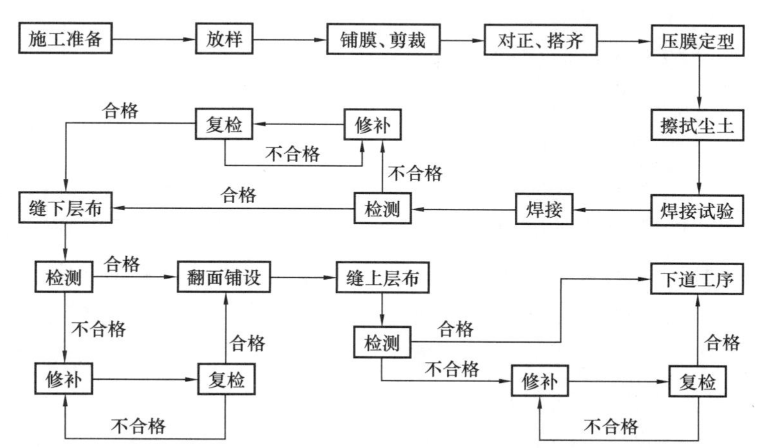

图 16-5-4　复合土工膜施工工艺流程

3）复合土工膜铺设和焊接。采用设定好的幅面规格，按照规定的顺序和方向进行分区、分块铺设施工。按图放样、正确铺放位置，铺设施工一般在室外气温 5℃ 以上、风力 3 级以下，无雨、无雪的气象条件下进行，施工环境最高气温以不对施工人员的身体造成伤害为限制温度。施工现场环境应能保证土工膜表面的清洁干燥，并采取相应的防风、防尘措施，以防土工膜被阵风掀起或沙尘污染。若现场风力偶尔大于 3 级时，应采取挡风措施防止焊接温度波动，并加强对土工膜的防护和压覆。铺设时按设计要求留足搭接宽度，并留有一定的余幅，随铺膜随压，以防风吹。复合土工膜与混凝土面板趾板、进水口底板和库底廊道连接部位，按复合土工膜从上到下的方向铺设；水平铺设自坡脚向外方向人工铺设，使接缝方向与最大拉应力方向平行。铺膜时力求平顺、张弛适度，复合土工膜与下垫层结合面吻合平整，不留空隙避免人为和施工机械的损伤。HDPE 膜宜采用 LEISTER Comet 电热楔式自动焊机，并配套 Triac-drive 手持式半自动爬行热合熔焊接机、MUNSCH 手持挤出式焊机进行施工，拼接接头采用 T 形结点，不允许采用十字形结点。焊接时，焊机通过两块电烙铁供热，胶带轮通过耐热胶带施工，滚压塑膜。

每次开机焊接前，当现场实际施工温度与焊前试焊环境温度差别大于±5℃、风速变化超过 3m/s、空气湿度变化大时，应补做焊接试验及现场拉伸试验，重新确定焊接施工工艺参数。焊接过程中，应随时根据施工现场的气温、风速等施工条件调整焊接参数。现场环境温度为 10～30℃的条件下，焊机控制焊速为 2～2.5m/min，焊接温度调节在 270～350℃，焊接压力采用 700～800N。现场环境温度为 5～10℃的条件下，焊机控制焊速为 2m/min，焊接温度调节在 300～420℃，焊接压力采用 800～900N。原则上不允许在环境气温低于 5℃ 的情况下进行焊接施工。在气温低于 10℃、高于 5℃的情况下焊接时，建议用热风将焊接部位预热至 20～30℃，焊接设备的预热时间要适当延长，焊缝应随时覆盖保温，防止骤冷，并应采取措施对完成敷设和焊接的土工膜进行隔离保温。

4）土工布缝合。HDPE 膜焊接合格后进行面层土工布的缝合工作。土工布的缝合宜采用 GH9-2 型手提式封包机，用高强维涤纶丝线丁缝法缝合，搭接宽度 25cm 左右，连接面松紧适度，自然平顺，确保膜布联合受力。土工布连接完成，将第二幅翻回铺好，再依次循环施工。

5）焊缝质量检测。HDPE膜焊接后，应及时对其焊接质量进行检测。检测部位主要包括全部焊缝、焊缝结点、破损修补部位、漏焊和虚焊的补焊部位、前次检验未合格再次补焊部位等。检测的方法主要有目测、现场检测和室内抽样检测。目测，即表观检查，贯穿土工膜施工全过程，观察焊缝是否清晰、透明，有无夹渣、气泡、漏点、熔点、焊缝跑边或膜面受损等。现场检测采用充气法进行，检测仪器采用气压式检测仪和真空检测仪。

6）周边缝施工。库盆复合土工膜周边与库岸及坝体连接板、库底廊道和进/出水口拦渣坎底座混凝土连接的周边缝，采用槽钢或角钢及锚栓锚固，回填混凝土。土工膜周边缝固定好后，立即浇筑二期混凝土进行封固；也可在周边缝处涂一层乳化沥青用以加强防渗。

7）粗砂上垫层施工。复合土工膜铺设施工合格后，进行粗砂上垫层施工，施工速度与土工膜拼接速度相匹配。粗砂上垫层施工方法与下垫层基本相同，在工作面上铺设木板，采用人力推车运输至膜上，人工摊铺，3t平碾碾压。

8）石渣保护层施工。石渣保护层采用自卸汽车直接运料至工作面，进占法卸料，推土机铺料，人工辅助摊平，3t平碾碾压密实。

二、水道和地下厂房系统施工

（一）施工支洞布置

施工支洞布置应根据地下系统工程布置、规模及结构型式、地形地质条件、外部交通条件、工期要求、施工方法等情况，经综合分析比较后确定。施工支洞设置宜遵循“永临结合、一洞多用”原则，尽量利用永久洞室（排风洞、交通洞等）或地质探洞作为施工通道。施工支洞的断面尺寸应根据通过的施工设备的尺寸确定，同时还应兼顾布置通风管路、供水管道、照明线路、排水沟（管）和人行道等要求；运输岔管、钢管的施工支洞的断面尺寸应根据所运物件的单件最大运输尺寸及选定的运输方式确定。当施工支洞布置有转弯段时，应满足运输车辆和运输物件的最小转弯半径和转弯洞段加宽值。施工支洞的坡度一般不超过9%，相应限制坡长150m，局部最大坡度不宜大于15%。支洞轴线与主洞轴线的交角不宜小于45°，且应在交叉口设置不小于20m长的平段。

（1）抽水蓄能电站水道系统的高压管道上、下平洞部位应布置施工支洞，如果高压管道设置中平段，该部位也应布置施工支洞。当竖井（或斜井）较长，一般超过500m时，根据工期要求可在其中部设置施工支洞。尾水隧洞施工支洞宜靠近地下厂房设置。水道系统施工支洞布置宜尽量从同一侧进入。

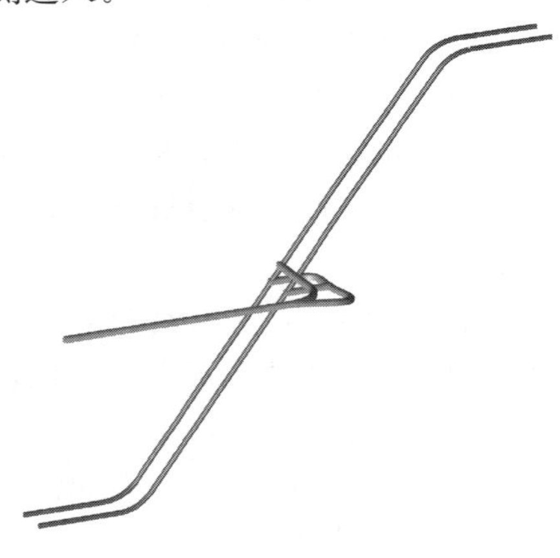

图16-5-5　天荒坪工程高压斜井中部施工支洞及下岔洞示意图

广蓄一期和二期、十三陵、西龙池等抽水蓄能电站的高压斜井设有中平段，分别在上、中、下平段布置上部、中部和下部施工支洞。西龙池电站上斜井高差约460m，中间增设一施工支洞。

天荒坪电站工程高压斜井长697.37m，没有设置中平段，在斜井的中部设置中部施工支洞及下岔洞，其间留有8.5m厚的岩塞（见图16-5-5）。

张河湾电站工程高压竖井长341.26m，其上平段很短且受地形条件限制，布置上部施工支洞比较困难，但上弯段处埋深较浅，根据枢纽布置及地形地质条件，布置40m深的施工竖井与高压竖井相连，供竖井开挖及钢管和混凝土的运输，并避免了与上水库进/出水口施工的干扰；利用高出下平洞约70m的地质探洞扩挖成施工支洞来解决竖井溜渣导井施工，施工支洞以上采用反井钻机施工溜渣导井307m（目前国内水电工程利用反井钻机施工溜渣导井达到的最大深度），以下70m采用人工正井法施工溜渣导井。

（2）地下厂房系统的施工支洞布置应尽量利用厂房通风洞、交通洞、高压管道下平洞、尾水支洞，并通过综合分析，确定施工支洞的数量、位置、断面。地下厂房施工从顶部到底部一般布置4层施工通道。某抽水蓄能电站地下系统施工通道布置示意图如图16-5-6所示。

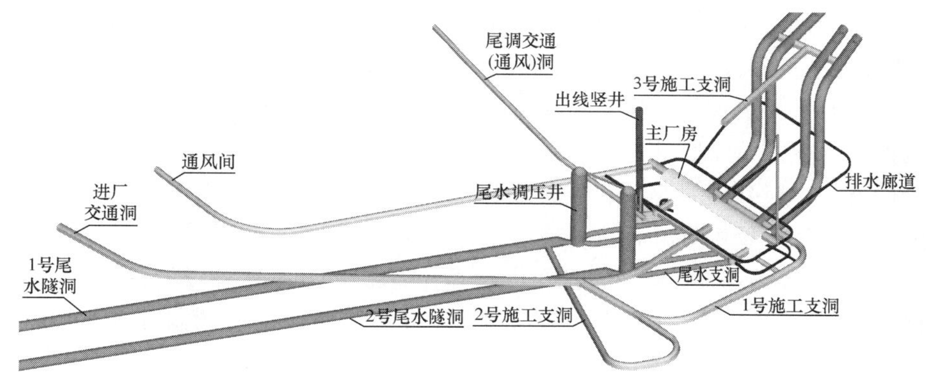

图 16-5-6 某抽水蓄能电站地下系统施工通道布置示意图

（二）水道系统施工

1. 水道系统平洞施工

引水系统和尾水系统的平洞一般采用钻爆法开挖。用钻爆法开挖隧洞时，应根据隧洞的断面尺寸、地质条件、施工技术水平和施工设备性能，研究确定采用全断面开挖或分部分层开挖。洞径在 10m 以下的圆形断面，跨度在 12m 以下、高度在 10m 以下的方圆形断面，宜优先采用全断面开挖；洞径大于 10m 的圆形隧洞、洞高大于 10m 或跨度大于 12m 的方圆形隧洞，宜先挖导洞，然后进行分层分部开挖，导洞设置部位及分层分部尺寸，应根据地质条件、隧洞断面尺寸、施工设备和施工通道等因素经分析研究确定。混凝土衬砌宜采用针梁模板进行全断面浇筑，混凝土搅拌运输车运输混凝土，混凝土泵泵送入仓。

2. 高压管道斜（竖）井开挖

抽水蓄能电站的高压管道特点是高差大、长度长、施工难度较大。开挖应尽量创造从井底出渣的条件，当具备溜渣条件时，宜先开挖溜渣导井，然后自上而下扩挖，从斜井或竖井底部出渣。断面尺寸较大且井底有通道时，宜选用导井法开挖；导井开挖应通过比较一次钻孔分段爆破法、爬罐法、吊罐法、反井钻机法、正井法、掘进机法和上述几种方法组合等施工方案。

国内抽水蓄能电站高压斜井或竖井的开挖一般都采用导井法，导井一般采用爬罐自下而上开挖反导井、反井钻机施工导井或人工自上而下开挖正导井。国内抽水蓄能电站高压斜（竖）井的导井施工方法见表 16-5-5。

表 16-5-5　　国内抽水蓄能电站高压斜井或竖井施工特性

工程名称	斜（竖）井总长（m）	倾角	上斜（竖）井/下斜（竖）井（m）	施工方法	导井长度（m）	备　注
广蓄一期	753.66	50°	406.21/347.45	人工正井法/爬罐法	147.4/249.1（上斜） 118.1/197.4（下斜）	
广州二期	750.0	50°	398/352			
十三陵	598.94	50°	357.5/237	人工正井法/爬罐法 反井钻机法	141/213.5（上斜） 237（下斜）	2号上斜人工正井 182m
天荒坪	697.434	58°	341.856/324.566	人工正井法/爬罐法	100/242（上斜） 下斜 324（爬罐）	中部两岔一塞 31.012m
桐柏	413.19	50°	—		100/313.19	
西龙池	777.37	56°/60°	535.47/241.91	反井钻机法/爬罐法 爬罐法	180/360（上斜） 261（下斜）	爬罐进尺 382m （含 22m 下弯段）
宝泉	761.71	50°	430.71/331	人工正井法/爬罐法	130.62/288.45（上斜） 100/231（下斜）	
泰安	240	90°	—	反井钻机法	240	
琅琊山	140.58	90°	—	反井钻机法	140.58	
宜兴	380	90°	150/230	反井钻机法	150/230	
张河湾	341.26	90°	269.26/72	反井钻机法 人工正井法	307 72	施工竖井 40m
惠州	585.56	50°	265.45/320.11	反井钻机法	/301	
回龙	400	90°	—	采用人工正井法自上而下全断面开挖 ϕ3.5m 的竖井		

目前，国内采用爬罐法开挖斜井导井进尺最大的为西龙池电站上斜井下段，达 382m（含 22m 下弯段）；采用人工正井法开挖斜井导井进尺最大的为十三陵抽水蓄能电站 2 号上斜井，达 182m；采用反井钻机法开挖斜井导井进尺最大的为惠州抽水蓄能电站下斜井，达 301m；反井钻机法开挖竖井导井进尺最大的为张河湾抽水蓄能电站竖井，达 307m。斜井导井一般采用爬罐法开挖反导井与人工正井法开挖正导井相结合的方法，竖井导井宜采用反井钻机法开挖导井。人工正井法开挖正导井深度一般不宜超过 100～150m；爬罐法开挖反导井长度一般宜不超过 400m 左右；反井钻机法开挖斜井导井长度一般宜不超过 300m 左右，钻孔偏斜控制不超过 1.5%。反井钻机法开挖竖井导井深度一般宜不超过 350～400m，钻孔偏斜控制不超过 1.0%。仅从施工水平看，长度 500m 左右的斜井如果不是控制工期的项目，一般可以不设置中平段或中部施工支洞。

高压斜井或竖井的导井施工，从施工进度、作业环境、安全、人员作业强度来看，反井钻机法比较有利。这种开挖导井的施工方法，是在 1992 年十三陵抽水蓄能电站斜井施工中从煤矿行业成功引入水电行业的。如果高压斜井或竖井的导井具备反井钻机施工条件，应尽可能采用反井钻机施工高压斜井或竖井的溜渣导井。采用爬罐法开挖反导井与人工正井法开挖正导井相结合的方法施工导井，虽然是一种成熟的施工方法，但作业环境及安全条件较差，劳动强度较大。反井钻机法开挖导井施工方法如图 16-5-7 所示，爬罐法开挖反导井施工方法如图 16-5-8 所示。

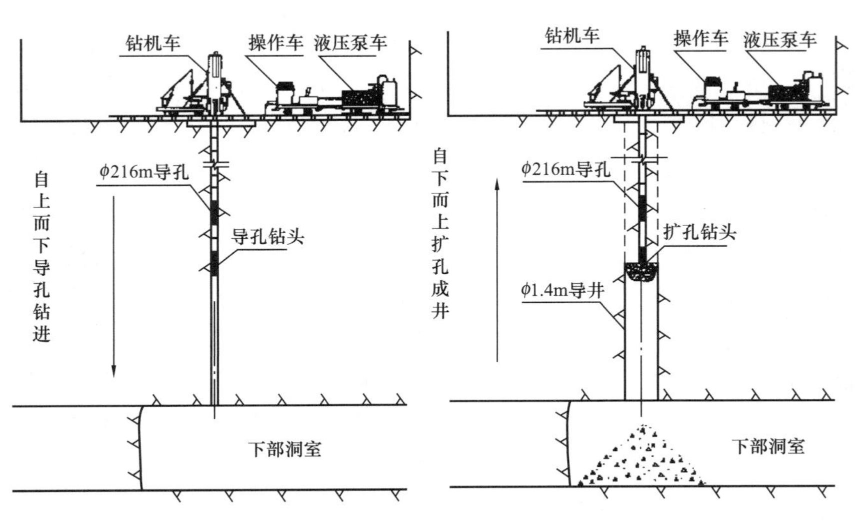

图 16-5-7　反井钻机法开挖导井施工方法示意图

将掘进机法（TBM）应用于 50°左右陡倾斜井的开挖是日本抽水蓄能电站建设中的一大特点。首先在下乡电站倾角 37°、长 485m 的上斜井段成功地应用，用 TBM 由下往上开挖 φ3.3m 的导洞，然后由上往下用 TBM 扩挖成 φ5.8m 的断面；盐原电站倾角 52.5°、长 462m、φ2.3m 的导洞采用 TBM 开挖；葛野川电站倾角 52.5°、长 771m、φ7m 的斜井，采用 TBM 由下往上开挖 φ2.7m 的导洞，然后由上往下用 TBM 扩挖成 φ7m 的断面；神流川电站倾角 48°、长 961m、φ6.6m 的斜井，采用 TBM 由下往上全断面开挖；小丸川电站倾角 48°、长 889m 的上斜井，φ2.7m 的导洞和 φ6.1m 斜井扩挖都采用 TBM 施工。

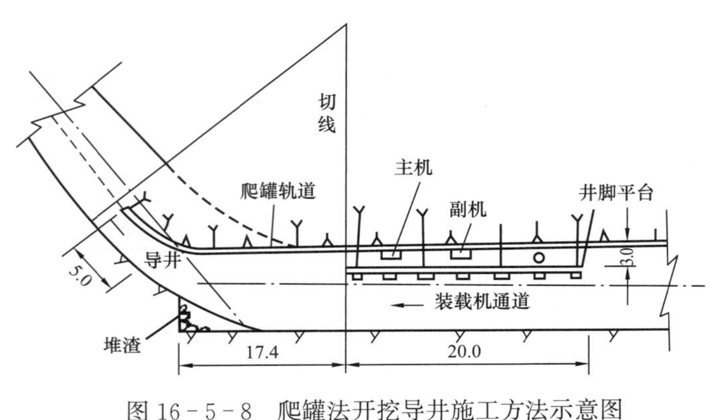

图 16-5-8　爬罐法开挖导井施工方法示意图

采用普通钻爆法施工斜井，导洞加扩挖综合平均月进尺 30m 左右；采用 TBM 开挖导洞，然后用 TBM 扩挖斜井，综合平均月进尺超过 50m；采用 TBM 全断面开挖斜井平均月进尺超过 70m，最大月进尺达 115.5m。葛野川电站 TBM 开挖导洞平均月进尺 115m，最大月进尺 166m，TBM 扩挖斜井平均月进尺 97m，最大月进尺 173m。

TBM 掘进先利用主撑靴对岩壁施加压力，固定掘进机；然后靠中部主千斤顶推动刀头切削岩石掘进，根据千斤顶的行程，一般一次可掘进 1～1.5m；再通过前撑靴与岩壁压紧，放松主撑靴，缩回主千斤顶，把掘进机后部机体拉向前，这样就完成一个掘进循环。TBM 设备除主体部分外，其后还带有若干个台车，以设置控制室、喷混凝土和打锚杆的支护设备、防滑落的装置、风水电油等辅助设备、出渣系统等。全套机械有相当长度和重量，以神流川电站的 TBM 为例，主体长 11m，加上后续台车后全长约 50m。主体设备重 450t，全体设备重 600t。神流川全断面 TBM 设备如图 16-5-9 所示。

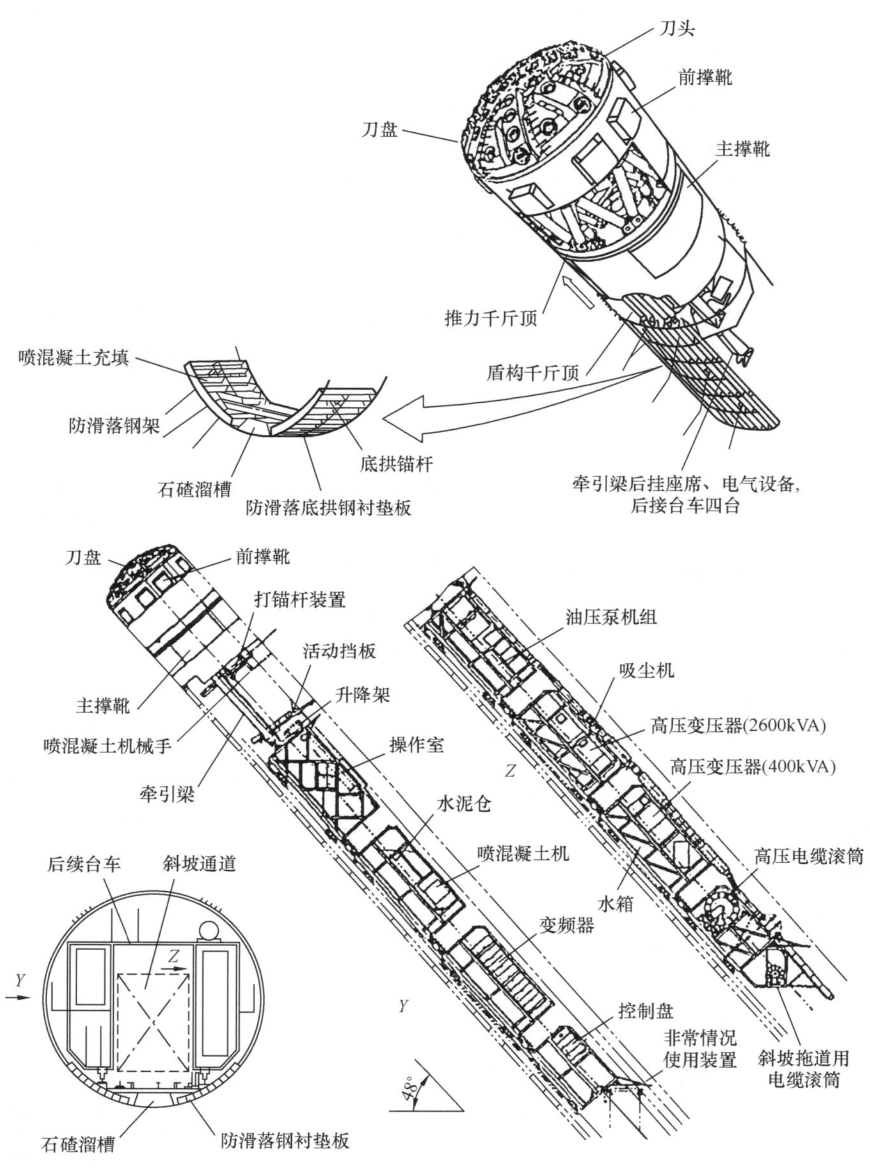

图 16-5-9 神流川电站斜井 TBM 构造图

TBM 施工斜井在安排施工进度时尚应考虑设备组装、准备及解体撤出作业的影响。TBM 设备组装和准备需 3～4 个月，其解体撤出也需 1～2 个月。斜井开始一段不能用 TBM，而需采用常规钻爆法施工，此段长度一般为 50～60m。

采用 TBM 施工长大斜井可以使工人的作业安全和作业环境大大改善，可以省去长斜井中部施工支洞。日本东京电力公司认为，如果单纯比较 TBM 和钻爆法的开挖单价，用 TBM 开挖长度仅几百米的斜井不一定经济。但是，当斜井较长时，钻爆法施工受爬罐性能、通风排烟等限制，往往要增设一、二条施工支洞，如受地形限制，施工支洞长度可能达 1～2km，还需建连接支洞的公路，综合比较，TBM 在经济上就可能有利。再考虑工期缩短、人员安全和环境条件改善等因素后，TBM 方案可能会具有吸引力。

3. 高压管道钢管制作、安装及混凝土施工

（1）钢板衬砌的高压管道。对采用钢板衬砌的高压管道，钢管制作的施工工序如下：钢板配料—材料验收（表观检查、超声波探伤检查）—放样及制作样板—钢板划线—切割下料—坡口制备和修磨—钢板端头压弧（压头）—卷板及冷压成形修弧—钢管对圆、调圆、装内支撑—单节纵缝焊接—单节纵缝探伤—单节装加劲环—钢管大节组装—大节环缝焊接—钢管大节环缝探伤—钢管内外壁附件组装和焊接—钢管大节除锈、涂漆、喷水泥浆—装内支撑—大节编号及做标记。

在压力钢管安装前，在各平段、斜管段、支管段以及施工支洞与两管道交叉口之间铺设轨距 2m 的轨道，轨道采用 43kg/m 级工字钢。在上（中或下）平段与施工支洞交叉处设一套门式吊架，作为钢管的吊卸、转装运输台车之用。在平段与施工支洞的每一个交叉处地面设一个转向平台，便于钢管的转向。钢管由平板拖车运至门式吊架下，转装到运输台车上，由卷扬机牵引至安装面。对于竖井，在竖井顶部设置吊点，钢管通过卷扬机吊放到安装面。

一般钢管初始定位节从下弯段开始，就位固定后，即可回填外围混凝土，两端各留 0.8m 不浇，以利后续安装单元的连接。

每安装两大节钢管作为一个循环，其工作流程如下：安装准备—吊装就位—管节对装—预热、环缝焊接、后热—表面检查、探伤—返修、加固、清扫—打磨、补焊—中间验收—混凝土浇筑—灌浆—灌浆孔补焊打磨、油漆及扫尾—作业面验收。

混凝土回填与钢管安装交叉进行，模板距管端 0.8～1m，留出空间以便安装后续邻管段。自下而上每安装两大节（12～18m）回填一次混凝土。混凝土循环进程中，端头不支模，混凝土封面时仓面保持水平。斜井段混凝土用溜槽入仓，根据斜段两端高差大，管段较长的情况，溜槽内加设挡板，以防混凝土离析，竖井段混凝土采取真空溜管入仓，平洞段混凝土由混凝土泵泵送入仓。

十三陵电站高压钢管 1 号上斜段平均月安装 36m，最高月安装 79 节（237m）；2 号上斜段平均月安装 48.9m，最高月安装 56 节（168m）。中平段至球阀间的压力钢管的安装，首先进行钢岔管的就位安装，然后下平段与下斜段同时进行，平均月安装 30m，最高月安装 72 节（216m）。

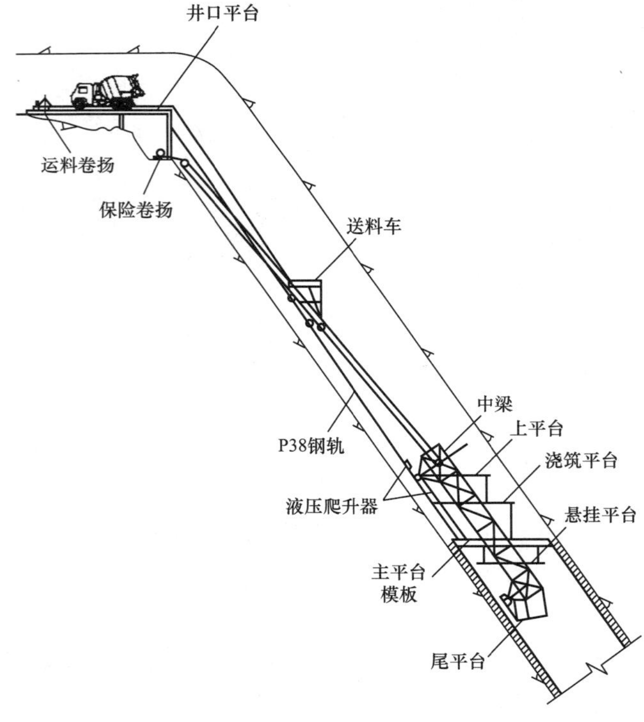

图 16-5-10　斜井混凝土滑模施工方法示意图

琅琊山电站竖井钢管安装月平均进尺 35m/月。张河湾抽水蓄能电站竖井钢管安装月平均进尺 54m/月。西龙池斜井钢管安装月平均进尺 42m/月。

（2）钢筋混凝土衬砌高压管道。钢筋混凝土衬砌的高压管道斜井采用滑模进行混凝土施工，斜井滑模主要由井口平台、轨道、滑模本体、液压爬升装置、运输系统、安全保险设施等部分组成。运输系统由送料车、送料车卷扬机和一系列导向轮组成，用作输送混凝土、钢筋和作业人员等；井口平台用作搅拌车停车卸料、钢筋卸车。斜井滑模本体的主要结构由中梁、模板、5 层工作平台、前后行走轮组及液压爬升装置等组成。

广蓄电站一期工程中，CSM 斜井滑模创出 9.8m 的日滑升最好成绩，月平均滑升 102m，最高月滑升速度达到 149m 的高水平。天荒坪抽水蓄能电站 XHM 型斜井滑模创下了

日滑升 12.08m 的最好成绩，月滑升 230.3m 的最高纪录。斜井混凝土滑模施工方法示意图如图 16－5－10 所示。

4．钢筋混凝土岔管施工

钢筋混凝土岔管为了使围岩和钢筋混凝土能发挥联合受力作用，要求开挖成形好，尽量减少围岩因爆破产生的裂隙。

广蓄电站岔管开挖采用常规钻爆法，用三臂台车开挖，先主管后岔管，采用多循环短进尺的原则，严格控制布孔密度、钻孔深度、钻孔角度和炸药单耗，周边光爆，锚杆及时跟进，控制围岩变位。模板采用透水、排气、止浆的材料。$\phi 36$ 钢筋呈三维空间弯曲，钢筋厂加工后运至现场，对号绑扎时用自制模具二次加工微调。混凝土浇筑选在低温季节施工，优选混凝土配合比，选择外加剂和掺合料，以解决泵送低坍落度混凝土的和易性，减少水泥用量，防止混凝土温度裂缝。

钢筋混凝土岔管固结灌浆压力比较高，广蓄电站岔管固结灌浆压力达 6.5MPa，天荒坪电站岔管固结灌浆压力达 9.0MPa。固结灌浆质量的好坏直接影响到岔管的安全和渗透性。高压灌浆前要先进行回填灌浆和浅层固结灌浆，并在与钢管相交部位进行高压帷幕灌浆用以封闭高压灌浆区域。

浅层固结灌浆的目的是在高压灌浆前对衬砌与围岩的结合缝和爆破松动圈给予固结，使其在高压灌浆时有足够的强度抵抗高压灌浆时产生的上抬力。天荒坪电站岔管浅层固结的孔位布置与高压固结的孔位布置相同。孔深为入岩 3m，灌浆塞位在混凝土内。灌浆时，圆管段不分序，灌浆压力 3MPa；在主岔段分 2 个次序进行灌浆，压力为Ⅰ序孔 1.0MPa，Ⅱ序孔 3.0MPa，按分序加密的原则施灌。灌浆用 625 普通硅酸盐水泥，水灰比为 0∶8。

由于岔管的结构形式特殊，受力条件复杂，为确保高压灌浆施工中不破坏衬砌混凝土，在岔管段每隔 2 环孔即布置一组径向变形观测装置，其布置形式为纵横交错分布。

灌浆设备选用 SGB4－12 型高压灌浆泵，使用机械式高压灌浆栓塞，灌浆塞初期安装在入岩 0.3～1.3m 进行灌浆塞位试验，在确保衬砌混凝土不被破坏的前提下，将塞位逐步调整为入岩 0.5m。但主岔部位因受力条件特殊，灌浆塞位为入岩 1.2m。灌浆顺序为由低到高逐孔灌浆，每环前后交替，呈跳跃式灌浆。灌浆开始时，用高压灌浆泵将灌浆管路充满浆液，测定出管路占浆数值后，用高压耐磨阀门控制压力逐步升高。在吸浆量较小的情况下，压力一般在短时间内升至 5.0MPa，无异常情况下，压力再由 5.0MPa 逐渐升至 9.0MPa。灌浆过程中，设专人监测混凝土变形。当变形值超过 0.2mm 时，压力不再上升。如果在升压过程中，个别孔出现串浆或串水现象，则采用“低压慢灌，串浆稳压”或加深塞位等方法使压力逐渐升至 9.0MPa。

高压钢筋混凝土岔管施工技术难点主要有以下四方面：①严格的光面爆破技术和预应力锚杆紧跟，以控制开挖体形、抑制围岩变形。②环向钢筋的加工与绑扎，由于是大圆锥与小圆锥相贯，每根环向钢筋均不相同，与椭圆方程参数近似，加工后必须用专用模具调整到位做到曲线圆顺，表面平整。③开发透水排气的模板，使混凝土泌水、排气通畅，并保证养护水能湿润混凝土。④高压固结灌浆技术，既要固结混凝土衬砌周边围岩的松弛圈，又要加固 1 倍洞径的围岩，确保衬砌与围岩联合受力；既要使混凝土衬砌有一定的预压应力，又不致使混凝土劈裂。

5．进/出水口水下岩塞爆破

响洪甸电站利用已建的响洪甸水库作上水库，采用水下岩塞爆破方法形成上库进/出水口。响洪甸水下岩塞爆破设计采用硐排结合爆破、洞内聚渣方案，在国内首次采用了集渣坑高水位充水并设置气垫减震的技术，及梯形集渣坑、球壳形混凝土堵头、双层药室＋排孔的装药结构、毫秒电磁雷管起爆等措施。

（1）岩塞爆破进水口结构布置。

1）岩塞。水下岩塞爆破采用堵塞集渣爆破方式。为满足进出水流的要求，岩塞设计成下口小、上口大的锥台体，塞底直径 9.0m，纵轴线倾角 48°。岩塞部位地形不对称，左高右低，岩塞右下侧最小厚度 9.0m，左上侧最大厚度约 13.0m。

2）集渣坑。岩塞后部紧接过渡段，过渡段后为集渣坑。选用的集渣坑断面为城门洞形，宽 8.0m，边墙最大高度 27.0m，渣坑容积 3318m³。岩塞爆破总实方体积 1350m³，考虑岩塞口上部可能塌方体积，渣坑内总石方量为 2302m³，渣坑利用率 69.4%。

3）闸门井和堵头。距岩塞体 90m 处布置检修闸门井，门井高度 68m，设有两道门槽。下游门槽用于正常运行期安放检修门；岩塞爆破后至堵头拆除前将闸门放入上游门槽内，以便拆除堵头时从下游闸门槽出渣。

混凝土堵头采用球冠形混凝土堵头方案，堵头外半径 6.59m，内半径 5.09m，内表面中心角 103.6°，C24 混凝土浇筑。拱座断面为三角形，基岩承载面与 51.8°径向线平行。堵头下部安装 DN250mm 闸阀一套。岩塞爆破时由堵头挡水，爆破后放下闸门，打开堵头上闸阀，排除闸门井中的存水，然后拆除堵头。岩塞爆破进水口结构布置如图 16-5-11 所示。

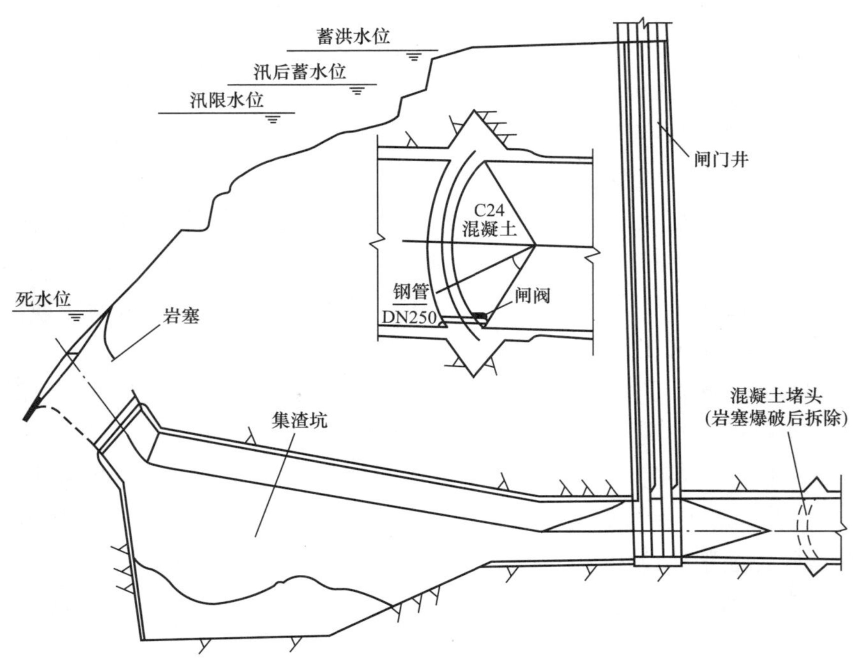

图 16-5-11　响洪甸电站岩塞爆破进/出水口结构布置图

(2) 岩塞爆破设计。岩塞爆破为双层药室及排孔结合爆破，先由集中药包前后爆通，再由排孔扩大成形，三个药室，135 个排孔，最大孔深 9.87m，一般 8m 左右。爆破石方 1350m³，总装药量 1958.42kg。爆破材料采用 MRB 加强型岩石乳化炸药，用高精度系列毫秒电磁雷管起爆。炮孔布置如图 16-5-12 所示。

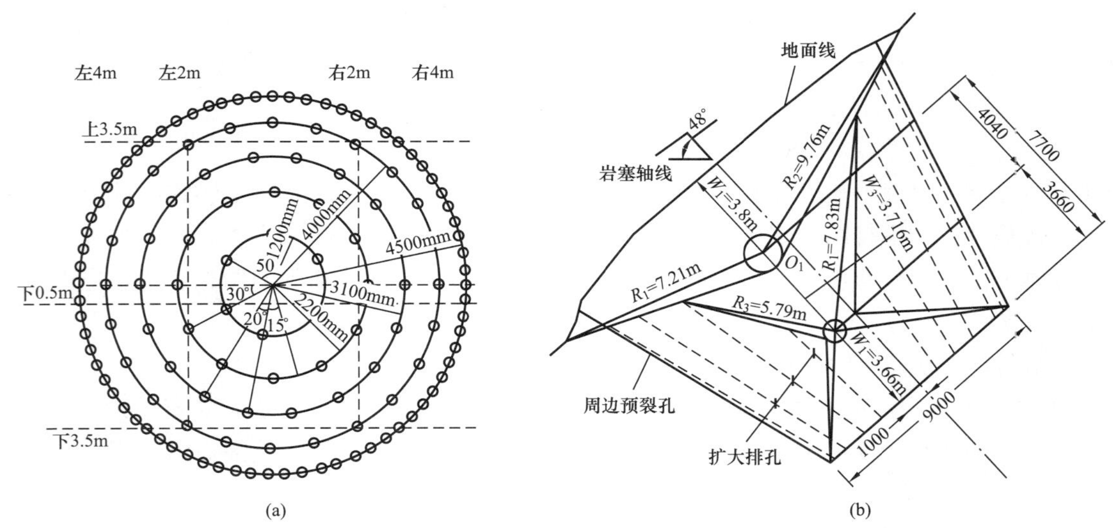

图 16-5-12　岩塞炮孔布置图

(a) 岩塞底面炮孔布置；(b) 岩塞轴线纵剖面

(3) 岩塞爆破施工。

1) 造孔。分层搭设施工平台，用地质钻机造孔。造孔的关键在于孔位和方向的准确度。按设计角度定出孔位，用红油漆点在岩面上，标出孔号；移动地质钻机将钻杆对准点位，调整钻杆位置，直到与定向杆方向完全一致，然后固定钻机，开孔钻进。

2) 药室开挖。设计为双层药室，表层药包2个，中心药包1个。药室及导洞采用YT23型短气腿式凿岩机造孔，光面爆破施工。整个导洞及药室开挖采用周边孔分段钻进预裂、浅孔、少药多循环。岩塞爆破药室布置如图16-5-13所示。

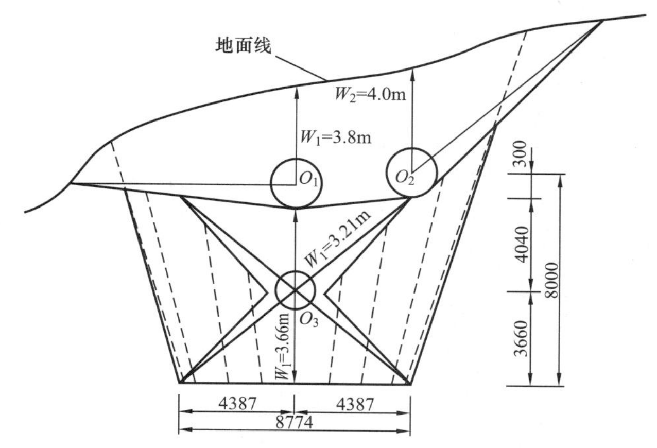

图16-5-13 岩塞爆破药室布置图

3) 装药。表层1号药室装药量285kg，2号药室329.8kg，中部3号药室168.5kg。并进行两种排孔（预裂孔和主炮孔）的药卷装药，为保证装药的质量与安全，在不剖开的硬质塑料管（PVC管）内装药，然后推入孔中，变孔内装药为孔外装药。

4) 起爆。装药完成后，用水泵从水库经闸门井向集渣坑充水，直至闸门井水位上升到104～105m高程范围，此时集渣坑水位达78m，已经形成气垫。然后用空压机通过预埋在洞顶部混凝土内ϕ50mm钢管向78m高程水面以上至岩塞底部的空间补气，形成0.26MPa压力气垫。通过高频起爆器起爆。起爆时库水位115.26m，闸门井水位103.73m，集渣坑水位78m，气垫体积1197m^3。

(4) 爆破效果。爆后水下摄像观察，岩塞周边半孔留痕普遍清晰可见，成形好，闸门井门槽及前面底板没有石渣，只有几厘米厚泥沙，进入洞内的石渣全部落入集渣坑内，集渣坑堆渣曲线平缓。响洪甸电站上水库进/出水口水下岩塞爆破是国内第一个在抽水蓄能电站进/出水口进行水下岩塞爆破施工的工程，对位于已建水库或湖泊中的抽水蓄能电站进/出水口施工具有一定的借鉴意义。

6. 竖井式进/出水口混凝土衬砌施工

西龙池电站上水库进/出水口采用竖井式结构，其喇叭口段由1/4椭圆曲线围绕竖井中心轴线而成，上大下小，内径由16.5m渐变至5.2m，高度22m。喇叭口段混凝土衬砌按结构段高度分4仓浇筑，模板按仓位分段做成整体模板，每节模板长3.5～5.0m，模板为钢木组合结构，在加工厂将钢骨架和木骨架加工成半成品，运至现场进行组装。喇叭口段整体模板示意图如图16-5-14所示。

图16-5-14 西龙池电站上库进/出水口喇叭口段整体模板示意图

（三）地下厂房系统施工

地下厂房系统施工一般是抽水蓄能电站的施工关键线路，包括厂房开挖、混凝土浇筑、水泵水轮机及发电机组的安装、调试等。

1. 地下厂房开挖

抽水蓄能电站地下厂房开挖，首先应研究确定合理的开挖程序和分层。根据洞室的地质条件、洞室的规模及施工通道、施工设备和工期要求等因素合理确定开挖程序。应从保证围岩稳定、方便施工、充分发挥施工设备能力和满足工期要求出发，研究确定开挖分层。分层高度一般在3～10m范围，其中顶拱层开挖高度应根据开挖后底部不妨碍吊顶牛腿的锚杆施工和不影响多臂钻最佳效率发挥而确定。第二层一般为岩锚吊车梁所处部位，层高应考虑岩锚的造孔和安装、吊车梁混凝土浇筑以及下层开挖爆破对吊车梁的影响，一般在吊车梁底以下不小于 2.0m 较合适。国内部分抽水蓄能电站地下厂房的开挖分层特性见表 16-5-6。

表 16-5-6　　国内抽水蓄能电站地下厂房开挖分层

工程项目	主厂房尺寸（长×宽×高，m）	开挖量（万 m^3）	开挖分层（层）	分层层高（m）						
				1层	2层	3层	4层	5层	6层	7层
广蓄一期	146.5×21.0×45.6	12.27	6	9.56	7.5	4.33	5.69	9.38	9.14	
十三陵	145.0×23.0×46.6	12.91	7	10.5	3.4	10.0	8.0	5.0	6.0	3.7
天荒坪	200.7×21.0×47.73	17.0	6	8.5	7.0	7.56	7.87	10.0	6.8	
泰安	190.0×24.5×52.275	21.0	6	9.775	9.0	7.5	7.0	12.8	6.2	
桐柏	182.7×24.5×52.95	22.9	7	9.75	8.8	6.9	7.0	8.4	5.38	6.72
琅琊山	156.66×21.5×46.17	12.56	6	7.97	7.97	4.73	8.6	8.7	8.2	
宜兴	163.5×22.0×50.2	16.3	7	9.2	7.6	8.1	5.9	6.8	5.8	6.8
张河湾	151.1×23.7×49.15	14.8	7	8.2	8.4	6.1	6.6	6.0	5.0	8.85
西龙池	149.3×21.75×49.0	12.83	7	8.55	8.0	6.95	6.0	6.5	6.0	7.0
宝泉	147.0×21.5×47.275	12.22	7	7.0	8.0	6.925	6.1	5.9	7.5	5.85

施工通道的设置应充分满足分层开挖和工期要求。施工通道包括永久通道和临时施工支洞。可利用的永久道路通常有厂顶通风洞，可作为厂房第一层和第二层开挖的施工通道；厂房交通洞可作为厂房第三层和第四层的施工通道。五层及以下各层可分别通过高压管道下平段、尾水洞等永久洞及另设的临时通道进入。为了缩短工期，各层开挖可设双通道；如地质条件允许，确有必要时，可采取"平面多工序、立体多层次"的施工方案。厂房中、下部施工时，利用施工支洞开挖尾水管，并提前进入厂房底层开挖。以第 4 层为例，平面多工序指：厂房开挖与母线洞开口平行作业；母线洞开挖与厂房高边墙喷锚支护平行作业；母线洞支护与副厂房清基浇混凝土平行作业等。立体多层次指：岩锚吊车梁轨道安装与第五层开挖立体作业；母线洞喷锚时在第 4 层下方掏出第 5 层平洞立体作业；母线洞喷锚时，爆通 5 层顶拱岩板拉出先导槽，提前进行第 5 层开挖立体作业；第 6 层同时以尾水管进入厂房开挖立体作业。由于立体作业对厂房边墙稳定不利，工程实际施工中很少采用。

岩壁（台）吊车梁层（通常为第二层）开挖是高边墙大跨度地下洞室开挖的关键部位之一，其中最重要的是保证岩壁梁的开挖成形和减少下层开挖爆破对岩壁吊车梁的振动影响。通常采取以下一些综合措施：如采用预留保护层开挖，即中间岩体预裂拉槽超前、两侧保护层跟进。保护层的厚度以中间岩体爆破时产生的松动范围不超过保护层为原则，一般为 2.5～5m。中间岩体采用潜孔钻垂直钻孔，分段爆破，保护层开挖采取凿岩台车水平造孔爆破。在进行岩壁（台）开挖前，先进行岩台斜面上部边墙、下一层边墙及中部主爆区与保护层间的预裂。岩台开挖采用小孔距、小孔径、密钻孔、均布装药等措施。

地下洞室群中，主厂房、主变压器室及尾闸室多数呈平行布置，且距离较近。主厂房的上、下游边墙常有大小不等的其他洞室穿越，尽可能先开挖与主厂房相交的"小洞室"，即采用"小洞"进"大洞"的开挖方法。对平行洞室，如多条母线洞的开挖，应隔条开挖、前后错开，不宜齐头并进。

地下厂房系统高边墙、大跨度洞室开挖，最关键的首先是顶拱层的开挖。顶拱层的开挖决定于围岩的地质条件和洞室的跨度大小。当地质条件较好时，一般先开挖中导洞，然后两侧跟进扩大开挖，如广州、天荒坪、桐柏、泰安、琅琊山、张河湾抽水蓄能电站等工程。当地质条件较差时，有的工程采用两侧导洞先掘进，并随即进行初期支护，中间岩柱起支撑作用，然后再进行中间预留岩柱的开挖与支护，如十三陵、宜兴抽水蓄能电站等工程。但也有工程，如西龙池抽水蓄能电站厂房顶部围岩为近似水平的薄层灰岩，稳定条件很差。采取了先开挖厂房顶拱以上约 30m 处的锚洞，再开挖厂房顶拱中间导洞，随即进行对穿锚索支护，再两侧扩挖跟进的施工方法，也取得了成功。

2. 厂房混凝土施工

地下厂房开挖支护完成后，即可进行混凝土浇筑。混凝土采用 $6m^3$ 混凝土搅拌运输车运输，厂房内临时施工桥机或大桥机吊运混凝土入仓，部分混凝土也可采用混凝土泵泵送入仓或由母线洞转溜槽入仓。抽水蓄能电站蜗壳外包混凝土一般采用蜗壳保压浇筑，混凝土浇筑应分层、分块、对称进行。上升速度一般不应超过 0.3m/h，每层浇筑高度一般不应大于 2.5m。

蜗壳打压采用闷头和筒环进行封堵，高压水泵进行加压，如图 16－5－15 所示。

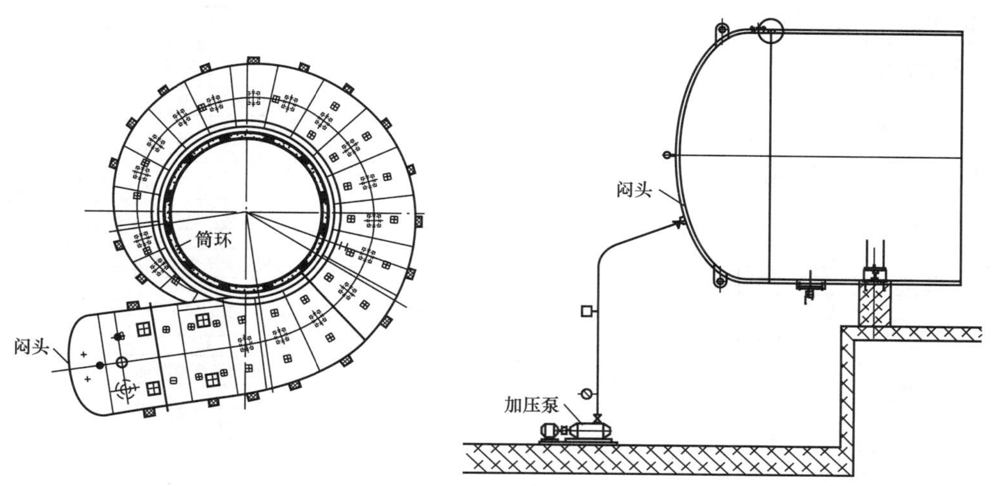

图 16－5－15　蜗壳打压示意图

3. 机电设备安装

水泵水轮发电机组安装主要包括尾水管里衬安装、水泵水轮机埋件部分安装、水泵水轮机及其附属设备安装、发电机及其附属设备安装、机组调试及试运行。

利用厂房桥式起重机进行机电设备吊装，安装工程与土建混凝土及建筑物装修施工存在大量交叉、平行作业，内部也存在多工种、多工序间的交叉、平行、流水作业，应与土建施工协调好施工程序，综合平衡、合理安排安装进度、缩短安装直线工期。机组设备应在安装场进行大件预组装并编号，按顺序吊入机坑进行总装，以缩短工期。

水泵水轮机安装主要包括埋件安装、水泵水轮机预装、水泵水轮机总装三个阶段。水泵水轮机安装工艺流程如图 16－5－16 所示。

发电电动机及其附属设备安装包括现场定子叠片、下线安装、转子装配、上机架及上导轴承装配、下机架及推力轴承装配、下导轴承装配、定子和下机架基础板及基础螺栓安装，空气冷却器及通风冷却系统、机械制动装置、灭火装置、自动化元件及阀门、管路、管件等安装。

定子可在安装场也可在机坑内叠片、下线。如在安装场组装，采用整体吊装应有定子整体吊装及防止吊装变形的技术措施；如在机坑内组装定子，必须考虑中心测圆架的固定方式、与水泵水轮机导水机构预装的施工干扰问题。装配场地的清洁度、温度、湿度等应满足相关规程规范的要求。

发电电动机安装工艺流程如图 16－5－17 所示。

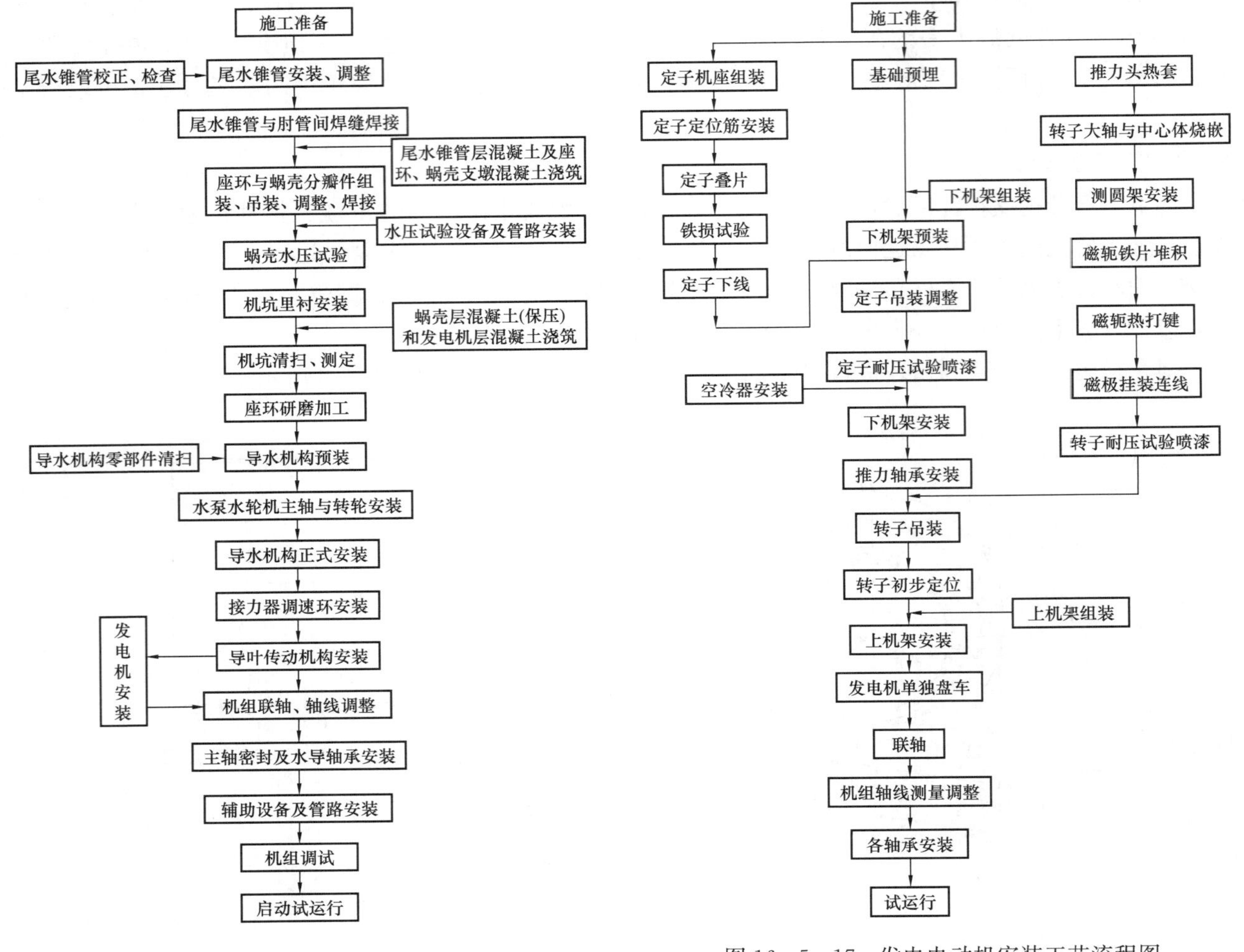

图 16-5-16　水泵水轮机安装工艺流程图

图 16-5-17　发电电动机安装工艺流程图

第六节　施工总进度与工期

一、概述

(一) 工程建设周期

依据 SL 303—2004《水利水电工程施工组织设计规范》、DL/T 5397—2007《水电工程施工组织设计规范》和 DL/T 5208—2005《抽水蓄能电站设计导则》的相关规定，目前国内抽水蓄能电站工程建设周期划分与常规水电水利工程建设周期划分方式基本相同。主要分为工程筹建期、工程准备期、主体工程施工期、工程完建期四个阶段。工程总工期为后三项工期之和。根据需要，有些工程准备期和主体工程施工期的工程建设项目可同时进行。各建设阶段施工时段划分与主要任务见表 16-6-1。

表 16-6-1　　各建设期施工时段划分与主要任务

建设阶段	时　段　划　分	主　要　任　务
工程筹建期	工程批准立项后至场外筹建工程结束、场内准备工程开始时止	由业主委托的建设单位组建工程筹建机构，负责征地移民，选择监理单位，以及招标、评标、签订相关的施工合同，争取提前开展施工对外交通、供水、供电、通信工程，为承建单位进场开工创造条件
工程准备期	土建工程施工承建单位按合同规定进场、开始场内准备工程之日起至主体工程开始施工时止	建设厂顶通风洞、进场交通洞、其他施工支洞、导流工程，进行场内交通、供水、供电、通信、施工工厂、临时房屋、其他临时施工设施的建设及场地平整、并作好第一批主体工程招标工作，为主体工程开工创造条件

续表

建设阶段	时 段 划 分	主 要 任 务
主体工程施工期	从主体工程（厂房、大坝或引水道）开始施工之日起至工程开始投产时止	建设主体工程至第一台机组开始投产
完建期	工程开始投产起至工程全部竣工时止	主体工程全部完建、工程全部投产

有些电站前期建设条件较好，也可以不划分出工程筹建期及工程准备期，直接进入工程准备期建设。如分两期开发的抽水蓄能电站的二期工程建设等。

（二）工程建设周期发展趋势

近年来抽水蓄能电站建设均采取以项目法人责任制为中心，以建设监理制和招标承包制相配套的建设管理模式。对参与建设各方全面实施合同管理，建设过程中广泛采用新技术和新工艺，取得了建设周期短、质量好、环境美的良好成果。

抽水蓄能电站与常规水电站相比，具有地形高差大、土建工作量较少、水库淹没及征地移民与综合利用矛盾也少等特点。同时，国际上先进的管理、设计理念及施工技术通过各种方式引进国内，诸如水库开挖料筑坝、地下厂房轻型支护、岩壁吊车梁、长斜（竖）井反井钻机及爬罐法施工导井、滑模施工等先进技术的推广和应用，加快了抽水蓄能电站工程建设速度，缩短了工程建设周期。

国内在建的大中型蓄能电站工程建设速度显著加快，一般从厂房顶拱开挖到首台机组发电工期控制在 4～5 年，已与国外同规模工程建设周期基本相近。

二、筹建及准备期工程的施工进度与工期

抽水蓄能电站与常规水电站相比，具有土建工作量小、前期筹建准备项目工程规模较小和周期短等特点。因此，工程筹建、准备期界限往往不太清晰，通常结合在一起统筹考虑，整个前期筹建及准备期工作一般安排 1～2 年时间。

在筹建准备期一般要完成对外交通、供水、施工用电、通信、征地、移民以及招标、场地平整、场内交通、施工支洞、导流工程、临时房建和施工工厂等前期项目建设，以便为主体工程施工创造条件。对利用已有水库作为上、下水库改扩建的抽水蓄能电站，前期工程建设及施工条件较好的，也可以不设工程筹建期，直接安排准备期项目建设。

在建设中，因地下厂房系统施工工艺复杂、制约条件多等，常常成为控制工程施工工期的关键线路。因此，为地下厂房工程施工提供交通条件的厂顶永久通风洞、进厂交通洞及其他控制主体施工进度的前期项目，就成为控制准备期的关键施工项目，应重点分析，统筹合理安排。

国内部分已建和在建抽水蓄能电站的筹建及准备工程的施工工期见表 16－6－2。

表 16－6－2　　抽水蓄能电站筹建及准备工期实例

工程项目	筹建期工期（月）	准备期工期（月）	阶段	工程项目	筹建期工期（月）	准备期工期（月）	阶段
十三陵	24	12	已建	西龙池	18	12	在建
泰安		12	已建	白莲河	12	12	在建
琅琊山	12	12	已建	宝泉		12	在建
张河湾	12	6	在建	呼和浩特	12	12	在建

三、上、下水库工程施工进度与工期

（一）上、下水库开挖与坝体填筑

选择在江河上新建上、下水库的工程，其施工控制工期即为拦河坝的建设工期。不依托江河而建设的抽水蓄能电站上、下水库，建设工期即为水库库盆开挖、坝体填筑、坝体填筑沉降期及防渗工程施工工期之和，沉降期一般安排 4～6 个月。水库开挖与坝体填筑工期主要考虑满足水库充水试验及蓄水要求进行安排。

1. 开挖工期

一般根据开挖深度、开挖工作面尺寸、工程量和拟定的开挖出渣方法，以及土石方挖填平衡调配要求，估算可能达到的开挖强度，并参考已建工程的开挖强度指标，确定开挖工期。

开挖工期受工程施工条件、工程规模、渣料挖填调配方式、工期要求及施工设备配置影响较大，目前国内水电工程土石方明挖施工强度已达50万～120万m^3/月，而抽水蓄能电站上下水库土石方工程量一般较小，且为非关键线路的项目，开挖施工强度通常在20万～60万m^3/月的水平，工期安排可根据总进度要求和施工强度进行计算，一般安排1～3年的时间。国内部分已建或在建抽水蓄能电站库盆开挖强度及工期实例见表16－6－3。

表16－6－3　　抽水蓄能电站库盆开挖工期及强度工程实例

项　目	土石方开挖量（万m^3）	施工工期（月）	平均/高峰施工强度（m^3/月）	项　目	土石方开挖量（万m^3）	施工工期（月）	平均/高峰施工强度（m^3/月）
十三陵上水库	496	29	17/37.8	西龙池上水库	526.91	16	25/45
泰安上水库	541.78	31	17.48（平均）	西龙池下水库	487.77	27	19/40
张河湾上水库	965	25	38.6/81.75				

2. 填筑工期

坝体及库盆填筑工期安排与开挖施工同样受工程施工条件、工程规模、料源、采运条件及施工设备配置等因素影响和制约，目前国内堆石坝填筑施工强度平均可达30万～80万m^3/月，而抽水蓄能电站坝体填筑总量相对较小，一般为非关键线路的项目，施工强度一般在20万～50万m^3/月的水平，工期安排1～2年的时间。填筑工期安排中，通常与开挖工期平行交叉安排，以提高库盆开挖料直接上坝率。国内部分已建或在建抽水蓄能电站坝体填筑工期及施工强度工程实例见表16－6－4。

表16－6－4　　抽水蓄能电站坝体填筑工期及施工强度工程实例

项　目	坝体填筑工程量（万m^3）	施工工期（月）	平均/高峰施工强度（m^3/月）	项　目	坝体填筑工程量（万m^3）	施工工期（月）	平均/高峰施工强度（m^3/月）
十三陵上水库坝	275	18	15.27/28.28	张河湾上水库坝	345	20	17.3/33.89
广州上水库坝	90.7	16	5.67/—	西龙池上水库主坝	112.63	9	12.51/20
泰安上水库坝	387.1	20	19.3/35	西龙池下水库坝	872.02	28	31/55
琅琊山上水库坝	114.2	15	7.61/—	白莲河上水库主坝	86.48	12.5	6.92/19.89

（二）库盆防渗工程施工工期

抽水蓄能电站上下水库防渗主要有坝体坝基防渗和库盆防渗两种形式。坝体坝基防渗帷幕灌浆通常在廊道内或趾板上施工，不占用直线工期，一般安排在水库蓄水前完成帷幕施工和验收。

国内外已建抽水蓄能电站库盆防渗，主要采用沥青混凝土面板、钢筋混凝土面板和几种防渗材料综合防渗等形式。其施工需占用水库建设直线工期，工期安排需按蓄水时间要求，与库盆开挖及坝体填筑施工和库盆充水试验统筹考虑。

1. 沥青混凝土防渗面板施工工期

国内抽水蓄能电站采用全库盆沥青混凝土防渗的工程，有天荒坪上水库、张河湾上水库、西龙池上水库。沥青混凝土防渗面板施工具有摊铺量大、施工技术水平要求高及施工受气象条件影响大、年有效施工时间短等特点。地处南方的抽水蓄能电站沥青混凝土防渗工程，工期安排中要充分考虑雨季停工的影响。位于北方的沥青混凝土防渗工程，工期安排中要充分考虑雨季及冬季停工的影响。

一般沥青混凝土防渗面板的曲面摊铺面积要占整个斜面沥青混凝土摊铺总量的40%～50%，存在曲面与斜面、曲面与曲面、与混凝土建筑物相连接等多道工艺，每一施工环节都占用直线工期，因此，在工期安排上要留有余地。

国内部分已建或在建抽水蓄能电站库盆沥青混凝土防渗面板工程实例见表16－6－5。

表 16-6-5　　抽水蓄能电站库盆沥青混凝土防渗面板工程实例

项　目	主要工程量	工期及强度
西龙池上水库	采用全库盆沥青混凝土面板防渗形式，总面积约 21.57 万 m^2（其中库岸及坝坡约 11.39 万 m^2，库底约 10.18 万 m^2）	沥青混凝土总方量约 4.6 万 m^3，沥青混凝土日平均摊铺强度 $380m^3/d$，库底整平胶结层日最大摊铺强度为 $6000m^2$，斜坡整平胶结层摊铺，平均日强度约 $1900m^2$，月平均摊铺 4.79 万 m^2；2006 年 7 月开始摊铺，2006 年 11 月中旬完成
张河湾上水库	采用全库盆沥青混凝土面板防渗，库坡防渗面积约 20 万 m^2，库底防渗面积约 13.7 万 m^2，总防渗面积约 33.7 万 m^2	沥青混凝土防渗面板日平均摊铺强度 $460m^3$，日高峰摊铺强度 $690m^3$，库底整平胶结层日最大摊铺强度为 $6000m^2$，月平均摊铺 3.74 万 m^2；2006 年 3 月开始摊铺，2006 年 12 月 5 日完成
天荒坪上水库	采用沥青混凝土面板防渗总面积 28.8 万 m^2	沥青混凝土防渗总方量 5.66 万 m^3，实际摊铺施工工作日 179 天，日平均摊铺强度为 $320m^3$（750t/d）

2. 混凝土防渗面板施工工期

国内抽水蓄能电站，全库盆采用钢筋混凝土面板防渗形式的工程有十三陵及宜兴抽水蓄能电站上水库。与沥青混凝土防渗面板施工相比，钢筋混凝土面板具有施工技术较成熟、施工受气象条件影响小等特点。抽水蓄能电站库盆钢筋混凝土防渗面板工程实例见表 16-6-6。

表 16-6-6　　抽水蓄能电站库盆钢筋混凝土防渗面板工程实例

项　目	主要工程量	工期及强度
十三陵上水库	采用全库盆钢筋混凝土防渗面板形式，总面积 17.4 万 m^2	面板采用无轨滑模施工，滑模平均滑升速度为 1～1.5m/h，每套滑模月平均施工强度为 $5000m^2$·套，面板混凝土月浇筑最大强度 2.81 万 m^2，施工历时 15 个月
宜兴上水库	采用全库盆钢筋混凝土防渗面板形式，钢筋混凝土护面总面积约 18.07 万 m^2（包括主坝 3.58 万 m^2）	库盆及主坝面板混凝土 2006 年 10 月 3 日开始施工，2007 年 5 月底完成

3. 综合防渗工程施工工期

为适应工程地形、地质和建筑材料等特点，库盆防渗因地制宜地采用综合防渗形式的工程逐渐增多，如琅琊山电站上水库防渗设施主要包括溶洞封堵、库岸帷幕、混凝土副坝、坝体混凝土面板及坝基帷幕防渗等；泰安抽水蓄能电站上水库防渗设施包括库岸混凝土面板、库底土工膜、坝体混凝土面板及坝基帷幕防渗等；西龙池抽水蓄能电站下水库采用沥青混凝土与混凝土面板综合防渗，宝泉抽水蓄能电站上水库采用沥青混凝土与黏土铺盖综合防渗。综合防渗设施施工程序较为复杂，施工进度一般较单一防渗形式的施工工期略长。抽水蓄能电站库盆综合防渗工程实例见表 16-6-7。

表 16-6-7　　抽水蓄能电站库盆综合防渗工程实例

项　目	主要工程量、工期及强度
琅琊山上水库	防渗面板面积为 3.1 万 m^2，采用滑模施工，施工历时 2.5 个月，平均施工强度为 1.24 万 m^2/月
	库岸及库盆溶洞封堵施工与库盆开挖及帷幕灌浆施工同步
	库盆及主、副坝基帷幕灌浆 13.66 万 m，施工历时 27 个月，平均施工强度为 5058m/月
	混凝土副坝浇筑方量为 3.29 万 m^3，施工历时 9 个月，平均施工强度为 0.38 万 m^3/月
泰安上水库	坝体面板混凝土 $9371m^3$，施工历时 2 个月，平均施工强度为 4686 万 m^3/月。库岸面板混凝土 $16071m^3$，施工历时 7 个月，平均施工强度为 8036 万 m^3/月
	库底 16.08 万 m^2 土工膜防渗层施工，由 2004 年 11 月 11 日开始，施工历时 3 个月（冬季停工 1 个月），平均施工强度约为 8.04 万 m^2/月
	库内锁边帷幕灌浆 4.29 万 m，施工历时 14.5 个月（冬季停工 2 个月），平均施工强度约为 3432m/月

续表

项目	主要工程量、工期及强度
西龙池下水库	总防渗面积约 17.73 万 m^2。其中沥青混凝土防渗面板约 10.88 万 m^2，总方量为 2.45 万 m^3，其余为钢筋混凝土面板
	沥青混凝土日平均摊铺强度约 $1000m^2$，月平均摊铺强度 2.42 万 m^2，2007 年 7 月开始摊铺，2007 年 11 月 17 日完成
	库岸混凝土面板防渗总面积为 6.85 万 m^2，混凝土总量 $58386m^3$，其中无砂混凝土垫层 $29878m^3$，防渗面板混凝土 $28508m^3$，岸坡混凝土面板 114 块，进出水口顶部水平面板 21 块；采用 6 套无轨滑膜系统同时施工，单块平均滑升速度 1.0～1.5m/h、小时浇筑 3～$5m^3$；2006 年 4 月开工，2007 年 11 月 2 日完成，冬季停工 5 个月
宝泉上水库	采用全库盆沥青混凝土与粘土铺盖综合防渗型式，其中简式沥青混凝土防渗面板约 16.6 万 m^2，月平均摊铺 1.84 万 m^2，日最高摊铺 1000t，月最高摊铺 1.4 万 t；2007 年 3 月开工，2007 年 11 月完成

（三）混凝土坝工程

少数抽水蓄能电站上、下水库采用混凝土坝，坝体高度及工程规模相对较小，其施工工期与常规水电站相同。坝高 100m 左右的常规碾压混凝土重力坝，建设工期一般为 2.5～3.5 年。

四、厂房工程施工进度与工期

国内大中型抽水蓄能电站发电厂房布置主要采用地下或竖井式。厂房土建工程一般是控制发电工期的关键项目，对发电工期起控制作用。

（一）地下厂房

目前国内、外抽水蓄能电站的发电厂房主要选择地下布置方式。与地面厂房比较，地下工程开挖和混凝土工程量相对略大。由于地下厂房施工与地质条件、厂房设计尺寸、承包商施工经验等关系密切，而且施工条件相对较差。根据已建工程统计资料，依据工程规模、工程量及施工复杂程度大小，其土建项目建设中的开挖工期一般为 1.5～2.5 年。

（二）竖井式厂房

竖井式厂房既有地面厂房又有地下厂房的布置特点，施工难度介于地面厂房和地下厂房之间，国内仅有江苏沙河及浙江溪口两座中型抽水蓄能电站采用竖井式厂房。

沙河电站厂房采用竖井半地下式布置，安装两台 50MW 的水泵水轮发电电动机组。地面以下竖井采用圆筒式结构，内径 29m，总高度 38m。电站主体于 1998 年 9 月 18 日开工，2000 年 11 月 20 日完成厂房主体工程，并分别于 2002 年 6 月 14 日和 7 月 30 日正式投入商业运行。

溪口电站厂房采用竖井半地下式布置，安装两台 40MW 的水泵水轮发电电动机组；地面以下竖井采用圆筒式结构，开挖直径 27.2m，最大开挖深度 31.5m；电站主体于 1994 年 2 月开工，1997 年 12 月首台机组并网发电，1998 年 5 月全部机组投入商业运行。

五、水道系统施工进度与工期

抽水蓄能电站水道系统通常采用平、斜（竖）井等几种形式组合布置。近年来，抽水蓄能电站向高水头、大容量机组的方向发展，因此斜（竖）井的长度和高度通常较常规水电站大很多，施工技术难度较大，一般是控制发电工期的次关键项目。国内外也有高水头抽水蓄能电站项目，受环境保护及施工通道布置等条件的限制，水道系统成为控制工程发电工期关键项目的情况。

水道系统中的水平段及缓坡段施工工期与常规水电站的有压平洞施工进度相同，以下着重介绍长斜（竖）井施工工期。

（一）长斜（竖）井开挖施工工期

目前，国内抽水蓄能电站水道系统长斜（竖）开挖施工技术水平与发达国家的差距在逐步缩小，有些单项的施工技术方案及工期已达到国际先进水平。近年来，国内抽水蓄能电站斜（竖）井开挖施工，采用反井钻机、阿立马克爬罐等设备开挖导井，然后自上而下分层扩挖支护的施工技术已较成熟，显著地加快了施工速度，大大缩短了水道系统开挖工期（见表 16-6-8～表 16-6-10）

表 16-6-8　　几种斜（竖）井施工方案开挖平均进尺指标

施　工　方　案	导井平均进尺（m/月）	扩挖平均进尺（m/月）	综合进尺（m/月）
阿立马克爬罐施工导井	50～80	60～90	40～80
反井钻机施工导井	100～150	60～90	80～120
斜井 TBM 全断面开挖（日本）			100～150
人工正井法开挖正导井	≤80		

表 16-6-9　　抽水蓄能电站阿立马克爬罐施工斜导井工程实例

工程项目	设计参数	施工速度及强度（单台）	
		上　斜　井	下　斜　井
十三陵	上斜井长 347.52m，下斜井总长度 347.45m，倾角为 50°，开挖断面为马蹄形，直径 6.6m	1 号上斜段 213.5m，导井开挖历时 7.5 个月。扩挖分为上、下两段进行，上段工期 4 个月，下段工期 4.4 个月。2 号上斜段 119m 长导井开挖历时 3 个月。扩挖分为上、下两段进行，上段工期 4.3 个月，下段工期 5 个月	导井采用反井钻机施工，下斜井总长度 347.45m，1 号下斜井扩挖 5.4 个月，2 号下斜井扩挖 7.9 个月
西龙池	上斜井长度 573.0m（不含弯段），倾角 56°，上斜井中部设有施工支洞。下斜井长度 233.0m（不含弯段），倾角 60°，直径 4.2m	1 号、2 号上斜井上段采用反井钻机法施工导井。斜井下段采用爬罐法施工导井，1 号上斜下段长 362m，导井工期 10 个月，月平均进尺 36.2m。扩挖支护施工工期 7 个月，月平均进尺 51.7m。2 号上斜下段长 382m，导井开挖工期 9 个月，月平均进尺 42.4m。2 号上斜下段扩挖支护长 362m，工期 7 个月，月平均进尺 51.7m	1 号下斜井导井总长 252.7m，爬罐施工导井，工期 10 个月，月平均进尺 25.3m。1 号下斜井扩挖支护长 242m，工期 3 个月，月平均进尺 80m。 2 号下斜井导井总长 251.5m，工期 3 个月，月平均进尺 83.8m。2 号下斜井扩挖支护长 158m，工期 5 个月，月平均进尺 31.6m
广蓄一期	斜井总长 753.66m，倾角 50°，开挖直径 9.7m，设有中平段	上斜井总长度 406.22m，爬罐施工导井 324.38m，工期 4 个月零 7 天，平均月进尺 77.23m。上斜井扩挖施工 8 个月，平均月进尺 51m，最高月进尺 80.5m	下斜井总长度 347.45m，爬罐施工导井 242.8m，工期 4 个月零 5 天，平均月进尺 58.36m。 下斜井扩挖施工工期近 8 个月，平均月进尺 43.45m，最高月进尺 77m
天荒坪	高压斜井总长 745.57m（含上下弯段），倾角 58°，开挖直径 8.0m，无中平段，设有中支洞	斜井上段总长度 342.5m，爬罐施工导井 287.04m，平均日进尺 3.12m，最高日进尺 4.6m，工期 3 个月，平均月进尺 93.6m，最高月进尺 116m。上斜井扩挖施工 4.57 个月，平均月进尺 75m，最高月进尺 95m	斜井下段总长度 403.07m，爬罐施工导井 290.7m，平均日进尺 3.23m，最高日进尺 4.6m，工期 2.83 个月，平均月进尺 96.9m，最高月进尺 126m。 下斜井扩挖施工 5.37 个月，平均月进尺 75m，最高月进尺 95m

表 16-6-10　　抽水蓄能电站反井钻机施工斜（竖）导井工程实例

工程项目	设计参数	施工速度及强度
张河湾	竖井上段高度 301m，开挖直径 7.76m	采用国产 ZYF2.0/400 型反井钻机钻 ϕ270mm 的导孔，导孔施工时间 2 个月零 11 天，ϕ1400mm 导井施工 37 天。扩挖成直径 ϕ3.0m 导井，施工 3.0 个月（扩挖段长 301m），月平均进尺 100m/月。二次扩挖至设计断面，施工 10 个月（扩挖段长 301m），月平均进尺 30m
西龙池	1 号、2 号上斜井上段长度分别为 131m、135m，倾角 56°，开挖直径 5.9m	采用国产 LM200 型反井钻机钻 ϕ216mm 的导孔，1 号导孔施工时间 111 天，ϕ1400mm 导井施工 68 天，扩挖施工 4 个月（扩挖段长 158m），月平均进尺 39.5m/月。2 号导孔施工时间 53 天，ϕ1400mm 导井施工 61 天，扩挖施工 3 个月（扩挖段长 158m），月平均进尺 52.7m
十三陵	1 号下斜井长度 237m，2 号下斜井长度 203m，倾角 50°，开挖直径 5.4m	采用国产 LM200 型反井钻机钻 ϕ216mm 的导孔，1 号下斜井导孔施工时间 29 天，ϕ1400mm 导井施工 26 天，扩挖施工 5.4 个月（扩挖段长 226.52m），月平均进尺 41.95m。2 号下斜井导孔施工时间 26 天，ϕ1400mm 导井施工 13 天，扩挖施工 7.9 个月（扩挖段长 226.49m），月平均进尺 28.67m
惠州	斜井总长 301m，倾角 50°，开挖直径 8.5m	采用芬兰 HINO400H 型反井钻机钻 ϕ240mm 的导孔，导孔施工时间 1 个月，ϕ1400mm 导井施工 1.5 个月

据已建工程建设成果统计，水道系统斜井长度为500～600m，若设有中平段或中支洞，采用爬罐法分段施工反导井，平均月进尺可达50～80m，采用斜井台车人工手风钻光爆正井扩挖、支护，月进尺可达60～90m的水平。综合开挖进尺达40～80m，实际开挖总工期一般需1.5～2年。水道系统斜井长度为700～800m时，其开挖支护工期一般需2～3年时间。

在开挖施工技术方面，日本独树一帜，开发出"斜井全断面TBM开挖"的施工技术，并在多个工程中成功应用。TBM开挖成形的斜井，对围岩扰动小，施工速度快、开挖精度高、超挖量较少。平均日进尺达3.5m左右，高峰月进尺达到173m。我国在抽水蓄能电站项目建设中尚未采用过此项施工技术。

（二）斜（竖）井混凝土衬砌施工工期

抽水蓄能电站的水道系统长斜（竖）井混凝土衬砌施工是抽水蓄能电站施工的一个技术难点。

20世纪90年代初期施工的广蓄电站引水长斜井，倾角50°、衬砌后内径8.5m、长度347m，采用英国CSM公司研制的间断式滑模系统，每次滑升12.5m，月平均滑升102m。90年代末施工的天荒坪抽水蓄能电站斜井，倾角58°、衬砌后内径7m、长度713m，混凝土衬砌采用XHM－7m斜井滑模系统，连续滑升，月平均滑升达190.92m。2004年施工完成的桐柏抽水蓄能电站，斜井开挖直径10m，衬砌后内径9m，每条斜井轴线总长度为413.12m，其中直线段长度363.12m、倾角50°。采用LSD斜井滑模系统，日平均滑升4.76m，最大日滑升9.15m，高峰月滑升达189.5m。（见表16－6－11）竖井混凝土衬砌施工，自20世纪70年代以来一直采用竖井滑模施工方式，除混凝土输送方式和施工精度有一定提高外，施工速度无大的提高，平均日滑升可达2～6m。

表16－6－11　　抽水蓄能电站斜井滑模工程实例

工程项目	设计参数	单套模体施工速度及强度
天荒坪	斜井长度745.57m（含上下弯段），倾角58°，开挖直径8m，衬砌后内径7m	混凝土衬砌采用沿轨道爬升的XHM－7m不间断式滑模系统，连续滑升。日平均滑升6.36m，日最高滑升12.08m，上斜井月平均滑升速度190.92m，下斜井月平均滑升速度93.04m，月最高滑升速度230.3m
广　州	斜井长度753.66m（含上下弯段），倾角50°，开挖直径9.7m，衬砌后内径8.5m	混凝土衬砌采用英国CSM公司研制的间断式滑模系统，每次滑升12.5m。日平均滑升3.4m，月平均滑升速度102m，月最高滑升速度149m
桐　柏	斜井总长度为413.12m，斜井倾角50°，开挖洞径10m，衬砌后内径9m	1号斜井混凝土衬砌采用LSD斜井连续式滑模系统施工，历时78天（实际滑模时间76天），共滑升362m，日平均滑升速度4.76m，日最大滑升速度9.15m，月最大滑升速度189.5m

（三）钢衬安装及混凝土回填施工

高压管道内钢衬安装及混凝土回填施工，是水道系统施工中一个重要环节，由于斜井钢管安装需分节运输、拼装及焊接，回填混凝土要穿插分段进行浇筑，钢管安装在浇筑的间歇时间进行，其施工干扰大、工期长。

随着高水头抽水蓄能电站的建设，高压管道内钢衬的材质等级在逐步提高。例如西龙池抽水蓄能电站，水道系统主要为800MPa级、厚度36～60mm，610MPa级、厚度t=24～38mm级的调质合金钢，制作焊接工艺技术复杂，施工难度大。钢管安装是控制工期的主要环节。目前国内钢衬安装通常采用的分节长度为6m左右，混凝土回填分段长度一般为6～24m，斜井内拼节焊接全部采用手工作业的方式。在已建成的蓄能电站中，16MnR钢衬安装及混凝土回填施工平均月进尺可达40～50m。高等级调质合金钢钢衬安装及混凝土回填施工，平均月进尺达20～35m；正在施工的西龙池电站长斜井压力钢管安装及混凝土回填施工中，1号上斜井平均月进尺达39.3m，1号下斜井平均月进尺达35.5m，2号上斜井平均月进尺达51.3m，2号下斜井平均月进尺达39.5m，处于国内领先水平。十三陵抽水蓄能电站压力钢管安装实例见表16－6－12，西龙池抽水蓄能电站压力钢管安装实例见表16－6－13。

表 16-6-12　　十三陵蓄能电站压力钢管安装进度实例

部　　位	主要工程量	施工强度与工期
1号上斜段	钢管安装1740t，以16MnR为主，混凝土回填0.6万m^3	工期8.5个月，平均强度为204.71t/月，混凝土回填月平均强度为710m^3/月，折合月平均安装45.0m/月。钢管安装节长6～9m，混凝土回填段长16～18m
2号上斜段	钢管安装1750t，以16MnR为主，混凝土回填0.6m^3	钢管安装月平均强度为194.44t/月，混凝土回填月平均强度为670m^3/月，折合月平均安装42.5m/月。钢管安装节长6～9m，混凝土回填段长16～18m
1号下斜段	钢管安装880t，混凝土回填0.4万m^3（主要为SM570Q和SHY685NS）	钢管安装月平均强度为125.71t/月，混凝土回填月平均强度为570m^3/月，折合月平均安装36.0m/月。钢管安装节长6～9m，混凝土回填段长16～18m
2号下斜段	钢管安装1034t，混凝土回填0.4m^3（主要为SM570Q和SHY685NS）	钢管安装月平均强度为172.33t/月，混凝土回填月平均强度为670m^3/月，折合月平均安装42.0m/月。钢管安装节长6～9m，混凝土回填段长16～18m

表 16-6-13　　西龙池蓄能电站压力钢管安装进度实例

安装部位		安装时间	安装长度（m）	安装部位		安装时间	安装长度（m）
1号上斜井	Ⅰ-205～215	2007.4	24.6	1号下斜井	Ⅰ-333～346	2007.1	42
	Ⅰ-193～204	2007.5	36		Ⅰ-327～332	2007.2	18
	Ⅰ-175～192	2007.6	54		Ⅰ-321～326	2007.3	16
	Ⅰ-155～174	2007.7	60		Ⅰ-303～320	2007.4	54
	Ⅰ-135～154	2007.8	60		Ⅰ-283～302	2007.5	60
	Ⅰ-115～134	2007.9	60		Ⅰ-272～282	2007.6	22.8
	Ⅰ-94～114	2007.10	63				
	Ⅰ-72～93	2007.11	66				
	Ⅰ-56～71	2007.12	48				
	1号上斜井月平均安装速度39.3m/月，1号下斜井月平均安装速度35.5m/月						
2号上斜井	Ⅲ-163～180	2007.1	54	2号下斜井	Ⅲ-340～355	2007.1	48
	Ⅲ-147～162	2007.2	48		Ⅲ-328～339	2007.2	36
	Ⅲ-129～146	2007.3	54		Ⅲ-318～327	2007.3	28
	Ⅲ-108～128	2007.4	63		Ⅲ-300～317	2007.4	54
	Ⅲ-88～107	2007.5	60		Ⅲ-284～299	2007.5	48
	Ⅲ-66～87	2007.6	66		Ⅲ-273～283	2007.6	22.8
	Ⅲ-41～65	2007.7	72.5				
	Ⅲ-36～40	2007.8	8.7				
	Ⅲ-20～35	2007.9	35.2				
	2号上斜井月平均安装速度51.3m/月，2号下斜井月平均安装速度39.5m/月						

近10年，日本新建的高水头抽水蓄能电站水道系统采用的钢衬大多为HT-80级、HT-100级的调质合金钢，斜井钢管安装的分节长度采用9～12m分节，多组多功能台车运输拼装，井内拼节焊接主要采用MAG自动焊接技术，改善了作业环境，提高了施工效率和质量。混凝土回填分段长度普遍采用24～27m，选用高流动性混凝土，安装及混凝土回填施工平均月进尺可达30～40m，处于较先进水平（见表16-6-14）。

表 16-6-14　　日本抽水蓄能电站钢管安装工期参考表

工程名称	设 计 参 数	施工强度与工期
葛野川	下斜段长度 767.701m，倾角 50°，斜井钢管材质 HT80 板厚 60～94mm，钢管内径 5.7～4.0m	钢管节长 12m，斜井安装 25 个月。平均安装速度 30.71m/月
大河内	斜井总长 528m，倾角 51°，斜井钢管材质 SM570Q、厚度 33～57mm，SHY685NS-F、厚度 50～160mm。钢管直径 5m	安装节长 12m，斜井安装 14 个月，平均安装速度 38m/月
奥多多良木	斜井总长 576.604m，倾角 48°，斜井钢管材质 SM400B，厚度 18～30mm，SM490B，厚度 23～39mm，SM570Q，厚度 30～58.74mm，SHY685NS-F，厚度 55～100mm，钢管直径 6.5～5.3m	钢管单节长 12m，斜井安装 14 个月，平均安装速度 41.16m/月

(四) 竖井式进/出水口施工工期

抽水蓄能电站上、下水库侧式进/出水口及闸门井施工特点与常规水电站引水隧洞进水口相似。西龙池抽水蓄能电站上水库采用竖井式进/出水口，两个进/出水口平行式布置，竖井设计高度为 50.35m。2004 年 10 月 19 日开始开挖，2005 年 5 月 25 日开挖完成，竖井开挖总工期 8 个月；进/出水口混凝土衬砌于 2005 年 5 月 21 日开始施工，2005 年 11 月 27 日完成。

六、机组安装施工进度与工期

(一) 机组安装工程

抽水蓄能电站机组与常规水电站机组在工作特性和结构上有较大的区别，安装工艺较常规水电站复杂，技术标准高。抽水蓄能电站机组安装施工进度，自锥管安装开始到机组安装完成一般为 16～20 个月（含单项试验时间)。其中钢肘管纯安装工期为 1～3 个月，钢锥管纯安装工期为 0.5～1.0 个月，钢蜗壳安装工期视分瓣情况为 1.0～2.0 个月（不含打压试验时间)。抽水蓄能电站机组安装工期实例见表 16-6-15。

表 16-6-15　　抽水蓄能电站机组安装工期实例　　月

项　目	尾水肘管安装及一期混凝土	锥管/泄流环安装	座环/蜗壳安装	二期混凝土	水泵水轮机安装	发电电动机安装	合计
十三陵	4	3	2.5	3	1.5	4	24
泰　安	5	1.5	3.0	3.5	8 (直线工期 3 个月)	7 (直线工期 5 个月)	28
桐　柏		2	3	3	3.6	4.5	
琅琊山	4	1	3	6	4	3	21
张河湾	4	1	3	6	3	4	21

(二) 机组调试

1. 水道系统充水试验时间

水道系统充水试验由水道布置形式、长度、水道衬砌方式及充水能力等因素决定，采用钢板衬砌形式，分级高度可以取大值，采用钢筋混凝土衬砌形式，宜取小值。根据设计水头，引水压力管道通常按 25～150m 分级，随着水头高度加大分级高度应逐渐减小。充水试验时，水位上升速度应控制在 10m/h 以下，每级稳压 48h 以上；最后一级平库水位后，要稳压 72h 以上。

引水压力管道（高压隧洞）排空速度，取决于外水压力下管道的稳定性，充排水试验中的外压应小于管道的设计外压，放空速度取决于此值。排水试验分级同充水试验分级，排水速度通常控制在每小时水位下降 2～4m。

尾水及蜗壳系统充水试验通常分 2～3 级进行，第一级为尾水隧洞与尾水调压井（或闸门井)，利用下水库进/出水口的充水阀为尾水系统充水，充至与下水库水位平齐后，稳压 48h 以上；第二级为机组转轮室、蜗壳等部位，利用尾水调压室事故门的充水阀，给下库水位以下的尾水支洞及机组转轮室、蜗壳充水，待尾水支洞和机组转轮室、蜗壳内的空气完全排空且平压后，稳压72h以上。国内抽水蓄能电站水道系统充水实例见表16－6－16，国外水道系统充水实例见表16－6－17。

表16－6－16　　国内抽水蓄能电站高压管道充水实例

项目	设计参数	充水分级	充水速度及时间
十三陵	高压管道最大静水头537m，斜井直线段长574m，倾角55°，采用钢板衬砌	充水共分6级，下部2级，每级高度为25～33m。中部3级，每级高度119～185.5m。上部1级，高度13m	充水速度为10m/h，充水历时9天。每级稳压12～24h以上。最后一级平上水库水位后，稳压72h以上
天荒坪	高压管道最大静水头680m，斜井直线段长697.4m，倾角58°，采用钢筋混凝土衬砌	充水共分7级，下部3级，每级高度为100～176m。上部4级，每级高度25～50m	下部5级充水速度为10m/h，上部2级充水速度5m/h，充水历时28天。排水速度1.0～1.75m/h，排水历时24天
广蓄一期	高压管道最大静水头612m，斜井直线段长698m，倾角50°，采用钢筋混凝土衬砌	充水共分7级，下部6级，每级高度为80～100m。上部1级，分级高度54m	充水速度不大于10m/h，充水历时19天。每级稳压48h以上。最后一级平上水库水位后，稳压72h以上。排水速度2～4m/h

表16－6－17　　国外抽水蓄能电站水道系统充水实例

名称	国家	引水隧洞		斜（竖）井	
		衬砌形式	充水速度（m/h）	衬砌形式	充水速度（m/h）
MAUVISIO	瑞士	混凝土衬砌	1.5	钢板衬砌	60
MANTARO	秘鲁	混凝土衬砌	1.3	钢板衬砌	90
MANINLAU	印尼	混凝土衬砌	1.3～1.5	钢板衬砌	43
CHARCINI	秘鲁	混凝土衬砌	0.2		
COLLIERVILLE	美国	不衬砌	7.6	混凝土衬砌	10
AGUACAPA	危地马拉	混凝土衬砌	0.35～1.2	混凝土衬砌	4.3

水道系统完成初次充水试验后，需要进行全面检查，查清水道内部及各控制系统因充水而暴露的各项质量问题，并进行处理。对采用混凝土衬砌型式的水道系统，需对充水过程发现的混凝土裂缝等缺陷进行处理，相对需时较长。钢板衬砌形式的水道系统，一般质量问题较少，需时相对较短。

2. 机组调试时间

机组调试主要分为无水调试和有水调试两大类，有水调试又分为发电工况及泵工况调试两部分。

无水调试主要包括压缩空气系统、冷却水系统、自动控制系统、渗漏排水系统、液压油系统、调速器系统、监测系统、水轮机导叶操作系统、控制系统及发电机模式及泵模式仿真测试等项目。

有水调试中的发电工况调试主要包括进水阀和旁通阀试验、水轮机导叶漏水量试验、机组冷却系统试验、进水阀启闭试验、主轴系统轴温及G/M平衡试验、G/M特性测试及AVR无负荷试验、电网同步试验、自动启/停机试验、甩负荷试验（包括事故停机及快速停机）、导叶开度与输出试验、导叶伺服电机试验、发电模式中的温度试验、负荷开关及PSS系统试验等项目。有水调试中的泵工况调试主要包括：压水和排气试验、机组启动与加速试验、过渡过程试验、振动和压力脉动测量试验、效率试验、抽水量试验、自动启/停机试验、抽水模式最小开度控制试验、泵工况中的负荷测试（温度测试）及AVR调整和PSS系统测试等项目。

无水调试工期一般安排2～4个月时间，有水调试工期一般安排2～3个月时间。抽水蓄能电站机组调试工期见表16－6－18。

表 16-6-18　　抽水蓄能电站机组调试工期实例　　月

项　目	广州	十三陵	琅琊山	张河湾
无水调试	4	3	2.5	2.5
有水调试	2	3	1.5	1.5

（三）机组试运行时间

按蓄能电站机组试运行管理规定，抽水蓄能机组有水调试验收后，进入为期 30 天的试运行期，以检验机组工作性能，30 天试运行完成后，电站正式投入商业运行。机组安装分项工期见表 16-6-19。

表 16-6-19　　抽水蓄能电站机组安装分项工期参考表

序号	项　目	工期（月）	附　注
1	肘管安装及一期混凝土	4～6	
2	锥管安装	0.5～1	
3	座环/蜗壳安装及二期混凝土	6～8	含蜗壳打压试验工期
4	水泵水轮机及辅机安装	5～8	部分与发电机安装穿插进行
5	发电电动机及辅机安装和单项试验	5～7	部分与水轮机安装及无水调试穿插进行
6	无水调试	2～4	部分与发电机安装穿插进行
7	有水调试	1.5～3	
8	机组试运行	1	30 天
	合　计	24～33	

七、关键线路上施工进度与工期安排及存在的问题

抽水蓄能电站施工关键线路通常为：施工征地及移民→场内交通工程→厂顶永久通风洞（主厂房顶拱开挖施工支洞）→主厂房顶拱层开挖及支护施工→主厂房中下部开挖及支护施工→厂房一期混凝土浇筑→厂房二期混凝土浇筑及埋件埋设→首台机组安装→无水及有水调试→试运行及投产发电→后续机组投产发电→工程竣工。

在前期工程项目中，处于关键线路上的筹建项目需按国家核定程序及工程实际情况，合理安排在筹建期内完成（不包括征地移民及场内交通工程两方面）。按现行规程及规范规定，准备期计入工程总工期，厂顶永久通风洞（主厂房顶拱开挖施工支洞）成为准备期控制主体施工工期的关键点，因此，施工进度安排中对其应给予高度的重视，从规划设计阶段开始，即充分考虑厂顶通风洞长度对工期的影响，合理规划枢纽布置，并提早安排施工。同时，前期厂房顶拱的地质探洞洞线布置，宜考虑尽量结合厂房顶拱开挖施工支洞的布置，统筹规划，为后续主体施工创造条件。

位于主体施工期的地下厂房系统土建施工工期安排及实施进度，主要受洞室设计尺寸、地质条件、建设单位管理水平及承包商的综合施工实力的制约，随着国内地下工程施工技术水平的提高，相同规模各抽水蓄能电站主体土建工期已相差不大。

机组安装、无水和有水调试及试运行工作是抽水蓄能电站建设中的一个重要环节。由于目前大型抽水蓄能机组尚未实现国产化，主要是国际采购。国际招标中采购、制造、检验及运输环节较复杂，制约因素较多，加之安装工艺要求高等特点，往往成为首台机组能否按时发电的关键。

某抽水蓄能电站施工总进度如图 16-6-1 所示。

例如国内某抽水蓄能电站，机组制造商将主机及辅机主体设计绝大部分，包括机组结构制造及加工工艺设计多次分包，导致了到货主机及辅机设备在安装过程中出现了一些设备缺陷和意想不到的问题，不能满足验收标准，为保证安装质量不得不在现场进行了一些修改，多件设备返厂进行必需的改造。

同时，由于厂家为满足提前供货要求而赶工期，提供的监测程序为其他工程的旧程序，仪器仪表出厂前及进场后未按规定进行安装前的标定，简化了调试程序，致使机组调试工期一延再延，严重延误机组计划发电工期。

日本抽水蓄能电站工程工期见表 16-6-20，国内已建和在建抽水蓄能电站施工进度统计分别见表 16-6-21 和表 16-6-22。

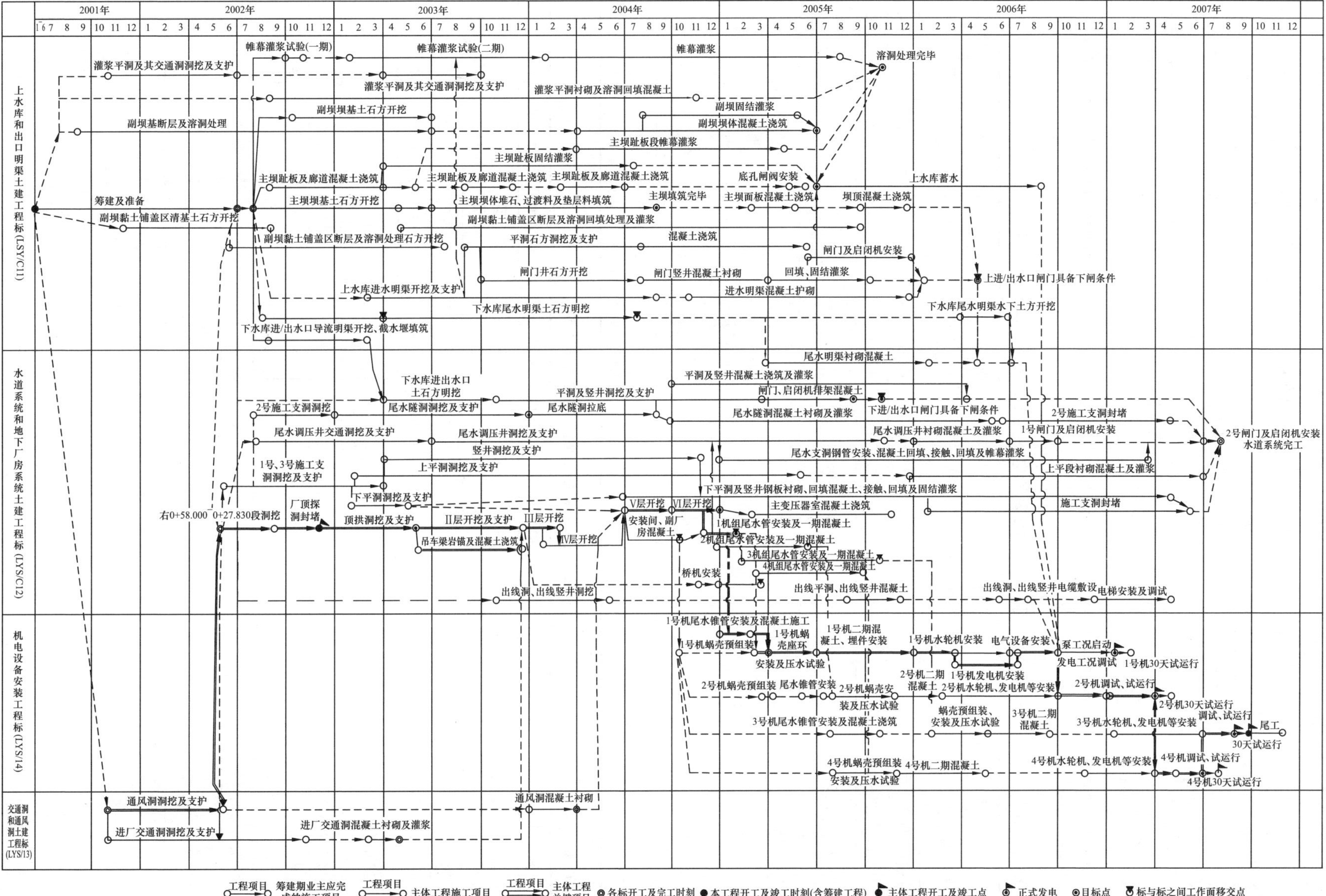

图 16-6-1　某抽水蓄能电站施工总进度

表 16-6-20　日本抽水蓄能电站工程工期实例

电站	机组台数	装机容量（MW）	第1台机发电工期	电站	机组台数	装机容量（MW）	第1台机发电工期
玉原	4	1200	5年7月	奥多多良木	4	1212	3年2月
奥美浓一期	4	1000	5年4月	南原	2	620	3年8月
奥吉野	6	1206	3年3月	喜撰山	2	466	2年11月
奥清津	4	1000	6年3月	新丰根	5	1125	3年1月
奥矢作第二	3	780	4年2月	奥矢作第一	3	315	4年2月
大河内	4	1280	3年11月	高见	2	200	5年1月

注　日本抽水蓄能电站建设一般按电力市场要求的时间投产进行控制，工期安排并非按目前国内的关键线路法控制，因此不作为工期对比的依据。

表 16-6-21　国内已建抽水蓄能电站施工进度统计表

项　目　名　称	十三陵	广蓄一期	桐　柏	天荒坪	泰安	琅琊山
地下厂房开挖尺寸（m）	154.4×27.6×46.6	145×21×45.6	182.7×24.5×52.95	198.7×22.4×47.73	180×24.5×52.3	156.7×21.5×46.17
装机规模（MW）	4×200	4×300	4×300	4×300	4×250	4×150
地下厂房开挖工程量（万 m^3）	11.9	12.27	17.73	16.92	20.01	12.56
地下厂房开挖工期（月）	23（实际21）	21（实际20）	23（实际28）	23（实际22）	实际28	22（实际24）
平均开挖强度（万 m^3/月）	0.57	0.61	0.63	0.77	0.71	0.52
一期混凝土至第一台机发电工期（月）	30	25（实际29）	24（实际28）	33	实际30	24
首台机发电工期（月）	66	46（实际49）	47（实际58）	55	实际57	46
总工期（月）	78（实际82）	60	60（实际70）	实际82	60	60

表 16-6-22　国内在建抽水蓄能电站施工进度统计表

项　目　名　称	西龙池	张河湾	白莲河	宜　兴	黑麋峰	宝　泉	惠州（A）
地下厂房开挖尺寸（m）	149.3×23.2×49	154×23.8×52	187.8×26.2×51.45	155.3×22×52.4	136×27×52.7	147×21.5×47.53	152×21.5×49.4
装机规模（MW）	4×300	4×250	4×300	4×250	4×300	4×300	4×300
地下厂房开挖工程量（万 m^3）	12.83	14.8	13.99	16.3	17.1	12.27	13.57
地下厂房开挖工期（月）	26	22	20（实际18）	28.5（实际27）	21	24	20
平均开挖强度（万 m^3/月）	0.55	0.74	0.78	0.60	0.81	0.51	0.68
一期混凝土至第一台机发电工期（月）	32	26	26	24.5（实际26）	27	27	32
首台机组发电工期（月）	60	48	46	53	48	52	52
总工期（月）	68	60	58	64（实际65）	66	64	66

第十七章

抽水蓄能电站经济评价

第一节　工程建设投资与资金筹措

一、工程建设投资

（一）抽水蓄能电站工程建设投资预测的基本依据

工程建设投资预测是指在工程未实施前对其所需费用进行预先测算，以便筹集资金，安排基本建设计划和控制施工招标。不同建设阶段对投资预测的要求不同，随着建设阶段的逐步深化，投资预测的深度、内容和方法也由粗到细，精度逐步提高。

抽水蓄能电站工程建设投资预测按照水电工程设计阶段划分：在预可行性研究阶段编制投资估算、可行性研究阶段编制设计概算、招标阶段编制分标概算、实施阶段编制执行概算。目前抽水蓄能电站投资预测主要依据由中国水电顾问集团公司、中国电力企业联合会水电定额站主编的《水电工程设计概算编制办法及计算标准》（2002 年版）及配套定额，同时还要执行国家和地方政府的有关政策和法令，广泛收集分析工程所在地实际资料，如实反映设计深度和工程量，合理确定投资规模，为投资者提供可靠的决策依据。

（二）抽水蓄能电站投资的费用构成和项目划分

抽水蓄能电站工程建设的项目划分的总体框架与常规水电站一样，分为枢纽建筑物、建设征地和移民安置、独立费用三部分，如图 17－1－1 所示。

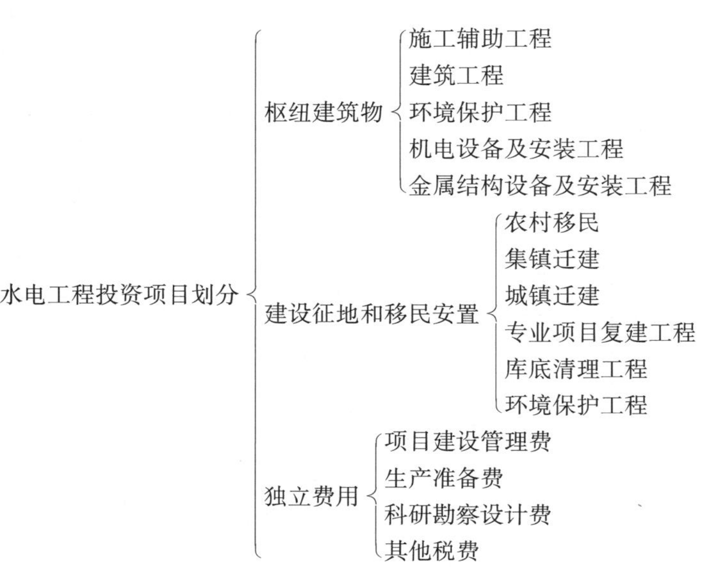

图 17－1－1　抽水蓄能电站工程建设项目划分总体框架

由于抽水蓄能电站枢纽建筑物布置的特殊性，其中主体建筑工程和金属结构工程的项目划分扩大单位工程与常规水电站不同。主体建筑工程分为：

（1）上水库工程。包括主副坝、溢洪道、库盆、基础处理、防渗等工程。

（2）水道系统工程。包括上水库进出水口、引水隧洞、高压管道、尾水隧洞、下水库进出水口等工程。

（3）地下厂房系统工程。包括主厂房、副厂房、主变压器洞、母线洞、交通洞、通风洞、排水廊道、出线洞等工程。

（4）地面升压变电工程（根据枢纽建筑物布置方式取舍）。包括地面变电站、开关站等工程。

（5）下水库工程。包括主坝、副坝、溢洪道、库盆、基础处理、防渗等工程。

（6）补水工程。

金属结构设备及安装工程扩大单位工程与建筑工程扩大单位工程或分部工程相对应。

（三）抽水蓄能电站的工程建设投资及主要影响因素

据统计，我国从20世纪60年代开始研究开发抽水蓄能电站，截至2005年底已建、在建的抽水蓄能电站有27座（其中大型15座、中型9座、小型3座）。这些抽水蓄能电站建设时间跨度大，期间经历了我国从计划经济体制到市场经济体制改革的过渡，基本建设材料价格、设备价格发生了很大变化；基本建设程序、建设管理方式逐渐规范化，实行了项目法人负责制、招标投标制、建设监理制等项制度；投资主体也不再是单一的，而向投资主体多元化发展。这些因素对工程建设投资有着很大的影响，引起投资变化较大。在这经济模式、建设体制、材料、设备价格急剧变化的改革时期，建设投资控制是困难的。这里主要选择改革相对稳定阶段、1991年以后审批的部分已建和在建项目的设计概算投资进行统计分析，反映的是20世纪90年代至21世纪初价格水平抽水蓄能建设投资规模，供大家参考。

1. 抽水蓄能电站建设投资规模及构成

从1991年开始，我国陆续修建的大型抽水蓄能电站的总装机容量多在600～2400MW，按1997～2005年价格水平计算，单位千瓦总投资大部分在3500～4700元/kW之间，见表17-1-1。其中广蓄二期和白山抽水蓄能电站单位千瓦总投资在3000元/kW以下，分析可知这两个电站的上、下水库均利用了已建的水库，投资中不含这两部分内容，因此其投资指标较低。

表17-1-1　我国部分已建及在建抽水蓄能电站总投资统计

序号	电站名称	所在地区	装机规模（MW）	水头（m）	工程总投资（亿元）	单位千瓦投资（元/kW）	编制年份	建设情况	资料来源	备注
华北地区										
1	十三陵*	北京市	800	430	37.31	4664	1998年6月	已建	调整概算	利用已建下水库
2	西龙池*	山西省	1200	640	50.72	4227	2000年12月	在建	评估概算	
3	张河湾*	河北省	1000	305	41.20	4120	2002年3月	在建	审定概算	下水库改建
4	呼和浩特*	内蒙古自治区	1200	521	56.43	4703	2005年12月	在建	评估概算	下水库改建
华东地区										
5	泰安*	山东省	1000	225	47.50	4750	1998年9月	在建	审定概算	下水库加固
6	天荒坪	浙江省	1800	526	71.18	3955	1994年3月	已建	审定概算	
7	桐柏*	浙江省	1200	244	41.93	3494	2004年1月	在建	重编概算	
8	琅琊山*	安徽省	600	126	22.49	3748	2000年9月	在建	审定概算	利用已建下水库
9	宜兴*	江苏省	1000	353	46.39	4639	2005年6月	在建	重编概算	下水库改建
中南地区										
10	广蓄一期	广东省	1200	514	21.19	1766	1996年3月	已建	修正概算	
11	广蓄二期*	广东省	1200	514	31.10	2592	2001年4月	已建	调整概算	利用已建上、下水库
12	惠州*	广东省	2400	501	81.34	3389	2003年11月	在建	审定概算	
13	宝泉*	河南省	1200	510	42.14	3512	2002年8月	在建	重编概算	下水库改建
14	白莲河*	湖北省	1200	195	38.80	3233	2004年4月	在建	审定概算	
15	黑麋峰	湖南省	600	295	20.62	3437	2004年1月	在建	审定概算	

续表

序号	电站名称	所在地区	装机规模（MW）	水头（m）	工程总投资（亿元）	单位千瓦投资（元/kW）	编制年份	建设情况	资料来源	备　注
东北地区										
16	白山	吉林省	300		11.79	3930	1998年1月	在建	审定概算	利用已建上、下水库
17	蒲石河*	辽宁省	1200	295	40.92	3410	2003年10月	在建	审定概算	

分析表17-1-1中带“*”号工程投资构成，各部分投资比例平均值如图17-1-2所示，从该图中可以看出，与水电工程投资构成（见图17-1-3，引自国家电力监管委员会第4号公告，《“十五”期间投产电力工程项目造价监管信息报告》）相比，抽水蓄能电站投资构成有如下特点：①机电工程投资占总投资的平均比例较高为33%，其中十三陵最低为20%，白莲河最高为45%，其余大部分在26%～34%，这一比例的变化是与土建工程规模密切相关的，土建工程规模大，机电工程比例低，反之则高；但抽水蓄能电站机电工程投资总体水平高，除了电站本身功能的需要外，则是由于目前我国抽水蓄能机组均采用了进口设备，随着抽水蓄能机组国产化进程，机电工程投资的比例应是下降的趋势。②建设征地和移民安置投资占总投资平均比例（3%）相对较低，抽水蓄能电站库区淹没范围较小，建设征地与移民安置费较常规水电站要少，由于社会各方对建设征地和移民安置问题日益关注，建设征地和移民安置补偿标准也有较大的提高，建设征地和移民安置的投资比例会相应提高。

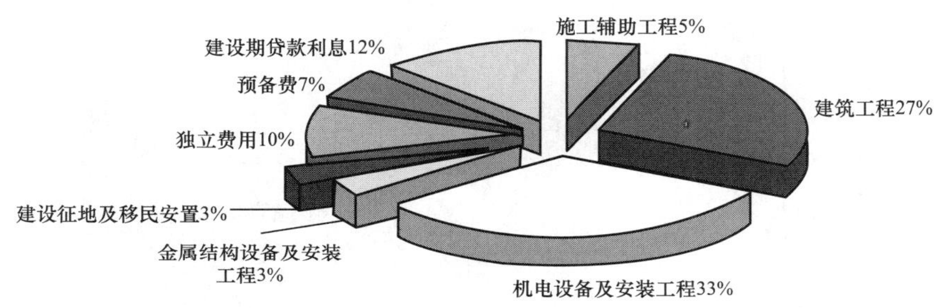

图17-1-2　抽水蓄能电站投资构成

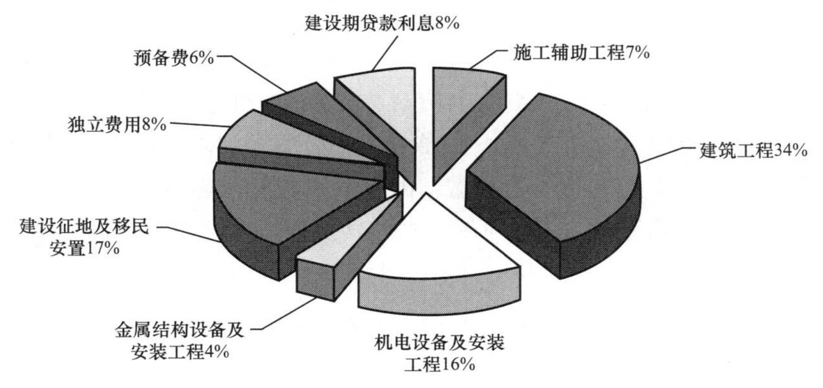

图17-1-3　水电工程投资构成

2. 枢纽建筑物投资指标分析

枢纽建筑物投资即施工辅助工程、建筑工程（含环境保护工程）、机电设备及安装工程、金属结构设备及安装工程等投资合计占总投资的比例在62%～74%，平均比例为68%，这一比例变化范围较大，是各电站地质地形条件的差异造成的。一般来说机电工程投资与站址区地形地质条件关系不大，与电站的装机容量、机组型号等关系密切，从图17-1-4中可以看出，抽水蓄能电站机电工程单位千瓦投资指标变化区域不大，大部分在1100～1300元/kW范围内。地质地形条件的差异，主要影响施工辅助工程和建筑工程的投资，特别是建筑工程，其投资指标为560～1560元/kW，变化幅度很大。

图17-1-5所示为建筑工程扩大单位工程投资指标波形图，从下向上的四个条带，分别代表上水库、水道系统、地下厂房系统、下水库投资指标的变化情况，很显然，代表水道系统、地下厂房系统

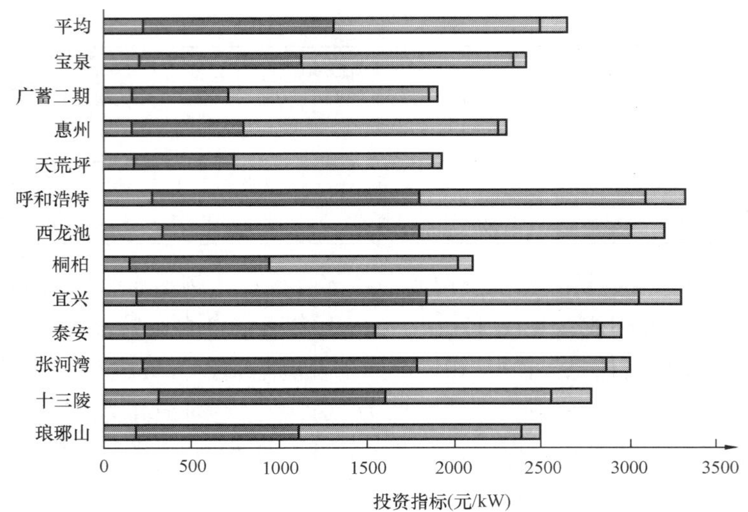

图 17-1-4　枢纽建筑物各部分投资指标（元/kW）

▨—施工辅助工程；▨—建筑工程；□—机电设备及安装工程；□—金属结构设备及安装工程

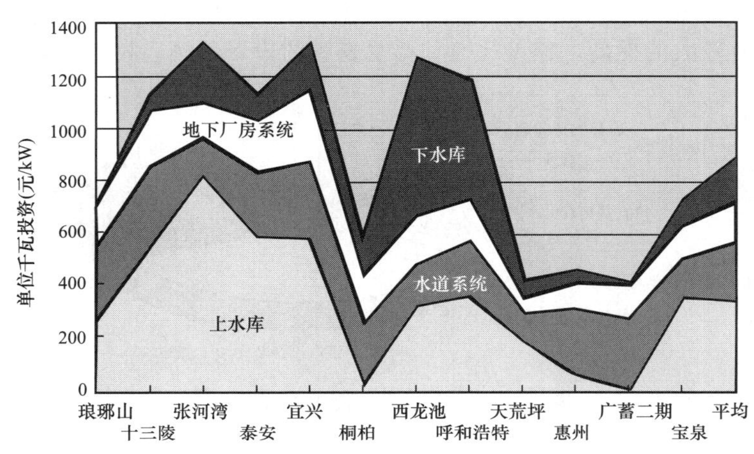

图 17-1-5　建筑工程扩大单位工程投资指标分析

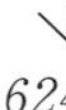

投资指标条带宽度比较均匀，反映出抽水蓄能电站这两部分投资指标变化幅度较小；而代表上、下水库系统投资指标条带宽度忽宽忽窄，反映出各工程上、下水库建设条件的差异很大，如张河湾上水库的天然条件较差，基本上是人工开挖而成的库盆，因此其投资指标较高为 820 元/kW，再如桐柏上水库是拦蓄天然河道形成的，只修建了一座拦河坝，因此其投资指标仅为 40 元/kW。统计分析的 12 个工程建筑工程扩大单位工程投资指标变化范围见表 17-1-2。

表 17-1-2　　建筑工程扩大单位工程投资指标变化范围

工程名称	投资指标变化范围（元/kW）	平均指标（元/kW）	工程名称	投资指标变化范围（元/kW）	平均指标（元/kW）
上水库系统	9～826	350	地下厂房系统	102～279	165
水道系统	135～301	218	下水库系统	0～594	158

3. 影响抽水蓄能电站工程投资的几个主要因素

(1) 利用已建水库作为抽水蓄能电站的上（下）水库。从前面对建筑工程投资指标的分析已可以看出，是否利用已建水库作为上（下）水库，对工程投资有直接的影响。表 17-1-3 统计了我国近期抽水蓄能电站新建的上（下）水库投资，对于布置在没有天然来水高山之上的新建上（下）水库的投资较高，如十三陵、天荒坪、西龙池、张河湾、宜兴、宝泉、泰安等电站上水库以及西龙池下水库，而布置在天然河流上的新建或改建下（上）水库的投资相对较低，如十三陵、天荒坪、宜兴、宝泉、泰安等电站下水库以及桐柏上、下水库。

表 17-1-3 上、下水库投资统计

工程名称	上水库投资（亿元）	下水库投资（亿元）	备　注
十三陵	4.46	0.44	下水库利用已建十三陵水库，为防渗工程投资
天荒坪	3.46	0.96	上、下水库均为新建
西龙池	3.91	7.13	上、下水库均为新建
张河湾	8.26	2.01	下水库利用已建张河湾水库，加高拦河坝工程
琅琊山	1.70		上水库防渗为垂直防渗，下水库利用已建城西水库
桐　柏	0.43	1.43	上、下水库均在天然河道上筑坝而成
宜　兴	5.86	1.68	下水库利用原会坞水库所在冲沟，加高新建黏土心墙堆石坝并适当开挖一部分库容而成
宝　泉	4.30	1.16	下水库利用宝泉水库加高扩容
泰　安	5.90	0.93	下水库利用已建的大河水库加固改建
蒲石河	1.97	1.18	

（2）上水库防渗型式。因为上水库一般布置在没有天然来水高山之上，防渗标准比常规水电站要高，反映在经济上就是建造成本的增加。上水库有全库防渗和局部防渗两种防渗型式。目前我国抽水蓄能电站大部分都采用全库防渗，表 17-1-4 中所列的电站有琅琊山、白莲河、惠州等电站的上水库采用的是局部防渗型式。很明显，局部防渗型式的防渗工程投资额及上水库单位库容投资指标均大大低于全库防渗型式。由此可见，如果地质条件允许，采用局部防渗可以有效的降低工程投资。

表 17-1-4 上水库防渗工程投资统计表

序号	电站名称	防渗型式	上水库投资（万元）	防渗工程投资（万元）	单位库容防渗指标（元/m³）
1	十三陵	钢筋混凝土全库防渗	44617	14932	34
2	泰　安	钢筋混凝土＋土工膜	59000	10938	10
3	西龙池	沥青混凝土全库防渗	39136	15039	31
4	张河湾	沥青混凝土全库防渗	82601	28449	36
5	宜　兴	钢筋混凝土全库防渗	58566	13113	25
6	宝　泉	沥青混凝土全库防渗	43009	14680	18
7	琅琊山	帷幕灌浆	17034	11092	6
8	白莲河	帷幕灌浆	5558	3023	1
9	惠　州	防渗墙＋帷幕灌浆	15405	9788	3

注　防渗工程投资中包括主坝、副坝、库盆防渗工程投资，其中钢筋混凝土防渗工程包括无砂混凝土（碎石）垫层、排水层、钢筋混凝土面板、止水、整平层、保护层；沥青混凝土防渗工程包括碎石垫层、排水层、胶结层、防渗层、封闭层。

（3）机组设备国产化。抽水蓄能电站机电设备投资，占枢纽建筑物投资比例较高，对工程造价影响较大。机电设备投资高的原因，除了由于抽水蓄能机组本身具有双向调节功能，设计、制造工艺复杂外，还由于抽水蓄能机组采用了进口设备。据统计，我国仅密云、寸塘口、响洪甸、天堂等中小型蓄能电站机组采用了国产设备，部分机组的转轮还是进口的。对于高水头大容量的水泵水轮发电机组，2003 年以前均采用进口设备。根据 1998～2002 年价格水平的主机设备价统计资料分析（见表 17-1-5），进口的主机设备（包括水泵水轮机、发电电动机、主阀、变频启动设备、计算机监控设备五大件）的到岸价（*CIF* 价），大部分在 55～78 美元/kW，总装机容量在 1000MW 以下的抽水蓄能电站主机设备到岸价甚至接近 100 美元/kW。此外，设备费中还需计入国内进口环节税费：根据我国现行的国发〔1997〕37 号文《国务院关于调整进口设备税收政策的通知》精神，利用外国政府贷款和国际金融组织贷款的抽水蓄能电站，采购进口主机设备可以免征关税和进口环节增值税，设备费中需计入海关监管费、商检费、进出口公司手续费、港杂费等，一般为进口设备到岸价的 2%～3%，目前采购的进口设备大部分是免关税、增值税的。若不能免关税、增值税，设备费中则应计入关税、增值税、商检费、进出口公司手续费、港杂费等进口环节税（费），这一比例一般为 25%～30%。

表 17-1-5

国内抽水蓄能电站进口机组价格统计

序号	设备名称	单位	天荒坪电站			广蓄一期			广蓄二期			十三陵			琅琊山			西龙池			张河湾		
			数量	*CIF*（万美元）	单价（美元/kW）	数量	*CIF*（万美元）	单价（美元/kW）	数量	*CIF*（万美元）	单价（美元/kW）	数量	*CIF*（万美元）	单价（美元/kW）	数量	*CIF*（万美元）	单价（美元/kW）	数量	*CIF*（万美元）	单价（美元/kW）	数量	*CIF*（万美元）	单价（美元/kW）
一	水泵水轮机及其附属设备	万 kW	180	3477.01	19.32	120	3730.17	31.08	120	3320.11	27.67	80	3466.45	43.33	60	2996.26	49.94	120	3585.05	29.88	100	2153.65	21.54
	（包括压气系统、水力测量系统、现场试验）																						
二	进水阀及其附属设备	万 kW	180	944.62	5.25	120	736.08	6.13	包括在水泵水轮机项内			80	604.98	7.56	60	427.91	7.13	120	860.36	7.17	100	846.07	8.46
三	发电电动机及其附属设备	万 kW	180	4127.25	22.93	120	3304.16	27.53	120	3572.58	29.77	80	2948.57	36.86	60	2086.58	34.78	120	4039.43	33.66	100	2374.39	23.74
	（包括机组保护）																						
以上三项合计		元/kW			47.49			64.75			57.44			87.75			91.85			70.71			53.74
四	变频起动装置	套	1	238.36	1.32	1	202.96	1.69				1	379.04	4.74		140.05	2.33		330.48	2.75		0.00	0.00
五	计算机监控系统	套	1	1070.57	5.95	1	439.43	3.66	1	494.73	4.12	1	433.92	5.42		247.13	4.12		511.96	4.27		411.13	4.11
一～五项合计			54.77			70.11			61.56			97.91					98.30			77.73			57.85
六	500kV 保护盘		—			—			—			—											
七	发电机断路器与换相开关	台套	6	536.28		4	438.16																
八	GIS 高压组合电器	间隔	资料缺			4	734.32		5	2388.20			791.15										
九	高压电缆 500kV	m	资料缺			3600	510.87			572.72		3000	93.67										
合计				10394.09	57.74		10096.15	84.13		10348.33	86.24		8717.78	108.97		5897.93	98.30		9327.29	77.73		6213.24	62.13
备品备件				682.60	3.79		307.23	2.56		359.65	3.00								822.92	6.86		427.99	4.28

2003年国家发改委组织惠州、宝泉、白莲河三个抽水蓄能电站的机组采取以市场换取国际先进技术的方式向外商统一招标；2005年，国家发改委又决定将蒲石河、桓仁、深圳、呼和浩特、仙游和黑麋峰抽水蓄能电站作为抽水蓄能电站机组设备国产化后续工作的依托项目，机组设备采用招议标方式在哈电和东电之间进行采购，为实现抽水蓄能机组国产化目标，降低抽水蓄能电站建设投资创造了有力的条件。

(4) 机组联合试运转费和初期蓄水费。与常规电站的机组调试和联合试运转不同，抽水蓄能机组联合试运转时间需要30天，且在机组安装完毕后，需进行无水调试和有水调试。对于有水调试有发电工况和抽水工况的调试，两种工况交换进行。抽水蓄能电站联合试运转费和初期蓄水费是分别计算的。联合试运转费根据现行的《水电工程设计概算编制办法及计算标准》(2002年版)，在生产准备费中，按永久设备费的比例计算，计算时应考虑抽水蓄能电站联合试运转方式较常规电站复杂且持续时间长的因素，合理确定费率。初期蓄水费因各工程初期蓄水方式差异较大，不宜按费率计算，根据其费用性质，可与联合试运转费一样纳入生产准备费项下，单独计算。目前通常按初期蓄水量乘以初期蓄水水价计算。

$$\text{初期蓄水费}=\sum(Q_i \times C_i)$$

式中 Q_i——初期不同方式蓄水量；

C_i——不同方式蓄水价格。

(5) 利用外资增加的国外相关费用。近年我国抽水蓄能建设采用的外资贷款主要来自世界银行、亚洲开发银行、日本国际协力银行（原为日本海外协力基金）等，国外金融贷款利率相对较低，可以降低工程建设投资，但也增加了一些相关费用。根据外资银行的规定，利用外资进行设备采购或土建施工采购，必须采用国际招标的方式在世界范围内选择适合的厂家或施工单位，还要有国际咨询机构对所建工程进行咨询。发生的相关费用包括国外咨询机构咨询费、技术资料费、国外人员接待费、固定资产购置费、转贷手续费、出国人员费等。这些费用一般占外资贷款额度的4%～6.3%。

二、工程建设资金筹措

抽水蓄能电站工程建设资金一般采用项目融资的筹措方式，即新建项目法人承担项目的投融资及运营，其资金来源主要有资本金、国内银行贷款、国外金融机构或外国政府贷款三种方式。

（一）资本金

我国是1996年在国务院国发［1996］35号文《国务院关于固定资产投资项目试行资本金制度的通知》颁布后，开始实行资本金制度的，文中规定："在投资项目的总投资中，除项目法人（依托现有企业的扩建及技术改造项目，现有企业法人即为项目法人）从银行或资金市场筹措的债务性资金外，还必须拥有一定比例的资本金。投资项目资本金，是指在投资项目总投资中，由投资者认缴的出资额，对投资项目来说是非债务性资金，项目法人不承担这部分资金的任何利息和债务；投资者可按其出资的比例依法享有所有者权益，也可转让其出资，但不得以任何方式抽回。"并规定电力工程资本金比例不能低于项目建设总投资的20%。目前大部分抽水蓄能电站的建设资金的资本金比例是20%～25%。

（二）国内银行贷款

国内银行贷款分为商业银行贷款和政策性银行贷款。国内商业银行如工商银行、农业银行、建设银行等，其利率受人民银行的调控，以人民银行的基准利率为中心可下浮10%至上浮30%。

我国政策性银行有国家开发银行、进出口银行、农业发展银行。其中，国家开发银行提供基础设施建设及重要的生产性建设项目的长期贷款，抽水蓄能电站建设即可使用。国家开发银行贷款期限一般较长，且贷款利率通常比商业银行贷款低。

（三）外国政府贷款和国外金融机构贷款

在过去几年建设的抽水蓄能电站采用的外资贷款主要来源于世界银行、亚洲开发银行、日本国际协力银行（原为日本海外协力基金）。

外国政府贷款和国外金融机构贷款利率相对较低，但申请使用其贷款需要按照这些机构拟定的贷款政策，如世界银行贷款规定，贷款对象必须是会员国官方、国营企业、私营企业。若借款人不是政府，则要政府担保。贷款用途多为项目贷款，用于工业、农业、能源、运输、教育等诸多领域。银行只提供项目建设总投资的20%～50%，其余部分由借款国自己筹措，即通常所说的国内配套资金。世界银行借款必须专款专用，借款国必须接受世界银行监督。外国政府贷款还限制贷款必须用于贷款国的设备，使设备进口难以通过较大范围的招标竞价取得较低的价格。

已建、在建的广州、十三陵、天荒坪、泰安、西龙池、张河湾、桐柏等工程采用了国外金融机构贷款或外国政府贷款，随着我国抽水蓄能建设技术日渐成熟，以及我国外汇政策的放开，新开工的抽水蓄能电站建设资金已开始使用全内资贷款的方式。据统计，我国已建、在建抽水蓄能电站利用外资贷款使用范围主要是水泵水轮发电机组及附属设备、500kV高压电气设备、500kV高压电缆、沥青混凝土防渗面板施工等，其额度一般为总投资的23%～36%，见表17-1-6。

表17-1-6　　抽水蓄能电站利用外资贷款的额度统计

电站名称	审定总投资（亿元）	其中外资额度（亿元）	利用外资比例（%）	电站名称	审定总投资（亿元）	其中外资额度（亿元）	利用外资比例（%）
十三陵	37.31	8.46	23%	琅琊山	22.49	8.01	36%
天荒坪	71.18	24.64	35%	西龙池	50.72	15.30	30%
桐柏	41.93	13.09	31%	张河湾	41.2	11.89	29%

工程资金筹措是项目实施的一项重要工作，项目前期阶段就应在投资估算的基础上，进行项目融资研究，优化融资方案，降低项目融资成本及融资风险，从而可降低工程总投资。

第二节　抽水蓄能电站经济评价发展历程

20世纪80年代，随着经济体制改革的逐步深化，水电建设项目（包括抽水蓄能电站建设项目）经济评价工作，在总结过去实践经验的基础上，借鉴国外经验，特别是一些欧美国家的项目经济评价方法，加强了理论与实践的研究，提出了动态分析方法。从1985年开始，国家基建投资实行“拨改贷”，“利改税”等新规定，水电建设项目的财务评价工作有了加强。水利电力部门先后编制了《电力工程经济分析暂行条例》（1982年），《水利发电工程经济分析暂行规定》（1983年）、《水利经济计算规范》（1986年）和《水电站财务分析方法》（1987年）等。从此，水电建设项目的经济评价工作逐步走上了有章可循的阶段。1987年9月1日，国家计委颁布了《关于建设项目经济评价工程的暂行规定》，《建设项目经济评价方法》、《建设项目经济评价参数》等一系列文件，要求各部门结合行业的具体情况制定相应的实施细则，报国家计委备案。

20世纪90年代，水利水电规划设计总院于1990年9月制定了《水电建设项目经济评价实施细则》（试行）；国家计委1990年又颁发了《建设项目经济评价方法与参数实用手册》，使水电建设项目经济评价工作进入新的阶段。为了适应国家经济形势的发展变化，国家计委计投资［1993］530号文颁发了《建设项目经济评价方法与参数》（第二版），在此基础上，1994年6月14日电力部水利部水利水电规划设计总院编制了《水电建设项目财务评价暂行规定》（试行），取代《水电建设项目经济评价实施细则》（试行）中的财务评价内容。

20世纪90年代我国抽水蓄能电站的建设尚处于初期阶段。但由于抽水蓄能电站具有启动快、运行灵活的特点，在系统中可承担填谷、调峰、调频、调相和紧急备用等多种任务，尤其是广州和十三陵等大型抽水蓄能电站的建成，对电力系统稳定和安全运行起到很大的作用，因此，抽水蓄能电站的建设在我国将会有较快的发展。由于抽水蓄能电站的效益体现在电力系统，按当时我国的电价政策和电力系统计价的办法，抽水蓄能电站的效益存在着“算得出、看得见、拿不着”的问题，造成建设抽水蓄能电站集资难，投资回收难。因此。亟待研究如何正确评价和反映抽水蓄能电站的作用和效益，提出相应的政策和管理措施，制订可以操作的抽水蓄能电站财务评价办法。为此，原电力工业部以电计［1998］289号文印发了《抽水蓄能电站经济评价暂行办法》（简称《暂行办法》），以电计［1999］47号文印发了《国家电力公司抽水蓄能电站经济评价暂行办法实施细则》（简称《实施细则》）。《实施细则》统一了国内抽水蓄能电站经济评价的思路，对促进抽水蓄能电站的立项和建设具有重大意义。

到21世纪初，我国社会主义市场经济迅速发展，投资体制、财税政策发生了巨大变化，对建设项目提出新要求。投资项目可行性研究是固定资产投资活动的一项基础性工作，可行性研究结论是投资决策的重要依据。为了适应我国各类投融资主体科学决策的需要，国家发展计划委员会以计办投资［2002］15号文印发了《投资项目可行性研究指南》（简称《指南》），用以规范可行性研究工作的内容和方法，指导可行性研究报告的编制。《指南》的编写总结了国内改革开放以来可行性研究工作的经验教训，借鉴了国际上可行性研究的有益经验，基本符合我国实际情况，而且与国际通常做法基本接轨，成为项目核准评估的重要指导性文件之一。

2006年7月3日，国家发改委和建设部以发改投资［2006］1325号文印发了《建设项目经济评价方法与参数》（第三版）［简称《方法与参数》（第三版）］，要求在投资项目的经济评价工作中借鉴和使用。该书提出了一套比较完整、广泛适用、切实可行的经济评价方法与参数体系。《方法与参数》（第三版）包括《关于建设项目经济评价工作的若干规定》《建设项目经济评价方法》和《建设项目经济评价参数》三部分。

《建设项目经济评价方法》与《建设项目经济评价参数》是建设项目经济评价的重要依据。对于实行审批制的政府投资项目，应根据政府投资主管部门的要求，按照《建设项目经济评价方法》与《建设项目经济评价参数》执行；对于实行核准制和备案制的企业投资项目，可根据核准机关或备案机关以及投资者的要求，选用建设项目经济评价的方法和相应的参数。

作为《方法与参数》（第三版）的配套书籍，建设部标准定额研究所2006年9月编制了《建设项目经济评价案例》（以下简称《案例》）。《案例》收集了15个有代表性的案例，从行业看，包括了资源开发、能源开发、交通运输制造业、农业、水利、教育、卫生、城市基础设施等项目；从类型看，包括了特许经营、改扩建、规划、企业兼并类等项目以及特大型项目；从资金来源看，包括政府投资项目和企业投资项目。这些案例以实际项目为背景，进一步阐述了《方法与参数》（第三版）的分析思路、计算步骤与要求。

第三节　抽水蓄能电站经济评价主要原则及关键问题

抽水蓄能电站经济评价包括国民经济评价和财务评价，国民经济评价是从国民经济综合平衡的角度分析计算抽水蓄能电站建设项目对国民经济的净收益，据以判别抽水蓄能电站建设项目的经济合理性。财务评价主要是在国家现行财税制度和价格的条件下，分析测算项目的实际收入与支出，考虑项目的获利能力，偿债能力等财务状况，以判别其财务上的可行性。抽水蓄能电站经济评价的方法与常规水电站基本相同。本文重点对抽水蓄能电站经济评价中不同于常规水电的一些问题作简要介绍。

一、抽水蓄能电站经济评价主要原则

经济评价应遵循的基本原则如下：

（1）“有无对比”原则。“有无对比”是指“有项目”相对于“无项目”的对比分析。“无项目”状态指不对该项目进行投资时，在计算期内，与项目有关的资产、费用与收益的预计发展情况；“有项目”状态指对该项目进行投资后，在计算期内，资产、费用与收益的预计情况。“有无对比”求出项目的增量效益，排除了项目实施以前各种条件的影响，突出项目活动的效果。

（2）效益与费用计算口径对应一致的原则。将效益与费用限定在同一个范围内，才有可能进行比较，计算的净效益才是项目投入的真实回报。

（3）定量分析与定性分析相结合，以定量分析为主的原则。经济评价的本质就是要对拟建项目在整个计算期的经济活动，通过效益与费用的计算，对项目经济效益进行分析和比较。一般来说，项目经济评价要求尽量采用定量指标，但对一些不能量化的经济因素，不能直接进行数量分析，对此要求进行定性分析，并与定量分析结合起来进行评价。

（4）动态分析与静态分析相结合，以动态分析为主的原则。动态分析是指利用资金时间价值的原理对现金流量进行折现分析。静态分析是指不对现金流量进行折现分析。项目经济评价的核心是折现，

所以分析评价要以折现（动态）指标为主。非折现（静态）指标与一般的财务和经济指标内涵基本相同，比较直观，但是只能作为辅助指标。

(5) 在采用的价格体系上，国民经济评价中投入物及产出物一般采用影子价格；财务评价一般是采用现行价格，并考虑物价上涨因素的影响。

(6) 收益与风险权衡的原则。投资人关心的是效益指标，但是，对于可能给项目带来风险的因素考虑得不全面，对风险可能造成的损失估计不足，结果往往有可能使得项目失败。收益与风险权衡的原则提示投资者，在进行投资决策时，不仅要看到效益，也要关注风险，权衡得失利弊后再行决策。

二、国民经济评价

(一) 评价方法

抽水蓄能电站国民经济评价应首先分析计算项目的经营成本与经济效益，在此基础上计算项目的国民经济评价指标。当国民经济评价在财务评价基础上进行时，应对其计算的财务效益与费用进行调整，剔除属于国民经济内部转移支付部分，增加财务评价中未反映的经济效益与费用。

抽水蓄能电站项目一般要求采用投入产出法或替代方案法进行国民经济评价。当有国家公布的影子价格时，可采用投入产出法，以影子价格分别计算项目的投入物的费用与产出物的效益，通过费用与效益的比较，进行国民经济评价。

鉴于国家目前尚未形成定期发布影子价格的制度，投入与产出的计算尚存在一些问题，为避免出现不合理现象，多采用替代方案法。替代方案法要求在进行抽水蓄能电站国民经济评价时，需从电力系统整体出发，进行“有”、“无”抽水蓄能电站情况下的系统电源方案比较，计算相应的费用，包括电源方案中各类电源的投资与运行费等，以无抽水蓄能电站情况的系统电源方案的费用作为抽水蓄能电站项目的效益，进行费用与效益的比较，计算国民经济评价指标。

(二) 效益和费用

抽水蓄能电站的国民经济评价多采用替代方案法，在经济效益与费用计算中，以有抽水蓄能电站的系统电源方案的费用作为项目的费用，以无该抽水蓄能电站的电力系统电源方案的费用作为抽水蓄能电站的效益。

替代方案的选择需通过电力系统电源优化规划，选择最优电源组合方案。不同电源方案应进行系统电力电量平衡分析，要全面反映电源方案中各类不同电源的技术经济特性，如调峰能力、运行维护费、燃料消耗特性等方面的差别。在计算不同方案的运行费用时，应考虑抽水蓄能电站和替代电源在检修、厂用电、事故率及费率指标等运行特性上的差异。计算不同方案的燃料消耗时，应结合系统电源构成，根据不同类型机组的燃料消耗特性曲线（含开停燃料消耗），采用等微增法或模拟生产法进行系统燃料消耗平衡计算。合理地、客观地分析计算不同电源的投资、固定运行费与可变运行费等指标，是做好国民经济评价的重要方面。

(三) 评价指标

国民经济评价中采用的评价指标常用经济内部收益率（*EIRR*）、经济净现值（*ENPV*）与经济效益费用（*Rbc*）比进行判别。经济内部收益率系指在计算期内经济净效益的现值累计等于 0 时的折现率，如果经济内部收益率等于或大于社会折现率，表明项目资源配置的经济效率达到了可以被接受的水平。经济净现值系指按照社会折现率将计算期内各年的经济效益流量折现到建设期初的现值之和，如果经济净现值等于或大于 0，表明项目可以达到社会折现率的效益水平，认为该项目从经济资源配置的角度可以被接受。经济效益费用比系指在计算其内效益流量与费用流量的现值之比，如果经济效益费用比大于 1，表明项目资源配置的经济效率达到了可以被接受的水平。

(四) 国民经济评价存在问题分析

抽水蓄能电站的国民经济评价常用替代方案比较法，等效替代电源方案的选择是影响国民经济评价的关键。抽水蓄能电站在电力系统中运行方便灵活，具有多方面的功能与效益，除具有调峰填谷效益外，尚有调频、调相、旋转备用、快速跟踪负荷、保证系统运行安全与提高供电质量等方面的效益。目前常用火电机组作为替代电源，在运行的功能上尚难做到完全的等效，主要考虑了其静态效益，而没有客观合理地反映其动态效益，这在某种程度上低估了抽水蓄能电站在电力系统中的作用与效益，这也是今后需要深入研究的重要课题。

三、财务评价

（一）资金来源与融资方案

资金来源与融资方案应分析建设投资和流动资金的来源渠道及筹措方式，并在明确项目融资主体的基础上，设定初步融资方案。通过对初步融资方案的资金结构、融资成本和融资风险的分析，结合融资后财务分析，比选确定融资方案，为财务分析提供必需的基础数据。融资方案主要是确定项目融资主体，融资方式分为有法人融资和新设法人融资两种。

（二）容量价格和电量价格计算

根据抽水蓄能电站经济评价规定，可按电网市场预测的电价或用长期边际成本理论测算的电价进行财务评价。考虑到抽水蓄能电站在电力系统中的效益包括容量和电量效益，其中主要为容量效益，因此，宜采用两部制电价进行财务评价。以可避免容量成本和可避免电量成本测算容量和电量价格的方法是：首先进行“有”、“无”设计电站两种情况及以同等满足用电要求为前提的电源优化组合规划，确定设计（有设计电站）方案和替代（无设计电站）方案的电源结构。然后，对两个方案分别进行电力电量平衡和费用计算（包括容量费用计算和电量费用计算）。在此分析和计算基础上，用下列公式计算容量价格和电量价格

可避免容量成本＝替代方案容量费用－（设计方案容量费用－设计电站容量费用）

容量价格＝可避免容量成本/年上网容量

可避免电量成本＝替代方案电量费用－（设计方案电量费用－设计电站电量费用）

电量价格＝可避免电量成本/年上网电量

（三）抽水蓄能电站年收入计算

我国的发电市场目前正处于完善阶段，因此，进行财务评价时，应考虑项目各种可能的经营方式，需要结合设计电站和所在电力系统的要求和特点，选择经济合理的经营方式与电价机制计算电站发电收入。

(1) 租赁方式。租赁方式是发电市场建立之前的一种有效经营方式。在租赁方式中，电站与电网或其他租赁企业签订租赁协议，电站的运行完全服从电网的调度。电站的年收入即为年租赁费，租赁费以容量价格为基础确定。

(2) 定费结算方式。当发电市场建立以后，电网能够根据各电站在价格上的不同而选择对电网有利的电站入网，使电源结构优化，电网也能根据电量价格的差别，选择电量价格低的电站多发电量，电量价格高的少发，有利于降低电网经营成本，电站因根据电量等考核指标计费，有利于提高服务质量，电站还会主动研究机组运行特性，合理安排机组运行组合，以提高能量利用效率。在定费结算方式下，电站的年收入应按其有效容量和电量，及容量和电量价格结算。

(3) 电量竞争上网方式。比定费结算方式更进了一步，是发电市场比较成熟后的一种经营方式。通过电量竞争上网，使各电站增加降低经营成本的主动性，但关键在于全电网是否具备这样竞争上网的条件。在电量竞争上网方式下，电站年收入中的容量收入按有效容量和容量价格计算，电量收入按上网电量和有竞争力的上网电量价格（小于或等于按可避免成本计算的电量价格）结算。

(4) 协议结算万式。电网承诺每年从电站购入一定数量的电量，保证电站年收入，但不利于全电网的优化调度，此方式只是电力市场改革完成前的一种暂时过渡方式，比较适合于当前上网电价为一部制电价的情况。在协议结算方式下，电站年收入按协议的年发电量和相应的价格结算。

(5) 电网统一经营核算方式。电站年收入完全按设计电站本身的各项支出和投资利润要求，由电网结算。由于电站经营的各种负担和风险均由电网承担，电网支付的投资利润水平也相应比较低。

(6) 其他方式。其他能够体现抽水蓄能电站价值的方式。

（四）评价指标

财务盈利能力分析既有动态指标，也有静态指标。在分析财务指标时，应以动态指标为主，静态指标为辅。盈利能力的主要指标有财务内部收益率、投资回收期、财务净现值，投资利润率、投资利

税率、资本金利润率等。而《方法与参数》（第三版）将其进行了调整：盈利能力分析的主要指标包括项目投资财务内部收益率和财务净现值、项目资本金财务内部收益率、投资回收期、总投资收益率、项目资本金净利润率等，可根据项目的特点及财务分析的目的、要求等选用。前几项指标计算方法与以前相同，下面就后两项指标介绍如下：

(1) 总投资收益率（ROI）表示总投资的盈利水平，系指项目达到设计能力后正常年份的年息税前利润或经营期内年平均息税前利润（$EBIT$）与项目总投资（TI）的比率。总投资收益率按下式计算

$$ROI=\frac{EBIT}{TI}\times 100\%$$

总投资收益率高于同行业的收益率参考值，表明用总投资收益率表示的盈利能力满足要求。

(2) 项目资本金净利润率（ROE）表示项目资本金的盈利达到设计能力后正常年份的年净利润或运营期内年平均净利润（NP）与项目资本金（EC）的比率。项目资本金净利润率按下式计算

$$ROE=\frac{NP}{EC}\times 100\%$$

项目资本金净利润率高于同行业的净利润率参考值，表明用项目资本金净利润率表示的盈利能力满足要求。

（五）财务评价存在问题分析

目前，在抽水蓄能电站的财务评价方面存在的问题比较多。现行《抽水蓄能电站经济评价暂行规定》（简称《暂行规定》）实施中，当前存在问题比较多的主要在财务评价方面。《暂行规定》中提出了按照边际成本理论，采用可避免容量成本与电量成本来确定上网容量电价与电量电价的办法，实质上是用国民经济评价的方法进行财务评价，主要是解决抽水蓄能电站的经济效益可以“看得见”与“算得出”的问题。上述容量与电量电价的分析与计算，由于与现行财税制度与电价机制存在着很大的不协调，所测算电价严重脱离实际，使财务评价指标缺少客观的评判标准。现实的财务评价中，也还是根据现行财务有关规定，常采用反推电价的方法，测算其财务指标，与现行电价制度进行对比分析，论证其财务上的可行性。

改进现行经济评价办法，特别是财务评价方法，重点要解决好两个方面的问题：①根据蓄能电站的运营特点，选择合理的电价机制；②确定蓄能电站在电网中承担的功能、作用与价值，合理确定其电价水平。

根据抽水蓄能电站的运行特点，发电量一般较少，在系统中的经济效益主要体现在其容量效益上。参照目前几个抽水蓄能电站运营的实际情况，大多为独立经营企业，目前采用的电价机制以租赁电价或以容量为主的两部制电价较为合理。鉴于我国的电力体制改革刚刚起步，电力价格体系尚未完善建立，对于如何确定蓄能电站的合理的容量电价尚有困难。目前，采用以容量价格为主的几个蓄能电站的容量电价水平为470～680元/kW·年，基本上还是根据电站的运行成本，主要考虑的是电站在电网的调峰发电与填谷作用来订价的。而对抽水蓄能电站在系统中的调频、调相、事故处理及“黑启动”方面的作用，即通常所说的辅助服务功能，在保证电网运行安全、提高供电质量等方面的作用尚没有得到体现。在电价的形成机制中，对电网的安全稳定所需要支付的成本还没有得充分的认可和客观体现，这在某种程度上也低估了抽水蓄能电站的价值和效益。为促进抽水蓄能电站健康发展，研究探索我国电力市场发展中抽水蓄能电站的经营模式与电价机制是电力市场改革和发展中应重点解决的问题之一。

针对抽水蓄能电站的特点，在电价机制上，应研究电网运行安全成本及承担辅助服务功能的价格机制、进一步开拓抽水蓄能电站的经营环境与发展空间。此外，应对抽水蓄能电站的实际运行技术经济指标，如有关电站运行成本指标、各种费率指标等做进一步调研分析，为正确评价抽水蓄能电站在电网中的效益，及经济评价办法的修改与完善提供科学依据。

四、风险分析

用以预测项目可能承担的风险，及确定其在财务、经济上的可靠性的风险分析，目前一般采用敏感性分析，有条件时进行概率分析。

(1) 敏感性分析是通过分析、预测某种因素单独变化或多种因素变化时引起内部收益率变化幅度，

为求出内部收益率达到临界点（财务内部收益率等于财务基准收益率或经济内部收益率等于社会折现率）时，某种因素允许变化的最大幅度，超过此极限，即认为项目不可行。

（2）概率分析是预测不确定因素的变化对评价指标的影响程度和发生这种影响的可能性大小，分析计算的内容一般为计算评价项目净现值的期望值和净现值大于或等于零时的累积概率，以判断项目的抗风险程度。净现值的期望值大于零即为可行；大于零的累积概率愈接近于1，抗风险能力愈强。

抽水蓄能电站经济评价的概率分析方法需多积累实践经验，在设计单位逐渐推行。

五、综合分析评价

经济评价是抽水蓄能电站建设或工程项目可行性评价的主要组成部分，此外，一般还需从宏观高度对其进行全面审查，判别其综合利弊效果，并在所拟各开发方案中选择综合效果最佳的方案。

广义的综合评价分析，一般根据开发方案的建设规模、任务要求和涉及范围的不同，及其不同层次的意义与影响，综合评价下列各项内容的全部或其中主要的几个部分：

（1）政治评价。侧重于阐明项目开发或方案建设对国家或地区社会经济发展的战略方针、政策法令、政治威望以及国际影响等方面的关系和意义。例如，某城市建设抽水蓄能电站保证国际性运动会召开期间供电可靠性的政治意义。再如，某红色老区建设抽水蓄能电站带动区域发展的政治意义。

（2）社会评价。侧重于对地区劳动就业、劳动场所、生活条件、安全生产、文化教育和文明建设等方面的影响。

（3）技术评价。侧重于建设方案在技术上的可行性、可靠性、先进性、适应性、标准性、科学意义、学术水平与科技情报诸方面的关系。

（4）环境评价结论摘要。重点是替代火电煤耗油耗，减少火电污染排放，有利于减少人类对化石类能源的依赖。另外也对移民安置可行性给予评价，在生态环境方面则侧重于改善区域水土、气候、水质条件，防止环境污染，减少农林土地占用，保持生态平衡，减免自然灾害，降低劳动强度等。

（5）资源评价。侧重于水土资源、动力资源和其他能源资源的保护、利用、开发、节约以及对国家或地区人、财、物力、矿藏等有关资源总量影响的分析。

（6）国民经济效果评价。侧重于电力系统电源结构调整、系统燃料费用降低、提高系统可靠性和灵活性、运煤交通运输压力缓和、国家能源安全等。

第四节　案　例　分　析

HX抽水蓄能电站总装机容量1200MW，年设计发电量20.075亿kWh，年抽水用电量26.767亿kWh。工程设计概算静态总投资为479537万元。

电站经济评价依据《抽水蓄能电站经济评价暂行办法》以及《国家电力公司抽水蓄能电站经济评价暂行办法实施细则》和国家颁发的有关财税政策的要求进行。用《建设项目经济评价方法与参数（第三版）》进行有关指标复核。

一、国民经济评价

HX抽水蓄能电站国民经济评价的效益计算采用替代方案法。在同等满足电力系统电力和电量需要的条件下，以替代电站的费用作为本电站的效益，进行国民经济评价。设计电站与替代电站的投资按现行价格计算。以燃煤火电机组作为替代方案，替代火电装机容量1304.4MW，每年为系统节约燃料21.22万t，节约燃料费用2758.6万元。根据电网近几年火电站建设的有关资料，取替代火电机组单位千瓦静态投资为4600元/kW（考虑火电机组脱硫费用），则替代火电投资为600024万元。替代火电站建设期按3年考虑，与HX抽水蓄能电站同期建成，分年投资比例分别为30%、40%和30%。

HX抽水蓄能电站的费用包括电站的固定资产投资和年运行费用。电站的静态总投资为479537万元。年运行费包括修理费、材料费、保险费、职工工资及福利费、劳保统筹、住房公基金、库区维护基金、其他费用及抽水燃料费等，按静态总投资的2.5%计算，每年为11988万元（不包括抽水燃料费）。

根据上述设计电站的费用和效益，计算的HX抽水蓄能电站效益费用流量成果见表17-4-1。计

表 17-4-1 国民经济评价效益费用流量表（全部投资） 万元

序号	年　度	1	2	3	4	5	6	7	8	9	10	11	12	13	14	15	16	17	18	19
	装机容量（MW）	0	0	0	0	0	600	1200	1200	1200	1200	1200	1200	1200	1200	1200	1200	1200	1200	1200
	年发电量（亿 kWh）	0	0	0	0	0	1.25	13.72	20.075	20.075	20.075	20.075	20.075	20.075	20.075	20.075	20.075	20.075	20.075	20.075
1	效益流量（替代方案）																			
1.1	固定资产投资	0	0	0	0	180007	240010	180007	0	0	0	0	0	0	0	0	0	0	0	0
1.2	运行费用	0	0	0	0	0	0	0	24001	24001	24001	24001	24001	24001	24001	24001	24001	24001	24001	24001
1.2.1	固定运行费用	0	0	0	0	0	0	0	18001	18001	18001	18001	18001	18001	18001	18001	18001	18001	18001	18001
1.2.2	可变运行费用	0	0	0	0	0	0	0	6000	6000	6000	6000	6000	6000	6000	6000	6000	6000	6000	6000
1.3	燃料费	0	0	0	0	0	0	0	2759	2759	2759	2759	2759	2759	2759	2759	2759	2759	2759	2759
	效益小计	0	0	0	0	180007	240010	180007	26760	26760	26760	26760	26760	26760	26760	26760	26760	26760	26760	26760
2	费用流量（设计方案）																			
2.1	固定资产投资	37938	74466	75740	102108	92897	70945	25443	0	0	0	0	0	0	0	0	0	0	0	0
2.2	运行费用	0	0	0	0	0	0	0	11988	11988	11988	11988	11988	11988	11988	11988	11988	11988	11988	11988
2.2.1	固定运行费用	0	0	0	0	0	0	0	8991	8991	8991	8991	8991	8991	8991	8991	8991	8991	8991	8991
2.2.2	可变运行费用	0	0	0	0	0	0	0	2997	2997	2997	2997	2997	2997	2997	2997	2997	2997	2997	2997
	费用小计	37938	74466	75740	102108	92897	70945	25443	11988	11988	11988	11988	11988	11988	11988	11988	11988	11988	11988	11988
3	净现金流量	−37938	−74466	−75740	−102108	87110	169064	154565	14771	14771	14771	14771	14771	14771	14771	14771	14771	14771	14771	14771

续表

序号	年　　度	20	21	22	23	24	25	26	27	28	29	30	31	32	33	34	35	36	37	合计
	装机容量（MW）	1200	1200	1200	1200	1200	1200	1200	1200	1200	1200	1200	1200	1200	1200	1200	1200	1200	1200	
	年发电量（亿 kWh）	20.075	20.075	20.075	20.075	20.075	20.075	20.075	20.075	20.075	20.075	20.075	20.075	20.075	20.075	20.075	20.075	20.075	20.075	
1	效益流量（替代方案）																			
1.1	固定资产投资	0	0	0	0	0	0	0	0	0	0	0	0	0	0	0	0	0	0	600024
1.2	运行费用	24001	24001	24001	24001	24001	24001	24001	24001	24001	24001	24001	24001	24001	24001	24001	24001	24001	24001	720029
1.2.1	固定运行费用	18001	18001	18001	18001	18001	18001	18001	18001	18001	18001	18001	18001	18001	18001	18001	18001	18001	18001	540022
1.2.2	可变运行费用	6000	6000	6000	6000	6000	6000	6000	6000	6000	6000	6000	6000	6000	6000	6000	6000	6000	6000	180007
1.3	燃料费	2759	2759	2759	2759	2759	2759	2759	2759	2759	2759	2759	2759	2759	2759	2759	2759	2759	2759	82758
	效益小计	26760	26760	26760	26760	26760	26760	26760	26760	26760	26760	26760	26760	26760	26760	26760	26760	26760	26760	1402811
2	费用流量（设计方案）																			
2.1	固定资产投资	0	0	0	0	0	0	0	0	0	0	0	0	0	0	0	0	0	0	479537
2.2	运行费用	11988	11988	11988	11988	11988	11988	11988	11988	11988	11988	11988	11988	11988	11988	11988	11988	11988	11988	359653
2.2.1	固定运行费用	8991	8991	8991	8991	8991	8991	8991	8991	8991	8991	8991	8991	8991	8991	8991	8991	8991	8991	269740
2.2.2	可变运行费用	2997	2997	2997	2997	2997	2997	2997	2997	2997	2997	2997	2997	2997	2997	2997	2997	2997	2997	89913
	费用小计	11988	11988	11988	11988	11988	11988	11988	11988	11988	11988	11988	11988	11988	11988	11988	11988	11988	11988	839190
3	净现金流量	14771	14771	14771	14771	14771	14771	14771	14771	14771	14771	14771	14771	14771	14771	14771	14771	14771	14771	563620

经济内部收益率（%）：16.62；经济净现值（万元）：77615

算期为37年，社会折现率为10%。计算期末固定资产余值一次性回收。由此计算的HX抽水蓄能电站经济内部收益率为16.62%；经济净现值为77615万元。

二、财务评价

财务评价主要是根据国家现行财税制度，分析测算项目的实际收入和支出，考察其获利能力，贷款偿还能力等财务指标，以评价项目的财务可行性。

（一）资金筹措及贷款条件

（1）资金筹措。HX抽水蓄能电站投资来源有以下几部分：资本金占电站总投资的20%，约10.96亿元；电站投资的其余部分由国内银行贷款解决，贷款额度为43.85亿元。

（2）贷款条件。国内融资贷款实行国内统一贷款利率，贷款期限在5年以上的年贷款利率为6.12%，贷款偿还期为25年。贷款宽限期为工程建设期，建设期利息计入投资，宽限期后每年按贷款本金等额偿还。工程的投资计划与资金筹措见表17-4-2。

表17-4-2　投资计划与资金筹措表　万元

序号	项　目	1	2	3	4	5	6	7	合计
1	总投资	38764	77842	82712	113741	110001	91835	34435	549330
1.1	固定资产投资	37938	74466	75740	102108	92897	70945	25443	479537
1.2	建设期利息	825	3376	6972	11633	17104	20590	8092	68592
1.3	流动资金	0	0	0	0	0	300	900	1200
2	资金筹措	38764	77842	82712	113741	110001	91835	34435	549330
2.1	资本金	10963	19733	19732	19732	19732	19822	270	109982
	其中：用于流动资金	0	0	0	0	0	90	270	360
2.2	借款	27801	58109	62980	94009	90270	72014	34165	439348
2.2.1	长期借款	27801	58109	62980	94009	90270	71804	33535	438508
	其中：本金	26976	54733	56009	82376	73165	51214	25443	369915
2.2.2	流动资金借款	0	0	0	0	0	210	630	840
2.3	其他短期借款	0	0	0	0	0	0	0	0
2.4	其他	0	0	0	0	0	0	0	0

（二）年上网容量和上网电量

HX抽水蓄能电站的年上网容量与电量需通过电力系统电源优化，由年电力电量平衡结果确定。通过分析，系统容量可全部被系统吸收。经对我国近年来投产的抽水蓄能电站的运行资料进行分析，HX抽水蓄能电站厂用电率采用2%，电站综合循环效率取75%。

（三）费用计算

项目的费用主要包括总投资、发电经营成本和应纳各项税金。

（1）总投资。总投资包括固定资产投资479537万元和建设期利息68592万元。电站流动资金按10元/kW估算，总计1200万元，其中70%从银行贷款，贷款年利率为5.58%。流动资金随机组投产投入使用，利息计入发电成本，本金在计算期末一次性收回。

（2）发电总成本费用。发电总成本费用包括经营成本、折旧费、摊销费和利息支出，其中经营成本包括修理费、职工工资及福利费、劳保统筹、住房公基金、材料费、库区维护费、库区移民后期扶持基金和其他费用。工程折旧费按电站的固定资产价值乘以综合折旧率计取。电站固定资产投资为479537万元，计入建设期利息后为工程的固定资产价值。综合折旧率取4%。修理费按固定资产价值的1.5%计算，其中1.2%为固定修理费、0.3%为可变修理费。参照已投入运行的抽水蓄能电站定员编制，本电站定员人数按128人计，人均年工资按3.5万元计算。电站职工福利费、劳保统筹及住房公基金分别为职工工资总额的14%、17%和12%。保险费是指固定资产保险和其他保险，保险费率按固定资产价值的2.5‰计算。库区维护费按厂供电量0.001元/kWh计算；库区移民后期扶持基金按移民人数400元/人·年计算，工程库区淹没及影响移民人数为211人，库区移民后期扶持基金提取年限为电站生产期前10年。材料费定额取为2元/kW，其他费用定额取为12元/kW。摊销费包括无形资产和递延资产的分期摊销。本次计算固定资产投资全部形成固定资产，没有形成无形资产和递延资产，无摊销费。根据电网目前的电价水平，并参照周边地区抽水蓄能电站采用的抽水电价，初步确定HX抽水蓄能电站的抽水电价按0.16元/kWh计算。利息支出为固定资产和流动资金在生产期应从成本中支付的借款利息，固定资产投资借款利息依各年还贷情况而不同。发电总成本费用扣除折旧费及利息支出即为经营成本，经计算电站正常生产年份每年的经营成本为54945万元，其中包括抽水电费。工程成本费用见表17-4-3。

(3) 电站税金。税金应包括增值税、销售税金附加和所得税，其中增值税为价外税。本次计算的电价中不含增值税，仅作为计算销售税金附加的依据。增值税税率为17%，在计算时应扣除成本中材料费和修理费的进项税额。销售税金附加包括城市维护建设税和教育费附加，以增值税税额为计算基数。城市维护建设税和教育费附加分别为增值税的7%和3%。所得税为应纳税所得额的33%，应纳税所得额等于发电销售收入扣除总成本费用和销售税金附加。还贷期内，由于各年的发电利润不同，因而每年提取的所得税也不同。每年的税金见表17-4-4。

(四) 上网容量价格和电量价格测算

上网电价包括上网容量价格和上网电量价格。依据《抽水蓄能电站经济评价暂行办法》规定，HX抽水蓄能电站的容量价格和电量价格采用电网的可避免容量成本和电量成本分别测算。

1. 容量价格

电网因购买设计电站上网容量，从而可避免为取得峰荷单位容量支付必要的费用，即可避免容量成本，可作为确定容量价格的依据。本次具体计算以国民经济评价成果为基础，以可避免电源方案的固定成本、固定税金及投资利润作为电站容量价值的计算基础，再考虑抽水蓄能电站与可避免电源方案电站在开停灵活性和跟踪负荷增减工作出力速度等方面的运行特性差别，调整后的容量价值与抽水蓄能电站年上网容量的比值即为其容量价格。

工程的可避免电源方案替代燃煤火电机组装机容量为1304.4MW。按照燃煤火电机组近期平均价格水平，火电机组静态单位千瓦投资采用4600元/kW（考虑火电机组脱硫费用），替代火电机组静态总投资为600024万元。本阶段暂不考虑可替代电源方案的价差预备费。工程可避免电源方案的燃煤火电机组建设期为3年，与设计电站同期建成，分年投资比例分别为30%、40%和30%。可避免电源方案流动资金，按50元/kW计算，共计6522万元，资本金占总投资的20%。

可避免电源方案固定成本括折旧费、摊销费、固定修理费、保险费、职工工资及福利费、劳保统筹和住房基金。系统可避免电源方案的建设期利息为44667万元，固定资产价值为644691万元。取燃煤火电机组折旧率为6%。燃煤机组固定修理费率取1.25%。职工工资采用电网上一年度的统计值，为3.5万元/人·年。根据概算编制办法并结合实际情况，可避免电源方案定员按420人计算，福利费、劳保统筹和住房基金分别为工资总额的14%、17%和12%。保险费按可避免电源方案固定资产价值的2.5‰计算。可避免电源方案的全部投资利润率取10%，通过计算投资利润为65121万元。可避免电源方案增值税属于“价外税”，此处仅作为计算销售税金附加的依据，本次计算电价中不含增值税。增值税率为17%，须扣除进项税额。销售税金附加包括城市维护建设税和教育费附加，分别为增值税额度的7%和3%。

容量价值即为上述可避免电源方案的销售收入（固定成本+投资利润+税金）为117574万元。经计算，HX抽水蓄能电站容量价格为1090.668元/kW。

2. 电量价格

电网因购买设计电站的上网电量，从而可避免为取得峰荷单位电量支付必要的费用，即可避免电量成本，可作为确定上网电量价格的依据。与计算容量价格一样，本次以替代燃煤火电方案的可变经营成本、燃料费、可变税金作为HX抽水蓄能电站的电量价值，电量价值与电站上网电量的比值即为其电量价格。

可避免电源方案可变经营成本包括可变修理费、材料费、其他费用、水费等，按统计资料取值：可变修理费率取1.25%；燃煤火电机组材料费定额取3.34×10^{-3}元/kWh；燃煤火电机组水费定额取7.2×10^{-3}元/kWh；其他费用定额取为4.5×10^{-3}元/kWh。经对“有”和“无”设计电站两个系统方

表 17-4-3　　发电成本费用估算表　　万元

序号	项　　目	6	7	8	9	10	11	12	13	14	15	16	17	18	19	20	21	22	23
	发电容量（MW）	600	1200	1200	1200	1200	1200	1200	1200	1200	1200	1200	1200	1200	1200	1200	1200	1200	1200
	厂供电量（亿 kWh）	1.225	13.446	19.674	19.674	19.674	19.674	19.674	19.674	19.674	19.674	19.674	19.674	19.674	19.674	19.674	19.674	19.674	19.674
1	电站发电成本	6900	70579	103754	102263	100772	99281	97790	96299	94808	93317	91826	90335	88836	87345	85854	84363	82872	81381
1.1	固定成本	4119	40052	59077	57586	56095	54605	53114	51623	50132	48641	47150	45659	44168	42677	41186	39695	38204	36713
1.1.1	折旧费	1365	14984	21925	21925	21925	21925	21925	21925	21925	21925	21925	21925	21925	21925	21925	21925	21925	21925
1.1.2	固定修理费	410	4495	6578	6578	6578	6578	6578	6578	6578	6578	6578	6578	6578	6578	6578	6578	6578	6578
1.1.3	工资福利等	40	438	641	641	641	641	641	641	641	641	641	641	641	641	641	641	641	641
1.1.4	保险费	85	937	1370	1370	1370	1370	1370	1370	1370	1370	1370	1370	1370	1370	1370	1370	1370	1370
1.1.5	材料费	120	240	240	240	240	240	240	240	240	240	240	240	240	240	240	240	240	240
1.1.6	其他费用	720	1440	1440	1440	1440	1440	1440	1440	1440	1440	1440	1440	1440	1440	1440	1440	1440	1440
1.1.7	摊销费	0	0	0	0	0	0	0	0	0	0	0	0	0	0	0	0	0	0
1.1.8	财务费用（利息支出）	1379	17518	26884	25393	23902	22411	20920	19429	17938	16447	14956	13465	11974	10483	8992	7502	6011	4520
1.2	可变成本	2781	30528	44676	44676	44676	44676	44676	44676	44676	44676	44676	44676	44668	44668	44668	44668	44668	44668
1.2.1	可变修理费	102	1124	1644	1644	1644	1644	1644	1644	1644	1644	1644	1644	1644	1644	1644	1644	1644	1644
1.2.2	库区维护费	12	134	197	197	197	197	197	197	197	197	197	197	197	197	197	197	197	197
1.2.3	库区移民后期扶持基金	0	0	8	8	8	8	8	8	8	8	8	8	0	0	0	0	0	0
1.2.4	抽水电费	2667	29269	42827	42827	42827	42827	42827	42827	42827	42827	42827	42827	42827	42827	42827	42827	42827	42827
2	经营成本	4156	38077	54945	54945	54945	54945	54945	54945	54945	54945	54945	54945	54936	54936	54936	54936	54936	54936

续表

序号	项　目	24	25	26	27	28	29	30	31	32	33	34	35	36	37	合计
	发电容量（MW）	1200	1200	1200	1200	1200	1200	1200	1200	1200	1200	1200	1200	1200	1200	
	厂供电量（亿 kWh）	19.674	19.674	19.674	19.674	19.674	19.674	19.674	19.674	19.674	19.674	19.674	19.674	19.674	19.674	605
1	电站发电成本	79890	78399	76908	76908	76908	76908	76908	76908	60559	54983	54983	54983	54983	54983	2513789
1.1	固定成本	35222	33732	32241	32241	32241	32241	32241	32241	15891	10315	10315	10315	10315	10315	1140362
1.1.1	折旧费	21925	21925	21925	21925	21925	21925	21925	21925	5576	0	0	0	0	0	548130
1.1.2	固定修理费	6578	6578	6578	6578	6578	6578	6578	6578	6578	6578	6578	6578	6578	6578	202232
1.1.3	工资福利等	641	641	641	641	641	641	641	641	641	641	641	641	641	641	19697
1.1.4	保险费	1370	1370	1370	1370	1370	1370	1370	1370	1370	1370	1370	1370	1370	1370	42132
1.1.5	材料费	240	240	240	240	240	240	240	240	240	240	240	240	240	240	7560
1.1.6	其他费用	1440	1440	1440	1440	1440	1440	1440	1440	1440	1440	1440	1440	1440	1440	45360
1.1.7	摊销费	0	0	0	0	0	0	0	0	0	0	0	0	0	0	0
1.1.8	财务费用（利息支出）	3029	1538	47	47	47	47	47	47	47	47	47	47	47	47	275251
1.2	可变成本	44668	44668	44668	44668	44668	44668	44668	44668	44668	44668	44668	44668	44668	44668	1373427
1.2.1	可变修理费	1644	1644	1644	1644	1644	1644	1644	1644	1644	1644	1644	1644	1644	1644	50558
1.2.2	库区维护费	197	197	197	197	197	197	197	197	197	197	197	197	197	197	6049
1.2.3	库区移民后期扶持基金	0	0	0	0	0	0	0	0	0	0	0	0	0	0	84
1.2.4	抽水电费	42827	42827	42827	42827	42827	42827	42827	42827	42827	42827	42827	42827	42827	42827	1316736
2	经营成本	54936	54936	54936	54936	54936	54936	54936	54936	54936	54936	54936	54936	54936	54936	1690407

表 17-4-4

损益表

万元

序号	项目	6	7	8	9	10	11	12	13	14	15	16	17	18	19	20	21
	上网容量（MW）	67	737	1078	1078	1078	1078	1078	1078	1078	1078	1078	1078	1078	1078	1078	1078
	上网电量（亿 kWh）	1.225	13.446	19.674	19.674	19.674	19.674	19.674	19.674	19.674	19.674	19.674	19.674	19.674	19.674	19.674	19.674
	上网容量价格（元/kW）	1090.67	1090.67	1090.67	1090.67	1090.67	1090.67	1090.67	1090.67	1090.67	1090.67	1090.67	1090.67	1090.67	1090.67	1090.67	1090.67
	上网电量价格（元/kWh）	0.121	0.121	0.121	0.121	0.121	0.121	0.121	0.121	0.121	0.121	0.121	0.121	0.121	0.121	0.121	0.121
1	发电销售收入	8802	96612	141362	141362	141362	141362	141362	141362	141362	141362	141362	141362	141362	141362	141362	141362
1.1	容量销售收入	7321	80354	117574	117574	117574	117574	117574	117574	117574	117574	117574	117574	117574	117574	117574	117574
1.2	电量销售收入	1481	16257	23788	23788	23788	23788	23788	23788	23788	23788	23788	23788	23788	23788	23788	23788
2	销售税金附加	143	1582	2316	2316	2316	2316	2316	2316	2316	2316	2316	2316	2316	2316	2316	2316
2.1	城市维护建设税	100	1107	1621	1621	1621	1621	1621	1621	1621	1621	1621	1621	1621	1621	1621	1621
2.2	教育费附加	43	475	695	695	695	695	695	695	695	695	695	695	695	695	695	695
3	发电成本费用	6900	70579	103754	102263	100772	99281	97790	96299	94808	93317	91826	90335	88836	87345	85854	84363
4	利润总额	1759	24451	35292	36783	38274	39765	41256	42747	44238	45729	47220	48710	50210	51701	53192	54683
5	弥补亏损（五年以内）	0	0	0	0	0	0	0	0	0	0	0	0	0	0	0	0
6	所得税	581	8069	11646	12138	12630	13122	13614	14106	14598	15090	15582	16074	16569	17061	17553	18045
7	税后利润	1179	16382	23646	24645	25644	26642	27641	28640	29639	30638	31637	32636	33641	34640	35638	36637
7.1	盈余公积金	118	1638	2365	2464	2564	2664	2764	2864	2964	3064	3164	3264	3364	3464	3564	3664
7.2	公益金	59	819	1182	1232	1282	1332	1382	1432	1482	1532	1582	1632	1682	1732	1782	1832
7.3	应付利润	1002	10962	10962	10962	10962	10962	10962	10962	10962	10962	10962	10962	10962	10962	10962	10962
7.4	未分配利润	0	2962	9137	9986	10835	11684	12533	13382	14231	15080	15929	16778	17632	18481	19330	20180
	累计未分配利润	0	2962	12099	22085	32920	44604	57137	70519	84750	99830	115759	132538	150170	168651	187982	208161
8	偿还短期借款需要利润	0	0	0	0	0	0	0	0	0	0	0	0	0	0	0	0
9	偿还建设投资借款需要利润	0	0	4629	4629	4629	4629	4629	4629	4629	4629	4629	4629	4629	4629	4629	4629
10	短期借款	0	0	0	0	0	0	0	0	0	0	0	0	0	0	0	0
11	亏损	0	0	0	0	0	0	0	0	0	0	0	0	0	0	0	0
	累计亏损	0	0	0	0	0	0	0	0	0	0	0	0	0	0	0	0
	亏损+短期借款	0	0	0	0	0	0	0	0	0	0	0	0	0	0	0	0

续表

序号	项　　目	22	23	24	25	26	27	28	29	30	31	32	33	34	35	36	37	合计
	上网容量（MW）	1078	1078	1078	1078	1078	1078	1078	1078	1078	1078	1078	1078	1078	1078	1078	1078	
	上网电量（亿 kWh）	19.674	19.674	19.674	19.674	19.674	19.674	19.674	19.674	19.674	19.674	19.674	19.674	19.674	19.674	19.674	19.674	
	上网容量价格（元/kW）	1090.67	1090.67	1090.67	1090.67	1090.67	1090.67	1090.67	1090.67	1090.67	1090.67	1090.67	1090.67	1090.67	1090.67	1090.67	1090.67	
	上网电量价格（元/kWh）	0.121	0.121	0.121	0.121	0.121	0.121	0.121	0.121	0.121	0.121	0.121	0.121	0.121	0.121	0.121	0.121	
1	发电销售收入	141362	141362	141362	141362	141362	141362	141362	141362	141362	141362	141362	141362	141362	141362	141362	141362	4346264
1.1	容量销售收入	117574	117574	117574	117574	117574	117574	117574	117574	117574	117574	117574	117574	117574	117574	117574	117574	3614896
1.2	电量销售收入	23788	23788	23788	23788	23788	23788	23788	23788	23788	23788	23788	23788	23788	23788	23788	23788	731368
2	销售税金附加	2316	2316	2316	2316	2316	2316	2316	2316	2316	2316	2316	2316	2316	2316	2316	2316	71206
2.1	城市维护建设税	1621	1621	1621	1621	1621	1621	1621	1621	1621	1621	1621	1621	1621	1621	1621	1621	49844
2.2	教育费附加	695	695	695	695	695	695	695	695	695	695	695	695	695	695	695	695	21362
3	发电成本费用	82872	81381	79890	78399	76908	76908	76908	76908	76908	76908	60559	54983	54983	54983	54983	54983	2513789
4	利润总额	56174	57664	59155	60646	62137	62137	62137	62137	62137	62137	78487	84062	84062	84062	84062	84062	1761269
5	弥补亏损（五年以内）	0	0	0	0	0	0	0	0	0	0	0	0	0	0	0	0	0
6	所得税	18537	19029	19521	20013	20505	20505	20505	20505	20505	20505	25901	27741	27741	27741	27741	27741	581219
7	税后利润	37636	38635	39634	40633	41632	41632	41632	41632	41632	41632	52586	56322	56322	56322	56322	56322	1180051
7.1	盈余公积金	3764	3864	3963	4063	4163	4163	4163	4163	4163	4163	5259	5632	5632	5632	5632	5632	118005
7.2	公益金	1882	1932	1982	2032	2082	2082	2082	2082	2082	2082	2629	2816	2816	2816	2816	2816	59003
7.3	应付利润	10962	10962	10962	10962	10962	10962	10962	10962	10962	10962	10962	10962	10962	10962	10962	10962	340830
7.4	未分配利润	21029	21878	22727	23576	24425	24425	24425	24425	24425	24425	33736	36911	36911	36911	36911	36911	662213
	累计未分配利润	229190	251068	273795	297370	321795	346220	370645	395070	419495	443920	477656	514568	551479	588390	625302	662213	
8	偿还短期借款需要利润	0	0	0	0	0	0	0	0	0	0	0	0	0	0	0	0	0
9	偿还建设投资借款需要利润	4629	4629	4629	4629	0	0	0	0	0	0	0	0	0	0	0	0	83320
10	短期借款	0	0	0	0	0	0	0	0	0	0	0	0	0	0	0	0	0
11	亏损	0	0	0	0	0	0	0	0	0	0	0	0	0	0	0	0	0
	累计亏损	0	0	0	0	0	0	0	0	0	0	0	0	0	0	0	0	
	亏损+短期借款	0	0	0	0	0	0	0	0	0	0	0	0	0	0	0	0	0

案进行的电力电量平衡计算成果，电网无HX电站的方案比有HX电站方案多耗标准煤21.22万t，设计电站每年因抽水多消耗的标准煤为84.58万t，取标煤单价130元/t，则可避免电源方案燃料费为13754万元。

电量价值可变税金计算中不考虑投资利润，所以无所得税，即可变税金只包括销售税金附加，增值税与固定税金作同样处理。销售税金附加包括城市维护建设税和教育费附加，以增值税税额为计算基数，增值税计算中将燃料费作为进项抵扣。城市维护建设税和教育费附加分别为增值税的7%和3%。

工程的电量价值为23788万元。经计算，HX抽水蓄能电站电量价格为0.1209元/kWh。

（五）清偿能力分析

设计电站可用于还贷的资金来源为发电利润、折旧费和短期借款。电站税后利润为利润总额扣除所得税并弥补以前年度亏损的余额。盈余公积金和公益金可按税后利润的10%和5%提取。本工程财务评价中不考虑特种基金。税后利润在扣除盈余公积金、公益金和应付利润后，为未分配利润，可全部用于还贷。在工程建设投资借款偿还过程中，首先利用还贷折旧偿还贷款，剩余部分利用未分配利润偿还。电站上一年短期借款本金偿还由本年未分配利润偿还。本次折旧还贷比例取90%。工程的还本付息表和资金来源与运用见表17-4-5和表17-4-6。

通过计算表明，整个计算期内累计未分配利润达662211万元。工程在偿债期内资产负债率较高，最高为79.81%，最低为3.55%，还贷后资产负债率趋于0。借款偿还期为25年，完全满足还贷要求。说明电站的财务风险比较低，偿还债务能力较强。电站各年的资产负债情况见表17-4-7。

（六）盈利能力分析

工程的全部投资及资本金的财务现金流量计算结果见表17-4-8和表17-4-9。根据上述计算，HX电站的容量价格为1090.668元/kW，电量价格为0.1209元/kWh，折合一部制电量电价为0.7185元/kWh，据此计算的电站全部投资的财务内部收益率为10.72%，较国内银行贷款利率高4.6个百分点。资本金财务内部收益率为17.37%，较国内银行贷款利率高11.25个百分点。投资回收期为13.01年。

除了按可避免成本法分析上网两部制电价外，又对经营期单一电量上网电价进行了测算，进一步分析电站的盈利水平及市场竞争能力。当控制全部投资内部收益率8%时，反推HX电站经营期上网电价为0.5826元/kWh（不含税）；当控制资本金投资内部收益率10%时，反推HX电站经营期上网电价为0.5873元/kWh（不含税）。

（七）敏感性分析

根据本项目的特点，对固定资产投资和容量价格不确定因素单独变化时，对工程财务内部收益率和资本金内部收益率的影响进行了测算。敏感性分析表明：

（1）在容量价格和电量价格不变的情况下，当电站投资增减5%～10%时，全部投资财务内部收益率在9.87%～11.69%之间变化，资本金财务内部收益率在15.15%～19.89%变化。

（2）当电站上网容量价格增减5%～10%时，全部投资财务内部收益率在9.57%～11.8%变化，资本金财务内部收益率在14.3%～20.18%变化。

由此可见，不论电站投资增加10%或上网容量价格减少10%，全部投资财务内部收益率分别为9.87%和9.57%，资本金财务内部收益率分别为15.15%和14.3%，均高于现行银行贷款利率。说明该电站具有较好的抗风险能力。

（八）用《建设项目经济评价方法与参数》（第三版）进行有关指标复核

《建设项目经济评价方法与参数》（第三版）出版后，电力行业还没有对《抽水蓄能电站经济评价暂行办法》以及《抽水蓄能电站经济评价暂行办法实施细则》进行修正。《建设项目经济评价方法与参数》（第三版）要求盈利能力分析的主要指标包括项目投资财务内部收益率和财务净现值、项目资本金财务内部收益率、投资回收期、总投资收益率、项目资本金净利润率等，可根据项目的特点及财务分析的目的、要求等选用。项目资本金财务内部收益率和项目资本金净利润率计算方法与以前相同，投资财务内部收益率和财务净现值、投资回收期和总投资收益率等的计算要求根据调整所得税计算。而调整所得税根据息税前利润计算，息税前利润为利润总额加利息支出。各有关指标计算过程详见表17-4-10和表17-4-11。

表 17-4-5

借款还本付息表

万元

序号	项目	1	2	3	4	5	6	7	8	9	10	11	12	13
1	借款及还本付息													
1.1	年初借款本息累计	0	27801	85910	148891	242900	333169	404973	438508	414147	389785	365423	341062	316700
1.1.1	本金	0	26976	81709	137717	220094	293259	344473	369915	414147	389785	365423	341062	316700
1.1.2	建设期利息	0	825	4202	11173	22806	39910	60500	68593	0	0	0	0	0
1.2	本年借款	26976	54733	56009	82376	73165	51214	25443	0	0	0	0	0	0
1.3	本年应计利息	825	3376	6972	11633	17104	21957	25563	26837	25346	23855	22364	20873	19382
1.4	本年还本付息	0	0	0	0	0	1367	17471	51198	49707	48216	46725	45235	43744
2	偿还借款的资金来源													
2.1	还贷利润	0	0	0	0	0	0	0	4629	4629	4629	4629	4629	4629
2.2	还贷折旧	0	0	0	0	0	0	0	19733	19733	19733	19733	19733	19733
2.3	还贷摊销	0	0	0	0	0	0	0	0	0	0	0	0	0
2.4	计入成本的利息支出	0	0	0	0	0	1367	17471	26837	25346	23855	22364	20873	19382
2.5	其他	0	0	0	0	0	0	0	0	0	0	0	0	0
	合计	0	0	0	0	0	1367	17471	51198	49707	48216	46725	45235	43744
序号	项目	14	15	16	17	18	19	20	21	22	23	24	25	合计
1	借款及还本付息													
1.1	年初借款本息累计	292339	267977	243616	219254	194892	170531	146169	121808	97446	73085	48723	24362	
1.1.1	本金	292339	267977	243616	219254	194892	170531	146169	121808	97446	73085	48723	24362	
1.1.2	建设期利息	0	0	0	0	0	0	0	0	0	0	0	0	
1.2	本年借款	0	0	0	0	0	0	0	0	0	0	0	0	369915
1.3	本年应计利息	17891	16400	14909	13418	11927	10436	8946	7455	5964	4473	2982	1491	342379
1.4	本年还本付息	42253	40762	39271	37780	36289	34798	33307	31816	30325	28834	27343	25852	712294
2	偿还借款的资金来源													
2.1	还贷利润	4629	4629	4629	4629	4629	4629	4629	4629	4629	4629	4629	4629	83320
2.2	还贷折旧	19733	19733	19733	19733	19733	19733	19733	19733	19733	19733	19733	19733	355188
2.3	还贷摊销	0	0	0	0	0	0	0	0	0	0	0	0	0
2.4	计入成本的利息支出	17891	16400	14909	13418	11927	10436	8946	7455	5964	4473	2982	1491	273786
2.5	其他	0	0	0	0	0	0	0	0	0	0	0	0	0
	合计	42253	40762	39271	37780	36289	34798	33307	31816	30325	28834	27343	25852	712294

表 17-4-6 资金来源与运用平衡表 万元

序号	项目	1	2	3	4	5	6	7	8	9	10	11	12	13	14	15	16	17	18	19	20
	装机容量（MW）	0	0	0	0	0	600	1200	1200	1200	1200	1200	1200	1200	1200	1200	1200	1200	1200	1200	1200
1	资金来源	38764	77842	82712	113741	110001	94960	73870	57217	58708	60199	61690	63181	64672	66163	67654	69145	70636	72135	73626	75117
1.1	利润总额	0	0	0	0	0	1759	24451	35292	36783	38274	39765	41256	42747	44238	45729	47220	48710	50210	51701	53192
1.2	折旧费	0	0	0	0	0	1365	14984	21925	21925	21925	21925	21925	21925	21925	21925	21925	21925	21925	21925	21925
1.3	摊销费	0	0	0	0	0	0	0	0	0	0	0	0	0	0	0	0	0	0	0	0
1.4	长期借款	27801	58109	62980	94009	90270	71804	33535	0	0	0	0	0	0	0	0	0	0	0	0	0
1.5	流动资金借款	0	0	0	0	0	210	630	0	0	0	0	0	0	0	0	0	0	0	0	0
1.6	其他短期借款	0	0	0	0	0	0	0	0	0	0	0	0	0	0	0	0	0	0	0	0
1.7	资本金	10963	19733	19732	19732	19732	19822	270	0	0	0	0	0	0	0	0	0	0	0	0	0
1.8	其他	0	0	0	0	0	0	0	0	0	0	0	0	0	0	0	0	0	0	0	0
1.9	回收固定资产余值	0	0	0	0	0	0	0	0	0	0	0	0	0	0	0	0	0	0	0	0
1.1	回收流动资金	0	0	0	0	0	0	0	0	0	0	0	0	0	0	0	0	0	0	0	0
2	资金运用	38764	77842	82712	113741	110001	93418	53466	46970	47462	47954	48446	48938	49430	49922	50414	50906	51398	51893	52385	52877
2.1	固定资产投资	37938	74466	75740	102108	92897	70945	25443	0	0	0	0	0	0	0	0	0	0	0	0	0
2.2	建设期利息	825	3376	6972	11633	17104	20590	8092	0	0	0	0	0	0	0	0	0	0	0	0	0
2.3	流动资金	0	0	0	0	0	300	900	0	0	0	0	0	0	0	0	0	0	0	0	0
2.4	所得税	0	0	0	0	0	581	8069	11646	12138	12630	13122	13614	14106	14598	15090	15582	16074	16569	17061	17553
2.5	应付利润	0	0	0	0	0	1002	10962	10962	10962	10962	10962	10962	10962	10962	10962	10962	10962	10962	10962	10962
2.6	长期借款本金偿还	0	0	0	0	0	0	0	24362	24362	24362	24362	24362	24362	24362	24362	24362	24362	24362	24362	24362
2.7	流动资金本金偿还	0	0	0	0	0	0	0	0	0	0	0	0	0	0	0	0	0	0	0	0
2.8	其他短期借款本金偿还及弥补亏损	0	0	0	0	0	0	0	0	0	0	0	0	0	0	0	0	0	0	0	0
3	盈余资金	0	0	0	0	0	1542	20404	10247	11246	12245	13244	14243	15242	16241	17240	18239	19237	20242	21241	22240
4	累计盈余资金	0	0	0	0	0	1542	21946	32193	43440	55685	68928	83171	98413	114654	131893	150132	169369	189611	210852	233092

续表

序号	项　目	21	22	23	24	25	26	27	28	29	30	31	32	33	34	35	36	37	合计
	装机容量（MW）	1200	1200	1200	1200	1200	1200	1200	1200	1200	1200	1200	1200	1200	1200	1200	1200	1200	
1	资金来源	76608	78099	79590	81081	82572	84062	84062	84062	84062	84062	95958	84062	84062	84062	84062	84062	85262	2871826
1.1	利润总额	54683	56174	57664	59155	60646	62137	62137	62137	62137	62137	62137	78487	84062	84062	84062	84062	84062	1761269
1.2	折旧费	21925	21925	21925	21925	21925	21925	21925	21925	21925	21925	21925	5576	0	0	0	0	0	548130
1.3	摊销费	0	0	0	0	0	0	0	0	0	0	0	0	0	0	0	0	0	0
1.4	长期借款	0	0	0	0	0	0	0	0	0	0	0	0	0	0	0	0	0	438508
1.5	流动资金借款	0	0	0	0	0	0	0	0	0	0	0	0	0	0	0	0	0	840
1.6	其他短期借款	0	0	0	0	0	0	0	0	0	0	0	0	0	0	0	0	0	0
1.7	资本金	0	0	0	0	0	0	0	0	0	0	0	0	0	0	0	0	0	109982
1.8	其他	0	0	0	0	0	0	0	0	0	0	0	0	0	0	0	0	0	0
1.9	回收固定资产余值	0	0	0	0	0	0	0	0	0	0	11895	0	0	0	0	0	0	11895
1.1	回收流动资金	0	0	0	0	0	0	0	0	0	0	0	0	0	0	0	0	1200	1200
2	资金运用	53369	53861	54353	54845	55337	31467	31467	31467	31467	31467	31467	36863	38703	38703	38703	38703	39543	1910727
2.1	固定资产投资	0	0	0	0	0	0	0	0	0	0	0	0	0	0	0	0	0	479537
2.2	建设期利息	0	0	0	0	0	0	0	0	0	0	0	0	0	0	0	0	0	68593
2.3	流动资金	0	0	0	0	0	0	0	0	0	0	0	0	0	0	0	0	0	1200
2.4	所得税	18045	18537	19029	19521	20013	20505	20505	20505	20505	20505	20505	25901	27741	27741	27741	27741	27741	581219
2.5	应付利润	10962	10962	10962	10962	10962	10962	10962	10962	10962	10962	10962	10962	10962	10962	10962	10962	10962	340830
2.6	长期借款本金偿还	24362	24362	24362	24362	24362	0	0	0	0	0	0	0	0	0	0	0	0	438508
2.7	流动资金本金偿还	0	0	0	0	0	0	0	0	0	0	0	0	0	0	0	0	840	840
2.8	其他短期借款本金偿还及弥补亏损	0	0	0	0	0	0	0	0	0	0	0	0	0	0	0	0	0	0
3	盈余资金	23239	24238	25237	26236	27234	52595	52595	52595	52595	52595	64490	47200	45360	45360	45360	45360	45720	961098
4	累计盈余资金	256331	280569	305805	332041	359275	411870	464465	517060	569655	622250	686740	733940	779299	824659	870018	915378	961098	

表 17-4-7　　资产负债表　　万元

序号	项目	1	2	3	4	5	6	7	8	9	10	11	12	13	14	15	16	17	18	19
1	资产	38764	116606	199318	313058	423060	515072	537456	525778	515099	505419	496737	489055	482372	476687	472001	468315	465627	463944	463260
1.1	流动资产总值	0	0	0	0	0	1842	23146	33393	44640	56885	70128	84371	99613	115854	133093	151332	170569	190811	212052
1.1.1	流动资产	0	0	0	0	0	300	1200	1200	1200	1200	1200	1200	1200	1200	1200	1200	1200	1200	1200
1.1.2	累计盈余资金	0	0	0	0	0	1542	21946	32193	43440	55685	68928	83171	98413	114654	131893	150132	169369	189611	210852
1.2	在建工程	38764	116606	199318	313058	423060	513230	514310	0	0	0	0	0	0	0	0	0	0	0	0
1.3	固定资产净值	0	0	0	0	0	0	0	492384	470459	448534	426609	404684	382758	360833	338908	316983	295058	273133	251207
1.4	无形及递延资产净值	0	0	0	0	0	0	0	0	0	0	0	0	0	0	0	0	0	0	0
2	负债及所有者权益	38764	116606	199318	313058	423060	515072	572397	560719	550040	540360	531679	523996	517313	511628	506943	503256	500568	498885	498201
2.1	流动负债总额	0	0	0	0	0	210	840	840	840	840	840	840	840	840	840	840	840	840	840
2.2	长期借款	27801	85910	148891	242900	333169	404973	455979	431617	407256	382894	358532	334171	309809	285448	261086	236725	212363	188002	163640
	负债小计	27801	85910	148891	242900	333169	405183	456819	432457	408096	383734	359372	335011	310649	286288	261926	237565	213203	188842	164480
2.3	所有者权益	10963	30695	50427	70159	89890	109889	115579	128262	141944	156626	172306	188985	206663	225340	245016	265691	287365	310044	333721
2.3.1	资本金	10963	30695	50427	70159	89890	109712	109982	109982	109982	109982	109982	109982	109982	109982	109982	109982	109982	109982	109982
2.3.2	资本公积金	0	0	0	0	0	0	0	0	0	0	0	0	0	0	0	0	0	0	0
2.3.3	累计盈余两金	0	0	0	0	0	177	2634	6181	9878	13724	17721	21867	26163	30609	35204	39950	44845	49891	55087
2.3.4	累计未分配利润	0	0	0	0	0	0	2962	12099	22085	32920	44604	57137	70519	84750	99830	115759	132538	150170	168651
	资产负债率（%）	71.72	73.68	74.7	77.59	78.75	78.67	79.81	77.13	74.19	71.01	67.59	63.93	60.05	55.96	51.67	47.21	42.59	37.85	33.01

续表

序号	项　目	20	21	22	23	24	25	26	27	28	29	30	31	32	33	34	35	36	37
1	资产	463574	464888	467200	470512	474822	480131	493330	524000	554670	585340	616009	670469	717669	763028	808388	853748	899107	944467
1.1	流动资产总值	234292	257531	281769	307005	333241	360475	395600	448194	500789	553384	605979	670469	717669	763028	808388	853748	899107	944467
1.1.1	流动资产	1200	1200	1200	1200	1200	1200	1200	1200	1200	1200	1200	1200	1200	1200	1200	1200	1200	840
1.1.2	累计盈余资金	233092	256331	280569	305805	332041	359275	394400	446994	499589	552184	604779	669269	716469	761828	807188	852548	897907	943627
1.2	在建工程	0	0	0	0	0	0	0	0	0	0	0	0	0	0	0	0	0	0
1.3	固定资产净值	229282	207357	185432	163507	141581	119656	97731	75806	53881	31955	10030	0	0	0	0	0	0	0
1.4	无形及递延资产净值	0	0	0	0	0	0	0	0	0	0	0	0	0	0	0	0	0	0
2	负债及所有者权益	498515	499829	502142	505453	509763	515073	528272	558941	589611	620281	650951	681620	723244	768604	813964	859323	904683	950043
2.1	流动负债总额	840	840	840	840	840	840	840	840	840	840	840	840	840	840	840	840	840	840
2.2	长期借款	139278	114917	90555	66194	41832	17471	0	0	0	0	0	0	0	0	0	0	0	0
	负债小计	140118	115757	91395	67034	42672	18311	840	840	840	840	840	840	840	840	840	840	840	840
2.3	所有者权益	358397	384072	410746	438419	467091	496762	527432	558101	588771	619441	650111	680780	722404	767764	813124	858483	903843	949203
2.3.1	资本金	109982	109982	109982	109982	109982	109982	109982	109982	109982	109982	109982	109982	109982	109982	109982	109982	109982	109982
2.3.2	资本公积金	0	0	0	0	0	0	0	0	0	0	0	0	0	0	0	0	0	0
2.3.3	累计盈余两金	60433	65929	71574	77369	83315	89410	95654	101899	108144	114389	120633	126878	134766	143214	151663	160111	168559	177008
2.3.4	累计未分配利润	187982	208161	229190	251068	273795	297370	321795	346220	370645	395070	419495	443920	477656	514568	551479	588390	625302	662213
	资产负债率（%）	28.11	23.16	18.2	13.26	8.37	3.55	0.16	0.15	0.14	0.14	0.13	0.12	0.12	0.11	0.1	0.1	0.09	0.09

表 17-4-8　　财务现金流量表（全部投资）　　万元

序号	项　目	1	2	3	4	5	6	7	8	9	10	11	12	13	14	15	16	17	18	19	20
	装机容量（MW）	0	0	0	0	0	600	1200	1200	1200	1200	1200	1200	1200	1200	1200	1200	1200	1200	1200	1200
1	现金流入	0	0	0	0	0	8802	96612	141362	141362	141362	141362	141362	141362	141362	141362	141362	141362	141362	141362	141362
1.1	发电销售收入	0	0	0	0	0	8802	96612	141362	141362	141362	141362	141362	141362	141362	141362	141362	141362	141362	141362	141362
1.2	回收固定资产余值	0	0	0	0	0	0	0	0	0	0	0	0	0	0	0	0	0	0	0	0
1.3	回收流动资金	0	0	0	0	0	0	0	0	0	0	0	0	0	0	0	0	0	0	0	0
2	现金流出	37938	74466	75740	102108	92897	76125	74070	68907	69399	69891	70383	70875	71367	71859	72351	72843	73335	73822	74314	74806
2.1	固定资产投资	37938	74466	75740	102108	92897	70945	25443	0	0	0	0	0	0	0	0	0	0	0	0	0
2.2	流动资金	0	0	0	0	0	300	900	0	0	0	0	0	0	0	0	0	0	0	0	0
2.3	经营成本	0	0	0	0	0	4156	38077	54945	54945	54945	54945	54945	54945	54945	54945	54945	54945	54936	54936	54936
2.4	销售税金附加	0	0	0	0	0	143	1582	2316	2316	2316	2316	2316	2316	2316	2316	2316	2316	2316	2316	2316
2.5	所得税	0	0	0	0	0	581	8069	11646	12138	12630	13122	13614	14106	14598	15090	15582	16074	16569	17061	17553
3	净现金流量	−37938	−74466	−75740	−102108	−92897	−67323	22541	72454	71962	71470	70978	70486	69994	69502	69010	68518	68026	67540	67048	66556
4	累计净现金流量	−37938	−112404	−188144	−290252	−383149	−450472	−427931	−355476	−283514	−212043	−141065	−70578	−584	68919	137929	206447	274474	342014	409062	475618
5	所得税前净现金流量	−37938	−74466	−75740	−102108	−92897	−66742	30610	84101	84101	84101	84101	84101	84101	84101	84101	84101	84101	84109	84109	84109
6	税前累计净现金流量	−37938	−112404	−188144	−290252	−383149	−449891	−419281	−335180	−251080	−166979	−82878	1223	85324	169425	253526	337626	421727	505837	589946	674055

续表

序号	项目	21	22	23	24	25	26	27	28	29	30	31	32	33	34	35	36	37	合计
	装机容量（MW）	1200	1200	1200	1200	1200	1200	1200	1200	1200	1200	1200	1200	1200	1200	1200	1200	1200	
1	现金流入	141362	141362	141362	141362	141362	141362	141362	141362	141362	141362	153257	141362	141362	141362	141362	141362	142562	4359360
1.1	发电销售收入	141362	141362	141362	141362	141362	141362	141362	141362	141362	141362	141362	141362	141362	141362	141362	141362	141362	4346264
1.2	回收固定资产余值	0	0	0	0	0	0	0	0	0	0	11895	0	0	0	0	0	0	11895
1.3	回收流动资金	0	0	0	0	0	0	0	0	0	0	0	0	0	0	0	0	1200	1200
2	现金流出	75298	75790	76282	76774	77266	77758	77758	77758	77758	77758	77758	83153	84993	84993	84993	84993	84993	2823570
2.1	固定资产投资	0	0	0	0	0	0	0	0	0	0	0	0	0	0	0	0	0	479537.375
2.2	流动资金	0	0	0	0	0	0	0	0	0	0	0	0	0	0	0	0	0	1200
2.3	经营成本	54936	54936	54936	54936	54936	54936	54936	54936	54936	54936	54936	54936	54936	54936	54936	54936	54936	1690407
2.4	销售税金附加	2316	2316	2316	2316	2316	2316	2316	2316	2316	2316	2316	2316	2316	2316	2316	2316	2316	71206
2.5	所得税	18045	18537	19029	19521	20013	20505	20505	20505	20505	20505	20505	25901	27741	27741	27741	27741	27741	581219
3	净现金流量	66064	65572	65080	64588	64096	63604	63604	63604	63604	63604	75499	58209	56369	56369	56369	56369	57569	1535790
4	累计净现金流量	541682	607254	672334	736922	801018	864622	928226	991830	1055434	1119038	1194537	1252746	1309115	1365483	1421852	1478221	1535790	
5	所得税前净现金流量	84109	84109	84109	84109	84109	84109	84109	84109	84109	84109	96004	84109	84109	84109	84109	84109	85309	2117008
6	税前累计净现金流量	758165	842274	926383	1010492	1094602	1178711	1262820	1346930	1431039	1515148	1611152	1695262	1779371	1863480	1947589	2031699	2117008	

计算指标：

所得税前财务内部收益率（%）：12.73

所得税前财务净现值（万元）：232059

所得税前投资回收期（年）：11.99

所得税后财务内部收益率（%）：10.72

所得税后财务净现值（万元）：120342

所得税后投资回收期（年）：13.01

表 17-4-9 财务现金流量表（资本金） 万元

序号	项目	1	2	3	4	5	6	7	8	9	10	11	12	13	14	15	16	17	18	19	20
	装机容量（MW）	0	0	0	0	0	600	1200	1200	1200	1200	1200	1200	1200	1200	1200	1200	1200	1200	1200	1200
1	现金流入	0	0	0	0	0	8802	96612	141362	141362	141362	141362	141362	141362	141362	141362	141362	141362	141362	141362	141362
1.1	发电销售收入	0	0	0	0	0	8802	96612	141362	141362	141362	141362	141362	141362	141362	141362	141362	141362	141362	141362	141362
1.2	回收固定资产余值	0	0	0	0	0	0	0	0	0	0	0	0	0	0	0	0	0	0	0	0
1.3	回收流动资金	0	0	0	0	0	0	0	0	0	0	0	0	0	0	0	0	0	0	0	0
2	现金流出	10963	19733	19732	19732	19732	26080	65515	120152	119153	118154	117156	116157	115158	114159	113160	112161	111162	110157	109159	108160
2.1	资本金	10963	19733	19732	19732	19732	19822	270	0	0	0	0	0	0	0	0	0	0	0	0	0
2.2	借款本金偿还	0	0	0	0	0	0	0	24362	24362	24362	24362	24362	24362	24362	24362	24362	24362	24362	24362	24362
2.3	借款利息支付	0	0	0	0	0	1379	17518	26884	25393	23902	22411	20920	19429	17938	16447	14956	13465	11974	10483	8992
2.4	经营成本	0	0	0	0	0	4156	38077	54945	54945	54945	54945	54945	54945	54945	54945	54945	54945	54936	54936	54936
2.5	销售税金附加	0	0	0	0	0	143	1582	2316	2316	2316	2316	2316	2316	2316	2316	2316	2316	2316	2316	2316
2.6	所得税	0	0	0	0	0	581	8069	11646	12138	12630	13122	13614	14106	14598	15090	15582	16074	16569	17061	17553
3	净现金流量	－10963	－19733	－19732	－19732	－19732	－17278	31096	21209	22208	23207	24206	25205	26204	27203	28202	29201	30200	31204	32203	33202

序号	项目	21	22	23	24	25	26	27	28	29	30	31	32	33	34	35	36	37	合计
	装机容量（MW）	1200	1200	1200	1200	1200	1200	1200	1200	1200	1200	1200	1200	1200	1200	1200	1200	1200	
1	现金流入	141362	141362	141362	141362	141362	141362	141362	141362	141362	141362	153257	141362	141362	141362	141362	141362	142562	4359360
1.1	发电销售收入	141362	141362	141362	141362	141362	141362	141362	141362	141362	141362	141362	141362	141362	141362	141362	141362	141362	4346264
1.2	回收固定资产余值	0	0	0	0	0	0	0	0	0	0	11895	0	0	0	0	0	0	11895
1.3	回收流动资金	0	0	0	0	0	0	0	0	0	0	0	0	0	0	0	0	1200	1200
2	现金流出	107161	106162	105163	104164	103165	77805	77805	77805	77805	77805	77805	83200	85040	85040	85040	85040	85040	3166572
2.1	资本金	0	0	0	0	0	0	0	0	0	0	0	0	0	0	0	0	0	109981.9
2.2	借款本金偿还	24362	24362	24362	24362	24362	0	0	0	0	0	0	0	0	0	0	0	0	438508
2.3	借款利息支付	7502	6011	4520	3029	1538	47	47	47	47	47	47	47	47	47	47	47	47	275251
2.4	经营成本	54936	54936	54936	54936	54936	54936	54936	54936	54936	54936	54936	54936	54936	54936	54936	54936	54936	1690407
2.5	销售税金附加	2316	2316	2316	2316	2316	2316	2316	2316	2316	2316	2316	2316	2316	2316	2316	2316	2316	71206
2.6	所得税	18045	18537	19029	19521	20013	20505	20505	20505	20505	20505	20505	25901	27741	27741	27741	27741	27741	581219
3	净现金流量	34201	35200	36199	37198	38197	63557	63557	63557	63557	63557	75452	58162	56322	56322	56322	56322	57522	1192786

计算指标：财务内部收益率（%）：17.37；财务净现值（万元）：93161

表 17-4-10　　　　利润与利润分配表　　　　万元

序号	项　目	6	7	8	9	10	11	12	13	14	15	16	17	18	19	20	21
	上网容量（MW）	67	737	1078	1078	1078	1078	1078	1078	1078	1078	1078	1078	1078	1078	1078	1078
	上网电量（亿 kWh）	1.225	13.446	19.674	19.674	19.674	19.674	19.674	19.674	19.674	19.674	19.674	19.674	19.674	19.674	19.674	19.674
	上网容量价格（元/kW）	1090.7	1090.7	1090.7	1090.7	1090.7	1090.7	1090.7	1090.7	1090.7	1090.7	1090.7	1090.7	1090.7	1090.7	1090.7	1090.7
	上网电量价格（元/kWh）	0.121	0.121	0.121	0.121	0.121	0.121	0.121	0.121	0.121	0.121	0.121	0.121	0.121	0.121	0.121	0.121
1	发电销售收入	8802	96612	141362	141362	141362	141362	141362	141362	141362	141362	141362	141362	141362	141362	141362	141362
1.1	容量销售收入	7321	80354	117574	117574	117574	117574	117574	117574	117574	117574	117574	117574	117574	117574	117574	117574
1.2	电量销售收入	1481	16257	23788	23788	23788	23788	23788	23788	23788	23788	23788	23788	23788	23788	23788	23788
2	销售税金附加	143	1582	2316	2316	2316	2316	2316	2316	2316	2316	2316	2316	2316	2316	2316	2316
2.1	城市维护建设税	100	1107	1621	1621	1621	1621	1621	1621	1621	1621	1621	1621	1621	1621	1621	1621
2.2	教育费附加	43	475	695	695	695	695	695	695	695	695	695	695	695	695	695	695
3	发电成本费用	6900	70579	103754	102263	100772	99281	97790	96299	94808	93317	91826	90335	88836	87345	85854	84363
4	利润总额	1759	24451	35292	36783	38274	39765	41256	42747	44238	45729	47220	48710	50210	51701	53192	54683
5	弥补亏损（五年以内）	0	0	0	0	0	0	0	0	0	0	0	0	0	0	0	0
6	所得税	581	8069	11646	12138	12630	13122	13614	14106	14598	15090	15582	16074	16569	17061	17553	18045
7	净（税后）利润	1179	16382	23646	24645	25644	26642	27641	28640	29639	30638	31637	32636	33641	34640	35638	36637
7.1	盈余公积金	118	1638	2365	2464	2564	2664	2764	2864	2964	3064	3164	3264	3364	3464	3564	3664
7.2	公益金	0	0	0	0	0	0	0	0	0	0	0	0	0	0	0	0
7.3	应付利润	1002	10962	10962	10962	10962	10962	10962	10962	10962	10962	10962	10962	10962	10962	10962	10962
7.4	未分配利润	59	3782	10319	11219	12118	13016	13915	14814	15713	16612	17511	18410	19315	20214	21112	22011
8	息税前利润（利润总额＋利息支出）	3138	41969	62176	62176	62176	62176	62176	62176	62176	62176	62176	62175	62184	62184	62184	62185
	其中：利息支出	1379	17518	26884	25393	23902	22411	20920	19429	17938	16447	14956	13465	11974	10483	8992	7502
9	息税折旧摊销前利润（息税前利润＋折旧＋摊销）	4503	56953	84101	84101	84101	84101	84101	84101	84101	84101	84101	84100	84109	84109	84109	84110
	其中：折旧	1365	14984	21925	21925	21925	21925	21925	21925	21925	21925	21925	21925	21925	21925	21925	21925
	摊销	0	0	0	0	0	0	0	0	0	0	0	0	0	0	0	0
10	利息备付率	2.3	2.4	2.3	2.4	2.6	2.8	3.0	3.2	3.5	3.8	4.2	4.6	5.2	5.9	6.9	8.3
11	偿债备付率	3.3	3.3	1.6	1.7	1.7	1.8	1.9	1.9	2.0	2.1	2.1	2.2	2.3	2.4	2.5	2.6
	（还本付息）	1367	17471	51198	49707	48216	46725	45235	43744	42253	40762	39271	37780	36289	34798	33307	31816

续表

序号	项　　目	22	23	24	25	26	27	28	29	30	31	32	33	34	35	36	37
	上网容量（MW）	1078	1078	1078	1078	1078	1078	1078	1078	1078	1078	1078	1078	1078	1078	1078	1078
	上网电量（亿 kWh）	19.674	19.674		19.674	19.674	19.674	19.674	19.674	19.674	19.674	19.674	19.674	19.674	19.674	19.674	19.674
	上网容量价格（元/kW）	1090.7	1090.7	1090.7	1090.7	1090.7	1090.7	1090.7	1090.7	1090.7	1090.7	1090.7	1090.7	1090.7	1090.7	1090.7	1090.7
	上网电量价格（元/kWh）	0.121	0.121	0.121	0.121	0.121	0.121	0.121	0.121	0.121	0.121	0.121	0.121	0.121	0.121	0.121	0.121
1	发电销售收入	141362	141362	141362	141362	141362	141362	141362	141362	141362	141362	141362	141362	141362	141362	141362	141362
1.1	容量销售收入	117574	117574	117574	117574	117574	117574	117574	117574	117574	117574	117574	117574	117574	117574	117574	117574
1.2	电量销售收入	23788	23788	23788	23788	23788	23788	23788	23788	23788	23788	23788	23788	23788	23788	23788	23788
2	销售税金附加	2316	2316	2316	2316	2316	2316	2316	2316	2316	2316	2316	2316	2316	2316	2316	2316
2.1	城市维护建设税	1621	1621	1621	1621	1621	1621	1621	1621	1621	1621	1621	1621	1621	1621	1621	1621
2.2	教育费附加	695	695	695	695	695	695	695	695	695	695	695	695	695	695	695	695
3	发电成本费用	82872	81381	79890	78399	76908	76908	76908	76908	76908	76908	60559	54983	54983	54983	54983	54983
4	利润总额	56174	57664	59155	60646	62137	62137	62137	62137	62137	62137	78487	84062	84062	84062	84062	84062
5	弥补亏损（五年以内）	0	0	0	0	0	0	0	0	0	0	0	0	0	0	0	0
6	所得税	18537	19029	19521	20013	20505	20505	20505	20505	20505	20505	25901	27741	27741	27741	27741	27741
7	净（税后）利润	37636	38635	39634	40633	41632	41632	41632	41632	41632	41632	52586	56322	56322	56322	56322	56322
7.1	盈余公积金	3764	3864	3963	4063	4163	4163	4163	4163	4163	4163	5259	5632	5632	5632	5632	5632
7.2	公益金	0	0	0	0	0	0	0	0	0	0	0	0	0	0	0	0
7.3	应付利润	10962	10962	10962	10962	10962	10962	10962	10962	10962	10962	10962	10962	10962	10962	10962	10962
7.4	未分配利润	22910	23809	24709	25608	26507	26507	26507	26507	26507	26507	36365	39728	39728	39728	39728	39728
8	息税前利润（利润总额+利息支出）	62185	62184	62184	62184	62184	62184	62184	62184	62184	62184	78534	84109	84109	84109	84109	84109
	其中：利息支出	6011	4520	3029	1538	47	47	47	47	47	47	47	47	47	47	47	47
9	息税折旧摊销前利润（息税前利润+折旧+摊销）	84110	84109	84109	84109	84109	84109	84109	84109	67760	62184	78534	84109	84109	84109	632239	84109
	其中：折旧	21925	21925	21925	21925	21925	21925	21925	21925	21925	21925	5576	0	0	0	0	0
	摊销	0	0	0	0	0	0	0	0	0	0	0	0	0	0	0	0
10	利息备付率	10.3	13.8	20.5	40.4												
11	偿债备付率	2.8	2.9	3.1	3.3												
	（还本付息）	30325	28834	27343	25852												

表 17-4-11　　项目投资现金流量表　　万元

序号	项　目	1	2	3	4	5	6	7	8	9	10	11	12	13	14	15	16	17	18	19
	装机容量（MW）	0	0	0	0	0	600	1200	1200	1200	1200	1200	1200	1200	1200	1200	1200	1200	1200	1200
1	现金流入	0	0	0	0	0	8802	96612	141362	141362	141362	141362	141362	141362	141362	141362	141362	141362	141362	141362
1.1	发电销售收入	0	0	0	0	0	8802	96612	141362	141362	141362	141362	141362	141362	141362	141362	141362	141362	141362	141362
1.2	回收固定资产余值	0	0	0	0	0	0	0	0	0	0	0	0	0	0	0	0	0	0	0
1.3	回收流动资金	0	0	0	0	0	0	0	0	0	0	0	0	0	0	0	0	0	0	0
2	现金流出	37938	74466	75740	102108	92897	75544	66002	57261	57261	57261	57261	57261	57261	57261	57261	57261	57261	57252	57252
2.1	固定资产投资	37938	74466	75740	102108	92897	70945	25443	0	0	0	0	0	0	0	0	0	0	0	0
2.2	流动资金	0	0	0	0	0	300	900	0	0	0	0	0	0	0	0	0	0	0	0
2.3	经营成本	0	0	0	0	0	4156	38077	54945	54945	54945	54945	54945	54945	54945	54945	54945	54945	54936	54936
2.4	销售税金附加	0	0	0	0	0	143	1582	2316	2316	2316	2316	2316	2316	2316	2316	2316	2316	2316	2316
2.5	维持运用投资	0	0	0	0	0	0	0	0	0	0	0	0	0	0	0	0	0	0	0
3	所得税前净现金流量	−37938	−74466	−75740	−102108	−92897	−66742	30610	84101	84101	84101	84101	84101	84101	84101	84101	84101	84101	84110	84110
4	累计所得税前净现金流量	−37938	−112404	−188144	−290252	−383149	−449891	−419281	−335180	−251079	−166978	−82877	1224	85325	169426	253527	337628	421729	505839	589949
5	调整所得税	0	0	0	0	0	1035.5	13850	20518	20518	20518	20518	20518	20518	20518	20518	20518	20518	20521	20521
6	所得税后净现金流量	−37938	−74466	−75740	−102108	−92897	−67778	16760	63583	63583	63583	63583	63583	63583	63583	63583	63583	63583	63589	63589
7	累计所得税后净现金流量	−37938	−112404	−188144	−290252	−383149	−450927	−434166	−370583	−307000	−243418	−179835	−116252	−52669	10914	74497	138080	201663	265253	328842

续表

序号	项　目	20	21	22	23	24	25	26	27	28	29	30	31	32	33	34	35	36	37	合计
	装机容量（MW）	1200	1200	1200	1200	1200	1200	1200	1200	1200	1200	1200	1200	1200	1200	1200	1200	1200	1200	
1	现金流入	141362	141362	141362	141362	141362	141362	141362	141362	141362	141362	141362	153257	141362	141362	141362	141362	141362	142562	
1.1	发电销售收入	141362	141362	141362	141362	141362	141362	141362	141362	141362	141362	141362	141362	141362	141362	141362	141362	141362	141362	
1.2	回收固定资产余值	0	0	0	0	0	0	0	0	0	0	0	11895	0	0	0	0	0	0	
1.3	回收流动资金	0	0	0	0	0	0	0	0	0	0	0	0	0	0	0	0	0	1200	
2	现金流出	57252	57252	57252	57252	57252	57252	57252	57252	57252	57252	57252	57252	57252	57252	57252	57252	57252	57252	
2.1	固定资产投资	0	0	0	0	0	0	0	0	0	0	0	0	0	0	0	0	0	0	
2.2	流动资金	0	0	0	0	0	0	0	0	0	0	0	0	0	0	0	0	0	0	
2.3	经营成本	54936	54936	54936	54936	54936	54936	54936	54936	54936	54936	54936	54936	54936	54936	54936	54936	54936	54936	
2.4	销售税金附加	2316	2316	2316	2316	2316	2316	2316	2316	2316	2316	2316	2316	2316	2316	2316	2316	2316	2316	
2.5	维持运用投资	0	0	0	0	0	0	0	0	0	0	0	0	0	0	0	0	0	0	
3	所得税前净现金流量	84110	84110	84110	84110	84110	84110	84110	84110	84110	84110	84110	96005	84110	84110	84110	84110	84110	85310	
4	累计所得税前净现金流量	674059	758169	842279	926389	1010499	1094609	1178719	1262829	1346939	1431049	1515159	1611164	1695274	1779384	1863494	1947604	2031714	2117024	
5	调整所得税	20521	20521	20521.05	20520.72	20520.72	20520.72	20520.72	20520.72	20520.72	20520.72	20520.72	20520.72	25916.22	27755.97	27755.97	27755.97	27755.97	27755.97	
6	所得税后净现金流量	63589	63589	63588.95	63589.28	63589.28	63589.28	63589.28	63589.28	63589.28	63589.28	63589.28	75484.28	58193.78	56354.03	56354.03	56354.03	56354.03	57554.03	
7	累计所得税后净现金流量	392431	456020	519609	583198.2	646787.5	710376.8	773966.1	837555.4	901144.6	964733.9	1028323	1103807	1162001	1218355	1274709	1331063	1387417	1444971	

计算指标：

所得税前项目投资财务内部收益率（%）：12.71%

所得税前项目投资财务净现值（万元）：232061

所得税前项目投资回收期（年）：11.9

所得税后项目投资财务内部收益率（%）：9.91%

所得税后项目投资财务净现值（万元）：85620

所得税后项目投资回收期（年）：13.8

总投资收益率（%）：11.59%

经计算，所得税前项目投资财务内部收益率12.71%；所得税前项目投资财务净现值232061万元；所得税前项目投资回收期11.9年。所得税后项目投资财务内部收益率9.91%；所得税后项目投资财务净现值85620万元；所得税后项目投资回收期13.8年。总投资收益率11.59%，见表17-4-12。

表17-4-12　HX抽水蓄能电站综合经济指标

序号	项　目	单位	按《细则》计算		按《方法和参数》第三版计算	
1	总投资	万元	549330		549330	
1.1	固定资产投资	万元	479537		479537	
1.2	建设期利息	万元	68592		68592	
1.3	流动资金	万元	1200		1200	
2	上网电价					
2.1	上网容量价格	元/kW	1090.668	按可避免成本法计算	1090.668	按可避免成本法计算
2.2	上网电量价格	元/kWh	0.1209		0.1209	
2.3	折算上网电量电价	元/kWh	0.7185		0.7185	
2.4	经营期单一电量上网电价	元/kWh	0.5826	全部投资内部收益率8%	0.5826	全部投资内部收益率8%
		元/kWh	0.5873	资本金内部收益率10%	0.5873	资本金内部收益率10%
3	发电销售收入总额	万元	4346264		4346264	
4	发电成本费用总额	万元	2513789		2513789	
5	销售税金附加总额	万元	71206		71206	
6	发电利润总额	万元	1761269		1761269	
7	盈利能力指标					
7.1	投资利润率	%	15.3			
7.2	投资利税率	%	19.94			
7.3	资本金（净）利润率	%	26.95		26.95	
7.4	全部投资财务内部收益率	%	10.72	所得税后		
7.5	全部投资财务净现值	万元	120342	所得税后		
7.6	资本金财务内部收益率	%	17.37	所得税后	17.37	所得税后
7.7	资本金财务净现值	万元	93161	所得税后	93161	所得税后
7.8	投资回收期	年	13.01	所得税后		
7.9	项目投资财务内部收益率	%			12.71	所得税前
7.10	项目投资财务净现值	万元			232061	所得税前
7.11	项目投资回收期	年			11.9	所得税前
7.12	项目投资财务内部收益率	%			9.91	所得税后
7.13	项目投资财务净现值	万元			85620	所得税后
7.14	项目投资回收期	年			13.8	所得税后
7.15	总投资收益率	%			11.59	
8	清偿能力指标					
8.1	借款偿还期	年	25		25	
8.2	资产负债率	%	79.81	最大值	79.81	最大值
8.3	利息备付率				2.3～40.4	
8.4	偿债备付率				1.6～3.3	
9	国民经济评价指标					
9.1	经济内部收益率	%	16.62		16.62	
9.2	经济净现值	万元	77615		77615	

清偿能力分析显示，资产负债率最大 79.81%，最低为 3.55%。利息备付率 2.3～40.4，偿债备付率 1.6～3.3，最小值发生在第 9 年（开始还贷的第 3 年），最大值发生在第 25 年（还贷的最后一年），说明项目还贷能力很强（见表 17-4-12）。

三、综合评价

（1）通过对该电站进行国民经济评价，在同等满足电力系统电力、电量及调峰要求的情况下，有 HX 抽水蓄能电站电力系统比无 HX 抽水蓄能电站替代电力系统，每年可以节省运行费用 15492 万元、节约燃料费 2758.6 万元，经济效益显著。工程投资的经济内部收益率为 16.62%，大于社会折现率 10%，经济净现值为 77615 万元，大于零。因此，兴建该电站在经济上是合理的。

（2）按可避免成本定价的方法，测算的 HX 抽水蓄能电站上网容量价格为 1090.668 元/kW，电量价格为 0.1209 元/kWh，折算的上网电量价格为 0.7185 元/kWh。以此进行财务评价，测算 HX 抽水蓄能电站全部投资所得税后财务内部收益率为 10.72%［按《方法和参数》（第三版）计算为 9.91%］，大于财务基准收益率 8%；资本金财务内部收益率为 17.37%，大于资本金基准收益率 10%，远高于现行贷款利率 6.12%。因此，HX 抽水蓄能电站在财务上是可行的。敏感性分析及上网电价承受能力分析表明，HX 抽水蓄能电站具有较强的抗风险能力和市场竞争能力。

（3）通过对经营期上网电价分析，当控制全部投资内部收益率 8%时，测算的上网电价为 0.5826 元/kWh（不含税），控制资本金投资内部收益率 10%时，测算的上网电价为 0.5873 元/kWh（不含税），上网电价具有一定的市场竞争能力，不存在大的风险。

（4）HX 抽水蓄能电站经济技术指标比较优越。所以，HX 抽水蓄能电站是该地区不可多得的优良抽水蓄能站址。兴建 HX 抽水蓄能电站不仅能够为电网提供优质的调峰电力，改善电网供电质量，降低系统运行费用，减少燃煤火电机组对该地区及首都周围大气的污染。同时，还可以为当地创造了劳动就业机会，从而带动本地区国民经济发展。

综上所述，HX 抽水蓄能电站具有较好的开发条件，经济效益及社会效益比较显著，建议早日开工兴建。

第十八章 抽水蓄能电站初期蓄水及机组调试

抽水蓄能电站初期蓄水是抽水蓄能电站投入运行前必备的条件之一，也是机组设备带水调试的需要。机组调试指抽水蓄能电站机组投入运行前，需对电站所涉及到的各专业技术按照投运要求进行全面的调试，通过检查、试验，发现问题做出调整处理，达到电站投运的技术标准。这段工作过程要求严谨细致。

第一节 水库初期蓄水

上、下水库完建后，经蓄水前工程验收合格，即应争取提前蓄水，国内工程依据其各自条件，一般在机组设备带水调试前0.5～1.0年开始初期蓄水。这样做是为了：①通过蓄水提前对上下库工程，特别是防渗设施加以检验；②根据水源条件，留有足够的蓄水时间；③为水道系统充水，第一台机组带水调试做好准备；④处于寒冷地区的工程要注意冰冻影响，特别是在采用钢筋混凝土面板全面防渗的上、下水库。

一、确定初期蓄水计划和实施方案

水库初期蓄水前，应根据水源情况和上、下水库的特征库容，结合工程施工期供水系统等条件，确定初期蓄水计划和实施方案。其主要内容包括蓄水方式、满足第一台机组带水调试所需最低水量、水位变化范围、水位升降速度、蓄水起止时间及过程、通信条件以及与初期蓄水有关的水工建筑物监测工作安排、监测资料分析及监测成果反馈等。

（一）蓄水水源

具有可靠的水源是抽水蓄能电站站址选择的重要因素之一，一般蓄能电站附近的水库，具有一定集水面积的河流、湖泊和泉水等，都可以考虑作为电站的水源。初期蓄水通常按75%保证率的径流量进行水量平衡。在我国南方地区，雨量比较丰沛、河流天然径流大、流域两岸植被较好，河流泥沙含量也小，一般可以满足蓄能电站初期蓄水水量和水质要求，有条件可以连续蓄水。在北方干旱地区，地表水源有时难以在特定时段满足初期蓄水水量和水质要求，一般按机组投运顺序，分阶段蓄水，必要时需采用补水工程措施加以解决。多数抽水蓄能电站水源来自下水库，利用天然径流蓄水。如果上水库有天然径流，当然也可以蓄存作为电站初期蓄水的水源。

西龙池抽水蓄能电站由于滹沱河水含沙量高，供水水源采用石灰岩地区岩溶地下水。上、下水库分别选择勘探洞地下裂隙水和滹沱河段家庄河段内泉群作为初期蓄水、运行期补水及施工期供水的水源，是个成功的实例。

初期蓄水供水管道一般与相应水库的施工供水系统结合考虑，必要时需扩大施工供水系统的供水能力以满足水库初期蓄水的要求。

（二）满足首台机组水轮机工况调试的最低需水量

抽水蓄能电站首台机组以水轮机工况开始调试是通常做法，因其简捷，而被多数抽水蓄能电站采用。其需水量包括上、下水库死库容蓄水量，输水系统管道蓄水量，上、下水库水面蒸发量，上、下水库及输水系统渗漏量，蓄入上水库用于首台机组完成水轮机工况必须先行调试项目的需水量之和。

水轮机工况带水试验需要的水量，可按水轮机工况空载流量持续运行的时间进行估算，下述时间供估算水量时参考：机组动平衡试验 3h、调速和励磁系统试验 2.5h、空载试验 1h、升速试验 1h、机组升压和升流试验 1.5h、压水试验 1h、相序和同期试验 2h、继电保护试验 3h、甩负荷试验 4h、主进水阀试验 1h、短时间带负荷试验 3h、共计约 23h。上述试验完成后，上水库的水位不宜低于死水位。

完成水轮机工况带水试验后，机组如不存在不安全因素，可插入进行抽水工况部分项目的带水试验。机组一旦能抽水入上库，调试所需水量问题就基本解决。

据估算：机组水头范围在 200～700m，完成水轮机工况必须先行调试项目的需水量约在 50 万～100 万 m^3，数量并不大，有条件利用施工期供水系统，提前蓄水加以解决。给抽水蓄能电站初期蓄水带来困难的，往往是当某些工程死库容较大，天然径流在一定时段又满足不了蓄水要求，需要寻求替代措施。下面列举三种情况：

(1) 以人工挖填形成的上（下）水库，一般的控制集水面积小，死库容也较小，约在几十万立方米以内。考虑首台机组以水轮机工况开始调试，所需水量总和不超过 150 万～200 万 m^3，初期蓄水问题较易解决。

(2) 地形较开阔、筑坝形成的水库，如死库容较大，可能形成数百万立方米的死库容。如施工期未能用废渣回填部分死库容，这类工程如建在雨量丰沛，集雨面积较大、有较大天然径流的地区，提前蓄水仍有可能满足要求。应该力争以水轮机工况开始进行调试。

(3) 死库容较大，即使提前蓄水，年径流量仍不能满足初期蓄水要求的工程，如我国安徽省琅琊山抽水蓄能电站上水库，死水位以下库容达 506 万 m^3，利用施工供水系统提前 16 个月向上水库蓄水仍不能满足首次机组以水轮机工况调试所需的上水库水位和水量的要求，采取以水泵工况首次启动，并在机组技术合同中以文字形式达成协议。

（三）上、下水库首次蓄水对库水位升降速度的限制

全库盆采用沥青混凝土面板或钢筋混凝土面板防渗的抽水蓄能电站上、下水库，一般其库容都不大，即使只有一台机投入运行，其库水位上升、降落的速度均较大。为了使初期蓄水时，防渗面板与地基等有一个缓慢变形，以逐步适应新增水压力的过程，同时也是一个评估水库防渗工程是否成功的过程。因此，在水库初期蓄水过程中，一般要求限制库水位上升、下降速度，并分几个阶段蓄到水库正常蓄水位或降落到最低水位，在达到每阶段设定水位时，还需停顿一定时间，以便对各水工建筑物的应力、变形、渗漏、防渗面板后渗压等项目进行监测，并对各建筑物的运行状态作出评判，确定其能正常运行后再进行下一阶段的蓄水过程。

1. 全库盆沥青混凝土衬砌的水库

采用沥青混凝土衬砌防渗的水库，初期蓄水时通常都控制库水位上升速度不大于 1m/天，且分几级蓄水，每一级尚需稳定一定时间，以便基础及面板有适应变形的时间。张河湾抽水蓄能电站上水库初次蓄水水位上升速度的限制要求见表 18-1-1。

表 18-1-1　张河湾抽水蓄能电站上水库初次蓄水水位上升速度限制

序号	库水位分级（m）	水位上升速度（m/天）	水位持续稳定时间（天）
1	757.5（进/出水口前池底板高程）～765.0（进/出水口混凝土面板与沥青混凝土面板交接点）	一次连续充水	2
2	765.0～770.5（进/出水口顶板高程）	1	2
3	770.5～781.0（首台机有水调试水位）	1	7
4	781.0～789.0（首台机连续发电运行 5h 水位）	1	7

天荒坪电站上水库第一次蓄水后放空检查，沥青混凝土衬砌中仅发现一条非贯穿性裂缝。但隔十天后第二次蓄水后再放空检查，增加了 9 条贯穿性裂缝。分析认为，第二次蓄水时库水位上升速率高达 15.32m/天也是裂缝的原因之一。

第 2、3、4 台机组达到各自连续发电运行 5h 水位时都按表 18－1－1 第 4 项要求。同时对库水位下降速度也提出限制：库水位下降速度不超过 2m/天，且应小于 1m/h。在水位下降过程中，应实时监测面板表面变化情况，尤其对面板的渗漏和面板背面的渗透压力更应密切注意，加强监测。

日本 1973 年建成的沼原抽水蓄能电站上水库，采用沥青混凝土面板防渗，初期蓄水时对库水位上升速度规定更严：死水位 1198m 以下为 2m/天，水位 1198～1222m（有水调试水位）为 1m/天，1222～1226m 为 0.5m/天，1226～1238m（正常高水位）为 0.25m/天。

2. 全库盆钢筋混凝土衬砌的水库

十三陵抽水蓄能电站上水库采用全库盆钢筋混凝土衬砌防渗，对初期蓄水制定了明确的规定，在死水位以上按四个高程 540m、550m、558m 和 566m 作为四个阶段，水位上升速度限制不大于 1m/天，在每个水位高程处停顿 4～6 天，在此期间对各建筑物的运行状态进行监测和评判。

库水位初次降落时，规定水位下降速度不超过 1.5m/天，且小于 0.5m/h，并进行实时监测。初次蓄水完成后，从监测资料分析无异常，正常运行期间对水位升降速度不再限制。

3. 其他水库

对仅在坝坡设置防渗面板或不设防渗面板的抽水蓄水电站工程上、下水库工程，初期蓄水时的水位初次上升、降落的速度可分析其具体情况，适当放宽或不作限制。如琅琊山抽水蓄能电站上水库，主坝采用钢筋混凝土面板防渗，库区局部采用灌浆帷幕防渗，初期蓄水时做出如下规定：①水位上升速度限制：124m 以下，不大于 4m/天；124～150m（死水位），不大于 2m/天，并在 150m 停顿时间不少于 4 天，进行实时监测；150～171.8m 分三个高程 158m、166m 和 171.8m 作为三个阶段，不大于 2m/天，停顿时间不少于 6 天，期间进行实时监测。②水位降落：库水位初次下降速度要求小于 0.5m/h。

二、以泵工况首次启动向上水库蓄水

（一）以泵工况首次启动向上水库蓄水需注意的问题

(1) 以泵工况首次启动向上水库蓄水，涉及到电源、机械及各种辅助设备首次以满负荷运行，风险和难度较大，必须在无水调试阶段做到万无一失。这种设计意向须征得机组制造商认同，经仔细研究后，以技术合同形式用文字明确。

(2) 水泵水轮机组安装后，需先做动平衡试验和过速试验，当变频器经调试并有足够容量时，以变频器带动机组做水泵工况动平衡试验，同期并网和各种电气试验，完成初次抽水。当上水库有水后，再做水轮机工况的动平衡和过速等试验。

(3) 水泵水轮机在水泵工况并网抽水时，按额定转速运行，它的导叶调节作用较小，机组输入功率接近或等于最大输入功率。

(4) 水轮机工况甩负荷试验的目的是全面检查机组、调速、励磁、主开关和保护等是否符合设计要求。为了安全，一般是从额定功率的 25%、50%、75%、100%逐步向上进行试验。

以泵工况首次启动，暂无条件作甩负荷试验，一旦发生水泵断电情况，将承受一定的调试风险。

（二）首台机组泵工况调试实例——琅琊山抽水蓄能电站

1. 概述

琅琊山抽水蓄能电站上水库无天然来水，且死库容较大，若首台机组采用发电工况并网调试，则需要提前投入资金建设临时充水系统，且充水周期长、费用高。因此，在国内首先采用机组首台机组泵工况调试。

2. 首台机组泵工况调试分析

(1) 机组首次在水泵工况并网调试。采用泵工况起动机组虽然国外电站特别是日本有几个电站采用过，但在国内尚无经验。琅琊山抽水蓄能电站在机组第一次调试时，由于上水库水位远远低于死水位，不具备发电工况调试的条件，在主机合同中规定，本电站上水库的充水采用水泵水轮机组充水，第一台机组首次起动采用水泵工况起动、并网调试。同时对水泵水轮机在极低扬程工况下的振动和压力脉动保证值做出规定，并要求进行相关的模型试验。

（2）模型转轮极低扬程（上水库充水扬程）起动试验。机组在极低扬程下运行时，压力脉动和振动较大，空蚀严重。为了确保首台机组泵工况充水的安全，要求在导叶小开度情况下机组的振动和压力脉动值减至最小，在模型试验过程中做了专项的水泵工况异常低扬程试验。试验表明，水泵水轮机在极低扬程下起动时，只要合理控制导叶开度，可使机组的压力脉动值控制在合同保证范围之内。通过水力过渡过程计算，研究了上水库为极低扬程时，机组抽水工况断电以及泵工况起动时瞬态极值对压力管道上弯段等部位结构安全的影响等问题。

（3）水道系统充水。1 号水道系统下游水位 29.0m 以下部分利用自流从下水库反向充水，EL29.0m 至 EL136.0m 压力钢管采用专用充水泵充水，当上库水位达到 139.5m 及以上，开启引水事故闸门上的充水阀进行闸门前后平压，后开启闸门。充水至满足机组水泵工况极低扬程的水位，在机组水泵工况方式启动调试，并以水泵工况向上水库充水。

（4）泵工况启动调试。由 SFC 变频器拖动机组进行水泵方向的动平衡试验。机组升速过程中，实时监视机组各部位温度、振动和摆度。当达到额定转速后，各轴承稳定油温及瓦温应不超过规定值。进行泵工况向上水库充水。在泵工况启动之前，投入保护，机组自动程序退出，采用分步操作方式。首先，机组应在压水工况下用 SFC 启动机组，当机组转速达到额定转速后并入电网；机组在超低扬程下向上水库充水时，由于此工况为机组的非正常运行工况，机组运行时的导叶开度远小于机组水泵工况正常开度，故机组压力脉动和振动较大，空蚀情况严重。为确保机组安全运行，手动开启调速器现地控制柜上的导叶开度控制手柄，将导叶开度从 0 开至 4 度，机组将根据系统控制要求自动开启进水阀，开始向上水库充水。

（5）为了确保首台机组泵工况充水的安全，首台机组调试参照主机厂家模型试验结果（见表 18-1-2），采用合理的导叶开度进行泵工况启动，使机组振动和压力脉动在较合理的范围内。

表 18-1-2　不同流量开度参考值

上库水位（m）	137.0	144.0	146.8	150.0
水泵扬程（m）	108	115	117.8	122
导叶开度（%）	6	12	19	25
导叶开度（°）	2	4	6	8
流量（m^3/s）	25	45.5	61	75

3. 首次泵工况起动关键技术

（1）根据转轮模型试验，得出机组首次泵工况起动时导叶开度控制范围，将压力脉动控制在保证值以内，确保机组起动安全。

（2）水道系统设计时，应考虑水泵工况极低扬程起动对水道系统的影响，确保水工结构的安全。

（3）当压力管道系统充水稳压后，为检查机组转动部件与固定部件有无摩擦、碰撞等机械性问题，利用压力管道内的水量，小开度开启导叶，使转轮缓慢旋转，确认机组转动部件是否正常。

（4）利用 SFC 拖动机组，在空气中运转作动平衡试验，先在低速下（约 5%额定转速）检查机组转动部分有无机械摩擦和撞击声，轴承温度是否正常，机组各部位振动摆度有无异常。之后将机组转速从 0 升至 100%，检查机组的动平衡。

（5）机组进行动平衡试验运转，由 SFC 拖动机组并网，使机组在泵工况下做调相运行，做机组各部分轴承的热负荷运行，检查轴承的温度变化。

（6）使机组在水泵调相工况起动，排除转轮室压缩空气，打开进水阀，手动开启调速器，检查水泵开停机程序。

（7）确认压力管道内的水位升至上水库进/出水口底板高程（∇136.0m）后，即可起动机组，以水泵工况起动并入电网，开始向上水库充水，至满足发电工况调试最低水位（约 152m）。

（8）水轮机及水泵工况各项调试交替进行。

4. 首台机组调试

2005 年 6 月底上水库开始蓄水，由于降雨丰沛，2006 年 9 月 23 日上水库水位已蓄至 140.00m 高程（死水位 150.00m），优于原设定的 136.00m 最低调试水位，开始首次泵工况起动。10 月 24 日～11 月 30 日完成向上水库充水及保压试验，11 月 7 日发电工况并网调试，2007 年 1 月 15 日完成规定的各项调试试验。期间发电工况调试 81 次，抽水工况调试 95 次。于 2007 年 1 月 16 日转入 30 天试运行考核。

第二节　机组设备无水状态的调试

一、电气设备的调试

（一）厂用电系统

安装期间需要大量用电，一般都采用临时措施从电网供电。安装后期，厂用电系统基本完成，调试时不宜再用临时措施供电，应尽量用永久性厂用电系统供电。通常厂用电来自系统电网和地区电网，至少应有两路独立的电源。

（1）试验前，逐个检测各配电柜和厂用变压器的绝缘电阻、接线、相序、接地、保护回路和指示回路等，检测各电缆绝缘电阻、接头、连接的正确性等。对于断路器，至少手动和自动各分、合闸 3 次；对于抽屉式配电柜，至少将小车拉出、推进 3 次，要求动作灵活可靠。对于厂用变压器应进行交流耐压试验、油质化验（油浸式）、直流电阻测量等。检查所有设备是否满足防火要求。断开厂用变压器与母线、配电柜之间的连接，以便进行下一步通电试验。

（2）当主变压器带电后，可对厂用变压器进行 3 次冲击合闸试验，检查厂用变压器低压侧二次电压相序等。利用系统电源带厂用电，分段向厂用电母线送电，逐个向配电柜送电，检查电压、指示灯、模拟试验保护和信号、断路器分合闸动作等，合格后，进行厂用电的工作与备用电源等切换试验。检测正常照明和事故照明。

（3）如电站设有柴油发电机，先做柴油发电机本身的试验，后进行柴油发电机与系统电源切换试验，及柴油发电机容量试验等。

（二）电气一次主要设备试验

为了缩短工期和进行厂用电、变频器、辅助设备等试验，一般应提前进行系统向主变压器与高压配电设备等充电试验。

1. 主变压器、高压配电设备、母线和电缆的检测

按规程对主变压器、高压配电设备、母线和电缆等进行检测和试验。如检查高压母线相序是否与系统相序一致、测量各设备的绝缘电阻、进行交流耐压试验、绝缘油化验与 SF_6 气体含水量检测（如果采用的话）等。

由于电压高和工地条件有限，有的常规水电站不在工地做主变压器的交流耐压试验。但对于抽水蓄能电站，特别是从国外采购的变压器，尽管它在工厂内做过交流耐压试验，考虑到运输和安装等影响，一般仍在工地委托有关专业单位进行交流耐压试验。例如泰安蓄能电站曾在工地对引进的 220kV 主变压器进行 1.7 倍交流耐压试验，历时 30min，每 5min 放电一次。此外还要测量绕组连同套管的直流电阻，检查所有分接头的电压比与有载调压切换装置等。

对于断路器还要进行操作机构试验，测量分合闸时间、同期性、每相导电回路的电阻、分合闸线圈及合闸接触器线圈的绝缘电阻与直流电阻。对于 SF_6 封闭式组合电器，还要进行密封性试验，检查气体密度继电器、压力表和压力动作阀等。

2. 系统对主变压器冲击合闸试验

试验前，检查主变压器与发电电动机、厂用变压器是否可靠断开，投入主变压器继电保护装置和冷却系统、信号回路、合主变压器中性点接地开关。

合主变压器高压侧断路器，利用系统电源对主变压器冲击合闸 5 次，每次间隔约 10min，检查主变差动保护、瓦斯保护的工作情况，录制冲击时的励磁涌流示波图。再合主变压器低压侧断路器，对厂用变变压器进行冲击合闸试验。

（三）静止变频器 SFC 试验

一般都在充水前调试变频器，因为不需压水，机组也安装完毕，允许转动。这时机组将首次按水泵工况方向转动，如果变频器容量允许，还可做水泵工况方向下的动平衡试验。

1. 试验前的检查

(1) 各整定值。模拟检查启动回路、启动设备；测量功率柜与控制柜的绝缘电阻；对功率柜做交流耐压试验；通电检查控制柜自动控制系统、保护系统、触发系统及接口等。

(2) 谐波滤波器（如果有的话）。检查接线和保护；检测电容量、电感量、绝缘电阻；进行交流耐压试验；全电压合闸试验三次，为了不影响其他设备，要求每次合闸时启动母线的暂态过电压值不宜超过 120%额定电压，同时还要求谐波滤波器投入后启动母线电压升高值不宜超过 105%额定电压。

(3) 变频器冷却系统。投入冷却系统，检查自动控制与保护系统，如采用风冷，需检测风压、风量、噪音、风机运行等；如采用水冷，需检测水压、流量、噪音、水泵运行等，并做管路系统的水压试验。

2. 变频器短路试验

短路点设在变频器直流输出经过直流电抗器处，变频器的保护投入运行。在变频器整流桥交流侧加较低的交流电压，检查同期触发信号与相序，改变其控制角，录取直流输出电流波形图。在变频器整流桥交流侧加额定电压，改变控制角，使直流输出电流从 0 逐渐增至额定值，检查和调节电流闭环调节参数。用短路电流校验变频器保护整定值和动作是否正确。

3. 变频器脉冲运行功能检查和发电电动机定子通流试验

变频器逆变侧电气回路与发电电动机定子连接好，有关保护投入运行。通过启动回路向变频器加额定电压，在变频器整流侧处于手动调节状态下，向发电电动机定子送入电流，检查各脉冲运行逻辑控制程序的正确性，录制变频器直流电流输出波形。

4. 发电电动机转子初始位置检测装置试验

一般用电压矢量法和传感器法来检测转子初始位置，十三陵电站采用传感器法，近几年多数电站采用电压矢量法，如张河湾、泰安等抽水蓄能电站。

(1) 电压矢量法。在转子不动的情况下，瞬时通入初始励磁电流设定值，录取励磁电流响应曲线及定子三相电压波形，对各参数进行优化后，使装置能正确判定转子初始位置。

(2) 传感器法。传感器必须准确地装在转子零位角处，它与转动部分间的间隙要合适，否则转子不能转动起来，或转动起来后传感器信号混乱。若传感器位置稍有偏差，将随着转动累积，使信号愈来愈混乱。先按机组设计计算的转子零位角固定传感器，试用变频器启动机组，若不能启动，需盘车转动转子或调整传感器的固定位置。机组转动后，逐步升速和录制传感器信号，若出现传感器信号混乱，需停机重新调整传感器位置，直到升至 100%额定转速。

5. 升速试验、继电保护调试和动平衡试验

用变频器启动机组，以 5%额定转速运转，检查各部位情况，包括机械摩擦、轴承温度、振动、摆度、自动化元件等；并进行停机试验，检查停机程序、机械制动等情况。再用变频器在（0～10%）额定转速之间调整机组转速，检查变频器脉冲运行功能，修正初始励磁电流与变频器直流输出电流的整定值，检查变频器由强迫换流过渡到自然换流的工作情况，将它们调整至最优状态。

机组继续升速至（20%～30%）额定转速，通电检查各电气设备。在此转速下进行检查是最合适的，因为电压较低，若发生短路，短路电流不会超过额定电流。检查各电气测量仪表、继电保护极性及工作情况、与启动试验有关的继电保护是否按设计要求投入运行或可靠闭锁、谐波电压与谐波电流的影响。检查无误后，逐步升至 100%额定转速，测量额定电压下的轴电流。

在机组转速由零升高至额定转速过程中，应录取转速、变频器整流侧电流、发电电动机定子电压和电流、转子电流等过程线与波形，根据示波图优化变频器和励磁调节器参数。

在最优的变频器和励磁调节器参数下，用自动方式启动机组，检验开机程序；在额定转速下分别进行正常停机和事故停机，检验停机程序、制动情况、导叶关闭规律，录取灭磁示波图。

在升速过程中，可配合进行水泵工况转动方向的动平衡试验，具体方法与水轮机转动方向相同，详见本章第四节。试验合格后，在上水库有水的情况下，还应做水轮机工况转动方向的动平衡试验。

（四）励磁系统试验

检查励磁变压器与高、低压端接线及电缆、励磁系统盘柜、功率柜通风系统、交直流灭磁开关主触头、励磁操作保护及信号回路等，要求接线正确，通风良好，各设备动作灵活可靠、励磁调节器开环特性符合设计规定，通道切换可靠、表计校验合格等。

励磁调节器的检查和试验。在机组静止状态下向转子通入初始励磁电流，录取从零至设定值的电流波形。检查功率柜的均流情况。

（五）自动准同期模拟试验及并网试验

（1）自动准同期模拟试验。将同期断路器相应的隔离开关切到分闸位置。在额定电压下，操作变频器使机组频率高于和低于系统频率，检查同期装置调频功能；在额定转速下，操作励磁调节器使机组电压高于和低于系统电压，检查同期装置调压功能。同期过程中录取断路器时序图。

（2）并网试验。将同期断路器相应的隔离开关切到合闸位置，投入自动准同期装置。进行同期并网，录取电压波形图和断路器动作时序图，检查励磁调节器运行方式切换的正确性，如从电流调节方式切换到电压调节或恒功率因数运行方式等。

（六）继电保护装置试验

在机组投入调试之前，应利用保护测试仪对继电保护装置的各项功能进行检查与调试。在机组启动试验及带负荷试验过程中，应结合机组的调试工况进行一部分保护的试验与检测。表 18-2-1 列出了适合各种保护试验的机组工况，表中的内容涉及无水和有水的调试项目。

表 18-2-1　　适合保护调试的工况

序号	试验的保护类别	适合保护试验的机组调试工况								
		静止	发电机升流试验	发变组升流试验	发电机升压试验	发变组升压试验	发电机并网带负荷试验	SFC启动试验	水泵工况抽水试验	主变压器空载合闸试验
1	各种保护的模拟试验	利用试验仪器调试								
2	电流相序、极性及各相电流值检测		√	√			√	√	√	
3	电压相序、极性及各相电压值检测				√	√				√
4	发电机差动保护		√	√			√			
5	电动机差动保护							√	√	
6	电机匝间短路保护		√	√			√	√	√	
7	电机次同步过流保护							√		
8	定子 95%接地保护				√					
9	定子 100%接地保护				√					
10	转子接地保护				√					
11	电机负序过流保护		√				√	√	√	
12	发电机逆功率保护						√			
13	电动机低功率保护								√	
14	电机电压相序保护				√					
15	轴电流				√					
16	主变压器差动保护			√					√	√
17	主变压器零序电流保护					√（在主变压器高压侧设单相接地点）				

二、机械设备的调试

所有电动机（包括电动阀的）首次启动前，都要检测绝缘电阻和转动方向，要求转向正确，绝缘电阻高于规定值。如绝缘电阻偏低，应采取烘干等措施；如转向不对，调换电动机任意两相的接线即可改正过来。

(一) 调速器及其油压装置

1. 油压装置

关闭压油罐与调速器间的主供油阀，向压油罐充气至65%工作压力，手动启动油泵充油，使罐内油位达到正常值，再充气或排气，使压力达到最低工作压力，继续开启油泵运转，调整卸载阀、安全阀的整定值；合格后用充排油和充排气的方法，调整各压力继电器、油位继电器及补气装置等的整定值。

将控制机构转成自动位置，模拟检查油压装置自动运转情况，包括工作和备用油泵自动起停、高低油压与油位报警、自动补气等。在正常工作油压下切除油泵，检查8h内油压装置的密封性能。手动开启主供油阀，向调速器、管路和接力器充油，检查各处是否渗油。在充油过程中，应特别注意排气，调速系统内不允许存气，否则会引起不稳定和振动。

2. 调速器

虽然调速器在出厂前，都已按设计参数整定好，但在现场仍应检验它们是否合适，必要时可根据实际情况进行修改。手动操作调速器开关接力器，检查动作的平稳和可靠性，及接力器行程、导叶实际开度和导叶开度表指示等三者的一致性，录制导叶开度与接力器行程的关系曲线；检测和调整测频回路、电液转换器、缓冲回路、反馈回路、频率给定装置、开度限制机构等；分别模拟在水轮机工况和水泵工况下，用紧急停机装置关闭导叶，录制记录关机曲线、关闭时间与接力器不动时间，所有这些曲线与参数应符合设计要求。

调速器切到自动位置，用频率发生器等分别模拟水轮机工况和水泵工况下的自动开机、停机与事故紧急停机，以及水轮机工况下的频率给定装置调整范围等。

3. 事故低油压关闭试验

切断油泵电源，用排气阀和排油阀将压油罐压力降到工作油压的下限，手动操作接力器移动3个全行程（1个全行程是指导叶从全关到全开或反之）后，油压应高于事故低油压。然后，将导叶调至最大开度，同时将压油罐压力调到事故低油压，按调速器事故紧急停机钮，要求导叶能顺利地全关。在上述试验中仍应录制导叶关闭过程曲线，记录关闭时间和接力器动作前后储气罐的压力。

(二) 进水阀及其液压系统

(1) 进水阀的油压装置与调速器的调试方法相似，此处不再重复。

(2) 在进水阀全关位置下，手动投入和退出检修密封与进水阀工作密封几次；开启和关闭旁通阀几次，要求动作平稳准确。退出检修密封与进水阀工作密封，手动开启和关闭进水阀几次，要求动作可靠，到位准确。试验时，记录开、关时间、油压等。对于用水操作和润滑的密封，应设临时的供水措施。现地模拟检查密封与进水阀自动闭锁回路、水压平衡回路等。检查无误后，将液压系统切到自动位置，现地模拟自动开关进水阀几次，检查开关顺序，并记录开关时间与油压等。最后模拟远方控制，开关进水阀。进水阀开关顺序要求：开进水阀前，先开旁通阀，只有进水阀前后水压差在允许范围内，进水阀才能开启；为了不损坏密封，只有在检修密封和工作密封都退出的情况下，进水阀才能开启；只有在进水阀全关的情况下，检修密封和工作密封才能投入。一般先关导叶，后关进水阀，也可同时关闭。

(三) 供、排水系统

(1) 排水系统。绝大部分抽水蓄能电站为地下式电站，因此渗漏排水是一个非常重要的系统，一般都提前投运。投运前，必须先将集水井清扫干净，然后开始调试水泵：按规定的水位整定水位开关；在集水井有水的情况下，手动逐个启动各水泵运转，检查振动、声响和漏水，记录排出水压；合格后停泵，检查逆止阀动作情况，水泵是否有反转现象，要求冲击小，不反转，否则重新调整逆止阀的关闭时间。试验时，应测量水泵运转时间与对应的水位，以便根据集水井面积，计算水泵流量是否满足设计要求。将控制系统切到自动位置，模拟检查各工作和备用泵自动起停情况以及报警信号等。

（2）供水系统。无水时，不允许水泵运转，否则易损害机械密封。无水时仅测量水泵转向和电动机绝缘即可。模拟检查水泵自动控制回路、保护回路、各电动阀和滤水器自动清污、流量开关等自动化元件动作情况。将供、排水系统与尾水系统相连的第一个阀门关闭，以防尾水系统充水时污物进入。

（四）储气系统

再次检查管路是否牢固，特别是软管两端连接处，避免一端脱离伤人。按规定的整定值初步调好各压力开关，关闭储气罐排出阀，分别检查空压机的油箱油位和冷却水系统（如果有的话），合格后，先点动启动，仔细检查润滑系统的油压和油位等。

无问题再较长时间运转，检查振动与噪声、排气压力、卸载阀和安全阀动作、漏气等。根据压力表再次校验各压力开关动作值，包括工作机和备用机起停值、压力过高或过低值，以及储气罐上的安全阀动作值等。为了保证空气压缩机空载启动与空载停机，在开机和停机过程中，卸载阀都应短时间（约30s）开启，然后关闭。

空气压缩机本身在出厂前一般都已调好，工地仅作常规的检查，遇到问题，宜请厂家来人解决，不要轻易改变它们。将控制系统切到自动位置，全面模拟检查空气压缩机自动维持储气罐压力的过程，包括工作机和备用机起停、压力过高或过低时的信号。开启储气罐排出阀向各用户供气，检查管道连接件、压力表、阀门等是否漏气。

第三节　水道系统和水泵水轮机的充水和排水

引水系统包括进/出水口、引水隧洞、压力钢管（或隧洞）、引水调压室等；尾水系统包括进/出水口、尾水隧洞、尾水调压室等。水道充、排水分首次和电站投运后检修时的充水和排水。首次充排水要求严格，电站投运后检修时的充、排水参照执行，有些条件可有所放宽。水道充水一般先充尾水系统，后充引水系统。充水前各系统内必须清扫干净，人员撤离，不允许有任何杂物。

一、尾水系统和水泵水轮机的充水和排水

与常规电站不同，抽水蓄能电站埋深大，尾水系统承受较大的水压，为了安全和防止事故扩大，均采用分段充水。一般分三段进行：1段向尾水隧洞充水，从尾水进/出水口至尾水管后的事故闸门（如果有的话）；2段向水泵水轮机充水，从尾水管后的事故闸门（如果有的话）至机组进水阀；3段向压力钢管（压力隧洞）充水，充到压力钢管内的水位与下游水位齐平。

（一）充水前对有关机电设备状态的要求

（1）机组、进水阀、调速系统等安装完毕，无水调试合格。

1）关闭进水阀，将其液压控制系统放在手动位置。

2）关闭导叶，将调速系统放在手动位置。

3）关闭所有与尾水系统相连管道的第一个阀门。如尾水管排水阀、转轮与泄流环间的排水阀、冷却供水和排水阀、压力钢管排水阀等。

4）关闭蜗壳进人门和尾水管进人门。

5）厂用电可靠。渗漏排水系统和检修排水系统调试合格，渗漏排水系统自动运行。

（2）确认尾水进/出水口工作门及其充水阀已经关闭，关闭尾水管后的事故闸门（如果有的话），开启尾水进/出水口检修门。

（二）充水过程

（1）开启尾水进/出水口工作门的充水阀开始充水，根据水力测量仪表和计算的充水时间来监视充水情况。

（2）1段充满水后，进行全面检查，如无问题，可少量开启尾水管后的事故闸门（约开30mm）进行2段充水。此时是向水泵水轮机充水，应特别注意监视蜗壳排气阀等。某电站曾在此段充水时，发现大量跑水，当时立即关闭尾水管后的事故闸门，由于闸门开度很小，很快停止跑水。

(3) 2段充满水和检查后，开启压力钢管排水阀充水，直至管内水位与下游水位齐平，开启尾水进/出水口工作门和关闭充水阀，充水完毕。

(三) 尾水系统排水

关闭尾水进/出水口工作门和检修门，关闭进水阀和导叶，开启尾水管排水阀。利用检修泵排水，如需缩短排水时间，可开启有关阀门，另加渗漏泵排水。

二、引水系统充水和排水

(一) 引水系统首次充水

引水系统首次充水主要是向压力管道首次充水。压力管道未充满前，不允许机组按水泵工况并网抽水，否则可能过负荷，振动大，甚至损坏机组。尾水系统充满水后，一般采用下述方法向引水系统充水：

(1) 当上水库有水时，开启进/出水口闸门的充水阀，按规定的水位上升速度充水。这种方法简单、经济，国内大部分电站采用。详见《抽水蓄能电站设计导则》中的相关规定。

(2) 如不具备由进/出水口闸门充水阀充水条件时，可在厂内设置专用充水泵进行首次充水，如十三陵、张河湾等抽水蓄能电站。充水泵的扬程应能将水充至进/出水口闸门底坎以上，其额定流量不应选择过大。充水泵低扬程运行时宜用闸阀减压，也可用节流片减压。在充水期间，应按时记录压力钢管压力、进水阀位移、充水时间等，以便监视充水情况。

一般都将伸缩节布置在进水阀与蜗壳之间，进水阀承受的动水和静水推力，将由压力钢管及其止推环承担。在水推力作用下，止推环与进水阀间的压力钢管要伸长，造成进水阀位移（进水阀基础不承受水推力）。充水前，在进水阀基础上做好记号，充水后可根据记号测出进水阀位移。十三陵电站进水阀（球阀）关闭时压力钢管承受的最大水推力约2000t，止推环至球阀中心的距离为9m，相应球阀最大位移约4mm。

(二) 引水系统首次排水

引水系统可采用下述方法排水：

(1) 在进水阀上游侧排水管上设流量调节阀和节流片排水。这种方法简单，很多电站采用。

(2) 如果电站投运多年，导叶漏水量较大，而在某段引水系统要求水位下降速度很低时，可考虑关闭进水阀和导叶，开进水阀旁通阀，利用导叶漏水排水。

(3) 开启进水阀，微开导叶，启动机组慢速转动排水。此时应投入高压油减载装置，对于有上、下油箱的水轮机导轴承，由于转速低，应采取措施，防止跑油。

(三) 水位升降速率要求

高压管道首次充水，为保证管道结构的安全，必须严格控制水位上升的速度，并分阶段充水，每一阶段需稳压一段时间，待监测系统确认结构安全后，方可进行下一阶段的充水。此要求对钢筋混凝土高压管道尤为重要，广蓄二期电站钢筋混凝土高压管道，在第一次充水至5MPa压力时，下平段上方约35m处排水洞内出现两处围岩劈裂，渗漏量竟达30L/s。及时放空管道，进行加固处理。

各工程压力管道，无论是钢筋混凝土管道还是钢管，充水水位上升速度一般都要求不大于10m/h，张河湾抽水蓄能电站高压钢管各阶段充水水位上升的速度和各级稳压时间要求见表18-3-1。天荒坪与宝泉抽水蓄能电站钢筋混凝土高压管道充水水位上升速度分二段控制，在下段为10m/h，上段降为5m/h。而广蓄二期电站钢筋混凝土高压管道，受充水条件限制，平均充水水位上升速度为15m/h。显然充水水位上升速度的不同与各工程地质条件的差别等有关。

表18-3-1　　张河湾抽水蓄能电站高压钢管充水控制速率要求

阶段	充　水　部　位	起始～结束水位（m）	水位上升速度（m/h）	稳压时间（h）
1	尾水检修闸门～球阀	405.3～416.0 （充满蜗壳）	<10	72
2	球阀～压力钢管EL468.0m（下水库蓄水位）	416.0～468.0	<10	48
3	压力钢管EL468.0m～EL610.0m	468.0～610.0	<10	48

续表

阶段	充 水 部 位	起始～结束水位（m）	水位上升速度（m/h）	稳压时间（h）
4	压力钢管 EL610.0m～EL759.0m（上水库进/出水口底板）	610.0～759.0	<10	72
5	上平段及闸门井通气孔 EL759.0m～EL779.0m（上水库死水位）	759.0～779.0	<10	48

当高压管道需放空时，为避免在外水压力下钢管失稳，或钢筋混凝土管遭破坏，对水位下降速度的控制比水位上升的速度控制更严。且各工程控制标准也不同，根据各自工程及水文地质条件、结构情况而定。但关键是应利用埋设的渗压计实时监测放空过程中管道外的渗透压力，据此控制放空速度，确保管道外压大于内压的压力差小于设计外压，否则必须放缓水位下降速度，甚至暂停放空过程。例如广蓄二期电站要求外压与内压的压力差不大于200m水头，宝泉电站要求外压与内压的压力差不大于100m水头。若干抽水蓄能电站高压管道对放空时水位下降速度的限制见表18－3－2。

表18－3－2　　抽水蓄能电站高压管道水位下降速度限制

电　站	琅琊山	张河湾	西龙池	广蓄一期	广蓄二期	天荒坪	宝　泉
衬砌型式	钢板			钢筋混凝土			
水位下降速度（m/h）	2～3	10	5	2～4	5	4	3

第四节　机电设备带水状态的调试

上水库初期蓄水时水量有限，一般不能将所有水轮机工况的试验做完，可将一些不影响水泵工况安全启动调试的项目移至水泵工况调试后再作，因为水泵工况调试完成后，可以用机组向上水库充水。例如轴承温升试验、长时间带负荷试验和主进水阀动水关闭试验等需要的水量较多，也不影响水泵工况安全启动调试，可移至水泵工况调试后再作。水轮机工况调试基本完成后，即可进行水泵工况调试。抽水蓄能电站的水轮机工况带水调试与常规水轮机基本相同，详见DL/T 507—2002《水轮发电机组启动试验规程》。

一、水轮机工况带水调试

（一）机组首次转动和动平衡试验

1. 机组首次转动

目的是检查转动时有无擦碰和异常声响、机组振动、各轴承工作情况、整定机械和电制动投入转速等，确保今后的安全运行。

投入高压油顶起装置，用导叶开度限制机构手动开启导叶，待机组转动后，关闭导叶，机组靠惯性慢速旋转，仔细观察，确认无任何擦碰后，再开导叶升速至（5%～10%）额定转速，稳定旋转10～20min，全面检查并记录各轴承瓦温、油温、油位，各冷却器水压、水温，机组振动（特别是发电机上、下机架的振动）和摆度等。关闭导叶，并整定机械制动投入转速。之后再逐步升速至50%额定转速，停留15～30min，全面检查，记录各参数。如无问题，再逐步升速至100%额定转速，同时记录相应水位下的空载开度。在逐步升速试验过程中，整定高压油顶起和电制动投入与退出转速；进行调速器事故紧急停机试验；校验电气转速继电器相应的触点，并测量发电机残压、相序及波形等。当机械制动成功投入时，自动切除电制动。

机械制动有两种方式：持续制动和断续制动。一般都采用持续制动，仅在事故时为了缩短关机时间，可在转速稍高时断续制动。对于常规水轮机，在过去的规范中提出机组转速降至（30%～35%）额定转速时投入机械制动。对蓄能机组，应予分析。例如某蓄能电站在调试时，曾整定在20%额定转速下投入机械制动，结果制动闸大量冒烟，险些酿成大事故。该机组额定转速为500r/min，20%额定转速为100r/min，在这样高的转速下不可以持续加闸制动。建议水泵水轮机组投入持续制动按绝对转速来确定，绝对转速不要超过 20r/min。例如，十三陵电站机组在 3%额定转速（绝对转速为 15r/min）下投入机械制动，泰安电站机组在 5%额定转速（绝对转速为 15r/min）下投入机械制动。

2. 机组动平衡试验

水泵水轮机组运转时的振动与噪声远大于常规水轮机组，因此应特别重视动平衡配重试验，配重精度和准确性将直接关系到机组的安全运行。在上述逐步升速试验中，如发现机组振动超过表 18－4－1 的允许值时，应立即做动平衡试验。表 18－4－1 是针对常规水轮机组的各部位振动允许值，水泵水轮机组也可参照执行。机组额定转速超过 300r/min 时，一般应做动平衡试验。

表 18－4－1　　水轮发电机组各部位振动允许值（双幅值）

序号	项　目		额定转速（r/min）			
			<100	100～250	>250～375	>375～750
			振动允许值（mm）			
1	水轮机	顶盖水平振动	0.09	0.07	0.05	0.03
2		顶盖垂直振动	0.11	0.09	0.06	0.03
3	发电机	带推力轴承支架的垂直振动	0.08	0.07	0.05	0.04
4		带导轴承支架的水平振动	0.11	0.09	0.07	0.05
5		定子铁芯部位机座水平振动	0.04	0.03	0.02	0.02
6		定子铁芯振动（100Hz 双幅振动值）	0.03	0.03	0.03	0.03

如果变频器容量足够，在充水前先用它带动做水泵工况动平衡试验，后再做水轮机工况动平衡试验比较合适。如果变频器容量不允许，一般只做水轮机工况动平衡试验。

动平衡试验的基本原理，是在发电机转子支架上加试重块，测量加和不加试重块时的振动，用矢量法作图和计算确定配重重量与方位。下面简述三次试加重量平衡法。

在升速过程中，如发现振动很大不宜再升速时，应立即做动平衡试验，并取该转速作为试验转速（一般尽量取额定转速），同时记录发电机转子支架最大的水平振动值 μ_0。停机后，选取一试加重量，临时固定在转子支架上，再三次升至试验转速，每次固定试加重量的半径相同，但隔 120°。每次转速稳定后，记录发电机支架最大的水平振动值 μ_1、μ_2、μ_3；然后根据 μ_0、μ_1、μ_2、μ_3，用矢量法作图和计算，确定配重重量与方位。

为了节省时间和提高精度，可采用专门的振动仪来分析计算，但由于影响的因素太多，特别是首台机需经多次配重方能成功。例如十三陵电站首台机组试运行期间，Elin 公司采用专门仪器测试配重重量和方位，前后进行了 7 次配重。共计在 0°方向转子支架上部配重 114kg，转子支架下部配重 213kg；在 270°方向转子支架上部配重 10kg；总配重 337kg，收到很好的效果。配重前，机组在发电方向启动时，转速只能升至 250r/min，无法升至额定转速 500r/min，因为振动很大，噪声惊人，此时上导轴承处轴摆度为 0.34mm，推力/导轴承处轴摆度为 0.3mm，水导轴承处轴摆度为 0.4mm。经 7 次配重后，振动和噪声剧减，在额定转速空载时，振动满足表 18－4－1 的要求，上导轴承处轴摆度为 0.24mm，推力/导轴承处轴摆度为 0.28mm，水导轴承处轴摆度为 0.3mm。2 号机进行了 5 次配重，总配重量 219kg，效果比 1 号机更佳。又如泰安电站 3 号机，先在水轮机工况下做动平衡试验，配重 2 次；后用变频器在压水下做水泵工况的动平衡试验，又配重 2 次，取得很好的效果，使上机架的水平振动由 0.08mm 降至 0.04mm。

（二）空载试验和过速试验

1. 机组空载稳定试验

将开度限制调至略大于空载开度位置，手动开机至额定转速，检测调速器测频信号。将调速器切换到自动位置，观测机组运转是否稳定，稳定是指接力器不摆动，机组转速变化在规定的范围内。如果基本稳定，即进行调速器的空载扰动、手自动切换、频率给定等试验，以及最优参数的调整。如果不稳定，可从下述两方面进行分析：

（1）调速系统不稳定。对于引水系统和尾水系统很长的抽水蓄能电站，可能会发生小波动不稳定现象。这种不稳定现象与常规水轮机的相同，大量实践证明，只要调速器性能好，选择的调节参数和反馈合适，这种不稳定是可以解决的。

（2）“S”不稳定区。水泵水轮机转轮具有水泵特性，流道狭长，在相同条件下直径比常规水轮机直径大30%～40%，致使离心力大，在水轮机方向旋转时，离心力阻碍水流进入转轮，这种特性随着转速增加和轴力矩减少而表现得越来越明显。当转速接近飞逸转速（轴力矩 $T=0$）时，离心力急剧增大，阻止水流进入转轮，使流量骤然降低，等开度线向 n_1' 和 Q_1' 减小的方向弯曲，形成“S”不稳定区（见图18-4-1）。常规水轮机的水泵作用小，一般无“S”不稳定区或等开度线弯曲很小（见图18-4-2），并且正常运转范围也离“S”不稳定区较远，没有这种空载运行不稳定现象。水泵水轮机正常运转范围一般离“S”不稳定区较近，太近时常导致空载运行不稳定，水头越低越严重，甚至不能并网，在模型验收时应特别注意此问题。例如天荒坪、琅琊山电站都发生过这种不稳定现象，最后采用在导叶上加装不同步预开装置（MGV），成功地解决了问题。

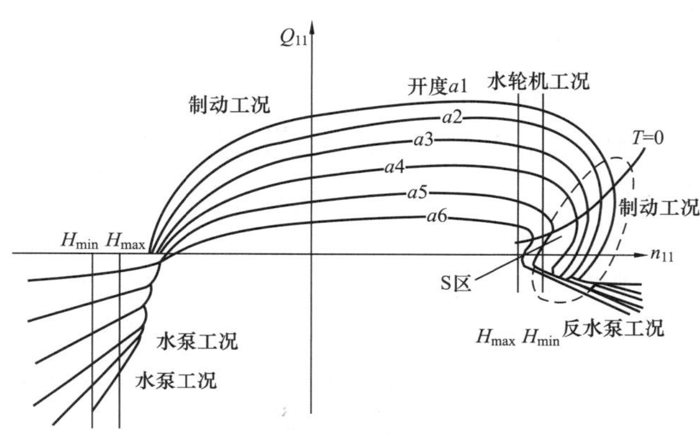

图18-4-1　水泵水轮机全特性曲线图

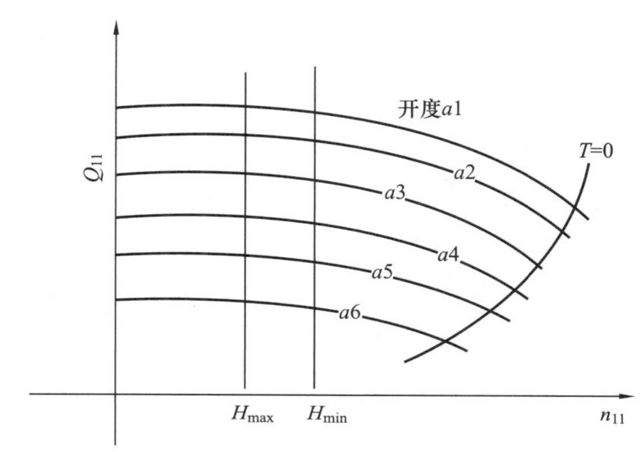

图18-4-2　常规水轮机特性曲线

（3）上述两种不稳定现象，如同时存在，将互相影响，使不稳定现象更加严重。空载试验时如发现不稳定，首先应区分是那种不稳定，然后分别对待，采取不同的方法解决。区分时可参考下述几点：

1）查阅模型试验有关资料，检查水泵水轮机运转范围离“S”不稳定区的远近。

2）“S”不稳定区引起的不稳定与水头有关，且出现的范围较小。

3）调速系统不稳定出现的范围较大。

2. 机组过速试验

机组过速试验仅在水轮机工况下做，在水泵工况运行时受电网频率约束，机组不可能过速。试验目的是检查过速时有无擦碰和异常声响，机组振动、摆度和各轴承工作情况，整定过速保护触点等，为甩负荷和水泵断电试验的安全做准备。

断开各过速保护停机触点，手动开机至额定转速，一切准备就绪后，用导叶开度限制机构手动逐步开大导叶，每升一次转速，停留1～3min，记录转速、振动、摆度、温度、开度等数据，如无问题，继续升速，当升至各保护整定转速时，调整相应触点。常规水轮机组升至150%额定转速时，一般振动、摆度和噪声将急剧加大，不宜再升高；水泵水轮机组升速不宜超过（125%～130%）额定转速。然后逐步降速，记录有关数据。停机后，必须对机组，特别是转动部分，进行全面检查，并分析转速上升和下降曲线的重复性。

一般常规水轮机组设有电气和机械两种过速保护。电气过速保护是前级保护，整定值常为（120%～130%）额定转速；机械保护是后级保护，整定值常为（135%～145%）额定转速。水泵水轮机组飞逸转速与额定转速比值较常规水轮机组的比值小，因此过速保护整定值应小些，电气过速保护整定值宜为（115%～120%）额定转速；机械保护整定值宜为（125%～135%）额定转速。

（三）发电电动机和励磁设备试验

1. 发电电动机升流试验

在发电电动机出口处设置可靠的三相短路点，由厂用电供给励磁电源，投入机组保护，手动开机至额定转速，手动合灭磁开关，通过励磁装置手动升流至25%定子额定电流时，检查电流回路的正确性和对称性，以及各继电保护及测量回路的极性和相位。

继续将电流升到额定值，测量机组振动和摆度，跳开灭磁开关，录制灭磁过程图。重新开机录制三相短路特性曲线、测量定子绕组对地绝缘电阻与吸收比。升流试验合格后模拟水机事故停机，拆除短路点。

2. 发电电动机升压试验

（1）试验前，应投入发电机保护和各种信号回路，断开发电机断路器，励磁电源仍由厂用电供给。

（2）自动开机至空载后，测量发电机升流试验后的残压值、检查三相电压对称性。

（3）手动升压至25%额定电压，检测电压回路二次侧相序、相位、电压值、机组振动。升压到50%额定电压时，跳开灭磁开关，检查灭弧情况并录制示波图。

（4）合开灭磁开关，继续升压到额定电压，测量二次电压相序、相位、轴电压、机组振动与摆度，检查轴电流保护装置。在额定电压下跳开灭磁开关，并录制示波图。

（5）零起升压至额定电压，录制发电机空载特性的上升曲线，录制曲线时，每隔10%额定电压下记录定子电压、转子电流和频率。继续升压，励磁电流愈大，电压愈高，励磁电流达到额定值时，定子电压最高，试验时电压不要超过1.3倍定子额定电压。对有匝间绝缘的电机，在最高电压下持续5min。然后，降压至额定电压。

（6）从额定电压逐步降压，录制发电机空载特性的下降曲线，记录每隔10%额定电压下的定子电压、转子电流和频率。对于装有消弧线圈的机组，还要进行发电机单相接地试验，在机端设置单相接地点，断开消弧线圈，升压到50%定子额定电压，测量定子绕组单相接地的电容电流。根据保护要求，选择消弧线圈分接头位置。当电压升高到100%定子额定电压时，测量补偿电流和残余电流。发电机升压试验之后，进行机组停机电制动试验。

3. 机组空载下励磁调节器的调整和试验

（1）机组在额定转速下，励磁在手动位置，起励检查手动控制单元调节范围，下限不能高于发电机空载励磁电压的20%，上限不得低于发电机额定励磁电压的110%。

（2）检查调节系统的电压调解范围，自动调节器要在（70%～110%）发电机空载额定励磁电压内进行稳定平滑调节。

（3）测量开环放大倍数、均压和均流系数。

（4）在发电机空载状态下，发电机转速在（90%～110%）额定值范围内改变，测定发电机端电压变化值，还需要分别检查调节器投入、手动和自动切换、通道切换、带调节器开停机等情况下的稳定性和超调量。

（5）进行带自动调节器的发电机电压与频率特性试验，并录制其曲线。采用三相全控整流桥的静止励磁装置时，还应进行逆变灭磁试验。

（四）机组带主变压器与高压配电装置试验

（1）机组对主变压器及高压配电装置的短路升流试验。在主变压器及高压配电装置的适当位置设置可靠的三相短路点，投入发电机继电保护、水力机械保护和主变压器冷却器及其控制信号回路。开机后递升电流，检查各电流回路和表计指示、检查主变压器、母线和线路保护的电流极性、相位。逐步升流至50%、75%、100%发电机额定电流，观察主变压器及高压配电装置工作情况。升流结束后，模拟主变压器保护动作试验，检查跳闸回路和相关断路器动作是否正确。拆除短路点。

（2）主变压器及高压配电装置单相接地试验。在主变压器高压侧设置单相接地点，开机后递升单相接地电流至保护动作，校核动作整定值。合格后拆除接地点，投入单相接地保护。

（3）机组对主变压器及高压配电装置的升压试验。将发电机、主变压器、母线等继电保护装置投入运行，手动递升电压，分别在发电机额定电压的 25%、50%、75%、100%下检查一次设备工作情况，以及二次电压回路、同期回路的电压相序和相位的正确性。首台机组调试时，因高压配电装置投运范围较大，升压可分几次进行。

(4) 线路零起升压试验。在机组带空载线路下，零起升压，测量线路电压互感器三相电压相序和对称性，检查出线断路器同期回路接线。

(五) 水力机械辅助设备试验

1. 水系统

开启供排水系统与尾水系统相连的第一个阀门，尾水进入供水系统，开启放气阀（如果有的话）和各压力表阀等排气，手动启动各供水泵，检查振动、声响和漏水，记录各用户（冷却器等）进出水压力、启动电流、水温和流量（如设有流量计）是否符合设计要求。根据各用户温度适当地调整它们的排（或进）水阀。将控制系统切到自动位置，模拟试验工作泵和备用泵自动起停操作、滤水器自动清污操作等。

2. 压水试验

检查压水控制回路，按设计值整定尾水管锥管旁的水位开关，在进水阀和导叶关闭的情况下，自动开启供气阀压水，当水位压到最低整定值时（转轮下 1.5～3m），供气阀自动关闭，由于漏气，水面逐渐上升，上升到补气整定值时，补气阀自动开启补气，水位压到最低整定值时，补气阀自动关闭。要求压水一次成功，两次补气时间间隔愈长愈好。记录压水和补气前后储气罐的压力，及两次补气时间间隔。然后开排气阀排气，水位上升。

上述试验成功后，一般按规范进行下述校核试验，如合同另有规定，应按合同的规定：

(1) 进行储气罐容量校核试验。关闭向储气罐供气的阀门，将储气罐内压力调至最低工作压力，开启供气阀压水，水位下降稳定后，开启排气阀排气；气排尽后，再开启供气阀进行第二次压水。要求两次压水后，储气罐压力仍大于设计计算的压力。

(2) 进行空压机容量校核试验。将机组储气罐调至一次压水后的压力，启动一台空压机向储气罐供气，要求至少能在 60～120min 内，将储气罐升到压水前的压力。记录压水前后储气罐的压力和空压机供气时间。

一般设计时考虑了两种进气途径：从顶盖压入和从尾水管的上部压入。调试时宜分别试验，选取较好的途径。储气罐离尾水管愈近，管道愈短和管径合适，压水愈易成功。

(六) 带负荷试验和甩负荷试验

(1) 由于水量有限，机组可分几次进行 4～6h 连续带负荷运行试验，试验中应特别检测各轴承的温升，并最后确定各轴承的报警和跳闸整定值。

(2) 机组正常运行时，甩负荷是不可避免的，因此电站投产前都应做甩负荷试验，校验设计计算提出的导叶关闭时间和规律，检查转速升高率和压力升高率是否在规定范围之内，确保今后安全运行。

当额定水头小于 300m 时，水泵水轮机组甩负荷和水泵断电时蜗壳最大压力升高率，可参照常规水轮机组执行。当额定水头高于 300m 时，由于水头绝对值大，压力升高的绝对值也大，压力升高率宜小于 30%。

在相同条件下，水泵水轮机组飞逸转速与额定转速比值 n_k 较常规水轮机组的比值 n_k 小。例如溪口蓄能电站水泵水轮机组的比值 n_k 为 1.38，水头与它相近的渔子溪电站常规水轮机组的比值 n_k 为 1.64。水泵水轮机组允许最大转速升高率 β_{max} 不宜超过 45%。表 18-4-2 列出我国部分抽水蓄能电站水泵水轮机组的 n_k 值。

表 18-4-2　国内抽水蓄能电站水泵水轮机组的 n_k 值

电站名称	西龙池	天荒坪	广蓄二期	十三陵	张河湾	蒲石河	溪口	泰安
飞逸转速 (r/min)	680	667	690	681	469	425	830	433
额定转速 (r/min)	500	500	500	500	333.3	300	600	300
比值	1.36	1.33	1.38	1.36	1.41	1.42	1.38	1.44

与常规水轮机组相同，水轮机工况甩负荷试验亦应分别在额定负荷的25%、50%、75%和100%下进行，每次试验都应录制导叶开度、转速、压力、发电机断路器跳开信号等过程曲线；人工记录甩前、甩后的导叶开度、转速、压力和过渡过程中的最大的转速、压力，以及各轴承瓦温、油温、机组振动和摆度；检查调速器和自动励磁调节器的稳定性和超调量等。在甩负荷试验前，应将各种保护投入。

启动机组并网，带规定的负荷稳定后，手动跳开发电机断路器，由于转速升高，调速器自动关闭导叶，如果过速保护和停机事故保护不动作，导叶将关到空载开度，机组仍以额定转速旋转，这时可检查调速系统的动态品质，如偏离稳态转速1.5Hz以上的波动次数不超过2次等。如果过速保护和停机事故保护动作，调速器紧急停机，电磁阀随之动作，直接将导叶关到零，机组逐渐停下来。无论怎样，每次甩负荷后，都应进行全面的检查。

在甩负荷过程中，机组在惯性作用下常进入“S”不稳定区，产生较大的压力脉动。

二、水泵工况带水调试

(一) 水泵零流量（造压）试验

具体试验步骤：压水后用变频器启动机组并网，退出变频器，开排气阀和进水阀，水泵造压，转轮和导叶间的压力（priming pressure）快速升高，先出现较大的压力脉动，后压力脉动减小，当压力从最大值下降后，跳开发电机断路器和关进水阀，机组慢速下降停机。转轮和导叶间的压力如图18-4-3中曲线a，如导叶在A点开启，则可避开大的压力脉动，压力过程线将变为曲线b。当然，A点不能太提前，否则水泵压力不够，易造成反向流和大的冲击。试验过程中，导叶始终关闭。

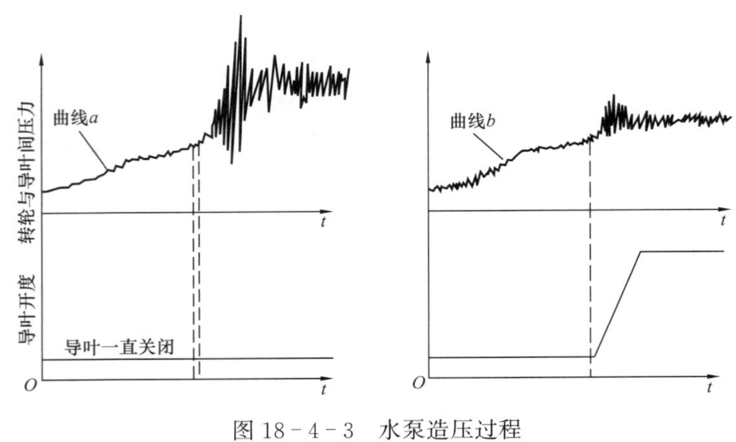

图18-4-3　水泵造压过程

零流量试验时，应录制整个过程曲线和记录有关参数，根据这些实测资料确定最优导叶开启速度，以及用下述方法来确定导叶开启时刻（A点）：

(1) 转轮与导叶间的压力达到某一数值。

(2) 排气完毕，排气阀关闭位置触点闭合。

(3) 排气阀开启后的一定延时。

进水阀开启时间长，它不是调节阀，宜在静水下开启。导叶开启时间短，它的调节性能要好些，因此应先开进水阀，后开导叶。一般是在开排气阀的同时开进水阀。对于运行多年导叶漏水量大的电站，过早开进水阀，易使压水失败。

(二) 水泵工况并网和抽水试验

1. 水泵工况导叶调节的作用

正常抽水时，调速器自动按扬程将导叶调至最优开度，这时效率高振动小，若再将导叶开大或开小，在一定的范围内，输入功率变化不大，效率有所降低，振动略有增加；若超过这一范围，输入功率变化很大，效率急剧降低，振动与噪声愈来愈大，一般水泵水轮机都有这种特性。在水泵工况造压抽水和正常停机的过程中，都要经过远离最优工况的小导叶开度状态，尽管振动和噪声极大，但时间极短，很快通过，影响不大。

2. 机组并网试验

压水后用变频器启动机组至额定转速后，有两种方法并网：①先退出变频器，后合发电机断路器；②先合发电机断路器，后退出变频器。第一种方法用变频器将机组转速升至略高于额定转速后，退出变频器，在机组转速下降的过程中捕捉同期，合发电机断路器并网。此法优点是避免电网和变频器同时供电，缺点是只有一次同期的机会。第二种方法虽有多次同期的机会，但是在同时供电的瞬间，万一短路，短路电流将远远超出设计值，当然这种几率是极其罕见的，国内外从未发生过。在已建的电站中，两种方法都采用。十三陵电站采用第一种方法，泰安和琅琊山电站采用第二种方法。

通常，在水泵工况并网的同时或稍后，立即开排气阀和导叶造压抽水，如在并网以前造压，由于输入功率突然增大，变频器可能承受不了，致使并网失败。在并网瞬间，导叶开度不大，输入功率也不大，不会对电网产生过大的突然冲击，但振动和噪声很大，随着导叶按事先整定的规律开到最优开度，输入功率增大，振动和噪声反而减小，因为愈接近最优状态，振动和噪声愈小。

3. 水泵工况正常停机试验

与水轮机工况相似，水泵工况也有两种停机方式：正常停机和事故紧急停机。正常停机时，一般先关导叶减小输入功率，关到跳闸开度跳开断路器。第一次试验时，仅检查关到事先整定的跳闸开度时振动是否太大，如能接受，一般不再进一步调整。如十三陵电站跳闸开度约为7%，泰安电站跳闸开度约为17%。

4. 水泵断电试验

水泵断电试验最好在最低和最高扬程下分别进行，如条件不具备，以后应当补做，因为这两种工况是最不利的，也是合同重点要求的。

具体试验是在抽水时，手动跳开发电机断路器，调速器紧急停机电磁阀动作，按充水前已调好的关机规律将导叶关到零。由于失去动力，机组转速不会升高，只会下降，调节保证控制的参数主要是压力升高。此外还应特别注意振动和防止转速下降至零后换向，损害主轴。随着惯性维持的流量减小，蜗壳压力下降，当流量减至零后水流变向（此时转速不变向），进入水泵制动工况，压力脉动增大，这时由于负压力波反射回来反而使蜗壳压力升高，以后压力和转速都逐渐减小，直至停机。当然，如导叶拒动，转速下降至零后换向，并升至水轮机工况飞逸转速。与甩负荷比较，水泵断电时的压力脉动要小得多。

为防止转速换向，水泵断电导叶关闭时间应比甩负荷导叶关闭时间短。例如，十三陵电站机组水泵断电导叶关闭时间为15s左右，而水轮机甩负荷导叶关闭时间为20～23s。水泵断电试验后，应对录制和手记的参数进行分析，没有大问题时一般不再修改导叶关闭规律。

5. 持续抽水试验

机组并网和退出变频器后，开排气阀和进水阀，水泵造压，调速器将导叶开至相应水位下的最优开度，机组抽水。首次持续抽水时间宜短些，0.5～1h即可，以后可加长，要考虑上水库允许的水位上升速度。无问题时，抽水应持续4～5h，使机组各部位温度达到稳定。要特别注意各轴承温升，在正常情况下，轴承温度应平稳地上升到稳定值（低于或等于合同值），上升过程中无跳动和突变。如发现异常，应停机检查。水泵水轮机的轴承是双向的，如果在水轮机工况做过温升试验，在水泵工况仍要做温升试验，反之亦然，两者缺一不可。实践证明两种工况的温升是有区别的，一般水泵工况的温升略高于水轮机工况的温升，但轴承紧急事故停机的温度，可根据两者中的最大值加一定的余量来整定。有的标书要求发电机轴承温度不超过70℃，由于材料、加工精度和设计理念不同，目前国外进口机组的轴承允许温度都高于此值，多年运行下来，未发现问题。例如十三陵电站机组的推力轴承最大允许温度为85℃，琅琊山电站1号机组水泵工况稳定温度为74.9℃，天荒坪电站机组正常运行温度达82℃。因此编写标书时，应根据国内外实际水平来规定轴承温度。

抽水试验时，录制或记录机组输入功率、扬程、电流、电压、轴电流、振动、摆度、轴承温度、油位、导叶开度、压力、流量、噪声等；检查主变压器、断路器、母线、励磁系统、直流系统、继电保护等运行情况。抽水试验宜在合同规定的扬程下进行，特别要在最低和最高扬程下分别进行，以检验是否满足合同要求。

三、背靠背同期启动试验

（1）分别检查启动机组和被启动机组的设备和启动程序，进行启动回路中设备的动作试验、启动断路器和同期断路器模拟联动试验，要求动作程序正确。

（2）检查各继电保护是否按不同运行方式正确投入和可靠闭锁。

（3）初步设定启动机组的导叶开启规律，在无励磁情况下启动机组，录取机组转速、接力器行程等启动过程曲线。

(4) 初步设定两机组初始励磁电流、调节参数、机组间的转差率等。在机组静止状态下，通入初始励磁电流，对被启动机组供气压水，开启启动机组导叶，将被启动机组拖到额定转速。在背靠背启动试验中，应录制两机组的转速，启动机组的接力器行程、启动功率、励磁电压、励磁电流；被启动机组励磁电压、励磁电流等。根据录制的资料，优化导叶开启规律、初始励磁电流、调节参数、机组间的转差率等，再次启动机组试验，要求达到最优配合，启动可靠。

(5) 启动过程中观察继电保护运行情况，特别是0～5Hz低频范围内，是否有继电器频率特性和电流互感器变比误差引起继电保护误动。进行模拟同期试验和同期并网试验。检查被启动机组并网后，启动机组自动停机程序的正确性。

四、进水阀带水试验

(一) 静水试验

确认导叶关闭、水轮机接力器锁定投入、交直流电和液压控制系统正常、进水阀无水调试合格后，手动投入和退出检修密封与工作密封几次，要求动作平稳准确。检测无误后，现地和远方分别手按开、关按钮，开启和关闭进水阀几次，检查密封、旁通阀、进水阀等动作情况，要求动作平稳，顺序无误，到位准确。试验中记录开启和关闭时间、油压等。

(二) 动水关闭试验

一般合同规定进水阀应能在满负荷流量下动水关闭，这是它的基本功能，应当做试验。动水关闭不是破坏性试验，如当时条件不允许，可以在试运行以后再做。

动水关闭试验只在水轮机工况下做，不许在水泵工况下做。试验前应注意：

(1) 检查液压系统油压正常，投入各种保护。

(2) 在调速器和上水库进/出水口闸门室设专人监视，必要时手动关闭导叶和闸门。

为了安全，宜逐步在机组带50%、75%、100%额定负荷下进行试验，具体步骤如下：

(1) 启动机组并网，带指定的负荷。

(2) 将调速器切到手动位置，以维持导叶开度不变，开度限制机构调至当时的开度。

(3) 按进水阀自动关闭按钮，进水阀逐渐关闭，机组负荷下降，严格监视进水阀和机组的振动等，如振动太大，手动紧急停机电磁阀或开度限制机构关闭导叶，必要时可同时关上水库进/出水口闸门。

(4) 当负荷降至零时，手动跳开发电机断路器，机组转速下降，按规定投入电气和机械制动停机。进水阀全关后，手动关闭导叶，并进行全面检查。

试验时，应录制和记录进水阀的开度和位移、机组功率、蜗壳压力、转速、振动、摆度、流量、噪声、电流、电压等；检查断路器、母线、励磁系统等。

五、工况转换试验

目前，抽水蓄能电站工况转换都是自动控制的，这些自动控制流程图非常重要，调试与设计人员必须掌握和熟悉它，合同中应要求供货方有责任解释流程图中的技术问题。表面上看流程图属于电气二次专业，实际上它涉及到水机、电气一次、金属结构、水工等专业，是各专业技术的综合汇总。

计算机监控系统内容多而复杂，应尽早开始调试工作。早在充水前，一旦硬件安装好应立即装软件进行调试。首先检查接线，然后分步分段调通程序。

抽水蓄能机组工况多，工况转换也多。在试运行前，有条件时应将所有工况转换试验做完，如条件有限，抽水和发电之间的紧急转换、线路充电、黑启动等不常用的工况转换试验可在试运行以后再做。

最基本的工况转换是静止与发电、静止与抽水、抽水与发电、发电与调相、抽水与调相等，它们的试验需在试运行以前完成。

前述的许多调试工作，可以说是为工况转换试验做准备的，如造压和压水试验、并网试验、停机试验、调速器试验、励磁试验等。在工况转换调试时，只是将它们自动串起来形成一整套自动控制程序。

具体调试时，将所有设备切到自动位置，投入计算机监控系统，并将它转成分步试验（STEP BY STEP）模式，一步一步地进行试验。

例如静止转抽水流程，先判断机组是处在静止工况，给出抽水指令，计算机自动检查各启动条件是否满足，如有条件未满足，调试人员应检查使该条件未满足的原因，排除故障；条件全部满足后，人工给出压水指令，进行第二步试验；压水成功后，人工给出启动变频器指令，进行第三步试验……如此逐步试验下去，直至正常抽水，整个程序完成为止。分步试验成功完成后，将控制系统切到自动位置，给出抽水指令，全面检查程序自动控制的情况。

为了顺利地进行工况转换试验，应注意以下几点：

(1) 自动控制流程图尽量详细和准确。在设计联络会上要进行充分的讨论，并征求各专业的意见，不要局限在电气二次专业范围内。

(2) 仔细检查接线，严防出错。试验时应统一指挥，不要各自为政，防止出事故。

(3) 软硬件出厂前应严格检验，千万不要将问题留到工地解决。当然，对于一些小的问题可以在工地根据实际情况修改。

(4) 要求中、外双方调试人员熟读流程图，特别是外方调试人员必须具有丰富的调试经验，这点宜写入合同。

第五节　机电设备的试运行

电站和机组完成各项带水试验并合格后，按规程，常规水轮机组应进行 72h 带负荷连续试运行或按合同进行 30 天试运行。由于水量有限，抽水蓄能电站不可能进行 72h 带负荷连续试运行，只能按合同进行 30 天试运行。

一般合同规定，在 30 天的试运行期间，机组应按电网调度和水工要求，连续进行发电和抽水。在试运行期间，由于机组及附属设备制造或安装质量原因引起中断，应及时检查处理，合格后继续试运行，中断前后的运行时间可以累加计算，但出现下述情况之一者，中断前后的运行时间不得累加计算，机组应重新开始 30 天试运行。

(1) 一次中断时间超过 24h。

(2) 中断累计次数超过 3 次。

(3) 发电工况启动成功率低于 95%，水泵工况启动成功率低于 90%。

30 天试运行完成后，应该停机进行机电设备全面检查，必要时可将蜗壳及压力钢管的水排空，检查机组过流部分。

第十九章

抽水蓄能电站运行与管理

第一节　抽水蓄能电站管理体制与经营模式

一、国外抽水蓄能电站经营管理模式

各国抽水蓄能电站在投资、管理模式上各有特点，下面简介英国、法国、美国和日本等国抽水蓄能电站的经营情况。

（一）英国迪诺威克抽水蓄能电站的运营

迪诺威克抽水蓄能电站是由国家投资兴建，于1984年投运，属当时国家电力局管理。国家电力局与电网公司签订协议，规定其收费标准主要由发电成本费用和电网补贴费用组成，电网补贴主要是机组电量损失等补贴，其费用约占全部收入的50%，管理较为粗放。

自1989年英国电力工业实行私有化后，电力工业市场打破行业垄断，引进竞争机制，建立电力市场。英国将中央发电局分解为4个公司：国家电网公司经营电网、发电领域组成电力公司、发电公司和核电公司。输电领域12个供电局改组成12个地区电力公司，同时建立一个电力市场交易机构。除国家电网公司外，其他公司都实行私有化。迪诺威克抽水蓄能电站在私有化的进程中最终转让给爱迪生能源公司独立经营，参与英格兰和威尔士电力市场竞争。

迪诺威克抽水蓄能电站装机6×300MW，1994年发电10亿kWh，装机利用小时数仅556h，但它的年运营收入中辅助服务收费几乎占一半。该年英国国家电网公司向各电厂购买辅助服务费用共计1.98亿美元，迪诺威克和费士汀纽（装机288MW）两个抽水蓄能电站由于动态性能优越，在竞争中取得了可观的辅助服务机会，其获得辅助服务收入6600万美元，折合每千瓦32美元。迪诺威克电站年盈利4400万英镑。辅助服务包括无功补偿、紧急备用、频率调整等。英国的统调竞争机制，根据各电厂报价高低和机组保证率来决定哪些机组投运。

（二）法国抽水蓄能电站的运营

在法国，核电占总发电量的比例达到近80%，而水电只有12%左右。法国目前水电主要方针是改造现有水电站，发展抽水蓄能电站，提高水电的利用率和经济性。

法国的抽水蓄能电站主要由法国电力公司（EDF）统一建设经营和管理。抽水蓄能电站并没有独立的经营权，完全按照法国电力公司的调度要求进行抽水、发电运行，同时法国电力公司也统一负责电站的成本、还本付息、利润和税收等开支，以及对电站的运行进行考核。抽水蓄能电站除用于调峰、填谷、备用外，有10%的容量用于调频和与外国交换电能，调相的时间占总运行时间的12%～20%。抽水蓄能电站对于保障电网总体安全、经济运行所起的作用，与其发电量所产生的电量效益相比更为重要。

（三）美国抽水蓄能电站的运营

2002年，美国抽水蓄能电站装机容量已达20184MW。美国1992年开始电力市场化，由于各州电力体制改革的方式不同，抽水蓄能电站在各州的运营也存在差异。

加利福尼亚州在电力市场外设立了以竞价为基础的辅助服务市场，抽水蓄能电站可以在主电力市场和辅助服务市场间进行策略选择，以获取最大收益。

（四）日本抽水蓄能电站的运营

至2003年底，日本已运行的抽水蓄能电站有44座，总装机容量24245MW。日本全国按地区成立了9个私营电力公司，其抽水蓄能电站的建管方式有两种：①从电站建设开始到投产上网完全由电力公司统一管理，电力公司既是建设单位也是运行管理单位；②由九大电力公司和政府合资组建电源开发公司，所建电站租赁给当地的电力公司，每年当地电力公司向电源开发公司支付一笔租赁费用，以满足电站发电运行成本、还贷、税收及利润等需要。此外，电网还对抽水蓄能电站实行奖惩考核，如电站未能按电网要求参与调峰、调频则受罚，如电站大修少于规定时间则进行奖励。

如下乡抽水蓄能电站，装机容量4×250MW，业主为日本电源开发公司，由东京电力公司调度使用。1991年投产，建设投资1680.24亿日元，每年东京电力公司向电源开发公司支付的费用中，还贷付息占55.8%，折旧占24.3%，运行维修费占4%，其余则为税收和管理费。

（五）卢森堡万丹抽水蓄能电站的运营

万丹抽水蓄能电站装机容量9×100MW+1×200MW，共1100MW，1993年发电量3.94亿kWh，抽水用电5.49亿kWh，调相运行提供无功11.224亿kvar。业主为SEO公司，其中卢森堡政府、德国RWE电力公司和其他股东分别占SEO公司40.3%、40.3%和19.4%股权。经营方式是由SEO公司租给德国RWE电网调度使用，租赁期99年，租赁期后电厂归卢森堡所有。德国RWE电力公司保证供应卢森堡所需95%以上电力，年租赁费包括万丹电站与SEO公司发电成本、税收、还贷和利润，不与电量等指标挂钩，还贷期后每年每千瓦41马克。

（六）南非德拉肯斯堡抽水蓄能电站的运营

德拉肯斯堡抽水蓄能电站装机容量4×250MW，属埃斯孔电力局的发电公司，电网向抽水蓄能电站付费依据主要是容量，电量是次要的。

容量收入分为固定备用、约定备用和调相。固定备用按年计算，等于电站一年的生产管理和折旧费。约定备用由电网定价，按各厂资产收益率4.95%，除以电网向各电厂约定小时数，计出每千瓦时费用。每天各电厂要向电网报送第二天每小时可投容量，电网根据需要和电厂成本高低，以经济原则约定各电厂投运容量和时间，并支付约定备用费给发电公司。南非电网1994年向各电厂支付的固定备用总费用与约定备用总费用大体相同，二者合计每千瓦平均每年约46美元。

该电站为南非电网调峰填谷不计抽水电费，只按发电量计费，固定电量（相当基荷）计价占40%，变动电量（调峰增加）计价占60%，1994年发电8.25亿kWh。电费收入和调相收入用以支付电站维修费，即电站运行维护费的一半由调相负担，由电网承担相当约定预备费用的15%。

1994年电站总收入中，容量收入占57.2%；发电、调相收入占42.8%。容量收入中固定备用（不变）用以支付折旧和管理费；约定备用（可变）用于资产收益（净资产的4.95%）。电量和调相收入用于运行维护。

此外，电网对电厂还有奖罚制度，按约定要求提供服务，基荷每千瓦时的奖金与约定备用单价相同，峰荷加倍，奖罚对等。

（七）德国南部斯洛施维克公司的运营

斯洛施维克公司是专门建设和管理该地区抽水蓄能电站的股份公司，由4个电力公司合资组成，德国RWE等3个电力公司分别占股份50%、37.5%、7.5%，瑞士一个电力公司占5%。斯洛施维克公司成立于1929年，现拥有5个抽水蓄能电站，共20台机组，发电容量1840MW。这些抽水蓄能电站由股东按股份投资建成，并由两个股东即RWE与巴伐利亚电网使用，1992年发电量13.13亿kWh，发无功5.46万kvar，吸无功7.85亿kvar。

公司经营由使用电厂的电网股东负责付费，每年向公司支付包括发电成本、还贷付息、税收和利润在内类似租赁的费用。这个费用每年不同，主要在于各电厂的大修和成本性开支，由董事会核定。1992年公司资产4.72亿马克，年收入1.87亿马克，大体相当于每千瓦每年收入100马克，其中折旧运行维修费占84%，还贷已不多，税后利润1097万马克，为公司资产的5.87%。

二、国内抽水蓄能电站经营管理模式

我国抽水蓄能电站发展较晚，但是，以十三陵、广州、天荒坪等一批早期建设的抽水蓄能电站的投运为标志，也开始探索经济上可行、可操作的经营模式。目前，国内抽水蓄能电站的经营模式也已初具雏形，并在生产经营中不断完善和发展。

（一）广州抽水蓄能电站的运营

广州抽水蓄能电站（简称广蓄）业主为广东抽水蓄能联营公司（简称广蓄联营公司），由占有54%的广东省电力集团公司，占有23%股份的国家开发投资公司和占有23%股份的广东核电投资公司三个股东组成，且有独立法人资格，对内享有自主经营管理权，对外以自身财产为限承担责任，采用独立经营管理模式。

在电站运行初期，广蓄采用来电加工的经营方式，即由广东电网提供低谷电，经电站加工为高峰电（考虑损耗）交回电网，电网按每kWh高峰电支付加工费。加工费经省物价局批准，包括电站成本、税收、还贷付息和利润。广蓄联营公司只与电网发生关系，不直接向其他电厂经营者和用户买卖电。1994年广蓄在广东电网实际发电量仅为4.82亿kWh，大大低于10亿kWh的设计值，从而导致广蓄经营亏损。这种经营方式生产关系简单，经济上完全依赖电网，而事前又无定量承诺，尤其是把不稳定的发电量作为经营指标是这种模式的缺陷。

从1995年开始实行租赁经营方式，当年即实现了扭亏为盈。广蓄的经营方式，从电量计费改革为容量租赁或容量使用权出售，经过多年实践，证明是能为各方接受并且取得成功的模式。

(1) 广蓄一期工程50%的容量是由广东电网与大亚湾核电站联合租赁，各出一半容量租赁费，租赁后的容量由广东电网调度，由电网保证核电不调峰安全稳定运行。广蓄二期工程则由广东电网单独租赁。

(2) 广蓄一期工程另外50%容量的使用权出售给香港抽水蓄能发展有限公司，出售容量使用权的单价是每年每千瓦3500港元，低于香港用作调峰的其他电源成本，但又高于实际建设投资，对双方均属有利；运行管理由广蓄联营公司承包，由港方向广蓄联营公司支付低于国际水平而又高于实际需要的运行管理费用，也体现了互利的格局；经营则各自在本身的市场进行，互不干预，避免复杂的经营定价问题，经营税收由港方向国内税务部门交纳。这种新型合作方式，带来相当好的经济效益，除了得到可观的外汇税收外，广蓄联营公司有充足的外汇来源，不但能及时偿还外资债务，而且还有较多外汇余款用作新建抽水蓄能电站投资，使广东省的抽水蓄能电站建设得以滚动发展。

无论容量租赁或容量使用权出售，都是以容量为计价标准，它反映了抽水蓄能电站以容量效益为主的特点。电网在获得容量使用权后，可以放手使用，使电站的作用得以充分发挥。广东电网经过多年实践，逐步加深对抽水蓄能电站的认识，不但使用更加灵活自如，而且抽水蓄能电站在电网中的作用也越来越大，效益越来越好，供电质量和电网抗事故能力大为加强。香港中华电力公司在购买一期工程50%容量使用权后，关停其电网中燃气轮机472MW，改由抽水蓄能电站担任电网主要调峰任务。由此可见，容量租赁和容量使用权出售的经营方式，有利于电站作用的充分发挥。

（二）十三陵抽水蓄能电站的运营

十三陵抽水蓄能电站，供电范围主要为北京地区，是京津唐电网第一座大型纯抽水蓄能电站。在初期运行期间，采用电网统一经营模式，即由电网统一核算其发电成本、还本付息税金、利润等，电站仅负责按电网调度的要求运行。经营核算的具体实施步骤为，首先由电网财务部门采用现行财务评价方法，核算电站的上网电价，经用电地区物价部门批准并平摊加价到用户。

十三陵抽水蓄能电站的经营模式为电网统一经营，即由电网对电站进行调度的同时，也对电站的财务核算进行统一管理。电站资产归投资方所有。此种经营方式可以充分反映抽水蓄能电站的效益和特点，核算方法也比较简单，便于操作和电价的实施。

（三）天荒坪抽水蓄能电站的运营

天荒坪抽水蓄能电站为华东天荒坪抽水蓄能有限责任公司所有，公司由五个股东组成，国电华东公司占有 5/12 股份，上海电能有限公司占有 1/4 股份，江苏省国际能源投资公司占有 1/6 股份，浙江省电力开发公司占有 1/9 股份，安徽省能源投资公司占有 1/18 股份。按公司法制定了有限公司章程，独立经营管理。采用两部制电价核算方式：

容量电价＝[公司管理费用＋财务费用＋折旧＋(装修、材料、其他费用)70％＋工资福利费用＋销售及附加税金＋还贷所需税前利润]/(电厂发电上网容量×年底计划可用率)

电量电价＝[抽水电价×抽水电量＋(装修、材料、其他费用)×30％＋库区后期扶持基金＋销售及附加税金＋公司资本金利润]/电厂计划年上网电量

电网收购天荒坪电厂全年可用容量及辅助服务功能，电网必须对电厂全年可用容量实行容量电费考核，核定电厂年度计划可用率。采用日考核，月结算。电站运行由华东电力调度通信中心负责调度管理，并进行调度运行考核。

（四）国内中型抽水蓄能电站的经营模式

1. 沙河抽水蓄能电站的运营

沙河抽水蓄能电站是江苏省第一座抽水蓄能电站。设计装机 100MW，年发电量 1.82 亿 kWh，动态总投资 6 亿元人民币，由江苏省国信资产管理集团有限公司、江苏省电力公司和溧阳市投资公司按 42.5％、37.5％和 20％的比例出资建设。两台机组于 2002 年 6 月 14 日和 7 月 30 日相继投入商业运行。

(1) 根据本省情况，参考已建成抽水蓄能电站存在的经营模式，经有关方面批准，沙河电站最终采用了两部制电价，即容量电价和电量电价的独立经营模式。

(2) 容量电价主要是电站的固定成本，包括折旧、工资福利、财务费用、销售税金附加、还贷本金和一定比例的维修费、材料费和其他费用；电量电价是电站的变动成本，包括抽水费用、库区维护费、资本金利润和其余部分的维修费、材料费和其他费用。

(3) 在上述两部制电价的框架下，江苏省经贸委于 2002 年 9 月出台了《江苏电网统调抽水蓄能发电企业考核办法（试行）》，明确了对抽水蓄能发电机组主要从执行日调度发电计划负荷及电量、机组开机成功率、机组非计划停运和机组调节性能等四个方面进行考核。于 2002 年 3 月与江苏省电力公司分别签署了《购电合同》和《高压供用电合同》。

2. 溪口抽水蓄能电站的运营

溪口抽水蓄能电站总装机 80MW，主要用于宁波地区电网的调峰填谷。1998 年 6 月两台机组正式投入商业运行。溪口蓄能电站有限公司现注册资本金为 2600 万美元，宁波电业局出资 1950 万美元，占 75％；香港宁兴（集团）有限公司 650 万美元，占 25％，属发电企业独立管理模式，是国内唯一的一座仅按峰谷电价进行结算的抽水蓄能电站。核定的上网电价：发电电价 0.621 元/kWh，抽水电价 0.23 元/kWh。

3. 天堂抽水蓄能电站的运营

天堂抽水蓄能电站装机容量 70MW，平均日蓄电能 40 万 kWh，在湖北电网中承担调峰、填谷、调频、调相和事故备用功能。2001 年 5 月正式投产发电。工程总投资为 3.18 亿元，资本金 6356 万元。资本金分别由湖北省电力公司（出资 37.8％）、湖北省电力开发公司（出资 31.4％）、湖北黄冈东源电业（集团）有限公司（出资 6.3％）、罗田县天堂电厂（出资 11.9％）、湖北省投资公司（出资 6.3％）和鄂州电力开发公司（出资 6.3％）出资，其余资金全部为农业银行贷款，是独立经营核算的电厂。2003 年 1 月，国家计委正式批复该厂实行两部制电价，容量电价 32.4 元/kW·月，电量电价 0.457 元/kWh，抽水电价 0.154 元/kWh（2004 年抽水电价调至 0.197 元/kWh，均含税）。

4. 回龙抽水蓄能电站的运营

回龙抽水蓄能电站装机容量 120MW，年抽水耗电量 27120 万 kWh，是为缓解河南电网调峰问题而建设的调峰电源。考虑电站在电网中的作用，投产后采用电网统一经营模式，即回龙电站由电网经营部门独资建设，经政府批准，纳入全省电网建设项目核定电价，保障电站的还本付息，同时电网经营部门可放开使用该电站，充分发挥其包括动态效益在内的综合效益。

(五) 对现有经营模式的分析探讨

(1) 从国外20世纪60年代抽水蓄能电站进入高速发展阶段以来，各国投运的抽水蓄能电站的经营模式在发展中不断探索，主要受以下因素影响：①投资主体变化；②各国能源资源和电网电源结构的组成；③电力市场的发展程度和经营管理水平；④电力法规的要求等。归纳起来形成两类：①电网统一投资、运行管理模式；②独立于电网之外，与电网建立买卖关系，独立经营核算模式。从各国抽水蓄能电站几十年的经营历史看，两种类型模式均存在发展空间。重要的是，应以"全面发挥抽水蓄能电站功能，使成本得到补偿，获得合理利润"为原则。如果投资主体发生变化，其经营模式会随着改变。如英国迪诺威克抽水蓄能电站原由国家投资兴建，属国家电力局统一管理核算；在私有化改革中卖给私营电力公司独立经营，作为独立电厂参与英格兰和威尔士电力市场竞争。

(2) 抽水蓄能电站主要服务于电网，为充分发挥其作用和效益，相当多的抽水蓄能电站由电网经营企业建设和管理，其建设和运行成本纳入电网运行费统一核算。法国抽水蓄能电站基本上由法国电力公司（EDF）统一规划、建设和经营管理。日本九大电力公司（主要以管理电网为主）依其资源条件规划建设和经营管理着日本相当多的抽水蓄能电站。这些国家受到能源资源储量的限制，节能减排的意识很强，电网主动自觉地从源头开始节能，优化电源结构组成，抽水蓄能电站依其合理比重得到发展。国内北京十三陵抽水蓄能电站，由电网和北京市合资建设，纳入华北电网公司作为直管电厂管理运行。上网电价经北京市物价部门批准，平摊在北京用电的电价中。电站发电收入得到保证，抽水蓄能电站的动态、静态功能得到充分发挥。但是，由于十三陵电厂无独立管理经营核算权，在后续发展中无力支持抽水蓄能电站的合理发展和建设。

(3) 在电力建设发展的统一规划下，由发电企业以多种形式筹资建设的抽水蓄能电站，一般多采用独立经营核算模式。由于抽水蓄能电站主要功能与常规火电站存在差别，电价机制的确定较复杂，国内外在这方面做了多种形式探索。

1) 国内外经营核算的经验证明，把抽水蓄能电站的功能简化成一般电站，以单一的电量指标来核算是不可取的。①抽水蓄能电站的动态功能，作为提高电网管理运行的有力工具的作用得不到发展，局限于追求数量较小的高峰电量，背离建设抽水蓄能电站的目的；②以高峰电量作为唯一经营指标，除非峰谷电价差很高，否则将造成抽水蓄能电站经营亏损，失去生存发展的能力。

2) 国外部分国家在20世纪80年代电力实行私有化后，进行了电力市场化改革。为了保证电网供电质量，设立为电网提供辅助服务的补偿规定，对备用、调频、调相、黑启动功能等按辅助服务规定付费。把辅助服务功能的收费与电能收费区分开来，是独立经营核算模式中一种较好方式。英国和美国等国家的一些抽水蓄能电站，在这种环境运行，得到很好的生存发展空间。这种电价机制的推广应用，有其严格的主客观条件：①必须在电力市场改革中建立一套严密、有序可操作的程序，创建公平竞争的环境，该方式的操作过程、计量核算较复杂；②需要深入研究抽水蓄能电站的动态效益量化和计价问题，并得到电力市场交易机构的认可。

3) 租赁核算方式是独立经营核算模式的一种变通方式。抽水蓄能电站责任公司为项目法人、负责建设和建成后电站的管理运行与经济核算。电站进入市场后租赁给所在电网公司，租赁费包括总的运行管理成本费，还本付息、税金和合理利润等，确保抽水蓄能电站开发公司的生存和发展能力。这种方式可避免复杂而难以确定的抽水蓄能电站功能定价问题，从而可充分发挥抽水蓄能电站的功能，成本得到补偿，并获得合理的利润。此方式简单易行，国内外均有较多成功的经验。2007年国家发改委对桐柏、泰安抽水蓄能电站租赁费进行核定，并明确抽水蓄能电站租赁费原则上由电网企业等分担消化。

4) 两部制电价核算是独立经营核算模式的另一种方式，是把抽水蓄能电站的主要功能概括为电网提供容量功能和高峰电量功能。容量费用由固定成本、固定税金和投资利润等组成；电量费用由可变经营成本、燃料费用和可变税金等组成。分别与电网公司签订年容量电价、电量电价及抽水电价合同。电网规定调度运行考核办法，对等效发电可调小时实行统计，并作为计价容量计算依据。实际是对电站水工建筑物、机组设备完好程度和投运管理水平的考核。两部制电价核算办法也是当前独立经营核算模式的一种可行的收费方式。

总之，抽水蓄能电站是在经济发展和人民生活水平提高到一定程度，对用电质量和可靠性提出更高要求情况下的产物。因此，不管哪种电价的核算方式，第一位的目标是充分发挥抽水蓄能电站各种功能，尤其是动态功能。在电价机制的分担上，应贯彻谁受益，谁付费，及按质论价的原则，不应把抽水蓄能电站高出的电价全部转移到用户身上。

影响确定电价的因素较多，应随着电力市场改革的不断深化，按照相应的发展阶段提出符合当时实际情况的核算方式。如一些国家随着电力市场化改革的深化，建立了规范的电力市场和电力市场交易机构，并设立了电网辅助服务项目的补偿规定等，形成公平的竞争环境，届时，抽水蓄能电站完全参与电力市场竞争也是可行的。

第二节　抽水蓄能电站在电网中运行情况

我国第一批高水头大容量抽水蓄能电站自20世纪90年代投运以来，在保证电力系统安全，稳定、经济运行上发挥了重要作用。首先，以调峰填谷为基本的运行方式，日运行出现“一抽两发”，甚至“两抽三发”的频繁运行情况。其次，电网从维护稳定和安全出发，电力系统调度已把抽水蓄能电站的动态功能作为电力系统有效管理工具加以利用，充分发挥抽水蓄能电站调频、调相、事故备用以及黑启动的功能。

（一）十三陵抽水蓄能电站运行情况

十三陵抽水蓄能电站所在的京津唐电网是一个火电为主的电网，担任北京地区重要用户负荷的供电任务。电站以电网统一经营核算模式管理，因此，从第一台机组正式投运以来，十三陵抽水蓄能电站一直以电力系统的安全、稳定运行为主要目标，其经济效益衡量以电力系统整体的经济运行为目标，建成十余年来十三陵抽水蓄能电站（4×200MW）运行情况见表19-2-1。

表19-2-1　十三陵抽水蓄能电站运行情况

指　标	单　位	年份（年）									
		1995	1996	1997	1998	1999	2000	2001	2002	2003	2004
期末设备容量	MW	200	600	800	800	800	800	800	800	800	800
发电上网电量	GWh	0.21	34.665	59.507	70.335	70.081	76.173	14.899	36.782	58.167	30.662
抽水用电量	GWh	0.298	45.702	79.127	43.933	94.845	103.192	20.904	51.252	80.723	43.152
发电启动次数	次		636	1086	932	999	1002	464	368	1008	907
抽水启动次数	次		398	604	646	964	795	231	388	700	428
发电运行小时	h	13	2397	4439	5267	5265	5832	1285	2657	4947	4712
抽水运行小时	h	14	2151	3827	4543	4537	5240	966	2045	4053	
发电调相小时	h							21.82	1.25		
抽水调相小时	h							234	92	144	
等效可用系数	%		77.48	87.64	91.55	94.2	95.97	97.19	93.73	97.34	

据1996～2004年资料，十三陵蓄能电厂年发电启动636～1086次，年抽水启动231～964次，调相93～256h，等效可用系数77.48%～97.34%，发电运行小时数1285～5832h，装机利用小时数746～992h。从上述统计资料的逐年变化看，机组启动频繁，启动次数不断增加，发电运行小时相当长，包括了跟踪电力系统负荷变化、调频和动态事故备用等，部分机组连续发电跟踪负荷变化高达14h，装机利用小时数在1000h左右。反映出电网调度充分利用了抽水蓄能电站快速顶出力，应急调频和事故备用的优势。

北京电网供电可靠性要求较高，尤其在一些特殊日期，例如庆祝香港回归期间（1997年6月29日、6月30日、7月1日），为了确保电网供电安全，利用抽水蓄能电站特殊功能，加大电网紧急事故备用容量。为此，将十三陵电站处于超常的调度运行情况，在电网高峰时段却让十三陵电站调 400MW 容量作抽水工况运行，使装机 800MW 的十三陵电站在该时段内可承担 1200MW 的紧急事故备用容量。6 月 29 日～7 月 1 日三台机共发电 44h 38min，抽水小时数 49h 9min，其中 6 月 29 日～7 月 1 日 2 号、3 号机晚高峰时抽水运行 26h 47min。具体调度情况见表 19-2-2。

表 19-2-2　　香港回归期间十三陵抽水蓄能电站运行情况

日　期	1 号机		2 号机		3 号机	
	发　电	抽水	发　电	抽　水	发　电	抽　水
6 月 29 日	21：44～23：30	—	8：25～13：26 21：34～1：07	0～7：57 18：20～21：16	8：45～12：00 21：22～23：44	0：30～5：13
6 月 30 日	14：09～18：46	—	11：45～18：57	19：27～22：32	15：30～17：49	1：30～11：12 19：35～5：06
7 月 1 日	16：25～19：03	—	14：52～19：08	19：33～21：33	7：15～14：54	19：56～5：11
三天合计运行时数	1h 46min 4h 37min 2h 38min	—	5h 1min 3h 33min 7h 12min 4h 16min	7h 57min 2h 56min 3h 5min 2h	3h 15min 2h 22min 2h 19min 7h 39min	4h 43min 9h 42min 9h 31min 9h 15min
	9h 1min	—	20h 2min	15h 58min	15h 35min	33h 11min

十三陵电站承担电网紧急事故调运的部分典型实例见表 19-2-3。

表 19-2-3　　十三陵抽水蓄能电站承担紧急调运的典型实例

日　期	电 网 事 故	十三陵电站快速响应及效果
1996 年 6 月	沙岭子电厂 4 号机（300MW）掉闸	电网周波降至 49.4Hz，电网调用十三陵 1 号机和潘家口 1 号蓄能机组
1996 年 7 月 3 日	盘山电厂甩负荷 500MW	十三陵电厂正在带低负荷的 1 号、2 号机迅速升负荷，周波从 49.9Hz 回到 49.97Hz，用了 20s 恢复正常
1998 年	河北南网上安电厂甩负荷 2×300MW	十三陵电厂紧急增负荷使全网频率只低 3s
1999 年 1 月 19 日	山西电网甩负荷 2×300MW	十三陵电厂紧急增负荷使全网频率只低 6s
1999 年 3 月 12 日～17 日	大雾阴雨使供电线路雾闪	十三陵电厂紧急启动 48 次，发电 1948 万 kWh，紧急启动成功率 100%

（二）广州抽水蓄能电站运行情况

为适应地区能源特点，广东电力系统电源结构正向多元化发展，包括常规水电、燃煤火电、燃气、核电、西电东送及抽水蓄能电站等，到 2005 年各类电源所占比例分别为约 11%、33%、4%、8%、21.08%、4%，油电占 19%左右。

1994～2004 年，广州抽水蓄能电站一期及二期运行情况见表 19-2-4，由表可见，广州抽水蓄能电站年发电启动 1726～6492 次，抽水启动 1120～4133 次，调相启动 41～3123 次，等效可用系数 81.7%～95.96%，发电小时数 3807～13761h，装机利用小时数 698～1438h。此外，还可看出广州抽水蓄能电站在电网中的作用也在变化：①机组启动越来越频繁，启动次数迅速增长；②发电运行小时和发电等效运行小时增长明显小于启动次数增长幅度；③调相运行次数成倍增长。说明广州抽水蓄能电站在广州电力系统中的作用越来越重要，更多地承担了电网调频、调相和旋转备用的任务。

表 19-2-4　　广州抽水蓄能电站运行情况

指　标	单位	1994 年	1995 年	1996 年	1997 年	1998 年	1999 年	2000 年	2001 年	2002 年	2003 年	2004 年
设备容量	万 kW	120	120	120	90	90	210	240	240	240	240	240
发电上网电量	万 kWh	91035	106085	111795	126002	93435	119670	293371	243502	225269	219087	310640

续表

指　标	单位	1994 年	1995 年	1996 年	1997 年	1998 年	1999 年	2000 年	2001 年	2002 年	2003 年	2004 年
抽水用电量	万 kWh	119192	138652	146020	162672	120263	155909	371716	309713	289201	284420	398155
发电启动次数	次	1631	1951	2037	2142	1704	1726	4575	4271	2382	4680	6442
抽水启动次数	次	1108	1342	1467	1404	1187	1120	3049	2543	1624	3319	4133
调相启动次数	次	47	50	217	41	65	41	316	305	761	1387	3123
发电运行小时	h	4169	4942	5267	5793	4095	3807	12636	10699	10222	10112	13761
抽水运行小时	h	3582	4163	4413	4918	3619	3417	11097	9242	8632	8593	12687
等效利用小时	h							851	1029	950	921	1280
等效可用系数	%	74.7	83.5	93.6	85.3	66.4	81.7	89.34	95.96	93.05	86.22	90.74
发电启动成功率	%	96.6	98.6	98.7	99.3	99.6	99.8	99.17	99.32	99.60	99.76	99.80
抽水启动成功率	%	89.4	92.7	94.3	96.9	97.2	97.7	96.65	98.70	99.08	99.21	99.24

目前，广东电网火电机组最大单机容量达 660MW，核电单机容量 900MW，西电经 500kV 天—广线路供电约 800MW，广东电网还与香港电网相联，各电源点事故或西电解列等事故对电网安全影响很大，广州抽水蓄能电站自投入运行以来，平均每年应对紧急事故启动约 16.5 次。

电网中大功率核电发电机组调试期间甩负荷试验，满负荷振动试验，都需要广州蓄能电站以水泵工况运行作为负荷相配合。

（三）天荒坪抽水蓄能电站运行情况

天荒坪抽水蓄能电站供应华东电网，由华东调度通信中心负责调度。其典型运行方式为一抽二发，即每天早、晚二次发电顶峰，夜间抽水填谷。夏季有时采用二抽三发，即根据下午的情况，适时安排少量机组发电一次，傍晚抽水一次。

天荒坪抽水蓄能电站从 2000 年底全部机组正式投入运行，至 2005 年的运行情况见表 19-2-5。由表可见，每台机组每年平均运行时间约 3256h，其中发电运行约 1499h，抽水运行约 1665h，抽水调相运行约 92h，每台机组平均每天运行约 8.9h（目前电网对电站尚无调相要求，表中抽水调相运行时间是为避免抽水启动失败对电网的不利影响，而采用先让机组进入抽水调相工况，再转抽水工况的缘故）。天荒坪抽水蓄能电站不仅是电网调峰填谷的主力电站之一，同时在应急调频、事故备用及系统调试等方面给电网提供了方便。电站主要设备全部从国外引进，但在投运初期设备故障频繁，经过 2～3 年的处理和改造，电站才进入稳定运行状态。据 2003 年统计，机组运行时间约占 40%，备用时间约占 50%，其余 10%时间停机检修。

表 19-2-5　　天荒坪抽水蓄能电站运行情况

项　目	单位	2000 年	2001 年	2002 年	2003 年	2004 年	2005 年
设备容量	MW	1800	1800	1800	1800	1800	1800
机端侧发电电量	万 kWh	145144	223803	257666	266656		
机端侧抽水电量	万 kWh	179047	277570	321278	333500		
发电运行时间	h	5245	7815	9271	9552	8908	9425
抽水运行时间	h	5554	8650	10188	10607	9955	10554
抽水调相运行时间	h	217.13	537.79	581.42	568.94	505.92	546.45
总运行时间	h	11017	17002	20041	20728	19369	20530
平均年运行小时	h/年·台		2833.7	3340.1	3454.7	3228.2	3421.7
发电启动次数	次	1712	2928	3461	3758	3250	2615
抽水启动次数	次	941	1452	1620	1696	1529	1562
抽水调相启动次数	次	958	1482	1630	1713	1544	1611
总启动次数	次	3611	5862	6711	7167	6323	6791

续表

项　目	单位	2000年	2001年	2002年	2003年	2004年	2005年
发电启动成功率	%	97.00	98.99	99.31	99.36	99.39	99.50
抽水启动成功率	%	86.14	94.36	97.72	98.39	99.10	98.11
等效可用率	%	54.90	86.30	88.83	88.90	91.46	87.65
强迫停运次数	次	224	62	3	5	2	3
强迫停运率	%	40.43	3.3	0.22	0.17	0.08	0.22
跳机次数	次	26	24	3	5	1	3
非计划停运次数	次	313	91	18	17	8	7

华东电网大容量机组较多，600MW机组占了12台，大机组跳闸或多台大机组同时跳闸的现象时有发生。据统计，从投产至2005年底，天荒坪电站为系统应急调频、事故备用达43次，为确保华东电网安全稳定运行发挥了重要作用。典型事故备用案例见表19-2-6。

表19-2-6　　天荒坪抽水蓄能电站承担紧急事故备用的典型实例

日　期	电　网　事　故	电站快速响应及效果
2001年2月10日16：23	北仑港1号联络变压器与3台600MW跳闸，系统周波降至49.65Hz	天荒坪电站于16：26、16：28、16：29分别开出3台机，恢复系统周波
2001年8月22日13：13	南桥变电站500kV直流线路故障，系统周波降至49.78Hz	天荒坪电站紧急启动2号机，出力200MW，13：23停机解列
2002年2月19日22：21	南桥变电站、扬高变电站跳闸，系统周波升至50.32Hz	天荒坪电站1号机从抽水调相转抽水，周波降至50.01Hz
2002年7月16日9：53	北仑港电厂出线跳闸，跳机2台，系统周波降至49.72Hz	天荒坪电站机组超出力运行，全厂出力达1934.2MW
2003年5月3日18：12	龙政直流跳闸1200MW	天荒坪电站1、3号机出力各由200MW加至300MW，6号机紧急发电带出力300MW
2003年7月28日23：35	系统负荷紧张，系统周波降至49.8Hz	天荒坪电站5号机从抽水转抽水调相，系统周波恢复至49.97Hz
2004年8月26日11：52	龙政直流跳闸，系统周波降至49.79Hz	天荒坪电站2号机发电启动，带200MW运行9min

第三节　抽水蓄能电站水工建筑物运行中存在的问题

由于国内多年来在常规水电站设计、施工中积累较为丰富的经验，并在抽水蓄能电站设计、施工中充分吸取国外实践的成功经验，我国第一批大型高水头、大容量的抽水蓄能电站，经过十多年运行实践证明：上、下水库，水道系统和厂房等主要水工建筑物的功能均能满足抽水蓄能电站的运行要求；并能结合地形、地质及其他具体条件，在建筑物设计和施工技术中有所创新。本节重点归纳部分水工建筑物运行中暴露出来值得注意的问题，以供新建抽水蓄能电站借鉴。

一、上、下水库全库防渗面板裂缝及耐久性

（一）沥青混凝土防渗面板初期蓄水加载过程出现裂缝

近二十年来，沥青混凝土技术在材料、设备、施工工艺、质量控制等方面得到很大发展，成为一门实用成熟的技术。它的优越性主要表现在优良的防渗性能、黏弹性和应力松弛性质能更好地适应基础变形、易于修缮补强等。但是，沥青混凝土适应变形的能力是有限的，实践证明：像水库初期蓄水地基岩产生过大的不均匀沉陷变形，沥青混凝土也是难以承受的，将随着加载过程而出现破坏，直至地基变形趋于稳定为止。

美国塞尼卡抽水蓄能电站，上水库全库盆沥青混凝土衬砌防渗，沥青混凝土防渗层建于砂岩、砂

页岩夹层地基上，当时未对砂页岩地基分布的断层，裂隙带加以处理，蓄水后衬砌曾发生过严重的渗漏，后加以处理和修补。德国于1964年建成的格莱姆斯抽水蓄能电站上水库，库底存在大面积的喀斯特裂隙，为防止衬砌开裂，对地基深挖2m，岩石经破碎，整平后碾压密实，在其上修建沥青混凝土防渗衬砌，自投运以来工作正常，其防渗性能和地基处理的有效性得到验证。

我国天荒坪抽水蓄能电站上水库从1997年开始初期蓄水后，随着蓄水位升高的过程，先后五次放空检修，其检查过程见表19-3-1。

表19-3-1　天荒坪抽水蓄能电站上库沥青混凝土面板裂缝发生时序

序号	发现日期	库水位(m)	期间水位变幅(m/d)	最大渗流量(l/s)	裂缝性状	工作阶段
1	1997年10月～1998年7月	889.5	0.61	未发现异常	放空发现1条裂缝，长40cm，宽0.5cm，深5cm	初期蓄水结合调试阶段
2	1998年9月21日～1998年9月29日	889.51		由5.1l/s增大到50～60l/s	新发现9条裂缝，总长18.2m。一条裂缝长80cm、宽0.6cm，在其东北侧、西北侧，发生多条贯穿缝长15.5m，宽2cm，最大错台1cm	
3	1999年1月27日～1999年9月24日	899	11.0（变幅为水深28.2%）	4.21～7.43l/s	新发现7条裂缝，总长9.4m。最大裂缝长5.6m，宽1.4cm（一般0.5～1.0cm），错台0.5cm	运行期
4	1999年10月11日～2000年9月27日	895～904.97	12.01～22.35	5～8.35l/s	新发现9条裂缝，总长15.1m。最大裂缝长2.5m，最宽1.5cm	运行期
5	2000年11月18日～2001年1月10日	898.6～903.52	15.81～25.02	8.812l/s	新发现8条裂缝，最长2m，最宽0.3cm	运行期

注　正常蓄水位905.2m，设计最低水位863.0m。

由上可见：

(1) 断续检查、修复的时间跨度，1997年10月～2001年1月约三年三个月，库水位升高过程是889.5m、889.51m、889.0m、904.07m、903.52m。水位上升速率除第二次蓄水达到15.32m/d，远远超过设计规定的速率，其他几次均符合设计要求。每次裂缝修复后，上水库水位回升到某一高程，经一段时间运行，发现渗流量增大，放空检查，又发现新的裂缝。

(2) 上库盆工程地质条件较复杂。在地基处理上，坡、洪积层在建筑物地基范围内已基本清除。库内全风化岩（土）分布广泛，呈黏质土～粉质土，稍湿～湿，可塑，局部软塑，稍密～较密实，层内含大小不等的强、弱风化岩块，分布不匀。含风化岩（土）层厚度差异较大，从平面上看，西库岸分布广而厚，东库岸则相对较薄，库底处于两者之间。据统计，开挖后库盆内全风化岩（土）的分布面积（平面投影）为26.75万m^2，占开挖总面积的66.4%，主要分布在南库底；强风化岩主要分布在副坝、北库底及部分西岸坡，出露面积7.71万m^2，占总开挖面积的19.14%；弱（或微）风化岩主要分布在进水口一带及主坝坝基部分区域，面积为5.507万m^2，占总开挖面积的12.56%。库底区地基处理：北库底区岩基部位直接铺设60cm厚的排水垫层料，土基部分先铺20cm厚的反滤料，再铺40cm厚的排水垫层料。南库底区，处于开挖区的原始长年流水的冲沟处的软弱土层全部挖除，库底东南侧开挖线以下仍有2.0～15.0m左右的全风化岩（土），岩基部位和土基部位的反滤层与排水垫层填筑要求与北库底相同。回填区内，回填全强风化土石料，最大回填厚度10～15m。

(3) 裂缝的分布。沥青混凝防渗面板的裂缝不是产生在设计最为担心的拉应变最大的主坝迎水面坝坡与库底相连接的反弧段，也不是产生在全风化岩（土）层最厚，水库蓄水后沉降量最大的4号排水观测廊道以南的南库底，而是集中在4号排水廊道以北的南库底，全风化岩（土）层相对较薄的部位。裂缝分布地点相对集中，有21条（包括开裂最为严重的3～8号裂缝）分布在4号排水观测廊道以北，水平截水墙以西的南库底，7条在沥青混凝土护面与水平截水墙顶相连的部位，4条集中在北截水墙与水平截水墙交点附近。

(4) 裂缝处理。对于规模大的裂缝，如3～8号裂缝及18号裂缝，除裂缝部位沥青混凝土面板凿槽(槽宽至少50～60cm)外，还将排水垫层和反滤层凿除，发现在3～8号裂缝下流纹质角砾岩中发育NNW和NNE向的陡倾角裂隙带，其渗透性、变模和标贯等指标十分离散，修复中重点解决了地基的不均匀问题，而后回填沥青混凝土。对于已被水流淘刷的全风化土层及过水后密实度降低的反滤层和排水垫层，用合格料重新回填压实。裂缝修补部位设5～10cm厚的加厚层，并铺聚酯网加强。聚酯网和加厚层的处理范围为：由槽边线两侧外推80cm作为侧边线，由缝端的槽边线外推200cm作为端边线。

(5) 对于沥青混凝土面板下的地基处理，应充分重视局部区域地基软硬不均匀处的加固处理。应将基岩内张开节理裂隙予以处理，硬岩基础坡度控制在1∶4以下，加厚垫层厚度，严格控制下卧层的施工质量和水库初期蓄水水位上升速率等。

(二) 全库盆防渗混凝土面板的裂缝

在北方寒冷地区的全库混凝土面板防渗，关于温度和干缩裂缝、适应地基变形、防止冻融破坏等问题，一直是建设者十分关注并采取措施力求加以解决的问题。但从多年运行实践证明：这个领域尚存在较多的问题有待去认识解决。

据现有掌握的资料最早于1955年德国瑞本勒特抽水蓄能电站上水库坡面上采用了7m×7m，厚20cm的素混凝土面板，库底面采用三层玻璃纤维沥青油毡防渗。运行36年后，由于混凝土裂缝和缝间止水渗流量过大(大于37l/s)，于1991年改建为沥青混凝土面板。

1995年建成的北京十三陵抽水蓄能电站上水库全库盆采用钢筋混凝土面板防渗，防渗面积达17.5万m^2，冬季最低气温-19.6℃，每年最低气温小于0℃的天数达130天左右。大风严寒的运行环境十分严酷。为了对混凝土面板运行耐久性进行安全评估，于2004年11月和2005年5月两次对混凝土面板进行了检查。发现裂缝主要集中分布在上库东北、北部和西北坡面区域，尤以东北部和北部最为严重。西南部位坡面裂缝较少，主坝部位更少，库底几乎没有。556m高程(在正常蓄水位566m和死水位531m之间)以上缝宽不小于0.2mm的裂缝长度累计为2068.3m，占裂缝总长45%。通仓缝(在12m分缝宽度范围)，一般缝宽大于0.2mm，如图19-3-1所示。

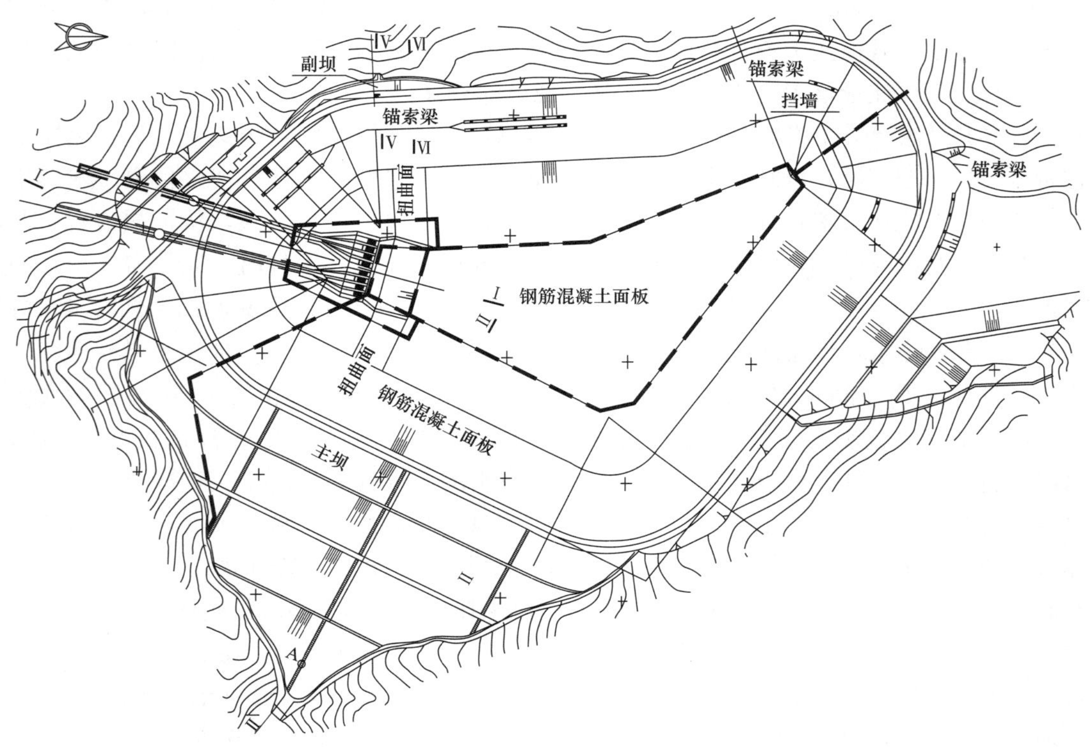

图19-3-1　十三陵电站上水库平面图

经超声波检测表明：新出现裂缝深度在 4.45～9.97cm 之间，发展缝（由旧缝向一侧或两侧发展而成）深度在 6.18～12.35cm，属表面缝。

整体看来，面板受冻融剥蚀破坏程度较轻，水位以上基本未发现大的剥蚀面，局部剥蚀面深度在 1.5cm 以内，剥蚀孔大部分位于 563～565m 范围内，深度达到 5cm 左右。

经碳化检测，碳化深度在 4.2～11.5mm，其中西北坡和主坝的混凝土碳化深度较大，均超过 6mm；而东北坡、北坡和西南坡的混凝土碳化深度较小，在 4～5mm。

从面板混凝土整体强度分布来看，北坡和东北坡混凝土抗压强度分别为 45.2MPa、43.5MPa，其次是西南坡和主坝部位分别为 39.9MPa 和 39.8MPa，西北坡混凝土的强度最低为 30.4MPa。

通过上述检测成果分析，面板混凝土运行条件比较恶劣，混凝土总体质量尚好，但存在一定程度的病害和老化现象。

(1) 一般性温控措施，改善混凝土配合比，加强施工振捣和养护，调整混凝土分缝分块等尚不能很好地解决混凝土裂缝问题。

(2) 改善混凝土面板地基约束的措施产生一定效果。主坝上游坡采用碎石垫层上浇筑混凝土面板，目前实测裂缝少；西坡在岩坡无砂混凝土垫层上，铺设乳化沥青层，混凝土表面裂缝也较少。减少面板下地基约束条件较为有效。

(3) 前期裂缝修补主要使用了三种材料：聚氨酯、SK-E 改性环氧灌浆材料以及某种涂刷材料。从长期使用效果看：聚氨酯柔性防水材料效果最好。但局部有隆起、剥落现象。该材料是由主剂和固化剂组成的双组分材料，固化量大于 94%；其抗拉强度大于 2.5MPa，断裂伸长率大于 200%，黏结强度 1.5～2.5MPa，低温柔性可达到−30℃无裂纹。修补材料仍需继续研究。

二、上、下水库冬季运行

建在严寒或寒冷地区的抽水蓄能电站冬季结冰运行问题，包括对库内防渗材料物理力学性能的影响，对防渗面板表面止水的破坏，材料冻融破坏，浮冰、冰屑等对电站进/出水口堵塞破坏等。

根据电站冬季运行状态可分为：①从上、下水库初期蓄水到首台机组投入商业运行跨越冬季期间；②电站部分机组或全部机组正常运行期间；③由于某种原因造成电站停运时期。冬季电站运行状态不同，库内冻冰形态就不同，对上、下水库水工建筑物的危害也不一样。在通常情况下，抽水蓄能电站水库里的结冰情况不仅取决于冬季的气温以及低于 0℃或−3℃以下的负积温，同时也与水库水面积、蓄水量、水温和库内水体运动的水力学特征、消落深度、死库容及电站运行工况等有关。

由于在北方寒冷地区建成投运的抽水蓄能电站较少，上、下水库的冰情观测资料很有限，因此，对这个问题的认识是初步的。下面侧重介绍一些上、下水库的原型监测成果。

（一）基辅抽水蓄能电站上水库运行时的冰情

基辅抽水蓄能电站地处北纬 49°，位于第聂伯河梯级基辅水库的右岸，这个水库同时又是蓄能电站的下库，上水库高出基辅水库 60～70m，在高原上由围堤形成。正常蓄水位的总库容 430 万 m^3，其中调节库容 370 万 m^3，正常蓄水位时水面积 0.62km^2，最大水深 14m，最大消落深度 6m。电站进/出水口为（6～7）m×7m。

电站在冬季运行时下水库临近底层的水温约为 1.1～1.2℃，整个冬季的水温基本是恒定的。运行时抽到上水库的水温也基本稳定在 1.1～1.2℃，上水库泄放时的水温约降低 0.2～0.3℃。沿上水库长度方向的水温是不同的，远离上水库进/出水口的地方，上层水温稳定在 0.2℃，底层水温为 0.7～0.8℃。水力模型试验表明，上水库不同区域的流速和流向是不同的，并随抽水或发电运行时间而发生变化（见图 19-3-2 和图 19-3-3）。

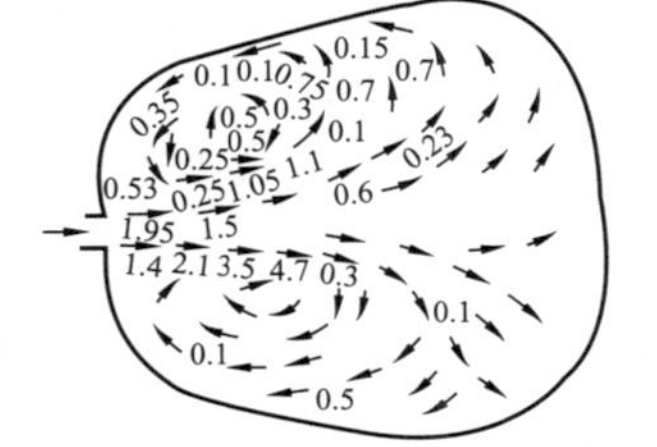
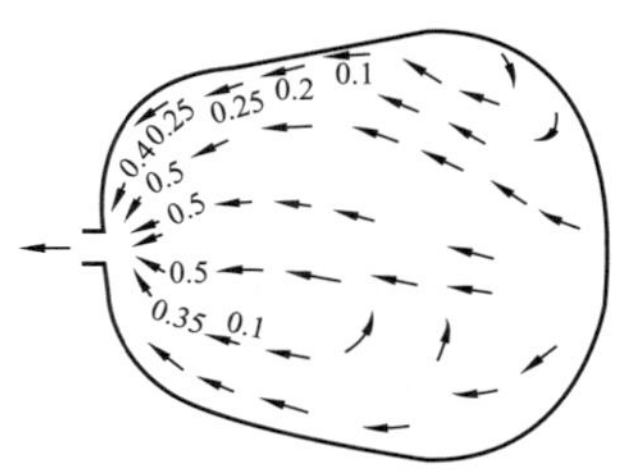

图 19-3-2　对称形蓄能电站上水库的流速场（死水位）

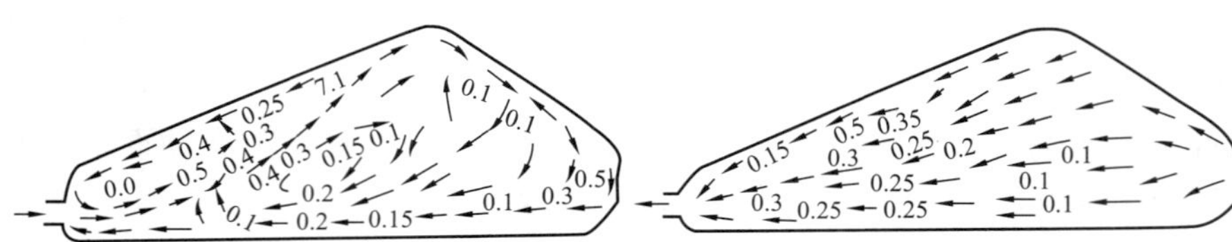

图 19-3-3　非对称形并加糙的蓄能电站上水库的流速场

基辅抽水蓄能电站上水库的原型观测资料表明：在水库水位开始消落时，沿岸边的垂线流速变化不大，而在水库中部的临底流速达 0.13m/s，0.6 倍水深处流速为 0.07m/s；而当水库水位消落至最终时，观测到的最大流速为 0.16m/s，位于实际水深 0.6H 处，几乎全库都维持这个流速。当临近引水渠进/出水口时，水流流速增大，到水位消落终止时，表流速达 2m/s，底流速达 1.4m/s。同时观测到在蓄能电站水库里，还存在着横向环流，从水位开始消落到消落终了，都存在二个方向相反的环流，水位消落开始时与终了时的环流方向相反，如图 19-3-4 所示。由于抽水蓄能电站运行所特有的水库水体在平面上的流动和横向环流，将水库深层温度较高的水带到表层，而使表层水温维持在一个比较稳定的数值，影响冬季水库的结冰情况。

抽水蓄能电站只要有部分机组处于正常运行状况，观测到在上水库中部形成整体的冰盖，在正常水位处坝坡、岸坡形成多层的冰凌体，在凌体与冰盖之间为断裂的浮冰块，如图 19-3-5 和图 19-3-6 所示。

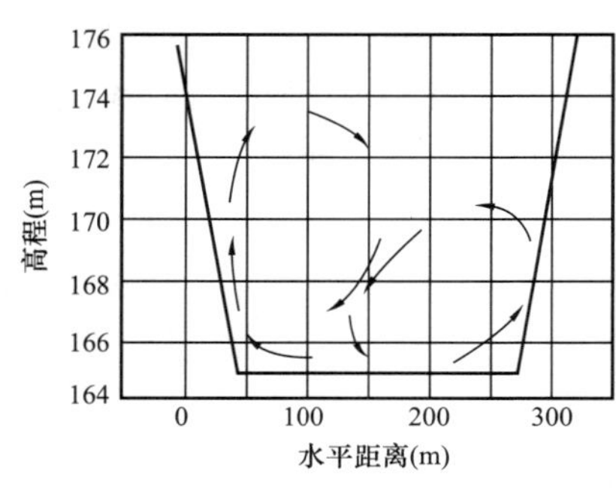

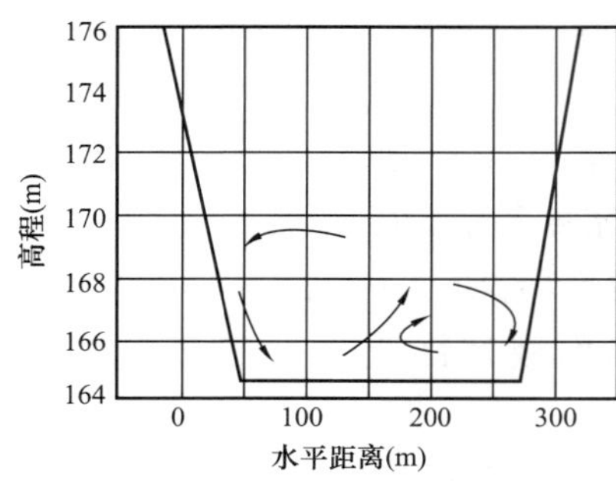

图 19-3-4　基辅抽水蓄能电站上水库横向环流图

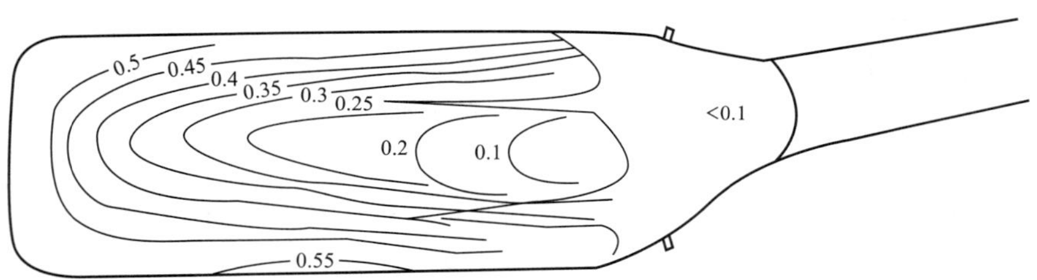

图 19-3-5　基辅抽水蓄能电站上水库冰盖等值线图

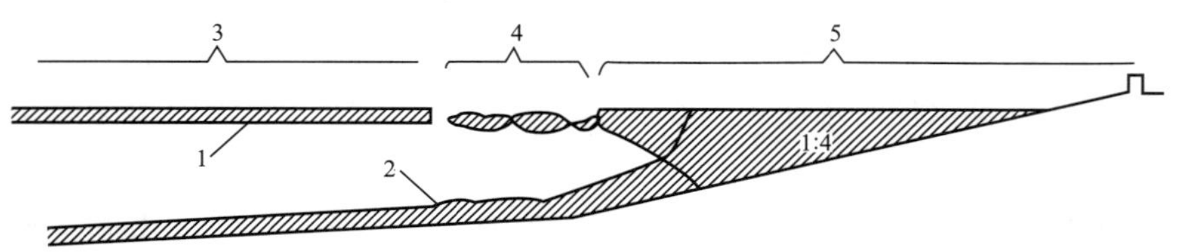

图 19-3-6　基辅抽水蓄能电站上水库冰情图

1—水库充水时冰盖情况；2—水库泄水时冰盖情况；3—完整的冰盖；4—碎冰带宽 5～6m；5—堤坡上的冰凌体

从观测成果可见：

（1）坡度为 1∶4 的上水库岸坡上，多层冰的形成取决于进入上库的水温，稳定的负气温和风的作用。

（2）当抽入上水库的水温在 0.2～0.5℃时上库岸坡上结冰；当水温在 0.5～0.6℃时，则不结冰，与低温是否稳定无关。

（3）当抽入水库的水温高至0.6～0.7℃时，冰体开冻，并形成悬臂体。开冻时在刚性肋间形成的悬臂体长度达4.0～4.5m，在刚性肋上面为1.0～2.2m。

（4）抽水蓄能电站运行时，冰凌埂最大宽度达14.0m，高3.0m。

（5）在坡度为1∶4的岸坡上，有刚性肋时，冰凌埂的宽度是无刚性肋时宽度的1.5～2.2倍。

（6）抽入上库水的温度升高到0.7～1.0℃，并保证基辅电站平均流量为400～600m^3/s时，上库的冰量就减少。

（二）十三陵抽水蓄能电站上水库冬季运行冰情

十三陵电站位于北方寒冷地区，冬季极端最低气温为－19.6℃，多年冬季气温统计成果见表19－3－2。电站上水库海拔高程570m左右，距昌平气象站约8km，高差近500m，由于高差效应，上库区的冬季气温应略低于昌平气象站所测气温。

表19－3－2　　昌平气象站多年冬季气温统计表　　℃

项　　目	十一月	十二月	一月	二月	三月
多年月平均	4.4	－2.3	－4.1	－2.1	4.9
平均最低	－2.4	－8.9	－11.1	－9.8	－3.4
相应年份（年）	1979	1956	1969、1977	1969	1970
极端最低	－13.7	－17.5	－17.1	－19.6	－14.7
相应年份（日/年）	30/1970	20/1978	20/1966	24/1969	3/1971

从上水库初期蓄水到首台机组投入商业运行的冰情：1995年12月5日开始采用水泵工况抽水，上水库水位上升至540m，12月20日进入72h试运行，上水库水位在542～536m之间变动，每天水位升降数次，虽已进入冬季，但上水库未结冰。但在1995年12月24日～1996年2月8日机组"消缺"期间，电站停止运行，上水库水位在542m停留达一个半月之久，适值严冬季节，整个库面形成20～50cm厚的冰盖，靠南侧背阴处结冰厚度50cm，靠北侧向阳处结冰20cm厚。在静冰压力作用下冰盖整体由南向北（也就是由冰厚区向冰薄区）挤压，使西坡面板表面止水受到很大剪切力，而造成止水损坏。冰情观测成果见表19－3－3。

表19－3－3　　1995～1996年冬季十三陵蓄能电站上水库冰情观测成果

日　期	观测项目	西南坡	西　坡	西北角	北　坡	坝　坡	备　注
1996年1月24日	冰面温度（℃）						天气为晴天，观测时段为9：30～10：30
	冰面气温（℃）	－10		－4			
	冰层厚度（cm）	50		28			
	冰下水温（℃）	3		1			
1996年1月26日	冰面温度（℃）	－1	0	－1	－0.5	0	天气为晴天，观测时间为11：00。观测时西北角处风大，其他各处风较小
	冰面气温（℃）	－2	0.2～0.5	0	0.8	0.3	
	冰层厚度（cm）	41	26	27	30	31.5	
	冰下水温（℃）	2	1.5	1.5	1	2	

1996～1997年制定了十三陵抽水蓄能电站冬季运行规定：保证电站有一台机组至少每日抽水、发电两个循环：当日夜间至次日凌晨抽水6～7h，次日上午发电4～5h；下午抽水2～3h，前夜发电4～5h。每日共运行16～20个小时，以确保冬季电站正常运行和防渗面板的安全。

为了掌握电站机组运行情况、及气温与上库库面结冰的相关关系，1996～1997年冬季对电站上水库的结冰情况进行了专门的观测。主要成果归纳如下：

（1）1996～1997年冬季气温变化情况。1996～1997年冬季气温的变化曲线如图19－3－7所示。上水库实测气温（一般在上午9：00～10：00施测）低于0℃的区间为12月下旬～次年2月末，最低为－14℃。

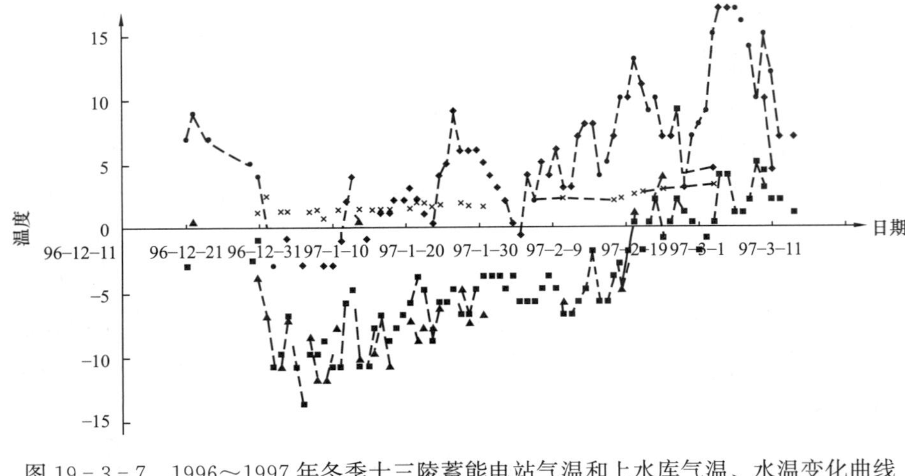

图 19－3－7　1996～1997 年冬季十三陵蓄能电站气温和上水库气温、水温变化曲线

—◆——最高温度；—■——最低温度；—▲——上水库气温；—✱——上水库水温

(2) 冬季电站机组运行情况。上水库的水位变化情况直接反映电站机组的运行情况。1996～1997年冬季上库水位变化曲线如图 19－3－8 所示。从图中可看出，电站多数观测日上库水位变化基本为每天一个大循环，电站一般在夜间0：00～8：00 抽水，18：00～23：00 发电，只在少数几天内电站中午增加了发电和抽水时段，但上水库的水位变化不大。

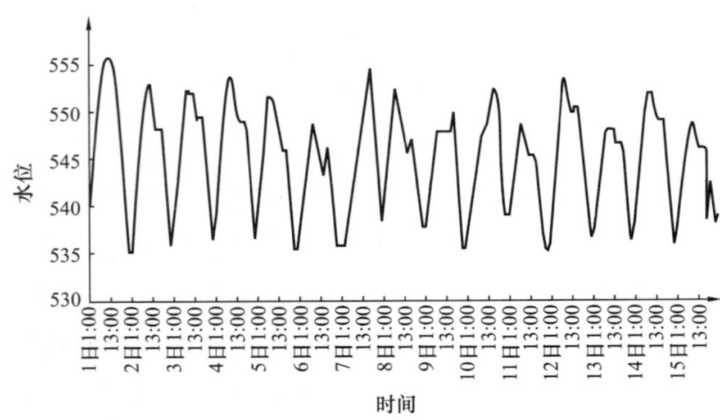

图 19－3－8　1996 年冬季十三陵蓄能电站上水库水位变化曲线

(3) 电站冬季运行上水库冰情的几种形态。

1) 全库水面无冰。当上库最低气温在－5℃以上时，全库水面不存在冰的任何形态。

2) 水中潜浮冰屑。当上库最低气温下降到－7～－9℃时，上库水面形成冰屑，分布不均匀，如图 19－3－9 所示。上水库受到抽水、发电往复水流的影响，水流紊动阻止了库面冰盖的形成，但在过冷和核晶的作用下产生冰屑，数量不多，随着午间气温的升高而消融。

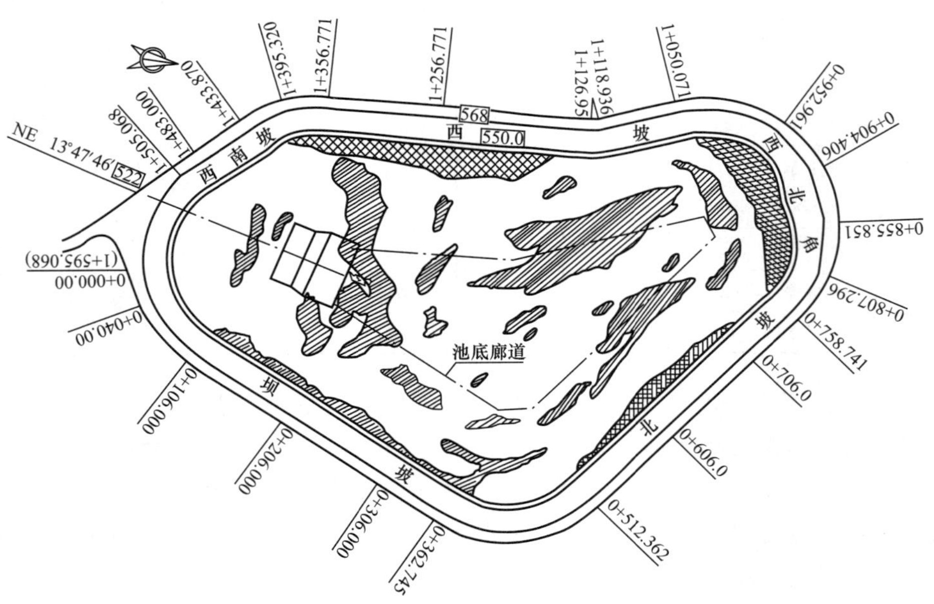

图 19－3－9　十三陵蓄能电站上库冰屑分布图

▨—冰屑；▩—薄冰；■—面板上冰条（稍厚，显白色）

（4）十三陵抽水蓄能电站下库是十三陵水库，1996～1997 年冬季库水位为 85～87.5m，相应库面面积约为 257 万 m^2。冰情观测期间，1996 年 12 月下旬，进/出水口水面温度为 0.1～0℃，1997 年 1 月份水面温度为 0～2℃，2 月份水面温度为2.25～4.85℃。经实测，1996～1997 年冬季下水库进/出水口前形成不结冰区域面积约为 20.4 万 m^2，不结冰区域形状如图 19－3－10 所示，下水库其他范围水面全部封冻。这一观测成果说明：1996～1997 年冬季电站的运行状态和气温条件下，下水库进/出水口前存在不结冰的区域，在该区域以外仍然被冰盖覆盖，不结冰库面形状为顺流向展布的不规则形状。

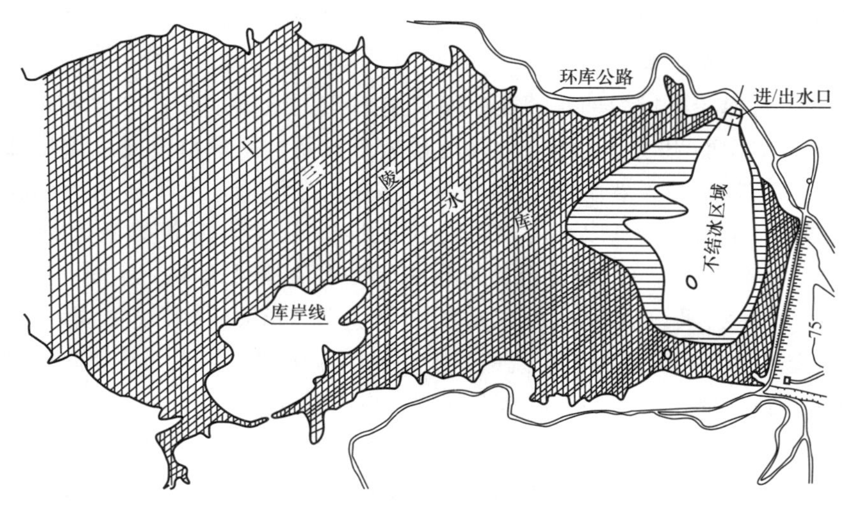

图 19－3－10　十三陵蓄能电站下库冰盖分布图

▨—薄冰区；▩—厚冰区

综上所述，抽水蓄能电站上、下库冰的形成条件和过程，及其物理力学性能的研究还很不够，缺乏规律性认识，目前解决冰的问题主要借鉴类似工程经验和本工程的原型观测成果。

（1）影响抽水蓄能电站上、下库结冰的因素很多，客观条件有气温的负积温、水温、风的作用、蓄水量和库面面积等，难以随人的意志而变化；主观可控的条件有库内水体运动的水力特征，水位消落深度和电站工况转换等。上述工程原型观测成果证明，在冬季充分利用抽水蓄能电站循环往复水流运动，可以改变库内结冰形态，从而达到有利于建筑物的工作条件。寒冷地区的抽水蓄能电站应制定冬季运行规定，运行单位应合理调度，及安排检修计划。

（2）寒冷地区建设抽水蓄能电站，如果上、下水库存在防冰冻的特殊要求，在施工总进度安排上不宜将第一台机组投产发电时间安排在即将进入冰冻期的 11 月、12 月，使试运行后通常需要的机组消缺时段避开冰冻期，保证上、下水库不形成冰盖，确保上、下水库防渗面板的安全。

上述工程的观测成果表明：受方位（向阳或背阳）的影响，或受进/出水口水温的影响等，水库内形成的冰厚是变化的。十三陵抽水蓄能电站上水库北侧冰厚为 0.2m，而南侧冰厚为 0.5m。基辅抽水蓄能电站上库靠近进/出水口端冰厚小于 0.2m，其远端冰厚为 0.5～0.55m。封闭冰盖的静冰压力作用使冰盖由厚端向薄端移动，对库内表面防渗层的剪切力较大，极易造成防渗层，尤其是表面止水设施的破坏。因此建议，这种水库从蓄水开始就应避免冬季形成封闭的冰盖形态。

（3）基辅抽水蓄能电站冬季运行原型观测表明：基辅水库（下库）冬季临近底层的水温约为 1.1～1.2℃，整个冬季的水温基本是恒定的，电站运行抽到上水库水温仍稳定在 1.1～1.2℃。当电站发电运行放回水的温度约降到 0.2～0.3℃。从基辅水库抽入上库的水温是影响上库岸坡冰凌埂冻结过程及冰体总量的一个主要因素，上库水温升至 0.5～0.6℃时，冰凌埂的冻结过程减缓和终止，水温升至 0.7～1.0℃时冰凌埂渐开冻。

（4）十三陵抽水蓄能电站十年运行实践证明：①最低气温在－5℃以上全库不存在冰的任何形态；②最低气温下降到－7～－9℃时，库面形成冰屑，分布不均匀；③最低气温下降到－9～－14℃时，在沿混凝土面板水位下降区形成黏附于面板的薄冰，水中潜浮冰屑增多。在观测到最低气温（－14℃）的条件下，冰屑对上库混凝土面板及电站运行尚未造成不利影响，电站工作正常。但尚应注意在更低气温条件下，水库结冰的形态，及其对电站运行的影响。

(5) 在严寒地区建设抽水蓄能电站，选点规划中有条件时应尽量采用火电、核电和水电的“能源联合体”建设方案，使水电站的上、下库成为其他电站的冷却池。国外有这样的工程实例，是解决严寒地区冰害的较好的方案。

三、下水库泄水建筑物的设置和运行

DL/T 5208—2005《抽水蓄能电站设计导则》8.2.2 款中规定：“上、下水库泄水建筑物布置，除应按常规水电站解决洪水对水工建筑物的安全问题外，尚应分析天然洪水与电站发电流量遭遇的影响及所需泄水建筑物的类型、布置等”。

这里所指的上、下水库主要指为抽水蓄能电站调节所用的专用水库，这类水库一般库容较小，不具备削减洪峰的能力；集雨面积较小，相应洪峰流量较小，而电站满负荷发电流量却较大，可能接近甚至大于设计频率洪峰流量，与天然洪峰流量遭遇将形成人造洪峰，对下游村镇和农田形成威胁。例如，天荒坪抽水蓄能电站下水库坝址以上流域面积 24.2km^2，50 年一遇洪峰流量 440m^3/s，24h 洪量为 1560 万 m^3，而下水库库容仅 860 万 m^3，电站 6 台机组满发流量可达 405m^3/s，相当于下水库坝址 50 年一遇洪峰流量。下水库泄洪设施为开敞式溢洪道及直径 1m 的供水放空洞，后者最大泄水量仅 12.79m^3/s，开敞式溢洪道又无法控制下泄流量，电站发电流量和天然洪峰流量将会叠加。本着发电不加重下游防洪负担的原则，制订了电站在洪水期的运行方式：

(1) 水库水位低于堰顶高程时，利用供水放空洞宣泄洪水，机组正常发电。

(2) 水库水位在堰顶高程与防洪高水位之间时，根据库水位分级控制发电流量。

(3) 水库水位超过防洪高水位时，电站停止发电。

在设计建设类似下水库时，应兼顾以下两个方面：首先，应本着发电不加重下游防洪负担的原则，确保水库下泄流量不大于同频率天然洪水洪峰流量；其次，在满足防洪需要的前提下应尽量减少对发电的影响，尽可能提高机组利用率。

桐柏抽水蓄能电站下水库坝址以上流域面积 21.4km^2，200 年一遇设计洪峰流量 361m^3/s，千年一遇校核洪峰流量 496m^3/s。电站 4 台机组满发流量可达 572m^3/s，还大于下水库坝址千年一遇洪峰流量。而下水库下游河道安全泄量仅 50m^3/s。为兼顾防洪与发电的要求，下水库泄洪设施采用 2 孔宽 13m 坝身开敞式溢洪道及 2m×3m 导流泄放洞，后者最大下泄流量为 179m^3/s，可单独宣泄 20 年一遇以下的洪水。溢洪道及导流泄放洞联合泄洪可保证 50 年一遇以下的洪水不会影响机组发电。

黑麋峰抽水蓄能电站下水库坝址以上流域面积 11.2km^2，200 年一遇设计洪峰流量 93.5m^3/s，千年一遇校核洪峰流量 113m^3/s。电站 4 台机组满发流量可达 472m^3/s，远大于下水库坝址千年一遇洪峰流量。下水库泄洪采用 3.8×4m 的泄洪洞，可下泄流量 130m^3/s，即可宣泄千年一遇校核洪水。使泄洪与机组发电基本上互不影响。

综上所述，当抽水蓄能电站下水库库容较小，不具备洪水调蓄能力，为保证水库下泄流量不大于同频率天然洪水洪峰流量，又尽量减少泄洪对发电的影响，在抽水蓄能电站下水库泄洪建筑物布置时需注意：①查明水库下游河道的防洪标准，确定下水库的安全下泄流量；②为及时宣泄洪水，减少对电站正常发电造成影响，设置低高程的泄洪洞（或底孔）是必要的；③为安全起见，通常设置溢洪道与泄洪洞联合泄洪是适宜的；④下泄流量在洪峰前应不大于相应频率天然洪水来流量，洪峰过后，下泄最大流量不应超过洪峰流量，尽可能使下泄洪水形态保持和天然洪水一致；⑤泄水建筑物的规模应满足在各种可能的上、下水库水位组合条件下发电过程与一定频率天然洪水遭遇时，保证相应发电库容的能力。

四、混凝土衬砌高压隧洞渗漏

我国借鉴国外混凝土高压隧洞建设经验，分别于 1993 年、1998 年、1999 年建成投运广州一期、天荒坪、广州二期抽水蓄能电站混凝土高压隧洞和混凝土高压岔管，最大设计水头达 700～800m 级，*HD* 值均接近 6000m×m，属巨型高压混凝土衬砌隧洞。解决了制约工程建设的关键问题，设计理论方法也突破了传统理念，在充分利用和发挥围岩承载能力方面取得了成功经验。运行中主要出现的问题

集中在以下两个方面：①高压内水造成围岩水力劈裂；②高压隧洞洞外水压力与隧洞内水压力相联系，外压数值取决定于内水外渗。

（一）广州蓄能电站二期工程高压岔管渗漏

广州蓄能电站二期工程于1998年8月26日开始做高压隧洞充排水试验，充水时，在高压岔管上方30m处的地质探洞南支洞0+125m桩号和东支洞0+66m桩号的洞壁上出现喷射渗水，压力很高，部分射水已汽化带有声响，渗水点不断增加，该洞系统的总渗漏量达到31.78l/s。及时排空水道进行检查，发现洞内出现两处围岩劈裂，劈裂处围岩完整到肉眼见不到裂隙，显然是岩体内部隐蔽节理在水力劈裂下扩张所致。后进行化学灌浆处理，渗漏量稳定在2.5l/s左右。核算其岔管与地质探洞之间的最大水力劈裂梯度为20左右。

（二）天荒坪抽水蓄能电站2号混凝土衬砌高压隧洞渗漏

天荒坪抽水蓄能电站1、2号混凝土衬砌高压隧洞分别于1997年11月10日～12月7日和1999年1月21日～3月10日进行充排水试验后相继投运。其中1号高压隧洞系统运行正常，2号高压隧洞发生3次集中渗水，均进行了放空处理。高压隧洞布置如图19-3-11所示。

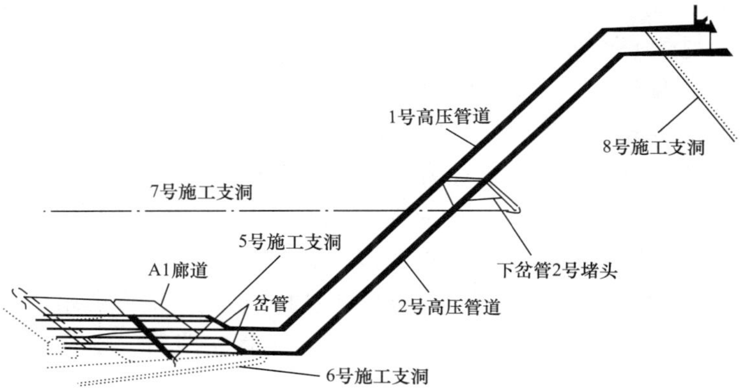

图19-3-11　天荒坪电站高压管道布置图

1. 主厂房顶A1廊道排水孔突发涌水

2000年1月4日（库水位EL895m），A1排水廊道内2、4、7、8、10号排水孔突发涌水，其中4号排水孔涌水量最大，测得涌水水柱离孔口50～60cm高，附近几个排水孔也产生溢流且水量增大，临近的测压孔Up5最大读数达6.2MPa与库水位接近，说明与水道中的水相连通。分析认为：①根据廊道出水情况结合地质分析，廊道出水和出现高压的测压管主要集中在2号岔管的4、5、6号支管附近，这显然和2号岔管区域围岩裂隙相对较发育有关；②A1廊道和岔管高程仅相距35m，而排水孔更钻至钢管高程以下，排水孔和测压孔在平面上与岔管的距离较近，而裂隙又相对较发育，因此存在着裂隙直接连通的可能；③在A1廊道涌水后，分别在2、7、10、8、4号排水孔中进行孔内彩色电视观测，其中前3个孔是在水道充水时进行的，后2个孔是在岔管放空后立即进行的。观测结果反映，钻孔中裂隙发生不同程度的张开，而在岔管开挖中观察裂隙绝大部分是闭合的，这表明在高压水作用下，闭合的裂隙产生了重张。当这些重张的裂隙和近距离的排水孔和测压孔相交时，即引起排水孔渗水量增加，测压孔压力升高。总之，A1廊道出现部分排水孔涌水和测压管压力升高，与该部位的裂隙较发育及在高压水通过一定时间作用下裂隙产生一定的重张有关。涌水的处理措施为：放空水道，对A1廊道位于2号水道的涌水排水孔和压力高的渗压孔进行灌浆回填及有针对性的补充固结灌浆，并对A1廊道增加钢筋混凝土衬砌（原为裸洞）。

2. 斜管中部7号施工支洞下岔洞内2号堵头顶部突发漏水

2002年5月27日，巡检人员发现7号支洞下岔2号斜井堵头顶部涌水，涌水集中，呈喷射状，压力较高，流量约1～2l/s。分析后认为，涌水原因为斜井内的高压水通过该部位与斜井相交的f_{810}断层击穿堵头薄弱部位形成涌水通道，2号堵头长度15m，与承受的水头之比约1∶20。f_{810}断层规模不大，在斜井施工时对断层做过补强灌浆处理，但效果不是十分理想，下岔堵头在斜井充排水试验时漏水就比较严重，曾采取了增加衬砌和固结灌浆，但问题一直没得到较好的解决。2002年11月放空斜井处理本次涌水，措施为：将2号堵头延长6m，并针对f_{810}断层对该区域进行补充固结灌浆。集中涌水点虽然已经封堵住，但下岔总渗水量没有明显减少，效果不太理想。

3. 6号施工支洞涌水

2004年7月29日电厂人员发现5、6号施工支洞已被涌水充满，总计涌水量已达1.6万m^3左右，推算涌水流量 400m³/h。经放空斜井排空 5、6 号施工支洞内的积水后检查发现，是 2 号水道下平洞，6 号支洞附近一灌浆孔被高压水击穿并与 6 号支洞永久排水管连通而导致涌水。放空水道检查还发现水道内 6 号堵头端面钢筋混凝土衬体开裂错台，围岩中的地下水源源不断地流出，凿开后发现裂缝已经贯穿且钢筋严重锈蚀。处理措施为：对 5、6 号支洞永久排水管进行回填封堵。对混凝土衬砌缺陷用环氧混凝土修补约 $28m^2$，对堵头迎水面接缝进行灌浆，背水面实心堵头延长 12m。空心堵头和混凝土衬砌也延长，并进行系统固结补强灌浆。在补强灌浆施工中发现少数孔灌浆耗灰量特别大，达到 400～500kg/m，平均单耗大于施工期。怀疑高压渗水可能对围岩存在溶蚀危害，甚至可能在裂隙发育的区域产生了蠕变。6 号堵头原设计长度按水头 1/20 控制，充水试验后因渗水严重，作了延长，并补充灌浆但渗水仍然未得到遏制。本次处理又延长 12m，现已达到 54m，与水头之比达到 1∶12，此外还将堵头外的混凝土衬砌延长。

根据上述高压隧洞的运行经验：当分析确定高压隧洞与其附近洞室，包括排水孔、渗压观测孔、支洞堵头段等各种孔洞之间的最小间距时，应切实掌握其间围岩的断裂构造产状（包括可能存在的隐裂隙）及充填物的物理力学特性、抗渗能力等，以确定允许的水力劈裂梯度，防止水力击穿造成集中渗流。广州蓄能电站一期高压岔管与上部排水洞之间距离 98m，核算最大水力梯度 5.22，实践证明，抗渗是安全的。广州蓄能电站二期高压岔管与上部排水洞之间距离 35m 核算最大水力梯度 16.43，初次充水后，排水洞出现喷射渗水。天荒坪电站对施工支洞堵头加固的经验，认为水头与堵头长度之比应控制在 10～15。从目前工程实践看，通常情况下控制最大水力梯度不大于 10 可能是较适宜的。

五、十三陵抽水蓄能电站高压钢管运行十年放空安全检测

十三陵抽水蓄能电站自 1995 年投入运行以来，已正常运行近十年，2 号水道系统于 2005 年 4 月 1 日～4 月 7 日放空，4 月 11 日～5 月 8 日进行检查和缺陷处理，历时 40 天。1 号水道系统于 2006 年 4 月 4 日～4 月 9 日放空，于 4 月 28 日完成检测和缺陷处理，历时 26 天。检测部位有上平段，中平段，下平段引水支管、尾水支管等。斜管段由于未设检修设施，通行困难，未能进行检测。检测项目及结果如下：

（1）巡视与外观检查。2 号压力钢管中平段外壁明管部分及进人孔、进人门没发生锈蚀变形等异常，中平段的内壁部分没有明显变形等异常，部分工地焊缝出现局部防锈漆脱落，钢板未锈蚀，可继续安全运行。压力钢管下平段主要存在问题是：所有的工地环缝防锈漆膜均大面积脱落，其中编号为Ⅱ338、Ⅱ339 管节之间的环形焊缝出现约 $2m^2$ 的漆膜脱落，Ⅱ332 管节防锈漆膜的面漆层大面积脱落，主要原因是当时施工的表面处理质量较差或涂漆环境湿度超标所致。2 号岔管外观质量良好。3、4 号引水支管的防腐质量良好，支管的明管部分外壁、球阀等未发现开裂、变形等缺陷，尾水管人孔门导流板内壁气蚀严重，蚀坑深度 2～3mm，橡胶密封圈老化。

（2）腐蚀状况检测。压力钢管的钢板厚度与图纸规定厚度相比，略小 0.3～0.5mm，在钢板本身厚度尺寸公差范围之内。内壁局部焊缝出现漆膜脱落，防腐涂层的漆膜厚度普遍在 400～600mm，局部 370～380mm，尚满足原设计要求。

（3）无损探伤检测。钢管焊接质量良好，所抽查的环缝与纵缝没有发现超标缺陷、新产生或扩展的表面裂纹，所发现的可记录缺陷均为点状缺陷，在规范允许范围之内。检测后，对下平段部分环缝及管节的漆膜脱落处进行表面涂漆处理，对引水支管进人孔导流板的表面锈蚀与气蚀部位进行处理。经过 10 年运行，十三陵抽水蓄能电站压力钢管没有形成或产生影响钢管安全运行的缺陷，根据 DL/T 709—1999 规程规定，2 号钢管的安全等级评定为“安全”。

第四节　抽水蓄能电站机电设备运行和检修

一、运行考核指标分析

抽水蓄能机组启停次数非常频繁，如 2004 年广州抽水蓄能电站 B 厂 4 台机组共启动了 10741

次，如此频繁的启停，造成设备操作频率及操作次数极高，同时使设备处于不断的时冷时热循环中，这对抽水蓄能电站输配电设备和机组设备的运行要求非常苛刻。从国内第一批建成的三个大型抽水蓄能电站十年的运行实践来看，影响机组可用率的主要因素是机电设备故障，有些是设备设计、制造和工艺缺陷导致的，也有安装调试过程中的潜在隐患造成的。随着潜在隐患的消除，设备运行的可靠性也愈来愈高。电网将电站的可用率和启动成功率作为衡量一个抽水蓄能电站是否能最大限度发挥其各项功能的主要考核指标。同时大型抽水蓄能电站由于单机容量较大，在运行过程中若出现故障跳机，就会对系统造成较大的冲击，因此机组跳机次数也是考核蓄能电站运行水平又一重要指标。从三个电站运行情况看，电站在试运行消缺后逐步走向稳定，机组的启动成功率愈来愈高、跳机越来越少。如广州抽水蓄能一期电站运行初期的1993年启动成功率和跳机次数分别为95.70%（发电工况）、85.70%（电动工况）、26次，到1996年分别为98.70%（发电工况）、94.30%（电动工况）、11次；天荒坪电站1999年分别为94.46%（发电工况）、86.09%（电动工况）、17次，到2002年分别为99.31%（发电工况）、97.72%（电动工况）、3次。可见，经过投运初期2～3年对设备消缺处理，各电站均进入稳定运行期，可靠性指标都达到了先进水平。

二、抽水蓄能机组的黑启动运行

电站机组黑启动：在电网事故、自然灾害等情况下，造成电站外来厂用电源消失，且短时间内无法恢复时，电站为保护厂房（渗漏排水）安全和恢复生产，实行自救性恢复，利用直流系统，启动黑启动开机流程，使机组发电，恢复厂用电供电。由于抽水蓄能电站机组所要求的吸出高度较高，一般采用地下厂房，厂房渗漏排水量较大，对电站厂用设备如排水、照明、通风、消防等厂用电要求高，如长时间不恢复供电，可能造成水淹厂房的严重后果。因此，在目前几个蓄能电站机组选择时，均对机组和所配套设备提出黑启动的要求，要求机组、系统配置均能满足电站有自启动功能。近年来，在抽水蓄能电站建设中，选配合适容量的柴油发电机作为厂用电的备用电源，除考虑机组启动所需要的容量外，重点保证厂内排水系统和照明的要求，以确保电站厂房的安全。十三陵抽水蓄能电站于2000年5月成功进行了电站机组的黑启动试验。

电网黑启动：在整个电网故障停运后，在无法依靠其他电网送电恢复条件下，通过电网内具有自启动能力机组启动，带动无自启动能力的机组，进而逐步扩大电力系统的恢复范围，最终使整个电力系统恢复。

三、机组状态在线监测与状态检修

长期以来，我国电力系统的发供电设备均采用定期预防性试验和定期计划检修。近年来，随着市场经济的发展，并借鉴电力发达国家诊断性检修的经验，为提高全国发电设备科学管理水平和整体经济效益，我国开始提出并试行状态检修的设想。状态检修的前提是对影响设备正常运行的机组状态参数给予实时监测，这就需要系统有功能完善、性能良好的参数测量、分析功能。水泵水轮机状态检测系统大部分数据可以由计算机监控系统提供，结合一些专用的测点，由系统对历史数据和实时数据进行分析，可给出设备主要参数的变化曲线，在此基础上对设备状况做出预报。

近年来，机组在线监测系统发展较快，系统的基本功能和基本结构相对成熟，除计算机监控系统所采集的参数外，机组在线监测系统监测参量主要包括振动、摆度、轴向位移、压力脉动、空气间隙、磁通密度、局部放电以及定子线棒端部振动等。当然，影响机组运行的因素除机组本身状态外，还包括调速、励磁、变频、辅助和附属设备运行的可靠性，但目前系统中涉及较少，下一步在系统设计时应统一进行考虑。相关部门正在起草在线系统的设计导则，从技术模式上统一和规范水电机组状态在线监测技术的应用行为，充分发挥在线监测系统在保证机组安全稳定运行和状态检修的辅助作用，有利于提高新技术的应用效果和电站运行管理水平。表19-4-1为目前典型蓄能机组在线监测系统测点设置表。

表 19-4-1　典型蓄能机组在线监测系统测点设置表

测点名称	点数	测点名称	点数
键相	1	蜗壳进口压力脉动	1
上导摆度	2	活动导叶与转轮间压力脉动	2
下导摆度	2	顶盖与转轮间压力脉动	1～2
水导摆度	2	转轮与泄流环间压力脉动	1
上机架水平振动	2	尾水管进口压力脉动	2
上机架垂直振动	1～2	尾水肘管压力脉动	2
下机架水平振动	2	空气间隙	4 或 8（分二层）
下机架垂直振动	1～2	磁通密度	1
定子机座水平振动	1～2	局部放电	每相每支路各 1 个
定子机座垂直振动	1	定子绕组端部振动	2～4
顶盖水平振动	2	定子铁芯振动	2 组
顶盖垂直振动	1～2	轴向位移	1

四、水泵水轮机和水力机械设备运行和维修

从目前几个投运的蓄能机组来看，水泵水轮机运行过程中出现问题最多的是机组稳定性、主轴密封损坏。

1. 多泥沙河流机组运行

机组设备是抽水蓄能电站的核心，而转轮是整个设备中的最为关键的一环，对机组转轮而言除良好的水力设计、精良的加工和正确的安装调试外，良好的运行环境是保证转轮长期稳定运行最重要的条件。蓄能机组由于转速高，过流部件磨损对泥沙的敏感性较常规机组高。含沙水流在水泵水轮机中的运动规律和破坏机理至今还在不断探索和研究之中，据有关文献介绍，水轮机、水泵的实际泥沙磨损破坏程度与水轮机出口相对速度和水泵出口线速度有明显的相关关系，因此对水泵水轮机过流部件采取相应的抗磨蚀措施是必要的。除在招标文件中对水泵水轮机的水力设计、模型试验、结构设计、材料选用、刚强度分析、轴系稳定、压力脉动和振动等方面提出详细要求外，重点应关注导水机构、转轮、迷宫环、底环、泄流环等部件的抗磨蚀能力。同时，结合水库水文泥沙的特点，合理制定水库和电站的调度方式，避免汛期泥沙对水泵水轮机的损坏。

2. 水泵水轮机主轴密封

对于抽水蓄能机组，除机组需要在正反两个方向下交替运行外，高水头、高转速、高的水位变幅是此类电站的另一特点。同时由于蓄能机组一般较高，所以对水泵水轮机主轴密封的设计、安装和运行带来了更高的要求。从几个已经投运的蓄能机组来看，出现问题较多的主要是主轴密封。

天荒坪抽水蓄能电站设计水头 526m，其中主轴密封供水水源的下水库运行水位在 295～345m，工作水压变化达到 50m。机组转速 500r/min，最高飞逸转速为 720r/min，大轴直径 940mm，主轴密封处运行切向线速度为 30m/s，最高切向速度约为 43m/s。由于密封工作环境差，投运后运行一直不稳定，由其引起的故障占全厂故障的 20%左右。缺陷主要表现在调相工况下，主轴密封处的压力较高，造成其外环变形较大，压缩空气进入主轴密封的操作腔而影响其压紧力，温度升高而烧毁。2003 年，经过整体更换，上述缺陷基本消失，如图 19-4-1 和图 19-4-2 所示。

广州抽水蓄能电站 A 厂主轴密封安装在水导油盆盖上，采用平衡式流体静压径向双端面机械密封。电站设计水头 514m，淹没深度－70m，设计转速 500m/min，最高飞逸转速为 725r/min，大轴直径 1000mm，机组额定转速下主轴密封平均半径处的切向线速度为 44.09m/s。电站运行初期出现了密封供水水质问题、水导油盆盖变形和碳精密封材质等问题。对于水质问题通过改善水质纯度、供水管路改用不锈钢和增加精过滤器等方式给予解决，准备通过增加油盆盖刚度减少其变形量。

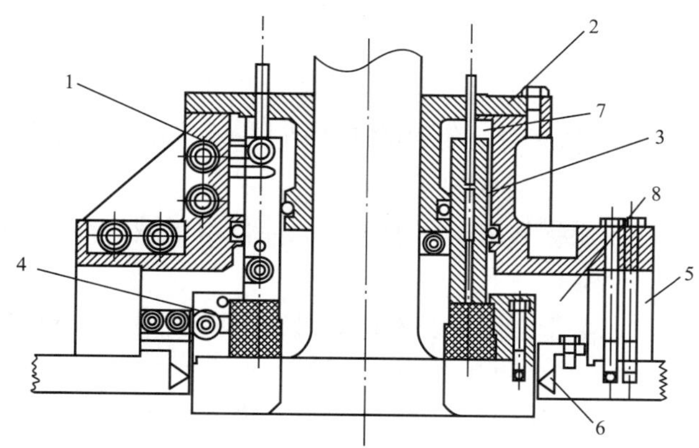

图 19-4-1 原主轴密封结构示意图

1—外环；2—内环；3—不锈钢移动环（抗磨环）；4—密封环；5—支持环；6—检修密封；7—操作腔；8—密封腔

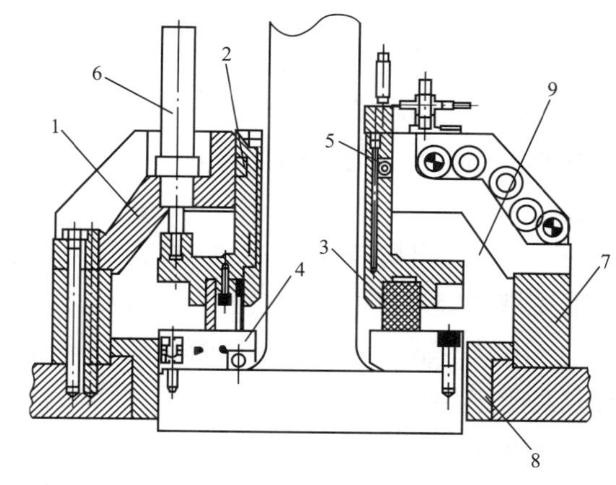

图 19-4-2 改进后主轴密封结构示意图

1—主轴密封外环；2—主轴密封移动环（内环）；3—密封环；4—不锈钢抗磨环；5—密封环；6—调节气缸；7—支撑环；8—检修密封；9—密封腔

五、发电电动机和电气设备运行和维修

从三座电站运行情况分析，发电电动机和电气设备存在的主要缺陷：由于发电电动机转速较高，曾发生过转子磁极连接板联结处开裂、磁极绕组黏结开裂、绕组向外鼓出，以及定子铁芯硅钢片位移、线棒端部绑线松动等问题；主变压器还发生过多起绝缘不合格和运行中绝缘事故；高压电缆终端渗油和爆炸等事故。这些主设备事故或缺陷，不仅降低电站运行可靠性，而且影响系统的安全、稳定运行。

（一）发电电动机组

1. 十三陵抽水蓄能电站机组定子线棒接地故障

2002 年 10 月首先在 3 号机组定子第 113 号槽发生接地短路，由于定子铁芯硅钢片径向位移，最大达 2.5mm，12 根下层线棒绝缘层受损，4 根穿心螺杆绝缘护套被割破，与铁芯短接在一起，造成定子线棒接地短路。

蓄能机组每天频繁启停，机组在运行时铁芯要发热膨胀，停机时又要收缩，循环变化。热膨胀时铁芯的温度比机座温度高，两者的膨胀系数不同，如果定子铁芯和定位筋紧靠在一起，运行后铁芯发热膨胀受到定位筋的限制，不能自由膨胀，就会产生扭曲变形和内径缩小。生产厂家通常采用预留间隙的方法，即在定位筋与铁芯之间预留热膨胀间隙。不管是在热态还是在冷态下运行，使铁芯和定位筋之间都不会有较大的应力，十三陵抽水蓄能电站定子就是采用该方法。

分析十三陵蓄能电站机组定子线棒出现接地故障可能的原因如下：

（1）结构设计时计算预留间隙不合适，造成铁芯膨胀变形深入槽内。

（2）穿心螺杆在投产后没有定期进行紧力检测，造成铁芯松动。

（3）推力轴承和导轴承油雾严重，污染整个定子，使得压指板容易滑动。

处理办法：将缘绝护套损坏的穿心螺杆拔出，更换绝缘护套，然后对全部 60 根穿心螺杆进线紧力恢复。将突出槽底的铁芯打磨平整，并涂上环氧树脂。将已有径向移动的叠片和定子最下端部的 5～8 片硅钢片在背部（定位筋附近）进行焊接，确保定子铁芯不会再产生径向位移。

2. 十三陵抽水蓄能电站定子绕组防晕检修

定子线棒内屏防晕结构设计是在线棒窄边铁芯槽底侧主绝缘内埋入一层铜箔条，且外包一层半导体带，控制径向电压分布，从而改善沿绝缘表面电场分布，提高起晕电压。然而十三陵抽水蓄能电站 3 号发电电动机上导油雾严重，对定子造成严重的污染，特别是线棒直线出槽口处。由于油污长期浸泡和施工安装质量有明显外力撞击问题，使得线棒表面绝缘漆溶解脱落后，进一步损伤到防晕层，而线棒直线出槽口处部位电场相对集中，更易发生电晕。电晕使空气中的氧高度电离而产生臭氧，臭氧更易于接受油污，使污染进一步加重，严重妨碍散热，并在线棒表面产生细微的糙化作用，使得电晕面积不断扩大，最终使线棒的主绝缘受到伤害。处理方法如下：

（1）上层线棒出槽口下面35mm范围内损伤防晕层部位刷低阻半导体漆，将漆刷至线棒出槽口铁芯压指板处，使新刷漆与线棒表面旧半导体漆相搭接。严禁低阻半导体漆洒落或涂刷在线棒端部的高阻部位。

（2）上层线出槽口正面35mm外损伤防晕层部位刷高阻半导体漆，将漆刷至线棒低阻区域使高阻漆与低阻漆搭接起来，两者重叠至少13mm。

（3）出槽口下层线棒或线棒两侧区域损伤防晕层部位，由于空间极其有限，处理相对困难，用专用工具刷高阻半导体漆，为避免涂刷好半导体漆的部位孤立而产生更大的电量，要先打磨相应槽口压指上缘表面露出金属铜面，然后用半导体硅胶搭桥，使刷好半导体漆的部位与压指上缘表面露出金属铜面，最后用半导体硅胶搭桥，使刷好半导体漆的部位与压指上缘铜面连接起来，以达到良好的电气接触。

对于蓄能机组轴承的甩油问题很难避免，定子绕组必将受到污染，对线棒防晕层有致命的影响。在3号机组定子绕组防晕检修处理过程中，清洁油污占整个工作量的一半以上，因为清洁油污其本身就是防晕检修处理的关键。

3. 天荒坪蓄能电站定子线棒绑线松动

天荒坪蓄能电站于2004年4月对机组进行常规性检查时，发现部分定子线棒下端部底层线与端箍连接绑线接合处附有少量呈淡黄色油泥状或粉状物体，附着物呈油泥状部位通常也附有少量油迹，而附着物呈粉状部位则较为干燥。最严重部位是2号机组第169槽线棒下端箍部位绑线已完全松开，其中部填充环氧绦纶已磨损线棒主绝缘，说明机组在正常运行过程中绑线与线棒出现了磨损，环氧涤纶与绑线失去黏合并出现自由振动。产生原因：

（1）端箍和线棒、支架连接结构设计不合理。蓄能机组开停机和工况转换十分频繁，日平均多达4～5次，双向交替旋转，在水泵调相工况SCP变频启动过程中不存在同步拖动过程。机组定子线棒端部受力情况比常规机组复杂，频繁地改变方向、负荷，在正常运行和频繁启停、工况转换过程中因线棒间整体性不好、连接强度不足，再加上定子线棒伸出槽楔端部长度较长（单侧约为779mm），线棒端部与端箍就容易发生相对位移，特别是线棒端部其相对位移量更大，产生磨损或损坏几率也就越大。

（2）线棒绑线工艺不合理。机组现场安装时厂家采用传统的玻璃丝带浸环氧边浸边绑线棒的绑线工艺，这种工艺存在玻璃丝未浸透的可能，丝带强度不仅与玻璃丝是否浸透有关，还与环氧流胶量和绑扎紧度有关，工艺很难控制。经现场实测，线棒端部固有频率分散率（最大值与最小值之差再除以平均值）高达20%以上。常规水电机组启停、工况转换次数相对较少，一定量环氧固化后强度就能满足其正常运行要求，而蓄能机组运行条件较为恶劣，环氧含量及其固化程度与机组能否安全运行直接相关。在绑线松动处理过程中也发现部分已松动绑带锯开后，其内侧玻璃丝带绝大部分还呈丝状并发白，仅其表层玻璃丝已与环氧完全浸透黏合成形，这样也相应地减低了其环氧固化后的黏结强度。

对于高转速机组线棒端部的固有频率测试是一项重要的工作，线棒端部固有频率是否避开其正常运行共振频率区，与线棒寿命及运行安全性有着直接关系，若线棒端部固有频率落在95～115Hz共振区，将会加剧线棒与绑线间端箍的相对位移和磨损。根据现场试验，线棒端部的固有频率有60%～70%均落在95～115Hz共振区内，离散性也很大，这说明机组在正常运行时大部分线棒落在共振区内运行，再加上线棒箍设计结构不合理、整体性较差，进一步加剧了线棒与端箍间相对位移及磨损。缺陷处理：

（1）玻璃丝改用带玻璃丝芯涤玻绳。一方面易于控制其绑扎过程中的紧度，必要时可以用小木锤拉紧，另一方面也易于多道绑扎以增加绑扎强度。

（2）绑带边浸边绑改为浸透晾干再绑扎工艺。先将带玻璃丝芯涤玻绳浸入环氧渍胶中，待浸透取出晾干，直至涤玻绳不黏手后进行绑扎，绑扎好后再在其表面刷上环氧涂刷胶以增加线棒与端箍连接强度。端箍与线棒间环氧涤纶填料改用外包涤纶环氧板垫条。

(3) 改进端箍与支架连接方式和增加支架数量。将端箍与支架间螺栓径向连接改为切向连接，利用绝缘板进行支撑力传递，适当增加支架数量和加装斜向支脚，增大支架刚度，使得端箍与机架尽量形成整体。经现场实测大部分线棒的固有振动频率基本都高于115Hz，避开了共振区，大大改善了线棒运行条件。

4. 广州抽水蓄能电站B厂机组轴承甩油

广州抽水蓄能电站B厂四台机组上导/推力、下导和水导轴承都存在不同程度的甩油现象。

(1) 现象。轴承润滑油分别从油盆内挡油圈和油盆顶盖处甩出。上导/推力轴承甩油主要分布在上导/推力油盆盖上、发电机转子顶部、发电机定子上、风洞内空冷器集水盘等处；下导轴承甩油主要分布在下导油盆盖上、发电机转子底部、发电机定子上、机组大轴及法兰上。在水车室中，环形电动葫芦轨道、水车室围栏等处均有油滴，水车室机坑盖板、水轮机顶盖、水导油盆盖均有积油。轴承甩油给机组运行带来隐患，造成环境污染，增加检修维护工作量。

(2) 处理方法。

1) 上导/推力轴承甩油。①在推力头已存在四个平压孔的基础上再加钻了8个平压孔，12个孔在圆周方向均匀分布；②将原上导油盆内挡油圈切割取下后，焊接上新型挡油圈以及加装压油环；③在推力头内侧中下部加装一圈内挡油环；④在推力头键槽下部加装填充块，以降低风泵效应。

2) 水导轴承。①在水导轴承内挡油圈约中部位置焊接一块10mm厚、30mm宽的内挡油环；②原水导油盆内部的不锈钢挡油板，更换成厚5mm的平整胶木板挡油板；③水导油盆盖改为接触式密封油盆盖。

(3) 处理效果。经过一段时间的运行，上导油槽甩油问题得到明显改善，水导甩油基本得到控制。

(二) 主变压器

1. 广州抽水蓄能电站500kV主变压器故障

广州抽水蓄能电站A厂4台机组于1994年3月全部投入运行，B厂4台机组于2000年3月全部投入运行。在主变压器定期油化色谱分析试验时，发现2号主变压器色谱试验结果不合格，2号主变压器内部存在高能放电故障，将其送回原厂大修。5号主变压器检查发现本体内均压罩经绝缘挡板向高压线圈压紧件放电，为此更换三相均压罩和绝缘挡板。

主变压器本体漏油故障和冷却器故障：8号主变压器由于低压侧A相升高座底部密封漏油，导致主变压器退出运行，进行密封更换；A厂主变压器内部冷却器铜管出现砂眼和端盖内漏而导致漏水，多次进行冷却器更换维护：B厂主变压器冷却器在投运初期检查发现冷却器内壁生锈而全部进行除锈处理。

A厂主变压器高压侧套管为TRENCH（UK）生产的油绝缘套管，主变压器套管发生两次套管内部油压异常故障，一次为内部油压高报警，另一次是内部低油压报警，均采取更换套管措施消除隐患。

B厂主变压器高压侧套管为TRENCH（UK）生产的环氧树脂干式套管，通过每年主变压器高压套管的预防性试验，发现该类型套管介损普遍偏高，部分套管介损和电容值超标。到目前为止，已更换6号主变压器C相、5号主变压器B相和7号主变压器C相共3只套管。该类型干式套管也被国内其他几个电厂所选用，在运行中均发现存在同样问题。

经验证明，定期进行油化色谱分析试验是监测主变压器运行状况的一种科学、有效手段。每年进行电气设备预防性试验来监测套管状况，及时发现问题更换套管，可以避免扩大性事故的发生。如能配备主变压器（含套管）在线监测系统，可以加强设备状态检修的手段。

2. 天荒坪抽水蓄能电站主变压器故障

(1) 事故情况。2000年7月5日1号主变压器在试运行时，主变压器差动保护突然动作，变压器油箱外壳严重变形，大量喷油，水喷雾灭火动作。事故前500kV系统无操作，无雷电活动。实时运行数据检查，变压器高、低压线圈温度正常。检查发现该主变压器A相发生接地故障，A相调压线圈、高压线圈及圈屏均已损坏。高压引线已被电弧烧断，线圈上、下压板断裂，上端部有约10个饼的线圈短路，匝绝缘烧焦铜线翻出，严重变形塌陷。调压线圈间隔的绝缘垫块全部塌下，线圈严重变形，高压引线下偏外侧围翻出1m直径的破口，可见到内部铜线。A相旁轭对应围屏破损处有电弧放电点，下夹件对应高压线圈处有电弧烧损，形成凹陷。并在线圈底部下压板上发现一些铜和铁末子。最终按退货处理。

3号和6号主变压器在安装后进行局放试验时，其局放量均不满足合同要求，最高值超过1500pC，返厂处理，并更换C相全部绝缘。出厂局放试验，A和C相为500pC、B相大于1000pC，仍然不满足合同要求，作退货处理。

(2) 事故分析。电站6台主变压器，其中2台在安装中未能通过局放试验，1台在试运行中发生故障，主要原因有：

1) 内部质量。变压器内部存在金属杂质，三台变压器事后解体检查和事故后对冷却器管道检查，发现变压器芯部存在铁屑等杂质，以及冷却器焊接时焊缝未清理干净留下的焊渣等。这是制造厂工艺控制不严所致。其次杂质也来自冷却器油阀门频繁动作引起阀片上的金属磨损。

2) 结构设计。主变压器安装在地下厂房，对运输和安装的尺寸有限制，同时对变压器损耗要求较高，又要求采用有载调压装置，因此对结构设计要求较高。有载调压的调压线圈需要占据较大的空间，又要限制变压器的重量和尺寸，这些都要求变压器芯部的设计必须紧凑，增加了绝缘设计的难度。

3) 经验教训。主变压器参数选择应优先考虑其绝缘结构留有充分的余地，能用油隔板大油隙的不要用薄板筒小油隙，尽量不采用导向冷却，如有可能不过分限制变压器的运输重量和尺寸，不宜片面追求低损耗。能用无载调压的不要用有载调压。在制造阶段严格控制变压器的制造质量。严格控制变压器的安装质量，保证安装环境的清洁，特别要控制开箱工作的时间和干燥空气的质量，注意现场抽真空的质量；对于变压器的所有附件，特别是油路通道应认真检查清理。变压器建议使用在线色谱分析，对于色谱有异常的变压器应装设在线局部放电监测装置。定期进行预防性试验，发现异常及时跟踪分析并处理。

(3) 高压环氧胶浸纸电容套管故障。天荒坪和广州抽水蓄能电站B厂主变压器高压套管采用英国传奇生产的ERIP环氧胶浸纸电容套管，先后不同程度上出现问题。

1) 环氧胶浸纸电容套管的结构特点。环氧胶浸纸电容套管为与GIS联结的油/SF6套管。这种电容套管采用干态皱纹纸绕制套管的电容芯，在层间夹有铝箔纸组成的25个电容屏，在真空干燥状态下整体进行环氧树脂浸渍、固化、车削成型，表面涂釉，中间装上安装法兰。套管电容芯最外层末屏用小套管引出，在运行时接地，最内层与套管的导电铜杆相连。

2) 环氧胶浸纸电容套管介损变化原因。经过几年来运行，在每年对套管进行的预防性试验发现，介损值超过0.7%，电容量超过5%。环氧胶浸纸电容套管测试的介损值异常变化的原因可以用电介质理论来解释。由于套管采用的环氧胶浸纸绝缘介质是一种结构多层的极性电介质，在外电场的作用下，会积累自由电荷，产生夹层介质表面的极化；当测试电压较低时电介质极化损耗产生的有功电流在总的介质有功电流中占有的比例较大，造成测试的介损值偏大，随着试验电压的升高，电介质的电导电流比例增加，电介质极化损耗产生的有功电流在总的介质有功电流中占的比例减少，测试的介损值降低。通过对主变压器作分合闸冲击可以使一些套管测试的介损值增大，通过对主变压器电压零升零降可以使介损值恢复原值。

3) 环氧胶浸纸电容套管电容量变化原因：在环氧胶浸纸电容套管试验中发生介损升高的同时，又发现套管电容量的升高。对套管进行解剖后发现，当套管测试的电容量变化时，会有套管内部的电容屏发生层间击穿，一般电容量每增大4%～5%，就有一个电容屏发生层间击穿。环氧胶浸纸电容套管是由干燥的皱纹纸真空浸渍环氧树脂制成的，如果浇筑浸渍工艺不严，绝缘结构内部存在气隙，就不能通过出厂局放试验。而运行数年的套管虽然已通过出厂试验，但是固体绝缘在较长时间运行后，原来浇筑浸渍有缺陷的部位在电场作用下会进一步发展使绝缘劣化，就会造成局部的绝缘击穿。对此应引起高度重视，每年定期做预防性试验，及时发现和更换有缺陷的套管。

（三）高压电缆

1. 广州抽水蓄能电站充油电缆终端漏油故障

广州抽水蓄能电站A厂500kV电缆在与GIS连接时，发现6个电缆下终端中有5个漏油。厂家对6个电缆下终端的结构和材料进行现场改造，修复工作从1993年2月开始，至1993年3月完成。在其后的运行中也多次发生电缆终端漏油故障。2003年7月蓄北线C相电缆因漏油渗入电缆外护层而出现膨胀，电缆直径最大处已达到187.7mm，比正常直径大出约52mm。采取对C相电缆下终端漏油点进行修补并对电缆外护层采取引流、泄压的措施，维持电缆的安全运行。

1999年8月500kV AB联络线充油电缆户外上终端A、B相套管发生爆炸事故。经分析漏油故障主要是结构设计、材料选型、现场工艺等方面引起。现场制作工艺，特别是现场焊接工艺是发生漏油的决定因素。

2. 十三陵蓄能电站220kV电缆终端爆炸事故

2002年2月4日陵昌Ⅰ线B相高压电缆户内电缆终端（GIS电缆终端）爆炸。事故时4台机组均处于停机备用状态，厂用电处于正常运行方式，陵昌Ⅰ线220kV电缆仅带厂用电负荷，容量相对额定容量很小。

(1) 产生原因。在运行中所有户内GIS电缆终端硅油耐压普遍偏低，拆开A相GIS电缆终端露出应力锥，在应力锥与电缆接合部，外表无过热变色痕迹，拆开绝缘带露出电缆半导体层与应力锥接合部，发现在电缆的阻水层内有油，外包绝缘带发现有砂眼，由此可以确定硅油渗漏部位就是电缆阻水层。产生的原因是在安装应力锥尾部与电缆外层接合处包扎绝缘带时厚薄不均，屏蔽铜带折弯绑扎产生的尖角或毛刺划破较薄绝缘带，导致硅油内漏进入电缆阻水层。

(2) 事故处理。在电缆对接一段电缆做一个中间接头和一个户内终端头。

(3) 预防措施：

① 不定期换油。为避免其他电缆终端再发生类似事故，于2002年5月将电站所有户内和户外电缆终端进行换油处理。2003年4月检修巡视发现电缆硅油补偿器内有絮状沉淀物，取样分析，发现陵昌Ⅱ线GIS电缆终端A、C相硅油耐压值较其他终端硅油耐压值偏低，分别是28.8kV和33.6kV（其他终端硅油耐压值都在41kV以上）。

② 加强巡视。在第二次换油后，2003年12月巡视又发现陵昌Ⅰ线SF_6终端硅油补偿器中油位比原来油位下降了20mm，而其他各相（包括陵昌Ⅱ线）油位基本正常。之后，油位变化除陵昌Ⅰ线A相继续下降外，其他终端基本正常。在2004年11月23日巡视时又发现，在全部6个GIS电缆终端普遍出现了细小颗粒的沉淀物。

(4) 存在问题。尚未真正查清电缆爆炸事故的原因，潜在的事故隐患还存在。

（四）GIS电气装置

1. 广州抽水蓄能电站GIS气隔漏气

500kV GIS多次出现过气隔漏气现象，主要是密封件质量问题，一直采取及时补气措施。要从根本上解决问题只有在计划的大修期间进行。

2. 十三陵抽水蓄能电站GIS开关故障

(1) 故障过程。当十三陵抽水蓄能电站2号机组水泵工况启动，转速达额定值，机端电压已建立，等待同期并网时，GIS 2号开关A相断口承受双倍额定电压下出现放电，导致2号机主变压器高压侧I_a和$3I_0$电流突然增大，机组瞬间加速，此时变频器正在运行中，使得变频过速保护动作，跳开机组励磁开关和2号GIS主开关，同时启动保护出口，失灵保护具备动作条件，跳开陵昌Ⅰ线昌平500kV变电站侧开关。

(2) 故障原因。将2号GIS解体，打开发生故障的A相后，在GIS金属接地壳体内部和开关外表面出现大量的黑色粉状物，解体发现灭弧触头系统烧伤，灭弧嘴有拉孤操作痕迹。黑色粉末是在开关频繁操作产生的电弧和一定压力作用下，开关滑动部位的润滑脂、绝缘材料、触头本身材料等与 SF_6 反应的产物积累而成。分析产生的原因：①开关操作频繁，产生的杂质多，降低了开关断口的承压能力；在承受反向电压时，场强最强处在喷嘴内表面，喷嘴接缝处先起弧，导致其他部位击穿闪络。②制造商对这种开关在频繁操作的蓄能电站中运行的经验不足，开关结构的设计裕度偏小。在水泵工况承受两倍额定电压的情况下进一步加速了 GIS 中 SF_6 绝缘气体的击穿，于是发生闪络并延伸到喷嘴内外两面导致故障。

(3) 处理办法。更换灭弧室，变更检修周期。

六、电气二次部分

(一) 计算机监控系统的概况

我国抽水蓄能电站的监控系统几乎都是随进口机组引进的国外产品。这种安排的好处是监控系统和机组都在承包商的责任范围内，机组的监视与控制由承包商负责，使业主避免卷入繁琐的协调工作之中。此外，监控系统的引进使我们得以消化吸收当前国外的先进技术，有助于推动我国水电厂自动化技术的发展。但有些进口设备的开放性差，备品备件昂贵且购置困难。我国早期建设的抽水蓄能电站（例如潘家口、广州一期、十三陵、天荒坪等）的监控系统大多已经老化，一些电站曾多次发生死机、控制功能丧失、历史数据不能保存等问题，主机硬件和备品属淘汰产品难以购买，现已经或正在对计算机监控系统进行升级换代。

经过多年的引进与消化吸收，我国已经具备了生产抽水蓄能机组的能力，进口抽水蓄能机组的时代行将过去。相应地，进口抽水蓄能电站的监控系统也就不必要了。事实上，国内厂家已经对潘家口、十三陵等抽水蓄能电站的监控系统进行了全面或局部的改造，改造后的系统运行良好。

(二) 广州抽水蓄能电站对断路器失灵保护的改造

传统的断路器失灵保护是由继电保护启动的，但抽水蓄能机组启停频繁，出口断路器跳合同样频繁，操作机构的故障机会较多，正常停机时断路器拒动的可能性高于常规电站。广州抽水蓄能电站就发生过一台机组正常停机时操作机构漏气导致断路器拒动，使事故扩大化。

为此，广州抽水蓄能电站对机组断路器的失灵保护作了修改（见图 19-4-3），修改后的失灵保护逻辑有如下特点：

(1) 考虑了抽水蓄能机组断路器跳合频繁的特点，将所有跳 GCB 的命令作为启动条件。

(2) 将相电流元件和零序电流元件取“或”作为 GCB 未打开的判据，体现了我国的规范与“反措”的要求。

(3) 相电流按各种工况下正常停机时的最小值整定，零序电流按躲过机组正常运行时的不平衡电流整定。

(4) 为避免机组处于启动或电制动过程时失灵保护误动，增加了拖动刀闸、被拖动刀闸、电制动刀闸全部打开的闭锁条件。

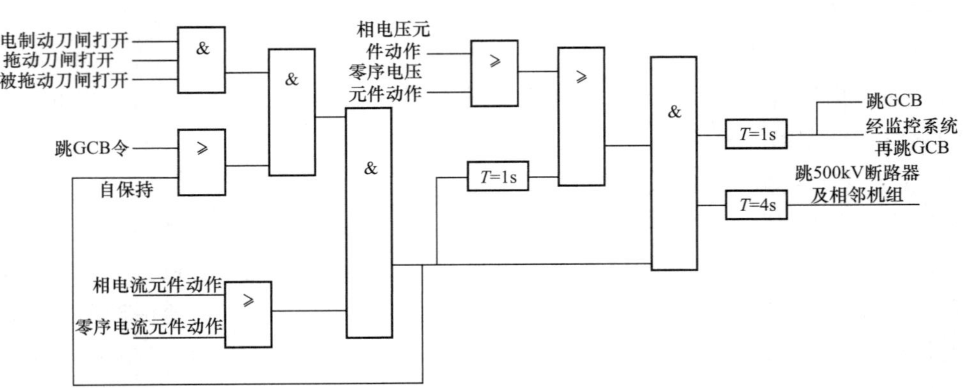

图 19-4-3 广州抽水蓄能电站修改后的断路器失灵保护框图

（三）十三陵抽水蓄能电站对同步系统的改造

在第十三章第三节中曾介绍过，SFC启动机组和背靠背启动机组在同期时有两种做法，十三陵抽水蓄能电站采用的是第二种同步方式，即将被拖动机组加速到额定转速以上，然后断开SFC和拖动机组，使机组失去原动力，靠惯性运转。在机组因机械阻力逐渐减速的过程中，同步装置捕捉满足同步条件的瞬间，适时地合上被拖动机组的断路器，完成并网。

采用这种同步方式，同步并网令应当在机组频率高于电网频率时发出，这样在合闸完成时，二者的频率几乎相等。同时，合闸的提前角应当使合闸瞬间机组电压向量与电网电压向量相重合，机组可以平滑地并入电网。十三陵抽水蓄能电站原先采用的同步装置是监控系统厂家配套提供的TAS型，只能设一套参数。而水泵工况和发电工况并网所需的合闸提前角是有差别的，实际合闸提前角是按照发电工况并网设置的，导致水泵工况并网时合闸提前角偏大，合闸瞬间的冲击较大，对电网和机组均不利。为了解决这个问题，十三陵抽水蓄能电站会同南瑞自动控制有限公司对原机组同步系统进行了改造。改造工作主要包括两个部分：首先，修改监控系统组态，解决监控系统与同步装置之间的接口问题。在组态中增加了发电工况、SFC启动、背靠背启动、同步启动四个送到同步装置的开关量输出命令。其次，新增SJ－12C型双微机自动准同步装置。通过现场实测，针对发电工况、SFC启动、背靠背启动工况分别设置了三套参数（合闸提前角），实现了与调速系统、励磁系统、SFC控制系统的最佳配合。

改造后，同步并网时的冲击声明显降低，录波仪记录的波形反映的冲击电流显著减小，在各种工况下都实现了平稳并网，达到了预期的改造目的。

第二十章

国内部分抽水蓄能电站创新技术的工程实例

我国第一批大中型抽水蓄能电站于 20 世纪 90 年代相继开工建设，并有 7 座投产，装机容量达 5520MW。在这一时期，比较好地解决了抽水蓄能电站选点规划、抽水蓄能电站在电网中的经济效益和动能规划、上水库混凝土面板和沥青混凝土面板全库防渗、大 *PD* 值高压钢管和混凝土高压隧洞的建设、大型地下硐室群开挖支护，及引进单机容量 200～300MW 单级水头 400～600m 的水泵水轮机、比较好地解决了主机及附属机电设备的选型和设计等问题。很好地发挥了后发优势，技术水平在较高起点起步，在较短的时间内赶上国外抽水蓄能电站的技术水平。

于 2000 年之后开工建设的第二批大中型抽水蓄能电站约 11 座，装机容量达 12760MW。建设规模扩大，单个电站的最大装机容量达 2400MW；单级混流式可逆机组最大扬程达 703m；电站调节性达到周调节。这批抽水蓄电站的勘测设计结合电站所处的地形、地质、泥沙、水文等特殊条件，提出和实践着一批创新技术。譬如：宜兴抽水蓄能电站上水库在陡倾沟谷地基建坝、张河湾抽水蓄能电站下水库泥沙处理、西龙池抽水蓄能电站上水库在严寒地区建设全库防渗的沥青混凝土面板、琅琊山抽水蓄能电站主分裂绕阻变压器的采用和地下厂房“一字”形布置、泰安抽水蓄能电站上水库库底应用防渗土工膜等，把抽水蓄能电站技术水平推向新的高度。

本章所选取的抽水蓄能电站工程实例，不再重复各种期刊和专业图书中曾介绍过的电站一般技术经济指标、工程特性等，而是仅就在建和投产多年的抽水蓄能电站的创新技术作精简扼要介绍。这些创新技术有的正在施工，有的才建成刚进入运行初期，有的已投产多年，经过各种设计工况的考验，并有完整的监测成果。这里建议读者在吸收某些创新技术成果时，应注意各工程的具体条件，尤其是建成投运后实际的运行状态。

第一节　具有周调节功能的惠州抽水蓄能电站工程

一、工程概况

惠州抽水蓄能电站总装机容量为 2400MW，装机 8 台。上水库充分利用库盆地形，以填筑主、副坝为主形成库容。主坝为全断面碾压混凝土重力坝，最大坝高 56.1m，坝顶总长 156m。库岸较低垭口处建 4 座副坝，副坝一为混凝土重力挡墙堆石坝，最大坝高 14m，坝顶长 104m；副坝二至四均为黏土心墙堆石坝，最大坝高分别为 38.3m、27.3m、28.62m，坝顶长度分别为 169m、146m、156m。库盆进行局部防渗处理。

上水库校核洪水位 764.09m，相应总库容 3573.8 万 m^3；正常蓄水位 762.0m，死水位 740.0m，相应调节库容 2734.7 万 m^3，死库容 431.4 万 m^3。满足 8 台机满发 12h 和 3h 事故备用所需库容的要求，上水库库容为电站进行周调节运行提供了条件。

下水库位于博罗县阳镇下礤头村，处于榕溪沥水上游，坝址控制集雨面积 11.29km^2，坝址以上河道长 5.25km，库区四周为高山峻岭，河道陡峻，流域内水土保持良好，平时水流清澈，含沙量小。

蓄水后不存在库盆和库岸严重渗漏问题，仅在主、副坝和垭口存在渗漏，需做好防渗处理。

主坝为全断面碾压混凝土重力坝，最大坝高 61.17m，坝顶总长 420m，坝顶高程 234.96m。副坝位于主坝的左侧，为黏土心墙堆石坝，最大坝高 31.96m，坝顶长度 247.0m，坝顶高程 237.36m。

下水库校核洪水位 234.67m，相应总库容 3827.3m^3，正常蓄水位 231m，死水位 205m，相应调节库容 3190.5 万 m^3，死库容 423.9 万 m^3。满足与上水库配套进行周调节运行的要求。

二、广东电力系统负荷发展的需求

根据广东省社会经济发展规划，预计“十·五”（2000～2005 年）、“十一·五”（2006～2010 年）、“十二·五”（2011～2015 年）期间省内生产总值年平均增长率分别为 9.0%、8.0%和 7.0%。与之相适应，电力需求将继续保持较快速度增长，预计 2005 年和 2010 年广东全社会用电量分别将达到 1865 亿 kWh 和 2563 亿 kWh。预计“十·五”和“十一·五”期间，广东全社会用电最高负荷平均增长率分别为 7.6%和 6.7%。

为适应地区能源特点，广东电力系统电源结构向多元化发展，包括常规水电、煤电、气电、核电、西电、抽水蓄能电站等多种电源。广东在“十·五”期间接受外电送粤 10GW 后，还必须在省内适当建设电源。

（一）电源结构的优化

在 2000 年完成广东电源优化研究工作的基础上，采用国家电力公司动力经济研究中心开发的电源优化软件 GESP，对广东电源优化进行了深入研究，其优化的理论基础是混合整数规划理论，优化的原则和目标是满足电力系统需求及各种技术经济约束条件下，寻求最优的电源扩展方案，使研究期内系统的总费用最少。研究结果如图 20-1-1 所示，图中给出了 2005～2015 年系统中各类电源优化配置后的比例。

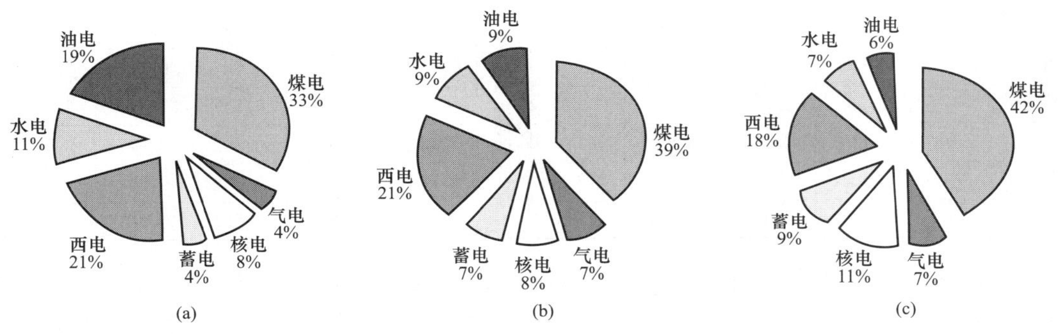

图 20-1-1　2005～2015 年广东电力系统中各类电源的优化比例

(a) 2005 年；(b) 2010 年；(c) 2015 年

(1) 广东在接受外电送粤 10GW，并考虑龙滩电站的条件下，“十一·五”期间还需在省内建设大量电源。到 2010 年，计及西电，广东共需装机容量近 60GW。2015 年前，广东抽水蓄能电站较为合理的比重为 7%～9%。

(2) 发展抽水蓄能电站，降低系统的总费用，提高系统的综合效益。惠州抽水蓄能电能的最终建设规模按 2400MW 考虑是必要的。通过“有”、“无”规划抽水蓄能电站的条件下系统的总费用计算，考虑抽水蓄能电站的系统比不考虑抽水蓄能电站的系统节省约 24 亿元（均折现到 2000 年），见表 20-1-1。

表 20-1-1　“有”、“无”规划抽水蓄能电站的电力系统经济比较

项　目	有规划抽水蓄能电站	无规划抽水蓄能电站
总费用相对值（万元）	0	239000
投资费用相对值（万元）	0	3330000
燃烧费用相对值（万元）	0	−277300
固定运行费用相对值（万元）	0	187100
变动运行费相对值（万元）	0	−4000

(3) 加大外电规模并不能替代惠州抽水蓄能电站的建设。通过“西电东送”在 2015 年规模 13288MW 和 5500MW 对比计算，仍要求优化的电源构成中抽水蓄能的总规模不变，建设进度不变。优化的系统均需求 2007 年投产惠州抽水蓄能电站第 1 台机组，2010 年前建成 2400MW。

（二）广东系统周负荷特性

广东系统周负荷有明显变化，每逢周末网内负荷明显比周一～周五低，从周六开始下降，周日达到最低，但最低负荷（谷底）一般出现在周一的凌晨。周日高峰负荷平均低9%，低谷负荷平均低6%，平均负荷低7%左右（见图20-1-2）。周负荷曲线特性指标见表20-1-2。

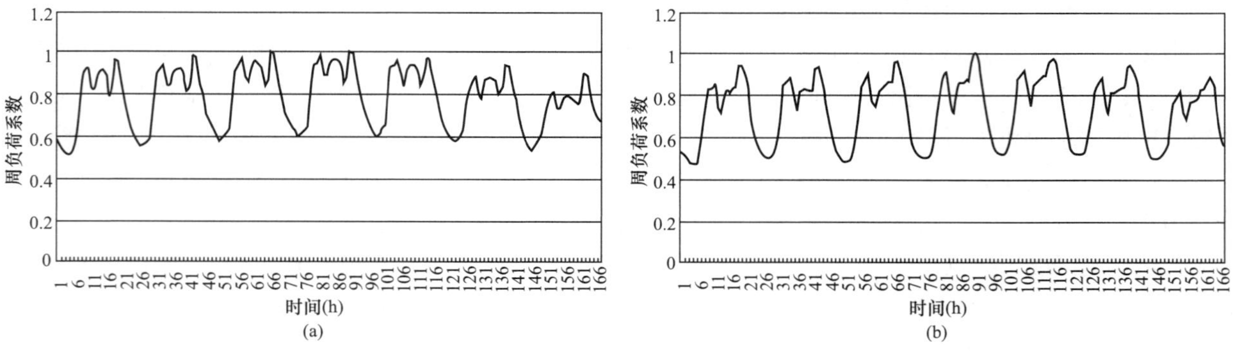

图20-1-2　1998年广东电力系统周负荷曲线

（a）夏季曲线；（b）冬季曲线

表20-1-2　　1999年广东周负荷主要特性指标

项目		γ	β	η	$\gamma\cdot\eta$	$\beta\cdot\eta$	项目		γ	β	η	$\gamma\cdot\eta$	$\beta\cdot\eta$
夏季周负荷曲线	星期一	0.800	0.538	0.960	0.768	0.516	冬季周负荷曲线	星期一	0.960	0.768	0.955	0.722	0.461
	星期二	0.807	0.567	0.971	0.784	0.551		星期二	0.971	0.784	0.948	0.744	0.544
	星期三	0.810	0.577	0.997	0.807	0.575		星期三	0.997	0.807	0.978	0.754	0.517
	星期四	0.817	0.595	1.000	0.817	0.595		星期四	1.000	0.817	1.000	0.766	0.519
	星期五	0.821	0.602	0.977	0.802	0.588		星期五	0.977	0.802	0.977	0.774	0.545
	星期六	0.815	0.619	0.925	0.754	0.573		星期六	0.925	0.754	0.941	0.739	0.558
	星期日	0.804	0.619	0.867	0.697	0.536		星期日	0.867	0.697	0.881	0.692	0.570

按照周负荷图的要求调度，抽水蓄能电站的抽水、发电用水量每日均不相同，有时相差还很大，且日内抽水、发电用水量不平衡。一般周末抽水量多而发电用水量少，周一、周五则相反，周二～周四基本平衡。周日抽水量比平均情况平均多7%，发电用水量比平均情况平均少17%。

三、惠州抽水蓄能电站采用周调节运行的论证

（一）采用的研究方法及方案拟定

CGSM（Chronolgoical Generation Simulation Model）模型是对拟定的电源扩展方案进行电站运行模拟，计算整个系统和各个电站的技术经济指标，最后得出系统的总费用现值及可靠性指标的规划模型。其主要特点如下：

（1）在典型周负荷历时曲线上有序地进行电源生产模拟，最小时段为1h，每周由连续的168h构成，每年由连续的52周组成。

（2）机组的检修按整台机组计，以检修时造成系统潜在损失最少为依据，逐周在年最大负荷曲线上进行安排。

（3）水电站按充分利用其容量及能量为原则安排工作位置。

（4）抽水蓄能电站按各周内获得效益最大的原则运行，发电位置及抽水位置受系统内火电站的边际费用和自身的调节性能约束，抽水工况机组满负荷运行。

（5）通过整数规划确定系统每周的开机规模及开机对象。

（6）火电站以二次多项式的形式描述其煤耗特性，并按边际费用由低到高确定发电顺序和工作容量，确保发电费用最少。

（7）系统的发电可靠性通过各年内不能满足负荷需求的期望天数和期望电能来描述。

方案拟定：①有惠州抽水蓄能电站的广东省电力系统电源装机方案；②无惠州抽水蓄能电站的广东省电力系统电源装机方案。在有惠州抽水蓄能电站方案中，设定惠州抽水蓄能电站最大装机容量

2400MW，无惠州抽水蓄能电站方案中，这部分容量由火电替代。

对常规水电站计及水文气象条件的随机性，采用了两种设计水平年，即平水年（$P=50\%$），枯水年（$P=90\%$），对每种设计水平年分别计算有、无惠州抽水蓄能电站两个方案的技术经济指标。

（二）要求输入的基本资料

CGSM模型对资料的要求更为详细。周负荷曲线采用1998年广东电力系统夏季、冬季典型周负荷曲线。火电机组的燃耗特性以二次多项式来描述。电力系统的燃耗曲线是计算系统内火电机组边际费用的基础，也是决定火电站工作位置以及抽水蓄能电站发电或抽水位置的依据。常规水电，以新丰江的水文系列为样本，计算各设计保证率的设计水平年的出力过程，并计算省内其他水电站相应此设计水平年的出力过程，出力过程包含预想出力、平均出力和强迫出力。按照CGSM模型的需要，应将其换算成周平均的出力过程及电量过程。“西电东送”各电站及惠州抽水蓄能电站均采用有关设计报告的资料。

（三）主要研究成果

1. 提高发电机组的稳定性及系统可靠性

在研究中，抽水蓄能电站在系统中主要发挥调峰填谷作用，使系统电源结构合理，各类电站按其特点运行在适当的小时数范围，见表20-1-3。各类电站工作稳定，系统更安全。

表20-1-3　电力系统各类电源年利用小时数统计表（有惠州抽水蓄能电站，设计水平年）

序号	电站类型	平均年利用小数（h）	电站工作位置
1	规划核电（大亚湾核电与香港分电，属例外）	7464	基　荷
2	大中型煤电	5000～7400	基荷与腰荷间
3	水电站（常规水电）	3400	腰　荷
4	小煤电	2700	腰　荷
5	油电（>125MW）	1800	峰　荷
6	小型燃机及小型油电，成本过高		基本不发电
7	大型燃机（管道气）	975	峰　荷
8	大型燃机（LNG），燃料费用高	223	峰　荷
9	抽水蓄能电站	828	峰　荷

有惠州抽水蓄能电站与无惠州抽水蓄能电站相比，煤电年利用小时数从惠州抽水蓄能电站投产年份开始逐年增加，2010～2015年平均增加了387h，煤电工作位置下移，出力更趋均衡；水电及西电利用小时数基本不变；大型燃机（LNG）年利用小时数平均减少了68h（约30%），说明蓄能替代LNG调峰。

电力系统发电可靠性指标用*LOLP*和*EUE*两指标反映：*LOLP*是指确定性负荷条件下不能满足电力负荷需求的期望天数；*EUE*是指确定性负荷条件下不能满足电力负荷需求的期望电能。本次研究借鉴Harza公司的参考标准，见表20-1-4。

表20-1-4　*LOLP*及*EUE*参考标准

指标	*LOLP*（天）	*EUE*（占总电能需求%）
发展中国家	5～10	0.01～0.1
发达国家	0.2～0.4	<0.01

通过对有惠州抽水蓄能电站方案和无惠州抽水蓄能电站方案*LOLP*和*EUE*指标计算成果（包括计算时段的平、枯水年份）看：枯水年份比平水年更为突出。在枯水年，无惠州抽水蓄能电站方案平均*LOLP*为3.5天/年，平均*EUE*为0.0229%；有惠州抽水蓄能电站方案的平均*LOLP*为1.8天/年，平均*EUE*为0.011%，相当于无惠州抽水蓄能的电站方案两项指标的一半，可靠性明显提高，接近参考标准中的发达国家水平。

2. 抽水蓄能机电站发电与抽水的实际工作位置均优于边际位置

抽水蓄能机组在负荷图上的工作位置（见图20-1-3），按照替代火电开机的方法确定，即利用积蓄系统廉价的基荷电能替代系统高峰时费用昂贵的火电机组运行，其位置需满足火电机组的边际费用曲线的约束条件，即

$$\frac{dP_1}{dP_2}=\alpha\frac{dC_1}{dC_2}$$

式中　P_1——发电工作位置的容量；

P_2——抽水工作位置的容量；

C_1——为相应单位时间内发电费用；

C_2——为单位时间内的抽水费用。

通过计算，抽水蓄能电站发电与抽水的实际工作位置均优于边际运行位置，广东电力系统有较大的容纳抽水蓄能电站的能力。

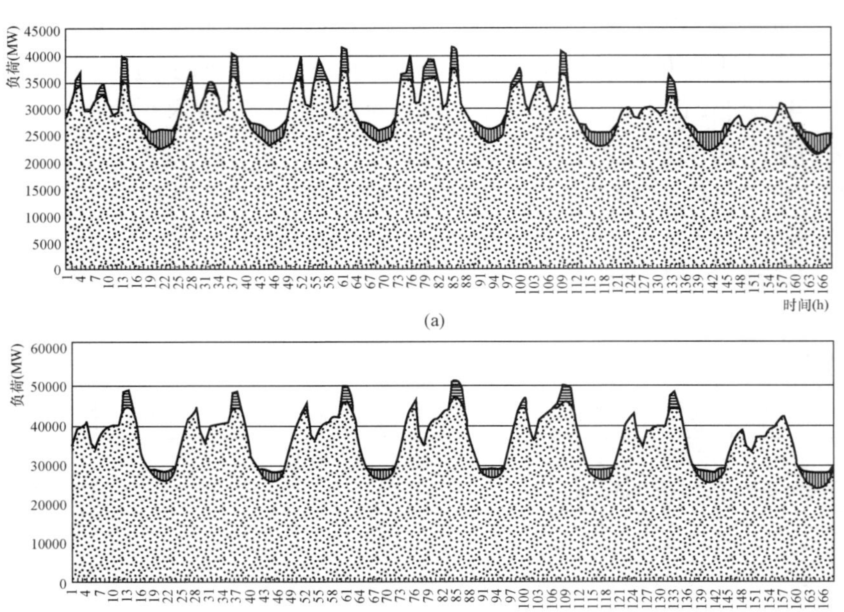

图 20－1－3　抽水蓄能电站工作位置图

（a）2010 年第 32 周抽水蓄能电站工作位置图（平水年夏季，有惠州抽水蓄能电站方案）；
（b）2015 年第 47 周抽水蓄能电站工作位置图（平水年冬季，有惠州抽水蓄能电站方案）

▣—其他电站；▥—蓄能抽水；▤—蓄能发电

CGSM 模型是按抽水蓄能机组的投产先后次序优先安排抽水蓄能电站的工作位置。这里仅引用 2010 年第 32 周、2015 年第 47 周抽水蓄能电站蓄能变化图（见图 20－1－4）供参考。从图 20－1－4 中

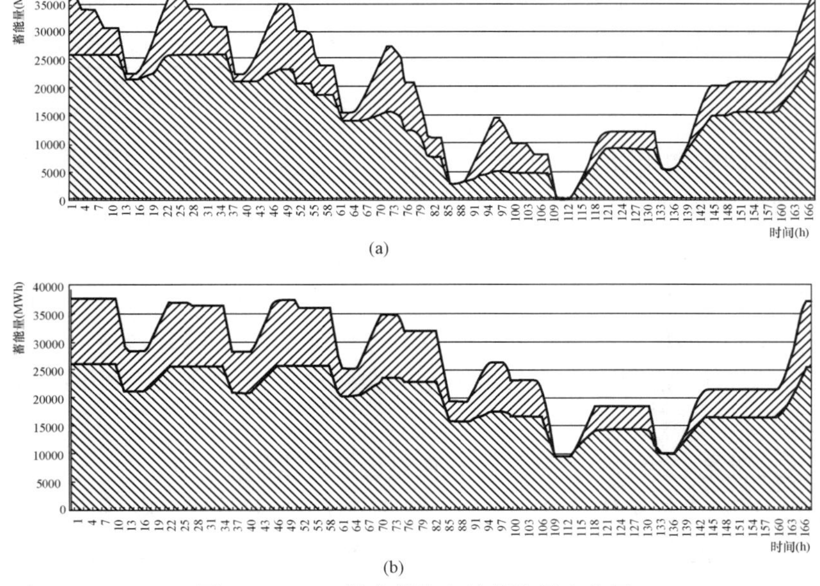

图 20－1－4　抽水蓄能电站蓄能量变化图

（a）2010 年第 32 周抽水蓄能电站蓄能量变化图（平水年夏季，有惠州抽水蓄能电站方案）；
（b）2015 年第 47 周抽水蓄能电站蓄能量变化图（平水年冬季，有惠州抽水蓄能电站方案）

▧—惠州抽水蓄能电站蓄能量；▨—广州抽水蓄能电站蓄能量

可以看出，抽水蓄能电站的蓄能量在周内变化频繁，广州抽水蓄能电站库容每天满、空变化一次，反映日调节性能，而惠州抽水蓄能电站一般每周库容满、空变化一次，反映周调节性能。

3. 有、无惠州抽水蓄能电站方案费用现值比较

该项研究计算采用1998年的基准价，折现基准年为2000年初，社会基准折现率采用10%，得出比较方案费用现值，见表20-1-5。

表20-1-5　比较方案费用现值表　百万元

费　用	有惠州抽水蓄能电站方案		无惠州抽水蓄能电站方案	
	平水年	枯水年	平水年	枯水年
投资现值	134916	134416	144646	144646
运行费用现值	333974	347643	335039	348514
总现值	473841	487559	479684	493159

有惠州抽水蓄能电站与无惠州抽水蓄能电站方案之间比较，电力系统在平水年总费用现值节约58亿元，其中投资现值节约47亿元，运行费用现值节约11亿元，经济效益明显。

以上利用CGSM模型对拟定的电源扩展方案进行电站运行模拟中，抽水蓄能电站的功能仅计入调峰填谷作用。实际上，广东系统建设具有周调节性能的惠州抽水蓄能电站在系统中所发挥的作用是多方面的，可增加“西电东送电量，提高西电东送”综合效益；可增强系统调峰能力，减少西电低谷弃水；提高系统事故应变能力，提高系统安全性能等。

第二节　宜兴抽水蓄能电站上水库陡倾沟谷地基建坝

一、工程概况

宜兴抽水蓄能电站上水库正常蓄水位471.5m，总库容530.7万m^3。上水库位于铜官山顶北侧沟谷，坝轴线横跨两沟一梁，地形呈“W”形，高程400～443m，相对高差43m。沿主沟纵向地形陡缓不均，坡度一般为10°～40°。坝址地层为泥盆系中、下统茅山组岩屑石英砂岩夹粉砂质泥岩（或泥质粉砂岩）以及泥盆系上统五通组石英岩状砂岩夹粉砂质泥岩。另有燕山晚期花岗岩呈岩脉、岩株状出露。基岩风化受岩性及构造控制，一般以弱风化为主，花岗斑岩脉以及裸露地表的泥岩呈强～全风化。库区断层发育，以NWW～近EW走向的陡倾角为主，规模较大的断层有F_3、F_4、F_{13}、F_{14}、F_{20}等30条。节理发育，除层面节理（缓倾角）外，尚有NW 30°～45°，NW 60°～80°，NE50°～80°三角陡倾角节理。据以上地质条件，上水库全库防渗及陡倾沟谷地基建坝问题具有一定难度。

二、陡倾沟谷地基上混凝土面板混合堆石坝的布置

宜兴抽水蓄能电站上水库由筑坝和库周山岭围成。沟谷内没有明显的开阔盆地，水库天然库容只有100多万m^3，为了获得530万m^3的总库容，必须对周围山体进行大量开挖，因此，主坝坝址选择受较多限制，主坝轴线下游的坝体只能坐落在倾斜沟谷内。开挖后的建基面上下游方向坡度一般均在20°以上，局部超过30°，该坝建基面倾角是目前同类工程中最大的。

主坝为混凝土面板混合堆石坝，坝轴线处最大坝高75m，主坝轴线至下游挡墙轴线的水平距离135.5m，重力挡墙墙趾至坝顶最大高差138.2m。主坝上游面坝坡为1∶1.3，下游面“之”字形上坝道路之间的坝坡为1∶1.26，下游面综合坡度1.42。坝顶宽8.0m，下游坝“之”字形道路宽9m。重力挡墙最大高度45.9m。坝体布置图如图20-2-1和图20-2-2所示。

上水库坝体堆石料源为上水库库盆开挖的五通组石英岩状砂岩夹粉砂质泥岩和茅山组岩屑石英砂岩夹粉砂质泥岩。其中泥岩夹在砂岩中呈薄层状，难以分离，在坝料中含量控制在10%～15%。弱风化五通组石英岩状砂岩干抗压强度187MPa，饱和抗压强度83MPa，软化系数0.44。弱风化茅山组岩屑石英砂岩干抗压强度142MPa，饱和抗压强度54MPa，软化系数0.41，仍属硬岩。弱风化粉砂质泥岩干抗压强度86MPa，饱和抗压强度22MPa，软化系数0.35，属软岩，但试验表明不具浸水崩

解性。因此，坝体堆石料均采用库盆开挖料，不在库外另辟料场。主坝坝体堆石料分区如图 20-2-2 所示。

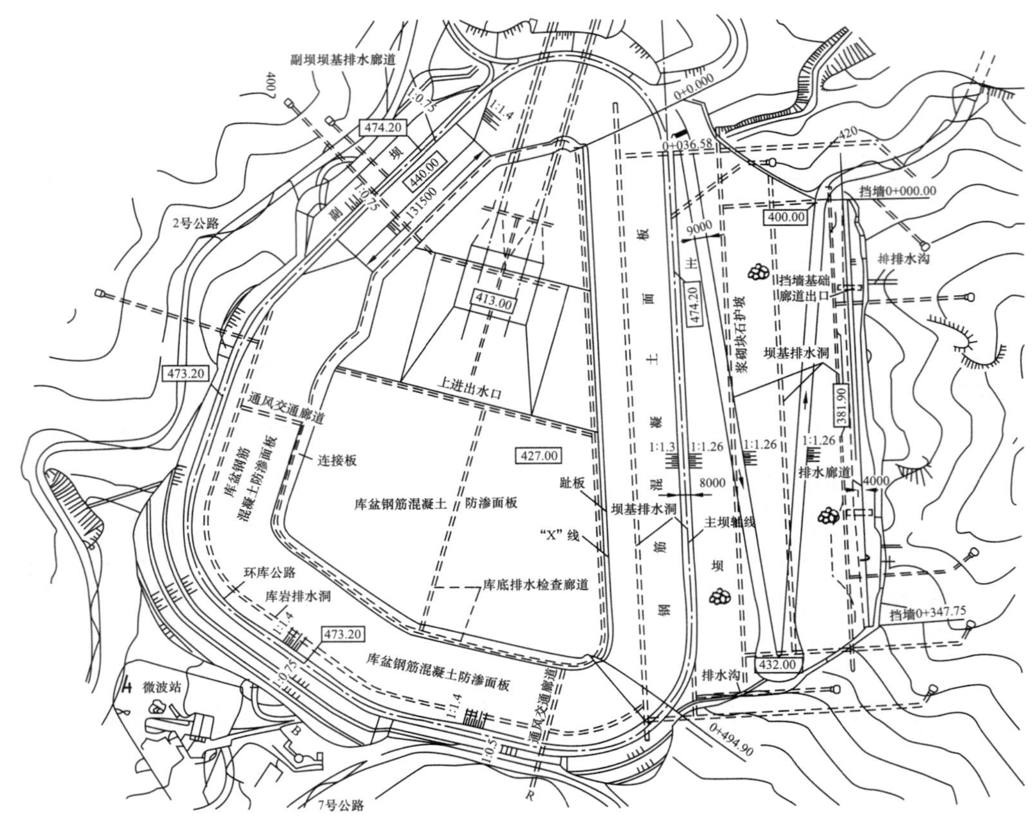

图 20-2-1 宜兴抽水蓄能电站上水库平面布置图

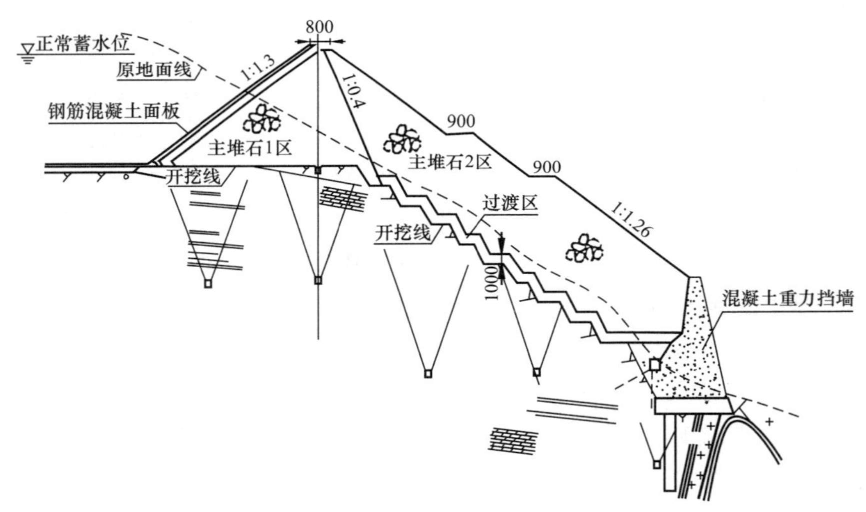

图 20-2-2 宜兴抽水蓄能电站上水库钢筋混凝土面板混合堆石坝示意图

三、倾斜地基面建混凝土面板混合堆石坝的研究

针对倾斜地基面建混凝土面板混合堆石坝主要开展的研究工作包括：①进一步探明其下游重力挡墙地质条件，补充大量的地勘工作，包括 7 个各深 30m 竖井；②对筑坝堆石料特性开展常规试验和专项试验研究；③研究混凝土挡墙所受的土压力；④堆石坝体及混凝土挡墙沿建基面的抗滑稳定和沿地基内缓倾角软弱夹层的深层抗滑稳定分析；⑤坝体短期及长期应力变形状况及其对上游防渗面板的影响分析等。上述研究中针对倾斜地基最基本的问题是：堆石料与基岩面间的抗剪强度及堆石料浸水后的变形特性。

(一) 堆石料与基岩面间抗剪强度研究

现场大型直剪试验选点在右岸的地质勘探平洞内，洞底岩石面与堆石坝建基面的岩石特性相近。试验用的堆石料为库盆的五通组石英砂岩夹泥岩，另外从库外石灰岩料场开采的软化系数高，不含泥岩的灰岩料用作对比试验分析。对基岩面处理：一种基岩面起伏差在 1～3cm，偏光滑；另一种基岩面起伏差在 4～8cm，偏粗糙。在该种试验中，增加细颗粒淋滤沉积到基岩面对抗剪强度影响的试验。试验结果见表 20-2-1～表 20-2-3。

表 20-2-1　宜兴抽水蓄能电站堆石料与光滑基岩面抗剪强度指标

序号	试验项目（堆石料/基岩面）	抗剪断强度			
		C（kPa）		φ（°）	
		试验值	建议值	试验值	建议值
1	五通组砂岩夹泥岩/茅山组弱风化砂岩	20	20	37.5	34.5
2	五通组砂岩夹泥岩/弱风化粉砂质泥岩	60	25	35.0	33.0
3	灰岩/茅山组弱风化砂岩	25	25	34.8	32.8
4	灰岩/五通组弱化砂岩	48	25	33.1	31.1
5	灰岩/强风化花岗斑岩	55	25	33.1	30.0

表 20-2-2　宜兴抽水蓄能电站堆石料与粗糙基岩面抗剪强度指标

序号	试验项目（堆石料/基岩面）	抗剪断强度（试验值）	
		C（kPa）	φ（°）
1	五通组砂岩夹泥岩/茅山组弱风化砂岩	84.2	40.5
2	五通组砂岩夹泥岩/弱风化粉砂质泥岩	23.7	38.1
3	五通组砂岩夹泥岩/强风化花岗斑岩	46.0	39.0
4	玉山—南坝灰岩/茅山组弱风化砂岩	49.1	39.75
5	玉山—南坝灰岩/五通组弱化砂岩	20.1	37.6
6	玉山—南坝灰岩/强风化花岗斑岩	28.1	38.6
7	五通组砂岩夹泥岩/茅山组弱风化砂岩（模拟暴雨）	74.1	38.5
8	玉山—南坝来岩/茅山组弱风化砂岩（模拟暴雨）	25.3	37.2

表 20-2-3　宜兴抽水蓄能电站坝体堆石料抗剪强度试验成果（饱和状态）

序号	堆石料类型	C（kPa）	φ（°）
1	五通组石英岩状砂岩夹泥岩（主堆石区料）	92	41.52
2	茅山组岩屑石英砂岩夹泥岩（主堆石Ⅱ区料）	76	42.32
3	玉山—南坝灰岩（主堆石区料）	70	42.67

从试验成果可以看出：

(1) 各种堆石料与基岩面的抗剪强度均小于该种堆石料本身的抗剪强度，即使基岩抗剪强度高于堆石料抗剪强度时也是如此。基岩面经过加糙处理后，二者间的抗剪强度比岩面光滑时明显提高，但仍小于堆石料本身。因此，对基岩面做加糙处理，以及把倾斜基岩面开挖成台阶形，将有利于堆石坝体在倾斜建基面上的稳定。

(2) 从库外料场开采的灰岩料与基岩面的抗剪强度略小于库内五通组砂岩夹泥岩与基岩面的抗剪强度。因此，从坝体稳定的角度看，可以采用上水库库盆开挖的砂岩夹泥岩料筑坝，不需要专门开采库外灰岩料场。

(3) 从模拟暴雨试验成果来看，粗糙基岩面上有细颗粒沉积时，堆石料与基岩面的抗剪强度会略有降低，但降低值并不大，不会成为倾斜建基面上坝体稳定的控制因素。

（二）堆石料湿陷试验研究成果

宜兴抽水蓄能电站上水库主坝堆石料软化系数偏小，且夹有10%～15%的泥岩，对堆石料进行了湿陷性试验。试验在大型固结仪上进行，试样采用五通组石英砂岩加10%泥岩或15%泥岩，试样尺寸ϕ450×300mm。湿陷试验分三种情况：

(1) 风干样逐级加载至垂直压力0.8MPa，变形稳定后浸水饱和，在恒压下测其附加变形，然后逐级加载到最大垂直应力1.6MPa。

(2) 风干样逐级加载至最大垂直应力1.6MPa，变形稳定后浸水饱和，在恒压下测其附加变形。

(3) 饱和样逐级加载至最大垂直应力1.6MPa，然后在恒压下测其附加变形。

茅山组砂岩加10%泥岩只进行了上述(1)、(3)两种情况试验。

以上试验分别用单线法或双线法计算湿陷系数。"单线法湿陷系数"为某级压力下干试样变形稳定后的高度与试样浸水湿陷变形稳定后的高度之差值，与试样初始高度的比值。"双线法湿陷系数"为同一级压力下干试样、饱和试样变形稳定后的试样高度之差值，与试样初始高度的比值。表20-2-4～表20-2-8是其中几项代表性的试验成果。根据试验结果，得出以下判断：

表20-2-4　五通组石英砂岩加10%泥岩湿陷试验成果（a）

试样状态	垂直压力 P (kPa)	变形量 S (mm/m)	孔隙比 e	压缩系数 a ($MPa^{-1}\times10^{-3}$)	压缩模量 E ($MPa\times10^2$)	单线法湿陷系数 δ (%)
干　样	0	0	0.293720			
干　样	218.29	1.932	0.291220	11.45	1.129	
干　样	419.46	3.421	0.289293	9.57	1.350	
干　样	804.68	6.289	0.285582	9.63	1.343	
浸　水	804.68	8.894	0.282213			0.26
饱　和	1198.47	13.451	0.276317	14.97	0.864	
饱　和	1643.61	17.803	0.270685	12.65	1.022	

表20-2-5　五通组石英砂岩加10%泥岩湿陷试验成果（b）

试样状态	垂直压力 P (kPa)	变形量 S (mm/m)	孔隙比 e	压缩系数 a ($MPa^{-1}\times10^{-3}$)	压缩模量 E ($MPa\times10^2$)	单线法湿陷系数 δ (%)
干　样	0	0	0.293720			
干　样	209.73	1.751	0.291454	10.80	1.197	
干　样	428.02	3.386	0.289338	9.69	1.334	
干　样	856.05	6.455	0.285369	9.27	1.394	
干　样	1198.47	9.069	0.281987	9.87	1.309	
干　样	1643.61	12.502	0.27542	9.98	1.295	
浸　水	1643.61	17.393	0.271217			0.48

表20-2-6　五通组石英砂岩加10%泥岩湿陷试验成果（c）

试样状态	垂直压力 P (kPa)	变形量 S (mm/m)	孔隙比 e	压缩系数 a ($MPa^{-1}\times10^{-3}$)	压缩模量 E ($MPa\times10^2$)	双线法湿陷系数 δ (%)
饱　和	0	0	0.293720			
饱　和	201.17	2.033	0.291089	13.07	0.989	0.03
饱　和	393.78	3.900	0.288647	12.53	1.031	0.08
饱　和	791.84	9.004	0.282019	16.71	0.773	0.30
饱　和	1202.75	13.858	0.275790	15.15	0.853	0.47
饱　和	1600.81	18.043	0.270376	13.60	0.951	0.62

表 20-2-7　五通组石英砂岩加 15%泥岩湿陷试验成果

试　　样	垂直压力 P（kPa）	变形量 S（mm/m）	孔隙比 e	压缩系数 a（$MPa^{-1}\times10^{-3}$）	压缩模量 E（$MPa\times10^2$）	双线法湿陷系数 δ（%）
饱　　和	0	0	0.295652			
饱　　和	196.89	2.110	0.292918	13.88	0.933	0.028
饱　　和	393.78	4.000	0.290469	12.43	1.041	0.078
饱　　和	791.84	9.001	0.283989	16.28	0.795	0.30
饱　　和	1177.04	13.564	0.278077	15.34	0.844	0.48
饱　　和	1583.64	18.280	0.271967	15.02	0.862	0.63

表 20-2-8　茅山组岩屑石英砂岩加 10%泥岩湿陷试验成果

试样状态	垂直压力 P（kPa）	变形量 S（mm/m）	孔隙比 e	压缩系 a（$MPa^{-1}\times10^{-3}$）	压缩模量 E（$MPa\times10^2$）	双线法湿陷系数 δ（%）
饱　　和	0	0	0.283090			
饱　　和	194.75	2.041	0.280471	13.44	0.954	0.049
饱　　和	393.78	3.897	0.278089	11.96	1.072	0.15
饱　　和	791.84	9.623	0.271204	17.29	0.741	0.52
饱　　和	1177.07	15.907	0.262679	22.12	0.579	0.87
饱　　和	1596.53	22.732	0.253922	20.87	0.614	1.14

（1）在固定垂直压力下，从干样到饱和的浸水附加变形值及相应的湿陷系数值不大，在单线法湿陷系数在 0.26%及 0.48%；“双线”法湿陷系数在 0.30%～0.62%。目前堆石允许湿陷程度尚无规范的判断标准，参照湿陷性黄土以湿陷系数超过 1.5%作为湿陷性的判断标准，则本工程堆石料不具明显的湿陷性。从压缩模量和湿陷系数来看，五通组砂岩加 10%或 15%泥岩，其湿陷性差别不大，堆石料的骨架基本上是砂岩组成。主坝堆石料的湿陷特性指标处于一般堆石料常见值范围内。

（2）尽管坝体堆石料中砂岩和泥岩的软化系数较小，但即便是茅山组砂岩，其饱和抗压强度仍超过 50MPa，砂岩夹泥岩堆石料在各级垂直压力下的饱和压缩模量也不小，而湿陷特性指标也满足要求。

第三节　张河湾抽水蓄能电站下水库泥沙处理的工程措施

一、工程概况

张河湾抽水蓄能电站装机容量 4×250MW，额定水头 305m。下水库利用已建的张河湾水库，校核洪水位 488.1m（p=0.1%），设计洪水位 480.5m（p=1%），正常蓄水位 488.0m，汛限水位 480.5m，保证蓄能电站发电水位 471.0m，死水位 464m，总库容 8330 万 m^3，死库容 2033 万 m^3。

张河湾水库于 1976 年开工兴建，1980 年停建，坝顶高程建至 466.65m。续建后作为蓄能电站下水库，需要提高建筑物级别，加强拦、排沙能力，成为蓄能和灌溉并重的综合利用水库。

二、下水库入库泥沙特性

张河湾水库所在的甘陶河，多年平均悬移质输沙量 103.0 万 t，多年平均推移质输沙量为 22.7 万 t。水沙年内分配很不均匀，汛期（6～9 月）来水量占全年径流量的 64.91%，7～8 月来水量占全年径流量的 46.74%，来沙量占年沙量的 87.65%，而且是大水大沙。

水沙年际变幅也很大，实测最大年径流 3.39 亿 m^3（1996 年），最小年径流 0.128 亿 m^3（1987 年），丰枯比为 26.5；实测最大年悬移质输沙量 978.9 万 t（1996 年），最小输沙量 0.4 万 t（1999 年），丰枯比高达 2274。实测最大断面含沙量 338.0kg/m^3（1969 年 6 月 30 日）。

悬物质泥沙颗粒级配见表 20-3-1，中值粒径 d_{50} 为 0.032mm，推移质颗粒级配见表 20-3-2，中值粒径为 2.8mm。泥沙矿物成分及含量见表 20-3-3，粒径小于 0.5mm 的颗粒中，以石英、伊利石、高岭石、绿泥石和蒙脱石为主。

表 20-3-1　悬移质泥沙颗粒级配

粒径（mm）	0.005	0.01	0.025	0.05	0.1	0.25	0.5	1.0
小于某粒径沙重百分比（%）	6.4	14.4	36.1	84.1	99.3	99.8	100	100

表 20-3-2　推移质泥沙颗粒级配

粒径（mm）	0.05	0.1	0.25	0.5	2	5	20	60	60
小于某粒径沙重百分比（%）	0.5	1.7	6.0	15.8	42.8	60.8	78.7	96.0	100

表 20-3-3　巨硬矿物（硬度 75）含量（%）

岩石分类	>0.5mm	0.5～0.25mm	0.25～0.1mm	<0.1mm
石　　英	8.64	8.05	22.31	4.9
长　　石	—	—	—	1.91
赤褐铁矿	—	—	1.28	—
花 岗 岩	0.54	—	—	—
安 山 岩	0.72	—	—	—
角 闪 岩	—	—	—	0.185
石 英 岩	—	—	1.46	—

三、含沙水流对水泵水轮机组的磨损

在含沙河流上运行的水力机械都不可避免地出现泥沙磨损问题，特别是高水头电站、高扬程泵站的机组，遭受破坏的程度更严重。高水头水轮机遭受破坏的主要部件为导叶，上、下抗磨板，转轮，止漏环，严重磨损部位为导叶下端面及下抗磨板与之相应的部位、转轮出口、下环内侧面与止漏环。真机的磨损分为普遍磨损与局部磨损，预估磨损常常是针对普遍磨损，而局部磨损为局部出现较深的坑穴、沟槽等，影响因素复杂，往往包含着许多不确定因素，目前还难于直接预估。

通常预估方法分为工程类比法、试验计算法。工程类比法在常规水电站应用较多，遇到含沙工程实例较多，可比的因素具体，具有一定参考价值。作为水泵水轮机可供参考工程实例很少，国外抽水蓄能电站绝大多数处于清水运行，其水库实测淤积率（年平均淤积量/总库容）均小于1%，国内已开展前期工作和个别开工项目的水库淤积率达2%～20%。含泥沙程度差别太大，尚不掌握含沙运行的抽水蓄能机组磨损实例，难以做工程类比。近年来国内结合工程需要，采用现场沙筛分成接近真机过机泥沙颗粒级配，对真机可能选用的钢材进行圆盘磨损试验或者旋转喷射试验，根据试验成果建立泥沙磨损估算公式，一般可表示为

$$\Delta H = K \cdot S^m W^n \cdot T$$

式中　ΔH——磨损深度，mm；

S——过机含沙浓度（kg/m^3），m 为指数；

W——水流相对流速（m/s），n 为指数；

T——磨损时间，按小时计；

K——综合影响系数，$K=K_o \cdot K_s \cdot K_m \cdot K_r$（$K_s$ 为泥沙特性影响系数，K_m 为材质性能影响系数，K_r 为流速冲角影响系数，K_o 为除 K_s、K_m、K_r 以外的其他影响系数）。

张河湾电站在前期工作阶段未做这方面的试验，具体的预估磨损关系式未建立起来。随着机组定厂后，得到的机组叶片进出口最大相对流速推算值见表 20-3-4。

表 20-3-4　张河湾电站机组叶片进出口最大相对流速推算值

工　　况	水头范围（m）	部　　位	最大相对流速（m/s）
水泵工况	354～293	叶片进口	55.55
		叶片出口	51.52
水轮机工况	344～283	叶片进口	58.56
		叶片出口	64.2

注　转轮导叶材料的钢号为 A743 Gr C A6NM。

张河湾抽水蓄能电站下水库泥沙问题的工作重点是：下水库拦沙、排沙、进/出水口的位置选择，防沙的工程布置及措施，通过泥沙物理模型试验和电站下水库运行方式的研究，控制电站进/出水口过机泥沙特性，为机组提供正常的工作条件。

（1）控制进/出水口泥沙的颗粒组成，将影响机组磨损的粒径控制在最小临界粒径 0.05mm 以下。

（2）控制进/出水口含沙浓度，非汛期电站处于清水运行，汛期洪峰排沙期控制水库运行方式，调度电站抽水工况，力求与短暂的排沙期错峰运行。

（3）确定机组大修周期，有些论点认为以水轮机最佳效率下降 2%进行大修为好。从目前国内机组运行情况看，一些磨损较严重的大中型水电站，如葛洲坝、刘家峡、盐锅峡等，正常的机组大修周期为 5 年左右。抽水蓄能电站在严格控制过机含沙量和颗粒级配的情况下，有待通过运行检验得出机组大修周期。

四、减少机组泥沙磨损的措施

（一）减少机组泥沙磨损的措施

1. 下水库枢纽增加泄洪排沙设施

原张河湾水库作为抽水蓄能电站的下水库，其改建的主要目标如下：①下水库挡水、泄水建筑按Ⅰ级建筑物完建；②下水库增设保证蓄能电站发电水位 471.0m 和发电调节库容 934 万 m^3，并使整个水库规模兼顾蓄能发电和灌溉供水要求；③加强拦、排沙工程措施，减缓水库淤积，正常情况下为下水库电站进/出水口长期提供清水工作条件。

为此，枢纽建筑物设置具有较大泄流能力的拦河坝，在拦河坝线上游约 2.2km 处设拦沙坝，并在拦沙坝上游 200m 右岸垭口设泄洪排沙明渠将含沙水流引到坝前；在拦河坝与拦沙坝之间的河道凹岸侧设电站进/出水口，如图 20－3－1 所示。

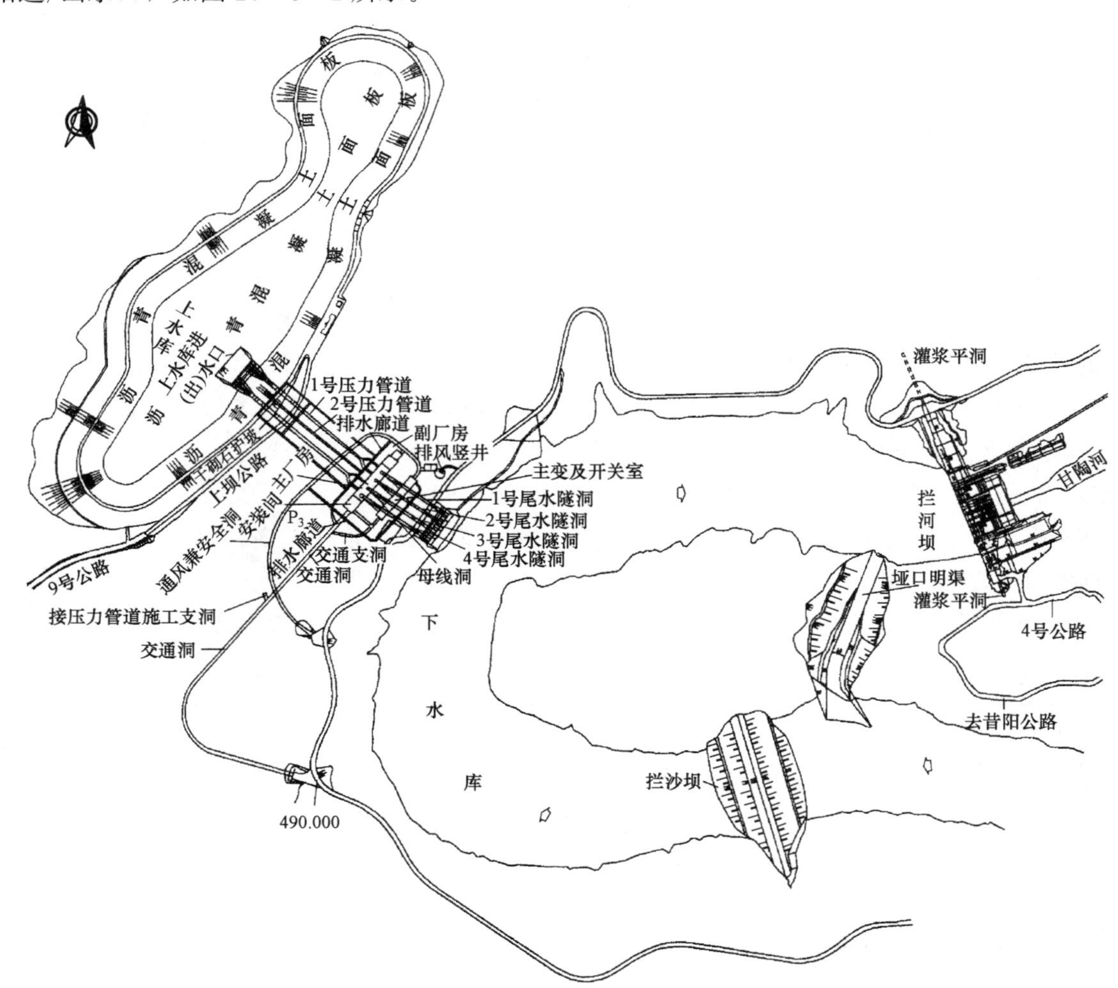

图 20－3－1　张河湾抽水蓄能电站枢纽总平面布置图

拦河坝自左至右依次布置左非溢流坝段、左泄水底孔坝段、左泄洪表孔坝段、泄水中孔坝段，右泄洪表孔坝段、右泄水底孔坝段、右非溢流坝段等。泄洪中孔坝段位于河床中间，布置4—7.5mm×8.5mm（孔数—宽×高）的中孔，槛底高程460.5m（低于库死水位464.5m）。已建的冲沙底孔仍保留，并进行适当改造，该底孔布置在6中孔坝段中墩下，孔口尺寸为1.60m×1.60m，进口底高程431.65m。泄洪表孔分别布置在中孔坝段两侧的5、8号坝段，共4孔，闸口尺寸均为10.5m×8.5m（宽×高），堰顶高程480.5m，用于宣泄超过100年一遇洪水。泄水底孔分别布置在泄洪表孔两侧的4、9号坝段，共设两孔，泄水底孔孔口尺寸为4.5m×4.5m，进口底高程436.15m。水库在死水位464.0m时，泄洪中孔泄流量为295m³/s，泄洪底孔泄流量803m³/s，合计泄流能力达1198m³/s。

拦沙坝坝顶高程481m，比汛限水位480.5m高0.5m。垭口泄洪排沙明渠进口底高程450m，底宽30m，梯形断面，边坡1∶1，汛期可渲泄百年一遇洪水，拦沙坝坝顶百年一遇洪水不过流，避免泥沙通过电站进/出水口所在河段，从而控制进/出水口附近淤沙高程、过机含沙量及过机泥沙粒径，有利于蓄能电站的安全运行。

2. 下水库排沙减淤的运行方式

非汛期下水库基本为清水，水库运行按电网要求调度运行。进入汛期，水库按汛限水位运行，尽量在清水时段，及时抽满上水库。汛期得到入库洪峰预报，开启泄流底孔和泄洪中孔，库水位下降至死水位运行；洪峰过后，水位回蓄到汛限水位；汛末逐渐回蓄到正常蓄水位。百年一遇洪水以下，上游拦沙坝拦沙、拦水，坝顶不过水，水库以排浑蓄清方式运行。排浑时段，力求电站错峰向上水库抽水，减少含沙水流的过机时间。

3. 改进水泵水轮机组抗磨能力

水泵水轮机组制造厂对机组空蚀和泥沙磨损提出如下保证：自商业运行之日算起，水泵运行3000h（不包括启动、停机过程、空载运行和在空气中旋转时间）或投入商业运行2年，二者以先到为准。水泵水轮机转轮及过流部件（导叶、顶盖、泄流环/底环、尾水管）允许金属因空蚀磨损作用失重不超过6kg。转轮及过流部件任何空蚀磨损面积上允许最大剥落深度不应超过5mm（从母材的原始表面量起）。

（二）过机泥沙研究

张河湾抽水蓄能电站下水库进行了泥沙物理模型试验，以获得电站进/出水口过机含沙量及颗粒级配资料。试验采用全沙模型，模型比尺为$\lambda_L=200$，$\lambda_H=50$，变率为4，用电木粉做轻型沙。

张河湾抽水蓄能电站下水库进/出水口含沙浓度，主要取决于汛期大水大沙年份水库降水冲沙时段异重流的扩散作用。通过试验，模拟1963年入库洪峰2070m³/s，入库含沙量20.15kg/m³的情况，测得进/出水口过机含沙量为0.97kg/m³；模拟1971入库洪峰89.8m³/s，入库含沙量40.55kg/m³，测得进/出水口过机含沙量为0.16kg/m³；1966年入库洪峰100m³/s，入库含沙量18.26kg/m³的情况，测得进/出水口过机含沙量0.29kg/m³。

总的看来，最大过机含沙量出现的几率很少，历时短，但含沙浓度仍偏高。预计60年不同含沙量过机天数见表20-3-5。预计过机含沙量级配见表20-3-6，粒径小于0.05mm的泥沙占92%，粒径在0.1～0.05mm的泥沙仅占过机含沙量的8%。过机泥沙粒径较细，小于最小临界粒径的泥沙比重较大。

表20-3-5　　预计张河湾抽水蓄能电站60年不同含沙量过机天数统计表

过机含沙量（kg/m³）	3.3	3.0	2.5	2.0	1.5	1.0	0.5	0.2	0.1
大于某级含沙量过机天数（天）	3	3	4	4	6	8	12	19	65

表20-3-6　　预计张河湾抽水蓄能电站过机含沙量级配表

粒径（kg/m³）	0.1	0.05	0.025	0.06	0.002
小于某粒径百分数（%）	100	92	80	64	50

（三）预计效果

（1）基于目前缺乏国内外在含沙水流中水泵水轮机组磨损方面可借鉴的经验，解决张河湾抽水蓄能电站下水库泥沙问题以加强下水库枢纽排沙减淤保进口的工程措施为主，加大中孔、底孔的泄洪能力，使电站进/出水口附近的淤积高程均在 451.5m 以下；过机含沙量颗粒级配中最小临界粒径 0.05mm 以下占 92%。0.05～0.1mm 的粒径仅占 8%；预计 60 年中过机含沙量大于 1.0kg/m^3 有 8 天，大于 0.1kg/m^3 有 65 天，大大减少含沙水流的过机天数。

(2) 甘陶河的水沙特性属大水大沙，汛期洪峰到来时水库应以排浑蓄清方式运行，蓄能电站的抽水工况与下水库排浑时段错峰运行。大洪峰出现几率很小，历时较短，为了减小泥沙对机组的磨损，短期调整机组运行方式是合理的。

(3) 目前国内外对水泵水轮机泥沙磨损的研究尚处在定性阶段，国内的研究反而更多一些。因此，进行张河湾抽水蓄能电站下水库冲淤的原型观测，如进/出水口汛期含沙量、含沙水流过机的运行时间以及机组检修中过流部件磨痕测量和标示等工作是十分必要的。通过原型观测成果积累，将会大大提高在多沙河流建设蓄能电站的设计水平。

第四节　沥青混凝土全库防渗在严寒地区西龙池抽水蓄能电站上水库的应用

一、概况

西龙池抽水蓄能电站上水库采用沥青混凝土全库防渗，主坝最大坝高 50m，坝顶长 401m；下水库主坝和库底采用沥青混凝土防渗，岸坡采用混凝土面板防渗，最大坝高 97m，坝顶长 537m。该工程具有以下特点：①单级水泵水轮机最大工作扬程为 703.93m，是国内建设中单级扬程最高的抽水蓄能电站；②避开多沙的滹泥河主河道，采用岸边式下水库工程，利用泉水补水；③在国内严寒地区首次采用沥青混凝土全面防渗的上水库，面板将面临实测最低气温－34.5℃的考验；④大跨度地下洞室群顶拱在缓倾角薄层灰岩中建设等。该工程特点较多，本节主要简介上水库沥青混凝土工程的难点。

二、上水库主要气象及地质条件

(一) 上水库气象条件

工程地处北纬 38°45′，东经 113°左右，属中纬度暖温带半干旱大陆性季风气候。上水库高程 1500m 左右，为峰顶夷平面。部分气象资料见表 20－4－1。

表 20－4－1　西龙池上水库气象资料统计表

项　目	上　水　库	项　目	上　水　库
多年平均气温	4.7℃	多年平均无霜期	157 天
月平均最高气温	24.4℃	年平均风速（风向）	3.9m/s (NW)
月平均最低气温	－18.3℃	月平均最大风速（风向）	27m/s (NW)
极端最高气温	36.2℃	月平均最低地温	－22.1℃
实测最低气温	－34.5℃		

(二) 上水库主要工程地质条件

上水库出露的地层为中奥陶统上马家沟组上段的灰岩和白云岩交互生成，依据岩性差异，可分 8 个小层，其中 O_{2s}^{2-1}、Q_{2s}^{2-3}、Q_{2s}^{2-5}、Q_{2s}^{2-7} 岩层为灰岩层，O_{2s}^{2-2}、Q_{2s}^{2-4}、Q_{2s}^{2-6} 岩层为白云岩层。上库库盆处于宽缓倾伏背斜轴部，岩层均倾向库外，倾角为 6°～9°。断层多沿 NE 向发育，均属张扭性高倾角断层。裂隙发育主要有 NE、NW、NEE 三组，以 NE 最为发育，岩溶作用较强烈，常沿 NE 向形成溶蚀宽缝、溶洞等。透水性属于弱～中等透水，其吕容值多为 1～10 和 10～100。岩石的风化程度受岩性控制，灰岩风化较弱，白云岩风化较强，致使岩体风化在竖向呈现深浅风化程度交替出现。上水库库岸出露的 O_{2s}^{2-6} 层为风化强烈的泥质白云岩，角砾状白云岩，风化极不均一，岩体变形模量很低。

三、沥青混凝土防渗面板设计及地基处理

(一) 防渗面板的工作条件

上水库防渗面板处于水位变动频繁、变幅较大的工作条件，水位变幅约 25.5m，最大降落速度

5m/h。上水库实测最低气温达−34.5℃，水位变动区防渗面板冬季运行期经常会从水下突然暴露在大气中，急速受冻。夏季最高气温达36.2℃，水位变动区防渗面板夏季运行期暴露在大气中，经受太阳辐射热的作用。此外，面板下地基受库岸出露的O_{2s}^{2-6}风化强烈的泥质白云岩以及溶洞、溶蚀宽缝的影响等，地基介质不均匀，极易产生不均匀沉降。因此，对有严格防渗要求的沥青混凝土面板，针对上述不利的工作条件必须采取相应的工程处理措施。

（二）不均匀地基对防渗面板的影响及处理措施

抽水蓄能电站上、下水库采用全面防渗时，应十分注意防渗层下基础和地基的处理。即便采用黏弹性材料做防渗衬砌，也应对岩基内分布的破碎带、断层、软弱夹层、客斯特溶洞、溶槽及变形特性有明显差别的地层做适当加固。这一点已被国内外工程实践经验所证实。

1. 不均匀地基对防渗面板的影响

（1）O_{2s}^{2-6}层为风化强烈的泥质白云岩、角砾状全风化的白云岩，出露在上水库库岸的岸坡上，经现场测试：①全风化泥质角砾状白云岩E_0=20～30MPa；②全强风化泥质角砾状白云岩（较好的能分辨出层理）变形模量E_0=60～80MPa；③强风化薄层白云岩E_0=260～400MPa。其与上下侧较完整岩体的垂直变形模量相差可达近千倍。通过对O_{2s}^{2-6}软层岩体不进行开挖换置处理和开挖换置处理二维面板应力变形计算及相应段三维有限元计算成果相对比，主要结论如下：

1）当O_{2s}^{2-6}软弱岩体变形模量达到50MPa时，面板的应力和应变状况均得到显著改善，计算面板最大顺坡向拉应变小于0.1%，开挖换置处理效果不再明显。这种情况可不做开挖换置处理。

2）通过对O_{2s}^{2-6}软弱岩体开挖换置材料不同方案比较，采用开挖2m换置水泥碎石掺和料回填，E_0=1000MPa，计算面板顺坡向拉应变可控制在0.1%以内。

3）在满库水载荷作用下，软弱岩层与反弧段的组合效应对面板应力应变最为不利，该段应加强处理措施。

（2）库底和坝基发育的溶洞和溶蚀宽缝是又一产生不均匀变形的隐患，施工阶段进行了严格的普查工作，库盆地基全面开挖完成后，进行地质编录，并采用地质雷达等手段探查，要求探明建基面以下10m内潜伏的溶洞分布。通过二维有限元计算，对溶洞和溶蚀宽缝出露在地基不同部位及其尺寸大小对面板的影响进行了分析，主要得出以下认识：

1）溶洞不同埋深及不同洞高对其顶板最大位移和拉应力的影响。由图20-4-1可看出，当溶洞宽3m，埋深1m，高6m时，顶板岩石出现最大拉应力1.261MPa，比高3m的溶洞，顶板最大拉应力1.03MPa，增大约22%。如埋深加深到3m时，与上述同样条件下顶板最大拉应力分别为0.251MPa和0.25MPa，拉应力明显减小，两者也更接近。因此，工程处理应十分注意埋深浅，高度较大的溶洞的影响。

2）溶洞宽度对其顶板岩体位移和拉应力的影响。由图20-4-2可以看出，当溶洞埋深小于3m，宽度大于5m时，其上部灰岩顶板拉应力将大于0.5MPa，超出岩体的承载能力。

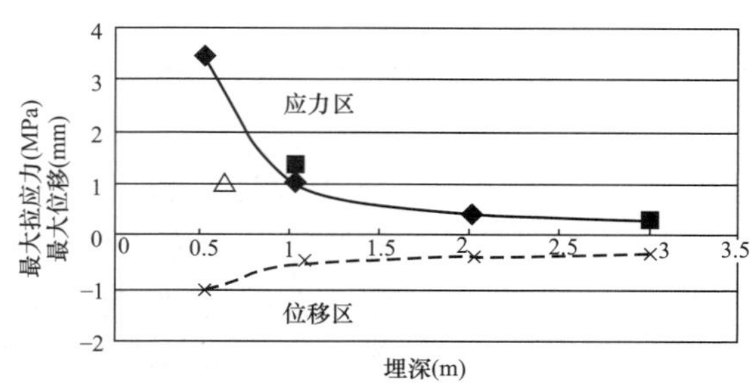

图20-4-1　溶洞不同大小与埋深对其上部岩体最大位移及最大拉应力的影响

◆—3m×3m洞应力；■—3m×6m洞应力；△—1m×1m洞应力；×—3m×3m洞位移

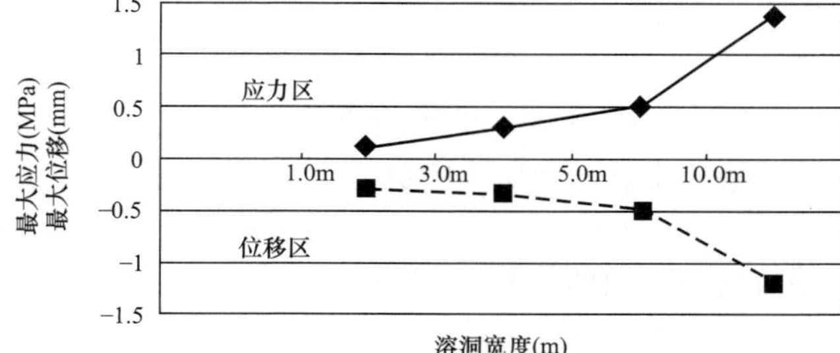

图20-4-2　不同溶洞宽度对溶洞顶部岩体最大位移及最大拉应力的影响

◆—最大应力；■—最大位移

2. 地基处理

对O_{2s}^{2-6}层风化严重的泥质白云岩，变模小于50MPa、面积大、高程低于1483m的软弱层，采用开挖深 2m，顺坡挖除软弱夹层，以湿拌水泥碎石掺和料碾压回填换置处理；对 1483m 高程以上的软弱夹层，采用开挖深 2m，顺坡开挖到库顶 1493.3m，以干拌水泥碎石掺和料碾压回填换置处理。在换置料底面铺设 ϕ100mm 间距 5m 的透水管与防渗面板下排水垫层连接。

湿拌水泥碎石掺和料配合比为：水泥 55kg/m^3，水 60kg/m^3，级配碎石垫层料。预计换置料变模在 1000MPa 左右。

干拌水泥碎石掺和料配合比为：水泥 60kg/m^3，级配碎石垫层料，实际施工时掺加了少量的水。

3. 坝基、库盆溶洞、溶蚀宽缝、裂隙处理

溶洞、溶蚀宽缝、裂隙处理以控制地基变形为目标，按照洞、缝的尺寸大小分类清理，挖除充填物，以锚杆洞塞混凝土回填与地基联合起支撑作用，处理深度在 3m 范围以内的洞穴和宽缝。

对于溶洞，小于 50cm 的空洞，埋深在 3m 以内，采用开挖清除充填，回填 C20 混凝土处理；小于 300cm，深度不详的空洞，开挖后均挖深 3m，打锚杆回填 C20 混凝土，上部 1m 厚混凝土按断层塞处理；揭露洞穴最小宽度 3～10m，开挖揭露后，最大掏挖深度 3～5m，下部回填混凝土，上部 2m 按断层塞处理，加设锚杆和配置受力筋；揭露洞穴最小宽度大于 10m 时，掏挖深度不小于 5m，先回填 2m 厚夯实碎石垫层，设置锚杆，上部 3m 厚混凝土按断层塞设计。

对于无填充的溶蚀宽缝和裂隙，均采用流态混凝土（C20）回填，并留灌浆管进行回填灌浆。

（三）沥青混凝土面板各层设计温度的确定

1. 设计环境气温

站址附近气象站观测气象资料较长，选取由观测值推算的上水库极端温度为设计环境气温，见表 20－4－2。

表 20－4－2　　上水库设计环境气温值

季节	观测推算极端温度（℃）	50 年超越概率的温度（℃）	100 年超越概率的温度（℃）	设计外界气温（℃）
夏季	36.2	36.0	36.9	36.2
冬季	－34.5	－33.8	－35.2	－34.5

2. 沥青混凝土面板设计最高温度

2003 年 8 月 21 日～31 日在西龙池抽水蓄能电站工地进行了沥青混凝土太阳辐射温升系数的试验，试验地点在下水库左坝肩堆渣上，坡度 1∶2，坐北向南，试件尺寸是 ϕ100mm×63mm，沥青含量 7.5%，加纤维 0.2%，石灰 0.7%，成型温度 130℃，空隙率约 2%。测定时间 9：25～15：00，太阳光照度变化在 110～887lx，外界温度变化在 17～34℃，以半小时为测定温度间隔。试验结果：沥青混凝土表面温升系数最大为 1.692。此值与一般工程中考虑面板受太阳辐射热的影响，表面最高温升系数 1.6～1.8 倍的经验值相符。考虑夏季高温太阳热辐射作用，西龙池电站以温度 70℃作为斜坡沥青混凝土面板热稳定控制指标。

3. 沥青混凝土面板设计最低温度

（1）日本京极抽水蓄能电站的试验。沥青混凝土面板是由感温性材料制作的多层构造，在建的日本北海道京极抽水蓄能电站首先考虑面板热传导特性来确定各层的设计最低温度。京极抽水蓄能电站进行了沥青混凝土面板室内温度传导试验，其试验方法是，将模拟试件放在可变温箱内，变化箱内温度测定各层实际温度。试件的下端地基考虑地热保温效应，控制在 0℃，试件四周用发泡氨基甲乙酯绝热，使热传导仅沿竖向各层深度方向进行。经 5 次温度循环，各层温度几乎无变化时，测定其温度，实测成果如图 20－4－3 所示。外界最低气温设为

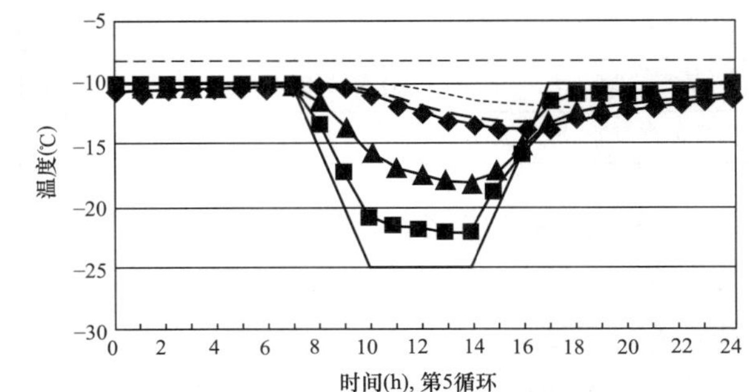

图 20－4－3　京极抽水蓄能电站各层最低温度模拟试验成果

——外气温；—■—表面保护层表面；—▲—上密级配层上面；—◆—开级配层上面；－－－－－下密级配层上面；--------粗级配层上面；－－－－－过渡层上面

-25℃，保护层表面的最低温度为-22℃，上防渗层上表面最低温度约-18℃，与外界气温有7℃温差；随着深度增加，受外温度的影响程度降低；各层温度间存在时滞现象。

通过北京国电公司在低温箱内进行的冻断试验，40mm×40mm×100mm的试件在降温速率约为60℃/h时测得试件内外温差为4～6℃，进一步验证了日本的试验成果。

(2) 西龙池抽水蓄能电站面板最低温度的计算分析。上水库防渗面板根据工作条件不同，可划分为以下二个区域：①死水位以下斜坡及库底区；②斜坡水位变动区。死水位以下斜坡与库底区经常处于水下，假设库底沥青混凝土面板冬季最低温度为2℃，核算承受水载荷作用地基不均匀变形条件下面板内产生的拉应变。斜坡水位变动区是面板最不利的工作区域，存在两种工况：①库满状态，与死水位以下区域相同需核算沥青混凝土面板在2℃时，承受水载荷作用地基不均匀变形条件下面板内产生的拉应变；②库空无水状态，面板暴露于冬季低温下，应核算沥青混凝土面板抗冻断能力。以下叙述第二种情况下沥青混凝土面板各层设计最低温度确定的方法。

1) 冬季环境温度。工况1，冬季施工期及运行期防渗面直接暴露在环境气温中，面板表面初始温度-15℃，垫层下初始地温3℃，遇气温骤降。假设日气温变化过程见表20-4-3。工况2，冬季电站运行期发电，面板表面初始温度为2℃，垫层下初始地温5℃。发电工况，库水位降落，面板暴露于环境最低气温-35℃中。假设日气温变化过程见表20-4-4。沥青混凝土面板热物理参数按试验成果取值。

表20-4-3　工况1日气温变化过程

温度(℃)	-15	-23	-35	-35	-26	-15
时间(t)	17	19	28	32	35	41
对应钟表时间(h)	17：00	19：00	4：00	8：00	11：00	17：00

表20-4-4　工况2日气温变化过程

温度(℃)	2	-25	-35	-35	-26	-15	-15	2
时间(t)	18	18	24	28	33	39	42	42
对应钟表时间(h)	18：00	18：00	24：00	4：00	9：00	15：00	18：00	18：00

2) 计算成果。沥青混凝土面板热传导计算，采用非恒定热传导计算方法。工况1条件下经历24h，即一个最低温度日循环后，沥青混凝土面板封闭层表面下0.2cm处的最低温度为-28.54℃，发生在第15h，即第2天早晨8：00点。工况2条件下经历24h，即一个最低温度日循环后，沥青混凝土面板封闭层表面下0.2cm处的最低温度为-27.72℃，发生在第12h，即第2天早晨6：00点。各层温度过程线如图7-3-21所示。

3) 上水库斜坡沥青混凝土面板各层设计最低温度。根据上述计算成果，确定斜坡水位变动区沥青混凝土面板各层设计最低温度见表20-4-5。

表20-4-5　沥青混凝土面板各层冬季设计温度表

层　次	表面封闭层	防渗层	整平胶结层	地基垫层
设计温度(℃)	-35	-29	-21	-15

(四) 沥青混凝土面板主要技术性能指标

沥青混凝土面板主要技术性能指标可归纳为以下几项：①防渗性能；②抗高温斜坡流淌值；③低温抗裂；④受力适应地基变形；⑤水稳定性；⑥抗老化性；⑦可施工性等。这里主要针对西龙池抽水蓄能电站上水库防渗面板特殊的工作条件，按照面板的不同部位对①～④项指标提出控制标准，其他各项指标具有通用性，不再赘述。

(1) 沥青混凝土面板结构分层及渗透性指标见表20-4-6。

(2) 抗高温斜坡流淌控制指标见表20-4-7。

表 20-4-6　　沥青混凝土面板结构分层及渗透性指标

结构分层	材料级配	厚度（cm）	渗透系数（cm/s）
整平胶结层	开　级　配	10	$5\times10^{-3}\sim1\times10^{-4}$
防　渗　层	密　级　配	10	$\leqslant1\times10^{-8}$
加　厚　层	密　级　配	5	$\leqslant1\times10^{-8}$
封　闭　层	沥青玛蹄脂	0.2	

表 20-4-7　　斜坡流淌值控制指标

序号	结构分层	沥青种类	防渗面板部位	单位	斜坡流淌值 1∶2，70℃，48h		
1	整平胶结层	普通沥青		mm	≤0.8	≤1.5	
2	防渗层	改性沥青	斜坡、反弧段	mm	≤0.8	≤2.0	
		普通沥青	库底				
3	封闭层	改性沥青	斜坡、反弧段	mm			不流淌
		普通沥青	库底				
	检测标准					Van Asbeck	

（3）适应地基变形及低温抗裂控制指标见表 20-4-8。

表 20-4-8　　适应地基变形及低温抗裂控制指标

序号	结构分层检测标准	防渗面板部位	弯曲应变（%）	拉伸应变（%）	冻断温度（℃）
			t=2℃变形速率 0.5mm/min	t=2℃变形速率 0.34mm/min	
1	防渗层	斜坡及反弧段	≥3	≥1.5	低于−38
		库　　底	≥2.25	≥1.0	低于−35
2	封闭层	斜坡及反弧段	—	—	低于−40
		库　　底	—	—	低于−35

（五）对原材料的要求

水工沥青混凝土由沥青（包括普通沥青与改性沥青）、粗骨料、细骨料、填料、掺料和其他辅助材料组成。其主要技术指标规定如下：

（1）沥青。改性沥青需不低于表 20-4-9 规定的性能指标，主要适用于上水库库岸斜坡、坝坡、反弧段防渗层、库岸斜坡和反弧段的加厚层，及上水库相应部位封闭层。普通沥青性能见表 20-4-10，主要适用于上水库库底防渗层和其加厚层、整平胶结层及库底封闭层。

表 20-4-9　　改性沥青性能指标

序号	检验项目			单位	指标	检测标准	备注
1	加热前的特性	针入度（25℃）100g，5s		1/10mm	≥80	JTJ052T 0604—2000	
2		针入度指数 PI			≥−0.6	JTJ052T 0604—2000	非强制性指标
3		软化点（环球法）		℃	≥50	JTJ052T 0606—2000	
4		延度	15℃（5cm/min）	cm	≥150	JTJ052T 0605—1993	
			5℃（5cm/min）	cm	≥40		
5		含蜡量		%	≤2	JTJ052T 0615—2000	裂解蒸馏法
6		脆点		℃	<−20	JTJ052T 0613—1993	
7		溶解度		%	≥99	JTJ052T 0607—1993	三氯乙烯
8		含灰量		%	≤0.5	JTJ052T 0614—1993	质量百分比
9		闪点		℃	>230	JTJ052T 0611—1993	
10		25℃弹性恢复		%	≥60	JTJ052 0662—2000	
11		离析		℃	≤2.5	JTJ052 0661—2000	
12		135℃动力黏度		Pa，s	≤3	JTJ052 0619—1993	

续表

序号	检验项目			单位	指标	检测标准	备注
13	加热后的特性	质量损失		%	≤1.0	JTJ052T 0610—2000	旋转薄膜烘箱试验 163℃，5h
14		软化点升高		℃	≤5	JTJ052T 0606—2000	
15		针入度比（25℃）		%	≥55	JTJ052T 0604—2000	
16		脆点		℃	≤−18	JTJ052T 0613—1993	
17		延度	15℃（5cm/min）	cm	≥100	JTJ052T 0605—1993	
			5℃（5cm/min）		≥25		

表 20-4-10　　沥青性能指标

序号	检验项目			单位	指标	检测标准	备注
1	加热前的特性	针入度（25℃）100g，5s		1/10mm	70～100	JTJ052T 0604—2000	
2		软化点（环球法）		℃	45～52	JTJ052T 0606—2000	
3		延度	15℃	cm	≥150	JTJ052T 0605—1993	5cm/min
			5℃	cm	≥10		
4		脆点		℃	≤−10	JTJ052T 0613—2000	1cm/min
5		含蜡量		%	≤2	JTJ052T 0615—1993	裂解蒸馏法
6		密度（25℃）		g/cm³	实测	JTJ052T 0603—1993	
7		溶解度		%	≥99	JTJ052T 0607—1993	三氧乙烯
8		含灰量		%	≤0.5	JTJ052T 0614—1993	质量百分比
9		闪点		℃	>230	JTJ052T 0611—2000	
10	加热后的特性	质量损失		%	≥0.6	JTJ052T 0610—2000	旋转薄膜烘箱试验 163℃，5h
11		软化点升高		℃	≤5	JTJ052T 0606—2000	
12		针入度比		%	≥68	JTJ052T 0604—2000	
13		脆点		℃	≤−7	JTJ052T 0613—1993	
14		延度	15℃（5cm/min）	cm	≥100	JTJ052T 0605—1993	
			4℃（1cm/min）		≥7		

（2）骨料。成品粗骨料（粒径2.36～22.4mm）的技术指标应满足表20-4-11的规定，级配应连续。成品细骨料（粒径0.075～2.26mm）的技术指标应满足见表20-4-12。

表 20-4-11　　粗骨料技术指标

序号	检测项目		单位	技术指标		检测标准	备注
1	吸水率		%	≤2		JTJ058T 0308—2000	
2	含泥量		%	≤0.5		JTJ058T 0310—2000	筛洗法
3	坚固性		%	≤10		JTJ058T 0314—2000	硫酸钠法干湿循环5次，重量损失（或AST-MC88 AASHTO T104）
4	与沥青黏附性			≥4级		JTJ052T 0616—1993	沥青裹覆率大于90%
5	抗热性			在加热条件下，不致引起性质变化			加热温度270℃
6	针片状颗粒含量		%	≤20		JTJ058T 0312—2000	游标卡尺法：颗粒最大与最小尺寸比≥3：1的颗粒为针片状颗粒
7	洛杉矶试验（质量损失）		%	500转	≤40	JTJ058T 0317—2000	冻融试验前后做
				100转	≤8		
8	各粒组过筛率	超径	%	≤10		JTJ058T 0302—2000	方孔筛
		逊径	%	≤10			

表 20-4-12　　　　细骨料技术指标

序号	检测项目		单位	技术指标	检测标准	备　注
1	吸水率		%	≤2	JTJ058T 0330—2000	体积
2	含泥量		%	≤1.0	JTJ058T 0333—2000	筛洗法
3	水稳定等级（一）			≥4级		
4	坚固性（质量损失）		%	≤10	JTJ058T 0336—1994	硫酸钠法，干湿循环5次
5	抗热性			在加热条件下，不致引起性质变化		加热温度270℃
6	有机质含量（天然砂）			浅于标准色	JTJ058T 0336—1994	
7	各粒组过筛率	超径	%	≤5	JTJ058T 0327—2000	方孔筛
		逊径	%	≤5		
8	砂当量（天然砂）		%	≥9	JTJ058T 0334—1994	

(3) 填料。掺加矿粉作为填充料，其矿粉成分应为石灰岩，粒径小于0.075mm。矿粉填料技术指标见表20-4-13。

表 20-4-13　　　　矿粉填料技术指标

序号	检测项目	单位	技术指标	检测标准	备　注
1	含水量	%	≤0.5		
2	密度	g/cm³	>2.6	JTJ058T 0352—2000	比重
3	亲水系数		≤1	JTJ058T 0353—2000	
4	岩相鉴定		石灰岩，不含有机质、泥土等杂质，无结块、团粒		
5	级配	%	0.075mm=100 0.05mm>80 0.03mm>60 0.02mm>20	ISO 13320—1—2000	激光衍射法（粒径小于等于0.075mm部分）
			0.6mm=100 0.15mm>95 0.075mm≥80	JTJT 0351—2000	水洗法（填料的全料）
6	布莱恩细度	cm²/g	>3500	ASTM C204—200	比表面积
7	塑性指数		<4%	JTJ058T 0354—2000	
8	抗热性		受热后不发生颜色变化	JTJ058T 0355—2000	200℃

(4) 掺料。根据施工试验选用可改善沥青混凝土物理力学性能的掺料。

(5) 其他材料。

1) 乳化沥青。阳离子乳化沥青应符合ASTM D244—2000和ASTM D2397阳离子乳化沥青技术规范的有关规定。

2) 塑性材料。适用于沥青混凝土与常规混凝土之间滑移接头。塑性材料技术要求见表20-4-14。

3) 加强网格。可选用聚酯、聚乙烯树脂纤维等，其技术要求见表20-4-15。

表 20-4-14　　　　塑性材料技术指标

序号	项　目	单位	技术指标	备　注
1	断裂伸长率（-10℃）	%	>155	
2	耐热性	℃	>190	材料性质稳定
3	斜坡流淌	mm	≤4	70℃，75°倾角，48h流淌值
4	抗渗性	MPa	≥0.98无渗漏	≤5mm厚，48h，水压
5	压缩试验	℃	≤-40	压缩50%，不皱不裂
6	冻融试验	次	>300	-35℃～+20℃循环，不皱不裂
7	针入度	1/10mm	50～70	25℃，5s
8	最大密度	g/cm³	>1.35	
9	拉断试验		大于沥青混凝土	用冷沥青涂料将塑性材料黏结到砂浆块和沥青混凝土块上进行拉断

表 20-4-15　　加强网格技术指标

序号	项　　目	单位	技术指标	备　　注
1	单位质量	g/m²	>260	
2	网孔尺寸	mm	约 30	
3	最大拉力负荷	kN/m	>50	纵、横向
4	断裂伸长率	%	10～15	纵、横向
5	耐热性	℃	>190	材料性质稳定
6	收缩性	%	约 1	15min，190℃

4）冷沥青涂料。为保证冷沥青混凝土与常规混凝土之间的连接质量，在摊铺塑性材料前，应先在混凝土表面喷涂冷沥青涂料。该涂料是用精选的沥青和高质量的溶剂经专门设计而制成的冷拌沥青涂料，不得对人身和环境造成危害。冷沥青涂料的使用应符合 BS 4147—1980 和 BS 3416—2000 第二类情况规定。

第五节　琅琊山抽水蓄能电站的分裂变及地下厂房“一”字形布置

一、工程概况

琅琊山抽水蓄能电站上水库在琅琊山北麓的山谷洼地修建，集水面积 1.97km²。正常蓄水位 171.8m，死水位 150m，调节库容 1238 万 m³，死库容 506 万 m³。主坝为钢筋混凝土面板堆石坝，最大坝高 64m，副坝采用钢筋混凝土重力坝，最大坝高 18.4m。上水库岩溶发育，库区采用局部防渗。下水库利用已建的城西水库，正常蓄水位 29.0m，发电保证水位 25.0m，死水位 22.0m，发电调节库容 1100 万 m³。电站工作水头 121.0～149.8m，距高比（L/H）约为 9.5。上游竖井式高压钢管采用一洞一机布置，下游尾水洞采用两机一洞布置。地下厂房内安装四台 150MW 的可逆式水泵水轮机，总装机容量 600MW。电站以 2 回 220kV 线路接入安徽主网。

电站主要技术特点有：①在上水库岩溶发育的地质条件，采用了库区局部防渗措施；②地下厂房的主要洞室采用“一”字形布置，发电电动机与主变压器间采用扩大单元接线，主变压器选用三相式分裂绕组变压器。

二、地下厂房区一般地质条件

在上水库和城西下库之间，水道系统沿蒋家洼与丰乐溪之间的山梁布置。厂房位于靠近上水库的地下山体内，地表高程为 130～162m，自然坡度约 24°，与上水库水平距离约 250m，洞室平均埋深 150m 左右。

厂房区围岩主要为上寒武统琅琊山组（$\in_3$Ln）薄层灰岩及薄层夹中厚层灰岩、车水桶组（$\in_3$C）薄层和中厚层灰岩互层及燕山期侵入的花岗闪长斑岩岩脉。

NE 向紧密褶皱和 NW～NWW 向断裂构成了工程区的主要构造骨架，地下厂房位于②号背斜 NW 翼，背斜轴线走向 NE45°左右，岩层产状为 NE45°～50°NW∠70°～85°，与厂房轴线夹角为 55°～60°，岩层挤压紧密，局部出现倒转。厂房区主要发育一花岗闪长斑岩蚀变带及 F_{209}、F_1、F_2 等 7 条断层。厂房区发育的花岗闪长斑岩蚀变带整体上顺层侵入，呈 NE 向展布，宽约 3～15m，横贯厂房上、下游边墙。详细地质条件可见第十章第二节。

三、主厂房、主变压器室、副厂房呈“一”字形布置

基于上述对厂房工程地质条件的认识，洞室围岩避开了较大断层的切割，但厂房和主变压器室围岩类型仍以Ⅲ类以下为主，少量Ⅱ类围岩；按巴顿围岩类别划分，厂房和主变压器室 50%以上洞段处于差和很差的范围，其余多为一般岩体，对大型地下洞室而言多属稳定性差的围岩。厂区蚀变花岩岗闪长斑岩整体呈 NE 向展布，以厂房轴线大角度相交，并向下游倾伏，倾伏角约 35°，宽度和产状变化较大，空间形态规律性较差，据编录资料统计，蚀变带轻微、中等、严重蚀变岩体所占比例依次为 28.48%、44.34%、27.18%。从工程地质方面考虑，研究如何减少地下厂房洞室群交错对围岩稳定的影响及减少洞室数量的布置方案是十分必要的。

经多方案布置比较，采用安装场布置在主机间中间，主变压器布置在厂房两端部，副厂房布置在变压器室的顶部，与四台机组呈一字形布置，取消了平行于主厂房下游侧单独的主变压器洞和两大洞室间相互连接的四条母线洞。主厂房下游排水廊道加宽加高兼作主变运输道。出线竖井布置在主变压器运输洞右下游侧，电缆经出线洞、竖井引至地面开关站。厂房发电机层平面布置如图 20－5－1 所示。

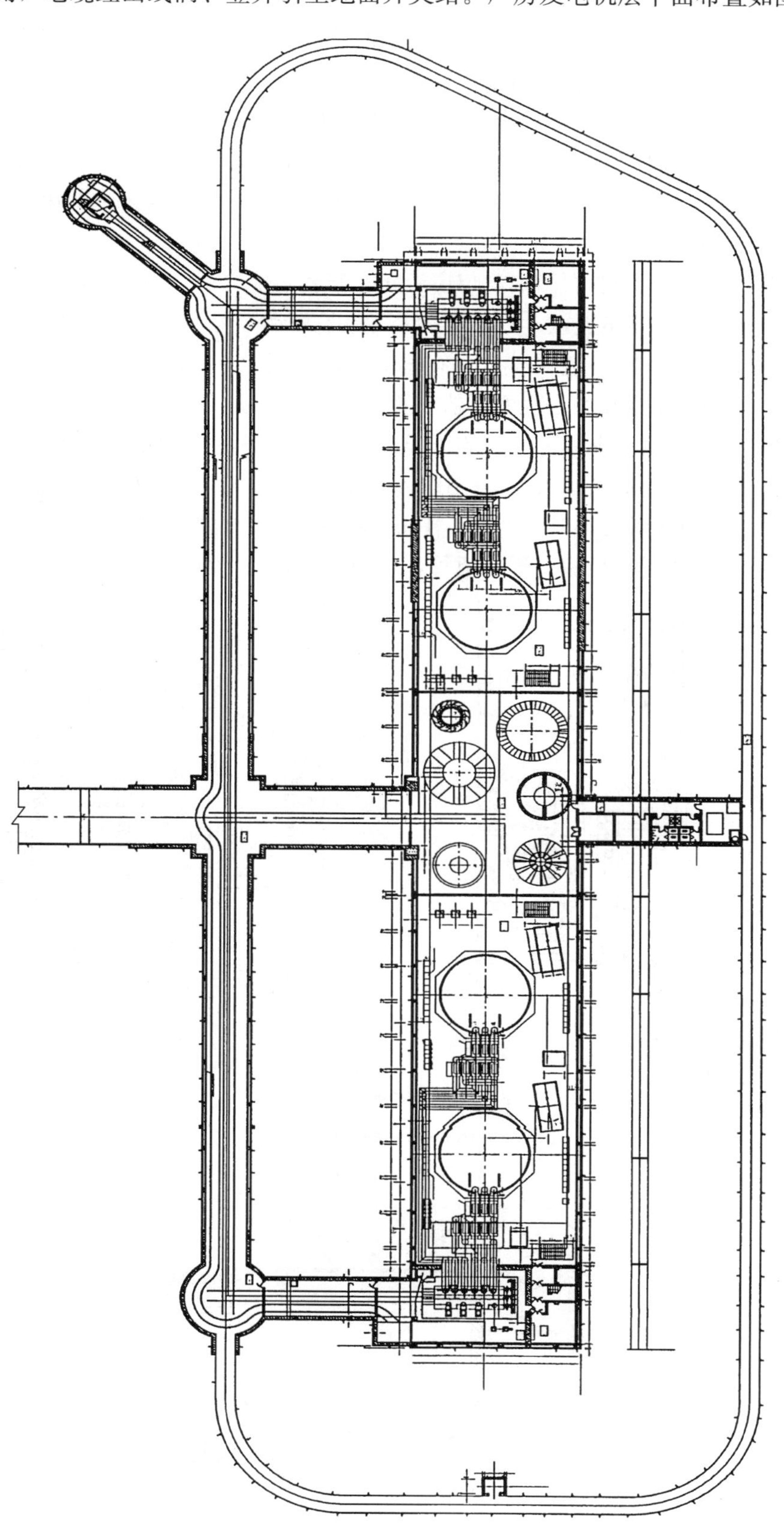

图 20－5－1　琅琊山抽水蓄能电站地下厂房发电机层平面布置图

（一）主厂房布置

主机间高度：机组水泵工况吸出高度 $H_S = -32m$，下水库死水位 22.0m，确定机组安装高程 －10.0m，主厂房基础开挖高程－24.0m，发电机层高程 2.5m，轨顶高程 11.5m，厂房顶拱为圆弧拱，矢跨比 0.25，拱高 5.27m，主厂房开挖总高度 46.17m。

主机间跨度：主厂房开挖跨度 21.5m，主机间上游侧开挖宽度 12.25m。机组间距 22.5m。机组段总长 101.06m。主机间自上而下依次布置发电机层、母线层、水轮机层、蜗壳层和尾水管层。压力钢管与厂房纵轴线交角为 80°，尾水支管轴线与厂房轴线交角为 59°。

安装间布置在主机间中部，与发电机层同高程，长 30m，净宽 20.3m，开挖跨度 21.5m。下设一层半附属房间，基础开挖高程－7.10m。交通洞由下游进入安装间，主变压器运输洞两条轨道伸至安装间内。

（二）主变压器室及地下副厂房布置

主变压器室布置于主机间的左右两端，与主机间、安装间呈“一”字形布置。1 号主变压器布置在 1 号机组的右端，2 号主变压器布置在 4 号机组的左端。1 号和 2 号主变压器室布置类同，开挖尺寸为 13.55m×21.5m×24.57m（长×宽×高），净宽 19.9m，顶拱由单圆弧组成，矢跨比 0.22，矢高 4.8m，顶拱高程 22.17m。1 号和 2 号主变压器布置在 2.5m 高程（发电机层），层高 8.5m，布置有主变压器、主变冷却器、消防器、事故油池和变压器运输道等。1 号主变压器室上部布置两层，11m 高程布置地下控制室、动力盘室、通风动力盘等；在 14.6m 高程布置二次盘柜室、二次试验室、观测室、1 号通风机室等。2 号主变压器室上部布置两层，11m 高程主要布置动力盘室、通风动力盘、通讯室、设备间；15.1m 高程布置 2 号通风机室、通风道等，如图 20－5－2 所示。

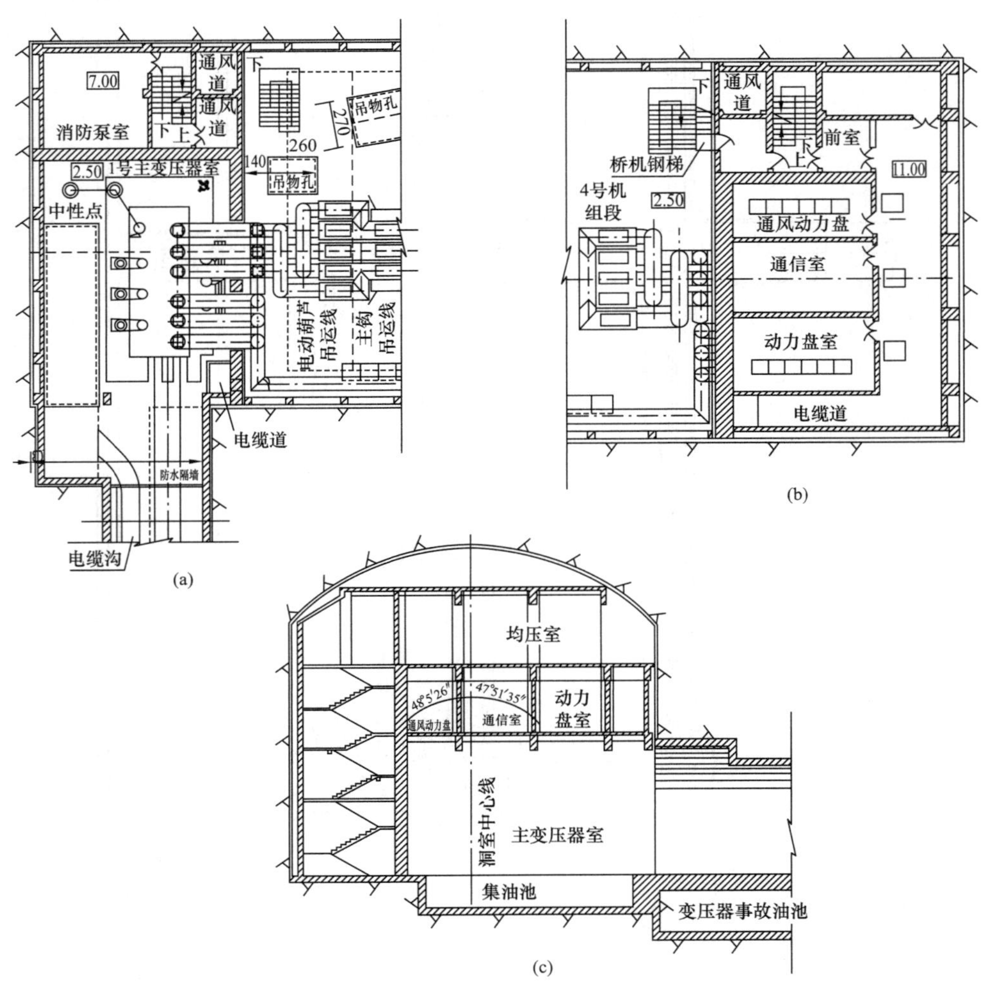

图 20－5－2　琅琊山抽水蓄能电站地下厂房主变压器室布置图

(a) 1 号主变压器室 ∇7.0m 平面布置图；(b) 2 号主变压器室 ∇11.0m 平面布置图；(c) 横剖图

主变压器运输洞平行布置在主厂房下游，两洞室净间距为20m，主变压器运输洞作为主变压器检修和安装运输通道，兼排水廊道及高压电缆通道。

1号和2号主变压器室分别作为独立的防火分区，主变压器室与主厂房、副厂房之间的墙为耐火极限大于4小时的防火墙。主变压器室与主厂房间设置0.65m厚的混凝土隔墙，不设直接通向主机间的门。主变室设向外开的甲级防火门。

2台220kV三相强迫油循环水冷式分裂变压器，采用固定水喷雾灭火装置和火灾自动报警装置，并配有独立消防供水系统，其设计压力为0.4～0.6MPa，喷雾头分层布置，水雾覆盖变压器所有部位，水雾水量不小于20l/min·m^2，储油坑上的喷射密度不小于6l/min·m^2，连续喷射时间不小于24min。主变压器室内布置感温探测器、感烟探测器，并设有火灾报警控制装置等。

主变压器放在储油坑上，坑口有效容积可容纳20%主变压器油和消防水量，设计深度2m。主变压器事故油及消防水由储油坑经事故排油管排至事故油池，每个事故油池容积按可容纳一台主变压器全部油量和消防灭火水量设计。两个事故油池分别布置在与1、2号主变压器室相通的主变压器运输洞地面以下。

四、电气主接线和电气设备优选

根据琅琊山电站在系统中的作用及电站厂房区地质条件较差所采用的厂房布置方式，本着电气主接线"接线简单、运行灵活、安全可靠和经济合理"等基本原则，对该电站电气主接线和电气设备进行优选。

（一）发电电动机与主变压器之间的组合方式

随着近年来电力设备制造技术的进步和对国外抽水蓄能电站接线的研究，扩大单元接线以其"接线简单、运行灵活、经济合理"的优点，在国外抽水蓄能电站中得到广泛应用。尽管由于某些条件限制，扩大单元接线在我国抽水蓄能电站中尚未采用过，但对国外厂家的设备生产能力、运行可靠性及经济性在国内逐渐得到认同。琅琊山抽水蓄能电站结合地下厂房"一"字形布置的需要，选定扩大单元接线，2台360MVA双分裂变压器。取消主变压器高压侧联合单元GIB和设备，简化电气主接线，节省电气设备和土建投资。琅琊山抽水蓄能电站主接线图如图20-5-3所示。

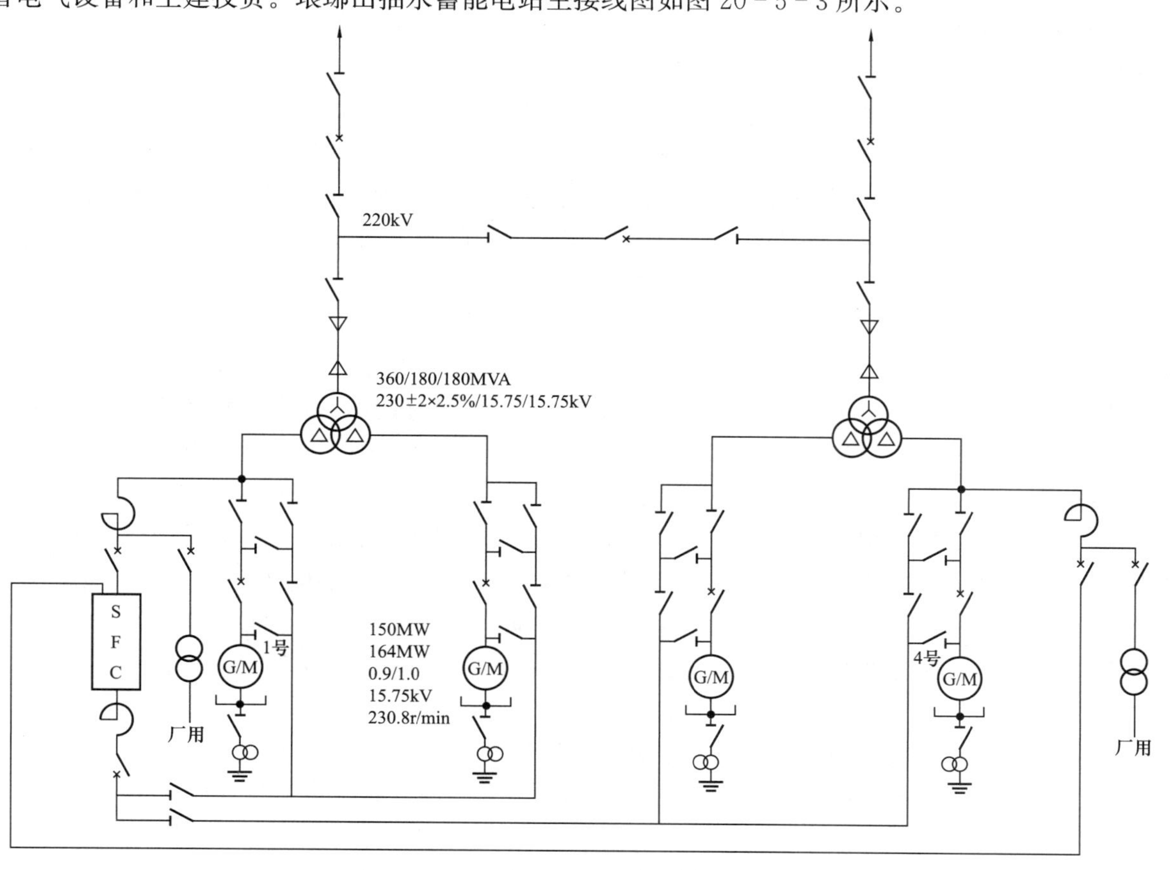

图20-5-3 琅琊山抽水蓄能电站主接线图

（二）电气设备优选

减少离相封闭母线的长度。由于采用了发电机断路器成套设备，缩短了封闭母线的长度，由225三相米缩短成约114三相米。采用发电电动机断路器成套设备替换常规发电电动机电压回路设备，不但可减少发电电动机电压回路设备的布置场地，还节省设备投资。

增加4台套主变压器低压侧避雷器。对抽水蓄能电站，由于机组停运后需断开机组，当高压侧倒送厂用电时，分裂变压器的低压绕组会出现开路运行的情况，故在变压器低压绕组出线安装一组避雷器，以防止高压绕组雷电波的静电感应电压危及低压绕组绝缘。

增加220kV XLPE高压电缆。由于取消了主变压器洞和母线廊道，主变压器布置在主厂房两侧，使得高压电缆的长度约增加174三相米。

五、优选方案的经济性

（1）将联合单元接线改为扩大单元接线，由4台180MVA双绕组主变压器改为2台360MVA双分裂变压器，其设备投资可节约390万元；取消主变压器高压侧联合单元连接的GIB和设备，可节省投资500万元。

（2）采用发电机断路器成套设备，封闭母线长度由225三相米缩短到约114三相米，节省投资约654万元。发电机断路器成套设备替换常规发电机电压回路设备，节约投资700万元。

（3）增加220kV XLPE高压电缆174三相米，增加投资176万元。

（4）取消主变压器洞和4条母线洞，可节省土建投资约590万元。将安装场布置在中部，减短了厂房高边墙的连续长度，增加厂房边墙围岩的稳定性。

综合所述，琅琊山抽水蓄能电站采用“一”字形厂房布置及相应电气主接线和电气设备的优选，在技术上可行，对地下洞室围岩稳定有利，工程量节省，匡算投资可节省2658万元。

第六节　土工膜在泰安抽水蓄能电站上水库库底防渗中的应用

一、上水库工程概况

泰安抽水蓄能电站上水库利用库盆开挖料填筑坝形成。坝址以上流域面积1.43km^2，水库正常蓄水位410m，死水位386m，总库容1127万m^3，调节库容890.98万m^3，死库容237.25万m^3。

上水库主要由拦河坝、库盆及其防渗设施、进/出水口、导流洞等组成。坝线位于樱桃沟和巴上沟交汇处的上游，利用库盆扩挖开采的石料修建混凝土面板堆石坝，坝顶长547m，坝顶宽10m，最大坝高99.8m。坝体自上游至下游分为混凝土面板、垫层、过渡层、主堆石区、次堆石区等。坝前连接板将堆石坝混凝土防渗面板与库区底部的防渗土工膜相连。

上水库出露的地层主要为泰山杂岩、后期侵入的岩脉及第四纪冲洪积物及坡残积物。樱桃园沟有一条区域性断层F_1，断层宽约33～52m。F_1断层具有横向相对不透水性，将库区左、右岸分隔成两个不同的水文地质单元。其左岸山体雄厚，岩石新鲜完整，具有良好的不透水性，因而不必进行专门的防渗处理。而右岸山体横岭，其节理密集发育，渗透性好。由于厂房探硐的开挖，使横岭长期观测孔测得的地下水位呈下降趋势，低于或接近相应的樱桃园沟沟底高程，并低于正常蓄水位。节理裂隙密集带的渗透系数k=6.5m/d。据计算，坝线上游距离坝线600m范围渗漏量可达5819m^3/d。电站建成后，地下厂房及其附属洞室群将成为渗漏排水点。为保证地下厂房系统的安全运行，库盆右侧必须进行全面防渗处理。

库盆采用综合防渗措施。水库右岸横岭采用混凝土面板防渗，靠主坝与堆石面板相接，沿右岸的库盆上游延伸700m。防渗面板厚30cm，下铺80cm厚的垫层，面板分缝间距12m，采用止水铜片和面层柔性填料止水。

在库底的填渣面上，设土工膜防渗结构支持层、席垫和1.5mm厚单层高密度聚乙烯（HDPE）土工膜防渗层，土工膜与右岸防渗面板、堆石坝面板相连，其余周边做锁边灌浆帷幕。锁边灌浆帷幕线沿库底观测廊道边墙布置，帷幕一般深20～60m，在F_1、F_2等断裂带处局部加深。锁边帷幕与左岸坝基帷幕及右岸库尾侧防渗帷幕连成整体。具体布置如图20－6－1和图20－6－2所示。

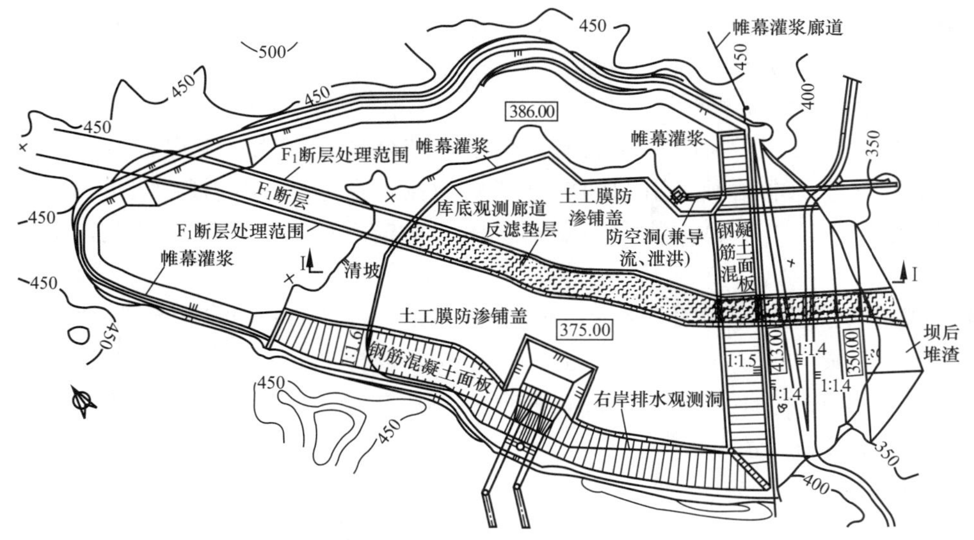

图 20-6-1　泰安上水库枢纽平面布置示意图

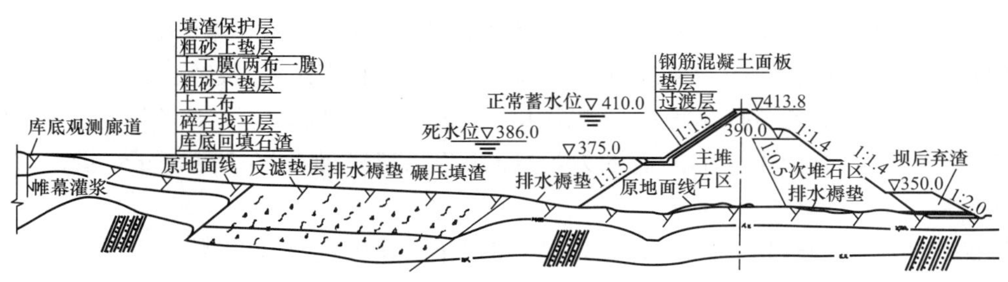

图 20-6-2　泰安上水库纵剖面示意图

二、土工膜选材和性能

（一）土工膜材料选择

通过对各类土工膜的特性，及其在国内外防渗工程中应用情况的分析比较。采用从材料性能、施工工艺特性、应用经验三个方面加权评分的方法进行评选，结合泰安电站上水库土工膜防渗工程特点，参考美国 GIS（土工膜研究所）的建议，赋予各项的权重。综合评分总分 100 分，材料性能 45 分，施工 30 分，应用 10 分，经济性 15 分，综合评分成果见表 20-6-1。选定高密度聚乙烯（HDPE）作为防渗材料。HDPE 具有优异的温度适应指标、可焊接性、耐久性和抗老化能力、耐环境应力开裂能力及抗刺破能力。经过理论计算分析和借鉴国外类似工程经验，选用膜厚为 1.5mm 单层 HDPE，上、下铺设 500g/m^2 的纯新涤纶针刺非织造型土工织物。

表 20-6-1　　泰安工程土工膜选材综合评分表

项　目　名　称		单项总分	HDPE	LDPE	PVC	CSPE
材料性能	抗拉强度及伸长率	15	14	13	10	10
	抗疲劳性	10	9	9	7	7
	抗刺破、撕裂性（有土工织物保护）	10	9	8	6	6
	耐久性	10	9	9	7	7
施工工艺	裁剪施工	5	4	4.5	3.5	3
	焊接施工	10	4	5	8	7
	铺设施工	10	6	6	7	7
	检修方便性	5	3	3	5	4
应用情况	国内工程应用	5	5	4	3	2
	欧、美工程应用	5	4	3	4.5	3
投　资	经济性	15	11	12	14	11
综　合　评　分		100	78	76.5	75	70

根据室内模拟承载试验，优化了土工膜下垫层材料级配，增加了土工席垫保护层，验证了1.5mm厚HDPE土工膜防渗结构的安全性和可靠性。

（二）土工膜技术参数指标

根据选材分析研究和各厂家产品性能测试结果，结合规程规范、工程特点、产品生产制造能力等因素，提出泰安蓄能电站所采用HDPE土工膜的技术指标，作为材料采购和入仓施工质量检验的标准。要求选用HDPE土工膜不能含增塑剂、化学稳定性好、土工膜为黑色，炭黑含量大于等于2%。

（1）物理性能指标。关于单位面积质量，根据国标GB/T 13762—1992《土工织物单位面积质量的测定方法》，单一土工膜（1.5mm厚）不小于1400g/m^2，复合土工膜单位面积质量不小于1900g/m^2。单一土工膜（1.5mm）厚度不小于1.40mm，复合土工膜500g/m^2/1.5mm厚度不小于4mm。土工膜厚度极限正误差为0.18mm。

（2）力学性能指标。

1）抗拉强度。采用宽条样法测试单一土工膜最大断裂拉伸强度，纵向应大于6.0kN/20cm，相应伸长率大于12%；横向应大于6.0kN/20cm，相应伸长率大于13.5%。复合土工膜断裂拉伸强度纵向应大于8kN/20cm，相应伸长率大于30%；横向应大于7kN/20cm，相应伸长率大于50%。

2）直角撕裂强度和撕破强力。按照QB/T 1130—1991《塑料直角撕裂性能试验方法》进行，要求单一土工膜（1.5mm厚）测试结果应满足GB/T 17643—1998《土工合成材料，聚乙烯土工膜》中GH-2的规定（≥100N/mm）。复合土工膜的撕破强力，按GB/T 13763规定的方法测试，要求撕破强力不小于1.15kN。

3）CBR顶破强度。单一土工膜（1.5mm厚）的CBR顶破强度要求不小于3.0kN，复合土工膜500g/m^2/1.5mm的CBR顶破强度要求不小于5.0kN。

4）刺破强度。刺破强度是反映其抵抗小面积集中荷载（如有棱角的石子和树枝）的能力，按SL/T 235—1999《土工合成材料测试规程》中刺破试验规定进行，单一土工膜（1.5mm厚）刺破强度大于0.3kN，500g/m^2/1.5mm的复合土工膜刺破强度要求大于0.75kN。

5）抵御穿透能力。根据GB/T 17630—1998《土工织物及有关产品，动态穿孔试验法　锥法》进行测试，用落锥穿透试验所得的孔眼大小评价土工膜抵御穿透能力。单一土工膜（1.5mm厚）的破洞直径要求小于5.0mm，复合土工膜500g/m^2/1.5mm的破洞直径要求小于4.5mm。

6）防渗性能。渗透系数均应小于5.0×10^{-12}cm/s。抗渗强度要求在压力1.05MPa，加压48h时，单一土工膜（1.5mm厚）和复合土工膜（500g/m^2/1.5mm）均不出现破坏现象。

（三）土工织物的技术要求

（1）物理性能指标。

1）单位面积质量。根据GB/T 13762—1992《土工织物单位面积质量的测定方法》进行测试，要求500g/m^{2}土工布的单位面积质量不小于470g/m^2。

2）厚度。要求500g/m^{2}土工布的厚度不小于3.6mm。

（2）力学性能指标。

1）抗拉强度。采用宽样条法测试，要求纵向与横向断裂强度应大于3.2HN/20cm，相应的断裂伸长率应大于25%。

2）撕裂强度。主要反映材料抵抗扩大破损裂口的能力，测试标准主要依据水利部行业标准《土工合成材料测试规程》，纵向和横向撕裂强度均应不小于0.42kN。

3）握持强度。主要反映土工织物分散集中力的能力。根据SL/T 235—1999《土工合成材料测试规程》中握持拉伸试验，纵向和横向握持强度均应不小于1.0kN。

4）防渗指标。垂直渗透系数K应大于2.0×10^{-2}cm/s。水平渗透系数在压力为100kPa条件下，K应大于6.0×10^{-2}cm/s；在压力为200kPa条件下，K应大于5.0×10^{-2}cm/s；在压力为400kPa条件下，K应大于3×10^{-2}cm/s。

三、库底土工膜防渗体结构设计

（一）库底土工膜防渗体下部填渣区设计

库底填渣区厚度0～45m，靠近坝前逐步加深，弃渣料组成为全、强风化混合料，要求碾压密实，避免产生较大不均匀沉降。库底填渣干容重不小于20.0kN/m^3，孔隙率不大于23%，碾压后层厚80cm，每层碾压8遍，洒水量为10%。在坝前填渣与主坝主堆石体间设垫层（水平宽200cm）和过渡层（水平宽400cm）起反滤作用。

参考面板堆石坝经验，填筑最大沉降量按填筑深度的0.5%～1%估算，在河床中部最大坝高断面连接板处的地基沉降量预计为45cm左右。填渣区横跨樱桃沟的最大跨度为350m，则土工膜沉降后弧长为350.22m，相应土工膜的伸长量为0.22m，伸长率$\varepsilon=0.22/350=0.063\%$。由于土工膜的极限拉伸应变一般大于12%，可满足沉降变形的要求。为了给土工膜预留松弛量，填筑体形应呈上凸形。

（二）土工膜结构层设计

土工膜厚度的确定：运用理论或经验公式计算，土工膜厚度0.1～0.2mm即可满足防水压力击破的要求。实际尚应计入施工荷载和老化的影响，以及下垫层可能存在的尖角硌刺损伤等，国外土石坝防渗选用的土工膜一般在1mm以上，最厚可达5mm。从投资方面考虑，如土工膜厚度增加一倍，土工膜的投资仅增加15%～20%，增加较少。考虑本工程规模及重要性，选择膜厚1.5mm。

为了绕开目前存在的厚膜和厚布复合生产工艺难以解决的问题，并能使土工膜焊接条带亦能有土工织物的覆盖，本工程采用土工膜和土工织物分离布置，在1.5mm厚单层高密度聚乙烯（HDPE）土工膜上下铺设500g/m^{2}的纯涤纶针刺无纺土工织物。

在土工膜防渗层下铺设6mm厚土工席垫，60cm厚下支持垫层和120cm厚下支持过渡层，联合起到对防渗膜的支撑、反滤和地基排水作用。

选定的土工膜结构层布置（自上而下）如下：

（1）250g/m^{2}的涤纶针刺无纺土工布袋包裹30kg砂料压覆。

（2）500g/m^{2}的涤纶针刺土工织物。

（3）1.5mm厚的HDPE土工膜防渗层。

（4）500g/m^{2}涤纶针刺无纺土工织物。

（5）6mm厚土工席垫。

（6）60cm厚下支持垫层（上部20cm厚粒径小于20mm，下部40cm厚粒径小于40mm）。

（7）120cm厚下支持过渡层。

（8）库底填渣区，80cm分层碾压。

在复合土工膜之上设置粗砂上垫层和石渣保护层。

（三）排水排气系统设计

泰安抽水蓄能电站上水库实际上形成两套排水系统：①土工膜下卧垫层、过渡层和樱桃沟填渣体与堆石坝堆石基础连通的主坝下的排水通道，考虑实际施工过程中填料渗透系数不均匀性，需要设置辅助排水通道；②在库底土工膜铺盖的周边增设观测排水廊道，该廊道主要起土工膜与锁边帷幕灌浆相连接的作用，同时观测上水库运行期间库底的渗透情况。廊道以0.2%～0.3%的纵坡将渗水通过左岸廊道从坝后出口排出（出口高程370.0m）。在右库岸混凝土面板下横岭山体内设一排水观测洞，排水洞下游侧出口位于主坝下游坡面350.0m高程马道处，排水洞上游开挖至上水库进/出水口下游侧，排水洞平均纵坡2.6%。为了更好地排出土工膜下渗漏水及气体，在土工膜下卧过渡层顶面高程373.6m设置ϕ150mm排气管，纵横间距30m，并与库底周边观测廊道的排水管连通。该排水系统完全满足排除渗漏和降雨形成的渗流的需要。

（四）土工膜锚固方法

土工膜与周边建筑物连接的防渗可靠性是上水库整体防渗的关键环节，包括土工膜与库底观测连接，土工膜与大坝面板、连接板的连接等。土工膜周边长1830m，土工膜与大坝面板底部的混凝土连接板连接长度约 400m；左侧及上游边界与库底观测廊道混凝土连接长 700m；右侧边界与右岸防渗面板连接长度约 730m。通过现场试验，最终采用机械锚固的连接方式，接缝止水均采用两道止水：一道是土工膜与混凝土通过机械锚固压紧止水；另一道是柔性材料周边连接止水自下而上分层为：

（1）混凝土连接板或混凝土观测廊道。

（2）两道宽 130mm 的 SR 底胶。

（3）厚 5mm、宽 125mm 的 SR 柔性填料找平层。

（4）两道宽 130mm 的 SR 底胶。

（5）厚 3mm、宽 50mm 的 SR 防渗胶条，SR 材料面朝上。

（6）两道宽 130mm 的 SR 底胶。

（7）土工膜。

（8）两道宽 340mm 的 SR 底胶。

（9）厚 6mm、宽 330mm 的三元乙丙 SR 橡胶防渗盖片。

（10）不锈钢螺栓（其中：不锈钢螺栓直径 M16，长 190mm，锚固深度 125mm，孔距 450mm，采用喜利得 RE500 化学锚固剂锚固）。

（11）L75mm×75mm×8mm 不锈钢角钢。

（12）垫片。

（13）不锈钢螺母，紧固力 120N·m。

土工膜与库底观测廊道连接结构如图 20-6-3 所示。

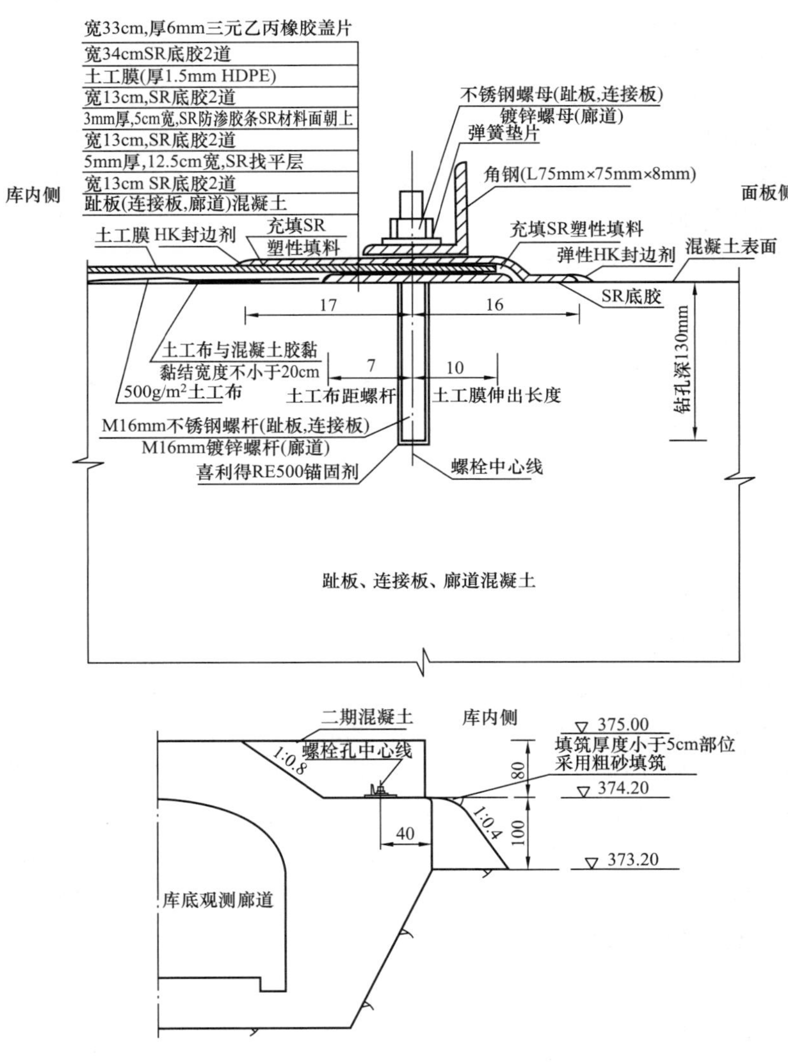

图 20-6-3　土工膜与库底观测廊道联接结构图

四、土工膜施工技术要求

（一）施工条件要求

1. 气候及施工现场环境要求

上水库土工膜铺设及焊接应在现场环境温度5℃以上、风力3级以下，无雨、无雪的气象条件下进行，施工环境最高气温以不对施工人员的身体造成伤害为限（建议为35℃左右）。施工现场环境应能保证土工膜表面的清洁干燥，并采取相应的防风、防尘措施，以防土工膜被阵风掀起或沙尘污染。若现场风力偶尔大于3级时，应采取挡风措施防止焊接温度波动，并加强对土工膜的防护和压覆。

2. 现场人员要求及规章制度

（1）参加土工膜铺设、焊接、检查、验收的技术人员和操作工人应接受专项培训，直接操作人员须经考核合格后方可进行现场施工。

（2）进入施工现场的所有人员严禁抽烟，也不得将火种带入现场。

（3）所有人员进入土工膜施工现场时，必须穿软底鞋或棉袜，不得穿钉鞋、高跟鞋及硬底鞋。

（4）已完成焊接铺设的范围禁止所有车辆、施工机械入内，除检测人员外，其他闲杂人员一律不许入内。

（5）已完成铺设的土工膜需要及时采用土工布沙袋压覆，以防止阵风吹翻损伤土工膜。

（6）土工膜铺设后应及时完成施工期覆盖，防止太阳紫外线照射损伤。

（7）施工承包商应制定详细科学的土工膜施工规章制度和质量保证体系，严格“三检制”，坚持每道工序都经施工承包商自检，监理单位复检合格后，方可进行下一道工序施工，建立质量奖惩制度和标准化管理等措施，从制度和流程上杜绝发生土工膜施工缺陷，确保施工质量。

3. 下支持层要求

土工席垫铺设施工前，施工单位应首先检查土工膜下支持垫层仓面，对超径块石及可能对土工膜产生顶破作用的其他杂物进行全面清理。然后由施工、监理、设计对垫层仓面的施工质量进行全面验收，确保无超径块石及可疑杂物。土工膜铺设前检查下支持垫层、土工席垫铺设以及垫层料中排水盲管铺设的验收文件（要求文件齐全、验收合格），并全面检查铺设表面是否坚实、平整。焊接时基底面的表面应尽量干燥，含水率宜在15%以下。

4. 土工膜质量检查

土工膜铺设前，对采购并运抵工地的土工膜应根据设计规定进行抽样检查，经检验质量不合格或不符合设计要求的同批次土工膜，不得投入使用。运至施工现场的土工膜应在当日用完。

5. 施工人员培训

（1）焊接施工人员培训。施工前应对每个焊接操作人员进行培训，操作人员应固定使用焊机，要求熟悉焊机的原理、操作、使用注意事项、焊机操作规范，采用与实际施工相同规格的土工膜进行试焊，在各种施工环境条件下焊缝的成功率达到95%以上才能开始实际焊接施工。

（2）现场检测人员培训。检测人员需经专业培训，熟悉土工膜施工和检测过程、检测设备的原理、操作和注意事项，能够对各种质量问题进行准确描述和分析。目测检查人员和现场撕裂检查人员经培训后，对明显的漏焊、虚焊、过量焊等焊缝缺陷可以比较容易地识别出来；充气监测人员经培训后，应能熟练将气针插入焊接的双缝中间，且不会破坏下层土工膜。

（3）缺陷修补人员培训。缺陷修补人员应熟悉手持挤出式塑料焊枪以及手持式半自动爬行热合熔焊接机等机具的原理、使用注意事项及操作规范，根据修补方案和修补工艺，采用与实际施工相同规格的土工膜进行缺陷修补，在各种施工环境条件下修补成功率达到95%以上才能开始实际修补施工。在土工膜施工前，应根据合同文件要求、土工膜生产试验结果，结合施工条件，制定完整的操作、检查规程和施工质量管理办法，并报监理同意。

（二）现场抽样检测

监理、施工承包商、业主三方应对到现场的土工膜和土工布产品进行内在质量抽样检验，土工膜检验规则按照GB/T 17643—1998《土工合成材料聚乙烯土工膜》进行；土工布检验规则按照采购合同规定进行。要求同一牌号的原料、同一配方、同一规格的产品35t以下为一检验批次。检验不合格的土工膜产品，严禁在工程中使用，并且立即更换产品直至抽检合格。

（三）土工膜的摊铺

土工膜一般宜人工装卸，若采用机械吊装时，吊绳宜用尼龙编织带一类柔性绳带，不得使用钢丝绳类绳索直接吊卸，绝对禁止野蛮吊卸。大捆的土工膜应选用合适施工机械（经监理批准同意）进行铺设，小捆土工膜可采用人工铺设。土工膜应沿坝轴线方向摊铺。

摊铺时应检查土工膜的外观质量，用醒目的记号笔标记已发现的机械损伤和生产损伤、孔洞、折损等缺陷的位置，并做记录。土工膜铺设要尽量平顺、舒缓，不得绷拉紧，并按工厂产品说明书要求，预留出温度变化引起的伸缩变形量。摊铺完成后，相邻两幅土工膜应搭接100mm，根据设计图纸要求裁剪土工膜，并在土工膜的角处或接缝处每隔1.4～2.8m放置1个30kg的砂袋作为临时压重。

（四）土工膜的焊接

1. 焊接准备

（1）土工膜的焊接设备必须采用LEISTER Comet电热楔式自动焊机，并配套Triac-drive手持式半自动爬行热合熔焊接机、MUNSCH手持挤出式焊机进行施工，应保证焊接机能对所有焊缝进行施工，包括T形接头部位。

（2）每次焊接作业前，均应进行试焊，以重新确定焊接工艺状态，试焊长度不小于1m。

（3）试焊完成后，进行现场撕拉测试，母材先于焊缝被撕裂方可认为合格。试焊结果经监理工程师认可后方可正式开始焊接。若测试成果不能满足上述要求，应重新进行试验缝的制作及测试。若连续三次测试均不能满足设计要求，则此焊机不能用于正式焊接。

（4）土工膜摊铺完成后，整平土工膜和下垫层的接触面，以利于焊接机的爬行焊接施工。在焊接前预焊接的焊缝表面应用干纱布擦干擦净，做到无水、无尘、无垢、无杂物等，在施工焊接过程中或施工间隔过程中均须进行防护。

2. 焊接施工

（1）焊接施工工艺参数。

1）每次开机焊接前，当现场实际施工温度与焊前试焊环境温度差大于±5℃、风速变化超过3m/s、空气湿度变化大时，应补做焊接试验及现场拉伸试验，重新确定焊接施工工艺参数。焊接过程中，应随时根据施工现场的气温、风速等施工条件调整焊接参数。

2）在现场环境温度为10～30℃的条件下，控制焊速为2～2.5m/min，焊接温度调节在270～350℃，焊接压力采用700～800N。

3）在现场环境温度为5～10℃的条件下，控制焊速为2m/min，焊接温度调节在300～420℃，焊接压力采用800～900N左右。

4）根据规范要求，原则上不允许在环境气温低于5℃的情况下进行焊接施工。在气温低于10℃、高于5℃的情况下焊接时，建议用热风将焊接部位预热至20～30℃，焊接设备的预热时间要适当延长，焊缝应随时覆盖保温，防止骤冷，并应采取措施对完成敷设和焊接的土工膜进行隔离保温。

（2）焊接操作。每个焊接小组3人，机手2人、辅助人员1人，焊接工作时3人沿焊缝成一条直线，第一个人拿干净纱布擦膜、调整搭接宽度、清除障碍；第二个人控制焊接，并根据外侧焊缝距膜边缘不少于30mm的要求随时调整焊机走向；第三个人牵引电缆线，对焊缝质量进行目测检查，对有怀疑的焊缝用颜色鲜明的记号笔作出标志，刚焊接完的焊缝不能立即进行撕裂检查。已焊接完成尚未进行覆盖处理的土工膜范围四周应设立警示标志，严禁车辆和施工人员入内。

（3）褶皱处理。土工膜铺设时搭接长度宽100mm，若上、下两层土工膜搭接时有一层出现褶皱，应沿明显的褶皱处进行切割处理，使其平整，切割处应使用热融挤压机用大于切开部位直径一倍以上的椭圆形或圆形的母材补焊，覆盖焊缝应在切割位置外150mm处。

（五）现场焊缝检测

该工程土工膜铺设范围约16万m^2，面积大，焊缝数量众多，设计要求在强力拉伸作用下，土工膜母材断裂，而土工膜的接缝不破坏，也不可剥离。因此，焊缝质量检测的工作量大，工作责任重，检测人员不仅需要进行专项培训，熟悉检查设备的技术性能、检查方法，能对质量问题进行准确的描述，具有细心负责的精神，还需要建立多层次、严密的检测管理体系。检测工作开始前，应制订检测规划，要求对所有的焊缝和铺设区域划分编号，并建立不同标记号与存在缺陷问题的对应关系，以便施工承包商质检人员、监理、设代现场检查时一目了然。

1. 检测内容

现场施工过程中应使用目测方式、真空检测仪、充气检测仪检测所有现场的焊缝，所有的焊缝检测均应在焊缝完全冷却以后进行。

2. 人工直接检测

在现场检查过程中，先采用目测法检查土工膜焊接接缝，目测法分看、摸、撕三道工序。看：先看有无熔点和明显漏焊之处，是否焊痕清晰、有明显的挤压痕迹、接缝是否烫损、无褶皱、拼接是否均匀。摸：用手摸有无漏焊之处。撕：用力撕以检查焊缝焊接是否充分。在看和摸两道工序过程中，对发现质量问题的位置用黄色记号笔圈出“o”形标记，以提醒下一道检测人员注意加强检查。撕裂检查应在焊接施工完成后，待焊缝温度冷却至环境温度后（焊后约20～30min）方可进行，以两人为一个检测小组，一人进行撕裂检查，一人填写检查记录，对所有土工膜焊缝100%范围进行检查。检查人员左右手分别捂持焊接的上、下幅搭头用适当的力度对焊缝进行手撕检查，该力度应既能检查到焊缝缺陷，又不至于将焊缝撕裂为准，要求检查人员及时总结经验。一旦发现有缺陷的焊缝部位，拿记号笔及时作出明显的“o”形标记，并做好相关记录，以便修补人员对其进行修补，修补完成并经复检合格，在标记处再用记号笔画“V”。如果仅是撕裂检测存在疑问，在画“o”形标记时还要求在旁边标明“?”，表明有待真空检测人员进一步复检。

3. 真空检测

土工膜防渗层的所有T形接头、转折接头、破损和缺陷点修补、撕裂检查有疑问处、漏焊和虚焊部位修补后，以及长直焊缝质量的抽检均需用真空检测法。长直焊缝的常规抽检率为每100m抽检两段目测质量不佳处，每段长1m。若均不合格，则该段长直焊缝需进行充气法检测。

真空检测以3～4人为一检查小组，分别负责真空泵、真空罩检测、记录，检测程序如下：将肥皂液沾湿需测试的土工膜范围内的焊缝，将真空罩放置在潮湿区，并确认真空罩周边已被压严，启动真空泵，调节真空压力大于或等于0.05MPa，保持30s后，由检查窗检查焊缝边缘的肥皂泡情况。所有出现肥皂泡的区域应做明显标记并做好检测记录，根据“土工膜缺陷修复”要求进行处理。肥皂液应具有足够的浓度（能够起泡），不得以洗衣粉代替，肥皂液的涂刷范围要大于真空罩，且应涂刷均匀，不得有漏刷现象。

4. 充气检测

充气检测主要在目测法和真空检测法难以找到焊缝缺陷部位，检验人员又对这些焊缝存在较大疑虑的情况下采用。正常焊缝检测应严格控制使用充气检测，尽量少用或不用，需充气检测的部位必须经多方讨论同意和监理批准才能实施。

充气检测应遵循以下程序：测试缝的长度约50m左右，测试前应封住测试缝的两端，将气针插入热熔焊接后产生的双缝中间，将气泵加压至0.15～0.2MPa，关闭进气阀门，5min后检查压力下降情况，若压力下降值大于或等于0.02MPa，此段焊缝为不合格焊缝，应根据“土工膜缺陷修复”要求进行处理。

检测完毕，应立即对检测时所做的充气打压孔用挤压焊接法封堵，并用真空检测法检测。所有焊缝必须经监理工程师验收合格后方可进行下一道工序（上保护层）的施工。

（六）土工膜缺陷修复

1. 缺陷的确认

目测检查和撕裂检查发现的可疑缺陷位置均应用真空检测或充气检测方法进行试验，试验结果不合格的区域应做标记，并进行修复，修复所用材料性能应与铺设的土工膜相同。

2. 缺陷修复设备以及工艺

用于修补作业的设备、材料及修补方案应由监理工程师确认，任何缺陷的修补均需监理现场旁站。建议修补工艺如下：

(1) 孔洞修补。

1) 将破损部位的土工膜用角磨机适度打毛，打磨范围稍大于用于修补的 HDPE 土工膜，并把表面清理干净、保持干燥。

2) 将直径为 150mm 的 HDPE 土工膜黏结面用角磨机打毛并清理干净。

3) 用手持式半自动爬行热合熔焊接机将上下层土工膜热熔黏结。

4) 冷却 1～2min 后，用手持挤出式塑料焊枪沿黏结面周边用挤出的焊料黏结固定，焊料要均匀连续，焊缝宽度不少于 20mm。

(2) 土工膜焊缝虚焊漏焊的修补。

1) 当虚焊漏焊长度不大于 50mm 时，将漏焊部位前后 100mm 长范围的上层双焊缝搭接边裁剪至焊缝黏结处；将焊料黏结范围用角磨机打毛并清理干净，用手持挤出式塑料焊枪修补；焊缝宽度不少于 20mm。

2) 当虚焊漏焊长度超过 50mm 时，将漏焊部位前后 120mm 长范围的上层双焊缝搭接边裁剪至焊缝黏结处，然后采用孔洞修补工艺进行外贴 HDPE 土工膜修补。外贴圆形 HDPE 膜片的直径为大于漏焊部位前后各 100mm。

(3) 土工膜表面缺陷的修补。土工膜表面的凹坑深度小于土工膜设计厚度的 1/3（即 0.5mm），则将凹坑部位打毛后用挤出式塑料焊枪挤出 HDPE 焊料修补，修补直径为 30～50mm。土工膜表面的凹坑深度大于等于土工膜设计厚度的 1/3（即 0.5mm），则按孔洞修补工艺执行。

(4) 土工膜 T 形接头缺陷修补。

1) 将土工膜 T 形接头用角磨机适度打毛，打磨范围稍大于用于修补的 HDPE 土工膜，并把表面清理干净、保持干燥。

2) 将直径为 350mm 的 HDPE 土工膜黏结面用角磨机打毛并清理干净。

3) 用手持式半自动爬行热合熔焊接机将上下层土工膜热熔黏结。

4) 冷却 1～2min 后，用手持挤出式塑料焊枪沿黏结面周边用挤出的焊料黏结固定，焊料要均匀连续，焊缝宽度不少于 20mm。

3. 修复后的检查

缺陷修复后，应根据“现场焊缝检测”方法进行试验。试验不合格的区域应重新修整，并重做试验，直至合格为止。

(七) 土工膜防护

土工膜在紫外线的照射下易老化，不宜长时间暴露在阳光下，因此在施工中应边铺边压保护层，并保持无污损状态。土工膜焊接完成部分应进行必要的保护，防止损伤、位移等，保护层可以直接采用 500g/m^2 的涤纶针刺无纺土工布作为永久防护层，并建议冬季用棉被类物品压覆保温。

(八) 土工膜过冬技术要求

若土工膜在无深水（水深小于 1m）覆盖条件下过冬，则必须在冬季停止土工膜施工后采取有效措施，保证土工膜上下表面的温度不低于 0℃，并要保证土工膜表面的干燥，不受雨雪影响，并避免扰动。

(九) 土工席垫铺设要求

土工席垫铺设必须采用对接拼接，不允许上、下层搭接，由于周边不顺齐而无法拼接合缝时，应进行裁剪齐边，保证对接边最大间隙不大于 3mm。连接可采用塑料搭扣，搭扣间距为 20cm，搭扣距土工席垫拼接边不少于 1.5cm。拼接应牢固，人力不能轻易拉开，塑料搭扣尾条应人工编织到土工席垫下层。

土工席垫边条若棱角明显且扎手，则需用合适的电热设备烫软使之圆润。土工席垫的铺设方向为平行于坝轴线方向，并注意压覆防风吹。

（十）土工布铺设和压覆要求

土工膜下卧土工布垫层和上覆土工布防护层铺设连接均采用搭接法，即将土工布的一边自由地压在相邻片之上，搭接宽度为50cm。为了做到土工膜施工完后能及时覆盖土工布防护，土工布铺设方向应与土工膜铺设方向一致。土工布铺设要求表面平整、无明显起伏和褶皱，在铺设过程中应边铺边压覆30kg土工布沙袋，以防风吹土工布使之掀动移位。下层土工布的临时压覆沙袋间距可以为2.8～4.2m，以保证土工布不发生移位为准。当完成土工膜铺设、焊接、检测、验收后，应立即铺设上层防护土工布，并及时用土工布沙袋压覆，其压覆密度为1.4m×1.4m，并必须保证沿每条相邻土工布搭接边中心线上均有土工布沙袋压覆。每个沙袋设计质量为30kg，沙袋用布为250g/m² 涤纶针刺无纺土工布，沙袋四周封口要求采用不少于两道的高强纤维涤纶丝线缝合，缝合针距不大于6mm。

（十一）土工膜铺设施工流程

上水库铺设工作面积大，工期较长，宜按“先中央后周边”、“先库头后库尾”、“相邻区块连续”施工。其铺设工序及施工工艺流程如图20－6－4和图20－6－5所示。

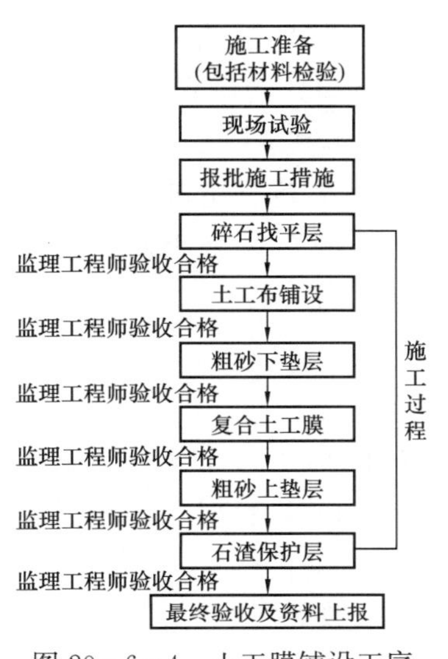

图20－6－4　土工膜铺设工序

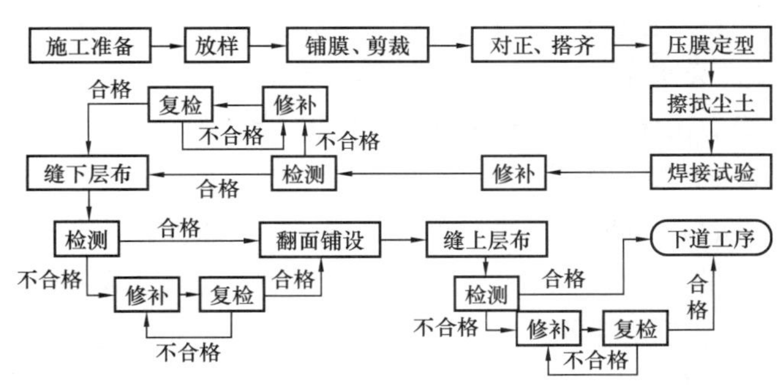

图20－6－5　土工膜施工工艺流程

五、技术经济性评价

泰安抽水蓄能电站上水库库底土工膜防渗结构层的投资估算见表20－6－2。投资合计2882.4万元，土工膜防渗结构部分单位投资约为183.6元/m²，是很经济的防渗措施。

表20－6－2　　泰安抽水蓄能电站土工膜防渗结构投资估算

库底土工膜结构名称	数　量	单　位	单价（元）	合计（万元）
库盆土工膜下支持层填筑	100978	m³	96.81	977.6
土工席垫	156800	m²	25	392.0
500g/m² 土工布	163072	m²	18.72	305.3
1.5mm厚土工膜	163072	m²	42	684.9
500g/m² 土工布	163072	m²	18.72	305.3
50kg土工布砂袋	40000	个	18	72.0
不锈钢角钢 L75×8	1076	m	150	16.1
不锈钢锚栓 M16@45cm	2392	套	160	38.3
镀锌角钢 L75×8	714	m	80	5.7
镀锌锚栓 M16@45cm	1588	套	120	19.1
周边连接的SR结构层	1790	m	100	17.9
辅助无纺布	2238	m²	10	2.2
廊道侧二期混凝土	636	m³	651.17	41.4
廊道侧二期混凝土锚筋	477	根	96.1	4.6
合　计				2882.4

土工膜防渗具有施工设备投入少，施工速度快的优点。该工程土工膜幅宽 5m，一台焊机正常工作每小时可完成焊接 600m^2 左右。泰安抽水蓄能电站土工膜防渗层施工工期约 2～3 个月。

泰安抽水蓄能电站上水库于 2005 年 5 月 31 日开始充水，至同年 12 月 12 日，蓄至水位 340m（比死水位高出 4m），距正常蓄水位低 20m。坝后量水堰实测值为 4.65l/s，库底观测廊道渗漏水量为 0.64l/s。目前正处在机组调试过程中，上水库的渗漏量需要有一段时间监测，其值受到库区降雨、水位变动和气温变动的影响等。目前看渗量不大，尚待高水位运行期监测。

第七节　混凝土面板全库防渗在十三陵抽水蓄能电站上水库的应用

一、工程概况

十三陵抽水蓄能电站上水库采用挖填方式兴建，地面高程为 450～650m，沿北西至东南方向展布三条冲沟和平缓小山梁，沟梁相对高差 20～40m，在东南侧汇合成上寺沟口，沟口底部高程 450m，在此修建主坝一座；库区北、西、南三侧为分水岭，其中北侧和南侧山顶高程在 650m 左右，西侧垭口最低高程 560m，在此修建副坝一座。库顶高程 568m，库底高程 524～531m，库顶宽度 10m，库顶周长 1595m，库坡坡比 1∶1.5，全库采用钢筋混凝土面板防渗，防渗面积 17.48 万 m^2。上水库正常蓄水位 566m，死水位 531m，总库容 445 万 m^3，有效库容 422 万 m^3，死库容 23 万 m^3。

二、上水库地质条件及地基处理

（一）上水库地质条件

库区为中生界侏罗系髫髻山组地层，岩性较为复杂，以安山岩类为主（J_{2t}^{3-2}），岩石一般呈紫红或灰绿色，分布于上水库绝大部分区域。受火山喷发前的古地形影响以及后期的岩脉侵入，砾岩与安山岩两种岩层在接触带附近相互穿插叠加，形成复杂的接触关系。

上水库构造断裂分为五个方向组，其中以走向 NW318°～320°组断裂条数最多，其次为走向 NE40°～50°组。库区内以 NWW 向的 F_3 断层，NW 向的 F_{118}断层以及 NE 向的 f_{265}、F_1 等断层规模较大，各断层破碎带均不胶结。

上库区无常年地表径流，仅在主坝下游冲沟中有两个泉水点出露，高程约在 413m 和 531m，流量分别为 7.7l/min 和 2.4l/min，常年出水。另外上水库 11 个钻孔 93 段压水试验成果表明：安山岩体多为中等～较强透水岩体，单位吸水率为 0.16～0.56l/min·m^2，个别钻孔注水流量高达 92～151l/min，推测上水库地下水位一般在库底开挖线以下，北库坡地段 f_{206}，F_{118}断层带滞水地下水位高于库底 531m 高程。

上水库主要工程地质问题包括坝基抗滑稳定、北岸西段公路以上边坡滑坡，西北角库边坡塌滑、西坡外坡岩体稳定、防渗面板地基不均匀变形等。

（二）上水库地基处理

1. 主坝地基处理

主坝坝址区分布三条较大的冲沟，形成坝基“三沟二梁六面坡”的特殊地貌形态。坝基岩性由弱风化安山岩体、强风化安山岩体及 F_{118}、F_3 等较大断层破碎带物质组成。主要地基处理措施如下：对坝基处的两山梁作控制开挖处理，减少坝体在坝轴线方向的不均匀变形，山梁从 530m 高程降至 511.0m 高程，平行坝轴线方向开挖坡度为 1∶11.5，向河中槽倾斜，垂直于坝轴线方向为 1∶3.5～1∶5.0坡度倾向下游。坝基填筑过渡层，要求过渡料采用库盆开挖的石质新鲜、级配良好的安山岩料，其厚度应大于 2m，渗透系数大于 1×10^{-2}cm/s，增强坝基的排水能力。坝基范围内有 F_2、F_3 和 F_{118}大断层通过，其宽度一般在 20～30m，其中 F_2 和 F_3 断层在主坝右侧坝基交汇，交汇处宽约 40～50m，有松软的夹泥充填。经计算分析，采用深挖回填碎石料处理，破碎带深挖 3.0～5.0m，清除松软物质，铺填 30～50cm 厚的粗砂，然后铺填弱风化安山岩碎石料。库底断层做了类似处理。十三陵抽水蓄能电站上水库剖面图如图 20－7－1 所示。

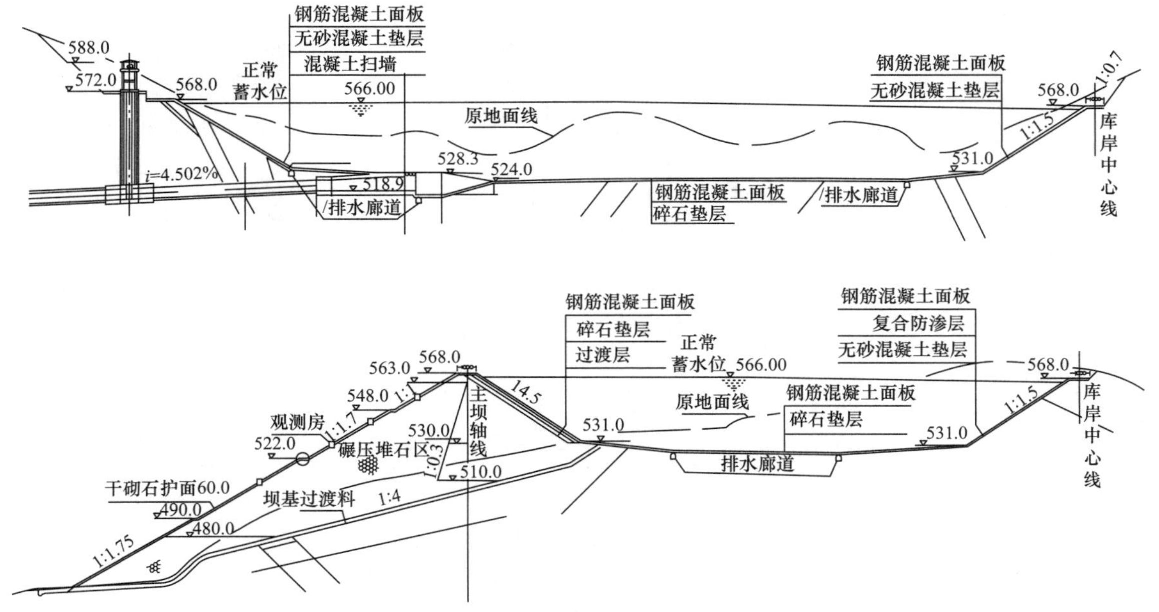

图 20-7-1　十三陵抽水蓄能电站上水库剖面图

2. 边坡加固处理

由于上水库岩性和多条断层破碎带的切割，岩体风化严重，且破碎夹泥。上水库开挖后北坡、西北坡、西南坡等处发生滑坡、塌滑、蠕动，及西坡外坡受缓倾角断裂影响存在潜在不稳定岩体。施工中根据不同地质条件，在不同地段分别采用了削顶卸荷、抗滑桩、预应力锚索、锚筋、斜坡混凝土挡墙及防渗排水等措施进行加固处理。运行十年来原型观测成果表明：加固处理措施有效，边坡均处于稳定状态。

这里重点简介锚索抗滑桩在西外坡加固中的应用。西坡连续分布倾向库外的 f_{207}、f_{212} 两缓倾角断层，倾角 15°～30°，且破碎夹泥，控制着西外坡的稳定，典型地质剖面如图 20-7-2 所示。西外坡稳定分析采用平面刚体极限平衡理论（传递系数法）。计算中采用的滑动面抗剪强度指标，主要依据反分析结果，参考试验值，并考虑断层空间分布的不均一性后确定（见表 20-7-1）。各个剖面上不同滑动面上边坡剩余下滑力见表 20-7-2。西外坡加固后的抗滑稳定安全系数由 1.05 提高到 1.25。

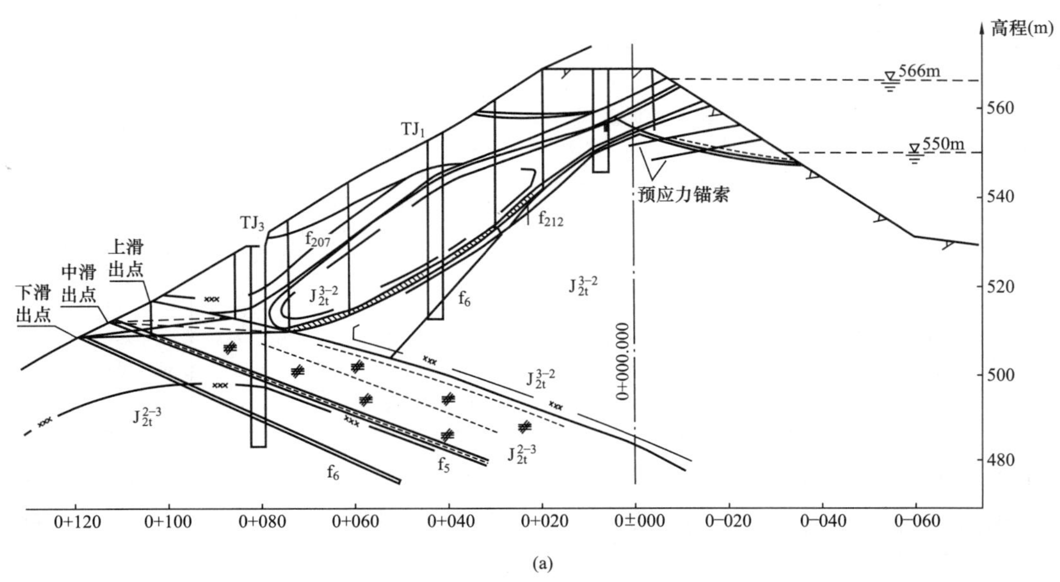

图 20-7-2　十三陵电站上水库西外坡稳定分析剖面图（一）

(a) 1+178 计算剖面图

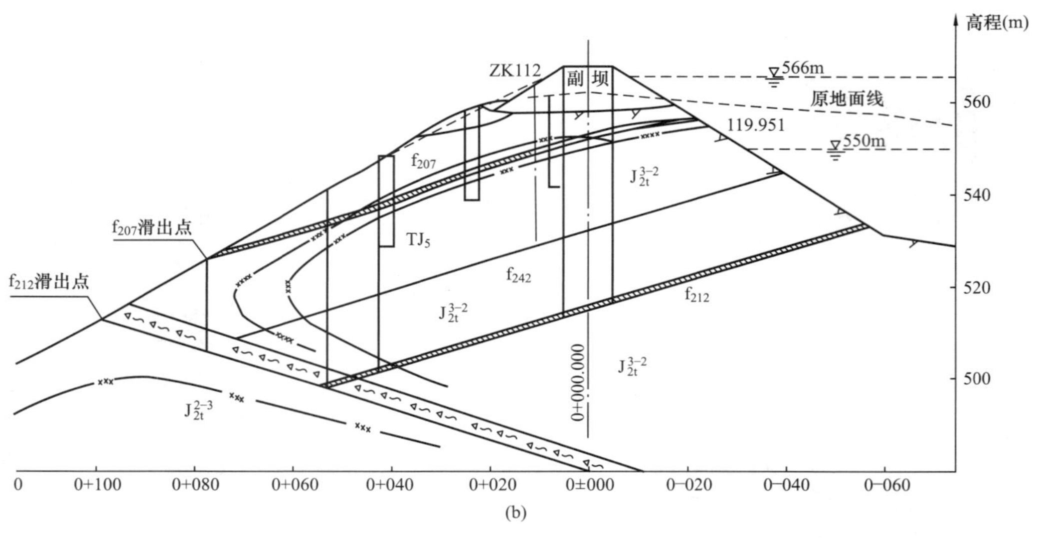

(b)

图 20－7－2 十三陵电站上水库西外坡稳定分析剖面图（二）

（b）1＋354 计算剖面图

表 20－7－1 **西外坡断层的抗剪强度指标**

剖 面	1＋178		1＋274		1＋354		1＋394		备 注
断 层	f_{207}	f_{212}	f_{207}	f_{212}	f_{207}	f_{212}	f_{207}	f_{212}	
地质建议值	$\varphi=10°\sim12°$，$C=20\sim30$kPa								依据试验
反分析值 φ（°）	18.95	20.08	11.18	10.56	12.25	8.12	11.36	6.23	$C=25$kPa
设计值 φ（°）	18.95	20.08	12	12	12.25	12	12	12	$C=25$kPa

表 20－7－2 **西外坡各计算剖面剩余下滑力**

剖 面	1＋178		1＋274		1＋354	1＋394
滑 动 面	f_{207}	f_{212}	f_{207}	f_{212}	f_{207}	f_{207}
剩余下滑力（t/m）	141	356	127	228	148	125

对普通抗滑桩、预应力锚索、普通抗滑桩和预应力锚索、锚索抗滑桩四种加固方案，从技术可靠性、施工条件、环境影响以及经济性等方面进行了比较，结果见表 20－7－3。

表 20－7－3 **十三陵抽水蓄能电站上水库西外坡加固方案比较**

方 案	普通抗滑桩	锚 索	普通抗滑桩和锚索	锚索抗滑桩
技术可靠性	技术可靠，加固效果较好	坡面岩体破碎，影响长期效果	介于抗滑桩方案和锚索方案之间	技术可靠，加固效果较好
施工条件	桩数多（82 根），最大桩深达 45m，施工较困难，工期较长	锚索数多（657 根），最大孔深 60m，施工难度较大，工期较长	桩减少（44 根），锚索减少（223 根），最大桩深减少（30m）；桩和锚索可同时施工	桩 37 根，锚索 124 根，数量较少。开挖量减少，施工进度较快
环境影响	桩为 3 排，根数多，对环境影响较大	锚索 8 排，根数多，对环境影响较大	桩 1 排，锚索 4 排，对环境有一定的影响	不需开挖和浇筑锚索梁，对环境影响最小
经济性	工程费用最高	工程费用较高	工程费用较高	工程费用较低

锚索抗滑桩加固方案，由于锚索的外锚头置于混凝土抗滑桩顶部，解决了因坡面岩体破碎松弛而影响加固效果的问题；桩顶设置预应力锚索，提高了桩的抗滑力，减小了桩身内力、桩断面、锚固段深度、桩与锚索的排数和数量及工程总投资，其投资为普通抗滑桩方案的 39.9％，锚索方案的 59.8％，普通抗滑桩加锚索方案的 59.3％。经综合比较和分析，上水库西外坡的加固措施选择了预应力锚索抗滑桩方案。

预应力锚索抗滑桩在受力机理方面，主要通过桩顶部施加预应力锚索，改变普通抗滑桩的悬臂受力状态。在相同条件下，桩的阻滑能力有较大的提高，大约节省工程费用30%左右。预应力锚索抗滑桩的控制条件是：通过调整锚索抗力、桩断面和锚固深度，使抗滑桩的弯矩M_{max}和剪力Q_{max}和桩顶位移（Δ_{max}）小于设计允许值，锚固段桩侧壁应力Δ_{max}小于岩体允许应力值。桩顶位移允许值一般控制在3cm左右。

十三陵电站上水库西外坡抗滑桩的间距选为8m，抗滑桩截面采用2m×3m和3m×4m两种矩形断面。锚固段围岩允许的侧向压应力为1050t/m²，可用抗滑桩的锚固段深度加以调整。抗滑桩受载段长度按软弱夹层距地表深度而定，本工程采用长度15m（断面2m×3m）、26m（断面2m×3m和3m×4m）、30m（断面2m×3m）三种，抗滑桩锚固段长度，取桩长的1/4～1/3。锚索抗滑桩抗滑力见表20-7-4。

表20-7-4　　锚索抗滑桩抗滑力

序号	桩截面（m×m）	受载段长（m）	锚索抗滑桩		备　注
			锚固段长（m）	抗滑力（t）	
1	2×3	25	8	1200	桩顶4根110t锚索，与水平面夹角：35°和40°
2	2×3	35	8	1000	
3	2×3	25	10	1300	桩顶4根110t锚索，与水平面夹角25°和30°
4	2×3	35	10	1100	
5	3×4	25	10	1800	

三、基础垫层及排水系统

防渗混凝土面板下设置基础垫层及完善收集渗水和排出的排水系统，其作用有二：①将混凝土面板承受的巨大荷载经基础垫层较均匀地传递给经过加固处理的地基；②消除混凝土防渗面板下反向水压力，保持防渗面板的稳定性。

基础垫层采用石质新鲜、级配良好、渗透系数大于1×10^{-2}cm/s的透水料，经碾压密实。主坝坝坡面板坐落在坝体的排水垫层上。主坝填筑完成后，经人工修坡，振动碾压实。在主坝上游坝脚分别与坝基过渡层料（厚度2m）和库底的垫层排水料（厚度50cm）相连接。主坝区渗水通过斜坡垫层排到坝脚，然后沿坝基过渡料和库底排水垫层分别排到主坝下游和库底排水廊道。在库底面板下设置厚度为50cm的碎石排水垫层，并在库底设置环形封闭排水检查廊道，库底垫层坡度向廊道倾斜，廊道两侧每3m用直径为100mm的短排水花管与廊道连通。为了增强库底的排水能力，在库底排水垫层的周围设置直径为150mm的环向排水花管，每30m左右接一根直径150mm的排水花管直接通向排水廊道。排水系统用混凝土隔断为8个分区，用以检查面板渗漏部位。上水库岸坡区坡比为1：1.5，防渗面板下设置厚度30cm的无砂混凝土排水垫层，渗透系数大于1×10^{-2}cm/s，将面板渗水排到库底，并沿库底排水垫层和排水花管排到库底廊道内。十三陵抽水蓄能电站上水库库区排水系统布置如图7-2-6所示。

（一）库底排水系统的总排水能力

通过分部分的排水能力计算，汇集到库底的总排水能力应为长排水花管排水能力和库底排水垫层排水能力的总和（见表20-7-5），从表可知，库底排水系统的排水能力158.16l/s远大于全库设计情况下的面板渗水量。

表20-7-5　　十三陵抽水蓄能电站上水库库底排水系统的总排水能力

计算情况	排水长管排水能力（l/s）	排水垫层排水能力（l/s）	库底总排水能力（l/s）
设计排水能力	155.52	2.64	158.16
最大排水能力	155.52	13.20	168.72

（二）排水兼检查廊道的布置

根据上水库库底开挖情况和有利于排除面板的渗水，库底布置两圈廊道：沿库底周边布置一圈，围绕进/出水口布置一圈。为便于检查人员的出入和通风，于主坝下游和西岸各布置一个廊道出口，并将上水库渗水排到主坝下游。上水库排水兼检查廊道总长约1200m，采用城门洞形断面，尺寸为1.8m×2.5m，边墙和顶拱厚40cm，底板厚60cm。坝下廊道的分缝长度为5.0m。坝下隧洞段和库底段在地基较好部位，分缝长10.0m。在地基断层处，除做开挖回填外，其分缝长度为5.0m。所有分缝均设置止水。

四、混凝土面板、接缝止水及构造

国外抽水蓄能电站采用混凝土面板做全库防渗的工程仅有两座，一座是1955年竣工的德国瑞本勒特（Rabenleite）抽水蓄能电站上水库，另一座是1975年竣工的法国拉古施（La Coche）抽水蓄能电站上水库。两水库投产后实测日渗漏量分别占总库容的2.13‰和4.32‰，渗漏量较大，超过一般抽水蓄能电站上水库渗漏的控制值。两水库分别于1973年、1976年进行改建、放空维修处理。

十三陵抽水蓄能电站上水库存在两个自然地形地质条件的难点：①库盆开挖料，有相当数量的风化岩和软岩，应设法加以利用；②在1∶4较陡的上寺沟纵坡地基上建坝。要解决上述难题，在工程实践中应有技术突破。

电站上水库混凝土面板全库防渗设计，既借鉴我国常规水电站混凝土面板堆石坝的混凝土面板设计和运用的经验，又要针对抽水蓄能电站上水库的特殊应用条件加以改进和进行新的探索，其主要特点有：

（1）防渗面积18万m^2，体形复杂，转弯段面板和异型面板较多，施工难度大。

（2）面板各种结构缝多达2万余米，接缝止水质量是控制上水库渗漏的关键，防渗控制指标严格。

（3）面板基础介质不均一，除坝的堆石填筑体外，开挖岩坡岩石风化程度不同，库内分布有断层和裂隙破碎带。

（4）电站运行期间，上水库水位变幅达35m，且水位变化快速和频繁（最大降速7～9m/h）。

（5）面板既要抗御低温－30℃和最高气温40.3℃的作用，还要防止阳光辐射使止水材料流淌。

全库防渗的混凝土面板设计做了如下的改进。

（一）改面板堆石坝趾板为连接板型式

由于全库防渗库坡面板、库底面板均为混凝土材料，连接板起到库坡面板与库底面板之间的过渡衔接作用。库坡排水垫层与库底排水垫层连成一体，又为库坡面板滑模施工提供一个起始工作面。连接板顺库坡上翘80cm，形成拆线断面，其库底部分一般长10m。混凝土面板厚度根据工程经验和验算，设计厚度为30cm，主坝区的连接板为保障周边缝三道止水的施工质量而加厚到50cm，进出水口周边由于止水原因，面板也采用50cm，其他部位连接板厚度与面板等厚。

（二）全库混凝土面板合理分缝实现人工柔性化

由于混凝土材料适应变形能力较差，必须采用人工柔化，即面板需分缝以适应干缩、温度应力和地基不均匀变形，力求避免出现贯穿性裂缝。但接缝过多、分缝形状不规则，止水施工难度增大，可能引起新的渗漏通道。因此，面板的分缝，应在面板柔化不使产生贯穿性裂缝和接缝止水的可靠性之间求得平衡。

根据上水库现场混凝土面板热传导试验观测成果和模拟计算分析，确定如下的分缝原则：①库坡面板不设水平缝，只设垂直缝，其标准宽度为16m，在两坝肩受拉区减小到6m；②在库底面板与库坡面板的连接板两端以及主坝坝坡面板与两岸岩坡面板之间均设置周边缝；③将库底面板接缝布置在地基介质变化较大处，即进/出水口周边、断层破碎带处理区、排水廊道中心线、挡墙边缘等部位，避免尖锐角和奇异形状。上水库面板共分477块，接缝总长21290m，“十”形接头220处，“T”形接头493处，面板最大尺寸65.4m×16m。面板分缝布置图如图7－2－2所示。

（三）面板接缝止水的新工艺、新材料、新结构

上水库面板缝分周边缝、受拉缝、受压缝、库顶缝四种型式。其中周边缝设三道止水，受拉缝、受压缝设两道止水，坝顶缝设一道止水，止水布置如图20－7－3和图20－7－4所示。

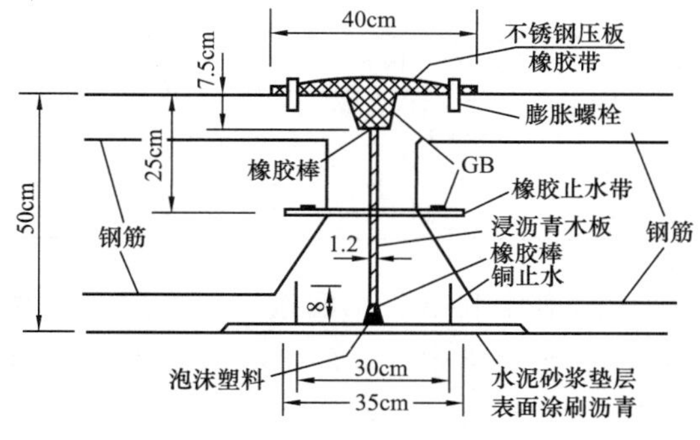

图 20-7-3　周边缝止水布置

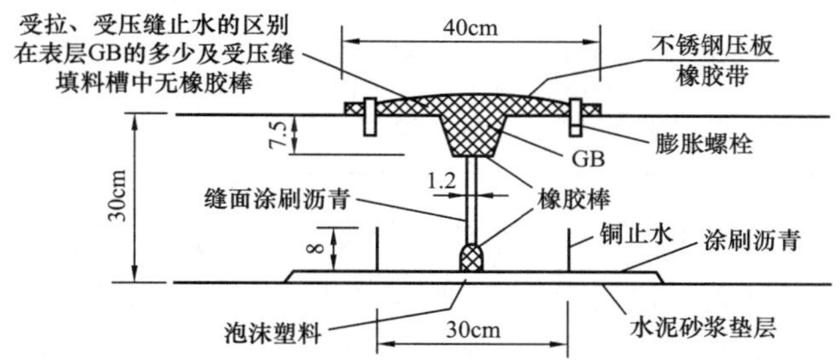

图 20-7-4　受压受拉缝止水布置

对止水构造、材料、工艺做了如下改进：①在顶部止水和周边缝的中间橡胶止水带上使用 GB 材料，使 GB 与现浇混凝土发生化学黏合，阻止渗水沿结合缝绕渗。面板顶部填料槽中的 GB，在水压力下挤入缝腔中，起到堵漏止水作用。②铜止水根据接缝长度现场一次成型，铜止水“十”字形接头和 T 形接头在工厂一次整体冲压成型（见图 7-2-4），将铜止水现场焊接工作减到最低程度。③止水新材料选用 GB 材料，该材料属橡胶类产品，具有良好的耐水性，耐化学性及耐久性，其性能指标见表 20-7-6。经大型模拟试验表明，水头达到 63m，面板接缝抗伸变位 30.74mm 剪切变位 37.5mm 时，面板接缝不漏水。④顶部表层止水采用 GB 材料新结构（见图 20-7-3 和图 20-7-4）。

表 20-7-6　　GB 材料性能指标

测　试　项　目			控制指标	备　　注
耐水耐化学性	水		±3%	GB 材料在三种溶液中浸泡五个月后重量变化百分比
	饱和氢氧化钙溶液		±3%	
	10%氯化钠溶液		±3%	
抗位伸性能	常温	抗拉强度（MPa）	≥0.05	
		断裂伸长率	≥800%	
	−30℃	抗拉强度（MPa）	≥0.7	
		断裂伸长率	≥800%	
比　　重			≥1.15	
自然老化	在自然条件下暴露一年		不变质	
环境保护	属橡胶类产品		无毒，无污染	
流淌性能	60℃，70°倾角，48h		不流淌	

（四）面板混凝土

根据上水库混凝土面板的工作条件，防渗要求高，面坡承受水力梯度较大，寒冷地区面板冻融循环频繁等，要求面板混凝土具有足够的强度、抗渗性、抗裂性和耐久性。十三陵电站上水库混凝土面板参考国内外实践经验，并经试验论证，确定混凝土设计指标为 $R_{28}250S_8D_{300}$。在抗裂性指标尚没有明确前，对混凝土轴心抗拉强度要求为 2.07MPa，极限拉伸值 1.05×10^{-4}，力求混凝土自身具有较好的抗裂性能。

水泥选用邯郸水泥厂普硅早强 525R 水泥，骨料为昌平东砂河料场的河沙与碎卵石，砂的细度模数 3.0～3.2。设计推荐配合比和混凝土性能试验成果见表 20-7-7 和表 20-7-8。

表 20-7-7　　十三陵抽水蓄能电站上水库面板混凝土配合比

水泥比	砂率（%）	原材料用量（kg/m³）						
		水泥	水	砂	小石	中石	减水剂（TMS）	补气剂（MPAE）
0.4		320	141	716	58.4	58.4	12.8	2.08

表 20-7-8　　十三陵抽水蓄能电站上水库面板混凝土试验成果

抗压试验		极限拉伸试验			湿胀率（1×10^{-4}）			抗渗标号	抗冻标号
抗压强度（MPa）	抗压弹模（10^4MPa）	抗拉强度（MPa）	极限拉伸（1×10^{-4}）	抗拉模量（10^4MPa）	14d	28d	60d		
35.6	2.81	2.07	1.047	2.65	0.31	−1.14	−2.37	58	D_{300}

混凝土面板防裂措施：①脱模后混凝土立即养护，在滑模后面拖挂 10m 长与面板等宽的塑料薄膜，及时铺盖。待混凝土终凝后，再铺草袋洒水养护，要求一直养护到水库蓄水；②面板的基础表面平顺，没有突起尖包或深坑，在西坡岩坡处增加 6cm 厚混凝土整平层，喷涂乳化沥青，力求减小基础的约束作用；③控制施工温度，利用清晨及夜间温度较低时进行混凝土浇筑，采用低温水拌制混凝土，控制出机口温度在 23℃以下，将入仓温度控制在 28℃以下；④对于斜坡面板，仓面混凝土塌落度控制在5～8cm 以内，滑升速度控制在 1.5～2.0m/h，滑模一次最大行程小于 30cm。对于 16m 宽的标准仓面，保证有 4 台直径 50mm 的振捣器振捣，一次振捣时间不少于 10s，注意加强止水部位混凝土的振捣。

关于混凝土面板内钢筋网的布置与面板堆石坝类同，这里不再赘述。

（五）混凝土面板下复合防渗层的设置

十三陵抽水蓄能电站上水库西侧山体存在倾向库外缓倾角泥化层断裂 f_{207}、f_{212} 等，在自然含水量时抗剪强度就很低，为了阻断排水垫层与断层 f_{207}、f_{212} 等的水力联系，在西坡存在缓倾角断层范围内，增加了复合防渗层，与混凝防渗面板构成联合防渗，确保西外坡水文地质条件不因上水库的运行而受到影响。选用氯丁胶乳沥青与聚酯纤维无纺布组成防渗层。

（1）材料的物理力学性能。选用 JL-90A 原浆型氯丁胶乳沥青，系由氯丁胶乳和沥青加工制成的厚层浆防水涂料，具有固体含量高，耐热性优良，低温柔性、延伸性及不透水性好，无毒，无污染，可冷作业，一次涂层厚，施工简便等特点，其基本性能见表 20-7-9。选用无纺布作为氯丁胶乳沥青涂层的骨架，以提高防渗层的强度。无纺布以涤纶棉为主要原料，幅宽 1.0～1.4m，选用 80g/m² 无纺布。

表 20-7-9　　JL-90A 原浆氯丁胶乳沥青技术指标

项目	单位	技术指标
固体含量	%	≥50
表干时间（涂层厚 1～1.5mm）	h	1～4
耐热性		80℃±2℃，无流淌、起泡和滑动
黏结强度（八字模法）	MPa	≥0.5
低温柔性		−20℃无变化
不透水性		0.1MPa，30min，不透水
抗冻性		−20℃，20 次循环，无开裂
延伸性	mm	≥4
耐碱性		饱和 $Ca(OH)_2$ 溶液浸泡 15 天，无变化

复合防渗材料与混凝土层间抗剪试验：在两混凝土试件之间设置复合防渗材料，采用二布三涂，厚度约 1.5mm。采用两种模拟形式，一种在复合防渗材料上覆一层粒径 2.5～5mm 粗砂，即粗面黏结；另一种为混凝土直接与复合防渗材料黏结，即光面黏结。用中型剪力仪，采用多点法，最大法向应力控制为 0.5MPa，分 5 级施加荷载。采用平堆法施加剪切荷载，分 9 次施加。剪切面为混凝土上、下层之间的复合防渗材料。

复合防渗材料与混凝土层间抗拉及黏结强度试验：制备 10 组试件，用 5t 自动拉力机试验，其成果见表 20-7-10。由 7～10 号试件测得复合材料与混凝土的黏结强度为 0.41～0.60MPa，大于两布之间的黏结强度 0.4MPa。

表 20-7-10　　复合防渗材料与混凝土层间抗拉及黏结强度试验成果

编号	试件构造	截面尺寸（cm）		拉伸荷载（kN）	拉伸强度（MPa）	拉伸变形（mm）	说　明
		长	宽				
1		3.894	3.844	2.28	1.52	—	混凝土件抗拉强度
2		3.890	3.840	4.00	2.67	—	混凝土件抗拉强度
3	中面黏	4.020	3.780	1.86	1.22	34	混凝土破坏后，拉力稳定在0.6kN后布断，从二层布间撕裂，层间浸油少，性能差
4	两面黏	3.900	3.200	2.06	1.65	>45	混凝土破坏后，黏的布拉伸45mm后仍不断。如沥青延伸形状，拉力稳定在0.6kN左右
5	同上	4.472	3.510	1.20	0.76	9	头部破坏
6		3.894	3.860	1.38	0.92	—	混凝土、布间无开裂
7	断面黏	3.894	3.720	0.80	0.55	—	布与上层黏结，从两布之间撕裂数
8		3.852	3.580	0.58	0.42	4	开始荷载稳定在0.58kN，变形4mm，后荷载下降为0.1kN，直至拉断，最大变形达9mm，破坏在两布之间
9		3.922	3.800	0.90	0.60	3	最大荷载达到0.9kN，对应3mm变形后荷载下降为0.14kN，至拉断，变形最大达13mm，二布之间破坏
10		3.738	3.902	0.60	0.41	2	最大荷载达0.60kN，对应变形2mm，后荷载降为0.1kN，直至拉断，变形最大值达7mm，二布之间破坏

（2）复合防渗层的施工。氯丁胶乳沥青无纺布复合防渗层施工程序：施工准备（设备就位，整平层表面清理）→一次喷涂底料→二次喷料同时铺无纺布→检查及修整→三次喷料→四次喷料，同时铺无纺布→检查及修整→五次喷料→六次喷料，同时撒砂→整体检查验收。在此期间避开降雨时段，尽快浇筑无砂混凝土排水垫层。为适应斜坡上大面积施工，试制出在1：1.5斜坡上施工的机具，平台滑车上下升降由快速卷扬机牵引。采用单喷头喷枪。铺布的布卷筒，压布架与喷涂设备等安装成一体，可在平台滑道上移动，铺布与喷涂同步进行，滑车上配置砂箱，通过振捣器和调节板将砂均匀洒在防渗层表面。

五、上水库渗流监测成果及混凝土面板裂缝的发展

上水库蓄水运行10年来，主坝已多次经受正常蓄水位工况的考验，坝体变形、渗流均正常，但尚未经受设计地震工况的考验。监测表明，主坝变形趋于稳定，渗压稳定，渗漏量控制在设计范围以内。由于工程区气候较严酷，面板遭遇夏季暴晒，冬季冻融，混凝土和止水材料易老化，混凝土易产生裂缝，面板的防渗能力会降低。因此，渗流（包括渗压和渗漏量）监测是上水库的重点监控项目。这里仅简介上水库渗流监测成果及混凝土面板裂缝的发展情况。

上水库水位变化频繁，升降速度大。设计日水位最大变幅35m，实际运行日变幅约在5～15m之间。一般在每日7～8时水位最高，每日23～24时水位最低。上水库自2000年6月30日～2005年6月14日每日最高、最低运行水位实际记录如图20-7-5所示。

上水库渗流监测成果：1996年4月～2004年8月的测值（见图20-7-6）表明，历年最大渗漏量在4.88～15.96l/s之间，多发生在冬季低温时段；历年最小渗漏量在0.05～2.5l/s，发生在高温季节；年平均值1.24～5.90l/s。1997年12月29日库底廊道实测渗漏量达14.164l/s（库水位565m）接近设计值15.58l/s。因此，于1998年4月放空水库检查，发现西坡库底BB89号面板有一条贯穿裂缝，长17.8m。裂缝处理后，1999～2004年观测，年最大渗漏量为4.88～8.53l/s，年平均值为2.24～3.33l/s，表明渗漏量测值恢复正常。按实测最大渗漏量14.16l/s计算，相当于每天渗漏量占总库容的0.28%。

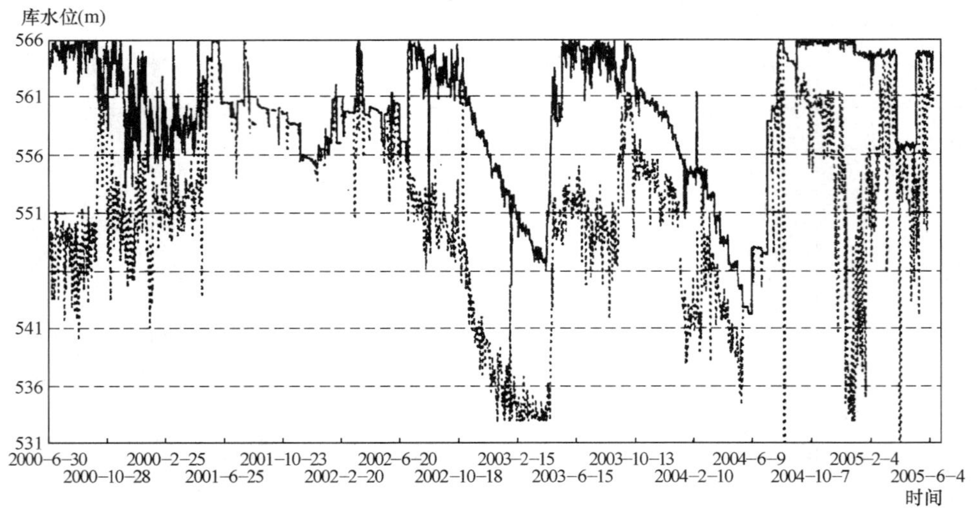

图 20－7－5　十三陵抽水蓄能电站上水库 2000 年 6 月～2005 年 6 月最高、最低运行水位

——最高运行水位（m）；-----最低运行水位（m）

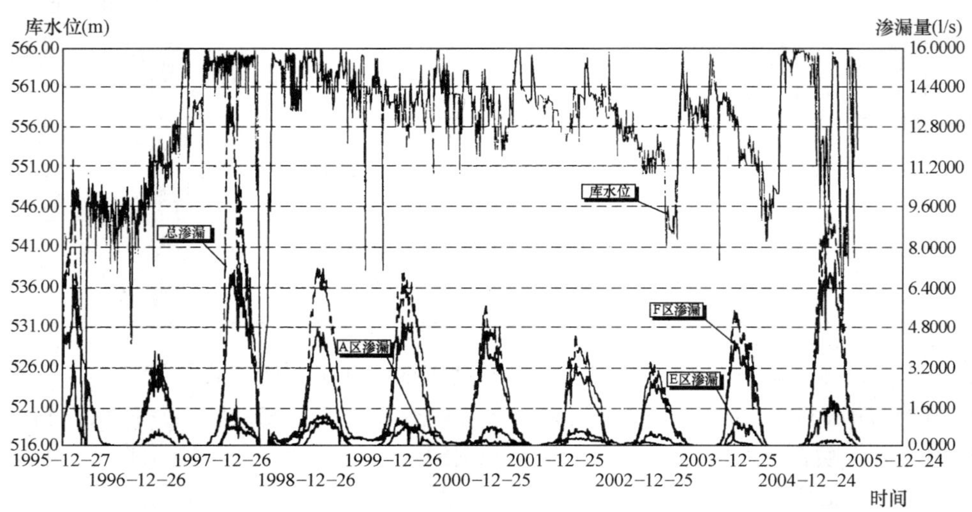

图 20－7－6　十三陵抽水蓄能电站上水库水位～实测渗漏量（Q_3）关系曲线

第八节　大直径钢筋混凝土高压隧洞在广州抽水蓄能电站的应用

一、工程概况

广州抽水蓄能电站上、下水库均利用天然库盆，水库水平距离约 3km，天然落差 500m 以上，距高比为 6。总装机容量 8×300MW，分两期建，一期工程 4×300MW，1993 年 6 月投产；二期工程 2000 年投产。

枢纽布置有如下特点：上、下水库皆利用天然盆地，峡谷口筑坝，分别采用钢筋混凝土面板堆石坝和碾压混凝土重力坝；地下厂房选用中部开发方式布置；水道系统采用一洞四机，设上、下调压井，高压水道采用两段 50°长斜井布置；高水头、大直径水工隧洞和岔管均采用透水钢筋混凝土衬砌；选用 500kV 充油电缆，以 29°长斜洞引出至地面出线场，两回线接入 500kV 电网。广州抽水蓄能电站枢纽平面布置图如图 20－8－1 所示。

广州抽水蓄能电站建设中成功地采用了较多先进技术，突出的有高压大直径钢筋混凝土岔管、重荷载大跨度岩壁吊车梁、高压大直径长斜井滑模施工技术等。

二、水道系统工程地质条件

工程区岩体主要为燕山三期中粗粒黑云母花岗岩，零星分布燕山四期中细粒黑云母花岗岩和煌斑

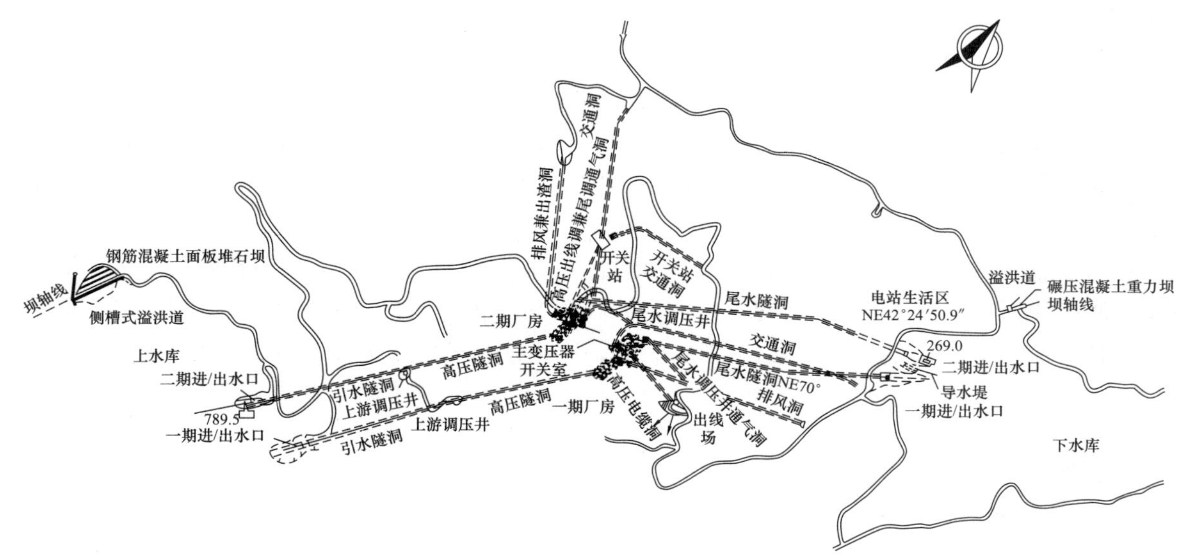

图 20－8－1　广州抽水蓄能电站枢纽平面布置图

岩脉等，岩体比较完整。构造以断裂为主，多次构造活动形成 6 组断裂，以 NW、NNW 及 NNE 三组最为发育，均为高陡倾角，缓倾角断裂不发育。NW 组断裂为本工程主要断裂，并影响山体的地形地貌形态。从下水库向上水库花岗岩体分为四个地质构造块体。F_6～F_{140}为第一块体；F_{140}～F_4 为第二块体；F_4～F_2 为第三块体；F_2～F_1 为第四块体。水道系统布置在南昆山脉北侧呈近东西向分布的山体中，山体稳定条件较好。根据岔管上方的隧洞及洞内钻孔资料，高压岔管处在 f_{7012}断层下盘较完整的岩体内，岩石强度高，属微到不透水岩体，大部分为Ⅰ、Ⅱ类围岩，夹有少量Ⅲ类围岩。据统计，Ⅲ、Ⅳ类围岩占洞长 28.1%，其中Ⅳ类占洞长 11.6%。

上覆花岗岩体减去全、强风化层后，高压岔管位置上覆岩体厚度有 400～440m，上覆岩体重量为该处内水压力的 1.7～1.9 倍。地表坡度 25°～40°，侧向围岩厚度大于垂直厚度。高压隧洞中平洞最大静水头 H＝360m，上覆岩体厚度超过 200m，达到 0.6H。在长 1072m 的斜洞段，各段埋深均达到 0.6～0.8H。

综合高压岔管高程附近 4 段应力解除和 2 个孔 11 段水压致裂试验成果，高压岔管地段地应力采用：

（1）σ_1＝13±1MPa，倾角 70°，方位角 160°。

（2）σ_2＝10±1MPa，倾角 20°，方位角 340°。

（3）σ_3＝7.5±1MPa，倾角 0°，方位角 250°。

在中平洞利用 ZK689 孔做 7 段水压致裂试验，按裂隙发育的 4 段统计，最小水平主应力为 4.88～7.51MPa。

工程区地下水为基岩裂隙，一般埋深在 10～30m，大多在强风化带内或弱风化带上部岩体内。水位变化受季节降雨的影响，其补给主要是降雨入渗，然后在冲沟、地形低洼处及地下采空区沿断层排泄。

根据钻孔从上至下分段和探洞内观测资料分析，本区花岗岩体的透水和含水情况在垂直方向可分为两层。上层为孔隙裂隙含水层，厚约 50～70m，其单位吸水率 2～7Lu，水力联系密切。下层为相对不透水层，单位吸水率小于 2Lu，用高压（6.0MPa）压水试验，单位吸水率小于 0.1Lu，在相对不透水层中部分断层裂隙存在有脉状水，水量有限。如 f_{7012}断层在深洞揭露时有 50～60l/min 水量排出，不久排干。

高压岔管外水压力假定：以岔管上方 303 高程深洞作为排水洞，303m 以下为全水头，303m 以上折减系数为 0.5，得出高压岔管设计外水压力约为 270m，相当于地下水位在 470m 左右。从外部排泄条件分析，高程 360～480m 之间沟谷多，有众多地下水出露。因此，预计高压岔管内水外渗影响范围也不会超过高程 470～480m。

三、水道系统布置及结构设计

（一）水道系统布置

广州抽水蓄能电站水道系统布置在南昆山脉北侧呈近东西向分布的山体中，从上水库进/出水口开始，一期引水隧洞以NE40°45′36.46″走向直至上游调压井，该段洞径9m；调压井以下高压洞段转向NE45°22′39.28″，该段洞径8.5m。高压隧洞采用两级50°长斜井布置，上斜井长346.86m，中平段长90.37m，下斜井长288.117m，下接下平段，以65°斜进厂房（轴线方向NE80），高压钢筋混凝土岔管布置于厂房上游150m左右，四条引水支管采用钢衬结构。厂房下游每两条尾水支管交汇处设一尾水调压井，竖井直径14m，高度53m；尾水调压井后再合为一条尾水洞，由NE70°转NE61°36′0.3″接下水库进/出水口，洞长1925m，直径9.0m。广州抽水蓄能电站水道系统剖面图如图20-8-2所示。

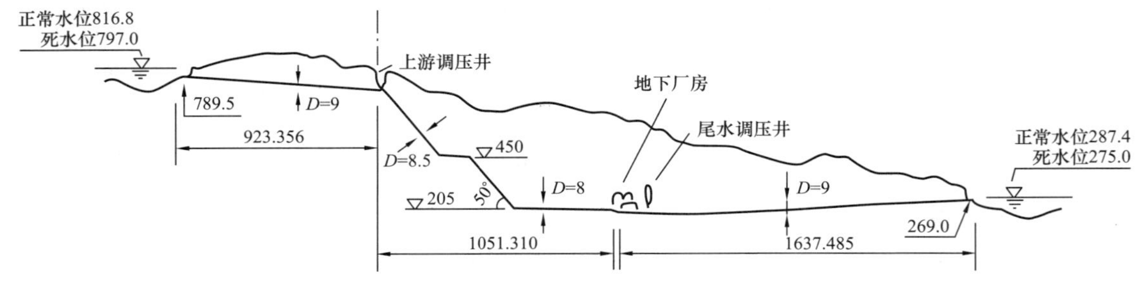

图20-8-2　广州抽水蓄能电站水道系统剖面图

水道系统各段埋深遵循上抬理论和水力劈裂准则，以充分利用和发挥围岩的承载能力，见表20-8-1。

表20-8-1　各段隧洞的埋深

隧洞布置		最大静水头 P_0 (m)	上抬理论准则		水力劈裂准则	
			上覆围岩厚度 H (m)	覆盖比 $\lambda=H/P_0$	最小主应力 σ_h 或 σ_3 (MPa)	安全系数 $K=(\sigma_3/P_0)$
一期隧洞	上平洞	76	95	1.25		
	中平洞	366	>200	>0.6	$S_h=6.45$	1.79
	下平洞及岔管	610	400～440	0.66～0.72	$\sigma_3=75\pm1$	1.07～1.39
	尾水洞	90	250～300	2.7～3.3		
二期隧洞	上平洞	76	95	1.25		
	中平洞	360	340	0.9	$S_h=3.63$	1.01
	下平洞及岔管	610	370～410	0.61～0.67	$\sigma_3=73$	1.20
	尾水洞	90	250～300	2.7～3.3		

注　围岩地应力场最小主应力 σ_h 为水力致裂法实测最小水平主应力，σ_3 为应力解除法实测最小主应力。

（二）高压隧洞限裂透水衬砌结构设计

高压透水衬砌是依靠围岩承载绝大部分内水压力荷载，配置单层钢筋限制衬砌裂缝扩展在允许的裂缝宽度范围内，从而达到保护围岩，改善过流糙率，减少内水外渗、增加衬砌整体性和安全性，是一种技术经济性较为理想的衬砌型式。广州抽水蓄能电站一期工程大直径水工隧洞全长3785m，洞径8～9m，最大静水头611m，采用40～60cm单层钢筋混凝土衬砌，1993年2月投入运行，几年来经受发电、抽水等工况切换和接近最大设计水头的考验，并且经过三次放空检查，隧洞运行状况良好，监测内水外渗量小于4.0m³/h。

初设阶段按照原水电部颁布SDJ 34—1984《水工隧洞设计规范》和SDJ 20—1978《水工钢筋混凝土设计规范》的原则进行设计，在内水压力作用下限制裂缝开展宽度0.2～0.3mm，该阶段采用钢筋混凝土衬砌成果见表20-8-2。

表 20-8-2　　广州抽水蓄能电站一期工程高压隧洞初设阶段采用混凝土衬砌成果

工程部位	设计成果		采用成果	
	衬砌厚度（cm）	钢筋根数—直径（每米）	衬砌厚度（cm）	钢筋根数—直径（每米）
引水隧洞	35	4—ϕ12	35	5—ϕ16
上斜段	40	4—ϕ14	50	6—ϕ16
中平段	40	4—ϕ14	55	6—ϕ18
下斜段	45	5—ϕ14	60	7—ϕ20
尾水隧洞	35	4—ϕ12	35	5—ϕ16

对Ⅳ类围岩段，利用平面有限元方法设计。设计外水压力采用 270m 水柱，假设一倍衬砌厚度的围岩和衬砌体共同承受外压。

随着广州蓄能电站一期工程高压隧洞的投运和放空检查，经总结和分析，提出以下限裂衬砌计算方法：在考虑断层、破碎软弱带等地质构造切割隧洞的不均质围岩条件，须按有限元方法得出在衬砌混凝土开裂情况下钢筋应力 σ_3，据此再进行衬砌裂缝扩展宽度核算，并调整配筋参数，使裂缝宽度控制在允许范围内。

衬砌限裂计算采用美国 ACI 提出的受拉构件裂缝宽度的经验公式为

$$W_{max} = 0.0145 f_s (d_c \times A)^{1/3} \times 10^{-3}$$

$$A = 2d_c \times S$$

$$d_c = a + \phi/2$$

式中　W_{max}——最大裂缝宽度，mm；

f_s——钢筋应力，MPa；

d_c——钢筋中心距衬砌表面距离，mm；

ϕ、S、Q——分别为钢筋直径、间距、保护层厚度，mm。

广州抽水蓄能电站二期工程高压隧洞更进一步按透水衬砌隧洞方法设计，将内水压力按渗透体积力考虑。与一期工程相比较，如水头最大的下平洞，配筋由 ϕ32@10 减至 ϕ25@12.5，详见第九章第二节。

（三）钢筋混凝土衬砌岔管设计

1. 注意查清岔管的地质条件

抽水蓄能电站厂房和岔管一般皆埋藏很深，选择厂房和岔管位置必须要了解深层地质结构。广州抽水蓄能电站厂房和岔管的地质勘查都是采用平硐结合钻孔的方法，有效地选择和控制围岩地质条件，比较准确地选在蚀变岩带发育相对轻微的第三地质块体范围内。选择岔管位置，应满足上抬理论和水力劈裂原则，上覆围岩必须有足够厚度，围岩最小地应力必须大于内水压力；围岩质量力求坚硬和完整；有足够的抗渗性。软弱、破碎以及遇水易软化的岩类不宜考虑建钢筋混凝土衬砌岔管。

2. 岔管水力条件和体形布置选择

该电站采用一洞四机布置，经技术经济比较最终选用卜形分岔。主支管分岔角选 60°，主管段按照分支流量的变化分段变更管径，以尽量保持主管流速分布均匀，选用岔管布置尺寸见表 20-8-3。

表 20-8-3　　岔管主、支管布置

岔管编号	4号	3号	2号	1号
高压岔管（主管/支管）直径（m）	8.0/3.5	6.9/3.5	5.6/3.5	弯管 3.5
尾水岔管（支管/主管）直径（m）	弯管 4.0	4.0/5.6	4.0/6.9	4.0/8.0

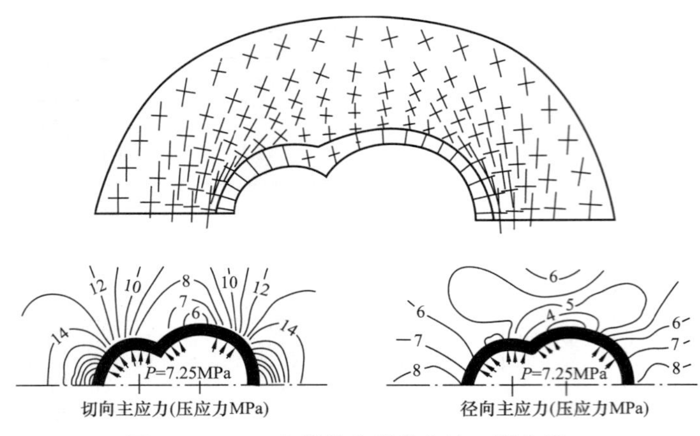

图 20-8-3　广州抽水蓄能电站一期岔管二维有限元分析成果（内水压力+地应力）

电站水道系统岔管存在正、反流向水流分岔，体形布置设计要求选择综合考虑机组不同运行台数组合情况下局部水头损失相对较小的方案，同时还应考虑结构合理、施工和运行方便等因素（见图 20-8-3）。在岔管立面体形布置上，一期岔管采取主、支管轴线同在一水平面的上、下对称布置，该布置不利于施工和运行检修时洞内排水，需抽水和另置一套布置于主管底部的专用高压排水管阀系统，用以排除支管底部高程以下的主管底部积水。二期岔管立面布置将主支管底部设在同一高程上（主、支管轴线在不同高程），形成立面体形不对称的平底岔管，可以自流排水，此种平底岔管体形相对复杂一些，施工模板和布筋也稍添困难，但省掉一套高压排水系统，又方便施工和运行检修排水，应是一优化布置方案，尤其是运行期水道检修需要向电网调度申请停电将水道放空，而电网批准停电的时间又十分有限，该平底岔管布置能缩短排水时间，增加了检修的有效工时，更为有利（见图 9-3-4）。

通过水力模型试验，其局部水头损失系数见表 20-8-4。

表 20-8-4　一期岔管发电、抽水工况水头损失系数水力模型试验成果

岔管编号	运行方式		水头损失系数		岔管编号	运行方式		水头损失系数	
			发电工况	抽水工况				发电工况	抽水工况
4号	单　机		0.22	0.42	2号	单　机		0.34	0.43
	双机	4号、3号	0.21	0.39		双机	2号、4号	0.34	0.40
		4号、2号	0.22	0.40			2号、3号	0.35	0.47
		4号、1号	0.21	0.40			2号、1号	0.74	0.64
	三机	4号、3号、2号	0.27	0.32		三机	2号、4号、3号	0.39	0.49
		4号、3号、1号	0.26	0.32			2号、4号、1号	0.76	0.68
		4号、2号、1号	0.25	0.32			2号、3号、1号	0.77	0.88
	四　机		0.30	0.21		四　机		0.78	1.00
3号	单　机		0.25	0.41	1号弯管	单　机		0.35	0.26
	双机	3号、4号	0.27	0.39		双机	1号、4号	0.39	0.24
		3号、2号	0.31	0.39			1号、3号	0.40	0.27
		3号、1号	0.32	0.42			1号、2号	0.46	0.72
	三机	3号、4号、2号	0.32	0.42		三机	1号、4号、3号	0.41	0.32
		3号、4号、1号	0.32	0.45			1号、4号、2号	0.42	0.76
		3号、2号、1号	0.47	0.31			1号、3号、2号	0.43	0.97
	四　机		0.42	0.39		四　机		0.42	1.06

3. 岔管结构设计

该电站水道系统采用一洞四机布置，高压岔管和尾水岔管都具有水头高、直径大的特点。高压岔管最大内压水头为 725m，*PD* 值为 5800m·m；尾水岔管最大内压水头 105m，*PD* 值为 840m·m，在国内外均属大型钢筋混凝土岔管。在设计理论上，充分利用围岩预应力场（开挖后围岩地应力调整分布的二次应力场），把岔管周围的岩体作为承受内水压力的主体，钢筋混凝土岔管仅起到保护围岩，改善过流糙率等作用，认为衬砌将在内水压力作用下开裂，绝大部分内水压力传递给围岩承担，围岩预应力场消化了由内水产生的应力，使隧洞和岔管得以安全运行。广州蓄能电站岔管用二维和三维有限元和边界元的分析成果作为设计依据。分析认为：岔管在内水作用工况下，只要围岩地应力测试和预应力场有可靠的论证，以二维有限元计算成果即可以满足设计的要求（见图 20－8－3）。

钢筋混凝土岔管衬砌厚度及配筋实际上都由外水压力工况控制，但衬砌受外水压力作用机理尚不清楚，外水压力设计水头和抗外压计算模型等至今还未有合理的解答。

关于高压隧洞（或岔管）的外压设计水头问题，原型监测资料缺乏，设计在取值上争论较多。广州蓄能电站二期工程建成投运后，实测了水道充水和放空过程的外水压力变化（见图 20－8－4）。该成果反映出深埋的钢筋混凝土高压隧洞的外水压力（渗流势场）受内水外渗条件控制，而与勘探钻孔测得的地下水位线无关，或者几乎没有水力联系。渗压计测得的渗压均是水道充水后在长时间运行中由于内水外渗逐渐形成和稳定的。随着水道放空、外压势场也稍有滞后回渗消落，直到回复到充水前的初始状态。由此，广州蓄能电站二期岔管外压设计水头假定改由内水外渗条件控制。渗压计的埋设位置如图 20－8－5 所示。

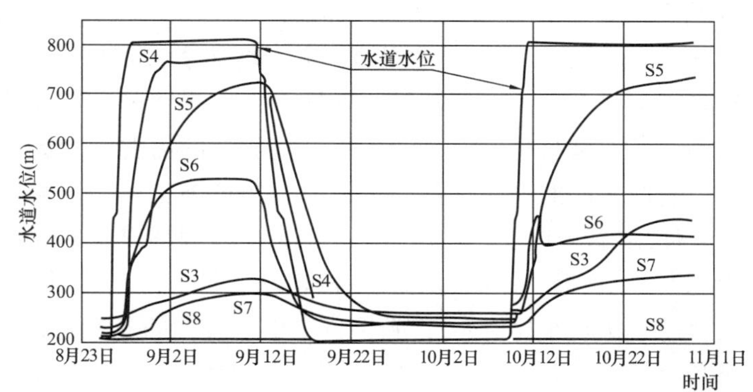

图 20－8－4　广州抽水蓄能电站二期水道充、放水期间围岩渗压计监测过程线（1988 年）

S—围岩内埋设渗压计

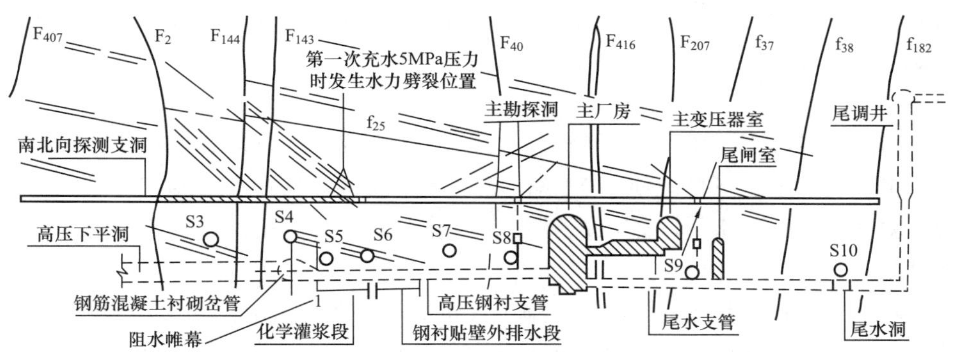

图 20－8－5　广州抽水蓄能电站二期岔管、支管、厂房系统沿南北向勘探支洞埋设的渗压计

关于抗外压计算模型分歧更大，究竟围岩能起多大作用，至今在理论上或原型观测中都无法论证。广州抽水蓄能电站一期岔管，采用美国哈扎公司专家咨询意见，采用两种计算模型：

（1）假定 1 倍衬砌厚度的围岩与衬砌共同承受均布的外压荷载。

（2）在三维有限元和边界元分析中，将紧靠衬砌的围岩单元弹性模量降低（例如取 1/50 围岩弹模）。

上述假定的合理性尚存在争议。

四、高压斜井的开挖和混凝土衬砌

斜井开挖采用先挖导井，再自上而下扩挖的方法施工。导井设于底拱，断面尺寸为 2.4m×2m，用于溜渣和通风。

1. 导井开挖

为了便于开挖时底部石渣自溜到井底，尽可能减轻扩挖时的扒渣劳动强度，加快扩挖施工进度，导井选在开挖断面底部。为加快施工进度和缩短施工通风距离，上、下斜井的导井开挖均采用正、反井同时掘进的方法。

上口采用传统的下山法开挖正导井。利用激光测距仪放出开挖周边线、顶部中心及坡度线；人工手风钻打孔放炮，铺设轨道，卷扬机提升出渣；利用机械通风系统排除有害气体，在石渣表面冲水，减少粉尘；由于工作面积水较多，必须经常用潜水泵将工作面的积水排至平洞集水坑，再用多级泵排到洞外。正导井施工平均日进尺 1.3～1.6m。

下口采用阿立马克爬罐打反导井。反导井施工通风条件较差，采用压气机向掌子面输送新鲜空气。反导井施工平均日进尺 2.0～2.6m。

2. 扩大开挖

导井贯通以后，便自上而下扩大开挖。斜井扩挖通常用两种方法，一是水平面开挖，即在水平切面打手风钻，可省去登高设备，但开挖直径达 9.7m 的大断面斜井，水平切面的椭圆长半轴长达 12.66m，机械设备到不了工作面，大大增加了人工扒渣的工作量和循环时间。因此，采用第二种开挖方法，即掌子面垂直于洞轴线。这样，人工扒渣的工作量极少，加快了进度，减少了费用，但必须解决登高设备，满足打风钻、装药和测量放样的需要。为此，施工单位研制成专用的大断面斜井扩挖平台车，给迎头面的工作（钻孔、爆破、锚杆施工、喷混凝土等）提供了一个宽敞、安全又实用的工作场地。使用时，在已扩挖完成的斜井底拱两侧铺设临时轨道，用两根 20 号槽钢焊接，地面锚桩支撑，轨距 3.8m，开挖一段跟进铺设一段，既供扩挖台车使用，又供运料车使用。扩挖台车用 2 台 JM－8 卷扬机牵引，送料车用 1 台 5t 卷扬机牵引。设置的通道是在斜井一侧超挖形成的，用来延伸风、水、电、管路和人员上下，滑模向上滑升时逐段拆除。为使开挖轮廓线准确无误地标于岩面上，采用钢结构吊架形式，建立了高空激光经纬仪观测台，随时提供开挖中心线，进行测量放样和断面测量。采用人工手风钻钻孔，光面爆破，大部分爆破石渣沿导井自溜至井底，只需配合少量人工扒渣。为确保施工安全，全洞采用锚喷支护。Ⅰ、Ⅱ类围岩只设置随机锚杆，每扩挖 30～50m 后再施喷混凝土，喷层厚度 5cm；Ⅲ、Ⅳ类围岩喷锚支护及时跟进，采用系统锚杆与随机锚杆相结合，喷层厚度 10cm 左右；软弱破碎带不仅设置系统锚杆与随机锚杆，还加挂钢筋网，喷混凝土 15～20cm。扩大开挖平均日进尺 1.5～2.0m，最高日进尺 4.7m。

3. 混凝土衬砌施工

斜井混凝土衬砌分段施工，由下至上分为下弯段、直线段和上弯段。混凝土衬砌施工的关键和难点之一是模板技术，斜井上、下弯段使用 XDM－8.5 型多功能模板施工，该模板主要用于上、下弯段施工，也可用于斜井直线段和水平段施工；斜井直段混凝土浇筑使用液压滑升模板施工，斜井滑模引进国外技术和设备。

（1）轨道安装。为了输送混凝土、钢筋、施工人员进出斜井，及滑模和多功能模板的行走，结合电站永久接地系统，首先在斜井底部安装两条跨距 4.5m 的轨道。为满足滑模和多功能模板运行和速度高达 80m/min 的送料车运行的要求，轨距和两轨高程误差均应控制在 10mm 之内。轨道安装自下而上进行，P38 钢轨用原扩挖时的临时轨道和送料车从上往下输送。轨道定位校准后需在其下面由上往下浇筑条形混凝土基础，为此专门设计制造了轻便的混凝土输送车。为了加快施工速度，轨道校正、立模与浇筑平行作业。即混凝土运输车在已浇好基础的轨道上运行，下面第一段浇筑，同时第二段立模，第三段校准轨道，如此循环渐进，完成全部轨道混凝土基础的施工。

（2）下弯段衬砌施工。下弯段衬砌采用 XDM－8.5 型多功能模板施工，该模板是一种液压操作的全断面衬砌模板，上、下方梁可在±15°范围内折转，可改变模板中心线的斜角，以满足转弯段洞轴线变化的要求。钢模长 4m，实际施工中，在已浇筑混凝土与钢模之间的衔接段用木模过渡。整个弯段实际由若干折线组成，每块混凝土沿洞轴线推进长为 5.02m，整个弯段由 6 块构成。为了与平洞直线段混凝土衔接和钢模本身调整的需要，在弯段起点向下游先浇一块，而弯段上部切点以外需补浇一块三角体，使其与斜井轴线成水平相交。模板由位于斜井上口 2 台 JM－8 卷扬机牵引，混凝土从斜井下口用混凝土泵送入仓。下弯段衬砌施工平均 3～4 天完成一个循环，平均日进尺 1.2～1.6m。

（3）斜井直线段衬砌滑模施工。斜井滑模由中梁、上锁定架、下锁定架、模板及支撑架、工作平台、爬升及悬吊系统、运输系统等几部分组成（见图 20－8－6）。该滑模属于周期间断性滑模，当浇筑混凝土时，中梁用上、下锁定架固定，作为模板和工作平台模板滑升的导向和定位机构，模板和工作平台沿中梁向上连续滑升，当模板滑升到上平台距中梁的上锁定架 0.5m 处时，停止浇筑，准备进中梁提升。当向上提升中梁时，模板和工作平台临时锁定在轨道上，中梁爬升千斤顶抱住固定在井口的爬升钢缆向上提升中梁。中梁提升到位后，用上、下锁定架的锁定千斤顶调整中轴线位置，使之与斜井中心线重合，并顶紧洞壁锁定中梁后，再进行下一循环的浇筑滑升。

沿斜井运送人员、材料及工具的运输系统由液压卷扬机、乘人/运料车、控制系统等几部分组成。可无级调速的液压卷扬机是运输系统的动力装置，布置在斜井上方的平洞里，采用双滚筒，用2条钢丝绳牵引乘人/运料车在沿斜井底部铺设的轨道上运行。乘人/运料车每次可运送1.5m^{3}混凝土、0.5t钢筋或10名工作人员，行走速度控制在不大于80m/min，每小时可运送超过10m^{3}的混凝土。运输系统由设在斜井上口平台及滑模上平台的两个控制台分别控制，两个控制台之间设有灯光信号及电话联系，控制台设有数字化信号识别系统，从而防止电焊、电磁等其他外界信号的干扰。

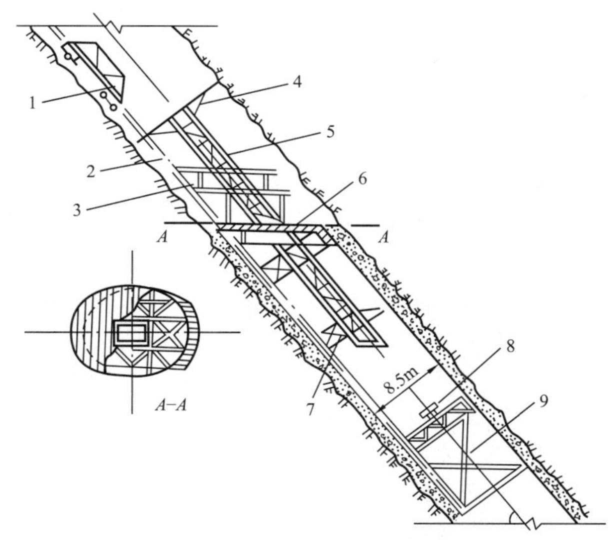

图20-8-6 斜井滑模示意图

1—运输小车；2—爬升钢缆；3—作业平台；4—上锁定架；5—导向中梁；6—滑模；7—下锁定架；8—钻孔机；9—灌浆平台

五、水道系统的充水和放空

广州抽水蓄能电站一期水道系统投入运行初期，经历了两次放空实践，其简要情况见表20-8-5。

表20-8-5 广州抽水蓄能电站隧洞充、放水情况

充、放水日期	充水或放水	全过程历时(h)	平均速度(m/h)	充、放水目的
1993年2月10日～2月28日	充水	456	1.6	初期充水、机组调试、试运行
1993年6月4日～5月28日	放水	168	3.5	放空检查、验收水道
1995年3月14日～6月6日	充水	72	8.3	再充水电站正式投入运行
1995年3月14日～3月20日	放水	136	4.4	放空检修引水支管钢衬灌浆孔封焊缺陷
1995年3月28日～3月30日	充水	30.54	9.6	再充水继续投入运行

高水头大型地下式水电站引水系统的充水和放空是电站运行必须的一项操作，必须为此设置一套完善的充、排水设备，否则将给电站运行造成困难。广州抽水蓄能电站引水系统充水设备采用在进口闸门顶部设置充水阀，操作简便，无需局部开启闸门，有利于控制充水速度。但要注意充水阀金属部件设计和加工精度，务必保证操作灵活可靠。

放空排水设备可以按不同水头段分别采用，如利用水轮机空转排水，在不同高程施工支洞堵头设置排水管阀，以及在球阀前设置专用排水管阀等。高水头排水管均设置孔板消能设备，以保证在高水头压力下排水安全。充水操作（尤其是初期充水）应严格控制充水速度，使得衬砌和围岩有一个渐进缓慢加压受力过程，广州蓄能电站初期充水速度控制在10m/h以内，并分若干级水头段，每级水头稳压48～72h。以后各次放空后再充水则控制充水速度10m/h以内，一阶段充水至最高水位。

放空排水对高水头电站是一项具风险性的操作，国内外工程经验对此须特别谨慎，不轻易决定放空水道，除非迫于特殊需要，其核心问题是担心外水压力危害衬砌安全和外水回渗恶化围岩水文地质条件。广州抽水蓄能电站两次放空皆谨慎操作，在中低水头阶段严格控制内水消落速度小于4m/h，顺利地完成放空操作。第二次放空后再充水时渗压计实测外压比第一次实测值升高近100m水头，说明由于充、放水造成渗流返冲刷裂隙中充填物，恶化了水文地质条件，所以说频繁放空水道是不可取的。

参 考 文 献

[1] 潘家铮，何璟．中国抽水蓄能电站建设．北京：中国电力出版社，2000.

[2] 李例．我国抽水蓄能电站发展及抽水蓄能专委会工作十年回顾//抽水蓄能电站工程建设文集．北京：中国电力出版社，2006.

[3] 晏志勇，翟国寿．我国抽水蓄能电站发展历程及前景展望//抽水蓄能电站工程建设文集．北京：中国电力出版社，2006.

[4] 罗绍基．中国抽水蓄能电站建设//中国抽水蓄能电站建设文集．北京：中国电力出版社，2000.

[5] 李复生．华北地区抽水蓄能电站选点基本总结．水能技术经济，1992 (4).

[6] 李世东．抽水蓄能电站规划设计值得注意的问题．水力发电，1998 (2).

[7] 唐文华．海河流域抽水蓄能电站选点初步总结．水力发电学报，1994 (2).

[8] 王朝阳．模糊数学理论用于抽水蓄能电站规划选点排序问题．东北水利水电，1994 (9).

[9] 王朝阳，王阳平．改进东北电网电价结构促进调峰水电建设．水力发电学报，1999 (1).

[10] 王朝阳，王阳平．抽水蓄能电站上网电价研究．生态学研究，2003 (1).

[11] 陆佑楣，潘家铮．抽水蓄能电站．北京：水利电力出版社，1992.

[12] 梅祖彦．抽水蓄能电站发电技术．北京：机械工业出版社，2000.

[13] 何璟．大力发展水电　调整电源结构．水电能源科学，2001 (3).

[14] 何璟．21 世纪中国水电发展战略探讨．水电能源科学，2002 (6).

[15] 曹楚生．抽水蓄能的开发模式与电力发展．水利发电，2001 (5).

[16] 曹楚生．抽水蓄能是新兴能源　作为水电的补充　有利于电力的可持续发展．贵州水力发电，2004 (4).

[17] 罗绍基．我国抽水蓄能电站建设．水力发电，1999 (4).

[18] 赵士和．抽水蓄能电站动能设计中几个问题的初探．水力发电，1999 (4).

[19] 李世东．水电比重大的电力系统建抽水蓄能电站的必要性．水力发电，2004 (3).

[20] 刘宁．清江抽水蓄能电站规划研究．人民长江，2000 (5).

[21] 吴腾，等．抽水蓄能电站过机泥沙的预报方法．红水河，2004 (3).

[22] 麦达铭．抽水蓄能电站水库泥沙淤积计算初探．陕西省水力发电，1995 (1).

[23] 袁建平，等．不同治理度下小流域正态整体模型试验——林草措施对小流域径流泥沙的影响．自然资源学报，2000 (1).

[24] 白文博，王春辉．抽水蓄能电站水轮机过机含沙量确定方法初探．人民长江，2007 (2).

[25] 张连生，刘殿英．DH 高效污水净化器在火电厂灰渣水处理回用中的应用．节能与环保，2003 (1).

[26] 邢洪魁．DH-MSQ 型污水净化器研制及应用．节能与环保，2005 (8).

[27] 范懋功．碱性含油废液和废水处理的试验研究．给水排水，1995 (10).

[28] 韩祖恒．抽水蓄能电站对环境影响的几个问题的讨论．华东水电技术，1993 (1).

[29] 邱彬如．世界抽水蓄能电站新发展．北京：中国电力出版社，2006.

[30] 孙广忠．地质工程理论与实践．北京：地震出版社，1996.

[31] 叶翼升．广州抽水蓄能电站建设的科技进步成果．水力发电学报，1998.

[32] 吴火才．抽水蓄能电站工程地质勘察及认识．浙江水利水电专科学校学报，2001.

[33] 李广诚，韩志诚．抽水蓄能电站工程地质问题分析研究．北京：地震出版社，2001.

[34] 李广诚．抽水蓄能电站下库粘土岩渗透特征及其成因模式研究．北京：地震出版社，2001.

[35] 王志国．西龙池抽水蓄能电站内加强月牙肋岔管围岩分担内水压力设计//抽水蓄能电站工程建设文集．北京：中国电力出版社，2006.

[36] 宫海灵．十三陵抽水蓄能电站上池西外坡岩体稳定分析．工程地质学报，1998，6 (3).

[37] 叶冀升．广蓄电站钢筋混凝土衬砌岔管建设的几点经验．水力发电学报，2001 (2).

[38] 李广诚，王思敬．十三陵抽水蓄能电站地下厂房位置的选择．工程地质学报，1999 (6).

[39] 彭程，等．21 世纪中国水电工程．北京：中国水利水电出版社，2006.

[40] 熊卫，柴志阳，等．宝泉抽水蓄能电站地下厂房布置．红水河，2002 (1).

[41] 关志诚. 混凝土面板堆石坝筑坝技术与研究. 北京：中国水利水电出版社，2005.
[42] 苏虹，李岳军，万文功. 泰安抽水蓄能电站上水库土工膜防渗设计. 水力发电，2001 (4).
[43] 王惠芹，杨维九，闵舒. 宝泉抽水蓄能电站上水库防渗设计. 人民黄河，2002 (6).
[44] 韩立. 抽水蓄能电站侧式进/出水口水力设计研究. 水利水电科技进展，2002 (6).
[45] 华绍曾，杨学宁. 实用流体阻力手册. 北京：国防工业出版社，1985.
[46] 福原华一. 抽水蓄能电站进/出水口水力设计. 电力土木（日），1979 (7).
[47] 今井恒雄. 神流川抽水蓄能电站上水库进/出水口根据进流流速缩短扩散段的研究. 电力土木（日）2002，11.
[48] Sell L E. Hydroelectric Power Plant Trashack Design. Power Divison，1971.
[49] 高振义孝. 奥清津抽水蓄能电站拦污栅更换和振动原型观测. 电力土木（日），1995 (9).
[50] Behring A G，Yeh C H. Flow-induced trashrack Vibration，Proc ASME，1979.
[51] 林勤华. 抽水蓄能电站拦污栅的流激振动. 泄水工程与高速水流，1981 (2).
[52] 梅祖彦. 抽水蓄能技术：北京：清华大学出版社，1988.
[53] 郭子珍. 天堂抽水蓄能电站下库进（出）水口拦污栅设计. 抽水蓄能电站信息动态，2001 (2).
[54] 木村重美. 小丸川抽水蓄能电站高压钢管设计. 电力土木（日），2004，5 (311).
[55] 王志国. 高水头大 PD 值内加强月牙肋岔管布置与设计. 水利发电，2001 (1).
[56] 王志国. 西龙池抽水蓄能电站内加强月牙肋岔管水力特性研究. 水力发电学报，2007 (1).
[57] 王志国. 西龙池抽水蓄能电站内加强月牙肋岔管围岩分担内水压力设计. 水力发电学报，2006 (6).
[58] 王志国，段云岭，耿贵彪. 西龙池抽水蓄能电站高压岔管考虑围岩分担内水压力设计现场结构模型试验研究. 水力发电学报，2006 (6).
[59] 钟秉章. 水电站压力管道、岔管、蜗壳. 杭州：浙江大学出版社，1994.
[60] 刘东常，刘宪亮. 压力管道. 郑州：黄河水利出版社，1998.
[61] 马善定，伍鹤皋，秦继章. 水电站压力钢管. 武汉：湖北科学技术出版社，2002.
[62] 皮仙槎. 抽水蓄能电站水道系统闸门（栅）、启闭机的合理配置. 水力发电学报，1989 (2).
[63] 高振义孝. 奥清津抽水蓄能电站拦污栅更换和振动原型观测. 电力土木（日），1995 (9).
[64] 阎诗武. 电站拦污栅的振动问题. 金属结构，2000 (2).
[65] 王光纶，等. 抽水蓄能电站拦污栅结构振动特性模型试验研究. 清华大学学报，2001 (2).
[66] 廖建强. 惠州抽水蓄能电站工程枢纽布置特点//抽水蓄能电站工程建设文集. 北京：中国电力出版社，2006.
[67] 张克，郝荣国，吴奎. 琅琊山抽水蓄能电站工程关键技术问题//抽水蓄能电站工程建设文集. 北京：中国电力出版社，2006.
[68] 周小勇，王修良. 水力发电站地下厂房的空间利用. 安徽建筑，1999 (4).
[69] 刘郁子，谭建梅. 天荒坪抽水蓄能电站地下洞室群排水系统设计. 水力发电，2001 (6).
[70] 王俊红，黄勇. 广蓄二期地下厂房结构振动研究及减振措施. 水力发电，2001 (11).
[71] 马震岳，董毓新. 水轮发电机组动力学. 大连：大连理工大学出版社，2003.
[72] 李国和. 抽水蓄能电站可能出现的水力振动. 华北电力技术，1996 (1).
[73] 顾鹏飞，喻远光. 水电站厂房设计. 北京：水利电力出版社，1985.
[74] 马震岳，董毓新. 水电站机组及厂房振动的研究与治理. 北京：中国水利水电出版社，2004.
[75] 王俊红. 广蓄二期工程地下厂房机墩组合结构整体刚度分析. 广东水利水电，1998 (2).
[76] 沈可. 水电站厂房结构振动研究. 南宁：广西大学，2002.
[77] 陆忠民，等. 江苏沙河抽水蓄能电站竖井半地下式厂房. 抽水蓄能电站信息动态，2004 (1).
[78] 徐绍铨. 隔河岩大坝 GPS 自动化监测系统. 铁路航测，2003 (4).
[79] 徐绍铨. 论隔河岩大坝外观 GPS 自动化监测系统的价值. 中国水利水电市场. 2003 (5，6).
[80] 林宗元. 岩土工程试验监测手册. 沈阳：辽宁科学技术出版社，1994.
[81] 方辉钦，等. 现代水电厂计算机监控技术与试验. 北京：中国电力出版社，2004.
[82] 汪军，方辉钦. 抽水蓄能电站计算机监控系统特殊性与设计要求. 电力系统自动化，2000 (22).
[83] 王维俭. 电气主设备继电保护原理与应用. 北京：中国电力出版社，2001.
[84] 洪允云，李歌浩. 抽水蓄能机组保护问题探讨及天荒坪抽水蓄能电站元件保护配置. 水利水电电工二次设计通信，1992 (2).
[85] 罗绍基. 广东抽水蓄能电站的滚动开发. 水力发电，2001 (11).

[86] 曾德安．西电送粤与广东发展抽水蓄能．水力发电，2001（11）．
[87] 刘坚，张恒谦．十三陵抽水蓄能电站建设管理的实践．水力发电，1996（2）．
[88] 邱国富，王炎．天荒坪抽水蓄能电站建设管理模式浅析．华东电力，1998（增刊）．
[89] 关雷，龚文权，刘亚军，刘学山．广东惠州抽水蓄能电站工程建设管理．抽水蓄能电站信息动态，2005（2）．
[90] 舒燕平．美、日八座抽水蓄能电站的建设和生产管理．水力发电学报，1995（2）．
[91] 王泉辉．响洪甸抽水蓄能电站工程的建设与管理．水利水电技术，2000（2）．
[92] 傅志安，凤家骥．混凝土面板堆石坝．武汉：华中理工大学出版社，1993．
[93] 伍智钦．广州抽水蓄能电站二期工程上游引水系统充排水试验．水利水电技术，2004（4）．
[94] 邓雪原．惠州抽水蓄能电站在广东电力系统中的效益．水利规划与设计，2004（4）．
[95] 陈颖豪，等．总结广州抽水蓄能电站经验加快广东省蓄能电站建设．水利水电技术，2000（1）．
[96] 黄悦然．宜兴抽水蓄能电站面板堆石坝关键技术研究．水力发电，2001（5）．
[97] 刘斯宏，肖贡元，杨建州，吴光英．宜兴抽水蓄能电站上水库堆石料的新型现场直剪试验．岩土工程学报，26（6）．
[98] 邢小平．泰安抽水蓄能电站上水库复合土工膜施工技术研究．水力发电，2003，29（4）．
[99] 管虹，李岳军，万文功．泰安抽水蓄能电站上水库土工膜防渗设计．水力发电，2001（4）．
[100] 叶冀昇．广蓄电站水工高压隧洞设计施工的若干问题．水力发电学报，1998（2）．
[101] 叶冀昇．广州抽水蓄能电站建议的科技进步成果．水力发电学报，1998（3）．
[102] 叶冀昇．广蓄电站钢筋混凝土衬砌岔管建议的几点经验．水力发电学报，2001（2）．